DIE ARZNEIMITTEL-SYNTHESE

AUF GRUNDLAGE DER BEZIEHUNGEN ZWISCHEN CHEMISCHEM AUFBAU UND WIRKUNG

FÜR ÄRZTE
CHEMIKER UND PHARMAZEUTEN

VON

DR. SIGMUND FRÄNKEL
A. O. PROFESSOR FÜR MEDIZINISCHE CHEMIE
AN DER WIENER UNIVERSITÄT

FÜNFTE, UMGEARBEITETE AUFLAGE

SPRINGER-VERLAG BERLIN HEIDELBERG GMBH
1921

ISBN 978-3-662-27622-8 ISBN 978-3-662-29109-2 (eBook)
DOI 10.1007/978-3-662-29109-2

Ursprünglich erschienen bei Julius Springer in Berlin 1921
Softcover reprint of the hardcover 5th edition 1921

Vorwort zur zweiten Auflage.

In verhältnismäßig kurzer Zeit sieht sich die Verlagsbuchhandlung veranlaßt, eine zweite Auflage dieses Buches zu veranstalten. Das Werk erscheint nunmehr zum großen Teile neu bearbeitet und durch eine Reihe neuer Kapitel bereichert. Einem vielfach geäußerten Wunsche der Fachgenossen entsprechend, ist die benützte Literatur angegeben, so daß das Buch als Nachschlagewerk benützt werden kann. Die Literatur ist bis September 1905 berücksichtigt. Mehrere Register erleichtern die Benützung des Werkes. Dem Verhalten der Substanzen im Organismus ist ein eigenes Register gewidmet. Ich bin zahlreichen deutschen und englischen Fachgenossen für Mitteilungen und Korrekturen zu Dank verpflichtet. Es sind nunmehr in diesem Buche viele anderweitig nicht veröffentlichte Untersuchungen, die teils aus meinem Institute stammen, teils mir von Fachgenossen und Fabrikchemikern zur Verfügung gestellt wurden, enthalten. Ebenso hat eine neuerliche Durchsicht der Literatur wertvolle Ergänzungen geliefert. In seiner gegenwärtigen Fassung vertritt das Buch durchaus den Standpunkt, die Wirkungen vom stereochemischen Gesichtspunkte aus zu erklären.

Für Korrekturen und Mitteilungen werde ich den Fachgenossen stets dankbar sein.

Wien, Oktober 1905.

Sigmund Fränkel.

Vorwort zur dritten Auflage.

Die vorliegende dritte Auflage ist bedeutend vergrößert und neuerlich zum Teil umgearbeitet. Die Literatur ist bis Oktober 1911 berücksichtigt. Vor Benützung des Buches wolle man die Nachträge beachten. Hoffentlich erwirbt sich die „Arzneimittelsynthese“ im neuen Gewande ebenso viele Freunde wie in den früheren Auflagen.

Wien, im November 1911.

Sigmund Fränkel.

Vorwort zur vierten Auflage.

Auch die vierte Auflage ist sehr wesentlich vergrößert und viel umgearbeitet. Einzelne Kapitel wurden neu eingefügt. Der reichere Inhalt führte auch, um das Buch handlich zu behalten, wieder zu einer Vergrößerung des Formates. Trotz des Krieges konnte die ausländische Literatur, wenn auch nicht vollständig, berücksichtigt werden. Die gesamte Literatur ist bis November 1918 verarbeitet.

Wien, im Dezember 1918.

Sigmund Fränkel.

Vorwort zur fünften Auflage.

Die Literatur ist bis Mai 1921 berücksichtigt. Einzelne Kapitel haben eine große Bereicherung erfahren, so besonders die Chinin- und Arsenkapitel sowie das Kapitel über Geschmack. Die fremdsprachige Literatur ist nun nachgetragen. Durch typographische Änderungen ist viel Raum für den Text gewonnen worden.

Wien, Juni 1921.

Sigmund Fränkel.

Inhaltsverzeichnis.

Seite

Einleitung 1

Allgemeiner Teil.

I. Kapitel. Theorie der Wirkungen anorganischer Körper 10
II. Kapitel. Theorie der Wirkungen organischer Verbindungen 26
a) Beziehungen zwischen chemischer Konstitution und Wirkungen 26
b) Beziehungen der Wirksamkeit zur Veränderung im Organismus 42
III. Kapitel. Bedeutung der einzelnen Atom-Gruppen für die Wirkung 51
1. Wirkungen der Kohlenwasserstoffe 51
2. Über die Bedeutung der Hydroxyle 55
3. Bedeutung der Alkylgruppen 61
4. Bedeutung des Eintrittes von Halogen in die organischen Verbindungen 67
5. Bedeutung der basischen stickstoffhaltigen Reste 71
6. Bedeutung der Nitro- und Nitrosogruppe 80
Nitro- oder Nitrosogruppen an Sauerstoff gebunden 80
Nitro- und Nitrosogruppen am Kohlenstoff 81
7. Die Cyangruppe 84
8. Wirkungen der Puringruppe 89
9. Wirkungen der Carbonylgruppe. A. Aldehydgruppe 96
Wirkungen der Carbonylgruppe. B. Ketone 98
10. Bedeutung des Eintrittes von Säuregruppen 99
11. Bedeutung des Eintrittes von nicht oxydiertem Schwefel 107
12. Bedeutung der doppelten und dreifachen Bindung 110
13. Unterschiede in der Wirkung bedingt durch Stellungsisomerien 114
14. Stereochemisch bedingte Wirkungsdifferenzen 118
Stereoisomerie durch doppelte Bindung verursacht 120
Stereoisomerie durch asymmetrischen Kohlenstoff verursacht 120
Die Wirkung ist geknüpft an bestimmte sterische Lagerung 126
15. Beziehungen zwischen Wirkung und Molekulargröße. Wirkung homologer Reihen 130
16. Beziehungen zwischen Geschmack und Konstitution 134
IV. Kapitel. Veränderungen der organischen Substanzen im Organismus 154
Oxydationen 155
Desaminierung und Aminierung 180
Reduktionen 181
Synthesen im Organismus 183
Paarung im Organismus (Entgiftung durch Paarung) 183
Acetylierungen, Methylierungen 186
Uraminosäurensynthese 195
Verhalten verschiedener Aminderivate 196
Verhalten einiger hydroaromatischer Substanzen 198
Halogen- und schwefelhaltige Verbindungen 198
Verhalten der Phthaleine, Tannine, Harze und Glykoside 200

Spezieller Teil.

I. Kapitel. Allgemeine Methoden, um aus bekannten wirksamen Verbindungen Verbindungen mit gleicher physiologischer Wirkung aufzubauen, denen aber bestimmte Nebenwirkungen fehlen 202
I. Das Salol-Prinzip 202
II. Vermeiden der Ätzwirkungen 203
III. Reaktionen mit Formaldehyd 204

Seite
IV. Einführung von Säureradikalen für Wasserstoffatome des basischen Restes . . . 203
V. Einführung von Aldehydresten . . . 204
VI. Einführung von Alkylresten in die Wasserstoffatome der Aminogruppe 204
VII. Einführung von Säureradikalen in die Hydroxyle von Basen 205
VIII. Einführung von Alkylresten in die Wasserstoffe der Hydroxylgruppen 205
IX. Wasserlöslichmachen von Arzneimitteln . . . 205
X. Einführung von Halogen oder Schwefel . . . 206
XI. Darstellung von Salzen . . . 206
XII. Kombination zweier wirksamer Substanzen . . . 207

II. Kapitel. Antipyretica . . . 208
Chinin und Chinolinderivate . . . 208
Antipyrin . . . 216
Phenylhydrazinderivate . . . 219
Semicarbazidderivate . . . 222
Indolinone . . . 224
Pyrazolonderivate . . . 224
Tolypyrin . . . 224
Salze des Antipyrins . . . 224
Verschiedene Pyrazolonderivate . . . 226
Chinin . . . 234
Chinin und seine Derivate . . . 249
Anilinderivate . . . 253
Bedeutung des Ringsystems für die Antipyretica . . . 259
p-Aminophenolderivate . . . 264
Allgemeine Betrachtungen über die Antipyretica . . . 288

III. Kapitel. Alkaloide . . . 293
Einfluß der Hydrierung der Basen . . . 295
Physiologische Bedeutung der Umwandlung der ternären Alkaloide in quaternäre Ammoniumbasen . . . 296
Bedeutung der cyclischen Struktur der Alkaloide . . . 302
Bedeutung der Stellungen der Seitenketten . . . 302
Bedeutung der Seitenketten . . . 311
Bedeutung der Hydroxyle . . . 318
Bedeutung der Carboxalkylgruppe . . . 319
Bedeutung der Substitution von Säureradikalen im Hydroxylwasserstoff . . 321
Cholin-Muscaringruppe . . . 327
Cocain und die Lokalanästhetica . . . 333
Die Tropinverbindungen . . . 341
Tropacocain . . . 351
Cocainersatzmittel . . . 358
Cyclische Alkamine . . . 358
Fette Alkamine . . . 366
Anästhetica aus verschiedenen chemischen Gruppen . . . 377
Die Orthoformgruppe: Ester aromatischer Säuren . . . 383
Mydriatica und Myotica . . . 391
Morphin . . . 392
Apomorphin . . . 413
Versuche zur Morphinsynthese . . . 414
Hydrastis . . . 421
Ergotin, Adrenalin und die aromatischen Basen aus Eiweiß . . . 440
Nicotin . . . 459
Pilocarpin . . . 461
Strychnin . . . 463
Emetin . . . 466

IV. Kapitel. Schlafmittel und Inhalationsanästhetica . . . 468
Allgemeines . . . 468
I. Gruppe. Halogenhaltige Schlafmittel . . . 470
II. Gruppe. Schlafmittel, deren Wirkung auf der Gegenwart von Alkyl beruht 489
III. Gruppe. Schlafmittel, deren Wirkung auf der Gegenwart von Caronyl beruht 516
Allgemeines über Schlafmittel . . . 521

Seite
V. Kapitel. Antiseptica und Adstringentia 527
Aromatische Antiseptica 543
Phenole 543
Salicylsäure 553
Salole 562
Kreosot und Guajacol 575
Guajacolpräparate, in denen Hydroxylwasserstoff durch eine Acylgruppe ersetzt ist 577
Kreosot- und Guajacolpräparate, deren Hydroxylwasserstoff durch Alkylradikale substituiert ist 584
Weitere wasserlösliche Guajacolderivate 585
Guajacolpräparate, aus denen Guajacol nicht regeneriert wird 586
Zimtsäure 591
Antiseptica der Chinolinreihe 592
Jodoform und seine Ersatzmittel 593
Jodverbindungen 606
Chlor- und Bromderivate 614
Schwefelverbindungen 622
Ichthyol und ähnliche geschwefelte Verbindungen 624
Selen- und Tellurderivate 631
Fluorverbindungen 635
Siliciumverbindungen 636
Calcium 636
Die organischen Farbstoffe 637
Formaldehyd 649
Hexamethylentetramin 654
Tannin, Gallussäure und deren Derivate 658
Wismut 663
Quecksilberverbindungen 671
Silber 691
Eisen 695
Arsenverbindungen 698
Arsen-Schwefelverbindungen 725
Arsen-Schwermetallverbindungen 726
Antimonverbindungen 728
Vanadium 732
Arsen-Antimon- und Arsen-Wismutverbindungen 732
Gold, Titan, Kupfer 734
Aluminium 737
VI. Kapitel. Abführmittel 739
VII. Kapitel. Antihelminthica 750
VIII. Kapitel. Campher und Terpene 757
Santal, Copaiva und Perubalsam 765
Isovaleriansäurepräparate 767
IX. Kapitel. Glykoside 771
X. Kapitel. Reduzierende Hautmittel 776
XI. Kapitel. Glycerophosphate 781
XII. Kapitel. Diuretica 786
XIII. Kapitel. Gichtmittel 796
XIV. Kapitel. Wasserstoffsuperoxyd 814
Nachträge 816
Patentregister 823
Autorenverzeichnis 832
Sachregister 842
Veränderungen der Substanzen im Organismus 900

Abkürzungen.

AePP.	Archiv für experimentelle Pathologie und Pharmakologie.
Apot. Ztg.	Apotheker-Zeitung.
Americ. Ch. Journ.	American Chemical Journal.
Arch. f. kl. Med.	Archiv für klinische Medizin.
Ann. di chim. e farm.	Annali di chimica e di farmacologia.
Arch. d. Pharm.	Archiv der Pharmazie.
BB.	Berichte der Deutschen chemischen Gesellschaft.
BZ.	Biochemische Zeitschrift.
Bull. gén. de thér.	Bulletin générale de thérapie.
Ber. d. Morph. Phys. Ges.	Berichte der Morphologisch-Physiologischen Gesellschaft München.
C. r.	Comptes rendus de l'Académie des Sciences, Paris.
C. r. s. b.	Comptes rendus de la Société de biologie, Paris.
Chem. Ztg.	Chemiker-Zeitung, Cöthen.
Diss.	Dissertation.
DRP.	Deutsches Reichs-Patent.
DRP.-Anm.	Deutsche Reichs-Patent-Anmeldung.
D. A. f. klin. Med.	Deutsches Archiv für klinische Medizin.
Gaz. Chim.	Gazetta chimica italiana.
HB.	Hofmeisters Beiträge zur chemischen Physiologie und Pathologie.
HS.	Hoppe-Seylers Zeitschrift für physiologische Chemie.
Journ. of Americ. Med. Ass.	Journal of American Medical Association.
Liebigs Ann.	Liebigs Annalen der Chemie.
Mercks Ber.	E. Mercks Berichte.
M. f. Ch.	Wiener Monatshefte für Chemie (Sitzungsberichte der k. Akademie zu Wien, mathematisch-naturwissenschaftliche Klasse, blaues Heft).
N. Y. Med. Journ.	New York Medical Journal.
Proc. Chem. Soc.	Proceedings of chemical Society, London.
Proc. R. Soc.	Proceedings of Royal Society, London.
Pharm. Ztg.	Pharmazeutische Zeitung.
Rec. des trav.	Recueil des travaux chimiques des Pays-Bas.
Rep. der Pharm.	Repertorium der Pharmacie.
Rev. méd. Suisse	Revue médicale de la Suisse Romande.
Sem. méd.	Semaine médicale, Paris.
Suppl.	Supplementband.
Ther. Mon.	Therapeutische Monatshefte.
Virch. Arch.	Virchows Archiv für pathologische Anatomie.
Woch. f. Th. und Hyg. des Auges	Wochenschrift für Therapie und Hygiene des Auges.
Z. f. Biol.	Zeitschrift für Biologie.
Z. f. Hyg.	Zeitschrift für Hygiene.
Z. f. kl. Med.	Zeitschrift für klinische Medizin.
Zentr. f. Phys.	Zentralblatt für Physiologie.

Einleitung.

Die Pharmakologie hat in der zweiten Hälfte des vorigen Jahrhunderts eine eigenartige Vermehrung des Arzneischatzes erfahren. Die früheren Jahrhunderte hatten Heilmittel verschiedenster Art auf Grund reiner Empirie der verschiedensten Völker gehabt, Heilmittel anorganischer und organischer Natur; in den letzten Jahrhunderten wurden besonders mit steigender Erkenntnis der anorganischen Körper, namentlich im iatrochemischen Zeitalter, viele anorganischen Substanzen, vor allem Metallsalze, als neuer Zuwachs für die Therapie geschaffen. Es entstand aber gleichsam eine neue Arzneimittellehre in dem Momente, als man nicht nur auf Grund von Empirie und Aberglauben und Überlieferung die Drogen benützte, sondern durch das Bemühen der Chemiker die Drogen selbst einer Untersuchung in der Richtung unterwarf, daß man ihre wirksamen Bestandteile zu isolieren sich bestrebte. Mit der Entdeckung der reinen Pflanzenalkaloide war der erste große Fortschritt gemacht, welcher zeigte, daß nicht die chemisch aus verschiedensten Substanzen bestehende Droge, sondern ein oder mehrere chemische Individuen die Träger der einer Droge eigentümlichen Wirkung waren. Diese Erkenntnis mußte dazu führen, mit der oft auf Aberglauben beruhenden Überlieferung zu brechen und so eine große Reihe von Drogen aus der Benützung auszuschalten. Die Reindarstellung chemischer Individuen bedeutete aber auch einen großen Fortschritt in dem Sinne, als man nunmehr die eigentlich wirksamen Substanzen selbst genau dosieren konnte, was ja bei dem wechselnden Gehalt der Drogen an wirksamen Bestandteilen bis zu diesem Zeitpunkte eine Sache der Unmöglichkeit war. Die physiologische Untersuchung der aktiven Prinzipien selbst gab nun Aufschluß über die reine Wirkung des Mittels. Man konnte auf diese Weise auch eine Reihe von Nebenwirkungen und unangenehmen Eigenschaften, die sich auf Geschmack und Geruch bezogen, ausschalten, wenn diese Nebenwirkungen nicht dem wirksamen Bestandteil, sondern anderen, an der Grundwirkung der Droge nicht beteiligten Substanzen zukamen. Das Studium der chemischen Konstitutionen der als wirksam erkannten organischen Verbindungen mußte dazu führen, Versuche anzustellen, auf synthetischem Wege dieselben Körper aufzubauen. Dieser einen großen Richtung der synthetischen Chemie der Arzneimittel folgte aber bald eine theoretisch ungleich wichtigere, die wohl zum großen Teile ihren Ursprung darin gefunden hat, daß man bei dem damaligen und bei dem gegenwärtigen Stande der synthetischen Chemie so komplizierte Körper, wie die meisten Pflanzenalkaloide und andere Bestandteile der wirksamen Drogen sind, auf synthetischem Wege aufzubauen nicht vermochte. Man versuchte nun zu erkennen, auf welchem Teile des Moleküles die Wirkungen der Substanzen beruhen und von diesem Gesichtspunkte aus analog konstituierte Körper aufzubauen, in der Voraussicht, daß die analoge Konstitution den Körpern eine analoge physiologische Wirkung im Organismus verleihen müsse. Solche Bemühungen haben den

Gedanken zur natürlichen Voraussetzung, daß die physiologische Wirkung der Körper außer von bestimmten physikalischen Verhältnissen in erster Linie von dem chemischen Aufbau abhängt. Hierbei muß man auch den Umstand berücksichtigen, daß man nicht zu einer sklavischen Nachahmung der Konstitution der natürlichen Arzneimittel gezwungen ist. Sind doch die in der Natur gefundenen Substanzen nicht von dem teleologischen Gesichtspunkte aufzufassen, als ob sie in der Pflanze zu dem Zwecke entstünden, damit sie der Mensch als Arzneimittel erkenne und benütze, sondern unter den so mannigfaltigen, in der Pflanzenwelt vorkommenden chemischen Körpern hat die Jahrtausende alte Empirie einige wenige zu finden vermocht, welche physiologische Wirksamkeit zeigten und unter diesen wenigen einige gefunden, die als Arzneimittel verwertbar sind. Selbstredend sind nun diese in der Natur vorkommenden Substanzen in der Pflanze und beim Tier Produkte, die eine bestimmte Rolle in der Physiologie und Anatomie dieser Organismen spielen.

Wenn wir sie aber als Arzneimittel benützen, so tun wir es in dem Bewußtsein, daß wir bestimmte, im Molekül dieser Substanzen vorkommende Gruppierungen für unsere Zwecke ausnützen, und daß nicht immer das gesamte Molekül dieser in der Natur vorkommenden chemischen Individuen an der Wirkung beteiligt sein muß, weil diese Körper nicht nach Gründen der Zweckmäßigkeit als Arzneimittel von der Natur aufgebaut sind. Bauen wir einen chemischen Körper, der als Arzneimittel dienen soll, auf, so schaffen wir in demselben nach Möglichkeit nur wirksame Gruppierungen, oder wir lagern Gruppen an, um die zu starke Wirkung der Grundsubstanz abzuschwächen. In den natürlich vorkommenden Arzneimitteln hingegen, welche ja nicht nach dem Plane aufgebaut sind, als solche zu dienen, sondern deren durch pflanzenphysiologische Ursachen bestimmter chemischer Aufbau zufällig sich auch in der Therapie verwerten läßt, kann wohl das ganze Molekül als solches an der Wirkung beteiligt sein, es kann aber, und das wird wohl der häufigere Fall sein, nur von einem Teile des großen Moleküls der pharmakologische Effekt abhängen. Anderseits muß die vorhandene wirksame Gruppierung nicht die bestmögliche sein. Wir sind also daher gar nicht darauf angewiesen, um jeden Preis auf synthetischem Wege den in der Natur vorkommenden Körper genau aufzubauen, sondern es genügt, wenn wir Substanzen erhalten, die in der Wirkung mit den natürlich vorkommenden, die uns als Exemplum trahens dienen, identisch sind, und dies kann geschehen, wenn unsere pharmakologischen Studien und Spekulationen, welche sich auf die physiologischen Effekte der Abbauprodukte stützen, uns über den Bau der eigentlich wirksamen Gruppen aufklären.

Eine große Bereicherung unserer Erkenntnis trat mit dem ungeahnten Aufschwunge der synthetischen organischen Chemie ein, als man sich, hauptsächlich ausgehend von der Erkenntnis der Wirkung einfach gebauter Substanzen, bemühte, durch physiologische Untersuchung ganzer Körperklassen, die auf synthetischem Wege gewonnen wurden, in diesen Klassen einzelne Individuen zu finden, die wegen ihrer Eigenschaften als Arzneimittel verwertbar waren. Je mehr nun Kenntnisse dieser Art sich erweiterten, je eingehender unsere Erfahrungen über die Wirkung einzelner Gruppierungen sich gestalteten, desto mehr war der Weg vorbereitet, den Chemiker und Pharmakologen der neuesten Zeit mit sichtlich großem Erfolge betreten haben, der Weg des planmäßigen Aufbauens und Findens neuer Körper mit pharmakologisch verwertbaren Eigenschaften, welche als Arzneimittel therapeutische Verwendung finden sollten. Es zeigte sich nun bald, daß hier ein bedeutender

Unterschied in den Resultaten eintreten mußte zwischen den Forschungen, welche die erste Hälfte des 19. Jahrhunderts charakterisierten und die sich darauf bezogen, aus den wirksamen Drogen den wirksamen Bestandteil, das aktive Prinzip, zu isolieren und der neuen Richtung, welche nicht etwa das in der Natur Vorhandene suchte und nachahmte, sondern Neues, in der Natur nicht Vorhandenes, auf Grund von Erfahrungen und Spekulationen schuf. Diese Richtung mußte nun ganze Körperklassen, eine Reihe von analog gebauten Individuen schaffen, Körper, die in ihrer Grundwirkung miteinander übereinstimmten und denen durch synthetische Prozesse eine Reihe von Nebenwirkungen benommen wurden. Das Resultat dieser Richtung war eine Unzahl von physiologisch wirksamen Substanzen, und erst die therapeutische Erfahrung konnte aus jeder Klasse wirksamer Körper dasjenige Individuum heraussuchen, welches als bester Träger der charakteristischen Wirkung mit möglichst wenig schädlichen Nebeneigenschaften, als eigentliches Arzneimittel Verwendung finden konnte. War man bis zu diesem Zeitpunkte darauf angewiesen, nur mit dem von der Natur Gebotenen in der Arzneitherapie vorliebzunehmen, so zeigte sich nun eine fast unendliche Fülle von Möglichkeiten, über die Natur hinausgehend Neues zu schaffen.

Wie der Künstler als sein Ziel nicht etwa die sklavische Nachahmung der Natur, welche die Kunst zur einfachen Reproduktion herabwürdigen würde, ansieht, sondern seine subjektive Anschauung vom Schönen benützt, um neues Schöne, welches die Natur in dieser Form nicht gerade bietet, aus sich heraus zu schaffen, wohl unter der Benützung des Natürlichen, aber in einer neuen, dem Künstler eigentümlichen Art der Darstellung, so muß auch der synthetische Chemiker neue Körperklassen in der Weise schaffen, daß er, angeregt durch die Wirkungen in der Natur vorkommender Körper und geleitet von seiner chemischen und pharmakodynamischen Erkenntnis der wirksamen Gruppierungen in solchen Substanzen, neue Körperklassen darstellt, zum Teil wohl auf Spekulation basierend, gleich wie der Künstler auf der Betrachtung des ihm subjektiv schön Erscheinenden.

Doch war hier für den Chemiker, welcher physiologisch wirksame Körper aufgebaut hatte, auf Grundlage von wirklicher Erkenntnis oder von Spekulation, ein natürliches Kriterium in der therapeutischen Erfahrung am Krankenbette gegeben, eine Erfahrung, die von Tausenden Ärzten in den verschiedensten Ländern und unter den verschiedensten Bedingungen gesammelt, nur dem wirklich Guten und Brauchbaren zum endlichen Siege verhelfen konnte.

Wurde nun mit steigender Erkenntnis eine neue wirksame Körperklasse mit wertvolleren Eigenschaften in derselben therapeutischen Richtung erschlossen, als es die bisher verwendete Substanz war, so mußte der anfänglich gut verwertbare Körper dem besseren gegenüber im Wettkampfe unterliegen. Dieses Ringen und Schaffen förderte diese neue Richtung in so überraschender Weise, daß die synthetisch gewonnenen, physiologisch wirksamen Körper mit therapeutisch verwertbaren Eigenschaften schon nach Tausenden zählen. Aber wir stecken noch immer in den Kinderschuhen der Arzneimittelsynthese. Wir suchen in der Natur vorhandene Arzneikörper synthetisch darzustellen oder ihnen verwandte Substanzen mit ähnlichen oder gleichen Wirkungen. Wir finden beim planmäßigen Studium neuer chemischer Körperklassen, die wir auf bekannte Wirkungen prüfen, neue Individuen mit solchen Wirkungen; aber die Therapie mit ihrer ungeheuren Mannigfaltigkeit stellt immer neue Anforderungen nach neuen Wirkungen und wiederholt stetig den Wunsch nach Befriedigung ihres Bedürfnisses an Substanzen, denen therapeutische

Wirkungen eigen sind, die kein von der Natur uns gebotenes Mittel besitzt. Von der synthetischen Chemie erhofft man nun, daß sie von dem pharmakologischen Studium der so zahlreichen dargestellten Körperklassen und Individuen unterstützt und angeregt, Substanzen darstellt und findet, welchen neue, von der Natur nicht gebotene therapeutische Eigenschaften innewohnen.

Das planmäßige Studium der chemischen Vorgänge im Organismus, insbesondere das Studium der chemischen Reaktionen, mit welchen sich der tierische Körper vor der Einwirkung bestimmter Gifte, sei es solcher, die normalerweise etwa durch die Fäulnis im Darme entstehen oder von Giften, die ihm künstlich zugeführt werden, der Hauptsache nach aber das chemische Studium und die Isolierung der Substanzen, durch welche sich der Organismus vor der Einwirkung der Mikroorganismen und der Produkte ihrer Lebenstätigkeit schützt, müssen uns die Wege zeigen, wie wir durch Zufuhr bestimmter chemischer Verbindungen diesen Selbstschutz des Organismus unterstützen oder hervorrufen und steigern können. Anderseits können uns Spekulationen über diese Vergiftungsvorgänge unter normalen und pathologischen Bedingungen, die sich ja bei verschiedenen Individuen und bei verschiedenen Tierklassen so eigentümlich different abspielen, zu der Erkenntnis führen, worauf das auffällige refraktäre Verhalten bestimmter Tierklassen gegen bestimmte Gifte und gegen bestimmte Infektionen beruht. Wenn wir sehen, daß einzelne Tiere Infektionen, die dem Menschen verderblich sind, überhaupt nicht unterliegen, wenn wir weiter sehen, wie einzelne, für den Menschen äußerst giftige Substanzen bestimmte Tierklassen gar nicht tangieren, so müssen wir durch Spekulation über die Wechselwirkung zwischen wirkender Substanz und Organismus, dahin geführt werden, anzunehmen, daß entweder diese giftige Substanz so rasch in dem betreffenden Organismus zu Zerfall geht, neutralisiert oder abgebaut wird, daß sie wegen ihrer mangelhaften Resistenz der Einwirkung dieses speziellen Organismus gegenüber eine physiologische Wirkung auf denselben auszuüben nicht in der Lage ist oder daß die Substanz in einem Organismus, den sie nicht zu alterieren vermag, aus dem Grunde sich so refraktär verhält, weil sie für diesen Organismus chemisch so resistent gebaut ist, daß sie mit seinen Geweben in Wechselwirkung zu treten nicht vermag, was wohl auch an der stereochemischen Konfiguration liegen kann. Es kann auch der Fall vorliegen, daß die betreffenden Erfolgszellen diese Substanz physikalisch nicht aufnehmen.

So ist Atropin, welches für den Menschen ein sehr heftiges Gift ist, für Kaninchen von sehr geringem giftigem Effekte. Ja es ist bekannt, daß sich Kaninchen ohne Schaden von Blättern der Belladonnapflanze ernähren können, und Dragendorff[1]) konnte im Muskelfleische von Kaninchen, die mit Atropin gefüttert waren, das unveränderte Atropin quantitativ bestimmen. Kaninchen scheiden 15—20% des injizierten Atropins durch den Harn wieder aus. Aber man kann den Organismus durch Angewöhnung dahin bringen, daß selbst große Dosen in 24 Stunden aus den Organen verschwinden. Die Leber und das Blut haben dann eine erhöhte Zerstörungsfähigkeit für Atropin, und die Niere scheidet den nicht zerstörten Teil schneller aus. Die angeborene Widerstandsfähigkeit des Kaninchens beruht in erster Linie auf der Zerstörungsfähigkeit von Blut und Leber für Atropin, die Empfindlichkeit der Katze auf dem Fehlen dieser Vorgänge[2]). Wenn wir nun sehen, daß unser Organis-

[1]) Koppe, Dissert. Dorpat (1866). — Dragendorff, Pharm. Zeitschr. f. Rußland 5, 92. — A. Heffter konnte hingegen im Kaninchenmuskel kein Atropin finden. B. Z. 40, 36 (1912). [2]) M. Cloetta, AePP. 64, 427 (1911).

mus bei der normalen Entgiftung giftiger, ihm kontinuierlich zugeführter Substanzen, wie der Phenole, die bei der Fäulnis im Darme entstehen, in der Weise vorgeht, daß er diese Substanzen in saure gepaarte Verbindungen verwandelt, wie die Ätherschwefelsäuren und die gepaarten Glykuronsäuren, die sich im Stoffwechsel so ungeheuer resistent verhalten, daß sie weiter keine physiologischen Wirkungen besitzen und unverändert ausgeschieden werden, wenn wir ferner sehen, daß der Organismus Blausäurederivate von großer Giftigkeit in resistente, ungiftige Rhodanderivate durch Synthese mit einer Sulfhydrylgruppe überführt, so muß uns eine analoge Spekulation dahin leiten, unseren Organismus gegen die Gifte anderer Art in der Weise zu schützen, daß wir ihm die Fähigkeit verleihen, solche Gifte in ihrer Resistenz dem Organismus gegenüber zu steigern und sie auf diese Weise für den Organismus wirkungslos zu machen. Die andere Möglichkeit hingegen, die chemische Wechselwirkung der vergiftenden Substanz mit dem betroffenen Organismus zu beschleunigen und durch raschen Abbau des Giftes innerhalb des tierischen Körpers dasselbe unwirksam zu machen, bietet bei dem meist an und für sich schon resistenten Baue der giftigen Substanzen eine geringe Wahrscheinlichkeit nach dieser Richtung hin. Die physiologische Tätigkeit des Organismus durch Zufuhr von wirksamen Substanzen zu heben, liegt aber immerhin nahe, wenn man bedenkt, daß der Organismus auch ohne Unterstützung diesen Weg einschlagen kann.

Es bietet sich tatsächlich eine solche Möglichkeit, daß der Organismus sich einer sehr giftigen Substanz in der Weise entledigt, daß er sie gleichsam wie ein Nahrungsmittel zum Zerfall und zur Verbrennung bringt. E. S. Faust[1]) hat nachweisen können, daß die Angewöhnung an Morphin nur auf dem Umstande beruht, daß dieses so wirksame Alkaloid innerhalb des tierischen Körpers zum größten Teile eine Zersetzung wie die Nahrungsstoffe erfährt, eine Zersetzung, die nach der Ansicht dieses Forschers zunächst durch eine fermentative Spaltung und weitere Verwandlung der Spaltungsprodukte der Fermenteinwirkung durch Oxydation und Synthese in die Endprodukte des Stoffwechsels zu erklären ist. Der Organismus bringt bei der Angewöhnung keine neuen Faktoren in Tätigkeit, die Morphin zu zersetzen in der Lage sind, sondern zerstört es wie ein Nahrungsmittel, während dieses giftige Alkaloid sonst nur seine typische Wirkung auslöst und hierbei wohl nicht völlig zu Zerfall geht.

Eine andere Möglichkeit ist die, durch Änderung am Molekül die Löslichkeitsverhältnisse der chemischen Verbindungen in den zirkulierenden Medien und Zellteilen in der Weise zu beeinflussen, daß die Substanz nicht mehr in die betreffenden Zellen einzudringen vermag, sondern abgelenkt wird. Anderseits kann man die synthetischen Substanzen so konstruieren, daß sie gerade in diejenigen Zellen eindringen, welche der Wirkung unterliegen sollen. Paul Ehrlich nennt dieses das „chemische Zielen".

Das Bestreben der modernen chemotherapeutischen Richtung geht nun dahin, solche chemische Verbindungen aufzubauen, welche Krankheitserreger und Krebszellen spezifisch treffen, sie im lebenden Organismus schwer schädigen oder abtöten, ohne daß die Zellen des Wirtsorganismus dabei wesentlich geschädigt werden.

Die meisten Bestrebungen der Pharmakodynamiker waren aber bei der großen Schwierigkeit, der Krankheitsursache selbst beizukommen, vielmehr darauf gerichtet, die von der Krankheit erzeugten, zur Erscheinung kommenden Symptome zu bekämpfen. Vornehmlich konnte man die subjektiv empfun-

[1]) AePP. **44**, 217 (1900).

denen Wirkungen des Krankheitsprozesses unterdrücken, die schlechter arbeitenden Organe in ihrer Tätigkeit durch spezifisch auf diese Gewebe wirkende Mittel steigern, die gereizten aber an ihrer krankhaften Tätigkeit entweder durch Einwirkung auf die entsprechenden Nervenzentren oder die betreffenden Erfolgsorgane verhindern. Die Unterdrückung des Schmerzes war von jeher ein Hauptziel und auch eine Hauptaufgabe der Therapeuten.

Waren die eben besprochenen Bahnen nur schwierig zu betreten und boten sie dem Forscher und Darsteller auf diesem Gebiete nur wenige Möglichkeiten des Erfolges, so konnte man doch, wenn man nach langen Bemühungen oder durch Zufall einen neuen Stützpunkt für den Fortschritt in Form eines neuen wirksamen Grundkörpers gewonnen hatte, von diesem aus durch chemische Abschwächungen und Verstärkungen der Grund- und Nebenwirkungen eine theoretisch unendlich große Möglichkeit von Variationen schaffen, von Variationen, die aus dem Grunde mit wenigen Ausnahmen ähnliche Wirkungen zeigten, weil der wirksame Grundkörper das Stetige im Wechsel, die alterierende Gruppe das Variable war.

Handelt es sich für den Eingeweihten nur darum, eine Reihe von Substanzen aufzubauen, die alle gleichmäßig nach einer Richtung hin wirksam waren, und aus der ganzen Gruppe bei verschiedenen Variationen den wirksamsten Körper, welcher möglichst frei von allen schädlichen Nebenwirkungen war, also den therapeutisch brauchbarsten herauszusuchen und diesen zur Anwendung als Arzneimittel zu empfehlen, so bot sich anderseits durch dieselbe physiologische Erkenntnis, durch die verschiedenartige Variation der abschwächenden Gruppen, ohne sonst den Grundkörper und dessen Wirkungen irgendwie zu tangieren, die Möglichkeit, gleichwertige Konkurrenzpräparate in beliebiger Anzahl zu schaffen. So wurde der Schein erweckt, daß die moderne synthetische Chemie, welche sich mit Arzneimitteldarstellung beschäftigt, eine so ungeheure Anzahl von neuen Arzneimitteln geschaffen hat, während es doch klar liegt, wenn man die ganze Entwicklung dieser Richtung in der zweiten Hälfte des 19. und im Anfang unseres Jahrhunderts verfolgt, daß nur wenige wirksame Grundsubstanzen tatsächlich gefunden wurden und daher nur wenige neue Arzneimittel in Wirklichkeit als Gewinst für die Therapie resultieren, daß aber eine Reihe von Variationen gleichwertiger oder minderwertiger Art, welche von diesen Grundsubstanzen ausgingen, als Konkurrenzpräparate auf den Markt kamen, als Präparate, die sich nur in ihren unwesentlichen Bestandteilen und Gruppierungen voneinander unterschieden. Nicht neue Wirkungen konnten diese Variationen bieten, aber man mußte ihnen den Anschein neuer Wirkungen geben, um sie überhaupt marktfähig zu machen. Doch hat die Erfahrung der letzten Jahre gezeigt, daß im Wettkampfe um die Eroberung der therapeutischen Anwendung dieser Substanzen seitens der Ärzte aus jeder Gruppe von Körpern mit identischem Bau und identischen Wirkungen nur ein, höchstens zwei Repräsentanten sich behaupten können und alle Bemühungen der Erfinder und Fabrikanten, solche gleichwertige Variationen durchzudrücken, trotz anfänglicher Erfolge dennoch immer im Wettbewerbe scheitern. Diese gesunde Wirkung des Wettbewerbes verschont uns vor einer noch größeren Überflutung des Arzneischatzes mit gleichwertigen und gleichartig wirkenden Substanzen. Aber trotz dieser Lehre, die sich aus der Betrachtung der Vorgänge dieser Art bei der Einführung neuer Arzneimittel ergeben muß, fehlt es nicht an fortwährenden Versuchen der Erfinder und Fabrikanten, solche gleichwertige Präparate durch Variation einer an der Wirkung nicht beteiligten Gruppe darzustellen und in den Arzneischatz einzuführen. Es mag dies wohl zum großen Teil damit zusammenhängen, daß sowohl unter den Ärzten, als auch unter den Chemikern noch eine große Unklarheit darüber herrscht, worauf eigentlich die Wirksamkeit bestimmter Körperklassen beruht und daß sie nur nach Analogien, die aus anderen Körperklassen herübergenommen sind, neue Substanzen schaffen und schließlich sehr erfreut sind, wenn sie einen physiologisch wirksamen Körper, der am Krankenbette therapeutische Wirkungen äußert, erhalten und dabei übersehen, daß sie nur das Unwesentliche in der Konstitution des Körpers variiert haben, das Wesentliche aber unverändert blieb.

Eine zweite Richtung der synthetischen Arzneimittelchemie war noch ungleich einfacher in bezug auf das gestellte Problem, sowie auch auf die Variationsmöglichkeiten der Lösungen dieses Problems. Eine Reihe von in der Natur vorkommenden und als Arzneimittel verwendeten Körpern, sowie auch neue, synthetisch dargestellte Substanzen zeigten bei ihrer Anwendung in der Therapie gewisse unangenehme Nebenwirkungen, die mit der Hauptwirkung der Substanz nicht immer im genetischen Zusammenhang standen. Diese Nebenwirkungen äußern sich darin, daß die Arzneikörper zu rasch oder zu langsam die ihnen eigentümliche Wirkung auslösen, daß sie ätzend wirken oder bitteren Geschmack haben. Bei einer Reihe anderer Mittel fällt wieder der Umstand in die Wagschale, daß sie ihre Wirkung schon an Orten auslösen, an welchen diese Wirkung nicht benötigt wird, wie z. B. die Darmantiseptica und darmadstringierenden Mittel, deren Wirkungen unnötigerweise schon im Magen beginnen. Bei vielen Arzneimitteln zeigt sich wiederum der Mißstand, daß sie wegen ihrer Unlöslichkeit nur schwer zur Resorption gelangen; hier ist das Problem, diese Substanzen ohne Veränderung ihrer physiologischen Wirksamkeit auf chemischem Wege in wasserlösliche zu verwandeln. Auch das umgekehrte Problem, leicht lösliche Substanzen in schwerlösliche oder unlösliche zu verwandeln, um sie bestimmten Zwecken dienstbar zu machen, wurde häufig aufgestellt. Während in der Therapie der früheren Zeit sich häufig die Notwendigkeit herausstellte, um gleichzeitig verschiedene Wirkungen zu erzielen, Gemenge verschiedener, verschieden oder ähnlich wirkender Substanzen zu verabreichen, war auf synthetischem Wege die Möglichkeit geboten, chemisch solche Substanzen zu kombinieren. Es ist nun die Frage naheliegend, ob Synthesen dieser Art, bei denen zwei oder mehrere wirksame Körper ohne Rücksicht auf die Wirkungsstärke der einzelnen Komponenten chemisch verbunden werden, Vorteile bieten vor einem einfachen Mengen der wirksamen Substanzen, ob nicht der ganze synthetisch-chemische Prozeß überflüssig ist. Diese Frage läßt sich nicht strikte beantworten. Durch die Verbindung zweier wirksamer Substanzen können nämlich unter Umständen dem neu entstehenden Körper neue, den beiden Grundsubstanzen nicht zukommende Wirkungen verliehen werden, doch erhält man in der Mehrzahl der Fälle meist Wirkungen, die der Wirkung eines Gemenges der beiden Substanzen entsprechen, manchmal auch ganz wirkungslose Körper. Es ist nun ersichtlich und klar, daß all diese Bemühungen der Synthetiker, auf dem bezeichneten Wege Derivate der bekannten Arzneikörper zu erhalten, zur Darstellung von Substanzen führen, welche keineswegs als neue Arzneimittel anzusehen sind, wie es Ärzte und Chemiker häufig tun, sondern als Körper, welche uns als synthetisch-chemischer Ersatz der gegenwärtig unmodernen und für manche Ärzte antiquierten pharmazeutischen Zubereitung komplizierter Art dienen. Es bieten sich nun eine Reihe von Möglichkeiten, auf synthetischem Wege bestimmte Eigenschaften der Arzneikörper zu korrigieren. Die verschiedenartige Lösung dieses einen bestimmten Problems führt aber nicht zu neuen Arzneikörpern, sie hat nur die Darstellung verschiedener chemischer Substanzen zur Folge, welche in der Grundwirkung mehr oder minder identisch und in denen der wirksame Kern erhalten sein muß. Es gibt nun eine Anzahl von Möglichkeiten, die Lösung solcher Probleme zu variieren, von Möglichkeiten, die in ihrer Wirkung häufig zu ganz identischen Resultaten führen. Diese Variationsmöglichkeit bereichert oft in einer ganz unnötigen Weise die Auswahl der vorhandenen Arzneikörper, ohne daß diese Varianten in ihrer Wirkung oder in ihren sonstigen Eigenschaften differieren. Andererseits stellt sich häufig bei Chemikern, welche die theoretischen Grundlagen der Wirkungen chemischer Substanzen im Organismus nicht kennen, der Fehler ein, daß sie die gestellten Probleme, wirksame Arzneikörper etwa geschmacklos oder wasserlöslich zu machen, in einer solchen Weise zu lösen versuchen, daß sie durch die gesetzten chemischen Veränderungen an den wirkenden Grundsubstanzen die Wirksamkeit derselben überhaupt vernichten. Aus diesem Grunde kamen häufig chemische Substanzen zur therapeutischen Verwendung, die durch Variationen an einem bekannten wirksamen Grundkörper hergestellt waren, denen aber jede Wirkung mangelte oder deren Wirkung unnötigerweise wesentlich abgeschwächt war.

Es erschien dem Verfasser als eine dankbare Aufgabe, den gegenwärtigen Stand unserer Kenntnisse und Erfahrungen über die Beziehung zwischen Aufbau und Wirkung der chemischen Verbindungen zu untersuchen und jene allgemeinen Regeln, welche sich aus diesen Kenntnissen ableiten lassen, festzustellen. Es ergab sich nun, daß es von großem Interesse für die Erkenntnis dieser Verhältnisse sei, wenn man in das Bereich der Untersuchungen auch das Verhalten der chemischen Substanzen und insbesondere der Arzneimittel im Organismus einbezieht, um so mehr, als der Verfasser sich zu der Anschauung berechtigt fühlte, daß das Erkennen der chemischen Prozesse bei der Vergiftung und bei der Entgiftung im Organismus, sowie das Erkennen, welche Körper im Organismus völlig abgebaut werden, welche nur partielle Wandlungen erleiden und welche schließlich den Organismus ganz unverändert passieren, uns die wertvollsten Aufschlüsse theoretischer Natur liefert, sowie auch eine Reihe von Fingerzeigen gibt, welche sich für die Synthese neuer wirksamer Körper verwerten lassen. Von der so gewonnenen Grundlage wurde der Versuch unternommen, jene Bahnen, welche die synthetischen Chemiker bei der Darstellung neuer Arzneimittel und der Derivate von wirksamen Körpern eingeschlagen haben, aufzusuchen und kritisch zu beleuchten.

Nur wenige Ideen waren es, aus denen die große Anzahl, die Tausende von neuen Mitteln entsprungen sind, und nur die Variationsmöglichkeit verschiedenster Art war die Quelle dieser überaus großen Menge neuer Körper, die leicht noch auf das Mehrfache gesteigert werden könnte. Aber auch manche überaus wertvolle Errungenschaft verdankt die Therapie der synthetisch-chemischen Richtung in der Pharmakologie, und außer diesen Errungenschaften von praktischer Bedeutung hat die pharmakologische Wissenschaft auch viele theoretische Kenntnisse durch die Darstellung und Prüfung der vielen neuen Arzneimittel gewonnen.

Die Hochflut der neuen Substanzen, welche Erfinder und Fabrikanten praktisch zu verwerten suchten, mußte es dahin bringen, daß die Frage aufgeworfen wurde, wie man den Einbruch dieser neuen Mittel in die Therapie vor einer eingehenden Prüfung verhüten könnte. Es wurde mehrfach der Vorschlag gemacht, staatliche Institute zu errichten, deren Aufgabe darin bestehen soll, die neuen Arzneimittel zu prüfen und zu begutachten, bevor man deren Einführung in die Therapie zuläßt. So wertvoll eine solche Prüfung auch sein mag und so sehr vielleicht durch eine solche Vorprüfung die Anwendung von durchaus schädlichen Substanzen seitens praktischer Ärzte verhindert werden möchte, so kann sich leicht ein anderer Nachteil in der Richtung einstellen, daß ein solches staatliches Institut die ungeheuer große Möglichkeit von Variationen an bekannten, wirksamen Substanzen als neue, gut wirksame Körper anerkennen und für die Praxis zulassen müßte. Gerade diese Variationen machen die große Anzahl neuer Arzneimittel aus, während das Auffinden neuer wirksamer Körperklassen und Grundkörper ja doch weitaus seltener ist. Wir müssen vielmehr hoffen, daß den unnützen Variationen bekannter wirksamer Grundverbindungen seitens der Chemiker ein Damm gesetzt wird durch Erweiterung der pharmakologischen Kenntnisse der Ärzte, und daß die berufenen Lehrkräfte auf die Ärzte aufklärend wirken, indem sie dieselben mit den Richtungen, mit den Zielen und mit den Methoden der Chemiker vertraut machen und sie strenge unterscheiden lehren zwischen dem Auftreten neuer wirksamer Grundverbindungen und den Variationen verschiedenster Art an alten oder neuen wirksamen Substanzen.

Gegenwärtig besteht leider eine Schutzwehr gegen die Überflutung der Therapie durch überflüssige neue Mittel nur in der Resistenz und dem Konservativismus des ärztlichen Publikums, ein konservativer Sinn, welcher ebenso dem Neuen und Guten, wie dem Neuen und Überflüssigen entgegengesetzt wird.

Durch die kritische Sichtung der Bestrebungen der Chemiker und die Beleuchtung der sie treibenden pharmakologischen Ideen hofft der Verfasser nach beiden Richtungen zu wirken. Der Chemiker soll durch die Erkenntnis des schon tatsächlich Geleisteten davon abgehalten werden, für die Therapie überflüssige Stoffe darzustellen, und durch das Erkennen der pharmakologischen Grundwirkungen soll er in die Lage versetzt werden, auf neuen Wegen vorzuschreiten. Auch die Darstellung des Scheiterns so zahlreicher pharmakologischer Ideen wird sicherlich lehrreich wirken und den Synthetiker von dem Betreten einer aussichtslosen oder falschen Bahn zurückhalten.

Auf die medizinischen Kreise hofft der Verfasser in der Weise aufklärend zu wirken, daß er sie zum Erkennen und gruppenweisen Betrachten der neuen Arzneimittel nach chemischen und pharmakodynamischen Prinzipien anregt und zeigt, aus welchen Richtungen und auf welche Weise eine Überflutung mit neuen Arzneimitteln droht, welche Richtungen Vorteile zu bringen versprechen und welche schließlich ganz unwirksame Körper fördern müssen.

Welche Erfolge diese neue Betrachtungsweise der Arzneimittel und ihrer Wirkung zeitigen und welche Klärung durch die Bestrebungen des Verfassers eintreten wird, soll die Zukunft entscheiden.

Für Ärzte und insbesondere für Chemiker muß es auch von Interesse sein, jene synthetisch-chemischen Prozesse kennenzulernen, nach welchen die Darstellung der verschiedenen Arzneimittel durchgeführt wird. An der Hand der Patentschriften des Deutschen Reichs-Patentamtes u. a. sind alle hier in Betracht kommenden Verfahren in diesem Werke beschrieben.

In jüngster Zeit hat die physikalisch-chemische Richtung in der Pharmakologie ungemein an Bedeutung gewonnen, vorzüglich der Versuch, die Wirkungen der Substanzen aus ihrem physikalischen Verhalten, insbesondere ihrer Verteilung zu erklären. Wenn auch diese Richtung bis nun sich nicht als heuristisches Prinzip durchgesetzt, so hat der Verfasser nicht ermangelt, ihre theoretischen Grundlagen in diesem Werke auseinanderzusetzen.

Allgemeiner Teil.

Erstes Kapitel.

Theorie der Wirkungen anorganischer Körper.

Bei den Wirkungen der anorganischen Körper läßt sich eine bestimmte Gesetzmäßigkeit innerhalb gewisser Reihen leicht erkennen, und schon im Jahre 1839[1]) hat James Blake darauf hingewiesen, daß die Wirkung der Lösungen verschiedener Salze, in das Blut eingeführt, nur von dem elektro-positiven Grundstoffe abhängt, und die Säure im Salze in gar keinem oder nur sehr geringem Zusammenhange zu der Wirkung desselben steht. Später konnte er zeigen, daß bei den Metallen die Wirksamkeit einer und derselben isomorphen Gruppe im Verhältnisse zum Atomgewichte steht[2]). Je größer das Atomgewicht innerhalb der isomorphen Gruppe, desto intensiver die physiologische Wirkung. Es stimmen die einwertigen Metalle Li, Na, Rb, Tl, Cs, Ag qualitativ genau in ihrer physiologischen Wirkung überein. Die zweiwertigen Metalle Mg, Te, Mn, Co, Ni, Cu, Zn, Cd haben untereinander ebenfalls eine Übereinstimmung aufzuweisen, dasselbe zeigt sich in der Gruppe Ca, Sr, Ba. In den Salzen der Magnesiumreihe ist die analoge physiologische Wirkung deutlich ausgesprochen. Man kann leicht ersehen, daß sich ihre Wirksamkeit mit der Zunahme des Atomgewichtes steigert, ebenso bei den Salzen der Calciumgruppe. Die vierwertigen Elemente Thorium, Palladium, Platin, Osmium und das ein- oder dreiwertige Gold zeigen alle übereinstimmend eine große Intensität der physiologischen Wirkung. Nach den Untersuchungen von Blake stimmen auch die drei Halogene Chlor, Brom und Jod in ihren physiologischen Wirkungen überein. Nach den Angaben von Blake machen Phosphor und Antimon, in den Kreislauf gebracht, keine sofort wahrnehmbare physiologische Reaktion. Auch für Schwefel und Selen gibt es Gesetze der Isomorphie, denn letzteres wirkt stärker. Die einzige Ausnahme von der Blakeschen Regel der analogen Wirkungsweise isomorpher Substanzen machen die Salze des Kalium und Ammonium, da deren Wirkung von der Wirkung der anderen Glieder der isomorphen Gruppe stark differiert. Dieselben Elemente machen aber auch eine Ausnahme in dem von Mitscherlich aufgefundenen Gesetze, daß den Elementen derselben isomorphen Gruppe ähnliche Spektren zukommen. Blake nimmt an, daß die physiologische Wirkung der Elemente auf intramolekularen Schwingungen beruht, welche sich auch im Spektrum äußern. Zwei isomorphe Gruppen, die der Alkalimetalle und die des Phosphors, haben im ganzen außer einer verhältnismäßigen Einfachheit des Spektrums, nach Blake auch die Eigenschaft gemein, nur periphere Nervenzentren, nicht aber cerebrospinale zu affizieren. Der Stickstoff, welcher ein kompliziertes Spektrum besitzt, wirkt dagegen sehr entschieden auf die cerebrospinalen Nervenzentren.

---

[1]) C. r. Jg. **1839**. Proceedings London Roy. Soc. **1841**, BB. **14**, 394 (1881).
[2]) Americ. Journ. of Science and Arts 7. März 1874.

Die Einwirkung einwertiger Elemente auf die Lungencapillaren (Kontraktion derselben beim Durchspritzen) ist nach Blake so spezifisch, daß diese Metalle auch beim Einspritzen in die Arterien noch durch ihre Wirkung auf die Gefäße tödlich sind. Sie zirkulieren durch die Nervenzentren in einem konzentrierteren Zustande als durch die Lunge, und passieren die Körpercapillaren, ohne eine deutliche physiologische Wirkung auszuüben.

Die Salze aller zweiwertigen Elemente gehen durch die Lungencapillaren durch, ohne eine Kontraktion derselben zu verursachen, setzen aber der Herztätigkeit alsbald ein Ende. In kleineren Mengen eingespritzt ist die physiologische Wirkung der Salze in der Mg-Gruppe und der Ba-Gruppe ganz verschieden. Die ersteren wirken auf das Brechzentrum direkt oder wahrscheinlich infolge von Reflexwirkung auf den Splanchnicus, während Salze der Ba-Gruppe auf das Rückenmark einwirken, indem sie Zuckungen der willkürlichen Muskeln noch mehrere Minuten nach dem Tode verursachen.

Die Salze der drei- und vierwertigen Metalle wirken hauptsächlich auf das Hemmungs- und vasomotorische Zentrum in der Medulla oblongata.

Die erzeugten Wirkungen werden durch den elektro-positiven Bestandteil des Salzes bestimmt, ändern sich daher nur wenig mit der Natur des damit verbundenen Säureradikals. Direkt in das Blut eingeführt, übten die Sulfate, Nitrate, Chloride, Acetate, Arseniate, Phosphate einer und derselben Base sämtlich die gleiche biologische Wirkung aus, wie Blake behauptet, was aber nicht ganz richtig ist.

Die biologischen Wirkungen der anorganischen Verbindungen sind durch ihre isomorphen Beziehungen bestimmt, indem alle Stoffe derselben isomorphen Gruppe analoge Wirkungen ausüben.

Das Atomgewicht eines Elementes ist ein wichtiger Faktor bei den biologischen Wirkungen und beeinflußt den allgemeinen Charakter derselben, welcher von den isomorphen Beziehungen der Substanzen abhängig ist. Bei Körpern derselben isomorphen Gruppe ist die Intensität der Wirkungen dem Atomgewicht proportional oder mit anderen Worten, je höher das Atomgewicht eines Elementes ist, um so weniger muß vorhanden sein, um die der betreffenden isomorphen Gruppe eigentümliche biologische Wirkung zu zeigen. Diese Regel findet jedoch nur für die elektropositiven Elemente Anwendung. Bei den Metalloiden und Halogenen ist zwar die biologische Wirkung durch ihre isomorphen Beziehungen bestimmt, doch zeigt sich kein Zusammenhang zwischen dem Atomgewicht und der Intensität der Wirkung.

Es besteht also nach Blakes Untersuchungen ein Zusammenhang zwischen der molekularen Konstitution der anorganischen Substanzen und ihrer Wirkung, indem die Wertigkeit eines Elementes ein bestimmender Faktor der biologischen Wirkung ist. Es ist nicht der allgemeine Charakter oder die Intensität der biologischen Wirkung, sondern sozusagen die Ausdehnung derselben, worauf die Wertigkeit des Elementes von Einfluß ist. Mit der Zahl der Valenzen steigt die Zahl der Organe, auf welche die anorganischen Verbindungen einwirken. Die Wirkungen im differenzierten Organismus werden allgemeiner.

Die Mg-Gruppe wirkt auf die Eingeweidenerven, die Ba-Gruppe auf die willkürlichen Muskeln.

Der Einfluß der isomorphen Beziehungen eines Elementes zeigt sich als der für die Wirkung auf belebte Materie bestimmende gerade bei jenen Elementen in besonders hervorragender Weise, welche die Übergangsglieder zweier isomorpher Gruppen bilden. Sie erzeugen biologische Wirkungen, welche den von den Elementen der beiden ihnen nahestehenden Gruppen hervorgerufenen ganz nahe sind. Kalium und Ammonium z. B., welche mit den einwertigen Metallen und ebenso mit der Bariumgruppe in isomorpher Beziehung stehen, zeichnen sich durch ihre Wirkung auf die Lungencapillaren aus, wie es die Salze der Na-Gruppe tun, während sie gleichzeitig die am meisten charakteristische Reaktion der Salze der Bariumgruppe hervorbringen, indem sie nämlich die Kontraktion der willkürlichen Muskeln noch mehrere Minuten nach dem Tode verursachen. Wenn dasselbe Element Verbindungen eingeht, die zwei isomorphen Gruppen angehören, so ist die Wirkung der Salze, die zu den verschiedenen Gruppen gehören, keineswegs die gleiche. Der Unterschied zwischen den biologischen Wirkungen der Ferro- oder Ferrisalze ist sehr deutlich. Ferrosalze affizieren die Lungencapillaren nicht, Ferrisalze verursachen ihre Kontraktion. Die ersteren heben die Herztätigkeit auf, die letzteren vermehren und verstärken sie. Auf Nervenzentren ist die Wirkung der Ferrisalze sehr bestimmt, während die Ferrosalze sie kaum affizieren; die Ferrosalze verzögern oder verhindern die Koagulation des Blutes, während die Ferrisalze sie begünstigen und dieselbe Menge eines Ferrisalzes ist 30 mal giftiger als die eines Ferrosalzes.

Was den Einfluß der elektro-negativen Bestandteile eines Salzes auf seine biologische Wirkung betrifft, so äußert er sich nach Blake gleichsam als Korrelat zu der Regel, daß isomorphe Substanzen zu ähnlichen biologischen Wirkungen Veranlassung geben. — Die meisten Verbindungen des elektronegativen Elementes haben keine deutliche biologische Wirkung. Phosphor und arsenige Säure können in die Blutgefäße in viel größeren Mengen eingespritzt werden, als eines der Metallsalze, ohne eine direkte Wirkung auf die Nervenzentren hervorzurufen. Die Tatsache, daß die pyrophosphorsauren Alkalien viel giftiger sind als die orthophosphorsauren, ist wahrscheinlich durch Dissoziation der Salze in verdünnter wässeriger Lösung veranlaßt, indem die unverbundenen alkalischen Basen viel stärker wirken als Salze.

Der Einfluß der Wertigkeit auf die biologische Wirkung der anorganischen Verbindungen ist ähnlich wie beim Molekulargewicht, nur sekundär. Er scheint nur die Richtungen, in denen er sich äußert, zu bestimmen. Elemente derselben Wertigkeit finden sich in verschiedenen isomorphen Gruppen und können gemäß ihrer isomorphen Beziehungen sich durch sehr verschiedene biologische Wirkungen unterscheiden, aber kein einwertiges Element wirkt auf so viele Nervenzentren und Organe wie ein zweiwertiges und die Wirkung jedes zweiwertigen Elementes ist mehr beschränkt als die der drei- und vierwertigen Elemente[1]).

Nur bei den elektropositiven Elementen ist nach Blake Wertigkeit und Atomgewicht bestimmend für die biologische Wirkung.

Eine Analogie hierfür existiert bei den organischen Verbindungen. O. Schmiedeberg fand, daß die biologische Wirkung der Ester nicht durch den elektronegativen Bestandteil beeinflußt wird[2]).

Man ist zu der Annahme berechtigt, daß in derselben Gruppe von Elementen die Spektra homolog sind; dasselbe findet man bei der biologischen Wirkung.

Wie schon oben erwähnt, zeigen die biologischen Wirkungen der Elemente nur in zwei Fällen (Kalium- und Stickstoffverbindungen) eine Ausnahme, da dieses biologische Verhalten mit den isomorphen Beziehungen nicht übereinstimmt[3]). Dasselbe Verhalten zeigen aber auch die Spektra. Bei diesen

[1]) J. Blake, C. r. **106**, 1250. [2]) AePP. **20**, 201.
[3]) J. Blake, C. r. **104**, 1544. — Journ. of physiol. **8**, 13.

Elementen sind die Spektra von denen der anderen Elemente derselben Gruppe verschieden. Wir kennen die Absorptionsspektra der Verbindungen der einwertigen Metalle zu wenig, um der Ausnahmestellung des Kaliums viel Gewicht beizulegen. Die Spektra des Stickstoffs und seiner Verbindungen aber sind durchaus verschieden von den Spektren der anderen Elemente. Nicht nur unterscheidet sich der Stickstoff in seinen spektralen Beziehungen gänzlich von den anderen Elementen, sondern der Einfluß seiner Verbindungen auf die Lichtabsorption zeigt, daß er optisch ein außerordentlich aktives Element ist; diese optische Aktivität ist nun aber von einer deutlich ausgesprochenen biologischen Aktivität begleitet.

Diese interessanten Untersuchungen Blakes haben eine Reihe von Forschern angespornt, dieses Gebiet weiter auszubauen und auch die Blakeschen Versuche und Theorien kritisch zu beleuchten. Zuerst haben Bouchardat und Stewart Cooper[1]) gezeigt, daß die physiologische Wirkung von Chlor, Brom und Jod, in engem Zusammenhang mit ihrem Atomgewicht steht, und das Verhältnis ein solches ist, daß mit dem Anwachsen des Atomgewichtes die Wirkung sich abschwächt. Vergleicht man hingegen die Wirkung der Natriumsalze der Halogene, so ergibt sich die umgekehrte Regel: Fluornatrium ist das giftigste, dann Jodnatrium, Bromnatrium und zum Schluß das ungiftige Chlornatrium. Rabuteau[1]) konnte diese Regel für die einwertigen Metalloide bestätigen. Die physiologische Wirkung der zweiwertigen Metalloide soll sich aber im allgemeinen direkt mit der Zunahme des Atomgewichtes steigern. Selen wirkt stärker als Schwefel, während Fluor stärker wirkt als Chlor. Er dehnte dieses Gesetz auch auf die Metalle aus, mußte aber dann seine Behauptung wesentlich einschränken.

Einige interessante Untersuchungen sollen hier noch erwähnt werden. So hat Charles Richet[2]) die physiologische Wirkung der Salze von Lithium, Kalium und Rubidium untersucht und gefunden, daß sich Lithium, Kalium und Rubidium in ihrer Giftigkeit verhalten, wie 1.1 : 0.5 : 1.0; während sich die Atomgewichte verhalten 1 : 5.6 : 12. Man berechnet die tödliche Dosis des Alkalimetalles, wenn man das Atomgewicht mit 0.0128 multipliziert. Richet erklärt das Verhalten der Alkalimetalle im Organismus damit, daß sie Atom für Atom Natrium in den Verbindungen des Organs verdrängen und ersetzen. Binet[3]), welcher vergleichende physiologische Untersuchungen der Alkalien und Erdalkalien machte, fand, daß die allgemeinste Wirkung der Alkalien und Erdalkalien die ist, daß ein Verlust der Erregbarkeit des Zentralnervensystems und Störung der Muskelcontractilität auftritt; diesem letzteren Stadium gehen Störungen der Respiration und Herztätigkeit voraus, welche bei Warmblütern schnell zum Tode führen können, bevor sich noch die erstgenannten Wirkungen auf das Nervensystem entwickeln. Bisweilen sind auch Störungen im Verdauungskanal zu beobachten, namentlich durch Barium und Lithium. Neben diesen gemeinsamen Wirkungen treten auch besondere Erscheinungen auf, welche für die chemischen Gruppen der Metalle besonders charakteristisch sind. Die Alkalien machen Herzstillstand in der Diastole und motorische Untätigkeit durch allgemeine Muskelerschlaffung; Erdalkalien machen systolischen Herzstillstand. Barium charakterisiert sich durch Kontraktion, Calcium durch die Wirkung auf das Zentralnervensystem, durch einen Zustand von Torpor mit Erhaltung der Reflexerregbarkeit und der Sensibilität. Magnesium nähert sich der ersten Gruppe, indem es ebenfalls

[1]) L. Brunton, Handb. d. Pharmakol., S. 31. Leipzig 1893.

[2]) Richet, C. r. **101**, 667, 707. [3]) C. r. **115**, 251.

Herzstillstand in der Diastole bewirkt, es unterscheidet sich aber durch die frühzeitige Lähmung des peripheren Nervensystems. Nach der toxischen Wirkung am Frosch besteht folgende Reihe sehr giftiger Metalle: Lithium, Kalium, Barium, dann folgen die viel unschädlicheren Calcium, Magnesium, Strontium, letzteres ist sehr wenig giftig; schließlich Natrium, dem fast gar keine toxische Wirkung zukommt, wahrscheinlich infolge der Gewöhnung der Vorfahren unserer heutigen Tierwelt an salzige Medien[1]). Aber Chlornatrium kann ebenfalls sehr giftig sein, da es die anderen Metallbestandteile der Zellen, wie Kalium, Calcium und Magnesium verdrängen kann, wie wir später sehen werden.

Auf die völlige Unschädlichkeit der löslichen Strontiumsalze wies auch Laborde[2]) hin, welcher ebenfalls die starke Toxizität der ähnlichen Bariumverbindungen und die schwächere Toxizität der Kaliumsalze betonte.

Bei Säugetieren ist für Herz und Respiration Barium am giftigsten. Binet vermißt aber die von Rabuteau aufgestellte Beziehung zwischen Giftigkeit und Atomgewicht der Metalle.

Setzt man die Giftigkeit von Sr = 1, so ergeben sich aus den Binetschen Versuchen folgende Verhältnisse:

	Atomgewicht	Giftigkeit
Na	23	0
Sr	87.5	1
Mg	24	2.5
Ca	40	3
Ba	137	5
K	39	7
Li	7	10

Joseph und Meltzer[3]) fanden, daß

pro kg Körpergewicht letal wirken:	$MgCl_2$	0.223
	$CaCl_2$	0.444
	KCl	0.469
	NaCl	3.7

intravenös oder intraarteriell injiziert.

Ch. Richet[4]) versetzte Meerwasser, in dem Fische waren, mit Metallsalzen. Eine Beziehung zwischen der Giftigkeit der Metalle und ihren Atomgewichten ließ sich aber bei dieser Versuchsanordnung, bei der die Metallsalze ausschließlich auf die Haut, den Kiemen- und Verdauungsapparat wirkten, im Gegensatze zu den vorher angeführten Versuchen, bei denen die Metallsalze direkt in den Kreislauf gebracht wurden, nicht auffinden. Nitrate erwiesen sich aber giftiger als die Chloride.

Die toxische Grenze ist nun nach Ch. Richet[5]) bei Aufträufeln auf Froschherzen nicht abhängig vom Atomgewicht, und die Metallchloride wirken anders auf das Froschherz, als auf die Kiemen der Fische. Auch bei den Alkalimetallen steht die letale Minimaldosis in keinem Verhältnis zum Atomgewicht.

Ch. Richet meint, daß, je löslicher ein Körper ist, desto weniger giftig sei er, und versucht die Erklärung, daß dies durch die Unfähigkeit einer weniger löslichen Verbindung, durch das Protoplasma zu diffundieren, verursacht sei. Diese Erklärung kann man nur für Körper von ähnlicher Zusammensetzung annehmen und für Lösungen von gleicher Stärke. Sehr leicht lösliche Körper werden viel leichter absorbiert oder resorbiert und unter gewöhnlichen Um-

[1]) G. Bunge, Lehrb. d. physiol. u. pathol. Chemie.

[2]) Bull. de l'Acad. de Méd. **26**, 104, 119 (1891). [3]) Zentralbl. f. Physiol. **22**, 244.

[4]) Ch. Richet, C. r. **93**, 649. [5]) Ch. Richet, C. r. **94**, 742.

ständen produzieren sie einen größeren Effekt, weil eine größere Menge in der Zeiteinheit die Gewebszellen affiziert. Blake[1]) und Rabuteau[2]) kritisierten diese von Richet angewandten Methoden und hielten ihre Angaben über den Zusammenhang zwischen Giftigkeit und Atomgewicht weiterhin aufrecht.

Nach Blake nimmt die Giftigkeit nur innerhalb isomorpher Gruppen mit dem Atomgewichte zu, nicht allgemein, wie Rabuteau[3]) mit alleiniger Ausnahme von Natrium und Rubidium behauptet. Blake ordnet die Metalle nach ihrer Giftigkeit folgendermaßen: Gold, Eisenoxyd, Ceroxydul, Aluminium, Didym, Beryllium (Glycinium), Palladium, Lanthan, Silber, Thorium, Platin, Ceroxyd, Barium, Cadmium, Blei, Rubidium, Kupfer, Kobalt, Nickel, Zink, Eisenoxydul, Strontium, Calcium, Magnesium, Lithium.

Wenn man die Elemente in isomorphe Reihen und nach ihrem Atomgewichte und ihrer Giftigkeit ordnet, so sieht man, wie die Giftigkeit der Metalle nicht im allgemeinen, sondern nur innerhalb isomorpher Gruppen mit dem Atomgewicht zunimmt (Blake).

Er stellte folgende Gruppen zusammen:

	Atomgewicht	Tödl. Dosis per Kilo in g
Lithium	7	1.2
Rubidium	85	0.12
Caesium	133	0.12
Silber	108	0.028
Gold	196	0.003
Beryllium (Glycinium)	9	0.023
Aluminium	27	0.007
Eisen (Fe_2O_3)	56	0.004
Yttrium	90	0.004
Cerium (Ce_2O_3)	140	0.005
Barium	136	0.08
Cerium (CeO_2)	140	0.062
Thorium	231	0.034
Lanthan	139	0.025
Didym	147	0.017

	Atomgewicht	Tödl. Dosis per Kilo in g
Magnesium	24	0.97
Eisen (FeO)	56	0.32
Nickel	58	0.18
Kobalt	58	0.17
Kupfer	63	0.17
Zink	65	0.18
Cadmium	112	0.085
Calcium	40	0.50
Strontium	87	0.38
Palladium	106	0.008
Platin	195	0.027
Blei	200	0.110

Äquimolekulare Lösungen der Chloride des Lanthans, Praseodyms und des Neodyms zeigen zunehmende Giftwirkung mit steigendem Molekulargewicht [Dryfuß und Wolf[4])].

Blei, welches sich nicht in eine der obigen Gruppen einordnen läßt, wirkt relativ weniger giftig; die tödliche Dose beträgt 1.11 g pro kg. — Bei den Verbindungen der Metalloide steigt die Giftigkeit nicht mit dem Atomgewicht, wie nach Blake bei den Metallen innerhalb der isomorphen Gruppen. Blake bestimmte die toxische Dose für Phosphorsäure, Arsensäure und Tartarus stibiatus zu 0,7 g, für arsenige Säure zu 0.3 g pro kg. — Selensäure fand er wirksamer als Schwefelsäure. Bei Vergleichung der Halogene fand er die Wasserstoff- und die Sauerstoffsäuren des Chlors am giftigsten, die des Jod am wenigsten giftig[5]).

Die Desinfektionswirkung der Halogene Chlor, Brom und Jod nimmt mit steigendem Atomgewicht ab.

Die Botkinschen Untersuchungen[6]) über die Wirkungen der Alkalimetalle waren darauf gerichtet, einen Zusammenhang zwischen den Wirkungen und

---

[1]) J. Blake, C. r. **94**, 1005. — C. r. s. b. **1882**, 847.

[2]) Rabuteau, C. r. s. b. **1882**, 376.

[3]) Rabuteau, Thèse Paris (1867).

[4]) Americ. Journ. of physiology **16**, 314.

[5]) Blake, Journ. of physiol. **5**, 35.

[6]) Centralbl. f. med. Wiss. **1885**, Nr. 48.

dem periodischen System von Mendelejeff zu suchen. Nach Mendelejeff[1]) nehmen wir an, daß die Eigenschaften der Elemente, sowie die Form und Eigenschaften ihrer Verbindungen sich als periodische Funktionen der Atomgewichte darstellen. Die Alkalimetalle, welche die erste Gruppe bilden, werden in zwei Untergruppen geteilt; zur ersten gehören Lithium (Mol.-Gew. 7), Kalium (39), Rubidium (85) und Caesium (133), zur zweiten: Natrium (23). Somit ist das Natrium trotz seiner Ähnlichkeit mit Kalium in eine andere Untergruppe eingereiht, während Lithium, Rubidium, Caesium und Kalium ein und derselben Untergruppe angehören. Unsere Kenntnisse über die physiologische Wirkung des Kaliums und Natriums rechtfertigen vollkommen eine solche Trennung. Bekanntlich erweist sich Natrium sogar in größeren Quantitäten ins Blut eingeführt, fast als ganz unschädlich, während Kalium als ein starkes Herzgift erscheint. Lithiumsalze üben ihrerseits eine bestimmte Wirkung auf das Herz aus, indem sie dasselbe in einen diastolischen Stillstand versetzen. Zwar ist der Einfluß der genannten Salze auf Warmblüter ein sehr schwacher, dagegen erweist sich Lithium in bezug auf das Froschherz als ein starkes Gift.

Rubidium und Caesium (letzteres zwar im schwächeren Grade) üben gleich dem Kalium eine spezifische Wirkung auf das Herz aus. Vergleichen wir miteinander Kalium, Rubidium und Caesium, so ersehen wir, daß Kalium die größte toxische Wirkung besitzt, Caesium die schwächste, Rubidium dagegen steht der Wirkung nach in der Mitte zwischen beiden, nähert sich darin übrigens mehr dem Kalium; die toxische Wirkung nimmt mit Abnahme des Atomgewichtes zu. Lithium wirkt trotz seines sehr geringen Atomgewichtes schwächer als die übrigen, sogar schwächer als Caesium, scheint somit eine Ausnahme zu bilden. Allein diese Ausnahme ist nur eine scheinbare, denn Lithium, Beryllium, Bor und andere leichteste Metalle, die als Repräsentanten entsprechender Gruppen, der I., II., III. usw., erscheinen, können nach Mendelejeff „typische" genannt werden, indem dieselben nur in den Hauptzügen die Eigenschaften, welche der ganzen Gruppe zukommen, besitzen, im übrigen sich jedoch oft wesentlich unterscheiden. Es muß also nicht wundernehmen, daß auch die physiologische Wirkung des Lithiums im Vergleich zu Kalium, Rubidium und Caesium einen Unterschied aufweist, obgleich eine gewisse Ähnlichkeit dennoch unverkennbar vorhanden ist.

Das periodische System von Mendelejeff, nach welchem Natrium in eine besondere Untergruppe ausgeschieden wird[2]), und ferner den leichtesten Repräsentanten entsprechender Gruppen, z. B. dem Lithium besondere Eigenschaften zukommen, läßt also in der physiologischen Wirkung der Alkalimetalle der ersten Gruppe eine gewisse Gesetzmäßigkeit erblicken.

Die Chloride der Caesium- und Rubidiumverbindungen erhöhen, in das Blut injiziert, den Blutdruck, indem sie den Herzschlag verlangsamen. Der Einfluß auf die Herztätigkeit ist nach Botkin beim Rubidium ein untergeordneter; noch unbedeutender ist er beim Caesium. Im allgemeinen stehen die Caesium- und Rubidiumsalze den Alkalien in physiologischer Beziehung sehr nahe[3]). Nach Laufenauer[4]) besteht eine merkwürdige Beziehung zwischen dem Atomgewicht und der Positivität der Metallbromide und deren antiepileptischen Wirkungen; dieselbe wächst mit höherem Atomgewicht und größerer Positivität, die mit höherem Atomgewicht ausgestatteten Caesium-

[1]) Mendelejeff, Grundlagen d. Chemie, Leipzig (1892), S. 684.
[2]) Mendelejeff, Grundlagen d. Chemie S. 684 (Tafel).
[3]) Lauder Brunton und Cash, Philos. Transact. **1884**, I. 297. [4]) Ther. Mon. **1889**.

Periodisches System nach Mendelejeff.

Reihe	Gruppe 0	Gruppe 1	Gruppe 2	Gruppe 3	Gruppe 4	Gruppe 5	Gruppe 6	Gruppe 7	Gruppe 8
1	X Y	H 1.008							
2	He 4.0	Li 7.03	Be 9.1	B 11.3	C 12.0	N 14.04	O 16.00	F 19.0	
3	Ne 19.9	Na 23.05	Mg 24.1	Al 27.0	Si 28.4	P 31.0	S 32.06	Cl 35.45	
4	Ar 38	K 39.1	Ca 40.1	Sc 44.1	Ti 48.1	V 51.4			
5	—	Cu 63.6	Zn 65.4	Ga 70.0	Ge 72.3	As 75.0	Cr 52.1	Mn 55.0	Fe 55.9 Co 59 Ni(Cu) 59
6	Kr 81.8	Rb 85.4	Sr 87.6	Y 89.0	Zr 90.6	Nb 94.0	Se 79	Br 79.95	
7	—	Ag 107.9	Cd 112.4	In 114.0	Su 119.0	Sb 120	Mo 96.0	—	Ru 101.7 Rh 103.0 Pd(Ag) 106.5
8	Xe 128	Cs 132.9	Ba 137.4	La 139	Ce 140	—	Te 127	J 127	
9	—	—	—	—	—	—	—	—	
10	—	—	—	Yb 173	—	Ta 183	W 284	—	Os 191 Ir 133 Pt(Au) 194
11	—	Au 197.2	Hg 200	Tl 204.1	Pb 206.9	Bi 208	—	—	
12	—		Ra 229	—	Th 232	—	U 239	—	

und Rubidiumbromide wirken daher stärker antiepileptisch, als die Kalium- und Natriumbromide mit niederem Atomgewicht.

Bei Nickel und Kobalt steht die physiologische Wirkung in Beziehungen zu ihren physikalischen Eigenschaften, wenn auch keine direkte Proportionalität zwischen Wirkung und Atomgewicht besteht.

Die Cadmiumsalze sind fast doppelt so giftig als die Zinksalze, sie verringern die Herzfrequenz und die systolische Kraft und verlängern die Herzpausen bis zu 12 Sekunden Dauer. Beim Warmblüter sinkt der Druck, es tritt Benommenheit und Verlangsamung der Atembewegungen ein. Cadmium wirkt auf höhere Tiere nach dem absolutem Gewicht schwächer als Zink, nach dem Atomgewicht aber besitzt es eine stärkere Giftigkeit[1]).

Gallium, welches nach seinen chemischen Eigenschaften zwischen Zink und Aluminium steht, hat bei einem Atomgewicht von 69,82 in seinen Salzen toxische Wirkungen, welche besonders die Muskeln betreffen und etwas stärker sind als die des Zinks (Atomgewicht 65.02) entsprechend der Differenz der Atomgewichte [Rabuteau[2])].

Die Salze der seltenen Erden wie Lanthan, Yttrium, Cerium, Erbium und Praseodymium stimmen in bezug auf ihre Wirkung auf das Froschherz überein. Ebenso wirken Neodymium, Samarium und Thulium, ferner Dysprosium, Neoerbium und Gadolinium. Diese elf trivalenten seltenen Erden haben denselben Grad der Aktivität auf das Froschherz. Scandium wirkt weniger als die anderen seltenen Erden. Scandium ist auch weniger basisch und seine Lösungen sind stark hydrolysiert und reagieren sauer und erinnern nach dieser Richtung mehr an Aluminium als an die seltenen Erden, mit denen es in eine Gruppe zusammengefaßt ist.

Ceroxalat, ebenso Lanthan- und Didymoxalat wirken in gleicher Weise bei Vomitus gravidarum. Didymsalicylat (Dymol) soll als Streupulver für Wunden, Ceroleat als Ersatzmittel für Liquor aluminii acetici dienen.

Mangan, Eisen, Nickel und Kobalt haben identische Wirkungen. Sie erzeugen eine Capillarhyperämie des Magendarmtraktus. Die Vergiftungserscheinungen sind fast identisch mit den durch Arsen hervorgerufenen[3]).

Nach den Untersuchungen R. Koberts[4]) ist Uran ein eminent giftiges allgemeines Metallgift, es macht Gastroenteritis, Nephritis und schwerste Lähmungserscheinungen. Außerdem macht es schwere Ekchymosen in den Organen und alteriert die Gefäßwand erheblich. Die Sauerstoffzehrung ist retardiert, es kommt zu intensiven Ernährungsstörungen. Es ist sicher, daß Uran bei subcutaner oder intravenöser Injektion seiner indifferentesten Salze alle übrigen Elemente an Giftigkeit übertrifft, während Gold und Wolfram, welche ihm dem Atomgewicht nach sehr nahe stehen, bedeutend weniger wirksam sind. Wolfram ist giftig, aber seine Resorbierbarkeit durch unverletzte Schleimhäute fast unmöglich. Die Wolframvergiftungserscheinungen sind die gleichen wie bei den Schwermetallen.

Wenn auch die Untersuchungen von Blake und seiner Kritiker noch keineswegs geeignet sind, eine völlig klare Beziehung zwischen den physikalischen Funktionen der Elemente und dem Verhalten im Tierkörper aufzustellen, so müssen sie durch den umfassenden Ausblick, den sie gestatten, sowie die einzelnen höchst wertvollen Resultate, die sie gezeitigt, sowie die merkwürdigen, und man wäre versucht zu sagen, unerwarteten Beziehungen [wir erwähnen nur

---

1) Athanasiu und Langlois, C. r. s. b. **47**, 391, 496. 2) C. r. s. b. **1883**, 310.

3) Friedrich Wohlwill, AePP. **56**, 403 (1907).

4) Koberts Arb. **5**, 1—40 (1890) (Woroschilsky).

die Beziehung zwischen physiologischer Wirkung und optischem Verhalten, auf die zuerst Papillon hinwies in Kenntnis der Versuche Rabuteaus[1])], die sie aufgedeckt, als sehr wertvolle Errungenschaften bezeichnet werden. Es war dies die erste Brücke zwischen der physikalischen Chemie und der Pharmakologie. Daß wir noch nicht alle „Ungesetzmäßigkeiten" heute verstehen, mag wohl zum Teile daran liegen, daß wir auch chemisch die Beziehungen der einzelnen Elemente zueinander noch nicht völlig erfaßt haben und andererseits die Prüfungsart durchaus nicht alle Beziehungen aufdecken konnte.

Daß die Stellung und Gruppierung wie bei den organischen, so auch bei den anorganischen Verbindungen eine große Rolle spielt, daß in einem Falle ein analog zusammengesetzter Körper giftig, im anderen Falle ungiftig, darauf haben Larmuth, Gamgee und Priestley[2]) aufmerksam gemacht.

Die giftige Wirkung derselben Quantität Vanadium ist verschieden stark, je nachdem dieselbe Menge ortho-, meta- oder pyrovanadinsaure Verbindung in den Körper eingeführt wird, und zwar sind die pyrovanadinsauren Verbindungen die giftigsten, die orthovanadinsauren die am wenigsten wirksamen. In ähnlicher Weise verhalten sich die entsprechenden Phosphorsäuren. Orthophosphorsaure Salze sind bekanntlich ohne toxische Wirkung, dagegen haben meta- und pyrophosphorsaure Salze, besonders letztere, subcutan oder intravenös eingeführt, ausgesprochen giftige Eigenschaften, ähnlich denjenigen der entsprechenden Vanadiumverbindungen. Die Giftwirkung der Pyro- und Metaphosphorsäure stimmt mit der Giftwirkung von Oxalsäure überein, so daß es sich wahrscheinlich bei der Schädigung um Kalkentziehung aus den Zellen handelt[3]). Pyrophosphorsaures Natron wirkt nicht vom Magen aus, wahrscheinlich wegen schneller Elimination des Salzes. Die Annahme eines Überganges in orthophosphorsaures Salz kann dieses Verhalten nicht erklären, denn weder die Fermente des Speichels, noch die des Magensaftes oder des Pankreas sind imstande, diesen Übergang zu bewirken[4]).

Auch die Stellung eines Metalls in einer organischen Verbindung ist von großer Bedeutung dafür, ob die betreffende Verbindung die Metallwirkung besitzt oder nicht, d. h. ob das Metall in Lösung ionisiert oder ob ein komplexes Ion in der Lösung vorhanden.

Wie schon Wöhler beobachtet hat, wird Ferrocyannatrium größtenteils unverändert ausgeschieden, es wirkt nicht wie ein Eisensalz. Auch das Platincyannatrium ist fast ohne giftige Wirkung, abweichend von dem Verhalten der äußerst giftigen Platinsalze, und wird im Harn unverändert ausgeschieden; eben weil der Organismus nicht die Fähigkeit besitzt, aus diesen Metallverbindungen das Metall abzuspalten und als Ion zur Wirkung zu bringen, haben diese Verbindungen keine physiologische Wirkung als Metallgifte, aber wegen ihrer Resistenz auch keine Blausäurewirkung und verlassen unangegriffen den Organismus.

Bleitriäthyl, aus welchem kein Blei abdissoziiert, macht ähnliche Symptome wie die Anaesthetica und erst nach einiger Zeit tritt Bleivergiftung auf[5]).

Die Stibonium- und Arsoniumverbindungen zeigen die Wirkungen der übrigen Antimon- und Arsenverbindungen nicht, ebenso verhalten sich die Phosphoniumverbindungen, welche keine Phosphorwirkung besitzen. Die

[1]) L. Brunton, Pharmakologie (deutsche Ausgabe), S. 30

[2]) Philos. Transact. of Roy. Soc. **166**. — Journ. Anat. and Phys. **11**.

[3]) O. Loew, Arch. f. Hyg. **89**, 139 (1919).

[4]) Larmuth, Gamgee, Priestley, Journ. of Anat. Phys. **11**. — Hugo Schulz, AePP. **18**, 179. [5]) E. Harnack, AePP. **9**, 152 (1878).

Wirkungen des Methyltriäthylstiboniumjodids, des Tetraäthylarsoniumjodids und des Tetraäthylphosphoniumjodids[1]) sind vielmehr die gleichen wie die der substituierten Ammoniumsalze und des Curare (Lähmung der motorischen Nervenendplatten [s. Kapitel: Alkaloide]). Hier kommt also nicht die eigentümliche Wirkung dieser Metalloidgifte selbst zur Geltung, sondern sie spielen in diesen Verbindungen die Rolle des an und für sich indifferenten Stickstoffs.

Wie die anorganischen Verbindungen ihre Wirkungen im Organismus entfalten, dafür existiert wohl keine allgemeingültige Anschauung. Es lassen sich wohl auch hier nur gruppenweise Betrachtungen anstellen.

So zeigten C. Binz und H. Schulz[2]), daß die Verbindungen von N, P, As, Sb, Bi, Va sämtlich durch eine energische Steigerung des Sauerstoffumsatzes auf die Zellen wirken, wobei sie gleichzeitig selbst mit Ausnahme der dreibasischen Phosphorsäure, abwechselnd höhere und niedere Oxydationsstufen eingehen. Nach Schulz werden die lebenden Zellen von solchen Giften stärker beeinflußt, die reduzierend wirken, und zwar so, daß sie den atomistischen Sauerstoff aufnehmen. Daher ist z. B. arsenige Säure in ihrer Wirkung giftiger als die Arsensäure. Die die Hauptrolle spielende Reduktion wird aber unterstützt durch die Oxydation und das chemische Verhalten des Oxydationsproduktes. Salpetrige und arsenige Säure sind alle stark giftig, wenn sie in den Organismus eingeführt werden. (Die phosphorige Säure ist ganz ungiftig[3]).) Sie nehmen atomistischen Sauerstoff auf, wirken während dieses Vorganges als intensive Gifte und verwandeln sich in die völlig oxydierten Säuren. Die arsenige Säure wirkt also auf die Gewebe heftig reduzierend und oxydiert sich hierbei zur Arsensäure, welche wieder durch die reduzierenden Einflüsse der Gewebe zu arseniger Säure rückgebildet wird. Die Giftigkeit der arsenigen Säure und auch des Phosphors beruht also auf der Sauerstoffentziehung aus den Geweben, bei der arsenigen Säure noch dadurch fortwirkend, daß das Oxydationsprodukt durch Reduktion wieder in die ursprüngliche giftige Substanz rückverwandelt wird.

Bei der Prüfung verschiedener anorganischer und organischer Antimonpräparate zeigte es sich, daß alle stark wirkende Präparate dreiwertiges, alle schwach wirkenden fünfwertiges Antimon enthalten[4]). Das gleiche gilt von den Arsenverbindungen.

Bei der Betrachtung der Wirkungen von Salzen muß zweierlei unterschieden werden: Die Salzwirkung selbst und die Wirkung der Ionen. Unsere Ansichten über die Art der Wirkung der Salze haben sich aber bedeutend geändert und die Resultate der Forschungen eine andere Deutung und Erklärung gefunden, seitdem man die Arrheniussche Theorie der elektrolytischen Dissoziation und der Ionenwirkungen in der Physiologie angewendet; ferner seitdem wir die Änderungen im Gleichgewichtszustande der Ionen in den verschiedenen Zellen durch Zufuhr einer neuen Ionengattung oder Erhöhung einer schon vorhandenen Ionenmenge kennen.

Insbesonders die Forschungen von J. Loeb haben nach dieser Richtung hin grundlegend gewirkt.

Die toxischen Wirkungen der Ionen sind nach Loeb spezifisch und verschieden für verschiedene Vorgänge, Gewebe und Tiere. Kaliumionen sind spezifisch toxisch für Muskelkontraktionen, während für die Anfänge der Zellteilung bei Fischeiern Natriumionen giftiger sind als Kaliumionen. Anderseits wirken manche Ionen schon in kleinsten Mengen antitoxisch spezi-

[1]) Arch. de physiol. norm. et pathol. I, 472. [2]) AePP. **11**, 131; **13**, 256; **14**, 345.
[3]) AePP. **23**, 150. [4]) O. Brunner, AePP. **68**, 186 (1912).

fischen Ionenwirkungen gegenüber. Spuren von Calcium genügen, um die Giftwirkungen erheblicher Mengen von Natrium zu beseitigen. Eine reine Chlornatriumlösung von der Konzentration des Seewassers wirkt auf die Eier eines Seetieres merkwürdigerweise giftig, während eine kleine Spur so ausgesprochener Gifte, wie Zink- und Bleiionen, die Giftwirkungen der Kochsalzlösung aufhebt. Sublimat und essigsaures Kupfer versagten. Eine kleine Menge zweiwertiger oder eine noch kleinere Menge dreiwertiger Kationen vermag die giftige Wirkung einer großen Menge einwertiger Kationen aufzuheben. Es ist möglich, daß die entgiftende Wirkung der zweiwertigen Metalle auf der Bildung einer unlöslichen Verbindung zwischen dem Metall und einem Bestandteil der Zelle oder ihrer Oberfläche beruht. Dieser Umstand erklärt vielleicht, daß die entgiftende Wirkung eines zweiwertigen Metalles so viel höher ist als die eines einwertigen. Das dreiwertige Fe-Ion ist ungleich giftiger als das zweiwertige Fe-Ion; zweiwertige Kationen sind im allgemeinen giftiger als die einwertigen. Die Giftigkeit einwertiger Kationen kann durch einwertige Kationen nicht aufgehoben werden. Hingegen können die giftigen Wirkungen zweiwertiger Kationen durch eine kleine Menge eines anderen zweiwertigen Kations oder durch eine relativ große Menge eines einwertigen Kations aufgehoben werden[1]). Lösungen von Nichtelektrolyten haben keine antitoxischen Wirkungen auf die Lösung eines Elektrolyten[2]). Auf Muskelzuckungen des Froschmuskels wirken einwertige Kationen, z. B. Kalium hemmend und zweiwertige Kationen wie Barium, Zink, Cadmium, Blei u. a. erregend.

Unter den Anionen wirken gerade diejenigen besonders erregend, welche die Konzentrationen der Calciumionen in den Geweben verringern. Die Empfindlichkeit aller vegetativen Nervenendigungen, insbesondere aber der sympathischen Fasern, wird durch Calciumentziehung gesteigert.

Die erregende Wirkung der Ionen ist nicht eine Funktion ihrer elektrischen Ladung, sondern es scheinen die polaren Wirkungen des Stromes aus den Veränderungen im Verhältnis der Ionen und aus den dadurch bedingten chemischen und physikalischen Änderungen an den Polen sich ableiten zu lassen[3]).

Chlorkalium ist spezifisch giftig für Organismen mit Nerven und Muskeln. In den ersten Entwicklungstagen ist Chlorkalium beim Fundulusembryo kaum giftiger als Chlornatrium, es wird aber giftiger, sobald die Herztätigkeit und die Zirkulation im Embryo eintreten.

Im Serum enthaltenes Kalium und Calcium dient nur zur Entgiftung des Chlornatriums, das in höheren Konzentrationen giftig ist (J. Loeb 1899). Der Entgiftungskoeffizient von Chlorkalium durch Natriumsalze ist konstant. Natrium, Kalium und Calcium scheinen mit demselben Bestandteil, wahrscheinlich einem Eiweißkörper, eine Verbindung einzugehen, aus der sie sich gegenseitig nach dem Massenwirkungsgesetz verdrängen können. Der Ablauf des Lebens in der Zelle ist nach J. Loeb nur dann möglich, wenn die drei Metalle sich mit dem gemeinsamen, vermutlich kolloidalen Anion des lebenden Organismus in dem Verhältnis verbinden, wie es das Massenwirkungsgesetz und die relative Konzentration der drei Ionen im Serum z. B. bedingen.

Die einwertigen Kationen Natrium und Kalium sind vielleicht die Träger der temperatursteigernden, das zweiwertige Kation Calcium der Träger der temperaturherabsetzenden Funktion[4]).

Die Erregbarkeit der Muskeln wird durch Entziehung von Natriumionen völlig zum Erlöschen gebracht, durch Entziehung von Calciumionen enorm

[1]) J. Loeb, Pflügers Arch. **88**, 68. [2]) J. Loeb und Gies, Pflügers Arch. **93**, 246.
[3]) J. Loeb, Pflügers Arch. **91**, 248. [4]) E. Schloss, BZ. **18**, 14 (1909).

gesteigert (J. Loeb). Die Magnesiumionen berauben im Überschusse alle Teile des Nervensystems ihrer Erregbarkeit. Die Calciumionen wirken den Magnesiumionen gegenüber antagonistisch.

A. P. Mathews und W. Koch[1]) nehmen dagegen an, daß der Antagonismus immer zwischen den entgegengesetzt geladenen Ionen besteht, daß also, wenn Natrium das entgiftende, Chlor das giftige Ion ist. Nach der Hardy-Whetham-Regel ist die Wirkung eines Ions eine exponentielle Funktion seiner Wertigkeit.

Der Antagonismus findet aber nach J. Loeb nicht zwischen den Ionen mit entgegengesetzter Ladung, sondern zwischen denen mit gleicher Ladung statt, denn er zeigte, daß die entgiftende Wirkung von Glaubersalz genau zweimal so groß ist, wie die einer äquimolekularen Chlornatriumlösung, so daß es lediglich auf das Kation und nicht auf das Anion ankommt.

Entgiftungskoeffizient ist das Verhältnis der Konzentration des giftigen zu derjenigen des antagonistischen Salzes, die eben zur Entgiftung der Lösung ausreicht.

H. Dreser[2]) fand, daß je größer die Konzentration freier Quecksilberionen in einer Lösung eines Quecksilbersalzes, die Lösung um so giftiger für Hefezellen ist. Analoge Resultate erhielten Scheurlen und Spiro[3]).

Die Giftwirkung gelöster Quecksilbersalze ist nicht etwa von der Menge gelösten Quecksilbers, sondern von dem Dissoziationsgrade der Lösung abhängig. Cyanquecksilber und Rhodanquecksilber wirken viel schwächer als Sublimat. Kaliumquecksilberthiosulfat wirkt in Lösungen überhaupt nicht antiseptisch, da es ein komplexes Salz ist und keine wirksamen Quecksilberionen abspaltet, sondern in die Ionen Kalium und $Hg(S_2O_3)$ dissoziiert.

Die Quecksilberwirkungen hängen nicht nur bei den Mikroorganismen, sondern auch bei den höheren Tieren vom ionisierten Quecksilber ab, und zwar von einer bestimmten Konzentration seiner Ionen. So kann man die Giftigkeit intravenös injizierten Sublimats abschwächen und die minimalste tägliche Dosis bedeutend vergrößern, wenn man bewirkt, daß die elektrolytische Dissoziation des zirkulierenden Quecksilbers eine geringe bleibt. Je kleiner die Konzentration der Ionen, desto mehr nimmt die Giftigkeit ab. Wenn man in die Venen der Tiere vorerst Kochsalz injiziert, das bei der Gleichheit des Anions mit dem Quecksilberchlorid seine Dissoziation zurückdrängt, so werden die Tiere gegen intravenöse Injektionen von Sublimat widerstandsfähiger. Injiziert man vorher Natriumbromid, so wird die Toleranz noch viel größer, weil das im Organismus sich bildende Quecksilberbromid weniger dissoziiert ist als die Chlorverbindung. Injiziert man vorher Jodnatrium, so wächst die Widerstandsfähigkeit der Tiere gegen Sublimat noch mehr, weil die Tendenz vorhanden ist, Jodquecksilber zu bilden, nach dessen Entstehung das Quecksilbersalz noch weniger dissoziiert ist. Nach vorhergegangener Injektion von Natriumthiosulfat wird die Toleranz der Tiere sehr groß, weil das Quecksilber die Tendenz hat, als Doppelsalz ein Gesamtion zu bilden: Quecksilberthiosulfatnatriumchlorid[4]).

Die Wirkung der Ionen läßt sich sehr gut demonstrieren an der Einwirkung von Lösungen der Substanzen auf Bakterien (desinfizierende Kraft). Untersuchungen solcher Art verdanken wir insbesondere Krönig und Paul[5]).

---

[1]) W. Koch, HS. **63**, 432 (1909). [2]) AePP. **32**, 456 (1893).

[3]) Münchener med. Wochenschr. **1897**, Nr. 4.

[4]) L. Sabbatani, BZ. **11**, 294 (1908).

[5]) Zeitschr. f. physik. Chemie **21**, 414. — Zeitschr. f. Hygiene **25**, 1.

Bei diesen Untersuchungen hat es sich gezeigt, daß die Metallsalze, insbesondere die Quecksilbersalze nach Maßgabe ihres Dissoziationsgrades wirken; Lösungen von Metallsalzen aber, in denen das Metall Bestandteil eines komplexen Ions und demnach die Konzentration der Metallionen sehr gering ist, desinfizieren außerordentlich wenig.

Wenn man Metallsalze in organischen Solvenzien (Alkohol, Äther usw.) löst, so dissoziieren sie in diesen sehr wenig, und infolgedessen ist ihre Wirkung auf Bakterien nur gering. Die Desinfektionswirkung der Metallsalze hängt aber nicht nur von der Konzentration der in Lösung befindlichen Metalles ab, sondern ist besonders abhängig von den spezifischen Eigenschaften der Salze und des Lösungsmittels. Sie hängt nicht nur vom Metallion ab, sondern auch vom Anion und von dem nichtdissoziierten Anteil. Für die Säuren wurde gefunden, daß sie im allgemeinen im Verhältnis ihres Dissoziationsgrades, d. h. entsprechend der Konzentration der in der Lösung enthaltenen Wasserstoffionen desinfizierend wirken. Den Anionen bzw. den nicht dissoziierten Molekülen der Flußsäure, Salpetersäure und Trichloressigsäure kommt eine spezifische Giftwirkung zu. Diese spezifische Wirkung tritt mit steigender Verdünnung gegenüber der Giftwirkung der Wasserstoffionen zurück. Für die Basen zeigt es sich, daß die Hydroxyde des Kalium, Natrium, Lithium, Ammonium im Verhältnis ihres Dissoziationsgrades desinfizieren, d. h. entsprechend der Konzentration der in der Lösung enthaltenen Hydroxylionen. Es zeigte sich, daß die Wasserstoffionen ein stärkeres Gift sind als die Hydroxylionen.

Die Salzwirkung auf die Eiweißkörper setzt sich zusammen in ihrem Hauptanteile aus der algebraischen Summe der einzelnen Ionenwirkungen. Dabei wirken nun Anionen und Kationen antagonistisch, und zwar die Kationen fällend, die Anionen fällungswidrig [W. Pauli[1])].

Doch muß man in Betracht ziehen, in welcher Form die Metalle zur Untersuchung kommen, ob als krystallinische Verbindung oder als kolloidale, denn die Toxizität der kolloidalen Bariumsalze ist dreimal so gering wie die der gewöhnlichen Bariumsalze[2]).

Spuren kolloidaler Metalle erzeugen bei einzelligen Organismen Plasmolyse (Nägeli).

Viele kolloidale Metallverbindungen, aber nicht alle, haben direkt oxydierende Wirkungen. Die respiratorische Kraft der Gewebe wird durch sie nicht gesteigert. Auf Mikroorganismen wirken sie auch innerhalb des Organismus zerstörend, ebenso zerstören sie Toxine durch Oxydation[3]).

Kolloidale Metalle, z. B. das Kollargol, vermögen im Organismus Silberverbindungen zu bilden; infolge ihres physikochemischen Zustandes haben die kolloidalen Metalle die Eigenschaft, in den Kreislauf gebracht, eine Hyperleukocytose zu erzeugen und Absorptionserscheinungen auszulösen, die sich darin äußern, daß manche Alkaloidgifte, wie z. B. Curarin und Strychnin weniger schnell und intensiv wirken, wenn sie gemischt mit den Lösungen kolloidaler Metalle eingespritzt werden. Außerdem wurde bei allen kolloidalen Metallen nach ihrer intravenösen Injektion beobachtet, daß sie Temperatursteigerungen erzeugen[4]).

Goldhydrosole haben auf Schimmelpilze usf. keine wesentliche Giftwirkung

---

[1]) W. Pauli, Münchener med. Wochenschr. **1903**, Nr. 4.

[2]) C. Neuberg und Neimann, BZ. **1**, 166.

[3]) C. Foà und A. Aggazzotti, BZ. **19**, 1 (1909).

[4]) Portig, Diss. Leipzig (1909). — Oskar Groß und James M. O'Connor, AePP. **64**, 456 (1911).

außer einer Herauszögerung der Fruktifikation. Hingegen wirken kolloidale Silber- und Kupferlösungen auf Schimmelpilze stark hemmend, und zwar hat die chemisch hergestellte Silberlösung die geringste Hemmungswirkung, Elektrargol die größte, Fulmargin steht etwa in der Mitte von beiden. Nur das positive Wasserstoffion und die elektrisch hergestellte kolloidale Quecksilberlösung übertreffen Fulmargin an absoluter Desinfektionskraft[1]).

Die Metallteilchen durchdringen die Plasmahaut der Zellen nicht, gelangen also nicht in das Innere der Zellen und können infolgedessen ihren Tod nicht verursachen. Das entladene metallische Silberteilchen scheint überhaupt keine Giftwirkung zu besitzen[2]).

In das Blut injiziertes kolloidales Silber verschwindet aus ihm in ganz kurzer Zeit [7 Minuten[3])] und lagert sich in Endothelien z. B. der Leber ab. Wahrscheinlich ist die Wirkung dieser Silberlösung zurückzuführen auf die Bildung von Silberionen[4]).

Die Fixierung kolloidaler Metalle von Zellen ist abhängig von dem Gehalt an organischen Kolloiden in den Hydrosolen; die Hemmungswirkung der Hydrosole ist abhängig von der Art des kolloidalen Metalls. Ist kein organisches Schutzkolloid vorhanden, so wird das Metall von der Membranen des Organismus fixiert. Ist aber viel organisches Kolloid vorhanden, so findet keine Fixierung statt. Die Fixierung findet in metallischer Form statt. Organismen, die durch ihre Lebensfunktionen im Substrat saure Reaktionen hervorrufen, speichern die Metalle in hervorragender Weise. Bei alkalischer Reaktion speichern sie nicht. Die Widerstandsfähigkeit der Organismen ist sehr verschieden[5]).

Außer den komplexen Verbindungen, welche in wässeriger Lösung nicht das Metallion, sondern ein zusammengesetzes metallhaltiges Ion abdissoziieren, unterscheiden Franz Müller, Walter Schöller und Walter Schrauth[6]) noch sogenannte halbkomplexe Verbindungen. Die letzteren verhalten sich einzelnen Reagenzien gegenüber wie komplexe, stärkeren gegenüber aber so wie die Verbindung mit Metallion, da sie sofort mit den stärkeren Reagenzien die Ionenreaktionen des Metalls geben. So haben z. B. die weinsauren Metallverbindungen, wie etwa weinsaures Quecksilberoxydulnatrium[7]) sowie die Quecksilberverbindungen von Glykokoll, Asparagin, Alanin und Succinimid eine Metallbindung am Sauerstoff oder Stickstoff, welche weniger stabil ist als die Kohlenstoffbindung. Diese Salze sind als halbkomplex anzusehen, da ihre Wirkung sich von der einfacher Metallsalze nicht unterscheidet, sie aber weder Eiweiß fällen, noch ätzend wirken. Gegenüber der Anschauung, daß die spezifische Metallwirkung nur von den freien oder an Sauerstoff gebundenen Metallionen hervorgebracht wird, glauben diese Forscher, daß Metallionen im Organismus nicht existenzfähig sind, da sie sich mit den Eiweißkörpern zu halbkomplexen Metalleiweißverbindungen umsetzen würden.

Luteokobaltchlorid $(Co(NH_3)_6)Cl_3$ enthält das trivalente positive Radikal $(CO(NH_3)_6)$. Dieses wirkt ungemein viel weniger auf das Herz als die seltenen Erden. Ebenso wirken komplexe Salze von Kobalt und Chrom, welche Werner dargestellt hat und die in ihrer Lösung ein dreiwertiges Ion abgeben, sehr wenig. Die einfachen trivalenten Kationen machen in großer Verdünnung

---

1) Hans Friedenthal, BZ. **94**, 47 (1919).
2) Zsigmondy, Kolloidchemie, II. Aufl., S. 190.
3) Engelen, Ärztl. Rundschau **1914**, Nr. 20.
4) Friedenthal, Therap. d. Gegenw. **1918**.
5) Olga Plotho, BZ. **110**, 133 (1920). 6) BZ. **33**, 381 (1911).
7) H. H. Meyer und Williams, AePP. **13**, 70 (1880). — R. Gottlieb, AePP. **26**, 139.

diastolischen Herzstillstand beim Frosch, während komplexe trivalente Kationen in 100 mal so konzentrierter Lösung kaum das Herz affizieren und erst in viel höherer Konzentration diastolischen Stillstand machen.

F. Hofmeister[1]) hat bereits vor langer Zeit erkannt, daß die purgierende Wirkung der Salze im Zusammenhange steht mit ihrem Eiweißfällungsvermögen. Nun ist das Eiweißfällungsvermögen eine Eigentümlichkeit der Kationen und so muß man die purgierende Wirkung, insbesondere der Alkalien, auf die Kationen beziehen. Und in Wirklichkeit sind die Schwermetallionen, welche selbst in großen Verdünnungen eiweißkoagulierend wirken, sehr energisch wirkende Purgiermittel, die hierbei schwere Verätzung und Entzündung des Magendarmkanals hervorrufen. Aber auch die Anionen, insbesondere die Ionen der Salpetersäure, Brom- und Jodionen haben starke pharmakodynamische Wirkungen, vorzüglich setzen sie den Blutdruck herab. So wirken auch die Rhodanate, die sich ähnlich wie die Bromide und Jodide in bezug auf ihre eiweißfällende Wirkung verhalten, ähnlich wie die genannten Substanzen.

Gruppiert man die Metallionen nach dem Grade ihrer eiweißfällenden Wirkung, so erhält man eine Steigerung in der Reihe Ammonium, Kalium, Natrium, Lithium. Der eiweißlösende Effekt der Anionen steigt vom Sulfat zum Tartrat, Acetat, Chlorid, Nitrat, Bromid, Jodid, Rhodanid. Die drei letzten Glieder der Reihe sind wirksam. Während die Metallionen dieser Reihe erregende Wirkung haben, kommen die Säureionen sedative und blutdruckherabsetzende Wirkungen zu (W. Pauli).

Die Anwendung physikalisch-chemischer Methoden und Anschauungen auf allgemein pharmakologische Probleme[2]) scheint eine grundlegend neue Auffassung schon bekannter Tatsachen anzubahnen.

C. Neuberg[3]) hat einen neuen Gesichtspunkt für die biologische Wirkung der anorganischen Verbindungen, insbesondere der Schwermetallsalze aufgedeckt; er zeigte, daß bereits sehr kleine Mengen derselben fast alle physiologisch wichtigen organischen Bausteine der Organismen photosensibel machen und im Licht weitgehend verändern. Nach Neubergs Befunden sind Metallsalzwirkungen von Photokatalysen in praxi untrennbar.

---

[1]) AePP. **24**, 247.

[2]) W. Pauli, Münchener med. Wochenschr. **1903**, Nr. 4. — H. B. **2**, 1 (1902); **3**, 225 (1903); **5**, 27 (1904); **6**, 233 (1905).

[3]) C. Neuberg, BZ. **13**, 305 (1908); **17**, 270 (1909); **27**, 271 (1910); **29**, 279 (1910). — Zeitschr. f. Balneologie **3**, Nr. 19 (1911).

Zweites Kapitel.

Theorie der Wirkungen organischer Verbindungen.

a) Beziehungen zwischen chemischer Konstitution und Wirkungen.

Wir haben bei den anorganischen Substanzen gesehen, daß sich bestimmte Beziehungen zwischen ihrem Molekulargewicht, ihrer Wertigkeit, elektrischen Ladung, ihrem spektral-analytischen Verhalten innerhalb bestimmter Reihen und zwischen ihrer physiologischen Wirkung feststellen lassen. Insbesondere sieht man deutlich, daß Körper, welche isomorphe Verbindungen geben, einander auch in der Wirkung sehr ähnlich sind. Es war wahrscheinlich, wenn man die Wirkung ähnlich gebauter organischer Verbindungen miteinander verglich und dieselben sehr ähnlich fand, daß zwischen der physiologischen Wirkung und der chemischen Struktur Beziehungen gefunden würden.

Man hat es in letzter Zeit vorgezogen, die Spezifizität der Giftstoffe in ihren physikalischen Eigenschaften und nicht in ihren chemischen zu suchen und insbesondere ihre Löslichkeit in der Zellwand, ihre Oberflächenenergie in gelöstem Zustande als die Ursache der Spezifizität anzusehen; diese Eigenschaften beherrschen die Verteilung durch Auswahl. Man vergißt hierbei nur, daß damit in erster Linie nur die Selektion und nicht die Wirkung erklärt wird und daß ferner die chemischen und physikalischen Eigenschaften der Verbindungen doch untrennbar sind. Jedenfalls hat diese neue Richtung den großen Vorteil gezeitigt, daß man nicht nur die chemische Konstitution, sondern auch die Struktur, sowie die aus diesen resultierenden physikalischen Eigenschaften und insbesondere Lösungsverhältnisse und Verteilungsverhältnisse mehr in Betracht zieht; die vorläufige Kampfstellung der physikalischen und chemischen Richtung zeitigt wie jede wissenschaftliche Kontroverse für den Beobachter neue Resultate, welche die neugefundene Tatsache besser erklären, als eine der beiden Theorien.

Die physikalische Voraussetzung, daß die Wirkung der Elemente ihren Bewegungs- und Schwingungszuständen entsprechen, sind von Curci[1]) auf die organischen Verbindungen in der Weise ausgedehnt worden, daß er die Behauptung aufstellte, die Wirkungen eines organischen Moleküls beruhen und resultieren aus der Wirkung der einzelnen Komponenten desselben, und zwar hat der Kohlenstoff eine lähmende, der Wasserstoff eine erregende und der Sauerstoff eine indifferente Wirkung. Die Kohlenwasserstoffe der fetten und aromatischen Reihe sind lähmende Verbindungen, weil der Kohlenstoff den Wasserstoff, welcher antagonistisch wirkt, in der Wirkung überwindet. Es ist daher die lähmende Wirkung um so größer, je mehr Kohlenstoff und je weniger Wasserstoff vorhanden, und umgekehrt um so kleiner, je weniger Kohlenstoff und je mehr Wasserstoff im Molekül enthalten ist. In den Wasserstoff und Stickstoff enthaltenden Gruppen überwiegt die aufregende Wirkung des Wasserstoffes die schwach lähmende Wirkung des Stickstoffes. In den Hydroxylgruppen

[1]) Terapia moderna **1891**, Gennajo, S. 33.

hat der Wasserstoff eine beträchtlich erregende Wirkung, weil der Sauerstoff indifferent ist: es folgt nun daraus, daß die hydroxylierten Kohlenwasserstoffe eine doppelte Wirkung haben müssen. Einerseits eine erregende durch das Hydroxyl, andererseits eine lähmende durch den Kohlenwasserstoff. Doch kommt den Hydroxylen nach Curcis Auffassung besondere Wirkung zu, je nachdem ihre Stellung ist.

Diese durchaus anders erklärbaren Resultate Curcis sind gleichsam der roheste Versuch, einen Zusammenhang der chemischen Konstitution und der biologischen Wirkung zu finden. So einfach liegen aber diese Beziehungen durchaus nicht.

Für die aliphatischen Körper verdanken wir vor allem O. Schmiedeberg[1]) eine Reihe von Erklärungsversuchen. Die Wirksamkeit der Substanzen, insbesondere der aliphatischen Reihe, hängt vor allen Dingen von physikalischen und von biologischen Verhältnissen ab. So spielt die Resorbierbarkeit einer Substanz eine große Rolle. Eine nicht resorbierbare Substanz kann selbstverständlich innerhalb des Organismus (jenseits des Darmkanals) nicht zur Wirkung gelangen. Ferner ist die große Löslichkeit in Wasser und die große Flüchtigkeit bei gewöhnlicher Temperatur für die Wirkung maßgebend. So zeigen z. B. die flüchtigen Kohlenwasserstoffe des Petroleums in vollem Umfange die narkotische Gruppenwirkung der Kohlenwasserstoffe, während die flüssigen, in Wasser ganz unlöslichen, der Verdunstung unfähigen Paraffinöle und vollends die festen Paraffine gänzlich unwirksam sind. Die Wirksamkeit im Sinne der Alkoholgruppen, d. h. narkotische Wirkung, wird im wesentlichen durch die Anzahl der im Molekül enthaltenen Sauerstoffatome bedingt. Alle Verbindungen dieser Gruppe, welche zwei oder mehr Sauerstoffatome in einer Kohlenwasserstoffgruppe enthalten, büßen dadurch die Wirksamkeit ein oder werden gänzlich wirkungslos. Die Glykole $C_nH_{2n}(OH)_2$ stehen schon an der Grenze der Wirksamkeit. Ist aber eine Verbindung aus mehreren selbständigen Kohlenwasserstoffgruppen zusammengesetzt, so ist sie wirksam, wenn wenigstens die eine von den letzteren kein oder nicht mehr als ein Atom Sauerstoff enthält. So z. B. kann der schlafmachende Paraldehyd $(CH_3 \cdot CHO)_3$ als eine Verbindung angesehen werden, deren Moleküle gleichsam aus drei gleichartigen, je ein Atom Sauerstoff enthaltenden Teilen locker zusammengefügt sind, von denen jeder eine selbständige Rolle bei der Wirkung spielt. O. Schmiedeberg stellte folgende Gesetzmäßigkeiten für die Wirkung substituierter Körper auf:

„1. Sehr giftige Atomgruppen verlieren bei der Substitution mit den Kohlenwasserstoffen der Fettreihe die Intensität und den ursprünglichen Charakter ihrer Wirkung. Dieses Verhalten zeigen die Nitrile $R \cdot C \vdots N$ und Isonitrile $R \cdot N \vdots C$ oder $R \cdot N : C$, von denen die letzteren als direkte Substitutionsprodukte der Blausäure zu betrachten sind. Nur wenn die Blausäure sich durch Abspaltung im Organismus bildet, tritt die entsprechende Wirkung ein.

Beispiele: Kakodyloxyd $(CH_3)_2 \cdot As\,O \cdot As(CH_3)_2$ kann aus dem Arsenigsäureanhydrid As_2O_3 durch Substitution von je 1 Atom O durch $(CH_3)_2$ entstanden gedacht werden und bringt keine Arsenikwirkung hervor. Diese tritt erst nach Zersetzung der Verbindung im Organismus ein. Ebenso verhalten sich das Blei-[2]) und Zinntriäthyl und wohl alle anderen analogen Verbindungen.

---

[1]) AePP. **20**, 201.

[2]) Dieses macht nach E. Harnack, AePP. **9**, 152, Lähmung des Zentralnervensystems, wie Chloral und Chloroform.

2. Es kann auch umgekehrt die Wirksamkeit der Kohlenwasserstoffgruppe durch die Verbindung mit anderen Atomen und Atomkomplexen abgeschwächt oder ganz aufgehoben werden. Hierher gehören die Ammoniakbasen der Fettreihe. Die Wirkung derselben, z. B. des Methylamins $CH_3 \cdot NH_2$, Di- $(CH_3)_2 \cdot NH$ und Trimethylamins $(CH_3)_3 \cdot N$ hat den gleichen Grundcharakter, wie die des Ammoniaks. Eine Narkose verursachen sie nicht.

3. Wenn die Verbindung, wie in den Äthern und Estern, aus zwei Atomgruppen durch Vermittlung von Sauerstoff zusammengesetzt ist, so hängt, soweit es sich übersehen läßt, die Wirkung des ganzen Moleküls derselben von der Natur und Beschaffenheit der beiden Komponenten ab, indem jede der letzteren dabei eine selbständige Rolle spielt. Bestehen diese beiden Teile aus gleichartigen oder gleichwertigen Kohlenwasserstoffen, wie es in den einfachen und zusammengesetzten Äthern der Fall ist, so ist die Wirkung der ganzen Verbindung eine einheitliche und die letztere gehört pharmakologisch zu den typischen Gliedern der Alkoholgruppe. Ihnen schließen sich solche Ester an, in denen die Säuren an sich, d. h. im neutralisierten Zustande, besonders als Natriumsalze, keinerlei spezifische Wirkungen haben. Die Essigsäureester und ihre Homologen sind daher ebenfalls zur Alkoholgruppe zu rechnen.

Wenn dagegen in derartigen Verbindungen die Säure an sich giftig ist oder in irgendeiner Weise ein besonderes Verhalten im Organismus aufweist, so treten diese Eigenschaften auch bei den betreffenden Estern zutage und bedingen eine wesentliche Abweichung ihrer Wirkung von dem Grundcharakter der Alkoholgruppe. Beispiel Salpetrigsäureamylester.“

Ein stringenter Beweis dafür, daß zwischen der chemischen Konstitution der Körper und ihrer physiologischen Wirkung ein inniger Zusammenhang besteht, oder noch deutlicher ausgedrückt, daß die physiologische Wirkung einer Substanz durch ihre chemische Konstitution und Konfiguration[1]) bedingt ist, kann durch die Tatsache unumstößlich geliefert werden, daß bestimmte Änderungen in der Konstitution bestimmte Änderungen in der Wirkung bei ähnlichen Körpern hervorbringen, und daß ferner die Anlagerung bestimmter Molekularkomplexe an verschieden wirkende Substanzen dieselben in physiologisch ähnlich wirkende oder auch in gleichmäßig unwirksame verwandeln kann. Es gelingt leicht, aus ganz besonders wirksamen Substanzen durch Anlagerung bestimmter Gruppen gleichmäßig unwirksame zu erhalten und nach Abspaltung dieser Gruppen wieder die wirksamen Substanzen zu regenerieren. Als Beispiel wollen wir vorläufig nur einiges erwähnen: a) Durch die Anlagerung identischer Gruppen in identischer Weise werden gleichmäßig wirkende Körper erhalten. Nach den Untersuchungen von Crum Brown und Fraser[2]) und anderen gelingt es durch Methylierung der Alkaloide, welche ja verschiedene physiologische Wirkung haben, Körper zu erhalten, welche alle die motorischen Nervenendigungen lähmen, also dem Curare ähnliche Wirkungen haben. Es ist hierbei im allgemeinen gleichgültig, ob diese Alkaloide als solche Krämpfe auslösen, wie Strychnin, Brucin und Thebain, oder ob sie es nicht tun, wie Morphin, Nicotin, Atropin. Aus diesen Versuchen läßt sich sogar die allgemeine Regel ableiten, daß die zusammengesetzten Radikale, bei welchen Methyl am quaternären Stickstoff steht,

[1]) Inwiefern die Wirkung von der Konfiguration abhängig ist, siehe am Schlusse dieses Kapitels. Siehe ferner Sigmund Fränkel: Stereochemische Konfiguration und physiologische Wirkung in: Asher und Spiro's, Ergebnisse d. Physiologie III. Biochemie S. 290.

[2]) Transact. Roy. Soc. Edinborough **25**, 707 (1868) und Proc. Roy. Soc. Edinborough **1869**, 560.

in derselben Weise lähmend wirken. Es können daher aus allen tertiären Basen durch Methylierung Ammoniumbasen erzeugt werden, welche manchmal unverhältnismäßig giftiger, häufig aber viel weniger giftig sind, als die Ausgangssubstanzen. So fand R. Böhm[1]), daß im Curare zwei Basen nebeneinander vorkommen, das Curarin und das Curin. Curarin ist eine Ammoniumbase, Curin eine tertiäre Base, die nur wenig giftig ist. Als R. Böhm aber die tertiäre Base Curin durch Methylierung in eine Ammoniumbase überführte, so entstand Curarin, welches sich als 226mal so giftig erwies, als die Ausgangssubstanz. b) Daß durch die Anlagerung identischer Gruppen die Wirkung bestimmter Körper abgeschwächt oder ganz vernichtet wird, beweisen folgende Tatsachen: Wenn man hydroxylhaltige Substanzen, wie Phenole, Alkohole usw. in ihre gepaarten Verbindungen mit Schwefelsäure, das ist in saure Ester, überführt, so verlieren sie ihre Giftigkeit fast vollständig. Während Phenol $C_6H_5 \cdot OH$ eine beträchtliche Giftwirkung bei interner Applikation zeigt, ist die Phenolätherschwefelsäure $C_6H_5 \cdot O \cdot SO_3H$ als Natriumsalz intern eingegeben selbst in Dosen von 30 g ganz ungiftig. Das so wirkungsvolle Morphin $C_{17}H_{17}NO \cdot (OH)_2$ verliert durch Überführung in Morphinätherschwefelsäure $C_{17}H_{17}NO \cdot (OH) \cdot SO_3H$ völlig seine hypnotische Wirkung und kann selbst in Dosen von 5 g ohne irgendwelchen Schaden genommen werden. Das giftige Ammoniak geht durch Ersatz eines Wasserstoffes durch Essigsäure in das ganz ungiftige Glykokoll (Aminoessigsäure) $NH_2 \cdot CH_2 \cdot COOH$ über. Es können, um ein weiteres Beispiel anzuführen, durch Einführung von Säureradikalen in basische Reste die Wirkungen der letzteren bedeutend abgeschwächt, wenn nicht ganz aufgehoben werden. So ist Acetamid $CH_3 \cdot CO \cdot NH_2$ völlig wirkungslos[2]), während Ammoniak ein heftiges Gift ist. Acetanilid $CH_3 \cdot CO \cdot NH \cdot C_6H_5$ (Antifebrin) ist weit weniger giftig, als Anilin $NH_2 \cdot C_6H_5$. Ebenso wird im Phenetidin $NH_2 \cdot C_6H_4 \cdot OC_2H_5$ durch Anlagerung von Acetyl- oder Lactylradikalen die Wirkung abgeschwächt, indem die Base schwieriger angreifbar wird.

Gleichmäßig wird in allen Fällen durch Einführung von Wasserstoff in die cyclischen Basen die physiologische Wirkung verstärkt bzw. die Giftigkeit gesteigert (Regel von Kendrick-Dewar-Königs).

So viel als Beweis und Beispiel, daß gleichmäßige Veränderungen an ungleich wirkenden Substanzen ähnliche oder gleiche Veränderungen in der Wirkung setzen.

Daß bestimmte Gruppen von Substanzen ihre Wirkung durch einfache Änderungen im Molekül, etwa die Verwandlung des Charakters der Verbindung von einer Base in eine Säure, verlieren, läßt sich physiologisch dadurch erklären, daß der Angriffspunkt der Substanz verschoben bzw. aufgehoben ist, oder daß die Verteilung im Organismus völlig alteriert wird. Wir können uns nämlich das Zustandekommen der Wirkung der Substanzen auf bestimmte Zellgruppen, d. i. die selektive Wirkung der Substanz nur so deuten, daß gewisse endständige Gruppen im Molekül in chemische Beziehung zu Zellsubstanzen treten und von denen festgehalten werden. Dieses kann durch rein chemische Bindung oder durch physikalisch-chemische Verhältnisse, wie Lösung, Absorption und ähnliche erfolgen. Erst dann kann der ganze Molekularkomplex, einmal im bestimmten Gewebe physikalisch oder chemisch festgehalten (verankert), zur Wirkung gelangen. Ändern wir nun den Charakter der endständigen Gruppen oder der ganzen Verbindung, so waltet die chemische und physi-

[1]) Arch. d. Pharm. 235, 660. [2]) Zeitschr. f. Biol. 8, 124.

kalische Beziehung zwischen der eingeführten chemischen Substanz und dem bestimmten Zellkomplexe nicht mehr ob. Die Substanz wird von der betreffenden Zellgruppe nicht mehr aufgenommen oder festgehalten, und kann daher auch nicht mehr zur Wirkung gelangen, wenn auch die eigentlich wirkende Gruppe völlig intakt geblieben ist. Paul Ehrlich[1]) hat als Bild für eine ähnliche Vorstellung den Vergleich mit den Farbstoffen angewendet. In allen Farbstoffen kommt nach O. Witt eine chromophore, farbgebende Gruppe vor, welche sich durch dichtere Bindung auszeichnet (z. B. die Azogruppe $R \cdot N = N \cdot R_1$). Alle Farbstoffe werden entfärbt, wenn man sie mit reduzierenden Mitteln behandelt und so durch Einführung von Wasserstoff die dichtere Bindung der chromophoren Gruppe aufhebt. So bekommt man aus Indigblau Indigweiß usw. Aber diese chromophoren Gruppen allein sind nicht ausreichend, um Farbstoffe zu erzeugen, sie haben nur den chromogenen Charakter. Es müssen an sie noch saure oder basische Gruppen herantreten, z. B. Hydroxyl- oder Aminogruppen, die man als auxochrome Gruppen bezeichnet, Radikale, welche erst die Farbstoffnatur der Verbindungen entwickeln. Wenn in das Azobenzol $C_6H_5 \cdot N = N \cdot C_6H_5$ Hydroxylgruppen eintreten, dann erst entsteht das braune Oxyazobenzol $C_6H_5 \cdot N = N \cdot C_6H_4 \cdot OH$ und wenn die Aminogruppe eintritt, das schöne gelbe Aminoazobenzol $C_6H_5 \cdot N = N \cdot C_6H_4 \cdot NH_2$ (Anilingelb). Es sind also zum Zustandekommen des Farbstoffes zwei Komponenten erforderlich, die chromophore und die auxochrome Gruppe. Die Farbe aber selbst ist wieder abhängig von der Zahl der auxochromen Gruppen. Das Monaminoazobenzol $C_6H_5 \cdot N = N \cdot C_6H_4 \cdot NH_2$ ist gelb (Anilingelb), das m-Diaminoazobenzol $C_6H_5 \cdot N = N \cdot C_6H_3 \cdot (NH_2)_2$ ist orange (Chrysoidin), das Triaminoazobenzol $NH_2 \cdot C_6H_4 \cdot N = N \cdot C_6H_3 \cdot (NH_2)_2$ ist braun.

Wie wir gesehen haben, werden viele Gifte durch einfache Einwirkung, z. B. Einführung von Säuren, in ungiftige Substanzen umgewandelt. M. Nencki suchte diese Verschiedenheiten auf chemischem Wege durch Unterschiede in der Oxydationsfähigkeit zu erklären, aber Paul Ehrlich hielt einen solchen Erklärungsversuch für durchaus nicht ausreichend und glaubte auf experimentellem Wege zum Verständnis dieser Tatsachen gelangt zu sein. So gibt es z. B. eine Reihe von Farbstoffen, welche bei Tieren das Gehirn färben; fügt man aber in diese Farbstoffkörper Schwefelsäure ein, indem man die entsprechende Sulfosäure darstellt, so verlieren sie vollkommen ihre gehirnfärbende Eigenschaft. Durch die Substitution ist also die Wirkung der Substanz verändert. Sie hat ihre neurotrope Funktion eingebüßt, d. h. sie geht nicht mehr an die Elemente des Gehirnes heran. Man ist nun gezwungen, wenn man von Beziehungen zwischen Konstitution und Wirkung spricht, als Mittel noch einen dritten Begriff aufzustellen, nämlich den der Verteilung. Wie soll man sich die selektive Fähigkeit der Gewebe vorstellen? Es handelt sich da nicht um naheliegende chemische Beziehungen, sondern oft nur um physikalische Verhältnisse, so häuft sich das Chloroform meist in den roten Blutkörperchen an (O. Schmiedeberg 1867). Nach den J. Pohlschen Erklärungen[2]) wird es von den Phosphatiden derselben angezogen, mit denen es sich leicht mischt. Ähnlich dürften sich die Kohlenwasserstoffe, Äther, Ketone und Sulfonverbindungen verhalten. Schwieriger liegen die Verhältnisse bei anderen chemischen Gruppen, wie bei Säuren, Basen, Alkoholen und Phenolen, da diese ja leicht chemische Verbindungen mit bestimmten Gruppen des Protoplasmas eingehen könnten. Bei einer chemischen Verbindung wäre die Substanz durch Alkohol

[1]) Deutsche med. Wochenschr. **1898**, 1052. Siehe auch Festschrift f. Leyden **1**, 645 Internationale Beiträge zur inneren Medizin, Berlin 1902. [2]) AePP. **28**, 239.

aus den Organen nicht extrahierbar. Das Experiment belehrte aber P. Ehrlich, daß z. B. bei Phenacetin, Kairin, Thallin die Alkoholextraktion gelingt, also keine chemische Bindung zwischen der eingeführten basischen Substanz und dem Protoplasma vorliegt So läßt sich auch aus einer Fuchsinniere durch Alkohol Fuchsin extrahieren. Die einzige Substanz unter vielen, die eine solche Festlegung annehmen läßt, ist, nach P. Ehrlich, vielleicht das Anilin.

Wie erfolgt nun die Anlagerung dieser Substanzen? Der Vorgang der Färbung ist nach Ehrlich derselbe, wie er bei Injektion von Giften im Organismus statthat: die Wollfaser, in Pikrinsäurelösung getaucht, nimmt aus der noch so schwachen Lösung, aus der größten Verdünnung, die Farbe auf, ebenso wie gewisse Gewebe das Gift aus der zirkulierenden Körperflüssigkeit. — Hinsichtlich der Färbung nun bestehen zwei Theorien: die der Salzbildung und die der starren Lösung nach van t'Hoff (Wittsche Theorie). O. Witt nimmt an, daß der Farbstoff nicht in festem Zustande in der Faser ist, sondern als Lösung. Es gibt Farbstoffe, welche in festem Zustande rot sind, in Lösungen aber fluorescieren: die damit gefärbte Seide fluoresciert gleichfalls. Es ist kein Einwand hiergegen, daß derselbe Körper verschiedene Fasern verschieden färbt: auch Jod in verschiedenen Flüssigkeiten gelöst — in Jodkaliumlösung, in Chloroform usw. — ergibt verschiedene Färbung der Lösung. — Die Gewebsfaser schüttelt die Farbstoffe quantitativ aus der wässerigen Lösung aus und färbt sich so; ist die Löslichkeit der Substanz in Alkohol wieder besser, so ist die Faser durch ihn wieder entfärbbar.

Das Verhalten der Substanzen im Organismus ist nun wohl nach der Ansicht von Ehrlich ein ganz ähnliches. Alle Hirnfarbstoffe verlieren ihre hirnfärbende Eigenschaft, wenn eine Sulfosäuregruppe in sie eintritt. Die Mehrzahl der Stoffe, welche ins Gehirn gehen, gehen auch aus Wasser in Äther über, als Sulfosäuren jedoch nicht. Es sind also im Gehirn Stoffe, welche ebenso wirken wie Äther im Reagensglase. Die starke Wirkung gewisser Gifte auf das Hirn beruht auf einer Ausschüttelung durch dasselbe, wie durch Äther. — Die Lokalisation der verschiedenen Substanzen in den Körpergeweben beruht also nach Ehrlich auf einer Ausschüttelung durch dieselben. In den Zellen verschiedener Organe sind verschiedene chemische Gruppen enthalten, und einzelne Körper, wie Myosin z. B., haben wieder in alkalischer oder neutraler oder saurer Lösung ganz verschiedene Fähigkeiten, so daß sich die verschiedensten Möglichkeiten einer Endwirkung ergeben. Einzelne Substanzen werden wohl nicht vom lebenden Protoplasma aufgenommen, sondern von anderen zwischenliegenden Körpern — so gewisse Farbstoffe von den Nervenscheiden. — Ein Beispiel für eine starre Lösung gibt die Jodstärke, welche man früher für eine chemische Verbindung hielt, während sie nach Mylius auch eine starre Lösung darstellt, indem die Stärke von Jod durchtränkt ist. Dieselbe Blaufärbung nun bei der Lösung von Jod zeigen gewisse Derivate der Cellulose, die amyloide Substanz und die Cholalsäure. In diesen Körpern sind gewisse Strukturkomponenten gleich. Die Fähigkeit, eine starre Lösung zu erzeugen, setzt also gewisse chemische Eigenschaften voraus, und zwar gehören solche Konfigurationen immer einer ganzen Klasse an.

Der Ehrlichsche Vergleich mit der chromophoren Gruppe läßt sich in der Gruppe der Cocaine schön durchführen. Alle Cocaine im chemischen Sinne (Ekgoninverbindungen) machen bei der Maus dieselben pathologischen Veränderungen der Leber, aber anästhesierend wirkt nur das Cocain mit der Benzoylgruppe, während die Methylgruppe des Cocains das Ekgonin nur an das Nervensystem heranbringt. Die Benzoylgruppe wäre nun die anästhesiophore, die Methylgruppe die anästhesiogene Gruppe. Ehrlich wollte diese seine Anschauung als einen neuen Weg zur Synthese neuer Arzneimittel betrachtet wissen. Zuerst hat man eine Gruppe von Substanzen zu wählen, welche an gewisse Organe herantreten und in diese Substanzen, welche nun myotrop, neurotrop usw. sind, könnte man verschiedene Gruppen einführen, welche einen toxischen bzw. therapeutischen Einfluß ausüben.

Die Ehrlichsche Theorie war vielleicht der erste Versuch, die Verteilung und zum Teil auch die Wirkung physikalisch-chemisch zu erklären und den Verteilungssatz von Berthelot-Jungfleisch, wie die Theorie der starren Lösung van't Hoff auf die Pharmakologie anzuwenden.

Während nach der Ehrlichschen Auffassung im Protoplasma des Organismus sowie im Parasiten bestimmte Atomkomplexe, sogenannte Chemoceptoren, eine besondere Affinität zu bestimmten Gruppen des Arzneikörpers, den sogenannten haptophoren Gruppen, bieten, kommen z. B. Baudisch[1]) und Unna[2]), ebenso Karrer[3]) zu Vorstellungen, nach denen chemische Verbindungen, die nach der Werner-Pfeifferschen Theorie Komplexsalze zu bilden vermögen, der komplexsalzbildenden Gruppe haptophore Eigenschaften zukommen, mit der sie sich mit bestimmten Gewebsteilen bzw. Teilen der Zelle des Parasiten verbinden.

So sind zur Bildung innerer Komplexsalze befähigt: Salvarsan, Hexaaminoarsenobenzol, Salicylsäure, Atophan, Oxyanthranole. Aber die komplexsalzbildende Gruppe kann den Ausschlag nicht geben, wie sich an den drei Isomeren des Salvarsans zeigen läßt, die sämtlich o-Aminogruppen, wenn auch an anderen Stellen des Moleküls, enthalten. Viele therapeutisch sehr wirksame Verbindungen enthalten überhaupt keine komplexsalzbildenden Gruppen.

Seit dem Ehrlichschen Versuche haben insbesondere durch die Theorien und Experimente von Hans H. Meyer, Overton und W. Straub Anschauungen, nach denen sich die pharmakodynamischen Wirkungen nach dem Verteilungssatze rein physikalisch erklären lassen, stark an Boden gewonnen.

Die physikalischen Gesetzmäßigkeiten für die Aufnahme von Substanzen aus ihren wässerigen Lösungen sind zum Teil bekannt. Die Aufnahme erfolgt selektiv in der Weise, daß einzelne Stoffe gar nicht aufgenommen werden, andere hingegen in sehr reicher Weise. Stoffe, die nicht aufgenommen werden, können aber trotzdem auf die Zellmembran reizend wirken. Bei der Aufnahme geben die Substanzen mit dem Kolloid eine sogenannte feste Lösung und es wird so viel von der Substanz aufgenommen und in dem Kolloid aufgespeichert, bis sich ein Gleichgewichtszustand zwischen der Lösung und dem Kolloid, in unserem Falle zwischen den zirkulierenden Medien und den Geweben, entwickelt hat. Der Vorgang ist aber reversibel und aus der festen Lösung kann die Substanz wieder nach dem Verteilungsgesetz in das Lösungsmittel übergehen. Nach dem Verteilungssatz von Berthelot und Jungfleisch verteilt sich eine Substanz zwischen zwei Lösungsmitteln, die einander nur wenig lösen, analog dem Henryschen Gesetz, und zwar in konstantem Verhältnis. Bei gleicher räumlicher Konzentration ist der osmotische Druck in beiden Lösungen gleich groß. In seiner allgemeinsten Form lautet der Verteilungssatz: bei einer bestimmten Temperatur besteht für jede Molekelart ein bestimmtes Verteilungsverhältnis zwischen zwei Phasen eines Systemes, das unabhängig von der Gegenwart anderer Molekel ist und für das es gleichgültig bleibt, ob letzteres sich mit jener in Umsetzung befindet oder nicht.

[1]) B. B. **49**, 117 (1916). [2]) Dermatol. Wochenschr. **62**, 116.
[3]) Naturwissenschaften **1916**, II. 37.

In der Nernstschen Formulierung lauten die Gesetzmäßigkeiten folgendermaßen: Wenn wir unter Teilungskoeffizienten eines Stoffes zwischen zwei Lösungsmitteln das Verhältnis der räumlichen Konzentration verstehen, mit welchem er in diesen beiden Lösungsmitteln nach Eintritt des Gleichgewichtszustandes vorhanden ist, so ist der Teilungskoeffizient bei gegebener Temperatur konstant, wenn der gelöste Stoff in beiden Lösungsmitteln das gleiche Molekulargewicht besitzt. Bei Gegenwart mehrerer gelöster Stoffe verteilt sich jede einzelne Molekülgattung so, als ob die anderen nicht zugegen wären. Befindet sich aber der gelöste Stoff nicht in einem einheitlichen Molekularzustande, sondern ist er in der Dissoziation begriffen, so gilt der ausgesprochene Satz, daß der Teilungskoeffizient bei gegebener Temperatur konstant ist, wenn der gelöste Stoff in beiden Lösungsmitteln das gleiche Molekulargewicht besitzt, für jede der bei der Dissoziation entstandenen Molekülgattungen. Aber die Verteilung ist auch noch abhängig und variabel mit der Temperatur. Wenn der gelöste Stoff in beiden Lösungsmitteln ein verschiedenes Molekulargewicht zeigt, so verteilt er sich so, daß in den Lösungsmitteln die gleiche Anzahl von Molekülen vorhanden ist, in dem einen einfache, in dem anderen doppelte oder mehrfache Moleküle.

Nun ist es gleichgültig, ob die Verteilung zwischen zwei Flüssigkeiten oder einer Flüssigkeit und einem amorphen festen Körper stattfindet, da wir den festen, amorphen Körper als eine Flüssigkeit mit hoher innerer Reibung ansehen können. Aber bei der Verteilung zwischen einem Kolloid und einer Flüssigkeit kann man den Verteilungssatz nicht direkt erweisen, da es sich wahrscheinlich in der Hauptsache um eine Oberflächenwirkung des Kolloids handelt. Die kolloidalen Membranen nun können Substanzen aus ihren Lösungen nach dem Verteilungssatz aufnehmen, sobald diese in dem Kolloid der Membran löslich sind und diese aufgenommenen Substanzen nach der anderen Richtung abgeben. Für die Resorption überhaupt gilt aber der thermodynamische Satz von Willard Gibbs, daß Stoffe, die eine Oberflächenspannung erniedrigen, das Bestreben haben, ihre Konzentration an der Oberfläche zu erhöhen. Sie werden also absorbiert. Stoffe aber, welche die Oberflächenspannung erhöhen, haben das Bestreben, ihre Konzentration an der Oberfläche zu verringern. Daher werden zum Beispiel im Darm die lipoidlöslichen Stoffe viel leichter und schneller resorbiert als die lipoidunlöslichen, und die Raschheit der Resorption steht im geraden Verhältnisse zur Lipoidlöslichkeit.

Diese Gesetzmäßigkeiten sind aber der Hauptsache nach für eine Theorie der Selektion verwertbar. Es muß erst bewiesen werden, daß das bloße Hineinlösen einer Substanz in das Protoplasma bestimmter Art gleichbedeutend ist mit pharmakodynamischer Wirkung und daß eine chemische Umsetzung zwischen beiden nicht stattfindet.

Die ältere mehr chemische Theorie von O. Loew[1]) ging hingegen dahin, daß alle diejenigen Stoffe, welche noch bei großer Verdünnung in Aldehyd- oder in Aminogruppen eingreifen, Gifte für alles Lebende sein müssen, indem hierbei Substitutionen eintreten. Daher nennt er diese Gruppe von Giften substituierend wirkende. Je reaktionsfähiger nun ein Körper in dem Sinne ist, daß er mit einer Aldehyd- und Aminogruppe leicht reagieren kann, desto größer ist seine Wirksamkeit bzw. seine Giftigkeit. So sind die für Aldehyd- und Ketongruppen besonders reaktionsfähigen Basen Hydroxylamin $HO \cdot NH_2$ und Diamid (Hydrazin) $NH_2 \cdot NH_2$ sehr stark wirkende Gifte für Pflanzen und tierische Or-

[1]) Natürliches System der Giftwirkung, München 1893.

ganismen, ja noch Derivate des Hydroxylamins, wie das Benzenylaminoxim $C_6H_5-C\langle{}^{NH_2}_{NOH}$[1]). Hingegen sind andere Ketoxime, da sie in diesem Falle nicht mehr reaktionsfähig sind, für höhere Tiere nur ausnahmsweise giftiger als die Ketone, aus denen sie entstanden sind. Das für Aldehyd- und Ketongruppen so ungemein reaktionsfähige Phenylhydrazin $C_6H_5 \cdot NH \cdot NH_2$ ist aus diesem Grunde ein sehr heftiges Blutgift. Anilin $C_6H_5 \cdot NH_2$ hingegen, welches schwieriger mit Aldehyden reagiert, ist ein schwächeres Gift als Phenylhydrazin, ebenso wie freies Ammoniak ein schwächeres Gift ist als Diamid. Der am Wasserstoff haftende Stickstoff kann unter Umständen äußerst leicht, unter anderen wieder äußerst schwer in die Aldehydgruppen des Protoplasmas eingreifen. Benachbarte Gruppen bedingen dessen Labilitätsgrad, die Reaktionsfähigkeit.

Körper mit tertiär gebundenem Stickstoff, welche geringe oder keine Giftwirkung besitzen, können durch Reduktion und Bildung der Imidgruppe zu starken Giften werden.

Pyridin	Collidin	Piperidin	Coniin
H C HC⟨ ⟩CH HC⟨ ⟩CH N	CH_3 C HC⟨ ⟩CH $CH_3 \cdot C$⟨ ⟩$C \cdot CH_3$ N	H_2 C H_2C⟨ ⟩CH_2 H_2C⟨ ⟩CH_2 N H	H_2 C H_2C⟨ ⟩CH_2 H_2C⟨ ⟩$CH \cdot CH_2 \cdot CH_2 \cdot CH_3$ N H

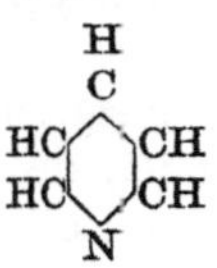

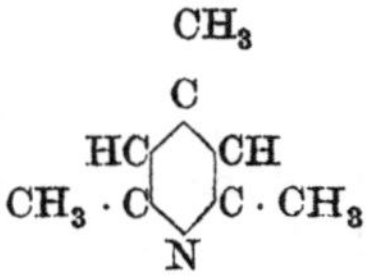

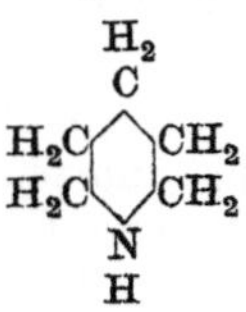

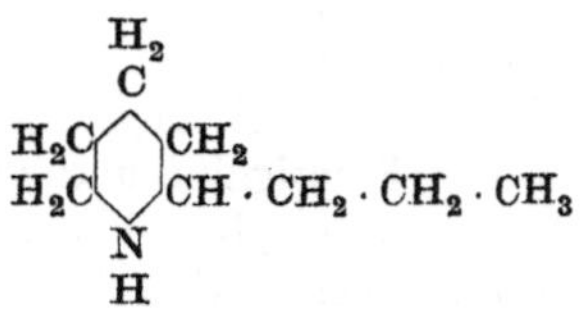

So ist Piperidin ein weit stärkeres Gift als Pyridin, Coniin intensiver wirkend als Collidin, Tetrahydrochinolin (C_6H_4 mit CH_2, CH_2, CH_2, NH) energischer wirkend als Chinolin (H H / C C / HC, CH / HC, CH / HC C N) selbst. Daher ist auch Pyrrol (HC—CH / HC CH / NH) weit giftiger als Pyridin. Diese Tatsachen lassen sich nach Loew leicht durch die Zunahme der Reaktionsfähigkeit gegenüber den labilen Aldehydgruppen des Protoplasmas erklären. Sie werden noch gestützt durch Beobachtungen, welche zeigen, daß Körper mit labilen Aminogruppen in ihrer Giftwirkung zunehmen, wenn noch eine zweite Aminogruppe in solche Substanzen eingeführt wird, die Giftigkeit aber abnimmt, wenn die Aminogruppe in die Iminogruppe übergeht: So sind die Phenylendiamine $C_6H_4(NH_2)_2$ giftiger als Toluidine $CH_3 \cdot C_6H_4 \cdot NH_2$. Wenn im Anilin ein Wasserstoff der Aminogruppe durch Alkyl ersetzt wird, die Aminogruppe also in eine Iminogruppe übergeht, so nimmt die Giftwirkung ab, da dieses substituierte Anilin mit Aldehyden schwierig reagiert. Diese Körper haben dann keine krampferregende Wirkung mehr. Wenn aber Alkyl nicht in die Seitenkette eintritt, sondern einen Kernwasserstoff ersetzt, also die Aminogruppe intakt bleibt, so bleibt auch die krampferregende Wirkung erhalten. Dieselbe Tatsache läßt sich noch viel besser an der Abschwächung der Wirkung durch den Eintritt von sauren Resten in die Aminogruppen demonstrieren. So ist Acetanilid $CH_3 \cdot CO \cdot NH \cdot C_6H_5$ weit ungiftiger, aber auch chemisch mit Aldehyd weniger reaktionsfähig als Anilin. Ebenso ist das symmetrische Acetylphenylhydrazin $C_6H_5 \cdot NH \cdot NH \cdot CO \cdot CH_3$ (Pyrodin) weit weniger giftig, aber auch chemisch mit Aldehyd weniger reaktionsfähig als Phenylhydrazin. Eine solche Abschwächung

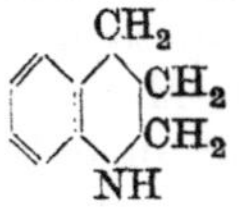

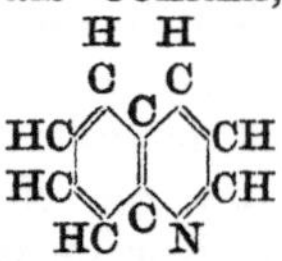

[1]) BB. 18, 1054 (1885).

der Giftigkeit durch Abschwächung der chemischen Reaktionsfähigkeit gegenüber Aldehydgruppen läßt sich noch an vielen anderen Beispielen beweisen.

Die Giftigkeit der Phenole erklärt O. Loew durch ihre leichte Reagierbarkeit mit labilen Atomgruppen, besonders Aldehyden. Diese Reagierbarkeit nimmt ab, wenn negative Gruppen, Carboxyl- oder Sulfosäuregruppen in das Molekül eintreten. Daher ist Salicylsäure

(Benzolring mit OH und COOH) weniger giftig als Phenol (Benzolring mit OH)

Saccharin (o-Benzoesäuresulfinid) $C_6H_4<^{CO}_{SO_2}>NH$ ist ganz ungiftig, da durch das gleichzeitige Vorhandensein der Reste der Carboxyl- und Sulfosäuregruppe die Imidgruppe nur sehr wenig reaktionsfähig ist.

Diese Anschauung Loews läßt sich aber nicht in allen Gruppen mit gleich viel Glück als einziger Erklärungsversuch durchführen. Besonders bei der Wirkung der Blausäure und ihrer Derivate läßt sich diese Theorie nur gezwungen anwenden.

Die Loewschen Ausführungen gipfeln in folgenden Schlußfolgerungen:

„I. Jede Substanz, welche noch bei großer Verdünnung reagiert, ist ein Gift. Beispiele Hydroxylamin, Phenylhydrazin.

II. Basen mit primär gebundenem Stickstoff sind ceteris paribus schädlicher als solche mit sekundär gebundenem und diese wieder schädlicher als solche mit tertiär gebundenem Stickstoff. Xanthin mit drei NH-Gruppen ist nach Filehne giftiger als Theobromin mit einem NH und dieses wieder giftiger als Coffein. Amarin ist giftig, das isomere Hydrobenzamid nicht. Piperidin und Pyrrol sind giftiger als Pyridin. Pyridin und Hydrobenzamid haben tertiär, Amarin, Piperidin und Pyrrol sekundär gebundenen Stickstoff.

Amarin

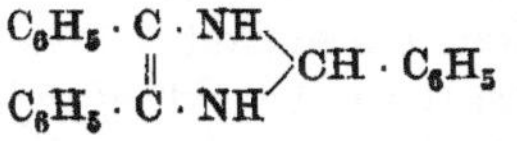

$$\begin{matrix} C_6H_5 \cdot C \cdot NH \\ \| \\ C_6H_5 \cdot C \cdot NH \end{matrix} > CH \cdot C_6H_5$$

Hydrobenzamid

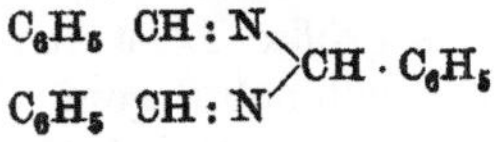

$$\begin{matrix} C_6H_5 \; CH : N \\ C_6H_5 \; CH : N \end{matrix} > CH \cdot C_6H_5$$

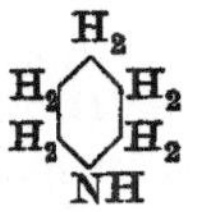

Piperidin: Ring mit H_2, H_2, H_2, H_2, H_2, NH

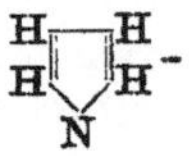

Pyrrol: Ring mit H, H, H, H, N

Pyridin: Ring mit H, H, H, H, H, N

Die am Stickstoff methylierten (Ammonium-) Basen aus Strychnin, Brucin, Codein, Morphin und Nicotin sind weit weniger giftig als die ursprünglichen Alkaloide und zum Teil von anderer Wirkung. Ausnahmen von Satz II infolge spezieller Verhältnisse kann es allerdings geben, werden aber selten sein. So scheint z. B. für gewisse Arten von Spaltpilzen Chinolin schädlicher zu sein als Tetrahydrochinolin. (Letzteres mit sekundär, ersteres mit tertiär gebundenem Stickstoff.)

Methylanilin, Äthylanilin $C_6H_5 \cdot NH \cdot C_2H_5$ und Amylanilin wirken anders (und schwächer) als Anilin.

Daß es bei dem Eintritt von Radikalen in die ursprüngliche Base hinsichtlich der Giftwirkung besonders darauf ankommt, ob der am Stickstoff befindliche Wasserstoff ersetzt wird oder der an Kohlenstoff- oder Sauerstoffatomen befindliche, versteht sich für jeden Chemiker von selbst. Nur wenn die Substituierung am Stickstoff erfolgt, läßt die Aldehydnatur des aktiven Eiweißes auch die Abschwächung des Giftcharakters voraussehen.

Erfolgt die Substituierung am Sauerstoff, so kann der Giftcharakter sogar zunehmen: so ist z. B. nach Stolnikow[1]) Dimethylresorcin

$C_6H_4(O \cdot CH_3)(O \cdot CH_3)$ ein stärkeres Gift als Resorcin $C_6H_4(OH)(OH)$

III. Wird in einem Gifte durch Einführung gewisser Gruppen oder Änderung der Atomlagerung der chemische Charakter labiler, so nimmt der Giftcharakter zu, im entgegengesetzten Falle aber ab.

Beispiele: Die Einführung von Hydroxylgruppen in den Benzolkern steigert die Reaktionsfähigkeit. So findet man auch, daß Trioxybenzole, wie Phloroglucin[2]), Pyrrogallol schädlicher sind, als Dioxybenzole (Resorcin z. B.) und diese schädlicher als Monoxybenzol (Phenol). Werden die Hydroxylgruppen durch elektronegative und sonst unschädliche Gruppen in einem Gift ersetzt, so nimmt zugleich mit der Labilität die Giftigkeit ab. Morphinätherschwefelsäure wirkt weit schwächer und anders als Morphin [Stolnikow[1])]. Der am Stickstoff haftende Wasserstoff im Phenylhydrazin hat eine weit labilere Stellung als der im Anilin, welches sich vom Phenylhydrazin nur durch ein Minus einer Imidgruppe (-NH) unterscheidet: Phenylhydrazin erweist sich denn auch weit giftiger als letzteres. Sulfocyansaures Ammon $CN \cdot S(NH_4)$ tötet allmählich die Pflanzen, das isomere Thiocarbamid $NH_2 \cdot CS \cdot NH_2$ aber nicht. Binitronaphtholnatrium ist ziemlich stark giftig, die Sulfoverbindung des Binitronaphthols aber nicht merklich. Körper mit doppelt gebundenem Kohlenstoff (Allylsenföl $CH_2 : CH \cdot CH_2 \cdot NCS$, Akrolein $CH_2 : CH \cdot CHO$) sind meist reaktionsfähiger und giftiger als nahestehende Verbindungen mit einfacher Bindung. Neurin $(CH_3)_3N{<}^{CH : CH_2}_{OH}$ ist giftiger als Cholin $(CH_3)_3N{<}^{CH_2 \cdot CH_2 \cdot OH}_{OH}$

IV. Von demselben Gifte wird dasjenige Protoplasma am schnellsten getötet, welches die größte Leistungsfähigkeit entwickelt.

Beim Tetrahydrochinolin geht die Spaltpilzentwicklung viel langsamer vor sich, als bei dem am Stickstoff methylierten Tetrahydrochinolin. Pyrrol ist viel giftiger als Pyridin."

Interessante Resultate, welche für die Theorie der Wirkung verwertbar sind, ergaben sich ferner aus den Untersuchungen von O. Loew und Bokorny[3]) über die Einwirkung von Substanzen auf die Wachstumsbeeinflussung der Algen.

Mit der Zunahme der Alkalität, beziehungsweise durch den Eintritt stickstoffhaltiger Gruppen, wächst die schädliche Wirkung der Substanzen auf Algen. Urethan $NH_2 \cdot COO \cdot C_2H_5$ schadet also nichts, bei Harnstoff $CO{<}^{NH_2}_{NH_2}$ kränkeln sie nach einigen Tagen, bei Guanidin $HN : C{<}^{NH_2}_{NH_2}$ sterben sie nach einigen Stunden ab; treten in das Molekül des Harnstoffes oder Guanidins Säuregruppen ein, die den alkalischen Charakter abschwächen, so verschwindet auch wieder die schädliche Wirkung, wie Versuche mit Hydantoin (Glykolylharnstoff)

$$OC{<}^{NH - CH_2}_{NH - CO}$$

und Kreatin (Methylguanidinessigsäure) $HN : C{<}^{NH_2}_{N(CH_3) \cdot CH_2 \cdot COOH}$ ergaben.

[1]) HS. 8, 237 (1884).
[2]) Diese Angabe ist nicht richtig; es ist weniger schädlich als Phenol.
[3]) Journ. f. prakt. Chemie **36**, 272.

Wir sehen aus diesen wenigen Versuchen einer Theorie der Wirkungen, daß, wenngleich eine Beziehung zwischen Konstitution und Wirkung nicht wegzuleugnen ist, uns dennoch eine Theorie mangelt, welche alle Tatsachen, die sich auf die Wirkung der anorganischen und organischen Stoffe auf die Organismen verschiedenster Art beziehen, für alle Organismen und Organe erklären kann. Diese Schwierigkeiten liegen wohl hauptsächlich in der mangelhaften Kenntnis des selektiven Kraft der Organe, die wir zum Teil aus den histologischen Färbungen, zum Teil aus den toxikologischen Experimenten kennen. Die physikalischen oder chemischen Ursachen dieser selektiven Kraft können wir aber etwa beim Alkohol, Chloroform und den Schlafmitteln in den Organlipoiden vermuten. Bei den meisten Substanzen fehlt uns für die Vermutung die Basis. Die Loewsche Ansicht, die ebenso geistreich wie einfach ist, kann auch nur für bestimmte Gruppen von Verbindungen, welche mit Aldehyd- oder Aminogruppen zu reagieren imstande sind, eine teilweise befriedigende Erklärung geben. Sie kann aber nicht erklären, weshalb besondere Zellgruppen, besondere Organe, besonders und nur gerade diese, von den Substanzen zur Wirkungsstätte erwählt werden. Denn die Loewsche Theorie spricht von Protoplasma überhaupt. Jedes Protoplasma in jedem Organe und Gewebe besitzt aber noch Loew labile Aldehyd- und Aminogruppen, welche zum Zustandekommen der Wirkung, der chemischen Reaktion innerhalb des Organismus nach der Loewschen Anschauung notwendig sind. Für die selektive Funktion der Mittel entbehren wir eines Erklärungsversuches. Es ist aber anzunehmen, daß tatsächlich solche Erklärungsversuche bei dem gegenwärtigen Stande des Wissens schon möglich sind, und die Ehrlichschen Anschauungen sind wohl der erste Schritt zu einer solchen Erklärung.

Die selektive Kraft der Zellen und der Zellbestandteile für gewisse Farbstoffe, so für saures und basisches Fuchsin, gibt wohl nur ein Bild von der Selektion für gewisse Mittel, ist aber an und für sich noch keine Erklärung. Wir sehen z. B. bei Strychnin, daß das Rückenmark eine besondere Selektionskraft für dieses Alkaloid besitzt, eine Selektionskraft, welche der des Quecksilbers für den Goldstaub im gepulverten Quarz zu vergleichen ist (L. Brunton). Wären wir nun imstande, die Ursachen dieser Selektionskraft der Gewebe zu erforschen, bzw. wären wir imstande, diejenigen chemischen Gruppen in den Nervenelementen des Rückenmarks zu erkennen, welche das im Kreislaufe befindliche Strychnin festhalten und zur Wirkung bringen, oder wären wir in der Lage, diejenigen Gruppen im Strychnin, welche das Festhalten an den Rückenmarkselementen bedingen, zu bestimmen, so würden wir die Möglichkeit besitzen, eine Reihe von Verbindungen zu konstruieren, welche nur im Rückenmark haften und dort zur Wirkung gelangen, wobei wir die Wirkung durch Synthesen mit bestimmten wirkungsvollen Gruppen beliebig hervorrufen könnten.

Wir besitzen bereits ein recht reiches empirisches Material, welches gestattet, auf Grund der verschiedenartigsten Versuche mit wirkenden und nichtwirkenden Substanzen uns ein Bild davon zu machen, wie bestimmte Atomgruppierungen in bestimmten Stellungen entweder selbst wirken oder durch Anlagerung an einen anderen Atomkomplex dessen Wirkungen auslösen. Wir wissen auch, wie bestimmte Atomgruppierungen durch Anlagerung an bestimmte physiologisch wirksame Substanzen, deren Wirkung durch ihren Eintritt entweder gänzlich aufheben oder wesentlich abschwächen oder der Wirkung eine andere Richtung geben, das heißt einen anderen als den der Grundsubstanz eigentümlichen physiologischen Effekt auslösen.

Es kann dieselbe Substanz sich übrigens, abgesehen von der Dosis, unter physiologischen und pathologischen Verhältnissen im Organismus sehr verschieden verhalten.

So setzt z. B. Chinin bei Fieber die Temperatur um 3—4° herunter, während im gesunden Organismus die Temperatur nur sehr wenig herabgesetzt wird[1]).

Ähnlich verhält sich die Salicylsäure, welche beim akuten Gelenkrheumatismus das Fieber prompt herabsetzt, bei anderen fieberhaften Erkrankungen schwach oder gar nicht wirkt und im gesunden Organismus gar keine temperaturherabsetzende Wirkung äußert. Die erkrankten Gelenke nehmen die Salicylsäure reichlich auf, die gesunden nicht. Ebenso verhält sich Jod (Martin Jacoby).

Zum Zustandekommen der Wirkung einer chemischen Verbindung sind mehrere Faktoren notwendig: Eine wirksame Gruppe, welche aber an sich noch keine Wirkung zu entfalten braucht, aber sie schon an und für sich entfalten kann. Diese wirksame Substanz muß durch eine wirksame oder eine andere für das Gewebe reaktionsfähige Gruppe mit dem bestimmten Organ oder mit verschiedenen Organen oder Geweben in Kontakt kommen, wo sie die Hauptgruppierung zur Wirkung bringt. Dabei ist nicht ausgeschlossen, daß die Atomgruppe, welche die chemische Beziehung zwischen dem Gewebe und dem wirksamen Körper zustande bringt, also die Verankerung im Gewebe bewerkstelligt, selbst an der Wirkung beteiligt ist. Andererseits kann die Grundsubstanz auch bloß der Träger der wirksamen Gruppen in der Weise sein, daß sie den wirkenden Gruppen jene stereochemische Konfiguration verschafft, welche es erst ermöglicht, daß sie mit einer bestimmten Atomgruppierung eines Gewebes chemisch reagiert bzw. abgebaut oder aufgespalten wird. Grundbedingung für das Zustandekommen der Wirkung ist jedoch das Hinzutreten der kreisenden Verbindung zu den Zellen bzw. die Aufnahme in die Zellen, welche von den physikalisch-chemischen Eigenschaften der Verbindung (z. B. Lipoidlöslichkeit, saurer oder alkalischer Charakter usf.) abhängig ist.

Der Weg zur steigenden Erkenntnis aller dieser Beziehungen ist die Beobachtung der verschiedenen wirksamen Körperreihen, der Möglichkeiten, unter welchen sie ihre Wirkung ganz oder teilweise einbüßen, sowie insbesondere das physiologische und chemische Studium derjenigen Substanzen, welche schon in kleinsten Dosen sehr starke Wirkungen und meist sehr selektiv in einem bestimmten Organe oder Gewebe entfalten, wie z. B. die Pflanzenalkaloide.

Die oben angedeutete Anschauung, daß die wirksame Substanz vielfach eine endständige Gruppe trägt, wenn sie nicht schon als solche reaktionsfähig, welche mit dem bestimmten Gewebe vermöge ihres Baues oder ihrer sterischen Anordnung chemische Beziehungen herstellt, läßt sich an vielen Beispielen demonstrieren. Es kann ferner gezeigt werden, daß selten der die Verbindung herstellende Teil, sondern meist die wirkende Hauptsubstanz oder eine andere wirkende Seitenkette tatsächlich die physiologische Wirkung auslöst. Es müssen daher zweierlei Gruppierungen in jeder wirksamen Substanz unterschieden werden. Erstens die Seitenkette oder der Rest, welcher die chemischen Beziehungen zwischen der chemischen Verbindung und dem Gewebe herstellt und das gesamte Molekül des wirkenden Körpers in dem betreffenden Gewebe verankert. (Verankernde Gruppe.) Zweitens die wirkende Gruppe, die nach der erfolgten Verankerung im Gewebe zur Reaktion mit

[1]) Jürgensen, Körperwärme, Leipzig 1873, S. 40.

dem Gewebe gelangt, wobei die Wirkung zur Geltung kommt. Es können aber auch diese beiden, die verankernde und die wirkende Gruppe der Substanz, eine und dieselbe Atomgruppe sein. Wird die verankernde Gruppe verändert oder geschlossen, so kann eine andere als die ursprüngliche physiologische Wirkung zustande kommen, wenn noch eine andere verankernde Gruppe vorhanden ist, die nunmehr zur stärkeren Geltung gelangt. Da diese andere Gruppe aber nun Beziehungen zu einem anderen Gewebe oder Organe herstellt, so kann eine differente physiologische Wirkung ausgelöst oder eine dem Gesamtmolekül eigentümliche physiologische Wirkung stärker betont bzw. allein zur Geltung gebracht werden. Dieser Fall tritt ein, wenn im Molekül mehrere Verankerungspunkte und mehrere verschieden wirkende Gruppen vorhanden sind. Die chemisch reaktionsfähigste verankernde Gruppe beherrscht in erster Linie die Situation.

Es kann auch der Fall eintreten, daß sich der Organismus den Verankerungspunkt durch eine meist oxydative Veränderung der chemischen Substanz erst schafft.

Hierfür einige Beispiele:

Morphin hat bekanntlich starke hypnotische Effekte. Im Morphin müssen wir das eine von den beiden vorhandenen Hydroxylen, und zwar das Phenolhydroxyl als den Verankerungspunkt für die hypnotische Wirkung ansehen. Wird dieser durch Einführung einer Schwefelsäuregruppe geschlossen, so kann das sonst unveränderte Morphin nicht mit dem Gehirngewebe in Kontakt treten (von demselben festgehalten werden), und es wird in dem Falle überhaupt keine Wirkung ausgelöst, weil ja die Einführung negativer Säuregruppen die Reaktionsfähigkeit der Substanzen mit den Geweben ganz aufhebt. Wird aber das Hydroxyl nur durch Einführung eines organischen Radikals durch Verätherung oder Veresterung verschlossen, wird Acetylmorphin $C_{17}H_{17}NO(OH)(O \cdot OC \cdot CH_3)$, Methyl- $C_{17}H_{17}NO(OH)(OCH_3)$ (Codein) oder Äthylmorphin $C_{17}H_{17}NO(OH)(OC_2H_5)$ (Dionin) dargestellt, so wird der hypnotische Effekt stark in den Hintergrund gedrängt, während die strychninähnliche Wirkung auf die Zentren im Rückenmarke und auf das Respirationszentrum, welche ja auch dem Morphin eigen ist, aber bei diesem nur wenig zur Geltung kommt, in den Vordergrund tritt und das Bild der physiologischen Wirkung dieser Verbindungen (der Codeine) völlig beherrscht.

Die Existenz von sauren Eigenschaften oder die Einführung saurer Gruppen können, wie wir gesehen haben, die Wirkung eines Körpers völlig aufheben, oder es kann ein solcher natürlich so gebildeter Körper von Haus aus ohne jede Wirkung sein, da die endständige Säuregruppe die chemische Reaktionsfähigkeit (Verankerung) einer jeden anderen Seitengruppe durch ihre Prävalenz herabsetzt oder ganz aufhebt. Wir sehen beim Morphin, daß infolge des Eintritts der Schwefelsäure, trotz Existenz einer zweiten angreifenden verankernden Gruppe, die durch die Wirkung der Codeine bewiesen erscheint, das Molekül nicht zur Wirkung gelangen kann, und nur in sehr großen Dosen zeigt sich auch bei der Morphinätherschwefelsäure eine strychninähnliche, codeinartige Wirkung, während die hypnotische wegen Verdeckung des Hydroxyls völlig verschwunden ist.

Daß nicht etwa beim Morphin der Eintritt der Alkylgruppe bei der Bildung der Codeine die neue Wirkung schafft, indem durch die Methoxylgruppe innigere Beziehungen zum Rückenmark geschaffen werden, sondern daß tatsächlich eine schon vorhandene angreifende Gruppe nunmehr zur vollen Geltung kommt, beweist folgendes:

Der Eintritt der Methylgruppe bedingt keineswegs eine erleichterte Reaktionsfähigkeit mit dem Rückenmarke. Es kann sogar das Gegenteil der Fall sein.

Strychnin und Brucin sind in ihren physiologischen Wirkungen ganz gleich, sie wirken beide auf die Vorderhörner des Rückenmarks und disponieren diese zur Auslösung der charakteristischen Strychninkrämpfe auf den kleinsten Reiz hin. Der Unterschied besteht nur darin, daß Strychnin 40mal stärker wirkt als die gleiche Dosis Brucin. Chemisch unterscheiden sich diese beiden Alkaloide dadurch, daß Brucin als ein Strychnin aufzufassen ist, in dem zwei Wasserstoffe der Phenylgruppe durch zwei Methoxylgruppen ersetzt sind,

Strychnin	Brucin
$C_{15}H_{17}N_2O_2 \cdot C_6H_5$	$C_{15}H_{17}N_2O_2 \cdot C_6H_3(OCH_3)_2$.

Also die Einführung von Methoxylgruppen schafft nicht etwa intimere Beziehungen zum Rückenmark, sondern schwächt sie in diesem Falle bedeutend ab. Es muß daher eine andere Gruppierung die Anheftung des Strychnin und Codein an das Rückenmark besorgen. Scheinbar spricht für die Vermutung, daß eine Methoxylgruppe intimere Beziehungen einer Substanz zum Rückenmarke (insbesondere in den Vorderhörnern desselben) schafft, das Verhalten des Guajacols. Guajacol hat

OCH_3
OH

krampferregende (tetanisierende) und lähmende Eigenschaften, dem Veratrol

OCH_3
OCH_3

kommen nur lähmende zu. Doch findet man, daß Brenzcatechin ebenfalls

OH
OH

stark exzitierende und krampferregende Wirkungen äußert, und zwar in stärkerem Maße als Guajacol.

Die Verdeckung des sauren Charakters, welcher eine Substanz verhindert, trotz des Vorhandenseins einer verankernden Gruppe sich an ein bestimmtes Gewebe anzuheften, kann die einer Substanz innewohnenden physiologischen Eigenschaften nunmehr zur Wirkung gelangen lassen. Hierbei muß die verdeckende Gruppe keineswegs an der Wirkung beteiligt sein. Die Wirkung ist lediglich in der ursprünglichen Substanz gelegen, kann aber wegen der sauren Eigenschaften nicht zur Geltung kommen. Dabei kann die verdeckende Gruppe (Alkyl, Alkylamin, Amid) für den Wirkungsgrad orientierend wirken; andererseits kann auch die nun entstehende Gruppe (z. B. Carboxäthyl-$COO \cdot C_2H_5$) die Wirkung der Grundsubstanz beträchtlich verstärken, und zwar im gleichen physiologischen Sinne, was aus der Erleichterung der Selektion resp. Verankerung zu erklären ist. Ein Beweis dafür, daß eine verankernde und eine wirkende Gruppe in den wirksamen Substanzen vorhanden sein müssen, ist auch das Aufhören der Wirkung durch Substitution einer Säure im Molekül, wodurch die verankernde Reaktion unmöglich gemacht, und der Körper, obwohl die wirkende Gruppe durchaus chemisch nicht tangiert wurde, unwirksam wird.

Als Beispiel diene:

Arecaidin ist ohne jedwede Einwirkung auf den tierischen Organismus. Chemisch ist es N-Methyltetrahydronicotinsäure

```
        H
        C
  H2C/ \\C · COOH
  H2C\  /CH2
        N · CH3
```

Arecolin, das wirksame Prinzip der Arecanuß (Frucht der Areca Catechu) ist giftig, die physiologischen Eigenschaften nähern sich gleichzeitig dem Pilocarpin, dem Pelletierin und dem Muscarin. Daher hat die Arecanuß auch wurmtreibende Eigenschaften[1]).

Arecolin ist chemisch der Methyläther des Arecaidins, also der N-Methyltetrahydronicotinsäuremethylester

```
        H
        C
  H2C/ \\C · COO · CH3
  H2C\  /CH2
        N · CH3
```

Durch Verdeckung der Carboxylgruppe gelangen die Wirkungen der hydrierten Base erst zur Geltung. Auch der Äthylester des Arecaidins wirkt in gleicher Weise.

Man muß wohl auch annehmen, daß dieselben Verhältnisse beim Cocain obwalten.

Wir wissen, daß im Cocain die anästhesierende Eigenschaft in inniger Beziehung zum Benzoylrest steht. Ekgonin (Cocain ist Benzoylekgoninmethylester) ist eine Carbonsäure. Dem Benzoylekgonin gehen aber wegen seines sauren Charakters, bedingt durch die Anwesenheit der Carboxylgruppe, die bekannten physiologischen Eigenschaften des Cocains ab, es ist auch 20 mal weniger giftig als Cocain. Erst durch Veresterung der Carboxylgruppe kommt die eigentümliche Wirkung des Cocains zum Vorschein. Dabei ist es gleichgültig, durch welchen Alkohol die Veresterung erfolgt. In jedem Falle treten die typischen anästhesierenden Wirkungen des Cocains auf, während diese der freien Säure nicht zukommen.

Colchicin wirkt in kleinen Dosen purgierend und brechenerregend, ähnlich wie Veratrin. Es spaltet sich schon bei gewöhnlicher Temperatur durch Mineralsäure in Colchicein und Methalalkohol:

$$C_{22}H_{25}NO_6 + H_2O = C_{21}H_{23}NO_6 + CH_3 \cdot OH.$$

Colchicin ist der Methyläther des Colchiceins, welch letzteres eine Enolgruppe besitzt. Colchicein ist aber ganz ungiftig. Es ist also nicht der eintretende Alkylrest, welcher wirksam ist, sondern er macht nur eine die Wirkung aufhebende Gruppe (hier die saure Enolgruppe) unschädlich und die verankernde Gruppe kann nunmehr zur Reaktion gelangen.

Es können also nach dem Ausgeführten unwirksame Verbindungen in wirksame, oder wirksame in anders wirkende oder schließlich wirksame in unwirksame durch chemische Veränderungen, welche die Angriffspunkte betreffen, verwandelt werden. Eine mehr larvierte Eigenschaft wird entwickelt, wenn man die hervorstechendste in ihrer Wirkung aufhebt oder beschränkt.

[1]) Jahns, BB. **21**, 3404 (1888); **23**, 2972 (1890); **24**, 2615 (1891). — Marmé, Göttinger Nachrichten **1889**, 125. — Beckurts Jahresber. **1886**, 495.

Daß die verankernde Gruppe oft mit der Wirkung selbst nichts zu tun hat, läßt sich beim Chinin schön zeigen.

Chinin und Cinchonin unterscheiden sich chemisch dadurch, daß Chinin eine Methoxylgruppe in der p-Stellung in der Chinolingruppe trägt, während Cinchonin diese Gruppe entbehrt, denn Cinchonin ist ein Chinolin-, Chinin ein p-Methoxychinolinderivat. Cinchonin wirkt nur unsicher, während Chinin prompt antipyretische Effekte auslöst und spezifisch gegen Malaria wirkt. Es ist aber für den Effekt gleichgültig, ob im Cinchonin der betreffende Wasserstoff durch eine Methoxy-, Äthoxy-, Amyloxygruppe ersetzt wird. Da diese Gruppen, wie im speziellen Teil gezeigt wird[1]), die spezifische Wirkung nicht hervorbringen (dieselbe wird durch den sogenannten Loiponanteil des Chinins bewirkt), müssen wir wohl annehmen, daß die Alkyloxygruppe, welche den chemischen Unterschied zwischen dem sicher wirkenden Chinin und dem unsicher wirkenden Cinchonin ausmacht, die angreifende, verankernde Gruppe ist, welche die Beziehungen zwischen Gewebe und Substanz herstellt, wo dann nach der Anheftung die chemische Reaktion zwischen den wirkenden Teilen des Hauptmoleküls und dem Gewebe vor sich geht, wobei erst die physiologische Wirkung ausgelöst wird. Da dem Cinchonin diese angreifende Gruppe fehlt, so wird seine Wirkung unsicher. Sie scheint überhaupt erst dadurch zustande zu kommen, daß der Organismus Cinchonin in der p-Stellung oxydiert und so ein Hydroxyl als angreifenden Punkt einführt.

Ein solches Verhalten ist wenigstens für Colchicin sichergestellt[2]). An und für sich ist es nicht giftig, wird aber durch Oxydation im Organismus in eine giftige Verbindung, das Oxydicolchicin $(C_{22}H_{24}NO_6)_2 \cdot O$, übergeführt. So ist Colchicin bei Fröschen in Dosen von 0.1 g fast ohne Wirkung, während Oxydicolchicin schon in Dosen von 0.005 g Krämpfe, und schließlich Tod durch zentrale Lähmung verursacht. Überlebende Organe vermögen Colchicin in Oxydicolchicin zu verwandeln. Der Organismus der Kaltblüter vermag im Gegensatz zu dem der Warmblüter Colchicin nicht zu Oxydicolchicin zu oxydieren, daher die Unwirksamkeit des Colchicins beim Kaltblüter.

Meist bringt in aromatischen Substanzen der aliphatische Anteil oder eine kleine Seitenkette, in sehr vielen Fällen ein Hydroxyl, den Hauptkörper zur Wirkung. Diese aliphatischen Gruppen oder die Hydroxyle sind bei weitem reaktionsfähiger und machen den Kern leichter angreifbar als die meist schwer reagierenden Ringsysteme, bei denen sich der Organismus selbst Angriffspunkte schaffen muß.

Die Gesamtwirkung eines Mittels müssen wir als aus zwei Hauptkomponenten bestehend betrachten. Die Wirkung des Mittels auf ein bestimmtes Gewebe und die Wirkung, welche dieses nun chemisch veränderte (gereizte oder gelähmte) Gewebe oder die Zellengruppen im Organismus zuwege bringt.

b) Beziehung der Wirksamkeit zur Veränderung im Organismus.

Wir haben im vorhergehenden möglichst die Frage zu beleuchten gesucht, wie von chemischen Gesichtspunkten aus der Aufbau der Substanzen in Beziehungen steht dazu, wie diese im Organismus zur Wirkung gelangen; in den Detailkapiteln wird man die Bedeutung jeder Gruppe kennenlernen.

In inniger Beziehung zu der Frage nach dem Zusammenhang zwischen Konstitution und Wirkung steht eine zweite Frage: Besteht auch eine Abhängig-

[1]) Siehe Kapitel: Chinin. [2]) Carl Jacobj, AePP. 27, 119.

keit zwischen Wirkung und chemischer Veränderung der Substanzen? Diese Frage erregte bis nun seltener die Aufmerksamkeit der Pharmakologen und R. Kobert[1]), welcher wenigstens eine präzise Ansicht hierüber äußert, spricht sich folgendermaßen aus:

„Die Stärke der Wirkung eines Mittels ist der Stärke der Umwandlung, welche es in chemischer Hinsicht im Organismus erfährt, nicht nur nicht proportional, sondern sie steht damit in gar keinem Zusammenhange, d. h. sehr stark wirkende Mittel, wie Atropin und Strychnin durchwandern den Organismus ganz unzersetzt, während z. B. Tyrosin eine vollständige Verbrennung zu Harnstoff, Kohlensäure und Wasser erleidet, dabei aber ungemein schwach wirkt. Wir haben hier einen wichtigen Unterschied zwischen Nahrungs- und Arzneimitteln, denn die Leistung eines Nahrungsmittels für den Haushalt des Organismus ist verglichen mit den anderen, welche aus denselben Elementen bestehen, direkt proportional der davon gelieferten lebendigen Kraft, d. h. der Stärke der Zersetzung, welche es erleidet. Damit soll nicht etwa gesagt sein, daß der Stoffwechsel von den Arzneimitteln nicht beeinflußt würde, im Gegenteil verändern ihn einige, wie Phosphor und Chinin, in sehr hochgradiger Weise. Aber diese von den Arzneimitteln bedingte Veränderung des Stoffwechsels ist eben nicht proportional der Stärke der chemischen Zersetzung oder der sonstigen physiologisch-chemischen Umwandlung, welche das Arzneimittel erleidet. Falls letzteres gar keine chemische Umwandlung erleidet, so redet man in der physiologischen Chemie wohl von der sogenannten Kontaktwirkung, ohne daß dadurch das Wunderbare des dabei vor sich gehenden Vorganges uns verständlicher würde."

Diesen Anschauungen gegenüber wollen wir die folgenden entwickeln. Es läßt sich bei den meisten Körpern zeigen, daß, wenn sie im Organismus zur Wirkung gelangt sind, sie eine bestimmte chemische Änderung erfahren haben. Bei den anorganischen Verbindungen haben wir schon darauf verwiesen, wie Binz und Schulz[2]) die Wirkung einer Reihe von Körpern, wie des Arsens, des Phosphors usw. auf die Weise erklären, daß die arsenige Säure sich durch Reduktion der Gewebe höher oxydiert zu Arsensäure, daß erstere durch die reduzierende Wirkung der Gewebe wieder regeneriert wird, um ihre giftige Wirkung weiter durch Reduktion fortzusetzen. Phosphor, welcher ja sehr leicht oxydierbar ist, wirkt nicht etwa durch sein Molekül, sondern durch seine intensive reduzierende Eigenschaft, welche die Zellen auf das heftigste schädigt. Hierbei oxydiert sich Phosphor zu phosphoriger Säure. Es handelt sich also hier nicht etwa um eine katalytische unerklärte Wirkung, sondern wir knüpfen an diese Wirkungen bestimmte Vorstellungen und erkennen, daß die wirkende Substanz bei der Wirkung eine chemische Veränderung erleidet.

Noch deutlicher läßt sich diese Vorstellung bei organischen Verbindungen nachweisen. Es läßt sich zeigen, daß wirksame Substanzen eine chemische Veränderung, oft auch einen Abbau des Moleküls erleiden und daß dieselben Verbindungen, wenn sie so resistent gemacht werden, daß sie keine chemische Veränderung im Organismus mehr erleiden, nicht mehr wirken. Ja wir erkennen in bestimmten Körperklassen, wie z. B. in der Phenetidinreihe schon aus dem Harne nach der Einführung einer neuen zu prüfenden Substanz dieser Reihe, ob wir es mit einer wirksamen Substanz zu tun haben oder nicht, daran, ob wir Abbauprodukte nachweisen können oder nicht.

---

[1]) Pharmakotherapie, Stuttgart 1897, S. 40.

[2]) AePP. **11**, **13**, 256; **14**, 345.

Von einigem Interesse für diese Beweisführung werden folgende Beispiele sein:

```
Xanthin   HN—CO
          |   |
          OC  C—NH
          |   ||  >CH
          HN—C—N
```

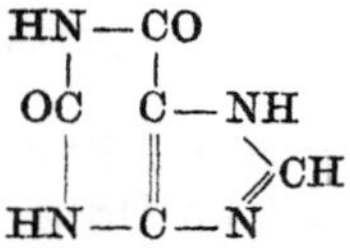

besitzt keine kontrahierende Wirkung auf den Herzmuskel, hingegen hat es die Eigenschaft, Muskelstarre hervorzubringen und das Rückenmark zu lähmen. Dem Xanthin kommt gar keine tonisierende Wirkung auf den Herzmuskel zu, im Gegenteil es produziert einen atonischen Zustand desselben.

Treten nun aber Methylgruppen an die Stickstoffe, so entstehen Theobromin (Dimethylxanthin) und Coffein (Trimethylxanthin).

```
Theobromin      HN—CO                Coffein  CH3·N—CO
                |   |                              |   |
                OC  C—N·CH3                        OC  C—N·CH3
                |   ||    >CH                      |   ||    >CH
         CH3·N—C—N                             CH3·N—C—N
```

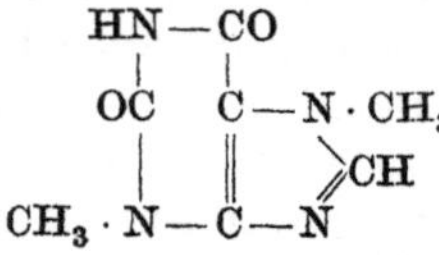

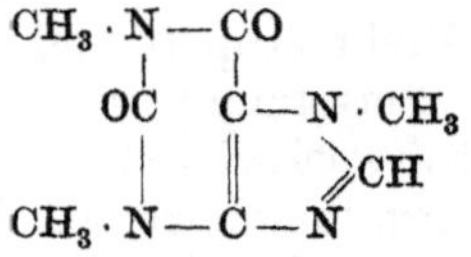

Theobromin mit zwei Methylgruppen verursacht einen leichten Anstieg im Herztonus. Coffein mit drei Methylgruppen macht prononcierte idiomuskuläre Kontraktionen des embryonalen Herzens[1]). Die tonisierende Wirkung des Theobromins und des Coffeins steht also in innigem Zusammenhange zum Vorhandensein von Methylgruppen am Stickstoff im Xanthin. Diese Methylgruppen erst verleihen dem Xanthin jene eigentümliche Herzwirkung: Je mehr Methylreste eintreten, desto intensiver und kräftiger ist die bekannte Wirkung der Substanz. (Milde Wirkung des theobrominhaltigen Kakaos, stärkere des coffeinhaltigen Kaffees und Tees.)

Xanthin ist hier gleichsam der Träger der Methylgruppen, welcher ihnen jene eigentümliche sterische Anordnung verleiht und für sie die Möglichkeit einer resistenten Bindung am Stickstoff bietet. Dieses Beispiel zeigt deutlich innige und klar faßliche Beziehungen zwischen Konstitution und Wirkung.

Aber an demselben Beispiele läßt sich weiter zeigen, wie innig der Zusammenhang zwischen Wirkung und chemischer Veränderung ist. Die chemische Veränderung ist in diesem Falle Abbau.

Wir haben gesehen, wie die Wirkung des Coffeins und Theobromins mit dem Vorhandensein und der Anzahl von Methylresten an den Stickstoffen des Xanthins zusammenhängt. Wenn wir nun nach dem Schicksal dieser Verbindungen im Organismus forschen, so erfahren wir, daß als Stoffwechselprodukte im Harne nach Genuß von Coffein und Theobromin Xanthinbasen auftreten, welche durch ihren Aufbau beweisen, daß im Organismus eine teilweise Entmethylierung vor sich gegangen ist. Der Abbau des Coffeins geht (bei Hunden) in der Weise vor sich, daß zuerst wohl Theophyllin[2]) (Dimethylxanthin) und daraus dann 3. Mono-Methylxanthin entsteht. Als Nebenprodukte entstehen noch die beiden anderen Dimethylxanthine: Paraxanthin und Theobromin. Das Kaninchen baut Coffein zu Xanthin ab, der Mensch zu Theophyllin[3]).

Trotz dieser Unterschiede im Abbau ist eines bei verschiedenen Tieren ersichtlich: Es werden eine oder zwei oder alle Methylgruppen abgebaut. Da

---

[1]) Wilhelm Filehne, Dubois Arch. f. Phys. **1886**, 72. [2]) HS. **36**, 1 (1902).

[3]) Manfredi Albanese, AePP. **35**, 448. — Eugen Rost, AePP. **36**, 56. — St. Bondzynski und R. Gottlieb, AePP. **36**, 45.

es nun feststeht, daß die Wirkung des Coffeins und Theobromins vom Vorhandensein und der Anzahl der Methylreste abhängt, und da beim Passieren des tierischen Organismus diese Körper so abgebaut werden, daß gerade diejenigen Gruppen verschwinden, welche die Wirkung verursachen, so ist wohl als sicher anzunehmen, daß hier ein Zusammenhang zwischen Wirkung, Konstitution und chemischer Veränderung (Abbau) vorliegt.

Es ist dies wohl ein klares und experimentell sicher fundiertes Beispiel.

Ein ebenso sicher festgestelltes ist folgendes. Nach den Untersuchungen von E. Baumann und Kast[1]) hängt die hypnotische Wirkung der Sulfone von dem Vorhandensein und der Anzahl der Äthylgruppen ab. Die methylierten Sulfone sind gänzlich unwirksam und passieren den Organismus unverändert, die äthylierten machen Schlaf und werden im Organismus nahezu vollständig zerlegt. Der Sulfoanteil findet sich im Harne als eine sehr leicht lösliche, chemisch bis jetzt nicht gefaßte Säure.

Auch hier ist die Sachlage für die oben angeführte Anschauung ganz klar. Die Äthylsulfone wirken durch ihre Äthylgruppen. Diese schlafbringenden Gruppen werden im Organismus abgebaut.

Die nichtwirkenden Methylsulfone aber werden im Organismus überhaupt nicht angegriffen.

Es hat seine besonderen Schwierigkeiten, diese für eine Reihe von physiologisch wirkenden Substanzen sicher feststehenden Tatsachen in allen Reihen nachzuweisen. Insbesondere die Alkaloide, für deren Nachweis wir so feine Methoden besitzen, bieten hier ein Feld, welches scheinbar von einem Gegner dieser Anschauungen siegreich zu behaupten ist.

Die Alkaloide wirken bereits in relativ kleinen Dosen. Aber wir vermögen nach den bekannten Verfahren bereits kleine Quantitäten dieser Körperklasse aus Organen oder Harn darzustellen. Hingegen ist uns die Konstitution der meisten Substanzen dieser Klasse noch nicht genügend bekannt und über den Zusammenhang zwischen der Konstitution und Wirkung schwebt meist noch ein tiefes Dunkel. Daher haben wir nicht einmal die Möglichkeit, uns eine Vorstellung über das zu erwartende Stoffwechselprodukt zu machen, und die bisherigen Versuche, Stoffwechselprodukte der Alkaloide zu isolieren, welche sicherlich ein neues Licht auf die Konstitution derselben werfen würden, welche lehrreich wären für die Beziehungen zwischen dem chemischen Aufbau und Abbau und der physiologischen Wirkung, haben die gewünschten Resultate nicht gezeitigt. Und doch würden uns gerade diese Derivate belehren, welche Gruppen bei der Entfaltung der Wirkung vom Organismus angegriffen wurden.

Wir finden nun bei einzelnen Alkaloiden, z. B. Strychnin und Atropin, den größten Teil des eingeführten Alkaloids im Harne unverändert. Ein weiterer Teil läßt sich ebenfalls aus den Geweben unverändert darstellen. Die Differenz zwischen dem eingeführten und wiedergefundenen Alkaloid wird nun je nach dem pharmakologischen Standpunkt erklärt. Man kann annehmen, daß dieser Rest nicht gefunden wird, weil unsere Methoden keine quantitative Darstellung des eingeführten Alkaloids zulassen, und das muß die Auffassung derjenigen sein, welche eine katalytische Funktion dieser Mittel annehmen, ein Ausdruck, welcher wohl nichts erklärt, wo wir gerade eine Erklärung suchen. Die Behauptung Kratters[2]), daß das ganze Atropin unzersetzt wieder ausgeschieden wird, ist falsch[3]). Sowohl im menschlichen Organismus als in dem des Hundes, ja in isolierten, künstlich mit Blut durchströmten Organen wird ein,

[1]) HS. **14**, 52 (1890). [2]) Vierteljahrsschrift f. gerichtl. Medizin **44** (1886).
[3]) O. Modica, Riforma med. Bd. II (1898).

wenn auch geringer Teil des Atropins zersetzt. Die das Atropinmolekül zersetzende Kraft ist im Körper des Hundes größer als in dem des Menschen. Während ein Hund 1 cg schwefelsaures Salz des Atropins fast vollkommen zerstören kann, kann der menschliche Körper nur Dosen von 1 mg bewältigen. Auch nach neueren Untersuchungen von Wilh. Wiechowski[1]) wird Atropin im Organismus zu $^2/_3$ verbrannt.

Andererseits kann man zu folgender Vorstellung gelangen.

Die Alkaloide sind bekanntlich schon in sehr kleiner Dosis wirksam, wir wissen aber, daß gerade die Alkaloide ganz spezifische Angriffspunkte im Organismus haben, daß die meisten rasch aus der Blutbahn verschwinden, mit dem Harne und Kote ausgeschieden werden, ein anderer Teil wird dadurch unwirksam gemacht, daß das Lebergewebe, in welchem das Alkaloid meist nicht zur Wirkung gelangt, ihn festhält, erst der Rest verteilt sich auf die übrigen Organe und da er nur in bestimmten zur Wirkung gelangen kann, mit den allermeisten aber gar keine Reaktion eingeht, so muß tatsächlich eine minimale Menge, also nur ein Bruchteil des zugeführten oder kreisenden genügen, um in dem bestimmten Gewebe den bestimmten Effekt auszulösen.

Strychnin gelangt bekanntlich in der grauen Substanz der Vorderhörner des Rückenmarks zur Wirkung. Wenn wir selbst annehmen, daß diesem Gewebe eine ungemeine Fähigkeit zukommt, Strychnin festzulegen, so kann bei der rasch eintretenden Wirkung doch nur ein geringer Bruchteil als zur Wirkung gelangend angesehen werden. Es bestehen doch bei den Alkaloiden andere chemische Reaktionsverhältnisse als bei den mit den meisten Protoplasmagebilden reagierenden Körpern, wie Diamid, Phenylhydrazin usw.

Die zweite Erklärung wäre also, daß der nicht wieder gefundene, nicht unbeträchtliche Bruchteil der Alkaloide und natürlich auch der übrigen Substanzen zur Wirkung gelangt ist unter chemischer Veränderung, daß also auch die Wirkungen dieser Körperklasse sich auf dieselbe Weise erklären lassen, daß nicht nur ein Zusammenhang zwischen Konstitution und Wirkung, sondern auch ein Zusammenhang zwischen chemischer Veränderung und Wirkung besteht.

Einzelne Gifte machen scheinbar eine Ausnahme.

Kohlenoxyd wirkt äußerst giftig und wir wissen sicher, daß unser Organismus gar nicht die Fähigkeit hat, Kohlenoxyd zu verändern. Aber diese Vergiftung hält wohl keinen Vergleich aus mit den Wirkungen der anderen uns bekannten Körper. Der Tod bei Kohlenoxydvergiftung ist ein einfacher Erstickungstod, ganz identisch mit dem bei mechanischem Verschluß der Luftwege hervorgerufenen, durch den Umstand verursacht, daß Kohlenoxyd eine sehr stabile Verbindung mit dem Hämoglobin eingeht, dieses festlegt, so daß die Sauerstoffzufuhr durch Ausschaltung des Sauerstoffüberträgers aufhört.

Eine solche gleichsam mechanische Festlegung und Ausschaltung kann wohl in keine Beziehung gebracht werden zu der Wirkung der allermeisten Körper, welche sich chemisch durch eine Wechselwirkung zwischen chemischer Substanz und Gewebe auszeichnet, wobei beide eine chemische Veränderung erleiden.

Daß die Stärke der Wirkung eines Mittels der Stärke der Umwandlung, welche es chemisch im Organismus erleidet, nicht proportional ist und damit häufig in keinem Zusammenhange steht, ist wohl von vornherein klar, wenn man sich einige Beispiele vor Augen hält.

Um bei dem schon öfters angewendeten Strychninbeispiel zu bleiben, wollen wir nur folgendes anführen. Kleinste Dosen Strychnin genügen schon, heftige

[1]) AePP. **46**, 155 (1901). Siehe auch Einleitung S. 4.

tetanische Zuckungen der Körpermuskulatur hervorzurufen. Aber zwischen der Stärke der Umwandlung und der Stärke der Zuckungen muß keineswegs ein Zusammenhang in dem Sinne sein, daß nach dem Gesetze der Erhaltung der Kraft die latente Energie der Substanz durch eine chemische Destruktion frei wird und ihre Energieeffekt uns zur Erscheinung kommt. Wir sehen wohl nur die Muskelzuckung zur sichtbaren Erscheinung gelangen, wissen aber, daß Strychnin auf die Nervenzentren im Rückenmark in der Weise einwirkt, daß sie für äußere Reize überempfindlich werden und daß diese erst den sichtbaren Effekt, die Muskelzuckungen, auslösen. Ebensowenig als zwischen dem Fingerdruck, welcher eine Mine zur Explosion bringt und der entwickelten Energie der explodierenden Mine ein Zusammenhang nach dem Gesetze der Erhaltung der Kraft besteht, ebensowenig besteht ein solcher Zusammenhang zwischen der Strychninwirkung im Rückenmarke und dem sichtbaren Effekt der Muskelzuckung.

Wir haben es bei den wirkenden Substanzen auch meist mit schwerer im Organismus destruierbaren zu tun, als es die Nahrungsmittel sind. Während diese fast vollständig zu Stoffwechselendprodukten, z. B. Kohlensäure, Wasser, Ammoniak bzw. Harnstoff, Harnsäure usf. verwandelt werden, zeichnen sich die wirksamen Substanzen durch eine gewisse Resistenz aus. Diese Resistenz darf aber keineswegs so groß sein, daß der Organismus mit der Substanz nicht in Wechselwirkung treten könnte. In diesem Falle wird die Substanz ganz unwirksam. Die Resistenz der wirksamen Substanzen und insbesondere die der spezifisch wirkenden, welche nur mit einzelnen Geweben reagieren, scheint eben der Grund dafür zu sein, daß eine solche Selektion der Gewebe ermöglicht wird.

Würde ein Mittel mit Protoplasma jeder Art reagieren, so wäre eine spezifische Auslösung von Wirkungen nicht möglich; die große Resistenz den allermeisten Geweben gegenüber ermöglicht es gerade, daß eine kleine angewendete Substanzmenge an der Selektionsstelle den spezifischen Reiz auslöst, die spezifische Wirkung vollbringt, ohne von anderen Geweben angegriffen zu werden.

In der synthetischen Arzneimittelchemie benützen wir diese Erfahrungen, indem wir den synthetischen Mitteln eine bestimmte Resistenz künstlich verleihen, um sie nicht auf einmal zur Reaktion gelangen zu lassen, um sie ferner nicht mit allen Geweben reaktionsfähig zu machen, damit sie nicht auf diese Weise unangenehme Nebenwirkungen zeigen, und um durch diese künstliche Resistenz sie nur mit dem chemisch für sie reaktionsfähigsten Gewebe reagierfähig zu erhalten. Verhindern wir auch dieses, so hört jede Wirkung auf. Daher sind auch alle ungemein reaktionsfähigen Substanzen, welche mit Geweben jeder Art in chemische Wechselwirkung zu treten in der Lage sind, als Arzneimittel nicht zu brauchen (Diamid, Phenylhydrazin, Formaldehyd, Cyanwasserstoff), aber wir können durch Erschwerung der Reagierfähigkeit oder durch eine sehr gewählte Dosierung noch immer nützliche Effekte mit diesen Körpern erzielen.

Diese gewisse Resistenz der Mittel dem Organismus gegenüber und die spezielle Reaktionsfähigkeit mit nur bestimmten Geweben bringt es mit sich, daß bei leicht harnfähigen Substanzen oft ein sehr großer Teil der Substanz unverändert im Harne wieder erscheint. Je leichter harnfähig solche Substanzen sind und je mehr sie die Nierenelemente zur Sekretion reizen, desto mehr wird unter sonst gleichen Umständen unverändert im Harne gefunden werden.

Der Begriff der Selektion der Gewebe für chemische Verbindungen ist sicherlich nicht einfach zu denken. Die Selektion ist gewiß mannigfaltiger Natur und beruht zum Teil auf physikalischen Momenten, wie Lösungsverhältnissen und Verteilungsverhältnissen zwischen zwei differenten lösenden

Medien, auf Lösungsverhältnissen in Membranen, auf Verringerung oder Vergrößerung der Oberflächenspannung der lösenden Medien, auf mehr chemischen Momenten, wie der Reaktionsfähigkeit der gelösten Verbindungen mit einzelnen Geweben oder spezifischen Zellgruppen, sowie der partiellen Abbaufähigkeit der Verbindung durch das besondere Gewebe, welche vielfach mit den stereochemischen Beziehungen zwischen der chemischen Verbindung und den spezifischen Zellen zusammenhängt. Den Erklärungsversuch von Paul Ehrlich, die Selektion und Wirkung nach Analogie der starren Lösung verständlich zu machen, haben wir schon erwähnt. Hans H. Meyer[1]) hat ein experimentell gestütztes Material vorgebracht, welches ein rein physikalisches Moment einführt, das für die Erklärung der Selektion narkotischer Substanzen von größter Bedeutung, nach ihm ausschlaggebend sein soll. Ja er geht noch weiter und erklärt nicht nur durch ein bestimmtes physikalisches Moment die Selektion der verschiedenartigen narkotischen Substanzen, sondern nimmt an, daß die Wirkung dieser Körper nicht durch die chemische Umsetzung dieser Körper, sondern durch rein physikalische Momente hervorgerufen wird.

Die narkotische Wirkung der verschiedenen Körper ist nach seiner Annahme eine Funktion der „Fettlöslichkeit“ (Affinität der fettähnlichen [lipoiden] Stoffe), woraus sich folgende Thesen formulieren lassen:

1. Alle chemisch zunächst indifferenten Stoffe, die für Fett und fettähnliche Körper löslich sind, müssen auf lebendes Protoplasma, sofern sie darin sich verbreiten können, narkotisch wirken.

2. Die Wirkung wird an denjenigen Stellen am ersten und am stärksten hervortreten müssen, in deren chemischem Bau jene fettähnlichen Stoffe vorwalten und wohl besonders wesentliche Träger der Zellfunktion sind: in erster Linie also an den Nervenzellen.

3. Die verhältnismäßige Wirkungsstärke solcher Narkotica muß abhängig sein von ihrer mechanischen Affinität zu fettähnlichen Substanzen einerseits, zu den übrigen Körperbestandteilen, d. i. hauptsächlich Wasser andererseits, mithin von dem Teilungskoeffizienten, der ihre Verteilung in einem Gemisch von Wasser und fettähnlichen Substanzen bestimmt.

So interessant das im Kapitel: Schlafmittel näher beleuchtete experimentelle Material ist, erscheint es uns nicht notwendig, die Anschauungen Meyers auf die Theorie der Wirkungen auszudehnen und einen Zusammenhang zwischen Abbau und Wirkung, wie Baumann und Kast ihn für die Sulfogruppe erwiesen, zu leugnen. Hingegen halten wir die Untersuchungen von Hans Meyer und Baum sowie E. Overton für einen höchst interessanten Erklärungsversuch der Selektionswirkung nach rein physikalischen Momenten[2]). Seine volle Richtigkeit vorausgesetzt, würde dieser Erklärungsversuch nur die indifferenten Narkotica umfassen, für die übrigen Körpergruppen ohne Zuziehung chemischer Momente nicht mehr möglich sein, und selbst in der Gruppe der schlafmachenden Körper am Erklärungsversuch der Wirkungen des Morphin und der abgeschwächten Wirkung seiner Ätherderivate scheitern.

Zu ähnlichen, ebenfalls physikalischen Vorstellungen gelangt W. Straub. W. Straub hält nach seinen Untersuchungen am Aplysienherzen ein Alkaloid dann für im Organismus wirksam, wenn es von gewissen Zellarten im hohen Maße gespeichert wird, innerhalb der Zellen bestimmte Angriffspunkte findet und nicht zerstörbar ist[3]).

---

[1]) AePP. **42**, 109 und 119 (Baum). Siehe auch E. Overton, Studien über Narkose, Jena 1901. [2]) Siehe auch P. Ehrlich, Festschr. f. v. Leyden.

[3]) Pflügers Archiv **98**, 233 (1903).

Zwischen den giftigen und ungiftigen Gliedern der Alkaloidreihe bestehen aber auch physikalische Unterschiede, welche sich in ihren Wirkungen auf rote Blutkörperchen und Kolloide manifestieren. Ebenso lassen sich durch Capillaritätsbestimmungen solche Unterschiede demonstrieren[1]). Physikalisch sind Eucain und Cocain am wirksamsten, zugleich sind sie aber auch pharmakodynamisch am stärksten. Das schwächer wirksame Novocain erwies sich auch physikalisch schwächer wirksam. Tropin, Ekgonin und Benzoylekgonin sind pharmakodynamisch indifferent und verhalten sich physikalisch wie Kochsalzlösung.

Die alkalische Reaktion des Mediums befördert und verstärkt die Wirkung aller giftigen Glieder der Cocainreihe auf rote Blutkörperchen. Ebenso erfährt die durch Cocain, Eucain, Novocain bedingte Erhöhung der Oberflächenspannung des Lösungsmittels in alkalischem Medium eine bedeutende Zunahme, während die ungiftigen Glieder der Cocainreihe usw. zunächst keine Änderung, nach längerer Zeit ebenfalls eine Zunahme zeigen, die jedoch hinter der der giftigen Glieder der Reihe zurücksteht. Es gehen also die physikalischen und biologischen Eigenschaften der Alkaloide mit ihren pharmakodynamischen anscheinend parallel. Sie stehen wahrscheinlich auch in einem kausalen Zusammenhange und werden wahrscheinlich in gleicher Weise geändert[2]). So hat O. Groß für Cocain eine Beeinflussung durch das alkalische Medium im Sinne einer Steigerung der anästhesierenden Wirkung nachgewiesen.

Traube nimmt gegenwärtig einen mehr vermittelnden Standpunkt zwischen den rein physikalischen und rein chemischen Theorien ein. Nach ihm ist die Reihenfolge der Wirkungen der giftigen und ungiftigen Stoffe auf ein kolloidales Milieu irgendwelcher Art im allgemeinen unabhängig von der Natur des Milieus. Maßgebend ist in erster Linie nur der basische und saure Zustand des Milieus, denn es wirken vornehmlich Kationen auf saure Milieus oder Milieubestandteile und Anionen auf basische. Nur die giftigen Schwermetalle wirken auf beide Milieuarten. Die Wirkung z. B. der organischen Arsenpräparate ist zwar bedingt durch die chemische Konstitution, aber sie ist rein physikalisch. Es wäre also nach diesen Anschauungen die Konstitution das Bedingende der physikalischen Eigenschaften, welche hinwiederum die pharmakodynamischen bedingen würde.

Man muß aber erwägen, ob die Erklärungsversuche für die Selektion, wie sie von P. Ehrlich, Hans Meyer und Overton unternommen wurden, die auf rein physikalischen Grundlagen der Löslichkeit der wirkenden Substanzen in bestimmten Gewebsarten basiert sind, auch für alle Substanzen sich anwenden lassen und ob auch bei derjenigen Gruppe von Verbindungen, für die insbesondere diese Forscher ihre Theorie aufgestellt haben, nicht eine andere chemische Erklärungsmöglichkeit vorhanden ist. Bildet ja doch den Ausgangspunkt und die eigentliche experimentelle Grundlage dieser Selektions- und Wirkungstheorien die Beobachtung von Schmiedeberg[3]) und von Pohl[4]), daß Chloroform während der Narkose in der Weise im Blute zirkuliert und an die anderen Gewebe abgegeben wird, daß die lecithinreichen roten Blutkörperchen Träger des Chloroforms sind, da Chloroform Lecithin in Lösung zu bringen vermag. Wir sehen schon bei den Wirkungen der anorganischen Substanzen, insbesondere beim Arsen und Quecksilber, wie es hier zu einer bestimmten Lokalisation von Giften kommt, die nicht anders als auf chemischem Wege zu erklären ist, und wir nennen hier insbesondere die Untersuchung von E. Ludwig und Zillner[5]),

[1]) R. Goldschmied und E. Pribram, Zeitschr. f. exper. Pathologie und Therapie **6**, 211 (1909) und E. Pribram, Wiener klin. Wochenschr. **30** (1908).
[2]) Ernst Pribram, Pflügers Archiv **137**, 350 (1911). [3]) Arch. f. Heilkunde **1867**, 273.
[4]) AePP. **28**, 239. [5]) Wiener Med. Blätter, Jahrg. II.

die durch quantitative Bestimmungen der in verschiedenen Organen deponierten Giftmengen dieser Frage näherzutreten versuchten. Aber das folgende Beispiel wird einer stereochemischen Auffassung der Selektion und Wirkung sicherlich eine genügende Stütze bieten. Wir wissen, daß alle Ammoniumbasen ganz unabhängig davon, welchen Aufbau das übrige Molekül dieser Base hat und ganz unabhängig davon, welche Wirkungen das der Ammoniumbase zugrunde liegende Alkaloid als solches auszulösen vermag, an die Endigungen der motorischen Nerven gehen und dort auch durch dieselbe Gruppierung, der sie die Selektion für die motorischen Nervenendplatten verdanken, lähmend wirken. Diese stereochemische Konfiguration der Ammoniumbasen bewirkt eine so weitgehende Prädilektion der Nervenendplatten für diese Substanzen, daß die Möglichkeit, daß chemische Verbindungen, welche Ammoniumbasen sind, in anderen Organen oder Organteilen Wirkungen auslösen, bedeutend erschwert wird. Daher ist es auch gleichgültig, ob diese Ammoniumbasen aliphatischer oder aromatischer Natur ist. Daß es hier nicht etwa auf die Gegenwart des Stickstoffes ankommt, beweist weiter der Umstand, daß Basen, welche statt Stickstoff Arsen, Antimon oder Phosphor, und zwar bei gleicher Konfiguration wie die Ammoniumbasen den Stickstoff enthalten, also Arsonium-, Stibonium- und Phosphoniumbasen, die gleiche Wirkung wie die Ammoniumbasen auslösen und keineswegs die dem Arsen, Antimon oder Phosphor eigentümlichen Wirkungen äußern. Dieses eine Beispiel, welches deutlich die Beziehungen zwischen der stereochemischen Konfiguration, der Selektion und Wirkung klarlegt, muß notwendigerweise dazu führen, andere, ebenso übersichtliche Gruppierungen in anderen Körperklassen zu suchen und zu finden, die uns stereochemische Erklärungsmöglichkeiten für die Selektion bieten. Je tiefer wir in diese Verhältnisse eindringen, desto verständlicher werden uns die stereochemischen Beziehungen zwischen der wirkenden Substanz und dem spezifisch für die Wirkung selegierten Gewebe klar werden, und um so mehr werden wir sie neben den physikalischen Erklärungsversuchen, die ja bei einzelnen Körpern wohl nicht in bezug auf die Wirkung, so doch wenigstens für die Verteilung im Organismus gute Erklärungsmöglichkeiten bieten, werten können. Wenn Emil Fischer[1]) findet, daß eine bestimmte Konfiguration der Zuckermoleküle notwendig ist, damit bestimmte Hefearten sie vergären können und sich gleichsam hier der gärende Teil des Hefemoleküles zu den vergärten Zuckermolekülen, wie der passende Schlüssel zu dem passenden Schloß verhält, so können wir analogen Anschauungen auch für eine große Reihe von physiologisch wirksamen Substanzen Raum geben, die nur von bestimmten Gewebsarten festgehalten und zerlegt werden, während alle anderen Gewebe sie unangegriffen lassen. Diese Beziehungen zwischen der stereochemischen Konfiguration des wirksamen Körpers und des spezifisch reagierenden Gewebes können, wenn wir sie richtig zu erkennen vermögen, uns nicht nur die Selektion für dieses Gewebe, sondern auch die Wirkung im Gewebe erklären. Dieses wäre dann die wissenschaftliche Grundlage einer neuen Selektions- und Wirkungstheorie, die aber auch nur für bestimmte Körpergruppen zu gelten vermag, und zwar insbesondere für die nur in einzelnen Geweben wirkenden. Eine Theorie, die alle Selektionserscheinungen und alle Wirkungen nur von einem Gesichtspunkte aus, sei es nun von einem physikalischen oder chemischen zu erklären versucht, muß immer an der Mannigfaltigkeit der Wechselbeziehungen der verschieden wirkenden Substanzen und der verschiedenen Gewebe scheitern. Vorzüglich sieht man dieses bei Betrachtung der differenten Wirkungen von Verbindungen auf Mikroorganismen.

[1]) BB. **28**, 1433 (1895). — HS. **26**, 61 (1898—1899).

Drittes Kapitel.

Bedeutung der einzelnen Atom-Gruppen für die Wirkung.

1. Wirkungen der Kohlenwasserstoffe.

Im Jahre 1871 zeigte Richardson[1]), daß die dem Methan CH_4 homologen Kohlenwasserstoffe von der allgemeinen Formel C_nH_{2n+2} bei Inhalation Anästhesie und Schlaf und bei Einatmung größerer Mengen Tod durch Asphyxie hervorbringen. Die kohlenstoffreicheren höheren Glieder der Reihe sind kräftiger in ihrer Wirkung und der Grad ihrer Giftigkeit und die Dauer des durch die Einatmung dieses Kohlenwasserstoffes bewirkten Schlafes wächst in demselben Maße, wie der Kohlenstoff in ihnen zunimmt. Es steigt die Wirkung vom Methan zum Äthan, Butan, Pentan. Die niederen Kohlenwasserstoffe der Paraffinreihe erzeugen nur als negative Gase durch Ausschluß von Sauerstoff Narkose und Anästhesie, während Pentan und Hexan tiefe Anästhesie veranlassen. Hexan ist kräftiger in der Wirkung, wirkt aber erst nach langem und heftigem Exzitationsstadium.

Auf Frösche wirken die aliphatischen Kohlenwasserstoffe Pentan $CH_3(CH_2)_3 \cdot CH_3$, Pental (Trimethyläthylen) $(CH_3)_2 : C : CH \cdot CH_3$ und Cyclopentadien $\begin{matrix} CH = CH \\ CH = CH \end{matrix}\!\!>\!CH_2$ ebenso wie Äther narkotisch. Die Narkose tritt am schnellsten bei Äther ein, dann bei Pental, Cyclopentadien und Pentan. Cyclopentadien wirkt außerdem auf die Muskeln ein, indem es bei längerer Einwirkung totale Muskelstarre hervorruft. Durch Einatmen dieser Kohlenwasserstoffe werden auch Säugetiere schneller oder langsamer narkotisiert. Die Atmung wird sofort nach Beginn der Inhalation verlangsamt und vertieft. Diese Kohlenwasserstoffe wirken bei subcutaner Injektion narkotisierend. Sie setzen sämtlich beim Kaninchen den Blutdruck herab, und zwar mehr als Äther. Durch die Narkose mit diesen Kohlenwasserstoffen wird der Effekt der elektrischen Vagusreizung gegenüber der Norm mehr oder weniger herabgesetzt. Die Reizung ruft keinen Herzstillstand mehr hervor.

Benzin (der Hauptsache nach ein Gemenge von Hexan C_6H_{14} und Heptan C_7H_{16}) macht rasch Ohnmacht und tiefe Bewußtlosigkeit, also auf eine Vergiftung des Zentralnervensystems beruhende tiefe Narkose. Lokal macht es Epithelablösung und Blutaustritt sowie Hämolyse. Die Nieren werden geschädigt. Es kommt zu Methämoglobinbildung[2]).

Die hydroaromatischen Verbindungen, wie Cyclohexan C_6H_{12} und seine Hydroxylderivate, Cyclohexanol $C_6H_{11} \cdot OH$, Quercit $C_6H_6(OH)_5$ und Inosit $C_6H_6(OH)_6$ wirken auf das überlebende Herz durch Reizung der interkardialen Nervenapparate und machen eine Kontraktion des Herzmuskels[3]). Cyclohexan ist dreimal weniger giftig als Benzol. Auf die Neubildung roter Blutkörperchen ist die Einwirkung beim Benzol nur schwach, beim Cyclohexan dagegen sehr deutlich[4]).

[1]) Med. Times und Gazette, Sept./Okt. 1871.
[2]) Böhme und Köster, AePP. **81**, 1 (1917).
[3]) Brissemoret und Chevalier C. r., **147**, 217.
[4]) L. Launoy und M. Lévy-Bruhl, C. r. s. b. **83**, 215 (1920).

Curci[1]) schreibt den Kohlenwasserstoffen der fetten und aromatischen Reihe oder ihren Substitutionsprodukten paralysierende Wirkung zu.

Nach den Untersuchungen von Lauder Brunton und Cash besteht die hervorragende Wirkung der niederen Glieder der Paraffinreihe in ihrer stimulierenden und anästhesierenden Wirkung auf die Nervenzentren. Auch die Glieder der aromatischen Reihe affizieren das Nervensystem, aber sie affizieren die motorischen Zentren mehr als die sensorischen, so daß sie anstatt Anästhesie zu erzeugen, wie die Körper der Paraffinreihe, Tremor, Konvulsionen und Paralyse bewirken.

Benzol sowie seine Halogensubstitutionsprodukte Chlorbenzol, Brombenzol, Jodbenzol sind in ihrer Wirkung auf den Frosch gleich. (Die Halogenradikale modifizieren die Wirkung des Benzols nicht.) Die willkürlichen Muskeln werden durch Benzol geschwächt und es besteht eine leichte Tendenz zur Paralyse der motorischen Nerven, aber die Hauptwirkung betrifft Gehirn und Rückenmark, zuerst das Gehirn, wodurch allgemeine Lethargie und Desinklination zur Bewegung entsteht, hierauf das Rückenmark. Die Bewegungen werden unvollkommen ausgeführt und es besteht eine Tendenz zu allgemeinem Zittern bei Bewegungen, ähnlich wie bei der disseminierten Sklerose. Die Krampfwirkung wird erhöht durch den Eintritt von Hydroxylen in den Benzolkern (Chassevant und Garnier).

Santesson[2]) sah bei Benzolvergiftung von Fröschen Schwäche, Steigerung der Reflexe, dann periphere Lähmung zuerst der motorischen Nervenendigungen und dann der Muskelsubstanz.

Toluol erzeugt eine in zwei Phasen unterscheidbare Vergiftung, deren erste in klonischen Muskelzuckungen und Tremor, letztere in Paralyse besteht. o- und m-Xylol geben nur paralytische Erscheinungen, p-Xylol erzeugt in der ersten Phase auch Zuckungen und Zittern. Mesitylen und Benzylalkohol rufen Schläfrigkeit, Paralyse und wie alle übrigen untersuchten Präparate Temperatursturz hervor. Cyclohexan erzeugt eine mit klonischen Zuckungen, Temperatursturz und Paralyse der Gefühl- und Motilitätsapparate einhergehende Vergiftung. Cyclohexanol und dessen Methylderivate führen zu schwerer Paralyse und Hypothermie. Methyl-, Dimethyl- und Trimethylcyclohexan sind stark toxisch. Cyclohexanon führt zu Muskelschwellungen, zu klonischen Zuckungen und zu Paralyse, während Methylcyclohexanon und Dimethylcyclohexanon nur Paralyse erzeugen und Trimethylcyclohexanon wenig toxisch ist und sich wie ein echtes Hypnoticum verhält[3]).

Alle diese Verbindungen verursachen bei der Ratte eine ausgesprochene Hypothermie und eine starke Vasodilatation.

Von großer Wichtigkeit ist das Verhalten substituierter aromatischer Reste. So ist eigentümlicherweise Diphenyl $C_6H_5 \cdot C_6H_5$ völlig ungiftig. Diphenylamin $C_6H_5 \cdot NH \cdot C_6H_5$, Benzylanilin $C_6H_5 \cdot NH \cdot CH_2 \cdot C_6H_5$ besitzen nur schwache physiologische Wirkung (1 g pro kg Kaninchen ohne Wirkung). Sie sind relativ harmlose Anilinderivate[4]).

Durch die Substitution des Benzolkerns mit aliphatischen Kohlenwasserstoffradikalen erhält man eine erhöhte Giftigkeit, Toluol $C_6H_5 \cdot CH_3$ und Äthylbenzol $C_6H_5 \cdot C_2H_5$ sind giftiger als Benzol, während Cumol $C_6H_5 \cdot CH{<}^{CH_3}_{CH_3}$ im Gegensatz hierzu weniger giftig ist, so daß bei verlängerter fetter Kette die Giftigkeit wieder abnimmt.

[1]) Terapia moderna **1891**, Gennajo, S. 33. [2]) Skand. Arch. f. Physiolog. **10**, 172.
[3]) E. Filippi, Arch. d. farmacol. sperim. **17**, 178 (1914).
[4]) Vittinghof, Studie über Anilinbasen, Marburg 1899.

Die Giftigkeit der monosubstituierten Benzolderivate ist immer höher als die der disubstituierten. Zwei Substitutionen verringern die Giftigkeit. Die Xylole sind weniger giftig als Benzol, Toluol und Äthylbenzol. Die dreifach substituierten, wie Mesitylen und Pseudocumol haben eine Giftigkeit, ähnlich der zweifach substituierter. Bei den Xylolen ist die p-Verbindung viel giftiger als die m- und diese wieder giftiger als die o-Verbindung. p-Cumol hat eine Giftigkeit wie o-Xylol. Pseudocumol ist weniger giftig als Mesitylen. Die Giftigkeit der Homologen des Benzols hängt vom Molekulargewichte, von der Anzahl der Substitutionen und von der Stellung der Substituenten ab. Die o-Verbindungen scheinen die geringste Giftigkeit zu haben[1]).

Für die aromatischen Verbindungen gelten nach Chassevant und Garnier[2]) folgende Regeln: Benzol wirkt auf das Nervensystem, macht Krämpfe, Muskelhypotonie und Hypothermie. Die Hydroxyle vermehren, Carboxyle vermindern die Giftwirkung, der Einfluß der Alkyle ist wechselnd und im umgekehrten Verhältnis zu ihrem Molekulargewicht, Methyl- und Äthylgruppen wirken steigernd, Isopropylgruppen vermindernd. Die Wiederholung der Alkylsubstituenten vermindert die Giftigkeit. Die Xylole sind weniger giftig als Benzol. Die trisubstituierten Kohlenwasserstoffe, wie Mesitylen und Pseudocumol, sind noch weniger giftig. Bei Hydroxyleinführung steigert die doppelte Substitution die Giftigkeit, während die dreifache sie vermindert. Gleichartige Substitution addiert sich, entgegengesetzte hebt sich mehr oder weniger auf. Die Stellung der Substituenten ergab folgende Resultate nach der abfallenden Giftigkeit geordnet: Xylole: p-, m-, o-; Dioxybenzole: o-, m-, p-; Dicarbonsäuren: m-, p-, o-; Kresole: m- und p- gleich, o-; Toluylsäuren: m-, o-, p-; Oxycarbonsäuren: o-, m-, p-.

Nach Amadeo Ubaldi[3]) sind Lösungen von Harnstoff für niedere Organismen ohne bemerkbaren Einfluß, während Phenylharnstoff $NH_2 \cdot CO \cdot NH \cdot C_6H_5$ und Phenylglykokoll $C_6H_5 \cdot NH \cdot CH_2 \cdot COOH$ hemmend wirken, symmetrischer Diphenylharnstoff (Carbanilid) $CO\,(NHC_6H_5)_2$ hingegen ohne Einwirkung ist. Die 1%ige Lösung des Phenylharnstoffes wirkt so stark antiseptisch wie Sublimat. Mit diesem außerordentlichen Vermögen des Phenylharnstoffes steht die absolute Passivität des Diphenylharnstoffes in sonderbarem Widerspruche, findet aber eine Analogie bei den alkylsubstituierten Harnstoffen, wo bei Substitution beider Amidgruppen des Harnstoffes die hypnotische Wirkung verschwinden kann.

Der Eintritt des aromatischen Restes macht den pharmakologisch indifferenten Harnstoff und das ebenso indifferente Glykokoll Mikroorganismen gegenüber sehr wirksam. Die Wirkung des eintretenden Phenylrestes tritt beim Phenylglycin $C_6H_5 \cdot NH \cdot CH_2 \cdot COOH$ klar zutage. Dieses ist stark giftig, während Glykokoll $NH_2 \cdot CH_2 \cdot COOH$ ganz wirkungslos ist.

Der Eintritt eines Benzolkernes ist bestimmend für die Wirkung bei Eintritt in das Molekül fetter Säuren.

Wenn man Phenol, Phenylessigsäure $C_6H_5 \cdot CH_2 \cdot COOH$ und Phenylpropionsäure $C_6H_5 \cdot CH_2 \cdot CH_2 \cdot COOH$ in bezug auf ihre antiseptische Wirkung vergleicht, so steigt diese in der Richtung der letzteren. Phenylbuttersäure $C_6H_5 \cdot CH_2 \cdot CH_2 \cdot CH_2 \cdot COOH$ wirkt weiterhin stärker als Phenylpropionsäure. Die phenylsubstituierten Fettsäuren also wachsen in ihrer antiseptischen Wirkung mit dem Wachsen des Molekulargewichtes der sub-

[1]) A. Chassevant und M. Garnier, C. r. s. b. **55**, 1255 (1903).

[2]) A. Chassevant und M. Garnier, C. r. s. b. **55**, 1584 (1903). — Arch. de Pharmacodyn. **14**, 93. [3]) Ann. di chim. e di farmacol. **14**, 129.

stituierten Säure[1]), während T. R. Duggan[2]) für die Fettsäurereihe gezeigt hat, daß es sich in dieser umgekehrt verhält. Je kohlenstoffreicher die normale Fettsäure ist, desto geringer ist ihre antiseptische Kraft.

Der Eintritt von einem Phenylrest in den Wasserstoff des Ammoniak erhöht die krampferregende Wirkung des letzteren. Diamine mit aliphatischen Resten wie Tetra- und Pentamethylendiamin $(CH_2)_4 \cdot (NH_2)_2 \cdot$ und $(CH_2)_5 \cdot (NH_2)_2$ sind ganz ungiftig, während Toluylendiamin $C_6H_3(CH_3)(NH_2)_2$ stark giftig ist, indem es Ikterus und Hämaturie erzeugt.

Naphthalin (Doppelring) bewirkt Verlangsamung der Respiration. Kleine Dosen steigern den Blutdruck, große verringern ihn. Die normale Temperatur wird durch Naphthalin nicht verändert, fieberhaft gesteigerte wird hingegen herabgesetzt. Es wirkt durch Beschränkung des Stoffwechsels, da es die Harnstoffausscheidung im Harn verringert. Bei langsamem Verfüttern bewirkt es merkwürdigerweise Katarakt [Linsentrübung[3])]. Es wirkt auf Lymphkörperchen wie Chinin oder Sublimat, es treten keine Fortsätze aus. Diphenyl ist hingegen, wie oben erwähnt, wirkungslos.

Phenanthren ist unwirksam, nur bei Kaulquappen wirkt es narkotisch.

Durch intraperitoneale Injektion von Hexahydrophenanthren kann man einen der Morphiumnarkose ähnlichen Zustand erhalten[4]).

Die Analogie, welche zwischen Substanzen der Furangruppe,

Furan HC—CH, HC=CH, O   Thiophen HC—CH, HC=CH, S   und Pyrrol HC—CH, HC=CH, N, H

in ihrem chemischen Charakter mit den Benzolderivaten besteht, erstreckt sich auch auf ihr Verhalten im Tierkörper sowie auf die pharmakologische Wirkung.

Die Bedeutung verzweigter Ketten beleuchten folgende Versuche:

Bei der Untersuchung der Giftwirkung von Säuren und Oxysäuren auf die Muskeln des curarisierten Frosches fand László Karczag[5]), daß die Verzweigung der Kohlenstoffkette die Giftwirkung der isomeren Buttersäuren nicht beeinflußt, da die Giftigkeit der Butter- und Isobuttersäure ziemlich die gleiche ist. Bei den Oxysäuren aber wurde die Giftigkeit durch die Verzweigung stark beeinflußt gefunden, denn die α-Oxybuttersäure $CH_3 \cdot CH_2 \cdot CH(OH) \cdot COOH$ ist giftiger als die α-Oxyisobuttersäure $\genfrac{}{}{0pt}{}{CH_3}{CH_3}{>}CH(OH) \cdot COOH$ und letztere ist giftiger als die β-Oxybuttersäure $CH_3 \cdot CH(OH) \cdot CH_2 \cdot COOH$. Die Stellung des Hydroxyls übt auf die Wirksamkeit der Oxysäuren einen nicht unbeträchtlichen Einfluß aus, und zwar ist die Giftigkeit um so geringer, je weiter das Hydroxyl vom Carboxyl entfernt ist. α-Oxybuttersäure ist weitaus giftiger als β-Oxybuttersäure. Die Zunahme an alkoholischen Gruppen steigert die Giftwirkung. β,γ-Dioxybuttersäure ist giftiger als γ-Oxybuttersäure und diese wieder giftiger als die normale Buttersäure. Die Giftigkeit der α-Oxybuttersäure ist der der β,γ-Oxybuttersäure gleich, was durch die Stellung der Hydroxylgruppe bedingt ist. α-Oxyisobuttersäure ist auch giftiger als Isobuttersäure, jedoch ist hierbei die Rolle der Hydroxylstellung unentschieden. Auch auf die Muskel nicht curarisierter Frösche ist die Giftwirkung der Säuren

---

1) Parry Laws, Journ. of physiol. **17**, 360.
2) C. r. s. b. **1886**, 614.
3) Americ. Chem. Journ. **7**, 62.
4) C. r. **151**, 1151 (1910).
5) Zeitschr. f. Biologie **53**, 93.

und Oxysäuren gleich. Bei Untersuchungen des Nervenmuskelpräparates aber, und zwar bei der Einwirkung auf die Nerven wirken die normalen und verzweigten Säuren und ihre Oxysäuren andererseits umgekehrt auf die Muskeln. Die Säuren sind nach dieser Richtung hin giftiger als ihre Oxysäuren und lähmen die Nervenplättchen mit der relativen größten Geschwindigkeit.

2. Über die Bedeutung der Hydroxyle.

Der Eintritt von Hydroxylgruppen in Verbindungen der aliphatischen Reihe schwächt deren Wirkung ab. Je mehr Hydroxylgruppen, desto schwächer die Wirkung des Körpers. Aus den narkotisch wirkenden Aldehyden werden die wenig wirksamen Aldole, z. B. Acetaldehyd $CH_3 \cdot CHO$ gibt bei Kondensation Aldol $CH_3 \cdot CH{<}^{OH}_{CH_2 \cdot CHO}$, aus den narkotisch wirkenden einwertigen Alkoholen werden die unwirksamen zweiwertigen Alkohole, i. e. $C_nH_{2n}(OH)_2$, Glykole und die ebenso unwirksamen, dreiwertigen Alkohole, wie z. B. Glycerin

$CH_2 \cdot OH$

$CH \cdot OH$. (Kaninchen vertragen Glykol zu etwa 20 g ohne Veränderung, nach

$CH_2 \cdot OH$

größeren Gaben gehen sie ein. Glykol wirkt wie Glycerin hämolytisch[1]). Nach P. Mayer macht es in größeren Mengen eine schwere hämorrhagische Nephritis[2]). Glycerin macht Blutdrucksenkung und wirkt auf die quergestreifte Muskulatur veratrinähnlich.) So ist Hexylalkohol $C_6H_{13} \cdot OH$ ein starkes Narkoticum, während Mannit $C_6H_8(OH)_6$ fast ein Nahrungsstoff ist. Bei den Aldehyden sehen wir, wie ein wirksamer Aldehyd durch den Eintritt eines Hydroxyls zu einem weniger wirksamen Aldol wird, und durch den Eintritt von noch mehr Hydroxylen entstehen schließlich Aldosen, die pharmakologisch unwirksam sind, die, wie z. B. der Traubenzucker $C_6H_{12}O_6$, absolut gar keine hypnotische Wirkung haben. Dieselbe Abschwächung gilt auch für die Ketogruppe. Nach Curci[3]) erregen die alkoholischen Hydroxyle das Cerebrospinalsystem und die Psyche, indem sie Trunkenheit und Halluzinationen bewirken.

Der Eintritt von Hydroxylen in aliphatische Säuren übt anscheinend keinen Einfluß auf die Wirkung derselben aus.

Durch den Eintritt von Hydroxyl in das Coffein geht die Wirkung des Coffeins verloren, selbst das Fünffache der Coffeindosis an Hydroxycoffein macht keine augenfälligen Erscheinungen[4]). Der Eintritt von Hydroxyl macht das Coffein zersetzlicher, und der Organismus vermag es leichter zu zerstören, zu oxydieren und bewahrt sich dadurch vor den qualitativ gleichgebliebenen giftigen Eigenschaften.

Der Eintritt von Hydroxylen durch Ersatz von Wasserstoff im Benzol erhöht die Tendenz des Benzols zu Krämpfen. Diese entstehen durch die Einwirkung der Substanz auf das Rückenmark und nicht auf das Gehirn. Je mehr Hydroxyle in den Benzolkern eintreten, desto weniger giftig wird der Körper in bezug auf Krampfwirkung, desto giftiger aber in anderer Richtung. Es hängt die Giftigkeit und die Wirkung sehr von der Stellung der Hydroxyle zueinander ab. So machen Phenol und die drei Dioxybenzole bei Fröschen Krämpfe, Trioxybenzole verursachen nur mehr Zuckungen. Die drei Dioxybenzole machen alle

[1]) C. Bachem, Mediz. Klinik **13**, 7 (1917). [2]) Mediz. Klinik **13**, 312 (1917).
[3]) Terapia moderna **1891**, Gennajo, S. 33.
[4]) W. Filehne, Dubois' Arch. f. Phys. **1886**, 72.

klonische Krämpfe durch Einwirkung auf das Rückenmark, doch ist die p-Verbindung (Hydrochinon) in der Wirkung schwächer als die o- (Brenzcatechin) und m- (Resorcin) Verbindung. Pyrogallol (OH, OH, OH) macht mehr Lethargie als Resorcin und Bewegungszittern. Die sofortigen Symptome werden erst durch die fünffache Dosis im Vergleich zu Resorcin produziert. Aber in der letalen Wirkung sind beide gleich. Die Giftigkeit des Resorcins liegt in der Mitte zwischen beiden. Die Giftigkeit aller dieser Körper ist eng verknüpft mit den in ihnen enthaltenen freien Hydroxylgruppen, denn vertauscht man den Hydroxylwasserstoff mit der indifferenten Schwefelsäuregruppe, so erhält man Körper, welche bei weitem schwächer wirkende Substanzen sind. So ist pyrogallolmonoätherschwefelsaures Kali weniger giftig als Phloroglucin oder Pyrogallol[1]). Allein pyrogalloätherschwefelsaures Kali ist giftiger als phenolätherschwefelsaures Kali, weil hier noch zwei freie Hydroxyle sind. Während Dosen von pyrogalloätherschwefelsaurem Kali deutlich die Fähigkeit herabsetzen, spontane, koordinierte Bewegungen, die den Körper in Gleichgewicht erhalten, auszuführen, und ferner die Reflexe erniedrigen, rufen ganz ebenso große Dosen der Phenolätherschwefelsäure bei Tieren keine erhebliche Abweichung von der Norm hervor. Selbst 30 g phenolätherschwefelsaures Natron bewirken bei Eingabe an größere Tiere keine anderen Erscheinungen als Durchfall (Glaubersalzwirkung).

Phenol übt seine Wirkung rascher aus, während Phloroglucin weit später zu wirken beginnt. Wie sich bei den Dioxybenzolen und auch bei den Trioxybenzolen der Einfluß der Stellung der Hydroxyle geltend macht, so ist auch zu erwarten, daß durch den Eintritt neuer Substituenten in die Hydroxyle Veränderungen in der physiologischen Wirkung hervorgebracht werden. Es bieten auch die Äther des Brenzcatechins und Hydrochinons große Differenzen in den chemischen Eigenschaften gegenüber den Grundsubstanzen. Substituiert man die Hydroxylwasserstoffe durch Alkylradikale, so sind die neutralen Äther, die auf diese Weise entstehen, sowohl vom Brenzcatechin als auch vom Hydrochinon, selbst in Dosen von mehreren Grammen bei Kaninchen viel unschädlicher, während die sauren Äther sich als sehr giftig erweisen. Es zeigt sich auch hier, daß Brenzcatechin der wirksamere Körper ist, da auch der saure Äther des Brenzcatechin (z. B. Guajacol oder Guaethol) energischer wirkt als Hydrochinonmonoalkyläther.

Die Giftigkeit des monohydroxylierten Derivates, des Phenols, ist größer als die des Benzols, wenn man die Verbindung verfüttert, aber die disubstituierten Derivate haben bei intraperitonealer Injektion eine höhere Giftigkeit als das Phenol. Die trisubstituierten hinwiederum sind 3—4 mal weniger giftig. Die molekulare Giftigkeit ist ein wenig höher als die des Phenols. Bei den Dioxyderivaten ist die o-Verbindung die giftigste, die m- die am wenigsten giftige. Bei den Trioxyderivaten sieht man, daß Pyrogallol 1.2.3.Trioxybenzol (alles ortho) viel giftiger ist als Phloroglucin 1.3.5.Trioxybenzol (alles meta). Es scheint eine Beziehung zwischen der Giftigkeit und der reduzierenden Kraft zu bestehen. Alle Derivate wirken krampferregend, am schwächsten die Trioxyderivate und unter ihnen Phloroglucin.

Die Phenole (wie Phenol, Kresol, Brenzcatechin) üben eine erregende Wirkung auf die motorischen Zentren aus, während die Äther der Phenole nur eine zentral lähmende Wirkung entfalten (ebenso die Safrolgruppe).

---

[1]) Stolnikow, HS. 8, 280 (1884).

Pio Marfori[1]) glaubt die krampferzeugende Wirkung des Guajacols auf die eine noch freie Hydroxylgruppe zurückführen zu können, eine Anschauung, welche sich durch Vergleich der Wirkungen der Körper

Brenzcatechin (OH, OH), Guajacol (OCH_3, OH), Veratrol (OCH_3, OCH_3)

schön stützen läßt.

In der angeführten Reihenfolge zeigt sich eine Abnahme der krampferregenden Wirkung und auch ein Zurückgehen der Wirkungsintensität. Ähnlich verhalten sich auch

Phenol (OH) zum Anisol (OCH_3) und Phenetol (OC_2H_5)

Diese beiden letzteren erzeugen keinerlei Erregungszustände und sind in viel geringerem Maße giftig als Phenol. Eine Gesetzmäßigkeit ist hier unverkennbar.

Zu den gleichen Resultaten kam Paul Binet[2]). Die für die Phenolvergiftung charakteristischen Erscheinungen, Kollaps und spasmodische Kontraktion der Muskeln, finden sich bei den meisten Körpern der Phenolgruppe, übrigens in abgeschwächter Weise auch beim Benzol. Dioxybenzole haben eine exzitierendere und allgemein stärkere Wirkung als Phenol, dessen tödliche Dosis für Ratten 0,5 bis 0,6, für Meerschweinchen 0.45 bis 0.55 g pro Kilogramm beträgt, die Trioxybenzole (Pyrogallol, Phloroglucin) sind nach Binet weniger giftig. Brenzcatechin, Hydrochinon und Pyrogallol rufen die Bildung von Methämoglobin hervor. Die homologen Kresole $CH_3 \cdot C_6H_4 \cdot OH$, Thymol 1.4.3-$C_6H_3 \cdot (CH_3)(C_3H_7)(OH)$, Orcin 1.3.5-$C_6H_3(CH_3)(OH)_2$ wirken weniger exzitierend und weniger giftig als Phenol, sie sind um so weniger giftig, je größer ihr Molekulargewicht, dagegen wirken sie mehr reizend auf den Darm. Unter den Oxyphenolen und Kresolen sind die m-Verbindungen am wenigsten giftig. Die Alkyläther sind verhältnismäßig wenig toxisch. Anisol und Phenetol bewirken Zittern, Guajacol dagegen nicht. Alkohol- und Aldehydgruppen schwächen die exzitierende Wirkung und die Giftigkeit ab, das Zittern ist viel stärker bei Salicylaldehyd $1 \cdot OH \cdot C_6H_4 \cdot CHO \cdot 2$, als beim entsprechenden Alkohol Saligenin $OH \cdot C_6H_4 \cdot CH_2 \cdot OH$. Beim Benzylalkohol $C_6H_5 \cdot CH_2 \cdot OH$ fehlen die Reizerscheinungen, die Giftigkeit ist schwach (bei Ratten beträgt die letale Dose 1.7 g, während die der isomeren o-, m- und p-Kresole 0.65, 0.9 und 0.5 g pro Kilogramm beträgt). Tyrosol $1 \cdot OH \cdot C_6H_4 \cdot CH_2 \cdot CH_2 \cdot OH \cdot 4$ ist auch in größeren Dosen für den tierischen Organismus indifferent[3]). Die Einführung einer Carboxylgruppe vermindert die Giftigkeit und modifiziert die Wirkung (die Säuren wurden in Form von Salzen einverleibt). Benzoesäure und Salicylsäure bewirken Contracturen und Dyspnöe, die Gallussäure (COOH; OH, OH, OH) bewirkt keine Zuckungen, sie zeigt in abgeschwächter Weise die Wirkung des Pyrogallol auf das Blut. p-Aminophenol (NH_2; OH) ist weniger exzitierend und weniger toxisch als Phenol, es hat hingegen eine intensive blutzersetzende

[1]) Ann. di chim. e di farmacol. **11**, 304.

[2]) Rev. Suisse Romande **1895**, 561, 617; **1896**, 459, 531 und Travaux du laboratoire de Thérap. par Prévost et Binet, Genf **1896**, S. 143.

[3]) Felix Ehrlich, BZ. **75**, 423 (1916).

Wirkung. Im allgemeinen wird durch Substitution die Giftigkeit des Phenols verringert, wenn die eintretenden Gruppen nicht selbst toxisch wirken.

Eugenol (Benzolring mit OH, OCH_3 und $CH_2 \cdot CH : CH_2$) und Vanillin (Benzolring mit OH, OCH_3 und CHO), welche ein freies Phenolhydroxyl enthalten, sind toxischer als Piperonal $CH_2\langle{}^{O}_{O}\rangle C_6H_3 \cdot CHO$[1]), bei welchem kein freies Hydroxyl vorhanden ist; sie bewirken Kollaps ohne Zittern. Phenol hemmt die Tätigkeit der Bierhefe weit mehr als die Polyoxyphenole, Salicylsäure mehr als Benzoesäure.

Die Einführung einer einzigen Hydroxylgruppe in das Cyclohexan (Bildung des Cyclohexanols) vermehrt die Nervenwirkung, während die Anhäufung mehrerer Hydroxylgruppen (Beispiele: Quercit und Inosit) die Giftigkeit und die Nervenreizung vermindert und die Muskelwirkung verstärkt[2]).

Cis-Chinit

CH · OH
H_2C CH_2
H_2C CH_2
CH · OH

ist etwas weniger giftig als Cyclohexanol

CH · OH
H_2C CH_2
H_2C CH_2
CH_2

beide paaren sich mit Schwefelsäure und Glykuronsäure im Organismus.

i-Inosit gibt keine Paarung.

Phloroglucit

CH · OH
H_2C CH_2
HO · HC CH · OH
CH_2

wird nur bei großen Dosen beim Hunde mit Schwefelsäure gepaart, nicht aber beim Kaninchen. Die oxyhydroaromatischen Verbindungen büßen mit der Zunahme an Hydroxylen immermehr an Giftigkeit ein, wobei i-Inosit am indifferentesten und Cyclohexanol am giftigsten ist[3]).

Im Gegensatz zum wirkungslosen Phenanthren[4]) (Phenanthrenring) erzeugen die Oxyphenanthrene beim Warmblüter schwere tetanische Anfälle. Der Wirkungsgrad erscheint von der Stellung der Hydroxyle im Phenanthrenkern ziemlich unabhängig[5]).

Mit der Hydroxylgruppe des Morphins ist jene wesentliche Eigenschaft desselben[6]) verknüpft, welche dieses von allen anderen Alkaloiden der Opiumgruppe unterscheidet, nämlich seine narkotische Wirkung, seine Fähigkeit vorzüglich und hauptsächlich auf die Nervenzentren des Gehirns zu reagieren und mit ihr ist auch die Giftigkeit des Morphins verbunden. Denn die Morphinätherschwefelsäure wirkt gar nicht narkotisch und sehr wenig giftig.

---

[1]) 1 g Piperonal ist beim Hunde wenig giftig (Privatmitt. C. Mohr).

[2]) Brissemoret und Chevalier, C. r. **147**, 27.

[3]) Yomoshi Sasaki, Acta Scholae Medicinalis Univers. Kioto, Vol. I, Fasc. IV, S. 413 (1917).

[4]) Phenanthren wirkt auf Kaulquappen narkotisch. — Overton, Narkose, Jena 1901.

[5]) P. Bergell und R. Pschorr, HS. **38**, 16 (1903).

[6]) Stolnikow, HS. **8**, 266 (1884).

Hingegen wirkt sie sehr schwach tetanisch und wie ein Körper der Codeingruppe (Morphinäther). Wenn im Morphin der Phenolhydroxylwasserstoff durch eine Alkylgruppe ersetzt wird (Codeinbildung), so ändert sich auch der Angriffspunkt im Organismus, und wir bekommen Verbindungen, welche auf das Rückenmark einwirken und eine strychninähnliche, aber viel schwächere Wirkung erzeugen. Beim Ersatz des Phenolhydroxylwasserstoffes des Morphins durch Alkylradikale wächst die Giftigkeit mit der Molekulargröße der substituierenden Alkylgruppe[1]).

Von einer sehr interessanten Bedeutung ist die Methoxylgruppe im Chinin. Cinchonin, welches sich vom Chinin eben nur durch das Fehlen dieser Gruppe unterscheidet, da ja Chinin p-Methoxycinchonin ist, ist bei Malaria ein wenig wirksames Alkaloid. Die spezifische und prompte Wirkung des Chinins bei der Malaria kommt dem Cinchonin nicht zu. Wir sehen also, daß durch das Eintreten einer Methoxylgruppe (eines verdeckten Hydroxyls) aus einem nach einer bestimmten Richtung hin wenig wirksamen Körper ein sehr wirksamer Körper entsteht, und zwar deshalb, weil hier die Methoxylgruppe einen Angriffspunkt für den Organismus schafft. Ebenso wirkt Cuprein (p-Oxycinchonin), gleichsam das entmethylierte Chinin mit dem Hydroxyl in der p-Stellung, sehr kräftig[2]).

Der umgekehrte Fall, wo durch das Eintreten von zwei Methoxylgruppen die Giftigkeit eines Körpers sehr stark herabgesetzt wird, tritt bei Brucin und Strychnin ein. Brucin und Strychnin zeigen dieselbe Konstitution, nur hat Brucin zwei Wasserstoffe des Phenylrestes durch zwei Methoxylgruppen ersetzt, aber Brucin übt nur eine sehr schwache Wirkung aus, eine ungefähr 40 mal schwächere als die des Strychnins. Da Strychnin auf die graue Substanz der Vorderhörner des Rückenmarks spezifisch wirkt, und auch dem Brucin eine das Rückenmark erregende Wirkung zugeschrieben werden muß, so erscheint durch das Eintreten von zwei CH_3O-Gruppen der Angriffspunkt des Strychnins verschoben.

Das Verdecken von Hydroxylen durch Methylierung kann die reizende Wirkung auf das Rückenmark in eine lähmende überführen. So erhält Brenzcatechin durch Überführung in Guajacol eine lähmende Wirkung auf das Rückenmark. Im Gegensatze hierzu wird Morphin durch Überführung in Codein oder Codäthylin (Morphinmonoäthyläther, Dionin), in ein das Rückenmark erregendes, dem Strychnin ähnliches Gift verwandelt.

Es kann auch durch Einführung von Hydroxylgruppen in wirksame Verbindungen, wie wir gesehen haben, die Wirkung abgeschwächt werden. (Coffein, Hydroxycoffein). Die Wirkung kann aber total verändert werden, wenn in Hydroxycoffein eine Äthylgruppe eingeführt wird. Äthoxycoffein hat gar keine Coffeinwirkung, sondern wirkt nur mehr hypnotisch vermöge der Äthylgruppe[3]).

Die große Reihe der angeführten interessanten Tatsachen über die Bedeutung der Hydroxylgruppen läßt aber erkennen, daß nicht die Hydroxylgruppe als solche die wirksame ist, ebenso wie nur selten die endständige Gruppe die wirkende, sondern daß die Hydroxylgruppe (sowie die meisten endständigen Gruppen) nur derjenige Teil eines Moleküles ist, welcher den Gesamtkörper in Beziehungen bringt zu einem bestimmten Zellbestandteil (Verankerung) und dort die Gesamtsubstanz zur Wirkung gelangen läßt. Wenn wir nun diejenige Gruppe, welche die Beziehungen zwischen der chemischen Substanz

[1]) Ralph Stockmann und Dott, Proc. Royal Soc. Edinb. **17**, 321 (1890).
[2]) Über die Bedeutung der Hydroxylgruppe bei den Alkaloiden findet man Näheres im Kapitel: Alkaloide. [3]) Filehne, Dubois' Arch. f. Phys. **1886**, 72.

und dem Organismus bedingt, verschließen oder verändern, so können wir unter Umständen verhindern, daß die Gesamtsubstanz zur Wirkung gelangt, ohne daß wir an dieser irgendwelche chemische Veränderung vorgenommen hätten. Wir können uns das bildlich veranschaulichen durch das Beispiel einer Patrone und ihrer Zündkapsel. Das Sprengmittel der Patrone entzündet sich nur, wenn vorerst durch einen Schlag die Zündkapsel zur Explosion gebracht wird. Schützen wir die Zündkapsel vor Explosion, so kann durch den Schlag auch der Sprengstoff der Patrone nicht explodieren, somit nicht zur Wirkung gelangen. Zwischen den endständigen Gruppen, etwa Hydroxylen, Methoxylen, Alkylgruppen im allgemeinen und gewissen Nervenzentren bzw. Orten im Organismus, wo chemische Substanzen zur Wirkung gelangen, müssen bestimmte physikalische und chemische Beziehungen bestehen. Durch Veränderungen der endständigen Gruppe können wir wohl den Angriffspunkt der Substanz verschieben oder dieselbe ganz wirkungslos machen, aber wenn sie wirksam bleibt, so tritt der Grundcharakter ihrer Wirkung, wenn auch oft verschleiert, dennoch wieder hervor, wie wir es bei der Besprechung der Alkaloide deutlich sehen werden.

Das Verschließen solcher endständigen Gruppen vernichtet oder verzögert die Verankerungsfähigkeit (das Festgehaltenwerden) der Substanz in einem bestimmten Gewebe.

Wenn Hydroxyle durch Acylgruppen verschlossen werden, so kann die Wirkung eine verschiedene sein. Da solche Ester im Darm zerlegt werden können indem wohl die Säure als auch der Alkohol frei werden, so ist gewöhnlich die physiologische Wirkung aus der Wirkung des Salzes der Säure und des freien Alkohols zusammengesetzt. Aber dies ist nicht immer der Fall. Nitroglycerin

$CH_2 \cdot (O \cdot NO_2)$

$CH \cdot (O \cdot NO_2)$, z. B. in kleinen Dosen, hat nicht etwa die Wirkung des Gly-

$CH_2 \cdot (O \cdot NO_2)$

cerins und des salpetersauren Natrons, sondern es zeigt spezifische Wirkung, indem es die Blutgefäße stark erweitert, Wirkungen, die sich nicht durch die Wirkung der anorganischen Nitrite und Nitrate erklären lassen. Eine spezifische Wirkung auf das Nervensystem zeigt auch Triacetylglycerin. Dieses

$CH_2(O \cdot OC \cdot CH_3)$

(Triacetin) $CH(O \cdot OC \cdot CH_3)$ zeigt keineswegs die Wirkung von essigsaurem

$CH_2(O \cdot OC \cdot CH_3)$

Natron und Glycerin, sondern ebenfalls spezifische Wirkungen, und erweist sich als Gift, während die beiden Komponenten Essigsäure und Glycerin ungiftig sind. Es tötet Frösche und Kaninchen, beim Menschen erzeugt es ein Gefühl von Schwäche und Schweiß. Überdies machen alle Essigsäureester des Glycerins, Mono-, Di- und Triacetin, Narkose. Es tritt also die Eigenschaft des Kohlenwasserstoffes des Glycerins, des Propans, nach dem Verdecken der Hydroxyle zutage. Ebenso wirkt Glycerinäther

$$\begin{array}{ccccc} CH_2 & - & CH & - & CH_2 \\ | & & | & & | \\ O & & O & & O \\ | & & | & & | \\ CH_2 & - & CH & - & CH_2 \end{array}$$

narkotisch[1]).

Die Toxizität der hydroxylierten Substanzen steht daher in keinem direkten Zusammenhange mit dem Hydroxyle, welches ja nur ein Angriffspunkt, sondern hängt von der Art und Größe der Grundsubstanz ab.

---

[1]) AePP. **42**, 117.

3. Bedeutung der Alkylgruppen.

Bei den aliphatischen Alkoholen wächst die Toxizität der niederen Glieder mit dem Molekulargewichte und dem Siedepunkt[1]). Ch. Richet behauptet, daß die Giftigkeit der Alkohole und Äther sich umgekehrt wie ihre Löslichkeit in Wasser verhält[2]).

Methylalkohol macht eine viel geringere akute Rauschwirkung als Äthylalkohol, aber der Methylalkohol macht schwere anatomische Veränderungen, da er viel schwieriger oxydativ angegriffen wird, Veränderungen, die zum Tode führen. Sehr häufig wurden Erblindungen beobachtet.

In homologen Reihen wirken die Substanzen im allgemeinen um so stärker, je länger ihre Kohlenstoffkette ist. Daher ist normaler Butylalkohol giftiger als Isobutylalkohol[3]). Im allgemeinen haben die tertiären Alkohole deshalb die geringste narkotische Kraft, die isomeren sekundären sind stärker wirksam, die primären (normalen) am stärksten wirksam. Dies gilt nicht nur für die Alkohole, sondern auch für andere Reihen, so auch für Benzolderivate mit fetten Seitenketten.

Ein gleiches gilt für die Alkylgruppe selbst wie für die Alkohole. Dementsprechend hat Äthylurethan eine größere Giftigkeit als Methylurethan. Nach Einführung einer Äthylgruppe in die NH_2-Gruppe bleibt dieses Verhältnis bestehen, während wegen der Vergrößerung des Moleküls die letalen Dosen steigen.

Die Giftigkeit alkylsubstituierter Verbindungen steigt also mit dem Kohlenstoffgehalte der Alkylgruppe an. β-Äthylpiperidin ist weniger als halbmal so giftig als β-Propylpiperidin.

Die Giftigkeit der Alkohole für das Schildkrötenherz erweist sich ebenfalls mit dem Molekulargewicht wachsend. Isoamylalkohol ist 23 mal so giftig wie Methylalkohol. Isopropylalkohol ist weniger giftig als Propylalkohol. Isobutylalkohol ist weniger giftig als Butylalkohol; sekundärer Butylalkohol weniger giftig als Isobutylalkohol, tertiärer Butylalkohol weniger als sekundärer Butylalkohol.

Die Herzwirkungen der Alkohole entsprechen nahezu dem Hämolysevermögen für rote Blutkörperchen[4]).

Die Äthylgruppe hat ganz bestimmte Beziehungen zum Nervensystem, wie die Wirkung der allermeisten Äthylradikale enthaltenden Verbindungen zeigt. P. Ehrlich und Michaelis[5]) haben als weiteren Beweis hierfür gefunden, daß es äthylhaltige Farbstoffe gibt, welche Nervenfärbungen geben (so die Diäthylaminogruppe), während die entsprechenden Methylverbindungen sich in dieser Beziehung negativ verhalten. Diese Tatsache, daß die Äthylgruppe gewisse Beziehungen zum Nervensystem hat, läßt es nach Ehrlich verständlich erscheinen, daß der Äthylalkohol zu allen Zeiten und bei allen Völkern als Genußmittel gedient hat.

Der Ersatz eines Hydroxylwasserstoffes durch einen Alkylrest macht den Gesamtkörper chemisch und pharmakologisch widerstandsfähiger gegen die Oxydation im Organismus. Die Alkylverbindungen (Ätherverbindungen) dieser Art zeigen oft hervorragende hypnotische Eigenschaften, welche sie dem

---

1) Richardson, Med. Times and Gazette 2, 705 (1869).
2) Dict. de Physiologie, Vol. I, Artikel: Alcools.
3) Gibbs und Reichert, Americ. Chemist. 13, 361.
4) H. M. Vernon, Journal of physiol. 43, 325 (1911).
5) Festschrift f. v. Leyden.

eintretenden Alkylrest verdanken (z. B. Coffeinäthyläther). Eines der einfachsten Beispiele dieser Art ist der Äthyläther.

Die Alkylester: Äthylformiat, Äthylacetat, Äthylpropionat, Äthylbutyrat, Äthylvalerianat, Isobutylacetat, Amylacetat, Isobutylbutyrat, Amylvalerianat, Önanthäther und Sebacinsäurediäthylester erhöhen in kleinen Mengen die Atmungsgröße schnell und energisch und lähmen in großer Gabe ohne Erzeugung von Krämpfen die Nervenzentren. Sie üben einen der Alkoholwirkung ziemlich entgegengesetzten Einfluß[1]).

Die biologische Wirkung der Ester wird durch den elektronegativen Bestandteil häufig nicht beeinflußt[2]).

Die hypnotische Wirkung kommt einzelnen Estern zu. So hat der Oxalsäureäthylester bei Säugetieren keine Oxalsäurewirkung beim Einatmen, sondern anästhesiert wie Äther und Chloroform. Die hypnotische Wirkung zeigt sich auch deutlich bei den Alkyläthern des Coffeins. Im Gegensatze zu der Coffeinwirkung erscheint die Vergiftung mit Äthoxycoffein und Methoxycoffein zunächst als eine Beteiligung des Zentralnervensystems, an die sich erst später eine der Coffeinstarre analoge Muskelerstarrung anschließt. Durch Einfügung der C_2H_5O-Gruppe ist die Verwandtschaft des Coffeins zum Zentralnervensystem größer, zur Muskelsubstanz etwas geringer geworden. Daher wirkt Äthoxycoffein narkotisch, wie Filehne[3]) und Dujardin-Beaumetz[4]) gefunden. Wenn man Coffein in Methoxycoffein verwandelt, so wird es fast ungiftig, die diuretische Wirkung des Coffeins wird eine sehr geringe und unsichere. Das stark giftig wirkende Brenzcatechin verliert wesentlich an Giftigkeit, wenn eines oder beide Hydroxyle durch Alkylgruppen ersetzt werden (Guajacol, Guaethol, Veratrol). Eine Abschwächung durch Methylierung beobachtete auch Giacosa[5]) bei aromatischen Oxysäuren. Methylsalicylsäure (Benzolring mit $O \cdot CH_3$ und COOH) und die isomere Anissäure sind schwächer antiseptisch und werden von Tieren in größeren Mengen vertragen als Salicylsäure selbst. Die vom p-Aminophenol sich ableitenden Verbindungen sind behufs Abschwächung der unangenehmen Nebenerscheinungen und der Toxizität in der Hydroxylgruppe methyliert bzw. äthyliert. Diese Abschwächung tritt aber nur ein, sobald die Alkylgruppen sich in der p-Stellung zur Aminogruppe befinden, überdies ist dies nicht bei allen Verbindungen dieser Art der Fall.

Die Methylierung kann aber auch Körper sehr giftig machen. Dimethylresorcin (Benzolring mit OCH_3 und OCH_3), z. B. ist so stark giftig, daß ein Tropfen desselben unter einer Glasglocke genügt, um in 3—5 Minuten fünf Frösche zu töten[6]).

Auf das Wachstum der Pflanzen zeigen die drei Methylamine im Gegensatz zum Ammoniak eine gewisse Giftwirkung, die mit der Anzahl der Methylgruppen zunimmt. Dagegen sind die quartären weniger giftig, beeinflussen aber das Aussehen der Pflanzen außerordentlich charakteristisch und vertiefen die Farbe der Blätter. Theobromin wirkt weniger

[1]) G. Vogel, Pflügers Arch. 67, 141. [2]) O. Schmiedeberg, AePP. 20, 201.
[3]) Dubois' Arch. f. Phys. 1886, 72.
[4]) Bull. gen. de thérap. 1886, 241. — Ann. di chim. e di farmac. 4. Ser. 5, 261.
[5]) Ann. di chim. e di farmacol. 1877. [6]) HS. 8, 237 (1884).

giftig als Coffein; Methylharnsäure wirkt im Gegensatz zu Harnsäure etwas giftig. Ebenso erwiesen sich verschiedene Alkylderivate des Piperidins giftiger als Piperidin selbst. Codein ist giftiger als Morphin, Chinin giftiger als Cinchonin. Cocain giftiger als Atropin. Der Einfluß der Methylgruppen auf die Giftwirkung wurde auch in einigen aromatischen Verbindungen bestätigt gefunden[1]).

Die Wirkung des Dimethylsulfates $SO_2<^{OCH_3}_{OCH_3}$ ist sowohl lokal als auch allgemein, lokal wirkt es heftig ätzend; die Allgemeinerscheinungen beziehen sich auf allgemeine Krämpfe, Koma und Lähmung. Diäthylsulfat $SO_2<^{OC_2H_5}_{OC_2H_5}$ ätzt nicht, macht aber Konvulsionen und Lähmungen wie Dimethylsulfat. Von allen anderen Äthern und Estern der Fettreihe unterscheidet sich der Dimethylester dadurch, daß er außer Koma und Lähmung heftige Konvulsionen hervorruft[2]).

Der Eintritt von Alkylgruppen in bestimmte Säuren bedingt oft nur, daß die durch die Carboxylgruppe larvierte Eigenschaft dieser Körper wieder zutage tritt (Cocain, Arecolin, Tyrosinäthyläther).

Wenn eine wirksame Säure verestert wird, insbesondere mit Alkoholen der fetten Reihe, so wird ihre Wirkung ungemein gesteigert resp. ungemein stark zur Geltung gebracht, weil der eintretende Alkylrest für ihre Selektion in einem bestimmten Gewebe orientierend wirkt und der saure Charakter verdeckt erscheint. W. Pauli[3]) hat gezeigt, daß die Giftigkeit des Rhodanwasserstoffes weitaus kleiner ist als die des Esters. Salpetrige Säure in ihren Salzen wirkt weit schwächer gefäßerweiternd als Äthylnitrat, Amylnitrit usw.

Es mag dies auch der Grund sein, weshalb eine an sich wirksame Grundsubstanz in der Wirkung noch verstärkt wird resp. stärker zur Wirkung gelangt, wenn eine $COO \cdot C_2H_5$-Gruppe (Carboxäthyl) eintritt.

In der Gruppe der Sulfonale wirken die Methylverbindungen nicht hypnotisch. Die Wirkung steigt mit der Anzahl der Äthylgruppen, fällt in gemischten, Äthyl- und Methylgruppen enthaltenden Verbindungen mit der Anzahl der Methylgruppen[4]).

Methylharnstoff ist nicht giftiger als Harnstoff selbst[5]).

Bei den Ketonen haben die Methylgruppen keinen, die Äthylgruppen einen günstigen Einfluß auf die hypnotische Wirkung der Verbindung [Albanese und Barabini[6])].

Werden in aromatischen Verbindungen Kernwasserstoffe durch Alkylgruppen ersetzt, so ändert sich die Wirkung des ursprünglichen Körpers bedeutend. Beim Benzol z. B. tritt eine sedative Wirkung auf das Nervensystem ein, wie sie der Alkoholgruppe eigen ist. Die Benzolverbindungen, welche Kernwasserstoffe durch Alkylgruppen substituiert haben, machen weniger Tremor, weniger Hyperästhesie und mehr Lethargie als die Halogenverbindungen. Sie haben eine geringere Wirkung auf Muskeln und Nerven, aber sie wirken kräftiger auf die Muskeln als auf die Nerven. Ihre Wirkung ist flüchtiger als die der Halogenverbindungen. Die Zirkulation wird weniger affiziert.

---

[1]) G. Ciamician und C. Ravenna, Gazz. chim. ital. **49**, II, 83 (1919).
[2]) S. Weber, AePP. **47**, 113 (1901).
[3]) Sitzungsber. d. k. Akad. d. Wiss. Wien **1904**.
[4]) E. Baumann und Kast, HS. **14**, 52 (1890).
[5]) Lusini und Calilebe, Annali di Farmacoter. **1897**.
[6]) Ann. di chim. et farm. **15** (1892) und Sicilia Med. fasc. **7**, I. und II.

Nach den Untersuchungen von Lauder Brunton[1]) ist Trimethylbenzol (Mesitylen) (Benzolring mit CH_3, CH_3, CH_3) in bezug auf die Erzeugung der Muskelstarre das schwächste, Dimethylbenzol das nächst stärkere und Methylbenzol das am stärksten wirkende. Äthylbenzol hat fast dieselbe Stärke wie Methylbenzol und wirkt kräftiger als Dimethyl- und Trimethylbenzol. Die Wirsamkeit der homologen Benzole bei der Erzeugung der Muskelstarre nimmt progressiv ab vom Benzol zum Toluol, zu den Xylolen und zum Mesitylen, d. h. die Wirkung wird um so schwächer, je mehr Methylgruppen an Stelle des Wasserstoffes in den Benzolkern treten. Aber beim Anilin wird die krampferregende Wirkung verstärkt, wenn ein Wasserstoff des Kernes durch ein Alkylradikal ersetzt ist. Auch bei den homologen Thiophenen sehen wir eine Zunahme der Wirksamkeit beim Eintritt von Methyl in den Kern. Thiotolen (Methylthiophen) ist giftiger als Thiophen[2]).

Toluol und Äthylbenzol sind giftiger als Benzol, Cumol weniger giftig. Die zwei- und dreimalige Substitution setzt die Giftigkeit des Benzols herab. Von den Isomeren kommt den o-Verbindungen die geringste Giftigkeit zu, die m-Verbindungen sind wirksamer, am stärksten wirksam die p-Verbindungen[3]).

P. Ehrlich hat gezeigt, daß durch Einführung der Methylgruppe in den Benzolkern aromatischer Substanzen ihr therapeutischer Wert im allgemeinen herabgesetzt wird. Die Methylgruppen haben einen dystherapeutischen Effekt. So wirkt Fuchsin gegenüber Trypanosomen weniger gut als Parafuchsin; der Heileffekt von Trypaflavin = 3.6-Diamino-10-methyl-acridiniumchlorid ist dreimal so hoch als der des Acridiniumgelb, 3.6-Diamino-2.7-dimethyl-10-methyl-acridiniumchlorid, welches zwei Methylgruppen mehr enthält. Der therapeutische Wert der Rosanilinfarbstoffe z. B. nimmt mit abnehmender Zahl der Methylgruppen zu, so daß z. B. Krystallviolett als schlecht, Rosanilin als gut, Pararosanilin als besser zu werten ist. Die homologen Arsanilsäuren sind schlechter als Arsanilsäure, so daß im allgemeinen die Methylgruppe dystherapeutisch wirkt. Die Einführung der Methoxylgruppe in das Arsanilsäuremolekül verschlechtert den Heileffekt. Sowohl o-Anisidinarsinsäure (Benzolring mit AsO_3H_2, OCH_3, NH_2) als auch o-Acetanisidinarsinsäure (Benzolring mit AsO_3H_2, OCH_3, $NH \cdot CO \cdot CH_3$) wirken schlechter als Arsanilsäure[4]).

Ferner sind nach Benda und Hahn die homologen Atoxyle (Arsanilsäure) schlechter als das Atoxyl selbst und die von Bertheim dargestellten methylierten Dioxydiaminoarsenobenzole weniger gut als das methylfreie Dioxydiaminoarsenobenzol (Salvarsan).

Die Methylgruppe wirkt auch in rein chemischer Hinsicht antireaktiv. So z. B. übt eine Methylgruppe in o-Stellung zu einem Aminostickstoff eine deutlich sterische Hinderung. Die antireaktive Wirkung der Methylgruppe zu primären, sekundären und tertiären Aminstickstoffen tritt in der Orthostellung am stärksten hervor, ist in der Parastellung noch deutlich zu konstatieren, in Metastellung ist sie gleich Null[5]).

---

1) Lauder Brunton, Handbuch d. Pharmakologie.
2) Arthur Heffter, Pflügers Arch. **39**, 420.
3) Chassevant und Garnier, C. r. s. b. **55**, 1255.
4) L. Benda, BB. **47**, 995 (1914). — P. Ehrlich und Benda (P. Ehrlich, Festschrift zum 60. Geburtstag. Gust. Fischer, Jena 1914).
5) E. Bamberger, BB. **39**, 4285 (1906).

Die Diphenylmethanbasen

I $H_2C<(C_6H_4-N(CH_3)_2)_2$ und II $H_2C<(C_6H_3(CH_3)-N(CH_3)_2)_2$

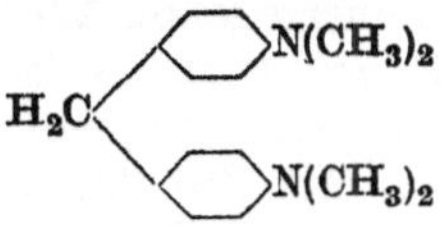

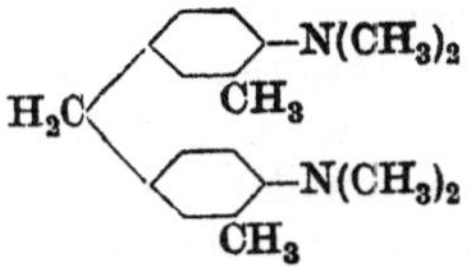

verhalten sich Jodmethyl gegenüber ganz verschieden. Während die Verbindung I Jodmethyl glatt addiert, erfolgt bei II keine oder nur sehr träge Addition.

Die salzsauren Salze von Krystallviolett[1])

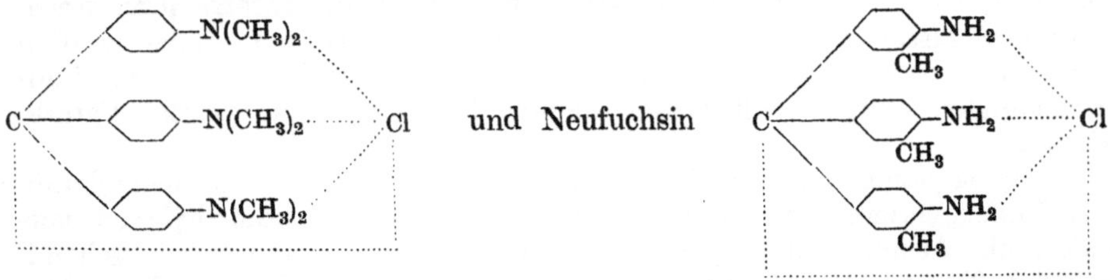

stellen typische Vertreter der beiden ähnlich konstituierten Farbstoffgruppen, nämlich der Pararosaniline und Rosaniline dar. Sie zeigen an und für sich bei Bakterienfärbungen keine besonderen Unterschiede, aber bei Hinzugabe von Lugolscher Jodlösung und nachheriger Entfärbung mit Aceton-Alkohol lassen sich Krystallviolett und Neufuchsin leicht unterscheiden. Bei der Färbung eines Lepraschnittes nach Gram sieht man die Körner des Lutz-Unnaschen Coccothrix wie eine Perlenschnur deutlich hervortreten, während das Neufuchsin unter meist gleichen Verhältnissen eine einfache Bacillenfärbung ergibt. Im Krystallviolett kann sich Jod an die tertiären Stickstoffatome leicht addieren, während im Neufuchsin die Kern-Methylgruppen sterisch hindernd einer vollen Addition gegenüberstehen.

Vergleichende therapeutische Untersuchungen zwischen Chrysarobin (HO HO HO, CH_3) und Cignolin (HO HO HO) haben ergeben, daß Cignolin gegen Psoriasis bedeutend kräftiger wirkt als seine entsprechende Methylverbindung. Aus den Unnaschen Versuchen ergibt sich, daß das ungesättigte Sauerstoffatom der $-C=O$-Gruppe in Chrysarobin

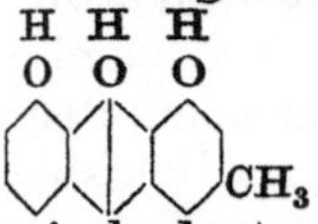

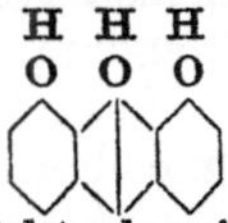

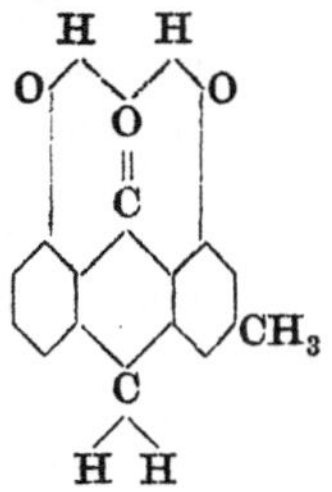

(Formel: H H / O O O / C / CH_3 / C / H H)

durch die paraständige Methylgruppe antireaktiv beeinflußt wird.

Durch Einführung von Methylgruppen in die Aminogruppe der p-Aminobenzoesäure nimmt die Giftigkeit erheblich zu. Ebenso bei den Toluidinen, da Dimethyl-p-toluidin noch differenter ist als p-Toluidin selbst[2]).

[1]) P. Unna, Dermatol. Wochenschr. 64, 409 (1917).
[2]) H. Hildebrandt, HB. 7, 437 (1906).

Wenn man die Wasserstoffe des krampferregenden Ammoniaks durch Methylgruppen substituiert, so nimmt die krampferregende Wirkung ab, und der schließlich resultierende Körper Trimethylamin $(CH_3)_3N$ ist wirkungslos. Ebenso wird Ammoniak durch Substitution mit Äthylgruppen ungiftig. Di- und Triäthylaminchlorhydrat sind wirkungslos. Mit Zunahme der Methylierung nimmt die initiale Drucksteigerung (durch Gefäßkontraktion bedingt) zu. Die Ammonsalze zeigen diese nicht. Mit Zunahme der Methylierung ist die herzschädigende Wirkung schwächer. Die zentrale Erregung des Herzvagus wird mit Zunahme der Methylierung geringer[1]). Primäre und sekundäre Amine verändern sich in ihrer physiologischen Wirkung beim Ersatze ihrer freien Ammoniakwasserstoffe durch Alkyle nicht. Die tertiären Amine werden durch Anlagerung von Methylhalogen in die entsprechenden Ammoniumverbindungen umgewandelt (siehe Kapitel Alkaloide) und erhalten Curarewirkung.

Trimethylamin ist ohne Wirkung auf den Blutdruck, Monomethylamin und Dimethylamin verursachen Blutdrucksenkung. Monomethylamin verändert die Atmung nicht, Dimethylamin nur schwach und vorübergehend, während Trimethylamin eine starke und anhaltende Steigerung der Atemtätigkeit hervorruft, so daß eine Methylgruppe mehr oder weniger genügt, um verschiedene Wirkungen zu erhalten[2]).

Mit der Anfügung von Methylgruppen an die Stickstoffatome des Xanthinmoleküles wird nach Filehne die muskelerstarrende und rückenmarklähmende Wirkung des Xanthins mehr und mehr abgeschwächt. Hingegen nimmt die tonisierende Wirkung der Xanthinderivate mit der Anzahl der Methylgruppen zu[3]). Die Ersetzung der Imidwasserstoffe durch Alkylradikale mindert die Reizwirkung herab [Filehne[4])].

Xanthin selbst hat keine kontrahierende Wirkung auf das Herz, im Gegenteil, es produziert einen atonischen Zustand desselben. Theobromin verursacht einen leichten Anstieg im Herztonus. Coffein erzeugt prononcierte idiomuskuläre Kontraktionen des embryonalen Herzens. Es bewirken also in der Xanthingruppe Xanthin (ohne Methylgruppe im Molekül) einen atonischen Zustand, mit zwei Methylgruppen im Molekül eine leichte Besserung der Systole, aber keinen prononcierten Tonus, mit drei Methylgruppen im Molekül prononcierte tonische Kontraktionen.

Wird bei den Anilinen ein Wasserstoff der Aminogruppe durch ein Alkylradikal der Fettreihe ersetzt, so hört die krampferregende Wirkung auf, wie beim Ammoniak, jedoch die betäubende Wirkung des Anilins bleibt erhalten. Zwischen Methylanilin und Äthylanilin bestehen keine Wirkungsdifferenzen[5]). Methyl-, Äthyl- und Amylanilin bedingen einen Verlust der Motilität und Stupor, später Stillstand der Respirationsbewegungen und der Reflexaktion bei Abschwächung der Irritabilität der Nerven und der Haltung der Muskelerregbarkeit und der Herzaktion[6]). Verstärkt aber werden die Konvulsionen, wenn, wie im Toluidin, Alkylgruppen an Stelle eines H-Atoms im Benzolring substituiert werden[7]). Hingegen verhält sich die Einführung von Äthyl- oder Methylgruppen an Stelle eines oder zweier Wasserstoffatome der Aminogruppe bei aromatischen Säureamiden durchaus verschieden. Die narkotische

---

1) Formanek, Arch. intern. de pharmacodyn. **7**, 335.
2) I. E. Abelous und Bardier, C. r. s. b. **66**, 460.
3) Pickering, Journ. of physiol. **17**, 395.
4) Dubois' Arch. f. Phys. **1886**, 72.
5) Jolyet und Cahours, C. r. **66**, 1131.
6) C. r. **66**, 1131.
7) Gibbs und Hare, Dubois' Arch. f. Phys. Suppl. **1890**, 271.

Wirkung des Benzamids oder Salicylamids tritt infolge solcher Substitutionen mehr und mehr zurück, während sich bei genügend großen Gaben ein der Wirkung des Ammoniaks und Strychnins vergleichbarer Symptomenkomplex einstellen kann[1]).

Im allgemeinen gilt die Regel, daß die antiseptische Wirkung aller Verbindungen mit einem Benzolkern (z. B. der Phenole) durch Ersatz von Kernwasserstoff durch beliebige Radikale (wenn nur die Substanz dadurch nicht den Charakter einer Säure erhält) ohne Unterschied verstärkt wird, ebenso bei Eintritt von Halogen (z. B. Chlor-, Brom-, oder Jodphenol) wie bei Kresolen durch Eintritt von Alkylgruppen als auch durch den Eintritt von Nitrogruppen. Es steigt auch die reizende und herzlähmende Wirkung dieser Verbindungen.

Eine bedeutende Abschwächung der Giftwirkung findet bei der Einführung einer zweiten Methylgruppe in das Arsenmolekül statt (A. v. Baeyer). $\underbrace{As(CH_3)Cl_2}_{\text{stark giftig}}$, $\underbrace{As(CH_3)_2Cl}_{\text{schwach giftig}}$ (Arsendimethylchlorid). Bei Zinksalzen wird dagegen nach der Verbindung von Äthyl mit dem Metall eine Steigerung der Giftwirkung beobachtet (Bodländer), ebenso bei Bleisalzen.

Die Methylgruppe kann auch einen an und für sich unwirksamen Körper zu einem wirkenden gestalten, indem anscheinend durch ihren Eintritt ein neuer Angriffspunkt für den Organismus gesetzt wird. So wird Phenylmethylpyrazolon erst durch Eintritt der Methylgruppe am Stickstoff zum Phenyldimethylpyrazolon (Antipyrin), welches wirksam ist, aber das nicht methylierte Phenylmethylpyrazolon zeigt keine antipyretische Eigenschaft (s. bei Antipyrin).

Interessant ist auch folgender Unterschied zwischen einer Methyl- und Äthylgruppe: p-Phenetolcarbamid (Dulcin genannt) $H_2N \cdot CO \cdot NH \cdot C_6H_4 \cdot O \cdot C_2H_5$ ist stark süß.

Wird die Äthylgruppe in diesem Körper durch die Methylgruppe substituiert, so verschwindet der süße Geschmack vollkommen[2]).

Die Methylierung am Stickstoff entgiftet giftige Substanzen resp. schwächt ihre Wirkung ab. Wird Tetrahydrochinolin am Stickstoff methyliert, so sinkt die antiseptische Wirkung[3]).

Am Stickstoff methyliertes Phenylurethan (N-Methylphenylurethan) ist weniger schädlich als die nicht methylierte Verbindung, das Euphorin $CO{<}^{NH \cdot C_6H_5}_{O \cdot C_2H_5}$ [4]).

4. Bedeutung des Eintrittes von Halogen in die organischen Verbindungen.

Der Eintritt von Chlor in aliphatische organische Verbindungen bedingt vor allem, daß der depressive Effekt auf Herz und Gefäße erhöht wird. Viel wichtiger ist aber die Eigenschaft, daß die Einführung von Chlor in die Körper der Fettreihe im allgemeinen die narkotische Wirkung der Verbindungen steigert. Die toxische Wirkung der gechlorten Verbindungen steht im direkten Verhältnisse zur narkotischen Wirkung. Je mehr Chlor substituiert ist, desto höher ist die Giftigkeit, wenn die Verbindung nicht wesentlich in bezug auf Stabilität und physikalische Verhältnisse verändert worden ist. So ist Methylenbichlorid (Dichlormethan) CH_2Cl_2 weniger giftig als Chloroform $CHCl_3$, erregt weniger Erbrechen und ist auch ein leichteres Inhalations-Anaestheticum.

[1]) Eberhard Nebelthau, AePP. **36**, 451.
[2]) Ther. Mon. **1893**, 27. — Zentralbl. f. inn. Med. **1894**, 353.
[3]) O. Loew, Pflügers Arch. **40**. [4]) Giacosa, Ann. di chim. **1891**.

Tetrachlormethan CCl_4 hingegen ist weitaus gefährlicher als Chloroform. Nach den Untersuchungen von Frese[1]) nimmt bei den chlorsubstituierten Fettsäuren, insbesondere bei den Essigsäuren, die Wirkung mit steigendem Halogengehalte ab, so daß die Trichloressigsäure fast ungiftig, dagegen die Monochloressigsäure stark giftig ist. Die Qualität dagegen ist ziemlich dieselbe, Schlafsucht und Dyspnöe, endlich tiefe Narkose und Tod unter Krämpfen. Auch Trichlorbuttersäure wirkt schlafmachend und ist nur quantitativ von der Trichloressigsäure verschieden. Die narkotische Wirkung der Natriumsalze der Essig-, Propion-, Butter- und Valeriansäure nimmt mit steigendem Kohlenstoffgehalt zu, während die Wirkung der gechlorten Fettsäuren mit steigendem Kohlenstoffgehalt abnimmt. Bei den gechlorten Säuren zeigt sich zuerst die motorische Lähmung stark ausgebildet, die sensorielle folgt später; bei den nicht gechlorten ist der Erfolg zeitlich umgekehrt und die motorische Lähmung nur schwach entwickelt.

Daß die Einführung von Chlor die Giftigkeit der Verbindungen bedingt, zeigt die Untersuchung von Vict. Meyer[2]) am Thioglykol. Thiodiglykolchlorid S $(CH_2 \cdot CH_2Cl)_2$ ist nach an Kaninchen angestellten Versuchen spezifisch giftig und ruft auch beim Menschen Hautausschläge hervor. Diäthylsulfid $\frac{C_2H_5}{C_2H_5}>S$ hingegen ist indifferent. Kaninchen sterben jedoch nach 2 g pro die häufig[3]). Einfach gechlortes Diäthylsulfid ist weniger giftig als das zweifach gechlorte Schwefeläthyl. Die physiologische Wirkung dieser beiden gechlorten Verbindungen hängt demnach direkt und allein vom Chlorgehalt ab. Dichloräthylsulfid besitzt außer den lokalen toxischen Wirkungen auch allgemeine toxische Eigenschaften. Es macht Gliedersteife und Betäubung, in größeren Mengen epileptiforme Krämpfe. Es ist ein Lymphagogum[4]). Dichlordimethyläther macht bei Hunden Lungenödem, Gleichgewichtsstörung und Nystagmus verticalis. Katzen und Kaninchen zeigen nur Lungenödem[5]). Auch bei Dimethylarsin zeigt sich die Abhängigkeit der giftigen Wirkung von der Anzahl der Chloratome bei den gechlorten Produkten. Monochlordimethylarsin ist ein schwaches Gift, während Dichlormethylarsin ein starkes Gift ist (s. S. 67).

Es ist eine allgemeine Eigenschaft der Chlorderivate, den Blutdruck zu erniedrigen. Auch Trichloraminobuttersäure zeigt diese Eigenschaft.

Tetrachloräthan ist sehr giftig[6]). Die Chlorderivate des Methans und Äthans wirken hämolytisch. Die hämolytische Wirksamkeit der Verbindungen innerhalb der betreffenden homologen Reihe ist proportional dem steigenden Molekulargewicht bzw. dem Eintritt von Chloratomen ins Molekül. Im Durchschnitt berechnet sich die hämolytische Wirksamkeit der Verbindungen wie folgt[7]):

CH_2Cl_2 0.42, $CHCl_3$ 1, CCl_4 10.5, $CH_2Cl \cdot CH_2Cl$ 0.52, $CH_3 \cdot CHCl_2$ 0.95, $C_2H_2Cl_4$ 6.

Methylen-acetochlorhydrin $CH_2Cl(OC_2H_3O)$ macht Atemnot und raschen Tod[8]).

O. Liebreich[9]) stellte die Behauptung auf, daß eine große Reihe von Körpern existieren müsse, welche die Gruppe-CCl_3, die Chloroformkomponente,

---

1) Diss. Rostock (1889). 2) BB. **20**, 1275 (1887).
3) Privatmitteilung von C. Neuberg.
4) A. Mayer, H. Magne und L. Plantefol, C. r. **170**, 1625 (1920).
5) André Mayer, L. Plantefol und A. Tournay, C. r. **171**, 60 (1920).
6) V. Grimm, A. Heffter und G. Joachimoglu, Vierteljahrsschr. f. gerichtl. Med. **48**, 2. Suppl., 161, (1914). 7) W. Plötz, BZ. **103**, 243 (1920).
8) Attilio Busacca, Ann. di farmacol. sperim e scienze aff. **18**, 106 (1920).
9) Berliner klin. Wochenschr. **1869**, 325. Derselbe: Chloralhydrat, ein neues Hypnoticum und Anaestheticum. Berlin.

enthalten und im Organismus Chloroform abspalten. Nur wenn die Kohlenstoffatome im Moleküle so lose zusammengefügt gehalten werden, daß eine Existenz der Verbindung in alkalischer Flüssigkeit unmöglich ist, dann werden solche die CCl_3-Gruppe enthaltenden Körper eine der Chloralwirkung ähnliche Wirkung haben. Tatsächlich wird aber aus Chloral $CCl_3 \cdot CHO$, welches eminent hypnotische Wirkung zeigt, aber keineswegs im Organismus in Chloroform übergeht, durch Reduktion Trichloräthylalkohol $CCl_3 \cdot CH_2 \cdot OH$. Diese Liebreichsche Theorie stimmt auch für andere Körper nicht. Methylchloroform $CH_3 \cdot CCl_3$ spaltet in alkalischer Lösung kein Chloroform ab und die Spaltungsprodukte haben auch keine anästhesierende Wirkung, aber dieser Körper wirkt eminent anästhesierend. Auch das Verhalten des Monochloräthylenchlorid $CH_2Cl \cdot CHCl_2$ spricht gegen die Liebreichsche Theorie. Diese Verbindung wirkt wahrscheinlich durch das aus ihm abgespaltene Dichloräthylen. Methylchloroform kommt also als solches zur Wirkung und nicht etwa das daraus abgespaltene Chloroform, da sich ja aus demselben kein Chloroform abspalten läßt, während Monochloräthylenchlorid gerade durch sein Spaltungsprodukt, das Dichloräthylen, wirkt.

Monochloracetiminoäthyläther bewirkt heftige Entzündung der Schleimhäute[1]).

Brommethylamin und Chloräthylamin wirken giftig wie Vinylamin (s. d.), sie erzeugen Krampferscheinungen und Nierenläsionen[2]).

Daß die hypnotische Wirkung sowie die Giftigkeit aliphatischer Verbindungen nur vom Chlorgehalte abhängt, haben insbesondere evident Marshall und Heath[3]) erwiesen, indem sie die drei Chlorhydrine untersuchten. Glycerin selbst ist keineswegs als giftiger Körper zu bezeichnen, aber wenn man die Hydroxyle der Glycerins durch Acetylgruppen verschließt, so bekommt man eine toxische Substanz, das Triacetin (s. S. 61). Noch viel giftigere Substanzen erhält man, wenn man die Hydroxyle durch Chlor ersetzt. Diese Substanzen zeigen narkotische Wirkungen, lähmende, sowie die den Chlorverbindungen der aliphatischen Reihe eigene Einwirkung auf die Gefäße, nämlich eine starke Dilatation derselben. Bei den Chlorhydrinen erweist sich Monochlorhydrin $CH_2(OH) \cdot CH(OH) \cdot CH_2Cl$ als am schwächsten wirkend, Dichlorhydrin $CH_2Cl \cdot CH(OH) \cdot CH_2Cl$ als stärker und Trichlorhydrin $CH_2Cl \cdot CHCl \cdot CH_2Cl$ als am stärksten wirksam und am giftigsten.

Von großem, theoretischem Interesse ist die Untersuchung von Verbindungen, welche an sich herzstimulierend sind, aber durch Einführung von Chlor eine depressive Einwirkung auf die Herzaktion aufweisen sollten. Coffein wirkt auf den Herzmuskel und regt denselben zu tonischen Kontraktionen an. Chlorcoffein produziert aber weit weniger tonische Kontraktionen des Herzens als Coffein selbst. Hier besteht also ein physiologischer Antagonismus. Der eine Teil des Moleküls, die Methylgruppen, löst tonische Kontraktionen aus, während der andere Teil, das Chloratom, eine depressive Herzwirkung entfaltet. Es handelt sich aber keineswegs um etwa frei werdendes Chlor, denn eine Lösung von Coffein in Chlorwasser wirkt ganz anders, da freies Chlor auf das Herz sehr giftige Wirkungen äußert. Die physiologischen Effekte des Coffeins, die stimulierende Aktion auf das Gehirn und die Steigerung der Diurese werden durch die Einführung von Chlor nicht tangiert[4]).

[1]) Journ. f. prakt. Chem. (2) **76**, 93.
[2]) Riccardo Luzzatto, Arch. di farmacol. sperim. **17**, 455—480 (1914).
[3]) Journ. of physiol. **22**, 38. [4]) Pickering, Journ. of physiol. **17**, 395 (1895).

Die Einführung von Halogen in den Benzolkern modifiziert die Wirkung des Benzols nur zum Teil (s. auch S. 52). Monochlorbenzol affiziert das Rückenmark mehr als Benzol, indem es Krämpfe und rapide Herabsetzung der Reflexe erzeugt, es schwächt auch die Zirkulation, scheint aber die motorischen Nerven und Muskeln nicht in Mitleidenschaft zu ziehen. Die hypnotische Wirkung fehlt anscheinend allen aromatischen Chlorverbindungen. Selbst Trichlorbenzol ist ohne hypnotische und anästhesierende Wirkung. Hingegen nimmt die antiseptische Kraft der Benzolderivate durch Einführung von Halogen in den Benzolkern meist zu. So ist p-Chlorphenol (OH, Cl) ein weit intensiveres Antisepticum als Phenol.

Die Halogenderivate des Phenols sind weniger toxisch als dieses, die Chlorderivate unter ihnen am wenigsten wirksam. Chlor- und Bromphenol rufen noch starkes Zittern hervor, beim Jodphenol ist dasselbe am wenigsten ausgesprochen (Paul Binet).

Bei den aromatischen Bromverbindungen sehen wir ebenfalls analoge Verhältnisse wie bei den Chlorverbindungen, doch hat Brombenzol eine kräftigere paralysierende Wirkung auf das Gehirn als Chlorbenzol. Auffallend groß ist die Giftigkeit des p-Bromtoluols (CH_3, Br).

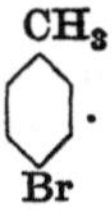

Daß die aromatischen Chlor- und Bromderivate keine hypnotische Wirkung zeigen, mag wohl auch damit zusammenhängen, daß nach Eingabe derselben im Harn kein Brom an Alkali gebunden auftritt, während bei den halogensubstituierten Fettsäuren im Organismus Halogen abgespalten wird, so daß im Harne Bromalkali erscheint, z. B. nach Verfütterung von mono-, di- und tribromessigsaurem Salz, dagegen nicht bei Monobrombenzol und Monobrombenzoesäure.

Der Eintritt von Brom in Verbindungen der aliphatischen Reihe bewirkt wie der des Chlors das Auftreten der hypnotischen Wirkung. Es bestehen zwischen der Wirkung der gebromten aliphatischen Verbindungen und der gechlorten sehr weitgehende Analogien. Einzelne bilden Ausnahmen, so z. B. ist Bibrompropionsäuremethyläther sehr giftig und macht heftige Entzündungen und Nekrosen[1]).

Jodmethyl CH_3J und Äthylendibromid $C_2H_4Br_2$ sind für Kaninchen intern sehr giftig[2]).

Die organischen Jodverbindungen unterscheiden sich von den übrigen Halogenverbindungen insbesondere durch die erhöhte antiseptische Kraft sowie durch die verringerten anästhesierenden Funktionen. Die Giftigkeit der Jodverbindungen übersteigt die der analogen Chlor- und Bromverbindungen wesentlich. Freies Jod ist durch Zerstörung roter Blutkörperchen giftig, bewirkt Anurie, Reizungs- und dann Lähmungserscheinungen. — Die vorzüglichen Wirkungen der organischen wie der anorganischen Jodverbindungen als Alterantien, resorptionsbefördernde Mittel, sowie als Antiseptica haben sie zu den gebrauchtesten und wohl am meisten variierten Mitteln gemacht (s. Kap. Jodverbindungen im speziellen Teil).

Die aromatischen Jodverbindungen sind giftiger als die analogen nicht jodierten. Insbesondere nimmt die antiseptische Kraft der jodierten aroma-

[1]) Ber. d. Morph. Phys. Ges. München **1890**, 109.
[2]) E. Hailer und W. Rimpau, Arbeiten aus dem Kaiserl. Gesundheitsamt **36**, 409.

tischen Verbindungen durch den Eintritt des Jods beträchtlich zu. Es besteht aber ein Unterschied, ob Jod im Kern oder in der Seitenkette substituiert ist. Im allgemeinen machen die Substitutionen in der Seitenkette die Substanzen wirksamer und giftiger, während Substitutionen im Kern sich im Organismus so verhalten, daß aus denselben Jodalkalien im Organismus nur schwer gebildet werden können. Sie haben also nur Eigenwirkungen, zeigen aber nicht die Wirkungen des Jodions.

Über die physiologischen Wirkungen der Jodoniumverbindungen liegt nur eine Mitteilung von R. Gottlieb[1]) vor, daß sie curareartige Wirkungen zeigen.

Über Jodo- und Jodosoverbindungen siehe Kapitel: Jodverbindungen im speziellen Teil.

5. Bedeutung der basischen stickstoffhaltigen Reste.

Der Eintritt von stickstoffhaltigen Resten in aliphatische oder aromatische Verbindungen sowie die Anwesenheit von Stickstoff in ringförmig gebundenen Basen kann von sehr verschiedener pharmakologischer Bedeutung sein. Die pharmakologische Wirkung hängt zum großen Teil von dem stickstoffreien Reste des Moleküls, von der Art der Bindung, der Wertigkeit des Stickstoffes sowie von der Reaktionsfähigkeit des stickstoffhaltigen Restes ab. Ammoniak, die einfachste stickstoffhaltige Base, wirkt krampferregend. Wird aber ein Wasserstoff des Ammoniaks durch ein Alkylradikal ersetzt, so hört die Krampfwirkung auf, man bekommt eine sehr schwach wirkende Substanz und auch der Eintritt von weiteren Alkylradikalen ändert an der Wirkungslosigkeit nichts. Beispiele: Monomethylamin $NH_2 \cdot CH_3$, Dimethylamin $NH(CH_3)_2$, Trimethylamin $N(CH_3)_3$. — Methylamin, Trimethylamin, Äthylamin $C_2H_5 \cdot NH_2$, Amylamin $C_5H_{11} \cdot NH_2$ reizen die Schleimhäute wie Ammoniak, besitzen aber sonst keine giftigen Eigenschaften (s. S. **66** ff.).

Isoamylamin, welches man in faulen Fleisch findet, vielleicht auch im Ergotin, ist sehr wahrscheinlich identisch mit dem Urohypertensin von Abelous und Bardier[2]). Die Substanz ist schwach wirksam, sie wirkt aber im Sinne der sympthomimetischen Gruppe. So nennen Barger und Dale die adrenalinähnlichen Wirkungen, welche sich auf das sympathische System beziehen. Die einfachsten primären Alkylamine, welche niedriger sind als Isoamylamin, zeigen nur eine sehr geringe Wirkung und Isobutylamin zeigt erst in größeren Dosen diese Wirkung. Die Isoverbindungen sind relativ schwächer wirksam als die normalen Basen, wie man es bei den Amylaminen und Butylaminen sehen kann. Die Amine mit längerer Kette als Amylamin zeigten folgendes Verhalten: Normales Hexylamin ist das am stärksten wirkende der normalen Serie, normales Heptylamin ist ein wenig, aber bemerkbar weniger wirksam. Die höheren Glieder dieser Serie werden immer giftiger und der Effekt auf das sympathische System läuft parallel mit einer depressiven Wirkung auf das Herz und mit der Produktion von Krämpfen spinalen Ursprungs. Die direkte depressive Wirkung auf den Herzmuskel ist schon bei Isoamylamin bemerkbar (Dale und Dixon). Octylamin ist weniger auf das sympathische System wirksam als Heptylamin. Die Wirkung auf den Blutdruck ist noch beim Tridekylamin gut bemerkbar und Pentadekylamin konnte wegen der Unlöslichkeit des Hydrochlorids im Wasser nicht mehr geprüft werden.

Cyclohexylamin (Hexahydroanilin) hat eine Wirkung auf den Blutdruck, die quantitativ sehr ähnlich ist der des normalen Hexylamins, obgleich sie

[1]) BB. **27**, 1592 (1894). [2]) Journal de Physiologie **1909**, 34.

viel langsamer eintritt und stärker prolongiert ist. Es ist aber möglich, daß diese Base nicht nach dem Typus der sympathomimetischen Gruppe wirkt.

Diäthylamin ist unwirksam, Methylisoamylamin wirkt aber viel schwächer als Isoamylamin. Die Wirksamkeit ist ungefähr auf die Hälfte herabgesetzt. Diisoamylamin $(C_5H_{11})_2 \cdot NH$ wirkt äußerst schwach.

Trimethylamin, von dem Abelous und Bardier[1]) behaupten, daß es auf den Blutdruck wirke, ist nach den Untersuchungen von Barger und Dale ohne Wirkung auf den Blutdruck. Tetraäthylammoniumjodid wirkt ebenfalls nicht auf den Blutdruck. Von aromatischen Aminbasen ohne Phenolhydroxyl wurden untersucht: Phenylamin, Phenylmethylamin (Benzylamin), α-Phenyläthylamin, β-Phenyläthylamin, Methyl-β-phenyläthylamin, Phenyläthanolamin, Methylphenyläthanolamin, Phenylpropylamin, β-Tetrahydronaphtylamin. Die Wirkung des β-Phenyläthylamins ist viel stärker als die des stärksten aliphatischen Amins, des Hexylamins, es erhöht den Blutdruck, macht die charakteristische Erweiterung der Pupille usw. Die Wirkungsstärke steht zwischen den fetten Aminen und dem p-Hydroxyphenyläthylamin. Die Verlängerung der Kohlenstoffseitenkette erweist sich bei den reinen aliphatischen Aminen bis zu einem bestimmten Punkt parallel laufend mit einer Erhöhung der Wirksamkeit. Bei fettaromatischen Basen gibt aber die Seitenkette mit zwei Kohlenstoffen schon das Optimum der Aktivität.

Nach Louise[2]) zeigt ein mit Oxypropylendiisoamylamin vergifteter Hund große Beschleunigung des Herzschlages, Erhöhung des Blutdrucks, Verlangsamung und Vertiefung der Atmung und epileptische Krampfanfälle, während welcher das Herz tetanisch stillsteht. Alle diese Symptome werden durch die Lähmung des Herzvagus erklärt. Vinylamin $\begin{matrix} H_2C \\ | \\ H_2C \end{matrix}\!\!>\!NH$ hat nach Paul Ehrlich[3]) beim Warmblüter stark toxische Eigenschaften, was mit der außerordentlichen Spannung des Dreirings zusammenhängen soll (v. Baeyers Spannungstheorie).

Die aliphatischen sekundären Amine wirken bei Kaltblütern und Warmblütern verschieden. Sie lähmen Kaltblüter, während sie auf Warmblüter sehr wenig wirken. Je größer der aliphatische Säurerest im Molekül, um so geringer die Wirkung[4]).

Die aliphatischen Diamine Tetramethylendiamin $NH_2 \cdot (CH_2)_4 \cdot NH_2$ und Pentamethylendiamin $NH_2 \cdot (CH_2)_5 \cdot NH_2$ sind ganz ungiftig. Aber das Formaldehydderivat des Cadaverins $C_6H_{14}N_2$ ist giftig, und zwar wirkt es lähmend auf das Zentralnervensystem und Herz. Das heftig giftige Sepsin $C_5H_{14}N_2O_2$ ist nach E. S. Faust[5]) als Derivat des Pentamethylendiamins oder Tetramethylendiamins aufzufassen.

Diaminoäthyläther ist für den Frosch giftig; Kaninchen hingegen vertragen relativ hohe Dosen. Diaminodiäthylsulfid verhält sich vollkommen analog dem Diaminoäthyläther[6]).

Wird für einen Wasserstoff des Ammoniaks ein Säurerest eingeführt, so bekommt man ebenfalls ganz wirkungslose oder wenig wirksame Körper. Acetamid $CH_3 \cdot CO \cdot NH_2$ z. B., die einfachste Verbindung dieser Art, wird im Organismus überhaupt nicht angegriffen und passiert unverändert in den

---

1) C. r. s. b. **66**, 347 (1909). 2) C. r. s. b. **40**, 155, 265, 385.

3) Festschr. f. v. Leyden. Bd. I. Internat. Beiträge zur klin. Med. Siehe auch Levaditi, Arch. international de pharmacodyn. 8 (1901).

4) H. Hildebrandt, AePP. **54**, 134 (1906). 5) AePP. **51**, 262 (1904).

6) Riccardo Luzzatto, Arch. di farmacol. sperim. **17**, 455—480 (1914).

Harn, macht daher auch keine physiologischen Wirkungen[1]). Wird im Ammoniak ein Wasserstoff in der Art durch eine aliphatische Säure ersetzt, daß man zu einer Aminofettsäure gelangt, so bekommt man ebenfalls pharmakologisch gänzlich unwirksame Körper, die im Organismus zu Harnstoff umgesetzt werden. So gehen Glykokoll $NH_2 \cdot CH_2 \cdot COOH$, Alanin $CH_3 \cdot CH(NH_2) \cdot COOH$, Leucin $\frac{CH_3}{CH_3}{>}CH \cdot CH_2 \cdot CH(NH_2) \cdot COOH$, wie alle α-Aminosäuren, welche körpereigentümliche Eiweißspaltlinge sind, glatt in Harnstoff über, ohne irgendwelche pharmakologische Wirkung auszuüben. Sie gehören vielmehr zu einer Reihe von Verbindungen, die als Nährstoffe verbrannt werden. Aminokohlensäure (Carbaminsäure) $CO{<}\frac{NH_2}{OH}$ ist giftig[2]), wohl wegen ihres sehr labilen Charakters. Sie erzeugt Krämpfe usw. ähnlich, aber anders wie Ammoniak. Verestert man die Carboxylgruppe und macht die Verbindung auf diese Weise resistenter, so erhält man eine hypnotisch wirksame Verbindung, das Urethan ($NH_2 \cdot COO \cdot C_2H_5$), das wenig giftig und dessen Giftigkeit und Wirkung wesentlich von der Alkylkomponente abhängt.

Aminomalonsäure ist eine für das Atem- und Gefäßzentrum tonische und nicht leicht verbrennbare Substanz[3]). Der sehr reaktionsfähige Aminoacetaldehyd $NH_2 \cdot CH_2 \cdot CHO$ geht im Tierkörper zum Teil in Pyrazin über[4]), Aminoacetal $NH_2 \cdot CH_2 \cdot CH{<}\frac{OC_2H_5}{OC_2H_5}$ hingegen geht nur zum Teil unverändert in den Harn. Die primäre Wirkung ist Lähmung der Atmung, wie beim Ammoniak, und eine curareähnliche, so daß bei Verabreichung von Aminoacetal bei Warmblütern, bei denen ja die Hautatmung keine Rolle spielt, der Tod verursacht wird; 0.5 g des Chlorhydrates sind intravenös für Kaninchen letal. Kaltblüter leben weiter, bis Herzlähmung eintritt[5]). Das nicht aminierte Acetal $CH_3 \cdot CH(OC_2H_5)_2$ wirkt in erster Linie auf das Großhirn und ist als Schlafmittel empfohlen worden, weil Störungen der Atmung und der Herztätigkeit bei ihm erst lange nach Eintritt der Narkose bemerkt werden[6]).

Das Chlorhydrat des Trimethylenimin $CH_2{<}\frac{CH_2}{CH_2}{>}NH$ macht in Dosen von 0.45 g pro Kilogramm Tier keine toxische Wirkung. Erst 2.21 g pro Kilogramm machen nervöse Symptome, Atemstörungen, aber keine Nierenveränderung.

Weit giftiger als Ammoniak ist Diamid, $\begin{matrix} NH_2 \\ | \\ NH_2 \end{matrix}$. Dieser nach Curtius[7]) so außerordentlich reaktionsfähige Körper legt selbst in stärkst saurer Lösung jede Aldehydgruppe fest, während Ketone nur auf die freie Base reagieren. Das schwefelsaure Salz des Diamids ist nach Untersuchungen von Borissow[8]) für Hunde äußerst giftig. Wasserfreies Hydrazin macht Benommenheit und Schwindelanfälle, wenn man seine Dämpfe einatmet. Dibenzoyldiamid $C_6H_5 \cdot CO \cdot NH \cdot NH \cdot CO \cdot C_6H_5$ wirkt schwächer als Diamid[9]).

Hydroxylamin $NH_2 \cdot OH$ ist nach Raimundi und Bertoni[10]) ein sehr heftiges Gift, welches zuerst Erregung, hierauf Kollaps mit Erstickungssymptomen

---

[1]) Schultzen und M. Nencki, Zeitschr. f. Biologie **8**, 124.

[3]) M. Hahn, Massen, M. Nencki und Pawlow, Arch. des scienc. biol. de St. Pétersbourg **1**. [2]) G. Haas, B. Z. **76**, 76 (1916).

[4]) C. Neuberg und T. Kikkoji, BZ. **20**, 463 (1909).

[5]) Mallèvre, Pflügers Arch. **49**, 484.

[6]) Die Wirkung ist höchst unsicher (Herznebenwirkungen, ätzt die Schleimhäute), siehe Langgard, Therap. Mon. **1888**, 24. — Mering, Berliner klin. Wochenschr. **1882**, Nr. 43. [7]) O. Loew, Giftwirkungen, S. 39. [8]) HS. **19**, 499 (1894).

[9]) F. Raschig, BB. **44**, 1927 (1910). [10]) Gaz. Chim. Ital. **12**, 199.

bewirkt; auch die roten Blutkörperchen werden angegriffen, aber nach Binz[1]) beruht die Wirkung des Hydroxylamins zum kleinen Teil auf der Bildung von Nitriten aus demselben. O. Loew[2]) nimmt auch für das Hydroxylamin an, daß es wegen seineer großen Reaktionsfähigkeit mit Aldehydgruppen als sogenanntes substitutierendes Gift wirkt.

Verschluß des Amino- oder Iminowasserstoffes selbst durch Nitrosogruppen schwächt die Giftwirkung ab. Nitrosophenylhydroxylamin ist viel weniger giftig als Phenylhydroxylamin und als Hydroxylamin selbst[3]).

Semicarbazid $NH_2 \cdot CO \cdot NH \cdot NH_2$, Aminoguanidin $HN : C\langle^{NH_2}_{NH \cdot NH_2}$ und Brenzcatechinmonokohlensäurehydrazid sind für niedere Tiere und für Pflanzen giftig. Die beiden ersteren wirken schwächer, Brenzcatechinmonokohlensäurehydrazid ungefähr ebenso stark als das freie Hydrazin. Das freie Semicarbazid ist ein intensiveres Gift als das salpetersaure Aminoguanidin[4]).

$H_2C\langle^{N}_{N}$ Diazomethan[5]), ist sehr giftig, macht Atemnot, Brustschmerzen und Abgeschlagenheit.

Die Stickstoffwasserstoffsäure (Azoimid) N_3H ist für Pflanzen giftig, wenn auch weniger als Hydroxylamin und Diamid. Bakterien gegenüber wirkt diese Säure stark antiseptisch; bei Säugetieren macht sie blitzartig auftretende Krämpfe und sofortigen Tod. Das Blut wird sehr dunkel. Das Einatmen von Natriumazoimidlösung[6]) macht Schwindel und Kopfschmerz. O. Loew erklärt die Wirkung durch den plötzlichen explosiven Zerfall der Verbindung, welcher eine Umlagerung des aktiven Protoplasmas herbeiführt. Phenylazoimid und Naphthylazoimid sind schwache Gifte, letzteres das schwächere (O. Loew).

Die Oximidoverbindungen werden im Organismus entweder in die entsprechenden Aldehyde und Hydroxylamine zerlegt oder gleich oxydiert, so daß statt der letztere Nitrite erscheinen (Bonfred). Die pharmakologische Wirkung ist aus der des Aldehyds und der der Nitrite zusammengesetzt. Die Oximidogruppe $= \overset{O}{\overset{\|}{N}} - H$ scheint wie Nitrit zu wirken.

Den Acetoximen[7]) geht die Wirkung des Hydroxylamins vollkommen ab, da letzteres schon in sehr kleinen Dosen das Auftreten von Methämoglobin bewirkt. Die Acetoxime schließen sich in ihrer Wirkung im allgemeinen der Gruppe des Alkohols an, indem Narkose, hier und da auch Rausch und Herabsetzung des Blutdruckes auftreten; es wird anscheinend Aceton aus Acetoxim regeneriert[8]). Der Eintritt der Oximidogruppe in ein Keton hat keinen nennenswerten Einfluß auf die Wirkung. Nur beim Campher tritt eine Änderung insofern auf, als beim Frosche und beim Meerschweinchen die erregende Wirkung die lähmende übertrifft. Beim Hunde bleibt Campheroxim, wie so häufig auch Campher, wenigstens bei subcutaner Applikation, ohne Wirkung. Da man Acetoxim auch als Isonitrosopropan auffassen kann, so untersuchten Paschkis und Obermayer auch Isonitrosoaceton $CH_3 \cdot CO \cdot CH : N \cdot OH$, welches sich als weit giftiger erwies als Acetoxim

$$\begin{matrix} CH_3 \\ CH_3 \end{matrix} > C = N \cdot OH$$

---

[1]) AePP. **36**, 403. — Virchows Arch. **1888** und **1889**.
[2]) Natürliches System der Giftwirkungen, München 1893.
[3]) E. Sieburg, HS. **92**, 331 (1914). [4]) O. Loew, Chem.-Ztg. **22**, 349.
[5]) H. v. Pechmann, BB. **27**, 1888 (1894). [6]) BB. **24**, 2953 (1891).
[7]) H. Paschkis und F. Obermayer, M. f. C. **13**, 451 (1892).
[8]) Leo Schwarz, AePP. **40**, 184.

Während Salicylaldehyd $C_6H_4(OH)CHO$ bei Fröschen und Hunden hauptsächlich Paralyse hervorruft, macht dessen Oxim Erregungserscheinungen und erst zuletzt bei starken Vergiftungen Paralyse. Diese Beobachtung von Modica steht im Einklang mit der Beobachtung von Curci über die physiologische Wirkung der Oximgruppe. Acetoxim wirkt anders, was aber auf die Wirkung des abgespaltenen Acetons zurückzuführen sein dürfte, da schon Modica nach Acetoximeingabe Aceton im Harn beobachtete.

Äthylaldoxim bräunt Blut, macht Dyspnöe und starke Temperatursenkung, ähnlich wirkt Benzaldoxim[1]).

Guanidin $HN:C<^{NH_2}_{NH_2}$ ist wegen seiner Iminogruppe ein stark wirkendes Gift. Nur ein kleiner Teil des Guanidins verläßt den Organismus unverändert. Durch Guanidinhydrochlorid und Guanidincarbonat läßt sich bei Katzen und Kaninchen das vollständige Bild der nach Parathyreoidektomie auftretenden Tetanie hervorrufen, ebenso durch Methylguanidinnitrat bei Ratten[2]).

Dicyandiamidin $NH:C(NH_2)\cdot NH\cdot CO\cdot NH_2$ (Guanylharnstoff) ist nicht ungiftig[3]). Methylguanidin $CH_3\cdot N:C<^{NH_2}_{NH_2}$ tötet nach Hoffa[4]) Kaninchen in kurzer Zeit unter den Symptomen der Dyspnöe und Konvulsionen. Aminoguanidin[5]) $NH_2\cdot N:C<^{NH_2}_{NH_2}$ macht bei Fröschen fibrilläre Zuckungen, bei Warmblütern klonische Krämpfe und allgemeine Lähmungen (s. auch S. 74). Durch Addition von Benzaldehyd und Aminoguanidin entstehendes Benzalaminoguanidin macht bei Warmblütern epileptische Krämpfe, bei Fröschen nur Lähmung ohne fibrilläre Zuckung.

Cyanamid $CN\cdot NH_2$ macht ähnliche Vergiftungserscheinungen wie Guanidin und Methylguanidin, geht aber nicht unverändert in den Harn über [Beobachtung von Gergens und Baumann[6])]. Cyanamid ruft eine Lähmung der Atmungsorgane hervor. Die letale Dosis beträgt 0.4 g pro Kilogramm Kaninchen. Dicyandiamid ist sehr giftig[7]). Hingegen behaupteten A. Stutzer und J. Söll, daß es für Hunde nicht giftig sei. Bei Meerschweinchen war es giftig[8]). Nach O. Loew ist es für Wirbeltiere kein Gift, auch gegen niedere Organismen ist es sehr indifferent.

Methylcyanamid bewirkt in kleinen Dosen Gefäßverengung, in größeren Paralyse und Krämpfe, in noch größeren Tod[9]).

Cyanamid und Guanidin erwiesen sich als giftig für das Wachstum der Pflanzen, während Harnstoff eine außerordentlich kräftige Entwicklung der Pflanzen bewirkt. Kaliumcyanid und Kaliumcyanat zeigen Giftwirkung. Der Einfluß der giftigen Substanzen zeigt sich sowohl in der Bildung als auch in der Hydrolyse der Stärke[10]).

---

[1]) Scheidemann, Diss. Königsberg **1892**. — Leech, Brit. med. Journ. **1893**. June, July und Lancet **1893**, I, 1499; II, 76.

[2]) D. Noel-Paton, Leonard Findlay und David Burns, Journ. of physiol. **49**, Proceed. **17** (1915). [3]) O. Loew, Chem.-Ztg. **32**, 676.

[4]) Berliner klin. Wochenschr. **1889**, 533. [5]) Jordan, Diss. Dorpat (1892).

[6]) Pflügers Arch. **12**, 213. — Nach Falck (Coester, Diss. Kiel [1896]) wirkt es rein lähmend, ungleich schwächer als Blausäure.

[7]) Kionka, Frühlings landw. Zeitung **58**, 397 (1909).

[8]) BZ. **25**, 215 (1910).

[9]) W. F. Koch, Journ. Lab. and clin. Med. **1**, Nr. 5.

[10]) G. Ciamician und C. Ravenna, Gazz. chim. ital. **49**, II, 83 (1919).

Pommering[1]) untersuchte Benzamidin $C_6H_5 \cdot C\langle^{NH}_{NH_2}$ und Acetamidin $CH_3 \cdot C\langle^{NH}_{NH_2}$. Sie waren im Gegensatz zum Guanidin physiologisch indifferent und verließen den Organismus unverändert.

Von Interesse ist noch das Eintreten des Ammoniaks in Platinsalze. Die Salze der Platinammoniumbasen wirken wie alle Ammoniumbasen curareartig. Mit Vermehrung der Ammoniakgruppen wird die curareartige Wirkung gesteigert[2]).

Aldehydammoniak $CH_3 \cdot CH(OH)(NH_2)$ hat die Wirkung der Ammoniumsalze[3]).

Diacetonmethylamin $(CH_3)_2C<^{CH_2 \cdot CO \cdot CH_3}_{NH \cdot CH_3}$ hat mentholartigen Geruch und erzeugt bei starkem Einatmen Schwindel und Kopfschmerzen[4]).

Von großem pharmakologischem Interesse sind die Beobachtungen und Untersuchungen über den Eintritt von Aminogruppen in den Benzolkern, weil sie grundlegend sind für die Synthese einer großen Gruppe unserer künstlichen Antipyretica. Man kann Aminobenzol $C_6H_5 \cdot NH_2$ (Anilin) als ein Benzol ansehen, in welches eine Aminogruppe eingetreten ist, oder als ein Ammoniak, in welches ein Benzolring eingetreten ist. Konform mit dieser Konstitution differieren die bewirkten Symptome von den Wirkungen des Benzols und erinnern eigentlich mehr an Ammoniak, da heftige Krämpfe auftreten sowie eine starke Paralyse der Muskeln und Nerven. Die Symptome differieren aber von denen mit Ammoniak hervorgerufenen, da die Krämpfe nie zu einem wahren Tetanus ausarten. Mit Ausnahme der Hydroxylverbindung bewirkt Anilin das rascheste Auftreten der motorischen Phänomene, starkes Zittern, aber nie tonische Krämpfe. Wird aber im Anilin ein Wasserstoff der Aminogruppe durch ein aliphatisches Alkylradikal ersetzt, so hört die Krampfwirkung auf und es kann zu einer lähmenden Wirkung kommen. Wird beim Anilin ein Wasserstoff des Kerns substitutiert, so bleibt die Krampfwirkung erhalten, wenn der substituierende Körper ein einfaches Element ist, z. B. Brom. Sie wird verstärkt, wenn er ein Alkylradikal ist und aufgehoben, wenn eine zusammengesetzte Gruppe, insbesondere eine saure Gruppe eintritt: so ist z. B. Aminobenzolsulfosäure (Sulfanilsäure) gänzlich wirkungslos. Aber der Eintritt der Aminogruppe bewirkt außerdem, daß diese Substanzen heftige Blutgifte werden, welche Methämoglobin bilden. Wertheimer und Meyer beobachteten nach Verfütterung von Anilin oder Toluidin an Hunde regelmäßig Gallenfarbstoff im Harn und Hämoglobin in der Galle. Bei stärkeren Dosen wird der Harn hämoglobinhaltig und enthält schließlich auch sogar fuchsinähnliche Farbstoffe[5]).

p-Aminodiphenyl $C_6H_4<^{NH_2\ (1)}_{C_6H_5\ (2)}$ ist ein starkes Gift und tötet Hunde nach kurzer Zeit[6]).

Dianisidin $NH_2 \cdot (CH_3O)C_6H_3 \cdot C_6H_3(OCH_3) \cdot NH_2$ erzeugt krampfhaftes Niesen. Größere Gaben wirken auf Hunde tödlich.

p-Aminodiphenylamin macht bei einzelnen Individuen eine mäßige Dermatitis, ebenso p-Aminophenyltolylamin, auch 1.2-Naphthylendiamin wirken in gleicher Weise. Alle drei Basen erzeugen diese Hautreizungen erst nach etwa 8—10 Tagen. Auch p-Aminophenol und p-Phenylendiamin erzeugen Dermatitis. Durch Sulfurierung werden diese Eigenschaften aufgehoben[7]).

---

[1]) HB. **1**, 561 (1902). [2]) F. Hofmeister, AePP. **16**, 393.
[3]) Gibbs und Reichert, Dubois' Arch. f. Physiol. **1893**, 201. [4]) DRP. 287 802.
[5]) C. r. s. b. **40**, 843. [6]) Klingenberg, Diss. Rostock (1891).
[7]) E. Tomaszczewsky und E. Erdmann, Münchener med. Wochenschr. **1906**, Nr. 8, S. 359.

Benzidin $4 \cdot NH_2 \cdot C_6H_4 \cdot C_6H_4 \cdot NH_2 \cdot 4$, erzeugt Glykosurie und nervöse Symptome, es ist ein Blutgift.

Während die aliphatischen Diamine physiologisch gänzlich wirkungslos sind, gehören die aromatischen Diamine zu unseren heftigsten Giften, insbesondere durch ihre Fähigkeit auf den Blutfarbstoff indirekt schädigend einzuwirken. Die Untersuchungen von Dubois und Vignon[1]) haben gezeigt, daß m-Phenylendiamin (Benzolring mit NH_2, NH_2) Brechen, Husten, Koma und Tod bewirkt. p-Phenylendiamin (Benzolring mit NH_2, NH_2) wirkt noch stärker und macht Störungen der Motilität. Auffallend groß ist die Giftigkeit des o-Phenylendiaminchlorhydrates (Benzolring mit NH_2, $NH_2 \cdot HCl$). p-Phenylendiamin[2]) bewirkt beim Menschen Asthma, Ekzeme, Magenaffektionen und Augenentzündungen[3]). Es macht keine Zersetzung des Hämoglobins, hingegen heftige Schleimhautentzündungen sowie Krampfanfälle. Die Wirkung beruht auf dem ersten Oxydationsprodukt, dem Chinondiimin $HN : C_6H_4 : NH$.

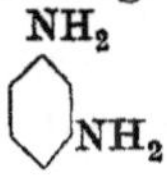

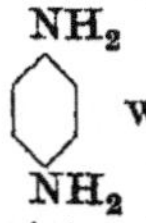

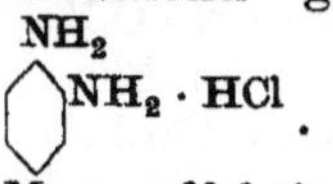

Toluylendiamin $CH_3 \cdot C_6H_3 \cdot (NH_2)_2$ erzeugt nach Stadelmann sogar Ikterus[4]). Der Ikterus wird nicht, ebenso wie die Cytolyse, durch Toluylendiamin bewirkt, denn in vitro greift diese Substanz die Erythrocyten nicht an, sondern in der Leber werden Stoffe erzeugt, die hämolytisch wirken[5]).

o- und m-Phenylendiamin werden vom Frosch im Gegensatz zur p-Verbindung in großen Mengen ohne besondere Wirkung gut vertragen, o-Phenylendiamin außerdem ohne jede Beeinflussung auch vom Kaninchen. Katzen bekommen nach o-Phenylendiamin die für die p-Verbindung typischen Ödeme an Hals und Kopf.

Nach m-Phenylendiamin trat bei Katzen starke Salivation und heftiges Niesen auf; Ödeme bleiben aus. Kaninchen zeigen nach der m-Verbindung ebenfalls keine Ödeme, dagegen regelmäßig Ascites.

Die methylierten Derivate (Di- und Tetra-) bewirken zerebrale Erscheinungen und Exitus schon nach sehr kleinen Dosen, Ödeme bilden sich nicht am Kopf und Hals. Die übrigen Schwellungen an Kopf und Hals treten nach dem Diäthyl- und Monoacetylderivat auf.

Das unlösliche Diacetyl- und Äthoxy-p-phenylendiamin gehen reaktionslos durch den Tierkörper.

Triaminobenzol, Triaminotoluol und Triaminophenol machen keine Ödeme, rufen aber bei Katzen Methämoglobinbildung hervor[6]).

Wir haben früher bemerkt, daß Ammoniak ein weit schwächeres Gift ist als Diamid. Die entsprechenden aromatischen Verbindungen Anilin $C_6H_5 \cdot NH_2$ und Phenylhydrazin $C_6H_5 \cdot NH \cdot NH_2$ zeigen das gleiche Verhältnis. Phenylhydrazin, welches chemisch auch weit reaktionsfähiger ist als Anilin, ist nach den Untersuchungen von M. v. Nencki, Rosenthal und G. Hoppe-Seyler[7])

---

1) C. r. **107**, 533. 2) E. Erdmann und E. Vahlen, AePP. **53**, 402 (1905).

3) R. Dubois und L. Vignon, C. r. **107**, 533 (1888). — Arch. de physiol. 4. Ser. **2**, 255 (1888). — Kobert, Lehrb. d. Intoxikationen **1893**, 444.

4) AePP. **14**, 231; **16**, 118; **23**, 427.

5) E. P. Pick und G. Joanovics, Zeitschr. f. experim. Pathol. u. Ther. **7**, 185 (1910).

6) R. Meisner, BZ. **93**, 149 (1919). 7) HS. **9**, 39 (1885).

ein außerordentlich heftig wirkendes Gift. Während die aromatischen Substitutionsprodukte mit Ammoniak oder Hydrazin alle intensiv Temperatur herabsetzende Eigenschaften zeigen, bewirkt Tetrahydro-β-naphthylamin[1]) eine starke Steigerung der Eigenwärme und eine beträchtliche Steigerung des Eiweißumsatzes.

$C_3H_3N_2(C_4H_3O)_3$ Furfurin wirkt wie $\begin{matrix} C_6H_5 \cdot CH \cdot NH \\ | \\ C_6H_5 \cdot C == N \end{matrix} \!\!> CH \cdot C_6H_5$ Amarin, aber 15 mal schwächer giftig. Es wird im Organismus völlig zersetzt. Furfuramid $(C_4H_3O \cdot CH)_3N_2$ ist unwirksam, es verhält sich chemisch und pharmakologisch wie Hydrobenzamid $\begin{matrix} C_6H_5 \cdot CH = N \\ C_6H_5 \cdot CH = N \end{matrix} \!\!> CH \cdot C_6H_5$ zu Amarin. Die Giftigkeit des Furfurin ist auf die beiden Iminogruppen zu beziehen. Die größere Giftigkeit des Amarin beruht auf der schwierigeren Zerstörbarkeit im Organismus[2]). Das Amarin ist ein phenylsubstituiertes Imidazolderivat.

Azobenzol[3]) $C_6H_5 \cdot N = N \cdot C_6H_5$ und Azooxybenzol[4]) $C_6H_5 \cdot N = N \cdot C_6H_4 \cdot OH$ sind beide schwer giftig. Azobenzol macht Hämoglobinurie; im Blute treten Methämoglobinstreifen auf. Naphthylazoessigsäure ist nach Oddo[5]) ungiftig. Triazobenzol (Phenylazoimid) $C_6H_5 \cdot N \!\! < \!\! \begin{matrix} N \\ \vdots \\ N \end{matrix}$ ist für Kaninchen ein schwaches, für Hunde ein starkes Gift. Diazoverbindungen sind wegen der Leichtigkeit der Abspaltung gasförmigen Stickstoffs giftig[6]). Phenylhydroxylamin wirkt nach C. Binz[7]) direkt auf die Nervenzentren lähmend, ohne daß die Lähmung durch die Veränderung des Blutes bedingt ist. Es verursacht Methämoglobinbildung. Im tierischen Stoffwechsel wird es, wie L. Lewin glaubt, teilweise in Azooxybenzol umgewandelt[8]).

Die aliphatischen Säureamide entbehren zumeist einer physiologischen Wirkung; die aromatischen hingegen machen Schlaf, aber die den aromatischen Säureamiden zukommende narkotische Wirkung ist vom Charakter der aromatischen Säure abhängig. Die entsprechenden aromatischen Harnstoffe sind wirkungslos. Wird an Stelle eines oder beider H-Atome der Amidgruppe eines aromatischen Säureamides eine Methyl- oder Äthylgruppe eingeführt, so tritt die narkotische Wirkung immer mehr und mehr zurück, während sich bei genügend großen Gaben ein der Wirkung des Ammoniaks und des Strychnins vergleichbarer Symptomenkomplex einstellen kann[9]).

Campher wirkt erregend auf das Herz und steigert den Blutdruck. Bornylamin

$$\begin{array}{ccccc} H_2C & \text{——} & CH & \text{——} & CH_2 \\ | & & | & & | \\ | & H_3C & \text{—} C \text{—} & CH_3 & | \\ | & & | & & | \\ H_2C & \text{——} & C & \text{——} & CH \cdot NH_2 \\ & & \cdot & & \\ & & CH_3 & & \end{array}$$

wirkt curareartig, ebenso Aminocampher, aber weit schwächer. Auf das Herz wirkt Bornylamin verlangsamend[10]), Aminocampher ebenso, aber erst in größerer Dosis. Bei Warmblütern macht Bornylamin Rollkrämpfe. Der Blutdruck bleibt bei Anwendung von Aminocampher unverändert, während Bornyl-

---

[1]) Stern, BB. **22**, 777 (1889). — Virchows Arch. **115** und **117**.
[2]) Modica, Annali di chim. **1896**, 246.
[3]) E. Baumann und Herter, HS. **1**, 267 (1877—1878). — Zentralbl. f. med. Wissenschaft **1881**, 705. [4]) AePP. **35**, 413.
[5]) Gazz. chim. **21**, II, 237. [6]) Jaffé, AePP. **2**, 1.
[7]) Virchows Arch. **113**. [8]) AePP. **35**, 401.
[9]) Eberhard Nebelthau, AePP. **36**, 451. [10]) L. Lewin, AePP. **27**, 235.

amin denselben bedeutend erhöht. Auch die Atemfrequenz wird durch Bornylamin bedeutend gesteigert.

Die Anlagerung von Aminogruppen an den Pyrimidinkern

```
1N — CH6
 ‖     ‖
2HC   CH5
 |     |
3N ═ CH4
```

macht aus indifferenten Körpern giftige Substanzen. 2.4-Diamino-6-oxypyrimidin und 2.4.5-Triamino-6-oxypyrimidin sind giftig, was auch die Giftigkeit des Adenin (6 · Aminopurin) erklärt[1]).

Die Diazinverbindung: Diäthylmethylpyrimidin

$$C_2H_5 \cdot C \cdot N \cdot CH \cdot C(CH_3) \cdot C \cdot (C_2H_5) \cdot N$$

wirkt ähnlich wie Coniin[2]).

Pyridin ist fast ungiftig, Aminopyridine wirken stark giftig; chemisch nähern sich die Aminopyridine der Fettreihe. Vielleicht ist dies der Grund ihrer Wirkung, ähnlich wie beim Piperidin (s. d.).

α-Aminopyridin (Pyridinring mit N und NH_2) macht Erregung und Paralyse bei Fröschen und ist auch tödlich wirkend. Acetyl-α-aminopyridin wirkt ganz gleich. Bei Kaninchen und Hunden macht die Base konvulsive ununterbrochene Zuckungen, welche bald letal ausklingen. Das Acetylderivat wirkt erst in der fünffachen Dosis. Es wirkt anästhesierend auf die Hornhaut[3]).

Körper, welche tertiär gebundenen Stickstoff haben, sind wohl infolge der geringen Reaktionsfähigkeit sehr wenig giftig, oft ganz wirkungslos. So sind Pyridin (Ring mit N) und Collidin $C_5H_2(CH_3)_3N$ sehr wenig giftige Körper. Wird aber durch Reduktion Wasserstoff in der Weise zugeführt, daß Stickstoff in die Imidogruppe HN verwandelt wird, so erhalten wir sehr stark wirkende Körper. Die verschiedenartigen Wirkungen dieser Körper werden bei Überführung in Ammoniumbasen alle in der Weise verändert, daß die resultierenden Körper mehr oder weniger curareartige Wirkung haben. S. Kapitel: Alkaloide: Ammoniumbasen.

Guanazol (HN: C · HN · NH · C: NH, Ring über N–H), Aminoguanazol (HN: C · HN · NH · C: NH, Ring über $N \cdot NH_2$), Phenylguanazol (HN: C · HN · NH · C: NH, Ring über $N \cdot C_6H_5$) und Diphenylaminoguanazol (HN: C · $C_6H_5 \cdot N$ · NH · $C: N \cdot C_6H_5$, Ring über $N \cdot NH_2$) wirken alle ähnlich. Sie machen Krämpfe, Respirationsstörungen, diastolischen Herzstillstand. Die Toxizität ist wenig verschieden, beim Guanazol am geringsten, beim Diphenylaminoguanazol am höchsten[4]). Die Toxizität nimmt von Guanazol bis zum Diphenylaminoguanazol zu, nur Aminoguanazol und Phenylguanazol sind schwach bactericid, was beim Phenylguanazol wahrscheinlich auf dem Phenylrest beruht.

Indol macht zu 1 g keine Intoxikation (Nencki), 2 g machen Diarrhöe und Hämaturie. Herter[5]) sah Herz- und Atmungsschwäche, klonische Krämpfe. Bei Menschen erzeugte es starke Müdigkeit, Unfähigkeit zu geistiger Arbeit, bei größeren Dosen Schlaflosigkeit, Symptome der Neurasthenie. β-Skatol ist fast ungiftig.

---

[1]) H. Steudel, HS. **32**, 287 (1910). [2]) Kraft, Organische Chemie S. 691.
[3]) A. Pitini, Ann. chim. analyt. appl. **2**, 213 (1914).
[4]) G. B. Zanda, Ann. farmacol. **18**, 108 (1914). [5]) N. Y. Med. Journ. **1898**.

A. Brissemoret und A. Joanin[1]) glauben die physiologische Wirkung einer organischen Base als die resultierende der Wirkung des Kohlenwasserstoffs einerseits und des Stickstoffs andererseits auffassen zu können. So kann man im Conicin die narkotisierende Wirkung des Octanrestes ebenso nachweisen, wie durch normales Octan selbst.

6. Bedeutung der Nitro- und Nitrosogruppe.

Der Eintritt einer Nitro- (NO_2-) oder Nitrosogruppe (NO-) bewirkt im allgemeinen, daß die Verbindungen sehr giftige Eigenschaften annehmen, unabhängig davon, ob die Nitro- oder Nitrosogruppe an Kohlenstoff oder Sauerstoff gebunden ist. Aber in der Qualität der Wirkung besteht zwischen der Kohlenstoff- und Sauerstoffbindung ein sehr großer Unterschied.

Nitro- oder Nitrosogruppen an Sauerstoff gebunden.

Die Alkylester der salpetrigen Säure wirken nicht auf das Zentralnervensystem, sondern direkt auf die Gefäße, welche sich stark erweitern. Der Reihe nach fällt die Stärke der Gefäßalteration vom α-Amyl-, β-Amyl-, Isobutyl-, sekundärem Butyl-, primärem Butyl-, sekundärem Propyl-, primärem Propyl-, Äthyl-, zum Methylnitrit, welches das schwächste ist. Alle Nitrite bewirken eine Blutdrucksenkung und Pulsbeschleunigung durch periphere Gefäßerweiterung[2]). Die physiologische Wirkung der Salpetersäure- oder Salpetrigsäureester der fetten Reihe ist jedoch nicht allein abhängig und in einzelnen Fällen nicht einmal hauptsächlich von der Menge der Nitrogruppe NO_2-, welche sie enthalten. Die sekundären und tertiären Nitrite sind kräftiger als die korrespondierenden primären. Dies muß man hauptsächlich nicht etwa der direkten Wirkung der sekundären oder tertiären Gruppen, sondern der Leichtigkeit, mit welcher diese Verbindungen sich in Alkohol und Nitrit zerlegen, zuschreiben. Nach Haldane, Mackgill und Mavrogordato wirken Nitrite nur durch die Einwirkung auf das Blut, nicht aber durch direkte giftige Wirkung auf das Gewebe[3]).

In bezug auf die Stärke der Acceleration des Pulses wächst die Stärke der Nitrite direkt mit ihrem Molekulargewicht und ist umgekehrt der Quantität von NO_2-, welche sie enthalten, proportioniert. Dieses scheint nicht so sehr das Resultat des physiologischen Einflusses der substituierten Methylgruppen zu sein, als vielmehr von der erhöhten chemischen Zersetzlichkeit, welche die höheren Glieder dieser Reihe haben, abzuhängen.

Die flüchtigeren Nitrite mit niederem Molekulargewicht, welche relativ mehr Nitroxyl enthalten, sind in bezug auf die Dauer des subnormalen Blutdrucks sowie auf die Schnelligkeit der Muskelkontraktionen aktiver.

Es ist wahrscheinlich, daß sich die einfachen Nitrite rascher mit dem Blute und den Muskeln verbinden und rascher wirken als die höheren Verbindungen und durch ihre große Beständigkeit länger wirken als die höheren und leichter zersetzlichen Körper. Die Nitrite verwandeln Hämoglobin nicht einfach in Methämoglobin, sondern in eine Mischung von Methämoglobin und Stickoxydhämoglobin. Die Wirkung der Nitrite bezieht sich aber nur zum Teil auf ihre chemische zerstörende Einwirkung auf den Blutfarbstoff und den daraus folgenden Sauerstoffmangel, sondern sie sind auch direkte Gewebegifte.

---

[1]) C. r. **151**, 1151 (1910).

[2]) Cash und Dunstan, Philos. Transact. of Roy. Soc. **84**, 505 (1893).

[3]) Journ. of physiol. **21**, 160.

Die Wirkungsweise der Salpetersäureester wird von einzelnen Forschern in der Weise erklärt, daß vorerst anorganische Nitrite durch Aufspaltung der Ester und Reduktion der Salpetersäure zu salpetriger Säure gebildet werden, die dann zur Wirkung gelangen[1]). Nach O. Loew würde das Nitrit direkt in eine Aminogruppe eingreifen, und so eine wichtige chemische Veränderung des Protoplasmas setzen. Andere Forscher, insbesondere Marshall[2]) und Haldane, sprechen sich gegen diese Anschauung aus und glauben, daß die Salpetersäureester direkt auf die Gewebe wirken. A. Fröhlich und O. Loewi[3]) fanden, daß ins Blut injizierte Nitrite ohne jeglichen Einfluß auf den Erfolg der Reizung sympathischer sowie aller fördernder autonomer Nervenfasern sind. Dagegen wird der Erfolg der Reizung der autonom hemmenden Fasern vorübergehend (Penisgefäße, Kardia) oder dauernd (Zungengefäße, Speicheldrüsengefäße, Retractor, Erektionsmechanismus, Nickhaut, Blasensphincter) aufgehoben, Die Nitrite sind also ein Mittel zur selektiven Unterbrechung autonomer hemmender Nervenimpulse. Die Eigenschaft der Salpetersäureester, die Gefäße zu erweitern, läßt dieselben geeignet erscheinen, therapeutisch verwertet zu werden, was auch vielfach geschieht.

Bradbury[4]) hat für diese Zwecke Methylnitrat $CH_3 \cdot O \cdot NO_2$, Glykol(äthylen)dinitrat $\begin{array}{l} CH_2 \cdot O \cdot NO_2 \\ | \\ CH_2 \cdot O \cdot NO_2 \end{array}$, Nitroglycerin $\begin{array}{l} CH_2 \cdot O \cdot NO_2 \\ | \\ CH \cdot O \cdot NO_2 \\ | \\ CH_2 \cdot O \cdot NO_2 \end{array}$, Erythroltetranitrat $\begin{array}{l} CH_2 \cdot O \cdot NO_2 \\ | \\ (CH \cdot O \cdot NO_2)_2 \\ | \\ CH_2 \cdot O \cdot NO_2 \end{array}$, Mannithexanitrat $\begin{array}{l} CH_2 \cdot O \cdot NO_2 \\ | \\ (CH \cdot O \cdot NO_2)_4 \\ | \\ CH_2 \cdot O \cdot NO_2 \end{array}$ sowie die Salpetersäureester der Dextrose, Lävulose und Saccharose untersucht und empfahl besonders Erythroltetranitrat wegen der lange anhaltenden Wirkung.

Marshall und Wigner[5]) fanden Mannitpentanitrat weniger wirksam als Erythroltetranitrat, aber stärker wirksam als Mannithexanitrat.

Dinitroglycerin wirkt auf die Kopfnerven wie Trinitroglycerin[6]).

Nitrodimethylin $(CH_3 \cdot O) \cdot CH_2 \cdot CH(O \cdot NO_2) \cdot CH_2 \cdot (OCH_3)$ hat eine dem Nitroglycerin analoge Wirkung. Es wirkt aber nicht konvulsiv wie Nitroglycerin, sondern bloß paralysierend[7]).

Nitro- und Nitrosogruppen am Kohlenstoff.

Steht aber die Nitrogruppe am Kohlenstoff der aliphatischen Körper, wie z. B. im Nitropentan $(CH_3)_2 \cdot CH \cdot CH_2 \cdot CH_2 \cdot NO_2$, so ist ein großer Unterschied in der physiologischen Wirkung zwischen einer solchen Verbindung und etwa Amylnitrit, wo Sauerstoffbindung vorliegt. Dem Nitropentan kommen wohl giftige Effekte zu, aber keine gefäßerweiternde Wirkung[8]). Daher haben wir auch gar keine therapeutische Indikation für die Verwendung solcher Körper. Ebenso sind Nitromethan $CH_3 \cdot NO_2$, Nitroäthan $C_2H_5 \cdot NO_2$ und

---

1) Brit. med. Journ. **1893**, I, 1305; II, 4, 56, 108, 169. — Marshall, Contribution of the pharmacological action of the organic nitrates. Diss. Manchester (1899).
2) Journ. of physiol. **22**, 2. 3) AePP. **59**, 34 (1908).
4) Brit. med. Journ. **1895**, 1820. 5) Brit. med. Journ. **1902**, 18. Okt.
6) W. Will, BB. **41**, 1111 (1908).
7) Giovanni Piantoni, Arch. d. Farmacol. sperim. **9**, 495.
8) Gottfried Schadow, AePP. **6**, 194. — Wilhelm Filehne, Zentralbl. f. med. Wissenschaft **1876**, 867.

Nitrosoäthylen $CH_2 : CH \cdot NO$ giftig, indem sie in relativ geringen Dosen die Tiere durch Atmungslähmung töten.

Nitroäthylen $CH_2 : CH \cdot NO_2$ macht unerträgliche Reizwirkung auf die Schleimhäute der Augen und der Atmungsorgane, es wirkt nach dieser Richtung hin stärker als Bromaceton oder Benzyljodid. Wenn man an die große physiologische und auch chemische Ähnlichkeit denkt, die die Nitroverbindungen mit den Aldehyden und Ketonen besitzen — Nitrobenzol — Benzaldehyd, Bromnitromethan — Bromaceton, Nitromethan — Aceton (hinsichtlich der Kondensationsfähigkeit) — wird man zur Gegenüberstellung des Nitroäthylens mit dem Acrolein und damit zum Verständnis jener Reizwirkung geführt[1]).

Nitrosomethylmethan[2]) macht auf der Haut rote juckende Stellen und Blasen, bei Einatmung hartnäckigen Bronchialkatarrh, schmerzhafte Entzündungen und Akkommodationsstörungen der Augen. Die Vergiftung ist der Diazomethanvergiftung ähnlich, so daß sie vielleicht auf einer Verwandlung des Nitrosomethylmethans in Diazomethan im Organismus beruht.

Die Substitution einer Nitrogruppe für Kernwasserstoff erhöht die Giftigkeit des aromatischen Körpers. So bewirkt Nitrobenzol $NO_2 \cdot C_6H_5$ Lethargie mit steigendem Bewegungszittern und zeitigem Aufhören der Reflexe. Nitrothiophen $NO_2 \cdot C_4H_3S$ zeigt nach Marmé genau dieselben Eigenschaften wie Nitrobenzol, indem schon kleine Mengen tödliche Wirkung hervorrufen und die so charakteristische schokoladebraune Färbung des Blutes erzeugen. Durch die Nitrogruppe wird die Giftigkeit in o-Stellung vermindert, in p-Stellung vermehrt, in m-Stellung ist sie ohne Einfluß. Die Nitroverbindungen haben keine exzitierenden Eigenschaften, dagegen wirken sie auf das Blut. Chlorbenzol und Nitrobenzol sind toxischer als Benzol selbst. Nitrobenzol ist, wie die Hydroxylamine, vorwiegend ein Nervengift. Die Blutwirkung steht in zweiter Linie. Dinitrobenzol hingegen ist ein ausgesprochenes Blutgift. Es hat sich selbst in geringen Mengen als sehr giftig für empfindliche Personen erwiesen[3]). Sehr reines Trinitrophenylmethylnitramin und Pikrinsäure waren nicht giftig, ebensosehr reines Trinitrotoluol, wohl aber das technische Produkt und noch mehr ein unreineres Fabrikat.

Bei nicht zu niedriger Konzentration wandelt Dinitrobenzol Oxyhämoglobin sowohl innerhalb des Kreislaufs als auch im Glase bei Berührung mit Blutlösungen in Methämoglobin um[4]).

Dinitrophenol verläßt den Organismus fast unverändert, größere Mengen wirken tödlich[5]).

Trinitroxylol ist völlig unschädlich. Trinitrophenol erzeugt beim Tier in Dosen, die beim Trinitroxylol, den Nitrotoluolen und Nitronaphthalinen völlig unschädlich sind, akute und chronische Vergiftungserscheinungen. Beim Menschen ist die Toleranz gegenüber Pikrinsäure verhältnismäßig hoch; schwerere Gesundheitsschädigungen wurden nicht beobachtet. Trinitroanisol ist für den Menschen weniger harmlos als Pikrinsäure. Es bewirkt zwar gleichfalls keine Allgemeinvergiftungen, doch verursacht es bei empfindlichen Personen starke Hautreizungen[6]).

---

[1]) Heinrich Wieland und Euklid Sakellarios, BB. **52**, 899 (1919).
[2]) Klobbie, siehe Pechmann, BB. **28**, 856 (1895).
[3]) C. F. van Duin, Chem. Weekblad **16**, 202 (1919).
[4]) F. Rabe, AePP. **85**, 93 (1919).
[5]) L. Lutz und G. Baume, Bull. d. Sciences pharmacol. **24**, 129 (1917).
[6]) Hermann Ilzhöfer, Arch. f. Hyg. **87**, 213 (1918).

Auch Dinitronaphthol (Martiusgelb)

OH, NO_2, NO_2 (Strukturformel)

wirkt schon in kleinen Mengen vom Magen aus, oder bei subcutaner Injektion giftig, ebenso wie die Nitroderivate Aurancia und Safranin giftig sind[1]). Pikrinsäure (1.3.5.6-Trinitrophenol) verlangsamt die Herzaktion und macht Reizung und Lähmung des Respirationszentrums. Pikraminsäure (1.3-Dinitro-5-amino-6-phenol) ist zweimal so giftig als Pikrinsäure. o-Nitrophenol ist wenig giftig. 1.2.4-Dinitrophenol ist giftiger als Pikrinsäure.

P. Ehrlich[2]) hat Kaninchen subcutan Nitrophenylpropiolsäure beigebracht und danach Hämoglobinurie sowie Veränderungen der Blutscheiben und eigentümliche Infarkte im Herzen beobachtet, was aber auf die Wirkung der ungesättigten Säure zu beziehen ist.

Nach Trinitrotoluolfütterung haben Moore und seine Mitarbeiter aus dem Harn verschiedener Tiere und Menschen mit Ausnahme der Katze 2.6-Dinitroazooxytoluol gewonnen und glauben, daß dieses aus 2.6-Dinitro-4-hydroxylaminotoluylenglykuronsäure entstanden ist[3]).

Die Giftwirkung des Nitrophenylhydroxylamin besteht in einer starken Veränderung des Blutes sowohl was den Farbstoff betrifft als auch das morphologische Bild. Die Folge davon ist eine Dyspnöe des Tieres. Im Harn tritt Nitranilin auf.

Hydroxylamine übertreffen die Nitroverbindungen an Giftigkeit in ihrer Wirkung auf Bac. Proteus vulgaris und Froschspermatozoen. Die Giftwirkung geht dem Auftreten der Nitrophenylhydroxylaminreaktion parallel, wie vergleichende Untersuchungen mit m-Nitrophenylhydroxylamin und m-Dinitrobenzol, sowie β-Phenylhydroxylamin und Nitrobenzol zeigen[4]).

Die lebenden Zellen entziehen den Nitroverbindungen Sauerstoff und verwandeln sie in Hydroxylaminverbindungen, die schwerste Blutgifte sind, so z. B. kann m-Dinitrobenzol durch Muskulatur zur m-Nitrophenylhydroxylamin reduziert werden. Hingegen wurde Anilin durch Froschmuskeln, Frosch- und Kaninchenleber oxydativ nicht verändert, ebenso verliefen Versuche Nitrobenzol, Trinitrotoluol und m-Nitranilin durch Froschmuskulatur zu reduzieren, negativ. o-Dinitrobenzol läßt sich wie die p-Verbindung in gleich charakteristischer Weise reduzieren[5]).

Aber nicht alle Nitroverbindungen sind giftig. So ist p-Nitrotoluol bei nnerer Darreichung fast ungiftig.

Daß p-Nitrotoluol (NO_2 / CH_3, Strukturformel) ungiftig ist, beruht auf der Oxydation der CH_3-Gruppe zur COOH-Gruppe im Organismus; die gebildete p-Nitrobenzoesäure paart sich zu p-Nitrohippursäure (NO_2 / $CO \cdot NH \cdot CH_2 \cdot COOH$, Strukturformel) [6]).

---

[1]) Th. Weyl, Teerfarbstoffe. Berlin 1889.
[2]) P. Ehrlich, Zentralbl. f. med. Wissenschaft **1881**, Nr. 42.
[3]) Med. Research Committee **1917**, Special report series Nr. 11.
[4]) Günther Hertwig und Werner Lipschitz, Pflügers Arch. **183**, 275 (1920).
[5]) W. Lipschitz, HS. **109**, 189 (1920).
[6]) Max Jaffé, BB. **7**, 1673 (1874). Siehe auch HS. **2**, 47 (1878).

Die Einführung einer negativen Gruppe hebt also die giftige Wirkung der Nitrogruppe auf oder schwächt sie. Aus demselben Grunde wirken die nitrierten aromatischen Aldehyde ungiftig, weil sie im Organismus zu den entsprechenden Säuren oxydiert werden.

Nitrosalicylsäure, Nitrobenzoesäure, Nitrobenzaldehyd und Nitrourethan machen keine Vergiftung[1]).

* * *

Die Eigenschaften der Salpetrigsäure- und Salpetersäureester, Gefäße zu erweitern, ist so charakteristisch, daß man bei der physiologischen Prüfung von Substanzen entscheiden kann, wie eine Nitrogruppe daselbst gebunden ist.

Hierfür diene folgendes Beispiel:

Methylnitramin $CH_4N_2O_2$ kann eine verschiedenartige Konstitution haben. Nach Franchimont hat es zwar einen sauren Charakter, demselben fehlt aber eine OH-Gruppe, das an N gebundene H-Atom wird durch zeitweise Näherung an den O des NO_2

(entweder $N{\lesssim}^{O}_{O}$ oder $N\langle{}^{O}_{O}|$)

mitunter molekular verändert[2]). A. Hantzsch[3]) hingegen glaubt, daß die Gruppe

$$\underset{\diagdown\ \diagup\atop O}{N-N}-OH$$

in den Nitraminen vorhanden ist; dieselben seien eher Hydroxyldiazoxyverbindungen. Die physiologische Wirkung des Methylnitramins konnte aber diese Frage zur Entscheidung bringen, da es sich zeigen mußte, inwiefern die Wirkung dieses Körpers mit derjenigen echter Nitrokörper übereinstimmte, oder mit derjenigen der Nitrite, welche die Gruppe $O = N - O - H$ enthalten.

Das neutralisierte Methylnitramin hatte keine Methämoglobinbildung zur Folge, im Gegensatz zu Natriumnitrit und Nitromethan. Die Substanz machte, wie Natriumnitrit, eine Herabsetzung der Atemfrequenz, aber ohne letale Wirkung (im Gegensatz zu Nitrit) und erst in der fünfmal so starken Dosis. Natriumnitrit setzt die Hubhöhe des Blutes durch die Herzkontraktion herab, da es die Herzarbeit vermindert. Natriummethylnitramin ist ohne jedwede Einwirkung. Ferner setzt Natriumnitrit den Blutdruck herab, Natriummethylnitramin steigert ihn. Wie Nitropentan erscheint Methylnitramin als ein ziemlich indifferenter Körper, mit Ausnahme der epileptiformen Krämpfe, welche übrigens auch beim Nitropentan beobachtet werden, aber nicht mit der Nitrogruppe im Zusammenhange zu stehen scheinen. Die physiologische Untersuchung spricht also mehr für die Franchimontsche Formel als für die Hantzschsche[4]).

7. Die Cyangruppe.

Die Blausäure (Cyanwasserstoff CNH) wirkt bekanntlich als ungemein heftiges Gift, indem sie das Atmungszentrum in der Medulla oblongata lähmt. Die große chemische Reaktionsfähigkeit sowie die Giftigkeit dieser Substanz dürften in engen Beziehungen zu dem zweiwertigen Kohlenstoff stehen, da ja ungesättigte Verbindungen, wie Kohlenoxyd z. B. infolge dieser Eigenschaft

[1]) Karl Walko, AePP. **46**, 181 (1901).
[2]) Franchimont, Rec. des trav. chim. des Pays-Bas **7**, 354.
[3]) BB. **32**, 3072 (1899).
[4]) Stockvis und Spruyt, Arch. intern. de Pharmacodyn. **6**, 279.

besonders giftig sind[1]). Cyan CN — CN wirkt nach Benevenuto Bunge[2]) fünfmal schwächer als Cyanwasserstoff. Cyan und Cyanwasserstoff haben das Wesen der Wirkung gemein, doch ist Cyan weniger stürmisch und auf einen längeren Zeitraum ausgedehnt.

Im allgemeinen bewirken die Isocyanide (Isonitrile, Carbylamine R · N ⋮ C oder R · N : C) Lähmung des Respirationszentrums, während die echten Nitrile oder Cyanide R · CN Koma bewirken.

Schinkhoff[3]) zeigte, daß die Salze der Knallsäure >C : N · OH, die nach Nef[4]) mit Carbyloxim identisch sind und als solche zu den Derivaten der Blausäure in Beziehung stehen, eine Wirkung wie Cyansalze haben.

Äthylcarbylamin, Cyanäthyl (Äthylisocyanid) $CH_3 \cdot CH_2 \cdot N = C$ ist achtmal weniger giftig als Blausäure und wirkt erst bei 5 cg pro Kilogramm Tier letal. Der Tod erfolgt erst nach einigen Stunden[5]), daher haben mehrere Forscher [(Maximowitsch[6])] die toxische Wirkung des Cyanäthyls geleugnet.

Das Nitril der Propiolsäure (Cyanacetylen HC ⋮ C · CN sowie das Kohlenstoffsubnitrid (Dicyanacetylen), NC · C ⋮ C · CN machen Paralyse und Atemlähmung. Sie sind weniger giftig als Blausäure. Die Einschiebung der Acetylengruppe zwischen H und CN der Blausäure oder zwischen die zwei CN des Dicyans verringert also die Giftigkeit beträchtlich, und zwar im gleichen Verhältnis bei jedem der Nitrile, da Kohlenstoffsubnitrid ungefähr viermal weniger giftig als Cyanacetylen. Gegenüber anderen Nitrilen z. B. Acetonitril ist die Giftigkeit noch erhöht. Natriumthiosulfat ist gegenüber dem Kohlenstoffsubnitrid eine schützende Substanz, nicht aber gegenüber dem Cyanacetylen[7]).

Chlorcyan CNCl ist sehr stark giftig, Bromcyan[8]) und Jodcyan sind schwächer giftig als Blausäure[9]).

Alle drei reizen die Schleimhäute sehr intensiv und stehen nach dieser Richtung dem p-Bromxylol, dem Perchlorameisensäureester, dem Chlorpikrin, dem Bromaceton nicht nach. Trichlorcyan ist ebenfalls giftig, wenn auch weniger als Chlorcyan, und riecht nach Mäuseharn.

Tetrachlordinitroäthan wirkt auf Mäuse sechsmal giftiger als Chlorpikrin ein. Seine tränenerregende Wirkung auf Menschen ist achtmal größer als die des Chlorpikrins[10]).

Eine Reihe von Körpern, darunter Arsentrichlorid, Bromtrifluorid, Chlorisonitrosoaceton, Dinitrochlorbenzol, Äthyldichlorarsin, Dichloräthylsulfid, Jodtrifluorid, Methyldichlorarsin, Methyldibromarsin, Phenyldichlorarsin, organische Selenbromverbindungen haben die Eigenschaft, schwere Veränderungen der Haut hervorzurufen: Hyperämie, Schwellung und Ödem, Geschwüre, Nekrosen und Blasenbildung. Folgende Körper sind weniger wirksam, sie rufen nur Hyperämie, leichte Schwellung, leichtes Ödem und Zucken hervor, und zwar Butyldichlorarsin, o-Chlorchloracetanilid, Chloracetophenon, Chloräthylmethylsulfid, Dimethylarsincyanid, Diphenylchlorarsin, Diphenylcyanarsin, Dichlordimethyldithioloxalat, Jodacetophenon, Isothiocyanmethylester, Isothiocyandimethylester, Monochloräthylacetat, Monobromäthylacetat, verschiedene organische Selenverbindungen usw. Lokal reizende Eigenschaften

---

[1]) Liebigs Ann. **270**, 267. [2]) AePP. **12**, 41. [3]) Diss. Kiel bei Falck.
[4]) Liebigs Ann. **280**, 303. [5]) Edmund Fiquet: Bull. Soc. chim. Paris [3] **25**, 591.
[6]) Petersburger med. Wochenschr. **1877**, Nr. 38.
[7]) C. A. Desgrez, C. r. **152**, 1707 (1911). [8]) Meyer, Diss. Kiel (1896).
[9]) Wedekind, Diss. Kiel (1896).
[10]) W. L. Argo, E. M. James und J. L. Donnelly, Journ. Physical. Chem. **23**, 578 (1919).

auf der menschlichen Haut oder auf der Haut des Hundes fehlen bei: Bromacetamid, Benzylsulfocyanat, Fluorsulfosäureäthylester, Senfgasquecksilberchlorid, Iuglon, Tetramethylblei, Dimethylquecksilber, p-Bromchloracetophenon, Tetrachlordinitroäthan, Trichloräthylenquecksilber. Im allgemeinen sind Arsenverbindungen stärker wirksam als Dichloräthylsulfid. Die Geschwüre, die sie hervorrufen, sind schmerzhafter, scharf begrenzt, trocken und ihre Basis ist gerötet. Die Heilung erfolgt schnell. Die Unterschiede zwischen verschiedenen Arsenverbindungen sind nur quantitativer Art. Dichloräthylsulfid wirkt langsamer als die Arsenverbindungen. Die akuten Symptome sind weniger ausgesprochen, die Geschwüre haben unregelmäßigen Rand, sind unrein und eitern. Im allgemeinen sind sie schmerzhaft und sekundäre Infektion ist häufig.

Die Eigenschaft, Eiweiß zu fällen, geht bei Arsenverbindungen der hautreizenden Eigenschaft parallel, während Dichloräthylsulfid, das in bezug auf die hautreizende Eigenschaft als das wirksamste anzusprechen ist, Eiweiß kaum fällt, was auf eine Verschiedenheit im Mechanismus der Wirkung des Dichloräthylsulfids einerseits und den Arsenverbindungen andererseits hinweist. In bezug auf die Hautpigmentierung, die nach der Heilung zu beobachten ist, sind Verschiedenheiten der Färbung festgestellt worden. Dichlordinitrosoaceton ruft keine Pigmentierung hervor. Beim Dichloräthylsulfid ist ein bräunliches Pigment, bei den Arsenverbindungen ein tiefbraunes Pigment, bei den organischen Selenverbindungen ein metallischgraues Pigment zu beobachten[1]).

Cyanessigsäure $CN \cdot CH_2 \cdot COOH$ ist unwirksam. Erst in größerer Dosis macht sie lang dauernde Narkose.

Auch die Carbonsäuren der Carbylamine z. B. die Isocyanessigsäure $C : N \cdot CH_2 \cdot COOH$ wirken so.

Die Nitrile verlieren bei der Substitution mit Kohlenwasserstoffen der Fettreihe die Intensität und den ursprünglichen Charakter ihrer Wirkung. Nur wenn Blausäure sich im Organismus wieder bilden kann, tritt die entsprechende Wirkung ein. In der Gruppe der Phenolnitrile[2]) z. B. m-Oxycyanzimtsäurenitril, p-Oxycyanzimtsäurenitril, sieht man, wie die Phenolgruppe, welche die Giftigkeit der Stammsubstanz in den meisten Verbindungen erhöht, die Giftigkeit des Nitrils durch ihren Eintritt herabsetzt.

Acetonitril $CH_3 \cdot CO \cdot CN$ ist schwach wirksam. Die höheren Homologen Propio-, Butyro-, Capronitril sind aber heftige Gifte[3]). Acetonitril hebt die Reflexerregbarkeit auf, die Einatmung der Dämpfe wirkt anästhesierend auf Ratten, weniger auf Kaninchen, nicht auf Hunde. Tiere der beiden letztgenannten Arten werden durch Einatmung von Acetonitril und besonders von Propionitril leicht getötet. Die toxikologische Wirkung der Nitrile ist, wie erwähnt, von derjenigen der Cyanwasserstoffsäure wesentlich verschieden, wohl aus dem Grunde, weil die Blausäure ein Isocyanid ist. Nach Calmels ist Methylisocyanid[4]) (Methylcarbylamin) $CH_3 \cdot N = C$ beim Einatmen noch giftiger als wasserfreie Blausäure. Armand Gautier und Etard sehen das Krötengift[5]) als Methylcarbylamin an, es bildet sich aus der Isocyanessigsäure $C \equiv N \cdot CH_2 \cdot COOH$. Diese Angabe ist unrichtig, denn das Krötengift (Bufotalin) ist nach Wieland wahrscheinlich ein gesättigtes Dioxy-Lacton und der Cholalsäure verwandt[6]).

---

[1]) Paul Hanzlik und Jesse Tarr, Journ. Pharm. and Exp. Therap. **14**, 221 (1919).
[2]) Goldfarb, Diss. Dorpat (1891). [3]) AePP. **34**, 247. [4]) C. r. **98**, 536.
[5]) Gautier und Etard, C. r. **98**, 131.
[6]) Heinrich Wieland und Friedrich Jos. Weil, BB. **46**, 3315 (1913).

Die Giftigkeit der Mononitrile der fetten und aromatischen Reihe [Verbrugge[1])] für Kaninchen ist pro Kilogramm in Grammen:

Acetonitril	0.13
Propionitril	0.065
Butyronitril	0.01
Isobutyronitril	0.009
Isovaleronitril	0.045
Isocapronitril	0.09
Lactonitril	0.005
Cyanessigsäurenitril	2.0
Cyanessigsäure-äthylnitril	1.5
Benzonitril	0.2
Benzylcyanid	0.05
Tolunitril o-	0.6
Amygdalonitril	0.006
Naphthonitril	1.0

Die Nachbarschaft eines Hydroxyls zur Cyangruppe erniedrigt die Giftigkeit der letzteren, in der Cyanessigsäure ist die Giftigkeit der Cyangruppe ganz verschwunden. Milchsäurenitril zersetzt sich in Wasser und wirkt ganz wie Blausäure. α-Cyan-α-milchsäure wirkt hingegen nicht wie Blausäure krampferregend, sondern rein paralysierend[2]). Formaldehydcyanhydrin ist viel giftiger als Acetonitril, was Reid Hunt[3]) durch raschere Oxydierbarkeit wegen der Anwesenheit eines Hydroxyls erklärt.

Die Dinitrile zeigen ein Verhalten, welches sich nicht in ein bestimmtes Gesetz kleiden läßt.

Heymanns und Masoin[4]) untersuchten die Giftigkeit des Oxalsäure-, Malonsäure-, Bernsteinsäure- und Brenzweinsäuredinitrils. Die Giftigkeit steht in keinem Verhältnisse zum Molekulargewichte. Bei verschiedenen Tierspezies erweisen sich die Gifte als verschieden giftig. Die Verschiedenheit und Regellosigkeit dürfte mit der verschieden leichten Abspaltbarkeit der CN-Gruppe, welche eigentlich giftig ist, zusammenhängen.

Hingegen konnte Barthe und Ferré[5]) Beziehungen zwischen Konstitution und Wirkung in dieser Gruppe finden und feststellen. Sie untersuchten Methylcyanotricarballylat, Methylcyanosuccinat und Methylcyanoacetat. Das Molekulargewicht nimmt vom ersten zum letzten Körper zu ab. Der letzte Körper hat zwei substituierbare Wasserstoffe in der Methangruppe $H_2C{<}^{CN}_{COO \cdot CH_3}$, der zweite einen substituierbaren Wasserstoff $\begin{matrix} HC{<}^{CN}_{COO \cdot CH_3} \\ | \\ CH_2 \cdot COO \cdot CH_3 \end{matrix}$, der erste ist aber gesättigt und hat keinen substituierbaren Wasserstoff mehr:

$$\begin{matrix} CH_2 \cdot COO \cdot CH_2 \\ \vdots \\ C{<}^{CN}_{COO \cdot CH_3} \\ \vdots \\ CH_2 \cdot COO \cdot CH_3 \end{matrix}$$

Dieser chemischen Reihenfolge entspricht nun auch eine Skala der physiologischen Wirkung, derart, daß die Verbindung mit dem geringsten Molekulargewicht und den zwei noch substituierbaren Wasserstoffen des Methanrestes am energischesten, der reinen Blausäure am ähnlichsten wirkt, der einen substituierbaren Wasserstoff enthaltende Körper steht in der Mitte und der gesättigte (Methylcyanotricarballylat) zeigte gar keine toxische Wirkung. Die

---

1) Arch. international d. Pharmacodyn. **5**, 161. 2) Kastein, Diss. Kiel (1896).
3) Arch. de pharmacodyn. **12**, 447. 4) Arch. de pharmacodyn. **3**, 77.
5) Arch. de physiol. [5] **4**, 488.

Giftwirkung besteht in Betäubung, zunehmender Respirationsfrequenz und steigender Diurese. — Es sind also die CN-Substitutionsprodukte um so aktiver, je mehr substituierbare Wasserstoffatome sie besitzen und je weniger hoch das Molekulargewicht ist.

Die aromatischen echten Nitrile[1]) verhalten sich folgendermaßen: Benzonitril $C_6H_5 \cdot CN$ wirkt selbst in großen Dosen unsicher. Die Giftigkeit des Benzonitrils beruht nicht auf Abspaltung von Blausäure[2]). Phenylacetonitril (Benzylcyanid) $C_6H_5 \cdot CH_2 \cdot CN$ bewirkt ähnlich dem Benzonitril vollständige Paralyse, es fehlen hier jedoch die bei jenem auftretenden Krämpfe cerebralen Ursprunges. Es ist 5—6mal so giftig als Benzonitril. Benzylcyanid scheint im Organismus Blausäure abzuspalten, zum Teil erscheint es als Phenylacetylaminoessigsäure $C_6H_5 \cdot CH_2 \cdot CO \cdot NH \cdot CH_2 \cdot COOH$ im Harn. Mandelsäurenitril $C_6H_5 \cdot CH(OH) \cdot CN$ ist giftiger als Benzylcyanid. Piperidoessigsäurenitril $C_5H_{10}N \cdot CH_2 \cdot CN$ scheint leicht Blausäure abzuspalten. Nitrile, die ein Aminostickstoffatom in Verbindung mit Äthylgruppen (Diäthylaminoacetonitril $CH_2\genfrac{}{}{0pt}{}{\diagup CN}{\diagdown N(C_2H_5)_2}$, Diäthylaminomilchsäurenitril $CH_3 \cdot CH\genfrac{}{}{0pt}{}{\diagup CN}{\diagdown N(C_2H_5)_2}$ enthalten, geben — möglicherweise durch Oxydationsprozesse — Blausäure ab, während Nitrile, die das N-Atom in Verbindung mit einer Phenylgruppe enthalten (Phenylaminoacetonitril $CH_2\genfrac{}{}{0pt}{}{\diagup CN}{\diagdown NH \cdot C_6H_5}$, o- und m-Tolylaminoacetonitril $CH_3 \cdot C_6H_4 \cdot NH \cdot CH_2 \cdot CN$ Blausäure im Organismus nicht abspalten. Tolylaminoacetonitril ist wegen des Eintrittes der Methylgruppe in den Kern dem Phenylaminoacetonitril gegenüber an Giftigkeit nachstehend. Die Addition von Jodmethyl zu Diäthylaminoacetonitril und Diäthylaminomilchsäurenitril vermindert deren Giftigkeit.

Chloralcyanhydrin ist 30mal so giftig als Blausäure, was Reid Hunt durch das erleichterte Eindringen des Chloralcyanhydrins in Organe, die sehr leicht durch Blausäure geschädigt werden, erklärt.

Äthylchloralcyanhydrin wirkt wesentlich durch die Blausäure[3]).

Die Isomerie in der Struktur der Cyanderivate ändert die Natur der physiologischen Wirkung nicht ab, sofern man nicht einen Übergang der Isocyanverbindungen in Cyanverbindungen innerhalb des Organismus annimmt, wozu aber kein Grund vorhanden. Da ferner Äthylcarbimid wirksamer ist als Isothiocyansäureäthyläther, trotz der Gleichheit des Alkoholradikals, so muß gefolgert werden, daß die Sauerstoff enthaltenden Cyanderivate giftiger sind als diejenigen mit Schwefel.

Isocyansäureäthylester (Äthylcarbimid) $OC : N \cdot C_2H_5$ und der Isocyanursäureäthylester (Triäthylcarbimid) $(OC : N \cdot C_2H_5)_3$ wirken im wesentlichen auf die Atmung, und zwar erregen sie zuerst die Zentren, um sie später zu lähmen[4]). Bei Vergleichung von Äthylcarbimid und Triäthylcarbimid zeigen sich die bei Aldehyd und Paraldehyd gefundenen Verhältnisse. Der erste Körper wirkt heftiger als der zweite. Abgesehen von der Giftigkeit ist die Wirkung beider Körper doch der der Blausäure so weit ähnlich, um sie mit dieser in eine Gruppe vereinigen können. Nähere Beziehungen rücksichtlich des physiologischen Verhaltens zeigen die beiden Äther mit dem Dithiocyansäureäther und dem Isothiocyanursäureäther und dem Isocyanursäureallyläther.

---

[1]) P. Giacosa, HS. 8, 95 (1883—1884). [2]) Reid Hunt l. c.

[3]) Landgraff, Diss. Kiel (1896).

[4]) Baldi, Lo Sperimentale 1887. Sett. 302. Ann. di chim. e di farmac. 7, 205 (1888). — F. Coppola, Rendiconti delle acad. dei Lincei. 5, I, 378.

Beim Frosch ist Sulfocyanwasserstoff (Rhodanwasserstoff) CN · SH viel giftiger als das giftigste Mittel. Sonst ist Rhodanwasserstoff wenig giftig. Es macht Krämpfe tonischer und klonischer Natur und vermehrt die Peristaltik[1]).

Die Cyanursäure

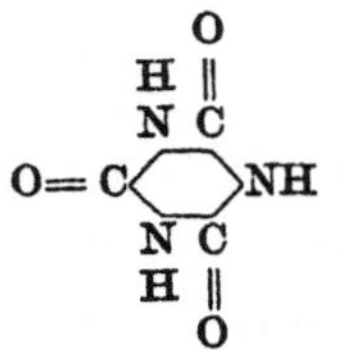

```
          O
       H  ‖
       N  C
O=C<      >NH ²)
       N  C
       H  ‖
          O
```

und das Cyanmelid $(CONH)_x$ sind fast unschädliche Verbindungen, was um so wichtiger ist, als gleiche Verhältnisse bei den schwefelhaltigen normalen Cyanverbindungen obwalten. So ist z. B. Dithiocyansäureäthyläther ein ziemlich starkes Gift, während dithiocyansaures Kalium unschädlich ist oder höchstens durch seinen Kaligehalt schädigt[3]). Auch thiocyansaures Kalium ist bei Warmblütern nur ein schwaches Gift, im Gegensatze zum Cyankalium[3]).

Im Ferrocyannatrium hat weder die Cyangruppe, noch das Eisen eine physiologische oder pharmakologische Wirkung. Auch Platincyannatrium ist ebenfalls als Metallgift und Cyanderivat wirkungslos und ungiftig, während Platinsalze sonst sehr giftig sind, da dem komplexen Ion die Wirkungen des Platin- und Blausäureion fehlen.

Nach L. Hermann[4]) tötet Nitroprussidnatrium $Fe(CN)_3(NaCN)_2NO + 2H_2O$ Warmblüter unter den Erscheinungen der Blausäurevergiftung. In den Körperhöhlen der vergifteten Tiere kann man Blausäuregeruch wahrnehmen.

Bei Einführung von Cyan in das Coffein überbietet das CN-Radikal die physiologische Wirkung der drei Methylgruppen und das Cyancoffein wirkt giftiger als Coffein[5]). Cyanacetylguanidin ist giftig.

S. auch S. 75 Cyanamid.

8. Wirkungen der Puringruppe.

```
Imidazol         Pyrimidin          Purin                Xanthin (2.6-Dioxypurin)

                 1  N=CH 6          1  N=CH 6            1 HN—CO 6
                    |   |              |   |               |   |
CH—N             2 HC   CH 5        2 HC  5C—N   8       2 OC  5C·N   8
‖    >CH            ‖   ‖              ‖   ‖   7>CH        |   ‖   7>CH
CH—NH            3  N—CH 4          3  N—C—NH            3 HN—C—N
                                         4   9                4   9
```

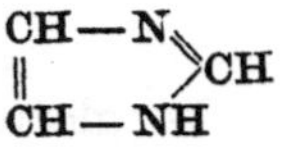

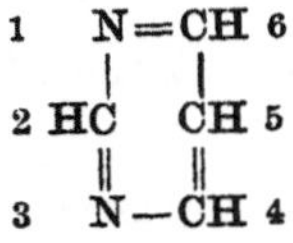

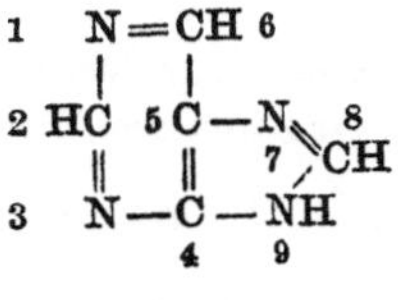

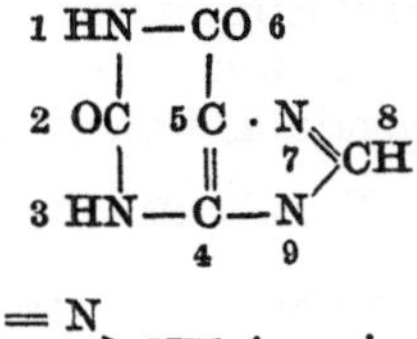

Imidazol ist sehr wenig giftig, während Pyrazol $\begin{matrix} CH = N \\ | \quad\quad >NH \\ CH = CH \end{matrix}$ in seinen Derivaten recht giftig ist, so z. B. Phenyldimethylpyrazol. Imidazol bringt periphere Gefäße zur Kontraktion und wirkt auch auf andere glatte Muskeln erregend [Uterus][6]).

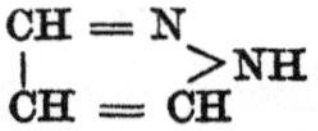

---

[1]) H. Paschkis, Wiener med. Jahrbücher **1885**.

[2]) Gibbs und Reichert, Dubois' Arch. **1893**. Suppl. 201. Ebenso ist die Oxaminsäure $NH_2 \cdot CO \cdot COOH$ ungiftig.

[3]) Coppola, Rendiconti della acad. dei Lincei **5**, 1, 378.

[4]) Pflügers Archiv **39**, 149, siehe auch Cromme, Diss. Kiel (1891).

[5]) Pickering, Journ. of physiol. **17**, 395.

[6]) Hellmut Auvermann, AePP. **84**, 155 (1918).

Lusini[1]) hat verschiedene Harnsäurederivate, Alloxan (Mesoxalylharnstoff)

$$HN{<}\begin{matrix}CO\cdot HN\\CO\cdot CO\end{matrix}{>}CO$$

Alloxantin $\overline{CO\cdot NH\cdot CO\cdot NH\cdot CO\cdot C}(OH)\cdot \overline{C(OH)\cdot CO\cdot NH\cdot CO\cdot NH\cdot CO}$ Parabansäure (Oxalylharnstoff) $HN{<}\begin{matrix}CO\cdot NH\\ \vdots\\CO\cdot CO\end{matrix}$ auf Giftwirkung untersucht und gefunden, daß ihre Wirksamkeit von der Ureidgruppe $CO{<}\begin{matrix}NH\\NH\end{matrix}$ und nicht von der Imidgruppe $HN{<}\begin{matrix}CO\\CO\end{matrix}$ herrührt, da die Wirkung des Succinimids $\overline{CO\cdot CH_2\cdot CH_2\cdot CO\cdot NH}$ und Chloralimids $(CCl_3\cdot CH : NH)_3$ wesentlich von der der genannten Körper abweicht.

Alloxan ist am stärksten, Parabansäure am schwächsten giftig. Sie machen alle diastolischen Herzstillstand. Im Organismus werden alle drei zerstört. Nach Verfütterung von Alloxan finden sich nur äußerst geringe Mengen Alloxantin und Parabansäure im Harne; nach Alloxantinfütterung schwache Spuren von Alloxantin, außerdem geringe Mengen Dialursäure, Parabansäure und Murexid; nach Parabansäure nur sehr geringe Spuren der eingeführten Substanz. Alloxan und Alloxantin machen in 8 g-Dosen bei Hunden leichte Diarrhöe ohne andere Symptome[2]), während Lusini[3]) fand, daß die Haut angegriffen wird und Reflexübererregbarkeit und später Reflexuntererregbarkeit eintritt. Alloxan macht beim Frosch Mydriasis.

Analog dem Alloxantin, aber schwächer, wirken die Salze der Purpursäure (Murexid); bei Warmblütern ist Murexid inaktiv. Bei direkter Herzwirkung tritt diastolischer Stillstand auf. Murexid wird unzersetzt eliminiert (Lusini).

Die Pyrimidinderivate Thymin, Cytosin und Uracil werden in beträchtlichen Mengen im Harn wieder ausgeschieden; sie wirken weder auf den Eiweißstoffwechsel, noch diuretisch und keineswegs toxisch[4]).

Imidazol ist physiologisch ziemlich indifferent. Sowohl dem Imidazol als auch dem Pyrimidin kommt noch keine besondere Wirkung zu, erst der Kombination beider Ringsysteme zum Purin. Ein Ähnliches sehen wir bei der Betrachtung des Benzols und Pyridins sowie des aus beiden kombinierten Chinolinringsystems.

Methylimidazol erzeugt bei Hunden Erbrechen, starke Atemnot und darauffolgende Lähmung des Atemzentrums[5]).

Benzimidazol $C_6H_4{<}\begin{matrix}-N\\-NH\end{matrix}{>}CH$ macht leichte Narkose, lähmt die glatte Muskulatur des Darms und Uterus.

Methylbenzimidazol $C_6H_4{<}\begin{matrix}-N\\-NH\end{matrix}{>}C\cdot CH_3$ wirkt etwas stärker auf das Herz als Benzimidazol, sonst wie Benzimidazol.

Phenylbenzimidazol $C_6H_4{<}\begin{matrix}-N\\-NH\end{matrix}{>}C\cdot C_6H_5$ wirkt nicht giftig.

Diaminoaceton wirkt weder auf die Zirkulation, noch auf den Kaninchendarm.

---

1) Ann. di chim. e farm. **21**, 241; **22**, 385.
2) Koehne, Inaug.-Diss. Rostock (1894).
3) Ann. di chim. e di farmacol. **21**, 145, 241 (1895); **22**, 341, 385 (1895).
4) Lafayette B. Mendel und Viktor C. Myers, Americ. Journ. Physiol. **26**, 77.
5) K. Kowalevsky, BZ. **23**, 4 (1910).

Im menschlichen Organismus wird ein relativ erheblicher Teil des Imidazols unverändert ausgeschieden. Benzimidazol und Methylbenzimidazol lassen sich jedoch nach Eingabe im Harne nicht nachweisen.

Purin macht nach den Untersuchungen von O. Schmiedeberg[1]) eine Steigerung der Gehirnerregbarkeit, wie die Ammoniumsalze, mit Neigung zu konvulsivischen Krämpfen, ohne daß diese indes zum Ausbruch kommen, außerdem erhöhte tetanische Reflexerregbarkeit und Lähmung. Die muskelerstarrende Wirkung des Coffeins besitzt auch das Purin, doch tritt sie erst bei Anwendung konzentrierter Purinlösung und viel langsamer als nach Coffein ein. Die für Theobromin und Coffein charakteristische Kombination der Muskelwirkung mit dem Tetanus hängt von dem Purinkern selbst ab.

7-Methylpurin steht dem Coffein viel näher als Purin. Auf Muskeln wirkt es stärker als Purin. Die Wirksamkeit dagegen ist eine verhältnismäßig geringe, 1 g ist bei Kaninchen bei subcutaner Injektion ohne merkliche Wirkung.

6-Oxypurin (Hypoxanthin, Sarkin) macht Tetanus, aber keine Muskelstarre. Die Arbeitsleistung der Muskeln wird durch Hypoxanthin nicht beeinflußt[2]). Im Organismus des Hundes wird es fast vollständig in Allantoin umgewandelt, beim Menschen größtenteils zu Harnsäure oxydiert[3]). Es bewirkt erst nach 6 Stunden Reflex-Empfindlichkeit und Reflex-Irradiation, spontane Krampfanfälle; allgemeiner Starrkrampf wie beim Coffeintetanus stellt sich ein. 50—100 mg wirken letal, die Totenstarre tritt sehr bald und in sehr ausgesprochenem Maße auf.

1.7-Dimethylhypoxanthin wirkt vorwiegend tetanisierend. Bei Fröschen zeigt sich auch die Muskelwirkung, aber schwächer als bei Coffein.

8-Oxypurin zeigt im Gegensatz zum Hypoxanthin keinen Tetanus, sondern nur Muskelstarre. Die Substanz wirkt sehr schwach.

7.9-Dimethyl-8-oxypurin macht im Gegensatze zu seiner nicht alkylierten Muttersubstanz Muskelstarre und Tetanus. In bezug auf die Stärke der Wirkung ist die Substanz etwa dem Theobromin analog.

Während die Dimethylderivate beider Oxypurine gleichartig wirken, zeigen die Oxypurine selbst Differenzen in der Wirkung, welche sich vielleicht durch die Verschiedenheit ihrer Resorbierbarkeit erklären lassen.

Xanthin (2.6-Dioxypurin) hat eine eigentümliche, Muskel erstarrende[4]) und Rückenmark lähmende Wirkung. Xanthin stimmt in seinen Wirkungen völlig mit dem 8-Oxypurin überein.

6.8-Dioxypurin ist so schwer löslich, daß man über seine Wirkungen nicht ins klare kommen kann. Anscheinend wirkt es auf das Nervensystem.

Die monalkylierten Xanthine wirken ohne Ausnahme ähnlich wie Coffein und Theobromin sowohl auf Muskeln als auch auf das Nervensystem, jedoch mit dem Unterschiede, daß sie im Verhältnis zu der erregbarkeitssteigernden, insbesondere der tetanisierenden Wirkung die Muskeln stärker starr machen als Coffein und selbst Theobromin.

7-Methylxanthin (Heteroxanthin) wirkt weniger erregbarkeitssteigernd und mehr lähmend auf das Zentralnervensystem als 3-Methylxanthin. Auch ist es wirksamer als jenes. Beide machen Muskelstarre[5]). Während 0.01 g des 7-Methylxanthin bereits für Frösche letal sind, bewirkt dieselbe Dosis des 3-Methylxanthins nur eine leichte und vorübergehende Muskelsteifigkeit. Während Theobromin und Coffein einen ausgesprochenen Tetanus hervorrufen, tritt

---

[1]) BB. **34**, 2550 (1901). [2]) AePP. **15**, 62. [3]) AePP. **41**, 403.
[4]) Wilhelm Filehne, Dubois' Arch. f. Physiol. **1886**, 72.
[5]) Manfredi Albanese, AePP. **43**, 305.

dieser nach Injektion der beiden Monomethylxanthine gar nicht oder nur einmal auf. Die letale Dosis des 3-Methylxanthins für Hunde ist 0.3—0.4 g pro Kilogramm. Es macht keine Krämpfe, sondern nur Lähmungserscheinungen. Die Monomethylxanthine (Albanese) stehen der Wirkung nach zwischen Xanthin und den höher methylierten Derivaten. Bei Kaninchen erregen sie starke Diurese[1]) (namentlich 3-Methylxanthin). Die beiden Monomethylxanthine machen beim Hunde keine Diurese. Nur 10% der injizierten Menge erscheinen unverändert im Harne wieder.

Die drei bekannten Dimethylxanthine verhalten sich folgendermaßen:

3.7-Dimethylxanthin (Theobromin) wird in bezug auf die Muskelwirkung ein wenig von dem Theophyllin (1.3-Dimethylxanthin) übertroffen und dieses wiederum von Paraxanthin (1.7-Dimethylxanthin), welches nur Muskelstarre hervorruft.

Ein unbedingter Parallelismus zwischen Nerv-Muskelwirkung und Diurese besteht in der Puringruppe nicht[2]).

Theobromin hat ebenfalls noch die Muskel erstarrende Einwirkung (Eigenschaft des Xanthins), die dadurch hervorgerufen wird, daß sowohl dem Xanthin als auch dem Theobromin eine direkte Gerinnung veranlassende Wirkung auf die Muskelflüssigkeit zukommt. Nun bestehen aber zwischen dem Muskelprotoplasma und der Gangliensubstanz derselben Tierart bestimmte Beziehungen, und je empfindlicher das Protoplasma, desto empfindlicher ist die Gangliensubstanz gegen die Wirkung des betreffenden Körpers. Coffein mit drei Methylgruppen zeichnet sich durch Hervorrufung von Reflexübererregbarkeit und prompt eintretender Totenstarre der Muskeln bei Fröschen aus. Die methylierten Xanthine, Coffein und Theobromin lassen das Herz intakt. Xanthin erzeugt aber Zeichen von stellenweise auftretender Totenstarre des Herzens. Durch die Einführung von Methylgruppen an die Stickstoffatome des Xanthinmoleküls wird die Muskel erstarrende und Rückenmark lähmende Wirkung des Xanthins mehr und mehr abgeschwächt[3]). Theobromin und Coffein steigern die Erregbarkeit des Zentralnervensystems. Auf die quergestreifte Muskulatur wirken beide in der Weise, daß sich die Muskeln leichter und ergiebiger kontrahieren als vorher und größere Gaben Starre erzeugen.

Theobromin wirkt stärker auf die Muskeln als Coffein, im Vergleich zu der Steigerung der Erregbarkeit des Zentralnervensystems.

Das Gehirn beherbergt bei Vergiftungen große Mengen Coffein[4]).

J. W. Golowinski fand beim Studium der Einwirkung von Purinderivaten auf den Muskel, daß ein Ersatz des Methyls am N durch Äthyl die Wirksamkeit des Xanthinkerns gar nicht oder doch höchstens in ganz geringem Grade ändert, so z. B. bei Methyltheobromin und Äthyltheobromin oder Methoxy- und Äthoxycoffein.

Eine gewisse Abstufung des Wirkungsgrades ist zu bemerken bei Lageveränderung der Methyl- und Äthylgruppen in den isomeren Verbindungen: Äthyltheophyllin, Äthyltheobromin, Äthylparaxanthin, Theophyllin, Theobromin, Paraxanthin, indem die Wirkung von Theophyllin zum Paraxanthin zunimmt, wogegen die Wirkung des Coffeins infolge Anlagerung der Methoxy- und Äthoxygruppe an den Kohlenstoff abnimmt. Die Unterschiede sind aber nicht sehr groß.

Alle alkylierten Xanthine wirken erregend auf den Skelettmuskel und diese Vermehrung der Erregbarkeit steht in direkt proportionalem Verhältnis zur Alkylierung des Xanthinkerns. Paraxanthin hat von den Dimethylxanthinen

[1]) Arch. ital. de Biol. **32**, fac. 3. [2]) Starkenstein, AePP. **57**, 27 (1907).
[3]) W. Filehne, Dubois' Arch. f. Physiol. **1886**.
[4]) D. Gourewitsch, AePP. **57**, 214 (1907).

nach dieser Richtung hin die stärkste, Theophyllin die schwächste Wirkung, Theobromin nimmt zwischen beiden mittlere Stellung ein.

Die paralysierende Wirkung der Äthoxygruppe übertrifft die der Methoxygruppe im substituierten Coffein[1]).

Führt man nun in das Coffein eine Hydroxylgruppe ein, so macht selbst das Fünffache von der Coffeindosis, als Hydroxycoffein verabreicht, keine augenfälligen Erscheinungen; es ist die dem Coffein eigentümliche Einwirkung durch die Einführung der Hydroxylgruppe anscheinend verlorengegangen. Durch die Einführung der Hydroxylgruppe ist nämlich das Coffeinmolekül, welches sich dem Organismus gegenüber recht resistent verhält, im Organismus zersetzlicher geworden, kann also leichter gespalten und oxydiert werden. Anderseits kann auch der Angriffspunkt durch die Einführung der Hydroxylgruppe verschoben sein. Diäthoxyhydroxycoffein ist bei Fröschen völlig unwirksam, was ebenfalls auf die Gegenwart der Hydroxylgruppe in dem Körper zu beziehen ist. Wenn man nun die Hydroxylgruppe im Hydroxycoffein veräthert, so macht man durch den Verschluß der Hydroxylgruppe den Körper anscheinend den Organismus resistenter. Sowohl 8-Äthoxycoffein als auch Methoxycoffein bewirken zunächst gar keine Symptome, sondern eine Betäubung des Zentralnervensystems, an die sich erst später eine der Coffeinstarre analoge Muskelerstarrung anschließt. Das Herz bleibt das ultimum moriens. Durch die Einführung der Äthoxygruppe ist die Verwandtschaft der Substanz zum Zentralnervensystem wesentlich größer, zur Muskelsubstanz aber geringer geworden[2]). Auch beim Säugetier zeigt sich die gleiche narkotische Wirkung. Blutdruckversuche mit Äthoxy-, Methoxy- und Coffein selbst zeigen, daß die Wirkung der beiden erstgenannten auf Blutdruck und Herzschlag qualitativ der des Coffeins durchaus gleich ist. Beim Menschen erregen die Alkyloxycoffeine in $^1/_2$ g-Dose Zunahme der arteriellen Spannung, subjektives Behaglichkeitsgefühl, große Neigung zum Nichtstun und zur Ruhe, oft sehr lange und sehr ausgesprochen subjektiv wahrnehmbare, verstärkte Herzarbeit, am nächsten Tage Wohlbefinden; größere Dosen machen Schwindel und heftigen Kopfschmerz, am nächsten Tage Abgeschlagenheit. Bei mittleren Dosen tritt in der Nacht festerer Schlaf, nach größeren unruhiger ein.

Auch die diuretische Wirkung geht nach den Untersuchungen von W. von Schroeder[2]) den Xanthinderivaten verloren, wenn eine Hydroxylgruppe eingeführt wird, selbst wenn man diese dann noch veräthert. Äthoxycoffein zeigt erst diuretische Wirkung, führt aber auch in denselben Gaben Tod durch zentrale Lähmung herbei. Auch das fast ungiftige Coffeinmethylhydroxyd (Methyl und Hydroxyl am N) hat keine diuretische Wirkung mehr, ebenso fehlt sie dem Coffeidin, welches unter Wasseraufnahme und Kohlensäureabspaltung aus dem Coffein entsteht.

Der Eintritt von Chlor verringert die Coffeinwirkung, welche sich auf die tonischen Kontraktionen des Herzens erstreckt. Die Einfügung des Cyans in das Coffeinmolekül überbietet die physiologische Wirkung der drei Methylgruppen und Cyancoffein wirkt giftiger als Coffein selbst, während Chlorcoffein weniger giftig wirkt.

Noch stärker narkotisch als 8-Äthoxycoffein ist bei Fröschen 7.9-Dimethyl-2.6-diäthoxy-8-oxypurin. Bei höheren Tieren ist es wenig wirksam. 7.9-Dimethyl-2.6-dimethoxy-8-oxypurin macht keine hypnotischen Erscheinungen, hingegen wie Coffein starke Muskelstarre und Tetanus.

---

[1]) Pflügers Arch. **160**, 205, 207, 283 (1915). [2]) AePP. **24**, 85.

Desoxycoffein (1.3.7-Trimethyl-6-dihydro-2-oxypurin) ist reduziertes Coffein und bewirkt Tetanus und Muskelstarre annähernd wie dieses, nur treten die Wirkungen wegen der leichten Löslichkeit der Substanz sehr rasch ein[1]).

1.3.9-Trimethylxanthin, welches vom Coffein nur durch die Stellung der einen Methylgruppe verschieden ist, weicht in seinen Wirkungen ganz erheblich vom Coffein ab. Es wirkt viel schwächer, die Muskelstarre bleibt aus und die tetanischen Erscheinungen treten gegenüber der Lähmung in den Hintergrund.

8-Methylcoffein (1.3.7.8-Tetramethylxanthin) weicht nur wenig in der Wirkung vom Coffein ab. Annähernd gleich ist auch 3-Methyl-1.7-diäthylxanthin. Isocoffein (1.7.9-Trimethyl-6.8-dioxypurin) wirkt wie Coffein, nur schwächer. 7.9-Dimethyl-6.8-dioxypurin ist schwach wirksam, ähnlich im Charakter wie die Dimethylxanthine, am ehesten wie Theophyllin.

Von den Spaltungsprodukten des Coffeins ist folgendes bekannt:

Beim Coffeidin

```
CH3 · HN · CH
           ||
           C—N · CH3
           |   >CO
CH3 · HN · C=N
```

ist pharmakologisch eine schwere Schwächung der physiologischen Wirksamkeit gegenüber dem Coffein zu erkennen, obschon die pharmakologische Zusammengehörigkeit der beiden Substanzen sich nicht verleugnet, erst größere Gaben machen Muskelerstarrung und später zentrale Paralyse, wie Coffein.

Coffursäure

```
            COOH
             ·
      HO · C—N · CH3
           |  |
           |  CO
           |  |
CH3 · NH · C=N
```

macht keine Störung, in größeren Dosen eine vorübergehende und mäßige Steigerung der Reflexerregbarkeit und eine gewisse Ungeschicklichkeit der Muskelaktion.

Hypocoffein

```
      CO · O · CH—N · CH3
        \      |   >CO
   CH3 · N—C===N
```

ist wirkungslos, in größeren Gaben tritt eine geringe Betäubung ein; jedenfalls ist Hypocoffein ein sehr wenig wirksamer Körper und in Gaben, welche beim Coffein enorm giftig sind, nur ganz indifferent.

Coffolin erscheint gänzlich wirkungslos.

```
CH3 · NH · C : N——————
           ·          >CO
     HO · CH · N(CH3)/
```

So nimmt also die Wirkung der Substanzen mit dem Abbau des Coffeinmoleküls überall ab, trotz des Bestehenbleibens jenes charakteristischen Restes:

```
  =C—N · CH2
   |   >CO
=N—C=N
```

Guanin (2-Amino-6-oxypurin) ist innerlich gegeben völlig unwirksam. Es macht bei intravenöser Injektion eine deutliche Senkung des arteriellen Blut-

[1]) BB. **34**, 2556 (1901).

druckes[1]). Guanin wirkt also intravenös gegeben hypotensiv, während die anderen Körper der Purinreihe hypertensiv wirken, eine Wirkung, welche mit dem Oxydationsgrad und dem sauren Charakter des Moleküls ansteigt. Die Guaninwirkung hängt mit der Aminogruppe zusammen. Denn Monomethylamin, Äthylendiamin, Hydrazin wirken ebenso depressorisch[2]). 5-Aminomalonylguanidin ist subcutan giftig und wirkt auf das Epithel der Tubuli contorti, per os ist es harmlos.

Barbitursäure und Malonylguanidin wirken nicht hypnotisch. Barbitursäure und Alloxan wirken abführend.

Steudels Angabe, daß 2.4-Diamino-6-oxypyrimidin und 2.4.5-Triamino-6-oxypyrimidin giftig sind, ist unrichtig.

Den methylierten Xanthinderivaten kommt eine therapeutisch sehr stark verwendete Eigenschaft zu, nämlich die, vorzüglich diuretisch zu wirken. Die diuretische Wirkung der Purinderivate geht Hand in Hand mit der Muskelwirkung und steht im Gegensatz zu der Erregbarkeitssteigerung des Nervensystems. Je stärker ein Purinderivat im Verhältnis zu der Erregbarkeitssteigerung des Nervensystems auf die Muskeln wirkt, um so leichter ruft es auch eine verstärkte Harnabsonderung hervor. Daher wirken hervorragend in diesem Sinne 3- und 7-Methylxanthin und die drei Dimethylxanthine.

Theophyllin wirkt stärker diuretisch als Theobromin, am stärksten Paraxanthin[3]).

Durch den Eintritt von Sauerstoff und von Alkylgruppen in den Purinkern wird nur die Wirksamkeit im allgemeinen und das gegenseitige Stärkeverhältnis der verschiedenen Wirkungen verändert. Eine Gesetzmäßigkeit in der Beeinflussung dieser Verhältnisse durch die Anzahl und die Stellung der Sauerstoffatome und der Alkylgruppen im Molekül läßt sich aber nicht erkennen. (O. Schmiedeberg.)

Heteroxanthin (7-Methylxanthin) und Paraxanthin (1.7-Dimethylxanthin) zeigen in ihrer physiologischen Wirkung fast übereinstimmende Resultate, indem sie die Respiration lähmen, die Skelettmuskulatur träge und unbehilflich machen bei Absinken der Reflexe. Doch ist Paraxanthin bei Fröschen 2—3 mal so wirksam als Heteroxanthin. Es steigt also hier die Wirksamkeit mit der Anzahl der Methylgruppen [M. Krüger und G. Salomon[4])].

2.6.8-Trioxypurin (Harnsäure) ist unwirksam. Sie wirkt bei Kaninchen leicht diuretisch.

3- und 7-Monomethylharnsäure sind Erregungsgifte für das Zentralnervensystem und haben vorübergehende Anurie, später Polyurie und Tod zur Folge.

1.3-Dimethylharnsäure wirkt leicht diuretisch ohne Schädigung des Organismus.

Hydroxycoffein (1.3.7-Trimethylharnsäure)

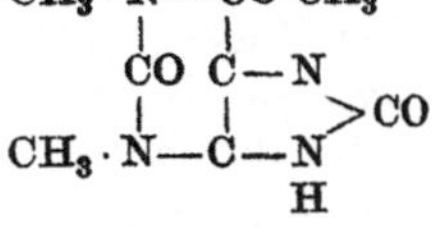

```
CH3 · N — CO CH3
      |     |
      CO    C — N
      |     |     >CO
CH3 · N  —  C — N
                H
```

wirkt stark diuretisch, zeigt aber keine Wirkung auf Muskeln und Nerven. Es hat keine schädlichen Nebenwirkungen und wird unverändert ausgeschieden.

---

[1]) Desgrez und Dorléans, C. r. **154**, 1109.
[2]) Desgrez und Dorléans, C. r. **156**, 823.
[3]) Manfredi Albanese und Narciss Ach, AePP. **44**, 319 (1900).
[4]) HS. **21**, 169 (1895—1896).

1.3.7.9-Tetramethylharnsäure ist wirksam, macht Muskelstarre, Lähmung und dann Tetanus.

Erst die Bildung des Imidazolringes bei der Entstehung der Purinderivate, nicht aber die Pyrimidingruppe, gibt den Verbindungen der Purinreihe die Wirkung auf quergestreifte Muskeln (Vernichtung der Querstreifung), auf Herz und Zentralnervensystem, ferner die diuretische Wirkung. Monoformyl-1.3-dimethyl-4.5-diamino-2.6-dioxypyrimidin wirkt nicht, das durch Schließung des Imidazolringes entstehende 1.3-Dimethylxanthin (Theophyllin) ist stark wirksam[1]). Doch hat die Trimethylverbindung diese Eigenschaft im geringeren Grade als die Dimethylverbindung, das Theobromin.

Azinpurine nennen F. Sachs und G. Meyerheim[2]) Substanzen, die sich von den Purinen dadurch unterscheiden, daß nicht wie bei ihnen ein Imidazolring mit dem Pyrimidin, also ein 5- und ein 6-Ring verbunden ist, sondern ein Pyrazinring, also zwei Sechsringe miteinander vereinigt sind. Die Grundsubstanz ist also

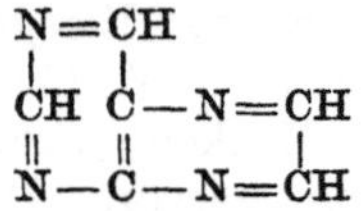

```
N=CH
|  |
CH C—N=CH
‖  ‖   |
N—C—N=CH
```

Die physiologischen Wirkungen sind denen der entsprechenden Purinverbindungen ähnlich, die harntreibende ist zwar noch vorhanden, aber nicht verstärkt, die krampferregende dagegen erhöht.

9. Wirkung der Carbonylgruppe.

A. Aldehydgruppe.

Die Wirkung der Aldehydgruppe scheint mit der chemischen Reaktionsfähigkeit derselben in engen Beziehungen zu stehen.

Formaldehyd $H \cdot CHO$ zeigt ungemein reizende Eigenschaften auf alle Schleimhäute, stark härtende Eigenschaften für Gewebe sowie intensive antiseptische Fähigkeiten, welche diese Substanz in den Vordergrund des Interesses gebracht haben. Acetaldehyd $CH_3 \cdot CHO$ läßt die Wirkung der Aldehydgruppe sowie der Alkylgruppe hervortreten. Dieser Körper macht Anästhesie, Schlaf und vorher ruft er einen Erregungszustand hervor. In viel stärkerer Weise und viel nachhaltender macht diese Erscheinungen der polymere Paraldehyd $(CH_3 \cdot CHO)_3$. Giftiger wirkt aber Metaldehyd $(CH_3 \cdot CHO)_x$.

Die relativen Giftigkeiten der Aldehyde für das Schildkrötenherz sind: Propylaldehyd 1.0, Acetaldehyd 1.2, Isobutyraldehyd 1.8, Formaldehyd 40[3]). Auch im Chloral $CCl_3 \cdot CHO$ scheint die Aldehydgruppe an der schlafmachenden und vorher erregenden Wirkung beteiligt zu sein.

Mit dem Eintritt von Hydroxylgruppen in die Aldehyde bzw. mit der Kondensation zu Aldolen sinkt die Wirksamkeit dieser Körper bedeutend herab. Die Zucker (Aldosen) haben wohl infolge der abschwächenden Wirkung der vielen Hydroxylgruppen gar keine schlafmachende Wirkung mehr. Es scheint durch den Eintritt von Hydroxylgruppen in Aldehyd der Angriffspunkt im Organismus verändert zu sein.

Glykolaldehyd $\begin{matrix} CH_2 \cdot OH \\ \vdots \\ CHO \end{matrix}$ der einfachste Zucker, tötet in Dosen von 10 g Kaninchen[4]).

---

[1]) H. Dreser, Pflügers Arch. **102**, 1. [2]) BB. **41**, 2957 (1908).
[3]) H. M. Vernon, Journ. of physiol. **43**, 325 (1911).
[4]) P. Mayer, HS. **38**, 154 (1903).

Glyoxal $\begin{matrix} CHO \\ \cdot \\ CHO \end{matrix}$ ist sehr giftig; 0.2 g töten einen 7 kg schweren Hund[1]).

Aliphatische Aldehyde bewirken bei Kaninchen (nicht aber bei anderen Tieren) Arterienveränderungen, Furfurol, aromatische Aldehyde, Ketone und Natriumaceton vermögen aber keine typische Arterionekrose zu erzeugen[2]).

Aldehydammoniak $CH_3 \cdot CH(OH)NH_2$ macht Reizsymptome und Tod durch Atmungsstillstand. Die Herzaktion wird schwer ergriffen. Letale Dosis ist 0.15—0.2 g bei subcutaner Applikation an Säugetiere[3]).

Die aromatischen Aldehyde sind von geringer Giftigkeit. Bei der großen Resistenz des Kernes, wird in erster Linie die Aldehydgruppe im Organismus zur Carboxylgruppe oxydiert, es verliert daher die Verbindung rasch ihre ursprüngliche Wirkung und wir haben es dann mit der Wirkung einer Carbonsäure zu tun, welche ja meist gering ist, und nur in relativ großen Dosen und nur in bestimmten Stellungen eine giftige oder pharmakodynamisch verwertbare Wirkung zeigt. Es tritt nur bei stark reizenden Körpern eine giftige Wirkung durch Veränderungen auf den Schleimhäuten auf. Die einfachste Form eines aromatischen Aldehyds, der Benzaldehyd $C_6H_5 \cdot CHO$, wird zu Benzoesäure $C_6H_5 \cdot COOH$ oxydiert und ist von geringer Giftigkeit. 1 g Benzaldehyd tötet eine Katze von 1800 g, wirkt auf das Zentralnervensystem und erregt tonische Zuckungen[4]). α-Furfurol $C_4H_3O \cdot CHO$ (Aldehyd der Brenzschleimsäure) wird im Organismus zu dieser oxydiert. Bei subcutaner Verabreichung wirkt es durch motorische Lähmung sehr giftig[5]), indem es neben Narkose starke lokale Reizung verursacht, während es vom Magen namentlich in Verbindung mit Alkalien gegeben, gar keine Vergiftungssymptome hervorruft. Nach Lepine[6]) erzeugen Injektionen von Furfurol sofort Beschleunigung des Herzschlages, Blutdruckerniedrigung, Beschleunigung, später Verflachung der Atmung, leichte Krämpfe, Diarrhöe, Schläfrigkeit, Speichelfluß und schließlich Tod. Lokal bewirkt Furfurol totale Anästhesie der Cornea und Conjunctiva und Verengerung der Pupillen. Für den Menschen wären etwa 10 g Furfurol bei direkter Einführung in die Blutbahn die tödliche Dosis. Furfurin $C_3H_3N_2(C_4H_3O)_3$, Derivat des Glyoxalins, wirkt ähnlich wie Furfurol. Furfuralkohol $C_4H_3O \cdot CH_2 \cdot OH$ wirkt toxisch, macht Respirationslähmung, zunächst aber eine Zunahme der Atemfrequenz[7]).

Protocatechualdehyd (Benzolring mit OH, OH, CHO) und Methylvanillin (Benzolring mit OCH_3, OCH_3, CHO) haben bei subcutaner Einführung vorübergehende Störungen in Form von motorischer Reizbarkeit und Paralysen zur Folge. Methylvanillin hat auch eine gewisse hypnotische Wirkung, Vanillin und Isovanillin (p-Methylprotocatechualdehyd), werden dagegen auch bei intravenöser Einführung gut vertragen[8]). Piperonal (Heliotropin) (Benzolring mit $O—CH_2—O$, CHO) geht im Organismus in Piperonylsäure (Benzolring mit $O—CH_2—O$, COOH) über und ist bei Warmblütern physiologisch unwirksam[9]). Bei Fröschen lähmt

---

1) J. Pohl, AePP. **37**, 415. 2) O. Loeb, AePP. **69**, 114 (1912).
3) Giacosa, Archiv per le sc. med. Vol. X. Nr. 14, S. 293 (1886).
4) Jordan, Dorpater Arbeiten XI./XII, S. 293.
5) Chem.-Ztg. **1902**, 73. 6) C. r. s. b. **1887**, 437.
7) E. Erdmann, AePP. **48**, 233 (1902). 8) Annali di chim. **1896**, 481.
9) A. Heffter, AePP. **35**, 342.

es äußerst schnell das Zentralnervensystem. Die Wirkung wird durch Strychnin aufgehoben [1]).

B. Ketone.

Den Ketonen kommen im allgemeinen jene Wirkungen zu, welche für die Gruppe der Alkohole eigentümlich sind, u. z. Narkose und Herabsetzung des Blutdruckes. Die Wirkung der einzelnen Glieder der Ketonreihe ist nicht gleich und es scheint, als wenn die Stärke der Wirkung zunächst mit der Zunahme des Molekulargewichtes wachsen würde. Aber dieses ist nicht ausschließlich maßgebend, da beim Methylnonylketon $CH_3 \cdot CO \cdot (CH_2)_8 \cdot CH_3$ nur eine gewisse Trägheit und geringere Reaktion gegen Reize eintreten, so daß die Differenz in der Wirkung verschiedener Ketone wohl hauptsächlich auf die Anwesenheit der verschiedenen Alkylgruppen im Molekül zu beziehen ist. Nach Pietro Albertoni und Bisenti [2]) haben Aceton $CH_3 \cdot CO \cdot CH_3$ und Acetessigsäure $CH_3 \cdot CO \cdot CH_2 \cdot COOH$ die unangenehmen Nebenwirkungen, daß sie das Nierenepithel schädigen und dadurch Albuminurie hervorrufen. Aceton wird nach Albertoni [3]) im Organismus sonst gut vertragen und ist weniger giftig als Äthylalkohol.

Aceton wirkt in großen Dosen betäubend und lähmend [4]). Hund und Kaninchen scheiden es zu 77% wieder aus. Die Kondensationsprodukte des Acetons verhalten sich folgendermaßen: Mesityloxyd $\genfrac{}{}{0pt}{}{CH_3}{CH_3}{>}C{=}CH \cdot CO \cdot CH_3$ macht Narkose, Phoron $\genfrac{}{}{0pt}{}{CH_3}{CH_3}{>}C{=}CH{-}CO{-}CH{=}C{<}\genfrac{}{}{0pt}{}{CH_3}{CH_3}$ macht Darmreizung und Narkose. Beide Substanzen verwandeln sich im Organismus in geschwefelte Ketone [5]).

Isopropylalkohol $CH_3 \cdot CH(OH) \cdot CH_3$ verwandelt sich im Organismus zum Teil durch Oxydation in Aceton, zum Teil wird er unverändert ausgeschieden.

β-Acetylpropionsäure (Lävulinsäure) $CH_3 \cdot CO \cdot CH_2 \cdot CH_2 \cdot COOH$ ist beim Menschen giftig [6]), die leicht in Aceton und Kohlensäure zerfallende Acetessigsäure ist relativ wenig giftig, nur schädigt sie, wie erwähnt, das Nierenepithel und in größeren Dosen ruft sie diabetisches Koma hervor.

Nach Albanese und Parabini [7]) haben alle der Ketongruppe angehörigen Körper eine ähnliche Wirkung. Die aliphatischen Ketone haben infolge der Alkylgruppen schlafmachende Wirkung, ebenso die gemischten. Aceton (Dimethylketon), $CH_3 \cdot CO \cdot CH_3$ erzeugt einen Zustand von Trunkenheit und Erregung der Herztätigkeit, späterhin Lähmung des Zentralnervensystems. Diäthylketon $C_2H_5 \cdot CO \cdot C_2H_5$ zeigt sich deutlich als Schlafmittel, welches die Herztätigkeit nicht beeinflußt. Dipropylketon $C_3H_7 \cdot CO \cdot C_3H_7$ ist ein leichtes Schlafmittel. Die CH_3-Gruppe bei den aliphatischen Ketonen scheint keinen, die C_2H_5-Gruppe einen günstigen Einfluß auf die hypnotische Wirkung zu haben. Benzophenon $C_6H_5 \cdot CO \cdot C_6H_5$ wirkt hypnotisch, wenn auch schwächer als die aliphatischen Ketone. Die gemischten Ketone zeigen Wirkungen, welche sowohl der Ketongruppe als auch den aliphatischen Alkylen entsprechen, während die aromatische Gruppe an der Wirkung nicht mitbeteiligt ist. Methylphenylketon (Acetophenon) $C_6H_5 \cdot CO \cdot CH_3$ ruft Lähmungserscheinungen her-

---

[1]) H. Kleist, Bericht v. Schimmel & Co., in Miltitz bei Leipzig.
[2]) AePP. **23**, 393 (1887). [3]) AePP. **18**, 218.
[4]) Coßmann, Münchener med. Wochenschr. **1903**, 1556. — Albertoni und Bisenti, AePP. **23**, 393 (1887). — L. Schwarz, AePP. **40**, 175.
[5]) L. Lewin, AePP. **56**, 346 (1907). [6]) W. Weintraud, AePP. **34**, 367.
[7]) Ann. di Chim. e Farm. **1892**, 124 und 125.

vor. Äthylphenylketon $C_6H_5 \cdot CO \cdot C_2H_5$ und Propylphenylketon $C_6H_5 \cdot CO \cdot C_3H_7$ rufen Schlaf hervor. Äthylphenylketon ist der wirksamere Körper. Die Stärke der Wirkung scheint mit der Zunahme der Molekulargewichte zu wachsen[1]).

Ninhydrin (Triketohydrindenhydrat) ist ein allgemeines Gift für verschiedene niedere und höhere Lebewesen, was mit seiner Ketonnatur zusammenhängt[2]).

Cicutoxin $C_{19}H_{26}O_3$ ist nach Ansicht von C. A. Jacobson ein komplexes Pyronderivat, es macht Krämpfe und greift das Nervenzentrum im Calamus scriptorius an; 5 cg pro Kilogramm per os töten Katzen[3]).

m-Dimethylchinol

O
$\cdot CH_3$
HO CH_3

ist für Kaninchen ziemlich giftig, es verursacht cerebrale Erregungszustände und allgemeine Krämpfe. Bei Hunden macht es keine Vergiftungserscheinungen. Im Harn ist weder Chinol noch Hydrochinon nachweisbar.

Toluchinol

O
HO CH_3

ist sehr giftig, die Wirkungsart ist gleich der des Dimethylchinol. Es macht bei Hunden Erbrechen und Durchfall, heftige Krämpfe und dann Lähmungen. Im Harne ist weder Chinol noch Hydrochinon nachweisbar.

10. Bedeutung des Eintrittes von Säuregruppen.

Die Giftigkeit der Säuren ist durchaus nicht immer Funktion ihrer Dissoziation. Die Stärke der Salpetersäure ist fast so groß wie die der Salzsäure, und doch ist dieselbe bedeutend weniger giftig. Die Schwefelsäure ist fast nur halb so stark wie die Salpetersäure, und doch töten beide Säuren in gleicher Zeit. Daher ist die physiologische Wirkung einer Säure nicht allein von ihrem Dissoziationsgrad abhängig, Nitrate und Sulfate sind bedeutend giftiger als Chloride.

Bei den organischen Säuren sieht man keine gesetzmäßigen Beziehungen oder einen Parallelismus zwischen physiologischer Wirkung und Dissoziationsgröße. Bei den organischen Säuren ist die Dissoziationskonstante kein Maß ihrer Giftwirkung[4]).

In $^1/_{100}$-n-Lösung steigert Natriumcitrat die Stärke der rhythmischen Kontraktionen am Kaninchendünndarm unter Herabsetzung ihrer Geschwindigkeit. Dieses beruht wahrscheinlich auf Erregung sympathischer Nervengebilde[5]).

Starke und mittlere Konzentrationen von Natriumsuccinat wirken allgemein anregend auf den Darm, am deutlichsten auf den Dünndarm. Malat wirkt in starker Konzentration herabsetzend, in schwächeren Lösungen auf den Dickdarm ebenso auf den Dünndarm aber erregend. l-Tartrat regt in Konzentrationen von $^1/_{25}$—$^1/_{400}$-n-Lösungen den Dünndarm an, setzt aber die Tätig-

[1]) L. Lewin, Toxikologie, S. 192. [2]) Oskar Löw, B. Z. **69**, 111 (1915).
[3]) Journ. american chem. Society **37**, 916 (1915).
[4]) Alexander Szili, Pflügers Arch. **130**, 134 (1909).
[5]) W. Salant und E. W. Schwartze, Journ. Pharm. and exp. Therap. **9**, 497 (1917).

keit des Dickdarms herab; d l-Tartrat und Mesotartrat können in $^{1}/_{100}$-n-Lösungen den Dünndarm mäßig anregen. Es wird aber durch alle Oxyderivate der Bernsteinsäure die Tätigkeit des Dickdarms herabgesetzt und diese Wirkung nimmt mit der Zahl der Hydroxylgruppe zu[1]).

Bei der künstlichen Parthenogenese erweist sich für die Membranbildung am Echinodermenei die chemische Konstitution der Säuren für deren Wirkung von großer Bedeutung. Kohlensäure und Fettsäuren sind sehr wirksam, starke Mineralsäuren sowie zwei- und dreibasische organische Säuren unwirksam. Die Oxysäuren sind weniger wirksam als die entsprechenden einbasischen Fettsäuren. Mit der Zunahme der Kohlenstoffatome nimmt die Wirksamkeit der Fettsäuren zu, der Eintritt einer Hydroxylgruppe hat die entgegengesetzte Wirkung, die gerade Kette der Kohlenstoffatome ist wirksamer als die verzweigte. Die Differenz der Wirkung beruht auf den Beziehungen zwischen Konstitution und Geschwindigkeit der Absorption der Säuren durch das Ei[2]).

Für die physiologische Wirksamkeit der Säuren ist also nicht lediglich ihr Dissoziationsgrad maßgebend; so hat es sich in der Untersuchung von Jacques Löb gezeigt, daß es sich für die Hervorrufung der Membranbildung nur um die in das Ei eingedrungene Säuremenge handelt und die Wirksamkeit daher abhängig ist von dem Verteilungskoeffizienten der Säure. Hierbei ist die Zeit, welche erforderlich ist, einen bestimmten Prozentsatz der Eier zur Membranbildung zu veranlassen, um so kürzer, je größer die Zahl der Kohlenstoffatome der Säure ist, analog dem Verhalten der Alkohole, deren narkotische und hämolytische Wirksamkeit ebenfalls für die Glieder derselben Reihe bei Zunahme der Zahl der Kohlenstoffatome wächst.

Die Wirksamkeit der Alkohole nun läuft parallel ihren Teilungskoeffizienten zwischen Lipoid und Wasser und die relative physiologische Wirksamkeit der Alkohole muß dann in erster Linie durch die relative Geschwindigkeit der Absorption derselben durch die Zelle bedingt sein[3]).

Diejenigen Stoffe, welche im Organismus Paarungen eingehen, sind stets giftig, und es ist eine Hauptaufgabe des Organismus, solche Stoffe in die ganz oder wenigstens verhältnismäßig indifferenten gepaarten Verbindungen mit Glykokoll, Schwefelsäure oder Glykuronsäure überzuführen, also in eine Säure zu verwandeln. Der Ersatz von Wasserstoff der Hydroxylgruppen durch Säuregruppen bewirkt, obwohl das Molekül eigentlich chemisch nicht tangiert wird, eine starke Veränderung in bezug auf die physiologische Wirkung. Der Eintritt von sauren Gruppen schwächt die physiologische Wirkung bedeutend oder hebt sie ganz auf. Die Untersuchungen von P. Ehrlich haben gezeigt, daß basische Farbstoffe das Gehirngrau färben, überhaupt färben sie Nervensubstanzen sehr gut, sie sind daher als Neurotrope zu betrachten. Die Farbsäuren hingegen färben Nervensubstanz nicht, und insbesondere die substituierten Sulfosäuren färben die Gewebe keineswegs. Wir sehen vor allem bei den Phenolen, welche ja relativ starke Gifte sind, daß man beim Ersatz der Hydroxylgruppen durch Schwefelsäure zu ungiftigen Körpern gelangt. Während Phenol $C_6H_5 \cdot OH$ giftig ist, ist die Phenolätherschwefelsäure $C_6H_5 \cdot O \cdot SO_3H$ ganz ungiftig. Dasselbe ist auch für eine Reihe anderer Verbindungen bekannt. So ist Phenyldimethylpyrazol[4]) giftig, während Phenyldimethylpyrazolsulfosäure bei Kaninchen, selbst bei intravenösen Injektionen von 5—6 g keine merkbare Wirkung zeigt. Es wird hier durch den Eintritt der Schwefelsäuregruppe die Giftigkeit

[1]) W. Salant, C. W. Mitchell und E. W. Schwartze, Journ. Pharm. and exp. Therap. **9**, 511 (1917). [2]) Jacques Löb, Künstliche Parthenogenese, Berlin 1909. [3]) BZ. **15**, 258 (1909). [4]) H. Tappeiner, AePP. **37**, 325.

der Substanz wesentlich herabgesetzt. Dieselben Erscheinungen sind auch für Morphin bekannt. Während Morphin eine eminente hypnotische Wirkung hat, und diese hypnotische Wirkung schon in ganz kleinen Dosen ausübt, geht der Morphinätherschwefelsäure diese Wirkung gänzlich ab. Sie zeigt nur in erheblich großen Dosen bei einer äußerst geringen Giftigkeit physiologische Effekte, welche an die Wirkungen der Codeingruppe erinnern[1]). Ebenso ist Chininätherschwefelsäure völlig unwirksam. Andererseits wirken Farbstoffe wie Trypanrot und Trypanblau trotz der Gegenwart mehrerer Sulfogruppen stärker trypanocid. Bei Morphin und Chinin wird aber durch den Eintritt der Sulfosäure diejenige Gruppe, das Hydroxyl, welche den Gesamtkörper zur Wirkung gelangen läßt, verschlossen. Aber dieselbe Wirkung hat das Eintreten der Sulfosäuregruppe auch bei solchen Körpern, deren wirksame Gruppe durch das Eintreten der Schwefelsäure nicht tangiert wird. Die Nitroderivate haben bekanntlich eine starke Giftwirkung, und zwar bedingt durch die Nitrogruppe. Tritt aber an eine aromatische Nitroverbindung eine Carboxyl- oder eine Sulfosäuregruppe, oder können beim Passieren durch den Organismus oxydativ Carboxylgruppen entstehen, so kommt der Giftcharakter der Nitrogruppe wenig oder gar nicht zum Vorschein. Das schon in kleinen Mengen giftige Martiusgelb (Dinitronaphthol) wird durch die Überführung in die Sulfosäure (Naphtholgelb S) durchaus unschädlich[2]), ein Beweis, daß die Entgiftung durch die Sulfosäure die Nitrowirkung vollständig aufheben kann. Auch andere Farbstoffe, bei denen Sulfosäuren im Molekül vorhanden, sind absolut unschädlich, auch bei Eingaben sehr großer Dosen. Arloing und Cazeneuve[3]) untersuchten Roccellinrot und Roccellin B, die Nitroderivate der Roccellinsulfosäure und der α-Naphthylaminazo-β-naphtholdisulfosäure und fanden sie absolut unschädlich.

Es ist für den physiologischen Effekt gleichgültig, ob die eintretende SO_3H-Gruppe am Sauerstoff oder am Kohlenstoff gebunden ist, ob es sich um eine Ätherschwefelsäure oder eine aromatische Sulfosäure handelt. Sowohl die Phenolätherschwefelsäure $C_6H_5 \cdot O \cdot SO_3H$ als auch die Phenolsulfosäure $C_6H_4{<}^{OH}_{SO_3H}$ sind ganz ungiftig. Nur die Eigenschaft der neuen Substanz als Säure zu fungieren, bedingt deren Ungiftigkeit.

Ätherschwefelsäure $C_2H_5 \cdot O \cdot SO_3H$ ist ungiftig und verläßt den Organismus unverändert, Äthylsulfosäure ist ebenfalls ungiftig und wird im Organismus nicht verändert. Das Natriumsalz der Äthylschwefelsäure zeigt keinerlei Wirkung, die Säure selbst hat reine Säurewirkung[4]). Isoäthionsäure $\begin{array}{l}CH_2 \cdot OH\\ CH_2 \cdot SO_3H\end{array}$ wird zum Teil oxydiert, ist aber wirkungslos. Taurin (Aminoäthylsulfosäure) $\begin{array}{l}CH_2 \cdot NH_2\\ \cdot\\ CH_2 \cdot SO_3H\end{array}$ bildet beim Kaninchen keine Taurocarbaminsäure $\begin{array}{l}CH_2 \cdot NH \cdot CO \cdot NH_2\\ CH_2 \cdot SO_3H\end{array}$ An Kaninchen verfütterte Taurocarbaminsäure wird unverändert ausgeschieden. Disulfätholsäure $\begin{array}{l}CH_2 \cdot SO_3H\\ \cdot\\ CH_2 \cdot SO_3H\end{array}$ wird unverändert ausgeschieden[5]).

Der Einfluß der Gegenwart einer Carboxylgruppe zeigt sich deutlich auch beim Vergleiche von Cholin und Betain, welche sich wie Alkohol zur Säure verhalten

$$\text{Cholin} \quad (CH_3)_3 \equiv N{<}^{CH_2 \cdot CH_2 \cdot OH}_{OH}, \qquad \text{Betain} \quad (CH_3)_3 \equiv N{<}^{CH_2 \cdot COOH}_{OH}$$

Cholin, der Alkohol, ist schwach wirksam, Betain, die Säure, ganz unwirksam.

[1]) Stolnikow, HS. 8, 235 (1883—1884). [2]) Th. Weyl, BB. **21**, 512 (1888).
[3]) Arch. de physiol. [3] **9**, 356. [4]) Keiji Uyada, Ther. Mon. **1910**, Jan.
[5]) E. Salkowski, Virchows Arch. **66**, 315.

Betainchlorid ruft in größeren Dosen bei kleineren Tieren Durchfall, Erbrechen und starke Speichelsekretion hervor und scheint auch das Herz anzugreifen. Bei subcutaner Injektion größerer Dosen treten Nekrosen auf. Bei Kaninchen und Katzen erscheint verfüttertes Betain zum Teil als solches im Harn, daneben tritt auch vielleicht Trimethylamin auf[1]).

Über den Einfluß des Carboxyls auf die Fettreihe hat Fodera[2]) Untersuchungen angestellt, bei welchen er an Fröschen und Säugetieren mit Essigsäure, Propionsäure, Buttersäure, Valeriansäure, Adipinsäure, Malonsäure, Bernsteinsäure und Brenztraubensäure experimentierte und zu folgenden Ergebnissen kam. Der Eintritt des Carboxyls in die Moleküle der Fettreihe erhöht deren Toxizität. Indem aber die Verbindungen durch das Anwachsen der Carboxyle im Moleküle immer weniger leicht oxydierbar werden, so werden für die Säugetiere Substanzen, welche zwei Carboxyle enthalten, weniger aktiv, als die mit nur einem (die Oxalsäure würde hier eine Ausnahme bilden). Das Carboxyl an und für sich hat cerebral lähmende Wirkung. Die größere Giftigkeit der Malonsäure bei intravenösen Injektionen bei Säugetieren im Vergleich zu Essigsäure ist auf die besondere chemische Konstitution der Malonsäure und ihre geringe Stabilität zurückzuführen, durch die es wahrscheinlich im Organismus zur Bildung von Kohlensäure kommt.

Von großem therapeutischen Interesse sowie von großem Interesse für die Synthese von Arzneimitteln ist der Eintritt von Carboxylgruppen in aromatische Verbindungen[3]). Eine Anzahl aromatischer Verbindungen werden relativ ungiftig, wenn in ihre Moleküle die mit Sauerstoff gesättigte und im Organismus nicht weiter oxydierbare Carboxylgruppe eingeführt wird. Benzol wird intern in Dosen von 2—8 g pro die vertragen. Die entsprechende Carbonsäure, Benzoesäure, ist viel weniger giftig. 12—16 g pro die werden ganz gut vertragen und vom Menschen als Hippursäure ausgeschieden. Ein Plus an eingeführter Benzoesäure wird als solche ausgeschieden. Naphthalin ist in größeren Dosen giftig. Naphthalincarbonsäure $C_{10}H_7 \cdot COOH$ macht keine physiologischen Wirkungen oder Störungen und passiert den Organismus unverändert. Phenol kann man in Dosen von 1—2 g geben, bei welchen es aber schon giftig zu wirken anfängt. Wir kennen nun drei dem Phenol entsprechende Carbonsäuren. m- und p-Oxybenzoesäure sind selbst in großen Dosen unschädlich und therapeutisch unwirksam, hingegen wird Salicylsäure (die o-Verbindung), welche die einzig wirksame ist und stark antiseptisch und antifebril wirkt, in Dosen von 4—6 g pro die noch sehr gut vertragen. Es wird also Phenol durch Eintritt von Carboxyl in zwei Stellungen gänzlich unwirksam gemacht, in einer, (der o-Stellung), in einen wirksamen, aber weit weniger giftigen Körper verwandelt. Dabei ist zu bemerken, daß die elektrische Leitfähigkeit der Salicylsäure weitaus höher ist als die der beiden isomeren Verbindungen. Brenzcatechin (OH, OH) ist das giftigste der drei Dioxybenzole; in Dosen von 2—3 g pro die kann man es als ein Antipyreticum von rauschartig vorübergehender Wirkung benützen. Die entsprechende Carbonsäure (Protocatechusäure) (OH, OH, COOH) hat

[1]) Arnt Kohlrausch, Zentralbl. f. Physiol. **23**, 143.

[2]) Arch. di Farmacol. **1894**, 417.

[3]) M. v. Nencki, AePP. **30**, 300.

in Dosen von 4 g keine toxische oder therapeutische Wirkung. Die Dioxybenzoesäuren und die ihnen entsprechenden Aldehyde sind für den menschlichen Organismus fast indifferent, sie wirken nicht antiseptisch und fast gar nicht antipyretisch[1]). Pyrogallol (OH, OH, OH) wirkt bekanntlich stark giftig, hauptsächlich wegen seiner reduzierenden Eigenschaften. Die entsprechende Carbonsäure, Gallussäure, ist nicht giftig und hat weder antipyretische, noch antiseptische Eigenschaften. Menschen vertragen 4—6 g Gallussäure pro die gut.

β-Naphthol wirkt bei Hunden in Dosen von 1—1½ g tödlich. Die β-Naphthoesäure wirkt erst bei Hunden in Dosen von 4 g giftig, doch erholen sich die Tiere sehr bald vollständig. Auch o-Oxychinolincarbonsäure ist selbst in größeren Dosen nicht giftig und wird unverändert im Harne ausgeschieden.

Im allgemeinen sind die aromatischen Kohlenwasserstoffe und Phenole für den Tierkörper viel giftiger als die zugehörigen Carbonsäuren, d. h. durch den Eintritt der Carboxylgruppe in die aromatischen Verbindungen wird ebenso wie durch den Eintritt einer Sulfogruppe die Giftigkeit herabgesetzt oder ganz vernichtet. Während Benzol, Naphthalin, Phenol, Naphthol in den Geweben zum Teil hydroxyliert werden, Benzol zu Phenol, Naphthalin zu Naphthol, Phenol zu Brenzcatechin und Hydrochinon, Naphthol zu Dioxynaphtholen, also die schon einfach hydroxylierten Körper zu zweifach hydroxylierten und sich dann erst diese Substanzen mit Schwefelsäure oder Glykuronsäure im Organismus paaren, unterliegen die aromatischen Carbonsäuren in den Geweben weit weniger der Oxydation und werden zum Teil ganz unverändert ausgeschieden oder sie paaren sich mit Aminoessigsäure.

Auch die Aminoverbindungen verlieren durch die Einführung des Carboxyls einen großen Teil ihrer toxischen Wirkung[2]). Das so heftig giftige Anilin wird durch Eintritt einer Carboxylgruppe fast ganz entgiftet. Die m-Aminobenzoesäure (NH_2, COOH) wird nach den Untersuchungen von E. Salkowski selbst in Dosen von 5 g des Natriumsalzes gut vertragen und macht nur wenig Übelkeit. Schon das Eintreten von Hydroxylen in das Anilin vermag letzteres weniger giftig zu machen, so sind p-Aminophenol und o-Aminophenol weniger giftig als Anilin. Ganz ungiftig sind die entsprechenden Salicylsäuren: o-Aminosalicylsäure $C_6H_3\begin{cases}COOH & (1)\\ OH & (2)\\ NH_2 & (3)\end{cases}$ und p-Aminosalicylsäure $C_6H_3\begin{cases}COOH & (1)\\ OH & (2)\\ NH_2 & (5)\end{cases}$ sind selbst in Dosen von 10 g pro die für Menschen ganz unschädlich. Diese Regel, daß der Eintritt der Carboxylgruppe entgiftend wirkt, gilt auch für die zusammengesetzten aromatischen Verbindungen. o-Oxycarbanil (Carbonylaminophenol) $CO : N \cdot C_6H_4 \cdot OH$ wird in Dosen von 2—3 g gut vertragen und erzeugt bei Fieber prompten Temperaturabfall. Die Verbindung selbst wird im Organismus weiter oxydiert und paart sich dann mit Schwefelsäure. Die entsprechende Carbonsäure $OC : N \cdot C_6H_3 <^{OH}_{COOH}$ aber ist selbst in Dosen von 5 g ungiftig und passiert den Organismus unverändert. Acetanilid (Antifebrin) $CH_3 \cdot CO \cdot NH \cdot C_6H_5$ ist weit weniger giftig als Anilin $NH_2 \cdot C_6H_5$ selbst. Es erzeugt in Dosen von ¼—1 g prompten Temperaturabfall und ist ein sehr

[1]) Pio Marfori, Ann. d. chimic. e farmac. **1896**, Nov.

[2]) M. v. Nencki und Boutmy, Archiv des sciences biolog. St. Pétersbourg **1**, 62.

kräftiges Antipyreticum. Malanilsäure $C_6H_5 \cdot NH \cdot CO \cdot CH_2 \cdot COOH$ kann man als ein Acetanilid auffassen, in welchem ein Wasserstoff des Methyls durch eine Carboxylgruppe ersetzt ist. Malanilsäure, welche sich also vom Acetanilid nur durch die Gegenwart einer Carboxylgruppe unterscheidet, hat selbst in Dosen von 6 g beim Fiebernden gar keinen Effekt und wird unverändert ausgeschieden. Phenacetin (Acetyl-p-aminophenoläthyläther) ist eines unserer bekanntesten antipyretischen Mittel und wirkt in Dosen von 1/2—1 g prompt bei Fieber. p-Phenacetincarbonsäure hingegen $C_6H_4 < {O \cdot C_2H_5 \ (1) \atop NH \cdot CO \cdot CH_2 \cdot COOH \ (4)}$ ist selbst in größeren Dosen indifferent. Der Ersatz eines Wasserstoffes also in der Seitenkette durch eine Carboxylgruppe hebt die toxische und therapeutische Wirkung des Phenacetins vollkommen auf. Dies ist um so interessanter, da man durch Ersatz des gleichen Wasserstoffes durch eine Aminogruppe einen ausgesprochen wirksamen Körper bekommt, das Phenokoll

$$C_6H_4 < {OC_2H_5 \atop NH \cdot CO \cdot CH_2 \cdot NH_2}$$

Lazzaro[1]) hat nun für diese Erscheinungen folgende Regel aufgestellt. Wenn im Anilin ein Wasserstoff im Benzolkern durch eine zusammengesetzte Gruppe, z. B. den Sulfosäurerest ersetzt wird (Sulfanilsäure), so geht die krampferregende Wirkung verloren, bleibt aber erhalten, wenn, wie im Bromanilin, nur ein einzelnes Element für den Wasserstoff eintritt. Diese Regel von Lazzaro ist in dieser Form unrichtig. Die Wirkung des Anilins oder analoger Körper geht verloren, weil durch den Eintritt der Sulfosäuregruppe der basische wirksame Körper in einen sauren, daher unwirksamen verwandelt wird. Beim Bromanilin geschieht diese Umwandlung nicht, daher geht der ursprüngliche Charakter nicht verloren.

Das Jod- oder Chlormethylat des Phenyldimethylpyrazols[2])

```
        C6H5
         ·
         N
        / \   /CH3
CH3 · C    N<
       ‖   ‖  \Cl
     H · C—C · CH3
```

ruft starke Krämpfe, Lähmungserscheinungen und Tod durch Atemstillstand hervor. Phenyldimethylpyrazolcarbonsäure hat qualitativ die gleiche, aber quantitativ etwas schwächere Wirkung.

Phenyldimethylpyrazolcarbonsäure

```
        ⬡
        ·
        N
       / \
CH3 · C   N · CH3
      ‖   ‖
  H · C—C · COOH
```

Noch viel geringere zentrale Wirkung besitzt die Phenylmethylpyrazolcarbonsäure; sie ist erheblich weniger giftig als das ihr chemisch nahestehende Phenyldimethylpyrazolon. Wenn man auch das letzte Methyl durch eine Carboxylgruppe ersetzt, so bekommt man die Phenylpyrazoldicarbonsäure, welche weniger giftig als die Phenyldimethylpyrazolcarbonsäure ist; es ändert sich aber auch der Wirkungscharakter, indem neben der Respirationslähmung

[1]) Arch. per le scienze med. **15**, 16. [2]) H. Tappeiner, AePP. **28**, 295.

auch die Herzlähmung in den Vordergrund tritt. Obgleich die Phenylmethylpyrazolcarbonsäure eine ähnliche Konstitution besitzt wie Antipyrin, so hat sie wegen der Anwesenheit der Carboxylgruppe keine temperaturherabsetzende Wirkung.

Pyrrol HC—CH / HC CH / N / H (Ringformel), welches nach Ginzberg[1]) schwer lähmend und stark fäulniswidrig wirkt, wird durch Eintritt einer Carboxylgruppe unwirksam, denn die α-Carbopyrrolsäure $COOH \cdot C_4H_3 \cdot NH$ macht keine Vergiftung und wird als solche ausgeschieden.

Piperidinsäure macht beim Frosch Steigerung der Reflexerregbarkeit, Lähmung des Zentralnervensystems, Herzstillstand in der Diastole[2]).

Auch bei aliphatischen Nitrilen kommt es zu einer wesentlichen Entgiftung durch den Eintritt der Carboxylgruppe. Beim Vergleiche der Giftigkeit von Acetonitril dem cyanessigsauren Natrium gegenüber erweist sich ersteres als doppelt so giftig. Zimtsäurenitril ist doppelt so giftig als cyanzimtsaures Natrium[3]). Die Gruppe SO_3H scheint sich analog zu verhalten, so daß Fiquet annimmt, daß man aus der Gruppe der Nitrile auf diese Weise dem Organismus zuträgliche Arzneimittel wird darstellen können (s. S. 84 ff.).

Der durch Einführung von Säuregruppen verlorengegangene physiologische Grundcharakter eines Körpers kann wieder auftreten, wenn man die Säuregruppe, welche die Reaktion mit dem Organismus verhindert oder die Verteilung ändert, dadurch unwirksam macht, daß man sie verestert. (Beispiele: Cocain, Arecaidin.) So ist auch Tyrosin (p-Oxyphenyl-α-aminopropionsäure) kein Gift, während der salzsaure Äthylester des Tyrosins für Kaninchen stark giftig ist[4]).

Lactone habe eine Santoninwirkung, d. h. die Wurmmuskulatur erregende Wirkung. Santonin und seine Lactongruppen enthaltende Derivate besitzen eine solche Wirkung, ebenso Pilocarpin, während pilocarpinsaures Natrium nicht wirkt. Ebenso Cumarin, während o-Cumarsaures Natrium nicht wirkt[5]).

Torsten Thunberg[6]) untersuchte die Beeinflussung des Gasaustausches der überlebenden Froschmuskulatur durch verschiedene Stoffe. Die einbasischen aromatischen Säuren, Benzoesäure, m- und p-Toluylsäure, Hippursäure haben eine kräftig deletäre Wirkung auf den Gasaustausch. Die Hippursäure ist etwas weniger schädlich. Die Einführung einer zweiten Carboxylgruppe (die drei Phthalsäuren) wirkt im Sinne einer Entgiftung. Diese Entgiftung ist bei den verschiedenen stellungsisomeren Säuren sehr verschieden ausgeprägt. Die o-Phthalsäure ist sehr wenig schädlich, während die Isophthalsäure und die Terephthalsäure einen nicht unbedeutenden Wirkungsgrad behalten. Die Mellitsäure ist weniger giftig als die Iso- und Terephthalsäure.

Die Di- und Polycarbonsäuren der fetten Reihe zeigen eine große Neigung, unter der Einwirkung der überlebenden Muskulatur Kohlensäure abzuspalten. Die gleiche Wirkung zeigt die o-Phthalsäure. Phenylessigsäure ist etwas weniger giftig als Hydrozimtsäure. Bei Untersuchung von Zimtsäure, Allozimtsäure, Benzylidenpropionsäure, Phenylpropiolsäure und Benzalmalonsäure sieht man, daß die Säuren mit ungesättigten Seitenketten die giftigeren sind. Nur die Benzalmalonsäure ist ziemlich ungiftig, was für die entgiftende Bedeutung der zweiten Carboxylgruppe spricht.

---

1) Diss. Königsberg (1890). 2) Goldschmitt, Diss. Würzburg (1884).
3) Fiquet, C. r. **130**, 942. 4) R. Cohn, HS. **14**, 189 (1890).
5) Paul Trendelenburg, AePP. **79**, 190 (1915).
6) Torsten Thunberg, Skandin. Arch. f. Physiol. **29**, 1 (1913).

Die Salicylsäuregruppe ist giftiger als die Benzoesäure. p-Oxybenzoesäure ist sehr wenig giftig. Auch die Anissäure ist weniger giftig. Acetylsalicylsäure und Salicylsäure sind ungefähr gleich giftig. Bei Untersuchung der Protocatechusäure, β-Resorcylsäure und Piperonylsäure sieht man, daß das Eintreten der zweiten Hydroxylgruppe die Wirkung kaum verändert.

Methylcumarsäure $CH_3O \cdot C_6H_4 \cdot CH : CH \cdot COOH$ und Methylcumarinsäure $CH_3O \cdot C_6H_4 \cdot CH : CH \cdot COOH$ zeigen dieselbe Wirkung.

Mandelsäure und Phenylparaconsäure sind relativ ungiftig. Opiansäure ist auch nicht giftig.

Der Giftigkeitsgrad des Phenols ist etwas größer als derjenige der Benzoesäure.

Die Einführung der Nitrogruppe in die Benzoesäure ist keine Entgiftung. o-Nitrobenzoesäure ist etwas weniger giftig als die Benzoesäure, aber das gilt nicht für die beiden anderen Nitrosäuren. Bei den beiden Di-Nitrobenzoesäuren tritt die Giftwirkung bei der Form 1 : 3 : 5 sehr kräftig hervor. Pikrinsäure ist sehr giftig. Anilin ist weniger giftig.

Die Sulfurierung bedeutet eine Entgiftung: das sieht man bei Untersuchung der Benzolsulfosäure, der m-Benzoldisulfosäure, der p-Phenolsulfosäure, der Sulfosalicylsäure und der Sulfanilsäure.

Die Fähigkeit des Benzolringes, den Gasaustausch der überlebenden Muskulatur kräftig zu erniedrigen, sieht man noch besser, wenn man hydroaromatische Verbindungen damit vergleicht. Diese verhalten sich wie Derivate der Fettreihe. Untersucht wurden Inosit, Chinasäure und von den polycyclischen Terpenkörpern die Camphersäure.

Picolinsäure und Nicotinsäure sind ein wenig giftig, erstere giftiger als letztere. Chinolinsäure mit zwei Carboxylgruppen ist kaum giftig. Piperidinchlorhydrat ist ungiftig. Chinolinchlorhydrat ist sehr giftig.

Furfuralkohol und Brenzschleimsäure sind ein wenig giftig. Furfurol (Aldehyd) ist sehr giftig. Piperazin ist unwirksam.

Von besonderer Bedeutung für die Synthese der Arzneimittel ist die Anlagerung saurer Reste an wirksame, vorzüglich basische Körper (Acylierung). Die beliebteste und verbreiteste Art ist die Acetylierung der Hydroxyl- oder Aminogruppe. Durch diese Anlagerung der sauren Reste wird der basische Charakter der Substanz nicht aufgehoben, ebensowenig ihre Wirkung. Es wird aber die Basizität oder der saure Charakter abgeschwächt und die Wirkung verlangsamt, denn solche Körper treten zum Teil in der Weise im Organismus in Wirkung, daß der saure Rest sich langsam abspaltet und dann die Base oder Säure zur Wirkung gelangt. Kann der in Aminogruppen substituierte saure Rest im Organismus nicht abgespalten oder aboxydiert werden, so kann dann auch die Base meist nicht ihren physiologischen Effekt auslösen. Die Art der eingeführten Gruppe (Acetyl-, Lactyl-, Salicyl- usw. Reste) hängt von dem Wunsche des Synthetikers ab, einen mehr oder minder leicht löslichen und resistenten Körper zu erhalten. Die Lactylderivate gehören bei den meisten Basen zu den löslichsten, schwerer löslich sind die Acetylderivate, dann folgen die Benzoyl- und schließlich die Salicylderivate, die letzteren sind häufig so schwer löslich und insbesondere so schwer im Organismus in die Komponenten spaltbar, daß die mit Salicylsäureresten oder anderen aromatischen Acylgruppen substituierte Base überhaupt nicht mehr zur Wirkung gelangt, z. B. Salicylphenetidid.

Von eigentümlicher Bedeutung ist die Gegenwart von Säureradikalen, welche einen Hydroxylwasserstoff in basischen Körpern ersetzen, insbesondere in Alkaloiden. Ekgoninmethylester wirkt gar nicht anästhesierend. Benzoylekgoninmethylester (Cocain) hingegen verdankt seine energische anästhesierende Wirkung dem Eintreten des Benzoylrestes. Tropin, sowie eine Reihe anderer Alkaloide erweisen sich[1]) als cocainartig wirkend, wenn man den Benzoylrest anlagert. Ebenso konnten Cash und Dunstan[2]) zeigen, daß die große Giftigkeit des Aconitins mit der Gegenwart von Acetyl- und Benzoylgruppen im Molekül im innigsten Zusammenhange steht. Spaltet man diese ab, so erhält man einen wirkungslosen Körper. Schon die bloße Abspaltung des Acetylrestes im Aconitin macht eine auffällige Abnahme der Giftigkeit und vernichtet völlig die stimulierende Wirkung des Aconitins auf das Respirationszentrum und den Lungenvagus. Eine ähnliche, wenn auch viel schwächere Wirkung in dieser Richtung zeigen die Reste der Tropasäure und der Mandelsäure. Es besteht eine steigende Reihe in der Wirksamkeit von der Tropasäure durch die Mandelsäure zur Benzoesäure.

Die Bedeutung der Säuregruppen in Estern von hydroxylierten Basen, wie Tropin, Ekgonin, Morphin usw. wird ausführlich im Kapitel Alkaloide besprochen.

11. Bedeutung des Eintrittes von nicht oxydiertem Schwefel.

Wenn man gleichzeitig mit Cyaniden unterschwefligsaures Natron einem Tier einjiziert, so tritt eine Entgiftung der an und für sich giftigen Cyanide ein[3]). Dieselbe entgiftende Rolle kann der bleischwärzende Schwefel des nativen Eiweißes spielen, und zwar die Sulfhydrylgruppe des Cystins. Die entstehenden Rhodanverbindungen R · CNSH sind, wenn auch pharmakologisch nicht unwirksam, so doch im Vergleich zu der Giftigkeit der Cyanide als ungiftig zu bezeichnen (s. S. 89).

Die einfachste organische Schwefelverbindung, Schwefelkohlenstoff CS_2, ist ein heftiges Gift. Kohlenoxysulfid COS verursacht schon in kleinen Mengen Erstickungstod. Nach den Untersuchungen von L. Lewin[4]) wird Xanthogensäure gerade auf in Schwefelkohlenstoff und Alkohol gespalten. Es tritt nach Einführung von Xanthogensäure $SC<^{OC_2H_5}_{SH}$ in geeigneter Dosis eine vollständige Anästhesie des ganzen Körpers ein, wie sie bereits früher bei Vergiftungen mit Schwefelkohlenstoff beim Menschen beobachtet wurde. Die xanthogensauren Alkalien sind vorzügliche Konservierungs- und Desinfektionsmittel. Sie können in jeder Beziehung eine medikamentöse Verwendung des dazu gänzlich ungeeigneten Schwefelkohlenstoffs ersetzen.

Nach den Untersuchungen von Bruylants wird Schwefelkohlenstoff im tierischen Organismus zur Bildung von Sulfocyansäure verwendet.

Nach Eingabe von Thioharnstoff findet man beim Kaninchen keine Vermehrung der Sulfocyansäure im Harn[5]).

Die Mercaptane $C_nH_{2n+1} \cdot SH$ zeichnen sich bekanntlich durch einen äußerst intensiven Geruch aus, der mit der Zunahme des Molekulargewichtes ansteigt. Die in der Stinkdrüse von Skunks (Mephithis mephitica) vorkommenden Mercaptane Butylmercaptan $C_4H_9 \cdot SH$ und Amylmercaptan $C_5H_{11} \cdot SH$ gehören zu den intensivst riechenden Substanzen, die wir kennen[6]). Schwefeläthyl $^{C_2H_5}_{C_2H_6}>S$ hingegen ist physiologisch ein ganz indifferenter Körper von

[1]) Filehne, Berliner klin. Wochenschr. 1887, 107.
[2]) Proc. Roy. Soc. London 68, 378 (1901).
[3]) S. Lang, AePP. 36, 75. [4]) Virchows Arch. 78 (1879).
[5]) Serafino Dezani, Arch. farmacol. specim. 26, 115 (1918).
[6]) Aldrich, American Journ. of experim. med. 1, 323.

schwachem Geruch. Nach Curci[1]) wirkt Methylsulfid $CH_3 \cdot S \cdot CH_3$ zentral lähmend. Aber die Giftigkeit der Mercaptane ist geringer als die des Schwefelwasserstoffes. Es scheinen Alkylgruppen auf Schwefelwasserstoff entgiftend zu wirken[2]). Methylmercaptan $CH_3 \cdot SH$ wirkt ähnlich wie Schwefelwasserstoff, vor allem auf das Respirationszentrum. Die Tiere werden bald nach dem Einatmen unruhig und zeigen eine stark beschleunigte Respiration, hierauf Lähmung der Extremitäten und Krämpfe, schließlich tritt der Tod durch Atmungslähmung ein. Bei Injektion der Kalkverbindung des Methylmercaptans zeigen sich ebenfalls Vergiftungserscheinungen[3]). Trimethylsulfiniumjodid $(CH_3)_3SJ$ hat die Curarewirkung der Ammoniumbasen. Trimethylsulfiniumoxydhydrat $(CH_3)_3S(OH)$ wirkt noch stärker curareartig, aber es erzeugt auch ein Exzitationsphänomen (Curci, A. J. Kunkel).

Pharmakologische Untersuchungen über Thioverbindungen sind nicht sehr zahlreich.

Thioharnstoff $SC<^{NH_2}_{NH_2}$ macht lang gesteigerte Puls- und Atemfrequenz[4]).

Er tötet nach Binet bei subcutaner Injektion Frösche zu 10 g, Meerschweinchen zu 4 g pro kg Tier[5]). Er hebt zunächst zentral die willkürlichen Bewegungen, dann die Reflexe auf, ohne Störungen der Sensibilität zu verursachen; das Herz wird allmählich gelähmt, bei Warmblütern erfolgt der Tod ohne Konvulsionen, bei Fröschen kann die Wirkung mit tetanischen Erscheinungen beginnen. Das Blut zeigt spektroskopisch keine Veränderungen[6]). Nach Lusini und Calilebe ist Thioharnstoff nicht giftiger als gewöhnlicher Harnstoff. Thioharnstoff kommt nach französischen Autoren in kleineren Mengen im normalen Harn vor.

Nach den Untersuchungen von A. Döllken macht Thiosinamin (Allylthioharnstoff) $NH_2 \cdot CS \cdot NH\,(CH_2 : CH \cdot CH_2)$ Narkose, Tod durch Lungenödem und Hydrothorax[7]). Allylthioharnstoff ist wegen der Seitenkette mit doppelter Bindung höchst giftig. Die zweifach substituierten Derivate sind wieder unschädlich, wenn die Alkyle gleich sind und giftig, sobald zwei verschiedene Alkyle vorhanden sind.

Propylenpseudothioharnstoff $NH : C(SC_3H_6)NH_2$ macht starke Reflexsteigerung, Tetanus und Krämpfe. Bei innerlicher Verabreichung werden die Tiere apathisch und deren Reflexe herabgesetzt. Propylenharnstoff $C_3H_6 \cdot NH \cdot CO \cdot NH_2$ hingegen verursacht eine bedeutende Steigerung der Reflexe. Alle drei Substanzen haben einen Einfluß auf die Respiration. Sie erregen zuerst das Zentralnervensystem, um es dann zu lähmen. Aber nur bei langsamer Resorption zeigt sich die erregende Wirkung des Thiosinamins[8]).

Bei Untersuchung von Phenylthioharnstoff $C_6H_5 \cdot NH \cdot CS \cdot NH_2$, Äthylthioharnstoff $C_2H_5 \cdot NH \cdot CS \cdot NH_2$ und Acetylthioharnstoff $CH_3 \cdot CO \cdot NH \cdot CS \cdot NH_2$ finden sich folgende Verhältnisse: Äthylthioharnstoff ist nahezu ganz unwirksam, die beiden anderen wirken wie Thiosinamin, Phenylthioharnstoff indes anscheinend stärker. Diphenylthioharnstoff ist ebenso wie alle anderen Diphenylverbindungen unwirksam. Dimethylthioharnstoff $CH_3 \cdot NH \cdot CS \cdot NH \cdot CH_3$ macht intravenös injiziert eine kurz dauernde leichte Narkose. Methyläthylthioharnstoff bewirkt gesteigerte Atemfrequenz, Schwäche und Schlafsucht, in den nächsten Tagen Reflexsteigerung und Tetanus, Tod. Äthylenthioharnstoff

---

[1]) Arch. di farmacol. **4**, 2, 80 (1896).
[2]) Rekowski, Arch. des Sc. biol. St. Pétersbourg **2**, 205 (1893).
[3]) M. f. C. **10**, 862 (1889) und AePP. **28**, 206.
[4]) Lange, Diss. Rostock (1894).
[5]) Rev. med. d. l. Suisse Rom. **1893**, 540, 628.
[6]) Annali di Farmacoterap. **1897**.
[7]) AePP. **38**, 321 (1897).
[8]) Deutsche med. Wochenschr. **1901**, Nr. 35, S. 591.

wirkt schwach narkotisch. Allylphenylthioharnstoff macht intravenös injiziert krampfähnliche Bewegungen, Speicheln, Zittern, Flankenatmen des Versuchstieres.

Verbindungen dieser Reihe mit symmetrischer Anordnung, wie Harnstoff, sind sehr schwach wirksam oder unwirksam. — Die übrigen, bei denen nur eine NH_2-Gruppe mit einem Radikal verbunden ist und die, welche doppelt alkyliert sind, aber mit ungleichen Radikalen, sind sehr energisch wirksam. Gleiche Wirkungen haben sie keineswegs. Die mit der Pseudoformel $HN : C(SH)(NH_2)$ entfernen sich in ihrer Wirkung am meisten vom Harnstoff und Thioharnstoff $H_2N \cdot CS \cdot NH_2$. Näher den letzteren stehen die monalkylierten Verbindungen, während die dialkylierten mit verschiedenen Radikalen die Mitte zwischen beiden einnehmen.

Nicht eine bestimmte Gruppe, sondern die Art der Verknüpfung ist hier für die Wirkung maßgebend.

Während Hydantoin (Glykolylharnstoff) $CO\langle{NH \cdot CH_2 \atop NH \cdot CO}$ ungiftig ist, ist 2-Thiohydantoin für Kaninchen giftig. Die Substitution einer Alkylgruppe in die Stellung 4 vermindert die Toxizität. 2-Thio-4-methylhydantoin ist weniger giftig als 2-Thiohydantoin, während 2-Thiohydantoin-4-essigsäure in 2 g-Dosen ungiftig ist. 2-Thio-4-methylhydantoin macht in letalen Dosen eine Albuminurie bei Kaninchen. Der Schwefel des 2-Thiohydantoins wird nicht oxydiert[1]).

Smith[2]) untersuchte Carbaminthiosäureäthylester (Thiurethan) $NH_2 \cdot CO \cdot S \cdot C_2H_5$ und Thiocarbaminsäureäthylester (Xanthogenamid) $SC\langle{NH_2 \atop O \cdot C_2H_5}$. Der letztere ist viel giftiger, der erstere macht nur eine kleine Appetitstörung. In diesen Kohlensäurederivaten bildet die Substitution von Schwefel für Sauerstoff eine Verbindung, welche viel giftiger ist, wenn der Schwefel die $CS \cdot OH$-Stelle einnimmt, als wenn er den Sauerstoff in der Hydroxylgruppe $CO \cdot SH$ ersetzt.

Schwefelhaltige Säuren der Fettreihe, in denen der Schwefel mit ein oder zwei Sauerstoffatomen zusammenhängt, wirken nicht giftig.

Der cyclisch gebundene Schwefel, wie beim Thiophen, im Ichthyol usf. bewirkt neben seinen antiseptischen und antiparasitären Eigenschaften eine wesentliche Vermehrung der Resorption, eine Wirkung, welche an die Jodwirkung erinnert, pharmakologisch aber mit ihr keineswegs identisch ist. Die cyclischen Verbindungen mit substituiertem Schwefel zeigen überdies auffällige schmerzstillende Eigenschaften, welche nur dem Eintritte von Schwefel in diese Gruppen zuzuschreiben ist.

Eine ähnliche entgiftende Wirkung wie sie Schwefel auf Cyan ausübt, indem er noch aktives, aber weitaus weniger giftiges Rhodan erzeugt, übt Schwefel nach den Untersuchungen von Edinger und Treupel[3]) auf Chinolin aus. Chinolin [Strukturformel, N] ist ein starkes Protoplasmagift. Erhitzt man Chinolin mit Schwefel, so erhält man Thiochinanthren $NC_9H_5\langle{S \atop S}\rangle H_5C_9N$. Dieses Thiochinanthren ist ungiftig und überhaupt wirkungslos. Hingegen sollen alle Chinolinrhodanate stark antiseptisch wirken[4]).

---

[1]) Howard B. Lewis, Journ. of biol. chemistry **13**, 347 (1912).
[2]) Pflügers Arch. **53**, 481. [3]) Ther. Mon. **1898**, 422.
[4]) Journ. f. prakt. Ch. [2] **54**, 340; [2] **66**, 209. — BB. **30**, 2418 (1897).

Die Thioaldehyde $CH_2(OH)(SH)$ wirken energischer als die Aldehyde und insbesondere Trithioaldehyd

$$S\left\langle\begin{array}{c} CH_3 \cdot CH \cdot S \\ \\ CH_3 \cdot CH \cdot S \end{array}\right\rangle CH \cdot CH_3$$

wirkt stärker und nachhaltender als Paraldehyd $(CH_3 \cdot CHO)_3$. Paraldehyd wirkt nicht auf das Herz, aber hypnotisch. Thioaldehyd wirkt hypnotisch und auf das Herz stark giftig[1]).

12. Bedeutung der doppelten und dreifachen Bindung.

Es läßt sich der Satz aufstellen: Körper mit doppelter Bindung sind giftiger als die entsprechenden gesättigten Substanzen (O. Loew).

Während die Alkohole im allgemeinen keine besondere Giftigkeit zeigen, konnte Mießner[2]) bei Arbeitern, die Allylalkohol aus Glycerin und Oxalsäure darstellten, sehr schwere Vergiftungserscheinungen beobachten. Er fand starke Sekretion aus den Augen und Nase, Druckschmerz des Kopfes und der Augen, tagelang anhaltende Weitsichtigkeit. Während Propylalkohol $CH_3 \cdot CH_2 \cdot CH_2 \cdot OH$ ungiftig ist und nur einen Rauschzustand macht, erzeugt der ungesättigte Allylalkohol $CH_2 : CH \cdot CH_2 \cdot OH$ Beschleunigung der Atmung, Lähmungen und Tod durch Respirationsstillstand. Er erzeugt keinen Rausch, sondern wirkt nur depressiv. Dem Allylalkohol geht die für alle Alkohole der gesättigten Reihe typische narkotische Wirkung ab. Die eigentümliche stark giftige Wirkung des Allylalkohols ist seinem Charakter als ungesättigte Verbindung, seiner doppelten Bindung der Kohlenstoffatome zuzuschreiben.

Charakteristisch für die Wirkung des Allylalkohols ist die heftige Schleimhautreizung, die starke Gefäßerweiterung und die dadurch verursachte starke Blutdrucksenkung. Damit ist auch ein beträchtlicher Eiweißverlust verbunden. Allylalkohol ist fünfzigmal so giftig als Propylalkohol. Daß die hohe Giftigkeit dieser Verbindung tatsächlich mit der doppelten Bindung zusammenhängt, zeigt eine Reihe von analogen Verhältnissen bei anderen Körpern mit doppelter Bindung der Kohlenstoffatome.

So ist Dijodacetyliden $JC \vdots CJ$ äußerst energisch giftig, und zwar so giftig, daß die Wirkung die der meisten Gifte übertrifft[3]). Es hemmt in stärkster Verdünnung die Entwicklung von Mikroorganismen. Per os gegeben ist es wegen seiner Schwerlöslichkeit ein weit schwächeres Gift, während die Dämpfe, von Säugetieren eingeatmet, diese töten. Der ungesättigte Charakter der Verbindung und die dreifache Bindung bedingt die Giftigkeit des Dijodacetylidens. Aber auch Acetylendijodid $JHC : CHJ$ ist giftig, viel giftiger als Jodoform CHJ_3 und die Giftwirkung beruht nicht auf dem Jodgehalte allein.

Vom Vinylaminchlorhydrat $CH_2 : CH \cdot NH_2 \cdot HCl$ wirken 0.025—0.03 g pro kg beim Kaninchen in 4—6 Stunden letal (s. auch S. 72).

Merkwürdigerweise soll Allylamin $CH_2 : CH \cdot CH_2 \cdot NH_2$ durchaus ohne Wirkung sein[4]). Aber diese Angabe ist nach Piazza unrichtig. Allylamin wirkt im Gegensatz zu Levaditis Angaben auf das Herz, indem es diastolischen Stillstand macht. Auf die glatte Muskulatur wirkt es, wenn auch schwach, ein. Es verengt das Gefäßsystem und erweitert die Pupille am isolierten Froschauge. Bei Säugetieren macht es sehr starke akute Vergiftungssymptome, einen Temperaturabfall, schwere Darmreizungen.

Isoallylamin $CH_3 \cdot CH : CH \cdot NH_2$ hat die Gruppe $—C : CH \cdot NH_2$, welche dem Allylamin fehlt. Es ist sehr stark giftig. Nach S. Gabriel und C. v. Hirsch[5])

[1]) Lusini, Ann. di chim. e di farmacol. **15**, 14.

[2]) Berliner klin. Wochenschr. **1891**, 819.

[3]) O. Loew, Zeitschr. f. Biol. **37**, 222.

[4]) Levaditi, Arch. intern. de pharmacod. **8**, 1, 48.

[5]) BB. **29**, 2747 (1896).

ist die toxische Dosis pro Kilogramm Körpergewicht bei Ziegen 0.01 g. Die Wirkung des Giftes erstreckt sich eigentümlicherweise auf eine ganz bestimmte Stelle, nämlich auf den sogenannten Papillaranteil der Niere.

Anethol (Allylphenolmethyläther) kann grammweise an Kaninchen ohne Schaden verabreicht werden; es wirkt nicht schädlich, sondern ausgezeichnet entzündungshemmend.

Allylformiat ist stark wirksam, aber in ganz anderer Richtung als Allylamin. Es reizt die Nieren und erzeugt eine akute parenchymatöse Degeneration der Nieren und teilweise Verkalkung, es macht Ikterus. Im Gegensatze zu Tallqvist und E. St. Faust gibt I. Georg Piazza an, daß acrylsaures Natrium nicht hämolysieren könne, auch Allylformiat kann nicht hämolysieren. Während also Vinylamin vorwiegend auf die Nierenpapille wirkt, schädigt das homologe Allylamin die Organe nicht wesentlich, das Allylformiat schädigt vorwiegend die Leber. Allylsenföl wiederum bedingt in toxischen Dosen nach Paul Mayer Erbrechen, Gastroenteritis, Nephritis, während eine Entzündung oder Nekrose von Leberzellen nicht beobachtet wurde. Allylalkohol macht ebenfalls einen deutlichen Temperaturabfall. Allylanilin macht nur die typischen Anilinerscheinungen, Methämoglobinurie. Allylacetat macht bei höherer Dosierung deutlichen Temperatursturz. Diallylessigsäure ist unwirksam. Allylsulfid ist ungiftig. Allyljodid wirkt lokal sehr stark reizend. Allylharnstoff ist vollständig wirkungslos. Diallylthioharnstoff und Dithiosinamin erzeugen keine Wirkungen. Dimethylallylamin ist wirkungslos. Diallylbarbitursäure erzeugt einzelne Symptome wie Allylamin; insbesondere bei der Atmung und in bezug auf die Körpertemperatur[1]) (s. bei Dial).

Das äußerst giftige ungesättigte Crotonöl verliert durch Reduktion mit Wasserstoff seine Reizwirkung auf das Auge und führt, bei Kaninchen und Hunden in großen Dosen innerlich gegeben, weder Durchfall noch Entzündung herbei[2]).

Ölsäure wirkt hämolysiernd und wirkt bei Kaninchen so, daß die Erythrocyten und das Hämoglobin sowohl bei Verfütterung als auch bei subcutaner Einverleibung des Natriumsalzes zurückgehen[3]). Die Natronsalze der niederen Glieder der gesättigten Fettsäurereihe bis zur Capronsäure sind vollständig unwirksam, dagegen die höheren von der Caprinsäure aufwärts sehr stark, nicht schwächer als Ölsäure hämolytisch wirksam. Die Nonylsäure bildet etwa ein Zwischenglied, indem sie schwach hämolytisch wirkt[4]).

Von Camphylamin $C_8H_{14}\left\langle {C-NH_2 \atop \| \atop CH} \right.$ wirken 0.45 g pro kg Tier rapid toxisch. Es macht Erregung, Lähmung, intermittierende Krämpfe, aber keine Veränderung in den Organen. Kleinere Dosen erzeugen schwere nervöse Erscheinungen. Die Gruppe $—C : CH \cdot NH_2$ ist vorhanden, aber eng an einen aromatischen Komplex gebunden. Auch bei den Untersuchungen von Heymans zeigte es sich, daß die Wirkungen der aromatischen CN-Verbindungen ganz anders sind als die der aliphatischen (s. S. 87, 88).

Schön läßt sich die giftige Wirkung der doppelten Bindung an den Körpern der Safrolgruppe[5]) erweisen.

Die Körper der Safrolgruppe haben alle eine Seitenkette mit doppelter Bindung.

---

[1]) I. Georg Piazza, Zeitschr. f. exper. Pathologie u. Therapie **17**, 1 (1915).
[2]) C. Paal, Karl Roth und Heintz, BB. **42**, 1546 (1909).
[3]) E. S. Faust, AePP. **1908**, Suppl. Schmiedeberg-Festschrift 171.
[4]) J. Shimazono, AePP. **65**, 361 (1911).
[5]) Arthur Heffter, AePP. **35**, 342.

$$\text{Safrol selbst}\quad C_6H_3(CH_2\cdot CH:CH_2)\left(\begin{matrix}O\\O\end{matrix}\!>\!CH_2\right)\quad \text{ist Allylbrenzcatechinmethylenäther.}$$

Es ist bei weitem giftiger als alle bis nun untersuchten ätherischen Öle, es bewirkt eine Herabsetzung des Blutdruckes durch Lähmung der vasomotorischen Zentren. Safrol bewirkt geradeso wie der gelbe Phosphor in einer Reihe von Organen hochgradigste fettige Entartung, vorwiegend in der Leber und den Nieren, es entsteht ein ausgesprochener Ikterus. Daher ist Safrol eine für Menschen stark giftige Substanz.

Isosafrol ist der Methylenäther des Propenylbrenzcatechins. Statt der Allylgruppe steht die isomere Propenylgruppe.

$$C_6H_3(CH:CH\cdot CH_3)\left(\begin{matrix}O\\O\end{matrix}\!>\!CH_2\right)$$

Isosafrol ist in gleicher Dosis weniger giftig. Bei der Safrolvergiftung fehlen alle Erscheinungen von seiten des Zentralnervensystems vollkommen. Eine sehr bald auftretende und rasch zunehmende Schwäche und Hinfälligkeit sind das einzige Symptom. Diese fehlt fast ganz bei der Isosafrolwirkung; vielmehr treten hier deutlich nervöse Erscheinungen auf, sogar Krämpfe, Taumeln. Pathologische Befunde geben uns eine deutliche Aufklärung über diesen Unterschied der Vergiftungsbilder an Versuchstieren: Beim Safrol eine starke deletäre Einwirkung auf den Stoffwechsel, die sich durch hochgradige Verfettung, wie bei der Phosphorvergiftung, charakterisiert; beim Isosafrol das völlige Fehlen jeder Degeneration und nur die Veränderungen, die durch längeren Nahrungsmangel hervorgerufen wurden. Da die Allylverbindungen einen höheren Wärmewert besitzen als die Propenylverbindungen, so sind sie auch die labileren und gehen mit dem Protoplasma heftigere Reaktionen ein, während das stabilere Propenylderivat es unbeeinflußt läßt.

Auch Anethol $CH_3 \cdot O \cdot C_6H_4 \cdot CH : CH \cdot CH_3$ bringt wegen seiner doppelten Bindung in Dosen von 2 g beim Menschen Kopfschmerzen und leichten Rausch hervor. Pulegon aus Poley-Öl $CH_3 \cdot CH\!<\!\begin{matrix}CH_2\cdot CO\\CH_2\cdot CH_2\end{matrix}\!>\!C : C(CH_3)_2$ macht fettige Degeneration der Organe und Phosphorismus (Steigen der N-Ausscheidung). Durch Wasserstoffanlagerung entsteht Menthol, welches von v i e l geringerer Giftigkeit ist. Menthon

$$\begin{matrix}H_3C\\H_3C\end{matrix}\!>\!CH\cdot CH\!<\!\begin{matrix}CH_2\cdot CH_2\\CH_2\cdot CO\end{matrix}\!>\!CH\cdot CH_3$$

(Ketohexahydro-p-cymol) ist weit weniger giftig als Carvon

$$\begin{matrix}H_2C\\H_3C\end{matrix}\!>\!C\cdot HC\!<\!\begin{matrix}H_2C\cdot CH\\H_2C\cdot CO\end{matrix}\!>\!C\cdot CH_3$$

(Ketodihydro-p-cymol). An Stelle der zwei doppelten Bindungen des Carvons ist Anlagerung von zwei Wasserstoffen getreten[1]).

Von den Verbindungen Menthan, Menthen, Terpinen und Cymol wirkt nur das Menthen, welches eine Doppelbildung hat, hämolytisch, während das

[1]) H. Hildebrandt, HS. **36**, 453 (1902).

Terpinen mit zwei ungesättigten Gruppen nicht wirksam ist. Es läßt sich dies vielleicht dadurch erklären, daß sich bei sogenannten konjugierten Doppelbindungen die Valenzen gegenseitig absättigen[1]).

Piperinsäure, welche der Protocatechusäure analog gebaut ist, besitzt eine Seitenkette mit doppelter Bindung 1.2.4-$C_6H_3(O \cdot CH_2 \cdot O) \cdot CH : CH \cdot CH : CH \cdot COOH$ sie lähmt bei Fröschen das Zentralnervensystem und stellt das Herz in der Diastole still. Hingegen ist die analoge Piperonylsäure 1.2.4-$C_6H_3 \cdot (O \cdot CH_2 \cdot O) \cdot COOH$, welcher die Seitenkette mit doppelter Bindung fehlt, zu 5 g beim Menschen ganz indifferent, ebenso Piperonal $C_6H_3(O \cdot CH_2 \cdot O) \cdot CHO$.

Denselben Einfluß der doppelten Bindung sehen wir bei Vergleichung des schwach giftigen Cholins mit dem stark giftigen Neurin.

Cholin (Trimethyläthylammoniumhydroxyd)

$$(CH_3)_3 \equiv N <^{CH_2 \cdot CH_2 \cdot OH}_{OH}$$

Neurin (Trimethylvinylammoniumhydroxyd)

$$(CH_3)_3 \equiv N <^{CH : CH_2}_{OH}$$

Wird dem Neurin noch Wasserstoff entzogen, so erhält man Acetenyltrimethylammoniumhydroxyd[2])

$$(CH_3)_3 \equiv N <^{C \vdots CH}_{OH}$$

welches noch viel giftiger ist als Neurin. Intravenös injiziert bewirkt es bei Warmblütern Stillstand der Herztätigkeit und Respiration, wie Schmidt gezeigt hat.

Eine Ausnahme macht nur das von Hans H. Meyer untersuchte Allyltrimethylammoniumhydroxyd $(CH_3)_3\underset{\substack{| \\ OH}}{N} \cdot CH_2 \cdot CH : CH_2$, das Homologe des Neurins, welches aber nur schwach giftig ist.

Tritt das Allylradikal an Stelle von einem Methyl in den Cholinkomplex ein, so schlägt dessen muscarinähnliche Wirkung in das Gegenteil um, soweit es sich wenigstens um das Kaltblüterherz handelt[3]). Die Allylgruppe erzeugt, wenn sie an Stelle des Methyls am Stickstoff in das Codeinmolekül eingeführt wird, aus dem Codein einen Antagonisten des Morphins, was weder der Äthyl- und der Propylrest, noch die höheren Homologen tun[4]).

Es entsteht die Frage, ob es die lockere Bindung des Allyls an Elemente wie Stickstoff, Halogen usw. ist, die das singuläre physiologische Verhalten einiger (nicht aller) allylhaltiger Verbindungen bedingt, und weiter die Frage, ob für beide Klassen von Erscheinungen die Anwesenheit der doppelten Bindung überhaupt oder ihr Auftreten in einer bestimmten Entfernung vom Ende des Moleküls oder ihre Vergesellschaftung mit einem Kohlenwasserstoffrest von bestimmter Größe maßgebend sei.

Das chemische Verhalten der Reste: 1. Cinnamyl (γ-Phenyl-allyl) $C_6H_5 \cdot CH : CH \cdot CH_2$, 2. Furomethyl $\begin{array}{l} C : HCH \\ | \qquad > O \\ CH : C \cdot CH_3 \end{array}$ und 3. δ, ε-Pentenyl, $CH_2 : CH(CH_2)_3$ zeigen, daß es die $\beta : \gamma$-Stellung der Kohlenstoff-Kohlenstoff-

[1]) W. Heubner, 28. Kongreß für innere Medizin, Wiesbaden 1911, S. 559.
[2]) Liebigs Ann. **267**, 249. [3]) J. v. Braun und E. Müller, BB. **50**, 290 (1917).
[4]) J. v. Braun, BB. **49**, 977 (1916). — J. Pohl, Zeitschr. f. experim. Pathol. u. Ther. **17**, Heft 3 (1915).

Doppelbindung ist, welche — ohne Rücksicht auf die absolute Größe und den mehr oder weniger komplizierten Bau des ungesättigten Alkylrestes — seine lockere Bindung an Stickstoff, Brom usw. bedingt; denn die Reste 1. und 2. schließen sich recht genau dem Allyl, der Rest 3. hingegen schließt sich den gesättigten Kohlenwasserstoffresten an[1]).

Interessant ist auch, daß die ungesättigte Aconitsäure $CH \cdot (COOH) : C(COOH) \cdot CH_2(COOH)$ unwirksam ist. 2 g einem Kaninchen subcutan injiziert, erzeugten nur durch kurze Zeit Unruhe.

Allylsenföl $CH_2 : CH \cdot CH_2 \cdot NCS$ ist nach Mitscherlich giftig, da 4.0 g Kaninchen in 2 Stunden, 15.0 g in $^1/_4$ Stunde töten. Acrolein $CH_2 : CH \cdot CHO$, Crotonaldehyd $CH_3 \cdot CH : CH \cdot CHO$[2]) sind aber giftiger als die entsprechenden gesättigten Verbindungen. Acrolein wirkt sogar auf kleine Tiere narkotisch. Crotonaldehyd macht Dyspnöe, allgemeine Lähmung, lokale Ätzung.

13. Unterschiede in der Wirkung bedingt durch Stellungsisomerien.

Nach den Untersuchungen von Bokorny[3]) an Pflanzen und niederen Tieren bestehen Unterschiede in der Giftigkeit zwischen o- und p-Verbindungen, und zwar in dem Sinne, daß die p-Verbindungen meist die giftigeren sind. Doch ist diese Regel keineswegs von allgemeiner Gültigkeit. p-Nitrophenol (Benzolring mit NO_2 oben, OH unten) ist stärker giftig als m-Nitrophenol (Ring mit NO_2 oben, OH rechts unten), dieses als o-Nitrophenol[4]) (Ring mit NO_2 oben, OH rechts oben). p-Nitrotoluol (Ring mit NO_2 oben, CH_3 unten) ist giftiger als o-Nitrotoluol (Ring mit NO_2 oben, CH_3 rechts oben). Dasselbe Verhältnis zeigt sich bei den Toluidinen.

Die ausgedehnten Untersuchungen von Gibbs und Hare über die Wirkung isomerer Verbindungen auf den tierischen Organismus zeigten, daß die Nitrophenole der Giftigkeit nach in folgender Ordnung stehen: die p-Verbindung ist die giftigste, dann folgt die m-Verbindung und die o-Verbindung ist die am wenigsten giftige. Sie töten alle durch Herzlähmung und haben keinen Einfluß auf die Körperwärme. Die Angriffspunkte und die Wirkungsweise sind also gleich, trotz der Verschiedenheiten in der Stellung der Gruppen. Nur eine Differenz besteht: die o-und m-Verbindung reizen den Vagus, während die p-Verbindung seine Tätigkeit schwächt.

Doch ist nur die Wirkungsdifferenz allgemeine Regel, keineswegs aber das Überwiegen des toxischen Effektes der p-Verbindungen über die o-Reihe; denn viele Verbindungen zeigen ein gegenteiliges Verhalten, die o-Verbindungen sind die giftigeren. o-Nitrobenzaldehyd (Ring mit NO_2 oben, CHO rechts oben) ist giftiger als die p-Verbindung (Ring mit NO_2 oben, CHO unten). Beim Anisidin $CH_3 \cdot O \cdot C_6H_4 \cdot NH_2$ scheint die p-Verbindung weniger

[1]) J. v. Braun und Z. Kohler, BB. **51**, 79 (1918). [2]) AePP. **18**, 239.
[3]) Journ. f. prakt. Ch. **36**, 272. [4]) Dubois' Arch. **1889**, Suppl. Bd. 272.

schädlich zu wirken als die o-Verbindung. Auch beim Oxybenzaldehyd ist die o-Verbindung (CHO, OH) schädlicher als die p-Verbindung (CHO, OH). Sehr hervorstechend ist der Unterschied bei den sehr giftigen Phenylendiaminchlorhydraten, wo die o-Verbindung (NH_2, NH_2) erheblich wirksamer ist als die p-, diese als die m-Verbindung[1]).

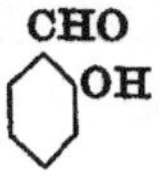

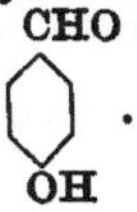

Ebenso zeigen die Nitraniline eine Abnahme der Giftigkeit von der p- über die m- zur o-Verbindung. Sie zeigen Symptome der Anilinvergiftung überhaupt, nämlich Methämoglobinbildung und bei großen Dosen starke Herzlähmung, ferner zeigen sie alle reizende Wirkung auf die peripheren Ausbreitungen des Vagus. Bemerkenswert ist, daß die p-Verbindung 10mal so giftig ist als die o-Verbindung.

Nitrobenzoesäuren aller Stellungen sind gänzlich unschädlich und unwirksam für den tierischen Organismus.

p- und m-Oxybenzoesäuren sind beide unwirksam[2]), während die o-Verbindung (Salicylsäure) (OH, COOH) die bekannten energischen Wirkungen ausübt.

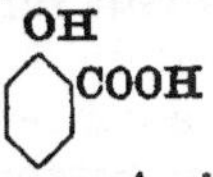

Die drei isomeren Aminobenzoesäuren zeigen ein ähnliches Verhalten. Die o-Verbindung ist die giftigste[3]).

Die drei isomeren Aminooxybenzoesäuren sind alle wenig giftig.

In ihren antiseptischen Fähigkeiten ist die o-Verbindung (NH_2, OH, COOH) den beiden anderen überlegen.

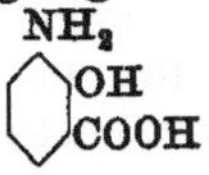

Brenzcatechin (OH, OH) — Resorcin (OH, OH) — Hydrochinon (OH, OH)

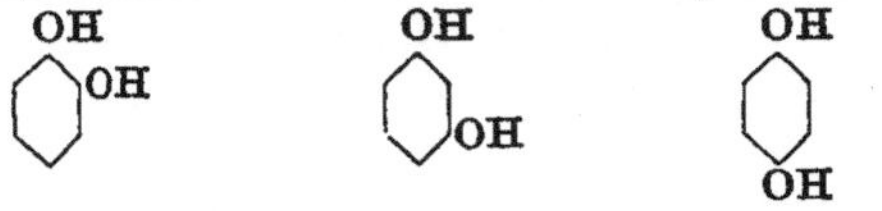

Unter den Dioxybenzolen ist die o-Verbindung, Brenzcatechin, die giftigste. Ihm steht die p-Verbindung, Hydrochinon, in bezug auf die Giftigkeit am nächsten, während Resorcin, die m-Verbindung, sich als am wenigsten giftig erwies. Ebenso verhält es sich mit der antifermentativen Wirkung dieser Körper sowie mit der antipyretischen, doch ist die Anwendung des Brenzcatechins als Antipyreticum streng zu vermeiden. Gibbs und Hare[4]) fanden als tödliche Dosis des Brenzcatechin 0.06 g pro kg, Hydrochinon 0.1 g pro kg, während Resorcin erst tödlich wirkte, wenn 1 g pro kg angewendet wurde.

Wie die Dioxybenzole, so zeigen auch die Trioxybenzole große Verschiedenheiten in der physiologischen Wirkung. Pyrogallol (OH, OH, OH) ist bei weitem giftiger als Phloroglucin (OH, HO, OH). Während 0.05 g Pyrogallol pro kg schon schwere Erscheinungen machen, 0.1 g den Tod bewirken, bedarf es der 20fachen Menge Phloroglucin pro kg, um letale Wirkungen auszuüben. Sowohl Phloro-

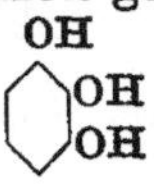

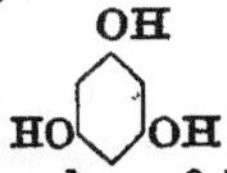

1) Dubois und Vignon, C. r. **107**. 2) HS. **1**, 259 (1878).
3) H. Hildebrandt, HB. **3**, 369 (1903).
4) Dubois' Arch. f. Physiol. **1889**, Suppl.-Bd. 272.

glucin als Pyrogallol hemmen den Puls, reizen den Vagus, verändern das Aussehen des Blutes. Beide töten durch direkte oder indirekte Aufhebung der Atmung.

o-Kresol CH_3 / OH (ortho) — m-Kresol CH_3 / OH (meta) — p-Kresol CH_3 / OH (para)

Beim Kaninchen[1]) ist m-Kresol etwas weniger giftig als Phenol, Phenol weniger giftig als o- und p-Kresol. o-Kresol ist giftiger als m-Kresol. p-Kresol ist das giftigste.

Für die Maus ist p-Kresol doppelt so giftig als Phenol, o-Kresol ebenso giftig, m-Kresol weniger giftig als Phenol. Dasselbe gilt von den Natriumsalzen. Die drei isomeren Kresole haben untereinander eine verschiedene Giftigkeit. [Nur für den Frosch sind die Kresole weniger giftig als Phenol[2]).]

Die drei Kresole zeigen erhebliche Unterschiede in bezug auf die Wirkung und die Giftigkeit. o-Kresol wirkt auf das Herz in kleinen Gaben lähmend ein. Schon in kleinen Gaben ist es ein Reizmittel für die Nervensubstanz des Hemmungsapparates, in größeren ein kräftig wirkendes Gift für alle Gewebe. Auch p-Kresol wirkt als Herzgift und in zweiter Linie auf die Nerven. Hingegen ist m-Kresol kein so starkes Herzgift und beeinflußt auch nicht den Hemmungsapparat, sondern wirkt mehr auf das vasomotorische System. Alle drei Kresole wirken lähmend auf das sensible und motorische System. Während die o- und p-Verbindung die Hemmungsvorgänge, wie erwähnt, anregen, hat die m-Verbindung keine solche Wirkung. o-Kresol scheint von beiden das stärkere Reizmittel für die Hemmung zu sein und ist das stärkste Herzmittel der Gruppe. Ihm zunächst steht in dieser Hinsicht p-Kresol, während m-Kresol auf das Herz verhältnismäßig schwach wirkt. Hingegen scheint m-Kresol die vasomotorischen Nerven stärker anzugreifen als p-Kresol, wahrscheinlich aber nicht stärker als o-Kresol. Als Reizmittel für die Hemmungsnerven und Herzgifte bilden o- und p-Kresol eine Gruppe. Als Gifte für die vasomotorischen Nerven bilden o- und m-Kresol eine Gruppe.

Beim Kaninchen erweisen sich p-Chlor- und p-Brom-Toluol (Cl / CH_3), (Br / CH_3) als die giftigsten, am wenigsten giftig sind die o-Verbindungen. In der Mitte steht m-Chlortoluol[3]) (Cl / CH_3). Auch ist p-Bromtoluol (Br / CH_3) durch große Giftigkeit ausgezeichnet.

p-Brombenzoesäure (Br / COOH) erwies sich bei Anwendung molekularer Mengen als erheblich giftiger als o-Chlorbenzoesäure[4]) (Cl / COOH). In der Mitte steht m-Chlorbenzoesäure. Aber auch die o-Verbindung ist noch giftiger als Benzoesäure selbst.

Die drei isomeren Toluidine[5]) $CH_3 \cdot C_6H_4 \cdot NH_2$ zeigen in ihrer physiologischen Wirkung sehr große Ähnlichkeiten. Alle wirken wie Anilin $C_6H_5 \cdot NH_2$ zerstörend auf den roten Blutfarbstoff und bilden Methämoglobin. Sie lähmen

[1]) Meili, Diss. Bern (1891). [2]) Karl Tollens, AePP. **52**, 220 (1904).
[3]) H. Hildebrandt, HB. **3**, 369 (1903). [4]) Ebenda S. 370.
[5]) Jaffé und Hilbert, HS. **12**, 295 (1888). — H. Hildebrandt, HB. **3**, 372 (1903).

das Rückenmark und wirken durch die Aufhebung der Atmung tödlich. Bei der Einspritzung in die Jugularis beträgt die letale Dosis des o-Toluidin 0.208 g pro kg beim Hunde, des m-Toluidin 0.125 g und 0.1 g die des p-Toluidin. Es steigt also die Giftigkeit vom o-Toluidin über m-Toluidin zum p-Toluidin. Bei der Acetylierung hingegen verhalten sich die drei Toluidine verschieden. Hier ist die p-Verbindung merkwürdigerweise unwirksam, und wie es scheint, auch die m-Verbindung. Beide sind völlig ungiftig, und giftige Eigenschaften kommen nur dem o-Acettoluid zu. Eine Temperatur herabsetzende Wirkung kommt nur dem m-Acettoluid zu, die p- und o-Verbindungen sind ohne bemerkenswerten Einfluß auf die Körperwärme. Ein unmittelbarer Zusammenhang zwischen der Temperatur vermindernden Wirkung und der Art der chemischen Umsetzung läßt sich nicht nachweisen. Denn existierte ein solcher, so müßte das o-Acettoluid, dessen chemisches Verhalten im Tierkörper dem des Antifebrins vollkommen analog ist, dem letzteren auch in bezug auf den antipyretischen Effekt am nächsten stehen. Bei einer Reihe von Verbindungen konnte kein Unterschied wahrgenommen werden, so bei den Dimethyltoluidinen.

Erwähnenswert ist noch der frappante Unterschied in der Geschmackswirkung zwischen o- und p-Benzoesäuresulfinid.

Ersterer Körper, Saccharin, ist 500 mal so süß als Zucker, während die entsprechende p-Verbindung geschmacklos ist.

α-Naphthylamin (Formel mit NH_2) ist giftiger als β-Naphthylamin[1] (Formel mit NH_2), α-Naphthol (Formel mit OH) ist giftiger als β-Naphthol (Formel mit OH). Nach Maimowitsch[2]) soll α-Naphthol dreimal weniger toxisch sein und dreimal stärkere antiseptische Eigenschaften als β-Naphthol besitzen.

α- und γ-Aminobuttersäure sind in bezug auf Narkose unwirksam; die β-Aminobuttersäure hat neben einer stark narkotischen Wirkung eine exzitierende auf das Atmungszentrum aufzuweisen[3]).

α-Cocain

```
H2   H   H2
C————C————C
|   <N·CH3>C<COO·CH3
|           \O·CO·C6H5
C————C————C
H2   H   H2
```

unterscheidet sich nur durch die Stellung der Carboxylgruppe im Ekgoninkern von Cocain

```
H2   H   H
C————C————C·COO·CH3
|   <N·CH3>CH·O·CO·C6H5
C————C————C
H2   H   H2
```

ruft aber keine Anästhesie hervor[4]).

---

1) Petrini, Arch. di Farmacol. 5, 574 (1897). — Presse médicale 1894, 13, I.
2) Deutsches Arch. f. klin. Med. 1894. 3) W. Sternberg, Z. f. kl. Med. 38, 65.
4) R. Willstätter, BB. 29, 1575, 2216 (1896).

In der Reihe der Purinbasen finden wir ebenfalls ein ganz charakteristisches Beispiel dafür. Die drei stellungsisomeren Dimethylxanthine Theobromin, Theophyllin, Paraxanthin, haben eine identische diuretische Wirkung, doch wirkt Theophyllin weitaus kräftiger als Theobromin. Paraxanthin übertrifft an Wirkungsstärke Theophyllin bedeutend[1]).

Theobromin (3.7-Dimethylxanthin)

```
      NH—CO
      |   |
      CO  C—N<CH3
      |   ||   >CH
CH3 · N — C—N
```

Theophyllin (1.3-Dimethylxanthin)

```
CH3 · N—CO
      |  |
      CO C—N<H
      |  ||  >CH
CH3 · N—C—N
```

Paraxanthin (1.7-Dimethylxanthin)

```
CH3 · N—CO
      |  |
      CO C—N<CH3
      |  ||  >CH
      HN—C—N
```

Bei Cis-Transisomeren liegen folgende Beobachtungen vor:

Von den Hexahydrobenzylamincarbonsäuren sind die Cisverbindungen farblose, betäubend riechende Öle, die Transverbindungen fest und geruchlos. Die beiden N-Methylvinyldiacetonalkamine (stabil und labil) verhalten sich in Form ihrer Mandelsäureester physiologisch verschieden. Die stabile Verbindung ist unwirksam, die labile erzeugt Mydriasis.

Die Cisstellung der Hydroxylgruppe zu zwei Alkyl-, resp. zwei Alkylenresten ist hier, wie bei allen verwandten Verbindungen (s. bei Cocain) die physiologisch-aktive Raumgruppierung.

Die mydriatisch wirkenden Isomeren haben folgende Raumformeln:

N-Methylvinyldiacetonalkamin physiol.-aktiv

```
         H
H   CH2  C
|        CH3
C        CH3 >N · CH3
|
OH  CH2  C
         CH3
```

Tropin physiol.-aktiv

```
         H
H   CH2  C
|        CH2
C        H   >N · CH3
|
OH  CH2
         CH2
```

d-Ekgonin (physiologisch-aktiv)

```
    H2   H
H   C
|        CH2
C        H   >N · CH3
|
OH  C
         CH2
   H COOH
```

Pseudekgonin (physiol.-inakt.)

```
    H2   H
OH  C    C
|        CH2
C        H   >N · CH3
|
H   C
         CH2
   H COOH
```

14. Stereochemisch bedingte Wirkungsdifferenzen.

Wir haben in vorhergehendem gesehen, wie Stellungsisomerien ein durchaus verschiedenes physiologisches Verhalten verursachen. Ebenso bedingen Stereoisomerien verschiedenes physiologisches Verhalten.

Die sehr auffallende Tatsache, daß zwei Substanzen, welche völlig gleiche Gruppierungen enthalten und nur durch eine differente Anordnung im Raume

[1]) O. Schmiedeberg, BB. **34**, 2550 (1901).

sich unterscheiden, in ihrem physiologischen Verhalten wesentlich voneinander abweichen, hat zuerst Louis Pasteur beobachtet, der sofort auch den einzig richtigen Schluß zog, daß die physiologische Wirkung von der Lagerung der Atome im Raume abhängig ist.

L. Pasteur[1]) beobachtete, daß Penicillium glaucum und andere Pilze auf einer optisch inaktiven Weinsäurelösung gezüchtet, die Lösung optisch aktiv machten, so daß eine linksdrehende Lösung resultierte. Die Mikroorganismen hatten also aus der racemischen Weinsäure (Traubensäure), die wir uns aus gleichen Teilen rechts- und linksaktiver Weinsäure zusammengesetzt vorstellen, die rechtsdrehende (d-Weinsäure) $\mathrm{COOH}\cdot\overset{\mathrm{H}}{\underset{\mathrm{OH}}{\mathrm{C}}}-\overset{\mathrm{OH}}{\underset{\mathrm{H}}{\mathrm{C}}}\cdot\mathrm{COOH}$ als Nahrungsmittel verbraucht, die linksdrehende fast unberührt gelassen. Diese Pilze verwerten also die rechtsdrehende Weinsäure als Nahrungsmittel, während vorerst die linksdrehende, trotz des sonst gleichen Baues, nicht ausgenützt wird. Erst sobald die d-Weinsäure verbraucht ist, wird später auch die l-Weinsäure angegriffen[2]). Ähnlich different verhalten sich die Weinsäuren in ihrer Giftigkeit für höhere Organismen bei intraperitonealer Injektion. Die l-Weinsäure ist die giftigste, die d-Weinsäure nur halb so giftig, die Traubensäure nur ein Viertel so giftig. Sehr wenig giftig, wenigstens weniger giftig als Traubensäure ist Mesoweinsäure, welche ein optisch l-aktives und ein optisch d-aktives C-Atom enthält und daher selbst optisch inaktiv ist. Das Verhältnis der Giftigkeit war nach den Untersuchungen von Chabrie[3]) l-Weinsäure: d-Weinsäure: Traubensäure: Mesoweinsäure = 31 : 14 : 8 : 6. Bei Verfütterung an Tiere wird die l- und Mesoweinsäure am stärksten, viel weniger die d-Weinsäure, am wenigsten die Traubensäure oxydiert[4]). Ähnlich different verhalten sich die drei Mannosen[5]) und Arabinosen[6]) im Organismus.

Die Weinsäuren haben verschiedene und verschieden starke Wirkungen auf das Herzhemmungszentrum und auf die vasomotorischen Zentren. Die d-Weinsäure ist physiologisch die inaktivste, sie hat auf das Hemmungszentrum eine schwache, kurzdauernde Wirkung und beeinflußt die Vasomotorenzentren nur ganz unbedeutend; die l-Weinsäure erweist sich am aktivsten, sie wirkt auf beide Zentren stark; die Traubensäure und die Mesoweinsäure wirken stärker als die d-Weinsäure, aber schwächer wie die l-Weinsäure[7]).

l-Arabinose $\mathrm{OH}\cdot\mathrm{CH_2}\cdot\overset{\mathrm{H}}{\underset{\mathrm{OH}}{\mathrm{C}}}-\overset{\mathrm{H}}{\underset{\mathrm{OH}}{\mathrm{C}}}-\overset{\mathrm{OH}}{\underset{\mathrm{H}}{\mathrm{C}}}\cdot\mathrm{CHO}$ wird am besten ausgenützt, d-Arabinose $\mathrm{OH}\cdot\mathrm{CH_2}\cdot\overset{\mathrm{H}}{\underset{\mathrm{OH}}{\mathrm{C}}}-\overset{\mathrm{H}}{\underset{\mathrm{OH}}{\mathrm{C}}}-\overset{\mathrm{OH}}{\underset{\mathrm{H}}{\mathrm{C}}}\cdot\mathrm{CHO}$ am schlechtesten, i-Arabinose steht in der Mitte zwischen beiden. Ähnliche Unterschiede zeigen sich im Verhalten der drei Arabonsäuren $\mathrm{OH}\cdot\mathrm{CH_2(CH}\cdot\mathrm{OH)_3}\cdot\mathrm{COOH}$ im Organismus.

Hefe vergärt d-Glucose, d-Mannose, d-Galaktose und d-Fructose, greift aber die Antipoden nicht an, aber man kann durch allmählichen Zusatz des anfangs nicht vergärbaren Zuckers die Hefe an die Vergärung des

---

[1]) C. r. **32**, 110; **36**, 26; **37**, 110, 162.
[2]) Duclaux, Traité de Microbiologie I, 220. Paris 1898.
[3]) C. r. **116**, 1140. [4]) A. Brion, HS. **25**, 283 (1898).
[5]) C. Neuberg und Paul Mayer, HS. **37**, 530 (1903).
[6]) C. Neuberg und Wohlgemuth, BB. **34**, 1745 (1901).
[7]) L. Karczag, Z. f. Biol. **53**, 218 (1910).

anfangs nicht gärbaren Zuckers gewöhnen. Das gleiche gelingt bei Bakterien [1]).

J. Wohlgemuth beobachtete bei Verfütterung inaktiver Aminosäuren aus Eiweiß, dl-Tyrosin, dl-Leucin, dl-Asparaginsäure und dl-Glutaminsäure an Kaninchen, daß diese im tierischen Organismus zerlegt werden, und zwar so, daß die im Organismus selbst vorkommende aktive Modifikation verbrannt wird, während die andere Komponente zum Teil im Harn unverändert ausgeschieden wird [2]). Nach Verfütterung racemischer Aminosäuren gelangt also sehr oft die im Körpereiweiß nicht vorkommende optisch-aktive Komponente zur Ausscheidung, während die im Körpereiweiß vorkommende verbrannt wird.

Racemisches Valin wird durch Fäulniserreger asymmetrisch unter Bildung von l-Valin zerlegt [3]); der Angriff von racemischer Asparaginsäure [4]) und Glutaminsäure [5]) erfolgt dagegen symmetrisch.

l-Dioxyphenylalanin ist wie alle Aminosäuren pharmakologisch ziemlich indifferent. r-3.4-Dioxyphenylalanin macht bei Hunden heftigen Brechreiz und eine Erregung der Haarmuskeln, bei Kaninchen einen Erregungszustand [6]).

Stereoisomerie durch doppelte Bindung verursacht.

Das einfachste Beispiel dieser Art ist das besondere chemische wie physiologische Verhalten der Fumarsäure und Maleinsäure.

Maleinsäure	Fumarsäure
H · C · COOH	HOOC · C · H
‖	‖
H · C · COOH	H · C · COOH

Die labile Maleinsäure läßt sich durch bloßes Kochen mit Wasser in die stabile Fumarsäure umlagern. Durch die doppelte Bindung der beiden Kohlenstoffe ist eine sterische Isomerie bedingt. Die Maleinsäure ist für höhere Tiere giftig, die Fumarsäure ungiftig [Fodera, Ishizuka [7])]. In Lösungen von Maleinsäure entwickelt sich Penicillium glaucum schlecht oder gar nicht, wächst aber sehr gut in Fumarsäurelösungen. Auch sonst ist es häufig, daß die labile, umlagerbare Form einer Verbindung viel wirksamer ist als die stabile, umgelagerte Form (s. S. 118, 122, 124).

β-Cholestanol hebt die hämolytische Wirkung gewisser Blutgifte, z. B. der Saponine (Digitonin) auf, und zwar annähernd wie Cholesterin. ε-Cholestanol steht dagegen an Wirksamkeit weit hinter dem β-Cholestanol zurück und besitzt die antihämolytische Fähigkeit gegenüber Saponinen nur in geringem Grade. Die entgiftende Wirkung beruht auf einer Verbindung beider Substanzen. β-Cholestanol gibt eine Verbindung mit Digitonin, während ε-Cholestanol sich mit Digitonin nicht verbindet. Das verschiedene physiologische Verhalten der stereoisomeren Cholesterinalkohole ist hiernach auf die Fähigkeit bzw. Unfähigkeit zur Bildung inaktiver komplexer Verbindungen zurückzuführen [8]).

Stereoisomerie durch asymmetrischen Kohlenstoff verursacht. Cis- und Transformen. Labile und stabile Verbindungen.

Die Beispiele des verschiedenen Verhaltens der Weinsäure dem Organismus gegenüber sowie der Mannose und Arabinose und der Arabinsäure wurden

[1]) Frankland, M. Gregor und J. R. Appleyard, J. Chem. Soc. **63**, 1012 (1893).
[2]) BB. **38**, 2064 (1905).
[3]) C. Neuberg und Karczag, BZ. **18**, 434 (1909).
[4]) C. Neuberg, BZ. **18**, 431 (1909).
[5]) C. Neuberg, Archivio di fisiologia **7**, 87 (1909).
[6]) M. Guggenheim, HS. **88**, 284 (1913).
[7]) Malys Jahresber. f. Tierchemie **26**, 97.
[8]) A. Windaus, Nachr. K. Ges. Wiss. Göttingen **1916**, 301.

oben erwähnt. Viel deutlicher wird die Verschiedenheit bei optischer Stereoisomerie bei den Alkaloiden.

l-Cocain

```
H2C—CH——CH·COO·CH3
 |   N·CH3 CH·O·CO·C6H5
H2C—CH——CH2
```

ist ein linksdrehender Körper, durch Erhitzen mit Alkalien gehen das im Cocain enthaltene l-Ekgonin und seine Derivate in d-Ekgonin über, von welchem d-Ekgonin aus man zu einem d-Cocain gelangen kann. Diese optische Inversion ist nicht ohne Einfluß auf die physiologische Wirkung, da die Abstumpfung der Sensibilität beim d-Cocain regelmäßig schneller eintritt und intensiver ist als beim l-Cocain, aber auch in kürzerer Zeit wieder verschwindet [P. Ehrlich, E. Poulsson[1])].

Ein ähnlicher Unterschied ist zwischen Cinchonin $C_{19}H_{22}N_2O$ und dem optisch isomeren linksdrehenden Cinchonidin nachweisbar. Letzteres wirkt viel langsamer, auch nur in etwas größeren Gaben, macht aber viel häufiger als Cinchonin Erbrechen, seine krampferregende Wirkung bei Tieren ist sehr ausgesprochen[2]).

Auch bei dem wichtigsten Chinarindenalkaloid, dem linksaktiven Chinin $C_{19}H_{20}N_2(OH)(OCH_3)$ selbst konnte man eine Differenz seinem optischen Isomeren, dem Chinidin (Conchinin) (Pasteur), gegenüber beobachten. Conchinin wirkt febrifug wie Chinin, ohne gleichzeitig narkotische Wirkung hervorzurufen, wie es Chinin macht [Macchiavelli[3])].

Zwischen der physiologischen Wirkung der optischen Antipode und der Oberflächenspannung besteht in einzelnen Fällen ein Parallelismus[4]).

Atropin

```
      H  H2              CH2·OH
H2C—C—C\                 |
 |   /    \              |
 |  N·CH3  >CH·O·CO·CH
 |   \    /              |
H2C—C—C/                 |
      H  H2              C6H5
```

ist der Ester der Tropasäure (α-Phenyl-β-oxypropionsäure)

```
          CH2·OH
         /
C6H5·CH
         \
          COOH
```

und der Tropin benannten Base. Diese Base läßt sich leicht in ihr geometrisch isomeres, das ψ-Tropin,

Tropin und ψ-Tropin

```
      H  H2
H2C—C—C\
 |   /    \
 |  N·CH3  >CH·OH
 |   \    /
H2C—C—C/
      H  H2
```

umlagern. Während nun Atropin (Tropasäuretropein) und Homatropin $C_8H_{14}N \cdot O \cdot CO \cdot CH(OH) \cdot C_6H_5$ (Mandelsäuretropein) mydriatisch wirken, kann diese typische Wirkung durch Tropasäure-ψ-tropein und Mandelsäure-ψ-tropein nicht hervorgerufen werden. Ganz analog verhalten sich die syn-

---

1) AePP. 27, 307. 2) Pietro Albertoni, AePP. 15, 272.

3) Jahresber. über die Fortschritte der Chemie 1875, 772.

4) L. Berczeller, BZ. 82, 1 (1917).

thetischen niedrigeren Homologen dieser Basen, die N-Methylvinyldiacetonalkamine

```
           CH · OH
        H2C/  \CH2
  H3C\ C|      |C/CH3
   H/    \  /   \CH3
           N
           |
          CH3
```

und zwar die α- und die β-Verbindung[1]). Die Entstehung der beiden α- und β-N-Methylvinyldiacetonalkamine beruht auf dem Vorhandensein zweier asymmetrischer Kohlenstoffatome im Ring. Die β-Verbindung ist labil und läßt sich in die stabile α-Verbindung umlagern. Nur die Ester der β-Reihe, die den Verbindungen des Tropins gleichen, sind wirksam. Das Mandelsäurederivat der β-Base, welches labil ist, gleicht dem Homatropin, das der α-Verbindung, welche stabil ist, dem Mandelsäure-ψ-Tropein, letzteres ruft daher auch keine mydriatische Wirkung hervor [C. Harries[2])] (s. S. 121).

In der mydriatischen Wirkung von d-, l- und rac. Homatropin ist nur eine geringe Differenz. Die l-Verbindung wirkt am stärksten[3]).

Ebenso ist es bekannt, daß Hyoscyamin und Atropin in ihrer Wirkung differieren. Hyoscyamin ist die linksdrehende, Atropin die racemische Verbindung. Von Gadamer wurde auch d-Hyoscyamin dargestellt. Arthur R. Cushny[4]) hat die pharmakologischen Wirkungen dieser drei Stereoisomeren geprüft und sie in bezug auf die Nervenendigungen im Froschmuskel und am Froschherzmuskel gleich gefunden. Auf das Froschrückenmark wirkt Atropin viel stärker erregend als l-Hyoscyamin, und d-Hyoscyamin noch stärker als Atropin. Auf die Nervenenden in den Drüsen, im Herzen und der Iris wirken diese drei Verbindungen aber ganz anders different. Hier wirkt l-Hyoscyamin zweimal so stark als Atropin und etwa 12—18 mal so stark als d-Hyoscyamin.

Cushny erklärt diese Wirkungsdifferenzen und ihre quantitativen Unterschiede in der Weise, daß Atropin in der Lösung in seine beiden aktiven Komponenten zerfällt und daß es fast nur durch seinen Gehalt an l-Hyoscyamin auf die Drüsen, Herzhemmungsnerven und Iris wirkt, während seine reflexerregende Wirkung am Frosche hauptsächlich auf den Gehalt an d-Hyoscyamin zurückzuführen ist.

Das linksdrehende Hyoscin wirkt zweimal stärker als das racemische auf die Endigungen der sekretorischen Nervenfasern der Speicheldrüsen und die hemmenden Herznerven. Hingegen wirken beide Basen auf das Zentralnervensystem der Säugetiere gleich, ebenso auf die motorischen Nerven des Frosches[5]).

Scopolamin

```
        H2
        C
       / \
    H2C   CH2
     |  CH3 |
    HC—N—C
     |  O/|          CH2 · OH
    HC/———CH · O · CO · CH · C6H5
```

---

[1]) Harries, BB. **29**, 2730 (1896). [2]) Liebigs Ann. **269**, 328; **294**, 336.

[3]) H. A. D. Jowett und F. L. Pyman, Proceed. of the VII te Internat. Congr. of Applied Chemistry 1909, London. [4]) Journ. of physiol. **1903**.

[5]) A. R. Cushny und Peebles, Journ. of physiol. **32**, 501.

l-Scopolamin wirkt doppelt so stark lähmend auf die sekretorischen Nerven der Speicheldrüse wie die racemische Base. Auf das Zentralnervensystem haben beide den gleichen Wirkungswert[1]). l-Scopolamin wirkt auf den Vagus 3—4 mal, auf den Oculomotorius fast zweimal so stark wie i-Scopolamin[2]).

d- und l-Nicotin sind nach den Untersuchungen von A. Mayor[3]) in ihrer Wirkung ganz verschieden. l-Nicotin ist zweimal so giftig als d-Nicotin. l-Nicotin macht Erregung und Schmerzen bei der Injektion. d-Nicotininjektionen hingegen scheinen schmerzlos zu sein. l-Nicotin erzeugt Lähmungserscheinungen, Krämpfe, Verlangsamung des Herzschlages, Tod durch Atmungsstillstand. d-Nicotin macht nur starkes Zittern, welches aber bald verschwindet.

Nicotin

$CH_2 \cdot CH_2$
$\cdot CH \quad CH_2$
H $\quad N \cdot CH_3$

Hingegen konnte bei den drei optisch verschiedenen Coniinen keine Wirkungsdifferenz konstatiert werden[4]).

Dorothy Dale und G. R. Mainz untersuchten salzsaures und bromcamphersulfosaures d- und l-Tetrahydrochinaldin (Tetrahydro-2-methylchinolin). Sie reduzieren die Systole und führen zu diastolischem Herzstillstand. Die l-Verbindung wirkt auf den Skelettmuskel viel stärker kontrahierend als die d-Verbindung, die Wirkung der Racemform liegt zwischen beiden. Die l-Verbindung ist ungefähr $1^1/_2$ mal so stark in bezug auf das Verursachen einer Kontraktion eines Skelettmuskels als die d-Verbindung[5]).

Von großem physiologischen Interesse ist das verschiedene Verhalten der drei Adrenaline. l-Adrenalin ist das natürliche, in der Nebenniere vorkommende. Durch Einspritzung von d-Adrenalin kann man Mäuse an große Mengen l-Adrenalin gewöhnen[6]). d-Adrenalin macht bei gleicher Dosis wie l-Adrenalin im Gegensatz zu diesem am Froschauge keine Pupillenerweiterung und beim Säugetier keine Zuckerausscheidung[7]). l-Adrenalin wirkt auf den Blutdruck doppelt so stark als dl-Adrenalin, so daß wahrscheinlich d-Adrenalin gar nicht wirkt[8]).

Erhitzt man Methylmorphimethin

CH CH
HC C CH
C
HC
C C H
C C C
H H C C $OCH_2 \cdot CH_2 \cdot N(CH_3)_2$
OH
C
OH

mit Essigsäureanhydrid, so entsteht Morphenol, und daneben geht die Hälfte des angewendeten Methylmorphimethins nicht in die Reaktion ein, sondern

[1]) A. R. Cushny, Journ. of physiol. **32**, 501 (1905).
[2]) E. Hug, AePP. **69**, 45 (1912).
[3]) Siehe bei Amé Pictet und Rotschy, BB. **37**, 1225 (1904).
[4]) Ladenburg und Falck, Liebigs Ann. **247**, 83.
[5]) Journ. of physiol. **42**, XXXI (1911).
[6]) HS. **49**, 129 (1906); **61**, 119 (1909); **62**, 404 (1909).
[7]) HS. **59**, 22 (1909).
[8]) A. R. Cushny, Journ. of physiol. **37**, 130.

erfährt nur eine Umlagerung in eine stereoisomere Verbindung, das rechtsdrehende β-Methylmorphimethin, welches schwächer als das α-Methylmorphimethin wirkt. (Ebenfalls Übergang von der labilen zur stabilen Form.)

Die beiden aktiven Formen des von Pope und Read[1]) dargestellten Hydrooxyhydrindamins

$$C_6H_4\langle^{CH_2}_{CHOH}\rangle CH \cdot NH_2$$

üben keine spezifische physiologische Wirkung aus, sondern sind nur milde allgemeine Protoplasmagifte. Der Wirkungsunterschied zwischen ihnen ist nur gering und im Gegensatze zu den bisher bei den optisch aktiven Formen spezifisch wirksamer Stoffe gemachten Erfahrungen zugunsten der d-Form[2]).

Bebeerin $C_{16}H_{14}O \begin{cases} OH \\ OCH_3 \\ N \cdot CH_3 \end{cases}$ aus Parevia brava verliert durch Überführung in die quaternäre Base seine Herzwirkung. Die rechtsdrehende Modifikation des Bebeerin wirkt intensiver als die linksdrehende[3]). Die amorphen Modifikationen wirken stärker als die krystallisierende. Die rechtsdrehende amorphe wirkt viel stärker als die krystallisierende rechtsdrehende. Die linksdrehende amorphe ist weniger wirksam, aber stärker als das wenig wirksame krystallisierende. Innerlich ist rechtsdrehendes amorphes Bebeerin unwirksam[4]).

Auf sterische Differenzen dürfte auch das toxikologisch so verschiedene Verhalten der Muscarine zurückzuführen sein. Das natürliche Fliegenpilzmuscarin erregt bekanntlich alle peripheren Nervenendigungen, welche Atropin lähmt.

Verschieden von ihm verhält sich das aus Cholin durch Einwirkung von Salpetersäure gewonnene Muscarin (Cholin-Muscarin). Es ist nach neueren Untersuchungen kein Oxydationsprodukt, sondern der Salpetrigsäureester des Cholins; es wirkt curareähnlich und macht keine Myose (Ewins). Noch mehr Verschiedenheit zeigt das synthetische Muscarin von E. Fischer und Berlinerblau[5])

$$(CH_3)_4N\langle^{CH_2 \cdot CH(OH)_2}_{OH}$$

Cholinmuscarin (Cholinsalpetrigsäureester) ruft maximale Myose hervor, während das natürliche ohne Einfluß auf die Pupille ist; ferner lähmt es schon in außerordentlich geringer Menge die intramuskulären Nervenendigungen, was natürliches Fliegenpilzmuscarin nicht vermag [R. Böhm[6])]. Anhydromuscarin (Berlinerblaus Base) hat gar keinen Einfluß auf das Froschherz, ist ohne Wirkung auf die Pupille, ohne Wirkung auf die herzhemmenden Vagusapparate des Säugetierherzens. Hingegen macht es wie alle Ammoniumbasen starke Speichel- und Schweißabsonderung. Der Tod erfolgt durch Lähmung der Respiration (Berlinerblau).

M. Scholtz[7]) fand, daß durch Addition von Halogenalkylen an ein am N alkyliertes Coniin immer dann zwei isomere Verbindungen entstehen, wenn die fünf an N gebundenen Radikale verschieden sind. Die α-Verbindung läßt sich durch Schmelzen in die β-Verbindung überführen. H. Hildebrandt[8]) prüfte die Äthyl-benzyl-, Propyl-benzyl-, Butyl-benzyl- und Isoamyl-benzyl-Coniniumjodide sowie die Äthyl-allyl-coniniumjodide und fand, daß die niedrig

---

[1]) Journ. chemic. Soc. London **101**, 758 (1912).
[2]) Yasuo Ikeda, Journ. pharm. Therap. **707**, 121 (1915).
[3]) H. Hildebrandt, AePP. **57**, 279 (1907).
[4]) H. Hildebrandt, AePP. **57**, 284 (1907). [5]) BB. **17**, 1139 (1884).
[6]) AePP. **19**, 87. [7]) BB. **37**, 3627 (1904). — BB. **38**, 595 (1905).
[8]) BB. **38**, 597 (1905).

schmelzenden α-Verbindungen (Isomeren) eine geringere Giftwirkung besitzen, als die höher schmelzenden β-Verbindungen. Bei den Äthyl-, Propyl- und Butylverbindungen ergab sich mit steigendem Molekulargewicht eine Verminderung der Giftwirkung. Nur die Isoamylderivate sind in ihrer Wirkungsstärke mit den Äthylverbindungen identisch. Die Körper zeigen eine erheblich größere Giftigkeit als Coniin und N-Äthylconiin.

Emetin und Isoemetin sind stereoisomer, letzteres ist weniger als halb so giftig als ersteres (H. H. Dale).

G. A. Pari zeigte, daß l-Campher für Kaninchen und Hündinnen 13 mal giftiger ist als d-Campher. Bruni weist auch daraufhin, daß l-Campher fast geschmacklos und wenig prickelnd ist, im Gegensatze zu dem frischen, pikanten Geschmack des gewöhnlichen Camphers[1]).

Der Geruch der Methylester der aktiven Transhexahydrophthalsäuren scheint verschieden zu sein[2]). Inaktive Terpene riechen oft schwächer als aktive (Tiemann und Schmidt).

Schließlich sind noch einige Beispiele einer Differenz im Geschmacke zwischen zwei optisch Isomeren zu erwähnen.

l-Isoleucin schmeckt im Gegensatze zum bitteren d-Isoleucin süß[3]).

Piutti[4]) beobachtete, daß d-Asparagin

$$\begin{array}{l} NH_2 \cdot CH \cdot COOH \\ \qquad\;\, | \\ \qquad CH_2 \cdot CO \cdot NH_2 \end{array}$$

süß schmeckt, l-Asparagin geschmacklos (fad) ist.

Menozzi und Appiani[5]) fanden Geschmacksdifferenzen zwischen d- und l-Glutaminsäure $COOH \cdot CH(NH_2) \cdot CH_2 \cdot COOH$.

Die Glucose schmeckt süß, die Mannose soll bitter schmecken[6]), was aber von C. Neuberg und P. Mayer bestritten wird[7]).

Bei Phenylalanin schmeckt die d-Form ausgesprochen süß, die l-Form leicht bitter, bei Valin d: ganz schwach süß und gleichzeitig etwas bitter, l: ziemlich stark süß, dl: schwach süß, wohl infolge des Geschmacks der l-Verbindung.

Leucin d: ausgesprochen süß, l: fade und ganz schwach bitter, dl: schwachsüß.

Histidin d: süß, l: bitter bis fade, dl: schwach süß.

Tryptophan d: fast geschmacklos, l: leicht bitter, dl: süß.

Serin d: ausgesprochen süß, l: schwach süß mit fadem Beigeschmack, dl: süß.

γ-Oxyprolin a: stark süß, b: fade. N-Methyl-γ-oxyprolin a: stark süß, b: süßlich-fad. 2-Amino-d-glykoheptonsäure α: deutlich süß mit fadem Nachgeschmack, β: süß, erheblich schwächer als die α-Verbindung.

Glutaminsäure d: eigentümlich, schwach sauer, hinterher fade, l: geschmacklos.

Asparagin, Aminobernsteinsäuremonamid d: intensiv süß, l: geschmacklos.

l-Prolyl-phenylalanin d: bitter, l: geschmacklos.

Diacetylmesoweinsäurenitril schwach süß, Diacetyltraubensäurenitril, völlig geschmacklos.

---

[1]) Gaz. chim. ital. **38**, II, 1. [2]) Werner und Conrad, BB. **32**, 3052 (1900).
[3]) F. Ehrlich, BZ. **63**, 379 (1914).
[4]) C. r. **103**, 305. — Gaz. chim. ital. **17**, 126, 182. [5]) Acc. d. Lincei **1893** [2], 421.
[6]) Alberda van Ekenstein, Rec. Pays-Bas **15**, 122 (1896).
[7]) C. Neuberg und P. Mayer, HS. **37**, 545 (1903).

Rhodeohexonsäurelacton α: angenehm süß, β: süßlich.
Glykosepentaacetat α: sehr bitter, β: schwach bitter.
Chloralose α: geschmacklos, β: bitter.
Arabinosetetraacetat: bitter; Xylosetetraacetat: sehr bitter.
Arabinamin: ätzend, schwach süß, Xylamin: ätzend und süß.
Fumarsäure: rein sauer, Maleinsäure: kratzend sauer, ekelerregend.
Mesaconsäure: herb-sauer, Citraconsäure: sauer und bitterlich.
Angelikaäthylester: süßlich, Tiglinsäureäthylester: brennend.
p-Nitrobenzaldoxim α anti: schwach süß, β-syn: geschmacklos.
Anisaldoxim α-anti: intensiv süß, β-syn: geschmacklos.
s-Menthol: cis: stechend kühl, trans: bitter kühlend.

α- und β-Benzyl-β-aminocrotonsäureester unterscheiden sich durch den Geschmack. Die α-Verbindung schmeckt gar nicht, die β-Verbindung intensiv süß und pfefferartig. Chinontetrahydrür wirkt kühlend, während Isochinontetrahydür schwach süß schmeckt[1]).

Die Wirkung ist geknüpft an bestimmte sterische Lagerung.

Die angeführten Beispiele zeigen, daß sich für alle Isomeriefälle, Stellungsisomerie, Strukturisomerie durch doppelte Bindung, Strukturisomerie durch asymmetrischen Kohlenstoff, labile und stabile Formen, Differenzen in der physiologischen Wirkung nachweisen lassen, so daß es wahrscheinlich wird, daß die Wirkungen der Substanzen nicht so sehr allein von der Art der Gruppierungen im Molekül als von ihrer Lagerung im Raume abhängig sind. Scheinbar läßt sich für Substanzen, die keine Isomeren haben, die Abhängigkeit der Wirkung von der geometrischen Lagerung im Raume nicht nachweisen, so daß die Differenz in der Wirkung Isomerer nur die Bedeutung eines Kuriosums hätte. In Wirklichkeit aber läßt sich die gewonnene Erfahrung weiter ausbauen und auch für andere Substanzen die Bedeutung der geometrischen Konfiguration für die Art und Weise der Wirkung zeigen, so daß man zur Anschauung gelangen muß, daß für das Zustandekommen der Wirkungen eben diese sterische Anordnung mehr maßgebend ist als die Radikale und die denselben zugrunde liegenden Elemente.

* * *

Durch die klassischen Untersuchungen von Crum Brown und Fraser[2]) wurde der Nachweis geführt, daß durch die Einwirkung (Addition) von Methyljodid die Alkaloide ohne Unterschied ihres ursprünglichen Wirkungscharakters einen neuen Wirkungscharakter annehmen; alle diese Methyljodidadditionsprodukte der Alkaloide erhalten physiologisch den Wirkungscharakter des Curare, d. h. sie lähmen die Endplatten der motorischen Nerven in den Muskeln. Der chemische Vorgang ist hierbei ein Übergang des dreiwertigen Stickstoffs in fünfwertigen, eine Verwandlung dieser Alkaloide in quaternäre Ammoniumbasen

$$\begin{matrix}R\\R\\R\end{matrix}\!\!>\!N + CH_3J = \begin{matrix}R\\R\\R\end{matrix}\!\!>\!N\!\!<\!\begin{matrix}CH_3\\J\end{matrix}$$

Nun kommt allen Ammoniumbasen ohne Rücksicht auf den übrigen Bau des Moleküls (welcher nur die Wirkungsstärke sowie nebenher laufende Wir-

[1]) G. Cohn, Geschmack und Konstitution bei organischen Verbindungen. 1915, Stuttgart, bei Ferdinand Enke.

[2]) Transact. Roy. Soc. Edinbourgh **25**, 707 (1868). — Proc. Roy. Soc. Edinbourgh **1869**, 560.

kungen, nicht aber den Wirkungscharakter in bezug auf die motorischen Nervenendplatten beeinflußt) Curarewirkung zu. Ja, Curarin selbst ist eine Ammoniumbase. R. Böhm[1]) ist es gelungen, aus der im Curare vorkommenden tertiären Base Curin $C_{18}H_{19}NO_3$ durch Addition von Methyljodid Curarin $C_{19}H_{23}NO_4$, welches 226mal so giftig ist als die Muttersubstanz, darzustellen, und diesem Curarin kommt in exquisiter Weise der lähmende Charakter des Curare zu.

van't Hoff[2]) verdanken wir die Vorstellung, daß man den fünfwertigen Stickstoff im Zentrum eines Würfels sich denken kann, die fünf gebundenen Gruppen befinden sich dann in fünf Eckpunkten.

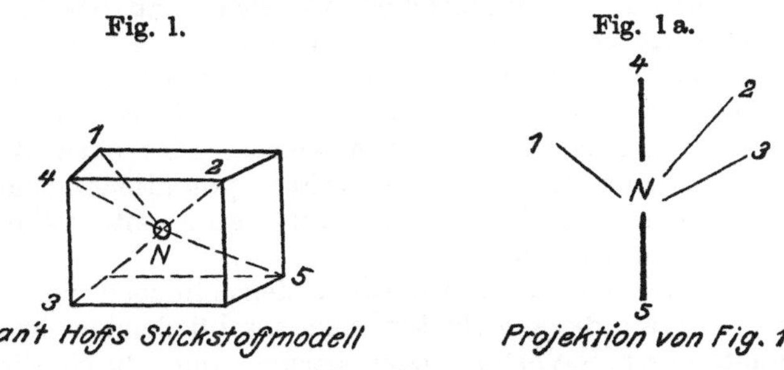

Fig. 1. van't Hoffs Stickstoffmodell

Fig. 1a. Projektion von Fig. 1

Drei Ecken bleiben frei, während die Valenzen nach den übrigen fünf Ecken ausstrahlen. Die Valenzen des dreiwertigen Stickstoffs liegen hierbei nicht in einer Ebene; die supplementären Valenzen 4 und 5 erscheinen hier gleichwertig, insbesondere wenn man das aus dem Würfel resultierende Modell für sich betrachtet (Fig. 1 und 1a). Die supplementären Valenzen haben eine von den drei übrigen verschiedene räumliche Anordnung.

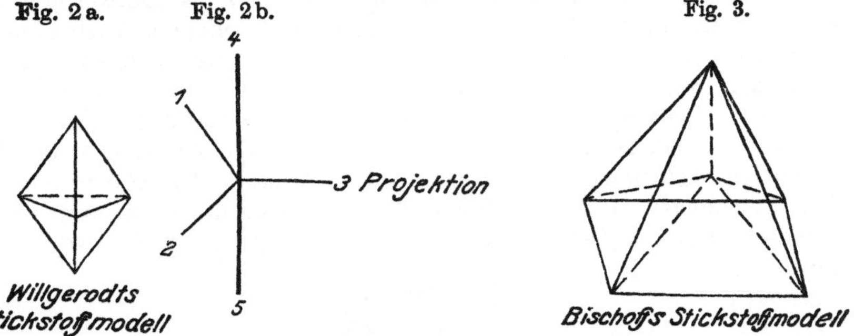

Fig. 2a. Willgerodts Stickstoffmodell

Fig. 2b.

Fig. 3. Bischoffs Stickstoffmodell

C. Willgerodt[3]) sucht die verschiedenen Stickstoffverbindungen mit der Annahme der Lagerung des Stickstoffatoms inmitten eines Tetraeders zu erklären, so daß die in den Verbindungen stets zur Geltung kommenden drei Hauptaffinitäten nach den Ecken des gleichseitigen Dreiecks gerichtet sind, in dem die beiden Tetraeder zusammenstoßen, während die beiden Nebenvalenzen nach den Spitzen der Tetraeder hin gerichtet sind. Die drei Hauptvalenzen liegen also in einer Ebene (1, 2, 3). (Fig. 2a und 2b.)

Zu einer anderen Hypothese gelangte C. A. Bischoff[4]). Er nimmt den pentavalenten Stickstoff in der Mitte einer vierseitigen Pyramide an, bei welcher Anschauung eine Valenz eine besondere Richtung annimmt (Fig. 3).

---

[1]) AePP. **6**, 101. — Arch. d. Pharmazie **235**, 660.

[2]) Ansichten über organische Chemie **1881**.

[3]) Journ. f. prakt. Chemie **37**, 450; **41**, 291.

[4]) BB. **23**, 1972 (1890).

Beim Übergang des fünfwertigen Stickstoffs in die dreiwertige Form müßte eine Ebene zwischen 4, 5, 2 oder 1, 5, 3 gelegt werden. Dieses ist nur durch Platzwechsel zwischen dem in Valenz 5 gebundenen Halogen und einem der vier Radikale möglich, wie es sich auch Wedekind[1]) vorstellt, welcher für die labilen fünfwertigen Verbindungen das Willgerodtsche Doppeltetraeder, für die stabilen aber das Bischoffsche Pyramidenmodell annimmt. Beim Aufbau einer fünfwertigen Verbindung aus einer dreiwertigen nehmen die beiden disponiblen Valenzen Halogen und Alkyl auf, worauf dann das Halogen mit dem auf der Pyramidenspitze befindlichen Radikal den Platz tauscht.

Für uns ist es nur von Wichtigkeit, zu sehen, daß bei dem Übergange von der Trivalenz zur Pentavalenz die beiden manifest werdenden Valenzen entweder nach dem van't Hoffschen oder Willgerodtschen Modell eine besondere, mit den drei übrigen Valenzen nicht identische räumliche Anordnung haben, untereinander aber übereinstimmen, oder nach Bischoff und Wedekind beim Manifestwerden der beiden potentiellen Valenzen eine Valenz eine durchaus verschiedene Richtung annimmt, während die vier übrigen identisch orientiert sind.

Wir haben durch die Resultate der Untersuchungen von Brown und Fraser sowie der an diese Arbeiten sich anschließenden Prüfungen verschiedener quaternärer N-Verbindungen gelernt, daß durch die veränderte räumliche Anordnung beim Übergange des Stickstoffs von der Trivalenz zur Pentavalenz die curareartige Wirkung zustande kommt. Hängt nun diese von dem fünfwertigen Stickstoff ab? Nein; sie hängt vielmehr nur ab von der räumlichen Anordnung der Radikale um den fünfwertigen Stickstoff, ist in ihrer Qualität wenig abhängig von der Natur der Radikale selbst, sie ist aber sonst unabhängig von dem Elemente: Stickstoff.

Denn wenn wir in solchen Verbindungen ein anderes fünfwertiges Element an Stelle des Stickstoffs setzen, so haben die entstehenden Verbindungen, wie sie chemisch den Charakter der Ammoniumbasen tragen, so auch physiologisch die den Ammoniumbasen eigentümliche curareartige Wirkung.

Durch die Untersuchungen von Vulpian[2]) ist es nämlich bekannt, daß Basen, welche an Stelle von Stickstoff entweder Arsen, Antimon oder Phosphor enthalten, keineswegs die dem Arsen, Antimon oder Phosphor eigentümlichen Wirkungen zeigen; vielmehr zeigen Arsonium-, Stibonium-, Phosphoniumbasen physiologisch Curarewirkung. Vulpian prüfte Tetraäthylarsoniumcadmiumjodid

$$\begin{matrix} C_2H_5 \\ C_2H_5 \end{matrix}\!\!> \underset{\underset{J}{|}}{As} <\!\!\begin{matrix} C_2H_5 \\ C_2H_5 \end{matrix} \cdot CdJ_2$$

Tetramethylarsoniumzinkjodid, Methyltriäthylstiboniumhydrat, Tetraäthylphosphoniumjodid.

Tetramethylarsoniumjodid hat nach den Untersuchungen von Bürgi zentral lähmende und curareartige Eigenschaften, wirkt aber nicht auf das Herz. Es wird im Organismus nur zum Teil zerlegt, der größere Teil unverändert im Harn ausgeschieden. Es hat keine Arsenwirkung[3]).

Es läßt sich aber dann weiter zeigen, daß die Curarewirkung keineswegs von allen um ein fünfwertiges Element angeordneten Radikalen abhängt, sondern vielmehr nur von den zwei Gruppierungen an den manifest gewordenen potentiellen Valenzen, welche sterisch eine durchaus

[1]) Stereochemie des fünfwertigen Stickstoffs, Leipzig (1899).
[2]) Arch. de phys. norm. et pathol. **1**, 472.
[3]) Emil Bürgi, AePP. **56**, 101 (1907).

verschiedene Anordnung haben, von den drei übrigen (man erinnere sich an die Vorstellungen von van't Hoff und Willgerodt darüber), oder von denen eine eine ganz besondere Stellung inne hat, die andere den Stellungscharakter der drei Hauptvalenzen verändert (Modell Bischoff-Wedekind). Durch die Untersuchungen von Kunkel[1]) sowie Curci[2]) nämlich ist es sichergestellt, daß die Sulfinbasen, z. B. Trimethylsulfinhydrür $(CH_3)_3 \cdot S \cdot OH$, curareartig wirken. Bei der Bildung dieser Base ist der zweiwertige Schwefel in den vierwertigen übergegangen.

Aber auch für den Übergang eines einwertigen Elements in ein dreiwertiges läßt sich dasselbe nachweisen. Viktor Meyer[3]) verdanken wir die Kenntnis, daß Jod unter Umständen Verbindungen stark basischen Charakter verleihen kann. So sind die Jodoniumverbindungen als Substanzen anzusehen, in welchen Jod als dreiwertiges Element fungiert, und tatsächlich hat die von R. Gottlieb[3]) durchgeführte physiologische Prüfung des salzsauren Jodoniums $(C_6H_5)_2J \cdot Cl$ dessen curareartige Wirkung ergeben.

Wir ersehen aus den vorgebrachten Tatsachen, daß die lähmende Wirkung auf die Endplatten der motorischen Nerven verursacht wird nicht etwa durch eine bestimmte elementare Zusammensetzung oder durch die Gegenwart bestimmter Radikale oder durch bestimmte als Zentrum für eine räumliche Anordnung dienende Elemente, sondern sie ist lediglich abhängig von dem Manifestwerden zweier potentieller Valenzen, die den an ihnen gebundenen Radikalen eine ganz bestimmte differente Orientierung im Raume geben, unabhängig von der Anzahl sonst vorhandener Hauptvalenzen und unabhängig von deren räumlichen Orientierung.

Für die Kobalt-, Rhodium- und Chromammoniakverbindungen zeigte J. Bock[4]), daß sie nur durch ihre chemische Konfiguration wirken, während das in die Verbindung eintretende Metall der Wirkung dieser Stoffe kein charakteristisches Gepräge verleiht, sondern in dieser Beziehung von ganz untergeordneter Bedeutung zu sein scheint.

Die Hexamminkobaltsalze mit dem dreiwertigen komplexen Kation $Co(NH_3)_6$ sind starke curareartige Gifte, die später Muskelzuckungen und Krämpfe erzeugen. Aquopentamminkobaltsalze mit dem Kation $(H_2O)Co(NH_3)_5$ sind viel weniger giftig. Die Diaquotetramminverbindungen sind sehr schwache Gifte, die weder Curarewirkung noch Tetanus erzeugen. Die Chloropentamminverbindungen mit dem zweiwertigen Radikal $Cl \cdot Co(NH_3)_5$ haben die Toxizität der Aquopentamminverbindungen. Die Chloroaquotetramminverbindungen $Cl \cdot H_2O \cdot Co(NH_3)_4$ sind fünfmal geringer toxisch wirksam und haben weder narkotische noch Curarewirkung.

Die gleichen Verhältnisse zeigten sich bei den analogen Rhodium- und Chromverbindungen.

Wir glauben durch diese Darlegung gezeigt zu haben, daß es sich auch außerhalb der Wirkungsverschiedenheiten durch Isomerien, insbesondere sterische Isomerien, erweisen läßt, wie das Zustandekommen physiologischer Wirkungen ganz wesentlich abhängig ist von der Orientierung der Atome oder Radikale im Raume und erst in zweiter Linie von der Natur der Atome oder Radikale bedingt wird. Es wird nun klar, daß eine einseitige Auffassung der Beziehungen zwischen chemischem Aufbau und physiologischer Wirkung, welche sich nur auf die Natur der Atome und Radikale beschränkt, keineswegs zur Aufklärung dieser Beziehungen ausreichen kann, wir vielmehr

[1]) Lehrb. d. Toxikologie, Jena 1901. [2]) Arch. de Pharm. et de Thérap. 4, 1896.
[3]) BB. 27, 1592 (1894). [4]) AePP. 52, 1 (1905).

dahin geführt werden, den Wirkungscharakter und das Zustandekommen der Wirkungen aus der räumlichen Lagerung der wirkenden Substanz im Zusammenhalt mit deren chemischem Aufbau zu erklären. Die zuerst von Schmiedeberg geäußerte Anschauung über das stereochemische Bedingtsein der pharmakologischen Wirkungen erhält durch das Ausgeführte jene Auslegung, welche sie nicht in Gegensatz zu den Anschauungen über die Abhängigkeit der Wirkung von der Konstitution bringen kann, sondern sie vielmehr als Erweiterung und weitergehende Erklärung erscheinen läßt. Wir gewinnen auch dadurch Einblick in die ebenfalls stereochemisch bedingte Wirkungsmöglichkeit der Enzyme, deren Erkenntnis wir L. Pasteur und E. Fischer verdanken.

H. H. Meyer[1]) erklärt die Curarewirkung der Ammoniumbasen durch den Umstand, daß sie sich durch ihre selbst Kali und Natron übertreffende basische Stärke (Avidität) auszeichnen. Zu ähnlichen Vorstellungen gelangt H. Führer[2]).

15. Beziehungen zwischen Wirkung und Molekulargröße. Wirkungen homologer Reihen.

Die Beziehungen zwischen Wirkung und Molekulargröße der Substanzen sind noch recht spärlich bearbeitet. Am klarsten treten sie wohl bei den einfachen und polymeren Zuständen desselben Körpers auf. Acetaldehyd $CH_3 \cdot CHO$ ruft nach den Untersuchungen von Coppola[3]) bei Fröschen zu 0.01 g, nach einem Stadium der Aufregung eine vollständige Anästhesie hervor, welche schnell vorübergeht, da der niedrig siedende Körper rasch durch die Lungen ausgeschieden wird. Paraldehyd $(CH_3 \cdot CHO)_3$ ist weniger wirksam, 0.03 verursachen eine leichte Narkose, auf die dreifache Dosis folgt eine lang andauernde Anästhesie. — Der in Wasser unlösliche Metaldehyd $(CH_3 \cdot CHO)_x$ wird langsam resorbiert, er wirkt nicht lähmend, sondern erhöht die Reflexerregbarkeit in der Weise, daß er als eine wahrhaft tetanisierende Substanz anzusehen ist. Er ist aber giftiger. Auf die Herztätigkeit wirken alle drei Körper wenig, am deutlichsten noch Acetaldehyd.

Bei Vergleichung von Äthylcarbonimid $C_2H_5 \cdot N : CO$ und Triäthylcarbimid $C_3N_3O_3(C_2H_5)_3$ zeigen sich die für Aldehyd und Paraldehyd gefundenen Verhältnisse. Es scheinen hier die Verschiedenheiten in der physiologischen Wirkung nicht so sehr mit der Molekulargröße als mit den durch die Molekulargröße bedingten Verschiedenheiten, wie dem veränderten Siedepunkte, der verschiedenen Löslichkeit sowie der Resorptionsfähigkeit zusammenzuhängen.

Die homologe Reihe der gesättigten Kohlenwasserstoffe oder Paraffine besteht aus Gliedern von der allgemeinen Formel C_nH_{2n+2}. Werden die niederen Kohlenwasserstoffe dieser Reihe eingeatmet, so erzeugen sie Anästhesie und Schlaf, in großen Dosen Tod durch Asphyxie. Die Dauer des auf diese Weise hervorgebrachten Schlafes wächst mit der Zunahme an Kohlenstoff, also mit dem Aufsteigen in der Reihe, mit der Molekulargröße (Richardsonsches Gesetz).

Die einwertigen Alkohole, welche sich von diesen Kohlenwasserstoffen ableiten, wirken alle in gleicher Weise auf das Zentralnervensystem, insbesondere auf das Gehirn; die Intensität der Wirkung hängt von der Anzahl der Kohlen-

[1]) Ergebnisse der Physiologie von Asher-Spiro I. Jg., II. Abt., 199.
[2]) H. Führer, AePP. 58, 1 (1907). [3]) Ann. di chim. e di farm. [4] 5, 140.

stoffatome ab, sie wird um so größer, je weiter man in der homologen Reihe aufsteigt[1]), nur der Methylalkohol macht zum Teil eine Ausnahme.

Als Picaud die Giftigkeit der verschiedenen Alkohole für Fische untersuchte, fand er, daß, wenn man die toxische resp. letale Gabe des Äthylalkohols = 1 setzt, die des Methylalkohols zwei Drittel, des Propylalkohols 2, des Butylalkohols 3 und des Amylalkohols 10 ist.

Hemmerters Versuche am isolierten Säugetierherzen zeigten, daß die meßbare Pumpleistung im Mittel beim Methylalkohol um 19, Äthylalkohol 17, Propylalkohol 79, Butylalkohol 161, Amylalkohol 323 cm in 30 Sekunden herabgesetzt wird. Auffallend ist die rasch ansteigende Wirkung, welche für den Propylalkohol 4mal so hoch ist als für den Methylalkohol, dann beim Butylalkohol um etwas mehr als das Doppelte steigt, und für den Amylalkohol neuerdings doppelt so stark wird, was wohl mit dem höheren Molekulargewicht zusammenhängt.

Die Verzweigung der Kette bedingt bei den Alkoholen Unterschiede. Isopropylalkohol ist giftiger als der normale Propylalkohol, der normale Butylalkohol $CH_3 \cdot CH_2 \cdot CH_2 \cdot CH_2 \cdot OH$ aber ist giftiger als Isobutylalkohol $\frac{CH_3}{CH_3}{>}CH \cdot CH_2 \cdot OH$[2]). Die Alkohole mit verzweigten Ketten sind bei gleicher Kohlenstoffatomzahl weniger giftig als die mit unverzweigten Ketten.

Auch in bezug auf ihre Desinfektionsleistungen reihen sich die Alkohole nach ihrem Molekulargewicht an. Methylalkohol ist der schwächste, Amylalkohol der stärkste. Ausnahmen machen die tertiären Alkohole, tertiärer Butylalkohol wirkt nicht so kräftig als die Propylalkohole, tertiärer Amylalkohol schwächer als die Butylalkohole[3]).

Die Giftigkeit der normalen aliphatischen Alkohole von Methyl- bis Amylalkohol nimmt sowohl bezüglich der tödlichen Gabe für Katzen als auch bezüglich der Wirkung auf das isolierte Froschherz und Muskelpräparate entsprechend dem steigenden Molekulargewichte zu. Die sekundären Propyl-, Butyl- und Amylalkohole sind weniger giftig als die entsprechenden primären. Diese Feststellungen beziehen sich nur auf die akute Vergiftung, während die Erfahrungen mit Methylalkohol auf den großen Unterschied zwischen unmittelbarer und mittelbarer Wirkung hinweisen. Ein solcher Unterschied besteht im umgekehrten Sinne beim Benzylalkohol[4]).

Nach Schapirov wirken primäre Alkohole verschieden von den tertiären. Die primären wirken reizend, die tertiären lähmend auf das Gehirn. Die primären Alkohole wirken nach den Untersuchungen von J. v. Mering weniger narkotisch als die sekundären und diese wieder weniger als die tertiären. Mit der Zahl der Kohlenstoffatome in der verzweigten Kette nimmt die narkotische Wirkung zu. H. Fühner fand diese Gesetzmäßigkeit wieder bei seinen Untersuchungen über die Giftigkeit der Alkohole auf Seeigeleier[5]). In der homologen Reihe der einwertigen gesättigten Alkohole nimmt die Wirksamkeit für die normalen Glieder (mit unverzweigter Kette) um ein konstantes zu.

Man kann diese Beobachtungen in der Weise formulieren (Traubesches Gesetz), daß mit Ausnahme des Amylalkohols jeder folgende Alkohol etwa dreimal so wirksam ist als der vorausgehende.

---

[1]) Arch. f. Anat. u. Physiol. **1893**, 201, Suppl., Richardson: Med. Times and Gazette **2**, 705 (1869).

[2]) Siehe auch Gibbs und Reichert, Americ. Chemist. **13**, 361.

[3]) Germund Wirgin, Z. f. Hyg. **46**, 149.

[4]) David J. Macht, Journ. Pharm and. exp. Therapeutics **16**, 1 (1920).

[5]) AePP. **52**, 71 (1905).

Die Glieder mit verzweigter Kette und die sekundären Alkohole sind weniger wirksam als die erstgenannten. Dasselbe sieht man bei den alkylierten Harnstoffderivaten. Die Harnstoffderivate mit primären Alkylen wirken nicht narkotisch, wohl aber solche mit tertiären. Die Wirkung steigt auch hier mit der Zahl der Kohlenstoffatome.

Bei den Pinakonen $\frac{R_1}{R_2}{>}C\cdot(OH)\cdot(OH)\cdot C{<}\frac{R_3}{R_4}$, welche ebenfalls narkotische Wirkung haben, steigt mit der Zahl der Kohlenstoffatome im Molekül nach den Untersuchungen von Schneegans und Mering[1]) die narkotische Wirkung. Bei den mehrwertigen Alkoholen nimmt der Giftcharakter ab. So ist Propylalkohol noch ein starkes Gift, während Glycerin nur mehr eine geringe Giftigkeit hat. Solche Unterschiede wie zwischen Isopropylalkohol $CH_3\cdot CH(OH\cdot CH_3$ und Propylalkohol $CH_3\cdot CH_2\cdot CH_2\cdot OH$ in bezug auf die Verschiedenheit der Wirkung zweier isomerer Körper lassen sich nicht überall verfolgen.

Bei den homologen Fettsäuren findet man in einzelnen Fällen eine zwar nachweisbare, aber relativ unbedeutende Zunahme der Wirksamkeit mit der Zunahme der Kohlenstoffatome. Jacques Löb zeigte dieses durch die Einwirkung auf den positiven Heliotropismus, durch das Sich-zur-Lichtquelle-Wenden von Süßwassercrustaceen, welche von Haus aus negativ heliotropisch sind[2]).

Während aliphatische Säuren mit einer Carboxylgruppe nur selten Vergiftungserscheinungen hervorzurufen in der Lage sind[3]), ist es sehr auffällig, daß sowohl Oxalsäure $\begin{matrix}COOH\\ \cdot\\ COOH\end{matrix}$ als auch ihre neutralen Salze intensive Giftwirkungen an Pflanzen und Tieren hervorrufen. Oscar Loew[4]) erklärt die Giftwirkung der Oxalate nach seinen Beobachtungen am Zellkern, welche zeigen, daß an der Organisation des Zellkernes der Pflanzen, mit Ausnahme der niederen Pilze, Calciumverbindungen beteiligt sind. Durch das Eintreten der Oxalsäure in den Zellkern wird unlöslicher oxalsaurer Kalk gebildet, und so eine große Schädigung des Zellkerns hervorgerufen. Hingegen hat nach Rob. Koch[5]) die Oxalsäure eine giftige Elementarwirkung auf Muskel und Nerven und wirkt auf das Zentralnervensystems primär lähmend. Wie die Kalisalze, so ist auch Oxalsäure ein entschiedenes Herzgift. Kröhl will die Wirkung der Oxalsäure bei Tieren anders erklären. Er zog in den Bereich seiner Untersuchungen die Natriumsalze der Oxalsäure und Malonsäure, das Ammoniumoxalat und Oxamid. Alle diese Substanzen verursachten Glykosurie, welche er durch die Herabsetzung der Blutalkalescenz erklärt. Die Herabsetzung der Blutalkalescenz beruht in der Hemmung der normalen Oxydationsvorgänge, für welche er die Gruppe —CO—CO— verantwortlich macht. Da Kohlenoxyd echte Glykosurie hervorruft, so würde hier eine Analogie vorliegen. Die CO-Gruppe oder zwei CO-Gruppen, die aneinander geheftet sind, könnten wie die CN-Gruppe eine Hemmung der normalen Oxydationsvorgänge und dadurch schwere Vergiftung hervorrufen.

---

[1]) Ther. Mon. **1891**, 332. [2]) Jacques Löb, BZ. **23**, 93 (1910).

[3]) Die Ameisensäure $H\cdot COOH$ macht eine Ausnahme. Ebenso wirkt die Buttersäure $CH_3\cdot CH_2\cdot CH_2\cdot COOH$ toxisch, macht Schlaf, selbst Tod. Die inaktive β-Oxybuttersäure $CH_3\cdot CH(OH)\cdot CH_2\cdot COOH$ wird, ohne irgendwelche Erscheinungen zu machen, verbrannt (?); die aktive β-Oxybuttersäure hingegen macht die Symptome der Säureintoxikation, und das Natronsalz ruft einen dem diabetischen Koma vergleichbaren Zustand hervor. Sternberg, Virchows Arch. **1899**.

[4]) Natürl. System d. Giftwirkungen 119. [5]) AePP. **14**, 153.

Die Giftigkeit der Säuren mit zwei Carboxylgruppen nimmt aber rasch ab, wenn zwischen die beiden Carboxyle Methylengruppen eingeschaltet werden. Heymanns[1]) untersuchte die relative Giftigkeit der

Oxalsäure	Malonsäure	Bernsteinsäure	und	Brenzweinsäure
COOH	COOH	COOH		CH_3
|	|	|		|
COOH	CH_2	CH_2		$CH \cdot COOH$
	|	|		|
	COOH	CH_2		CH_2
		|		|
		COOH		COOH

Durch die Einschaltung der Methylengruppen nimmt die Acidität von der Oxalsäure gegen die Brenzweinsäure zu ab. Die Giftigkeit ist nach Heymanns nicht umgekehrt proportional dem Molekulargewicht, sondern nimmt viel schneller ab, und zwar in seinem Verhältnis zu dem Abstieg der Acidität dieser homologen Säuren. Während oxalsaures Natrium giftig ist, nimmt die Giftigkeit der zwei homologen Säuren sehr stark ab, so daß diesen Substanzen kaum mehr der Namen von Giften zukommt.

In dieser Reihe bestehen weitaus ersichtlichere Beziehungen zwischen der Größe des Molekulargewichtes als bei den Aldehyden. Ähnliche Verhältnisse lassen sich bei den aliphatischen und gemischten Ketonen beobachten, wie im Kapitel Ketone (s. S. 98) näher nachzulesen ist.

Die alkylierten Pyridinbasen zeigen ebenfalls beim Aufsteigen in der Reihe Steigerung der Intensität der Wirkung. Pyridin C_5H_5N wirkt am schwächsten, die Picoline C_6H_7N stärker, die Lutidine C_7H_9N übertreffen sie an Wirksamkeit, während die Kollidine $C_8H_{11}N$ etwa sechsmal, Parvolin $C_9H_{13}N$ achtmal so stark als Pyridin wirken. Sie machen alle einen rauschähnlichen Zustand mit Atem- und Pulsbeschleunigung, dann Sopor, Herabsetzung des Herzschlages und der Atmung[2]).

Die Kondensation ringförmig gebundener Körper hat verschiedene Effekte. So ist Diphenyl $H_5C_6 \cdot C_6H_5$ in dem zwei Benzolkerne direkt verbunden sind, weniger giftig als Benzol, ebenso verhalten sich die Derivate dieser beiden Grundsubstanzen. Naphthalin, welches aus zwei Benzolkernen besteht, die zwei benachbarte Kohlenstoffatome gemeinsam haben ist weniger giftig als Benzol, ebenso ist Naphthol weniger giftig als Phenol.

Chinolin besteht aus einem Benzolkern und einem Pyridinkern und ist nach Analogie des Naphthalin gebaut. Diese Verbindung ist nun aber weit giftiger als die an und für sich weniger wirksamen Komponenten Benzol und Pyridin. Auch die durch Verdoppelung gebildeten Basen Dipyridin, Parapicolin $(C_6H_7N)_2$ usw. sind, wie Kendrick und Dewar[3]) gezeigt haben, giftiger als die entsprechenden einfachen cyclischen Basen und von ganz differenter Wirkung. Es waltet also ein Unterschied zwischen dem Verhältnis der Benzolderivate mit direkt verbundenen oder kondensierten Benzolkernen zum Benzol einerseits, und den heterocyclischen Verbindungen und ihren Komponenten andererseits ob.

---

[1]) Dubois' Arch. **1889**, 168. [2]) Dubois Arch. **1890**, 401.
[3]) Royal Soc. Proceed. London **22**, 432.

16. Beziehungen zwischen Geschmack und Konstitution.

Im allgemeinen scheint der Geschmack von Säuren, Basen und Salzen nur durch die Ionen bedingt zu sein und Richards zeigte, daß der saure Geschmack der Wasserstoffionenkonzentration proportional ist. Kahlenberg[1]) behauptet, daß man H-Ionen noch in $^1/_{800}$-N-Lösungen durch den Geschmack nachweisen kann. Unterhalb $^1/_{200}$-Normalität verursachen H-Ionen nur einen adstringierenden Geschmack. Essigsäure schmeckt stärker saurer als ihrer Ionenkonzentration entspricht. Der alkalische Geschmack der Hydroxylionen wird noch in Lösungen von $^1/_{400}$ Normalität wahrgenommen. Chlorionen haben einen salzigen Geschmack und werden noch in $^1/_{50}$-N-Lösungen empfunden. Ähnlich, aber nicht identisch ist der Geschmack der Bromionen; die Konzentration, bei der sie noch wahrgenommen werden, ist etwas höher als der Grenzwert der Chlorionen. Ähnlich, aber wenig scharf ist der Geschmack von ClO_3- und BrO_3-Ionen. Jodionen schmecken salzig, aber schwächer als Brom- und Chlorionen; die geringste Konzentration, bei der sie erkannt werden, ist $^1/_6$ N. NO_3-Ionen haben einen sehr schwachen, SO_4- und Acetationen einen noch weit schwächeren Geschmack. Sehr schwach und eigentümlich ist der Geschmack der Natriumionen; deutlicher, und zwar bitter der der Kaliumionen. Ebenfalls sehr schwach ist der Geschmack der Lithiumionen. Magnesiumionen haben einen bitteren Geschmack, der noch in $^1/_6$-N-Lösung zu erkennen ist. Gleichfalls bitter, aber von dem der Magnesiumionen verschieden ist der Geschmack der Calciumionen. Ammoniumionen schmecken auch bitter. Der metallische Geschmack der Silberionen ist noch in $^1/_{5000}$-N-Lösung, der der Quecksilberionen in $^1/_{2000}$-N-Lösung zu erkennen. Je größer die Beweglichkeit der Ionen, d. h. ihre Wanderungsgeschwindigkeit ist, um so leichter werden sie im allgemeinen durch den Geschmack erkannt (Kahlenberg). Doch gilt diese Regel nicht ausnahmslos.

Die Intensität des Geschmackes von organischen Verbindungen, welche die Aminosäure-, Säureamid-, alkoholische Hydroxyl- und die Aldehydgruppe enthalten, ist im allgemeinen um so größer, je leichter sie das Protoplasma durchdringen. Auch der sehr intensive Geschmack der Alkaloide läßt sich durch deren große Fähigkeit in Protoplasma einzudringen erklären. Kolloidale Lösungen sind geschmacklos.

Von den anorganischen Verbindungen ist zu bemerken, daß fast ausnahmslos nur Salze einen süßen Geschmack zeigen, in erster Linie die Salze des Beryllium und des Bleies. Die übrigen Elemente der zweiten Gruppe haben als Salze einen bitteren Geschmack, allen voran die Magnesiumsalze.

Die Salze der dreiwertigen Borsäure schmecken süß. Aluminiumsalze schmecken ebenfalls süß, ebenso die Salze des Scandium, des Yttrium, Lanthan, Ytterbium, Cer und Blei. Auch Didym, Erbiumoxydsalze und Terbiumerdesalze schmecken süß. Die Salze des Fluors, Jod und Brom schmecken leicht bitterlich.

Schwefel wird häufig in bitter schmeckenden, Chlor in süß schmeckenden Substanzen gefunden.

Die dulcigenen Elemente zeigen einen doppelten Charakter, indem sie sich mit Säuren als Basen und mit Basen als Säuren zu Salzen verbinden. Die amaragenen Elemente haben einen deutlich ausgeprägten positiven oder negativen Charakter. Das Vermögen, einen Geschmackseindruck zu erwecken, ist wie der Geruch eine Eigenschaft einiger ganz bestimmter Elemente, und

[1]) Bull. of the Univ. Wisconsin.

zwar solcher, welche im periodischen System auf regelmäßigen Entfernungen sich befinden. Die Periodizität, der wir hier beim Geschmackssinn begegnen, dürfte nach der Ansicht Sternbergs auf ein mit dem Wachsen der Atomgewichte zusammenhängendes Wachsen der Wellenlänge von Schwingungen hinweisen. Der Geschmack wäre also, wie fast alle physikalischen Eigenschaften, eine periodische Funktion der Atomgewichte.

Haycraft[1]) war wohl der erste Forscher, welcher überhaupt über die Natur der Moleküle, die auf die Geschmacksnerven wirken, Forschungen anstellte. Nach ihm werden ähnliche Geschmacksempfindungen durch chemische Verbindungen erzeugt, welche Elemente, wie Li, K, Na, mit periodischer Wiederkehr gewöhnlicher physikalischer Eigenschaften enthalten. Die Kohlenstoffverbindungen, welche übereinstimmende Geschmacksempfindungen hervorrufen, müssen einer Gruppierung der Elemente angehören. Unter den organischen Säuren stoßen wir auf die Gruppe $CO \cdot OH$; bei den süßschmeckenden Substanzen auf die Gruppe $CH_2 \cdot OH$. Zwischen der Qualität der Geschmacksempfindungen und hohem Molekulargewicht besteht kein Zusammenhang, ausgenommen, daß Substanzen mit sehr hohem und sehr kleinem Molekulargewicht überhaupt keinen Geschmack haben.

Die Empfindungen von süß und bitter spielen insbesondere bei Arzneimitteln eine sehr große Rolle, da ja der Geschmack derselben von großem Einfluß darauf ist, ob die Arzneimittel gerne genommen werden oder nicht. Die jahrhundertelang übliche Methode war, den Geschmack der Arzneimittel durch Korrigentien zu decken. Doch hat die moderne synthetische Chemie auch auf diesem Gebiete wenigstens zum Teil Wandel geschaffen und die unangenehmen Eigenschaften einzelner Körper in bezug auf den Geschmack durch Anlagerung bestimmter Gruppen, ohne daß der therapeutische Effekt der Grundsubstanz geschmälert worden wäre, zu unterdrücken versucht. Allgemeingültige Regeln über die Beziehungen zwischen der Konstitution und dem Geschmack lassen sich nur wenige ableiten. Wir wissen aber, daß bei den aliphatischen Alkoholen mit der Zunahme der Hydroxylgruppen der süße Geschmack ansteigt. So ist Glycerin, mit drei Hydroxylgruppen, schon ein recht süßer Körper. Doch verschwindet der süße Geschmack völlig, wenn man die drei Hydroxyle durch Acylierung verschließt (Nitroglycerin, Triacetin). Die Zucker sind alle mehr oder weniger süß. Doch sind die ihnen entsprechenden Alkohole, z. B. Mannit, weniger süß wie etwa der Traubenzucker, so daß auch die Aldehydgruppe an dem süßen Geschmack beteiligt zu sein scheint. Anderseits ist die Biose Rohrzucker intensiv süßer als Dextrose bzw. Lävulose, ohne daß eine freie Aldehydgruppe vorhanden wäre. Hingegen sind die reduzierenden Biosen, Maltose und Milchzucker weniger süß als der Rohrzucker. Für die Beteiligung der Aldehydgruppe an dem süßen Geschmacke der Zucker spricht insbesondere der intensiv bittere Geschmack der Glykoside. Geht der Aldehyd eine Reaktion mit einem aliphatischen oder aromatischen Alkohol ein, ohne daß die Hydroxylgruppen an dieser Reaktion beteiligt wären, und kommt es zur Bildung eines Glykosids, so geht der süße Geschmack des Zuckers, ebenso wie der mehr oder minder neutrale Geschmack des betreffenden Alkohols verloren, und wir erhalten sehr intensiv bitter schmeckende Körper. Wenn wir in einem Zucker die Hydroxylgruppen durch Acetyl- oder Benzoylgruppen verschließen, so erhalten wir neutrale oder bitter schmeckende Verbindungen. Es mag sein, daß daran auch der Umstand mit schuld ist, daß die Aldehydgruppe bei den Acetyl- und Benzoylzuckern keineswegs mehr reaktionsfähig ist und keinen Aldehydcharakter mehr

[1]) Haycraft, Nature 1882, 187 und 1885, 562.

zeigt, da sich der Zucker in die γ-Lactonform umlagert. Das von E. Fischer dargestellte Glucoseaceton schmeckt ebenfalls bitter. Anderseits schmeckt Mannit süß, ohne eine Aldehyd- oder Ketongruppe zu besitzen.

Für die intensiv süßen Eigenschaften des Saccharins

$$C_6H_4{<}{}^{CO}_{SO_2}{>}NH$$

und Dulcins versucht W. Sternberg Erklärungen. Jedenfalls ist es von Interesse, beim Saccharin zu sehen, daß nur die o-Verbindung süß ist, die p-Verbindung keinen süßen Geschmack zeigt. Selensacharin, ein Saccharin in dem statt Schwefel Selen steht, hat gar keinen süßen Geschmack[1]). Dulcin

$$C_6H_4{<}{}^{O \cdot C_2H_5}_{NO \cdot CO \cdot NH_2}$$

(p-Phenetolcarbamid) ist intensiv süß; der süße Geschmack ist an das Vorhandensein der Äthylgruppe gebunden. Wird die Äthylgruppe in diesem Körper durch die Methylgruppe substituiert, so wird der süße Geschmack abgeschwächt[2]). Der Ersatz durch höhere Alkylgruppen bedingt ebenfalls Verlust des süßen Geschmackes. Er verschwindet auch durch Einführung der Sulfogruppe.

Das sucrolsulfosaure Natron

$$^{NH_2 \cdot CO \cdot NH}_{NaSO_3}{>}C_6H_3 \cdot OC_2H_5$$

schmeckt nicht mehr süß.

Bei einzelnen Alkaloiden, die sich durch ihren intensiv bitteren Geschmack auszeichnen, kann man seltsame Analogien zwischen ihrem Geschmack und ihrer Konstitution und Wirkung sehen. Cinchonin ist nur wenig bitter, aber auch wenig wirksam. Durch Einfügung der Methoxylgruppe entsteht das sehr bittere, aber auch sehr wirksame Chinin. Ersetzt man nun in der Methoxylgruppe die Alkylgruppe durch andere Alkylreste, so erhält man noch immer sehr bittere und sehr wirksame Substanzen. Auch der Ersatz der Hydroxylgruppe des Chinins durch saure Reste bewirkt nicht immer Abschwächung des bitteren Geschmackes. Während wir durch den Eintritt der Methoxylgruppe beim Chinin den bitteren Geschmack erst entstehen sehen, wird der weit intensiver bittere Geschmack des Strychnins durch das Eintreten von zwei Methoxylgruppen (im Brucin) stark herabgesetzt, ebenso aber auch die Wirksamkeit.

Die Bemühungen, den Geschmack der Substanzen zu korrigieren, werden meist in der Weise ausgeführt, daß man die reaktionsfähigen Gruppen durch Anlagerung von Resten verschließt. Wir haben aber schon bei einigen Körpern gesehen, daß dieses Verschließen der reaktionsfähigen Gruppen auch den gegenteiligen Erfolg haben kann, daß man eine süße Substanz in eine bittere verwandelt, z. B. bei Glykosidbildungen. Eine andere Art der Geschmackskorrektur, welche auch vielfach darauf gerichtet ist, ätzende Nebenwirkungen der Substanzen zu beseitigen, ist das Unlöslichmachen der Substanzen, welche dann erst meist im Darmkanal aufgespalten werden und dort zur Wirkung gelangen. So wird Chinin in das unlösliche Chinintannat übergeführt und dieses überdies noch im Wasser zusammengeschmolzen und auf diese Weise entbittert. Hierbei ist zu bemerken, daß eine Reihe von sogenannten süßen Chininpräparaten, die der amerikanische Markt liefert, keineswegs Chinin, sondern Cinchonin enthält, welches ja an und für sich den intensiv bitteren Geschmack nicht besitzt, dem aber die Wirksamkeit des Chinins mangelt. Den unangenehmen herben

[1]) R. Lesser und R. Weiß, BB. 45, 1835 (1912).
[2]) Therap. Monatshefte 1893, 27. — Spiegel, BB. 34, 1935 (1901).

Geschmack des bei Darmkatarrh so gut wirkenden Tannins sowie den ebenso unangenehmen Geschmack des Ichthyols kann man unterdrücken, wenn man Tannin oder Ichthyol in eine unlösliche Verbindung mit irgendeinem Eiweißkörper, wie Hühnereiweiß, Casein oder Leim überführt und diese statt der ursprünglichen Substanz verwendet. Diese geschmacklosen und unlöslichen Eiweißverbindungen werden im Darmkanal aufgespalten und dort die wirksamen Komponenten entwickelt. In diese Kategorie gehört auch das von M. v. Nencki in die Arzneimittelsynthese eingeführte Salolprinzip. Es werden hierbei wirksame aromatische Säuren mit wirksamen Alkoholen oder Phenolen esterartig gebunden, und diese unlöslichen Verbindungen werden im Darme zum Teil durch das verseifende Enzym der Bauchspeicheldrüse, zum Teil durch die Bakterienwirkung in ihre wirksamen Komponenten gespalten. Bei dieser Art von Synthese spielt nicht nur der Geschmack, sondern auch hauptsächlich die ätzende Wirkung und die Giftigkeit der betreffenden Arzneimittel eine große Rolle. Die Kenntnis, diese schädliche Nebenwirkungen und den schlechten Geschmack durch Veresterung zu unterdrücken, verdanken wir M. v. Nencki. Insbesondere Synthesen mit Phosgengas und Äthylkohlensäurechlorid haben für diese Körperklasse (besonders Phenole) große Bedeutung erlangt. Es gelingt auf diese Weise, die ätzende Wirkung des Kreosots und des Guajacols zu unterdrücken, es gelingt, den bitteren Geschmack des Chinins zu mäßigen sowie den scharfen Geschmack mancher Substanzen wie Menthol zu coupieren.

Wilhelm Sternberg[1]) hat sich mit der Frage nach dem Zusammenhange zwischen dem chemischen Baue und Geschmacke der süß und bitter schmeckenden Substanzen beschäftigt und behauptet, daß den Elementen als solchen gar kein Geschmack zukommt. Die Kohlenwasserstoffe, gleichgültig, ob mit offener oder geschlossener Kette, entbehren ebenfalls des Geschmackes. Hingegen werden sie schmeckend, wenn in dem Molekül Sauerstoff oder Stickstoff oder auch beide eintreten. Ja eine Sauerstoffstickstoffverbindnng für sich, das Lustgas N_2O schmeckt süß.

Die Gruppen -OH und -NH_2 sind die einzigen geschmackerzeugenden oder wie sie Sternberg nennt sapiphoren.

Diese beiden Gruppen müssen nun mit den entgegengesetzten kombiniert sein, die negative OH-Gruppe mit der positiven Alkylgruppe, die positive NH_2-Gruppe mit der negativen Carboxylgruppe. Dieses ist die grundsätzliche Verschiedenheit zwischen dem Verhalten der schmeckenden und färbenden Verbindungen. Die färbenden Körper verlieren sofort ihre färbenden Eigenschaften, wenn man der Aminogruppe ihre Basizität, dem Hydroxyl seine sauren Eigenschaften nimmt, worauf ja O. Witt hingewiesen.

Der einmalige Eintritt der OH-Gruppe bringt den Körpern Geruch, der zweimalige Geschmack, und zwar süßen, wenn die übrigen Alkyle der primären Alkohole oder der Aldehyde oder Ketone Sauerstoff aufnehmen. Aber die Gegenwart eines Carboxyls macht unter allen Umständen sauren Geschmack, wenn auch in der restlichen Kette noch so viele OH-Gruppen vorhanden sind.

Mit der Länge der hydroxylhaltigen Kette steigt der süße Geschmack, welcher seinen Höhepunkt in den Aldosen und Ketosen findet. Aber diese Steigerung ist nicht ganz regelmäßig. Octite, Nonite, Gluconose und Mannonose schmecken nicht mehr so süß.

[1]) Dubois' Arch. f. Physiol. **1898**, 451; ebenda **1899**, 367. — Zeitschr. d. Vereins f. Rübenzuckerindustrie **1899**, 376. — Ber. d. Deutschen Pharmazeut. Ges. **15**, Heft 2 (1905).

Die stereogeometrische Konfiguration des Zuckers ändert an dem Geschmacke nichts[1]).

Bei den Aminosäuren finden wir den Geschmack von der stereochemischen Konfiguration abhängig. Das rechtsdrehende Asparagin schmeckt süß, während das linksdrehende geschmacklos ist[2]). l-Isoleucin schmeckt im Gegensatz zum bitteren d-Isoleucin süß[3]).

Sternberg meint, daß zum Zustandekommen des süßen angenehmen Geschmackes ein gewisses harmonisches Verhältnis der negativen Hydroxyl- und der positiven Alkylgruppen notwendig ist. Jeder Alkylgruppe muß eine Hydroxylgruppe gegenüberstehen; daher schmecken

Glycerin $CH_2 \cdot OH$ / $CH \cdot OH$ / $CH_2 \cdot OH$ und Inosit (OH · H; HO · H, H · OH; HO · H, H · OH; H · OH) süß.

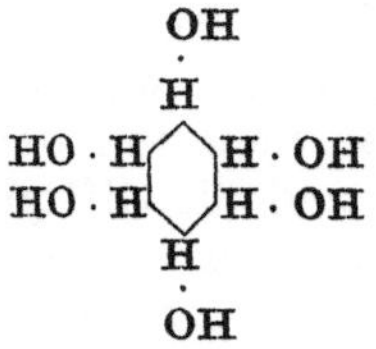

Ein einziges Mal kann die Alkylgruppe der Hydroxylgruppe gegenüber vermehrt sein, so daß das Molekül ein Sauerstoffatom weniger als Kohlenstoffatome enthält, ohne daß der süße Geschmack verschwindet. Daher schmecken die Disaccharide süß, aber alle Tri- und alle anderen Polysaccharide sind geschmacklos.

Dies ist auch der Grund, warum Methylglykoside, Glykolglykosid und Methylinosit süß schmecken.

Die Harmonie des Aufbaues erträgt wohl leichte Erschütterungen, meint Sternberg, aber stärkere Erschütterungen bringen den Verlust des süßen Geschmackes mit sich. Äthylglykose schmeckt daher schon schwach süß, Methylrhamnose aber schon bitter. Äthylrhamnosid schon stark und anhaltend bitter.

Bei den Bitterstoffen fällt es auf, daß sie sehr wenig Sauerstoff im Molekül haben.

Wenn man in den Zuckern das positive Alkylradikal bei der Glykosidbildung durch den negativen Phenolrest ersetzt, so erhält man intensiv bitter schmeckende Körper. Daher ist Methylglykosid süß, Phenylglykosid bitter.

$CH_3 \cdot CH(OH) \cdot CH_2(OH)$ 1.2-Dihydrooxypropan süß
$C_6H_5 \cdot CH(OH) \cdot CH_2(OH)$ Phenyläthylenglykol bitter

$CH_3 \cdot CH(OH) \cdot CH(OH) \cdot CH_2(OH)$ Butenylglycerin süß
$C_6H_5 \cdot CH(OH) \cdot CH(OH) \cdot CH_2(OH)$ Phenylglycerin bitter

Die natürlichen Glykoside sind aus dem Grunde bitter, weil sie zumeist Phenolderivate sind.

Es ergibt sich aus diesen Ausführungen, daß die Substitution eines Wasserstoffes in dem süß schmeckenden Methylglykosid durch eine C_6H_5-Gruppe ebenfalls bitteren Geschmack zur Folge hat. Die Benzylglykose $C_6H_5 \cdot CH_2 \cdot C_6H_{11}O_6$ schmeckt intensiv bitter und beißend.

Der bittere Geschmack verschwindet nicht, wenn man in das Benzylradikal auch ein Hydroxyl einführt, denn das Glykosid Salicin $C_6H_4 \cdot CH_2(OH) \cdot C_6H_{11}O_6$ schmeckt ebenfalls intensiv bitter und selbst die Einführung weiterer negativer Gruppen bestimmt noch nicht den bitteren Geschmack, denn Monochlorsalicin

[1]) P. Mayer und C. Neuberg, HS. **37**, 547 (1903).
[2]) Piutti, C. r. **103**, 305. — Gaz. chim. ital. **17**, 126, 182.
[3]) F. Ehrlich, BZ. **63**, 379.

und Monobromsalicin schmecken noch bitter; führt man aber noch mehr negative Gruppen ein, so erhält man das geschmacklose Tetraacetylchlorsalicin. Auch durch das Abstumpfen des sauren Hydroxyls im Salicin erhält man einen geschmacklosen Körper. Daher ist Salicinnatrium $C_{13}H_{17}O_7 \cdot Na$ geschmacklos. Weitere Hydroxylierung des Salicins zum Helicin $C_6H_{11}O_5 \cdot O \cdot C_6H_4 \cdot CHO$ (Aldehydbildung) macht einen geschmacklosen Körper. Führt man in das Hydroxyl des Salicins eine Benzoylgruppe ein, so erhält man Populin $C_{13}H_{17}(C_6H_5 \cdot CO)O_7$, einen süßlich schmeckenden Körper. Die zweimalige Einführung des Benzoylrestes in das Salicin macht eine geschmacklose Substanz.

Hingegen wird der süße Geschmack der Aminoessigsäure (Glykokoll) $NH_2 \cdot CH_2 \cdot COOH$ durch Einführung einer Benzoylgruppe (Hippursäurebildung $C_6H_5 \cdot CO \cdot NH \cdot CH_2 \cdot COOH$) in einen sauren verwandelt, während die bitter schmeckende Cholalsäure $C_{24}H_{40}O_5$ durch ihren Eintritt in die Aminoessigsäure dieselbe in die sehr bitter schmeckende Glykocholsäure $C_{24}H_{39}O_4 \cdot NH \cdot CH_2 \cdot COOH$ verwandelt.

Nach Sternberg hängt der süße und bittere Geschmack der Verbindungen von dem Verhältnis und Mißverhältnis der positiven zu den negativen Gruppen ab. Eine kleine Änderung kann daher schon den süßen Geschmack in einen bitteren verwandeln. Die Verbindung der Zucker mit Ketonen macht daher die entstehenden Körper alle bitter.

Die Einführung von sauren Resten in die Zucker macht die Substanz bitter oder sauer und schließlich verschwindet der Geschmack ganz.

Ebenso verwandelt sich der Geschmack in einen bitteren, wenn man in ein Hydroxyl eine Base einführt. Daher ist reiner Zuckerkalk bitter.

Die Symmetrie der hydroxylierten Verbindungen ist als Hauptquelle des süßen Geschmackes anzusehen. Daher schmeckt das symmetrische Trioxyhexamethylen (Pholoroglucit) süß.

$$(OH)CH{<}\begin{matrix} CH_2{-}CH(OH) \\ CH_2{-}CH(OH) \end{matrix}{>}CH_2.$$

Bei den zwei- und dreiwertigen Phenolen sind es die OH-Gruppen in der symmetrischen m-Stellung, die süßen Geschmack hervorrufen.

OH, OH — meta Resorcin süß

OH, OH — para Hydrochinon schwach süß

OH, OH — ortho Brenzcatechin bitter.

HO, OH, OH — Alles meta Phloroglucin süß

OH, OH, OH — Alles ortho Pyrogallol bitter.

Pyrogallol schmeckt nach Emil Fischer süß, nach W. Sternberg deutlich bitter.

Von den Dioxytoluolen ist das einzig süß schmeckende das symmetrische Orcin

HO, OH, CH_3

β-Orcin CH_3, HO, OH ist schon wieder geschmacklos.

Beim Benzolring müssen also ebenfalls zwei saure Gruppen zum Zustandekommen des süßen Geschmackes vorhanden sein. Aber eine von diesen kann auch eine Carboxylgruppe sein, nur muß die symmetrische Metastellung gewahrt werden.

Stumpft man aber die saure Gruppe durch Amidbildung ab, so geht der süße Geschmack in den bitteren über, wie bei m-Oxybenzoesäure-amid.

OH (Benzolring) $CO \cdot NH_2$ · m-Oxybenzonitril OH (Benzolring) C≡N schmeckt wieder intensiv süß und zugleich beißend.

m-Oxybenzoesäure schmeckt süß, ebenso m-Aminobenzonitril, welches ein süß schmeckender Farbstoff ist.

Wenn man aber den sauren Charakter durch Einführung einer Nitrogruppe steigert, so entsteht ebenfalls, aber nur bei einer Stellung süßer Geschmack, nämlich bei der 2-Nitro-m-oxybenzoesäure, OH (Benzolring) NO_2 COOH, alle anderen Nitro-m-oxybenzoesäuren sind geschmacklos. Mehr negative Gruppen führen zur Geschmacklosigkeit, welche bei weiterer Steigerung der Anzahl der negativen Gruppen zum bitteren Geschmack führt. Dinitro-m-oxybenzoesäure ist geschmacklos, Trinitro-m-oxybenzoesäure schmeckt intensiv bitter.

Die o-Stellung kann ebenfalls zu einem süßlichen Geschmacke führen. So ist Salicylsäure sauer und süßlich, salicylsaures Natron ist noch süßer (widerlich süß). Der süßliche Geschmack bleibt noch im Salipyrin (salicylsaures Antipyrin) erhalten, während Antipyrin allein leicht bitter schmeckt, er bleibt auch in Salithymol (Salicylsäurethymolester), in Salokoll (Phenokollsalicylat) und in Dijodsalicylsäure.

Während aber m-Oxybenzoesäureamid, wie erwähnt, bitter schmeckt, ist Salicylsäureamid geschmacklos.

Alle sechs Dioxybenzoesäuren sind geschmacklos.

Bei den aromatischen Ketonen sind die ungesättigten Kondensationsprodukte durch einen schärferen Geschmack ausgezeichnet als die entsprechenden gesättigten Verbindungen. Die Einführung von Brom, einer Methoxy- und Methylgruppe an Stelle des m-Wasserstoffes des Benzolkernes, sowie eine Verlängerung der Seitenkette erzeugen eine deutliche Steigerung der geschmacklichen Wirkung[1]).

Die NH_2-Gruppe gibt den Kohlenwasserstoffen ebenfalls den süßen Geschmack, und zwar dann, wenn eine negative COOH-Gruppe vorhanden ist, so zwar, daß die entgegengesetzten Gruppen möglichst innig verknüpft sind. α-Aminosäuren schmecken süß[2]). E. Fischer zeigte dieses ebenfalls für die α-Aminocarbonsäuren der aliphatischen Reihe; bei den β-Aminocarbonsäuren tritt dieser süße Geschmack zurück; β-Aminoisovaleriansäure schmeckt sehr schwach süß und hinterher schwach bitter. γ-Aminobuttersäure ist gar nicht mehr süß, sondern schmeckt etwas fade. Leucin schmeckt deutlich süß, ebenso α-Amino-n-capronsäure, während d-Isoleucin bitter schmeckt. Auch bei den Oxyaminosäuren liegen die Verhältnisse ähnlich; Serin (α-Amino-β-oxypropionsäure) und α-Amino-γ-oxyvaleriansäure schmecken stark süß, Isoserin (β-Amino-α-oxypropionsäure) dagegen nicht. α-Pyrrolidincarbonsäure (Ring) COOH NH ist ebenfalls süß. Anders verhalten sich die aromatischen Aminosäuren: Phenylaminoessigsäure $C_6H_5 \cdot CH(NH_2) \cdot COOH$ und Tyrosin sind nahezu geschmacklos, bzw. schmecken schwach fade (kreideartig), während Phenylalanin $C_6H_5 \cdot CH_2 \cdot CH(NH_2) \cdot COOH$ süß ist. dl-Tryptophan schmeckt süß, aktives ist fast geschmacklos, dasselbe gilt für Leucin. Von den zweibasischen Aminosäuren schmeckt Glutaminsäure

$$\begin{array}{l} COOH \\ \cdot \\ CH_2 \\ \cdot \\ CH_2 \\ \cdot \\ CH \cdot NH_2 \\ \cdot \\ COOH \end{array}$$

schwach sauer und hinterher fade, Asparaginsäure

$$\begin{array}{l} COOH \\ \cdot \\ CH_2 \\ \cdot \\ CH \cdot NH_2 \\ \cdot \\ COOH \end{array}$$

stark sauer, etwa wie Weinsäure.

Analog den Aminosäuren (wegen der benachbarten Stellung), verhalten sich in der aromatischen Reihe die o-Verbindungen. Dieses ist nach Sternberg auch der Grund, warum nur die o-Verbindung des Benzoesäuresulfinids süß schmeckt, während die p-Verbindung geschmacklos ist.

Die Dicarbonsäuren dieser Gruppen, z. B. Asparaginsäure schmecken nicht mehr süß, sondern sauer, ebenso wie bei der Umwandlung des Traubenzuckers in Glykuronsäure $COOH \cdot (CH \cdot OH)_4 \cdot CHO$ der süße Geschmack in den sauren übergeht.

Stumpft man aber eine Carboxylgruppe der Asparaginsäure durch Überführung in Amid ab, so erhält man das süß schmeckende Asparagin. Diaminobernsteinsäure ist geschmacklos, auch wenn man beiden Carboxylen durch Amidierung oder Esterifizierung den sauren Charakter nimmt. Hingegen schmeckt Iminobernsteinsäureester bitter. Will man diesen bitteren Geschmack in einen süßen verwandeln, so braucht man nur die Carboxylgruppe in Amid überzuführen. Iminosuccinaminsäureäthylester schmeckt süß.

$$\begin{array}{l} COOH \\ | \\ CH \diagdown \\ | \quad \rangle NH \\ CH \diagup \\ | \\ COOH \cdot C_2H_5 \end{array}$$
bitterer Iminobernsteinsäureester

$$\begin{array}{l} CO \cdot NH_2 \\ | \\ CH \diagdown \\ | \quad \rangle NH \\ CH \diagup \\ | \\ COO \cdot C_2H_5 \end{array}$$
süßer Iminosuccinaminsäureäthylester.

Die einmalige Methylierung ändert an dem süßen Geschmack dieser Gruppe nichts, hingegen die Dimethylierung und die Äthylierung, welche zur Geschmacklosigkeit führt. Sarkosin (ungiftig) $\underset{\displaystyle |\atop\displaystyle COOH}{CH_2}—C(CH_3)H$ ist daher süß. Durch Austritt von einem Molekül Wasser geht es aber in das bitter schmeckende Sarkosinanhydrid über. Auch die geschmacklose Trimethylaminobuttersäure wird auf diese Weise bitter.

Die Nähe des Carboxyls und der NH_2-Gruppe ist nicht nur bei den aliphatischen, sondern auch bei den aromatischen Körpern zum Zustandekommen des süßen Geschmackes notwendig.

Daher ist Anthranilsäure (Benzolring mit NH_2 und $COOH$ in o-Stellung) süß, während p-Aminobenzoesäure (Benzolring mit NH_2 und $COOH$ in p-Stellung) geschmacklos ist.

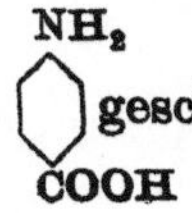

Deshalb schmeckt o-Aminosalicylsäure noch schwach süßlich,

während p- und m-Aminosalicylsäure beide geschmacklos sind.

Benzyl-β-aminocrotonsäureester (F. 79—80°) ist vollkommen geschmacklos, die Modifikation (F. 210°) hat einen intensiv süßen, gleichzeitig pfefferartigen Geschmack.

Synanisaldoxim ist geschmacklos, gewöhnliches Anisaldoxim schmeckt süß.

o-Aminobenzoesäure verliert nach dem Ausgeführten durch Eintritt einer zweiten sauren Gruppe ihre Süßigkeit. Daher schmeckt o-Sulfamidbenzoesäure

$SO_2 \cdot NH_2$

COOH

gar nicht und erst durch Anhydridbildung kommt jener intensiv süße Geschmack des Saccharins zustande.

Das Saccharinmolekül bleibt sehr süß, wenn man in der p-Stellung eine positive NH_2-Gruppe einfügt, wenn man aber an dieselbe Stelle eine Nitrogruppe bringt, so erhält man das sehr bitter schmeckende p-Nitro-benzoesäuresulfinid.

Das Lacton der Saccharinsäure hat einen bitteren Geschmack; während Saccharin süß schmeckt, ist Benzolsulfonbenzamid geschmacklos.

Alle Salze des Saccharins schmecken süß, auch die Alkylammoniakderivate des Saccharins schmecken süß. Man erhält sie durch Einwirkung von Saccharin auf die Aminbasen [1]).

Sucramin ist das Ammoniumsalz des Saccharins. Die alkoholische Lösung von Sulfaminbenzoesäuresulfinid schmeckt intensiv süß.

Methylsaccharin ist sehr süß, wenn auch nur halb so süß wie Saccharin. Der Äthylester des Saccharins und die Verbindung von Formaldehyd mit Saccharin schmecken beide süß. p-Bromsaccharin schmeckt stark süß und äußerst bitter, p-Fluorsaccharin schmeckt stark süß und schwach bitter. p-Chlorsaccharin schmeckt süßbitter. p-Jodsaccharin schmeckt bitter. p-Aminosaccharin schmeckt süß. p-Aminobenzoylsulfinid ist sehr intensiv süß, hingegen schmeckt p-Nitrosaccharin bitter. Die im Benzolkern substituierten Derivate des Saccharins schmecken fast ausnahmslos entweder süß oder bitter. Ist die Imidgruppe durch andere Radikale substituiert, so sind diese Derivate geschmacklos, wie z. B. Methyl-, Äthyl-, Phenyl-, Tolylsaccharine.

p-Brombenzoylsulfinid $C_6H_3Br{<}^{CO}_{SO_2}{>}NH$ schmeckt vorn an der Zunge süß, hinten bitter und anfangs sehr süß, dann sehr bitter. Hingegen verliert Saccharin seinen süßen Geschmack völlig, wenn man den Imidwasserstoff äthyliert. Aber der Ersatz desselben Imidwasserstoffes durch Natrium ändert am Geschmack gar nichts.

p-Phenetholcarbamid $C_2H_5 \cdot O \cdot C_6H_4 \cdot NH \cdot CO \cdot NH_2$ und p-Anisol-carbamid $CH_3 \cdot O \cdot C_6H_4 \cdot NH \cdot CO \cdot NH_2$ sind beide süß, die Phenetholverbindung ist die süßere. Sogar die Verbindung $CH_3 \cdot C_6H_4 \cdot NH \cdot CO \cdot NH_2$ schmeckt süß. Süß schmeckt auch der unsymmetrische α-α'-Dimethylharnstoff $OC{<}^{N \cdot (CH_3)_2}_{NH_2}$, während der symmetrische α-β-Dimethylharnstoff $CO{<}^{NH \cdot CH_3}_{NH \cdot CH_3}$ geschmacklos ist. Ebenso ist auch der symmetrische Di-p-phenetholharnstoff geschmacklos.

$$OC{<}^{NH \cdot C_6H_4 \cdot O \cdot C_2H_5}_{NH \cdot C_6H_4 \cdot O \cdot C_2H_5}$$

[1]) Französisches Patent 322 096.

Die meisten Substitutionen heben den süßen Geschmack des Dulcins auf[1]). Dies gilt für Nitro-, Amino-, Sulfo- und Halogenderivate, die aus den entsprechend substituierten Phenetidinen hergestellt werden[2]).

Die Einführung von OH in die Alkylgruppe der Oxyphenylharnstoffäther bewirkt keine höhere Süßkraft. Oxydulcin $CH_2(OH) \cdot CH_2 \cdot O \cdot C_6H_4 \cdot NH \cdot CO \cdot NH_2$ schmeckt zwar im ersten Augenblick deutlich süß, aber schwächer als Dulcin, und nach einigem Verweilen auf der Zunge, in wässeriger Lösung, sofort markant bitter, und dem Dioxypropylderivat fehlt süßer Geschmack vollkommen. Im Gegensatz zu den Süßstoffen p-Phenethol-carbamid und p-Anisol-carbamid ist p-Phenoxylessigsäure-carbamid $NH_2 \cdot CO \cdot NH \cdot C_6H_4 \cdot O \cdot CH_2 \cdot COOH$ nicht mehr süß. Auch die Umwandlung des p-Phenoxyessigsäurecarbamids in das zugehörige Amid führt zu einer geschmacklosen Verbindung[3]).

Das Ammoniumsalz der Toluylendioxamsäure $CH_3 \cdot C_6H_3(NH \cdot CO \cdot COOH)_2$ schmeckt intensiv süß.

Ein intensiver Süßstoff ist ferner das Salz der Aminotriazinsulfosäure

Aminotriazin (Strukturformel: C_6H_5—, $C_6H_5 \cdot N$, N, HN, NH_2)

Das Glucin ist das Natriumsalz mehrerer Sulfosäuren, und zwar der Bi- und Trisulfosäuren der Base. Die Base selbst schmeckt noch nicht süß, auch nicht ihr Chlorhydrat.

Schon die Anwesenheit einer einzelnen Sulfogruppe bringt den süßen Geschmack zur Entwicklung. Die Natriumsalze der drei isomeren Triazine, die man aus o-, m- und p-Sulfochrysoidin erhält, sind süß. Der süße Geschmack beruht nicht auf der Anwesenheit der Aminogruppen, ersetzt man diese durch Jod, so bleibt der Geschmack.

Glycyrrhizin ist das Ammoniumsalz einer Säure, schmeckt süß, während die freie Säure nicht süß schmeckt. Das Kaliumsalz schmeckt süß[4]).

Das tertiäre Isobutylglykol-β-hydroxylamin schmeckt süß, ebenso das tertiäre Isobutylglyceryl-β-hydroxylamin. Dioxyaceton schmeckt süß und sein Oxim süßlich.

Methylguanidinessigsäure schmeckt bitter, p-Methylphenylguanidinnitrat schmeckt sehr bitter. Theobromin schmeckt bitter, ebenso seine Salze, ebenso Theophyllin und seine Verbindungen. Coffein ist nur schwach bitter. Die Salze aller Ammoniumbasen haben schon in kleinen Mengen einen außerordentlich bitteren Gschmack.

Piperazin schmeckt bitter, Hexamethylentetramin hat einen ausgesprochenen süßen, nachher etwas bitteren Geschmack.

Glucosephenylhydrazon schmeckt bitter, sehr bitter schmeckt Anhydroglykoso-o-diaminobenzol, ebenso Glykoso-m- und Glykoso-p-diaminotoluol und Biglykoso-o-diamino-benzol und Glykosidoguajacol. Glykosotoluid schmeckt bitter.

---

[1]) Thoms, Ber. Dtsch. Pharm. Ges. **3**, 133. — Spiegel und Sabbath, BB. **34**, 1935.

[2]) H. Thoms und K. Nettesheim. Ber. Dtsch. Pharm. Ges. **30**, 227 (1920).

[3]) F. Boedecker und R. Rosenbusch, Ber. Dtsch. Pharm. Ges. **30**, 251 (1920).

[4]) Wilhelm Sternberg, Archiv für Anatomie und Physiologie, Physiologische Abteilung, **1905**, 201.

Hydrobenzamid schmeckt schwach süß, das isomere Amarin sehr bitter, Trinitroamarin ist stark bitter. Chinolingelb schmeckt süß. Äthylphosphin schmeckt sehr bitter, Tetraäthylphosphoniumhydroxyd schmeckt bitter, Tetramethylstiboniumjodid schmeckt ebenfalls bitter. Japancampher hat einen brennend bitteren Geschmack. Aminocampher [1]) hat süßen Geschmack. Von einem o-Aminocampher berichtet P. Cazeneuve [2]), der sehr leicht bitter schmeckt. Dihydrobenzaldoxim schmeckt unangenehm süß. Hydrastinin schmeckt sehr bitter.

Die Amine sind vorherrschend bittere Substanzen, insbesondere die Alkaloide, während die Säuren nur in wenigen Fällen bitter schmecken, wie Cetrarsäure, Colombosäure, Lupulinsäure, Gymnemasäure und Chrysophansäure.

Zum Unterschiede von den niederen Fettsäuren schmecken die Oxyfettsäuren angenehm sauer.

Betain schmeckt süßlich. Kreatin schmeckt bitter. Taurin ist geschmacklos. Glykocholsäure schmeckt bittersüß, Hyoglykocholsäure schmeckt bitter.

Methylaminopropionsäure und Methylaminobuttersäure schmecken süß. Trimethylaminobuttersäure ist geschmacklos, ihr Anhydrid schmeckt bitter. Aminooxybuttersäure schmeckt süß [3]).

Aminooxyisobuttersäure hat keinen süßen Geschmack. Die isovaleriansauren Verbindungen haben einen süßen Beigeschmack.

Die Derivate des Piperidins sind alle sehr bitter. β-Oxy-α-piperidon schmeckt süßlich.

Aminotridekanäthylester schmeckt intensiv bitter. Oxalsäureäthylester schmeckt bitter. Fumarsäure schmeckt rein sauer, Maleinsäure kratzend sauer.

l-Glucosaminsäure schmeckt süß. Sulfosalicylsäure schmeckt süßlich. m-Oxybenzoesäure schmeckt süß, während die p-Säure geschmacklos ist. Anthranilsäure, die o-Verbindung, ist geschmacklos. m-Aminobenzoesäure soll süß schmecken und p-Aminobenzoesäure ist geschmacklos. Die drei isomeren Sulfaminobenzoesäuren schmecken sauer, das Anhydrid der o-Säure ist das Saccharin. Benzbetain schmeckt bitter, Äthyl-m-aminobenzoesäure ist fast geschmacklos. o-Aminosalicylsäure schmeckt schwach süß, die p- und m-Verbindungen sind geschmacklos. Orthoform schmeckt schwach bitter, Salicylsäuremethylester ist schwach süßlich. m-Oxybenzoesäureamid schmeckt bitter, o-Oxybenzoesäureamid ist geschmacklos. p-Aminophenylalanin schmeckt süß. Die Salze der Toluylendiaminoxamsäure sind sehr süß. Formamid schmeckt bitter, Chloroform schmeckt süß, Chloralhydrat schmeckt bitter. Chloralformamid schmeckt bitter, Acetamid sehr bitter, ebenso Diacetamid und Propionamid, während Butyramid von süßem, hinterher bitterem Geschmack sein soll.

Antifebrin in alkoholischer Lösung schmeckt bitter, ebenso Phenacetin. Methacetin schmeckt salzig bitter, Acet-p-anisidin ist schwach bitter. Lactophenin scharf bitter, Phenosal sauer und bitter. Harnstoff bitter.

Die Nitroparaffine sind nicht süß, hingegen die Nitroverbindungen der aromatischen Kohlenwasserstoffe.

Die Halogenderivate der Paraffine schmecken süß, während die cyclischen Derivate nicht schmecken. Dinitroäther soll aber süßen Geschmack haben. 2-Nitroäthanol hat einen stechenden Geschmack, 3-Jodpropanol hat einen

---

[1]) F. Tiemann und Schmidt, BB. **29**, 903 (1896).

[2]) Bull. de la Soc. Chimique de Paris, T. II (3), 715 (1889).

[3]) P. Melikoff, Liebigs Annalen **234**, 208 (1886).

scharfen Geschmack, 3-Nitropropanol einen schwach stechenden Geschmack. Bromnitropropanol hat einen scharfen Geschmack. Tertiäres Nitrobutan hat einen scharf ätzenden Geschmack. 2-Nitropentanol ist bitter, ebenso Nitroisopentanol und Nitroform. Die Ester der Salpetersäure schmecken süß, haben aber einen bitteren Nachgeschmack.

Die NO_2-Gruppe findet sich in süßen und bitteren Verbindungen.

Äthylnitrit und Nitroglycerin schmecken schwach süß. Nitrobenzol und o-Nitrophenol schmecken ebenfalls süß.

α-Monochlorhydrin ist süß, ebenso die β-Verbindungen. Glycerinmononitrat schmeckt scharf aromatisch. Epichlorhydrin riecht süß wie Chloroform, Hallersche Säure schmeckt süß. Die Salpetersäureester schmecken süß, die Nitroparaffine nicht, werden aber letztere durch salpetrige Säure in Nitrolsäuren verwandelt, so erlangen auch sie den süßen Geschmack.

Äthylnitrolsäure schmeckt intensiv süß, während die Propylnitrolsäure süß, aber beißend schmeckt. Nitrobenzol schmeckt süß, hingegen nicht Chlorbenzol. o-Nitrophenol schmeckt süß, Dinitrobenzol bitter, ebenso Trinitrobenzol, Pikrinsäure (Trinitrophenol) sehr bitter.

Monochlordinitrophenole schmecken sehr bitter, während Dichlornitrophenole nicht mehr schmecken.

6-Chlor-2.4-dinitrophenol schmeckt sehr bitter, 4-Chlor-2.6-dinitrophenol bitter. o-Nitrobenzoesäure schmeckt intensiv süß, Dinitrobenzoesäure und Trinitrobenzoesäure sehr bitter, m-Nitrobenzoylaminsäure stark bitter, 2-Nitro-m-oxybenzoesäure intensiv süß, alle anderen Nitro-m-oxybenzoesäuren schmecken süß, während die Trinitro-m-oxybenzoesäure intensiv bitter schmeckt.

p-Nitrophenyl-α-aminopropionsäure schmeckt bittersüß, während die entsprechende Aminoverbindung süß schmeckt. 4-Nitro-2-sulfamidbenzoesäure ist geschmacklos, während das Anhydrid, p-Nitrobenzoesulfinid, sehr bitter schmeckt. m-Nitroanilin schmeckt intensiv süß, o-Nitroanilin schmeckt nicht süß und p-Nitroanilin ist fast geschmacklos.

Nitro-m-toluidin schmeckt stark süß. Toluylendiamin wirkt stark hämolysierend. 4.4′-Dinitro-2.2′-diaminodiphenylhexan und 4.4′-2.2′-Tetraaminodiphenylhexan, welche als Derivate von Nitro-m-toluidin bzw. Toluylendiamin aufgefaßt werden können, zeigen beide Eigenschaften nicht. Die Verdoppelung des substituierten Benzolkernes im Molekül hemmt die Entfaltung der physiologischen Eigenschaften. Denn die Verbindungen

$NO_2 \cdot ⬡(NH_2) \cdot CH_2 \cdot CH_2 \cdot ⬡(NH_2) \cdot NO_2$ und $NH_2 \cdot ⬡(NH_2) \cdot CH_2 \cdot CH_2 \cdot ⬡(NH_2) \cdot NH_2$

sind so indifferent wie

$NO_2 \cdot ⬡(NH_2) \cdot (CH_2)_6 \cdot ⬡(NH) \cdot NO_2$ und $NH_2 \cdot ⬡(NH_2) \cdot (CH_2)_6 \cdot ⬡(NH_2) \cdot NH_2$,

während $NO_2 \cdot ⬡(NH_2) \cdot CH_2 \cdot CH_2 \cdot CH_3$ und $NH_2 \cdot ⬡(NH_2) \cdot CH_2 \cdot CH_2 \cdot CH_3$,

sowie Nitro-m-toluidin

$NO_2 \cdot ⬡(NH_2) \cdot CH_3$ und $NH_2 \cdot ⬡(NH_2) CH_3$,

wenn auch schwächer wirken.

Die Verbindung $NO_2 \cdot C_6H_3(NH_2) \cdot CH_2 \cdot CH_2 \cdot CH_2 \cdot COOH$

ist gänzlich geschmacklos, was sehr bemerkenswert, wenn man sich den süßen Geschmack von $NO_2 \cdot C_6H_3(NH_2) \cdot C_3H_7$

auf der einen und von $NO_2 \cdot C_6H_3(NH_2) \cdot COOH$

auf der anderen Seite vergegenwärtigt.

Die Verbindung $NO_2 \cdot C_6H_3(NH_2) \cdot CH_2 \cdot CH_2 \cdot CH \cdot N(CH_3)_2$

ist sehr bitter, was bemerkenswert, da

$NO_2 \cdot C_6H_3(NH_2) \cdot C_3H_7$ süß und $NO_2 \cdot C_6H_3(NH_2) \cdot N(CH_3)_2$

völlig geschmacklos ist.

$NO_2 \cdot C_6H_3(NH_2) \cdot CH_2 \cdot CH_2 \cdot CH \cdot Cl$ zeigt süßen Geschmack wie $NO_2 \cdot C_6H_3(NH_2) \cdot CH_2 \cdot CH_2 \cdot CH_3$.

$NO_2 \cdot C_6H_3(NH_2) \cdot CH_2 \cdot CHCl \cdot CH_3$ ist sehr süß [1]).

Phthalimid hat keinen süßen Geschmack.

Die drei isomeren Sulfaminbenzoesäuren schmecken schwach säuerlich, und zwar je nach ihrer Wasserlöslichkeit mehr oder minder sauer. Das Ammoniumsalz der o-Säure ist geschmacklos. Nur die o-Verbindung kann ein Anhydrid geben.

Unsymmetrisches o-Sulfobenzimid schmeckt nicht süß. Urethan schmeckt sehr bitter. Phenylurethan bitter. Oxyphenylacetylurethan bitter, ebenso Thermodin und Hedonal. Maretin ist geschmacklos. Dimethylharnstoff schmeckt bitter, hingegen schmeckt der unsymmetrische Dimethylharnstoff süß. Phenylharnstoff ist bitter.

Sucrolsulfosaures Natrium soll nicht mehr süß schmecken. Phenacetin schmeckt bitter, p-Tolyharnstoff süß. Toluylendiaminoxamsäure bildet süßschmeckende Salze. Veronal schmeckt bitter. Nitropyruvinureid schmeckt süß.

Ditolylsulfoharnstoff schmeckt auffallend bitter. Thiosinamin bitter. Thiobiuret sehr bitter.

Die Safranine schmecken wie die übrigen Ammoniumbasen bitter.

Die Pflanzenalkaloide sind durchweg bitter, obenan Strychnin und Chinin. Dieses Verhalten versucht Sternberg durch ihre cyclische Natur zu erklären. So entsteht aus der geschmacklosen ungiftigen γ-Aminobuttersäure durch Ringschluß das bittere, giftige Pyrrolidon und aus γ-Aminovaleriansäure das ebenfalls bittere und giftige Oxypiperidon.

---

[1]) J. v. Braun und Margarete Rawicz, BB. **49**, 799 (1916).

Systematische Untersuchungen über Geschmack in verschiedenen chemischen Gruppen verdanken wir G. Cohn[1]), der eine Reihe von Regeln abgeleitet.

Alle Derivate des m-Nitranilins schmecken süß, z. B. m-Nitranilin, 4-Nitro-2-toluidin, 4-Nitro-2-aminophenol, 5-Nitro-2-chloranilin, 5-Nitro-2-bromanilin, 6-Nitro-2-aminobenzoesäure, 4-Nitro-2-aminobenzoesäure, 6-Chlor-4-nitro-2-aminophenol. Letztere Verbindung hat daneben einen bitteren Geschmack.

Die Derivate des süßschmeckenden o-Nitrophenols wie 3-Nitro-4-kresol, 2-Nitroresorcin, Nitrohydrochinon, 4.6-Dibrom-2-nitrophenol, 2-Nitro-3-oxybenzoesäure, 2-Nitro-3-cumarsäure, Nitro-m-oxybenzonitril sind sehr verschieden in der Intensität des Geschmackes, qualitativ aber alle süß.

Die Derivate des Resorcins: Orcin, β-Isoorcin, β-Orcin, Phloroglucin, Phloroglucinmethyläther, resorcylsaures Natrium schmecken süß wie Resorcin selbst.

Häufig sind die Halogene die Ursache des süßen Geschmackes.

Diphensäure und ihre Derivate schmecken bitter.

Homologe Verbindungen haben häufig ähnlichen Geschmack. Die Isomerie beeinflußt auch den Geschmack, aber der Einfluß ist regellos. Alkylierung einer Aminogruppe erzeugt häufig Süßgeschmack. Alkylierung einer sauren Imidgruppe vernichtet den Süßgeschmack, ebenso Alkylierung einer Hydroxylgruppe. Der Eintritt einer Phenylgruppe in das Molekül eines Süßstoffes oder der Ersatz eines Alkyls durch Phenyl schädigt den Geschmack. Es tritt Umschlag nach bitter oder Geschmacklosigkeit ein. Die Nitrogruppe schädigt den Süßgeschmack. Sie schwächt ihn ab, vernichtet ihn, gibt ihm einen bitteren Beigeschmack oder ersetzt ihn vollständig durch bitteren Geschmack. Bei Eintritt einer Aminogruppe in das Molekül eines Süßstoffs bleibt der Geschmack erhalten. Öfters verleiht die Aminogruppe einem geschmacklosen oder bitteren Körper süßen Beigeschmack. Ein Süßstoff wird durch Sulfurierung geschädigt. Es tritt Vernichtung des Geschmackes oder Umschlag nach bitter ein. In den einfach zusammengesetzten aliphatischen Halogenkohlenwasserstoffen ist das Halogen die Ursache des Geschmackes, und zwar des Süßgeschmackes. Die Art des Halogens ist von untergeordneter Bedeutung. Daher findet man in der Fettreihe so viele Süßstoffe mit hohem Chlorgehalt. Chloralverbindungen schmecken, wenn überhaupt, meist bitter. In aromatischen Verbindungen ist das Halogen keine Wesensgrundlage des Geschmackes. Der Süßgeschmack aromatischer Verbindungen wird vielleicht durch Halogene im allgemeinen beeinträchtigt, geschwächt oder vernichtet, ganz oder teilweise in bitter umgewandelt. Die Methoxylgruppe beeinträchtigt den süßen Geschmack aromatischer Verbindungen nicht, sondern hat im Gegenteil die Tendenz, geschmacklose Substanzen in süße zu verwandeln und eine bittere Geschmackskomponente durch eine süße zu ersetzen.

Wenn Schwefel in mercaptanartiger oder sulfidischer Form vorliegt, entstehen Bitterstoffe: Mercaptane, Thiophenole, Mercaptale, Sulfide, Disulfide. Verbindungen mit vierwertigem Schwefel, Sulfiniumbasen, Thioniumchinone und Thetine schmecken bitter. Wenn Schwefel in Thiocarbonylform —CS— vorliegt, so entstehen bitter schmeckende Substanzen: Thioamide, Thioharnstoffe, Thiobiurete und Dithiobiurete. Durch Süßgeschmack zeichnen sich Xanthogensäureester aus. Sulfinsäureester wie Sulfonal usf. sind aus-

[1]) G. Cohn, Die organischen Geschmacksstoffe. Berlin 1914, bei Franz Siemenroth. — Derselbe: Geschmack und Konstitution bei organischen Verbindungen. Stuttgart 1915, bei F. Enke.

nahmslos bitter. Sulfamide sind bitter, Sulfimide schmecken süß. In Süßstoffen, welche Hydroxyle oder saure Imidstoffe enthalten, wird durch Alkylierung der Geschmack geschwächt, vernichtet oder noch häufiger in bitter umgewandelt. Sowohl die Äther- als auch die Ester- und Amidbildung hat den Verlust des süßen Geschmackes zur Folge. Die Angehörigen einer Reihe ändern mit steigendem Molekulargewicht ihren Geschmack von süß nach bitter hin.

Polyhydroxylverbindungen schmecken süß, d-Aminosäuren süß, o-Benzoylbenzoesäuren süß-bitter, hochnitrierte Körper, nitrierte Nitramine, Nitrobenzol-(naphthalin)sulfosäuren bitter.

G. Cohn hält den Geschmack durch folgende Gruppenbündel im Molekül bedingt:

$$(OH)_x \text{ süß}, \quad C\!<\!{}^{NH_2}_{COOH} \text{ süß}, \quad O\!\cdot\!{}^{CO}_{COOH} \text{ süß-bitter}, \quad (NO_2)_x \text{ bitter},$$

$$(NO_2)_x \cdot NH - NO_2 \text{ bitter}, \quad {}^{NO_2}_{SO_3H} \text{ bitter}.$$

Ferner schmecken viele Repräsentanten der Oximacetsäure, Azimidoverbindungen, Oxime und Nitrile süß. Ihr Geschmack ist von den Gruppen:

$$=N-O-CH_2-COOH, \quad {}^{N}_{N}\!\!\parallel\!\!>N-, \quad =N-OH \text{ und } -CN$$

abhängig. Tertiäre Amine, Ammoniumbasen und Betaine, Sulfhydrate, Sulfide, Disulfide, Thioamide und Thioharnstoffe schmecken bitter.

G. Cohn führt ihren Geschmack auf die Atome, bzw. Atomkomplexe:

$$N\equiv, \quad =N\equiv, \quad CH_2\!<\!{}^{N\equiv}_{CO}\!>\!O, \quad -SH, \quad -S-, \quad -S-S- \text{ und } =CS$$

zurück.

Die einzelnen Gruppen NO_2— oder OH sind nicht die Träger eines bestimmten Geschmackes, sondern überhaupt nur geschmackverleihend (sapophor). Erst durch ihre Vereinigung mit anderen gleich- oder ungleichartigen Gruppen sind sie befähigt, einen spezifischen Geschmack hervorzurufen. Dagegen ist die Gruppe $C\!<\!{}^{NH_2}_{COOH}$ stets der Träger süßen Geschmackes (dulcigen). Die Gruppen bzw. Atome —SH, —S—, —S—S— haben stets Bitterkeit im Gefolge (amarogen), die Gruppen —COOH und —SO_3H erzeugen stets sauren Geschmack (acidogen).

Vielfach können Halogene einander vertreten, ohne eine Geschmacksänderung hervorzubringen. Bei den niederen Halogenverbindungen herrscht der süße Geschmack fast ausnahmslos vor. Kohlenwasserstoffe, welche mehrere verschiedenartige Halogenatome enthalten, schmecken ausnahmslos süß. Halogenisierte Ester der Salpetersäure schmecken, wie Salpetersäureester allgemein, fast ausnahmslos süß.

Verbindungen, welche drei oder mehr Nitrogruppen enthalten, schmecken bitter. Auch bei Anwesenheit von zwei NO_2-Gruppen entstehen weit überwiegend Bitterstoffe.

Gesättigte Mono- und Dinitrokohlenwasserstoffe der Fettreihe schmecken süß, während nitrierte Alkohole und Äther bitter schmecken. Nitrolsäuren schmecken süß.

Bei aromatischen o-Nitroverbindungen beobachtet man auffallend oft süßen Geschmack. Mono-Nitrokohlenwasserstoffe schmecken süß. Von Nitroaminoverbindungen können nur Abkömmlinge des m-Nitranilins süß schmecken. Nitrochinoline schmecken wie Chinolinderivate überhaupt bitter. Nitrophenoläther schmecken süß. Derivate der m-Nitrobenzoesäure und alle Nitronaphthalincarbonsäuren schmecken bitter. Nitrosulfonsäuren schmecken ausnahmslos bitter. Dinitroverbindungen schmecken bitter.

Bei den Alkoholen ist der Geschmack eine Funktion der Zahl der Hydroxylgruppen. Glykole und Glycerine sind ausgesprochen und in den niederen Gliedern rein süß. Mit vier und mehr Hydroxylen tritt der Süßstofftyp so offensichtlich zutage, daß ein Einfluß anderer Atomkomplexe auf die Qualität des Geschmacks fast völlig verschwindet. Die Ringform ist ohne Einfluß auf den Geschmack der Alkohole.

Die alicyclischen Alkohole schmecken bitter.

Die einfachen Glykole schmecken süß. Je größer das Molekül und je komplizierter die Struktur wird, um so schwächer wird der Geschmack, bis er schließlich einem bitteren Platz macht.

In den Glyceringruppen herrscht der Süßgeschmack durchaus vor. Alkohole mit vier Hydroxylen schmecken süß. Die Verbindungen mit fünf Hydroxylen schmecken süß, die Alkohole mit sechs, sieben und acht Hydroxylen schmecken zwar süß, doch hat unverkennbar eine Abschwächung der Geschmacksstärke stattgefunden.

Der Geschmack der Polyoxycarbonsäureanhydride ist im allgemeinen, weil durch die Hydroxylgruppe bedingt, süß. Nur in vereinzelten Fällen verursacht die Anhydridbildung einen bitteren Geschmack oder Beigeschmack. Die freien Säuren schmecken sauer.

Die Aminoderivate der Zuckerarten bewahren den süßen Geschmack der letzteren. Die natürlich vorkommenden Glykoside sind von bitterem Geschmack. Die Glykoside des Methyl- und Äthylalkohols schmecken mit wenig Ausnahmen süß. Glykoside höherer Alkohole, besonders der Terpenreihe oder solcher aromatischer Natur, schmecken bitter, desgleichen Glykoside, die sich von Aldehyden (z. B. Chloral) und Ketonen, von Mercaptanen und Thiophenolen ableiten und zum allergrößten Teil auch Glykoside von Phenolen.

Der Geschmack der Phenole hängt in erster Linie von der Zahl der Hydroxylgruppen ab. Bei reinen Monophenolen ist Süßgeschmack selten. Unter den Phenolen mit zwei, drei und mehr Hydroxylgruppen ist der Süßgeschmack bei den m-Verbindungen in charakteristischer Weise ausgeprägt. Die Phenole der p-Reihe schmecken gleichfalls süß. In der o-Reihe schmecken die einfachst zusammengesetzten Verbindungen (Brenzcatechin, Pyrogallol) bitter. Die Aldehydgruppe ist dem Süßgeschmack der Phenole nicht zuträglich, ebenso schädigen ihn die Halogene. Pyrogallolcarbonat $HO \cdot C_6H_3{<}^{O}_{O}{>}CO$, ein Derivat des bitteren Pyrogallols, schmeckt süß.

Bei aromatischen Oximen ist Süßgeschmack durchaus vorherrschend. Der Einfluß der Isomerie ist beträchtlich: o- und p-Nitrobenzaldoxime schmecken süß, die m-Verbindung nicht; o-Anisaldoxim: nicht süß, p-Anisaldoxim: süß. Sehr wesentliche Bedeutung hat die stereochemische Anordnung der Atomgruppen. Im Gegensatz zu den süß schmeckenden Antiverbindungen scheinen die Synverbindungen geschmacklos zu sein.

Nitrolsäuren (Äthyl- und Propylnitrolsäuren) schmecken süßlich.

Die Carbonsäuren schmecken sauer, um so saurer, je kleiner ihr Molekül. Meist ist es notwendig und zweckmäßig, den Einfluß der Carboxylgruppe auf den Geschmack durch Neutralisation mit Soda auszuschalten.

Aluminium-, Beryll-, Blei-, Cadmium- und Eisensalze schmecken häufig süß, Magnesiumsalze stets bitter.

Die Anhydridbildung ist von einschneidender Bedeutung für den Geschmack. Viele haben einen intensiv süßen Geschmack. Polyoxycarbonsäuren schmecken süß, ebenso Oximacetsäuren und α-Aminosäuren, aromatische o-Oxycarbonsäuren schmecken häufig süß, Derivate der m-Nitrobenzoesäure schmecken bitter, ebenso Nitronaphthalincarbonsäuren, aromatische o-Ketocarbonsäuren zeigen alle Nuancen von bitter zu süß und umgekehrt, meist beide Geschmacksqualitäten gleichzeitig.

Die Oxacetsäuren schmecken salzig-bitter.

Oximacetsäuren schmecken in Form ihrer Natriumsalze intensiv süß.

Alle o-Benzoylbenzoesäuren sind Geschmacksstoffe. Aber nur die wenigsten schmecken rein süß oder rein bitter, die meisten zeigen, und das ist für die ganze Gruppe charakteristisch, beide Geschmacksqualitäten, und zwar in allen Schattierungen, gleichzeitig oder hintereinander, erst bitter, dann süß oder auch umgekehrt.

Oxysäuren sind ausgesprochene Geschmacksstoffe. o-Oxysäuren neigen zu süßem Geschmack. Polyhydroxylierte Estersäuren pflegen adstringierend zu schmecken.

Freie Phenol-(Naphthol-)sulfosäuren schmecken meist herb, adstringierend, ihre Salze bitter, manchmal mit süßem Beigeschmack, alle Nitrosulfosäuren sowie Sulfosäuren von Azo- und Azimidoverbindungen schmecken bitter.

Die Ätherbildung beeinträchtigt im allgemeinen den Süßgeschmack, weil sie seine Träger, die Hydroxylgruppen, beseitigt. Manche Äther schmecken süß, wie Diäthyldioxyaceton, Hexindioxyd, Dibenzylmethylal. Wenn der Süßgeschmack nicht auf der Anwesenheit von Hydroxylgruppen, sondern von anderen Komplexen, wie $-NO_2$ oder $=N-OH$ beruht, so wird er durch die Ätherifizierung nicht beeinflußt.

Halogenierte Äther und Oxyde der Fettreihe schmecken süß.

Die Verbindungen der mehrwertigen Alkohole (Zuckerarten) mit Aceton und Chloral schmecken ausnahmslos bitter.

Ausschlaggebend für den Geschmack des Esters ist im allgemeinen die Säure. Ester haben die Tendenz bitteren Geschmack anzunehmen. Es sind nur drei rein schmeckende Ester bekannt, die aus bitter schmeckenden Alkoholen entstehen: 2-Bromäthylacetat, Pyrogallolcarbonat und Populin. Der Süßgeschmack des ersteren ist durch Halogen bedingt.

Ester der Salpetersäure schmecken süß. Sulfinsäureester schmecken ausnahmslos bitter. Die sauren Ester der Schwefelsäure neigen zu bitterem Geschmack.

Ester aliphatischer Fettsäuren verhalten sich sehr verschieden, doch herrscht Bitterkeit vor. Die Ester des Resorcins und Orcins sind süß, während die süßesten Zuckerarten durch Einführung mehrerer Säureester bitteren Geschmack erhalten. Eine Reihe von Estern aliphatischer Säuren verdankt Halogenen ihren Süßgeschmack. Cyclische Ketocarbonsäureester schmecken ausnahmslos bitter.

Kohlensäureester von Phenolderivaten sind mit alleiniger Ausnahme von Pyrogallolcarbonat geschmacklos. Dagegen zeichnen sich die Ester der Xanthogensäure durch starken Süßgeschmack aus. Die sonstigen Ester zwei- und mehrbasischer Säuren, insbesonders die Derivate des Malonesters schmecken intensiv bitter. Ester aromatischer Säuren sind zum großen Teil, weil unlöslich, geschmacklos, sonst bitter. Alkaminester, wie Stovain, Alypin, Cocain sind bitter. Durch Süßgeschmack ist die Thiazolgruppe charakterisiert: 4-Methylthiazol-5-carbonsäureäthylester und 2-Chlor-4-methylthiazol-5-carbonsäureäthylester.

Lactone von Polyoxycarbonsäuren schmecken süß, die übrigen Lactone mit Ausnahme von α-Oxy-n-buttersäureanhydrid und Chinid bitter, z. B. α- und β-Angelikalacton, Cumarin, Brenzcatechinacetsäurelacton.

Soweit esterifizierte Oxysäuren einen Eigengeschmack haben, ist er bitter, z. B. Milchsäureanhydrid, Salicylosalicylsäure. Eine Ausnahme ist Weinsäuremonoäthylester, welcher süß schmeckt.

Basen schmecken gewöhnlich bitter. Insbesondere zeichnen sich Schiffsche Basen durch intensiven Bittergeschmack aus, ferner Guanidine, Thiazole, Glyoxaline, Benzimidazole, Xanthine, Pyridine, Chinoline, Pyrazole.

Süßgeschmack findet sich nur, wenn bestimmte Atomkomplexe im Molekül enthalten sind, die für sich ihrem Träger diesen Geschmack verleihen oder die mit einer anderen Aminogruppe zusammen Süßgeschmacksträger sind. Der Süßgeschmack der Zuckerarten wird vermittelt, wenn man sie mit einem aromatischen Amin in Verbindung bringt.

Ammoniumbasen sind durch bitteren, sehr intensiven Geschmack ausgezeichnet. Nur bei wenigen, Atropinmethylbromid und die Salze des Äthoxylstrychnins ist der bittere Geschmack von süßem begleitet.

Betaine schmecken bitter, doch sind auch viele süße bekannt, z. B. Betain, α-Homobetain, Stachhydrin, Turizin und Betonizin, Nipecotinsäuredimethylbetain, Picolinsäureäthylbetain und Taurobetain. Salzig schmeckt Trigonellin. Phosphoniumbasen und ihre Salze schmecken ausnahmslos bitter. Dasselbe gilt von Arsonium- und Stiboniumbasen. Oxoniumverbindungen schmecken bitter. Substanzen mit vierwertig gebundenem Schwefel (Sulfiniumbasen, Thioniumchinone, Thetine) schmecken bitter oder auch salzig.

α-Aminosäuren schmecken süß. Der Geschmack bleibt der gleiche, wenn die Amino- und Carboxylgruppe einem Ring angehören. Der Süßstoffcharakter ist sehr stark ausgeprägt, denn selbst aromatische Reste, auch wenn sie Halogene enthalten oder basischer Natur sind, vermögen ihn nicht zu verwischen. Eintretende Hydroxylgruppen sind ohne Einfluß auf die Geschmacksqualität, d. h. α-Aminooxysäuren schmecken gleichfalls süß.

Bei den β-Aminosäuren ist der Süßgeschmack, wenn noch vorhanden, stark abgeschwächt, oder er hat einem indifferenten oder bitteren Platz gemacht.

Diaminosäuren der Fettreihe schmecken nicht mehr süß, selbst wenn sie beide NH_2-Gruppen in α-Stellung enthalten.

Die Alkylierung aliphatischer Aminosäuren führt nur ganz ausnahmsweise einen Umschlag von süß nach bitter herbei (α-Methylamino-n-capronsäure schmeckt bitter). In der Regel bleibt der Süßgeschmack unverändert, oder die Alkylierung erweckt sogar Süßgeschmack bei geschmacklosen Aminosäuren, z. B. γ-Aminobuttersäure ist nicht süß, γ-Methylaminobuttersäure süß.

Beim Übergang von Aminosäuren in Guanidosäuren findet eine Abschwächung des Süßgeschmackes statt. Er erhält meist einen Beischlag von bitter oder erfährt einen Umschlag nach bitter.

o- und m-Aminobenzoesäuren schmecken im Gegensatz zur p-Aminobenzoesäure süß. Säuren der stickstoffhaltigen Ringsysteme des Pyridins und Chinolins schmecken bitter.

Im Gegensatz zu den Aminosäuren schmecken Peptide nicht süß, sondern mehr oder weniger bitter.

Süßstoffe sind: naphthionsaures Natrium, p-äthoxyphenylaminsulfosaures Natrium, Benzidinsulfonsulfosäure (anfangs bitter) und 4-Aminoazobenzol-4′-sulfosäure (erst geschmacklos, dann schwach bitter). Tyrosinsulfosaures Barium schmeckt süß.

Der zuerst dargestellte Süßstoff der Phentriazinreihe ist az-p-Sulfophenyl-ald-phenyl-dihydro-β-naphthotriazin

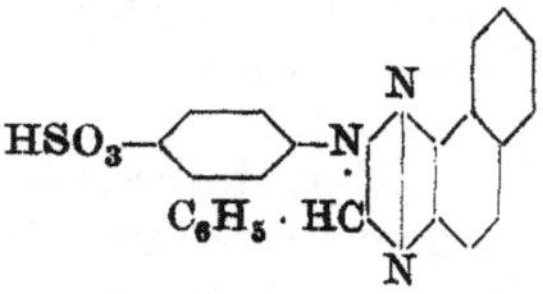

N
HSO_3—⟨ ⟩—N
C_6H_5 · HC
N

Die Sulfosäuren, die sich von az-Phenyl-ald-phenyl-dihydroaminophentriazin ableiten, sind als Natriumsalze unter dem Namen Glucin eine Zeitlang im Handel gewesen. Die Base selbst und ihr Chlorhydrat sind geschmacklos.

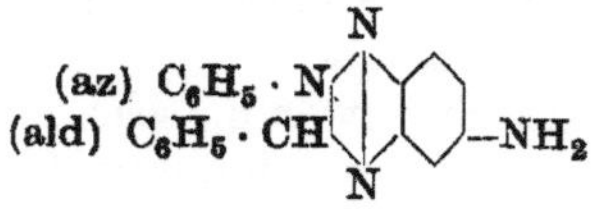

N
(az) C_6H_5 · N
(ald) C_6H_5 · CH —NH_2
N

Die Aminogruppe des Süßstoffes kann ohne Schädigung des Geschmackes entfernt werden. Dagegen spielt die Stellung der Sulfogruppen eine wichtige Rolle. Unter den Monosulfosäuren sind nur diejenigen fähig, der Base Süßstoffcharakter zu verleihen, welche im ar-Phenyl haften, während ein Bitterstoff entsteht, wenn eine Sulfogruppe in die m-Stellung des ald-Phenyls getreten ist. Von Di- und Trisulfosäuren sind nur zwei, beide süß schmeckend, bekannt

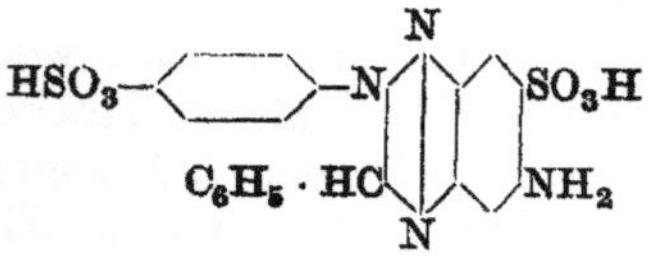

N
HSO_3—⟨ ⟩—N SO_3H
C_6H_5 · HC NH_2
N

und

N
HSO_3 · ⟨ ⟩—N · SO_3H
⟨ ⟩ · HC · NH_2
N
SO_3H

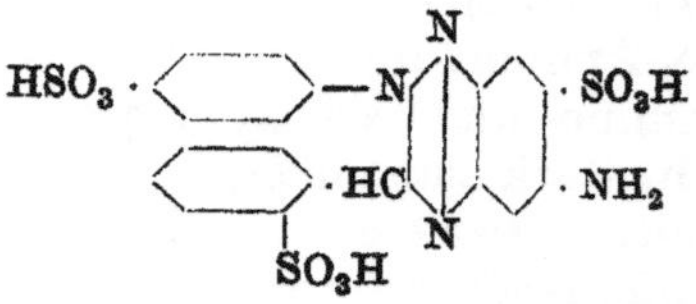

Führt man Hydroxylgruppen in das Phentriazin ein, so ist auch deren Stellung von Einfluß auf den Geschmack. Die Base

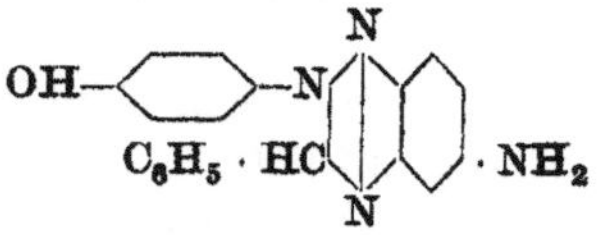

N
OH—⟨ ⟩—N
C_6H_5 · HC · NH_2
N

gibt bei der Sulfonierung keinen Süßstoff, wohl aber die isomere Base

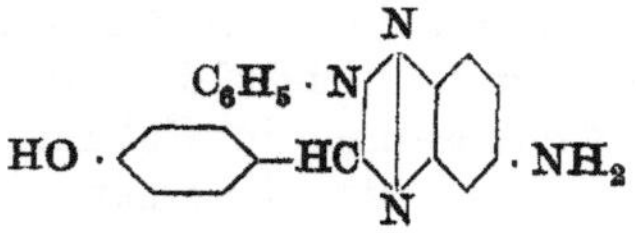

N
C_6H_5 · N
HO · ⟨ ⟩—HC · NH_2
N

Es schmeckt süß die Verbindung

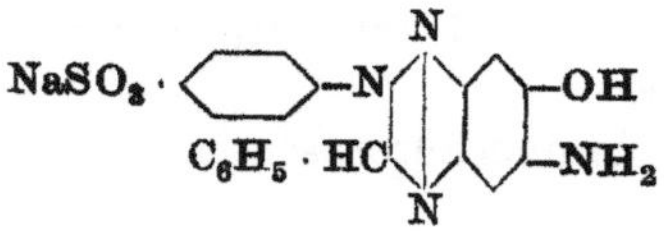

N
$NaSO_3$ · ⟨ ⟩—N —OH
C_6H_5 · HC —NH_2
N

Chrysoidin, welches aus tetrazotiertem m-Phenylendiamin und 2 Mol. derselben Base entsteht, gibt mit Benzaldehyd ein Triazin, dessen Sulfosäure ein stark süß schmeckendes Natriumsalz liefert.

Durch Kondensation des Farbstoffes $\frac{\text{Sulfanilsäure-azo}}{\text{Anilin-azo}}>$m-phenylendiamin mit Benzaldehyd entsteht die süß schmeckende Verbindung

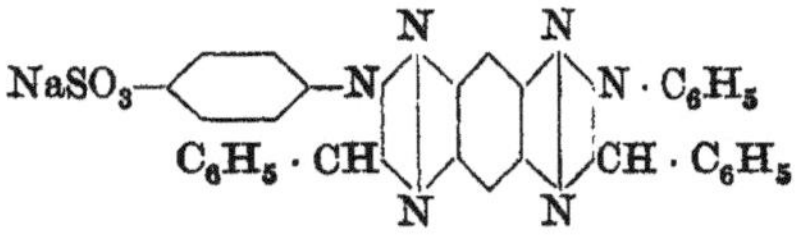

```
                        N     N
NaSO3—<====>—N/|\ /\ /|\N · C6H5
              |  |  |  |
   C6H5 · CH\|/ \/ \|/CH · C6H5
                        N     N
```

Im allgemeinen schmecken Amide, zumal die der aromatischen Reihe, bitter. Diketopiperazine, das sind ringförmig geschlossene a-Aminosäureanhydride, schmecken ausnahmslos bitter.

Süß schmecken einige aromatische Bromsäuren.

Reine Urethane schmecken bitter. Unter den Harnstoffen sind mehrere wichtige Süßstoffe, Abkömmlinge des p-Äthoxyphenylharnstoffes. Bei weitem die meisten aliphatischen Harnstoffe sind ohne charakteristischen Geschmack. Von dialkylierten Harnstoffen scheinen nur die asymmetrischen Verbindungen süß zu schmecken. as-Dimethyl- und Diäthylharnstoff, s-Dimethylharnstoff schmeckt bitter.

Es schmecken stark süß p-Anisol- und p-Phenetolcarbamid, sowie deren Aminoderivate, ferner schwach süß p-Methyl-o-phenetylharnstoff und m-Oxyphenyl-p-phenetylharnstoff. Kernhomologe des Dulcins schmecken nicht süß.

Semicarbazide haben bitteren Geschmack, so o-Tolylsemicarbazid. p-Dimethyl-aminobenzalsemicarbazid schmeckt salzig.

Allophansäureäther sind geschmacklos.

Sulfamide schmecken mit Ausnahme des s-Dimethylsulfamids $CH_3 \cdot NH \cdot SO_2 \cdot NH \cdot CH_3$, das süß ist, bitter.

Unter den aliphatischen Nitrilen überwiegt der bittere Geschmack. Unter den aromatischen Nitrilen überwiegt durchaus der Süßgeschmack.

Aromatische Azoverbindungen schmecken bitter, p-Aminoazobenzolsulfosäure und 4-Nitro-2-diazophenol gleichzeitig süß. Rein süß schmeckt das Kaliumsalz der Benzenyldioxytetrazotsäure, ferner Diazoaminomethan $CH_3 \cdot N = N - NH \cdot CH_3$.

Oxy- und Aminoazimidoverbindungen schmecken süß. Carbon- und Sulfosäuren von Azimiden sind bitter.

Von den Kohlenwasserstoffen schmecken Propylen, Isoamylen, n-Octylbenzol und Di-2-p-tolylbuten süßlich. Unter den Aldehyden zeichnen sich Önanthol, Isobutyrformaldehyd $\frac{CH_3}{CH_3}>CH \cdot CO \cdot CHO$ und Zimtaldehyd durch Süßgeschmack aus. Unter Ketonen mit offener Kette findet sich nur Hexachloraceton $CCl_3 \cdot CO \cdot CCl_3$ als Süßstoff, während alle anderen bitter schmecken oder nur brennen. Von Ketonen, deren Carbonylgruppe in einem Ring enthalten ist, schmecken zwei süß: Isochinontetrahydrür und Leukonsäure

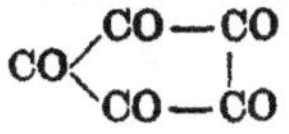

```
   /CO—CO
CO<     |
   \CO—CO
```

Hydroaromatische Ketone rufen oft eine kühlende Empfindung hervor. Carbylamine schmecken unerträglich bitter.

Viertes Kapitel.

Veränderungen der organischen Substanzen im Organismus.

Zum Verständnis der physiologischen Wirkung der organischen Substanzen sind die Kenntnisse der physiologisch-chemischen Vorgänge durchaus notwendig. Sie belehren uns nicht nur über die Veränderung, welche die wirksamen Substanzen im Organismus erleiden, sondern sie geben uns vielfach wertvolle Anhaltspunkte für die Darstellung von weniger giftigen Substanzen. Die dem Organismus zugeführten Arzneimittel (Gifte) werden vorerst in dem Sinne verwandelt, daß sie der Organismus durch verschiedenartige chemische Prozesse unschädlich zu machen sucht. Die chemischen Vorgänge innerhalb des Organismus beruhen hauptsächlich auf Prozessen oxydativer Natur und auf Reduktionsvorgängen einerseits, andererseits auf Kondensationen und Spaltungen unter Abspaltung, beziehungsweise Aufnahme von Wasser. Dazu gesellen sich insbesondere im Magendarmkanal hydrolytische Spaltungen.

Wollen wir vorerst die Vorgänge im Verdauungstrakt betrachten. Speichel hat auf die wenigsten Arzneimittel wegen der Kürze der Einwirkung und weil er nur ein einziges, und zwar diastatisches Enzym enthält, einen modifizierenden Einfluß. Anders verhält es sich mit dem Magen. Vom Magen aus können eine Reihe von wirksamen Körpern zur Resorption gelangen. Viele können aber schon im Magen ihre nachteiligen Nebenwirkungen ausüben und daher richtet sich ein großer Teil der Bestrebung der modernen Arzneimittelsynthese darauf, bekannte wirksame Substanzen in der Weise zu modifizieren, daß sie im Magen gar keine Wirkung auszuüben vermögen und von da aus auch nicht zur Resorption gelangen. Der Magensaft, welcher der Hauptsache nach aus sehr verdünnter (0,1—0,5%) Salzsäure und Pepsin besteht, wirkt insbesondere auf Arzneimittel durch die Salzsäure. Dieser kommt außer ihrer lösenden Wirkung, insbesondere auf Basen, noch eine spaltende Wirkung für Acylreste zu, welche Wasserstoff in Aminogruppen substituieren. Eine solche Wirkung kann z. B. der Magensaft beim Lactophenin ausüben, während sich die Acetylgruppe im Phenacetin in dieser Beziehung weitaus resistenter verhält. Pepsin selbst übt auf die gebräuchlichen Arzneimittel so gut wie gar keine Wirkung aus, kann aber selbst von einer Reihe dieser geschädigt werden. Eine Ester verseifende Kraft kommt dem Magensaft nur in geringem Maße zu. Er kann z. B. emulgiertes Fett spalten. Im Darm unterliegen eine große Anzahl von Arzneimitteln wichtigen Veränderungen. Der gemischte Verdauungssaft im Darme (Darmdrüsensaft, Galle und Pankreassekret) entspricht einer 0,2—0,5%igen Lösung von kohlensaurem Natron, welcher infolge der darin gelösten Enzyme Ester leicht verseifen kann. Es ist daher klar, daß der Darmsaft unlösliche Säuren als Salze in Lösung zu bringen vermag, er verseift wirksame Substanzen, die Ester sind, und läßt so die Komponenten resorptionsfähig und wirksam werden. Der gemischte Darmsaft hat auch infolge seiner alkalischen Reaktion die Fähigkeit, in Lösung befindliche Substanzen auszufällen und so der Resorption zu entziehen (z. B.

Metallsalze, Basen), wogegen sie im Darm selbst ihren therapeutischen Effekt ausüben können. Auch unlösliche Verbindungen (z. B. Wismutsalze, Tanninverbindungen) werden hier in einer Weise verändert, daß die eine Komponente gelöst zur Wirkung gelangt, während die andere in unlöslichem Zustande ihre Wirkungen entfaltet. Als Beispiel führen wir Tannalbin (Eiweiß-Tanninverbindung) an, aus dem vom Darmsaft die Gerbsäure losgelöst wird und zur Wirkung gelangt. Ein anderes Beispiel sind die Wismutverbindungen, etwa salicylsaures Wismut. Dieses wird in salicylsaures Natron und kohlensaures Wismut zerlegt. Das erstere ist leicht löslich, das letztere unlöslich. Salicylsaures Natron (bzw. Salicylsäure) übt hier seine antiseptische Wirkung aus, während das unlösliche Wismut teils die Wunden der katarrhalischen Darmflächen schützt, teils den reizenden Schwefelwasserstoff usw. bindet und unwirksam macht, schließlich noch adstringierend wirkt. Neben den enzymatischen Wirkungen des Darmsaftes kommt es im Darm aber zu einer Reihe von chemischen Prozessen, welche durch Mikroorganismen, insbesondere handelt es sich um Spalt- und Sproßpilze, hervorgerufen werden. Dieser normalerweise vor sich gehende Prozeß kann durch eine bloße Steigerung schon krankhafte Erscheinungen hervorrufen und ein großer Teil unserer Arzneimittelwirkungen richtete sich eine Zeitlang dahin, die Darmgärung zu unterdrücken.

Oxydationen.

Im Körper selbst können die organischen Arzneimittel, wie viele unwirksame organische Substanzen, entweder völlig oxydiert und zu Kohlensäure und Wasser bzw. Harnstoff verbrannt werden, oder sie unterliegen einer geringen chemischen Umwandlung im Molekül, wobei insbesondere die ringförmig gebundenen Kerne erhalten bleiben. Außerdem hat der Organismus die Fähigkeit mit einer Reihe von Substanzen Synthesen durchzuführen und sie auf diese Weise zum Teil an ihrer Wirkung zu verhindern oder sie ganz unwirksam zu machen. Die Kenntnisse dieser Vorgänge haben schon manche wertvolle Bereicherung unseres Arzneischatzes mit sich gebracht. Körper, wie sie die drei großen Gruppen unserer Nahrungsmittel, Eiweiß, Fett und Kohlenhydrate umfassen, werden fast vollständig im Organismus bis zu den niedrigsten Stoffwechselprodukten, Kohlensäure, Wasser, Harnstoff zerlegt. Im allgemeinen sind die aliphatischen Verbindungen der Oxydation leicht zugänglich. Resistenter verhalten sich hauptsächlich jene Körper, welche einen ringförmig gebundenen Kern besitzen, in diesen werden nur die fetten Seitenketten oxydiert, doch kann unter Umständen auch der Benzolkern im Organismus verbrannt werden.

Die höheren Fettsäuren und Oxyfettsäuren, bis auf die ganz niedrigen: Ameisensäure, Essigsäure, Milchsäure werden völlig oxydiert, und zwar in der Weise, daß die Fettsäuren in β-Stellung zur Carboxylgruppe angegriffen werden und in β-Ketosäure übergehen. Auf diese Weise erleiden sie einen paarigen Abbau, indem eine um zwei Kohlenstoffatome ärmere Carbonsäure sich bildet. Alle Fettsäuren werden (Knoop, Dakin) in der Weise oxydiert, daß die Wasserstoffatome am β-Kohlenstoff zuerst oxydiert werden, ebenso wie bei der Oxydation in vitro. Injiziert man die Natriumsalze von Fettsäuren, wie Essigsäure, Propionsäure, Buttersäure, Capronsäure, so findet man im Harn 10—30 mal soviel Ameisensäure als in der Norm[1]). Im allgemeinen werden die flüchtigen kohlenstoffärmeren Säuren schwerer als die kohlenstoffreicheren verbrannt, und sie gehen deshalb auch in großen Mengen unverändert in den Harn über.

[1]) H. D. Dakin und A. J. Wakemann, Journal of biol. Chemistry 9, 329 (1911).

Beim Abbau der gesättigten Fettsäuren scheint vorerst eine Verwandlung dieser in ungesättigte, anscheinend durch Oxydation, vorauszugehen, ebenso eine Verschiebung der doppelten Bindung[1]). Bei Verfütterung von phenylsubstituierten gesättigten Fettsäuren entstehen α-β-ungesättigte Derivate z. B. aus Phenylpropionsäure und Phenylvaleriansäure, Zimtsäure[2]), aus Furfurpropionsäure entsteht Furfuracrylsäure[3]).

F. Knoop nimmt eine weitgehende Gültigkeit des Oxydationsprinzips nach der Richtung hin an, daß der Organismus vorzüglich in der β-Stellung oxydiert, während ein Angriff auf das γ-Kohlenstoffatom unmöglich zu sein scheint[4]).

Der Abbau der Fettsäuren im Organismus erfolgt durch β-Oxydation, $R \cdot CH_2 \cdot CH_2 \cdot CH_2 \cdot COOH \rightarrow R \cdot CH_2 \cdot COOH$, wobei als intermediäre Produkte β-Ketonsäuren auftreten, die vielleicht β-Oxysäuren als Vorstufe haben.

Der Organismus kann diese durch Keton- oder durch Säurespaltung abbauen.

$$\text{I.}\quad R \cdot CO \cdot CH_2 \cdot COOH \rightarrow R \cdot CO \cdot CH_3 + CO_2\,,$$

$$\text{II.}\quad R \cdot CO \cdot CH_2 \cdot COOH \rightarrow R \cdot COOH + CH_3 \cdot COOH\,.$$

Die aromatischen Fettsäuren mit paariger Kohlenstoffseitenkette werden zu Phenylessigsäure und die mit unpaariger zur Benzoesäure oxydiert. Es wird also bei diesen zuerst der Kohlenstoff angegriffen, welcher zur Carboxylgruppe in β-Stellung steht. Bei der Verfütterung von Phenylpropionsäure wird im Organismus Phenylzimtsäure gebildet, was Dakin durch die intermediäre Bildung von Phenyl-β-oxypropionsäure erklärt. Sehr merkwürdig ist aber, daß Phenyl-β-oxypropionsäure viel schwerer als Phenylpropionsäure oxydiert wird; wahrscheinlich ist die vorhergehende Bildung einer Ketosäure. Zimtsäure verwandelt sich im Organismus in Acetophenon, Phenyl-β-oxypropionsäure und Hippursäure. Die ungesättigte Säure wird in die korrespondierende β-Oxysäure übergeführt. Die Phenylvaleriansäure wird wahrscheinlich vorerst zu Phenylpropionsäure oxydiert. Wie schon erwähnt, ist die Gegenwart einer dreikohlenstoffigen α-substituierten Seitenkette die notwendige Bedingung für völlige Oxydation des Benzolringes oder anderer Ringsysteme im Organismus, aber dieser Aufbau hat nicht immer den Effekt der Ringzerstörung, wie man aus dem Verhalten des Phenylserins und der beiden isomeren Phenylglycerinsäuren ersehen kann. Denn Phenylserin wird bei Katzen in β-Stellung oxydiert und die gebildete Benzoesäure als Hippursäure ausgeschieden. Die beiden Phenylglycerinsäuren sind schwer angreifbar, aber beide werden durch β-Oxydation in Benzoesäure verwandelt[5]).

Nach Verabreichung von Phenylpropionsäure tritt Acetophenon beim Hunde auf[6]).

Bei der subcutanen Injektion von Diäthylessigsäure fanden Blum und Koppel[7]) im Harne des Hundes Methylpropylketon. Die Oxydation ist selbst bei Gegenwart eines tertiären Kohlenstoffatoms am β-Kohlenstoffatom erfolgt.

Der paarige Abbau der normalen gesättigten Fettsäuren verläuft nicht unter Essigsäureabspaltung. Es ist daher auch kein Grund zur Annahme, daß die normalen gesättigten Fettsäuren über die β-Ketonsäuren durch Säurespaltung zu den um zwei Kohlenstoffatome ärmeren Fettsäuren abgebaut werden[8]).

---

[1]) J. B. Leathes und L. Meyer-Wedell, Journ. of physiol. **38**. — G. Ioannovics und E. P. Pick, Wiener klin. Wochenschr. **1910**, 573.
[2]) H. D. Dakin, Journ. of biol. chemistry **4**, 419 (1907); **6**, 221 (1909).
[3]) T. Sasaki, BZ. **25**, 272 (1910). [4]) F. Knoop, HB. **6**, 150 (1906).
[5]) O. Neubauer und Falta, HS. **42**, 81 (1904).
[6]) H. Dakin, Oxidations and reductions in the animal body. London (1913).
[7]) BB. **44**, 3576 (1911). [8]) E. Friedmann, BZ. **55**, 442 (1913).

Aminofettsäuren, und zwar α-Aminosäuren, gehen unter oxydativer Desaminierung am α-Kohlenstoff in α-Ketocarbonsäuren über, die eventuell in α-Oxysäuren unter Reduktion übergehen. Bei der Oxydation der Ketocarbonsäuren wird Kohlensäure abgespalten und das Carbonyl zum Carboxyl oxydiert. Die restliche fette Kette wird nun wie eine gewöhnliche Fettsäure paarig abgebaut.

Embden nimmt an, daß der Abbau der aliphatischen Monaminomonocarbonsäuren in der Art geschieht, daß sie unter Kohlensäureabspaltung und Desaminierung wahrscheinlich in die entsprechenden Fettsäuren, die um ein C ärmer sind, übergehen. Nach Umwandlung in Fettsäuren werden sie unter Oxydation am β-Kohlenstoff abgebaut. Dieses gilt für Fettsäuren mit gerader und verzweigter Kette.

Das Schicksal der Aminoessigsäure im intermediären Stoffwechsel ist nicht klargestellt, bei ihrer Oxydation scheint sie nicht den Weg über die Oxalsäure zu gehen.

Die Aminofettsäuren verhalten sich wie folgt: Aminoessigsäure (Glykokoll) $NH_2 \cdot CH_2 \cdot COOH$ wird, wenn sie nicht zur Paarung benützt wird, glatt in Harnstoff verwandelt. Ebenso verhält sich Alanin (α-Aminopropionsäure) $CH_3 \cdot CH(NH_2) \cdot COOH$. Leucin wird vollständig verbrannt. Asparaginsäure [1]) und Asparagin [2]) $COOH \cdot C_2H_3(NH_2) \cdot CO \cdot NH_2$ gehen im Organismus in Harnstoff über. Asparagin ist ohne besondere physiologische Wirkung. 38 g konnten in eineinhalb Tagen ohne jede Störung genommen werden [3]).

Als Regel kann gelten, daß alle Aminosäuren in der Weise oxydiert werden, daß zuerst eine Desaminierung unter Bildung einer Ketosäure entsteht; unter Abspaltung der Carboxylgruppe geht die Ketosäure über Aldehyd in die um einen Kohlenstoff ärmere Säure über. Daneben kann aber aus der Ketosäure wieder synthetisch eine Aminosäure entstehen und ebenso aus der Ketosäure durch Reduktion eine α-Oxysäure: Übergang von Carbonyl in sekundären Alkohol. Die racemischen Verbindungen Alanin, Aminobuttersäure und Aminovaleriansäure werden völlig verbrannt, während bei gleicher Dosis von der racemischen Aminocapronsäure $13^1/_2\%$ im Harn ausgeschieden werden [4]).

Bei den Aminosäuren muß man eine oxydative und eine reduktive Desaminierung unterscheiden. Es ist sehr wahrscheinlich, daß sich zuerst Ketonsäuren bilden, welche dann zum Teil durch Reduktion in die entsprechenden Oxysäuren verwandelt werden. Bei der Hefe geht diese Umwandlung der Aminosäuren hauptsächlich den Weg, daß die um einen Kohlenstoff ärmeren Alkohole neben kleinen Mengen von Aldehyd und Säure entstehen, während bei den Tieren Ketonsäuren entstehen, die dann weiter oxydativ abgebaut oder zu Oxysäuren reduziert werden. Daneben wurde noch der Vorgang beobachtet, daß die Ketonsäuren einen Aminierungsprozeß eingehen und sich wieder in Aminosäuren rückverwandeln, welche evtl. noch acetyliert werden.

Die α- und β-substituierten Säuren werden in β-Stellung oxydiert. Bei den $\beta\gamma$-substituierten kann der γ-Kohlenstoff der Angriffspunkt der Oxydation sein. Die ungesättigten Säuren werden wie die gesättigten abgebaut. Sie können entweder vorerst in Ketosäuren übergehen oder vielleicht dann einer Reduktion unterliegen und zum Teil in Oxysäuren übergehen. Die gesättigten Säuren mit verzweigter Kette scheinen sich in ihrem oxydativen Mechanismus zu unterscheiden. Die in der α-Stellung substituierten scheinen vielfach so angegriffen zu werden, daß die substituierte Gruppe an der Hauptkette oxydiert wird, dann

[1]) HS. **42**, 207 (1904). [2]) HS. **1**, 213 (1878).
[3]) Weiske, Zeitschr. f. Biol. **15**, 261. [4]) E. Friedmann, HB. **11**, 151 (1908).

unter Verlust von Kohlensäure in die unverzweigte gerade Kette übergeht. Aber diese Regeln scheinen nicht allgemeine Gültigkeit zu haben. Vielleicht wird an der Stelle der Verzweigung für die gerade Seitenkette Wasserstoff oder Hydroxyl eingeführt. Bei vielen verzweigten Fettsäuren findet anscheinend eine Oxydation unter intermediärer Bildung von Acetessigsäure statt.

Die Ameisensäure wird, als Salz verabreicht, nur zur Hälfte bis zu zwei Drittel im Organismus bis zur Kohlensäure oxydiert. Die Säuren der Äthanreihe sind ebenfalls resistent, die Glyoxylsäure geht in Oxalsäure über. Die Oxalsäure ist sehr resistent, und die Essigsäure wird zum kleinsten Teile, vielleicht zur oder über die Oxalsäure verbrannt. Die Essigsäure wird vielleicht zum kleinsten Teil verbrannt und Otto Porges[1]) vermutet, daß sie hauptsächlich zu Synthesen, wie Acetylierungen, Kohlenhydratsynthesen verwendet wird. Die erstere Funktion beansprucht wohl nur minimale Mengen von Essigsäure, während die Kohlenhydratsynthese, wie man sich vorstellen könnte, vielleicht so abläuft, daß die Essigsäure sich unter Atomverschiebung in Glykolaldehyd umwandelt, dessen Kondensation zu Zucker sich wohl leicht vollzieht. In der Propanreihe werden die Säuren völlig oxydiert[2]), und zwar ist dieses bekannt für die Propionsäure, Milchsäure, Glycerinsäure, Brenztraubensäure, Malonsäure [Malonsäure wird schon bei mäßigen Gaben von Kaninchen und Katzen unvollkommen zerstört[3])], Tartronsäure, Mesoxalsäure, α- und β-Alanin, Diaminopropionsäure, Hydracrylsäure, β-Jodpropionsäure und Acrylsäure. Je flüchtiger die Säuren sind und je kohlenstoffärmer, desto leichter entgehen sie der Oxydation und erscheinen im Harn. Wenn man aber in Fettsäuren Wasserstoffatome durch Halogen ersetzt, so entgehen sie entweder völlig der Oxydation oder sind schwieriger oxydierbar. Trichloressigsäure und Trichlorbuttersäure z. B. werden zum Teil unter Abspaltung von Salzsäure oxydiert.

Die Alkohole der Fettreihe werden zu Säuren oxydiert, so Methylalkohol $CH_3 \cdot OH$ zu Ameisensäure $H \cdot COOH$[4]). Wie Methylalkohol, so gehen auch die Ester desselben, ferner die Methylamine, Oxymethansulfosäure, Formaldehyd im Körper zum Teil in Ameisensäure über. Die Methylgruppe aliphatischer Substanzen ist meist schwer angreifbar.

Der Organismus verbrennt den Methylalkohol nur schwer und unvollständig, bedeutend schwerer als den Äthylalkohol. Werden beide Alkohole gleichzeitig verabreicht, so werden größere Mengen des Methylalkohols im Harne ausgeschieden[5]).

Glykol $\begin{matrix} CH_2 \cdot OH \\ \cdot \\ CH_2 \cdot OH \end{matrix}$ wird im Organismus zum Teil zu Glykolsäure $\begin{matrix} CH_2 \cdot OH \\ \cdot \\ COOH \end{matrix}$ verbrannt, weiterhin zu Oxalsäure. Glykol, welches als Glycerinersatz empfohlen wurde, wirkt wie Glycerin hemmend auf die Tätigkeit der Fermente ein, besitzt auch antiseptische Kraft[6]). (Tegoglykol ist Äthylenglykol). Es ist ungiftig.

Nach Glycerinfütterung sieht man beim Hunde eine unzweifelhafte Steigerung der Ameisensäureausscheidung im Harn, die sich jedoch in bescheidenen Grenzen hält. Die Ameisensäurebildung aus Glycerin erfolgt höchstwahrscheinlich über den Formaldehyd[7]).

Aceton wird schwer angegriffen; während Diäthylketon $C_2H_5 \cdot CO \cdot C_2H_5$ zu 90% oxydiert wird, werden von Methyläthylketon $CH_3 \cdot CO \cdot C_2H_5$ und Methylpro-

[1]) Asher - Spiro, Ergebnisse der Physiologie **10**. [2]) R. Luzatto, HB. **7**, 456 (1906).
[3]) L. E. Wise, Journ. of biol. chem. **28**, 185 (1916). [4]) AePP. **31**, 281.
[5]) Th. Fellenberg, B. Z. **85**, 45 (1918). [6]) C. Bachem, Med. Klinik **1917**, Nr. 1.
[7]) E. Salkowski, HS. **104**, 161 (1919).

pylketon $CH_3 \cdot CO \cdot C_3H_7$ 32% bzw. 25% ausgeschieden [1]). Äthylalkohol und Aceton geben keine Ameisensäure. Acetondicarbonsäure $\begin{matrix} CH_2 \cdot COOH \\ \dot{C}O \\ \dot{C}H_2 \cdot COOH \end{matrix}$ wirkt nur in großen Dosen letal durch Lähmung. Sie wird schon im Magen unter CO_2-Abspaltung zum Teil zerlegt. Die Tiere exhalieren Aceton. Nur ein kleiner Teil geht unverändert in den Harn über. Bis jetzt konnte man aber im tierischen Organismus die Entstehung von Aldehyden durch Oxydation aus Alkoholen nur in kleinsten Mengen beobachten. Hingegen können Aldehyde zu Alkoholen reduziert werden, z. B. Chloral $CCl_3 \cdot CHO$ zu Trichloräthylalkohol $CCl_3 \cdot CH_2 \cdot OH$, Butylchloral zu Trichlorbutylalkohol. Die höheren Alkohole der Fettreihe werden aber nicht immer glatt verbrannt. Isopropylalkohol $\begin{matrix} CH_3 \\ CH_3 \end{matrix}\!>\!CH \cdot OH$ [2]) z. B. verwandelt sich zum Teil in Aceton und wird zum Teil unverändert ausgeschieden. Die primären und sekundären Alkohole werden im Organismus leicht oxydiert, schwieriger der sechswertige Alkohol Mannit, welcher fast ganz unverändert bei Hunden im Harn auftritt [3]), bei Kaninchen zum Teil unverändert. Die tertiären und alle halogensubstituierten Alkohole sind hingegen sehr schwer oxydierbar. So erscheinen tertiärer Amylalkohol $\begin{matrix} CH_3 \\ CH_3 \end{matrix}\!>\!C(OH) \cdot CH_2 \cdot CH_3$, tertiärer Butylalkohol $\begin{matrix} CH_3 \\ CH_3 \\ CH_3 \end{matrix}\!>\!C \cdot OH$, ebenso wie Trichloräthylalkohol $CCl_3 \cdot CH \cdot OH$ und Trichlorbutylalkohol $CH_3 \cdot CHCl \cdot CCl_2 \cdot CH_3 \cdot OH$ zum großen Teil an Glykuronsäure gebunden im Harn [4]). d-Gluconsäure, welche bei der Oxydation mit Eisensalzen und Wasserstoffsuperoxyd d-Arabinose liefert, wird im Organismus ganz anders oxydiert, 7 g verbrennt ein Kaninchen völlig. Wird mehr gefüttert, so findet man d-Zuckersäure. Zum Teil wird die Gluconsäure unverändert ausgeschieden [5]). Die Oxydation der Monocarbonsäure der Aldohexosen geht aber nicht an dem der Carboxylgruppe benachbarten C-Atom vor sich, so daß Pentosen entstehen, sondern es wird vielmehr die primäre Alkoholgruppe angegriffen, wie der Übergang von

$$\text{d-Gluconsäure } COOH \cdot \frac{OH \cdot H \cdot OH \cdot OH}{H \cdot OH \cdot H \cdot H} \cdot CH_2 \cdot OH$$

$$\text{in d-Zuckersäure } COOH \cdot \frac{OH \cdot H \cdot OH \cdot OH}{H \cdot OH \cdot H \cdot H} \cdot COOH \text{ zeigt.}$$

Dimethylengluconsäure und Monomethylenzuckersäure gehen beim Kaninchen unverändert in den Harn über. Formaldehyd wird nicht abgespalten im Gegensatz zur Anhydromethylencitronensäure. Die Ursache dafür dürfte sein, daß bei dem Citronensäurederivat auch eine Carboxylsäure mit dem Methylen in Verbindung steht [6]).

Paul Mayer [7]) zeigte, daß Oxalsäure durch unvollkommene Oxydation aus der Glykuronsäure und aus Traubenzucker entstehen kann, daß Zuckersäure über Oxalsäure verbrannt wird und daß die Oxydation der Gluconsäure ihren Weg über die Zuckersäure nimmt.

Hingegen wird Glykuronsäure nicht zu Zuckersäure oxydiert [8]). Glykuronsäure vermehrt die Oxalsäure im Harn, aber weder Aceton noch Ameisen-

---

1) Leo Schwarz, AePP. **40**, 178. 2) P. Albertoni, AePP. **18**, 218.
3) M. Jaffé, HS. **7**, 297 (1883).
4) HS. **6**, 440 (1882). — BB. **15**, 1019 (1882). — Pflügers Arch. f. Phys. **28**, 506 und **33**, 221. 5) BZ. **65**, 479. (1914).
6) Cesare Paderi, Arch. di Farmacol. sperim. **23**, 353 (1917).
7) Zeitschr. f. klin. Med. **47**, Heft 1—2.
8) Zeitschr. f. klin. Med. **47**, 68.

säure. Wahrscheinlich wird auch Zuckersäure gebildet, vielleicht auch Gulose. Die in den Organismus eingeführte Glykuronsäure wird nicht zur Paarung verwendet und die gepaarten Glykuronsäuren bilden sich auch normalerweise nicht durch direkte Vereinigung der Komponenten[1]). Entgegen diesen Untersuchungen von P. Mayer hat E. Schott[2]) gefunden, daß sowohl beim Kaninchen als auch beim Hund Glykuronsäure als solche, aber nie Zuckersäure ausgeschieden wird. Bei Injektion von Zuckersäure wird ein Teil im Harne ausgeschieden. Subcutan und intravenös eingeführte Glykuronsäure wird quantitativ wieder ausgeschieden, selbst kleine parenteral beigebrachte Mengen von Glykuronsäure und Zuckersäure erscheinen im Harn wieder[3]).

d-α-Glucoheptonsäure

$$\begin{array}{cccccccc} & OH & OH & H & OH & OH & & \\ COOH- & C- & C- & C- & C- & C- & CH_2\cdot OH \\ & H & H & OH & H & H & & \end{array}$$

ihr süß schmeckendes Anhydrid, ist unschädlich und wird teilweise im Organismus zerstört[4]). Sie wirkt zuckerherabsetzend beim Diabetiker[5]).

Die zweibasischen Säuren verhalten sich wie folgt: Oxalsäure $\begin{array}{c}COOH\\ \vdots\\ COOH\end{array}$ wird zum Teil im Harne ausgeschieden[6]); sie zeigt eine gewisse Resistenz gegen Oxydation. Einige Autoren behaupten, daß sie überhaupt im Organismus keiner Oxydation unterliegt. P. Marfori[7]) untersuchte die Frage, ob die Säuren der Oxalsäurereihe im Organismus vollständig zu Kohlensäure verbrannt oder nur teilweise zu flüchtigen Fettsäuren verwandelt werden. Er fand, daß Oxalsäure im Organismus zum größten Teil oxydiert wird. Oxalsaures Natron wird in größerer Menge oxydiert, als die freie Säure. Es erscheinen nur 30% der Säure wieder im Harn, während der Rest trotz der gegenteiligen Angaben J. Pohls im Organismus oxydiert wird. Bei den Vögeln wird Oxalsäure nicht oxydiert, sondern unverändert durch den Harn ausgeschieden. Er konnte aber eine Vermehrung der flüchtigen Säuren nach Darreichung der zweibasischen Säuren nicht beobachten. Hingegen konnte E. S. Faust[8]) die ganze Hunden injizierte Menge Oxalsäure im Harne wiederfinden. W. Autenrieth und Hans Barth fanden aber beim Kaninchen, daß Oxalsäure fast vollständig oxydiert wird[9]).

Chelidonsäure $CO(CH_2 \cdot CO \cdot COOH)_2$ die beim Kochen mit Kalkmilch quantitativ in 1 Mol. Aceton und 2 Mol. Oxalsäure zerfällt, wird nach subcutanen Injektion vom Kaninchen innerhalb 24 Stunden unverändert und quantitativ ausgeschieden. Nach Darreichung per os werden innerhalb des ersten Tages nur $5^1/_2$% der verfütterten Chelidonsäure unverändert ausgeschieden, dann erscheinen nur noch Spuren. Der Rest wird wahrscheinlich im Darm durch Bakterien zerstört[10]).

Glyoxylsäure wirkt ähnlich wie Oxalsäure; das Herz wird direkt geschädigt und später gelähmt. Glykolsäure $CH_2(OH) \cdot COOH$ wird vom Organismus, ohne Oxalsäure zu bilden, oxydiert, ebenso Glyoxylsäure $CHO \cdot COOH$[11]), während nach den neueren Angaben von Dakin bei der Verfütterung von Glykolsäure und Glyoxylsäure Oxalsäure in erheblicher Menge ausgeschieden wird[12]).

[1]) Cesare Paderi, Arch. d. Farmacol. sperim. **11**, 29 (911).
[2]) AePP. **65**, 35 (1911). [3]) Johannes Biberfeld, BZ. **65**, 479 (1914).
[4]) G. Rosenfeld, Berliner klin. Wochenschr. Nr. 29 (1911). — Kohshi Ohta, BZ. **38**, 421 (1912).
[5]) J. Pringsheim, Ther. Mon. **1911**, 657. — Fr. Rosenfeld, Deutsche med. Wochenschr. **1911**, Nr. 47. [6]) Pio Marfori, Annali di Chim. **1897**, Mai, S. 202.
[7]) Annali di Chim. **1896**, 183. [8]) AePP. **44**, 217 (1901).
[9]) HS. **35**, 327 (1902). [10]) Emil Stransky, Arch. d. Pharm. **258**, 56 (1920).
[11]) J. Pohl, AePP. **37**, 413.
[12]) Dakin, Journ. of biolog. chemistry. **3**, 63 (1906).

Malonsäure $COOH \cdot CH_2 \cdot COOH$ wird nur in verschwindend kleiner Menge in Oxalsäure verwandelt, ein kleiner Teil geht unverändert in den Harn über. Tartronsäure $OH \cdot CH(COOH)_2$, Brenztraubensäure $CH_3 \cdot CO \cdot COOH$ erweisen sich selbst grammweise als verbrennbar.

Brenztraubensäure macht subcutan bei Kaninchen in Dosen bis 7 g keine Erscheinungen und wird verbrannt. Der Harn enthält Traubenzucker und etwas unverändertes brenztraubensaures Salz, ferner racemische Milchsäure[1]).

Beachtenswerterweise werden Brenztraubensäure, ferner Oxalessigsäure $COOH \cdot CO \cdot CH_2 \cdot COOH$, Glycerinsäure $CH_2OH \cdot CHOH \cdot COOH$, Weinsäure, sowie eine Reihe anderer einfacher aliphatischer Verbindungen, durch Hefe sehr lebhaft unter CO_2-Entwicklung zerlegt[2]). Der Vorgang ist, wie bei der Vergärung der eigentlichen Zuckerarten, von der lebenden Hefe trennbar[3]). Das Ferment, welches diese Reaktion durchführt, wird Carboxylase genannt.

Trimethyläthylen und Octylen werden im Organismus des Kaninchens so verändert, daß sie unter Lösung der doppelten Bindung und Aufnahme von Wasser in die entsprechenden Alkohole übergehen, die im Harn als gepaarte Glykuronsäuren auftreten[4]).

Weinsäure geht teilweise unverändert durch den Organismus. Sie ist für den tierischen Körper nur in beschränktem Umfange angreifbar[5]). Doch haben die Untersuchungen sehr differente Resultate ergeben.

Die stereoisomeren Weinsäuren verhalten sich im Organismus folgendermaßen:

Von d-Weinsäure	erscheinen	im	Harne	25.6—29.3 %
„ l-Weinsäure	„	„	„	6.4— 2.7 %
„ Traubensäure	„	„	„	24.7—41.9 %
„ Mesoweinsäure	„	„	„	6.2— 2.7 %

l-Weinsäure und Mesoweinsäure werden am vollständigsten und anscheinend im gleichen Maße oxydiert, viel weniger d-Weinsäure, am wenigsten Traubensäure. Letztere erleidet im Körper keine Zerlegung in ihre Komponenten, da die ausgeschiedene Säure optisch inaktiv ist[6]). Nach den Untersuchungen von Carl Neuberg und Sumio Saneyoshi[7]) besteht hinsichtlich der Verbrennbarkeit von d- und l-Weinsäure kein Unterschied. Bei der Traubensäureverfütterung wird nur optisch inaktive Weinsäure ausgeschieden, was nur bei absolut gleicher Verbrennlichkeit beider Komponenten möglich ist. Die Traubensäure wird also nicht asymmetrisch angegriffen.

Bernsteinsäure $COOH \cdot CH_2 \cdot CH_2 \cdot COOH$ und Äpfelsäure $COOH \cdot CH_2 \cdot CH(OH) \cdot COOH$ lassen, selbst in großen Dosen gereicht, keine Weinsäure oder ein anderweitiges Zwischenprodukt in den Harn übertreten. Ebenso die Zuckersäure $C_4H_4(OH)_4(COOH)_2$. Glutarsäure $COOH \cdot CH_2 \cdot CH_2 \cdot CH_2 \cdot COOH$ als solche oder als Natronsalze eingegeben, geht nur in sehr geringer Menge in den Harn über, der größte Teil wird oxydiert.

Cesare Paderi[8]) fand, daß das Natriumsalz der Zuckersäure, innerlich gegeben, starke Reizwirkungen macht. Im Harne tritt Oxalsäure auf, aber auch unveränderte Zuckersäure.

---

[1]) P. Mayer, BZ. **40**, 441 (1912).
[2]) C. Neuberg und Hildesheimer, BZ. **31**, 170 (1910).
[3]) C. Neuberg und Tir, BZ. **32**, 323 (1910).
[4]) O. Neubauer, AePP. **46**, 133. [5]) H. Eppinger, HB. **6**, 492 (1905).
[6]) A. Brion, Diss. Straßburg i. Els. (1898). [7]) BZ. **36**, 32 (1911).
[8]) Arch. d. Farmacol. sperim. **22**, 96 (1906).

Aus Bernsteinsäure entsteht durch tierische Gewebe Fumarsäure (Battelli und Stern, Einbeck).

Apfelsäure wird von Kaninchen und Katzen unvollständig verbrannt. Sie ist ungiftig[1]).

Kaninchen oxydieren Citronensäure stärker als Katzen. Innerlich sind erst sehr große Dosen giftig[2]).

Der einfachste Zucker Glykolaldehyd gibt bei der Verbrennung im Organismus keine Zwischenprodukte.

Von den stereoisomeren Aldohexosen wird die Dextrose von Gesunden glatt verbrannt, ebenso der der Dextrose entsprechende Alkohol, der Sorbit, während die anderen Zucker und die von ihnen derivierenden Alkohole sich resistent verhalten, wenn die Leber sie nicht in Dextrose bzw. Glykogen umzulagern oder umzuwandeln vermag. Auch die Lävulose wird glatt, manchmal sogar leichter verbrannt als die Dextrose. Beim Diabetes kann der Organismus unter Umständen den Zucker nicht mehr angreifen, hingegen gelingt es ihm leicht, die ersten Oxydationsprodukte künstlicher Art wie die Gluconsäure, Glykuronsäure, Zuckersäure, Schleimsäure usw. zu verbrennen[3]).

Der sechswertige Alkohol Mannit erscheint bei Hunden fast unverändert im Harn, da er ein Derivat der wegen ihrer sterischen Konfiguration sehr resistenten Mannose ist, während der vom Traubenzucker sich ableitende sechswertige Alkohol Sorbit oxydiert wird.

Glucal ist nicht giftig, in größeren Dosen wird es nicht verbrannt, sondern erscheint zum Teil im Harn. Es wird durch Hefe und Bakterien nicht zerlegt[4]).

```
 H   H   H   H  H
 ·   ·   ·   ·  ·
HC—C—C—C—C=CH
 ·   ·   ·   \   /
OH OH OH   O
```

Während Glykosamin im Organismus nicht zur Glykogenbildung verwendet und nur äußerst schwer verbrannt wird, wird der Glykosaminkohlensäureäthylester vom Organismus verbrannt und auch vom pankreas-diabetischen Hunde nicht zur Zuckerbildung verwertet[5]).

Inosit verläßt bei intravenöser Injektion den Organismus zum Teil unzersetzt[6]). Inosit wird beim Menschen zu etwa 90% im Harn ausgeschieden. In den Faeces wird nichts gefunden[7]). Beim Hund hingegen fand Anderson[8]) in den Faeces 77%, im Harne nur sehr kleine Mengen.

Erythrit und Quercit werden vom Organismus nicht angegriffen.

Die Amide der Fettreihe verwandeln sich zugleich mit der Oxydation leicht in Harnstoff, die niedrigen sind aber resistenter gegen die Oxydation und laufen meist unverändert durch. So Acetamid $CH_3 \cdot CO \cdot NH_2$ nach M. v. Nencki[9]), Oxamid $\begin{array}{c} CO \cdot NH_2 \\ \vdots \\ CO \cdot NH_2 \end{array}$ nach Ebstein und Nicolayer[10]).

---

[1]) Louis Elsberg Wise, Journ. of biol. chem. **28**, 185 (1917).
[2]) Will. Salent und Louis E. Wise, Journ. of biol. chem. **28**, 25 (1917).
[3]) O. Baumgarten, Zeitschr. f. experim. Pathologie u. Therapie **2**, 53.
[4]) O. Balcar, Journ. of biol. chem. **26**, 163 (1917).
[5]) Forschbach, HB. **8**, 313 (1906).
[6]) Giacosa, Giornale della R. Acad. di Torino **68**, 375.
[7]) R. J. Anderson und A. W. Bosworth, Journ. of biol. chem. **25**, 399 (1916).
[8]) Ebenda **25**, 391 (1916). [9]) Virchows Arch. **148**, 366.
[10]) Zeitschr. f. Biol. **8**, 124.

Oxaminsäure $NH_2 \cdot CO \cdot COOH$ wird als solche ausgeschieden und macht keine Veränderungen in den Nieren, wohl aber Oxamäthan (Oxaminsäureäthylester) $NH_2 \cdot CO \cdot COO \cdot C_2H_5$, welches für einzelne Tiere ein starkes Gift ist.

Wenn in der Aminoessigsäure ein Wasserstoffatom der Aminogruppe durch CH_3 ersetzt wird (Sarkosin) $(CH_3)NH \cdot CH_2 \cdot COOH$, so bleibt dieser Körper im Organismus unverändert. Sarkosin wird vom Menschen und Hunde zum größten Teil unverändert ausgeschieden [1]).

Toluolsulfosarkosin durchläuft zum größten Teil unverändert den Organismus, ein kleiner Teil erleidet die Oxydation der Methylgruppe zur Carboxylgruppe, trotzdem schon eine Carboxylgruppe im Molekül ist. $CH_3 \cdot C_6H_4 \cdot SO_2 \cdot N(CH_3)CH_2 \cdot COOH \rightarrow HOOC \cdot C_6H_4 \cdot SO_2 \cdot N(CH_3)CH_2 \cdot COOH$ · Benzolsulfosarkosin geht unverändert in den Harn über [2]).

Nach Verfütterung von Glykokoll, dl-Alanin, dl-Amino-n-buttersäure, dl-Amino-n-valeriansäure werden diese völlig beim Hunde ausgenützt, während der Kohlenstoff der dl-Amino-n-capronsäure zu 13,5% im Harn ausgeschieden wird [3]). Sarkosin, dl-α-Methylalanin und dl-α-Methylaminobuttersäure werden zu ein Drittel unverändert ausgeschieden, während die höheren Glieder, die dl-α-Methylaminovaleriansäure und die dl-α-Methylaminocapronsäure zum größten Teil unverändert den Organismus verlassen.

Sind aber die Ketten verzweigt, so werden sie vom Organismus anders angegriffen als die geraden Ketten. n-Valeriansäure geht beim Diabetiker nicht in β-Oxybuttersäure über, hingegen d-Isovaleriansäure. Leucin gibt bei der Leberdurchblutung Acetessigsäure, normales Leucin mit unverzweigter Kette bildet jedoch diese Säure nicht (Embden). Die substituierten Aminosäuren weichen in ihrem Verhalten im Organismus von den Aminosäuren ab. Durch den Ersatz des α-ständigen tertiären Wasserstoffs durch den Methylrest geht die Angreifbarkeit für den Organismus annähernd verloren. Die Anwesenheit eines zweiten tertiären Wasserstoffatoms in den monomethylierten α-Aminosäuren erhöht ihre Angreifbarkeit für den Organismus. Die Anwesenheit eines tertiären Wasserstoffatoms in β-Stellung zur Carboxylgruppe bildet für die monomethylierten α-Aminosäuren die größte Möglichkeit der Angreifbarkeit im Organismus. Die Benzoylderivate der Aminosäuren mit normalen Ketten verlassen den Organismus unzersetzt, z. B. Benzoylalanin, Benzoylaminobuttersäure, Benzoylasparaginsäure und Benzoylglutaminsäure [4]). Ähnlich verhalten sich auch die ungesättigten benzoylierten Aminosäuren. Benzoyl-α-aminozimtsäure wird immer quantitativ im Harn wiedergefunden. p-Oxybenzoyl-α-aminozimtsäure wird nur nach subcutaner Eingabe im Harne gefunden und in variierender und verringerter Menge. Bei oraler Verabreichung findet man sie selten und nur in sehr geringer Menge im Harn. Benzoyl-o-aminozimtsäure wird fast quantitativ wieder ausgeschieden. Hunde oxydieren Cinnamyltyrosin fast vollständig. Bei Kaninchen findet man nach subcutaner Darreichung minimale Mengen im Harne, bei oraler Verabreichung findet man nur Hippursäure. Im Gegensatz zum Benzoyltyrosin wird Cinnamyltyrosin zersetzt [5]). Da nun Sarkosin und die benzoylierten Amonisäuren nicht oxydiert werden, so hat es den Anschein, als ob die Abbaufähigkeit der Aminosäuren durch Substitution eines Wasserstoffatoms der Aminogruppe durch

---

[1]) A. Magnus-Levy, Münchener med. Wochenschr. **1907**, 2168.
[2]) Karl Thomas und Herbert Schotte, HS. **104**, 141 (1919).
[3]) E. Friedmann, HB. **11**, 152, 162 (1908).
[4]) A. Magnus-Levy, Münchener med. Wochenschr. **1905**, Nr. 45 und BZ. **6**, 541 (1907).
[5]) Hidezo Ando, Journ. of biolog. chemistry **38**, 7 (1919).

fette Reste sowohl als auch durch aromatische vermindert oder verhindert wird und E. Friedmann fand, daß bei den am Stickstoff methylierten Derivaten der Aminosäuren die niederen Glieder zu ungefähr ein Drittel unverändert wieder ausgeschieden werden, während die höheren Glieder zum größten Teil unangegriffen den Organismus verlassen.

Der Ersatz des α-ständigen tertiären Wasserstoffes durch den Methylrest in der Gruppe $R \cdot CH<^{NH \cdot CH_3}_{COOH}$ hebt die Angreifbarkeit für den Organismus auf. Wenn beide Wasserstoffatome der NH_2-Gruppe durch Methylreste substituiert sind, wird der Abbau der Aminosäure nicht weiter erschwert. Die untersuchten dimethylierten Aminosäuren wurden zu durchschnittlich 50% wieder ausgeschieden.

Der Ersatz eines H-Atoms der NH_2-Gruppe durch die Methylgruppe für die Glieder C_2, C_3, C_4 bedeutet eine erhebliche Erschwerung und für die Glieder C_5 und C_6 nahezu eine Aufhebung des Abbaues.

Durch gärende Hefe wird jede Aminosäure in den Alkohol mit der nächst niederen Zahl von Kohlenstoffatomen übergeführt, während im Organismus der Säugetiere die Aminosäuren über die um ein Kohlenstoffatom niederen Fettsäuren abgebaut werden. Aber bei der Gärung wird Phenylaminoessigsäure in Benzylalkohol, Phenylglyoxylsäure, l-Mandelsäure und l-Acetylphenylaminoessigsäure übergeführt.

Beim Abbau der Aminosäuren durch gärende Hefe geht wahrscheinlich folgender Vorgang vor sich.

R
|
CHOH
|
COOH
Alkoholsäure

$R-C(H)(NH_2)-COOH$ (Aminosäure) —(H+O; Oxydation)→ $R-C(OH)(NH_2)-COOH$ (Hydrat der Iminosäure) —(OH—NH₂; Desaminierung)→ $R-C{=}CO-COOH$ [$R-CO-COOH$] (Ketonsäure) ⇄ Alkoholsäure; Ketonsäure —($-CO_2$; Kohlensäureabspaltung)→ $R-CHO$ (Aldehyd) —($+2H$; Reduktion)→ $R-CH_2 \cdot OH$ (Alkohol)

Dieser Abbau ist eine abwechselnde Oxydation und Reduktion. Beim höheren Tier ist ein ganz analoger Vorgang, es bildet sich in beiden Fällen die Ketonsäure und anscheinend auch der Aldehyd. Die Hefe reduziert aber den Aldehyd zum Alkohol, während die höheren Tiere ihn zur Fettsäure oxydieren [1]. Die intermediäre Bildung des Aldehyds ist aber bis jetzt experimentell nicht erwiesen, sondern nur theoretisch supponiert.

Die dem Alanin entsprechende Ketosäure, Brenztraubensäure und die der Asparaginsäure entsprechende Oxalessigsäure ist nach C. Neuberg tatsächlich durch Hefe vergärbar (s. S. 161).

Von Succinimid $C_2H_4<^{CO}_{CO}>NH$ passiert nach Verfütterung an Hunde ein kleiner Teil den Organismus unverändert, während weitaus der größte Teil zersetzt wird [2]. Allophansäureäthylester $NH_2 \cdot CO \cdot NH \cdot COO \cdot C_2H_5$ wird voll-

[1] O. Neubauer und K. Frommherz, HS. 70, 326 (1911).
[2] Koehne, Diss. Rostock (1894).

kommen zerstört, während Biuret (Allophansäureamid) $CO<^{NH_2}_{NH \cdot CO \cdot NH_2}$ quantitativ in den Harn übergeht. Cyanursäure

$$\begin{array}{c} HO \cdot C = N - C - OH \\ | \qquad \quad \| \\ N = C - N \\ | \\ OH \end{array}$$

geht, wie Coppola zeigte, fast unverändert in den Harn über, ebenso Parabansäure $CO<^{NH \cdot CO}_{NH \cdot CO}>$.

Die Angaben über das Schicksal der Parabansäure im Organismus sind sehr widersprechend.

Subcutan Hunden injizierte Oxalursäure, Parabansäure und Alloxan werden völlig oxydiert[1]). Hingegen fand Julius Pohl[2]), daß Parabansäure zum Teil unverändert in den Harn übergeht, zum Teil als Oxalsäure ausgeschieden wird.

Über das Verhalten der ungesättigten Säuren ist folgendes bekannt:

Die ungesättigte Acrylsäure wird im Organismus zerstört[3]), ebenso wird die Zimtsäure in Form von Hippursäure ausgeschieden, was beweist, daß sie vorerst zur Benzoesäure abgebaut wurde. Phenylisocrotonsäure $C_6H_5 \cdot CH : CH \cdot CH_2 \cdot COOH$ geht in Phenacetursäure $C_6H_5 \cdot CH_2 \cdot CO \cdot NH \cdot CH_2 \cdot COOH$ über, so daß sie vorerst zur Phenylessigsäure $C_6H_5 \cdot CH_2 \cdot COOH$ oxydiert wird[4]). Die überlebende Hundeleber kann Dimethylacrylsäure in Acetessigsäure verwandeln. während Citraconsäure und Mesaconsäure nicht umgewandelt werden. Aus Crotonsäure aber entsteht Acetessigsäure. Dimethylacrylsäure geht durch Wasseranlagerung in β-Oxyisovaleriansäure über, welche zur Acetessigsäure abgebaut werden kann. Crotonsäure wird wahrscheinlich zuerst in β-Oxybuttersäure und dann erst in Acetessigsäure übergeführt[5]). E. Friedmann nimmt an, daß α-β-ungesättigte Säuren in der Weise intermediär in Acetessigsäure übergehen, daß diese Säuren unter Wasseranlagerung in die entsprechenden gesättigten β-Oxysäuren übergehen und als solche abgebaut werden. Die α-β-ungesättigten Säuren können zu den um zwei Kohlenstoffatome ärmeren Säuren abgebaut werden, ohne die Zwischenstufe der β-Ketonsäuren zu durchlaufen, denn der Abbau der Furanpropionsäure und der Furfuracrylsäure zur Brenzschleimsäure verläuft nicht über die Zwischenstufe der β-Ketonsäure, der Furoylessigsäure[6]).

Die γ-substituierten Fettsäuren werden entweder als Lacton, meist aber unverändert ausgeschieden. Der Hund scheidet Phenylbuttersäure als Lacton aus. Phenyl-β-γ-dioxybuttersäure wird zum Teil als Phenyl-β-oxybutyrolacton ausgeschieden, ein Teil aber wird abgebaut und bis zur Benzoesäure oxydiert. Ist jedoch bloß die γ-Stellung substituiert, so tritt ein anderer Vorgang auf. Benzoylpropionsäure $C_6H_5 \cdot CO \cdot CH_2 \cdot CH_2 \cdot COOH$ wird zu Phenylessigsäure $C_6H_5 \cdot CH_2 \cdot COOH$ abgebaut, wobei natürlich vorerst eine Reduktion der Carbonylgruppe zur Methylengruppe stattfinden muß.

Nach Verfütterung von 15 g Benzoylpropionsäure an Menschen erhält man im Harn Phenylacetylglutamin und seine Harnstoffverbindungen, etwas Hippursäure und Phenolbutyrolacton und aus diesem phenyl-γ-oxybuttersaures Natrium in seiner linksdrehenden Form. Die eingeführte Ketosäure wird zur

---

[1]) Luzzatto, HS. 37, 225 (1903). — Koehne, Diss. Rostock (1894).
[2]) Julius Pohl, Zeitschr. f. experim. Pathologie u. Therapie 8, 308 (1910).
[3]) Luzzatto, HB. 7, 456 (1906). [4]) Knoop, HB. 6, 150 (1905).
[5]) E. Friedmann, HB. 11, 365, 371 (1908).
[6]) E. Friedmann, BZ. 35, 40 (1911).

Oxysäure reduziert und von dieser die l-Form zum größten Teile ausgeschieden, und zwar zu 81%. Die d-Form ist zur Phenylbuttersäure reduziert und diese wenigstens teilweise auf dem Wege der β-Oxydation in die Phenylessigsäure umgewandelt, welche sich mit Glutamin verbunden hat. Die beim Menschen beobachtete Widerstandsfähigkeit der l-Modifikation zeigt sich beim Hunde nicht. Doch verhalten sich die Hunde in dieser Beziehung nicht gleich, nachdem in einem neuen Versuche am Hunde diese Säure gefunden werden konnte.

Phenyläthylalkohol wird beim Menschen zu Phenylessigsäure oxydiert, die in Phenylacetylglutamin übergeht. Nach größeren Gaben von Phenylessigsäure zeigen sich deutliche Giftwirkungen, inbesonders Schädigungen der Niere[1]). Phenoxyessigsäure scheint sich nicht mit einem Stoffwechselprodukt des Organismus zu vereinigen. Dagegen erscheint die unveränderte Säure in reichlicher Menge im Harn[2]).

Man beobachtet selten, daß durch Oxydation von primären Alkoholen im Organismus Aldehyde entstehen, während aus sekundär alkoholischen Gruppen sich sehr häufig Ketone bilden, ebenso wie aus Keton durch Reduktion sekundäre Alkoholgruppen entstehen können.

Die primären Monaminbasen der Fettreihe werden, wenn auch schwierig, so doch zum Teil zersetzt, die aromatischen noch schwieriger. Wenn aber in einer primären fetten Monaminbase ein Wasserstoff des Alkylradikals durch einen aromatischen Kohlenwasserstoff ersetzt ist, so verhält sich der fette Rest wie die ursprüngliche Verbindung. Daher gehen Amine der aliphatischen Reihe wie Trimethylamin, Tetramethylendiamin, Pentamethylendiamin, Cholin, zum großen Teil unverändert durch den Organismus, manche völlig unverändert.

Der Abbau des Cholins geschieht im Organismus unter intermediärer Bildung von Ameisensäure[3]).

Guanidin $HN \cdot C{<}^{NH_2}_{NH_2}$ wird in kleinsten Dosen vom Kaninchen vollständig, in kleinen Dosen fast vollständig, in toxischen Dosen nur zum allerkleinsten Teil ausgeschieden. Guanidin scheint dem Organismus gegenüber sonst unangreifbar zu sein.

Carbonyldiharnstoff $NH_2 \cdot CO \cdot NH \cdot CO \cdot NH \cdot CO - NH_2$ wird im Organismus verbrannt[4]).

Alloxan $CO{<}^{NH \cdot CO}_{NH \cdot CO}{>}CO$ wird größtenteils zerstört und nur zum Teil als Parabansäure ausgeschieden[5]). 0,5 g Alloxan töten ein Kaninchen.

Xanthin wird im menschlichen Organismus in Harnsäure verwandelt, ein Teil unverändert ausgeschieden[6]).

Thymin

```
HN — CH
|     ||
OC    C · CH3
|     |
HN — CO
```

wird im Organismus gespalten, Uracil

```
NH — CO
|     |
CO    CH
|     |
NH — CH
```

passiert den Organismus des Hundes[7]).

---

1) Carl P. Sherwin und Sellers Kennard, Journ. of biol. chem. **40**, 259 (1919).
2) H. Thierfelder und Erich Schempp, Pflügers Arch. **167**, 280 (1917).
3) Hößlin, HB. **8**, 27 (1906).
4) Kurt Henius, Zeitschr. f. experim. Pathologie u. Therapie **10**, 293 (1912).
5) Hugo Wiener, AePP. **42**, 35. 6) W. Levinthal, HS. **77**, 274 (1912).
7) Steudel, Sitzungsber. d. G. z. Bef. d. g. N. Marburg **1901**, Jan.

Methyluracil

$$\begin{array}{ll} NH- & C\cdot CH_3 \\ | & \| \\ CO & CH \\ | & | \\ NH- & CO \end{array}$$

passiert den Organismus unverändert.

Nitrouracilcarbonsäure

$$\begin{array}{ll} NH- & C\cdot COOH \\ | & \| \\ CO & C\cdot NO_2 \\ | & | \\ NH- & CO \end{array}$$

erfährt im Organismus eine vollkommene Spaltung.

Nitrouracil

$$\begin{array}{ll} NH- & CH \\ | & \| \\ CO & C\cdot NO_2 \\ | & | \\ NH- & CO \end{array}$$

tritt unverändert in den Harn.

Nach Verfütterung von Isobarbitursäure und Isodialursäure tritt weder

Isobarbitursäure

$$\begin{array}{ll} NH- & CH \\ | & \| \\ CO & COH \\ | & | \\ NH- & CO \end{array}$$

Isodialursäure

$$\begin{array}{ll} NH- & CO \\ | & | \\ CO & COH \\ | & \| \\ NH- & COH \end{array}$$

ein schwer lösliches Oxydationsprodukt, noch die ursprüngliche Substanz im Harne auf. Ebenso bei Verfütterung von Thymin und 2.6-Dioxypyrimidin. Auffallend ist, daß im Gegensatz zu Thymin (5-Methyl-2.6-dioxypyrimidin) das nur in der Stellung der Methylgruppe von ihm verschiedene Methyluracil (4-Methyl-2.6-dioxypyrimidin) keiner Spaltung unterliegt. Ebenso wird Nitrouracil (5-Nitro-2.6-dioxypyrimidin) nicht angegriffen, so daß also die Nitrogruppe in derselben Stellung wie die Methylgruppe den Pyrimidinring vor einer Spaltung mit Erfolg zu schützen vermag.

Vom Sulfat des 2.4-Diamino-6-oxypyrimidin

$$\begin{array}{rll} & N = & COH \\ & | & | \\ NH_2\cdot & C & CH \\ & \| & \| \\ & N - & C\cdot NH_2 \end{array}$$

wirken bei Ratten 0,2 g letal.

Vom Sulfat des 2.4.5-Triamino-6-oxypyrimidin

$$\begin{array}{rll} & N = & CO \\ & | & | \\ NH_2\cdot & C & C\cdot NH_2 \\ & \| & \| \\ & N - & C\cdot NH_2 \end{array}$$

wirken bei Ratten 0,1 g letal.

Beide erwiesen sich als Sulfat bei Hunden zu 1 g verabreicht als toxisch, während alle anderen Körper dieser Reihe keine Störungen hervorriefen.

In den Harnkanälchen und im Harne ist Triaminooxypyrimidin unverändert enthalten.

Nach Untersuchungen von Lafayette Mendel und Meyers werden Thymin, Cytosin und Uracil beim Verfüttern an Kaninchen und Hunde in beträchtlichen Mengen unverändert im Harn wieder ausgeschieden[1]).

Die Purinderivate verhalten sich im Organismus[2]) folgendermaßen: Adenin (6-Aminopurin) verläßt den Organismus größtenteils unzersetzt. Adenin geht

[1]) Lafayette B. Mendel und Viktor Meyers, American Journ. Physiol. 26, 77.
[2]) H. Steudel, HS. 32, 284 (1901).

bei der Ratte durch Oxydation in 6-Amino-2.8-dioxypurin über[1]). Ebenso beim Hunde[2]).

Glykolylharnstoff

```
NH2  CH2 · NH · CO · NH2
 ·    |
CO    |
 ·    |
NH2 · CO
```

geht durch Oxydation beim Hunde in Allantoin

```
NH — CH · NH · CO · NH2
 |    |
CO    |
 |    |
NH — CO
```

über[3]). Hydantoin (Glykolylharnstoff) ist ungiftig und wird nach einer anderen Angabe unverändert im Harn ausgeschieden.

Iminoallantoin erzeugt in Grammdosen keine Giftwirkung und wird im Organismus nicht zersetzt. Uroxansäure erzeugt ebenfalls keinen Effekt[4]).

Hydantoinsäure wird, als Ester verabreicht, ebenfalls nicht vom Organismus angegriffen. Der Hydantoinring wird von Katze, Kaninchen und Hund nicht zerstört[5]).

Nach Theobromin- und Coffeinverfütterung tritt nach Abspaltung einer oder zweier Methylgruppen durch Oxydation Monomethylxanthin mit verschiedener Stellung des Methyls oder auch bei Kaninchen Xanthin im Harne auf[6]).

Coffein wird leicht von Tieren zersetzt[7]).

2.8-Dioxypurin wird, beim Kaninchen subcutan injiziert, nicht in Allantoin umgewandelt, sondern fast quantitativ unverändert im Harn ausgeschieden. Bei gleicher Applikation wird Harnsäure fast zur Hälfte als Allantoin und zu 12% unverändert ausgeschieden.

Xanthin wird teils als Allantoin, teils als Harnsäure, teils unverändert ausgeschieden. 2.8-Dioxy-6-methylpurin, 2.8-Dioxy-9-methylpurin und 2.8-Dioxy-6.9-dimethylpurin führen nicht zur Steigerung der Allantoinausscheidung. Letztere Verbindung schädigt die Niere. 2.8-Dioxy-6-methylpurin wird zum Teil unverändert ausgeschieden. Keine von diesen Verbindungen macht beim Kaninchen Diurese[8]).

Die Säureamide scheinen im Körper nicht umgesetzt zu werden, wie das Beispiel des obenerwähnten Biuret zeigt.

Viel interessanter sind die Verhältnisse der aromatischen Verbindungen im tierischen Körper.

Im allgemeinen verhält sich der Benzolkern im Organismus sehr resistent, doch kennen wir eine Reihe von Beispielen, welche uns zeigen, daß der Organismus imstande ist, den Benzolring vollständig zu Kohlensäure und Wasser zu verbrennen, und unsere Kenntnisse dieser Umwandlung sind von der Art, daß wir angeben können, unter welchen Bedingungen der Benzolring im Organismus erhalten bleibt und unter welchen Bedingungen er zerstört wird. Nur diejenigen

[1]) Nicolaier, Zeitschr. f. klin. Med. **45**, 359.

[2]) O. Minkowski, Deutsche med. Wochenschr. **1902**, Nr. 28, 499.

[3]) H. Eppinger, HB. **6**, 287 (1905).

[4]) Tadasu Saiki, Journ. of biol. chem. **7**, 263 (1909).

[5]) Howard B. Lewis, Journ. of biol. chem. **13**, 347 (1912).

[6]) Manfredi Albanese, AePP. **34**, 449. — St. Bondzynski und R. Gottlieb, AePP. **36**, 45; **37**, 385. — M. Krüger und P. Schmidt, BB. **32**, 2677, 2818, 3336 (1899) und HS. **36**, 1 (1902). [7]) AePP. **81**, 15 (1917).

[8]) Samuel Goldschmidt, Journ. of biol. chem. **19**, 83 (1914).

Aminosäuren der aromatischen Reihe, welche eine Seitenkette von drei Kohlenstoffatomen enthalten, von denen das mittlere die Gruppe NH_2 trägt, werden im Organismus völlig zerstört. Daher machen Phenyl-α-aminopropionsäure $C_6H_5 \cdot CH_2 \cdot CH(NH_2) \cdot COOH$, α-Aminozimtsäure $C_6H_5 \cdot CH{:}CH(NH_2) \cdot COOH$, Tyrosin (p-Oxyphenyl-$\alpha$-aminopropionsäure) $C_6H_4(OH) \cdot CH_2 \cdot CH(NH_2) \cdot COOH$ keine Vermehrung der aromatischen Substanzen im Harne[1]). Schon die in o-Stellung oder m-Stellung befindliche Hydroxylgruppe des o- oder m-Tyrosin verhindert im Gegensatz zum p-Tyrosin die vollständige Verbrennung. Halogensubstitution im Benzolkern führt ebenfalls zu schwer verbrennbaren Stoffen. m-Chlorphenylalanin und p-Chlorphenylalanin werden schwer angegriffen. p-Methyl- und p-Methoxyphenylalanin werden verbrannt.

Nach subcutaner Einführung von p-Methoxyphenylpropionsäure wird im Harn von Kaninchen keine ungesättigte Säure gefunden, lediglich Anissäure und Anisylglykokoll[2]).

Nach Verfütterung von Tyrosin, wie bei akuter gelber Leberatrophie und Phosphorvergiftung, tritt (nicht Oxymandelsäure), sondern l-Oxyphenylmilchsäure auf. Sie entsteht auch in kleiner Menge bei Verfütterung von Oxyphenylbrenztraubensäure, die als Zwischenprodukt bei der Umwandlung des Tyrosins in jene zu betrachten ist. Wird dl-Oxyphenylmilchsäure gegeben, so erleidet sie teilweise asymmetrische Zersetzung, indem die d-Säure unangegriffen bleibt. Bei der Bildung von l-Oxyphenylmilchsäure aus Oxyphenylbrenztraubensäure muß diese daher asymmetrische Reduktion erfahren[3]).

m-Tolylalanin wird im Organismus noch vollständiger verbrannt als p-Tolylalanin[4]). Es scheint also die Methylgruppe im Kern den Abbau des Benzolkerns nicht zu stören. Rund $^2/_3$ der verfütterten Menge werden verbrannt. Ein Teil verläßt den Organismus als m-Tolylacetursäure[5]).

Beim Hund wird nach Juvalta[6]) auch Phthalsäure $C_6H_4(COOH)_2$ [Benzolring mit COOH, COOH] und Phthalimid [Benzolring mit CO—NH—CO] im Organismus zerstört. Hingegen wird vom Kaninchenorganismus o-Phthalsäure unangegriffen quantitativ ausgeschieden[7]). Entgegen den Angaben von M. C. Porcher[8]), welcher behauptet, daß m- und p-Phthalsäure beim Hunde zu 75% im Harne wieder erscheinen, o-Phthalsäure hingegen fast vollständig im Organismus verbrannt wird, konnte Julius Pohl in Wiederholung der Versuche von E. Pribram[9]) zeigen, daß der Hundeorganismus o-Phthalsäure quantitativ unangegriffen ausscheidet[10]). Alle drei Phthalsäuren paaren sich nicht mit Glykokoll[11]). Die übrigen aromatischen Substanzen verhalten sich aber im Organismus sehr resistent; es können wohl Veränderungen in der Seitenkette eintreten, nie aber eine völlige Spaltung des Benzolringes vorkommen. Die aromatische Gruppe schützt sogar aliphatische Reste vor der Oxydation, wie wir bei den aromatischen Monaminbasen beobachten können.

---

1) HS. **7**, 23 (1882); **8**, 63 (1884); **8**, 65 (1884); **10**, 130 (1886); **11**, 485 (1887); **14**, 189 (1890).
2) Iwao Matsuo, Journ. of biol. chem. **35**, 291 (1918).
3) Yashiro Kotake und Zenji Matsuoka, Journ. of biol. chem. **35**, 319 (1918).
4) L. Böhm, HS. **89**, 112. 5) K. Frommherz und L. Hermanns, HS. **89**, 120.
6) HS. **13**, 26 (1889). — Mosso, AePP. **26**, 267.
7) E. Pribram, AePP. **51**, 379 (1904). 8) BZ. **14**, 351 (1908).
9) AePP. **51**, 378 (1904). 10) BZ. **16**, 68 (1909).
11) H. Hildebrandt, HB. **3**, 372 (1903).

Die Oxydationen können den Benzolring selbst betreffen oder in einer Seitenkette verlaufen. So wird nach Verfütterung von Benzol im Organismus Phenol gebildet und dieses dann zum Teil weiter zu Dioxybenzolen oxydiert[1]).

Meconsäure $CO\langle\begin{matrix} C(OH):C\cdot COOH \\ C{=\!=}C\cdot COOH \end{matrix}\rangle O$ (Oxypyrondicarbonsäure) wird im Organismus völlig zerstört (bis auf Spuren). Meconsäure ist noch in größeren Dosen physiologisch unwirksam. Warmblüter oxydieren sie scheinbar sehr rasch und leicht. Auch der Frosch verträgt sie gut[2]). Die gleiche Wirkung zeigt die Säure, wenn man die Hydroxylgruppe acyliert oder alkyliert, wie die Acetyl- und Benzoylmeconsäure und der Äthyl- und Propyläther. Eine stärkere Lähmung läßt sich beim Frosch erreichen, wenn man die eine oder beide Carboxylgruppen der Meconsäure verwertet. Hier zeigen die Äthyl- und Propylderivate stärkere narkotische Wirkung, während die höheren aliphatischen und aromatischen Ester schwächer wirken. Die Ätherverbindungen dieser Ester wirken nicht stärker als die Ester. Die Diazofarbstoffe der Ester wirken wie die Ester selbst. Kondensiert man die Carboxylgruppe der freien Meconsäure oder deren Ester mit Hydrazinderivaten, so erhält man stark giftige Substanzen, die in sehr geringen Mengen tödlich wirken. Das Urethanderivat ist wenig wirksam. Das Harnstoffderivat macht beim Frosch Krämpfe, dann Lähmung. Äthyl- und Propylmeconylharnstoff sind den entsprechenden Meconsäureestern in der Wirkung ähnlich. Meconylthioharnstoff steht dem Harnstoffderivat in seiner Wirkung um das Dreifache nach. Das Propylderivat des Meconylthioharnstoffs macht beim Frosch Lähmung und Betäubung. Beim Kaninchen ist es unwirksam. Komensäure (Oxypyronmonocarbonsäure) verhält sich analog wie Meconsäure, ebenso die Bromkomensäure. Der Pyronkern ist also der Oxydation im Organismus gegenüber wenig widerstandsfähig.

Komenaminsäure (Dioxypicolinsäure) ist wirkungslos, wird teils oxydiert, teils unverändert im Harne ausgeschieden.

Chitose, der E. Fischer und Andreae[3]) die Konstitution eines Hydrofuranderivates

$$\begin{matrix} & HO\cdot HC - CH\cdot OH & \\ & | \quad\quad | & \\ HO\cdot H_2C\cdot & HC \quad\quad CH & \cdot CHO \\ & \diagdown\ \diagup & \\ & O & \end{matrix}$$

zuschreiben, verwandelt sich im Organismus in

$$\begin{matrix} & HC - CH & \\ & \| \quad\quad \| & \\ HO\cdot H_2C\cdot & C \quad\quad C & \cdot COOH \\ & \diagdown\ \diagup & \\ & O & \end{matrix}$$

Hydroxymethylbrenzschleimsäure.

Es entsteht also aus dem Hydrofuranderivat ein Furanderivat mit Doppelbindungen in der α-β-Stellung[4]).

Aber der Benzolkern ist durchaus nicht so unaufspaltbar, wie man anfänglich geglaubt hat. Max Jaffé wies nach, daß Benzol selbst[5]) zum

[1]) Dubois' Arch. 1867, 340. — Pflügers Arch. 12, 148.
[2]) R. Lautenschläger, BZ. 96, 73 (1919). [3]) BB. 36, 2589 (1903).
[4]) N. Suzuki, Journ. of biol. chem. 38, 1 (1919). [5]) HS. 62, 58 (1909).

Teil zur Muconsäure oxydiert wird, wobei eine Ringsprengung des Benzols eintritt.

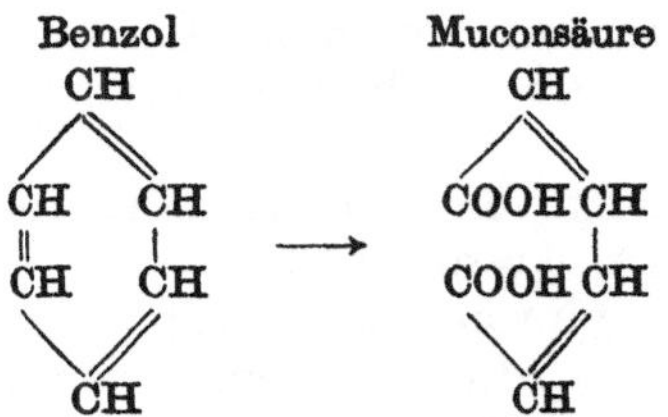

Die überlebende Leber vermag Muconsäure in Aceton zu verwandeln[1]). Bei der Verfütterung von Benzol fand Max Jaffé im Maximum zu 0.3% das Auftreten von Muconsäure, es ist aber sehr wahrscheinlich, daß diese sehr leicht oxydable Säure sehr schnell weiter verändert wird, daß aber 25—30% des resorbierten Benzols in Muconsäure verwandelt werden. Der Organismus scheint sich an die Aufsprengung des Benzolkernes zu gewöhnen und bei Verfütterung von Benzol steigende Mengen davon zu oxydieren[2]). Hingegen fand Yoshitane Mori[3]) im Gegensatz zu Jaffé, daß Muconsäure, Kaninchen innerlich verabreicht, zum größten Teile unverändert im Harne ausgeschieden wird, ganz ähnlich wie Adipinsäure. Während nach dieser stets Vermehrung der Oxalsäure im Harn festgestellt wurde, war dies nach Muconsäure nicht der Fall. Die Ansicht von Jaffé, daß Benzol zu einem erheblichen Teile über Muconsäure abgebaut wird, dürfte nicht oder nur sehr eingeschränkt zutreffen. Auch diejenigen aromatischen Verbindungen, welche entweder scheinbar unverändert oder nur in der Seitenkette abgebaut oder in gepaarter Verbindung zur Ausscheidung gelangen, kann man nur zum großen Teil, aber nie quantitativ im Harn wiederfinden, während Benzolverbindungen, die eine dreigliedrige Seitenkette tragen, restlos verbrannt werden. Der Angriff des oxydierenden Sauerstoffs trifft entweder den Benzolkern oder das dem Benzolring nächst verbundene Kohlenstoffatom. Aber nicht einmal beim Phenol ist der Benzolring ganz unangreifbar und ein Teil kommt immer zur Verbrennung.

Aber noch andere Ringzerstörungen sind uns bekannt. Methylchinoline werden vielfach völlig oxydiert, auch o-Nitrobenzaldehyd.

Sehr resistent verhält sich die Carboxylgruppe im aromatischen Kern, so wird Benzoesäure $C_6H_5 \cdot COOH$ in Organismus nicht verändert, ebensowenig wird Phenylessigsäure $C_6H_5 \cdot CH_2 \cdot COOH$ oxydiert, in welcher ein Kohlenstoffatom zwischen Benzolkern und Carboxyl eingeschaltet ist. Phenylpropionsäure $C_6H_5 \cdot CH_2 \cdot CH_2 \cdot COOH$ aber, mit zwei Kohlenstoffatomen zwischen Benzolkern und Carboxyl, wird zu Benzoesäure oxydiert[4]). Phenylglykolsäure $C_6H_5 \cdot CH(OH) \cdot COOH$ wird im Organismus gar nicht angegriffen, sondern quantitativ im Harn ausgeschieden, es entsteht aus ihr nicht Phenol und Glykolsäure, wie man vermuten könnte. Phenylaminoessigsäure $C_6H_5 \cdot CH(NH_2) \cdot COOH$, welche ja nur zwei Kohlenstoffatome in der Seitenkette hat, geht zum Teil in Phenylglykolsäure über. (Siehe Kapitel: Desaminierung.)

Die aromatischen Carbonsäuren gehen zum größten Teil unverändert durch den Organismus durch, so z. B. Phenylglycin-o-carbonsäure, Nitrophenylpropiolsäure hingegen tut es nicht. Auch o-Oxychinolincarbonsäure erscheint unverändert im Hundeharne wieder. Von der Methyltrihydrooxy-o-

---

[1]) Marie Hensel und Otto Rieser, HS. 88, 38 (1913). [2]) HS. 62, 58 (1909).
[3]) Yoshitane Mori, Journ. of biol. chem. 35, 341 (1918).
[4]) E. Salkowski, HS. 7, 168 (1882).

chinolincarbonsäure geht der größte Teil unverändert in den Harn über, aber ein kleiner Rest erscheint als Methyldioxychinolincarbonsäure im Harn, so daß beim Durchgang der Hydrosäure durch den Organismus von den drei Wasserstoffatomen zwei als Wasser abgespalten und das dritte zum Hydroxyl oxydiert worden ist.

Nach der Verabreichung von p-Oxybenzoesäure treten beim Hunde 32% derselben als Phenol und p-Kresol auf[1]).

Beim Hunde gibt Phenylproprionsäure Hippursäure und keine Phenacetursäure. Phenylpropionsäure wird anscheinend in der Weise im Organismus umgesetzt, daß einerseits l-Phenyl-β-oxypropionsäure und aus dieser Phenylzimtsäure entsteht, welch letztere reversibel wieder sich in Phenyl-β-oxypropionsäure umsetzen kann. Anderseits entsteht Benzoylessigsäure und Acetophenon und aus beiden sowie aus der Phenylzimtsäure Benzoesäure[2]). Inaktive Mandelsäure geht unverändert durch, Phenylessigsäure gibt Phenacetursäure, aber keine Hippursäurevermehrung. Äthylbenzol wird in Hippursäure, nicht aber in Phenacetursäure verwandelt.

Über die Oxydation aliphatischer Ketten, welcher beiderseits durch aromatische Reste verschlossen sind, haben Ernst Liebing und Erich Harloff[3]) am Dibenzyl, Desoxybenzoin, Hydrobenzoin, Benzoin, Benzil und Benzilsäure Versuche gemacht.

Mit Ausnahme der Benzilsäure sind alle diese Verbindungen fettlöslich, in Wasser aber wenig löslich. An Froschlarven sind narkotisch am stärksten wirksam Dibenzyl, schwächer Benzoin, Desoxybenzoin und Benzil, am schwächsten Hydrobenzoin. Am stärksten wirkt aber der Kohlenwasserstoff, dann folgen die drei Ketoverbindungen in ungefähr der gleichen Stärke, wobei die gleichzeitige Gegenwart einer Alkoholgruppe nichts ausmacht, während die Anwesenheit von zwei Hydroxylen im Hydrobenzoin einen deutlich abschwächenden Effekt auslöst. Für die ganze Körperklasse ergibt sich ein recht hoher, ja noch ein höherer narkotischer Effekt als bei den bekannten Methanderivaten.

Benzilsäure zeigt nur Säurewirkung. Sie verläßt den Kaninchenorganismus unverändert.

Bei Fröschen sind diese Verbindungen ohne Wirkung. Desoxybenzoin aber macht ohne ein ausgeprägt narkotisches Stadium, Atemstillstand und Kreislaufstillstand. Beim Kaninchen wirken sie gar nicht.

Dibenzyl geht beim Kaninchen in eine gepaarte Glykuronsäure über, welche beim Kochen mit Säure Stilben $C_6H_5—CH = CH—C_6H_5$ abspaltet. Wahrscheinlich entsteht Stilben aus dem eigentlichen Paarling Diphenyläthanol (Stilbenhydrat) $C_6H_5—CH_2—CH(OH)—C_6H_5$. Hydrobenzoin, Desoxybenzoin, Benzoin und Benzil paaren sich mit Glykuronsäure, aus der Glykuronverbindung läßt sich o-Benzylbenzoesäure abspalten $C_6H_5 \cdot CH_2 \cdot C_6H_4 \cdot COOH$. Diese ist giftiger als ihre Muttersubstanzen.

Phenylbuttersäure verwandelt sich im Hundeorganismus in Phenacetursäure, nicht aber in Hippursäure. Phenylvaleriansäure geht in Hippursäure über. Phenyl-β-milchsäure liefert Hippursäure, aber keine Mandelsäure.

Phenylparaconsäure, eine Lactonsäure

$$C_6H_5 \cdot \underset{\displaystyle |\hspace{8em}|}{CH — \overset{\displaystyle COOH \atop |}{CH} — CH_2 — CO}$$
$$\quad O —————— O$$

geht unverändert durch den Organismus durch.

---

1) M. Siegfried und R. Zimmermann, BZ. **46**, 210 (1912).

2) H. L. Dakin, Journ. of biol. chem. **9**, 123 (1911).

3) HS. **108**, 195 (1920).

Phenyl-α-milchsäure wird im Organismus zerstört, ebenso wird Phenyl-α-ketopropionsäure zerstört. Es wird also die α-Ketonsäure, die α-Oxy- und die α-Aminosäure ganz im Organismus umgesetzt. Andere Ketonsäuren zeigen aber kein identisches Resultat, denn Benzoylessigsäure gibt Hippursäure; Benzoylpropionsäure $C_6H_5 \cdot CO \cdot CH_2 \cdot CH_2 \cdot COOH$ geht in Phenacetursäure über.

Nach Injektion von Benzoylessigsäure $C_6H_5 \cdot CO \cdot CH_2 \cdot COOH$ an Katzen findet man im Harn unveränderte Benzoylessigsäure in ziemlichen Mengen und Acetophenon, daneben aber viel l-Phenyl-β-oxypropionsäure und wenig Zimtsäureglykokoll. Es handelt sich also hier um eine asymmetrische Reduktion.

Phenylisocrotonsäure $C_6H_5 \cdot CH : CH \cdot CH_2 \cdot COOH$ geht ebenfalls in Phenacetursäure über.

Die vom Organismus durch Oxydation erzeugte Carbonylgruppe steht in β-Stellung zu dem ursprünglichen Carboxyl. Während bei der ungesättigten Säure eine Hydrierung derart angenommen werden könnte, daß die β-Oxysäure intermediär entsteht, muß die Ketonsäure eine Reduktion an dem kernbenachbarten C-Atom von —CO—zu—CH_2— erleiden.

Im Organismus des Kaninchens wird m-Xylol zu m-Toluylcarbonsäure oxydiert, die Bildung eines Xylenols ist zweifelhaft. o-Xylol wird als o-Toluylcarbonsäure ausgeschieden. Mesitylen (1.3.5-Trimethylbenzol) oxydiert sich zu Mesitylensäure (1.3-Dimethylbenzoesäure · 5) und wird größtenteils als Mesitylensäure eliminiert, Uvitinsäure und Trimesinsäure werden nicht gebildet. Cyclohexan $CH_2{<}{}^{CH_2-CH_2}_{CH_2-CH_2}{>}CH_2$ wird hauptsächlich zu Cyclohexanon oxydiert, ein geringer Teil vielleicht auch zu Adipinsäure. Cyclohexanon $CH_2{<}{}^{CH_2-CH_2}_{CH_2-CH_2}{>}CO$ jedoch wird bis zu Adipinsäure $COOH \cdot (CH_2)_4 \cdot COOH$ abgebaut. Die beobachteten biologischen Oxydationen sind ähnlich wie die von Ciamician und Silber an denselben Substanzen studierten photochemischen Autoxydationen[1]).

Phenethol $C_2H_5 \cdot O \cdot C_6H_5$ wird zu Oxyphenethol $C_2H_5O \cdot C_6H_4 \cdot OH$ oxydiert und dann mit Schwefelsäure gepaart[2]).

Terpentinöl $C_{10}H_{16}$ gibt Terpinol $C_{10}H_{15} \cdot OH$.

Der Naphthalinkern kann im Organismus gesprengt werden, denn bei Verfütterung von β-Naphthalanin

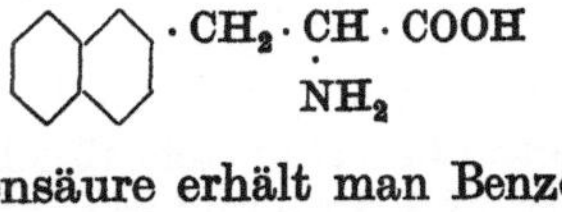

[Naphthalinring] $\cdot CH_2 \cdot CH(NH_2) \cdot COOH$

und β-Naphthylbrenztraubensäure erhält man Benzoesäure, bzw. Hippursäure

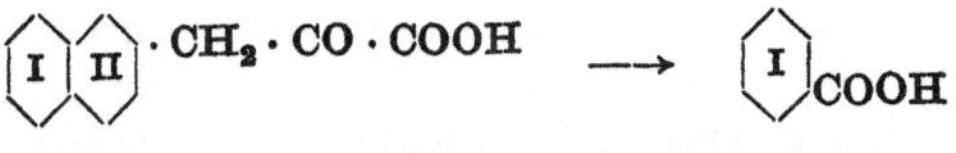

[Ring I, Ring II] $\cdot CH_2 \cdot CO \cdot COOH$ ⟶ [Ring I] COOH

Es wird der Kern II und nicht der Kern I aufgespalten, da man sonst Phenacetursäure erhalten würde[3]).

Chinolin [Chinolinring, N] wird vielleicht zu Pyridincarbonsäuren oxydiert[4]).

---

[1]) Eduardo Filippi, Arch. d. farmacol. sperim. **18**, 178.
[2]) Kühling, Diss. Berlin (1887). [3]) T. Kikkoji, BZ. **35**, 57 (1911).
[4]) J. Donath, BB. **14**, 1769 (1880).

Acridin [Strukturformel; N] wird in 5-Keto-3-oxy-5.10-dihydroacridin [Strukturformel; NH, CO, OH] verwandelt[1].

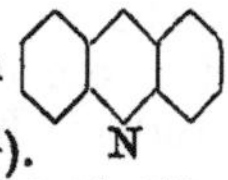

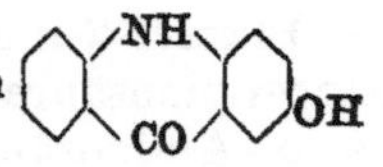

Dimethyltoluidin wird zu Dimethylaminobenzoesäure oxydiert, die zum größten Teil als Glykuronsäure im Harne auftritt. Dimethyltoluidin ist in Dosen von 1 g pro die giftig, es erzeugt Blutungen im Magendarmkanal[2].

Beim Hunde wird p-Oxyphenyläthylamin zu 25% zu p-Oxyphenylessigsäure oxydiert. Die Leber sowie die glatte Uterusmuskulatur können diesen Effekt ebenfalls durchführen, während die glatte Muskulatur der Lungengefäße dies nicht imstande ist[3]. Es ist sehr wahrscheinlich, daß der Rest durch völlige Aufspaltung des Benzolringes verschwindet. p-Oxyphenyläthylmethylamin wird weniger rasch und Hordenin (p-Oxyphenyläthyldimethylamin) noch langsamer in p-Oxyphenylessigsäure umgewandelt als das primäre Amin. Der Betrag der nicht nachweisbaren Basen wird vom primären zum tertiären Amin progressiv größer, so daß die völlige Zerstörung der Substanz im Organismus durch Einführung von Methylgruppen erleichtert zu werden scheint.

Der nicht hydroxylierte Benzolring des Eiweißes (Phenylalanin) wird vom Fleischfresser größtenteils zerstört, aber nicht vom Pflanzenfresser, und kommt im Harn zu etwa $^2/_5$ als Hippursäure, zu $^3/_5$ als Phenacetursäure zum Vorschein[4].

Die Oxydation des Benzolkernes greift insbesondere die Kernwasserstoffe an, welche hydroxyliert werden. Ist eine fette Seitenkette vorhanden, so wird diese bis zum Carboxyl oder einer Essigsäure je nach dem Baue der Seitenkette oxydiert. Manchmal geht vorzüglich bei der Oxydation der Methylgruppen die Oxydation nur bis zur Bildung von Carbinol. $R \cdot CH_3 \rightarrow R \cdot CH_2 \cdot OH$. Sind mehrere fette Ketten vorhanden, so wird nur eine zur Carboxylgruppe aboxydiert und dann ist der Organismus fähig, Substanzen dieser Art durch Synthesen den weiteren Eingriffen der oxydativen Funktionen der Zellen zu entziehen.

Benzolsulfomethylaminocapronsäure folgt auch dem Gesetze der β-Oxydation, aber sie wird nur bis zur Buttersäure abgebaut und kann zu 44% als solche aus dem Harn der Kaninchen dargestellt werden. γ-Benzolsulfomethylaminobuttersäure verläßt quantitativ unverändert den Organismus[5].

Phenylacetessigester wird zu Benzylmethylketon und Hippursäure abgebaut.

$$CH_3 \cdot CO \cdot CH(C_6H_5) \cdot COO \cdot C_2H_5 \rightarrow C_6H_5 \cdot CH_2 \overset{\downarrow}{\cdot} CO \cdot CH_3 \rightarrow C_6H_5 \cdot COOH\,.$$

Benzylacetessigester liefert wenig Phenyläthylmethylketon und Hippursäure. Phenyläthylmethylketon liefert ausschließlich Phenacetursäure. Phenylpropylacetessigester liefert Hippursäure und wenig Phenylbutylketon. Phenylbutylketon liefert Phenacetursäure. Daraus schließt Leo Hermanns, daß der Abbau der Fettsäuren im intermediären Stoffwechsel nicht über die Ketone führt, sondern daß eine paarige Absprengung von Kohlenstoffatomen stattfindet[6].

Phenylglykokoll geht in Mandelsäure über, wobei zuerst Phenylglyoxylsäure entsteht, die zu Mandelsäure reduziert wird. Verfüttert man racemische

---

[1]) H. Fühner, AePP. **51**, 391 (1904). [2]) H. Hildebrandt, HB. **7**, 433 (1906).
[3]) Ewins and Laidlaw, Journ. of physiology **41**, 78 (1910).
[4]) Haralamb Vasiliu, Mitteilungen des Landwirtschaftlichen Instituts. Breslau **1909**, 703. [5]) Karl Thomas und Herbert Schotte, HS. **104**, 141 (1919).
[6]) HS. **85**, 233 (1913).

Phenylaminoessigsäure, so findet man hauptsächlich im Harn l-Phenylaminoessigsäure oder statt ihrer i-Uraminophenylessigsäure, l-Mandelsäure und Phenylglyoxylsäure. Die letztere Substanz ist das Abbauprodukt der verschwundenen rechtsdrehenden Aminosäuren. Es geht also die Aminosäure in eine Ketosäure über. Die racemische Verbindung spaltet sich im Hundeorganismus in ihre beiden optisch aktiven Komponenten. Der l-Anteil wird unverändert ausgeschieden, der d-Anteil geht durch Desaminierung in Phenylglyoxylsäure über, die durch optisch aktive Reduktion sich in l-Mandelsäure verwandelt. Ein kleiner Teil der beiden Modifikationen verwandelt sich in Benzoesäure. Ähnlich wie beim Hund verhält sich die Substanz beim Kaninchen. Dieses scheidet den l-Anteil des Phenylglykokolls unverändert aus, verwandelt den d-Anteil aber in Phenylglyoxylsäure. Aber die sekundäre Reduktion der gebildeten Ketosäure zur l-Mandelsäure tritt nicht ein. Beim Menschen verhält sich die Substanz wie beim Hund. Die Bildung von Ketosäuren aus den Aminosäuren geht also unter Ammoniakabspaltung und Oxydation vor sich.

Bei Verfütterung von Oxyphenylbrenztraubensäure an Menschen geht ein Teil durch optisch-aktive Reduktion in d-p-Oxyphenylmilchsäure über, ebenso wie Phenylglyoxylsäure vom Menschen und Hund zur aktiven l-Mandelsäure reduziert wird. Bei Verfütterung von d-p-Oxyphenylmilchsäure wird die Hälfte bis $^3/_4$ beim Menschen im Harn wieder ausgeschieden, und zwar großenteils als d-p-Oxyphenylmilchsäure. Die dem Tyrosin entsprechende Ketonsäure wird vom gesunden Menschen viel besser verbrannt als die Oxysäure. Phenylbrenztraubensäure wird zu $^1/_3$ bis $^1/_5$ im Harn wiedergefunden. Ein Teil scheint in l-Phenylmilchsäure überzugehen. Phenyl-α-milchsäure ist ziemlich gut verbrennlich, nur die Hälfte wird ausgeschieden, und zwar als Linksform[1]).

Nach Verfütterung von racemischer β-Oxybuttersäure erhält man im Harn Acetessigsäure und Aceton, ein kleiner Teil der Säure bleibt aber unangegriffen, und dieser erwies sich als linksdrehend. Es wird daher die d-Säure im Körper leichter zersetzt, als die l-Säure[2]).

Nach Verfütterung von dl-Alanin wird l-Alanin ausgeschieden[3]).

Oxyphenylglyoxylsäure wird beim Hund nicht in die optisch aktiven Komponenten umgewandelt, sondern unverändert ausgeschieden. Die Fähigkeit des Tierkörpers Racemverbindungen derart zu spalten, daß ein optischer Antipode verbrannt wird und der andere wenigstens zum Teil unverändert im Harn ausgeschieden, ist aber nicht für alle Körper anzunehmen. Die r-Oxymandelsäure wird vom Kaninchen nicht zerlegt[4]).

β-Menthollactosid wird unverändert ausgeschieden[5]). Unser Organismus vermag β-Glykoside überhaupt nicht aufzuspalten.

Der Abbau eines methylierten Phenylalanins erfolgt in gleicher Weise, ob die Methylgruppe in p- oder in m-Stellung zur Seitenkette steht, ob die Hydroxylierung in p-Stellung möglich ist oder nicht.

Der Abbau ist also sowohl durch primäre p-Oxydation als auch durch primäre Oxydation an anderer Stelle möglich.

Phenylglycin-o-carbonsäure geht beim Kaninchen in Indican über, wenn man sie verfüttert, doch ist die Ausbeute geringer als bei o-Nitrophenylpropiol-

---

1) Akikazu Suwa, HS. **72**, 113 (1911).
2) Alex. MacKenzie, Journ. Chem. Soc. London **81** (1902).
3) Schittenhelm und Katzenstein, Zeitschr. f. experim. Path. u. Ther. **2**, 560.
4) Alexander Ellinger und Jaschyro Kottake, HS. **65**, 413 (1910).
5) Hans Fischer, HS. **70**, 256 (1911).

säure. Aus parenteral zugeführter Phenylglycin-o-carbonsäure entsteht kein Indican im Gegensatze zu o-Nitrophenylpropiolsäure.

Aus Phenylglykokoll hingegen, welches beim Kaninchen toxisch wirkt, entsteht kein Indican[1]).

Nach subcutaner Einspritzung des Natriumsalzes der Indolbrenztraubensäure wird im Harn von Kaninchen Kynurensäure gefunden. Nach A. Ellinger und L. Matsuoka geht die Umwandlung von Tryptophan in Kynurensäure am ehesten nach folgendem Schema vor sich.

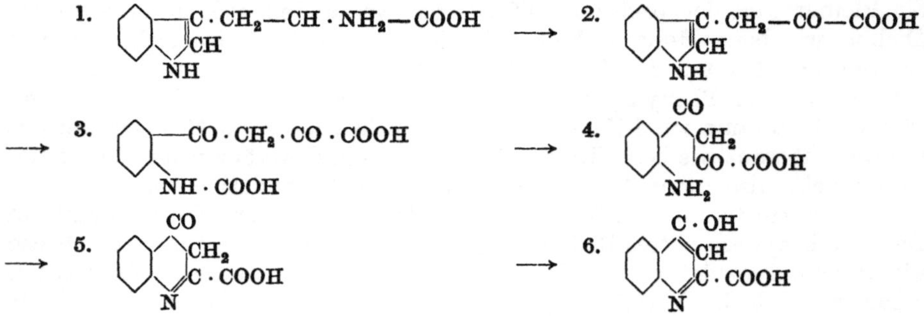

1. C_6H_4<(C · CH_2—CH · NH_2—COOH)(=CH)(NH)> → 2. C_6H_4<(C · CH_2—CO—COOH)(=CH)(NH)>

→ 3. C_6H_4<(CO · CH_2 · CO · COOH)(NH · COOH)> → 4. C_6H_4<(CO · CH_2 · CO · COOH)(NH_2)>

→ 5. C_6H_4<(CO · CH_2 · C · COOH)(=N)> → 6. C_6H_4<(C · OH = CH · C · COOH)(=N)>

β-Chinolincarbonsäure wird aus dem Organismus unverändert ausgeschieden. α-Chinolincarbonsäure wird zum größten Teil mit Glykokoll gepaart, zum kleinen Teil unverändert ausgeschieden.

Beim Alkaptonuriker werden Tolylalanine ohne Bildung eines Hydrochinonderivates verbrannt.

p-Oxy-m-methylphenylalanin wird vom normalen Menschen, wie vom Alkaptonuriker zum größten Teil zerstört, ohne daß beim Alkaptonuriker ein Hydrochinonderivat entsteht. Es ist also nach eingetretener p-Oxydation immer noch neben dem Weg über das Hydrochinonderivat ein anderer Abbauweg selbst für den Alkaptonuriker möglich[2]).

Beim Kaninchen konnte man nach subcutaner Einverleibung von α-Methyltryptophan keine Kynurensäure nachweisen[3]).

Anilin geht in p-Aminophenol über[4]). Naphthalin[5]) wird in Naphthol und zum Teil in Dioxynaphthalin[6]) übergeführt. α-Monochlor und α-Monobromnaphthalin passieren größtenteils unoxydiert bei Kaninchen in den Harn[7]), nur ein kleiner Teil wird zu Halogennaphthol oxydiert, welches mit Schwefelsäure gepaart im Harn auftritt. Die Bromverbindung ist toxischer als die Chlorverbindung, von der 5 g täglich vertragen werden. Doch muß bemerkt werden, daß selbst beim Phenol der Benzolring nicht ganz unangreifbar ist und zum Teil vollkommen zur Verbrennung gelangt. Nach Nencki und Giacosa[8]) trifft der Angriff des oxydierenden Sauerstoffes stets entweder den Benzolkern oder das mit dem Benzol verbundene Kohlenstoffatom. Es wird daher Äthylbenzol $C_2H_5 \cdot C_6H_5$ wahrscheinlich zuerst in Acetophenon $CH_2 \cdot CO \cdot C_6H_5$ und sodann unter Oxydation der Methylgruppe in Benzoesäure und Kohlensäure umgewandelt[9]). Toluol $CH_3 \cdot C_6H_5$ wird zu Benzoesäure, Xylol

[1]) Chûai Asayama, Acta Scholae medicinalis univeritatis in Kioto, vol. I. No. 1, p. 123 (1916).

[2]) Konrad Fromherz und Leo Hermanns, HS. **89**, 101, 113 (1914); **91**, 194 (1914). [3]) A. Ellinger und Z. Matsuoka, HS. **91**, 45 (1914).

[4]) O. Schmiedeberg, AePP. **8**, 1. [5]) BB. **19**, 1534 (1886).

[6]) Lesnik, AePP. **24**, 164. [7]) Kuckein, Diss. Königsberg (1898).

[8]) HS. **4**, 325 (1880). [9]) HS. **4**, 327 (1880).

$CH_3 \cdot C_6H_4 \cdot CH_3$ zu Toluylsäure $CH_3 \cdot C_6H_4 \cdot COOH$ oxydiert[1]). Ebenso wird normales Propylbenzol $C_3H_7 \cdot C_6H_5$ zu Benzoesäure oxydiert. Hingegen entsteht aus Isopropylbenzol $\frac{CH_3}{CH_3}{>}CH \cdot C_6H_5$ (Cumol) im Organismus Phenol, wie aus Benzol. Aus keinem der drei isomeren Butylbenzole entsteht aber Benzoesäure. Die beiden Isobutylbenzole werden zu Oxybutylbenzolen oxydiert, ebenso normales Butylbenzol.

Saligenin (Oxybenzylalkohol) $C_6H_4(OH) \cdot CH_2 \cdot OH$ geht nach Nencki[2]) in Salicylsäure über, Benzylalkohol $C_6H_5 \cdot CH_2 \cdot OH$ kann zu Benzoesäure oxydiert werden, aber nur dann, wenn die Einwirkung nicht zu kurz dauert, Salicylaldehyd $C_6H_4(OH)CHO$ wird zu Salicylsäure $C_6H_4(OH)COOH$ oxydiert.

Anderseits werden Wasserstoffatome der Ringsysteme oxydiert, so daß Wasserstoff durch Hydroxylgruppen ersetzt wird und die entsprechenden Phenole entstehen.

Indol $C_6H_4{<}\frac{CH}{NH}{>}CH$ wird zu Indoxyl $C_6H_4{<}\frac{C(OH)}{NH}{>}CH$.

β-Naphthylamin paart sich mit Schwefelsäure und Glykuronsäure. Es wird im Organismus zu Aminonaphthol und Dioxyaminonaphthalin oxydiert. und zwar quantitativ[3]).

Das fast ungiftige β-Skatol[4])

$$C_6H_4{<}\frac{C(CH_3)}{NH}{>}CH \text{ zu } \beta\text{-Skatoxyl } C_6H_4{<}\frac{C(CH_2 \cdot OH)}{NH}{>}CH$$ [5])

o-Nitrotoluol $C_6H_4(NO_2)CH_3$ zu o-Nitrobenzylalkohol $C_6H_4(NO_2)CH_2 \cdot OH$[6]), und hierauf entsteht durch Paarung Uronitrotoluylsäure.

Diphenylmethan $C_6H_5 \cdot CH_2 \cdot C_6H_5$ wird zu Oxydiphenylmethan $C_6H_5 \cdot CH(OH) \cdot C_6H_5$[7]), Campher $C_8H_{14}{<}\frac{CH_2}{CO}$ zu Campherol $C_8H_{14}{<}\frac{CH \cdot OH}{CO}$ oxydiert[8]).

Die substituierten Säureamide verhalten sich folgendermaßen: Dibenzamid $NH \cdot (CO \cdot C_6H_5)_2$ wird zu Benzoesäure oxydiert, hingegen wird Phthalimid bis auf Spuren völlig zerstört[9]). Benzoylharnstoff $C_6H_5 \cdot CO \cdot NH \cdot CO \cdot NH_2$ wird in Benzoesäure umgewandelt. Während Biuret im Organismus nicht angegriffen wird, kann Diphenylbiuret $NH(CO \cdot NH \cdot C_6H_5)_2$ nur in kleinen Mengen im Harn wieder gefunden werden. Ebenso p-Oxydiphenylbiuret

$$NH(CO \cdot NH \cdot C_6H_4 \cdot OH)_2.$$

Ebenso verhält sich Carboxylharnstoff $NH_2 \cdot CO \cdot NH \cdot CO \cdot NH \cdot CO \cdot NH_2$; Benzylidenbiuret $NH(CO \cdot NH)_2 \cdot CH \cdot C_6H_5$ hingegen ergab beim Durchgange durch den Organismus Benzoesäure. Zimtsäure $C_6H_5 \cdot CH : CH \cdot COOH$ mit ungesättigter Seitenkette wird ebenfalls zu Benzoesäure oxydiert.

---

1) Dubois' Arch. f. Physiol. **1876**, 353. 2) Dubois' Arch. f. Physiol. **1870**, 406.
3) Engel, Zentralbl. f. Gewerbehyg. u. Unfallverh. **8**, 81 (1920).
4) HS. **4**, 416 (1880).
5) E. Baumann und Brieger, HS. **3**, 254 (1879). 6) HS. **2**, 47 (1878).
7) Klingenberg, Diss. Rostock (1891).
8) HS. **3**, 422 (1879), s. auch Juvalta, HS. **13**, 26 (1889).
9) Köhne, Diss. Rostock (1894). 2 g Phthalimid machen bei Hunden keine Störung. 4 g nach Stunden Erbrechen, Zittern.

Gentisinsäure[1]) $C_6H_3\begin{cases}OH & (1)\\ OH & (4)\\ COOH & (5)\end{cases}$ wird teilweise und Homogentisinsäure $C_6H_3\begin{cases}OH & (1)\\ OH & (4)\\ CH_2\cdot COOH & (5)\end{cases}$ ganz unverändert ausgeschieden.

Blum erhielt nach Thymolfütterung im Harne Thymo-hydrochinon und ein Chromogen[2]).

K. **Klingenberg**[3]) hat das Verhalten einiger aromatischer Körper, welche mehr als einen Benzolkern enthalten, im Organismus untersucht.

Diphenyl $C_6H_5\cdot C_6H_5$ wird von Hunden sehr gut vertragen. Es wird zu p-Oxydiphenyl $C_6H_4<^{OH\ (1)}_{C_6H_5\ (4)}$ oxydiert und als Ätherschwefelsäure ausgeschieden.

Bei Versuchen mit Benzidin $\begin{matrix}C_6H_4-NH_2\ (1)\\ |\\ C_6H_4-NH_2\ (4)\end{matrix}$ ließ sich eine Vermehrung der Ätherschwefelsäuren nicht nachweisen, es besteht demnach keine Analogie mit dem Anilin, welches bekanntlich im Tierkörper oxydiert wird. Entgegen den Angaben von **Klingenberg** fand O. **Adler**[4]), daß Benzidin nicht unverändert in den Harn übergeht, sondern es entsteht 4.4-Diaminodioxydiphenyl.

p-Dibromdiphenyl $\begin{matrix}C_6H_4-Br\\ |\\ C_6H_4-Br\end{matrix}$ wurde nicht oxydiert.

Diphenylharnstoff wird fast gar nicht resorbiert (**Salaskin** und **Kowalevsky**[5]), Phenylharnstoff wird in Anilin, Ammoniak und Kohlensäure zerlegt und ersteres zu p-Aminophenol oxydiert, welches in Form von Ätherschwefelsäure ausgeschieden wird.

Oxanilsäure $C_6H_5\cdot NH\cdot CO\cdot COOH$ verläßt den Organismus unangegriffen.

Carbazol $\begin{matrix}C_6H_4\\ |\\ C_6H_4\end{matrix}>NH$ wird im Tierkörper zu Oxycarbazol $\begin{matrix}C_6H_3\\ |\\ C_6H_4\end{matrix}>(OH)NH$ umgewandelt und in Form der Ätherschwefelsäureverbindung ausgeschieden.

Phenylglucosazon ist für den Organismus indifferent und wird nicht gespalten[6]).

Bei Verfütterung von Fluoren

$$\begin{matrix}C_6H_4\\ |\\ C_6H_4\end{matrix}>CH_2,\ \text{Phenanthren}\ \begin{matrix}C_6H_4-CH\\ |\qquad\ \|\\ C_6H_4-CH\end{matrix}$$

und Phenanthrenchinon $\begin{matrix}C_6H_4-CO\\ |\qquad\ |\\ C_6H_4-CO\end{matrix}$ ließ sich keine Oxydation nachweisen. Hingegen beobachteten **Bergell** und **Pschorr**[7]) nach Verfütterung von Phenanthren an Kaninchen das Auftreten einer Phenanthrolglykuronsäure, was eine Oxydation des Phenanthrens zu Phenanthrol beweist.

Bei Diphenylamin $\begin{matrix}C_6H_5\\ |\\ C_6H_5\end{matrix}>NH$ ergab sich eine bedeutende Vermehrung der Ätherschwefelsäure und aus dem Harne konnte p-Oxydiphenyl $C_6H_4<^{OH\ (1)}_{C_6H_4\ (4)}$ dargestellt werden, so daß die Iminogruppe abgespalten wird.

Die Resultate der **Klingenberg**schen Untersuchung ergaben eine Bestätigung resp. **Erweiterung der Nöltingschen Regel**, nach welcher

[1]) HS. **21**, 422 (1895/96). [2]) Deutsche med. Wochenschr. **1891**, 186.
[3]) Diss. Rostock (1891). [4]) AePP. **58**, 167 (1907). [5]) BZ. **4**, 210 (1907).
[6]) **Pigorini**, Atti R. Accad. dei Lincei Roma [5] **17**, II, 132.
[7]) HS. **38**, 16 (1903).

bei der **Hydroxylierung aromatischer Körper im Organismus, wie in vitro, die Hydroxylgruppe zu einer schon besetzten Stelle in Parastellung tritt; ist aber die Parastellung schon besetzt, so erfolgt die Hydroxylierung im Tierkörper nicht.**

Auch beim Phenylurethan $C_6H_5 \cdot NH \cdot COO \cdot C_2H_5$ tritt eine Hydroxylierung in der Parastellung im Organismus ein, und wir erhalten im Harne p-Oxyphenylurethan $OH \cdot C_6H_4 \cdot NH \cdot COO \cdot C_2H_5$.

Nach Lawrow wird Antipyrin in Form einer gepaarten Glykuronsäure ausgeschieden. Es bildet sich vorerst ein Oxyantipyrin vielleicht folgender Konstitution $C_6H_5 \cdot N\left\langle\begin{matrix} CO - CH \\ N(CH_3) \cdot C \cdot CH_2 \cdot OH \end{matrix}\right.$, welches sich dann paart[1]).

Der Benzolkern wird nach Ziegler[2]) überhaupt nicht angegriffen, wenn ein oder mehrere Wasserstoffe desselben durch kohlenstoffhaltige Seitenketten vertreten sind. Aus Camphercymol $C_6H_4(C_3H_7)(CH_3)$ entsteht Cuminsäure $C_6H_4(C_3H_7)(COOH)$[3]), während bei der Oxydation in vitro Toluylsäure $CH_3 \cdot C_6H_4 \cdot COOH$ und Terephthalsäure $C_6H_4<\begin{matrix} COOH\ (1) \\ COOH\ (4) \end{matrix}$ entsteht. Die Cuminsäure ist die der Terephthalsäure entsprechende Iso-Propylbenzoesäure. Santonin[4]) wird im Organismus in Oxysantonine verwandelt. Es werden Mono- und Dioxysantonine ausgeschieden[5]). Benzylamin wird zu Benzoesäure oxydiert[6]). Ebenso Hydrobenzamid, Phenylpropionsäure, Zimtsäure[7]). Die aromatischen Aldehyde und Ketone werden zu den entsprechenden Carbonsäuren oxydiert. p-Dimethylaminobenzaldehyd wird in p-Methylaminobenzoesäure $CH_3 \cdot NH \cdot C_6H_4 \cdot COOH$ verwandelt (Entmethylierung [s. später Kapitel Entmethylierung] und Oxydation). Benzaldehyd $C_6H_5 \cdot CHO$ wird zu Benzoesäure $C_6H_5 \cdot COOH$ oxydiert, ebenso Acetophenon $C_6H_5 \cdot CO \cdot CH_3$[8]). Aus Nitrobenzaldehyd bildet sich Nitrobenzoesäure. Vanillin[9]) mit mehreren Seitenketten

CHO / OCH₃ / OH (Benzolring) wird zu Vanillinsäure COOH / OCH₃ / OH (Benzolring) oxydiert.

Sind mehrere Seitenketten vorhanden, so wird nur eine davon oxydiert, die übrigen bleiben unverändert. Es wird z. B. aus Xylol Toluylsäure, aus Cymol Cuminsäure.

Oxyanthrachinone werden beim Passieren des Organismus oxydiert. Chrysarobin z. B. geht unter Sauerstoffaufnahme in Chrysophansäure über $C_{30}H_{26}O_7 + 2\,O_2 = 2\,(C_{15}H_{10}O_4) + 3\,H_2O$. Phenylhydroxylamin $C_6H_5 \cdot NH \cdot OH$ geht im Organismus in Azooxybenzol $C_6H_5 \cdot N(OH) \cdot N \cdot C_6H_5$ über[10]).

Pyridin wird anscheinend im Organismus nicht oxydiert, sondern geht Synthesen ein oder wird als solches ausgeschieden. Picolin (α-Methylpyridin), welches in der dem Stickstoff benachbarten Stellung ein Methyl trägt, wird zur Pyridincarbonsäure oxydiert[11]). Piperidin geht wegen seiner raschen Oxydierbarkeit keine Methylierungs-Synthese wie Pyridin ein. Chinolin wird in der γ-Stellung zum N oxydiert[12]). Nach R. Cohn wird der Chinolinkern im

---

[1]) BB. **33**, 2344 (1900). [2]) AePP. **1**, 65.
[3]) BB. **5**, 749 (1872); **12**, 1512 (1879). [4]) M. Jaffé, HS. **22**, 538 (1896—97).
[5]) Wedekind, Pharm. Ztg. **1901**, 598—600.
[6]) Bülow, Pflügers Arch. **57**, 93. — R. Cohn, HS. **17**, 279 (1893).
[7]) O. Schmiedeberg, AePP. **8**, 1.
[8]) M. Nencki, Journ. f. prakt. Chemie **18**, 288 (1878).
[9]) HS. **4**, 213 (1887). [10]) L. Lewin, AePP. **35**, 400.
[11]) R. Cohn, HS. **18**, 123 (1894). [12]) H. Fühner, AePP. **55**, 27 (1906).

Organismus besonders leicht zerstört, da die drei isomeren Methylchinoline (Chinaldin, o- und p-Methylchinolin) keine Synthesen im Organismus eingingen. Methylchinoline werden im Organismus meist vollständig oxydiert[1]).

Atophan geht im Organismus in 8-Oxy-2-phenylchinolin-4-carbonsäure (COOH, HO, N, $\cdot C_6H_5$) über. Ferner findet man Oxypyridinursäure ($CO \cdot NH \cdot CH_2 \cdot COOH$[2]), OH ?).

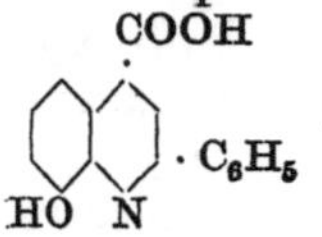

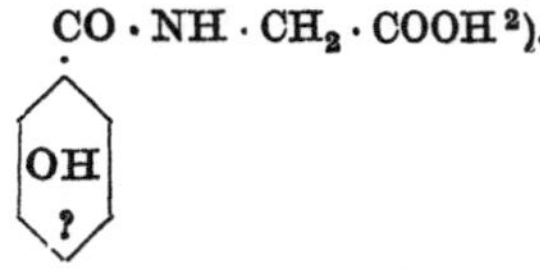

Chinasäure wird bei Zufuhr per os beim Menschen zu $^1/_3$ unzersetzt ausgeschieden[3]). Ein Teil geht in Benzoesäure über[4]).

Die hydroaromatischen Säuren Hexahydrobenzoesäure und Hexahydroanthranilsäure gehen zum Teil in Hippursäure über, hingegen geben Cyclohexanessigsäure und Cyclohexanolessigsäure weder Hippursäure noch Phenacetursäure, was eine Oxydation durch Dehydrierung des hydrierten Benzolkernes erweist[5]).

Limonen (Orthoklasse der Terpene) wird hydroxyliert und die CH_3-Gruppe zu COOH oxydiert. Carbonylhaltige Campherarten mit nur einfacher Bildung im Kern zeigen zum Teil auch dieses Verhalten. Diejenigen Terpene, welche eine doppelte Bindung vom Kern aus nach der Methylengruppe hin in der Seitenkette enthalten (Pseudoklasse der Terpene: Sabinen, Camphen) erfahren lediglich eine Hydroxylierung. m-Methylisopropylbenzol geht abweichend vom p-Cymol im Organismus eine Glykuronsäurepaarung ein unter gleichzeitiger Oxydation der CH_3-Gruppe[6]).

Terpenolunterphosphorige Säure besitzt keine Phosphorwirkung, ist völlig ungiftig. Im Organismus wird sie höchstwahrscheinlich als Terpenolphosphorsäure $P(OH)_2OC_{10}H_{17}O$ ausgeschieden[7]).

In bezug auf die Stellung unterscheiden sich die verschiedenen Substanzen in ihrem physiologisch-chemischen Verhalten im Organismus; so werden viele o-Verbindungen im Organismus leicht oxydiert, während die m- und p-Reihen sich viel resistenter verhalten.

So ist von den isomeren Dioxybenzolen die o-Verbindung Brenzcatechin in Analogie mit dem Verhalten außerhalb des Organismus, im Tierkörper leichter zerstörbar als die m- und p-Verbindung [Hydrochinon, Resorcin[8])].

Desaminierung und Aminierung.

In vielen Fällen vermag der Organismus N-haltige Substanzen zu desaminieren, ein Vorgang, welcher zuerst von S. Fränkel[9]) für die Bildung von Kohlenhydraten aus Eiweißspaltungsprodukten (Aminosäuren) behauptet wurde. Für solche Desaminierungen sind zahlreiche Beispiele bekannt (siehe Kapitel Oxydationen).

Aus Diphenylamin $\frac{C_6H_5}{C_6H_5}>NH$ wird im Organismus p-Oxydiphenyl $C_6H_4<\frac{OH\ (1)}{C_6H_5\ (4)}$[10]).

---

[1]) R. Cohn, HS. **20**, 215 (1895). [2]) Max Dohrn, BZ. **43**, 240 (1912).
[3]) J. Schmid, Zentralbl. f. inn. Med. **1905**, Nr. 3.
[4]) Liebigs Annalen d. Chemie **125**, 9. [5]) E. Friedmann, BZ. **35**, 49 (1911).
[6]) HS. **36**, 453 (1902). [7]) Ernst Sieburg, BZ. **43**, 280 (1912).
[8]) R. Cohn, HS. **17**, 295 (1893). [9]) M. f. C. **19**, 747 (1898).
[10]) Klingenberg, Diss. Rostock (1891).

Aus Tyrosin [1]) und Phenylalanin [2]) entsteht beim Alkaptonuriker Homogentisinsäure. Aus Serin (α-Aminomilchsäure) entsteht Milchsäure [3]). Aus Phenylaminoessigsäure entsteht im Organismus Phenylessigsäure [4]) und Phenylglykolsäure. α-β-Diaminopropionsäure wird im Organismus zu Glycerinsäure: $CH_2(NH_2)-CH\cdot(NH_2)-COOH$ zu $CH_2(OH)-CH(OH)-COOH$ [5]). Überhaupt geht die Oxydation der Aminosäuren unter Desaminierung vor sich. Der Prozeß ist zum Teil reversibel, denn es können auch Aminierungen im Organismus zustande kommen, wie sie F. Knoop und Kerteß bei Ketosäuren beobachtet haben, dann Embden und Schmitz [6]) bei Durchblutung von Leber mit den Ketosäuren, welche dem Phenylalanin, Tyrosin und Alanin entsprechen. Aus den Ammonsalzen dieser Ketosäuren bildet die Leber die entsprechenden Aminosäuren.

β-Indol-pr-3-äthylamin geht beim Durchblutungsversuch in β-Indol-pr-3-essigsäure, beim Füttern in Indolacetursäure über. Kynurensäure bildet sich nicht [7]).

Nach den Angaben von M. Guggenheim und W. Löffler werden Isoamylamin, Phenyläthylamin, p-Oxyphenyläthylamin, Indolyläthylamin und β-Imidazolyläthylamin im Organismus durch Desamidierung und Oxydation entgiftet; als Endprodukte dieser Vorgänge resultieren Carbonsäuren der gleichen Kohlenstoffzahl wie die der entgifteten Amine. Aus Isoamylamin entsteht Isovaleriansäure, aus Phenyläthylamin Phenylessigsäure, aus p-Oxyphenyläthylamin p-Oxyphenylessigsäure, aus Indolyläthylamin Indolylessigsäure; der Nachweis der β-Imidazolylessigsäure aus β-Imidazolyläthylamin ist bis jetzt nicht gelungen. Die Zwischenprodukte bei der Oxydation der Amine zu den Carbonsäuren sind die entsprechenden Alkohole wie Isoamylalkohol, Phenyläthylalkohol, p-Oxyphenyläthylalkohol [8]).

Reduktionen.

Reduzierende Wirkungen übt der Organismus in manchen Fällen aus. So wird Chloral $CCl_3\cdot CHO$ zu Trichloräthylalkohol $CCl_3\cdot CH_2\cdot OH$ reduziert [9]), eine schwierige Reduktion, welche man künstlich nur mittels Zinkäthyl nachmachen kann. Ebenso wird Butylchloral zu Trichlorbutylalkohol.

Chinon $OC<\genfrac{}{}{0pt}{}{CH=HC}{CH=HC}>CO$ wird im Organismus vorerst zu Hydrochinon reduziert [10]). Hierbei tritt aber als physiologische Wirkung ein rasches Aufhören der Lebensfunktionen, sowie rasche Braunfärbung der Gewebe ein. Es zeigt sich eine starke Reizung der Nerven, welche sich in Schmerzäußerungen erkennen läßt. Im Harn der vergifteten Tiere, welche auch eine schwere Schädigung des Intestinaltraktes zeigen, findet sich Hydrochinonglykuronsäure. Ähnlich verhält sich Toluchinon $C_6H_3(CH_3)O_2$. Trichlorchinon und Tetrachlorchinon (Chloranil $C_6Cl_4O_2$) gleichen sich in ihren zerstörenden Wirkungen auf das Blut. Größere Dosen Chloranil erzeugen Durchfall. Im Harne findet sich Tetrachlorhydrochinonglykuronsäure und die Ätherschwefelsäure des Tetra-

---

[1]) Wolkow und Baumann, HS. **15**, 228 (1891).
[2]) Falta und L. Langstein, HS. **37**, 513 (1903).
[3]) L. Langstein und C. Neuberg, Engelmanns Arch. **1903**. Suppl. 514. S. ferner S. Lang, HB. **5**, 321 (1904) und Rachel Hirsch, Zeitschr. f. experim. Pathol. u. Ther. **1**.
[4]) Nencki, l. c. [5]) HS. **42**, 59 (1904). [6]) BZ. **29**, 423 (1910).
[7]) A. J. Ewins und P. P. Laidlaw, Biochemical Journ. **7**, 18.
[8]) BZ. **72**, 325 (1916).
[9]) HS. **6**, 440 (1882). — BB. **15**, 1019 (1882). — Pflügers Arch. **28**, 506 und **33**, 221.
[10]) Otto Schulz, Diss. Rostock (1892).

chlorhydrochinons. Chloranilsäure oder Dichlordioxychinon $C_6Cl_2(OH)_2 + 3\,H_2O$ wirkt nicht schädlich. Im Harne findet sich Hydrochloranilsäure mit Glykuronsäure gepaart. Chloranilaminsäure $C_6Cl_2O_2(NH_2) \cdot OH + 3\,H_2O$ scheint im Tierkörper vorerst in Chloranilsäure verwandelt zu werden, welche dann weiter zu Hydrochloranilsäure reduziert wird.

Chinasäure $C_6H_7 \cdot COOH(HO)_4$ geht im Organismus in Benzoesäure über, was nur durch Reduktion möglich ist [1]). Benzaldehyd wird nach Verfütterung bei Hunden zum Teil als Benzylglykuronsäure ausgeschieden, die sich in Benzylalkohol $C_6H_5 \cdot CH_2 \cdot OH$ und Glykuronsäure spalten läßt. Auch Benzoesäure liefert höchst wahrscheinlich Benzylglykuronsäure [2]).

Ungesättigte Säuren können im Tierkörper in gesättigte übergeführt werden. —CO- und —CHOH-Gruppen können zu Methylengruppen reduziert werden. Die Gesetzmäßigkeiten über den Abbau von Säuren werden durch die Anwesenheit von Carbonylgruppen oder Doppelbindungen in dem vom Carboxyl entfernten Teil eines Säuremoleküls nicht beeinträchtigt; dort scheinen vielmehr reduktive Prozesse leichter einzusetzen als in der Nachbarschaft der Carboxylgruppe.

Ferner wird in einigen seltenen Fällen die Nitrogruppe zu einer Aminogruppe reduziert. Beim m- und p-Nitrobenzaldehyd wird die Aldehydgruppe zur Carboxylgruppe oxydiert, die Nitrogruppe zur Aminogruppe reduziert, es tritt noch eine Acetylierung am Aminorest ein, so daß das Resultat dieser differenten Verwandlungen Acetylaminobenzoesäure $CH_3 \cdot CO \cdot NH \cdot C_6H_4 \cdot COOH$ ist. Also drei differente Prozesse an einem eingeführten Körper [3]).

Die Fälle der Reduktion einer Nitrogruppe zu einer Aminogruppe können durchaus nicht generalisiert werden, häufig wird die Nitrogruppe nicht zu einer Aminogruppe reduziert, z. B. nicht bei der m-Nitrobenzoesäure.

N. Sieber und Smirnow [4]) fanden beim Hunde, daß alle drei Nitrobenzaldehyde im Organismus zu den entsprechenden Nitrobenzoesäuren oxydiert werden. Ausgeschieden wird p-Nitrobenzoesäure als p-nitrohippursaurer Harnstoff, m-Nitrobenzoesäure als m-Nitrohippursäure und o-Nitrobenzoesäure ohne jede Paarung.

Es scheinen also bei derselben Substanz zwei differente Verwandlungen nebeneinander zu laufen.

E. Meyer [5]) fand, daß Nitrobenzol in p-Nitrophenol und dann in p-Aminophenol übergeht, (Benzolring mit NO_2) → (Benzolring mit NO_2, OH in p-Stellung) → (Benzolring mit NH_2, OH in p-Stellung), welches sich mit Glykuronsäure paart. Auch m-Nitrophenol wird im Organismus des Kaninchens zum Teil zu m-Aminophenol reduziert, (Benzolring mit NO_2, OH in m-Stellung) → (Benzolring mit NH_2, OH in m-Stellung). o-Nitrophenol wird unverändert ausgeschieden [6]). Beim Kaninchen wird aus m-Nitrobenzaldehyd m-Acetylaminobenzoesäure $C_6H_4<{NH \cdot CO \cdot CH_3 \atop COOH}\ {(1) \atop (3)}$, der Hund dagegen bildet aus dem gleichen Aldehyd m-Nitrohippursäure [7]).

---

[1]) Chem. Ztg. Rep. 1902/220.
[2]) Inaug.-Diss. v. Konrad Liebert (Jaffé), Königsberg (1901).
[3]) R. Cohn, HS. 17, 285 (1893). [4]) M. f. Ch. 8, 88 (1887).
[5]) E. Meyer, HS. 46, 502 (1905).
[6]) E. Baumann und Herter, HS. 1, 252 (1877).
[7]) R. Cohn, HS. 17, 285 (1893).

o-Nitrophenylpropiolsäure $C_6H_4<\begin{matrix}C:C\cdot COOH & (1)\\ NO_2 & (2)\end{matrix}$ wird im Organismus zu Indoxylschwefelsäure verwandelt[1]), was wohl in der Weise gedeutet werden kann, daß o-Nitrophenylpropiolsäure erst zu Indoxylsäure

$$C_6H_4\langle\begin{matrix}C(OH)\\ \rangle C\cdot COOH\\ NH\end{matrix}$$

reduziert wird, welche sodann CO_2 abspaltet und in Indoxyl

$$C_6H_4\langle\begin{matrix}C(OH)\\ NH\end{matrix}\rangle CH$$

übergeht, das sich dann mit Schwefelsäure paart.

Ein weiterer Fall von Reduktion der Nitrogruppe ist die partielle Reduktion der Pikrinsäure (Trinitrophenol) $C_6H_2(NO_2)_3\cdot OH$ zu Pikraminsäure (Dinitroaminophenol) $C_6H_2(NO_2)_2\cdot(NH_2)\cdot OH$[2]) im Organismus.

Weiter kennen wir eine Reihe von Reduktionen von Farbstoffen zu ihren Leukoverbindungen durch die Untersuchungen von P. Ehrlich, H. Dreser und F. Röhmann.

Die Organe enthalten ein Nitrate reduzierendes Ferment, Chlorate werden nicht reduziert, Bromate wenig, Jodate aber reichlich. Jodoanisol wird zu Jodanisol, lösliches Berlinerblau wird zu Dikaliumferroferrocyanid reduziert[3]).

Synthesen im Organismus.

Paarung im Organismus. (Entgiftung durch Paarung.)

Außer diesen meist oxydativen und Reduktionsvorgängen kommt es im Organismus zu einer Reihe von Synthesen, welche hauptsächlich giftige Substanzen entgiften, eine Funktion, welche der Organismus schon bei den Oxydationen, die wir soeben besprochen haben, durchführt. Diese Synthesen schaffen hauptsächlich durch Anlagerung saurer Reste aus Alkoholen und Phenolen gepaarte saure Verbindungen, die physiologisch wenig wirksam oder unwirksam sind und in diesem leicht löslichen Zustande als Salze durch den Harn leicht eliminiert werden können. Zu dieser Paarung wird vor allem die aus dem Eiweiß durch Oxydation des Schwefels entstehende Schwefelsäure verwendet, welche aus noch so giftigen Verbindungen die im Organismus indifferenten Ätherschwefelsäuren bildet[4]). Neben dieser die Hauptrolle spielenden Paarung tritt bei einer Reihe von später zu besprechenden Substanzen die Paarung mit Glykuronsäure auf. Die Glykuronsäure ist das erste Oxydationsprodukt des Traubenzuckers, aber anscheinend nur dann, wenn der Zucker zuvor eine glykosidartige Verbindung eingegangen, bei welcher die Aldehydgruppe des Zuckers, welche mit einem Phenolhydroxyl reagiert hat, verdeckt wird. Gewisse Substanzen paaren sich nur mit ihr; bei anderen tritt sowohl eine Paarung mit Schwefelsäure, als auch mit Glykuronsäure ein; bei letzterer meist erst dann, wenn die zur Paarung disponible Schwefelsäure verbraucht ist. Vielfach gehen die Substanzen gleichzeitig die Paarung mit Schwefelsäure und Glykuronsäure ein.

---

[1]) G. Hoppe-Seyler, HS. 7, 178 (1882).

[2]) Rymsza, Diss. Dorpat (1889). — Walko, AePP. 46, 181 (1901).

[3]) D. F. Harris und W. Moodi, Journ. of physiol. 34, 32. — Biochemical Journ. 1, 365 (1906).

[4]) Zuerst wurde diese Paarung beim Phenol von Baumann und Herter, HS. 1, 247 (1877) und BB. 9, 1389 (1876) beobachtet, welche zeigten, daß dieses als phenolätherschwefelsaures Kali $C_6H_5\cdot O\cdot SO_2\cdot OK$ den Organismus verläßt.

Die Bildung von Glykosiden bei der Paarung im Organismus macht den Paarling schwer diosmierbar, da das Glykosid nur sehr schwer in Zellen eintreten kann. Es bildet sich ein im Organismus durch die in ihm enthaltenen Fermente nicht spaltbares β-Glykosid.

Durch die Paarung wird der Paarling so verändert, daß das Paarungsprodukt die Oberflächenspannung des Wassers nicht mehr beeinflußt, der Paarling somit seine Oberflächenaktivität verliert.

Benzoesäure erniedrigt die Oberflächenspannung des Wassers sehr wesentlich, während Hippursäure sie nicht beeinflußt. Glykokoll beeinflußt sie kaum. Menthol setzt die Oberflächenspannung des Wassers sehr stark herab, Mentholglykuronsäure viel schwächer, noch geringer ist die Wirkung der Salze der Mentholglykuronsäure.

Phenolsulfosäure erniedrigt viel weniger die Oberflächenspannung des Wassers als Phenol.

Auch durch Oxydation des Phenols wird ein Reaktionsprodukt geschaffen, welches die Oberflächenspannung des Wassers wenig verändert. Brenzcatechin und Hydrochinon vermindern die Oberflächenspannung des Wassers viel weniger als Phenol[1]).

Nicht alle Glykuronsäureverbindungen sind aber nach dem gewöhnlichen Typus des β-Glykosids gebaut. p-Dimethylaminobenzaldehyd wird z. B. vom Kaninchen zu p-Dimethylaminobenzoesäure oxydiert und mit Glykuronsäure verbunden ausgeschieden. Diese Glykuronsäure reduziert im Gegensatze zu den sonstigen gepaarten Glykuronsäuren Fehlingsche Lösung. Sie ist wahrscheinlich nach folgendem esterartigen Typus gebaut:

$$\begin{matrix} CH_3 \\ CH_3 \end{matrix}\!\!>N\cdot C_6H_4\cdot CO\cdot \overbrace{CH\cdot CH(OH)\cdot CH(OH)\cdot CH}^{O}\cdot CH(OH)\cdot COOH\,.$$

Primäre und sekundäre Alkohole werden, wenn sie nicht der Oxydation anheimfallen, partiell mit Glykuronsäure gepaart, aber diese Synthese geht beim Hunde viel schwächer vor sich als beim Kaninchen.

Man unterscheidet zwei Klassen von Glykuronsäureverbindungen: Die glucosidischen und die Esterglucuronsäuren. Ersterer kommt höchstwahrscheinlich die Konstitution

$$\begin{array}{l} CH\cdot OR \\ \;| \\ HCOH \quad \diagdown \\ \;| \qquad\qquad >O \\ HOCH \quad \diagup \\ \;| \\ HC \\ \;| \\ HCOH \\ \;| \\ COOH \end{array}$$

der Esterklasse vielleicht z. B. der Benzoeglucuronsäure die Konstitution

$$\begin{array}{l} CH\cdot O\cdot CO\cdot C_6H_5 \\ \;| \\ HCOH \quad \diagdown \\ \;| \qquad\qquad >O \\ HOCH \quad \diagup \\ \;| \\ HC \\ \;| \\ HCOH \\ \;| \\ COOH \end{array}$$

[1]) L. Berczeller, BZ. **84**, 75 (1917).

zu. Zu letzterer Klasse gehört Dimethylaminobenzoeglucuronsäure, vielleicht auch Salicylglykuronsäure, vielleicht auch die Mercaptursäureglykuronsäure. Sie reduzieren Fehlingsche Lösung ohne Säurespaltung.

Trimethyläthylen (Pental) und Octylen (Caprilen) werden im Organismus so verändert, daß sie unter Lösung der doppelten Bindung, also Reduktion und Aufnahme von Wasser, in die entsprechenden Alkohole, also zugleich Oxydation übergehen und sich dann paaren[1]). Alle tertiären Alkohole paaren sich mit Glykuronsäuren, während verschiedene primäre und sekundäre, ein- und zweiwertige Alkohole nicht imstande sind, die Glykuronsäurepaarung einzugehen. Tertiäre Alkohole werden aber nur von Kaninchen, nicht aber vom Hund oder Menschen gepaart. Tiere, welche die tertiären Alkohole nicht an Glykuronsäure binden, scheiden diese vollständig durch die Atmung aus[2]).

Die Chloralose wird durch den Hund im Harn teils als solche, teils in der Form einer neuen Glykuronsäureverbindung, der nicht krystallisierbaren Chloraloseglykuronsäure, ausgeschieden. Die Bildung dieser Säure spricht nicht zugunsten der Hypothese von Sundwik und Emil Fischer über den Mechanismus der Glucuronsäurepaarung. Die Chloralose spaltet sich im Organismus nicht in Chloral und Glucose, die physiologische Wirkung des Körpers kommt daher ihm selbst zu; sie ist nicht dem in seinem Molekül enthaltenen Chloral zuzuschreiben, eine Folgerung, welche sich bereits aus der physiologischen Untersuchung der Chloralose ergibt[3]).

Aber nur ein Teil der verfütterten paarungsfähigen Substanzen paart sich wirklich mit Schwefelsäure und Glykuronsäure. Je giftiger die Substanz ist, desto mehr wird durch Paarung entgiftet und aus dem Organismus weggeschafft. So beobachtete G. A. Pari bei Verfütterung der isomeren Campher, daß der l-Campher, welcher unter den drei Isomeren der giftigste ist, mehr als die beiden anderen sich mit Glykuronsäure paart und in dieser ungiftigen Verbindung weggeschafft wird.

Die o-Verbindungen verhalten sich den synthetischen Prozessen im Organismus gegenüber bemerkenswert verschieden.

Bei Verfütterung von Racemkörpern werden diese vor der Paarung mit Glykuronsäure in ihre optisch-aktiven Komponenten gespalten. Nur Methyläthylpropylcarbinol paart sich, ohne gespalten zu werden[4]).

Es kann auch der Fall eintreten, daß eine Gruppe im Organismus zu Carboxyl oxydiert wird und doch die gebildete Carbonsäure, wenn ein freies Hydroxyl vorhanden, die Schwefelsäurepaarung eingeht.

Vanillin z. B. $H_3C \cdot O \cdot C_6H_3{<}^{OH}_{CHO}$ erscheint im Harn zum Teil als Ätherschwefelsäure der Vanillinsäure $^{HOOC}_{H_3C \cdot O}{>}C_6H_3 \cdot O \cdot SO_3H$ [5]). Es wird nämlich im Organismus Vanillin zur Vanillinsäure oxydiert und die letztere zum Teil mit Schwefelsäure, zum Teil mit Glykuronsäure gepaart, und zwar als Glykurovanillinsäure

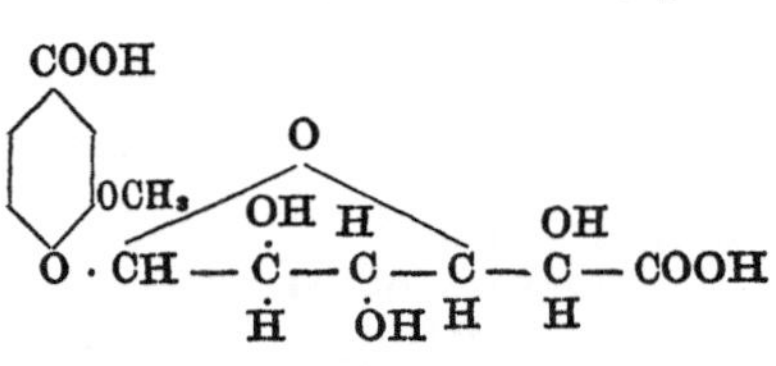

```
     COOH
    /‾‾\            O
   |    |       ___/ \___
   |    |OCH₃  /  OH H   \  OH
    \__/      /           \
     O · CH — C — C — C — C — COOH
              |   |   |   |
              H  OH   H   H
```

ausgeschieden[6]).

---

[1]) Otto Neubauer, AePP. **46**, 149 (1901).

[2]) J. Pohl, AePP. Supplement **1908**, Schmiedeberg-Festschrift 427.

[3]) Tiffeneau, C. r. **160**, 38 (1915).

[4]) A. Magnus-Levy, BZ. **2**, 319 (1907).

[5]) Preuße, HS. **4**, 209 (1880).

[6]) Y. Kotake, HS. **45**, 320 (1905).

Alle Substanzen, welche im Organismus zu Benzoesäure oxydiert werden, paaren sich mit Aminoessigsäure, dem Glykokoll, zu Hippursäure $C_6H_5 \cdot CO \cdot NH \cdot CH_2 \cdot COOH$. Diese Paarung ist zugleich eine Entgiftung. So ist z. B. p-Chlorhippursäure (Cl-Benzolring-$CO \cdot NH \cdot CH_2 \cdot COOH$) um ein vielfaches weniger giftig als p-Chlorbenzoesäure (Cl-Benzolring-COOH)[1].

Phenylessigsäure paart sich beim Menschen zu Phenylacetylglutamin und Phenylacetylglutaminharnstoff[2]). Die Darmfäulnis wird durch Einnahme von Phenylessigsäure stark herabgesetzt. Unabhängig von der Höhe der Dosis wird allemal etwa 50% der Säure durch Verbindung mit Glutamin entgiftet[3]).

Phenylessigsäure wird beim Affen ebenso wie bei den niederen Tieren in Verbindung mit Glykokoll ausgeschieden (Phenacetursäure), während sie beim Menschen an Glutaminsäure gebunden im Harn erscheint. p-Oxybenzoesäure wird beim Affen zu 50—60% als freie Säure im Harn gefunden, bei niederen Tieren ist es nach älteren Versuchen ebenso, während beim Menschen ein Teil an Glykokoll gebunden wird. Einen analogen Unterschied zeigt das Verhalten der p-Oxyphenylessigsäure. Sie paart sich zum Teil bei Tieren, während beim Menschen p-Oxyphenylessigsäure im Harn ausschließlich als freie Säure erscheint[4]).

Neben diesen drei Paarungen mit Säuren (Schwefelsäure, Glykuronsäure, Aminoessigsäure) soll auch noch eine Paarung mit Phosphorsäure auftreten, die jedoch nicht sicher festgestellt ist.

Eine weitere Synthese ist die Anlagerung einer Sulfhydrylgruppe zur Entgiftung bei den Cyanderivaten. Es werden sowohl die Blausäure selbst, als auch die Nitrile in Rhodanderivate übergeführt[5]). Der Organismus bedient sich hierzu der im Eiweiß (Cystingruppe) vorhandenen Sulfhydrylgruppe.

Acetylierungen, Methylierungen.

Im Organismus verlaufen noch andere Synthesen. So tritt in mehreren Fällen eine Acetylierung auf: wenn man Halogenbenzol, z. B. Brombenzol $Br \cdot C_6H_5$ an Hunde verfüttert, so findet man im Harn eine mit Halogenphenylmercaptursäure gepaarte Glykuronsäure, z. B. Bromphenylmercaptursäure, d. i. Bromphenylacetylcystein[6]).

$$\begin{array}{l} \quad\; CH_2 \cdot S \cdot C_6H_4 \cdot B_4 \\ \quad\; | \\ H \cdot C \cdot NH \cdot CO \cdot CH_3 \\ \quad\; | \\ \quad\; COOH \end{array}$$

Ein zweiter Fall ist das Auftreten der m-Acetylaminobenzoesäure, die nach Verfütterung von m-Nitrobenzaldehyd nach der Untersuchung von R. Cohn[7]) entsteht.

Aus m-Nitrobenzaldehyd, p-Nitrobenzaldehyd, p-Aminobenzaldehyd und p-Aminobenzoesäure erhält man beim Kaninchen m-Acetylaminobenzoesäure,

[1]) H. Hildebrandt, HB. **3**, 370 (1903).
[2]) H. Thierfelder und C. P. Sherwin, BB. **47**, 2630 (1914).
[3]) Carl P. Sherwin, Max Wolf und William Wolf, Journ. of biol. chem. **37**, 113 (1918). [4]) Carl P. Sherwin, Journ. of biol. chem. **36**, 309 (1918).
[5]) AePP. **34**, 247, 280.
[6]) E. Baumann und Preuße, HS. **5**, 309 (1881). — BB. **12**, 806 (1879).
[7]) HS. **17**, 285 (1893) und **18**, 132 (1894).

bzw. aus den drei letzteren p-Acetylaminobenzoesäure. Sehr erheblich war die Ausbeute bei dem Versuche mit p-Aminobenzaldehyd und p-Aminobenzoesäure[1])

Die Acetylierung im Organismus sprechen F. Knoop und E. Kerteß[2]) für einen Prozeß an, bei dem Brenztraubensäure beteiligt ist.

F. Knoop und E. Kerteß haben eine Aminierung und zugleich Acetylierung bei Verfütterung von γ-Phenyl-α-aminobuttersäure beobachtet. Es wurden von der Säure 56% nicht wiedergefunden, 20% wurden acetyliert, 11% unverändert ausgeschieden, 12% zur α-Ketosäure oxydiert, von denen 6,5% zur Oxysäure reduziert, 5.5% weiter zu Benzoesäure abgebaut waren. Verfüttert man die Ketosäure, so erhält man sowohl die d-Oxysäure als auch die Acetylaminosäure. Die Acetylierung wird im Organismus durch Verabreichung essigsaurer Salze erhöht. Acetessigsäure und Brenztraubensäure steigern die Acetylierungsvorgänge; es erscheint deshalb wahrscheinlich, daß tatsächlich Brenztraubensäure und Acetessigsäure im Organismus über Essigsäure abgebaut werden[3]).

Eine Acetylierung einer optisch-aktiven Komponente beobachtete H. D. Dakin. Nach der Verabfolgung großer Mengen inaktiven p-Methylphenylalanins ließ sich aus dem Harn eines Alkaptonurikers in geringer Menge d-Acetyl-p-methylphenylalanin isolieren, während normale Individuen es völlig verbrennen[4]).

Wir kennen auch mehrere Fälle der Anlagerung der Methylgruppe im Organismus. Der eine ist das von F. Hofmeister beobachtete Auftreten von Tellurmethyl nach Verfütterung von telluriger Säure[5]). eine Beobachtung, die aber nur durch den Geruch, nicht aber durch die Analyse gemacht wurde. Namentlich die drüsigen Organe, insbesondere die Hoden, vermögen viel Tellurmethyl zu bilden. Selenige Säure gibt in gleicher Weise Selenmethyl. Der zweite Fall ist das Auftreten von Methylpyridylammoniumhydroxyd $OH \cdot CH_3 \cdot NC_5H_5$ nach Verfüttern von Pyridin an Hunde[6]). Pyridin wird vom Hunde methyliert, nicht aber vom Kaninchen[7]), hingegen aber vom Huhne[8]).

Nicotinsäure geht beim Hund durch Methylierung und Betainbildung in Trigonellin über. Trigonellin wird von Kaninchen und von Katzen unverändert im Harn ausgeschieden.

H. Hildebrandt[9]) beobachtete eine weitere Methylierung im Tierkörper. Kondensationsprodukte von Piperidin mit Phenolen und Formaldehyd sind neue Basen, die dadurch charakterisiert sind, daß das Phenolhydroxyl nicht in die Reaktion eintritt. Im Organismus des Kaninchens gehen diese Verbindungen Paarungen mit Glykuronsäure ein, bei gleichzeitiger Methylierung am N des Piperidinringes. Die nach Einführung des Kondensationsproduktes aus Piperidin, Thymol und Formaldehyd im Organismus erzeugte Verbindung fällt aus dem Harne krystallinisch aus.

```
              C ——————————— O(H  )
         HC/    \C · C3H7   | (OH)
          |      |          C
          |      |          ·
          |      |      [CH · OH]4
          |      |          ·
   H3C · C\    /CH          CO
            C          (H  )O   CH2  CH2
            |          (HO)|   /        \
           CH2 ————————————N<            >CH
                           |   \        /
                           |    CH2  CH2
                          CH3
```

---

[1]) A. Ellinger und M. Hensel, HS. **91**, 21 (1914). [2]) HS. **71**, 252 (1911).
[3]) Marie Hensel, HS. **93**, 401 (1915). [4]) Journ. of biol. chem. **9**, 151 (1911).
[5]) AePP. **33**, 198 (1894). [6]) W. His, AePP. **22**, 253 und R. Cohn, HS. **18**, 116 (1894).
[7]) HS. **59**, 32 (1909). [8]) HS. **62**, 118 (1909). [9]) AePP. **44**, 278 (1900).

Die Aldehydgruppe der Glykuronsäure paart sich mit dem in p-Stellung befindlichen Phenolhydroxyl, ferner addiert sich Methylalkohol an den tertiären Stickstoff, und die dabei entstehende quaternäre Ammoniumhydroxydbase spaltet mit der Carboxylgruppe der Glykuronsäure Wasser ab.

Bei der Spaltung mit Mineralsäure bildet sich das Ammoniumhydroxydsalz der Säure, z. B. Salzsäure, in welchem beim Behandeln mit Alkalien unter Abspaltung von Säure eine chinonartige Bindung zwischen dem tertiären Stickstoff und dem Phenolsauerstoff stattfindet.

```
          C————————O │H │
     HC/ \C · C3H7   │Cl│
H3C · C\ /CH         │
          C          │
          |          │  CH2  CH2
         CH2—————————N<        >CH2
                     │  CH2  CH2
                    CH3

          O————————O
     HC/ \C · C3H7 │
H3C · C\ /CH       │
          C        │
          |        │  CH2  CH2
         CH2———————N<        >CH2
                   │  CH2  CH2
                  CH3
```

Glykocyamin (Guanidinessigsäure) geht im Kaninchenorganismus durch Methylierung in Kreatin über[1]). Im Organismus des Hundes tritt diese Synthese nicht ein.

Zu erwähnen ist noch die (wahrscheinliche) Methylierung des Chinins nach seiner Oxydation im Organismus[2]).

J. Pohl beobachtete Methylierung oder Äthylierung nach Aufnahme von Thioharnstoff[3]) $SC<^{NH_2}_{NH_2}$. Es tritt in der Expirationsluft Methyl- oder Äthylsulfid $^{CH_3}_{CH_3}>S$, $^{C_2H_5}_{C_2H_5}>S$ auf (wahrscheinlich letzteres).

Dimethylthioharnstoff und Thiosinamin erzeugen die gleiche Erscheinung, hingegen nicht Thiocarbazid.

Im Hundeharn fanden C. Neuberg und Großer[4]) Diäthylmethylsulfiniumhydroxyd $(C_2H_5)_2S(CH_3) \cdot OH$, deren Entstehung in der Weise erklärt wird, daß das bei der Cystinfäulnis entstehende Äthylsulfid durch Methylierung entgiftet wird, wobei es in die Schwefelbase übergeht.

Entmethylierungen werden häufig im Organismus beobachtet. So entstehen aus Trimethylxanthin entmethylierte Xanthine, aber diese Entmethylierung hat ihre Grenzen, denn bei Verfütterung von mehr zu entmethylierender Substanz wird ein Teil unverändert im Harn gefunden. Methylierte Purinbasen werden anscheinend nicht weiter als bis zu den Monomethylderivaten abgebaut, da nach Trimethylxanthinfütterung keiner der Beobachter im Harne Xanthin finden konnte. 1.7-Dimethylamino-8-aminoxanthin spaltet eine Methylgruppe in der Stellung 1 beim Passieren des menschlichen Organismus ab, so daß 7-Methylamino-8-aminoxanthin resultiert[5]). Der Ort der Entmethy-

[1]) M. Jaffé, HS. **48**, 430 (1903). [2]) Adolf Merkel, AePP. **47**, 165 (1902).
[3]) AePP. **51**, 341 (1904). [4]) Zentralbl. f. Physiol. **19**, 316.
[5]) Forschbach und S. Weber, AePP. **56**, 186 (1907).

lierung ist beim Hund und beim Kaninchen verschieden, beim Kaninchen findet man nach Coffeingaben im Harne 1.7-Dimethyl-2.6-dioxypurin und 1 Methyl- sowie 7-Methyl-2.6-dioxypurin, beim Hund ist es umgekehrt. Es entsteht Theophyllin 1.3-Dimethyl-2.6-dioxypurin und 3-Methyl-2.6-dioxypurin, so daß die 7-Methylgruppe am meisten angreifbar ist. Entmethylierungen beobachtete man beim Dimethylaminotoluidin und Benzbetain, sowie Dimethylaminobenzaldehyd, welches in Monomethylaminobenzoesäure übergehen kann. Pyramidon wird ebenfalls im Organismus entmethyliert, und zwar derart, daß ihm die drei an den beiden N-Atomen befindlichen Methylgruppen entzogen werden, während die mit Kohlenstoff verbundene intakt bleibt. Toluol geht in Benzoesäure über.

Nach Darreichung von Mono- oder Dimethyldibrom-o-toluidin an Kaninchen erfolgt eine vollständige Entmethylierung an der Aminogruppe[1]).

Wir müssen verschiedene Arten der Entmethylierung unterscheiden. Am besten studiert ist die Entmethylierung von Methyl am Stickstoff. Eine weitere Entmethylierung wird beobachtet, wenn die Methylgruppe direkt am Kohlenstoff befestigt ist. Bei aromatischen Substanzen wird sie hierbei zur Carboxylgruppe oxydiert und eventuell diese abgespalten. Ferner kennen wir eine Entmethylierung von der Sauerstoffbindung, wo Methylgruppen abgespalten werden wie bei der Entmethylierung von Guajacol zu Brenzcatechin.

* * *

Der Organismus wandelt durch diese verschiedenartigen Synthesen, durch Oxydationen und Reduktionen in erster Linie, giftige Substanzen in weniger giftige bzw. in leichter ausscheidbare (mehr harnfähige), doch verhalten sich die verschiedenen Gruppen von Körpern in bezug auf die Paarung und Oxydation, wie wir schon teilweise gesehen haben, verschieden. Die Phenole, die dem Organismus zugeführt werden, oder im Organismus entstanden sind, paaren sich in erster Linie mit Schwefelsäure und erst in zweiter Linie mit Glykuronsäure, wie überhaupt die Paarungen mit Schwefelsäure die häufigeren und wichtigeren sind[2]). Stoffe, welche Paarungen eingehen, sind stets giftig und es ist deshalb eine der wichtigsten Aufgaben des tierischen Organismus, diese Stoffe möglichst rasch in die ganz oder wenigstens verhältnismäßig indifferenten Paarungen mit Glykokoll, Schwefelwasserstoff, Schwefelsäure und Glykuronsäure zu überführen. Nichtgiftige Stoffe paaren sich fast gar nicht. So konnte Likhatscheff zeigen, daß die fast ungiftige Homogentisinsäure

$$C_6H_3 \begin{cases} OH & (1) \\ OH & (4) \\ CH_2 \cdot COOH & (5) \end{cases}$$

als solche im Harne erscheint und sich im Organismus nicht mit Schwefelsäure verbindet. Hingegen verbindet sich die giftige Gentisinsäure[3])

$$C_6H_3 \begin{cases} OH & (1) \\ OH & (4) \\ COOH & (5) \end{cases}$$

zum Teil mit Schwefelsäure, ein anderer Teil wird unverändert ausgeschieden. Das stark giftige Hydrochinon wird bei kleineren Mengen nicht als solches ausgeschieden, sondern nur in Form von Ätherschwefelsäuren. Gepaarte

[1]) H. Hildebrandt, AePP. **65**, 80 (1911).
[2]) S. auch O. Neubauer, AePP. **46**, 133 (1901); HS. **33**, 579 (1901).
[3]) HS. **21**, 422 (1895—1896).

Verbindungen mit Glykuronsäure liefern Aldehyde, Alkohole, Ketone, fette und aromatische Kohlenwasserstoffe und Phenole. Aldehyde und Ketone werden zuerst reduziert bzw. oxydiert, Kohlenwasserstoffe zu Alkoholen oxydiert, und die gebildeten Alkohole gehen mit Zucker glykosidartige Verbindungen ein, welche dann weiter zu gepaarter Glykuronsäure oxydiert werden und so zur Ausscheidung gelangen. Von den aliphatischen Alkoholen gehen weder Methyl- noch Äthylalkohol solche Verbindungen ein, auch Aceton nicht, denn sie sind so flüchtig und so leicht oxydabel, daß sie sich diesen Umsetzungen entziehen können[1]).

Dichloraceton geht in Dichlorisopropylalkohol über und paart sich zu Dichlorisopropylglykuronsäure[2]). Acetessigäther $CH_3 \cdot CO \cdot CH_2 \cdot COO \cdot C_2H_5$, welcher sich in Aceton, Alkohol und Kohlensäure zerlegt, gibt kleine Mengen von Isopropylglykuronsäure, Acetophenon $CH_3 \cdot CO \cdot C_6H_5$, welches nach M. Nencki der Hauptmenge nach in Benzoesäure übergeht, gibt bei Verfütterung im Harn eine kleine Menge einer Glykuronsäureverbindung. Es paaren sich überhaupt mit Glykuronsäure folgende Substanzen: Chloral, Trichloräthylalkohol, Butylchloral, Chloroform. (Nach der Chloroformnarkose tritt im Harn eine reduzierende, nicht flüchtige, chlorhaltige Säure auf, möglicherweise eine Glykuronsäureverbindung des Trichlormethylalkohols.) Euxanthon[3]), Benzol, Nitrobenzol, Phenol, Resorcin, Hydrochinon, Brombenzol, Campher[4]), o-Nitrotoluol[5]), Phenethol[6]) $C_6H_5 \cdot O \cdot C_2H_5$, Anisol $C_6H_5 \cdot O \cdot CH_3$, Oxychinolin[7]), Carbostyril, Dichlorbenzol, Xylol, Cumol, Terpentinöl, o-Nitropropiolsäure, Thymol[8]). (Letzteres nur beim Menschen, beim Hunde nicht.) Chlorphenol, o-Nitrophenol, p-Nitrophenol, Kresol, Azobenzol, Hydrazobenzol, Anilin, Indol, Indoxyl, Skatoxyl[9]), Kairin, Menthol[10]), Borneol[10]) p-Oxyphenethol $C_6H_4 \cdot {OC_3H_5 \ (1) \atop OH \ (4)}$ gibt Chinaethonsäure[11]). $C_6H_4 < {OC_2H_5 \ (1) \atop C_6H_9O_7 \ (4)}$ Naphthol[12]), Naphthalin[13]), ferner tertiäre Alkohole[14]), tertiärer Butylalkohol und tertiärer Amylalkohol, Pinakon (teriäres Hexylenglykol). Nach Paul Mayer[15]) paart sich Morphin mit Glykuronsäure. Ebenso wird Fenchon[16]), Carvon[17]), Pinen, Phellandren, Sabinen[18]) gepaart.

Carvon mit doppelter Bindung im Kern erfährt im Organismus ebenso wie die carbonylhaltigen Campherarten eine Oxydation zum Zweck der Paarung mit Glykuronsäure. Außerdem wird ein Methyl zu Carboxyl oxydiert.

Thujon unterliegt einer Hydratation und teilweisen Oxydation eines Methyls[19]) zu Carboxyl und dann erfolgt Paarung mit Glykuronsäure. Thujon wird nicht, wie Hildebrand angab, zu Oxythujon oxydiert, sondern es

---

[1]) Ausführliches über die gepaarten Glykuronsäuren siehe bei C. Neuberg: Der Harn, Bd. I, 437—460. Berlin 1911 bei J. Springer.

[2]) Sundwik, Akademisk afhandling Helsingfors 1886. [3]) BB. **19**, 2918 (1886).

[4]) Wird vorerst zu Camphenol oxydiert, HS. **3**, 422 (1879).

[5]) Dieses geht in o-Nitrobenzylalkohol vorerst über, HS. **2**, 47 (1878).

[6]) HS. **4**, 296 (1880); **13**, 181 (1889).

[7]) HS. **28**, 439 (1899). [8]) HS. **16**, 514 (1892).

[9]) AePP. **14**, 288, 379. — HS. **7**, 403 (1882); **8**, 79 (1883—1884); **12**, 130 (1888).

[10]) AePP. **17**, 369. — HB. **1**, 304 (1902). — HS. **34**, 1 (1901—1902).

[11]) V. Lehmann, HS. **13**, 181 (1889).

[12]) M. v. Nencki und M. Lesnik, BB. **19**, 1534 (1886).

[13]) M. Lesnik, AePP. **24**, 167. — Edlefsen, Zeitschr. f. klin. Med. **1888**, Beilage S. 90.

[14]) Thierfelder und Mering, HS. **9**, 511 (1885).

[15]) Berliner klin. Wochenschr. **1899**, Nr. 27.

[16]) Wird vorerst zu Oxyfenchon $C_{10}H_{16}O_2$ oxydiert. Rend. dell' Accad. Lincei. [5], **10**, I, S. 244. [17]) Wird vorerst zu Oxycarvon oxydiert, HS. **30**, 441 (1900).

[18]) HS. **33**, 579 (1901). [19]) HS. **33**, 579 (1901); **36**, 453 (1902).

entsteht Cymol. Camphen $C_{10}H_{16}$ geht in Camphenglykol $HO \cdot C_{10}H_{14} \cdot OH$ über, das sich dann paart [1]). Santalol paart sich mit Glykuronsäure, aber erst nach erheblicher Verkleinerung des Moleküls [2]).

Die hydroaromatischen Kohlenwasserstoffe werden durch einfache Oxydation hydroxyliert.

Bei den ungesättigten Menthen, Sabinen, Pinen und Nopinen wird die Doppelbindung nicht angegriffen, die entsprechenden gepaarten Säuren sind noch ungesättigt. Menthen wird entweder in Menthenol-2 oder 6, Sabinen in Sabinenol-3 oder 5, Pinen vielleicht in Pinenol-3 und Nopinen etwa in Nopinenol-2 oder 3 verwandelt. Das gesättigte Camphan wird zu Borneol und nicht zu β-Borneol oxydiert. Alkohole dieser Reihe gehen die Paarung primär unverändert ein. Die sekundären Alkohole Dihydrocarveol, Thujylalkohol, Sabinol, α-Santenol, Fenchyl- bzw. Isofenchylalkohol und Camphenilol, die tertiären β-Santenol und Camphenhydrat und das zweiwertige Terpin liefern entsprechende Glykuronsäuren. Durch sekundäre Prozesse können aber andere gepaarte Glykuronsäuren entstehen. So beim Thujylalkohol, welcher durch Hydratation in p-Menthandiol-2.4 verwandelt wird. Das Keton Camphenilon wird durch Reduktion hydroxyliert.

Im Gegensatz zu Campher und Borneol, wird bei Camphenilon, Camphenilol und Santenon die d-Komponente des Paarlings in größerem Umfange an Glykuronsäure gepaart, als die entsprechende optische Antipode [3]).

Die Fähigkeit im Organismus sich mit Glykuronsäure zu paaren, ist allen tertiären Alkoholen gemeinsam. Verschiedene primäre und sekundäre, ein- und zweiwertige Alkohole sind nicht imstande, die Paarung mit Glykuronsäure einzugehen. Nach den Untersuchungen von M. Nencki [4]) werden die aromatischen Oxyketone, wie: Gallacetophenon, Resacetophenon und p-Oxypropiophenon, nicht wie Acetophenon zur Carbonsäure oxydiert, sondern sie paaren sich mit Schwefelsäure oder Glykuronsäure. Sobald ein aromatisches Keton freies Hydroxyl enthält, wodurch die Möglichkeit einer Paarung mit Schwefelsäure oder Glykuronsäure gegeben ist, findet eine Oxydation der in ihm enthaltenen Seitenketten im tierischen Körper nicht statt. Diese Oxydation ist die Entgiftung durch Bildung saurer Gruppen in der Substanz selbst, welche häufig unterbleibt, sobald eine Möglichkeit der Paarung vorhanden ist. Gleichwie Oxyketone werden voraussichtlich auch ihre Ester vom Tierkörper ausgeschieden.

Ist noch ein Hydroxyl frei, wie z. B. im Paeonol $CH_3 \cdot CO \cdot C_6H_3(OH) \cdot OCH_3$ (Methylresacetophenon), dann findet nur einfache Paarung mit Schwefelsäure und Glykuronsäure statt.

Sind aber alle Hydroxylwasserstoffe durch Alkyle ersetzt, so dürfte nach M. Nencki eine Hydroxylierung im Benzolkern der Paarung mit Schwefelsäure resp. mit Glykuronsäure vorausgehen, denn die Oxydation der Ätheralkyle ist im Organismus äußerst schwierig. So wird nach A. Kossel [5]) Phenethol $C_2H_5 \cdot O \cdot C_6H_5$ zu p-Oxyphenethol, dem Äthyläther des Hydrochinons, oxydiert und liefert dann durch Paarung mit Glykuronsäure die Chinäthonsäure $C_{14}H_{18}O_9$.

Die Anwesenheit freier Hydroxyle disponiert zur Paarung ungemein, so paaren sich Protocatechu-, Vanillin- und Isovanillinsäure, die freie Hydroxyle haben und gehen als Äthersäuren in den Harn über, und nur zum kleinsten

---

[1]) HS. **37**, 189 (1902). [2]) H. Hildebrandt, HS. **36**, 453 (1902).
[3]) Juho Hämäläinen, Skand. Arch. f. Physiol. **27**, 141 (1912).
[4]) BB. **27**, 2737 (1894). [5]) HS. **4**, 296 (1880); **13**, 181 (1889).

Teil in unveränderter Form. Veratrinsäure $C_6H_3(OCH_3)_2 \cdot COOH$ dagegen geht als solche in den Harn über, da ihre Hydroxyle veräthert sind. Auch Methylsalicylsäure und Anissäure paaren sich aus gleichem Grunde nicht. Die Aldehyde: Protocatechualdehyd, Vanillin und Isovanillin werden vollkommen zur Carbonsäure oxydiert, Methylvanillin nur zum Teil und findet sich als solches in kleinen Mengen im Harn wieder.

Salicylsäure paart sich zum Teil mit Glykokoll, während p-Oxybenzoesäure sich mit Glykuronsäure paart[1]). Die Salicylsäure wird größtenteils unverändert ausgeschieden, ein Teil als Ätherschwefelsäure, als Salicylursäure und als Salicylglykuronsäure, schließlich auch als Oxysalicylsäure, und zwar wahrscheinlich als 1.2.5-Dioxybenzoesäure[2]).

Nach Sack wird die Anilidmethylsalicylsäure in täglicher Dosis von 5 bis 10 g von einem Hunde sehr gut vertragen, und verläßt zum Teile als gepaarte Schwefelsäure den Organismus. α-Oxyuvitinsäure wird aus dem Organismus unverändert ausgeschieden. In Tagesdosen von 4 g wird sie auch vom Hunde gut vertragen und zeigt vorzügliche diuretische Eigenschaften. Der Äthyläther wird aus dem Organismus als α-Oxyuvitinsäure ausgeschieden.

Während alle Phenole und Dioxybenzole sowie die Homologen im Organismus sich ähnlich wie Phenol selbst verhalten, indem sie gepaarte Verbindungen eingehen, verlieren sie diesen Charakter, wenn Wasserstoffatome des Benzolkerns durch Atomgruppen ersetzt werden, die die Verbindung in eine Säure verwandeln. Keine der aromatischen Oxysäuren, die auf diese Weise entstehen, gibt eine wesentliche Vermehrung der gepaarten Schwefelsäure im Harn. Weder Salicylsäure noch Tannin oder Gallussäure geben eine wesentliche Vermehrung der gepaarten Sulfate. Wenn man den sauren Rest in einen Äther oder in ein Amid verwandelt, so haben sie wieder die Fähigkeit, im Tierkörper in Ätherschwefelsäuren überzugehen. Die von E. Baumann und Herter ausgeführten Fütterungsversuche mit Salicylamid $C_6H_4<^{OH}_{CO \cdot NH_2}\,^{(1)}_{(2)}$ und Salicylsäuremethylester $C_6H_4<^{OH}_{COO \cdot CH_3}\,^{(1)}_{(2)}$ (Gaultheriaöl) gaben dieser Theorie entsprechende Resultate[3]). Die Überführung von Substanzen in ätherartige Verbindungen mit Säuren schützt die Körper vor der Oxydation und auch den Organismus vor der Einwirkung. Man sieht dies gut an dem Beispiel der Ätherschwefelsäure

$$SO_2<^{OC_2H_5}_{OH}$$

Diese geht beim Hund unverändert in den Harn über und macht hier keine Vermehrung der nichtgepaarten Schwefelsäure, woraus zu erschließen ist, daß die Alkylgruppe durch den Schwefelsäurerest völlig vor Oxydation geschützt ist.

Schwefelhaltige Säuren der fetten Reihe, in denen der Schwefel mit einem oder zwei Sauerstoffatomen zusammenhängt, werden im Organismus nicht verändert; hängt der Schwefel mit beiden Affinitäten am Sauerstoff, wie bei den eigentlichen Äthersäuren, so verändert sich die Substanz beim Durchgang durch den Organismus nicht. Hängt der Schwefel aber mit einer Valenz am Kohlenstoff, so ist für das Verhalten von Einfluß, ob der Kohlenstoffkern eine Hydroxylgruppe enthält oder nicht. Im ersteren Falle wird die Verbindung leicht oxydiert, im letzteren nicht oder nur spurenweise. Ersetzt man eine Hydroxylgruppe durch eine Aminogruppe oder durch die Gruppe $NH_2 \cdot CO \cdot NH_2$, so wird die Substanz wieder resistent und passiert den Organismus unverändert[4]).

---

[1]) H. Hildebrandt, HS. **43**, 249 (1904—1905).

[2]) C. Neuberg, Berliner klin. Wochenschr. **1911**, Nr. 18.

[3]) HS. **1**, 255 (1877).

[4]) E. Salkowski, Virchows Arch. **66**, 315.

Sulfoessigsäure $CH_2<^{SO_2OH}_{COOH}$ wird im Organismus nicht gespalten[1]), was zeigt, daß auch die Säuren durch Einführung von Schwefelsäure vor Oxydation geschützt werden.

o-Oxychinolin paart sich nach E. Rost mit Schwefelsäure, nach Brahm auch mit Glykuronsäure. Carbostyril (α-Oxychinolin), welches in größeren Dosen curareähnlich wirkt, paart sich mit Schwefelsäure und Glykuronsäure. Kynurin (γ-Oxychinolin) geht aber in eine komplizierte schwefelhaltige Verbindung über, welche nach Kochen mit Säure reduziert[2]).

Benzoesäure paart sich mit Glykokoll zu Hippursäure[3]).

Glykokoll — Benzoesäure — Hippursäure — Wasser

$$\begin{array}{l}CH_2\cdot NH\boxed{H\quad HO}\cdot CO\cdot C_6H_5\\ |\qquad\qquad +\\ COOH\end{array} = \begin{array}{l}CH_2\cdot NH\cdot CO\cdot C_6H_5\\ |\\ COOH\end{array} + H_2O$$

Ebenso verhalten sich Salicylsäure[4]), p-Oxybenzoesäure[4]), Toluylsäure $CH_3\cdot C_6H_4\cdot COOH$, Nitrobenzoesäure[5]), Chlorbenzoesäure, Anissäure $CH_3O\cdot C_6H_4\cdot COOH$, Mesitylensäure $(CH_3)_2\cdot C_6H_3\cdot COOH$[6]). Die so gebildeten Produkte werden z. B. Salicylursäure, p-Oxybenzursäure, Tolursäure usw. benannt. Die zweifach und dreifach substituierten Benzolabkömmlinge haben ein solches Verhalten wie die einfach substituierten. Es wird nur der eine Rest zur Carboxylgruppe oxydiert, während die anderen Reste der Oxydation völlig entgehen. Wie erwähnt, entsteht aus Toluol im Organismus Benzoesäure, die mit Glykokoll gepaart als Hippursäure den Organismus verläßt. Xylol[7]) wird zu Toluylsäure $CH_3\cdot C_6H_4\cdot COOH$, Mesitylen $C_6H_3\cdot(CH_3)_3$ wird zu Mesitylensäure $C_6H_3(CH_3)_2\cdot COOH$ oxydiert[8]). Die Toluylsäuren gehen in die der Hippursäure entsprechenden Glykokollverbindungen, die Tolursäuren $(CH_3\cdot C_6H_4\cdot CO\cdot NH\cdot CH_2\cdot COOH)$ über[9]). Cuminsäure wird zu Cuminursäure $C_3H_6\cdot C_6H_4\cdot CO\cdot NH\cdot CH_2\cdot COOH$[10]), Phenylessigsäure zu Phenacetursäure $C_6H_5\cdot CH_2\cdot CO\cdot NH\cdot CH_2\cdot COOH$[11]). Doch geht immer nur ein Teil dieser Säuren die Paarung ein, während ein Teil den Organismus unverändert verläßt.

Beim Hunde wird Nicotinsäure zum Teil an Glykokoll gebunden, also Übergang zur Nicotinursäure, ein anderer Teil geht durch Methylierung und Betainbildung in Trigonellin über

$$\underset{\substack{N—O\\|\\CH_3}}{\bigcirc}\cdot CO \longleftarrow \underset{N}{\bigcirc}COOH \longrightarrow \underset{N}{\bigcirc}\cdot CO\cdot NH\cdot CH_2\cdot COOH$$ [12])

Nach Eingabe von Phenylessigsäure erscheint bei Hunden und Kaninchen Phenacetursäure im Harn[13]). Hühner scheiden Phenylessigsäure als Phenacetornithursäure aus[14]). Beim Menschen tritt nach Eingabe von Phenylessigsäure Phenylacetylglutamin auf. Daneben tritt Phenylacetylglutaminharnstoff auf[15]).

---

1) HS. **17**, 5 (1893). 2) HS. **30**, 552 (1900).
3) Borcis, Ure Berzelius Jahresber. **22**, 567.
4) Bertagnini, Liebigs Ann. **97**, 248. — E. Baumann und Herter, HS. **1**, 253 (1877). 5) BB. **7**, 1673 (1874). 6) AePP. **1**, 420. 7) Dubois' Arch. **1867**, 349.
8) AePP. **1**, 423. 9) Dubois' Arch. **1867**, 352. 10) BB. **5**, 749 (1872).
11) HS. **7**, 162 (1882); **9**, 229 (1885). — BB. **12**, 1512 (1879).
12) D. Ackermann, Zeitschr. f. Biol. **59**, 17 (1912).
13) E. und H. Salkowski, BB. **12**, 653 (1879). — HS. **7**, 161 (1882/83).
14) Totani, HS. **68**, 75 (1910).
15) H. Thierfelder und C. P. Sherwin, BB. **47**, 2630 (1914)]

p-Nitrophenylessigsäure verläßt den Harn des Menschen zu 68% in freiem Zustand und gibt keinerlei Verbindung, während beim Hund der größte Teil frei, ein kleinerer Teil mit Glykokoll verbunden als p-Nitrophenacetursäure erscheint. Beim Huhn findet man einen kleinen Teil unverbunden, den größten Teil als p-Nitrophenacetornithursäure[1]).

p-Bromtoluol und o-Bromtoluol geben Brombenzoesäure resp. Bromhippursäure[2]). p-Chlortoluol liefert beim Verfüttern an Hunde p-Chlorhippursäure, ebenso gehen m- und o-Chlortoluol in die entsprechenden Hippursäuren über (Oxydation der Methyl- zur Carboxylgruppe und Paarung mit Glykokoll), das gleiche gilt für bromsubstituierte Toluole. Beim Kaninchen entstehen aus chlorsubstituierten Toluolen lediglich die entsprechenden Benzoesäuren, von den bromsubstituierten erhält man aus o-Bromtoluol vollständig o-Bromhippursäure, während m- und p-Bromtoluole nach Oxydation zu den entsprechenden Benzoesäuren nur teilweise die Paarung eingehen[3]).

Außer der Benzoesäure und ihren Derivaten paaren sich noch andere Verbindungen mit Glykokoll, so wird Furfurol

HC═CH
HC C · CHO
O

, welches große Analogie mit dem Benzaldehyd hat, im Organismus zu Brenzschleimsäure

HC═CH
HC C · COOH
O

oxydiert[4]). Diese paart sich zum größten Teil mit Glykokoll analog der Hippursäure und nur ein kleiner Teil geht als Brenzschleimsäure in den Harn über.

Die Kuppelung mit Glykokoll gehen fast nur Kerncarbonsäuren ein, außer ihnen allein die Phenylessigsäure und die Phenyl- und Furoylacrylsäure.

Pyromycursäure (Brenzschleimsäureglykokoll)

HC═CH
HC C · CO · NH · CH_2 · COOH
O

geht bei Hunden noch eine Verbindung mit Harnstoff ein[5]). Es entsteht also aus Furfurol pyromycursaurer Harnstoff. Ähnlich verhält sich nach M. Jaffé das fast ungiftige p-Nitrotoluol. Im Harne läßt sich p-Nitrobenzoesäure und außerdem p-nitrohippursaurer Harnstoff nachweisen[6]). Bei Vögeln zeigt sich ebenfalls ein ähnliches Verhalten, wie bei der Benzoesäure, indem Brenzschleimsäure mit Ornithin gepaart als Furfurornithursäure den Tierkörper verläßt[7]). Auch Thiophenderivate zeigen ein gleiches Verhalten, das Schicksal des Thiophens selbst im Organismus ist unentschieden[8]); α-Thiophensäure $C_4H_3S \cdot COOH$ paart sich mit Glykokoll zu α-Thiophenursäure[9]). Thiophenaldehyd gibt Thiophenursäure $C_4H_3S \cdot CO \cdot NH \cdot CH_2 \cdot COOH$[10]). Pyrrol und seine Derivate scheinen aber viel leichter einer Zerstörung im Organismus anheimzufallen. Furfurol geht aber noch eine eigentümliche Synthese mit Essigsäure ein, die analog ist der Perkinschen Synthese der Zimtsäure aus Benzaldehyd; es bildet sich nämlich aus Furfurol und Essigsäure unter Wasseraustritt Furfuracrylsäure $C_4H_3O \cdot CH : CH \cdot COOH$, die sich mit Glykokoll paaren kann zur Furfuracrylursäure $C_4H_3O \cdot CH : CH \cdot CO \cdot HN \cdot CH_2 \cdot COOH$, während die Zimtsäure selbst im Organismus zu Benzoesäure oxydiert wird.

---

1) Carl P. Sherwin und Max Helfand, Journ. of biol. chem. **40**, 17 (1919).
2) Preuße, HS. **5**, 57 (1881). 3) H. Hildebrandt, HB. **3**, 365 (1903).
4) BB. **20**, 2311 (1887). 5) M. Jaffé und R. Cohn, BB. **20**, 2311 (1887).
6) BB. **7**, 1673 (1874). 7) BB. **21**, 3461 (1888).
8) Arthur Heffter, Pflügers Arch. **39**, 420.
9) BB. **20**, 2315 (1887); **21**, 3458 (1888). 10) R. Cohn, HS. **17**, 281 (1893).

Die Zimtsäuresynthese im Organismus geht wie in vitro anscheinend in zwei Stadien vor sich. Zuerst reagiert der Aldehyd mit der Essigsäure unter Aldolkondensation und Bildung von Phenylmilchsäure, welcher unter Abspaltung von einem Molekül Wasser in Zimtsäure übergeht.

Benzaldehyd gibt beim Verfüttern im Gegensatz zum Furfurol sicher keine Zimtsäure[1]).

Verfüttert man Furfurpropionsäure an Tiere, so erhält man als Hauptprodukt des Abbaues ebenfalls Furfuracrylsäure, ein Teil wird als Pyromycursäure ausgeschieden[2]). Aber nach den Untersuchungen von Jaffé und R. Cohn entsteht die Furfuracrylursäure im Maximum zu 1% des verfütterten Furfurols[3]). Die Furfurpropionsäure liefert hingegen 21½% Furfuracrylursäure. Das Furanringsystem ist im Organismus weit weniger beständig als das Benzolringsystem.

Analog wie der Organismus nach Jaffés Entdeckung die ungesättigte Furfuracrylsäure bildet, kann er auch, wie Tappeiner[4]) gezeigt, eine zweite ungesättigte Verbindung bilden. Bei der Verfütterung von Chloralacetophenon $CCl_3 \cdot CH(OH) \cdot CH_2 \cdot CO \cdot C_6H_5$ erhält man im Harne Trichloräthylidenacetophenon $CCl_3 \cdot CH : CH \cdot CO \cdot C_6H_5$.

Das schwach giftige α-Picolin wird zu α-Pyridinursäure, d. h. zur Glykokollverbindung der α-Pyridincarbonsäure beim Kaninchen[5]), beim Hunde aber nicht. Hier ist kein bestimmtes Umwandlungsprodukt zu fassen. α-Picolin macht bei Kaninchen langsam Nephritis und später Krämpfe, Hunde erbrechen allmählich (auf 3.6 g), Frösche und Tauben werden gelähmt.

α-Naphthoesäure wird unverändert ausgeschieden. β-Naphthoesäure geht zum Teil beim Kaninchen unverändert durch den Organismus hindurch; ein nicht unerheblicher Anteil paart sich mit Glykokoll und wird als β-Naphthursäure ausgeschieden. Beim Hund ist es umgekehrt, die α-Säure geht die Glykokollsynthese ein, die β-Säure verläßt den Organismus unverändert[6]).

Uraminosäurensynthese.

m-Aminobenzoesäure liefert nach E. Salkowski im Organismus Uraminobenzoesäure[6]), aber in relativ geringen Mengen. Sarkosin[7]), Taurin und Aminobenzoesäure gehen teils als Uraminosäuren, teils als Anhydride in den Harn über[8]). Die o- und p-Aminosalicylsäuren[9]) werden zum größten Teil als Uraminosäuren ausgeschieden, also ähnlich wie nach Salkowski die m-Aminobenzoesäure. Auch die Sulfanilsäure geht diese Synthese ein und verläßt als Sulfanilcarbaminsäure den Organismus[10]). Auch Phenylalanin geht zum Teil in eine Uraminosäure über[11]).

Diese Uraminosäuren entstehen durch Anlagerung der Gruppe $CO = NH$ (Cyansäure [cyansaure Salze wirken gar nicht oder nur äußerst wenig giftig] resp. Rest der Carbaminsäure) an gewisse N-haltige Substanzen. So geht nach älteren Angaben Taurin (Aminoäthylsulfosäure $\begin{matrix} CH_2 \cdot NH_2 \\ \vdots \\ CH_2 \cdot SO \cdot OH \end{matrix}$ in Taurocarb-

[1]) E. Friedmann und W. Türk, BZ. **55**, 424 (1913).
[2]) T. Sasaki, BZ. **25**, 272 (1910). [3]) BB. **20**, 2311 (1887).
[4]) AePP. **33**, 364. [5]) R. Cohn, HS. **18**, 119 (1894).
[6]) HS. **7**, 93 (1882). — R. Cohn, ebenda **17**, 292 (1893).
[7]) Größtenteils geht Sarkosin aber unverändert durch. BB. **8**, 584 (1875).
[8]) Virchows Arch. **58**, 461. — BB. **6**, 749 (1873).
[9]) Gazeta lekarska **1889**, 972 und 992. [10]) Ville, C. r. s. b. **144**, 228 (1892).
[11]) Journ. of biol. chem. **6**, 235 (1909).

aminsäure $\begin{array}{l} CH_2 \cdot NH \cdot CO \cdot NH_2 \\ | \\ CH_2 \cdot SO_2 \cdot OH \end{array}$ über. Es reagiert wahrscheinlich hierbei die Carbaminsäure mit Taurin unter Austritt von Wasser

$$\begin{array}{l} CH_2NH\boxed{H \quad HO} \cdot CO \cdot NH_2 \\ | \qquad + \\ CH_2 \cdot SO_2 \cdot OH \end{array} = \begin{array}{l} CH_2 \cdot NH \cdot CO \cdot NH_2 \\ | \\ CH_2 \cdot SO_2 \cdot OH \end{array} + H_2O$$

In Wirklichkeit geht es unverändert über, und die Taurocarbaminsäure ist nur ein Kunstprodukt[1]).

* * *

Daß in seltenen Fällen eine Carboxylgruppe im Organismus abgespalten werden kann, mag vielleicht die Angabe Preußes beweisen, welcher nach Eingabe von Protocatechusäure auch eine Ätherschwefelsäure des Brenzcatechins im Harne fand. Aber es ist sehr wahrscheinlich, daß der tierische Organismus, ebenso wie die Fäulnisbakterien, aus Aminosäuren die entsprechenden Amine durch Abspaltung von Carboxyl bilden kann, wofür ja u. a. die Bildung von Adrenalin aus Tyrosin spricht.

Eine Carboxylierung im Organismus beschreibt Hans Fischer[2]) beim Übergang des Kotporphyrins in das Harnporphyrin. Harnporphyrin wird dadurch entgiftet, nach der Analogie von Pyrrol und Pyrrol-α-carbonsäure, welch ersteres nach Ginsberg giftig, letztere fast ungiftig ist. Kotporphyrin ist zweimal so giftig wie Urinporphyrin, aber weniger giftig als Hämatoporphyrin, aber nur im Dunkeln; bei der Belichtung stellt sich das Gegenteil heraus. Urinporphyrin ist für weiße Mäuse viel giftiger als Kotporphyrin im Licht und scheint als Sensibilisator für die weiße Maus nicht viel hinter Hämatoporphyrin zurückzustehen.

Mesoporphyrin ist viel ungiftiger als Hämatoporphyrin; es erscheint im Harn und Kot höchstens in Spuren bei Dosen, bei denen Hämatoporphyrin jedesmal ausgeschieden wird.

Verhalten verschiedener Aminderivate.

Eigentümlich ist das Verhalten der Amidgruppen. Während Amide der aliphatischen Säuren zum Teil den Organismus unverändert passieren, werden aromatische Säureamide vorerst in Säure und Ammoniak zerlegt. Hierauf paart sich erst die Säure. Bülow versuchte dem Organismus größere Mengen von Benzaldehyd in Form leicht spaltbarer Derivate einzuverleiben. Hydrobenzamid[3]) $(C_6H_5CH_3N)_2$ wurde von Hunden und Kaninchen gut vertragen; bei größeren Dosen, 8 g pro die, starben die Tiere, der Harn enthielt Hippursäure, später Benzoesäure. Benzylidendiacetamid[4]) $C_6H_5 \cdot CH(NH \cdot CO \cdot C_6H_5)_2$ passiert bei Hunden den Körper größtenteils unzersetzt. Dasselbe scheint für Benzylidendiformamid $C_6H_5 \cdot CH(NHCHO)_2$ zu gelten, ein Teil aber wird im Körper in Hippursäure verwandelt[4]). Benzylidendiureid $C_6H_5CH(NHCONH_2)_2$ zeigte in Mengen von 3 g keine Wirkung auf den Organismus, der Harn enthielt reichlich Hippursäure, entsprechend der leichten Zerlegbarkeit der Verbindung in Harnstoff und Benzaldehyd. Weiter wurden Körper untersucht, aus denen Benzaldehyd nicht wieder abgespalten werden kann. Amarin

2. 4. 5. Triphenylglyoxalin-dihydrid (4. 5)

$$\begin{array}{l} C_6H_5 \cdot \overset{*}{C}H \cdot NH \\ \qquad \vdots \\ C_6H_5 \cdot \underset{*}{C}H \cdot N \end{array} \!\!\!>\!\! C \cdot C_6H_5$$

1) Carl L. A. Schmidt und E. G. Allen, Journ. of biol. chem. **42**, 55 (1920).
2) HS. **79**, 109 (1912). 3) AePP. **8**, 166 und Friedländer, Diss. Berlin (1880).
4) Pflügers Arch. **57**, 93 und Modica, Ann. di chim. e farm. **1894**, 257.

ruft bei Hunden schon in Dosen von 0.2 g Vergiftungserscheinungen hervor, schwächer giftig wirkt es auf Kaninchen. Dasselbe Vergiftungsbild gibt Methylamarin $C_{21}H_{17}(CH_3)N_2$. Lophin ist

2.4.5.-Triphenylglyoxalin

$$\begin{matrix} C_6H_5 \cdot CH \cdot NH \\ \ddot{} \\ C_6H_5 \cdot CH \cdot N \end{matrix} \!\!>\! C \cdot C_6H_5$$

ohne Wirkung, wahrscheinlich wegen seiner geringen Löslichkeit[1]). Diäthyllophinhydrojodid $C_{21}H_{16}(C_2H_5)_2N_2 \cdot JH$ erzeugte innerlich bei Hunden Erbrechen, subcutan war es wirkungslos.

Aus Benzaldehyd, welcher im Organismus zu Benzoesäure oxydiert wird, kann Benzamid entstehen, nur bei Kaninchen kommt es nicht zu dieser Synthese.

Benzamid selbst geht in Hippursäure über[2]).

Formanilid gibt bei Fütterung an Hunde dieselbe Substanz wie Acetanilid, nämlich o-Carbanil $C_6H_4<^{N}_{O}>C(OH)$ durch Oxydation und nachherigen Wasseraustritt[3]).

Die drei isomeren Toluidinderivate, als Acetylderivate verfüttert, werden in folgender Weise im Organismus umgewandelt[4]). p-Acettoluid wird bei der Oxydation, welche ausschließlich an der CH_3-Gruppe stattfindet, vollständig in p-Acetylaminobenzoesäure umgewandelt. Ganz anders verhält sich o-Acettoluid; dieses erfährt bei Hunden eine Umsetzung, welche der des Acetanilids vollkommen analog ist: während die Methylgruppe intakt bleibt, wird durch Eintritt von Hydroxyl ein Phenol gebildet, welches mit dem Oxydationsrest der Acetylgruppe im Zusammenhang bleibt; es entsteht als Endprodukt eine Verbindung von der Zusammensetzung

$$CH_3 \cdot C_6H_3<^{N}_{O}>C \cdot OH$$

(Methyloxycarbanil oder Oxycarbaminokresol), welches als das Anhydrid einer Säure $\overset{CH_3}{\dot{}}C_6H_3\underset{OH}{\dot{}} \cdot NH \cdot COOH$ (Oxykresylcarbaminsäure) aufgefaßt werden muß.

m-Acettoluid wird bei Hunden und Kaninchen einerseits zu m-Acetylaminobenzoesäure oxydiert, andererseits in nicht näher erforschte linksdrehende gepaarte Verbindungen verwandelt.

Für das Verhalten der Diazoverbindungen im Stoffwechsel möge die einfachste, Diazobenzol $C_6H_5 \cdot N : N \cdot OH$, als Beispiel dienen. In das Blut eingeführt, spaltet Diazobenzol gasförmigen Stickstoff daselbst ab. Die übrigen Produkte waren nicht zu fassen. Per os eingeführt entsteht Phenol, welches wohl schon zum Teil im Magen gebildet wird.

(Das im faulen Käse gefundene „Tyrotoxikon“ wurde als Diazobenzolbutyrat [?] aufgefaßt. Es macht Erbrechen, beschleunigten Puls, große Prostration und Stupor.)

Piperazin (Diäthylendiamin) $HN<^{CH_2-CH_2}_{CH_2-CH_2}>NH$ passiert den Organismus unverändert, die Hauptmenge wird sehr rasch durch den Harn ausgeschieden, der Rest aber langsam. Bei einmaliger Gabe von 3 g beim Menschen konnte man noch nach sechs Tagen Piperazin im Harne nachweisen. Viele

---

1) Pflügers Arch. **57**, 93 und Modica, Ann. di chim. e farm. **1894**, 257.

2) M. Nencki, AePP. **1**, 420. — E. Salkowski, BB. **8**, 117 (1884) und HS. **1**, 42 (1877). 3) Kleine, Diss. Berlin (1887). 4) HS. **12**, 295 (1888).

Amine der aliphatischen Reihe, wie Trimethylamin, Tetramethylendiamin, Pentamethylendiamin, Cholin u. a. gehen ganz oder zum Teil unverändert in den Harn über.

Verhalten einiger hydroaromatischer Substanzen.

Santonin $C_{15}H_{28}O_3$ ist das Lacton der Santoninsäure und gehört zu den Derivaten des Hexahydronaphthalins. Im Harne tritt Santogenin $C_{30}H_{36}O_9$ auf. Durch Behandlung mit Laugen geht Santogenin unter Wasseraufnahme in die zweibasische Santogeninsäure über, als deren Anhydrid es erscheint. Santogenin scheint das Trioxyderivat eines polymeren Santonins zu sein.

Auch die Camphersäuren gehen zum Teil unverändert in den Harn durch (s. auch S. 180).

Halogen- und schwefelhaltige Verbindungen.

Von größerem pharmakologischem Interesse ist das Verhalten der Halogenadditions- und Substitutionsprodukte. Die Halogenderivate der aliphatischen Reihe zerfallen zumeist im Organismus unter Abgabe von Halogen an Alkalien, wenigstens zum Teil, in der aromatischen Reihe verhält sich hingegen kernsubstituiertes Halogen ungemein resistent, und trotz vielfacher Veränderungen an dem eingeführten Körper bleibt das kernsubstituierte Halogen unverändert. Während also in der aliphatischen Reihe die Halogensubstitutionsprodukte in der Weise gespalten werden, daß wir die entsprechenden Halogenalkalien im Harn fassen können, sind wir nicht in der Lage, das in aromatischen Verbindungen substituierte Halogen nach Verfütterung letzterer an Alkalien gebunden im Harne wieder aufzufinden. Wenn wir Monobromessigsäure, Dibromessigsäure und Tribromessigsäure verfüttern, so können wir jeweilig Bromalkali im Harn finden. Bei Verfütterung von Monobrombenzoesäure und Monobrombenzol können wir dies nicht. Nach Verfüttern von Jodeigon (Jodalbumin) tritt im Harn o-Jodhippursäure auf[1]).

Von größerem Interesse ist noch das chemische Verhalten der geschwefelten Verbindungen im Organismus.

Der Organismus kann schweflige und selenige Säure zu Schwefelsäure oxydieren und zu Selensäure[2]). Der Schwefel der Sulfhydrylgruppe im Cystin wird zu Schwefelsäure oxydiert[3]). Ebenso wird Taurinschwefel vom Kaninchen zu Schwefelsäure oxydiert, teilweise tritt aber der Schwefel in Form von unterschwefliger Säure bei Kaninchen und Vögeln auf, nicht aber bei Menschen und Hunden.

Wir haben gesehen, daß der Organismus zweierlei Synthesen mit geschwefelten Säuren vornimmt. Einerseits verestert er die toxisch wirkenden Phenole und verwandte Verbindungen mit Schwefelsäure und bildet Ätherschwefelsäuren. Anderseits kann er aus den giftigen Nitrilen im Organismus Rhodanverbindungen erzeugen, welche weitaus weniger giftig sind. Der Organismus kann aus Acetonitril, Propio-, Butyro-, Capronitril, welche alle heftige Gifte sind, weniger giftige Rhodanverbindungen erzeugen, und zwar durch Paarung mit der Sulfhydrylgruppe[4]). Die Rhodanide werden im Organismus teilweise zersetzt, nur $^1/_6$—$^1/_{10}$ wird im Harn wieder ausgeschieden. Nach L. Pollak[5]) werden sie quantitativ ausgeschieden. Während die durch Oxydation des Eiweißschwefels entstehende Schwefelsäure zu der ersteren Art von Synthesen verwendet wird, wird bei der entgiftenden Synthese mit

[1]) Mosse und C. Neuberg, HS. **37**, 427 (1903).
[2]) AePP. **27**, 261. — C. r. **110**, 151. [3]) Journ. of physiol. **32**, 175.
[4]) AePP. **34**, 247 und **34**, 281. [5]) HB. **2**, 430 (1902).

der Sulfhydrylgruppe direkt diejenige Eiweißgruppe in Anspruch genommen, welche den bleischwärzenden Schwefel führt (Cystingruppe). Hingegen werden die carboxylierten Nitrile, die entsprechenden Amide und die Nitrile der Benzolreihe nicht in Rhodanide übergeführt[1]). Für das Verhalten der geschwefelten Verbindungen mögen folgende Beispiele ein Bild geben. Sulfoessigsäure wird im Organismus gar nicht angegriffen. Der Organismus des Kaninchens kann Taurin völlig zur Verbrennung bringen. Sulfanilsäure geht zum Teil in Sulfanilcarbaminsäure[2])

Sulfanilsäure	Sulfanilcarbaminsäure
$SO_2<\begin{smallmatrix}C_6H_4 \cdot NH_2\\OH\end{smallmatrix}$	$SO_2<\begin{smallmatrix}C_6H_4 \cdot NH\\OH\quad NH_2\end{smallmatrix}>CO$

über, zum Teil geht sie unverändert in den Harn durch (s. S. 195). Xanthogensäure $CS(SH)(O \cdot C_2H_5)$ wird nach L. Lewin gerade auf in Schwefelkohlenstoff und Alkohol gespalten. Äthylmercaptol und Thiophen werden nicht zu Schwefelsäure oxydiert. Diese Verbindung enthält aber zweiwertigen Schwefel, wovon jede Affinität durch Kohlenstoff gesättigt ist. Ähnlich verhält sich Äthylsulfid $\begin{smallmatrix}C_2H_5\\C_2H_5\end{smallmatrix}>S$, doch schützt diese Konstitution nicht alle Körper vor der Oxydation zu Schwefelsäure. So bewirkt Carbaminthiosäureäthylester $NH_2 \cdot CS \cdot OC_2H_5$ und Carbaminthioglykolsäure $NH_2 \cdot CO \cdot SCH_2 \cdot COOH$ eine Vermehrung der Schwefelsäure im Harne. Carbaminthioglykolsäure spaltet sich wahrscheinlich im Magen zu Thioglykolsäure $SH \cdot CH_2 \cdot COOH$, welche zu Schwefelsäure oxydiert wird, auch bei subcutaner Einverleibung des Kalisalzes erscheint der größte Teil des Schwefels dieser Substanz in Form von Schwefelsäure im Harn. Wahrscheinlich ist die Ursache, daß dieser Körper im Organismus oxydiert wird, darin zu suchen, daß der Schwefel desselben in der SH-Form enthalten ist; auch im Eiweiß wird vor allem die Sulfhydrylgruppe zu Schwefelsäure oxydiert. Von folgenden untersuchten Schwefelverbindungen, Sulfid, Sulfon, Mercaptal, Thioaldehyd, wird nur bei den Thiosäuren nach Smith beim Durchgange durch den Organismus der Schwefel vornehmlich zu Schwefelsäure oxydiert. Nach Lusini wird Sulfaldehyd, Thialdin (Thialdin $C_6H_{13}NS_3$ macht bei Fröschen zentrale Lähmung, bei Kaninchen Schlafsucht, Verlangsamung des Herzschlages und Herzstillstand in der Diastole) und Carbothialdin (wirkt tetanisierend und macht Herzstillstand in der Diastole) durch die Nieren in Form präformierter und Ätherschwefelsäure ausgeschieden. Auch die Sulfonsäure ergab nach Untersuchungen E. Salkowskis keine Vermehrung der Schwefelsäure mit Ausnahme der Isäthionsäure (Oxyäthylsulfonsäure), welche allerdings eine Ausnahmestellung einnimmt; für die Mercaptane wird es wahrscheinlich, daß sie nicht so leicht zu Schwefelsäure oxydiert werden, da sie zunächst in die sehr beständigen Sulfonsäuren übergehen können. E. Salkowski[3]) konnte die Regel aufstellen, daß Ätherschwefelsäuren aliphatischer Natur unverändert den Organismus durchlaufen, die Sulfonsäuren aber nur dann, wenn sie keine Hydroxylgruppen am Kohlenstoffkern haben. Sulfonal wird wahrscheinlich zu Äthylsulfosäure oxydiert[4]). Doch bestätigen die Versuche von Smith diese Voraussetzung nicht, da nach Einführung von Methylmercaptan und Äthylmercaptan der größte Teil des Schwefels in Form von Schwefelsäure im Harn auftritt. Methylthiophen (Thiotolen $C_4H_3S \cdot CH_3$) geht nur in minimalen Mengen in Thiophensäure $C_4H_3S \cdot COOH$ über und aus dem größten Teil entstehen unbekannte und nicht faßbare Verbindungen. Kaninchen gehen nach subcutaner Einspritzung von 1 g Thiotolen zugrunde.

[1]) Heymanns, Journ. of physiol. **23**, Suppl. 23. [2]) C. r. **114**, 228.
[3]) Virchows Arch. **66**, 315. [4]) W. J. Smith, HS. **17**, 7 (1893).

Verhalten der Phthaleine, Tannine, Harze und Glykoside.

Phthaleine, wie Phenolphthalein, Fluorescein, o-Kresolsulfophthalein, Sulfofluorescein werden nach Injektion im Harn als komplexe Verbindungen ausgeschieden, die sich mit Alkali nicht färben und als Zersetzungsprodukt Phthalein geben. Vom o-Kresolsulfophthalein werden größere Mengen, von Phenolphthalein nur Spuren unverändert im Harn ausgeschieden. Fluorescein ist giftig, Phenolphthalein kaum giftig[1]).

Über das Verhalten des Tannins im Organismus gehen die Ansichten noch sehr auseinander. E. Harnack fand, daß der größte Teil der Gallussäure nach arzneilichen Gaben von Tannin mit den Fäkalien ausgeschieden wird und daß im Harn nur wenig Gallussäure ist[2]). Bei Fütterung größerer Menge Tannin geht ein Teil in den Harn über, in nicht sicher nachweisbarer Menge hingegen nach Einführung von Alkalitannatlösung. Nach Mörner[3]) wird die Gallussäure zum größten Teil im Organismus oxydiert, ein Teil tritt als unveränderte Gallussäure im Harne auf. Er findet stets relativ und absolut mehr Gallussäure bei Gallussäurefütterung als bei Gerbsäurefütterung, da die Gallussäure keine unlöslichen Verbindungen mit Eiweiß usw. eingeht und so rasch und ungehindert resorbiert werden kann. E. Rost leugnet das Auftreten von Gerbsäure im Harne nach ihrer Verfütterung[4]), während L. Lewin[5]) und R. Stockmann[6]) es behaupten, was E. Harnack[7]) durch individuelle Verschiedenheiten zu erklären versucht. Nach W. Straub[8]) kann man auch nach Verfütterung von Hamamelitannin im Harne nur Gallussäure nachweisen, unverändertes Tannin nur dann, wenn man es intravenös injiziert. Die Ätherschwefelsäuren sind nach Eingabe von Tannin stets vermehrt.

Harzbestandteile können mehr oder minder unverändert in den Harn übergehen: so fand R. Stockmann[9]) nach Verabreichung großer Mengen von Perubalsam, Storax, Benzoe und Tolubalsam reichlich Harzbestandteile im Harne, welche durch Säurezusatz ausfallen. Gambogiasäure wird im Organismus verbrannt. Abietinsäure geht in den Harn über.

Nach Grisson[10]) verhalten sich die Glykoside im Tierkörper folgendermaßen: Amygdalin wird weder durch Verdauungsenzyme, noch Organe zerlegt. Hefe und Invertin spalten es nicht, wohl aber Fäulnis. Amygdalin wirkt nur dadurch giftig, daß es durch die Fäulnisprozesse im Dünndarm gespalten wird. Salicin und Helicin verhalten sich wie Amygdalin, Leber und Niere können sie nicht spalten. Arbutin verhält sich ebenso, Leber und Niere spalten es nicht, aber Muskeln und Blut zeigten eine spaltende Wirkung, die, wie es scheint, nur an die lebende Zelle gebunden ist. Arbutin erhält man synthetisch aus Hydrochinon und Acetobromhydrose. Es wirkt gut bei Blasenkatarrh und Nierenleiden. Der Organismus scheidet es zum Teil unzersetzt aus. Es gibt wie viele Phenole mit Hexamethylentetramin eine additive Verbindung[11]), die bei Cystitis angewendet werden soll.

Globularin $C_{15}H_{20}O_8$ liefert bei der Hydrolyse Zucker und Globularetin C_9H_6O, welches beim Kochen mit Kalilauge in Zimtsäure übergeht. Es wirkt ähnlich wie Coffein. Coriamyrtin ist ein Krampfgift wie Pikrotoxin.

Rhamnoside oder Rhamnoseäther zerfallen bei der Hydrolyse in Rhamnose

---

[1]) Kastle, Bulletin of the U. S. Hygienic Labor. Washington **23**, I (1906).
[2]) Schorn, Diss. Halle (1897). [3]) HS. **15**, 225 (1892). [4]) AePP. **38**, 346.
[5]) Virchows Arch. **81** (1880). [6]) AePP. **40**, 147. [7]) HS. **24**, 115 (1898).
[8]) AePP. **42**, 1. [9]) Zentralbl. f. med. Wissensch. **1891**, 352.
[10]) Grisson, Diss. Rostock (1887). [11]) C. Mannich, DRP. 250 884.

und kohlenstoffärmere Verbindungen. Einzelne liefern nur Rhamnose, andere Rhamnose und Glykose. Sie lassen sich als Flavonderivate ansprechen:

$$\begin{array}{l} C_6H_4-O\cdot C-C_6H_5 \\ \quad\diagdown\quad\quad\;\, \Vert \\ \quad\;\; CO\cdot CH \end{array}$$

Quercitrin, Rutin, Hesperidin und Hesperetin passieren nach intravenöser sowie nach stomachaler Darreichung zum größten Teile unverändert den Organismus, da die Hydrolyse dieser Rhamnoside nicht oder nur spurenweise im Tierkörper eintritt. Sie sind alle nur wenig giftig. Am meisten giftig ist Rutin und Quercitrin, viel weniger Hesperidin und Naringin. Während Hesperidin nicht giftig ist, ist dies bei dem aus ihm entstehenden Hesperetin der Fall[1]).

Die Ester verhalten sich so im Organismus, daß sie meist im Darmkanale durch das verseifende Enzym des Pankreas sowie durch die Bakterientätigkeit in ihre Komponenten gespalten werden. Wegen ihrer schweren Löslichkeit werden sie vielfach nicht als solche resorbiert. Nach Einnahme von Salol zum Beispiel findet die Ausscheidung von Salicylsäure im Harne langsamer statt als nach Einnahme von Salicylsäure selbst. Distearylsalicylglycerid ($C_{46}H_{80}O_7$), durch Erhitzen von Salicylsäuredichlorhydrinester mit stearinsaurem Silber dargestellt, wird im Organismus im Gegensatze zum Trisalicylglycerid fast vollständig resorbiert. Salicylsäure wird nach Aufnahme dieser Verbindung viel langsamer ausgeschieden als nach Einverleibung von Natrium, salicylat.

Man kann daher die wirksamen Säuren und Alkohole (Phenole) in Form von Estern geben (am besten, wenn diese unlöslich), um die Einwirkung zu protrahieren, da ja der Ester sich erst langsam in seine Komponenten im Darme zerlegt und diese dann erst sukzessive resorbiert werden.

Das Verhalten der Phosphorsäurephenylester im Organismus zeigt, daß bei diesen nur eine Phenolgruppe abgespalten wird; der Grund liegt wohl darin, daß das primäre Spaltungsprodukt, die Diphenylphosphorsäure, als gepaarte Säure keiner weiteren Veränderung im Organismus mehr unterliegt. Es wird nämlich das von W. Autenrieth dargestellte Triphenylphosphat $PO(OC_6H_5)_3$ in Phenol und Diphenylphosphorsäure $PO(OC_6H_5)_2\cdot OH$ gespalten. Bei größeren Dosen bleibt aber eine erhebliche Menge der Triverbindung unresorbiert. Analog mit dem Triphenylphosphat verhält sich Tri-p-chlorphenylphosphat $PO(OC_6H_4Cl)_3$, im Harne tritt Di-p-chlorphenylphosphorsäure auf[2]).

Wir sehen bei den verschiedenen Veränderungen, welche die chemischen Substanzen im Organismus erleiden, daß es sich in erster Linie darum handelt, eine Reihe von diesen durch verschiedenartige Prozesse in unwirksame und unschädliche Körper zu verwandeln. Insbesondere ein Vorgang verdient für den Pharmakologen ein großes Interesse: Das Bestreben des Organismus, eine wirksame Substanz in eine Säure zu verwandeln. Die so durch Paarung oder Oxydation entstandene Säure verhält sich nun den Einflüssen des Organismus gegenüber ungemein resistent, und diese Resistenz bewirkt auch, daß das Stoffwechselprodukt der wirksamen Substanz, die gebildete Säure, ein ganz unwirksamer Körper ist. Dieses Verleihen saurer Eigenschaften seitens des Organismus an giftige Körper ist von fundamentaler Bedeutung für die Arzneimittelsynthese.

[1]) Mario Garino, HS. **88**, 1 (1913).
[2]) W. Autenrieth und Z. Vamóssy, HS. **25**, 440 (1898).

Spezieller Teil.

Erstes Kapitel.

Allgemeine Methoden, um aus bekannten wirksamen Verbindungen Verbindungen mit gleicher physiologischer Wirkung aufzubauen, denen aber bestimmte Nebenwirkungen fehlen.

I. Das Salol-Prinzip. M. v. Nencki wär der erste, welcher darauf hingewiesen, daß es gelingt, die ätzenden Nebenwirkungen der Phenole sowie der aromatischen Säuren auf die Weise aufzuheben, daß man statt des Phenols oder statt der Säuren einen neutralen Ester in den Organismus einführt, der unverändert den Magen passiert und durch das Ester verseifende Enzym im Darme zerlegt wird und so langsam und fortlaufend die in kleinen Mengen abgespaltenen wirksamen Komponenten zur Wirkung gelangen läßt. Es werden entweder aromatische Säuren und Phenole unter Anwendung von Phosphoroxychlorid, Phosphorpentachlorid, Phosgen oder ähnlich wirkenden Kondensationsmitteln in Ester verwandelt, wobei dann beide Komponenten als wirksam anzusehen sind; oder es werden solche unlösliche, geschmacklose und nicht ätzende Verbindungen dargestellt, indem die ganz ungiftige und an und für sich wenig wirksame Benzoesäure mit dem Phenol einen neutralen Ester bildet. Die Darstellung dieser Benzoylverbindung, welche relativ wenig in der Therapie Eingang gefunden hat, geschieht entweder durch Einwirkung von Benzoylchlorid auf das Alkalisalz des betreffenden Phenols oder nach der Schotten-Baumann-Methode durch Behandlung der alkalischen Phenollösung mit Benzoylchlorid in der Kälte. Handelt es sich nur darum, aus einem Phenol nach dem Salolprinzip einen nicht ätzenden, geschmacklosen Körper zu erhalten, so ist es nicht notwendig, eine wirksame Säure in die Verbindung einzuführen, sondern mit viel größerem Vorteil bedient man sich zu diesem Zwecke der Einführung von fetten Säureradikalen, insbesondere aber der Veresterung des Hydroxyls mit Kohlensäure oder Carbaminsäure. Das Verestern mit Kohlensäure geschieht in der Weise, daß man auf das Phenol oder auf dessen Salz Phosgengas oder eine Lösung desselben einwirken läßt. Die Darstellung des Carbaminsäureesters kann man auf zweierlei Weise bewerkstelligen. Entweder läßt man Chlorkohlensäureamid mit dem Phenol reagieren, oder man läßt vorerst ein Molekül Phosgen auf ein Molekül der hydroxylhaltigen Substanz einwirken und hierauf behandelt man das entstandene Produkt mit Ammoniak. Die so erhaltenen Produkte sind meist feste, wasserlösliche Substanzen. Will man zu flüssigen gelangen, so eignet sich dazu die Behandlung der Phenole mit Chlorameisensäureester oder analogen Verbindungen, wodann man die meist flüssigen Alkylkohlensäureester erhält. Die gleichen Reaktionen, wie sie hier besprochen wurden, lassen sich auch dazu verwenden, um lösliche, geschmacklose Verbindungen der bitter oder schlecht schmeckenden Alkaloide, wie etwa des Chinins, zu erhalten, aber in diesem Falle sind die Alkylkohlensäureverbindungen ebenfalls feste Körper.

II. Um die **Ätzwirkung** sowie den schlechten Geschmack einer Reihe von Verbindungen zu coupieren, wendet man sehr häufig, insbesondere für Metalle, die Bindung an Eiweißkörper oder deren Derivate, an Leim, Kohlenhydrate, insbesonders Polysaccharide oder ähnliche Substanzen an. Auf diese Weise gelangt man zu wasserunlöslichen Verbindungen der Gerbsäure, aus denen die Gerbsäure erst im Darmkanal als gerbsaures Alkali abgespalten wird. Man gelangt zu geschmacklosen, weil unlöslichen, Verbindungen der Alkaloide. Ferner gelingt es, die Ätzwirkung der Metalle in der Weise auszuschließen, daß man die Metalle den Eiweißkörpern substituiert, so zwar, daß die Metalle durch die gewöhnlichen Reagenzien nicht mehr nachgewiesen werden können, da diese komplexen Verbindungen kein Metallion an die Lösungen abgeben. Es gelingt auf diese Weise, die Wirkung der Metalle, wie des Silbers, des Quecksilbers, des Eisens frei von der ihnen zukommenden Ätzwirkung zur Geltung zu bringen. Wenn man freilich wie bei den Silberpräparaten auch die Ätzwirkung als therapeutisches Agens benötigt, welche lediglich Ionenwirkung ist, so muß man wiederum anorganische Metallverbindungen benutzen oder leicht dissoziierende, salzartige organische. Ist das Metall oder Metalloid z. B. Arsen, so substituiert, daß das Metallion nicht dissoziabel, so kann die Verbindung auch ganz unwirksam oder weniger wirksam werden oder auch ihre Wirkungsqualität sehr ändern.

III. Reaktionen mit Formaldehyd. Zwei Umstände haben die ungemein große Anzahl von Formaldehydverbindungen, welche gegenwärtig therapeutisch angewendet werden, begünstigt. Die Erkenntnis der ungemein großen Reaktionsfähigkeit dieses einfachsten und billigsten Aldehyds hat eine große Anzahl von Versuchen gezeitigt, Methylen- statt Alkyl- oder Acylgruppen in ersetzbare Wasserstoffe einzuführen, anderseits hat die große antiseptische Wirkung des Formaldehyds und die steigende Verwendung derselben zu Versuchen ermuntert, Präparate darzustellen, aus denen sich langsam unter verschiedenerlei Einwirkungen in kleinen Mengen der wirksame Formaldehyd entbindet. Durch die Wechselwirkung von Formaldehyd und hydroxylhaltigen Körpern bei Gegenwart von starker Salzsäure kann man ebenso zu geschmacklosen Derivaren, oft auch zu unlöslichen gelangen, wie nach den oben besprochenen Methoden. Diese Verdeckung der Hydroxyle geschieht hier durch Bildung von Methylenderivaten der wirksamen Körper. Manchmal, wie beim Morphin, gelangt man aber zu unwirksamen Substanzen. Ebenso gelingt es durch Einwirkung von Formaldehyd basische Reste festzulegen, doch stehen die so erhaltenen Derivate weit hinter den durch Einführung von Säureradikalen in die Wasserstoffe der basischen Reste erhaltenen zurück, wenn man diese Reaktion vom Standpunkte der Entgiftung der zugrunde liegenden Base betrachtet. Der therapeutische Haupterfolg lag in der Einführung des Hexamethylentetramins.

IV. Einführung von Säureradikalen für Wasserstoffatome des basischen Restes. Zur Einführung gelangen fette oder aromatische Säureradikale. Beide verringern die Giftigkeit, indem sie eine höhere chemische Stabilität schaffen, so daß die wirksame Base vom Organismus erst langsam aus dieser säureamidartigen Verbindung herausgespalten werden muß. Handelt es sich um Aminogruppen in zwei ersetzbaren Wasserstoffen, so ist es Regel, daß schon der Ersatz von einem Wasserstoff durch ein fettes Säureradikal eine wesentliche Entgiftung hervorruft. Die Einführung eines zweiten Radikals zum Ersatz des zweiten Wasserstoffes ist deshalb schwierig, weil das zweite fette Säureradikal im allgemeinen schon durch Wasser abgespalten wird und man so wieder zu einer Monoacylverbindung gelangt. Anderseits ist die Einführung eines zweiten Säureradikals auch überflüssig, weil die unwesentlich eintretende Entgiftung durch die überaus leichte Verseifung der zweiten Säuregruppe illusorisch gemacht wird. Zur Einführung fetter Säureradikale in die ersetzbaren Wasserstoffe der Aminoreste eignet sich in erster Linie die Essigsäure, die anderen Glieder der Fettsäurereihe haben durchaus vor der Essigsäure keine Vorzüge. Statt der Essigsäure bedient man sich noch in einzelnen Fällen mit Vorteil der Gärungsmilchsäure, weil die resultierende Verbindung leichter in Wasser löslich, doch haben die so erhaltenen Derivate vor den Acetylderivaten den Nachteil, schon durch die bloße Einwirkung der Salzsäure des Magensaftes aufgespalten zu werden.

Die Methodik der Einführung der Säureradikale ist mannigfaltig. Entweder schüttelt man die wässerigen oder alkoholischen Lösungen der Base mit Essigsäureanhydrid oder man acetyliert durch Kochen mit Essigsäure und essigsaurem Natron, mit Essigsäureanhydrid oder auch mit Acetylchlorid. Die schwere Löslichkeit dieser Derivate in Wasser ermöglicht ihre leichte Isolierung und Reinigung.

Der Ersatz der Wasserstoffe im basischen Reste durch Radikale von aromatischen Säuren, von denen in erster Linie Benzoesäure und Salicylsäure mit Vorliebe gewählt werden, hat gegenüber der Einführung von fetten Radikalen den Nachteil, daß die so dargestellten Verbindungen eine ungemein große Resistenz dem Organismus gegenüber zeigen, meist ganz unlöslich sind, so daß sie in vielen Fällen wegen ihrer schweren Spaltbarkeit ganz unwirksam oder wenig wirksam sich erweisen.

V. Einführung von Aldehydresten. In gleicher Weise kann der Ersatz von Wasserstoffen in basischen Resten in der Weise vorgenommen werden, daß man einen fetten oder aromatischen Aldehyd mit der Aminogruppe bei Gegenwart eines Kondensationsmittels in Wechselwirkung treten läßt. Auch hier hat der Eintritt eines aromatischen Radikals eine solche Stabilität der entstandenen Verbindung zur Folge, daß man zu physiologisch unwirksamen oder wenig wirksamen Substanzen gelangt. Die eintretenden fetten Säureradikale sind an und für sich unwirksam, während die eintretenden aromatischen, insbesondere die Salicylsäure, bei antipyretischen Mitteln sich an der Wirkung stark beteiligen können. Das Salicylsäureradikal wird wegen seiner spezifischen Wirkung bei Rheumatismus und wegen seiner antifebrilen Wirkung eingeführt.

VI. Einführung von Alkylresten in die Wasserstoffatome der Aminogruppe. Während der Eintritt von Säureradikalen in die Aminogruppe nur eine Verlangsamung der Wirkung der Basen verursacht und auf diese Weise eine Entgiftung zuwege gebracht wird, ohne daß an dem physiologischen Grundcharakter etwas sich geändert hätte, macht der Ersatz von Wasserstoffen des Aminorestes durch Alkylradikale öfters eine völlige Änderung der Wirkung, indem nicht mehr die physiologische Wirkung der Base allein zur Geltung kommt, sondern auch die Alkylgruppen als das Wirksame zu betrachten sind. Hierbei kann die Giftigkeit der Substanz auch ansteigen und eine Verschiebung der Wirkungsart eintreten.

Die Alkylgruppen entfalten nach dem ihnen eigenen Grundcharakter wesentlich narkotische Effekte, doch kann ihre Einführung in die Aminogruppe auch der neuen Substanz krampferregende Wirkungen verleihen.

VII. Einführung von Säureradikalen in die Hydroxyle von Basen. Während der Ersatz von Aminowasserstoffen durch saure Reste eine Entgiftung der zugrunde liegenden Verbindungen zur Folge hat, erhält man ganz anders wirkende Verbindungen, wenn man den Wasserstoff eines Hydroxyls in einer Base durch Säureradikale ersetzt. Hierdurch wird oft die Giftigkeit erheblich erhöht. Der physiologische Grundcharakter der Base kann hierbei die eingreifendsten Veränderungen erleiden. Diese Veränderungen hängen mit der Konstitution des eintretenden Radikals wesentlich zusammen. Physiologisch verhalten sich die entstehenden Derivate sehr verschieden, je nachdem, ob der eintretende Säurerest ein fetter oder ein aromatischer ist. Es kann ferner auch der Bau und insbesondere die Anwesenheit einer Hydroxylgruppe im aromatischen Säurerest von entscheidender Bedeutung für die Wirkung der neu entstehenden Verbindung sein. Es muß daher vor einem planlosen Einführen von Säureradikalen in die Hydroxylgruppen von Basen auf das entschiedenste gewarnt werden. Man kann auf diese Weise, von der falschen Voraussetzung ausgehend, daß man zu einer weniger giftigen Substanz, wie beim Ersatz von Wasserstoff in Aminogruppen der Basen, gelangen wird, zu höchst giftigen Verbindungen kommen, wofür Beispiele im Kapitel Alkaloide nachzulesen sind.

VIII. Einführung von Alkylresten in die Wasserstoffe der Hydroxylgruppen. Der Eintritt von Alkylresten erzeugt in erster Linie unabhängig von der spezifischen Wirkung des eintretenden Alkylrestes eine erhöhte Stabilität der Substanz, da die Alkyloxygruppen viel schwieriger den Einflüssen des Organismus unterliegen als die Hydroxylgruppen in einer analogen Verbindung. Es entfaltet aber die eintretende Alkylgruppe, insbesondere aber die Äthylgruppe, eine meist narkotische Wirkung. Diese narkotische Wirkung ist unabhängig von dem übrigen Bau der Substanzen. Sie ist die spezifische Wirkung der Äthylgruppe selbst. In geringerem Maße als die Äthylgruppe äußert die Methylgruppe narkotische Wirkung, und man wird immer vorziehen, wenn man Alkylgruppen in Hydroxyle einführt, um neue wirksame Substanzen zu erhalten, Äthylgruppen einzuführen, weil gerade diese die so oft erwünschte analgetische und narkotische Wirkung durch ihren Eintritt in die Verbindung derselben verleihen. Die höheren aliphatischen Alkylreste werden nur selten verwendet, da ihr Eintritt gegenüber dem Eintritte der Äthyl- oder Methylgruppe keine Vorteile bringt. Von aromatischen Alkoholen hat man insbesondere die Einführung des Restes des Benzylalkoholes in den Hydroxylwasserstoff des öfteren versucht, ohne auf diese Weise den aliphatischen Verbindungen gegenüber wirksamere oder aus anderen Gründen wertvollere Substanzen zu erzielen.

IX. Wasserlöslichmachen von Arzneimitteln. Eine sehr beliebte und mit sehr geringem Verständnis der pharmakodynamischen Wirkung ausgeführte Art, an und für sich in Wasser unlösliche Körper wasserlöslich zu machen und so deren Gebrauch oder deren Resorption zu erleichtern, ist die Methode, Körper dieser Art in Säuren umzuwandeln, die entweder als solche oder als entsprechende Alkalisalze wasserlöslich sind. Man vergaß nur immer hierbei, daß die Verwandlung einer Substanz in eine Säure entweder eine völlige Vernichtung der pharmakologischen Eigenschaften bewirkt oder eine ganz wesentliche Abschwächung derselben zur Folge hat. Man vergaß, daß man der meist unnötigen Wasserlöslichkeit zuliebe die physiologische Wirkung, auf die es doch in erster Linie ankommen muß, zum Opfer brachte.

Die verbreitetste, weil technisch billigste Art, ist, aus den wirksamen Substanzen die entsprechenden Sulfosäuren darzustellen. Man erhält auf diese Weise meist sehr leicht, entweder schon durch bloße Einwirkung von konzentrierter

Schwefelsäure bei niedrigen Temperaturen oder von anhydridhaltiger Schwefelsäure Sulfosäuren, die entweder selbst oder deren Alkalisalze löslich sind. Eine weitere Art ist die Darstellung von Carbonsäuren, deren Salze wasserlöslich sind. Die letztere Methode wird hauptsächlich in der Phenolgruppe angewendet, wo man entweder unwirksame Substanzen oder weniger giftige erhält. Wenn die Substanzen wirksam bleiben, so können sie in ihrer Wirkung von der Muttersubstanz beträchtlich differieren. (Beispiel: Phenol und Salicylsäure.)

Eine Methode, wasserlösliche Substanzen zu erhalten, ohne die Wirkung wesentlich zu beeinträchtigen, ist die Einführung einer Aminogruppe oder einer Glykokollgruppe in die fette Seitenkette einer Verbindung; man kann dann lösliche Chlorhydrate dieser Derivate erhalten. Die physiologische Wirkung der zugrunde liegenden Verbindungen wird hierbei manchmal gar nicht oder nur unwesentlich verändert.

X. Einführung von Halogen oder Schwefel. Eine ungemein verbreitete Art, neue Heilmittel darzustellen, ist, in schon bekannte Körper von verschiedensten physiologischen Wirkungen Halogen, insbesondere aber Brom und Jod, einzuführen. Man erhält im allgemeinen bei Einführung von Chlor in aliphatische Verbindungen mehr oder minder stark narkotisch wirkende Körper, häufig aber starke Herzgifte, bei Einführung von Chlor in aromatische, stärker antiseptisch wirkende Verbindungen als die Muttersubstanz. Man muß bei dem Endprodukte besonders auf die eventuellen Ätzwirkungen achten. Die Einführung von Brom in aliphatische Substanzen bringt meist ähnliche Effekte wie Chlor zuwege, anderseits nähern sich die antiseptischen Wirkungen dieser Substanzen schon den Jodderivaten. Die Einführung von Brom in aromatische Substanzen erhöht deren antiseptische Effekte, besitzt aber keine Vorteile vor den Jodpräparaten, es sei denn, daß sich die Bromderivate technisch billiger darstellen lassen. Die Einführung von Jod in aliphatische und aromatische Verbindungen verleiht denselben wesentlich antiseptische, resorptionsbefördernde und granulationsanregende Wirkung. Es ist hierbei keineswegs von Vorteil, wenn die neue Verbindung Jod sehr rasch abspaltet, anderseits ist es aber zwecklos, Jod in Verbindungen einzuführen, aus denen es der Organismus unter keinerlei Umständen wieder frei machen und zur Wirkung bringen kann.

Die Einführung von Schwefel geschieht mit Vorliebe, um antiseptisch wirkende oder resorptionsbefördernde Eigenschaften den neu entstehenden Verbindungen zu verleihen. Doch stehen in bezug auf die antiseptische Wirkung die Schwefelverbindungen den analog gebauten Jodverbindungen wesentlich nach. Eine Reihe von schwefelhaltigen Verbindungen, die durch Schmelzen mit Schwefel oder durch Schwefeln mittels eines Überträgers dargestellt sind, wurden in der Absicht, dem Ichthyol analog wirkende Substanzen künstlich zu gewinnen, hergestellt. Hierbei werden Kohlenwasserstoffe verschiedenster Provenienz, insbesondere ungesättigte, mit Schwefel behandelt. Anderseits gelingt es leicht, Schwefel durch Verschmelzen mit Substanzen, die eine doppelte Bildung enthalten, in diese einzuverleiben. Doch zeigen Körper der letzteren Art keine dem Ichthyol analogen physiologischen Eigenschaften.

XI. Darstellungen von verschiedenen Salzen wirksamer Säuren oder wirksamer Basen, insbesondere von Metallen. Hier wächst die Variationsmöglichkeit tatsächlich fast ins Unendliche, und wer die Verbindungen verschiedenster Art, die so dargestellt wurden, für neue Arzneimittel ansieht, hat vollauf Gelegenheit, sich über die Hochflut neuer Mittel zu beklagen. Wer aber einsieht, daß hier nicht die wirksame Substanz, sondern der meist unwirksame Anteil der Verbindung in verschiedenster, sehr häufig auch zweckloser Weise variiert wird, wird Verbindungen dieser Art keineswegs als etwas Neues anzusehen in der Lage sein.

XII. Kombination zweier wirksamer Substanzen. Bei dieser Art, neue Körper darzustellen, werden zwei meist ganz ähnlich wirkende Körper, etwa zwei antipyretische Mittel, wie Salicylsäure oder Antipyrin, oder zwei Schlafmittel, wie Amylenhydrat und Chloralhydrat in chemische Wechselwirkung gebracht, ohne daß die entstehenden Verbindungen andere physiologische Eigenschaften hätten, als etwa ein Gemenge der beiden Substanzen. Anderseits wurde versucht, zwei verschiedenartig wirkende Körper zu kombinieren, eine Variationsmöglichkeit, die natürlich sehr groß, ohne aber bislang therapeutisch etwas Neues geliefert zu haben.

* * *

Wenn man die angeführten Variationsmöglichkeiten sich vor Augen hält und weiter berücksichtigt, daß man in den meisten Substanzen eine für die Grundwirkung unwesentliche Gruppe chemisch unzähligemal variieren kann, so wird es klar, wie eine Hochflut von sogenannten neuen Arzneimitteln möglich ist, ohne daß neue Körper mit neuen Wirkungen geschaffen werden. Jeder neue Körper schafft wieder eine Reihe von Variationen, aber im Konkurrenzkampfe siegt doch nur das geeignetste und technisch billigste Präparat.

Zweites Kapitel.

Antipyretica.

Chinin und Chinolinderivate.

Die synthetische Arzneimittelchemie hat auf dem Gebiete der antipyretischen Mittel sowie der Schlafmittel ihre größten Triumphe gefeiert. Eine große Reihe neuer Verbindungen wurde geschaffen, von denen einige in den dauernden Besitzstand der Heilkunde übergegangen sind. Aber die große Verbreitung verdanken die modernen Antipyretica nicht so sehr ihrer Temperatur herabsetzenden Wirkung, als vielmehr ihren vortrefflichen Nebenwirkungen auf das Nervensystem, vor allem der besonderen schmerzstillenden Funktion. Diese Substanzen wirken einerseits als Wärmezentrumnarkotica, andererseits als leichte Narkotica überhaupt.

Die ursprünglich treibende Idee der Synthetiker war, die Resultate der Erforschung der Konstitution des Chinins in der Weise zu verwerten, daß man neue, dem Chinin, wie damals seine Konstitution aufgefaßt wurde, analoge Körper aufbaue. Die Anschauungen über den Bau des Chinins waren zu jener Zeit unrichtig, und auf Grund dieser unrichtigen Anschauungen über den Aufbau des Chinins gelangte man zu synthetischen Verbindungen, welche vom Chinin in ihrer Wirkung sich wesentlich unterschieden, die wohl Antipyretica waren, aber aus Gründen, die außerhalb der Analogie mit dem Chinin liegen. Der großen Reihe künstlicher Fiebermittel, welche alle das Chinin ersetzen sollten, mangelt eine, und zwar die wichtigste therapeutische Funktion des Chinins, nämlich die spezifische Wirkung bei der Malaria.

Chinin unterscheidet sich von dem ihm nahe verwandten Chinaalkaloide Cinchonin durch das Vorhandensein einer Methoxygruppe in der p-Stellung im Chinolinringsystem, aber Cinchonin ist ein weit weniger wirksamer Körper, so daß die Anwesenheit der p-Methoxygruppe jene intensive Wirkung des Chinins auf das Fieber und seine spezifische Wirkung bei der Malaria bedingt. Schmilzt man Cinchonin und Chinin mit Kali, so erhält man im ersteren Falle Chinolin, im letzteren Falle p-Methoxychinolin.

Chinolin [Strukturformel: N] p-Methoxychinolin [Strukturformel: CH_3O, N]

Chinolin geht nicht als solches in den Harn über, sondern es tritt im Harn eine durch Brom fällbare, noch unbekannte Substanz in reicher Menge auf. Nach Donath ist der im Harn auftretende Körper Pyridincarbonsäure, was aber anscheinend nicht richtig. Chinolin wird sehr wahrscheinlich als 5.6-Dioxychinolin mit Schwefelsäure oder Glykuronsäure gepaart durch die Niere ausgeschieden[1]).

Chinolin selbst hat nach den Untersuchungen von Julius Donath[2]) antiseptische, antizymotische und antipyretische Eigenschaften, aber es erregt sehr

[1]) H. Fühner, AePP. **55**, 27 (1906).
[2]) BB. **14**, 178, 1769 (1881). — Kendrick und Dewar, BB. **7**, 1458)1874).

bald schon in relativ kleinen Dosen Kollaps und seine hochgradige Giftigkeit verhindert die therapeutische Anwendung, auch wenn man statt des salzsauren Chinolins, welches stark hygroskopisch ist, brennend schmeckt und durchdringend riecht, weinsaures Chinolin benützt. Donath verwendete bei seinen Versuchen Chinolin aus Steinkohlenteer, welches nicht rein war. Wenn man aber auch, wie es Biach und Loimann[1]) getan haben, synthetisches Chinolin benützt, so kommt man zu den gleichen Resultaten. Chinolin erniedrigt wohl die Temperatur, und die Temperaturerniedrigung ist proportional der verabreichten Dosis, aber die Atembewegungen werden verringert und unregelmäßig, es treten Kollapserscheinungen auf, die Versuchstiere gehen unter Erscheinungen des Lungenödems zugrunde. Eine Zeitlang wurde Chinolin als Ersatzmittel des Chinins bei Keuchhusten in kleinen Dosen empfohlen. Doch haben die lästigen Nebenwirkungen sehr bald von einer weiteren Anwendung abgeschreckt[2]).

Die antiseptische Eigenschaft des Chinolins geht nach den Untersuchungen von Rosenthal[3]) so weit, daß mit Chinolin vergiftete Tiere nicht faulen. Die chemische Tätigkeit des Protoplasmas der lebenden Zellen erleidet durch Chinolin eine wesentliche Änderung. Es wird die Aufnahme von Sauerstoff und die Erzeugung von Energie vermindert, daher sinkt auch die Wärmeproduktion. Wenn man am Krankenbett die Chinolinwirkung mit der Chininwirkung vergleicht, was ja im Tierversuch nicht so gut geht, so kommt man mit R. Jaksch[4]) zu dem Resultate, daß Chinolin in bezug auf seine febrifuge Wirkung schwächer und unzuverlässiger wirkt als Chinin. Auf den Krankheitsverlauf hat es gar keinen günstigen Einfluß, bei der Malaria wirkt es überhaupt nicht und die meisten Patienten erbrechen das Mittel. Das Fieber bei Pneumonie wurde vom Chinolin nicht beeinflußt. Chinolin und Acridin machen Retinitis[5]).

Da eine Reihe von Alkaloiden zum Teil Chinolin N zum Teil Isochinolin N als Kern besitzen, so muß man die Frage aufwerfen, ob es einen Unterschied macht, ob sich diese Körper vom Chinolin oder vom Isochinolin ableiten. Die Untersuchungen von Ralph Stockmann[6]) haben gezeigt, daß Chinolin und Isochinolin beide gleich stark antiseptisch, antipyretisch und auf das Zentralnervensystem depressorisch wirken. Auch die Methyljodidderivate beider Körper haben dieselbe Wirkung, nämlich eine paralysierende Wirkung auf die motorischen Nervenendplatten. Chinaldin (α-Methylchinolin)

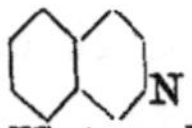

Chinaldin	Lepidin	α-γ-Dimethylchinolin	o-Toluchinolin	p-Toluchinolin
CH_3, N	CH_3, N	CH_3, CH_3, N	H_3C N	CH_3, N

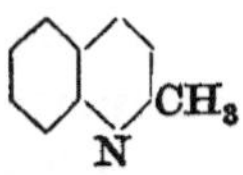

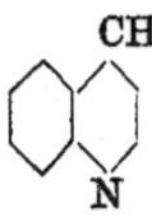

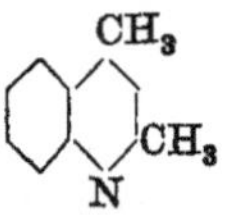

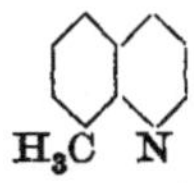

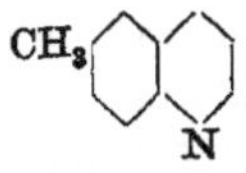

Lepidin (γ-Methylchinolin), dann α-β-Dimethylchinolin, o-Toluchinolin, p-Toluchinolin zeigen eine ähnliche Wirkung wie Chinolin oder Isochinolin, aber sie sind weniger wirksam. Dimethylchinolin ist noch weniger wirksam als Chinaldin. Es läßt sich daher die Regel aufstellen: Die Substitution von Methylradikalen für Wasserstoffatome in Chinolin wirkt schwächend auf

[1]) Virchows Arch. **86**, 456. [2]) Brieger, Zeitschr. f. klin. Med. **4**, 296.
[3]) Festschrift f. Zenker **1891**, 206. [4]) Prager med. Wochenschr. **1881**, Nr. 28.
[5]) A. Jess, Akten f. d. internat. ophthalmol. Kongreß Petersburg **1914**, 101.
[6]) Journ. of physiol. **15**, 245.

die depressorische Wirkung auf das Nervensystem, d. h., je mehr Wasserstoffatome durch Methylgruppen im Chinolin ersetzt werden, desto schwächer wirkt der substituierte Körper auf das Nervensystem. Es folgt ferner aus den Stockmannschen Untersuchungen, daß es für die physiologische Wirkung eines Chinolins gleichgültig ist, wo der Stickstoff steht, oder wo die Methylradikale sitzen, daß ferner die Substitution von Methylradikalen für Wasserstoff die Wirkung nur in bezug auf den Grad ändert, aber nicht in bezug auf die Art und Weise. Es ist daher nicht unwahrscheinlich, daß es für die physiologische Wirkung der komplexeren Alkaloide gleichgültig ist, ob das Alkaloid vom Chinolin oder Isochinolin deriviert. Dieses ist für Synthesen von größter Wichtigkeit, da man unter sonst gleichen Umständen von dem billigen Chinolin ausgehen könnte.

α-Oxychinolin (Carbostyril) ist wenig oder gar nicht giftig[1]. γ-Oxychinolin (Kynurin) ist ebenfalls ungiftig. p-Oxychinolin macht bei Kaninchen geringe Temperaturerniedrigung[2].

Py-Tetrahydro-p-oxychinolin

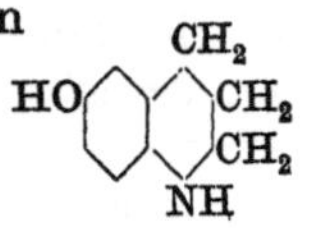

CH_2
HO CH_2
CH_2
NH

ist ein starkes Gift, es macht klonische Krämpfe[2].

p-Methoxychinolin (p-Chinanisol) ist ungiftig, p-Methoxy-tetrahydrochinolin (Thallin) wirkt stark antipyretisch, macht Cyanose und Methämoglobinbildung[2].

Tetrahydrochinolin

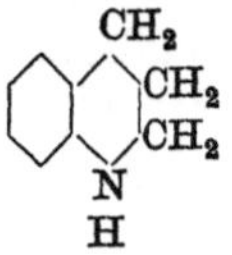

CH_2
CH_2
CH_2
N
H

verhält sich physiologisch zu Chinolin wie Piperidin zu Pyridin[3].

α-Propyltetrahydrochinolin ist weit giftiger und physiologisch unähnlich dem Coniin[4].

Py-Tetrahydro-γ-phenylchinolin

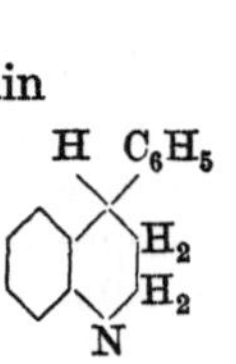

H C_6H_5
H_2
H_2
N
H

ist für Paramäcien so giftig wie Chinin[5].

Der Reichtum des Chinins an Wasserstoffatomen führte zu der Vermutung, daß in demselben Chinolin als Tetrahydrochinolin enthalten sei, eine Vermutung, die sich als irrtümlich erwies, aber zu den ersten Versuchen führte, synthetische, vom Chinolin sich ableitende Antipyretica darzustellen. Es war aber dazu notwendig, vorerst reines Chinolin in der Hand zu haben. Die Reindarstellung des im Steinkohlenteer vorkommenden Chinolins begegnet großen Schwierigkeiten; namentlich die Trennung von den Homologen läßt sich

[1] A. Schmidt, Diss. Königsberg (1884). — B. Fenyvessy, HS. **30**, 552 (1900). — F. Rosenhain, Diss. Königsberg (1886).

[2] R. Jaksch, Zeitschr. f. klin. Med. **8**, 442 (1884).

[3] F. Rosenhain, Diss. Königsberg 1886.

[4] P. C. Plugge, Arch. intern. de Pharm. et de Thér. **3**, 173 (1897).

[5] Grethe, Deutsches Arch. f. klin. Med. **56**, 189 (1896).

sehr schwer bewerkstelligen. Diesem Übelstand wurde durch die synthetische Darstellung des Chinolins abgeholfen.

Zur Gewinnung von chemisch reinem Chinolin erhitzt man nach Zdenko Skraup[1]) Glycerin, konzentrierte Schwefelsäure, Nitrobenzol und Anilin, wobei anscheinend Anilin mit dem aus dem Glycerin gebildeten Oxyaldehyd reagiert. Diese Skraupsche Synthese des Chinolins läßt sich auch übertragen auf die Darstellung von Oxychinolin sowie von Alkyloxychinolin. Es ist nur notwendig, statt des Nitrobenzols bzw. Aminobenzols, Nitrophenol bzw. Aminophenol zu nehmen[2]). Bei der Synthese des Methyläthers des p-Oxychinolins z. B. verwendet man p-Aminoanisol, p-Nitroanisol, Glycerin und Schwefelsäure[3]). Die Reaktion ist dieselbe wie bei der Synthese des Chinolins. Aber man bekommt, da man von p-substituierten Körpern ausgegangen ist, p-substituierte Oxychinoline. Später hat Knueppel[4]) die Skraupsche Chinolinsynthese dahin modifiziert, daß er Arsensäure, Glycerin und konzentrierte Schwefelsäure auf Anilin oder dessen Derivate einwirken ließ; diese Modifikation soll eine bessere Ausbeute bewirken, da die Harzbildung vermieden, ferner die Verarbeitung großer Substanzmengen auf einmal ermöglicht wird.

Das so dargestellte p-Chinanisol (p-Methoxychinolin) zeigte nach den Untersuchungen von R. v. Jaksch schwach antipyretische Eigenschaften. Es war jedenfalls durch den Eintritt der p-Methoxygruppe die antipyretische Wirkung des Chinolins abgeschwächt worden, eine Erscheinung, der wir später bei der Besprechung des Anilins und des Phenetidins wieder begegnen werden. Es besteht also ein fundamentaler Unterschied zwischen dem Verhältnisse der Wirkungen von Chinin zu Cinchonin und Methoxychinolin zu Chinolin. Beim Chinin verstärkt die Methoxygruppe die Wirkung gegenüber dem Cinchonin, beim Methoxychinolin wird sie dem Chinolin gegenüber abgeschwächt. Der Grund, daß man immer bei Synthesen in der Chinolinreihe vom Methoxychinolin ausgegangen, ist wohl in der Beobachtung vom Butlerow zu suchen, welcher ja beim Schmelzen des sehr stark wirkenden Chinins mit Kali Methoxychinolin erhalten, während bei demselben Prozesse das weniger wirksame Cinchonin Chinolin gab.

Wie erwähnt, faßte früher Z. Skraup und mit ihm andere Beobachter das Chinin als ein tetrahydriertes Chinolinderivat auf. Da p-Methoxychinolin nur schwach antipyretische Eigenschaften zeigt, so war es wahrscheinlich, daß ein hydriertes p-Methoxychinolin starke Wirkungen hervorrufen wird. Es gilt nämlich der Lehrsatz, über den das Nähere im Kapitel über Alkaloide nachzulesen ist, daß hydrierte Basen viel energischere Wirkungen als die nichthydrierten haben. Die Hydrierung und die dadurch bedingte Lösung der doppelten Bindung macht den Körper für den Organismus wirkungsfähiger, wie einige Beispiele beweisen sollen. So ist Pyridin fast gar nicht wirksam, Piperidin hingegen, das Reduktionsprodukt des Pyridins, ist eine stark wirkende Base. Auch beim Chinolin konnten E. Bamberger und Längfeld[5]) dieselbe Beobachtung machen. Die hydrierten Chinoline wirken im Gegensatz zum Chinolin dem Piperidin ähnlich. Dekahydrochinolin z. B. erweist sich schon in kleineren Dosen als Blutgift, wie es überhaupt als sekundäres Amin die für solche charakteristischen physiologischen Eigenschaften besitzt. Nach den Untersuchungen von Heintz[5]) steht Dekahydrochinolin in bezug auf physiologische Wirkung in denselben Beziehungen zum Chinolin wie Piperidin zum Pyridin. Diese vier Verbindungen haben alle gleichartige, wenn auch graduell verschiedene Wirkung. Die nichthydrierten Basen Pyridin und Chinolin sind in bezug auf allgemeine Nervenwirkung stärker wirksam als die hydrierten. Ferner machen die nichthydrierten frühzeitige Herzlähmung, während die hydrierten Körper das Herz lange intakt lassen. Alle vier Verbindungen zer-

[1]) Amerik. P. 241 738. [2]) DRP. 14 976. [3]) DRP. 28 324.
[4]) DRP. 87 334. — BB. **29**, 703 (1896). [5]) BB. **23**, 1138 (1890).

stören die roten Blutkörperchen, aber die hydrierten weit rascher und intensiver als die nichthydrierten. Das schwächer hydrierte Hexahydrochinolin nähert sich in seiner Wirkung mehr dem Chinolin als dem Dekahydrochinolin. Nerven- wie Herzwirkungen sind intensiv, die blutschädigende Wirkung ist schwächer als bei den letzteren, mehr den Wirkungen des Chinolins sich nähernd.

Wenn man nun das schwach wirkende p-Chinanisol durch Reduktion mit Zinn und Salzsäure hydriert, wie es Skraup getan, so kommt man zu einem stärker wirkenden Körper, dem Tetrahydrochinanisol, welches Thallin genannt wurde[1]).

Die Salze des Thallins sind kräftige Antipyretica, wenn auch keine spezifisch (gegen Malaria) wirkenden Mittel[2]).

Thallin

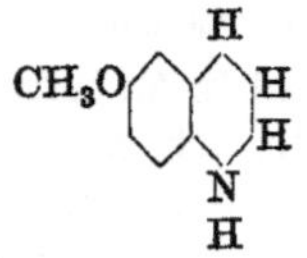

H
CH_3O H
H
N
H

(Das Thallinperjodat wurde von Mortimer Granville angeblich mit bestem Resultate bei der Krebsbehandlung verwendet[3]).

Außer dem Thallin wurden noch eine Reihe alkylierter bzw. benzoylierter Tetrachinanisole dargestellt, welche sich aber in ihrer Wirkung nicht in der Weise vom Thallin unterschieden, daß sie ihnen vorzuziehen wären. Thallin wirkt viermal so stark antipyretisch als Antipyrin. Doch ist die Wirkung nicht andauernd. Die Apyrexie (Entfieberung) dauert nur kurz und das Fieber setzt dann mit Schüttelfrösten wieder ein. Es macht eine schwere Blutschädigung. P. Ehrlich[4]) sah Hämoglobininfarkt der Nierenpapille.

Während Chinolin nicht auf die Niere wirkt, macht Tetrahydrochinolin

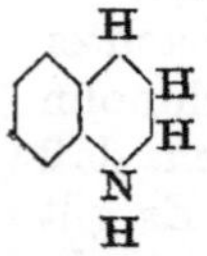

H
H
H
N
H

typische Nekrose der Nierenpapillen, Thallin, o-Thallin und Anathallin ebenfalls, aber nicht bei allen Tieren. Ebenso wirken Thallinharnstoff, Thallinthioharnstoff und Acetylthallin. Die Wirkung des Tetrahydrochinolins wird weder durch die Einführung eines Säureradikals, noch Alkylradikals in die NH-Gruppe verändert.

Dihydrochinoline zeigen trotz ihrer sonstigen Giftigkeit gar keine Wirkung auf die Niere. Weder Kairin, noch das viel giftigere Trihydroäthyl-p-oxychinolin haben diese Eigenschaft[5]).

Schon früher hatte W. Filehne eine Reihe von Chinolinderivaten untersucht und gefunden, daß nur die am Stickstoff alkylierten Tetrahydrochinoline einer weiteren Prüfung am Menschen wert wären. Enthielten diese alkylierten Chinoline Hydroxylgruppen, so trat ihre Wirkung rascher ein, verschwand aber um so plötzlicher. (Eine Analogie mit der rasch verfliegenden antipyretischen Wirkung der hydroxylierten Benzolderivate Phenol, Brenzcatechin usw. ist hier nicht zu verkennen.) Auf Grund dieser Beobachtungen kam es zur Synthese des Kairolins durch W. Königs und Hoffmann und des Kairins durch O. Fischer[6]). Kairolin ist Tetrahydrochinolin, welches entweder eine Äthyl- oder eine Methylgruppe am Stickstoff

[1]) DRP. 30 426 und 42 871. [2]) Moniteur scient. **1887**, 1230.
[3]) Lancet **1894**, 10, III. [4]) Therap. Monatshefte **1887**, 53.
[5]) Rehns, Arch. internat. de pharmacodyn. **8**, 199. [6]) DRP. 21 150.

enthält, und zwar das saure schwefelsaure Salz. Das äthylierte Kairolin wird Kairolin A, das methylierte Kairolin M genannt.

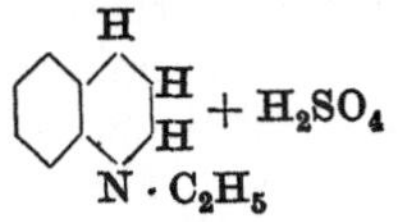

H
H
H + H_2SO_4
$N \cdot C_2H_5$

Kairin unterscheidet sich vom Kairolin nur durch die Gegenwart eines Hydroxyls, welches den Körper rascher zur Wirkung bringt. Es ist ein Tetrahydroäthyl- (oder Methyl)-α-oxychinolin.

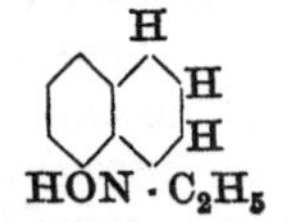

H
H
H
$HON \cdot C_2H_5$

Kairin wird nach O. Fischer dargestellt, indem man α-Oxychinolin, das durch Schmelzen von α-Chinolinsulfosäure mit Natron oder aus o-Nitrophenol nach der Skraupschen Synthese erhalten werden kann, reduziert und das gebildete Tetrahydrür mit Jodmethyl auf dem Wasserbade reagieren läßt. Unter heftiger Reaktion bilden sich die jodwasserstoffsauren Salze der tertiären Oxyhydromethylchinoline.

Kairin zeigt dieselben unangenehmen Erscheinungen[1]) bei der Anwendung am Menschen und hat so gefährliche Nebenwirkungen wie das später von Skraup dargestellte Thallin. Alle diese Substanzen sind als die ersten Versuche zur Synthese chininartig wirkender Substanzen zu betrachten, die aber keineswegs die spezifische Wirkung des Chinins haben, wie die Darsteller ursprünglich annahmen, sondern nur aus den Gründen febrifuge Wirkungen zu eigen besitzen, weil ja Chinolin selbst antipyretisch wirkt und ja alle Benzolderivate die gleiche Eigenschaft zeigen. Aber die bei Verabreichung dieser Mittel am Menschen eintretenden schweren Erscheinungen sowie die unangenehmen Nebenwirkungen zeigten, daß der Gebrauch dieser Körper zu verlassen sei. An die am Stickstoff methylierten Derivate Kairolin und Kairin schließt sich das von Demme untersuchte methyltrihydroxychinolincarbonsaure Natron, welches schon in kleinen Gaben antiseptisch wirkt.

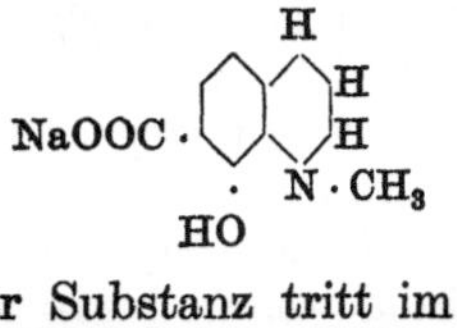

H
H
$NaOOC \cdot$ H
$N \cdot CH_3$
HO

Nach Verfütterung dieser Substanz tritt im Harn Dioxychinolinmethylcarbonsäure $CH_3 \cdot NC_9H_5 \cdot COOH(OH)_2$ auf. Es wird also beim Passieren des Organismus eine zweite Hydroxylgruppe gebildet, ähnlich wie bei der Oxydation des Phenols zu Brenzcatechin. Der Körper wirkt blutdrucksteigernd und pulsverlangsamend, er erzeugt sehr leicht Kollaps[2]).

Wie die Methylierung des Chinolins am Stickstoff mitunter wirken kann, zeigen die Untersuchungen von Georg Hoppe-Seyler am sogenannten Chinotoxin[3]). Dieses ist Dichinolindimethylsulfat.

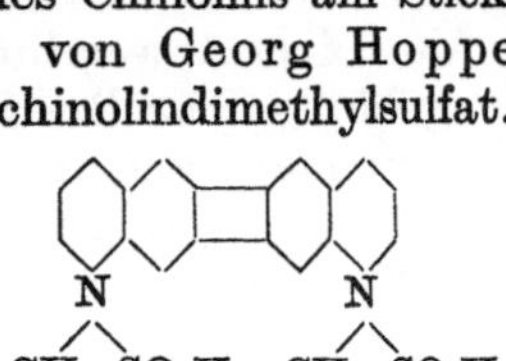

N N
CH_3 SO_4H CH_3 SO_4H

[1]) Berliner klin. Wochenschr. **1882**, Nr. 45 und **1883**, Nr. 6; **1883**, Nr. 31. — Deutsches Arch. f. klin. Med. **34**, 106.

[2]) M. Nencki und Krolikowski, M. f. C. **9**, 208 (1888). [3]) AePP. **24**, 241.

Das Methylieren von Basen am Stickstoff erzeugt, wie Brown und Fraser gezeigt haben, meist curareartige Wirkung. Jollyet und Cahours haben schon früher dieselbe Wirkung bei alkylierten Anilinen gefunden. Methyl-, Äthyl- und Amylanilin[1]) lähmen die peripheren Endigungen der motorischen Nerven ebenso wie die alkylierten Alkaloide. Dieses ist eine allgemeine Eigenschaft der quaternären Ammoniumbasen, aber die Chinolinderivate wirken nach diesen Autoren nicht so (s. Kapitel Alkaloide: Die quaternären Ammoniumbasen). Methyl-, Äthyl- und Amylchinolin haben keine curareartige Wirkung. Nur ein Chinolinderivat zeigte nach den Untersuchungen von Bochefontaine[2]) diese lähmende Wirkung, nämlich das Oxäthylchinoleinammoniumchlorid. Auch Chinolin selbst zeigt keine curareartige Wirkung, sondern lähmt das Zentralnervensystem. Aber im Chinotoxin muß die curareähnliche Wirkung auf die Methylgruppen am Stickstoff bezogen werden.

Der letzte bedeutendere Versuch von Chinolin zu einem Chininersatzmittel zu gelangen, ist die Darstellung des Analgens[3]) und ihm analoger Körper. Diese Synthese ist nach Analogie der Phenacetinidee (s. d.) ausgeführt, mit dem hauptsächlichsten Unterschiede, daß statt des einfachen Benzolringes der Chinolindoppelring der Verbindung zugrunde liegt. In diesem Falle wird Chinolin nicht hydriert, sondern o-Oxychinolin äthyliert.

Stellt man die Nitroverbindung und durch Reduktion dieser die Aminoverbindung dieses Äthers dar und ersetzt einen Wasserstoff der Aminogruppe durch die Benzoyl- oder Acetylgruppe, so erhält man diesen Körper.

Das im Handel befindliche Analgen (Benzanalgen) ist o-Äthoxyanamonobenzoylaminochinolin.

$C_6H_5 \cdot CO \cdot NH$

$C_2H_5O \cdot$ N

o-Äthoxyanamonoacetylaminochinolin steht zum Chinolin in demselben Verhältnis wie Phenacetin $CH_3 \cdot CO \cdot NH \cdot C_6H_4 \cdot OC_2H_5$ zum Benzol.

Analgen wirkt antipyretisch und auch antineuralgisch, ist aber in Wasser ganz unlöslich, spaltet hingegen seine Benzoylgruppe im Magendarmkanal ab. Seine Unlöslichkeit führte zu vielen Mißerfolgen, und seine nicht konstante Wirkung verhinderte, trotzdem keine unangenehmen Nebenwirkungen bei der Anwendung desselben zu konstatieren waren, eine Einführung in der Praxis. Analog diesem Körper wurde p-Äthoxyacetylaminochinolin aufgebaut sowie die entsprechende Benzoylverbindung, welche beide Substanzen antipyretische und antineuralgische Eigenschaften besitzen[4]). Im Gegensatze zu der Äthoxyverbindung ist angeblich 5-Acetamino-8-methoxychinolin physiologisch unwirksam[5]).

Es wurden noch einige Versuche gemacht, denen die Idee zugrunde liegt, Oxychinolin als Ersatzmittel des Chinins zu verwenden. Einhorn[6]) schlug p-Methoxydioxydihydrochinolin als ein solches Ersatzmittel vor, welches auch bei Malaria wirksam sein soll. Von einer Anwendung dieses Körpers am Krankenbette hat man jedoch nie gehört. Dasselbe Schicksal erfuhren die zwei isomeren Methoxyoxymethyldichinoline[7]), welche aus m-Aminophenyl-p-methoxychinolin mit Acetessigester erhalten wurden, mit nachträglicher Überführung in die Tetrahydroverbindung durch Reduktion. Diese Körper besitzen

[1]) C. r. **66**, 1131. [2]) C. r. **95**, 1293. Siehe auch Wurtz, C. r. **95**, 263.
[3]) DRP. 60 308, 65 102, 65 110, 65 111. [4]) DRP. 69 035.
[5]) Freyss und Paira, Bull. Soc. ind. Mulhouse **72**, 239.
[6]) DRP. 55 119. — BB. **23**, 1489 (1890). [7]) DRP. 55 009.

den bitteren Geschmack des Chinins und sollen angeblich auch die spezifische Wirkung desselben gegen Malaria besitzen (?), eine Angabe, die nie Bestätigung gefunden hat.

Ähnliche Ideen, wie sie bei der Darstellung der Antipyretica der Chinolingruppe auftreten, nämlich durch Einführung einer Hydroxylgruppe in Chinolinverbindungen diese im Organismus rascher zur Wirkung zu bringen und hinwiederum die Hydroxylgruppe durch Alkylreste zu decken, um eine Analogie zwischen diesen Körpern und der p-Methoxygruppe des Chinins, die zur Auslösung der spezifischen Wirkung der Cinchoningruppe notwendig ist, herzustellen, wurden auch, aber gänzlich ohne praktischen Erfolg, auf die verwandten Chinaldine übertragen.

Oxyhydrochinaldin und die Methoxy- und Äthoxyderivate desselben wurden dargestellt, ohne je praktische Verwendung zu finden[1]).

Es ist von vornherein klar, daß diesen Substanzen keine Vorzüge vor den hydrierten Chinolinen, die ja so unangenehme Erscheinungen erzeugen, zukommen können.

Da das dem Chinin nahestehende Apochinin seinerzeit als Derivat des γ-Phenyl-p-oxychinolins $C_6H_5 \cdot C_9H_5(OH)N$ aufgefaßt wurde, haben W. Königs und Jaeglé[2]) γ-Phenyl-p-methoxychinaldin und Königs und Meimberg[3]) Derivate des γ-Phenylchinaldins dargestellt. H. Tappeiner und Grethe[4]) untersuchten nun die Einwirkung dieser Substanzen auf niedere Organismen, insbesondere auf Paramaecium caudatum, eine leicht zu züchtende Infusorienart.

Untersucht man die Einwirkung der beiden Spaltlinge des Chininmoleküls, p-Methoxy-γ-methylchinolin und Merochinen in dieser Richtung, so sieht man, daß Merochinen für diese Mikroorganismen unschädlich ist, während p-Methoxylepidin wirksam ist, wenn auch bedeutend schwächer als Chinin. Auch Chinolin ist wirksam, Lepidin (γ-Methylchinolin) steht in der Mitte. So gut wie unwirksam erwies sich Pyridin. Die Wirkung ist also an den Chinolinkern gebunden und wird durch die Methoxy- und Methyl-Seitenketten noch verstärkt.

γ-Phenylchinolin [Strukturformel: C_6H_5, N] und mehrere seiner nächsten Derivate, welche man als Spaltlinge des Chininmoleküls ansehen wollte, zeigen eine sehr starke, vielfach Chinin in seiner Wirkung übertreffende Reaktion auf kleinste Lebewesen. Durch den Eintritt des Phenylradikals in das Chinolin ist also die Wirkung auf Paramäcien erheblich gesteigert worden.

Die Wirkung geht nach Tappeiner zum Teil von der im Moleküle enthaltenen Chinolingruppe aus. Der an ihr in der γ-Stellung hängende Atomkomplex vermag dieselbe unter Umständen wesentlich zu verstärken. Ganz losgelöst und in ein Pyridinderivat übergeführt (als Merochinen) ist er wirkungslos, in der Form, welche sich im Chinin befindet, verstärkt er die Wirkung erheblich, zur Phenylgruppe zusammengeschlossen (als γ-Phenylchinolin) übertrifft er die Wirkungen des Chinins um das Zehnfache.

Auf Protozoen wirkt am stärksten von den chininverwandten Phenyl-p-methoxychinaldin

[Strukturformel: CH_3O, C_6H_5, CH_3, N]

[1]) DRP. 24 317. [2]) BB. 28, 1046 (1895). [3]) BB. 28, 1038 (1895).
[4]) Deutsches Arch. f. klin. Med. 56, 189, 369.

Die Erfahrung, daß der Eintritt eines Benzolkerns zum Pyridin dem gebildeten Chinolin solche Wirkung verleiht, welche durch Zutritt eines neuen Phenylrestes noch mehr verstärkt wird, veranlaßten Tappeiner, Phosphine genannte Farbstoffe zu untersuchen, in denen die Kondensation mit Benzolkernen einen noch höheren Grad erreicht hat. Es wurden untersucht Phosphin (die Aminoverbindung des Aminophenylacridins)

NH_2

NH_2

N

sowie Methyl- und Dimethylphosphin.

Die Wirkung dieser Phosphine auf Paramäcien ist eine erstaunliche und wird von keiner anderen organischen Substanz übertroffen.

γ-Phenylchinaldin und die Phosphine, welche Substanzen alle antipyretische Eigenschaften zeigen, aber die Atmung schädigen und in starken Dosen Krämpfe[1]) machen, sollten nun bei dieser intensiven Wirkung auf Infusorien gegen Malaria als Spezificum wirken. Die tödliche Dosis dieser Antipyretica ist die gleiche wie die des Antipyrins, die Phosphine zeigen einen lokal reizenden Einfluß. Julius Mannaberg[2]) prüfte diese Substanzen bei Malaria, kam aber zu dem durchaus negativen Resultate, daß auch diese Körper keine Heilmittel gegen Malaria sind und sich mit Chinin nicht vergleichen lassen. Methylphosphin wirkt, nach ihm, ähnlich wie Methylenblau auf Parasiten der Malaria, indem diese gelähmt werden, während Chininlösung sie sofort zum Platzen bringt oder eine wirbelnde Pigmentbewegung die Degeneration erkennen läßt.

Diese Versuche zeigen wohl deutlich, daß die kondensierten Ringsysteme allein die spezifische Wirkung des Chinins auszulösen nicht vermögen und daß der Chinolinanteil des Chinins auch nicht der Träger der spezifischen Wirkung ist.

Antipyrin.

Mit der Absicht, ebenfalls zu einem chininähnlichen Körper zu gelangen, ist L. Knorr[3]) zur Synthese des Antipyrins gekommen. Die Anschauungen der damaligen Zeit über den Aufbau des Chinins waren wohl unrichtig. Ebenso unrichtig waren Knorrs ursprüngliche Anschauungen über den Aufbau des von ihm erhaltenen Antipyrins. Aber trotzdem ist es ihm gelungen, einen der wertvollsten synthetischen Körper zu finden, welcher auch den größten materiellen Erfolg errungen. Knorr faßte ursprünglich den von ihm gefundenen Körper als ein Dimethyloxychinizin[4]) auf, in welchem zwei im Pyridinkern verkettete Chinolinmoleküle enthalten sein sollen, wie man sie im Chinin vermutete. Der ausgezeichnete physiologische Effekt des Antipyrins sprach jedenfalls für diese Vermutung, daß ein chemisch analoger Körper synthetisch geschaffen wurde. Aber Knorr selbst konnte zeigen, daß seine ursprüngliche Auffassung der Konstitution des Antipyrins eine unrichtige ist und daß man vielmehr dasselbe auf einen neuen Ring, den Pyrazolkern, zurückführen muß.

Pyrazol

NH

N CH

HC CH

[1]) Jodlbauer und Fürbringer, Deutsches Arch. f. klin. Med. 59, 158.
[2]) Deutsches Arch. f. klin. Med. 59, 185. [3]) Liebigs Ann. 238, 137. [4]) BB. 17, 2037 (1884).

Die Synthese von Knorr[1]) geht nun dahin, daß Acetessigester mit Phenylhydrazin erwärmt, und das erhaltene Produkt methyliert wird. Hierbei reagiert vorerst die Ketogruppe mit dem Hydrazinrest und es kommt zur Bildung des Pyrazolonringes. Der gebildete Körper ist in erster Linie Phenylmethylpyrazolon. Als Nebenprodukt tritt Alkohol auf, so daß die Reaktion in folgende Formeln gekleidet werden kann: $C_6H_5 \cdot NH \cdot NH_2 + CH_3 \cdot CO \cdot CH_2 \cdot COO \cdot C_2H_5$ geben

$$\begin{array}{l} C_6H_5 \cdot NH \cdot N = C - CH_3 \\ \qquad\qquad\qquad\quad | \\ C_2H_5O - OC - CH_2 \end{array} \quad \text{und 1 Molekül Wasser.}$$

Beim Erwärmen, aber auch beim längeren Stehen, tritt die Ringschließung ein sowie die Abspaltung von Äthylalkohol. Die Produkte sind Phenylmethylpyrazolon

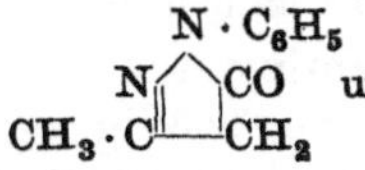

$$\begin{array}{c} N \cdot C_6H_5 \\ N \diagup \diagdown CO \\ CH_3 \cdot C — CH_2 \end{array} \quad \text{und} \quad C_2H_5 \cdot OH$$

Man erhitzt hierbei das durch Vermischen von Acetessigester und Phenylhydrazin im Verhältnis ihres Molekulargewichts erhaltene Kondensationsprodukt längere Zeit bis auf 100°, bis eine Probe beim Erkalten oder Übergießen mit Äther vollständig fest wird. Läßt man nun Methyljodid bei 100° auf diesen Körper einwirken, so erhält man das jodwasserstoffsaure Salz des 1-Phenyl-2.3-dimethyl-5-pyrazolon =

Antipyrin

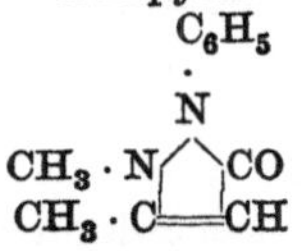

$$\begin{array}{c} C_6H_5 \\ \cdot \\ N \\ CH_3 \cdot N \diagup \diagdown CO \\ CH_3 \cdot C = CH \end{array}$$

Durch Zusatz von Lauge erhält man dann die freie Base, Antipyrin. Dieses Verfahren wurde später dahin modifiziert, daß man gleich Methylphenylhydrazin auf Acetessigester einwirken läßt und so direkt zum Antipyrin gelangt.

Ein anderes Verfahren zur Darstellung desselben Körpers haben Böhringer, Waldhof[2]), eingeschlagen: Man kondensiert β-halogensubstituierte Fettsäuren bzw. deren Ester mit Phenylhydrazin auf dem Dampfbade und gelangt zum Phenylpyrazon.

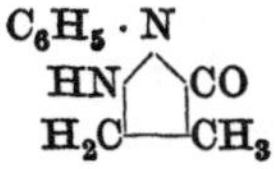

$$\begin{array}{c} C_6H_5 \cdot N \\ HN \diagup \diagdown CO \\ H_2C — CH_2 \end{array}$$

Durch Oxydation in Chloroformlösung mit trockenem Quecksilberoxyd erhält man Dehydrophenylpyrazon

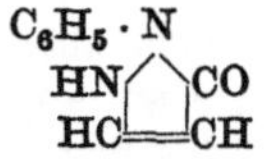

$$\begin{array}{c} C_6H_5 \cdot N \\ HN \diagup \diagdown CO \\ HC = CH \end{array}$$

unter Austritt zweier Wasserstoffe. Wenn man diesen Körper nun mit Jodmethyl reagieren läßt, gelangt man zum Antipyrin.

Die Höchster Farbwerke erweiterten die Möglichkeit, zu demselben Körper zu gelangen, durch die Beobachtung, daß an Stelle des Acetessigesters in der Knorrschen Synthese alle ähnlich konstituierten Säureester resp. Säuren verwendet werden können, welche als β-Derivate der Buttersäure bzw. Crotonsäure zu betrachten sind und welche danach imstande sind, eine Kette von drei Kohlenstoffatomen an den Stickstoff des Phenylhydrazins anzulagern. So kann man z. B. die β-halogenisierten Crotonsäuren zur Anwendung bringen[3]), aber der mittels Halogencrotonsäure erhaltene Körper ist vom wahren Antipyrin verschieden und ist giftig. Er ist ein Isopyrazolon.

Die Patentierung wurde einem Riedelschen Verfahren, in einer einzigen Operation durch Erhitzen äquivalenter Mengen von Phenylhydrazin, Acetessigester, methylschwefelsaurem Natrium und Jodnatrium mit Methylalkohol als Verdünnungsmittel und wenig Jodwasserstoff im Autoklaven unter Druck Antipyrin zu gewinnen, versagt[4]).

Die Höchster Farbwerke schützten ferner ein Verfahren, wobei durch Einwirkung von Chloressigäther auf Phenylhydrazin 1-Phenyl-3-methylpyrazol-5-oxyessigäther entsteht, welcher nach Methylierung mit Alkali in Antipyrin übergeführt wird.

---

[1]) DRP. 26 429, 33 536, 40 337, 42 726. [2]) DRP. 53 834. [3]) DRP. 64 444.
[4]) DRP.-Anm. Kl. 12. R. 6000 (versagt).

Es wurde auch ein Antipyreticum geschützt, aber nicht eingeführt, da es ja keine dem Antipyrin überlegenen Wirkungen haben konnte, welches durch Einwirkung von Crotonsäure auf Phenylhydrazin unter Wasserabspaltung entsteht[1]).

1-Phenyl-2-methyl-5-pyrazolon entsteht auch durch Reaktion zwischen Oxalessigäther und Phenylhydrazin, wobei sich Phenylpyrazoloncarbonsäureäther bildet[2]). Man methyliert diesen Äther, verseift ihn und spaltet durch Erhitzen Kohlensäure ab. Denselben Körper erhält man, wenn man 1-Phenyl-5-äthoxypyrazol aus Oxalessigäther und Phenylhydrazin unter nachheriger Verseifung und Abspaltung von Kohlensäure darstellt, dann mit Jodmethyl behandelt und nachfolgend mit Alkali spaltet, oder wenn man zuerst mit Salzsäure spaltet und dann methyliert.

Wilhelm Krauth[3]) hat 1-Phenyl-3-methyl-5-pyrazolon durch Einwirkung der dreifach gebundenen Tetrolsäure ($CH_3 — C \equiv C — COOH$) auf Phenylhydrazin dargestellt. Man gelangt so zu wahren Pyrazolonen, die antipyretisch wirken.

Antipyrin wirkt ausgezeichnet antipyretisch. Die Apyrexie setzt ohne Kollapserscheinungen ein, es treten keine Schädigungen des Blutfarbstoffes auf und es dauert auch die Apyrexie lange, dann setzt das Fieber ohne Schüttelfröste ein. Aber dem Antipyrin kommt, wie allen bis nun dargestellten Fiebermitteln die spezifische Wirkung des Chinins gegen die Malaria nicht zu. Hingegen haben zuerst französische Beobachter [Germain Sée[4])] auf andere Wirkungen des Antipyrins hingewiesen, in denen es Chinin, das typische Fiebermittel, weit übertrifft. Das sind seine großartigen Wirkungen als Antinervinum. Antipyrin kann nicht nur lokale Anästhesie erzeugen, sondern vermag auch neuralgische Schmerzen bei innerer Verabreichung zu coupieren. Nach Hénocque stehen Blutungen schneller, wenn die Wunde mit Antipyrin behandelt wird, als bei Anwendung von Eisenchlorid oder Ergotin. Antipyrin bewirkt nach demselben Untersucher Kontraktion der Gefäße, Retraktion der Gewebe und Koagulation des Blutes. Gerade die vorzüglichen Nervenwirkungen haben ihm und seinen Abkömmlingen zu dem großen Triumphzuge durch die ganze Welt verholfen. Daß dem Antipyrin Nebenwirkungen eigen sind und daß einzelne Individuen eine Idiosynkrasie gegen dieses Mittel besitzen, darf nicht wundern. Im allgemeinen kann man sagen, daß die therapeutische Anwendung desselben und die damit erzielten Erfolge die anfangs gehegten Erwartungen weit übertroffen haben. Wie durch Chinin und andere Antipyretica, so wird auch unter dem Gebrauch des Antipyrins der Gesamtstickstoff des Harns merklich vermindert, und hieraus hervorgehend der Stoffwechsel nicht bloß der Kohlenhydrate und Fette, sondern auch der Eiweißkörper verlangsamt[5]). Antipyrin[6]) wird schnell resorbiert, aber langsam ausgeschieden, im Gegensatze zu Thallin und Kairin, von denen das erstere langsam resorbiert und langsam ausgeschieden, das letztere schwer resorbiert, aber schnell ausgeschieden wird.

Antipyrin paart sich beim Menschen nicht mit Glykuronsäure. Es geht zum Teil unverändert, nach beträchtlichen Dosen an Schwefelsäure gebunden, in den Harn über[7]).

Von großem Interesse für die Beziehungen zwischen der Konstitution und der Wirkung beim Antipyrin ist, daß Phenyl(mono)-methylpyrazolon, das Zwischenprodukt der Antipyridindarstellung, keine besondere entfiebernde Wirkung hat. Erst durch die Einführung der Methylgruppe am Stickstoff tritt die dem Antipyrin eigentümliche physiologische Wirkung auf. Ebenso ist es sehr merkwürdig, daß nur die Körper, welche sich von Pyrazolon ableiten, antipyretisch wirken, die Isopyrazolone aber giftig sind (s. S. 217).

Nach Th. Curtius[8]) wirken Pyrazolonderivate auch dann noch stark

---

1) DRP. 62 006. 2) DRP. 69 883. 3) DRP. 77 174. 4) C. r. **104**, 1085.
5) AePP. **21**, 161; **22**, 127. 6) Giacomo Carrara, Ann. di chim. e farm. 4. Ser. **4**, 81.
7) Jonescu, Ber. d. deutschen pharm. Ges. **16**, 133. 8) BB. **26**, 408 (1893).

fieberwidrig, wenn sie keine aromatischen Substituenten enthalten, so daß scheinbar der Benzolring im Antipyrin ein nutzloser Ballast ist. W. Filehne meint aber[1]), daß der Pyrazolonkern ohne Benzolkern nicht ausreicht, um die spezifische Wirkung des Antipyrins vollständig zu erzeugen. Der Benzolkern ist daher von Bedeutung für die Wirkungsstärke. Geht man von der Betrachtung des Benzolkerns aus, so ist die Substituierung eines Wasserstoffatoms durch die Pyrazolongruppe von entscheidender Bedeutung.

Der große materielle Erfolg dieser Synthese reizte mehr als das theoretische Interesse am Erkennen der Beziehungen zwischen den Wirkungen der neuen Base und ihrer Konstitution, neue Methoden zur Darstellung dieses Körpers zu suchen, sowie eine Reihe ihm verwandter oder analoger Verbindungen zu schaffen, um das Patent zu umgehen. Es ist hier das erste Beispiel für diejenige Art der Tätigkeit der synthetisch arbeitenden Chemiker, dem wir begegnen, die theoretischen Gesetzmäßigkeiten über die Beziehungen zwischen Konstitution und Wirkung in der Weise in der Praxis zu verwerten, daß man zu einem geschützten Körper analoge Körper aufbaut. Die Versuche in dieser Richtung lassen sich in mehrere Gruppen einteilen:

Phenylhydrazinderivate.

Die mißverständliche Auffassung, als ob es sich beim Antipyrin um die Wirkung des Phenylhydrazins handeln würde, führte zur Darstellung von mehr oder minder einfach gebauten Phenylhydrazinverbindungen. Um so mehr wurde man dazu verlockt, als Antipyrin um diese Zeit noch hoch im Preise war und wenige Konkurrenzmittel auf den Markt kamen. Nun erzeugt aber Phenylhydrazin $C_6H_5 \cdot NH \cdot NH_2$ nach den Untersuchungen von Georg Hoppe-Seyler sehr giftige Wirkungen[2]). Ähnlich wie Hydroxylamin $NH_2 \cdot OH$, Hydrazin $NH_2 \cdot NH_2$ und Anilin $C_6H_5 \cdot NH_2$, zerstört es den roten Blutfarbstoff. Hydrazine, Semicarbazide, z. B. salzsaures Semicarbazid $NH_2 \cdot CO \cdot NH \cdot NH_2 \cdot HCl$ bewirken Allantoinausscheidung, ebenso Aminoguanidin und Hydroxylamin[3]). Die große Reaktionsfähigkeit des Phenylhydrazins mit allen Aldehyden und Ketonen sowie seine intensiv reduzierende Wirkung macht es ebenso zu einem heftigen Gewebegift wie zu einem Zerstörer des Hämoglobins durch Reduktion. Die meist erfolgreiche Art, durch Anlagerung von sauren Gruppen die Basen zu entgiften, wurde auch zuerst hier angewendet, und es kam zur Darstellung von Acetylphenylhydrazin, Diacetylphenylhydrazin, α-Monobenzoylphenylhydrazin.

Durch Anlagerung eines Acetylrestes wird wohl die ursprüngliche Wirkung des Phenylhydrazins etwas abgeschwächt, aber die Acetylverbindung reduziert Fehlingsche Lösung noch kräftig, wenn auch schwächer als die freie Base. Sie ist eine toxisch wirkende Substanz, welche unter dem Namen Hydracetin $C_6H_5 \cdot NH \cdot NH \cdot CO \cdot CH_3$ eine kurze Zeit verwendet wurde. Besonders macht sich eine intensiv braunrote Verfärbung der inneren Organe bemerkbar, wohl eine Folge der im Blute auftretenden vielfachen Zerfallsprodukte von Blutkörperchen. Die Temperatur wird schon in kleinen Dosen bei Fieber stark herabgesetzt. Starke Schweißausbrüche, Sinken der Puls- und Respirationsfrequenz, Kollaps sind zu beobachten, hierbei tritt Hämoglobinurie auf. Die Harnmenge ist bei Hunden trotz starken Durstes und vieler Flüssigkeitszufuhr sehr reduziert. Diese Momente zwangen alsbald die Untersucher, die Experimente mit

[1]) Zeitschr. f. klin. Med. **32**. [2]) HS. **9**, 34 (1885).
[3]) Borissow, HS. **19**, 499 (1894). — J. Pohl, AePP. **48**, 374 (1902).

dieser einfachsten Phenylhydrazinverbindung abzubrechen, obgleich die geringen Dosen, welche zur Entfieberung notwendig waren, das Hydracetin zu einem der billigsten antipyretischen Mittel machten. Die Maximaldose betrug nämlich pro dosi et die 0.2 g, während die gewöhnliche Einzelgabe des Antipyrins 1 g ist.

Die stark reduzierende Eigenschaft des Hydracetins veranlaßte Paul Guttmann[1]), dasselbe als ein sehr gutes Mittel bei Psoriasis, bei welcher Hautkrankheit man so intensiv reduzierende Mittel wie z. B. Pyrogallol verwendet, anzuempfehlen, aber selbst da traten Intoxikationen auf[2]).

Die Diacetylverbindung $C_6H_5 \cdot NH \cdot N \cdot (CO \cdot CH_3)_2$, welche Kupferlösungen weniger reduziert, ist auch weniger giftig als Monoacetylphenylhydrazin. Hingegen zeigt sie kumulative Giftwirkung auf das Blut. Wegen ihrer Blutgiftigkeit läßt sich auch die Diacetylverbindung trotz ihres hohen antipyretischen Wertes praktisch nicht verwenden.

Monobenzoylphenylhydrazin $C_6H_5 \cdot NH \cdot NH \cdot CO \cdot C_6H_5$, Äthylenphenylhydrazin $[C_6H_5 \cdot N(NH_2)]_2 \cdot C_2H_4$ und Äthylenphenylhydrazinbernsteinsäure $C_2H_4[N(C_6H_5) \cdot NH \cdot CO \cdot C_2H_4 \cdot COOH]_2$ sind Blutgifte[3]) schon in Dosen, die noch keine Einwirkung auf das Zentralnervensystem erkennen lassen, wenn auch in allen diesen Verbindungen eine relative Entgiftung des Phenylhydrazins durch Ersatz von Wasserstoffatomen der basischen Seitenkette durch Säure- oder Alkylreste zu erkennen ist. Auch wenn Phenylhydrazin teils durch Alkyl-, teils durch Acylgruppen entgiftet ist, so erhält man mit diesen Substanzen nicht das gewünschte Resultat, immer erweisen sich die erhaltenen Substanzen als Blutgifte. Dies kann man durch die physiologische Wirkung des Acetylmethylphenylhydrazins $C_6H_5 \cdot NH \cdot N{<}{CH_3 \atop CO \cdot CH_3}$ und des Acetyläthylphenylhydrazins $C_6H_5 \cdot NH \cdot N{<}{C_2H_5 \atop CO \cdot CH_3}$ zeigen[4]).

Aus der absteigenden Giftigkeit vom Phenylhydrazin über das Monoacetylphenylhydrazin zum Diacetylphenylhydrazin ergibt sich, daß mit dem schrittweisen Ersatz von H-Atomen der basischen Gruppe durch organische Radikale die Giftwirkung abnimmt. Heinz sprach nun die Vermutung aus, daß vielleicht ein Körper, in welchem das letzte H-Atom des basischen Restes des Phenylhydrazins durch ein fettes Radikal ersetzt wäre, ungiftig sein könnte. Ein solcher Körper ist bis jetzt nicht dargestellt worden. Dagegen existieren andere aus dem Phenylhydrazin gewonnene Körper, die kein freies H mehr enthalten.

Acetylphenylcarbizin und Acetylphenylthiocarbizin

$$OC{<}{N \cdot C_6H_5 \atop | \atop N \cdot CO \cdot CH_3} \qquad SC{<}{N \cdot C_6H_5 \atop | \atop N \cdot CO \cdot CH_3}$$

Hier sind die beiden N-Atome statt mit je einem Atom H mit ein und demselben C-Atom einer neu hinzutretenden CO- bzw. CS-Gruppe verbunden. Es zeigen sich auch bei diesen Körpern wiederum die charakteristischen Blutwirkungen bei Dosen, bei denen eine Wirkung auf das Zentralnervensystem noch nicht erkennbar ist.

Die Methylderivate des Phenylhydrazins $C_6H_5 \cdot N_2H_2(CH_3)_2J$ und $(C_6H_5 \cdot NHNH_2)_2CH_3J$ wirken beide in kleinen Dosen erregend und lähmend, machen bei Säugetieren Krämpfe, Kollaps und Tod. Sie sind starke Blutgifte. Die erstgenannte Verbindung affiziert das Nervensystem weniger[5]).

---

[1]) Berliner med. Ges. Sitzungsber. Mai **1889**.
[2]) Berliner klin. Wochenschr. **1889**, Nr. 28.
[3]) Heinz, Berliner klin. Wochenschr. **1890**, Nr. 3. — Virchows Arch. **122**, 114.
[4]) DRP. 51 597. [5]) Joanin, Bull. gén. de thér. **1889**, Aug., S. 176.

Sämtliche einfacheren Phenylhydrazinderivate sind wegen ihrer Blutgiftnatur als Nervina bzw. Antipyretica nicht zu gebrauchen. Antipyrin, obschon zu seiner Herstellung Phenylhydrazin verwendet wird, zeigt jene Blutwirkung nicht und ist daher weder physiologisch noch chemisch als Phenylhydrazinderivat zu betrachten. Offenbar hängt dies damit zusammen, daß durch den im Antipyrin gegebenen eigenartigen Anschluß des Pyrazolonringes an den Benzolkern die chemische Natur der beiden in die Bildung eingehenden Körper verlorengegangen und ein chemisches Individuum neuer Art entstanden ist.

Von einfacheren Phenylhydrazinderivaten sind noch einige zu erwähnen, welche kurze Zeit in Verwendung standen.

So wurde die von den Höchster Farbwerken[1]) nach einem Verfahren von Emil Fischer dargestellte Phenylhydrazinlävulinsäure unter dem Namen Antithermin[2]) empfohlen.

$$C_6H_5 \cdot NH \cdot N{=}C{<}{}^{CH_3}_{CH_2 \cdot CH_2 \cdot COOH}$$

Die Lävulinsäure ist an und für sich schon giftig. Antithermin ist ein starkes Antipyreticum, macht aber sehr schwere Nebenerscheinungen. Die Idee, welche die Darstellung veranlaßte, war wohl die der Verwandlung des Phenylhydrazins in eine Substanz, welche den Charakter einer Säure hat.

Antithermin entsteht, wenn man eine wässerige Lösung der Lävulinsäure $CH_3 \cdot CO \cdot CH_2 \cdot CH_2 \cdot COOH$ mit der äquivalenten Menge einer wässerigen Lösung von essigsaurem Phenylhydrazin zusammenbringt. Momentan scheidet sich das bald erstarrende Reaktionsprodukt ab.

R. Kobert[3]) empfahl die o-Hydrazin-p-oxybenzoesäure unter dem Namen Orthin.

$$C_6H_3{\lt}\begin{matrix} OH & (1) \\ NH \cdot NH_2 & (2) \\ COOH & (4) \end{matrix}$$

Die Entgiftung des Phenylhydrazins wird durch eine Hydroxyl- und eine Carboxylgruppe, welche im Kern substituiert sind, bewirkt. Die chemisch sehr labile Verbindung erwies sich aber in ihrer Anwendung als sehr unzweckmäßig und mit sehr unangenehmen Nebenerscheinungen verbunden.

Die Versuche der Firma Riedel, Phenylhydrazin nach der beim Chinolin besprochenen Methode, durch Einführung einer p-Methoxygruppe oder Äthoxygruppe in seiner Wirkung zu ändern, wie es ja mit Erfolg beim Acetanilid gelingt, welches durch Einführung einer Alkyloxylgruppe in die p-Stellung wesentlich an Giftigkeit einbüßt, müssen als gänzlich gescheitert hingestellt werden[4]). Man hat von einer praktischen Verwendung dieser Körper nie gehört.

Einen anderen Weg zur Entgiftung des Phenylhydrazins schlug J. Roos[5]) ein.

Er ging vom asymmetrischen Methylphenylhydrazin aus, welches an und für sich schon etwas weniger giftig ist als Phenylhydrazin selbst, und kondensierte dieses mit Salicylaldehyd oder mit Oxybenzalchlorid und kam so zum

$$C_6H_5 \cdot N{<}{}^{CH_3}_{N=CH \cdot C_6H_4 \cdot OH}$$

welches unter dem Namen Agathin in den Handel kam.

Hier ist die Entgiftung sowohl durch die Einführung des Methyls aus auch des Salicylrestes durchgeführt. Die Verbindung ist in Wasser unlöslich. Erst Dosen von 4—6 g haben einen antineuralgischen Erfolg, die antipyretische Wirkung ist schwach. Es beruht dies auf einer Erscheinung, welcher wir noch häufig bei den Salicylderivaten der antipyretisch wirkenden Basen begegnen werden, daß die Verbindungen der Basen mit dem Salicylrest oder anderen

---

[1]) DRP. 37 727. [2]) Nicot, Nouvelles Remèdes **1887**.
[3]) Deutsche med. Wochenschr. **1890**, Nr. 2. [4]) DRP. 68 719 und 70 459.
[5]) DRP. 68 176, 74 691 und 76 248.

aromatischen Radikalen im Organismus so schwer oder gar nicht aufgespalten werden, daß sie entweder ganz wirkungslos sind oder nur in relativ großen Dosen eine schwach antipyretische Wirkung ausüben; da sich hierdurch die Kosten der Behandlung erheblich steigern, sowie auch die Darstellung der Körper gegenüber den mit den anderen Säureresten substituierten erheblich teurer ist, so kann man es als Regel aufstellen, daß sich bei antipyretischen und antineuralgischen Mitteln die Anlagerung eines Salicylrestes oder aromatischer Radikale durchaus nicht empfehlen kann, weil dadurch ein wohl teures, aber meist ganz unwirksames oder nur in großen Dosen wirksames Mittel sich darstellen läßt.

Die Synthesen, welche einfache Derivate des Phenylhydrazins lieferten, waren also von geringerem praktischen Erfolg gekrönt.

p-Acetylaminophenylhydrazin wurde ursprünglich dargestellt als antipyretisch wirkender Körper, welcher die Wirkungen des Anilins mit denen des Hydrazins vereinigen sollte. Jedenfalls eine mehr als sonderbare Idee bei den bekanntlich sehr toxischen Eigenschaften des Anilins und Phenylhydrazins.

Hierbei wurde behufs Darstellung Acetanilid nitriert, das erhaltene p-Nitroacetanilid zu p-Aminoacetanilid reduziert, letzteres diazotiert und mittels Zinnchlorür in salzsaurer Lösung nach V. Meyer und Lecco[1]) das salzsaure Acetylaminophenylhydrazin hergestellt[2]). Dieser Körper wurde auch noch in das Salicylderivat durch Kondensation mit Salicylaldehyd in alkoholischer Lösung verwandelt[3]). Der erhaltene Körper ist

$$CH_3 \cdot CO \cdot NH \cdot C_6H_4 \cdot NH \cdot N : \overset{OH}{HC}{>}C_6H_4$$

Semicarbazidderivate.

Die aromatischen Semicarbazide $R \cdot NH \cdot NH \cdot CO \cdot NH_2$ (R bedeutet ein einwertiges aromatisches Radikal) besitzen alle antipyretische Eigenschaften. Phenyl-, Bromphenyl-, Methoxyphenyl-, Äthoxyphenyl- und m-Benzaminosemicarbazid zeigen bei ihrer physiologischen Prüfung, daß die Giftigkeit der Hydrazine durch die Einführung der $-CO \cdot NH_2$-Gruppe in die entständige Aminogruppe des Hydrazins beträchtlich verringert wird. Das wertvollste Mittel dieser Gruppe soll Kryogenin sein [m-Benzaminosemicarbazid[4])] Es macht mäßige, langsam eintretende Temperaturherabsetzung[5]).

p-Tolylsemicarbazid und Phenylsemicarbazid machen bei interner Darreichung häufig Brechreiz. o-Tolylsemicarbazid ist schwach wirksam und intensiv bitter. 1-m-Tolyl-4-phenylsemicarbazid ist schwach wirksam und wenig löslich. Es soll nahezu geschmacklos und kräftig antipyretisch wirksam sein. Doch macht es schwere Blutveränderungen[6]).

Diese Verbindung (Carbaminsäure-m-tolylhydrazid) wird Maretin genannt. Barjanky[7]) hält es für ein gutes, langsam wirkendes Antipyreticum. Aber es soll Schweißausbrüche hervorrufen und auch nicht sicher wirken[8]).

m-Tolylsemicarbazid $C_6H_4(CH_3)-NH \cdot NH \cdot CO \cdot NH_2$

Es wird dargestellt[9]) durch Einwirkung von m-Tolylhydrazin bzw. dessen Salzen auf Harnstoff, Urethane oder Cyansäure bzw. deren Salze.

---

1) BB. **16**, 2976 (1883). 2) DRP. 80 843. 3) DRP. 81 765.
4) Lumière und Chevrottier, C. r. **135**, 187. 5) C. r. **135**, 1382.
6) Benfey, Med. Klin. **1**, 1165 (1905) — Lit. bei W. Heubner, Therap. Monatshefte **25**, Juni 1911. 7) Berliner klin. Wochenschr. **1904**, 607.
8) Litten, Deutsche med. Wochenschr. **1904**, 969.
9) Bayer, Elberfeld, DRP. 157 572.

Man gewinnt ferner m-Tolylsemicarbazid, wenn man Di-m-tolylsemicarbazid mit Ammoniak erhitzt.

m-Tolylsemicarbazid[1]) kann man auch darstellen, indem man das asymmetrische m-Tolyl-semicarbazid durch Erhitzen auf 140° umlagert. Man gewinnt durch Einwirkung von Benzaldehyd auf m-Tolylhydrazin in verdünnter alkoholischer Lösung das entsprechende Hydrazon $C_6H_5 \cdot CH : N \cdot NH \cdot C_6H_4 \cdot CH_3$. Durch Einwirkung von Phosgen auf dieses Hydrazon bei Gegenwart von Pyridin entsteht das Chlorid $C_6H_5 \cdot CH : N \cdot \underset{\displaystyle COCl}{\underset{|}{N}} \cdot C_6H_4 \cdot CH_3$, welches in alkoholischer Lösung mit Ammoniak behandelt in Benzaldehyd-2-m-tolylsemicarbazon übergeht. Durch Kochen der alkoholischen Lösung mit Schwefelsäure entsteht 2-m-Tolylsemicarbazid $CH_3 \cdot C_6H_4 \cdot N{<}^{NH_2}_{CO \cdot NH_2}$.

m-Tolylhydrazincarbonsäurenitril $CH_3 \cdot C_6H_4 \cdot NH \cdot NH \cdot CN$[2]) gibt mit verseifenden Mitteln, z. B. Schütteln der ätherischen Lösung mit salzsäurehaltigem Wasser das m-Tolylsemicarbazid. Das Nitril erhält man durch Einwirkung von Bromcyan auf m-Tolylhydrazin.

Spaltet man aus den Salzen der Iminoäther der m-Tolylhydrazincarbonsäure der allgemeinen Formel[3])

$$CH_3 \cdot C_6H_4 \cdot NH \cdot NH \cdot C{\Large\langle}^{NH}_{OR} \cdot \text{Halogen}$$

durch Erhitzen oder durch Behandlung mit Wasser Halogenalkyl ab, so erhält man m-Tolylsemicarbazid. Die salzsauren Iminoäther der m-Tolylhydrazincarbonsäure erhält man z. B. durch Einleiten von Chlorwasserstoff in eine ätherische Lösung von berechneten Mengen eines Alkohols und des m-Tolylhydrazincarbonsäurenitrils $CH_3 \cdot C_6H_4 \cdot NH \cdot NH \cdot CN$. m-Tolylsemicarbazid[4]) erhält man auch, wenn man die Imidhalogenide bzw. das Amidin der m-Tolylhydrazincarbonsäure mit Wasser bzw. mit Ammoniak abspaltenden Mitteln behandelt. Die Halogenimide können durch Einwirkung von Halogenwasserstoff auf m-Tolylhydrazincarbonsäurenitril erhalten werden. Das Amidin der m-Tolylhydrazoncarbonsäure wird durch Erhitzen von Cyanamid mit salzsaurem m-Tolylhydrazin in alkoholischer Lösung gewonnen.

Man kann m-Tolylsemicarbazid auch erhalten aus Di-m-tolylcarbazid und Harnstoff oder Ammoniak. Durch Einwirkung von m-Tolylhydrazin auf Diphenylcarbonat erhält man Di-m-tolylcarbazid. Man schmilzt diesen mit Harnstoff auf 160° 2 Stunden lang oder erhitzt mit der gleichen Menge 10proz. Ammoniak 2 Stunden im Autoklaven auf 180[5]).

Man erhält dieselbe Substanz durch Einwirkung von Carbaminsäurechlorid auf m-Tolylhydrazin in benzolischer Lösung[6]).

Man erhält die gleiche Substanz aus m-Tolylhydrazincarbonsäureester und Ammoniak; durch Einwirkung von Chlorkohlensäurephenylester auf m-Tolylhydrazin erhält man Phenylester der m-Tolylhydrazincarbonsäure. Diese werden mit 1proz. Ammoniak eine Zeitlang erwärmt, ebenso kann man von Chlorkohlensäuremethylester den Carbonsäuremethylester erhalten und in gleicher Weise behandeln[7]).

Man kann den gleichen Körper durch Erhitzen aus asymmetrischem m-Tolylsemicarbazid umlagern; 2-m-Semicarbazid erhält man, indem man vorerst aus Benzaldehyd und m-Tolylhydrazin das Hydrazon darstellt, durch Einwirkung von Phosgen in Benzol und Pyridin erhält man das Chlorid $C_6H_5 \cdot CH : N \cdot CO \cdot Cl \cdot N \cdot C_6H_4 \cdot CH_3$. Durch Behandlung mit alkoholischem Ammoniak erhält man Benzaldehyd-2-m-tolylsemicarbazon. Durch Kochen mit Schwefelsäure in alkoholischer Lösung erhält man 2-m-Tolylsemicarbazid $CH_3 \cdot C_6H_4 \cdot N{<}^{NH_2}_{CO \cdot NH_2}$[8]).

Man kann dieselbe Substanz erhalten durch Behandlung von m-Tolylhydrazincarbonsäurenitril $CH_3 \cdot C_6H_4 \cdot NH \cdot NH \cdot CN$ mit verseifenden Mitteln. Das Nitril erhält man aus Bromcyan und Tolylhydrazin in ätherischer Lösung, wobei bromwasserstoffsaures Tolylhydrazin ausfällt, das Nitril aber in Lösung bleibt. Man schüttelt mit salzsäurehaltigem Wasser aus und dampft auf dem Wasserbade ein[9]).

---

[1]) Bayer, Elberfeld, DRP. 163 035. [2]) Bayer, Elberfeld, DRP. 163 036.
[3]) Bayer, Elberfeld, DRP. 163 037, Zusatz zu DRP. 163 036.
[4]) Bayer, Elberfeld, DRP. 163 038, Zusatz zu DRP. 163 036.
[5]) DRP. 160 471, Zusatz zu DRP. 157 572.
[6]) DRP. 162 630, Zusatz zu DRP. 157 572.
[7]) DRP. 162 823, Zusatz zu DRP. 157 572.
[8]) DRP. 163 035, Zusatz zu DRP. 157 572.
[9]) DRP. 163 036, Zusatz zu DRP. 157 572.

Indolinone.

Indolinone haben antipyretische und antineuralgische Eigenschaften.

Man stellt sie dar aus β-Acidyl-m-tolylhydraziden und β-Acidylderivaten des Phenylhydrazins oder homologer Phenylhydrazine, indem man letztere mit Kalk auf über 200° erhitzt oder die Alkalimetallverbindungen der Ausgangsstoffe auf höhere Temperaturen erhitzt[1]. Es bilden sich zwei isomere Substanzen

$$C_6H_3(CH_3)\langle{}^{NH}_{CH}\rangle CO \quad \text{und} \quad CH_3-C_6H_3\langle{}^{NH}_{CH}\rangle CO$$

Pyrazolonderivate.

Tolypyrin.

Mehr Bedeutung erlangten Verbindungen, welche mittels der Antipyrinsynthese dargestellt wurden, aber bei denen statt des Phenylhydrazins homologe Verbindungen verwendet wurden.

So kam es zur Synthese des Tolypyrins[2] (p-Tolyl-2.3-dimethyl-5-pyrazolon),

$$\begin{array}{l} \quad\quad N \cdot C_6H_4 \cdot CH_3 \\ CH_3 \cdot N \quad CO \\ CH_3 \cdot C = CH \end{array}$$

indem man p-Tolylhydrazin $CH_3 \cdot C_6H_4 \cdot NH \cdot NH_2$ und Acetessigester aufeinander einwirken ließ.

Tolypyrin hat wie Antipyrin anästhesierende Wirkung, aber es wirkt stärker reizend. 4 g des Tolypyrins, in dem ein Wasserstoff der Phenylgruppe durch einen Methylrest ersetzt ist, wirken nach Guttmann ebenso stark wie 5—6 g Antipyrin. O. Liebreich[3]) wendete sich sofort gegen diese Art, neue Körper als Arzneimittel darzustellen, welche weder chemisch noch pharmakologisch etwas Neues bieten und nur zwecklose Wiederholungen sind, die höchstens dazu beitragen können, in die Antipyrintherapie Verwirrung hineinzutragen. Die Zirkulation wird im Gegensatz zum Antipyrin durch das im Kern substituierte Tolypyrin ungünstig beeinflußt[4]).

Salze des Antipyrins.

Vom Antipyrin und vom Tolypyrin ausgehend wurden verschiedene Derivate dieser Körper dargestellt.

Salipyrin ist salicylsaures Antipyrin und wird dargestellt, indem man eine wässerige Antipyrinlösung mit einer ätherischen Salicylsäurelösung schüttelt oder wenn man Antipyrin und Salicylsäure mit wenig Wasser auf dem Dampfbad erhitzt. In der gleichen Weise läßt sich aus Tolypyrin salicylsaures Tolypyrin, welches den Phantasienamen Tolysal trägt, gewinnen. Gegen die Einführung und Verwendung dieser Körper wendete sich ebenfalls O. Liebreich[3]) in einer sehr bestimmten und klaren Weise, indem er ausführte, daß diese Körper durchaus keine neue Wirkung bieten können, sie können nur die Wirkungen des Antipyrins und der Salicylsäure zeigen. Wo man die Wirkung des Antipyrins allein braucht, ist die Beigabe der Salicylsäure nutzlos und sollte man die Wirkung des Antipyrins und der Salicylsäure wünschen, so ist es viel einfacher, diese beiden Körper für sich, ohne eine verteuernde und zwecklose chemische Kombination

[1]) Böhringer, Waldhof, DRP. 218 727. [2]) DRP. 26 429.
[3]) Therap. Monatshefte **1893**, 180, 186. [4]) Filehne, Zeitschr. f. klin. Med. **32**, 570.

zu geben. Man muß übrigens bemerken, daß die dem Salipyrin nachgerühmten günstigen Wirkungen bei Gebärmutterblutungen nichts dieser Substanz Eigenes sind, sondern nur von der Antipyrinkomponente ausgelöst werden. Antipyrin allein kann dieselbe Wirkung äußern. Zu gleichem Zwecke wurde auch das salicylessigsaure Antipyrin dargestellt (Pyronal genannt), welches vor dem Salipyrin den Vorzug stärkerer antipyretischer Wirkung besitzen soll. Die Salicylessigsäure wird durch Einwirkung von monochloressigsaurem Natron auf salicylsaures Natron gewonnen.

Acetopyrin wurde ein acetyliertes Salipyrin genannt, es besteht aus Acetylsalicylsäure (s. d.) und Antipyrin, um die evtl. Nebenwirkungen der Salicylsäure abzuschwächen[1]).

Astrolin ist ein methyläthylglykolsaures Antipyrin, das sehr leicht löslich ist.

Man erhält sehr leicht lösliche Verbindungen des Antipyrins mit Dialkylglykolsäuren und Monoalkylglykolsäuren von rein säuerlichem Geschmack. Dargestellt wurden durch Vereinigung oder Zusammenschmelzen von Säure und Base dimethylglykolsaures, diäthylglykolsaures, methyläthylglykolsaures, methylisopropylglykolsaures und α-oxyisovaleriansaures Antipyrin[2]).

Wir sehen, daß wir auf diese Weise keineswegs zu Körpern gelangen können, die bessere oder andere Wirkung bieten wie die Grundsubstanz selbst. Es ist dies jedenfalls kein der Arzneimittelsynthese würdiger Weg. Eine ähnliche Kombination ist das mandelsaure Antipyrin [Tussol[3])]. Die schwach narkotische Wirkung der Mandelsäure $C_6H_4 \cdot CH(OH) \cdot COOH$ besitzt der Körper ebenso wie die antifebrile des Antipyrins. Dieses Salz ist bitter. Man hat Tussol insbesondere bei Keuchhusten empfohlen[4]).

Das gerbsaure Salz des Antipyrins wurde nur aus dem Grunde für den Gebrauch empfohlen, weil es wegen seiner Unlöslichkeit geschmacklos ist. Der Antipyringeschmack aber an und für sich ist ein so geringer, daß gerbsaures Antipyrin in der Therapie nur ein Eintagsleben fristete. Das gleiche läßt sich gegen die Darstellung von Antipyrin-Saccharin einwenden.

Man erhält dieses Salz[5]), wenn man äquivalente Mengen Saccharin und Antipyrin in heißem Wasser löst und zur Krystallisation bringt.

Um dem Antipyrin außer seinen febrifugen Eigenschaften auch die Fähigkeit zu verleihen, die starke Schweißabsonderung der Fiebernden zu beschränken, wurde es mit Camphersäure kombiniert, welche tatsächlich in größeren Dosen die Schweißsekretion vermindert. Aber die Menge Camphersäure, welche mit Antipyrin in Verbindung tritt, ist zur Auslösung dieser Wirkung viel zu gering, so daß diese neue Substanz für den beabsichtigten Effekt sich als zu schwach erweisen muß.

Man erhält das neutrale camphersaure Antipyrin durch Mischen und Zusammenschmelzen von 34.72% der Säure mit 65.27% Antipyrin. Das leichter lösliche, saure, camphersaure Antipyrin enthält 51.45% Camphersäure und 48.55% Antipyrin und wird durch Zusammenschmelzen der beiden in diesem Verhältnisse gemischten Substanzen erhalten.

Nach Angabe der Patentanmeldung[6]) soll die Verbindung stärkere antihydrotische Eigenschaften haben als die in ihr enthaltene Menge Camphersäure, was um so unrichtiger, als Antipyrin selbst die Schweißsekretion vermehrt.

Arnold Voswinkel, Berlin, stellt salzartige Verbindungen aus Antipyrin und Tolypyrin und Toluolsulfamiden her, indem er gleiche Moleküle dieser Körper zusammenschmelzen oder die Komponenten aus Lösungsmitteln zusammen auskrystallisieren läßt[7]).

---

1) Wiener klin. Wochenschr. **1900**, 373. 2) Riedel, Berlin, DRP. 218 478.
3) DRP.-Anm. 7547 (versagt).
4) Zentralbl. f. med. Wissensch. **1895**, 861. — Therap. Monatshefte **1894**, 574.
5) DRP. 131 741. 6) DRP.-Anm. Kl. 12, p. F. 13 433; Amerik. P. 674 686, 674 687.
7) DRP. 229 814.

Verschiedene Pyrazolonderivate.

Man versuchte auch, Antipyrin mit anderen antipyretischen Mitteln zu verbinden. In diese Gruppe gehören zwei Körper, das Chinopyrin und Anilipyrin. Chinopyrin wurde dargestellt, um eine leicht lösliche Chininantipyrinverbindung zu subcutanen Injektionen bei Malaria zu haben. Zur Darstellung verwendet man Chininchlorhydrat. Die Injektion ist zwar schmerzlos, es hinterbleibt aber eine Induration der Einstichstelle. Diese Doppelverbindung, per os gegeben, ist aber nach den Angaben der Untersucher außerordentlich giftig wegen der raschen Resorption und Aufspaltung im Magen. Weder diese Verbindung noch Anilipyrin haben je eine Bedeutung erlangt. In Wasser ist Anilipyrin leicht löslich und wenig giftig[1]). Vorteile von einer Mischung des Antifebrins und Antipyrins kann eine solche Substanz nicht haben.

Anilipyrin wird durch Zusammenschmelzen eines Äquivalentes Antifebrin (Acetanilid) und zwei Äquivalenten Antipyrin erhalten.

Michaelis und Gunkel haben Aniloantipyrin oder Anilinpyrin durch zweistündiges Erhitzen äquimolekularer Mengen von Anilin und Antipyrinchlorid auf 250° erhalten. Die Formel der Substanz leitet sich von der Betainformel des Antipyrins ab.

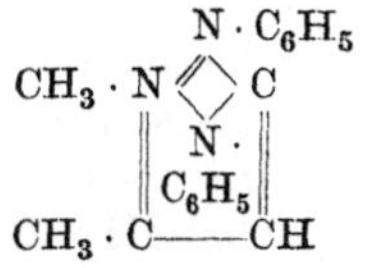

```
                N · C6H5
      CH3 · N ⟨⟩ C
            ‖  N · ‖
            ‖ C6H5 ‖
      CH3 · C ——— CH
```

Silberstein[2]) kondensierte Antipyrin mit primären aromatischen Basen bei Gegenwart wasserentziehender Mittel, wie $POCl_3$ oder PCl_5. Anilin und Antipyrin und $POCl_3$ auf 250° erhitzt, gaben

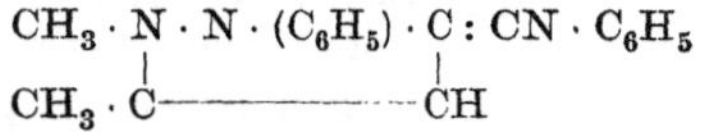

```
CH3 · N · N · (C6H5) · C : CN · C6H5
      |                 |
CH3 · C ——————————————— CH
```

Ebenso entsteht ein Kondensationsprodukt $C_{18}H_{19}N_3$ aus Antipyrin und p-Toluidin.

Ein anderes Anilopyrin erhält man durch Einwirkung von Antipyrinchlorid auf 2 Moleküle Anilin bei 125°[3]). Es wirkt nach R. Kobert erheblich giftig und bei Warmblütern primär lähmend auf das Zentralnervensystem. Es ist kein Blutgift.

3-Antipyrin geht bei verschiedenen Tieren in den Harn über, bei Warmblütern findet man einen gepaarten und einen ungepaarten Anteil. Analog verhält sich Isoantipyrin. 4-Aminoantipyrin tritt im Harne als solches, teils als Chromogen bzw. als Farbstoff auf. 3-Pyramidon (im Gegensatz zu Jaffés Versuchen mit Pyramidon) gibt keine Rubazonsäure im Harn, sondern erscheint vermutlich unverändert im Harn. Alle drei Antipyrine, sowie Aminoantipyrin, das gewöhnliche Pyramidon und 3-Pyramidon werden nach subcutaner Einverleibung rasch resorbiert. Das giftigste ist 3-Antipyrin, dann folgt Isoantipyrin (1-Phenyl-2.5-dimethylpyrazolon)

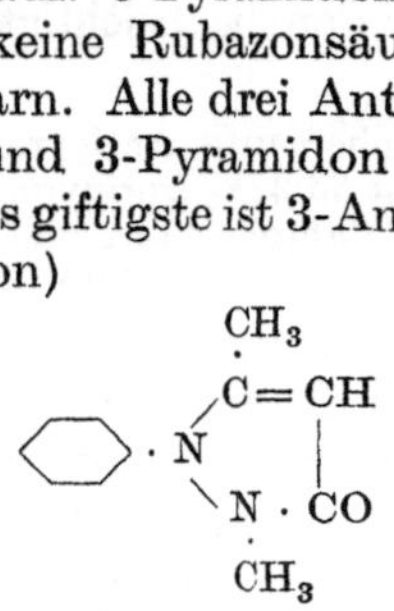

```
              CH3
              ·
             C = CH
            /     |
  ⬡ · N           |
            \     |
             N · CO
             ·
             CH3
```

schließlich kommt Antipyrin. 4-Aminoantipyrin ist im Froschversuche viel weniger giftig. — 3-Antipyrin ist auch bei Warmblütern giftiger als Anti-

[1]) Gilbert und Yvon, Presse méd. **1897**, Nr. 55. [2]) DRP. 113 384.
[3]) BB. **36**, 3275 (1903).

pyrin. Isoantipyrin steht auch bei Warmblütern dem 3-Antipyrin an Giftigkeit sehr nach[1]).

Alle drei Antipyrine, inbesonders 3-Antipyrin, wirken krampferregend. Die Einführung der Aminogruppe verstärkt die reizende Wirkung des Antipyrins nicht. Aminoantipyrin ist sicher weniger giftig als Antipyrin. Pyramidon und 3-Pyramidon unterscheiden sich bei Fröschen. Die unter heftigsten Krämpfen letal wirkende Pyramidondose ist 20—30 mg. Dieselbe Dose 3-Pyramidon wirkt nur depressiv. Auch die Jodmethylverbindung des 3-Pyramidons ist viel ungiftiger als gewöhnliches Pyramidon. Pyramidon ist 6—8 mal giftiger als einfaches Aminoantipyrin. Bei Warmblütern war 3-Pyramidon in Dosen noch wirkungslos, die beim gewöhnlichen Pyramidon mit Sicherheit töten.

o-Aminoantipyrin, ist, wie 4-Aminoantipyrin, viel ungiftiger als Antipyrin. 1-o-Acetylaminoantipyrin ist wenig giftig. Isopyramidon wird, wie 3-Pyramidon, in mehr als doppelt so großen Dosen wie gewöhnliches Pyramidon vertragen. 4-Allylantipyrin ist eine relativ giftige Substanz. Ebenso ist Azoantipyrin sehr giftig.

m-Aminoantipyrin ist so gut wie unwirksam und m-Acetylaminoantipyrin wirkt nur ganz schwach. p-Dimethylaminoantipyrin wirkt wie Pyramidon, doch ist seiner Giftigkeit größer, ganz wirkungslos war das entsprechende Acetylderivat.

Durch Aminierung am Benzolkern dem Pyramidon gleichwertige Präparate zu erzielen ist nicht gelungen. 4-Methylantipyrin wirkt besser antipyretisch als Antipyrin, ist aber auch giftiger. 1-Phenyl-2.3-dimethyl-4-diaminomethyl-5-pyrazolon wirkt schwächer als Antipyrin. 1-Phenyl-2.4-dimethyl-3-dimethylaminomethyl-5-pyrazolon ist sehr giftig und in kleinen Dosen antipyretisch wenig wirksam. Das hydroxylierte Methylantipyrin (1-Phenyl-2.4-dimethyl-3-methylol-5-pyrazolon) ist wenig wirksam, noch schwächer der zugehörige Benzoyl- und Salicylester sowie der Äthylsalicylester. An der geringen Wirkung dieser Ester ändert auch die Einführung einer Aminogruppe am Benzolring nichts, wie die Untersuchung des 1-Phenyl-2.4-dimethyl-3-p-aminobenzoylmethylol-5-pyrazolon lehrt.

1-Phenyl-2.4-dimethyl-5-pyrazolon erwies sich als in der antipyretischen Wirkung inkonstant. 1.2-Dimethyl-3-phenyl-5-pyrazolon ist dem Antipyrin ungefähr gleichwertig. 1-Phenyl-2.5-dimethyl-4-dimethylamino-6-pyrazolon fand Biberfeld im Gegensatz zu R. Kobert als nicht vorteilhaft, da es zwar weniger giftig, aber auch weniger wirksam ist als Pyramidon.

Von den höheren Homologen des Pyramidons ist 1-Phenyl-2.3-dimethyl-4-diäthylamino-5-pyrazolon ungefähr ebenso wirksam wie Pyramidon, 1-Phenyl-2-äthyl-3-methyl-4-diäthylamino-5-pyrazolon in seiner Wirkung inkonstant und ziemlich giftig.

Von den Derivaten des Iminopyrins erwies sich das salzsaure Benzoyliminopyrin (1-Phenyl-2.3-dimethyl-5-benzoliminopyrin), welches das Salz einer Ammoniumbase ist, unerheblich antipyretisch wirksam, aber die Giftigkeit war ausgesprochen. Antipyryliminopyrin ist wenig wirksam und Methylantipyryliminopyrin antipyretisch besser wirksam. Sein salzsaures Salz wirkt wie Pyramidon, ist aber giftiger. Antipyryliminodiäthylbarbitursäure ist antipyretisch und hypnotisch unwirksam, ebenso Bisantipyrylpiperazin und Thiobisantipyrin. 4-Piperidylantipyrin ist viel weniger antipyretisch wirksam als Pyramidon[2]).

[1]) Kobert, Zeitschr. f. klin. Med. 62, I.

[2]) Joh. Biberfeld, Zeitschr. f. experim. Pathol. u. Ther. 5, 1.

Bisantipyrylpiperazin und Antipyrylpiperidin haben die gleiche toxische Dosis wie Antipyrin, Antipyrylpiperidin ist in kleineren Dosen wirksamer als Antipyrin[1]).

Valerylaminoantipyrin (Neopyrin) ist sehr bitter, weniger giftig als Antipyrin, hohe Dosen töten unter Krämpfen. Es wirkt stark antipyretisch. Bromvalerylaminoantipyrin ist ca. 10 mal giftiger[2]).

Läßt man auf 1-Phenyl-2.3-dimethyl-4-amino-5-pyrazolon oder dessen Salze, sei es in Lösung oder in Aufschwemmung in unwirksamen Lösungsmitteln, die Halogenide der Isovaleriansäure oder der α-Bromisovaleriansäure einwirken, so entsteht 4-Isovaleryl- bzw. 4-α-Bromisovalerylamino-1-phenyl-2.3-dimethyl-5-pyrazolon[3]).

Wenn man 1-Phenyl-3-methyl-4-isovalerylamino-5-pyrazolon, 1-Phenyl-3-methyl-4-isovalerylamino-5-isovaleryloxypyrazol, 1-Phenyl-3-methyl-4-isovaleryl-amino-5-äthoxypyrazol und 1-Phenyl-3-methyl-4-isovaleryl-amino-5-chlorpyrazol oder analoge α-Bromisovalerylverbindungen mit methylierenden Mitteln behandelt, so erhält man 1-Phenyl-2.3-dimethyl-4-isovalerylamino-5-pyrazolon und 1-Phenyl-2.3-dimethyl-4-α-bromisovalerylamino-5-pyrazolon[4]).

1-Phenyl-3.4.4-trimethyl-5-pyrazolon

```
              CH3
              |
              C
   CH3\    // 3 \\
   CH3/C 4      2 N
       |         |
      OC 5 ——— 1 N · C6H5
```

wirkt schwach antipyretisch. Durch die Einführung der Dimethylaminogruppe in p-Stellung des Phenylrestes erhält man das gut antipyretisch wirkende 1-p-Dimethylaminophenyl-3.4.4-trimethyl-5-pyrazolon

```
              CH3
              |
              C
   CH3\     /  \\
   CH3/C        N
       |        |
      OC ——— N—<C6H4>—N(CH3)2
```

Man erhält die Verbindung, wenn man 1-p-Aminophenyl-3.4.4.-trimethyl-5-pyrazolon mit methylierenden Mitteln behandelt[5]).

Von Antipyrin ausgehend wurde nur ein Körper dargestellt, der mit ihm in erfolgreiche Konkurrenz treten kann, um so mehr, als er dreimal so kräftig wirkt als Antipyrin selbst[6]), überdies die Wirkungen viel allmählicher sich entwickeln und länger andauern als beim Antipyrin, es ist dies Pyramidon [4-Dimethylaminoantipyrin[7])].

```
                     N · C6H5
                    /   \
Pyramidon   CH3 · N      CO
            CH3 · C ==== C · N(CH3)2
```

Im Pyramidon sind alle Wasserstoffe des Pyrazolonringes substituiert. Die im Antipyrin neusubstituierte Dimethylaminogruppe wurde von Filehne aus dem Grunde eingeführt, weil nach Knorr auch im Morphin ein methyliertes, tertiäres Stickstoffatom anzunehmen ist. Die Substitution erfolgte aus dem Grunde am Pyrazolon- und nicht am Benzolring, weil die höheren Homologen des Antipyrin, wie z. B. Tolypyrin, keine Vorzüge vor dem Antipyrin besitzen, im Gegenteil die Zirkulation ungünstig beeinflussen[8]).

---

1) Luft, BB. **38**, 4044 (1905). 2) C. Bachem, Therap. Monatshefte **23**, 588.
3) Knoll & Co., Ludwigshafen a. Rh., DRP. 227 013.
4) Höchst, DRP. 238 373. 5) Höchst, DRP. 248 887.
6) W. Filehne, Berliner klin. Wochenschr. **1896**, Nr. 48. — Zeitschr. f. klin. Med. **32**, Heft 5 u. 6. 7) DRP. 90 959, 97 011. 8) Filehne, Zeitschr. f. klin. Med. **32**, 569.

Im Harne tritt nach Gebrauch von Pyramidon nach Jaffés Beobachtung[1]) Rubazonsäure auf:

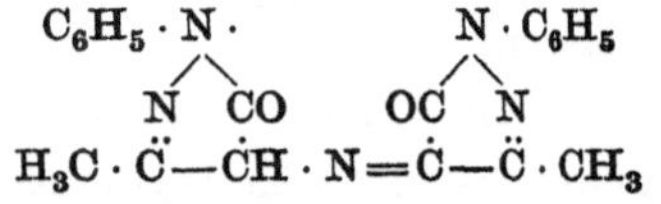

```
C6H5 · N ·             N · C6H5
      / \              / \
     N   CO          OC   N
H3C · C — CH · N = C — C · CH3
```

Eigentlich ist im Harne eine Vorstufe dieser Substanz enthalten, welche durch Oxydation an der Luft in diesen Farbstoff übergeht.

Es wird also im Organismus Pyramidon, wenn auch zu einem geringen Bruchteil entmethyliert, und zwar derart, daß ihm die drei an den beiden N-Atomen befindlichen Methylgruppen entzogen werden, während die mit Kohlenstoff verbundene intakt bleibt. Bei der Verschmelzung der Pyramidonmoleküle zu Rubazonsäure findet überdies eine Abspaltung von Ammoniak statt. Auch eine gepaarte Glykuronsäure tritt im Harne auf. Ferner tritt Antipyrylharnstoff auf (Uraminoantipyrin)

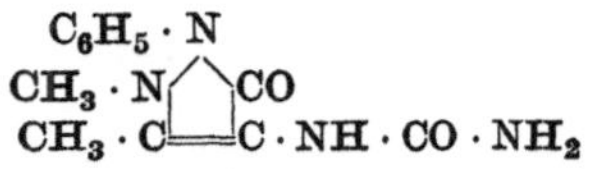

```
      C6H5 · N
CH3 · N/ \CO
CH3 · C==C · NH · CO · NH2
```

Es muß also zuerst eine Entmethylierung vorangegangen sein, und an die regenerierte Aminogruppe lagert sich dann der Atomkomplex $—CONH_2$[2]). Pyramidon als solches ist im Harne nicht nachweisbar.

Die von Knorr dargestellten Diäthylderivate des Aminoantipyrins und das Monoäthylmonomethylderivat wirken analog ohne Vorzüge zu zeigen. Ferner wurden die homologen Tolylverbindungen sowie die alkylierten Aminoderivate der p-Äthoxyantipyrine aus analogen Gründen hergestellt.

Pyramidon wird dargestellt, indem man zuerst Nitrit auf eine saure Lösung des Antipyrin einwirken läßt und so Nitrosoantipyrin

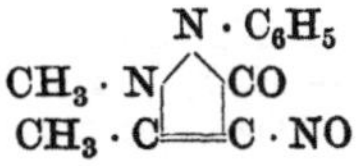

```
       N · C6H5
CH3 · N/ \CO
CH3 · C==C · NO
```

erhält. Reduziert man nun dieses, so gelangt man zum Aminoantipyrin[3]),

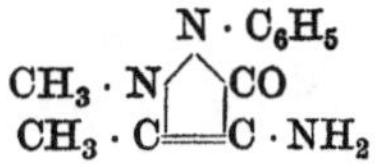

```
       N · C6H5
CH3 · N/ \CO
CH3 · C==C · NH2
```

welches sich nur als Benzylidenverbindung in der Weise abscheiden läßt, daß man Benzaldehyd in Essigsäure löst und Alkohol zu der Lösung des Aminoantipyrins hinzufügt. Benzylidenaminoantipyrin zerlegt man nun mit verdünnter Salzsäure, wobei sich Benzaldehyd abspaltet, den man dann mit Äther von der salzsauren Lösung des Aminoantipyrins trennt. Außer diesem Verfahren kommt man noch auf diese Weise zum Ziele, daß man Acetaminophenylhydrazin mit Acetessigester reagieren läßt und die Acetylgruppe durch starke Salzsäure abspaltet und hierauf alkyliert.

Bei der Darstellung des Pyramidons werden dann die beiden Wasserstoffe des Aminorestes im Aminoantipyrin durch Methylgruppen ersetzt, und es resultiert, wie oben erwähnt, Dimethylaminodimethylphenylpyrazolon = Pyramidon.

An Stelle der Alkylierungsmittel des DRP. 90 959 und 91 504 kann man eine α-Halogenessigsäure resp. -propionsäure anwenden und aus dem vorerst entstehenden Säurederivat Kohlensäure abspalten, und zwar durch Erhitzen über den Schmelzpunkt oder Kochen mit Wasser. Dieses Verfahren gibt quantitative Ausbeute[4]).

Ferner wurde vorgeschlagen, 4-Dimethylaminophenyldimethylpyrazolon[5]) in der Weise darzustellen, daß man die Salze des 4-Dimethylaminophenyldimethylpyrazolonmethylhydroxyds in wässeriger oder alkoholischer Lösung erhitzt.

---

1) BB. **34**, 2739 (1901). 2) Jaffé, BB. **35**, 2891 (1902). 3) DRP. 97 332.
4) Höchster Farbwerke, DRP. 144 393. 5) DRP. 111 724.

Wenn man Jod- oder 4-Chlor-1-phenyl-2.3-dimethyl-5-pyrazolon mit sekundären Aminen erhitzt, so entsteht Phenyldimethylpyrazolon. Läßt man dagegen sekundäre Amine auf das Bromderivat einwirken, so wird das Bromatom durch das basische Radikal ersetzt, entsprechend der Gleichung:

$$C_{11}H_{11}BrN_2O + 2\,NHR_2 = NHR_2 \cdot HBr + C_{11}H_{11}N_2O(NR_2).$$

Man erhält so 4-Dimethylamino-1-phenyl-2.3-dimethyl-5-pyrazolon, 4-Piperidyl-1-phenyl-2.3-dimethyl-5-pyrazolon, 4-Äthylmethylamino-1-phenyl-2.3-dimethyl-5-pyrazolon[1]).

Zur Darstellung von Phenylmethylaminchlorpyrazol wird 1-Phenyl-3-methyl-4-arylazo-5-chlorpyrazol mit sauren Reduktionsmitteln behandelt. Diese Substanz kann durch Methylieren und Alkalieinwirkung in Pyramidon übergeführt werden[2]).

Wie vom Antipyrin, so wurde auch vom Pyramidon ein salicylsaures und ein camphersaures Salz dargestellt. Ersteres erhält man durch Zusammenschmelzen der Komponenten mit oder ohne Lösungsmittel[3]). Letzteres erhält man nur durch Konzentration wasserfreier Lösungen der beiden Körper in Äther[4]).

Sekundäres citronensaures 1-Phenyl-2.3-dimethyl-4-dimethylamino-5-pyrazolon erhält man durch Einwirkung von 1 Mol. Citronensäure auf 2 Mol. der Base[5]).

Wenn man nach Knorr[6]) 1-Phenyl-3-methylpyrazolon mit Methylenchlorhydrin bei Gegenwart von Alkali behandelt, so erhält man zwei isomere Oxäthylderivate.

```
(A)                    N · C6H5                 (B)          N · C6H5
                      / \                                   / \
CH2(OH) · CH2 · N    CO                                N—CO · CH2 · (OH)
                    |    |                                  |   |
            CH3 · C==CH                              CH3 · C==CH
```

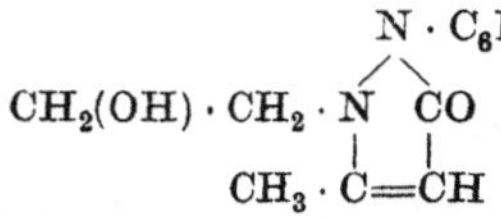

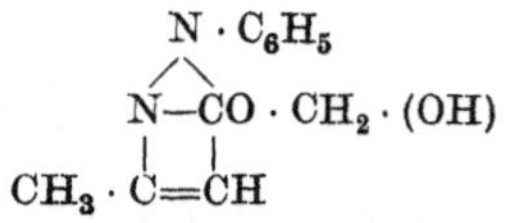

Aus diesen Körpern lassen sich leicht Acetyl- oder Benzoylderivate durch Einführung dieser Gruppen in den Hydroxylwasserstoff darstellen.

Knorr und Pschorr stellten ferner 4-Oxyantipyrin (1-Phenyl-2.3-dimethyl-4-oxy-5-pyrazolon) dar, welchem ähnliche physiologische Wirkungen zukommen wie dem Antipyrin.

Sie reduzieren Nitro- oder Isonitrosophenylmethylpyrazolon zur Aminoverbindung, führen diese durch Oxydation in ein Ketopyrazolon über und verwandeln letzteres durch Reduktion mit Natriumamalgam in saurer Lösung in die Oxyverbindung aus welcher durch Methylierung 4-Oxyantipyrin entsteht[7]).

Camphocarbonsäureäthylester vereinigt sich mit Phenylhydrazin unter Alkoholaustritt zu einer Verbindung $C_{17}H_{20}ON_2 + H_2O$, die zur Klasse der Pyrazolone gehört und als Camphopyrazolon zu betrachten ist. Diese Verbindung hat nie eine praktische Verwendung gefunden.

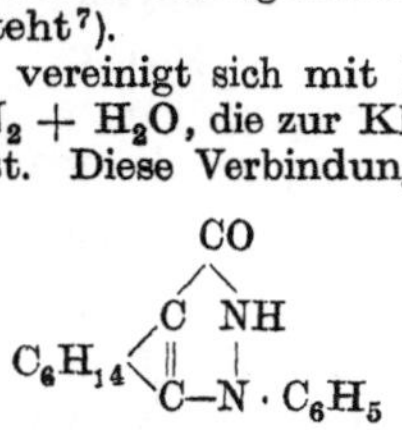

```
            CO
           /  \
          C    NH
  C6H14 < ||   |
          C—N · C6H5
```

Campho-3-pyrazolon[8]) ist giftig[9]) analog dem sogenannten Isoantipyrin aus 1-Phenyl-5-methyl-3-pyrazolon, während Campho-5-pyrazolon analog wie Antipyrin wirkt.

Dihydriertes Antipyrin und Derivate desselben wurden durch Reaktion zwischen Crotonsäure und Phenylhydrazin[10]) bzw. p-Phenäthylhydrazin[11]) und nachherige Methylierung erhalten. Diese Verbindungen wurden nicht in die Therapie eingeführt.

Außer dem Antipyrin und dem Pyramidon konnte keine Verbindung dieser Reihe eine Bedeutung gewinnen.

---

[1]) Höchster Farbwerke, DRP. 145 603. [2]) Höchster Farbwerke, DRP. 153 861.
[3]) DRP.-Anm. Kl. 12 p. F. 12 982; Amerik. P. 680 278; Franz. P. 301 458.
[4]) DRP. 135 729. [5]) Rudolf Otto, Frankfurt, DRP. 234 631.
[6]) DRP. 74 912.
[7]) DRP. 75 378, siehe auch DRP. 75 975 (durch Einwirkung von Alkalien auf Halogenantipyrin). [8]) DRP. 65 259.
[9]) Brühl, BB. 24, 3395 (1891); 26, 290 (1893). — Wahl, BB. 33, 1987 (1900).
[10]) DRP. 66 612. [11]) DRP. 68 713.

Phenyldimethylpyrazolonaminomethansulfosaures Natrium (Melubrin) wird erhalten aus 1-Phenyl-2.3-dimethyl-4-aminopyrazolon und Formaldehydsulfitlösung.

Wenn man auf die ω-Methylsulfosäure des Salicylsäure-p-aminophenylesters 4-Dimethylamino-1-phenyl-2.3-dimethyl-5-pyrazolon einwirken läßt, und zwar in Aceton erhitzt, so scheidet sich die Verbindung:

$$OH \cdot C_6H_4 \cdot CO \cdot O \cdot C_6H_4 \cdot NH \cdot CH_2 \cdot OSO_2H\,, \quad (CH_3)_2N \cdot \begin{array}{l} \quad CH_3 \\ \quad\;\; \dot{C} \\ C \diagup\!\!\diagdown N \cdot CH_3 \\ O \cdot C \!=\!= N \cdot C_6H_5 \end{array} \quad \text{ab}^{1)}.$$

Diantipyrylharnstoff wirkt entfiebernd, macht keinen Kollaps, hat keine zentralen Nervenwirkungen und auch keine antineuralgischen zum Unterschiede von Antipyrin.

$$\text{Diantipyrylharnstoff} \quad CO\!<\!\begin{matrix} NH \cdot \text{Antipyryl} \\ NH \cdot \text{Antipyryl} \end{matrix} \;{}^{2)}.$$

Nach DRP. 243 069 werden Doppelverbindungen von Pyramidon mit Coffein mit Hilfe von aromatischen Säuren wie Salicylsäure, Benzoesäure, Phthalsäure, hergestellt.

Statt des Pyramidon kann man in gleicher Weise Aminoacidylphenetidine verwenden, z. B. Aminoacet-p-phenetidid[3]).

Scheitlin (Altstädten) stellt 1-Phenyl-2 3-dimethyl-4-sulfamino-5-pyrazolon durch Einwirkung von Natriumbisulfit in der Wärme auf 1-Phenyl-2.3-dimethyl-4-nitroso-5-pyrazolon her. Das so erhältliche Natriumsalz zerlegt man durch Mineralsäuren[4]).

Scheitlin[5]) stellt 1-Phenyl-2.3-dimethyl-4-dimethylamino-5-pyrazolon in der Weise her, daß er das nach DRP. 193 632 (s. d.) erhältliche 1-Phenyl-2.3-dimethyl-4-sulfamino-5-pyrazolon mit Dimethylsulfat in der Wärme behandelt.

1-Phenyl-3-methoxy-4.4-dimethyl-5-pyrazolon ist ziemlich wirksam, während 1-Phenyl-3-oxy-5-pyrazolon, die entsprechende Aminoverbindung in Stellung 4 und die 4.4-Diäthylverbindung sowie eine Reihe ähnlicher medizinisch unbrauchbar sind[6]).

Durch Einwirkung von Formaldehyd und Blausäure auf 4-Antipyrylamin erhält man 4-Antipyrylcyanmethylamin; durch dessen Methylierung und nachheriges Erhitzen mit Säuren erhält man unter Kohlensäureabspaltung 4-Antipyryldimethylamin[7]).

1-Aryl-2.4-dialkyl-3-halogenmethyl-5-pyrazolone erhält man, indem man Halogene auf 1-Aryl-2.4-dialkyl-3-methyl-5-pyrazolone einwirken läßt, oder man kann die isomeren 1-Aryl-2-dialkyl-5-methyl-3-pyrazolone mit Halogenen behandeln[8]).

Durch Einwirkung alkylierender Mittel auf 1-p-Aminophenyl-2.4-dimethyl-3-oxymethyl-5-pyrazolon erhält man Dialkylderivate, welche antipyretisch wirksam sind[9]).

Nicht nur die im vorhergehenden Patent beschriebenen Pyrazolone wirken angeblich hervorragend antipyretisch, sondern diese Eigenschaft kommt allgemein den 1-p-Dialkylaminophenyl-2.4-dialkyl-3-oxymethyl-5-pyrazolonen zu. Die Alkylgruppe in 4-Stellung ist für die antipyretische Wirkung nicht erforderlich, sondern kann auch durch Wasserstoff oder andere Substituenten ersetzt werden.

Dargestellt wurden: 1-p-Dimethylaminophenyl-2-methyl-3-oxymethyl-5-pyrazolon und 1-p-Dimethylaminophenyl-2-methyl-3-oxymethyl-4-äthyl-5-pyrazolon[10]).

In die freie Aminogruppe der entsprechenden 1-p-Aminophenylpyrazolone werden entweder durch Behandlung mit Chloressigsäure zwei Essigsäurereste eingeführt und durch Erhitzen Kohlensäure abgespalten oder man führt durch Behandlung mit Formaldehyd und Blausäure nur einen Essigsäurerest ein, behandelt das so erhaltene Cyanmethylaminophenylpyrazolon mit alkylierenden Mitteln und verseift[11]).

---

1) Abelin, Bürgi und Perelstein, DRP. 282 412.
2) Maximilian Göttler, BB. 48, 1765 (1915).
3) DRP. 244 740, Zusatz zu DRP. 243 069. 4) DRP. 193 632.
5) DRP. 199 844. 6) BB. **39**, 2284 (1906).
7) Höchster Farbwerke, DRP. 184 850. — Höchster Farbwerke, DRP. 208 593, Zusatz zu DRP. 206 637. 8) DRP. 206 637. 9) Höchst, DRP. 214 716.
10) DRP. 217 558, Zusatz zu DRP. 214 716. 11) DRP. 217 557, Zusatz zu DRP. 214 716.

1-p-Dimethylaminophenyl-2.3.4-trimethyl-5-pyrazolon erhält man durch Behandlung von 1-p-Aminophenyl-3.4-dimethyl-5-pyrazolon oder 1-p-Aminophenyl-3.4-dimethyl-5-halogenpyrazolon oder 1-p-Aminophenyl-3.4-dimethyl-5-alkyloxypyrazol oder 1-p-Aminophenyl-2.3.4-trimethyl-5-pyrazolon oder deren Alkyl- und Säurederivaten mit methylierenden Mitteln[1]).

Dimethylamino-1-phenyl-2.3-dimethyl-5-pyrazolon wird durch Erhitzen von Aminophenyldimethylpyrazolon mit Nitrosodimethylamin allein oder bei Gegenwart von Kupferpulver gewonnen. Bei diesem Verfahren wird die Bildung von quaternären Verbindungen vermieden. Die Reaktion verläuft nach folgender Gleichung[2]):

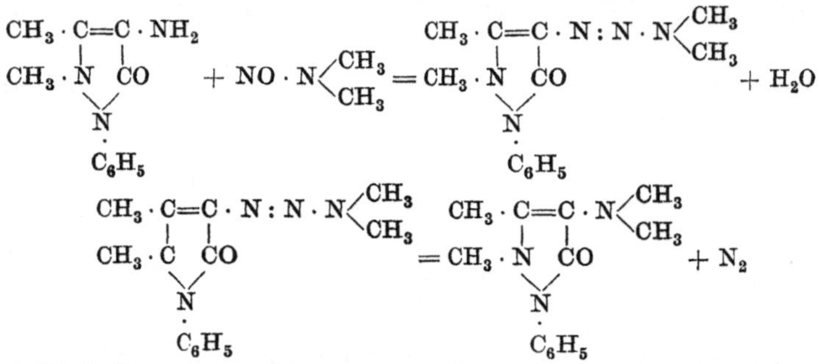

```
                                                                  CH3
CH3 · C=C · NH2                         CH3 · C=C · N : N · N<
      |   |                                   |   |               CH3
CH3 · N   CO     + NO · N< CH3      = CH3 · N   CO                    + H2O
       \ /                 CH3                 \ /
        N                                       N
        ·                                       ·
       C6H5                                    C6H5

                            CH3                         CH3
CH3 · C=C · N : N · N<          CH3 · C=C · N<
      |   |                 CH3       |   |        CH3
CH3 · C   CO                = CH3 · N   CO              + N2
       \ /                             \ /
        N                               N
        ·                               ·
       C6H5                            C6H5
```

Durch Methylierung von Alkyl- und Säurederivaten des 1-Phenyl-3-methyl-4-amino-5-pyrazolon erhält man 1-Phenyl-2.3-dimethyl-4-dimethylamino-5-pyrazolon[3]).

Man erhält ω-methylschwefligsaure Salze aminosubstituierter Arylpyrazolone, wenn man auf 1-Phenyl-2.3-dimethyl-4-amino-5-pyrazolon oder dessen im Phenylkern substituierte Derivate bzw. auf 1-Aminophenyl-2.3-dimethyl-5-pyrazolon sowie dessen 4-Alkylderivate Formaldehydbisulfitalkali oder -ammonium in der Wärme einwirken läßt.

Diese Verbindungen sollen schon in kleinen Dosen hohe antipyretische und antineuralgische Wirkungen haben. Die Wirkung soll eine sehr rasche und gleichmäßige sein[4]).

Die Reaktionsprodukte lassen sich leicht reinigen, wenn man die Lösungen in offenen, flachen Schalen bei gewöhnlicher Temperatur sich selbst überläßt, die Krystallkuchen in heißem Methylalkohol löst, die Lösungen filtriert, eindampft und aus Alkohol umlöst[5]).

Statt Formaldehyd kann man Homologe desselben verwenden und von Acet- oder Propylaldehydbisulfitalkali ausgehen[6]).

Statt der aminosubstituierten 1-Aryl-2.3-dimethyl-5-pyrazolone kann man auch andere aminosubstituierte 1-Aryl-2.3-dialkyl-5-pyrazolone verwenden. Beschrieben sind: 1-p-Tolyl-2-äthyl-3-methyl-4-amino-5-pyrazolon-methylschwefligsaures Natrium; 1-p-äthoxyphenyl-2-äthyl-3-methyl-4-amino-5-pyrazolon-methylschwefligsaures Natrium; 1-p-aminophenyl-2-äthyl-3-methyl-5-pyrazolon-methylschwefligsaures Natrium[7]).

Durch Einwirkung von ω-Methylsulfosäure des Salicylsäure-p-aminophenylenesters auf 4-Dimethylamino-1-phenyl-2.3-dimethyl-5-pyrazolon erhält man eine neue Verbindung, welche zugleich antipyretisch, narkotisch und desinfizierend wirkt[8]).

Antipyrinomethylamin, aus Dimethylaminohydrochlorid, Formaldehyd und Antipyrin, besitzt keinerlei antipyretische Wirkung und scheint völlig unwirksam zu sein[9]).

1-Phenyl-2.3-dimethyl-4-diallylamino-5-pyrazolon erhält man aus 1-Phenyl-2.3-di-methyl-4-amino-5-pyrazolon mit Allylhalogeniden, zweckmäßig in Gegenwart von Lösungs- oder Verdünnungsmitteln und unter Zusatz von säurebindenden Mitteln, in der Wärme behandelt.

Dieses Diallylaminoantipyrin ist nach Angabe der Patentschrift ein starkes Antipyreticum, das gegenüber dem Pyramidon eine länger anhaltende und gesteigerte antipyretische Wirkung ohne gleichzeitige Steigerung der Toxizität auslöst und außerdem eine ausgesprochene narkotische Wirkung[10]).

Wie wechselnd das Verhalten der Pyrazolderivate ist, beweist eine Untersuchung Tappeiners[11]) über Körper, die Claisen dargestellt.

---

[1]) Höchst, DRP. 238 256. 1-p-Dimethylaminophenyl-3.4.4-trimethyl-5-pyrazolon erhält man nach Höchst, DRP. 248 887 aus 1-p-Aminophenyl-3.4.4-trimethyl-5-pyrazolon mit methylierenden Mitteln. [2]) Soc. chim. in Vernier, DRP. 203 753. [3]) DRP. 189 842.
[4]) Höchst, DRP. 254 711. [5]) DRP. 259 503, Zusatz zu DRP. 254 711.
[6]) DRP. 259 577, Zusatz zu DRP. 254 711.
[7]) DRP. 263 458, Zusatz zu DRP. 254 711. [8]) DRP. 282 264.
[9]) C. Mannich und B. Kather, Arch. d. Pharmazie **257**, 18 (1919).
[10]) DRP. 304 983. [11]) Tappeiner und Canné, AePP. **28**, 294.

Das Jodmethylat des Phenyldimethylpyrazols

```
          C6H5
           ·
           N
          / \
  CH3 · C    N<CH3
        ‖    ‖  \J
    H · C —— C · CH3
```

macht starke Krämpfe und Lähmungserscheinungen und führt den Tod durch Atemstillstand herbei. Analog wirkt das Chlormethylat, so daß die Wirkung dieser beiden Substanzen keineswegs durch die Anwesenheit der Halogene bedingt ist.

Phenyldimethylpyrazol

```
          C6H5
           ·
           N
          / \
  CH3 · C    N
        ‖    ‖
    H · C —— C · CH3
```

hat qualitativ die gleiche, aber quantitativ etwas schwächere Wirkung. Es ist vom Antipyrin nur durch den Mangel eines Sauerstoffs verschieden. Es wirkt erheblich schwächer als Antipyrin. Noch viel geringere zentrale Wirkungen besitzt Phenylmethylpyrazolcarbonsäure

```
          C6H5
           ·
           N
          / \
  CH3 · C    N
        ‖    ‖
       HC —— C · COOH
```

welche erheblich weniger giftig ist als das ihr chemisch nahestehende Antipyrin. Man könnte versucht sein, die Ursache dieser Unterschiede in der wechselnden Anzahl von Methylgruppen (und dem Eintritt von Carboxylgruppen), welche diese Körper enthalten, zu suchen. Phenylpyrazoldicarbonsäure, in der auch das letzte Methyl durch die Carboxylgruppe ersetzt ist.

```
           C6H5
            ·
            N
           / \
  COOH · C    N
         ‖    ‖
     H · C —— C · COOH
```

ist etwas weniger giftig, als Phenylmethylpyrazolcarbonsäure, der Wirkungscharakter aber hat sich geändert, indem neben der Respirationslähmung auch Herzlähmung in den Vordergrund tritt.

Diphenylpyrazolcarbonsäure

```
           C6H5
            ·
            N
           / \
  C6H5 · C    N
         ‖    ‖
        HC —— C · COOH
```

welche sich von der Phenylmethylpyrazolcarbonsäure durch den Ersatz von Methyl durch Phenyl unterscheidet, ist wieder erheblich giftiger, sowohl für das Zentralnervensystem als besonders auch für das Herz.

Phenylmethylpyrazolcarbonsäure hat merkwürdigerweise in Dosen von 1.0 g eine stark diuretische Wirkung, indem sie auf den sekretorischen Apparat der Niere selbst einen direkten erregenden Einfluß ausübt. Die Substanz hat gar keine temperaturherabsetzende Wirkung, obgleich sie eine ähnliche Konstitution wie Antipyrin hat. Phenylmethylpyrazolonsulfosäure[1]) ist in jeder Beziehung wirkungslos.

Chinin.

Alle bis nun unternommenen Versuche zu einem dem Chinin therapeutisch analogen Körper auf synthetischem Wege zu gelangen bzw. dem Chinin chemisch analoge Körper aufzubauen, denen insbesondere die spezifische Wirkung gegen die Malaria zukommt, müssen als gescheitert betrachtet werden. Zum großen Teile waren an dem Scheitern dieser Versuche falsche Auffassungen über die an der Wirkung sich beteiligenden Gruppen des Chininmoleküls schuld, anderseits war es ja auch schwierig, analoge Körper aufzubauen, solange uns noch der Aufbau des Chininmoleküls so dunkel war. Doch würde eine Synthese des Chinins sicherlich technisch gegenüber dem natürlichen Chinin keine Chance haben.

Nach unserer gegenwärtigen Auffassung besteht das Chininmolekül aus vier Teilen: aus dem Chinolinrest, aus der Methoxygruppe, welche zum Chinolinrest in p-Stellung steht, aus einem Kohlenstoffatom, welches die Chinolingruppe mit dem Loiponanteil verbindet und sekundär alkoholisch ist, und dem Loiponanteil. Daß an dem Zustandekommen der spezifischen Wirkung die Methoxygruppe des Chinins hervorragend beteiligt ist, beweist der Umstand, daß Cinchonin, also Chinin ohne Methoxygruppe, viel unsicherer in der Wirkung ist und nur bei weit größeren Dosen die typische Chininwirkung auslöst. Alle Versuche, Cinchonin in den Arzneischatz als Chininersatzmittel mit Erfolg einzuführen, sind als mißlungen zu bezeichnen. Cinchonin und Cinchonidin (das linksdrehende Isomere) haben die dem Chinin in schwacher Weise zukommende krampferregende Wirkung in viel ausgesprochener Weise[2]). Auf das Herz wirkt Cinchonin viel schädlicher und ist gegen Fieber viel weniger wirksam. Cinchonin ist giftiger als Cinchonidin und als die beiden Oxycinchonine von Hesse und Langlois. Daß es aber nicht etwa der Methylrest ist, welchem die Auslösung des Chinineffektes zuzuschreiben ist, sondern vielmehr die gedeckte Hydroxylgruppe, beweist der Umstand, daß der Ersatz der Methylgruppe durch andere Alkylgruppen die Chininwirkung nicht etwa abschwächt oder aufhebt, sondern wir vielmehr zu Derivaten gelangen, die noch viel intensiver febrifug und toxisch wirken als Chinin selbst. Solche Derivate haben Grimaux und Arnaud[3]) dargestellt, indem sie von Cuprein $C_{19}H_{20}N_2(OH)_2$ ausgingen, welcher Körper als ein natürlich vorkommendes, entmethyliertes Chinin aufzufassen ist. Bei der künstlichen Entmethylierung des Chinins gelangt man nicht zum Cuprein, da sich unter dem Einflusse der Säure ein dem Cuprein isomerer Körper durch Umlagerung bildet, das Apochinin. Die beiden französischen Forscher haben folgende Körper dargestellt:

Chinäthylin $C_{19}H_{22}N_2 \cdot OH \cdot (OC_2H_5)$,
Chinpropylin $C_{19}H_{22}N_2 \cdot OH \cdot (OC_3H_7)$,
Chinamylin $C_{19}H_{22}N_2 \cdot OH \cdot (OC_5H_{11})$.

Hesse[4]) hat zuerst versucht, vom Cuprein ausgehend, zum Chinin zu gelangen, indem er Cuprein mit Methyljodid behandelte, aber seine Versuche mißlangen. Er erhitzte die Natriumverbindung des Cupreins mit Methyljodid in alkoholischer Lösung, goß die Flüssigkeit dann in Wasser, wobei sich ein braunes Harz ausschied. Hesse übersah aber, daß sich das gebildete Chinin in Wasser gelöst hatte. Man geht bei der Darstellung des Chinins oder seiner Homologen Äthyl-,

[1]) Hoberg, Diss. Erlangen (1899). [2]) Pietro Albertoni, AePP. **15**, 272.
[3]) C. r. **112**, 766, 1364; **114**, 548, 672; **118**, 1803. [4]) Liebigs Ann. **230**, 69.

Propyl- oder Amylchinin so vor[1]), daß man Cuprein mit der berechneten Menge Natrium, welches zur Bildung von Cupreinnatrium benötigt wird, mit Methylbromid (bzw. Äthylbromid usw.) und der 10fachen Menge des entsprechenden Alkohols 10 Stunden lang erhitzt, den Alkohol abdestilliert und zur Trockne abdampft; unverändertes Cuprein entfernt man mit Natronlauge und extrahiert schließlich das gebildete Chinin (bzw. seine Homologen) aus dem Rückstande mit Äther.

Wir sehen hier, daß, wenn eine längere fette Kette als Methyl in das Cuprein eingeführt wird, wir zu intensiver wirkenden Körpern gelangen. Die Wirkungsverstärkung durch Verlängerung fetter Ketten sehen wir auch in der Reihe der homologen Alkohole und deren Derivate.

Hierbei ist zu bemerken, daß die alkylierten Cupreine, also die homologen Chinine, weit giftiger sind als Cuprein selbst. Cuprein ist nur halb so giftig wie Chinin und auch viel weniger giftiger als Cinchonin.

Daß Cinchonin überhaupt im Organismus zur Wirkung gelangt und nur relativ große Dosen davon notwendig sind, um die typische Wirkung zu erzielen, läßt sich ungezwungen so erklären, daß Cinchonin im Organismus zum Teil zu Cuprein oxydiert wird. Dem Cuprein muß aber, wenn auch sein Hydroxyl nicht durch eine Alkylgruppe geschützt ist, die typische Wirkung des Chinins zukommen. Es wird dadurch auch erklärt, warum relativ große Dosen von Cinchonin notwendig sind, um Chininwirkungen zu erzielen. Wahrscheinlich wird nur ein Teil des eingeführten Cinchonins im Organismus zu Cuprein oxydiert. Die Einführung eines Hydroxyls in die p-Stellung ist aber eine der gewöhnlichsten Oxydationsformen des Organismus, wie wir bereits im allgemeinen Teile auseinandergesetzt haben.

Chinidin (Conchinin) ist rechtsdrehendes Chinin. Es wirkt wie Chinin, ohne gleichzeitig wie dieses narkotische Wirkungen hervorzurufen[2]). Chinidin wird zu 45% unverändert im Harne ausgeschieden (Byasson).

Bis nun sind die homologen Chinine von Grimaux und Arnaud noch nicht praktisch verwertet worden. Es ist dies wohl in erster Linie dem Umstande zuzuschreiben, daß einerseits Cuprein in der Natur nur in geringen Mengen vorkommt und daß anderseits die Darstellung von Cuprein aus Chinin bis nun wegen der Umlagerung in Apochinin nicht gelungen ist. Auch der Übergang von Cinchonin zu Cuprein bzw. Chinin ist leider noch nicht möglich; jedenfalls ist dies ein Problem, welches um so mehr zu bearbeiten wäre, als das wenig wertvolle Cinchonin so zum Ausgangspunkt für die sehr wirksamen und wertvollen homologen Chinine verwendet werden könnte. Es ist klar, daß wir bei solchen Variationen des Chininmoleküls durch Ersatz der Methylgruppe durch andere Radikale zu nützlichen Körpern gelangen werden, wofür wir eine Analogie in der Darstellung von Methylmorphin, Äthylmorphin und Benzylmorphin und der Hydrocupreinderivate besitzen.

Wir haben bei Betrachtung der Chinolinderivate gesehen, daß dem p-Methoxychinolin nur sehr geringe febrifuge Eigenschaften zukommen und daß dieses keineswegs als ein Mittel gegen Malaria anzusehen ist. Wir sind um so mehr zu der Anschauung berechtigt, daß an der spezifischen Chininwirkung der p-Methoxychinolinanteil des Chinins nicht beteiligt ist, als alle neueren Untersuchungen ergaben, daß derselbe in nicht hydrierter Form im Chinin vorhanden ist. Auch andere Gründe, die wir bei Besprechung des Loiponanteiles auseinandersetzen werden, sprechen klar dafür. Nur der Loiponanteil, und zwar nur bestimmte Gruppen desselben bedingen die spezifische Wirkung des Chinins.

[1]) DRP. 64 832.

[2]) Macchiavelli, Jahresber. über die Fortschritte der Chemie 1875, 772.

Nach Miller und Rhode[1]) und nach den neueren Untersuchungen von W. Königs[2]) und Rabe und Ritter, nach denen Cinchonin als sekundärer Alkohol aufgefaßt wird, läßt sich die Konstitution des Chinins und Cinchonins durch folgende Formeln darstellen:

```
                  CH2—CH—CH · CH : CH2
                  |    |   |
                  |   CH2  |
Cinchonin         |    |   |
                  |   CH2  |
                  |    |   |
                  CH — N —— CH2
                  ·
                  CH · OH
                  ·
              (Chinolinring)
                  N
```

```
                  CH2—CH—CH · CH : CH2
                  |    |   |
                  |   CH2  |
                  |    |   |
                  |   CH2  |
                  |    |   |
                  CH — N —— CH2
                  ·
                  CH · OH
                  ·
       CH3O (Chinolinring)      Chinin.
                  N
```

Wenn man Chinin oder Cinchonin mit verdünnter Essigsäure behandelt, so verwandelt sich dieser Körper in einen neuen, das Chinotoxin[3]) bzw. Cinchotoxin[4]), welches kein Hydroxyl mehr enthält, sondern sich als ein Keton charakterisieren läßt. Dabei ist die eine Stickstoff-Kohlenstoffbindung eingerissen, im Gegensatze zum Chininon, bei welchem nur die sekundäre Alkoholgruppe in die Carbonylgruppe übergegangen.

```
Chinotoxin        CH2—CH—CH · CH : CH2
                  ·    |   |
                  CH2 CH2  |
                  ·    |   |
                  CO  CH2  |
                  ·    ·   |
      CH3O (Chinolinring)  N —— CH2
                       H
                  N
```

```
Cinchoninon       CH2—CH—CH · CH : CH2
                  |    ·   |
                  |   CH2  |
                  |    ·   |
                  |   CH2  |
                  |    ·   |
                  CH — N —— CH2
                  ·
                  CO
                  ·
              (Chinolinring)
                  N
```

---

[1]) Siehe auch Pictet-Wolffenstein, Pflanzenalkaloide, Berlin 1900, S. 315. — Miller und Rohde, BB. **27**, 1187, 1279 (1894); **28**, 1056 (1895).—Rabe, BB. **40**, 3280, 3655 (1907); **41**, 62 (1908). Liebigs Ann. **364**, 330 (1909); **373**, 85 (1910); **382**, 365 (1911); BB. **44**, 2088 (1911).

[2]) W. Königs, BB. **40**, 648, 2873 (1907).

[3]) Identisch mit Pasteurs Chinicin.

[4]) Identisch mit Cinchonicin (Miller und Rohde, BB. **33**, 3214 [1900]).

aus Cinchonin durch Chromsäureoxydation gewonnen, wirkt nach den Angaben von Hildebrandt wie Cinchonin. Es wird zum Teile wenigstens im Organismus zu Cinchonin rückreduziert[1]). Cinchonin selbst paart sich als sekundärer Alkohol mit Glykuronsäure.

Zu bemerken ist noch, daß die von Hildebrandt[2]) ausgeführten Untersuchungen nicht mit dem Chinotoxin, sondern Cinchotoxin, dem analogen Derivate des Cinchonins ausgeführt wurden[3]).

Wenn man nun Chinotoxin physiologisch prüft, an dem sonst gar keine weiteren Veränderungen, als die besprochenen, chemisch vorgenommen worden, so zeigt dieser Körper merkwürdigerweise physiologisch keinen Chinincharakter mehr. Er wirkt gar nicht mehr entfiebernd. Hingegen nähern sich seine physiologischen Eigenschaften sehr dem Digitoxin. Die Giftigkeit der Verbindung hat dem Chinin gegenüber außerordentlich zugenommen. Es entsteht nun die Frage, ob dieses Aufhören der antipyretischen Eigenschaften des Chinins nicht etwa das Auftreten der Ketongruppe statt des sekundär-alkoholischen Hydroxyls bewirkt hat. Miller und Rhode neigen zur Anschauung, daß die Stickstoffkohlenstoffbindungen im Chinin geradezu als das eigentliche charakteristische Moment der Chinaalkaloide erscheinen, so daß die typische Wirkung derselben mit der Existenz dieser Bindung steht und fällt.

Chinicin (Chinotoxin), Ketoform des Chinins, ist weniger giftig als Cinchotoxin, auf den Kreislauf wirkt es wie Chinin, ebenso auf die glatten Muskeln. Es ist aber ein heftiges Gift, das bereits in relativ kleinen Dosen den Blutdruck herabsetzt, tonisch-klonische Krämpfe, dann Atemnot, Stillstand der Atmung und des Herzens hervorruft. Dieselben Erscheinungen macht auch die toxische Chinindosis.

Die Ketoform des Cinchonins, das Cinchonicin, ist viel giftiger als Chinicin, die Art seiner Wirkung ist die gleiche, wie die des Chinicins[5]).

Eine Seitenkette des Loiponteils ist nach den Untersuchungen von Z. Skraup[4]) ein Vinylrest —C:CH_2.

Inwieweit der Vinylrest im Loiponanteil für die Wirkung des Chinins von Bedeutung ist, läßt sich nicht völlig entscheiden.

Reid Hunt[6]) untersuchte Hydrochinin, Oxyhydrochinin, Hydrochlorchinin und fand, daß die Vinylgruppe im Chininmolekül ohne besondere Bedeutung ist, soweit es sich um die Toxizität handelt. Die Addition von Chlorwasserstoff verringert die Toxizität gegenüber Säugetieren, erhöht sie aber gewissen Infusorien gegenüber.

Doch ist es auffällig, daß Chinin das einzige bekannte Antipyreticum ist, welches eine Seitenkette mit doppelter Bindung enthält, und es ist auch das einzige Antipyreticum, welches sich durch eine hervorragende Protoplasma-

---

[1]) H. Hildebrandt, AePP. **59**, 127 (1908). [2]) Siehe Miller und Rohde, l. c.

[3]) Nach meinen (nicht veröffentlichten) Untersuchungen wirkt Cinchotoxinchlorhydrat auf das bloßgelegte Froschherz in der Weise, daß zuerst sehr starke Kontraktionen auftreten, dann bleibt das Herz in der Diastole stehen. Bei Injektion in den Lymphraum verbleibt das Herz lang in der Diastole, die Systole ist dann sehr kräftig. 0.1 g töten ein Kaninchen von 3200 g in 4 Stunden. Nach kurzer Zeit tritt schon sehr beschleunigte Respiration ein. Methylcinchotoxinchlorhydrat macht beschleunigte Respiration, dann leichte Krämpfe. 0.3 g machten nach 10 Minuten heftige Kaukrämpfe, dann allgemeine klonische und tonische Krämpfe, Atemnot. Tod nach einer halben Stunde. Bei Injektion in eine Vene erhält man Blutdrucksenkung.

[4]) J. Biberfeld, AePP. **79**, 361 (1916).

[5]) Liebigs Ann. **197**, 376. — BB. **28**, 12 (1895). — M. f. Ch. **16**, 159 (1895).

[6]) Arch. internat. de pharmacodyn. **12**, 497.

wirkung auszeichnet[1]). Wie im allgemeinen Teil ausgeführt wurde, steht aber das Vorhandensein einer doppelten Bindung in einem innigen Zusammenhange mit intensiven Wirkungen, besonders mit einer großen Reaktionsfähigkeit, mit dem Protoplasma. Wir erinnern nur an die Vinylbase Neurin, an Isoallylamin, Acrolein, Allylalkohol usw.

Oxydiert man Chinin mit Kaliumpermanganat, so erhält man Chitenin, $C_{19}H_{22}N_2O_4$, welches durch Überführung des Vinylrestes in eine Carboxylgruppe und Abspaltung von Ameisensäure entstanden, ohne daß sonst das Chininmolekül irgendwie tangiert worden wäre[2]).

Diese Substanz wurde früher schon von Kerner[3]) erhalten und physiologisch geprüft. Es zeigte sich, daß durch die Oxydation der Vinylgruppe zum Carboxyl die physiologische Wirkung des Chinins völlig verloren geht. Auf Spirillen und Paramäcien wirkt es gar nicht ein, während eine gleich starke Chininlösung alle solche Organismen sofort oder in sehr kurzer Zeit tötet. Ebenso vollkommen indifferent erwies sich Chitenin gegen Leukocyten, gegen Pflanzenzellen sowie gegen höhere und niedere Tiere.

Es ist schwer zu entscheiden, ob Chitenin unwirksam wegen der Gegenwart der freien Carboxylgruppe oder wegen des Verlustes der Vinylgruppe, oder ob etwa eine Konkurrenz beider Momente hier Platz greift.

Während bei der Entmethylierung des Chinins sich das Molekül selbst ändert, gelingt es nach Aufhebung der Doppelbindung in der Vinylseitenkette durch Reduktion, leicht das so gebildete Hydrochinin zu entmethylieren und das entstehende Hydrocuprein mit verschiedenen Alkylresten zu veräthern.

J. Morgenroth und L. Halberstädter haben gefunden[4]), daß bestimmte Veränderungen der Seitenkette des Chinins, bei denen die Doppelbindung nicht mehr besteht, den trypanociden Effekt erhöhen, ohne die Toxizität zu vergrößern; so ist Hydrochlorisochinin dem Chinin überlegen, wird aber in seiner trypanociden Wirkung vom Hydrochinin übertroffen. Chinin selbst wirkt auf einzelne Trypanosomen in großen Dosen ein.

Optochin (Äthylhydrocuprein) tötet Pneumokokken noch in Konzentration von 1 : 1.5 Millionen.

Chinin wirkt nach den Angaben von Morgenroth und Halberstädter nicht im geringsten bei Pneumokokkeninfektion, hingegen aber Äthylhydrocuprein, anscheind auch Hydrochinin[5]).

Chinidin, das rechtsdrehende Stereoisomere des Chinins, sowie Hydrochinin wirken viel stärker als Chinin bei Malaria, ohne organgiftiger zu sein.

Bourru und später Giemsa konnten zeigen, das Äthylcuprein stärker gegen Malaria wirkt als Methylcuprein (Chinin). Bei Isopropylcuprein war wieder ein Rückgang dieser Wirkung zu beobachten.

Die Verwandlung der Vinylgruppe in die Äthylgruppe macht beim Chinin

---

[1]) Um die Frage nach der Bedeutung des Eintrittes einer Seitenkette mit doppelter Bindung in ein Antipyreticum zu entscheiden, habe ich (nicht veröffentlicht) die Synthese des Acetylaminosafrols $CH_3 \cdot CO \cdot NH \cdot C_6H_2 \cdot (O \cdot CH_2 \cdot O)CH_2 \cdot CH : CH_2$ durchgeführt. Die Substanz ist gleichsam ein Phenacetin mit doppelt gebundener (Allyl-) Seitenkette. Man nitriert zu diesem Zwecke Safrol in der Kälte in Eisessiglösung, reduziert mit Eisenpulver in alkoholischer Lösung und schüttelt mit Essigsäureanhydrid. Die Substanz (F. 152°) in W. unl. große Krystalle, wirkte im Tierversuch stark temperaturherabsetzend, bei Malaria jedoch konnte Prof. Concetti in Rom keinerlei chininähnliche Wirkung beobachten.

[2]) Z. Skraup, M. f. Ch. **10**, 39 (1889). — BB. **12**, 1104 (1879). — Liebigs Ann. **199**, 348.

[3]) Pflügers Arch. **3**, 123.

[4]) Sitzungsber. der Preuß. Akademie der Wissenschaften, Berlin **1910**, 732; **1911**, 30.

[5]) J. Morgenroth und R. Levy, Berliner klin. Wochenschr. **1911**. Nr. 34.

eine Verstärkung des Effekts. Beim stereoisomeren Chinidin hingegen wirkt die Hydrierung abschwächend[1]).

Die Wirksamkeit gegenüber Trypanosomen hängt nicht von der sekundären alkoholischen Gruppe ab, deren Hydrochininchlorid und Äthylhydrocupreinchlorid, ferner Chininon, Cinchoninon und Hydrocinchoninon sind noch wirksam. Die Verwandlung in Chinatoxine, Aufhebung der Kohlenstoff-Stickstoffbindung im Loiponanteil zerstört die Wirkung auf Trypanosomen nicht.

Hingegen behauptet Aufrecht[2]), daß salzsaures Chinin in der Pneumoniebehandlung dem Optochin überlegen ist. Chinin selbst wirkt auf die Pneumokokken, viel stärker wirkt Äthylhydrocruprein. Weder das Methylhydrocuprein noch das Propylderivat wirken auf Pneumokokken so günstig. Aber bei Trypanosomen zeigt sich diese Verschiedenheit nicht. Bei der Pneumokokkeninfektion der Maus beobachtet man, daß die Tiere sehr bald arzneifest werden; bei Menschen hat sich das Mittel kaum besonders bewährt.

Es erweist sich bei der experimentellen Pneumokokkeninfektion Äthylhydrocuprein dem nächst niedrigeren Homologen, dem Hydrochinin, bedeutend überlegen, während dem Chinin selbst nur eine sehr geringe seltene Wirkung von Morgenroth zugeschrieben wird.

F. Boehringer, Waldhof, hydrieren Alkaloide in wässeriger Lösung bei gewöhnlicher Temperatur oder bis zu 60° bei gewöhnlichem oder etwas erhöhtem Druck in Gegenwart von Suboxyden der Nickelgruppe mit molekularem Wasserstoff. Beschrieben ist die Darstellung von Hydrochinin, Dihydromorphin, Hydrocinnamylococain[1]).

Optochin wirkt gegen Malaria wie Chinin, bietet also keine Vorteile. Es ist giftiger als Chinin, bei experimentellem Fieber der Kaninchen ist es als Antipyreticum weniger wirksam[3]).

In der homologen Reihe der Alkyläther des Hydrocupreins nimmt Optochin (Äthoxygruppe) in bezug auf Desinfektionswirkung Pneumokokken gegenüber die erste Stellung ein, während die Einwirkung auf Streptokokken gering ist. Ebenso verhalten sich die Propyl- und Butylverbindungen. Die höheren Glieder der homologen Reihe zeigen im Gegensatz zu dem Verhalten gegen Pneumokokken die Abhängigkeit des Verhaltens Streptokokken gegenüber von dem Anwachsen des Molekulargewichtes. Die Desinfektionswirkung steigt zunächst über das Optochin hinaus, gewinnt beim Isoamylhydrocuprein eine beträchtliche Höhe, bei einem Alkyl mit acht Kohlenstoffen (Octylhydrocuprein) ihr Maximum und fällt dann wieder (C_{10} bis C_{16}) ab. Ähnlich ist die Wirkung gegenüber Meningokokken und Staphylokokken. Die absolute Desinfektionswirkung des Isoctylhydrocupreins ist eine sehr hohe. Staphylokokken werden noch von 1 : 80 000 getötet.

Vuzin ist Isoctylhydrocuprein, welches als Wundantisepticum dienen soll.

Vom Vuzin findet man in den ersten 48 Stunden nach der Eingabe höchstens 1.7% im Harne wieder, während bei anderen Chininderivaten 20—25% gefunden werden[4]).

Dagegen behaupten Ritz und Schlossberger[5]), daß es sich weder beim Vuzin noch Optochin oder Eucupin um echte auf Gasbrandbacillen spezifisch wirkende Chemotherapeutica handelt. Sie haben nur eine sehr geringe wachstumhemmende Wirkung.

Die Desinfektionswirkung der Chininderivate Diphtheriebacillen gegenüber verhält sich folgendermaßen: Die Abkömmlinge des Hydrocupreins, dadurch

---

1) DRP. 306 939. 2) Berliner klin. Wochenschr. 52, 104 (1915).
3) M. J. Smith und B. Fantus, Journ. Pharmac. Therap. 8, 57.
4) Ed. Boecker, Deutsche med. Wochenschr. 46, 1020 (1920).
5) Arbeiten aus dem Inst. f. experim. Ther. und Georg-Speyer-Haus, Heft 7, 11 (1919).

entstanden, daß Radikale verschiedener Alkohole der aliphatischen Reihe in das Hydrocupreinmolekül eingeführt werden, zeigen eine beachtenswerte wachstumhemmende und keimtötende Wirkung gegenüber Diphtheriebacillen. Die antiseptische Wirkung nimmt mit steigendem Kohlenstoffgehalt des eingeführten Alkoholradikals, vom Methylhydrocuprein (Hydrochinin) bis zum Octylhydrocuprein zu, um dann wieder abzunehmen. Die abtötende Wirkung der Hydrocupreinderivate nimmt bis zum Heptylhydrocuprein zu. Octyl- und Decylhydrocuprein zeigen mindestens dieselbe Wirksamkeit wie die Heptylverbindung. Bei den weiteren Homologen sinkt die desinfektorische Fähigkeit wieder. Im allgemeinen geht die abtötende Wirkung der wachstumhemmenden parallel. Eine Ausnahme bildet die Hexylverbindung, welche wachstumhemmend wirksamer ist als die Amylverbindung, aber keimtötend beträchtlich schwächer wirkt. Die einfachsauren Salze der Hydrocupreinderivate wirken besser abtötend als die doppeltsauren Salze. Die wachstumhemmende Fähigkeit beider Salzgruppen ist aber die gleiche.

Eucupin (Isoamylhydrocuprein) hemmt nur in Verdünnungen von 1 : 50 000 bis 1 : 100 000 das Wachstum von Diphtheriebacillen.

Es soll bei Carcinom (nach Röntgenbestrahlung) sich bewährt haben[1]).

Isopropyl- und Isoamylhydrocuprein wirken 20—25 mal so stark anästhesierend als Cocain. Isoamylhydrocuprein zeigt in seiner Wirkung auf Protozoen Bakterien und als Anaestheticum eine 10—20 mal so starke Wirkung wie Chinin[2]).

Die Alkohole, welche zur Herstellung obiger Hydrocupreinderivate dienen, zeigen, daß mit steigendem Molekulargewicht die antiseptische und desinfizierende Fähigkeit der Alkohole gegenüber Diphtheriebacillen in stetem Steigen begriffen ist. Auch solche Alkohole, die in Wasser wenig löslich sind und mit diesem Emulsionen bilden, zeichnen sich duch gute Wirksamkeit aus. Zwischen Konstitution und der Desinfektionskraft der Hydrocupreinderivate besteht demnach ein gewisser Zusammenhang. Je wirksamer der Alkohol, ein desto stärkeres Desinficiens entsteht durch Eintreten des Alkylradikals in das Hydrocupreinmolekül. Die Art der Säure ist nicht von ausschlaggebender Bedeutung für die Wirksamkeit des Präparates[3]).

Chinin hemmt erst in Lösungen von 1 : 625 die Entwicklung der Milzbrandbacillen, Paratyphusbacillen wachsen noch in 1 : 19 000 Lösung, Typhusbacillen noch in 1 : 2500. Die entwicklungshemmende Wirkung der einfachsalzsauren Salze des Methyl-, Äthyl-, Isopropylhydrocupreins und des Chinins ist gleich stark. Auch das doppeltsalzsaure Hydrocuprein hemmt das Wachstum der Diphtheriebacillen in der gleichen Konzentration wie die vorher angeführten einfachsalzsauren Präparate. Cetylhydrocuprein bleibt in seiner Wirkung sogar hinter dem Chinin zurück.

Die bactericide Wirkung der einfachsalzsauren Salze steigt vom Chinin bis zum Isobutylhydrocuprein über Methyl-, Äthyl- und Isopropylhydrocuprein an. Die abtötende Wirkung der doppeltsalzsauren Hydrocupreins reicht noch lange nicht an die des salzsauren Chinins heran. Vom doppeltsalzsauren Isopropylhydrocuprein ist bis zum Heptylhydrocuprein eine Wirkungssteigerung zu sehen, die nur von der Hexylverbindung unterbrochen wird. Die Bactericidie der Hexylverbindung beträgt nur den zehnten Teil der Bactericidie der Isoamylverbindung. Mit dem Heptylhydrocuprein erreicht die Abtötungswirkung ihr Optimum. Die Octyl- und Decylverbindung haben die

---

1) J. Morgenroth und J. Tugendreich, Berliner klin. Wochenschr. **53**, 794 (1916).
2) W. E. Dixon, Brit. med. Journ. **1920**, 113.
3) H. Braun und H. Schaeffer, Berliner klin. Wochenschr. **54**, 885 (1917).

gleiche Wirkung wie die Heptylverbindung. Dodecylhydrocuprein wirkt wie die Isoamylverbindung. Die Wirksamkeit des Cetylhydrocupreins ist noch bedeutend geringer. Die Abtötungswerte und die Hemmungswerte der Chininderivate laufen parallel. Eine Ausnahme macht Hexylhydrocuprein dadurch, daß es, trotzdem es stärkere Hemmungswirkung zeigt als sein niederes Homologon, das Isoamylhydrocuprein, in seiner Desinfektionswirkung bedeutend hinter diesem zurückbleibt. Die Bactericidie des Isoctylhydrocupreins übertrifft die der Heptylverbindung nicht wesentlich, während im Hemmungsversuch das Isoctylhydrocuprein sich der Heptylverbindung überlegen zeigt[1]).

Es besteht ein ausgesprochener quantitativer Unterschied in der anästhesierenden Wirkung des Eucupins (Isoamylhydrocupreins) und seines Stereoisomeren des Isoamylapohydrochinidins. Beide erscheinen als sehr starke Anaesthetica, deren Wirkungsgrad aber verschieden ist und etwa im Verhältnis 2:1 stehen dürfte, wobei dem Chininderivat die Überlegenheit gegenüber dem Chinidinderivat zukommt. Eucupin und Eucupinotoxin haben beide anästhesierende Wirkung. Eucupinotoxin ist weit wirksamer als Eucupin selbst und wirkt 40—50 mal stärker als Cocain. Es macht Daueranästhesie wie Eucupin[2]).

Der anaerobe Gasbrandbacillus wird vom Eucupin und in noch höherem Maße von dem Isoctylhydrocuprein (Vuzin) abgetötet. Neben dem Gasbrand- und Diphtheriebacillus wird auch der Milzbrand- und der Tetanusbacillus durch sehr starke Verdünnungen der höheren Homologen der Hydrochininreihe abgetötet, aber das Maximum der Wirkung für die verschiedenen pathogenen Bacillen kommt nicht immer derselben Verbindung zu.

Die spezifische Wirkung der Homologen leidet durch den Übergang in die „Toxin"verbindung teils überhaupt nicht, teils nur mäßig, wird aber niemals so wie etwa die Pneumokokkenwirkung des Optochins durch diese chemische Umwandlung vernichtet. Im Gegenteil kommt den „Toxinen" hier häufig eine viel raschere und promptere Wirkung als den zugehörigen Hydrocupreinen zu[3]).

Optochin hat in vitro eine außerordentlich hohe Desinfektionswirkung gegenüber dem Pneumokokkus, ebenso im Blutserum[4]). Beim Diphtheriebacillus wirken die Chinaalkaloide ebenfalls bactericid, Äthylhydrocuprein wird hier gleichfalls von einem seiner höheren Homologen, dem Isoamylhydrocuprein (Eucupin) ganz erheblich übertroffen.

Bei Staphylokokken ist Optochin nicht wirksamer als Chinin, Hydrochinin schwächer wirksam als Chinin. Isopropylhydrocuprein wirkt etwa 2 mal stärker als Chinin und Optochin, die Isobutylverbindung des Hydrocupreins bereits 8 mal stärker. Bei der Isoamylverbindung wächst die Wirkung auf das 10—12fache, bleibt dann etwa die gleiche bei der Hexylverbindung um dann bei der Heptylverbindung ihr Maximum zu erreichen. Sie wirkt 40 mal stärker als Optochin und Chinin.

Octylhydrocuprein erweist sich als weniger wirksam, dann findet ein weiteres Sinken statt beim Übergang zur Decylverbindung. Die Dodecylverbindung entspricht dieser oder zeigt einen gewissen erneuten Anstieg der Wirkung[5]).

Die Toxizität und die Wirksamkeit des d-Glykosids des Dihydrocupreins stimmt mit der zugrunde liegenden Base annähernd überein[6]).

---

[1]) H. Schaeffer, BZ. **83**, 269 (1917).
[2]) J. Morgenroth, Ber. d. Deutsch. Pharm. Ges. **29**, 233 (1919).
[3]) R. Bielnig, BZ. **85**, 188 (1918).
[4]) A. E. Wright, Lancet **1912**, 14. und 21. Dezember.
[5]) J. Morgenroth und J. Tugendreich, BZ. **79**, 257 (1917).
[6]) P. Karrer, BB. **49**, 1644 (1916).

Die Aufspaltung des Chinuclidinrestes (Bildung von Chinotoxin) ändert die Giftwirkung Trypanosomen gegenüber nicht. Gegen Chinin gefestigte Trypanosomen waren gegen Chinotoxin nicht giftfest. Gegen Chinotoxin gefestigte Trypanosomen waren gegen Chinin vollkommen giftfest. Im Gegensatze zur Trypanosomenwirkung ist die Unversehrtheit des Chinuclidinrestes für die Pneumokokkenwirkung die unbedingte Voraussetzung.

Conchinin (Chinidin) ist rechtsdrehendes Chinin, wirkt gegen Malaria wie Chinin[1]). Veley und Waller[2]) finden es nicht so giftig wie Chinin. Am Froschherz wirkt es wie Chinin, aber weit schwächer[3]). Julie Cohn[4]) fand in bezug auf trypanocide Wirkung keine wesentlichen Unterschiede gegenüber dem Chinin.

Hydrochinidin wirkt so stark antimalarisch wie Chinin[5]).

Chininon wirkt[6]) auf Trypanosomen ähnlich wie Chinin. Durch die Oxydation der sekundären Alkoholgruppe zu dem entsprechenden Keton wird die Wirkung nicht erhöht, aber auch nicht aufgehoben. Cinchoninon wirkt auf Trypanosomen etwa wie Cinchonin. Hydrocinchoninon entspricht in seinen trypanociden Eigenschaften dem Hydrocinchonin. Optochinoketon tötet Pneumoniebacillen in vitro in Verdünnungen 1 : 1000 ab[7]).

Hydrochininchlorid, bei dem das Hydroxyl durch Chlor ersetzt ist, ist in seiner Toxizität und seiner Wirkung gegen Hydrochinin deutlich herabgesetzt; wenn auch nicht völlig aufgehoben. Ebenso ist beim Äthylhydrocupreinchlorid die trypanocide Wirkung dem Äthylhydrocuprein gegenüber erheblich abgeschwächt. Cinchonin ist fast unwirksam bei Malaria[8]), was Giemsa und H. Werner wieder bestätigen. Hydrocinchonin ist ebenfalls gegen Malaria fast unwirksam. Das ihm isomere Cinchonamin aus der Rinde von Remigia Purdieana ist 4 bis 6mal giftiger als Chinin[9]). Cuprein wirkt bei Malaria schwächer als Chinin[10]). Hydrochinotoxin ist mit Nagana infizierten Mäusen gegenüber stärker wirksam als Hydrochinin[11]).

Die dem Eucupin und dem Vuzin entsprechenden Chinatoxine, Eucupinotoxin und Vuzinotoxin besitzen eine nicht unerhebliche Überlegenheit gegenüber den genannten Stammsubstanzen. Sie wirken absolut stärker als diese und weisen eine weit schnellere Wirkung auf[12]).

Monobromchinin, in dem in der Vinylkette ein Wasserstoff gegen Brom umgetauscht ist und die Doppelbindung unverändert fortbesteht, und Chinindibromid, wo die Vinylkette in die Gruppe $-CHBr-CH_2Br$ umgebildet ist, wirken fast doppelt so stark als Chinin gegen Infusorien und Plasmodien, Dehydrochinin halb so stark als Chinin. In diesem ist die Vinylkette in die Gruppe $-C\equiv CH$ umgebildet. Das Alkaloid $C_{19}H_{22}Cl_2N_2O_3$, welches Christensen[13]) durch Behandlung von Chininchlorhydrat mit Chlorwasser erhalten hat und in welchem die Methylgruppe des Chinins abgespalten und unter Aufhebung der Doppelbindung wenigstens die Hälfte der Chlormenge in die Vinylkette eingegangen, ist fast unwirksam. Gegen Bakterien wirken diese Stoffe ähnlich, aber

[1]) Giemsa und Werner, Arch. f. Schiffs- u. Tropenhyg. **18**, 12 (1914).
[2]) Journ. of physiol. **39**, Proc. S. 19 (1909). [3]) Santesson, AePP. **30**, 412 (1892).
[4]) Zeitschr. f. Immunitätsforsch. **18**, 570 (1913).
[5]) Giemsa und Werner, Arch. f. Schiffs- u. Tropenhyg. **18**, 570 (1913).
[6]) Julie Cohn, Zeitschr. f. Immunitätsforsch. **18**, 570 (1913).
[7]) Morgenroth und Bumke, Deutsche med. Wochenschr. **1914**, Nr. 11
[8]) Julie Cohn, l. c. [9]) Arch. f. Schiffs- u. Tropenhyg. **18**, 12 (1894).
[10]) See und Bochefontaine, C. r. **100**, 366, 664 (1885). — Ellison, Journ. of physiol. **43**, 28 (1911). [11]) Giemsa und Werner, l. c.
[12]) J. Morgenroth und E. Bumke, Deutsche med. Wochenschr. **44**, 729 (1918).
[13]) Journ. f. prakt. Chemie N. F. **63**, 313 (1901) und **69**, 193 (1904).

weit schwächer. Auf Froscheier wirken die beiden Bromverbindungen weitaus stärker als Chinin. Die äquimolekularen Mengen der Verbindungen einschließlich Chinin haben den gleichen antipyretischen Effekt. Dehydrochinin ist halb so giftig wie Chinin. Die Einführung von einem oder mehreren Halogenatomen in die Vinylgruppe steigert die Toxizität des Chinins gegen Infusorien und Bakterien beträchtlich, aber nicht gegen höhere Tiere[1].

Es ist klar, daß jeder Versuch, dem Chinin analog gebaute Körper synthetisch darzustellen, sich auf unsere Erfahrungen und Kenntnisse über den Loiponanteil stützen muß. Dieser stärker basische Anteil des Chinins muß als Träger der wirksamen Gruppe aufgefaßt werden, und es wird voraussichtlich gelingen, Körper mit Chininwirkung zu schaffen, wenn man auch zu Verbindungen gelangt, die keine Chinolinreste enthalten. Eine Analogie dafür, daß ein natürliches Alkaloid einen wirksamen Anteil und einen an der Wirkung überhaupt nicht beteiligten Anteil enthalten, sehen wir beim Nicotin. Nicotin enthält einen Pyridinring und einen am Stickstoff methylierten Pyrrolidinring.

H_2C—CH_2
Nicotin (Pyridinring, N) — HC CH_2
N
CH_3

Nun zeigt Nicotin eine eminent kontrahierende Wirkung auf die Blutgefäße. Untersucht man Pyridin für sich, so sieht man, daß demselben auch nicht die Spur einer solchen Wirkung zukommt. Der nichthydrierte Anteil des Nicotinalkaloids also ist an der Wirkung des Nicotins gar nicht beteiligt. Aber sobald man Pyridin hydriert und zum Piperidin gelangt, so zeigt Piperidin, wenn auch schwächere, so doch dem Nicotin analoge Wirkungen auf den Blutdruck. Ebenso wirkt das um einen Kohlenstoff ärmere Pyrrolidin HC_2—CH_2 / HC_2 CH_2 / N / H, wenn auch etwas schwächer. Methyl-N-pyrrolidin H_2C—CH_2 / H_2C CH_2 / N / CH_3 wirkt ebenso[2]), und zwar ganz nicotinähnlich. Wir können daher behaupten, daß nur der reduzierte Anteil des Nicotinmoleküls, nämlich der Pyrrolidinrest, die gefäßkontrahierende Wirkung des Nicotins bedingt. Dasselbe gilt auch für Chinin. Nur der hydrierte Anteil, der Loiponanteil, ist an der Wirkung beteiligt. Vom Chinolinanteil bedarf es anscheinend nur der p-Methoxygruppe, welche aber nicht der wirksame Anteil des Chinins ist, sondern nur diejenige Gruppe ist, wie wir bereits ausgeführt haben, welche zum Zustandekommen der Wirkung beiträgt, d. h. den wirksamen Körper mit demjenigen Gewebe in Kontakt bringt, in welchem dann der reduzierte Teil des Chinins zur Wirkung gelangt.

Der Loiponanteil ist gleichsam der Sprengstoff, welcher schließlich die Wirkung ausübt, aber zur Auslösung der Wirkung ist die Kapsel notwendig, als welche die Methoxylgruppe in der p-Stellung am Chinolinrest aufzufassen ist. Die Kapsel allein (p-Methoxychinolin) übt nur eine äußerst schwache Wirkung aus, aber in Verbindung mit dem Loiponanteil kommt es zur Auslösung der vollen Wirkung des letzteren. Cinchonin enthält die Kapsel noch nicht und erst durch Oxydation zu Cuprein wird jener Angriffspunkt für die Gewebe geschaffen.

[1]) Knud Schroeder, AePP. **72**, 361 (1913).
[2]) Tunnicliffe und Rosenheim, Zentralbl. f. Physiol. **16**, 93.

Die Giftigkeit von Chinin, Isochinin und Hydrochlorisochinin ist nur wenig voneinander verschieden (für Säugetiere), für Paramäcien aber ist Hydrochlorisochinin und Isochinin giftiger als Chinin[1]).

Chinin hat die Seitenkette	$= CH - CH = CH_2$,
Isochinin	$= C = CH - CH_3$,
Hydrochlorchinin	$= CH - CH_2 = CH_2Cl$,
Hydrochlorisochinin	$= CH - CHCl - CH_3$.

Die isomeren Cinchonine: Cinchonin, Cinchonibin, Cinchonicin, Cinchonidin, Cinchonifin, Cinchonigin, Cinchonilin, außerdem α-Oxycinchonin und β-Oxycinchonin, wirken in untereinander variierenden Dosen nach einer Erregung tonisch-klonisch und klonisch[2]).

Der Hund scheidet einen Teil des Chinins unverändert im Harne, einen kleinen, wahrscheinlich unresorbierten Teil im Kote aus[3]). Chinin wird im Organismus bis auf etwa 40% zerstört, die letzteren werden in der Form ausgeschieden, daß das Chininmolekül wahrscheinlich vorerst eine Alkylierung und eine Oxydation ohne Sauerstoffeintritt durchmacht[4]).

Nierenstein nimmt an, daß beim Schwarzwasserfieber Hämochininsäure auftritt, welcher die Formel

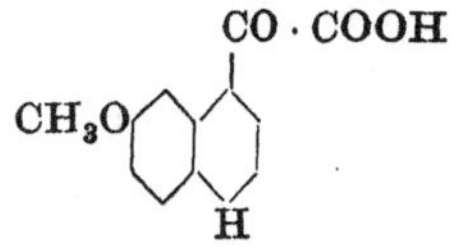

CO · COOH
CH_3O
H

zukommen soll[5]).

Von Interesse ist noch, daß, wenn man den nichthydrierten Ring des Chinins mit Natrium reduziert und so zu einem Hydrochinin gelangt, man zu einem sehr giftigen Körper kommt, was ja insoweit vorauszusehen war, als alle Basen durch Hydrierung giftiger werden. Hydrochinin von Lippmann und Fleischer[6]) macht Atemstillstand und Lähmung schon in kleinen Dosen. 0.1 g subcutan machen Krämpfe, $^1/_2$ g subcutan töten das Tier unter allgemeinen Krämpfen.

Die hydrierten Alkaloide sind meist wirksamer als die nichthydrierten, wenn die Hydrierung im Kern vorgenommen wird.

Reduziert man Chininchlorid $CH_3O \cdot C_9H_5N \cdot C_{10}H_{15}NCl$ mit Eisenfeile und verdünnter Schwefelsäure, so erhält man Desoxychinin $CH_3O \cdot C_9H_5N \cdot C_{10}H_{16}N$. Dieser Base fehlt das sekundär-alkoholische Hydroxyl. Sie gibt alle Reaktionen des Chinins. In gleicher Weise kann man vom Cinchonin bzw. Cinchoninchlorid zur entsprechenden Desoxybase gelangen[7]). Die Desoxybasen wirken etwa 10mal so stark giftig wie die zugehörigen Muttersubstanzen[8]).

Homologe der Chinalkaloide erhält man, wenn man Chinalkaloidketone mit Hilfe von organischen Magnesiumverbindungen in tertiäre Alkohole überführt. Beschrieben sind: C-Methylcinchonin, C-Methylchinin, C-Phenyldihydrochinin[8]).

Die Verbindung entsteht durch Umformung der Carbinolgruppe des Hydrochinins, indem man sie zur Ketongruppe oxydiert (Dihydrochininon) und dann mittels Phenylmagnesiumbromid in die Gruppe $C{<}^{OH}_{C_6H_5}$ überführt. Zur ätherischen Lösung der metallorganischen Verbindung (5 Mol.) tropft man eine Lösung zu Dihydrochininon (1 Mol.) zu, darauf feuchten Äther und zuletzt Salmiaklösung. Die ätherische Lösung wird mit Wasser versetzt und dann mit Wasserdampf behandelt, um entstandenes Diphenyl überzutreiben. Das rückbleibende Öl nimmt man mit Äther auf und bringt es durch Zusatz von etwas Alkohol zur Krystallisation. Die Verbindung sollte gegen Trypanosomenerkrankungen Verwendung finden.

Zimmer & Co., Frankfurt[9]), hydrieren Chinaalkaloide, indem sie mit Wasserstoff

---

[1]) Bachem, Therap. Monatshefte **1910**, Nr. 10. [2]) Langlois, Arch. de Physiol. **1893**, 377.
[3]) J. Katz, BZ. **36**, 144 (1911). [4]) Adolf Merkel, AePP. **47**, 165 (1902).
[5]) Brit. med. Journ. **1920**, 120. [6]) M. f. Ch. **16**, 630 (1895).
[7]) Königs und Höppner, BB. **17**, 1988 (1884); **29**, 372 (1896).
[8]) Königs und Höppner, BB. **31**, 2358 (1898). [9]) Zimmer, DRP. 279 012.

in Gegenwart von kolloidalen Lösungen der Metalle der Platingruppe behandeln. Chinin wird z. B. in Gegenwart von Palladiumchlorür und arabischem Gummi hydriert.

Hydrochinin[2]) erhält man durch Reduktion mittels Palladiummohr und Ameisensäure, ebenso mit fein verteiltem Platin. Hydrochinin wurde von Morgenroth und Halberstädter als Heilmittel bei Trypanosomenerkrankungen empfohlen. Die Reduktion erfolgt in der Vinylseitenkette.

Statt wie in DRP. 234 137 vorzugehen, kann man hydrierte Chinaalkaloide dadurch gewinnen, daß man sie mit Wasserstoff in Gegenwart von fein verteilten Metallen der Platingruppe behandelt[3]).

Nitrile stellt man aus Chinatoxinen in der Weise her, daß man deren Isonitrosoacidylderivate in Gegenwart von Alkali mit acidylierenden Mitteln behandelt.

Die Reaktion verläuft nach dem Schema:

$$R \cdot C_9H_5 \cdot N \cdot CO \cdot \underset{\underset{NOH}{\|}}{C} \cdot CH_2 \cdot CH{<}\genfrac{}{}{0pt}{}{CH_2 \text{——} CH_2}{CH(R^1) \cdot CH_2}{>}N \cdot \text{Acyl}$$

$$\longrightarrow R \cdot C_9H_5 \cdot N \cdot COOH + CN \cdot CH_2 \cdot CH{<}\genfrac{}{}{0pt}{}{CH_2 \text{——} CH_2}{CH(R^1) \cdot CH_2}{>}N \cdot \text{Acyl.}$$

$(R = H \text{ oder } OCH_3)$; $(R^1 = C_2H_5 \text{ oder } CH_3)$.

Aus Cinchotintoxin gewinnt man durch Einwirkung von Benzoylchlorid in Gegenwart von Natronlauge ein Benzoylderivat. Bei der Behandlung des Produktes mit Amylnitrit in Gegenwart von Natriumalkoholat entsteht das Isonitrosoderivat. Acetylchinotoxin aus Chinicin und Acetylchlorid gibt mit Amylnitrit und Natriumalkoholat Isonitrosoacetylchinotoxin. Beschrieben sind ferner Benzoylcincholoiponnitril aus Isonitrosobenzoylcinchotintoxin und Acetylmerochinennitril[4]).

Die Anlagerung von Wasserstoff an Alkaloide oder deren Salze bei Gegenwart kleiner Mengen von fein verteilten Suboxyden der Nickelgruppe und bei Temperaturen bis zu 60° erfolgt auch, wenn man die zu hydrierenden Körper statt in Wasser oder wässeriger Flüssigkeit in Alkohol löst oder suspendiert. Beschrieben ist die Darstellung von Dihydrochinin aus Chininmonochlorhydrat und die Hydrierung von Cinnamylcocain[5]).

Äthylhydrocuprein und die höheren Homologen des Hydrochinins erhält man aus Hydrocuprein mit alkylierenden Mitteln[6]).

Oxyhydrochinin, über dessen Wirkungen nichts bekannt ist, entsteht bei der Einwirkung von konz. Schwefelsäure auf Chinin[7]) in der Kälte (Isochininsulfosäure) und nachträgliches längeres Erhitzen mit verdünnter Schwefelsäure.

Man erhält die Amine der Chinaalkaloide und ihrer Derivate durch Reduktion der entsprechenden Nitroprodukte.

Aus Dinitrochinin erhält man mit Zinnchlorür und Salzsäure Aminochinin. Bei der Reduktion wird die im Chinolinkern enthaltene Nitrogruppe zur Aminogruppe reduziert, der in der Seitenkette in Form des Salpetersäureesters vorhandene Stickstoff wird als Hydroxylamin abgespalten, wobei die ungesättigte Vinylgruppe in die Oxäthylgruppe übergeht. Ferner sind beschrieben Aminohydrochinin und Aminochinidin[8]).

Chinolyl-4-ketone, welche chemisch den Chinatoxinen ja sehr nahekommen, stimmen physiologisch mit ihnen nicht überein.

Merochinenäthylester

$$\begin{array}{c} CH \cdot CH_2 \cdot COO \cdot C_2H_5 \\ H_2C \quad CH \cdot CH : CH_2 \\ H_2C \quad CH_2 \\ N \\ H \end{array}$$

ist ein starkes Krampfgift. Unter Reduktion geht er leicht in Cincholoiponester über

$$\begin{array}{c} CH \cdot CH_2 \cdot COO \cdot C_2H_5 \\ H_2C \quad CH \cdot CH_2 \cdot CH_3 \\ H_2C \quad CH_2 \\ N \\ H \end{array}$$

der geradezu strychninartig wirken soll.

[1]) DRP. 234 137. [2]) DRP. 267 306. [3]) DRP. 252 136. [4]) Höchst DRP. 313 321.
[5]) DRP. 307 894, Zusatz zu DRP. 306 939. [6]) DRP. 254 712.
[7]) Zimmer, Frankfurt, DRP. 151 174. [8]) Zimmer, DRP. 283 537.

A. Kaufmann hält die Wirkung des Chinins bedingt durch die besondere Art eines 4-(α-Oxy-β-dialkylamino-alkyl)-6-methoxychinolin, das dem Adrenalin nahesteht.

Chinin

$CH(OH) \cdot CHR \cdot N\langle^{R_I}_{R_{II}}$

$CH_3 \cdot O$ [Chinolinring] N

Adrenalin

$CH(OH) \cdot CH_2 \cdot NH \cdot CH_3$

[Benzolring] OH OH

Die Ursache der Vergiftungserscheinungen der isomeren Alkaloide sieht er in der Bildung des endständigen Piperidinrestes in der Seitenkette.

Chinin

$CH_2 : CH \cdot CH — CH — CH_2$ | CH_2 | CH_2 | $CH_2—N——C$ | $CH \cdot OH$ | $CH_3O \cdot$ [Chinolinring] N

Chinicin

$CH_2 : CH \cdot CH — CH — CH_2$ | CH_2 | CH_2 | $CH_2—NH$ CH_2 | CO | CH_3O [Chinolinring] N

Chinin hat ja gefäßkontrahierende Eigenschaften.

β-Amino-α-oxy-(chinolyl-4)-äthan wirkt auf den Blutdruck wie Homorenon.

β-Amino-α-oxy-(chinolyl-4)-äthan

$CH(OH) \cdot CH_2 \cdot NH_2$

[Chinolinring] N

Homorenon

$CH(OH) \cdot CH_2 \cdot NH \cdot CH_3$

[Benzolring] OH

Durch den Eintritt der Aminogruppe in die β-Stellung der Seitenkette ändern sich demnach die pharmakodynamischen Eigenschaften vollständig. Die Körper steigern nunmehr den Blutdruck durch Gefäßkontraktion. Die Giftigkeit wird nicht wesentlich vergrößert.

Die Verbindung

CH_2 | CH_2 CH_2 | CH_2 CH_2 | $CO \cdot H_2C$ N

$C_2H_5 \cdot O$ [Chinolinring] N

ist chemisch das Analogon des Chininons

CH | H_2C CH_2 $CH \cdot CH : CH_2$ | CH_2 | $CO \cdot HC$ CH_2 N

$CH_3O \cdot$ [Chinolinring] N

Es wirkt in geringen Dosen gefäßkontrahierend und hervorragend anästhesierend.

Durch Reduktion dieser Ketone zu Carbinolen kommt man zu chininähnlichen Basen und diese Aminoalkohole sind kräftige Fiebermittel, wenig giftig für Menschen und Tiere, aber stark gegen Infusorien und Paramäcien[1]).

Während im Chinin das die sekundäre Alkoholgruppe tragende C-Atom auf beiden Seiten mit C-Atomen verknüpft ist, die Ringen angehören (Chinolin- und Piperidin- resp. Chinuclidin-Ring) trägt das gleiche C-Atom in den Chinolylaminoäthanolen von Kaufmann und Rabe auf der einen Seite eine offene fette Kette und keinen basischen Ring.

P. Karrer gewinnt durch Einwirkung von Pyrrylmagnesiumhaloiden auf Chinolin-4-carbonsäurechlorid oder dessen Substitutionsprodukte 4-Chinolyl-2-pyrrylketone, die sich leicht zu den entsprechenden Carbinolen reduzieren lassen:

COCl, N; + XMg · C (CH—CH, CH, NH) = CO · C (CH—CH, CH, NH), N; Reduktion

⟶ CH(OH) · C (CH—CH, CH, NH), N

4-(p-Methoxychinolyl)-2-pyrryl-carbinol

CH_3O · ; CH(OH)—C (CH—CH, CH, N H), N

wirkt auf Paramäcien wie Chinin. Die antipyretische Wirkung scheint nicht sehr groß zu sein[2]).

2-Cyanchinolin und 1-Cyanisochinolin erhält man, wenn man 1-Benzoyl-2-cyan-1.2-dihydrochinolin bzw. 2-Benzoyl-1-cyan-1.2-dihydroisochinolin mit Phosphorpentachlorid, Sulfurylchlorid oder Thionylchlorid in Gegenwart wasserfreier indifferenter Verdünnungsmittel behandelt[3]).

Wenn man Cyanchinoline mit Grignardscher Lösung behandelt, so erhält man 4-Ketone des Chinolins, z. B. 4-Methylchinolylketon, 4-Phenylchinolylketon usw.[4]).

Zwecks Darstellung von 2-Ketonen des Chinolins bzw. 1-Ketonen des Isochinolins läßt man auf Chinolin-2-carbonsäurenitril bzw. auf Isochinolin-1-carbonsäurenitril Magnesiumalkylhalogenide einwirken und zerlegt die entstandenen Additionsprodukte. Beschrieben sind 2-Methylchinolylketon, 2-Äthylchinolylketon, 1-Isochinolylmethylketon[5]).

Chinolylketone erhält man, wenn man Chinolincarbonsäureester und Ester der allgemeinen Formel $R_I \cdot CH_2 \cdot COO \cdot R_{II}$, wobei R_I Wasserstoff oder ein beliebiges Alkyl, R_{II} ein beliebiges Alkyl, mit alkoholischen Kondensationsmitteln, wie Natriumäthylat behandelt und die so gebildeten β-Ketonsäureester in Chinolylketone durch Ketonspaltung überführt.

Aus Chinolin-4-carbonsäureäthylester, Essigsäureäthylester, Natriumäthylat und Benzol erhält man beim Erhitzen auf dem Wasserbade eine Reaktionsmasse. Man setzt

[1]) BB. **46**, 1823 (1913). [2]) P. Karrer, BB. **50**, 1499 (1917).
[3]) Givaudan und A. Kaufmann, DRP. 280 973.
[4]) A. Kaufmann, DRP. 276 656. [5]) DRP. 282 457, Zusatz zu DRP. 276 656.

Lauge und Wasser und Äther unter Kühlung zu, trennt ab und säuert mit Schwefelsäure an und äthert aus. Im Ätherrückstand findet man 4-Chinolylessigsäureäthylester

$CO \cdot CH_2 \cdot COO \cdot C_2H_5$ (am C-4 des Chinolinrings; N)

Erhitzt man den Ester mit verdünnter Schwefelsäure, so erhält man 4-Chinolylmethylketon.

$CO \cdot CH_3$ (am C-4 des Chinolinrings; N)

Beschrieben sind ferner 6-Methoxychinolyl-4-äthylketon, 6-Methoxychinolyl-4-methylketon[1]).

Die höheren Alkylhomologen der Chinolylmethylketone und ihrer Kernsubstitutionsprodukte kann man erhalten, wenn Chinoloylessigester oder deren Kernsubstitutionsprodukte in der Seitenkette alkyliert und die so gebildeten homologen Ester der Ketonspaltung unterwirft.

So erhält man 4-Chinolyläthylketon aus 4-Chinoloylessigsäureäthylester in Alkohol, Natriumäthylat und Jodäthyl und Spalten des entstandenen α-4-Chinoloylpropionsäureäthylesters durch Kochen mit 25proz. Schwefelsäure. Ferner ist beschrieben 6-Methoxy-4-chinolyläthylketon[2]).

A. Kaufmann beschreibt Aminoketone der Chinolinreihe der allgemeinen Formel: Chinolyl CO · CH(R) · NR_IR_{II}, wobei R und R_I Wasserstoff oder Alkyl, R_{II} Alkyl bedeutet, die man erhält, wenn man diejenigen Chinolin-4-ketone, welche der Carbonylgruppe benachbart, eine Methyl- oder Methylengruppe enthalten, nacheinander mit Halogen oder halogenentwickelnden Mitteln und mit primären oder sekundären aliphatischen Aminen behandelt. Diese Aminoketone sollen neben hervorragenden antipyretischen Eigenschaften teilweise gefäßkontrahierende und blutdrucksteigernde und anästhesierende Wirkung zeigen. Bei der Reduktion gehen sie in ebenfalls physiologisch wirksame Alkoholbasen über. Diese Verbindungen sollen nach den Angaben von A. Kaufmann den Chinaalkaloiden nahestehen. Beschrieben sind: 6-Äthoxychinolyl-4-piperidylmethylketon, 6-Äthoxychinolyl-4-diäthylaminomethylketon, 6-Äthoxychinolyl-4-monomethylaminomethylketon, 6-Äthoxychinolyl-4-piperidyläthylketon[3]).

ω-Aminomethylchinolin erhält man durch Reduktion der Nitrile der Chinolinreihe nach den üblichen Methoden[4]).

ω-Aminoalkylchinoline erhält man aus Dioximen von Chinolylalkylketonen oder deren Kernsubstitutionsprodukten, wenn man diese nach den üblichen Methoden reduziert. Beschrieben ist die Darstellung des 4-α-Aminoäthyl-6-methoxychinolins und des 2-α-Aminoäthylchinolins[5]).

Durch Umsetzung derjenigen Halogenchinolyl-4-alkylketone, welche man beim Behandeln von solchen Chinolyl-4-ketonen mit Halogen oder halogenentwickelnden Mitteln erhält, die der Carbonylgruppe benachbart eine Methyl- oder Methylengruppe enthalten, mit primären oder sekundären aliphatischen Aminen, entstehen nach DRP. 268 931 Aminoderivate von Chinolyl-4-alkylketonen. Durch Einwirkung von Reduktionsmitteln auf diese Alkylaminoketone erhält man die entsprechenden Aminoalkohole, welche antipyretisch und analgetisch, aber auch gegen Malaria spezifisch (?) wirken sollen.

Beschrieben sind: Piperidin-methyl-6-äthoxychinolyl-4-carbinol, Diäthylamino-methyl-6-äthyloxychinolyl-4-propanon, β-Äthylamino-6-äthoxychinolyl-4-propanol[6]).

Cheirolin $C_6H_{16}N_2O_7S_2$ hat chininähnliche antipyretische Wirkungen (Schmiedeberg). Nach den Untersuchungen von Schneider ist es $C_5H_9O_2NS_2$[7]). Die Konstitution ist wahrscheinlich $CH_3 \cdot SO_2 \cdot CH_2 \cdot CH_2 \cdot CH_2 \cdot N:C:S$.

---

1) Zimmer, DRP. 268 830. 2) DRP. 280 970, Zusatz zu DRP. 268 830.
3) DRP. 268 931. 4) Zimmer, DRP. 279 193.
5) Zimmer, DRP. 285 637, Zusatz zu DRP. 279 193.
6) Kaufmann, DRP. 283 512. 7) Liebigs Ann. **375**, 207 (1910).

Chinin und seine Derivate.

Während man sich ununterbrochen bemühte, immer neue Körper und Variationen darzustellen, welche Chinin in seinen Wirkungen ersetzen und diesen Körper mit seinen oft unangenehmen Nebenwirkungen verdrängen sollten, was aber bis nun nicht gelungen, war man nach der anderen Seite hin auch bemüht, die dem Chinin anhaftenden unangenehmen Eigenschaften, wie insbesondere seinen bitteren Geschmack zu coupieren, anderseits Chininverbindungen darzustellen, welche leicht löslich sind und so es ermöglichen, Chinin zu Injektionen zu verwenden. Unter den in jeder Pharmakopöe aufgenommenen Salzen erfreut sich bekanntlich in der Anwendung das schwefelsaure Chinin der größten Beliebtheit. An Stelle dieses wurde vorgeschlagen, Chininchlorhydrosulfat zu verwenden. welches in Wasser sehr leicht löslich und daher zu Injektionen geeignet ist[1]).

J. B. F. Rigaud verfährt folgendermaßen[2]), um dieses leicht lösliche Doppelsalz zu erhalten. Man mischt 30 kg basisch schwefelsaures Chinin mit 24.9 l Salzsäure von 1.05 spez. Gew., wobei sofort Lösung des basischen Salzes erfolgt. Diese Lösung wird nun im Vakuum eingeengt und das Salz krystallisiert hernach, oder man läßt einen Strom von Salzsäuregas über getrocknetes schwefelsaures Chinin streichen, wobei sich die Vereinigung unter Wärmeentwicklung vollzieht.

In gleicher Absicht hat Kreidemann ein leicht lösliches Coffein-Chininpräparat[3]) dargestellt, indem er 2 Teile salzsaures Chinin und 1 Teil Coffein in Wasser löst und der Krystallisation überläßt; nach mehrmaligem Umkrystallisieren erhält man eine Verbindung, welche 30% Coffein, 56% Chinin und 6.59% Salzsäure enthält. Das Produkt löst sich in der Hälfte seines Gewichtes Wasser. Das Präparat ist als solches daher zu subcutanen Injektionen verwendbar und überdies als Vehikel für andere stark wirkende Alkaloide. Höhere Temperaturen sowie Säure- oder Alkalizusatz sind bei der Darstellung zu vermeiden.

Nach einer weiteren Mitteilung[4]) erhält man es ohne Lösungsmittel durch bloßes vorsichtiges Zusammenschmelzen von Coffein und Chininchlorhydrat.

Andere Absichten verfolgte man mit der Darstellung des ölsauren Chinins. Dieses in Alkohol klar lösliche Salz soll sich besonders zu Einreibungen bei Hautleiden eignen, da es, wie alle ölsauren Salze, von der Haut leicht resorbierbar ist.

Von praktisch viel größerer Wichtigkeit sind die Versuche, Chininpräparate darzustellen, denen der bittere Geschmack des Chinins fehlt. Versuche in dieser Richtung sind zuerst in der Weise gemacht worden, daß man Chinin durch das weniger bittere Cinchonin ersetzte. Doch da Cinchonin in seinen Wirkungen weniger zuverlässig ist, ist man, außer bei Verfälschungen, von dieser Art der Verwendung abgekommen. Hingegen wurde eine andere Art mehr favorisiert, nämlich Chinin in Form unlöslicher Verbindungen zu verabreichen. Das beliebteste Präparat in dieser Richtung ist das gerbsaure Chinin der Pharmakopöe, insbesondere aber jenes gerbsaure Chinin, welches durch Fällung eines Chininsalzes mit Gersbäure entsteht und bei dessen Darstellung der entstandene Niederschlag von gerbsaurem Chinin mit Wasser bis zum Schmelzen erhitzt wird, wobei er zusammenbäckt und ein fast geschmackloses Pulver liefert, das in Wasser unlöslich ist (Pharmacop. Hungar.). Aber das gerbsaure Chinin leidet wieder an dem Übelstande, daß es nur langsam und erst im Darme in seine Komponenten gespalten wird, daher die nötige Promptheit und Sicherheit bei seiner Anwendung fehlt.

Chinaphthol, welches Riegler in die Therapie eingeführt hat, ist β-naphthol-β-monosulfosaures Chinin[5]). Es ist die Verbindung eines Antipyreticum, des Chinins, mit einem Antisepticum, der β-Naphtholsulfosäure.

---

[1]) Grimaux und Laborde, Sem. méd. **1893**, 71. [2]) DRP. 74 821. [3]) DRP. 106 496.
[4]) DRP. 120 925. Siehe auch Deutsche med. Wochenschr. **1900**, 12 und Allg. med. Zentralztg. **1900**, Nr. 17. [5]) Wiener med. Blätter **1895**, Nr. 47.

Dieser Körper schmeckt bitter, ist in kaltem Wasser unlöslich und wird im Magensaft nicht zerlegt, erst im Darm. Seine Wirkungen sollen besonders bei septischen Darmprozessen ausgezeichnete sein und Riegler empfahl das Präparat gegen Typhus.

August Röttinger, Wien[1]), stellt eine Doppelverbindung aus Chinin her, indem er Chinin, Weinsäure und Hexymethylentetramin in äquimolekularen Mengen und aufeinander in Lösung einwirken läßt. Die Doppelverbindung schmeckt säuerlich bitter.

Pyrochinin ist ein Chinin-Pyramidon-Doppelsalz der Camphersäure.

Andere Doppelsalze sind Chinin Harnstoff-Chlorhydrat und Chinin-Harnstoff-Bromhydrat sowie Chinin-Urethan[2]).

Verbindungen aus Chinin und Dialkylbarbitursäuren erhält man, wenn man entweder äquimolekulare Mengen kurze Zeit zusammenschmilzt und dann das erhaltene Reaktionsprodukt mit geeigneten Lösungsmitteln (Alkohol, Äther, Aceton) anreibt oder die Komponenten als solche oder in Form ihrer Salze ebenfalls in molekularem Verhältnis bei Gegenwart geeigneter Lösungsmittel längere Zeit in der Kälte oder bei erhöhter Temperatur aufeinander einwirken läßt[3]).

Die schlaferzeugende Wirkung des Veronals erhält durch das Chinin eine erhebliche Verstärkung. Diese Chinin-Diäthylbarbitursäure wird Chinin-Veronal oder Chineonal genannt.

Analog wurde Chinin-Dipropylbarbitusäure (Chinin-Proponal) und nach DRP. 247 188 (Bayer) Chinin-Phenyläthylbarbitursäure dargestellt (Chinin-Luminal).

Nach DRP. 247 188 (Bayer) erhält man die additive Verbindung Hydrochinin-Phenyläthylbarbitursäure durch Einengen der alkoholischen Lösungen beider Komponenten.

Stellt man solche Verbindungen aus Chininderivaten, wie Hydrochinin, Äthylhydrocuprein, Propylhydrocuprein und Dialkylbarbitursäure her, so sieht man, daß die Toxizität etwas größer ist; die Einführung des höheren Radikals Propyl an Stelle des Äthyls nur in einer der beiden Komponenten bewirkt aber bereits eine bedeutende Verminderung der Toxizität, die der der Chinin-Dialkylbarbitursäuren fast gleich kommt, schon die Propylhydrocuprein-Dipropylbarbitursäure ist vollständig unschädlich. Die narkotische Kraft ist gegenüber den Chininverbindungen gleicher Art sehr erhöht. Man erhält sie durch Aufeinanderwirkung molekularer Mengen der Komponenten oder ihrer Salze[4]), zweckmäßig in Gegenwart geeigneter Lösungsmittel[5]).

Andere Versuche, durch Veresterung der Hydroxylgruppe des Chinins zu geschmacklosen Körpern zu gelangen, haben Präparate gezeitigt, von denen nur wenige eine praktische Verwertung gefunden haben, wie z. B. Chininkohlensäureäthylester (Euchinin) $C_2H_5 \cdot O \cdot CO \cdot O \cdot C_{20}H_{23}N_2O$.

Zuerst wurde durch Einwirkung von Phosgengas ($COCl_2$) auf Chinin[6]) resp. Cinchonidin[7]) der Chlorkohlensäureäther der beiden Basen dargestellt. Man kann die Chlorkohlensäureester des Chinins und Cinchonidins leicht erhalten, wenn man Phosgengas mit oder ohne Lösungsmittel auf die Salze dieser Chinaalkaloide einwirken läßt[8]). Hierauf kam es, da diese Verbindungen nicht völlig die gewünschten Eigenschaften zeigen, zur Synthese des Euchinin. Es wurde ferner Dichininkohlensäureester dargestellt, was leicht gelingt, wenn man statt in Benzol, in Pyridin oder Chloroformlösung, Phosgengas auf Chininbase einwirken läßt[9]).

Symmetrische Dichinaalkaloidkohlensäureester erhält man, wenn man auf 2 Mol. Alkaloid nur 1 Mol. Phenolcarbonat einwirken läßt und auf 170—180° oder 120—130° erhitzt[10]). Man erhält dann

$$COCl_2 + 4\,C_{20}H_{24}N_2O_2 = CO{<}^{C_{20}H_{23}N_2O_2}_{C_{20}H_{23}N_2O_2} + 2\,(C_{20}H_{24}N_2O_2 \cdot HCl)$$

Aristochinin ist der Dichininkohlensäureester $C_{20}H_{23}N_2O \cdot O \cdot CO \cdot O \cdot C_{20}H_{23}N_2O$, sehr wenig löslich und ziemlich geschmacklos, weniger bitter schmeckend als andere Präparate (Dreser).

---

[1]) DRP. 325 156.
[2]) G. Gaglio, Arch. di farmacol. sperim. **13**, 273 (1912) und P. Marfori, ebenda **13**, 479 (1912). [3]) Merck, DRP. 249 908. [4]) DRP. 247 188.
[5]) Merck, DRP. 291 421. [6]) DRP. 90 848. [7]) DRP. 93 698.
[8]) DRP. 118 122. [9]) DRP. 105 666. [10]) DRP. 134 307, 134 308.

Zimmer, Frankfurt[1]), wenden die Grignardsche Reaktion auf Chinin an und die Chininoxymagnesiumhaloide werden zum Aufbau von hydroxylsubstituierten Chininen verwendet. Man erhält so mit Acetylchlorid Acetylchinin, mit Chlorameisensäureester Chininäthylcarbonat, mit Benzoylchlorid Benzoylchinin, mit Essigsäureanhydrid Acetylchinin.

Denselben Zweck, entbittertes Chinin zu erzeugen und hierbei noch eine zweite wirksame Komponente in die Verbindung einzuführen, verfolgt die Firma Zimmer & Co., indem sie Chinin auf substituierte Isocyanate oder auf substituierte Carbaminsäurechloride einwirken läßt. Man kann auf diese Weise z. B. in Chinincarbonsäureanilid $CO<^{O \cdot C_{20}H_{23}N_2O}_{NH \cdot C_6H_5}$ (Phenylcarbaminsäurechininäther) erhalten, wenn man Chinin mit Phenylisocyanat auf 190° erwärmt und die Schmelze mit verdünnter Säure extrahiert. Chininkohlensäurephenetidid $CO<^{OC_{20}H_{23}N_2O}_{NH \cdot C_6H_4 \cdot OC_2H_5}$ (p-Äthoxyphenylcarbaminsäurechininäther) wird dargestellt, indem man zuerst, um eine Benzollösung des p-Äthoxyphenylcarbaminsäurechlorid zu erhalten, 2 Mol. Phenetidin in Benzol löst und 1 Mol. in Benzol gelöstes Phosgen unter guter Kühlung damit reagieren läßt. Nach der Gleichung $2\,C_6H_4(OC_2H_5)NH_2 + COCl_2 = C_6H_4(OC_2H_5)NH \cdot COCl + C_6H_4(OC_2H_5)NH_2 \cdot HCl$ bildet sich das Chlorid und salzsaures Phenetidin scheidet sich ab. Dem Filtrate setzt man 2 Mol. Chinin zu, welches sich löst, und es entsteht[2])

$$C_6H_4(OC_2H_5)NH \cdot COCl + 2\,C_{20}H_{24}N_2O_2 = CO<^{OC_{20}H_{23}N_2O}_{NH \cdot C_6H_4 \cdot OC_2H_5} + C_{20}H_{24}N_2O_2 \cdot HCl$$

Das unlösliche Präparat ist fast geschmacklos und soll den Wirkungen des Chinins die Phenetidinwirkung beigesellen. Diese Art, zwei ähnlich wirksame Komponenten in eine chemische Verbindung zu bringen, bietet therapeutisch keinen Vorteil vor einer Mischung der beiden Körper.

Chininkohlensäure-Phenoläther resp. Cinchonidinkohlensäure-Phenoläther erhält man durch Einwirkung von Phenolcarbonaten auf die Chinaalkaloide[3]).

Die Reaktion verläuft nach dem Schema:

$$C_{20}H_{24}N_2O_2 + CO<^{O \cdot C_6H_5}_{O \cdot C_6H_5} = CO<^{O \cdot C_6H_5}_{C_{20}H_{23}N_2O_2} + C_6H_5 \cdot OH$$

So wurden Chininkohlensäurephenoläther, Chininkohlensäure-p-nitrophenoläther

$$CO<^{O \cdot C_6H_4 \cdot NO_2}_{C_{20}H_{23}N_2O_2}$$

Chininkohlensäure-p-acetylaminophenoläther

$$CO<^{O \cdot C_6H_4 \cdot NH \cdot CO \cdot CH_3}_{C_{20}H_{23}N_2O_2}$$

Chininkohlensäurethymoläther

$$CO<^{O \cdot C_6H_3 \cdot (CH_3) \cdot C_3H_7}_{C_{20}H_{23}N_2O_2}$$

Chininkohlensäurebrenzcatechinäther

$$CO<^{O \cdot C_6H_4 \cdot OH}_{C_{20}H_{23}N_2O_2}$$

Cinchonidinkohlensäurephenoläther

$$CO<^{O \cdot C_6H_5}_{C_{19}H_{21}N_2O}$$

dargestellt.

Euchinin hat die Formel $CO<^{O \cdot C_2H_5}_{OC_{20}H_{23}N_2O}$ und wird dargestellt durch Einwirkung von chlorameisensaurem Äthyl $Cl \cdot COO \cdot C_2H_5$ auf Chinin[4]). Es wird Chinin in Weingeist gelöst und bei Gegenwart der berechneten Menge Ätznatron unter Kühlung und Schütteln Chlorameisenäthylester zugesetzt, die alkoholische Lösung wird mit Wasser gefällt.

Ebenso kann man statt der freien Chininbase die wasserfreien Salze des Chinins verwenden, indem man die Chlorkohlensäureester direkt oder in einem passenden Lösungsmittel gelöst auf die wasserfreien Salze einwirken läßt. So wurden Chininkohlensäureäthylester, Chininkohlensäurebenzylester und Cinchonidinkohlensäureäthylester gewonnen[5]).

Es ist auch möglich, die wasserhaltigen Chininsalze zu dieser Synthese zu verwenden, wenn man den Chlorameisensäureester in Gegenwart von Pyridin auf diese Salze einwirken läßt[6]).

---

[1]) DRP. 178 172, 178 173. [2]) DRP. 109 259.
[3]) DRP. 117 095. Siehe auch DRP. 128 116, 129 452, 131 723.
[4]) DRP. 91 370. [5]) DRP. 118 352. [6]) DRP. 123 748.

Euchinin (Äthylkohlensäurechininester) ist zunächst gänzlich geschmacklos. Bei längerem Verweilen auf der Zunge macht sich eine ganz leicht bittere Geschmacksempfindung geltend. Es erzeugt kein bitteres Aufstoßen oder bittere Geschmacksparästhesien wie das bittere Chinin[1]). Das salzsaure Salz des Euchinin hat im Gegensatz zu der Base selbst gegenüber dem Chinin in bezug auf den Geschmack keine Vorzüge. Das gerbsaure Salz dagegen ist ganz geschmacklos. Dieses Präparat leistet also nicht mehr als Chinin, da man ja auch vom Chinin zu einem geschmacklosen, gerbsauren Präparat gelangen kann. Das Verdecken der Hydroxylgruppe bewirkt keineswegs ein Aufhören des bitteren Geschmackes, auch Acetylchinin ist ja bitter.

Acetylchinin schmeckt nur bitter, weil es bei der Reinigung teilweise verseift wird. Reines Acetylchinin erhält man durch Umkrystallisieren aus ganz wasserfreien Lösungsmitteln. Die Substanz ist geschmacklos, erst nach einigen Minuten, infolge minimaler Spaltung, schwach bitter[2]).

Salochinin ist der geschmacklose Salicylsäureester des Chinins, welcher

$$\begin{array}{l} C_6H_4 \cdot OH \\ | \\ COO \cdot C_{20}H_{23}N_2O \end{array}$$

die Wirkungen beider Komponenten vereinigen soll, jedoch muß die Tagesdosis doppelt hoch gegriffen werden.

Man erhält die Salicylsäureester der Chinarindenalkaloide[3]) durch Einwirkung der Alkaloide auf Salicylid oder die Polysalicylide resp. deren Chloroformadditionsprodukte oder auf Salicylsäurechlorid. Die Ester schmecken nicht bitter.

Diese Verbindungen sind nur geschmacklos, insofern sie unlöslich sind; ihre löslichen Salze sind auch alle bitter.

Auf ähnlichen Ideen beruht die Darstellung des salicylsauren Isovalerylchinins.

Zuerst wird durch Einwirkung von Isovalerylchlorid auf Chinin Isovalerylchinin gewonnen, welches in ätherischer Lösung mit Salicylsäure ein Additionsprodukt liefert, das in Wasser schwer löslich und geschmacklos ist[4]).

Dieser Körper wurde aber nicht in die Therapie eingeführt.

Zimmer-Frankfurt[5]) stellen Säureester der Halogenwasserstoffadditionsprodukte des Chinins her, indem sie Hydrochlor-, Hydrobrom- oder Hydrojod-Chinin in üblicher Weise in Säureester überführen oder indem sie an die Säureester des Chinins Halogenwasserstoff anlagern. Diese Substanzen enthalten Halogenwasserstoff in intramolekularer Bindung und sind geschmackfrei. Dargestellt wurden Hydrochlorchininäthylcarbonat aus Hydrochlorchinin und Äthylameisensäureester, Hydrochlorisochininäthylcarbonat, Hydrobromchininäthylcarbonat, Hydrobromchininsalicylat und Hydrobromchininbenzoat sowie Hydrojodchininäthylcarbonat.

α-Bromisovalerylchinin erhält man durch Einwirkung des Chlorids oder Bromids der Säure auf Chinin oder Chininsalze. Die Substanz soll als Keuchhustenmittel Verwendung finden[6]).

Chininester aromatischer Aminosäuren erhält man, wenn man Nitrobenzoylchloride auf Chinin einwirken läßt und dann die Nitrogruppe reduziert; beschrieben ist die Herstellung von p-Aminobenzoylchinin und o-Aminobenzoylchinin.

p-Aminobenzoylchininester kommt unter der Bezeichnung Aurochin in den Handel; er ist fast geschmacklos. Die o-Verbindung ist fast geschmacklos und wirkt anästhesierend[7]).

Ebenso wurden auch Ester des Hydrochinins dargestellt, und zwar Äthylkohlensäurehydrochininester, Benzoylhydrochinin, Salicylhydrochinin, Hydrochinincarbonat und p-Aminobenzoylhydrochinin, welche dem Hydrochinin gegenüber, das wie Chinin bitter schmeckt, den Vorzug der Geschmacklosigkeit haben[8]).

---

[1]) v. Noorden, Zentralbl. f. inn. Med. **1896**, Nr. 48. [2]) DRP. 134 370.
[3]) Bayer, Elberfeld, DRP. 137 207. [4]) DRP. 83 530. [5]) DRP. 231 961.
[6]) Knoll, Ludwigshafen, DRP. 200 063. [7]) DRP. 244 741. [8]) DRP. 250 379.

Chininester kann man durch Hydrierung mit Wasserstoff bei Gegenwart von Platin oder Palladium zu den im DRP. 250 379 beschriebenen Verbindungen reduzieren[1]). In gleicher Weise kann man aus den Nebenalkaloiden der Chinarinde hydrierte Ester erzeugen, so z. B. Hydrocinchoninäthylcarbonat, Benzoylhydrocuprein, Dibenzoylhydrocuprein und Äthylhydrocupreinäthylcarbonat[2]).

Man kann aus Chinin eine geschwefelte Verbindung erhalten, wenn man die freie Base bei Temperaturen unterhalb ihres Schmelzpunktes mit Schwefel zusammenschmilzt. Man erhält die Verbindung $C_{20}H_{24}N_2OS$[3]).

Dieselbe Absicht leitete die Darstellung von Phosphorylchinin (tertiärer Chininphosphorsäureester). Man erhält es durch Einwirkung von Phosphoroxychlorid auf Chinin[4]):

$$6\,C_{20}H_{24}N_2O_2 + POCl_3 = (C_{20}H_{23}N_2O_2)_3 \cdot PO + 3\,C_{20}H_{24}N_2O_2 \cdot HCl$$

Böhringer - Waldhof verestern Chinin mit Diglykolsäure und erhalten einen völlig geschmacklosen Ester[5]).

$$O{<}\begin{matrix}CH_2 \cdot CO \cdot O \cdot C_{20}H_{23}N_2O \\ CH_2 \cdot CO \cdot O \cdot C_{20}H_{23}N_2O\end{matrix}$$

Insipin ist Chinindiglykolsäureestersulfat $C_{20}H_{23}O_2N_2 \cdot CO \cdot CH_2 \cdot O \cdot CH_2 \cdot CO \cdot C_{20}H_{23}ON_2 \cdot H_2SO_4 \cdot 3\,H_2O$.

Fahlberg und List[6]) decken den Geschmack der Alkaloide mit Saccharin. Es werden die Saccharinsalze der Alkaloide dargestellt, indem man eine wässerige oder alkoholische Lösung von Saccharin mit dem betreffenden Alkaloid, z. B. Chinin, Cinchonin, Strychnin, Morphin usw. neutralisiert. Letztere bilden hierbei mit Saccharin neutrale Salze, welche aus der Lösung in amorpher oder krystallinischer Gestalt erhalten werden können und welche sich dadurch auszeichnen, daß sie den eigentümlichen Geschmack der Alkaloide bedeutend weniger hervortreten lassen als deren Sulfate und Chlorhydrate.

Wird zur Lösung der wie oben gebildeten neutralen Salze noch Saccharin im Überschuß gegeben, so bilden sich „saure" Salze, welche ebenfalls leicht krystallinisch zu erhalten sind und den Geschmack der Alkaloide in noch geringerem Maße aufweisen als die neutralen Salze.

Mischt man eine lauwarme Lösung von 2 Mol. Natriumsaccharinat in verd. Alkohol mit 1 Mol. bas. Chininsulfat in 95proz. Alkohol und verdunstet das Filtrat vom Glaubersalz und krystallisiert den Rückstand aus Methylalkohol um, so erhält man basisches Chininsaccharinat

$$C_6H_4{<}\begin{matrix}CO \\ SO_2\end{matrix}{>}NH \cdot C_{20}H_{24}O_2N_2 + H_2O$$

welches anfangs süß, später bitter schmeckt[7]).

Die Darstellung eines geschmacklosen, aber löslichen Chininpräparates steht noch immer aus, wäre aber als großer Erfolg zu bezeichnen. Eines der einfachsten geschmacklosen Chininpräparate ist das Chininum albuminatum, eine Mischung von Chinin und Eiweiß, welches in Wasser unlöslich ist, weil das Eiweiß geronnen. Löslich ist es aber in salzsaurem Wasser.

Anilinderivate.

Während die bis nun betrachteten Antipyretica auf der Grundidee basiert waren, daß man zu chininähnlichen Körpern auf Grund von Spekulationen über die Konstitution dieser Base auf synthetischem Wege gelangen könne, kommen wir nun zu einer Gruppe von antipyretischen Mitteln, welche alle ihre Entstehung der fundamentalen Beobachtung von Josef Cahn und Paul Hepp[8]) verdanken, daß Anilin $C_6H_5 \cdot NH_2$ bzw. Acetanilid (Antifebrin) $C_6H_5 \cdot NH \cdot CO \cdot CH_3$ ein starkes Entfieberungsmittel ist, welchem auch vorzügliche antineuralgische Effekte zukommen. Die ungemeine Billigkeit des Anilins als Ausgangsmaterial forderte geradezu heraus, Anilin, welchem so vorzügliche Wirkungen zukommen, zur Synthese neuer Arzneimittel zu verwenden, die

[1]) DRP. 251 933. [2]) DRP. 253 357.
[3]) Valentiner & Schwarz, Leipzig, DRP. 214 559. [4]) DRP. 115 920.
[5]) DRP. 237 450. [6]) DRP. 35 933. [7]) Bull. de la soc. chim. Paris [3] **25**, 606.
[8]) Zeitschr. f. klin. Med. **1886**, Nr. 33. — Berliner klin. Wochenschr. **1887**, Nr. 1 u. 2.

dem teuren Chinin und dem damals ebenfalls noch teuren Antipyrin Konkurrenz machen könnten.

Anilin selbst und seine Salze zeigen starke antipyretische Eigenschaften, doch stößt die Verwendung dieser Base auf große Hindernisse, da sie ungemein leicht resorbiert wird, ebenso wie ihre Salze, und einen deletären Effekt auf die roten Blutkörperchen ausübt, indem diese zu Zerfall gehen. Alsbald stellt sich auch Cyanose ein.

Schwefelsaures Anilin wirkt nach Fay[1]) analgetisch und desodorisierend, aber es ist große Vorsicht bei der Dosierung geboten, da nach zwei Stunden sich nach höheren Gaben Lippen und Nägel blau färben, Atemnot und Schwindel auftreten.

Da nun Basen, wie wir im allgemeinen Teile ausgeführt haben, durch Einführung von sauren Resten an Stelle der Wasserstoffe im Aminorest partiell entgiftet werden, und zwar aus dem Grunde, weil hierdurch die Base dem Organismus gegenüber resistenter wird, so ist es klar, daß man durch Einführung einer Acetylgruppe in das Anilin zu einem weit weniger giftigen Körper gelangen muß, als es die freie Base oder ihr Salz ist. Wenn man Eisessig auf Anilin einwirken läßt, so gelangt man zum Acetanilid, welches sich durch seine intensiv antipyretischen Eigenschaften schon in kleinen Dosen auszeichnet. Auch antineuralgische Effekte, wie sie insbesondere dem Antipyrin eigentümlich sind, kann man mit dem Acetanilid, welches ja auch als das billigste Antipyreticum angesehen werden muß, bewirken. Acetanilid wirkt im Organismus in der Weise, daß langsam durch die oxydativen Einflüsse der Gewebe Anilin regeneriert wird. Man kann daher die Acetanilidwirkung als eine protrahierte Anilinwirkung ansehen. Und tatsächlich stimmen die Erscheinungen bei der Anilinvergiftung mit den Erscheinungen bei der Acetanilidvergiftung vollkommen überein. Nur ist der Effekt beim Acetanilid kein so prompter wie bei der Base selbst. Auch hier kommt es zu einem Zerfall der roten Blutkörperchen. Im Organismus wird vorerst die Acetylgruppe oxydiert oder abgespalten und hierauf der Benzolring in der p-Stellung zum Aminorest oxydiert, so daß p-Aminophenol

NH_2

OH

entsteht[2]). Diese Oxydation ist als eine Entgiftung im Organismus anzusehen, welch letztere in der Folge noch weiter durchgeführt wird, da sich das gebildete p-Aminophenol mit Schwefelsäure bzw. Glykuronsäure paart, und so im Harn zur Ausscheidung gelangt. Antifebrin passiert den Körper überhaupt nicht unzersetzt. Der Harn gibt beim Destillieren mit Lauge kein Anilin ab, dagegen wird reichlich Phenol (etwa $5^1/_2$% des eingeführten Antifebrins) aus dem Harn erhalten. Antifebrin geht, namentlich beim Hunde, zum Teil in o-Oxycarbanil $C_6H_4\langle{}^{N}_{O}\rangle C \cdot OH$ über, welchem noch starke toxische Eigenschaften innewohnen[3]). o-Oxycarbanil entsteht aus Phenolcarbaminsäure $C_6H_4<{}^{NH \cdot COOH}_{OH}$ durch Wasseraustritt. Es wirkt antipyretisch, wie Antifebrin, jedoch erst in doppelt so großer Dose. Es tritt nicht unverändert im Harne auf[4]). Acetanilid erscheint im Harn als p-Aminophenol, p-Acetyl-

[1]) Deutsche Med. Ztg. **1894**, 744. [2]) O. Schmiedeberg, AePP. **8**, 1.

[3]) M. Jaffé und Hilbert, HS. **12**, 295 (1888). — K. A. H. Mörner, HS. **13**, 12 (1889). [4]) Demmes klin. Mitt. Bern **27**, 56.

aminophenol und als o-Oxycarbanil. Nach Kleine verhält sich Formanilid im Organismus analog[1]). Die Beobachtung dieser entgiftenden Funktionen des Organismus bei Anilin hat zur Darstellung der wertvollsten Abkömmlinge des Anilins, der Phenetidinderivate (siehe diese) geführt.

Im Blute mit Acetanilid vergifteter Tiere findet man Acetylphenylhydroxylamin, welches in kleinster Menge ein unmittelbarer Methämoglobinbildner ist[2]).

Es war gewiß eine mißverständliche Auffassung der in vielen Fällen nachteiligen Antifebrinwirkung, wenn man als Ersatzmittel des Anilins, Toluidin $CH_3 \cdot C_6H_5 \cdot NH_2$ bzw. dessen Derivate verwendete, denn die drei isomeren Toluidine zerstören die roten Blutkörperchen, bilden hierbei Methämoglobin, setzen hauptsächlich dadurch die respiratorische Kapazität herab und bewirken Ikterus und Hämoglobinurie.

Von Interesse ist hier nur, daß Anilin und m-Toluidin die respiratorische Kapazität stärker herabsetzen als o- und p-Toluidin. Auch die Temperatur wird durch die beiden ersteren Körper herabgesetzt, während o- und p-Toluidin nur wenig antipyretisch wirken. Antipyretisch wirkt von den substituierten Toluidinen nur die m-Verbindung. Nach Barbarini ist sie weniger giftig, aber stärker antipyretisch als Antifebrin.

Statt des Acetylrestes, als entgiftende Gruppe, kann man selbstverständlich auch andere Säureradikale einführen.

Acetessigsäureanilid wirkt beträchtlich weniger antipyretisch als Acetanilid[3]).

Aber es besteht in bezug auf die Spaltbarkeit solcher Verbindungen ein Unterschied zwischen solchen, die mit fetten und mit aromatischen Radikalen verbunden sind. Beim Anilin hat man es mit aromatischen Resten versucht, und vor allem das Benzanilid dargestellt $C_6H_5 \cdot NH \cdot CO \cdot C_6H_5$. Diese Verbindung ist im Organismus schon schwer spaltbar, und man brauchte erheblich größere Dosen als vom Acetanilid, ohne besondere Vorteile zu erzielen[4]). Salicylanilid $C_6H_5 \cdot NH \cdot CO \cdot C_6H_4 \cdot OH$ und Anisanilid $C_6H_5 \cdot NH \cdot CO \cdot C_6H_4 \cdot OCH_3$ spalten sich, wie überhaupt die Substitutionsprodukte der Antipyretica mit aromatischen Säureradikalen, so schwer im Organismus auf, daß sie aus dem Grunde nicht zur Wirkung gelangen können. Man sieht hier deutlich, daß eben nur die Abspaltung der Base aus ihrer durch Säureradikale entgifteten Verbindung für die antifebrile Wirkung notwendig ist. Kann die Base aus der Verbindung nicht herausgespalten werden, so kann auch die Substanz nicht zur Wirkung gelangen.

Daß es nicht der basische Rest, die NH_2-Gruppe ist, welchem Anilin seine intensive antipyretische Wirkung verdankt, beweisen mehrere Umstände. Wenn man in den Benzolring statt der Aminogruppe ein Hydroxyl einführt, so gelangt man zum Phenol, welches ebenfalls entfiebernd wirkt, doch ist die Wirkung schwächer, die notwendige Dosis eine größere und die Entfieberung rasch vorübergehend; führt man zwei Hydroxyle ein, so gelangt man zu Verbindungen welche eine entschiedene Antipyrese machen, deren Wirkung aber rauschartig verfliegt. Wird statt des zweiten Hydroxyls eine Carboxylgruppe in die o-Stellung eingeführt, so gelangt man zu einem weniger giftigen, aber entschieden stark antipyretisch wirkenden Körper, der Salicylsäure $C_6H_4(OH)(COOH)$. Auch die Einführung anderer basischer Reste als der Aminogruppe in den Benzolring bewirkt, daß

[1]) HS. **22**, 325 (1896—1897). [2]) Ph. Ellinger, HS. **111**, 121 (1920).
[3]) Eckhardt, Inaug.-Diss. Halle (1903). [4]) Therap. Monatshefte **1893**, 577.

die gebildete Substanz ein Antipyreticum wird. Wenn man statt der Aminogruppe den Hydrazinrest in den Benzolring einführt, so kommt man zum Phenylhydrazin $C_6H_5 \cdot NH \cdot NH_2$, welchem noch weit intensivere antipyretische Fähigkeiten eigen sind als dem Anilin. Wir glauben daher behaupten zu können, daß es nicht der basische Rest ist, welchem das Anilin seine antipyretische Wirkung verdankt, sondern daß dies eine Eigenschaft des Benzolringes wie auch anderer cyclischer Systeme, z. B. des Chinolins ist, welche aber durch Einführung von leicht reaktionsfähigen Seitengruppen zur stärkeren Geltung gebracht wird. Die aromatischen Semicarbazide $R \cdot NH \cdot NH \cdot CO \cdot NH_2$ besitzen ebenfalls antipyretische Eigenschaften.

Die Hydroxyle lassen diese Wirkung schwächer, die basischen Reste stärker hervortreten, und zwar um so stärker, je reaktionsfähiger sie sind. Daher wirkt Anilin stärker als Phenol, aber schwächer als Phenylhydrazin. Die reagierende Gruppe bringt das Ringsystem nur zur Wirkung, ist aber nicht selbst (in bezug auf die Antipyrese) das Wirksame.

Über die Wirkung des Eintrittes von zwei oder drei Aminogruppen in den Benzolkern orientieren die folgenden Versuche.

p-Phenylendiamin macht bei Fröschen eine narkoseähnliche Lähmung, dann fibrilläres Muskelzucken, wie bei Phenolvergiftung, schließlich Muskelstarre. Es scheint sich intermediär Chinondiimin zu bilden. Beim Kaninchen wird der Blutdruck nicht beeinflußt, die Atmung beschleunigt und Ödem erzeugt[1]).

m-Phenylendiamin ist nach Dubois und Vignon beim Hunde fast ebenso giftig wie p-Phenylendiamin. Örtlich appliziert macht es starken Schnupfen, Niesen und Husten. Matsumoto sah Dyspnöe, aber weder Lähmungen noch Krämpfe.

Boye empfahl es unter dem Namen Lentin gegen Durchfälle.

o-Phenylendiamin wirkt sehr schwach (Matsumoto), es macht Atembeschleunigung. Die typischen Kopf- und Halsödeme sieht man nur bei Katzen, aber nicht nach m-, sondern nur nach p- und o-Phenylendiamin. Bei m-Phenylendiamin wird die Gewebsflüssigkeit in anderer Form, nämlich als Ascites abgesondert.

Von Dimethyl-p-phenylendiamin und Tetramethyl-p-phenylendiamin töten schon sehr kleine Dosen unter cerebraler Erscheinung, und die Ödeme bleiben aus. Diäthyl-p-phenylendiamin macht in doppelter Dose die gleichen Erscheinungen wie reines p-Phenylendiamin. Ein ähnliches Resultat gibt Monacetyl-p-phenylendiamin. Die Versuche mit dem unlöslichen Diacetyl-p-phenylendiamin und dem schwer löslichen Äthoxy-p-phenylendiamin verlaufen negativ.

4-Amino-2'-4'-diaminodiphenylenaminsulfosäure geht wirkungslos durch den Körper. 4-Amino-2'-4'-diaminodiphenylenamin ist ein Nieren- und Krampfgift.

Triaminobenzol und Triaminotoluol machen bei Fröschen allgemeine Lähmungen, Verfärbung der Leber und Herzstillstand in der Systole. Nach Triaminophenol tritt Herzstillstand in der Diastole ein. Bei Kaninchen zeigten sich selbst nach größeren Dosen keine besonderen Erscheinungen. Bei der Katze wirkt Triaminobenzol unter Methämoglobinbildung tödlich, Triaminotoluol macht schwere Lähmungserscheinungen und schwere Methämoglobinvergiftung[2]).

---

[1]) Richard Meissner, AePP. **84**, 181 (1918).

[2]) R. Meissner, BZ. **93**, 149 (1919).

Daß das Wesentliche der Benzolkern und nicht die eintretende basische Gruppe ist, zeigen auch interessante vergleichende Versuche mit verschiedenen aromatischen Aminen, welche Babel unternommen[1]). Die Amine wurden in wässeriger Lösung Meerschweinchen subcutan eingespritzt. Die Giftwirkung

Angewendete Substanz	Formel	Wirksame Dosen	Physiologische Wirkungen
Anilin	$C_6H_5 \cdot NH_2$	1.0	Erregung, Zuckungen.
Schwefelsaures Anilin	$(C_6H_5 \cdot NH_2)_2H_2SO_4$	1.1	Erregung, Zuckungen.
o-Toluidin m-Toluidin p-Toluidin	$C_6H_4<^{NH_2}_{CH_3}$	1.8 1.2 1.1	Es tritt kein merklicher Unterschied zwischen dem Anilin und den drei Isomeren hervor.
Methylanilin	$C_6H_5 \cdot NH \cdot CH_3$	0.7	Geringe Verzögerung des Eintrittes der Zuckungen.
Benzylamin	$C_6H_5 \cdot CH_2 \cdot NH_2$	0.5	Die charakteristische Giftwirkung des Anilins tritt in den Hintergrund; es treten vorwiegend Schwindelerscheinungen auf.
o-Phenylendiamin m-Phenylendiamin p-Phenylendiamin	$C_6H_4<^{NH_2}_{NH_2}$	0.2 0.9 0.4	Keine Zuckungen.
Phenylhydrazin	$C_6H_5 \cdot NH \cdot NH_2$	0.1	Die Zuckungen sind weniger hervortretend.
Natriumsalz der Benzolsulfosäure	$C_6H_5 \cdot SO_2 \cdot O \cdot Na$	11	Erregung und geringe Zuckungen.
Natriumsalz der o-Aminobenzoesäure m-Aminobenzoesäure p-Aminobenzoesäure	$C_6H_4<^{NH_2}_{COONa}$	4 12 11	Keine Zuckungen.
Natriumsalz der o-Aminobenzolsulfosäure m-Aminobenzolsulfosäure p-Aminobenzolsulfosäure	$C_6H_4<^{NH_2}_{SO_2 \cdot O \cdot Na}$	7 12 13	Weniger Erregung. Keine Zuckungen.
Cosaprin	$C_6H_4<^{NH \cdot CO \cdot CH_3\ (1)}_{SO_2 \cdot O \cdot Na\ (4)}$	14	Weniger Erregung. Keine Zuckungen.
o-Aminophenol m-Aminophenol p-Aminophenol	$C_6H_4<^{OH}_{NH_2}$	1.4 0.8 0.9	Keine Zuckungen.
Phenylhydroxylamin	$C_6H_5 \cdot NH_2 \cdot OH$	0.1	Keine Zuckungen.
Diaminophenol	C_6H_3—NH_2 (1), NH_2 (2), OH (4)	0.1	Keine Zuckungen.

des Anilins äußert sich bei Tieren in einer lebhaften, aber vorübergehenden Erregung; an ihre Stelle tritt bald eine Art Schauer, der sich über den ganzen Körper verbreitet und bis zum Tode des Tieres andauert. Die Körpertemperatur erleidet eine Erniedrigung um mehrere Grade. Es folgen dann heftige Zuckungen, welche mit einer Lähmung endigen, und die Tiere sterben schließlich in einem Zustand von Schlafsucht einige Stunden nach erfolgter Injektion. Die lebhafte Wirkung auf die Organe äußert sich in einem intensiven und allgemeinen Blutandrang in den Geweben. Die Giftwirkung des Anilins ist ziemlich scharf hervortretend; es genügt im Durchschnitt 0.05 g für ein Gewicht von 100 g,

[1]) Rev. méd. Suisse Romande **1890**, 329, 389.

um bei einem Meerschweinchen den Tod herbeizuführen. Die energische Wirkung der Aminogruppe erfährt dadurch eine Bestätigung. Es gibt indessen keinen wesentlichen Unterschied zwischen der Giftwirkung des Benzols und der des Anilins. Durch Einführung der Aminogruppe in den Benzolkern werden nur die dem Benzol eigentümlichen physiologischen Eigenschaften verstärkt. Sie sind sozusagen in latentem Zustande vorhanden und verraten ihre Anwesenheit nur in viel geringerem Maße. Die Erscheinungen, welche bei der Anwendung von Anilin auftreten, wiederholen sich im allgemeinen bei der ganzen Reihe der untersuchten Körper und sind nur mehr oder weniger hervortretend durch jeweiligen Eintritt einer neuen Gruppe. Die folgende Übersicht gibt eine Zusammenstellung der hauptsächlichsten Eigenschaften dieser Körper. Die mittleren kleinsten Dosen sind auf die des Anilins als Einheit bezogen.

Phenolreihe			Anilinreihe		
Körper	Mittlere Giftwirkung	Physiologische Wirkung	Körper	Mittlere Giftwirkung	Physiologische Wirkung
Phenol	0.045—0.055	Erregung und Zuckungen.	Anilin	0.051—0.052	Erregung und Zuckungen.
Kresol	0.020—0.035 p > o > m	Erregung und Zuckungen.	Toluidin	0.052—0.098 p > m > o	Erregung und Zuckungen.
Anisol	0.35—0.40	Wenig Erregung, keine Zuckungen.	Methylanilin	0.037—0.040	Wenig Erregung, keine Zuckungen.
Benzylalkohol	0.17	Keine Erregung, keine Zuckungen.	Benzylamin	0.025—0,050	Die Zuckungen treten in einer besonderen Form auf.
Oxyphenol	0.20—0.05 o > p > m	Erregung und Zuckungen.	Phenylendiamin	0.015—0.050 o > p > m	Keine Erregung, keine Zuckungen.
Oxybenzoesäure	0.09—0.10	Erregung.	Aminobenzoesäure	0.20—0.60 o > m > p	Keine Erregung.

Vergleicht man auf der einen Seite die o-, m- und p-Derivate und auf der anderen Seite die Isomeren, welche in der Seitenkette einfach substituiert sind, so kommt man zu dem Schlusse, daß immer die letzteren eine giftige Wirkung ausüben. Es scheint, daß die Länge der Seitenkette durch ihr Gewicht einen gewissen Einfluß auf die Giftigkeit ausübt. Vergleicht man dagegen die Isomeren in o-, m- und p-Stellung allein, so bemerkt man, daß es in der Tat nicht möglich scheint, sie nach dem Maße ihrer Giftigkeit systematisch zu ordnen. Anilin und Phenol äußern die gleiche Giftwirkung. Stellt man die in den beiden Reihen in der gleichen Art gewonnenen Derivate einander gegenüber, so bemerkt man, daß in keinem der einzelnen Fälle eine vollständige Übereinstimmung zu erreichen ist.

Die Abweichungen in den beiden Reihen scheinen hauptsächlich ihren Grund in dem verschiedenen Verlauf der Vergiftung zu haben. Die Verschiedenheit wird bedingt: 1. durch die Tatsache, daß bei den Aminen im allgemeinen ein mehr oder weniger hervortretender basischer Charakter des Moleküls vorhanden ist, während die Phenole wie eine schwache Säure wirken, und 2. durch den Unterschied der chemischen Funktionen, welche mehr oder weniger tätig sind; so ist z. B. die Funktion des Alkohols viel weniger giftig als die der primären Amine.

Einen weiteren Beweis dafür, daß es der aromatische Kern ist, welcher die antipyretische Wirkung macht, hat Oddo[1]) erbracht, als er Triazobenzol untersuchte. $C_6H_5 \cdot N\left\langle\begin{matrix} N \\ \| \\ N \end{matrix}\right.$.

Auf Säugetiere wirkt es energisch antipyretisch und antalgisch. Beide Wirkungen entwickeln sich erst nach längerer oder weniger langer Zeit nach der Eingabe in den Magen. Es hängt dies außer mit der Unlöslichkeit der Substanz mit der Umwandlung zusammen, die sie wahrscheinlich in dem Verdauungskanal erfährt. Als Stütze der Annahme kann man die Unterschiede in der wirksamen Dosis annehmen. Bei Hunden bewirken Dosen von 0.17 bis 0.33 g pro kg schon beträchtliche Temperaturerniedrigung, Erscheinungen allgemeiner Lähmung und manchmal den Tod. Bei Kaninchen dagegen, bei denen bekanntlich die Menge der Salzsäure im Magensafte viel kleiner ist, bewirken Dosen von 0.5 g pro kg Tier keine wahrnehmbaren Erscheinungen, und erst bei 1 g pro kg zeigen sich schwere Symptome. Bei Fröschen beobachtet man nach Einführung von Triazobenzol konvulsivische Bewegungen, welche bei Säugetieren fehlen und außerdem Verminderung der Frequenz des Herzschlages, die bei Säugetieren beträchtlich vermehrt ist.

Benzamid $C_6H_5 \cdot CO \cdot NH_2$ verhält sich bei Säugetieren als schwaches Antipyreticum, seine Wirkung zeigt sich schnell und verschwindet wieder schnell.

Bedeutung des Ringsystems für die Antipyretica.

Nicht allen ringförmig gebundenen Körpern kommen antipyretische Eigenschaften zu. So wirken Naphthalinderivate gar nicht antipyretisch und sind auch sonst physiologisch gänzlich unwirksam. In dieser Richtung untersuchte Oddo den Äthylester der α-Naphthylazoacetessigsäure

$$C_{10}H_7N:N \cdot CH\left\langle\begin{matrix} CO \cdot CH_3 \\ COO \cdot C_2H_5 \end{matrix}\right.$$

Derselbe wurde bereitet durch Einwirkung von 1 Mol. α-Diazonaphthalinchlorid auf 1 Mol. der Kaliumverbindung des Acetessigesters.

Ferner ist auch α-Acetonaphthalid (aus α-Naphthylamin und Eisessig dargestellt) physiologisch ganz unwirksam. Da beide Verbindungen unwirksam sind, so muß die Inaktivität auf der Anwesenheit des Naphthalinkernes beruhen. Auch Phenanthren

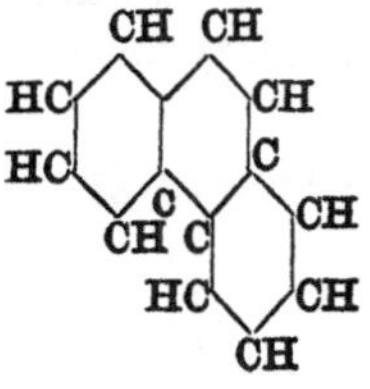

```
         CH  CH
    HC/\/\CH
    HC|  |C
      \/C\ /CH
      CH C
       HC   CH
         CH
```

ist ohne jede antipyretische Wirkung[2]). Bei Kaninchen ist es überhaupt ohne jede Wirkung.

Während also die Benzolderivate, soweit untersucht, antipyretisch wirken, fehlt diese Wirkung bei den Naphthalin- und Phenanthrenderivaten vollständig. Diesen Unterschied erklärt Oddo durch die verschiedene Natur der Kerne, welche den Verbindungen zugrunde liegen, nach den Ideen von E. Bamberger und A. v. Baeyer. Obgleich die Naphthalinderivate im allgemeinen chemisch den Charakter der Benzolderivate besitzen, zeigen sie doch verschiedene Ab-

[1]) Gaz. Chim. Ital. 9, 129. [2]) HS. 38, 16 (1903).

weichungen. Bamberger nimmt an, daß die Benzolringe im Naphthalin anders konstituiert sind als im eigentlichen Benzol und stellt für dasselbe eine der zentrischen Benzolformel von Baeyer ähnliche Formel auf, mit potentiellen oder zentrischen Bindungen der vierten C-Valenzen. Nach dieser Formel sind im Naphthalin die beiden mittleren C-Atome nicht direkt miteinander verbunden, sondern äußern je zwei potentielle oder zentrische Valenzen. Da sich Phenanthren vom Naphthalin oder vom Diphenyl ableiten läßt, so gilt dieses auch für diese Substanz. Es ist tatsächlich von größtem Interesse, wie sich der chemische Unterschied in den Bindungen zwischen Benzol und Naphthalin bzw. Phenanthren in der physiologischen Wirkung äußert; wir erinnern bei dieser Gelegenheit daran, daß Diphenyl $C_6H_5 \cdot C_6H_5$ selbst völlig wirkungslos ist, wohl aus denselben chemischen Gründen. Acet-p-aminodiphenyl $CH_3 \cdot CO \cdot NH \cdot C_6H_4 \cdot C_6H_5$ ist ebenfalls unwirksam[1]).

Die antipyretische Wirkung der Benzolderivate ist also vom Benzolkern abhängig, ihre blutzersetzende ist aber ganz unabhängig vom Benzolkern, sie ist lediglich die Funktion der basischen Gruppe; je stärkere basische Effekte eine solche Substanz auszulösen in der Lage ist, desto intensiver erfolgt die Zersetzung des Blutfarbstoffes. Daher wirkt Phenylhydrazin stärker blutschädigend als Anilin. Diese blutzersetzende Wirkung ist schon eine Eigenschaft der anorganischen Base (z. B. Ammoniak, Diamid, Hydroxylamin); sie wird durch den Eintritt eines aromatischen Restes in die Base nicht tangiert, daher behält z. B. Anilin diese Grundwirkung des Ammoniaks, Phenylhydrazin die des Diamids, Phenylhydroxylamin die des Hydroxylamins. Es besteht aber gar kein Zusammenhang zwischen der antipyretischen und der blutzersetzenden Eigenschaft der Anilinderivate; Beweis hierfür ist, daß die lediglich hydroxylierten Benzolderivate entfiebern, aber den Blutfarbstoff nicht zerstören. Es ist also die blutzersetzende Eigenschaft der Anilinantipyretica lediglich Funktion des basischen Restes.

o-o-Dimethylphenacetin $CH_3 \cdot CO \cdot HN\langle C_6H_2(CH_3)_2 \rangle \cdot OC_2H_5$ (CH₃ über und unter dem Ring) bildet kein Methämoglobin.

Diejenigen mehrwertigen Phenole, die in Chinone übergehen können, erzeugen Methämoglobin, die anderen nicht. Die mehrwertigen Phenole werden erst zu den Chinonen oxydiert und diese verwandeln das Hämoglobin in Methämoglobin. Bei den stickstoffhaltigen Benzolderivaten existieren zwei Möglichkeiten, wie sie methämoglobinbildend werden können: erstens durch Oxydation zum Chinon, zweitens durch Oxydation zum Hydroxylamin.

Trichloranilin (Benzolring mit Cl oben, Cl links, Cl rechts, NH_2 unten) macht Methämoglobinbildung, doch erholen sich die Tiere von der Vergiftung, während Dichloranilin (Benzolring mit Cl oben, Cl rechts, NH_2 unten) in geringerer Dosis schon nach kurzer Zeit letal wirkt.

m-Xylidin (Benzolring mit CH_3 oben, CH_3 rechts, NH_2 unten) erzeugt in vitro Methämoglobin, aber im Hundeorganismus nicht, und verhält sich nach dieser Richtung hin ganz anders als Dichloranilin[2]).

---

[1]) H. Hildebrandt, Neuere Arzneimittel, S. 24.

[2]) W. Heubner, Naturforscherversammlung 1910, II, 2. Hälfte, S. 466.

Substituiert man die Aminogruppe statt mit Acylresten mit Alkyl- oder Arylresten, so erhält man einen ganz abweichenden Wirkungscharakter.

Dimethylanilin wirkt curareartig, Monoäthylanilin wirkt etwas intensiver als Dimethylanilin. Benzylanilin wirkt nicht entfiebernd, ebensowenig wie Diphenylamin, beide erzeugen keine Krämpfe[1]).

Die Toluidine sind heftige Methämoglobinbildner, ebenso die durch Einführung von Methylradikalen in die Aminogruppe des Toluidins entstehenden Derivate. Dimethyl-o-toluidin führt zur Ausscheidung von Oxyhämoglobin neben Methämoglobinbildung. Diese Wirkung ist durch die o-Stellung der Methyl- zur Aminogruppe bedingt. Weder Dimethyl-p-toluidin, noch Dimethylanilin zeigen diese Wirkung[2]).

Acetyl-p-aminophenylpiperidin $CH_3 \cdot CO \cdot NH \cdot C_6H_4 \cdot NC_5H_{10}$ setzt die Temperatur nicht herab, eher macht es eine Steigerung. 0.3 g erzeugen starke klonische Krämpfe und letalen Ausgang beim Kaninchen. Die Substanz macht Lähmungserscheinungen am Herzen[3]).

* * *

Es erübrigt noch die Besprechung einiger Derivate des Anilins, welchen ein mehr theoretisches Interesse zukommt, da sich an ihnen einige Regeln leicht demonstrieren lassen. Formanilid $C_6H_5 \cdot NH \cdot CHO$, welches man beim raschen Destillieren des Anilins mit Oxalsäure erhält, oder beim Behandeln von Anilin mit Ameisensäureester, wirkt sehr kräftig antipyretisch, analgetisch und lokalanästhesierend[4]), ist aber giftiger als Acetanilid, weil es sich schon durch verdünnte Säuren in seine Komponenten zerlegen läßt.

Ersetzt man im Anilin den einen Wasserstoff der Aminogruppe durch eine Acetylgruppe, den zweiten durch eine Methylgruppe, so erhält man nach A. W. Hoffmann Exalgin

$$C_6H_5 \cdot N <^{CH_3}_{CO \cdot CH_3}$$

eine Verbindung, welche vor dem Acetanilid keine wesentlichen Vorzüge zeigt und sich auch in der Therapie nicht behaupten konnte, da sie äußerst giftige Nebenwirkungen verursacht[5]). Eine ähnliche Erfahrung hat man ja auch beim Phenylhydrazin gemacht, wo der Ersatz der beiden reaktionsfähigen Wasserstoffe des basischen Restes durch fette Reste die unangenehmen Nebenwirkungen der Grundsubstanz, insbesondere die zerstörende Wirkung auf den roten Blutfarbstoff aufzuheben keineswegs in der Lage war.

Ganz anders hingegen ändert der Eintritt eines Alkarylradikals die Wirkung des Anilins. Benzylanilin $C_6H_5 \cdot NH \cdot CH_2 \cdot C_6H_5$ ist bei Säugetieren fast wirkungslos, wie alle anderen aromatischen Derivate des Anilins und Aminophenols, weil die wirksame Substanz, das Anilin, im Organismus nicht frei gemacht werden kann.

Wenn man aus dem Acetanilid und aus dem Formanilid durch Reaktion mit Chloressigsäure die Acetanilidoessigsäure

$$C_6H_5 \cdot N <^{CH_2 \cdot COOH}_{CO \cdot CH_3}$$

und die Formanilidoessigsäure

$$C_6H_5 \cdot N <^{CH_2 \cdot COOH}_{CHO}$$

---

1) Vittinghof, Diss. Marburg (1895).

2) H. Hildebrandt, Münchener med. Wochenschr. **1906**, 1327.

3) BB. **21**, 2286 (1888). 4) Therap. Monatshefte **1894**, 284.

5) Dujardin-Beaumetz und Bariet, C. r. **1889**, 18, III. — Bull. gén. de thér. **1889**, 58, 346. — Schädliche Nebenwirkungen wurden von Hepp, Nouveaux remèdes **1889**, 562 konstatiert. — Tierversuche: Binet, Rev. méd. Suisse Romande **1899**, Nr. **4**, 187.

erhält, so bekommt man wegen der Gegenwart der Säure bzw. weil man die Base eigentlich nur in eine Säure verwandelt hat, therapeutisch unwirksame Verbindungen. Acetanilidoessigsäure verursacht in Dosen von 4 g beim Menschen keine Störungen. Ebenso unwirksam ist Acetanilidosalicylsäure[1]). Formanilidoessigsäure bleibt aber wegen der leichten Abspaltbarkeit des Ameisensäurerestes etwa so giftig wie Formanilid, ist aber therapeutisch in bezug auf Antipyrese unwirksam. Die Ursache der therapeutischen Unwirksamkeit der beiden substituierten Essigsäuren liegt in der großen Beständigkeit der beiden Substanzen, welche durch die Verwandlung in saure Körper bedingt ist. Im Harn kann man keine p-Aminophenolreaktion nach Darreichung der Acetanilidoessigsäure beobachten, ein, wie wir später sehen werden, sicherer Beweis für den Umstand, daß diese Substanz im Organismus keine Veränderungen erleidet und ihn daher auch, ohne gewirkt zu haben, passiert.

Aus demselben Grunde muß die Sulfoverbindung des Acetanilids unwirksam sein.

Diese Verbindung $C_6H_4<\begin{matrix}NH \cdot CO \cdot CH_3 \ (1) \\ SO_3Na \quad (4)\end{matrix}$ Cosaprin[2]) genannt, wird dargestellt durch Erhitzen von p-sulfanilsaurem Natrium mit Eisessig. Zu dem gleichen Körper kann man gelangen, wenn man Kernhalogensubstitutionsprodukte des Acetanilids, seiner Homologen und Substitutionsprodukte in einem geeigneten Verdünnungsmittel im Autoklaven bei 150—200° mit saurem oder neutralem schwefligsauren Natron behandelt. Die Reaktion verläuft nach der Gleichung

$$\underset{\text{Br}}{\overset{NH \cdot CO \cdot CH_3}{\bigcirc}} + NaSO_3Na = BrNa + \underset{SO_3Na}{\overset{NH \cdot CO \cdot CH_3}{\bigcirc}}$$

Ebenso kann man die freie Acetanilidsulfosäure und deren Homologen darstellen und abscheiden, wenn man Acetanilid, Acet-p-xylid mit rauchender Schwefelsäure behandelt, auf 30—40° erwärmt, bis eine Probe in Alkali klar löslich ist. Beim Eingießen in wenig Eiswasser fallen die Krystalle des Sulfoproduktes aus, die man nun in wenig warmem Wasser löst und durch Eintragen von rauchender Schwefelsäure und Abkühlen zur Krystallisation bringt. Dieser Körper ist hygroskopisch und in Wasser leicht löslich.

Cosaprin ist vollkommen unschädlich, und nach den vorliegenden Angaben ist höchstens die kurze Dauer der Wirkungen unvorteilhaft[3]).. Aus den angeführten Gründen halten wir diesen Körper sowie die entsprechende Phenacetinverbindung für ganz unwirksam; wenn man Wirkungen überhaupt erzielt, so kann es sich nur um Beimengungen eines anderen, aber wirksamen Körpers handeln. Die Wirkung einer solchen Verbindung stünde ohne jede Analogie da. Von einer Abspaltung des wirksamen Anilins aus dieser Substanz innerhalb des Organismus kann ja keine Rede sein. (Nach kurzer Zeit ist diese Substanz auch tatsächlich vom Arzneimittelmarkte verschwunden.)

Durch Einführung der Sulfogruppe in die ω-Stellung des Acetanilids und dessen Substitutionsprodukte gelangt man zu leicht löslichen Derivaten, die gute antipyretische Wirkungen angeblich haben sollen, die aber nie verwendet wurden!

Um diese Körper zu gewinnen, erhitzt man molekulare Mengen von ω-Chloracetanilid mit Natriumsulfit in wässeriger Lösung zum Kochen, aus dem Filtrat krystallisiert beim Erkalten das Natriumsalz der ω-Acetanilidsulfosäure $C_6H_5 \cdot NH \cdot CO \cdot CH_2 \cdot SO_3Na$. Das notwendige ω-Halogenacetanilid erhält man durch Behandeln des monochloressigsauren Anilins mit Phosphorsäureanhydrid[4]).

---

[1]) Deutsche med. Wochenschr. **1891**, Nr. 47. — AePP. **26**, 310.

[2]) Hoffmann-La Roche, Basel, DRP. 92 796.

[3]) Therap. Monatshefte **1897**. 428. [4]) Bayer, Elberfeld, DRP. 79 714, 84 654.

Wenn man auf Aminocrotonsäureanilid Essigsäureanhydrid einwirken läßt[1]), erhält man einen sehr beständigen, stark basischen Körper, welcher aber nicht das erwartete Acetylaminocrotonsäureanilid ist. Der Körper wirkt antipyretisch. Nähere Angaben liegen nicht vor.

Läßt man Chlorameisensäureester auf Anilin einwirken, so erhält man nach der Gleichung $C_6H_5 \cdot NH_2 + ClCO \cdot O \cdot C_2H_5 = C_6H_5 \cdot NH \cdot CO \cdot O \cdot C_2H_5 + HCl$ Phenylurethan, welches den Phantasienamen Euphorin erhielt.

In seiner antipyretischen Wirkung sehr schwankend, macht Euphorin keine Methämoglobinbildung, hat aber erhebliche antiseptische Wirkungen. Es hat einen angenehmen zarten aromatischen Geruch. Es besitzt keine Vorzüge vor den antipyretischen Standardpräparaten und konnte sich neben ihnen nicht behaupten. Während der Apyrexie soll, anscheinend durch den Äthylrest, Euphorie auftreten.

Phenylurethan, 1874 von Weddige dargestellt, wurde von Giacosa[2]) aus dem Grunde physiologisch untersucht, weil er eine Beeinflussung der Phenylgruppe durch die Äthylgruppe zu erzielen hoffte, ähnlich wie im Urethan der Einfluß der Äthylgruppe auf die NH_2-Gruppe sich kundtut. Urethan (Carbaminsäureäthylester $NH_2 \cdot CO \cdot C_2H_5$) wurde von O. Schmiedeberg als Schlafmittel empfohlen. Als Urethanabkömmling wirkt Euphorin (Phenylurethan) in großen Dosen lähmend auf das Nervensystem, in mittleren hemmt es die Stoffwechselvorgänge. Das Herz wird nicht in schädlicher Weise beeinflußt. Die Lähmungserscheinungen, welche sich bei Fröschen nach Injektion kleiner Dosen zeigen, sind zentralen Ursprungs, analog denjenigen bei akutem Alkoholismus. Die antipyretische Wirkung beim Menschen hängt von der Erweiterung der peripheren Gefäße ab.

Phenylurethan erhöht beim Gebrauch die gepaarten Sulfate im Harn und wird zum kleinen Teil als p-Oxyphenylurethan ausgeschieden, welch letzteres weniger giftig ist als die eingeführte Muttersubstanz. Es erfolgt hier also ein ganz analoger Entgiftungsprozeß, wie wir ihn beim Anilin kennengelernt haben, welches nach Schmiedeberg zu p-Aminophenol im Organismus oxydiert wird und hierbei an Giftigkeit einbüßt.

Während das Methylsubstitutionsprodukt des Acetanilids (Exalgin) ein heftiges Gift darstellt, das epileptische Konvulsionen, maniakalische Anfälle, Zittern der Glieder, Cyanose und Kollaps hervorruft, ist das Methylsubstitutionsprodukt des Phenylurethans, Methyleuphorin $C_6H_5 \cdot NCH_3 \cdot CO \cdot O \cdot C_2H_5$, ein fast indifferenter Körper. Nach Einnahme dieser Substanz gibt der Harn nach Kochen mit Schwefelsäure direkt die Indophenolreaktion.

Durch Einführung der Carboxylgruppe wird die Anilinwirkung vernichtet:

Anthranilsäure (o-Aminobenzoesäure) [Benzolring mit NH_2 und $COOH$] lähmt bei Fröschen das Zentralnervensystem[3]). Bei Warmblütern ist sie unschädlich oder ohne sichtbare Wirkung, tritt im Harn unverändert auf, verursacht aber bei Menschen und Hunden Glykosurie, nicht aber beim Kaninchen. Durch Einführung der Carboxylgruppe wird die Anilinwirkung vernichtet.

Acetylanthranilsäuremethylester $C_6H_4 < \begin{matrix} NH \cdot CO \cdot CH_3 & (1) \\ COO \cdot CH_3 & (2) \end{matrix}$ wirkt wie Anthranilsäure und wird im Organismus in Anthranilsäuremethylester verwandelt.

Methylanthranilsäuremethylester $C_6H_4 < \begin{matrix} NH \cdot CH_3 & (1) \\ COO \cdot CH_3 & (2) \end{matrix}$ wirkt ebenfalls so, wird aber im Organismus nicht zerlegt.

---

1) DRP. 73 155 2) Ann. di chim. e farm. 1891, Febr. 74.

3) H. Kleist, Bericht von Schimmel & Co., Miltitz bei Leipzig, 1903.

Acetylmethylanthranilsäuremethylester

$$C_6H_4\begin{cases} \overset{\diagup CH_3}{N \cdot CO \cdot CH_3} & (1) \\ COO \cdot CH_3 & (2) \end{cases}$$

wirkt wie Methylanthranilsäuremethylester, aber rascher, verursacht bei Hunden keine Glykosurie und ist wirkungslos, bei Kaninchen aber erzeugt er Glykosurie, leichte Nekrose, Lähmung des Zentralnervensystems bei größeren Dosen. Im Organismus wird die Acetylgruppe abgespalten.

p-Aminophenolderivate.

Der nächste große Fortschritt auf dem Gebiete der synthetischen Antipyretica wurde durch das Studium der Stoffwechselprodukte des Acetanilids hervorgerufen (s. S. 254). Während die Entdeckung der antipyretischen und antineuralgischen Wirkung des Acetanilids eine mehr zufällige war, war das Studium der verschiedenartigen Derivate des Acetanilids etwas Bewußtes und Beabsichtigtes. Die synthetische Chemie suchte nach anderwärts erprobten Analogien oder nach neuen Gesichtspunkten, die sich aus physiologisch-chemischen Kenntnissen ergaben, aus dem als Ausgangssubstanz so billigen Anilin neue Körper zu schaffen, denen wohl die antipyretischen und antineuralgischen Eigenschaften des Acetanilids eigen, die aber frei wären von jener verderblichen Wirkung des Acetanilids auf die roten Blutkörperchen.

Nun war aus den Untersuchungen von O. Schmiedeberg[1]) bekannt, daß der Organismus Anilin in der Weise verändert und entgiftet, daß er es in der p-Stellung oxydiert; aus dem Anilin entsteht

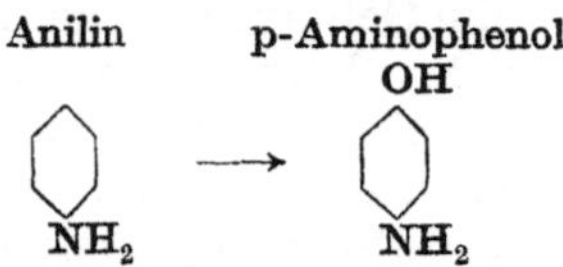

p-Aminophenol. Auf dieser Grundbeobachtung beruht die Synthese verschiedenartiger p-Aminophenolderivate, in welcher Gruppe wohl Phenacetin[2]) die größte Bedeutung erlangt hat. p-Aminophenol erweist sich schon als weit ungiftiger als Anilin, aber auch dem p-Aminophenol kommt noch eine, wenn auch weit weniger intensive Einwirkung auf die roten Blutkörperchen zu; auch die Verfütterung von p-Aminophenol führt zu Methämoglobinbildung. Die Abschwächung des p-Aminophenols durch Einführung einer Acetylgruppe in den basischen Rest nach Analogie des Acetanilids hatte noch immer nicht die gewünschte Wirkung[3]). Das frei werdende p-Aminophenol war auch in der Lage, schädliche Wirkungen auszuüben. Man sah sich daher genötigt, auch das freie Hydroxyl des p-Aminophenols durch Acyl- oder Alkylreste zu schließen. So wurde Diacetyl-p-aminophenol $CH_3 \cdot CO \cdot NH \cdot C_6H_4 \cdot O \cdot CO \cdot CH_3$ dargestellt, welches schon viel weniger unangenehme Nebenwirkungen zeigt als p-Aminophenol. Aber einige seiner Nebenwirkungen lassen es in seinen therapeutischen Effekten hinter dem Phenacetin rangieren. Es ist nun, nach dem im allgemeinen Teil Ausgeführten, von vornherein klar, daß die Variationsmöglichkeiten beim p-Aminophenol um so mehr anwachsen, als man einerseits die Aminowasserstoffe durch verschiedene Acyl- und Alkylreste, anderseits den Hydroxylwasserstoff sowohl durch Acylreste als auch durch Alkylreste ersetzen kann. Es

[1]) AePP. **8**, 1. [2]) Hinsberg und Kast, Zentralbl. f. med. Wissensch. **1887**, 145.
[3]) Therap. Monatshefte **1893**, 577.

hat wahrlich an den verschiedensten Versuchen dieser Art nicht gefehlt. Da der Hauptsache nach nur das im Organismus sich abspaltende p-Aminophenol das Wirksame in allen diesen Präparaten ist, so haben, mutatis mutandis, alle sich vom p-Aminophenol ableitenden Verbindungen, welche nach dem eben ausgeführten Schema aufgebaut sind, nach Maßgabe des sich abspaltenden p-Aminophenols identische Wirkungen. Ersetzt man nun, wie es Mering getan, im p-Aminophenol oder im Acetylaminophenol die substituierbaren Wasserstoffe durch Propionyl- oder Butyrylreste, so erhält man gleichartig wirkende Substanzen, welche jedoch wegen ihrer ungemein schweren Löslichkeit nur sehr langsam zur Wirkung gelangen und daher vor dem Standardpräparat dieser Reihe, dem Phenacetin, keine Vorzüge besitzen. Wird im Acetyl-p-aminophenol der Hydroxylwasserstoff durch eine Methylgruppe ersetzt, so gelangt man zum Methacetin[1]), wird der Hydroxylwasserstoff durch eine Äthylgruppe ersetzt, so erhält man Phenacetin.

Phenetidin ist p-Aminoäthoxyphenol, es ist die Ausgangssubstanz für Synthesen einer Reihe von antipyretischen Mitteln, von denen sich einige das Bürgerrecht in der Pharmakotherapie erworben haben.

Anisidin	Phenetidin	Methacetin	Phenacetin
$O \cdot CH_3$	$O \cdot C_2H_5$	$O \cdot CH_3$	$O \cdot C_2H_5$
⬡	⬡	⬡	⬡
NH_2	NH_2	$NH \cdot CO \cdot CH_3$	$NH \cdot CO \cdot CH_3$

Für diese Phenetidinverbindungen sowie für alle Derivate des Anilins stimmt die Harnacksche Theorie, daß, je stärker eine Verbindung dieser Reihe substituiert, d. h. mit je mehr oder mit je längeren Seitenketten, desto weniger giftig ist sie, während die einfacheren Verbindungen viel zu heftig und viel zu rapid wirken, um gefahrlos als Antipyretica dienen zu können. Aber die Seitenketten müssen gewisse Eigenschaften haben. Sie müssen im Körper angreifbar sein, damit die Verbindung keinen zu starren Charakter gewinne und allmählich die einfachere aus der komplizierteren im Organismus hervorgehe. Es wurde von einer Seite zwar behauptet, daß es nicht p-Aminophenol sei bzw. Anilin, welches die antipyretische Wirkung des Antifebrin und Phenacetin bedinge, sondern daß es die Gruppe $NH \cdot CO \cdot CH_3$ sei, auf welche es bei der Antipyrese ankomme. Aber O. Liebreich zeigte schon 1888, daß diese Annahme ganz unrichtig ist. So enthält β-Acetylaminosalicylsäure $OH \cdot C_6H_3(NH \cdot CO \cdot CH_3) \cdot COOH$ diese Gruppe und außerdem noch Salicylsäure, welche ja an und für sich schon antipyretisch wirkt. Trotzdem hat dieser Körper eine kaum merkliche Einwirkung auf die Temperaturerniedrigung.

Freies Phenetidin ist naturgemäß viel giftiger als acetyliertes (Braatz und Henck). Es eignet sich auch weder frei noch als Salz in der Therapie und kann mit dem Phenacetin durchaus nicht konkurrieren. In kleinen Mengen erzeugt es Nephritis[2]).

Phenacetin, der wichtigste Repräsentant dieser Gruppe und der erste Körper, der aus dieser Gruppe in die Therapie eingeführt wurde, wird nach folgenden Methoden dargestellt:

Man ging ursprünglich vom p-Nitrophenol aus, welches man mittels Halogenäthyl in den p-Nitrophenoläthyläther verwandelte. Durch Reduktion dieses Äthers gelangt man

---

[1]) Empfohlen von Mahnert, Wiener klin. Wochenschr. **1889**, Nr. 13, und Wiener med. Blätter **1889**, Nr. 28 und 29. [2]) Therap. Monatshefte **1888**, 358; **1893**, 580.

zum Phenetidin, d. i. p-Aminophenoläthyläther. Durch Kochen mit Eisessig erhält man das Acetylderivat: Phenacetin.

Technisch wurde vielfach folgendes Verfahren angewandt. p-Nitrophenol läßt sich nicht in guter Ausbeute erhalten und schwer rein darstellen. Man diazotiert p-Aminophenetol

$O \cdot C_2H_5$

NH_2

behandelt das Diazoderivat mit Phenol und Soda, wobei sich Äthyldioxyazobenzol

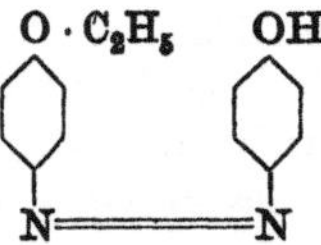

quantitativ abscheidet. Dieses führt man nun durch Äthylieren in das symmetrische Diäthyldioxyazobenzol

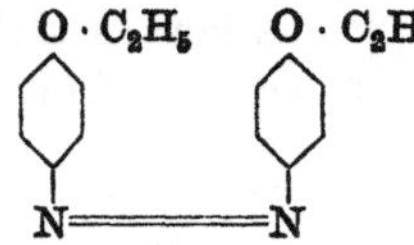

über. Wenn man nun diesen Körper mit Zinn und Salzsäure reduziert, so erhält man 2 Mol-Phenetidin, von denen das eine acetyliert wird und Phenacetin liefert, während das andere wieder zur Darstellung einer neuen Menge Phenetidin dient.

Täuber empfahl eine Methode, bei welcher zuerst Acet-p-aminophenol dargestellt wird, welches dann mit äthylschwefelsaurem Kali erhitzt, direkt Phenacetin gibt[1]). Selbstredend kann man nach den gleichen Methoden zum Methacetin gelangen; es wird bei denselben Prozessen nur methoxyliert statt äthoxyliert.

Acetaminophenolallyläther wurde von Fr. Uhlmann als Hypnoticum empfohlen. Es ist in bezug auf Antipyrese dem Phenacetin überlegen, doch wird nur ein Viertel der Phenacetindose toleriert. Im Harne wird p-Aminophenol ausgeschieden. In vitro macht es Hämolyse und Methämoglobinbildung. Mit Dial kombiniert, zeigt es eine Potenzierung der Wirkung. Ein Gemisch beider wird Dialacetin genannt[2]).

Acylderivate des p-Aminophenylallyläthers erhält man durch Einwirkung aliphatischer Säuren, von Säureanhydriden oder Säurehalogeniden gegebenenfalls in Gegenwart geeigneter Verdünnungs- oder Kondensationsmittel auf p-Aminophenylallyläther.

Beschrieben sind: p-Acetaminophenolallyläther, Lactylaminophenolallyläther, Isovaleryl-p-aminophenolallyläther, α-Bromisovaleryl-p-aminophenolallyläther. Die Verbindungen sind angeblich kräftige Schlafmittel, die mit der schlafmachenden sedative und antineuralgische Eigenschaften vereinigen[3]).

Es ist ein charakteristisches Zeichen für die ganze Gruppe der sich vom Anilin oder p-Aminophenol ableitenden Körper, daß, wenn sie in den Organismus gelangen und wirksam sind, der Harn die Indophenolreaktion gibt. Diese wird in der Weise ausgeführt, daß man zum Harn 2 Tropfen Salzsäure und 2 Tropfen von einer 1 proz. Natriumnitritlösung zusetzt, wodurch Phenetidin diazotiert wird. Setzt man nun eine alkalische α-Naphthollösung zu, so kuppelt sich die Diazoverbindung mit α-Napthol und es entsteht eine Rotfärbung, die beim Ansäuern mit Salzsäure einer Violettfärbung Platz macht. Wenn Anilin- und Phenetidinderivate im Tierversuch beim Verfüttern keine Antipyrese erzeugen, so läßt sich auch immer zeigen, daß der Harn keine Indophenolreaktion gibt. Bei starker Antipyrese bekommt man starke Indophenolreaktion, bei

---

1) DRP. 85 988. 2) Schweiz. med. Wochenschr. 50, 171 (1920).
3) Ciba, DRP. 310 967.

schwacher Antipyrese eine geringe Indophenolreaktion. G. Treupel und O. Hinsberg[1]) formulierten daraus das Gesetz: die antipyretische Wirkung der Anilin- und p-Aminophenolderivate ist, soweit es sich übersehen läßt, innerhalb gewisser Grenzen, der Menge des im Organismus abgespaltenen p-Aminophenol oder p-Acetylaminophenol proportional oder annähernd proportional. K. A. H. Mörner[2]) hat gefunden, daß ein kleiner Teil des eingeführten Phenacetins als Acetyl-p-aminophenolätherschwefelsäure ausgeschieden wird, ein Teil wahrscheinlich als Phenacetin und ein Teil in einer linksdrehenden Verbindung, wahrscheinlich als gepaarte Glykuronsäure.

Der Satz, daß bei den Verbindungen der Anilin- und p-Aminophenolgruppe (Anilinderivate und p-Aminophenolderivate, die im Benzolkern nicht weiter substituiert sind), das Zustandekommen der antipyretischen Wirkung mit dem Auftreten von p-Aminophenol oder einem N-Acyl-p-aminophenol im Organismus verknüpft ist, hat sich weiterhin bestätigt, als Treupel und Hinsberg ihre Untersuchungen auf andere Verbindungen derselben Gruppe ausdehnten. Alle echten Antipyretica und Antalgica diese Reihe spalten im Organismus p-Aminophenol oder Acylaminophenol ab. Dagegen zeigt der Harn nach Eingabe antipyretisch unwirksamer Präparate dieser Gruppe niemals eine Indophenolreaktion. Die Wirkungen eines Präparates variieren hinsichtlich der Intensität bei verschiedenen Individuen stark. Treupel und Hinsberg untersuchten folgende Verbindungen:

Dulcin $C_6H_4<^{O \cdot C_2H_5}_{HN \cdot CO \cdot NH_2}$ ist 200 mal süßer als Rohrzucker, wirkt antipyretisch, ohne Nebenwirkungen.

Lactylaminophenoläthylcarbonat wirkt antipyretisch und erzeugt die

$$C_6H_4<^{O \cdot CO \cdot O \cdot C_2H_5}_{NH \cdot CO \cdot CH(OH) \cdot CH_3}$$

nämlichen toxischen Erscheinungen wie Phenacetin und Methacetin, in gleichen Dosen verabreicht. Die narkotischen Wirkungen aber sind geringer. Die Zerlegung im Organismus erfolgt langsamer.

Acetaminophenolbenzoat wirkt schwächer als Phenacetin, die Zerlegung

$$C_6H_4<^{O \cdot CO \cdot C_6H_5}_{OH \cdot CO \cdot CH_3}$$

erfolgt langsamer.

Acetäthylaminophenolacetat erzeugt Rauschzustand mit Taumeln, ähnlich

$$C_6H_4<^{O \cdot CO \cdot CH_3}_{N(C_2H_5) \cdot CO \cdot CH_3}$$

wie Äthylphenacetin, nur verläuft der Rauschzustand viel rascher als bei jener Verbindung und die narkotische Wirkung tritt mehr zurück. Beim Menschen ist es nur schwach antipyretisch wirksam. Dagegen sind antineuralgische und wahrscheinlich auch narkotische Eigenschaften vorhanden.

Oxyphenacetinsalicylat

$$C_6H_4<^{O \cdot C_2H_4 \cdot O \cdot CO \cdot C_6H_4 \cdot OH}_{NH \cdot CO \cdot CH_3}$$

wird im Organismus in Salicylsäure und wahrscheinlich Oxyphenacetin gespalten, welches dann ähnlich dem Phenacetin in Acetaminophenol übergeht. Der Harn gibt Indophenol- und Salicylsäurereaktion. Mit den supponierten

[1]) AePP. **33**, 216. [2]) HS. **13**, 12 (1889).

Spaltungsprodukten stimmen auch die sonstigen physiologischen Eigenschaften, namentlich die schwach narkotische Wirkung, zusammen. Beim Menschen ist es nur unbedeutend antipyretisch wirksam, weil es relativ langsam zerlegt und die Anhäufung der Spaltungsprodukte verhindert wird. Dagegen besitzt es antineuralgische und antirheumatische Eigenschaften[1]).

Es wird durch Erhitzen von Chlor- oder Bromphenacetin mit Natriumsalicylat gewonnen[2]).

Eine Regelmäßigkeit ergibt sich bei den in der Hydroxylgruppe acylierten Aminophenolen:

$$C_6H_4\begin{cases} O \cdot CO \cdot O \cdot C_2H_5 \\ NH \cdot CO \cdot CH(OH) \cdot CH_3 \end{cases} \quad \text{und} \quad C_6H_4\begin{cases} O \cdot CO \cdot C_6H_5 \\ NH \cdot CO \cdot CH_3 \end{cases}$$

Diese Verbindungen scheinen sich im tierischen Organismus etwas langsamer zu spalten als die Alkyläther der N-Acylaminophenole (Phenacetin, Lactophenin). Ferner ist der physiologische Koeffizient der in die Hydroxylgruppe eintretenden Acylgruppen anscheinend weit kleiner als derjenige, der an gleicher Stelle eintretenden Alkylgruppen.

Die chemisch recht weit auseinanderliegenden Verbindungen

$$C_6H_4<\begin{matrix} O \cdot CO \cdot O \cdot C_2H_5 \\ NH \cdot CO \cdot CH_3 \end{matrix} \quad \text{resp.} \quad C_6H_4<\begin{matrix} O \cdot CO \cdot O \cdot C_2H_5 \\ NH \cdot CO \cdot CH(OH) \cdot CH_3 \end{matrix}$$

$$\text{und} \quad C_6H_4<\begin{matrix} O \cdot CO \cdot C_6H_5 \\ NH \cdot CO \cdot CH_3 \end{matrix}$$

stehen einander physiologisch noch recht nahe, namentlich in bezug auf antipyretische und antineuralgische Eigenschaften, während die chemisch nur durch eine CH_2-Gruppe unterschiedenen Verbindungen

$$C_6H_4<\begin{matrix} O \cdot C_2H_5 \\ NH \cdot CO \cdot CH_3 \end{matrix} \quad \text{und} \quad C_6H_4<\begin{matrix} O \cdot C_3H_7 \\ NH \cdot CO \cdot CH_3 \end{matrix}$$

schon beträchtliche physiologische Differenzen aufweisen.

Die Wirkung der Substitution von Hydroxyl- und Aminowasserstoff im p-Aminophenol ist die folgende: Acetaminophenol hat kräftige antipyretische, antineuralgische und wahrscheinlich schwach narkotische Eigenschaften. Substitution des Wasserstoffes der Hydroxylgruppe: 1. Durch Methyl-: Die antipyretische und antineuralgische Wirkung wird etwas verstärkt. Geringere Methämoglobinbildung im Blut. 2. Durch Äthyl-: Die antipyretische Wirkung bleibt erhalten. Die narkotische Wirkung wird verstärkt. Viel geringere Methämoglobinbildung im Blut. 3. Durch Propyl-: Die antipyretische Wirkung bleibt erhalten, eher etwas schwächer. Methämoglobinbildung im Blut ist verringert, aber stärker als bei Methyl- und Äthyl-. 4. Durch Amyl-: Die antipyretische Wirkung wird verringert.

Das Maximum der antipyretischen und antineuralgischen Wirksamkeit liegt bei der Methylgruppe, die geringste Giftigkeit bedingt die Äthylgruppe. Die antipyretischen Eigenschaften nehmen mit steigender Größe der substituierten Alkylgruppen ab.

Bei der Substitution des Wasserstoffs der Imidgruppe: 1. durch Äthyl-: sind die antipyretischen und narkotischen Eigenschaften nahezu gleich Null. Methämoglobinbildung ist im Blut nicht nachweisbar.

Bei der Substitution des Wasserstoffs der OH-Gruppe bei gleichzeitiger Besetzung des Wasserstoffs der OH-Gruppe (durch Äthyl):

---

[1]) Zentralbl. f. inn. Med. 1897, Nr. 11. [2]) DRP. 88 950.

1. Durch CH_3. Beim Hunde: Die narkotische Wirkung wird sehr verstärkt, die Methämoglobinbildung im Blut vermindert.

Beim Menschen: Die narkotische Wirkung wird verstärkt, die antineuralgische Wirkung ebenfalls verstärkt, die antipyretische Wirkung bleibt erhalten. Es tritt Reizwirkung auf Magen und Nieren ein.

2. Durch C_2H_5. Beim Hunde: Die narkotische Wirkung wird sehr verstärkt, die Methämoglobinbildung im Blut vermindert.

Beim Menschen: Antipyretische und antineuralgische Wirkungen bleiben erhalten.

3. Durch C_3H_7. Beim Hunde: Die narkotische Wirkung ist im ganzen geringer als bei Äthyl und Methyl, dabei ist der Ablauf rascher, beim Menschen im ganzen geringer.

4. Durch C_5H_{11}. Die narkotische Wirkung ist sehr gering.

Das Maximum der narkotischen und antineuralgischen Wirkung liegt bei Methyl- (beim Hunde ist die Äthylgruppe ebenso wirksam). Das Maximum der antipyretischen Wirkung liegt bei Methyl- und Äthyl-. Die geringste Giftigkeit besitzt Äthyl.

Die narkotischen und wahrscheinlich auch die antineuralgischen Eigenschaften nehmen vom Äthyl- an mit steigender Größe der Alkylgruppe an Stärke ab[1]).

Der Komplex der physiologischen Wirkung selbst besteht aus der Wirkung der eingegebenen Substanz selbst, plus der Wirkung ihrer Zersetzungsprodukte im Organismus. Phenacetin ist wenig giftig, weil es sich langsam in Acetaminophenol und Äthylalkohol spaltet.

Acetyl-o-phenetidid

$$C_6H_4 \begin{cases} O \cdot C_2H_5 \\ NH \cdot CO \cdot CH_3 \end{cases} \text{(ortho)}$$

wirkt in mittleren Dosen antipyretisch, wie die entsprechende p-Verbindung; es ist aber bedeutend giftiger als Phenacetin.

Die vom Anilin abstammenden Antipyretica gehen demnach im Organismus in solche Derivate des p-Aminophenols über, welche beim Kochen mit Säuren leicht freies Aminophenol abspalten. Exalgin und Pyrodin tun es auch. — Das Zustandekommen der antipyretischen Wirkung bei diesen Körpern ist mit der Bildung von p-Aminophenol oder Acetaminophenol im Organismus verknüpft[2]). Es wurde festgestellt, daß p-Aminophenol (in Form eines organischen Salzes versucht) und Acetaminophenol beträchtliche antipyretische und auch antalgische Wirkungen besitzen. Wurden die beiden Wasserstoffatome der Gruppen NH und OH im Acetaminophenol teilweise oder ganz durch Alkylgruppen ersetzt, so sah man, daß alle diejenigen Alkylderivate, die antipyretisch, antalgisch, narkotisch wirken, im Organismus p-Aminophenol bzw. leicht spaltbare Derivate desselben liefern. (Nachweis durch die Indophenolreaktion.) Ein Alkylderivat hingegen, das im tierischen Organismus kein p-Aminophenol abspaltet, zeigt auch keine ausgesprochenen antipyretischen und antalgischen Wirkungen. Es wurden untersucht:

Methacetin $C_6H_4<^{O \cdot CH_3}_{NH \cdot CO \cdot CH_3}$

Phenacetin $C_6H_4<^{O \cdot C_2H_5}_{NH \cdot CO \cdot CH_3}$

Acetaminophenolpropyläther $C_6H_4<^{O \cdot C_3H_7}_{NH \cdot CO \cdot CH_3}$

} liefern p-Aminophenol leicht abspaltbar; wirken antipyretisch, antalgisch.

[1]) AePP. 33, 216. [2]) Zentralbl. f. inn. Med. 1897, Nr. 11.

Ebenso liefern im Organismus p-Aminophenol und wirken:

Methylphenacetin

$$C_6H_4\left\langle\begin{array}{l}O\cdot C_2H_5\\ N\left\langle\begin{array}{l}CH_3\\ CO\cdot CH_3\end{array}\right.\end{array}\right.$$

Propylphenacetin

$$C_6H_4\left\langle\begin{array}{l}O\cdot C_2H_5\\ N\left\langle\begin{array}{l}C_3H_7\\ CO\cdot CH_3\end{array}\right.\end{array}\right.$$

Äthylphenacetin

$$C_6H_4\left\langle\begin{array}{l}O\cdot C_2H_5\\ N\left\langle\begin{array}{l}C_2H_5\\ CO\cdot CH_3\end{array}\right.\end{array}\right.$$

Isopropylphenacetin

$$C_6H_4\left\langle\begin{array}{l}O\cdot C_2H_5\\ N\left\langle\begin{array}{l}C_3H_7\\ CO\cdot CH_3\end{array}\right.\end{array}\right.$$

Hingegen liefert Äthylacetaminophenol $C_6H_4\left\langle\begin{array}{l}OH\\ N\left\langle\begin{array}{l}C_2H_5\\ CO\cdot CH_3\end{array}\right.\end{array}\right.$ kein Aminophenol, wirkt nicht antipyretisch und läuft unzersetzt durch den Organismus[1]). Diese letztere Angabe Treupels ist nicht erklärlich.

Die Homologen des Phenetidins mit verschiedenen Alkylradikalen erwiesen sich sämtlich als stark giftig und die Harnstoffderivate zeigten durchgehend nicht den süßen Geschmack, der p-Phenetol- und der p-Anisol-Harnstoff auszeichnet. L. Spiegel und S. Sabbath[2]) untersuchten Derivate mit gesättigten primären, sekundären und tertiären aliphatischen, sowie gemischten Radikalen.

Die vorzügliche Wirkung des Phenacetins, welches billig, dabei sicher und prompt entfiebernd wirkt und äußerst geringe giftige Nebenwirkungen zeigt, dabei sich als ein mit dem Antifebrin gut konkurrierendes Antineuralgicum erweist, hat dem Phenacetin zu einer überraschend großen Verbreitung verholfen.

Phenacetin bewirkt, wie Acetanilid, eine Verminderung der Kohlensäureausscheidung, desgleichen sinkt die Harnmenge bis 600 ccm, während die Harnstoffausscheidung nicht gleich beeinflußt wird. Es ist vielleicht das unschädlichste aller Fiebermittel. Man war um so mehr bedacht, analog gebaute und daher analog wirkende Körper darzustellen, da der p-Aminophenolkern, welcher das eigentlich Wirksame darstellt, nach mehreren Richtungen hin zahlreiche Variationen zuließ. Die Variationen waren vorzüglich nach drei Seiten hin möglich. 1. Es konnte statt des Aminophenols, statt des Kernes, ein homologer Körper eingeführt werden; 2. konnte das saure Radikal in der Aminogruppe; 3. das Alkyl, welches den Hydroxylwasserstoff ersetzt, variiert werden. Für solche Verbindungen bestand nur nach einer Richtung hin ein Bedürfnis. Phenacetin ist nämlich im Wasser sehr schwer löslich und wird daher langsam resorbiert. Es konnte also nur ein solcher Körper dem Phenacetin gegenüber aufkommen, welcher in Wasser leichter löslich und rascher zur Resorption und Wirkung gelangt. Bei diesen Darstellungen muß man vor allem in Betracht ziehen, daß der saure Rest, welcher Aminowasserstoff ersetzt, keineswegs so labil beschaffen sein darf, daß er schon von der Magensalzsäure abgespalten wird. In diesem Falle würde man nämlich salzsaures Phenetidin erhalten, welches wie alle Phenetidinsalze weit giftiger wirkt als das acetylierte Derivat. Die acylierten Phenetidine (diese Forderung muß man an alle eingeführten stellen), dürfen von 2 proz. Salzsäure bei Körpertemperatur nicht zerlegt werden.

Von den Variationen des Acetylrestes sind noch einige erwähnenswert.

Wenn man p-Aminophenoläther mit ameisensaurem Natron und etwas freier Ameisensäure erhitzt, so erhält man die Formylverbindung dieses Äthers $HCO\cdot NH\cdot C_6H_4\cdot OC_2H_5$[3]), welche sich merkwürdigerweise wesentlich vom

---

[1]) Treupel, Deutsche med. Wochenschr. **1895**, 224. — DRP. 79 098.

[2]) BB. **34**, 1936 (1901). [3]) DRP. 49 075.

Phenacetin unterscheidet, dadurch, daß ihr antipyretische Eigenschaften so gut wie gar nicht zukommen; dagegen zeigt sie eine außerordentlich große Einwirkung auf das Rückenmark, hebt die Wirkung des Strychnins auf und ist somit ein vorzügliches Gegengift gegen dasselbe. Die ursprüngliche Vermutung, daß dieser Körper bei krampfhaften Zuständen von Wichtigkeit sein werde, hat sich anscheinend nicht bestätigt. Die depressive Wirkung auf das Rückenmark dürfte aber die Anwendung dieses Derivates für jeden anderen Zweck völlig ausschließen.

Ersetzt man den Acetylrest im Phenacetin durch den Propionylrest, so gelangt man zu einem Antipyreticum und Antineuralgicum, welches Mering Triphenin

$$C_6H_4<\begin{matrix}O \cdot C_2H_5\\ NH \cdot CO \cdot CH_2 \cdot CH_3\end{matrix}$$

genannt hat. Es zeigt eine geringe Löslichkeit und langsame Resorption[1]) und darum eine milde Wirkung. Durch Substitution eines Wasserstoffes im basischen Rest des Phenetidins durch Valeriansäure erhielt man Valerydin $C_6H_4(OC_2H_5)NH \cdot CO \cdot C_4H_9$. Wird statt der Propionsäure Milchsäure eingeführt, so wirkt das enstehende Lactophenin weniger energisch entfiebernd, wird statt der Oxypropionsäure Dioxypropionsäure (Glycerinsäure) eingeführt, so entsteht eine ganz unwirksame Substanz[2]), so daß die Anreicherung des Fettsäureradikals an OH-Gruppen dieses unangreifbar macht und die Wirkung des p-Aminophenols nicht ausgelöst werden kann.

Ersetzt man den Acetylrest durch eine Lactylgruppe, so gelangt man zum Lactophenin[3])

$$C_6H_4<\begin{matrix}O \cdot C_2H_5\\ NH \cdot CO \cdot CH(OH) \cdot CH_3\end{matrix}$$

Die Lactylderivate des p-Phenetidins[4]), wie des p-Anisidins, des Methylanilins und Äthylanilins werden gewonnen durch Erhitzen der milchsauren Salze dieser Basen auf 130—180° oder durch Erhitzen der Basen mit Milchsäureanhydrid oder Milchsäureestern auf die gleiche Temperatur. Ebenso kann man sie erhalten durch Erhitzen der Basen mit Lactamid[5]). Eine einfache Modifikation scheint folgendes Verfahren zu bieten. Die Basen werden mit dem Chlorid oder Bromid einer α-Halogenpropionsäure hehandelt und die gebildeten α-Halogenpropionylbasen in alkoholischer Lösung mit Natriumacetat gekocht, wobei unter Austritt von Halogen sich das Lactylderivat bildet, welches nach Abdestillieren des Alkohols mit Wasser gefällt wird[6]).

Die Reaktion geschieht nach folgender Gleichung:

$$C_6H_4<\begin{matrix}O \cdot C_2H_5\\ NH \cdot CO \cdot CHBr \cdot CH_3\end{matrix} + C_2H_3O_2Na + H_2O$$
$$= C_6H_4<\begin{matrix}O \cdot C_2H_5\\ NH \cdot CO \cdot CH \cdot (OH) \cdot CH_3\end{matrix} + NaBr + C_2H_4O_2$$

Lactophenin ist leichter löslich als Phenacetin. Die Lactylgruppe bewirkt, daß es stärker beruhigend und nach einigen Beobachtern deutlich hypnotisch wirkt. Lactophenin hat eine, wenn auch nicht so große Verbreitung wie das Phenacetin, so doch eine sehr beträchtliche erlangt, wohl hauptsächlich infolge seiner vorzüglichen antineuralgischen Eigenschaften. Doch muß bemerkt werden, daß der Lactylrest im Lactophenin nicht so fest sitzt wie der Acetylrest im Phenacetin und durch Salzsäure leichter abgespalten werden kann. Lactophenin wurde besonders von Jaksch[7]) bei Typhus empfohlen.

Dipropylacet-p-phenetidid[8]) $\begin{matrix}C_3H_7\\ C_3H_7\end{matrix}>CH \cdot CO \cdot NH \cdot C_6H_4 \cdot OC_2H_5$ erhält man durch Erhitzen von Dipropylessigsäure mit p-Phenetidin. Das Produkt soll bei akutem und chro-

---

[1]) G. Gaude, Diss. Halle (1898). [2]) Deutsch, Diss. Halle (1898).
[3]) O. Schmiedeberg, Therap. Monatshefte. **1894**, 442. [4]) DRP. 70250, 90595.
[5]) DRP. 81539. [6]) DRP. 85212. [7]) Prager med. Wochenschr. **1894**.
[8]) Akt.-Ges. f. Anilinfabr., Berlin, DRP. 163034.

nischem Rheumatismus verwendet werden, da es hypnotische und schmerzlindernde Wirkung besitzt.

Durch Einwirkung von Dialkylmalonylchlorid auf Phenetidin erhält man dialkylierte Malonylphenetidide, welche auch eine schlafmachende Wirkung haben. Dargestellt wurden Diäthylmalonylphenetidid und Dipropylmalonyl-p-phenetidid[1]).

Glykolyl-p-aminophenoläther erhält man durch Erhitzen der p-Aminophenoläther mit den Anhydriden der Glykolsäure (Glykolid oder Polyglykolid). Beschrieben sind Glykolyl-p-phenetidid und Glykolyl-p-anisidid[2]).

Der Ersatz eines Aminowasserstoffes durch Methylglykolsäure $CH_3 \cdot O \cdot CH_2 \cdot COOH$ im Phenetidin bietet gar keine Vorteile. Der Körper ist angeblich geruch- und geschmacklos. Die Lösungen schmecken bitter und beißen im Munde. Aber es ist durchaus nicht einzusehen, welcher theoretische Grund vorhanden sein könnte, statt der Acetylgruppe einen Methylglykolsäurerest einzuführen. Der einzige Grund mag auch hier gewesen sein, daß man ein neues patentrechtlich geschütztes Phenetidinderivat mit gleicher Wirkung erhalten wollte. Dieses Präparat hat auch keine praktische Bedeutung erlangt. Es wurde Kryofin genannt.

α-Bromisovaleryl-p-phenetidid ist Phenoval.

Eine Variation des Acetylrestes, welche sich aber in der Praxis nicht zu halten vermochte, stellt Amygdophenin dar[3]).

Amygdophenin $C_6H_4<^{O \cdot CH_5}_{NH \cdot CO \cdot CH(OH) \cdot C_6H_5}$

Dier Körper wird dargestellt durch Erhitzen von Mandelsäure mit p-Phenetidin auf 130—170° C.

Im Phenetidin wird ein Wasserstoff der Aminogruppe durch den Mandelsäurerest ersetzt. Die Mandelsäure soll hier wohl eine ähnliche Funktion ausüben wie etwa im Tussol (mandelsaures Antipyrin) (s. S. 225), zugleich aber entgiftend wirken. Es wirkt schwächer antipyretisch als Phenacetin, hat aber stärkere antiseptische Eigenschaften, auf die es wohl nicht ankommt[4]). Die Verbindung ist es ein schwer lösliches, voluminöses Pulver. Es läßt sich experimentell nachweisen, daß die mangelhafte Wirkung dieses Phenetidinderivates mit aromatischem Säureradikal darauf zurückzuführen ist, daß es wegen seiner schweren Löslichkeit vom Magendarmkanal schlecht resorbiert wird und überdies noch wegen der schweren Abspaltbarkeit des entgiftenden Säureradikales nur wenig p-Aminophenol in physiologische Reaktion treten kann, ein Verhalten, dem wir bei allen Substitutionsprodukten des Phenetidins mit aromatischen Radikalen begegnen werden[5]). Auch die Hydroxylgruppe im aromatischen Säurerest trägt zur Schwächung der Gesamtwirkung bei.

In dieselbe Gruppe gehört auch Pyrantin [Piutti[6])]. Die einzige Begründung für die Darstellung dieses Körpers mag wohl die sein, daß hier beide Wasserstoffe der Aminogruppe im Phenetidin durch Säureradikale ersetzt sind.

Man läßt Bernsteinsäureanhydrid auf Phenetidin einwirken und gelangt so zum p-Äthoxyphenylsuccinimid[7]),

p-Äthoxyphenylsuccinimid $C_6H_4<^{O \cdot C_2H_5}_{N<^{OC \cdot CH_2}_{CO \cdot CH_2}}$

Das Natronsalz ist wasserlöslich. Es ist ein Antipyreticum von nicht sicherer Wirkung. Dieser Körper hat gar keine schädlichen Nebenwirkungen

[1]) DRP. 165 311. [2]) Höchst, DRP. 306 938.
[3]) Versagte DRP.-Anm. v. 19. XI. 1894, Nr. 9138.
[4]) Zentralbl. f. inn. Med. **1895**, Nr. 46. [5]) Treupel und Hinsberg, AePP. **33**, 216.
[6]) Chem. Ztg. **1896**, Nr. 54. [7]) DRP. 73 804, siehe auch DRP. 88 919.

auf den Blutfarbstoff[1]). Aber schon Phenacetin zeichnet sich durch den Mangel dieser schädlichen Nebenwirkungen aus, obgleich ein ersetzbarer Wasserstoff in der Aminogruppe vorhanden ist, und aus dem früher Erwähnten wissen wir, daß auch das Ersetzen des zweiten Wasserstoffes in der Aminogruppe des Phenacetins durch eine Acetylgruppe dem so gebildeten Körper keine Vorzüge vor dem einfach acetylierten verleiht.

Übrigens ist Diacet-p-phenetidid

$$\underset{\text{N}\left\langle\begin{array}{l}\text{CO}\cdot\text{CH}_3\\\text{CO}\cdot\text{CH}_3\end{array}\right.}{\overset{\text{O}\cdot\text{C}_2\text{H}_5}{\bigcirc}}$$

in welchem beide Wasserstoffatome durch Acetylradikale ersetzt sind, ein recht unbeständiger Körper. Eine Acetylgruppe wird schon durch Luftfeuchtigkeit allmählich abgespalten. A. Bistrzycki und F. Ulffers[2]) behaupteten, daß Diacet-p-phenetidid gegenüber dem Phenacetin eine wesentliche Steigerung der antipyretischen Wirkung aufweist; es genügen zur Hervorbringung der gleichen Wirkung um ein Viertel geringere Dosen als von Monoacet-p-phenetidid (Phenacetin). Dieses ist aus theoretischen Gründen, insbesondere wenn man die Resultate der Untersuchungen von Treupel und Hinsberg berücksichtigt, einfach unmöglich.

Diacet-p-phenetidid wird durch Erhitzen von Phenacetin mit 4 Mol. Essigsäureanhydrid durch 8—10 Stunden in geschlossenem Gefäß auf 200° erhalten[3]).

Man hat versucht auch, Citronensäurederivate des Phenetidins als Ersatzmittel des Phenacetins zu konstruieren und auf den Markt zu bringen. M. v. Nencki hat gezeigt, daß die toxischen Eigenschaften einer aromatischen Verbindung durch Einführung einer Carboxylgruppe schwächer werden oder sogar gänzlich schwinden können; wenn man nun in der Citronensäure, welche ja dreibasisch ist, in einem Carboxyl ein Phenetidin substituiert, so erhält man einen Körper, welcher noch zwei freie Carboxylgruppen enthält.

$$\begin{array}{l}\text{CH}_2\cdot\text{COOH}\\|\\\text{C(OH)}\cdot\text{COOH}\\|\\\text{CH}_2\cdot\text{CO}\cdot\text{NH}\cdot\text{C}_6\text{H}_4\cdot\text{O}\cdot\text{C}_2\text{H}_5\end{array}$$

Dieser Körper wird dargestellt ebenso wie die Diphenetidincitronensäure

$$\begin{array}{l}\text{CH}_2\cdot\text{CO}\cdot\text{NH}\cdot\text{C}_6\text{H}_4\cdot\text{O}\cdot\text{C}_2\text{H}_5\\|\\\text{C(OH)}\cdot\text{COOH}\\|\\\text{CH}_2\cdot\text{CO}\cdot\text{NH}\cdot\text{C}_6\text{H}_4\cdot\text{O}\cdot\text{C}_2\text{H}_5\end{array}$$

durch Erhitzen von Phenetidin mit Citronensäure bzw. Citronensäurechlorid oder -ester, evtl. unter Zusatz wasserentziehender Mittel auf 100—200°[4]).

Nach dem gleichen Verfahren kann man auch vom p-Anisidin statt Phenetidin ausgehend zur p-Anisidincitronensäure gelangen.

Diese Monophenetidincitronensäure wurde Apolysin genannt. Anfangs von M. v. Nencki und Jaworski[5]) als Phenacetinersatzmittel warm empfohlen, welches selbst in großen Dosen gegeben werden konnte, erwies es sich aber dem Phenacetin gegenüber als durchaus nicht überlegen. So zeigten die Untersuchungen von Jez[6]), daß es durchaus unschädlich, da selbst 8 g täglich keine

[1]) Deutsches f. Arch. klin. Med. **64**, 559. [2]) BB. **31**, 2788 (1899).
[3]) DRP. 75 611. [4]) DRP. 87 428, 88 548.
[5]) Deutsche med. Wochenschr. **1895**, 523. — Allg. med. Zentralztg. **1895**, Nr. 60 und 62. — Zentralbl. f. klin. Med. **1895**, Nr. 45. [6]) Wiener klin. Wochenschr. **1896**, Nr. 2.

unangenehmen Nebenwirkungen machten. Es wirkt auf Fieber nur wenig und entbehrt völlig die schmerzstillenden Eigenschaften des Phenacetins. Man sieht durchaus klar, wie die Anwesenheit der beiden freien Carboxylgruppen im Citronensäurerest des Apolysins das Eintreten der eigentümlichen Phenetidinwirkung zu verhindern vermögen.

Das primäre Citrat des p-Phenetidins und des p-Anisidins wird dargestellt durch einfaches Zusammenbringen von je 1 Mol. Citronensäure und p-Phenetidin in alkoholischer Lösung. Die Lösung wird der Krystallisation überlassen[1]).

Gleichzeitig mit dem Apolysin kam ein anderes Citronensäurederivat des Phenetidins auf den Markt. Die Citronensäurederivate sollen nach der Anschauung der Darsteller nicht nur die Phenetidinwirkung, sondern auch die Citronensäurewirkung hervorbringen. Citronensäure hat eine „belebende und anregende" Wirkung auf das Herz, und da nun Phenetidin in größeren Dosen herzschwächende Wirkungen hat, so wirkt hier die Citronensäure angeblich antagonistisch. Benario, welcher dieses von J. Roos dargestellte Derivat einführen wollte, behauptete, daß es das Triphenetidid der Citronensäure sei, d. h., daß in der Citronensäure jede Carboxylgruppe mit einem Phenetidin reagiert habe. Als Formel wurde angegeben:

$$\begin{array}{l} \quad\quad\; CH_2 \cdot CO \diagdown \\ \quad\quad\;\; | \\ OH \cdot C \cdot CO \text{———} \rangle (NH \cdot C_6H_4 \cdot O \cdot C_2H_5)_3 \\ \quad\quad\;\; | \\ \quad\quad\; CH_2 \cdot CO \diagup \end{array}$$

Die Untersuchungen von H. Hildebrandt[2]) zeigten aber, daß dieses angebliche Citronensäurephenetidid nichts anderes sei als das citronensaure Salz des Phenetidins.

Citrophen gibt nämlich mit Eisenchlorid direkt Rotfärbung, d. h. die Phenetidinreaktion, Apolysin, welches unter Wasseraustritt gebildet wurde, gibt diese Eisenreaktion direkt nicht, sondern erst nach Kochen mit Säure. Die physiologische Wirkung des Citrophens kann sich daher von der eines anderen Phenetidinsalzes nicht unterscheiden. Es ist ja hier im Phenetidin nicht etwa ein Wasserstoff durch ein Säureradikal ersetzt, sondern es ist einfach ein Salz des Phenetidins vorhanden. Nun sind aber die Salze des Phenetidins als Blutgifte bekannt, wie wir früher ausgeführt haben. Dem Citrophen muß daher die giftige Wirkung des durch Säureradikale nicht entgifteten Phenetidins zukommen. In der Praxis hat sich weder Apolysin noch Citrophen bewährt. Apolysin zeigte vorerst die Eigentümlichkeit, daß es sich durch Säure im Magen leicht in Citronensäure und Phenetidin zerlegt, eine unangenehme Nebenwirkung, wie sie auch manchmal schon bei Lactophenin bemerkt wird. Man beobachtet dann die Wirkung des salzsauren Phenetidins, welche sich zum Teil auch schon im Magen durch unangenehme Nebenwirkung äußert, zum Teil innerhalb des Kreislaufes die giftigen Erscheinungen des Phenetidins bewirkt. Aber innerhalb des Kreislaufes ist Apolysin nur äußerst schwer spaltbar und daher die negativen Resultate von Jez. Wenn man einem Tiere subcutan Apolysin injiziert, so kann man im Harn weder Phenetidin, noch Aminophenol nachweisen. Es gelingt dies erst nach anhaltendem Kochen mit Säuren, was darauf hindeutet, daß Apolysin unverändert in den Harn übergeht, weil der Säurecharakter dieser Substanz sie vor der Wechselwirkung mit dem Organismus bewahrt.

Äthylsulfon-p-phenetidid, dargestellt durch Einwirkung von Äthylsulfo-

---

[1]) DRP. 101 951. [2]) Zentralbl. f. inn. Med. **16**, 1089.

chlorid auf p-Phenetidin, wirkt schwach antipyretisch und schwächer anästhesierend als Phenacetin. Es wirkt nach E. Roos hypnotisch[1]).

Das Salicylderivat des Phenetidins, welches sowohl schwer resorbierbar als auch im Organismus schwer spaltbar ist, verhält sich nach dieser Richtung hin ähnlich, wie wir es bei den Salicylderivaten der anderen antipyretisch wirkenden Basen zu bemerken Gelegenheit hatten. Salicylphenetidid $OH \cdot C_6H_4 \cdot CO \cdot NH \cdot C_6H_4 \cdot O \cdot C_2H_5$ wirkt nicht oder nur sehr wenig.

Schubenko[2]), der diesen Körper zuerst untersuchte, glaubte erwarten zu können, daß infolge Verkettung des Phenetidins und der Salicylsäure eine weit größere antifebrile und antirheumatische Wirkung entfaltet werden würde, als wie sie die Salicylsäure allein auszuüben vermag. Die weiteren Untersuchungen zeigten aber, daß der Körper gar nicht im Organismus zerlegt wird. Das Verhältnis zwischen präformierter und gepaarter Schwefelsäure im Harn änderte sich nach Einnahme dieser Substanz nicht, anderseits kann man im Menschenharn die Substanz als solche unzerlegt nachweisen. Salicylphenetidid ist also ein indifferenter, weil im Organismus nicht angreifbarer Körper. Dasselbe kann man auch bei Verwendung des Benzoylphenetidids und Anisylphenetidids beobachten, die aus gleichem Grunde wenig oder gar nicht wirksam sind. Insbesondere die Hydroxylgruppen im Säurerest schwächen augenscheinlich die Wirkungen der Gesamtsubstanz. So liefert die hydroxylreiche Chinasäure ein ganz unwirksames Phenetidinderivat[3]). Auch Amygdophenin ist wenig wirksam (s. S. 272).

Zu den Kombinationen von zwei wirksamen Körpern, bei welchen auch die entgiftende Säuregruppe nach der Abspaltung im Organismus für sich therapeutische Wirkungen ausübt, gehören die Phenoxacet-p-aminophenolderivate.

Phenoxacetsäure wird durch Einwirken von Chloressigsäure auf Phenol erhalten[4]), diese Säure wird in molekularen Mengen mit p-Phenetidin resp. anderen Basen auf 120 bis 140° erhitzt, bis keine Wasserabspaltung mehr stattfindet.

Nach diesem Verfahren lassen sich darstellen: Phenoxacet-p-aminophenol, Phenoxacet-p-anisidid, Phenoxacet-p-phenetidid, o-Kresooxacet-p-phenetidid sowie die entsprechende m- und p-Verbindung und Guajacoxacet-p-phenetidid[5]).

Phenoxyessigsäure konnte für sich trotz ihrer antiseptischen Eigenschaften keine Verwendung finden, da sie bitter und zugleich sauer schmeckt und einen eigentümlichen Geruch besitzt. Hingegen ist Phenoxyessigsäureanhydrid $C_6H_5 \cdot O \cdot CH_2 \cdot CO \cdot O \cdot CO \cdot CH_2 \cdot O \cdot C_6H_5$ ungiftig, geschmack- und geruchlos.

Das Anhydrid entsteht bei Behandlung der phenoxyessigsauren Salze mit Phosphoroxychlorid in Toluol[6]).

Wenn man Salicylessigsäure mit Phenetidin auf 120° erhitzt, so entsteht Salicylessigsäurephenetidid

$$C_6H_4 \begin{matrix} \diagup COOH \\ \diagdown O \cdot CH_2 \cdot CO \cdot NH \cdot C_6H_4 \cdot O \cdot C_2H_5 \end{matrix}$$

so daß nur die Essigsäuregruppe reagiert, bei stärkerem Erhitzen reagieren beide Carboxylgruppen, und man erhält Salicylessigsäurediphenetidid[7]).

Der erstgenannte Körper soll bei Ischias gute Wirkungen haben. Er wird Phenosal genannt. Diese beiden Körper haben sich als sehr wenig wirksam gezeigt, was aus den angeführten theoretischen Gründen ja leicht erklärlich ist.

---

[1]) W. Authenrieth und R. Bernheim, Arch. d. Pharm. **242**, 579 (1904). — A. Jodlbauer, Arch. internat. de pharmacydan. et de thérapie **23**, 3 (1913).
[2]) Diss. St. Petersburg (1892). [3]) Therap. Monatshefte **1893**, 582.
[4]) DRP. 108241. [5]) DRP. 82105, 83538. [6]) DRP. 120722. [7]) DRP. 98707.

Um die schweißtreibende Wirkung den Phenetidinderivaten zu verleihen, wurde Phenetidin mit Camphersäure kombiniert, indem Camphersäure mit Phenetidin bei 230° erhitzt wurde.

$$C_8H_{14}<\begin{matrix}CO\\CO\end{matrix}>N \cdot C_6H_4 \cdot OC_2H_5$$

Camphersäurephenetidid soll zugleich antipyretisch und antihydrotisch wirken[1].

Koehler[2]) hat auf Veranlassung von Mering Phosphorsäuretriphenetidid, Acetylaminophenolbenzyläther und p-Toluolsulfonsäure-p-phenetidid auf ihre antithermische und antalgische Wirkung mit negativem Erfolg untersucht. Sie sind alle unschädlich und wirkungslos, weil der Organismus aus ihnen kein p-Aminophenol abspalten kann. Es verhalten sich also anorganische Säureradikale und Sulfosäuren wie aromatische Acyle, also gegenüber der Abspaltung im Organismus resistent, ebenso Aryle bei der Einführung in das Phenolhydroxyl.

Agaricinsäure-di-p-phenetidid $C_{32}H_{48}N_2O_5$ soll die schweißtreibende Wirkung der Agaricinsäure mit der antipyretischen des Phenetidins verbinden.

Es entsteht beim Erhitzen von 2—2½ Mol.-Gew.-Teilen p-Phenetidin mit 1 Mol. Agaricinsäure offen oder unter Druck bei 140—160°[3]). Agaricinsäure-mono-p-phenetidid $C_{24}H_{39}NO_5$ entsteht bei der Reaktion zwischen je 1 Mol. der beiden Komponenten oder als Nebenprodukt bei dem Verfahren nach DRP. 130 073[4]).

Weitere Derivate des p-Aminophenols hat noch Mering beschrieben[5]). Wenn man Chlorameisenäthylester auf p-Aminophenol einwirken läßt, so gelangt man zum p-Oxyphenylurethan.

$$C_6H_4<\begin{matrix}OH\\NH \cdot CO \cdot O \cdot C_2H_5\end{matrix}$$

Der Körper hat starke Wirkung mit Frosterscheinungen, ist aber dabei ungiftig.

p-Oxyphenylbenzylurethan wirkt erheblich schwächer als p-Oxyphenylurethan.

Das in kaltem Wasser sehr schwer lösliche Acetyl-p-oxyphenylurethan wird Neurodin genannt. Es ist ein Antineuralgicum, dem nebenbei prompte zuweilen aber etwas schroffe antipyretische Wirkungen zukommen.

Ersetzt man im p-Oxyphenylurethan einen Hydroxylwasserstoff durch Äthyl, so bekommt man p-Äthoxyphenylurethan von sicherer temperaturerniedrigender Wirkung, aber nicht frei von Nebenwirkungen. Das Acetylprodukt dieser Substanz ist Thermodin[6])

$$C_6H_4<\begin{matrix}O \cdot C_2H_5\\N<\begin{matrix}COO \cdot C_2H_5\\CO \cdot CH_3\end{matrix}\end{matrix}$$

ein gutes Antithermicum, äußerst schwer löslich in Wasser, nach Mering das beste Antithermicum der Aminophenolreihe, auch antineuralgisch wirkend.

p-Aminophenol ist eine leicht veränderliche, stark reduzierend wirkende Substanz, welche das Blut durch Auflösen der Körperchen und Bildung von Methämoglobin zersetzt. p-Aminophenol wirkt jedoch weniger toxisch als Anilin und ist ein energisches, aber nicht ungiftiges Antipyreticum.

Durch Eintritt eines Säureradikales (Acetyl-, Propionyl- oder höherer Homologen) in die Aminogruppe, mehr noch durch gleichzeitigen Eintritt eines

---

[1]) C. Goldschmidt, Chem.-Ztg. **1901**, 445. [2]) Diss. Halle (1899).
[3]) DRP. 130 073. [4]) DRP. 134 981.
[5]) Therap. Monatshefte **1893**, 584. — DRP. 69 328, 73 285.
[6]) Therap. Monatshefte **1893**, 582.

Säureradikales in die Amino- oder Hydroxylgruppe wird die Giftigkeit des p-Aminophenols verringert. — Durch Eintritt eines Alkyls, z. B. Äthyl-, in die Hydroxylgruppe und eines Säureradikals, z. B. Acetyl-, in die Aminogruppe (= Phenacetin) wird die toxische Wirkung des p-Aminophenols mehr herabgesetzt als durch gleichzeitige Einführung eines Säurerestes in die Hydroxyl- und Aminogruppe.

Phenylurethan, ein Anilinderivat, ist giftiger als p-Oxyphenylurethan, welches das entsprechende Derivat des p-Aminophenols darstellt. Die an sich schon geringe Giftigkeit des p-Oxyphenylurethans wird durch Eintritt eines Säureradikales, wie dies die Versuche mit Neurodin gezeigt haben, weiter abgeschwächt. Am unschädlichsten von den Körpern der Oxyphenylurethanreihe wirkt Thermodin.

Die durch Eintritt von Säureradikalen in Aminophenol erhaltenen Verbindungen wirken energischer als die alkylierten Aminophenolderivate, weil die Säuregruppe, z. B. Acetyl-, im Organismus analogerweise wie durch Kochen mit Alkalien oder Säuren leichter als die Alkylgruppen, z. B. Äthyl-, abgespalten wird.

Je weniger veränderlich die Derivate des an und für sich höchst unbeständigen p-Aminophenols sind, um so weniger toxisch wirken sie. p-Oxyphenylurethan ist im Vergleich zu Phenetidin oder Acetylaminophenol ungiftig, weil die letzteren Substanzen weniger beständig und leichter zersetzlich sind.

Die intensive Wirkung des p-Aminophenols erklärt sich durch die gleichzeitige Anwesenheit der Hydroxyl- und Aminogruppe. Durch Einführung von Säureresten, mehr aber noch durch Eintritt von Alkyl- oder Kohlensäureester (Urethan), wird die Reaktionsfähigkeit des p-Aminophenols gemindert und seine Wirkung gemildert (Mering).

Körper der Oxyphenylurethanreihe werden nach einem von E. Merck - Darmstadt geschützten Verfahren[1]) zur Darstellung von Kohlensäure- und Alkylkohlensäureäthern von p-Oxyphenylurethanen bzw. von acylierten p-Aminophenolen gewonnen[1]). Läßt man auf die Lösung eines p-Oxyphenylurethans oder eines p-Acylaminophenols bei Gegenwart von Alkali Phosgengas einwirken, so scheidet sich der Kohlensäureäther der angewendeten Verbindung ab, z. B. Carbonat des p-Oxyphenyläthylurethans.

$$OC<\begin{matrix} O \cdot C_6H_4 \cdot NH \cdot CO \cdot O \cdot C_2H_5 \\ O \cdot C_6H_4 \cdot NH \cdot CO \cdot O \cdot C_2H_5 \end{matrix}$$

Verwendet man statt Wasser Alkohol und statt Alkali Alkoholat, so erhält man gemischte Kohlensäureäther, z. B.

$$OC<\begin{matrix} O \cdot C_2H_5 \\ O \cdot C_6H_4 \cdot NH \cdot CO \cdot O \cdot C_2H_5 \end{matrix}$$

Man kann auf diese Weise darstellen:

p-Acetanilidcarbonat

$$OC<\begin{matrix} O \cdot C_6H_4 \cdot NH \cdot CO \cdot CH_3 \\ O \cdot C_6H_4 \cdot NH \cdot CO \cdot CH_3 \end{matrix}$$

p-Propionanilidcarbonat

$$OC<\begin{matrix} O \cdot C_6H_4 \cdot NH \cdot CO \cdot C_2H_5 \\ O \cdot C_6H_4 \cdot NH \cdot CO \cdot C_2H_5 \end{matrix}$$

p-Benzoylanilidcarbonat

$$OC<\begin{matrix} O \cdot C_6H_4 \cdot NH \cdot CO \cdot C_6H_5 \\ O \cdot C_6H_4 \cdot NH \cdot CO \cdot C_6H_5 \end{matrix}$$

p-Phenylurethancarbonat

$$OC<\begin{matrix} O \cdot C_6H_4 \cdot NH \cdot CO \cdot O \cdot C_2H_5 \\ O \cdot C_6H_4 \cdot NH \cdot CO \cdot O \cdot C_2H_5 \end{matrix}$$

p-Phenylpropylurethancarbonat

$$OC<\begin{matrix} O \cdot C_6H_4 \cdot NH \cdot CO \cdot O \cdot C_3H_7 \\ O \cdot C_6H_4 \cdot NH \cdot CO \cdot O \cdot C_3H_7 \end{matrix}$$

---

[1]) DRP. 69 328. [2]) DRP. 85 803.

p-Kohlensäureacetanilidäthylester

$$CO{<}^{O\cdot C_2H_5}_{O\cdot C_6H_4\cdot NH\cdot CO\cdot CH_3}$$

p-Kohlensäureacetanilidpropylester

$$OC{<}^{O\cdot C_3H_7}_{O\cdot C_6H_4\cdot NH\cdot CO\cdot CH_3}$$

p-Kohlensäureacetanilidbutylester

$$OC{<}^{O\cdot C_4H_9}_{O\cdot C_6H_4\cdot NH\cdot CO\cdot CH_3}$$

p-Kohlensäurepropionanilidäthylester

$$OC{<}^{O\cdot C_2H_5}_{O\cdot C_6H_4\cdot NH\cdot CO\cdot CH_2\cdot CH_3}$$

p-Kohlensäurebenzanilidäthylester

$$OC{<}^{O\cdot C_2H_5}_{O\cdot C_6H_4\cdot NH\cdot CO\cdot C_6H_5}$$

p-Kohlensäurephenyläthylurethanäthylester

$$OC{<}^{O\cdot C_2H_5}_{O\cdot C_6H_4\cdot NH\cdot COO\cdot C_2H_5}$$

p-Kohlensäurephenylpropylurethanäthylester

$$OC{<}^{O\cdot C_2H_5}_{O\cdot C_6H_4\cdot NH\cdot COO\cdot C_3H_7}$$

p-Kohlensäurephenyläthylurethanpropylester

$$OC{<}^{O\cdot C_3H_7}_{O\cdot C_6H_4\cdot NH\cdot COO\cdot C_2H_5}$$

Alle diese Verbindungen sind Antipyretica und ausgesprochene Antineuralgica.

Die Farbwerke Höchst stellten p-Acetyläthylaminophenyläthylcarbonat[1]) dar, ein Aminophenol, welches in der Aminogruppe acetyliert und alkyliert, im Hydroxyl durch einen Kohlensäureäther ersetzt ist. Hierbei wird p-Aminophenol mit Alkylbromid in alkyliertes Aminophenol übergeführt und mit Essigsäureanhydrid das letzte Ammoniakwasserstoffatom durch die Acetylgruppe ersetzt, während die Hydroxylgruppe offen bleibt. Durch Einwirkung von Chlorkohlensäureäther auf die Salze dieses substituierten p-Aminophenols werden Kohlensäureäther von der allgemeinen Konstitution

$$OC{<}^{O\,Alk.}_{O\cdot C_6H_4\cdot N{<}^{Alk.}_{Acyl}}$$

gebildet[2]).

Es wurden auch Versuche gemacht, die Aminogruppe des Phenetidins mit aromatischen Aldehyden oder Ketonen reagieren zu lassen. Von diesen Versuchen sind, da sie ja nach demselben Schema gehen, nur wenige erwähnenswert.

Wenn man Salicylaldehyd auf Phenetidin einwirken läßt, so gelangt man ohne äußere Wärmezufuhr direkt oder in alkoholischer Lösung unter stärkerer Wärmeentwicklung und Abspaltung von 1 Mol. Wasser zum Malakin[3]).

$$\text{Malakin}\quad C_6H_4{<}^{O\cdot C_2H_5}_{N=CH\cdot C_6H_4\cdot OH}$$

ist unlöslich in Wasser, und man konnte schon voraussetzen, daß es, wie die übrigen Salicylderivate, sich den spaltenden Eingriffen des Organismus gegenüber äußerst resistent verhalten werde.

Im Magen wird wohl durch die Salzsäure etwas Phenetidin abgespalten. Der Organismus selbst spaltet nur schwierig aus dieser Verbindung p-Amino-

---

1) DRP. 79 098. 2) DRP. 89 595. 3) DRP. 79 814, 79 857.

phenol ab, daher sind sehr große Dosen notwendig. Man erzielt eine sehr langsame Wirkung und nur ein allmähliches Absinken der Temperatur. Da dieses Präparat teuer, die Dosen 8 mal so hoch genommen werden müssen, da nur ein Teil der Substanz überhaupt zur Wirkung gelangt, so konnte es sich in der Praxis nicht halten, um so mehr, als es ja gar keine Vorzüge vor dem billigen Acetylderivat des Phenetidins aufweisen konnte.

Wenn man Phenetidin mit Acetophenon allein oder mit wasserentziehenden Mitteln erhitzt[1]), so erhält man den Körper

$$C_6H_4\left\langle\begin{matrix} O \cdot C_2H_5 \\ N = C\left\langle\begin{matrix} CH_3 \\ C_6H_5 \end{matrix}\right. \end{matrix}\right.$$

Die Darstellung des Acetophenonphenetidids[2]) geschieht am besten durch Zusammenbringen von Acetophenon und Phenetidin in einem evakuierten Kolben und Erhitzen bis zu starker Wasserausscheidung; hierauf wird der ganze Kolbeninhalt fraktioniert destilliert. Das citronensaure Salz des Acetophenonphenetidids kommt als Malarin in den Handel.

Malarin ist ein starkes Antipyreticum und Antineuralgicum. Hingegen ist die hypnotische und sedative Wirkung dieses Mittels wenig ausgeprägt[3]). Vor der Anwendung wird wegen seiner schroffen Wirkung und giftigen Nebenwirkungen gewarnt[4]).

p-Acetylaminooxyäthoxybenzol mit dem Phantasienamen Pertonal ist sowohl in seiner Giftigkeit als in seiner antipyretischen Wirksamkeit nur halb so stark, wie Phenacetin in bezug auf Narkose ist es nur $^1/_{15}$ so stark als Phenacetin, auf das Herz wirkt es anregend, im Harn erscheint p-Aminophenol und Phenetidin[5]), dabei scheint Pertonal mehr Phenetidin und entsprechend weniger Aminophenol zu liefern als Phenacetin. Es ist ein ω-Oxy-phenacetin.

$$O \cdot CH_2 \cdot CH_2 \cdot OH$$

Pertonal (Benzolring)

$$NH \cdot CO \cdot CH_3$$

Wenn man Zimtaldehyd auf Phenetidin einwirken läßt, so gelangt man zum Cinnamylphenetidid

$$N\left\langle\begin{matrix} C_6H_4 \cdot O \cdot C_2H_5 \\ CH \cdot CH = CH \cdot C_6H_5 \end{matrix}\right.$$

Dieses ist nicht indifferent, sondern es spaltet sich im Organismus in Zimtaldehyd bzw. Zimtsäure und p-Aminophenol. Über den therapeutischen Wert dieser von Schubenko dargestellten Substanz gilt das über die Aldehydderivate des Phenetidins Gesagte.

Es wurden nach dem analogen pharmakologischen und chemischen Prinzip eine Reihe von Substanzen dargestellt, aber praktisch nie verwendet, da diese Verbindungen keine neuen Eigenschaften bieten konnten:

Von Karl Goldschmidt[6]) eine Base aus p-Phenetidin und Formaldehyd, indem in stark saurer Lösung Phenetidin mit überschüssigem Formaldehyd bei Zimmertemperatur reagierte. Aus dem Reaktionsprodukt wurde die neue Base mit Natronlauge ausgefällt.

Von der Chininfabrik Zimmer & Co. in Frankfurt[7]) Vanillin-p-penetidid durch Erhitzen von Vanillin mit Phenetidin.

Dieser Körper soll außer seiner antipyretischen auch desinfizierende und styptische Wirkung haben. Schon wegen des teuren Ausgangsmateriales (Vanillin) ist die neue Verbindung als Phenacetinersatzmittel durchaus ungeeignet.

---

[1]) DRP. 98 840. [2]) DRP. 87 897.
[3]) Münchener med. Wochenschr. **1898**, 1174. [4]) Pharmaz. Ztg. **1898**, 115, 228.
[5]) Douglas Cow, Journ. Pharm. and Exp. Therapeutics **12**, 343 (1918).
[6]) DRP.-Anm. 10 932. [7]) DRP. 96 342.

Vanillin-p-aminophenolderivate kann man ferner erhalten[1]), wenn man statt des Vanillins Vanillinäthylcarbonat verwendet. Letzteres stellt man dar durch Einwirkung von Chlorameisensäureäther auf eine alkoholische Vanillinlösung bei Gegenwart von Ätzkali. Vanillinäthylcarbonat ist

$$C_6H_3\left\langle\begin{array}{l}CHO\\OCH_3\\O\cdot COO\cdot C_2H_5\end{array}\right.$$

Ferner kann man Vanillin durch Phenacylvanillin

$$C_6H_3\left\langle\begin{array}{l}CHO\\OCH_3\\O\cdot CH_2\cdot CO\cdot C_6H_5\end{array}\right.$$

und Phenetidin durch Acetophenon-p-aminophenoläther ersetzen.

Auf diese Weise werden dargestellt:

Vanillinäthylcarbonat-p-phenetidid

$$C_6H_3\left\langle\begin{array}{l}CH:N\cdot C_6H_4\cdot O\cdot C_2H_5\\OCH_3\\O\cdot COO\cdot C_2H_5\end{array}\right.$$

Phenacylvanillin-p-phenetidid

$$C_6H_3\left\langle\begin{array}{l}CH:N\cdot C_6H_4\cdot O\cdot C_2H_5\\OCH_3\\O\cdot CH_2\cdot CO\cdot C_6H_5\end{array}\right.$$

Vanillin-phenacyl-p-aminophenol

$$C_6H_3\left\langle\begin{array}{l}CH:N\cdot C_6H_4\cdot O\cdot CH_2\cdot CO\cdot C_6H_5\\OCH_3\\OH\end{array}\right.$$

Vanillinäthylcarbonat-phenacyl-p-aminophenol

$$C_6H_3\left\langle\begin{array}{l}CH:N\cdot C_6H_4\cdot O\cdot CH_2\cdot CO\cdot C_6H_5\\OCH_3\\O\cdot COO\cdot C_2H_5\end{array}\right.$$

Phenacylvanillin-phenacyl-p-aminophenol

$$C_6H_3\left\langle\begin{array}{l}CH:N\cdot C_6H_4\cdot O\cdot CH_2\cdot CO\cdot C_6H_5\\OCH_3\\O\cdot CH_2\cdot CO\cdot C_6H_5\end{array}\right.$$

Vanillinäthylcarbonat-p-phenetidid, Eupyrin genannt, ist in Dosen von 15 g bei Hunden noch nicht toxisch[2]). Es wirkt sehr sanft, wie nach dem Vorhergesagten zu erwarten war.

Anscheinend einen von dem Zimmerschen Vanillin-p-phenetidid differenten Körper erhielt Karl Goldschmidt[3]) früher durch Erhitzen von Vanillin und Phenetidin auf 140° und Eingießen des Reaktionsproduktes in verdünnte Salzsäure.

Dieser Körper ist, im Gegensatz zum Zimmerschen, in Wasser leicht löslich und in Äther unlöslich. Er soll wenig giftig, stark antineuralgisch sowie schlafmachend wirken. Ähnlich läßt sich Protocatechualdehyd mit Phenetidin kondensieren und liefert ein therapeutisch gleichwertiges Produkt[4]). Noch intensivere hypnotische Eigenschaften zeigen angeblich die folgenden Kondensationsprodukte:

Protocatechualdehyddimethyläther-p-phenetidid und Opiansäurephenetidid[5])

$$C_6H_3\left\langle\begin{array}{l}OCH_3\\OCH_3\\CH:N\cdot C_6H_4\cdot O\cdot C_2H_5\end{array}\right. \qquad C_6H_5\left\langle\begin{array}{l}OCH_3\\OCH_3\\COOH\\CH:N\cdot C_6H_4\cdot O\cdot C_2H_5\end{array}\right.$$

---

[1]) DRP. 101 684. [2]) Overlach, Zentralbl. f. inn. Med. **1900**, Nr. 45.
[3]) DRP. 91 171. [4]) DRP. 92 756. [5]) DRP. 92 757.

Dieselbe Reaktion einer Aldehydgruppe mit der p-Phenetidinbase liegt der Darstellung eines Kondensationsproduktes von p-Phenetidin mit Furfurol zugrunde[1]). Beim Erhitzen molekularer Mengen der beiden Substanzen bis 110° entsteht diese Verbindung.

Nach Angabe der Erfinder wird durch die Säurewirkung im Magen langsam p-Furfurolphenetidid in das Chlorhydrat des p-Phenetidins und Furfurol gespalten. Dieses muß aber als nach zwei Richtungen hin schädlich erscheinen, weil innerhalb des Organismus eben nicht entgiftetes Phenetidinsalz zur Wirkung gelangt, anderseits die Abspaltung von Furfurol auf einer Schleimhaut zu heftigen Entzündungen der letzteren führen kann. (Siehe Allgemeiner Teil.)

Analog ist auch der Gedanke, Glucose und Galaktose mit p-Phenetidin zu kondensieren, was leicht gelingt, wenn man beide Teile in alkoholischer Lösung aufeinander wirken läßt[2]).

Glucosephenetidid ist vollkommen ungiftig, wird unverändert im Harn ausgeschieden und kaum gespalten. Tetraacetylglucosephenetidid wird zu $^{2}/_{5}$ nicht resorbiert. Der Rest wird aber im Darm gespalten, keine der beiden Verbindungen geht in eine gepaarte Glykuronsäure über.

Zwecklos muß es erscheinen, den zweiten Wasserstoff der Aminogruppe des Phenacetins durch Acetophenon zu ersetzen, indem man Bromacetophenon mit Phenacetin reagieren läßt.

$$C_6H_4{<}{\begin{matrix}O\cdot C_2H_5\\ N-Na\\ |\\ CH_3\cdot CO\end{matrix}} + C_6H_5\ CO\cdot CH_2Br = BrNa + C_6H_4{<}{\begin{matrix}O\cdot C_2H_5\\ N\cdot CH_2\cdot CO\cdot C_6H_5\\ |\\ CH_3\cdot CO\end{matrix}}$$

Städel erhielt aus Bromacetophenon und Phenetidin

$$\text{Phenacylidin } C_6H_4{<}{\begin{matrix}O\cdot C_2H_5\\ NH\cdot CH_2\cdot CO\cdot C_6H_5\end{matrix}}$$

Dieses erzeugt fast gar keine Temperaturabnahme, dagegen starke Diarrhöen und Blasenkatarrh.

Da das Acetylderivat des Phenetidins, die klassische Substanz dieser Gruppe, das wir unter dem Namen Phenacetin kennen, nur den einen Übelstand aufweist, daß es schwer löslich ist, hat man sich immer bemüht, durch Einführung von Gruppen diesen Körper in einen leicht löslichen zu verwandeln. Die gewöhnlichste Methode, solche leicht löslichen Derivate darzustellen, ist, wie wir im vorhergehenden schon ausgeführt, die, daß man sie in Sulfosäuren oder durch Einführung von Carboxylgruppen in Säuren verwandelt. Aber die Einführung dieser sauren Gruppen hebt, wie im allgemeinen Teile auseinandergesetzt wurde, die Wirkung des Grundkörpers ganz oder größtenteils auf. Die Antipyretica verdanken ja zum großen Teil ihre fieberherabsetzende Wirkung einer Beeinflussung der nervösen Zentren, und Paul Ehrlich hat in schöner Weise gezeigt, wie die Verwandtschaft gewisser Stoffe zum Zentralnervensystem verschwindet, sobald die Verbindung in eine Sulfosäure übergeht. Daher sind die von der Scheringschen Fabrik eingeführten Präparate: Phenacetinsulfosäure und Phenacetincarbonsäure, welche beide leicht löslich sind, unwirksam.

Phenacetinsulfosäure

$$C_6H_3{\begin{matrix}\diagup SO_3H\\ -O\cdot C_2H_5\\ \diagdown NH\cdot CO\cdot CH_3\end{matrix}}$$

Phenacetincarbonsäure

$$C_6H_3{\begin{matrix}\diagup COOH\\ -O\cdot C_2H_5\\ \diagdown NH\cdot CO\cdot CH_3\end{matrix}}$$

---

[1]) DRP. 96 658. [2]) DRP. 97 736.

Schmidt[1]) versuchte durch Einschieben einer Säuregruppe in den Acetylrest die Löslichkeit zu bewirken. Er machte

Äthoxysuccinanilsäure $C_6H_4 < {O \cdot C_2H_5 \atop NH \cdot CO \cdot CH_2 \cdot CH_2 \cdot COOH}$

Äthoxytartranilsäure $C_6H_4 < {O \cdot C_2H_5 \atop NH \cdot CO \cdot CH(OH) \cdot CH(OH) \cdot COOH}$

Diesen Substanzen kommen aber infolge Einführung der Säuregruppen antifebrile Eigenschaften nicht zu.

Das Natriumsalz der p-Äthoxytartranilsäure, welche durch Einwirkung von Weinsäure auf p-Phenetidin entsteht, zeigte sich bei den Versuchen von Hans Aronsohn bei Mäusen weniger giftig als Phenacetin. Es konnte sogar durch lang andauernde Verfütterung eine Art Immunität gegen die Verbindung erzielt werden. Phthisiker, welche ein Gramm erhielten, zeigten keine Temperaturherabsetzung. Dieselben negativen Resultate zeigte die Succinanilsäure $C_6H_5 \cdot NH \cdot CO \cdot C_2H_4 \cdot COOH$. Daraus geht hervor, daß, wo und auf welche Weise man auch immer die saure Gruppe in das Molekül des Antifebrins und Phenacetins einführen mag, die Wirkung des Fiebermittels aufhört.

Auch die Verbindung $C_6H_4 < {O \cdot C_2H_5 \atop NH \cdot CH_2 \cdot COOH}$

Äthoxyphenylglycin, aus p-Phenetidin und Chloressigsäure dargestellt, erwies sich aus gleichen Ursachen als unwirksam.

Der Eintritt anderer sauerstoffhaltiger Gruppen, wenn sie auch keine sauren Eigenschaften haben, kann die antithermische Aktivität aufheben, z. B. wirkt Acetyl-p-aminoacetophenon

$$\underset{NH \cdot CO \cdot CH_3}{\overset{\cdot CO \cdot CH_3}{\bigcirc}}$$

d. h. Antifebrin, in welches in p-Stellung die Gruppe $CO \cdot CH_3$ eingetreten, nicht mehr fieberwidrig, obwohl seine tödliche Dosis derjenigen des Phenacetins gleichkommt, denn es kann sich aus dem Acetyl-p-aminoacetophenon kein p-Aminophenol im Organismus bilden.

Eine ganze Reihe ähnlich in bezug auf Antipyrese wirkungsloser Körper wurde dargestellt durch Einwirkung von Chloressigsäure auf Brenzcatechin oder Pyrogallol bei Gegenwart von Phosphoroxychlorid. Die gebildeten Chloracetophenone läßt man mit den entsprechenden Basen reagieren [Nencki[2])].

Nach diesen Mißerfolgen versuchte W. Majert[3]) die Löslichkeit des Phenacetins durch Einführung einer salzbildenden Aminogruppe in den Acetylrest zu bewirken und erhielt Phenokoll (Aminophenacetin), d. i. Glykokoll-p-phenetidid

$$C_6H_4 < {O \cdot C_2H_5 \atop NH \cdot CO \cdot CH_2 \cdot NH_2}$$

Dieses erhält man, wie alle Glykokollderivate der acetylierten, antipyretisch wirkenden Basen, wenn man auf die Monobromderivate (in diesem Falle auf Bromacet-p-phenetidid) alkoholisches Ammoniak 12—24 Stunden bei 50—60° einwirken läßt, oder man läßt salzsauren Glykokollmethyl- oder -äthylester oder Glykokollamid auf p-Phenetidin 5—6 Stunden lang bei 130—150° einwirken.

Phenokoll besitzt noch antipyretische und antineuralgische Eigenschaften. Die Wirksamkeit des Phenacetins geht somit durch Einführung basischer Gruppen nicht verloren.

---

[1]) Siehe auch Bunzel, Fiebermittel, Stuttgart 1898.

[2]) Journ. f. prakt. Chemie 23, 147, 538. — DRP. 71312.

[3]) DRP. 59121, 59874.

Nach Ugolino Mosso[1]) ist Phenokoll nur bei solchen Fiebern antipyretisch wirksam, welche durch septische Infektionen bedingt sind. Es setzt die Temperatur nur vorübergehend herunter, da es sehr schnell durch die Nieren ausgeschieden wird, und hat eine antiseptische und antifermentative Wirkung, wenn auch keine so bedeutende wie Chinin. Auf niedere Organismen, insbesondere auf Plasmodien, wirkt es nicht wie Chinin.

Salicylsaures Phenokoll (Salokoll genannt) ist in Wasser schwer löslich, während die anderen Phenokollsalze leicht löslich sind. Es wirkt wie Phenokoll.

Aspirophen ist acetylsalicylsaures Aminophenacetin (Phenokoll).

$$C_6H_4<^{O \cdot CO \cdot CH_3}_{COOH} \cdot C_6H_4<^{O \cdot C_2H_5}_{NH \cdot CO \cdot CH_2 \cdot NH_2}$$

Citrokoll ist neutrales citronensaures Aminophenacetin.

Dr. Heinrich Byk[2]) erzeugt Bromfettsäureverbindungen des Aminoacet-p-phenetidids, welche sedative und hypnotische Eigenschaften haben, durch Acylierung mit Bromfettsäuren, z. B. α-Bromisovalerylaminoacet-p-phenetidid $(CH_3)_2 \cdot CH \cdot CHBr \cdot CO \cdot NH \cdot CH_2 \cdot CO \cdot NH \cdot C_6H_4 \cdot OC_2H_5$ (siehe Bromverbindungen).

Die Möglichkeit, zu leicht löslichen Derivaten des Phenacetins zu gelangen, indem man eine zweite Aminogruppe in den Kern einführt, muß von vornherein von der Hand gewiesen werden, da durch den Eintritt einer zweiten Aminogruppe die Giftigkeit erheblich gesteigert wird.

Trotz aller Erfahrungen und Erwägungen über die Umwandlung von wirksamen Körpern in Substanzen mit Säurecharakter wurde Phesin, ein Sulfoderivat des Phenacetins, empfohlen. Nach den vorliegenden Angaben ist Phesin kein Blutgift[3]) (auch Phenacetin ist ja keines). Die toxische Natur ist durch die Sulfurierung sehr geschwächt. Bei einem Kaninchenversuch wurde mittels Phenacetin ein Tier in $^5/_4$ Stunden durch ein Gramm getötet, während die doppelte Dosis Phesin ein gleiches Kaninchen ohne jedwede Symptome beließ. Nach einer Dosis von 4 g konnte man geringe, der Phenacetinvergiftung ähnliche Erscheinungen bemerken, nach welchen jedoch Heilung auftrat. Nach subcutaner und intravenöser Verabreichung von 2—3 g Phesin konnte keine Veränderung der Atemkurve wahrgenommen werden. Der Blutdruckversuch fiel negativ aus. Bei täglicher Dosis von 2—3 g Phesin, die freilich für Kaninchen enorme Dosen sind, werden die Tiere chronisch vergiftet, sie sind appetitlos, sterben am Erstickungstod infolge Lähmung der Atemmuskulatur. Die Lähmung ist curareartig, der Tod erfolgt in 5—6 Tagen. Phesin soll eine antipyretische Wirkung haben, welche ihr Maximum viel rascher als bei Phenacetin erreicht, aber die Wirkung soll von viel kürzerer Dauer sein[4]). Da aus dem Phesin im Organismus sich kein p-Aminophenol zu bilden vermag, muß auch nach der Regel von Treupel und Hinsberg diese Substanz als unwirksam angesehen werden.

Die praktisch wertlosen Methoden der Sulfurierung des Phenacetins, welche ja analog sind denen des Acetanilids, sind oben schon angeführt. Man kann analog vorgehen, indem man Phenetidin mit konzentrierter Schwefelsäure behandelt und dann die gebildete Sulfosäure acetyliert[5]), oder, wie Georg Cohn vorgeschlagen, indem man Phenacetin mit der dreifachen Menge konzentrierter Schwefelsäure so lange auf dem Wasserbade erhitzt, bis sich eine Probe im Wasser klar löst. Die Sulfosäure wird dann auf dem üblichen Wege isoliert[6]).

Neuraltein ist p-äthoxyphenylaminomethansulfosaures Natrium, es steigert beim Menschen den Blutdruck und wirkt als Antipyreticum[7]).

---

[1]) AePP. **32**, 402. [2]) DRP. 228 835.
[3]) Z. Vamossy und B. Fenyvessy, Therap. Monatshefte **1897**, 428.
[4]) Ebenda. [5]) DRP. 98 839. [6]) Liebigs Ann. **309**, 233.
[7]) Joseph Astolfoni, Wiener klin. Wochenschr. **22**, 118.

Die von Lepétit[1]) aus Neuraltein gewonnene Verbindung, das Chlorhydrat der Base $C_{18}H_{20}O_2N_2$ und dasjenige ihres Methylderivats, denen wahrscheinlich die Formeln I und II zuzuschreiben sind:

I. $C_2H_5 \cdot O \cdot C_6H_3 \cdot (CH_2 \cdot C : N \cdot NH) \cdot C_6H_4 \cdot OC_2H_5 + 2\,HCl$

II. $C_2H_5 \cdot O \cdot C_6H_3 \cdot (CH_2 \cdot C : N \cdot N \cdot CH_3) \cdot C_6H_4 \cdot OC_2H_5 + HCl$

teilen die örtlichen und Allgemeinwirkungen der gebräuchlichen Lokalanaesthetica, sind auch bei subcutaner Anwendung sehr wenig giftig und haben wenig Reizwirkung, sind sterilisierbar[2]).

p-Äthoxyphenylaminomethylschwefligsaure Salze erhält man, wenn man p-Phenetidin, Formaldehyd und Alkali- oder Ammoniumbisulfite unter Verwendung von möglichst wenig Wasser in Gegenwart von Alkohol erhitzt. Diese Substanzen sind wenig giftig und therapeutisch wirksam[3]).

Anders scheinen sich nach den Angaben von G. Fuchs Ester eines solchen Säurederivates zu verhalten. p-Acetaminophenoxylessigsäureester soll stark antipyretische Eigenschaften haben, aber in der Medizin nicht anwendbar sein, weil die gewöhnlichen Gaben Übelkeit und Erbrechen bewirken. Dabei führte der Erfinder den Ester in das Amid über, welches prompt antipyretisch wirken soll. Das Präparat wurde nicht eingeführt, was wohl ebenfalls an den mangelhaften Wirkungen liegen wird, so daß auch in diesem Falle die Theorie recht behält.

Zur Darstellung des Amids ging man entweder von p-Nitrophenoxylessigsäure aus, veresterte und reduzierte dann den Ester, acetylierte das entstandene Aminoprodukt und führte durch konzentriertes Ammoniak den Ester in das Amid über[4]).

p-Acetaminophenoxylacetamid

$$O \cdot CH_2 \cdot CO \cdot NH_2$$
$$C_6H_4$$
$$NH \cdot CO \cdot CH_3$$

Einfacher ist es, Acet-p-aminophenol mit Monochloracetamid $ClCH_2 \cdot CO \cdot NH_2$ bei Gegenwart der berechneten Menge alkoholischen Kalis bei Siedehitze reagieren zu lassen, um zu diesem Körper zu gelangen[5]). Das identische Lactylderivat erhält man, wenn man vom Lactyl-p-aminophenol ausgeht[6]).

Schon früher haben wir jene Variationen des Phenacetins kurz gestreift, bei welcher der Imidwasserstoff durch Alkylradikale (Methyl-, Äthyl-) ersetzt wird[7]). Diese Körper, Methylphenacetin und Äthylphenacetin sind ungiftig, haben eine vom Phenacetin differierende Wirkung, da sie nicht oder nur sehr wenig antipyretisch wirken, hingegen aber schwach hypnotische Eigenschaften zeigen.

Man stellt sie dar[8]) durch Behandlung von Phenacetinnatrium mit Alkyljodiden oder durch Behandeln von p-Alkylphenetidin mit Essigsäureanhydrid oder schließlich, indem man zuerst p-Acetylaminophenol in seine Dinatriumverbindung verwandelt und mit Alkylhaloiden in Umsetzung bringt.

Es ist bemerkenswert, daß die narkotische Wirkung des Phenacetins durch den Eintritt des Methyls oder Äthyls in den Ammoniakrest bedeutend erhöht

[1]) Atti della R. Accad. dei Lincei Roma [5] **26**, I, 172 (1917).
[2]) Adriano Valenti, Arch. di Farmacologia sperim. **26**, 3 (1918).
[3]) Roberto Lepetit, DRP. 209 695. [4]) DRP. 96 492.
[5]) DRP. 102 315. — Münchener med. Wochenschr. **1898**, 1173. [6]) DRP. 102 892.
[7]) DRP. 57 337, 57 338. [8]) DRP. 53 753, 54 990.

wird. 0.45 g pro Tier erzeugen eine viele Stunden andauernde tiefe Narkose ohne Nebenerscheinungen. Beim Menschen wirken 1—2 g noch nicht nachteilig.

N-Isopropylphenacetin $C_6H_4<\begin{matrix}O\ C_2H_5\\ N<\begin{matrix}CH<\begin{matrix}CH_3\\CH_3\end{matrix}\\ CO\cdot CH_3\end{matrix}\end{matrix}$ hat erheblich schwächere narkotische Eigenschaften als die beiden niedrigener Homologen. Auch N-Propylphenacetin, N-Butylphenacetin und N-Amylphenacetin zeigen gegenüber den beiden ersten Gliedern der Reihe eine bedeutend abgeschwächte narkotische Wirkung. Das Maximum derselben wird demnach für die homologen N-Alkylphenacetine bei der durch Äthyl- substituierten Verbindung erreicht, hingegen liegt das Maximum der Antipyrese bei den im Hydroxyl substituierten Acetaminophenolen beim Methyl-, und wird bei den homologen immer schwächer. Die Äthylverbindung (Phenacetin) wirkt nur am stärksten narkotisch.

Ebenfalls ein Derivat, bei welchem ein Alkylrest in die basische Gruppe eingeführt wurde, ist Benzylphenetidid

$$C_6H_4<\begin{matrix}O\cdot C_2H_5\\ NH\cdot CH_2\cdot C_6H_5\end{matrix}$$

Dieses entsteht durch Einwirkung von Benzylchlorid auf p-Phenetidin[1]).

Es soll ungiftig, antipyretisch usw. wirken, wurde aber praktisch nicht verwendet.

Durch Reduktion von p-Nitrothiophenolmethyläther erhält man p-Aminothiophenolmethyläther und aus diesem durch Acetylierung Acet-p-aminothiophenolmethyläther, welcher eine ähnliche Wirkung haben soll wie Phenacetin, bei gleicher Ungiftigkeit[2]).

Im Gegensatz zu den physiologisch meistens unwirksamen Sulfoverbindungen behalten die ω-Sulfosäuren des p-Aminosalols und ihre Derivate die dem Gesamtmolekül zukommenden pharmakologischen Eigenschaften[3]).

Durch Einführung von einer oder mehreren Oxygruppen in das O-Alkylradikal der p-Acylaminophenole der Formel: $\begin{matrix}Acyl\\R\end{matrix}>N\cdot C_6H_4\cdot OR_1$ (R = H, Alkyl, Acyl, Aryl und Aralkyl; R_1 = Oxalkyl) entstehen Körper mit vollständig anderer Wirkung. Die antipyretische Wirkung tritt gegenüber der analgetischen zurück; außerdem wirken die neuen Derivate des p-Aminophenols weniger hämoglobinbildend als Phenacetin. Sie werden gewonnen durch Verätherung der p-Acylaminophenole mit mehrwertigen Alkoholen oder deren Anhydriden oder durch Umsetzung der p-Acylaminophenole mit den entsprechenden halogensubstituierten Alkoholen, wie Glykolchlorhydrin, Monochlorhydrin usw. oder durch Acylierung von den entsprechenden Oxyderivaten der O-alkylierten p-Aminophenole in der Aminogruppe. Dargestellt wurden: Acetyl-p-aminophenolglycerinäther, Acetyl-p-aminophenolglykoläther, 2.4-Dinitrophenyl-p-aminophenolglykoläther[4]).

Man erhält antipyretisch und narkotisch wirkende Verbindungen, wenn man auf p-Alkyloxyaminobenzol Acetaldehyd oder dessen höhere Homologen und Alkali- oder Ammoniumbisulfit in konzentrierter wässeriger Lösung, bei oder ohne Gegenwart von Alkohol einwirken läßt. Diese Verbindungen sind p-alkyloxyphenylaminoalkylschwefelsaure Salze, z. B. p-äthoxyphenylaminomethylschwefligsaures Natrium[5]).

Abelin, Buergi und Perelstein in Bern stellen schwefelhaltige Derivate des p-Aminophenylesters der Salicylsäure her, indem sie Salicylsäure-p-aminophenylester mit Salzen der ω-Methylsulfosäure zur Umsetzung bringen[6]).

Auf den p-Aminophenylester der Salicylsäure läßt man die Alkali- oder Ammoniumsalze der ω-Methyl- bzw. der Äthyl- oder Propylsulfosäure bei Gegenwart von Methyl- oder Äthylalkohol, gegebenenfalls unter Zusatz eines Kondensationsmittels wie Natriumacetat, einwirken. Beschrieben sind das Natriumsalz der ω-Methylsulfosäure des Salicylsäure-p-aminophenylesters, der ω-Äthylsulfosäure und der ω-Propylsulfosäure[7]).

---

1) DRP. 81 743. 2) DRP. 239 310.
3) J. Abelin und M. Perelstein, Liebigs Ann. **411**, 216 (1916).
4) Bayer, DRP. 280 255. 5) Höchst, DRP. 255 305. 6) DRP. 268 174.
7) DRP. 273 221, Zusatz zu DRP. 268 174.

Von größerem Interesse wären Körper gewesen, bei welchen eine zweite durch Alkyl gedeckte Hydroxylgruppe vorhanden wäre, sie wären ohne Zweifel in der antalgischen usw. Wirkung dem Phenacetin überlegen, wenn auch in der Darstellung teurer.

Es liegt nur ein solcher Versuch vor.

Brenzcatechindiäthyläther wurde nitriert, reduziert und das entstandene Monaminoderivat acetyliert. Man erhält nun Acetylaminodiäthylbrenzcatechin, wobei die beiden Äthoxygruppen in der o-Stellung zueinander stehen[1]).

$$\begin{array}{l} O \cdot C_2H_5 \\ \bigcirc O \cdot C_2H_5 \\ NH \cdot CO \cdot CH_3 \end{array}$$

Therapeutische oder physiologische Versuche mit dieser Substanz liegen nicht vor.

3.5-Dimethoxyacetophenetidid wirkt ausgesprochen antipyretisch[2]).

Versuche, andere Aminoderivate als die der p-Stellung in die Therapie einzuführen, scheitern an der höheren Giftigkeit des o- und m-Aminophenols gegenüber dem p-Aminophenol, während die antipyretische Wirkung nicht erhöht ist.

Ganz verunglückt erscheinen aber die Versuche, durch Einführung eines zweiten basischen Restes, einen dem Phenacetin überlegenen Körper aufzubauen, sind aber von hohem theoretischem Interesse, da ein zweiter basischer Angriffspunkt für den Benzolring dadurch gegeben ist, und tatsächlich zeichnet sich der Körper durch stärkere antipyretische Eigenschaften vor dem Phenacetin aus, welche aber in der Praxis gar nicht erwünscht erscheinen, dabei nimmt die Giftigkeit des Körpers entschieden gegenüber dem Phenacetin zu.

Zur Darstellung des Diacetylderivates des o-p-Diaminophenetols wird α-Dinitrophenetol reduziert und hierauf nach den üblichen Methoden acetyliert[3]).

Bayer, Leverkusen, geben an, daß solche Diaminophenole und deren Derivate, deren Aminogruppen durch ungleiche Acylreste besetzt sind, fieberwidrige Eigenschaften besitzen, während die Cyanose, die bei der Darreichung von Monoaminophenolderivaten, z. B. von Phenacetin, als eine sehr unangenehme Nebenwirkung auftritt, hier nicht zu beobachten ist. Man stellt sie dar, indem man in N monoacylierte Diaminophenole oder deren Derivate, in die zweite Aminogruppe einen vom ersten verschiedenen Acylrest einführt.

Beschrieben sind 3-Acetylamino-4-carboxyäthylaminophenol, 4-Acetylamino-3-carboxyäthylaminophenetol, 3-Acetylamino-4-lactylaminophenetol, 3-Carboxyäthylamino-4-lactylaminophenetol, 3-Acetylamino-4-carboxyäthylaminophenetol[4]).

Eine weitere Variation war, daß man p-Aminophenol in der Aminogruppe monalkylierte und hierauf in beiden Seitenketten acetylierte. Diese Körper sollen hervorragend antalgisch und namentlich narkotisch wirken und darin dem Phenacetin überlegen sein, wurden aber in die Praxis nicht eingeführt. Sie unterscheiden sich von den oben besprochenen Methyl- oder Äthylphenacentin dadurch, daß die Hydroxylgruppe, statt durch einen alkoholischen, durch einen sauren Rest gedeckt ist.

Ein äußerst merkwürdiges Verhalten zeigen die Carbamide des p-Phenetidins und des p-Anisidins. Diese Körper wirken antipyretisch, schmecken dabei aber auffällig süß, letzterer schwächer als ersterer.

Man stellt p-Phenetolcarbamid[5])

$$C_6H_4\begin{cases} O \cdot C_2H_5 \\ N\begin{cases} H \\ CO \cdot NH_2 \end{cases} \end{cases}$$

[1]) DRP.-Anm. 13 209.
[2]) M. T. Bogert und J. Ehrlich, Journ. Americ. Chem. Soc. **41**, 798 (1919).
[3]) DRP. 77 272. [4]) DRP. 286 460. [5]) DRP. 63 485.

dar durch Einleiten von Phosgengas in die Benzollösung des Phenetidins, es fällt die Hälfte als salzsaures Phenetidin heraus, während die andere Hälfte sich in

$$C_6H_4\left\langle\begin{array}{l}O \cdot C_2H_5\\ N\left\langle\begin{array}{l}H\\ CO \cdot Cl\end{array}\right.\end{array}\right.$$

umwandelt, durch Einleiten von Ammoniakgas erhält man Phenetolcarbamid.

Denselben Körper kann man einfacher erhalten [1]), wenn man äquimolekulare Mengen von symmetrischem Di-p-phenetolharnstoff und gewöhnlichem Harnstoff oder carbaminsaurem Ammonium oder käuflichem Ammoniumcarbonat im Autoklaven auf 150—160° erhitzt.

p-Phenetolcarbamid, Dulcin genannt, wird gegenwärtig weder als Süßstoff noch als Antipyreticum benützt, es ist 250mal süßer als Zucker [2]).

Versetzt man wässerige Lösungen von Alkalicyaniden nach Zusatz von alkalischen Oxydationsmitteln mit salzsaurem Phenetidin, so scheidet sich augenblicklich p-Phenetolcarbamid aus. Als Oxydationsmittel sind Natriumhypochlorit und Natriumsuperoxyd [3]) angegeben.

Erwähnen wollen wir noch das Derivat, welches man bei der Kondensation der Oxalsäure mit Phenetidin enthält, das Di-p-phenetidyloxamid

$$\begin{array}{l}CO \cdot NH \cdot C_6H_4 \cdot O \cdot C_2H_5\\ CO \cdot NH \cdot C_6H_4 \cdot O \cdot C_2H_5\end{array}$$

Es sollte zur Darstellung anderer Phenetidinderivate dienen, das Patent [4]) wurde aber alsbald fallen gelassen.

Aber die Variationen des p-Aminophenols gingen noch weiter, es wurde noch eine neue Seitenkette eingeführt. Dieser Körper war das Thymacetin $C_6H_2 \cdot CH_3\,(1) \cdot O \cdot C_2H_5\,(3) \cdot C_3H_7\,(4) \cdot NH \cdot CO \cdot CH_3\,(6)$ und erwies sich als ein gutes Antineuralgicum [5]); es geriet wohl infolge seines wegen der teuren Ausgangssubstanz hohen Preises bald in Vergessenheit.

Man kann Thymacetin darstellen aus den Salzen des p-Mononitrothymols mit Hilfe der Halogenverbindungen des Äthyls oder mit äthylschwefelsaurem Kalk oder durch Nitrieren des Thymäthyläthers. Hierauf wird die Nitroverbindung reduziert und acetyliert [6]).

Zu diesem Körper wurde von anderer Seite noch das entsprechende Glykollderivat dargestellt, um zu leicht löslichen Derivaten dieser Substanz zu gelangen.

Man verfährt wie bei der Darstellung des Thymacetins, aber statt zu acetylieren, behandelt man die Aminobase mit Chloracetylchlorid und führt die Aminogruppe für das Halogen ein und erhält Äthoxyaminoacetylthymidin resp. dessen leicht lösliche Salze [7])

$$C_6H_2\left\langle\begin{array}{l}CH_3 \cdot 1\\ O \cdot C_2H_5 \cdot 3\\ C_3H_7 \cdot 4\\ NH \cdot CO \cdot CH_2 \cdot NH_2 \cdot 6\end{array}\right.$$

Die Variationen des Acetyl-p-aminophenols, bei welchen das Hydroxyl durch verschiedene Alkylgruppen ersetzt ist, sind eigentlich an Zahl bescheiden. Wir erwähnten Methacetin (Acetylaminophenolmethyläther), Phenacetin, die Äthoxyverbindung.

Bei Einwirkung von Glycerin-α-monochlorhydrin auf Acetyl-p-aminophenol in alkoholischem Kali bei 110° erhält man den Glycerinäther, welcher wohl nur Nachteile, aber keine Vorteile vor dem Phenacetin haben kann.

---

[1]) DRP. 73 083. [2]) Ber. d. Deutsch. Pharm. Ges. **15**, Heft 2 (1905).
[3]) J. D. Riedel, DRP. 313 965. [4]) DRP. 79 099.
[5]) Therap. Monatshefte **1892**, 138. [6]) DRP. 67 568. [7]) DRP. 71 159.

Aminoalkohole, wie Diphenoxypropanolamin $(C_6H_5 \cdot O \cdot CH_2 \cdot CHOH \cdot CH_2)_2NH$, Phenoxydimethylaminopropanol $C_6H_5 \cdot O \cdot CH_2 \cdot CHOH \cdot CH_2N(CH_3)_2$ usw. haben stark ausgeprägte antipyretische und analgetische Eigenschaften, aber sie wirken auf das Herz ungünstig[1]).

Allgemeine Betrachtungen über die Antipyretica.

Wir haben gesehen, wie eine Reihe von Bestrebungen zur Darstellung synthetischer Antipyretica davon ausging, einen dem Chinin, dem souveränen und gegen Malaria spezifischen Antipyreticum, analogen Körper aufzubauen, eine Absicht, welche bis nun als mißlungen zu betrachten ist. Eine andere Reihe von Körpern mit antipyretischen Wirkungen beruht auf der Grundbeobachtung, daß die Einführung eines basischen Restes in den Benzolring dem letzteren antipyretische Wirkungen verleiht (Anilin, Phenylhydrazin). Die Pyrazolonreihe verdankt ihre Entstehung einer mißverständlichen Auffassung der zugrunde liegenden Reaktion, welche eigentlich zur Darstellung eines chininähnlichen Körpers führen sollte.

Die Wirkung der Fiebermittel, welche durchweg schwache Narkotica sind, beruht entweder auf Narkose des Wärmezentrums und dadurch vom Gehirn aus veranlaßter Vermehrung der Wärmeabgabe ohne entsprechende Vermehrung der Wärmebildung, wie Antipyrin, Antifebrin, Salicylsäureverbindungen oder auf Hemmung der Wärmebildung, z. B. Chinin. Wahrscheinlich gibt es noch eine dritte Art der Entfieberung durch anfängliche Erregung des Kühlzentrums, so wirken Veratrin u. a.[5]).

Wir haben auseinandergesetzt, wie zahlreich die möglichen Variationen der wenigen Ideen in allen Fällen sind und wie nicht etwa der wirksame Anteil, sondern meist eine der entgiftenden Gruppen variiert wird. Da die Variationsmöglichkeit, insbesondere beim p-Aminophenol, eine sehr große ist, darf es nicht wundern, wenn so viele Körper dieser Reihe dargestellt wurden. Da aber keiner einfacher und billiger als das Standardpräparat dieser Gruppe ist, so konnte auch keiner bei sonst gleichen Eigenschaften diesen Körper verdrängen. Doch waren viele Derivate dieser Reihe in ihren Eigenschaften hinter dem Phenacetin zurückgeblieben. Man muß sagen, daß die Darstellung von Derivaten der Antipyrin-, Phenylhydrazin- und Phenacetingruppe gegenwärtig wohl aussichtslos ist, wenn man hofft, auf diese Weise zu einer Verbindung mit neuen Wirkungen zu gelangen. Gerade diese unnützen Variationen, welche sich in den Wirkungen höchstens darin vom Phenacetin oder Antipyrin bzw. Pyramidon unterscheiden, daß man schlechter wirkende oder giftigere Körper erhielt, unter Umständen auch wirkungslose, haben das Vertrauen vieler Ärzte zu den neuen synthetischen Mitteln bedenklich erschüttert. Der praktische Arzt sieht sich schließlich betrogen, wenn man ihm unter den verschiedensten Namen pharmakologisch und chemisch wenig differierende Körper anbietet, denen auf dem Wege der Reklame neue Eigenschaften angedichtet werden. Daher auch der völlige Mißerfolg der später kommenden Varianten gegenüber dem meist großen Erfolg des erst eingeführten Präparates.

Von einem Antipyreticum, welches überhaupt des Versuches wert ist, kann man fordern, daß die Entfieberung nicht zu rasch eintrete, lange andauere, und daß beim Aussetzen des Mittels der Fieberanstieg ein nur langsam einsetzender sei.

---

[1]) Em. Fourneau, Billon und Launoy, Journ. Pharm. et Chim. [7] **1**, 55.
[2]) H. H. Meyer, Naturwissenschaften **8**, 751 (1920).

Das Mittel darf keine Kollapserscheinungen, keine profuse Schweißsekretion hervorrufen. Der Magen darf nicht belästigt werden und es darf auch keine zerstörende Wirkung auf die Gewebe und die roten Blutkörperchen ausüben. Im allgemeinen also keine schädlichen Nebenwirkungen, hingegen eine schmerzstillende Nebenwirkung auf das Nervensystem, denn der Hauptverbrauch der Antipyretica ist der als Antinervina. Mittel, welche diesen Anforderungen nicht entsprechen, sind von vornherein zu ausgedehnteren Versuchen ungeeignet und haben auch gar keine Aussicht auf Erfolg, da die gebräuchlichen Antipyretica Chinin, Antipyrin, Pyramidon, Phenacetin diesen Anforderungen entsprechen. Ein Bedürfnis besteht sicherlich nach einem Antipyreticum, welches spezifische Wirkung beim Sumpffieber hat und so mit dem Chinin konkurrieren könnte. Wenn man bedenkt, wie groß der Chininkonsum ist, so erscheint die Darstellung einer rivalisierenden Verbindung, welcher einige unangenehme Eigenschaften des Chinins, der bittere Geschmack, die Geschmacksparästhesien fehlen und welche im Preise billiger ist, als ein höchst wünschenswertes Ziel der Bestrebungen der Synthetiker. Bis nun steht Chinin noch immer ohne Analogie da.

Die Erreichung dieses Zieles wäre auch viel ehrenvoller als die nutzlose ewige Variation von zwei Grundideen, die nun zum Tode abgehetzt sind.

Es ist noch zu bemerken, daß es wünschenswert wäre, ein geschmackloses lösliches Derivat des Chinins zu haben, da die bisherigen Bestrebungen in dieser Richtung keineswegs als endgültiger Abschluß dieses Problems zu betrachten sind. Wir verfügen wohl über geschmacklose Derivate, aber die Ausbeuten bei den Verfahren sind viel zu gering, so daß diese Substanzen noch unverhältnismäßig hohe Preise haben.

Die Zwecklosigkeit der Bestrebungen, in der Anilinreihe zu leicht wasserlöslichen Derivaten zu gelangen, wobei aber der Grundkörper ganz oder teilweise seine therapeutische Wirkung verliert, haben wir oben ausgeführt. Die schwere Löslichkeit des Phenacetins beeinträchtigt dessen Wirkung durchaus nicht.

Es fällt bei allen natürlichen und künstlichen antipyretisch wirkenden Mitteln auf, daß sie auf ringförmig geschlossene Körper basiert sind, und zwar ohne Ausnahme. Die sicher wirkenden Antipyretica der besprochenen Reihen enthalten überdies alle Stickstoff, entweder in der Form, daß der Stickstoff an der Ringbildung beteiligt, oder daß er in einer basischen Seitenkette enthalten ist. Daß es nicht die N-haltige Seitenkette ist, welcher die betreffenden Körper ihre entfiebernde Wirkung verdanken, sondern es sich vielmehr um eine Eigenschaft des ringförmigen Kernes handelt, beweist insbesondere der Umstand, daß nicht nur der basische Rest, sondern auch Hydroxyle (Phenol, Brenzcatechin) beziehungsweise eine hydroxylierte Carbonsäure (Salicylsäure) dieselbe entfiebernde Wirkung, wenn auch nicht in der gleichen Intensität und Dauer, zu entwickeln in der Lage sind. Es ist aber auch gleichgültig, was für basischer Rest eintritt; sowohl die Aminogruppe als auch der Hydrazinrest lösen diese Wirkung des Kernes aus, die chemisch leichter reagierende Hydrazingruppe intensiver als die Aminogruppe. Anderseits kann durch Ersatz von Wasserstoff im basischen Rest, indem der Körper durch Einführung von Acyl- oder Alkylgruppen für Wasserstoff den Eingriffen des Organismus gegenüber resistenter gemacht wird, eine Entgiftung bewirkt werden. Die antineuralgische und leicht hypnotische Wirkung des Acetanilids, Phenacetins und analog gebauter Körper läßt sich vielleicht zum Teil auf folgende Weise erklären. Die Säureamide haben, wie im allgemeinen Teile ausgeführt wurde, leicht hypnotische Eigenschaften, anscheinend wegen ihres Carbonylcharakters. Die Carbonylgruppe hat in den meisten Substanzen ja solche mehr oder minder stark ausgeprägte hypnotische Eigenschaften. Daher wird man die antineuralgische Wirkung des Acetanilids wohl zum Teil auf die Gruppierung $CH_3 \cdot CO \cdot NH \cdot R$ beziehen. Jedenfalls ist diese Erklärung auf alle Derivate des Anilins ausdehnbar, während eine zweite Erklärung, die sich beim Phenacetin geradezu aufdrängt, daß die Äthoxygruppe den hypnotischen und antineuralgischen Effekt bedingt, nur für einen Teil der p-Aminophenolderivate Geltung hätte, aber man muß wohl annehmen, daß es sich beim Phenacetin, Lactophenin und ähnlich gebauten Körpern im Gegensatz zu den Anilinderivaten im engeren Sinne um eine Konkurrenz zweier Faktoren, welche in ähnlicher Richtung wirken, handelt: der Äthoxygruppe und der Acylaminogruppe.

Beim Chinin steht die antineuralgische Wirkung im Zusammenhange mit den narkotischen Effekten dieser Base. Gerade diese Nebenwirkung auf das Nervensystem ist es ja, welche den modernen Antipyreticis ermöglicht, sich neben Chinin einen hervorragenden Platz in der Therapie zu verschaffen und ihn zu behaupten, obgleich dem Chinin exquisit narkotische Wirkungen zukommen. Wir gehen wohl auch nicht fehl, wenn wir als Erklärung für die antineuralgische Wirkung des Antipyrins die CO-Gruppe im Pyrazolonring heranziehen. Dieser Sauerstoff der CO-Gruppe hat vielleicht die gleichen chemischen Eigenschaften wie der Brückensauerstoff im Morphin, und es ergäbe sich da vielleicht eine chemische Analogie zwischen beiden Substanzen. Für die antineuralgischen Effekte des Chinnis eine chemische Erklärung abzugeben, ist noch nicht möglich. Doch wollen wir auf das Vorhandensein eines freien Hydroxyls an dem den Chinolinring mit dem Loiponteil verbindenden Kohlenstoff hinweisen, welches, wie auch bei allen anderen narkotisch wirkenden Alkaloiden, Beziehungen zwischen dem Gehirn und dem Chininmolekül herstellen kann.

Im allgemeinen und in erster Linie scheinen die antineuralgischen Wirkungen der Antipyretica mit ihrem stark basischen Charakter in Zusammenhang zu stehen. Werden die Basen kondensiert, so erhält man sogar lokalanästhesierend wirkende Mittel.

Wenn wir die zahlreichen Körper überblicken, welche in der Absicht, neue Antipyretica zu schaffen, dargestellt wurden, so müssen wir doch zugestehen, daß deren Darstellung für den Pharmakologen und für den Synthetiker durchaus nicht zwecklos war, ja daß das negative Ergebnis in mancher Richtung sehr belehrend ist.

Das Scheitern aller Chinolinderivate in der Therapie zeigt uns, wie wenig Erfolg ein weiterer Versuch mit hydrierten Derivaten dieser Reihe haben dürfte, wenn wir nicht neue Methoden zur Entgiftung ersinnen, wie auch solche Körper insolange überflüssig sind, als wir nicht durch Studium des Chinins den wahren Grund für seine spezifische Wirkung erkannt und dann vielleicht wieder auf Chinolinderivate zurückkommen. Vorläufig kann kein Derivat mit den üblichen antipyretischen Mitteln in bezug auf Wirkung, Ungiftigkeit und Preis konkurrieren. Die nicht hydrierten Derivate des Chinolins sind entweder zu schwach in der Wirkung oder, wie die Aminoderivate, ohne jedweden Vorteil vor den Aminophenolderivaten.

Bei der Antipyringruppe ist es von Interesse, daß Antipyrin erst durch Einführung der Methylgruppe stark wirksam wird. Es ist weiter interessant, daß die Derivate des Isopyrazolons im Gegensatze zu denen des Pyrazolons keine antipyretische, hingegen aber eine giftige Wirkung zeigen. Die Derivate des Pyrazols wirken ebenfalls nicht antipyretisch[1]). Die Einführung eines

---

[1]) AePP. **28**, 294.

basischen (entgifteten) Restes (NH_2-Gruppe) in das Antipyrin, und zwar in den Pyrazolonring, erhöht die Wirkung des letzteren bedeutend.

Die einfachen Derivate des Phenylhydrazins, sie mögen wie immer entgiftet sein, eignen sich zur Anwendung in der praktischen Medizin nicht, da sie durchwegs Blutgifte sind.

Ebenso sollten die einfachen Anilinderivate aus dem gleichen Grunde verlassen werden. Nur der äußerst billige Preis des Acetanilids verlockt noch Ärzte, sich dieses Mittels zu bedienen. Der Hauptkonsum scheint aber darin seine Ursache zu haben, daß man andere teurere Antipyretica, insbesondere Phenacetin, damit verfälscht.

Die Derivate des p-Aminophenols mit den zahlreichen möglichen und auch zum Teil ausgeführten Variationen sind jedenfalls sehr lehrreich.

Schon der Eintritt eines Hydroxyls in das Anilin macht letzteres weniger giftig. Man kann nun entweder diesen labilen Körper, das p-Aminophenol, durch Säureradikale oder durch Alkylradikale oder durch Reaktion mit Aldehyden stabiler machen. Im vornherein ist zu bemerken, daß man aus dem Grunde immer bei diesen Synthesen von einem Aminophenol der p-Stellung ausgeht, weil die o- und m-Derivate weit giftiger sind, ohne sonst irgendeinen Vorteil zu bieten. Wenn man das Hydroxyl alkyliert, so kommt man zu Körpern, von denen sich insbesondere die Äthylverbindung, das Phenetidin, als therapeutisch sehr vorteilhaft erwies. Phenetidin als solches ist aber noch giftig. Daher sind alle Derivate desselben für die Praxis zu verwerfen, welche entweder bloße Salze des Phenetidins sind oder die durch Einwirkung der Salzsäure im Magensafte in die Komponenten zerfallen und so zur Bildung von Phenetidinsalzen im Magen führen. Sie sind natürlich alle als Antipyretica wirksam und nur aus dem Grunde zu verwerfen, weil sie schon im Magen das noch giftige Phenetidin abspalten. Dahin gehören alle Salze, wie Citrophen usw., alle Produkte der Reaktion eines Aldehyds oder Ketons mit der Aminogruppe. Hierbei ist zu bemerken, daß einzelne, z. B. das Reaktionsprodukt des Salicylaldehyds mit Phenetidin, insbesondere die mit aromatischen Radikalen entgifteten, den Eingriffen des Organismus gegenüber zu resistent sind, um überhaupt zur Wirkung zu gelangen, und die geringe Wirkung, welche diese Körper zeigen, auf den angeführten Umstand zurückzuführen ist, daß die Salzsäure des Magensaftes aus ihnen Phenetidin abspaltet.

Überhaupt erscheint die Einführung aromatischer Radikale zur Entgiftung des basischen Restes als durchaus ungeeignet, da dermaßen stabile Derivate entstehen, daß der Organismus dieselben nicht aufspalten, d. h. das wirkende p-Aminophenol daraus nicht entwickeln kann. Es ist dies geradezu ein Beweis für den Zusammenhang zwischen chemischer Veränderung und physiologischer Wirkung. Körper, welche im Organismus nicht verändert werden, gelangen auch nicht zur Wirkung. Daher ist der positive Ausfall der Indopheninreaktion im Harne bei Verfütterung von Derivaten der Anilingruppe ein sicherer Beweis, daß sie wirksam waren, weil sie abgebaut wurden. Ein negativer Ausfall zeigt auch, daß der verfütterte Körper unwirksam war.

Zur Entgiftung des basischen Restes eignen sich vorzüglich die Radikale der Fettsäuren, insbesondere der Essigsäure; kein anderes Radikal zeichnet sich vor der Essigsäure aus, es ist auch keines bei der technischen Herstellung billiger. Anders verhält es sich bei der Deckung des Hydroxyls durch Fettsäureradikale, z. B. der Essigsäure. Die Verseifung dieses Esters geht so glatt vor sich und weitaus rascher als der Abbau einer Alkylgruppe, so daß sehr rasch sich das giftige p-Aminophenol bildet. Deshalb sind solche Derivate, in welchen der Phenolhydroxylwasserstoff durch Säureradikale ersetzt ist, immer giftiger als die alkylsubstituierten und stehen ihnen daher an Güte bei weitem nach. Der Säurerest an der basischen Gruppe verhält sich chemisch und physiologisch viel resistenter.

Das Ersetzen des zweiten Wasserstoffes in der basischen Gruppe durch ein Säureradikal bietet schon aus dem Grunde keinen Vorteil, weil die zweite Säuregruppe schon durch bloßes Wasser leicht abgespalten wird.

Der Ersatz des zweiten Wasserstoffes durch eine Alkylgruppe bewirkt eine rauschartige Narkose. Die Körper dieser Reihe haben keine praktische Verwendung gefunden.

Auch die Entgiftung durch Überführung des Phenetidins in ein Urethan zeigt gar keine der einfachen Acetylierung überlegene Wirkung.

Hingegen müssen alle Versuche der Entgiftung durch Überführung der basischen Verbindung in eine Säure, also die Darstellung von Carbonsäuren, Sulfosäuren usw. des Phenetidins als gänzlich gegen die pharmakologischen Grundgesetze verstoßend angesehen werden. Die entsprechenden Körper haben sich auch ohne Ausnahme als wirkungslos erwiesen, um so mehr, als der Organismus aus ihnen kein p-Aminophenol regenerieren kann.

Die Einführung einer zweiten Aminogruppe hat naturgemäß die Giftigkeit des Phenacetins erhöht. Der Versuch, ein zweites gedecktes Hydroxyl[1]) einzuführen, ist nicht weiter verfolgt worden.

Wir haben ferner gesehen, daß sich nur vom Benzol oder Chinolin Antipyretica ableiten lassen. Vom Pyridin kann man zu keinem gelangen, ebensowenig kann man von anderen Ringsystemen: Diphenyl, Naphthalin und Phenanthren, zu antipyretischen Körpern gelangen. Die Funktion des Benzolkerns und des Benzols in der Chinolinbindung hängt von ganz bestimmten chemischen Bindungen ab, welche Pyridin, Naphthalin und Phenanthren entbehren.

So sehen wir, daß der praktische Erfolg der so zahlreichen Versuche, die erst dargestellten Körper, Antipyrin (Pyramidon) und Phenacetin, zu verbessern, nur sehr spärlich ist, schon aus dem Grunde, weil man nicht zu billigeren Körpern gelangen konnte, diese beiden Standardpräparate selbst sehr rigorosen Anforderungen an ein Antipyreticum entsprechen und nach keiner Richtung von den zahlreichen Varianten irgendwie erheblich übertroffen wurden.

Das Ideal, ein spezifisches Fiebermittel mit starken antineuralgischen Effekten, Wirkung auf Sumpffieber und ohne schädigende Nebenwirkung, ist noch zu erreichen, aber um diesen Erfolg zu erringen, müssen neue Ideen und neue Studien über Chinin kommen oder der Zufall, welcher ja eine so große Rolle bei den Entdeckungen und Erfindungen spielt, helfend eingreifen. Die bis nun vorgebrachten Ideen erscheinen in allen Variationen erschöpft und müssen neuen Platz machen.

---

[1]) DRP.-Anm. 13 209. Darstellung von Acetylaminodiäthylbrenzcatechin.

Drittes Kapitel.

Alkaloide.

Zum Schönsten und Interessantesten in der Pharmakologie gehört wohl das planmäßige Studium der natürlichen Alkaloide, ihrer Synthesen, die Kenntnis der wirksamen Gruppen und der künstliche Ersatz der Alkaloide. Gerade die kleinen Mengen, in denen ein Alkaloid seine Wirksamkeit schon zeigt, sowie die Raschheit der Wirkung der Alkaloide haben von jeher diese Verbindungen zu den Lieblingsmitteln derjenigen Ärzte erhoben, welche sie zu benützen verstehen. Hierbei gestatten die mannigfaltigen Wirkungen, welche die Alkaloide haben, eine ungemein ausgebreitete Anwendung auf allen Gebieten der praktischen Medizin. Ja, in der Hand des Geübten und des Kundigen können die verschiedensten Effekte und oft entgegengesetzte Erscheinungen durch eine verschiedene Dosierung desselben Mittels erzielt werden.

Die Chemie hat mehrere Ziele beim Studium der Alkaloide und ihres Aufbaues von jeher verfolgt. Das erste Bestreben, die Reindarstellung der wirksamen Substanzen, war stets von einem anderen begleitet, nämlich eine Verbilligung des betreffenden Alkaloids dadurch zu erzielen, daß man möglichst die konstitutionell verwandten Nebenalkaloide in das wertvolle Hauptalkaloid verwandle oder daß man die Nebenalkaloide der verschiedenen Drogen ebenfalls in der Medizin zur Verwertung bringe, anderseits war es ein so beachtenswertes Ziel, die Alkaloide entweder synthetisch darzustellen, oder, wenn dieses nicht gelang, durch das Studium der wirksamen Gruppen dahin zu kommen, den Alkaloiden an Wirkungen analoge Körper aufzubauen. Neben diesen Bestrebungen machten sich insbesondere in der letzten Zeit zwei Richtungen bemerkbar, welche mit mehr oder minder großem Erfolg folgendes anstrebten. Die eine Richtung suchte bestimmte schädliche oder unangenehme Eigenschaften gewisser Alkaloide, wie etwa den bitteren Geschmack des Chinins, die leichte Zersetzlichkeit des Cocains, durch verschiedene Veränderungen zu coupieren, ohne daß die Grundwirkung des Körpers in irgendeiner Weise verändert würde. Eine andere Richtung, und diese ist die weit erfolgreichere, strebte an, an dem Molekül der bekannten Alkaloide durch Sperren oder Öffnen bestimmter Seitenketten, sowie durch bestimmte Veränderungen an den Seitenketten solche Veränderungen in der physiologischen Wirkung hervorzurufen, daß gleichsam eine im Alkaloid schlummernde Eigenschaft zum Leben erweckt werde, während die typischen Eigenschaften des Alkaloids gleichsam in einen Schlummerzustand versinken. Als Beispiel wollen wir nur anführen das Versperren des einen oder beider Morphinhydroxyle durch Acyl- oder Alkylgruppen, wobei die schlafmachende Eigenschaft fast ganz verschwindet, während eine eigentümliche Wirkung auf die Respiration, welche wohl schon dem Morphin, wenn auch nicht in dem Grade zukommt, als charakteristisches Zeichen der neuen Körper bei der therapeutischen Anwendung auftritt.

Es wurden auch Versuche gemacht, eine sogenannte Veredelung der Alkaloide in der Weise durchzuführen, daß man durch chemische Änderung am Moleküle der natürlich vorkommenden Alkaloide eine Verbesserung oder Verstärkung der Wirkung erzielen wollte. In den meisten Fällen hat es sich herausgestellt, daß die natürlich vorkommenden Verbindungen (Adrenalin, Chinin, Morphin) die besten Vertreter dieser Reihen sind.

* * *

Die große Reihe der natürlich vorkommenden Alkaloide läßt sich bekanntlich nach Königs auf das Pyridin

```
       H
       C
      //\
    HC   CH
     |   ||
    HC   CH
      \\/
       N
```

zurückführen. Diese Base ist für sich fast ungiftig zu nennen. Pyridininhalationen bewirken zunächst respiratorische Dyspnöe durch Reizung des Trigeminus, dann Verlangsamung und Verflachung der Atmung, welche periodischen Wechsel zeigt und schließlich Schlaf. Interne Verabreichung des Pyridins macht keine Erscheinungen toxischer Natur. Die Hauptwirkung besteht nach L. Brunton und Tunnicliffe[1]) in Lähmung der sensorischen Apparate, totaler Anästhesie und Aufhebung der Reflexe, ferner hemmen relativ geringe Dosen die Atmung; zentrale Vagusreizung bei mit Pyridin vergifteten Kaninchen ergab besonders häufig exspiratorischen Stillstand. Die Herzaktion wird durch kleine Dosen verlangsamt und verstärkt, durch größere zum Stillstand gebracht. Pyridin ist im Vergleich zu seinen Derivaten kein aktives Glied. Es macht Blutdrucksenkung durch Paralyse des Herzmsukels.

E. Harnack und H. H. Meyer, W. His, R. Cohn konnten bei Dosen von ca. 1 g pro die keinerlei toxische Wirkung sehen[2]).

Die Pyridinderivate wirken ähnlich wie Pyridin, sie sind um so giftiger, je höher der Siedepunkt[3]).

[Thiotetrapyridin und Isopyridin wirken auf Hunde und Katzen nicht giftig; ersteres verursacht bei Fröschen als Hydrochlorat zu 13 mg erst in $1^1/_2$ Stunden eine geringe Paralyse, ohne die Respiration aufzuheben und Nicotinkrämpfe zu bewirken[4])].

Auf Bohnenpflanzen wirkt Methylamin giftig, seine Giftigkeit steigt mit der Anzahl der Methylgruppen. Methylamin ist nach dieser Richtung hin weniger giftig als Äthylamin, während die Giftigkeit der höheren Amine mit zunehmender Länge der Kohlenstoffkette abnimmt, nur Isoamylamin ist wesentlich giftiger als n-Amylamin. Auch das Kaliumsalz der Isobuttersäure zeigt giftige Eigenschaften, während die Salze der normalen Buttersäure ziemlich ungiftig sind. Formamid ist giftig, Acetamid ungiftig. Oxalsäure ist giftiger als Bernsteinsäure. Methyl- und Äthylester der Weinsäure sind giftiger als weinsaure Salze. Pyridin ist ungiftig, Methylpyridin schwach giftig, Piperidin wenig giftig, n-Methylpiperidin, Coniin, Chinolin und Isochinolin sind viel giftiger, am giftigsten Methylchinolin. Cocain ist sehr giftig, Norekgoninmethyläther viel weniger giftig, Norekgonin ganz ungiftig[5]). Betain ist weniger giftig als Tetramethylammoniumhydroxyd.

---

[1]) Journ. of physiol. **17**, 292. Siehe auch Heinz, Virchows Arch. **122**, 116.

[2]) AePP. **12**, 394; **22**, 254. — HS. **18**, 116 (1894).

[3]) Kendrick und Dewar, BB. **7**, 1458 (1874).

[4]) Vulpian, C. r. **92**, 165.

[5]) G. Ciamician und C. Ravenna, Atti della R. Accad. dei Lincei Roma **29**, H. 5, Nr. 1, S. 7 (1920).

Einfluß der Hydrierung der Basen.

Aber die Wirkung ändert sich und wird verstärkt, wenn diese Base, das Pyridin, hydriert wird, d. h. wenn durch den Eintritt von Wasserstoffatomen in das Pyridinmolekül die doppelten Bindungen gelöst und die Stickstoffbindung in eine Imidgruppe übergeht. Dann wirkt die neue Base und sie wirkt in dem Sinne, daß sie den Blutdruck steigert, daß sie die Gefäße stark kontrahiert und bestimmte Ähnlichkeiten in ihrer physiologischen Wirkung mit dem Nicotin unverkennbar sind. Das durch Hydrierung des Pyridins entstehende Piperidin wirkt zentral und auch peripher lähmend[1]). Wenn man die Erfahrung vom Verhältnis zwischen Pyridin und Piperidin, der einfachen und der hydrierten Base weiter verfolgt und eine Reihe anderer Basen auf dieses Verhalten hin untersucht, so kann man zu einer Regel gelangen, die zuerst von Kendrick und Dewar, später in Deutschland von Königs in Worte gekleidet wurde: Hydrierte Basen wirken physiologisch immer stärker als die ihnen entsprechenden nicht hydrierten Basen. Kendrick und Dewar[2]) wiesen zuerst darauf hin, daß bei Vergleich der Wirkungen

von Chinolin C_9H_7N mit Parvolin $C_9H_{13}N$
von Collidin $C_8H_{11}N$ mit Coniin $C_8H_{15}N$
von Dipyridin $C_{10}H_{10}N_2$ mit Nicotin $C_{10}H_{14}N_2$

zu beobachten ist, daß die physiologische Wirksamkeit dieser Substanzen, abgesehen von der chemischen Struktur, in denjenigen Substanzen am größten ist, welche die größte Menge Wasserstoff enthalten.

Die Hydrierung einer Base kann nicht nur eine erhöhte Giftigkeit und Wirksamkeit verursachen, sondern es kommt dabei in vielen Fällen zu einer völligen Umkehrung der physiologischen Wirkung der Grundsubstanz. So wirkt

Pyridin blutdruckerniedrigend,	Piperidin blutdrucksteigernd,
Berberin blutdruckerniedrigend,	Tetrahydroberberin blutdrucksteigernd,
α-Naphthylamin wirkt giftig durch zentrale Lähmung[3]),	β-Tetrahydronaphthylamin pupillenerweiternd.
β-Naphthylamin pupillenverengernd.	

Eine Reihe von Beispielen bestätigt die Richtigkeit dieser Regel. Es wäre aber falsch, anzunehmen, daß man jede Base durch Hydrierung in eine stärker wirksame verwandeln kann. Es kann nämlich beim Prozeß der Hydrierung auch eine Sprengung des Kernes vor sich gehen, und dann bekommt man keinen wirksamen, vielmehr oft einen wenig oder ganz unwirksamen Körper. Anderseits kann durch die Hydrierung auch eine Sprengung zwischen der Verbindung zweier Kerne eintreten:

Hierfür dienen folgende Beispiele:

Pyridin ist von äußerst geringer Wirkung[4]), das hydrierte Pyridin (Piperidin)

Pyridin (Ring: H, H, H, H, H, N) Piperidin (Ring: H_2, H_2, H_2, H_2, H_2, N, H)

wirkt aber kräftig blutdrucksteigernd.

---

[1]) Siehe auch Thielemann, Diss. Marburg (1896).
[2]) BB. **7**, 1458 (1874); **16**, 739 (1883).
[3]) Pitini und Blanda, Arch. di farmacol. **1898**, 431.
[4]) Siehe dagegen Lublinski, Deutsche med. Wochenschr. **1885**, 985.

Die Giftigkeit des Chinolins steigt bedeutend, wenn man es in Tetrahydrochinolin verwandelt.

Pyridin und Chinolin sind die einfachsten Vertreter der Alkaloidgruppe. Ihre vollständigen Hydride sind Piperidin und Dekahydrochinolin. Alle vier lähmen die Zentren und setzen die Leistungsfähigkeit der motorischen Nerven erheblich herab, lassen aber die sensiblen Nervenendigungen ganz, die Muskelsubstanz fast intakt. Außerdem bringen sie Veränderungen der roten Blutkörperchen, wie Ammoniak, hervor. Die hydrierten Verbindungen wirken hierbei kräftiger und stärker[1]).

β-Naphthylamin zeigt in Dosen von 1 g schwache Wirkungen, während β-Tetrahydronaphthylamin in Dosen von 1 g bei Kaninchen letal wirkt[2]).

β-Collidin CH_3 · C_2H_5 N ist relativ wenig giftig, während Hexahydro-β-collidin oder Isocicutin eine zentrale und periphere Giftigkeit entfaltet. Es ist weit giftiger als Curare und wirkt wie Coniin (α-Propylpiperidin).

Die Ursache, weshalb die hydrierten Basen an Stärke der Wirkung die entsprechenden nicht hydrierten übertreffen und in vielen Fällen sogar gerade entgegengesetzte Wirkungen haben (z. B. Pyridin und Piperidin) ist wohl die, daß die Basen einerseits durch Hydrierung einen fetten Charakter erhalten, indem die doppelten Bindungen der Ringe verlorengehen, anderseits geht häufig eine tertiäre Base in eine sekundäre über, welche letztere infolge Vorhandenseins einer Imidgruppe physiologisch ungemein reaktionsfähig ist, während tertiär gebundener Stickstoff im Organismus sowie außerhalb sehr träge reagiert. Die Zunahme der Verbindung an Wasserstoffatomen erleichtert den oxydativen Eingriff des Organismus, sowie auch der fette Charakter ein Einreißen des Ringes erleichtert.

Hydriert man jedoch Papaverin zum Tetrahydropapaverin, so erhält man eine Abschwächung der Giftigkeit.

Ricinin tötet in Dosen von 1.5 mg subcutan eine 15 g schwere Maus in 15 Minuten. Tetrahydroricinin ist weniger giftig als Ricinin. Ricinin ist der Methylester der Ricininsäure[3]).

Durch Hydrierung von Strychnin und Thebain gehen die krampferregenden Eigenschaften dieser Alkaloide selbst bei Verwendung der 3—5fach größeren Dose verloren (O. Loeb und L. Oldenberg).

Physiologische Bedeutung der Umwandlung der ternären Alkaloide in quaternäre Ammoniumbasen.

Zu dieser allgemeinen Regel über die Wirkung der Basen im Zusammenhang mit ihrem chemischen Aufbau tritt eine zweite hinzu, die wir Crum Brown und Fraser[4]) verdanken; diese beiden schottischen Forscher untersuchten, um die Beziehungen zwischen chemischer Konstitution und physiologischer Wirkung zu finden, die physiologische Wirkung der Substanzen, nämlich der Alkaloide, nach einer ganz bestimmten chemischen Operation, welche gleichmäßig an allen Alkaloiden vorgenommen wurde. Wenn die chemische Konstitution C ist, die physiologische Wirkung P, so ist die unbekannte Funktion

[1]) Heinz, Virchows Arch. **122**, 116. [2]) BB. **22**, 777 (1889). — Virchows Arch. **115**, 117.

[3]) E. Winterstein, J. Keller und A. B. Weinhagen, Arch. d. Pharmaz. **255**, 513 (1918).

[4]) Transact. Roy. Soc. Edinburgh **25**, 707 (1868) und Proc. Roy. Soc. Edinburgh **1869**, 560.

von C fC. Um nun f zu finden, verändert man C so, daß es C + $\varDelta$C wird, und untersucht die korrespondierende Veränderung der physiologischen Wirkung von fC zu fC + $\varDelta$fC. Wir kennen $\varDelta$C, fC und $\varDelta$fC und wenn wir deren Verhältnisse für eine große Anzahl von C-Werten kennen und indem man $\varDelta$C variiert, so kann man die Funktion f bestimmen. Die Veränderung der Konstitution, die von $\varDelta$C repräsentiert wird, muß eine einfache und klare sein. Es sind zwei Arten, zwischen denen man wählen kann: Replacement und Addition.

Das Replacement macht keine so große Änderung der physiologischen Wirkung wie die Addition; wenn man die Wirkung von Kohlenoxyd und Kohlensäure, Blausäure und Methylamin, arsenige Säure und Kakodylsäure, Strychnin und Brucin und die Salze der Ammoniumbasen, die von ihnen abstammen, vergleicht, so kann man sehen, daß die Addition wenigstens in den meisten Fällen die physiologische Aktivität verringert oder vernichtet. Dieser Vergleich führt zu dem Verdachte, daß die physiologische Aktivität mit der chemischen Kondensation zusammenhängt, mit welchem Ausdrucke Brown und Fraser die Fähigkeit, Additionen einzugehen, bezeichnen, wobei die Addition nun durch Anwachsen der Wertigkeit eines Atoms oder einer Gruppe von Atomen Platz greift. Dieser Verdacht erhält eine gewisse Bestätigung durch die Tatsache, daß stabile Verbindungen des fünfwertigen Arsens und Antimons bei der physiologischen Prüfung in bezug auf spezifische Arsen- und Antimonwirkung unwirksam waren, während alle löslichen Verbindungen des dreiwertigen Arsens und Antimons sich wirksam erwiesen. Ähnlich sind die aromatischen Körper in der Regel aktiver als die korrespondierenden fetten Körper; das Vorkommen von solchen Giften, wie Alkohol, Oxalsäure und Sublimat, unter den gesättigten Substanzen und von verhältnismäßig unwirksamen ungesättigten Verbindungen, wie Benzoesäure und Salicin, zeigt, daß die Kondensation nicht der einzige Zustand der physiologischen Aktivität ist. Es wurden nun die Methylderivate des Strychnin, Brucin, Thebain, Kodein, Morphin und Nicotin untersucht. Das Jodid und Sulfat des Methylstrychnin ist weit weniger giftig als Strychnin selbst, es erzeugt keine Krämpfe, sondern Paralyse und hat Curarewirkung. Äthylstrychnin wirkt ebenso[1]).

J. Tillie[2]) behauptet, daß die Addition von Methyl zu Strychnin nicht, wie bisher angenommen wurde, eine völlige Umwandlung des Wirkungscharakters, sondern lediglich eine Modifikation der Aufeinanderfolge und der Intensität der Grundwirkungen des Strychnins bedingt.

Brucin und Thebain wirken wie Strychnin, und ebenso verhalten sich ihre Methylderivate zum Methylstrychnin; beim Kodein haben die Salze der Methylverbindung nicht die krampferregende Wirkung des Kodeins. Da dieses Alkaloid nur eine schwache Schlafwirkung hat, so war es schwer zu erkennen, wie weit diese Wirkung in der Methylverbindung verändert war. Die letztere lähmt die motorischen Nervenendorgane, was Kodein nicht vermag. Morphinmethyljodid, welches fast unlöslich ist, hat gar keine schlafmachende Wirkung. Hingegen wirkt Morphinmethylsulfat narkotisch, macht aber keine Krämpfe, sondern Paralyse. Methylnicotin[3]) ist wenig giftig, macht keine

---

[1]) Schroff, Wochenbl. d. Zeits. d. Ges. d. Ärzte, Wien **6**, 157 (1866). — Buchheim und Loos, Eckhards Beiträge **5**, 205. [2]) AePP. **27**, 1.

[3]) Nach Crum Brown und Fraser ist Methylnicotin für Kaninchen nicht giftig. Es bedingt zu 0.6 und 1.0 g schwache Beeinträchtigungen der Motilität, ohne Konvulsionen und ohne Lähmung der peripheren Nervenendigungen zu bewirken und tötet als Jodid, sowie auch als Sulfat Kaninchen zu 1.2 g.

Krämpfe, aber auch keine lähmende Wirkung auf die motorischen Nervenendorgane. Crum Brown und Fraser untersuchten auch die Wirkung des Jodmethyls selbst, welches aber keine solchen Wirkungen zeigte.

Atropin hat eine etwas komplizierte physiologische Wirkung, da es Funktionen des Zentral- und sympathischen (autonomen) Nervensystems beeinflußt. Die Wirkungen der Methyl- und Äthylderivate differieren in bezug auf das Zentralnervensystem vom Atropin, während die Wirkung auf das sympathische Nervensystem wesentlich dieselbe ist. Die das Rückenmark reizende Wirkung des Strychnin, Brucin, Thebain, Codein und Morphin kommt den Salzen der Ammoniumbasen, welche von diesen Alkaloiden abstammen, nicht zu, aber diese Derivate besitzen dafür eine paralysierende Wirkung auf die motorischen Nervenendigungen. Eine ähnliche Veränderung ist bei den Alkylderivaten des Atropins zu sehen. Diese Derivate sind kräftiger lähmende Körper als Atropin selbst. Die Salze der Atropinmethylhydroxyds und Atropinäthylhydroxyds sind für niedere Tiere in viel kleinerer Dosis letal wirkend als die Salze des Atropins selbst. Paralyse des Vagus und Pupillenerweiterung werden auch von den Derivaten des Atropins verursacht.

Coniin[1]) ist eine Imidbase, Methylconiin eine Nitrilbase. Die Salze von Coniin und Methylconiin sind einander in Wirkung und Giftigkeit sehr ähnlich. Sie verursachen fortschreitende Lähmung und Tod durch Asphyxie. Coniinäthylhydroxyd macht ebenfalls periphere Lähmung der Nervenendapparate[2]). Dimethylconiin ist viel weniger giftig und erzeugt vor der Lähmung keine Reizung.

Die Überführung des N-Äthylconiins in die quaternäre Ammoniumbase steigert die Giftigkeit um das 7- bzw. 12fache.

In homologen Reihen von Coniniumbasen geht mit steigendem Atomgewicht eine Veränderung der Giftwirkung einher. Die Intensität der Wirkung hängt von dem Bau und der räumlichen Gruppierung der an den tertiären Stickstoff angelagerten Radikale ab. Sie ist nicht nur von der Konstitution des zugrunde liegenden Alkaloids, sondern auch von der Konstitution der an den tertiären Stickstoff herantretenden Atomkomplexe abhängig[3]).

N-Äthylpiperidin zeigt dem Coniin ähnliche Wirkungen.

Nach den Untersuchungen von Ihmsen übt die vom Methyläthylconiin derivierende Ammoniumhydroxydbase $C_8H_{16}(C_2H_5)(CH_3)N \cdot OH$ selbst zu 30 g keine Wirkung aus, die Jodverbindung blieb zu 2—6 g wirkungslos, tötete aber zu 10 g ein Kaninchen in vier Minuten. Es hat also als Ammoniumhydroxydbase erheblich an Giftigkeit eingebüßt.

Cocain verliert durch Methylierung völlig seine exzitierende, sowie seine anästhesierende physiologische Wirkung. Die Ammoniumbase hat nur die physiologischen Eigenschaften des Curare, also Lähmung der motorischen Nervenendplatten (Paul Ehrlich).

Im Pfeilgift Curare fand R. Böhm zwei Basen, eine tertiäre Base Curin und eine Ammoniumbase Curarin. Curin läßt sich durch Methylierung in Curarin verwandeln, welches 226mal so giftig ist als die Muttersubstanz[4]).

Auch Pyridin selbst schließt sich von dieser allgemeinen Regel nicht aus, und die entsprechende Ammoniumbase hat die physiologische Funktion der quaternären Basen überhaupt, nämlich Lähmung der motorischen Nervenend-

[1]) Crum Brown und Fraser, Transact. Roy. Soc. Edinburgh **25**, 719.
[2]) Tiryakian, Thése Paris, 1878.
[3]) H. Hildebrandt, AePP. **63**, 76 (1910).
[4]) Arch. d. Pharmazie **235**, 660. — Beitr. z. Physiol., Leipzig **1886**, 173; **35**, 20.

platten. Es ist aber sehr wenig giftig, ähnlich wirkt die Methylverbindung des Chinolins und des Isochinolins. Wenig giftig ist Dimethylthallinchlorid[1]).

Methylpyridylammoniumhydroxyd tötet Katzen und Kaninchen in Dosen von 1—1.5 g durch Atemlähmung. Nach Dosen von 0.5 g erscheint es unverändert im Harn[1]). Methylpyridiniumchlorid wirkt curareartig lähmend. In Ermüdungsversuchen am Froschgastrocnemius hat es Santesson[2]) mit den entsprechenden Methylderivaten des Chinolins, Isochinolins und Thallins verglichen.

Methylpyridinchlorid	Intensitätswert:	1
Methylchinolinchlorid	,,	2.5
Methylisochinolinchlorid	,,	3.75
Dimethylthallinchlorid	,,	25.

Nicht alle quaternären Basen wirken curareartig. Die quaternären Papaverinderivate und ebenso das Nicotinmethylat wirken nicht auf die motorischen Nervenendplatten. Die Papaverinderivate verlieren durch Umwandlung in quaternäre Basen ihre allgemeine zentrale Nervenwirkung, aber sie erhalten eine Nierenwirkung, welche durch Hydrierung des Moleküls geschwächt wird, während sonst die Hydrierung giftigkeitsteigernd ist (Papaverin: Tetrahydropapaverin). Viele quaternäre Basen sind zentralangreifende Respirationsgifte[3]).

Es besteht also eine erhebliche Differenz zwischen der Wirkung von Basen, die dreiwertigen Stickstoff, und solchen, die fünfwertigen Stickstoff enthalten. Die Salze des Ammoniaks, Trimethylamins und Tetramethylammoniums wurden von Rabuteau untersucht, um auch die Verhältnisse bei einfachen Basen zu studieren. Trimethylamin steht in derselben Beziehung zum Tetramethylammonium, wie Strychnin zu Methylstrychnin. Alle diese Substanzen machen Paralyse und leichte Muskelkrämpfe durch eine direkte Wirkung auf das Zentralnervensystem und auf die quergestreifte Muskulatur. Die physiologischen Wirkungen des Chlorammons und salzsauren Trimethylamins sind sehr ähnlich, differieren aber vom Jodid des Tetramethylammoniums[4]). Die beiden ersteren sind schwach in ihrer Wirkung, während das letztere ein verhältnismäßig kräftiges Gift ist und sehr rasch lähmend wirkt. Die Paralyse der peripheren Nervenendigungen der motorischen Nerven ist die charakteristische Wirkung der Salze der Ammoniumbasen.

Rosenstein[5]) warf die Frage auf: Bewirkt allein die Bindung einer oder mehrerer Alkylgruppen an den Kernstickstoffatomen der Alkaloide der Pyridingruppe, daß das Alkaloid lähmende Eigenschaften erhält, oder muß hierzu das Alkaloid in eine quaternäre Base übergehen? Es ergab sich, daß Cinchonin weder durch Einführung einer noch von zwei Methylgruppen zu dem N des zweiten Kernes seine physiologische Wirkung verändert, während es durch Überführung in eine quaternäre Base lähmende Eigenschaften erhält. Ebenso verhält sich Chinin. Die Alkaloide erhalten also nicht durch Bindung von einer oder mehreren Alkylgruppen an den Kernstickstoff lähmende Wirkungen, sondern nur durch die Überführung in quaternäre Basen durch Alkylierung.

Die ursprüngliche Absicht von Crum Brown und Fraser, die Wirkung der Alkaloide nach der Addition von Jodmethyl zu studieren, hat also ein ganz anderes Resultat gezeitigt, als beabsichtigt war. Nicht die Addition von Jod-

---

[1]) C. G. Santesson, AePP. **35**, 23 (1895).
[2]) Arnt Kohlrausch, Zentralbl. f. Physiol. **23**, 143.
[3]) Julius Pohl, Arch. internat. de Pharmacodynamie **13**, 479 (1904).
[4]) C. r. **76**, 887. [5]) C. r. **130**.

methyl und deren Wirkung wurde hier studiert, sondern der Übergang in quaternäre Basen durch die Einwirkung von Jodmethyl. Wo Jodmethyl diesen Übergang nicht zu bewerkstelligen vermag, kommt es auch nicht zur Bildung von curareartig wirkenden Körpern.

Bei folgenden Substanzen wurde gefunden, daß sie die motorischen Nervenendplatten lähmen:

Anorganische: Jodammonium,
Aliphatische: Cyanammonium, Äthylammoniumchlorid, Amylammoniumchlorid, Amylammoniumjodid, Amylammoniumsulfat, Dimethylammoniumchlorid, Dimethylammoniumjodid, Diäthylammoniumchlorid, Diäthylammoniumjodid, Diäthylammoniumsulfat, Trimethylammoniumjodid, Triäthylammoniumchlorid, Triäthylammoniumjodid, Triäthylammoniumsulfat, Tetramethylammoniumjodid[1]), Tetraäthylammoniumjodid[2]), Tetraamylammoniumjodid[2]).

Arsonium-, Stibonium- und Phosphoniumbasen:
Tetraäthyl-arsonium-cadmiumjodid
Methyl-triäthylstiboniumjodid
Methyl-triäthylstiboniumhydrat
Tetraäthyl-phosphoniumjodid[3])
Tetraäthyl-arsonium-zinkjodid.

Tetramethylammoniumformiat (Forgenin genannt) zeigt eine digitalisartige Wirkung, ohne es ersetzen zu können[4]). Es zeigt keine curareartige Wirkung. 1 cg wirkt giftig und manchmal letal, kleinere Dosen steigern den Appetit und das Wohlbefinden.

Tetraäthylarsoniumjodid hat zentrallähmende, aber keine ausgesprochen curareartige Wirkung. Es wirkt rascher und 4 mal so stark wie die entsprechende Methylverbindung zentrallähmend. Es spaltet beim Kaninchen kein Arsen ab[5]).

Auch die Sulfinbasen wirken curareartig, erwiesen ist es für Trimethylsulfinhydrür [Kunkel[6])], [Curci[7])].

Aromatische Basen:
Phenyl-dimethyl-äthyl-ammoniumjodid
Phenyl-dimethyl-amyl-ammoniumjodid
Phenyl-dimethyl-amyl-ammoniumhydrat
Phenyltriäthylammoniumjodid[1])
Toluyltriäthylammoniumjodid
Ditoluyldiäthylammoniumjodid[1])
Toluyldiäthylamylammoniumjodid[1])
Toluyltriäthylammoniumhydrat[1])
Trimethylmenthylammonium.

---

[1]) Rabuteau, Traité de Thérapeutique und Mémoires de la Société de Biol. **1884**, 29.
[2]) Seth N. Jordan, AePP. **8**, 15.
[3]) Vulpian, Arch. d. phys. norm. et pathol. I, 472. Tetraäthyl-phosphoniumjodid wirkt bei Fröschen curareartig, bei Säugetieren macht es namentlich zentrale Wirkung sowie Herzwirkung außer der curareartigen. Es wirkt durchaus verschieden von Phosphor. — W. Lindemann, AePP. **41**, 191.
[4]) Boll. chim. farm. **45**, 945.
[5]) Sossja Gornaja, AePP. **61**, 76 (1909).
[6]) Kunkel, Toxikologie, Jena **1901**, 601.
[7]) Arch. d. Pharm. et thérap. **4** (1896).

Phenyläthylpyrazolammonium[1]) wirkt curareartig, zuerst nur peripher, dann auch zentral lähmend.

Die Indoliumbase Pr-1n-Methyl-3.3-dimethylindoliumoxydhydrat[2]) macht motorische Parese, Respirationsstillstand, pikrotoxinartige Krämpfe, später cerebrale Lähmung. Bei Kaninchen wirkt es als Hirnkrampfgift.

Methylierte Alkaloide: Methylpiperidin, Methylatropin, Methylstrychnin[3]), Äthylstrychnin, Methylbrucin, Äthylbrucin, Methylcinchonin, Amylcinchonin, Methylchinin, Methylchinidin, Methylcocain (Paul Ehrlich), Methylcodein, Methylmorphin, Dimethylconiin, Methyldelphinin, Curarin, Curare, Äthylnicotin, Methylthebain, Methylveratrin, Amylveratrin.

Cinchonin-jodessigsäuremethylester $C_{19}H_{22}N_2O \cdot JCH_2 \cdot CO \cdot CH_3$ macht in 3-mg-Dosen bei Fröschen völlige Lähmung.

Ferner Imidobasen: Methylanilin[4]), Äthylanilin[4]), Amylanilin, Collidin, Coniin.

Methyl-, Äthyl- und Amylanilin wirken curareartig, aber die Chinolinderivate, wie Methyl-, Äthyl- und Amylchinolin wirken nicht curareartig, nur Oxäthylchinoleinammoniumchlorid. Chinolin zeigt keine Curarewirkung, hingegen aber Chinotoxin.

Dann die Ammoniumhydratbase Echitamin (Ditain)[5]) $C_{22}H_{28}N_2O_4 + 4\,H_2O$.

Methylgrün besitzt typische Curarewirkung und macht beim Warmblüter Blutdrucksenkung. Methylviolett selbst, durch dessen Methylierung man zum Methylgrün gelangt, zeigt keine Curarewirkung, aber ausgesprochene Digitalis-Herzwirkung[6]).

Ferner Spartein. Spartein $C_{15}H_{26}N_2$ ist mit dem Lupinidin identisch. Es wirkt curareartig. Durch periphere Lähmung des Nervus phrenicus tritt Aufhören der Atmung auf. Ferner zeigt es lähmende Wirkung auf die herzhemmenden Vagusfasern, so daß deren Reizung ohne Erfolg ist und der Muscarinstillstand durch nachträgliche Darreichung von Spartein aufgehoben wird. Spartein zeigt aber eine schädigende Wirkung auf den Herzmuskel, indem die Diastole auffallend verlängert wird. Methyljodid- bzw. Benzylbromid-spartein wirken wie Spartein, doch fehlt ihnen die schädigende Wirkung auf das Froschherz. Am Warmblüter tritt ein mit der Sparteinwirkung völlig übereinstimmendes Vergiftungsbild auf[7]).

Man sieht daraus, daß vorzüglich den quaternären Basen die Eigenschaft zukommt, auf die motorischen Nervenendigungen lähmend zu wirken, daß aber diese Eigenschaft unabhängig ist vom Baue des übrigen Moleküls der Substanz, und daß auch andere quaternäre Basen, in denen statt Stickstoff Arsen, Antimon oder Phosphor enthalten ist, also Arsonium-, Stibonium- oder Phosphoniumbasen dieselben Eigenschaften besitzen. Es kommt also der Hauptsache nach für das Zustandekommen der Nervenendwirkung auf die bestimmte stereochemische Konfiguration der Verbindung an[8]).

Walther Straub nimmt an, daß bei und zur Wirkung die Alkaloide durch einen reversiblen chemischen Vorgang im Organ der Spezifität angehäuft werden, die Alkaloidwirkung schließlich eine Art Narkose ist.

---

1) Curci, Atti dell' Acad. di Catania **10** (1897). 2) Brunner, M. f. Ch. **17**, 219 (1896).

3) Schroff, Wochenbl. d. Ges. d. Ärzte, Wien **1866**, Nr. 17.

4) Jolyet und Cahours, C. r. **66**, 1181.

5) E. Harnack, AePP. **7**, 126. Es ist ein Glucoalkaloid, das bei der Spaltung Zucker und Dimethylanilin (?) gibt. 6) H. Fühner, AePP. **59**, 161 (1908).

7) H. Hildebrandt, Münchener med. Wochenschr. **1906**, 1327.

8) Siehe Kapitel: Stereochemisch bedingte Wirkungsdifferenzen, ferner Sigmund Fränkel, Stereochemische Konfiguration und physiologische Wirkung. Ergebnisse der Physiologie (Asher-Spiro) III, Biochemie, S. 290.

Die Curarewirkung der Basen erklärt H. H. Meyer[1]) durch die zunehmende Basizität der Ausgangssubstanz. Da Methylamin stärker basisch ist als Trimethylamin, wirkt es auch stärker curareartig. Am stärksten basisch ist Tetramethylammoniumhydroxyd und am stärksten wirksam, während Cholin eine schwache Base und nur schwach wirksam ist[2]). Von den Platinammoniakverbindungen zeigen typische Curarewirkung nur die mit sechs Ammoniakresten.

In schwächerer Weise zeigen ähnliche Nervenendwirkungen, wenn auch nicht so typisch, die Basen, welche eine Imidogruppe enthalten (Piperidin, Coniin, Methylanilin), so daß auch dieser Konfiguration eine solche lähmende Eigenschaft zukommt. Auch die Lupetidine mit der NH-Gruppe zeigen eine ähnliche Wirkung.

Zum Zustandekommen der Nervenendwirkung ist also nur das Vorhandensein fünfwertigen Stickstoffes notwendig. Denn es ist gleichgültig, ob die Ammoniumbase der Fettreihe oder der aromatischen Reihe angehört. Aber es wäre falsch, anzunehmen, daß die Nervenendwirkung nur den quaternären Basen zukommt. Auch stickstofffreie Körper, wie Campher, Andromedotoxin, gehören zu den Nervenendgiften; es ist also nicht unwahrscheinlich, daß die Nervenendwirkung unter dem Einflusse verschiedener Atomgruppierungen entsteht, unter denen die quaternäre Bindung des Stickstoffs die am besten gekannte ist.

Bedeutung der cyclischen Struktur der Alkaloide.

Bedeutung der Stellungen der Seitenketten.

Von großer Wichtigkeit für die physiologische Wirkung der Alkaloide ist ihre cyclische Struktur, wie folgendes Beispiel es klar veranschaulicht:

δ-Aminovaleriansäure und γ-Aminobuttersäure, welche leicht durch Anhydridbildung und Ringschließung in Piperidon bzw. Pyrrolidon übergehen können,

```
δ-Aminovaleriansäure   Piperidon
        H2                H2
        C                 C
  H2C /   \ CH2     H2C /   \ CH2
  H2C       COOH  = H2C       CO   + H2O   und
     \ NH2              \ N /
                          H

γ-Aminobuttersäure    α-Pyrrolidon³)
  H2C ─── CH2        H2C ─── CH2
  H2C       COOH  =  H2C       CO   + H2O
     \ NH2              \ N /
                          H
```

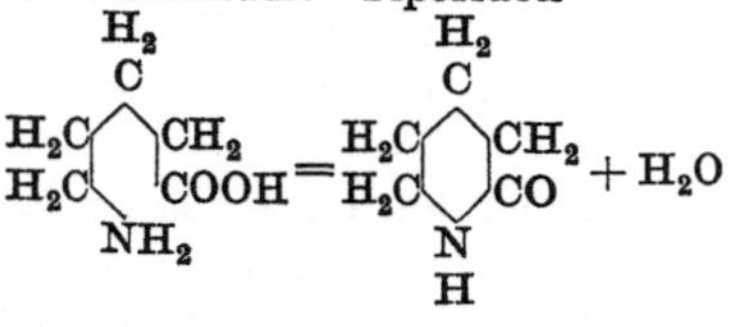

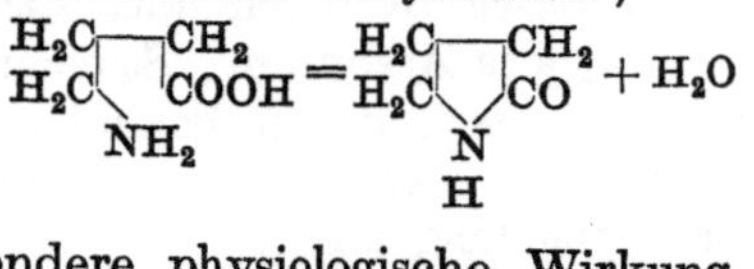

sind ohne eine besondere physiologische Wirkung, während die erwähnten Basen, ihre Anhydride, schon in schwachen Dosen auffallende toxische Effekte hervorrufen. Diese Tatsache zeigt die Beziehungen, welche zwischen der cyclischen Struktur, welche fast allen Alkaloiden zukommt, und ihrer Wirksamkeit im Tierkörper bestehen.

Pyrrolidon wirkt wie Strychnin[4]), Piperidon wirkt nach Schotten ebenfalls strychninähnlich[5]). Nach Carl Jacobj[6]) aber wirken beide Substanzen pikrotoxinähnlich. Piperidon und Pyrrolidon enthalten wie Strychnin die = N—CO-

[1]) Ergebn. d. Physiol. **1**, II, 200 (1902). [2]) H. Fühner, AePP. **58**, 45 (1907).
[3]) S. Gabriel, BB. **22**, 3335 (1889); **23**, 1772 (1890).
[4]) S. Gabriel, BB. **23**, 1773 (1890). [5]) BB. **21**, 2243 (1888). [6]) AePP. **50**, 199 (1903).

Gruppe und haben, wie dieses, krampferregende Wirkung. Pyridon und Pyrazolon haben die gleiche Gruppe, aber keine krampferregende Wirkung. Dem Strychnol fehlt dieser Komplex, es zeigt aber Strychninwirkung[1]).

α'-Dimethyl-β-isopropyliden-α-pyrrolidon gehört wie Piperidon selbst zu den Medullarkrampfgiften. 0.01 g tötet eine Maus unter heftigen Konvulsionen sehr rasch[2]).

Daß die Ringschließung bei Alkaloiden mit der physiologischen Wirkung in Beziehung steht bzw. die Giftigkeit derselben bedingt, beweisen auch die Beziehungen zwischen Pentamethylendiamin und Piperidin. Ersteres ist ungiftig wegen der offenen Kette, während Piperidin giftig und wirksam ist. Beim raschen Erhitzen des Cadaverin-(Pentamethylendiamin)-chlorhydrates tritt Ringschluß ein, es bildet sich Piperidinchlorhydrat und Salmiak

$$\underset{\text{Cadaverin}}{CH_2<\begin{matrix}CH_2-CH_2-NH_2\cdot HCl\\ CH_2-CH_2-NH_2\cdot HCl\end{matrix}} = \underset{\text{Piperidin}}{CH_2<\begin{matrix}CH_2-CH_2\\ CH_2-CH_2\end{matrix}>NH\cdot HCl} + NH_4Cl\ .$$

Pyrrolidin $\begin{matrix}H_2C\!-\!\!-\!CH_2\\ H_2C\diagdown\ \diagup CH_2\\ N\\ H\end{matrix}$ ist giftig, Diäthylamin $\begin{matrix}H_3C\quad CH_3\\ H_2C\diagdown\ \diagup CH_2\\ N\\ H\end{matrix}$ ist in Dosen von 4 g ohne akute Wirkung. Es ist also weniger die Imidogruppe, als die ringförmige Struktur, welche die Giftwirkung der ringförmigen Basen bedingt, im Vergleiche zu den kettenförmigen.

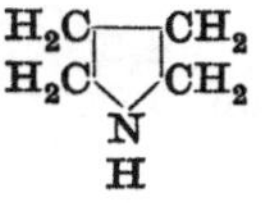

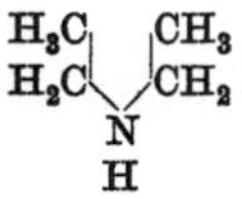

Die physiologische Wirksamkeit der Alkaloide ist zwar in den meisten Fällen an das Vorhandensein eines ringförmigen, heterocyclischen Kernes, nicht aber an die Zahl der Ringglieder gebunden. α-Piperidon und α-Pyrrolidon zeigen eine durchaus ähnliche Wirkung auf den Organismus[3]). Doch steht die Zahl der Ringglieder in Beziehung zur Wirkungsstärke, Piperidin und Pyrrolidin wirken qualititativ gleich, Piperidin aber stärker giftig[4]).

Es ist für die physiologische Wirkung der Alkaloide gleichgültig, ob sie sich vom Chinolin oder Isochinolin ableiten lassen. Die Stellung des N im Chinolinmolekül ist also ohne Relevanz für die physiologische Wirkung[5]).

Kendrick und Dewar[6]) haben gezeigt, daß, wenn man die Basen der Pyridinreihe durch Kondensation verdoppelt und so Dipyridin, Parapicolin usw. erhält, die Basen nicht nur stärker physiologisch wirksam werden, sondern die Wirkung in ihrer Art von der einfachen Base differiert und an die Wirkung der natürlichen Alkaloide, die eine ähnliche Konstitution haben, erinnert.

Pyrrol $\begin{matrix}HC\!-\!\!-\!CH\\ HC\diagdown\ \diagup CH\\ N\\ H\end{matrix}$ ist ein schwer lähmendes Gift. Die Lähmung ist zentraler Natur[7]). Pyrrolinchlorhydrat $\begin{matrix}H_2C\!-\!\!-\!CH_2\\ HC\diagdown\ \diagup CH\\ N\\ H\cdot HCl\end{matrix}$ macht bei Fröchen allgemeine Lähmung. 0.33 g pro kg ist die letale Dosis. Es macht starke Blut-

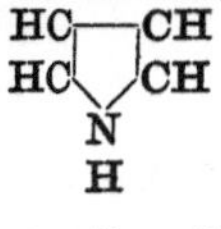

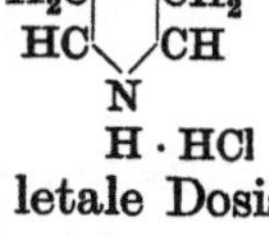

---

[1]) Cesare Paderi, Arch. d. Farmacol. sperim. **18**, 66 (1914).
[2]) Pauly und Hültenschmidt, BB. **36**, 3351 (1903), von H. Hildebrandt untersucht. [3]) Schotten und Gabriel, BB. **21**, 2241 (1888).
[4]) H. Hildebrandt (Pauly), Liebigs Ann. **322**, 128.
[5]) Ralph Stockmann, Journ. of physiol. **15**, 245.
[6]) Royal Society Proceed. London **22**, 432.
[7]) Ginzberg, Diss. Königsberg bei Jaffé (1890).

drucksteigerung. Pyrrolidin $\begin{matrix} H_2C-CH_2 \\ H_2C\quad CH_2 \\ N \\ H \end{matrix}$ erzeugt bei Fröschen Nicotinstellung.

$\begin{matrix} H_2C-CH_2 \\ H_2C\quad CH_2 \\ N \\ CH_3 \end{matrix}$ N-Methylpyrrolidin macht Nicotinstellung und hierauf vollständige Lähmung. 0.05 g pro kg sind die letale Dosis. Es macht Blutdrucksteigerung. Die Pyrrolderivate scheinen besonders durch die lähmende Wirkung auf den peripheren, herzhemmenden Mechanismus charakterisiert zu sein[1]).

Pyrrolidin selbst steht in seiner Toxizität dem Piperidin nicht nach. Qualitativ kommen bei Kaninchen durch Pyrrolidin nicht Krämpfe zustande, die ja für Piperidin charakteristisch sind. Bei Kaltblütern macht Pyrrolidin, wie Piperidin, zentrale Lähmung bei kräftig schlagendem Herzen und periphere curareartige Wirkung.

Pyrrolidin, Piperidin und Cyclohexamethylenimin $\begin{matrix} H_2\ H_2 \\ C-C \\ H_2C\qquad CH_2 \\ H_2C\qquad NH \\ C \\ H_2 \end{matrix}$ wirken sehr ähnlich. Die periphere Wirkung ist beim Hexamethylenimin am stärksten ausgebildet, also ein Verhalten, wie wir es bei den Ringketonen sehen. Die cyclischen Imine sind im allgemeinen giftiger als die entsprechenden Ringketone mit gleich großem Ring. Bei den Ringketonen überwiegt die zentrallähmende Wirkung, bei den cyclischen Iminen die periphere Lähmung.

Cyclische Isoxime verhalten sich folgendermaßen: Pyrrolidon $\begin{matrix} H_2C-CH_2 \\ \vert \qquad > NH \\ H_2C-CO \end{matrix}$ wirkt nicht, wie C. Schotten[2]) angibt, strychninartig, sondern nach Jacobj pikrotoxinartig. Dem Piperidon $\begin{matrix} H_2 \\ C \\ H_2C\quad CO \\ H_2C\quad NH \\ C \\ H_2 \end{matrix}$ und dem wahrscheinlich damit identischen Pentanonisoxim kommt eine typische Krampfwirkung zu, aber nicht die Steigerung der Reflexerregbarkeit wie beim Strychnin, es treten nur Krämpfe auf, welche auf direkter Erregung des Medullarkrampfzentrums beruhen.

Hexanonisoxim $\begin{matrix} H_2 \\ C \\ H_2C\quad CO \\ H_2C\quad NH \\ \vert \qquad \vert \\ H_2C-CH_2 \end{matrix}$ macht klonische, später tonische Krämpfe und wirkt etwas narkotisch.

Aminohexylalkohol $\begin{matrix} CH_2 \cdot CH_2 \cdot CH_2 \cdot OH \\ \vert \\ CH_2 \cdot CH_2 \cdot CH_2 \cdot NH_2 \end{matrix}$ durch Ringsprengung und Wassereintritt aus dem Cyclohexanonisoxim dargestellt, ist bedeutend weniger giftig als das cyclische Hexanonisoxim und wirkt nach Neutralisation nur im Sinne eines Alkohols lähmend.

---

1) Tunnicliffe und Rosenheim, Zentralbl. f. Physiol. **16**, 93.

2) BB. **21**, 2243 (1888).

Suberonisoxim macht klonische und tonische Krämpfe, die Krämpfe sind meist partiell beschränkt. Auch bei den cyclischen Isoximen steigt die Giftigkeit mit der Größe des Ringes. Ebenso sind die peripheren Wirkungen bei den Verbindungen mit größerem Ring ausgesprochener ausgebildet. Die curareartige Wirkung ist bei den niederen Gliedern dieser Reihe kaum angedeutet, beim Suberonisoxim aber schon sehr deutlich hervortretend.

Fenchonisoxim

$$\begin{array}{ccccc} & & H & & H \\ H_2C & — & C & — & C\cdot CH_3 \\ | & & | & & \diagdown \\ | & & H_3C\cdot C\cdot CH_3 & & >CO \\ | & & | & & \diagup \\ H_2C & — & C & — & NH \\ & & H & & \end{array}$$

macht klonische und tonische Krämpfe, Blutdrucksteigerung und nachfolgende Lähmung des Gefäßnervenzentrums.

Die pikrotoxinartige Krampfwirkung, welche den Isoximen zukommt, fehlt sowohl bei den Cycloketonen als auch bei den Cycloiminen. Die eigentümlichen Funktionsveränderungen der Skelettmuskulatur sind ebenfalls nur bei den Isoximen zu konstatieren. Es erscheinen also auch diese beiden Wirkungen charakteristisch für Cycloisoxime, welche je eine CO- und NH-Gruppe nebeneinander im Ring enthaltende hydroaromatische Verbindung sind. Die allgemeine zentrale Lähmung, die Hauptwirkung der Ketone, tritt bei den Isoximen zurück. Die Steigerung der Erschöpfbarkeit der motorischen Endapparate haben alle drei Gruppen, die Cycloketone, Cycloisoxime und Cycloimine, gemeinschaftlich, aber diese ist am stärksten bei den Iminen und am schwächsten bei den Isoximen ausgebildet. Die Imine sind im allgemeinen die giftigsten, die Ketone weniger, die Isoxime am wenigsten giftig, wenn man Verbindungen mit gleicher Gliederanzahl miteinander vergleicht.

Die Alkylsubstitutionsprodukte der einfachen cyclischen Isoxime zeigen folgendes Verhalten:

Methylpentanonisoxim

$$\begin{array}{ccc} & CH_3 & \\ & \cdot & \\ & CH_2 & \\ H_2C & \diagup\diagdown & NH \\ H_2C & \diagdown\diagup & CO \\ & CH_2 & \end{array}$$

ist wirksamer als Piperidon, qualitativ aber wirkt es gleichartig. Von α- und β-Methylhexanonisoxim ist die β-Base an der Maus fünfmal so giftig als die α-Base; auch die Wirksamkeit auf die Skelettmuskulatur ist bedeutend stärker. Dieselbe Gruppe kann also die Wirkungen der Gesamtverbindungen je nach der Stellung ihrer Anlagerung mehr oder weniger erheblich steigern.

Trimethylhexanonisoxim

$$\begin{array}{ccccc} & & H_2 & & H_2 \\ (CH_3)_2 = C & — & C & — & C \\ | & & H & & >CO \\ H_2C & — & C & — & N \\ & & \cdot & & \cdot \\ & & CH_3 & & H \end{array}$$

ist bedeutend giftiger als Hexanonisoxim. Die Nervenendwirkung tritt viel stärker hervor.

Methylisopropylhexanonisoxim, und zwar l-Menthonisoxim

$$\begin{array}{ccccc} & & H\ CH_3 & & \\ & & \diagdown\diagup & & \\ H_2C & — & C & — & CH_2 \\ | & & H & & >CO \\ H_2C & — & C & — & NH \\ & & | & & \\ H_3C & — & C & — & CH_3 \\ & & H & & \end{array}$$

und Tetrahydrocarvonisoxim

$$\begin{array}{ccccc} & & H & & \\ H_3C & — & C & — & CH_3 \\ & & | & & \\ H_2C & — & C & — & CH_2 \\ | & & H & & >CO \\ H_2C & — & C & — & NH \\ & & \cdot & & \\ & & CH_3 & & \end{array}$$

Diese beiden isomeren Verbindungen wirken qualitativ und quantitativ sehr ähnlich. Die Lähmung tritt stärker hervor, die Krampfwirkung des Hexanonisoximkernes ist entschieden zurückgedrängt, die narkotische Wirkung hat man wohl auf die Alkylseitenketten, namentlich die Isopropylkette zurückzuführen. Auch die Curarewirkung ist viel stärker als beim Hexanonisoxim.

Thujamenthonisoxim ist Dimethylisopropylpiperidon.

```
       H  CH3                        H  CH3
        \/                            \/
        C                             C
   H   / \                     CH3   / \
    \ C   NH                      \ C   CO
CH3 /  |   |        oder        H /  |   |
   H    |   |                 C3H7    |   |
    \ C   CO                      \ C   NH
C3H7 /  \ /                     H /  \ /
        C                             C
        H2                            H2
```

Es ist zehnmal so giftig als Piperidon. Die krampferregende Wirkung des Piperidonkernes ist größtenteils infolge der Wirkung der Alkylseitenketten, wahrscheinlich infolge der Wirkung der Isopropylgruppe, verdeckt; die Nervenendwirkung, welche bei Piperidon sogar bei tödlichen Gaben nicht nachweisbar ist, kommt dagegen bei Thujamenthonisoxim sehr deutlich zum Vorschein.

* * *

Anderseits läßt sich zeigen, daß die Aufsprengung eines Ringes in Alkaloiden die Wirkung vernichtet oder abschwächt. So ist das dem Nicotin isomere Metanicotin ein methyliertes Pyridyl-butylenamin, in dem nach Pinners Auffassung der Pyrrolidinring aufgespalten ist[1]). Nach Ringhardtz[2]) hat Metanicotin qualitativ die Nicotinwirkung, aber man benötigt zur Vergiftung die zehnfache Dosis.

Nur wenige giftige natürliche Basen, der Cholingruppe angehörig, entbehren der cyclischen Struktur. Die meisten künstlichen und natürlichen Basen, welche physiologische Effekte auslösen, lassen sich vom Benzol oder Pyridin ableiten. Die reinen Benzolabkömmlinge, welche durch Einführung einer oder mehrerer Amino- oder Hydrazingruppen basische Eigenschaften bekommen, zeichnen sich durch ihre temperaturherabsetzenden Wirkungen aus, ebenso durch ihre Fähigkeit, rote Blutkörperchen zu zerstören und Oxyhämoglobin in Methämoglobin überzuführen.

Die Wirkung der Kondensation (Verdoppelung der Ringsysteme) zeigt sich nicht nur bei den aromatischen Basen. So erlangt Pyridin bzw. Benzol durch die Bildung von Chinolin stark giftige und antiseptische Eigenschaften. Es ist zu vermuten, daß der Pyridinring, ähnlich wie ein Hydroxyl, aber in kräftigerer Weise, die im Benzol immanenten antiseptischen Eigenschaften zur Auslösung bringt. Dem Pyridin kommen weder antiseptische noch antithermische noch giftige Eigenschaften zu.

So ist es auch möglich, daß durch die Gegenwart von Pyridin im Nicotin bzw. Chinolin die Grundwirkung des hydrierten Anteils gesteigert wird.

Vom Diphenyl, Phenanthren und Naphthalin ausgehend, lassen sich keine antipyretisch wirkenden Basen darstellen. Hingegen kommen einzelnen Basen dieser Art Wirkungen zu, für welche wir die vom Naphthylamin abgeleiteten, von E. Bamberger[3]) dargestellten und von W. Filehne und Stern[4]) experi-

---

[1]) BB. **27**, 1056, 2862 (1894). [2]) Diss. Kiel (1895) bei Falck.
[3]) BB. **22**, 777 (1889). [4]) Virchows Arch. **115** und **117**, 418.

mentell geprüften, als sehr lehrreiches Beispiel anführen, welches den Einfluß der Stellung, den Einfluß der Hydrierung usw. in klassischer Weise zeigt, ein Beispiel, welches in hervorragender Weise auch lehrt, wie man durch Studium der physiologischen Eigenschaften einen Analogieschluß auf die Konstitution einer zweiten Substanz zu machen berechtigt ist.

β-Naphthylamin hat keine von den Wirkungen des β-Tetrahydronaphthylamins[1]). Dosen von 0.1 g, die für Kaninchen von dem letzteren Körper bereits letal sind, zeigen bei den ersteren gar keine Wirkung. 1.0 g β-Naphthylamin auf einmal einem Kaninchen injiziert, erzeugt Schwäche und Betäubung; die Pupillen werden etwas enger — im Gegensatze zu der starken Pupillenerweiterung durch die hydrierte Base. Das Tier erholt sich auch nach dieser Dosis wieder vollständig.

β-Tetrahydronaphthylamin macht hingegen nach subcutaner Injektion von Dosen von 0.075 g bei Kaninchen deutliche Pupillenerweiterung; die Ohrgefäße kontrahieren sich, die Temperatur steigt um 3 bis $4^1/_2$°, also stärker als bei Nicotin und Coffein, welche nur um 1 bis 1.5° die Temperatur erhöhen[2]). Bei Hunden genügen etwas kleinere Dosen. Die Erhöhung der Eigenwärme ist bedingt durch verminderte Wärmeabgabe bei gleichzeitig gesteigerter Wärmeproduktion.

β-Tetrahydronaphthylamin erregt das Vaguszentrum und wirkt zentral und peripher auf sympathisch innervierte glatte Muskelfasern erregend. Die zentrale Wirkung ist wie die des Wärmestiches. Es wird das Wärmeregulationszentrum erregt[3]).

Fügt man eine Äthylgruppe in diese Substanz ein, so erhält man Monoäthyl-β-naphthylaminhydrür $\beta \cdot C_{10}H_{11} \cdot NH(C_2H_5)$. Dieser Körper hat qualitativ dieselben Wirkungen wie β-Tetrahydronaphthylamin selbst, wirkt aber bedeutend intensiver. Die Dosen, welche von beiden Körpern nötig sind, um den gleichen Effekt zu erzielen, verhalten sich etwa wie 2:3.

Dihydrodimethyl-β-naphthylamin β-$C_{10}H_9N(CH_3)_2$ ist wirkungslos.

Im α-Tetrahydronaphthylamin, bei welchem die vier H-Atome in den stickstofffreien Benzolring des α-Naphthylamins eintreten, ist hierdurch der chemische Charakter der Base wenig oder gar nicht geändert. In Übereinstimmung damit zeigt dieser Körper auch toxikologisch **keine** der merkwürdigen Eigenschaften des β-Tetrahydronaphthylamin. 0.5 g machen keine Erscheinungen; 1 g verursacht beim Kaninchen, ohne weitere Erscheinung, Tod.

Beim α-Tetrahydronaphthylendiamin ist in jedem der beiden Benzolringe des Naphthalins eine Aminogruppe, und zwar beide Male in α-Stellung, die vier Wasserstoffatome sind wiederum sämtlich an ein und denselben Benzolring angefügt.

```
  H  NH2
     ·
  C  CH
 //\ /\
HC  C  CH2
 |  ||  |
HC  C  CH2
 \\/ \/
  C  C
  ·
 NH2 H2
```

[1]) α-Naphthylamin wirkt giftiger als β-Naphthylamin. Petini, Arch. di farmacol. **5**, 574 (1897).

[2]) Im allgemeinen erniedrigen die Temperatur: Chloroform, Morphin, Chinin, Aconitin u. a. Es steigern die Temperatur: Strychnin, Nicotin, Pikrotoxin, Coffein, Cocain, alle Krampfgifte (Harnack).

[3]) D. Jonescu, AePP. **60**, 345 (1909).

Diese Substanz zeigt keine von den Wirkungen des β-Tetrahydronaphthylamin, macht auch keine Beeinflussung des Allgemeinbefindens.

Diejenigen β-Derivate, welche an dem N-führenden Ringe hydriert sind, zeigen mehr oder minder ausgeprägt jene Wirkungen. α-Derivate zeigen sie nicht. Zum Zustandekommen der physiologischen Wirkung sind β-Stellung der Aminogruppe und Hydrierung an dem N-führenden Ringe notwendig. Diejenigen β-Derivate, welche nur an dem stickstoffreien Ringe hydriert sind, wie auch sämtliche α-Derivate (gleichviel, an welchem Ringe sie hydriert sind), zeigten jene Wirkungen nicht.

Hierfür folgende Beweise:

α-Hydronaphthylamine.

An den N-führenden Ringen hydrierte Verbindungen wie Isotetrahydro-α-naphthylamin und α-Aminotetrahydro-α-naphthol

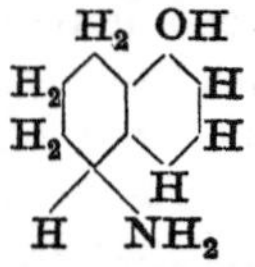

H_2 OH
H_2 H
H_2 H
H
H NH_2

sind unwirksam.

Das am N-freien Ringe hydrierte p-Tetrahydronaphthylendiamin macht

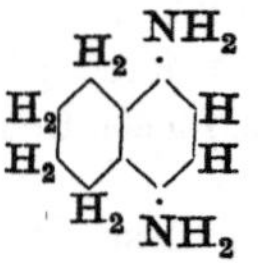

H_2 NH_2
H_2 H
H_2 H
H_2 NH_2

keine Erweiterung der Pupille, ist aber sehr giftig. 0.08 g töten ein kleines Kaninchen.

β-Hydronaphthylamine.

Das an dem N-führenden Ringe hydrierte β-Tetrahydrodimethylnaphthylamin

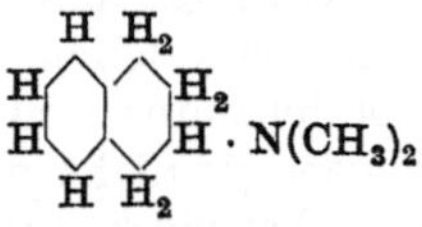

H H_2
H H_2
H H · $N(CH_3)_2$
H H_2

wirkt nach dieser Angabe analog wie β-Tetrahydronaphthylamin.

Es ist[1]) nur sehr wenig giftig, es beeinflußt die Temperatur gar nicht und ruft beim Hunde intravenös injiziert statt Blutdrucksteigerung eine deutliche Blutdrucksenkung hervor.

Das an dem N-freien Ringe hydrierte Monoäthyl-β-naphthylaminhydrür

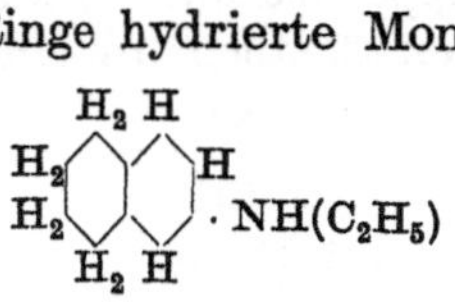

H_2 H
H_2 H
H_2 · $NH(C_2H_5)$
H_2 H

erwies sich wirkungslos, während der isomere Körper, welcher an dem N-führenden Ringe hydriert ist, sehr energisch wirkt.

o-Tetrahydronaphthylenamin

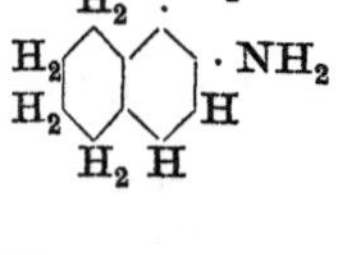

H_2 NH_2
H_2 · NH_2
H_2 H
H_2 H

ist wirkungslos.

[1]) Mitteilung von Ernst Waser.

Bei Untersuchung von hydrierten Naphthochinolinen zeigten sich analoge Verhältnisse.

α-Octohydronaphthochinolin ist unwirksam; von zwei isomeren β-Octohydronaphthochinolinen zeigte sich nur dasjenige im obigen Sinne wirksam, bei welchem die Hydrierung des Naphthalins an dem N-führenden Ringe (d. h. in diesem Falle an demjenigen, welcher dem Chinolinkern gehört) erfolgt war, während der isomere Körper, welcher an dem N-freien Ringe hydriert war, keine spezifischen Wirkungen zeigte.

Wirksames Ac-β-Octohydronaphthochinolin

H H_2
H H_2
H H
H H NH
H_2 H_2
H_2

Unwirksames Ar-β-Octohydronaphthochinolin

H_2 H
H_2 H
H_2
H_2 NH
H_2 H_2
H_2

Das Vergiftungsbild, welches gewisse Hydronaphthylamine zeigen, kommt nicht ausschließlich dieser Gruppe zu. Das Amidin des Phenacetins zeigt analoge, wenngleich schwächere Wirkung.

Aus diesen Untersuchungen ergeben sich Schlußfolgerungen, welche sogar zur Aufklärung der Konstitution analog wirkender Substanzen führen können.

Ephedrin und Pseudoephedrin sind stereoisomer und können ineinander verwandelt werden

$$C_6H_5 \cdot CH(OH) \cdot \underset{\displaystyle NH \cdot CH_3}{\underset{|}{CH}} \cdot CH_3$$

Sie wirken pupillenerweiternd.

Pseudoephedrin macht Mydriasis durch Erregung des Sympathicus[1]) wie β-Tetrahydronaphthylamin, aber nur geringe Temperatursteigerung. Bei letzterem nun ist die Trägerin der eigentümlichen physiologischen Wirkung die in β-Stellung befindliche Atomgruppe $C\langle^{H}_{NH_2}$. Es lag nun nahe, daraus Schlüsse auf die Konstitution des Pseudoephedrins zu ziehen. Nach Eugen Bamberger ist die Wirkung der stets nur auf einer Seite erfolgenden Hydrierung in der Naphthalingruppe darin zu suchen, daß das Reaktionsprodukt sich wie ein Benzolderivat mit offenen aliphatischen Seitenketten verhält. β-Tetrahydronaphthylamin gibt keine Naphthalinreaktion mehr, sondern verhält sich wie ein Benzolderivat.

Aus β-Naphthylamin

H H
C C
HC C · NH_2
HC CH
C C
H H

entsteht durch Addition von vier Wasserstoffen β-Tetrahydronaphthylamin, ein Benzolkörper

H H_2
C C C
HC C H
NH_2
HC CH_2
C C C
H H_2

[1]) Günzburg, Virchows Arch. 124, 75. — W. Filehne, ebenda 93.

mit gleichsam zwei offenen Seitenketten, was Eugen Bamberger durch Aufstellung einer neuen Konstitutionsformel für Naphthalin erklärte, die als Übertragung der A. v. Baeyerschen zentrischen Benzolformel auf das Naphthalin erscheint.

A. v. Baeyers Benzolformel — E. Bambergers Naphthalinformel

```
        H                         H   H
        C                         C C C
  HC  /|\  CH               HC  /|\ /|\3 CH
      \ | /                     \ |  X2  4|
  HC  /   \ CH               HC  /  X1 5  CH
        C                         C C C 6
        H                         H   H
```

In diesem zentrischen Systeme befinden sich die freien Valenzen in einem eigentümlichen Zustande „potentieller“ Bildung. Addieren sich nun im Naphthalin auf der einen Seite (z. B. der rechten) 4 H-Atome, so werden die freien Valenzen 3, 4, 5 und 6 von den H-Atomen in Anspruch genommen, die freien Valenzen 1 und 2 sättigen sich gegenseitig und es resultiert

```
      C   C
      H C H2
  HC        CH2
  HC        CH2
      C C C
      H   H2
```

also ein Benzolkörper mit aliphatischen Seitenketten.

Bamberger konnte zeigen, daß β-Tetrahydronaphthylamin die vollständigste chemische Übereinstimmung mit einem wahren Benzolabkömmling, der ebenfalls die NH_2-Gruppe gleichsam in β-Stellung trägt, dem Phenyläthylamin: $C_6H_5 \cdot CH_2 \cdot CH_2 \cdot NH_2$, einem Körper, der in der Tat eine offene Seitenkette führt, aufweist. Aber diese vollständige chemische Übereinstimmung des β-Tetrahydronaphthylamins mit dem Phenyläthylamin macht auch daß, wie Filehne gezeigt hat, beide Körper in ihren physiologischen Eigenschaften völlig übereinstimmen, weshalb dieser Forscher folgenden Satz aufstellte: „Trägerin der eigentümlichen pupillenerweiternden Wirkung ist die in β-Stellung zu einem monozentrischen System befindliche Gruppe $C{<}^{H}_{NH_2}$, gleichgültig, ob dieselbe einem geschlossenen Ringsystem oder einer offenen Seitenkette angehört.“

Für das Pseudoephedrin hat A. Ladenburg drei mögliche Konstitutionsformeln aufgestellt:

I

$$CH_3 \cdot NH \cdot CH(OH) \cdot C_6H_5 \quad (\text{mit } CH \text{—} CH_3)$$

```
CH3
 ·
NH
 ·
CH(OH) · C6H5
 |
CH3
```

II

$$HN{<}^{CH_3}_{CH_2 \cdot CH_2 \cdot CH(OH) \cdot C_6H_5}$$

III

```
      CH3
HN <   OH
     C < C6H5
       \ C2H5
```

Die Formel I hielt A. Ladenburg für die wahrscheinlichere, bei welcher die Aminogruppe in β-Stellung steht. Bei II steht sie in γ-Stellung, bei III in α-Stellung zum Benzolring. Nur die I. Formel ist dem β-Tetrahydronaphthylamin und Phenyläthylamin analog konstituiert und Filehne[1]) schließt demnach, daß sie als die richtige zu bezeichnen ist.

Auf eine Differenz der Wirkung, die zum Teil auf einer Stellungsverschiedenheit beruhen soll, verweisen Falck und Plenk[2]). Arecolin, Pilocarpin, Metanicotin gehören alle drei der β-Reihe an. Sie erzeugen Vermehrung der Speichelsekretion, Atmungsbeschleunigung, Gleichgewichtsstörung und in größeren Dosen Krampferscheinungen. Die α-Reihe (Coniin, Stilbazolin) erzeugt keine Krämpfe. Arecolin macht kein Erbrechen, Nicotin und Metanicotin konstant, bei Pilocarpin tritt Erbrechen erst einige Stunden nach der Vergiftung auf.

Bedeutung der Seitenketten.

Die meisten künstlichen und natürlichen Alkaloide lassen sich vom Pyridin ableiten, beziehungsweise vom Chinolin oder Isochinolin, welche beide sich ja auch auf Pyridin zurückführen lassen, nur einige wenige vom Imidazol. Pyridin selbst hat nur eine sehr schwache physiologische Wirkung, wie bereits mehrfach erwähnt wurde (s. S. 294). Es wird aber in ungemein wirksame Körper verwandelt, einerseits durch Eintritt von Wasserstoff (s. S. 295), anderseits durch Eintritt von aliphatischen Seitenketten.

Treten an das Pyridin aliphatische Seitenketten, insbesondere Alkylreste heran, so steigt damit die Wirksamkeit der Verbindung. Doch tritt der Charakter der Pyridinwirkung mit dem Ansteigen der Länge und der Anzahl der Alkylseitenketten in den Hintergrund und die rauscherzeugende Wirkung der Alkylkomponente kommt immer mehr zur Geltung[3]).

Die am Kohlenstoff wie am Stickstoff alkylierten Piperidinderivate verhalten sich qualitativ ganz gleich, nur in quantitativer Hinsicht zeigen sich Wirkungsunterschiede. Sie erzeugen zentrale Lähmung, später Lähmung der motorischen Nervenendigungen. Die Acylderivate machen Krämpfe, die sich z. B. beim Formylderivate bis zum vollständigen Tetanus steigern[4]).

Die rauschartige Wirkung auf das Gehirn und die beschleunigende Wirkung auf den Atem und den Puls wächst bei den Pyridinbasen mit dem Anwachsen des Moleküls mit der Alkylkomponente.

Die Wirkung ist am schwächsten beim Pyridin C_5H_5N selbst, schon stärker beim Methylpyridin $C_5H_4N \cdot CH_3$ und noch stärker beim Lutidin (Äthylpyridin) $C_5H_4N \cdot C_2H_5$, Collidin (Propylpyridin) $C_5H_4N \cdot C_3H_7$ und Parvolin (2.3.4.5-Tetramethylpyridin).

Piperidin

H_2
C
H_2C CH_2
H_2C CH_2
N
H

, das hydrierte Pyridin, hat nur schwache giftige Eigenschaften, zeichnet sich aber besonders durch die intensive Blutdrucksteigerung nach Injektion von kleineren Mengen dieser Base in die Blutbahn aus, eine Blutdrucksteigerung, welche in mancherlei Hinsicht an die Wirkung des Adrenalins und auch des Nicotins erinnert. Es macht die motorischen Endplatten der Nerven im Muskel der Ermüdung leichter zugänglich, eine Wirkung, wie man sie durch eine Curaredosis erhalten kann, welche zu klein ist, eine komplette

[1]) Virchows Arch. **124**, 193.
[2]) Diss. Kiel (1895).
[3]) Kendrick und Dewar, London Roy. Soc. Proc. **22**, 432.
[4]) R. und E. Wolffenstein, BB. **34**, 2408 (1901).

Paralyse zu bewirken. Auf das Zentralnervensystem übt Piperidin keine Wirkung aus, hingegen auf das Herz, auf welches große Dosen eines schwächenden Einfluß haben. Die typische Curarewirkung bleibt aus dem Grunde aus, weil bei Anwendung großer Dosen zuerst das Herz stillstehen bleibt.

Treten aber in das Piperidin aliphatische Seitenketten, insbesondere Alkylreste ein, so wird die physiologische Wirkung gesteigert.

```
   Pipecolin            α-Äthylpiperidin       Coniin (α-Propylpiperidin)
      H2                     H2                     H2
      C                      C                      C
     / \                    / \                    / \
  H2C   CH2              H2C   CH2              H2C   CH2
   |     |                |     |                |     |
  H2C   CH·CH3           H2C   CH·C2H5          H2C   CH·CH2·CH2·CH3
     \ /                    \ /                    \ /
      N                      N                      N
      H                      H                      H
```

Pipecolin (α-Methylpiperidin) macht komplette Curarewirkung ohne Herzstillstand. Dieselben Symptome erzeugt Äthylpiperidin in viel kleinerer Dosis und Coniin in noch kleinerer Dosis. Coniin differiert vom Piperidin nur in der sehr kräftigen Wirkung auf die motorischen Nervenendplatten und hat keine zentrale Wirkung[1]). Die Giftigkeit dieser Substanzen verhält sich folgendermaßen:

Piperidin	:	Pipecolin	:	Äthylpiperidin	:	Coniin[2])
1	:	2	:	4	:	8

Während also die Methylgruppen in arithmetischer Progression ansteigen, steigt die Giftigkeit in geometrischer. Wie wir gleich sehen werden, konnte Gürber zeigen, daß dieses Gesetz für die Lupetidinreihe, welche ebenfalls vom Pipieridin deriviert, nur für die niederen Glieder gilt, während die höheren Ausnahmen bilden, da sie eine sekundäre Wirkung auf das Zentralnervensystem haben. Die Ursache dieser Unregelmäßigkeit kann aber nach Arthur R. Cushnys Erklärung darin liegen, daß während bei den niederen Gliedern der Serie die Wirkung des Piperidinradikals der bestimmende Faktor der Giftigkeit ist, die Zahl der Methylgruppen, wenn sie größer wird, ebenfalls einen Ausschlag gibt, da diese als aliphatische Narkotica wirken.

Dimethylconylammoniumchlorid ist nicht ganz ohne krampferregende Wirkung. Homoconiin (durch Reduktion von α-Isobutylpyridin mit Natrium erhalten) wirkt stärker lähmend und weniger krampferregend als Coniin. Die letale Dosis beträgt nur neun Zehntel der des Coniins.

Isopropylpipieridin wirkt qualitativ wie das isomere Coniin, aber die Wirkung ist dreimal geringer.

	Letale Dosen pro kg Kaninchen
αα'-Dimethyl-Piperidin	0.4
N-Methyl- „	0.4
N-Äthyl- „	0.1
N-Propyl- „	0.01
N-Amyl- „	0.04
N-Formyl- „	0.3
N-Acetyl- „	0.3
N-Propionyl- „	0.4
N-Benzoyl- „	0.57

N-Valeryl (ohne Wirkung, da es mangelhaft resorbiert wird).

---

1) Bestritten von H. Hayashi und K. Muto, AePP. **48**, 356 (1902).
2) Paul Ehrlich, BB. **31**, 214 (1898).

Stilbazolin

$$\begin{array}{c} H_2 \\ H_2 \quad\quad H_2 \\ H_2 \quad\quad H \cdot CH_2 \cdot CH_2 \cdot C_6H_5 \\ N \\ H \end{array}$$

zeigt die lähmende Wirkung des Coniins in erheblicher Weise verstärkt, die krampferregende bis auf ein Minimum herabsetzt. Die letale Dosis ist um ein Drittel höher als beim Coniin. Furfuräthanpiperidin, in welchem ein Wasserstoff der Seitenkette durch den sauerstoffhaltigen Furankern ersetzt ist, ist dreimal so giftig als Coniin und beschleunigt die Atmung[1]).

Die Bedeutung des Eintrittes von Methylgruppen in Alkaloide läßt sich auch gut an den von Guareschi synthetisch dargestellten Cyanoxypyridinderivaten beobachten. A. Deriu[2]) untersuchte diese und fand:

β-Cyan-α'-γ'-dimethyl-α-oxypyridin ist wirkungslos bei Hunden und Kaninchen, bei Katzen intravenös gegeben tritt Myosis, Reflexsteigerung und konvulsivisches Zucken auf.

β-Cyan-α'-β'-γ'-trimethyl-α-oxypyridin ist viel aktiver, ruft epileptische Konvulsionen bei Katzen hervor. Bei Kaninchen ist es unwirksam.

N-Methyl-β-cyan-α'-γ-dimethyl-α-oxypyridin ist ein starkes Myoticum und Purgans, wirkt stark nervenerregend. Es ist das am stärksten wirksame in dieser Gruppe.

N-Äthyl-β-cyan-α'-γ-dimethyl-α-oxypyridin hat die gleiche physiologische Wirkung.

Je größer das Molekulargewicht, desto wirksamer ist die Verbindung, die Wirkungsstärke hängt von der Zahl und Natur der anhaftenden Radikale ab und wächst mit deren Anzahl, ist ferner abhängig von der Art der Anreihung der Methylradikale an den N des Kern.

Zuerst zeigten Kendrick und Dewar[3]), daß in der Pyridinreihe ein beträchtlicher Unterschied in der Stärke der Wirkungen der einzelnen Glieder vorhanden ist, aber die Art und Weise der Wirkung ist immer die gleiche. Die letale Dosis wird kleiner, je höher das homologe Pyridin in der Reihe steht.

Die höheren Glieder der Pyridinreihe erinnern in ihrer physiologischen Wirkung an die niederen Glieder der Chinolinreihe, ausgenommen, daß die Pyridine mehr befähigt sind, Tod durch Asphyxie hervorzurufen und daß die letale Dosis der Pyridine weniger als die Hälfte vor der der Chinoline ist.

Wenn man von den niederen zu den höheren Gliedern der Chinolinreihe ansteigt, so findet man, daß die physiologische Wirkung ihren Charakter ändert, insofern als die niederen Glieder hauptsächlich auf die sensorischen Zentren des Gehirns zu wirken scheinen und auf die Reflexzentren der Corda, indem sie die Fähigkeit zu willkürlicher oder Reflexbewegung zerstören; die höheren Glieder wirken weniger auf diese Zentren und hauptsächlich auf die motorischen zuerst als Irritantien, indem sie heftige Krämpfe verursachen, späterhin eine komplette Paralyse hervorrufen. Während die Reflexerregbarkeit der Zentren im Rückenmark verschwunden zu sein scheint, können diese Zentren leicht durch Strychnin zur Tätigkeit gebracht werden.

Gürber und Justus Gaule[4]) untersuchten die Serie der Lupetidine.

Lupetidine sind Homologe des Dimethylpipieridins. Wird im Lupetidin

[1]) Falck, Diss. Kiel (1893). [2]) Giorn. della R. Acad. med. di Torino **53**, 839.
[3]) Roy. Society Proceedings London **22**, 242. [4]) Dubois' Arch. **1890**, 401.

ein Wasserstoffatom, und zwar das dem Stickstoff gegenüberstehende durch Radikale ersetzt, so bilden sich die weiteren Glieder der Reihe.

$$\begin{array}{c} R \\ \cdot \\ H \\ C \\ H_2C \quad CH_2 \\ CH_3 \cdot HC \quad CH \cdot CH_3 \\ N \\ H \end{array}$$

Es ist bekannt, daß die Alkylradikale und auch andere Radikale ihre eigene chemische Natur, selbst in höchst komplizierte Verbindungen substitutiert, teilweise bewahren können. Diese spiegelt sich dann auch öfters in der physiologischen Wirkungsweise solcher substituierter Verbindungen wieder, ja selbst der ganze Charakter der physiologischen Wirkungsweise derselben kann durch die substituierenden Radikale bedingt sein.

Bei den Lupetidinen zeigt es sich, daß im allgemeinen die Größe der wirksamen Dosis abnimmt, wenn die Größe des substituierten Alkylradikales zunimmt. Es zeigt sich, daß die Wirkungsintensität gleichsam in geometrischer Progression zunimmt, wenn das Molekulargewicht in arithmetischer Progression steigt; dieses Gesetz gilt jedoch in dieser Reihe nur bis zum Isobutyllupetidin, denn dieses und noch mehr das Hexyllupetidin weichen erheblich davon ab. Die auffallende Tatsache, daß ein Butyl- und ein Hexylradikal so ganz anders wirken sollen als ein Methyl-, Äthyl- oder gar Propyl-Radikal, wird durch einige chemische Analogien bestätigt.

Piperidin und Propylpiperidin (Coniin) unterscheiden sich ähnlich wie die entsprechenden Lupetidine.

Das allen Lupetidinen gemeinsame Hauptvergiftungssymptom ist die Lähmung der willkürlichen Bewegungen.

Von besonderem Interesse ist nun die Regelmäßigkeit, nach welcher die Zunahme oder Abnahme der Größe der Dosis in der Lupetidinreihe erfolgt, zuerst eine sukzessive Abnahme bis zu einem Minimum beim Propyllupetidin und dann für Isobutyl- und Hexyllupetidin wieder eine ebensolche Zunahme, ein Verhältnis, das eine ganz spezielle Bedeutung gewinnt. Es verhalten sich demnach die Intensitäten wie 1 : 2 : 4 : 8, d. h. sie steigen in geometrischer Progression, jedoch nur für die vier ersten Glieder der Reihe, während sie für die beiden letzten Glieder im Verhältnis von 5 : 4 wieder abfallen.

Lupetidin [α-α'-Dimethylpiperidin [1])]

$$\begin{array}{c} H_2 \\ C \\ H_2C \quad CH_2 \\ CH_3 \cdot HC \quad CH \cdot CH_3 \\ N \\ H \end{array}$$

wirkt analog dem Curare, erzeugt Lähmung ohne besondere Wirkung auf das Herz. Es sistiert die Atmung beim Maximum der Lähmung. Von allen Lupetidinen am stärksten erzeugt Lupetidin selbst Vakuolen in den Blutkörperchen und verändert den Kern nach Form und Größe, das Zentralnervensystem wird schwach affiziert und die Haut lokal anästhesiert.

β-Lupetidin = β-Äthylpiperidin [2]) wirkt sehr spät, macht tetanische Muskelkrämpfe und Speichelfluß, wirkt identisch wie β-Propylpiperidin, doch ist

[1]) Die letale Dosis pro kg Kaninchen ist 0.4 g. [2]) Paul Ehrlich, BB. **31**, 2141 (1898).

die Giftigkeit auf mehr als die Hälfte reduziert. Es scheint aber, daß die Propylgruppe sowohl in α-, als auch in β-Stellung eine größere Giftigkeit bedingt, als die Äthylgruppe.

β-Propylpiperidin ist nicht so toxisch, wie Coniin. Die letale Dosis pro kg Kaninchen beträgt nach P. Ehrlich 0.15 g, während vom α-Propylpiperidin die letale Dosis pro kg Kaninchen 0.09 g beträgt.

Copellidin $C_2H_5 \cdot C$ / CH_2 / CH_2 / H_2C / $CH \cdot CH_3$ / N / H, dessen letale Dosis pro kg Kaninchen 0.1 g beträgt, ist ein Gift, welches hauptsächlich die intramuskulären Nervenendigungen lähmt. Es wirkt doppelt so intensiv wie Lupetidin.

Parpevolin ist ebenfalls ein Gift von gemischtem Charakter mit einer den Gesamtwirkungseffekt hauptsächlich bestimmenden, peripher motorischen, einer weniger deutlichen peripher sensiblen und einer noch stärker als beim Copellidin integrierenden zentralen Komponente. In bezug auf die Lähmung wirkt Parpevolin doppelt so intensiv wie Copellidin.

Propyllupetidin ist ein Gift, welches vorwiegend die intramuskulären Nervenendigungen lähmt, die Zentralorgane des Nervensystems stark mitaffiziert; durch direkte Lähmung der Atmungsmuskulatur hebt es, wie die anderen Lupetidine, die Atmung auf. Propyllupetidin wirkt am intensivsten von allen Lupetidinen, achtfach so intensiv als Lupetidin; in seiner Fähigkeit Vakuolen zu erzeugen, tritt es gegenüber den bis jetzt besprochenen Gliedern der Reihe bedeutend zurück.

Isobutyllupetidin ist ein Gift, welches vorzugsweise ähnlich den echten Narkoticis das Zentralnervensystem und das Herz lähmt, dann aber auch wie die vorhergehenden Glieder der Reihe die intramuskulären Nervenendigungen in Mitleidenschaft zieht.

Hexyllupetidin ist ein nach Art der echten Narkotica auf die Zentralorgane und direkt auf das Herz wirkendes sehr energisches Gift. Nebenbei lähmt es schwach die intramuskulären Nervenendigungen.

Coniin ist nach Ladenburg α-Propylpiperidin und steht am nächsten dem Propyllupetidin. Verschiedene Autoren schreiben ihnen verschiedene Wirkungen zu, was wohl auf verschiedener Stellung der Propylgruppe beruhen kann; zweifellos vereinigt Coniin, wie die Lupetidine, periphere und zentrale Wirkung in sich. Die physiologische Wirkung ist beim Coniin 7—8 mal größer als beim Piperidin.

Conhydrin H OH / H_2 / H_2 / H_2 / H_2 / $H \cdot CH_2 \cdot CH_2 \cdot CH_3$ / H / N wirkt wie Coniin, aber schwächer, Paraconiin wie Coniin[1]).

Vor allen Dingen sieht man sofort aus dem Vergleich der beiden Reihen, daß es einen Unterschied macht, ob die CH_3-Gruppen symmetrisch an verschiedene Kohlenstoffatome herangetreten sind oder asymmetrisch an eines allein. Es ist also auch die Stellung der Seitenkette, welche in Betracht kommt, von Einfluß auf die Wirkung dieser beiden Gifte. Von diesem Gesichtspunkt aus

---

[1]) Wertheim und Schloßberger, Liebigs Ann. **100**, 239. — Schiff, Liebigs Ann. **157**, 166.

wird man auch einen Unterschied zwischen der Wirkungsweise des Coniins, bei dem das Propylradikal in α-Stellung sich befinden soll, und derjenigen des Propyllupetidins, bei dem das Radikal in γ-Stellung geht, machen müssen. Doch tritt dieser Unterschied nicht mehr deutlich hervor, vielleicht ist auch die α-Stellung für das von Gürber verwendete Präparat nicht so sicher. Bei den Lupetidinen handelt es sich um Produkte der Wirkung, welche den Kern und die Seitenketten bei verschiedener Zahl und verschiedener Stellung produzieren, nicht einfach um die Größe des Gesamtmoleküls. Der Piperidinkern bedingt die Veränderungen (Vakuolenbildung) der roten Blutkörperchen, die Seitenketten schwächen diese Wirkung eher ab, dagegen hängt die Wirkung auf das Nervensystem ganz wesentlich von diesen Seitenketten ab. Auch hier zeigt sich wieder eine Differenz zwischen ein- bis dreigliedrigen und vier- und mehrgliedrigen Seitenketten, die ersteren bewirken eine periphere, die letzteren eine zentrale Lähmung. Außer den Lupetidinen ist noch kein Körper bekannt, welcher ähnliche helle Stellen in den roten Blutkörperchen des Frosches hervorzubringen vermag.

Sämtliche Verbindungen der Lupetidinreihe sind giftig und alle verursachen den Tod unter Herzlähmungserscheinungen. Es ist aber nicht dasselbe Gift, welches am raschesten Lähmungen herbeiführt und dessen kleinste Dosis den Tod bringt. Dieses deutet auf verschiedene Angriffspunkte der verschiedenen Verbindungen. Die direkte Erregbarkeit des Muskels bleibt bei allen erhalten, die indirekte Erregbarkeit des Muskels vom Nerven aus schwindet zuerst bei dem Lupetidin, bei dem Copellidin teilweise, bei den höheren Gliedern der Reihe ist sie noch ganz erhalten, während schon eine vollständige Lähmung aller willkürlichen Bewegungen eintritt. Bei den höheren Gliedern ist also die Lähmung eine zentrale und sie wird erst bei längerer Dauer und steigender Dosis eine periphere, bei den niederen Gliedern ist sie zuerst eine periphere und wird später eine zentrale. Lupetidin gleicht also in seinem Angriffspunkte dem Curare, Hexyllupetidin den Narkoticis, indem es die Zentralorgane lähmt: es erstreckt auch, wie diese, seine Wirksamkeit auf das Herz, das es rasch in Mitleidenschaft zieht.

In den roten Blutkörperchen treten runde helle Stellen auf, an welchen der Blutfarbstoff verschwunden ist; in den ersten Stadien der Vergiftung treten aus den Blutkörperchen stark lichtbrechende Körnchen heraus.

Man kann konstatieren, daß die Zahl und Größe der Stellen bei Lupetidinvergiftung am größten und mit wachsendem Alkylradikal abnimmt, so daß Hexyllupetidin nur noch ganz kleine und schwer zu entdeckende Stellen hervorbringt.

Daß die gemeinsame Ursache dieser Veränderungen in dem allen diesen Giften gemeinsamen Piperidinkern zu suchen sei, schien wahrscheinlich. Gürber hat auch in der Tat gefunden, daß zwei Körper, welche denselben Kern enthalten, nämlich Piperidin selbst und Coniin, dieselben Wirkungen auf die Blutkörperchen wie die Lupetidine haben. Die farblosen Stellen in den Erythrocyten sind also eine Wirkung des Piperidinkernes, sie können in ihrer Größe, Zahl und Gruppierung durch die Alkylradikale modifiziert werden, die in diesen Kern eintreten, und zwar in der Art, daß sie bei dem höchsten Radikal, dem Hexyl, fast verschwinden. Diese Wirkung ist aber wahrscheinlich keine direkte.

Paderi[1]) untersuchte Ladenburgs Piperylalkin

H_2
H_2 H_2
H_2 H_2
H_2
$N \cdot CH_2 \cdot CH_2 \cdot OH$

[1]) Liebigs Ann. **295**, 370; **301**, 117.

und Pipecolylalkin $\begin{array}{c} H_2 \\ H_2\diagup\diagdown H_2 \\ H_2\diagdown\diagup H \cdot CH_2 \cdot CH_2 \cdot OH \\ N \\ H \end{array}$. Sie wirken auf das Zentralnervensystem paralysierend wie Piperidin. Dagegen übt Methylpipecolylalkin $\begin{array}{c} H_2 \\ H_2\diagup\diagdown H_2 \\ H_2\diagdown\diagup H \cdot CH_2 \cdot CH_2 \cdot OH \\ N \\ CH_3 \end{array}$ eine „heilkräftige" Wirkung aus. Die Einführung von Glykol in Piperidin ist ohne Einfluß, gleichgültig ob Imidwasserstoff oder Kernwasserstoff des Piperidins durch Glykol substituiert wird. Wenn aber gleichzeitig Kernwasserstoff durch Glykol und Imidwasserstoff durch Methyl ersetzt wird, so entsteht eine „heilkräftige" Wirkung (es wird nicht angegeben, was für eine).

Wir haben durch die Untersuchungen von Gürber, J. Gaule und Cushny an relativ einfachen Beispielen die Bedeutung der aliphatischen Alkylseitenketten kennengelernt, welche nicht am Stickstoff sitzen. Wir haben die Verstärkung, unter Umständen die Veränderung der Wirkung des Kernes studieren können und konnten den Einfluß sehen, welchen längere oder zahlreichere Seitenketten ausüben, so daß ihre Gegenwart in der Verbindung oft der letzteren die Wirkungen der aliphatischen Reste, und zwar narkotische Effekte auf das Zentralnervensystem verleiht.

Sehr interessant ist es, daß man vom Pyridin zu viel giftigeren Substanzen gelangt als vom Chinolin, so daß die Gegenwart des Benzolkernes in der Verbindung abschwächend wirkt. Denn das dem Coniin homologe α-Tetrahydropropylchinolin ist für niedere Tiere sehr stark, für Säugetiere aber viel weniger giftig als Coniin[1]).

Die Kondensationsprodukte von Piperidin, Formaldehyd und einem Phenol, z. B. Thymotin-, Carvacryl-, p-Kresyl-piperidid wirken im großen und ganzen wie Piperidin[2]).

Monobromthymotinpiperidid und Dibromkresylpiperidid zeigen nicht die krampferregende Wirkung des Piperidins. Die Kondensationsprodukte aus Piperidin und Phenolen mittels Formaldehyd (bzw. aus Oxyalkoholen) zeigen nur dann Piperidinwirkung, wenn die p-Stellung oder eine der beiden o-Stellungen zum Hydroxyl im Benzolkern frei ist. Die m-Stellung zum Hydroxyl hat nur dann Einfluß auf die physiologische Wirkung, wenn beide m-Stellungen unbesetzt und dem Methylpiperidinreste benachbart sind[3]).

Kondensationsprodukte aus Piperidin und Phenolen mittels Formaldehyd, welche zwei reaktionsfähige Stellen am Benzolringe enthalten, erfahren eine Verstärkung der Wirkung, wenn man die eine von beiden durch Brom oder ein Radikal ersetzt.

W. Hildebrandt[4]) untersuchte ferner die vier folgenden Basen:

I $\begin{array}{c} CH_2 \cdot NC_5H_{10} \\ CH_3\diagup\diagdown \\ \diagdown\diagup CH_3 \\ OH \end{array}$ II $\begin{array}{c} CH_2 \cdot NC_5H_{10} \\ CH_3\diagup\diagdown CH_3 \\ \diagdown\diagup \\ OH \end{array}$ III $\begin{array}{c} CH_2 \cdot NC_5H_{10} \\ \diagup\diagdown \\ \diagdown\diagup OCH_3 \\ OH \end{array}$ IV $\begin{array}{c} CH_3 \\ \diagup\diagdown CH_3 \\ \diagdown\diagup CH_2 \cdot NC_5H_{10} \\ OH \end{array}$

Die Base I zeigt in Dosen von 0.005 g akute Piperidinwirkung. Erheblich schwächer wirkt die Base III, bei der nach Injektion von 0.01 g nur vorüber-

[1]) Tonella, Arch. internat. Pharmacodyn. **3**, 324. [2]) AePP. **44**, 278 (1900).
[3]) H. Hildebrandt, HS. **43**, 248 (1904—1905). [4]) Liebigs Ann. **344**, 298.

gehende Krämpfe auftraten, noch schwächer wirkte Base II, bei der 0.01 g ohne jede Wirkung, 0.02 g unter heftigen Krämpfen Tod erzeugt. Die Base IV ist unwirksam. Die Basen I und II unterscheiden sich lediglich durch die Stellung der Methylgruppen am Benzolring. Durch das Freibleiben beider o-Stellungen zum Hydroxyl erfährt die physiologische Wirkung eine erhebliche Abnahme. Hildebrandt deutet diese Erscheinung so, daß die eine freie o-Stellung die andere in physiologischer Beziehung beeinträchtigt. In ganz analoger Weise beeinträchtigen sich, wie aus dem Verhalten der Base III erhellt, die eine freie o-Stellung einerseits und die beiden dem Methylenpiperidinderivate benachbarten freien m-Stellungen anderseits. Letztere haben den gleichen Einfluß wie eine freie o-Stellung, wenn sie dem Methylenpiperidinrest benachbart sind.

Iso-α-α'-diphenylpiperidid wirkt nicht giftig, Thymotin-α-methylpiperidid ist viel weniger giftig als Thymotinpiperidid. Erst in Dosen von 1.5 g erzeugt es bei einem Kaninchen von 2 kg Krämpfe und Tod. Carvacryl-α-methylpiperidid macht schon zu 0.4 g pro kg Krämpfe und Tod. Thymotincopellidid ist noch weniger giftig als die entsprechende Pipecolinverbindung.

Das Thymolderivat des Piperidins (Hildebrandt) ist giftiger als Piperidin selbst.

* * *

Von großer Bedeutung ist die Gegenwart von Alkylresten am Stickstoff. Im allgemeinen läßt sich die Regel aufstellen, daß die Ersetzung des Imidwasserstoffes durch Alkylradikale die Reizwirkung herabmindert (Filehne).

Methylconiin (am N methyliert) wirkt krampferregend und lähmend, die letale Dosis ist um ein Drittel geringer als die des Coniins.

Bei der Untersuchung von Norhyoscyamin und Noratropin zeigte es sich, daß die Norverbindungen nur ein Achtel so wirksam sind wie ihre Methylderivate [1]).

Nur das Norcocain wirkt nach E. Poulsson [2]) in unverändertem oder sogar verstärktem Maße lokal anästhesierend.

Bedeutung der Hydroxyle.

Die Gegenwart von Hydroxylen steht anscheinend in enger Beziehung zu der Gehirnwirkung. Es ist auffällig, daß gerade nur diejenigen natürlichen Alkaloide, welche Hydroxylgruppen enthalten, Gehirnwirkungen auslösen, während meist der Verschluß derselben durch Säure- oder Alkylradikale die Gehirnwirkung erschwert oder ganz aufhebt.

Als Beispiele dienen:

Morphin wirkt schlafmachend, eine Eigenschaft, welche durch Verdecken des Hydroxyls durch Aryl- oder Acylgruppen größtenteils unterdrückt wird.

Das Verdecken des Hydroxyle bedingt aus Gründen, die im allgemeinen Teile ausgeführt wurden, ein Auftreten von strychninartigen Eigenschaften.

Beispiele: Morphin, Kodein (Methylmorphin).

Thebain ist ein heftig tetanisch wirkendes Gift (strychninartige Wirkung). Seine Konstitution zeigt, daß in diesem Körper zwei Methoxygruppen vorhanden sind und die nahe Verwandtschaft zum Morphin, mit dem es wegen Verdecktseins der Hydroxyle nur die krampferregende, aber nicht die narkotische Wirkung gemein hat.

[1]) P. P. Laidlaw bei Francis H. Carr und W. C. Reynolds, Journ. Chem. Soc. London **101**, 946 (1912). [2]) AePP. **27**, 301.

Chinin enthält ein Hydroxyl am verbindenden Kohlenstoff (s. S. 236), es zeigt Eigenschaften, welche an eine schwache Morphinwirkung erinnern. An Fröschen ruft Chinin eine ähnliche Narkose hervor, wie Morphin[1]). Auch bei höheren Tieren wird die Sensibilität merklich herabgesetzt.

Pellotin $C_{13}H_{19}NO_3$ mit einem Hydroxyl hat stark ausgeprägte narkotische Eigenschaften[2]).

Eserin (Physostigmin) $C_{15}H_{21}N_3O_2$ besitzt ein Hydroxyl, ist ungemein giftig und macht allgemeine Lähmung des Zentralnervensystems.

Zu der Reihe von A. Ladenburgs Alkaminen gehört eine Base, welche synthetisch durch Einwirkung von Propylenchlorhydrin auf Diisoamylamin dargestellt wurde, das Oxypropylendiisoamylamin. Diese Base ist hydroxylhaltig, wirkt stark toxisch (0.2 g pro kg wirken in einer Stunde tödlich). Sie verursacht heftige psychische Erregung, wütendes Herumlaufen und Bellen der Hunde, keuchende Atmung und epileptiforme Konvulsionen, überhaupt Symptome der menschlichen Epilepise. Hier scheint also die Hydroxylgruppe die Substanz in intime Beziehungen zur Gehirnrinde zu bringen. Ebenso erzeugt das hydroxylhaltige Atropin jene eigentümlichen Exaltationszustände der Psyche.

Harmin und Harmalin, von denen das erste eine einsäurige sekundäre Base und das zweite ein Dihydroharmin ist, wirken beide deutlich psychisch, was vielleicht mit ihrer Spaltung zu phenolartigen Derivaten im Organismus zusammenhängt[3]).

Bedeutung der Carboxalkylgruppe.

Eigentümlich ist auch die Verstärkung der Wirkung, bezw. das Auftreten der Wirkung durch Esterbildung bei Alkaloiden, welche freie Carboxylgruppen tragen, also gleichsam auch Säuren sind.

Benzoylekgonin

```
          H
H2C——————C——————C·COOH
 |       |      |
 |      N·CH3  CH·O·CO·C6H5
 |       |      |
H2C——————C——————CH2
          H
```

wird erst durch Veresterung wirksam; wenn man für den Wasserstoff der Carboxylgruppe ein beliebiges aliphatisches Alkylradikal substituiert, so entstehen die wirksamen Cocaine, wobei es für die Wirkung ziemlich gleichgültig ist, welche Alkylreste eintreten.

Die Wirkungsstärke der Alkaloide wird bedeutend gesteigert, wenn ein Wasserstoff durch eine Carboxylalkylgruppe ersetzt wird.

Cocain ist wirksamer als Tropacocain, dem die Carboxymethylgruppe fehlt. In der Eucaingruppe ist die Veresterung der Carboxylgruppe von großer Bedeutung für die Giftigkeit, aber nicht für die Anästhesie. Die Ester der Alkamincarbonsäuren sind 2—3mal so giftig als die entsprechenden Alkamine.

(Siehe im speziellen Teil bei Cocainersatzmitteln.)

Das unwirksame Arecaidin

```
      H
      C
H2C/ \\C·COOH
H2C\  /CH2
     N·CH3
```

[1]) O. Schmiedeberg, Pharmakologie, 5. Aufl., S. 218.

[2]) A. Heffter, AePP. **34**, 65 und 374; **40**, 385. — Therap. Monatshefte **1896**, 328.

[3]) Ferdinand Flury, AePP. **64**, 105 (1910).

wird zum physiologisch wirksamen Arecolin, wenn man die Carboxylgruppe verestert, hierbei ist es ebenfalls gleichgültig, was für ein aliphatischer Alkylrest eintritt.

Cesol ist das Chlormethylat des Nicotinsäuremethylesters. Es soll als Ersatz des Arecolins dienen. Neucesol ist voll hydriertes Cesol, es zeigt die Eigenschaften des Cesols schon in kleineren Dosen. Die schweißtreibende und myotische Wirkung des Arecolins tritt im Cesol zurück, ausgesprochen ist die speicheltreibende Wirkung und der drastische Einfluß auf die glatte Darmmuskulatur. Die Giftwirkung ist stark herabgesetzt[1]).

Das unwirksame Colchicein wird durch Verätherung der Enolgruppe zum giftigen Colchicin. Die Gründe hierfür haben wir im allgemeinen Teile auseinandergesetzt (s. S. 105).

A. Windaus[2]) faßt Colchicin als Enol auf, und Colchicein als den entsprechenden Enolmethyläther. Colchicin läßt sich auffassen als $(CH_3O)_3 \cdot C_6H : (C_{10}H_8O) < (OCH_3)\ (NHCOCH_3)$, Colchicein $(CH_3O)_3 \cdot C_6H : (C_{10}H_8O) < (COH)\ (NHCOCH_3)$.

Colchicin und alle Colchicinderivate sind Capillargifte. Möglicherweise sind die therapeutischen Wirkungen durch Lähmung und Stase im Capillarbereich zu erklären[3]).

* * *

Interessant ist der Einfluß der doppelten Bindung (s. allg. Teil, S. **110 ff.**) auf die Giftigkeit der Alkaloide. So ist nach R. Wolffenstein[4]) γ-Conicein ein sehr heftiges Gift, und zwar 17.5 mal so giftig als das an und für sich schon sehr giftige Coniin. γ-Conicein hat eine doppelte Bindung.

Coniin: Ring H_2 / H_2, H_2 / H_2, $H \cdot CH_2 \cdot CH_2 \cdot CH_3$, N, H γ-Conicein: Ring H_2 / H_2, H / H_2, $H \cdot CH_2 \cdot CH_2 \cdot CH_3$, N, H

Ebenso wirkt Nicotein

(Pyridinring, N) $\cdot$ CH (CH=CH) CH_2, N, CH_3 analog wie Nicotin (Pyridinring, N) $\cdot$ CH (CH_2—CH_2) CH, N, CH_3

aber seine toxische Kraft ist anscheinend wegen der doppelten Bindung eine größere[5]).

α-Conicein (Konstitution nicht genau bekannt) ist giftiger als Coniin. Hingegen ist β-Conicein

CH, HC / CH_2, H_2C / $\cdot$ CH $\cdot$ C_3H_7, N, H oder H, C, H_2C / CH, H_2C / $CH \cdot C_3H_7$, N, H

weniger giftig als Coniin.

[1]) A. Loewy und R. Wolffenstein, Therap. d. Gegenwart **61**, 287 (1920).
[2]) Sitzungsber. der Heidelberger Akad. d. Wiss. **1911**, 1.
[3]) S. Loewe, Therap. Halbmonatshefte **34**, 5 (1920).
[4]) BB. **27**, 1778 (1894); **28**, 302 (1895). [5]) BB. **25**, 1901 (1892).

α-Conicein ist vielleicht ein stereoisomeres der δ- und ε-Coniceine, was die

δ-Coniccin

```
         H
         C
   H2C /| \ CH2
   H2C \| / CH · C3H7
         N
```

geringere Giftigkeit durch den tertiären N-Charakter erklären würde.

Conhydrin

```
       H  OH
        \/
        C
   H2C / \ CH2
   H2C \ / CH · CH2 · CH2 · CH3
        N
        H
```

ist sehr giftig, doch nicht so stark wie Coniin.

Bedeutung der Substitution von Säureradikalen für Hydroxylwasserstoff.

Von eigentümlicher Bedeutung für die Wirkung der Alkaloide, insbesondere für die der natürlichen, ist die Gegenwart von Säureestern, welche Hydroxylwasserstoff substituieren. Die Benzoylgruppe im Cocain ist ausschlaggebend für die anästhesierende Wirkung. Ekgoninmethylester hat diese Wirkung nicht.

Die Tropine gehen erst durch Eintritt von aromatischen Säureestern in die intensiv giftigen Solanaceenalkaloide über, während die aliphatischen Säurereste nur wenig wirksame Verbindungen schaffen.

Auch bei Eintritt eines aromatischen Radikales zeigt sich manchmal ein höchst merkwürdiges Verhalten, wie folgendes Beispiel erweist.

Atropamin, welches in der Belladonnawurzel vorkommt, ist im Gegensatz zum Atropin unwirksam, indem es keine Mydriasis (Pupillenerweiterung) erzeugt. Bei der Spaltung des Atropamins erhält man Tropin und Atropasäure, bei der Spaltung des Atropins Tropin und Tropasäure.

Atropasäure (α-Phenylacrylsäure) ist $C_6H_5 \langle {}^{/\!/ CH_2}_{COOH}$

Tropasäure ist $C_6H_5 \cdot CH < {}^{CH_2 \cdot OH}_{COOH}$

Also trotz der nahen Verwandtschaft dieser beiden Tropeine ist das physiologische Verhalten gänzlich verändert. Die Ursache wird später erklärt werden (s. Atropin).

Solanin wird im Magendarmkanal hydrolytisch gespalten. Daher sind die einzelnen Tierarten gegen die Giftwirkung des Solanins verschieden empfindlich [1]).

Aus dem Morphin entsteht durch Einführung von zwei Acetylgruppen Diacetylmorphin (Heroin), welches in mancher Beziehung dem Kodein analoge Wirkungen hat, aber auch Nebenwirkungen, die es selbst in kleinen Dosen nicht unbedenklich machen.

Die Einführung von zwei neuen Acetylgruppen in das Aconitinmolekül macht nach Cash und Dunstan keine Veränderung der pharmakologischen Wirkung, sondern hat nur eine allgemeine Abschwächung der charakteristischen Wirkung des Stammalkaloides zur Folge.

---

[1]) Johann Hansen, Zeitschr. f. experim. Pathol. u. Ther. **20**, 385 (1919).

Alle Aconitinalkaloide sind Ester, die sich durch Alkali oder Säure in eine hydroxylhaltige Base und in eine oder mehrere Säuren verseifen lassen.

Das noch dem Aconitin an Giftigkeit überlegene Pseudoaconitin $C_{36}H_{49}NO_{12}$ ist Acetylveratrylpseudoaconin

$$(CH_3O)_2C_6H_3 \cdot CO \cdot O \cdot C_{21}H_{23}N(OH)_2(OCH_3)_4 \cdot (O \cdot CO \cdot CH_3)$$

(Pseudaconin scheint das Anhydrid des Aconin zu sein.)

Pyraconitin und Methylbenzaconin besitzen nicht mehr die charakteristischen toxischen Eigenschaften des Aconitins, immerhin wirkt aber Methylbenzaconin stärker als Benzaconin, was der Anwesenheit der Methylgruppe zuzuschreiben ist [1]).

Wird aber aus Aconitin

$$C_{21}H_{27}(OCH_3)_4NO_5{-}\!\!<\begin{matrix}CO \cdot CH_3\\ CO \cdot C_6H_5\end{matrix}$$ [2])

die in diesem enthaltene Acetylgruppe abgespalten und entsteht so Benzaconin = Pikroaconitin [3]), $C_{21}H_{27}(OCH_3)_4(OH)NO_4 \cdot CO \cdot C_6H_5$, so sind die Hauptcharakteristica der Aconitinwirkung fast ganz verschwunden. Die große Giftigkeit des Aconitins hört auf, die letale Dosis des Benzaconins ist so beträchtlich, daß man es nicht mehr zu den Giften zählen kann.

Auf das Herz wirkt Benzaconin als Antagonist des Aconitins, indem es den Herzschlag verlangsamt im Gegensatze zum Aconitin, welches eine große Beschleunigung hervorruft. Benzaconin ist aber in gewissem Grade ein Antidot bei Aconitinvergiftung, wenn auch kein so wirkungsvolles, wie Atropin. Die Entfernung der Acetylgruppe vernichtet auch die stimulierende Wirkung des Aconitins auf die Respirationszentren und den Lungenvagus.

Wird aus dem Benzaconin die Benzoylgruppe abgespalten, so verschwindet jede giftige Wirkung auf das Herz, da das so entstandene Aconin $C_{21}H_{27}(OCH_3)_4(OH)_2NO_3$ als Kardiotonicum anzusehen ist. Aconin ist also ein Antagonist des Aconitins. Dem Aconin kommt eine curareähnliche Wirkung zu, welche das Stammalkaloid, Aconitin, nicht hat. Aconin ist ebenfalls kein Gift mehr.

Die große Giftigkeit des Aconitins hängt ab von dem Vorhandensein des Acetylradikals, während die Wirkung des Benzaconins in geringerem Grade von der Existenz des Benzoylradikals abhängt. Merkwürdig ist die Wirkungslosigkeit des Aconins.

Pikrotoxin ist ein zentral wirkendes Gift. Das nicht alkaloidische Gift Pikrotoxin zeigt einige Eigentümlichkeiten in seinen Derivaten, wie wir sie bei den Alkaloiden antreffen. Nach neueren Untersuchungen besteht Pikrotoxin aus einer Mischung von Pikrotoxinin $C_{15}H_{16}O_6$ und Pikrotin $C_{15}H_{19}O_7$, außerdem aus Anamyrtin. Pikrotoxinin wirkt qualitativ wie Pikrotoxin des Handels. Bei weiterer Behandlung geben Pikrotoxinin und Pikrotin die Säure $C_{15}H_{18}O_4$, welche unwirksam.

Acetylpikrotoxinin wirkt wie Pikrotoxinin, aber es ist giftiger (Verhältnis 292 : 376).

Die Wirkung des Pikrotoxinin hängt anscheinend von der Brücke ab. An-

---

[1]) Cash und Dunstan, Proc. roy. soc. London **68**, 378, 384.

[2]) BB. **27**, 433, 720 (1894).

[3]) Pikroaconitin ist das natürliche, im blauen Eisenbart vorkommende Alkaloid.

gelus faßt es als ein Derivat des Hydronaphthalins mit einer Brücke in dem hydroaromatischen Kern auf CH_2. Wird die Brücke durch Einwirkung von Sodalösung zerstört, so hört die Wirkung auf[1]).

Veratrin (Cevadin) macht starkes Erbrechen, und in stärkeren Dosen ist es eines der stärksten Starrkrampfgifte und zugleich paralysierend wirkend. Es wirkt auch lokal reizend. Beim Behandeln mit Ätzkali erhält man daraus die Base Cevin und Tiglinsäure, d. i. Methylcrotonsäure[2]).

$$\underset{\text{Veratrin}}{C_{32}H_{49}NO_9} + H_2O = \underset{\text{Tiglinsäure}}{C_5H_8O_2} + \underset{\text{Cevin}}{C_{27}H_{43}NO_8}$$

Cevin erzeugt dieselben Vergiftungssymptome, doch ist die toxische Dosis 5 mal so groß[3]). Es bewirkt schwache lokale Anästhesie. Die letale Dosis pro kg Kaninchen beträgt 0.1 g. Also auch hier eine intensive Verstärkung der Wirkung durch Veresterung einer hydroxylhaltigen Base mit einer Säure.

Die Veratrumalkaloide mit C_{32} sind bedeutend giftiger als die mit C_{26}, z. B. Rubijervin $C_{26}H_{43}NO_2$ ist ungiftig, ebenso Pseudojervin $C_{29}H_{43}NO_7$ und wird von alkoholischem Kali nicht zerlegt, ebenso ist Protoveratridin $C_{26}H_{45}NO_8$ nicht giftig. Hingegen ist Protoveratrin $C_{32}H_{45}NO_8$ sehr giftig. Anscheinend sind diese Alkaloide mit niedrigerem C-Gehalt Spaltbasen der höheren, welche Ester sind.

Veratrin wirkt[4]), ohne zu ätzen, auf das Auge sensibel reizend und nachher unter deutlicher Myose langanhaltend anästhesierend. Hingegen wirkt Acetylcevadinchlorhydrat weniger sensibel reizend, erzeugt keine Myose, ätzt in Substanz angewendet die Cornea und macht komplette Anästhesie. Ähnlich verhält sich Benzoylcevadinchlorhydrat, während Dibenzoylcevinacetat stark entzündlich reizend und anästhesierend wirkt, ohne die Pupille zu verengern. Die Muskelwirkung des Veratrins (rasche und kräftige Verkürzung, länger andauernde Kontraktion und ganz allmähliche Erschlaffung) erzeugen ähnlich Acetyl- und Benzoylcevadin, nicht aber Dibenzoylcevin. Cevadin und dessen Acylderivate, nicht aber Dibenzoylcevin machen curareartige Lähmungen. Die letale Dosis für den Frosch ist für Cevadin $^1/_{20}$ mg, Acetylcevadin 1 mg, Benzoylcevadin mehr als 10 mg, Dibenzoylcevin 20 mg. Dasselbe Verhalten in der Giftigkeit zeigen die Verbindungen Säugetieren gegenüber. Dibenzoylcevinacetat macht keine derartigen Wirkungen, nur gelinde Betäubung und wirkt sonst nicht toxisch.

$$\underset{\text{Cevadin}}{C_{27}H_{41}NO_6{<}^{O \cdot C_5H_7O}_{OH}} \longrightarrow \underset{\text{Cevin}}{C_{27}H_{41}NO_6{<}^{OH}_{OH}}$$

$$\text{Acylcevadin} \downarrow \qquad\qquad \text{Diacylcevin} \downarrow$$

$$C_{27}H_{41}NO_6{<}^{O \cdot C_5H_7O}_{O \cdot Acyl} \qquad\qquad C_{27}H_{41}NO_6{<}^{O \cdot Acyl}_{O \cdot Acyl}$$

Benzoyllupinin $C_{10}H_{18}N \cdot O \cdot CO \cdot C_6H_5$ ist weit giftiger als Lupinin $C_{10}H_{19}ON$[5]).

Die eintretenden Säureradikale sind nicht als solche wirksam, nicht sie machen die eigentümliche neue Wirkung der Verbindung, aber ihre Funktion besteht darin, daß sie bestimmte in der Base vorhandene Angriffs- und Ver-

[1]) C. Cervello, AePP. **64**, 403 (1911).
[2]) Wright und Luff, Journ. Chem. Soc. London, **33**, 338. — BB. **11**, 1267 (1878).
[3]) Siehe auch M. Freund und Schwarz, BB. **32**, 800 (1899).
[4]) Heintz bei M. Freund, BB. **37**, 1946 (1904).
[5]) A. v. Baeyer, siehe R. Willstätter und Fourneau, Arch. d. Pharmazie **240**, 335.

ankerungspunkte verdecken, so die Substanz gegen bestimmte Einflüsse resistenter machen und zu einer spezifischen Wirkung befähigen; anderseits kann in dem eintretenden Säureradikal erst die verankernde Gruppe für eine spezifische Funktion der ganzen Verbindung vorhanden sein. Zu bemerken ist, daß bei allen Alkaloiden das die Wirkung verstärkende Säureradikal Hydroxylwasserstoff ersetzt.

So wirkt Tropin fast gar nicht, der Eintritt von aliphatischen Säureradikalen erhöht die Wirkung, ohne sie spezifisch zu machen, der Eintritt von resistenten aromatischen löst die giftige Wirkung der Base aus und erst das Vorhandensein eines alkoholischen Hydroxyls im aromatischen Säureradikal löst die mydriatische Eigenschaft der Verbindung aus. In diesem Falle genügt nicht das Vorhandensein eines Hydroxyls in der Verbindung und auch nicht das Vorhandensein des Hydroxyls in einem aromatischen Säureradikal, sondern es muß ein alkoholisches Hydroxyl in einem aromatischen Säureradikal, welches in die Tropeinbildung eingegangen ist, vorhanden sein. Die Gegenwart eines Phenolhydroxyls vermag diese Eigenschaft nicht zur Auslösung zu bringen.

Wird aber Imidwasserstoff durch ein Säureradikal ersetzt, so tritt eine abschwächende Wirkung ein.

So ist Piperin viel schwächer wirksam als Piperidin. Piperin ist aber ein im Imidwasserstoff durch ein Piperinsäureradikal substituiertes Piperidin.

Piperinsäure

$CH_2<\genfrac{}{}{0pt}{}{O}{O}>C_6H_3 \cdot CH:CH \cdot CH:CH \cdot COOH$

Piperin

$CH_2<\genfrac{}{}{0pt}{}{O}{O}>C_6H_3 \cdot CH:CH \cdot CH:CH \cdot CO \cdot NC_5H_{10}$

Piperin ist physiologisch kaum wirksam und kann in Mengen von einigen Grammen eingenommen werden, ohne Vergiftungssymptome hervorzurufen.

Piperinsäure lähmt beim Frosch das zentrale Nervensystem und das Herz, während Piperonal und Piperonylsäure als gesättigte Verbindungen beim Menschen indifferent sind.

Colchicin

CH_2; CH_3O; CH_3O; CH_3O; $C \cdot NH \cdot CO \cdot CH_3$; C—O; C; HC; $C \cdot OCH_3$; CH; CH_2—CH_2

Colchicin enthält einen teilweise reduzierten Naphthalinring mit einer acetylierten primären Aminogruppe und drei einander benachbarten Methoxylgruppen. Außerdem ist eine zweite leicht verseifbare Enolmethoxylgruppe vorhanden, welche bei Verseifung Methylalkohol abspaltet. Es entsteht Colchicein, welches durch die freie Hydroxylgruppe saure Eigenschaften besitzt. Dieses zerfällt bei weiterem Erhitzen mit Säuren in Essigsäure und Trimethylcolchicinsäure. Durch Methylierung kann aus dieser Säure ein dem Colchicin wieder näherstehender Methyläther gewonnen werden. Durch Benzoylierung kann ein

Körper erhalten werden, welcher sich nur durch den Benzoylrest an Stelle des Acetylrestes vom Colchicin unterscheidet.

Colchicein ist ungiftig. Trimethylcolchicinsäure ist viel giftiger als Colchicein.

Die Giftigkeit des Trimethylcolchicinsäuremethyläthers ist fünfmal geringer als die des Colchicins, trotzdem er eine freie Aminogruppe statt einer acetylierten Gruppe besitzt. Durch die Benzoylierung des vorhergehenden Produktes zum N-Benzoyltrimethylcolchicinsäuremethyläther ist die Giftigkeit, wie sonst zu beobachten, wieder verringert worden. Das Benzoylprodukt ist etwa zehnmal weniger giftig als das Acetylprodukt, das Colchicin.

N-Benzoylcolchicinsäureanhydrid ist ein inneres Anhydrid zwischen einer Carboxyl- und einer Phenolhydroxylgruppe und enthält noch den teilweise reduzierten Naphthalinring mit drei Methoxylgruppen. Es besitzt die Magen-Darmwirkung des Colchicins, aber es ist weitaus weniger giftig.

So wie Colchicin wirken auch Colchiceinamid und N-Acetylcolchinolmethyläther und N-Acetyl-colchinol. Während die dem Colchicin noch sehr nahestehenden Derivate Colchicein, Trimethylcolchicinsäure und deren Methyläther mindestens 5—10 mal so schwach als dieses, zum Teil noch außerordentlich viel schwächer wirken, ebenso Colchiceinamid etwa 10—20 mal schwächer, ist die Wirkung des Methyläthers nicht wesentlich geringer als die etwa des Colchiceinamids, also bedeutend stärker als die anderen dem Colchicin sehr viel näher stehenden Derivate. Das gleiche gilt für N-Acetyl-colchinol, das genau so wirkt wie Colchiceinamid. N-Acetyl-colchinol ist bereits ein recht einfaches Methoxyphenanthrenderivat. Die colchicinartige Wirksamkeit geht erst verloren, wenn seine aromatische Aminogruppe entacetyliert wird. Es bewirken unbedeutende, nur die Seitenketten betreffenden Veränderungen eine sehr weitgehende Abschwächung der Wirkung, während umgekehrt die einschneidende Umwandlung des dritten Phenanthrenringes selbst die Colchicinwirkung nicht weiter verringert[1]).

Oxycolchicin entsteht aus Colchicin durch Oxydation, wobei in einer CH_2-Gruppe des sauerstoffhaltigen Ringes der Wasserstoff durch Sauerstoff ersetzt ist. Es ist das ungiftigste unter den Colchicinderivaten.

Oxycolchicin ist beim Frosche wirksamer als Oxydicolchicin, während am Säugetier nur die niedere Oxydationsstufe nennenswert giftig, die höhere in großen Dosen ungiftig ist[2]).

Tetrahydrocolchicin erhält man durch Einwirkung von Wasserstoff in Gegenwart von Palladium in kolloidaler Lösung oder fein verteilter Form als Katalysator[3]).

Die optischen Eigenschaften der Alkaloide scheinen eine gewisse Bedeutung für die Wirkung zu besitzen (s. allg. Teil S. **121** ff.), z. B. Hyoscyamin ist linksdrehend, das isomere Atropin racemisch, aber ihre physiologische Wirkung ist nicht gleich. Cushny[4]) hat d- und l-Hyoscyamin, sowie das racemische Atropin untersucht und gefunden, daß sich diese Stereoisomeren in bezug auf die Nervenendigungen im Froschmuskel gleich verhalten. Aber auf das Froschrückenmark wirkt Atropin viel stärker erregend als l-Hyoscyamin und d-Hyoscyamin

---

[1]) Hans Lipps, AePP. **85**, 235 (1920).
[2]) Hermann Fühner, AePP. **72**, 229 (1913).
[3]) Hoffmann-La Roche, DRP. 279999.
[4]) Journ. of physiol. **1903**, Oktoberheft.

noch stärker als Atropin. Auf die Nervenenden in den Drüsen, im Herzen und in der Iris wirkten diese drei Verbindungen aber ganz anders different. Hier wirkte l-Hyoscyamin zweimal so stark wie Atropin und etwa 12—18 mal so stark wie d-Hyoscyamin. Cushny erklärt diese Wirkungsdifferenzen und ihre quantitativen Unterschiede in der Weise, daß Atropin in der Lösung in seine beiden aktiven Komponenten zerfällt und daß es fast nur durch seinen Gehalt an l-Hyoscyamin auf Drüsen, Herzhemmungsnerven und Iris wirkt, während seine reflexerregende Wirkung am Frosche hauptsächlich auf den Gehalt an d-Hyoscyamin zurückzuführen ist.

Ebenso wirkt l- und d-Adrenalin verschieden, l- und d-Cocain usw.

Bei gewissen Antipoden kann nicht nur die physiologische Wirkung, sondern auch die Oberflächenspannung ihrer wässerigen Lösungen verschieden sein. Zwischen beiden Erscheinungen besteht ein Parallelismus [1]), z. B. bei Cocain.

* * *

Auf S. 49 haben wir ausgeführt, daß zwischen den giftigen und ungiftigen Gliedern der Alkaloidreihe auch physikalische Unterschiede bestehen, welche sich in ihren Wirkungen auf rote Blutkörperchen und Kolloide, sowie in ihren Capillaritätsverhältnissen äußern. Diese Unterschiede beziehen sich aber auch auf die Erniedrigung der Oberflächenspannung.

Cocain ist giftiger als Tropacocain. In verdünnten Lösungen sieht man bei Cocain eine stärkere Erniedrigung der Oberflächenspannung auf Zusatz von Lauge als bei Tropacocain. Möglicherweise steht die größere lokalanästhetische Wirkung des Tropacocains damit im Zusammenhange, daß in konzentrierteren Alkaloidsalzlösungen eben umgekehrt bei Tropacocain eine stärkere Oberflächenspannungserniedrigung durch Lauge hervorgerufen wird.

Holocain verursacht eine größere Oberflächenspannungserniedrigung als Cocain und Tropacocain, dem entspricht auch eine größere Giftigkeit.

β-Eucain ist eine Ausnahme von dieser Regel, denn es ist weniger giftig als Cocain, aber die Oberflächenspannungserniedrigung der Lösung ist bedeutend größer als bei Cocain und Tropacocain. β-Eucain ist weniger giftig als Holocain, und in verdünnten Alkaloidsalzlösungen in alkalischer Lösung erniedrigt Holocain viel mehr die Oberflächenspannung des Wassers als β-Eucain.

Cinchonin und Cinchonidin sind weniger wirksam als Chinin, und in alkalischer Lösung erniedrigen sie die Oberflächenspannung des Wassers weniger als Chinin.

Cinchonin ist physiologisch wirksamer als Cinchonidin, aber es erniedrigt die Oberflächenspannung des Wassers bedeutend weniger als Cinchonidin.

Hydrochinin erniedrigt in alkalischer Lösung viel mehr die Oberflächenspannung des Wassers als Chinin, und es ist auch giftiger.

In der Morphingruppe ist Peronin am giftigsten, das in alkalischer Lösung auch am meisten die Oberflächenspannung erniedrigt, dann kommt das weniger giftige und auch eine höhere Oberflächenspannung besitzende Heroin. Diese beiden sind viel giftiger als Dionin und Kodein, welche auch eine viel höhere Oberflächenspannung haben. Zwischen diesen beiden ist das wirksamere Dionin, das dementsprechend in alkalischer Lösung die Oberflächenspannung auch stärker erniedrigt [2]).

---

1) L. Berczeller, BZ. **82**, 1 (1917). 2) L. Berczeller, BZ. **84**, 80 (1917).

Cholin-Muscaringruppe.

Die aliphatischen Basen wurden schon mehrfach erwähnt. Das krampferzeugende Ammoniak wird in unwirksame Basen durch Ersatz der Wasserstoffe durch Alkylradikale verwandelt. Die aliphatischen Ammoniumbasen hingegen haben ebenso eine curareartige Wirkung wie die aus den natürlichen cyclischen Alkaloiden durch Addition von Jodmethyl entstehenden.

Cholin, Trimethyläthylammoniumhydroxyd, ist nicht ganz ungiftig, man braucht nur relativ große Dosen, um die giftigen Wirkungen zu erzielen[1]). Es erzeugt intravenös Blutdrucksenkung. Nach anderen Beobachtern macht reines Cholin Blutdrucksteigerung. Die dem Cholin entstammende Vinylbase Neurin ist zwanzigmal so giftig als Cholin[2]),

$$\text{Cholin}\quad (CH_3)_3{\equiv}N{<}{}^{CH_2\cdot CH_2\cdot OH}_{OH} \qquad \text{Neurin}\quad (CH_3)_3{\equiv}N{<}{}^{CH=CH_2}_{CH}$$

was auf die doppelte Bindung in der Vinylgruppe zurückzuführen ist.

Delezenne und Ledebt untersuchten die von E. Fourneau und Harold J. Page dargestellten Cholinester[3]). Die hämolytischen Eigenschaften des Palmityl- und Stearylcholins sind kaum geringer als diejenigen des Lysocythins. Die Cholinester der Säuren unter C_{12} zeigen keine hämolytischen Eigenschaften mehr.

Acetylcholin ist sehr giftig und hat eine depressorische Muscarinwirkung. Es macht beim Frosch eine mächtige Kontraktion des Splanchnicusgefäßbezirkes und der Extremitätengefäße[4]).

Außer einigen Zuckern wirken nur essigsaures Natron und brenztraubensaures Natron in kleinen Dosen auf den Darm erregend, während z. B. bernsteinsaures Natron nicht erregt. Cholinessigsäureester und Cholinbrenztraubensäureester haben eine sehr viel stärkere darmerregende Wirkung als Cholin selbst, während Cholinbernsteinsäureester nicht stärker als Cholin wirkt[5]).

Die Acetenylgruppe — $C\equiv CH$ in Verbindung mit Trimethylamin übt eine noch stärkere Giftwirkung aus, als dies bei Gegenwart der Vinylgruppe — $CH = CH_2$ unter den gleichen Bedingungen der Fall ist. Das Homologe des Neurins, Allyltrimethylammoniumhydroxyd

$$\begin{matrix}(CH_3)_3N\cdot CH_2\cdot CH{:}CH_2\\ \quad OH\end{matrix}$$

ist ein relativ ungiftiger Körper[6]). Die Wirkungen des Dimethylneurins (Isocrotyltrimethylammoniumhydroxyd)

$$\begin{matrix}(CH_3)_3N\cdot CH=C{<}{}^{CH}_{CH}\\ |\\ OH\end{matrix}$$

als auch die des Trimethylneurins (Valeryltrimethylammoniumhydroxyd)

$$\begin{matrix}(CH_3)_3N\cdot C(CH_3)=C{<}{}^{CH_3}_{CH_3}\\ |\\ OH\end{matrix}$$

sind denen des Allyltrimethylammoniumhydroxyds gleichartig. Alle drei Verbindungen verursachen eine starke Erregung der Drüsensekretion und gleich-

---

1) Swale Vincent, Halliburton, Journ. of physiol. **26**.
2) O. Loew, Natürl. System der Giftwirkungen.
3) Bull. Soc. Chim. de France [4] **15**, 544 (1914).
4) C. Amsler und E. P. Pick, AePP. **85**, 77 (1919).
5) J. W. Le Heux, Ber. über die ges. Physiol. **2**, 163 (1920).
6) Liebigs Ann. **268**, 150.

zeitig eine mehr oder minder starke Lähmung der Nervenverbindungen in den quergestreiften Muskeln. Am heftigsten wirkt die Valerylbase. Nicht viel schwächer wirkt die Allylbase, während die Isocrotylbase auffallenderweise erheblich mildere Wirkung zeigt.

Durch den Eintritt von Methylgruppen in die Seitenkette des Neurins hat eine Abschwächung und zugleich eine Verschiebung der Giftwirkung desselben stattgefunden. Auffallend ist es jedoch, daß das dreifach methylierte Neurin heftiger wirkt als die zweifach methylierte Base. Für die Abschwächung der Giftwirkung kommt nicht allein die Länge der Seitenkette in Betracht[1]).

Der Äthyläther des Cholins $OH \cdot N(CH_3)_3 \cdot CH_2 \cdot CH_2 \cdot O \cdot C_2H_5$ ist der Wirkung des natürlichen Muscarins am ähnlichsten. Ebenso wirken Cholinsalpetrigsäureester und Trimethyl-β-aminoäthylammoniumhydroxyd sehr ähnlich. Überall ist die Curarewirkung ausgesprochener als beim natürlichen Produkt. Die Derivate des Formocholins wirken schwächer, der mit dem Cholinäthylester isomere Formocholinpropylester ist der wirksamste der Reihe[2]).

γ-Homocholin $OH \cdot (CH_2)_3N(CH_3)_3(OH)$ wirkt physiologisch stärker als Cholin, eine weitere Verlängerung der hydroxylhaltigen Kohlenwasserstoffkette steigert nicht allzusehr mehr die Wirksamkeit, denn Oxyamyltrimethylammoniumchlorid (Pentahomocholinchlorid) $Cl \cdot N(CH_3)_3 \cdot (CH_2)_5 \cdot OH$ zeigt daher eine viel geringere Zunahme in seiner blutdrucksenkenden Wirkung gegenüber dem Trihomocholinchlorid als dieses letztere dem Cholinchlorid gegenüber[3]).

Bemerkenswert ist der geringe Einfluß, den das Hineinflechten eines Benzolkerns in die Mitte des Moleküls ausübt, das Cholin $OH \cdot CH_2 \cdot C_6H_4 \cdot CH_2 \cdot (N(CH_3)_3 \cdot Cl$ ist dem gewöhnlichen Cholin $OH \cdot CH_2 \cdot CH_2 \cdot N(CH_3)_3 \cdot Cl$ physiologisch gleichwertig und geht wie dieses in einen Körper von antagonistischer Wirkung über, wenn man eine N-Methylgruppe durch eine N-Allylgruppe ersetzt[4]).

Beim N-Allylnorkodein schlägt die etwas abgeschwächte Morphinwirkung des Kodeins in das Gegenteil um. Das gleiche Verhalten sieht man bei Allylhomocholin $C_3H_5 \cdot N(Cl)(CH_3)_2 \cdot [CH_2]_3 \cdot OH$ und Allylbetain $(CH_3)_2N(C_3H_5) \cdot CH_2 \cdot CO \cdot O$ (N und O ringförmig verbunden).

Allylhomocholin wirkt auf das Kaltblüterherz im Gegensatz zu dem muscarinähnlich wirkenden γ-Homocholin nicht frequenzmindernd, vielmehr scheint die Energie der Systolen etwas zuzunehmen. Einem so scheinbar nicht merklich getroffenen Herz gegenüber ist Muscarin in einer Dosis, die sonst diastolischen Herzstillstand hervorruft, unwirksam und umgekehrt: bei einem mit Muscarin bis zum vollständigen diastolischen Stillstand behandelten Herz ruft Allylhomocholin kräftige Systolen hervor. Es scheint, daß es an dieselben Elemente wie Muscarin, nämlich die Vagusendigungen, gefesselt wird. Beim Warmblüterherz sieht man diese Erscheinungen nicht. Allylbetain wirkt qualitativ gleich, quantitativ schwächer[5]).

Bei einer Reihe anderer Substanzen mit an Stickstoff gebundenem Allyl konnte eine den entsprechenden N-Methylderivaten antagonistische Wirkung nicht wahrgenommen werden, wie z. B. bei N-Allyl-pyrrolidin, N-Allyl-thallin, 1-Allyltheobromin, Allyl-strychnin, Diallylsulfat. Letzteres ist eine die Atmungsorgane stark angreifende Flüssigkeit.

[1]) Liebigs Ann. **337**, 37.
[2]) A. J. Ewins und H. H. Dale, Biochem. Journ. **8**, 366 (1914).
[3]) J. v. Braun, BB. **49**, 968 (1916).
[4]) J. v. Braun und Z. Köhler, BB. **51**, 100 (1918).
[5]) J. Pohl und J. v. Braun und E. Müller, BB. **50**, 290 (1917).

Reid Hunt und R. de M. Taveau[1]) haben gefunden, daß cholinähnliche Substanzen, welche statt der Trimethylgruppe eine Triäthyl-, Tripropyl- oder Triamylgruppe enthalten, dadurch giftiger werden. Verbindungen, welche eine Oxyäthylgruppe enthalten, waren weniger giftig als solche, welche eine kürzere oder längere Seitenkette mit einer Hydroxylgruppe tragen. In allen Fällen sind Verbindungen, welche zwei Hydroxylgruppen in der Seitenkette enthalten, weniger giftig als solche mit einer Hydroxylgruppe. Diese Regel bewährt sich auch bei mit zwei Acetylgruppen substituierten Verbindungen, nicht aber bei solchen mit zwei Benzoylgruppen. Die Acetylgruppe erhöhte die Giftigkeit aller Verbindungen, welche Trimethyl- und Triäthylgruppen enthalten. Bei den tripropyl- und triamylsubstituierten Substanzen variiert der Effekt.

Die Benzoylgruppe erhöht die Giftigkeit der Verbindungen, welche drei Propyl- und drei Amylgruppen enthalten. Der Effekt variiert bei den Trimethyl- und Triäthylverbindungen.

Ein Chloratom in der Seitenkette verringert die Giftigkeit der Acetylderivate der Trimethyl- und Triäthylverbindungen, aber es erhöht die Giftigkeit der entsprechenden Benzoylderivate. Die normale Oxypropylverbindung und ihre Derivate sind viel giftiger als die Oxyisoverbindungen.

Trimethylbrommethylammoniumbromid wirkt wie Cholin, Formocholinchlorid (Oxymethyltrimethylammoniumchlorid) ist stärker wirksam als Cholin und für Mäuse neunmal so giftig. Der Methyläther des Formocholins ist nur die Hälfte so wirksam als Formocholin und zweimal so giftig als dieses. Betainchlorid ist unwirksam. Acetylcholinchlorid ist sehr wirksam und dreimal so giftig als Cholin. Acetylcholin wirkt herzlähmend und erregend auf die Darmmuskulatur[2]). Propionylcholinchlorid ist vielleicht 100mal so wirksam als Cholin in bezug auf die Blutdruckerniedrigung. Normales Butyrylcholinchlorid ist wirksamer als Cholin. Isobutyrylcholin wirkt ähnlich wie normales Isovalerylcholin, verlangsamt den Herzschlag und steigert manchmal den Blutdruck. Den höchsten Effekt auf den Blutdruck machen solche Cholinderivate, welche sich am wenigsten vom Cholintypus entfernen. Alle Veränderungen der Methylradikale oder der Seitenkette mit Ausnahme der Substitution des Hydroxylwasserstoffes verringern die Wirkung auf den Blutdruck, aber erhöhen in der Regel die Giftigkeit. Wenn diese Konfiguration erhalten bleibt, kann man die Intensität und den Charakter der Wirkung auf den Kreislauf innerhalb weiter Grenzen variieren durch Substitution von Gruppen für Wasserstoffatome[3]).

Das neutrale glycerin-phosphorsaure Cholin bewirkt an Hunden und Kaninchen Brachykardie mit beträchtlicher, bisweilen sehr großer Verstärkung des Pulses, meistens erhöht sich auch der arterielle Blutdruck. Die Blutdrucksenkung durch Cholin ist nur leicht und flüchtig, während die Steigerung minutenlang anhalten kann. Bei Menschen mit arteriellem Überdruck scheint die hypotensive Wirkung des Cholins vorherrschend[4]).

R. Krimberg hält Oblitin für den Diäthylester des Dicarnitins[5]); aus Rindermuskeln dargestellt, wirkt es auf die Speichelsekretion, Darmperistaltik, den Blutdruck und die Pupillenreaktion; bei Kaninchen und Meerschweinchen

[1]) Journ. of Pharmacol. and experimental Therapeutics Vol. I, Nr. 3, Okt. (1909).

[2]) Arthur J. Ewins, Biochem. Journ. **8**, 44 (1914).

[3]) Reid Hunt und R. de M. Taveau, Bulletin, Hygienic Laboratory of Treasury Departement Nr. 73, März (1911).

[4]) Aldo Patta und Azzo Varisco, Arch. di Farmacol. sperim. **19**, 109 (1914).

[5]) R. Engeland, HS. **56**, 417 (1908). — R. Krimberg, BB. **42**, 2457 (1909); **42**, 3878 (1909).

erzeugt es Nekrosen. Im Katzenkörper wird es rasch in Novain umgewandelt. Novain, identisch mit Carnitin

$$\begin{matrix} CH_3 \\ CH_3 \\ CH_3 \end{matrix} \!\!\searrow\!\! N \!\!\begin{matrix} \diagup CH_2 \cdot CH_2 \cdot CHOH \cdot CO \\ \diagdown O \text{———————} \end{matrix}$$

wirkt ähnlich wie Oblitin. Neosin erniedrigt den Blutdruck sehr stark und erzeugt starke Speichelsekretionen[1]).

Dem Cholin steht das sehr heftige Gift Muscarin[2]) sehr nahe. Dieses verursacht an denselben peripheren Organteilen, welche Atropin lähmt, eine hochgradige, von keiner Lähmung unterbrochene Erregung. Es entsteht daher Herzstillstand in der Diastole durch Reizung des Nervus vagus.

$$\text{Muscarin}\quad (CH_3)_3N{<}^{CH_2 \cdot CH(OH)_2}_{OH}.$$

Die Isoamyltrimethylbase (Amylarin) $(CH_3)_3N{<}^{CH_2 \cdot CH_2 \cdot CH(CH_3)_2}_{OH}$ und die Valeryltrimethylbase (Valearin) $(CH_3)_3 \cdot N{<}^{C_5H_9}_{OH}$ wirken wie Muscarin auf das Herz, aber nicht auf die Pupille. Die Trimethylhexyl- und die Tetraäthylbase geben keine Muscarinwirkung, nur allgemeine Lähmung[3]).

Doch scheint die enorme Giftigkeit des natürlichen Muscarins ihre Ursachen in bestimmten stereochemischen Beziehungen zu haben. Oxydiert man nämlich Cholin mit starker Salpetersäure, so erhält man das sog. Cholin-Muscarin[4]). Dieses ist aber vom Fliegenpilzmuscarin physiologisch different[5]). Das Cholin-Muscarin von Harnack ist der Salpetrigsäureester des Cholins, es wirkt auf Frösche curareähnlich, aber es kontrahiert nicht die Säugetierpupille[6]). Chemisch dem Muscarin ähnliche Körper haben Berlinerblau und Emil Fischer dargestellt, welche sich aber physiologisch vom Muscarin ebenfalls unterscheiden.

Josef Berlinerblau[7]) stellte aus Monochloracetal und Trimethylamin den neutralen Äthyläther des Muscarins[8]) dar. Nach dem Verseifen erhielt man die freie Base (von Schmidt Pseudomuscarin benannt). Nach B. Luchsinger ist die Wirkung des Äthers sowie der Aldehydbase fast vollständig mit der Wirkung des natürlichen Muscarins übereinstimmend, nur wirkt der Äther bedeutend schwächer.

Emil Fischer[9]) hat durch Methylierung des Acetalamins, Acetaltrimethylammoniumchlorid und ein Spaltungsprodukt desselben

$$(CH_3)_3NCl \cdot CH_2 \cdot CHO$$

erhalten, welches mit Berlinerblaus Base identisch ist.

R. Böhm[10]) hat gefunden, daß synthetisches Muscarin schon in außerordentlich geringen Mengen beim Frosch die intramuskulären Nervenendigungen lähmt, was natürliches nicht macht. Synthetisches Muscarin bewirkt maximale Myose, natürliches ist ohne Einfluß auf die Pupille.

Anhydromuscarin, Berlinerblaus Base, hat keinen Einfluß auf das Froschherz, ist ohne Wirkung auf die Pupille, ohne Wirkung auf die herzhemmenden Vagusapparate des Säugetierherzens. Wie alle Ammoniumbasen macht

---

1) F. R. Kutscher und A. Lohmann, Pflügers Arch. **114**, 553 (1906).
2) O. Schmiedeberg und Koppe, Muscarin, Leipzig 1869.
3) O. Schmiedeberg, E. Harnack, Jordan, AePP. **6**, 110; **8**, 15.
4) AePP. **6**, 107. 5) AePP. **19**, 87. 6) A. J. Ewins, Biochem. Journ. **8**, 209.
7) BB. **17**, 1139 (1884). 8) Siehe bei R. Kobert, AePP. **20**, 92.
9) BB. **26**, 464, 470 (1893). 10) AePP. **19**, 76.

es starke Speichel- und Schweißabsonderung. Der Tod der Säugetiere erfolgt durch Lähmung der Respiration[1]).

$$\text{Isomuscarinchlorid}\quad \underset{\overset{\cdot}{Cl}}{(CH_3)_3N} \cdot CH(OH) \cdot CH_2(OH)$$

$$\text{Homoisomuscarinchlorid}\quad (CH_3)_3 \cdot \underset{\overset{\cdot}{Cl}}{N} \cdot CH_2 \cdot CH(OH) \cdot CH_2 \cdot OH\,.$$

Beim Vergleiche der Wirkungen des Isomuscarins und des Homoisomuscarins hat sich die wiederholt beobachtete Gesetzmäßigkeit feststellen lassen, daß mit der Länge der Seitenkette die Giftigkeit abnimmt; während Isomuscarin eine mäßig starke, dem Cholin-Muscarin ähnliche Wirkung besitzt, kann Homoisomuscarin geradezu als ungiftig bezeichnet werden[2]).

Der Einfluß der Verkürzung der Seitenkette wurde am Formocholin $\underset{\overset{\cdot}{OH}}{(CH_3)_3N} \cdot CH_2 \cdot OH$ u. z. am Äthyläther geprüft; hierbei zeigte es sich, daß durch den Eintritt der Äthylgruppe in das Cholinmolekül sich die toxische Wirkung desselben in einer ganz bedeutenden Weise gesteigert hat. Die indirekte Verlängerung der Seitenkette durch die Bildung einer Äthoxylgruppe hat das Gegenteil von dem bewirkt, was bei direkter unmittelbar am Kohlenstoffkern erfolgter Veränderung wiederholt beobachtet wurde.

Die Wirkungen des Cholinäthers gleichen ganz denen des künstlichen Muscarins (Oxycholins) mit Ausnahme der Wirkung auf die Vogeliris. Das Formocholinäthersalz zeigt nun im allgemeinen den gleichen Wirkungstypus; die Wirkung scheint ein wenig zwar, aber jedenfalls nicht sehr merklich stärker zu sein. als die des Cholinäthers (s. S. 328).

In diese Gruppe von Körpern gehören auch die von Niemilowicz[3]) dargestellten synthetischen Ptomaine. Sie entbehren aber der Hydroxylgruppe. Die meisten Leichenalkaloide sind Trimethylammoniumderivate, da sie sich vom Cholin ableiten und wohl auch aus diesem entstehen. Durch Einwirkung von Trimethylamin auf Monochloraceton erhält man Coprinchlorid.

$$CH_3 \cdot CO \cdot CH_2 \cdot \underset{\overset{|}{Cl}}{N(CH_3)_3}$$

Nach S. Exner[4]) wirkt dieses curareähnlich, differiert aber von Curare, da die Erregbarkeit der Muskelsubstanz, wenn auch wenig, herabgesetzt ist und die vergifteten Tiere in ihren Muskeln einen gewissen Tonus bewahren.

Durch Einwirkung von Trimethylamin auf Dichlorhydrin entstehen Sepinchlorid und Aposepinchlorid, welche bei weitem weniger wirksam sind als Coprinchlorid.

$$\text{Sepinchlorid}\quad (CH_2 \cdot Cl - CH \cdot OH - CH_2Cl) + N(CH_3)_3$$
$$= CH_2 \cdot Cl - CH \cdot OH - CH_2 - N(-CH_3)(-CH_3)(-CH_3)(Cl-)$$

$$\text{Aposepinchlorid}\quad CH_2Cl - CH \cdot OH - CH_2Cl + 2\,[N(CH_3)]$$
$$= Cl \cdot N(CH_3)_3 \cdot CH_2 - CH \cdot OH - CH_2 - ClN(CH_3)_3$$

---

[1]) G. Nothnagel, BB. **26**, 801 (1893). — Arch. d. Pharmaz. **1894**, 261. — Hans H. Meyer, Liebigs Ann. **267**, 252 über Isomuscarin.

[2]) Hans H. Meyer bei Schmidt, Liebigs Ann. **337**, 48.

[3]) M. f. Ch. **7**, 241, (1886). [4]) Ebenda.

Coppola[1]) stellte sich die Aufgabe, zu untersuchen, ob die physiologische Wirkung des Cholins, Neurins und Muscarins an die Gegenwart der drei besonderen Alkylradikale gebunden sei oder ob sie vielmehr von der allen gemeinsamen Trimethylgruppe abhänge. Um dies zu unterscheiden, stellt er drei neue Ammoniumbasen dar, welche an Stelle der drei Methylgruppen Pyridin enthalten, nämlich Pyridincholin $C_5H_5N{<}^{OH}_{CH_2 \cdot CH_2 \cdot OH}$, Pyridinneurin $C_5H_5N{<}^{OH}_{CH:CH_2}$ und Pyridinmuscarin $C_5H_5N(OH) \cdot CH(OH) \cdot CH_2 \cdot OH$. Ihrem physiologischen Charakter nach gehören die Basen zu denjenigen Alkaloiden, welche die typische Wirkung des Curare besitzen. Was ihre Giftigkeit anbelangt, so nimmt dieselbe vom Oxäthylen- zu dem Vinyl- und von diesem zum Dioxyäthylenderivat merklich zu. Wenngleich man die Giftigkeit des Pyridins nicht direkt mit der des Pyridincholins vergleichen kann, da ihre Wirkungen verschiedener Natur sind, so kann man doch die Giftigkeit des letzteren als ungefähr viermal so stark annehmen als die des Pyridins. Während Pyridin auf die cerebrospinalen Zentren wirkt, wirken seine Derivate auf die Endigungen der motorischen Nerven. Die curareartige Wirkung ist nicht an die Gegenwart der Methylgruppe oder irgendeines anderen Radikals gebunden, sondern sie ist eine Funktion der quaternären Basen überhaupt. Auch Pyridin schließt sich diesem allgemeinen Gesetze an; in eine Ammoniumbase verwandelt, zeigt es deutlich die Wirkung des Curare. Die Energie der Wirkung dieser drei Basen ist vollkommen analog der der entsprechenden Trimethylaminbasen und wie Pyridin wirksamer ist als Trimethylamin, so sind auch die Pyridinderivate giftiger als die entsprechenden Trimethylverbindungen. Endlich muß man der Hydroxylgruppe, wie es auch bei den Phenolen der Fall ist, die Fähigkeit zuerteilen, die Giftigkeit dieser Verbindungen zu erhöhen. Der Umstand, daß das Vinylradikal eine stärkere Wirkung auf den tierischen Organismus zeigt, hängt mit der doppelten Bindung zusammen. Was endlich den Umstand anbelangt, daß Cholin, Neurin und Muscarin sich in ihrem physiologischen Verhalten von den anderen quaternären Basen entfernen, so hängt dies nach Coppola von sekundären Eigenschaften ab, welche der Curarewirkung entgegengesetzt sind und so dieselbe verdecken.

Die auffällige Differenz in den Wirkungen der reinen Ammoniumbasen und den Körpern der Cholin-Muscaringruppe wird man wohl am besten auf das Eintreten des Hydroxyls oder der Hydroxyle in die Ammoniumbasen beziehen, welche es zuwege bringen, daß keine reine Nervenendwirkung mehr auftritt, sondern Reizung der peripheren Enden der Nerven in den Sekretionsorganen und unwillkürlichen Muskeln; daß aber ihre giftige Wirkung nicht auf der Hydroxylgruppe beruht, wird durch die Beobachtung erwiesen, daß Isoamyltrimethylammoniumchlorid und Valeryltrimethylammoniumchlorid, welche ähnlich in der Konstitution sind, aber kein Hydroxyl besitzen, physiologisch sehr ähnliche Effekte auslösen[2]). Diese beiden töten unter Erscheinungen der Muscarinwirkung in minimalen Dosen. Doch fehlt die Pupillenverengerung und läßt sich auch nicht durch Einträufeln in das Auge erzielen.

* * *

Die Synthesen in der Alkaloidreihe sind wohl noch spärlich zu nennen, um so mehr, als es eigentlich wenige Alkaloide von den zahlreichen natürlich vorkommenden sind, welche eine therapeutische Bedeutung haben und gerade diese wurden bis nun auf künstlichem Wege nicht dargestellt.

---

[1]) Gaz. Chim. **15**, 330. [2]) O. Schmiedeberg und E. Harnack, Ae.PP. **6**, 101.

Wir wollen im folgenden einerseits die Synthesen der Alkaloide, welche sich an das Studium ihrer Konstitutionen schließen, andererseits die synthetischen Versuche, Ersatzmittel dieser Alkaloide darzustellen, einer Betrachtung unterziehen.

Cocain und die Lokalanaesthetica.

Dieses wertvolle und in der Medizin viel angewendete Alkaloid war zuerst nur als mächtiges Excitans bekannt. Man wußte, daß die Indianer beim Lastentragen in den Bergen Südamerikas fortwährend Cocablätter kauten, um so die größten Strapazen und Arbeitsleistungen zu bewältigen, ohne ein Ermüdungsgefühl zu empfinden. Aber erst durch die bahnbrechende Entdeckung Kollers[1]) wurde das eigentliche Gebiet für die große Anwendung des Cocains in der Medizin eröffnet, die Lokalanästhesie. Cocain bringt in kürzester Zeit mit wenig Nebenerscheinungen und ohne auf Schleimhäuten Brennen zu erzeugen, eine völlige und anhaltende lokale Anästhesie hervor.

Die Chemie des Cocains ward alsbald von vielen Seiten zum Gegenstande eifrigen Studiums gemacht, aber erst in jüngster Zeit ist es gelungen, die Konstitution des Alkaloidanteils des Cocains, des Ekgonin, aufzuklären.

Wenn man Cocain mit Alkalien verseift, so erhält man als Spaltungsprodukte Ekgonin, Methylalkohol und Benzoesäure. Die Chemie des Ekgonins hat die nahen Beziehungen dieses Körpers zum Tropin, dem Spaltungsprodukte der Tropaalkaloide, welche sowohl in physiologischer als auch in chemischer Richtung bestehen, aufgeklärt.

Nach den Untersuchungen R. Willstätters erweist sich Tropin als ein Körper, welcher einen Methyl-N-pyrrolidinkern kombiniert mit einem Methyl-N-piperidinkern enthält, die äußere Peripherie dieses Körpers besteht aus einem Ring von sieben Kohlenstoffatomen.

Der letztere Nachweis wurde durch die Überführung des Tropins und des Ekgonins in das Suberon $\begin{array}{l} H_2\;H_2\;H_2 \\ C-C-C\diagdown \\ | \qquad\quad\; >CO \\ C-C-C\diagup \\ H_2\;H_2\;H_2 \end{array}$, einen stickstofffreien Siebenerring erbracht[2]).

Es kommt nach den Untersuchungen R. Willstätters dem Tropin folgende Konfiguration zu:

$$\begin{array}{lcl} & H & \\ H_2C & \text{———}C\text{———} & CH_2 \\ | & | & | \\ | & N\cdot CH_3 & CH\cdot OH \\ | & | & | \\ H_2C & \text{———}C\text{———} & CH_2 \\ & H & \end{array}$$

Für das Ekgonin wurde von R. Willstätter die folgende Konfiguration festgestellt, aus der sich alle chemischen Beziehungen und Eigenschaften dieses Körpers leicht erklären lassen:

$$\begin{array}{lll} H_2C-CH & \text{——} & CH\cdot COOH \\ | & N\cdot CH_3 & CH\cdot OH \\ H_2C-CH & \text{——} & CH_2 \end{array}$$

[1]) Moréno y Matz, Paris Thèse 1868, gebührt das Verdienst, zuerst Cocain als Lokalanaestheticum auf Grund seiner Tierversuche empfohlen zu haben.

[2]) BB. **31**, 1534, 2498, 2655 (1899); **32**, 1635 (1900).

Tritt nun in das Ekgonin ein Benzoylrest in die Hydroxylgruppe ein und wird die Carboxylgruppe mit Methylalkohol verestert, so resultiert Cocain.

```
H2C—CH——CH · COO · CH3
 |   ·   ·
 |  N·CH3 CH · O · CO · C6H5
 |   ·   ·
H2C—CH——CH2
```

Zahlreiche experimentelle Studien über Cocain und seine Spaltungsprodukte haben uns wertvolle Kenntnisse dieser interessanten Substanz gebracht und die Möglichkeit geschaffen, auf Grund der gewonnenen Erkenntnisse neue Verbindungen mit Wirkungen, die dem Cocain analog sind, synthetisch darzustellen.

Von größtem Interesse ist es jedenfalls und in erster Linie, welche Rolle bei der physiologischen Wirkung den einzelnen Gruppen, dem Ekgonin, dem Benzoylrest und der Methylgruppe in der Esterbindung zukommen. Diese Frage ist aber nicht so einfach, weil sich die Wirkungen des Cocains auf mehrere anscheinend differente Gebiete erstrecken. Die therapeutisch wichtigste Eigenschaft des Cocains ist wohl das Hervorrufen einer lokalen Anästhesie, die durch eine eigenartige lähmende Wirkung auf die Endigungen der sensiblen Nerven bedingt ist. Außerdem kommt dem Cocain nach seiner Resorption eine Wirkung auf das Zentralnervensysten zu, welche in Erregungszuständen und Lähmungszuständen der verschiedenen Funktionsgebiete des Mittelhirns und der Medulla oblongata besteht. Eine Abstumpfung der Empfindlichkeit der peripheren Nerven läßt sich bei innerer Applikationsweise nicht nachweisen. Der Tod bei Cocainvergiftung erfolgt durch Kollaps und durch direkte Respirationslähmung.

Außer dem schon erwähnten β-Tetrahydronaphthylamin ist Cocain unter allen jetzt bekannten Körpern derjenige, welcher am raschesten und in größtem Maße die Körpertemperatur erhöht[1]). Es ist zugleich das stärkste Excitans, wirkt vermehrend auf die Arbeitsleistung des Muskels und steht in vollem Antagonismus zum Chloral, wie U. Mosso gezeigt hat[2]).

Auf Schleimhäuten erzeugt Cocain, außer völliger Anästhesie, Blutleere und Blässe, zugleich nimmt die Sekretion ab, was man alles durch die eintretende Gefäßkontraktion erklärt.

Bei Einträufelung von Cocain in das Auge tritt ganz konstant eine Pupillenerweiterung (Mydriasis) ein, die lange andauert, aber nicht so stark ist wie nach Atropineinträufelung. Bei Kaninchen macht Cocain vakuoläre Leberdegenerationen [P. Ehrlich[3])].

Diese physiologischen Eigenschaften ändern sich sehr erheblich, wenn das Cocainmolekül chemisch verändert wird.

Wird aus dem Cocain entweder die Benzoylgruppe oder die Methylgruppe, welche in Esterverbindung vorhanden ist, abgespalten, so resultieren Benzoylekgonin bzw. Ekgoninmethylester. Diese beiden Körper sind um das Zwanzigfache weniger toxisch und erst in unvergleichlich größerer Dosis letal wirkend[4]). Die Unwirksamkeit des Benzoylekgonins haben wir an einer früheren Stelle mit dem Vorhandensein einer freien Carboxylgruppe erklärt, wofür wir ein wertvolles Analogon im Verhalten der Arecaalkaloide haben.

Daß die Abspaltung von alipathischen oder aromatischen Säureradikalen die Wirkung bedeutend abschwächt, wenn diese Säureradikale Hydroxylwasser-

---

1) AePP. **37**, 397 und **40**, 151. — Reichert, Zentralbl. f. med. Wissensch. **1889**, 444.
2) AePP. **23**, 153. — Pflügers Arch. **47**, 553.
3) Dtsch. med. Wochenschr. **1891**, Nr. 32, 717.
4) Ralph Stockmann, Pharmac. Journ. and Transact. **16**, 897.

stoff in Basen ersetzen, sehen wir bei Aconitin, bei den Tropaalkaloiden und auch beim Cocain; das Freiwerden der veresterten Hydroxylgruppe bedingt hier das Aufhören der Wirksamkeit und zeigt deutlich die Bedeutung des eintretenden Säureradikals, da verschiedene Säureradikale bei ihrem Eintritt in die Hydroxylgruppen der Alkaloide Körper mit verschieden starken und physiologisch differenten Wirkungen bilden.

Werden aus dem Cocain diese beiden Seitengruppen abgespalten und resultiert so Ekgonin, so verschwinden die meisten Wirkungen des Cocains, nur die vakuoläre Leberdegeneration und die atrophischen Zustände dieses Organs werden durch Ekgonin, wie durch Cocain selbst hervorgebracht.

Ekgonin hat keine anästhesierende Wirkung. Erst in Dosen von 1.25 g tötet es Kaninchen. Es macht Muskellähmung[1]).

Es ist gleichgültig, welches Alkylradikal in die Carboxylgruppe eintritt; ist sie verestert, so hat das homologe Cocain die typischen Eigenschaften des natürlichen, des Benzoylekgoninmethylesters. Es wurden Cocäthylin[2]), Cocapropylin, Cocaisopropylin, Cocaisobutylin dargestellt[3]); alle diese Körper haben die typische anästhesierende Wirkung des Cocains, ohne aber vor demselben Vorzüge zu bieten, weshalb sie keine praktische Anwendung finden. Zu bemerken ist, daß die Variationenen des Cocains dieser Art sich bis nun nur auf die aliphatischen Alkohole beziehen, aromatische Verbindungen wurden noch nicht dargestellt.

Von weitaus größerer Bedeutung für die Wirkung ist der Ersatz der Benzoylgruppe im Cocain durch andere Säureradikale.

Ersetzt man die Benzoylgruppe durch verschiedene andere aromatische Säureradikale oder durch aliphatische, so findet man die sehr merkwürdige Tatsache, daß die anästhesierende Eigenschaft des Cocains ganz verschwindet oder wenigstens stark leidet.

O. Liebreich[4]) fand, daß Isatropylcocain, Truxillin, gar nicht anästhesierend wirkt, hingegen ein starkes Herzgift ist. Es reizt, später lähmt es die Acceleratoren und macht allgemeine Lähmung mit Konvulsionen. (Die Isatropasäure ist eine polymere Zimtsäure $(C_9H_8O_2)_2$).

P. Ehrlich[5]) untersuchte Isatropylcocain, Phenylacetylekgoninjodhydrat, Valerylcocainjodhydrat, Phthalyldiekgoninbromhydrat. Der erste Körper wirkt am stärksten, der letzte am schwächsten giftig. Nur das Phenylessigsäurederivat wirkt anästhesierend, aber auch diese Wirkung ist eine erheblich geringere als beim Cocain. Alle diese Körper machen aber die charakteristischen Leberveränderungen.

Durch Oxydation des Ekgonins mit Kaliumpermanganat erhielt A. Einhorn Homekgonin[6]), welches eine Methylgruppe weniger enthält als die Ausgangssubstanz; es ist dies Nor-l-ekgonin (Cocayloxyessigsäure).

Ekgonin	Nor-l-ekgonin
$C_7H_{10}(OH)(COOH):N\cdot CH_3$	$C_7H_{10}(OH)(COOH)NH$

Im Cocain ist ein Methyl an das N-Atom gebunden. Durch Entfernung der Alkylgruppe aus dem Cocain, dem Cocaäthylin und Cocapropylin entstehen die entalkylierten Cocaine oder Norcocaine, die in unverändertem oder sogar verstärktem Maße lokalanästhesierend wirken.

[1]) Pharmazeut. Jahresber. **1890**, 671.
[2]) E. Merck, BB. **18**, 2954 (1885); **21**, 48 (1888).
[3]) Novy, Americ. Chem. Journ. **10**, 147.
[4]) BB. **21**, 1888 (1888). Siehe auch Falkson, Diss. Berlin (1889).
[5]) Dtsch. med. Wochenschr. **1891**, Nr. 32, 717.
[6]) BB. **21**, 3029, 3411 (1888).

Die von Poulsson untersuchten Norcocaine, welche statt der NCH_3-Gruppe eine Iminogruppe enthalten, untersuchte auch Ehrlich und fand, daß sie viel stärker anästhesierend wirken als die gewöhnlichen, aber in bezug auf die Toxizität alle anderen Glieder der Cocainreihe übertreffen, was auf dem Vorhandensein einer freien Iminogruppe beruht.

Wird nun in Nor-l-ekgonin die Hydroxylgruppe durch ein Benzoylradikal, die Carboxylgruppe durch Methyl-, Äthyl- und Propylradikale verestert, so entsteht eine Reihe von Homologen des Nor-l-Cocains, von denen der mit dem Cocain metamere Äthylester von Einhorn Isococain genannt wurde[1]). Diese Verbindung erwies sich in bezug auf Anästhesie höchst wirksam, stärker als Cocain selbst, aber weitaus giftiger[2]).

E. Poulsson hat den Methylester dieser Verbindung (Homomethincocain), den Äthylester (Homoäthincocain) und den Propylester (Homopropincocain) physiologisch geprüft[3]). Die lokale Anästhesie und die allgemeinen Wirkungen, die dem Cocain zukommen, bleiben im wesentlichen unverändert, wenn auch im Ekgoninmolekül eine solche Veränderung durch Oxydation vorgenommen wird. Von praktischer Bedeutung sind aber diese Körper nicht, weil sie viel stärker als Cocain bei ihrer Verwendung für die lokale Anästhesie die Applikationsstelle reizen.

Benzoylhomekgonin

```
          H      H
H2C ——— C ——— C · COOH
 |       |      |
 |      NH     CH · O · CO · C6H5
 |       |      |
H2C ——— C ——— CH2
          H
```

macht wie Benzoylekgonin selbst keine dem Cocain analogen physiologischen Effekte.

Die Ester des Ekgoninmethylesters mit Bernsteinsäure, Phenylessigsäure, Zimtsäure wirken nicht anästhesierend.

Nach Filehne ist die Veresterung des Ekgoninmethylesters mit Benzoesäure beim Cocain das Wesentliche und Wirksame für die anästhesierende Wirkung, da weder Ekgonin noch Ekgoninmethylester anästhesierend wirken.

Nach A. Einhorn und Klein[4]) zeigt der o-Phthalyldiekgonin-dimethylester ähnliche Wirkung wie Cocain.

Nach den Untersuchungen von Ralph Stockmann[5]) hat aber Benzoylekgonin auch keine anästhesierende Wirkung und diese fehlt auch, wie E. Poulsson gezeigt hat, dem Benzoylhomekgonin, so daß nach E. Poulsson der Veresterung der Carboxylgruppe des Ekgonins eine große Rolle bei dem Zustandekommen der lokalanästhesierenden Wirkung zukommt. Beim Entfernen des ätherifizierenden Alkylradikals aus dem Cocain- oder Homococainmolekül verschwand auch die lokalanästhesierende Wirkung, die allgemeinen Vergiftungserscheinungen änderten sich und die Giftigkeit, besonders bei Säugetieren, wurde bedeutend abgeschwächt.

Aber wir werden sehen, daß die anästhesierende Funktion keineswegs allein auf diesen beiden Gruppen oder einer von ihnen beruht, sondern als Wirkung des Gesamtmoleküls aufzufassen ist. Der Benzoylgruppe kommt anscheinend die Funktion einer verankernden Gruppe zu.

---

[1]) DRP. 55 338. — BB. **23**, 468, 979 (1890).
[2]) Haas, Süddeutsche Apoth.-Ztg. **1890**, 202. [3]) AePP. **27**, 301.
[4]) BB. **21**, 3366 (1888). [5]) Pharmac. Journ. and Transact. **16**, 897.

Von großem Interesse ist das Verhalten der beiden optischen Isomeren des Cocains. Das gewöhnliche Cocain ist linksdrehend. Durch Erhitzen mit Alkalien gehen Ekgonin und seine Derivate in ein d-Ekgonin über[1]), von welchem aus man zu d-Cocain kommen kann. Diese optische Inversion ist nicht ohne Einfluß auf die physiologische Wirkung.

Die Abstumpfung der Sensibilität tritt beim d-Cocain regelmäßig schneller ein und ist intensiver als beim Cocain, verschwindet aber wieder in kürzerer Zeit[2]) (s. S. 121 ff. Allg. Teil und S. 326 Allg. Teil der Alkaloide).

Außer den schon erwähnten Spaltungsprodukten des Cocains[3]) können auch Anhydroekgoninester und Anhydroekgonin

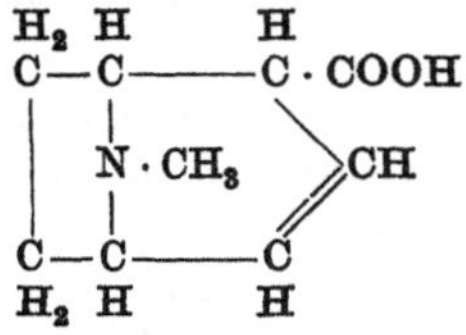

```
H2 H      H
C—C———————C·COOH
|  |       \
|  N·CH3    >CH
|  |       //
C—C———————C
H2 H      H
```

die aus Ekgonin durch Abspaltung von einem Molekül Wasser resultieren (hierbei geht die Kette $—CH_2—CHOH—$ in $CH = CH$ über), nicht Anästhesie erzeugen. Hingegen erzeugt l-Benzoylekgoninnitril Anästhesie mit Mydriasis, ganz ähnlich wie Cocain, jedoch weit schwächer. Es entspricht also das Nitril dem Cocaintypus in seiner Wirkung vollständig, wenn es auch an und für sich viel schwächer wirkt.

l-Ekgoninamid

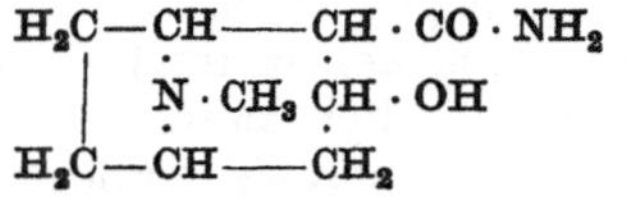

```
H2C—CH————CH·CO·NH2
|   N·CH3  CH·OH
H2C—CH————CH2
```

ist ziemlich indifferent. Injektionen und Fütterungen werden von Säugetieren anstandslos vertragen. Anästhesierende Wirkungen fehlen vollständig.

Die am N des Piperidinkerns beim Cocain haftende Methylgruppe verleiht dem Cocain die Eigenschaften einer tertiären Base. Cocain kann an dieser Stelle Jodmethyl addieren und in die entsprechende Ammoniumverbindung übergehen. Cocainjodmethylat ist ausgesprochen bitter und ohne anästhesierende Wirkung; seine Giftigkeit ist bedeutend herabgesetzt und sogar die Leberwirkung, welche für die verschiedensten Ekgoninderivate charakteristisch, ist verlorengegangen (P. Ehrlich).

Es ist wichtig, daß der Eintritt des Jodmethyls die Eigenschaften und Wirkungen des Cocains völlig vernichtet. Besonders beachtenswert ist, daß die so gebildete Ammoniumbase weit weniger toxisch wirkt als die zugrunde liegende tertiäre Base. Ein derartiges Verhalten differiert wesentlich von dem Verhalten einzelner Alkaloide, da man unter solchen Verhältnissen in manchen Fällen eine Erhöhung der Toxizität sieht. P. Ehrlich nimmt nun an, daß auch die tertiäre Bindungsart des Stickstoffs im Cocain für die Wirkungsweise dieses Alkaloids von ausschlaggebender Bedeutung ist und daß somit die Einflüsse, welche diese Bindung modifizieren, zugleich eine Vernichtung der spezifischen Cocainwirkung nach sich ziehen. So erklärt sich am ungezwungensten, daß die Bildung der Ammoniumgruppe nicht zu einer Erhöhung, sondern zu einer Verminderung der Toxizität Anlaß gibt.

---

[1]) A. Einhorn und Marquardt, BB. **23**, 468 (1890).

[2]) E. Poulsson, AePP. **27**, 309.

[3]) BB. **20**, 1221 (1887); **21**, 47, 3029 (1888); **22**, 399 (1889); **23**, 1338, 2870 (1890); **25**, 1394 (1892); **26**, 324, 451, 2009 (1893); **27**, 2439, 2893 (1899). — Liebigs Ann. **280**, 96.

Wie man sieht, verliert Cocain seine Wirksamkeit sowohl durch den Verlust der Methylgruppe im Carboxymethyl, als auch durch den Eintritt der zweiten Methylgruppe am N. Der Verlust der Methylgruppe am N macht jedoch keine qualitative, bloß eine quantitative Veränderung der Wirkung. Es spricht dies nach P. Ehrlich gegen die Anschauung von Filehne, nach der die Anwesenheit eines Benzoylrestes an und für sich ausreiche, um anästhesierende Wirkungen hervorzurufen.

Man muß nach dem Angeführten als wesentlich für das Zustandekommen der Cocainwirkung ansehen: 1. Das Ekgoninmolekül oder einen ihm chemisch sehr nahestehenden Körper, 2. den Eintritt eines aromatischen Restes, besonders der Benzoylgruppe, in das Hydroxyl und 3. die Veresterung einer etwa vorhandenen Carboxylgruppe.

Aus dem Umstande, daß alle Ekgoninderivate die eigentümliche Leberveränderung, die durch eine außerordentliche Volumzunahme derselben charakterisiert und durch eine spezifische Leberdegeneration bedingt ist, hervorrufen, aber nur einige anästhesierend wirken, und zwar nur diejenigen, welche in den Ekgoninäther bestimmte Säureradikale aufnehmen, schließt Paul Ehrlich, daß diese eintretende Säuregruppe die anästhesierende sei.

o-Chlor- und m-Nitro-l- und d-cocain zeigen nur geringe anästhesierende Wirkung, sie erzeugen aber typische Leberveränderungen. Die m-Amino-l- und d-cocaine stellen in physiologischer Beziehung überhaupt keine Cocaine mehr dar, da sie sowohl der anästhesierenden Wirkung als des typischen Einflusses auf die Leber ermangeln [Paul Ehrlich und Alfred Einhorn[1])].

Die m-Oxy-l- und d-cocaine stehen in ihrer Wirkung zwischen den Nitro- und Aminococainen, sie wirken nämlich kaum noch anästhesierend, ihre toxischen Wirkungen sind sehr schwach, und sie vermögen erst in großen Gaben die charakteristische Leberveränderung hervorzubringen. Interessant ist, daß durch die Einführung der Acetyl- oder Benzoylgruppe in das d-m-Aminococain Alkaloide entstehen, die zwar nicht anästhesierend wirken, in welchen aber die Wirkungsfähigkeit auf die Leber restituiert wird.

Die Einwirkungsprodukte von Chlorkohlensäureester auf das d- und l-Aminococain, die d- und l-Cocainurethane, wirken auffallenderweise viel stärker anästhesierend als die Cocaine, sie erzeugen wieder die charakteristische Leberveränderung und sind auch stark giftig. Die naheliegende Vermutung, daß die unwirksamen Aminococaine gewissermaßen durch Neutralisierung oder Festlegung der basischen Aminogruppe wieder zu einem wirksamen Alkaloid werden, ist deshalb nicht zutreffend, weil m-Benzolsulfamino-d-cocain ebensowenig wie d-Cocain-harnstoff eine Spur von anästhesierender Wirkung erzeugen.

Gewisse basische Farbstoffe, wie Methylenblau (P. Ehrlich), vermögen die Nervensubstanz im lebenden Zustande zu färben[2]). Der Versuch, aus dem Cocain basische Farbstoffe zu gewinnen, welche in einer und derselben Substanz die Eigenschaften eines Farbstoffes mit denen eines Anaestheticums vereinigen, scheiterte. Von solchen Verbindungen durfte man erwarten, daß sie dazu dienen könnten, die anästhesierende Wirkung genauer zu verfolgen und zu lokalisieren. Oxazin- und Thiazinfarbstoffe darzustellen mißlang. Es wurden die Chlorhydrate des d-Cocaindiazodimethylanilins und d-Cocainazo-α-naphthylamins untersucht, von welchen der erstere Körper höchstens eine Andeutung des charakteristischen Betäubungsgefühls hervorbringt, während der andere eine zwar deutliche, nicht allzu starke Anästhesie erzeugt, aber keine Leberveränderung verursacht.

[1]) BB. **27**, 1870 (1894). [2]) Dtsch. med. Wochenschr. **1886**, Nr. 4.

Das Optimum der physiologischen Wirksamkeit liegt in der Reihe der gesättigten und ungesättigten Tropan- und Ekgoninderivate meist da, wo der Stickstoff und der mit einem Säurerest verbundene Sauerstoff durch drei Kohlenstoffatome voneinander getrennt wird, seltener wo sich zwei Kohlenstoffatome dazwischenschieben[1]).

Die Darstellung des Cocains geschieht aus den Cocablättern. Bei dem verhältnismäßig hohen Preise dieses Alkaloids wurde nach Methoden gesucht, die Ausbeute an dieser Substanz zu verbessern. Im Cocablatte finden sich nun neben dem Cocain mehrere andere Alkaloide, welche die Techniker als „Nebenalkaloide" bezeichnen. Von den Cocaalkaloiden hat nur das einzige krystallisierte, das Cocain, eine physiologische Wirkung. Die amorphen Nebenalkaloide entbehren ihrer oder sind Herzgifte. Da es sich erwies, daß man durch Spaltung dieser Nebenalkaloide zum Ekgonin gelangen kann, so war ein Weg gegeben, aus Ekgonin durch Synthese wieder zu Cocain zu kommen.

Nach Carl Liebermann und Fritz Giesel[2]) geht man folgendermaßen vor: Die Cocablätter werden mit Sodalösung durchfeuchtet und mit Äther die Basen aufgenommen, dem Äther wieder durch verdünnte Salzsäure entzogen, das gewonnene Produkt ist Rohcocain. Löst man dieses in Alkohol, so krystallisiert salzsaures Cocain heraus, während die amorphen Basen in Lösung bleiben. Der Rückstand der alkoholischen Mutterlauge wird mit Salzsäure zerkocht, wobei sich die Nebenalkaloide in ihre Komponenten spalten. Man filtriert von den ausgeschiedenen organischen Säuren ab und erhält durch Abdampfen der Lösung fast reines salzsaures Ekgonin. Dieses kann nun durch Benzoesäureanhydrid oder durch Benzoylchlorid in Benzoylekgonin übergeführt werden.

Die Überführung des Benzoylekgonins in Cocain kann man nach bekannten Methoden durch Verestern der Carboxylgruppe mit Methylalkohol durchführen und so auf synthetischem Wege vom Ekgonin zum Cocain gelangen.

Das umgekehrte Verfahren, welches aber nicht die gleichen befriedigenden Resultate lieferte, haben Einhorn und Klein[3]) vorgeschlagen. Salzsaures Ekgonin wurde mit Methylalkohol und Salzsäure erhitzt, wobei sich Ekgoninmethylester bildet. Dieser Methylester wird nun durch Behandeln mit Benzoylchlorid in Cocain übergeführt. In gleicher Weise lassen sich auch andere Säureradikale in den Ekgoninmethylester einführen.

Die Farbwerke Höchst ließen sich folgendes Verfahren schützen, welches ebenfalls die Darstellung von Cocain aus den Nebenalkaloiden in der Weise durchführt, daß man zuerst den Ekgoninmethyläther macht und diesen dann benzoyliert[4]). Hierbei werden die harzigen Nebenalkaloide in alkoholischer Lösung am Rückflußkühler einmal mit Säuren gekocht. Es entsteht dabei unter Abscheidung von Benzoesäure und anderen Säuren resp. deren Estern der Ekgoninester, der durch Behandlung mit Benzoylchlorid oder Benzoesäureanhydrid in Cocain oder Cocäthylin leicht überführbar ist.

Eichengrün schlug zur Darstellung von Ekgonin aus den Nebenalkaloiden vor, die Lösung der Doppelsalze mit schweren Metallen zu erhitzen. Das Verfahren basiert auf der Beobachtung, daß sich die leicht löslichen Kupfer- und Eisenchloriddoppelsalze der Nebenalkaloide bei mehrstündigem Kochen in Säureester und reines Ekgonin spalten.

Zu einer Zeit, als noch die Herstellung des Rohcocains vorzugsweise in Europa betrieben wurde, war es von Interesse, eine Methode ausfindig zu machen, am Produktionsorte der Cocablätter direkt ohne Extraktionsapparate Rohcocain darzustellen. Hierfür empfahl Henriquez[5]) Auszüge der Cocablätter mit Zinkvitriol und Rhodankalium zu fällen, wobei ein voluminöses weißes Salz fällt, welches eine Rhodanzinkdoppelverbindung des Cocains und seiner Nebenalkaloide vorstellt. Dieses Gemenge behandelt man nun mit Natriumcarbonat in der Kälte und erhält ein festes Gemisch der Alkaloide und Zinkcarbonat, aus welchem mit einem Lösungsmittel die Alkaloide extrahiert werden.

Die Darstellung der nicht benützten Derivate des Cocains, Isococains usw. wurde bereits oben besprochen.

Dihydroanhydroekgonin, von dem Willstätter wohl wegen des Eintrittes von neuen Wasserstoffatomen verstärkte physiologische Effekte erwartete, wird dargestellt, indem man Anhydroekgonin in amylalkoholischer Lösung mit Natriummetall reduziert, wodann man zu dem Dihydroanhydroekgonin gelangt. Die Derivate dieser Substanz haben keine praktische Bedeutung erlangt[6]).

---

[1]) J. v. Braun, Ber. d. Dtsch. pharm. Ges. **30**, 295 (1920). [2]) DRP. 47 602.
[3]) BB. **21**, 3335 (1888). — DRP. 47 713. [4]) DRP. 76 433. [5]) DRP. 77 437.
[6]) DRP. 94 175. — BB. **20**, 702 (1887).

Es wurden Versuche gemacht, die Salze des Cocains und der Isovaleriansäure darzustellen. Dieses ist naturgemäß zwecklos, da die Menge der Isovaleriansäure im Salze äußerst gering ist neben dem stark wirksamen Alkaloid, so daß in der therapeutischen Dosis die Wirkung der Isovaleriansäure gleich Null sein muß[1]).

Die Alkaloide der Cocain- und Atropingruppe lassen sich bei der Einwirkung von Chlor- oder Bromcyan in am Stickstoff entmethylierte Derivate überführen. Cocain liefert beim Erhitzen mit Bromcyan und Chloroform am Rückflußkühler Cyannorcocain

```
CH2·CH———CH·COO·CH3
|   |     |
|   N(CN) CH·O·CO·C6H5
|   |     |
CH2·CH———CH2
```

Bei der Verseifung mit konzentrierter Salzsäure entsteht Anhydroekgonin (Tropen-2-carbonsäure)

```
CH2·CH———CH·COOH
|   |     |
|   NH    CH
|   |     ||
CH2·CH———CH
```

Anhydroekgoninäthylester gibt beim Stehen mit Bromcyan und Äther den Cyannorhydroekgoninester, welcher beim Erhitzen mit konzentrierter Salzsäure unter Druck auf 120° das Chlorhydrat von Anhydronorekgonin liefert. — Beim Erwärmen von Acetyltropein (aus Tropin durch Kochen mit Essigsäureanhydrid) mit Chloroform und Bromcyan wird Acetylcyannortropein erhalten. Beim Übergießen mit konzentrierter Salzsäure erfolgt unter Erwärmung Lösung. Zur Gewinnung von Nortropin wird die Lösung in konzentrierter Salzsäure mit Wasser verdünnt und am Rückflußkühler erhitzt[2]).

Von der Citronensäure kann man zum Cocain und Atropin gelangen.

Aus Acetondicarbonsäureester entsteht elektrosynthetisch Succinyldiessigester, ein γ-Diketon, dessen Ammoniakderivat zum Pyrrolidin hydriert wird. Durch innere Acetessigesterkondensation liefert der N-Methylpyrrolidindiessigester den Tropinoncarbonsäureester, der leicht in r-Cocain und in Atropin umgewandelt wird:

```
                                          CH = C—CH2—COO·C2H5
CH2—CO—CH2—COO—C2H5                       |    >N·CH3
·                                  ——→    |
CH2—CO—CH2—COO—C2H5                       CH = C—CH2—COO·C2H5

      CH2—CH—CH2—COO·C2H5                 CH2—CH———CH—COO·C2H5
      |    \                              |   |      |
——→   |     >N·CH3                 ——→    |   N·CH3  C = O
      |    /                              |   |      |
      CH2—CH—CH2—COO·C2H5                 CH2—CH———CH2
```

Nach Robinson wird die Synthese des Tropinons in der Weise durchgeführt, daß Succinaldehyd mit Acetondicarbonsäureester und Methylamin zum Tropinondicarbonsäureester vereinigt wird, der unter Kohlensäureverlust in Tropinon übergeht.

R. Willstätter[3]) stellt aus N-Methylpyrrolidindiessigester mit Alkalimetall oder anderen Kondensationsmitteln Tropinoncarbonsäureester her. Der Ausgangspunkt der Synthese sind die Succinyldiessigester. Diese werden mittels Methylamins, z. B. in essigsaurer Lösung, in die entsprechenden N-Methylpyrroldiessigester übergeführt, letztere werden in essigsaurer Lösung mittels Platin und Wasserstoff in N-Methylpyrrolidindiessigester verwandelt. Die N-Methylpyrrolidindiessigester geben bei der Einwirkung von Natrium, Natriumalkoholaten oder Natriumamid unter Abspaltung von Alkohol Tropinoncarbonsäureester:

```
CH2·CH———CH2·COO·C2H5                CH2·CH———CH·COO·C2H5
|     >N·CH3                  ——→    |     >N·CH3   \
CH2·CH———CH2·COO·C2H5                CH2·CH———CH2·CO
```

Tropinoncarbonsäureäthylester liefert beim Erwärmen mit verdünnten Säuren Tropinon, das als solches, als Pikrat und als Dibenzalderivat abgeschieden werden kann. Bei den elektrolytischen Reduktion und mit Natriumamalgam entsteht r-Ergoninester.

---

[1]) DRP.-Anm. T. 17 226, Kl. 12, p. und T. 18 008, Kl. 12, p.

[2]) Grenzach, DRP. 301 870, Zusatz zu DRP. 286 743 und 289 273.

[3]) DRP. 302 401.

Die als Ausgangsmaterialien zur synthetischen Gewinnung von Tropinderivaten notwendigen Succinyldiessigester erhält man, wenn man Acetondicarbonestersäuren in neutraler oder schwach saurer Lösung der Elektrolyse unterwirft. Die sekundären Kaliumsalze der Acetondicarbonestersäuren entstehen bei der Einwirkung von konzentrierter wässeriger oder von alkoholischer Kalilauge auf Acetondicarbonsäureester. Das Dikaliumsalz der Acetondicarbonäthylestersäure liefert bei der Elektrolyse den Succinyldiessigsäurediäthylester. Dieser gibt mit Ammoniak oder Aminen Pyrrolderivate, z. B. n-Methylpyrroldiessigester. Aus dem Monomethylester der Acetondicarbonsäure entsteht weniger glatt das entsprechende Methylderivat der Succinyldiessigsäure, das den N-Methylpyrroldiessigsäuredimethylester liefert[1]).

* * *

Der genau ersichtliche und genau studierte Zusammenhang zwischen der Konstitution und der Wirkung des Cocains forderte geradezu auf, analog wirkende Körper auf Grund der gewonnenen Resultate darzustellen. In erster Linie war es die nahe Verwandtschaft zwischen dem Ekgonin und dem Tropin, die zu Versuchen Veranlassung gab, vom Tropin ausgehend zu cocainähnlichen Körpern zu gelangen. Mehrere Umstände mußten zu solchen Versuchen ermuntern: der manchmal sehr hohe Preis des Cocains, eine bestimmte Giftigkeit desselben und die rauschartigen Wirkungen, die sich oft an den Gebrauch desselben schlossen, schließlich ein Umstand, welcher für seine Anwendung bei Injektionen und bei Installationen oft hinderlich war: Cocainlösungen leiden nämlich beim Sterilisieren sehr, da sie sich beim Kochen zum Teil zersetzen, andererseits sind sie aber schlecht haltbar, da sie leicht schimmeln.

Ein Versuch, derart ein Cocain zu erhalten, welches man nicht zu sterilisieren braucht und dessen Lösungen doch steril bleiben, wurde durch Darstellung des Cocainum phenolicum, eines Gemenges von Phenol und Cocain gemacht. Dieser Körper hat jedoch keine große Verbreitung gewonnen[2]).

Auch die Anwendung eines adstringierenden Doppelsalzes des Cocains mit Aluminiumnitrat hat gar keine Verbreitung gefunden[3]).

Die Tropinverbindungen.

W. Filehne[4]) hat auf die schwach lokalanästhesierende Wirkung des Atropins hingewiesen, welches als Ester der Tropasäure mit Tropin aufzufassen ist

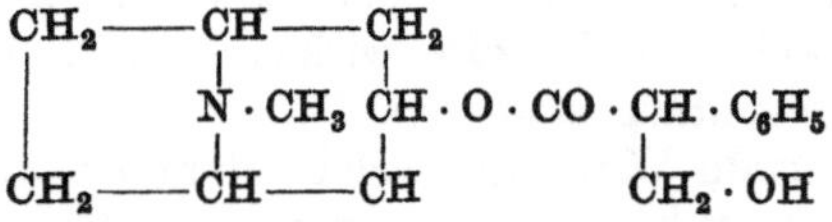

```
CH2——CH——CH2
|     |    |
|    N·CH3 CH·O·CO·CH·C6H5
|     |    |        |
CH2——CH——CH       CH2·OH
```

Während Homatropin, welches die in der Mitte zwischen Tropasäure $C_6H_5 \cdot CH<\genfrac{}{}{0pt}{}{CH_2 \cdot OH}{COOH}$ und Benzoesäure stehende Mandelsäure $C_6H_5 \cdot CH<\genfrac{}{}{0pt}{}{OH}{COOH}$ enthält, schon eine stärkere Wirkung besitzt, zeigt nach Filehne Benzoyltropein eine exquisit lokalanästhesierende Wirkung. In weiteren Versuchen mit Benzoylderivaten anderer Alkaloide, und zwar des Morphins, Hydrokotarnins, Chinins, Cinchonins usw. zeigte es sich, daß fast alle diese Derivate mehr oder weniger starke lokalanästhesierende Wirkung haben. Dieses war der Grund für die nicht ohne weiteres richtige Filehnesche Annahme, daß die Veresterung mit Benzoesäure beim Cocain das Wesentliche und Wirk-

---

[1]) Richard Willstätter, DRP. 300672. — R. Willstätter und Adolf Pfannenstiel, Liebigs Ann. **422**, 1 (1921). — R. Willstätter und Max Bommer, ebenda **422**, 15 (1921). [2]) Viau, Nouveaux remèdes **1887**, 192.

[3]) DRP. 88436. [4]) Berl. klin. Wochenschr. **1887**, 107.

same für die anästhesierende Wirkung sei, um so mehr als Ekgonin nicht anästhesierend wirkt.

Die Idee vom naheverwandten Tropin, statt vom Ekgonin aus, zu cocainähnlichen Körpern zu gelangen, hat vielfache Versuche gezeitigt. Wie erwähnt, kommen dem Atropin, dem Ester der Tropasäure und des Tropins schwach anästhesierende Eigenschaften zu.

Tropin selbst wirkt bei Katzen in Dosen von 0.8 g intern noch nicht. Lokal appliziert erzeugt es keine Mydriasis, während bei Allgemeinvergiftung starke Pupillenerrweiterung und Aufhebung der Lichtempfindlichkeit sich einstellt. Der durch Muscarin verursachte Herzstillstand wird erst durch hohe Gaben Tropin beseitigt. Tropin wirkt auf das Muscarinherz ähnlich wie Campher, nicht aber wie Atropin.

Von dem per os eingeführten Atropin (und Hyoscyamin) wird ein Teil unverändert ausgeschieden. Im Harne findet man Tropin. Das Kaninchen vermag Tropin zu verbrennen, ebenso zum Teil die Tropasäure. Wahrscheinlich wird Atropin zunächst verseift und die Komponenten oxydiert[1]).

Ersetzt man den Hydroxylwasserstoff des Tropins durch Radikale aliphatischer Säuren, so erhält man Tropeine, welche nach den Untersuchungen von R. Gottlieb[2]) nicht bloß quantitativ vom Atropin verschieden wirken, sondern dessen periphere Wirkungen gänzlich vermissen lassen. Dieses ist der Fall bei Acetyltropein und Succinyltropein. Bei einzelnen Estern, z. B. beim Lactyltropein $(C_8H_{14}N) \cdot O \cdot CO \cdot CH(OH) \cdot CH_3$ sowie auch bei aromatischen Estern können Pupillen- und Herzwirkungen fehlen. Tropin selbst und die wenig giftigen Tropeine sind Reizmittel für das Herz, während eine solche Wirkung sich bekanntlich beim Atropin nicht nachweisen läßt.

Lactyltropein, welches als Herzmittel hätte in Anwendung gebracht werden sollen, wurde durch Kondensation von Milchsäure mit Tropin bei Gegenwart von Salzsäure als Kondensationsmittel dargestellt. Es entsteht auch durch Einwirkung von Milchsäureanhydrid oder Milchsäureester auf Tropin[3]).

Es ist merkwürdig, daß erst durch den Eintritt einer aromatischen Säuregruppe die Tropeine jene Eigenschaften erhalten, periphere Wirkungen (Dilatation der Pupille, Anästhesie usw.) auszulösen.

Das erste, künstlich dargestellte aromatische Derivat des Tropins war Benzoyltropein. Buchheim[4]) konnte den Satz, daß erst der Eintritt von aromatischen Säureradikalen die Tropeine wirksam macht, durch die Darstellung und Prüfung dieser Verbindung erweisen.

Die pupillenerweiternde Wirkung, welche dem Atropin und dem Cocain eigen ist, kommt auch einem häufig verwendeten künstlichen Tropeine zu, dem Mandelsäuretropein $(C_8H_{14}N) \cdot O \cdot CO \cdot CH(OH) \cdot C_6H_5$, welches unter dem Namen Homatropin, neben dem Atropin selbst, eine gewisse Anwendung in der Augenheilkunde gefunden hat[5]).

Atropamin

```
                  H
                  C                      CH2
                / | \                    ||
           H2C    |    CH · O · CO ·     C
            |    CH2    |                |
            |     |     |               C6H5
     CH3 · N     CH2    CH2
                \ | /
                  C
                  H
```

[1]) A. Heffter, BZ. **40**, 47 (1912).
[2]) AePP. **37**, 128. Siehe auch Mercks Ber. f. **1889**, 7 und 15.
[3]) DRP. 79 870. [4]) AePP. **5**, 463. [5]) DRP. 95 853.

das Tropein des Tropins mit der Atropasäure, $C_6H_5 \cdot C\begin{smallmatrix}\diagup CH_2 \\ \diagdown COOH\end{smallmatrix}$ (α-Phenylacrylsäure) zeigt aber keine mydriatische Wirkung trotz der nahen Verwandtschaft dieser Säure mit der Tropasäure aus dem Atropin[1]).

Es ist daraus ersichtlich, daß es nicht genügt, wenn eine aromatische Säure in das Hydroxyl des Tropins eintritt, sondern es müssen dieser Säure noch andere Eigenschaften zukommen. Betrachtet man nun einige Derivate des Tropins mit aromatischen Säureradikalen, so wird die Ursache der mydriatischen Wirkung klar.

Der Benzoylester des Tropins $(C_8H_{11}N) \cdot O \cdot CO \cdot C_6H_5$ ist zwar giftig, wirkt aber, wie früher behauptet wurde, nicht mydriatisch, erzeugt jedoch deutlich Anästhesie.

Die entsprechende Salicylverbindung: Salicyltropein $(C_8H_{14}N) \cdot O \cdot CO \cdot C_6H_4 \cdot OH$ ist ohne mydriatische Wirkung.

Die Phenylglykolsäure-(Mandelsäure-)Verbindung

$$(C_8H_{14}N) \cdot O \cdot CO \cdot CH(OH) \cdot C_6H_5$$

ist weniger giftig als Atropin, hat aber die gleiche mydriatische Wirkung.

Die Zimtsäureverbindung $(C_8H_{14}N) \cdot O \cdot CO \cdot CH : CH \cdot C_6H_5$ ist sehr giftig, aber ohne mydriatische Wirkung.

Während Atropamin $(C_8H_{14}N) \cdot O \cdot CO \cdot C(C_6H_5) : CH_2$ ohne mydriatische Wirkung ist, wirkt Pseudoatropin $(C_8H_{14}N) \cdot O \cdot CO \cdot C(OH)(C_6H_5)(CH_3)$ (Atrolactyltropein) mydriatisch.

Milchsäuretropein $(C_8H_{14}N) \cdot O \cdot CO \cdot CH(OH) \cdot CH_3$ erregt, wie vorher erwähnt wurde, die Herzbewegungen und die Respiration.

Es existieren also verschiedene Bedingungen, einerseits für das Giftigwerden des Tropins und andererseits für seine Eigenschaft, Mydriasis hervorzurufen. Die Giftigkeit und die mydriatische Eigenschaft beruhen nicht auf derselben Atomgruppierung, es muß zu einem giftigen Tropein noch eine Gruppe treten, um ihm die mydriatische Eigenschaft zu verleihen.

Die Tropeine, welche mydriatische Eigenschaften zeigen, haben alle, außer dem aromatischen Säureradikal, welches die Giftigkeit der Tropeine bedingt, ein alkoholisches Hydroxyl in dem aromatischen Säureradikal, diejenigen, welche nur ein Phenolhydroxyl haben, sind ohne Einwirkung auf die Pupille.

Die Tropasäure kann auch aus anderen Basen vermöge ihres alkoholischen Hydroxyls mydriatische Effekte auslösen.

So ist Pseudohyoscyamin (Norhyoscyamin) wenig giftig, wirkt aber mydriatisch. Bei der alkalischen Spaltung zerfällt és in Tropasäure und die Base $C_8H_{15}NO$ (Ladenburgs Pseudotropin), die mit Tropin nicht identisch ist.

Doch muß das alkoholische Hydroxyl nicht frei sein, auch die Acylderivate solcher Verbindungen wirken mydriatisch[2]).

Es wurde von den älteren Forschern stets angegeben, daß die aliphatischen Tropeine sowie die aromatischen, welche kein alkoholisches Hydroxyl in der Seitenkette haben, keine Wirkung auf die Pupille haben.

Neuere umfassende Untersuchungen von Jowett und Pyman haben jedoch wesentlich andere Ergebnisse gezeitigt.

Tropin, welches keine Lokalwirkung auf das Auge hat, macht bei der Katze intern in großen Dosen eine starke Mydriasis, und ähnliches machen Tropeine, welche keine Lokalwirkung haben. So macht z. B. das Lacton des o-Carboxyphenylglyceryltropeins[3]) nach Injektion Mydriasis.

[1]) Marcacci und Albertoni, Giorn. della Accad. di Medic. di Torino **1884**.

[2]) DRP. 151 189.

[3]) Jowett und Pyman, Journ. Chem. Soc. Transact., London **91**, 92 (1907).

Bei der Untersuchung der Tropeine mit aliphatischen Säuren zeigten Acetyl-, Succinyl- und Lactyltropeine die oben beschriebenen Wirkungen (s. R. Gottlieb).

Glykolyl- und Methylparaconyltropeine[1]) $CH_2(OH) \cdot COOT$ und

$$\begin{array}{l} CH_3 \cdot CH — CH \cdot CO \cdot OT \\ \quad | \qquad \quad \diagdown \\ \quad O — CO — CH_2 \end{array}$$

sind unwirksam, aber Terebyltropein

$$\begin{array}{l} \qquad \quad CH_3 \\ \qquad \quad | \\ CH_3 \cdot C — CH \cdot COOT \\ \qquad \quad | \qquad \diagdown \\ \qquad \quad O \cdot CO \cdot CH_2 \end{array}$$

hat nur eine sehr schwache mydriatische Wirkung. Unter gleichen Bedingungen geprüft wie die anderen ist es unwirksam, ebenso Tartryltropein

$$\begin{array}{l} CH\ (OH) \cdot COOT \\ | \\ CH\ (OH) \cdot COOT \end{array} \text{ und Fumaroyltropein } \begin{array}{l} CH \cdot COOT \\ \| \\ CH \cdot COOT \end{array}$$

so daß kein aliphatisches Tropein, welches bis jetzt bei der Katze geprüft wurde, mydriatisch wirkt.

Terebyltropein $\begin{array}{l} C(CH_3)_2 — CH \cdot CO \cdot C_8H_{14}ON \\ | \qquad \qquad \ \ | \\ O — CO — CH_2 \end{array}$ und Phthalidcarboxyltropein

$$\begin{array}{l} CH \cdot CO \cdot C_8H_{14}N \\ C_6H_4 \diagup \quad \diagdown O \\ \quad CO \end{array}$$

wirken atropinartig auf das Herz.

Sie enthalten beide Lactongruppen. Sie verlieren diese Wirkung, wenn man die molekulare Menge Alkali zur Lösung zusetzt. Terebyltropein wirkt deutlich mydriatisch, ohne ein alkoholisches Hydroxyl zu besitzen, aber bei allen Verbindungen zeigt es sich, daß das alkoholische Hydroxyl für das Zustandekommen der mydriatischen Wirkung besonders günstig zu sein scheint[2]). Diese Lactone verlieren ihre physiologische Wirksamkeit beim Übergang in die entsprechenden Oxysäuren.

Tropeine mit substituierten Benzoesäuren verhalten sich folgendermaßen:

Benzoyltropein ist mydriatisch so stark wirksam wie Homatropin (Jowett und Pyman).

Nach Ladenburg ist o-Hydroxybenzoyltropein (Salicyltropein) unwirksam, aber m-Hydroxybenzoyltropein wirkt mydriatisch[3]). Hingegen zeigen Jowett und Pyman, daß beide bei innerer Applikation aktiv sind.

Phthaloyltropein ist unwirksam. p-Hydroxybenzoyltropein ist unwirksam. Protocatechyltropein $(OH)_2 \cdot C_6H_3 \cdot COOT$ ist unwirksam.

Tropeine substituierter Hydratropasäuren verhalten sich folgendermaßen:

r-Tropyltropein (Atropin) ist wirksam, ebenso Acetyltropyltropein.

Atroglyceryltropein

$$\begin{array}{l} \qquad \quad CH_2 \cdot OH \\ \qquad \quad | \\ C_6H_5 \cdot C \cdot COOT \\ \qquad \quad | \\ \qquad \quad OH \end{array}$$

steht in seiner Wirksamkeit zwischen Atropin und Homatropin.

---

[1]) Jowett und Hahn, Journ. Chem. Soc. Transact., London **89**, 357 (1906).

[2]) Jowett und Hahn, Proceed. Chem. Soc. London **22**, 61. — Journ. Chem. Soc. Transact., London **89**, 357 (1906).

[3]) Ladenburg, Liebigs Ann. **217**, 82 (1883).

Alle Tropeine substituierter Phenylessigsäuren haben mydriatische Eigenschaften in mehr oder weniger starkem Grade. Phthalidcarboxyltropein, in welchem die Hydroxylgruppe zur Lactongruppe kombiniert ist, ist ein mäßiges Mydriaticum, und so wirkt auch Phenylacetyltropein, welches keine Hydroxylgruppe enthält. Der Ersatz der Hydroxylgruppe durch Chlor oder die Aminogruppe (Phenylchloracetyl- und Phenylaminoacetyltropeine) macht die Substanzen noch wirksam, aber viel weniger als Homatropin.

Bei den drei isomeren Methylamygdalyltropeinen sieht man folgendes Verhalten: die o- und m- sind einander gleich und stärker mydriatisch wirksam als Homatropin; die p-Verbindung ist ein wenig geringer wirksam.

Tropeine substituierter Phenylpropionsäuren:

Zimtsäuretropein, das Lacton des o-Carboxyphenylglyceryltropeins und Isocumarincarboxyltropein sind unwirksam.

β-Phenyl-α-hydroxypropionyltropein $C_6H_5 \cdot CH_2 \cdot CH(OH) \cdot COOT$ ist isomer mit Atropin und stark mydriatisch wirksam.

β-2-Pyridyl-α-hydroxypropionyltropein (Ersatz des Benzolrings durch Pyridin) schwächt die Wirkung stark ab.

Tropeine, in deren Säureradikal die Phenyl- und Carboxylgruppe durch eine Iminogruppe getrennt sind:

Hippuryltropein ist dem Lactyltropein ähnlich und fast inaktiv, ebenso Phenylcarbamotropein.

Die Ansicht, daß zum Zustandekommen der Wirkung die Säure einen Benzolkern und eine alkoholische Hydroxylgruppe in der Seitenkette, welche die Carboxylgruppe trägt, haben muß, ist nicht ganz haltbar. Auch das Pyridylderivat wirkt mydriatisch. Ferner bleibt die mydriatische Wirkung des Atropins erhalten, wenn die Hydroxylgruppe gegen Acetoxyl, Chlor oder Brom ausgetauscht wird. Die Hydroxylgruppe des Homatropins kann gegen Wasserstoff, Chlor oder eine Aminogruppe ausgetauscht werden oder in Lactonform geschlossen sein. Ferner sind o- und m-Hydroxybenzoyl- und Benzoyltropeine mydriatisch wirksam.

Die Tropeine substituierter Hydratropa-, Phenylessigsäure- und Phenylpropionsäuren sind alle wirksam mit Ausnahme der Lactone der o-Carboxyphenylglyceryltropeine und solchen, welche eine ungesättigte Bindung in der Seitenkette, die die Carboxylgruppe enthält, tragen.

Trotzdem die Ansicht, daß zum Zustandekommen der Wirkung die alkoholische Hydroxylgruppe gehört, unrichtig ist, sieht man doch, daß solche Tropeine, welche stärker oder gleich wirksam sind wie Homatropin, eine alkoholische Hydroxylgruppe enthalten.

Die stärkst wirksamen Tropeine sind einander isomer:

Atropin

$$C_6H_5-\underset{}{\overset{CH_2 \cdot OH}{\overset{|}{C}}}H \cdot COOT$$

Atrolactyltropein

$$C_6H_5-\underset{\underset{OH}{|}}{\overset{\overset{CH_3}{|}}{C}}-COOT$$

β-Phenyl-α-hydroxypropionyltropein

$$C_6H_5 \cdot CH_2 \cdot CH(OH) \cdot COOT$$ [1]

Das Lacton des o-Carboxyphenylglyceryltropeins, welches ein Lacton ist und zugleich ein alkoholisches Hydroxyl hat,

$$C_6H_4\begin{cases} CO\text{———}O \\ CH(OH) \cdot \overset{|}{C}H \cdot CO \cdot C_8H_{14}ON \end{cases}$$

[1]) Jowett und Pyman, Proceed. of the VIIth intern. Congress of Applied Chemistry, London 1909.

ferner Isocumarincarboxyltropein

```
     CO—O
    /     |
C6H4      |
    \     |
     CH=C · CO · C8H14ON
```

sowie die Alkylbromide der Tropeine und des Homatropins sind nur schwach mydriatisch und verlieren ihre physiologische Wirksamkeit, wenn man sie in die entsprechenden Oxysäuren überführt[1]).

Chlor- und Bromhydratropyltropeine stehen qualitativ dem Atropin sehr nahe; sie rufen gleich dem Atropin Erweiterung der Pupille hervor. Hinsichtlich der Stärke und Dauer dieser Wirkung aber bestehen deutliche Unterschiede. Für Meerschweinchen ist die allgemeine Giftigkeit des Chlorhydratropyltropeins beträchtlich geringer als die des Atropins, die Reizwirkung auf die Augenbindehäute größer. Es erzeugt eine ausreichende Mydriasis. Die Wirkung des Bromhydratropyltropeins entwickelt sich viel langsamer und ist weniger intensiv als bei der gleichen Dosis der Chlorverbindung trotz gleicher Reizerscheinungen[2]).

Zum Zustandekommen der mydriatischen Wirkung eines Tropeins ist nach obigen Untersuchungen qualitativ dem alkoholischen Hydroxyl ein Halogenatom gleich[3]).

```
        Atropin                                        Mydriasin          CH2OH
CH2—CH——CH2          CH2 · OH          CH2—CH——CH · OOC—CH
|   |     |         /                   |   |     |          \
|   N · CH3 CH · OOC · CH               |   N · CH3 CH2        C6H5
|   |     |         \                   |   |     |
CH2—CH——CH2          C6H5               CH2—CH——CH2
```

Durch die Verschiebung des Tropasäurerestes im Atropinmolekül ist aus dem Tropasäureester des Tropins, dem Atropin, der Tropasäureester des Homotropins (Mydriasin) geworden. Auf Pupille und Vagus wirkt der Körper qualitativ wie Atropin, die mydriatische Wirkung ist beim Menschen aber auch quantitativ gleich der des Atropins. Als Vorzug vor dem Atropin ergab sich aber, daß Mydriasin die unangenehmen Nebenwirkungen auf die Akkommodation nicht zeigte wie das Atropin. Die gleichen Vorzüge zeigen aber auch Mydrin und Euphthalmin.

Man läßt auf Alkamine die Haloide von Oxycarbonsäuren einwirken, bei denen entweder der Wasserstoff der Hydroxylgruppe durch ein organisches Radikal oder die ganze Hydroxylgruppe durch Halogen ersetzt ist. Die so erhaltenen Alkaminester stehen den nichtsubstituierten Alkaminestern physiologisch sehr nahe, so z. B. zeigen Acetyltropein, Acetyltropyllupinein, Chlorhydraatropyltropein mydriatische Wirkungen. Acetyltropyltropein, aus Acetyltropasäurechlorid und salzsaurem Tropin, geht durch Abspaltung der Acylgruppe glatt in Atropin über[4]).

Besonders leicht geht die Abspaltung der Acylgruppe bei den Fettacidylgruppen, und zwar durch Behandlung der Acidylderivate mit Säuren oder ähnlich wirkenden Agentien. Man kann so fast quantitativ Atropin aus Acetyltropyltropein mittels konzentrierter Salzsäure erhalten, ebenso Tropyllupinein aus Acetyltropyllupinein, Salicyltropein aus Acetylsalicyltropein[5]).

Oxymethylenphenylessigester wird mit Reduktionsmitteln behandelt und der entstehende Tropasäureester verseift. Die so entstehende Tropasäure ist identisch mit der aus Atropin entstehenden. Die Patentschrift enthält Beispiele für die Anwendung von aktiviertem Aluminium und von Wasserstoff in Gegenwart von Palladiumchlorür als Reduktionsmittel[6]).

---

[1]) Siehe auch C. R. Marshall, AePP. Schmiedeberg-Festschrift **1908**, Suppl. 389.
[2]) L. Lewin und Guillery, Wirkungen von Arzneimitteln auf das Auge. Berlin 1905.
[3]) R. Wolffenstein, BB. **41**, 732 (1908).
[4]) Braunschweiger Chininfabrik, DRP. 151 189.
[5]) Braunschweiger Chininfabrik, DRP. 157 693.
[6]) Grenzach, DRP. 302 737.

Die mydriatische Wirkung des Atropins hängt nicht allein von dem Tropasäureanteil des Atropins ab. Verestert man die Tropasäure mit einem nicht cyclischen Aminoalkohol, z. B. Dimethylaminopropanol zum Dimethylaminopropanoltropasäureester

$$(CH_3)_2N(CH_2)_3 \cdot O \cdot CO \cdot CH \begin{matrix} \nearrow CH_2OH \\ \searrow CH_2OH \end{matrix}$$

so sieht man trotz des Fehlens des Ringsystems deutlich eine vaguslähmende Wirkung. Größere Dosen lähmen den Darm. Es wird nur eine geringe Mydriasis hervorgerufen[1]).

Atropinmethylnitrat und Atropinäthylnitrat üben keine Wirkung auf die Großhirnrinde, hingegen ist die Pupillenwirkung erhalten.

Man erhält sie durch Umsetzung der Atropinalkylhaloide mit Nitraten der Schwermetalle oder durch Behandlung der freien Atropinalkylhydroxylbasen mit Salpetersäure[2]).

Man erhält diese Verbindungen ferner durch Einwirkung von Alkylnitraten auf Atropin oder durch Umsetzung des Atropinmethylsulfats mit Nitraten des Bariums oder Bleies[3]).

Durch Einwirkung von Alkylbromid auf Atropin, Hyoscyamin, Homatropin, Scopolamin erhält man die entsprechenden bromwasserstoffsauren Salze der quaternären Basen, denen die Gehirnwirkungen fehlen[4]).

Nach Vaubel[5]) und Darier[6]) ist Atropinmethylbromid weniger giftig als Atropin. Es soll als Atropinersatzmittel dienen[7]).

Eine 0.5%ige Lösung von Homatropinmethylbromid erweitert die Katzenpupille stärker und rascher als Homatropinbromid gleicher Konzentration, aber Homatropinäthylbromid macht nur leichte Mydriasis.

Atropinbrombenzylat $C_{17}H_{23}NO_3 \cdot C_6H_5 \cdot CH_2Br$ hat deutlich mydriatische Wirkung. 0.3 g subcutan einem Hunde einverleibt machen unsicheren Gang, depressives Stadium und nach 3 Stunden Erholung.

Tropinjodbenzylat und Tropinjodessigsäuremethylester erzeugen völlige Lähmung, von der letzteren Substanz benötigt man doppelt soviel. Von den Tropinammoniumbasen sind verhältnismäßig hohe Dosen erforderlich, um völlige Lähmung hervorzurufen.

Novatropin ist Homatropinmethylnitrat.

Die Basen der Tropein- und Scopoleinreihe lassen sich unter geeigneten Bedingungen mit den Schwefligsäuredialkylestern zu Anlagerungsprodukten vereinigen[8]). Es entstehen auf diese Weise Alkylammoniumalkylatsulfite. Durch Vereinigung von Atropin mit Dimethylsulfit erhält man beispielsweise Methylatropiniummethylatsulfit nach der Gleichung:

$$C_{17}H_{23}O_2N + SO{<}{}^{OCH_3}_{OCH_3} = C_{17}H_{23}O_2N{<}{}^{CH_3}_{O \cdot SO \cdot OCH_3} .$$

Die so erhaltenen quaternären Alkylammoniumsulfitalkylate lassen sich mit Metallhalogeniden und mit Metallnitraten umsetzen. Methylatropiniumäthylsulfit bildet eine äußerst hygroskopische Masse, welche aus absolut alkoholischen Lösungen mit trockenem Äther krystallinisch gefällt werden kann. Beschrieben ist die Darstellung von Atropinbrommethylat, F. 220° (aus Methylatropiniummethylatsulfit und Bromkalium), sowie von Atropinmethylnitrat.

---

1) Wilhelm Wichura, Zeitschr. f. exper. Pathol. u. Ther. **20**, 1 (1919).
2) Bayer-Elberfeld, DRP. 137 622. 3) Bayer-Elberfeld, DRP. 138 443.
4) Merck-Darmstadt, DRP. 145 996.
5) Wochenschr. f. Therap. und Hyg. des Auges **6**, Nr. 2.
6) Clinique Ophthalmologique Ann. **1902**, 318.
7) Aronheim, Berliner klin. Wochenschr. **1904**, 756.
8) A. Gerber, Bonn a. Rhein, DRP. 228 204.

Die quaternären Ammoniumbasen der Tropeine lähmen die motorischen Nervenendigungen ungefähr 8—10fach stärker als die Stammverbindungen, hingegen ist ihre reizende Wirkung auf das Zentralnervensystem beim Frosch ungefähr 30—50 mal geringer. Das N-Methylieren steigert die den Herzvagus lähmende Wirkung der Tropeine beim Frosch ungefähr 8fach. Bei den Darmbewegungen vermindert sich die Wirkung der Tropeine durch das N-Methylieren auf den Auerbachschen Plexus, hingegen wird ihre lähmende Wirkung auf die Vagusendigungen verstärkt. Die mydriatische Wirkung des Homatropinmethylnitrats ist stärker als die des Homatropins. Zwischen Atropin und seinen quaternären Ammoniumbasen hingegen ist kein Unterschied in dieser Hinsicht zu finden[1]).

Atropin ist in seiner Wirkung auf die Speicheldrüse 20 mal stärker als d-Hyoscyamin, l-Hyoscyamin 40 mal so stark als die rechtsdrehende Verbindung. Von den beiden optisch isomeren Homatropinen erwies sich die linksdrehende Form nur als doppelt so wirksam wie die rechtsdrehende: Das racemische Homatropin ist ungefähr 30 mal schwächer als Atropin. Vergleicht man die doppelte Wirksamkeit der linksdrehenden Modifikation des Homatropins gegenüber der rechtsdrehenden mit der 40 mal stärkeren Wirkung des l-Hyoscyamin gegenüber seinen Isomeren, so ergibt sich, daß der Einfluß der Drehungsrichtung in dieser Gruppe einander nahestehender Gifte, denen wir zweifellos die gleichen Angriffspunkte zuschreiben müssen, sich im gleichen Sinne geltend macht, aber in beiden Fällen sehr ungleich stark. Cushny[2]) schließt daraus, daß die Wirkung der verschiedenen Tropeine auf einer gleichartigen chemischen Reaktion mit den Angriffspunkten beruht, daß die physikalischen Eigenschaften der entstehenden Reaktionsprodukte, ihre Löslichkeit usw. aber je nach der Drehungsrichtung wesentlich differieren. Durch diese Verschiedenheiten wird die verschiedene Wirkungsstärke auch bei Annahme gleichartiger Reaktion erklärt. Gestützt wird diese Erklärung durch die von Cushny gefundene Analogie bei der Reaktion der optisch-isomeren Tropeine mit den optisch-aktiven Camphosulfonsäuren. Diese Verbindungen zeigen je nach der Drehungsrichtung des Hyoscyamins und Homatropins verschiedene relative Löslichkeit, und die Differenz zwischen den Löslichkeiten der entstehenden Verbindungen erweist sich den beiden optisch isomeren Paaren gleichfalls als verschieden groß.

Für die Wirkung ist die Gegenwart eines asymmetrischen Kohlenstoffatoms in dem mit Tropin veresterten Säureradikale von großer Wichtigkeit. Auch die Tropeine mit aliphatischen Säureradikalen zeigen, sofern die letzteren einen asymmetrischen Kohlenstoff enthalten, eine — wenn auch nur ungemein geringe — Atropinwirkung. Die Tropeine mit aromatischen Säureradikalen zeigen eine große Steigerung der charakteristischen Tropeineigenschaften, die dem Tropin selbst fehlen, durch die Gegenwart einer Hydroxylgruppe und eines asymmetrischen Kohlenstoffes in der Seitenkette. Der höchste Wirkungsgrad wird erreicht, wenn das ganze Molekül linksdrehend ist. Aber auch die rechtsdrehenden Isomeren sind viel stärker wirksam als die nächststehenden Homologen, welche keinen asymmetrischen Kohlenstoff besitzen. Die tabellarische Aufstellung zeigt, wie dementsprechend ein Sprung in der Wirksamkeit von den Tropeinen mit einfacheren aromatischen Säuren zum Homatropin stattfindet, obgleich sich Phenacetyltropein vom Homatropin nur dadurch unterscheidet, daß das letztere eine Hydroxylgruppe in der Seiten-

[1]) B. Issekutz, Zeitschr. f. exper. Pathol. u. Ther. **19**, 99 (1917).
[2]) A. R. Cushny, Journ. of pharmacol. and exp. therap. **15**, 105 (1920).

kette enthält. Die Wirksamkeit des Atropins zu 300 angenommen, ergibt sich für die Wirksamkeit der wichtigeren Tropeine die folgende Tabelle:

l-Hyoscyamin	600
Methylatropin	450
Atropin	300
d-Hyoscyamin	15
l-Homatropin	14
d l-Homatropin	10
d-Homatropin	7
Phenylacetyltropein	1
Benzoyltropein	1
o-Oxybenzoyltropein	1
m-Oxybenzoyltropein	< 1
p-Oxybenzoyltropein	$< 1/8$
d-Tartryltropein	0

Atropin und Benzoyltropein wirken in bezug auf Anästhesie gleich stark. Wird im Tropan[1])

```
CH2—CH—CH2
|    |    \
|   N·CH3  >CH2
|    |    /
CH2—CH—CH2
```

das Hydroxyl aus der Tropinstellung

```
CH2—CH—CH2
|    |    \
|   N·CH3  >CH·OH
|    |    /
CH2—CH—CH2
```

an eine andere Stelle gebracht, z. B. im Homotropin

```
CH2—CH—CH·CH2·OH
|    |    \
|   N·CH3  >CH2
|    |    /
CH2—CH—CH2
```

so verhalten sich seine Acylderivate ganz analog den Tropeinen: Benzoylhomotropin ist dem Tropacocain, Tropylhomotropein (Mydriasin) dem Atropin gleichwertig. Wenn man das Hydroxyl des Tropins entfernt und in einem am Stickstoff befindlichen Propylrest in γ-Stellung zum Stickstoff verankert, so ist das entsprechende Tropein

```
CH2—CH————————————CH·COO·C2H5
|    |                 \
|   N(CH2)3·O·CO·C6H5   >CH2
|    |                 /
CH2—CH————————————CH2
```

dem Cocain eng verwandt.

Die Verbindungen γ-Oxypropyl-nortropan,

```
CH2—CH————————CH2
|    |            \
|   N·[CH2]3·OH    >CH2
|    |            /
CH2—CH————————CH2
```

[1]) J. v. Braun und Kurt Räth, BB. 53, 601 (1920).

β-Oxyäthyl-nortropan

$$\begin{array}{llll} CH_2-CH & & & CH_2 \\ | \quad\quad | & & & \diagdown \\ | \quad\;\; N\cdot[CH_2]_2\cdot OH & & & \;\;\rangle CH_2 \\ | \quad\quad | & & & \diagup \\ CH_2-CH & & & CH_2 \end{array}$$

und ε-Oxyamylnortropan

$$\begin{array}{llll} CH_2-CH & & & CH_2 \\ | \quad\quad | & & & \diagdown \\ | \quad\;\; N(CH_2)_5\cdot OH & & & \;\;\rangle CH_2 \\ | \quad\quad | & & & \diagup \\ CH_2-CH & & & CH_2 \end{array}$$

und zwar deren Benzoyl- und Tropylderivate ergeben eine Analogie mit den gewöhnlichen Tropeinen. In der Stärke der Wirkung treten bedeutende Unterschiede zwischen den einzelnen Gliedern zutage: bei den Benzoylverbindungen stellt sich heraus, daß das Benzoylderivat der γ-Reihe und auch das dem Benzoylderivat fast ganz äquivalente p-Amino-benzoylderivat die maximale anästhetische Wirkung zeigen, daß diese stark abnimmt, wenn man unter Verkürzung der Kette zum Oxyäthyl- oder unter Verlängerung zum ε-Oxyamylnortropanderivat übergeht. Ähnliches beobachtet man bei dem Cocainanalogon

$$\begin{array}{llll} CH_2-CH & & & CH\cdot COO\cdot C_2H_5 \\ | \quad\quad | & & & \diagdown \\ | \quad\;\; N\cdot[CH_2]x\cdot O\cdot CO\cdot C_6H_5 & & & \;\;\rangle CH_2 \\ | \quad\quad | & & & \diagup \\ CH_2-CH & & & CH_2 \end{array}$$

mit x = 2, 3 und 5.

Etwas anders liegen die Verhältnisse bei den Tropylverbindungen: bei einer dem natürlichen Atropin ungefähr gleichen allgemeinen Toxizität aller drei Glieder zeigt das Tropasäurederivat der Oxyäthylverbindung die stärkste mydriatische Wirkung, beim Übergang zum Oxypropyl und Oxyamylderivat sinkt diese plötzlich fast auf Null.

Das Tropylderivat von β-Oxyäthyl-nortropidin

$$\begin{array}{llll} CH_2-CH & & & CH_2 \\ | \quad\quad | & & & \diagdown \\ | \quad\;\; N\cdot[CH_2]_2\cdot OH & & & \;\;\rangle CH \\ | \quad\quad | & & & /\!\!/ \\ CH_2-CH & & & CH \end{array}$$

welches eine doppelte Bindung hat, zeigt keine Zunahme der mydriatischen Wirkung gegenüber dem Tropasäureester von β-Oxyäthyl-nortropan, eher eine Abschwächung, die Verstärkung tritt in Erscheinung in der benzoylierten Reihe, nur daß sich der optimale Punkt von Amin

$$\begin{array}{llll} CH_2-CH & & & CH_2 \\ | \quad\quad | & & & \diagdown \\ | \quad\;\; N\cdot[CH_2]_3\cdot OH & & & \;\;\rangle CH \\ | \quad\quad | & & & /\!\!/ \\ CH_2-CH & & & CH \end{array}$$

zu Amin

$$\begin{array}{llll} CH_2-CH & & & CH_2 \\ | \quad\quad | & & & \diagdown \\ | \quad\;\; N\cdot[CH_2]_2\cdot OH & & & \;\;\rangle CH \\ | \quad\quad | & & & /\!\!/ \\ CH_2-CH & & & CH \end{array}$$

verschiebt.

(Dagegen liegt in der ungesättigten Cocainreihe das Optimum genau so wie in der gesättigten Reihe beim Ekkain mit γ-ständigem benzoyliertem Hydroxyl.)

Die Benzoylverbindung des letzteren Amins ist ein stark wirksames ungiftiges Anästheticum, das dem Ekkain in der Wirkung gleicht.

Ganz unabhängig von der speziellen Art der Verankerung des Hydroxyls in Molekül ist deren γ-Stellung zum Stickstoff in den meisten Fällen die optimale. Die Dehydrierung des Kohlenstoff-Siebenringes steigert den Grad der Wirkung.

Tropacocain.

Die Hoffnung, von dem dem Ekgonin nahe verwandten Tropin

```
        H     H2
H2C-----C-----C
 |      |     |
 |     N·CH3 CH·OH
 |      |     |
H2C-----C-----CH2
        H
```

zu einem cocainartigen Körper zu gelangen, wurde nicht auf dem Wege der Spekulation erfüllt, sondern durch die Entdeckung des Tropacocain, eines Alkaloides der javanischen Cocablätter, welches stärker anästhesierend wirkt und weniger giftig ist als Cocain[1]). Dabei hat dieses Mittel eine große Beständigkeit der Einwirkung von Mikroorganismen gegenüber, so daß sich Lösungen monatelang halten können, während Cocainlösungen sich rasch zersetzen. Im Gegensatze zum Cocain und Atropin erzeugt Tropacocain keine Mydriasis.

Dieser Umstand ist um so merkwürdiger, wenn man die Konstitution dieses Körpers in Betracht zieht.

Tropacocain

```
        H     H2
H2C-----C-----C
 |      |     |
 |     N·CH3 CH·O·CO·C6H5
 |      |     |
H2C-----C-----C
        H     H2
```

ist der Benzoylester des Pseudotropins. Pseudotropin ist eine dem Tropin isomere Base, für welche R. Willstätter eine geometrische Isomerie annimmt.

Die Umlagerung von Tropin in Pseudotropin gelingt durch Erhitzen von Tropin mit Natriumamylat[2]). Durch Benzoylieren des so gewonnenen Pseudotropins gelangt man auf synthetischem Wege zum Tropacocain.

Vom Tropinon kann man durch Reduktion mit Natriumamalgam, Aluminiumamalgam oder metallischem Natrium zum ψ-Tropin gelangen. Am vorteilhaftesten bedient man sich der elektrolytischen Reduktion in saurer Lösung und Ausäthern aus der alkalisch gemachten Lösung. Das schwerer lösliche ψ-Tropin krystallisiert aus dem eingeengten ätherischen Extrakte heraus, während Tropin in Äther gelöst bleibt. (In saurer Lösung elektrolysiert entsteht mehr ψ-Tropin[3]).]

Pseudotropin erhält man, indem man l-Ekgonin mit einer alkoholischen Lösung von mindestens 3 Mol. eines Alkalialkoholates bzw. $1^1/_2$ Mol. eines Erdalkalialkoholates unter Druck auf höhere Temperaturen erhitzt[4]).

Auf diese Weise bedingt hier die geometrische Isomerie zweier Basen, des Tropins und des Pseudotropins, eine völlige Verschiedenheit der physiologischen Wirkung ihrer Benzoylverbindungen.

Benzoyltropein bewirkt Pupillenerweiterung und nur schwache Anästhesie, während Benzoylpseudotropein (Tropacocain) intensivere Anästhesie als Cocain macht, hingegen ist es ohne Einwirkung auf die Pupille, welche Einwirkung ja

---

[1]) Chadbourne, Brit. med. Journ. **1892**, 402. [2]) DRP. 88 270.

[3]) E. Merck, DRP. 115 517. [4]) Majert, DRP.-Anm. N. 29 772 (zurückgezogen).

typisch für die aromatischen Tropeine mit alkoholischem Hydroxyl im aromatischen Säureradikal ist.

Nach P. Morgenroth wirkt Benzoyltropein und Benzoyl-ψ-tropein gleichstark anästhetisch, beiden fehlt die Daueranästhesie[1]).

Die Pseudotropeine der Mandelsäure $C_6H_5 \cdot CH(OH) \cdot COOH$ und Tropasäure $C_6H_5 \cdot CH{<}{}^{CH_2 \cdot OH}_{COOH}$ (Ester mit Pseudotropin) haben im Gegensatze zu den entsprechenden Tropeinen ebenfalls keine mydriatischen Eigenschaften. Ebenso zeigen die vom Vinyldiacetonalkamin als Base sich ableitenden künstlichen Atropaalkaloide auch nur in der einen stereoisomeren Form physiologische Wirksamkeit[2]).

Der Umstand, daß Hyoscin nur atropinartig, aber nicht anästhesierend wirkt, läßt sich daraus erklären, daß das durch Spaltung von Hyoscin erhaltene sogenannte Pseudotropin ganz verschieden ist von dem soeben besprochenen. Dieses wird nun Oscin genannt.

Ein dem Cocain isomerer Körper wird nach R. Willstätter[3]) auf folgende Weise aus dem Tropin erhalten.

Bei gemäßigter Oxydation von Tropin mit Chromsäure in Eisessiglösung entsteht ein Keton[4]), Tropinon genannt.

Tropinon

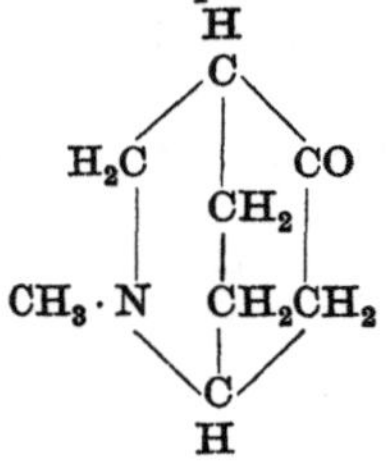

```
              H
              C
           /  |  \
       H2C    |    CO
        |    CH2    |
        |     |     |
    CH3·N    CH2   CH2
           \  |  /
              C
              H
```

Diese Oxydation zum Tropinon aus Tropin oder Pseudotropin kann auch durch Kaliumpermanganat in stark saurer Lösung bei nicht mehr als 10° C ausgeführt werden[5]). Auch mit Bleisuperoxyd in saurer Lösung bei 60—70° C kann man zur gleichen Substanz gelangen[6]). Auch mit alkalischer Ferricyankaliumlösung bei mäßiger Wärme[7]). Auch durch anodische Oxydation unter Anwendung von Bleielektroden[8]).

Wie Tropinon

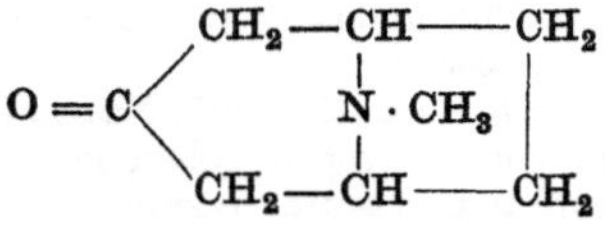

```
         CH2—CH——CH2
        /    |      |
   O=C      N·CH3   |
        \    |      |
         CH2—CH——CH2
```

läßt sich auch das kernhomologe Pseudopelletierin

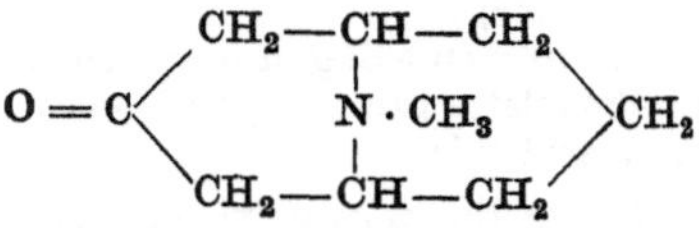

```
         CH2—CH—CH2
        /    |      \
   O=C      N·CH3    CH2
        \    |      /
         CH2—CH—CH2
```

durch die physiologische Wirkung seiner Ester mit Tropasäure und Mandelsäure unterscheiden. Methylgranatolin bildet Ester von stark mydriatischer Wirkung, während Isomethylgranatolin Ester ohne solche Wirkung liefert[9]).

---

[1]) Berichte der dtsch. pharmaz. Ges. **29**, 233 (1919). [2]) BB. **29**, 2730 (1896).
[3]) BB. **29**, 396 (1896). [4]) DRP. 89 597. [5]) DRP. 117 628.
[6]) DRP. 117 629. [7]) DRP. 117 630. [8]) DRP. 118 607.
[9]) Louis F. Werner, Journ. Americ. Chem. Soc. **40**, 669 (1918).

Aus dem Tropinon läßt sich auf dem Wege der Blausäureanlagerung und Verseifung des Tropinoncyanhydrins

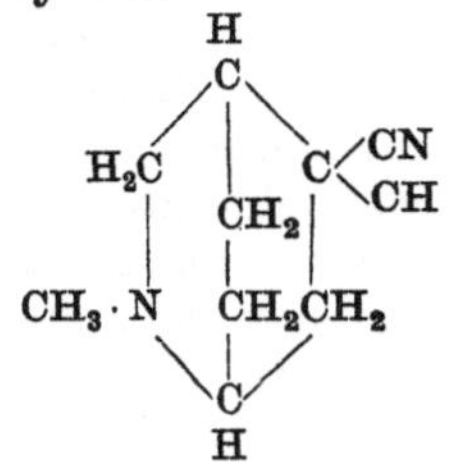

```
                H
                C
              /  |  \
          H2C    |    C<CN
           |   CH2|    \OH
           |      |
     CH3·N     CH2CH2
           \    |  /
                C
                H
```

eine Substanz gewinnen, welche die Zusammensetzung des Ekgonins besitzt, aber, im Gegensatz zu diesem, Carboxyl und Hydroxyl an das nämliche Kohlenstoffatom gebunden enthält. Dieses Ekgonin wird nach *Willstätter* als α-Ekgonin

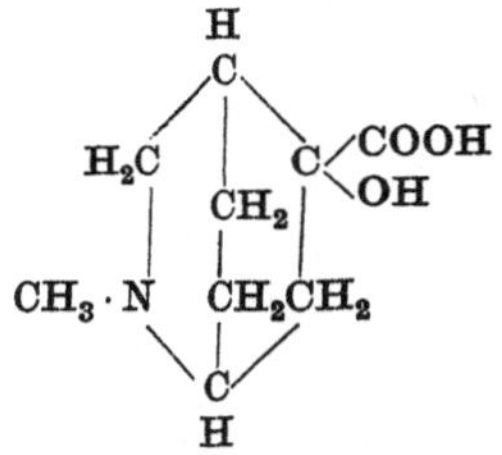

```
                H
                C
              /  |  \
          H2C    |    C<COOH
           |   CH2|    \OH
           |      |
     CH3·N     CH2CH2
           \    |  /
                C
                H
```

bezeichnet. Wird aus diesem nach bekannten Methoden ein α-Cocain aufgebaut, so erhält man einen Körper, welcher bei ausgezeichneter Krystallisierfähigkeit in vieler Hinsicht mit dem Cocain Ähnlichkeit hat. Die anästhesierende Wirkung fehlt aber diesem Cocain.

Es ist daher für das Zustandekommen der Wirkung des Cocains auch die Stellung und Bindung der Hydroxyl- und Carboxylgruppe von entscheidender Bedeutung. Die Anwesenheit der Benzoylgruppe für sich ist nicht das Moment, welchem die anästhesierende Funktion zukommt.

Die Wirksamkeit des Cocains hängt ab von dem Vorhandensein aller drei Komponenten, des *Ekgonins*, der *Benzoylgruppe*, welche den Hydroxylwasserstoff des Ekgonins ersetzt, und des *Methylrestes*, welcher den Carboxylwasserstoff des Ekgonins substituiert. Die Wirksamkeit beruht auf dem eigentümlichen Aufbaue, sowie der stereochemischen Konfiguration des Ekgoninkernes, ist aber unabhängig von dessen optischem Verhalten. Die Benzoylgruppe löst die Wirkung des Ekgoninmethylesters aus, sie ist die eigentliche verankernde Gruppe für das Ekgoninmolekül; die Methylgruppe im Ekgoninmethylester verdeckt nur die sauren Eigenschaften des Ekgonin, welche für die Wirksamkeit überhaupt hinderlich sind. Beweis hierfür ist auch, daß die Derivate des Tropins und Pseudotropins, welche kein Carboxyl enthalten, des Eintretens von Methyl für die Wirksamkeit nicht bedürfen. Hingegen hat die Anwesenheit des veresterten Carboxyls im Molekül eine Verstärkung der Wirkung zur Folge. Wie es sich beim Vergleich der Wirkungsintensität der Alkamine und Alkamincarbonsäureester einerseits, des Cocains und Tropacocains andererseits ergibt, steigt die Intensität der Wirkung und die Giftigkeit mit dem Eintritt der veresterten Carboxylgruppe. Die Methylgruppe am Stickstoff steht aber in keiner Beziehung zur anästhesierenden Wirkung. Der tertiäre Charakter der Base steht in Beziehung zu ihrer physiologischen Aktivität in bezug auf

Anästhesie, da der Übergang in eine quaternäre Base diesem Alkaloid jede Wirkung, die es früher hatte, trotz des Vorhandenseins von Benzoyl- und Methylradikalen nimmt und es in einen curareartig wirkenden Körper verwandelt. Die Auslösung mydriatischer Effekte steht ebenfalls im Zusammenhang mit dem Aufbaue der dem Alkaloide zugrunde liegenden Base, aber die Verankerung mit dem Gewebe geschieht nur durch aromatische Säureradikale, beim Tropin vorzüglich durch solche, welche ein alkoholisches Hydroxyl enthalten. Die eintretenden Säureradikale sind nicht der wirksame Anteil, sondern lösen die Wirkung aus, indem sie die chemischen Beziehungen zwischen Substanz und Gewebe herstellen, so daß die wirkende Base nach ihrer Verankerung im Gewebe zur Reaktion gelangen kann.

Die Homotropeine, die Acidylderivate des Homotropins

```
              H
              C
           /  |  \
H2C           |    CH·CH2·OH
 |        N·CH3    CH2
H2C           |    CH2
           \  |  /
              CH
```

wirken den Tropeinen ganz analog. Insbesondere die Verbindung mit Tropasäure (Tropasäurehomotropein) ist ein Mydriaticum von der Stärke des Atropins. Sie wird Mydriasin genannt.

Mydriasin, d. i. Tropasäureester des Homotropins

```
              H
              C
           /  |  \
H2C       N·CH3    CH·CH2·O·CO·CH·C6H5
 |            |    CH2             |
H2C           |    CH2             CH2OH
           \  |  /
              C
              H
```

besitzt qualitativ die gleiche Wirkung auf Pupille und Vagus wie Atropin. Beim Menschen wirkt es mydriatisch wie Atropin, und zwar gleich stark, lähmt aber im Gegensatz zu Atropin die Akkommodation nicht. Im Gegensatze zu Atropin macht es beim Kaninchendarm eine starke Erregung, die sich durch Atropin antagonistisch beseitigen läßt.

Benzoylhomotropein

```
              H
              C
           /  |  \
H2C     CH3N·      CH·CH2·O·CO·C6H5
 |            |    CH2
H2C           |    CH2
           \  |  /
              C
              H
```

zeigt keine Vaguswirkung, wirkt mydriatisch, aber nicht maximal, wirkt aber nicht lokalanästhesierend, im Gegensatz zu Benzoyltropein und Tropacocain.

Amygdalylhomotropein

H
C
H_2C $N\cdot CH_3$ $CH\cdot O\cdot CO\cdot CH(OH)\cdot C_6H_5$
CH_2
H_2C CH_2
C
H

hat eine nur schwache atropinähnliche Wirkung auf den Vagus, wirkt auf das Auge gar nicht, während das entsprechende Tropinderivat, Homatropin, in dieser Richtung sehr stark wirksam ist.

Benzoyl-oxypropyl-norhydroekgonidinäthylester wirkt anästhesierend wie Cocain.

H
C
H_2C $CH\cdot COO\cdot C_2H_5$
N—$CH_2\cdot CH_2\cdot CH_2\cdot O\cdot CO\cdot C_6H_5$
CH_2
H_2C CH_2
C
H

Es kommt auf die Stellung des acidylierten Hydroxyls im Tropanring nicht an, es kann auch ebensogut auch außerhalb untergebracht sein.

N-Benzoyl-oxypropyl-nor-ekgonidinäthylester, Ekkain genannt, ist anästhetisch stärker wirksam als Cocain, gut sterilisierbar[1]), sehr wenig giftig, 5 mal weniger als Cocain. Cocain ist ein energisches Erregungsmittel für das Atmungszentrum, ebenso Ekkain, wenn auch schwächer. Ekkain wirkt rascher leitungsunterbrechend als Cocain und Novocain.

Ekkain zeigt nicht die von Paul Ehrlich bei Cocain beobachtete vakuoläre Leberdegeneration.

Parenteral beigebracht wird es fast vollständig verbrannt.

H
C
H_2C $CH\cdot COO\cdot C_2H_5$
N—$CH_2\cdot CH_2\cdot CH_2\cdot O\cdot CO\cdot C_6H_5$
CH
H_2C CH
C
H

N-Benzoyloxypropyl-nor-ekgonidinester unterscheidet sich vom Cocain dadurch, daß im Kohlenstoffring eine doppelte Bindung auftritt und die Benzoylgruppe, die im Cocain γ-ständig an ein Kohlenstoffatom des Ringes geknüpft ist, auch wieder in γ-Stellung vorhanden, aber direkt am Stickstoff hängt.

[1]) J. v. Braun und C. Müller, BB. 51, 235 (1918).

Hydroekkain (ohne die doppelte Bindung) wirkt gut anästhesierend, aber schwächer als Ekkain.

β-Hydroekkain

```
              H
              C
            / | \
        H2C/  |  \CH · CO · O · C2H5
          |   N——|——CH2 · CH2 · O · CO · C6H5
          |   |   |CH2
          |   |   |
        H2C\  |  /CH2
            \ | /
              C
              H
```

β-Hydroekkain, bei dem die Benzoylgruppe in β-Stellung am Stickstoff steht, von dem sie also nur durch 2 CH_2-Gruppen statt durch 3 getrennt ist, hat eine geringe anästhesierende Wirkung. Die Verkürzung, ebenso die Verlängerung durch Einführung von 5 CH_2-Gruppen führt zur Abschwächung, wie das Verhalten des Pentamethylenderivates des Hydroekkains beweist.

```
              H
              C
            / | \
        H2C/  |  \CH · COO · C2H5
          |   N···|···(CH2)5 · O · CO · C6H5
          |   |   CH
          |   |   ||
        H2C\  |  /CH
            \ | /
              C
              H
```

Die Verkürzung oder Verlängerung der Seitenkette kann auch in anderen Fällen die Wirksamkeit ändern, so erlöschen die anästhesierenden Eigenschaften des Novocains und seine Analoga durchaus nicht, wenn die zwischen dem esterartigen und dem basischen Teil des Moleküls befindliche zweigliedrige Kohlenstoffkette verlängert wird; durch eine solche Verlängerung wird sowohl die anästhesierende Kraft als die Reizwirkung größer.

Bei Verlängerung der aliphatischen Kohlenstoffkette wird die blutdrucksteigernde Wirkung des Hordenins etwas abgeschwächt. Isococain, der Äthylester des Norcocains, wirkt stärker anästhesierend und ist auch viel giftiger als Cocain. Pentamethylendimorphin ist stärker giftig als Morphin. Nach Binet ist in der Urethanreihe eine Substanz um so wirksamer, je höher das Molekulargewicht des Alkoholradikals ist. Ähnliches sieht man in der Hydrocupreinreihe.

Die toxische Wirkung des Ekkains auf Blutdruck und Atmung ist relativ gering. Auffallend stärker ausgesprochen ist sie bei Aminoekkain

```
              H
              C
            / | \
        H2C/  |  \CH · COO · C2H5
          |   N···|···(CH2)3 · O · CO · C6H4NH2
          |   |   CH
          |   |   ||
        H2C\  |  /CH
            \ | /
              C
              H
```

Propanolbenzoyldimethylamin

$$\begin{matrix}CH_3\\CH_3\end{matrix}\!\!>N(CH_2)_3O\cdot CO\cdot C_6H_5$$

wirkt viel schwächer als Ekkain.

Dipropanolbenzoylmethylamin

$$(CH_3)N\!<\!\begin{matrix}(CH_2)_3\cdot O\cdot CO\cdot C_6H_5\\(CH_2)_3\cdot O\cdot CO\cdot C_6H_5\end{matrix}$$

ist in bezug auf Lokalanästhesie unwirksam, hat aber auch, wie Ekkain, eine lähmende Wirkung auf die Darmmuskulatur.

Wenn man Anhydroekgoninalkylester (Tropon-2-carbonsäurealkylester)

$$\begin{array}{lll} CH_2\cdot CH\cdot N(CH_3) & CH\cdot COO\cdot Alkyl \\ | \qquad\quad | & | \\ CH_2 \text{———} CH\cdot CH_2\cdot & CH_2 \end{array}$$

in alkoholischer Lösung mit metallischem Natrium reduziert, so erhält man einen Troponalkohol, u. z. Homotropin (2-Oxymethyltropon)

$$\begin{array}{lll} CH_2\cdot CH\cdot N(CH_3) & CH\cdot CH_2\cdot (OH) \\ | \qquad\quad | & | \\ CH_2 \text{———} CH\cdot CH_2\cdot & CH_2 \end{array}$$ [1]

Homotropin ist physiologisch unwirksam. Man erhält wirksame Verbindungen, wenn man Homotropin mit organischen Säuren, z. B. Benzoesäure, Tropasäure oder Mandelsäure verestert. Die so gewonnenen Ester verhalten sich im tierischen Organismus ähnlich wie Atropin. Sie besitzen namentlich dessen eigentümliche Wirkung auf das autonome Nervensystem. Homotropintropasäureester wirkt auf das Muscarinherz wie Atropin und macht Mydriasis. Das Verfahren gestattet, aus dem wertlosen Anhydroekgonin über Homotropin zu wirksamen Alkaloiden zu gelangen. Beschrieben sind der Tropasäureester des Homotropins, der Benzoesäureester und der Mandelsäureester[2].

Es werden Alkaloide der Cocain- oder Atropingruppe bzw. deren Salze oder Derivate mit Halogencyan in die entsprechenden Norcyanverbindungen übergeführt und diese verseift[3].

Die am Stickstoff entmethylierten Derivate von Alkaloiden der Cocainreihe, wie Anhydronorekgonin (Tropen-2-carbonsäure)

$$\begin{array}{l} CH_2\cdot CH\cdot CH\cdot COOH \\ | \qquad\ \ | \qquad | \\ | \qquad NH \ \ CH \\ | \qquad\ \ | \qquad \| \\ CH_2-CH\cdot CH \end{array}$$

und Anhydrodihydronorekgonin (Tropan-2-carbonsäure)

$$\begin{array}{l} CH_2\cdot CH\cdot CH\cdot COOH \\ | \qquad\ \ | \qquad | \\ | \qquad NH \ \ CH_2 \\ | \qquad\ \ | \qquad | \\ CH_2\cdot CH-CH_2 \end{array}$$

oder die Alkylester dieser Carbonsäuren liefern durch N-Alkylierung mit Benzoesäurehalogenalkylester oder deren Kernsubstitutionsprodukten pharmakologisch wirksame Verbindungen.

Die Kondensationsprodukte aus Anhydronorekgonin oder Anhydrodihydronorekgonin mit Benzoesäurehalogenalkylestern zeigen dem Cocain sehr ähnliche Eigenschaften. Sie besitzen großes lokales Anästhesierungsvermögen und weisen gegenüber dem Cocain den Vorzug auf, daß sie sterilisierbar und sehr viel weniger giftig sind.

Der aus Anhydroekgoninäthylester mit Bromcyan, Verseifung der entstandenen Norverbindung, Esterifizierung des Anhydronorekgonins in Äthylalkohol unter Einwirkung von trockener Salzsäure und Abscheidung des Esters mit Kaliumcarbonat aus der wässe-

---

[1]) Grenzach, DRP. 296 742. [2]) Grenzach, DRP. 299 806.

[3]) Grenzach, DRP. 301 870, Zusatz zu DRP. 286 743 und 289 279.

rigen Lösung dargestellte Anhydronorekgoninäthylester gibt mit Benzoesäure-γ-brompropylester $Br \cdot CH_2 \cdot CH_2 \cdot CH_2 \cdot O \cdot CO \cdot C_6H_5$ beim Erhitzen der Benzollösung das Anhydroekgoninäthylesternorpropanolbenzoat (Öl).

Der aus Natrium-p-nitrobenzoat und Trimethylbromid dargestellte p-Nitrobenzoesäure-γ-brompropylester liefert mit Anhydroekgoninäthylester das Anhydroekgoninäthylesternorpropanol-p-aminobenzoat. Ferner sind beschrieben: Anhydroekgoninäthylesternorpentanolbenzoat und Anhydrodihydroekgoninäthylesternorpropanolbenzoat[1]).

Cocainersatzmittel.

Da man Cocain als den Carbonsäureester eines bicyclischen gesättigten Alkamins, und zwar eines Oxypiperidinderivates auffaßt, so hat man auf Grund dieser Konstitutionsermittelung versucht, einfachere Oxypiperidine, und zwar die Triacetonaminbasen, als Ersatzmittel zu verwerten (Gruppe des Eucains). Dann wurde ermittelt, daß auch nichtcyclische Alkamine anästhesierend wirken, wenn sie mit Benzoesäure verestert werden (Stovain, Novocain, Alypin). Diese sehr wichtige Erkenntnis hat zu großen Variationen in dieser Reihe und zu großen Vereinfachungen im Aufbaue der verwendeten Substanzen geführt.

Cyclische Alkamine.

Eine Reihe cocainartig wirkender Körper wurde völlig synthetisch auf Grund von Überlegungen über die Konstitution des Ekgonins aufgebaut.

Aus dem Methylderivat des Triacetonalkamins

```
         OH H
           \/
           C
      H2C/  \CH2
CH3\  |      |  /CH3
    >C\      /C<
CH3/     N      \CH3
         .
        CH3
```

entsteht, wie Emil Fischer zeigte, durch Austausch des Hydroxylwasserstoffes gegen das Radikal der Mandelsäure ein Körper,

```
C6H5 · CH(OH) · CO · O · CH
                   H2C/  \CH2
             CH3\  |      |  /CH3
                 >C\      /C<
             CH3/     N      \CH3
                      .
                     CH3
```

der wie Atropin und Homatropin ausgesprochene Mydriasis erzeugt. Diese Beobachtung gewann erheblich an Interesse, nachdem erkannt war, daß wie im Triacetonalkamin so auch im Tropin ein in p-Stellung zum Stickstoff hydroxyliertes Derivat des Piperidins vorliegt. Die große Ähnlichkeit im Aufbaue zwischen Tropin und N-Methyltriacetonalkamin läßt sich beim Vergleiche ihrer Strukturformeln leicht erkennen.

Tropin

```
          H      H2
          C      C
H2C------/        \
   |     <N · CH3  >CH · OH
H2C------\        /
          C      C
          H      H2
```

[1]) Grenzach, DRP. 301 139.

Triacetonmethylalkamin

```
              CH3
               ·
H3C——————————  C ——————— CH2
              <N · CH3  >CH · OH
H3C——————————  C ——————— CH2
               ·
              CH3
```

Angesichts dieser Verhältnisse lag es nahe, synthetisch darzustellende γ-Oxypiperidincarbonsäuren zu verestern und zu benzoylieren, denn es ließ sich so erwarten, daß Verbindungen entstehen, die dem Cocain physiologisch ähnlich sind. Diese Piperidincarbonsäuren haben alle mit dem Ekgonin die γ-Stellung des Hydroxyls zum N und das Carboxyl gemein, aber unterscheiden sich dadurch, daß die Brücke — CH_2 — CH_2 — fehlt und die Stellung des Stickstoffes zum Carboxyl eine andere ist.

Durch Einwirkung von 1 Mol. Ammoniak auf 3 Mol. Aceton bildet sich Triacetonamin, welches durch Blausäure in Triacetonamincyanhydrin übergeführt wird. Beim Verseifen bildet sich Triacetonalkamincarbonsäure, welche durch Benzoylieren und Methylieren in N-Methylbenzoyltetramethyl-γ-oxypiperidincarbonsäuremethylester übergeführt wird.

Dieser Körper

```
                                CH3 CH3
                                  \ /
                        CH2        C
C6H5 · CO · O \        ————————————
                 C <                  > N · CH3
CH3 · O · OC  /        ————————————
                        CH2        C
                                  / \
                                CH3 CH3
```

Eucain genannt, ist ein billiges Ersatzmittel des Cocains. Doch sind erhebliche Unterschiede in der physiologischen Wirkung beider Substanzen zu verzeichnen. Eucain steht in seinen Wirkungen dem Tropacocain näher als dem Cocain. Die Anästhesie tritt etwas langsamer ein als beim Cocain. Eucain beeinflußt die Pupille nicht und macht auch keine Ischämie, ferner hat es den Vorzug, weniger giftig zu sein. Seine Lösungen lassen sich ohne Zersetzung in der Hitze sterilisieren.

Nachteile des Eucains gegenüber dem Cocain sind, daß es bei der Applikation auf Schleimhäute ein nicht unbeträchtliches Brennen macht. Auch eine destruierende Wirkung auf die Epithelien der Hornhaut und Bindehaut ist nicht zu verkennen. Von Nachteil ist auch die Nachblutung bei den Operationen, während Cocain im Gegensatze hierzu sogar ischämisierende Eigenschaften zeigt.

Aus diesem Grunde wurde für die Zwecke der Augenheilkunde das sogenannte Eucain B eingeführt, welches dieselben lokal-anästhesierenden Eigenschaften, aber ohne irgendwelche Nebenwirkungen zeigte. Es ist auch viel weniger giftig als Eucain.

Merling und A. Schmidt haben zuerst die anästhesierende Wirkung des Benzoylvinyldiacetonalkamins beobachtet. Sie hatten aber zu ihren Versuchen noch das Gemisch der Alkamine vom Schmelzpunkt 121° benutzt. Erst nach der Entdeckung, daß dasselbe in zwei cistransisomere Formen getrennt werden konnte, ließ sich ein gut wirkendes einheitliches Präparat gewinnen. Benzoyltransvinyldiacetonalkamin kam dann unter dem Namen Eucain B in Form des Chlorhydrates als Anästheticum in den Handel.

Eucain B[1]) ist das salzsaure Salz des Benzoyl-vinyl-diacetonalkamins

```
                              CH3 H
                                \ /
                      CH2        C
C6H5 · CO · O\    /‾‾‾‾‾‾‾‾‾‾‾‾‾‾\
              >C<                 >NH · ClH
            H/    \______________/
                      CH2        C
                                / \
                              CH3 CH3
```

Trotz mancher Vorzüge hat man auch gegen dieses Eucain B den Vorwurf erhoben, daß es bei seiner geringen Giftigkeit doch den Nachteil zeige, bei seiner Anwendung in der Augenheilkunde infolge seiner gefäßerweiternden Eigen schaften bei den Operationen Nachblutungen sowie eine gewisse Schmerzhaftigkeit bei Injektionen zu erzeugen.

Das niedere Homologe des Triacetonamins, Vinyldiacetonamin, wurde also ebenfalls zu künstlichen Tropeinen aufgebaut:

```
        HO H
          \/
          C
    H2C /   \ CH2
  H  \ C     C / CH3
  H3C/    N    \ CH3
          ·
         CH3
```

Das entstandene N-Methylvinyldiacetonalkamin wurde in die Amygdalylverbindung übergeführt, analog dem Amygdalyl-triacetonmethylalkamin, welches dem Homatropin analog wirkt. Bei der Darstellung des N-Methylvinyldiacetonalkamins bilden sich zwei stereoisomere Alkamine, und zwar α und β. Deren Entstehung beruht auf dem Vorhandensein zweier asymmetrischer C-Atome im Ring. Bei Überführung dieser stereoisomeren Alkamine in die Amygdalylderivate gab nur das eine, und zwar das β-Alkamin, eine mydriatisch wirksame Verbindung, während das aus α-Alkamin gewonnene unwirksam war. (Beweis für die verschiedene Wirksamkeit stereoisomerer Substanzen [siehe S. 120ff.].)

Ebenso ist das Amygdalylderivat des Tropins, das Homatropin, ein starkes Mydriaticum, während das stereoisomere Amygdalyl-ψ-tropin unwirksam ist (s. S. 121).

Vinyldiacetonamin (I)[2]) gibt, je nachdem man es mit Zinkstaub und alkoholischer Salzsäure oder mit Natrium und Amylalkohol reduziert, zwei verschiedene p-Aminomethylpiperidine (II), aus denen mittels salpetriger Säure zwei isomere Alkamine (III) entstehen.

```
(I)        C : N · OH          (II)       CH · NH2             (III)       CH · OH
        H2C/  \CH2                     H2C/  \CH2                       H2C/  \CH2
  CH3 · HC\   /C · (CH3)2       H3C · HC\   /C · (CH3)2          CH3 · HC\   /C · (CH3)2
           N                              N                                N
           H                              H                                H
```

Durch Natriumamylat läßt sich das höher schmelzende, sowie das Gemenge, welches E. Fischer in der Hand gehabt, in das niedriger schmelzende umlagern. Es scheint sich, nach Harries, um raumisomere Verbindungen zu handeln; die Vinyldiacetonalkamine sind als niedere Homologe des Tropins und ψ-Tropins aufzufassen. Das methylierte Mandelsäurealkaloid gleicht der

---

[1]) DRP. 90069. [2]) C. Harries, BB. **29**, 2730 (1896).

labilen Base, dem Homatropin, dasjenige der stabilen (niedriger schmelzende) in der physiologischen Wirkung den ψ-Tropeinen.

Gaetano Vinci[1]) hat die Fragen, welche sich an den Zusammenhang zwischen Konstitution und Wirkung in der Eucainreihe knüpfen, untersucht. Es haben sich hierbei zahlreiche interessante Beziehungen ergeben. Die für die ganze Gruppe der cocainartig wirkenden Körper grundlegende Frage nach der Rolle des Benzoylradikals erfährt hier eine Beleuchtung, die sehr für die Ansicht von W. Filehne und P. Ehrlich spricht.

Wie Cocain, so verliert auch Eucain seine lokalanästhesierende Wirkung, wenn die Benzoyl- durch eine Acetylgruppe ersetzt wird. Ersetzt man im Eucain die Benzoylgruppe durch aromatische Radikale, wie Phenylacetyl-, Phenylurethan-, Cinnamyl-, Amygdalyl-, so zeigen die erhaltenen Verbindungen mit Ausnahme des Amygdalylderivates ausgesprochen lokalanästhesierende Wirkung. Ebenso wie die Triacetonalkamincarbonsäurederivate verhalten sich die Derivate des Triacetonalkamins und der unsymmetrischen Homologen desselben. Sowohl Triacetonalkamin, als auch Vinyldiacetonalkamin sind lokal ganz wirkungslos. Ersetzt man aber das Wasserstoffatom des Hydroxyls durch den Rest einer aromatischen Säure, so bekommt man eine ausgesprochen lokalanästhesierende Wirkung.

Nur die Mandelsäure macht eine Ausnahme. Euphthalmin, das salzsaure Salz des Mandelsäureesters des labilen N-Methyl-vinyl-diacetonalkamins, unterscheidet sich vom Eucain B dadurch, daß der Wasserstoff der Aminogruppe durch Methyl ersetzt und an Stelle der Benzoylgruppe der Mandelsäurerest $C_6H_5 \cdot CH(OH) \cdot CO$ — getreten ist. Dieser leicht wasserlösliche Körper macht Pupillenerweiterung, aber keine Anästhesie. Er ist ohne unangenehme Nebenwirkungen und wurde aus diesem Grunde als Ersatzmittel des Atropins empfohlen[2]).

Es verliert auch das von W. Filehne untersuchte Benzoyl-N-methyltriacetonalkamin seine lokalanästhesierenden Eigenschaften, wenn die Benzoylgruppe durch die Methylgruppe ersetzt wird.

Die Veresterung der Carboxylgruppe, welche in der Cocaingruppe eine so große Rolle bei dem Zustandekommen der lokal-anästhesierenden Eigenschaften spielt, scheint nach Vinci in dem Eucainmolekül ohne Bedeutung zu sein. So wirkt Benzoyltriacetonalkamincarbonsäure exquisit lokal-anästhesierend, obwohl die Carboxylgruppe nicht verestert ist, während anderseits die Äthyl- und Methyltriacetonalkamincarbonsäuremethylester keine lokal-anästhesierenden Eigenschaften besitzen, obwohl das ätherifizierende Alkylradikal nicht fehlt.

Es war ferner von Interesse bei diesen Verbindungen zu suchen, auf welcher Gruppe im Molekül die Reizerscheinung beruht. Es zeigte sich da, daß Triacetonamin und Triacetonalkamin lokal nur eine leichte Hyperämie hervorrufen, Triacetonalkamincarbonsäure aber als solche stark lokalreizend wirkt. Andererseits reizen alle Alkaminderivate viel weniger als die entsprechenden Alkamincarbonsäurederivate. Es scheint deswegen, daß das Auftreten der Carboxylgruppe eine große Rolle bei dem Auftreten der Reizerscheinungen spielt.

Die Ätherifizierung vermindert etwas das Auftreten der lokalen Reizerscheinungen.

---

[1]) Virchows Arch. **145**, 78; **149**, 217; **154**, 549.

[2]) Treuther, Klin. Monatshefte f. Augenheilk. **1897**, Sept. — Vossius, Deutsche med. Wochenschr. **1897**, Nr. 38.

Auch der Benzoylrest löst neben der anästhesierenden Wirkung lokale Reizerscheinungen aus. Benzoyltriacetonalkamin ruft im Gegensatze zum Triacetonalkamin lokale Reizung hervor.

Die Körper der Eucaingruppe wirken alle anfangs auf das Nervensystem mehr oder weniger erregend, später lähmend. Diejenigen, welche die Carboxylgruppe verestert oder nicht verestert enthalten, d. h. die Alkamincarbonsäurederivate, rufen starke Erhöhung der Reflexe, Erregung, allgemeine tonische und klonische Krämpfe hervor, die sich nach kurzer Zeit wiederholen, bis schließlich das Lähmungsstadium auftritt. Das periphere Nervensystem wird jedoch von diesen Körpern nicht affiziert. Im allgemeinen ist das Intoxikationsbild mit Varianten das des Eucains. Bei den Alkaminderivaten dagegen, welchen die Carboxylgruppe fehlt, ist die reizende Wirkung nur von kurzer Dauer, die allgemeinen Lähmungserscheinungen treten früh ein und beherrschen das Vergiftungsbild. Die motorischen peripheren Nervenendigungen werden wie durch Curare affiziert und auch der Vagus wird durch große Dosen gelähmt. Das Intoxikationsbild entspricht bei allen Körpern dem Typus des Eucains B.

Triacetonamincyanhydrin (Zwischenprodukt bei der Darstellung des Eucains) wirkt bei Tieren stärker brechenerregend als Cyankalium, dagegen schwächer krampferregend. Die Cyangruppe ist schwer abspaltbar[1]).

Triacetonamin

```
              O
              C
        H2C/ \CH2
  CH3\  |     |  /CH3
      C        C
  CH3/  \    /   \CH3
            N
            H
```

besitzt die stärkste Curarewirkung, diese Wirkung bleibt auch noch bei dem Triacetonalkamin

```
          HO · C · H
        H2C/ \CH2
  CH3\  |     |  /CH3
      C        C
  CH3/  \    /   \CH3
            N
            H
```

und dessen Derivaten erhalten; während die Triacetonalkamincarbonsäure und die von derselben sich

```
        OH · C · COOH
        H2C/ \CH2
  CH3\  |     |  /CH3
      C        C
  CH3/  \    /   \CH3
            N
            H
```

ableitenden Körper eine solche Wirkung nicht zeigen. So scheint das Auftreten der COOH-Gruppe die charakteristische Curarewirkung des Triacetonamins aufzuheben.

Triacetonalkamincarbonsäure ist aber giftiger als Triacetonamin und Triacetonalkamin.

In der Eucaingruppe ist die Veresterung der Carboxylgruppe von großer Bedeutung für die Giftigkeit, wenn auch nicht für die Anästhesie. So sind die

---

[1]) Sievers, Diss. Kiel (1897).

Alkamincarbonsäurederivate, welche verestert sind, doppelt und auch dreifach toxischer als die entsprechenden Alkaminderivate, bei welchen die veresterte Carboxylgruppe fehlt.

Ersetzt man im Eucain die Benzoylgruppe durch die Cinnamylgruppe, so erhält man Cinnamyl-N-methyltriacetonalkamincarbonsäuremethylester. Dieser ist dreimal so giftig als Cinnamyl-N-methyltriacetonalkamin. Beim Eintreten des ätherifizierenden Alkylradikals in das Molekül des Eucains und diesem nahestehender Körper ändern sich also die allgemeinen Vergiftungserscheinungen, und die Giftigkeit wird in besonderem Maße vermehrt.

Der Eintritt von aromatischen Radikalen für den Wasserstoff der Hydroxylgruppe dieser Verbindungen erhöht die Giftigkeit dieser Körper ungemein. Am schwächsten toxisch wirken noch das Phenylurethan- und das Cinnamylderivat, am stärksten toxisch das Phenylacetyl- und das Amygdalylderivat. Viel weniger toxisch, aber immer noch giftiger als die Grundsubstanzen sind die Methyl- und Äthylderivate.

Auch das niedere Homologe des Benzoyltriacetonamin, Benzoyl-β-hydroxytetramethylpyrrolidin, das sich vom fünfgliedrigen Pyrrolidin ableitet, während das erstere vom sechsgliedrigen Piperidin

$$\begin{array}{l} \qquad\qquad\quad H \\ \qquad\quad CH_2 - C - O \cdot OC \cdot C_6H_5 \\ \qquad\quad | \qquad \diagdown \\ (CH_3)_2 : C - NH - C : (CH_3)_2 \end{array}$$

wirkt, wie H. Hildebrandt gezeigt hat, kräftig anästhesierend[1]), wie das Eucain B.

Die dem Euphthalmin eigene mydriatische Wirkung kommt dem entsprechenden Mandelsäureester des Pyrrolidinderivates nur insofern zu, als die Erregbarkeit des Sphincter iridis durch Lichtreiz herabgesetzt ist. Die allgemeine Giftwirkung des Benzoylderivates ist kräftig, aber viel geringer als die des Eucain B.

Das Lactat des o-Benzoyltriacetonalkamins ist weniger giftig als Cocain. In großen Dosen wirkt es aber sehr schädigend auf das Herz[2]).

Der Mandelsäureester des β-Hydroxytetramethylpyrrolidins zeigte eine erheblich geringere Giftwirkung und entspricht darin dem Euphthalmin.

Vom Tetramethylpyrrolidincarbonamid, welches leichte Curarewirkung hat[3]), gelangt man über β-Ketotetramethylpyrrolidin zum β-Oxytetramethylpyrrolidin.

$$\begin{array}{c} H_2C \quad CH \cdot OH \\ \begin{matrix} CH_3 \\ CH_3 \end{matrix} \!\!> C \quad C <\!\! \begin{matrix} CH_3 \\ CH_3 \end{matrix} \\ N \\ H \end{array}$$

Die Benzoyl- und Mandelsäureester dieser Base stehen chemisch in naher Beziehung zu Eucain B und Euphthalmin. Der Benzoylester wirkt stark lokal anästhesierend, steht aber hinter dem Eucain B zurück. Eucain B ist giftiger als das entsprechende Pyrrolidinderivat. Der Mandelsäureester wirkt wie Euphthalmin auf die Iris, aber erheblich schwächer.

---

[1]) Liebigs Ann. **322**, 92.

[2]) C. H. Clarke und Francis Francis, BB. **45**, 2060 (1912).

[3]) AePP. **40**, 315.

Für die physiologische Wirkung wenigstens in qualitativer Hinsicht macht es keinen wesentlichen Unterschied, ob im Falle der Anaesthetica der Benzoylester und im Falle der Mydriatica der Mandelsäureester von Alkoholen der Piperidin- oder der Pyrrolidinreihe vorliegen. Ferner kann die dem Piperidin nahekommende Allgemeinwirkung des Pyrrolidin durch Einführung entsprechender Atomkomplexe, d. h. ätherifizierender Alkylradikale in analoger Weise modifiziert werden, und somit steht Pyrrolidin in seinen Derivaten dem Piperidin außerordentlich nahe[1]).

Die Darstellung der Eucaine und analog gebauter Körper geschieht nach folgenden Verfahren.

Durch Einwirkung von Benzoylchlorid auf Triacetonalkamin und Benzaldiacetonalkamin wird das Hydroxylwasserstoffatom durch die Benzoylgruppe ersetzt. Auf diese Weise gelangt man zu dem oben besprochenen Eucain B[2]).

Um zu den Carbonsäuren der Triacetonaminverbindungen zu gelangen, wurde die Darstellung der Cyanhydrine von γ-Piperidonen und N-Alkyl-γ-Piperidonen geschützt[3]). Diese Körper gehen durch Blausäureanlagerung in die entsprechenden Cyanhydrine über. Man versetzt die konz. kalte wässerige Lösung des Triacetonamins mit roher Salzsäure und fügt eine konz. Cyankaliumlösung hinzu, es fällt dann das Cyanhydrin aus.

```
      Triacetonamin                   Triacetonamincyanhydrin
           CO                              HO · C · CN
      H2C/    \CH2                      H2C/    \CH2
CH3\ C|        |C /CH3  + HCN =   CH3\ C|        |C /CH3
CH3/    \    /    \CH3            CH3/    \    /    \CH3
           N                                 N
           H                                 H
```

Diese Cyanhydrine lassen sich auch in die entsprechenden Iminoäther verwandeln. Zu diesem Zwecke wird das Cyanhydrin in absolutem Alkohol fein suspendiert und unter guter Kühlung Salzsäuregas durchgeleitet, worauf der salzsaure Iminoäther auskrystallisiert[4]).

Die γ-Oxypiperidincarbonsäuren, welche man zur Darstellung des Eucains benötigt, stellt man dar durch Kochen der Cyanhydrine mit konz. Salzsäure[5]).

Man gelangt zur Tetramethyl-γ-oxypiperidincarbonsäure aus dem Triacetonamincyanhydrin, zur N-Methyltetramethyl-γ-oxypiperidincarbonsäure aus dem N-alkylierten Triacetonamincyanhydrin, zur Dimethylphenyl-γ-oxypiperidincarbonsäure aus Benzaldiacetonamincyanhydrin. Aus Vinyldiacetonamincyanhydrin erhält man Trimethyl-γ-oxypiperidincarbonsäure. Auf die gleiche Weise gelangt man auch zu den N-alkylierten Derivaten dieser Verbindung.

Von diesen Säuren aus gelangt man nun leicht zum Eucain, wenn man den Carboxylwasserstoff und den Imidwasserstoff durch Alkylradikale, den Hydroxylwasserstoff durch Säureradikale ersetzt.

Man kommt so zu alkaloidartigen Körpern von der allgemeinen Konstitution

```
Acyl · O · C · COO · Alkyl
       H2C/    \CH2
      >C|        |C<
           \    /
            N—
```

Die Säuren werden zu diesem Zwecke in Methylalkohol gelöst, in die siedende Lösung trockenes Chlorwasserstoffgas eingeleitet. Der gebildete Methylester wird nun mit Benzoylchlorid erhitzt[6]).

---

[1]) H. Hildebrandt, Arch. intern. de Pharmacodynam. 8, 499.
[2]) DRP. 90 069, 95 620, 97 009, 97 672, 101 332, 102 235.
[3]) DRP. 91 122. [4]) DRP. 91 081. [5]) DRP. 91 121.
[6]) DRP. 90 245.

Folgende Verbindungen wurden nach diesem Verfahren aus dieser Gruppe dargestellt:

$$\begin{array}{c} C_6H_5 \cdot CO \cdot O \cdot C \cdot COO \cdot CH_3 \\ H_2C \quad CH_2 \\ {CH_3 \atop CH_3}\!\!>\!C \qquad C\!<\!{CH_3 \atop CH_3} \\ N \cdot CH_3 \end{array}$$

N-Methyl-benzoyl-tetramethyl-γ-oxypiperidincarbonsäuremethylester.

$$\begin{array}{c} C_6H_5 \cdot CO \cdot O \cdot C \cdot COO \cdot CH_3 \\ H_2C \quad CH_2 \\ {CH_3 \atop CH_3}\!\!>\!C \qquad C\!<\!{CH_3 \atop CH_3} \\ N \cdot C_2H_5 \end{array}$$

N-Äthyl-benzoyltetramethyl-γ-oxypiperidincarbonsäuremethylester.

$$\begin{array}{c} C_6H_5 \cdot CO \cdot O \cdot C \cdot COO \cdot C_2H_5 \\ H_2C \quad CH_2 \\ {CH_3 \atop CH_3}\!\!>\!C \qquad C\!<\!{CH_3 \atop CH_3} \\ N \cdot CH_3 \end{array}$$

N-Methyl-benzoyltetramethyl-γ-oxypiperidincarbonsäureäthylester.

$$\begin{array}{c} C_6H_5 \cdot CO \cdot O \cdot C \cdot COO \cdot C_2H_5 \\ H_2C \quad CH_2 \\ {CH_3 \atop CH_3}\!\!>\!C \qquad C\!<\!{CH_3 \atop CH_3} \\ N \cdot C_2H_5 \end{array}$$

N-Äthyl-benzoyltetramethyl-γ-oxypiperidincarbonsäureäthylester.

Ferner N-Propyl-benzoyltetramethyl-γ-oxypiperidincarbonsäuremethylester, N-Allyl-benzoyltetramethyl-γ-oxypiperidincarbonsäuremethylester, dann

$$\begin{array}{c} C_6H_5 \cdot CO \cdot O \cdot C \cdot COO \cdot CH_3 \\ H_2C \quad CH_2 \\ {CH_3 \atop CH_3}\!\!>\!C \qquad C\!<\!{C_6H_5 \atop H} \\ N \\ \cdot \\ CH_3 \end{array}$$

N-Methyl-benzoyldimethylphenyl-γ-oxypiperidincarbonsäuremethylester.

$$\begin{array}{c} C_6H_5 \cdot CO \cdot O \cdot C \cdot COO \cdot CH_3 \\ H_2C \quad CH_2 \\ {CH_3 \atop CH_3}\!\!>\!C \qquad C\!<\!{CH_3 \atop H} \\ N \\ \cdot \\ CH_3 \end{array}$$

N-Methyl-benzoyltrimethyl-γ-oxypiperidincarbonsäuremethylester.

Statt der Benzoylgruppe kann man andere aromatische und aliphatische Säuren eintreten lassen. Ferner wurden in dieser Gruppe, ohne praktische Verwendung gefunden zu haben, dargestellt:

o-, m-, p-Toluyltetramethyl-γ-oxypiperidincarbonsäureester
o-, m-, p-Toluyl-N-alkyltetramethyl-γ-oxypiperidincarbonsäureester
Toluyl-N-alkyltrimethyl-γ-oxypiperidincarbonsäureester
Phenylacet-N-alkyltetramethyl-γ-oxypiperidincarbonsäureester
Phenylacet-N-alkyltrimethyl-γ-oxypiperidincarbonsäureester
Phenylchloracet-N-alkyltetramethyl-γ-oxypiperidincarbonsäureester
Phenylbromacet-N-alkyltetramethyl-γ-oxypiperidincarbonsäureester
Cinnamyl-N-alkyltetramethyl-γ-oxypiperidincarbonsäureester
Phenylglykolyl-N-alkyltetramethyl-γ-oxypiperidincarbonsäureester
Phenylglykolyl-N-alkyltrimethyl-γ-oxypiperidincarbonsäureester
Propyl-N-alkyltetramethyl-γ-oxypiperidincarbonsäureester
Acetyl-N-alkyltetramethyl-γ-oxypiperidincarbonsäureester.

Für die Darstellung der Körper der Eucainreihe sind noch folgende Verfahren von Wichtigkeit. Die unsymmetrischen cyclischen Basen der Acetonalkaminreihe[1]), wie z. B. Vinyldiacetonalkamin, existieren in zwei isomeren Formen, ähnlich wie Tropin und Pseudotropin. Man stellt sie dar durch Reduktion von Vinyldiacetonamin mit Natrium oder Aluminiumamalgam[2]). Diese Reduktion kann auch statt mit Natriumamalgam auch mit elektrolytischem Wasserstoff vorgenommen werden[3]).

Die labilen Modifikationen lassen sich in die stabilen nach dem von R. Willstätter bei der Umlagerung des Tropins in Pseudotropin angewandten Verfahren umlagern. Hierbei wird mit Natriumamylat gekocht. Aus den labilen Formen der Alkamine kann man zu wertvollen alkaloidartigen Körpern durch Acylierung gelangen.

Wenn man Natrium auf die freien Basen dieser Reihe und Tropin einwirken läßt, und zwar in einem indifferenten Lösungsmittel, so erhält man Natriumalkaminate. Diese sind außerordentlich reaktionsfähig und man kann durch Einwirkung von Halogenalkylen oder Säurechloriden, Halogenfettsäureestern, Harnstoffchloriden usw. die entsprechenden Hydroxylwasserstoffsubstitutionsprodukte der Alkamine bzw. Alkamincarbonsäureester erhalten[4]).

Die Benzoesäureester der beiden Trimethyldiäthyloxypiperidine, welche man durch Reduktion des α-α_1-β-Trimethyl-α-α_1-diäthyl-γ-ketopiperidin

O
‖
C
H_2C — $CH \cdot CH_3$
CH_3 C C CH_3
C_2H_5 N C_2H_5
H

erhält, wirken örtlich anästhesierend[5]).

Das Chlorhydrat des Benzoesäureesters des Dimethylaminomethyl-(2)-cyclohexanol (1) ist ein sehr kräftiges, aber ziemlich giftiges Lokalanaestheticum[6]).

W. Traube (Berlin) stellt Basen aus Methyläthylketon her, indem er die durch Einwirkung von Ammoniak auf Methyläthylketon erhältlichen Basen mit Säuren in Gegenwart von Ammoniak behandelt. Man erhält so ein sauerstoffhaltiges Produkt, welches durch Hydrolyse aus den zunächst entstehenden sauerstoffreien entsteht. Die Konstitution ist wahrscheinlich die der obigen Formel. Durch Einwirkung reduzierender Mittel werden dieser Verbindungen in Alkamine übergeführt und diese sodann entweder unmittelbar oder nach vorheriger Überführung in ihre N-Alkylderivate mit Säurechloriden oder Säureanhydriden behandelt[7]). Man erhält so die Säureester der Alkamine.

Fette Alkamine.

Die nun zu beschreibende Reihe anästhesierender Mittel leitet sich von fetten Alkaminen ab, von der Idee ausgehend, daß nicht nur die Alkamine mit doppeltem und einfachem Ringsystem, sondern auch die fetten Alkamine Derivate geben, welche lokalanästhesierend wirken; da nun auch die Ester der Aminobenzoesäure wie der meisten aromatischen Säuren anästhesierend wirken, werden statt der Ester der Benzoesäure mit fetten Alkaminen Ester der Aminobenzoesäure dargestellt. Auf diesen Ideen beruhen folgende Versuche, welche sich zum Teil auch in der Praxis bewährt haben.

Fourneau nimmt an, daß die lokalanästhesierende Wirkung des Cocain nicht von der Carboxymethylgruppe abhängt, da Tropacocain und β-Eucain diese nicht besitzen, aber sie sei abhängig von einer sekundären oder tertiären Aminogruppe und einer tertiären Alkoholgruppe, die durch eine beliebige aromatische Säure verestert wird. Aminoalkohole, die vom Piperidin sich ableiten,

---
1) DRP. 95 622, 96 539. 2) DRP. 95 261. 3) RDP. 95 623, 96 352.
4) DRP. 106 492, 108 223. 5) W. Traube, BB. **41**, 777 (1908).
6) C. Mannich und R. Braun, BB. **53**, 1874 (1920). 7) DRP.-Anm. T. 11 277.

sind aber giftiger (Eucain und Tropacocain). Fourneau hat nun gefunden, daß die acidylierten Derivate der meisten Aminoalkohole lokalanästhesierend wirken, der Piperidinkern dazu nicht erforderlich ist und diese Eigenschaft am stärksten ist, wenn die Alkoholgruppe eine tertiäre und die Aminogruppe sich in der Nähe der Alkoholgruppe befindet.

Fourneau[1]) hat Aminoalkohole durch Erhitzen der Chlorhydrine mit zwei Molekülen eines tertiären oder sekundären Amins in Alkohol dargestellt. Durch Benzoylierung erhält man krystallisierbare Substanzen, diese Substanzen haben lokalanästhesierende Funktionen.

Die Aminoalkohole (Alkamine) und ihre Ester besitzen starke und andauernde lokalanästhesierende Eigenschaften und sind sehr wenig giftig. Die Salze sind leicht löslich, erregen keine schmerzhafte Anästhesie und sind kochbeständig.

Stovain, von Fourneau durch Einwirkung von Äthylmagnesiumbromid auf Dimethylaminoaceton und Benzoylierung des Reaktionsproduktes dargestellt, ist das Chlorhydrat des Benzoyläthyldimethylaminopropanols (Chlorhydrat des α-Dimethylamino-β-benzoylpentanols)

$$\begin{array}{c} N(CH_3)_2 \cdot HCl \\ | \\ CH_2 \\ | \\ C_2H_5-C-O \cdot CO \cdot C_6H_5 \\ | \\ CH_3 \end{array}$$

Es ist ebenfalls ein Cocainersatzmittel[2]).

L. Launoy und Y. Fujimori untersuchten die benzoylierten Derivate einer Anzahl von Aminoalkoholen der Formel

$$\text{a)}\ (CH_3)_2N \cdot CH_2 \cdot C{\lt}\begin{smallmatrix} R \\ OH \\ CH_3 \end{smallmatrix} \quad \text{und} \quad \text{b)}\ (CH_3)_2N \cdot CH_2 \cdot CH_2 \cdot CHOH \cdot R\,,$$

in denen R ein Radikal der Fettreihe oder der aromatischen war. Die beiden Gruppen unterscheiden sich insofern, als a) tertiäre, b) sekundäre Alkohole darstellt, erstere Gruppe eine verzweigte, letztere eine normale Kette von C-Atomen führt, und endlich die Stellung der OH- und der NH_2-Gruppe zueinander in beiden Fällen verschieden ist.

Aus der ersten Reihe, zu der das Stovain gehört, wurden die Derivate des 2-Methyl-, 2-Äthyl-, 2-Amyl-, 2-Phenyl- und 2-Benzylpropanols untersucht; aus der zweiten Reihe, zu der das Tropacocain zählt, Derivate des 3-Äthyl- und 3-Amylpropanols. Die b-Reihe ist merklich weniger toxisch als die erste. Weiterhin sind die C_5-Derivate der Fettreihe die giftigsten. Endlich sind die Benzylderivate den Phenylderivaten an Giftigkeit überlegen. Die hämolytische Wirkung auf rote Blutkörperchen steigt mit dem Molekulargewicht, auch scheint sie mit zunehmendem gegenseitigen Abstand der OH- und NH_2-Gruppe zu wachsen. Die anästhesierende Wirkung der Derivate der tertiären Alkohole ist denen der sekundären überlegen. In der ersten Gruppe ist wiederum das Maximum bei dem C_5-Alkohol erreicht[3]).

Apothesin ist salzsaures Cinnamyldiäthylaminopropinol, es dient als Anaestheticum.

Aus β-Chlorpropionaldehyd und Phenylmagnesiumbromid entsteht Phenylchloräthylcarbinol $C_6H_5 \cdot CHOH \cdot CH_2 \cdot CH_2Cl$, das mit Aminen die entsprechen-

[1]) C. r. 138, I, 766 (1904). — Journ. Pharm. Chim. 20, 481.
[2]) Apoth.-Ztg. 20, 174. [3]) C. r. s. b. 82, 732 (1919).

den 1, 3-Aminoalkohole liefert. Die anästhetische Wirkung der Benzoesäureester der 1, 3-Aminoalkohole scheint der Wirkung der Stovaingruppe zu gleichen, aber nicht so lange anzuhalten[1]).

Ephedrin $C_6H_5 \cdot CH(OH) \cdot CH(CH_3) \cdot NH \cdot CH_3$.
Mydriatin $C_6H_5 \cdot CH(OH) \cdot CH(CH_3) \cdot NH_2$.
Allocain S. $C_6H_5 \cdot CH(O \cdot CO \cdot C_6H_5) \cdot CH(CH_3) \cdot NH \cdot C_2H_5$.
Allocain A. $C_6H_5 \cdot CH(O \cdot CO \cdot C_6H_5) \cdot CH(CH_3) \cdot N(C_2H_5)_2$.

Nagai[2]) hat eine dem Alkaloid Ephedrin nahe verwandte Verbindung Mydriatin hergestellt und aus dieser durch Äthylieren und Benzoylieren das lösliche Allocain S und das unlösliche Allocain A gewonnen. Die S-Verbindung wirkt örtlich lähmend auf sensorische Nervenendigung und Nervenfasern, stärker als Novocain und schwächer als Cocain. In größerer Menge lähmt es das Herz, es wirkt stärker antiseptisch als Novocain oder Cocain.

Riedel[3]) stellen Aminoalkohole dar, durch Einwirkung primärer oder sekundärer aliphatischer Amine auf Halogenhydrine der Struktur

$$\begin{array}{c} CH_2 \cdot Cl(J, Br) \\ | \\ R_1-C-OH \\ | \\ R_2 \end{array} \quad \text{und erhalten Aminoalkohole} \quad \begin{array}{c} CH_2 \cdot N\langle^{R_4}_{R_3} \\ | \\ R_1-C-OH \\ | \\ R_2 \end{array}$$

Riedel [Berlin[4])] lassen magnesiumorganische Verbindungen auf Aminoacetone oder auf die Ester einer Aminosäure mit tertiärer Aminogruppe zur Einwirkung gelangen. Man kann auf diese Weise die Darstellung der Halogenhydrine umgehen und viel bequemer arbeiten. Ihre benzoylierten Derivate sind wenig giftige anästhesierende Substanzen, ihre Lösung sterilisierbar. Beschrieben sind Dimethylaminodimethyläthylcarbinol, Dimethylaminomethyldiäthylcarbinol, Dimethylaminodimethylphenylcarbinol, Dimethylaminotrimethylcarbinol, Dimethylaminodimethylphenylcarbinol, Dimethylaminodimethylbenzylcarbinol, Dimethylaminodimethylpropylcarbinol, Dimethylaminodimethylisobutylcarbinol, Dimethylaminodimethylisoamylcarbinol.

Aminoalkylester der allgemeinen Formel[5])

$$\begin{array}{c} CH_2 \cdot N\langle^{R_3}_{R_4} \\ | \\ R_1-C-OH \\ | \\ R_2 \end{array} \quad \begin{array}{l} R = \text{Acidyl},\ R_1 = \text{Alkyl oder Aryl oder Aralkyl}, \\ R_2 = \text{desgl.},\ R_3 \text{ und } R_4 = \text{Alkyl} \end{array}$$

erhält man, indem man Aminoalkohole mit tertiärer Aminogruppe acidyliert.

Die Lösungen dieser Substanzen sind kochbeständig. Man erhält diese acidylierten Derivate durch Behandlung der Aminoalkohole mit einem Säurechlorid entweder in Gegenwart von Pyridin oder durch Vermischen des Säurechlorids in ätherischer oder benzolischer Lösung mit den Aminoalkoholen oder durch Behandlung der Base in benzolischer Lösung mit Benzoesäureanhydrid. Dargestellt wurden:

Dimethylaminotrimethylbenzoylcarbinol, Dimethylaminodimethylphenylbenzoylcarbinol, Dimethylaminodimethyläthylbenzoylcarbinol. (Das salzsaure Salz dieses Pentanols ist das Stovain.) Ferner Dimethylaminodimethylpropylbenzoylcarbinol, Dimethylaminodimethylisoamylbenzoylcarbinol, Dimethylaminomethyldiäthylbenzoylcarbinol, Dimethylaminodimethylbenzylbenzoylcarbinol, Dimethylaminotrimethylcinnamylcarbinol, Dimethylaminotrimethylisovalerylcarbinol, Dimethylaminodimethyläthylisovalerylcarbinol, Dimethylaminodimethyläthylcinnamylcarbinol, Dimethylaminodimethylisobutylcinnamylcarbinol, Dimethylaminodimethylisoamylcinnamylcarbinol, Dimethylaminodimethylbenzylcinnamylcarbinol, Dimethylaminodimethylphenylisovalerylcarbinol, Diäthylcarbaminsäureester des Dimethylaminodimethyläthylcarbinols, Dimethylaminodimethyläthylacetylcarbinol, Dimethylaminodimethyläthylisovalerylcarbinol.

---

[1]) Ernest Fourneau und Pauline Ramart-Lucas, Bull. de la Soc. Chim. de France [4] **25**, 364 (1919).

[2]) Seiko Kubota, Journ. Pharm. and exper. Therap. **12**, 361 (1919).

[3]) Riedel (Berlin), DRP. 169819. [4]) Riedel (Berlin), DRP. 169 819.

[5]) Riedel (Berlin), DRP. 169 787.

Man erhält die gleichen Verbindungen, und zwar die diacidylierten Verbindungen, wenn man anstatt der zu verwendenden Aminoalkohole mit tertiärer Aminogruppe nunmehr die entsprechenden Aminoalkohole mit sekundärer Aminogruppe mit acidylierenden Mitteln behandelt. Diese Substanzen wirken antipyretisch und hypnotisch. Dargestellt wurden Divalerylmethylaminodimethyläthylcarbinol und Dibenzoylmethylaminodimethylphenylcarbinol[1]).

Statt der zu verwendenden Aminoalkohole mit tertiärer Aminogruppe kann man die entsprechenden Aminoalkohole mit primärer Aminogruppe mit acidylierenden Mitteln behandeln. Dargestellt wurden: Divalerylaminodimethyläthylcarbinol, Dibromvalerylaminodimethyläthylcarbinol und Dibenzoylaminodimethylphenylcarbinol[2]).

Diese Substanzen, welche sowohl Ester als auch Säureamid sind, sollen weniger giftig sein als die reinen Ester, ferner sollen Amide allgemein weniger giftig sein als die Amine, von denen sie sich ableiten. Diese Substanzen sollen stark sedativ wirken, während die analgesierenden Eigenschaften in den Hintergrund treten. Außerdem sollen sie hypnotische Eigenschaften haben. Diese Stoffe sind wasserunlöslich.

Man verwendet an Stelle der primären oder sekundären aliphatischen Amine Ammoniak, welches auf die Halogenhydrine einwirkt, so daß man zu den Aminoalkoholen der Formel gelangt[3]).

$$R_1-\overset{\displaystyle CH_2\cdot NH_2}{\underset{\displaystyle R_2}{C}}-OH \quad \text{und} \quad HN\begin{cases} CH_2\cdot C\begin{smallmatrix} R \\ OH \\ R_2 \end{smallmatrix} \\ CH_2\cdot C\begin{smallmatrix} R_2\ OH\ R_1 \end{smallmatrix} \end{cases}$$

Aminoalkohole der allgemeinen Formel[4])

$$R_1-\overset{\displaystyle CH_2\cdot N\begin{smallmatrix} R_3 \\ R_4 \end{smallmatrix}}{\underset{\displaystyle R_2}{C}}-OH$$

(R = Alkyl oder Aryl oder Aralkyl; R_2 desgl. R_3 = Alkyl; R_4 = Alkyl oder Wasserstoff) stellt man dar, indem man primäre oder sekundäre aliphatische Amine auf Äthylenoxyde der Struktur

$$R_1-\underset{\displaystyle R_2}{C}\overset{\displaystyle CH_2}{\diagup\!\!-}O$$

einwirken läßt.

Diese Äthylenoxyde erhält man, indem man die entsprechenden Halogenhydrine mit Ätzkali in konz. Lösung behandelt Die erhaltenen Aminoalkohole sind identisch mit denen von DRP. 169 746. Dargestellt wurden Dimethylaminodimethyläthylcarbinol, Dimethylaminotrimethylcarbinol, Dimethylaminodimethylisoamylcarbinol usw.

Zwecks Darstellung von Aminoalkoholen der Zusammensetzung[5])

$$R_1-\overset{\displaystyle CH_2\cdot NH_2}{\underset{\displaystyle R_2}{C}}-OH \quad \text{und} \quad HN\begin{cases} CH_2\cdot C\begin{smallmatrix} R_1 \\ OH \\ R_2 \end{smallmatrix} \\ CH_2\cdot C\begin{smallmatrix} R_1 \\ OH \\ R_2 \end{smallmatrix} \end{cases}$$

(R_1 = Alkyl oder Aryl oder Arakyl; R_2 desgl.) läßt man an Stelle der primären oder sekundären aliphatischen Amine Ammoniak auf Äthylenoxyde der Struktur

$$R_1\cdot\underset{\displaystyle R_2}{C}\overset{\displaystyle C}{\diagup\diagdown}O$$

einwirken.

---

1) DRP. 181 175, Zusatz zu DRP. 169 787. 2) DRP. 194 051, Zusatz zu DRP. 169787.
3) DRP. 189 481, Zusatz zu DRP. 169 746. 4) Riedel (Berlin), DRP. 199 148.
5) Poulenc Frères, Paris, DRP. 203 082, Zusatz zu DRP. 199 148.

Dieses Verfahren liefert die gleichen Endprodukte wie DRP. 189 481. Ammoniak wirkt auf die Äthylenoxyde wie die aliphatischen Amine in DRP. 199 148. Es bilden sich aber zwei Basen, indem Ammoniak einmal auf 1 Mol. Äthylenoxyd einwirkt und das andere Mal auf 2 Mol. Man erhält aber der Hauptsache nach nur die sekundäre Base und nur sehr wenig primäre.

Oxyaminosäureester der Zusammensetzung[1])

$$\begin{array}{c} CH_2 \cdot N\langle^{R}_{R_1} \\ | \\ CH_3-C-OH \\ | \\ COO \cdot R_2 \end{array} \qquad (R = \text{Wasserstoff oder Alkyl}, R_1 \text{ desgl.}, R_2 = \text{Alkyl})$$

erhält man, wenn man Amino-α-oxyisobuttersäure und deren N-Mono- und Dialkylderivate mit aliphatischen Alkoholen in Gegenwart von Mineralsäuren verestert. Dargestellt wurden Amino-oxyisobuttersäureäthylester. Zur Darstellung nimmt man als Ausgangsmaterial Monochlor-α-oxyisobuttersäure. Diese wird erhalten durch Kondensation von Blausäure mit Monochloraceton und Verseifung des Nitrils. Die gechlorte Säure liefert beim Erhitzen unter Druck mit Ammoniak oder Aminen die entsprechende Aminosäure, die man dann verestert. Durch Einwirkung von Chlorameisensäureester erhält man das entsprechende Urethan. Ferner wurden dargestellt: Dimethylaminooxyisobuttersäuremethylester und Äthylester und Isoamylester, Methylaminooxyisobuttersäureäthylester, Diäthylaminooxyisobuttersäureäthylester, Dimethylaminooxyisobuttersäurepropylester und das Isovalerylderivat.

Acetylderivate der Oxyaminsäureester des vorstehenden Patentes 198 306[2]) zeigen dieselben physiologischen Eigenschaften wie die Aminoalkoholester von DRP. 169 787, 181 175 und 194 051. Der Benzoesäureester z. B. zeigt bei geringer Toxizität stark anästhesierende Eigenschaften. Man erhält diese Verbindurg durch Reaktion von Säurechlorid und Base und es fällt in benzolischer Lösung das Chlorhydrat der Verbindung heraus. Man kann aber auch den Aminosäureester mit Säureanhydrid kochen oder mit Säurechlorid und Soda und Pyridin schütteln. Dargestellt wurden Dimethylaminobenzoyloxyisobuttersäuremethyl- und Äthylester und Amylester, Dimethylaminoisovaleryloxyisobuttersäureäthylester, Dimethylamino-β-bromisovaleryloxyisobuttersäureäthylester, Dimethylamino-α-brom-n-caproyloxyisobuttersäureäthylester, Dimethylamino-p-nitrobenzoyloxyisobuttersäureäthylesterchlorhydrat, Dimethylamino-α-bromisovaleryloxyisobuttersäureäthylesterchlorhydrat, Dimethylaminoisovaleryloxyisobuttersäurepropylester.

Riedel[3]) stellt Choline, die sich von tertiären Alkoholen ableiten, sowie deren Benzoylverbindungen her, sie besitzen eine wesentlich geringere Giftigkeit als die Salze des gewöhnlichen Cholins und sind frei von der Curarewirkung des letzteren. Das sich vom Dimethyläthylcarbinol ableitende Cholin macht in der zehnfachen letalen Cholindosis höchstens eine gewisse Parese. E. Schmidt[4]) hat bei den Homologen des Neurins, welche bei Verlängerung der Seitenkette entstehen, ebenfalls eine beträchtliche Abschwächung der Giftwirkung beobachtet. Geschützt ist das Verfahren zur Darstellung der Dialkylaminodimethyläthylcarbinolhalogenalkylate und ihrer Benzoylverbindungen, darin bestehend, daß man auf Dialkylaminodimethyläthylcarbinol und seine Benzoylverbindung Halogenalkyle einwirken läßt. Dargestellt wurden Trimethyltertiärpentanolammoniumbromid und dessen Benzoylverbindung, das Stovainbrommethylat, Trimethyltertiärpentanolammoniumjodid und dessen Benzoylverbindung, das Stovainjodmethylat, dann: Äthyldimethyltertiärpentanolammoniumbromid und dessen Benzoylverbindung, das Stovainbromäthylat, ebenso das Stovainjodäthylat.

Sekundäre Aminoalkohole der allgemeinen Formel[5])

$$\begin{array}{c} CH_2 \cdot N\langle^{R_1}_{R_2} \\ | \\ H-C-OH \\ | \\ CH_2 \cdot O \cdot R \end{array}$$

erhält man, wenn man primäre oder sekundäre aliphatische oder aromatische Amine oder Aminophenole auf die Kondensationsprodukte aus Phenolen oder Naphtholen oder deren Substitutionsprodukten und Epichlorhydrin oder Dichlorhydrin einwirken läßt. Beschrieben

[1]) Poulenc Frères, Paris, und Ernest Fourneau, DRP. 198 306.
[2]) Poulenc Frères und Fourneau, DRP. 202 167. [3]) DRP. 195 813.
[4]) Arch. d. Pharm. **242**, 706 (1904).
[5]) Poulenc Frères und Ernest Fourneau in Paris, DRP. 228 205.

ist die Darstellung von p-Methylphenoxydimethylaminopropanol, ferner von 1-Methyl-4-propyl-3-phenoxydimethylaminopropanol und 1-Methoxy-2-phenoxydimethylaminopropanol, ferner β-Naphthoxydimethylaminopropanol, p-Nitrophenoxydimethylaminopropanol, Phenoxy-1-dimethylamino-3-propanol, 2-Phenoxypropanolanilin, Phenoxypropanol-p-phenetidin.

Benzoylalkylaminoäthanole erhält man durch Benzoylieren der Alkylaminoäthanole. Dargestellt wurden: Benzoyldiäthylaminoäthanol, Benzoyldimethylaminoäthanol, Benzoylmonomethylaminoäthanol, Benzoyldiisoamylaminoäthanol [1]).

In gleicher Weise kann man zu den Benzoylalkylaminomethylpentanolen kommen, welche anästhesierend wirken. Man erhält so Benzoylmethylaminomethylpentanol, Benzoyläthylaminomethylpentanol, Benzoyldimethylaminomethylpentanol, Benzoyldiäthylaminomethylpentanol [2]).

Der Benzoylester des Dimethylaminoisopropylalkohols ist wenig toxisch, ein wenig mehr als die Benzoylalkylaminoäthanole. Man erhält diesen Ester auf die verschiedenen bekannten Weisen der Benzoylierung [3]).

Benzoylalkylaminoalkohole werden durch Erhitzen von Benzoesäureestern mit Alkaminen hergestellt, z. B. Benzoyldiäthylaminoäthanol, Benzoyldimethylaminoäthanol, Benzoyldiamylaminoäthanol und Benzoyldiäthylaminopropanol.

Solche Benzoylverbindungen werden auch durch Einwirkung von Benzoesäureestern und halogensubstituierten Alkoholen auf sekundäre aliphatische Amine dargestellt [4]). Benzoesäurepiperidinäthylester $C_6H_5 \cdot CO \cdot O \cdot CH_2 \cdot CH_2 \cdot NC_5H_{10}$ macht nur eine kurz andauernde Anästhesie und sehr starke Reizwirkung. Hingegen erhält man durch Reduktion der p-Nitrobenzoesäurealkaminester p-Aminoester, die sehr gut wirken. Die Nitroester erhält man durch Einwirkung von p-Nitrobenzoylchlorid auf Alkamine oder durch Umsetzung der p-Nitrobenzoesäureester von Chlorhydrinen, Diäthylenchlorhydrin mit Basen, wie z. B. Piperidin und Diäthylamin. Dargestellt wurden p-Aminobenzoylpiperidoäthanol, p-Aminobenzoyldiäthylaminoäthanol, p-Aminobenzoyldimethylaminoäthanol, p-Aminobenzoyldiisopropylaminoäthanol, p-Aminobenzoyldiisobutylaminoäthanol, p-Aminobenzoyldiisoamylaminoäthanol, p-Aminobenzoyldiäthylaminobutanol und das entsprechende Propanol, ferner das entsprechende Pentanol, dann p-Aminobenzoylpiperidopropanol und Pentanol, p-Aminobenzoyldiäthylaminohexanol, p-Aminobenzoylpiperidopropandiol, Bis-p-aminobenzoylpiperidopropandiol, p-Aminobenzoyldiäthylaminopropandiol, Bis-p-aminobenzoyldiäthylaminopropandiol, p-Aminobenzoyltetraäthyldiaminopropanol, p-Aminobenzoyltetramethyldiaminopropanol. Diese Substanzen sind Analoga des Anästhesins und des Stovains und sind eine Kombination der beiden wirksamen Komponenten der Aminobenzoesäureester und der Benzoylalkamine.

Diaminoalkylester der Formel [5])

$$\begin{array}{c} CH_2 \cdot X_1 \\ | \\ R \cdot C{-}O \cdot Y \\ | \\ CH_2 \cdot X_2 \end{array}$$

worin R · Alkyl oder Aryl, X_1 und X_2 einen beliebigen Aminrest und Y einen Säurerest bedeutet, werden durch Behandlung der nach DRP. 173 610 erhältlichen Aminoalkohole mit acidylierenden Mittel gewonnen. Diese Verbindungen sind z. B. das Hydrochlorid und Nitrat von β-Äthyltetramethyldiaminobenzoylglycerin, welches Alypin genannt wird. Dargestellt wurden außer dieser Verbindung noch: β-Phenyltetramethyldiaminoglycerinbenzoat, ferner β-Äthyldiaminoglycerinisovalerianat, ferner β-Äthyltetramethyldiaminoglycerinäthylcarbonat sowie β-Äthyltetramethyldiaminoglycerinzimtsäureester. Das salzsaure Salz des Zimtsäureesters soll zweimal so stark anästhesierend wirken als Cocain. Die notwendigen Aminoalkohole werden nach DRP. 173 610 und nach DRP. 168 941 dargestellt. Man erhält symmetrische Dihalogenderivate tertiärer Alkohole von der allgemeinen Formel $R \cdot C(OH) \cdot (CH_2 \cdot \text{Halogen})_2$, indem man die durch Einwirkung von symmetrischen Dihalogenacetonen auf Magnesiumhalogenradikaldoppelverbindungen erhältlichen Produkte mit Wasser und Säure zersetzt. Bromäthylmagnesium wird mit Dichloraceton behandelt und man erhält β-Äthyldichlorhydrin. Ebenso kann man das Jodhydrin und das Phenylchlorhydrin darstellen. Unter der Einwirkung von Ammoniak oder von organischen Basen gehen diese Chlorhydrine in neue Alkoholbasen über, welche angeblich Harnsäure leicht lösen. Aus diesen Basen wird dann durch Benzoylierung Alypin dargestellt [6]).

---

[1]) Schering, Berlin, DRP. 175 080. [2]) DRP. 181 287, Zusatz zu DRP. 175 080.
[3]) DRP. 189 482, Zusatz zu DRP. 175 080. [4]) Höchst, DRP. 187 209.
[5]) Höchst, DRP. 190 688. [6]) Bayer (Elberfeld), DRP. 173 631.

Alypin ist das Monochlorhydrat des Benzoyl-1.3-tetramethyldiamino-2-äthylisopropylalkohols

$$\begin{array}{l} \qquad\quad CH_2-N{<}^{CH_3}_{CH_3} \\ \qquad\quad | \\ C_2H_5-C\cdot O\cdot CO\cdot C_6H_5 \\ \qquad\quad | \\ \qquad\quad CH_2-N{<}^{CH_3}_{CH_3}\cdot HCl \end{array}$$

Alypin macht manchmal ausgesprochene Reizwirkung und Gewebsschädigung am Applikationsort[1]).

Es ist ein Ersatzmittel des Cocains, welches keine Mydriasis macht und nur halb so giftig ist wie Cocain, es macht auch keine Ischämie[2]).

Procain

$$\begin{array}{l} NH_2 \\ \bigcirc \\ CO\cdot O\cdot CH_2\cdot CH_2\cdot N{<}^{C_2H_5}_{C_2H_5} \end{array}$$

Die ihm nahe Verbindung, die um einen Kohlenstoff reicher ist,

$$\begin{array}{l} NH_2 \\ \bigcirc \qquad\quad H \\ CO\cdot O\cdot C\cdot CH_2\cdot N{<}^{C_2H_5}_{C_2H_5} \\ \qquad\quad\;\; CH_3 \end{array}$$

ist im DRP. 179 627 ohne Angabe ihrer physiologischen Wirkung beschrieben.

Die Substanz

$$\begin{array}{l} NH_2 \\ \bigcirc \qquad\quad O \\ CH_2\cdot C\cdot O\cdot CH_2\cdot CH_2\cdot N{<}^{C_2H_5}_{C_2H_5} \end{array}$$

wirkt nach Pyman nicht anästhesierend. Sie ist ein Aminoalkoholester der p-Aminophenylessigsäure.

Die Verbindungen

$$H_2N\text{-}\bigcirc\text{-}\cdot CH=CH-\overset{O}{\overset{\|}{C}}-O-CH_2-CH_2-N{<}^{C_2H_5}_{C_2H_5}$$

und

$$\bigcirc\text{-}\overset{H}{C}=\overset{H}{C}-\overset{O}{\overset{\|}{C}}-O-CH_2-CH_2-CH_2-N{<}^{C_2H_5}_{C_2H_5}$$

haben anästhesierende Eigenschaften. In ihnen sitzt die Carboxylgruppe des Esters an einem ungesättigten C-Atom.

Ein Homologes des Procains

$$\begin{array}{l} \qquad\qquad\quad CH_2\cdot CH_3 \qquad\quad O \\ \qquad\qquad\quad | \qquad\qquad\qquad\quad \| \\ CH_3\cdot CH_2-N \quad HC-O-C-\bigcirc\text{-}NH_2 \\ \qquad\qquad\quad | \qquad\;\; | \\ \qquad\quad H-C-CH_2 \\ \qquad\qquad\quad | \\ \qquad\qquad\quad H \end{array}$$

---

[1]) H. Braun, Dtsch. med. Wochenschr. **1905**, 1669.

[2]) Impens, Dtsch. med. Wochenschr. **1905**, 29. — Seifer, Dtsch. med. Wochenschrift **1905**, 34. — Impens und Hoffmann, Pflügers Arch. **100**, 29.

Es besteht eine Kette von 3 C-Atomen sowie der O- und N-Atomen, ähnlich wie Cocain.

Die physiologische Wirkung des p-Aminobenzoesäureesters des γ-Diäthylpropylalkohols erklärt sich aus seiner nahen Verwandtschaft zum Cocain. Diese Substanz ist toxischer als Procain, aber für Oberflächenanästhesie stärker als Procain, seine Wirksamkeit größer als die der niederen Homologen[1]).

Novocain ist das Chlorhydrat des p-Aminobenzoyldiäthylaminoäthanol[2]).

NH_2
C
HC CH
HC CH
C
$COO \cdot C_2H_4 \cdot N(C_2H_5)_2 \cdot HCl$

Die Carbonylgruppe muß aber nicht direkt am Benzolharn hängen, um anästhetisch zu wirken. Auch bei $NH_2 \cdot C_6H_4 \cdot CH = CH \cdot COOR$ sieht man Lokalanästhesie.

p-Aminobenzoesäure-γ-diaethylaminopropylalkoholester $NH_2 \cdot C_6H_4 \cdot COO \cdot (CH_2)_3 \cdot N(C_2H_5)_2$ hat chemisch große Ähnlichkeit mit Cocain, ist giftiger als Novocain, aber auch stärker lokalanästhesierend[3]).

Am einfachsten stellt man Novocain durch Einwirkung von p-Nitrobenzoylchlorid oder -anhydrid auf die Alkamine die Ester dar und reduziert diese[4]).

p-Aminobenzoesäurealkaminester[5]) kann man auch herstellen, indem man p-Aminobenzoesäure oder deren N-Alkylderivate bei Gegenwart von Mineralsäure bzw. die Anhydride oder Säurechloride dieser Körper ohne Anwendung von Kondensationsmitteln auf Alkamine einwirken läßt. Man erhält z. B. aus Oxäthylpiperidin und p-Aminobenzoesäure und konzentrierter Schwefelsäure den Ester oder aus p-Dimethylaminobenzoylchlorid und Oxäthylpiperidin oder aus denselben Substanzen mit konzentrierter Salzsäure.

Aus Diäthylaminobenzoesäure, Oxäthyldiäthylamin und konzentrierter Schwefelsäure erhält man p-Diäthylaminobenzoesäurediäthylaminoäthylester. Ferner wurden dargestellt: p-Dimethylaminobenzoyloxäthylpiperidin, p-Aminobenzoesäurediäthylaminoäthylester, p-Monomethylaminobenzoesäurediäthylaminoäthylester, p-Monomethylaminobenzoesäurepiperidoäthylester, p-Monoäthylaminobenzoesäurediäthylaminoäthylester.

Statt von den p-Nitrobenzoesäurealkaminestern[6]) auszugehen, kann man auch die p-Azobenzoesäurealkaminester reduzieren. Man gewinnt diese Azoester aus der Azobenzoesäure oder dem p-Azobenzoesäurechlorid.

Man kann diese Alkaminester darstellen[7]) durch Umsetzung der p-Aminobenzoesäurehalogenalkylester mit sekundären Basen. Die Halogenalkylester erhält man durch Veresterung der p-Aminobenzoesäure mit den Halogenhydrinen, mit Mineralsäuren (insbesondere kommt Schwefelsäure in Betracht) oder durch Reduktion der p-Nitrobenzoesäurehalogenalkylester.

Die Alkaminester der p-Aminobenzoesäure erhält man auch, indem man p-Aminobenzoesäurealkylester mit einem Alkamin einige Zeit bis zum Siedepunkte des Alkamins erhitzt[8]).

o- und m-Aminobenzoesäurealkaminester, welche ebenfalls anästhesierend wirken, besitzen die Eigenschaft, mit Säuren neutral lösliche Salze zu geben. Man erhält sie durch Reduktion der betreffenden Nitroverbindungen oder durch Erhitzen der Aminosäureester mit Alkaminen oder durch Veresterung der betreffenden Aminobenzoesäure mit Alkaminen oder durch Umsetzung der Ester von halogensubstituierten Alkoholen mit primären und sekundären Aminen[9]).

---

[1]) Oliver Kamm, Journ. of the Americ. chem. soc. **42**, 1030 (1920).
[2]) Liebigs Ann. **371**, 125 (1910).
[3]) Oliver Kamm, Journ. Americ. Chem. Soc. **42**, 1030 (1920).
[4]) Höchst, DRP. 179 627. [5]) DRP. 180 291, Zusatz zu DRP. 179 627.
[6]) DRP. 180 292, Zusatz zu DRP. 179 627.
[7]) DRP. 194 748, Zusatz zu DRP. 179 627. [8]) Höchst, DRP. 172 568.
[9]) Höchst, DRP. 170 587.

Man kann dieselben Verbindungen durch Reduktion von o- und m-Azobenzoesäurealkaminestern erhalten[1]).

Statt der o- und m-Aminobenzoesäure kann man auch ihre N-Alkylderivate herstellen, welche anästhesierend wirken[2]).

Man erhält Alkaminester der Salicylsäure durch Veresterung der Salicylsäure mit Alkaminen, durch Einwirkung von Alkylaminen auf die Salicylsäureester der Chlorhydrine oder durch Einwirkung von Alkaminen auf Salicylide[3]).

Aminozimtsäurealkaminester erhält man durch Reduktion von Nitrozimtsäureestern der Alkamine, durch Veresterung von Aminozimtsäure mit Alkaminen, durch Erhitzen von Aminozimtsäureestern mit Alkaminen und durch Behandlung von Aminozimtsäureestern der halogensubstituierten Alkohole mit sekundären Aminen. Diese Verbindungen sollen weitaus kräftiger anästhesierend wirken, als die Derivate der Aminobenzoesäure[4]).

E. Merck stellt p-Aminobenzoesäurealkaminester dar durch Wechselwirkung von p-Aminobenzoesäuresalzen mit Chlorderivaten von dialkylierten Aminoäthanen. So erhält man aus Chloräthyldiäthylamin und p-aminobenzoesaurem Natrium durch Erhitzen auf 120—130° Aminobenzoesäurediäthylaminoäthanolester[5]).

Beim Erhitzen des Benzoylurethans oder seiner Derivate oder anderer Acidylderivate des Urethans mit Alkaminen wird die Bindung zwischen Kohlenstoff und Stickstoff gelöst und man erhält in guter Ausbeute die Alkaminester der Benzoesäure usf.

Aus Benzoylurethan und Dimethylaminoäthanol erhält man durch Erhitzen auf 150° Benzoesäuredimethylaminoäthylester.

Beschrieben sind ferner p-Aminobenzoesäurediäthylaminoäthylester, Essigsäurediäthylaminoäthylester[6]).

Die kernamidierte Phenylkohlensäurealkaminester sind Anaesthetica. Man erhält sie durch Reduktion der Nitrophenylkohlensäurealkylaminester, die ihrerseits aus den Nitrophenolen durch Überführen in ihre Kohlensäurechloride und Kondensation dieser mit basischen Alkoholen, wie Diäthylaminoäthanol, gewonnen werden[7]).

Arylcarbaminsäureester der Alkamine haben stark anästhesierende Eigenschaften. Man kann Alkamine mit Derivaten der Arylcarbaminsäure umsetzen oder aliphatische Amine mit Halogenalkylestern der Arylcarbaminsäuren umsetzen.

Dargestellt wurden: Diäthylaminoäthanolphenylcarbaminsäureester, Diäthylaminoäthanol-p-äthoxyphenylcarbaminsäureester, Diäthylaminoäthanolphenylmethylcarbaminsäureester, Diäthylaminoäthanoldiphenylcarbaminsäureester, Piperidoäthanolphenylcarbaminsäureester, Piperidoisopropanolphenylcarbaminsäureester, Diäthylaminoisopropanolphenylcarbaminsäureester, Phenylcarbaminsäurediäthylaminotrimethylcarbinolester, Tetramethyldiaminopropanolphenylcarbaminsäureester, Diäthylaminodioxypropanphenylcarbaminsäureester[8]).

Alfred Einhorn stellte Verbindungen von Diamino- und alkylierten Diaminobenzoylalkaminen her, welche lokalanästhesierend wirken und sich durch geringe Giftigkeit den anderen Mitteln dieser Reihen gegenüber auszeichnen sollen. Die Monochlorhydrate wirken ebenso reizlos wie Novocain, aber besser anästhesierend und die Wirkung ist länger anhaltend. Die Giftigkeit ist erheblich geringer[9]).

Die Alkaminester der m-p-Diaminobenzoesäure und der alkylierten m-p-Diaminobenzoesäuren kann man herstellen durch Veresterung der m-p-Diamino- oder der alkylierten Diaminobenzoesäuren mit Alkaminen oder durch Reduktion der m-p-Dinitro-, Aminonitro- bzw. Alkylaminonitrobenzoesäurealkaminester oder durch Umsetzung der Halogenalkylester mit sekundären Aminen oder durch Erhitzen der Ester mit Alkaminen[10]).

Wenn man Nitrophenole mit Phosgen in ihre Kohlensäurechloride umwandelt, diese mit basischen Alkoholen kondensiert und in den so erhaltenen Kondensationsprodukten die Nitrogruppen reduziert, so erhält man kernamidierte Phenylkohlensäurealkaminester.

So erhält man aus p-Nitrophenolnatrium und Phosgen in Benzol p-Nitrophenylkohlensäurechlorid, dieses gibt mit Diäthylaminoäthanol in Benzol p-Nitrophenylkohlensäurediäthylaminoäthylester und dieses bei Reduktion mit Zinnchlorür und Salzsäure den

---

[1]) Höchst, DRP. 172 301, Zusatz zu DRP. 170 587.
[2]) Höchst, DRP. 172 447, Zusatz zu DRP. 170 587. [3]) Höchst, DRP. 188 571.
[4]) Höchst, DRP. 187 593. [5]) E. Merck, DRP. 189 335.
[6]) Bayer, DRP. 290 522. [7]) DRP. 287 805. [8]) Höchst, DRP. 272 529.
[9]) Einhorn, eingeführt von Braun, Dtsch. med. Wochenschr. **1905**, Nr. 42, S. 1669. — J. Bieberfeld, Med. Klinik **1905**, 1218. [10]) DRP. 194 365.

p-Aminophenylkohlensäurediäthylaminoäthylester. Ferner ist der m-Aminophenylkohlensäurediäthylaminoäthylester beschrieben[1]).

Während o-Phthalyl-bis-methylekgonin ähnlich wie Cocain wirkt, und Diäthylaminoäthylbenzoat (DRP. 175 080) $(C_2H_5)_2N \cdot CH_2 \cdot CH_2 \cdot OOC \cdot C_6H_5$ lokalanästhesierend wirkt, hat Diäthylaminoäthylphthalat

$$\begin{matrix}(C_2H_5)_2N \cdot CH_2 \cdot CH_2 \cdot OOC \\ (C_2H_5)_2N \cdot CH_2 \cdot CH_2 \cdot OOC\end{matrix}\!\!>C_6H_4$$

keine anästhesierenden Eigenschaften[2]).

Während bei den Cocainen die Einführung einer o-Chlorbenzoylgruppe gegenüber der Benzoylgruppe die Wirkung erheblich abschwächt oder die Einführung einer m-Aminobenzoylgruppe die Wirkung völlig vernichtet, macht beim Novocain die p-Aminobenzoylgruppe die starke anästhesierende Eigenschaft und nach Einhorn[3]) haben Dialkylaminoalkyl-3.4-diaminobenzoate auch beträchtliche anästhesierende Eigenschaften.

Auch die Carboxylgruppe muß nicht direkt am Kern hängen, denn die Phenylessigsäure und Zimtsäure machen die gleichen anästhesierenden Effekte in der Eucaingruppe, während nach Poulsson[4]) in der Cocaingruppe Substanzen ohne diese Eigenschaften entstehen.

Diäthylaminoäthyl-p-aminophenylacetat wirkt nicht lokalanästhesierend. Äthyl-p-aminophenylacetat $C_2H_5 \cdot OOC \cdot CH_2 \cdot C_6H_4 \cdot NH_2$ wirkt ebenfalls nicht.

Die meisten Anaesthetica haben eine tertiäre Aminogruppe, β-Eucain hat eine sekundäre Aminogruppe. Hingegen ist β-Aminoäthyl-p-aminobenzoat $NH_2 \cdot CH_2 \cdot CH_2 \cdot OOC \cdot C_6H_4 \cdot NH_2$[5]) ohne anästhesierende Eigenschaften.

Die Alkylgruppen, welche die Wasserstoffe der Aminogruppe ersetzen, verändern einigermaßen die lokalanästhesierenden Eigenschaften.

Piperidyläthylbenzoat $C_5H_{10}N \cdot CH_2 \cdot CH_2 \cdot OOC \cdot C_6H_5$ ist nur schwach wirksam, s-di-β-Benzoyloxy-1.4-diäthylpiperazin

$$C_6H_5 \cdot CO \cdot O \cdot CH_2 \cdot CH_2 \cdot N\!<\!\begin{matrix}CH_2 \cdot CH_2 \\ CH_2 \cdot CH_2\end{matrix}\!>\!N \cdot CH_2 \cdot CH_2 \cdot O \cdot CO \cdot C_6H_5$$

und β-β-Dibenzoyloxytriäthylamin

$$C_6H_5 \cdot CO \cdot O \cdot CH_2 \cdot CH_2 \cdot N(C_2H_5) \cdot CH_2 \cdot CH_2 \cdot O \cdot CO \cdot C_6H_5$$

sind ebenfalls schwach wirksam, während β-β-Dibenzoyloxymethyldiäthylamin

$$C_6H_5 \cdot CO \cdot O \cdot CH_2 \cdot CH_2 \cdot N(CH_3) \cdot CH_2 \cdot CH_2 \cdot O \cdot CO \cdot C_6H_5$$

(Pyman) unwirksam ist.

Bei den Alkaminestern, welche wirksam sind, kann die Acylgruppe Benzoyl- oder ein substituierter aromatischer Säurerest sein. Die Aminogruppe kann sekundär oder tertiär sein und Alkylgruppen enthalten oder mit einem einfachen oder mit Brücke versehenen Ringsystem verbunden sein.

Ersetzt man im Cocain die Benzoylgruppe durch die Phenacetylgruppe, so erhält man Phenacetylekgoninmethylester, welcher nicht mehr anästhesierend wirkt, während beim α-Eucain man beim gleichen Vorgang zu einem Körper mit lokalanästhesierenden Eigenschaften kommt. Äthyl-p-aminophenylacetat und β-Diäthylaminoäthyl-p-aminophenylacetat wirken im Gegensatze zu den analogen Benzoylverbindungen, dem Anästhesin und Novocain, nicht anästhesierend. β-Diäthylamino-β'-phenoxyisopropylalkohol ist schwach lokalanästhesierend, p-Aminobenzoyl-p-phenetidid erzeugt keine Lokalanästhesie[6]).

---

[1]) Höchst, DRP. 287 805. [2]) Pyman, J. C. S. Trans. **93**, 1793 (1908).
[3]) DRP. 194 365. [4]) AePP. **27**, 301. [5]) Forster, J. C. S. Trans. **93**, 1865 (1908).
[6]) Fr. L. Pyman, Journ. Chem. Soc. **111**, 167 (1917).

Wird in die Äthylgruppe des hypnotisch wirkenden Phenylurethans eine Dimethylaminogruppe eingeführt, so entsteht der Dimethylaminoäthanolester der Phenylcarbaminsäure

$$C_6H_5 \cdot NH \cdot COO \cdot C_2H_4N{<}^{C_2H_5}_{C_2H_5}$$

ein Lokalanaestheticum, während die hypnotischen Eigenschaften des Urethans verschwunden sind [1]).

Methyl-phenylcarbaminsäure-diäthylaminoäthanolesterchlorhydrat

$$^{C_6H_5}_{CH_3}{>}N \cdot COO \cdot C_2H_4N(C_2H_5)_2 \cdot HCl$$

ist weniger giftig.

Äthyl-phenylcarbaminsäure-diäthylaminoäthanolesterchlorhydrat

$$^{C_6H_5}_{C_2H_5}{>}N \cdot COO \cdot C_2H_4N(C_2H_5)_2 \cdot HCl$$

ist giftiger als die Propylverbindung.

$$^{C_6H_5}_{C_3H_7}{>}N \cdot COO \cdot C_2H_4N(C_2H_5)_2 \cdot HCl$$

Phenyl-phenylcarbaminsäure-diäthylaminoäthanolesterchlorhydrat ist viel giftiger, so giftig wie Phenyl-carbaminsäure-diäthylaminoäthanolester.

Tetrahydrochinolin-N-carbonsäure-diäthylaminoäthanolesterchlorhydrat

$$H_2\langle\ \rangle N \cdot COO \cdot C_2H_4N(C_2H_5)_2 \cdot HCl \quad (H_2H_2)$$

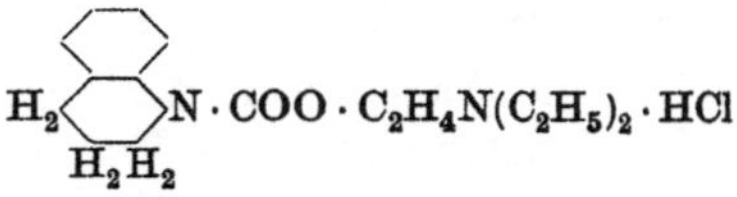

wirkt wie die Propylverbindung.

Diphenyl-carbaminsäure-diäthylaminoäthanolesterchlorhydrat

$$^{C_6H_5}_{C_6H_5}{>}N \cdot COO \cdot C_2H_4N(C_2H_5)_2 \cdot HCl$$

wirkt wie das Phenylmethanderivat.

Ekgoninmethylester-phenylurethanchlorhydrat

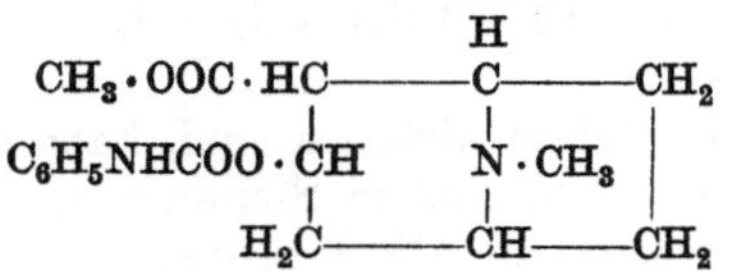

$$\begin{array}{lcl} & H & \\ CH_3 \cdot OOC \cdot HC — & C — & CH_2 \\ C_6H_5NHCOO \cdot CH & N \cdot CH_3 & | \\ H_2C — & CH — & CH_2 \end{array}$$

wirkt wie das Phenylmethanderivat — aber es ist etwas weniger giftig. Es unterscheidet sich von Cocain durch Ersatz der Benzoylgruppe durch die Phenylcarbaminsäure. Es wirkt wie Cocain, ist aber weniger giftig.

Methoxyphenylcarbaminsäure-diäthylaminoäthanolesterchlorhydrat.

$$p\text{-}CH_3O \cdot C_6H_4 \cdot NH \cdot COO \cdot C_2H_4N(C_2H_5)_2HCl$$

ist so giftig wie das Phenylurethanderivat, aber die lokalanästhesierenden Eigenschaften sind geringer.

p-Carboxäthyl-phenylcarbaminsäure-diäthylaminoäthanolesterchlorhydrat.

$$C_2H_5OCO \cdot C_6H_4NH \cdot COOC_2H_4N(C_2H_5)_2HCl$$

Die Giftigkeit ist geringer.

---

[1]) K. Fromherz, AePP. 76, 257 (1914).

p-Aminophenyl-carbaminsäure-diäthylaminoäthanolesterchlorhydrat.

$H_2N \cdot C_6H_4 \cdot NH \cdot COO \cdot C_2H_4N(C_2H_5)_2HCl$

Es ist weniger giftig als Novocain, die anästhesierende Wirkung auf den Nervenstamm ist aufgehoben. Sonst wirkt es wie unverändertes Novocain.

Urethano-Novocain-chlorhydrat.

$C_2H_5 \cdot OOC \cdot NH \cdot C_6H_4 \cdot COO \cdot C_2H_4N(C_2H_5)_2HCl$

wirkt gut auf den Nervenstamm und bewirkt auch eine intensive Anästhesierung der Nervenendapparate, ätzt aber das Corneaepithel und ist giftiger als Novocain.

Carboxäthyl-p-aminophenylcarbaminsäure-diäthylaminoäthanolesterchlorhydrat.

$C_2H_5 \cdot OOC \cdot NH \cdot C_6H_4NH \cdot COO \cdot C_2H_4N(C_2H_5)_2HCl$

ist weniger giftig.

Phenylcarbaminsäure-diäthylaminoäthanolesterchlorhydrat wirkt wie Novocain, steht aber diesem nach.

Beim Homobenzylcarbaminsäure-diäthylaminoäthanolester-chlorhydrat ist die Heftigkeit den niederen Homologen gegenüber auf das doppelte erhöht.

Phenylglycin-diäthylaminoäthanolesterchlorhydrat ist giftiger und schwächer anästhesierend als das Methylphenylderivat.

Anaesthetica aus verschiedenen chemischen Gruppen.

Die Eigenschaft, Anästhesie zu erzeugen, kommt keineswegs allein den Alkaloiden der Cocainreihe zu, auch andere Körper vermögen Ähnliches zu leisten, so Äthoxycoffein, Eugenolacetamid, o-Nitrophenylacetyl-β-oxypropionsäureester, Benzoylchinolyl-β-milchsäureester.

Bei der praktischen Verwendung der Anilinantipyretica wurde eine schwache lokalanästhesierende Wirkung derselben bemerkt. Stärker tritt sie bei Verwendung von Formanilid hervor. Die an und für sich geringe lokalanästhesierende Wirkung der Phenetidinderivate erfährt durch die Verbindung mit einer zweiten Base eine intensive Verstärkung.

Wir verdanken diesem Umstande zwei neue, lokalanästhesierend wirkende Mittel, welche aber trotz mancher Vorzüge dem Cocain gegenüber nicht durchschlagen konnten.

Das salzsaure Holocain ist p-Diäthoxyäthenyldiphenylaminhydrochlorat.

$$CH_3 \cdot C \begin{matrix} \nearrow N \cdot C_6H_4 \cdot O \cdot C_2H_5 \\ \searrow NH \cdot C_6H_4 \cdot O \cdot C_2H_5 \cdot HCl \end{matrix}$$

Es ist schwer löslich, was seine Anwendung sehr erschwert. Die wässerige Lösung ist aber gut haltbar und macht eine rasch anästhesierende Wirkung[1]). Es ist giftiger als Cocain, daher läßt es sich nur in der Augenheilkunde verwenden. Auf den Gesamtorganismus wirkt es krampferregend.

Holocain entsteht, wenn p-Phenetidin mit Phenacetin unter Wasseraustritt reagiert. Man läßt auf ein Gemenge dieser beiden Substanzen eine Phosphorhalogenverbindung einwirken, oder erhitzt Phenacetin mit salzsaurem Phenetidin. Man kann auch Phenacetin allein mit Salzsäuregas erhitzen, ferner entsteht es durch Einwirkung von Acetonitril auf die Salze des p-Phenetidins bei höheren Temperaturen. Auch Phenacetin mit Phosphorpentasulfid erhitzt oder Thiophenacetin für sich erhitzt oder p-Phenetolglycin-p-phenetidid in Phosgengas erhitzt, liefert diesen Körper[2]).

Holocainsulfosäure wirkt gut anästhesierend, muß aber mit freiem Alkali in Lösung gehalten werden.

---

[1]) Zentralbl. f. prakt. Augenheilk. 1897, 30. [2]) DRP. 79 868, 80 568.

Ähnliche Amidine mit ähnlichen physiologischen Eigenschaften wurden von Täuber noch dargestellt, indem man analog gebaute Basen zweckmäßig kondensierte:

Äthenyl-p-methoxydiphenylamidin
Äthenyl-p-äthoxydiphenylamidin
Äthenyl-p-äthoxy-p-oxydiphenylamidin
Äthenyl-o-methoxy-o-methoxydiphenylamidin
Äthenyl-o-methoxy-p-methoxydiphenylamidin
Äthenyl-p-methoxy-p-methoxydiphenylamidin
Äthenyl-o-äthoxy-p-methoxydiphenylamidin
Äthenyl-o-methoxy-p-äthoxydiphenylamidin
Äthenyl-o-äthoxy-o-äthoxydiphenylamidin
Äthenyl-o-methoxy-p-äthoxydiphenylamidin
Äthenyl-p-methoxy-p-äthoxydiphenylamidin
Äthenyl-o-äthoxy-p-äthoxydiphenylamidin.

Äthenylamin und Benzamidin wirken nicht anästhesierend, sondern wie Guanidin, während Holocain anästhesierend wirkt[1]).

Salzsaures Benzamidin $\left(C_6H_5 \cdot C\genfrac{}{}{0pt}{}{\diagup NH}{\diagdown NH_2}\right)HCl$ ist sehr giftig, aber in bezug auf Anästhesie schwach wirksam.

Salzsaures Amidin $C_6H_5 \cdot N : C\genfrac{}{}{0pt}{}{<}{}\genfrac{}{}{0pt}{}{\overset{H_2}{C}}{\underset{H_2}{C}}\genfrac{}{}{0pt}{}{>}{}C \cdot N \cdot C_6H_5$ aus Diäthylglykokoll-m-amino-zimtsäuremethylester

$$\left((C_2H_5)_2N \cdot CH_2 \cdot C\genfrac{}{}{0pt}{}{\diagup N \cdot C_6H_4-CH=CH-COO \cdot CH_3}{\diagdown NH \cdot C_6H_4-CH=CH-COO \cdot CH_3}\right)HCl$$

wirkt gut anästhesierend, ist aber stark giftig. Es macht Krämpfe, erweitert die Pupillen, wirkt anästhesierend, ätzt und reizt die Cornea.

Carl Goldschmidt erhitzt p-Phenetidin in alkoholischer Lösung mit o-Ameisensäureester und scheidet mit verdünnter Lauge ein alsbald erstarrendes Öl ab. Die Reaktion verläuft nach folgender Gleichung:

$$2\,C_6H_4\genfrac{}{}{0pt}{}{<NH_2}{<O \cdot C_2H_5} + CH\genfrac{}{}{0pt}{}{\diagup OC_2H_5}{\genfrac{}{}{0pt}{}{-OC_2H_5}{\diagdown OC_2H_5}} = C_6H_4\genfrac{}{}{0pt}{}{<OC_2H_5}{<N=CH} + 3\,(C_2H_5 \cdot NH)$$
$$C_2H_5O \cdot C_6H_4 \cdot NH$$

Eine ähnliche Verbindung aus o-Ameisensäureester und p-Aminophenolchlorhydrat zu erhalten gelang merkwürdigerweise nicht. Die analoge Verbindung erhält man aus p-Anisidin und o-Ameisensäureester[2]). Beide Substanzen, Methenyl-di-p-phenetidin[3]) und Methenyl-di-p-anisidin machen Lokalanästhesie.

Läßt man p-Formylphenetidin in Formaldehyd in ganz wenig verdünnter Salzsäure in der Kälte stehen, so erhält man[4]) Anhydro-p-oxyäthylaminobenzylalkohol. Valerylanilid und Valeryl-p-phenetidid liefern p-Anhydrovalerylaminobenzylalkohol resp. Anhydrovaleryloxyäthylaminobenzylalkohol in analoger Weise.

Die Substanzen haben sowohl antiseptische als auch anästhesierende Eigenschaften.

An die Stelle der p-Verbindungen können auch die o-Verbindungen treten, nur muß man bei der Darstellung etwas länger erhitzen. Die physiologische Wirkung der Lokalanästhesie kommt auch den o-Verbindungen wie den p-Verbindungen zu.

In gleicher Weise erhält C. Goldschmidt[5]) aus p-Aminobenzoesäure durch Kochen mit o-Ameisensäureester eine analoge Verbindung $COOH \cdot C_6H_4 \cdot NH \cdot CH : N \cdot C_6H_4 \cdot COOH$. Diese Verbindung wirkt noch anästhesierend und antiseptisch.

---

[1]) BB. **40**, 4173 (1908). [2]) DRP. 103 982. [3]) DRP. 97 103.
[4]) C. Goldschmidt, Chem.-Ztg. **25**, 178. [5]) Chem.-Ztg. **26**, 743.

p-Aminobenzoesäuremethylester gibt in alkoholischer Lösung mit o-Ameisensäureester zwei Substanzen der wahrscheinlichen Konstitution

$$CH_3 \cdot CO \cdot O \cdot C_6H_4 \cdot N : CH \cdot NH \cdot C_6H_4 \cdot COO \cdot CH_3$$

und

$$CH_3 \cdot CO \cdot O \cdot C_6H_4 \cdot NH \cdot CHO \cdot C_2H_5.$$

Beide wirken nicht mehr schmerzstillend als Anästhesin (p-Aminobenzoesäure-äthylester) für sich.

Nie zur Anwendung gekommen sind Di-p-phenetylguanidin und sein Benzoylderivat und weiters Di-p-anisylguanidin und sein Benzoylderivat, welche der Firma Riedel (Berlin) anscheinend als Ersatzmittel des Cocains patentiert wurden (über physiologische Versuche mit diesen Körpern ist nichts veröffentlicht worden).

Die Darstellung dieser Körper geschieht durch Einwirkung von Bleihydroxyd oder Quecksilberoxyd auf eine alkoholische Lösung molekularer Mengen Di-p-phenetylthioharnstoff und Ammoniak[1]).

Hesse und Trolldiener[2]) haben eine Reihe von Alkyloxyphenylguanidinen physiologisch geprüft. Diese Körper sind weit weniger giftig als Cocain, sie wirken länger und schneller als Cocain, waren in der Lösung haltbarer, ätzten aber Der wichtigste Körper dieser Gruppe, welcher in die Praxis eingeführt wurde, ist Di-p-anisylmonophenetylguanidinchlorhydrat unter dem Namen Acoin. Acoin hat den Nachteil, in stärkerer Konzentration zu ätzen und daß seine Lösung sich im Lichte zersetzt. Die Anwendung der Verbindungen dieser Gruppen dürfte an der schweren Löslichkeit scheitern.

Die Darstellung der Acoine (Oxyphenylguanidine) geschieht in folgender Weise[3]):

Die thiocarbaminsauren Salze oder Thioharnstoffe aromatischer Basen werden bei Gegenwart derselben oder einer anderen Base entschwefelt, wobei mindestens eine der Basen ein Aminophenolkörper sein muß, oder man gibt ein Carbodiimid zu einem Aminophenol, oder man läßt das Carbodiimid aus dem entsprechenden Harnstoff entstehen und auf ein Aminophenol einwirken.

Nach diesem Verfahren wurden folgende anästhesierend wirkende Oxyphenylguanidine dargestellt:

Trianisylguanidin

$$CH_3 \cdot O \cdot C_6H_4 \cdot N : C(NH \cdot C_6H_4 \cdot O \cdot CH_3)_2,$$

Triphenetylguanidin

$$C_2H_5 \cdot O \cdot C_6H_4 \cdot N : C(NH \cdot C_6H_4 \cdot O \cdot C_2H_5)_2,$$

Trihomophenetylguanidin

$$C_2H_5 \cdot O \cdot C_7H_6 \cdot N : C(NH \cdot C_7H_6 \cdot O \cdot C_2H_5)_2,$$

die Guanidine der Tripropyl-, Amyl- und Äthylenaminophenyläther

$$R \cdot O \cdot C_6H_4 \cdot N : C(NH \cdot C_6H_4 \cdot O \cdot R)_2,$$

worin R = propyl-, butyl-, äthylen-, isopropyl-, isobutyl-, isoamyl-,

Triphenolguanidin

$$HO \cdot C_6H_4 \cdot N : C(NH \cdot C_6H_4 \cdot OH)_2,$$

Diphenetylmonophenolguanidin

$$HO \cdot C_6H_4 \cdot N : C(NH \cdot C_6H_4 \cdot O \cdot C_2H_5)_2,$$

Diphenetylmonoanisylguanidin

$$CH_3 \cdot O \cdot C_6H_4N : C(NH \cdot C_6H_4 \cdot O \cdot C_2H_5)_2,$$

Dianisylmonophenylguanidin

$$HO \cdot C_6H_4 \cdot N : C(NH \cdot C_6H_4 \cdot O \cdot CH_3)_2,$$

---

[1]) DRP. 66 550, 68 706. [2]) Therap. Monatshefte **1899**, 36. [3]) DRP. 104 361.

Dianisyl- (resp. phenetyl-) monophenyl- (resp. tolyl-, xylyl)-guanidin

$(CH_3 \cdot O \cdot C_6H_4 \cdot NH)_2C : N \cdot C_6H_5$,

worin CH_3 — durch C_2H_5 —, C_6H_4 — durch C_7H_7 — und C_8H_8 — ersetzt sein kann.

Dianisylmonophenetylguanidin

$C_2H_5 \cdot O \cdot C_6H_4N : C(NH \cdot C_6H_4 \cdot O \cdot CH_3)_2$,

Diphenylmonoanisyl- und -phenetylguanidin

$R \cdot O \cdot C_6H_4 \cdot N : C(NH \cdot C_6H_5)_2$,

worin $R = CH_3$ und C_2H_5,

und die Homologen Ditolyl- und Dixylylmonoanisyl- und -phenetylguanidin

$R \cdot O \cdot C_6H_4 \cdot N : C(NH \cdot C_7H_7)_2$,

worin C_7H_7 durch C_8H_8, R durch CH_3 und C_2H_5 ersetzt sein kann.

Der einzige Repräsentant der chlorhaltigen Körper, welche als Schlafmittel und Inhalationsanaesthetica ja eine große Verwendung finden, ist unter den Lokalanästhesie bewirkenden Körpern Aneson, Trichlorpseudobutylalkohol $CCl_3 \cdot CH_2 \cdot CO \cdot CH_3$ oder Acetonchloroform[1]).

Acetonchloroform (tertiärer Trichlorbutylalkohol)

$$CH_3—\overset{\displaystyle OH}{\underset{\displaystyle CCl_3}{\overset{|}{\underset{|}{C}}}}—CH_3 + {}^1/_2 H_2O$$

Es ist auch ein wirksames Desinficiens, in Amerika Chloreton genannt und innerlich als Hypnoticum empfohlen[2]). Der Körper wirkt, wie alle analog gebauten, schlafmachend. Z. v. Vamossy[3]) ist es gelungen, diese Substanz wasserlöslich zu machen, wodurch die Verwendung als Anaestheticum ermöglicht wird. Der Körper macht Analgesie und ist ungiftig, hat aber in seiner Anwendung keine Vorteile vor den anderen Körpern. Wir erinnern an dieser Stelle daran, daß die Gynäkologen schon lange Chloralhydrat gegen lokale Schmerzen anwenden.

Trichlortertiärbutylalkoholbenzoesäureester (Chloretonbenzoesäureester) wirkt weniger hypnotisch und anästhesierend und ist weniger giftig als die bisher untersuchten Ester[4]).

Die Gruppe der Lokalanaesthetica umfaßt noch eine Reihe anderer Substanzen, welche wohl ihrer Wirkung nach dem Hauptrepräsentanten dieser Gruppe, welche auch als Maßstab für die synthetischen Ersatzmittel gilt, nachstehen.

Formanilid sowie die dem Phenacetin sehr nahestehende Gruppe des Holocains, Antipyrin, sie alle besitzen mehr oder minder brauchbare lokalanästhesierende Eigenschaften.

Während Phenyläthylalkohol und Phenylglykol an anästhetischer Wirkung dem Phenylalkohol deutlich unterlegen sind, so daß sich mit ihnen an Menschen die Schmerzempfindung nicht aufheben läßt, hat die Gegenwart eine Phenolgruppe im Saligenin und Homosaligenin (1:2:4) einen deutlich verstärkenden Einfluß. Ersatz des Phenolwasserstoffes durch Methyl, Äthyl oder Methylen (Methylsaligenin (1:2), Äthylsaligenin (1:2), Piperonyläthylalkohol (1:2:4) schwächt die anästhetische Wirkung ab, ohne sie ganz aufzuheben. Saligenin ist auch ein Schleimhautanaestheticum[5]).

---

1) Willgerodt, BB. **14**, 2455 (1881). — Journ. f. prakt. Ch. [2] **37**. 362.
2) Journ. of Americ. Med. Ass. **1899**, 77. 3) Dtsch. med. Wochenschr. **1897**, Nr. 36.
4) T. B. Aldrich, Journ. Americ. Chem. Soc. **42**, 1502 (1920).
5) A. D. Hirschfelder, A. Lundholm und H. Norrgard, Journ. of pharmacol. and exp. therapeut. **15**, 261 (1920).

Man setzt 1-Aryl-5-pyrazalon-3-carbonsäureester zweckmäßig in Form ihrer Alkalisalze, mit Halogenäthyldiäthylamin um. Man erhält aus 1-Phenyl-5-pyrazolon-3-carbonsäureäthylester durch Auflösen in Natriumäthylatlösung und Fällen mit Äther eine Natriumverbindung, die mit Chloräthyldiäthylamin die Base

$$\begin{array}{l} C_6H_5 \cdot N \cdot N : C \cdot COO \cdot C_2H_5 \\ \qquad\quad | \qquad\quad | \\ \qquad CO \text{——} CH \cdot CH_2 \cdot CH_2 \cdot N(C_2H_5)_2 \end{array}$$

gibt. Aus 1-m-Tolyl-5-pyrazolon-3-carbonsäureäthylester mit Chloräthyldiäthylamin erhält man ebenfalls eine Base, welche wie die erste anästhesierende Wirkungen zeigt[1]).

Merck, Darnstadt, hat als Anaesthetica Aminoäther primärer Alkohole dargestellt, welche nicht in Verkehr gekommen sind[2]). Sie entsprechen der allgemeinen Formel $Y : N —(CH_2)_x — O \cdot R$. Y ist ein zweiwertiges oder zwei einwertige Radikale. R-Aryl oder substituiertes Aryl · x eine beliebige Zahl. Man erhält sie durch Wechselwirkung von Halogenkohlenwasserstoffalkyläthern der allgemeinen Formel Halogen — $(CH_2)_x — O \cdot R$ mit sekundären Aminen. Dargestellt wurden Dimethylamino-ε-guajacylamyläther, Piperido-γ-phenylpropyläther, Piperido-ε-phenylamyläther, Piperido-γ-guajacylpropyläther, Piperido-ε-guajacylamyläther, Piperido-ε-menthylamyläther, Piperido-γ-thymylpropyläther, Piperido-ε-thymylamyläther, Camphidino-ε-thymylamyläther.

Auch den Phenolen kommt diese Fähigkeit in hohem Maße zu, aber nur in konzentriertem Zustande.

Man denke an den momentan schmerzstillenden Effekt der konzentrierten Carbolsäure, des Kreosots und des Guajacols $C_6H_3<^{OCH_3}_{OH}$ bei Zahnschmerzen. Auch dem als Volksmittel sehr beliebten Nelkenöl und seinem wirksamen Prinzip, dem Eugenol $^{HO}_{CH_3 \cdot O}>C_6H_3 \cdot CH_2 \cdot CH : CH_2$ sowie dem Menthol $(CH_3)_2 \cdot CH \cdot CH<^{CH(OH) \cdot CH_2}_{CH_2 \quad CH_2}>CH \cdot CH_3$ kommen solche Eigenschaften in beschränktem Maße zu. Die Anwendung ist aber nur auf einzelne Gebiete und Fälle beschränkt. Da die starke Ätzwirkung dieser Substanzen ihren Gebrauch verhindert, so ist auch die subcutane Anwendung dieser Substanzen nicht möglich. Es zeigt sich aber, daß den meisten Phenolen mit wenigstens einem freien Hydroxyl diese Eigenschaft, Anästhesie zu erzeugen, zukommt.

Benzylcarbinol macht, bei Mäusen injiziert, Narkose und Koma. Bei Hunden wirkt es intravenös nicht letal. Es macht Anästhesie wie Benzylalkohol[3]).

Benzylalkohol soll nach David J. Macht ein lokales Anaestheticum sein, das 40 mal weniger giftig ist als Cocain[4]).

Benzylalkohol wirkt auf die Zunge wie Cocain, dabei ist es von geringer Giftwirkung — die tödliche Minimalgabe beträgt für verschiedene Tiere bei subcutaner Anordnung nicht unter 1 ccm pro kg Körpergewicht. Aus dem Organismus wird er größtenteils als Hippursäure ausgeschieden. Die Lösungen sind ohne Zersetzung sterilisierbar[5]).

Rac. Phenylmethylcarbinol $C_6H_5 \cdot CH(OH) \cdot CH_3$ wirkt sowohl am Kaninchenauge als an der menschlichen Haut stärker anästhesierend als der isomere Phenyläthylalkohol (Rosenöl) oder Benzylalkohol, aber nicht im Verhältnis zu seiner größeren Giftigkeit. Auch seine verhältnismäßig geringe Beständigkeit spricht gegen die praktische Verwendung[6]).

---

[1]) Höchst, DRP. 293 287. [2]) DRP. 184 868.

[3]) Axel M. Hjort und Joseph T. Eagan, Journ. Pharm. and exp. Therap. **14**, 211 (1919).

[4]) New York Commercial **18**, II (1919).

[5]) David J. Macht, Journ. Pharm. and exp. Therap. **11**, 263 (1918).

[6]) Axel M. Hjort und Charles B. Kaufmann, Journ. Pharm. and exp. Therap. **15**, 129 (1920).

Von den lokalanästhesierenden Phenylcarbinolen: Benzylalkohol, Phenyläthylalkohol, Phenylglykol, Zimtalkohol, Saligenin, Methylsaligenin, Äthylsaligenin, Homosaligenin und Piperonylalkohol ist Saligenin die geeignetste Substanz[1]).

Auch die Derivate des Eugenols, von denen man Eugenolacetamid und Eugenolcarbinol einzuführen suchte, haben die gleichen Eigenschaften der Muttersubstanz, bieten aber keine Vorteile gegenüber den Standardpräparaten dieser Reihe. Als typische Lokalanaesthetica lassen sie sich nicht gut verwenden, und als schmerzstillende Mittel bieten sie vor den entsprechenden ätzenden Phenolen keinen Vorteil.

Wenn man aus Eugenolnatrium und Monochloressigsäure Eugenolessigsäure darstellt, diese in den Äthylester überführt und letztere in alkoholischer Lösung mit alkoholischem Ammoniak in das Amid überführt[2]), so erhält man eine anästhesierend und antiseptisch wirkende Substanz, das Eugenolacetamid.

Die durch Substitution in der $CH_2 \cdot CH_2$-Gruppe durch Alkyl erhältlichen Homologen des Äthylenglykolmonophenyläthers zeichnen sich durch eine den Äthylenglykolamyläthern gegenüber wesentlich gesteigerte analgetische Wirkung aus Man erhält diese Produkte, wenn man die Homologen des Äthylenglykols oder ihrer Derivate nach den üblichen Methoden halbseitig mit Phenolen, deren Homologen und Substitutionsprodukten veräthert. Beschrieben ist Propylenglykol-(1)-phenyläther (2) $\cdot OH \cdot CH_2 \cdot CH(CH_3) \cdot O \cdot C_6H_5$, Propylenglykol-p-chlorphenyläther $Cl \cdot C_6H_4 \cdot O \cdot \underset{\displaystyle CH_3}{\underset{|}{CH}} \cdot CH_2 \cdot OH$ usf.[3]).

Methylphenylcarbinol

$$C_6H_5—\underset{\displaystyle OH}{\underset{|}{CH}}—CH_3$$

macht allgemeine Anästhesie, ist ein atmungslähmendes Gift. Die Giftigkeit ist doppelt so groß als die des Benzylalkohols und des β-Phenethylols

$$C_6H_5 \cdot CH_2 \cdot CH_2 \cdot OH$$

Als Lokalanaestheticum ist Phenylmethylcarbinol stärker wirksam als die beiden genannten. Wegen seiner großen Giftigkeit und seiner Unbeständigkeit aber kommt es als Lokalanaestheticum nicht in Betracht[4]).

Die Glycerinäther des Phenols besitzen analgetische Wirkungen. Die Urethane dieser Körper zeichnen sich neben ihrer analgetischen Wirkung besonders durch antipyretische Eigenschaften aus.

Man stellt sie dar, indem man die Glycerinäther der Phenole in die entsprechenden Urethane nach der üblichen Methode überführt. Sowohl die Phenylgruppe als auch die Aminogruppe läßt sich durch Homologe und Substitutionsprodukte ersetzen.

Versetzt man das Carbonat des Phenylglycerinäthers

$$C_6H_5—CH_2 \cdot \underset{\displaystyle O}{\underset{|}{CH}} \cdot \underset{\displaystyle O}{\underset{|}{CH_2}} \quad (\text{beide O über } CO \text{ verbunden})$$

mit Ammoniak, so entsteht das Urethan. Ebenso werden die Homologen gewonnen[5]).

Auch dem Saponin[6]) kommen lokalanästhesierende Eigenschaften zu.

---

[1]) A. D. Hirschfelder, A. Lundholm und H. Norrgard, Journ. Pharm. and exp. Therap. **15**, 261 (1920). [2]) DRP. 65 393. [3]) Bayer, DRP. 282 991.

[4]) Axel M. Hjort und Charles E. Kaufmann, Journ. of pharmacol. and exp. therapeut. **15**, 129 (1920). [5]) Bayer, DRP. 284 975.

[6]) Pharm. Zentralbl. **1902**, 54. — Chem.-Ztg. **1902**, 790.

Vanillin $CH_3O \cdot C_6H_3(OH) \cdot CHO$ wirkt lokalanästhesierend, auch Vanillinnatrium und Heliotropin (Piperonal) $C_6H_3(O \cdot CH_2 \cdot O) \cdot CHO$, diese beiden aber schwächer[1]).

$$\text{o-Phenylbenzylamin} \quad C_6H_4 <\begin{matrix} \overset{NH_2}{\dot{C}H} \cdot C_6H_5 \\ OH \end{matrix}$$

wirkt anästhesierend. Es schmeckt sehr bitter. (Die Substanz ist sehr giftig, 0.2 g erzeugen bei Kaninchen heftige Krämpfe[2]).

$$\text{Trimethyläthylen} \quad \begin{matrix} C <\begin{matrix} CH_3 \\ CH_3 \end{matrix} \\ \| \\ C <\begin{matrix} H \\ CH_3 \end{matrix} \end{matrix} \quad \text{ist ein starkes Anaestheticum}^{3)}.$$

α-Aminopyridin wirkt cocainähnlich[4]), schmeckt schwach bitter und hinterläßt auf der Zunge lang dauernde Anästhesie.

Von Morphinderivaten zeigt Benzylmorphin (Peronin) lokalanästhesierende Eigenschaften.

Die Verbindung [β-(m,m'-Diamino-benzoyloxy)-äthyl]-methyl-anilin

$$\bigcirc \cdot \overset{CH_3}{\dot{N}} \cdot CH_2 \cdot CH_2 \cdot O \cdot CO \cdot \underset{NH_2}{\overset{NH_2}{\bigcirc}}$$

steht nach Untersuchungen von J. v. Braun und J. Morgenroth[5]) in ihrer anästhetischen Wirkung nicht hinter dem Novocain zurück und ist wahrscheinlich etwas stärker.

Die aromatische Substitution am Stickstoff des Novocains ist ohne Einfluß auf die anästhesierenden Eigenschaften, wenn gleichzeitig in passender Weise eine genügende Erhöhung der Basizität des Moleküls bewirkt wird.

Die Orthoformgruppe: Ester aromatischer Säuren.

Eine weitere Gruppe von lokalanästhesierenden Mitteln, welche zugleich kräftige Antiseptica sind, verdanken wir den Untersuchungen von A. Einhorn und Heinz[6]).

Diese Forscher fanden, daß benzoylierte Oxyaminobenzoesäureester die Empfindlichkeit deutlich herabsetzen. Es war naheliegend, zu vermuten, daß ebenso wie Cocain auch diese Körper nach Abspaltung der Benzoylgruppe eine unwirksame Substanz liefern würden. Diese Vermutung hat sich aber nicht bewahrheitet, denn die aromatischen Aminooxybenzoesäureester zeigen alle anästhesierende Wirkungen, und zwar stärkere als die entsprechenden Benzoylderivate.

Die Wirkungen einer Reihe von Körpern dieser Gruppe bestätigten die Gültigkeit dieses Satzes.

Sehr viele Ester der aromatischen Säuren, auch solche der zugehörigen ungesättigten und Alkoholsäuren und deren Substitutionsprodukte, ferner die Ester der Chinolincarbonsäuren usw., aber nicht die aliphatischen Ester, besitzen die Fähigkeit, schmerzstillend zu wirken. Doch ist der Grad der hervorgerufenen Anästhesie sehr verschieden, bei manchen kaum bemerkbar, und

---

1) Privatmittlg. Welmans. 2) P. Cohn, M. f. Ch. **16**, 267 (1896).
3) Therap. Monatshefte **1891**. 4) Arch. d. Pharmaz. **1903**, 240.
5) BB. **52**, 2011 (1919). 6) Münch. med. Wochenschr. **1897**, Nr. 34, S. 931.

viele haben die Eigenschaften, doloros zu anästhesieren, zu reizen oder zu ätzen, manche, wie die aromatischen Aminoester, wirken als starke Blutgifte. o-Amino-m-oxybenzoesäuremethylester z. B. setzt die Empfindlichkeit nur eben wahrnehmbar herab.

Es wurden folgende Substanzen von diesen Forschern zu diesem Zwecke dargestellt[1]):

p-Aminosalicylsäuremethylester, p-Aminosalicylsäureäthylester, p-Aminobenzoylsalicylsäuremethylester, o-Aminosalicylsäuremethylester, o-Aminosalicylsäureäthylester, p-Amino-m-oxybenzoesäuremethylester, p-Amino-m-oxybenzoesäureäthylester, o-Amino-m-oxybenzoesäuremethylester, m-Amino-p-oxybenzoesäuremethylester, m-Amino-p-oxybenzoesäureäthylester, m-Benzoylamino-p-oxybenzoesäuremethylester, m-Amino-p-benzoyloxybenzoesäuremethylester, m-Aminoanissäuremethylester, Amino-o-kresotinsäuremethylester, Amino-o-kresotinsäureäthylester, Amino-p-kresotinsäuremethylester, Amino-p-kresotinsäureäthylester, Amino-m-kresotinsäuremethylester, Amino-m-oxy-p-toluylsäuremethylester-chlorhydrat, Amino-m-oxy-o-toluylsäuremethylester-chlorhydrat I, Amino-m-oxy-o-toluylsäureäthylester I, Amino-m-oxy-o-toluylsäureäthylester II, Amino-protocatechusäureäthylesterchlorhydrat, Amino-guajacolcarbonsäuremethylester, Aminovanillinsäuremethylester I, Aminovanillinsäuremethylester II, Amino-m-dioxybenzoesäuremethylester, Amino-m-dioxybenzoesäureäthylester, Amino-monomethyl-m-dioxybenzoesäuremethylester, Aminodimethyl-m-dioxybenzoesäuremethylesterchlorhydrat, Aminonaphtholcarbonsäuremethylester, o-Oxychinolincarbonsäureäthylester, p-Benzoyloxy-m-nitrobenzoesäuremethylester, Phenylaminoessigsäuremethylester, p-Chinolincarbonsäureäthylester.

Aminooxybenzoesäureester kann man[2]), und zwar o-Amino-p-oxybenzoesäureester ($NH_2 \cdot OH \cdot COOH = 1.2.5$) und o-Amino-m-oxybenzoesäureester ($NH_2 \cdot OH \cdot COOH = 1.2.4$) darstellen, indem man die Harnstoffderivate der betreffenden Aminooxybenzoesäure in alkoholischer Suspension mit konz. Schwefelsäure im Wasserbade erhitzt. Die Harnstoffderivate erhält man durch Umsetzen der Säuresalze mit cyansauren Salzen.

Die o-Uramino-p-oxybenzoesäure $NH_2 \cdot CO \cdot NH : OH : COOH$ 1.2.5 z. B. erhält man durch Einwirkung von cyansauren Salzen auf Säuresalze der Amino-p-oxybenzoesäure ($NH_2 \cdot OH \cdot COOH = 1.2.5$)[3]).

Aminobenzoesäureester erhält man[4]) durch Reduktion von Mononitrobenzoesäure in alkoholischer Lösung mit Zinn und Salzsäure in der Wärme oder Zink oder Eisen und Salzsäure in der Wärme[5]).

Ferner schützten die Höchster Farbwerke die Darstellung der Ester der m-Aminozimtsäure, welche die therapeutischen Eigenschaften der Zimtsäurederivate mit anästhesierenden Wirkungen verbanden. Dargestellt wurde m-Aminozimtsäureäthylester und -methylester entweder durch Verestern der m-Aminozimtsäure durch Salzsäure und Alkohol oder durch Reduktion der m-Nitrozimtsäureester mit Zinn und Salzsäure[6]).

p-Aminobenzoesäurealkaminester der allgemeinen Formel $NH_2 \cdot C_6H_4 \cdot COO(CH_2)_5 \cdot N : R$, worin R entweder zwei einwertige Radikale oder ein einwertiges Radikal und Wasserstoff resp. ein zweiwertiges Radikal bedeutet, werden dargestellt durch Reduktion von p-Nitrobenzoesäurehalogenamylester der Formel $NO_2 \cdot C_6H_4 \cdot COO \cdot (CH_2)_5 \cdot$ Halogen unter Umsetzung mit primären oder sekundären Aminen[7]).

Aus dieser Gruppe wurde für die Praxis der p-Amino-m-oxybenzoesäuremethylester

NH_2

HO · [Benzolring]

$COO \cdot CH_3$

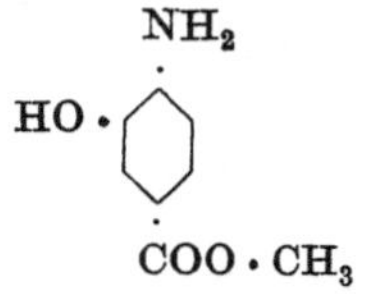

ausgewählt und unter dem Namen Orthoform eingeführt. Es ist ein voluminöses, in Wasser sehr wenig lösliches, ungiftiges Lokalanästheticum, aber im Gegensatze zu allen bis nun besprochenen lokalanästhesierend wirkenden Mitteln

---

[1]) DRP. 97 334, 97 335. [2]) DRP.-Anm. K. 19 197 (versagt).
[3]) DRP.-Anm. K. 18 945 (zurückgezogen). [4]) DRP.-Anm. K. 19 416 (zurückgezogen).
[5]) DRP.-Anm. K. 19 495 (zurückgezogen). [6]) DRP. 101 685.
[7]) E. Merck (Darmstadt), DRP.-Anm. M. 30 816.

entfaltet es seine Wirkung nur dann, wenn bloßliegende Nervenendigungen davon direkt beeinflußt werden können, also nur auf Substanzverluste schmerzstillend wirkend. Bei intakter Schleimhaut oder Haut hingegen ist es wirkungslos. Das leicht lösliche Chlorhydrat des Orthoforms ist aber trotz ähnlicher Wirkungen für Injektionen nicht verwendbar, da die Injektion für kurze Zeit ein starkes Schmerzgefühl verursacht.

Dem Orthoform sagen aber einzelne Autoren als schädliche Nebenwirkung bei Verwendung auf offenen Wunden nach, daß es eine quellende Wirkung auf Gewebe ausübt und nicht unbeträchtliche Vergiftungserscheinungen hervorruft[1]).

Lactyl-p-aminobenzoesäureäthylester wirkt nicht mehr anästhesierend[2]).

Der hohe Preis des Orthoforms veranlaßte die Erfinder, einen zweiten Körper dieser Gruppe, welcher bei gleicher Wirkung weit billiger ist, unter dem Namen „Orthoform neu" in die Praxis einzuführen. Es ist dies m-Amino-p-oxybenzoesäuremethylester.

OH

$H_2N \cdot$ ⬡

$COO \cdot CH_3$

Die Darstellung der beiden wichtigsten Substanzen der Orthoformgruppe, des Orthoform und Orthoform neu, geschieht durch Verestern des Sulfates und der freien Säure mit Salzsäure in alkoholischer Lösung[3]) oder es wird der betreffende Nitrooxybenzoesäureester mit Zinn und Salzsäure reduziert[4]) und das auskrystallisierende Chlorhydrat der Aminoverbindung mit Soda zerlegt[5]).

Man stellt m-Amino-p-oxybenzoesäureester in der Weise dar, daß man die Alkylester der p-Oxybenzoesäure mit Diazoverbindungen kuppelt und die so erhältlichen Azofarbstoffe durch Einwirkung von Reduktionsmitteln spaltet.

Man erhält Salze aus Naphtholmonosulfosäure[6]) und p-Aminobenzoesäureäthylester durch Umsetzung von Salzen beider oder Einwirkung der freien Säure auf den Ester[7]).

Das Urethan der m-Amino-p-äthoxybenzoesäure erhält man durch Einwirkung von Chlorkohlensäureäthylester auf m-Amino-p-äthoxybenzoesäure. Das Produkt soll die Temperatur herabsetzen und antineuralgisch wirken. Es ist leicht löslich. Die Aminosäure erhält man durch Oxydation des Acetylamino-p-kresoläthers und Abspaltung der Acetylgruppe.

Von Ritsert wurde der p-Aminobenzoesäureäthylester unter dem Namen Anästhesin als lokales Anästheticum empfohlen.

Anästhesin

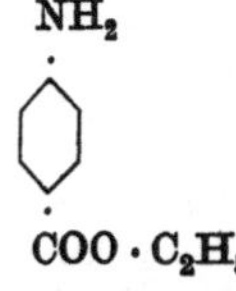

wurde von Binz und Kobert[8]) untersucht. Es wirkt lokal wie Orthoform, hat keine Tiefenwirkung und ist gut anästhesierend wirksam und reizlos.

Ritsert[9]) empfiehlt die aromatischen Aminocarbonsäureester unter Anwendung von Phenolsulfosäuren in Lösung zu bringen; diese Salze wirken reizlos.

In gleicher Weise kann man auch die Sulfosäuren der Phenoläther zur Darstellung wasserlöslicher Verbindungen aromatischer p-Aminocarbonsäureester verwenden, z. B. Anisolsulfosäure oder Guajacolsulfosäure[10]).

---

[1]) Rep. de Pharm. **1898**, 420. — Liebigs Ann. **311**, 33.
[2]) E. Salkowski, BB. **50**, 637 (1917). [3]) DRP. 97 333. [4]) DRP. 97 334.
[5]) DRP. 111 932. [6]) Agfa, Berlin, DRP. 181 324. [7]) Agfa, DRP. 189 838.
[8]) Berliner klin. Wochenschr. **1898**, Nr. 17. — v. Noorden, ebenda.
[9]) DRP. 147 790. [10]) DRP. 149 345.

In gleicher Weise kann man auch die Benzolsulfosäuren benützen, die charakteristische Salze liefern, z. B. p-toluolsulfosaurer p-Aminobenzoesäureäthylester, m-benzoldisulfosaurer p-Aminobenzoesäureäthylester, m-benzoldisulfosaurer m-Amino-p-oxybenzoesäuremethylester[1]).

Man verwendet für konstante sterilisierbare Verbindungen am besten Benzylsulfosäure, die mit den freien Aminobenzoesäureestern zusammengebracht wird, oder man bringt die Chlorhydrate der Aminobenzoesäureester mit den Salzen der Benzylsulfosäure zusammen[2]).

p-Aminobenzoesäurepropylester ist ein Anaestheticum, Propäsin genannt. Dipropäsin CO $[NH \cdot C_6H_4 \cdot (COO \cdot C_3H_7)]_2$ ist ein Harnstoffderivat, das zwei Moleküle Propäsin enthält.

Cycloform, p-Aminobenzoesäure-isobutylester ist sehr schwer löslich und soll sehr stark anästhesierend und dabei reizlos sein.

p-Aminobenzoesäure-n-propylester erhält man durch Veresterung von Säure und Alkohol oder durch Reduktion von p-Nitrobenzoesäure-n-propylester[3]).

Acetyl-p-aminobenzoesäurepropylester und homologe Alkylester erhält man durch Zusammenbringen von Essigsäureanhydrid mit p-Aminobenzoesäurealkylester[4]).

p-Aminobenzoesäureisopropylester erhält man durch Veresterung der p-Aminobenzoesäure mit Isopropylalkohol oder dessen Halogeniden oder durch Reduktion des p-Nitrobenzoesäureisopropylesters resp. der entsprechenden Azoverbindungen, z. B. von Benzoesäureazo-β-naphthol. Der Isopropylester soll die Frequenz des Herzschlages ohne Schwächung seiner Kraft verlangsamen[5]).

Die gesättigten Lösungen der drei Ester: Äthyl, Isopropyl und Isobutyl haben das gleiche Anästhesierungsvermögen. Der p-Aminobenzoesäure-isobutylester an sich ist doppelt so stark wirksam als der Isopropylester und etwa viermal so wirksam als der Äthylester. Man stellt ihn dar durch Veresterung der p-Aminobenzoesäure mit Isobutylalkohol in bekannter Weise oder durch Reduktion des p-Nitrobenzoesäureisobutylesters oder der entsprechenden Azoverbindungen[6]).

p-Aminobenzoyleugenolester (Plecavol)

$$NH_2 \cdot C_6H_4 \cdot COO \cdot \underset{\substack{| \\ CH_3O}}{C_6H_3} \cdot C_3H_5$$

wirkt antiseptisch und anästhesierend.

p-Aminobenzoyleugenol[7]) wirkt antiseptisch und lokal anästhesierend, ebenso wirken die Eugenolester der o- und m-Aminobenzoesäuren. Man erhält diese durch Reduktion der Eugenolester von o- und m-Nitrobenzoesäure[8]).

Die unangenehmen Nebenwirkungen der anästhesierend wirkenden Eugenolderivate sucht Einhorn[9]) durch Überführung des Eugenolacetamids durch Einwirkung von Formaldehyd und sekundären Basen in neue Produkte zu beseitigen. Dargestellt wurden Eugenolacetpiperidylmethylamid, ferner Isoeugenolacetdiäthylaminomethylamid und Isoeugenolacetpiperidylmethylamid (siehe auch S. 382).

Erwin Erhardt hat vorgeschlagen[10]), Salze der anästhesierenden Basen mit reiner Arabinsäure herzustellen, welche angeblich keine Nebenwirkungen haben und insbesondere für Lumbalanästhesie von Wert sein sollen.

Die Versuche von Einhorn zu hexahydrierten Aminooxybenzoesäureestern durch Reduktion mit Natrium und Amylalkohol zu gelangen, führten nicht zu dem gewünschten Resultate, sondern es entstanden bei diesem Prozesse aus den beiden Orthoformen die am Stickstoff substituierten N-Amylaminooxybenzoesäuren, z. B. p-N-Amylamino-m-oxybenzoesäureäthylester

$$\begin{array}{c} NH \cdot C_5H_{11} \\ | \\ HO \cdot \bigcirc \\ | \\ COO \cdot C_2H_5 \end{array}$$

[1]) DRP. 150 070. [2]) Höchster Farbwerke, DRP. 147 580.
[3]) Franz Fritzsche & Co., Hamburg, DRP. 213 459.
[4]) Fritzsche, Hamburg, DRP.-Anm. F. 25 588. [5]) Bayer, Elberfeld, DRP. 211 801.
[6]) Bayer, Elberfeld, DRP. 218 389. [7]) Riedel, Berlin, DRP. 189 333.
[8]) Höchst, DRP. 179 627. [9]) DRP. 208 255. [10]) DRP. 211 800.

und m-N-Amylamino-p-oxybenzoesäureäthylester

$$C_5H_{11} \cdot HN \cdot C_6H_3(OH)(COO \cdot C_2H_5)$$

deren Anästhesierungsvermögen aber nur gering ist.

m-Oxyphenylharnstoff-p-carbonsäuremethylester

$$C_6H_3 \begin{cases} NH \cdot OC \cdot NH_2 \\ OH \\ COO \cdot CH_3 \end{cases}$$

hat geringe oder gar keine anästhesierende Wirkung.

o-Oxyphenylharnstoff-m-carbonsäuremethylester

$$C_6H_3 \begin{cases} OH \\ NH \cdot CO \cdot NH_2 \\ COO \cdot CH_3 \end{cases}$$

ist fast unwirksam [Carl Pototzky][1]).

Die alkylierten Orthoformpräparate haben starke Reizwirkungen, so ist p-Oxy-m-methylamino-benzoesäuremethylester

$$C_6H_3 \begin{cases} COO \cdot CH_3 \\ NH \cdot CH_3 \\ OH \end{cases}$$

mäßig anästhesierend wirksam,

p-Oxy-m-dimethylaminobenzoesäuremethylester

$$C_6H_3 \begin{cases} COO \cdot CH_3 \\ N(CH_3)_2 \\ OH \end{cases}$$

gut wirksam,

p-Oxy-m-diäthylaminobenzoesäuremethylester

$$C_6H_3 \begin{cases} COO \cdot CH_3 \\ N(C_2H_5)_2 \\ OH \end{cases}$$

gut wirksam, verfärbt aber die Muskulatur,

Methenyl-p-oxy-m-aminobenzoesäuremethylester

$$C_6H_3 \begin{cases} COO \cdot CH_3 \\ N \searrow \\ O \nearrow CH \end{cases}$$

ist mäßig wirksam.

o-o-Dioxymethenyldiphenylamino-m-m-dicarbonsäuremethylester

$$CH_3 \cdot \begin{matrix} COO \\ OH \end{matrix} > C_6H_3 \cdot NH \cdot CH \cdot N \cdot C_6H_3(COO \cdot CH_3)(OH)$$

ist völlig unwirksam.

Salzsaurer o-o-Dioxymethenyldiphenylamino-m-m-dicarbonsäuremethylester ist wirksam, jedoch stark ätzend.

Die folgenden zwei Substanzen sind Orthoform neu mit Formyl- bzw. Acetylresten in der Aminogruppe substituiert. Sie sind unwirksam.

p-Oxy-formyl-m-aminobenzoesäuremethylester

$$C_6H_3 \begin{cases} COO \cdot CH_3 \\ NH \cdot CO \cdot H \\ OH \end{cases}$$

[1]) Arch. de pharmacodyn. 12, 132 (1904).

und p-Oxy-m-acetylaminobenzoesäuremethylester

$$C_6H_3\begin{cases}COO\cdot CH_3\\NH\cdot CO\cdot CH_3\\OH\end{cases}$$

Carbonyl-p-oxy-m-methylaminobenzoesäuremethylester

$$\begin{array}{l}COO\cdot CH_3\\ |\\ C_6H_3\begin{cases}N\langle^{CH_3}\\O-C=O\end{cases}\end{array}$$

wirkt nur wenig anästhesierend.

p-Oxy-m-benzolsulfaminobenzoesäuremethylester

$$C_6H_3\begin{cases}COO\cdot CH_3\\NH\cdot SO_2\cdot C_6H_5\\OH\end{cases}$$

ist unwirksam.

o-Amino-phenoxylessigsäureamid-p-carbonsäuremethylester

$$C_6H_3\begin{cases}O\cdot CH_2\cdot CO\cdot NH_2\\NH_2\\COO\cdot CH_3\end{cases}$$

ist ebenfalls unwirksam.

o-Oxy-p-carbonsäuremethylesteranilido-essigsäureanilid-o-oxy-m-carbonsäuremethylester

$$\begin{matrix}OH\\CH_3\cdot COO\end{matrix}>C_6H_3\cdot NH\cdot CH_2\cdot CO\cdot HN\cdot C_6H_3<\begin{matrix}OH\\COO\cdot CH_3\end{matrix}$$

ist unwirksam.

Folgende Derivate der Amino-o-oxybenzoesäure sind unwirksam:

N-Benzoyl-p-aminosalicylsäuremethylester

$$C_6H_3\begin{cases}OH\\COO\cdot CH_3\\NH\cdot CO\cdot C_6H_5\end{cases}$$

Dibenzoyl-p-aminosalicylsäuremethylester, Diacetyl-p-aminosalicylsäuremethylester, Äthylendisalicylsäuremethylester.

Acetylsalicylsäuremethylester macht Anästhesie, aber auch Corneatrübung und Conjunctivitis. Acetyl-p-oxybenzoesäureäthylester macht inkonstante anästhesierende Wirkung und Reizung. Benzoyl-p oxybenzoesäureäthylester ist unwirksam, aber reizend. Acetyldijodsalicylsäureäthylester ist völlig unwirksam, ätzt die Muskulatur und färbt sie schwarz. Dijodsalicylsäuremethylesterjodid ist völlig unwirksam.

p-Toluolsulfurylgaulterialöl

$$1\cdot CH_3\cdot C_6H_4\cdot SO_2(4)\cdot O(1)C_6H_4(2)COO\cdot CH_3$$

ist völlig unwirksam.

Dimethylaminoanissäuremethylester ist gut wirksam, aber stark reizend.

Trimethylaminoanissäurebetain $C_6H_4<\begin{matrix}CO-O-N(CH_3)_3\\OCH_3\end{matrix}$ ist unwirksam.

Acetyl-m-oxybenzoesäureäthylester ist wirksam, ätzt aber die Muskulatur.

Ester hydroaromatischer Aminocarbonsäuren haben ebenfalls lokalanästhesierende Eigenschaften[1]).

Die anästhesierende Wirkung aromatischer Ester wird geradeso wie die physiologische Wirkung anderer Substanzen durch den Eintritt von Carboxyl oder den Übergang in eine Sulfosäure vernichtet. Die hydroaromatischen Aminoester, wie Di- und Trimethyl-p-aminohexahydrobenzoesäureester und der 1.4.4-Methylcyclohexaminocarbonsäureäthylester vermögen zu anästhesieren.

[1]) Klin. Monatsbl. f. Augenheilk. **1897**, Apr., 114.

Die Derivate der Gallussäure sind in bezug auf Anästhesie unwirksam, und zwar Trikohlensäureäthylester-gallussäuremethylester, Triacetylgallussäuremethylester, Gallamid.

Aminophthalsäurediäthylester ist stark reizend und gut wirksam.

Die Zimtsäurederivate: m-Aminozimtsäuremethylester, Cinnamylacrylsäuremethylester $C_6H_5 \cdot CH : CH \cdot CH : CH \cdot COO \cdot CH_3$, wirken anästhesierend, aber recht langsam.

Unwirksam sind: Benzoylmenthol, Dibenzoylweinsäureanhydrid, Benzoylharnstoff, Benzoyl-p-toluolsulfamid, Diäthylglykokoll-p-toluolsulfamid.

Alle Körper, die reizend wirken, haben eine Hydroxylgruppe am Benzolkern frei oder substituiert. Die nicht reizenden haben sie nicht. Die Gewebsveränderung sieht wie durch Säureeinwirkung verursacht aus.

Die anästhesierenden Eigenschaften der Orthoforme ließen es wünschenswert erscheinen, diese schwer löslichen oder in ihren Chlorhydraten stark sauren Körper in eine leicht lösliche und reizlose Form überzuführen, welche eine sucutane Anwendung gestattet, die bei den Orthoformen ausgeschlossen ist.

In dieser Absicht wurde eine Reihe von Glykokollderivaten der aromatischen Amino- und Aminooxycarbonsäuren von A. Einhorn dargestellt. Diese Darstellung der Glykokollderivate erinnert in ihrem Zwecke, zu löslichen Derivaten zu gelangen, lebhaft an analoge Bemühungen in der Phenetidinreihe, und zwar an die Phenokollsynthese (s. S. 282).

Läßt man auf Amino- oder Aminooxycarbonsäureester nacheinander Chloracetylchlorid und dann Amine einwirken, so erhält man neue Verbindungen, denen die allgemeine Formel

$$(\text{aromat. Radikal}) \cdot <\begin{matrix} NH \cdot CO \cdot CH_2 \cdot NX_2 \\ COO \cdot \text{Alkyl} \end{matrix}$$

zukommt[1]).

Diese neuen Verbindungen sind Glykokollaminocarbonsäureester, die Anästhesie erzeugen. Sie unterscheiden sich aber von den Aminocarbonsäureestern, deren Derivate sie sind, durch ihre stark basische Natur, welche sie befähigt, in Wasser mit neutraler Reaktion lösliche Salze zu bilden.

Bemerkenswert ist, daß der Grad des Anästhesierungsvermögens der Glykokollderivate der Aminocarbonsäureester keineswegs dem ihrer Muttersubstanzen entspricht, so z. B. anästhesiert das salzsaure Salz des Diäthylglykokoll-p-amino-m-oxybenzoesäuremethylesters weit schwächer als der ihr zugrunde liegende Aminooxyester.

Man läßt bei der Darstellung dieser Körper[2]) vorerst Chloracetylchlorid auf den Ester der Aminosäure in einem indifferenten Lösungsmittel, etwa Benzol, einwirken, destilliert das Lösungsmittel ab, worauf sich der Chloracetylaminoester abscheidet. Dieser wird in Alkohol gelöst und mit einer Lösung der Alkylaminbase unter Druck erhitzt oder man erhitzt aromatische Aminocarbonsäureester mit Glykokollester oder Amiden. Man kann auch die Prozesse in umgekehrter Reihenfolge durchführen, indem man die Aminocarbonsäuren mit Halogenacylchloriden umsetzt, in den erhaltenen Aminoderivaten sodann das Halogen durch Einwirkung von Aminen gegen basische Reste austauscht und schließlich esterifiziert[3]).

Läßt man Salicylaldehyd und Vanillin auf die Ester aromatischer Aminosäuren einwirken, so erhält man gefärbte Verbindungen, welche anästhesierend und desinfizierend wirken[4]).

Durch Einführung einer zweiten Aminogruppe in die Ester der Aminobenzoesäure wird nach Ritsert sowohl die Löslichkeit der Ester als auch ihre Basizität gesteigert, während die anästhesierende Wirkung erhalten bleibt. Man erhält die 3.4-Diaminobenzoesäureester durch Nitrierung und Reduktion der p-Aminobenzoesäureester oder durch Esterifikation und Reduktion der 3-Nitro-4-aminobenzoesäure.

Einhorn stellte folgende Körper dieser Gruppe dar:

---

1) DRP. 106 502. 2) DRP. 108 027, 108 871.
3) Ritsert und Epstein, DRP. 151 725. 4) Runge, DRP. 228 666.

Methylglykokollanthranilsäuremethylester, Äthylglykokoll-p-aminobenzoesäuremethylester, Diäthylglykokoll-m-amino-p-oxybenzoesäuremethylester, Diäthylglykokoll-p-aminosalicylsäuremethylester, Glykokoll-p-aminobenzoesäuremethylester, Äthylglykokollanthranilsäuremethylester, Dimethylglykokollanthranilsäuremethylester, Diäthylglykokollanthranilsäuremethylester, Äthylglykokoll-m-aminobenzoesäuremethylester, Diäthylglykokoll-m-aminobenzoesäuremethylester, Dimethylglykokoll-p-aminobenzoesäureäthylester, Diäthylglykokoll-o-aminosalicylsäuremethylester, Äthylglykokoll-p-aminosalicylsäuremethylester, Dimethylglykokoll-p-aminosalicylsäuremethylester, Diäthylglykokoll-p-aminosalicylsäureäthylester, Diäthylglykokoll-p-amino-m-oxybenzoesäuremethylester, Diäthylglykokoll-p-aminozimtsäuremethylester, Diäthylglykokoll-m-aminozimtsäuremethylester.

Aus dieser Gruppe wurde der salzsaure Diäthylglykokoll-m-amino-o-oxybenzoesäuremethylester

$$HO \cdot C_6H_3 \begin{cases} \cdot NH \cdot CO \cdot CH_2 \cdot N(C_2H_5)_2 \\ COO \cdot CH_3 \end{cases}$$

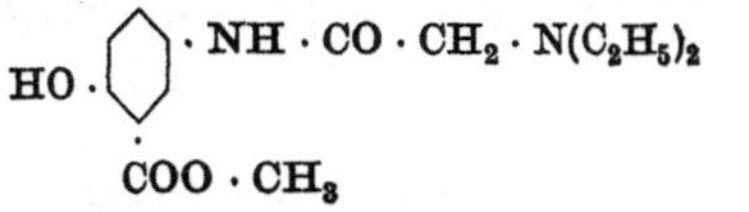

für die praktische Verwendung ausgewählt [Nirvanin[1])]. Er ist leicht löslich, wirkt anästhesierend, ist weniger giftig als Orthoform und wirkt auch antiseptisch. Eine tiefgehende Anästhesie der Schleimhäute erzeugt dieser Körper nicht. In der Augenheilkunde ist er nicht verwendbar, da das Auge zu stark gereizt wird. Er wirkt weit schwächer als Cocain, die Injektionen machen Schmerzen und ödematöse Schwellungen, welche oft lange anhalten. Durch intakte Schleimhäute vermag Nirvanin im Gegensatze zu Cocain nicht zu wirken. Das Präparat, auf welches anfangs große Hoffnungen gesetzt wurden, ist alsbald aus der Therapie verschwunden.

Um die Giftigkeit der Orthoforme zu vermindern, wurde auch bei diesen der vergebliche Versuch gemacht, noch wirksame Derivate durch Sulfurieren darzustellen. Orthoform wurde in rauchender Schwefelsäure gelöst und das lösliche Bariumsalz der Sulfosäure dargestellt.

Die freie Sulfosäure ist

$$C_6H_2 \begin{cases} COO \cdot CH_3 \\ OH \\ NH_2 \\ SO_3H \end{cases} + 3H_2O.$$

Das Natriumsalz ist leicht löslich, sehr beständig und ungiftig. Von einer Anwendung wird nichts berichtet.

p-Aminophenylessigsäureäthylester und p-Aminophenylessigsäure-β-diäthylaminoäthylester, die sich vom Anästhesin und Novocain durch den Ersatz des Benzoyls durch Phenacetyl unterscheiden, haben nach den Versuchen von H. H. Dale und C. T. Symons keine lokalanästhetische Wirkung. Das Hydrochlorid des β-Diäthyl-amino-β'-phenoxyisopropylalkohols wirkt deutlich lokalanästhetisch, die Salze seines Benzoylderivates konnten aber wegen ihrer stark sauren Reaktion nicht untersucht werden[2]).

Die Glykoside, besonders die der Digitalisreihe und Verwandte wirken lokalanästhesierend. (S. Kapitel Glykoside.)

Wir sehen also, daß die Eigenschaft, die Gewebe gegen Schmerzen unempfindlich zu machen, in verschiedenen Klassen von Körpern sehr verbreitet ist, daß sie aber in allen Fällen mit der Konstitution in innigem, in den allermeisten Fällen klar faßlichem Zusammenhange, steht.

Körper mit ähnlichem chemischen Bau haben auch in diesem Falle ähnliche physiologische Wirkung und es ließen sich auch auf Grund dieser Voraussetzungen eine Reihe wirksamer Körper schaffen, von denen einige auch in der Praxis erfolgreich eingedrungen sind und neben dem Cocain eine große Rolle spielen.

---

[1]) Münch. med. Wochenschr. **1898**, Nr. 49.

[2]) Frank Lee Pyman, Journ. Chem. Soc. London **111**, 167 (1917).

Die Lokalanaesthetica haben vielfach die gleichen Wirkungen und Eigenschaften wie die Narkotica, aber das zentrale Nervensystem ist diesen Mitteln gegenüber bedeutend empfindlicher als das periphere sensible, und die sensiblen Nervenendigungen sind gegen die Lokalanaesthetica viel empfindlicher als der motorische Nerv.

In Form ihrer Bicarbonate wirken sie viel stärker, und zwar um das 2—5fache als in Form ihrer Chloride, so daß man stärker anästhesierende Lösungen erhält, wenn man statt der Chloride die Bicarbonate der Anaesthetica verwendet, insbesondere gilt das für das Novocain[1]).

Die Lokalanaesthetica haben zugleich narkotische Wirkung, sie haben beide die typische Protoplasmawirkung, die elektive Wirkung auf das Nervensystem, besonders das zentrale und die Reversibilität der Reaktion gemein, aber die Lokalanaesthetica haben beim Warmblüter außer der narkotischen noch andere zentrale Wirkungen, welche deren Verwendung als Narkotica ausschließen.

Die Konzentration, in welcher viele Narkotica die Reizbarkeit der motorischen Nerven gerade aufheben, ist sechsmal größer als die Konzentration, welche Narkose herbeiführt. Das zentrale Nervensystem ist gegen diese Narkotica sechsmal empfindlicher als der motorische periphere Nerv.

Narkotica, welche keien intensive Schädigung des Nerven bewirken, rufen in der gleichen Konzentration Anästhesie hervor, in welcher sie die Reizbarkeit des motorischen Nerven aufheben. Das sensible Nervengewebe ist gegen derartige Narkotica ebenso empfindlich wie das motorische[2]).

Mydriatica und Myotica.

Wir haben gesehen, daß dem Cocain und dem Atropin die analoge physiologische Eigenschaft zukommt, die Pupille zu erweitern, also mydriatisch zu wirken.

Daß diese Eigenschaft bei beiden Substanzen mit dem Vorhandensein der aromatischen Gruppe in esterförmiger Bindung im Zusammenhange steht, wurde schon mehrfach erwähnt.

Das alkoholische Hydroxyl im aromatischen Säureradikal kann auch bei Verbindung mit anderen Basen als Tropin mydriatische Effekte hervorbringen, so als N-Methyl-vinyl-diacetonalkaminmandelsäureester und als N-Methyltriacetonalkaminmandelsäureester.

Daß die Erzeugung der Mydriasis mit einer bestimmten Konfiguration der wirkenden Substanz im Zusammenhange steht, wurde schon früher an dem Beispiele des β-Tetrahydronaphthylamins erörtert. Doch scheinen mehrere ganz bestimmte Konfigurationen die gleichen physiologischen Effekte auslösen zu können, wie man am Cocain, Atropin und Pseudoephedrin sieht.

Statt des Atropins wurde auch das Methylatropinium (die Ammoniumbase) empfohlen. Die Atropinwirkung ist abgeschwächt und abgekürzt[3]) (s. S. 347).

Auch dem Phenylpyrazoljodmethylat, welches curareartige Wirkung hat, kommt bei Tieren mit runder Pupille eine intensive mydriatische Wirkung zu, welche aber bei Tieren mit oblonger Pupille fehlt. Es wirkt auch schmerzstillend, doch ist der Eintritt der mydriatischen und anästhesierenden Wirkung ein ungemein langsamer, was die Verwendung dieser Substanz ausschließt.

Die Myotica, zu welcher Gruppe das Physostigmin (Eserin) als das souveräne Mittel, Morphium, Thebain und Muscarin gehören, um nur die zu erwähnen, deren Bau ganz oder teilweise bekannt, lassen nicht erkennen, auf welche Gruppierung diese physiologische Wirkung zurückzuführen ist.

[1]) Oskar Groß, AePP. **63**, 80 (1910). [2]) Oskar Groß, AePP. **62**, 380 (1910).
[3]) Vaubel, Wochenschr. f. Therap. u. Hyg. des Auges, J. **6**, Nr. 2 (1902).

Um die Unannehmlichkeiten zu vermeiden, daß sich fast alle Eserinsalzlösungen rot färben, wurde das schwefligsaure Salz dargestellt durch Zusammenbringen von schwefliger Säure und Eserin[1]).

Phenomydrol ist Aminoacetophenon, das als Mydriaticum benützt wird; wahrscheinlich handelt es sich um die Para-Verbindung. Die Giftigkeit ist gering[2]).

Morphin.

Die Konstitution des Morphins und die Versuche zu seiner Synthese beschäftigen gegenwärtig mehr als je eine Reihe von Chemikern. Die Arbeiten der letzten Jahre haben es sehr wahrscheinlich gemacht, daß Morphin und Thebain, die beiden stärkst wirksamen Alkaloide des Opiums, sowie die übrigen Nebenalkaloide sehr nahe verwandt sind.

Die Knorrschen und Pschorrschen Morphinformeln beruhen auf den grundlegenden Beobachtungen von Vongerichten und Schrötter[3]), welche bei der Destillation von Morphin mit Zinkstaub Phenanthren erhielten.

Morphin enthält zwei Hydroxyle, ein alkoholisches und ein Phenylhydroxyl. Der Ersatz des Phenolhydroxylwasserstoffs durch eine Alkylgruppe führt von der Morphinreihe zu der Kodeinreihe hinüber und ist mit einer sehr bedeutenden qualitativen Wirkungsänderung verbunden.

Morphin wird jetzt als ein Phenanthrenabkömmling aufgefaßt, in dem der eine Sauerstoff brückenartig zwei Ringsysteme des Phenanthrens verbindet, ein Sauerstoff in Form eines Phenolhydroxyls und der dritte Sauerstoff in Form eines alkoholischen Hydroxyls enthalten ist. Der Stickstoff ist in einem besonderen hydrierten Ring enthalten, der dem Phenanthrensystem angeschlossen ist.

In den Anschauungen über die Konstitution des Morphins bestehen noch einige Differenzen. Knorr faßt gegenwärtig Morphin, Kodein, Thebain nach folgenden Formelbildern auf.

Morphin

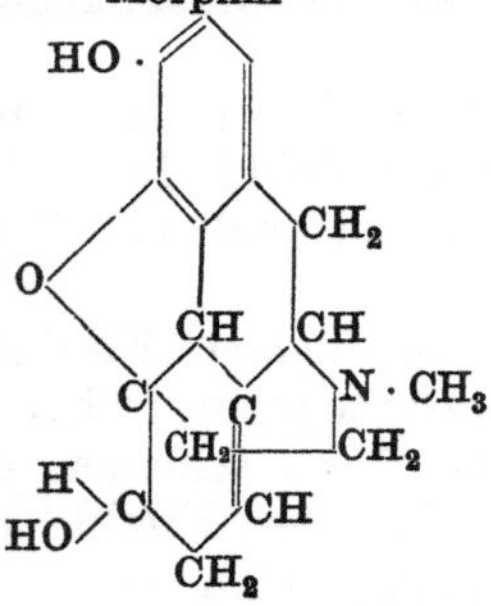

HO · — O — CH_2 — CH — CH — C — C — N · CH_3 — CH_2 — CH_2 — H, HO > C — CH — CH_2

Kodein

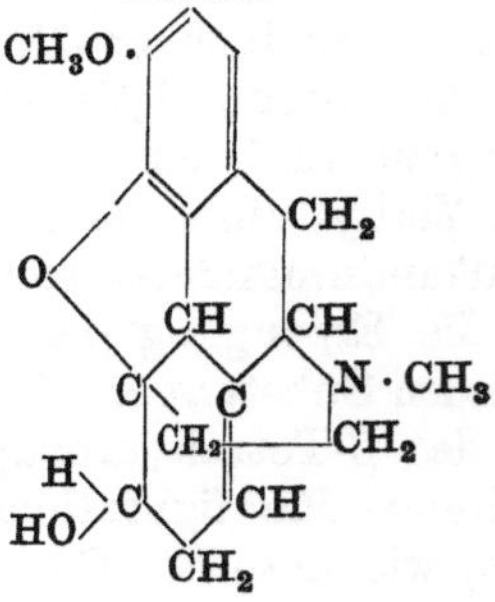

CH_3O · — O — CH_2 — CH — CH — C — C — N · CH_3 — CH_2 — CH_2 — H, HO > C — CH — CH_2

Thebain

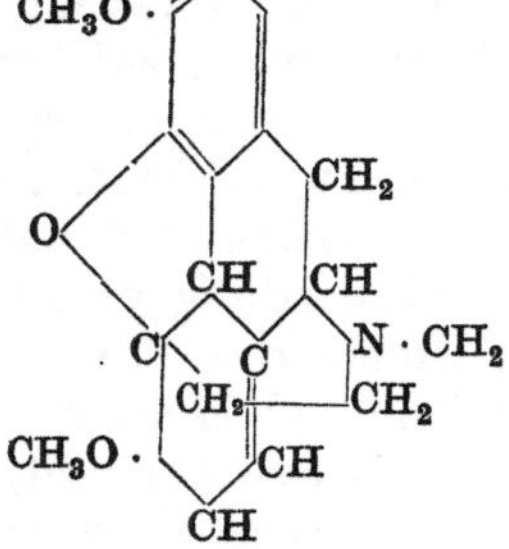

CH_3O · — O — CH_2 — CH — CH — C — C — N · CH_2 — CH_2 — CH_2 — CH_3O · — CH — CH

[1]) Merck, DRP. 166 310.

[2]) A. Pitini und M. Paternò, Arch. di Farmacol. sperim. **20**, 540.

[3]) Liebigs Ann. **210**, 396.

Da aber M. Freund bei der Untersuchung des Phenyldihydrothebains, welches seiner Entstehungsweise nach dem Thebain ganz ähnlich konstituiert sein muß, die beiden aliphatischen Doppelbindungen, welche nach der Knorrschen Formel im Thebain enthalten sein sollen, durch Reduktion nicht nachweisen konnte, so gelangt er zu dem Schluß, daß auch im Thebain sich keine Kohlenstoffdoppelbindung findet. Diese Tatsache berücksichtigen die Freundschen Formeln:

Morphin[1]

HO · — CH$_2$ — O — CH — CH — C — N · CH$_3$ — CH — CH — CH$_2$ — H — C — CH — HO — CH$_2$

Kodein

CH$_3$O · — CH$_2$ — O — CH — CH — C — N · CH$_3$ — CH — CH — CH$_2$ — H — C — CH — HO — CH$_2$

Thebain

CH$_3$O · — CH$_2$ — O — CH — CH — C — N · CH$_3$ — CH — C — CH$_2$ — CH$_3$O · C — CH — CH$_2$

Wollen wir vorerst die Bedeutung der einzelnen Gruppen besprechen.

Morphin wird, falls es zur Wirkung gelangt, im Gehirn und Rückenmark zerstört[2]). Der Abbau ist oxydativer Art.

Die Opiumalkaloide der Morphingruppe wirken narkotisch, die der Kodeingruppe mit geschlossenem Phenolhydroxyl wirken schwächer narkotisch und stärker tetanisch[3]). Durch den Ersatz des Phenolhydroxylwasserstoffes des Morphins durch ein Alkyl- oder Acylradikal entstehen die Kodeine, bei welchen die narkotische Wirkung des Morphins abnimmt, während die krampferregende zunimmt.

Mit der Phenolhydroxylgruppe[4]) im Morphin ist jene wesentliche Eigenschaft desselben verknüpft, welche es von allen anderen Alkaloiden der Opiumgruppe unterscheidet, nämlich seine narkotisierende Fähigkeit, seine Fähigkeit vorzüglich und hauptsächlich auf Nervenzentren des Gehirns zu reagieren. Mit ihr ist die Giftigkeit des Morphins verbunden, denn die Morphinschwefelsäure verhält sich gar nicht narkotisch, ist sehr wenig giftig, wirkt aber tetanisch wie ein Körper der Kodeingruppe.

In der Morphinschwefelsäure ist das Phenolhydroxyl durch die indifferente Schwefelsäure ersetzt, daher ist diese Verbindung viel weniger giftig als Kodein.

---

1) M. Freund und Speyer, BB. **49**, 1292 (1916).

2) Marquis und Cloetta, Bronislaw Frenkel, AePP. **63**, 331 (1910).

3) v. Schröder, AePP. **17**, 96. 4) Stolnikow, HS. **8**, 235 (1884).

Sie wirkt auf Katzen qualitativ wie Morphin, quantitativ aber schwächer[1]), bei Hunden zeigt sie sehr schwache Kodeinwirkung[2]).

Die Morphinäther Kodein, Kodäthylin und das verwandte Thebain charakterisieren sich dadurch, daß sie alle das Rückenmark beeinflussen und krampferregende Wirkungen haben, bei unbedeutender Narkose oder selbst bei vollständigem Fehlen einer solchen. Hierbei wächst die Fähigkeit, Krämpfe zu erregen, mit der Anzahl der eintretenden Alkylgruppen an, ferner wächst sie mit der Größe des eintretenden Alkylradikals. Daher wirkt Kodäthylin stärker als Kodein. Die Alkylradikale, welche in die Kodeine eintreten, bedingen eine größere oder kleinere Giftigkeit desselben, welche mit der Anzahl der C-Atome des eintretenden Alkylradikals zusammenhängt.

Phenanthren

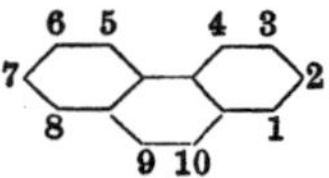

ist bei Kaninchen ohne Wirkung, macht aber bei Kaulquappen Narkose (Overton). 2-Phenanthrol, 3-Phenanthrol, 9-Phenanthrol machen beim Warmblüter schwere tetanische Anfälle. Ähnlich wirkt die Phenanthrencarbonsäure, und auch die Sulfosäure erzeugt noch Krämpfe. 4-Methoxyphenanthren-9-carbonsäure wirkt wie Phenanthrencarbonsäure, während eine weitergehende Anhäufung alkylierter und acylierter Hydroxyle (3-Acetoxy-4.8-dimethoxyphenanthren-9-carbonsäure) die Krampf- und Giftwirkung wesentlich herabsetzt. Kein Derivat zeigt narkotische Wirkung[3]).

Mit der Hydrierung nimmt die Intensität der Wirkung beim Phenanthren ab. Dodekahydrophenanthren wird im Organismus oxydiert und paart sich mit Glykuronsäure[4]).

9-Aminophenanthren ist unwirksam. 3-Aminophenanthren hat ebenfalls keine Morphinwirkung. Die in Wasser leicht löslichen Chlorhydrate des 2.7- und 4.5-Diaminohydrophenanthrenchinon zeigten keine morphinähnliche Wirkung[5]).

Phenanthrenchinon-3-sulfosäure ist ein Methämoglobinbildner, macht jedoch kein tetanisches Stadium.

2-Bromphenanthrenchinon-monosulfosäure zeigt morphinähnliche Wirkungen[6]), woraus J. Schmidt den Schluß zieht, daß für die Morphinwirkung nicht nur die N-haltige Komponente, sondern auch der Phenanthrenrest maßgebend ist[7]). Sie besitzt aber gar keine narkotische Wirkung, macht jedoch schwere Organdegenerationen. Die morphinähnliche Wirkung beruht auf einer Verlangsamung und Verminderung der Atmungstätigkeit[8]).

3-Phenanthrolcarbonsäure (2-Oxyphenanthren-3-carbonsäure) wirkt antiseptisch. 0.1 g töten Mäuse in einer Stunde. Die Tiere werden ruhig und bewegungslos. Der Tod erfolgt ohne Krämpfe[9]).

2-Oxyphenanthren-9-carbonsäure zeigt keine Verschiedenheit, sondern nur eine etwas gesteigerte Wirkungsweise gegenüber den Oxyphenanthrenen, sowie der Phenanthren-9-carbonsäure. Diese Produkte rufen beim Frosch eine verminderte Herztätigkeit und systolischen Herzstillstand hervor[10]).

---

[1]) Becker, Arch. intern. de pharmacodyn. **12**, 68.
[2]) Ralph Stockmann und Dott, Brit. med. Journ. **1890**, II, 189 und **1891**, 24. Jan. — Proc. R. Soc. Edinbourgh **17**, 321 (1890). [3]) Bergell und Pschorr, HS. **38**, 17 (1903).
[4]) H. Hildebrandt, AePP. **59**, 140 (1908). [5]) Jul. Schmidt, BB. **36**, 3726 (1903).
[6]) Untersucht in den Höchster Farbwerken. [7]) BB. **37**, 3555 (1904).
[8]) BB. **37**, 3565 (1904). [9]) Werner, BB. **35**, 4427 (1902).
[10]) Bergell bei Pschorr, BB. **39**, 3122 (1906).

Aminoxyphenanthren[1]) erhält man durch Reduktion von Phenanthrenmonoxim, welches bei der Reaktion von Phenanthrenchinon mit Hydroxylamin entsteht. Man reduziert mit einem Überschusse von Zinnchlorür und krystallisiert aus rauchender Salzsäure um.

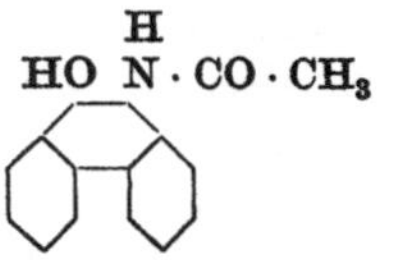

H
HO N · CO · CH_3

9-Acetamino-10-oxyphenanthren zeigt nur Acetanilidwirkungen.

Morphin läßt sich mit Palladium und Wasserstoff hydrieren. Die narkotische Wirkung des Morphins wird durch die Reduktion nicht aufgehoben[2]).

Durch Einwirkung von Wasserstoffsuperoxyd auf die Alkaloide der Morphingruppe erhält man Aminoxyde, und zwar durch Anlagern von Sauerstoff an den Stickstoff der Alkaloidkomplexe. Diese Veränderung genügt, um die Wirksamkeit der Substanzen zu verhindern, der Organismus vermag auch nicht das sonst so leicht zu entfernende Sauerstoffatom zu reduzieren, da ja sonst die charakteristische Alkaloidwirkung, wenn auch verzögert, eintreten müßte. Die physiologische Wirkung von Methylpiperidin, Brucin und Strychnin wird ebenfalls beim Übergang in die entsprechenden Aminoxyde auffällig verändert[3]).

Martin Freund[4]) stellt Oxydationsprodukte der Morphingruppe durch Behandlung von Morphin, der Kohlenreihe oder Thebain mit Wasserstoffsuperoxyd her.

Riedel[5]) stellt durch Einwirkung von Ozon auf Thebainsalze eine um zwei Sauerstoffe reichere Verbindung her.

Das salzsaure Salz soll ähnlich wie Morphin und Kodein wirken und in der Stärke der Wirkung dem Morphin entsprechen, was sicher unrichtig ist.

Morphin hat eine besondere spezifische und selektive Wirkung auf das Nervensystem. Kodein hat zwar eine ähnliche, jedoch erheblich schwächere Wirkung. Wie Morphin macht es einen narkotischen Zustand, nach welchem eine erhöhte Reflexerregbarkeit einsetzt, welche sich, wenn die Dosis groß genug ist, bis zum Tetanus steigert. Der narkotische Zustand ist viel kürzer und viel weniger tief als beim Morphin, und wenn große Dosen gegeben werden, so ist der narkotische Effekt sehr schwach, ja kaum wahrzunehmen oder fehlt ganz. Beim Menschen ist der narkotische Effekt sehr schwach. Es tritt keine sehr bemerkenswerte Analgesie auf und eine Erhöhung der Dosis macht die Analgesie nicht tiefer, sondern erhöht die Reflexerregbarkeit. Die letale Dosis ist 0.1 g, also ungefähr ein Drittel von der letalen Dose des Morphins beim Kaninchen. Wie wir sehen werden, steigt durch Verschluß des Phenolhydroxyls oder der beiden Hydroxyle die Giftigkeit des Morphins bei einzelnen Tieren bei allen Derivaten mit Ausnahme der Morphinschwefelsäure, welche aus den im allgemeinen Teil angeführten Gründen unwirksam sein muß.

Ersetzt man im Morphin Phenolhydroxylwasserstoff durch die Äthylgruppe oder vertauscht man im Kodein den Methylrest durch einen Äthylrest, so gelangt man zum Äthylmorphin, einem schon von Bochefontaine[6]), später von Stockmann und Dott studierten Körper.

Bochefontaine bezeichnete die Wirkung dieser Substanz als strychninähnlich, aber er gebrauchte so große Dosen, daß er den vorhergehenden narkotischen Effekt nicht erzielte. Äthylmorphin hat nach Stockmann und Dott eine ganz ähnliche Wirkung wie Kodein und auch dieselbe letale Dosis.

---

[1]) Schmidt-Stuttgart, DRP. 141 422. [2]) L. Oldenberg, BB. **44**, 1829 (1911).

[3]) Martin Freund und Edmund Speyer (Heinz-Erlangen), BB. **43**, 331 (1910).

[4]) DRP.-Anm. F. 21 847 (zurückgezogen). [5]) DRP. 201 324.

[6]) Journ. Anat. et Physiol. **5**, 239, zuerst dargestellt von Grimaux, C. r. **92**, 1140 und 1228 und **93**, 67, 217, 591.

Amylmorphin erzeugt dieselbe physiologische Wirkung.

Dieser Gruppe reiht sich seiner Konstitution und seinen Wirkungen nach Benzylmorphin an, in welchem das eine Hydroxyl durch die Benzylgruppe geschlossen ist, also ein aralkyliertes Morphin, welches sich in seinen später zu besprechenden Eigenschaften an die Kodeingruppe völlig anreiht.

In allen diesen Verbindungen ist der Wasserstoff im Phenolhydroxyl des Morphins durch eine Alkyl- oder Aralkylgruppe ersetzt. Diese Substitution erzielt eine ganz ähnliche Wirkung, und es macht im großen und ganzen keine Differenz, welche Radikale eingeführt werden, solange sie dasselbe Wasserstoffatom ersetzen; die Differenz, die man in den Wirkungen sieht, ist mehr quantitativ als qualitativ. Bei allen ist die narkotische Wirkung des Morphins sehr verringert. Die tetanische Wirkung und die Wirkung auf die motorischen Nerven ist erhöht, ferner ist die Giftigkeit erheblich dem Morphin gegenüber angestiegen.

Die Einwirkung auf das Gehirn (Narkose) fehlt diesen Körpern nicht vollständig, sondern ist nur wesentlich unterdrückt und kommt den anderen Wirkungen gegenüber nicht recht zur Geltung. Hingegen tritt die Narkose des Atmungszentrums in den Vordergrund. Es bedingt also nicht der Eintritt einer neuen wirksamen Gruppe die veränderte Wirkung, sondern vielmehr wird durch Verdecken des Verankerungspunktes für das Gehirn eine andere, dem Morphin eigentümliche, aber wegen der Gehirnwirkung nicht oder wenig zur Geltung kommende Wirkung entwickelt. Ein Beweis hierfür ist, daß es ziemlich gleichgültig ist, welcher Alkylrest eintritt, ferner daß auch Morphinderivate, in denen der Hydroxylwasserstoff durch Säureradikale ersetzt ist, Wirkungen zeigen, welche sich denen der Kodeingruppe sehr nähern.

Stockmann und Dott[1]) haben folgende Körper dieser Gruppe untersucht und dargestellt:

Monoacetylmorphin zeigt beim Frosch ähnliche Wirkungen wie Kodein. Beim Kaninchen machen sehr kleine Dosen schon Narkose, größere Dosen Tetanus (Wirkung der Kodeingruppe).

Diacetylmorphin, in welchem beide Hydroxyle durch Acetylgruppen geschlossen sind, zeigt eine ganz ähnliche Wirkung wie Monoacetylmorphin.

Benzoylmorphin wirkt ganz identisch wie Monoacetylmorphin. Dibenzoylmorphin ist eine sehr unbeständige Substanz, welche aber in ihrer Wirkung vom Monobenzoylmorphin nicht zu differieren scheint.

Diese vier durch Eintritt von aliphatischen oder aromatischen Säureradikalen veränderten Morphine haben, ähnlich wie die eigentlichen Kodeine (Morphine mit Alkylgruppen im Hydroxyl substituiert), eine bedeutende tetanisierende Wirkung, während ihre narkotischen Eigenschaften, obgleich nach kleinen Dosen bemerkbar, niemals so tiefe Wirkungen ausüben wie beim Morphin. Eine Erhöhung der Dosis führt, anstatt die Narkose zu vertiefen, zu tetanischen Symptomen. Die deprimierende Wirkung der kleinen Dosen auf das Rückenmark und besonders auf das Respirationszentrum ist viel größer als die des Morphins. Mit dem Kodein verglichen, bringen sie einen gleichen narkotischen Effekt mit einem Zehntel der Dosis zusammen, während eine dreimal so große Dosis notwendig ist, um Tetanus hervorzurufen. Ihre deprimierende Wirkung auf die motorischen Nerven ist ungefähr die gleiche.

Diese Substitutionsprodukte mit sauren Radikalen gehören sicher ihrer Wirkung nach zur Kodeingruppe. Es scheint im wesentlichen ganz indifferent

[1]) Brit. med. Journal **1890**, II, 189 und **1891**, 24. Jan. — Proc. R. Soc. Edinbourgh **17**, 321 (1890).

zu sein, was in die Hydroxyle eingeführt wurde, ob saure oder alkoholische, aliphatische oder aromatische Reste (Acyl-, Alkyl- oder Arylgruppen) und ob einer oder beide Hydroxylwasserstoffe ersetzt werden. Das Wesentliche der Änderung ist eben nur die Verdeckung eines Verankerungspunktes für ein bestimmtes Organ, da ja am Morphinmolekül selbst gar nichts geändert wurde und gleichsam eine außen liegende Gruppe verdeckt wird. Hierbei muß aber in Betracht gezogen werden, daß der Organismus leichter saure Reste als Alkylgruppen aus der Sauerstoffbindung abzusprengen vermag, so daß es bei den Säureestern leichter zur Restitution der Wirkung des Grundalkaloids kommen kann als bei den Alkyläthern.

Auch J. v. Mering[1]) untersuchte die von Stockmann und Dott zuerst geprüfte Morphingruppe, bei welcher beide Hydroxylgruppen durch Säureradikale verdeckt sind. Dargestellt wurden: Diacetylmorphin, Dipropionylmorphin, Diisobutyrylmorphin, Divalerylmorphin.

Die narkotische Wirkung dieser Verbindungen ist bei Hunden stärker ausgeprägt als die des Kodeins, die tetanische stärker als die des Morphins, was mit den Resultaten von Stockmann und Dott übereinstimmt.

Bei klinischen Versuchen zeigte es sich, daß diese Körper eine dem Morphin ähnliche, aber schwächere Wirkung zeigen; sie setzen die Reflexerregbarkeit herab und beseitigen Hustenreiz, gegen Schmerzen sind sie aber weit weniger wirksam als Morphin.

Diejenigen Morphinderivate, in denen nur der Wasserstoff des Phenolhydroxyls durch Säure ersetzt ist, wie Monoacetylmorphin, Monopropionylmorphin und Monobenzoylmorphin, nähern sich nach Mering bei Säugetieren in ihrer Wirkung sehr dem Morphin. Die tetanische Wirkung ist geringer als bei den diacylierten Derivaten, hingegen ist die hypnotische und schmerzstillende Wirkung entschieden mehr entwickelt. Die diacylierten Derivate sind ferner viel giftiger als die monoacylierten.

Nach den Meringschen Versuchen verdienen von allen Morphinderivaten, die er geprüft hat, die größte Bedeutung die Körper der eigentlichen Kodeingruppe, die Morphinäther, in denen der Wasserstoff des Phenolhydroxyls durch ein Alkylradikal ersetzt ist. Er untersuchte die höheren Homologen des Kodeins, und zwar: Äthylmorphin, Propylmorphin, Isobutylmorphin und Amylmorphin.

Auch wenn man in das eine Morphinhydroxyl anorganische Säurereste einführt, erhält man Substanzen, welche im Sinne der Kodeingruppe wirken.

Morphinätherschwefelsäure und Nitrosomorphin zeigen ebenfalls, wenn auch erst in großen Dosen, Kodeinwirkung, so daß auch die Einführung der Radikale NO — und — HSO_3 die Wirkung des Morphins in derselben Weise ändert wie die Einführung eines organischen Säure- oder Alkylradikals.

Sulfoxymorphin ist bei Fröschen und Kaninchen unwirksam, Sulfomorphin wirkt bei Fröschen in 0.1 g tödlich unter vorausgehender starker Steigerung der Atmungsfrequenz. Das Sulfoxykodein ist analog dem Sulfoxymorphin bei Fröschen und Hunden inaktiv, während Sulfokodein entgegen früheren Angaben schon in Dosen von 0.05 g unter starrkrampfähnlichen Zuckungen tödlich wirkt. Die Sulfooxyderivate des Morphins und Kodeins sind unwirksam, die Sulfoderivate schwächer wirksam als die Ausgangsalkaloide[2]).

Diese seit längerer Zeit bekannten Substanzen haben mit Ausnahme des Kodeins keine besondere Beachtung gefunden, in letzter Zeit wurden sie gleich-

[1]) E. Mercks Jahresber. **1898**, 5.
[2]) A. Pitini, Ann. Chim. analyt. appl. **2**, 208 (1914).

sam neu entdeckt und einige von ihnen mit relativ großem Erfolge in den Arzneischatz eingeführt. Die physiologische Wirkung, welcher sie diesen Erfolg dem Morphin gegenüber verdanken, ist die sedative Wirkung, die Herabsetzung der Reizbarkeit der Luftwege und ihr günstiger Einfluß auf die Respiration, indem sie diese vertiefen.

Morphin setzt die Erregbarkeit des Atmungszentrums herab, verlangsamt die Atmung und vermindert die Atemgröße, d. i. die in der Zeiteinheit ausgeatmete Luftmenge.

Dem in früherer Zeit souveränen Hustenmittel Morphin treten nun eine Reihe von Derivaten desselben als Konkurrenten gegenüber, denen die stark narkotischen Eigenschaften der Muttersubstanz fehlen, welche keine Euphorie hervorrufen und daher keine Angewöhnung an das Mittel im Gefolge haben. Die Vermeidung von einigen nachteiligen Wirkungen des Morphins bei Anwendung in der Therapie der Respirationsorgane wird sich aus dem Folgenden ergeben.

Die Wirkungen der einzelnen Morphinderivate werden wir im folgenden besprechen.

Kodein, der Methyläther des Morphins, kommt in kleinen Mengen im Opium vor, wird aber der Hauptmenge nach synthetisch aus Morphin dargestellt[1]), ebenso wie die anderen Alkyläther des Morphins. Mit dem steigenden Bedürfnisse nach diesen Morphinäthern hat sich das Interesse der Synthetiker den Darstellungen dieser Körper zugewendet und uns mit einer Reihe von Methoden und neuen Derivaten bereichert.

Das Bestreben, neue Methoden zur Darstellung der Alkyläther des Morphins zu finden, war um so größer, als Kodein aus dem Opium keineswegs den Bedarf deckte und anderseits die üblichen Alkylierungsmethoden eine schlechte Ausbeute gaben und so das Kodein verteuerten.

Knoll[2]) stellte im großen Kodein und Äthylmorphin (Kodäthylin) durch Kochen von Morphin bzw. Morphinalkali mit methyl- oder äthylschwefelsaurem Salz in alkoholischer Lösung dar.

Weiter wurde Kodein dargestellt durch Einwirkung von Jodmethyl und Natriumalkoholat auf Morphin.

Mering wurde in Amerika ein Verfahren zur Darstellung von Äthylmorphin durch Einwirkung von Äthylbromid auf eine alkalische Morphinlösung geschützt.

Es wurden auch Versuche gemacht, das Pechmannsche Methylierungsverfahren[3]) für die Gewinnung des Kodeins zu verwerten[4]).

Man läßt zu diesem Zwecke zu einer kalt gehaltenen ätherischen Diazomethanlösung eine alkoholische Morphinlösung zufließen. Man kann auch in der Weise vorgehen, daß man Diazomethan in statu nascendi auf Morphin einwirken läßt, indem man z. B. alkoholisches Kali zu einem Gemisch von Morphin und Nitrosomethylurethan zugibt[5]). Mit größerem Vorteil arbeitet man in wässeriger Lösung und mit Morphinkali, welches ja wasserlöslich ist[6]). Man setzt zu einer Morphinlösung in Lauge in kleinen Portionen eine ätherische Diazomethanlösung unter fortwährendem Schütteln. Das Reaktionsprodukt wird mit Benzol extrahiert, in welches Kodein übergeht. Auch bei dieser Modifikation kann man statt Diazomethan Nitrosomethylurethan verwenden. Diese Verfahren scheinen aber in der Praxis nicht angewendet zu werden, insbesondere die auf dem Pechmannschen Methylierungsverfahren beruhenden. Alle angeführten Verfahren haben die Schattenseite der schlechten Ausbeute.

Mering hat Peronin (salzsaurer Benzyläther des Morphins) $C_{17}H_{18}(C_6H_5 \cdot CH_2)NO_3$ $HCl + H_2O$ durch Einwirkung von Natriumäthylat und Benzylchlorid in alkoholischer

---

1) Es wurde zuerst von Grimaux synthetisch dargestellt, ebenso Kodäthylin C. r. **92**, 1140, 1228; **93**, 67, 217, 591. — Bochefontaine, Journ. of anat. and physiol. **5**, 329, untersuchte beide Substanzen zuerst und erkannte sie als Krampfgifte.

2) DRP. 39 887. 3) BB. **27**, 1888 (1894) und **28**, 855, 1624 (1895).

4) DRP. 92 789 5) DRP. 95 644. 6) DRP. 96 145.

Lösung auf Morphin erhalten [1]). E. Merck (Darmstadt) schützte Verfahren, welche die Darstellung der Alkyläther des Morphins mit guten Ausbeuten gestatten. Diese Verfahren beruhen darauf, daß die neutralen Alkyläther der anorganischen Säuren leicht eine Alkylgruppe abgeben. Es wird Morphin in alkoholischer Lösung mit Natrium und Dimethylsulfat $SO_2{<}^{OCH_3}_{OCH_3}$ (resp. Diäthylsulfat) versetzt und geschüttelt [2]). Man kann außer den neutralen Schwefelsäureestern auch die neutralen Phosphorsäureester [3]) verwenden, ebenso die Ester der Salpetersäure, und zwar Methyl- und Äthylnitrat [4]). Hingegen gelangt man bei Anwendung der sauren Ester der Schwefel- und Phosphorsäure nicht zum Ziele.

Alkyläther der aromatischen Reihe erhält man ganz allgemein, wenn man Nitrosoverbindungen von Säureamiden, welche die Gruppe NRNO enthält, verwendet [5]). Man läßt auf den zu alkylierenden Körper diese Nitrosoverbindungen in Gegenwart von Basen einwirken. Man erhält diese Nitrosoverbindungen durch Behandlung der Suspensionen des betreffenden Alkylamids in verdünnter Säure mit Nitritlösung. Man erhält so aus Morphin und p-Toluolsulfonitrosomethylamid Kodein.

A. Gerber, Bonn [6]), erzeugt Alkyläther der aromatischen Reihe, indem er auf die Alkali- oder Erdalkalisalze von Phenolhydroxylgruppen enthaltenden Körpern neutrale Alkylester der schwefligen Säure in Gegenwart aliphatischer Alkohole einwirken läßt. Man kann auf diese Weise Phenol, o-Kresol, Morphin usw. am Sauerstoff alkylieren.

Man kann Morphin in Kodein und seine Homologen verwandeln, wenn man es mit quaternären Ammoniumbasen behandelt, z. B. mit Phenyltrimethylammoniumchlorid [7]).

Alkoxymethyläther des Morphins erhält man, wenn man Alkaliverbindungen des Morphins mit Halogenmethylalkyläthern umsetzt. Den Methoxymethyläther des Morphins erhält man aus Morphinnatrium in trockenem Chloroform suspendiert und Chlormethyläther in Chloroform unter Kühlung [8]).

Knorr, Jena [9]), stellt ätherartige, in der Alkoholhydroxylgruppe durch Alkyl oder Aryl substituierte Abkömmlinge der Kodeine her, indem er unter völligem Ausschluß von Wasser Halogenkodide mit Alkalialkoholaten oder Alkaliphenolaten in Gegenwart von absoluten Alkoholen eventuell unter Druck erhitzt. So erhält man den Methyläther des Kodeins durch Erhitzen von α-Chlorkodid mit Natrium und Methylalkohol im Autoklaven bei 110° durch 2 Tage. Rascher bildet sich der Phenyläther des Kodeins, aus α-Chlorkodid und Natriumphenolat mit absolutem Alkohol 1 Stunde lang. Der Guajacoläther des Kodeins sowie die beiden Kresyläther des Kodeins, und zwar o- und p- wurden ebenfalls dargestellt.

Die Darstellung von Formylverbindungen der Morphiumalkaloide ist dadurch gekennzeichnet, daß man die Basen oder ihre Salze mit Ameisensäure oder die Halogenverbindungen der Morphiumalkaloide mit ameisensauren Salzen behandelt. Die so gewonnenen Formylderivate haben angeblich vor den bekannten Acylderivaten der Morphinreihe den Vorzug geringerer Giftigkeit und zeigen bei geringerer hypnotischer Wirkung dieselbe schmerzstillende Wirkung [10]).

Die gleichen Formylderivate kann man auch durch Behandeln der Alkaloide mit Estern der Ameisensäure gewinnen, z. B. aus Kodein mit Ameisensäureäthylester durch Erhitzen auf 150° erhält man Formylkodein [11]).

Man kann auch die Alkoholbasen mit den gemischten Anhydriden aus Ameisensäure und anderen aliphatischen Säuren behandeln [12]).

Zwei nie in Gebrauch gekommene Derivate des Morphins bzw. des Kodeins wurden für die Höchster Farbwerke geschützt. Diese Substanzen dürften nach der Analogie mit dem Äthylendimorphin wirkungslos sein.

Wenn man auf Kodein in salzsaurer Lösung Formaldehyd in der Wärme einwirken läßt, so erhält man ein neues Produkt, welches durch Vereinigung zweier Moleküle Kodein mit einem Molekül Formaldehyd unter Wasseraustritt hervorgeht. Der entstehende Körper ist als Dikodeylmethan anzusehen [13]). Im gleichen Sinne reagiert Morphin mit Formaldehyd [14]).

---

1) DRP. 91 813. 2) DRP. 102 634. 3) DRP. 107 225. 4) DRP. 108 075.
5) DRP. 189 843. Bayer, DRP. 224 388, Zusatz zu DRP. 189 843.
6) DRP. 214 783. 7) DRP. 247 180. 8) Mannich, DRP. 280 972.
9) DRP. 224 347. 10) Bayer, Elberfeld, DRP. 222 920.
11) Bayer, DRP. 229 246, Zusatz zu DRP. 222 920. 12) Bayer, DRP. 233 325.
13) DRP. 89 963. 14) DRP. 90 207.

Die Carbonsäureester des Morphins sind sehr schlecht haltbar. Hingegen sind ihre Acylverbindungen sehr stabil.

Man stellt die letzteren durch Einwirkung von Chlorkohlensäureester und Alkali auf die Acylverbindungen des Morphins (Acetyl- oder Propionylmorphin) dar. Man suspendiert hierbei Acylmorphin in Benzol und schüttelt in kleinen Portionen Alkali zusetzend mit Chlorkohlensäureäther[1]).

Die sehr labilen Morphincarbonsäureäther werden durch Einwirkung von Chlorkohlensäuremethylester auf eine absolut alkoholische Morphinlösung bei Gegenwart von Alkali erhalten; man neutralisiert mit Schwefelsäure, befreit vom Alkohol, löst in Wasser, übersättigt mit Alkali und schüttelt mit Benzol aus[2]).

Acetylierte Morphine[3]) erhält man aus Morphin oder seinen Äthern und Estern durch Behandlung mit Sulfoessigsäure oder einem Gemisch von Schwefelsäure und Essigsäureanhydrid. Man erhält so Triacetylmorphin aus Morphinanhydrid und Schwefelsäure, unter gleichen Bedingungen erhält man aus Kodein Diacetylkodein, aus Dibenzoylmorphin erhält man Dibenzoylacetylmorphin. Man kann diese Reaktion bei so niedrigen Temperaturen durchführen, daß sich noch keine Sulfoessigsäure bildet[4]).

Riedel, Berlin[5]), stellt Morphinester acidylierter aromatischer Oxycarbonsäuren her, indem er auf Morphin in üblicher Weise die Halogenide dieser Säuren einwirken läßt. Bei diesen Präparaten soll eine wesentliche Erhöhung der narkotischen Wirkung zu beobachten sein. Dargestellt wurden p-Acetoxy-benzoylmorphin, ferner p-Carbomethoxybenzoylmorphin.

Eine Verbindung von Kodein mit Diäthylbarbitursäure erhält man durch Aufeinanderwirken molekularer Mengen beider Bestandteile oder deren Salzen, gegebenenfalls in Gegenwart von passenden Mengen geeigneter Lösungsmittel[6]).

Über die verschiedenen Acyl- und Alkylderivate des Morphins, welche theoretisch alle auf demselben Grundprinzipe (Ersatz der Hydroxylwasserstoffe durch Acyl- oder Alkyreste) beruhen, liegt nunmehr eine Reihe experimenteller Arbeiten sowie therapeutischer Versuche vor, welche zeigen, daß hier trotz der großen Verwandtschaft in den Wirkungen doch gewisse, wenn auch nicht grundlegende Verschiedenheiten zwischen den einzelnen Gliedern bestehen. Die Resultate dieser Versuche belehren auch, wie die Ergebnisse der experimentellen Prüfung am Tiere nicht direkt auf den Menschen übertragbar sind. Während Kodein für Kaninchen viel giftiger ist als Morphin, kann der Mensch eine zehn- bis zwanzigfach so große Dosis Kodein wie Morphin vertragen.

J. v. Mering[7]) hat eine große Reihe von Morphinderivaten auf ihre physiologische Wirkung geprüft.

Kohlensäuremorphinester, dargestellt durch Einwirkung von Phosgengas auf Morphin, unterscheidet sich in seinen Wirkungen am Menschen vom Morphin nicht.

Die Morphinkohlensäurealkylester haben im frischen Zustande geprüft, stärkere narkotische Effekte als Morphin. Aber sie zeigen sonst keine Vorzüge. Es wurden untersucht: Morphinkohlensäuremethylester, Morphinkohlensäureäthylester, Morphinkohlensäurepropylester, Morphinkohlensäureamylester.

Doch ist der Unterschied in der Wirkung nicht so erheblich, daß einer dieser Körper, insbesondere die Äthylverbindung von praktischer Bedeutung wäre. Hingegen sind diese Verbindungen ausnahmslos sehr labil, so daß sie schon beim bloßen Stehen sich in Morphin, Kohlensäure und Alkohol zerlegen, daher ist ihre Wirkung doch eigentlich als reine Morphinwirkung mit sehr geringer konkurrierender Wirkung des Alkohols anzusehen. Die Beziehungen zur Kodeingruppe dürften wohl äußerst locker sein. Der stabilere

---

[1]) Merck, Darmstadt, DRP. 106 718. [2]) DRP. 38 729.
[3]) Knoll, DRP. 175 068. [4]) DRP. 185 601, Zusatz zu DRP. 175 068.
[5]) Riedel, Berlin, DRP. 224 197. [6]) Knoll, DRP. 239 313.
[7]) E. Mercks Jahresber. 1898, 5.

Acetylmorphinkohlensäureäthylester scheint weniger Nebenwirkungen zu zeigen als Morphin.

Anilidokohlensäuremorphinester (dargestellt durch Einwirkung von Carbanil [Phenylisocyanat] auf Morphin) ist stark narkotisch, aber für die Therapie nicht besonders geeignet.

Äthylmorphinchlorhydrat allein bietet eine geringe Abweichung von den übrigen Äthern des Morphins, welche sich vom Kodein in ihrer Wirkung nicht unterscheiden. Seine Wirkung ist etwas länger und etwas stärker als die des Kodein. Es ist nach Mering ein vortreffliches Mittel zur Bekämpfung des Hustenreizes. Erfahrungsgemäß wirken Substanzen, in denen Äthylgruppen statt der Methylgruppen eingeführt sind, in mancher Richtung besser und stärker als die Methylderivate.

Diese Dionin genannte Substanz wirkt sofort anregend auf die Magensaftbildung, während Morphin in den ersten Stunden keine Steigerung, später aber eine protrahierte Sekretionssteigerung veranlaßt[1]).

Die höheren Homologen des Kodeins (mit Ausnahme der Äthylverbindung) wirken nennenswert schwächer, wenn auch physiologisch in ganz gleicher Weise, als Kodein.

Äthylendimorphin $\begin{matrix}C_{17}H_{18}NO_3\\C_{17}H_{18}NO_3\end{matrix}>C_2H_4$, durch Einwirkung von Äthylenbromid auf Morphinnatrium gewonnen, ist für Frösche ungemein giftig, für Säugetiere von sehr geringer Wirkung, das Allgemeinbefinden ändert sich selbst bei großen Dosen nicht. Es macht weder eine narkotische Wirkung, noch steigert es die Reflexerregbarkeit. Auf den Hustenreiz wirkt es gar nicht ein.

Die Wirkungslosigkeit des Äthylendimorphins hat eine Analogie und findet ihre Erklärung in der Existenz des Pseudomorphins. Dieses entsteht durch schwache Oxydation von Morphin nach der Gleichung: $2\,C_{17}H_{19}NO_3 + O = (C_{17}H_{18}NO_3)_2 + H_2O$. Pseudomorphin ist ungiftig und unwirksam.

Hier ist nach der Annahme von Polstorff[2]) die Bildung des Pseudomorphins durch das freie Phenolhydroxyl bedingt, so daß Pseudomorphin als der Morphinäther des Morphins aufzufassen wäre. Dafür spricht auch der Umstand, daß man vom Kodein durch schwache Oxydation keine dem Pseudomorphin analoge Verbindung erhält, weil im Kodein das Phenolhydroxyl alkyliert ist. Im Äthylendimorphin ist zwischen beide Morphinmoleküle noch die Äthylengruppe eingeschaltet unter Verschluß beider Phenolhydroxyle. So werden beide Morphinmoleküle (in beiden Beispielen: Pseudomorphin und Äthylendimorphin) unangreifbar für den Organismus und daher unwirksam.

Eine andere Erklärung glauben wir nicht mit dem vorliegenden Tatsachenmaterial in Übereinstimmung bringen zu können.

Hingegen ist das dem Morphin nahe verwandte Thebain, welches nur Methoxylgruppen trägt und keine freien Hydroxyle besitzt, von starker tetanisierender Giftwirkung und nähert sich in seinen Wirkungen durchaus dem Strychnin.

Das Aralkylmorphin Benzylmorphin $C_6H_5 \cdot CH_2 \cdot O \cdot C_{17}H_{18}NO_2$ und das Arylmorphin Tolylmorphin wirken ganz ähnlich wie Kodein, sind aber wegen ihrer schweren Löslichkeit und des brennenden Geschmackes nicht gut zu verwenden.

Aus der ganzen untersuchten Gruppe empfahl Mering besonders Dionin, das chlorwasserstoffsaure Äthylmorphin, vor allem als Hustenmittel und Ersatz des Kodeins. Dionin hat den Vorzug, daß es außer dem phosphorsauren Kodein,

---

[1]) Pewsner, B. Z. **2**, 339 (1907). [2]) BB. **13**, 86 (1880); **19**, 1760 (1886).

das löslichste unter allen Morphinderivaten und auch weit löslicher als irgendein Morphinsalz ist, so daß es sich aus diesem Grunde für Injektionen besonders eignet.

Während nun Mering nur in der eigentlichen Kodeingruppe (in den Alkyläthern des Morphins) Morphinersatzmittel von großem therapeutischen Werte finden konnte, kam ziemlich gleichzeitig von anderer Seite [H. Dreser[1])] die Empfehlung des Diacetylmorphins, welches ja ebenfalls den Chemikern und Pharmakologen längst bekannt war, als Hustenmittel. Über den Wert dieses Körpers hat sich, wenngleich sowohl Diacetylmorphin (Heroin) als auch Dionin eine Zeit lang von den Praktikern warm empfohlen wurden, unter den Pharmakologen eine heftige Fehde entsponnen.

Nach H. Dreser hat der Diessigsäureester des Morphins eine sedierende Wirkung auf die Atmung, welche intensiver ist als die des Morphins selbst. Heroin wirkt nach ihm auch stärker als Kodein. Es übt eine deutlich nachweisbare beruhigende Wirkung auf die Atmung aus, die Atemfrequenz wird gemindert, der Hustenreiz beseitigt, zugleich macht sich eine allgemein narkotische Wirkung geltend. Eien erheblich schmerzlindernde Wirkung kommt diesem Mittel nicht zu.

E. Harnack[2]) warf jedoch gegen die Anwendung dieser Verbindung in der Therapie ein, daß sie stark giftig sei, die Atmung in hohem und bedenklichem Grade schwäche und auch beim Menschen ungleich giftiger und gefährlicher wirke als Morphin.

Von prinzipieller Bedeutung ist der Vorwurf, den Harnack gegen Dreser richtet, daß letzterer bei Empfehlung dieses Körpers die fundamentale Tatsache zu wenig beachtet habe, daß gewisse Körper (organische Basen) durch Substituierung mit Säureresten, speziell auch durch Acetylierung, zu viel giftigeren Produkten werden können, als es die ursprünglichen Basen selbst sind. Es sei jetzt in der chemischen Technik eine gewisse Neigung, alles zu acetylieren. Beim Anilin und Aminophenol gelangt man wohl durch Acetylierung zu weniger giftigen Produkten. Nach E. Harnack scheint dieses für die Basen aus isocyclischen Verbindungen im allgemeinen zu gelten, aber die Basen, denen heterocyclische Verbindungen zugrundeliegen und deren Derivate einen großen Teil der natürlichen Alkaloide ausmachen, verhalten sich anders. Sind doch viele Alkaloide selbst Säuresubstitutionsprodukte einfacherer Basen, welche letzteren an Giftigkeit hinter jenen weit zurückstehen. Atropin, Scopolamin und Homatropin sind ungleich giftiger als Tropin, Cocain giftiger als Ekgonin und bei der künstlichen Substituierung der einfacheren Basen mit Säureresten scheint gerade die Acetylierung besonders stark wirksame Produkte zu geben: so übertrifft nach R. Gottlieb Acetyltropein verschiedene andere homologe Tropinderivate an Giftigkeit erheblich (s. S. 342).

Wenn wir auch in dem speziellen Falle die Anschauungen E. Harnacks völlig teilen, glauben wir nicht, daß es für den Acetylierungseffekt von Relevanz sei, ob die Base isocyclischer oder heterocyclischer Natur ist, sondern vielmehr: die Acetylierung ist nur dann eine Entgiftung, wenn sie Wasserstoffe einer Aminogruppe ersetzt, wenn die Acetylgruppen aber Hydroxylwasserstoffe von Basen ersetzen, so entstehen weit giftigere Verbindungen (s. S. 205, 321ff.). Wenn man auch alle angeführten Beispiele betrachtet, so wird man sehen, wie diese Anschauung mit den vorliegenden Tatsachen übereinstimmt. Besonders klar wird die ungeheure Zu-

[1]) Therap. Monatshefte **1897**, 509; **1899**, 469.

[2]) Münch. med. Wochenschr. **1899**, Nr. 27 und 31.

nahme der Giftigkeit durch Einführung eines Acetylrestes in ein Hydroxyl einer Base beim Aconitin. Hier verwandelt sich ein fast ganz ungiftiger Körper durch Ersatz eines Hydroxylwasserstoffes durch den Essigsäurerest in ein äußerst heftiges Gift, während die weitere Acetylierung der Hydroxyle höchstens den Effekt hat, die Monoacetylverbindung in ihrer Wirkung abzuschwächen.

Nach vergleichenden Versuchen am Menschen kann man den Unterschied zwischen der eigentlichen Kodeinreihe (Morphinäther) und den acetylierten Morphinderivaten darin finden, daß Kodein und Dionin die Atmung des Menschen so gut wie unbeeinflußt lassen, Heroin (Diacetylmorphin) und Monoacetylmorphin eine erhebliche Beschränkung der Atmung und der Erregbarkeit des Atemzentrums herbeiführen [Winternitz[1])]. Die Einführung von Alkylgruppen schwächt also die physiologische Wirkung des Morphins auch in bezug auf die Atmung ab, während die Substituierung mit Säureresten eine wesentliche Verstärkung der Atemwirkung des Morphins zur Folge hat.

Acetylkodein ist nach Dresers Angabe[2]) nicht brauchbar, da es die Atmung nicht affiziert, dagegen die Reflexerregbarkeit noch in höherem Maße als Kodein steigert.

Morphoxylessigsäure[3]) durch Einwirkung von chloreesigsauren Alkalien auf Morphinalkali in alkoholischer Lösung in der Siedehitze dargestellt, ist in Wasser leicht löslich und reagiert neutral. Sie soll ähnlich narkotisch wirken wie Morphin, ist aber etwa um das Fünfzigfache weniger giftig. Der Methyl- und Äthylester dieser Säure sind heftige Krampfgifte, welche pikrotoxinähnliche Konvulsionen machen[4]). Die Ester sind weitaus giftiger als das Natriumsalz.

Von anderen Morphinderivaten, welche wohl nicht von praktischem Interesse sind, aber doch einiges Licht auf den Zusammenhang zwischen Konstitution und Wirkung bei diesem praktisch wichtigen, ja in seinen Wirkungen wohl einzig dastehenden Mittel wirft, wollen wir noch folgende erwähnen.

Morphinchinolinäther[5]), $C_9H_6N \cdot C_{17}H_{18}O_3N$, wirkt krampferregend, insbesonders auf die Respirationsmuskulatur. Der Angriffspunkt des Giftes ist wahrscheinlich das verlängerte Mark. Es setzt den Blutdruck herab. Wir sehen also auch hier das Bild der Wirkungen aller Morphinäther (Kodeingruppe).

Daß durch Verschluß der Hydroxylgruppe im Morphin die narkotische Wirkung dieser Substanz unmöglich gemacht wird, läßt sich auch aus den Beobachtungen von Schryver und Lees[6]) deduzieren. Die alkoholische Hydroxylgruppe im Morphin ist leicht substituierbar, so daß diese Forscher Derivate des Morphins durch Einwirkung von Phosphortrichlorid usw. erhalten haben. So wurden gewonnen Chloromorphid $C_{17}H_{18}O_2NCl$, Bromomorphid $C_{17}H_{18}O_2NBr$. Aus Chloromorphid entsteht mittels Zinn und Salzsäure Desoxymorphinhydrochlorid $C_{17}H_{19}O_2NCl$. Durch Erhitzen des Bromomorphids mit Wasser erhält man das bromwasserstoffsaure Salz einer dem Morphin isomeren Base, Isomorphin benannt. Chloromorphid, Bromomorphid, Desoxymorphin und Isomorphin sind sämtlich frei von narkotischer Wirkung.

Es wurden noch zwei andere Chloromorphide beschrieben[7]). Man erhält sie durch Behandeln von Morphin mit Salzsäure in geschlossenem Rohr bei etwa 65°. Sie sind physikalisch isomer, beide sind optisch aktiv, die α-Base dreht stärker links als die β-Base. In bezug auf die Wirkung unterscheiden

[1]) Therap. Monatshefte **1899**, Sept. [2]) Therap. Monatshefte **1898**, 509.
[3]) Chem.-Ztg. **1900**, 1141. — DRP. 116 806.
[4]) A. C. Barnes, AePP. **46**, 68 (1901). — Becker, Arch. de pharmacodyn. **12**, 73.
[5]) M. f. Ch. **19**, 112 (1898).
[6]) Schryver und Lees, Proc. Chem. Soc. London **17**, 54—56.
[7]) E. Harnack und H. Hildebrandt, AePP. **65**, 38 (1911).

sie sich nur quantitativ und auch dieses in nicht besonders hohem Grade, aber das stärker linksdrehende α-ist auch das stärker wirksame. Es handelt sich im allgemeinen um eine wesentlich verstärkte Morphinwirkung. Die mit Chlor substituierten Morphine verhalten sich wie die acetylierten, z. B. Heroin, und sind spezifische Narkotica für die Atmung, während die allgemein narkotische Wirkung mehr zurücktritt. Chloromorphid kann die emetische Wirkung des Apomorphins abschwächen.

Im Trichloromorphid $C_{17}H_{16}Cl_3NO$ sind beide Hydroxyle und noch ein Wasserstoff durch drei Chloratome ersetzt. Dieses Alkaloid wirkt auf das Zentralnervensystem in erster Linie und verursacht Depression, auf welche Tetanus folgt. In kleinen Dosen hat es eine paralysierende Wirkung auf die motorischen Nerven, welche den Tetanus verschleiert, es hat auch eine leichte Muskelgiftwirkung. Auch andere von R. Stockmann und Dott untersuchte Chlorderivate zeigten alle die charakteristische Morphinwirkung.

Im Chlorokodid $C_{18}H_{20}ClNO_2$ ist die alkoholische Hydroxylgruppe des Kodein durch Chlor ersetzt. Es hat Kodeinwirkung, wirkt aber stärker auf die motorischen Nerven und ist überdies ein Muskelgift, die Muskelschwäche ist bemerkenswert und die Narkose fast Null. Diese Chlorderivate behalten die charakteristischen Wirkungen der Morphingruppen auf das Zentralnervensystem, sie wirken mehr oder weniger energisch als Muskelgifte, indem sie bald die kontraktive Kraft der willkürlichen Muskel zerstören. Chlor ist, wie bekannt, ein starkes Muskelgift und seine Einführung in andere Gruppen, z. B. in Chloroform, macht diese Körper zu Lähmungsmitteln für Muskelgewebe. Vielleicht geschieht dasselbe im Morphinmolekül.

Brommorphin wird durch Wasser nach der Gleichung zersetzt:

$$C_{17}H_{18}O_2NBr + H_2O = C_{17}H_{19}O_3N \cdot HBr\,.$$

Es entsteht eine neue, dem Morphin isomere Base, das Isomorphin, außerdem eine neue Base in kleinen Mengen, das β-Isomorphin. Chlormorphin liefert mit Wasser ebenfalls β-Isomorphin. Isomorphin wirkt nicht betäubend.

Im Methokodein $(OH)(CH_3O) \cdot C_{17}H_{16}O = N \cdot CH_3$ sind zwei Methylgruppen, eine ersetzt Hydroxylwasserstoff, während eine an den N tritt. Es entsteht eine offene N-haltige Seitenkette statt des früheren Ringschlusses. Diese chemische Veränderung verändert die Wirkung völlig, so daß man gar keine Ähnlichkeit finden kann, weder Narkose noch Tetanus, die Symptome resultieren von der Vergiftung der willkürlichen Muskeln und in geringerer Ausdehnung von einer Rückenmarksdepression. Der Harn ist immer tiefgrün, da die Substanz im Blute eine Veränderung erleidet. Apomorphin verwandelt sich ja auch in eine grüne Substanz und ist auch ein Muskelgift, aber Methokodein hat keine Brechwirkung. Nach E. Harnack ist Apomorphin wesentlich ein Muskelgift und das Erbrechen akzidentell. R. Stockmann und Dott vermuten, daß beide Körper eine ähnliche Konstitution haben.

Man sieht, daß die Resultate der älteren Untersuchungen von Stockmann und Dott[1]) mit den neueren von Schryver und Lees nicht übereinstimmen. Wahrscheinlich wurde mit chemisch verschiedenen Substanzen gearbeitet.

Bei Desoxymorphin $C_{17}H_{19}NO_2$, Desoxykodein $C_{18}H_{21}NO_2$, Bromotetramorphin $C_{68}H_{75}BrN_4O_{12}$, Bromotetrakodein und Chlorotetrakodein fand Forster, daß sie dieselbe Wirkung haben wie Morphin und Kodein. Stocker fand dasselbe für Di-, Tri- und Tetrakodein. Es scheint nach Stockmann und

[1]) Proceed. R. Soc. Edinbourgh **17** (1890). — Brit. med. Journ. **1890**, II, 189; **1891**, 24. Jan.

Dott sicher zu sein, daß, solange die chemischen Veränderungen auf das, was man die außen liegenden Gruppen des Moleküls nennen kann, restringiert sind, nur sehr geringe Veränderungen in der physiologischen Wirkung auftreten. Die Veränderung, welche Platz greift, hängt nicht so sehr von der Natur des substituierten Radikals ab, als von dem Teile des Moleküls, welches substituiert ist. Wenn aber im Kern des Moleküls eine Veränderung gesetzt wird, dann ist die Wirkung stark verändert.

Methylmorphiniumchlorid (die Ammoniumbase) wird durch Anlagerung von Methylchlorid dargestellt. Crum Brown und Fraser behaupten, daß diese Substanz keine krampferregenden Wirkungen habe, aber hypnotische; sie glauben, daß die wichtigste Wirkung dieses Körpers in der Paralyse der motorischen Nervenendigungen besteht und daß dies die Ursache der allgemeinen Paralyse ist. R. Stockmann und Dott stimmen mit ihnen darin überein, daß die Morphiumammoniumbase die narkotische Wirkung des Morphins hat, aber sie finden auch, daß ihr die tetanisierende Eigenschaft in sehr bemerkenswertem Grade zukommt. Crum Brown und Fraser führten aus, daß die Wirkung auf die motorischen Nerven eine stark lähmende ist, aber R. Stockmann und Dott zeigten, daß die Paralyse der motorischen Nerven den Tetanus verschleiert. Die letale Dosis für Kaninchen ist ungefähr dieselbe wie für Morphin, aber der Tod ist durch Asphyxie infolge von Paralyse der motorischen Nervenendigungen und nicht des respiratorischen Zentrums, wie beim Morphin, verursacht.

Bei Versuchen mit Methylkodeinsulfat (Ammoniumbase des Kodeins) konnten C. Brown und Fraser keinen hypnotischen Effekt sehen und statt Krämpfen erhielten sie Paralyse, aber ihre Dosierung war eine zu hohe. Kodein wirkt auf Gehirn und Rückenmark und äußert eine deprimierende Wirkung auf die motorischen Nerven. Beim Methylkodeinjodid ist die letztere Wirkung sehr erhöht, während die Wirkung auf das Rückenmark ebenfalls erhöht ist, auf das Gehirn aber stark herabgemindert. Reflexsteigerung kommt bei kleinen Dosen auch vor. Man kann im Experimente Tetanus erzeugen, Narkose kann man mit großen Dosen zuwege bringen.

Bei diesen beiden Additionsprodukten sind durch die chemische Veränderung die Wirkungen des Morphins oder Kodeins nicht tief alteriert. Die paralysierende Wirkung auf die motorischen Nerven ist beträchtlich erhöht und die narkotische Wirkung gemindert, aber qualitativ bleiben die Effekte auf den tierischen Organismus ähnlich denen des Morphins und Kodeins; auch hier ist nur ein Radikal addiert, und obgleich die Addition die quantitative Wirkung auf die verschiedenen Teile des Nervensystems geändert hat, so bleibt die qualitative Wirkung unberührt.

Die quaternären Salze des Morphins, wie das Morphinbrommethylat, sind nahezu ungiftig und ihre spezielle Morphinwirkung ist erheblich vermindert. Es wurde die Ansicht ausgesprochen, daß im Organismus Betainbildung eintritt, die das zur Verankerung erforderliche Phenolhydroxyl festlegt. Das Morphinjodmethylat gibt infolge Betainbildung nicht die Hoffmannsche Spaltung mit Alkalien. Bei den quaternären Salzen dieser neuen Morphinderivate läßt sich diese Betainbildung vermeiden, oder, wenn sie eintritt, durch Einführung mehrerer Phenolhydroxylgruppen im Substituenten das für die Verankerung notwendige Phenolhydroxyl erzielen.

Die Bromalkylate des Morphins sollen narkotische Wirkung haben, wenn auch schwächer als Morphin wirken, aber sie sind erheblich weniger giftig als Morphin; bei Katzen ist die letale Dosis mehr als zehnmal geringer.

Man erhält Morphinbrommethylat und -äthylat durch Behandlung von Morphin mit Alkylbromiden oder Dialkylsulfaten und Überführung der Additionsprodukte der letzteren in Bromide oder durch Umsetzung von Morphinjodalkylat mit den Bromiden solcher Metalle, die schwer lösliche oder unlösliche Jodide bzw. Sulfate bilden, oder durch Behandlung von Alkylmorphiniumbasen mit Bromwasserstoffsäure[1]).

Die Bromalkylate[2]) des Morphins erhält man auch durch Behandlung der Morphinchloralkylate mit löslichen Bromsalzen oder mit Bromwasserstoffsäure.

Bromalkylate der Morphinalkyläther[3]) erhält man durch Überführung der Morphinalkyläther nach bekannten Methoden in die quaternären Bromalkylate oder durch Überführung der quaternären Morphinbromalkylate in die Alkyläther oder durch Überführung von Morphin unter Anwendung von zwei Molekülen Bromalkyl und einem Molekül Alkali in die Bromalkylate der Bromalkyläther (R. Pschorr).

Die wässerige Lösung der Dialkylsulfatadditionsprodukte[4]) der Morphinalkyläther konzentriert man nach Zusatz von Metallbromiden und extrahiert alsdann mit Alkohol oder Aceton, oder man setzt die Dialkylsulfatadditionsprodukte mit Metallbromiden in Alkohol oder Aceton eventuell unter Druck und Hitze um.

Gerber, Bonn[5]), stellt Halogenalkylate der Alkaloide der Morphinreihe durch Einwirkung von Schwefligsäuredialkylester auf Morphiumalkaloide her und behandelt die so erhaltenen quaternären Alkylsulfitalkylate mit anorganischen Halogenverbindungen, wie Metallhalogeniden oder Halogenwasserstoffsäuren. Beschrieben sind die Darstellungen von Methylmorphiniummethylatsulfit, Methylnarkotiniummethylatsulfit, Methylkodeiniummethylatsulfit, Methylapomorphiniummethylatsulfit, Methylthebajummethylatsulfit, Morphinbrommethylat, Kodeinbrommethylat, sowie die Brommethylate des Apomorphins und Thebains.

DRP. 261 588 beschreibt die Darstellung von Methyläthern von Alkoholen, welche bei Gegenwart wässeriger Alkalien dargestellt werden. Von Interesse ist die Darstellung von Methylkodeinjodmethylat.

DRP. 256 156 beschreibt die Veresterung des Morphins mit halogensubstituierten Fettsäuren, deren Halogeniden oder Anhydriden im Anschlusse an das DRP. 254 094, welches die Darstellung von Morphinestern von Alkyl- und Aryloxyfettsäuren beschreibt. Dargestellt wurden: Diäthoxyacetylmorphin, Monäthoxyacetylmorphin, Dichloracetylmorphin, Monochloracetylmorphin durch unmittelbare Veresterung von Morphin, Di-α-bromisovalerianylmorphin.

Die bekannte Tatsache, daß Opium anders wirkt als Morphium, läßt sich dadurch erklären, daß an der Wirkung des Morphiums im Opium auch die Nebenalkaloide beteiligt sind. Sie modifizieren die Wirkung des Morphiums sowohl qualitativ als auch quantitativ; insbesondere Papaverin und Narkotin haben ausgesprochene Darmwirkungen, außerdem verstärken die Nebenalkaloide die Wirkung des Morphiums; diese Beobachtungen führten zur Darstellung von Doppelsalzen aus Morphin und Narkotin, und zwar wurden dargestellt: mekonsaures Morphin-Narkotin, Morphin-Dinarkotin-Benzoltrisulfonat, phenoldisulfosaures Morphin-Narkotin, Morphin-Dinarkotin-Salicylodisulfonat, Dimorphin-Narkotin-Salicyldisulfonat, schwefelsaures Morphin-Narkotin.

Ebenso wurden die salzsauren Salze von Morphin und Narkotin zu einem Doppelsalz vereinigt. Ferner Kodein und Narkotin-Chlorhydrate und die Bromhydrate von Morphin und Narkotin[6]).

Am besten führte sich das Pantopon ein, welches eine wässerige Lösung der salzsauren Salze sämtlicher Opiumalkaloide ist und diese Alkaloide in dem gleichen gegenseitigen Verhältnis wie das Opium enthält, aber in fünffacher Konzentration. Pantopon wurde von Sahli besonders empfohlen. Von Faust wurde das Laudanon empfohlen, welches die Mehrzahl der Nebenalkaloide in künstlichen, von der Muttersubstanz etwas abweichenden Mischungsverhältnissen enthält. Die Straubsche Beobachtung, daß schon einzelne der

---

[1]) Riedel, DRP. 165 898. [2]) DRP. 191 088, Zusatz zu DRP. 165 898.
[3]) Riedel, DRP. 166 362. [4]) DRP. 175 796, Zusatz zu DRP. 166 362.
[5]) Gerber, Bonn, DRP. 228 247. [6]) DRP. 254 502.

Nebenalkaloide, wie z. B. das Narkotin, eine Steigerung der Wirksamkeit des Morphins bewirkt, so daß die Großhirnnarkose verstärkt, die Wirkung auf das Atemzentrum aber gemildert wird, hat zur Darstellung des Narkophin geführt, welches zu einem Drittel aus Morphin besteht und das mekonsaure Morphin-Narkotin ist[1]).

Durch Einwirkung von Wasserstoff bei Gegenwart von kolloidalem Palladium kann man Hydromorphin, Hydrokodein, Tetrahydrothebain erhalten. Hydromorphin soll wie Morphin wirken und eine längere, wenn auch etwas später eintretende Wirkung zeigen. Die Gewöhnung soll viel schwerer sein. Bei der Katze soll Hydrokodein weniger erregend wirken, bei gleicher narkotischer Wirkung wie Kodein. Tetrahydrothebain macht im Gegensatz zum Thebain keinen Starrkrampf. Diacetylhydromorphin zeigt eine bedeutend abgeschwächte, krampferzeugende Wirkung[2]).

Dihydromorphin erhält man durch Einwirkung von Wasserstoff auf saure, neutrale, wässerige oder wässerig-alkoholische Opiumauszüge in Gegenwart eines Katalysators, wenn man die gegebenenfalls mit einer Säure versetzte eingedampfte Lösung mit absolutem Alkohol behandelt, wobei das entsprechende Dihydromorphinsalz ungelöst zurückbleibt[3]).

Alkyläther und Acidylderivate des Dihydromorphins erhält man, wenn man vom Dihydromorphin ausgeht und dieses durch alkylierende oder acidylierende Mittel in die entsprechenden Alkyl- bzw. Acidylabkömmlinge überführt. Aus dem Dihydromorphin kann man durch Methylierung Dihydrokodein, durch Acetylierung Diacetyldihydromorphin darstellen[4]).

Paralaudin ist Diacetyldihydromorphin, es wirkt schwächer als Morphin und Dihydromorphin, welches Paramorphan benannt ist. Dihydromorphin hat statt der Doppelbindung eine einfache Bindung, da es zwei Wasserstoffe aufgenommen. Es wirkt schwächer als Morphin und erzeugt leichter Erbrechen. Das Diacetylderivat, Paralaudin, ist in bezug auf Narkose weniger zuverlässig. Die Dosis ist größer als die des Heroins.

Eukodal ist Dihydrooxykodeinonchlorhydrat [M. Freund und E. Speyer[5])]. Thebain wird mit Wasserstoffsuperoxyd oxydiert, wobei es unter Abspaltung von Methylalkohol in eine tertiäre Base von der Formel $C_{18}H_{19}NO_4$ übergeht, welche nur eine Methoxylgruppe enthält und Ketoncharakter besitzt. Ein Wasserstoffatom des Thebains ist durch eine Hydroxylgruppe substituiert. Die Verbindung steht in Beziehung zu dem aus Kodein durch Oxydation entstehenden Kodeinon und wurde, da sie ein Sauerstoff mehr enthält als dieses, Oxykodeinon genannt. Durch Addition von zwei Wasserstoffatomen läßt sich die im Oxykodeinon vorhandene aliphatische Doppelbindung in eine einfache Bindung überführen, wobei Dihydrooxykodeinon entsteht[6]):

CH
CH_3OC CH
C C
C CH_2
O CH CH
C C N—CH_3
O=C CH CH_2
CH CH_2
OH

⟶

CH
CH_3OC CH
C C
C CH_2
O CH CH
C CH N—CH_3
O=C CH_2 CH_2
CH CH_2
OH

---

[1]) DRP. 270 575. [2]) DRP. 260 233.
[3]) Hoffmann-La Roche, DRP. 278 107. [4]) Knoll, DRP. 278 111.
[5]) DRP. 296 196. [6]) Münch. med. Wochenschr. **64**, 380 (1917).

Je nach der Art der Reduktion entstehen drei isomere Dihydroxykodeinone.

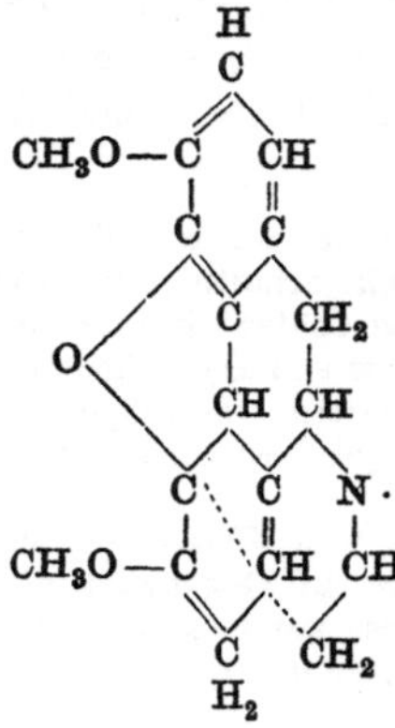

```
           H                                H
           C                                C
         //  \                            //  \
CH3O — C      CH                CH3O · C      CH
        |      ||                        |      ||
        C      C                         C      C
      / \\    / \                      / \\    / \
     /    C     CH2  Thebain          /    C     CH2  Oxykodeinon
   O      |      |                  O      |      |
     \    CH    CH                    \    CH    CH
      \  /  \  /  \                    \  /  \  /  \
       C     C     N · CH3              C     C     N · CH3
       |     ||    |                    |     ||    |
CH3O — C     CH   CH2               O : C     CH   CH2
        \\  /    /                       \   /    /
          C     CH2                        C     CH2
          H2                               |
                                           OH
```

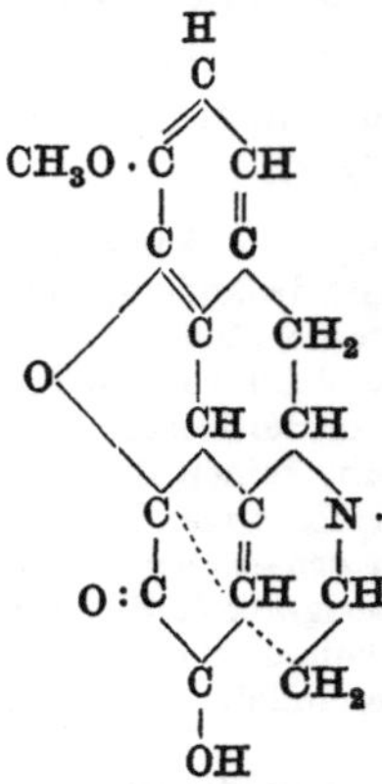

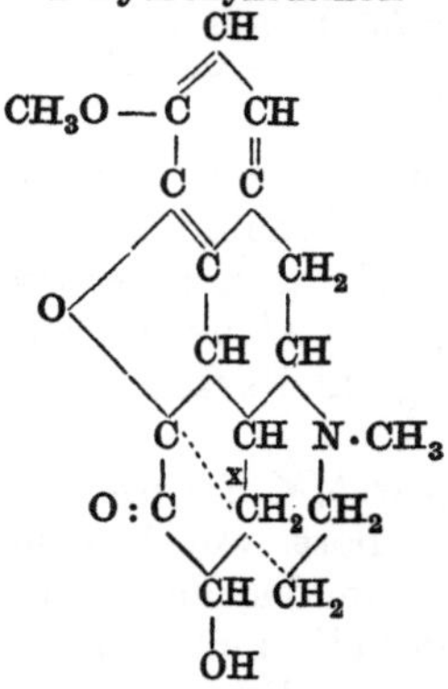

```
   Dihydroxykodeinon                    Morphin
          CH                               CH
        //  \                            //  \
CH3O — C     CH                  HO — C      CH
        |     ||                        |      ||
        C     C                         C      C
      / \\   / \                      / \\    / \
     /    C    CH2                   /    C     CH2
   O      |     |                  O      |      |
     \    CH   CH                    \    CH    CH
      \  /  \ /  \                    \  /  \  /  \
       C     CH   N · CH3              C     C     N · CH3
       |     x|   |               H    |     ||    |
   O : C     CH2  CH2                 > C     CH   CH2
        \   /    /                HO     \   /    /
         CH    CH2                        CH2   CH2
         |
         OH
```

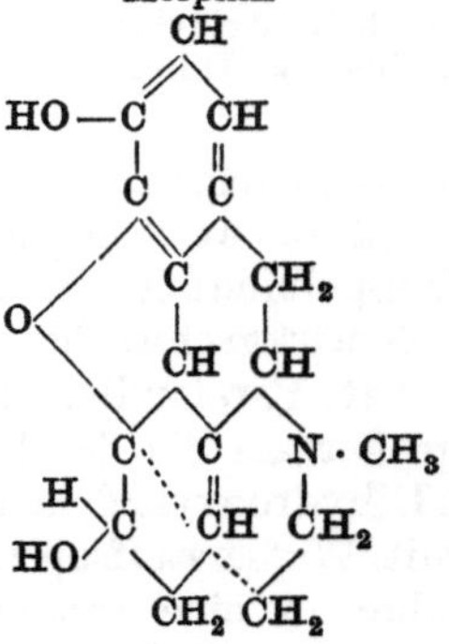

Eukodal besitzt an Stelle des Phenolhydroxyls im Morphinmolekül eine Methoxylgruppe, an Stelle der sekundären Alkoholgruppe eine Ketongruppe, ferner ein Hydroxyl, das im Morphin fehlt und an der x bezeichneten Stelle eine einfache Bindung an Stelle der Doppelbindung im Morphinmolekül. Es wirkt im Sinne der Morphingruppe als Narkoticum. Es ist ein Narkoticum wie Kodein und Morphin, wirkt aber nicht nur viel schneller als Kodein, sondern übertrifft sogar Morphin und hat keine schädliche Wirkung auf das Herz. Eukodal hat angeblich stärkere narkotische Wirkung als Morphin.

Beim Studium von Normorphinderivaten fand Hertha Heimann[1]), daß durch die Entmethylierung die Giftigkeit in fast allen Fällen vermindert wird, aber in ungefähr gleichem Maße auch die Wirksamkeit. Besonders geht die typische Beeinflussung der Respiration durch Morphin verloren. Pentamethylendinormorphin und Dihydronorkodein zeigen eine ausgesprochene lähmende Wirkung auf den isolierten Darm, in gleicher Richtung wirkt Benzylkodein. Auf Katzen hatten die untersuchten Substanzen mit Ausnahme des Normorphins eine sehr sedative Wirkung. Untersucht wurden: Normorphin, Normorphincyanid, Aminocyannormorphin, Dihydronormorphin, Pentamethylendimorphin, Pentamethylendinormorphin, Norkodein, Isodionin, Oxyäthylnorkodein, Norkodeinessigester, Propylnorkodein, Benzylkodein, Benzyl-

[1]) Zeitschr. f. experim. Pathol. u. Ther. **17**, 1 (1915).

norkodein, Acetophenonkodein, Dihydronorkodein, Aminonorkodein, Hydrazin-norkodein, Nordionin, Norapomorphin, Noramylmorphin, Dimethylaminokodein und Diäthylaminokodein.

Während bei den Cocainderivaten die Entmethylierung wirksamere Substanzen erzeugt und die Giftigkeit erhöht, ist bei den Morphinderivaten ganz ähnlich wie in der Antipyringruppe eine herabgesetzte Wirkung der entmethylierten Verbindungen zu sehen.

Während Äthylendimorphin unwirksam ist, zeigt Pentamethylendimorphin und das entsprechende Noralkaloid eine recht starke Wirkung.

O-Allylnormorphin macht keine wesentlichen Erscheinungen, während N-Allylnorkodein eigenartig wirkt. Es ist ein sicherer Antagonist des Morphins. Es wirkt auf Katzen nicht erregend und bei anderen Tieren nur sehr schwach narkotisch.

Allyldihydronorkodein wirkt im Prinzip gleich wie der nicht hydrierte Körper, anfangs vielleicht etwas stärker.

Während Methylmorphimethin an Kaninchen, intravenös gegeben, Drucksenkung und schwere Respirationsstörung auslöst, ist Allylmorphimethin wenig wirksam.

Diallylmorphimethin hat ebenfalls keine die Respiration erregende Wirkung.

Eine dem N-Allylnorkodein qualitativ homologe, quantitativ aber weit zurückstehende Kraft in bezug auf den Antagonismus zum Morphin haben Allylthioharnstoff, Allylamid, Allylformiat, Pentamethylenallyldimethylamin und Allylglykosid[1]).

Diaminophenylnorkodein ist physiologisch indifferent.

N-Methyl-8-oxymethyl-thallin bewirkt im Gegensatz zu Methylthallin Blutdrucksenkung und Zunahme des Respirationsvolums, zeigt aber mit dem Kodein gar keine Verwandtschaft. J. v. Braun schließt daraus, daß die Gegenwart des reduzierten Benzolringes odes des überbrückten Hexamethylenringes im Kodein und im Morphin und die Stellung des Stickstoffs diesem Ring gegenüber von ausschlaggebender Bedeutung für das Zustandekommen der physiologischen Wirkungen der beiden Alkaloide ist, und daß eine etwas weniger wichtige Rolle die Stellung des alkoholischen Hydroxyls spielt.

Das Oxäthylderivat

$$C_{16}H_{14}O \begin{cases} N \cdot CH_2 \cdot CH_2 \cdot OH \\ O \cdot CH_3 \\ N(CH_3)_2 \end{cases}$$

welches nicht mehr das alkoholische Hydroxyl des Kodeins, wohl aber ein neues Hydroxyl an einer ganz anderen Stelle des Moleküls besitzt, erweist sich zwar nicht als unwirksam, aber doch als wesentlich schwächer wirksam im Vergleich zum Kodein.

Während die zum Stickstoff γ-ständige benzoylierte Hydroxylgruppe im Cocain, Tropacocain, Eucain und in vielen ganz einfachen Fällen Anästhesie bedingt, erwies sich Benzoyloxy-propylnorkodein als ganz frei von solchen Eigenschaften.

$$C_{16}H_{14}O \begin{cases} N[CH_2]_3 \cdot O \cdot COC_6H_5 \\ OCH_3 \\ OH \end{cases}$$ [2]).

Thebain geht, wenn man es in saurer Lösung mit Wasserstoffsuperoxyd oder mit Kaliumbichromatlösung oxydiert, in eine Base $C_{18}H_{19}NO_4$ über[3]).

[1]) Julius Pohl, Zeitschr. f. exper. Pathol. u. Ther. **17**, Heft 3 (1915).

[2]) J. v. Braun und K. Kindler, BB. **49**, 2655 (1916).

[3]) M. Freund und E. Speyer, DRP. 286 431.

Am Stickstoff entmethylierte Derivate von Alkaloiden der Morphinreihe erhält man, wenn man die Alkaloide der Morphinreihe in Form ihrer durch Acidylierung der freien Hydroxylgruppen erhältlichen Derivate mit Bromcyan in die entsprechenden Norcyanverbindungen überführt und diese verseift.

Diacetylcyannormorphin gibt beim Erwärmen mit Kalilauge Cyannormorphin, dieses beim Erwärmen mit Salzsäure Normorphin. Beschrieben sind ferner: Norkodein, Dihydronormorphin, Dihydronorkodein, welches man auch durch Hydrieren von Norkodein erhält[1]. Statt Bromcyan kann man Chlorcyan verwenden[2]. N-Allylnorkodein und N-Allyldihydronorkodein erhält man, wenn man Norkodein bzw. Dihydronorkodein mit allylierenden Mitteln behandelt. N-Allyldihydronorkodein entspricht in seinen Eigenschaften dem N-Allylnorkodein. Die Verbindungen erweisen sich als energische Antagonisten des Morphins, welche die bis jetzt für diesen Zweck empfohlenen Mittel, z. B. das Atropin, bei weitem in bezug auf ihre Wirkung überragen[3].

Oxykodeinon aus Thebain liefert je nach der Wahl des Reduktionsmittels drei verschiedene Dihydroderivate von der Formel $C_{18}H_{21}NO_4$. Das erste erhält man durch Reduktion mit Wasserstoff und Metallen der Platingruppe. Es bildet sich auch beim Kochen von Oxykodeinon mit Natriumhydrosulfitlösung. Das zweite bei Behandlung der Base mit Zinkstaub und Eisessig. Das dritte beim Erhitzen mit Stannochlorid und Salzsäure[4].

Zu erwähnen ist noch das physiologische Verhalten des Methokodeins oder Methylmorphimethins.

Dieses entsteht beim Kochen von Kodeinmethyljodid mit Alkalien[5].

Es wird anscheinend die cyclische Stickstoffverkettung des Kodeins aufgespalten[6].

α-Methylmorphimethin besitzt lokal geringe Reizwirkungen, resorbiert führt es zu Krämpfen, Herzverlangsamung, später Herzschwäche, Atemstillstand und Tod. Es besitzt weder die schmerzstillende und schlafmachende, noch die pupillenverengernde Wirkung des Morphins bzw. Kodeins, dagegen lähmt es, wie Morphin, das Atemzentrum. Während aber Morphin Blutdruck und Herztätigkeit nicht herabsetzt, tut dies α-Methylmorphimethin. β-Methylmorphimethin wirkt ähnlich, nur schwächer als die α-Base[7].

Dott und Stockmanns Methokodein ist vielleicht α-Methylmorphimethin.

β-Methylmorphimethin entsteht beim Erhitzen von α-Methylmorphimethin mit Essigsäureanhydrid. Es bildet sich aus der Hälfte der Substanz Morphenol

OHOH

$C_{14}H_8O_2$ = [Strukturformel], welches um zwei Wasserstoffe ärmer ist als Morphol, die andere Hälfte erfährt eine Umlagerung in eine stereoisomere Verbindung, das β-Methylmorphimethin.

Stärke und Art der Wirkung sind bei den fünf Methylmorphimethinen unabhängig von der Isomerie. Beim Warmblüter haben sie eine Wirkung auf Atmung und Herztätigkeit ohne narkotische oder zentrale Wirkung. Beim Frosche machen sie Narkose, einige Reflexübererregbarkeit, manche sogar Krämpfe. Die Atmung wird zuerst angegriffen, die Herztätigkeit erst später. Sie machen eine Zunahme der Atemgröße, beeinflussen aber die Frequenz der Atmung nicht.

Die Methylmorphimethine wirken beim Frosche narkotisierend und das Atemzentrum hemmend, sekundär tritt eine Schwächung des Herzens ein, außerdem erzeugen sie eine Übererregbarkeit. Beim Kaninchen beeinflussen

---

1) Hoffmann-La Roche, DRP. 286 743.
2) DRP. 289 273, Zusatz zu DRP. 286 743.
3) Hoffmann-La Roche, DRP. 289 274.
4) Freund und Speyer, DRP. 296 916.
5) Hesse, BB. **14**, 2693 (1881). — Grimaux, C. r. **93**, 591.
6) BB. **22**, 1118 (1889).
7) Knorr (Heinz), BB. **27**, 1144 (1894).

sie die Atmung, welche sich vertieft, ohne daß die Frequenz zunimmt. Nach β- und γ-Methylmorphimethin tritt manchmal eine Verflachung der Atmung ein, während die anderen, am stärksten die α-Verbindung, eine Vertiefung hervorrufen[1]).

3-Methoxy-4-dimethylaminoäthoxy-phenanthren (Methylmorpholäther des Äthanol-dimethylamin) wurde physiologisch mit α-Methylmorphimethin verglichen[2]). Beide Körper wirken nicht auf die Psyche. Die erstere Substanz ruft lokale Entzündungerscheinungen hervor, denn sie besitzt, ähnlich dem Kodeinon, eine lymphagoge Wirkung. Salzsaures Morphimethin ist reizlos. Beide Substanzen sind Atemgifte, sie lähmen die Atmung, während die anderen Körperfunktionen noch erhalten bleiben. Methylmorphimethin macht aber die einzelnen Atemzüge tiefer. Methylmorphol-dimethylaminäther zeigt diese Wirkung nicht.

Die Verbindungen:

Methylmorphimethylpiperidin

$$C_{14}H_9O\begin{cases}OCH_3\\OH\\CH_2\cdot CH_2\cdot N\begin{cases}CH_2\cdot CH_2\\CH_2\cdot CH_2\end{cases}CH_2\end{cases}$$

Methylmorphimethyl-dihydroisoindol

$$C_{14}H_9O\begin{cases}OCH_3\\OH\\CH_2\cdot CH_2\cdot N\begin{cases}CH_2\\CH_2\end{cases}C_6H_4\end{cases}$$

haben überhaupt keine,

Methylmorphimethylmorpholin

$$C_{14}H_9O\begin{cases}OCH_3\\OH\\CH_2\cdot CH_2\cdot N\begin{cases}CH_2\cdot CH_2\\CH_2\cdot CH_2\end{cases}O\end{cases}$$

nur eine ganz schwache, an das Kodein erinnernde Wirkung, alle drei gehören dem Typus der Morphimethine

$$C_{14}H_9O\begin{cases}OCH_3\\OH\\CH_2\cdot CH_2\cdot N\cdot(CH_3)_2\end{cases}$$

an während alle N-Homologen des Kodeins unverkennbar dem Kodeintypus entsprechen.

Der Verbindung Methylmorphimethyl-dihydroisoindol kommen anästhetische Wirkungen zu, was vielleicht mit der Gegenwart des pharmakologisch kaum bis jetzt erforschten Dihydro-isoindol-Komplexes zusammenhängt[3]).

Von besonderem Interesse erscheinen für die Frage, die wir besprechen, die Untersuchungen über die Konstitution des Thebains.

Von allen Opiumalkaloiden ist Thebain, wie schon Claude Bernard gezeigt hat, das am stärksten krampferregende, dagegen steigert Thebain nicht die Empfindlichkeit in gleichem Maße, wie Morphin und Kodein, weshalb auch die Erschöpfung nicht so rasch eintritt und die Vergiftung mit Thebain langsamer verläuft. Nach R. Stockmann und Dott macht Thebain in kleinen Dosen narkotische Wirkung, sonst ist es mit dem Strychnin fast ganz identisch. Es ist nach Claude Bernard als das giftigste Opiumalkaloid anzusehen. Thebain ist vielleicht 20 mal so giftig als Morphin. Thebain wirkt anders auf Menschen als auf Tiere. Ebenso ist Kodein für Tiere giftiger als für Menschen.

---

[1]) H. Kögel, Arch. intern. de Pharm. **19**, 5 (1909).

[2]) Kionka bei Knorr, BB. **38**, 3153 (1905). [3]) J. v. Braun, BB. **52**, 1999 (1919).

Morphin, Kodein und Thebain sind alle drei Phenanthrenderivate. Thebain ist von einem dihydrierten, die beiden andern Alkaloide von einem tetrahydrierten Kohlenwasserstoff abzuleiten. Beim Erwärmen von Thebain mit wässeriger Salzsäure erhält man Thebenin $^{CH_3O}_{O}\!>C_{17}H_{15}ON$, welches allgemeine Lähmung macht[1]).

Thebain zerfällt nach Martin Freund[2]) beim Erhitzen mit Essigsäureanhydrid in Äthanoldimethylamin $HO \cdot CH_2 \cdot CH_2 \cdot N(CH_3)_2$ und das N-freie Thebaol, welches 3.6-Methoxy-4-oxyphenanthren ist.

Wenn man Thebain mit starker Salzsäure behandelt, so erhält man einen Körper, welcher nach Ansicht von Howard[3]) und Roser als Morphothebain aufzufassen ist, d. h. es verhält sich zum Thebain wie zu seinem Dimethyläther. Dieses Morphothebain ist nicht giftig, eine Lösung in Mengen von 0.2 g einem Meerschweinchen injiziert blieb ganz ohne Wirkung.

Thebain	Morphothebain
$^{CH_3 \cdot O}_{CH_3 \cdot O}\!>C_{17}H_{15}NO$	$^{HO}_{HO}\!>C_{14}H_{15}NO$.

Aber diese Auffassung des Morphothebains erwies sich durch die Untersuchungen von M. Freund[4]) als unrichtig; bei der Behandlung mit starker Salzsäure wird nur eine Methoxylgruppe abgespalten, andererseits erleidet tatsächlich der stickstoffhaltige Ring des Thebains eine Umwandlung, welche nun die völlige Wirkungslosigkeit des Morphothebains zu bedingen scheint, von dem wir ja beim Festhalten an der Roser-Howardschen Auffassung morphinähnliche Effekte erwartet hätten. Ferner hätte Morphothebain, wenn nur eine Methoxylgruppe abgespalten wird, wie M. Freund gezeigt, und nicht zugleich eine Umwandlung des Morpholinringes vor sich gegangen wäre, physiologische Eigenschaften, ähnlich wie Kodein, zeigen müssen.

Met-Thebenin wirkt wie Thebenin, aber stärker, während das ringförmige Thebenol ganz unwirksam ist. Durch die Ringsprengung geht die eigenartige Wirkung des Thebenins nach allen Richtungen verloren.

Es läßt sich also aus der vergleichenden Betrachtung dieser Substanzen sagen, daß die typische Wirkung des Morphins mit dem Vorhandensein der beiden freien Hydroxyle in benachbarter Stellung an einem Benzolring sowie mit dem Intaktsein des stickstoffhaltigen Ringes in innigem Zusammenhange steht. Ähnlich konstruierte Körper können die krampferregende Wirkung besitzen, wie es nach den Erfahrungen mit Laudanosin und Papaverin sicher anzunehmen ist. Hingegen geht sie bei Veränderung des N-haltigen Ringes in dem Falle des Morphothebains verloren.

Man erhält Thebainderivate[5]) durch Grignardsche Synthese und Zersetzung mit Wasser aus Brombenzol und Thebain, Magnesium und Äther oder aus Thebain, Benzylchlorid, Magnesium und Äther.

Thebainmethyljodid (durch Addition von Methyljodid dargestellt) besitzt nach C. Brown und Fraser lähmende Wirkung auf motorische Nerven, und seine letale Wirkung ist dem Thebain gegenüber sehr verringert. Aber auch die krampferregende Wirkung des Thebains ist in der Thebainammoniumbase erhalten, wenn auch die prädominierende lähmende Wirkung sie verdeckt. Die Methylthebainbase soll man nach Stockmann und Dott zur Morphingruppe rechnen, da sie ein narkotisches und tetanisches Stadium erzeugt, wenn auch ersteres sehr schlecht entwickelt.

---

1) Eckhardt, Beitr. zur Anat. u. Physiol. 8. 2) BB. **30**, 1357 (1897).
3) BB. **17**, 527 (1884) und **19**, 1596 (1886). 4) BB. **32**, 168 (1899).
5) Martin Freund, DRP. 181 510.

Apomorphin.

Die Abspaltung von Wasser aus dem Morphin oder Kodein durch Salzsäure oder Chlorzink in der Siedehitze führt zu Verbindungen, welche insofern von den Muttersubstanzen differieren, als ihnen die brechenerregende Wirkung des Morphins in erheblich erhöhter Weise zukommt. Es sind dies Apomorphin und Apokodein.

Pschorr[1]) faßt das Apomorphin gegenwärtig auf als

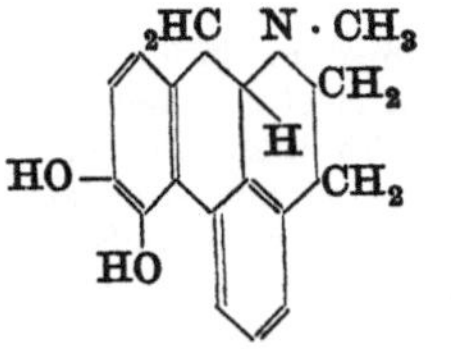

$_2$HC N · CH_3
CH_2
H
HO— CH_2
HO

Es enthält zwei Phenolhydroxyle, im Gegensatze zum Morphin mit einem Phenolhydroxyl. Der indifferente Sauerstoff und zwei Wasserstoffe sind abgespalten. Der Stickstoff ist tertiär und ringförmig gebunden wie im Morphin.

Bei der Apomorphinbildung aus Morphin findet außer der Abspaltung eines Moleküls Wasser noch die Aufrichtung des indifferenten Sauerstoffs an einem Phenolhydroxyl und der durch beide Vorgänge bedingte Übergang des hexahydrierten Systems in ein dihydriertes statt. Außerdem ist eine Wanderung der Kohlenstoffseitenkette anzunehmen.

Apomorphin hat eine geringe narkotische Wirkung, verursacht aber eine hochgradige Erregung, hierauf Lähmung des Gehirns und der Medulla oblongata[2]). Apomorphin ist ein energisches Expectorans und ein Emeticum.

Diacetylapomorphin wirkt, auf den verschiedenen Wegen beigebracht, doppelt so stark emetisch wie Apomorphin. Die Jodmethylate beider Basen sind etwa 20 mal weniger aktiv als diese[3]).

Dibenzoylapomorphin erzeugt kein Erbrechen[4]). Es scheint überhaupt weniger wirksam zu sein.

Ähnlich wie Apomorphin verhält sich Apokodein $C_{17}H_{16}NO_2 \cdot CH_3$. Nach Murell ist es ein Expectorans und Emeticum, wie das ihm nahestehende Apomorphin. Nach Guinard ist es für Hunde ein ausgezeichnetes Schlafmittel, wie Kodein. Bei größerer Dosis bekommt das Tier nach dem Einschlafen Zukkungen und Krämpfe, durch welche der Schlaf alsbald verschwindet. Apokodein[5]) ist kein Brechmittel, sondern erzeugt nur übermäßige Speichelsekretion und beschleunigt die Darmperistaltik, wirkt als Sedativum, das, ohne vorhergehendes Exzitationsstadium und ohne Übelkeit und Erbrechen hervorzurufen, leichten vorübergehenden Schlaf erzeugt. Toy und Combemale[6]) wiesen darauf hin, daß Apokodeinchlorhydrat ein subcutan applizierbares, sicher wirkendes Abführmittel ist. Es erniedrigt den Blutdruck und wirkt gefäßerweiternd [Dixon[7])]. Die laxierende Wirkung ist durch Peristaltiksteigerung, durch den sedativen Einfluß auf die Hemmungsganglien des Sympathicus zu erklären. In richtiger Dosis subcutan verabreicht erzeugt es keine Nebenwir-

---

[1]) Pschorr, BB. **39**, 3125 (1906); **40**, 1984, 3344 (1907).

[2]) Hypnotische Wirkung des Apomorphin. Mercks Ber. **1900**, 69. — Rabow in v. Leyden-Festschrift Bd. **2**, 79 (1902). [3]) Marc Tiffeneau, C. r. s. b. **82**, 1193 (1919).

[4]) Bergell und Pschorr, Therap. d. Gegenw. **1904**, Mai.

[5]) L. Guinard, Contributions à l'étude physiologique de l'apocodéine. Lyon 1893 und Lyon médical. **1891**, Nr. 21 und 23. [6]) Mercks Ber. **1900**, 62.

[7]) Brit. med. Journ. **1902**, 1297, 2181.

kungen, kein Erbrechen. Die Wirkungen des Apokodeins und des Kodeins weisen gewisse Analogien auf, doch wirkt letzteres in stärkerem Maße hypersekretorisch und weniger beruhigend, ist ferner stärker krampferregend und im allgemeinen gefahrbringender.

Alkylapomorphiniumsalze erhält man in leicht löslicher Form durch Umsetzen der Apomorphinjodalkylate mit Schwermetallsalzen der betreffenden Säuren oder durch Umsetzen der freien quaternären Base mit Säuren oder durch Einwirkung von Alkyläthern der Sauerstoffsäuren oder Alkylhalogenen auf Apomorphin selbst[1]). Diese Alkylapomorphiniumsalze sind leichter löslich und nicht so leicht veränderlich wie Apomorphinchlorhydrat.

Man erhält Alkylapomorphiniumsalze, indem man die alkylschwefelsauren Salze der Alkylapomorphiniumbasen in konzentrierter wässeriger Lösung mit Metallsalzen umsetzt, deren basischer Bestandteil ein leicht lösliches Salz der Alkylschwefelsäure bildet; so erhält man Apomorphinbrommethylat durch Versetzen der ätherischen Lösung von Apomorphin mit Dimethylsulfat. Der abgeschiedene Sirup wird mit Bromkalium umgesetzt, es scheidet sich das Brommethylat ab, das man aus der methylalkoholischen Lösung mit Aceton fällen kann[2]).

Apomorphinmethylbromid (Euporphin) besitzt Curarewirkung, wirkt aber nicht emetisch, auch nicht zentralerregend[3]); es soll weniger Brechreiz erzeugen als Apomorphin und nicht so stark auf das Herz wirken[4]).

Versuche zur Morphinsynthese.

Die Versuche zur Synthese des Morphins lassen sich in zwei Gruppen teilen: In Versuche, welche dem Morphin analog wirkende Körper erzielen wollten, und Versuche zur Synthese des Alkaloids selbst.

Als der roheste Versuch muß jedenfalls die Synthese des Piperidinbrenzcatechin angesehen werden, welche Sokolowski und Szmurlo ausgeführt haben, um ein Alkaloid der Morphiumgruppe zu erhalten. Die Überlegung, welche dieser Synthese zugrunde zu liegen scheint, ist, wenn überhaupt eine vorhanden war, die, daß die benachbarte Stellung der Hydroxyle im Morphin nachzuahmen sei. Dann liegt aber eine grobe Verwechslung zwischen der verankernden und der wirklich wirkenden Gruppe vor.

Die Konstitution ist angeblich

```
                          H2   H2
       OH            H    C ___ C
C6H4 < CO — CH2 · N <         > CH2
       OH            Cl   CH2  CH2
```

Die toxische Gabe dieser Substanz beträgt 1 g. In mittleren Gaben einverleibt, hat die Verbindung keinen Einfluß auf den Zirkulationsapparat und zeigte gar keinen narkotischen Effekt.

Versuche zur Synthese morphinähnlicher Körper liegen von L. Knorr vor, welche sich auf seine Untersuchungen über die Konstitution des Morphins stützen. Leider ist das experimentelle Material über die Wirkung dieser Substanzen nicht veröffentlicht. Sie sind nie in die Therapie gedrungen, so daß es sich anscheinend um wirkungslose Substanzen handelt.

Von den synthetischen Morpholinen stehen die Naphthalanmorpholine ihrer Konstitution zufolge, nach der Ansicht von Knorr, dem Morphin am nächsten. Nach der Knorrschen Angabe sollen die physiologisch sehr wirk-

---

[1]) Pschorr, Berlin, DRP. 158 620.
[2]) Riedel, DRP. 167 879, Zusatz zu DRP. 158 620.
[3]) E. Harnack und H. Hildebrandt, AePP. **61**, 343 (1909).
[4]) M. Michaelis, Klin. therap. Wochenschr. **1904**, Nr. 24, 660.

samen N-Alkylderivate des Naphthalanmorpholins in der Wirkung auf den menschlichen Organismus dem Morphin schon sehr ähnlich sein, was aber anscheinend ganz unrichtig ist.

Direkt werden die Morpholine aus Dioxäthylaminen dargestellt[1]). Sie entstehen durch direkte Wasserentziehung aus denselben, indem sich ihre Anhydride, die Morpholine, bilden. Als Kondensationsmittel werden Phosphorsäure, Essigsäureanhydrid, am besten aber 70proz. Schwefelsäure bei 100—200° angewendet. Auch die Stammsubstanz der Morpholine, das Morpholin (p-Oxazin) selbst,

$$\begin{array}{c} O \\ H_2C\diagup\quad\diagdown CH_2 \\ H_2C\diagdown\quad\diagup CH_2 \\ N \\ H \end{array}$$

kann nach dieser Methode aus Dioxäthylamin erhalten werden.

Nach Marckwald und Chaïn[2]) gelangt man auf folgende Weise zum Morpholin: Durch die Einwirkung von Äthylenbromid auf Natriumphenolate erhält man Bromäthylalphyläther, aus welchen durch Ammoniak oder primäre Amine Basen der allgemeinen Form

$$RN{<}\begin{matrix} CH_2 \cdot CH_2 \cdot O \cdot \text{Alphyl} \\ CH_2 \cdot CH_2 \cdot O \cdot \text{Alphyl} \end{matrix}$$

entstehen. Wenn man Sulfamide bei Gegenwart von Alkali mit Bromäthylalphyläther reagieren läßt, so entstehen substituierte Sulfamide

$$R \cdot SO_2 \cdot N{<}\begin{matrix} CH_2 \cdot CH_2 \cdot O \cdot \text{Alphyl} \\ CH_2 \cdot CH_2 \cdot O \cdot \text{Alphyl} \end{matrix}$$

Ferner lassen sich Monoalphyläther des Diäthanolamins und seiner Derivate von der Form

$$R \cdot N{<}\begin{matrix} CH_2 \cdot CH_2 \cdot O \cdot \text{Alphyl} \\ CH_2 \cdot CH_2 \cdot OH \end{matrix}$$

durch Einwirkung von Äthylenchlorhydrin auf die entsprechenden Derivate der Aminoäthylalphyläther erhalten.

Alle diese Verbindungen liefern beim Erhitzen mit verdünnter Mineralsäure, unter Abspaltung der Phenole, Derivate des Morpholins oder dieses selbst. Wenn man Iminoäthylphenyläther $NH \cdot (CH_2 \cdot CH_2 \cdot O \cdot C_6H_5)_2$ mit Salzsäure auf 160° erhitzt, so erhält man fast reines Morpholinchlorhydrat.

Besser ist es, von einem Sulfamid, z. B. p-Toluolsulfamid, auszugehen und es mit Bromäthyl-β-naphthyläther und Alkali zur Reaktion zu bringen.

$$C_7H_7 \cdot SO_2 \cdot NH_2 + 2\,CH_2Br \cdot CH_2 \cdot O \cdot C_{10}H_7 + 2\,NaOH$$
$$= C_7H_7 \cdot SO_2 \cdot N{<}\begin{matrix} CH_2 \cdot CH_2 \cdot O \cdot C_{10}H_7 \\ CH_2 \cdot CH_2 \cdot O \cdot C_{10}H_7 \end{matrix} + 2\,NaBr + 2\,H_2O.$$

Es entsteht glatt der Dinaphthyläther des p-Toluolsulfodiäthanolamids, welcher sich bei 170° mit 25proz. Salzsäure spalten läßt.

$$C_7H_7 \cdot SO_2N : (CH_2 \cdot CH_2 \cdot O \cdot C_{10}H_7)_2 + 3\,H_2O$$
$$= C_7H_8 + H_2SO_4 + 2\,C_{10}H_8O + HN{<}\begin{matrix} CH_2 \cdot CH_2 \\ CH_2 \cdot CH_2 \end{matrix}{>}O = \text{Morpholin}.$$

Ferner kann man Aminoäthylenphenyläther mit p-Toluolsulfochlorid bei Gegenwart von Alkali in Wechselwirkung bringen und erhält p-Toluolsulfoaminoäthylphenyläther $C_7H_7 \cdot SO_2 \cdot NH \cdot CH_2 \cdot CH_2 \cdot CH_2 \cdot O \cdot C_6H_5$. Mit Kali und Äthylenchlorhydrin in alkoholischer Lösung erhält man daraus den Monophenyläther des p-Toluolsulfodiäthanolamids

$$C_7H_7 \cdot SO_2 \cdot N{<}\begin{matrix} CH_2 \cdot CH_2 \cdot OH \\ CH_2 \cdot CH_2 \cdot O \cdot C_6H_5 \end{matrix}$$

welch letzterer mit Salzsäure wie der Dinaphthyläther reagiert.

Zur Darstellung des Methylmorpholins kann man vom Methyliminoäthylphenyläther $CH_3 \cdot N(CH_2 \cdot CH \cdot O \cdot C_6H_5)_2$ ausgehen, welcher durch Einwirkung von Bromäthyl-

[1]) DRP. 95 854. [2]) DRP. 120 047.

phenyläther auf eine verdünnte alkoholische Methylaminlösung bei 100° entsteht. Es bilden sich Methylaminoäthylphenyläther und Methyliminoäthylphenyläther. Man stellt die Nitrosoverbindung der sekundären Base dar und scheidet die tertiäre Base mit Lauge ab. Letztere wird mit Salzsäure erhitzt und zerfällt in Phenol und Methylmorpholin.

Morpholin läßt sich ferner leicht aus Nitroso- und Nitroderivaten des Phenylmorpholins darstellen durch Spaltung mit Alkalien, während Phenylmorpholin selbst sehr resistent ist[1]).

Vorher hat Knorr[2]) Morpholin (O; H_2C, CH_2; H_2C, CH_2; N; H) aus dem Dioxyäthylamin $NH<{CH_2 \cdot CH_2 \cdot OH \atop CH_2 \cdot CH_2 \cdot OH}$ von Würtz, dessen inneres Anhydrid es ist, durch Erhitzen mit Salzsäure auf 160° erhalten.

Dieses Morpholin verhält sich zum einfachen Oxazin (O; HC, CH; HC, CH; N) wie Piperidin zu Pyridin.

Methylphenmorpholin[3]) erhält man auf folgende Weise: Wenn man o-Nitrophenolsalze mit Monohalogenketon umsetzt, erhält man o-Nitrophenolacetol; durch Reduktion dieser Verbindung kann man Methylphenmorpholin herstellen, eine Verbindung, die, wie Knorr angibt, wegen ihrer narkotischen Wirkung wertvoll ist, und der nach ihrer Entstehung die nachstehende Konstitutionsformel zuzuschreiben ist:

Nitrophenacetol: $C_6H_4<{O \cdot CH_2 \cdot CO \cdot CH_3 \atop NO_2}$

Methylphenmorpholin: $C_6H_4<{O — CH_2 \atop NH — CH \cdot CH_3}$

Methylphenmorpholin bildet Methämoglobin, löst rote Blutkörperchen; es besitzt keine narkotische Wirkung und wirkt auf Katzen nicht wie Morphin exzitierend[4]).

Naphthalanmorpholin, also der Körper, welcher nach Knorr von den synthetisch dargestellten Morpholinbasen dem Morphin chemisch und physiologisch am nächsten ist[5]), konnte er aus dem von E. Bamberger und Lodter beschriebenen Tetrahydronaphthylenoxyd durch Anlagerung von Aminoalkohol und Behandlung des resultierenden Oxäthylaminotetrahydro-β-naphthols mit kondensierenden Mitteln darstellen[6]).

Tetrahydronaphthylenoxyd (CH₂; CH; O; CH; CH₂) → Oxyäthylaminotetrahydro-β-naphthol (CH₂ OH; CH CH₂ · OH; CH CH₂; CH₂ N · H)

→ Napthalanmorpholin (H_2 C O; CH CH₂; CH CH₂; CH₂ NH)

Zur Darstellung der Naphthalanmorpholine kann man nach Knorr[7]) auch folgenden Weg einschlagen:

---

[1]) DRP. 119 785. [2]) BB. **22**, 2081 (1889). [3]) DRP. 97 242.

[4]) Becher, Arch. de pharmacodyn. **22**, 91.

[5]) Liebigs Ann. **301**, 1; **307**, 171, 187. — BB. **32**, 732 u. ff. (1889).

[6]) Knorr gibt an, „daß ein von Leubuscher geprüftes Naphthalanmorpholin (welches, wird nicht mitgeteilt) bei Menschen subcutan angewendet, hypnotisch wirkt". Diese Angabe aber scheint unrichtig zu sein. [7]) DRP. 105 498.

Hydramine der Naphthalinreihe gehen unter dem Einflusse von verdünnter Schwefelsäure bei Temperaturen von 100—200° glatt unter Wasserverlust in die inneren Äther (Morpholine) über:

$$\text{OH} \quad \text{N}\cdot CH_2\cdot CH_2\cdot OH \longrightarrow \text{O} \quad \text{N} \quad \text{R}$$

Jene Hydramine der Naphthalinreihe werden leicht durch Einwirkung von Äthanolaminbasen

$$N\begin{cases}CH_2\cdot CH_2\cdot OH\\ R\\ H\end{cases}$$

auf Dihydronaphthalinchlorhydrin

$$CH_2,\ HOH,\ HCl,\ CH_2 + HN\begin{cases}C_2H_4\cdot OH\\ R\end{cases} = CH_2,\ CH,\ CH,\ CH,\ CH_2,\ C_2H_4\cdot OH,\ N,\ R + HCl$$

oder durch Addition von Äthanolaminbasen an Dihydronaphthalinoxyd

$$CH_2,\ CH,\ CH,\ CH_2 > O + HN\begin{cases}C_2H_4\cdot OH\\ R\end{cases} = CH_2,\ OH,\ CH,\ CH,\ CH_2,\ N\cdot C_2H_4\cdot OH,\ R$$

gewonnen.

Zur Darstellung der Camphenmorpholine, die sich vom Campher ableiten, dienen die Hydramine der Campherreihe von der Formel

$$CH_3,\ C,\ H_2C,\ CO,\ C\begin{cases}CH_3\\ CH_3\end{cases},\ H_2C,\ CH\cdot N\begin{cases}CH_2\cdot CH_2\cdot OH\\ R\end{cases},\ C,\ H$$

oder die tautomere Nebenform

$$CH_3,\ C,\ H_2C,\ C\cdot OH,\ C\begin{cases}CH_3\\ CH_3\end{cases},\ H_2C,\ C\cdot N\begin{cases}CH_2\cdot CH_2\cdot OH\\ R\end{cases},\ C,\ H$$

Diese Hydramine des Camphers werden leicht durch Einführung der Äthanolgruppe in Aminocampher gewonnen, z. B.

CH$_3$ · C · H$_2$C · CO · C(CH$_3$)(CH$_3$) · H$_2$C · CH · NH · R · CH + ClCH$_2$ · CH$_2$ · OH =

CH$_3$ · C · H$_2$C · CO · C(CH$_3$)(CH$_3$) · H$_2$C · CH · N · C$_2$H$_4$ · OH + HCl · R · C · H

Die Hydramine des Camphers gehen außerordentlich leicht unter dem Einfluß kondensierender Mittel in die Camphermorpholine über:

CH$_3$ · C · OH · H$_2$C · C · OH · C(CH$_3$)(CH$_3$) · CH$_2$ · H$_2$C · C · CH$_2$ · C · H · N · R ⟶ CH$_3$ · C · O · H$_2$C · C · CH$_2$ · C(CH$_3$)(CH$_3$) · H$_2$C · C · CH$_2$ · C · H · N · R

E. Vahlen[1]) ging von der Vermutung aus, daß, im Gegensatze zur Knorrschen Ansicht nicht der Morpholinkomplex, sondern der Phenanthrenkern der Wirkungsträger sei[2]). Er stellte das Chlorhydrat des 9-Amino-10-oxyphenanthren dar, Morphigenin genannt.

C · OH
C · NH$_2$ · HCl

[1]) AePP. 47, 368 (1902).

[2]) S. Overton, Narkose. Overton zeigte, daß Phenanthren bei Kaulquappen hypnotisch wirkt.

und davon ausgehend das Epiosin

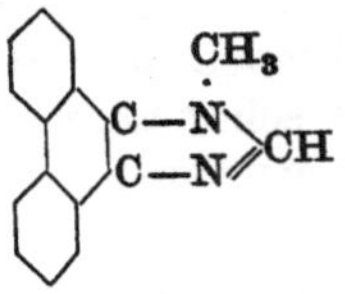

Er hält die Gruppe

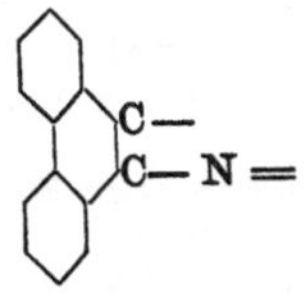

für den Träger der Wirkung, wohl im Gegensatze zu den meisten Morphinforschern, aber in Übereinstimmung mit der älteren Knorrschen Formel

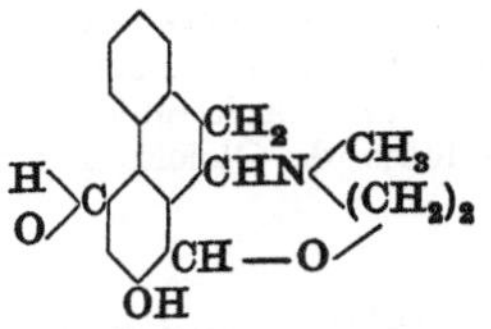

Morphigeninchlorid wird folgendermaßen dargestellt: Phenanthrenchinon und salzsaures Phenylhydrazin geben Phenanthrenchinonphenylhydrazon[1]). Dieses wird mit Zinnchlorür in Eisessig reduziert.

Verschiedene Derivate des Morphigenins, welche aber chemisch rein nicht faßbar waren, gaben angeblich morphinähnliche Wirkungen. Obenerwähntes Epiosin wird durch Erhitzen von Morphigeninchlorid mit Natriumacetat, Alkohol und Methylamin unter Druck erhalten. Es ist identisch mit dem Methyldiphenylenimidazol[2]). Epiosin ist nach Pschorr kein Derivat des Aminophenanthrols (Morphigenin), sondern des Phenanthrenchinons resp. Phenanthrenhydrochinons. Es erzeugt angeblich Abstumpfung der Schmerzempfindlichkeit, geringe schlafmachende Wirkung und rasches Eintreten von Krämpfen (Kodeincharakter). Es erhöht im Gegensatze zu Morphin den Blutdruck. Morphin verlangsamt die Pulsfrequenz, Epiosin nicht. Schließlich ist in quantitativer Hinsicht eine sehr große Differenz. 0.12 g Epiosin entsprechen etwa 0.03 g Dionin. Es schmeckt sehr kratzend.

Vahlen hatte kein Morphigenin, sondern ein N-freies Umwandlungsprodukt in der Hand, mit dem er seine Versuche anstellte. Phenanthrenchinon gab nach dem Behandeln mit Schwefelsäure ein Präparat ähnlicher physiologischer Wirkung. Es bildet sich bei Behandlung von Morphigeninchlorid mit Schwefelsäure unter N-Abspaltung intermediär Phenanthrenchinon. Auch andere N-freie Derivate des Phenanthrens (Carbonsäuren und Phenanthrole) zeigen starke physiologische Wirkung[3]).

* * * *

In der Morphingruppe wären noch folgende Versuche, zu neuen Verbindungen zu gelangen, erwähnenswert, wenngleich sie keine praktische Bedeutung erlangt haben.

---

[1]) Zincke, BB. **12**, 1641 (1879).

[2]) Japp und Davidson, Journ. chem. Soc. **1895**, 1. — Zincke und Hof, BB. **12**, 1644 (1879).

[3]) Siehe Kritik dieser Versuche: Pschorr, BB. **35**, 2729 (1902).

Morphinglykosid[1]) (sehr leicht zersetzlich) wirkt sehr stark tetanisch, macht bei Katzen aber keine Gehirnreizung wie Morphin.

Die Verfahren, um den Geschmack der Alkaloide bei ihrer internen Verwendung zu verbessern, haben wir schon zum Teil beim Chinin kennengelernt. Es bleiben noch folgende zu erwähnen:

Rhenania (Aachen) stellt wasserlösliche Verbindungen des Caseins mit Alkaloiden in der Weise her, daß sie die alkoholische oder andere Lösung der Alkaloide auf Casein zur Einwirkung bringt, evtl. unter Zusatz von Alkali oder Alkalisalzen[2]).

Als Beispiele dienen: 100 Teile Casein werden mit 24 Teilen Morphin in warmem Alkohol gelöst, gut verrieben und im Vakuum zur Trockne gebracht, die Verbindung ist in warmem Wasser vollständig löslich.

100 Teile Casein werden in frisch abgepreßtem Zustande mit 30 Teilen Chininhydrat in alkoholischer Lösung erwärmt, die fast klare Lösung gibt nach dem Trocknen eine durchsichtige glasartige Masse, welche durch Zusatz von Alkali bzw. von Alkalisalzen löslich gemacht wird.

Zur Darstellung von Narcein aus Handelsnarcein gehen Martin Freund und Frankfurter[3]) so vor, daß sie Handelsnarcein in Lauge lösen und gelinde erwärmen, es erstarrt dann die Masse krystallinisch. Diese krystallinische Masse besteht aus Aponarceinnatrium, welches man umkrystallisieren kann. Löst man die gereinigten Salze in Wasser und leitet Kohlensäure ein, so fällt chemisch reines Narcein heraus.

Der Prozeß läßt sich durch folgende Gleichungen verständlich machen:

Entwässerter Narcein

$$C_{23}H_{29}NO_9 + NaOH = C_{23}H_{26}NO_8Na + 2\,H_2O$$

Aponarceinnatrium.

Aponarceinnatrium

$$C_{23}H_{26}NO_8Na + HCl + H_2O = ClNa + C_{23}H_{29}NO_9$$

Narcein.

Narcein ist nach Versuchen von Mohr (Privatm.) in Gaben von 1 g und mehr noch ganz unwirksam (per os). Narcein ist wasserunlöslich, seine Salze äußerst schwer löslich. Aponarcein ist gleichfalls unwirksam.

Hingegen war kurze Zeit unter dem Namen Antispasmin eine Doppelverbindung des Narceins, das Narceinnatrium-Natriumsalicylat in Verwendung. Es hat eine morphinähnliche Wirkung, ist jedoch 40—50 mal schwächer als Morphin. Die ungemein schwache Wirkung des Narceins selbst schließt es aus, daß man von diesem Körper aus zu neuen wertvollen Körpern gelangen kann.

Ester des Narceins kann man nach Martin Freund darstellen[4]), da in demselben eine Carboxylgruppe vorhanden ist, durch Behandeln mit Alkohol und Salzsäure.

Die so dargestellten salzsauren Methyl- und Äthylester des Narceins haben keine praktische Verwendung gefunden.

Narceinäthylesterchlorhydrat (Narcyl) soll nach Schröder ein gutes Mittel gegen Reizhusten sein. Narcyl wirkt wie Morphinäther[5]). Es hat die gleichen Wirkungen wie Narcein[6]).

Narcein[7]) oder Homonarcein wird bei Gegenwart von Alkalien mit Dialkylsulfaten behandelt und die erhaltenen Reaktionsprodukte in Salze oder Ester oder die Salze dieser Ester übergeführt.

---

[1]) Becker, Arch. intern. de pharmacodyn. **12**, 96 (1903). [2]) DRP. 119 060.
[3]) DRP. 68 419. — Liebigs Ann. **277**, 20. [4]) DRP. 71 797.
[5]) Z. f. Tuberk. **1904**, 451.
[6]) Pouchet und Chevallier, Bull. gén. de thér. **1904**, 779. — Noguega, Gaceta Médica Catalana **1906**, 25. [7]) Knoll, DRP. 174 380.

Man kann die gleichen Alkylderivate auch erhalten durch neutrale Alkylierungsmittel, wie Methylnitrat, Jodalkyl, Trimethylphosphat[1]).

Zwecks Darstellung von Alkylnarcein[2]) oder Homonarceinadditionsprodukten und deren Alkylestern werden entweder Alkylnarceine resp. Alkylhomonarceine oder Narceinalkalien für sich oder in alkoholischer Lösung mit Alkylierungsmitteln behandelt und die erhaltenen quaternären Verbindungen esterifiziert oder die Narceine esterifiziert und dann in die quaternären Verbindungen verwandelt.

Narceinphenylhydrazon $C_{22}H_{31}N_3O_6$, von M. Freund dargestellt, wirkt in Dosen von 0.1 g per kg letal durch Atmungslähmung. Vorher treten Konvulsionen auf[3]).

Aponarcein[4]) erhält man aus Narcein mit wasserentziehenden Mitteln, wie Mineralsäuren, Säurechloriden oder Anhydriden, z. B. aus Narcein und Phosphoroxychlorid.

Hydrastis.

Das Studium der Opiumalkaloide führt uns zu einer Gruppe von Körpern, welche chemisch und physiologisch bestimmte Beziehungen zu einzelnen Opiumalkaloiden besitzen.

Während lange Zeit die Mutterkornpräparate die Alleinherrschaft bei Behandlungen von Gebärmutterleiden und insbesondere von Blutungen aus diesem Organe behaupteten, trotzdem diesen Präparaten wegen ihrer sehr verschiedenen Wirkung, ihren unangenehmen Nebenwirkungen und dem leichten Verderben große Nachteile innewohnten, brachte die Einführung der Droge Hydrastis canadensis einen Konkurrenten, welcher sich einen großen Teil des therapeutischen Gebietes, auf welchem die Ergotinextrakte (Secale cornutum) dominierten, eroberte, obgleich keineswegs zu verkennen ist, daß zwischen der Wirkung beider Substanzen ganz wesentliche Unterschiede bestehen.

Der Fluidextrakt der Hydrastis canadensis hat einen dem rein dargestellte wirksamen Prinzipe nicht zukommenden widerlichen Geschmack, an welchem die Verwendung dieses Mittels oft gescheitert ist (er wird auch als Expektorans benützt).

Bei der Untersuchung dieser Droge wurde als wirksamer Bestandteil das Alkaloid Hydrastin isoliert, neben dem schon früher bekannten Alkaloide Berberin.

Hydrastin läßt sich in Opiansäure und in Hydrastinin spalten[5]).

$$\underset{\text{Hydrastin}}{C_{21}H_{21}NO_6} + H_2O = \underset{\text{Opiansäure}}{C_{10}H_{10}O_5} + \underset{\text{Hydrastinin}}{C_{11}H_{13}NO_3}.$$

Hydrastinin wird aus Hydrastin durch Einwirkung von verdünnter Salpetersäure gewonnen.

Dem Hydrastinin kommt folgende Strukturformel zu:

```
              CH2
  /O-/\ /\CH2
CH2  |  |  |
  \O-\/ \NH—CH3
         |
        CHO
```

[1]) DRP. 183 589, Zusatz zu DRP. 174 380.
[2]) Knoll, DRP. 186 884, Zusatz zu DRP. 174 380.
[3]) Wendel, Diss. Berlin (1894). [4]) Knoll, DRP. 187 138.
[5]) Martin Freund und W. Will, BB. **19**, 2800 (1886); **20**, 89, 2400 (1887).

Die Konstitution des Hydrastins läßt sich folgendermaßen darstellen:

CH_2
$CH_2{<}^{O-}_{O-}$ CH_2
$N-CH_3$
CH
CH—O
CO
OCH_3
OCH_3

Es fällt gleich eine bestimmte Verwandtschaft dieses Alkaloids mit dem Opiumalkaloid Narkotin auf, wenn man sich der Betrachtung der Konstitution des letzteren zuwendet.

Narkotin läßt sich durch Oxydation und Wasseraufnahme in Opiansäure und Kotarnin spalten.

$$\underset{\text{Narkotin}}{C_{22}H_{23}NO_7} + H_2O + O = \underset{\text{Opiansäure}}{C_{10}H_{10}O_5} + \underset{\text{Kotarnin}}{C_{12}H_{15}NO_4}.$$

Gnoscopin ist racemisches Narkotin[1]).

Dem Kotarnin kommt nun, durch Synthese von Arthur Henry Salway endgültig erwiesen, folgende Konstitution zu[2]):

CH_2
$CH_2{<}^{O-}_{O-}$ CH_2
$NH \cdot CH_3$
CHO
CH_3O

(Die meisten Gefäßmittel aus der Alkaloidreihe besitzen Aldehydcharakters auch das Yohimbin.)

Narkotin läßt sich daher durch folgende Formel darstellen:

CH_2
$CH_2{<}^{O-}_{O-}$ CH_2
$N \cdot CH_3$
CH
CH_3O
CH—O
CO
$-OCH_3$
OCH_3

Narkotin und Hydrastin rufen beide ein tetanisches Stadium hervor, das bei Kaltblütern in eine vollständige zentrale Lähmung übergeht, beide verlangsamen die Schlagfolge des Herzens, beide lähmen die Herzganglien. Beide regen die Peristaltik an[3]).

Hydrastin macht bei Katzen Somnolenz, ebenso Hydroberberin.

Die Oxydationsprodukte, die nach Abspaltung der indifferenten Opiansäure entstehen, Kotarnin und Hydrastinin, zeigen beide keine krampferregenden Eigenschaften, sie erzeugen bei Warm- und Kaltblütern eine rein zentrale Lähmung (durch Einwirkung auf die motorische Sphäre des Rückenmarkes). Sie sind keine Herzgifte; der Exitus letalis erfolgt bei ihnen durch Lähmung des Atmungszentrums und ist durch künstliche Respiration aufzuhalten.

[1]) BB. **43**, 800 (1910). [2]) Journ. Chem. Soc. London **97**, 1208 (1910).
[3]) Ronße, Arch. intern. de Pharmacodyn. **4**, 207; **5**, 21.

Betrachtet man nun die Formeln der Alkaloide: Hydrastin, Papaverin und Narkotin und auch die des Berberins nebeneinander, so läßt sich die große Analogie in der Konstruktion nicht verkennen.

Narkotin

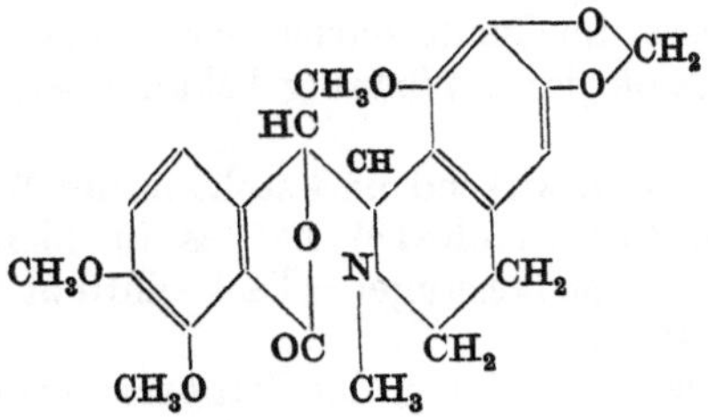

Papaverin

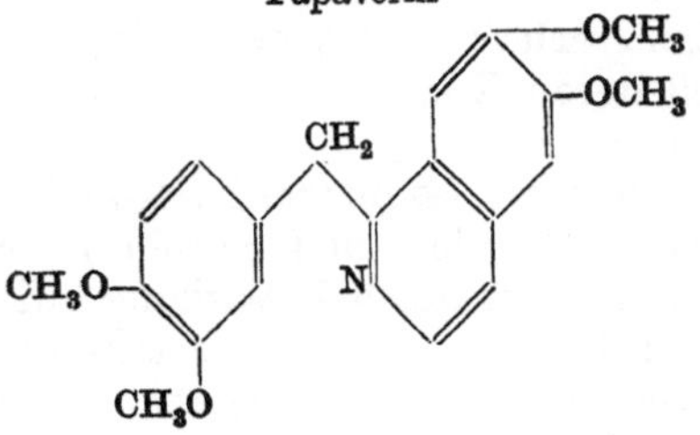

Hydrastin

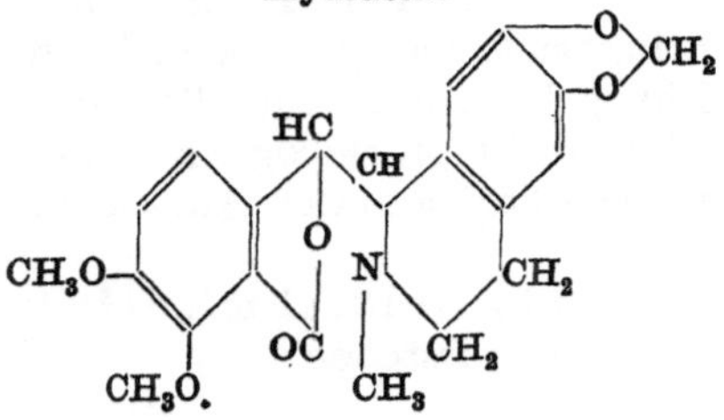

Berberinal

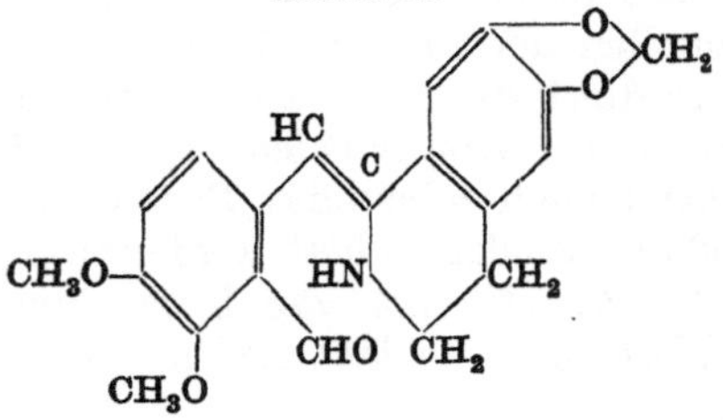

Während nach Gadamer die freie Base des Berberins als Aldehyd (Berberinal) anzusehen ist, sind die Berberinsalze (I)

Berberinchlorhydrat

(I)

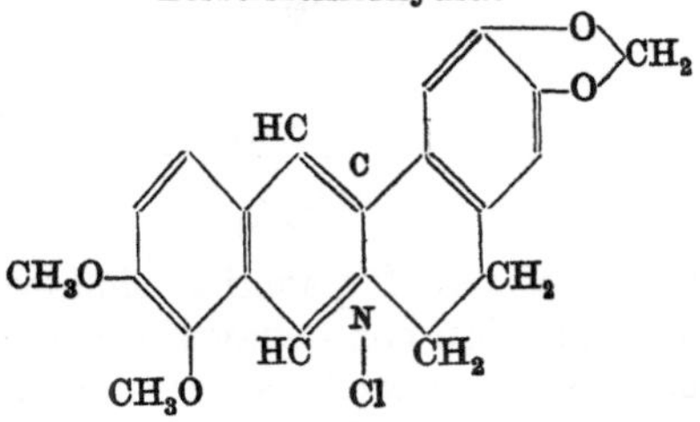

Hydrastininchlorhydrat

(II)

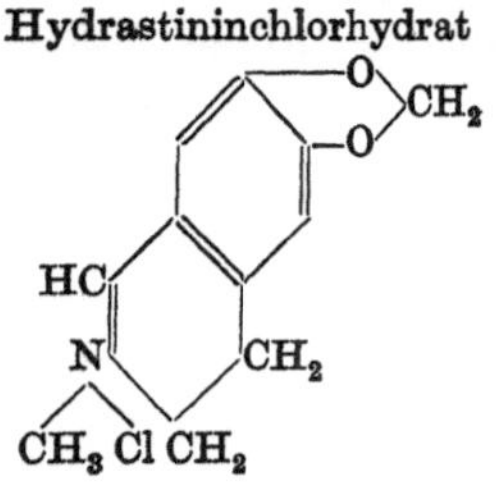

Kotarninchlorhydrat

(III)

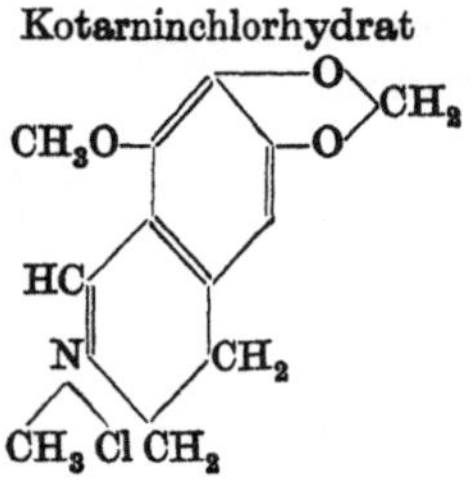

als Isochinolinammoniumverbindungen aufzufassen. Unter Austritt eines Moleküls Wasser aus dem Aldehyd (Berberinal) und Mineralsäure vollzieht sich die Salzbildung unter Ringschluß. Auch die Spaltstücke des Hydrastins und Narkotins, des Hydrastinins und Kotarnins, haben, wie früher gezeigt, den Charakter aromatischer Aldehyde. Auch bei diesen Substanzen tritt die Salzbildung unter Wasserabspaltung und Ringschluß ein (II und III).

Die Stellung der beiden Methoxylgruppen im Berberinmolekül ist von Franz Faltis bewiesen worden. Eine vollständige Bestätigung hat die Berberinformel durch die Synthese von Pictet und Gams erfahren.

Narkotin erweist sich als ein Methoxyhydrastin.

Ein noch klareres Bild über die Beziehungen zwischen Konstitution und Wirkung erhalten wir, wenn wir die anderen im Opium enthaltenen Alkaloide, soweit deren Konstitution und deren physiologische Wirkung bekannt ist, besprechen.

Papaverin ist nur noch schwach narkotisch wirkend und steht in der Mitte zwischen Morphin und Kodein[1]. Nach Leubuscher[2] hat es in kleinen Dosen eine beruhigende Wirkung auf die Darmbewegungen. Es beeinflußt alle glattmuskeligen Organe erschlaffend (J. Pal).

David J. Macht bezieht die hemmende Wirkung der Papaveringruppe auf ihre Benzylgruppe, die erregende der Morphingruppe auf den Piperidinteil[3].

Nach subcutaner Darreichung von Papaverin kann man dieses weder in Organteilen noch in den Ausscheidungsprodukten finden, auch kein Umwandlungsprodukt davon. Nach oraler Darreichung kann man eine Teil aus dem Magen und Darm isolieren. Papaverinsulfosäure ist physiologisch indifferent und kann nach subcutaner Darreichung zu etwa 35% aus den Ausscheidungsprodukten wieder isoliert werden[4].

Die Konstitution des Papaverins hat Guido Goldschmiedt[5] völlig aufgeklärt, und sie läßt sich in folgender Formel darstellen:

$$CH \quad CH_3O- \quad CH_3O- \quad CH \quad N \quad C \quad CH_2 \quad -OCH_3 \quad OCH_3$$

Hochmolekulare Derivate des Papaverins sind von M. Freund und K. Fleischer[6] durch Kondensation von Papaverin, einerseits mit Formaldehyd, andererseits mit Opiansäure, bei Gegenwart starker Schwefelsäure erhalten worden.

Verwandelt man Papaverin in das entsprechende Chlormethylat und reduziert dieses mittels Zinn und Salzsäure, so erhält man N-Methyltetrahydropapaverin

$$CH_2 \quad CH_3O- \quad CH_3O- \quad CH_2 \quad N\cdot CH_3 \quad CH \quad CH_2 \quad -OCH_3 \quad OCH_3$$

[1] Schröder, AePP. **17**, 96. [2] Dtsch. med. Wochenschr. **1892**, 179.

[3] Journ. Pharm. and exper. Therap. **9**, 287 (1917). [4] Kurt Zahn, BZ. **68**, 444 (1915).

[5] M. f. Ch. **4**, 704 (1883); **6**, 372, 667, 954 (1885); **7**, 485 (1886); **8**, 510 (1887); **9**, 42, 327, 349, 762, 778 (1888); **10**, 156, 673, 692 (1889); **13**, 697 (1892); **17**, 491 (1886).

[6] BB. **48**, 406 (1915).

welches racemisch ist und sich durch Chinasäure in zwei aktive Komponenten zerlegen läßt. Die rechtsdrehende ist mit dem Laudanosin aus dem Opium identisch[1]).

Die Base ist also am Stickstoff methyliert und hydriert. Dadurch ist sie außerordentlich giftig geworden und nähert sich durch ihre konvulsivische Wirkung dem Thebain und Strychnin; sie besitzt keine wahrnehmbare narkotische Wirkung. Nach Babel kann sie in bezug auf Giftigkeit nur dem Thebain an die Seite gestellt werden. Die Verstärkung der Toxizität ist auf die Wasserstoffzunahme, die stärkere Krampfwirkung auf die Methylgruppe zurückzuführen.

Dagegen sind die narkotischen Eigenschaften, welche Papaverin, wenngleich in wenig hohem Grade, besitzt, beim Laudanosin völlig verschwunden. Die anderen Erscheinungen der physiologischen Wirkung sind bei den beiden Alkaloiden sehr ähnlich[2]).

Nach den Untersuchungen von Claude Bernard[3]) rangieren die Opiumbasen in folgender Weise in bezug auf ihre krampferregende Wirkung. 1. Thebain. 2. Papaverin. 3. Narkotin. 4. Kodein. 5. Morphin. Laudanosin steht also in dieser Hinsicht zwischen Thebain und Papaverin. Es ist also durch die Hydrierung und die Methylierung am Stickstoff die Wirkungsweise nicht verändert, sondern nur erheblich verstärkt, daher erscheint die schwach narkotische Wirkung des Papaverins in dieser als krampferregendes Mittel stärker wirkenden Verbindung nunmehr völlig verdeckt. Man ersieht beim Papaverin und beim Laudanosin leicht aus der Formel, daß alle Hydroxyle durch Alkylgruppen geschlossen erscheinen, so daß der krampferregende Komplex, dessen angreifende Gruppe für das Rückenmark uns leider unbekannt, zur vollen Geltung kommen kann, da kein freies Hydroxyl in dieser Substanz vorhanden, welches chemische Beziehungen zum Gehirn herstellen würde.

Durch Oxydation von Papaverin mit Permanganat erhielt Guido Goldschmiedt ein Keton, das Papaveraldin

$$\begin{array}{l} C_6H_3(OCH_3)_2 \\ | \\ CO \\ | \\ C_9H_4N(OCH_3)_2 \end{array}$$

Durch Reduktion mit Essigsäure und Zink kann man aus diesem einen sekundären Alkohol (Papaverinol) erhalten[4]).

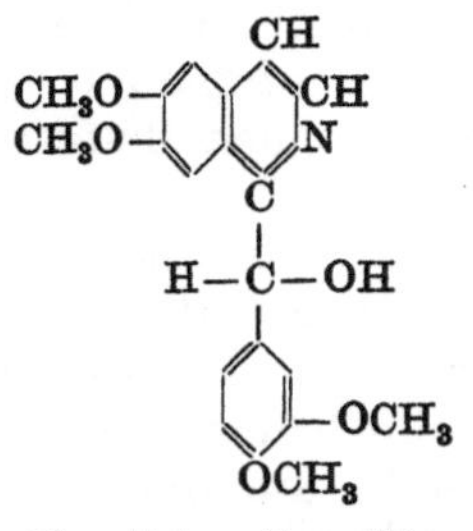

$$\begin{array}{c} CH \\ CH_3O-\text{[Isochinolinring]}-CH \\ CH_3O- \quad\quad N \\ C \\ | \\ H-C-OH \\ | \\ \text{[Benzolring]}-OCH_3 \\ OCH_3 \end{array}$$

Die Wirkung des Papaverinols ähnelt in allen Hauptsymptomen der Papaverinwirkung, nur sind die Krämpfe kräftiger und andauernder.

Tetrahydropapaverolinhydrochlorid $C_{16}H_{17}O_4N \cdot HCl$, von Frank Lee Pyman[5]) dargestellt, also der entmethylierte und reduzierte Körper, wirkt physiologisch nur wenig. An isolierten Organen aber sieht man eine Blut-

---

[1]) Amé Pictet und Athanasescu, BB. **33**, 2346 (1900).

[2]) Babel, Rev. méd. de la Suisse Rom. **1899**, Nr. 11, S. 657.

[3]) C. r. **59**.

[4]) Stuchlik, M. f. Ch. **21**, 813 (1900).

[5]) Journ. Chem. Soc. London **95**, 1610.

drucksenkung, bedingt durch eine Entspannung der glatten Muskulatur. Ebenso wirkt die Substanz auf den Uterus[1]).

Papaverin

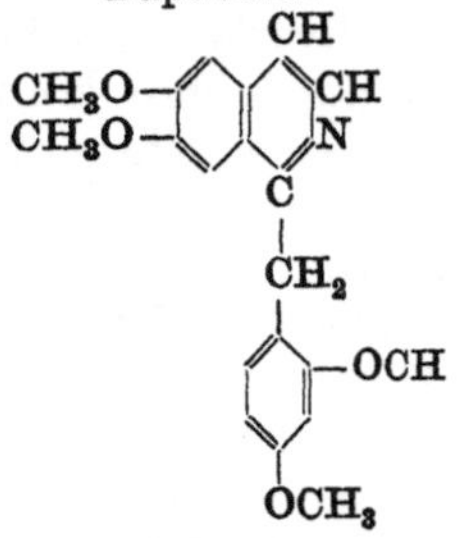

Tetrahydropapaverolin

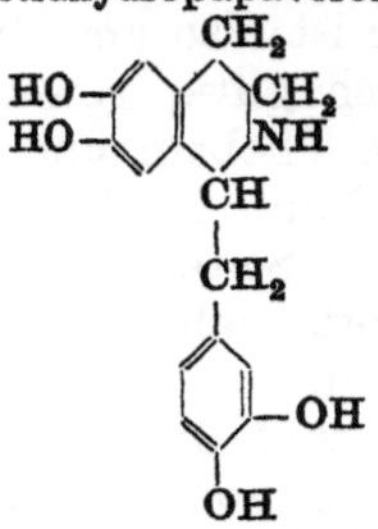

Die hydrierte Base wird im Organismus anscheinend durch Oxydation zerstört, auf die Skelettmuskulatur wirkt sie nicht, sie ist wenig giftig, der Blutdruck sinkt rapid ab infolge einer Erweiterung der glatten Muskulatur der Arterien. Die Substanz wirkt hauptsächlich auf die glatte Muskulatur überhaupt und nicht auf das Nervensystem, nur der Blasenmuskel widersteht der Wirkung[2]).

Mittels Grignardscher Synthese werden aus Berberinsalzen Benzyldihydroberberin, Phenyldihydroberberin, Methyldihydroberberin, Äthyldihydroberberin, Propyldihydroberberin dargestellt[3]).

α-Alkyl-tetrahydroberberine erhält man durch Reduktion von α-alkylsubstituierten Derivaten[4]).

Dicentrin ist ein dem Papaverin, Hydroberberin und Canadin isomeres Alkaloid $C_{20}H_{21}NO_4$. Es erzeugt leichte Narkose an Fröschen und Krämpfe sowie eine Schwächung der Reaktionsfähigkeit des Froschherzens. In großen Dosen wirkt es auf das Respirationszentrum lähmend. Bei Warmblütern geht der Lähmung eine vorübergehende Erregung des Zentrums voraus[5]).

Betrachtet man nun die physiologische Wirksamkeit dieser Substanzen und ihrer Spaltungsprodukte, so ergeben sich interessante Beziehungen zwischen diesen Verbindungen und man sieht leicht den Gedankengang, welcher dazu geführt hat, auf rein chemischen Beobachtungen über die konstitutionelle Verwandtschaft dieser Körper äußerst wirksame Ersatzmittel der natürlichen Hydrastis-Droge und ihres wirksamen, rein dargestellten Prinzipes zu basieren.

Das zweite Alkaloid der Hydrastis, Berberin, wirkt hauptsächlich auf das Zentralnervensystem. Kleine Dosen wirken auf den Blutdruck und die Gefäße gar nicht. Große Dosen erniedrigen den Blutdruck merklich (Pio Marfori). Schon kleine Berberindosen verursachen mächtige Uteruskontraktionen und dieselben Blutdruckänderungen wie Extractum Hydrast. fluid.[6]). Berberin kontrahiert die Milz, macht Uteruskontraktionen und wird auch als Stomachikum und Tonikum benutzt. Es setzt die Körpertemperatur herab, vermehrt die Peristaltik und tötet schließlich durch zentrale Lähmung[7]). Nach Berg wird es im Organismus verbrannt. Im Harn läßt es sich gar nicht, in den Exkrementen nur in Spuren nachweisen.

Hydroberberin, welches Hlasiwetz und Gilm[8]) und Schmidt dargestellt, unterscheidet sich vom Berberin dadurch, daß es um vier Atome

---

1) P. P. Laidlaw, Journ. of physiol. **40**, 480 (1910).
2) P. P. Laidlaw, Journ. of physiol. **40**, 481 (1910).
3) M. Freund und E. Merck, DRP. 179 212.
4) Martin Freund, DRP.-Anm. F. 20 430 (zurückgezogen).
5) K. Iwakawa, AePP. **64**, 369 (1911). 6) Österr. med. Jahrb. **1885**, **349**.
7) Curci, BB. **25**, R. 290 (1892). 8) Liebigs Ann. Suppl. **2**, 191 (1862).

Wasserstoff mehr enthält. Es erhöht den Blutdruck durch Gefäßverengerung, die abhängt von der Erregung der vasomotorischen Zentren der Medulla oblongata. Die physiologische Wirkung des Hydroberberins ist ganz verschieden von der des Berberins. Ersteres macht zuerst eine Erregung des Rückenmarkes und dann allgemeine Lähmung, letzteres sofort Lähmung. Hydroberberin macht Blutdrucksteigerung, Berberin eine starke Druckerniedrigung. Die Hydrierung macht also hier eine völlige Änderung der physiologischen Wirkung [1]).

Canadin (aus der Wurzel von Hydrastis canadensis) ist optisch aktives, und zwar l-Tetrahydroberberin. Man kann racemisches Canadin aus Berberin durch Reduktion künstlich darstellen und durch Oxydation wieder in Berberin verwandeln. (Die Trennung des Racemkörpers haben Vosz und Gadamer durchgeführt [2]).

Canadin wirkt aber nicht [3]) blutdrucksteigernd. Bei Säugetieren macht Canadin in mittleren Gaben schwere Somnolenz, große Gaben erzeugen tonischklonische Krämpfe mit nachfolgender schwerer Lähmung. Auf den Uterus und das Gefäßsystem ist es ohne Einfluß [4]).

α-Methyltetrahydroberberinhydrochlorid ist fast wirkungslos, das entsprechende Salz des α-Äthyldihydroberberins zeigt ausgeprägte lokal schädigende Eigenschaften; es ätzt die Cornea, tötet einzellige Lebewesen, bringt Muskel zum Erstarren, lähmt Leukocyten. In das Gefäßsystem injiziert, veranlaßt es Puls- und Atembeschleunigung, verursacht aber im Gegensatz zu Hydrastinin und Kotarnin keine Blutdrucksteigerung durch Gefäßverengerung [5]).

Die Hydrastininsäure

$$CH_2{<}^{O}_{O}{>}C_6H_2{<}^{\cdot CO \cdot NH \cdot CH_3}_{\cdot CO \cdot COOH}$$

und Berilsäure

$$\begin{matrix} CH_3O \\ CH_3O \end{matrix}{>}C_6H_2{<}^{CO}_{CO}{>}N \cdot CH : CH \cdot \underset{\displaystyle |\atop COOH}{C_6H_2}{<}^{O}_{O}{>}CH_2$$

sind Oxydationsprodukte des Hydrastins und Berberins. Sie sind gänzlich unwirksam [6]).

Amenyl ist das Chlorhydrat des Methylhydrastimids; man erhält es aus dem Jodmethylate des Hydrastins durch Ammoniak, wobei unter Abspaltung von Jodwasserstoff eine Öffnung des N-haltigen Ringes eintritt. Das so entstandene Methylhydrastin nimmt bei der Behandlung mit Ammoniak ein Molekül desselben auf, wobei die Lactonbildung gesprengt wird. Das dabei entstehende Methylhydrastamid spaltet beim Erwärmen mit Salzsäure sehr leicht ein Molekül Wasser ab und geht dabei in das Chlorhydrat des Methylhydrastimids über. Dieses setzt den Blutdruck infolge Gefäßerschlaffung herab [7]).

Die Alkylhydrastine und die analogen Narkotinverbindungen geben, mit Ammoniak behandelt, analoge Körper. Es gehen die Alkylhydrastinalkoholate in die Alkylhydrastamide über, wenn sie mit Ammoniak längere Zeit digeriert werden. Dieselben spalten beim Erhitzen mit starker Lauge oder unter dem Einflusse von Säuren leicht Wasser ab und gehen in Alkylhydrastimide resp. Alkylnarkotimide über.

Die so dargestellten Verbindungen haben keine praktische Bedeutung erlangt.

---

[1]) Siehe Allgemeines über Alkaloide, S. 301ff. [2]) Arch. d. Pharm. **248**, 43 (1910).
[3]) Mohr, Privatmitteilung. [4]) BB. **40**, 2604 (1907).
[5]) Frank Lee Pyman, Journ. chem. Soc. London **97**, 1814 (1910).
[6]) Pio Marfori, AePP. **27**, 161. [7]) Therap. Monatshefte **23**, 581.

Die Droge Hydrastis canadensis wirkt in erster Linie auf das Gefäßsystem, und zwar vom Zentrum aus und bewirkt Gefäßverengerung bzw. in großen Gaben Erweiterung (Fellner).

Hydrastin macht keine lokale Anästhesie, hingegen aber eine Steigerung des Blutdruckes. Bei Warmblütern macht Hydrastin Tetanus und dann Lähmung. Durch Reizung der Medulla oblongata kommt es zu einer Gefäßkontraktion und Blutdrucksteigerung, dieselbe ist aber nach Falk[1]) gering und besonders während der tetanischen Anfälle tritt tiefes Sinken des Blutdruckes und Gefäßerschlaffung ein. Die Blutdrucksteigerung ist nicht andauernd. Der Tod tritt bei der Hydrastinvergiftung durch Herzlähmung ein[2]). Eine direkte Wirkung auf den Uterus ist nicht zu konstatieren.

Hydrastinin, das Spaltungsprodukt des Hydrastins, wirkt ebenfalls nicht lokal anästhesierend, ist aber kein Herzgift, wie seine Muttersubstanz, und erzeugt eine Zunahme der Gefäßkontraktion. Die Gefäßkontraktion wird zum Teil durch Erregung des vasomotorischen Zentrums bewirkt, vor allem aber durch Einwirkung auf die Gefäße selbst, infolgedessen tritt dann Blutdrucksteigerung ein. Die Blutdrucksteigerung ist anfangs periodisch, lang andauernd und durch keine Erschlaffungszustände unterbrochen. Der Tod erfolgt durch Lähmung des Respirationszentrums. An der isolierten Gebärmutter sieht man, daß Hydrastinin auf die Gefäße direkt nicht wirkt, daß die Gefäßwirkung eine zentrale ist. Die Uteruskontraktionen hängen nicht mit einer Verengerung der Gefäße zusammen. Auf den Nervenmuskelapparat wirkt es so, daß die Zusammenziehungen einen tetanischen Charakter annehmen[3]).

Der Unterschied zwischen der Muttersubstanz und dem Spaltungsprodukte läßt sich daher folgendermaßen feststellen.

Beim Hydrastin ist die Wirkung auf den Blutdruck als Teilerscheinung der strychninartigen Wirkung auf das Zentralnervensystem anzusehen. Die Gefäßspannung ist eine Teilerscheinung des tetanischen Stadiums.

Hydrastinin hingegen macht kein tetanisches Stadium, es steigert die Contractilität des Herzmuskels, ist kein Herzgift, hat keine lokale Einwirkung auf die Muskulatur und bewirkt Gefäßkontraktion durch Einwirkung auf die Gefäße selbst und dadurch Blutdrucksteigerung und Pulsverlangsamung. Der Tod erfolgt durch Lähmung des Atemzentrums. Hydrastinin wirkt also in ganz anderer Weise, wenn auch mit demselben physiologischen Endeffekte und viel intensiver und andauernder als die Muttersubstanz Hydrastin. Nach den Durchströmungsversuchen von Pellaconi, Marfori usw. besitzt Hydrastin, ebenso wie Hydrastinin, auch eine lokale Wirkung auf die peripheren Gefäße. Hydrastinin wirkt nur im Sinne eines abgeschwächten Hydrastins.

Wenn man Hydrastinin als Aldehyd auffaßt, so erscheint es zugleich als ein sekundäres Amin und es vermag so zwei Methylgruppen aufzunehmen. Es entsteht auf diese Weise Hydrastininmethylmethinchlorid. Dieses macht fast vollständige Lähmung, anfangs eine Blutdrucksteigerung, dann Senkung. Vor allem unterscheidet sich die Wirkung dieses Körpers von der des Hydrastinins dadurch, daß es periphere Lähmung der Atemmuskulatur erzeugt und so curareartig den Tod herbeiführt. Hierbei büßt es die gefäßkontrahierenden Eigenschaften des Hydrastinins zum größten Teile ein.

---

[1]) Therap. Monatshefte **1890**, 319. — Virchows Arch. **190**, 399. — Arch. f. Gynäkol. **36**, Heft 7.

[2]) Marfori, AePP. **27**, 166. — Philipps und Pembrey, Journ. of physiol. Proc. physiol. Soc. **1897**, 16. Jan.

[3]) Kurdinowski, Engelmanns Arch. **1904**, Suppl. II, 323.

Das zweite Spaltungsprodukt des Hydrastins, die Opiansäure, macht bei Kaltblütern Narkose, und zwar zentrale Lähmung, dann sehr geringe Krämpfe (Pio Marfori), bei Warmblütern ist Opiansäure wirkungslos, es kommen ihr höchstens antiseptische Eigenschaften zu.

Durch den Eintritt der Opiansäure in die Verbindung ist also eine Abschwächung und Veränderung der Wirkung erfolgt, anderseits tritt eine tetanische Wirkung hinzu, die dem Hydrastinin fehlt. Daher ist Hydrastinin für die Therapie wertvoller, wegen der Stärke seiner gefäßkontrahierenden Wirkungen, anderseits wegen des Fehlens von Reizerscheinungen von seiten des Rückenmarkes und wegen der günstigen Beeinflussung der Herzaktion.

Narkotin ist in seinen Wirkungen dem Morphin sehr ähnlich, aber erheblich schwächer. Es stellt gewissermaßen ein umgekehrtes Thebain vor. Sehr rasch erfolgt eine nur kurze Zeit während geringe Erhöhung der Sensibilität und einiges Zucken, dann Empfindungslosigkeit, Betäubung und Lähmung. Die Empfindlichkeit des Auges scheint vermindert, ebenso die Empfänglichkeit des Auges und der Nerven für den elektrischen Reiz. Ein schlafsüchtiger Zustand herrscht vor.

Bei Katzen macht Narkotin, intern zu 1 g gegeben, fürchterliche tetanische Krämpfe und danach Somnolenz und Lähmung. Bei Menschen wirkt es in therapeutischen Dosen nur als Antipyreticum (z. B. bei Malaria). Als Nebenwirkung kleiner Gaben sieht man Steigerung des Sexualtriebes.

Durch Einwirkung von Formaldehyd auf Narkotin unter Zusatz von Mineralsäuren erhält man Methylendinarkotin, welches sich bei der Oxydation mit Salpetersäure in Methylendikotarnin umwandelt[1]).

Methylen-di-kotarnin-bromhydrat besitzt keinerlei lokale Wirkungen, lähmt aber zentral und peripher beim Frosch, beim Kaninchen nicht peripher, sondern es treten Krämpfe, Kollaps und Tod bei 0.05 g subcutan ein. Es macht Blutdrucksteigerung, dann Abfallen des Blutdruckes unter hochgradiger Pulsverlangsamung, schließlich Herzlähmung[2]).

Das Spaltungsprodukt des Narkotins: Kotarnin hat nach Buchheim und Loos eine schwache Curarewirkung. Stockmann und Dott[3]) fanden, daß es in gewissem Grade paralysierend auf motorische Nerven wirkt, nicht mehr als andere Glieder der Morphingruppe. Es erinnert in seiner Wirkung sehr an Hydrokotarnin, von dem es nur um zwei Wasserstoffe differiert.

Hydrokotarnin macht tetanische und narkotische Symptome, ähnlich wie Kodein, es ist aber weniger giftig als Thebain und Kodein, aber giftiger als Morphin, es hat die typische Wirkung der Morphingruppe.

Äthylhydrokotarninchlorhydrat wirkt am Auge anästhesierend. 0.002 g sind für Frösche letal. Es macht Krämpfe und zentrale sowie periphere Lähmung. Bei Warmblütern ist es ein heftiges Krampfgift. Propylhydrokotarninchlorhydrat wirkt wie das Äthylderivat bei sonst gleichen Dosen.

Phenylhydrokotarnin und Benzylhydrokotarnin sind als Chlorhydrate auffallend schwächer wirksam als die Äthyl- und Propylderivate.

Dihydrokotarninchlorhydrat ist stark giftig, es verursacht Krämpfe und Tod[4]).

---

[1]) Martin Freund und Karl Fleischer, BB. **45**, 1171 (1912); DRP. 245 622.

[2]) M. Freund und K. Fleischer (Heinz-Erlangen), BB. **45**, 1182 (1912).

[3]) Brit. med. Journ. **1891**, 24. Jan.

[4]) Martin Freund und Heinz, BB. **39**, 2219 (1906).

Kotarnin unterscheidet sich vom Hydrastinin nur dadurch, daß es an Stelle eines Wasserstoffatoms die Gruppe $-OCH_3$ enthält. Es wirkt blutstillend und kommt unter dem Namen Stypticin in den Handel. Stypticin[1]) macht bei Tieren zuerst eine Erregung des Zentralnervensystems und dann eine allgemeine Paralyse. Der Tod erfolgt durch Atmungslähmung. Es zeigt also Kotarnin im allgemeinen dieselbe Wirkung wie seine Muttersubstanz Narkotin, auch schwache hypnotische Eigenschaften kommen beiden zu. Pio Marfori[2]) zeigte, daß dem Kotarnin keine gefäßverengernden Eigenschaften zukommen wie dem Hydrastinin, welche seine blutstillenden Eigenschaften erklären würden. Auch die Gerinnung des Blutes wird durch dieses Mittel nicht begünstigt.

Als die wahrscheinlichste Ursache dieser blutstillenden Wirkung des Stypticins kann angenommen werden, daß ihm die Fähigkeit eigen ist, die Atmung zu verlangsamen, den arteriellen Blutdruck zu verringern und hierdurch eine Verlangsamung des gesamten Blutstromes hervorzurufen, wodurch die Thrombenbildung begünstigt und dem Blutaustritt ein Ziel gesetzt wird.

Das Eintreten der einen Methoxylgruppe macht also eine so große Differenz in der Wirkungsart beider Substanzen, des Hydrastinins und des Stypticins; obgleich der blutstillende Effekt derselbe, so ist die Ursache der blutstillenden Eigenschaft in physiologischer Beziehung eine durchaus verschiedene.

Kotarnin wirkt schwächer als das nahe verwandte Hydrastinin in bezug auf die Blutstillung, es löst aber Wehentätigkeit aus, was Hydrastinin nicht tut und wirkt auch nicht narkotisch[3]), besitzt aber nach Mohr (Privatmitteilung) sedative Wirkung.

Die große Billigkeit des Kotarnins sichert ihm neben dem teureren Hydrastinin einen Platz in der Therapie.

Styptol ist phthalsaures Kotarnin. Phthalsäure soll nämlich ebenfalls blutstillend wirken[4]).

Martin Freund[5]) verbindet Kotarninsuperoxyd mit Phthalsäure und Cholsäure und erhält glatt die reinen Salze des Kotarnins.

Man stellt phthalsaure Salze[6]) des Kotarnins her, entweder durch direkte Vereinigung von Säure und Base oder durch Umsetzung der Salze beider. Die Phthalsäure soll für sich schon entzündungswidrig und blutstillend wirken.

Man erhält diese Salze auch durch Zusammenbringen von Phthalsäureanhydrid und Kotarnin[7]), ebenso kann man das saure Phthalat darstellen.

Nach den Untersuchungen von Kehrer[8]) wirkt Cholsäure auf den Uterus stark kontrahierend, weshalb ein Salz von Cholsäure und Kotarnin durch Auflösen molekularer Mengen hergestellt wird[9]). Man erhält dasselbe Salz, wenn man Cholsäure und Kotarnin in Form ihrer Salze aufeinander einwirken läßt[10]).

Ein Doppelsalz aus einem Molekül Eisenchlorid und zwei Molekülen salzsaurem Kotarnin[11]) kann man bei gewöhnlicher Temperatur in Gegenwart eines Lösungsmittels erhalten.

Acetylnarkotin[12]) soll weniger giftig sein als Narkotin selbst. Man erhält es aus Narkotin mit Essigsäureanhydrid bei Gegenwart von Schwefelsäure in der Wärme.

Narkotinsulfosäure[13]) erhält man aus Narkotin, Essigsäureanhydrid und Schwefelsäure bei Temperaturen, welche nicht höher sind als 30°.

---

[1]) Therap. Monatshefte **1895**, 646; **1896**, 28. [2]) Arch. ital. de Bio.. **1897**, fasc. 2.
[3]) Virchows Arch. **142**, 360. [4]) Katz, Therap. Monatshefte **1903**. Juni.
[5]) DRP. 232 003. [6]) DRP. 175 079. [7]) DRP. 180 395, Zusatz zu DRP. 175 079.
[8]) Arch. f. Gynäkol. **84**, Heft 3. [9]) Hoffmann-La Roche, DRP. 206 696.
[10]) DRP. 208 923, Zusatz zu DRP. 206 696. [11]) Voswinkel, DRP. 161 400.
[12]) Knoll, DRP. 188 055. [13]) Knoll, DRP. 188 054.

Tetrahydronarkotinchlorhydrat besitzt geringe Reizwirkung, deutliche lokalanästhesierende Wirkung, ist wenig giftig und erzeugt ausgesprochene Blutdrucksenkung infolge Gefäßerweiterung[1]).

Wolffenstein und **Bandow** empfehlen zur Darstellung des Hydrokotarnins, welches bis jetzt ohne praktische Verwendung ist, statt Kotarnin mit Zinn und Salzsäure zu reduzieren, die elektrolytische Reduktion[2]).

Methylendihydrokotarninchlorhydrat ist sehr wenig giftig. Intravenös injiziert macht es promptes Absinken des Blutdruckes mit starker Pulsverlangsamung, dann Wiederansteigen bis zur Norm, aber keine Blutdrucksteigerung. Auf die glatte Muskulatur des Uterus wirkt es nicht kontrahierend[3]).

Für die praktische Verwendung ist Hydrastin wenig geeignet seiner lähmenden und strychninartig tetanisierenden Eigenschaften wegen. Dagegen ist Hydrastinin ein geschätztes Präparat, da es nicht Tetanus erzeugt, auch kein Herzgift ist, dabei aber gefäßverengernd und dadurch blutstillend wirkt, weshalb es besonders bei Uterusblutungen Anwendung findet[4]). Werden die Alkyladditionsprodukte des Hydrastins und Narkotins durch Ammoniak zersetzt, so entstehen Derivate mit zwei Stickstoffatomen. So entstehen Alkylhydrastamide und Alkylnarkotamide.

Die so aus Narkotin und Hydrastin entstehenden Verbindungen (Methylaminoverbindungen) erzeugen bei Warm- und Kaltblütern Lähmungen rein peripherer Natur. Sie sind in kleinen Dosen ohne jede Einwirkung auf das Herz und wirken erst in größeren Dosen und nach längerer Zeit lähmend ein. Beide bewirken — die Hydrastinverbindung jedoch ein wesentlich stärkeres — Sinken des Blutdruckes; der Tod erfolgt durch Atmungsstillstand.

Die aus diesen Verbindungen endlich durch Einwirkung von Säuren unter Abspaltung eines Moleküls Wasser entstehenden Imidverbindungen erzeugen bei Warm- und Kaltblütern zuerst ein Stadium einer unvollkommenen Lähmung, auf das alsdann ein mit der Steigerung der Reflexe beginnendes Krampfstadium folgt. Beide üben einen lähmenden Einfluß auf das Herz aus, sie bewirken Blutdrucksenkung, die Hydrastinverbindung jedoch eine wesentlich stärkere infolge starker Gefäßerschlaffung. Der Tod erfolgt durch Atmungsstillstand.

Die von **Falck** ausgeführten Untersuchungen haben gezeigt, daß die gleich konstituierten Derivate des Narkotin und Hydrastin eine nahe pharmakologische Verwandtschaft besitzen, anderseits finden sich aber auch Verschiedenheiten in ihren Wirkungen. Wenn wir von unwesentlichen Wirkungen absehen, z. B. daß Methylnarkotimid lokal anästhesierend wirkt, so fällt vor allem der wesentliche Unterschied auf, daß alle Narkotinderivate, wenn auch eine verschieden starke Einwirkung auf das Großhirn zeigen; sie erzeugen ein narkotisches Stadium, während die aus der Hydrastis canadensis stammenden Hydrastinderivate alle eine Einwirkung auf das Gefäßsystem und den Blutdruck ausüben. Während wir aber bei Hydrastin eine durch tiefes Sinken des Blutdruckes unterbrochene Steigerung des Druckes finden, besitzen die Additionsprodukte des Hydrastins, z. B. Hydrastinmethylamid nur gefäßerschlaffende Eigenschaften, sie erzeugen Blutdrucksenkung, hingegen ruft das durch Oxydation entstehende Spaltungsprodukt, Hydrastinin, anhaltende

---

[1]) M. **Freund**, BB. **45**, 2322 (1912). [2]) DRP. 94 949.

[3]) M. **Freund** und A. **Daube** (Heinz-Erlangen), BB. **45**, 1186 (1912).

[4]) **Decker**, **Kropp**, **Hoyer** und **Becker**, Liebigs Ann. **395**, 299, 321, 328, 342 (1913).

Gefäßkontraktion und Blutdrucksteigerung hervor. Mohr[1]) konnte dies nicht beobachten.

Beim Menschen übt Methylnarkotamid keine sichere und gleichmäßige Wirkung aus, es besitzt weder vor Morphin, noch vor Kodein Vorzüge. Methylhydrastamid ist weniger toxisch als das Imid und wurde wegen seiner gefäßerschlaffenden Wirkung als Emmenagogum mit größtem Mißerfolg versucht, auch Kotarnin steht weit hinter Hydrastinin zurück.

Die oben besprochenen, von Falck physiologisch geprüften Derivate des Hydrastins und Narkotins werden nach M. Freund und Heim[2]) in der Weise erhalten, daß die Alkylhalogenadditionsprodukte des Hydrastins und Narkotins durch Ammoniak in eigentümlicher Weise zersetzt werden, wobei Derivate mit zwei Stickstoffatomen entstehen. Dieselben Verbindungen entstehen auch durch Einwirkung von Ammoniak auf Methylhydrastin und Methylnarkotin.

Beim Kochen mit Kalilauge verwandelt sich Hydrastinin in Hydrohydrastinin und Oxyhydrastinin.

Hydrastinin

CH_2; $H_2C\langle{}^{O}_{O}\rangle$; CH_2; $NH \cdot CH_3$; CHO

Hydrohydrastinin

CH_2; $H_2C\langle{}^{O}_{O}\rangle$; CH_2; $N \cdot CH_3$; CH_2

Oxyhydrastinin

CH_2; $H_2C\langle{}^{O}_{O}\rangle$; CH_2; $N \cdot CH_3$; CO

Durch Reduktion von Kotarnin mit Natriumamalgam und verdünnter Salzsäure erhält man Hydrokotarnin

CH_3O; CH_2; $CH_2\langle{}^{O}_{O}\rangle$; $N \cdot CH_3$; CH_2; CH_2

Dieses liefert bei der Reduktion mit Natrium und siedendem Amylalkohol unter Verlust des Alkoxyls Hydrohydrastinin

CH_2; $CH_2\langle{}^{O}_{O}\rangle$; $N \cdot CH_3$; CH_2; CH_2

womit ein einfacher Weg vom Narkotin zum Hydrastin bzw. von Kotarnin zum Hydrastinin erschlossen erscheint[3]).

Hydrohydrastinin hat eine krampferregende Wirkung. Warmblüter sterben auf der Höhe eines Krampfanfalles oder nach diesem an Atmungslähmung[4]).

Die Synthese des Hydrohydrastinins läßt sich nach Fritsch in folgender Weise bewerkstelligen.

Man kann Alkyloxybenzylidenaminoacetal[5]) (aus Aminoacetal und Alkyloxybenzaldehyd) mit konz. Schwefelsäure kondensieren, welche Kondensation schon beim bloßen

[1]) Mohr, Privatmitteilung. [2]) DRP. 58 394. — Liebigs Ann. **271**, 314.
[3]) F. L. Pyman und F. G. C. Remfry, Journ. Soc. Chem. London **101**, 1595 (1912).
[4]) Kramm, Diss. Berlin (1893). [5]) Fritsch, DRP. 85 566.

Stehenlassen eintritt, und erhält so Methylen-2.3-dioxyisochinolin, welches in nahen Beziehungen zum Hydrastinin steht und in dieses übergeführt werden kann[1]).

Piperonalacetalamin → Methylendioxyisochinolin

$CH_2<(O\cdot)(O\cdot)>C_6H_3\cdot CH:N\cdot CH_2\cdot CH(OC_2H_5)_2 \longrightarrow CH_2<(O\cdot)(O\cdot)>C_6H_2(-CH{=}N,\ -CH{=}CH)$

Das Jodmethylat der letztgenannten Verbindung liefert bei der Reduktion mit Natrium und Alkohol Hydrohydrastinin[2]).

Die Berberinsynthese[3]) verläuft folgendermaßen:

Homopiperonylamin $CH_2O_2 : C_6H_3 \cdot CH_2 \cdot CH_2 \cdot NH_2$ wird mit Homoveratrumsäurechlorid $(CH_3O)_2 \cdot C_6H_3 \cdot CH_2 \cdot COCl$ zu Homoveratroylhomopiperonylamin (I) kondensiert. Dieses wird in kochender Xylollösung mit Phosphorpentoxyd erhitzt, wobei unter Austritt eines Moleküls Wassers die dihydrierte Isochinolinbase (II) entsteht, welche durch Reduktion mittels Zinn und Salzsäure sich in Veratryl- norhydrastinin (III) verwandelt.

(I) $CH_2<O,O> C_6H_2 (CH_2\cdot CH_2\cdot NH \cdot CO \cdot CH_2 \cdot C_6H_3(OCH_3)_2)$ ⟶ (II) $CH_2<O,O> C_6H_2 (CH_2\cdot CH_2\cdot N{=}C \cdot CH_2 \cdot C_6H_3(OCH_3)_2)$ ⟶ (III) $CH_2<O,O> C_6H_2 (CH_2\cdot CH_2\cdot NH \cdot CH \cdot CH_2 \cdot C_6H_3(OCH_3)_2)$

Läßt man auf die warme salzsaure Lösung Methylal einwirken, so erhält man Tetrahydroberberin

$CH_2<O,O>C_6H_2(CH_2\cdot CH_2\cdot N\cdot CH_2)\cdot HC\cdot H_2C\cdot C_6H_2(OCH_3)_2$

Tetrahydroberberin läßt sich nun durch Oxydation in Berberin verwandeln.

Aus Homopiperonylamin und Phenylessigsäure entsteht Phenylacetylhomopiperonylamin $CH_2 : O_2 : C_6H_3 \cdot CH_2 \cdot CH_2 \cdot NH \cdot CO \cdot CH_2 \cdot C_6H_5$. Dieses läßt sich zu einer Ringbase kondensieren: zu 1-Benzyl-norhydrastinin.

Formylhomopiperonylamin geht in Norhydrastinin über. Dieses geht durch Addition von Jodmethyl in das quaternäre Salz des Hydrastinins über[4]).

Norhydrastinin → Hydrastininjodid

$CH_2<O,O>C_6H_2(H_2, H_2, N{=}CH) + JCH_3 \longrightarrow CH_2<O,O>C_6H_2(H_2, H_2, N(J)(CH_3){=}CH) \longrightarrow CH_2<O,O>C_6H_2(H_2, H_2, NCH_3, C(OH)H)$

[1]) Bayer, Elberfeld, DRP. 235 358. [2]) Liebigs Ann. **284**, 18.
[3]) Amé Pictet und Alfons Gams, BB. **44**, 2480 (1911).
[4]) DRP. 235 538.

Neuerdings ist Hydrastinin von Martin Freund und Karl Fleischer[1] durch Abbau des Berberinmoleküls erhalten worden.

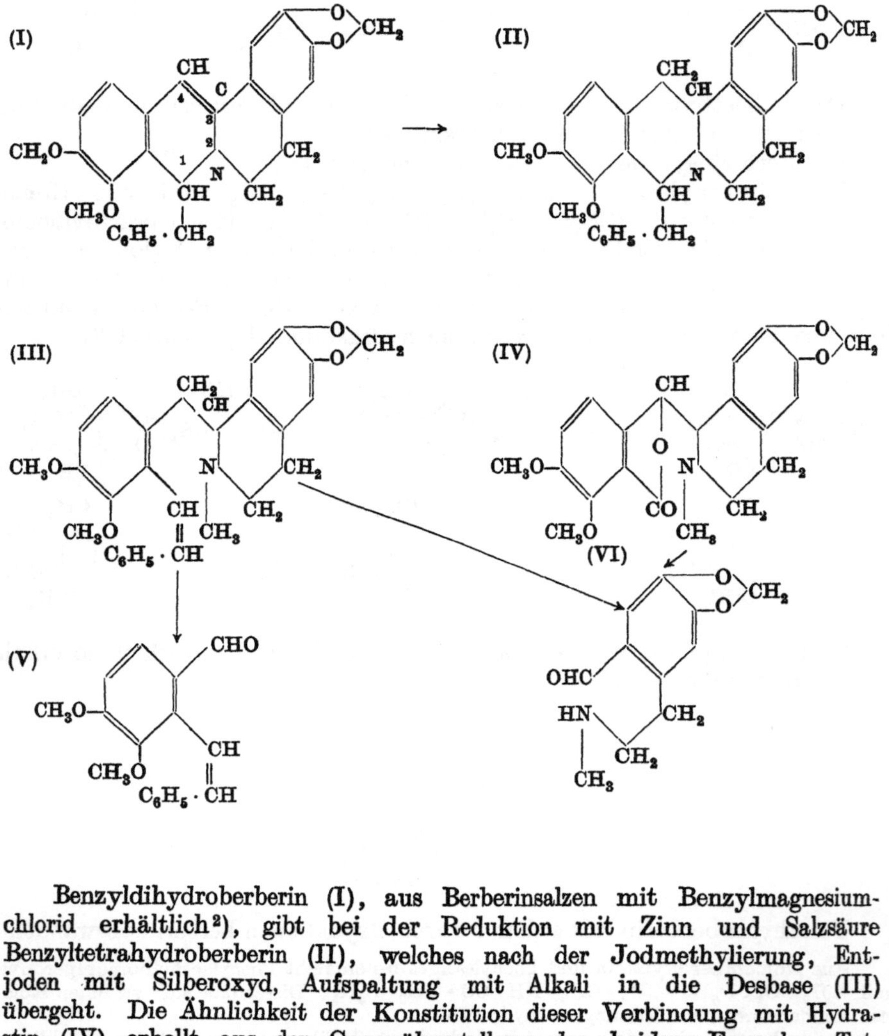

(I) (II) (III) (IV) (V) (VI)

Benzyldihydroberberin (I), aus Berberinsalzen mit Benzylmagnesiumchlorid erhältlich[2]), gibt bei der Reduktion mit Zinn und Salzsäure Benzyltetrahydroberberin (II), welches nach der Jodmethylierung, Entjoden mit Silberoxyd, Aufspaltung mit Alkali in die Desbase (III) übergeht. Die Ähnlichkeit der Konstitution dieser Verbindung mit Hydrastin (IV) erhellt aus der Gegenüberstellung der beiden Formeln. Tatsächlich zerfällt auch diese Base bei der Oxydation in essigsaurer Lösung mit Natriumbichromat in Hydrastinin (VI) und einen stickstoffreien Aldehyd (V)[3]).

Von M. Freund und K. Fleischer[4]) ist festgestellt worden, daß die Alkyldihydroberberine (z. B. 1-Benzyldihydroberberin I) in Stellung 4 ein so reaktionsfähiges Wasserstoffatom besitzen, so daß bei der Digestion dieser Basen

1) Liebigs Ann. **397**, 4, 36 (1913). 2) DRP. 179 212.
3) DRP. 241 136 und DRP. 242 217.
4) Liebigs Ann. **409**, 190 (1915); vgl. DRP. 242 573.

mit Jodmethyl, nicht wie zu erwarten, ein Jodmethylat entsteht, sondern lediglich die Substitution des H-Atom durch Methyl erfolgt (VII).

(VII) (VIII)

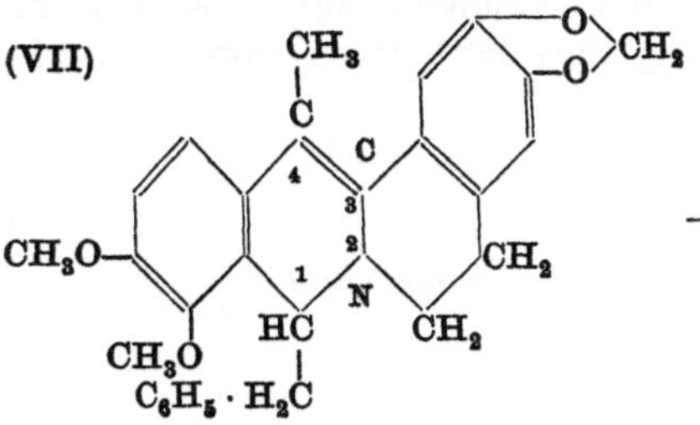

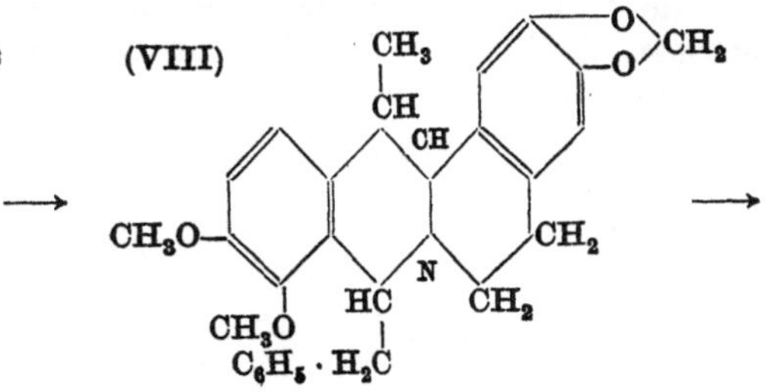

(IX) 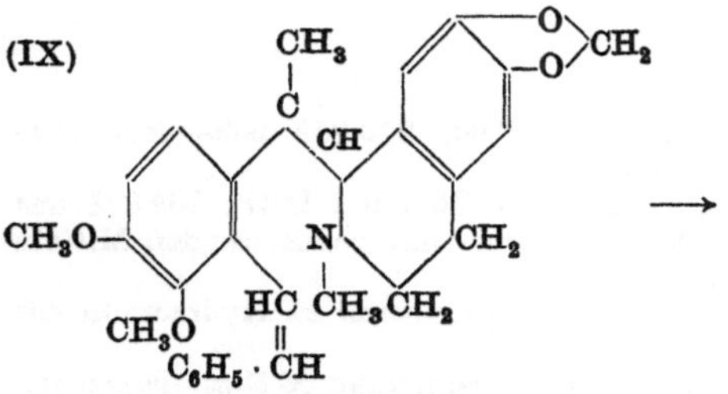 (X) 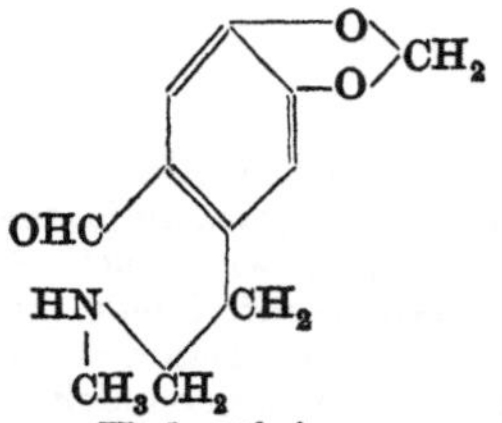 Hydrastinin

Auch diese Basen lassen sich reduzieren (VIII). Die aus der reduzierten Verbindung durch Jodmethylierung und Aufspaltung entstehende Desbase (IX), eine homologe Verbindung der obenerwähnten (III), liefert bei der Oxydation ebenfalls Hydrastinin (X).

Es ist bemerkenswert, daß bei Ersatz der Benzylgruppe in Stellung 1 durch ein anderes Radikal bei der Aufspaltung Desbasen von anderem Formeltypus erhalten werden, die bei der Oxydation kein Hydrastinin liefern[1]).

Dagegen konnte Hydrastinin von M. Freund und E. Zorn[2]) in der Weise gewonnen werden, daß die durch Behandlung des Methylhydroxyds des 1-Phenyltetrahydroberberins (XI) mit Natriumamalgam entstehende reduzierte Desbase (XII) oxydiert wurde.

(XI)

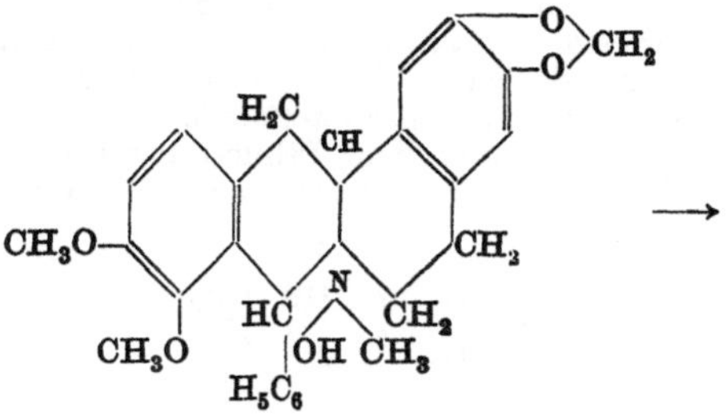

(XII)

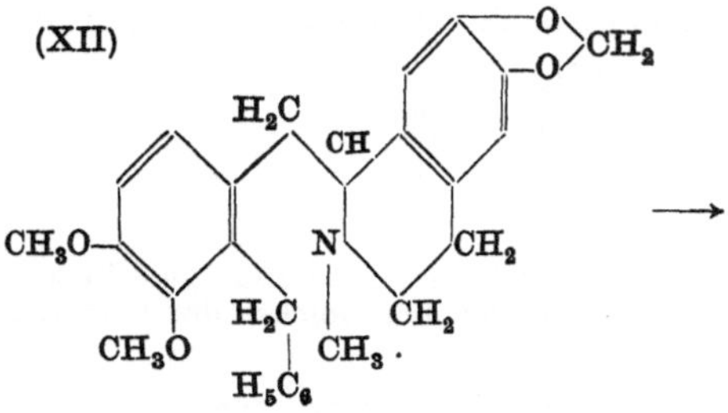

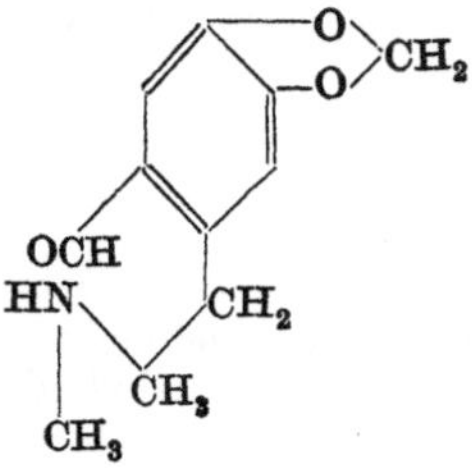

[1]) Liebigs Ann. **397**, 9 (1913). [2]) Liebigs Ann. **397**, 29, 113 (1913).

Die ausgeprägte Reaktionsfähigkeit des H-Atoms in Stellung 4 der 1-R-dihydroberberine ist von M. Freund und K. Fleischer[1]) benutzt worden, um diese Berberinabkömmlinge mit Diazoniumlösungen zur Reaktion zu bringen. Auf diese Weise ist eine Kuppelung eines Berberinabkömmlings mit Arsanilsäure gelungen.

$H_2O_3As—C_6H_4—N{=}N$, C, C, O, O, CH_2, CH_3O, CH_2, N, CH, CH_2, CH_3O, $C_6H_5 \cdot CH_2$ (siehe Kapitel Arsen).

Die Patente DRP. 249 723, 257 138, 267 699, 267 700, 270 859 behandeln Darstellungen von Hydrastinin aus Homopiperonylamin.

Hydrastinin wird nach einer Variante des DRP. 241 136 nach DRP. 259 873 aus Berberin dargestellt, indem man die Aryltetrahydroberberine mit reduzierenden Mitteln behandelt und die Basen dann oxydiert.

DRP. 267 272 behandelt die Oxydation von Dihydrohydrastinin zu Hydrastinin mit Jod in organischen Lösungsmitteln.

Hydrohydrastinin und dessen Homologe erhält man, wenn man N-Methoxymethylhomopiperonylamin oder dessen in der Stellung 2 oder 3 alkylierte Derivate der allgemeinen Formel $CH_2{<}O_2{>}C_6H_3 \cdot C^4H_2 \cdot C^3H(R_2) \cdot N_2(R_1)C^1H_2 \cdot OCH_3$ (R_1 und R_2 = Wasserstoff oder Alkyl) der Einwirkung kondensierender Mittel unterwirft. Hydrohydrastinin erhält man aus N-Methylmethoxymethylhomopiperonylamin $CH_2{<}O_2{>}C_6H_3 \cdot CH_2 \cdot CH_2 \cdot N(CH_3)CH_2 \cdot OCH_3$ in Toluol bei Erhitzen mit Phosphorpentoxyd. N-Äthylnorhydrohydrastinin aus N-Äthylmethoxymethylhomopiperonylamin $CH_2{<}O_2{>}C_6H_3 \cdot CH_2 \cdot CH_2 \cdot N(C_2H_5)CH_2 \cdot OCH_3$ und der berechneten Menge Salzsäure. 3-Methylnorhydrohydrastinchlorhydrat erhält man aus N-Methoxymethyl-3-methylhomopiperonylamin $CH_2{<}O_2{>}C_6H_3 \cdot CH_2 \cdot CH(CH_3) \cdot NHCH_2 \cdot OCH_3$ beim Einstampfen mit der berechneten Menge Salzsäure[2]).

Hydrastininderivate erhält man durch Behandlung von Homopiperonylaminderivaten der allgemeinen Formel $CH_2{<}^{O}_{O}{>}C_6H_3 \cdot CH_2 \cdot CH\,(Alkyl) \cdot N{<}^{R}_{COH}$, wobei R Wasserstoff, Alkyl oder Aralkyl ist, mit sauren Kondensationsmitteln, wie Phosphorpentoxyd, Phosphorpentachlorid, Aluminiumchlorid oder Chlorzink, und gegebenenfalls Alkylierung oder Aralkylierung der aus den Formylderivaten der primären Basen entstandenen 6.7-Methylendioxy-3.4-dihydro-3-alkylisochinoline am Stickstoffatom. Aus 3.4-Methylendioxyphenyl-N-methylformylisopropylamin erhält man beim Erhitzen mit Phosphorpentoxyd in Xylol, Lösen der abgeschiedenen Metaphosphate in Benzol und Fällen mit Alkali die Isochinolinbase

CH_2, $CH_2{<}^{O}_{O}$, $CH \cdot CH_3$, $N{<}^{CH_3}_{OH}$, CH

Aus 3.4-Methylendioxyphenyl-N-formylisopropylamin erhält man die Isochinolinbase

CH_2, $CH_2{<}^{O}_{O}$, $CH \cdot CH_3$[3]), N, CH

Die Formylverbindung des Homopiperonylamins erwärmt man mit Phosphorpentoxyd und erhält 6.7-Methylendioxy-3.4-dihydroisochinolin, welches durch methylierende Mittel in Hydrastininsalze übergeführt wird[4]).

---

[1]) Liebigs Ann. **411**, 1, 5, 12 (1915). [2]) Merck, DRP. 280 502.
[3]) Merck, DRP. 279 194. [4]) Decker, DRP. 234 850.

Statt Phosphorpentoxyd kann man auch andere saure Kondensationsmittel, wie z. B. Phosphorpentachlorid, Phosphoroxychlorid, Eisenchlorid, Zinkchlorid oder Aluminiumchlorid verwenden. Die gleiche Reaktion geben ganz allgemein die Formyl- und Oxalylverbindungen von ω-Phenyläthylaminen. Die so erhaltenen Dihydroisochinolinderivate werden gegebenenfalls methyliert. Diese Verbindungen sind von den im DRP. 235 358 beschriebenen Methylendihydroisochinolinderivaten dadurch unterschieden, daß zum Teil am Kohlenstoff in 1-Stellung nicht alkylierte Dihydroisochinolinbasen entstehen, zum Teil Derivate, die sich von einer 3.4-Dihydroisochinolin-1-carbonsäure ableiten[1]).

Man erhält ein Tetrahydroisochinolinderivat, wenn man die nach DRP. 257 138 durch Kondensation von Homopiperonylamin mit Formaldehyd und nachfolgende Umlagerung mit sauren Mitteln erhältliche Base $C_{10}H_{11}NO_2$ mit methylierenden Mitteln behandelt[2]).

Tetrahydroisochinolinderivate erhält man, wenn man zwecks Darstellung von N-Alkylhomologen des Hydrohydrastinins bzw. von in 1-Stellung durch Alkyl oder Aryl substituierte Derivate des Hydrohydrastinins und anderer N-Alkylderivate des Norhydrohydrastinins das 6.7-Methylendioxy-1.2.3.4-tetrahydroisochinolin (Norhydrastinin) mit alkylierenden Mitteln (außer methylierenden) behandelt bzw. die in 1-Stellung durch Alkyl oder Aryl substituierten Derivate dieser Base alkyliert. Dargestellt wurden: 1-Phenylhydrohydrastinin aus 1-Phenylhydronorhydrastinin beim Erhitzen mit Formaldehyd auf 130°. N-Äthylhydronorhydrastinin aus Hydronorhydrastinin und Jodäthyl, ferner N-Benzylhydronorhydrastinin[3]).

Homopiperonalamin erhält man durch Reduktion des Homopiperonaloxims

$$CH_2<\genfrac{}{}{0pt}{}{O-}{O-}>C_6H_3-CH_2\cdot CH:NOH$$

bzw. des Methylendioxy-ω nitrostyrols mit reduzierenden Mitteln, und zwar bei Reduktion des Homopiperonaloxims mit Natriumamalgam unter Verwendung einer größeren Menge Eisessig, als zur Neutralisation des bei dieser Reduktionsmethode entstehenden Natriumhydroxyds erforderlich[4]).

Das Oxim kann auch in alkoholischer Lösung mit Hilfe von metallischem Natrium oder Calcium reduziert werden[5]).

Die Reduktion des Homopiperonaloxims läßt sich auch in saurer Lösung oder Suspension mit Hilfe des elektrischen Stromes vornehmen[6]).

Methylendioxy-ω-nitrostyrol läßt sich ebenfalls mit Hilfe des elektrischen Stromes in saurem Medium zum Homopiperonalamin reduzieren[7]).

Kondensationsprodukte aus Tetrahydropapaverin und dessen Derivaten erhält man, wenn man auf Tetrahydropapaverin oder dessen Kernsubstitutionsprodukte aliphatische oder aromatische Aldehyde, zweckmäßig in Form der entsprechenden Acetate, in Gegenwart einer Mineralsäure einwirken läßt.

Beschrieben sind Methylentetrahydropapaverin aus Tetrahydropapaverin beim Erwärmen mit Methylal und verdünnter Salzsäure, Äthylidentetrahydropapaverin, Aminoäthylidentetrahydropapaverin, Benzylidentetrahydropapaverin[8]).

N-Alkylhomologe des Norhydrohydrastinins und deren in 1-Stellung substituierten Derivate erhält man, wenn man auf N-Monoalkylderivate des Homopiperonylamins aliphatische oder aromatische Aldehyde in äquimolekularer Menge einwirken läßt und die so erhaltenen Kondensationsprodukte mit katalytisch wirkenden Stoffen, wie Mineralsäuren oder Phosphoroxychlorid, in der Wärme behandelt. Bei der Herstellung des N-Methylnorhydrohydrastinins (Hydrohydrastinin) kann Methylierung und Kondensation in einem Arbeitsgang erfolgen, wenn man Homopiperonylamin in Gegenwart von Säuren mit einem Überschuß von Formaldehyd unter Druck erhitzt. Hydrohydrastininchlorhydrat erhält man aus N-Monomethylhomopiperonylaminchlorhydrat. N-Äthylnorhydrohydrastinin entsteht beim Erhitzen von salzsaurem N-Monoäthylhomopiperonylamin mit 40 prozentigem Formaldehyd unter Druck auf 130°.

1-Phenyl-N-äthylnorhydrohydrastinin erhält man aus N-Monoäthylhomopiperonylamin, Benzaldehyd und Phosphoroxychlorid[9]).

Zur Darstellung des Hydrohydrastinins aus N-Methylhomopiperonylamin oder Monopiperonylamin kann man an Stelle des Formaldehyds zweckmäßig polymeren Formaldehyd

---

1) Decker, DRP. 245 095, Zusatz zu DRP. 234 850.
2) Decker, DRP. 281 213, Zusatz zu DRP. 270 859.
3) Decker, DRP. 270 859. 4) Bayer, DRP. 245 523.
5) DRP. 257 138, DRP. 248 046, Zusatz zu DRP. 245 523.
6) DRP. 254 860, Zusatz zu DRP. 245 523. 7) DRP. 254 861, Zusatz zu DRP. 245 523.
8) Amé Pictet, DRP. 281 047. 9) DRP. 281 546, Zusatz zu DRP. 257 138.

gegebenenfalls in Gegenwart eines geeigneten Lösungs- oder Verdünnungsmittels verwenden[1]).

In 1-Stellung alkylierte, aralkylierte oder arylierte Hydrastinine erhält man, indem man auf die Acidylderivate des Homopiperonylamins mit Ausnahme des Formylderivates Kondensationsmittel einwirken läßt und die so erhaltenen Dihydroisochinolinbasen in ihre Halogenalkylate oder -arylalkylate überführt.

Acetylhomopiperonylamin $CH_2\langle{}^{O}_{O}\rangle C_6H_3-CH_2\cdot CH_2\cdot NH\cdot CO\cdot CH_3$ gibt beim Erhitzen mit Toluol und Phosphorpentoxyd 6.7-Methylendioxy-1-methyl-3.4-dihydroisochinolin; aus dem Jodmethylat erhält man mit Chlorsilber das Chlormethylat (salzsaures 1-Methylhydrastinin) $CH_2\langle{}^{O}_{O}\rangle C_6H_2\langle{}^{CH_2\cdot CH_2}_{C(CH_3)=N\langle{}^{CH_3}_{Cl}}\rangle$, mit Benzylchlorid erhält man das Chlorbenzylat. Aus Homopiperonylamin und Phenacetylchlorid entsteht Phenacetylhomopiperonylamin

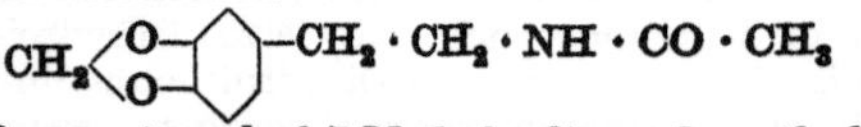

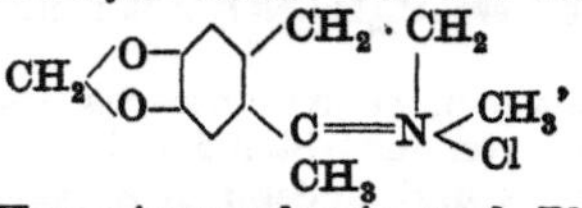

$$CH_2\langle{}^{O}_{O}\rangle C_6H_3-CH_2\cdot CH_2\cdot NH\cdot CO\cdot CH_2\cdot C_6H_5$$

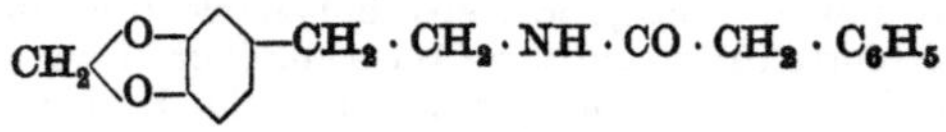

Dieses liefert mit Phosphorpentoxyd beim Erhitzen mit Toluol 6.7-Methylendioxy-1-benzyl-3.4-dihydroisochinolin, dessen Chlormethylat (salzsaures 1-Benzylhydrastinin). Das Jodäthylat $CH_2\langle{}^{O}_{O}\rangle C_6H_2\langle{}^{CH_2\cdot CH_2}_{C(CH_2\cdot C_6H_5)=N\langle{}^{C_2H_5}_{J}}\rangle$ ist krystallisiert.

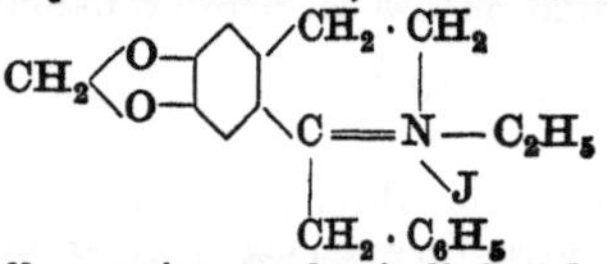

Benzoylhomopiperonylamin liefert beim Erhitzen mit Toluol und Phosphoroxychlorid 6.7-Methylendioxy-1-phenyl-3.4-dihydroisochinolin[2]).

Diese Substanzen zeigen die gefäßkontrahierenden Eigenschaften des Hydrastinins.

Wenn man Formylhomopiperonylamin mit Phosphorpentoxyd mit oder ohne Zusatz von indifferenten Lösungsmitteln erwärmt und das so erhaltene 6.7-Methylendioxy-3.4-dihydroisochinolin mit methylierenden Mitteln behandelt, so erhält man Hydrastininsalze[3]).

Hydrastinin und analoge Basen erhält man aus Berberin, wenn man Basen, welche aus den quaternären Verbindungen der α-Alkyl-, α-Alkaryl- oder α-Aryltetrahydroberberine durch Einwirkung von Alkalien in der Wärme erhalten werden, der Oxydation unterwirft[4]).

Das Zusatzpatent hierzu zeigt[5]) nun, daß in der α-Arylreihe die Aufspaltung nicht in derselben Weise sich vollziehen kann, weil das zu dieser Aufspaltung erforderliche Wasserstoffatom fehlt. Man kann aber quaternäre Ammoniumverbindungen des α-Phenyltetrahydroberberins und analoger Basen im Kern II aufspalten, wenn man sie mit reduzierenden Mitteln, z. B. Natriumamalgam, behandelt. Man erhält dann Basen, welche bei der Oxydation Hydrastinin liefern.

Derivate des Hydrastinins erhält man, wenn man Methylendioxyphenylisopropylamin mit Formaldehyd oder Formaldehyd abspaltenden Stoffen und katalytisch wirkenden Mitteln behandelt und das entstehende Kondensationsprodukt oxydiert oder das entstandene Alkylidenamin mit Hilfe von katalytisch wirkenden Mitteln umlagert, alkyliert und die so entstandenen Körper oxydiert, evtl. mit Jod.

Dargestellt wurde 3-Methyldihydrohydrastinin und 3-Methyl-N-äthylnorhydrastinin, welche weniger giftig sind als Hydrastinin[6]).

Die Synthese des Hydrastinins und Kotarnins von H. Decker läuft folgendermaßen: Aus dem Kondensationsprodukte von Piperonal mit Hippursäure läßt sich die Piperonylbrenztraubensäure darstellen, welche durch Einwirkung von Ammoniak in ein Homopiperonylpiperonylalanin

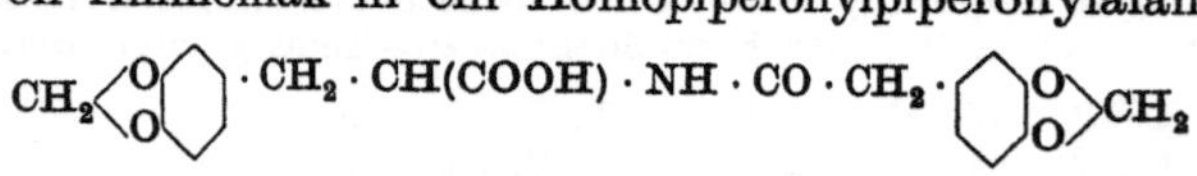

$$CH_2\langle{}^{O}_{O}\rangle C_6H_3\cdot CH_2\cdot CH(COOH)\cdot NH\cdot CO\cdot CH_2\cdot C_6H_3\langle{}^{O}_{O}\rangle CH_2$$

[1]) DRP. 281 547, Zusatz zu DRP. 257 138. [2]) DRP. 235 358.
[3]) H. Decker, Hannover, DRP. 234 850. [4]) M. Freund, DRP. 241 136.
[5]) DRP. 259 873, Zusatz zu DRP. 241 136.
[6]) Karl W. Rosenmund, Charlottenburg, DRP. 320 480.

übergeht. Das um ein Kohlensäuremolekül ärmere Homopiperonylhomopiperonylamin geht in ein substitutiertes Dihydroisochinolinderivat über.

$$CH_2\langle O_2 \rangle C_6H_3 \cdot CH_2 \cdot CH_2 \cdot NH \cdot CO \cdot CH_2 \cdot C_6H_3 \langle O_2 \rangle CH_2$$

$$\longrightarrow \text{Dihydroisochinolinderivat mit } CH_2 \cdot C_6H_3\langle O_2\rangle CH_2$$

Durch Methylierung am Stickstoff gelangt man zu einem Tetrahydroisochinolinderivat, welches unter Abspaltung von Piperonal Hydrastinin liefert. Das Piperonal kann wiederum für die Darstellung einer neuen Menge Hydrastinin benützt werden.

Hydrastinin Piperonal

$$\text{Tetrahydroisochinolinderivat } (N \cdot CH_3,\ H,\ H_2C \cdot C_6H_3\langle O_2\rangle CH_2) \longrightarrow \text{Hydrastinin } (N \cdot (CH_3)Cl) + CH_2\langle O_2\rangle C_6H_3 \cdot CHO$$

Homopiperonoylhomopiperonylamin läßt sich auch durch Kondensation von Homopiperonylamin mit Homopiperonoylsäure gewinnen.

$$CH_2\langle O_2\rangle C_6H_3 \cdot CH_2 \cdot COOH + CH_2\langle O_2\rangle C_6H_3 \cdot CH_2 \cdot CH_2 \cdot NH_2$$

$$\longrightarrow CH_2\langle O_2\rangle C_6H_3 \cdot CH_2 \cdot CO \cdot NH \cdot CH_2 \cdot CH_2 \cdot C_6H_3\langle O_2\rangle CH_2$$

Ebenso ist das Benzoylderivat, das Phenacetylderivat, das Acetyl-, das Formyl- und das Oxalylderivat dargestellt worden, die ebenfalls für die Synthese Verwendung finden können. Homopiperonylamin wird entweder aus Piperonal, das man aus Safrol nach Tiemann darstellt oder aus Safrol selbst gewonnen. Vom Safrol kann man zum Hydrastinin gelangen, während man von Myristicin aus zum Kotarnin gelangt, wobei als Zwischenprodukt Formylmyristicylamin gewonnen wird.

Homopiperonylamin bzw. seine Homologen werden mit Chlormethylalkohol zu einem Aminomethanol kondensiert und dieses durch Wasserabspaltung in ein Dihydroisochinolinderivat übergeführt. Die so erhaltenen Verbindungen geben dann durch Alkylierung und darauffolgende Oxydation das gewünschte Alkaloid.

Methylendioxyphenylisopropylaminomethanol entsteht aus 2 Mol. Methylendioxyphenylisopropylamin und 1 Mol. Chlormethylalkohol. Durch Erhitzen der salzsauren Lösung entsteht

3-Methyldihydronorhydrastinin

$$CH_2\langle O_2\rangle C_6H_2 \text{ mit Ring } CH_2,\ CH \cdot CH_3,\ NH,\ CH_2$$

3-Methyldihydrohydrastinin

$$CH_2\langle O_2\rangle C_6H_2 \text{ mit Ring } CH_2,\ CH \cdot CH_3,\ N \cdot CH_3,\ CH_2$$

erhält man durch Ersatz des Methylendioxyphenylisopropylamin in der obigen Reaktion durch die am N methylierte Base oder durch Methylierung der Norbase mit Formaldehyd bei 13°.

3-Methylhydrastinin

$$\begin{array}{c} CH_2 \\ CH_2\langle^{O}_{O}\rangle C_6H_2 \langle^{CH\cdot CH_3}_{N\cdot CH_3} \\ CHOH \end{array}$$

erhält man durch Oxydation der vorstehenden Dihydrobase mittels Kaliumbichromat und Schwefelsäure oder mittels Jod.

Homopiperonylaminomethanol geht durch Erhitzen mit verdünnter Salzsäure in Dihydronorhydrastinin über, welch letztere durch Methylierung und darauffolgende Oxydation in Hydrastinin sich überführen läßt[1]).

Chinin besitzt wie Hydrastin blutstillende Wirkung.

Zu erwähnen ist noch Yohimbin, welches als Aphrodisiacum empfohlen wird. Es wirkt gefäßerweiternd. Wie die Gefäßmittel dieser Reihe besitzt es Aldehydcharakter.

Menolysin ist Yohimbinhydrochlorid, welches auch als Mittel gegen Amenorrhöe angewandt wird.

Leicht und klar lösliche Yohimbinverbindungen sind die Nucleinsäureverbindungen dieser Base, die man durch Zusammenbringen von Nucleinsäure mit Yohimbebasen unter Zusatz von Ammoniak oder durch Umsetzen von nucleinsaurem Ammoniak mit Salzen des Yohimbins oder mit Salzen der Gesamtbase aus der Yohimberinde erhält[2]).

Valimbin ist baldriansaures Yohimbin.

Meso-yohimbin, welches um einen Kohlenstoff und zwei Wasserstoffe ärmer ist als Yohimbin, wirkt in gleicher Richtung aber schwächer als letzteres[3]).

Vasotonin, welches den Blutdruck herabsetzend und gefäßerweiternd wirkt, ist eine Yohimbinurethanverbindung.

Hydriertes Colchicin erhält man durch Behandlung von Colchicin mit Wasserstoff in Gegenwart von fein verteilten oder kolloidalen Metallen der Platingruppe, insbesondere Palladium. Es soll viel weniger giftig sein als Colchicin selbst[4]).

Ergotin, Adrenalin und die aromatischen Basen aus Eiweiß.

In der Nebenniere, und zwar in der Marksubstanz derselben, wird eine Substanz gebildet, welcher im hohen Maße die Fähigkeit zukommt, den Blutdruck bei intravenöser Injektion zu steigern, welche Blutdrucksteigerung in erster Linie auf Gefäßverengerung zurückzuführen ist.

Über die Natur dieser Substanz (Adrenalin, Suprarenin), welche zwei benachbarte Hydroxyle an einem Benzolring trägt und stickstoffhaltig ist [S. Fränkel[5])], liegen zahlreiche Arbeiten vor, welche die Konstitution völlig aufgeklärt haben.

John Abel, Aldrich[6]), Takamine, O. v. Fürth, Jowett und H. Pauly und schließlich E. Friedmann haben gezeigt, daß dem Adrenalin folgende Formel zukommt

$$(HO)_2C_6H_3 \cdot CH(OH) \cdot CH_2 \cdot NH \cdot CH_3$$

[1]) Karl W. Rosenmund, Berichte der Dtsch. pharmaz. Gesellschaft **29**, 200 (1919).
[2]) Ernst Weinert, Neukölln, DRP. 322 996.
[3]) L. Spiegel und A. Loewy, BB. **48**, 2077 (1915). [4]) Grenzach, DRP. 279 999.
[5]) Wiener klin. Wochenschr. **1895**. (Unter dem Namen Sphygmogenin beschrieben.)
[6]) T. B. Aldrich, Journ. Americ. Chem. Soc. **27**, 1074.

(Brenzcatechinäthanolmethylamin), und zwar ist das natürlich vorkommende das l-Adrenalin. Dieses leitet sich, wie S. Fränkel und Walther L. Halle gezeigt, im Organismus vom l-Tyrosin ab, aus dem es durch Carboxylabspaltung, Methylierung und Oxydation entsteht.

Es war nun die Frage von größtem Interesse, welchen Gruppierungen das Adrenalin seine eminente Wirkung verdankt, und ob es nicht möglich sei, einfachere und einfacher darzustellende, vielleicht noch wirksamere Verbindungen synthetisch aufzubauen. Die Untersuchung der einzelnen Gruppierungen des Adrenalins zeigte nun folgendes:

Seit der Erkenntnis der Konstitution und der Abstammung des Adrenalins sind eine große Reihe von Untersuchungen gemacht worden, welche die Beziehungen der einzelnen Gruppen des Adrenalins zu seiner blutdrucksteigernden Wirkung klarlegen. Von großem physiologischen und synthetischen Interesse sind weiter die Studien über Ergotin, welche gezeigt haben, daß allen aromatischen Aminbasen, welche sich von den im Eiweiß vorkommenden Aminosäuren ableiten, sehr starke Wirkungen auf den Blutdruck und auf die Uteruskontraktionen zukommen. Aus jeder α-Aminosäure kann durch Abspaltung von Kohlensäure die entsprechende, um einen Kohlenstoff ärmere Aminbase nach dem Schema: $R<^{NH_2}_{COOH} = RH \cdot NH_2 + CO_2$ entstehen.

Die vier bekannten aromatischen Eiweißspaltlinge: Phenylalanin, Tyrosin (p-Oxyphenylalanin), Tryptophan (β-Indolylalanin), Histidin (β-Imidazolylalanin) sind durchwegs Alaninderivate, welche in β-Stellung das betreffende Ringsystem substituiert haben. Durch Abspaltung der Carboxylgruppe gelangt man aus ihnen zu β-substituierten Äthylaminbasen.

Phenylalanin → Phenyläthylamin

$C_6H_5 \cdot CH_2 \cdot CH(COOH) \cdot NH_2 \longrightarrow C_6H_5 \cdot CH_2 \cdot CH_2 \cdot NH_2$

Tyrosin → p-Oxyphenyläthylamin → Adrenalin

$HO \cdot C_6H_4 \cdot CH_2 \cdot CH(COOH) \cdot NH_2 \longrightarrow HO \cdot C_6H_4 \cdot CH_2 \cdot CH_2 \cdot NH_2 \longrightarrow (HO)_2C_6H_3 \cdot CH(OH) \cdot CH_2 \cdot NH \cdot CH_3$

Histidin → β-Imidazolyläthylamin

HC—NH / ‖ >CH / C—N: $CH_2 \cdot CH(COOH) \cdot NH_2 \longrightarrow CH_2 \cdot CH_2 \cdot NH_2$

Tryptophan → β-Indolyläthylamin

$C_6H_4<^{C \cdot CH_2 \cdot CH(NH_2) \cdot COOH}_{NH \cdot CH} \longrightarrow C_6H_4<^{C \cdot CH_2 \cdot CH_2 \cdot NH_2}_{NH \cdot CH}$

Diese Basen wurden nun von Barger und Dale alle, ebenso wie fette Basen, welche Derivate der aliphatischen Aminosäuren sind, im Ergotin gefunden, und man konnte zeigen, daß sie gleichartig wirken wie das Ergotoxin, der wirksame Bestandteil des Secale cornutum.

Die Amine der fetten Reihe sind sehr wenig wirksame Substanzen, während die Amine, welche aus Phenylalanin, Tyrosin, Tryptophan und Histidin entstehen, sehr stark wirksame Substanzen sind, welche auf die glatte Muskulatur, insbesondere der Gebärmutter, kontrahierend wirken. Am stärksten wirkt β-Imidazolyläthylamin aus Histidin. Da Histidin in großen Quanten leicht aus Hämoglobin gewonnen werden kann (S. Fränkel), und man durch Fäulnis relativ leicht die Carboxylgruppe desselben abzuspalten vermag, wurden mehrere Verfahren für diesen Zweck ausgearbeitet.

Zwischen dem Adrenalin und dem p-Oxyphenyläthylamin bestehen nun nahe physiologische und chemische Beziehungen, da ersteres aus dem letzteren durch Oxydation im Kern und in der Seitenkette und durch Methylierung im Organismus entsteht und beide im gleichen Sinne wirken.

Adrenalin hat eine ziemliche Verwendung in der Heilkunde als gefäßkontrahierendes, ischämisierendes Mittel gefunden.

Wollen wir nun die einzelnen, dem Adrenalin nahestehenden synthetischen Verbindungen betrachten.

Brenzcatechin $C_6H_4(OH)_2$ [Formelbild: Benzolring mit OH, OH] erhöht den Blutdruck stark (S. Fränkel).

Brenzcatechin ist nach den Untersuchungen von Barger und Dale ein allgemeines, aber nicht kräftiges stimulierendes Mittel für die glatte Muskulatur, und seine Wirkung ist nicht so spezifisch wie die der adrenalinähnlichen Körper. Es hat keine wirkliche sympathomimetische Wirkung, aber alle Basen, welche den Brenzcatechinkern enthalten, haben eine viel stärkere Wirkung als die sonstigen, ihnen analog gebauten Amine.

Auch andere Körper, die den Brenzcatechinkern enthalten, zeigen die gleichen Eigenschaften. So z. B. Chloracetobrenzcatechin [Benzolring mit OH, OH, $CO \cdot CH_2 \cdot Cl$] und Methylaminoacetobrenzcatechin (Adrenalon) [Benzolring mit OH, OH, $CO \cdot CH_2 \cdot NH \cdot CH_3$]. Auch Acetobrenzcatechin [Benzolring mit OH, OH, $CO \cdot CH_3$] ist noch wirksam. Wenn aber das Wasserstoffatom der Hydroxylgruppe durch den Acetylrest z. B. ersetzt wird, verschwindet die Wirksamkeit. Auch die Verbindung $CH_3 \cdot CO \cdot O \cdot C_6H_4 \cdot OH$ ist wenig wirksam. Es scheint, daß zwei freie Hydroxylgruppen im Kern von ausschlaggebender Bedeutung sind. Da von den drei isomeren Dioxybenzolen nur Brenzcatechin aktiv ist, scheint die Wirksamkeit von der o-Stellung der Hydroxyle abhängig zu sein. Aminoacetobrenzcatechin und die Alkylaminobrenzcatechine, z. B. die Äthyl- und Dimethylderivate, gleichen dem Methylaminoacetobrenzcatechin, und ihre Reduktionsprodukte sind sehr aktiv. Aminoacetobrenzcatechin, Methyl- und Äthylaminoacetobrenzcatechin[1]) zeigen untereinander keine wesentlichen Unterschiede, sie wirken blutdrucksteigernd, jedoch schwächer als die entsprechenden Alkoholbasen.

---

[1]) O. Loewi und H. H. Meyer, AePP. **53**, 213 (1905).

ω-Aminoacetophenon $C_6H_5 \cdot CO \cdot CH_2 \cdot NH_2$ (erhalten durch Reduktion des ω-Nitroacetophenons) macht bei Fröschen ein Aufhören der willkürlichen Bewegung, die Atmung wird verlangsamt und hört dann auf, nur das Herz schlägt weiter, wenn auch mit geringerer Frequenz. Bei nicht letalen Dosen treten zuerst die Respirationsbewegungen und dann die willkürlichen Bewegungen zurück. Auch bei den Säugetieren wirkt diese Substanz paralysierend nach vorhergehender Exzitation. Die Blutgefäße werden nicht kontrahiert, mittlere Gaben erzeugen eine kleine Steigerung des Blutdrucks, die Substanz erzeugt Pupillenerweiterung[1]).

Bei höheren Gliedern dieser Reihe, z. B. dem Heptylaminoacetobrenzcatechin ist der Unterschied zwischen diesen und den Reduktionsprodukten in bezug auf Wirkung gering. Substitution am Stickstoff mit aromatischen Gruppen läßt die blutdrucksteigernde Wirkung erlöschen. Brenzcatechinphenylaminoketon $(OH)_2 \cdot C_6H_3 \cdot CO \cdot CH_2 \cdot NH \cdot C_6H_5$ sowie Brenzcatechinbenzylaminoketon, erhalten durch Einwirkung von Benzylamin auf Chloracetobrenzcatechin, sind ohne Wirkung auf Blutdruck, Puls und Atmung[2]). Methylaminoacetobrenzcatechin wirkt qualitativ wie Adrenalin, doch erheblich schwächer. Die homologen Verbindungen Äthylaminoacetobrenzcatechin und Aminoacetobrenzcatechin wirken ebenso, doch die alkylfreie Base stärker als die alkylierten Basen. Die Äthylbase wirkt stärker als die Methylbase. Hingegen sind aber auffallenderweise die im Ammoniakrest zweifach alkylierten Verbindungen Dimethylaminoacetobrenzcatechin und Diäthylaminoacetobrenzcatechin unwirksam, ebenso auch Monoäthanolaminoketon[3]). Untersucht wurden Anilidoacetobrenzcatechin, o-Toluidinoacetobrenzcatechin und α-Methylaminoacetobrenzcatechin. Durch Erwärmen von Trimethylamin mit Chloracetobrenzcatechin erhält man $C_6H_3(OH)_2 \cdot CO \cdot CH_2N(CH_3)_3Cl$. Es ist aktiver als das entsprechende Monomethylaminderivat, aus dem die adrenalinähnlichen Substanzen gewonnen werden. Die Reduktion dieses Präparates erhöhte dessen Wirksamkeit nicht. Die Base aus Dimethylamin und Chloracetobrenzcatechin, Dimethylaminoacetobrenzcatechin, zeigt keine deutliche Blutdrucksteigerung.

Durch Oxydation des Adrenalins erhält man einen Ketonkörper, das Adrenalon[4])

$$(OH)_2C_6H_3 \cdot CO \cdot CH_2 \cdot NH(CH_3)$$

Das dem Adrenalin entsprechende Keton, Adrenalon, wirkt dem Adrenalin ähnlich, aber schwächer. Werden in der Aminogruppe zwei Wasserstoffatome statt eines durch Methylgruppen ersetzt, so nimmt das Adrenalin nicht wesentlich an Wirkung ab, aber das Keton wird dadurch unwirksam, ein Beweis, daß nicht nur den Aminowasserstoffen, sondern auch den beiden Wasserstoffatomen der Oxymethylengruppe (CH · OH) eine physiologische Bedeutung zukommt. Wird in das Keton statt der Methylgruppe eine Phenylgruppe eingeführt, so ist das Produkt ohne Wirkung auf Blutdruck, Puls und Atmung. Somit schwächt der negative Charakter der Phenylgruppe die Energie des ganzen Ketonkomplexes ab. Werden die zwei Hydroxylgruppen der Brenzcatechingruppe alkyliert, so verliert das Adrenalin seine Wirkung, ein Beweis, daß auch die Wasserstoffatome der Phenolhydroxyle sich an der Wirkung beteiligen.

---

[1]) Andrea Pitini, Arch. intern. de pharmacodyn. **14**, 75 (1905).
[2]) G. Schubenko, Diss. Petersburg (1893).
[3]) O. Loewi und H. H. Meyer, AePP. **53**, 213 (1905).
[4]) E. Friedmann, HB. **6**, 92 (1905).

Durch Reduktion von Ketonbasen vom Typus $HO\langle\bigcirc\rangle(OH)C(=O)—CH_2R$ zu sekundären Alkoholen erhält man sehr wirksame Präparate[1]), aber bei vielen Ketonen, bei denen die Aminogruppe durch kompliziertere Radikale substituiert ist, kann man keine solche Erhöhung der Wirkung nach der Reduktion bemerken.

Oxyäthylamin, sowie Oxyäthylmethylamin $CH_2 \cdot (OH) \cdot CH_2 \cdot NH \cdot CH_3$, also die Seitenkette des Adrenalins allein, macht nur eine geringe Blutdrucksteigerung. Der Brenzcatechinkern ist daher wesentlich für die Hervorrufung der Blutdrucksteigerung. Die Adrenalinwirkung steht sicherlich mit dem Benzolkern in Beziehung, denn Methylaminäthanol, also die Seitenkette für sich, wirkt nicht in gleicher Weise, hingegen wirken eine Reihe von aromatischen Äthylaminen adrenalinähnlich. Die beiden Wasserstoffatome der beiden Hydroxylgruppen dürfen nicht besetzt sein. Die Substitution am N durch Gruppen wie Methyl und Acetyl erzeugt eine wirksamere Substanz, als wenn aromatische Gruppen eintreten. Derivate von Piperidin, Heptylamin und Benzylamin nehmen eine Zwischenstellung ein.

$(OH)_2 \cdot C_6H_3 \cdot CO \cdot CH_2 \cdot NC_5H_{10}$ Piperidoacetobrenzcatechin ist nach O. Loewi und H. H. Meyer von äußerst schwacher Wirkung. Während Piperidin den Blutdruck steigert, ist Piperidoacetobrenzcatechin weniger aktiv als das entsprechende Methylaminoderivat.

Dioxyphenyläthanolamin ist in seiner Allgemeinwirkung am Kaninchen dem Thebenin ähnlich.

Die Verbindungen $C_6H_3(OH)_2CH(NH_2)CH_3$ und $C_6H_3(OH)_2[CH(NHCH_3) \cdot CH_3]$ wirken intravenös injiziert wie Adrenalin.

β-Methylisoadrenalin steigert den Blutdruck nicht [Kobert[2])] $(OH)_2C_6H_3 \cdot CH(NHCH_3) \cdot CH(OH) \cdot CH_3$.

Die Wirksamkeit des Adrenalins ist hauptsächlich bedingt durch die Gegenwart einer Aminogruppe, welche vom Benzolkern durch eine andere Gruppe getrennt ist. Zwei Hydroxyle in o-Stellung vergrößern die Wirksamkeit, und wenn diese vorhanden sind, tritt eine weitere Erhöhung des Effektes ein, wenn eine sekundäre Alkoholgruppe zwischen dem Benzolring und der Aminogruppe eingeschaltet wird. Ist dies der Fall, so ist die linksdrehende Modifikation am wirksamsten[3]).

Natürliches l-Adrenalin wirkt zweimal so stark auf den Blutdruck wie racemisches[4]).

Injiziert man Tieren d-Adrenalin, so wird der Blutdruck durch nachfolgende Injektionen von l-Adrenalin nicht mehr verändert.

l-Adrenalin wirkt auf Tumorgewebe nekrotisierend. In der Stärke abnehmend wirken ebenso Dioxyphenylaminoketon, dl-Adrenalin, d-Adrenalin, Dioxyphenyläthylaminoketon, Hordenin, Phenyläthylamin, Methylaminketon. Ganz unwirksam waren Oxyphenyläthylamin, Dioxyphenyläthylamin, Amylamin, Isoamylamin[5]).

Nach O. Loew ist Adrenalin in Form eines Salzes für das neutrale Protoplasma niederer pflanzlicher und tierischer Organismen nur ein sehr

---

[1]) Dakin, Proc. roy. soc. London **76**, 498.
[2]) C. Mannich, Apoth.-Ztg. **24**, 60. — Arch. d. Pharm. **248**, 154 (1911).
[3]) C. H. H. Harold, M. Nierenstein und H. E. Roaf, Journ. of physiology **43**, 308 (1910). [4]) Arthur R. Cushny, Journ. of physiol. **37**, 130 (1908).
[5]) Zeitschr. f. experim. Pathol. u. Ther. **11**, 9 (1912).

schwaches Gift. Dagegen sind das freie Adrenalin und das erste rote Oxydationsprodukt derselben starke Gifte. Gegenwart von Alkali steigert diese Giftwirkung. Mit der fortschreitenden Sauerstoffaufnahme der alkalischen Adrenalinlösung verschwindet die Giftnatur wieder[1]).

Adrenalin bringt sowohl den graviden wie nichtgraviden Mäuseuterus zur Erschlaffung. Phenyläthylamin erregt in geringen Konzentrationen den Uterus, in höheren wirkt es hemmend. β-Imidazoläthylamin erregt selbst in großen Verdünnungen den Mäuseuterus[2]).

Ähnliche Wirkungen wie Adrenalin, insbesondere die Wirkungen auf den Blutdruck und auf die Uteruskontraktionen, verursachen auch andere Amine. So wirken die aliphatischen Amine, und zwar die primären, sekundären, tertiären Amine und auch die quaternären Verbindungen, wie z. B. Tetraäthylammoniumjodid. Pentamethylendiamin wirkt ebenso, auch die aromatischen Amine ohne Phenolhydroxyl und mit einem oder zwei Phenolhydroxylen, wirken in gleicher Weise. Aus der letzteren Reihe wurden geprüft die Ketone, welche Derivate des Acetobrenzcatechins sind, ferner Derivate des Äthylbrenzcatechins, dann Derivate des Äthanolbrenzcatechins, schließlich Amine mit drei Phenolhydroxylen[3]). Barger und Dale nennen solche Wirkungen sympathomimetisch. Alle Substanzen, die solche Wirkungen besitzen, sind Basen; namentlich bei primären und sekundären Aminen zeigen sich diese Wirkungen in charakteristischer Weise, während die quaternären Basen, welche den sympathomimetischen Aminen der Phenol- und Brenzcatechinreihe entsprechen, eine deutliche Wirkung von völlig verschiedenem Typus, der sich sehr der Nicotinwirkung nähert, besitzen. Die Annäherung an die Adrenalinstruktur ist von einer Steigerung der sympathomimetischen Wirksamkeit begleitet. Für die primären und sekundären Amine erweist sich als günstigstes Kohlenstoffskelett der Benzolring mit einer Seitenkette von zwei Kohlenstoffatomen, wobei die Aminogruppe und der Benzolring an je einem verschiedenen Kohlenstoffatom dieser Seitenkette befestigt sind. Die Wirksamkeit wird gesteigert durch Phenolhydroxyle in der Stellung 3, 4 zur Seitenkette. Sind diese beiden Hydroxyle vorhanden, aber nur dann, so wird die Wirksamkeit weiterhin durch ein Alkoholhydroxyl an einem Kohlenstoffatom der Seitenkette gesteigert. Die hemmenden und fördernden Wirkungen dieser Substanzen werden in verschiedener Weise beeinflußt, wenn ein Wasserstoffatom der Aminogruppe durch verschiedene Alkylradikale substituiert wird. Hingegen ist der Brenzcatechinkern kein wesentlicher Bestandteil des Moleküls sympathomimetischer Substanzen. Man sieht auch keinen Parallelismus zwischen der vermehrten Oxydationsfähigkeit und der vermehrten Aktivität. Weder dem Tyrosinäthylester, noch den Acetylderivaten des p-Oxyphenyläthylamins kommen Wirkungen dieser Gruppe zu.

Die Aktivität aller Basen dieser Reihe variiert mit der Länge der Seitenkette. In der fetten Reihe ist Hexylamin am wirksamsten, während von den Phenylalkylaminen Phenyläthylamin mit einer zweikohlenstoffigen Seitenkette am wirksamsten ist.

Anilin ohne kohlenstoffhaltige Seitenkette, das eine reine aromatische Base ist, hat keine von den spezifischen Wirkungen. Benzylamin hat bloß eine Spur der Wirkung und α-Phenyläthylamin $C_6H_5 \cdot CH(NH_2) \cdot CH_3$, in welchem nur ein Kohlenstoffatom zwischen die Aminogruppe und das Ringsystem geschaltet ist, erweist sich auch nur als sehr schwach wirksam. Verlängert man die Seiten-

[1]) BZ. **85**, 295 (1918). [2]) Leo Adler, AePP. **83**, 248 (1918).
[3]) G. Barger und H. H. Dale, Journ. of physiol. **41**, 19 (1910).

kette um mehr als zwei Kohlenstoffe, so geht die Aktivität zurück, denn Phenylpropylamin ist um vieles weniger wirksam als Phenyläthylamin. Der beste Aufbau eines fettaromatischen Amins für die sympathomimetische Wirkung ist Adrenalin selbst, d. h. ein Benzolring mit einer Seitenkette von zwei Kohlenstoffen, von denen der zweite eine Aminogruppe trägt. Wenn keine Hydroxyle am Benzolring sind, ist die Einführung eines sekundär-alkoholischen Hydroxyls am ersten Kohlenstoff der Seitenkette sowie die Methylierung der Aminogruppe ohne jeden Effekt, während bei Gegenwart von Phenolhydroxylen sehr wichtige Veränderungen vor sich gehen.

β-Tetrahydronaphthylamin, welches als ein Cyclohexylamin kondensiert mit einem Benzolkern aufzufassen ist, ist nach der Untersuchung von Jonescu[1]) nach vielen Richtungen hin ein sympathomimetisches Mittel. In bezug auf den Blutdruck wirkt es viel stärker als β-Phenyläthylamin. Nach anderen Richtungen hin wirkt es jedoch schwächer.

Die beiden optischen Antipoden des β-Tetrahydronaphthylamins und die racemische Verbindung lassen keinen Unterschied in der physiologischen Wirksamkeit erkennen. Durch Anlagerung von Acylgruppen erhält man eine direkte Umkehrung der Wirksamkeit. Während beim Frosch das Acetylderivat weit giftiger wirkt, ist beim Kaninchen das Umgekehrte der Fall. Beim Kaninchen ruft β-Tetrahydronaphthylamin Pupillenerweiterung und Steigerung der Temperatur und des Blutdruckes hervor, das Acetylderivat dagegen Pupillenverengerung, geringen Abfall der Temperatur und des Blutdruckes. Die allgemeine Giftwirkung für den Warmblüter ist herabgesetzt[2]). Ein ähnliches Verhalten zeigen auch die Formyl- und die Benzoylverbindungen, sowie durch Anlagern negativer Gruppen, wie $—COO \cdot C_2H_5$, $—CO \cdot NH \cdot C_6H_5$, $—CS \cdot NH \cdot C_6H_5$, $—CS \cdot NH \cdot C_2H_5$ entstehende Verbindungen. Die Monomethylverbindung macht bei geringen Dosen in kürzester Zeit ein relativ hohes Fieber. In gleichem Sinne wie β-Tetrahydronaphthylamin wirkt die Äthylverbindung. β-Tetrahydronaphthylamin macht eine völlige Immunität gegenüber jeder weiteren Injektion, sowohl von der Verbindung selbst, als auch der Monomethyl- und der Monoäthylverbindung. Die Monomethylverbindung immunisiert dagegen nur für sich selbst und für die Monoäthylverbindung und diese nur für sich selbst.

Das Monomethylderivat ist qualitativ völlig identisch in der Wirkung mit der ursprünglichen Base selbst, quantitativ übertrifft es die Wirkungen der Ausgangsbase. Das Monoäthylderivat ist wesentlich toxischer, namentlich in bezug auf das Atmungszentrum, die spezifischen Wirkungen (Pupille, Fieber, Blutdruck) sind qualitativ die nämlichen, quantitativ aber zurückstehend.

Bei am N alkyliert-acylierten Verbindungen macht sich eine Kombination der Grundwirkungen der beiden reinen Monosubstitutionsprodukte geltend. So erzeugt Injektion von Methylacetyl- und Methylformyl-, sowie Äthylacetyl-β-tetrahydronaphthylamin beim Kaninchen einesteils Pupillenerweiterung (Wirkung der Monomethylverbindung) anderenteils Senkung der Temperatur (Wirkung der Monoacetylverbindung). Ein Teil der Substanz wird nämlich im Organismus des Warmblüters verseift; es entsteht dabei eine gewisse Menge des Monomethylderivats oder selbst der Grundverbindung, die nicht nur genügt, die myotische Wirkung der Acetyl- oder der Formylgruppe aufzuheben, sie wird sogar ins Gegenteil verwandelt, die aber nicht genügt, um auch auf die Temperatur einzuwirken[3]).

[1]) AePP. **60**, 346 (1909). [2]) M. Cloetta und E. Waser, AePP. **73**, 398 (1913).
[3]) Ernst Waser und M. Cloetta, Schweizer Chem.-Ztg. **1**, 12 (1917).

OH

β-p-Hydroxyphenyläthylamin ⬡ ist etwa 3—5 mal so stark wirksam

$CH_2 \cdot CH_2 \cdot NH_2$

als Phenyläthylamin. Die Einführung eines Phenolhydroxyls in der m-Stellung ⬡·OH (m-Hydroxyphenyläthylamin) hat ebenfalls eine Steigerung der

$CH_2 \cdot CH_2 \cdot NH_2$

Wirkung zur Folge, und zwar in gleicher Weise, während die Einführung des Hydroxyls in die o-Stellung nicht diesen Effekt zeitigt, da es nicht wirksamer ist als Phenyläthylamin. Im Adrenalin haben auch die beiden Phenolhydroxyle p- und m-Stellung zur Seitenkette.

Bei schilddrüsenlosen Hunden bewirken Phenyläthylamin und p-Oxyphenyläthylamin eine hohe Steigerung des Stickstoffwechsels. Sie erhöhen den Sauerstoffverbrauch und die Kohlensäureausscheidung. Die Diurese steigt und von der Lunge wird mehr Wasser abgegeben. Zugleich wird auch die Diurese beträchtlich vermehrt; zugleich nimmt das Körpergewicht ab. Alle typischen Wirkungen der Schilddrüsenzufuhr besitzen diese Basen[1]). Sie erhöhen auch den Gesamtumsatz des Organismus und verursachen ein vollständiges Verschwinden des Leberglykogens[2]).

Isoamylamin hingegen wirkt subcutan injiziert auf den Gaswechsel nicht ein[3]).

Rac. Phenylmonomethylaminopropanol $C_6H_5 \cdot CH(OH) \cdot CH(NH \cdot CH_3) \cdot CH_3$ ist ein Mydriaticum[4]).

Surinamin (N-Methyltyrosin) ist unwirksam. p-Oxyphenyläthylmethylamin ist physiologisch weniger wirksam als p-Oxyphenyläthylamin[5]).

Durch Einführung der p-ständigen Hydroxylgruppe in β-Phenyläthylamin $C_6H_5 \cdot CH_2 \cdot CH_2 \cdot NH_2$ (Übergang zum p-β-Hydroxyphenyläthylamin), Dimethylphenyläthylamin $C_6H_5 \cdot CH_2 \cdot CH_2 \cdot N(CH_3)_2$ (Übergang zum p-Hydroxydimethylphenyläthylamin) und deren Homologe wird die physiologische Wirksamkeit dieser Basen gesteigert.

Eine solche Steigerung der Wirksamkeit sieht man aber beim Übergang von β-β_1-Aminomethylhydrinden in das p-Oxyderivat nicht.

$$C_6H_4\left\langle\begin{matrix}CH_2\\CH_2\end{matrix}\right\rangle C\left\langle\begin{matrix}CH_3\\NH_2\end{matrix}\right. \longrightarrow HO\cdot C_6H_3\left\langle\begin{matrix}CH_2\\CH_2\end{matrix}\right\rangle C\left\langle\begin{matrix}CH_3\\NH_2\end{matrix}\right.$$ [6])

β-Amino-β-methylhydrinden bewirkt eine Blutdrucksteigerung, die größer als die des β-Phenyläthylamins und des Tyramins (p-Hydroxyphenyläthylamins) ist. Es ist ein ungemein kräftiges, zentral angreifendes Erregungsmittel für Atmung und Motilität[7]) und hat wie Tyamin unangenehme Nebenwirkungen.

Phenyläthylamin hat eine stark erregende Wirkung auf das Atemzentrum[7]).

Hydroxyhydrindamin $C_6H_4\left\langle\begin{matrix}CH_2\\CH \cdot OH\end{matrix}\right\rangle CH \cdot NH_2$ setzt den Tonus der glatten und quergestreiften Muskeln herab und erweitert die Blutgefäße. Es wirkt schwach antiseptisch und ist unschädlich. Die beiden Isomeren unter-

---

[1]) J. Abelin, BZ. **93**, 128 (1919).
[2]) J. Abelin und J. Jaffé, BZ. **58**, 39 (1920).
[3]) J. Abelin, BZ. **101**, 237 (1920).
[4]) W. N. Nagai, Amerik. P. 1356877.
[5]) E. Winterstein, HS. **105**, 20 (1919).
[6]) J. v. Braun und E. Danziger (J. Pohl), BB. **50**, 286 (1917).
[7]) Gertrud Bry, Zeitschr. f. experim. Pathol. u. Ther. **16**, 186 (1914).

scheiden sich nicht besonders in ihrer Wirkung. Die rechtsdrehende ist etwas giftiger, während sonst stets die linksdrehende Isomere die ausgesprochenere Wirkung besitzt[1]).

Iso-p-hydroxyphenyläthylamin $HO \cdot C_6H_4 \cdot CH(NH_2) \cdot CH_3$ ist wenig wirksam, es ist hier das gleiche Verhältnis obwaltend wie zwischen α- und β-Phenyläthylamin.

Während die Methylierung des Ringsystems bei den Phenolen die antiseptische Kraft steigert, wird durch die Methylierung des Kerns die sympathomimetische Wirkung der aromatischen Amine keineswegs verstärkt, denn o-Kresyläthylamin (m-Methyl-p-hydroxyphenyläthylamin) $OH \cdot C_6H_3(CH_3) \cdot CH_2 \cdot CH_2 \cdot NH_2$ ist nur halb so wirksam wie p-Hydroxyphenyläthylamin.

$OH \cdot C_6H_4 \cdot CO \cdot CH_2 \cdot NH_2$ p-Hydroxy-ω-aminoacetophenon wirkt schwach, etwa ein Zehntel so stark wie Tyramin (p-Hydrooxyphenyläthylamin).

p-Hydroxyphenyläthanolamin $OH \cdot C_6H_4 \cdot CH(OH) \cdot CH_2 \cdot NH_2$ ist ebenfalls weniger wirksam als Tyramin, obgleich wirksamer als das Acetophenonderivat. Die Methylierung oder Äthylierung des Tyramin hat keine Erhöhung, eher eine Abschwächung der Wirkung zur Folge.

Camus[2]) fand, daß Hordenin (p-Hydroxyphenyläthyldimethylamin) $OH \cdot C_6H_4 \cdot CH_2 \cdot CH_2 \cdot N(CH_3)_2$ den Blutdruck erhöht, in kleinen Dosen findet man aber nur eine geringe Wirkung, welche hinter der Wirkung des Tyramins rangiert. Die Dimethylierung hat also eine abschwächende Wirkung zur Folge.

Hordenin wird als Herztonicum empfohlen, ebenso als Darmtonicum. Das schwefelsaure Salz dieser Base hat Martinet bei Diarrhöe und Enteritis empfohlen, es soll weniger giftig sein als Morphin[3]).

Anhalin und Hordenin sind identisch. Hordenin[4]) wird synthetisch folgendermaßen dargestellt: aus Anisaldehyd und alkoholischem Ätzkali erhält man Anisylalkohol und führt ihn durch Bromwasserstoff in Anisylbromid über und hierauf wird es mit dem leicht erhältlichen Brommethyläther und Natrium in absolut ätherischer Lösung zur Reaktion gebracht.

$$C_6H_4<{}^{1}_{4}{}^{CH_2Br}_{OCH_3} + CH_2<^{OCH_3}_{Br} + Na_2 = 2\,BrNa + C_6H_4<^{CH_2 \cdot CH_2 \cdot O \cdot CH_3}_{OCH_3}$$

Die Umsetzung ergibt in guter Ausbeute α[p-Methoxyphenyl]β-methoxymethan, aus dem durch Erwärmen mit bei 0° gesättigter Bromwasserstoffsäure unter

1) Yasuo Ikada, Journ. of Pharmac. 7, 121 (1915).
2) Arch. intern. de Pharm. et de Thér. 16, 43 (1906).
3) La Presse médicale 1910, Nr. 73.
4) E. Späth und Ph. Sobel, M. f. Ch. 41, 77 (1920).

Verseifen der beiden Methoxylgruppen und Ersatz des alkoholischen Hydroxylrestes gegen Brom das α[p-Oxyphenyl]-β-bromäthan entstand, welches mit wasserfreiem Dimethylamin glatt Hordenin liefert.

Die Darstellung des α-p-Oxyphenyl-β-methoxyäthans geht auch in folgender Weise: Man stellt aus Anisaldehyd nach der Perkinsynthese p-Methoxyzimtsäure dar, lagert an diese Brom an und zersetzt diese Verbindung durch Kochen mit Sodalösung, wobei unter Bromwasserstoff- und Kohlendioxydabspaltung α-p-Methoxyphenyl-β-bromäthylen entsteht, welcher Körper beim Erhitzen mit Natriummethylat ein leicht trennbares Gemenge von α-p-Methoxyphenyl-β-methoxyäthylen und p-Methoxyphenylacetylen liefert, von denen die erstere Verbindung durch katalytische Reduktion mit Palladium-Bariumsulfat in das vorher erhaltene α-p-Methoxyphenyl-β-methoxyäthan übergeht. Das als Nebenprodukt gewonnene p-Methoxyacetylen wird beim Erhitzen mit methylalkoholischem Ätzkali unter Addition von Methylalkohol in weitere Mengen α-p-Methoxyphenyl-β-methoxyäthylen übergeführt. Das so erhaltene α-p-Methoxyphenyl-β-methoxyäthan gibt, wie vorhin erwähnt, durch aufeinanderfolgende Einwirkung von Bromwasserstoffsäure und Dimethylamin in guter Ausbeute Hordenin.

Hordeninmethyljodid, die quaternäre Ammoniumbase, wirkt merkwürdigerweise fast nach jeder Richtung hin wie Nicotin. Bekanntlich hat J. N. Langley[1]) gefunden, daß Nicotin und Curare physiologische Antagonisten sind.

Jede Änderung des basischen Charakters aller dieser Amine vernichtet die physiologische Wirkung. Acetyl-p-oxyphenyläthylacetylamin ist wirkungslos, ebenso der Tyrosinäthylester trotz seiner basischen Eigenschaften.

Die methoxylierten Basen (Veratrolderivate) dieser Reihe sind ganz unwirksam, so daß die Hydroxylgruppe frei sein muß. 2.4-Dihydroxy-ω-aminoacetophenon (Benzolring mit OH, OH und $CO \cdot CH_2 \cdot NH_2$), also das Resorcinderivat, ist nicht wirksamer als Tyramin, während die Einführung eines Hydroxyls in die Stellung 3 die Wirksamkeit ungeheuer steigert.

Aminoacetoresorcin wirkt so gut wie gar nicht, Aminoäthanolresorcin selbst in hohen Dosen wirkt nur eben merklich auf den Blutdruck, Hydrochinonäthanolamin ist bedeutend schwächer wirksam als Tyramin und p-Oxyphenyläthanolamin. p-Oxyphenylacetylamin ist unwirksam, p-Oxyphenyläthanolamin ziemlich wirksam, aber äußerst zersetzlich[2]).

Nach den Untersuchungen von O. Löwi und H. H. Meyer ist Aminoacetocatechol stärker wirksam als das Methylamino- und Äthylaminoderivat. Die Wirkung des Dimethylaminoacetocatechols ist relativ sehr gering. Trimethylaminoäthylcatechol hat eine typische Nicotinwirkung, viel kräftiger als Hordeninmethyljodid, fast wie Nicotin selbst. Die Einführung einer zweiten Hydroxylgruppe in die Stellung 3 zur Seitenkette verstärkt nicht nur die sympathomimetische Wirkung der primären und sekundären Amine, sondern auch die ganz verschiedene, nicotinähnliche Wirkung der quaternären Ammoniumbasen.

Beim Vergleich der Wirkungen der Chlorhydrate des 1.2.3- und 1.3.4-Dioxybenzylamins, um die Bedeutung der 3.4-Stellung im Adrenalin zu erkennen,

---

[1]) Proc. Roy. Soc. 73, 170 (1906).
[2]) H. Boruttau, Naturforscherversammlung Münster (1912).

wurde die Giftigkeit beider Verbindungen gleich gefunden. Auf das Herz wirkt die 1.2.3-Verbindung kräftiger beschleunigend und herzschlagverstärkend, aber auch toxischer. Die 1.3.4-Verbindung ruft eine stärkere Gefäßkontraktion und Blutdrucksteigerung hervor, als die 1.2.3-Verbindung. Die 3.4-Stellung der OH-Gruppen begünstigt demnach die gefäßzusammenziehenden und blutdrucksteigernden Eigenschaften der Adrenalinderivate[1]).

Der Ersatz von Brenzcatechin durch Pyrogallol im Adrenalin bedingt keine Erhöhung der Wirkung.

Aminoacetopyrogallol mit drei Hydroxylen und Aminoäthylpyrogallol zeigen beide sympathomimetische Wirkung, aber ihre Wirkung auf den Blutdruck ist schwächer als die der korrespondierenden Brenzcatechinbase. Die Einführung einer dritten Hydroxylgruppe in die Stellung 1 zur Seitenkette steigert also die Wirkung nicht, da anscheinend die Resistenz der Oxydation gegenüber verringert wird[2]).

α-p-Oxy-m-methoxyphenyläthylamin[3]) ist physiologisch etwas schwächer wirksam als die methylfreie Substanz.

Nach Versuchen von H. H. Dale zeigen p, p-Dioxy- und besonders m, m-, p, p-Tetraoxydiphenylacylamine blutdrucksteigernde Wirkung, dagegen ist m-Amino-o-acetophenon inaktiv, die o, p-Dioxybase nicht stärker aktiv als die p-Oxyverbindung[4]).

Epinin ist 3.4-Dihydroxyphenyläthylmethylamin.

Beide optische Antipoden des α-p-Oxyphenyläthylamin haben gleiche Wirkung.

Ergotoxin $C_{35}H_{41}O_6N_5$ ist das charakteristische Gift des Mutterkorns (Barger und Carr, Kraft), Ergotinin (Tanret) $C_{35}H_{39}O_5N_5$ ist unwirksam, läßt sich aber in Ergotoxin überführen. Ergotoxin ist vom Magendarmkanal aus nicht resorbierbar. Aus dem Ergotoxin kann man ein Sublimat gewinnen, welches anscheinend Isobutyrylformamid ist[5]). Daneben kommt im Mutterkorn Isoamylamin und p-Oxyphenyläthylamin vor, letzteres wirkt schwächer, aber ähnlich, jedoch weniger flüchtig wie Adrenalin[6]), ferner Imidazolyläthylamin und Indolyläthylamin.

Der Träger der von M. Kehrer[7]) beschriebenen Wirkung auf den Uterus wurde als Imidazolyläthylamin von George Barger und H. H. Dale erkannt[8]).

β-Imidazolyläthylaminchlorid macht bei Kaninchen kräftige Blutdrucksteigerung, welche alsbald zur Norm zurückgeht, auch die Atmung wird beeinflußt. Es tritt alsbald Gewöhnung ein. Kaninchen vertragen Dosen von 0.2 g. Auf Katzen wirkt es nachhaltiger. Es macht Absinken des Blutdrucks, Pulsverlangsamung, vorübergehenden Atemstillstand und starke Unregelmäßigkeit der Atmung[9]).

β-Imidazoläthylamin wirkt stimulierend auf den glatten Muskel, an welchem es Steigerung des Rhythmus mit verstärktem Tonus oder ständigem Tonus ohne Rhythmus hervorruft; am empfindlichsten ist der glatte Uterusmuskel und die Muskelwände der Bronchiolen. Die glatte Muskulatur der Ein-

---

[1]) M. Tiefenau, Ch. Richet-Festschrift, Paris **1912**, S. 399.

[2]) G. Barger und H. Dale, Journ. of physiol. **41**, 19 (1910).

[3]) H. H. Dale, C. W. Moore, Journ. Chem. Soc. London **99**, 416 (1911).

[4]) Frank Tutin, Journ. Chem. Soc. London **97**, 2495.

[5]) George Barger und A. J. Ewins, Transactions of the Chemical Society **97**, 284 (1910). [6]) Barger und Dale, AePP. **61**, 113 (1909).

[7]) AePP. **58**, 366 (1907). [8]) Journ. Chem. Soc. London **97**, 2592 (1910).

[9]) D. Ackermann und Fr. Kutscher, Z. f. Biol. **54**, 287 (1910). — Darstellung siehe Ackermann, HS. **65**, 504 (1910).

geweide und der Milz nimmt eine mittlere Stellung ein, während Herz- und Skelettmuskulatur, Blasen- und Irismuskel nicht affiziert werden[1]).

β-Imidazolyläthylamin senkt intravenös injiziert den Blutdruck sehr rasch und stark, so daß sich Aufregungszustände einstellen, die später in Depression übergehen. Gleichzeitig tritt eine Steigerung der Speichel-, Tränen- und Pankreasabsonderung ein, vor allem aber eine sehr erhebliche Steigerung der Magensaftabsonderung. Subcutan gegeben bleiben alle genannten Erscheinungen aus, bis auf die Einwirkung auf den Magensaft, welche das ganze Bild beherrscht. Die Einwirkung geschieht auf die Magendrüsen selbst. Per os zugeführt hat es keinerlei Wirkung. Beim Menschen machen 0,4 mg bereits intravenös eingeführt Kopfschwindel, Apathie, was durch Austrocknen der Nervenzellen infolge der starken Magensaftabsonderung und Herabsetzung des Blutdrucks erklärt wird[2]). Weder dieses noch Adrenalin wirken auf die Harnabsonderung.

Während die anderen Amine auf eine Abteilung des autonomen Systems einwirken, zeigt β-Imidazolyläthylamin kompliziertere Wirkungen. Es übt direkt reizende Wirkungen auf die glatte Muskulatur, welche es stark tonisiert und deren Rhythmus es erhöht. Am stärksten wirkt es auf die Uterusmuskulatur. Auch die Bronchialmuskulatur der Rodentien unterliegt stark diesem Einfluß. Sehr verschieden stark wird die übrige glatte Muskulatur affiziert, auch auf den Herzmuskel wirkt das Mittel, aber anscheinend nicht auf die Skelettmuskulatur. Bei den Rodentien ist auch eine narkotische Wirkung zu bemerken, ebenso bei den Carnivoren. Es erinnert ungemein in seinen Wirkungen an Popielskis Vasodilatin. Die Symptome des anaphylaktischen Shoks nach Injektion von Pepton sind sehr identisch mit denen nach intravenöser Injektion dieser Base[3]).

Eso-Ezo-Dibenzoylhistamin ist von geringerer physiologischer Wirkung[4]).

Durch Kondensation von p-Imidazolyläthylamin mit Methylal haben S. Fränkel und Karoline Zeimer[5]) Imidazolisopiperidin

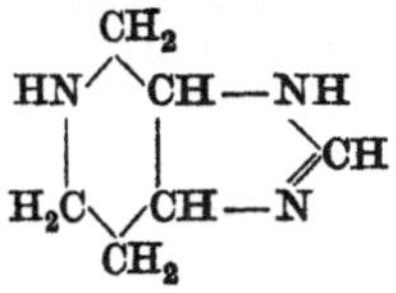

```
        CH2
  HN/  \CH—NH
   |     |    \
   |     |    >CH
   |     |    //
 H2C\  /CH—N
       CH2
```

dargestellt und es viel stärker wirksam als das Imidazoläthylamin gefunden

Bei Vergleich von 4 (5)-β-Aminoäthylglyoxalin, 4 (5)-Aminomethylglyoxalin und 4 (5)-γ-Aminobutylglyoxalin sind dem Imidazolyläthylamin gegenüber die beiden letzteren Verbindungen unwirksam zu nennen.

Ebenso wie beim Adrenalin ist auch bei den Imidazolderivaten die zweikohlenstoffige Seitenkette, an der an einem Kohlenstoff das Ringsystem am anderen die Aminogruppe steht, die beste Gruppierung für die Wirkung.

Imidazolylmethylamin ist 100-, wenn nicht 1000mal weniger wirksam als Histamin[6]).

N-Acidylderivate der Imidazolreihe erhält man durch Einwirkung der Halogenide organischer Säuren in der Weise, daß die bei der Reaktion entstehende Halogenwasserstoffsäure durch einen Überschuß des betreffenden Imidazols selbst oder einer anderen Base gebunden wird.

---

1) H. H. Dale und P. P. Laidlaw, Journ. of physiol. **41**, 310 (1910).
2) L. Popielski, Pflügers Arch. **178**, 214, 237 (1920).
3) H. H. Dale und P. P. Laidlaw, Journ. of physiol. **41**, 318 (1910).
4) O. Gerngroß, H. S. **108**, 53 (1919). 5) BZ. **110**, 234 (1920).
6) Windaus bei W. Heubner, BZ. **101**, 60 (1920).

Beschrieben sind Acetylbenzimidazol und 4 (5)-Benzoyl-β-aminoäthylimidazol. Die Acidylderivate sind weniger giftig als die freien Basen[1]).

Histidin läßt sich durch Fäulnis in Imidazolyläthylamin überführen und aus dem Fäulnisgemenge mit einer Säure oder mit einem Alkaloidreagens niederschlagen[2]).

DRP. 252 872 beschreibt ein Verfahren, in welchem die Carboxylgruppe aus Histidin durch spezifische, auf gefaulter Thymussubstanz lebende Fäulniserreger in kurzer Zeit abgespalten wird; statt reines Histidin zu verwenden, empfiehlt DRP. 252 873 das Hydrolysat von Eiweiß durch Krystallisation von Leucin, Tyrosin, Phenylalanin und Glutaminsäure zu befreien, den restierenden Sirup von Ammoniak zu reinigen und der Fäulnis nach dem vorhergehenden Patente zu überlassen. Die Darstellung des Imidazolyläthylamin aus dem Fäulnisgemische geschieht am besten nach DRP. 252 874 durch Extraktion der alkalischen Lösung mit Chloroform und Entziehen der Base aus den Chloroformlösungen mit verdünnter Säure.

DRP. 256 116 empfiehlt, die Fäulnis des Histidins mit Reinkulturen von kohlensäureabspaltenden Bakterien durchzuführen.

Die DRP. 248 885 und 258 296 beschreiben Derivate des Methylimidazols, welche angeblich auf den Blutdruck wirken sollen, über die aber keine experimentellen Berichte vorliegen.

4 (5)-β-Aminoäthylglyoxalin (β-Imidazolyläthylamin) hat Frank Lee Pyman[3]) dargestellt, indem er aus Diaminoaceton und Kaliumrhodanid 2-Thiol-4 (5)-aminomethylglyoxalin (I) erhält, dieses durch verdünnte Salpetersäure entschwefelt, wobei gleichzeitig durch die entstehende salpetrige Säure die Aminogruppe in eine Hydroxylgruppe verwandelt wird. In dem so erhaltenen 4 (5)-Oxymethylglyoxalin (II) kann man das Hydroxyl durch die Cyangruppe ersetzen, wenn man vorerst mit Phosphorpentachlorid Chlormethylglyoxalin darstellt und dieses mit Cyankalium umsetzt (III). Reduziert man die Cyanverbindung mit Natrium und Alkohol, so erhält man Imidazolyläthylamin (IV).

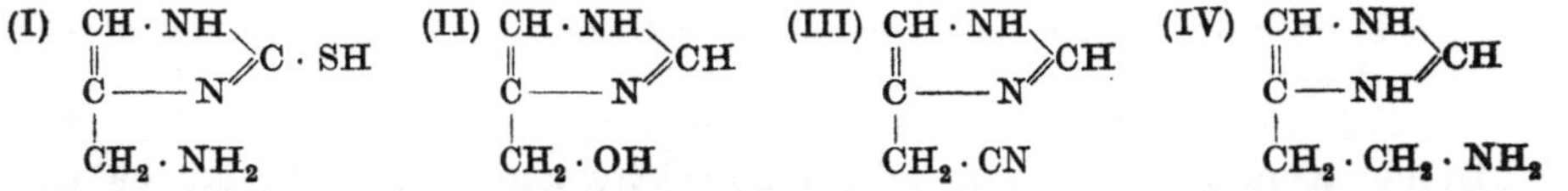

```
(I) CH·NH╲            (II) CH·NH╲          (III) CH·NH╲          (IV) CH·NH╲
    ‖      ╲C·SH          ‖      ╲CH            ‖      ╲CH            ‖      ╲CH
    C ——— N╱              C ——— N╱              C ——— N╱              C — NH╱
    |                     |                     |                     |
    CH2·NH2               CH2·OH                CH2·CN                CH2·CH2·NH2
```

Beim Erhitzen von 5 (4)-Methylimidazolyl-4 (5)-glyoxylsäure mit Anilin wird unter Kohlensäureentwicklung eine Schiffsche Base, das Anil des 5 (4)-Methylimidazolyl-4 (5)-aldehyd gebildet. Durch Reduktion mit alkalischen Reduktionsmitteln kann man zu den entsprechenden Aminen gelangen.

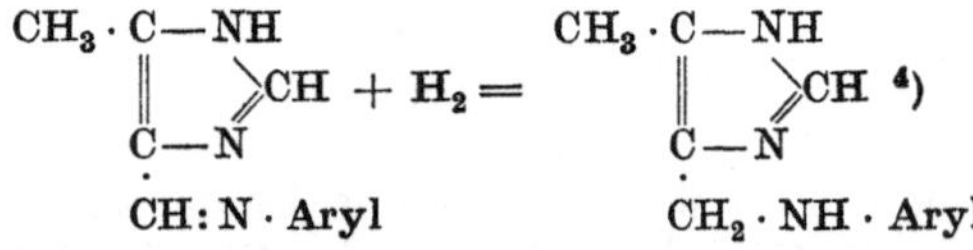

```
CH3·C—NH                     CH3·C—NH
    ‖    ╲CH  + H2 =             ‖    ╲CH  4)
    C—N╱                         C—N╱
    ·                            ·
CH:N·Aryl                    CH2·NH·Aryl
```

Man läßt auf 5 (4)-Methyl-4(5)-chlormethylimidazolchlorhydrat primäre Amine der aromatischen Reihe einwirken. Hierbei findet eine Kondensation nach der Gleichung statt:

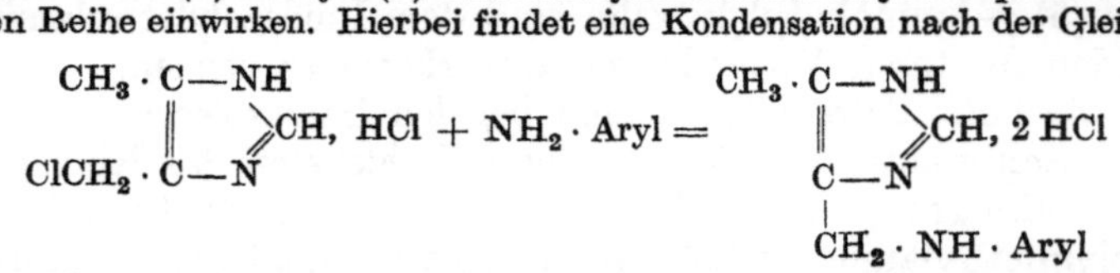

```
      CH3·C—NH                                   CH3·C—NH
          ‖    ╲CH, HCl + NH2·Aryl =                 ‖    ╲CH, 2 HCl
ClCH2·C—N╱                                           C—N╱
                                                     |
                                                 CH2·NH·Aryl
```

Diese Imidazolderivate besitzen eine viel geringere Giftigkeit als β-Imidazolyläthylamin, andererseits wirken sie stark antiseptisch[5]).

Jodierte Imidazole verhalten sich im Tierkörper anders als Imidazol, welch letzteres ziemlich indifferent ist. Trijodimidazol wirkt in schon kleinen Dosen stark Atmung und Puls steigernd, ohne daß diese Wirkung auf Jodabspaltung zurückzuführen ist.

1) O. Gerngroß, DRP. 282 491. 2) DRP. 250 110.
3) Journ. Chem. Soc. London **99**, 668 (1911). 4) O. Gerngroß, DRP. 276 541.
5) DRP. 278 884, Zusatz zu DRP. 276 541.

Die jodierten Imidazole und auch Tribromimidazol rufen im Gegensatz zu den halogenfreien Basen, die noch in relativ großen Dosen gut vertragen werden, schon in kleinen Dosen sowohl nach intravenöser als auch nach subcutaner Injektion und per os starke Steigerung der Puls- und Atemfrequenz hervor. Diese Wirkung dauert nach mäßigen Dosen mehrere Stunden, während höhere Dosen rasch zum Tode führen, wahrscheinlich durch Lähmung des Respirationszentrums. Nur das N-α-β-μ-Tetrajodimidazol macht eine Ausnahme, weil es sehr schwer löslich und wahrscheinlich nur sehr langsam resorbiert wird. Beim Tetrajodhistidinanhydrid wurden keine Wirkungen beobachtet, es ist anscheinend sehr schwer resorbierbar[1]). Untersucht wurden β-Monojod-α-methylimidazol, α-β-Dijod-μ-methylimidazol sowie die zwei erwähnten Jodderivate. N-α-β-μ-Tetrajodimidazol wirkt antiseptisch wie Tetrajodpyrrol. Die bromsubstituierten Imidazole scheinen giftiger zu sein als die jodsubstituierten. Von den jodsubstituierten wirkt am giftigsten β-Monojod-α-methylimidazol, dann folgt α-β-Dijod-μ-methylimidazol, während am relativ ungiftigsten α-β-μ-Trijodimidazol ist[2]).

Dijodtyramin wirkt viel stärker auf die Metamorphose der Kaulquappen als das jodfreie Tyramin[3]).

Indolyläthylamin (3-β-Aminoäthylindol) [Strukturformel: Indolring mit $C \cdot CH_2 \cdot CH_2 \cdot NH_2$, CH, NH] erhöht sehr rasch den Blutdruck[4]). Synthetisch wird es aus γ-Aminobutyrylacetal und Phenylhydrazin erhalten.

Indolyläthylamin hat eine vorübergehende erregende Wirkung auf das Zentralnervensystem, verursacht klonische und tonische Krämpfe, Gliederzittern und Vasokonstriktion, es stimuliert glatte Muskulatur, hauptsächlich in den Arteriolen, der Iris und dem Uterus[5]).

Phenyläthylamin erhält man am leichtesten durch Reduktion von Benzylcyanid mit 53% Ausbeute[6]). Man erhält es auch aus Phenylessigsäure über das Amid nach der Hofmannschen Reaktion und über das Hydrazid und Urethan nach der Methode von Curtino. Ebenso erhält man es bei der trockenen Destillation von Phenylalanin.

p-Hydroxyphenyläthylamin (Tyramin) kann man in kleinen Mengen aus Tyrosin darstellen, wenn man dieses im Vacuum auf 260—270° im Metallbade erhitzt. Die Base sublimiert. Die Ausbeute beträgt 50%. Synthetisch stellt man es aus p-Oxybenzylacetonitril durch Reduktion mit Natrium und Alkohol her[7]). Barger und Walpole[8]) nitrieren Benzoylphenyläthylamin und reduzieren das erhaltene p-Nitroderivat, diazotieren und hydrolysieren. Andere Synthesen gehen vom Anisaldehyd aus, welcher zuerst in p-Methoxyphenylacrylsäure, dann in p-Methoxyphenylpropionsäure, dann in das Amid, weiter in p-Methoxyphenyläthylamin und schließlich in p-Hydroxyphenyläthylamin verwandelt wird. Die Ausbeute bei dieser Synthese ist gering. p-Methoxyphenyläthylamin erhält man besser nach Rosemunds[9]) Verfahren, bei welchem das Kondensationsprodukt von Anisaldehyd mit Nitromethan reduziert wird. Das

---

1) BB. **43**, 2249 (1910). 2) K. Gundermann, AePP. **65**, 259 (1911).
3) Yasuo Ikeda, Journ. of Pharmac. **7**, 121 (1915).
4) P. P. Laidlaw bei A. J. Ewins, Transactions of the Chemical Soc. London **99**, 271 (1911). 5) P. P. Laidlaw, Biochemical Journal **6**, Nr. 1 (1911).
6) Wohl und Berthold, BB. **43**, 2175 (1910).
7) Barger, Journ. Chem. Soc. London **95**, 1123.
8) Journ. Chem. Soc. London **95**, 1720. 9) BB. **42**, 4778 (1909).

Reduktionsprodukt wird mit farbloser Jodwasserstoffsäure erhitzt und gibt p-Hydroxyphenyläthylamin.

Barger und Dale haben p-Oxyphenyläthylamin synthetisch durch Reduktion von Oxybenzylcyanid erhalten.

Oxyphenyläthylamine und deren Derivate[1]) erhält man durch Reduktion der durch Einwirkung von Ammoniak, Aminen oder Hydroxylamin und Hydrazinen auf Oxyphenylaminaldehyde erhältlichen Stickstoffverbindungen oder der Kondensationsprodukte von Oxybenzaldehyden mit Nitromethan. Die Alkyläther der genannten Oxyverbindungen und die Alkoxyphenyläthylamine verseift man. Durch Reduktion von p-Methoxyphenylacetaldoxim mit Natriumamalgam in essigsaurer Lösung gewinnt man p-Methoxyphenyläthylamin. Mit konzentrierter Mineralsäure erhält man p-Oxyphenyläthylamin oder man reduziert p-Methoxynitrostyrol mit Zink und Eisessig, hierauf mit Natriumamalgam, oder man geht vom p-Oxyphenylacetaldehyd-p-nitrophenylhydrazon aus und reduziert mit Natriumamalgam und Eisessig oder man erhitzt p-Methoxyphenyläthylamin mit konzentrierter Bromwasserstoffsäure auf 150°.

Bayer-Elberfeld[2]) stellen Oxyphenyläthylamine und deren Alkyläther in der Weise her, daß sie in Oxyphenylpropionsäuren oder in ihren Alkyläthern die Carboxylgruppe nach der Hofmannschen Methode durch die Aminogruppe ersetzen und gegebenenfalls die Alkyläther der Oxyphenyläthylamine mit konz. Halogenwasserstoffsäure verseifen. So liefert p-Methoxyphenylpropionsäureamid (aus Methyldihydro-p-cumarsäure) mit Natriumhypochlorit p-Methoxyphenyläthylamin usf.

ω-p-Alkyloxyphenyläthylamine[3]) und deren N-alkylierte Derivate erhält man durch Überführung primärer p-Alkyloxyphenyläthylalkohole durch Einwirkung von Phosphorpentahologeniden in die entsprechenden ω-p-Alkyloxyphenyläthylhaloide und Behandlung dieser mit Ammoniak oder Alkylaminen. Beschrieben ist die Darstellung von ω-p-Methoxyphenyläthylamin und von ω-Methoxyphenyläthyldimethylamin aus dem primären p-Methoxyphenyläthylalkohol, den man aus p-Anisylbrommagnesium und Äthylenchlorhydrin gewinnen kann. Die Produkte dienen zur Darstellung der ω-p-Oxyphenyläthylaminbasen.

Oxyphenyläthyldialkylamine[4]) erhält man, wenn man die durch Einwirkung von Alkylhalogeniden auf Oxyphenyläthylamine oder deren Sauerstoffäther erhältlichen quaternären Ammoniumsalze der Destillation im Vakuum unterwirft und dann gegebenenfalls die Äther durch Kochen mit Mineralsäure zu den entsprechenden freien Phenolen verseift. So erhält man Hordenin durch Destillation des Hordeninjodmethylates, welches man aus p-Oxyphenyläthylaminjodmethyl und Natriummethylat erhält. Ebenso ist die Darstellung von m-Oxyphenyläthyldimethylamin beschrieben.

p-Oxyphenylisopropylamin erhält man nach DRP. 243 546 durch Reduktion des Oxims des p-Methoxybenzylmethylketons und Verseifung der entstandenen Base mit Mineralsäuren, vorzugsweise Jodwasserstoffsäure. Die Reduktion wird beispielsweise in Eisessiglösung mit Natriumamalgam durchgeführt. Diese Verbindung soll in ihren Wirkungen dem p-Oxyphenyläthylamin an Stärke gleichkommen, sie dagegen an Dauer der Wirkung übertreffen.

Nach DRP. 244 321 erhält man Äthanolaminbasen und deren Alkyläther durch Kondensation von Benzaldehyd oder dessen Alkoxy- und Dialkoxy-substitutionsprodukten mit Nitromethan bei Gegenwart von Alkali. Die so entstehenden Salze der Nitroäthanole bzw. die durch Anlagerung von Wasser bzw. Alkoholen an Nitrostyrole unter Alkalizusatz erhaltenen Salze der Nitroäthanole bzw. deren Alkyläther werden mit schwachen Säuren zerlegt und die so entstandenen Nitroalkohole bzw. deren Alkyläther reduziert. Beschrieben ist die Darstellung von Phenyläthanolamin, α-Methoxy-phenyläthanolamin-α-methyläther, p-Methoxyphenyläthanolamin und der Trimethyläther des 3.4-Dioxyphenyläthanolamin.

Hordenin kann man synthetisch durch Methylierung von p-Methoxyphenyläthylamin erhalten[5]). Zum großen Teil entstehen die quaternären Basen sowie die primäre, sekundäre und tertiäre, welch letztere der Methyläther des Hordenin ist. Acetyliert man das Gemenge, so bleibt der Methyläther unverändert und durch Entmethylierung mit Jodwasserstoff erhält man Hordenin.

Die erste Synthese von Hordenin führte Barger[6]) aus Phenyläthylalkohol aus: $C_6H_5 \cdot CH_2 \cdot CH_2 \cdot OH \rightarrow C_6H_5 \cdot CH_2 \cdot CH_2 \cdot Cl \rightarrow C_6H_5 \cdot CH_2 \cdot CH_2 \cdot N(CH_3)_2$

[1]) Bayer, Elberfeld, DRP. 230 043. [2]) DRP. 233 551.
[3]) Bayer, DRP. 234 795. [4]) Bayer, DRP. 233 069.
[5]) Rosenmund, BB. **43**, 306 (1910). [6]) Journ. Chem. Soc. London **95**, 2193.

$\rightarrow NO_2 \cdot C_6H_4 \cdot CH_2 \cdot CH_2 \cdot N(CH_3)_2 \rightarrow NH_2 \cdot C_6H_4 \cdot CH_2 \cdot CH_2 \cdot N(CH_3)_2 \rightarrow HO \cdot C_6H_4 \cdot CH_2 \cdot CH_2 \cdot N(CH_3)_2$. F. Ehrlich geht von Tyrosol aus: $HO \cdot C_6H_4 \cdot CH_2 \cdot CH_2 \cdot OH \rightarrow HO \cdot C_6H_4 \cdot CH_2 \cdot CH_2 \cdot Cl \rightarrow HO \cdot C_6H_4 \cdot CH_2 \cdot CH_2 \cdot N(CH_3)_2$.

Die glattere Synthese des Hordenins verläuft folgendermaßen:

Chlormethylanisylketon $CH_3 \cdot O \cdot C_6H_4 \cdot CO \cdot CH_2 \cdot Cl$ wird mit Dimethylamin in das Aminoketon $CH_3 \cdot O \cdot C_6H_4 \cdot CO \cdot CH_2 \cdot N(CH_3)_2$ übergeführt und nach Abspaltung der Methylgruppe mit Jodwasserstoffsäure von 1.7 sp. G. $OH \cdot C_6H_4 \cdot CO \cdot CH_2 \cdot N(CH_3)_2$, durch Erhitzen mit Jodwasserstoffsäure vom sp. G. 1.96 und Phosphor unter Druck zu Hordenin reduziert: $OH \cdot C_6H_4 \cdot CH_2 \cdot CH_2 \cdot N(CH_3)_2$[1]). S. auch S. 448, 449.

Die blutdrucksteigernde Wirkung der Phenylaminbasen, wie Tyramin, Hordenin usw., ist im Gegensatze zu jener des Adrenalins und der Ketonbasen eine zentrale, vorwiegend an dem nicotinempfindlichen Ganglienapparat angreifende[2]).

4-Oxy-1-(β-amino-äthyl)-naphthalin

$CH_2 \cdot CH_2 \cdot NH_2$

[Naphthalinring]

OH

hat nur geringe physiologische Wirkung[3]).

Furäthylamin

```
HC—CH
 ‖   ‖
HC   C·CH2·CH2·NH2
  \ /
   O
```

wird dargestellt aus der Furpropionsäure über Ester, Hydrazid und Azid, Verwandlung dieses in das Urethan und Destillation des Urethans über Kalk, wirkt auf den Blutdruck herabsetzend ein, wenn es in die Vene eingespritzt wird, eine Dosis von 0.0025 g bei der Katze in die Iugularvene injiciert ruft eine sofortige, bald vorübergehende Senkung des Blutdrucks hervor ohne deutliche Beeinflussung des Pulses und der Atmung. Es kontrahiert die glatte Muskulatur, macht am Meerschweinchenuterus eine starke Erhöhung des Tonus und wirkt dabei etwa $^1/_4$ so stark wie Hydrastinin.

Furmethylamin $C_4H_3O \cdot CH_2 \cdot NH_2$ ist schwächer wirksam als Furäthylamin.

Tetrahydro-furäthylamin kann direkt durch katalytische Hydrierung des Furäthylamins erhalten werden, doch ist es vorteilhafter, von der durch Hydrierung leicht zugänglichen Tetrahydro-furpropionsäure auszugehen und diese durch den Curtiusschen Abbau in Tetrahydrofuräthylamin zu verwandeln. Dieses hat im Gegensatz zu dem hydrierten Produkt keinerlei Wirkung auf den Blutdruck. Am isolierten Uterus bewirkt es eine deutliche Kontraktion, es ist etwa halb so wirksam wie Hydrastinin[4]).

Die Adrenalinsynthesen laufen folgendermaßen:

Brenzcatechin wird mit Phosphoroxychlorid und Monochloressigsäure zu Chloracetobrenzcatechin kondensiert und dieser zuerst von Dzierzgowski dargestellte Körper mit Methylamin behandelt. Man erhält Methylaminoacetobrenzcatechin, welches mit Aluminiumamalgam oder elektrolytisch zum racemischen Adrenalin reduziert wird. Dieses Verfahren scheint das einzige

---

[1]) H. Voswinkel, BB. **45**, 1004 (1912).
[2]) G. Baehr und E. P. Pick, AePP. **80**, 161 (1917).
[3]) A. Windaus und D. Bernthsen-Buchner, BB. **50**, 1120 (1917).
[4]) A. Windaus und O. Dalmer (Impens) BB. **53**, 267 (1920).

praktisch verwendete zu sein. Mittels Weinsäure gelingt die Spaltung in die optisch aktiven Komponenten. Durch Reduktion von Aminacetobrenzcatechin[1]) oder dem Cyanhydrin von Protocatechualdehyd mit Natriumamalgam[2]) erhält man 3.4-Dihydroxyphenyläthanolamin, welches ungefähr so wirksam wie Adrenalin und Arterenol benannt ist. Durch Methylierung kann man es in Adrenalin verwandeln.

Aminoacetobrenzcatechin kann man durch Umsetzung von Chloracetobrenzcatechin mit Ammoniak oder durch Reduktion von ω-Nitroacetobrenzcatechin erhalten. ω-Nitroacetobrenzcatechin erhält man bei der Hydrolyse des entsprechenden Methylen- oder Dimethyläthers mit Alumiumchlorid in benzolischer Lösung. Diese Äther erhält man aus Piperonal oder Methylvanillin beim Behandeln mit Nitromethan, Brom und methylalkoholischer Kalilauge und Säure nach DRP. 195 814.

Ferner erhält man Aminoacetobrenzcatechin bei der Hydrolyse des Kondensationsproduktes aus Veratrol und Hippursäurechlorid mittels Aluminiumchlorid[3]). Eine bessere Ausbeute erhält man bei der Hydrolyse des ähnlich gebauten Phthalimidoacetoveratrols[4]).

Homorenon wird ω-Äthylamino-3.4-dihydroxyacetophenon genannt. 3.4-Dihydroxyphenyläthylmethylamin ist Epinin benannt.

Adrenalon erhielt E. Friedmann synthetisch durch Einwirkung von Methylamin auf Chloracetylbrenzcatechin. Zu derselben Substanz gelangten schon früher auf gleichem Wege die Höchster Farbwerke[5]) durch Einwirkung von aliphatischen, primären Alkylaminen, z. B. Methylamin auf Chloracetobrenzcatechin, durch Stehenlassen mit einem Überschusse der Base oder durch gelindes Erwärmen und Ausfällen der Base mit Ammoniak. In analoger Weise erhält man Äthylaminoacetobrenzcatechin und aus Äthanolamin Äthanolamino-o-dioxyacetophenon. Diese Verbindungen gehen durch Reduktion in Alkoholbasen über und wirken alle blutdrucksteigernd.

Statt der primären aliphatischen Amine kann man auch Ammoniak benutzen und gelangt so zum Aminoacetobrenzcatechin[6]).

Aus diesen Aminoketonen erhält man durch Reduktionsmittel Methylaminoalkohole. [Die Reduktion wird durchgeführt mittels Aluminium und Mercurisulfat oder Elektrolyse in schwefelsaurer Lösung[7])].

DRP. 254 438 beschreibt ein Verfahren zur Darstellung aromatischer Aminoalkohole durch Reduktion aromatischer Aminoketone, bewirkt durch Wasserstoff bei Gegenwart kolloidaler Metalle der Platingruppe. So erhält man aus Aminopropionylveratrol Dimethoxyphenyl-α-propanolamin; aus Aminopropionylbrenzcatechin erhält man Dioxyphenyl-α-propanolamin.

Nach dem Zusatzpatent zu diesem DRP. 256 750 kann man die Platinmetalle statt in kolloidaler in fein verteilter Form benutzen.

Aus dem synthetischen racemischen Adrenalin erhält man l-Adrenalin, indem man es in alkoholischer Lösung in das saure (d-weinsaure) Salz verwandelt, zum Sirup einengt und mit einem Krystall d-weinsaurem l-Adrenalin impft[8]).

Durch die weinsauren Salze kann man racemisches Adrenalin spalten, indem man die Base mit Alkohol verrührt und Weinsäure zusetzt. Hierauf bringt man im Vakuum zur Trockne. Das d-weinsaure l-Adrenalin ist in Methylalkohol unlöslich, es wird mit diesem ausgeholt und der Rückstand aus Äthylalkohol umkrystallisiert[9]).

Optisch aktives Adrenalin kann man durch Stehen mit Mineralsäuren oder durch Erwärmen mit diesen racemisieren und das Racemprodukt in seine Komponenten zerlegen, so daß man schließlich nach Wiederholung des Verfahrens nur die eine eben gewünschte optische Isomerie erhält[10]).

---

[1]) DRP. 155 632. [2]) DRP. 193 634. [3]) DRP. 185 598 und 189 483.
[4]) DRP. 209 962 und 216 640. [5]) Höchst, DRP. 152 814.
[6]) Höchst, DRP. 155 632, Zusatz zu DRP. 152 814. [7]) Höchst, DRP. 157 300
[8]) Franz Flächer, HS. 58, 189 (1909). [9]) Höchst, DRP. 222 451.
[10]) DRP. 220 355.

Bei diesem Verfahren werden die optisch aktiven o-Dioxyphenylalkamine durch Erwärmen mit organischen Säuren racemisiert, z. B. mit Oxalsäure, mit Weinsäure und p-Toluolsulfosäure durch mehrere Stunden auf 80—90° erwärmt[1]).

Borsaures Adrenalin wird dargestellt, indem man die Lösung zur Trockne eindampft und mit Alkohol fällt[2]).

Adrenalin wird in Gegenwart von Schwefelsäure mit Aluminiumsulfat gemischt und die Doppelverbindung mit Alkohol gefällt oder durch Eindampfen im Vakuum gewonnen[3]).

Die Höchster Farbwerke stellen das salzsaure Adrenalin in krystallisierter Form her, indem sie die synthetische Base mit der berechneten Menge alkoholischer Salzsäure zusammenbringen und auskrystallisieren lassen[4]).

Die Höchster Farbwerke gewinnen aromatische Äthanolamine (Adrenalingruppe) durch Reduktion der Cyanhydrine aromatischer Aldehyde und Ketone unter sorgfältiger Kühlung, sowie unter Vermeidung größerer Mengen freier Säure mit Natriumamalgam in verdünnten Säuren. Man kann z. B. von Protocatechualdehydcyanhydrin das entsprechende o-Dioxyphenyläthanolamin gewinnen, welches durch Methylierung in das Dioxyphenyläthanolmethylamin (dl-Adrenalin) übergeht[5]).

Benzoylaminoacetobrenzcatechinäther erhält man durch Einwirkung von Hippursäurechlorid auf die Brenzcatechinäther in Gegenwart von Aluminiumchlorid[6]).

Aminoacetobrenzcatechin erhält man durch Erhitzen der nach DRP. 185 598 erhaltenen N-Benzoylaminoacetobrenzcatechindialkyläther (Veratrolderivate) mit wässerigen Mineralsäuren[7]).

In besserer Ausbeute als mit Hippursäurechlorid nach DRP. 185 598 erhält man aus Phthalylglycylchlorid und Brenzcatechinäthern die Phthalimidoacetobrenzcatechinäther als Zwischenprodukte der Adrenalindarstellung[8]).

Diese Substanzen werden beim Behandeln mit Säuren in guter Ausbeute in Phthalsäure und Aminoacidylbrenzcatechine gespalten. Man kann so vom Phthalimidoacetoveratrol mit Salzsäure in Eisessiglösung zum Aminoacetobrenzcatechin gelangen[9]).

Für Adrenalinderivate haben die Höchster Farbwerke vorgeschlagen, von den Methylendioxyphenyläthylenhalogenhydrinen auszugehen, diese mit Pentachlorphosphor und dann mit Wasser zu behandeln und die so entstehenden o-Dioxyphenyläthylenhalogenhydrine mit Ammoniak oder primären Aminen umzusetzen[10]).

Dasselbe Verfahren, wie im vorigen Patente, wird mit der Modifikation gebraucht, daß die Einwirkung von Phosphorpentachlorid und Wasser nacheinander auf 3.4-Methylendioxyphenyläthylendichlorid erfolgt[11]).

Es wird 3.4-Methylendioxyphenyläthylendibromid mit mehr als zwei Molekülen Phosphorpentachlorid längere Zeit behandelt, dann mit Wasser digeriert und das so erhaltene o-Dioxyphenyläthylenbromhydrin mit primären aliphatischen Aminen umgesetzt[12]).

Nach DRP. 287 802 werden N-Methylderivate organischer Basen derart dargestellt, daß man primäre und sekundäre Amine mindestens 1 Mol. Formaldehyd für jede einzuführende Methylgruppe und, soweit die betreffenden Amine nicht gleichzeitig einen leicht oxydierbaren Substituenten, wie die Alkoholgruppe, im Molekül enthalten, in Gegenwart oxydierbarer organischer Verbindungen auf höhere Temperatur erhitzt, wobei unter gleichzeitiger Methylierung der primären oder sekundären Aminogruppe die oxydable Gruppe oxydiert wird.

Diese Reaktion ist nicht nur im Falle der Methylierung mit Formaldehyd zu erreichen, sondern man kann jeden beliebigen Alkyl-, Aralkyl- oder Arylrest in die Aminogruppe einführen, wenn man statt Formaldehyd die entsprechenden anderen Aldehyde verwendet. Es können so z. B. Acetaldehyd, Propionaldehyd, Benzaldehyd, Phenylacetaldehyd zur Anwendung gelangen. Ebenso wie die intramolekulate Oxydation kann die Reaktion auch bei Anwendung höher homologer Aldehyde für intramolekulare Reaktionen verwirklicht werden. So gelingt es, z. B. durch Einwirkung von Phenylacetaldehyd auf Dimethylamin bei Gegenwart von Isopropylalkohol, in quantitativer Ausbeute Dimethylphenyläthylamin zu erhalten[13]).

Boettcher versuchte statt der Reduktion von Aminoacetobrenzcatechin durch Behandeln von Dioxyphenylchlorhydrin mit Aminobasen[14]) zum Adrenalin zu gelangen,

---

[1]) Höchst, DRP. 223 839, Zusatz zu DRP. 220 355. [2]) Höchst, DRP. 167 317.
[3]) Byk, Berlin, DRP.-Anm. C. 12 991. [4]) DRP. 202 169. [5]) DRP. 193 634.
[6]) Bayer, DRP. 185 598. [7]) Bayer, DRP. 189 483. [8]) Bayer, DRP. 209 962.
[9]) Bayer, DRP. 216 640. [10]) DRP. 209 609. [11]) Höchst, DRP. 209 610.
[12]) Höchst, DRP. 212 206. [13]) DRP. 291 222, Zusatz zu DRP. 287 802.
[14]) BB. 42, 259 (1909).

doch zeigte Mannich[1]), daß bei dieser Reaktion zwei isomere Basen entstehen, die nur schwer voneinander zu trennen sind.

Mit einer Ausbeute von 5% des angewandten Aldehyds erhielt in unreinem Zustande Karl W. Rosemund[2]) anscheinend Adrenalin durch Kondensation von Dicarboxyäthylprotocatechualdehyd mit Nitromethan und Natrium. Das gebildete Dioxyphenyl-nitroäthanol reduziert man mit Natriumamalgam und Essigsäure.

Eine Reihe von Patenten verfolgen die Absicht, die Adrenalinsynthese zu verbilligen oder dem Adrenalin nahe verwandte Substanzen zu erzeugen[3]).

Das dem Adrenalin nahe stehende Oxyphenyläthylamin wird in seiner Wirkung durch Jodieren gesteigert. Die Jodierung wird durch Jod in alkalischer Lösung ausgeführt[4]).

Durch Kondensation des Oxyphenyläthylamins mit Benzaldehyd, Salicylaldehyd, Veratrumaldehyd und Piperonal und Reduktion erhält man sekundäre Amine, welche zum Unterschiede von der Wirkung des Ausgangskörpers statt einer Tonushebung eine Tonussenkung am Uterus hervorrufen[5]).

Die Patente DRP. 258473, 255305, 247906, 248385 bewegen sich in der gleichen Reihe.

Über die Wirkung der in den Patenten DRP. 247455, 247456, 247457 beschriebenen Verbindungen ist nichts bekannt worden.

Alkylaminacidylbrenzcatechine erhält man, wenn man Arylsulfosäurechloride auf Salze der Aminoacidylbrenzcatechinäther und Alkalicarbonate in Gegenwart von indifferenten Lösungsmitteln, wie Aceton, bei Wasserbadtemperatur unter vorsichtigem Zusatz von Wasser einwirken läßt, die gebildeten Arylsulfoderivate alkyliert und die so erhaltenen Arylsulfoalkylaminoacidylbrenzcatechinäther mit verseifenden Mitteln behandelt[6]).

Merck schützt ein Verfahren zur Darstellung von Alkyloxyaryl-, Dialkyloxyaryl- und Alkylendioxyarylaminopropanen bzw. deren am N monoalkylierten Derivaten, darin bestehend, daß man die entsprechenden ungesättigten Propylenverbindungen der allgemeinen Formeln $R \cdot CH_2 \cdot CH : CH_2$ und $R \cdot CH : CH \cdot CH_3$ (R = Alkoxyaryl, Dialkoxyaryl oder Alkylendioxyaryl) mit Halogenwasserstoffsäuren behandelt und die so entstandenen halogenhaltigen Reaktionsprodukte mit Ammoniak oder primären aliphatischen Aminen umsetzt. Beschrieben sind α-p-Methoxyphenyl-m-propylamin, β-3.4-Dimethoxyphenylisopropylamin, die Verbindung

$O - CH_2$

$CH_2 \cdot CH(NH_2) \cdot CH_3$

aus Safrol und die sekundäre Base aus Safrol $CH_2 \cdot O_2 : C_6H_3 \cdot CH_2 \cdot CH(CH_3) \cdot NH \cdot CH_3$, ferner α-3.4-Methylendioxyphenyl-n-propylamin[7]).

Alkyl- und Aralkylaminomethylalkyläther der allgemeinen Formel $Alkyl \cdot O \cdot CH_2 \cdot N \cdot R_1R_2$ (R_1 = Alkyl oder Aralkyl, R_2 = Wasserstoff oder Alkyl) erhält man, wenn man 1 Mol. eines Halogenmethylalkyläthers ($Halogen \cdot CH_2 \cdot O \cdot Alkyl$) auf 2 Mol. eines primären oder sekundären Amins der aliphatischen oder fettaromatischen Reihe einwirken läßt. Beschrieben sind N-Methoxymethylallylamin, N-Methoxymethyldiäthylamin, N-Methoxymethylhomopiperonylamin, N-Äthoxymethylhomopiperonylamin, N-Methylmethoxymethylhomopiperonylamin, N-Methoxymethyläthylhomopiperonylamin, N-Methoxymethyl-α-methylhomopiperonylamin[8]).

Zu Adrenalinkörpern suchten Schering-Berlin in der Weise zu gelangen, daß sie 3.4-Dioxyphenylhalogenalkylketone mit Hydroxylamin behandelten. Man erhält so 3.4-Dioxyphenylglyoxim oder 3.4-Dioxyphenylalkylglyoxim[9]).

Man erhält die gleiche Verbindung, wenn man Amino- oder Monoalkylaminoacetobrenzcatechine in derselben Weise mit Hydroxylamin oder dessen Salzen behandelt. Es wird sowohl der Ketonsauerstoff, als auch die Amin- oder Monoalkylamingruppe durch den Hydroxylaminrest ersetzt. Die Reaktion verläuft am besten bei Gegenwart von Essigsäure[10]).

Man gelangt zu dem gleichen Produkte, wenn man Hydroxylamin auf Dialkylaminoacetobrenzcatechine einwirken läßt[11]).

---

[1]) Arch. d. Pharm. **248**, 127 (1910). [2]) BB. **46**, 1034 (1913).
[3]) DRP. 247817, 264438, 256750. [4]) DRP. 259193. [5]) DRP. 259874.
[6]) Bayer, DRP. 277540. [7]) DRP. 274350. [8]) Merck, DRP. 272323.
[9]) DRP. 195655. [10]) DRP. 195656, Zusatz zu DRP. 195655.
[11]) DRP. 195657, Zusatz zu DRP. 195655.

Reduziert man 3.4-Dioxyphenylglyoxim und 3.4-Dioxyphenylalkylglyoxime der allgemeinen Formel

OH
OH
X
C—C : NOH
NOH

die man z. B. nach DRP. 195 655 erhalten kann, durch geeignete Amalgame bei Gegenwart von Säuren, so erhält man Verbindungen, welche dem Adrenalin nahekommende starke, blutdrucksteigernde Eigenschaften haben und weniger giftig sind als Adrenalin[1]).

ω-Nitroacetobrenzcatechin erhält man durch Einwirkung von Aluminiumchlorid auf Alkyl- oder Alkylenäther des Nitroacetobrenzcatechins[2]).

In der Adrenalinreihe wurde der Versuch gemacht, optisch aktive o-Dioxyphenyl-α-propanolamine darzustellen. Letztere unterscheiden sich vom Ephedrin und Pseudoephedrin nur durch den Eintritt zweier orthoständiger Hydroxyle in den Benzolring, vom Adrenalin aber durch die veränderte Struktur der Seitenkette. Die Spaltung geht mit Rechts-Weinsäure sehr gut, die l-Modifikation zeichnet sich durch eine stärkere blutdrucksteigernde Wirkung aus und übertrifft den Racemkörper in der Wirkung um das Zwei- bis Dreifache[3]).

Bei der Reduktion der Nitrophenyläthylacidylamine entstehen die freien Aminophenyläthylaminbasen. Acidyliert man dann die Aminogruppen und nitriert die acidylierten Produkte, so erhält man Nitroverbindungen, deren Nitrogruppe in o-Stellung zur aromatisch gebundenen Acidylaminogruppe steht, und die unmittelbar oder nach vorheriger Reduktion nach den üblichen Methoden in die Benzimidazole übergeführt werden können. Diese Substanzen besitzen blutdrucksteigernde Wirkungen. Aus p-Nitrophenäthylacetylamin erhält man durch Reduktion mit Eisen und Essigsäure p-Aminophenäthylacetylamin $NH_2 \cdot C_6H_4 \cdot CH_2 \cdot CH_2 \cdot NH \cdot CO \cdot CH_3$. Die Acetylverbindung geht mit Salpeterschwefelsäure die Nitroverbindung $C_6H_3(CH_2 \cdot CH_2 \cdot NH \cdot CO \cdot CH_3)^1(NO_2)^3(NH \cdot CO \cdot CH_3)^4$ ein. Durch Reduktion mit Eisen und Essigsäure erhält man das entsprechende Amin, aus dem mit Eisessig und konz. Salzsäure das Chlorhydrat des 5-Äthylamino-2-methylbenzimidazols $NH_2 \cdot CH_2 \cdot CH_2 \cdot C_6H_3\langle{}^{NH}_{N}\rangle C \cdot CH_3$ entsteht. In analoger Weise erhält man aus 4-Formylamino-3-nitrophenylacetylamin das 5-Aminoäthylbenzimidazol. Ferner ist beschrieben 2.4′-Aminophenyl-5-äthylaminobenzimidazol

$$NH_2 \cdot CH_2 \cdot CH_2 \cdot C_6H_3\langle{}^{NH}_{N}\rangle C \cdot C_6H_4 \cdot NH_2$$ [4]).

Glycyl-p-oxyphenyläthylamin, d-l-Alanyl-p-oxyphenyläthylamin, Glycyl-β-imidazolyläthylamin zeigen alle eine geringere Toxizität als die zugrunde liegenden Basen, so daß die Kuppelung der Amine mit einem Aminoacylrest eine Entgiftung bedeutet[5]).

Glycylverbindungen aus p-Oxyphenyläthylamin und β-Imidazolyläthylamin erhält man, wenn man diese Amine mit Halogenacylchloriden kuppelt und die erhaltenen Halogenacylamine mit Ammoniak behandelt. Dargestellt wurde Glycyl-p-oxyphenyläthylamin, Glycyl-β-imidazolyläthylamin und Alanyl-p-oxyphenyläthylamin. Die Glycinderivate sind viel weniger giftig als die ihnen zugrunde liegenden Basen[6]).

Nicotin.

Moore und Row[7]) untersuchten vergleichend die drei Alkaloide

Piperidin: H_2 C, H_2C CH_2, H_2C CH_2, N, H

Coniin: H_2 C, H_2C CH_2, H_2C $CH \cdot C_3H_7$, N, H

und

Nicotin: H_2C—CH_2, (Pyridinring, N)—HC CH_2, N, CH_3

---

[1]) Schering, DRP. 201 345.
[2]) Höchst, DRP. 195 814. — DRP.-Anm. C 14 690, Kl. 12q. [3]) DRP. 269 327.
[4]) Maron, DRP. 294 085. [5]) M. Guggenheim, BZ. 51, 369 (1913).
[6]) Hoffmann-La Roche, DRP. 281 912. [7]) Journ. of physiol. 22, 273.

und fanden, daß sie in ihrer physiologischen Wirkung sehr ähnlich sind, obgleich die Intensität derselben variiert. Die Ähnlichkeit ist nach Ansicht dieser Forscher durch die Gegenwart eines reduzierten N-haltigen Ringes in jedem Molekül bedingt und die Verstärkung der Wirkung wird durch die Einführung eines organischen Radikales als Seitenkette in den Ring verursacht.

Neben anderen, hier nicht in Betracht kommenden ähnlichen physiologischen Wirkungen ist der arterielle Blutdruck enorm erhöht und die Erhöhung ist bedingt durch die Verengerung der kleinsten Arterien und nicht durch eine erhöhte Herzaktion. Die Konstriktion der kleinsten Arterien verläuft unabhängig vom Zentralnervensystem.

Nicotin macht die stärkste Wirkung, welche auf den Methylpyrrolidinring zurückzuführen ist. Pinners Metanicotin, welches keinen Pyrrolidinring enthält, erzeugt[1]) Vergiftungssymptome wie Nicotin, ist aber erst in ungefähr neunfacher Dosis und erst nach doppelt so langer Zeit letal wirksam. Coniin wirkt stärker als Piperidin, was durch die Gegenwart der Propylseitenkette verursacht wird.

Piperidin und seine Derivate wirken ebenfalls blutdrucksteigernd, aber in dieser Reihe am schwächsten.

So wirkt z. B. Piperin, das Alkaloid des Pfeffers, welches ein Piperidin ist, in dem ein Wasserstoff durch die Piperinsäure $CH_2O_2 = C_6H_3 — CH = CH — CH = CH — COOH$ ersetzt ist, schwächer als Piperidin. Es scheint also, daß nur der Eintritt von Alkylresten an Kohlenstoff die blutdrucksteigernde Wirkung des Piperidins erhöht, während der Eintritt von Säureradikalen in den Imidwasserstoff die blutdrucksteigernde Wirkung des Piperidins abschwächt.

Für die Darstellung von Piperidin und Dihydrochinolin schlägt F. Ahrens[2]) die elektrolytische Reduktion des Pyridins und Chinolins vor. Die Basen werden in verdünnter Schwefelsäure gelöst und elektrolysiert. Aus den resultierenden schwefelsauren Lösungen der hydrierten Basen werden diese durch Alkalien abgeschieden und dann gereinigt[3]). Diese elektrolytische Reduktion hängt aber von der Menge der Säure, den Elektroden und der Reinheit der Materialien ungemein ab[4]). Man muß zirka die vierfache Menge Säure nehmen, welche dem Pyridin entspricht, als Elektrode Blei oder Kohle, und eine von Metallsalzen freie Säure und metallfreie Diaphragmen. Man erhält so Piperidin und Dihydrochinolin besser und billiger als mittels Reduktion mit Natrium in alkoholischer Lösung.

Pyridin wirkt im Gegensatze zu seinem hydrierten Derivat, dem Piperidin, den Blutdruck herabsetzend. Es ist also hier durch Hydrierung eine ungemeine Verstärkung, aber auch eine völlige Umkehrung der physiologischen Wirksamkeit eingetreten.

Ein ganz analoges Verhalten, Umkehrung der physiologischen Wirkung durch Hydrierung, zeigt die Betrachtung der Wirkungen von Berberin und Hydroberberin. Berberin wirkt in größeren Dosen den Blutdruck herabsetzend, Hydroberberin schon in kleinen Dosen blutdrucksteigernd und gefäßverengernd.

Die blutdrucksteigernde Wirkung des Nicotins unterscheidet sich jedoch dadurch von der Wirkung des Adrenalins, daß die Wirkung nicht so lange anhält und ferner bei Verwendung von Nicotin nach der eingetretenen maximalen Steigerung ein Absinken des Druckes unter die Norm erfolgt.

Die Behandlung des Nicotins mit Wasserstoffsuperoxyd[5]) führt zum Oxynicotin $C_{10}H_{14}N_2O$, welches ähnlich, aber viel schwächer wirkt als Nicotin

[1]) Falck und Ringhardtz, Diss. Kiel (1895). [2]) Z. f. Elektrochemie 2, 577.
[3]) DRP. 90 308. [4]) DRP. 104 664.
[5]) v. Bunge, Arb. d. pharmakol. Inst. Dorpat (Kobert) XI—XII, S. 131 und 206.

selbst. Pinner faßt Oxynicotin als einen Aldehyd auf, der durch Aufspaltung des Pyrrolidinringes entstanden ist, ähnlich wie aus Piperidin durch Wasserstoffsuperoxyd δ-Aminovaleraldehyd entsteht.

In α-Stellung alkylierte Derivate des Pyrrols erhält man, wenn man nach den für die Einführung von einwertigen Alkoholradikalen üblichen Methoden die Radikale mehrwertiger Alkohole, ihrer Derivate oder Äquivalente in die α-Stellungen des Pyrrols einführt[1]).

Alkohole der Pyrrolidinreihe erhält man, wenn man Pyrrole mit Alkoholgruppen in einer Seitenkette in saurer Lösung mit Wasserstoff in Gegenwart eines katalytisch wirkenden Metalles der Platingruppe, gegebenenfalls unter Druck, behandelt. Beschrieben sind 1-Pyrrolidylisopropylalkohol und N-Propandiolpyrrolidin[2]).

Alkohole der Pyrrolidinreihe erhält man, wenn man die acidylierten Pyrrole der allgemeinen Formel

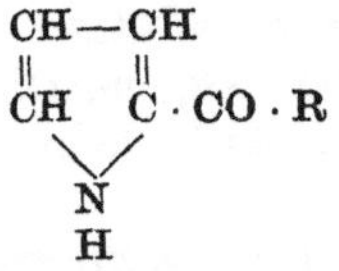

```
CH—CH
||    ||
CH    C·CO·R
 \  /
  N
  H
```

(R = Alkyl) in alkoholischer Lösung mit alkalischen Reduktionsmitteln behandelt. Beschrieben ist die Darstellung von Pyrrolidinalkohol aus 2-Acetylpyrrol usf.[3]).

4-Oxypiperidin

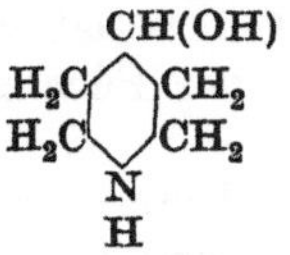

```
     CH(OH)
 H2C/  \CH2
 H2C\  /CH2
      N
      H
```

erhält man aus Oxypyridin bei Behandlung mit Alkalimetallen und Alkoholen oder mit gasförmigem Wasserstoff bei Gegenwart von Katalysatoren der Platingruppe[4]).

Die Körper dieser Reihe, Nicotin, Pyrrolidin, Methylpyrrolidin, Piperidin usw., werden wohl bei eingehendem Studium ihrer Derivate und Abschwächung ihrer Giftigkeit wertvolle Arzneimittel im Sinne blutdrucksteigender, also tonisierender Substanzen einerseits, anderseits gefäßkontrahierender, also blutstillender Substanzen, im Sinne der Hydrastis und des Mutterkorns ergeben.

Nicotin hat, eine so große Bedeutung es auch als Genußmittel besitzt, in der neueren Medizin nur eine sehr beschränkte Anwendung, und zwar ausschließlich als äußerlich angewendetes Mittel erlangt. Das salicylsaure Salz des Nicotins wird unter dem Namen Eudermol als Scabiesmittel empfohlen.

Pilocarpin.

Dieses Alkaloid ist in seinen Wirkungen dem Nicotin sehr verwandt. Außerdem kommen ihm ungemein sekretionsbefördernde Eigenschaften zu und seine therapeutische Bedeutung liegt darin, es einerseits als schweiß- und überhaupt sekretionsbeförderndes Mittel zu verwenden, anderseits aber in den Folgen dieser sekretionsbefördernden Wirkung, nämlich der erhöhten Aufnahme von Flüssigkeiten, namentlich aus Exsudaten, so daß es als Resorbens von Bedeutung ist. Ferner bewirkt Pilocarpin starke Myosis.

Pilocarpin ist nach den Untersuchungen von Pinner und Schwarz[5]) ein Glyoxalinderivat:

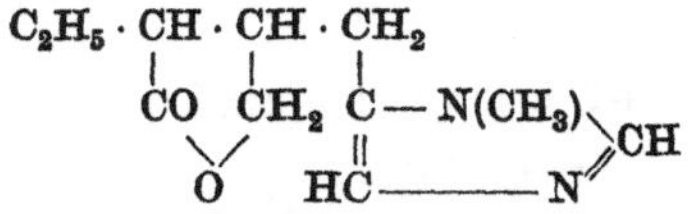

```
C2H5·CH·CH·CH2
     |   |   |
     CO  CH2 C—N(CH3)\
      \ /    ||        >CH
       O     HC————N//
```

[1]) Bayer, DRP. 279 197. [2]) Bayer, DRP. 283 333.
[3]) Bayer, DRP. 282 456. [4]) Emmert, DRP. 292 456.
[5]) Pinner und Kohlhammer, BB. **33**, 2357 (1900). — Pinner und Schwarz, BB. **35**, 192, 2441 (1902). — Jowett, Proc. Chem. Soc. **19**, 54.

Isopilocarpin und das ihm stereoisomere Pilocarpin sind 1.5-substituierte Glyoxaline.

Jowett läßt die Frage offen, ob die Pinnersche Formel oder die Formel

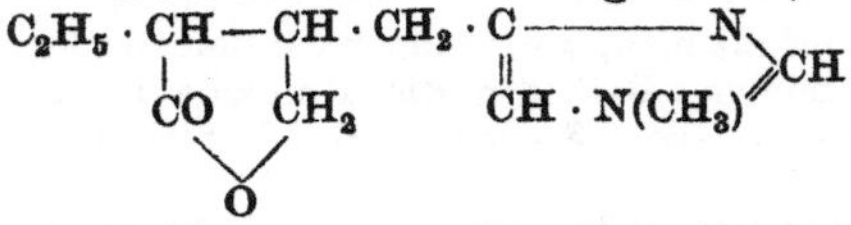

$$\begin{array}{l} C_2H_5 \cdot CH - CH \cdot CH_2 \cdot C \text{———} N \diagdown \\ \quad\;\; | \qquad\; | \qquad\qquad\;\; \| \qquad\qquad\quad > CH \\ \quad CO \quad CH_2 \qquad\;\; CH \cdot N(CH_3) \diagup \\ \qquad\; \diagdown \diagup \\ \qquad\;\; O \end{array}$$

die richtige ist.

Pilocarpin wirkt auf das Herz wie die elektrische Vagusreizung. Isopilocarpin, welches dem Pilocarpin isomer, wirkt wie Pilocarpin, aber schwächer, noch weniger wirksam, aber qualitativ gleichartig wirksam ist Pilocarpidin[1]).

Jaborin besitzt für Herz, Iris usw. mehr eine paralysierende als eine erregende Wirkung, wodurch letztere Substanz sich mehr dem Atropin nähert, während in Beziehung auf andere Organe die Wirkung zwar schwächer ist, aber ihre Natur nicht verändert. Es ist beinahe ein Gegengift des Pilocarpins zu nennen.

Curci fand, daß der größte Teil des Pilocarpins in einer Verbindung durch den Urin ausgeschieden wird, aus dem es dargestellt werden kann durch Behandlung mit Säure und Neutralisation mit Ammoniak. Es würde demnach als Pilocarpinat ausgeschieden. Curci hat eine krystallinische Substanz aus dem Harn dargestellt, die außer der Pilocarpinreaktion besondere charakteristische Phenolreaktionen zeigt.

Alle älteren physiologischen Untersuchungen über die Abbauprodukte des Pilocarpins, sowie die daran geknüpften Spekulationen haben den Boden verloren, seitdem durch die Untersuchungen von Jowett, Pinner und Kohlhammer, sowie Pinner und Schwarz die bisherige Auffassung der Konstitution des Pilocarpins zu Fall gebracht wurde. Die Oxydation des Pilocarpins liefert eine N-freie Säure, aber keine Nicotinsäure, so daß die Annahme, Pilocarpin sei ein Pyridinderivat, nicht mehr zutreffend ist. Ferner wurde die Existenz einer NH- und einer NCH_3-Gruppe nachgewiesen und eine N-freie Lactonsäure

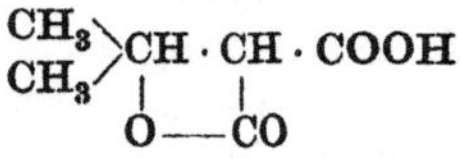

$$\begin{array}{l} CH_3 \diagdown \\ \qquad\quad > CH \cdot CH \cdot COOH \\ CH_3 \diagup \quad | \qquad | \\ \qquad\quad O \text{——} CO \end{array}$$

aus dem Pilocarpin dargestellt.

Jowett[2]) fand, daß Isopilocarpin sich mit alkoholischem Kali in Pilocarpin umwandeln läßt, weshalb beiden Alkaloiden folgende Formeln zukommen:

Pilocarpin

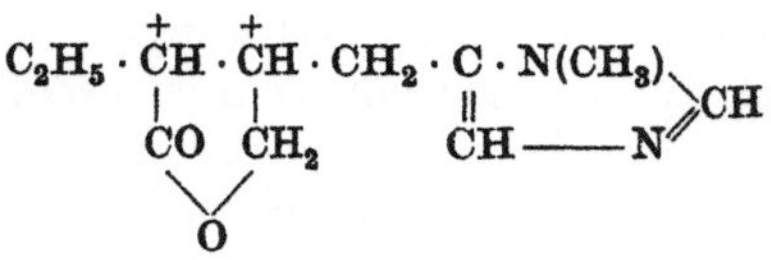

$$\begin{array}{l} \qquad\quad\;\; + \qquad + \\ C_2H_5 \cdot CH \cdot CH \cdot CH_2 \cdot C \cdot N(CH_3) \diagdown \\ \qquad\;\; | \qquad | \qquad\qquad\; \| \qquad\qquad\quad > CH \\ \qquad CO \quad CH_2 \qquad CH \text{———} N \diagup \\ \qquad\;\; \diagdown \diagup \\ \qquad\quad O \end{array}$$

Isopilocarpin

$$\begin{array}{l} \qquad\quad\;\; - \qquad + \\ C_2H_5 \cdot CH \cdot CH \cdot CH_2 \cdot C \cdot N(CH_3) \diagdown \\ \qquad\;\; | \qquad | \qquad\qquad\; \| \qquad\qquad\quad > CH \\ \qquad CO \quad CH_2 \qquad C \text{———} N \diagup \\ \qquad\;\; \diagdown \diagup \\ \qquad\quad O \end{array}$$

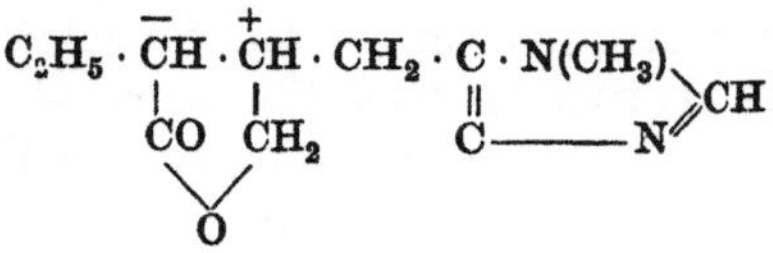

Oxaläthylin = 1 · Äthyl-2-methyl-imidazol[3])

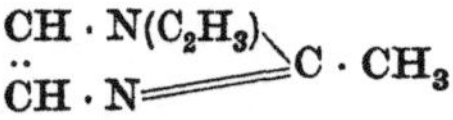

$$\begin{array}{l} CH \cdot N(C_2H_5) \diagdown \\ \;\,\ddot{} \qquad\qquad\qquad > C \cdot CH_3 \\ CH \cdot N = \!\!=\!\!=\!\!=\!\!= \diagup \end{array}$$

wirkt wie Atropin.

---

[1]) Marshall, Journ. of physiol. **31**, 120. [2]) Arch. de pharmacodyn. **14**, 75 (1905).
[3]) W. Schulz, AePP. **13**, 304; **16**, 256.

Chloroxaläthylin ist 1-Äthyl-2-methyl-4- oder-5-chlorimidazol

$$\begin{matrix} HC\cdot N(C_2H_5) \\ \ddot{} \\ Cl\cdot C\cdot N \end{matrix}\!\!\gg C\cdot CH_3 \quad \text{oder} \quad \begin{matrix} Cl\cdot C\cdot N(C_2H_5) \\ \ddot{} \\ H\cdot C\cdot N \end{matrix}\!\!\gg C\cdot CH_3$$

Die beiden von Wallach dargestellten Basen, die chlorhaltige und chlorfreie, schließen sich in bezug auf die Wirkung auf den kardialen Hemmungsapparat der Atropingruppe an. Oxaläthylin wirkt auf das Gehirn wie Atropin, Chloroxaläthylin ähnlich wie Chloralhydrat und Morphin. Oxaläthylin erweitert die Pupille, die gechlorte Verbindung aber nicht. Die Anwesenheit des Chlors in dieser organischen Verbindung nimmt ihr, dem Gehirn gegenüber, den Charakter der erregenden Wirkung und gibt ihr den der narkotisierenden. Beide Basen rufen nach Injektion wohl erhöhte Reflexerregbarkeit hervor, aber die chlorhaltige wirkt dann stark narkotisch, so daß das Chlor von Bedeutung ist für das Nichtzustandekommen der Erregungszustände.

Strychnin.

W. H. Perkin jun. und Robert Robinson fassen das Strychnin in der Weise auf, daß sie als Kern einen Chinolin- und einen Carbozolkomplex annehmen. Diese beiden Komplexe sind so verbunden, daß der Stickstoff der Chinolingruppe säureamidartig gebunden erscheint und der Stickstoff des Carbazols tertiär ist[1]).

Über die Beziehungen zwischen Aufbau und Wirkung beim Strychnin verdanken wir den Untersuchungen von Tafel[2]) einige sehr wertvolle Aufschlüsse.

Bei der Einwirkung von Jodwasserstoff und Phosphor auf Strychnin entsteht unter Eliminierung des einen der beiden Sauerstoffatome und Addition von vier Wasserstoffatomen Desoxystrychnin.

$$\underset{\text{Strychnin}}{C_{21}H_{22}N_2O_2} + 6\,H = \underset{\text{Desoxystrychnin}}{C_{21}H_{26}N_2O} + H_2O$$

Letzteres ist in seinen Giftwirkungen qualitativ dem Strychnin ähnlich, aber quantitativ bedeutend abgeschwächt. Es ist bitterer als Strychnin. Das ausgetretene Sauerstoffatom muß aus der Gruppe $NC_{20}H_{22}O$ stammen. Die Strychninformel ist vorläufig nämlich in $N{\equiv}C_{20}H_{22}O{<}\begin{matrix}CO\\|\\N\end{matrix}$ aufzulösen. Sicherlich stammt der Sauerstoff nicht aus dem Carbonyl, denn Desoxystrychnin geht beim Erhitzen mit Natriumalkoholat in die Desoxystrychninsäure über.

$$\underset{\text{Desoxystrychnin}}{N{\equiv}C_{20}H_{26}{<}\begin{matrix}CO\\|\\N\end{matrix}} + H_2O = \underset{\text{Desoxystrychninsäure}}{N{\equiv}C_{20}H_{26}{<}\begin{matrix}COOH\\NH\end{matrix}}$$

Aus dem Desoxystrychnin läßt sich auch das zweite Sauerstoffatom durch weitere Reduktion entfernen, und zwar entsteht durch elektrolytische Reduktion in schwefelsaurer Lösung Dihydrostrychnolin $C_{21}H_{28}N_2$.

$$\underset{\text{Desoxystrychnin}}{N{\equiv}C_{20}H_{26}{<}\begin{matrix}CO\\|\\N\end{matrix}} = \underset{\text{Dihydrostrychnolin}}{N{\equiv}C_{20}N_{26}{<}\begin{matrix}CH_2\\|\\N\end{matrix}} + H_2O$$

Dieses Dihydrostrychnolin ist aber kein Krampfgift mehr. Dieses zweite Sauerstoffatom scheint also für die Wirkung des Strychnins notwendig zu sein, denn

[1]) Journ. Chem. Soc. London **97**, 305 (1910).
[2]) Liebigs Ann. **264**, 44; **268**, 229; **301**, 289.

wenn man Strychnin mit Jodwasserstoff und Phosphor und später mit Natrium und Amylalkohol behandelt, so entsteht Strychnolin $C_{21}H_{26}N_2$.

Strychnin — Strychnolin

$$N{\equiv}C_{20}H_{22}O\langle\begin{smallmatrix}CO\\|\\N\end{smallmatrix} + 6\,H = N{\equiv}C_{20}H_{24}\langle\begin{smallmatrix}CH_2\\|\\N\end{smallmatrix} + 2\,H_2O$$

Dieses Strychnolin ist ebenfalls kein Krampfgift mehr.

Es geht also mit dem Übergang der Atomgruppierung

$$\begin{matrix}| \\ CO \\ | \\ N\end{matrix} \quad \text{in} \quad \begin{matrix}| \\ CH_2 \\ | \\ N\end{matrix}$$

die spezifische krampferregende Strychninwirkung verloren.

Hingegen hat Strychnidin $C_{21}H_{24}N_2O$, durch elektrolytische Reduktion von Strychnin gewonnen, Strychninwirkung. Es steht in der Wirkung zwischen Desoxystrychnin und Strychnin und ist wie Strychnin bitter. Chemisch, aber nicht physiologisch hat es eine große Ähnlichkeit mit Dihydrostrychnolin, daher ist vielleicht die Formel $N{\equiv}C_{20}H_{22}O\langle\begin{smallmatrix}CH_2\\|\\N\end{smallmatrix}$ anzunehmen.

Das zweite Sauerstoffatom im Strychnin scheint ätherartig gebunden zu sein[1]).

Sowohl dem Strychnolin als auch dem Dihydrostrychnolin fehlt jede krampferregende Wirkung.

Tafel untersuchte, ob nicht, wie beim Piperidon, so auch im Strychnin, eine piperidonartige Atomgruppierung die Rückenmarkwirkung verursacht. Zur Entscheidung dieser Frage eignet sich am besten die elektrolytische Reduktion des Strychnins, dieselbe führt zu zwei Basen, dem Tetrahydrostrychnin und dem Strychnidin.

Tetrahydrostrychnin

$$C_{21}H_{26}N_2O_2 = (C_{20}H_{22}O)\begin{smallmatrix}{\equiv}N\\ -CH_2\cdot OH\\ {=}NH\end{smallmatrix}$$

Strychnidin

$$(C_{20}H_{22}O)\begin{smallmatrix}{\equiv}N\\ -CH_2\\ \| \\ N\end{smallmatrix}$$

Piperidon und Pyrrolidon, welche die = N —CO-Gruppe enthalten, wirken krampferregend, während Pyridon und Pyrazolon, welche die gleiche Gruppe enthalten, nicht krampferregend wirken. Strychnol, welches dem Strychnin gegenüber diese Gruppe verloren, wirkt krampferregend[2]).

Aus dem Vergleiche der physiologischen Wirkungen des Tetrahydrostrychnins und Strychnidins folgert Tafel, daß die eminente Wirkung des Strychnins als Rückenmarks- und Krampfgift gerade dem Zusammentreffen zweier in demselben Sinne wirksamer sauerstoffhaltiger Gruppen in seinem Moleküle zuzuschreiben ist. Wird eine Gruppe durch Reduktion verändert, so tritt nur eine Schwächung der Krampfwirkung ein, erst wenn beide reduziert sind, hört die Krampfwirkung überhaupt auf. Dihydrostrychnolin macht in 2-mg-Dosen keine andere Erscheinung als Gelbfärbung der Frösche. 5—10 mg machen starke Lähmungserscheinungen, aber keine Krämpfe. Im Strychnin

[1]) Julius Tafel, Liebigs Ann. **301**, 285—348.
[2]) C. Paderi, Arch. Farmacol. **18**, 66 (1914).

sind jedenfalls eine große Zahl ringförmiger, zum größten Teile hydrierter Gruppen aneinandergegliedert. Strychnidin erzeugt in 2-mg-Dosen typische Strychninkrämpfe.

Methylstrychnin, aus Methylstrychninium erhalten, ist nicht bitter und wirkt nach Dietrich Gerhardt wie Strychnin, es ist eine sekundäre Base[1]).

Methylstrychnin $(C_{20}H_{22}O) \begin{cases} = N < \begin{matrix} CH_2 \\ \end{matrix} \\ -CO \cdot O \\ = NH \end{cases}$

Äthylstrychninsulfat wirkt schwächer als die Methylverbindung[2]).

0.0006 g Strychninbrombenzylat $C_{21}H_{22}N_2O_2 \cdot C_6H_5 \cdot CH_2 \cdot Br$ bewirken bei Fröschen anhaltende völlige Lähmung. Wenn Erholung eintritt, so folgt ein Stadium der Übererregbarkeit, häufig in der Art der Strychninwirkung. Nicht zur Lähmung führende Dosen haben ausschließlich diese Wirkung. Die Intensität der Wirkung ist stärker als die des Strychnins.

Oxäthylstrychnin führt nach Vaillant und Vierordt zu 4—5 mg bei Fröschen und zu 25 mg bei Kaninchen den Tod herbei. Die Vergiftungserscheinungen halten die Mitte zwischen Strychnin und Curare.

Strychninjodessigsäuremethylester $C_{21}H_{22}N_2O_2 \cdot JCH_2 \cdot COO \cdot CH_3$ und Brucinbrombenzylat $C_{23}H_{26}N_2O_4 \cdot C_6H_5 \cdot CH_2Br$ erzeugen in Dosen von 1.5 mg völlige Lähmung. 0.1 g des Strychninjodessigsäuremethylesters wirken intern auf Kaninchen gar nicht[3]).

Isostrychninsäure $(C_{20}H_{22}O) \begin{cases} = N \\ -COOH \\ = NH \end{cases}$ besitzt noch vollkommen die giftigen Eigenschaften des Strychnins. 0.0005 g töten Frösche.

Trägt man Natrium in eine siedende alkoholische Lösung von Strychnin, so entsteht eine kleine Menge eines neuen Alkaloids, des Strychninhydrürs, welches ausgesprochen lähmend wirkt und durch Atmungsstillstand bald zum Tode führt[4]).

Wenn man Strychnin auf 140° oder Strychnol auf 200° mit Wasser erwärmt, so erhält man eine Base von der Formel $C_{21}H_{22}N_2O_2$, welche Amé Pictet und Bacovescu[5]) Isostrychnin nennen. Es macht Krampferscheinungen und Tod durch Atmungslähmung. Der Respirationsstillstand ist durch die curareartige Wirkung bedingt. Vorher macht Isostrychnin Steigerung der Reflexerregbarkeit, unter Umständen Tetanus. Das Gift wird anscheinend im Organismus schnell zerstört oder ausgeschieden[6]). Dies ist optisch inaktiv und nach Untersuchungen von Wiky ungefähr 30mal weniger giftig als Strychnin, die physiologische Wirkung ähnelt dem Curare.

Isostrychnin ist $(C_{20}H_{22}NO) \begin{cases} CO \\ \cdot \\ N \end{cases} + 3\,H_2O$ (Trihydrostrychnin ?).

Tetrahydrostrychnin $C_{21}H_{26}N_2O_2$ macht in 0.5-mg-Dosen Krampferscheinungen.

Tetrachlorstrychnin und Hexachlorbrucin sind ungiftige und für Hunde ganz unschädliche Substanzen[7]).

Strychninoxyd $\begin{matrix} CO \\ \cdot \\ N \end{matrix} > (C_{20}H_{22}O) \vdots N:O$ macht ähnliche Erscheinungen wie Strychnin, es ist chemisch ein Aminoxyd; die krampferregende Wirkung ist

[1]) Julius Tafel, Liebigs Ann. **264**, 33. [2]) Fr. Loos, Diss. Gießen (1870).

[3]) H. Hildebrandt, AePP. **53**, 76 (1905).

[4]) H. Dreser, Tageblatt der Braunschweiger Naturforscher-Versammlung (1897).

[5]) Soc. de Chim. de Genève 13, IV (1905).

[6]) Bacovescu und Pictet, BB. **38**, 2792 (1905).

[7]) Coronedi bei Minunpi und Cuisa, Gaz. Chim. ital. **34**, II, 361.

ziemlich abgeschwächt, während die paralysierende Wirkung intensiver hervortritt. Die Giftigkeit ist erheblich kleiner als die des Strychnins. Beim Frosch wirken auf 100 g 0.016—0.02 g, beim Meerschweinchen auf 100 g Körpergewicht 0.006 bis 0.0072 g letal[1]).

Strychninbetain ist viel weniger giftig als Strychnin, 1.5 mg gegen 0.02 mg wirken letal[2]).

Emetin.

Emetin ist der Monomethyläther von Cephaelin. Bei der Oxydation gibt es 6.7-Dimethoxyisochinolin-1-carbonsäure.

In der Ipecacuanha kommt neben Emetin noch Cephaelin und Psychrotin vor. Emetin ist von Cephaelin nur durch das Plus einer Methylgruppe verschieden. Man kann durch Methylierung des Cephaelins zum Emetin gelangen, welche sich nun zueinander verhalten wie Cuprein zu Chinin, resp. Morphin zu Codein.

Während bei den Chininhomologen mit der Größe des Alkylmoleküls auch die Toxizität wächst, so ist es bei Emetin anders. Emetin ist das giftigste, Emetäthylin schwächer wirksam, Emetpropylin nur ein Drittel wirksam.

Auch die Brechwirkung des Emetins wird bei den Homologen immer geringer, wie A. Ellinger gezeigt hat.

Die Ausscheidung des Emetins nach intravenösen und subcutanen Injektionen ist sehr unregelmäßig und dauert sehr lange. Es findet eine Anhäufung von Emetin im Körper statt, die die kumulative Wirkung bei der therapeutischen Anwendung des Emetins erklärt[3]).

Emetin enthält wie Papaverin einen Dimethoxychinolinring, es lähmt die glatte Muskulatur der Organe, kleine Dosen erregen die Peristaltik. Die Wirkung ist eine direkte. Ebenso wirken Papaverin, Narkotin, Chelidonin[4]).

Die Hauptwirkung des Emetins besteht in einer Lähmung der gesamten glatten Körpermuskulatur und gleicht in dieser Hinsicht dem Papaverin. Emetin ist ähnlich wie Papaverin sehr wahrscheinlich ein Isochinolinderivat. Emetin und Papaverin zeigen eine intensive Giftwirkung auf Protozoen. Emetin kommt in seiner Wirkungsstärke auf Paramaecium caudatum dem Chinin nahezu gleich und übertrifft die Papaverinwirkung, während in allen anderen Fällen Papaverin bei Anwendung der stärkeren Konzentrationen intensiver wirkt und insbesondere auf Trypanosomen eine bei weitem stärkere Wirkung entfaltet als Emetin; durchaus analog dem Papaverin verhält sich das ihm in seiner chemischen Konstitution und Wirkung auf die Darmmuskulatur verwandte Narkotin. Morphin steht im Gegensatz zu diesen drei Isochinolinderivaten[5]).

Die Morphingruppe wirkt auf Paramaecien nicht oder nur wenig giftig, die Papaveringruppe ist stark wirksam. Die Wirkung des Papaverins wird der Benzylgruppe zugeschrieben[6]).

Die homologen Emetine zeigen die typischen Emetinwirkungen meist in abgeschwächtem Grade. So wirkt Emetäthylin gegenüber dem Emetin beim Hunde bedeutend weniger brechenerregend, beim Emetpropylin ist die Brech-

---

1) Untersuchungen von Babel, Amé Pictet und Mattisson, BB. **38**, 2786 (1905).
2) G. Frerichs, Z. f. ang. Chemie **1914**, Nr. 47, S. 352.
3) Charles Mattai, C. r. s. b. **83**, 225 (1920).
4) E. P. Pick und R. Wasicky, AePP. **80**, 147 (1917).
5) E. P. Pick und R. Wasicky, Wiener klin. Wochenschr. **28**, 590 (1915).
6) David J. Macht und Homer G. Fisher, Journ. Pharm. and exp. Therap. **10**, 95 (1917).

wirkung in den höchsten Dosen überhaupt nur noch andeutungsweise vorhanden, ebenso die anderen physiologischen Wirkungen[1]).

Psychrotin, Cephaelin und Emetin (Methyläther des Cephaelins). Die beiden letzteren zeigen eine sehr ähnliche pharmakologische Wirkung, doch ist Emetin stärker in der Wirkung auf Amöben und Protozoen, schwächer als Reizmittel, Emeticum und in der Giftwirkung. Die höheren Äther des Cephaelins, Homologe des Emetins, zeigen eine abfallende Giftwirkung bei den Äthern der höheren Alkohole. Untersucht wurden: Cephaelinäthyläther, sowie Propyl-, Isopropyl, n-Butyl,- Isobutyl-, Tertiärbutyl-, Isoamyl- und Allyläther[2]).

Die emetische Wirkung ist doppelt so groß beim Emetin wie beim Cephaelin, während sie bei den höheren Homologen ziemlich im gleichen Verhältnis wie die Giftwirkung abnimmt. Die Reizwirkung auf die Conjunctiva ist am stärksten bei Emetin und Cephaelin, am geringsten bei Cephaelinisoamyläther. Bei intramuskulärer Injektion wirkt der Isoamyläther am stärksten, und die übrigen, schwächer wirksamen zeigen keine deutlichen Unterschiede[3]).

Die Propyl- und Isoamyläther des Cephaelins wirken auf Amöben stärker als Emetin. Beide, wie auch der Butyläther, sind auch weit stärker wirksam gegen Paramaecien, am stärksten der Isoamyläther (etwa 15—20mal so stark wie Emetin). Auch gegenüber Bakterien wirken die höheren Homologen weit stärker als Emetin. Staphylococcus aureus wird durch den Propyläther in Lösung 1 : 222, durch den Isoamyläther sogar in Lösung 1 : 4120 abgetötet[4]).

Emetinhydrochlorid besitzt gewisse bactericide Eigenschaften, besonders bei längerer Einwirkung, doch sind diese verhältnismäßig schwach. Auch trypanocide Wirkungen in vitro besitzt dieses Alkaloid, welche aber mit der Wirkung auf Amöben nicht zu vergleichen ist[5]).

Emetinwismutjodid wird statt des Chlorhydrates gegen Amöbendysenterie empfohlen; es ist in verdünnten Säuren nicht löslich, löst sich aber in Alkalien[6]).

Emetin erhält man aus Cephaelin durch Methylierung mit Diazomethan[7]).

Cephaelinhydrochlorid ist ein gutes Emeticum, wie Emetin.

Isoemetin ist das Reduktionsprodukt des Dehydroemetins, welches dieselbe Bruttoformel wie Emetin hat.

Emetin und Isoemetin sind stereoisomer. Letzteres ist weniger als halb so giftig wie das erstere (H. H. Dale). G. C. Low fand, daß bei Amöbendysenterie Emetin Erbrechen hervorruft, aber auch die Amöbe zum Verschwinden bringt, während Isoemetin verhältnismäßig gut vertragen wird und keine Wirkung auf die Amöbe hat[8]).

Emetin und Isoemetin sind bei Mäusen intravenös annähernd gleich giftig, während bei subcutaner Injektion die erträglichen Dosen recht weit auseinanderliegen, indem von dem Isoemetin ungefähr das Vierfache der Emetindosis von Mäusen ertragen wird[9]).

---

[1]) A. Ellinger bei P. Karrer, BB. **49**, 2057 (1916).
[2]) A. L. Walters und E. W. Koch, Journ. Pharm. and exp. Therap. **10**, 73 (1917).
[3]) A. L. Walters, C. R. Eckler und E. W. Koch, Journ. Pharm. and exp. Therap. **10**, 185 (1917).
[4]) A. L. Walters, W. F. Baker und E. W. Koch, Journ. Pharm. and exp. Therap. **10**, 341 (1917).
[5]) John A. Kolmer und Alban J. Smith, Journ. of infect. diseas. **18**, 247, 66.
[6]) Lancet **191**, 183, 311 (1916). [7]) DRP. 298678.
[8]) Frank Lee Pyman, Journ. Chem. Soc. London **113**, 222 (1918).
[9]) P. Karrer, BB. **50**, 528 (1917).

Viertes Kapitel.

Schlafmittel und Inhalationsanaesthetica.

Allgemeines.

Über die chemischen Ursachen des natürlichen Schlafes existiert keine Theorie, welche halbwegs auf Tatsachen basiert wäre.

Daß bestimmte Produkte des Stoffwechsels sich während des wachen Zustandes anhäufen und diese dann Schlaf verursachen, ist vielleicht zu konzedieren, es wird auf diese Weise erklärlicher, warum man nach körperlichern Strapazen rascher und in einen tieferen Schlaf verfällt. Von größtem Interesse für die Pharmakologie wäre gewiß die chemische Erkenntnis dieser Ermüdungsstoffe, welche den Schlaf normalerweise erzeugen, da ihre Darstellung und Verwendung sicherlich die unschädlichsten Schlafmittel bieten würde.

Unser nervöses Zeitalter, dem kaum die große Menge synthetischer Antinervina genügt, hat auch unter der Schlaflosigkeit so zu leiden, daß es für den Arzt ein Bedürfnis ist, eine erhebliche Anzahl von Schlafmitteln zu besitzen, um abwechseln zu können und um die Angewöhnung an eine bestimmte Substanz zu vermeiden, um so mehr als einzelne bei der Angewöhnung in ihrer Wirkung versagen. Während früher nur Opium und Alkohol als Schlafmittel bekannt waren, verfügen wir nun dank der Erweiterung unserer Kenntnisse über eine sehr stattliche Reihe.

Diese große Reihe läßt sich aber auf einige chemische Grundprinzipe reduzieren. Naturgemäß treten die verschiedensten Varianten als neue Arzneimittel sauf.

Wir wissen, daß die Kohlenwasserstoffe der aliphatischen Reihe narkotische Eigenschaften zeigen, die durch Eintritt einer Hydroxylgruppe, die Bildung von Alkoholen, noch deutlicher zur Erscheinung kommen.

Die Hydroxylgruppe ist also nicht das Wirksame für die Hypnose, sondern der Alkylrest. Die Hydroxylgruppe stellt nur den Verankerungspunkt vor.

Diese narkotische Eigenschaft der Kohlenwasserstoffe ist also die Grundursache der narkotischen Effekte der Alkohole einerseits, anderseits aller Verbindungen, deren schlafmachende Wirkung auf der Gegenwart von Alkylgruppen beruht. Dabei ist zu bemerken, daß die hypnotischen Effekte besonders der Äthylgruppe und ihren nächst höheren Homologen zukommen.

Die Anzahl der in den Kohlenwasserstoff eintretenden Hydroxylgruppen ist für die hypnotische Wirkung entscheidend, je mehr Hydroxyle, desto geringer die hypnotischen Effekte, daher entbehrt Glycerin mit drei Hydroxylen der hypnotischen Wirkung. Werden aber diese durch Verätherung oder Veresterung verdeckt, so wirkt die entstehende Glycerinverbindung wieder narkotisch.

Die Gegenwart einer Aldehyd- oder Ketongruppe befähigt aliphatische Verbindungen ungemein, hypnotische Effekte auszulösen; diese Eigenschaft wird einerseits durch den Eintritt von Hydroxylen geschwächt oder gänzlich aufgehoben, anderseits durch die Gegenwart von Alkylresten, insbesonders von Äthylgruppen in der Verbindung gesteigert.

Neben diesen hypnotischen Mitteln spielen eine sehr große Rolle Substanzen, welche aliphatische Verbindungen darstellen, in denen Wasserstoffe durch Halogen ersetzt sind. Den aromatischen Halogensubstitutionsprodukten geht die Eigenschaft, schlafmachend zu wirken, ab.

Die hypnotischen Effekte des Morphins, des souveränen Schlafmittels, hängen mit dem Erhaltensein der beiden Hydroxyle zusammen.

Wir sehen, daß nur einigen Gruppen die Fähigkeit, hypnotische Effekte auszulösen, eigen ist. Den Alkylresten, insbesonders der Äthylgruppe und ihren höheren Homologen, der Carbonylgruppe in Form von Aldehyd, Keton, Säureamid und Säureanhydrid sowie aliphatischen Halogensubstitutionsprodukten, insbesonders denen des Chlors, endlich der eigentümlichen Konfiguration des Morphins.

Von größtem theoretischen Interesse, welchem wohl noch praktische Konsequenzen folgen werden, ist die Eigentümlichkeit, daß die exzitierenden Mittel alle den Blutdruck steigern, die schlafmachenden den Blutdruck herabsetzen.

So steigert Cocain, Nicotin den Blutdruck, Stoffe, die wir benützen, um die Ermüdungsgefühle zu bannen, Morphin, Sulfonal, Trional, Pental[1]) usw. erniedrigen den Blutdruck. Beim normalen Schlaf sinkt ebenfalls der Blutdruck. Die meisten dieser blutdruckerniedrigenden Mittel erweitern die Gefäße.

Alle Narkotica der Fettreihe wirken hämolytisch (L. Herrmann).

Während beim Schlaf eine Erweiterung der Gefäße in den meisten Organen eintritt, sind die Gehirngefäße im Gegensatze hierzu kontrahiert, das Gehirn wird anämisch. Nach Lauder Brunton[2]) sind demnach zwei Dinge notwendig, damit Schlaf eintrete: 1. daß der Blutzufluß zum Gehirn soviel als möglich verhindert werde, indem man ihn ableitet oder die Herztätigkeit beruhigt; 2. daß man die funktionelle Tätigkeit des Gehirns selber herabsetzt. Nun kann man das Blut vom Gehirne ableiten, wenn man an einer anderen Körperstelle Gefäßerweiterung hervorruft.

Die schlafmachenden Substanzen, welche wir zum internen Gebrauch anwenden wollen, müssen den Einflüssen des Organismus gegenüber eine gewisse Resistenz zeigen, um die spezifische Wirkung auf die Großhirnrinde ausüben zu können, bevor sie noch den oxydativen Einwirkungen der Gewebe unterliegen. Wir werden sehen, wie wir Schlafmittel, insbesondere diejenigen, deren Wirkung auf dem Vorhandensein von Äthylradikalen beruht, so resistent machen, daß sie eine anhaltende Wirkung haben.

Hypnotische Mittel werden in der Medizin in zweierlei Absicht verwendet, entweder um nur Schlaf zu erzeugen bzw. einzuleiten, oder um Schlaf und Schmerzlosigkeit durch eine nicht allzu lange Zeit zu bewirken. Im ersteren Falle bedient man sich der Schlafmittel *κατ' ἐξοχήν*, welche intern oder subcutan verabreicht werden, und von denen einige Forscher behaupten, daß sie nur Einschläferungsmittel sind, im letzteren Falle der sogenannten Inhalationsanästhetica, mittels welcher Schlaf und Unempfindlichkeit durch eine beliebige, genau regulierbare Zeit hervorgerufen wird. Die Substanzen der letzteren Gruppe werden ausschließlich durch Inhalation beigebracht.

Die eigentlichen Schlafmittel sind meist in Wasser schlecht lösliche, in Ölen gut lösliche Substanzen, oder es haben die wässerigen Lösungen Eigenschaften, die der subcutanen Injektion im Wege stehen, wie z. B. Chloralhydrat. Nur das einzige Morphin ist ein subcutan injizierbares Hypnoticum. Man be-

[1]) Therap. Monatshefte **1893**, 42. [2]) Pharmakologie (Deutsche Ausgabe), S. 219.

müht sich daher, Mittel synthetisch darzustellen, welche neben starker hypnotischer Wirkung wasserlöslich und ohne lokale Nebenerscheinungen subcutan injizierbar sind.

Die Inhalationsanaesthetica entstammen zwei Gruppen, die eine basiert ihre Wirkungen auf dem Gehalte an Halogen in einer aliphatischen Substanz, die andere auf der Gegenwart von Äthylresten.

Die Schlafmittel lassen sich in drei chemische Gruppen scheiden:

1. Substanzen, deren Wirkung auf dem Gehalt an Halogen beruht,
2. Substanzen, deren Wirkung auf dem Gehalt an Alkylradikalen beruht,
3. Substanzen, deren Wirkung auf der Gegenwart einer Carbonyl- (= C = O) Gruppe beruht.

Erste Gruppe.

Halogenhaltige Schlafmittel.

Chlorverbindungen.

Das wichtigste Inhalationsanaestheticum Chloroform hat neben dem Äther unbestritten die größte Verbreitung auf dem Gebiete der Narkose. Die Nachteile, die ihm zukommen, können meist durch die ungemein ausgebildete Technik der Narkose paralysiert werden.

Die vielfachen Todesfälle während der Chloroformnarkose, für die eine anatomische Begründung fehlte, wurden teilweise durch die leichte Zersetzlichkeit des Chloroforms und Bildung von toxischen Substanzen, wie Phosgen $COCl_2$ usw. erklärt, von denen man vermutete, daß sie infolge der Darstellung im Chloroform enthalten, diesem toxische Eigenschaften verleihen, eine Annahme, die nicht ganz zutrifft, da auch bei Narkose mit allerreinstem Chloroform Todesfälle beobachtet wurden. Die Darstellung des Chloroforms aus Chloral hat auch keinen Wandel geschaffen, denn auch das chemisch reinst dargestellte Chloroform verändert sich durch Oxydation mit Luft alsbald. Als bestes Schutzmittel gegen die Oxydation des Chloroforms durch den Sauerstoff der Luft erwies sich noch der von englischen Fabrikanten von jeher angewendete Zusatz von 2% absolutem Alkohol. Die Franzosen empfehlen zur Haltbarmachung einen Zusatz von Schwefel.

Von der unrichtigen Annahme, daß die Reindarstellung des Chloroforms genüge, um dieses ungefährlicher und haltbarer zu machen, gingen die Verfahren von R. Pictet und Anschütz aus. Pictet reinigt Chloroform, indem er es durch Kälte fest macht und den flüssigen Anteil durch Zentrifugieren entfernt. Anschütz[1]) benützt die an und für sich interessante Tatsache, daß Salicylid mit Chloroform eine krystallisierende Doppelverbindung $\left(C_6H_4{}^{1}_{2}{}^{CO}_{O}\right)4 + 2\,CHCl_3$ gibt, aus der Chloroform abdestilliert werden kann.

Diese Verbindung, welche auch bei gewöhnlicher Temperatur unter Abgabe von Chloroform verwittert, sollte auch als solche therapeutische Anwendung finden, konnte sich aber nicht behaupten.

Salicylid[2]) erhält man durch Behandeln von Salicylsäure mit Phosphoroxychlorid in einem indifferenten Lösungsmittel. Man trennt von dem bei der gleichen Reaktion gebildeten Polysalicylid $\left(C_6H_4{}^{1}_{2}{}^{CO}_{O}\right)x$ durch Auflösen des Salicylids in heißem Chloroform[3]). Ferner erhält man es durch Erhitzen von Acetylsalicylsäure 5—6 Stunden lang auf 200 bis 210° C, Auskochen des Reaktionsproduktes mit Wasser, Lösen des Rückstandes in Aceton und Fällen mit Wasser[3]).

[1]) BB. 25, 3512 (1892). — Liebigs Ann. 273, 97. — DRP. 69 708, 70 158, 70 614.
[2]) DRP. 68 960. [3]) DRP. 134 234.

Oskar Liebreich[1]) stellt trockene Präparate für Chloroformerzeugung her, indem er Chloralhydrat mit wasserfreien kohlensauren Alkalien oder mit alkalischen Erden zusammenbringt.

Festes Chloroform gewinnt man[2]), indem man Pepton (100 g) mit H_2O (90 g) zu einer zähen Paste verrührt und mit 100 g Chloroform innig vermengt. Nicht absorbiertes Chloroform wird abdestilliert und wieder verwendet. Das so erhaltene feste Chloroform besitzt angeblich alle Eigenschaften des flüssigen, braucht nicht vor Licht geschützt aufbewahrt zu werden und gibt das Chloroform durch Behandlung mit Säuren oder Alkalien ab, wodurch seine innerliche Wirkung zustande kommt.

Daß die hypnotische Wirkung des Chloroforms in innigem Zusammenhange mit dem Chlorgehalte steht, geht aus der Tatsache hervor, daß bei einer großen Reihe aliphatischer Verbindungen der Eintritt von Chlor den neu entstandenen Substanzen hypnotische Eigenschaften verleiht.

Die rasch vorbeigehende Wirkung dieses Inhalationsanaestheticums verhindert jedoch, es als Hypnoticum, welches stundenlang wirken soll, zu benützen.

Die narkotische Wirkung des Chloroforms ist chemisch lediglich auf den Chlorgehalt zu beziehen, auch eine vergleichende Betrachtung der folgenden Reihe beweist dies:

Methan CH_4 ist wirkungslos,
Methylchlorid CH_3Cl schwach narkotisch,
Methylenbichlorid CH_2Cl_2 stärker narkotisch,
Chloroform $CHCl_3$ narkotisch,
Tetrachlorkohlenstoff CCl_4 narkotisch.

In dieser Reihe steigt die Intensität der narkotischen Wirkungen und ebenso die Nachhaltigkeit derselben mit der Zunahme der Chloratome.

Ferner wirkt Acetaldehyd $CH_3 \cdot CHO$ leicht narkotisch, Trichloraldehyd (Chloral) $CCl_3 \cdot CHO$ sehr stark narkotisch. Äthylen $CH_2 : CH_2$ ist fast wirkungslos. Chloräthylen $CH_2Cl \cdot CH_2Cl$ macht Narkose, aber auch Klopfen der Carotiden und Wärmegefühl über den ganzen Körper. Ein Narkoticum mit größerem Cl-Gehalt bewirkt bei gleicher Narkosestärke ein beträchtlicheres Sinken des Blutdruckes, als ein Narkoticum derselben Gruppe mit geringerem Chlorgehalt. Chloräthyliden wirkt stärker narkotisch als Chloräthylen[3]).

Tetrachloräthan übt eine etwa doppelt so starke narkotische Wirkung aus wie Trichloräthylen und wirkt also stärker betäubend als Tetrachlorkohlenstoff[4]). Es steht in seiner physiologischen Wirkung dem Chloroform nahe, übertrifft dies an Giftigkeit aber um das Vierfache[5]). Es macht schwere Schädigungen des Stoffwechsels und wirkt 7 mal stärker hämolysierend als Chloroform[6]).

Daß Chloroform dem Tetrachlorkohlenstoff für die Narkose vorgezogen wird, macht der Umstand, daß Tetrachlorkohlenstoff ähnliche Konvulsionen zur Folge hat wie Methylenchlorid, und deshalb ein gefährliches Gift ist, welches schleunigen Tod durch Herzstillstand hervorruft[7]).

Dioform ist Acetylendichlorid (symmetrisches 1.2-Dichloräthylen) $\begin{matrix} CHCl \\ \| \\ CHCl \end{matrix}$. Villinger[8]) empfiehlt es statt Chloroform für Narkose. Es ist am Menschen noch nicht genügend geprüft.

---

[1]) DRP. 176 063. [2]) Amerik. Pat. 925 658 und DRP. 220 326.
[3]) S. Oat, Inaug.-Diss. Petersburg (1903). [4]) Chem.-Ztg. **32**, 256.
[5]) Veley, Proc. of Royal Soc. **1910**, Jan.
[6]) V. Grimm, A. Heffter und S. Joachimoglu, Vierteljahrsschrift f. gerichtl. Med. u. öffentl. Sanitätswesen **48**, 2 Suppl. (1916).
[7]) Smith, Lancet **1867**, 792. — Sansom und Nunnely, Brit. med. Journ. **1867**.
[8]) Arch. f. klin. Chir. **1907**, Nr. 3.

Dichloräthylen erzeugt tiefe Narkose, macht im Gegensatz zu Chloroform am Herzen, an den Gefäßen und in den parenchymatösen Organen keinerlei nachweisbare Veränderungen. Der Blutdruck bleibt intakt. Dichloräthylen wird ähnlich wie Chloroform im Organismus teilweise zersetzt[1]).

Die chlorhaltigen Derivate des Äthylens, Äthylenchlorid, $C_2H_4Cl_2$, z. B. wirken nach einzelnen Beobachtern ebenso krampferregend wie Methylenchlorid, haben aber eine eigentümliche Nebenwirkung auf die Cornea, welche getrübt wird[2]).

Äthylidenchlorid $CH_3 \cdot CHCl_2$ macht eine langsam eintretende und schnell vorübergehende Wirkung[3]). Perchloräthan C_2Cl_6 (Hexachlorkohlenstoff) wirkt narkotisch wie Chloralhydrat, in kleinen Mengen exzitierend.

Als Chloroformersatzmittel wurden von den Halogensubstitutionsprodukten wohl mehrere empfohlen, ohne daß sie je mit dem Chloroform in eine ernstere Konkurrenz treten konnten. Methylenbichlorid CH_2Cl_2 wurde von England aus warm empfohlen, weil es kein Erbrechen verursacht.

Von Frankreich kam die Empfehlung des Methylchloroforms $CH_3 \cdot CCl_3$ wegen seines höheren Siedepunktes und der gefahrlosen Narkose. Dieses Mittel setzt die Temperatur um 3—4° herab.

Trichloräthylen $CHCl : CCl_2$ wird als Entlausungsmittel empfohlen.

Die lokale Anästhesie, welche durch Chlormethyl CH_3Cl und ähnliche Halogensubstitutionsprodukte eintritt, steht in keiner Beziehung zum Chlorgehalte, sie ist lediglich bedingt durch den sehr niedrigen Siedepunkt der angewendeten Substanzen, welche beim Bespritzen der zu anästhesierenden Partie derselben rasch und viel Wärme entziehen und durch die Kältewirkung anästhesieren. Wie das gegenwärtig sehr viel angewendete Chlormethyl [Kelene genannt] wird mit etwas geringerem Erfolg auch Äthyläther und Methyläthyläther $\genfrac{}{}{0pt}{}{CH_3}{C_2H_5}\!\!>\!O$, von manchen angewendet. Auch niedrig siedende Petroleumäther wurden für lokale Anästhesie durch Kälte in Anwendung gezogen. Es ist, wie wir wiederholen, für diese Wirkung nicht die Konstitution, sondern der Siedepunkt und die Flüchtigkeit der angewendeten Substanz allein von Bedeutung.

Auch die Bromsubstitutionsprodukte der niederen Kohlenwasserstoffe haben narkotische Wirkungen und lassen sich als Inhalationsanaesthetica für kurze, leichte Narkosen mit Vorteil benützen. So Bromäthyl C_2H_5Br, welches wenig giftig ist, während Äthylenbromid $C_2H_4Br_2$ schon starke Giftwirkungen zeigt.

Auch Bromoform $CHBr_3$ wirkt anästhesierend[4]) und wird viel zum Coupieren von Keuchhustenanfällen benützt[5]).

O. Liebreich[6]) hat angenommen, daß Chloralhydrat $CCl_3 \cdot CH(OH)_2$, welches sich unter der Einwirkung von Alkalien in Chloroform und Ameisensäure spaltet, im Organismus eine ähnliche Zersetzung erfährt, und daß dann das gebildete Chloroform die hypnotische Wirkung auslöst, und hat auf Grund dieser Annahme Chloralhydrat als Hypnoticum empfohlen. Wenngleich diese Theorie der Wirkung des Chloralhydrat als unrichtig zu bezeichnen ist, da es eine Umsetzung zu Chloroform nicht erfährt, so gebührt O. Liebreich das

[1]) H. Wittgenstein, AePP. **83**, 235 (1918).
[2]) Pannas und Dubois, Semaine méd. **1888** und **1889**.
[3]) O. Liebreich, Berl. klin. Wochenschr. **1860**, Nr. 31.
[4]) v. Horroch, Österr. med. Jahrb. **1883**, 497.
[5]) Stepp, Dtsch. med. Wochenschr. **1889**, Nr. 31.
[6]) Berl. klin. Wochenschr. **1869**, 325 und Monographie: Chloralhydrat, Berlin (1869).

große Verdienst, neben dem Morphin ein sicheres Hypnoticum in die Therapie eingeführt zu haben.

Chloralhydrat geht im Organismus durch Reduktion in Trichloräthylalkohol $CCl_3 \cdot CH_2 \cdot OH$ über und nicht in Chloroform[1]). Dieser Trichloräthylalkohol paart sich im Organismus mit Glykuronsäure zur Urochloralsäure. Mering zeigte ferner, daß die Liebreichsche Vorstellung[2]), daß aus Chloralhydrat im Blute Chloroform, aus Crotonchloralhydrat $CCl_3 \cdot CH : CH \cdot CHO + H_2O$ im Blute Dichlorallylen, Salzsäure und Ameisensäure wird, und daß Dichlorallylen das wirksame, unrichtig sei. Trichlorcrotonsaures Natrium $CCl_3 \cdot CH : CH \cdot COONa$, welches schon in verdünnter alkalischer Lösung in der Kälte in Dichlorallylen $CHCl_2 \cdot CH : CH_2$ übergeht, wirkt gar nicht schlafmachend, ebensowenig die Trichloressigsäure $CCl_3 \cdot COOH$[3]).

Binz[4]) hat die Schlaferzeugung insbesondere für die halogenhaltigen Substanzen in der Weise erklärt, daß sich freies Halogen abspaltet, welches auf das Protoplasma lähmend einwirkt. Jede arbeitende Zelle, welche wir unter den Einfluß von Chlor-, Brom- oder Joddämpfen setzen oder auf die wir aktiven Sauerstoff einwirken lassen, vermindert nach Binz ihre Arbeit oder stellt sie ganz ein. Je nach der Menge und Dauer dieses Einflusses nimmt sie dieselbe entweder wieder auf oder sie hat sie für immer eingestellt, d. h. entweder schläft die Zelle unter der lähmenden Last der fremden Gase, ihr innerer Aufbau bleibt ungestört, oder sie ist tot, ihr innerer Aufbau war und bleibt zerrüttet.

Gegen diese Theorie des Schlaferzeugens lassen sich zahlreiche Einwendungen erheben. Man muß bedenken, daß so aktive Körper, wie freies Chlor oder Brom, doch in erster Linie substituierend einwirken und stabilere Verbindungen entstehen würden.

Andererseits spalten nicht alle chlorhaltigen Schlafmittel Halogen ab oder besser ausgedrückt, nach dem Einnehmen einiger halogenhaltiger Schlafmittel ist der Gehalt an anorganischen Chloriden im Harne nicht erhöht. So ist wohl nach Einatmung von Chloroform der Gehalt des Harnes an Chloriden erhöht, nicht aber nach Einnahme von Chloralhydrat.

Ferner kann man gegen diese Theorie einwenden, daß Tomascewicz keine narkotischen Effekte mit Trichloressigsäure, welche ja dem Chloral sehr nahesteht, erzielen konnte[5]), obgleich die Trichloressigsäure sich deutlich wie Chloral verhält, d. h. sehr leicht Chloroform abspaltet. Wohl hat dagegen Bodländer bei Wiederholung dieser Versuche an Hunden und Katzen, statt an Kaninchen, deutliche hypnotische Effekte erzielt, welche mit gleichen Dosen von Natriumacetat nicht hervorzubringen waren. Hexachloräthan C_2Cl_6 macht bei interner Verabreichung Schlaf und aktiven Sauerstoff abspaltende Körper, wie jodsaures Natron, salpetrigsaures Natron und Ozon, haben wie Binz schon gezeigt, und auch Wasserstoffsuperoxyd, wie Bodländer nachwies, narkotische Wirkungen. L. Hermann aber fand entgegen den Angaben Bodländers, daß die Trichloressigsäure keine Spur einer schlafmachenden Wirkung habe, sondern die Wirkung besteht in einer Lähmung. Bei weniger empfindlichen Tieren bringen mäßige Dosen deutliche Reizerscheinungen hervor, die Großhirnfunktionen werden durch das Gift gar nicht oder erst unmittelbar vor dem Tode affiziert, von Schlaf, Hypnose oder dergleichen konnte L. Herrmann absolut nichts konstatieren. Auch sterben die Tiere, wenn sie lähmende Dosen erhalten haben, fast regelmäßig, was auch gegen eine hypnotische Wir-

[1]) J. v. Mering, HS. 6, 480 (1881).
[2]) O. Liebreich, Brit. med. Journ. 1873, 20. [3]) J. v. Mering, AePP. 3, 185.
[4]) AePP. 6, 310. [5]) Siehe bei J. v. Mering, AePP. 3, 185.

kung spricht. Auch Mering behauptet, mit trichlorcrotonsaurem Natrium keine hypnotischen Effekte erzielt zu haben.

Kast[1]) zeigte, daß die Theorie von Binz, nach welcher bei den gechlorten Schlafmitteln eine starke Chlorabspaltung auftritt, nicht nur für Chloralhydrat, sondern auch für Tetrachlorkohlenstoff CCl_4 und Dichloressigsäureäthylester $CCl_2H \cdot COO \cdot C_2H_5$ unrichtig ist, da diese Körper beim Einführen in den Organismus kein Chlor abspalten, aber hypnotisch wirken. Hingegen spaltet aber Trichloressigsäure im Organismus Chlor ab, ohne Schlaf zu machen.

Wie die Wirkung des Chloralhydrates im Organismus chemisch zustande kommt, wissen wir wohl nicht, wir können sie aber sicher als Kombination der Wirkung des Chlorgehaltes mit einer konkurrierenden Wirkung der Aldehydgruppe auffassen. Für letzteren Umstand spricht das Verschwinden der schlafmachenden Eigenschaften mit der Oxydation der Aldehydgruppe zur Carboxylgruppe, deren Existenz den hypnotischen Effekt vernichtet, während der Übergang der Aldehydgruppe in eine alkoholische durch Reduktion zum Trichloräthylalkohol $CCl_3 \cdot CH_2 \cdot OH$ eine solche Vernichtung der hypnotischen Wirkung nicht mit sich bringt, da dem Trichloräthylalkohol, ebenso wie dem Chloral, die Eigenschaft zukommt, Schlaf zu erzeugen.

Bei der Anwendung des Chloralhydrates stellen sich aber gewisse Übelstände ein. Vor allem hat Chloralhydrat den Nachteil, daß es sich nicht wie Morphin subcutan injizieren läßt. Ferner hat es, wie alle chlorhaltigen Schlafmittel, schädliche Nebenwirkungen auf das Herz, die den Schlafmitteln, deren Wirkung auf Äthylgruppen beruht, nicht zukommen. Diese Eigenschaften des Chlorals lassen sich wohl nicht vermeiden. Aber es sind Versuche zahlreicher Art gemacht worden, um das unangenehme Brennen im Magen nach Einnahme von Chloralhydrat zu beseitigen, ebenso wie den keineswegs angenehmen Geschmack dieses Mittels.

Festes polymeres Chloral[2]), geschmacklos und stark narkotisch, erhält man durch Eintragen von wasserfreiem Aluminiumchlorid in der Kälte in Chloral und Auswaschen des Reaktionsproduktes mit Wasser, oder man verwendet als Ausgangsmaterial das durch Eintragen von wasserfreiem Eisenchlorid in Chloral entstehende Produkt.

Ein festes Chloral stellte Simon Gärtner [Halle[3])] dar aus Chloralhydrat oder Chloralalkoholat durch Einwirkung konzentrierter Schwefelsäure, indem er die Einwirkung unterbricht, sobald das in Wasser unlösliche feste Chloral entstanden ist und durch Auswaschen mit verdünnter Säure und Wasser reinigt.

Ein in Wasser lösliches Polychloral[4]), Viferral genannt, verwandelt sich langsam in Wasser in Chloralhydrat.

Gärtner[5]) stellt dieses her, indem er Chloral mit Aminen behandelt und nachher mit verdünnten Säuren die Amine auswäscht, insbesondere Trimethylamin wirkt ungemein polymerisierend. Gärtner benützt Pyridin.

Combes[6]) erhielt ein Polychloral durch Erhitzen von Chloral mit Aluminiumchlorid auf 60 oder 70°; die erhaltene Flüssigkeit siedet bei 240°. Beim Sieden von Chloral mit konzentrierter Schwefelsäure bildet sich ein festes Metachloral. Setzt man zu Chloral wasserfreies Trimethylamin, so erhält man unter starker Erhitzung mehrere feste Polychlorale, die mit Alkohol gewöhnliches Chloralalkoholat geben[7]).

Für Synthesen von Chloralderivaten bot die sehr reaktionsfähige Aldehydgruppe einen willkommenen Anhaltspunkt.

Die Aldehydgruppe des Chlorals ruft anscheinend den Erregungszustand, welcher sich vor dem Eintritte des hypnotischen Effektes zeigt, hervor. Die

---

[1]) HS. **11**, 280 (1887). [2]) Erdmann, Halle, DRP. 139392. [3]) DRP. 170534.
[4]) Witthomer und Gärtner, Therap. Monatshefte **19**, H. 3. [5]) DRP. 165984.
[6]) Ann. de chim. et de phys. [6] **12**, 267. [7]) Meyer und Delk, Liebigs Ann. **171**, 76.

Festlegung der Aldehydgruppe würde daher anscheinend diese erregende Wirkung vermeiden lassen; aber dieses ist keineswegs der Fall, weil alle diese Verbindungen mit festgelegter Aldehydgruppe in der Weise zur Wirkung gelangen, daß die Aldehydgruppe regeneriert wird, d. h. daß Chloral aus der Verbindung wieder frei wird.

Es zeigte sich nämlich die sehr merkwürdige Erscheinung, daß nur jene Verbindungen, aus denen sich leicht Chloral regeneriert, den gewünschten hypnotischen Effekt noch hervorrufen, während stabilere Verbindungen oft starke toxische Effekte, insbesondere auf das Herz, äußern ohne hypnotische Eigenschaften in gleichem Maße wie Chloral zu besitzen.

Chloralalkoholat $CCl_3 \cdot CH{<}^{OH}_{O \cdot C_2H_5}$ drang in die Therapie nicht ein.

Von allen diesen Derivaten des Chlorals, welches ja nur wegen seiner großen Billigkeit und weil es als erstes künstliches Hypnoticum in Verwendung kam, noch benützt wird, ohne vor den Schlafmitteln der anderen Gruppen besondere Vorteile zu besitzen, konnte keines recht zur Geltung kommen, da ihnen allen mehr oder weniger, wenn sie schon hypnotisch wirken, die Nachteile der Grundverbindung, insbesondere die schädliche Einwirkung auf Herz und Respiration zukommt.

Eine Gruppe dieser Körper besteht aus Verbindungen, in denen versucht wurde, die Aldehydgruppe durch einen basischen Rest festzulegen.

Nesbitt[1]) verwendete zu diesem Zwecke Chloralammonium, d. i. Trichloraminoäthylalkohol $CCl_3 \cdot CH(NH_2) \cdot OH$ dar, in der Absicht, die Wirkung des Chlorals auf Respiration und Herz aufzuheben. Man stellt es dar durch Auflösen von Chloral in trockenem Chloroform und Einleiten von Ammoniakgas unter Kühlung, bis eine feste weiße Masse ausfällt[2]).

Ferner wurde dargestellt Chloralimid, welches sehr beständig ist und den Vorteil der Wasserunlöslichkeit hat. Man erhitzt Chloralhydrat mit Ammonacetat zum Kochen und fällt dann mit Wasser. Es entsteht die Cis- und die Transform. Erstere wird als Schlafmittel verwendet[3]).

```
CCl3—CH—NH—CH—CCl3
     |        |
     NH—CH—NH
         |
        CCl3
```

Mering[4]) stellte Chloralamid $CCl_3 \cdot CH(OH) \cdot NH \cdot CHO$ (Name für Chloralformamid) dar, durch Kondensation von Chloral und Formamid, welches schwach bitter ist und hypnotisch wirkt. Es wird langsam daraus im Organismus Chloral abgespalten. Unangenehme Nebenerscheinungen, wie rauschähnliche Zustände und Temperaturherabsetzung zeigen sich als Nachteile bei Verwendung dieses Körpers, der auch schwächer als Chloralhydrat wirkt.

Chloralcyanhydrat $CCl_3 \cdot CH(OH) \cdot CN$ hat reine Blausäurewirkung, gegen die der hypnotische Effekt völlig zurücktritt. Die Substanz ist schwer zersetzlich[5]).

Chlorosoxim ist Chloralhydroxylamin $CCl_3 \cdot CH(OH) \cdot NHOH$, das bei Zusammenreiben von molekularen Mengen Chloralhydrat, Hydroxylaminchlor-

---

1) Therapeutic Gazette **1888**, 88.

2) Städeler, Liebigs Ann. **106**, 253. — Robert Schiff, BB. **10**, 167 (1877).

3) A. Pinner und Fr. Fuchs, BB. **10**, 1068 (1877). Béhal und Choay, Ann. de chim. et de phys. [6] **26**, 7.

4) Therap. Monatshefte **1889**, 565. — Schering, Berlin, DRP. 50 586.

5) BB. **5**, 151 (1872); Liebigs Ann. **179**, 77.

hydrat und Soda entsteht. Beim Stehen an der Luft bildet sich Trichloraldoxim. Chlorosoxim wurde als Schlafmittel empfohlen[1]).

Die Kondensationsprodukte von Chloral mit Aldoximen, Ketoximen und Chinonoximen[2]) haben keine Verwendung gefunden. Sie sind alle in Wasser schwer löslich. Ihre Bildung geschieht nach der allgemeinen Gleichung:

$$X{=}NOH + CCl_3 \cdot COH = CCl_3{-}C\begin{cases} O \cdot N \cdot X \\ OH \\ H \end{cases}$$

Man läßt in Petroläther gelöstes Acetoxim mit Chloral reagieren und erhält Chloralacetoxim $(CH_3)_2C{=}N \cdot O \cdot C\begin{cases} H \\ OH \\ CCl_3 \end{cases}$. Analog erhält man Chloralcampheroxim $C_{10}H_{15}{=}N \cdot O \cdot C\begin{cases} H \\ OH \\ CCl_3 \end{cases}$, ferner Chloralnitroso-β-naphthol $C_{10}H_6{-}N \cdot O \cdot C\begin{cases} H \\ CH \\ CCl_3 \end{cases}$ (mit O-Brücke zwischen $C_{10}H_6$ und C), Chloralacetaldoxim $CH_3 \cdot CH{=}N \cdot O \cdot C\begin{cases} H \\ OH \\ CCl_3 \end{cases}$, Chloralbenzaldoxim $C_6H_5 \cdot CH{=}N \cdot O \cdot C\begin{cases} H \\ OH \\ CCl_3 \end{cases}$.

Es wurden zweierlei Verbindungen von Chloral mit Hexamethylentetramin $(CH_2)_6N_4$ dargestellt.

1) Monochloral-Hexamethylentetramin $C_6H_{12}N_4 \cdot CCl_3 \cdot CHO + 2\,H_2O$.

Es wird gewonnen durch Vermischen konzentrierter Lösungen beider Substanzen, wobei die neue Substanz auskrystallisiert[3]).

2) Ferner Hexamethylentetramintrichloral $C_6H_{12}N_4 \cdot 3\,CCl_3 \cdot CHO$. Die Substanz ist geschmacklos.

Man stellt sie dar durch Mischen von 7 Teilen der in Chloroform gelösten Base mit 25 Teilen einer chloroformigen Chloralhydratlösung[4]).

Es wurde weiterhin die Festlegung der Aldehydgruppe durch verschiedene Kondensationen mit Zucker versucht.

Henriot und C. Richet[5]) suchten Verbindungen in die Therapie einzuführen, welche erst durch eine Spaltung im Organismus die wirksame Komponente, das Chloral, zu bilden vermögen. Sie experimentierten zuerst mit Chloraliden, besonders mit dem Milchsäurechloralid. Letzteres besitzt aber keine hypnotische Wirkung, ruft hingegen schwere Störungen, epileptiforme Anfälle mit intensiver Bronchialsekretion und Asphyxie hervor.

A. Heffter[6]) kondensierte Glucose mit wasserfreiem Chloral und erhielt so unter Wasserabspaltung Chloralose, d. i. Anhydroglykochloral $C_8H_{11}Cl_3O_6$, welche tiefen Schlaf erzeugen konnte.

Viele französische und italienische Autoren berichteten aber über vorübergehende Vergiftungserscheinungen, motorische Störungen sowie Störungen der Psyche und Respiration[7]) und starke Schweißausbrüche bei Anwendung der Chloralose, während andere Autoren sie sehr rühmten.

Die Ursache dieser differenten Anschauungen liegt darin, daß bei der Reaktion zwischen dem wasserfreien Chloral und dem Traubenzucker sich neben der Chloralose eine zweite Substanz, die Parachloralose[8]) bildet, welche unlöslich ist und der keine hypnotischen Effekte zukommen. Sie entsteht nur zu

---

[1]) Hantzsch, BB. **25**, 702 (1872). Bischoff, BB. **7**, 631 (1874). Otto Diels und Carl Seib, BB. **42**, 4065 (1909). [2]) DRP. 66 877. [3]) DRP. 87 933.
[4]) DRP.-Anm. L. 10 631 (zurückgezogen). [5]) C. r. **116**, 63.
[6]) BB. **22**, 1050 (1889). — Berl. klin. Wochenschr. **1893**, Nr. 20, S. 475.
[7]) Hedon und Flig, C. r. s. b. **55**, 41; 9. I. 1903.
[8]) C. r. **1893**, 4, I. — Mosso, Acad. med. di Genova, 20. III. 1893, und Mosso, Cloralosio e Paracloralosio, Genova 1894.

3% Ausbeute bei der Reaktion. Hingegen wirkt diese Substanz nach Mosso toxisch, indem sie Erbrechen, Temperaturerhöhung, welche von Temperaturabfall gefolgt ist, verursacht. Denn nur diejenigen Chloralverbindungen wirken hypnotisch, aus denen der Organismus das wirksame Chloral abzuspalten vermag, die anderen wirken infolge des Chlorgehaltes giftig, aber nicht hypnotisch.

Chloralose wirkt narkotisch. Der sogenannten Parachloralose fehlt diese Wirkung vollständig; Chloralose erniedrigt die Oberflächenspannung des Wassers ziemlich stark, Parachloralose nicht. Auch hier besteht ein Zusammenhang zwischen physiologischer Wirksamkeit und oberflächenspannungserniedrigender Wirkung der Substanzen. Phenanthren wirkt narkotisch, Anthracen nicht. Die gesättigte wässerige Lösung des Phenanthrens verursacht eine Oberflächenspannungserniedrigung des Wassers, Anthracen nicht[1]). Die Narkotica erhöhen die Oberflächenspannung von Lecithinlösungen.

Es wurden noch dargestellt: Laevulochloral, Galaktochloral.

Statt des Traubenzuckers verwendeten Henriot und Richet[2]) Pentosen. Arabinose geht, wie der Traubenzucker zwei Verbindungen mit dem Chloral ein, eine leicht lösliche, Arabinochloralose, und eine schwer lösliche Pararabinochloralose. Die Wirkung der Arabinochloralose ist schwächer als die der Glykochloralose. Bei der Arabinochloralose tritt nicht wie bei der Glykochloralose ein Stadium gesteigerter Erregbarkeit auf, welches dagegen die Xyloseverbindung hervorzurufen scheint.

Die letale Dosis der Arabinochloralose ist doppelt so groß wie die der Glykochloralose, aber auch die hypnotische Dosis ist viel höher. Arabinochloralose soll Schlaf ohne Reizungsperiode machen.

Der Unterschied in der Wirkung zwischen der Pentose- und Hexosechloralose wird sich ebenfalls am einfachsten durch die größere oder geringere Stabilität und Spaltbarkeit der Verbindungen im Organismus erklären lassen.

Eine weitere Gruppe von Schlafmitteln, die Chloralderivate sind, wurde durch Kombination des Chlorals mit hypnotisch oder analgetisch wirkenden Körpern geschaffen. Auch aus dieser Gruppe konnte kein Körper mit wertvollen neuen Eigenschaften oder Effekten gefunden werden. Alle führten nur ein ephemeres Dasein. Die Betrachtung der Verbindungen dieser Gruppe zeigt nur wiederholt, wie aussichtslos es ist, durch Kombination von zwei Körpern ähnlicher Wirkung wesentlich bessere Effekte zu erzielen. Gewöhnlich leisten solche Substanzen kaum mehr als eine Mischung der beiden Ausgangsprodukte.

Königs[3]) kondensierte Chloral mit dem ebenfalls hypnotisch wirkenden Aceton zu Chloralaceton $CCl_3 \cdot CH(OH) \cdot CH_2 \cdot CO \cdot CH_3$. Diese Substanz wirkt nur schwach narkotisch und geht im Organismus in Trichloräthylidenaceton $CCl_3 \cdot CH : CH \cdot CO \cdot CH_3$ über[4]).

Ein Kondensationsprodukt des Chlorals mit dem an und für sich schon hypnotisch wirkenden Amylenhydrat ist das Dimethyläthylcarbinolchloral (Dormiol). Es ist flüssig und von brennendem Geschmack, in Wasser löslich. Es ist weniger giftig als Chloralhydrat, und zwar vertragen die Versuchstiere um 24% Chloral mehr in dieser Form. Es steht dem Chloral in der Art und Weise der Wirkung sehr nahe[5]).

---

[1]) L. Berczeller, BZ. **66**, 206 (1914). [2]) Sem. méd. **1894**, Nr. 70.

[3]) BB. **25**, 794 (1892). [4]) AePP. **33**, 370.

[5]) Fuchs und Koch, Münch. med. Wochenschr. **1898**, Nr. 37.

Die Darstellung erfolgt durch Versetzen von Amylenhydrat mit etwas mehr als der berechneten Menge Chloral. Die Temperatur soll 70° nicht übersteigen. Das Produkt wird mit Wasser gewaschen und getrocknet.

$$CCl_3{-}C{\lesssim}^{H}_{O} + C_2H_5{-}C(OH)(CH_3)_2 = CCl_3{-}C(H)(OH){-}O{-}C(C_2H_5)(CH_3)_2$$ [1])

Man kann auch zu diesem Zwecke Amylen und Chloral mit Chlor- oder Bromwasserstoff kondensieren[2]).

Voswinkel, Berlin[3]), stellt eine Verbindung aus Dimethyläthylcarbinolhydrat und Chloralhydrat im Wasser her durch Mischung äquimolekularer Mengen. Derselbe[4]) vermischt Amylenhydrat mit 2 Mol. Chloral und will auf diese Weise Trimethyläthylenchloral erhalten.

Choralacetonchloroform $(CH_3)_2C{<}^{CCl_3}_{O \cdot CH(OH) \cdot CCl_3}$ erhält man durch Erwärmen von Chloral oder Chloralhydrat mit Acetonchloroform in molekularen Mengen. Es wirkt hypnotisch und lokalanästhesierend[5]).

Monochloralharnstoff und Dichloralharnstoff[6]) sind keine Schlafmittel.

Chloralbromalharnstoff[7]) erhält man durch Zusammenreiben der drei Bestandteile, evtl. unter Zusatz von konzentrierter Salzsäure oder Schwefelsäure.

Wenn man Chloral $CCl_3 \cdot CHO$ und Urethan $NH_2 \cdot COO \cdot C_2H_5$ kondensiert, kann man zu zwei verschiedenen Verbindungen gelangen, je nachdem, ob man Alkohol mitreagieren läßt oder nicht. Das sogenannte Chloralurethan entsteht bei der Einwirkung von starker Salzsäure auf Chloral und Urethan bei gewöhnlicher Temperatur.

Chloralurethan sollte die hypnotischen Effekte des Äthylurethans mit denen des Chlorals verbinden.

$$CCl_3 \cdot C{\lesssim}^{OH}_{H}{}_{NH \cdot COO \cdot C_2H_5}$$

Es besitzt dem Äthylurethan ähnliche, wenn auch weniger verläßliche hypnotische Wirkungen[8]). In Tierversuchen konnten Mairet und Combemale zeigen, daß bei Verwendung von Chloralurethan der hypnotische Effekt vor dem toxischen zurücktritt, auch ist der durch das Präparat hervorgerufene Schlaf konstant mit einer Lähmung des Hinterteiles verbunden. Größere Dosen erzeugen statt des Schlafes Respirationsstörung, Diarrhöe, reichliche Diurese, Salivation und Hautjucken. Die Substanz scheint mit dem Schlafmittel Uralium von Popi[9]) identisch zu sein.

Anhydrochloralurethan $CCl_3 \cdot CH : N \cdot COO \cdot C_2H_5$ ist völlig wirkungslos und verläßt den Organismus größtenteils unverändert.

Unter dem Namen Somnal wurde ein äthyliertes Chloralurethan empfohlen, welches entsteht, wenn man gleiche Teile Urethan, Chloralhydrat und Alkohol bei 100° im Vakuum aufeinander einwirken läßt. Die empirische Formel $C_7H_{12}Cl_3O_3$ dieser Substanz unterscheidet sich daher von Chloralurethan durch den Mehrgehalt von C_2H_4. Ihre Formel zu $CCl_3 \cdot CH{<}^{OC_2H_5}_{NH \cdot COO \cdot C_2H_5}$. Das Produkt ist wasserlöslich[10]).

---

1) Rhenania, Aachen, DRP. 99 469.
2) Kalle, Biebrich, DRP. 115 251, 115 252, Zusätze zu DRP. 99 469.
3) Kalle, Biebrich, DRP.-Anm. V. 6090 (zurückgezogen). 4) DRP.-Anm. V. 6187.
5) Hoffmann-La Roche, Basel, DRP. 151 188. Dtsch. med. Wochenschr. **1877**, 36.
6) O. Jacobsen, Liebigs Ann. **157**, 246. 7) Kalle, Biebrich, DRP. 128 462.
8) Dtsch. med. Wochenschr. **1886**, 236 und Montpellier méd. **1886**, 149.
9) Riforma medica **1888**, Nr. 81. — Ann. di chim. e farm. **1889**, Sett. 145.
10) S. Radlauer, versagte DRP.-Anm. R. 5303, Kl. 12, 17. IV. 1888.

Trichlorpseudobutylalkoholcarbaminsäureester macht sehr rasch Schlaf und Analgesie, wirkt aber sehr schlecht auf den Atemmechanismus. Von bromierten Alkoholen abgeleitete Derivate wirken sogar krampferregend.

α-α-Dichlorisopropylalkoholcarbaminsäureester (Ester des zweifach gechlorten Glycerins)

$$\begin{array}{l} CH_2 \cdot Cl \\ | \\ CH \cdot O \cdot CO \cdot NH_2 \\ | \\ CH_2 \cdot Cl \end{array}$$

soll sehr gut wirken. Dieser Körper wird Aleudrin genannt.

Im Harne treten nach seiner Aufnahme gepaarte Glykuronsäuren auf[1]).

Man erhält den Carbaminsäureester des α-Dichlorhydrins, wenn man α-Dichlorhydrin unter Kühlung mit Carbaminsäurechlorid behandelt. Das Produkt ist dreimal so stark narkotisch wirksam wie der Dichlorisopropylcarbaminsäureester von Otto[2]).

Carbaminsäureester von Körpern, die sich von Trichloräthylalkohol durch Ersatz eines am C-Atom befindlichen Wasserstoffatoms durch Halogene oder Alkyle ableiten, werden dargestellt durch Überführung der betreffenden substituierten Trichloräthylalkohole nach den üblichen Methoden in ihre substituierten Carbaminsäureester oder durch Behandlung von Chloral mit Carbaminsäurechlorid[3]).

Die erhaltenen Körper sind im Gegensatz zu den flüchtigen, stark riechenden und schmeckenden Ausgangsmaterialien fast geschmacklos und nicht flüchtig. Sie zersetzen sich erst im Organismus und bringen dabei ihre hypnotische Wirkung hervor. Man erhält beispielsweise aus Trichlorisopropylalkohol mit Carbaminsäurechlorid den Allophansäureester des α-Methyl-β-trichloräthylalkohols, aus Chloral mit Carbaminsäurechlorid den Allophansäureester des Tetrachloräthylalkohols, aus Trichlorispropylalkohol mit p-Äthoxyphenylisocyanat den p-Äthoxyphenylcarbaminsäureester des Trichlorisopropylalkohols.

Interessant sind die Tappeinerschen[4]) Untersuchungen über die Kondensationen des Chlorals mit Schlafmitteln der aromatischen Reihe. So hat Chloralacetophenon, eine Kombination des Chlorals mit Acetophenon (Hypnon) $CCl_3 \cdot CH(OH) \cdot CH_2 \cdot CO \cdot C_6H_5$ nicht die geringste narkotische Wirkung. Es entsteht daraus im Organismus Trichloräthyliden-acetophenon $CCl_3 \cdot CH : CH \cdot CO \cdot C_6H_5$ unter Wasseraustritt. Einen solchen Vorgang hat nur noch Jaffé beobachtet, welcher nach Verfütterung von Furfurol Furfurakrylsäure $C_4H_3O \cdot CH : CH \cdot COOH$ im Harne auftreten sah. Furfurol tritt hierbei mit Essigsäure unter Bildung einer ungesättigten Bindung zusammen (s. S. 194).

Trichloräthylidenacetophenon, sowie seine Muttersubstanz, das Chloralacetophenon, machen heftige Entzündungen und starke Blutungen. Hingegen ist bei Hunden die Schlafwirkung des Kondensationsproduktes im Vergleiche zum Chloral äußerst schwach.

Im Gegensatze hierzu wirkt nach der Angabe von Jensen[5]) ein Chloralacetophenonoxim der folgenden Konstitution

$$\begin{array}{l} C_6H_5 \\ | \\ C = NO \cdot CH \cdot (OH)CCl_3 \\ | \\ CH_3 \end{array}$$

als Schlafmittel schon in kleineren Dosen als Chloral, zugleich hat es noch eine curareähnliche Einwirkung auf die motorischen Nervenendigungen.

Die Darstellung dieser Substanz geschieht auf die Weise, daß man wasserfreies Chloral und Acetophenonoxim in molekularen Mengen in Benzol oder Petroläther zusammenbringt, es krystallisiert dann bei gewöhnlicher Temperatur der gewünschte Körper.

---

1) Th. A. Maaß, BZ. **43**, 65 (1912).
2) Beckmann, DRP. 271 737. — Journ. f. prakt. Chemie [2] **44**, 20 (1891).
3) Ver. Chininfabriken Zimmer & Co., Frankfurt a. M., DRP. 225 712.
4) AePP. **33**, 364. 5) DRP. 87 932.

Hingegen scheint Chloralacetophenonoxim der Konstitution

$$\begin{array}{l} C_6H_5 \\ | \\ C = NOH \\ | \\ CH_2 \cdot CH(OH) \cdot CCl_3 \end{array}$$

sich ähnlich wie Chloralacetophenon selbst zu verhalten, nämlich giftig, aber nicht hypnotisch zu wirken.

Es lassen sich folgende allgemeine Regeln für die Kondensationsprodukte des Chlorals aufstellen.

Die Kondensationsprodukte der aromatischen Reihe haben keine oder nur sehr schwache hypnotische Wirkungen. Die Kondensationsprodukte der aliphatischen Reihe haben erheblich stärkere Wirkungen, welche sich aber sofort über das ganze Zentralnervensystem ausbreiten und schon bei unvollständiger Lähmung des Großhirns das Atmungs- und Gefäßzentrum stark beeinflussen.

Kondensiert man Chloral mit Antipyrin, so entstehen verschiedene Körper. Dehydromonochloralantipyrin ist ganz unwirksam. Hingegen ist Monochloralantipyrin[1]) wirksam und der Schlaf, den dieser Körper erzeugt, hängt nicht allein von dem Chloralgehalt ab, da gleiche Dosen von Hypnal[2]), wie diese Substanz benannt wird, und Chloralhydrat fast gleich starke hypnotische Wirkungen zeigen[3]). Der Körper entsteht durch Mischen starker Lösungen von Antipyrin und Chloral. Er ist geruchlos, nicht reizend und geschmacklos, in kleinen Dosen analgetisch wirkend[4]). Gley konnte zeigen, daß Mono- und Bichloralantipyrin genau dieselbe physiologische und toxische Wirkung zeigen wie Chloral, und doch steht die toxische Dosis dieser beiden Substanzen nicht im Verhältnis zu der Menge Chloral, die sie enthalten. Die tödliche Dosis für beide beträgt ungefähr 1 g pro kg Tier, was für ersteres 0.47 g und für letzteres 0.66 g Chloral entspricht. Die toxische Dosis des Chlorals an sich muß mindestens zu 0.70—0.75g pro kg geschätzt werden. Die Giftigkeit des Chlorals wird also durch die Gegenwart von Antipyrin bedeutend erhöht[5]).

Die wässerige Lösung ist vollständig in die beiden Bestandteile gespalten. Durch Zusammenreiben von 2 Mol. Chloralhydrat und 1 Mol. Antipyrin erhält man Bichloralantipyrin $C_{11}H_{12}N_2O \cdot 2\,CCl_3 \cdot CH(OH)_2$[6]).

Tolylhypnal erhält man in gleicher Weise aus Tolypyrin und Chloral.

Chinoral wurde ein öliges Additionsprodukt von Chinin und Chloral genannt. Es schmeckt bitter und soll hohe antiseptische Eigenschaft haben[7]).

Es wurde auch eine feste Verbindung von Chloral mit Chinin beschrieben, die amorph ist und schon durch verdünnte Säuren zerlegt wird[8]).

In ähnlicher Absicht, die unangenehmen Nebenwirkungen des Chloralhydrats auf das Nervensystem durch Einführung einer das Nervensystem beruhigenden und antipyretischen Substanz in die Verbindung zu paralysieren, wurde p-Acetaminophenoxyacetamidchloral dargestellt, und zwar durch

---

[1]) Herz, Diss. Berlin (1893). [2]) Therap. Monatshefte **1890**, 243, 296; **1893**, 131.

[3]) Bardet, Nouv. remèd. **1890**, 135. [4]) Berl. klin. Wochenschr. **1893**, 104.

[5]) Béhal und Choay, Ann. de chim. et de phys. [6] **27**, 330; Journ. de pharm. et de chim. [5] **21**, 539 (1890). — Walther Krey, Diss. Jena **1892**. S. 33.

[6]) Béhal und Choay, Ann. de chim. et de phys. [6], **27**, 337.

[7]) Pharm. Centralhalle **38**, 801 (1897). [8]) Mazzara, Gaz. chim. ital. **13**, 270.

Mischen von p-Acetaminophenoxylacetamid mit Chloral[1]). Die Substanz wirkt nicht nennenswert entfiebernd.

```
p-Acetamino-                              p-Acetaminophenoxyacetamidchloral
phenoxylacetamid                                         CCl3
                                                         |  /OH
CH2 · CO · NH2                       CH2 · CO · N<  C<
  ·                                    ·            \   \H
  O                                    O             H
  ·                                    ·
  ⬡               + CCl3 =            ⬡
  ·                   ·                ·
                     CHO
HN : CO                              HN : CO
     ·                                    ·
    CH3                                  CH3
```

Im Coffeinchloral, einem Additionsprodukte des Chlorals und Coffeins, tritt die Coffeinwirkung anscheinend ganz zurück gegenüber der des Chlorals, wie überhaupt mit Ausnahme der Blausäureverbindung bei allen ähnlich zusammengesetzten Chloralverbindungen fast ausschließlich die Chloralwirkung zur Geltung gelangt.

Man erhält Coffein-Chloral, welches leicht in Wasser löslich ist, wenn man in eine warme Lösung von 300 Teilen Chloralhydrat in 300 Teilen Wasser 380 Teile Coffein einträgt. Es krystallisiert beim Erkalten die Verbindung $C_8H_{10}N_4O_2 + H_2O + CCl_3 \cdot CH(OH)_2$ aus[2]).

Die Absicht, welche den Darsteller geleitet hat, mag gewesen sein, durch Einführung des Herztonicums Coffein in das Chloral die herzschwächende Wirkung des letzteren zu unterdrücken oder Coffein in eine leicht lösliche Verbindung zu verwandeln.

p-Amino-m-oxybenzoesäureester und m-Amino-p-oxybenzoesäureester, welche, wie erwähnt, unter dem Namen „Orthoform" und „Orthoform neu" als lokal-anästhesierend wirkende Antiseptica empfohlen werden, gehen mit Chloral Verbindungen erhöhter hypnotischer Wirkung ein, die den Vorzug haben, geschmacklos zu sein.

Chloral-Orthoform und Chloral-Orthoform neu[3]) haben hypnotische Eigenschaften und sind geschmacklos. Man erhält sie durch bloßes Zusammenschmelzen der Komponenten oder durch Zusammenreiben molekularer Mengen Ester mit Chloral. Hierbei werden 1 bzw. 2 Mol. Wasser abgespalten.

Beide Verbindungen sind in Wasser sehr schwer löslich und lassen sich aus Lösungsmitteln nicht umkrystallisieren. Beim Erwärmen mit verdünnten Mineralsäuren entwickelt sich Chloral.

Chloral und Butylchloral vereinigen sich mit Isovaleramid zu Verbindungen, die, ohne üble Nebenwirkungen zu zeigen, bemerkenswerte sedative Wirkung haben. Man erwärmt die beiden Komponenten und erhält Chloralisovaleramid und Butylchlorisovaleramid[4]).

Acetonchloroformacetylsalicylsäureester erhält man durch Einwirkung des entsprechenden Säurechlorids auf Acetonchloroform in Gegenwart tertiärer Basen, z. B. Chinolin[5]).

Die Verbindung soll antirheumatisch und schmerzstillend wirken.

Man kann statt der tertiären Basen andere salzsäurebindende Mittel, wie z. B. Calciumcarbonat, verwenden[6]).

---

1) DRP. 96 493. — Münch. med. Wochenschr. **1898**, 1173.
2) Schering, Berlin, DRP. 75 847. 3) Kalle & Co., Biebrich DRP. 112 216.
4) Liebrecht, DRP. 282 267. 5) Wolffenstein, DRP. 245 533.
6) DRP. 246 383, Zusatz zu DRP. 245 533.

Durch Behandlung von Salicylsäurepolyhalogenalkylestern mit acetylierenden Mitteln erhält man Halogenalkylester der Acetylsalicylsäure, z. B. Acetylsalicylsäuretrichlortertiärbutylester, Acetylsalicylsäuretrichlorisopropylester, Acetylsalicylsäuretribromtertiärbutylester[1]).

Es werden die Salicylsäurehalogenalkylester anstatt mit Essigsäure mit anderen aliphatischen oder aromatischen Carbonsäuren verestert, z. B. Propionylsalicylsäureacetonchloroformester, Valerylsalicylsäureacetonchloroformester[2]).

Man kann an Stelle des Acetonchloroforms andere halogensubstituierte Alkohole auf Acetylsalicylsäurechlorid in Gegenwart von tertiären Basen oder anderen salzsäurebindenden Mitteln einwirken lassen, z. B. Trichlorisopropylalkohol. Weiter sind beschrieben Acetylsalicylsäureacetonbromoformester, Acetylsalicylsäuredichlorisobutylester[3]).

Wolffenstein[4]) läßt Salicylsäure nach den üblichen Methoden mit polyhalogenhaltigen Alkoholen verestern. Dargestellt wurden Salicylsäureacetonchloroformester aus Salicylsäurechlorid und Acetonchloroform, Trichlorisopropylsalicylsäureester aus Salicylsäure, Trichlorisopropylalkohol und Zinkchlorid, Salicylsäureacetonbromoformester aus Acetonbromoform, Salicylsäure und Zinkchlorid. Die Verbindungen wirken lokal anästhesierend und haben eine allgemein analgesierende Wirkung.

An Stelle der Salicylsäure kann man auch andere Phenolcarbonsäuren mit den polyhalogenhaltigen Alkoholen verestern. Beschrieben sind: p-Kresotinsäureacetonchloroformester, Vanillinsäureacetonchloroformester und o-Oxynaphthoesäuretrichlortertiär-butylester[5]).

Perrheumal ist Salicylsäure- oder Acetylsalicylsäureester des tertiären Trichlorbutylalkohols.

Die Ester des Trichlorbutylalkohols werden im Organismus im allgemeinen nicht gespalten, sondern haben eine besondere und zum Teile von der der Komponenten gänzlich abweichende und unerwartete Wirkung, bald unverhältnismäßig abgeschwächt, bald in ganz anderer Richtung, z. B. krampfauslösend wirkend. Die Giftigkeit steigt bei Verwendung aufsteigender homologer Säuren; so erhöht sich die Giftigkeit vom Essigester des Trichlorbutylalkohols zum Propionsäureester und erreicht ihren Höhepunkt beim Isovaleriansäureester. Der Essigsäureester ist giftiger als der zugrunde liegende Alkohol, hat aber eine geringere narkotische Wirkung; noch deutlicher sieht man dieses Zurücktreten der narkotischen Wirkung und gleichzeitiges Ansteigen der Giftigkeit beim Propionsäureester und weiterhin beim Isovaleriansäureester, welcher nicht mehr narkotisch wirkt, sondern ein Krampfgift ist. Ebenso verhalten sich substituierte Isovaleriansäureester, wie Bromisovaleriansäureester und Diäthylaminoisovaleriansäureester. Die halogensubstituierten Essigsäureester, wie der Monochlor- und Trichloressigsäureester erweisen sich im Verhältnisse zum Essigsäureester als weniger wirksam, sowohl was die narkotische Wirkung als auch die Giftigkeit betrifft. Der Brenztraubensäureester des Trichlorbutylalkohols ist ein starkes Gift ohne Schlafwirkung. Der Allophanester wirkt gar nicht hypnotisch, sondern hat eine Krampfgiftwirkung, während im allgemeinen die Allophanester anderer, weniger stark schlafmachender Alkohole als pharmakologische Basis eine stärkere schlafmachende Wirkung haben.

Dimethylaminoessigsäure- und Diäthylaminoessigsäureester des Trichlorbutylalkohols sind beide schlafmachend, der Dimethylaminoessigsäureester etwas schwächer. Diäthylamino-isovaleriansäure-trichlorbutylester ist hinwiederum ein Krampfgift.

Piperidylessigsäure-trichlorbutylester wirkt krampfartig, ohne narkotisch zu wirken. Die Ester der Malonsäure und der substituierten Malonsäuren wirken gar nicht giftig und auch nicht narkotisch. Hingegen machen sie eine Herabsetzung der sensiblen Erregbarkeit.

---

[1]) DRP. 276 809, Zusatz zu DRP. 245 533. [2]) DRP. 276 810, Zusatz zu DRP. 245 533.
[3]) Wolffenstein, DRP. 258 888, Zusatz zu DRP. 245 533. [4]) DRP. 267 381.
[5]) DRP. 267 980, Zusatz zu DRP. 267 381.

Zimtsäure- und Dibromzimtsäuretrichlorbutylester zeigen keine narkotischen Eigenschaften und auch sonst nichts Bemerkenswertes. Die von R. Wolffenstein, A. Loewy und M. Bachstez studierten Ester dieser Reihe zeichnen sich durch Unverseifbarkeit im Organismus aus, womit die neuen Eigenwirkungen der einzelnen Ester chemisch erklärt werden[1]).

Nach Wolffenstein[2]) verestert man Trichlorbutylalkohol mit Malonsäuren nach den für die Esterdarstellung üblichen Methoden. Beschrieben sind der saure Malonsäuretrichlorbutylester und der saure Diäthylmalonsäuretrichlorbutylester.

Man kondensiert Monohalogenessigsäuretrichlortertiärbutylester mit sekundären aliphatischen Aminen. Beschrieben sind Diäthylaminoessigsäuretrichlorbutylester und Dimethylglycintertiärtrichlorbutylester[3]).

Toramin ist das Ammonsalz des Malonsäuretrichlorbutylesters $NH_4 \cdot CO_2 \cdot CH_2 \cdot CO_2(CH_2)_3 \cdot CCl_3$, es wurde gegen Hustenreiz empfohlen[4]).

Diese Verbindung wird nach R. Wolffenstein[2]) wie oben beschrieben dargestellt.

Poulenc und Ernest Fourneau[5]) stellen Chloraldialkylaminooxyisobuttersäurealkylester der Formel R = Alkyl

$$\begin{array}{c} CH_2N{<}^{R}_{R} \\ | \\ CH_3-C-O\cdot CH(OH)\cdot CCl_3 \\ | \\ CO_2\cdot R \end{array}$$

her, indem sie Dialkylaminooxyisobuttersäurealkylester mit Chloral behandeln. Dargestellt wurden Chloraldimethylaminooxyisobuttersäureäthylester und -propylester. Die Substanzen sind Hypnotica von geringer Giftigkeit.

Sulzberger, New York[6]) verbindet Chloral mit Säureamiden, indem er die Amide oder einfach alkylierte oder arylierte Amide von Fettsäuren mit mehr als 12 Kohlenstoffen auf Chloral einwirken läßt, z. B. Chloral auf Palmitinsäureamid. Es wurde auch Chloral-α-brompalmitinsäureanilid dargestellt.

Wenig verwendet wurde statt des Chloralhydrats Butylchloral $CCl_3 \cdot CH_2 \cdot CH_2 \cdot CHO$. Es übt eine starke, aber vorübergehende hypnotische Wirkung aus und hat dem Chloralhydrat gegenüber den Nachteil, daß es stärker als jenes den Magen reizt. Als Sedativum wurde es von O. Liebreich[7]) empfohlen. Es wird durch Chlorieren von Paraldehyd hergestellt, hat einen süßlichen Geruch und einen brennend bitteren Geschmack. Es wirkt anästhesierend, ist aber in bezug auf schlafmachende Wirkung nicht so sicher wie Chloral.

Butylchloralantipyrin $C_{11}H_{12}N_2O \cdot C_4H_5Cl_3O + H_2O$, Butylhypnol genannt, wird wie Hypnal verwendet[8]).

Trigemin wird ein Antineuralgicum genannt, das durch Einwirkung von Butylchloralhydrat auf Pyramidon entsteht. Butylchloralhydratpyramidon soll vorzüglich schmerzstillende, weniger hypnotische Eigenschaften zeigen.

Man erhält es durch Addition beider Grundsubstanzen. Während Chloralhydrat mit 4-Dimethylamino-1-phenyl-2.3-dimethyl-5-pyrazolon keine krystallisierende Verbindung gibt, vereinigt sich Butylchloralhydrat damit zu einer krystallisierenden Verbindung $C_{17}H_{24}N_3O_3Cl_3$ entweder beim Zusammenschmelzen oder beim Zusammenbringen in Lösungsmitteln, wie z. B. Wasser, Benzol unter Erwärmen[1]).

Isopral[10]) ist Trichlorisopropylalkohol $CCl_3 \cdot CH(CH_3) \cdot OH$, der als Hypnoticum zweimal so stark wirksam sein soll wie Chloralhydrat. Isopral erscheint als Trichlorisopropylglykuronsäure im Harne.

[1]) R. Wolffenstein, A. Loewy und M. Bachstez, BB. **48**, 2035 (1915).
[2]) DRP. 289 001. [3]) Wolffenstein, DRP. 289 426.
[4]) Ernst Meyer, Berl. klin. Wochenschr. **52**, 873 (1915). [5]) DRP. 203 643.
[6]) DRP. 198 715. [7]) Therap. Monatshefte **1888**, 528.
[8]) Calderato, Chem. Centralblatt **1902**, II, 1387.
[9]) Höchster Farbwerke, DRP.150 799.
[10]) Impens, Therap. Monatshefte **17**, 469 (1903).

Man erhält Isopral durch Einwirkung von Chloral auf die Halogenmethylmagnesiumdoppelverbindungen, man zerlegt diese[1]) mit Wasser und Salzsäure, nimmt mit Äther auf und destilliert nach dem Abdestillieren des Äthers das rückbleibende Öl im Vacuum. Man erhält Krystalle vom Schmelzpunkt 49 · 2°. Die Darstellung des Trichlorisopropylalkohols ist mehrfach beschrieben, so aus Zinkmethyl und Chloral[2]), ferner von L. Henry[3]) und in den amerikanischen Patenten Nr. 742 340 und 761 189 (Aldrich).

Monoacetyltrichlortertiärbutylalkohol (Acetylchloreton) wirkt anästhesierend wie Chloreton und Brometon, doch in geringerem Maße als diese[4]).

Bromverbindungen.

Wie den gechlorten, so kommt auch den gebromten aliphatischen Verbindungen und auch den jodierten, wenn auch in viel schwächerem Grade, eine hypnotische Wirkung zu.

In dieser Gruppe hat sich die erfinderische Tätigkeit hauptsächlich darauf bezogen, analoge Verbindungen wie in der Gruppe der Chlorderivate darzustellen, ferner Amide von gebromten Fettsäuren, unter denen die dialkylierten Säuren eine besondere Wirksamkeit entfalten, ferner Harnstoffe solcher Säuren und schließlich Ester gebromter Säuren.

Von theoretischem Interesse ist folgendes über die Bedeutung des eingeführten Halogens. Wie A. v. d. Eekhout[5]) gefunden, wirkt beim Kaltblüter Isovalerianylharnstoff am schwächsten. Stärker wirken die halogensubstituierten Isovalerianylharnstoffe. Nur der gechlorte und der gebromte Körper enthalten aber das Halogen in genügend fester Bindung. Das Jodprodukt zersetzt sich bei der Temperatur des Warmblüters und spaltet rasch Jod ab. Daher verhält sich Jodisovalerianylharnstoff beim Warmblüter verschieden von Chlorisovalerianylharnstoff und Brimisovalerianylharnstoff. Die Jodverbindung wirkt bei höherer Körpertemperatur nicht stärker als die halogenfreie Muttersubstanz.

Nach Steinauer erzeugt das dem Chloralhydrat entsprechende Bromalhydrat $CBr_3 \cdot CHO + H_2O$ zuerst Aufregung, dann tritt ein hypnotischer Zustand ein, dem schließlich ein allmähliches Erlöschen der Respirations- und Herztätigkeit folgt. Doch bietet Bromalhydrat dem Chloralhydrat gegenüber in der therapeutischen Anwendung nur Nachteile. Bromalhydrat übt von allen analogen Verbindungen die stärkste Lokalwirkung aus, an der Applikationsstelle werden die Muskeln in kürzester Zeit totenstarr.

Monobromtrimethylcarbinol äußert keine hypnotischen Wirkungen, wohl aber eine vollständige, kaum zwei Stunden dauernde Lähmung der Hinterläufe.

Bromamylenhydrat (Bromhydrin des Trimethyläthylenglykols) wurde bis jetzt durch Einwirkung von unterbromiger Säure auf Trimethyläthylen gewonnen. Die unterbromige Säure wurde durch Einwirkung von Brom auf Quecksilberoxyd in Gegenwart von Wasser dargestellt. Da die unterbromige Säure nur in Gegenwart von viel Wasser beständig ist, brauchte man sehr große Flüssigkeitsmengen. Nach dem neuen Verfahren bringt man die unterbromige Säure im Entstehungszustand dadurch zur Reaktion, daß man bei —5° auf ein Gemisch von Eis, Trimethyläthylen und der berechneten Menge Borsäure unter starkem Rühren und Schütteln die berechnete Menge von unterbromigsaurem Natrium einwirken läßt. Die durch Borsäure in Freiheit gesetzte unterbromige Säure addiert sich sofort an das Trimethyläthylen und es entsteht Bromamylenhydrat[6]).

---

[1]) Bayer, Elberfeld, DRP. 151 545. [2]) Liebigs Ann. **210**, 77. [3]) C. r. **138**, 205.
[4]) T. B. Aldrich, Journ. Chem. Soc. **37**, 2720 (1915).
[5]) AePP. **57**, 337 (1907). [6]) Rath, DRP. 301 905.

Dipropylacetbromamid (Substitution eines Amidwasserstoffs durch Brom) ist wirkungslos. Bromdiäthylacetamid, Bromäthylpropylacetamid und Bromdipropylacetamid sind viel stärkere Schlafmittel als die gebräuchlichen mit Ausnahme des Veronals.

Bromdialkylacetamide[1]) der Formel

$$\begin{matrix}R\\R\end{matrix}\!\!>\!CBr\cdot CO\cdot NH_2 \quad \text{resp.} \quad \begin{matrix}R\\R_1\end{matrix}\!\!>\!C\cdot Br\cdot C\!\!\begin{matrix}\nearrow NH\\ \searrow OH\end{matrix}$$

erhält man durch Überführung der entsprechenden Dialkylessigsäuren durch Einwirkung von Phosphorhalogen in die Alkylsäurehalogenide, Substitution des Wasserstoffes durch Brom und Austauschen des Halogens im Säurerest durch Ammoniak gegen Amid. Die Verbindungen sind in Wasser schwer löslich.

Zur Darstellung von Brommethylpropylacetamid wird als Ausgangsmaterial Methylpropylessigsäure verwendet[2]).

Die aus den entsprechenden, nicht bromierten Dialkylessigsäuren erhältlichen Dialkylessigsäureamide werden mit Brom behandelt[3]).

Die entsprechenden Dialkylessigsäuren werden statt über die Halogenide hier über die Ester oder Ammoniumsalze der Bromdialkylessigsäuren hinweg nach den für die Darstellung von Säureamiden üblichen Methoden in die entsprechenden Amide übergeführt[4]).

Man kann auch die entsprechenden Dialkylmalonsäuren mit Brom behandeln und die entstehenden Dialkylbromessigsäuren in ihre Amide überführen[5]).

Dialkylbromacetamide werden aus Dialkylcyanessigsäuren hergestellt, indem man durch Erhitzen die Dialkylcyanessigsäuren in die entsprechenden Dialkylacetonitrile überführt, diese mit Brom behandelt und die gewonnenen Dialkylbromacetonitrile mit konz. Schwefelsäure zu den Dialkylbromacetamiden verseift[6]).

Bromdimethylessigsäureamid besitzt keinerlei hypnotische Wirkung.

Neuronal ist Bromdiäthylacetamid[7]). Es wurde als Hypnoticum empfohlen. (Siehe II. Gruppe.)

Es schmeckt bitter, etwas kühlend und an Menthol erinnernd. In der Wirkung steht es zwischen Trional und Veronal. Es besitzt keine kumulativen Wirkungen[8]).

Adalin ist Bromdiäthylacetylharnstoff $(C_2H_5)_2\cdot C(Br)\cdot CO\cdot NH\cdot CO\cdot NH_2$. Es übt keine Herzwirkung aus, wird erst im alkalischen Darmsaft gelöst und im Harn zum Teil unverändert ausgeschieden. Der größte Teil findet sich als eine in Äther lösliche bromhaltige Säure, wahrscheinlich $(C_2H_5)_2\cdot CBr\cdot COOH$. Nur nach Verabreichung toxischer Dosen wird anorganisches Brom abgespalten[9]). Hingegen konnte Impens anorganisches Brom im Harne nachweisen[10]). Adalin muß in höheren Dosen gegeben werden, als ursprünglich angegeben wurde. Meist werden 1—2 g verabreicht. Es hat vor den anderen die großen Vorzüge, daß keine Gewöhnung an das Mittel eintritt, und daß es frei von unangenehmen Nebenwirkungen ist. Die Wirkung des Mittels bei interner Eingabe tritt relativ spät ein (etwa zwei Stunden nach der Eingabe). Nach Gudden und Haake soll es sich bei Bronchialasthma sehr bewährt haben. Es beruhigt die Atmung und mildert den Hustenreiz. Es ist ein mildes Hypnoticum, daher versagt es bei schweren Erregungszuständen selbst bei Anwendung hoher Dosen. Es ist fast geruchlos und nur wenig bitter.

---

1) Kalle, Biebrich, DRP. 158 220. 2) DRP. 165 281, Zusatz zu DRP. 158 220.

3) DRP. 166 359, Zusatz zu DRP. 158 220.

4) DRP. 170 629, Zusatz zu DRP. 158 220. 5) Kalle, Biebrich, DRP. 175 585.

6) Paul Hoering und Fritz Baum, DRP. 168 739.

7) Schultze und Fuchs, Münch med. Wochenschr. **1903**.

8) E. Schultze, Münch. med. Wochenschr. **1904**, Nr. 25; siehe auch Siebert, Psych. Neurol. Wochenschr. **1904**, Nr. 10; Becker, ebenda, **1904**, Nr. 18; Stroux, Dtsch. med. Wochenschr. **1904**, Nr. 41, und Rixen, Münch. med. Wochenschr. **1904**, Nr. 48.

9) Eduardo Filippi, Arch. di Farmacol. sperim. **12**, 233 (1911).

10) Therap. d. Gegenw. **1912**, Nr. 4, S. 158.

Bromdiäthylacetylharnstoff erhält man, wenn man entweder Bromdiäthylacetylhaloide auf Harnstoff einwirken läßt oder an Bromdiäthylacetylcyanamid (gewonnen aus dem Chlorid und Cyanamid), durch Vermischen mit sehr starker Schwefelsäure und Eingießen in Wasser, Wasser anlagert oder durch Behandlung von Bromdiäthylacetylurethan mit Ammoniak den gewünschten Körper gewinnt. Man gelangt zu diesem auch durch Entschwefelung von Bromdiäthylacetylthioharnstoff oder durch Einwirkung von Brom auf Diäthylacetylharnstoff[1]).

Der so erhaltene Bromdiäthylacetylharnstoff

$$\begin{matrix} C_2H_5 \\ C_2H_5 \end{matrix} > CBr \cdot CO \cdot NH \cdot CO \cdot NH_2$$

ist ein krystallinischer, geruch- und geschmackloser Körper, der vom Magen gut vertragen wird, den Appetit nicht beeinflußt und ein wertvolles Sedativum darstellt. Er übertrifft die Produkte nach DRP. 158 220 und 185 962.

Bromdiäthylacetylharnstoff kann man auch erhalten durch Einwirkung von Cyansäure auf α-Bromdiäthylacetamid oder durch Einwirkung von Ammoniak auf α-Bromdiäthylacetylcarbaminsäurechlorid[2]).

Man erhält bessere Ausbeuten, wenn man auf α-Bromdiäthylacetylcarbaminsäurebromid, welches man aus Bromdiäthylacetylurethan darstellen kann, Ammoniak einwirken läßt[3]).

Man erhält Diäthylbromacetylharnstoff durch Einwirkung von Diäthylbromacetylbromid in Gegenwart von Benzin auf Quecksilbercyanat. Das gebildete Diäthylbromacetylcyanat behandelt man mit Ammoniak, wobei sich Diäthylbromacetylharnstoff abscheidet[4]).

Bromdiäthylacetylharnstoff erhält man aus Carbaminsäurechlorid und Bromdiäthylacetamid, evtl. in Gegenwart von Pyridin[5]).

Man läßt Bromdiäthylacetylhaloide oder ihre Salze in Gegenwart von Alkalien auf Isoharnstoffäther einwirken. Es werden z. B. Isoharnstoffmethylätherchlorhydrat in wässeriger Lösung mit Bromdiäthylacetylbromid vermischt und unter Kühlung mit Normalnatronlauge behandelt. Es scheidet sich dann Bromdiäthylacetylisoharnstoffmethyläther ab[6]).

Bromdiäthylacetylharnstoff erhält man, indem man die Salze der nach DRP. 240 353 dargestellten Bromdiäthylacetylisoharnstoffäther für sich oder mit Säuren erhitzt; man erhält dann die im DRP. 225 710 beschriebenen Harnstoffderivate[7]).

Bromdiäthylacetylharnstoff erhält man durch Einwirkung von Brom auf Diäthylacetylisocyanat, wobei die Reaktion durch Zusatz von verseifenden Mitteln, wie Wasser, wässerigem Ammoniak oder dgl. beschleunigt wird[8]).

Zu Acidylderivaten des Bromdiäthylacetylharnstoffs gelangt man, wenn man auf Diäthylbromacetylisocyanat oder Bromdiäthylacetylcarbamidsäurehalogenid Säureamide oder auf Bromdiäthylacetamid Säureisocyanate oder Acidylcarbamidsäurehalogenide einwirken läßt. Die Verbindungen besitzen die Zusammensetzung

$$\begin{matrix} NH \cdot CO \cdot C \begin{matrix} \diagup C_2H_5 \\ -Br \\ \diagdown C_2H_5 \end{matrix} \\ | \\ C = O \\ | \\ NH \cdot R \end{matrix}$$

(R = Acyl). Sie wirken sedativ und hypnotisch. Beschrieben sind: Bromdiäthylacetylharnstoff, Bromdiäthylacetylcarboxyäthylharnstoff, Dibromdiäthylacetylharnstoff[9]).

Bromdiäthylacetamid geht bei der Einwirkung von Oxalylchlorid in Bis-bromdiäthylacetylharnstoff über[10]).

Die symmetrischen diacylierten Harnstoffe der Formel $\begin{matrix} R \cdot CO - NH \\ R \cdot CO - NH \end{matrix} > CO$, worin $R \cdot CO$ einen bromhaltigen Fettsäurerest bedeutet, gehen durch Einwirkung gelinde wirkender verseifender Mittel in die monoacylierten Harnstoffe der Formel $R \cdot CO - NH - CO \cdot NH_2$ über. So erhält man aus Bis-bromdiäthylacetylharnstoff und Ammoniak Bromdiäthylacetylharnstoff. Bisbromdiäthylacetylharnstoff erhält man aus Bromdiäthylacetamid und Oxalylchlorid[11]).

---

1) Bayer, DRP. 225 710. 2) DRP. 249 906, Zusatz zu DRP. 225 710.
3) DRP. 253 159, Zusatz zu DRP. 225 710. 4) DRP. 271 682.
5) Beckmann, DRP. 262 048. 6) DRP. 240 353. 7) DRP. 243 233.
8) Bayer, DRP. 282 097. 9) Bayer, DRP. 286 760.
10) Bayer, DRP. 287 001. 11) Bayer und Knoll, DRP. 283 105.

Die Bromsubstitutionsprodukte der Alkyl- bzw. Arylessigsäuren der allgemeinen Zusammensetzung $\frac{R}{R_1}>C \cdot Br \cdot COOH$, worin R und R_1 einen Alkyl- oder Arylrest bedeuten, werden mit Alkoholen der Terpenreihe kondensiert. Die Produkte sind Sedativa und Hypnotica, und zwar Bromdiäthylacetylbornylester, Bromdiäthylacetylmenthylester, Diäthylacetylmenthylester, Bromdipropylacetylmenthylester, Bromdiäthyleucalyptolester [1]).

α-Bromisovalerianylharnstoff erhält man durch Einwirkung von α-Bromisovalerianylbromid oder -chlorid auf Harnstoff. Die Verbindung heißt Bromural [2]).

Man läßt Harnstoff mit α-Chlorisovalerianylbromid oder -chlorid reagieren [3]) und erhält α-Chlorisovalerianylharnstoff.

Durch Einwirkung von Formaldehyd auf Bromdialkylacetamide gelangt man zu Verbindungen der Formel

$$\begin{matrix} Br \\ R \\ R_1 \end{matrix} > C \cdot CO \cdot NH \cdot CH_2 \cdot OH$$

wobei R und R_1 Alkylradikale sind.

Die Verbindungen schmecken weniger intensiv als die Bromdialkylacetamide und wirken hypnotisch und sedativ. Man erhält sie, indem man in wässeriger Lösung Formaldehyd auf Bromdialkylacetamide in Gegenwart geringer Mengen eines Kondensationsmittels, wie Barythydrat, Kaliumcarbonat, Cyankalium schwach erwärmt und dann die Lösung mit Wasser fällt [4]).

Derivate des Glykolsäureureids erhält man, wenn man Bromacetylharnstoff und das Salz einer organischen Säure aufeinander einwirken läßt [5]). Geht man bei diesen Körpern von Salzen chlor- oder bromsubstituierter aliphatischer Säuren aus, so gelangt man zu halogenhaltigen Kondensationsprodukten.

Die Reaktion zwischen Bromacetylharnstoff und essigsaurem Natrium verläuft nach folgender Gleichung:

$$NH_2 \cdot CO \cdot NHCO \cdot CH_2Br + Na \cdot OOC \cdot CH_3 = NH_2 \cdot CO \cdot NHCO \cdot CH_2 \cdot COO \cdot CH_3 + NaBr\,.$$

Man kann auch Brom- oder Chloracetylurethane in gleicher Weise in Reaktion bringen. Beschrieben sind Acetylglykolylurethan, Bromisovalerylglykolylurethan, Salicylsäureglykolylurethan, Bromisovalerylglykolylcarbaminsäuremethylester [6]).

Acylderivate aromatischer Säureamide erhält man, wenn man Amide aromatischer Säuren mit Isovalerianylhalogeniden, insbesondere α-Bromisovalerianylhalogeniden direkt oder in trockenen organischen Lösungsmitteln bei Gegenwart von organischen oder anorganischen säurebindenden Mitteln zur Reaktion bringt und die entstandenen Kondensationsprodukte erforderlichenfalls noch mit Brom bzw. bromabgebenden Substanzen behandelt.

Diese Substanzen behalten die schlafmachende Wirkung der Säureamide vollständig, besitzen aber im Vergleich mit den Säureamiden selbst eine auffallend geringe Giftigkeit, während die bisher bekannt gewordenen Acylderivate aromatischer Säureamide stark giftig sind und keine hypnotische und narkotische Wirkung besitzen [7]).

Die Propionsäure- und Buttersäureester des Brometons (Tribromtertiärbutylalkohol) besitzen keine anästhetischen Eigenschaften [8]).

Bromural ist α-Monobromisovalerianylharnstoff $(CH_3)_2 \cdot CH \cdot CHBr \cdot CO \cdot NH \cdot CO \cdot NH_2$. Es entsteht bei der Kondensation von Harnstoff mit Bromisovalerianylbromid und wirkt nur bei leichter nervöser Schlafbehinderung [9]) als ein prompt wirkendes Narkoticum [10]). Es setzt auch die Schweißsekretion herab [11]).

Bromisovaleriansäureester von Borneol und Isoborneol kann man aus den Halogeniden oder Anhydriden der Säure oder aus der Säure mit einer Mineralsäure als Kondensationsmittel erhalten. Man kann die Säure auf Camphen bei Gegenwart geeigneter Kondensations-

---

[1]) Kalle, DRP. 273 850. [2]) Knoll, DRP. 185 962.
[3]) DRP. 191 386, Zusatz zu DRP. 185 962. [4]) Höchst, DRP. 273 320.
[5]) Voswinkel, DRP. 247 270. [6]) DRP. 266 121, Zusatz zu DRP. 247 270.
[7]) Perelstein und Bürgi, DRP. 297 875.
[8]) T. B. Aldrich, Journ. Chem. Soc. **40**, 1948 (1918).
[9]) Pharmaz. Centralhalle **48**, 143. [10]) A. v. d. Eekhout, AePP. **57**, 337 (1907).
[11]) Runck, Münch. med. Wochenschr. **1907**, Nr. 15.

mittel, wie Chlorzink oder Mineralsäuren, einwirken lassen. Die bromierten Ester sind von sehr mildem Geschmack und schwach riechend[1]).

Man kann auch in der Weise zu den Verbindungen gelangen, daß man den Borneol- resp. den Isoborneolester der Isovaleriansäure bromiert, und zwar mit und ohne Zusatz von Bromüberträgern, z. B. durch direktes Bromieren mit Brom[2]).

Quietol, der Isovaleriansäureester des Dimethylaminooxyisobuttersäurepropylesterbromhydrats, wirkt analgetisch und hypnotisch. Bei direkter Applikation auf Nerven wird die elektrische Reizbarkeit zuerst vermindert und dann zerstört[3]).

Beim Zusammenschmelzen äquimolekularer Mengen von Bromisovalerylamid und Chloral entsteht rein additiv Bromisovalerylamidchloral[4]).

Man läßt auf Salicylsäure-p-aminophenylester α-Bromisovalerylhaloide oder auf Isovalerylsalicylsäure-p-aminophenylester Brom einwirken. Es entsteht α-Bromisovalerylsalicylsäure-p-aminophenolester $C_6H_4(OH)\cdot CO\cdot O\cdot C_6H_4\cdot N{<}^{H}_{CO\cdot CHBr\cdot CH(CH_3)_2}$, welcher sedativ und schlafmachend wirkt[5]).

Statt wie im DRP. 291 878 α-Bromisovalerylhaloide auf den Salicylsäure-p-aminophenylester einwirken zu lassen, verwendet man α-Bromdiäthylacetylhaloide. Die resultierende Verbindung ist geschmacklos und stärker schlafmachend wirksam[6]).

C-C-Dialkylbarbitursäuren gehen beim Erhitzen mit Halogenen unter Druck, gegegebenenfalls unter Zusatz indifferenter Lösungsmittel, in halogenierte Dialkylbarbitursäuren über, welche das Halogen in den Alkylresten enthalten. Sie sollen als Ausgangsstoffe für Schlafmittel dienen. Beschrieben sind Monobromdiäthylbarbitursäure, Dibromdipropylbarbitursäure, Monochlordiäthylbarbitursäure[7]).

Bromamylenhydratbromisovaleriansäureester erhält man durch Erhitzen äquimolekularer Mengen Bromamylenhydrat und Bromisovalerylbromid in Gegenwart eines indifferenten Lösungsmittels bis zum Aufhören der Bromwasserstoffentwicklung, bei Wasserbadtemperatur erhitzt. Bromisovalerylbromid kann durch Bromisovalerylchlorid ersetzt werden[8]).

Wenn man N-Acylderivate der p-Aminophenole mit Bromdiäthylacetylisocyanat behandelt, so erhält man antipyretische und hypnotische Stoffe. Aus p-Acetylaminophenol und Bromdiäthylacetylisocyanat erhält man Bromdiäthylacetylurethan des p-Acetylaminophenols

$$\frac{C_2H_5}{C_2H_5}{>}CBr\cdot CO\cdot NH\cdot CO\cdot O\cdot C_6H_4\cdot NH\cdot CO\cdot CH_3 .$$

Beschrieben ist auch die Darstellung des Bromdiäthylacetylcarbaminsäureesters des p-Oxyphenylharnstoff.

Durch Behandlung von N-Acylderivaten der Urethane der p-Aminophenole mit α-Bromdiäthylessigsäurehalogeniden erhält man z. B. Bromdiäthylacetylurethan des p-Acetylaminophenols aus p-Acetylaminophenolurethan[9]).

Dieses wird aus Guajacolurethan und p-Acetylaminophenol bei 150° ohne Abdestillieren des Guajacols gewonnen. Oder man reduziert p-Nitrophenolmethan in Gegenwart von kolloidalem Palladium mit Wasserstoff[10]).

Bromverbindungen üben eine stärkere narkotische Wirkung auf den Organismus und eine stärkere lähmende Wirkung auf den Kreislauf als die Chlorverbindungen.

Während die aromatischen Halogensubstitutionsprodukte im allgemeinen keine hypnotische Wirkung zeigen, wird merkwürdigerweise vom Tribromsalol (Cordol) von Rosenberg und Dassonville behauptet, daß es neben seiner hämostatischen Wirkung auch ein gutes Hypnoticum sei. Diese Angabe ist sicherlich falsch.

---

[1]) Schering, DRP. 205 263. [2]) DRP. 205 264, Zusatz zu DRP. 205 263.
[3]) Giuseppe Astolfini, Arch. di Farmacol. sperim. 1911.
[4]) Richter, Budapest, DRP. 234 741. [5]) Abelin und Lichtenstein, DRP. 291 878.
[6]) DRP. 297 243. [7]) Einhorn, DRP. 272 611.
[8]) Emil Rath, Frankfurt, DRP. 309 455. [9]) Bayer, DRP. 316 902.
[10]) Bayer, Leverkusen, DRP. 318 803, Zusatz zu DRP. 316 902.

Jodverbindungen.

Vom Jodoform CHJ_3 behauptet Binz[1]), daß es intern verabreicht narkotisch und hypnotisch wirkt. Bei einzelnen Patienten erzeugt es bekanntlich starke Aufregungszustände.

Jodal, den Monojodaldehyd $CH_2J \cdot CHO$ haben E. Harnack und Witkowski[2]) untersucht und gefunden, daß es in seiner schlafmachenden Wirkung dem Chloralhydrat in keiner Weise gleicht, vielmehr werden die höheren psychischen Zentren durch Jodal nur wenig und spät affiziert. Auch ist die Gefahr der Herzlähmung größer als beim Chloralhydrat.

Es wirken in einer von Eeckhout untersuchten Serie narkotisch: Bromisovalerianylharnstoff, Chlorisovalerianylharnstoff, Methyläthylbromacetylharnstoff. Narkotisch und giftig ist Bromisovaleriansäureamid. Giftig: Jodisovalerianylharnstoff, Brombutyrylharnstoff, Brombuttersäureamid. Schwach wirksam oder unwirksam: Bromvalerianylharnstoff, Isovalerianylharnstoff, Valerianylharnstoff, Bromisobutyrylharnstoff, Bromisobuttersäureamid.

Monojodisovalerianylharnstoff (Jodival) wirkt nicht narkotisch, sein Teilungskoeffizient ist 1.05, während Bromural (Monobromisovalerianylharnstoff) narkotisch wirkt, Teilungskoeffizient 1.33.

Zweite Gruppe.

Schlafmittel, deren Wirkung auf der Gegenwart von Alkyl beruht.

Im allgemeinen Teile wurde schon auseinandergesetzt, wie die Alkylreste und die Alkohole, den Eigenschaften der fetten Kohlenwasserstoffe entsprechend, starke schlafmachende Eigenschaften besitzen. Vorzüglich kommt diese narkotische Wirkung dem Äthylreste in einer großen Reihe von Verbindungen zu, einem Reste, der leicht innige Beziehungen der eingeführten Substanz zum Zentralnervensystem herstellen kann.

Während aber vom Äthylalkohol selbst erhebliche Dosen verbraucht werden, um Schlaf hervorzurufen, werden wir eine Reihe von Verbindungen kennenlernen, von denen schon relativ kleine Dosen Schlaf erzeugen, obgleich auch bei diesen Körpern die physiologische Wirkung sich nur auf den Äthylrest beziehen läßt.

Dieser große Unterschied in der Dosierung und der Wirkung läßt sich keineswegs durch die Angewöhnung aller Individuen an den Äthylalkohol erklären, vielmehr müssen wir annehmen, daß deshalb so große Dosen von Alkohol benötigt werden, weil der Alkohol allenthalben in den Geweben des Organismus der Oxydation anheimfällt und zum Zustandekommen des Schlafes eine spezifische Einwirkung auf das Großhirn notwendig ist; die anderen zu erwähnenden Substanzen hingegen zeichnen sich durch einen mehr oder weniger resistenten chemischen Aufbau aus, so daß es durch diese Resistenz ermöglicht wird, daß die ganze Dosis in dem zur Selektion am meisten disponierten Organ zur Geltung und Wirkung kommt.

Für die Narkose nahmen E. Baumann und Kast in der Sulfonreihe die Abspaltung von Äthylgruppen als das Wesentliche an.

Von den fetten Kohlenwasserstoffen, deren Wirkung schon mehrfach besprochen wurde, wirkt Methan CH_4 als leichtes Hypnoticum. In höheren Kon-

---

[1]) Berl. klin. Wochenschr. **1885**, Nr. 7. [2]) AePP. **11**, 1.

zentrationen ruft es ausgesprochenen, aber flüchtigen Schlaf hervor[1]). Äthylen C_2H_4 hingegen wirkt stärker betäubend, 70—80 Vol.-% zu 20% Sauerstoff erzeugen einen sehr anästhetischen Schlaf. Keiner von diesen Kohlenwasserstoffen eignet sich jedoch als Inhalationsanaestheticum für die Zwecke der Narkose.

Für die Wirkungsweise der Alkohole sind verschiedene Umstände entscheidend. Vor allem die Wertigkeit. Nur die einwertigen Alkohole sind stark hypnotisch wirkend. Je mehr der Reichtum an Sauerstoff anwächst (durch Eintritt von Hydroxylen), desto geringer ist der hypnotische Effekt. Dem Glycerin kommen überhaupt keine hypnotischen Eigenschaften mehr zu.

Die Verbindungen mit einem tertiären C-Atom sind stärker wirksam als solche mit sekundärem, und diese stärker wirksam als die mit primärem Kohlenstoff.

Bei der Untersuchung der primären, sekundären und tertiären Alkohole konnten Schneegans und Mering[2]) folgende Verhältnisse feststellen:

Primäre Alkohole.

Methylalkohol (acetonfrei) 6—12 g beim Kaninchen wirkungslos.

Äthylalkohol 7 g Trunkenheit, 12 g Schlaf.

Propylalkohol $CH_3 \cdot CH_2 \cdot CH_2 \cdot OH$ Schlaf, 12 g Tod nach 5 Stunden, Schlaf nach 5 Minuten.

Normaler Butylalkohol $CH_3 \cdot CH_2 \cdot CH_2 \cdot CH_2 \cdot OH$ 3 g Trunkenheit, 7 g Schlaf und Tod.

Isoamylalkohol $\begin{matrix}CH_3\\CH_3\end{matrix}{>}CH \cdot CH_2 \cdot CH_2 \cdot OH$ 2 g Halbschlaf.

Sekundäre Alkohole.

$\begin{matrix}CH_3\\CH_3\end{matrix}{>}CH \cdot OH$ Dimethylcarbinol (sek. Propylalkohol) 2 g Halbschlaf.

$\begin{matrix}CH_3\\C_2H_5\end{matrix}{>}CH \cdot OH$ Äthylmethylcarbinol (sek. Butylalkohol) 4 g Halbschlaf.

$\begin{matrix}C_2H_5\\C_2H_5\end{matrix}{>}CH \cdot OH$ Diäthylcarbinol (sek. Amylalkohol) 2 g Schlaf.

Tertiäre Alkohole.

$\begin{matrix}CH_3\\CH_3\\CH_3\end{matrix}{>}C \cdot OH$ Trimethylcarbinol (tert. Butylalkohol) 4 g Schlaf.

$\begin{matrix}CH_3\\CH_3\\C_2H_5\end{matrix}{>}C \cdot OH$ Dimethyläthylcarbinol (tert. Amylalkohol [Amylenhydrat])[1]) 2 g Schlaf von 8—10 Stunden.

$\begin{matrix}C_2H_5\\C_2H_5\\C_2H_5\end{matrix}{>}C \cdot OH$ Triäthylcarbinol (tert. Heptylalkohol) 1 g 10—12 Stunden Schlaf, Atmung mühsam, kleinere Dosen wirken stark erregend.

* * *

Die primären Alkohole wirken weniger narkotisch als die sekundären, die sekundären Alkohole weniger als die tertiären. Doch ist diese Regel von Mering nicht allgemein gültig. Tertiärer Amylalkohol ist viel unschädlicher als primärer Isoamylalkohol. — Die Alkohole wirken im allgemeinen um so stärker, je länger die unverzweigte Kette von Kohlenstoffatomen ist, die sie enthalten.

---

[1]) Lüssem, Diss. Bonn (1885). [2]) Therap. Monatshefte 1892, 331.

Bei den tertiären Alkoholen ist die Wirkung abhängig von der Art der Alkylradikale, welche mit dem tertiären Kohlenstoffatom verbunden sind. Ist nur das Methylradikal vertreten wie beim Trimethylcarbinol, so ist die Wirkung eine relativ schwache, größer ist sie, wenn ein Äthyl eintritt, und nimmt zu mit der Anzahl der mit dem tertiären Kohlenstoffatom verbundenen Äthylgruppen.

Die mit Äthylradikalen substituierten Harnstoffe zeigen folgende Verhältnisse:

Substituierte Harnstoffe.

a) Derivate mit primären Alkylen.

Äthylharnstoff $\mathrm{OC}\left\langle\begin{matrix}\mathrm{NH\cdot C_2H_5}\\ \mathrm{NH_2}\end{matrix}\right.$. 3—4 g sind ohne jede Wirkung.

Triäthylharnstoff $\mathrm{OC}\left\langle\begin{matrix}\mathrm{NH\cdot C_2H_5}\\ \mathrm{N(C_2H_5)_2}\end{matrix}\right.$. 3 g machen Ermattung, aber keinen Schlaf. Der Tod erfolgt unter Krämpfen. Die Substanz wird anscheinend im Organismus in unwirksame Äthylaminbasen zersetzt.

b) Derivate mit tertiären Alkylen.

Amylharnstoff mit tertiärem Amyl

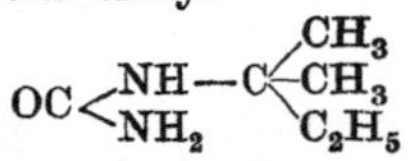

$$\mathrm{OC}\left\langle\begin{matrix}\mathrm{NH-C}\left\langle\begin{matrix}\mathrm{CH_3}\\ \mathrm{CH_3}\\ \mathrm{C_2H_5}\end{matrix}\right.\\ \mathrm{NH_2}\end{matrix}\right.$$

ist ein recht wirksames Hypnoticum, wirkt stärker als Amylenhydrat und ist angenehmer zu nehmen; er wird im Organismus fast vollständig verbrannt. Der Schlaf tritt später ein als bei Amylenhydrat, da der Harnstoff wegen seiner schweren Löslichkeit im Organismus nur langsam zersetzt wird.

Diamylharnstoff

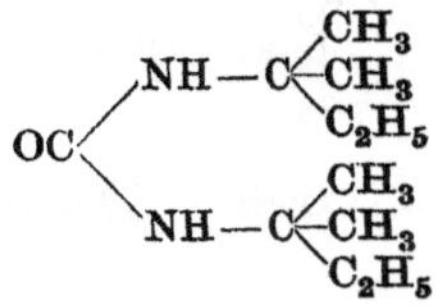

$$\mathrm{OC}\left\langle\begin{matrix}\mathrm{NH-C}\left\langle\begin{matrix}\mathrm{CH_3}\\ \mathrm{CH_3}\\ \mathrm{C_2H_5}\end{matrix}\right.\\ \mathrm{NH-C}\left\langle\begin{matrix}\mathrm{CH_3}\\ \mathrm{CH_3}\\ \mathrm{C_2H_5}\end{matrix}\right.\end{matrix}\right.$$

ist ohne jegliche Wirkung. Die Verbindung ist sehr beständig und gelangt unzersetzt in den Harn.

Butylharnstoff mit tertiärem Butyl

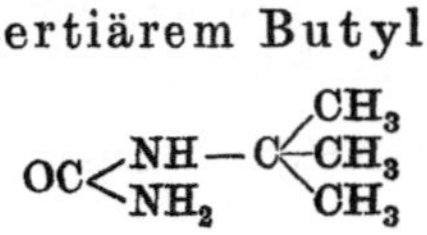

$$\mathrm{OC}\left\langle\begin{matrix}\mathrm{NH-C}\left\langle\begin{matrix}\mathrm{CH_3}\\ \mathrm{CH_3}\\ \mathrm{CH_3}\end{matrix}\right.\\ \mathrm{NH_2}\end{matrix}\right.$$

macht in 4-g-Dosen Schlaf.

Heptylharnstoff mit tertiärem Heptyl

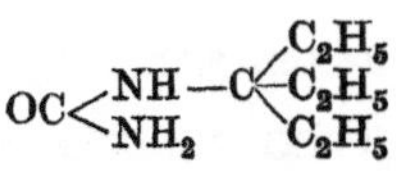

$$\mathrm{OC}\left\langle\begin{matrix}\mathrm{NH-C}\left\langle\begin{matrix}\mathrm{C_2H_5}\\ \mathrm{C_2H_5}\\ \mathrm{C_2H_5}\end{matrix}\right.\\ \mathrm{NH_2}\end{matrix}\right.$$

ist sehr schwer löslich. 1 g macht nach 2 Stunden Schlaf und vorher Trunkenheit.

Die durch primäre Alkyle einfach und mehrfach substituierten Harnstoffe wirken nicht narkotisch, wohl aber die mit tertiären Alkylen substituierten Harnstoffe; hier gilt wiederum das Gesetz, daß ein mit dem tertiären Kohlenstoffatom verbundenes Äthylradikal stärker wirkt als ein Methylradikal. Daher besitzen

1) Amylenhydrat hat nach H. Brackmann, Therap. Monatshefte **1896** und **1900**, 423, 641, außer der hypnotischen eine eigentümlich durstlöschende und harnsekretionsvermindernde Wirkung.

die mit tertiärem Butyl $-C{\lessdot}\begin{smallmatrix}CH_3\\CH_3\\CH_3\end{smallmatrix}$ versehenen Harnstoffe eine geringere hypnotische Wirkung als diejenigen, welche tertiäres Amyl $-C{\lessdot}\begin{smallmatrix}C_2H_5\\CH_3\\CH_3\end{smallmatrix}$ oder gar tertiäres Heptyl $-C{\lessdot}\begin{smallmatrix}C_2H_5\\C_2H_5\\C_2H_5\end{smallmatrix}$ enthalten.

Pinakone.

Methylpinakon

$$\begin{smallmatrix}CH_3\\CH_3\end{smallmatrix}{>}C(OH)-C(OH){<}\begin{smallmatrix}CH_3\\CH_3\end{smallmatrix}$$

10 g Pinakon machen Schlaf.

2 g Methyläthylpinakon

$$\begin{smallmatrix}CH_3\\C_2H_5\end{smallmatrix}{>}C(OH)-C(OH){<}\begin{smallmatrix}CH_3\\C_2H_5\end{smallmatrix}$$

machen Schlaf und erregen leichte Krämpfe.

Propiopinakon (Diäthylpinakon)

$$\begin{smallmatrix}C_2H_5\\C_2H_5\end{smallmatrix}{>}C(OH)-C(OH){<}\begin{smallmatrix}C_2H_5\\C_2H_5\end{smallmatrix}$$

ist fast unlöslich. 1.5 g machen starken, sehr lang andauernden Schlaf.

Die Pinakone wirken narkotisch, Methylpinakon in geringerem Grade, nicht mehr als Äthylalkohol, Methyläthylpinakon stärker und Diäthylpinakon (Propiopinakon) am stärksten.

Dimethyläthylessigsäure

$$\begin{smallmatrix}CH_3\\CH_3\\C_2H_5\end{smallmatrix}{>}C\cdot COOH$$

ist wirkungslos.

Diäthylessigsäure $\begin{smallmatrix}C_2H_5\\C_2H_5\end{smallmatrix}{>}CH\cdot COOH$, Diäthylmalonsäure $\begin{smallmatrix}C_2H_5\\C_2H_5\end{smallmatrix}{>}C{<}\begin{smallmatrix}COOH\\COOH\end{smallmatrix}$

Diäthyloxalsäure $\begin{smallmatrix}C_2H_5\\C_2H_5\\HO\end{smallmatrix}{>}C\cdot COOH$, Dimethyläthylessigsäure $\begin{smallmatrix}CH_3\\CH_3\\C_2H_5\end{smallmatrix}{>}C\cdot COOH$

sind selbst in Dosen von 5 g bei Hunden wirkungslos.

Ebenso wirkungslos sind die folgenden Amide:

Diäthylacetamid $\begin{smallmatrix}C_2H_5\\C_2H_5\end{smallmatrix}{>}CH\cdot CO\cdot NH_2$, Diäthylmalonamid $\begin{smallmatrix}C_2H_5\\C_2H_5\end{smallmatrix}{>}C{<}\begin{smallmatrix}CO\cdot NH_2\\CO\cdot NH_2\end{smallmatrix}$

Dipropylmalonamid $\begin{smallmatrix}C_3H_7\\C_3H_7\end{smallmatrix}{>}C{<}\begin{smallmatrix}CO\cdot NH_2\\CO\cdot NH_2\end{smallmatrix}$, Trimethylacetamid $\begin{smallmatrix}CH_3\\CH_3\\CH_3\end{smallmatrix}{>}C\cdot CO\cdot NH_2$

Die Harnstoffderivate verhalten sich folgendermaßen:

Diäthylacetylharnstoff $\begin{smallmatrix}C_2H_5\\C_2H_5\end{smallmatrix}{>}CH\cdot CO\cdot NH\cdot CO\cdot NH_2$ wirkt hypnotisch, aber unsicher. Dipropylacetylharnstoff $\begin{smallmatrix}C_3H_7\\C_3H_7\end{smallmatrix}{>}CH\cdot CO\cdot NH\cdot CO\cdot NH_2$ macht Schläfrigkeit. Diäthylhydantoin $\begin{smallmatrix}C_2H_5\\C_2H_5\end{smallmatrix}{>}\begin{smallmatrix}CO\cdot CO\cdot NH\\ | \qquad\quad |\\ NH\text{------}CO\end{smallmatrix}$ übt eine sehr geringe Wirkung aus.

Die folgenden Substanzen sind Pyrimidinderivate: Weder Monoäthylmalonylharnstoff

$$\begin{smallmatrix}C_2H_5\\H\end{smallmatrix}{>}C{<}\begin{smallmatrix}CO-NH\\CO-NH\end{smallmatrix}{>}CO$$

noch Monopropylmalonylharnstoff zeigen eine besondere Wirkung.

Dimethylmalonylharnstoff $\genfrac{}{}{0pt}{}{CH_3}{CH_3}\!>\!C\!<\!\genfrac{}{}{0pt}{}{CO-NH}{CO-NH}\!>\!CO$ ist wirkungslos.

Methyläthylmalonylharnstoff $\genfrac{}{}{0pt}{}{CH_3}{C_2H_5}\!>\!C\!<\!\genfrac{}{}{0pt}{}{CO-NH}{CO-NH}\!>\!CO$ wirkt hypnotisch, aber erst in größeren Dosen.

Methylpropylmalonylharnstoff

$$\genfrac{}{}{0pt}{}{CH_3}{C_3H_7}\!>\!C\!<\!\genfrac{}{}{0pt}{}{CO-NH}{CO-NH}\!>\!CO$$

macht nur Gangunsicherheit.

Diäthylmalonylharnstoff $\genfrac{}{}{0pt}{}{C_2H_5}{C_2H_5}\!>\!C\!<\!\genfrac{}{}{0pt}{}{CO-NH}{CO-NH}\!>\!CO$ wirkt stark hypnotisch (Veronal).

Äthylpropylmalonylharnstoff $\genfrac{}{}{0pt}{}{C_2H_5}{C_3H_7}\!>\!C\!<\!\genfrac{}{}{0pt}{}{CO-NH}{CO-NH}\!>\!CO$ wirkt ebenfalls stark hypnotisch.

Dipropylmalonylharnstoff $\genfrac{}{}{0pt}{}{C_3H_7}{C_3H_7}\!>\!C\!<\!\genfrac{}{}{0pt}{}{CO-NH}{CO-NH}\!>\!CO$ wirkt sehr intensiv hypnotisch (Proponal).

Diisobutylmalonylharnstoff $\genfrac{}{}{0pt}{}{C_4H_9}{C_4H_9}\!>\!C\!<\!\genfrac{}{}{0pt}{}{CO-NH}{CO-CN}\!>\!CO$ erzeugt schwere Trunkenheit und Schlaf.

Diisoamylmalonylharnstoff $\genfrac{}{}{0pt}{}{C_5H_{11}}{C_5H_{11}}\!>\!C\!<\!\genfrac{}{}{0pt}{}{CO-NH}{CO-NH}\!>\!CO$ macht Gangunsicherheit, aber keinen Schlaf.

Dibenzylmalonylharnstoff $\genfrac{}{}{0pt}{}{C_6H_5\cdot CH_2}{C_6H_5\cdot CH_2}\!>\!C\!<\!\genfrac{}{}{0pt}{}{CO\cdot NH}{CO\cdot NH}\!>\!CO$ ist wirkungslos.

C-C-Diäthyl-N-methylmalonylharnstoff $\genfrac{}{}{0pt}{}{C_2H_5}{C_2H_5}\!>\!C\!<\!\genfrac{}{}{0pt}{}{CO-N\cdot CH_3}{CO-\!\!-\!\!-NH}\!>\!CO$ macht schwere Trunkenheit und sehr langen Schlaf mit letalem Ausgang.

Diäthylmalonsäureureid $\genfrac{}{}{0pt}{}{C_2H_5}{C_2H_5}\!>\!C\!<\!\genfrac{}{}{0pt}{}{COOH}{CO\cdot NH\cdot CO\cdot NH_2}$ ist unwirksam.

Dipropylmalonylguanidin $\genfrac{}{}{0pt}{}{C_3H_7}{C_3H_7}\!>\!C\!<\!\genfrac{}{}{0pt}{}{CO\cdot NH}{CO\cdot NH}\!>\!C=NH$ ist wirkungslos.

Diäthylmalonylthioharnstoff $\genfrac{}{}{0pt}{}{C_2H_5}{C_2H_5}\!>\!C\!<\!\genfrac{}{}{0pt}{}{CO-NH}{CO-NH}\!>\!CS$ erregt tiefen Schlaf mit letalem Ausgang.

N-Methyl-C-C-Diäthylbarbitursäure ist wesentlich giftiger als Veronal.

Säuren und Amide erweisen sich in diesen Fällen als wirkungslos. Zur Schlaferzeugung ist die Harnstoffgruppe erforderlich, die aber allein nicht wirksam ist, sondern erst in Kombination mit einem Reste, der mehrere kohlenstoffreiche Alkyle enthält. Der einfachste Fall sind die Harnstoffderivate der Diäthyl- und Dipropylessigsäure. Viel kräftiger ist die Wirkung bei der cyslischen Anordnung der Harnstoffgruppe in den Derivaten der Dialkylmaloncäure. Die Natur des Alkylradikals ist von wesentlicher Bedeutung. Bei der Verbindung mit zwei Methylradikalen am C fehlt die Wirkung gänzlich, sie ist gering bei der Methyläthylverbindung, steigt bei der Methylpropylverbindung, wird recht stark beim Diäthylderivat und erreicht ihren Höhepunkt beim Dipropylderivat. Beim Diisobutylderivat steht sie ungefähr auf gleicher Stufe wie beim Diäthylderivat und beim Diisoamylderivat ist sie wieder sehr schwach. Das Dibenzylderivat scheint ganz inaktiv zu sein (anscheinend auch durch die Schwerlöslichkeit bedingt).

Auffallend ist die Giftigkeit von C - C - Diäthyl - N - methylmalonylharnstoff, welche nur durch die Methylierung am N zu erklären ist. Analog ist die Giftigkeitssteigerung von Acetanilid zum Exalgin und vom Phenacetin zum Methylphenacetin.

Die ringförmige Anordnung der Harnstoffgruppe im Diäthylhydantoin ruft dem Diäthylacetylharnstoff gegenüber keine Verstärkung, sondern eine Abschwächung der Wirkung hervor.

Beim Diäthylmalonsäureureid ist der N-haltige Ring des Diäthylmalonylharnstoffes durch eine einfache Wasseranlagerung aufgespalten, dadurch wird diese Substanz wirkungslos. Das gleiche gilt für Dipropylmalonylguanidin, wo der Sauerstoff des Harnstoffrestes durch die NH-Gruppe ersetzt ist.

Dem Diäthylmalonylthioharnstoff gibt die Anwesenheit des Schwefels einen ausgesprochen giftigen Charakter.

Diäthylmalonylharnstoff wurde aus dieser Gruppe als intensiv wirkend und zugleich unschädlich unter dem Namen Veronal in die Therapie eingeführt[1]). Veronal wird bei interner Einführung zu 62% unverändert, bei subcutaner Injektion in kleinen Gaben zu 90% im Harn ausgeschieden. Bei großen Dosen sinkt die Ausscheidung auf die Hälfte. Im Kot sind nur Spuren zu finden. Eine Konzentration von 0.016% Veronal im Gehirn genügt, um Schlaf herbeizuführen.

Veronalnatrium (Medinal) ist leichter löslich, hat aber einen schlechteren Geschmack als Veronal.

Dipropylmalonylharnstoff

$$\begin{matrix} C_3H_7 \\ C_3H_7 \end{matrix}\!>C<\!\begin{matrix} CO-NH \\ CO-NH \end{matrix}\!>CO$$

wurde als Proponal in die Therapie eingeführt[2]); es wirkt weit stärker als Veronal[3]).

Luminal ist Phenyläthylbarbitursäure.

Äthylphenylhydantoin $\begin{matrix} C_6H_5 \\ C_2H_5 \end{matrix}\!>\!\begin{matrix} C & \text{———} & CO \\ | & & | \\ NH & \cdot CO \cdot & NH \end{matrix}$ wirkt hypnotiseh.

Diese Zusammenstellung weist schon den hypnotischen Charakter der Alkylgruppen, insbesondere der Äthylgruppe, deutlich nach. Als Inhalationsanaesthetica lassen sich jedoch die Alkohole selbst nicht benützen, da ihr Siedepunkt zu hoch und ihre Flüchtigkeit zu gering ist.

Hingegen hat der Äthyläther

$$\begin{matrix} C_2H_5 \\ C_2H_5 \end{matrix}\!>O$$

mit seiner festen Bindung zweier Äthylgruppen durch Sauerstoff eine intensive narkotische Wirkung.

Sehr wirksam anästhesierend erwies sich Propyläthyläther

$$CH_3 \cdot CH_2 \cdot CH_2 \cdot O \cdot C_2H_5 .$$

Daß die Äthylgruppe eine große Rolle bei der narkotischen Wirkung der Körper der Fettreihe spielt, zeigt[4]) die Überlegenheit des Trioxyäthylmethans $CH(OC_2H_5)_3$ über das Bioxymethylmethan $CH_2(OCH_3)_2$. Die letztere Verbindung ist nur halb so giftig wie die erstere.

---

[1]) E. Fischer und Mering, Therap. d. Gegenw. **1903**, Märzheft, 97.

[2]) E. Fischer und Mering, Med. Klinik **1905**, 1327.

[3]) E. Fischer und Mering, Therap. d. Gegenw. **45**, April (1904). — Molle und Kleist, Arch. d. Pharmaz. **242**, 401.

[4]) M. Albanese, Arch. di chim. e farm. **5**, **9**, 417.

Orthoameisensäureäthylester (Methenyltriäthyläther)

$$CH\begin{cases}OC_2H_5\\OC_2H_5\\OC_2H_5\end{cases}$$

wird von Chevalier[1]) als Antispasmodicum, sowie gegen Husten empfohlen.

Die Äther der zweiwertigen Alkohole scheinen im allgemeinen weniger zu anästhesieren und gefährlicher zu sein als die der einwertigen.

Eine feste Bindung der Äthylgruppe als Äthoxygruppe verleiht einer großen Menge von Substanzen narkotische Wirkungen, wir wollen hier nur an die narkotische Wirkung des Äthoxycoffeins und an die analgetische Wirkung des Phenacetins erinnern.

Wenn man den Äthylgruppen eine gewisse Resistenz gegen die oxydativen Einflüsse des Organismus in der Weise verleiht, daß man sie in nicht leicht abzusprengende Verbindungen bringt, so erhält man meist schon in kleinen Dosen wirksame Schlafmittel, deren Wirkung nur auf den darin enthaltenen Äthylrest sich beziehen läßt.

G. Fuchs und Ernst Schultze[2]) finden, daß Dimethylketon, Methyläthylketon, Methylpropylketon, Diäthylketon, Äthylpropylketon und Dipropylketon in 2-g-Dosen bei Hunden unwirksam sind.

Dimethylketoxim hat eine geringe sedative Wirkung, Methyläthylketoxim macht in 20 Minuten einen zweistündigen Schlaf, Methylpropylketoxim in der gleichen Zeit einen 3—4stündigen Schlaf und Äthylpropylketoxim einen 5—6stündigen Schlaf. Äthylpropylketoxim macht in einigen Minuten einen äußerst tiefen Schlaf und nach 2 Stunden Krämpfe. Nach 17 Stunden war das Tier noch sehr benommen. Dipropylketoxim macht einen 7 Stunden währenden Schlaf. Die beiden letzteren Verbindungen wirken stark ätzend und darmreizend. Beim Menschen macht Methyläthylketoxim Magendarmkrämpfe und Durchfall.

Dipropylacetamid macht im Gegensatz zum Diäthylacetamid schon in kleineren Dosen Schlaf, aber auch Diäthylacetamid macht eine leichte hypnotische Wirkung. In seiner Wirkung auf Hunde wird Dipropylacetamid nur von Veronal übertroffen.

Dipropylacetäthylamid macht klonische und tonische Krämpfe. Dipropylacetdiäthylamid hingegen zeigt gar keine Wirkung.

Orthoketonäthyläther $\binom{R_1}{R_2}_2 \cdot C(OC_2H_5)_2$ wirken weder hypnotisch, noch sonst physiologisch[3]).

Orthoketonäther[4]) der allgemeinen Formel $\overset{R\quad OR}{\underset{R_1\quad OR}{>C<}}$ erhält man, wenn man die salzsauren Aminoester der von Ameisensäure verschiedenen aliphatischen oder der aliphatisch-aromatischen Säuren auf Ketone in Gegenwart von Alkoholen einwirken läßt. Man erhält so Acetale aus Methyläthylketon und den homologen Ketonen.

Die hypnotischen Eigenschaften des Dimethyläthylcarbinols suchte Karl Goldschmidt mit denen der schwach schlafmachend wirkenden Opiansäure[5]) durch Synthese des Esters zu verbinden. Es gelingt, Opiansäureester der tertiären Alkohole darzustellen, und zwar solche der γ-Oxylaktonformel durch

---

[1]) Repert. de pharmacie **1907**, Nr. 6, 271.

[2]) Münch. med. Wochenschr. **1904**, 1102, Nr. 25.

[3]) BB. **40**, 3024 (1907).

[4]) Edgar Heß, Köln, DRP. 197 804.

[5]) AePP. **27**, 190.

Kochen der Säure mit Alkohol und Eingießen der Flüssigkeit in verdünnte Sodalösung[1]). Die Reaktion verläuft nach folgender Gleichung:

$$C_6H_2\begin{cases}OCH_3\\OCH_3\\COOH\\CHO\end{cases} + \begin{matrix}CH_3\\CH_3\\C_2H_5\end{matrix}\!>\!C\cdot OH = H_2O + C_6H_2\begin{cases}OCH_3\\OCH_3\\CO>O\\CH-O\cdot C\begin{matrix}CH_3\\CH_3\\C_2H_5\end{matrix}\end{cases}$$

Isovaleramid $\begin{matrix}CH_3\\CH_3\end{matrix}\!>\!CH\cdot CH_2\cdot CO\cdot NH_2$ macht in 1-g-Dosen einen hypnoseähnlichen Zustand bei Kaninchen und Katzen, ohne richtigen Schlaf zu erzeugen.

Das höhere homologe β-Diäthylpropionsäureamid

$$\begin{matrix}C_2H_5\\C_2H_5\end{matrix}\!>\!CH\cdot CH_2\cdot CO\cdot NH_2$$

macht in Dosen von 0.2—0.5 g pro kg bei Hunden und Katzen Schlaf.

β-Methylpropionsäureamid und Di-n-propylpropionsäureamid machen ebenfalls Hypnose. Ersteres wirkt schwächer, letzteres stärker als β-Diäthylpropionsäureamid.

Diäthylacetamid und Dipropylacetamid wirken schwach hypnotisch. Viel intensiver wirkt Triäthylacetamid $\begin{matrix}C_2H_5\\C_2H_5\\C_2H_5\end{matrix}\!>\!C\cdot CO\cdot NH_2$. Die Einführung von zwei Amyl- oder Benzylgruppen in das Acetamidmolekül begünstigt nicht die schlafmachende Wirkung. Der Phenylrest hingegen verleiht, wenn er neben einem oder zwei Alkylradikalen an einem Kohlenstoff steht, dem Amidkomplex stark hypnotische Eigenschaften. In dieser Kombination erweist sich wieder die Methylgruppe weniger wirksam als die Äthylgruppe. Das Propylradikal verstärkt die Wirkung noch etwas, beeinflußt aber den Effekt ungünstig, weil die Giftigkeit sowie die Länge des Exzitationsstadiums ansteigt.

Die Verdoppelung des Phenylrestes z. B. im Diphenylacetamid erhöht die Wirksamkeit nicht. Diäthylphenylacetamid ist sehr sicher wirksam. Beim Menschen werden aber alle diese substituierten Säureamide im Stoffwechsel sehr rasch abgebaut, rascher als bei den Versuchstieren.

Ähnlich wird Zimtamid bei Hunden und Kaninchen verschieden rasch abgebaut[2]).

Diäthylacetyldiäthylamid übt auf Tiere eine erregende und temperaturerhöhende Wirkung aus.

Man erhält es durch Einwirkung von Diäthylacetylchlorid auf Diäthylamin als eine ölige, mentholartig riechende und schmeckende Flüssigkeit[3]).

Die β-β-dialkylierten Propionsäuren, ihre Ester, Amide und Ureide sollen geschmacklose, gut wirkende Sedativa sein, welche die Eigenschaften der Isovaleriansäurederivate im erhöhten Maße zeigen. Diese Säuren werden in üblicher Weise in die Ester, Amide oder Ureide übergeführt. Beschrieben ist Diäthylpropionsäureamid aus dem Chlorid und Ammoniak dargestellt, ferner Diäthylpropionylharnstoff aus Harnstoff und dem Chlorid und Diäthylpropionsäurementholester[4]).

Die Halogenide der entsprechenden Dialkylcarbinole kondensiert man mit Alkalicyanessigestern, und die so erhältlichen Produkte werden in beliebiger Reihenfolge verseift, in das Amid übergeführt und aus ihnen Kohlensäure abgespalten[5]).

Die Säuren der Fettreihe besitzen wahrscheinlich infolge des Vorhandenseins der Carboxylgruppe keine narkotische Effekten.

Hingegen macht die Alkylgruppe in Esterbindung Schlaf. Urethan ist

[1]) DRP. 97 560. [2]) Impens, Dtsch. med. Wochenschr. **1912**, Nr. 20.
[3]) Kalle, Biebrich, DRP. 168 451. [4]) Bayer, DRP. 222 809.
[5]) DRP. 228 667, Zusatz zu DRP. 222 809.

Carbaminsäureäthylester $NH_2 \cdot COO \cdot C_2H_5$. Es wirkt stark narkotisch, ohne auf den Blutdruck einen im Vergleich zu Chloralhydrat nennenswerten Einfluß auszuüben. Während Chloralhydrat die Ursprünge der Gefäßnerven sehr energisch lähmt, affiziert Urethan[1]) sie nicht in demselben Sinne. Urethan, dessen Wirkung nur auf dem Vorhandensein der einen Äthylgruppe in Esterbindung beruht, gehört zu den schwächeren Schlafmitteln. Binet[2]) hat vergleichende Untersuchungen über verschiedene Glieder der Urethanreihe angestellt und gefunden, daß die ersten Glieder der Urethanreihe, Methylurethan $OC<^{NH_2}_{OCH_3}$ und Äthylurethan $OC<^{NH_2}_{OC_2H_5}$, Urethan schlechtweg genannt, um so wirksamer sind, je höher das Molekulargewicht ihres Alkylradikals ist. Führt man in die NH_2-Gruppe der Urethane eine Acetylgruppe ein, so wird die physiologische Eigenschaft nicht modifiziert, aber die Giftigkeit wird um das betreffende Substanzgewicht herabgesetzt.

Bei Warmblütern sind die relativen Giftigkeiten: Acetylmethylurethan 1, Acetyläthylurethan $1^1/_2$, Methylurethan 2, Äthylurethan 4. Die molekulare Giftigkeit (als solche bezeichnet Binet die toxische Dosis dividiert durch das Molekulargewicht) sinkt in gleicher Weise durch Einführung des Essigsäureradikals in die Amidgruppe der Urethane.

Methylpropylcarbinolurethan, Hedonal genannt, soll doppelt so stark wirken wie Urethan[3]). Die Dosis ist doppelt so groß wie die des Chlorals. Es tritt, wie bei allen Urethanen, rasch Angewöhnung ein. Überdies wirkt es stark diuretisch, wie alle Urethane.

Die hypnotische Wirkung gewisser Urethane sekundärer Alkohole soll wesentlich intensiver sein.

Solche Urethane[4]) des Methyläthylcarbinol, Äthylpropylcarbinol, Äthylisopropylcarbinol, Methylbutylcarbinol und Dipropylcarbinol werden dargestellt, indem man Harnstoff oder besser dessen Salze in der Wärme auf die genannten Alkohole einwirken läßt, wobei gemäß der Gleichung:

$$OC<^{NH_2}_{NH_2} \cdot NHO_3 + HO \cdot CH<^{R}_{R_1} = OC<^{NH_2}_{O \cdot CH<^{R}_{R_1}} + NH_4NO_3$$

die Urethanbildung stattfindet.

Diese Urethane erhält man auch durch Behandlung der Chlorkohlensäureester der betreffenden sekundären Alkohole mit Ammoniak oder indem man Harnstoffchlorid auf die betreffenden Alkohole einwirken läßt[5]).

Ferner kann man sie erhalten durch Einwirkung von Chlorcyan oder Cyansäure auf diese Alkohole oder durch Behandlung der neutralen Kohlensäureester der Alkohole mit Ammoniak. So erhält man Methylpropylcarbinolurethan, Methyläthylcarbinolurethan[6]).

Nach den oben beschriebenen Verfahren lassen sich auch Methyl-α-methylpropylcarbinolurethan und Methyl-α-äthylpropylcarbinolurethan und Äthylisobutylcarbinolurethan darstellen[7]).

Das Darstellungsverfahren wurde auch dahin abgeändert, daß man statt auf die einfachen Kohlensäureester der betreffenden sekundären Alkohole auf die gemischten Ester der allgemeinen Formel $OC<^{OR}_{OR_1}$ (worin R Radikal eines sekundären Alkohols, R_1 ein beliebiges Alkylradikal von geringerem Molekulargewicht als R bedeutet) Ammoniak einwirken läßt[8]).

Die hypnotische Wirkung des Piperonalbisurethans ist auf das Vorhandensein von zwei Äthylgruppen und von zwei Carbonylgruppen zurückzuführen, gleichzeitig ist es wahrscheinlich, daß der saure Magensaft die Substanz in

---

[1]) O. Schmiedeberg, AePP. **20**, 206. [2]) Rev. méd. Suisse Romand. **1893**, 540, 628.
[3]) H. Dreser, Wien. klin. Wochenschr. **1899**, 1007. [4]) DRP. 114 396.
[5]) DRP. 120 863. [6]) DRP. 120 864. [7]) DRP. 120 865. [8]) DRP. 122 096.

Piperonal und Urethan spaltet. Man findet im Harn Urethan, Piperonal und Piperonylsäure[1]).

Amylencarbamat $NH_2 \cdot CO \cdot O \cdot C{<}^{CH_3}_{CH_3}{}_{C_2H_5}$ durch Einwirkung von Harnstoffchlorid auf Amylenhydrat erhalten, Aponal benannt, ist hypnotisch wirksam. Es ist ein mildes Schlafmittel.

Man erhält Carbaminsäureester tertiärer Alkohole durch Einwirkung von Harnstoffchlorid auf Metallverbindungen tertiärer Alkohole. So erhält man Amylenhydraturethan [Aponal[2])].

Man kann diese Ester auch gewinnen, wenn man Harnstoffchlorid statt auf die Metallverbindung tertiärer Alkohole auf diese selbst, in Gegenwart von salzsäurebindenden Mitteln, wie Dimethylanilin oder Soda, einwirken läßt[3]).

Halogenameisensäureester hydroxylierter Verbindungen erhält man, wenn man auf die nicht wässerigen Lösungen dieser Verbindungen Phosgen einwirken läßt und die entstehende Salzsäure fortwährend neutralisiert wird oder durch Zusatz von tertiären Basen abstumpft[4]).

Bei der Darstellung von Derivaten tertiärer Alkohole hält man Temperaturen unter 0° ein und vermeidet bei der Aufarbeitung Wasser oder andere Halogenwasserstoff entziehende Agenzien[5]).

Man kann diese Halogenverbindungen mit Ammoniak und Aminen glatt zur Reaktion bringen und gelangt zu Urethanen tertiärer Alkohole, welche Schlafmittel sind[6]).

Beschrieben ist die Darstellung des Dimethylacetylcarbinolurethans, des Dimethylacetylcarbinoläthylurethans, des Methyldiäthylcarbinolurethans, des Dimethyläthylcarbinolphenylurethans, des Dimethyläthylcarbinolmethylphenylurethans und des Dimethyläthylcarbinol-p-äthoxyphenylurethans.

Carbaminsäureester erhält man, wenn man Glykoläther der Formel $OH \cdot CH_2 \cdot CH_2 \cdot OR$, worin R einfache oder substituierte Arylradikale bezeichnet, nach den hierfür üblichen Methoden in die entsprechenden Urethane überführt. So dargestellte Verbindungen sollen ganz hervorragende antipyretische und analgetische Wirkungen besitzen[7]).

Man läßt auf diese Glykoläther entweder Phosgen und Ammoniak bzw. ein einfaches oder substituiertes Amin einwirken, oder setzt sie mit Harnstoffhaloiden um, oder man läßt Harnstoff oder dessen Salze oder Cyanhaloid auf die Glykoläther einwirken. Oder man bringt die Ameisensäureester oder Cyankohlensäureester der Glykoläther oder deren Carbonate zur Reaktion mit Ammoniak oder primären und sekundären Aminen. So wurden dargestellt Phenoxyäthylurethan und ihm homologe Verbindungen.

Man erhält Schlafmittel, indem man Glycerintrialkyläther, deren Alkylgruppen sämtlich oder zum Teil voneinander verschieden sind, durch Einführung der entsprechenden Alkylgruppen in Glycerinmonoalkyläther oder Glycerindialkyläther erzeugt. Glycerintriäthyläther wirkt auf den Organismus nicht schlafmachend, angeblich aber die folgenden Substanzen: Glycerin-α-α-dimethyl-β-äthyläther, Glycerin-α-α-dimethyl-β-propyläther, Glycerin-α-α-diäthyl-β-methyläther, Glycerin-α-äthyl-α-β-dimethyläther, Glycerin-α-α-diäthyl-β-propyläther, Glycerin-α-propyl-α-β-dimethyläther, Glycerin-α- methyl-α-β-diäthyläther, Glycerin-α-α-dimethyl-β-benzyläther, Glycerin-α-äthyl-α-propyl-β-methyläther[8]).

Die Ureide der Dialkylessigsäure[9]), wie Diäthylacetylharnstoff, Dipropylacetylharnstoff, Methyläthylacetylharnstoff erhält man, wenn man ein Gemenge von Dialkylmalonsäure (mit Ausnahme der Dimethylmalonsäure) und Harnstoff mit Phosphoroxychlorid oder ähnlich wirkenden Säurechloriden behandelt oder ein Gemisch von Dialkylmalonsäure (mit Ausnahme der Dimethylmalonsäure und Harnstoff durch Behandlung mit rauchender Schwefelsäure zu Ureidodialkylmalonsäure kondensiert und diese dann durch Erhitzen in Kohlensäure und Dialkylacetylharnstoff spaltet.

Amide und Ureide der Arylalkoxyessigsäuren haben bei geringer Giftigkeit wertvolle hypnotische und sedative Eigenschaften. Diese Eigenschaften sind den entsprechenden Mandelsäurederivaten gegenüber erheblich verstärkt, so daß der Äthergruppe ein wesentlicher Einfluß zukommt. Aus Phenyläthoxyessigsäureäthylester wird beim Schütteln mit Ammoniak Phenyläthoxyacetamid gebildet. Analog erhält man Phenylmethoxyacetamid, p-Tolyloxyäthylacetamid, o-Chlorphenyloxalylacetamid, Phenyloxalylacetamid. Aus Phenyloxyphenylessigsäurechlorid und Ammoniak erhält man Phenyloxyphenylacetamid, aus Phenyloxyphenylessigsäurechlorid und Harnstoff erhält man Phenyloxyphenylacetureid[10]).

---

[1]) G. Bianchi, Boll. Chim. Farm. **53**, 324 (1914). [2]) DRP. 245 491.
[3]) DRP. 246 298. [4]) DRP. 251 805. [5]) DRP. 254 471, Zusatz zu DRP. 251 805.
[6]) DRP. 254 472. [7]) DRP. 269 938. [8]) Böhringer, Waldhof, DRP. 226 454.
[9]) DRP. 144 431. [10]) DRP. 256 756.

Acylierte Harnstoffe gehen beim Erwärmen mit Formaldehyd und sekundären Basen in basische acylierte Harnstoffderivate gemäß der Gleichung:
$R \cdot CO \cdot NH \cdot CO \cdot NH_2 + CH_2O + NHR_1R_2 = H_2O + R \cdot CO \cdot NH \cdot CO \cdot NH \cdot CH_2 \cdot NR_1R_2$
über.

Die basischen acylierten Harnstoffderivate entstehen auch, wenn man die Reaktionsprodukte von Formaldehyd und sekundären Basen, die Dialkylaminomethylalkohole, $RR_1 \cdot N \cdot CH_2 \cdot OH$ oder die Tetraalkyldiaminomethane $CH_2(NRR_1)_2$ auf die acylierten Harnstoffe einwirken läßt. Man erhält aus Isovalerylharnstoff durch Einwirkung von Piperidin und Formaldehyd oder von Methylenbispiperidin den Isovalerylpiperidylmethylharnstoff $C_4H_9 \cdot CO \cdot NH \cdot CO \cdot NH \cdot CH_2 \cdot NC_5H_{10}$; ferner ist beschrieben Isovaleryldiäthylaminomethylharnstoff, Diäthylacetylpiperidylmethylharnstoff und Camphersäuredipiperidylmethyldiureid [1]).

Urethane der Phenolglycerinäther erhält man, wenn man die Glycerinäther der Phenole in üblicher Weise in entsprechende Urethane überführt. Sowohl die Phenolgruppe als auch die Aminogruppe der Urethane läßt sich durch homologe und Substitutionsprodukte ersetzen. Aus dem Carbonat des Phenolglycerinesters erhält man mit wässerigem Ammoniak das entsprechende Urethan. Ebenso sind beschrieben das Urethan aus dem Carbonat des 2-Chlor-4-kresolglycerinäthers, ferner ein Urethan, das man mit Äthanolamin aus dem Chlorkohlensäureester des α-α-Diphenylglycerinäthers erhält [2]).

Verbindungen von Urethanen und Diurethanen mit Calcium- oder Strontiumbromid erhält man, wenn man Urethane mit diesen Bromiden in einem geeigneten Lösungsmittel im molekularen Verhältnis 1 : 4 mehrere Stunden lang erhitzt. Beschrieben sind die Doppelverbindungen von Äthylurethan mit Bromcalcium, Äthylurethan mit Strontiumbromid, Methylendiurethan mit Bromcalcium. Diese Stoffe sollen als Schlafmittel Verwendung finden [3]).

Calmonal ist Bromcalciumurethan ($CaBr_2 \cdot 4\ NH_2 \cdot CO \cdot O \cdot C_2H_5] + H_2O$). Es wird als Sedativum empfohlen.

Alle Körper der Urethanreihe wirken durch Narkotisierung des Zentralnervensystems mit Erhaltung aller lebenswichtigen Funktionen. Bei toxischen Dosen erliegen die Tiere im Kollaps unter Abkühlung und Herzschwäche.

Cyanursäure ist im Organismus nicht wirksam und wandelt sich wahrscheinlich in Harnstoff um, indem sie sich entweder mit 3 Molekülen Ammoniak verbindet oder indem eine Hydratation stattfindet. Von den beiden Äthyläthern der genannten Säure besitzt nur der normale $(CN)_3(OC_2H_5)_3$ narkotische Eigenschaften.

Urethan geht auch in großen Dosen verabreicht nicht in den Harn über, sondern wandelt sich wahrscheinlich in derselben Weise wie Cyanursäure in Harnstoff um.

Diurethan $NH(COO \cdot C_2H_5)_2$ ist weit stärker narkotisch als Urethan.

Zur Darstellung von Allophansäureestern [4]) werden tertiäre Alkohole in der üblichen Weise in Allophansäureester übergeführt. Diese Ester besitzen vor ihren Alkoholen wertvolle Eigenschaften. Die Nachteile (flüssige Konsistenz und unangenehmer Geschmack) des Amylenhydrats werden z. B. durch die Überführung in den Allophansäureester völlig getilgt. Allophansäureamylenhydratester $C_2H_5C(CH_3)_2 \cdot O \cdot CO \cdot NH \cdot CO \cdot NH_2$ ist fest und ganz geschmacklos und soll wie Amylenhydrat als Hypnoticum dienen.

Alles weist darauf hin, daß die Schlafmittel, welche den Äthylrest in einer festen Bindung enthalten, Hypnotica von sicherer Wirkung sind, Hypnotica, welche durch den Mangel schädlicher Nebenwirkungen auf das Herz und die Respiration dem Chloralhydrat und seinen Derivaten vorzuziehen sind.

In der als Mittel gegen Frauenleiden viel gebrauchten Rutacee, Fagara xanthoxyloides Lam, fanden H. Thoms und F. Thümen [5]) Fagaramid = Piperonylacrylsäureisobutylamid

$$\underset{CH_2-O}{\overset{O}{\bigcirc}}—CH : CH \cdot CO \cdot N\begin{cases} H \\ CH_2 \cdot CH\begin{cases} CH_3 \\ CH_3 \end{cases} \end{cases}$$

[1]) Einhorn, DRP. 284440. [2]) Bayer, DRP. 284975. [3]) Gehe, DRP. 284734.
[4]) Chem. Werke Dr. H. Byk, Charlottenburg, DRP. 226228.
[5]) BB. 44, 3717 (1911). — BZ. 38, 492 (1912).

Nach den Untersuchungen von R. Kobert und E. Rost wirkt dieses auf Kaltblüter narkotisch, auf Säugetiere gar nicht. Vielleicht kommt ihm auch Krampfwirkung zu.

Trotzdem war die Auffindung einer durch lange Zeit sehr wichtigen Gruppe der hypnotischen Mittel, deren Wirkung auf Alkylresten beruht, nicht etwa Sache der Überlegung, sondern vielmehr einem Zufalle[1]) zu verdanken, und die Theorie war hier die Tochter und nicht die Mutter der Erfindung.

Bei Verfütterung von Sulfonal an Tiere machten E. Baumann und Kast die grundlegende Beobachtung, daß dieser Substanz hypnotische Eigenschaften zukommen.

Hierauf untersuchten E. Baumann und Kast[2]) eine große Reihe von Sulfonen, von denen Sulfonal und Trional lange Zeit in der Therapie eine große Rolle spielten.

Es zeigten sich hierbei folgende interessante Umstände:

Disulfone, in welchen die Sulfongruppen an verschiedenen Kohlenstoffatomen gebunden sind, sind unwirksam:

1. Diäthylsulfon $(C_2H_5)_2SO_2$ ist unwirksam und wird größtenteils unverändert ausgeschieden.

2. Äthylendiäthylsulfon $\begin{matrix} CH_2 \cdot SO_2 \cdot C_2H_5 \\ | \\ CH_2 \cdot SO_2 \cdot C_2H_5 \end{matrix}$ ist wirkungslos und wird unverändert im Harn ausgeschieden.

3. Methylendimethylsulfon $CH_2 {<} {\begin{matrix} SO_2 \cdot CH_3 \\ SO_2 \cdot CH_3 \end{matrix}}$ ist unwirksam, tritt unverändert im Harn auf.

4. Methylendiäthylsulfon $CH_2 {<} {\begin{matrix} SO_2 \cdot C_2H_5 \\ SO_2 \cdot C_2H_5 \end{matrix}}$ ebenso.

5. Äthylidendimethylsulfon $CH_3 \cdot CH {<} {\begin{matrix} SO_2 \cdot CH_3 \\ SO_2 \cdot CH_3 \end{matrix}}$ ebenso.

6. Äthylidendiäthylsulfon $CH_3 \cdot CH(SO_2 \cdot C_2H_5)_2$ zeigt ähnliche Wirkung wie Sulfonal, manchmal Zirkulationsstörungen.

7. Propylidendimethylsulfon ${\begin{matrix} C_2H_5 \\ H \end{matrix}} {>} C {<} {\begin{matrix} SO_2 \cdot CH_3 \\ SO_2 \cdot CH_3 \end{matrix}}$ hat geringe Wirkung, es wird zum Teil ausgeschieden.

8. Propylidendiäthylsulfon ${\begin{matrix} C_2H_5 \\ H \end{matrix}} {>} C {<} {\begin{matrix} SO_2 \cdot C_2H_5 \\ SO_2 \cdot C_2H_5 \end{matrix}}$ macht Schlaf, hat toxische Wirkung, es bewirkt regelmäßige Atmung.

9. Dimethylsulfondimethylmethan ${\begin{matrix} CH_3 \\ CH_3 \end{matrix}} {>} C {<} {\begin{matrix} SO_2 \cdot CH_3 \\ SO_2 \cdot CH_3 \end{matrix}}$ ist ohne jede Wirkung, im Harne tritt aber kein unverändertes Disulfon auf.

10. Dimethylsulfonäthylmethylmethan ${\begin{matrix} C_2H_5 \\ CH_3 \end{matrix}} {>} C {<} {\begin{matrix} SO_2 \cdot CH_3 \\ SO_2 \cdot CH_3 \end{matrix}}$ macht wenig Schlaf, geringe Spuren unveränderten Disulfons erscheinen im Harne.

11. Dimethylsulfondiäthylmethan ${\begin{matrix} C_2H_5 \\ C_2H_5 \end{matrix}} {>} C {<} {\begin{matrix} SO_2 \cdot CH_3 \\ SO_2 \cdot CH_3 \end{matrix}}$ ist von dem isomeren Sulfonal nur dadurch verschieden, daß die Äthyl- und Methylgruppen in dem letzteren ihre Stellung gewechselt haben; das umgekehrte Sulfonal hat die gleichen Wirkungen wie das wirkliche. Im Harne kann man nur Spuren unveränderter Substanz nachweisen.

12. Sulfonal (Diäthylsulfondimethylmethan) ${\begin{matrix} CH_3 \\ CH_3 \end{matrix}} {>} C {<} {\begin{matrix} SO_2 \cdot C_2H_5 \\ SO_2 \cdot C_2H_5 \end{matrix}}$ erzeugt Schlaf nach größeren Dosen, stärkere Bewegungsstörungen und Rauschzustand nach größeren Dosen, geringe Mengen treten unverändert im Harn auf.

13. Trional (Diäthylsulfonmethyläthylmethan) ${\begin{matrix} C_2H_5 \\ CH_3 \end{matrix}} {>} C {<} {\begin{matrix} SO_2 \cdot C_2H_5 \\ SO_2 \cdot C_2H_5 \end{matrix}}$. Die Wirkung ist stärker als bei Sulfonal und länger andauernd. In Substanz ge-

[1]) Berl. klin. Wochenschr. **1888**, Nr. 16. [2]) HS. **14**, 52189) 0).

geben ist die Wirkung schwächer, dafür tritt ein langandauernder Rauschzustand ein.

14. Tetronal (Diäthylsulfondiäthylmethan) $\frac{C_2H_5}{C_2H_5}>C<\frac{SO_2 \cdot C_2H_5}{SO_2 \cdot C_2H_5}$ ist schwer löslich; es hat die stärkste hypnotische Wirkung unter allen Disulfonen.

Methylen- und Äthylendiäthylsulfone passieren den Organismus unzersetzt und sind daher unwirksam. Methylensulfone werden zersetzt, Ketondisulfone werden am vollständigsten umgewandelt.

Es besteht ein Unterschied zwischen dem Verhalten dieser Verbindungen gegen chemische Agenzien und im Organismus: die chemisch labilsten Sulfone sind im Organismus unzersetzbar, während die chemisch resistentesten (z. B. Sulfonal) im Organismus oxydiert werden. Es besteht hier eine Analogie mit der Bernsteinsäure, welche der Einwirkung warmer konzentrierter Salpetersäure widersteht, aber im Organismus verbrannt wird; anderseits werden leicht oxydable Substanzen, wie Kreatinin, Harnsäure, Kohlenhydrate u. a., der Oxydationswirkung im Organismus entzogen. Unter den Disulfonen, welche durch den Stoffwechsel zerlegt werden, sind nur diejenigen wirksam, welche Äthylgruppen enthalten.

Die Intensität der Wirkung der einzelnen Disulfone ist durch die Zahl der in ihnen enthaltenen Äthylgruppen bedingt.

Bei der Wirkung ist die Gruppe SO_2 als solche unwesentlich, ferner sind die tertiär oder quaternär an Kohlenstoff gebundenen Äthylsulfongruppen ($SO_2 \cdot C_2H_5$) je einer in gleicher Kohlenstoffbindung befindlichen Äthylgruppe äquivalent; in einer gewissen Bindung besitzt die Äthylgruppe eine bestimmte pharmakologische Bedeutung, welche unter gleichen Bedingungen die Methylgruppe nicht zeigt.

Nicht immer zeigen Methyl- und Äthylgruppen solche Differenzen, Methyl- und Äthylanilin und Methyl- und Äthylstrychnin zeigen gar keine Differenz in der Wirkung, aber hier sind die Alkylreste an Stickstoff gebunden.

Die wirksamen Körper dürfen zum Zustandekommen der hypnotischen Wirkung nicht zu leicht zerfallen, sonst sind solche Körper trotz der Äthylgruppe und der Zersetzung wieder unwirksam, z. B. Diäthylsulfonacetessigester $(C_2H_5 \cdot SO_2)_2C<\frac{CH_3}{CH_2 \cdot COO \cdot C_2H_5}$ macht gar keine hypnotischen Erscheinungen. Im Harne ist keine Spur der Substanz zu finden.

Diäthylsulfonäthylacetessigester $(C_2H_5 \cdot SO_2)_2C<\frac{CH_3}{CH<\frac{C_2H_5}{COO \cdot C_2H_5}}$ ist trotz des Gehaltes von vier Äthylgruppen unwirksam[1]).

Die Sulfonbindung ist indirekt an der Wirkung des Sulfonals beteiligt, da eine sehr feste Bindung der zwei Äthylreste zustande kommt.

Acetophenondisulfon[2]) (Phenylmethyldiäthylsulfonmethan) $CH_3 \cdot C(SO_2 \cdot C_2H_5)_2 \cdot C_6H_5$ hat keine narkotischen Eigenschaften. Es unterscheidet sich vom Sulfonal durch Ersatz einer Methylgruppe durch C_6H_5. Werden beide Methylgruppen im Sulfonal durch Phenylradikale ersetzt, so entsteht Benzophenondisulfon (Diphenyl-diäthylsulfomethan) $C_6H_5 \cdot C(SO_2 \cdot C_2H_5)_2 \cdot C_6H_5$. 0.5 g töten ein Kaninchen in 24 Stunden.

Das Disulfon aus Methyl-n-butylketon

$$CH_3 \cdot CH_2 \cdot CH_2 \cdot CH_2 \cdot C \begin{cases} SO_2 \cdot C_2H_5 \\ CH_3 \\ SO_2 \cdot C_2H_5 \end{cases}$$

erzeugt zu 0.5 g bei Kaninchen einen deutlichen Betäubungszustand, zu 1 g eine anhaltende tiefe Betäubung. Auch beim Hunde macht es hypnotische Wirkung.

[1]) AePP. **53**, 90 (1905). [2]) Th. Posner, BB. **33**, 3166 (1900).

Das isomere Isopropylderivat

$$(CH_3)_3 C - C(CH_3)(SO_2 \cdot C_2H_5)_2$$

wirkt schwächer.

Ein Pulegonderivat und ein Menthonderivat der Sulfonreihe zeigen keine narkotische Wirkung.

$$\begin{array}{c} OH \\ \cdot \\ C \\ H_2C\langle\;\rangle C \cdot SO_2 \cdot C_2H_5 \\ H_2C\langle\;\rangle C\langle^{SO_2 \cdot C_2H_5}_{SO_2 \cdot C_2H_5} \\ CH \\ \cdot \\ CH_3 \end{array} \qquad \begin{array}{c} CH_3 \cdot C\langle^{CH_3}_{OH} \\ \cdot \\ CH \\ H_2C\langle\;\rangle C\langle^{SO_2 \cdot C_7H_7}_{SO_2 \cdot C_7H_7} \\ H_2C\langle\;\rangle CH_2 \\ CH \\ \cdot \\ CH_3 \end{array}$$

Äthylidenacetontrisulfon

$$CH_3 \cdot CH(SO_2 \cdot C_2H_5) - CH_2 - C(SO_2 \cdot C_2H_5)_2 - CH_3$$

ist weder besonders giftig, noch zeigt es irgendwelche hypnotische Eigenschaft.

Triäthylsulfon-1.3-diphenylbutan

$$C_6H_5(CH_3)C(SO_2 \cdot C_2H_5) \cdot CH_2 \cdot C(SO_2 \cdot C_2H_5)_2 \cdot C_6H_5$$

ist aber giftig.

Ein einzelner Phenylrest wie im 2.2.3-Triäthylsulfon-4-phenylbutan

$$C_6H_5 - CH(SO_2 \cdot C_2H_5) - CH_2 - C(SO_2 \cdot C_2H_5)_2 - CH_3$$

oder im Allylacetophenonsulfon

$$C_6H_5 - C(SO_2 \cdot C_2H_5)_2 - CH_2 \cdot CH_2 - CH(SO_2 \cdot C_2H_5) \cdot CH_3$$

ist ohne hypnotische und ohne toxische Wirkung.

Der Eintritt einer weiteren Sulfongruppe, an ein anderes C-Atom gebunden, beeinträchtigt die Wirkung.

Ohne jeden Einfluß in toxischer Hinsicht ist die Phenylgruppe bei einer Reihe von Sulfonen, die nur ein Alkylsulfon an einem C-Atome tragen, sich aber außerdem von den zuletzt besprochenen Körpern unterscheiden, daß eine CO-Gruppe im Molekül enthalten ist, so z. B. Benzalpropiophenon

$$C_6H_5 \cdot C(CH_3)(SO_2 \cdot C_2H_5) \cdot CH : CH \cdot CO \cdot C_6H_5,$$

ferner 2-Äthylsulfon-1.3-diphenylpropan

$$C_6H_5 \cdot CH \cdot CH_2 \cdot CO(SO_2 \cdot C_2H_5) \cdot C_6H_5$$

und 3-Diäthylsulfon-1.5-diphenylpental-4-dien[1])

$$\begin{array}{c} C_6H_5 \cdot \underset{\displaystyle SO_2 \cdot C_2H_5}{CH} \cdot CH_2 \cdot CO \cdot CH_2 \cdot \underset{\displaystyle SO_2 \cdot C_2H_5}{CH} \cdot C_6H_5 \end{array}$$

endlich Benzaldesoxybenzoin

$$C_6H_5 \cdot \underset{\displaystyle SO_2 \cdot C_2H_5}{CH} \cdot \overset{\displaystyle C_6H_5}{CH} \cdot CO \cdot C_6H_5$$

Chlorsulfonal

$$\begin{matrix} C_2H_5 \cdot SO_2 \\ C_2H_5 \cdot SO_2 \end{matrix} \!\!> C < \!\! \begin{matrix} CH_2Cl \\ CH_3 \end{matrix}$$

und Äthylsulfonsulfonal

$$\begin{matrix} C_2H_5 \cdot SO_2 \cdot CH_2 \\ CH_3 \end{matrix} \!\!> C < \!\! \begin{matrix} SO_2 \cdot C_2H_5 \\ SO_2 \cdot C_2H_5 \end{matrix}$$

sind als Hypnotica unwirksam; sie sind wenig lipoidlöslich.

Ohne hypnotische, aber auch ohne toxische Wirkung sind solche ketonhaltige Sulfone, in denen am selben C-Atome zwei Äthylgruppen stehen[2]), z. B.:

2.2-Diäthylsulfonpentan-3-on

$$CH_3 \cdot C \cdot CO \cdot CH_2 \cdot CH_3 \quad (C: SO_2 \cdot C_2H_5,\ SO_2 \cdot C_2H_5)$$

1-Phenyl-3-diäthylsulfonbutan

$$CH_3 - C - CH_2 \cdot CO \cdot C_6H_5 \quad (C: SO_2 \cdot C_2H_5,\ SO_2 \cdot C_2H_5)$$

2-Diäthylsulfon-3-methylpentan-4-on

$$CH_3 \cdot C \cdot \overset{\displaystyle CH_3}{CH} \cdot CO \cdot CH_3 \quad (C: SO_2 \cdot C_2H_5,\ SO_2 \cdot C_2H_5)$$

Die zwischengelagerte CO-Gruppe hebt demnach nicht bloß die hypnotische, sondern auch die toxische Wirkung der Substanzen auf. Einige dieser Ketone sind in Öl löslich, ohne eine hypnotische Wirkung zu äußern.

Ein Körper, den man sich durch Zusammentreten zweier Moleküle Sulfonal entstanden denken kann, ist ohne Wirkung. Es ist dies 2.2.5.5-Tetraäthylsulfonhexan

$$CH_3 \cdot C \cdot CH_2 \cdot CH_2 \cdot C \cdot CH_3 \quad (\text{jedes } C: SO_2 \cdot C_2H_5,\ SO_2 \cdot C_2H_5)$$

Ebenfalls ohne merkliche Wirkung sind:

Äthylisonitrosoacetontrisulfon

$$CH_3 \cdot C \cdot CH \cdot NHO \cdot C_2H_5 \quad (C: SO_2 \cdot C_2H_5,\ SO_2 \cdot C_2H_5;\ CH: SO_2 \cdot C_2H_5)$$

Phthaliminoacetondiamyl-(resp. diphenyl-)sulfon

$$CH_3 \cdot C \cdot CH_2 \cdot N < \!\! \begin{matrix} CO \\ CO \end{matrix} \!\! > C_6H_4 \quad (C: SO_2 \cdot C_5H_{11},\ SO_2 \cdot C_5H_{11})$$

[1]) BB. 34, 1401 (1901). [2]) BB. 33, 2988 (1900).

Di-β-diamylsulfonpropylthioharnstoff

$$(CH_3 \cdot C \cdot CH_2 \cdot NH)_2 \cdot CS$$[1]

$$SO_2 \cdot C_2H_5 \; SO_2 \cdot C_2H_5$$

Trotz des Nachweises, daß es sich bei der Wirkung des Sulfonals und des Trionals um Wirkungen der Äthylgruppe handelt, wurde das Zustandekommen dieser Wirkungen von Vanderlinden und Buck auf die Alkaleszenzverminderung des Blutes bezogen; den experimentellen Nachweis der Unrichtigkeit dieser Behauptungen hat Mayser erbracht.

Schulz wollte hinwiederum die Wirkung der Disulfone auf die einschläfernde Wirkung des Schwefelwasserstoffes beziehen. Leberprotoplasma kann angeblich mit Schwefel in Berührung gebracht Schwefelwasserstoff erzeugen. Goldmann zeigte jedoch, daß diese Angabe von Schulz unrichtig, Leberbrei kann weder aus Schwefel noch aus Sulfonen Schwefelwasserstoff erzeugen. Schwefelwasserstoff tritt erst beim Beginne der Fäulnis der Lebersubstanz auf, und dessen Menge wird durch die Gegenwart von Sulfonen nicht vermehrt.

Von der E. Baumannschen Regel schien nur das Dimethylsulfondimethylmethan eine Ausnahme zu machen, von der Regel nämlich, daß nur diejenigen Sulfone im Organismus zur hypnotischen Wirkung gelangen, welche eine Zersetzung in demselben erleiden. Moro zeigte aber, daß auch diese Substanz mit Hilfe feinerer Methoden unzersetzt aus dem Harne wiedergewonnen werden kann.

Daß es bei der Wirkung der Disulfone wesentlich auf ihre Resistenz im Organismus ankommt, erweisen folgende Beobachtungen.

Aus dem Äthylmercaptol des Acetons

$$\begin{matrix}CH_3\\CH_3\end{matrix}\!>C<\!\begin{matrix}S \cdot C_2H_5\\S \cdot C_2H_5\end{matrix}$$

wird durch Oxydation Sulfonal dargestellt. Wird erstere Substanz verfüttert, so oxydiert der Organismus nur einen sehr geringen Teil derselben zu Sulfonal. Dagegen ist die Wirkung des Mercaptols von der des Sulfonals gänzlich verschieden. Mercaptol ist selbst in der mehr als doppelten Dosis des Sulfonals unwirksam. Sicher wirkt es nicht schlafmachend und auch der rauschartige Zustand fehlt.

Daß es keineswegs eine Eigenschaft der Sulfone überhaupt ist, Schlaf zu erzeugen, beweist der schon erwähnte Umstand, daß eine große Reihe dieser Verbindungen unwirksam ist.

Die Krügerschen Substanzen

$$C_6H_5 \cdot CH(SO_2 \cdot C_2H_5)_2 \quad \text{und} \quad (CH_3)_2 = C = (SO_2 \cdot CH_3)_2$$

sind wertlos.

Der Schwefelgehalt steht in keiner Beziehung zu der Wirkung dieser Verbindungen. Dem oxydierten Schwefel kommen keinerlei narkotische Eigenschaften zu.

Sulfonal wird technisch durch Kondensation von Äthylmercaptan und Aceton mit Chlorzink unter Wasserkühlung und Oxydation des Mercaptols mit überschüssigem Kaliumpermanganat gewonnen. Es entsteht auch durch Methylieren von Diäthylsulfomethan.

Trional[2]) kann man nach drei Methoden erhalten.

Man kondensiert entweder Methyläthylketon mit Äthylsulfhydrat und oxydiert das neue Mercaptol zu dem neuen Sulfon oder stellt zunächst Diäthylsulfonmethylmethan resp.

---

[1]) H. Hildebrandt, AePP. **53**, 90 (1905). [2]) DRP. 49 073, 49 366.

Diäthylsulfonäthylmethan durch Kondensation von Äthylsulfhydrat mit Propionaldehyd oder Äthylsulfhydrat mit Acetaldehyd und Oxydation der so erhaltenen Mercaptole dar. Durch Äthylierung oder Methylierung dieser Sulfone gelangt man schließlich zum Diäthylsulfonmethyläthylmethan, dem Trional. Die Kondensation wird bei diesen Verfahren durch trockenes Salzsäuregas, die Oxydation mit Permanganat vorgenommen.

Tetronal[1]) gewinnt man durch Kondensation von Äthylsulfhydrat und Diäthylketon in der Kälte mit Salzsäuregas, das so hergestellte Mercaptol wird mit Permanganat zum Sulfon oxydiert. So erhält man Diäthylsulfodiäthylmethan.

Riedel[1]) hat vorgeschlagen, zu den Kondensationen von Aceton und Äthylmercaptan statt der von Baumann angewendeten Salzsäure konzentrierte Schwefelsäure zu verwenden, welche auch weiter zur Oxydation dienen kann, doch ist diese Methode technisch aus dem Grunde nicht ausführbar, da konzentrierte Schwefelsäure auf Mercaptane zersetzend einwirkt und Aceton kondensiert.

Folgendes Verfahren sollte bezwecken, den mit der Darstellung von Mercaptanen verbundenen unangenehmen Geruch zu vermeiden, welcher Zweck aber nicht erreicht wurde. Man wollte Methyl- und Äthylmercaptol des Acetons durch Einwirkung von Salzsäure auf methyl- und äthylunterschwefligsaures Salz und Aceton darstellen[2]).

Die Darstellung von alkylsulfonsauren Salzen, welche ebenfalls als Schlafmittel Verwendung hätten finden sollen, gelingt, wenn man die alkylschwefelsauren Salze auf die Sulfite der Alkalien und Erdalkalien oder Schwermetalle einwirken läßt[3]).

$$\begin{matrix}C_2H_5\\Na\end{matrix}\!\!>SO_4 + Na_2SO_3 = \begin{matrix}C_2H_5\\Na\end{matrix}\!\!>SO_3 + Na_2SO_4$$

Daß diese Verbindung physiologisch wirksam sein soll, während es ja bekannt ist, daß die Äthylschwefelsäure unwirksam ist, ist einfach nicht einzusehen und sicher unrichtig.

Die schwierige Löslichkeit des Sulfonals usw. in Wasser hat einen Versuch veranlaßt, durch Einführung einer Aminogruppe in die Verbindung diese löslich zu machen. Da Aminosulfonal $\begin{matrix}NH_2\cdot CH_2\\CH_3\end{matrix}\!\!>C=(SO_2\cdot C_2H_5)_2$ nicht in Verwendung kam und die Patentanmeldung zurückgezogen wurde, scheint es sich um eine unwirksame Substanz zu handeln[4]).

Das Verfahren beruht darauf, daß man Phthaliminoacetoäthylmercaptol oxydiert und das so erhaltene Phthaliminosulfonal durch Säuren in Phthalsäure und Aminosulfonal spaltet, oder daß man auf Phthaliminosulfonal zunächst Alkalien einwirken läßt und das hierdurch erhaltene Alkalisalz der Sulfonalphthaliminosäure in Phthalsäure und Aminosulfonal spaltet.

Die von E. Fischer und Mering eingeführten Dialkylbarbitursäuren (Veronal) (s. S. 493, 494) werden nach folgenden Verfahren dargestellt.

Im allgemeinen laufen alle Veronalpatente darauf hinaus, daß man von Haus aus diäthylierte Malonsäure benützt und nicht umgekehrt die Barbitursäure alkyliert. Eine große Reihe von Patenten läuft darauf hinaus, Diäthylbarbitursäure durch Kondensation von Derivaten der Dialkylmalonsäure mit Harnstoff oder dessen Derivaten mit oder ohne Anwendung eines Kondensationsmittels in Reaktion zu bringen.

Als solche Derivate der Diäthylmalonsäure wurden benützt der Ester, das Chlorid, das Esterchlorid und das Nitril sowie das Amid, ferner Diäthylcyanessigester, Diäthylcyanessigsäureamid, Diäthylmalonaminsäureester, welch letzterer durch Alkylieren von Malonaminsäureester sowie durch Einwirkung von Schwefelsäure auf Diäthylcyanessigester erhalten wird. Malonamid erhält man aus Diäthylcyanacetamid, aber auch aus Diäthylmalonylchlorid mit wässerigem Ammoniak.

Statt Harnstoff wurden Acetylharnstoff, Phenylguanidin, Dicyandiamid, Dicyandiamidin, Biuret, Allophansäureester und Thioharnstoff verwendet.

---

[1]) DRP.-Anm. 5086. [2]) DRP. 46 333. [3]) DRP. 55 007.
[4]) BB. 32, 1239, 2749 (1899). — DRP.-Anm. 7937, 9668 (zurückgezogen).

Als Kondensationsmittel wirken Alkalien, Alkalialkoholat, Natriumamid, Calciumcarbid, Natriumcyanamid.

Als Kondensationsmittel bei der Darstellung von Pyrimidinderivaten kann man Calciumcarbid[1]) verwenden.

Eine zweite Art der Darstellung ist die, daß man vorerst Diäthylmalonamide verwendet und diese mit Phosgen reagieren läßt, um den Ringschluß zu erzielen. Statt Phosgen kann man verschiedene Kohlensäureester verwenden. Der Ringschluß kommt auch zustande bei der Darstellung der Diurethane aus Diäthylmalonylchlorid und Urethan und Erhitzen dieser auf höhere Temperaturen oder Behandlung mit Methylalkoholat.

Malonal ist Diäthylmalonylharnstoff, identisch mit Veronal.

Proponal ist Dipropylbarbitursäure, welche noch stärker als Veronal wirkt.

Man erhält C-C-Dialkylbarbitursäuren[2]) durch Einwirkung von Dialkylmalonsäureester auf Harnstoff oder Alkylharnstoffe bei Gegenwart von Metallalkoholaten:

$$(\text{Alkyl})_2 \cdot \text{C}{<}{\begin{matrix}\text{CO} \cdot \text{OC}_2\text{H}_5 \\ \text{CO} \cdot \text{OC}_2\text{H}_5\end{matrix}} + {\begin{matrix}\text{NH}_2 \\ \text{NH}_2\end{matrix}}{>}\text{CO} = (\text{Alkyl})_2 \cdot \text{C}{<}{\begin{matrix}\text{CO} \cdot \text{NH} \\ \text{CO} \cdot \text{NH}\end{matrix}}{>}\text{CO} + 2\,\text{C}_2\text{H}_5\ \text{OH}$$

So erhält man Diäthylbarbitursäure aus Diäthylmalonsäureäthylester und Harnstoff in Gegenwart von Natriumäthylat, Dipropylbarbitursäure aus Dipropylmalonester, Harnstoff und Natriumäthylat. Ebenso kann man zu Methyläthylbarbitursäure, Methylpropylbarbitursäure, Äthylpropylbarbitursäure, Diisobutylbarbitursäure, Diisoamylbarbitursäure, Dibenzylbarbitursäure, C-C-Diäthyl-N-methylbarbitursäure, C-C-Diäthyl-N-phenylbarbitursäure gelangen.

Statt des Harnstoffes können bei diesen Synthesen dessen Acylderivate verwendet werden, denn sie verbinden sich bei Gegenwart von Metallalkoholaten mit den Dialkylmalonestern unter gleichzeitiger Abspaltung der Acylgruppe und geben die gleichen Dialkylbarbitursäuren wie Harnstoff[3]). Statt der Metallalkoholate kann man zur Kondensation der Dialkylbarbitursäuren auch die Alkalimetalle selbst und ferner die Amide der Alkalimetalle benützen[4]). Statt der alkoholischen Lösung des Metallalkoholats kann man dieses gepulvert als Kondensationsmittel benützen[5]).

Zur Darstellung von Dialkylthio- und Iminobarbitursäure[6]) wird an Stelle von Harnstoff Thioharnstoff resp. Guanidin auf Dialkylmalonsäureester in Gegenwart von Metallalkoholaten einwirken gelassen. Beschrieben sind Diäthylthiobarbitursäure und Dipropylthiobarbitursäure. In weiterer Ausbildung dieses Verfahrens[7]) werden bei der Kondensation von Dialkylmalonsäureestern mit Guanidin und Thioharnstoff an Stelle der Metallalkoholate die freien Alkalimetalle oder deren Amide verwendet und kann man Guanidin ohne Zusatz eines Kondensationsmittels mit Dialkylmalonsäureestern erhitzen[8]). So z. B. kann man C-C-Diäthylthiobarbitursäure aus Diäthylmalonsäureestern und Thioharnstoff mit Hilfe von Natriumamid und von Natrium erhalten.

Durch Kochen mit Mineralsäure erhält man dann Veronal.

2-Alkyliminopyrimidine werden dargestellt aus Guanidinderivaten, bei denen eine Alkylgruppe im Imidwasserstoff steht, wobei mit oder ohne Zusatz von Kondensationsmitteln mit Malonsäureabkömmlingen kondensiert wird[9]).

Dialkylbarbitursäuren[10]) entstehen, wenn man Dialkylmalonamide auf neutrale Kohlensäureester in Gegenwart von Alkalialkoholaten einwirken läßt. Dabei findet folgende Reaktion statt.

$$ {\begin{matrix}\text{R} \\ \text{R}\end{matrix}}{>}\text{C}{<}{\begin{matrix}\text{CO} \cdot \text{NH}_2 \\ \text{CO} \cdot \text{NH}_2\end{matrix}} + {\begin{matrix}\text{C}_2\text{H}_5\text{O} \\ \text{C}_2\text{H}_5\text{O}\end{matrix}}{>}\text{CO} = 2\,\text{C}_2\text{H}_5 \cdot \text{OH} + {\begin{matrix}\text{R} \\ \text{R}\end{matrix}}{>}\text{C}{<}{\begin{matrix}\text{CO} \cdot \text{NH} \\ \text{CO} \cdot \text{NH}\end{matrix}}{>}\text{CO}$$

Bei der Darstellung aus Dialkylmalondiamiden und neutralen Kohlensäureestern werden die Alkalialkoholate durch die Alkalimetalle oder deren Amide ersetzt[11]).

---

1) DRP. 185 963.
2) Merck, Darmstadt, DRP. 146 496. — E. Fischer, Liebigs Ann. **335**, 334.
3) DRP. 147 278. 4) DRP. 147 279. 5) DRP. 147 280.
6) Merck, DRP. 234 012, Zusatz zu DRP. 146 496.
7) DRP. 235 801, Zusatz zu DRP. 146 496. 8) DRP. 235 802.
9) E. Merck, DRP. 186 456.
10) Bayer, Elberfeld, DRP. 163 136. Analog sind DRP. 168 553 und 167 332.
11) DRP. 168 406, Zusatz zu DRP. 163 136.

An Stelle der neutralen Kohlensäureester läßt man die halbseitig verestertern, durch die Einwirkung von Alkalialkoholaten auf Schwefelkohlenstoff oder Kohlenstoffoxysulfid entstehenden Derivate der Thiokohlensäure resp. Kohlensäure oder Schwefelkohlenstoff resp. Kohlenstoffoxysulfid in Gegenwart von Alkalialkoholaten auf Dialkylmalondiamide einwirken[1]).

Durch Behandlung von Dialkylcyanessigester mit konz. Schwefelsäure erhält man unter Wasseraufnahme Dialkylmalonaminsäureester[2])

$$(C_2H_5)_2C{<}{CN \atop COO \cdot C_2H_5} + H_2O = (C_2H_5)_2C{<}{COO \cdot C_2H_5 \atop CO \cdot NH_2}$$

Diese Ester lassen sich durch alkalische Kondensationsmittel mit Harnstoff usw. in Dialkylbarbitursäuren resp. deren Derivate überführen. Die Kondensationsprodukte mit Thioharnstoff oder Guanidin lassen sich in die Dialkylbarbitursäuren überführen.

Die Darstellung der Monoalkylbarbitursäuren[3]) geschieht durch Kondensation der Monoalkylmalonsäureester mit Harnstoff durch Metallalkoholate.

Die Synthese der Dialkylbarbitursäuren[4]) gelingt leicht, wenn man erst die Dialkylmalonsäuren mit Chlorphosphor in die Chloride verwandelt und diese dann mit Harnstoff erhitzt.

$$(Alk.)_2 \cdot C{<}{COCl \atop COCl} + {H_2N \atop H_2N}{>}CO = (Alk.)_2C{<}{CO \cdot NH \atop CO \cdot NH}{>}CO + 2\,HCl$$

Während nach dem Hauptpatent Veronale aus den Chloriden und Harnstoff erzeugt werden, kann man Dialkylmalonylchlorid mit Thioharnstoff in Reaktion bringen; die resultierenden Thiobarbitursäuren können durch Mineralsäuren leicht entschwefelt werden[5]).

Ätherartige Derivate der Barbitursäure erhält man, wenn man Alkyl- oder Aralkyl-Aryloxyalkylmalonsäuren oder Diaryloxalkylmalonsäuren oder ihre Derivate, wie z. B. die entsprechenden Ester, Säurechloride, Cyanessigester, Amidosäureester, Nitrile usw., nach den üblichen Methoden in Barbitursäuren überführt. Man kann auch in der Weise verfahren, daß man zunächst die durch einen der oben genannten Substituenten monosubstituierten Malonsäuren oder ihre Derivate in Barbitursäuren oder in zur Herstellung von Barbitursäuren geeignete Zwischenprodukte umwandelt und den zweiten Substituenten durch nachträgliche Alkylierung einführt. Wenn man von Derivaten ausgeht, bei deren Verwendung man nicht unmittelbar zur Barbitursäure gelangt, so ist es natürlich nötig, die entsprechenden Derivate weiter zu behandeln, indem man z. B. aus den Iminobarbitursäuren, wie man sie bei der Kondensation mit Guanidin erhält, die Iminogruppe durch Hydrolyse abspaltet. Der aus Phenoäthylmalonester und Halogenäthyl dargestellte Äthylphenoxäthylmalonsäurediäthylester liefert mit Natriumalkoholat und Guanidinnitrat eine 2-Iminobarbitursäure, aus der durch Erhitzen mit 40 proz. Schwefelsäure C-C-Äthylphenoxäthylbarbitursäure

$$\begin{array}{l} NH \cdot CO \cdot C(C_2H_5) \cdot CH_2 \cdot CH_2 \cdot O \cdot C_6H_5 \\ \| \qquad\quad \| \\ CO \cdot NH \cdot CO \end{array}$$

erhalten wird.

Aus Diphenoxäthylmalonsäurediäthylester erhält man in gleicher Weise Diphenoxäthylbarbitursäure. C-C-Propyl-p-kresoxäthylmalonsäurediäthylester gibt C-C-Propyl-p-kresoxäthylbarbitursäure, C-C-Benzylphenoxäthylmalonsäurediäthylester liefert C-C-Benzylphenoxäthylbarbitursäure[6]).

Es werden unsymmetrisch substituierte Malonsäuren der allgemeinen Formel $(R_1)(R_2)C(COOH)_2$ (worin R_1 einen Alkyl- oder Aralkylrest, R_2 ein alicyclisches Radikal oder eine sekundäre Alkylgruppe vom Typus des Isopropyls bedeutet) oder ihre Derivate nach den üblichen Methoden in Barbitursäuren übergeführt. Eine Abänderung des Verfahrens besteht darin, daß man durch Alkyl- oder Aralkylreste bzw. durch ein alicyclisches Radikal oder eine sekundäre Alkylgruppe vom Typus des Isopropyls monosubstituierte Malonsäuren deren Derivate nach den üblichen Methoden in Barbitursäuren überführt und in die auf diese Weise oder durch Monoalkylierung der Barbitursäure gewonnenen monosubstituierten Barbitursäuren oder in zur Herstellung dieser Säuren geeignete Zwischenprodukte durch weitere Alkylierung das zweite Radikal einführt und gegebenenfalls die Zwischenprodukte in die Barbitursäuren überführt. Den Produkten kommt bei geringer Giftigkeit große hypnotische Wirksamkeit zu.

---

[1]) DRP. 168 407, Zusatz zu DRP. 163 136.
[2]) E. Merck, Darmstadt, DRP. 163 200. [3]) DRP. 146 948.
[4]) DRP. 146 949. [5]) DRP. 182 764, Zusatz zu DRP. 146 949.
[6]) Bayer, DRP. 295 492.

Aus Cyclohexylcyanessigester stellt man Cyclohexyläthylcyanessigester her, der mit Natriumäthylat und Guanidinnitrat 5-Cyclohexyläthyl-2, 4-diiminobarbitursäure liefert. Durch Kochen mit 40proz. Schwefelsäure wird 5-Cyclohexyläthylbarbitursäure gewonnen.

Aus Isopropyläthylcyanessigsäureäthylester erhält man Isopropyläthylbarbitursäure. Beschrieben sind ferner C-C-Cyclohexylbenzylbarbitursäure, C-C-Isopropylbenzylbarbitursäure und C-C-Äthylmethylpropylcarbinbarbitursäure

$$\begin{array}{l} NH\cdot CO\cdot C(C_2H_5)\cdot CH{<}^{CH_3}_{C_3H_7} \\ |\qquad\quad\ | \\ CO\cdot NH\cdot CO \end{array}$$ [1])

N-Halogenalkyl-C-C-dialkylbarbitursäuren der allgemeinen Formel

$$\begin{array}{l} X\cdot N - CO \\ \quad\ |\qquad | \\ \quad CO\quad C{<}^{Alkyl}_{Alkyl} \\ \quad\ |\qquad | \\ Y\cdot N - CO \end{array}$$

wobei X = Halogenalkyl, Y = Wasserstoff oder Halogenalkyl, erhält man, wenn man entweder N-Alkylen · C-C-dialkylbarbitursäure mit Halogen oder Halogenwasserstoff oder Halogenalkylharnstoffe mit Dialkylmalonylhalogeniden behandelt. Diese Verbindungen sollen narkotische und sedative Eigenschaften zugleich haben.

Beschrieben sind: N · Monodibrompropyl-C-C-diäthylbarbitursäure

$$\begin{array}{l} Br\cdot CH_2\cdot CH(Br)\cdot CH_2\cdot N - CO \\ \qquad\qquad\qquad\qquad |\qquad | \\ \qquad\qquad\qquad\quad OC\quad C{<}^{C_2H_5}_{C_2H_5} \\ \qquad\qquad\qquad\qquad |\qquad | \\ \qquad\qquad\qquad\quad HN - C_6 \end{array}$$

ferner C-C-Dibenzyl-N-monodipropylbarbitursäure, C-C-Diäthyl-N-dichlorpropylbarbitursäure, C-C-Diäthyl-N-monobrompropylbarbitursäure, C-Phenyl-C-äthyl-N-monodibrompropylbarbitursäure, N-N-Tetrabromdipropyl-C-C-diäthylbarbitursäure[2]).

Ätherartige Derivate der Barbitursäure erhält man, wenn man Alkylalkoxyalkyl- oder Dialkoxyalkylmalonsäuren oder deren Derivate nach den für die Darstellung von Barbitursäure oder deren C-Mono- und Dialkylsubstitutionsprodukte bekannten Methoden in die entsprechenden C-C-Alkylalkoxyalkyl- bzw. Dialkoxyalkylbarbitursäuren überführt. So erhält man aus Malonsäureäthylester, Natriumalkoholat und Jodäthyläther $J\cdot CH_2\cdot CH_2\cdot O\cdot C_2H_5$ Diäthoxyäthylmalonsäureäthylester, welcher mit Natriumäthylat und Harnstoff bei 100° die C-C-Diäthoxyäthylbarbitursäure

$$\begin{array}{l} NH\cdot CO\cdot C{<}^{C_2H_5}_{CH_2\cdot CH_2\cdot O\cdot C_2H_5} \\ |\qquad\quad\ | \\ CO\cdot NH\cdot CO \end{array}$$ gibt.

Ferner ist die C-C-Äthyläthoxyäthylbarbitursäure

$$\begin{array}{l} NH\cdot CO\cdot C{<}^{CH_2\cdot CH_2\cdot O\cdot C_2H_5}_{CH_2\cdot CH_2\cdot O\cdot C_2H_5} \\ |\qquad\quad\ | \\ CO\cdot NH\cdot CO \end{array}$$

beschrieben[3]).

$\gamma\gamma$-Dialkylhydantoine (2.4-Diketo-5.5-dialkyltetrahydroimidazol), wie Diäthylhydantoin und Dipropylhydantoin lassen sich durch Alkylierung in Trialkylhydantoine (2.4-Diketo-5.5.3-trialkyltetrahydroimidazole) überführen, welche hypnotische Wirkungen haben. Triäthylhydantoin $\begin{array}{l} (C_2H_5)_2C - NH\diagdown \\ \qquad\quad |\qquad\quad >CO \\ \qquad CO\cdot NC_2H_5\diagup \end{array}$ entsteht aus Diäthylhydantoin, Ätzkali und Bromäthyl. Beschrieben sind ferner $\gamma\gamma$-Methyläthyl-ε-äthylhydantoin und $\gamma\gamma\varepsilon$-Tripropylhydantoin[4]).

DRP. 247 952 beschreibt Alkylarylbarbitursäuren und Arylbarbitursäuren. Beschrieben werden Phenyläthylbarbitursäure, Phenylmethylbarbitursäure, Phenylpropylbarbitursäure, Phenylbenzylbarbitursäure und p-Methoxyphenyläthylbarbitursäure. Man erhält sie aus den substituierten Malonsäuren, nach dem für die Veronalsynthese passenden Verfahren.

Man erhält Derivate der Barbitursäure durch Einwirkung von Malonylhalogeniden, die einen Phenylrest enthalten auf Isoharnstoffalkyläther; die so erhaltenen Produkte behandelt man mit Säuren. So erhält man 2-Methoxy-5-phenyläthylbarbitursäure aus Phenyläthylmalonylchlorid, Isoharnstoffmethylätherchlorhydrat und Lauge. 2-Äthoxy-

---

[1]) Bayer, DRP. 293 163. [2]) Merck, DRP. 265 726.
[3]) Byk, DRP. 285 636. [4]) Einhorn, DRP. 289 248.

5-benzylbarbitursäure erhält man aus Benzylmalonchlorid und Isoharnstoffäthyläther-chlorhydrat und Lauge. Nach der Kondensation wird mit Essigsäure abgeschieden. Zu der gleichen Substanz gelangt man aus Phenylmalonylchlorid. Durch Hydrolyse von 2-Methoxy-5.5-phenyläthylbarbitursäure mit Salzsäure erhält man Phenyläthylbarbitursäure. Durch Hydrolyse von 2-Äthoxy-5-benzylbarbitursäure mit Bromwasserstoffsäure erhält man 5-Benzylbarbitursäure, ebenso durch Hydrolyse mit starker Schwefelsäure[1]).

Mono- oder dialkylierte Malonylhalogenide läßt man auf Isoharnstoffalkyläther einwirken und erhält 2-Alkyloxy-, 5-Mono- und Dialkylbarbitursäuren. Aus Diäthylmalonylchlorid und Isoharnstoffmethylätherchlorhydrat und Lauge erhält man 2-Methoxy-5-diäthylbarbitursäure. Aus Äthylmalonylchlorid und Isoharnstoffmethylätherchlorhydrat erhält man 2-Äthoxy-5-äthylbarbitursäure. Aus 2-Methoxy-5-diäthylbarbitursäure kann man durch Hydrolyse mit starken Halogenwasserstoffsäuren Diäthylbarbitursäure erhalten[2]).

DRP. 258 058 beschreibt ein Verfahren zur Darstellung von C-C-Dialkylbarbitursäuren, welche am Stickstoff ungesättigte Kohlenwasserstoffreste enthalten. Man erhält sie durch Erhitzen der Halogenide der Dialkylmalonsäuren mit Alkylenharnstoffen. Aus Monoalkylharnstoff und Diäthylmalonylchlorid erhält man durch Erhitzen auf 100—120° C-C-Diäthyl-N-monoalkylbarbitursäure. Erhitzt man diese mit Lauge und säuert dann an, so scheidet sich C-C-Diäthyl-N-monoalkylbarbitursäure aus. Aus Dialkylharnstoff und Diäthylmalonylchlorid gelangt man in beschriebener Weise zur C-C-Diäthyl-N-N-dialkylbarbitursäure.

DRP. 265 726 beschreibt ein Verfahren zur Darstellung von N-Halogenalkyl-C-C-dialkylbarbitursäuren, darin bestehend, daß man entweder N-Alkylen-C-C-dialkylbarbitursäuren mit Halogen oder Halogenwasserstoff oder Halogenalkylharnstoffe mit Dialkylmalonylhalogeniden behandelt.

Beschrieben werden die Darstellungen von N-Monodibrompropyl-C-C-diäthylbarbitursäure, C-C-Dibenzyl-N-monodibrompropylbarbitursäure, C-C-Diäthyl-N-dichlorpropylbarbitursäure, C-C-Diäthyl-N-monobrompropylbarbitursäure, C-Phenyl-C-äthyl-N-monodibrompropylbarbitursäure, N-N-Tetrabromdipropyl-C-C-diäthylbarbitursäure.

DRP. 268 158 beschreibt ein Verfahren zur Darstellung von C-C-Mono- und Dialkylbarbitursäure, darin bestehend, daß man Barbitursäure oder deren Salze mit Alkylhalogeniden behandelt und gegebenenfalls die Monoalkylbarbitursäure durch weitere Einwirkung von Alkylhalogenid in das Dialkylderivat überführt.

Sedative Mittel, wie Phenyldipropylacetamid, Phenyldiäthylacetylharnstoff usw. kann man erhalten, indem man Phenyldipropylacetonitril mit Alkali im Autoklaven erhitzt. Aus Phenyldiäthylacetonitril erhält man Phenyldiäthylacetamid[3]).

DRP. 249 241 beschreibt ebenfalls Sedativa, wie α-Phenyl-n-valeriansäureamid und Phenyläthylacetylharnstoff.

Das Chlorhydrat von

$$\begin{array}{c} \quad CO-N \\ \quad\; | \qquad \| \\ {C_2H_5 \atop C_2H_5}{>}C \qquad C\cdot CH_3 \\ \quad\; | \qquad | \\ \quad CO-NH \end{array}$$

besitzt allgemeine sedative Wirkungen nur in sehr geringem Grade, insbesondere keine betäubende bzw. schlaferregende bzw. schmerzstillende Wirkung[4]).

C-C-Dialkylbarbitursäuren[5]) erhält man durch Alkylierung vox C-Monoalkylbarbitursäuren (aus Monoäthylmalonester und Harnstoff mit Natriumäthylat) mit Jodäthyl und Lauge in geschlossenen Gefäßen.

C-C-Dialkyliminobarbitursäuren[6]) erhält man aus Dialkylcyanessigester und Harnstoff durch Einwirkung von Metallalkoholaten.

$$ {x \atop y}{>}\overset{\displaystyle CN}{\overset{|}{C}}-COOR + {NH_2 \atop NH_2}{>}CO = {x \atop y}{>}C{<}{\overset{\displaystyle NH}{\overset{|}{C}}N-NH \atop CO-NH}{>}CO + C_2H_5\cdot OH $$

Diese Verbindungen lassen sich leicht durch Ammoniak abspaltende Mittel in entsprechende Barbitursäuren verwandeln.

---

[1]) DRP. 249 722. [2]) DRP. 249 907. [3]) DRP. 248 777.
[4]) M. Freund und K. Fleischer, Ann. **379**, 28 (1910). [5]) DRP. 144 432.
[6]) DRP. 156 384.

Die Kondensation von Dialkylcyanessigester und Harnstoff oder dessen Derivaten wird statt durch Metallalkoholat durch freie Alkalimetalle oder deren Amide bewirkt[1]). Arbeitet man nicht nach DRP. 156 384 mittels Erwärmen, sondern bei gewöhnlicher Temperatur, so entstehen Cyandialkylacetylharnstoffe der Formel

$$\begin{matrix} X \\ Y \end{matrix}\!\!>C\cdot CN \\ \quad\ | \\ \quad CO\cdot NH\cdot CO\cdot NHR$$

Diese Cyandialkylacetylharnstoffe sollen durch Kondensation in Iminodialkylbarbitursäuren übergeführt werden, aus denen durch Ammoniak abspaltende Mittel leicht die Dialkylbarbitursäuren erhältlich sind[2]).

An Stelle des Harnstoffes werden Acylharnstoffe mit Dialkylcyanessigestern in Gegenwart von Metallalkoholaten kondensiert, eventuell bei Gegenwart von Metallen oder deren Amiden[3]).

Man erhält Barbitursäure[4]) und ihre Homologen durch Einwirkung von wässerigen Säuren auf Iminobarbitursäure (2.6-Dioxy-4-aminopyridin) oder deren Derivate.

An Stelle von 2.6-Dioxy-4-aminopyrimidin wird hier 5-Mono- und 5-Dialkyl-4.6-diamino, 2-Oxy- resp. 4.6.2-Triaminopyrimidin zwecks Überführung in die entsprechenden Alkylbarbitursäuren mit wässerigen Säuren erhitzt[5]).

F. G. P. Remfry[6]) hat Malonester mit Malonamiden kondensiert und dabei gefunden, daß der achtgliedrige Ring des Malonylmalonamids nur entsteht, wenn Malonamid mit Estern der Malonsäure, Monoalkylmalonsäuren oder der Dimethylmalonsäure kondensiert wird. Monoalkylierte Malonamide kondensieren sich mit Malonester oder Monoalkylmalonestern zu Diketotetrahydropyrimidinen. Mit Malonylchloriden erhält man ähnliche Resultate wie mit den entsprechenden Estern. Nach den Versuchen von H. H. Dale sind sie aber in bezug auf Hypnose unwirksam.

Man erhält C-C-Dialkylbarbitursäuren[7]) aus den entsprechenden Dialkylmalonylguanidinen (Dialkyl-2-imino-4.6-dioxypyrimidinen) durch Abspaltung der Iminogruppe mit Oxydationsmitteln in saurer Lösung, z. B. Natriumnitrit, Chromsäure. Die Darstellung der C-C-Dialkyliminobarbitursäuren[8]) gelingt auch durch Behandlung von Guanidin mit C-C-Dialkylmalonylchloriden.

Dialkylierte Diiminooxypyrimidine[9])

$$\begin{matrix} NH\text{——}CO\cdot CR_2 \\ |\qquad\qquad \diagdown \\ C(:NH)\cdot NH\cdot C:NH \end{matrix}$$

erhält man durch Einwirkung von dialkylierten Cyanessigestern auf Guanidin in Gegenwart von Alkalialkoholaten. Beim Behandeln mit verseifenden Mitteln tauschen sie glatt beide Iminogruppen gegen Sauerstoff aus, wobei die dialkylierten Barbitursäuren entstehen.

Cyanderivate des Pyridins erhält man, wenn man Dicyandiamid mit Acetessigester, Malonsäureester, Cyanessigsäureester oder den Substitutionsprodukten dieser Ester mit Hilfe von alkalischen Mitteln kondensiert[10]).

An Stelle von Dicyandiamid kann man Guanylharnstoff mit Malonsäurederivaten oder den Monoalkylderivaten bei Gegenwart alkalischer Mittel kondensieren. Die entstehenden Kondensationsprodukte gehen durch verseifende Mittel leicht in Barbitursäuren über[11]).

An Stelle von Dicyandiamid wird hier Guanylharnstoff mit Malonsäurederivaten kondensiert[12]).

Verbindungen der Morphiumalkaloide mit Barbitursäurederivaten erhält man, indem man die Morphiumalkaloide oder deren Derivate auf Dialkylbarbitursäure entweder in Form der freien Verbindungen oder in Form ihrer Salze in molekularen Mengen, gegebenenfalls in Gegenwart geeigneter Lösungs- oder Verdünnungsmittel einwirken läßt. Beschrieben sind: Morphindialkylbarbitursäure, Dimethylmorphin-Dialkylbarbitursäure, Äthylmorphin-Dialkylbarbitursäure, Alkylmorphinsulfat, Alkylmorphin-Dialkylbarbitursäure, Äthylmorphin-Dialkylbarbitursäure, Kodein-Dialkylbarbitursäure, Dihydromorphin-Dialkylbarbitursäure, Dihydrokodein-Dialkylbarbitursäure[13]).

Die Kondensation von Dicyandiamid mit Dialkylmalonestern in Gegenwart alkalischer Kondensationsmittel wird bei 120° 8 Stunden lang im Autoklaven durchgeführt[14]).

---

[1]) DRP. 165 222, Zusatz zu DRP. 156 384. — M. Conrad, Liebigs Ann. **340**, 310.
[2]) DRP. 156 383. [3]) DRP. 172 980, Zusatz zu DRP. 156 384.
[4]) DRP. 156 385. [5]) DRP. 165 693, Zusatz zu DRP. 156 385.
[6]) Journ. Chem. Soc. London **99**, 610 (1911). [7]) Schering, Berlin, DRP. 189 076.
[8]) Merck, Darmstadt, DRP. 158 890. [9]) Bayer, Elberfeld, DRP. 158 592.
[10]) DRP. 158 591. [11]) E. Merck, DRP. 170 586, Zusatz zu DRP. 158 591.
[12]) DRP. 180 119, Zusatz zu DRP. 158 591.
[13]) Ges. f. chem. Ind. Berlin. DRP. 322 335.
[14]) DRP. 175 795, Zusatz zu DRP. 158 591.

Veronal entsteht beim Erwärmen von Biuret mit Diäthylmalonylchlorid, wobei im Verlaufe der Reaktion der Rest $CONH_2$ abgespalten wird[1]).

Ebenso kann man aus Allophansäureester und Diäthylmalonsäureester sowie aus Biuret und Dialkylmalonester Veronal erhalten oder allgemein aus Harnstoffderivaten der allgemeinen Formel NH_2 — CO — NH — CO — X, worin X NH_2 oder O · Alkyl bedeutet, die man mit Dialkylderivaten der Malonester kondensiert[2]).

Dialkylmalonylhaloide werden mit Allophansäureestern erhitzt und geben Dialkylbarbitursäuren[3]).

Dialkylierte Malonylamide und Malonaminsäureester, sowie die Ammoniumsalze lassen sich nicht praktisch in Amide verwandeln, sondern nur Säurechloride, wie Emil Fischer und Dilthey gefunden haben[4]). Man kann aber zu den Dialkylmalonaminsäurederivaten gelangen, wenn man die entsprechenden Cyandialkylacetverbindungen mit konzentrierten anorganischen Sauerstoffsäuren behandelt. So erhält man z. B. aus Cyandiäthylacetamid mit konzentrierter Schwefelsäure Diäthylmalonamid.

Die Cyandialkylacetylharnstoffe werden mit konzentrierten anorganischen Säuren erhitzt, wobei sich nach DRP. 162 280 Diäthylmalonursäureamid bildet. Beim längeren Erhitzen entsteht aber Veronal. Man kann auch Salzsäure benützen[5]).

Zur Veronalsynthese werden Dialkylmalonursäureamide mit konzentrierten Säuren erhitzt [Schwefelsäure oder Salzsäure[6])].

Triiminobarbitursäuren erhält man durch Kondensation von alkylierten Malonitrilderivaten mit Guanidin mit und ohne Kondensationsmitteln sowie von Guanidinderivaten[7]).

Diiminobarbitursäuren erhält man durch Kondensation von Malonitril oder seinen alkylierten Derivaten mit Harnstoff und seinen Derivaten mit Kondensationsmitteln alkalischer Art[8]).

Am Kohlenstoff dialkylierte 2.4-Diimino-6-oxypyrimidine erhält man aus dialkylierten Cyanessigestern und Guanidin durch Verwendung von Alkaliamid oder freiem Alkalimetall als Kondensationsmittel[9]).

Man kann die beiden Komponenten auch ohne Zusatz eines Kondensationsmittels aufeinander einwirken lassen[10]).

C-C-Dialkylbarbitursäuren[11]) kann man auch durch Oxydation von 2-Thio-4.6-dioxydialkylpyrimidinen erhalten. Die Ausgangsmaterialien erhält man durch Kondensation von dialkylierten Cyanessigestern mit Thioharnstoff, wobei alkylierte Iminothiooxypyrimidine der Formel:

```
NH · CO · CR₂
|         |
CS · NH · C : NH
```

entstehen, die man verseift. Man erhält so 2-Thio-4.6-dioxypyrimidinderivate und behandelt diese mit Oxydationsmitteln.

Schering, Berlin, stellen Dialkylbarbitursäuren durch Behandlung von Dialkylmalonylguanidinen mit Säuren ohne Anwendung von Nitriten dar[12]). Dialkylmalonylguanidine werden mit Nitriten bei Gegenwart von wasserfreier Säure behandelt[13]). Dialkylmalonylguanidine werden als mineralsaure Salze mit Wasser zweckmäßig unter Druck erhitzt[14]).

Dialkylmalonylguanidine stellt man her durch Behandlung von Dialkylmalonsäuren und einem Guanidinsalz mit konzentrierter Schwefelsäure[15]).

N-Mono- und Dioxyalkyl-C-C-dialkylbarbitursäuren werden dargestellt, indem man entweder auf Dialkylbarbitursäuren Halogenhydrine oder Alkylenoxyde einwirken läßt oder die dioxalkylierten Produkte nach den für die Darstellung von Barbitursäuren bekannten Methoden aus oxalkylierten Harnstoffen und Malonsäurederivaten aufbaut[16]).

Halogensubstituierte Iminodialkylpyrimidine werden dargestellt durch Behandlung der Basen mit Halogenen bzw. halogenabspaltenden Mitteln. Sie nehmen zwei Halogen-

---

1) Merck, DRP. 162 220. 2) Merck, DRP. 183 857. 3) DRP. 177 694.
4) Merck, DRP. 162 280. — BB. **35**, 844 (1902).
5) DRP. 165 225, Zusatz zu DRP. 162 280. 6) DRP. 174 178.
7) Merck, DRP. 165 692. 8) Merck, DRP. 166 468.
9) Merck, DRP. 162 657. 10) DRP. 169 405, Zusatz zu DRP. 162 657.
11) Bayer, Elberfeld, DRP. 162 219. 12) DRP. 201 244.
13) Schering, DRP.-Anm. 130 377 (versagt).
14) DRP.-Anm. C. 15 767 (zurückgezogen). 15) Ciba, DRP. 204 795.
16) Heinrich Byk, DRP.-Anm. C. 16 136 (zurückgezogen).

atome am Stickstoff der Iminogruppe auf. Das Chlorderivat wird durch längeres Kochen mit Wasser in Diäthylbarbitursäure verwandelt[1]).

Veronal wird dargestellt, indem man Dialkylmalonyldiurethane für sich oder unter Zusatz von Kohlensäurederivaten, wie Diphenylcarbonat und Harnstoff auf höhere Temperaturen erhitzt[2]).

Man erhält Veronal, indem man Dialkylmalonyldiurethane mit Metallalkoholaten in Gegenwart oder bei Abwesenheit von Alkohol erhitzt[3]). Man erhält aus den Urethanen die Barbitursäuren mit alkoholischen oder wässerigen Alkalien oder mit konzentrierter oder rauchender Schwefelsäure[4]). Statt mit Metallalkoholaten kann man auch mit Ammoniak oder mit organischen Basen in der Wärme arbeiten[5]).

Dialkylbarbitursäuren erhält man durch Kondensation von Dialkylmalonaminsäureester mit Harnstoff bzw. Thioharnstoff oder Guanidin in Gegenwart von alkalischen Kondensationsmitteln[6]).

Barbitursäuren können auch durch Behandlung der Iminobarbitursäuren oder deren in der 2. Iminogruppe durch Cyan bzw. Alkyl substituierten Derivate mit Alkylnitriten dargestellt werden[7]).

5-Dialkyl-2-cyanimino-4.6-diiminopyrimidine erhält man durch Einwirkung dialkylierter Malonitrile in Gegenwart von alkalischen Kondensationsmitteln auf Dicyandiamid. Dieselbe Reaktion kann man unter Druck und bei höherer Temperatur vornehmen[8]).

Die durch alkalische Kondensation von dialkylierten Cyanessigestern oder Malonestern bzw. Malonitrilen mit Dicyandiamid erhältlichen Pyrimidinderivate werden mit Säuren behandelt[9]). Es werden statt der Kondensationsprodukte aus Dicyandiamid die entsprechenden Kondensationsprodukte aus Guanylharnstoff mit Dialkylderivaten des Malonesters, der Malonylhaloide usw. mit Säuren behandelt[10]).

Sehr ähnlich ist folgendes Verfahren[11]). Es wird Guanyldiäthylbarbitursäure dargestellt, indem man Dicyandiamidin (Guanylharnstoff) und Diäthylmalonsäureester in Gegenwart alkalischer Kondensationsmittel erhitzt. Beim Erhitzen mit Schwefelsäure erhält man leicht Veronal.

2-Thio-4.6-dioxypyrimidin und dessen C-alkylierte Derivate erhält man durch Verseifung von 2-Thio-4.6-diiminopyrimidin oder dessen Derivaten[12]).

Diurethanderivate dialkylierter Malonsäuren erhält man durch Erhitzen von Dialkylmalonsäurechloriden mit einem Urethan auf 100°[13]). Beim Erhitzen von Dialkylmalonylchloriden mit Urethanen entsteht ein flüssiges Reaktionsgemisch, welches im Vakuum fraktioniert destilliert wird[14]).

Man kann auch Dialkyl-2-aryliminonarbitursäuren durch Kondensation von Dialkylmalonsäureester mit Arylguanidinen darstellen[15]).

Dialkylthiobarbitursäuren gehen beim Erhitzen mit Lösungen von Schwermetallsalzen in Dialkylbarbitursäuren über[16]).

Aus Dialkylmalonsäureestern und Harnstoff erhält man mit Dinatriumcyanamid als Kondensationsmittel bei 105—110° Veronale[17]).

Durch Erhitzen von Dialkylthiobarbitursäuren mit nicht oxydierend wirkenden Mineralsäuren erhält man Veronale[18]). Man kann auch organische Säuren, wie Essigsäure, Oxalsäure, Toluolsulfosäure verwenden, auch saure Salze, wie Natriumbisulfit[19]).

Dialkylthiobarbitursäuren tauschen beim Erhitzen mit aromatischen Aminen Schwefel gegen den Aminrest aus und so entstehen Dialkylaryliminobarbitursäuren, welche beim Erhitzen mit Säuren unter Abspaltung der entsprechenden aromatischen Amine in Dialkylmalonylharnstoffe übergehen[20]).

Arylcarbonate setzen sich mit Alkylmalonamiden zu Barbitursäurederivaten um. Man kann Dialkylbarbitursäuren durch Kondensation von Dialkylmalonamiden mit Kohlensäurediarylestern oder Alkylkohlensäurearylestern durch Erhitzen ohne Kondensationsmittel erhalten[21]).

---

[1]) Bayer, DRP. 217 946. [2]) Bayer, DRP. 183 628.
[3]) Wilhelm Traube, DRP. 171 992.
[4]) DRP. 172 885, Zusatz zu DRP. 171 992. [5]) DRP. 172 886, Zusatz zu DRP. 171 992.
[6]) DRP. 163 200. — M. Conrad und A. Zart, Liebigs Ann. **340**, 335.
[7]) Otto Wolfes, Darmstadt, DRP. 175 592. [8]) Bayer, DRP. 175 588.
[9]) DRP. 175 589, Zusatz zu DRP. 175 588.
[10]) Bayer, DRP. 165 223, Zusatz zu diesem Patent DRP. 187 990.
[11]) Heyden, Radebeul, DRP. 171 147. [12]) Bayer, DRP. 171 292.
[13]) Traube, DRP. 179 946. [14]) DRP. 180 424, Zusatz zu DRP. 179 946.
[15]) Höchst, DRP. 172 979. [16]) DRP. 170 907. [17]) Höchst, DRP. 178 935.
[18]) Einhorn, DRP. 165 649. [19]) DRP. 172 404, Zusatz zu DRP. 165 649.
[20]) DRP. 166 266. [21]) Einhorn, DRP. 168 553.

Durch Erhitzen von Dialkylmalonsäurediarylestern mit Guanidin oder Guanidinsalzen erhält man aus Diäthylmalonsäurediphenylester und Guanidincarbonat bei 160° Phenol und Diäthyl-2-iminobarbitursäure, die man in Veronal überführen kann[1]).

Tetrasubstituierte Diureide der Dialkylmalonsäuren gehen durch saure Kondensationsmittel in Dialkylbarbitursäuren über. Man erhält diese Diureide durch Einwirkung von Dialkylmalonylchloriden auf asymmetrische disubstituierte Harnstoffe[2]).

Mono- und Dialkylmalonylguanidine erhält man aus Mono- bzw. Dialkylmalonsäureestern mit Guanidin bei Gegenwart von Alkalialkoholat[3]).

Man erhält Veronale durch Behandlung der entsprechenden Dialkylmalonylguanidine mit Säuren[4]).

Veronale werden durch Behandlung der entsprechenden Guanidinderivate in saurer Lösung mit Nitrit hergestellt. Die Ausbeute soll 90—100% betragen[5]).

Die direkte Alkylierung der Barbitursäure gibt sehr schlechte Ausbeute, hingegen kann man Malonylguanidin sehr gut alkylieren, wobei die Iminogruppe nicht gut alkyliert wird[6]).

Durch Kondensation von Urethanen mit Malonaminsäureestern bzw. deren Alkylderivaten mit alkalischen Kondensationsmitteln erhält man Barbitursäuren und deren Alkylderivate[7]).

Dialkylmalonaminsäureester erhält man durch Alkylierung der Malonaminsäureester, wobei man die beiden Alkylgruppen nacheinander einführen kann[8]).

Dialkyliminobarbitursäuren werden durch Erhitzen von Dialkylmalonsäurediarylestern mit Guanidin oder Guanidinsalzen erhalten[9]).

Man ersetzt die Iminogruppe in den Iminobarbitursäuren durch Sauerstoff durch Erwärmen mit mineralsauren Metallsalzen, in denen das Metall als Sesquioxyd enthalten ist[10]).

Die am Kohlenstoff alkylierten Dialkyl-2.4-diimino-6-oxypyrimidine werden mit wässerigen Säuren behandelt[11]).

Diäthylmalonylcarbonyldiharnstoff wird durch Erhitzen von Diäthylmalonsäureestern mit Carbonyldiharnstoff und Natriumalkoholat oder analogen Kondensationsmitteln hergestellt[12]).

Veronal stellt man her durch Einwirkung von Phosgen auf Diäthylmalonamid bei einer über 100° liegenden Temperatur[13]).

Dialkylmalonamide erhält man aus Dialkylmalonylchloriden, indem man Ammoniak in wässeriger Lösung in fünffacher Menge benützt und das Chlorid unter Rühren unterhalb 25° einfließen läßt[14]).

Veronal wird aus den Estersäure-Ureiden

$$\begin{array}{ll} NH - & CO \\ \cdot & | \\ CO & C<^{C_2H_5}_{C_2H_5} \\ \cdot & | \\ NH_2 & COO \cdot C_2H_5 \end{array}$$

der substituierten Malonsäuren mit alkalischen Reagention dargestellt[15]).

Man erhält Veronale durch Erwärmen von Dialkylmalonamid mit Oxalylchlorid. Diese Reaktion vollzieht sich unter Abspaltung von Salzsäure und Kohlenoxyd[16]).

Bei der Umsetzung von Oxalylchlorid mit Dialkylmalonamiden entstehen auch dann C-C-Dialkylbarbitursäuren, wenn man jene Verbindungen in einem gegen Oxalylchlorid indifferenten Verdünnungsmittel, ohne zu erwärmen, z. B. in Gegenwart bzw. in Lösung von Essigsäureanhydrid, längere Zeit aufeinander einwirken läßt. Die Patentschrift enthält ein Beispiel für die Darstellung von Diäthylbarbitursäure[17]).

Dialkyläthylenbarbitursäuren werden dargestellt, indem man Dialkylbutantetracarbonsäureester der Formel

$$\begin{array}{l} CH_2 \cdot C(R)(COO \cdot C_2H_5)_2 \\ \dot{C}H_2 \cdot C(R)(COO \cdot C_2H_5)_2 \end{array}$$

---

1) Merck, DRP. 231 887. 2) Einhorn, DRP. 193 446.
3) Schering, DRP.-Anm. C 14 459. 4) Schering, DRP. 201 244.
5) Schering, DRP. 189 076. 6) Schering, DRP. 174 940.
7) DRP. 171 294. 8) DRP. 182 045. 9) Heyden, DRP. 231 887
10) DRP.-Anm. C 14 713. 11) Bayer, DRP. 180 669.
12) Heyden, DRP. 165 224. 13) Agfa, DRP. 167 332.
14) Agfa, DRP.-Anm. A. 11 462. 15) Böhringer, Waldhof, DRP. 193 447.
16) Alfred Einhorn, München, DRP. 225 457.
17) Alfred Einhorn, München, DRP 227 321, Zusatz zu DRP. 225 457.

mit Harnstoff in Gegenwart von Alkoholaten unter Druck erhitzt. Die Ausgangsmaterialien werden aus rohem, im Vakuum von Malonsäureester und Trimethylenbicarbonsäureester befreitem Butantetracarbonsäureester mit Natriumäthylat und Alkylhalogenid dargestellt. Beschrieben sind Dipropylbutantetracarbonsäureester, Dibenzylbutantetracarbonsäureester, Diäthyläthylendibarbitursäure, Dipropylenäthylendibarbitursäure[1]).

Merck, Darmstadt[2]) stellen C-C-Dialkyliminobarbitursäuren durch Erhitzen von C-C-Dialkylmalonsäurediarylestern mit Guanidin oder Guanidinsalzen her. Zwar reagieren auch die Dialkylester der Dialkylmalonsäure mit Guanidin unter Bildung von C-C-Dialkyliminobarbitursäuren. Die beiden Reaktionen sind aber verschieden, da die Dialkylester nicht wie die Diarylester auch beim trockenen Destillieren, sondern nur beim längeren Erwärmen in alkoholischer Lösung mit Guanidin reagieren, und zweitens dadurch, daß die Diarylester sowohl in Gegenwart als auch in Abwesenheit von Alkohol stets nahezu glatt reagieren, während die Dialkylester beim Erwärmen in alkoholischer Lösung nur zu 55 bis 60% Ausbeute führen.

Dial ist ein Veronal, in dem die beiden Äthylgruppen durch Allylgruppen ersetzt sind. Es soll schon in Dosen von 0.15 einen 7stündigen Schlaf erzeugen.

Didial ist eine Verbindung von Diallylbarbitursäure mit Äthylmorphin. Dialacetin ist eine Kombination von Diallylbarbitursäure mit p-Acetaminophenylallyläther.

Ciba beschreibt die Darstellung von Chinindiallylbarbitursäure, Hydrochinindiallylbarbitursäure, Euchinindiallylbarbitursäure, Cinchonindiallylbarbitursäure, Äthylhydrocupreindiallylbarbitursäure. Die Substanzen sollen als Wehenmittel Verwendung finden[3]).

Diogenal ist Dibrompropylveronal
$$\begin{array}{c} \text{H}\quad\text{O} \\ \text{N}-\text{C} \\ \text{O}=\text{C}\!\!\diagup\qquad\diagdown\!\text{C}(\text{C}_2\text{H}_5)_2\,. \\ \quad\diagdown\qquad\quad | \\ \text{C}_3\text{H}_5\text{Br}_2\cdot\text{N}\text{———}\text{CO} \end{array}$$

Es soll nur den vierten Teil der Giftigkeit des Veronals haben.

Luminal (Phenyläthylbarbitursäure) ist
$$\begin{array}{l} \qquad\qquad\text{CO}-\text{NH} \\ \qquad\qquad\,|\qquad\;\; | \\ {}^{\text{C}_6\text{H}_5}_{\text{C}_2\text{H}_5}\!\!>\text{C}\qquad\text{CO} \\ \qquad\qquad\,|\qquad\;\; | \\ \qquad\qquad\text{CO}-\text{NH} \end{array}$$
, verwandelt sich in Lösungen seiner Salze leicht unter Kohlensäureabspaltung in Phenyläthylacetylharnstoff[4]). Es wirkt stärker hypnotisch als Veronal.

Nirvanol ist γ-γ-Phenyläthylhydantoin, ein geschmackloses Beruhigungs- und Schlafmittel.

Die Natriumverbindung von Phenylcyanacetamid gibt mit Jodäthyl Phenyläthylcyanacetamid. Es löst sich beim Eintragen in Natriumhypobromitlösung und gibt nach kurzem Erwärmen Phenyläthylhydantoin. In analoger Weise erhält man Phenylallylhydantoin[5]).

Diäthylmalonamid gibt mit Kaliumhypobromit Diäthylhydantoin. Das aus Phenyläthylcyanacetamid und konz. Schwefelsäure bei 125° dargestellte Phenyläthylmalonamid gibt mit Natriumhypobromit nach mehrstündigem Stehen Phenyläthylhydantoin. Läßt man, nachdem das Amid in Lösung gegangen, nicht mehrere Stunden stehen, sondern säuert diese Lösung sofort an, so erhält man bei Verwendung von Hypochlorit ein chloriertes Amid $(C_2H_5)_2\cdot C(CO\cdot NH_2)\cdot CO\cdot NHCl$. Diallylmalonamid liefert mit Natriumhypochlorit C-C-Diallylhydantoin
$$(\text{C}_3\text{H}_5)_2\cdot\text{C}\!\begin{array}{l}\diagup\text{CO}\cdot\text{NH} \\ \qquad\qquad | \\ \diagdown\text{NH}\cdot\text{CO}\end{array}$$
[6]).

Urethan $NH_2\cdot COO\cdot C_2H_5$ wirkt hypnotisch, Glykokolläthylester $NH_2\cdot CH_2\cdot COO\cdot C_2H_5$ nicht (S. Fränkel). Es hängt mit der Art und Weise der Bindung zusammen, ob eine Äthylgruppe Schlaf macht oder nicht.

Die Äthylgruppen in den meisten Schlafmitteln sind bigeminiert. Aber die bigeminierte Äthylgruppe hat durchaus nicht in allen Ringbindungen hyp-

[1]) Albert Wolff, Köln, DRP. 233 968.
[2]) E. Merck, Darmstadt, DRP. 231 887. [3]) DRP. 329 772.
[4]) Impens, Deutsche med. Wochenschr. **1912**, Nr. 20.
[5]) Heyden, Radebeul, DRP. 309 508. [6]) DRP. 310 426, Zusatz zu DRP. 309 508.

notische Effekte, sie schafft aber jedenfalls wirksame Substanzen, während die einfache Äthylsubstitution dies nicht vermag, ebensowenig wie die bigeminierte Methylgruppe.

Phloroglucin ist unwirksam, Monomethylphloroglucin für Frösche giftig, Dimethylphloroglucin macht in relativ großen Dosen die Initialerscheinungen der Monomethylphloroglucinvergiftung[1]). Wenn bigeminierte Äthylgruppen für die Kernwasserstoffe eintreten, erhält man Substanzen, welche durchaus strychninartig wirken. Die methylierten Derivate zeigen zum Unterschiede von den äthylierten keine Wirkung. Die Phloroglucinderivate mit bigeminierten Äthylgruppen verhalten sich beim Säugetier und beim Kaltblüter verschieden. Beim Säugetier reagieren die reinen Ketoderivate nicht, sondern es ist zum Zustandekommen der Wirkung noch die Gegenwart einer Hydroxylgruppe notwendig. Beim Frosche hingegen wirken die Ketoderivate auch bei Abwesenheit von Hydroxyl sehr gut strychninartig. Untersucht wurden Diäthylphloroglucin, Tetraäthylphloroglucin, Pentaäthylphloroglucin, Hexamethylphloroglucin, Hexaäthylphloroglucin. Die Substanzen zeigen keine narkotischen Effekte. Die bigeminierten Äthylgruppen können in bestimmten Ringbindungen strychninartige Krämpfe verursachen[2]).

Baldi konnte narkotische Effekte durch Einführung von fetten Kohlenwasserstoffresten in unwirksame aromatische Verbindungen erhalten. Hierbei zeigten sich interessante Verhältnisse, welche die Abhängigkeit der hypnotischen Wirkung nicht nur von dem Vorhandensein, sondern auch von der Stellung und Bindungsweise der Alkylgruppe beweisen.

o-Aminophenol ist zum Unterschiede von den Phenolen und dem Anilin im Organismus nicht wirksam. Es wird aber wirksam, wenn man für den Aminowasserstoff und den Hydroxylwasserstoff die Alkoholradikale der Fettreihe substituiert. Dasselbe erhält narkotische Eigenschaften, wenn der Hydroxylwasserstoff durch ein Alkoholradikal der Fettreihe substituiert wird und die Aminogruppe intakt bleibt, oder wenn man den Wasserstoff der Aminogruppe derart substituiert, daß das Alkoholradikal der Fettreihe nicht direkt mit dem N, wohl aber durch Vermittlung anderer Atomgruppen verbunden ist; das Molekül des o-Aminophenols spaltet sich im Organismus nicht, es verbindet sich aber mit Schwefelsäure, wie dieses auch mit dem Anilin geschieht, und geht in dieser Verbindung in den Harn über, welcher eine rotbraune Farbe zeigt.

Körper vom Typus

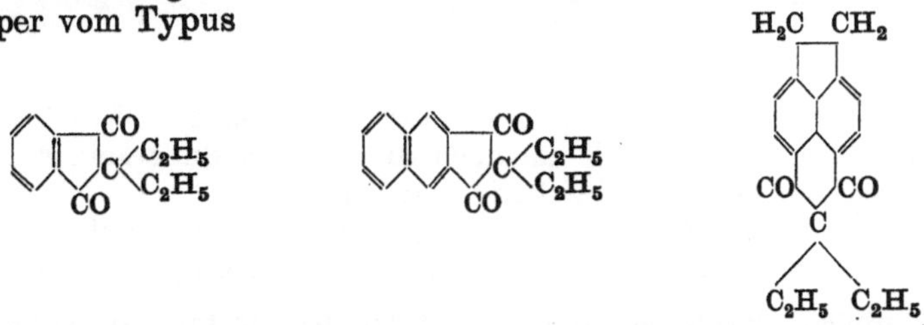

CO, C, C_2H_5, C_2H_5, CO — CO, C, C_2H_5, C_2H_5, CO — H_2C CH_2, CO, CO, C, C_2H_5 C_2H_5

wurden physiologisch untersucht, keiner derselben besitzt narkotische Wirkungen. 10proz. Lösungen zeigen keinerlei Wirkung auf das Nervensystem, dabei ist 1 g subcutan für ein Kaninchen bereits die tödliche Dosis. In den Magen gebracht bewirkt die unveränderte, nicht neutralisierte Substanz durch ihre Säurenatur lokale Entzündung bzw. Ätzung[3]).

---

[1]) W. Straub, AePP. **48**, 19 (1902).

[2]) S. Fränkel, AePP. **1908**, Suppl. Schmiedeberg-Festschrift 181.

[3]) M. Freund und K. Fleischer, Liebigs Annalen **373**, S. 291 (1910), siehe S. 293, Fußnote.

Diäthyldiketopiperazin

$$\begin{array}{c} \quad\ CO-NH \\ \frac{C_2H_5}{C_2H_5}>C \quad CH_2 \\ \quad\ NH-CO \end{array}$$

ist völlig unwirksam[1]).

Dritte Gruppe.

Schlafmittel, deren Wirkung auf der Gegenwart von Carbonyl (Aldehyd oder Keton) beruht.

Schon der gewöhnliche Acetaldehyd $CH_3 \cdot CHO$ hat hypnotische Wirkung. Es kommen ihm aber nach Albertoni und Lussana[2]) drei Stadien der Wirkung zu. 1. Stadium der Aufregung. 2. Stadium des Rausches. 3. Stadium der Asphyxie.

Die polymere Form, der Paraldehyd $(C_2H_4O)_3$, ist aber ein stärkeres Hypnoticum, welchem auch die aufregenden Wirkungen des Acetaldehyds in viel geringerem Maße zukommen.

Dem Chloral gegenüber, welches als Standardpräparat für die Schlafmittel angesehen wird, hat Paraldehyd den Vorzug, daß die Frequenz der Atemzüge viel weniger absinkt und auch die Frequenz der Herzschläge selbst bei sehr großen Dosen nicht merklich abnimmt. Es hat keine schädliche Wirkung auf die Tätigkeit des Herzens.

Die Nachteile dieses Schlafmittels liegen in der Unannehmlichkeit bei der Einnahme dieser nicht angenehm schmeckenden, flüssigen und flüchtigen Substanz, ferner darin, daß man Paraldehyd durch die Lungen zum Teil exhaliert, wodurch die Luft des Schlafraumes mit Paraldehyd geschwängert wird.

Es gehört aus diesen Gründen und wegen der relativ hohen Dosierung zu den seltener angewendeten Schlafmitteln.

Tritt Schwefel in den Aldehyd ein, so bekommt man nach Lusini[3]) in dem so entstehenden Thioaldehyd ein flüssiges, lähmendes Mittel, das in Dosen von 1.5—2.0 g pro kg Schlaf hervorruft, wobei es Atmung und Herz ungünstig beeinflußt. Trithioaldehyd

$$\begin{array}{l} CH_3 \cdot CH - S \\ \quad S\langle \qquad \rangle CH \cdot CH_3 \\ CH_3 \cdot CH - S \end{array}$$

die polymere Form, wirkt dagegen schlaferregend, ohne schädlichen Einfluß auf Herz und Atmung. Jedoch hat auch diese Verbindung keinerlei Vorzüge vor den Mitteln, die auf Alkylwirkung beruhen.

Mering[4]) hat auf die schlafmachenden Effekte der Acetale hingewiesen, die durch Verbindung von einem Aldehyd mit zwei Molekülen Alkohol entstehen. In relativ großen Dosen (5—10 g) innerlich ist Acetal $CH_3 \cdot CH<^{O \cdot C_2H_5}_{O \cdot C_2H_5}$, welches sich im Vorlauf der Spiritusdestillation vorfindet, sowie bei der Aldehyddarstellung entsteht, ein unsicheres Narkoticum mit unangenehmen Reizerscheinungen und Herzwirkungen. Die schlafmachende Wirkung beruht wohl zum größten Teil auf den Alkylkomponenten.

---

[1]) C. Mannich und Karl W. Rosenmund, Ther. Mon. **23**, 658 (1909).

[2]) Sull' alcool, sull' aldeide, Padua 1875.

[3]) Ann. di chim. e farm. **1891**, Jul., S 35, Okt., S. 189.

[4]) Berliner klin. Wochenschr. **1882**, 43.

Personali empfahl Methylal $H_2C<^{OCH_3}_{OCH_3}$ als Schlafmittel. Dieses Mittel ist nur ein schwaches Hypnoticum, unsicher in der Wirkung. Als lokales Anaestheticum ist es aus dem Grunde nicht brauchbar, weil es bei subcutaner Injektion Schmerzen macht und Eiterungen verursacht.

Dimethylacetal, Äthylidendimethyläther $CH_3 \cdot CH(OCH_3)_2$, läßt sich mit Chloroform gemengt als schwaches Inhalationsanaestheticum verwenden.

γ-Acetylaminovaleraldehyd wirkt subcutan gegeben hypnotisch bei Fröschen und Kaninchen und verflacht die Atmung. Bei Hunden konnte bei oraler Gabe eine narkotische Wirkung nicht beobachtet werden. Interessant ist die Wirkung auf die Atmung, die man bei Schlafmitteln der Harnstoffreihe nicht sieht. γ-Oxyvaleraldehyd ruft in den gleichen Dosen wie Acetylaminovaleraldehyd bei Fröschen Narkose hervor [1]).

Die schlafmachende Wirkung der Ketone wurde im allgemeinen Teil schon auseinandergesetzt.

Aus dieser Gruppe wurde Diäthylketon (Propion) $C_2H_5 \cdot CO \cdot C_2H_5$, eine wasserlösliche Substanz, von Albanese und Parabini als Hypnoticum und als Inhalationsanaestheticum empfohlen. Die schwere Löslichkeit in Wasser und der Geschmack machen das Einnehmen dieser fast ausschließlich in Italien angewendeten Verbindung unbequem [2]).

Pentanon

```
      H2
  H2 /C\
   C    \
   |     >CO
   C    /
  H2 \C/
      H2
```

macht Schlaf, beginnend mit einer Parese der hinteren Extremitäten, die allmählich aufsteigt. Bei letaler Dose geht der Schlaf in Koma über, aber die Reflexbewegungen bleiben immer erhalten.

Hexanon

```
       H2
       C
   H2C/ \CO
     |   |
   H2C\ /CH2
       C
       H2
```

erzeugt ebenso Schlaf und sonst genau dieselben Erscheinungen, ist zweimal so giftig als Pentanon.

Suberon (Cycloheptanon)

```
      H2  H2
  H2C—C—C\
   |      >CO
  H2C—C—C/
      H2  H2
```

ist giftiger als Hexanon, macht aber sonst genau dieselben Erscheinungen. Es nimmt also mit der Größe des Ringes die Wirkung zu, aber es ist auch gleichzeitig eine qualitative Veränderung der Wirkung nachzuweisen, denn im Verhältnis zu der zentralen lähmenden ist die erschöpfende Wirkung auf die motorischen Nervenendigungen bei Suberon am stärksten und bei Pentanon am schwächsten ausgebildet [3]).

Auf der Gegenwart der Carbonylgruppe beruht die hypnotische Wirkung des Acetophenons (Hypnon) $CH_3 \cdot CO \cdot C_6H_5$ und seiner Derivate, ferner die von Nebelthau entdeckte hypnotische Wirkung der aromatischen Säureamide. Doch sind die Körper dieser Gruppe nie zu einer therapeutischen Bedeutung gekommen.

---

[1]) Burckhardt Helferich und Walter Dommer (untersucht von Joachimoglu), BB. **53**, 2007 (1920).

[2]) Ann. di chim. e farm. **1892**, 124 und 225. — Arch. di farm. **1896**, IV, 529.

[3]) C. Jakobj, Hayashi, Szubinski, AePP. **50**, 199 (1903).

Es wirken hypnotisch Acetophenon und Phenylmethylaceton.

Ein Kondensationsprodukt von Zimtaldehyd und Acetophenon[1]) wirkt nicht hypnotisch.

Acetophenonammoniak $(CH_3 \cdot C \cdot C_6H_5)_3N_2$ ist kein Hypnoticum. Es hat auch keinen Ketoncharakter mehr[2]).

Ferner wurden von Claisen eine Reihe von β-Ketoketonen und β-Ketoncarbonsäuren dargestellt, die sämtlich hypnotisch wirken[3]).

Durch Einwirkung eines Säureesters auf einen anderen, der an dem der Carboxäthylgruppe benachbarten Kohlenstoffatom noch vertretbaren Wasserstoff hat, entstehen bei Gegenwart von Natriumäthylat Ketonsäureester. Ferner entstehen durch die Einwirkung von Säureestern auf Ketone unter gleichen Bedingungen Ketoketone oder durch Einwirkung von Kohlensäureestern Ketonsäureester.

Von speziellem Interesse ist es, daß nach dieser Reaktion aus Oxaläther und Acetophenon bei Gegenwart von Natriumäthylat der Acetophenonoxaläther (Benzoylbrenztraubensäureäther) $C_6H_5 \cdot CO \cdot CH_2 \cdot CO \cdot COO \cdot C_2H_5$ erhalten werden kann. Aus Aceton und Oxaläther erhält man Acetylbrenztraubensäureäthyläther $CH_3 \cdot CO \cdot CH_2 \cdot CO \cdot COO \cdot C_2H_5$. Aus Ameisenäther und Acetophenon erhält man Formylacetophenon (Benzoyladehyd) $C_6H_5 \cdot CO \cdot CH_2 \cdot CHO$. Läßt man Oxaläther mit Essigäther unter denselben Umständen reagieren, so erhält man Oxalessigäther

$$\begin{array}{l} CO \cdot CH_2 \cdot COO \cdot C_2H_5 \\ \vert \\ COO \cdot C_2H_5 \end{array}$$

In gleicher Weise erhält man noch Acetylacetophenon und Propionylacetophenon. Die hypnotische Wirkung dürfte der des Acetophenon kaum beträchtlich überlegen sein. Versuche über den hypnotischen Effekt dieser Verbindungen sind nicht veröffentlicht worden.

p-Aminoacetophenon macht in größeren Dosen unvollständige Betäubung, heftiges Muskelzucken, diffuse Blutungen und Reizerscheinungen im Dünndarm[4]).

Kondensationsprodukte aus einem Molekül Aminoacetophenon und zwei Molekülen Aldehyd sind wirksam und werden anscheinend im Organismus nicht angegriffen.

Nur das Kondensationsprodukt aus zwei Molekülen Piperonal und einem Molekül Aminoacetophenon

$$CH_2{<}^{O}_{O}{>}C_6H_3 \cdot CH : N \cdot C_6H_4 \cdot CO \cdot CH : CH \cdot C_6H_3{<}^{O}_{O}{>}CH_2$$

erzeugt einen Lähmungszustand der hinteren Extremitäten. Eine ähnliche Wirkung zeigt das aus nur einem Molekül Piperonal und p-Aminoacetophenon entstehende Kondensationsprodukt

$$CH_2{<}^{O}_{O}{>}C_6H_3 \cdot CH : N \cdot C_6H_4 \cdot CO \cdot CH_3 ,$$

während bei dem Isomeren

$$H_2N \cdot C_6H_4 \cdot CO \cdot CH : CH \cdot C_6H_3{<}^{O}_{O}{>}CH_2$$

wiederum die hypnotische Wirkung des Aminoacetophenon zum Ausdruck kommt.

Die Kondensationsprodukte aus je einem Molekül Aminoacetophenon und Aldehyd zeigen eine dem p-Aminoacetophenon analoge Wirkung, die Wirkung ist jedoch weitaus schwächer als die des p-Aminoacetophenons, sie wird aber

---

[1]) BB. **28**, 1730 (1895). [2]) Geppert bei Thomae, Arch. d. Pharm. **244**, 643.
[3]) BB. **20**, 2078 (1887). — DRP. 40 747, 43 847, 49 542. [4]) DRP. 189 939.

stärker, wenn die zur Reaktion kommenden Aldehyde ein freies Hydroxyl enthalten[1]).

Paterno hat durch Einwirkung des Lichtes auf eine ammoniakalisch-alkoholische Lösung von Acetophenon, Acetophenin $C_{18}H_{18}N_2$ erhalten (Photoacetophenin genannt). Bei subcutaner Injektion ist es stark giftig, es schmeckt äußerst bitter, als Schlafmittel hat es durch seine Wasserlöslichkeit dem Acetophenon gegenüber große Vorteile[2]).

Um wasserlösliche Produkte des Acetophenons zu erhalten, stellte Voswinkel Glykokollderivate der Aminoacetophenons dar. Von diesen soll sich das salzsaure Salz des Glykokoll-p-aminoacetophenons besonders als Hypnoticum eignen.

Zur Gewinnung der drei stellungsisomeren Glykokollaminoacetophenone wird Chlor- oder Bromacetaminoacetophenon mit alkoholischem Ammoniak behandelt, zur Gewinnung der Dimethylglykokollderivate behandelt man die erwähnten Halogensubstitutionsprodukte mit Dimethylaminlösung[3]).

Eine praktische Anwendung haben diese Körper nicht gefunden.

Vom Acetophenon-oxychinolin wurde behauptet, daß es als wasserunlöslicher, geschmackloser Körper Vorzüge vor dem Acetophenon besitze. Es ist aber kaum anzunehmen, daß Derivate eines so schwachen und unzuverlässigen Hypnoticums je praktischen Wert erlangen werden.

Man erhält die o-Verbindung dieser Substanz durch Einwirkung von Bromacetophenon auf o-Oxychinolin nach der Gleichung:

$$C_9H_6NONa + CH_2Br \cdot CO \cdot C_6H_5 = C_9H_6NO \cdot CH_2 \cdot CO \cdot C_6H_5 + BrNa\,.$$

Cianci schreibt dem Cumarin campherähnliche Wirkung zu. Es wirkt reizend, dann lähmend auf das Gehirn, dann auf das Rückenmark[4]). Cumarin

$$C_6H_4\left\langle\begin{matrix} O \text{———} CO \\ \quad\quad\quad | \\ CH = CH \end{matrix}\right.$$

ist ein Narkoticum, aber kein Herzgift, erst bei großen Dosen macht es Herzstillstand und bei tödlichen Dosen wird im Harn Zucker gefunden[5]).

Die hypnotische Wirkung beruht chemisch auf der Carbonylgruppe, welche dieses Lacton enthält, physikalisch auf der überaus großen Lipoidlöslichkeit. Eine Reihe von Fischgiften, welche Betäubungsmittel sind, sind Lactone, z. B. Xanthotoxin[6]), ebenso die aus der Meisterwurz isolierten Substanzen Oxypeucedanin, Osthol und Ostinthin[7]), ferner Cumarin, Oxycumarin, sowie Tephrosin [aus den Blättern von Tephrosia Vogelii[8])].

o-Hydrocumarsäure $C_6H_4\left\langle\begin{matrix} \cdot CH_2 \cdot CH_2 \cdot COOH \\ OH \end{matrix}\right.$ wirkt nicht narkotisch, 0.1 g verursachen beim Frosch unter fortschreitender Lähmung den Tod.

Melilotol $C_6H_4\left\langle\begin{matrix} \cdot CH_2 \cdot CH_2 \cdot CO \\ O \text{————————} | \end{matrix}\right.$, das Lacton der Hydrocumarsäure, besitzt narkotische Wirkung beim Frosch, die, entsprechend der leichten Aufspaltbarkeit dieses Lactonrings, viel flüchtiger ist als die des stabileren Cumarins; auch sind wesentlich höhere Dosen bei Melilotol erforderlich.

---

1) H. Hildebrandt, AePP. **53**, 87 (1905).
2) D. Lo Monaco, Annali chim. anal. appl. **1**, 189 (1914).
3) DRP. 75 915.
4) Giornale Internationale de la Scienza Medica **1908**, Nov.
5) A. Ellinger, AePP., Suppl. **1908**, Schmiedeberg-Festschrift 150.
6) Hans Priesz, Ber. d. Deutsch. Pharmazeut. Ges. **21**, 227 (1911).
7) J. Herzog, Arch. d. Pharmaz. **247**, 563.
8) Hans Priesz, Ber. d. Deutsch. Pharmazeut. Ges. **21**, 267.

o-Oxyphenylpropylalkohol $C_6H_4(OH)\cdot CH_2\cdot CH_2\cdot CH_2\cdot OH$ besitzt ebenfalls narkotische Eigenschaften.

Chroman $C_6H_4<{}^{CH_2\cdot CH_2\cdot CH_2}_{O\text{———————}|}$, das Anhydrid des o-Oxyphenylpropylalkohols, wirkt etwa in denselben Dosen narkotisch wie Cumarin und Phenylalkohol.

Die Reduktionsprodukte des Cumarins mit Ausnahme der Hydrocumarsäure besitzen noch die narkotischen Eigenschaften des Cumarins mit geringen Unterschieden. Trotz Reduktion des $C=O$ zu CH_2 im Cumarin sind noch narkotische Wirkungen zu sehen. Daher meint Fromherz, daß die Wirkung nicht auf der CO-Gruppe beruhe[1]).

Die interessanten Versuche von E. Nebelthau[2]) haben zur Entdeckung der hypnotischen Wirkung der aromatischen Säureamide geführt.

So macht schon Benzamid $C_6H_5\cdot CO\cdot NH_2$, wenn auch erst in relativ großen Dosen, Schlaf. Ähnlich wirksam erweisen sich Salicylamid $OH\cdot C_6H_4\cdot CO\cdot NH_2$, ferner der Acetyläther des Salicylamids $CH_3\cdot CO\cdot O\cdot C_6H_4\cdot CO\cdot NH_2$, Dibenzamid $(C_6H_5\cdot CO)_2NH$ und Chlorbenzamid. Auch Hippursäureamid $C_6H_5\cdot CO\cdot NH\cdot CH_2\cdot CO\cdot NH_2$ ist wirksam.

Hingegen lassen

Phenylharnstoff $OC<{}^{NH\cdot C_6H_5}_{NH_2}$, Benzoylharnstoff $OC<{}^{NH\cdot CO\cdot C_6H_5}_{NH_2}$

und Acetylharnstoff $OC<{}^{NH\cdot CO\cdot CH_3}_{NH_2}$

keine besondere Wirkung erkennen.

Alle folgenden Verbindungen zeigen narkotische Effekte:

p-Toluylsäureamid $CH_3\cdot C_6H_4\cdot CO\cdot NH_2$, Tetramethylbenzoesäureamid $C_6H(CH_3)_4\cdot CO\cdot NH_2$, Anissäureamid $CH_3\cdot O\cdot C_6H_4\cdot CO\cdot NH_2$, Salicylmethyläthersäureamid $CH_3O\cdot C_6H_4\cdot CO\cdot NH_2$, Salicyläthyläthersäureamid $C_2H_5\cdot O\cdot C_6H_4\cdot CO\cdot NH_2$, Methoxynaphthoesäureamid $CH_3\cdot O\cdot C_{10}H_6CO\cdot NH_2$.

Phenylessigsäureamid $C_6H_5\cdot CH_2\cdot CO\cdot NH_2$ wirkt langsam und schwächer hypnotisch als Benzamid.

Zimtsäureamid $C_6H_5\cdot CH=CH\cdot CO\cdot NH_2$ ist aber ein sehr wirksames Hypnoticum.

Es kommt also den aromatischen Säureamiden eine alkoholartige narkotische Wirkung allgemein zu, welche auf die CO-Gruppe zu beziehen ist.

Wenn man aber an Stelle eines oder beider H-Atome der Aminogruppe Methyl- oder Äthylgruppen einführt, so tritt die narkotische Wirkung des Benzamid und Salicylamid mehr und mehr zurück, während sich bei genügend großen Gaben eine der Wirkung des Ammoniaks und des Strychnin vergleichbare Symptomengruppe einstellen kann, wie sich aus der experimentellen Untersuchung des Methylbenzamid $C_6H_5\cdot CO\cdot NH\cdot CH_3$, Äthylbenzamid $C_6H_5\cdot CO\cdot NH\cdot C_2H_5$, Dimethylbenzamid $C_6H_5\cdot CO\cdot N(CH_3)_2$, Dimethylsalicylamid $C_6H_4\cdot (OH)\cdot CO\cdot N(CH_3)_2$ ergibt.

Die aliphatischen und aromatischen Säureamide machen Narkose. Außerdem erregen sie Krampf- und Aufregungszustände, die am stärksten ausgesprochen sind bei den im Amidrest zweifach äthylierten Verbindungen. Nach Harraß sind diese Krämpfe nicht als Ammoniakwirkung anzusehen[3]).

* * *

[1]) K. Fromherz, BZ. **105**, 141 (1920).

[2]) AePP. **36**, 451, siehe auch M. v. Nencki, AePP. **1**, 420.

[3]) Arch. intern. de Pharmacodyn. **11**, 431.

Nach Hans H. Meyer[1]) ist über die Wirkung der aliphatischen Amide zu bemerken: Formamid $H \cdot CO \cdot NH_2$ ist in Äther und Fett unlöslich. Acetamid $CH_3 \cdot CO \cdot NH_2$, Propionamid $CH_3 \cdot CH_2 \cdot CO \cdot NH_2$, Butyramid $CH_3 \cdot CH_2 \cdot CH_2 \cdot CO \cdot NH_2$ sind in Äther und Fett löslich. Formamid und Acetamid machen pikrotoxinartige Krampferscheinungen, Propionamid wenig, Butyramid ganz wenig, und zwar werden diese Krämpfe durch Verseifung der Verbindung und Abspaltung von Ammoniak, welches ja krampferregend wirkt, ausgelöst.

Umgekehrt zeigten Butyramid, Propionamid, Acetamid in absteigender Stärke, Formamid dagegen gar keine narkotische Wirkung. Ebenso wie Propionamid wirken auch Milchsäureamid $CH_3 \cdot CH(OH) \cdot CO \cdot NH_2$ und β-Oxybuttersäureamid $CH_3 \cdot CH \cdot (OH) \cdot CH_2 \cdot CO \cdot NH_2$.

H. H. Meyer meint, da weder bei den Acetinen und den Glycerinäthern noch bei den Säureamiden, ihren Spaltungs- und Verseifungsprodukten die beobachtete narkotische Wirkung zugeschrieben werden kann, mit der Spaltung vielmehr die Narkose verschwindet, so müssen diese indifferenten und intakten Stoffe selbst als die Träger der narkotischen Wirkung angesehen werden, und mithin ist die Wahrscheinlichkeit sehr groß, daß alle für Fett löslichen Stoffe auf lebendes Protoplasma narkotisch wirken. Die Wirkungsstärke der aliphatischen Narkotica wäre demnach eine Funktion des Teilungskoeffizienten, nach dem sich die wirkenden Substanzen im ganzen Organismus zwischen wässeriger Lösung und fettartigen Stoffen physikalisch verteilen.

Die folgende Tabelle zeigt unter S die Schwellenwerte (die jeweilig geringste molekulare Konzentration der einzelnen Narkotica, die eben noch imstande ist, die zu beobachtende Narkosenwirkung herbeizuführen). Die Schwellenwerte sind ausgedrückt in Bruchteilen der Normallösung (1 Grammolekül auf 1 Liter).

		S
$\begin{matrix}C_2H_5\\C_2H_5\end{matrix}>C<\begin{matrix}SO_2 \cdot C_2H_5\\SO_2 \cdot C_2H_5\end{matrix}$	Tetronal	0.0013
$\begin{matrix}C_2H_5\\CH_3\end{matrix}>C<\begin{matrix}SO_2 \cdot C_2H_5\\SO_2 \cdot C_2H_5\end{matrix}$	Trional	0.0018
$CCl_3 \cdot CH_2 \cdot CH_2 \cdot CHO + H_2O$	Butylchloralhydrat	0.002
$CBr_3 \cdot CHO + H_2O$	Bromalhydrat	0.002
$CH_2Cl \cdot CH(OH) \cdot CH_2Cl$	Dichlorhydrin	0.002
$C_8H_{11}Cl_3O_6$	Chloralose	0.004
$\begin{matrix}CH_3\\CH_3\end{matrix}>C<\begin{matrix}SO_2 \cdot C_2H_5\\SO_2 \cdot C_2H_5\end{matrix}$	Sulfonal	0.006
$C_3H_5(C_2H_3O_2)_3$	Triacetin	0.01
$C_3H_5<\begin{matrix}OH\\(C_2H_3O_2)_2\end{matrix}$	Diacetin	0.015
$CCl_3 \cdot CHO + H_2O$	Chloralhydrat	0.02
$CCl_3 \cdot CH<\begin{matrix}OH\\NH_2\end{matrix}$	Chloralamid	0.04
$OC<\begin{matrix}NH_2\\O \cdot C_2H_5\end{matrix}$	Äthylurethan	0.04
$\begin{matrix}CH_2 \cdot CH \cdot CH_2\\O \quad O \quad O\\CH_2 \cdot CH \cdot CH_2\end{matrix}$	Glycerinäther	0.04
$CH_2Cl \cdot CH(OH) \cdot CH_2(OH)$	Monochlorhydrin	0.04
$C_3H_5<\begin{matrix}(OH)_2\\(C_2H_3O_2)\end{matrix}$	Monacetin	0.05
$C_3H_6<\begin{matrix}OH\\OH\end{matrix}$	Propylenglykol	0.2
$OC<\begin{matrix}NH_2\\O \cdot CH_3\end{matrix}$	Methylurethan	0.4

[1]) AePP. **42**, 109; **46**, 338 (1901); **47**, 431 (1902).

Vergleicht man mit diesem S den Teilungskoeffizienten $\frac{Cf}{Cw}$, welcher die Verteilung derselben Substanzen in Fett (f) und Wasser (w) angibt, so sieht man,

	$\frac{Cf}{Cw}$
Trional	4.46
Tetronal	4.04
Butylchloralhydrat	1.59
Sulfonal	1.11
Bromalhydrat	0.66
Triacetin	0.30
Diacetin	0.23
Chloralhydrat	0.22
Äthylurethan	0.14
Monacetin	0.06
Methylurethan	0.04

daß Substanzen mit niedrigstem Schwellenwert die größten Teilungskoeffizienten haben, oder mit anderen Worten, daß die am stärksten hypnotisch wirkenden Verbindungen sich viel stärker in Öl als in Wasser lösen.

Diese Regel bestätigt sich nach H. H. Meyer auch bei den Substanzen, welche E. Baumann und Kast untersucht und deren Wirkung oder Nichtwirkung sie mit der An- oder Abwesenheit von Äthylgruppen oder mit dem unveränderten Passieren durch den Organismus erklärt haben.

		Wirkung	Teilungskoeffizient
Diäthylsulfomethan	$CH_2(SO_2 \cdot C_2H_5)_2$	schwach	0.1514
Dimethylsulfomethan	$(CH_3)_2 \cdot C \cdot (SO_2 \cdot CH_3)_2$	sehr schwach	0.106
Sulfonal		stark	1.115
Trional		stärker	4.458
Tetronal		stärker	4.039
Tertiärer Butylalkohol	$(CH_3)(CH_3)(CH_3) > C(OH)$	schwach	0.176
Tertiärer Amylalkohol	$(CH_3)_2 = C(OH) \cdot CH_2 \cdot CH_3$	stark	1.000

H. H. Meyer und Baum schließen daraus, daß nicht die Äthylgruppen die spezifischen Träger der narkotischen Wirkung sind, sondern daß lediglich die geänderten physikalischen Verhältnisse die Stärke derselben beeinflussen.

Wie wir im allgemeinen Teile schon ausgeführt haben, können die interessanten Untersuchungen von H. H. Meyer und Baum sehr wohl die experimentelle Grundlage für eine Selektionstheorie der hypnotisch wirkenden Substanzen abgeben, ohne aber die Wirkungen der Substanzen selbst aus ihrer bloßen Verteilung zu erklären.

Kurt H. Meyer und Hans Gottlieb-Brillroth[1]) fanden, daß chemisch indifferente Inhalationsanästhetika auf Mäuse dann narkotisch wirken, wenn sie in solchen Konzentrationen eingeatmet werden, daß sich in den fettähnlichen Hirnlipoiden ein Gehalt von 0.06 Molen pro Liter einstellt. Sie nehmen an, daß Narkose dann eintritt, wenn ein beliebiger, chemisch indifferenter Stoff in einer bestimmten molaren Konzentratron in die Zell-Lipoide eingedrungen ist.

Overtons[2]) Versuche an Kaulquappen über die narkotische Wirkung von Substanzen zeigten, daß in den verschiedenen homologen Reihen die Verbindungen im allgemeinen um so stärkere Narkotica sind, je länger ihre Kohlenstoffkette ist, daß aber dies nur bis zu Ketten von einer gewissen Länge zutrifft, während darüber hinaus die narkotischen Eigenschaften wieder verschwinden

[1]) HS. 112, 55 (1921). [2]) Overton, Studien über die Narkose, Jena 1901.

(resp. nicht zum Vorschein kommen können), daß ferner unter den verschiedenen Isomeren, z. B. eines Alkohols, derjenige das stärkste Narkoticum ist, dessen Kohlenstoffkette am wenigsten verzweigt ist (oder anders gesagt, dessen Molekül sich am meisten von der Kugelgestalt entfernt). Weiterhin ergab sich bei dem Vergleiche der narkotischen Kraft von Benzol, Naphthalin und Phenanthren, daß Phenanthren viel stärker narkotisch wirkt als Naphthalin und letzteres wieder viel stärker als Benzol. Das mit dem Phenanthren isomere Anthracen wirkt dagegen nicht merklich narkotisch. Wenn ferner in einer beliebigen organischen Verbindung ein Wasserstoff- oder ein Halogenatom durch eine Hydroxylgruppe ersetzt wird, so hat die dadurch entstehende Verbindung eine viel geringere narkotische Kraft als die Ausgangssubstanz, was beim Eintreten von zwei oder mehr Hydroxylgruppen in das Molekül sich in noch viel höherem Grade bemerkbar macht. Dagegen hat die Substitution des Wasserstoffatoms einer Hydroxylgruppe durch eine Methyl- resp. eine Alkylgruppe stets die Wirkung, die narkotische Kraft stark zu vergrößern, resp. erst rein hervortreten zu lassen, eine Erscheinung, die sowohl bei einem alkoholischen als auch bei einem Phenolhydroxyl zu beobachten ist. Der Ersatz eines Chloratoms durch ein Bromatom und eines Bromatoms durch ein Jodatom verursacht im allgemeinen eine Abnahme der narkotischen Kraft der Verbindung.

Die stärksten Narkotica sind, nach Overton, Verbindungen, die gleichzeitig eine sehr geringe Löslichkeit in Wasser mit einer sehr hohen Löslichkeit in Äther oder Olivenöl kombinieren.

Overton hat die Verhältnisse am Muskel ganz besonders eingehend untersucht und aus einem sehr reichen Material auch wichtige Schlußfolgerungen gezogen. Er konnte nämlich feststellen, daß die Löslichkeit von chemischen Verbindungen für die hier in Betracht kommenden Lösungsmittel bis zu einem gewissen Grade eine additive Eigenschaft ist und hat direkt einen Zusammenhang zwischen chemischer Konstitution und Löslichkeit bis zu einem bestimmten Grade, d. h. für spezielle Atomgruppen, feststellen können. Er fand folgendes:

1. Die Teilung aller organischen Verbindungen, die nur aus Kohlenstoff und Wasserstoff bestehen, zwischen den Lösungsmitteln Wasser und Äther (oder Wasser und fast einem beliebigen flüssigen organischen Lösungsmittel) geht stets zugunsten des Äthers (resp. des organischen Lösungsmittels) im allgemeinen. Das gleiche gilt für die Halogen- und Nitroderivate der Kohlenwasserstoffe und für die Nitrile (nur Acetonitril dürfte sich etwas zugunsten des Wassers teilen). Beispiele: Methan, Pentan, Amylen, Acetylen, Benzol, Xylol, Naphthalin, Phenanthren, Äthylchlorid, Methyljodid, Chloroform, Nitroäthan, Propionitril.

2. Je größer die Anhäufung von Hydroxylen in einem Molekül, um so stärker fällt die Teilung der Verbindungen zugunsten des Wassers aus: einen entgegengesetzten, aber schwächeren Einfluß übt die Vermehrung der Kohlenstoffatome im Molekül. Auch die Art der Verkettung der Kohlenstoffatome spielt eine gewisse Rolle, indem sie sonst bei gleicher Zusammensetzung des Moleküls die Verbindung mit stärker verzweigter Kohlenstoffkette eine größere Neigung, in das Wasser überzutreten, verrät als das Isomere mit unverzweigter oder wenig verzweigter Kohlenstoffkette.

Beispiele: Die Teilung von Methylalkohol, Äthylalkohol, Propylalkohol usw. zwischen Wasser und Äther geht weniger zugunsten des Wassers als die Teilung von Äthylenglykol, Butylenglykol: die Teilung von Propylenglykol, Butylenglykol, wieder weniger zugunsten des Wassers als die Teilung von Glycerin, und die Teilung letzterer Verbindung wiederum weniger als die

Teilung von Erythrit usw. Die Butylalkohole, Amylalkohole usw. gehen zu viel größerem Teil in Äther über als Methyl- und Äthylalkohol; tertiärer Butylalkohol und Amylalkohol zu geringerem Teile in Äther als die normalen oder Isoalkohole. Pinakon teilt sich weniger zugunsten des Wassers als Äthylenglykol usw.

3. Der Eintritt der Aldehydgruppe oder einer Ketongruppe in ein Molekül hat qualitativ denselben Einfluß wie der Eintritt einer Hydroxylgruppe.

4. Ähnlich wie die Anhäufung von Hydroxylgruppen, und zwar in noch höherem Grade, hat die Anhäufung von Aminogruppen die Tendenz, die Löslichkeit der betreffenden Verbindung in Wasser zu erhöhen, ihre Löslichkeit in Äther dagegen herabzusetzen oder wenigstens den Teilungskoeffizienten zugunsten des Wassers zu verschieben. Auch bei diesen Verbindungen hat eine Zunahme der Kohlenstoffatome wie überall die entgegengesetzte Wirkung. Beide Einflüsse lassen sich z. B. bei den Säureamiden gut wahrnehmen; so sind schon die Amide der einwertigen Säuren in den niedrigen Gliedern der Reihe viel leichter löslich in Wasser als in Äther, während bei den höheren Gliedern sich die Teilung allmählich mehr zugunsten des Äthers vollzieht. Die Verbindungen mit zwei Aminogruppen und einer nur geringen Anzahl von Kohlenstoffatomen, wie z. B. Harnstoff oder Thioharnstoff, sind schon äußerst wenig löslich in Äther, aber sehr leicht löslich in Wasser. Auch die aliphatischen Diamine, z. B. Äthylendiamin, Tetramethylendiamin (Putrescin), Pentamethylendiamin (Cadaverin) sind in Wasser sehr viel leichter löslich als in Äther (diese letzteren Verbindungen dringen auch im Gegensatze zu den Alkaloiden sehr langsam in die Zelle ein), wie bei gerbstoffhaltigen Pflanzenzellen leicht nachgewiesen werden kann.

5. Verbindungen, welche die Atomkombination $<^{CO \cdot OH}_{NH_2}$ (Aminosäuren) oder die Atomkombination $<^{SO_2 \cdot OH}_{NH_2}$ (z. B. Taurin) enthalten, sind in Äther fast gänzlich löslich; in Wasser (wenigstens die Verbindungen von geringerem Molekulargewicht) leicht bis ziemlich leicht löslich. Beispiele: Glykokoll, Alanin, Leucin, Asparagin, Glutamin usw.

6. Der Ersatz der Wasserstoffatome der Hydroxyle durch Methyle resp. Alkyle und ebenso durch Säureradikale (z. B. Acetyle) verschiebt die Teilungsverhältnisse wieder stark zugunsten des Äthers, und zwar um so stärker, je länger die Kohlenstoffkette des Alkyls oder des Säureradikals ist. Dieses gilt in ganz gleicher Weise, ob es sich um ein einfaches alkoholisches Hydroxyl, um ein Phenolhydroxyl oder sogar um ein Carboxyl (CO · OH) handelt, selbst wenn das letzte in Kombination mit einer Aminogruppe (Aminosäuren) vorkommt.

Genau denselben Einfluß auf die Löslichkeitsverhältnisse wie bei den Hydroxylgruppen übt der Ersatz der Wasserstoffatome der Aminogruppen durch Alkyle oder Säureradikale (z. B. bei den Derivaten des Harnstoffs und Thioharnstoffs) d. h. der Teilungskoeffizient der resultierenden Verbindungen wird zugunsten des Äthers verschoben.

Beispiele: Acetal, Di- und Triäthylin des Glycerins, die neutralen Ester der ein- bis dreibasischen Säuren, die Ester der Aminosäuren, die Ester der Di- und Trioxybenzole usw. sind alle in Äther sehr leicht löslich, in Wasser zum Teil schwer löslich. Methylharnstoff und Phenylharnstoff sind leichter löslich in Äther, schwerer löslich in Wasser als der Harnstoff selbst. Diäthylharnstoff ist leichter löslich in Äther als Monoäthylharnstoff, Triäthylharnstoff leichter als Diäthylharnstoff usf.

7. Die Stammsubstanzen der heterocyclischen Verbindungen und die entsprechenden hydrierten Verbindungen sind meist leichter löslich in Äther als

in Wasser (Pyridin und Piperidin, die übrigens auch mit Äther mischbar sind, bilden Ausnahmen). Piperazin ist, ähnlich wie die aliphatischen Diamine, viel leichter in Wasser löslich als in Äther und Olivenöl. Diese Verbindung dringt auch ganz wie die Diamine sehr langsam in die lebenden Zellen ein. In den Derivaten dieser Substanzen wird durch die besondere Konstitution der Seitenkette eine ganz ähnliche Verschiebung des Teilungskoeffizienten der Verbindung zwischen Wasser und Äther hervorgebracht wie in den Methanderivaten.

8. Die Alkali- und Erdalkalisalze der organischen Säuren und die meisten Salze der organischen Basen sind zum weitaus größeren Teile in Äther praktisch unlöslich oder sehr wenig löslich, in Wasser sind besonders die Alkalisalze der organischen Säuren mehr oder weniger leicht löslich. Speziell die Salze der basischen Farbstoffe sind zwar in Äther, wohl aber in höheren einwertigen Alkoholen wie Cetylalkohol (Äthal) und Cholesterin und ebenso in Lecithin sehr leicht löslich. Die Mehrzahl der einwertigen organischen Säuren ist in Äther leichter löslich als in Wasser; die zweiwertigen, aber einbasischen und ebenso die zweibasischen organischen Säuren sind in Äther meist ziemlich leicht löslich (Oxalsäure bildet eine Ausnahme). Bei Salzen, Säuren und Basen ist der Teilungskoeffizient zwischen Wasser und einem organischen Lösungsmittel in hohem Grade beeinflußt durch den Grad der elektrolytischen Dissoziation in der wässerigen Lösung, denn die Ionen sind durchweg viel leichter löslich in Wasser als in dem organischen Lösungsmittel, so daß die Teilung sich fast ausschließlich auf die nichtionisierten Molekeln beschränkt, während die Ionen sich fast allein in der wässerigen Lösung befinden.

Gegen die Annahme von Overton und H. H. Meyer, daß die guten Narkotica, Anaesthetica und Antipyretica sämtlich zu den gut diosmierenden Substanzen gehören und daher die Wirksamkeit eines guten Narkoticums in erster Linie von seiner Lipoidlöslichkeit abhängig ist, wendet sich J. Traube[1]). Er verweist u. a. auch darauf, daß Pyridin, Nicotin, Antipyrin die Membranen schnell durchdringen, obwohl hier der Teilungskoeffizient Fett : Wasser kleiner ist als der Wert von Wasser : Fett.

Die treibende Kraft bei der Osmose ist nach Traube nicht der osmotische Druck, sondern der Oberflächendruck. Je größer die Geschwindigkeit der Osmose eines wasserlöslichen Stoffes, um so mehr erniedrigt er die Capillaritätskonstante des Wassers. Stoffe, welche die Steighöhe des Wassers selbst in konzentrierten Lösungen nur in geringem Maße erniedrigen, werden capillarinaktiv genannt. Capillaraktiv werden solche Stoffe benannt, welche die Steighöhe des Wassers in hohem Maße beeinflussen. Gleiche Äquivalente capillaraktiver Stoffe homologer Reihen erniedrigen die Steighöhe des Wassers im Verhältnis $1 : 3 : 3^2 : 3^3$. Teilungskoeffizient und Lösungstension und damit auch Oberflächenspannung und osmotische Geschwindigkeit sind daher proportionale Größen, was die Beobachtung Overtons, daß die osmotische Geschwindigkeit und Fettlöslichkeit parallel gehen, erklärt. Die narkotische Wirkung homologer Stoffe nimmt mit wachsendem Molekulargewicht im Verhältnis $1 : 3 : 3^2$ zu.

Bei den indifferenten Substanzen aus der Gruppe der Narkotica, den Alkoholen, Urethanen und Estern beobachtet man, wenn man die Anfangsglieder der Reihe nicht in Betracht zieht, eine Zunahme der Wirkungsintensität im Verhältnis $1 : 3 : 3^2$. In gleicher Weise beeinflussen diese Substanzen die Oberflächenspannung des Wassers: Von ihrer schnelleren oder geringeren Resorptionsfähigkeit seitens der Zellen scheint also ihre Wirksamkeit abzuhängen.

[1]) Pflügers Arch. **105**, 559.

Die Säureamide aber zeigen nach den Untersuchungen von H. Fühner und E. Neubauer[1]) nicht mehr diese regelmäßige Zunahme des Wirkungsgrades und dissoziable Basen und Säuren weichen ganz ab. In ihrem hämolytischen Verhalten zeigen sie kein Ansteigen, sondern Abnehmen mit steigendem Molekulargewicht.

Das Gehirn besitzt von allen Körpergeweben die relativ größte Adsorptionsfähigkeit für die Hypnotica der Fettreihe; dagegen sind die absoluten Mengen welche vom Gehirn aufgenommen werden und welche die Narkose bedingen, sehr gering. Sie betragen im Mittel nur 1.4% der resorbierten Menge des betreffenden Schlafmittels. Bei der Einwirkung auf das Gehirn findet keine Zerstörung der Substanzen statt. Die Menge der in verschiedenen Gehirnen gefundenen Hypnotica geht parallel dem Hirngewicht; auf 100 g Hirn berechnet sind die Zahlen ziemlich konstant.

Von dem schwächer wirkenden Hypnoticum, das in größerer Menge gegeben werden muß, um die gleiche Schlaftiefe zu erreichen, findet sich ein entsprechend größerer Anteil im Gehirn[2]).

* * *

Bei der Synthese von neuen Schlafmitteln muß man sich folgendes vor Augen halten. Leicht flüchtige Körper sind wegen der rasch vorübergehenden Wirkung als eigentliche Schlafmittel nicht brauchbar, können aber unter Umständen als Inhalationsanaesthetica dienen.

Halogensubstituierte Schlafmittel lassen sich nur in der aliphatischen Reihe darstellen. Von den Halogenen ist insbesondere Chlor geeignet, während die Derivate der anderen Halogene unsicher wirkende Körper sind und üble Nachwirkungen verursachen. Allen schlafmachenden Halogenverbindungen haftet die schlechte Nebenwirkung auf Herz und Respiration an, weshalb unter sonst gleichen Umständen ein halogenfreier Körper als Hypnoticum vorzuziehen ist.

Die auf Aldehyd- oder Ketongruppen basierten Schlafmittel stehen in jeder Hinsicht den auf Äthylgruppen basierten nach. Insbesondere die der hypnotischen Wirkung vorausgehende erregende, welche eben durch die Aldehydgruppe hervorgerufen wird, ist bei dieser Gruppe von Nachteil. Bei den Substanzen, deren hypnotischer Effekt auf Äthylgruppen beruht, bemerken wir den resistenten Bau gegenüber den Eingriffen des Organismus. Bei der Gruppe der Disulfone, welche gegenwärtig in der Therapie neben dem Veronal vorherrscht, bemerken wir den Nachteil der Wasserunlöslichkeit, welcher jedoch nur für den subcutanen Gebrauch, insbesondere bei der Behandlung von Psychosen, in Betracht kommt, während die Wasserunlöslichkeit für die sonstige Anwendung ganz gleichgültig ist. Viel schwerer wiegend sind bestimmte nachteilige Folgen, welche sich bei längerem Gebrauch von Substanzen dieser Gruppe, insbesondere von Sulfonal einstellen[3]), die sich durch Bildung von Hämatoporphyrin manifestieren. Ob diese schädliche Nebenwirkung auf den Sulfonanteil zu beziehen ist, ist fraglich, aber doch sehr wahrscheinlich.

Ein Desiderium dieser Gruppe wären wasserlösliche Substanzen, deren Wirkung auf festgebundenen Äthylresten beruht, aber die Bindung müßte an einem dem Organismus gegenüber physiologisch ganz indifferenten Kern vorgenommen sein.

---

1) AePP. **56**, 333 (1907).
2) P. Gensler, AePP. **79**, 42 (1916).
3) Breslauer, Wiener med. Blätter **1891**, 3, 19.

Fünftes Kapitel.

Antiseptica und Adstringentia.

Seitdem eine Reihe von Mikroorganismen als Krankheitserreger bekannt wurden, hat es nicht an Versuchen gefehlt, diese sowohl in ihren Kulturen als auch im Organismus selbst durch chemische Verbindungen abzutöten oder in ihrer Entwicklung zu hemmen. Man war bei einigen Infektionskrankheiten schon früher in der Lage, festzustellen, bevor man noch die Erreger selbst kannte, daß sie heilbar sind bei Anwendung bestimmter, meist spezifisch wirkender Substanzen. Man erinnere sich hierbei an die Wirksamkeit des Chinins bei der Malaria, der Salicylsäure bei akutem Gelenkrheumatismus, des Quecksilbers, des Jods und des Salvarsans bei der Syphilis. Emetin wirkt spezifisch gegen die Dysenterieamöben. Doch waren diese sogenannten Specifica durchaus nicht Substanzen, welche nur den bestimmten Krankheitserreger schädigten oder abtöteten, sondern auch andere Krankheitserreger wurden von ihnen im Reagensglase, seltener in nicht toxischen Dosen auch im Organismus geschädigt oder getötet. Nach der Einführung der Antisepsis in die Chirurgie war man bemüht, eine große Reihe von Verbindungen daraufhin zu prüfen, ob sie und in welchen Konzentrationen Bakterien und deren Sporen abtöten oder in der Entwicklung hemmen. Es konnte sich aber hierbei bei Anwendung dieser Versuche in der Therapie nur darum handeln, auf den Oberflächen von Wunden, von erkrankten Schleimhäuten usw. Wirkungen zu erzielen, evtl. eine relative Desinfektion des Darminhaltes durchzuführen. Aber selbst relativ ungiftige Substanzen konnten nicht in der Menge angewendet werden, um innerhalb der Gewebe kreisend eine Abtötung der Parasiten zu bewirken. Wir müssen dreierlei antiseptische Mittel unterscheiden: solche, welche ohne Berücksichtigung ihrer giftigen Wirkungen Mikroorganismen und deren Dauerformen abtöten und für allgemeine Desinfektionen von Wert sind, solche, welche, auf Oberflächen (Wunden, Haut, Magen-Darmkanal, Bindehäute) gebracht, Mikroorganismen vernichten, ohne bei der Resorption schwer zu schädigen, und schließlich solche, welche, dem Organismus einverleibt, ganz bestimmte Parasiten töten, ohne den Organismus zu vernichten. Es mußten daher neue Wege gesucht werden, um nicht allgemein antiseptische Mittel zu finden, sondern solche Verbindungen synthetisch aufzubauen, die nicht gegen alle Mikroorganismen wirken, sondern nur gegen besondere, wie etwa Chinin gegen Malaria. Diese Verbindungen müssen sich nicht nur im Reagensglase als wirksam erweisen, sondern vielmehr im Organismus so wirken und sich so verteilen, daß sie von den Zellen des erkrankten Organismus entweder wenig aufgenommen werden oder diese Zellen nur wenig angreifen, während sie von Parasiten stark aufgenommen werden und diese möglichst schädigen. Mit anderen Worten, die zu konstituierende chemische Substanz muß physikalisch sich so verhalten, daß die Verteilung zwischen dem erkrankten Organismus einerseits und dem Krankheitserreger sich in der Weise abspielt, daß die chemische Verbindung sich der Hauptsache nach dem Parasiten zuwendet und weniger der Zelle des Wirtstieres. Es muß sich nicht immer um ein Eindringen der chemischen Verbindung in den Parasiten handeln, sondern es genügt wohl, wie bei einzelnen Bakterienprodukten und Substanzen, die als Gegenwirkung von Bakteriengift auf den Organismus entstehen, daß die chemischen Verbindungen nur auf die Membran wirken und diese so verändern, daß sich ein Zusammenkleben oder ein Ausfällen der Mikroorganismen ergibt.

Allgemeine Zellgifte sind auch allgemeine Antiseptica, insbesondere solche, welche auf Eiweißkörper fällend oder lösend wirken, ebenso wie auf die sehr wichtigen Bestandteile der Zellmembranen und des Zellinhaltes, die Lipoide, daher sind Schwermetalle in ihren Salzen, ebenso die Mineralsäuren und Laugen und auch die organischen Solvenzien wie Äther, Alkohol, Toluol, Chloroform allgemeine Zellgifte und Antiseptica. Die Membranen zahlreicher Bakterien und anderer Mikroorganismen bestehen aber zum Unterschiede von den Membranen tierischer Zellen, welche aus Eiweißkörpern und Lipoiden aufgebaut sind, zum Teil aus Cellulose, zum Teil aus chitinähnlichen Verbindungen, welche häufig einen schwer permeablen wachsähnlichen Überzug haben. Insbesondere die Sporen mancher Bakterien sind so von ihren Membranen umschlossen, daß sie selbst sehr starken antiseptischen Mitteln gegenüber widerstandsfähig sind, weil die Sporenmembran undurchlässig ist für die wirksamen chemischen Verbindungen.

Bei den Schwermetallsalzen hängt die Giftigkeit der Lösung von der Dissoziationsgröße ab, aber auch von der Lipoidlöslichkeit. Daher ist Quecksilberchlorid, welches lipoidlöslich ist, viel wirksamer als die andern stärker dissoziierten Quecksilbersalze. Die Quecksilberionen wirken unter den Schwermetallen am stärksten, ihnen kommen Silber, Zink und Kupfer nahe. Bei den Säuren hängt die Desinfektionskraft ebenfalls von der Konzentration der Wasserstoffionen ab, aber auch von der Natur der nicht dissoziierten Moleküle und hier von der Lipoidlöslichkeit derselben. Dasselbe gilt von den Alkalien. Viele Antiseptica sind Oxydationsmittel, wie z. B. Wasserstoffsuperoxyd, Chlor und unterchlorigsaures Natrium, Kaliumpermanganat und chlorsaures Kalium.

Die Beobachtung, daß in der Nähe von reinen Metallen Mikroorganismen geschädigt werden oder absterben, wurde kritisch bearbeitet. Es handelt sich höchstwahrscheinlich um winzige Mengen von gelösten Metallen. Silber, Quecksilber und Kupfer üben eine deutliche Wirkung aus, während Magnesium, Aluminium, Eisen, Zink, Blei, Zinn, Palladium und Gold im kompakten Zustande wirkungslos sind. Die bactericide Wirkung der Radiumemanation bezieht sich vorzüglich auf die Einwirkung der α-Strahlen. Sie ist übrigens keineswegs groß. Man nimmt heute an, daß die desinfizierende Kraft von Metallösungen nicht allein von dem Gehalte der Lösung an Metall abhängt, sondern komplizierteren Gesetzen folgt. Die Wirkung ist abhängig und summiert sich aus der Wirkung des Anions und Kations. Sie ist aber auch abhängig von der Menge der in Lösung dissoziierten Moleküle, wobei zu bemerken ist, daß praktisch in dünnen Lösungen bei stark wirksamen Metallen das ganze gelöste Salz als dissoziiert anzusehen ist. Durch die Verdünnung steigt natürlich die Dissoziation der Moleküle in der Lösung.

Bei den Desinfektionsmitteln hängt die Wirkung, insofern es sich um Salze handelt, von den Ionen ab, und Lösungen von Metallsalzen, in denen das Metall Bestandteil eines komplexen Iones ist, wirken außerordentlich wenig keimtötend. So haben Scheurlen und K. Spiro gezeigt, daß Sublimat dem Quecksilberkaliumhyposulfit in der Desinfektionskraft bedeutend überlegen ist.

Es haben dann Schrauth und Schöller[1]) komplexe Quecksilberverbindungen dargestellt, die so wirksam sind wie Sublimat, so daß man annehmen muß, daß das komplexe quecksilberenthaltende Ion selbst stark bactericid wirkt. Durch die elektrolytische Dissoziationstheorie können wir uns auch erklären, warum sonst wirksame Salze auf Bakterien nur wenig wirken, wenn sie in Alkohol, Äther und ähnlichen Lösungsmitteln gelöst sind, denn in diesen ist die Dissoziation der Salze äußerst gering. Nun wird die Dissoziation der Salze durch den Zusatz von Neutralsalzen beträchtlich herabgesetzt, da die Neutralsalze der Dissoziation entgegenwirken. Das ist auch der Grund, warum die Desinfektionswirkung der Salze durch den Zusatz von Neutralsalzen beträchtlich herabgesetzt wird. Wie schon ausgeführt, hängt die Desinfektionswirkung der Salze von Anion und Kation ab und ist gleich der Summe der beiden Wirkungen plus der Wirkung der nicht dissoziierten Moleküle. Deshalb sind auch die Chloride stärkere Desinfektionsmittel als die Sulfate.

Es genügt 1 g $\overset{+}{H}$-Ion, um 30 Millionen Liter besten Nährboden dauernd steril zu halten, bei Abwesenheit von OH-Ionen liefernden Verbindungen, denn eine Reaktionsverschiebung von $0.8.10^{-7}$ g $\overset{+}{H}$ auf 2.10^{-7} g $\overset{+}{H}$ verhindert in den Versuchen jedes Bakterienwachstum.

Da das Wasserstoffion das stärkste Desinficiens ist, spielt der negative Bestandteil bei starken Säuren nur insofern eine Rolle, als die absolute Desinfektionskraft um so geringer sein wird, je höher das Molekulargewicht der Säure ist, ganz unabhängig von einer evtl. vorhandenen Desinfektionskraft des Amins, das dem überstark wirksamen $\overset{+}{H}$-Ion gegenüber nicht zur Wirkung kommt. Je schwächer die Säure, desto mehr kommt der desinfektorische Effekt des Anions zur Geltung. Die Desinfektionskraft einer dissoziierenden Verbindung ist das Ergebnis der Desinfektionskraft der Ionen, und jedes Ion ist als ein selbständiges Desinficiens zu betrachten.

Die Chloride der Leichtmetalle sind schwache Desinficientien, die Elemente mit kleinem Atomvolumen (Schwermetalle) des ersten Strahles im periodischen System sehr starke.

Kolloidales Silber (Fulmargin) übertrifft alle bisher geprüften Silberverbindungen bei weitem an absoluter Desinfektionskraft.

Im zweiten Strahl des periodischen Systems sind die Leichtmetalle schwache, die Schwermetalle starke Desinficienten, kolloidales Quecksilber verhält sich in der Desinfektionskraft zu kolloidalem Silber wie 80 : 31, also fast dreimal so stark. Keine Quecksilberverbindung ist wirksamer als kolloidales Quecksilber.

Im ersten Strahl ist das $\overset{+}{H}$-Ion als erstes Element der Reihe, im zweiten Strahl das Radiumion als letztes Element der Reihe das bei weitem wirksamste Glied.

Cadmium kommt dem Silber an absoluter Desinfektionskraft beinahe gleich. Die absolute Desinfektionskraft aller Verbindungen bleibt hinter der des wirksamsten Elementes in elementarer Form.

Im dritten Strahl des periodischen Systems wirken Bor und Aluminium relativ schwach desinfizierend.

Silikate, Zinn- und Bleisalze wirken schwach, steigend von Silicium zum Blei, Bleisalze so stark wie Aluminiumsulfat.

Im vierten Strahl des periodischen Systems der Elemente nimmt die absolute desinfektorische Wirksamkeit mit steigendem Atomgewichte zu.

[1]) Schrauth und Schöller, Z. f. Hyg. **66** (1910).

Im fünften Strahl des periodischen Systems der Elemente besitzt Stickstoff in elementarer Form keine desinfektorische Kraft, Stickstoffionen sind nicht bekannt, Ammoniak wirkt durch seinen Gehalt an Hydroxylionen.

Im fünften Strahl nimmt die desinfektorische Wirksamkeit mit steigendem Atomgewicht ab. Die höchsten Oxydationsstufen der Elemente des fünften Strahles erweisen sich als weit weniger wirksam als die positiv geladenen Atomgruppen dieser Elemente. Salvarsan hemmt weniger als arsenige Säure.

Der sechste Strahl des periodischen Systems enthält Sauerstoff, Schwefel, Chrom, Scandium, Molybdän, Tellur, Wolfram, Uran.

Elementarer Sauerstoff ist in molekularer Form (O_2) nur gegen die anaerobiontisch lebenden Mikroorganismen wirksam. Ionisiert bildet er in wässeriger Lösung Hydroxylionen, denen eine starke desinfizierende Wirkung zukommt, namentlich dem Wasserstoffsuperoxyd.

Formaldehydsulfoxylsaures Natrium wirkt sehr wenig, schweflige Säure 20 mal so stark, Urannitrat 30 mal so stark wie Goldchlorid.

Im sechsten Strahl des periodischen Systems kommt den Sauerstoffionen der höchste Grad von desinfektorischer Wirksamkeit zu. Die Wirkung des Ozons beruht sehr wahrscheinlich auf der Bildung von OH-Ionen in wässeriger Lösung. Die desinfektorische Wirkung der Persalze ist weit geringer als die des Wasserstoffsuperoxyds.

Der siebente Strahl des periodischen Systems der chemischen Elemente enthält neben den vier Halogenen: Fluor, Chlor, Brom und Jod von Elementen mit kleinem Atomvolumen nur das Mangan. Elementares Fluor ist so reaktionsfähig, daß eine Prüfung der Desinfektionskraft auf große Schwierigkeiten stößt. Bei Chlor, Brom und Jod steigt in elementarer Form wie auch in den geprüften Verbindungen die Desinfektionskraft mit steigendem Atomgewicht. Im ionisierten Zustand ist das Fluorion am stärksten desinfektorisch wirksam, dann steigt die Wirksamkeit vom Chlorion bis zum Jodion.

Chloroform, Bromoform und Jodoform verhalten sich in bezug auf Stärke der Wirkung wie 1 : 2 : 30. Natriumchlorat und Natriumperchlorat wirken sehr schwach, sie sind ohne nennenswerte desinfektorische Kraft.

Jodtrichlorid, Jodtribromid und Natrium sozojodolicum. Ersteres wirkt so stark wie Fluorwasserstoff, das zweite wie Bromoform, letzteres sehr schwach.

Manganchlorid und Natriumpermanganat wirken schwach 1 : 300 bzw. 1 : 200.

Im achten Strahl finden sich neben den Edelgasen Neon, Argon, Krypton und Xenon, die keine chemische Verbindung mit anderen Elementen eingehen und daher auch keine desinfektorische Kraft haben, drei Reihen von je drei zusammengehörigen Elementen: Eisen, Kobalt, Nickel, ferner Palladium, Rhodium, Ruthenium und Osmium, Iridium und Platin.

In kolloidaler wässeriger Lösung zeigt keines der geprüften Elemente irgendwelche desinfektorische Kraft, dagegen ist die Ionenwirkung bei Eisen und Osmium nicht unbeträchtlich.

Eisenchlorid 1 : 1600, Osmiumsäure 1 : 1500, Ferrokakodylat $FeC_6H_{18}As_3O_6$ 1 : 900.

Die Platinionen wirken in gleicher Stärke desinfektorisch.

Keine organische Verbindung wirkt stärker als Formaldehyd oder Wasserstoffsuperoxyd, ganz zu schweigen von Quecksilber- und Silberverbindungen oder Lösungen.

Es hemmt

Formalin	1 : 20 000
Naphthol	1 : 5000
Lysoform	1 : 4200
Grotan	1 : 1000
Kreolin	1 : 1000
Seifenspiritus	1 : 800
Tribromnaphthol	1 : 700
Guajakol	1 : 500
Sagrotan	1 : 300
Lysol	1 : 300
Phenol	1 : 100

Die Abkömmlinge der Phenolreihe zeigen sämtlich eine bemerkenswert geringe Desinfektionskraft; Naphthol ist nach Formalin die kräftigst wirkende der geprüften organischen Verbindungen.

Von organischen Säuren hemmt

Ameisensäure	1 : 1500
Essigsäure	1 : 1000
Salicylsäure	1 : 500
Sulfosalicylsäure	1 : 500
Pikrinsäure	1 : 500

Thymol, Menthol, Campher; letzteres ist das wirksamste.

Thymol	1 : 500
Menthol	1 : 550
Campher	1 : 1050
Pyramidon	1 : 750
Aspirin	1 : 700

Von Chininderivaten ist Eucupin am wirksamsten.

Es hemmt

Chinin	1 : 330
Optochin	1 : 330
Eucupin	1 : 1000

Es hemmen

Resorcin	1 : 40
Brenzkatechin	1 : 1300
Hydrochinon	1 : 1340
Pyrogallol	1 : 650

Durch Einführung von Schwermetallionen in organische Verbindungen läßt sich zwar die desinfektorische Kraft sehr erheblich (bis auf das Zwanzigfache und mehr) steigern, aber doch nicht über das Maß der einfachen organischen Substanzen hinaus, deren Wirksamkeit nicht einmal erreicht wird.

Bei Untersuchungen der relativen Giftigkeit und Desinfektionskraft sieht man, daß zu den relativ giftigsten Desinfektionsmitteln Natriumsalicylat und Phenol gehören, zu den ungiftigeren Essigsäure, Jod und Aluminiumsulfat, zu den relativ ungiftigsten Sublimat, weit vor allen aber Wasserstoffsuperoxyd. Alle Mittel, welche einen Phenol- oder Chininrest enthalten, erweisen sich als relativ sehr giftig.[1]).

Die Untersuchungen von Krönig und Paul zeigten, daß im allgemeinen die Säuren im Verhältnis zu ihrer Dissoziationskraft desinfizierend wirken, d. h. die Stärke der Wirkung steigt mit der Menge der in der Lösung befindlichen Wasserstoffionen, aber außerdem kommt auch den nicht dissoziierten Molekülen manchmal eine spezifische Giftwirkung für die Bakterien zu, wie z. B. der Flußsäure, der Salpetersäure und der Trichloressigsäure. Diese spezifische Wirkung tritt aber, wenn die Verdünnung ansteigt, gegenüber

[1]) H. Friedenthal, BZ. **94**, 47 (1919).

den Wasserstoffionen zurück. Ebenso hängt die desinfizierende Wirkung der Alkalihydroxyde und des Ammoniaks ab von der Menge der Hydroxylionen in der Lösung, d. h. von der Größe der Dissoziation dieser Basen. Die Wasserstoffionen sind aber als Bakteriengifte viel wirksamer als Hydroxylionen.

Die keimtötende Wirkung der Alkohole steigt vom Methylalkohol zum Äthyl-, Propyl- und Amylalkohol. Die aliphatischen Alkohole zeigen eine Steigerung der Bactericidie mit der Steigerung des Kohlenstoffgehaltes der Alkohole[1]). Noch viel wirksamer ist der Allylalkohol vermöge seiner Ungesättigtheit. Die antiseptischen Wirkungen des Allylalkohols sind nach E. Salkowskis Angabe aber mäßig[2]). Die tertiären Alkohole sind weniger wirksam als ihre isomeren Normal- und Isoalkohole.

Es ist interessant, daß der absolute Alkohol keine desinfizierenden Eigenschaften hat, hingegen aber seine wässerige Lösung. Am kräftigsten soll ein etwa 55 proz. Äthylalkohol wirken. Man erklärt das Versagen der Wirkung des absoluten Alkohols auf das trockene Material in der Weise, daß sich die Bakterienmembran unter der Einwirkung des Alkohols kontrahiert und das Zellprotoplasma der Mikroorganismen von der kontrahierten Membran vor der Einwirkung des Alkohols geschützt wird. Es ist aber sehr fraglich, ob diese Erklärung richtig ist. Die Untersuchungen von Wirgin zeigten, daß die keimtötenden Wirkungen der Alkohole sich nach dem Molekulargewichte anordnen. Das gilt aber nur für die primären Alkohole bis zum Amylalkohol, die tertiären machen eine Ausnahme, denn der tertiäre Butylalkohol wirkt schwächer als die Propylalkohole und der tertiäre Amylalkohol schwächer als der normale Butylalkohol. Am stärksten keimtötend wirken die starken Mineralsäuren, die starken Oxydationsmittel, die Salze des Silbers und des Quecksilbers, schwächer wirken von den organischen Substanzen die Phenole und Alkohole, während der sehr chemisch aktive Formaldehyd eine Mittelstellung einnimmt. Die desinfizierende Wirkung der Säuren hängt von ihrer elektrolytischen Dissoziation ab, d. h. von der Konzentration der Wasserstoffionen in der Lösung. Chloroform besitzt als solches keine tötende Wirkung, sondern nur seine wässerige Lösung. Auch Jodoform hat keine desinfizierende Wirkung, sondern wahrscheinlich ein wasserlösliches Derivat desselben.

Sehr viele giftige Substanzen entfalten erst in einer bestimmten Konzentration eine besondere Wirkung. Milzbrandbacillen werden von einer 3.5 proz. Lösung von Kupferchlorid früher getötet als von einer 4 mal so starken. Manchmal verwandelt der Organismus erst eine Substanz in eine stark wirksame, entweder durch Oxydation oder durch Paarung, welch letztere zumeist entgiftet.

So ist Colchicin bei Fröschen fast ohne Wirkung, während der zwanzigste Teil der Dose an Oxydicolchicin wirksam ist. Die Unwirksamkeit an Fröschen und die Wirksamkeit an Warmblütern, welche vollständig mit der des Oxydicolchicin übereinstimmt, zeigt, daß sehr wahrscheinlich das an sich ungiftige Colchicin im Organismus der Warmblüter, nicht aber in dem der Frösche, in das giftige Oxydicolchicin umgewandelt wird.

Die desinfizierenden Mittel äußern schon in vitro, noch viel mehr aber im Organismus ihre Wirkungen auf die Mikroorganismen sehr verschiedenartig und sind meist spezifisch, so z. B. Chinin gegen Malaria, die Salicylsäure gegen akuten Rheumatismus, das Quecksilber gegen Syphilis, das Arsen gegen Try-

[1]) Saul, Arch. f. klin. Chir. **56**, 686. — H. Buchner, F. Fuchs und L. Megele, Arch. f. Hyg. **40**, 357 (1901). — Wirgin, Z. f. Hyg. **46**, 149 (1904).

[2]) E. Salkowski, BZ. **108**, 244 (1920).

panosomen. Diese Gifte nun, welche Mikroorganismen verschiedener Art töten, sollen nun in ihrer Giftigkeit den Mikroorganismen und dem tierischen Organismus gegenüber sehr differieren, da ja sonst der Infektionsträger eher zugrunde geht als der Infektionserreger. Dabei ist zu beachten, daß eine Reihe von Substanzen, welche auf Mikroorganismen einwirken, im tierischen Organismus gewisse Veränderungen oxydativer und reduktiver Art erleiden.

Methylchlorid wirkt antiseptisch, wie Chloroform, ebenso Methylenchlorid CH_2Cl_2. Acetylenchlorid, Dichloräthylen $CH_2Cl \cdot CH_2Cl$ wirkt viel schwächer antiseptisch als Chloroform. Trichloräthylen ist in Wasser sehr schwer löslich und wirkt sehr gut antiseptisch. Äthylchlorid wirkt viel schwächer antiseptisch[1]).

Äther wirkt stark fäulnishemmend.

Brombenzol verwandelt sich im Organismus des Hundes in Bromphenylmercaptursäure, welche nach T. Saxl viel stärker desinfizierend wirken soll als Brombenzol. Aber diese desinfizierende Wirkung übt sie nur im Harn, nicht aber im Blut aus.

Die Phenole sind schwache Antiseptica; die Kresole wirken stärker als Phenol, die meisten Untersucher behaupten, daß m-Kresol stärker wirksam als p-Kresol und dieses stärker als o-Kresol sei. Nur wenige behaupten von reinem o-Kresol, daß es den beiden anderen in der Wirkung nicht nachstehe. Es ist von theoretischem Interesse, daß die drei Kresole zusammen einander in der Wirkung unterstützen und stärker wirken als die gleiche Menge m-Kresol allein. Zusatz von Säuren und Salzen verstärkt die Wirkung der Phenole. Kochsalz erhöht ganz bedeutend die desinfizierende Wirkung, und zwar viel stärker als Chlorkalium, dieses stärker als Bromkalium, dieses stärker als Chlorammon, dieses stärker als Jodkalium, dieses stärker als Salpeter, dieses stärker als Natriumacetat. Hingegen wird die Desinfektionskraft der Carbolsäure durch Zusatz von Alkohol verringert und die Lösung im absoluten Alkohol ist in ihrer Wirksamkeit gleich Null. Auch einige Salze, z. B. benzoesaures Natrium, verringern die Wirksamkeit. Alkalien heben die Phenolwirkung fast ganz auf, während Kresolkaliumverbindungen nicht schwächer wirken als die Kresole allein.

Bei Kombination verschiedenartiger Substanzen, z. B. Phenol und Salzsäure, Alkohol und Kalilauge, wird eine Verstärkung hervorgerufen.

Wir unterscheiden nun Antiseptica, deren Wirkung auf Ionen beruhen, und die Desinfektionsmittel erster Ordnung genannt werden, und solche, welche als Moleküle wirken, und die man als Desinfektionsmittel zweiter Ordnung bezeichnet. Phenol z. B. ist ein solches Desinfektionsmittel zweiter Ordnung. Phenolnatrium ist in der Lösung stärker ionisiert als Phenol, wirkt aber schwächer. Die Eigenschaft, daß der Zusatz von Alkohol die Desinfektionskraft des Phenols abschwächt, wäre so zu erklären, daß Phenol aus wässeriger Lösung von Bakterien besser absorbiert wird, während Alkohol oder Öl bessere Lösungsmittel für Phenol sind als der Bakterienleib. Da nun die Verteilung zwischen dem Bakterienleib und dem Lösungsmittel sich so verhält wie zwischen zwei Lösungsmitteln, so muß der Verteilungssatz von Berthelot-Jungfleisch darauf angewendet werden, und wir werden als die stärksten Antiseptica solche bezeichnen müssen, deren Verteilungskoeffizient sehr stark zugunsten des Bakterienleibes sich hinneigt. Aus dieser theoretischen Erwägung wird es auch klar, warum die verschiedenen Mikroorganismen, welche ja verschieden chemisch zusammengesetzt sind und daher verschiedenartig lösend wirken, sich gegenüber den Einwirkungen der desinfizierenden Mittel verschieden

[1]) E. Salkowski, 107, 191 (1920).

verhalten. Es wird aber auch klar, warum eine wässerige Lösung von Phenol oder Kresol stärker wirkt als eine solche in Öl oder Alkohol, da ja die beiden letzteren Lösungsmittel viel besser Phenol lösen als das Wasser. Setzt man daher zu einer Phenollösung Neutralsalze, welche die Löslichkeit des Phenols im Wasser herabsetzen, so verschiebt sich jedenfalls der Verteilungskoeffizient zugunsten der Mikroorganismen, und die Desinfektionswirkung des Phenols steigt an. Brenzcatechin wirkt wenig bactericid, es wird auch aus seinen Lösungen durch Kochsalz im Gegensatze zum Phenol nicht ausgesalzen. Durch den Zusatz von Kochsalz wird aber auch die Einwirkung auf Bakterien nicht gesteigert[1]). Die bactericide Wirkung steigt aber sofort an, wenn man zu der wässerigen Brenzcatechinlösung eine 40proz. Ammoniumsulfatlösung zusetzt, welche das Brenzcetachin aussalzt. Aus demselben Grunde übt der Zusatz von Harnstoff oder Glycerin keine Veränderung auf die Wirkung der Phenollösung aus.

Die desinfektorische Wirkung der Phenole wird durch Salze gesteigert, aber nur dann, wenn die Salze das Verteilungsgleichgewicht beeinflussen.

Die antiseptische Wirkung der Phenole wird durch Neutralsalze erhöht, ebenso eine hämolytische Wirkung vieler Substanzen.

Die bactericide Kraft und die Erniedrigung der Oberflächenspannung gehen parallel.

In Gegenwart von Serum haben Phenol und seine Derivate keine oder eine viel geringere bactericide Wirkung als in reinen wässerigen Lösungen. Diaminoacridin ist in Serum stärker bactericid als im gewöhnlichen Peptonwasser-Agar-Nährboden. Eine Anzahl seiner Derivate mit substituierenden Methylgruppen in den Aminogruppen oder an den Benzolkernen oder auch gleichzeitig an beiden (Acridingelb) wie auch bei Bendas 3.6-Diamino-10-methylacridiniumchlorid sind für Säugetiere verhältnismäßig ungiftig. Diaminoacridinsulfat wirkt auf Erythrocyten weniger als das Bendasche Salz bei der direkten Einführung in den Kreislauf. Es macht das Blut durch mehrere Stunden antiseptisch. Ein Drittel wird beim Menschen innerhalb zweier Tage im Harn ausgeschieden. Ein Teil geht in die Galle über[2]). Phenol wirkt stärker antiseptisch als Resorcin, Brenzcatechin und Hydrochinon. Es erniedrigt auch die Oberflächenspannung des Wassers in gleichkonzentrierten Lösungen viel stärker. Diese wirken stärker als Phloroglucin, Vanillin, Pyrogallol, dementsprechend ist auch die oberflächenspannungserniedrigende Wirkung bei diesen letzteren Substanzen noch geringer.

Vergleicht man die Wirksamkeit der Dihydroxybenzole untereinander, so findet man, daß das am meisten wirksame Brenzcatechin auch am stärksten die Oberflächenspannung des Wassers erniedrigt. Dasselbe gilt unter den Trihydroxybenzolen vom Pyrogallol, nur sind da die Differenzen in den Oberflächenspannungen etwas kleiner.

Die geringe bactericide Wirksamkeit der entsprechenden aromatischen Kohlenwasserstoffe kann ebenfalls damit in Zusammenhang gebracht werden. Benzol wirkt viel schwächer bactericid als Phenol, Toluol schwächer als die Kresole, Naphthalin schwächer als die Naphthole. Diese Substanzen lösen sich allerdings nur ganz minimal im Wasser, aber die konzentrierten Lösungen erniedrigen auch nur ganz minimal die Oberflächenspannung des Wassers, während die Phenole das in hohem Maße tun.

---

[1]) Spiro und Brunz, AePP. **41**, 355 (1899).

[2]) C. H. Browning und R. Gulbranson, Proc. Roy. Soc. London Serie B **90**, 136 (1918).

α-Naphthol, welches viel stärker beim Menschen wirkt als β-Naphthol, setzt auch die Oberflächenspannung stärker herab. Thymol übt trotz seiner minimalen Löslichkeit die stärkste Wirkung aus, und diese minimalen Spuren wirken stärker antiseptisch als Phenol oder Kresole. Dementsprechend erniedrigt es auch die Oberflächenspannung des Wassers in viel stärkerem Grade; ebenso sind auch Campher und Menthol sehr stark wirksam, sie erniedrigen ebenfalls sehr stark die Oberflächenspannung des Wassers.

p-Kresol wirkt stärker als o- und m-Kresol, es setzt auch die Oberflächenspannung stärker herab, aber o-Kresol wirkt wieder stärker antiseptisch als die m-Verbindung, obwohl sie die Oberflächenspannung des Wassers weniger herabsetzt. Die Kresole erniedrigen die Oberflächenspannung des Wassers stärker als Phenol. Sie wirken auch stärker desinfizierend.

p-Nitrophenol wirkt stärker im Organismus als o-Nitrophenol. Die oberflächenspannungserniedrigende Wirkung entspricht dem vollkommen. Ebenso ist p-Nitrotoluol giftiger als die m-Verbindung, und die o-Verbindung ist noch weniger giftig. p-Nitrotoluol erniedrigt die Oberflächenspannung am meisten und o-Nitrotoluol am wenigsten. Dasselbe Verhalten zeigen die Toluidine.

o-Nitrobenzaldehyd ist giftiger als die p-Verbindung, es setzt auch die Oberflächenspannung stärker herab[1]).

Paul, Birstein und Reuß schlagen vor, die Erscheinung der sogenannten Neutralsalzwirkung in drei Gruppen einzuteilen:

1. Beim Zusatz von Neutralsalzen zu einem schwachen Elektrolyten mit gemeinschaftlichem Ion wird infolge der Zurückdrängung der Dissoziation eine Erniedrigung der Desinfektionsgeschwindigkeitskonstanten hervorgerufen, falls das andere Ion des schwachen Elektrolyten im wesentlichen der Träger der Desinfektionswirkung ist. Hierzu gehören auch diejenigen Fälle, bei denen durch Zusatz von Neutralsalzen das wirksame Ion in ein komplexes übergeführt wird.

2. Zur zweiten Gruppe gehören diejenigen Desinfektionsmittel, die mit Hilfe einer Verteilung zwischen Bakterieninhalt und dem Lösungsmittel wirken. Dieser Fall scheint bei der Giftwirkung des Phenols einzutreten, die durch Zusatz von Kochsalz eine starke Erhöhung erfährt.

3. Bei der dritten Gruppe von Neutralsalzwirkungen, wo die Desinfektionswirkung starker Elektrolyten in Betracht kommt, scheint die Desinfektionsgeschwindigkeit in einer gewissen Abhängigkeit von der Ionenkonzentration zu stehen.

Seife wirkt auf die Bakterien so ein, daß die anderen Substanzen eine intensivere Wirkung entfalten können. Die Verstärkungswirkung der Seifen auf Antiseptica beruht nicht auf einer gegenseitigen Beeinflussung der Substanzen in der Lösung, sondern sie kommt erst an der Bakterienzelle zum Vorschein[2]).

Von den Phenolsulfosäuren wirkt die o-Verbindung am stärksten keimtötend. An zweiter Stelle steht die m-Verbindung, an dritter die p-Verbindung. Wird aber eine zweite Sulfogruppe in die Phenol-o-sulfosäure eingeführt, so geht die desinfizierende Kraft so weit zurück, daß die Lösung weniger wirkt als eine entsprechende Phenollösung. Der Eintritt einer Methylgruppe in den Kern wirkt bei den Sulfosäuren genau so wie bei den entsprechenden Phenolen. Phenol geht in das stärker wirkende Kresol über, und p-Kresol-o-sulfosäure wirkt stärker als Phenol-o-sulfosäure. Kresolschwefelsäureester sind den Sulfosäuren an Desinfektionskraft überlegen[3]). 1.4-Propylphenol wirkt stärker

---

[1]) L. Berczeller, BZ. **66**, 191, 202 (1914).

[2]) Wilhelm Frei, Z. f. Hyg. u. Infektionskrankh. **75**, 431 (1913).

[3]) Schneider, Z. f. Hyg. **53**, 116.

als Isopropylphenol, dieses stärker als Isobutylphenol-1.4 und dieses noch stärker als Amylphenol-1.4. o-Xylenol wirkt stärker als m-Xylenol, aber beide wirken nicht stark auf Milzbrandsporen. 1.2.4-o-Propylkresol wirkt auf Staphylokokken schwächer als die entsprechende m- und p-Verbindung. Isopropyl-o-kresol-1.2.4 wirkt am schwächsten, die m-Verbindung stärker, die p-Verbindung am stärksten, Isopropyl-o-kresol und Propyl-o-kresol wirken aber schwächer als jedes einzelne reine Kresol. Isobutyl-o-kresol-1.2.4 wirkt stärker als die m-Verbindung, ungleich stärker wirkt aber die p-Verbindung. Amyl-o-kresol wirkt schwächer als die gleichwirkenden m- und p-Verbindungen. Von allen höheren Homologen des Phenols wirkt m-Xylenol am besten.

Chlor-o-kresol wirkt sehr kräftig, die m-Verbindung aber viel stärker. Die p-Verbindung steht in ihrer Wirkung zwischen den o- und m-Verbindungen. Diese Untersuchungen beziehen sich auf Staphylokokken. Brom-p-kresol wirkt etwas schwächer als die entsprechende Chlorverbindung. Bechhold und Ehrlich[1]) haben bei Untersuchung der Einwirkung auf Diphtheriebacillen gefunden, daß die Einführung von Chlor oder Brom in Phenol die Desinfektionskraft entsprechend der Zahl der Halogenatome steigert. Die Einführung von Alkylgruppen in Halogenphenole steigert die Desinfektionswirkung. Die Verbindung zweier Halogenphenole direkt (Diphenole) durch Vermittlung einer CH_2-, CHOH-, $CHOCH_3$- oder $CH\text{-}OC_2H_5$-Gruppe steigert die Desinfektionskraft. Die Verbindung zweier Phenolgruppen durch CO oder SO_2 vermindert die Desinfektionskraft. Die Einführung einer Carboxylgruppe in den Kern vermindert die Desinfektionskraft.

Durch den Eintritt der Carboxylgruppe in das Phenol in der o-Stellung wird die desinfizierende Kraft dem Phenol gegenüber auf das Doppelte gehoben, während die Giftigkeit absinkt. Salicylsäure ist ein schlecht bakterientötendes Mittel, hingegen hemmt sie ausgezeichnet die Entwicklung der Bakterien. α- und β-Naphthol wirken keimtötend, doch ist ihre Löslichkeit äußerst gering. Die Desinfektionswirkung der Naphtholalkalisalze ist eine höhere als die der Phenolalkalisalze. Mischt man β-Naphthol mit Soda, so sinkt mit wachsendem Sodazusatz, obgleich die Löslichkeit des β-Naphthols zunimmt, die Desinfektionswirkung. Nach den Untersuchungen von Bechhold erweisen sich Chlor- und Brom-β-naphthol weit stärker desinfizierend als alle übrigen Mittel, mit Ausnahme der Quecksilbersalze, dabei ist ihre Giftigkeit äußerst gering. Sie verhalten sich aber verschiedenen Mikroorganismen gegenüber sehr verschieden. Tribromnaphthol wirkt am stärksten gegen Staphylokokken, Streptokokken und Diphtheriebacillen, während Dibrom-β-naphthol gegen Bacterium coli am stärksten ist. Gegen Paratyphus B, wahrscheinlich auch gegen Typhus bleibt die Wirkung mit Einführung von Halogen in Naphthol bis zum Dibrom- und Dichlornaphthol die gleiche und sinkt mit dem Eintritt weiterer Chlor- und Bromatome in das Naphtholmolekül.

Tetrabrom-p-diphenol und Tribrombikresol erweisen sich stark wirksam gegen Staphylokokken, aber sie stehen trotzdem hinter Lysol (einer Auflösung von Kresolen in Seife) zurück.

Tetrabrom-p-diphenol ist weiter schwächer wirksam als Tetrachlor-o-diphenol. Tribromnaphthol, Tetrabromnaphthol und Tetrachlor-o-biphenol wirken sehr stark auf Milzbrand. Die verschiedenen Naphtholsulfosäuren und deren Bromderivate sind unwirksam gegenüber Staphylokokken. Dem Naphthol kommt in der desinfizierenden Wirkung bei geringer Giftigkeit gleich das Epi-

[1]) H. Bechhold und P. Ehrlich, HS. **46**, 173 (1906).

carin (β-Oxynaphthol-o-oxy-m-toluylsäure). Das Sulfat des Oxychinolin wirkt stärker als Lysol.

H. Bechhold nennt halbspezifische Desinfizienzien solche Substanzen, deren Desinfektionskraft gegen verschiedene Bakteriengruppen außerordentlich verschieden sind; besonders die Chlor- und Bromderivate des β-Naphthols gehören zu dieser Gruppe; am auffallendsten tritt die Halbspezifität bei Tri- und Tetra-Bromnaphthol zutage. Diphtheriebacillen werden durch den 250ten Teil der Substanzmenge geschädigt, die für Paratyphus B erforderlich ist; außer gegen Diphtheriebacillen äußert sich die Halbspezifität dieser Stoffe noch gegen Staphylokokken und Streptokokken. Dibrom-β-naphthol besitzt eine solche gegen Bacterium coli. Eine vollkommen gleichmäßige Wirkung gegen alle Bakterien besitzt nach Bechhold kein chemisches Desinfektionsmittel, so daß bei allen von einer zehntel oder hundertstel Spezifität gesprochen werden kann. Besonders charakteristisch ist das Verhalten von Monochlornaphthol und Tribrom-β-naphthol. Ersteres wirkt auf Pyocyaneus noch 1 : 2000 verdünnt entwicklungshemmend, letzteres hat schon bei 1 : 1000 keine Wirkung mehr. Monochlornaphthol wirkt fast gleichmäßig auf alle untersuchten Organismen, Tribromnaphthol auf Tuberkelbacillen fast gar nicht, auf Staphylokokken noch in einviertelmillionenfacher Verdünnung. Tribromnaphthol ist praktisch ungiftig und wirkt im Gegensatz zu Mono- und Dibromnaphthol nicht hämolytisch, so daß durch die hämolytische Methode noch 0.5% Dibromnaphthol nachgewiesen werden kann. Da Tribromnaphthol Leukocyten nicht verändert und die Phagocytose nicht beeinträchtigt, ist es als Wundantisepticum sehr geeignet[1]).

Während gegen Staphylokokken, Streptokokken und Diphtheriebacillen Tribromnaphthol dem Monochlornaphthol desinfektorisch weit überlegen ist, erwies es sich weniger wirksam gegen Bacillus pyocyaneus und ganz unwirksam gegen Tuberkelbacillen. Monochlornaphthol ist hingegen gegen Tuberkelbacillen ein sehr wirksames Desinficiens. H. Bechhold erklärt die Halbspezifität bei den Halogennaphtholen durch die gegensätzliche Wirkung der Diffusionsgeschwindigkeit und der Adsorbierbarkeit.

Bei der Prüfung von β-Naphthol, sowie seiner Chlor- und Bromderivate gegen Blut ergibt es sich, daß die Derivate um so indifferenter sind, je mehr Chlor- bzw. Bromatome sie in dem Naphthalinmolekül enthalten. Tri- und Tetrabromnaphthole erweisen sich gegen Blut als vollkommen indifferent. Die übrigen sind mehr oder minder starke Haemolytica. Monochlor-, Monobrom-, Dichlornaphthol, sowie β-Naphthol sind ganz schwache Serumfällungsmittel. Di-, Tri- und Tetrabromnaphthole verändern Leukocyten nicht und haben keinen Einfluß auf deren phagocytäres Vermögen. Die übrigen untersuchten Halogennaphthole verändern Leukocyten.

Tribromnaphthol wird Providoform genannt[2]).

Von den Farbstoffen wirken nach den Untersuchungen von Behring Methylviolett und Pyoktanin schon in sehr dünnen Lösungen keimtötend. Noch stärker wirken Dahliablau und Cyanin, aber ihre Lösungen sind nicht haltbar. Malachitgrün ist sehr haltbar und außerordentlich stark wirksam.

Ätherische Öle wirken stark desinfizierend, so z. B. Senföl. Am wirksamsten gegen Milzbrandsporen erwiesen sich Géranium de France, Géranium d'Algérie, Origan und Vespetro. Caldeac und Menieur untersuchten sehr viele solche ätherische Öle in der Weise, daß sie Typhus- und Rotzbacillen in

---

[1]) Münch. med. Wochenschr. **61**, 1929 (1914).
[2]) H. Bechhold, Zeitschr. f. Hyg. u. Infektionskrankh. **84**, 1 (1917).

die ätherischen Öle direkt eintrugen und beobachteten, wie lange lebensfähige Keime noch nachzuweisen waren. Am stärksten erwies sich Zimtöl, was Behring bestätigte; ihm folgte Nelkenöl, während Eugenol selbst, der Hauptbestandteil des Nelkenöls, sich als weit weniger wirksam erwies. Dann kamen Pomeranzenöl und Patschuli. Bei gewöhnlicher Temperatur ist Campher ein schwach desinfizierendes Mittel, bei 45° aber ein stark desinfizierendes. Löst man die ätherischen Öle durch Zusammenbringen mit anderen Substanzen in Wasser auf, so sieht man, daß Allylsenföl, Zimtöl, ebenso wie Terpentinöl wirksam sind, wenn man sie z. B. in sulforicinolsaurem Kalium auflöst. Allylsenföl ist das wirksamste, stark wirksam, aber weniger als Allylsenföl, ist Zimtöl und viel weniger wirksam ist Terpentinöl. Diesem erst folgen Menthol und Eucalyptol, später kommen Sandelholzöl und Campher. Die ätherischen Öle zeigen antiseptische Wirkung, und zwar die sauerstoffhaltigen Terpenkörper stärkere als die Kohlenwasserstoffe. Zwischen Alkoholen und Ketonen besteht kein prinzipieller Unterschied im Wirkungsgrad, ebensowenig bei Substanzen verschiedener Sättigung, und zwar gilt dies sowohl für Kohlenwasserstoffe wie für Ketone.

Auf Schimmelpilze sind Sandelholzöl und Terpentinöl ohne Wirkung. Cajeputöl und Nelkenöl wirken antiseptisch, welche beide eine beträchtliche Keimverminderung nach längerer Zeit machen, aber nie vollkommene Sterilität. Die ätherischen Öle scheinen vielmehr entwicklungshemmende Eigenschaften zu haben, so werden Staphylokokken mit einem Mentholzusatz von 1 : 6000 am Wachstum verhindert, durch Campher aber bei einem Zusatz 1 : 600. Typhusbacillen entwickeln sich nicht mehr bei einem Mentholzusatz von 1 : 8000 und bei einem Kupferzusatz von 1 : 700, bei Diphtheriebacillen wirkt aber Campher fast zweimal so stark wachstumhindernd wie Menthol, denn es genügt ein Zusatz von Menthol 1 : 16 000 und von Campher 1 : 30 000. Auch Terpentinöl wirkt stark entwicklungshemmend; ein Zusatz von 1 : 15 000 verhindert jegliches Wachstum von Staphylokokken (Laubenheimer).

R. O. Herzog und R. Betzel[1]) haben die Frage der Absorption der Antiseptica an der Hefe untersucht. Die Antiseptica, welche in sehr verdünnter Lösung Mikroorganismen beeinträchtigen, wirken entweder, wie angenommen wird, auf die Proteine oder sie sind lipoidlöslich. Es wurde die Einwirkung von Chloroform, Silbernitrat, Formaldehyd und Phenol geprüft. Es zeigte sich, daß Chloroform von der Hefe aufgenommen wird wie bei einem Adsorptionsprozesse, aber daß der Exponent sehr hoch ist. Silbernitrat wird ebenfalls wie bei einem Adsorptionsprozesse aufgenommen. Vom Formaldehyd wird stets eine konstante Menge gebunden, unabhängig von der Konzentration der Lösung. Phenol wurde von der Hefe überhaupt nicht aufgenommen[2]). Chloroform wird durch Hefe in der Weise adsorbiert, daß ein reversibles Gleichgewicht vorliegt. Das gleiche gilt für Silbernitrat und für Sublimat. Entgegen ihren früheren Angaben wird nun gezeigt, daß bei Lösungen, die schwächer sind als 1 proz., die Adsorptionsformeln angewendet werden. Das Gleichgewicht zwischen Phenol und Zelle ist völlig vergleichbar der der lebenden. Die beiden Untersucher stellen sich nun vor, daß die Verteilung die Phase der Einwirkung ist, welcher die zweite Phase, die chemische Einwirkung des Desinfektionsmittel auf die Mikroorganismen folgt. In manchen Fällen verhält sich die Verteiluug des gelösten Desinfektionsmittels zwischen Lösung und Zellen wie eine Adsorption, während sich bei anderen Desinfizienzien wieder andere Verteilungsregeln zeigen. Nach der Verteilung kommt dann die zweite Phase der chemischen

[1]) HS. 67, 309 (1910). [2]) R. O. Herzog und R. Betzel, HS. 74, 221 (1911).

Einwirkung des Desinfektionsmittels auf die Mikroorganismen zur Geltung[1]). Das ist aber der bekanntlich strittige Punkt der Auffassung der Arzneimittelwirkung überhaupt, ob die Aufnahme in die Zellen zugleich Wirkung bedingt oder ob ihr eine chemische Reaktion in der aufgenommenen Substanz und der Zelle folgt.

Man bringt auch die Wirkung mancher Desinfektionsmittel, wie die der Narkotica, in Beziehungen zu ihrer Lipoidlöslichkeit und erklärt die Intensität ihrer Wirkungen aus dem Teilungskoeffizienten, d. i. dem Quotienten aus den Löslichkeiten in der Lipoid- und in der wässerigen Phase der Zelle.

Josef Gössl[2]) prüfte eine Reihe von Substanzen auf ihre Entwicklungshemmung der Hefe gegenüber unter Berücksichtigung ihrer Lipoid- und Wasserlöslichkeit. Im allgemeinen zeigte es sich, daß Substanzen, welche lipoidunlöslich sind, keine entwicklungshemmende Wirkung besitzen, z. B. Fluoren, Chlornitrobenzol, Chlordinitrobenzol, Perchloräther, andererseits genügt aber auch die Lipoidlöslichkeit nicht zur Erzielung einer Desinfektionswirkung, wie dieses bei den gesättigten aliphatischen und hydroaromatischen im Gegensatze zu den ungesättigten und aromatischen Kohlenwasserstoffen sich zeigt. Damit die Verbindungen entwicklungshemmend sind, müssen sie noch eine gewisse Reaktionsfähigkeit oder Ungesättigtheit zeigen, mit der Reaktionsfähigkeit nimmt der hemmende Einfluß zu, er nimmt ab, wenn die Molekulargröße steigt, z. B. bei den aromatischen Kohlenwasserstoffen vom Benzol über das Xylol zum Cumol. So gehören zu den stärkstwirkenden Substanzen z. B. Hexylen, Thiophen, Allylchlorid, Monochlorbenzol, p-Monochlortoluol, Chlormethyläther, Methylenbromid, Dichloräthylen, Äthylenchlorid, Chloroform, Bromoform, Tetrachlormethan, Tetrachloräthan, Benzalchlorid, n-Amylalkohol, Hexylalkohol, Heptylalkohol, Octylalkohol, Terpentineol, Eucalyptol, Benzylalkohol, Phenyläthylalkohol, Phenylpropylalkohol, Eugenol, Äthylmercaptan, Propylmercaptan, Phenylmercaptan, o-Toluidin, Äthylsenföl, diese sind sämtlich in Öl lösliche, in Wasser nicht lösliche Verbindungen. Das in Wasser und Öl gut lösliche Chloral und Chloralcyanhydrin wirken ebenfalls sehr stark. Die folgenden Verbindungen sind in Öl gut löslich, in Wasser mehr oder weniger löslich und sehr stark wirksam: n-Butylalkohol, Isoamylalkohol, Zimtalkohol, Anilin, Allylsenföl. Unwirksam trotz ihrer Unlöslichkeit in Wasser, Löslichkeit in Öl sind: Hexan, Heptan, Oktan, Dekan, Cyclohexan, Methylcyclohexan, Cumol, Cymol, Isoamyläther, Äthylsulfid, Phenylsulfid, Nitroxylol-1.3.2. Folgende Substanzen sind weder in Öl noch in Wasser löslich und wirken auch nicht: Fluoren, Chlornitrobenzol, Chlordinitrobenzol, Perchloräthan, Sulfonal (diese Angabe, daß Sulfonal unlöslich ist, stimmt nicht), Alphol, Betol, Salol, β-Naphtholäthyläther. Stark wirksam sind die noch in Öl löslichen und die in Wasser unlöslichen α-Amylen, β-Isoamylen, sehr schwach wirksam Menthen, Carven, Pinen, stark wirksam Benzol, Toluol, schwächer wirksam Xylol, sehr stark wirksam ist das in Öl und Wasser unlösliche Inden. Die in Öl löslichen und in Wasser unlöslichen Halogenverbindungen Äthyliodid und n-Butylchlorid und Isoamylchlorid sind sehr gut wirksam, sehr schwach aber n-Hexyliodid und n-Oktyliodid, stark wirksam wieder Benzylchlorid. Sehr schwach wirksam ist das in Wasser und in Öl lösliche Monochlorhydrin, sehr stark wirksam das in Öl lösliche, in Wasser weniger lösliche Chloraceton und das in Wasser unlösliche Chloracetal. Trichloräther, Propylenbromid sind gut wirksam, ebenso Perchloräthylen und Trichloräthylen.

[1]) R. O. Herzog und R. Betzel, HS. 74, 221 (1911).
[2]) Josef Gössl, HS. 88, 103 (1913).

Die hemmende Wirkung auf Bakterien nimmt bei aliphatischen Alkoholen mit steigendem Molekulargewicht ab[1]). Bei aliphatischen Aldehyden tritt bei den niederen Homologen ein rascher Abfall der Wirkung ein. Der Ersatz von Sauerstoff durch Schwefel in aliphatischen Verbindungen erhöht die entwicklungshemmende Wirkung beträchtlich. Lösung und Dampf einer flüchtigen organischen Verbindung mit gleichem Partialdruck des wirksamen Stoffes haben gleiche entwicklungshemmende Wirkungen. Die Hemmungskonzentration des einen Zustandes läßt sich aus derjenigen des anderen bei Kenntnis gewisser Konstanten der Verbindung auf Grund des Henryschen Verteilungsgesetzes berechnen. Stoffe aber, die mit dem Nährboden eine chemische Reaktion eingehen, bilden eine Ausnahme, denn die Dämpfe solcher Stoffe wirken stärker entwicklungshemmend als Lösungen mit anfänglich gleichem Partialdruck[2]).

Schon sehr geringe Mengen arseniger Säure genügen nach den Untersuchungen von Laveran und Mesnil, um Trypanosomen aus dem Blute der Mäuse zum Verschwinden zu bringen, aber es treten immer wieder neue Parasiten auf, die auf erneute Zufuhr von Arsen wieder verschwinden.

Während arsenige Säure und organische Arsenderivate mit dreiwertigem Arsen Trypanosomen im Reagensglase töten, haben Arsensäure und organische Verbindungen mit fünfwertigem Arsen nicht diese Wirkung. Verbindungen mit dreiwertigem Arsen sind für die höheren Tiere weit giftiger als die mit fünfwertigem.

F. Blumenthal gebührt das Verdienst, Atoxyl in die experimentelle Therapie eingeführt zu haben, und R. Koch hat es bei der Schlafkrankheit benützt. Erst die Konstitutionsaufklärung durch Paul Ehrlich und Bertheim hat neue Wege für weitere Synthesen gewiesen.

Ehrlich acetylierte die Arsanilsäure und erhielt das Arsacetin, und durch Einwirkung von Halogen-Essigsäure auf Arsenoanilin das Arsenophenylglycin, letzteres wirkt sehr stark auf Spirillen. Durch die Acetylierung wird die Arsanilsäure sehr entgiftet.

Ehrlich lehrt, daß im Protoplasma der Parasiten gewisse Gruppierungen vorhanden sind, die imstande sind, sich mit gewissen Gruppierungen der Arzneimittel zu verbinden. Diese Affinitäten nennt er Chemoceptoren. Die Parasiten besitzen nun ganz bestimmte Angriffsstellen, die präformierten Chemoceptoren. Man kann Trypanosomenstämme züchten, die gegen trypanosomenfeindliche Medikamente fest sind und eine ausgesprochene Stabilität dieser erworbenen Eigenschaft zeigen. Dabei ist diese Eigenschaft streng spezifisch, da sie sich nicht auf eine bestimmte Einzelverbindung beschränkt, sondern auf die ganze chemische Gruppe, welche dieser Verbindung angehört. Man kann aber auch Stämme züchten, welche nicht nur gegen eine Gruppe, sondern gegen drei Gruppen von chemischen Verbindungen fest sind. Merkwürdigerweise sind Trypanosomenstämme, welche mit orthochinoiden Farbstoffen gefestigt sind, auch arsenfest, aber sie sind nicht fest gegen parachinoide Farbstoffe, und letztere wirken auf arsenfeste Stämme wie auf normale. Die Farbstoffe verhalten sich normalen und arsenfesten Trypanosomenstämmen gegenüber verschieden. Die normalen Trypanosomen färben sich noch lebend und sterben dann ziemlich rasch ab. Die arsenfesten hingegen färben sich vital nicht und bleiben viel länger am Leben.

Die Festigkeit der Parasiten gegen Chemikalien ist aber keine allgemeine, sondern bezieht sich nur auf die angewendete Substanz und auf die ihr ähnlich

[1]) Wirgin, Z. f. Hyg. u. Infektionskrankh. **40**, 307 (1903); **44**, 149 (1904).
[2]) Hermann Stadler, Arch. f. Hyg. **73**, 195 (1911).

gebauten. Ist ein Trypanasomenstamm arsenfest, so ist er noch immer nicht fest Farbstoffen gegenüber, aber Ehrlich konnte auch Stämme züchten, die gegen mehrere Arten wirkender Substanzen fest waren. So fanden P. Ehrlich und Röhl, daß arsanilfeste Stämme ohne weitere Vorbehandlung gegen bestimmte Farbstoffe der Pyroninreihe, der Oxazinreihe und Akridinreihe fest waren. Ebenso konnte man durch Behandlung der Stämme mit den gleichen Farbstoffen gegen Arsanilsäure feste Stämme züchten. Es ist zu vermuten, daß die Arsanilfestigkeit eine Festigkeit gegen orthochinoide Substanzen ist, da parachinoides Parafuchsin sich entgegengesetzt verhält. Atoxylfeste Stämme kann man noch durch Arsenophenylglycin beeinflussen, aber nicht umgekehrt; beide Stämme kann man aber durch p-Aminophenylarsenoxyd beeinflussen, was sich vielleicht durch die steigende Toxizität der Substanzen erklären läßt.

Diese Abweichung zeigt sich aber nach Ehrlich bei allen Derivaten, die den Essigsäurerest enthalten, woraus er schließt, daß die Parasiten noch andere Chemoceptoren außer dem Arsenoceptor enthalten, und zwar hier einen Aceticoceptor. Bei Trypanosomen wirkt Arsenophenylglycin besonders günstig, bei Spirochäten ein jodiertes Arsenophenol.

Das Ziel der chemotherapeutischen Bestrebung muß mit Paul Ehrlich darin gesehen werden, daß Substanzen dem Organismus einverleibt werden, welche sich in dem infizierenden Mikroorganismus weitaus stärker anhäufen als in dem infizierten Organismus. Außerdem muß die Giftigkeit für den Organismus eine geringe sein im Verhältnis zu der großen Giftigkeit für den Krankheitserreger. Es zeigt sich aber die Tatsache, daß die Mikroorganismen, wenn sie nicht sofort durch das einverleibte Mittel im Organismus getötet werden, gegen das Mittel fest werden. Ein solches Festwerden beobachtete Paul Ehrlich bei Trypanosomen der Arsanilsäure gegenüber. Es zeigt sich aber, daß manche Trypanosomen im Reagensglase gegen bestimmte chemische Mittel, wie z. B. gegen Arsanilsäure, sich völlig refraktär verhalten, während diese Mittel im tierischen Organismus wirken. Aber auch das umgekehrte Verhalten wurde bei Arsenderivaten beobachtet, daß sie im Reagensglase wirksam sind, nicht aber im tierischen Organismus. Für Atoxyl, das Mononatriumsalz der Arsanilsäure, erklärte Ehrlich diese Differenz dahin, daß das Arsen im Atoxyl fünfwertig, und daß fünfwertige Arsenverbindungen, wie es schon für das Kakodyl bekannt war, wenig giftig sind, reduziert man aber Atoxyl bis zum entsprechenden Arsenoxyd, so erhält man einen weitaus giftigeren Körper als die entsprechende Arsinsäure. p-Aminophenylarsinoxyd wirkt auch schon im Reagensglase auf Trypanosomen ein und eine Lösung 1 : 3 000 000 schädigt Trypanosomen so stark, daß sie nicht mehr infizieren und eine Lösung 1 : 24 000 000 wirkt noch so, daß sich die Infektion um 24 Stunden verzögert[1]). Daß Atoxyl im Organismus überhaupt wirkt, erklärt Ehrlich durch Reduktion der Arsanilsäure zum Arsinoxyd im Organismus des Tieres. Es zeigt sich nun, daß die Arsanilsäure durch Reduktion zum p-Aminophenylarsinoxyd 75 mal in ihrer Giftigkeit steigt, die völlige Reduktion zur Arsenoverbindung steigert die Giftigkeit nur auf das 30fache. p-Oxyphenylarsinsäure ist $2^2/_3$ weniger giftig als die Arsanilsäure. p-Oxyphenylarsenoxyd ist 173 mal so giftig. Die entsprechende Arsenoverbindung 13 mal so giftig. p-Glycinophenylarsinsäure ist nur ein zehntelmal so giftig wie die Arsanilsäure. Durch die Reduktion zum Arsenoxyd steigt die Giftigkeit um das Fünfzigfache. Durch die Reduktion zur Arsenoverbindung steigt die Giftigkeit aber nur um das $3^1/_2$fache. Ehrlich

[1]) BB. 44, 1267 (1911).

nimmt an, daß die Parasiten in ihrer Leibessubstanz Gruppierungen enthalten, welche dreiwertiges Arsen zu fixieren vermögen, er nennt sie Arsenoceptoren.

Atoxyl wirkt schon sehr gut bei der Hühnerspirillose. Bei Recurrens wirkt Atoxyl schwach, stärker Arsacetin, weniger Arsenophenylglycin, geringe Wirksamkeit zeigen Arsenophenol und seine tetrachlorierten oder bromierten Derivate. Salvarsan übt aber eine deutliche Wirkung aus. Ebenso wirkt es bei Hühnerspirillose.

Ehrlich und Hata versuchten Salvarsan bei der Syphilis mit dem bekannten großen Erfolge. Salvarsan hat den großen Nachteil, daß es durch Oxydation in das bedeutend giftigere Oxy-m-aminophenylarsenoxyd übergeht; ähnlich verwandelt sich Arsenophenylglycin durch Oxydation in das weit giftigere p-Aminophenylarsenoxyd. Viel resistenter als Salvarsan ist das weniger oxydable und neutrale Neosalvarsan, erhalten durch die Einwirkung von formaldehyd-sulfoxylsaurem Natrium auf Salvarsan. Es hat viel geringere Nebenwirkungen als Salvarsan.

Giemsa untersuchte Hexaaminoarsenobenzol und Bismethylaminotetraminoarsenobenzol. Beide Substanzen sind gegen Spirillosen wirksam.

Conradi[1]) hat gezeigt, daß es möglich ist, durch Chloroform die Typhusinfektion des Kaninchens zu beeinflussen, worauf E. Hailer und W. Rimpau[2]) Halogenderivate, welche zugleich wasserlöslich sind und wegen ihrer Aldehydnatur keimtötend, versuchten. Chloralhydrat wirkt in vitro nur wenig abtötend auf Typhusbacillen, stärker wirkt Bromalhydrat, am besten Butylchloralhydrat. Lipoidlöslichkeit, narkotische Kraft und bactericide Wirkung gehen parallel. Bei stomachaler Zufuhr besitzt namentlich Butylchloralhydrat bei intravenös infizierten Kaninchen eine bemerkenswerte abtötende Wirkung, doch erwies es sich bei intravenöser Zufuhr als sehr giftig. Bromalhydrat war wirkungslos, Chloralhydrat in einzelnen Fällen wirksam.

Von vorwiegend lipoidlöslichen Mitteln wirken günstig: m-Xylenol per os und intravenös, Tribrom-β-naphthol per os, Oxychinolin per os; von den wasserlöslichen wirkte nur Pyrogallol. Unwirksam sind Carvacrol, Phenetol und Anethol von den lipoidlöslichen Stoffen und die drei Dioxybenzole von den wasserlöslichen. Ein zwischen 230 und 240° sd. Phenolgemisch zeigt im Gegensatz zu einem zwischen 210 und 220° siedenden einen bemerkenswerten Einfluß auf die Infektion, Urotropin ist wirkungslos. Organe typhusinfizierter Kaninchen werden nach intravenöser Zufuhr von Natriumsalicylat frei von Typhusbacillen, aber nicht konstant. Hingegen sind bei intravenöser Zufuhr unwirksam: p-Oxybenzoesäure, o-Kresotinsäure, Phenoxyessigsäure, Anissäure, β-Oxynaphthoesäure und Zimtsäure. Durch Acetylsalicylsäure und Benzoesäure wurde je eins von dreien, durch β-Oxynaphthoesäure ein Kaninchen in den untersuchten Organen frei von Typhusbacillen.

Werden Kaninchen mit Typhusbacillen in der Weise infiziert, daß man den Krankheitserreger in die Gallenblase einbringt, so erhält man ein Krankheitsbild, das der Dauerausscheidung beim Menschen entspricht. Von den in früheren Versuchen geprüften Substanzen, welche wirksam waren, hat nur das Zimtöl in vereinzelten Fällen ein Verschwinden der Typhusbacillen aus dem Kaninchenorganismus bewirkt[3]).

Robert Uhl untersuchte, welche Rolle den physikalischen Eigenschaften bei der trypanociden Wirkung zukomme und ob nicht Metalle, welche bisher

[1]) Zentr. f. Bakt., I. Abt., **47**, 145.

[2]) Arbeiten aus dem Kaiserlichen Gesundheitsamt **47**, 291.

[3]) E. Hailer und G. Wolf, Arbeiten aus dem Kaiserlichen Gesundheitsamt **48**, 80 (1914).

nicht als trypanocid erkannt wurden, in lipoidlöslichen Verbindungen eine trypanocide Wirkung entfalten. Es wurden untersucht: Kupferschwefelpepton, Kupferacetessigester, komplexes Kupfersalz von o-Oxy-N-nitrosophenylhydroxylamin, Bleitriäthyl, Zinndiäthyldichlorid, zinnsaures Natron, wolframsaures Natron. Keine der geprüften Verbindungen hat bei Mäusen die Entwicklung der Nagana-Trypanosomen zu beeinflussen vermocht[1]).

Ferner wurden geprüft von Alkoholen: Borneol, Terpinhydrat, Linalool, Terpineol; von Kohlenwasserstoffen: Pinen, Carven; von Aldehyden: Citronellal; von Ketonen: Carvon; ferner Eucalyptol, Campher, Camphersäure und einige Pflanzenöle, wie Terpentinöl, Sandelöl, Ceylonzimtöl, Wachholderöl und Pfefferminzöl. Die Alkohole Terpinhydrat und Borneol, der Aldehyd Citronellal, das Keton Carvon und das cyclische Oxyd Eucalyptol zeigten eine bemerkenswerte Wirkung. Die andern Stoffe blieben im wesentlichen ohne Einfluß[2]).

Chemotherapeutische Versuche sollten eigentlich immer am kranken Tiere vorgenommen werden, denn die Verteilung der Substanzen im Organismus hängt sehr davon ab, ob es sich um gesunde oder kranke Gewebe handelt. Gewisse kranke Gewebe vermögen viel mehr von bestimmten chemischen Substanzen aufzunehmen als die normalen. Infiziert man Kaninchen mit Staphylokokken, so wird in den Gelenken mehr Salicylsäure aufgenommen als von gesunden Tieren (Martin Jakoby). Das Auge gesunder Tiere nimmt nur wenig Jod auf, hat man aber Tuberkelbacillen in das Auge eingebracht, so wird viel mehr Jod aufgenommen (Loeb und Michaud). Syphilitisches Gewebe nimmt mehr Jod auf als gesundes.

Tebelon ist Ölsäureisobutylester

$$C_{17}H_{33} \cdot CO \cdot O \cdot CH_2 \cdot CH\begin{matrix} \diagup CH_3 \\ \diagdown CH_3 \end{matrix}$$

Diese Substanz ist wachsähnlich und soll Tuberkelbacillen beeinflussen.

Aromatische Antiseptica.

Phenole.

Die Versuche in vitro über die antiseptische Kraft verschiedener Mittel sind durchaus nicht auf den Organismus übertragbar, denn die Bindung des Desinfiziens durch das Blutserum kann die Desinfektionswirkung im Organismus völlig herabsetzen[3]).

Dem in Wasser unlöslichen Benzol, sowie seinen Homologen Toluol usw., kommen wohl wegen des Mangels an Hydroxylgruppen und auch wegen der Unlöslichkeit dieser Kohlenwasserstoffe in Wasser geringere antiseptische Eigenschaften zu. Doch wird vielfach Toluol als Antisepticum in Laboratoriumsversuchen verwendet. Wird aber im Benzol ein Wasserstoff durch eine Hydroxylgruppe ersetzt, so erhält man Phenol, eine in mehrprozentiger Lösung stark antiseptisch wirkende, hierbei ätzende und, intern eingenommen, schon in Dosen von mehreren Gramm giftige Substanz. Durch den Eintritt von Hydroxyl in die Verbindung steigt die Wirksamkeit, aber auch die Giftigkeit der aromatischen Kohlenwasserstoffe. Die große Verwendung der Carbolsäure als lös-

---

[1]) Robert Uhl, Archives Internationales de Pharmacodynamie et de Thérapie, Vol. XXIII, Fasc. 1—2, S. 73 (1913).

[2]) Arbeiten aus dem Kaiserlichen Gesundheitsamt 47, 303—346, März 1914.

[3]) H. Bechhold und P. Ehrlich, HS. 47, 173 (1906). Siehe auch H. Bechhold, HS. 52, 780 (1907).

liches Antisepticum rührt wohl daher, daß sie das erste für die chirurgische Praxis überhaupt empfohlene Antisepticum war, da ja der alte J. Listersche Verband und die ursprüngliche Listersche Operationsmethode auf der Verwendung der Carbolsäure beruhte.

Die antiseptische Kraft der Phenole nimmt zu, wenn Kernwasserstoffe durch Methylgruppen ersetzt werden. Sie nimmt ferner zu, wenn Kernwasserstoffe durch Halogen ersetzt werden, auch die Zunahme an Hydroxylen erhöht die antiseptische Kraft des Phenols. Tribrom-m-xylenol ist 20 mal so wirksam wie Tribromphenol, Tetrabrom-o-kresol mehr als 16 mal so wirksam wie Tetrachlorphenol. Die Verbindung zweier Phenole bzw. Halogenphenole direkt (Biphenole) oder durch Vermittlung einer CH_2-, CHOH-, $CHOCH_3$- oder CH-Gruppe steigert die Desinfektionskraft (s. o.). Es steigt aber mit der Zunahme an Hydroxylen auch die Giftigkeit der Verbindungen[1]), so daß Resorcin giftiger ist als Phenol, während Pyrogallol giftiger ist als Resorcin.

Phenol — OH
Resorcin — OH, OH
Pyrogallol — OH, OH, OH

Phenol und seine Salze, sowie seine Homologen [α- und β-Kresole[1])], die zwei- und dreiwertigen Phenole und Naphthole erzeugen alle klonische Zuckungen, indem die Erregbarkeit der motorischen Mechanismen des Rückenmarkes stark erhöht ist. Mit Zunahme der Hydroxyle tritt die Wirksamkeit etwas zurück. Nach A. Chassevant und M. Garnier scheint dieses Verhältnis nicht so ganz regelmäßig zu sein. Die Toxizität des Phenols ist für 1 kg Kaninchen 0,00319, Brenzcatechin 0.00136, Hydrochinon 0.00181, Resorcin 0.00272, aber bei Pyrogallol 0.00634, Phloroglucin 0.00793, so daß Phenol dabei gerade zwischen den zweifach und dreifach substituierten steht[2]).

Nach R. Gottlieb nimmt die Giftigkeit der Phenole gegen einzellige Wesen mit der Zahl der Hydroxylgruppen nicht weiter zu; die zweiwertigen Phenole, Brenzcatechin, Hydrochinon und Resorcin, sind dabei ungiftiger als Phenol. Bei sehr starker Dosis wirken alle diese Substanzen lähmend auf die motorischen Nervenenden. Der Hinzutritt einer Alkylgruppe (Kresole) verhindert nicht die klonisch erregende Wirkung, der Hinzutrittt mehrerer Alkylgruppen oder einer längeren Seitenkette hemmt sie vollständig und es tritt nur zentrale Lähmung auf.

Phenetol, Guajacol und Veratrol machen fast immer vollständige und anhaltende Lähmung. Die Lähmung nimmt mit dem Hinzutritt von mehreren Alkylen zu.

Im Gegensatze hierzu sinkt die Giftigkeit bei den Phenolen, wenn Kernwasserstoffe durch Alkylradikale ersetzt werden, während ja die antiseptische Kraft durch den gleichen chemischen Vorgang erhöht wird. Aus diesem Grunde sind die Kresole $CH_3 \cdot C_6H_4 \cdot OH$, da ja ihre Giftigkeit eine geringere ist, dem Phenol als Antiseptica vorzuziehen, da sie weit kräftiger antizymotisch wirken und daher in verdünnterer Lösung gebraucht werden können. m-Kresol besitzt die stärkste desinfizierende Wirkung in 5 proz. Lösung, schwächer wirkt p-Kresol, am schwächsten o-Kresol[3]). Aber der Anwendung der Kresole als Antiseptica ist es immer hinderlich, daß sie in Wasser so schwer löslich sind, und die

[1]) Baglioni, Z. f. allgem. Phys. III, 313.
[2]) Arch. Pharmakodyn. et Ther. **14**, 93 (1905).
[3]) A. J. Steenhauer, Pharmaceutisch Weekblad **53**, 680.

Bemühungen der Chemiker richteten sich darauf, durch Zusatz von verschiedenen Substanzen, sowie zum Teil durch chemische Veränderungen, die so billigen Kresole wasserlöslich zu machen. Das Gemenge der drei isomeren Kresole kann durch Zusatz von Schwefelsäure, Natronlauge oder Seife wasserlöslich gemacht werden. Ebenso löst es sich in einer Reihe von verschiedenen Natronsalzen, insbesondere von organischen Sulfosäuren. Man kann die Kresole ferner, wenn auch nicht für die medizinische Praxis, so doch zu groben Desinfektionen in der Weise nutzbar machen, daß man durch Zusatz von leichteren Kohlenwasserstoffen, insbesondere Steinöl zu den schweren, im Wasser untersinkenden Kresolen das spezifische Gewicht des Gemisches derartig erniedrigt, daß die Kresollösung auf dem Wasser schwimmt und langsam ausgelaugt wird, wobei sie gleichzeitig eine schützende antiseptische Decke über der zu desinfizierenden Substanz bildet. Auch durch Zusatz von Kalk kann man lösliche Verbindungen der Kresole erhalten.

Schering, Berlin, stellen Cer-Phenolverbindungen her, indem sie Cersalze mit Phenolen oder deren Substitutionsprodukten in Umsetzung bringen. Die Cerphenolverbindungen sollen eine große desinfizierende Kraft haben und weniger toxisch sein als die Phenole selbst. Beschrieben sind Cerphenol, Cerguajacol, Cer-β-naphthol[1]).

Auf der Beobachtung, daß die Kresole sich in Harzseifen lösen, oder besser gesagt, emulgieren, beruht die Darstellung des englischen Kreolins, doch zeigt Kreolin die nachteilige Eigenschaft, daß es durch Zusatz von Mineralsäuren, Lauge oder Kochsalz die Emulsionsfähigkeit verliert. Auch der wechselnde Gehalt der verschiedenen Kreoline an wirksamen Kresolen war sehr hinderlich bei seiner Anwendung als Desinfektionsmittel in der Chirurgie.

Das Teeröl[2]), welches seine antiseptische Kraft wohl in erster Linie seinem Gehalte an Kresolen verdankt, wurde späterhin vorzüglich durch Seifenlösungen, sei es nun Harzseifen oder Fettseifen, in Lösung gebracht.

Das mit dem Namen Lysol bezeichnete Präparat z. B. wird in der Weise dargestellt, daß man Teeröl mit Leinöl oder einem Fett mischt und mit einer konzentrierten Kalilösung bei Gegenwart von Alkohol so lange zum Sieden erhitzt, bis vollständige Verseifung eingetreten ist und das Endprodukt sich glatt in Wasser löst[3]).

Der Nachteil, den Lysollösungen besitzen, besteht hauptsächlich darin, daß sie ungemein schlüpfrig sind und die Hände des Operateurs sehr stark schlüpfrig machen, woran die alkalische Seifenlösung die Hauptschuld trägt. Ferner muß die antiseptische Kraft des Handelsproduktes immer kontrolliert werden, da der wechselnde Gehalt an wirksamen Kresolen sonst leicht dazu führen könnte, daß man zu schwach desinfizierende Lösungen verwenden würde. Von Vorteil ist bei diesen Teeröllösungen nur, daß sie sehr wenig giftig sind, viel weniger giftig als eine gleiche wirksame Carbolsäurelösung und natürlich auch viel weniger giftig als Sublimat, so daß man deren Gebrauch auch Laienhänden anvertrauen kann, was z. B. beim Sublimat meist ausgeschlossen ist.

Es gelingt auch, wie erwähnt, Kresole in der Weise in Lösung zu bringen, daß man sie mit Natronsalzen von organischen Sulfosäuren versetzt. So wurde vorgeschlagen, die Kresole und andere an sich unlösliche Körper durch Mischen mit wasserlöslichen, durch Einwirkung von Schwefelsäure auf Harzöle, Mineralöle usw. erhaltenen neutralisierten Produkten in Lösung zu bringen. Die Behauptung, daß der Gehalt an sulfidartig gebundenem Schwefel, wie etwa im Ichthyol und Thiol, notwendig ist, damit man Kresole in solchen Substanzen

[1]) DRP. 214 782.

[2]) Knoll (Ludwigshafen) erzeugt ein farbloses Teeröl (Anthrasol). Das dermatotherapeutisch Wirksame im Teer sind nach Sack die Methylnaphthaline.

[3]) DRP. 52 129.

lösen kann, müssen wir aus dem Grunde zurückweisen, weil eine Reihe von Sulfosäuren, die außer der Sulfogruppe keinen Schwefel enthalten, in ihren Natronsalzen die gleiche Wirkung haben und ja auch die Natronsalze der Kresotinsäure

$$CH_3 \cdot C_6H_3 < {OH \atop COOH}$$

und der Salicylsäure $OH \cdot C_6H_4 \cdot COOH$, gleich wie die Natriumsalze der Fettsäuren, Kresole in Lösung zu bringen vermögen.

Aseptol (Merck) ist eine Lösung der p-Phenolsulfosäure und nicht der o-Phenolsulfosäure[1]).

Hörung und Baum stellen tertiäre aromatische Oxyalkohole her, welche im tierischen Organismus angeblich in ungesättigte Verbindungen langsam verwandelt werden. Dargestellt wurden o-Amylolphenol $C_6H_4 < OHC(OH)(C_2H_5)_2$, ferner Isopropylol-m-kresol-$C_6H_3(OH)CH_3$-3-$C(OH)(CH_3)_2$-4- und m-Isoamylolkresol[2]).

Ferner wurde vorgeschlagen, um die Schlüpfrigkeit der Lösung von Kresolen in alkalischen Seifen zu beseitigen, Fettsäuren in der Menge zuzusetzen, um zu neutralen Seifen zu gelangen. Auch das Mischdn von Äthylendiamin $H_2N \cdot C_2H_4 \cdot NH_2$ mit Kresol wurde empfohlen, um die Tiefenwirkung des Kresolgemenges zu steigern. Unter dem Namen Kresin kam auch eine 25proz. Lösung von Kresolen in kresoxylessigsaurem Natron in den Handel. Über alle diese Versuche, die Kresole als Antiseptica verwertbar zu machen, ist man mit einer einzigen Ausnahme (Lösungen von Kresol in Seifen) hinweggegangen, weil die anderen genannten Substanzen viel zu wenig Kresole zu lösen vermögen, hierbei wie z. B. salicylsaures Natron als Lösungsmittel zu teuer sind. Für den internen Gebrauch hat sich nur eines dieser Präparate, das Solveol, eine Lösung von Kresolen in kresotinsaurem Natron, eine geringe Bedeutung verschaffen können, als es als Konkurrenzpräparat zum Kreosot und Guajacol auftrat.

Albert Friedländer in Berlin gibt ein Verfahren an, aromatische Kohlenwasserstoffe, und zwar ihre Hydroxylderivate, welche außer einer Hydroxylgruppe noch weitere Gruppen enthalten, in Wasser löslich zu machen, darin bestehend, daß man sie mit wasserlöslichen aromatischen Hydroxylderivaten vermischt; so sind z. B. Kresole bei Gegenwart der 2—3fachen Gewichtsmenge Resorcin wasserlöslich. Alizarin ist bei Gegenwart von Phenol wasserlöslich, Guajacol bei Gegenwart der doppelten Menge Resorcin. Kresol wird von der vierfachen Menge Brenzcatechin gelöst, p-Nitrophenol von der vierfachen Menge Resorcin[3]).

Über die Phenole, welche mehr als ein Hydroxyl enthalten, ist zu bemerken, daß sie alle wie das Phenol selbst eine dem Benzolring eigentümliche antipyretische Eigenschaft zeigen. Doch ist der antipyretische Effekt dieser Substanzen ein rauschartig vorübergehender[4]), so daß es ganz aussichtslos wäre, an diese Beobachtungen weitere Untersuchungen zu knüpfen, da diese Körper immerhin hinter den bekannten Anilinderivaten zurückstehen werden. Dem Resorcin kommen ätzende Wirkungen zu, welche in der Dermatologie hier und da verwendet werden, während der interne Gebrauch des Resorcins sich nicht behaupten konnte, was wohl hauptsächlich diesen ätzenden Wirkungen dieser Substanz zuzuschreiben ist. Der Versuch, Hydroresorcin als Antisepticum zu benützen, erscheint wohl als völlig mißlungen.

Zur Darstellung dieser Substanz wird in eine siedende wässerige Lösung von Resorcin, durch welche man Kohlensäure durchleitet, Natriumamalgam eingetragen und das Reaktionsprodukt vorerst mit Äther vom unveränderten Resorcin befreit und hierauf aus der sauren Lösung Dihydroresorcin mit Äther aufgenommen[5]).

---

[1]) Jul. Obermiller, BB. **40**, 3623 (1907). [2]) DRP. 208962. [3]) DRP. 181288.

[4]) Brieger, Dubois' Arch. f. Physiol. **1879**, Supplementbd. 61 und Zentr. f. med. Wissenschaften **1880**, Nr. 37. [5]) DRP. 77317. — Liebigs Ann. **278**, 20.

(Die Eigenschaften des Pyrogallols und seiner Derivate werden bei den reduzierenden Hautmitteln abgehandelt.)

Von einer therapeutischen Anwendung des Phloroglucins

H
O

HO ⬡ OH

konnte bei dem hohen Preise dieser Substanz bis nun nicht die Rede sein. Im Gegensatze zu Resorcin hat es keine ätzenden und eiweißgerinnenden Eigenschaften, sondern verhindert vielmehr die Gerinnung des Blutes. Es ist auch kein bakterientötendes Mittel, wie Pyrogallol, obwohl es die Fäulnisvorgänge verlangsamt. Die zersetzende Wirkung des Pyrogallols auf rote Blutkörperchen fehlt dem Phloroglucin.

Von den in der Natur vorkommenden Phenolen und deren Äthern verdienen noch eine Erwähnung die Verbindungen der Safrolgruppe[1]), Substanzen, die sich durch den Gehalt einer Seitenkette mit doppelter Bindung von den Phenolen und deren Äthern unterscheiden. Die Gegenwart der Seitenkette mit doppelter Bindung verleiht diesen Substanzen giftige Eigenschaften. Betrachtet man Anethol, Eugenol, Safrol, Isosafrol, Apiol und Cubebin,

Anethol $C_6H_4\langle\begin{array}{ll} CH=CH-CH_3 & (1) \\ OCH_3 & (3) \end{array}$

Eugenol $C_6H_3\langle\begin{array}{ll} CH_2-CH=CH_2 & (1) \\ OCH_3 & (3) \\ OH & (4) \end{array}$

Safrol $C_6H_3\langle\begin{array}{ll} CH_2-CH=CH_2 & (1) \\ O\rangle CH_2 & (3) \\ O & (4) \end{array}$

Isosafrol $C_6H_3\langle\begin{array}{ll} CH=CH-CH_3 & (1) \\ O\rangle CH_2 & (3) \\ O & (4) \end{array}$

Apiol $C_6H\langle\begin{array}{l} CH_2-CH=CH_2 \\ OCH_3 \\ OCH_3 \\ O\rangle CH_2 \\ O \end{array}$

Cubebin $C_6H_3\langle\begin{array}{l} CH(OH)-CH=CH_2 \\ O\rangle CH_2 \\ O \end{array}$

so zeigt es sich, daß die giftigen Eigenschaften dieser Verbindungen wesentlich von der Seitenkette abhängig sind, und daß die Giftigkeit bei den Körpern mit einer Allylgruppe die solcher Substanzen, welche eine Propenylgruppe enthalten, weit überwiegt. Je weiter entfernt die doppelte Bindung der Seitenkette vom Kernkohlenstoff ist, desto giftiger ist die Verbindung. So zeigt Anethol bei seiner Eingabe bei Menschen nur die Erscheinung eines leichten Rausches und Kopfschmerzen. Eugenol, welches ein freies Hydroxyl enthält, wird in ziemlich großen Dosen vertragen, ohne daß Vergiftungssymptome auftreten. Hingegen zeigt Safrol, in welchem beide Hydroxyle durch eine Methylengruppe verschlossen sind, äußerst giftige Eigenschaften, ja es gehört zu den giftigsten ätherischen Ölen. Es setzt den Blutdruck herab, indem es das vasomotorische Zentrum lähmt und insbesondere wirkt es gerade wie gelber Phosphor, indem es eine ganz ähnliche hochgradige fettige Entartung der Organe, vorzüglich der Leber und der Nieren, verursacht. Hingegen zeigt Isosafrol, welches die Propenylgruppe statt der Allylgruppe trägt, ein ganz anderes Verhalten, indem sich bei einer weit geringeren Giftigkeit nervöse Erscheinungen einstellen, die bei der Safrolvergiftung völlig mangeln. Die Erklärung hierfür liegt darin, daß die Allylverbindungen, die einen höheren Wärmewert besitzen, labiler sind und mit dem Protoplasma heftigere Reaktionen eingehen, während das stabile Propenylderivat letzteres unbeeinflußt läßt.

---

[1]) Arthur Heffter, AePP. **35**, 343.

Apiol wirkt, weil es ebenfalls eine Allylseitenkette hat, wie Safrol, nur treten hier starke lokal reizende Eigenschaften hinzu. Dem Cubebin fehlen giftige Erscheinungen nur aus dem Grunde, weil es wegen seiner Unlöslichkeit überhaupt nicht zur Resorption gelangt. Die eigentümliche Wirkung auf den Stoffwechsel, die Apiol und Safrol zeigen, kommt auch dem Thymol

$$C_6H_3\begin{cases}OH\\CH_3\\C_3H_7\end{cases}$$

zu. Thymol wird sowohl als Antisepticum, als auch als Antihelminthicum verwendet. Thymatol ist mittels Phosgen hergestelltes Thymolcarbonat und wird als Antihelminthicum statt Thymol empfohlen. Natürliches Thymol ist etwas giftiger als seine beiden Isomeren. p- und m-Thymol sind Bakterien gegenüber fast gleich wirksam, o-Thymol zweimal weniger wirksam. Als Antihelminthicum ist das natürliche Thymol den beiden Isomeren überlegen: p-Thymol wirkt weniger rasch als m-Thymol, o-Thymol noch weit langsamer als das p-Derivat[1]).

Thymolpalmitat wird von A. Ellinger als Darmdesinficiens empfohlen[2]). L. Thimm empfiehlt es bei Ruhr.

Die Esterifizierung des Thymols schwächt seine Giftwirkung auf das bulbäre Atemzentrum ab. Intravenös wirken Thymoläthyläther und Thymolmethyläther viel weniger giftig als Thymol selbst[3]). Beide sind noch in Dosen von 0.2 g pro kg ungiftig. Sie rufen unregelmäßige Krämpfe der Körpermuskulatur hervor, lassen aber das Atemzentrum unbeeinflußt, während 0.06 g Thymol pro kg Tier sofortigen Atemstillstand und Asphyxie hervorrufen.

Wasserlösliche Derivate des Thymols erhält man, wenn man die Alkalisalze der Bromameisensäure in wässeriger Lösung auf eine alkoholische Thymollösung bei mäßig erhöhter Temperatur einwirken läßt; beim Abkühlen der Lösung scheidet sich die neue Doppelverbindung krystallisiert ab[4]).

Chavosot ist p-Allylphenol, es wird als Antisepticum in der Zahnheilkunde verwendet.

Durch den Verschluß der Hydroxyle bei der Verätherung verlieren die Phenole die ihnen eigentümlichen ätzenden und antiseptischen Eigenschaften und können, wie z. B. Veratrol (Brenzcatechindimethyläther), schließlich unwirksam werden. Daß dieses bei den Körpern der Safrolgruppe nicht der Fall ist, verdanken diese Körper nur ihrer sehr reaktionsfähigen fetten Seitenkette und der doppelten Bindung in derselben.

Der Versuch, vom Phenol ausgehend, wirksame Verbindungen dieser Substanz zu erhalten, hat verschiedene bedeutende Erfolge gezeitigt. Doch muß man auch hier, trotz der großartigen Erfolge, sowohl an der Methodik, als auch an dem Ideengange zahlreicher Erfinder strenge Kritik üben.

Kresatin, der Essigsäureester des m-Kresols, wird gegen Augenblennorrhöe empfohlen.

Die Rüttgerswerke und Kurt Gentsch[5]) stellen einen sauren m-Kresol-o-oxalsäureester dar, indem sie m-Kresol und Oxalsäure gemischt in der Kälte stehen lassen, bis die anfangs halbflüssige Masse fest geworden ist. Das Produkt hat wahrscheinlich die Zusammensetzung $CH_3 \cdot C_6H_4 \cdot O \cdot C(OH)_2 \cdot O \cdot C_6H_4 \cdot CH_3$. Die Verbindung zersetzt sich bei 51° in ihre Komponenten und soll dem m-Kresol gegenüber eine gesteigerte desinfizierende Wirkung haben. Sie heißt Kresosteril[6]).

---

[1]) Bull. de Science Pharmacol. **17**, 373 (1910).
[2]) Deutsche med. Wochenschr. **44**, 716 (1918).
[3]) H. Busquet und Ch. Vischniac, C. r. s. b. **83**, 1149 (1920).
[4]) DRP. 291 935. [5]) DRP. 229 143.
[6]) Hyg. Rundschau **20**, 1042 (1910).

Phenol-o-oxalsäureester wird dargestellt, indem man wasserfreie Oxalsäure mit geschmolzenem Phenol im Verhältnis von 1 Mol. Oxalsäure zu 2 Mol. Phenol mischt, bis zum Beginnen der Selbsterhitzung gut durchrührt und die Veresterung unter Einfluß dieser Erhitzung sich vollziehen läßt[1]).

Wie bei allen wirksamen Substanzen hat man es sogar bei dem so gut wasserlöslichen Phenol nicht unterlassen können, durch Einwirkung von Schwefelsäure ein neues Desinfektionsmittel zu gewinnen. Hierbei läßt man auf Phenol nach der Angabe von Colin rauchende Schwefelsäure bei niederer Temperatur einwirken und setzt dem Reaktionsprodukte Alkohol zu. So gelangt man zu einem Gemenge von o-phenylsulfosaurem Äthyl, o-Phenylsulfosäure und Äthylschwefelsäure. Dieses Gemenge von geringer Haltbarkeit spaltet Phenol, Alkohol und Schwefelsäure ab und hat sich mangels jeden Vorzuges vor dem Phenol selbst in der Praxis nicht halten können. Das Gemenge führt den Namen Aseptol.

Man erhält Komplexverbindungen aus Halogenphenolen und deren Homologen, indem man diese mit Alkalihydroxyden oder alkalisch reagierenden Salzen behandelt. Diese Verbindungen zeichnen sich angeblich durch große Desinfektionskraft aus, sind wasserlöslich und geruchlos. Sie sind auch nicht hygroskopisch und gut krystallisationsfähig[2]).

Es wurde auch der Versuch gemacht, Phenol mit Eiweiß in Reaktion zu bringen.

Shimada[3]) ließ auf getrocknetes Albumin eine zehnfache Gewichtsmenge Phenol einwirken und erwärmte, wobei das Albumin allmählich in Lösung ging. Wenn man das Reaktionsprodukt in Alkohol eingießt, so erhält man ein flockiges Präcipitat, dessen Analysen auf ein triphenyliertes Albumin stimmen, welches aber beim Spalten mit Salzsäure kein Phenol abgibt und dem auch antiseptische Wirkungen völlig fehlen.

Wenn es also auch nicht gelingt, vom Phenol direkt zu solchen Eiweißverbindungen zu gelangen, die antiseptische Wirkungen haben, so scheint dies gut zu gelingen, wenn man aromatische Aldehyde mit Proteinsubstanzen reagieren läßt.

So kann man durch Zusammenbringen von Benzaldehyd $C_6H_5 \cdot CHO$, Salicylaldehyd $OH \cdot C_6H_4 \cdot CHO$ mit Eiweiß, Casein oder Albumosen, Aldehydproteinverbindungen darstellen, in denen anscheinend die Aldehydgruppe mit den Aminogruppen des Eiweißes in Reaktion getreten ist und die angeblich antiseptische Eigenschaft zeigen[4]).

Formaldehyd HCHO kondensiert sich mit Phenolen zu Phenolalkoholen und beim Erhitzen mit Mineralsäuren zu hochmolekularen Produkten[5]). Ähnliche unlösliche Körper entstehen bei der Einwirkung von Formaldehyd auf ein Gemenge von o- und p-Phenolsulfosäure beim Kochen der salzsauren Lösung dieser Säuren. Der gebildete Körper ist schwefelfrei, da die Sulfogruppe durch die Formaldehydgruppe verdrängt wird; es entstehen hochmolekulare Oxydialkohole des Benzols bzw. deren Anhydroverbindungen, also Anhydroxybenzyldialkohol.

$$C_6H_4\left\langle\begin{matrix} SO_3H \\ OH \end{matrix}\right. + 2\,CH_2\left\langle\begin{matrix} OH \\ OH \end{matrix}\right. = H_2SO_4 + C_6H_3\left\langle\begin{matrix} CH_2 \cdot OH \\ CH_2 \cdot OH \\ OH \end{matrix}\right. + H_2O$$

Letzterer Körper geht dann unter Wasseraustritt in die Anhydroverbindung über.

$$C_6H_3\left\langle\begin{matrix} OH \\ CH_2 \\ CH_2 \cdot OH \end{matrix}\right. \!\!-\!\!-\; O \;-\!\!-\!\! \left.\begin{matrix} OH \\ CH_2 \\ HO \cdot CH_2 \end{matrix}\right\rangle C_6H_3$$

Aus Formaldehyd und Phenolen kann man ein Kondensationsprodukt erhalten, wenn man schweflige Säure auf das Gemisch einwirken läßt. Dieses Produkt soll weniger dunkel und weniger harzhaltig sein als das mit anderen Mineralsäuren dargestellte[6]).

Praktische Verwendung haben diese in Gegenwart von Alkalien Formaldehyd abgebenden Körper nicht gefunden.

---

[1]) Schülke & Mayr in Hamburg, DRP. 226 231. [2]) DRP. 247 410.
[3]) Bull. Coll. of Agriculture, Tokio, II, Nr. 7. [4]) DRP. 105 499.
[5]) L. Sarason, DRP. 101 191. [6]) DRP. 219 570.

Eigentümlich ist das physiologische Verhalten der beiden Naphthole. α-Naphthol

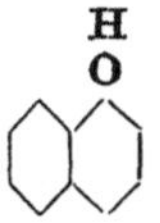

H
O

und β-Naphthol

OH

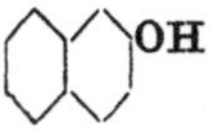

sind merkwürdigerweise verschieden giftig, und zwar α-Naphthol stärker giftig als β-Naphthol. Wegen der schweren Löslichkeit wird β-Naphthol nur als Darmantisepticum und in der Dermatologie angewendet. β-Naphtholnatrium $C_{10}H_7 \cdot ONa$, welches in Wasser leichter löslich ist, hat den Namen Mikrocidin. Naphtholsulfosäure, welche in Wasser besser löslich, hat keine Vorzüge vor dem Naphthol, ihre Salze sind wenig antiseptisch wirksam.

Ein Naphtholderivat für dermatologische Zwecke ist Epicarin, d. i. β-Oxynaphthoyl-oxy-m-toluylsäure $(COOH)(OH)C_6H_3 \cdot CH_2 \cdot C_{10}H_6 \cdot OH$. Es besitzt starken Säurecharakter und bildet wasserlösliche Salze. Es ist ein starkes, nicht reizend wirkendes Antisepticum, das bei innerlicher Darreichung zum größten Teil unverändert wieder ausgeschieden wird[1]). Es wird gegen parasitäre Hautkrankheiten, wie Scabies, Herpes tonsurans, Hunderäude usw. empfohlen[2]).

Naphthylaminsulfosäure (Naphthionsäure) $C_{10}H_6 \cdot (NH_2) \cdot SO_3H$ wurde aus ganz anderen Gründen empfohlen[3]). Sie besitzt die Eigenschaft, sich mit Nitrit zu der für den Organismus verhältnismäßig unschädlichen und leicht zersetzlichen Diazoverbindung umzusetzen und wurde von Riegler gegen Nitritvergiftung, Blutvergiftung und, da die Jodausscheidung bei Jodismus angeblich auf Gegenwart von Nitriten beruht, auch dagegen empfohlen. Zur Verhinderung der Harnalkaleszenz bei Blasenleiden wurde diese Säure ebenfalls angewendet.

Unter dem Namen Tetralin[4]) wird ein Desinfektionsmittel angegeben, das gekennzeichnet ist durch die Verwendung von ar-Tetrahydronaphtholen oder im aromatischen Kern durch Nitrogruppen, Quecksilbersalzreste, Alkyle oder Halogene substituierte ar-Tetrahydronaphtholen oder ihrer Salze, für sich oder in Verbindung mit Säuren oder Seifen von Fettsäuren oder sulfurierten Fetten, gegebenenfalls unter Zusatz von Formaldehyd. Den ar-Tetrahydronaphtholen kommt eine sehr bedeutende Desinfektionswirkung zu, weitaus größer als den Naphtholen selbst. Sie sind nach dieser Richtung hin den Phenolen und den desinfektorisch außerordentlich wirksamen Xylenolen sehr nahestehend.

Tetralin wird hauptsächlich als Terpentinersatz in der Technik angewandt.

Tetralin (Tetrahydronaphthalin) geht zu einem kleinen Teil im Organismus in dl-ac-α-Tetrahydronaphthalinharnstoff über[5]). Es wird vom tierischen Organismus vorwiegend als ac-a-Tetrolylglykuronsäure, ein kleiner Teil unverändert durch die Atmung ausgeschieden.

Beim Menschen entsteht ein Pigment, sodann eine durch oxydierende Agentien nachweisbare Leukoverbindung, ferner Dihydronaphthalin und Naphthalin.

Dihydronaphthalin wird ebenfalls vorwiegend als gepaarte Glykuronsäure ausgeschieden, die aufs leichteste Naphthalin abgespaltet[6]).

Durch Einwirkung aromatischer Nitrocarbonsäurehalogenide auf 1.8-Aminonaphtholsulfosäuren erhält man in der Aminogruppe substituierte Nitroverbindungen dieser Körper, die bei der Reduktion in die entsprechenden Aminoverbindungen übergehen. Durch Behandlung mit Phosgen kann man sie in Harnstoffderivate überführen, welche auf Blutpara-

[1]) Eichengrün, Pharm. Zentralhalle **41**, 87.
[2]) Kaposi, Wiener med. Wochenschr. **1900**, Nr. 6.
[3]) E. Riegler, Wiener med. Blätter **1897**, Nr. 14.
[4]) DRP. 302 003.
[5]) G. Schroeter und K. Thomas, HS. **101**, 262 (1918).
[6]) Pohl und Rawicz, HS. **104**, 95 (1919).

siten tödlich wirken. Anstatt die Aminobenzoylverbindungen direkt mit Phosgen zu behandeln, kann man durch weitere Einwirkung von Nitrobenzoylhalogenen und darauffolgende Reduktion den Aminobenzoylrest zwei oder mehrere Male in das Molekül einführen und dann erst die entsprechenden Harnstoffderivate darstellen. In vielen Fällen wird dadurch noch eine stärkere Wirkung gegenüber den Blutparasiten erzielt. Dargestellt wurden

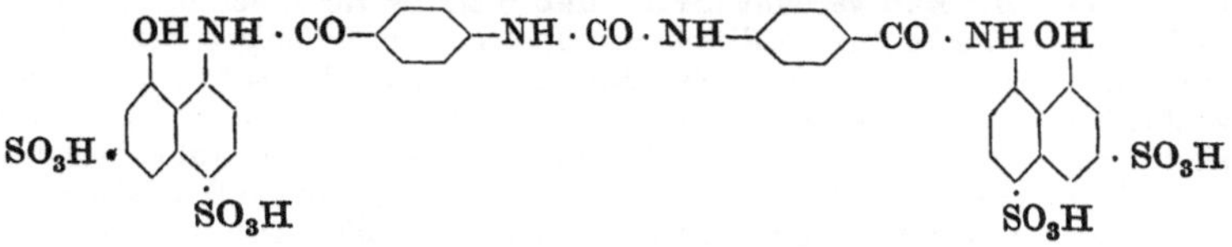

OH NH · CO—C_6H_4—NH · CO · NH—C_6H_4—CO · NH OH

SO_3H · $C_{10}H_4$ · SO_3H … $C_{10}H_4$ · SO_3H · SO_3H

und

$$OC\begin{cases} NH—C_6H_4—CO \cdot NH—C_6H_4—CO \cdot NH(OH)C_{10}H_4(SO_3H)_2 \\ NH—C_6H_4—CO \cdot NH—C_6H_4—CO \cdot NH(OH)C_{10}H_4(SO_3H)_2 \end{cases}$$

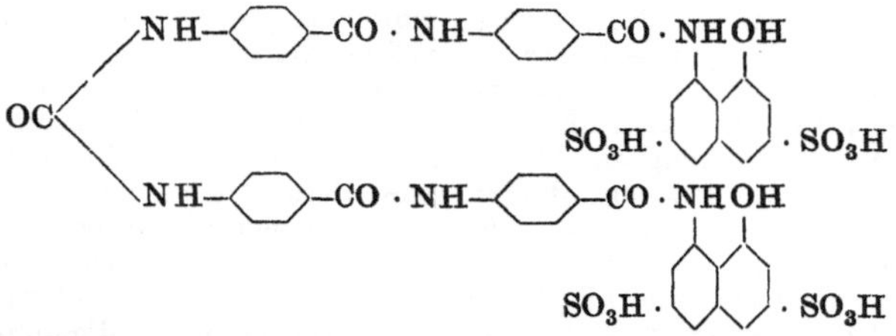

Diese Verbindungen wirken auf Trypanosomen und Spirochäten[1]).

Aromatische, nicht der Naphthalinreihe angehörige aminoacidylierte Aminosäuren, die den Aminoacidylrest zweimal oder mehrere Male hintereinander enthalten, erhält man, wenn man Phosgen oder Thiophosgen oder ihre Ersatzprodukte auf sie einwirken läßt. Die Produkte sind therapeutisch ähnlich wirksam wie die des DRP. 278 122. Beschrieben sind der Harnstoff der m-Aminobenzoylverbindung, der m-Aminobenzoylaminosulfosalicylsäure. Ferner sind beschrieben der Harnstoff aus m-Aminobenzoyl-m-aminobenzoylaminocarbazoldisulfosäure und des Thioharnstoffs aus m-Aminobenzoyl-m-aminobenzoylanilin-2.5-disulfosäure[2]).

Die gleichen therapeutischen Eigenschaften kommen auch Harnstoffen zu, die sich in gleicher Weise von substituierten Naphthalinaminsulfosäuren ableiten. Als besonders wirksam erwiesen sich außer den durch Halogen substituierten Harnstoffen der genannten Art Harnstoffe, die sich von 1-Amino-8-alkoxynaphthalinsulfosäuren ableiten. Man erhält sie, indem man die fertigen Harnstoffe nach DRP. 278 122, 284 938, 288 272 mit alkylierenden Mitteln behandelt oder indem man von in der Hydroxylgruppe alkylierten Aminonaphtholsulfosäuren ausgeht und diese in die entsprechenden Harnstoffe nach den angeführten Patenten überführt[3]).

Wie die sonstigen Derivate der Naphthylaminsulfosäuren können auch die im Kern hydroxylierten Naphthylaminsulfosäuren ganz allgemein zur Darstellung von Harnstoffen und Thioharnstoffen verwendet werden[4]).

Ebenso therapeutisch wirksame Verbindungen wie nach DRP. 278 122 erhält man durch Behandlung von zwei verschiedenen, in der Aminogruppe durch Aminoacidylreste substituierten Aminosäuren der aromatischen Reihe, von denen wenigstens eine der Naphthalinreihe angehört, in molekularem Verhältnis mit Phosgen oder Thiophosgen oder deren Ersatzmitteln[5]).

In den Harnstoffen des Hauptpatentes und seiner früheren Zusätze kann man Diaminoacetylreste der Benzolreihe auch ganz oder teilweise durch Aminoacetylreste anderer Ringsysteme, z. B. durch den Aminonaphthoylrest, ersetzen und auch an Stelle der den Harnstoff bildenden CO-Gruppe die CS-Gruppe einführen, ohne daß dadurch die wertvollen Eigenschaften der Produkte verloren gehen.

Die Patentschrift enthält Beispiele für die Anwendung der durch Einwirkung von 1-Nitronaphthalin-5-sulfochlorid auf 1-Naphthylamin-3.6-disulfosäure und nachfolgende Reduktion darstellbaren Säure, sowie der durch Einwirkung von Nitroanisoylchlorid auf 1.5-Aminonaphthoyl-1-amino-8-naphthol-1.4.6-disulfosäure und darauf folgende Reduktion erhaltenen Säure zur Darstellung der Harnstoffe und der durch zweimalige Einwirkung von m-Nitrobenzoylchlorid auf 1.8-Aminonaphthol-3.6-disulfosäure und darauffolgende Reduktion erhaltene Säure, der durch Einwirkung von m-Nitrobenzolsulfochlorid auf p-Aminobenzoyl-1-naphthylamin-3.6-disulfosäure und folgende Reduktion dargestellte Säure, so-

[1]) Bayer, DRP. 278 122. [2]) Bayer, DRP. 291 351.
[3]) Bayer, DRP. 289 107, Zusatz zu DRP. 278 122.
[4]) Bayer, DRP. 289 271, Zusatz zu DRP. 278 122. [5]) Bayer, DRP. 289 163.

wie der durch zweimalige Einwirkung von Nitroanisoylchlorid auf 1.8-Aminonaphthol-3.6-disulfosäure und folgende Reduktion erhaltenen Säure in die Thioharnstoffe[1]).

Bei teilweisem oder vollständigem Ersatz der Aminobenzoylgruppen der aminobenzoylierten 1.8-Aminonaphtholsulfosäuren durch Aminobenzoylsulfonylreste gelangt man zu Harnstoffen, die wie die Produkte des Hauptpatentes eine kräftig abtötende Wirkung auf Blutparasiten haben. Man verfährt derart, daß man die zur Darstellung der Verbindungen des Hauptpatentes benutzten Nitrobenzoylhalogene in beliebiger Reihenfolge ganz oder teilweise durch Aminobenzoylhalogene, ihre Homologen oder Substitutionsprodukte ersetzt. Beschrieben sind die Derivate der m-Aminobenzoylsulfonyl-1.8-aminonaphthol-3.6-disulfosäure, der Aminoanisoyl-m-aminobenzolsulfonyl-1.8-aminonaphthol-3.6-disulfosäure und von Aminobenzolsulfonylaminoanisoyl-1.8-aminonaphthol-3.6-disulfosäure[2]).

Wenn man bei der Behandlung von 1.8-Aminonaphtholsulfosäuren, die in der Aminogruppe ein oder mehrere Male durch Aminobenzoylreste substituiert sind, mit Phosgen die Aminobenzoylgruppen teilweise oder vollständig durch Reste von Aminoarylfettsäuren und Aminoarylolefincarbonsäuren, wie Aminophenylessigsäure oder Aminozimtsäure ersetzt, gelangt man zu Harnstoffen, die ebenso wie die Produkte des Hauptpatentes eine kräftig abtötende Wirkung auf Blutparasiten besitzen. Zur Herstellung dieser Harnstoffe verfährt man derart, daß man die zur Darstellung der Verbindungen des Hauptpatentes oder des DRP. 284 938 benutzten Nitroacidylhalogene hier in beliebiger Reihenfolge ganz oder teilweise durch Säurehaloide von Nitroarylfettsäuren oder Substitutionsprodukten ersetzt. Die Patentschrift enthält Beispiele für die Anwendung von Derivaten der 1.8-Aminonaphthol-4.6-disulfosäure und der 1.8-Aminonaphthol-3.6-disulfosäure[3]).

Auch die entsprechenden Harnstoffderivate aus α- und β-Naphthylaminsulfosäuren haben bei relativer Unschädlichkeit dem Wirt gegenüber eine kräftige parasitocide Wirkung. Beschrieben sind Aminoacylderivate von 1- und 2-Naphthylamin-3.6-disulfosäure, 1-Naphthylamin-4.6.8-trisulfosäure und von 2-Naphthylamin-5.7-disulfosäure[4]).

* * *

Ersetzt man im Benzolkern einen Wasserstoff statt durch eine Hydroxylgruppe durch eine Carboxylgruppe, so erhält man eine wenig wirksame und wenig giftige Substanz, die Benzoesäure $C_6H_5 \cdot COOH$, von sehr geringer antiseptischer Kraft. Das Eintreten eines Hydroxyls, namentlich in der o-Stellung (Bildung von Salicylsäure), macht sie wieder wirksamer. Auch das Eintreten einer Fettsäure statt des Carboxyls in den Benzolkern führt zur Entstehung antiseptisch wirkender Körper.

Von theoretischem Interesse ist ferner, zu sehen, wie sich die antiseptische Kraft der Phenole ändert, wenn man statt des Hydroxyls Fettsäuregruppen in den Benzolkern einführt. Die Benzoesäure hat ja bekanntlich sehr geringe therapeutische und antiseptische Eigenschaften. Die phenylsubstituierten Fettsäuren wachsen in ihrer antiseptischen Wirkung mit dem Wachsen des Molekulargewichtes der substituierten Säure. So wirkt Phenylessigsäure $C_6H_5 \cdot CH_2 \cdot COOH$ stärker als Phenol; Phenylpropionsäure $C_6H_5 \cdot CH_2 \cdot CH_2 \cdot COOH$ stärker als Phenylessigsäure, Phenylbuttersäure $C_6H_5 \cdot CH_2 \cdot CH_2 \cdot CH_2 \cdot COOH$ kräftiger als Phenylpropionsäure[5]). Hingegen hat Duggan[6]) gezeigt, daß sich die antiseptische Wirkung in der Fettsäurereihe umgekehrt verhält. Hier ist die Ameisensäure $H \cdot COOH$ die stärkste, hierauf folgt die Essigsäure $CH_3 \cdot COOH$ und schließlich die Propionsäure $CH_3 \cdot CH_2 \cdot COOH$. Um das Wachsen des Bacillus subtilis zu unterdrücken, benötigt man Lösungen, die 7% Ameisensäure oder 9% Essigsäure oder 10% Propionsäure enthalten. Diese Prozentzahlen korrespondieren exakt mit dem relativen Molekulargewicht und mit der relativen Fähigkeit der Säuren, Basen zu neutralisieren. Phenylessigsäure und Phenylpro-

---

[1]) DRP. 289 270, Zusatz zu DRP. 278 122.
[2]) DRP. 284 938, Zusatz zu DRP. 278 122.
[3]) DRP. 288 272, Zusatz zu DRP. 278 122.
[4]) DRP. 288 273, Zusatz zu DRP. 278 122.
[5]) Parry Laws, Journ. of physiol. **17**, 360.
[6]) C. r. s. b. **1886**, 614.

pionsäure (Hydrozimtsäure) sind ungiftig und wurden wegen ihrer günstigen Wirkung bei Tuberkulose empfohlen. Bei Typhus erniedrigt Phenylessigsäure die Temperatur und erhöht den Blutdruck.

Salicylsäure.

Die wichtige Entdeckung von Kolbe[1]), daß man vom Phenol leicht durch Einwirkung von Kohlensäure unter bestimmten Bedingungen zur Salicylsäure, o-Oxybenzoesäure

OH
COOH

gelangen kann und daß dieser Substanz sehr bedeutende antiseptische und gärungshemmende Eigenschaften zukommen, hat in der synthetischen Chemie geradezu Epoche gemacht. Der große Erfolg der Salicylsäure in der Medizin, welcher durch die Beobachtung von Stricker, daß die Salicylsäure beim akuten Gelenkrheumatismus spezifische Wirkung besitze, noch vergrößert wurde, war auch für die Theorie der Arzneimittelwirkung von Bedeutung. Die Salicylsäure wirkt bei akutem Rheumatismus unzweifelhaft spezifisch, während sie bei andern fieberhaften Erkrankungen einen geringen oder gar keinen therapeutischen Wert hat; ebenso wirkt sie nicht auf den Gesunden. Interessant sind folgende Verhältnisse: Phenol wirkt nicht bei Rheumatismus, während Benzoesäure eine erhebliche Wirkung hat, wenn sie auch zurücksteht hinter der der Salicylsäure. Die beiden isomeren m- und p-Oxybenzoesäuren wirken praktisch gar nicht. Die Kretosinsäuren sind alle wirksam, da sie die gleiche Stellung der Carboxylgruppe zu der Hydroxylgruppe haben wie die Salicylsäure.

Die Rheumatiker scheiden ca. 15% weniger Salicylsäure aus als normale Menschen, so daß eine gesteigerte Zerstörung beim fiebernden Rheumatiker angenommen wird[2]).

Salicin, Saligenin, Acetylsalicylsäure, Salicylsäuremethylester sind wirksam, weil sich aus ihnen im Körper Salicylsäure bildet, während Populin (Benzoylsalicin), Methylsalicylsäure und Dimethylsalicylsäure, aus denen sich im Körper keine Salicylsäure bildet, gegen Rheumatismus unwirksam sind. Phthalsäure und Toluylsäure sind beide gegen Rheumatismus ganz unwirksam[3]).

Benzoesäure, Salicylsäure, Aspirin, Salicylsäuremethylester, Phenol, Salol, Guajacol, besonders stark Thymol, ferner Menthol sind gute Cholagoga, während Thiocol (Kalium sulfoguajacolium) eher die Gallenmenge verringert. Hauptsächlich rufen Verbindungen der aromatischen Reihe, welche als Ätherschwefelsäuren ausgeschieden werden, eine deutliche Steigerung der Gallensekretion hervor[4]).

Während der Eintritt von Carboxylgruppen in aromatische Verbindungen, insbesondere in Phenole, im allgemeinen die Wirkung dieser Substanzen herabsetzt oder völlig aufhebt, ja sogar beim Phenol selbst durch Eintritt der Carboxylgruppe in zwei Stellungen völlig unwirksame Substanzen entstehen, wie p-Oxybenzoesäure

OH
COOH

und m-Oxybenzoesäure

OH
COOH

wird wohl durch den Eintritt einer Carboxylgruppe in der o-Stellung die Giftigkeit des Phenols herabgesetzt, aber das neue Produkt, die Salicylsäure, erhält

---

1) Liebigs Ann. **113**, 115; **125**, 201.

2) P. J. Hanzlik, R. W. Scott und T. W. Thoburn, Journ. Pharm. and Exp. Therapeutics **9**, 247 (1917).

3) Ralph Stockman, Proceedings of the Royal Society of Medicine, Vol. II, Dezember 1, **1908**.

4) M. Petrowa, HS. **74**, 429 (1911).

bei geringerer absoluter Giftigkeit auch neue therapeutische Eigenschaften, welche die der Ausgangssubstanz, des Phenols, weitaus übertreffen.

Die Pyridincarbonsäuren wirken alle höchst wahrscheinlich stark antiseptisch. Die Uvitoninsäure (α-Picolin-γ-α_1-dicarbonsäure)

COOH

COOH ⬡ CH_3

N

z. B. ist nach Böttinger in so hohem Maße antiseptisch wirksam, daß sie die Salicylsäure verdrängen würde, wenn man sie nur billiger verschaffen könnte.

Ursprünglich hat Kolbe[1]) Salicylsäure synthetisch gewonnen, indem er Kohlensäure in kochendes Phenol, dem Natrium zugesetzt war, einleitete. Wenn man Kalihydrat statt des Natrons verwendete, so erhielt man hauptsächlich p-Oxybenzoesäure. Man gelangt technisch aber besser zum Ziele, wenn man statt des Natriummetalles Ätznatron anwendet und durch Erhitzen von Phenol mit Natronhydrat trockenes Phenolnatrium darstellt und in dieses Kohlensäure einleitet. Hierbei bildet sich aber nur aus der Hälfte des angewandten Phenols Salicylsäure. Schmitt[2]) hat die ursprüngliche Kolbesche Synthese in der Weise vervollkommt, daß er Phenolnatriumcarbonat unter Druck auf ca. 140° erhitzte, wobei es quantitativ in Natriumsalicylat überging. Dieses Verfahren läßt sich auch in gleicher Weise für die Darstellung von Oxynaphthalincarbonsäure und Oxychinolincarbonsäure verwerten, welche nach dem ursprünglichen Kolbeschen Verfahren zu erhalten nicht möglich war[3]).

Von keiner praktischen Bedeutung sind die Versuche, vom Diphenylcarbonat ausgehend, durch Erhitzen dieser Substanz, einer äquivalenten Menge von Natriumhydrat und Alkohol auf 200° Salicylsäure zu erhalten[4]). Die von Diphenyl sich ableitenden Substanzen sind stets unwirksam. Diphenylcarbonat erhält man durch Einleiten von Chlorkohlenoxyd in Phenolnatrium, eine Methode, die weiterhin in der Weise geändert wurde, daß man gleiche Molekulargewichte von Diphenylcarbonat, Natronhydrat und Phenolnatrium zusammengeschmolzen hat. Derselbe Gedanke wurde dann weiter ausgebildet, indem man den Prozeß in eins zusammenzog und auf ein trockenes Gemenge von Phenol und Ätznatron im Verhältnisse von 3 Mol. Phenol zu 4 Mol. Ätznatron Phosgen einleitet und auf 200° erhitzt. Alle diese Methoden haben den Nachteil, daß im Gegensatz zur Schmittschen Methode, welche eine quantitative Umwandlung des angewendeten Phenols in Salicylsäure ermöglicht, bei diesen Methoden der allergrößte Teil des angewendeten Phenol unverändert bleibt und nur ein kleiner Teil in die Salicylsäuresynthese eingeht.

Ein neues Verfahren zur Darstellung der Salicylsäure schlug S. Marasse[5]) vor, bei dem im Gegensatz zu den bisherigen statt Natrium Kalium verwendet wird. Man mischt Phenol mit Pottasche und setzt einen Überschuß dieses Salzes zu, um zu vermeiden, daß beim Erwärmen die Masse teigig wird. Bei einer Temperatur zwischen 130 und 160° leitet man dann Kohlensäure ein, wobei rasch eine Bildung von salicylsaurem Kali stattfindet.

Zentner und Max Landau beschreiben ein Verfahren zur Darstellung von Phenolcarbonsäuren, bei denen man auf Phenole, deren Homologen oder Substitutionsprodukte Tetrachlorkohlenstoff und Alkalilauge in Gegenwart von Kupfer oder Kupferverbindungen einwirken läßt[6]).

Die Untersuchungen von Kolbe haben, was für die Theorie der Salicylsäurewirkung sehr wichtig ist, gezeigt, daß die Wirkung dieser Oxybenzoesäure von der o-Stellung abhängig ist; weder die p-Oxybenzoesäure, noch die m-Oxybenzoesäure besitzen antiseptische Wirkungen oder die therapeutischen Effekte der Salicylsäure[7]). Auch von den Kresotinsäuren $(OH) \cdot CH_3 \cdot C_6H_3 \cdot COOH$ ist die der Salicylsäure homologe p-Kresotinsäure

COOH

⬡ · OH

H_3C ·

[1]) DRP. 426. [2]) DRP. 29 939. [3]) DRP. 31 240.

[4]) DRP. 24 151, 27 609, 28 985, 30 172. [5]) DRP. 73 279. [6]) DRP. 258 887.

[7]) Sie sind aber angeblich therapeutisch nicht ganz unwirksam (Privatmitt. Mohr).

wirksam und von kräftigen Effekten[1]). Die Kresotinsäuren unterscheiden sich von den Oxybenzoesäuren dadurch, daß ein Kernwasserstoff durch eine Methylgruppe ersetzt ist. Man gelangt zu ihnen von den Kresolen $CH_3 \cdot C_6H_4 \cdot OH$ ausgehend, und sie verhalten sich zu den Kresolen chemisch wie die Salicylsäure zum Phenol, d. h. sie sind die Carbonsäuren der Kresole. o-Kresotinsäure ist von allen dreien physiologisch die wirksamste, weil auch hier die o-Stellung ebenso wie bei der Salicylsäure die Wirksamkeit begünstigt, aber sie ist trotz ihrer physiologischen Wirksamkeit therapeutisch nicht verwertbar, da sie nach verhältnismäßig kleinen Gaben eine Lähmung des Herzmuskels verursacht. p-Kresotinsäure steht in bezug auf die Wirkung hinter der Salicylsäure zurück, aber sie wird vom Organismus gut vertragen, während m-Kresotinsäure als ganz unwirksam anzusehen ist. Wird in der Salicylsäure also ein Kernwasserstoff durch eine Methylgruppe ersetzt, so steigt die Giftigkeit dieser Verbindung, während es beim Phenol umgekehrt ist, da die Kresole weniger giftig sind als die Phenole.

Ersetzt man den Hydroxylwasserstoff der Salicylsäure durch eine Methylgruppe, so erhält man eine nur schwach antiseptisch wirkende, bei Tieren selbst in großen Dosen ungiftig wirkende Substanz $C_6H_4{<}{}^{OCH_3\ (1)}_{COOH\ (2)}$ o-Methoxybenzoesäure. Beim Menschen hat sie nur eine schwache anthithermische Wirkung. Ersetzt man in der p-Oxybenzoesäure den Wasserstoff des Hydroxyls durch Methyl, so bekommt man eine unwirksame und den Organismus unverändert passierende Substanz, die Anissäure $C_6H_4{<}{}^{OCH_3\ (1)}_{COOH\ (4)}$.

Der Salicylsäure kommen als unangenehme Nebenerscheinungen vornehmlich der schlechte (süßliche) Geschmack, insbesondere dem Natriumsalze, zu und ferner der Umstand, daß einzelne Individuen sowohl von der Salicylsäure als auch von salicylsaurem Natron in der Weise belästigt werden, daß sich Sensationen vom Magen aus geltend machen, die wohl auf die Ätzwirkung der Salicylsäure auf die Magenschleimhaut zurückzuführen sind. Die Versuche, die im großen und ganzen unwesentlichen Nebenwirkungen zu umgehen, haben zu einzelnen interessanten und zu einer äußerst wichtigen Synthese geführt.

Einzelnen Derivaten der Salicylsäure kommen Eigenschaften zu, als leichte Nervennarkotica zu wirken wie die antipyretischen Mittel z. B. der Acetylsalicylsäure.

Man hat durch den Verschluß der Hydroxylgruppe durch ein Essigsäureradikal Acetylsalicylsäure dargestellt,

$$C_6H_4{<}{}^{O \cdot OC \cdot CH_3\ (1)}_{COOH\ (2)}$$

von welcher behauptet wird, daß sie der Organismus viel besser verträgt als die Salicylsäure selbst [Aspirin[2])]. Aspirin unterscheidet sich vom Natriumsalicylat durch das Fehlen des süßlichen Geschmackes.

Im Organismus wird durch Abspaltung der Essigsäure die wirksame Salicylsäure wieder regeneriert.

Aspirin ist nach den Untersuchungen von A. Chistoni und F. Lapresa zweimal so giftig als salicylsaures Natron[3]).

Acetylsalicylsäure wirkt nach allen klinischen Erfahrungen nicht wie Salicylsäure, sondern hat narkotische Wirkungen. Bei Typhus hat sie anti-

---

1) Demme, Bericht des Kinderspitals Bern 1888, 49.
2) Pflügers Arch. f. Phys. 76, 306.
3) Arch. di Farmacol. 8, 63.

pyretische Wirkungen, wie sie in gleicher Weise der Salicylsäure, dem Diaspirin und Diplosal bei gleich geringer Dosis noch nicht zukommen[1]).

Beim Wärmestich entwickelt Acetylsalicylsäure in geringer Dosis eine stark antipyretische Wirkung, während Salicylsäure keine oder eine weit geringere hat. Sie ist ein Fiebernarkoticum. Die Spaltung im Darm verläuft wahrscheinlich sehr langsam, so daß Acetylsalicylsäure als solche resorbiert wird. Im Körper selbst wird aber die Acetylgruppe abgespalten, da im Harn nur Salicylsäure auftritt[2]).

Die Darstellung und Einführung der Acetylsalicylsäure bedeutet einen großen Fortschritt und Erfolg nach der Richtung hin, daß ein nicht basisches Antipyreticum und Antinervinum neben den vielen basischen eingeführt wurde; die geringe Giftigkeit und die sonstigen Vorzüge haben der Acetylsalicylsäure einen anfangs nicht geahnten Erfolg verschafft.

Man läßt behufs Darstellung dieser Substanz Salicylsäure mit der anderthalbfachen Menge Essigsäureanhydrid zwei Stunden lang auf dem Ölbade reagieren, wobei Salicylsäure völlig in Lösung geht und beim Erkalten Acetylsalicylsäure herauskrystallisiert oder man erhitzt Salicylsäure und Acetylchlorid auf 80°, wobei man dasselbe Reaktionsprodukt erhält[3]). Man erhält bessere Ausbeuten von dieser Verbindung, wenn man in Gegenwart eines Kondensierungsmittels, wie konz. Schwefelsäure, Zinkchlorid, Natriumacetat oder dergleichen arbeitet. In gleicher Weise wurde durch Erhitzen der Salicylsäure oder ihrer Salze mit den Anhydriden oder Chloriden der Propion-, Butter- oder Valeriansäure oder der höheren Fettsäuren mit oder ohne Zusatz eines Kondensierungsmittels Propionyl-, Butyryl-, Valeryl- und höhere Acylsalicylsäuren gewonnen[4]).

Ervasin ist Acetyl-p-kresotinsäure, es wurde als Ersatzmittel für Salicylsäure empfohlen[5]). Die folgenden Verfahren verfolgen den Zweck, leicht lösliche haltbare Salze der Acetylsalicylsäure darzustellen

G. Richter, Budapest, stellt die Alkalisalze der Acetylsalicylsäure in der Weise her, daß er Lösungen oder Suspensionen der Acetylsalicylsäure in Methylalkohol oder etwas Wasser enthaltendem Aceton mit festen Alkalicarbonaten verrührt und die gebildeten Alkalisalze aus der filtrierten Lösung durch Äther ausfällt. Dieses Verfahren dient zur Darstellung des Hydropyrins, des Lithiumsalzes der Acetylsalicylsäure und des Calciumsalzes, des Kalmopyrins.

Diafor ist Harnstoffacetylsalicylat.

Acetylsalicylsaures Natrium erhält man durch Einwirkung trockener fein gepulverter Acetylsalicylsäure auf die äquivalente Menge wasserfreien Natriumcarbonates in Gegenwart von Essigester[6]).

Zwecks Herstellung von acetylsalicylsaurem Natrium sowie der Natriumsalze der Kernhomologen der Acetylsalicylsäure läßt man auf diese Säuren in trockenem fein gepulvertem Zustande die äquivalente Menge wasserfreies Natriumcarbonat in Gegenwart von Alkylestern aliphatischer Säuren unter Ausschluß von Essigester bei Anwendung von Acetylsalicylsäure einwirken[7]).

Zwecks Darstellung von Alkalisalzen der Acetylsalicylsäure und ihrer Kernhomologen werden wasserfreie Alkohole oder Ketone der aliphatischen Reihe in einer für die Lösung der gebildeten Alkalisalze in diesen Mitteln unzureichenden Menge auf äquivalente Mengen von Acetylsalicylsäure oder ihrer Kernhomologen und wasserfreien Alkalicarbonaten bei gewöhnlicher Temperatur so lange einwirken gelassen, bis eine Probe des Reaktionsgemisches sich in Wasser ohne Kohlensäureentwicklung vollständig auflöst. Beschrieben ist die Darstellung von acetylsalicylsaurem Natrium und Lithium sowie von acetyl-p-kresotinsaurem Kalium[8]).

Das Calciumsalz der Acetylsalicylsäure erhält man, wenn man unter Ausschluß von Wasser auf die alkoholische Lösung einer Mischung von Acetylsalicylsäure und Calciumchlorid Ammoniak einwirken läßt[9]).

---

1) S. Bondi, Z. f. kl. Med. **72**, Heft 1 und 2. 2) S. Bondi und Katz, ebenda.
3) DRP.-Anm. 10 563, 10 581 (beide versagt). 4) Engl. P. 11 596.
5) C. E. Rautenberg, Med. Klinik **1912**, Nr. 14. 6) Wülfing, DRP. 270 326.
7) DRP. 276 668, Zusatz zu DRP. 270 326.
8) DRP. 286 691, Zusatz zu DRP. 270 326. 9) DRP. 275 038.

Das Calciumsalz der Acetylsalicylsäure erhält man, wenn man Acetylsalicylsäure in wässeriger Suspension so lange mit Calciumcarbonat verrührt, bis keine Kohlensäureentwicklung mehr stattfindet und alsdann aus der filtrierten wässerigen Lösung das Calciumsalz der Acetylsalicylsäure mit Alkohol oder Methylalkohol ausfällt[1]).

Man läßt in alkoholischer Lösung auf Acetylsalicylsäure Calciumalkoholate oder Calciumsalze organischer Säuren oder auf die Alkalisalze der Acetylsalicylsäure (mit Ausnahme des Lithiumsalzes) Calciumsalze solcher Säuren einwirken, deren Alkalisalze in Alkohol löslich sind[2]).

Man läßt auf in Alkohol gelöste Acetylsalicylsäure Calciumsalze in Gegenwart einer organischen Base einwirken, z. B. Pyridin oder Anilin[3]).

Bei der Einwirkung von Calciumsalzen organischer Säuren auf freie Acetylsalicylsäure verwendet man an Stelle von Alkoholen Aceton als Lösungsmittel[4]).

Salze der Acetylsalicylsäure erhält man, wenn man in eine wässerige Suspension von Acetylsalicylsäure Oxyde, Hydroxyde oder Carbonate des Magnesiums bzw. Zinks zweckmäßig in der berechneten Menge unter gutem Rühren oder Schütteln des Reaktionsgemisches, gegebenenfalls unter Kühlung, einträgt und die gebildeten Salze durch Einengen ihrer wässerigen Lösung im Vakuum abscheidet. Beschrieben sind das Zink- und Magnesiumsalz[5]).

Acetylsalicylsaurer Harnstoff wird durch Vereinigung beider Komponenten in Alkohol und Eindampfen der Lösung im Vakuum dargestellt[6]).

Kalle, Biebrich, erzeugen Acetylsalicylamid durch Einwirkung von Essigsäurehydrid auf Salicylamid in Eisessiglösung[7]).

Benzoylsalicylsäure

$$C_6H_4<^{O \cdot CO \cdot C_6H_5}_{COOH}$$

stellt man dar, indem man Dinatriumsalicylat mit Benzoylchlorid in einem indifferenten Lösungsmittel behandelt und die freie Säure aus dem Natriumsalz mittels Essigsäure abscheidet. Sie gibt keine Eisenchloridreaktion[8]).

Salicylosalicylsäure in krystallisierter Form wird hergestellt, indem man auf Salicylsäure oder deren Salze nicht mehr als die theoretische Menge eines sauren Kondensationsmittels, wie Phosgen, Phosphortrichlorid, Thionylchlorid so einwirken läßt, daß die Bildung von Disalicylid oder höheren molekularen Anhydriden vermieden wird[9]). Man kann auch die Salicylosalicylsäure gewinnen, indem man die Kondensationsprodukte von Salicylsäure und sauren Kondensationsmitteln, wie Phosphortrichlorid usw. mit einer weiteren Menge Salicylsäure behandelt[10]).

Man erhält die krystallisierte Salicylosalicylsäure, wenn man am Phenolhydroxyl substituierte Salicylosalicylsäuren der partiellen Verseifung mit wässerigen Alkalien oder Säuren unterwirft, z. B. Acetylsalicylosalicylsäure, Äthylcarbonylsalicylosalicylsäure, Benzoylsalicylosalicylsäure[11]).

Einhorn, München[12]), stellt Anhydride acidylierter Salicylsäuren in der Weise her, daß er die acidylierten Salicylkohlensäureäther von der allgemeinen Formel

$$C_6H_4<^{O\ \text{Acidyl}}_{CO \cdot O \cdot COO\ \text{Alkyl}}$$

längere Zeit für sich erwärmt.

Heyden, Radebeul[13]), stellen Aryl- und Alkyloxyacidylsalicylsäuren her, indem sie Salicylsäure oder deren Salze mit den Halogeniden oder Anhydriden von Alkyl- oder Aryloxyfettsäuren mit oder ohne Kondensationsmitteln behandeln. Diese Substanzen sollen geschmacklos sein, während die eine Komponente, z. B. die Phenoxessigsäure, einen unangenehmen Geschmack und Geruch hat. Dargestellt wurden Phenoxyacetylsalicylsäure

$$C_6H_4(O \cdot CO \cdot CH_2 \cdot O \cdot C_6H_5)(COOH)$$

und Äthoxyacetylsalicylsäure

$$C_6H_4(O \cdot CO \cdot CH_2 \cdot O \cdot C_2H_5)(COOH)$$

[1]) Richter, Budapest, DRP. 251 333. [2]) Bayer, DRP. 253 924.
[3]) DRP. 255 672, Zusatz zu DRP. 253 924.
[4]) DRP. 255 673, Zusatz zu DRP. 253 924.
[5]) O. Gerngroß und Kast, DRP. 287 661. [6]) Schütz & Co., DRP. 274 046.
[7]) DRP. 177 054. [8]) Hoffmann, La Roche, Basel, DRP. 169 247.
[9]) Böhringer, Waldhof, DRP. 211 403.
[10]) DRP. 214 044, Zusatz zu DRP. 211 403.
[11]) Böhringer, DRP. 220 941. [12]) DRP. 224 844. [13]) DRP. 221 385.

Acidylsalicylsäuren erhält man durch Acidylierung der Phenolhydroxylgruppe der Salicylsäure, ihrer Homologen oder Kernsubstitutionsprodukte mit solchen aliphatischen Oxysäuren, in denen die Oxygruppe selbst wieder durch einen aliphatischen oder aromatischen Säurerest verestert wird. Beschrieben sind Acetylglykolsalicylsäure

$$C_6H_4<\begin{matrix}COOH\\O\cdot CO\cdot CH_2\cdot O\cdot CO\cdot CH_3\end{matrix}$$

Acetylglykol-m- und p-kresotinsäure, Acetylglykolchlorsalicylsäure, Acetyllactyl-p-kresotinsäure, Cinnamoylglykolsalicylsäure, Anisoylglykolsalicylsäure[1]).

3-Oxybenzoyl-o-benzoesäurealkylester kann man erhalten, wenn man in den entsprechenden Aminobenzoyl-o-benzoesäureestern die Aminogruppe in der üblichen Weise durch die Hydroxylgruppe ersetzt, z. B. 3-Oxybenzoyl-o-benzoesäureäthylester und 3-Oxy-4-methylbenzoyl-o-benzoesäureäthylester[2]).

Acetylsalicylsäurechlorid erhält man durch Einwirkung von Thionylchlorid in der Wärme auf Acetylsalicylsäure in Benzol, am besten bei Siedetemperatur des Reaktionsgemisches bis zur Beendigung der Entwicklung von Salzsäure und schwefliger Säure[3]).

Zwecks Darstellung von Salicylsäurechlorid wird Salicylsäure zweckmäßig in Benzol gelöst und mit Thionylchlorid in der Wärme am besten bei der Siedetemperatur des Reaktionsgemisches bis zur Beendigung der Entwicklung von Salzsäure und schwefliger Säure behandelt[4]).

Die Chloride der Kernhomologen der Acetylsalicylsäure und Salicylsäure, wie der Acetylkresotinsäuren bzw. Kresotinsäuren werden durch Einwirkung von Thionylchlorid in Benzol dargestellt[5]).

Anhydride der Acylsalicylsäuren[6]) werden dargestellt, indem man entweder die Acylsalicylsäuren mit zweibasischen Säurehalogeniden in Gegenwart von tertiären Basen oder die Halogenide der Acylsalicylsäuren mit tertiären Basen und Wasser behandelt oder die Halogenide der Acylsalicylsäuren auf die Acylsalicylsäuren in Gegenwart von tertiären Basen oder anderen alkalisch wirkenden Mitteln oder auf die Salze der Acylsalicylsäuren einwirken läßt, z. B. wird Acetylsalicylsäureanhydrid durch Einwirkung von Thionylchlorid auf Acetylsalicylsäure in benzolischer Lösung bei Gegenwart von Pyridin gewonnen oder mit Phosgen. Man kann auch Acetylsalicylsäurechlorid auf Acetylsalicylsäure bei Gegenwart von Dimethylanilin einwirken lassen, oder man erhitzt Acetylsalicylsäurechlorid mit dem Natriumsalz der Acetylsalicylsäure. Man kann auch Acetylsalicylsäurechlorid in benzolischer Lösung mit Alkylpicolin behandeln.

Carboxäthylsalicylsäure wird in benzolischer Lösung mit Sulfurylchlorid behandelt. Man kann auch Benzoylsalicylsäure mit Phosgen und Chinolin behandeln oder Cinnamoylsalicylsäure mit Phosgen und Antipyrin[7]). Man kann als Kondensationsmittel statt der zweibasischen Säurehalogenide andere Säurehalogenide oder Schwefelhalogenide verwenden. Man erhält die Anhydride z. B. aus Acetylsalicylsäure, Phosphoroxychlorid, Benzol und Pyridin.

Carboxyalkylsalicylosalicylsäuren, z. B. $C_6H_4<\begin{matrix}O\cdot COO\cdot C_2H_5\\CO\cdot O\cdot C_6H_4\cdot COOH\end{matrix}$ entstehen, wenn man unter Ausschluß von Pyridin und analog wirkenden tertiären Basen auf die Salze der Salicylsäure, Chloralkylcarbonate entweder ohne Lösungsmittel oder in geeigneten Lösungsmitteln, wie Aceton, Methyläthylketon oder Wasser, aber in Abwesenheit von absolutem Alkohol zunächst in der Kälte zur Einwirkung bringt und alsdann das Reaktionsgemisch längere Zeit bei gewöhnlicher Temperatur stehenläßt[8]).

Succinylsalicylsäure erhält man so wie ihre Methylhomologen, indem man die Halogenide der Bernsteinsäure auf die Salicylsäure oder homologen Kresotinsäuren einwirken läßt und halogenwasserstoffbindende Substanzen zusetzt.

Diese Succinylsalicylsäure soll leichter spaltbar und besser resorbierbar sein als die Acetylsalicylsäure und regt die Schweißsekretion viel stärker an. Sie ist gewissermaßen ein doppeltes Aspirin und wurde unter dem Namen Diaspirin in den Handel gebracht[9]).

Isovalerylsalicylsäure erhält man aus Salicylsäure mittels Isovaleriansäureanhydrid durch Lösen in Xylol und Erhitzen unterhalb des Siedepunktes[10]).

---

[1]) Bayer, DRP. 283 538. [2]) DRP. 279 201, Zusatz zu DRP. 269 336.
[3]) Wolffenstein, DRP. 277 659. [4]) DRP. 284 161, Zusatz zu DRP. 277 659.
[5]) DRP. 292 867, Zusatz zu DRP. 277 659. [6]) Bayer, Elberfeld, DRP. 201 325.
[7]) DRP. 201 326, Zusatz zu DRP. 201 325.
[8]) Alfred Einhorn, München, DRP. 238 105. [9]) DRP. 196 634.
[10]) Gustav Wendt, Steglitz, DRP.-Anm. W. 24 808 (versagt)).

Salosalicylid (Böhringer) hat nicht die erhoffte physiologische Wirkung[1]).

Acidylderivate der Salicylosalicylsäure der allgemeinen Formel Acidyl · O · C_6H_4 · CO · O · C_6H_4 · COOH erhält man, wenn man entweder Salicylosalicylsäure nach einer der bekannten Methoden acidyliert oder Acidylsalicylsäuren mit Salicylsäure kondensiert, wobei Essigsäureanhydrid als Kondensationsmittel ausgenommen ist oder Acidylsalicylsäure für sich allein oder in Gegenwart von Lösungsmitteln mit Ausnahme von Eisessig und Essigsäureanhydrid derart kurze Zeit erhitzt, daß die Bildung von Salicylid ausgeschlossen ist. Beschrieben sind Acetylsalicylosalicylsäure, Benzoylsalicylosalicylsäure, Äthylcarbonylsalicylosalicylsäure, Salicylosalicylsäurecarbonat. Von allen bisher bekannten sauren Salicylpräparaten sollen die Acidylsalicylosalicylsäuren die geringste Ätzwirkung auf Schleimhäute ausüben[2]).

Die Überführung der Acidylsalicylsäuren in Acidylsalicylosalicylsäuren findet auch ohne äußere Wärmezufuhr statt, wenn man die Acidylsalicylsäuren mit tertiären Basen längere Zeit stehen läßt. Man erhält Acetylsalicylosalicylsäure aus Acetylsalicylsäure und Pyridin, sowie Äthylcarbonylsalicylosalicylsäure aus Äthylcarbonylsalicylsäure und Dimethylanilin oder Pyridin[3]).

Methylencitrylsalicylsäure erhält man durch Einwirkung von Methylencitronensäuredihalogenid aus Methylencitronensäure und fünffach Halogenphosphor auf Salicylsäure und deren Salze. Zweckmäßig gibt man der Reaktionsmasse eine Halogenwasserstoff bindende Substanz, wie Chinolin, Dimethylanilin usw. hinzu. Die Substanz ist völlig geschmacklos und reizlos. Im alkalischen Darmsaft soll auch Formaldehyd abgespalten werden[4]).

Novaspirin ist Methylencitronensäure-disalicylsäureester[5]).

Nach dem gleichen Verfahren kann man die Derivate der Kresotinsäuren erhalten. Beschrieben sind Methylencitrylkresotinsäuren, Methylencitryloxy-o-toluylsäure[6]).

```
CH2 · CO · O · C6H4 · COOH
|  O
C<      >CH2
|  CO · O
CH2 · CO · O · C6H4 · COOH
```

Man kann statt der Citronensäure auch deren Salze der Methylenierung unterwerfen. Man methyleniert mit Methylensulfat usw. oder mit Substanzen, aus denen diese Methylenierungsmittel entstehen oder mit Trioxymethylen in Gegenwart von Säureanhydriden oder Säurechloriden von Schwefel und Phosphor[7]).

Dialkylester der Methylencitronensäure erhält man durch Esterifizierung in üblicher Weise. Beschrieben sind Methylencitronensäurediäthylester und Amylester[8]).

Die für dieses Verfahren notwendigen Methylencitronensäuredihalogenide erhält man nur mit fünffach Halogenphosphor, nicht aber mit Phosphortrichlorid oder Phosphoroxychlorid[9]).

Durch Einwirkung von Salicylsäurechlorid auf Anthranilsäure und deren Derivate entstehen Salicylverbindungen, welche therapeutisch verwertet werden sollen. Beschrieben sind Salicylanthranilsäure, Salicylanthranil, Salicylanthranilsäuremethylester, Salicylhomoanthranilsäure[10]).

Derivate von C-Allyl-o-oxybenzoesäuren erhält man durch Behandlung dieser Reihe mit acylierenden Mitteln und eventueller Überführung der entstehenden Säuren in die Salze. Die neuen Verbindungen sollen wertvolle antipyretische, antineuralgische und antirheumatische Eigenschaften besitzen und stärker wirken als die Acylderivate der Salicylsäure. Beschrieben sind C-Allylacetylsalicylsäure und Allylacetyl-m-kresotinsäure[11]).

Bei der durch Einwirkung von Schwefelsäure auf Salicylsäure erhaltenen Salicylschwefelsäure wird durch die Einführung der Sulfosäuregruppe die Salicylwirkung entschieden abgeschwächt, so daß sie als Salicylsäureersatz durchaus unverwendbar ist. Weiter wurde versucht, neben der Carboxylgruppe

---

[1]) G. Schroeter, BB. 52, 2233 (1919).
[2]) Böhringer, Waldhof, DRP. 236 196.
[3]) Böhringer, Waldhof, DRP. 237 211, Zusatz zu DRP. 236 196.
[4]) Bayer, Elberfeld, DRP. 185 800. [5]) DRP. 185 800.
[6]) DRP. 193 114, Zusatz zu DRP. 185 800.
[7]) Bayer, DRP. 197 245, Zusatz zu DRP. 193 767. [8]) Bayer, DRP. 212 454.
[9]) DRP. 186 659. [10]) Hoffmann, La Roche, DRP. 284 735.
[11]) Bayer, DRP. 274 047.

Ketogruppen einzuführen. So haben Bialobrzecki und M. v. Nencki aus Acetylchlorid und Salicylsäure mit Hilfe von Eisenchlorid eine Acetosalicylsäure erhalten, welche die Konstitution $C_6H_3(OH)(COCH_3)(COOH)$ besitzt[1]. Sie hat geringere antiseptische Wirkung als Salicylsäure, da sie nicht einmal die Hefegärung zu beeinflussen vermag. Die Säure ist ungiftig und wird daher auch unverändert ausgeschieden.

Der Versuch, statt der Salicylsäure Salicylessigsäure einzuführen, hat nur einen äußerst geringen Erfolg zu verzeichnen. Doch sind einige Präparate, in denen man die Salicylsäurewirkung als eine Komponente der Gesamtwirkung haben wollte, durch Einführung der Salicylessigsäure dargestellt worden.

Salicylessigsäure, in welcher der Hydroxylwasserstoff durch Essigsäure ersetzt ist, wurde zuerst durch Oxydation der o-Aldehydoxyphenylessigsäure[2] erhalten, späterhin gelang es, sie in quantitativer Ausbeute zu gewinnen, als man das Natriumsalz des o-Oxybenzamids

$$C_6H_4\begin{matrix}OH\\CO\cdot NH_2\end{matrix}$$

oder dasjenige des o-Oxybenzonitrils

$$C_6H_4\begin{matrix}OH\\CN\end{matrix}$$

mit monochloressigsauren Salzen umsetzte und die Säureamid- oder Nitrilgruppen durch Kochen mit Natronlauge verseifte[3].

Die Reaktion verläuft nach folgenden Gleichungen:

$$1.\quad C_6H_4<\begin{matrix}CO\cdot NH_2\\ONa\end{matrix} + CH_2Cl\cdot COONa = C_6H_4<\begin{matrix}CO\cdot NH_2\\OCH_2\cdot COONa\end{matrix} + ClNa$$

$$C_6H_4<\begin{matrix}CO\cdot NH_2\\O\cdot CH_2\cdot COONa\end{matrix} + NaOH = C_6H_4<\begin{matrix}COONa\\OCH_2\cdot COONa\end{matrix} + NH_3$$

oder

$$2.\quad C_6H_4<\begin{matrix}CN\\ONa\end{matrix} + CH_2Cl\cdot COONa = C_6H_4<\begin{matrix}CN\\OCH_2\cdot COONa\end{matrix} + ClNa$$

$$C_6H_4<\begin{matrix}CN\\OCH_2\cdot COONa\end{matrix} + NaOH + H_2O = C_6H_4<\begin{matrix}COONa\\OCH_2\cdot COONa\end{matrix} + NH_3$$

Noch einfacher und in größerer Ausbeute kann man die Salicylessigsäure erhalten, wenn man an Stelle des Salicylamids die Anilide der Salicylsäuren mit chloressigsauren Salzen in Wechselwirkung bringt[4]. Die entstehende freie Salicylanilidacetsäure spaltet sich bei längerem Kochen mit Alkalien glatt in Anilin und Salicylessigsäure:

$$C_6H_4<\begin{matrix}CO\cdot NH\cdot C_6H_5\\ONa\end{matrix} + CH_2Cl\cdot COONa = C_6H_4<\begin{matrix}CO\cdot NH\cdot C_6H_5\\OCH_2\cdot COONa\end{matrix} + ClNa$$

$$C_6H_4<\begin{matrix}CO\cdot NH\cdot C_6H_5\\OCH_2\cdot COONa\end{matrix} + NaOH = C_6H_4<\begin{matrix}COONa\\OCH_2\cdot COONa\end{matrix} + C_6H_5\cdot NH_2$$

Bestrebungen anderer Art gingen dahin, von anderen hydroxylhaltigen aromatischen Verbindungen Carbonsäuren in der Absicht darzustellen, um der Salicylsäure analog wirkende Substanzen zu erhalten. Doch haben diese Bestrebungen aus dem Grunde keinen Erfolg gehabt, weil durch die Darstellung der Carbonsäure meist wenig wirksame Substanzen oder solche, die vor der Salicylsäure keine Vorzüge besaßen, erhalten wurden. Die Art der Darstellung war naturgemäß analog der Salicylsäuresynthese, um so mehr, als man nach dem Verfahren von Schmitt die meisten Phenole in die entsprechenden Carbonsäuren zu verwandeln in der Lage war.

So kann man Oxynaphthoesäuren nach Schmitt[5] erhalten, wenn man auf α- und β-Naphthol bzw. auf deren trockene Alkalisalze trockene Kohlensäure einwirken läßt und dann im Autoklaven auf 120—140° erhitzt.

[1] BB. **30**, 1776 (1897). [2] BB. **17**, 2995 (1884). [3] DRP. 93 110.
[4] DRP. 110 370. [5] DRP. 31 240, 38 052, 50 341.

Die so dargestellten α- und β-Naphtholcarbonsäuren enthalten nach der Untersuchung von Nencki die Carboxylgruppe in der o-Stellung zum Hydroxyl, so daß man sie als der Salicylsäure entsprechende Derivate des Naphthols ansprechen kann.

Die Darstellung kann man insofern vereinfachen, als man den in zwei Phasen verlaufenden Prozeß dadurch in einen zusammenlegt, daß man die Kohlensäure nicht bei gewöhnlicher Temperatur auf die Alkalisalze des Naphthols einwirken läßt, sondern unter Anwendung von Druck bei einer Temperatur von 120—145°, wobei die jedenfalls zunächst entstehenden naphthylkohlensauren Alkalisalze sofort in die entsprechenden neutralen carbonaphtholsauren Salze umgewandelt werden.

β-Naphtholcarbonsäure, die man nach dem vorstehend beschriebenen Verfahren erhält, ist jedoch sehr unbeständig und zerfällt leicht wieder in Kohlensäure und β-Naphthol.

Steigert man aber die Temperatur bei der Operation auf 200—250°, so entsteht eine zweite, sehr beständige, gelb gefärbte β-Naphtholcarbonsäure. Auch vom Dioxynaphthalin, und zwar sowohl vom 1.8-Dioxynaphthalin und vom 2.8-Dioxynaphthalin wurden zu gleichem Zwecke die Carbonsäuren[1]) dargestellt, indem man die Mononatriumsalze dieser Körper mit Kohlensäure unter Druck bei höheren Temperaturen erhitzte.

Die Oxynaphthoesäuren haben eine ähnliche, aber kräftigere antiseptische Wirkung als Salicylsäure und Phenol, aber als Salicylsäureersatz eignen sie sich durchaus nicht, da sie beim internen Gebrauche örtlich stark reizend wirken und schon in Dosen von $1^1/_2$ g für Kaninchen tödlich sind.

Man erhält durch Kondensation der Acetylsalicylsäure mit Acetaldehyd, Isovaleraldehyd oder Chloral ohne Zusatz von Wasser und ohne Anwendung eines Kondensationsmittels bei 150° neue Produkte[2]).

Auch vom Diphenyl ausgehend hat man o-Oxydiphenyl in die o-Oxydiphenylcarbonsäure[3]) nach der Schmittschen Synthese übergeführt, welche Substanz Phenylsalicylsäure

OH
COOH

genannt wurde. Sie ist ein gutes Antisepticum, hat aber der Salicylsäure gegenüber wesentliche Nachteile, da sie noch schwerer in Wasser löslich als letztere und auch giftig ist[4]).

Auch von Oxychinolinen, insbesondere vom o-Oxychinolin wurde durch Einwirkung von Kohlensäure auf das Natriumsalz unter Druck die o-Oxychinolincarbonsäure (Chinophenolcarbonsäure) dargestellt[5]). Von einer praktischen Anwendung dieser Substanz hat nichts verlautet. (Siehe auch Gichtmittel, Atophangruppe.)

Die Einführung einer Aminogruppe in die Salicylsäure verändert an der Wirkung dieser Substanz nicht viel und der günstige Erfolg und die spezifische Wirkung bei akutem Gelenkrheumatismus bleibt, ohne daß die Einführung eine Erhöhung der Wirksamkeit bedingen würde.

Während die bis nun beschriebenen Wege mit Ausnahme der Acetylsalicylsäure dahin gingen, statt der Salicylsäure ähnlich konstituierte Carbonsäuren in die Therapie aufzunehmen, bemühte man sich anderseits in den Organismus Verbindungen einzuführen, aus denen derselbe langsam durch Spaltungen oder Oxydationen Salicylsäure bilden kann. Salicin ist das Glykosid des Saligenins $OH \cdot C_6H_4 \cdot CH_2 \cdot OH$. Saligenin wird nun, wenn es auch als solches schon wirkt, im Organismus durch Oxydation in Salicylsäure übergehen.

Man kann es synthetisch darstellen, indem man Formaldehyd auf Phenol einwirken läßt.

[1]) Heyden, DRP.-Anm. 10 039; Franz. P. 205 833. [2]) DRP.-Anm. V 3380.
[3]) DRP. 61 125. [4]) Bock, Diss. Berlin (1892). [5]) DRP. 39 662.

Salicin wirkt auf die Körpertemperatur ähnlich, aber schwächer als Chinin und hemmt die Auswanderung der Leukocyten. Es geht zum Teil unverändert in den Harn über, zum Teil wird es als Saligenin, Salicylaldehyd und Salicylsäure ausgeschieden.

Gentiopikrin $C_{16}H_{20}O_9$ wird durch Säuren in Glykose und Gentiogenin gespalten. Gentiopikrin und das Glykosid Gentiomarin sind unschädlich und wirken bei Malaria.

Nach einem Verfahren von Sell kann man Saligenin in der Weise unlöslich machen, daß man es bei Gegenwart einer Mineralsäure in der Wärme mit Gerbsäure reagieren läßt[1]).

Salze der Borameisensäure erhält man, wenn man Borsäure und Ameisensäure, sei es in freiem Zustande oder in Form ihrer Alkalisalze, in Gegenwart von Alkalicarbonaten aufeinander einwirken läßt[2]).

DRP. 230 725 beschreibt ein Verfahren zur Herstellung des Zinksalzes der Bordisalicylsäure, welches darin besteht, daß man molekulare Gewichtsmengen von Salicylsäure, Borsäure und Zinkcarbonat in heißem Wasser aufeinander einwirken läßt. Man erhält durch Einleiten von Schwefelwasserstoff in die wässerigen Lösungen derjenigen bordisalicylsauren Metallsalze, welche bei der Zersetzung mit Schwefelwasserstoff wasserunlösliche Sulfide abscheiden, die freie Bordisalicylsäure

$$(OH)B\begin{cases} O \cdot C_6H_4 \cdot COOH \\ O \cdot C_6H_4 \cdot COOH \end{cases}$$

Sie wirkt stark bactericid und schmeckt sehr bitter[3]).

Salole.

Einen sehr großen Erfolg hatte seinerzeit unter allen Verfahren, Verbindungen darzustellen, denen die Nebenwirkungen der Salicylsäure fehlen, die aber überdies noch eine zweite wirksame Komponente enthalten, welche trotz ihrer Giftigkeit wegen ihrer langsamen Abspaltung der wirksamen Komponenten aus der Verbindung keine Giftwirkung äußerten, die Einführung des sogenannten Salolprinzips durch Nencki. Nencki war der erste, der den für die Arzneimittelsynthese bahnbrechenden Weg eingeschlagen hat, wirksame Säuren und Phenole esterförmig gebunden in den Organismus einzuführen. Durch die Einführung der unlöslichen Ester, welche den Magen unverändert und unverseift passieren, wird jede ätzende Wirkung dieser Substanzen im Magen und hiermit jede Belästigung der Magenschleimhaut durch die Arzneimittel vermieden. Diese Salole werden erst im Darme langsam unter dem Einflusse des esterverseifenden Enzyms, welches von der Bauchspeicheldrüse geliefert wird, bei Gegenwart der normalen Darmsoda in die Komponenten gespalten. Außerdem beteiligen sich an der Esterspaltung auch vorzüglich die Darmbakterien, insbesondere an der Aufspaltung der Phenolcarbonate. Die Säure wird durch die Alkalisalze im Darme neutralisiert, während das Phenol als solches einerseits im Darme als Antisepticum zur Wirkung gelangen kann, anderseits nach seiner Resorption im Organismus selbst wirkt, ohne aber Vergiftungserscheinungen zu verursachen, da ja nur langsam kleine Mengen des Phenols aus dem Ester abgespalten zur Resorption gelangen, so daß der Organismus unter der kontinuierlichen Einwirkung von kleinen Mengen des Phenols steht, eine plötzliche Überflutung desselben durch das giftige Phenol ausgeschlossen ist. Dieses Salolprinzip hat eine ausgebreitete Anwendung in der Arzneimittelsynthese nach beiden Richtungen gefunden, sowohl um wirksame Säuren, als auch um wirksame Phenole in Verbindungen zu bringen, die ätzende oder giftige Wirkungen auszulösen nicht in der Lage sind. Nencki hat gefunden, daß, während die Säuren der Fettreihe und aromatische Säuren mit Phenolen unter Anwendung von wasserentziehenden Mitteln, wie Chlorzink, Aluminiumchlorid usw. Ketone

---

[1]) DRP. 111 963. [2]) Weitz, DRP. 282 819. [3]) Foelsing, DRP. 288 338.

bilden, im Gegensatze hierzu fette oder aromatische Säuren mit Phenolen oder Naphtholen, bei Gegenwart von Phosphoroxychlorid als wasserentziehendem Mittel erhitzt, nicht Ketone, sondern Säureester geben.

So erhält man beim Zusammenschmelzen von Salicylsäure und Phenol unter Erwärmung der Mischung mit Phosphoroxychlorid auf 120° den Salicylsäurephenylester, das Salol κατ' ἐξοχήν

$$C_6H_4<\begin{array}{l}OH\\COO \cdot C_6H_5\end{array}$$

hierbei reagieren 2 Moleküle Säure, 2 Moleküle Phenol und 1 Molekül Phosphoroxychlorid[1]).

Unter denselben Bedingungen kann man den Salicylsäureresorcinester

$$C_6H_4<\begin{array}{l}O \cdot CO \cdot C_6H_4 \cdot OH\\O \cdot CO \cdot C_6H_4 \cdot OH\end{array}$$

sowie die Salicylsäureester des α- und β-Naphthols, des Dioxynaphthalins usw. erhalten. Von Vorteil ist es, dafür zu sorgen, daß die bei dem Prozesse frei werdende Metaphosphorsäure, welche im freien Zustande leicht zur Bildung großer Mengen von Phosphorsäurephenylestern Veranlassung gibt, an Alkali gebunden wird. Statt des Phosphoroxychlorids kann man auch Phosphorpentachlorid anwenden. Ferner kann man Schwefeloxychlorid SO_2Cl_2 oder auch saure schwefelsaure Alkalien als wasserentziehende Mittel benützen. Statt der Salicylsäure kann man zu der gleichen Reaktion α-Oxynaphthoesäure, o- und p-Nitrosalicylsäure, Resorcincarbonsäure und statt des Phenols Resorcin, Pyrogallol, Thymol, Nitrophenol, α- und β-Naphthol, Gaultheriaöl (Salicylsäuremethylester) und Salol verwenden.

Die Darstellung der Salole geschieht aber einfacher statt mit Phosphoroxychlorid in der Weise, daß man Phenolnatrium und salicylsaures Natron in äquimolekularen Mengen mischt und Phosgengas darauf einwirken läßt. Aus dem Reaktionsprodukt kann man den gebildeten Äther mit Wasserdampf austreiben. Dieses Verfahren bietet vor der Verwendung des Phosphoroxychlorids, mit dem es ja sonst ganz identisch ist, den Vorteil der Billigkeit.

Man erhält nach der Nenckischen Synthese eine Reihe von Körpern[2]), so Resorcindisalicylat $C_6H_4(COO \cdot C_6H_4 \cdot OH)_2$, Disalol $C_6H_4<\begin{array}{l}COO \cdot C_6H_4 \cdot COO \cdot C_6H_5\\OH\end{array}$, Gaultheriasalol $C_6H_4<\begin{array}{l}CO \cdot OC_6H_4 \cdot COO \cdot CH_3\\OH\end{array}$, Salol $C_6H_4(OH) \cdot COO \cdot C_6H_5$, α-Naphthylsalicylat $C_6H_4(OH)CO \cdot O \cdot C_{10}H_7$, β-Naphthylsalicylat $C_6H_4(OH)CO \cdot O \cdot C_{10}H_7$, Resorcinmonosalicylat $C_6H_4(OH)CO \cdot O \cdot C_6H_4 \cdot OH$, Pyrogallolsalicylat $C_6H_4(OH) \cdot CO \cdot O \cdot C_6H_3(OH)_2$, Phenyl-α-oxynaphthoat $C_{10}H_6(OH)CO \cdot O \cdot C_6H_5$, Phenyl-o-nitrosalicylat $C_6H_3\left\langle\begin{array}{ll}COO \cdot C_6H_5 & (1)\\OH & (2)\\NO_2 & (3)\end{array}\right.$, Phenyl-p-nitrosalicylat $C_6H_3\left\langle\begin{array}{ll}COO \cdot C_6H_5 & (1)\\OH & (2)\\NO_2 & (5)\end{array}\right.$, p-Nitrophenylsalicylat $C_6H_4<\begin{array}{l}COO \cdot C_6H_4 \cdot NO_2\\OH\end{array}$, Thymolsalicylat $C_6H_4<\begin{array}{l}CO \cdot O \cdot C_{10}H_{13}\\OH\end{array}$, β-Naphthol-α-oxynaphthoat $C_{10}H_6(OH)CO \cdot O \cdot C_{10}H_7$, β-Naphthohydrochinonsalicylat $\left(C_6H_4<\begin{array}{l}COO\\OH\end{array}\right)_2 \cdot C_{10}H_6$, Phenylresorcincarbonsäureester $C_6H_3<\begin{array}{l}COO \cdot C_6H_5\\(OH)_2\end{array}$.

Weiterhin hat Nencki[3]) nach der gleichen Methode eine Reihe von ähnlichen Estern dargestellt, und zwar:

o-Kresol-salicylsäureester $C_6H_4<\begin{array}{l}CO \cdot O \cdot C_6H_4 \cdot CH_3\\OH\end{array}$, m-Kresol-salicylsäureester, p-Kresol-salicylsäureester[4]), Phenol-o-kresotinsäureester $C_6H_3\left\langle\begin{array}{l}COO \cdot C_6H_5\\OH\\CH_3\end{array}\right.$, o-Kresol-o-kresotinsäureester $C_6H_3\left\langle\begin{array}{l}CO \cdot O \cdot C_6H_4 \cdot CH_3\\OH\\CH_3\end{array}\right.$, m-Kresol-o-kresotinsäureester, p-Kresol-o-kresotinsäureester, Phenol-m-kresotinsäureester $C_6H_3\left\langle\begin{array}{l}COO \cdot C_6H_5\\OH\\CH_3\end{array}\right.$, o-Kresol-m-kresotinsäureester $C_6H_3\left\langle\begin{array}{l}CO \cdot O \cdot C_6H_4 \cdot CH_3\\OH\\CH_3\end{array}\right.$, m-Kresol-m-kresotinsäureester, p-Kresol-m-kresotinsäureester, Phenol-p-kresotinsäureester $C_6H_3\left\langle\begin{array}{l}CO \cdot O \cdot C_6H_5\\OH\\CH_3\end{array}\right.$, o-Kresol-p-kresotinsäureester $C_6H_3\left\langle\begin{array}{l}CO \cdot O \cdot C_6H_4 \cdot CH_3\\OH\\CH_3\end{array}\right.$, m-Kresol-p-kresotinsäureester, p-Kresol-p-kresotinsäureester.

---

[1]) DRP. 38 973, DRP.-Anm. 1622, DRP. 39 184, 43 173.

[2]) DRP. 43 713. [3]) DRP. 46 756.

[4]) M. v. Nencki, C. r. **1889**, 254. Stärkeres Darmantisepticum als Salol.

Rohkresol-salicylsäureester, aus Salicylsäure und Teerkresol, ist je nach dem Siedepunkt des angewendeten Kresols flüssig oder halbfest.

Phenol-rohkresotinsäureester aus Phenol und der Carbonsäure des oben erwähnten Teerkresols.

Rohkresotinsäure-rohkresolester.

Salicylsäure-methylresorcinester $C_6H_4<\begin{smallmatrix}CO \cdot O \cdot C_6H_4 \cdot OCH_3\\ OH\end{smallmatrix}$, p-Oxybenzoesäure-phenolester $C_6H_4<\begin{smallmatrix}CO \cdot O \cdot C_6H_5\\ OH\end{smallmatrix}$, Anissäure-phenolester $C_6H_4<\begin{smallmatrix}CO \cdot O \cdot C_6H_5\\ OCH_3\end{smallmatrix}$, p-Äthoxybenzoesäure-phenolester $C_6H_4<\begin{smallmatrix}CO \cdot O \cdot C_6H_5\\ OC_2H_5\end{smallmatrix}$, Salicylsäure-guajacolester $C_6H_4<\begin{smallmatrix}CO \cdot O \cdot C_6H_4 \cdot OCH_3\\ OH\end{smallmatrix}$, Salicylsäure-thiophenolester $C_6H_4<\begin{smallmatrix}CO \cdot S \cdot C_6H_5\\ OH\end{smallmatrix}$, o-Kresotinsäure-guajacolester $C_6H_3\begin{cases}CO \cdot O \cdot C_6H_4 \cdot OCH_3 & (1)\\ OH & (2)\\ CH_3 & (3)\end{cases}$, o-Kresotinsäure-kresolester $C_6H_3\begin{cases}CO \cdot O \cdot C_6H_4 \cdot CH_3 & (1)\\ OH & (2)\\ CH_3 & (3)\end{cases}$ [1]), m-Kresotinsäure-guajacolester $C_6H_3\begin{cases}CO \cdot O \cdot C_6H_4 \cdot OCH_3 & (1)\\ OH & (2)\\ CH_3 & (4)\end{cases}$, m-Kresotinsäure-kreosolester $C_6H_3\begin{cases}CO \cdot O \cdot C_6H_3 \cdot (CH_3) \cdot OCH_3 & (1)\\ OH & (2)\\ CH_3 & (3)\end{cases}$, p-Kresotinsäure-guajacolester $C_6H_3\begin{cases}COO \cdot C_6H_4 \cdot OCH_3 & (1)\\ OH & (2)\\ CH_3 & (5)\end{cases}$, p-Kresotinsäure-kreosolester

$$C_6H_3\begin{cases}CO \cdot O \cdot C_6H_3 \cdot (CH_3) \cdot OCH_3 & (1)\\ OH & (2),\\ CH_3 & (5)\end{cases}$$

p-Oxybenzoesäure-guajacolester $C_6H_4<\begin{smallmatrix}CO \cdot O \cdot C_6H_4 \cdot OCH_3 & (1)\\ OH & (4)\end{smallmatrix}$, p-Oxybenzoesäure-kreosolester $C_6H_4<\begin{smallmatrix}CO \cdot O \cdot C_6H_3 \cdot (CH_3) \cdot OCH_3 & (1)\\ OH & (2)\end{smallmatrix}$, Benzoesäure-guajacolester $C_6H_5 \cdot CO \cdot O \cdot C_6H_4 \cdot OCH_3$, Benzoesäure-kreosolester $C_6H_5 \cdot CO \cdot O \cdot C_6H_3 \cdot (CH_3) \cdot OCH_3$, Anissäure-guajacolester $C_6H_4<\begin{smallmatrix}CO \cdot O \cdot C_6H_4 \cdot OCH_3 & (1)\\ OCH_3 & (2)\end{smallmatrix}$, Anissäure-kreosolester $C_6H_4<\begin{smallmatrix}CO \cdot O \cdot C_6H_3 \cdot (CH_3) \cdot OCH_3 & (1)\\ OCH_3 & (4)\end{smallmatrix}$, p-Äthoxybenzoesäure-guajacolester $C_6H_4<\begin{smallmatrix}CO \cdot O \cdot C_6H_4 \cdot OCH_3 & (1)\\ OC_2H_5 & (4)\end{smallmatrix}$, Äthoxybenzoesäure-kreosolester $C_6H_4<\begin{smallmatrix}COO \cdot C_6H_3(CH_3) \cdot OCH_3 & (1)\\ OC_2H_5 & (4)\end{smallmatrix}$, Salicylsäure-isobutylphenolester [2]), Salicylsäure-isoamylphenolester, Salicylsäure-benzylphenolester, Salicylsäure-o-thiokresolester, Zimtsäure-eugenolester, Salicylsäure-kreosotester, flüssig, Benzoesäure-kreosotester, flüssig, Zimtsäure-kreosot von wechselndem Schmelzpunkt, je nach der Beschaffenheit des Kreosots.

Ferner wurden noch Xylenolsalole durch die gleichen Kondensationsvorgänge wie die vorherbeschriebenen Salole dargestellt, und zwar Salicylsäure-o-xylenolester

$$C_6H_4<\begin{smallmatrix}COO \cdot C_6H_3(CH_3)_2\\ OH\end{smallmatrix}$$

ferner die m- und p-Verbindung [3]).

Ernert hat weiterhin die interessante Beobachtung gemacht [4]), daß beim Erhitzen der Salicylsäure allein auf Temperaturen von 160—240° sich diese unter Abspaltung von Wasser und Kohlensäure zu Salol umsetzt, wenn während des Erhitzens das dabei entstehende Wasser abdestilliert und der Zutritt der Luft verhindert wird. Auch Polysalicylid [5]), welches man durch Erhitzen von gleichen Mengen von Salicylsäure und Phosphoroxychlorid erhält und das die Zusammensetzung $(C_7H_4O_2)x$ hat, kann man ohne Anwendung kondensierender Agenzien durch Erhitzen mit Phenol glatt in Salol überführen.

Nach dem Verfahren von Georg Cohn [6]) kann man höhere Salole erhalten, wenn man das eigentliche Salol, den Salicylsäurephenylester, mit höheren Phenolen erhitzt, wobei das niedrige Phenol aus dem Molekül verdrängt wird. Diese Methode ist besonders bei der Darstellung von Salolen gegen Kondensationsmittel empfindlicher Phenole zu empfehlen. So wurden dargestellt:

Salicyleugenolester $C_6H_3(C_3H_5)(OCH_3) \cdot O \cdot CO \cdot C_6H_4(OH)$, Disalicylhydrochinonester $C_6H_4(O \cdot CO \cdot C_6H_4 \cdot OH)_2$, Monosalicylhydrochinonester $C_6H_4(OH) \cdot O \cdot OC \cdot C_6H_4 \cdot OH$, Salicylcarvacrolester $C_6H_3(C_3H_7)(CH_3) \cdot O \cdot OC \cdot C_6H_4 \cdot OH$, Salicylsalicylamid $C_6H_4 \cdot (CO$

1) DRP. 57 941. 2) DRP. 68 111. 3) DRP. 70 487. 4) DRP. 62 276.
5) DRP. 73 542. 6) DRP. 111 656.

$\cdot NH_2) \cdot O \cdot OC \cdot C_6H_4 \cdot OH$, vielleicht identisch mit Disalicylamid, Di-p-kresotinsäureresorcinester $C_6H_4[O \cdot CO \cdot C_6H_3(OH)(CH_3)]_2$, Di-p-kresotinsäurehydrochinonester $C_6H_4[O \cdot CO \cdot C_6H_3(OH)(CH_3)]_2$, p-Kresotinsäure-$\beta$-naphtholester $C_{10}H_7 \cdot O \cdot CO \cdot C_6H_3(OH)(CH_3)$.

Die meisten Salicylsäureester sind fest. Nur Methylsalicylat ist flüssig, aber riechend. Geruchlos und flüssig ist Salicylsäurebenzylester $C_6H_4(OH)CO \cdot O \cdot CH_2 \cdot C_6H_5$, gewonnen durch Einwirkung von Benzylchlorid auf salicylsaure Salze bei 130—140°[1]).

Vesipyrin ist Acetylsalol $C_6H_4{<}{{O \cdot CO \cdot CH_3}\atop{CO \cdot O \cdot C_6H_5}}$ [2]).

Als Antirheumaticum wurde Acetylsalicylsäure-mentholester empfohlen; man erhält ihn durch Acetylierung von Mentholsalicylat nach einer der üblichen Weisen[3]).

Böhringer, Waldhof, stellen Glykolmonosalicylester dar, das Spirosal, welches schon früher nach DRP. 164 128 und 173 776 erhalten wurde, durch Einwirkung von Äthylenhalogeniden auf salicylsaure Salze bei Anwesenheit von Wasser mit oder ohne Zusatz von Lösungsmitteln, z. B. aus Natriumsalicylat und Äthylenbromid oder aus Äthylenchlorid und Salicylsäure[4]).

Böhringer, Waldhof[5]), stellen Glykolmonosalicylsäureester her, indem sie Salicylsäure-β-chloräthylester mit wässerigen Lösungen von Salzen schwacher Säuren unter Druck erhitzen. Als verseifendes Salz wird Natriumsalicylat, Natriumacetat oder Dinatriumphosphat verwendet.

Salicylsäuremonoglykolester ist absolut geruchlos und soll wie der Methylester verwendet werden. Er ist ein Öl. Man verestert Salicylsäure mit Äthylenglykol bei Gegenwart von Schwefelsäure in der Wärme. Nach dem Waschen wird das erhaltene Öl im Vakuum fraktioniert. Dieselbe Substanz $(OH)C_6H_4 \cdot CO \cdot O \cdot CH_2 \cdot CH_2 \cdot OH$[6]) entsteht durch Einwirkung von Äthylenmonochlorhydrin auf salicylsaures Natron[7]).

Zur Herstellung von Diglykolyldisalicylsäure[8]) läßt man auf Salicylsäure oder salicylsaure Salze, zweckmäßig in Gegenwart von tertiären Basen als Kondensationsmittel, das Anhydrid der Diglykolsäure oder Gemische, welche dieses Anhydrid liefern, einwirken.

Diglykoldisalicylsäure ist geruchlos, schmeckt mild säuerlich, hat die reine Wirkung der Salicylsäure und wird angeblich besser vertragen als Acetylsalicylsäure.

Diglykolsalicylsäureäther $HOOC \cdot C_6H_4 \cdot O \cdot OC \cdot CH_2 \cdot O \cdot CH_2 \cdot O \cdot OC \cdot C_6H_4 \cdot COOH$ zerlegt sich schon bei 20° in destilliertem Wasser, in schwach alkalischer Lösung fast momentan. Im Harn wird Salicylsäure ausgeschieden. Er schädigt die Nieren weniger als Aspirin. Diglykolsäure ${COOH \atop CH_2 \cdot O \cdot CH_2 \cdot COOH}$ ist von geringer Giftigkeit. 2 g pro kg machen starke Nephritis[9]).

Wenn man die Dihalogenide der Diglykolsäure auf ein Phenol bei Gegenwart von säurebindenden Mitteln einwirken läßt, so erhält man die neutralen Ester der Diglykolsäure. Beschrieben sind der Phenylester, Salicylester, die beiden Naphthylester, Guajacylester, die drei Kresylester, o- und p-Chlorphenylester, o- und p-Nitrophenylester[10]).

Die gleichen Diglykolsäureester kann man einfacher erhalten, wenn man auf die Diglykolsäure oder deren Salze und das Phenol saure Kondensationsmittel, wie Phosphoroxychlorid, Phosphorpentachlorid oder Phosgen einwirken läßt. Man kann in der Kälte und bei höherer Temperatur arbeiten; im ersteren Falle setzt man zweckmäßig eine tertiäre organische Base wie Dimethylanilin oder Pyridin und gegebenenfalls auch indifferente Lösungsmittel zu. Es wurden so dargestellt Diglykolsäureester von Guajacol, Phenol und o-Kresol[11]).

Die durch Substitution in der $CH_2 \cdot CH_2$-Gruppe durch Alkyl erhältlichen Homologen des Äthylenglykolmonophenyläthers, seiner Derivate und Substitutionsprodukte sollen sich durch eine den Äthylenglykolaryläthern gegenüber wesentlich gesteigerte analgetische Wirkung auszeichnen. Man erhält sie, wenn man die Homologen des Äthylenglykols nach den üblichen Methoden halbseitig mit Phenolen usw. veräthert. Beschrieben sind Propylenglykol-(1)-phenyläther (2), Propylenglykol-p-chlorphenyläther, Dimethyläthylenglykolmonophenyläther[12]).

---

[1]) Agfa, Berlin, DRP. 119 463. [2]) Therapie der Gegenwart 8, 92 (1906).
[3]) DRP. 244 787. [4]) DRP. 218 466. [5]) DRP. 225 984.
[6]) Bayer, Elberfeld, DRP. 164 128. [7]) Badische Sodafabr., DRP. 173 776.
[8]) Heyden, Radebeul, DRP. 227 999.
[9]) Arch. d. Farmacol. sperim. 9, 416 (1910).
[10]) Böhringer, Waldhof, DRP. 223 305.
[11]) Böhringer, Waldhof, DRP. 236 045, Zusatz zu DRP. 223 305.
[12]) Bayer, DRP. 282 991.

An Stelle von Gaultheriaöl hat die Baseler Chemische Industrie[1]) den Methylester und Äthylester der Salicylglykolsäure vorgeschlagen. Man erhält diese Ester durch Erhitzen von Natriumsalicylat mit überschüssigem Chloressigsäuremethyl- bzw. Äthylester bei 160—170° und Destillation im Vakuum.

Sulzberger und Spiegel in Berlin[1]) stellen die Haut nicht reizende Salicylsäureverbindungen her, indem sie Salicylsäureester mit Fettsäuren kondensieren. So wird Oleylsalicylsäureäthylester dargestellt durch Mischen von Salicylsäureäthylester mit Natriumoleat und Phosphoroxychlorid oder mit freier Ölsäure. Man kann auch Salicylsäureester und andere Fettsäuren zur Kondensation benützen.

Poulenc Frères und Ernest Fourneau in Paris[2]) stellen Salicylsäureester von Dioxyfettsäurealkylestern der allgemeinen Formel:

$$\begin{array}{l} CH_2O \cdot CO \cdot C_6H_4 \cdot OH \\ | \\ R—C—OH \\ | \\ CO_2R' \end{array}$$

(R und R' = Alkyl),

indem sie salicylsaure Salze mit Halogenfettsäurealkylestern der Zusammensetzung:

$$\begin{array}{l} CH_2 \cdot X \\ | \\ R—C—OH \\ | \\ CO_2R' \end{array}$$

(X = Halogen, R und R' = Alkyl)

erhitzen.

Dargestellt wurden α-β-Dioxyisobuttersäureäthylestersalicylester, ferner Salicylsäure-α-β-dioxyisobuttersäure-n-propylester.

Martin Lange und Karl Sorger in Frankfurt[3]) stellen ein Kondensationsprodukt aus Salicylsäure und Glycerindichlorhydrinen bzw. Epichlorhydrinen her, indem sie in Gegenwart von überschüssigem Alkali auf die zweibasischen Metallsalicylate die Chlorhydrine bei gewöhnlicher Temperatur einwirken lassen. Man erhält auf diese Weise eine Substanz F. 167°, welche entweder Salicylsäureglycerid der Formel

$$\begin{array}{l} CH_2—CH—CH_2 \cdot O \cdot C_6H_4 \cdot COOH \\ \;\;\diagdown\;\diagup \\ \;\;\;\;O \end{array}$$

oder Disalicylsäureglycerinäther der Formel

$$\begin{array}{l} CH_2 \cdot O \cdot C_6H_4 \cdot COOH \\ | \\ CH \cdot OH \\ | \\ CH_2 \cdot O \cdot C_6H_4 \cdot COOH \end{array}$$

ist. Das Produkt ist geschmacklos und durch Säuren und Alkalien nicht verseifbar.

Karl Sorger[4]) erhält den Salicylsäureglycerinester durch Erhitzen von Salicylsäuremethylester oder Salicylsäureäthylester mit Glycerin mit oder ohne Zusatz einer geringen Menge Ätznatron oder eines Natriumsalzes auf 195—220°.

Während das eigentliche Salolprinzip dahin ging, eine wirksame aromatische Säure mit einem wirksamen Phenol esterförmig zu binden und auf diese Weise die beiden wirksamen Komponenten so zu kuppeln, daß sie, ohne schädliche Wirkungen auszuüben, langsam im Darme verseift und langsam resorbiert werden, so daß also die gärungshemmende Wirkung des Phenols sich auch über den ganzen Darm erstreckt, konnte man dieses Salolprinzip noch weiterhin nach der Richtung ausdehnen, daß man an eine wirksame aromatische Säure eine wenig wirksame oder ganz unwirksame hydroxylhaltige Substanz durch esterförmige Bindungen kuppelte, oder daß man einen wirksamen, aromatischen hydroxylhaltigen Körper mit einer wenig oder ganz unwirksamen Säure zu einem Ester verband. In dem ersteren Falle erhielt man Säureester, bei denen

---

[1]) DRP. 206 056. [2]) DRP. 121 262. [3]) DRP. 184 382. [4]) DRP. 186 111.

man nur auf die Wirkung der aromatischen Säure reflektierte und deren ätzende Wirkungen oder sonstige Schädlichkeiten man durch Veresterung beheben wollte. Im anderen Falle wurden meist aliphatische Säuren, deren Natronsalze unwirksam sind, ja selbst die Kohlensäure oder die an und für sich in diesen Dosen fast unwirksame Benzoesäure mit der hydroxylierten aromatischen Verbindung zu dem Zwecke gekuppelt, um die ätzenden Wirkungen des betreffenden Phenols zu beseitigen. Während die eigentlichen Salole als Substanzen aufzufassen sind, die aus zwei wirksamen Komponenten bestehen und daher nach ihrer Spaltung und Resorption die Wirkungen beider Komponenten zur Geltung kommen, konnten die Salole dieser Art, wie man im weiteren Sinne die nach dem Salolprinzipe aufgebauten Ester nannte, nur die Wirkungen der einen Komponente (der Säure oder des Phenols) zur Geltung bringen. Man könnte diese Substanzen als partiell wirksame Salole im weiteren Sinne bezeichnen. Aber es besteht weiterhin die Möglichkeit, daß solche esterartig gebundene Substanzen, die z. B. einen aliphatischen Alkohol enthalten, außer der Wirkung ihrer verseiften Bestandteile auch eine dem Ester eigentümliche Wirkung auslösen, wenn der Ester als solcher zur physiologischen Wirkung gelangt. Das Verhalten des Triacetins im Organismus z. B. muß in jeder Beziehung bei der Darstellung solcher Substanzen zur Vorsicht und zur experimentellen Prüfung eines jeden Einzelindividuums vor der Anwendung am Krankenbette veranlassen, insbesondere wenn man aliphatische Säuren mit einer wirksamen hydroxylhaltigen Substanz verestert. Nach dieser Richtung hin aromatische Säuren mit an und für sich wenig wirksamen Substanzen zu verbinden, verdienen insbesondere die Ester der Salicylsäure mit Methyl- und Äthylalkohol erwähnt zu werden. Salicylsäuremethylester, welcher synthetisch dargestellt wird, besitzt Vorzüge vor dem natürlichen Gaultheriaöl, da diesem letzteren eine reizende Wirkung zukommt, die den synthetischen Präparaten fehlt. Der Methylester wird ebenso wie der Äthylester im Darme gut zerlegt, beide Körper wirken langsamer als die Salicylsäure. Salicylsäureäthylester hat keine antiseptischen Eigenschaften und wirkt nicht irritierend auf Haut und Schleimhäute. Er erzeugt Temperaturerhöhung, Pulsverlangsamung, später Beschleunigung[1]). Salicylsäureäthylester $C_6H_4(OH) \cdot COO \cdot C_2H_5$ ist nur halb so giftig wie Methylsalicylat. Er wird von der Haut nicht resorbiert. Salicylsäureamylester, erhalten durch Verestern einer amylalkoholischen Salicylsäurelösung durch Salzsäure, soll nach Lyonnet bei rheumatischen Affektionen dem Methylester vorzuziehen sein.

Benzosalin ist Benzoylsalicylsäuremethylester $C_6H_4{<}{\substack{O \cdot CO \cdot C_6H_5 \\ CO \cdot O \cdot CH_3}}$ [2]).

Salicylsäure-allylester soll frei von Reizwirkungen sein; man erhält ihn nach den üblichen Methoden durch Veresterung der Salicylsäure mit Allylalkohol[3]).

Freudenberg[4]) stellt Verbindungen der Zuckerarten mit den Monoxybenzoesäuren und ihren Carboalkyloxy-, Acetyl- und Alkylderivaten her, indem er die Chloride von Mono-Carboalkyloxy-, Acetyloxy- oder Alkyloxybenzoesäuren bei Gegenwart von tertiären Basen in indifferenten Lösungsmitteln, wie Chloroform, auf die Zuckerarten einwirken läßt und gegebenenfalls die entstandenen Carboalkyloxyverbindungen durch nachträgliche vorsichtige Verseifung in die Derivate der Oxybenzoesäuren selbst überführt. Beschrieben ist die Darstellung der Pentacarbomethoxyoxybenzoylglucose, Salicyloylglucose, Acetylsalicyloylglucose, Anisoylglucose.

Durch Einwirkung des aus Formaldehyd und Halogenwasserstoffsäure erhaltenen Reaktionsproduktes, insbesondere des Chlormethylalkohols auf aromatische Oxycarbonsäuren bei Gegenwart starker Säuren, werden halogenartige Verbindungen erhalten, welche durch die Gruppe CH_2x substituiert sind, wobei x ein Halogen bezeichnet. Dieses Halogen

[1]) Houghton, Americ. Journ. of physiol. **13**, 331 (1906).
[2]) Bültzingslöwen und Bergell, Med. Klinik **1906**, 138. — DRP. 169 246.
[3]) DRP. 244 208. [4]) DRP. 264 654.

wird schon durch Wasser in der Kälte unter Bildung aromatischer Alkohole abgespalten. Durch Behandlung der Halogenverbindung mit Alkoholen der Fettreihe werden die entsprechenden Äther dieser aromatischen Alkohole gebildet, während durch Einwirkung von Phenolen resp. Aminen Kondensationsprodukte erhalten werden. Durch Einwirkung von Metallsalzen wird ein Austausch gegen den betreffenden Säurerest erzielt. So erhält man aus Salicylsäure, konz. Salzsäure und Chlormethylalkohol $C_6H_3 \cdot COOH \cdot OH \cdot CH_2Cl$ Beim Esterifizieren mit Salzsäure entsteht ein Ester von der Formel $C_6H_3 \cdot CO(OCH_3) \cdot OH \cdot CH_2Cl$[1]). Auf diese Weise erhält man die Chlormethylderivate des Gaultheriaöles, des Salicylsäureäthylesters, des p-Oxybenzoesäuremethylesters, des m-Kresotinsäureäthylesters, des β_1-β_2-Oxynaphthoesäureäthylesters.

Das Halogenatom obengenannter Halogenmethylderivate aromatischer Oxycarbonsäuren ist leicht mit Hydroxylgruppen reaktionsfähig, so beim Zusammenbringen mit Wasser oder Alkohol unter Austritt von Halogenwasserstoffsäuren unter Bildung von Oxymethylverbindungen. Aus Chlormethylsalicylsäure und siedendem Wasser erhält man so Saligenincarbonsäure, beim Behandeln mit Methylalkohol aber erhält man $C_6H_3 \cdot COOH \cdot OH \cdot CH_2 \cdot OCH_3$ (Mesotan)[2]).

Mesotan[3]) ist der Methoxymethylester der Salicylsäure $OH \cdot C_6H_4 \cdot COO \cdot CH_2 \cdot OCH_3$.

Die Kohlensäureester der acidylierten Salicylsäuren gehen beim Erwärmen in die Anhydride der acidylierten Salicylsäuren über[4]).

An Stelle der acidylierten Salicylkohlensäurealkylester werden gemischte Anhydride acidylierter Salicylsäuren und beliebiger anderer organischer Carbonsäuren der Formel

$$C_6H_4 <\begin{matrix} O \cdot \text{Acidyl} \\ CO_2 \cdot \text{Acidyl} \end{matrix}$$

verwendet. Das Gemenge der entstehenden Säureanhydride läßt sich durch Äther oder Benzol trennen. Dargestellt wurde aus Acetylsalicylsäurebenzoesäureanhydrid durch Erwärmen Acetylsalicylsäureanhydrid, Benzoylsalicylsäureanhydrid erhält man aus Benzoylsalicylsäurebenzoesäureanhydrid; ferner wurde noch Cinnamoylsalicylsäureanhydrid aus Cinnamoylsalicylsäurezimtsäureanhydrid dargestellt[5]).

Man erhält Salicylsäurealkyloxymethylester

$$C_6H_4 <\begin{matrix} OH \\ CO \cdot O \cdot CH_2 \cdot OR \end{matrix}$$

wenn man auf die salicylsauren Salze die Halogenmethylalkyläther

$$x - CH_2 \cdot OR \quad (x = \text{Halogen}, \; R = \text{Alkyl})$$

einwirken läßt; ω-Methyloxymethylsalicylat spaltet beim Erhitzen Formaldehyd ab. Ebenso verhält sich der Äthylester[6]).

Zur Darstellung homologer Alkyloxyalkylidenester der Formel

$$C_6H_4 <\begin{matrix} OH \\ CO \cdot O \cdot \underset{\displaystyle R_1}{CH} \cdot OR \end{matrix}$$

worin R und R_1 gleiche oder verschiedene Alkylreste bedeuten und die leichter spaltbar sind als die Substanzen nach DRP. 137 585, läßt man α-Halogendialkyläther auf die Salze der Salicylsäure einwirken. Dargestellt wurden Methoxyäthylidensalicylat

$$C_6H_4 <\begin{matrix} OH \\ CO \cdot O \cdot \underset{\displaystyle CH_3}{CH} \cdot OCH_3 \end{matrix}$$

Äthoxyäthylidensalicylat

$$C_6H_4 <\begin{matrix} OH \\ CO \cdot O\underset{\displaystyle CH_3}{CH} \cdot OC_2H_5 \end{matrix}$$ [7])

---

1) Bayer, Elberfeld, DRP. 113 723.
2) Bayer, Elberfeld, DRP. 113 512.
3) H. Dreser, Ther. Mon. 17, 131.
4) DRP. 224 844.
5) Einhorn, DRP. 231 093, Zusatz zu DRP. 224 844.
6) Bayer, Elberfeld, DRP. 137 585.
7) DRP. 146 849.

Alkyloxyalkylidenester der Kreostinsäuren erhält man durch Einwirkung von α-Halogendialkyläther auf die Salze der Kresotinsäuren. Beschrieben sind:
m-Kresotinsäuremethoxymethylester

$$C_6H_3\begin{cases}CH_3\\OH\\CO\cdot O\cdot CH_2\cdot O\cdot CH_2\end{cases}$$

Äthoxyäthyliden-p-kresotinester

$$C_6H_3\begin{cases}CH_3\\OH\\CO\cdot O\cdot \underset{\displaystyle CH_3}{\underset{|}{CH}}\cdot O\cdot C_2H_5\end{cases}$$ [1]

Äthylensalicylat

$$\begin{matrix}CH_2\cdot O\cdot CO\cdot C_6H_4\cdot OH\\ CH_2\cdot O\cdot CO\cdot C_6H_4\cdot OH\end{matrix}$$

wird nur zur Hälfte aus dem Darme aufgenommen[2]).

Von Interesse sind von diesem Gesichtspunkte aus auch die Salicylderivate des Glycerins, sowie die aromatischen Ester des Glycerins mit Benzoesäure, p-Kresotinsäure und Anissäure[3]).

Man stellt diese dar, indem man die aromatischen Säuren mit der entsprechenden Menge Glycerin durchtränkt und Chlorwasserstoff einleitet. Hierbei bilden sich die Dichlorhydrine der aromatischen Säuren. Erhitzt man nun ein Molekül eines solchen Dichlorhydrinäthers mit zwei Molekülen des Salzes einer aromatischen Säure auf 200°, so erhält man einfache und gemischte Glyceride der aromatischen Säuren. Nach dieser Methode wurden dargestellt:

Tribenzoin

$$\begin{matrix}CH_2\cdot O\cdot CO\cdot C_6H_5\\ |\\ CH\cdot O\cdot CO\cdot C_6H_5\\ |\\ CH_2\cdot O\cdot CO\cdot C_6H_5\end{matrix}$$

Trisalicylin

$$\begin{matrix}CH_2\cdot O\cdot CO\cdot C_6H_4\cdot OH\\ |\\ CH\cdot O\cdot CO\cdot C_6H_4\cdot OH\\ |\\ CH_2\cdot O\cdot CO\cdot C_6H_4\cdot OH\end{matrix}$$

Tri-p-kresotin

$$\begin{matrix}CH_2\cdot O\cdot CO\cdot C_6H_3\cdot CH_3(OH)\\ |\\ CH\cdot O\cdot CO\cdot C_6H_3\cdot CH_3(OH)\\ |\\ CH_2\cdot O\cdot CO\cdot C_6H_3\cdot CH_3(OH)\end{matrix}$$

Trianisin

$$\begin{matrix}CH_2\cdot O\cdot CO\cdot C_6H_4\cdot OCH_3\\ |\\ CH\cdot O\cdot CO\cdot C_6H_4\cdot OCH_3\\ |\\ CH_2\cdot O\cdot CO\cdot C_6H_4\cdot OCH_3\end{matrix}$$

Disalicylbenzoin

$$\begin{matrix}CH_2\cdot O\cdot CO\cdot C_6H_4\cdot OH\\ |\\ CH\cdot O\cdot CO\cdot C_6H_5\\ |\\ CH_2\cdot O\cdot CO\cdot C_6H_4\cdot OH\end{matrix}$$

Dibenzosalicylin

$$\begin{matrix}CH_2\cdot O\cdot CO\cdot C_6H_5\\ |\\ CH\cdot O\cdot CO\cdot C_6H_4\cdot OH\\ |\\ CH_2\cdot O\cdot CO\cdot C_6H_5\end{matrix}$$

Ferner erhält man Salicylsäureglycerinester durch Einwirkung von Schwefelsäure in der der Salicylsäure höchstens äquivalenten Menge auf ein Gemisch von Salicylsäure und Glycerin und Ausäthern der alkalisch gemachten Lösung. Statt der Schwefelsäure kann man nur saure Salze oder Ester von Mineralsäuren oder organische Sulfosäuren, z. B. Phenolsulfosäure, Salicyldichlorhydrinester, Monochlorhydrin, Natriumbisulfat, Kaliumbisulfat, Kresolsulfosäure, Anilindisulfosäure verwenden[4]).

Salicylsäureglycerid oder Disalicylsäureglycerinäther, sowie Salicylsäureglycerinester des DRP. 184382, sowie DRP. 186111 sind S. 566 beschrieben.

---

[1]) Bayer, DRP. 269 335. [2]) AePP. **38**, 88.

[3]) DRP. 58 396, 126 311, 127 139. Statt der Mineralsäuren werden die Ester dieser Säuren oder organische Sulfosäuren verwendet.

[4]) DRP.-Anm. T. 6732, 7184.

Ebenso lassen sich, wie Glycerinphenoläther, auch Glycerinäther der Ester von aromatischen Oxysäuren darstellen, so z. B. aus Gaultheriaöl Glycerinsalicylsäuremethylester $C_3H_7O_2 \cdot O \cdot C_6H_4 \cdot COO \cdot CH_3$. Auch diese sind in Wasser ein wenig löslich und von bitterem Geschmacke.

Protosal ist Salicylsäureglycerinformalester[1])

$$\begin{array}{l} CH_2 \cdot O \cdot OC \cdot C_6H_4 \cdot OH \\ | \\ CH_2 \cdot O \\ | \qquad\quad \rangle CH_2 \\ CH \cdot O \end{array}$$

Glycerinformal

$$\begin{array}{l} CH_2 \cdot OH \\ \cdot \\ CH \cdot O \\ \cdot \qquad\quad \rangle CH_2 \\ CH_2 \cdot O \end{array}$$

mit Salicylsäure verestert gibt Salicylsäureglycerinformalester[1]), welcher ölig ist und sich in seine drei Komponenten spalten kann[2]), und der als lokales Antirheumaticum wegen seiner flüssigen Form geeignet ist.

Monosalicylsäureglycerinester $C_6H_4 \cdot (OH) \cdot COO \cdot C_3H_5(OH)_2$ wurde als Glykosal eingeführt.

Von dem Trisalicylsäuretriglycerid gelangen nur 9% im Organismus zur Resorption, während der Rest im Kote ausgeschieden wird, hierbei kommt es zu einer leichten Desinfektion des Kotes[3]). Hingegen werden von dem Salicylsäuredichlorhydrinester

$$\begin{array}{l} CH_2Cl \\ | \\ CH \cdot CO \cdot C_6H_4 \cdot OH \\ | \\ CH_2Cl \end{array}$$

gegen 93% resorbiert. Doch haben Chlorhydrine neben ihren hypnotischen Effekten eine schwer schädigende Wirkung auf die Darmschleimhaut. Salicylverbindungen solcher Art, welche in Wasser mehr oder weniger löslich sind, werden ziemlich vollkommen aufgenommen. Aber die äußerst schwere Resorbierbarkeit und Verseifung der Triglyceride der aromatischen Säure macht die Anwendung solcher Substanzen in der Therapie ganz unmöglich.

Weiter wurde ein Versuch gemacht, einen Acetolsalicylsäureester[4]) für solche Zwecke darzustellen, wo es sich nur um die Wirkung der Salicylsäure handelt.

Durch Umsetzung zwischen Monohalogenderivaten des Acetons und salicylsaurem Natron erhält man den Salicylsäureester des Acetols

$$CH_3 \cdot CO \cdot CH_2Cl + C_6H_4 <^{COONa}_{OH} = ClNa + C_6H_4 <^{COO \cdot CH_2 \cdot CO \cdot CH_3}_{OH}$$

Diese Salacetol genannte Substanz wird ungemein leicht verseift und kann daher als Ersatzmittel der Salicylsäure sehr gut Verwendung finden, ohne aber vor dieser große Vorteile zu besitzen, und zwar aus dem Grunde, weil diese leichte Verseifbarkeit des Esters die Nebenwirkung der Salicylsäure rasch wieder in Erscheinung treten läßt[5]).

Indoform ist Salicylsäuremethylenacetat, dargestellt durch Einwirkung von Formaldehyd auf Acetylsalicylsäure, säuerlich schmeckend.

Acetylsalicylsäurekohlensäurealkylester, welche man bei der Einwirkung von Chlorkohlensäureestern auf die Lösung von Acetylsalicylsäure und tertiären Basen in neutralen

---

[1]) Schering, Berlin, DRP. 163 518.

[2]) Friedländer, Ther. Mon. **1905**, 637. [3]) AePP. **38**, 88.

[4]) DRP. 70 054. [5]) Bourget, Sem. méd. **1893**, 328.

Lösungsmitteln in der Kälte erhält und die bei gemäßigter Einwirkung konz. oder bei längerer Einwirkung von mit Benzol oder Äther verdünntem Pyridin in Acetylsalicylsäureanhydrid übergehen, liefern bei längerer Einwirkung der Basen bei gewöhnlicher Temperatur Acetylsalicylosalicylsäure. Dieselbe Säure erhält man, wenn man tertiäre Basen längere Zeit bei gewöhnlicher Temperatur auf Acetylsalicylsäureanhydrid oder auf ein Gemenge dieses Anhydrids oder eines Acetylsalicylsäurekohlensäurealkylesters und Salicylsäure einwirken läßt, sowie auch bei der Einwirkung von salicylsauren Salzen auf Acetylsalicylsäurekohlensäurealkylester[1]).

Alkyläther der m-Oxyhydrozimtsäure und deren Salze erhält man entweder durch Behandlung der m-Oxyhydrozimtsäure mit Alkylierungsmitteln oder indem man die entsprechenden Alkylderivate des m-Oxybenzaldehyds, Alkohols oder Chlorids in der zur Darstellung von Hydrozimtsäure üblichen Weise in die Alkyläther der Oxyhydrozimtsäure überführt oder in der m-Aminohydrozimtsäure den Aminorest über die Diazogruppe hinweg durch die Alkoxygruppe ersetzt. Man erhält so m-Äthoxyhydrozimtsäure und m-Propyloxyhydrozimtsäure, welche antipyretisch und antirheumatisch wirken[2]).

Zur Darstellung von Phenolderivaten nach dem Salolprinzipe, welche aber nur Phenol als wirksame Komponente tragen, eignen sich insbesondere die Carbonate dieser Substanzen sowie die Ester der Fettsäuren. Die entsprechenden Methoden zur Darstellung dieser Derivate findet man im Kapitel Kreosot behandelte, da die Methoden hauptsächlich zur Gewinnung von Guajacolderivaten Anwendung und Verbreitung gefunden haben.

Über die eigentlichen Salole bleibt folgendes zu erwähnen: Die aromatischen Salole zeigen alle die Eigenschaft, nachdem sie im Darme durch das esterspaltende Enzym und Bakterien langsam verseift wurden, die antiseptische Wirkung des frei werdenden Phenols äußern zu können. Ihre Wirkung als Darmantiseptica ist daher einzig und allein abhängig von der antiseptischen Kraft des in der Verbindung enthaltenen Phenols, weil die Natronsalze der aromatischen Carbonsäuren keine antiseptische Wirkung äußern, eine Wirkung, die nur den freien Säuren zukommt. Ihre Giftigkeit ist ebenfalls, da ja die aromatischen Carbonsäuren wesentlich ungiftiger sind als die Phenole, hauptsächlich abhängig von dem in der Verbindung enthaltenen Phenol. Innerhalb des Organismus äußern die Salole nach ihrer Aufspaltung nur die Wirkungen der beiden Komponenten. Es kann aber, da man die Raschheit der Abspaltung des wirksamen Phenols nicht in der Hand hat, gelegentlich zu Phenolvergiftungen kommen. Man wird daher in allen Fällen, wo es sich nur um die Wirkung der aromatischen Säure, etwa der Salicylsäure handelt, nur die partiell wirksamen Salole zu benützen haben, und zwar diejenigen, in welchen die Salicylsäure allein als wirksame Komponente aufzufassen ist. Hingegen wird man sich in den Fällen, wo es sich allein um die Darmdesinfektion handelt, mit größeren Vorteilen der Präparate bedienen, welche die Ester einer unwirksamen Säure mit dem wirksamen Phenol darstellen.

Man hat auch vorgeschlagen, Salole als Wundantiseptica, und zwar als Streupulver zu benützen, da sie hierfür die Eigenschaft, wasserunlöslich zu sein, prädisponiert. Aber die Verwendung der Salole in diesem Sinne stößt eben auf das Hindernis, daß sie ja meist keineswegs als solche Antiseptica sind, sondern nur ihre Komponenten und daß es daher vorerst zu einer Aufspaltung in diese kommen muß, einer Aufspaltung, welche die Gewebe und die Wundsekrete nur schwer zu vollführen vermögen. Dieses ist der Grund, weshalb man von der Verwendung der Salole als antiseptische Streupulver abgekommen und die vereinzelten Versuche der Chemiker neue Salole, für diese Zwecke aus billigen Substanzen dargestellt, als Wundstreupulver einzuführen stets Schiffbruch leiden.

---

1) Alfred Einhorn, München, DRP. 234 217.
2) Bayer, Elberfeld, DRP. 234 852.

Aus der großen Reihe der eigentlichen Salole konnten nur wenige trotz der vortrefflichen Idee, auf der sie basiert waren, in der Therapie zur Geltung kommen, während dieselbe Grundidee bei der Darstellung der Ester des Guajacols z. B. in der Therapie den vollen und berechtigten Sieg errungen hat. Es mag dies zum größten Teile darauf zu beziehen sein, daß die Nebenwirkungen der Salicylsäure, die zu bekämpfen hier in erster Linie beabsichtigt war, meist so unwesentliche sind, daß es kaum notwendig erscheint, ein neues teures Präparat für diese einzuführen.

Das eigentliche Salol, der Salicylsäurephenylester hat von den Substanzen dieser Gruppen die größte Verbreitung gefunden. Neben diesem konnten nur die β-Naphtholderivate der Salicylsäure

$$C_{10}H_7 \cdot O \cdot CO \cdot C_6H_4 \cdot OH$$

und der Benzoesäure (Benzonaphthol)

$$C_{10}H_7 \cdot O \cdot CO \cdot C_6H_5$$

welch letztere aber nach Sahli den Nachteil haben, daß sie im Darme nur schwer verseift werden, zur Verwendung gelangen.

p-Acetaminobenzoesäure-β-naphthylester $CH_3 \cdot CO \cdot NH \cdot C_6H_4 \cdot CO \cdot O \cdot C_{10}H_7$ und p-Benzoylaminobenzoesäure-β-naphthylester $C_6H_4 \cdot CO \cdot NH \cdot C_6H_4 \cdot CO \cdot O \cdot C_{10}H_7$ wurden von Reverdin und Crepieux[1]) beschrieben und in Höchst geprüft. Beide Substanzen sind in geringem Maße Blut- und Nierengifte. Sie wirken nicht kräftiger als Benzonaphthol.

Der Versuch, Phthalsäurediphenyläther $C_6H_4<^{COO \cdot C_6H_5}_{COO \cdot C_6H_5}$ in die Therapie einzuführen, den Marfori und Giusti[2]) unternommen, muß ebenfalls als gescheitert angesehen werden. Langsam spaltet sich aus dem Phthalsäurediphenylester Phenol im Darme ab und ein großer Teil des Esters geht unverändert mit dem Kote fort. Phthalol ist ein kräftiges Darmdesinfektionsmittel, Phthalsäure ist weniger giftig als Salicylsäure. Nach Versuchen von Mohr (Privatmitteilung) ist Phthalsäure nicht giftiger als Salicylsäure, aber Phthalsäureanhydrid ist weit giftiger.

Von geringer praktischer Bedeutung müssen solche salolartige Körper erscheinen, die saure Phenolester darstellen, ebenso wie solche, die leicht in saure Phenolester übergehen, wenn auch ihr physiologisches Verhalten im Organismus von großem theoretischen Interesse ist. Autenrieth und Vamossy[3]) haben, indem sie nach der Schotten-Baumann-Methode Phenole in 10proz. Natronlauge mit Phosphoroxychlorid schüttelten, Triphenylphosphat bekommen $PO(OC_6H_5)_3$. Dieser Ester wird im Organismus in der Weise aufgespalten, daß Diphenylphosphorsäure $HO_2P(OC_6H_5)_2$ und Phenol entstehen. Diphenylphosphorsäure wird aber im Organismus nicht weiter zerlegt, so daß von den drei im Ester enthaltenen Phenolmolekülen nur eines zu physiologischen Wirkung gelangt. Dieser Vorgang beweist, daß solche saure Ester im Gegensatz zu den neutralen im Organismus wegen ihrer sauren Eigenschaften keinen weiteren Veränderungen unterliegen und den Organismus unverändert verlassen. Dieses Verhalten gibt den richtigen Fingerzeig, daß sich zur Darstellung von wirksamen Salolen, die zur vollen Geltung kommen sollen, nur einbasische Säuren gut eignen, da man bei den zweibasischen, insbesondere bei den anorganischen

---

[1]) BB. **35**, 3417 (1902). [2]) Bol. d. scienze med. **1897**. [3]) HS. **25**, 440 (1898).

Gefahr läuft, daß ein großer Teil der wirksamen Komponenten mit der Säure gepaart den Organismus unverändert verläßt.

Man hat weiter den Vorschlag gemacht, basische Reste mit der Salicylsäure zu ähnlichen Zwecken in Verbindung zu bringen. Salicylamid z. B. hat den Vorteil, daß es leichter löslich als Salicylsäure, stärker analgesierend wirkt als diese[1]). Es kommen ihm (siehe S. 520) nach den Versuchen von Nebelthau auch narkotische Wirkungen zu. Doch haben Versuche anderer Art, insbesondere das Kuppeln der Salicylsäure mit antipyretischen und ebenfalls antirheumatisch wirksamen Substanzen mehr Erfolg gehabt. Insbesondere haben Acetylaminoverbindungen der Phenole in diesem Sinne Verwendung gefunden.

Der Salophen genannte Salicylsäureacetyl-p-aminophenoläther $OH \cdot C_6H_4 \cdot CO \cdot O \cdot C_6H_4 \cdot NH \cdot CO \cdot CH_3$ hat dieselben günstigen Eigenschaften wie Salol, ist dabei geruch- und geschmacklos und von geringerer Giftigkeit, dabei ist aber die zweite wirksame Komponente, das Acetyl-p-aminophenol für sich zwar keine besonders antiseptisch wirksame Substanz wie Phenol, hingegen aber ein Antipyreticum im Sinne der Anilinderivate. Von diesem Gesichtspunkte aus müssen auch die Substanzen dieser Reihe betrachtet werden. Salophen hat höchstens Salicylsäurewirkung[2]).

Von dieser Betrachtung ausgehend ist auch Salicylsäureformyl-p-aminophenoläther

$$C_6H_4<^{CO \cdot O \cdot C_6H_4 \cdot N<^{H}_{OCH}}_{OH}$$

ein minder brauchbarer Körper, da er den Formylderivaten des Anilins eigentümliche, therapeutisch nicht verwertbare Wirkungen äußert, worüber im Kapitel: Antipyretica (s. S. 261) das Nähere nachzulesen ist.

Salophen[3])

$$C_6H_4<^{CO \cdot O \cdot C_6H_4 \cdot N<^{H}_{CO \cdot CH_3}}_{OH}$$

erhält man, wenn man den Salicylsäure-p-nitrophenylester, den man durch Einwirkung wasserentziehender Mittel auf ein Gemisch von Salicylsäure und p-Nitrophenol erhält, in alkoholischer Lösung mit Zinn und Salzsäure reduziert. Die so erhaltene Aminoverbindung wird durch Behandeln mit Essigsäureanhydrid in das Acetylderivat übergeführt. Zu derselben Substanz kann man gelangen, wenn man Acetyl-p-aminophenol bei Gegenwart von Kondensationsmitteln, wie Phosphoroxychlorid, Phosphortrichlorid, Phosphorpentachlorid auf Salicylsäure einwirken läßt, am besten bei Gegenwart eines indifferenten Lösungsmittels, wie etwa des Benzols.

An Stelle der Salicylsäure wurde vorgeschlagen, Kresotinsäure[4]) zu verwenden; man erhält die Kresotinsäureacetylaminophenylester nach einem der oben beschriebenen Verfahren, ohne daß jedoch diese Substanz medizinische Verwendung gefunden hätten. Der Grund ist darin zu suchen, daß die Kresotinsäure vor der Salicylsäure in bezug auf antirheumatische Wirkung, wie schon ausgeführt wurde, keine Vorzüge besitzt, eher aber Nachteile, so daß weder die Kresotinsäuren selbst noch deren Derivate als Ersatzmittel der Salicylsäure je werden Verwendung finden können.

In gleicher Weise wie Acetylaminophenol kann man auch Lactylaminophenol zur Darstellung von Salophenen verwenden.

Behufs Gewinnung erhitzt man entweder Salicylsäurephenylester mit Milchsäureanhydrid auf ca. 150°, oder Aminochlorsalolchlorhydrat mit Lactamid[5]).

[1]) Nesbitt, Sem. méd. **1891**, Nr. 54.

[2]) Siebel, Ther. Mon. **1892**, 31, 87, 519. — P. Guttmann, Deutsche med. Wochenschrift **1891**, 1359.

[3]) DRP. 62 533, 69 289. [4]) DRP. 70 714. [5]) DRP. 82 635.

Wie p-Aminophenol, so kann auch Oxyphenacetin zur Darstellung solcher esterartiger Salicylsäurederivate mit einer zweiten antipyretisch wirksamen Komponente verwertet werden.

Oxyphenacetylsalicylat erhält man, wenn man salicylsaures Natron mit Chlorphenacetin mengt und das Gemisch auf 180° erhitzt. Die Reaktion erfolgt nach folgender Gleichung:

$$C_6H_4<^{NH \cdot CO \cdot CH_3}_{O \cdot C_2H_4Br} + C_6H_4<^{OH}_{COONa} = C_6H_4<^{NH \cdot CO \cdot CH_3}_{O \cdot C_2H_4 \cdot COO \cdot C_6H_4 \cdot OH} + BrNa$$ [1]).

Doch hat dieses Präparat keine praktische Verwendung gefunden.

Wenn man Methyl- oder Äthylsalicylsäure[2]) nitriert, so erhält man eine Nitroalkylsalicylsäure (1 : 2 : 5 = COOH : OR : NO_2). Wenn man diese Substanz in üblicher Weise reduziert, so gelangt man zur Aminomethyl- oder -äthylsalicylsäure, welche mit Essigsäure anhydrid behandelt, Acetylaminomethyl- oder -äthylsalicylsäure liefert.

Diese Substanz führen wir als typisches Beispiel an, wie kritiklos Körper dieser Art dargestellt und in die Therapie eingeführt werden. Man kann sie ja als die Carbonsäure einer dem Phenacetin isomeren Verbindung ansehen. Nun ist aber die Carbonsäure des Phenacetins wegen des Vorhandenseins der Carboxylgruppe eine unwirksame Substanz. Anderseits ist schon die Alkylsalicylsäure wegen der Verdeckung des Hydroxyls durch die Alkylgruppen eine nur mehr wenig wirkende Verbindung. Solche Substanzen erweisen sich dann natürlich als wertlos.

Wie von der Salicylsäure, so wurde auch von der antiseptisch wirkenden Phenylessigsäure $C_6H_5 \cdot CH_2 \cdot COOH$ ein benzoyliertes Aminoderivat dargestellt, indem man die aus Mandelsäure $C_6H_5 \cdot CH<^{OH}_{COOH}$ erhältliche Aminophenylessigsäure $NH_2 \cdot C_6H_4 \cdot CH_2 \cdot COOH$ in bekannter Weise benzoyliert[3]). Sie soll ein gutes Darmdesinficiens sein.

Diese Benzoylaminophenylessigsäure $C_6H_5 \cdot CO \cdot NH \cdot C_6H_4 \cdot CH_2 \cdot COOH$ läßt sich nach der Nenckischen Synthese in den Benzoylaminophenylessigsäurephenylester $C_6H_5 \cdot CO \cdot NH \cdot C_6H_4 \cdot CH_2 \cdot COO \cdot C_6H_5$ überführen[4]).

Es wurde auch ein Versuch gemacht, die Acetamidverbindungen aromatischer Carbonsäuren darzustellen.

So hat man Phenoxylacetamid $C_6H_5 \cdot O \cdot CH_2 \cdot CO \cdot NH_2$ durch Erhitzen von Phenol mit Chloracetamid und alkoholischem Kali erhalten[5]). Vom Guajacol ausgehend bekommt man in gleicher Weise Guajacoxylacetamid

$$C_6H_4<^{OCH_3\ (1)}_{OCH_2 \cdot CO \cdot NH_2\ (2)}$$

Ferner kann man erhalten α- oder β-Naphthoxylacetamid $C_{10}H_7 \cdot OCH_2 \cdot CO \cdot NH_2$. Weiter kann man in gleicher Weise erhalten Acetamidäthersalicylamid

$$C_6H_4<^{CO \cdot NH_2\ (1)}_{OCH_2 \cdot CO \cdot NH_2\ (2)}$$

und Tribromphenoxylacetamid $Br_3C_6H_2 \cdot OCH_2 \cdot CO \cdot NH_2$. In derselben Weise reagieren auch die Salze aromatischer Carbonsäuren mit Chloracetamid und man kann vom Kaliumsalicylat ausgehend zum Salicylsäureacetamidester gelangen.

$$C_6H_4<^{CO \cdot OCH_2 \cdot CO \cdot NH_2}_{OH}$$

Ein Derivat der Salicylsäure und des Resorcins ist das in Wasser und Säuren unlösliche Resaldol.

Es ist dies die Diacetylverbindung eines Reaktionsproduktes zwischen Chlormethylsalicylaldehyd und Resorcin, welche durch Einwirkung von 2 Mol. des letzteren auf 1 Mol. des ersteren entsteht. Man erhält ein Produkt mit der empirischen Formel $C_{20}H_{16}O_5$, welches Diresorcylmethylensalicylaldehyd sein soll und diacetyliert dieses[6]).

[1]) Höchst, DRP. 88 950. [2]) DRP. 71 258. [3]) DRP. 55 026.
[4]) DRP. 55 027. [5]) DRP. 108 342. [6]) Bayer, DRP. 117 890, 123 099.

Es wird im Darme unter Abspaltung von Acetylgruppen gelöst und wirkt alkalisch-antiseptisch und adstringierend.

Als wirksamer Bestandteil des Perubalsams, insbesondere gegen Scabies, werden zwei Ester des Benzylalkohols $C_6H_5 \cdot CH_2 \cdot OH$ angesehen, und zwar der Zimtsäurebenzylester und Benzoesäurebenzylester. Der reine Benzoesäurebenzylester ist im Gegensatze zum Perubalsam farb- und geruchlos und wirkt prompt gegen Scabies; er wird Peruscabin genannt. Seine Lösung in Ricinusöl heißt Peruol.

Cresatin (m-Kresolessigsäureester) wird als Antiblennorhoicum empfohlen.

Kreosot und Guajacol.

Sommerbrodt gebührt das Verdienst, auf die günstigen Wirkungen des Buchenholzteerkreosots bei der Behandlung der Lungentuberkulose hingewiesen zu haben. Es ist hier nicht der Ort, auf die Ursache dieser Kreosotwirkungen, welche keineswegs als spezifische anzusehen sind, einzugehen; jedenfalls steht es fest, daß bei Phthisikern eine subjektive und oft objektiv nachweisbare Besserung des Allgemeinzustandes, Gewichtszunahme infolge von Appetitzunahme und insbesondere ein Zurückgehen der katarrhalischen Erscheinungen zu verzeichnen ist.

Als wirksamer Bestandteil des Kreosots wurde von Sahli Guajacol, der Brenzcatechinmonomethyläther

OCH_3

OH

zu einer Zeit, wo Guajacol noch nicht rein dargestellt wurde, angenommen. Von anderen Autoren wurde als wirksamer Bestandteil neben dem Guajacol das Kreosol, der Monomethyläther des Homobrenzcatechins $OH \cdot C_6H_3 \cdot (CH_3) \cdot OCH_3$ bezeichnet. Dieses ist nach dem im allgemeinen Teil Ausgeführten weniger giftig und stärker antiseptisch als Guajacol, da der Ersatz von Kernwasserstoff durch Methylgruppen die Giftigkeit aromatischer Verbindungen für den tierischen Organismus herabgesetzt, während die antiseptische Kraft erhöht wird, aber es zeigt in der Therapie dem Guajacol gegenüber keine besondere Überlegenheit.

Die Reindarstellung von Guajacol und Kreosol aus dem Buchenholzteerkreosot wurde zuerst in der Weise ausgeführt, daß man Kreosot mit heißer Ätzbarytlösung mischte[1]), den Krystallbrei abpreßte, mit Salzsäure zerlegte und das Gemisch von Guajacol und Kreosol mit Wasserdampf übertrieb. Guajacol und Kreosol werden dann durch Rektifikation getrennt. Diese Trennungsmethode gibt aber kein reines Guajacol. Die käuflichen flüssigen Guajacolsorten des Handels enthielten anfangs höchstens 50% Guajacol. Später wurde die Reindarstellung des Guajacol durch Ausfrieren des flüssigen sogenannten „reinen Guajacols“ des Handels vorgeschlagen[2]).

Die Reindarstellung des Guajacols geschieht am vorteilhaftesten, wenn man von Kreosot ausgeht, durch Verestern des Kreosots, Krystallisation des Guajacolesters und Verseifen desselben.

Auf synthetischem Wege wird Guajacol durch Methylierung des Brenzcatechins gewonnen, eine Methode, welche technisch wegen der Kostspieligkeit und der technischen Mängel dieses Verfahrens wenig angewendet wird.

Statt mit Nitrosomethylurethan kann man mit Nitrosoalkylharnstoffen bei Gegenwart von Basen veräthern; so erhält man aus Morphin in methylalkoholischer natronalkalischer Suspension bei 0° mit Nitrosomonomethylharnstoff Kodein. Aus β-Naphthol mit Nitrosodiäthylharnstoff β-Naphtholäthyläther. Aus Brenzcatechin und Nitrosomonomethylharnstoff Guajacol; aus Guajacol und Nitrosodimethvlharnstoff Veratrol. Aus Pyrogallol und Nitrosodiäthylharnstoff Pyrogalloltriäthyläther[3]).

[1]) Heyden, DRP. 53 307, 56 003. [2]) DRP.-Anm. H. 13 216 (versagt).
[3]) Bayer, DRP. 189 843.

Behufs Darstellung von Guajacol aus Brenzcatechin werden Brenzcatechin und Alkali- oder Erdalkalisalze der Methylschwefelsäure in Gegenwart von Veratrol als Verdünnungsmittel bei 160—180° unter allmählicher Zugabe einer schwachen Base wie Natriumcarbonat oder Natriumbicarbonat erhitzt. Ausbeute 85% Guajacol[1]).

Weit bequemer und billiger gelangt man zum Guajacol von dem billigen Anisidin $NH_2 \cdot C_6H_4 \cdot OCH_3$ ausgehend, indem man dasselbe diazotiert und bei Gegenwart eines Kupfersalzes verkocht:

o-Anisidin $CH_3O \cdot C_6H_4 \cdot NH_2$ wird diazotiert und die Lösung in konz. Schwefelsäure gegossen, die viel Natriumsulfat enthält. Man erhitzt auf 135—160° und bewirkt dadurch, daß das Produkt der Einwirkung der Schwefelsäure, das Guajacol, sofort mit dem Wasserdampf übergeht. Dadurch wird die Bildung von Nebenprodukten sehr eingeschränkt. Vielfach wird beim Verkochen ein Kupfersalz zugesetzt.

Guajacol hat wie Kreosot selbst bei interner Anwendung ätzende Eigenschaften und ist deshalb giftig. Seine desinfizierende Kraft ist größer als die des Phenols. Die ätzende und antiseptische Wirkung dieser, ebenso wie Brenzcatechin und Phenol, auch antipyretisch wirkenden Substanz beruht auf der Gegenwart des freien Hydroxyls.

Seine allgemeinen Wirkungen bestehen in einer Erregung und Lähmung der Nervenzentren. Die krampfartigen Erscheinungen treten bei der Vergiftung um so weniger hervor, je höher die Tierklasse ist. Auch die Krampfwirkung steht mit dem Vorhandensein des freien Hydroxyls in innigem Zusammenhange. Wird nämlich auch das zweite Hydroxyl des Brenzcatechins methyliert, so gelangt man zum Veratrol, dem Brenzcatechindimethyläther,

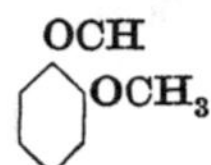

welcher dreimal weniger giftig ist als Guajacol, bei größeren Gaben nur eine schnelle und tiefe Lähmung hervorruft, ohne vorher aber Krämpfe zu bewirken. Dem Veratrol kommen aber, wie dem Brenzcatechin und dem Guajacol, antipyretische Eigenschaften zu. Veratrol soll aber örtlich stärker ätzen. Es macht in geringer Weise Rausch, Taumeln und Absinken der Temperatur und des Blutdruckes[2]).

Guajacol hat im allgemeinen ähnliche Wirkungen wie Phenol und Brenzcatechin, ist aber weniger giftig, seine antipyretische Kraft ist hingegen größer. Die Absonderung der Bronchialschleimhaut und der Nieren wird nach Einnahme von Guajacol erhöht.

Bei der Verabreichung von Guajacol werden 28% an Glykuronsäure, 22% an Schwefelsäure gebunden ausgeschieden, beim Carbonat 20.48% an Glykuronsäure, 33.04% an Schwefelsäure, bei Guajacolzimtsäureester 26.28% an Glykuronsäure, 44.56% an Schwefelsäure, guajacolsulfosaures Kalium wird zu 23—27% an Glykuronsäure gebunden ausgeschieden. Guajacolglycerinäther wird zu 40—50% an Glykuronsäure gebunden, zu 10—30% an Schwefelsäure gebunden ausgeschieden. Die Glykuronsäureausscheidung nach Verabreichung von guajacolsulfosaurem Kalium tritt erst nach Verabreichung großer (3-g-)Dosen auf[3]).

Nach Eschle[4]) tritt nach sehr großen Gaben von Guajacol, nicht aber von Guajacolcarbonat, ein seiner Natur nach bisher nicht bestimmbarer organischer Körper im Harn auf, welcher durch Salzsäure in zähen, schleimigen Flocken gefällt wird und möglicherweise zur Verstopfung der Harnkanälchen und Unterdrückung der Nierenfunktion, mithin zu schweren Schädigungen des Organismus, Anlaß geben kann.

[1]) Zollinger, Röhling, DRP. 305 281. [2]) Surmont, Sem. méd. **1895**, 38.
[3]) Th. Knapp, Schweizerische Wochenschr. f. Chem. u. Pharm. **49**, 229, 245, 257 (1911).
[4]) Z. f. kl. Med. **29**, H. 3 und 4.

Styracol (Zimtsäureguajacolester) findet man im Kot zu 86% wieder, nur durch Fäulnis wird ein kleiner Teil zerlegt. Monotal (Äthylglykolsäureester des Guajacols) wird stark gespalten und das freiwerdende Guajacol gut resorbiert. Beim Hunde werden 59% und beim Menschen 36% mit dem Harne ausgeschieden. Auch Guajacolacetat (Eucol) wird im Darmkanal stark gespalten. Beim Menschen wurden im Harn 56% nachgewiesen[1]).

Die günstigen Wirkungen des Kreosots und Guajacols haben diesen beiden Präparaten einen stetig steigenden Bedarf gesichert, um so mehr, als bei der chronischen Tuberkulose die Mehrzahl der Ärzte zu Kreosotpräparaten greift, da ja zu lang andauernder medikamentöser Behandlung der Phthise diese unter den bis nun angewendeten antiseptischen Mitteln wohl die geeignetsten sind.

Statt des Guajacols wurde versucht, analog gebauten Körpern in die Therapie Eingang zu verschaffen. Statt der Methylgruppe wurde in das Brenzcatechin die Äthylgruppe eingeführt. Der so dargestellte Brenzcatechinmonoäthyläther,

$$C_6H_4(OC_2H_5)(OH)$$

Guäthol, hat naturgemäß eine identische Wirkung wie Guajacol, ohne vor diesem wesentliche Vorzüge zu besitzen. Die analgetische Wirkung ist nach Buck deutlich ausgeprägt.

Solche höhere Homologe des Brenzcatechins wollte Baum nach einem zurückgezogenen Patente durch Erhitzen von Brenzcatechin mit Äthylalkohol, Propylalkohol, Isobutylalkohol oder Amylalkohol bei Gegenwart von Chlorzink auf 160—220° unter Druck darstellen.

Guajacolpräparate, in denen Hydroxylwasserstoff durch eine Acylgruppe ersetzt ist.

Von sehr großer Bedeutung bei der massenhaften Anwendung des Kreosots und Guajacols war es, die unangenehmen Ätz- und Giftwirkungen dieser Präparate zu coupieren, was sich ja leicht nach analogen Methoden in verwandten Gruppen, insbesondere nach dem Salolprinzipe Nenckis bewerkstelligen ließ. Es war ein bedeutender Vorteil, daß bei den ersten Präparaten dieser Art, welche dargestellt wurden, man diese Phenole mit einem an und für sich unwirksamen Körper, der Kohlensäure, verbunden hat, statt der sonst angewendeten aromatischen Carbonsäuren, und so partiell wirksame Salole erhielt. Späterhin wurden Kreosot und Guajacol mit einer Reihe von anorganischen und organischen Säuren verestert. Es ist klar, daß keines dieser Präparate vor dem anderen irgendwelche nennenswerte Vorteile bieten kann. Alle sind sie Ester des Guajacols, die im Darme die wirksame Komponente Guajacol abspalten und deren physiologische und therapeutische Wirkung nur auf dem Guajacolgehalt beruht.

Die Darstellung[2]) des sogenannten Kreosotcarbonats und Guajacolcarbonats [letzteres wird Duotal[3]) genannt] geschieht in der Weise, daß man auf eine alkalische Guajacollösung Phosgengas einwirken läßt.

Man erhält so aus Kreosot ein in Wasser unlösliches, wenig schmeckendes Präparat, frei von Ätz- und Giftwirkungen des Kreosots. Nur der Rauchgeschmack des Kreosots haftet diesem Ester noch an.

---

[1]) G. B. Valeri, Arch. intern. de Pharmacodyn. **19**, 97.
[2]) DRP. 58 129. [3]) Berliner klin. Wochenschr. **1891**, Nr. 51.

Geschmacklose Verbindungen dieser Art kann man wie aus Kreosot und Guajacol auch aus Menthol, den Borneolen, Carvacrol, Kreosol, Eugenol und Gaultheriaöl (Salicylsäuremethylester) erhalten.

Die Reaktion verläuft in der Weise, daß man ein Molekül Phosgen (gasförmig oder gelöst) entweder auf zwei Moleküle der betreffenden hydroxylhaltigen Verbindungen bei erhöhter Temperatur nach der Gleichung:

$$2\,XOH + COCl = \frac{XO}{XO}\!\!>CO + 2\,HCl$$

oder auf zwei Moleküle eines trockenen oder gelösten Salzes dieser Stoffe nach der Gleichung:

$$2\,XONa + COCl_2 = \frac{XO}{XO}\!\!>CO + 2\,NaCl$$

einwirken läßt.

Statt des Phosgengases kann man Chlorkohlensäureamid nehmen, wodurch man zu den Carbaminsäureestern der Phenole gelangt. Ein Molekül Chlorkohlensäureamid $ClCO \cdot NH_2$ reagiert mit einem Molekül des betreffenden Phenols nach der Gleichung $XOH + ClCO \cdot NH_2 = (XO)CO(NH_2) + HCl$ oder $XONa + ClCO \cdot NH_2 = (XO)CO(NH_2) + NaCl$.

Symmetrische neutrale Kohlensäureester erhält man, wenn man die nach DRP. 116 386 darstellbaren chlorhaltigen Derivate der Pyridinbasen (aus Chlorameisensäureester und Pyridinbasen) durch Wasser in neutrale Kohlensäureester zersetzt:

$$2\,[(C_5H_5N)OR] \cdot CO[(C_5H_5N)Cl] + H_2O = CO(OR)_2 + CO_2 + 2\,(C_5H_5N \cdot HCl) + 2\,(C_5H_5N).$$

So wurden dargestellt: Dimethylcarbonat und Diphenylcarbonat[1]).

Die Carbaminsäureester kann man auch erhalten durch Einwirkung von einem Molekül des betreffenden hydroxylhaltigen Körpers oder seines Salzes auf ein Molekül Phosgen und darauf folgende Behandlung mit Ammoniak gemäß folgenden Gleichungen:

$$(1)\quad XOH + COCl_2 = (XO)COCl + HCl \text{ oder}$$
$$XONa + COCl_2 = (XO)COCl + NaCl.$$
$$(2)\quad (XO)COCl + 2\,NH_3 = (XO)CO(NH_2) + HCl + NH_3.$$

Nach diesem Verfahren wurden dargestellt die Kohlensäureester des Menthol, d-Borneol, l-Borneol, Guajacol, Kreosol, Eugenol, Carvacrol, Gaultheriaöl und die Carbaminsäureester des Menthol, d-Borneol, l-Borneol, Carvacrol, Guajacol, Kreosol, Eugenol, Thymol, Geraniol. Ferner wurde auf diese Weise Salicylsäureäthylester in das Carbamat verwandelt.

Außer diesen rein dargestellten Substanzen wurde dasselbe Veresterungsverfahren, wie schon erwähnt, auf das Kreosot genannte Gemenge von Phenolen angewendet und ein Kreosotcarbonat genanntes Gemenge von reizlosen neutralen Kohlensäureestern erhalten.

Statt in die Carbonate oder Carbamate können diese Phenole auch in die Alkylcarbonate[2]) verwandelt werden, z. B. Eugenol in Eugenolmethylkohlensäureester. Die so erhaltenen Stoffe sind im Gegensatze zu den festen Carbonaten oder Carbamaten flüssig und werden aus diesem Grunde zu Injektionen empfohlen, haben aber keinerlei praktische Bedeutung erlangt.

Von diesen Verbindungen wurden dargestellt Eugenolmethylkohlensäureester $C_6H_3{<}\begin{smallmatrix}OC_3H_5\\OCH_3\\OCOO \cdot CH_3\end{smallmatrix}$, Eugenoläthylkohlensäureester $C_6H_3{<}\begin{smallmatrix}OC_3H\\OCH_3\\OCOO \cdot C_2H_5\end{smallmatrix}$, Guajacolmethylkohlensäureester $C_6H_4{<}\begin{smallmatrix}OCH_3\\OCOO \cdot CH_3\end{smallmatrix}$, Guajacoläthylkohlensäureester $C_6H_4{<}\begin{smallmatrix}OCH_3\\OCOO \cdot C_2H_5\end{smallmatrix}$ Kreosolmethylkohlensäureester $CH_3 \cdot C_6H_3{<}\begin{smallmatrix}OCH_3\\OCOO \cdot CH_3\end{smallmatrix}$, Kreosoläthylkohlensäureester $CH_3 \cdot C_6H_3{<}\begin{smallmatrix}OCH_3\\OCOO \cdot C_2H_5\end{smallmatrix}$, Kreosotäthylkohlensäureester, Kreosotmethylkohlensäureester, Carvacrolmethylkohlensäureester $CH_3 \cdot C_6H_3{<}\begin{smallmatrix}C_3H_7\\OCOO \cdot CH_3\end{smallmatrix}$. Carvacroläthylkohlensäureester $CH_3 \cdot C_6H_3{<}\begin{smallmatrix}C_3H_7\\OCOO \cdot C_2H_5\end{smallmatrix}$, Gaultheriaölmethylkohlensäureester $C_6H_4{<}\begin{smallmatrix}COO \cdot CH_3\\O \cdot COO \cdot CH_3\end{smallmatrix}$, Gaultheriaöläthylkohlensäureester $C_6H_4{<}\begin{smallmatrix}COO \cdot CH_3\\O \cdot COO \cdot C_2H_5\end{smallmatrix}$, Äthylsalicylatmethylkohlensäurester $C_6H_4{<}\begin{smallmatrix}COO \cdot C_2H_5\\O \cdot COO \cdot CH_3\end{smallmatrix}$, Äthylsalicylatäthylkohlensäureester $C_6H_4{<}\begin{smallmatrix}COO \cdot C_2H_5\\O \cdot COO \cdot C_2H_5\end{smallmatrix}$.

---

1) Bayer, Elberfeld, DRP. 118 566. 2) DRP. 60 716.

Die Herstellung dieser Stoffe erfolgt durch Einwirkung von Chlorameisensäureester auf die betreffenden hydroxylhaltigen Körper oder auf deren Salze in festem oder gelöstem Zustande.

In Verfolgung der gleichen Idee wurde in gleicher Weise auch Isoeugenol[1]) in das Carbonat

$CO\left(O \cdot C_6H_3<^{C_3H_5}_{OCH_3}\right)_2$, in das Methylcarbonat $CO<^{OCH_3}_{O \cdot C_6H_3<^{C_3H_5}_{OCH_3}}$ und in das Äthylcarbonat $CO<^{OC_2H_5}_{O \cdot C_6H_3<^{C_3H_5}_{OCH_3}}$ übergeführt.

Diese Methode der Darstellung der Kohlensäureester wurde außer auf die natürlich vorkommenden Substanzen auch auf die synthetischen Derivate des Brenzcatechins[2]) angewendet, um auf diese Weise die synthetischen Ersatzmittel des Guajacols, in denen statt der Methylgruppe höhere Alkylgruppen eingetreten sind, von ihren ätzenden Eigenschaften zu befreien. So wurden dargestellt die Carbonate des Brenzcatechinmonoäthyläther, Brenzcatechinmonopropyläther, Brenzcatechinmonoisopropyläther, Brenzcatechinmonobutyläther, Brenzcatechinmonoisobutyläther, Brenzcatechinmonoamyläther, des Brenzcatechins selbst und schließlich des Homobrenzcatechinmonomethyläthers.

Der so gewonnene Kohlensäureäther des Brenzcatechins kann hinwiederum als Ausgangsmaterial zur Darstellung gemischter Verbindungen, welche neben Brenzcatechin einen zweiten wirksamen Körper enthalten, verwendet werden. Wenn man Brenzcatechincarbonat $C_6H_4<^{O}_{O}>CO$ mit Verbindungen, die alkoholische Hydroxylgruppen, primäre oder sekundäre Aminogruppe enthalten, in Reaktion bringt, findet eine Addition statt, ein Phenolhydroxyl des Brenzcatechins wird regeneriert und der Rest der sich addierenden Verbindungen wird an das Carboxyl gebunden, so daß gemischte Kohlensäureester entstehen, z. B.

$$C_6H_4<^{O}_{O}>CO + C_2H_5 \cdot OH = C_6H_4<^{O \cdot CO \cdot OC_2H_5}_{OH}$$

$$C_6H_4<^{O}_{O}>CO + C_6H_5 \cdot NH_2 = C_6H_4<^{O \cdot CO \cdot NH \cdot C_6H_5}_{OH}$$

Man kann nach diesem Verfahren[3]) erhalten: Brenzcatechinäthylcarbonat, Brenzcatechinamylcarbonat, Phenylcarbaminsäurebrenzcatechinester, Oxäthylphenylcarbaminsäurebrenzcatechinester, p-Phenylcarbonsäureestercarbaminsäurebrenzcatechinester, Phenylhydrazid der Brenzcatechinkohlensäure, Diäthylaminderivat der Brenzcatechinkohlensäure, Piperidid der Brenzcatechinkohlensäure.

Läßt man auf Verbindungen, welche mehrere Aminogruppen enthalten, Brenzcatechincarbonat einwirken, so gelingt es nicht nur 1 Mol. des letzteren, sondern auch mehrere mit der Polyaminoverbindung zu kondensieren.

So kann man das Hydrazid der Brenzcatechinkohlensäure $H_2N \cdot NH \cdot COO \cdot C_6H_4 \cdot OH$ und das Bishydrazid der Brenzcatechinkohlensäure

$$\begin{array}{l} HO \cdot C_6H_4 \cdot O \cdot CO \cdot NH \\ HO \cdot C_6H_4 \cdot O \cdot CO \cdot NH \end{array}$$

ferner das Äthylendiamin der Brenzcatechinkohlensäure

$$\begin{array}{l} CH_2 \cdot NH \cdot COO \cdot C_6H_4 \cdot OH \\ CH_2 \cdot NH \cdot COO \cdot C_6H_4 \cdot OH \end{array}$$

erhalten.

[1]) DRP. 61848. [2]) DRP. 72806. [3]) DRP. 92535.

Bei der Darstellung von Carbonaten der Phenole ergibt sich manchmal der Übelstand, daß Phosgen eine schädliche Einwirkung auf leicht veränderliche Stoffe wie Isoeugenol oder Menthol zeigt.

Man vermeidet diese Nebenwirkung des Phosgens, indem man zuerst Diäthylcarbonat $CO{<}^{O \cdot C_2H_5}_{O \cdot C_2H_5}$ oder noch besser Diphenylcarbonat $CO{<}^{O \cdot C_6H_5}_{O \cdot C_6H_5}$ darstellt und erst mit diesem diejenigen Phenole, deren Carbonate man darzustellen wünscht, behandelt, worauf sich das gewünschte Carbonat bildet und Äthylalkohol oder Phenol regeneriert wird[1]).

Der Reaktionsverlauf ist nun bei der Darstellung des Isoeugenolcarbonats folgender:

$$CO{<}^{Cl}_{Cl} + 2\,C_6H_5 \cdot OH + 2\,NaOH = CO{<}^{O \cdot C_6H_5}_{O \cdot C_6H_5} + 2\,ClNa + 2\,H_2O$$

$$CO{<}^{O \cdot C_6H_5}_{O \cdot C_6H_5} + 2\,C_6H_3{\lessdot}\begin{smallmatrix}C_3H_5\\OCH_3\\OH\end{smallmatrix} = CO{<}\begin{matrix}O \cdot C_6H_3{<}^{OCH_3}_{C_3H_5}\\O \cdot C_6H_3{<}^{C_3H_5}_{OCH_3}\end{matrix} + 2\,C_6H_5 \cdot OH$$

Eine weitere Modifikation bei der Darstellung der verschiedenen Phenolcarbonate war, daß man statt der direkten Wirkung von Phosgen und Alkali auf Phenole, die durch Einwirkung von Phosgen, Perchlormethylformiat oder Hexachlordimethylcarbonat auf Basen der Pyridinreihe erhältlichen Chlorcarbonyle auf Phenole einwirken läßt, wobei man den Alkalizusatz erspart[2]).

Der Reaktionsverlauf ist folgender[3]):

Man erhält aus Kohlenoxychlorid und Pyridin das Pyridinderivat

$$\text{(I)}\quad C{:}O{<}^{Cl}_{Cl} + 2\,(C_5H_5N) = \begin{matrix}Cl\\ {>}NC_5H_5\\ C:O\\ {>}NC_5H_5\\ Cl\end{matrix}$$

aus Perchlormethylformiat

$$\text{(II)}\quad \begin{matrix}Cl\\ C:O\\ O-C{\lessdot}\begin{smallmatrix}Cl\\Cl\\Cl\end{smallmatrix}\end{matrix} + 4\,(C_5H_5N) = 2\begin{pmatrix}Cl\\ {>}NC_5H_5\\ C:O\\ {>}NC_5H_5\\ Cl\end{pmatrix}$$

aus Hexachlordimethylcarbonat

$$\text{(III)}\quad C{:}O{<}\begin{matrix}O-C{\lessdot}\begin{smallmatrix}Cl\\Cl\\Cl\end{smallmatrix}\\ O-C{\lessdot}\begin{smallmatrix}Cl\\Cl\\Cl\end{smallmatrix}\end{matrix} + 6\,(C_5H_5N) = 3\begin{matrix}Cl\\ {>}NC_5H_5\\ C:O\\ {>}NC_5H_5\\ Cl\end{matrix}$$

Mit Alkoholen, Phenolen und phenolartigen Körpern tritt Umsetzung nach folgendem Schema auf:

$$\begin{matrix}Cl\\ {>}NC_5H_5\\ C:O\\ {>}NC_5H_5\\ Cl\end{matrix} + \begin{matrix}HO-R\\ \\ HO-R\end{matrix} = 2\,(C_5H_5N \cdot HCl) + C{:}O{<}^{O-R}_{O-R}$$

Statt Kohlenoxychlorid kann man zur Darstellung chlorhaltiger Derivate von Basen der Pyridinreihe Chlorameisensäureester verwenden. Bei Verwendung von Pyridin erhält man $\begin{matrix}C_5H_5N & & NC_5H_5\\ RO & CO & Cl\end{matrix}$. Mit Alkoholen, Phenolen usw. reagieren diese Körper nach folgender Gleichung:

$$\begin{matrix}C_5H_5N\\C_5H_5N\end{matrix}{\lessdot}\begin{smallmatrix}OR\\CO\\Cl\end{smallmatrix} + R \cdot OH = C_5H_5N \cdot HCl + C_5H_5N + OC{<}^{OR}_{OR}$$

---

1) DRP. 99 057. 2) DRP.-Anm. F. 10 908. 3) DRP. 109 913, 117 346.

Zur Darstellung der neuen Körper mischt man eine Lösung von 2 Mol. der Base mit einer Lösung von 1 Mol. Ester[1]).

Ebenso kann man α-Picolin mit Chlorameisensäuremethylester und α-Lutidin mit Chlorameisensäurephenylester reagieren lassen.

Kohlensäureester der Phenole werden erhalten, wenn man auf Phenole oder saure Phenoläther, die durch Einwirkung von Phosgen, Perchlormethylformiat und Hexachlordimethylcarbonat auf Basen der Pyridinreihe erhältliche Pyridinchlorcarbonyle[2]) einwirken läßt. Dagegen werden bei der Einwirkung dieser Körper auf aromatische Alkohole, z. B. Benzylalkohol und hydroxylierte Substanzen, wie Salicylsäure, keine Phenolcarbonate erhalten, sondern im ersten Falle wird Benzylchlorid, im zweiten Falle je nach Art und Dauer der Einwirkung Heptasalicylosalicylsäure und Tetrasalicylid und bei der Einwirkung auf Salicylaldehyd wahrscheinlich die Verbindung $C_6H_4 \cdot OH \cdot CHCl_2$ gebildet, da aus Benzaldehyd unter gleichen Bedingungen Benzalchlorid entsteht.

Wie Pyridinchlorcarbonyl wirken auch die Chlorcarbonyle der Picoline, Lutidine und andere Homologen des Pyridins auf Phenole und saure Phenoläther, wie Phenol, die isomeren Kresole, Guajacol und Kreosot unter Bildung der Phenolcarbonate ein. So werden aus Pyridinchlorcarbonyl und Phenol unter Anwendung geeigneter Lösungsmittel (Benzol, Toluol, Xylol) und ebenso aus α-Lutidinchlorcarbonyl und Guajacol Guajacolcarbonat, aus Pyridinchlorcarbonyl und o-Kresol weißes o-Kresolcarbonat, aus α-Picolinchlorcarbonyl (aus Hexachlordimethylcarbonat und α-Picolin) und Kreosot Kreosotcarbonat in annähernd quantitativer Ausbeute gewonnen. Ebenso reagieren Thymol, Guäthol und die isomeren Kresole. Vor den früheren Verfahren[3]) zeichnet sich diese Methode angeblich durch höhere, und zwar quantitative Ausbeute aus.

Die im DRP. 114 025 beschriebenen Chlorcarbonylderivate der Pyrazolonreihe liefern im Gegensatz zu den gemäß DRP. 117 346 und 117 625 benutzten Chlorcarbonylderivaten der Pyridinreihe mit Alkoholen, Phenolen, sowie die freie Hydroxylgruppe enthaltenden Derivate dieser Körper keine Carbonate, sondern sie setzen sich mit den erwähnten OH-Verbindungen zu den entsprechenden Chlorameisensäureestern um. So gibt Antipyrinchlorcarbonyl mit n-Propylalkohol in glatter Weise den bekannten n-Propylchlorameisensäureester. Aus Antipyrinchlorcarbonyl und Methyl-n-propylcarbinol erhält man den entsprechenden Chlorameisensäureester der Formel $CH_3 \cdot CH_2 \cdot CH_2(CH_3) \cdot CH \cdot O \cdot COCl$, ein farbloses Öl von stechendem Geruch. Mit Menthol liefert Antipyrinchlorcarbonyl Mentholchlorameisensäureester $C_{10}H_{19} \cdot O \cdot CO \cdot Cl$, ein farbloses, nach Menthol riechendes Öl[4]). Aus Tolypyrinchlorcarbonyl und Guajacol entsteht Guajacolchlorameisensäureester.

Durch Einwirkung der in DRP. 109 933 beschriebenen Chlorcarbonylderivate der Basen der Pyridinreihe auf aliphatische Alkohole kann man in glatter Weise die neutralen Kohlensäureester der betreffenden Alkohole darstellen gemäß der Gleichung:

$$[(C_5H_5N)Cl]_2CO + 2\,CH_3 \cdot OH = 2\,C_5H_5N \cdot HCl + CO(OCH_3)_2 .$$

Dargestellt wurden auf diese Weise Dimethylcarbonat, Diäthylcarbonat und Methyl-n-propylcarbinoldicarbonat von der Formel $[(CH_3 \cdot CH_2 \cdot CH_2) \cdot (CH_2) \cdot CH \cdot O]_2CO$, ein Öl von aromatischem Geruch[5]).

Gemäß dem Hauptpatent läßt man die gemäß DRP. 114 025 darstellbaren Chlorcarbonylderivate der Pyrazolonreihe auf Alkohole usw. einwirken. An Stelle der fertigen Chlorcarbonylderivate kann man nun diese Substanzen in statu nascendi anwenden, indem man Phosgen bzw. seine Polymolekularen, Perchlormethylformiat und Hexachlordimethylcarbonat in Gegenwart von Antipyrin usw. auf die Alkohole und Phenole einwirken läßt. In der Patentschrift sind Beispiele angegeben für die Darstellung von Chlorameisensäureäthylester, Chlorameisensäurebenzylester und Chlorameisensäurephenylester[6]).

Wenn man, anstatt wie in dem I. Zus.-Pat. angegeben, Phosgen und seine Polymolekularen in Gegenwart von tertiären Basen vom Typus des Antipyrins auf die Alkohole und Phenole einwirken zu lassen, die Reaktion in Gegenwart irgendwelcher anderer tertiärer Basen, mit Ausnahme der Basen der Pyridinreihe, vornimmt, gelangt man ebenfalls zu den Chlorameisensäureestern. Bei Verwendung von Basen der Pyridinreihe entstehen bekanntlich neutrale Kohlensäureester. Bei den in der Patentschrift angegebenen Beispielen ist die Verwendung von Dimethylanilin oder Chinolin vorgesehen. Es werden so dargestellt Chlorameisensäureäthylester, Chlorameisensäurebenzylester und Chlorameisensäuresalolester $Cl \cdot CO \cdot O \cdot C_6H_4 \cdot CO \cdot O \cdot C_6H_5$[7]).

---

[1]) DRP. 116 386. [2]) DRP. 109 933. [3]) DRP. 58 129.
[4]) Bayer, Elberfeld, DRP. 117 624. [5]) Bayer, Elberfeld, DRP. 117 625.
[6]) Bayer, Elberfeld, DRP. 118 536, Zusatz zu DRP. 117 624.
[7]) DRP. 118 537, Zusatz zu DRP. 117 624.

Der große Erfolg der Carbonate des Kreosots und Guajacols veranlaßte die Darstellung einer Reihe von analogen Konkurrenzpräparaten, bei denen die analoge Wirkung ganz selbstverständlich war und die dennoch als „neue Arzneimittel" auftraten.

So wurden dargestellt Kreosot- und Guajacolpräparate, deren Hydroxylgruppe durch Säureradikale verschlossen ist, wie beim Kreosot- und Guajacolcarbonat:

Phosphatol, Kreosotphosphit und Guajacolphosphorigsäureester[1]).

Als Entschuldigung für die Einführung dieser analog den anderen Kreosot- und Guajacolpräparaten wirkenden Substanz mag dienen, daß man den phosphorigsauren Salzen eine günstige Beeinflussung der Tuberkulose zuschreibt. Ferner sind die Phosphite im Gegensatze zu den Carbonaten und Phosphaten des Guajacols in fetten Ölen löslich, was die Anwendung erleichtert. Bei Darstellung des Guajacolphosphits wird Guajacol und die entsprechende Menge Natron in Alkohol suspendiert und langsam ein Molekül Phosphortrichlorid unter Kühlung zugesetzt. Hierauf wird zum Sieden erhitzt und der Alkohol abdestilliert[2]). Man erhält so $P\begin{cases} O\cdot C_6H_4\cdot OCH_3 \\ O\cdot C_6H_4\cdot OCH_3 \\ O\cdot C_6H_4\cdot OCH_3 \end{cases}$ Guajacolphosphit, welches sehr reich an Guajacol ist. Es ist ein krystallinisches Pulver.

Phosphorsäureguajacyläther $\left(C_6H_4<\begin{matrix}OCH_3\\O—\end{matrix}\right)_3\equiv PO$ · Krystallpulver[3]).

Ein aus 2 Mol. Guajacol und 1 Mol. Phosphoroxychlorid erhaltenes Reaktionsgemisch wird unmittelbar mit Wasser versetzt und in der Siedehitze mit Calciumcarbonat neutralisiert. Man erhält $[(CH_3\cdot O\cdot C_6H_4\cdot O)_2PO\cdot O]_2Ca + 4\,H_2O$[4]).

Gemischte Schwefelsäureester mit je einem Alkylrest der fetten und aromatischen Reihe darzustellen, haben mit Rücksicht auf das Guajacol die Farbenfabriken Elberfeld vorgeschlagen[5]).

Man erhält stabile Verbindungen, wenn man z. B. Äthylschwefelsäurechlorid in eine Guajacollösung einfließen läßt. Der so erhaltene Schwefelsäureguajacyläthylester $SO_2<\begin{matrix}O\cdot C_2H_5\\O\cdot C_6H_4\cdot OCH_3\end{matrix}$ ist flüssig. An Stelle des Guajacols kann man Eugenol oder Isoeugenol resp. andere Phenole nehmen, an Stelle des Äthylschwefelsäurechlorids Methyl-, Butyl-, Amylschwefelsäurechlorid.

Diese Körper haben angeblich lokalanästhesierende und sedative Wirkungen, wobei sie aber lokal reizen. Die Eigenschaften sollen wesentlich von denen des Guajacols und Eugenols abweichen, was wohl nicht gut möglich ist. Praktische Verwendung haben sie nicht gefunden.

Weiter wurden in dieser Reihe dargestellt Schwefelsäureguajacylmethyl- bzw. -isobutylester, dann $SO_2<\begin{matrix}OC_2H_5\\OC_6H_3(CH_3)(OCH_3)\end{matrix}$ Äthylschwefelsäurekreosolester und die analogen Verbindungen des Resorcinmonomethyläthers, Hydrochinonmonomethyläther, Acetyl-p-aminophenol, o-Nitrophenol, Salicylamid.

Ferner wurden alle Fettsäureester des Kreosots und Guajacols dargestellt, und zwar: die Ölsäureester des Kreosots und Guajacols, Oleokreosot[6]) und Oleoguajacol genannt.

Die Darstellung[7]) geschieht, indem man Ölsäure und Kreosot resp. Guajacol im Verhältnis der Molekulargewichte mit Phosphortrichlorid allmählich auf 135° erhitzt und

[1]) Ballard, Rep. de Pharm. **1897**, 105. [2]) DRP. 95 578.
[3]) Gilbert, Sem. méd. **1897**, 75.
[4]) H. Schröder, Ichendorf, DRP.-Anm. Sch. 35 776 (zurückgezogen).
[5]) DRP. 75 456. [6]) Prevost, Rev. méd. Suisse Romand. **1893**, Nr. 2.
[7]) DRP. 70 483.

nach Beendigung der Reaktion den gebildeten Äther $CH_3 \cdot OC_6H_4 \cdot O \cdot CO \cdot CH = (CH_2)_{14} \cdot CH_3$ mit Wasser und Sodalösung wäscht. Das Produkt ist flüssig und unlöslich in Wasser.

In gleicher Weise wird statt Ölsäure Palmitin- oder Stearinsäure zweckmäßig verwendet[1]). Auch diese Produkte sind ölig.

Eucol ist Guajacolacetat.

In dieser Reihe wurden noch folgende Derivate dargestellt:

caprylsaures	Guajacol, Kreosol und Kreosot
caprinsaures	„ „ „ „
laurinsaures	„ „ „ „
myristinsaures	„ „ „ „
palmitinsaures	„ „ „ „
arachinsaures	„ „ „ „
cerotinsaures	„ „ „ „
ricinolsaures	„ „ „ „
leinölsaures	„ „ „ „
erucasaures	„ „ „ „
capronsaures	„ „ „ „
sebacinsaures	„ „ „ „

Kreosot- und Guajacolisovaleriansäureester bilden ölige Flüssigkeiten.

Monotal ist Guajacoläthylglykolsäureester $C_2H_5O \cdot CH_2 \cdot CO \cdot O \cdot C_6H_4 \cdot OCH_3$.

Tanosal ist der Gerbsäurekreosotester in Form einer amorphen, sehr hygroskopischen Substanz, die vor den bis nun angeführten Kreosotderivaten den Vorzug hat, in Wasser löslich zu sein und eine zweite wirksame Komponente, die Gerbsäure, abzuspalten. Die sonstigen Nachteile, insbesondere seine unangenehme Hygroskopizität, wiegen jedoch die angeführten Vorteile dieses Präparates nicht auf[2]).

Styracol ist Zimtsäure-guajacolester $C_6H_5 \cdot CH : CH_2 \cdot CO \cdot O \cdot C_6H_4 \cdot OCH_3$[3]) Nach nicht publizierten Versuchen von Mering[4]) wirkt Styracol als Ganzes ungespalten antiseptisch. Hunde vertragen 8—10 g ohne Schaden. Es ist wasserunlöslich.

Landerer hat die intravenöse Behandlung mit Zimtsäure bei Tuberkulose warm empfohlen. Dieses Präparat soll nun beide wirksamen Komponenten in esterartiger, nicht ätzender Bindung vereinigen (s. auch S. 591).

Die Darstellung geschieht durch Einwirkung von Zimtsäurechlorid auf Guajacol oder Zimtsäureanhydrid auf Guajacol oder nach der Nenckischen Salolsynthese durch Erhitzen der beiden Komponenten mit Phosphorpentachlorid, Phosphoroxychlorid, Phosgengas usw.

Benzosol ist Guajacolbenzoat $C_6H_5 \cdot CO \cdot O \cdot C_6H_4 \cdot OCH_3$[5]).

Es wird dargestellt durch Einwirkung von Benzoylchlorid auf Guajacolkalium[6]).

Um die aromatischen Guajacolester leichter spaltbar zu machen, wurde vorgeschlagen, in den eintretenden Benzoylrest eine Aminogruppe in der p-Stellung einzuführen und diese zu acetylieren.

Man läßt zu diesem Zwecke p-Nitrobenzoylchlorid auf Guajacol- oder Eugenolkalium einwirken, reduziert die Verbindung und acetyliert sie mit Essigsäureanhydrid. So erhält man p-Acetaminobenzoylguajacol $CH_3 \cdot CO \cdot NH \cdot C_6H_4 \cdot CO \cdot O \cdot C_6H_4 \cdot OCH_3$, resp. p-Acetaminobenzoyleugenol.

Statt der Benzoesäure wurde auch die Benzolsulfosäure $C_6H_5 \cdot SO_3H$ zur Esterbildung vorgeschlagen.

Man läßt auf die Alkali- oder Erdalkalisalze des Guajacols, Eugenols oder Vanillins Benzolsulfochlorid einwirken. Die erhaltenen Benzolsulfoäther sind dicke Öle[7]).

---

[1]) DRP. 71 446. [2]) Ther. Mon. **1896**, 609. [3]) DRP. 62 716.
[4]) Mohr, Privatmitteilung. [5]) Sahli, Korresp.-Bl. Schweiz. Ärzte **1890**, Nr. 16.
[6]) DRP. 55 280. [7]) Knoll, DRP.-Anm. H. 11 259 (versagt).

Ferner wurde Guajacolsalicylat $OH \cdot C_6H_4 \cdot CO \cdot O \cdot C_6H_4 \cdot OCH_3$ [1]) dargestellt.

Fehrlin in Schaffhausen verbindet Guajacol oder Guäthol mit Eiweißkörpern, indem er wässerige Lösungen koagulierbarer Eiweißstoffe mit den Brenzcatechinäthern vermischt, wobei die Emulsion nach kurzer Zeit erstarrt. Das Reaktionsprodukt wird abgeschleudert, getrocknet, auf 115—120° erhitzt, mit indifferenten Lösungsmitteln ausgewaschen und nochmals getrocknet. Das Guajacol kann man zu diesem Zwecke entweder in Alkohol oder in Lauge lösen und die Eiweißstoffe nach dem Vermischen zuerst anwärmen und dann abschleudern [2]).

Einhorn und Heinz [3]) haben unter dem Namen Gujasanol ein Guajacolderivat empfohlen, welches den Vorzug der Wasserlöslichkeit hat, hingegen aber salzig und bitter schmeckt. Es ist das salzsaure Salz des Diäthylglykokollguajacols

$$C_6H_4 \begin{smallmatrix} OCH_3 \\ O \cdot CO \cdot CH_2 \cdot N(C_2H_5)_2 \cdot HCl \end{smallmatrix}$$

Dieser Körper wird erhalten, wenn man auf die Chloracetylverbindungen der Phenole substituierte Ammoniake einwirken läßt.

Im Darme wird Guajacol aus dieser Verbindung unter bekannten Umständen regeneriert.

Ebenso kann man darstellen: Diisobutylglykokollguajacol, Diäthylglykokolltrikresol, Diäthylglykokollphenol, Diäthylglykokoll-o-kresol, Diäthylglykokoll-m-kresol, Diäthylglykokoll-p-kresol [4]).

Ebenso wurden vom Guäthol (Brenzcatechinmonoäthyläther) [Benzolring mit OC_2H_5 und OH] die Ester der Phosphorsäure, Buttersäure, Isovaleriansäure, Benzoesäure und Salicylsäure in analoger Weise und in gleicher Absicht wie beim Guajacol dargestellt.

Die Monoalkyläther des Brenzcatechins wurden zu gleichem Zwecke auch mittels Phosphoroxychlorid mit Camphersäure verestert (Guacamphol). Diese Verbindung soll auch die antihydrotische Wirkung der Camphersäure mit der Guajacolwirkung verbinden.

Zimmer-Frankfurt [5]) stellen ein Carbaminsäurederivat aus Kreosot her, indem sie Kreosot in der zur Darstellung von Allophansäureestern aus Phenolen üblichen Weise, z. B. Carbaminsäurechlorid, Kreosot und Chloroform, aufeinander einwirken lassen; es entsteht ein unlösliches Pulver.

Kreosot- und Guajacolpräparate, deren Hydroxylwasserstoff durch Alkylradikale substituiert ist.

Veratrol

[Benzolring mit OCH_3 und OCH_3]

ist wenig wirksam, da die Regeneration von Guajacol aus dieser Verbindung fast unmöglich erscheint.

Dasselbe gilt von den Guajacolalkylenäthern, welche durch Einwirkung von Halogenalkylenen auf Guajacol entstehen, wobei zwei Moleküle Guajacol mit einem Molekül Alkylenhalogen zusammentreten [6]).

$$C_6H_4 \begin{smallmatrix} OCH_3 \quad CH_3O \\ O \cdot C_nH_{2n} \cdot O \end{smallmatrix} C_6H_4,$$ z. B. Guajacoläthylenäther.

---

[1]) Bovet, Korresp.-Bl. Schweiz. Ärzte **1890**, 505. [2]) DRP. 162 656.
[3]) Münchener med. Wochenschr. **1900**, 11. — Arch. d. Pharmaz. **240**, 632 (1902).
[4]) DRP. 105 346. [5]) DRP. 224 072. [6]) DRP. 83 148.

Diese Äther, von denen der Guajacolmethylenäther einen intensiven Vanillegeruch besitzt, sind wasserunlöslich. Methylenkreosot wurde Pneumin bekannt.

Brenzkain ist der Guajacolbenzyläther

$$C_6H_4\begin{cases}OCH_3\\ O\cdot CH_2\cdot C_6H_5\end{cases}$$

Über seine praktische Verwertbarkeit liegen wenig Nachrichten vor.

Da die Glycerinäther der Phenole, die Endemann dargestellt, sich den übrigen Alkyläthern gegenüber durch ihre Wasserlöslichkeit auszeichnen, wurde auch der Glycerinäther des Guajacols $C_6H_4<^{O \cdot C_3H_7O_2}_{OCH_3}$ dargestellt, Guajamar genannt.

Man erhält ihn durch Einwirkung von Monochlorhydrin auf Guajacolalkali oder durch Behandlung von Guajacol und Glycerin mit wasserentziehenden Mitteln unter Druck[1]).

Guajamar ist ein wasserlösliches festes Pulver von bitterem aromatischen Geschmack. Die Spaltung dieses Äthers scheint auf der Einwirkung von Mikroorganismen des Darmes daselbst zu beruhen[2]). Jedenfalls hat dieses wasserlösliche Guajacolpräparat, das Guajamar, trotz dieses seines scheinbaren Vorzuges der Wasserlöslichkeit, anderseits den großen Nachteil des bitteren Geschmackes.

Ein wasserunlösliches Gajacolpräparat ist Cetiacol oder Palmiacol (Brenzcatechinmethylcetyläther[3]).

Man trägt Guajacol in Natriumalkoholat ein, gießt bei 80° C die Mischung in Walratöl, setzt Glycerin zu und hebt das sich oben ansammelnde Cetylguajacol ab. Es soll den Verdauungstrakt nicht reizen.

Weitere wasserlösliche Guajacolderivate.

Hingegen erhält man wasserlösliche, geschmacklose Derivate des Guajacols, wie auch der anderen Phenole, wenn man bei Gegenwart geeigneter Kondensationsmittel, wie Salzsäure, Schwefelsäure, Chlorzink usw., Alloxan auf Phenole einwirken läßt.

Die Reaktion vollzieht sich nach folgender Gleichung:

$$\begin{matrix} & CO - NH \\ \diagup & | \\ CO & CO \\ \diagdown & | \\ & CO - NH \end{matrix} + ROH = \begin{matrix} & CO - NH \\ & \diagup \quad | \\ RO\cdot C\cdot OH & CO \\ & \diagdown \quad | \\ & CO - NH \end{matrix} .$$

Es wurden aus dieser Reihe dargestellt: Alloxan-phenol, Alloxan-m-kreosol, Alloxan-p-kreosol, Alloxan-guajacol, Alloxan-brenzcatechin, Alloxan-resorcin, Alloxan-hydrochinon, Alloxan-pyrogallol, Alloxan-α-naphthol[4]). Resorcin- und Pyrogallollösungen in heißem Wasser mit Alloxan versetzt geben schon nach wenigen Minuten das betreffende Kondensationsprodukt[5]). Die Produkte dieser Reaktion sind aber bis nun therapeutisch nicht verwertet worden.

Guajaperol, wie der Phantasienamen für Piperidin-guajacol (Additionsprodukt) lautet, ist $C_5H_{11}N \cdot (C_7H_8O_2)_2$; es wurde dargestellt, um gleichzeitig mit der Guajacolwirkung die herz- und gefäßtonisierende Wirkung des Piperidins zu erhalten. Es ist ohne reizende Wirkung[6]).

---

[1]) DRP.-Anm. 5328 (zurückgezogen).
[2]) Buttler, New-York Med. Journ., 23. IX. **1899**.
[3]) Englisches Patent 16 349. [4]) DRP. 107 720. [5]) DRP. 113 722.
[6]) Chaplin and Tunnicliffe, Brit. med. Journ. **1897**, 137. — DRP. 98 465.

Piperidin wird zu diesem Zwecke mit Guajacol zusammengebracht und wegen der eintretenden Reaktionswärme gekühlt; es wird dann die Reaktionsmasse fest. Piperidin geht aber nicht mit allen Phenolen Verbindungen ein. Resorcin gibt keine Piperidinverbindung, während Hydrochinon und Brenzcatechin krystallisierte Piperidinverbindungen geben. Es verbindet sich mit o- und p-Nitrophenol, aber weder mit m-Nitrophenol, noch mit α- und β-Nitrophenol, obwohl es mit Dinitro-α-naphthol (1 : 2 : 4) eine Verbindung bildet. Das Entstehen der Verbindungen läßt sich nicht in eine bestimmte Regel kleiden. So z. B. verbindet sich 1 Mol. Piperidin mit 1 Mol. Hydrochinon, 2 Mol. Brenzcatechin, 2 Mol. Guajacol, 1 Mol. o- und p-Nitrophenol, 1 Mol. Pyrogallol.

Das Kondensationsprodukt aus Formaldehyd und Kreosot, Kreosoform genannt, wurde hauptsächlich als inneres Antisepticum empfohlen.

Euguform ist ein acetyliertes Kondensationsprodukt von Guajacol und Formaldehyd.

Bei der Kondensation von Formaldehyd mit Guajacol durch Salzsäure entsteht nach Brissonet unter Austritt von Wasser ein Körper der Formel

$$\begin{matrix}CH_3O\\OH\end{matrix}\!\!>C_6H_3-CH_2-C_6H_3<\!\!\begin{matrix}OCH_3\\OH\end{matrix}$$

Guajaform genannt. Dieser soll nicht ätzend wirken. Entweder ist diese Angabe oder die angegebene Formel unrichtig, da ja die Ätzwirkung des Guajacols vom offenen Hydroxyl abhängt.

Letzteres ist wohl der Fall, weil sich bei dieser Reaktion der Methylenäther bilden muß. Es lassen sich aber so gewonnene Verbindungen acetylieren, wobei man zart pulverförmige Substanzen bekommt[1]).

Unter Zuhilfenahme von Tannin erhält man aus Kreosoform Tannokreosoform, aus Guajaform Tannoguajaform, Substanzen mit drei wirksamen Komponenten.

Guajacolpräparate, aus denen Guajacol nicht regeneriert wird.

Selbstredend wurde auch beim Guajacol der Versuch unternommen, diese Substanz durch Sulfurieren wasserlöslich zu machen. Es ist überflüssig, wiederholt auf die Abschwächung, resp. Vernichtung der Wirkung durch Einführung einer Säuregruppe hinzuweisen. Wirksam bleiben die Guajacolsulfosäuren nur aus dem Grunde, wenn auch in wesentlich schwächerer Weise als Guajacol resp. deren Ester, weil die Hydroxylgruppe des Guajacols erhalten bleibt, aber man muß weit größere Dosen verabreichen, um überhaupt eine Wirkung zu erzielen, was bei unsicherer Wirkung die Therapie ungemein verteuert. Roßbach hat Tieren 30 g Guajacolsulfosäure pro die verfüttert, ohne irgendwelche Reizerscheinungen zu sehen. Ein genügender Beweis für die Wirkungslosigkeit, denn von welcher wirksamen Substanz können wir 30 g ohne Erscheinungen verfüttern[2])? Knapp und Suter[3]) zeigten, daß dem Thiocol (siehe S. 587) jede fäulnishemmende Wirkung fehlt. Guajacol wird aus der Verbindung im Organismus nicht abgespalten. Es passiert den Organismus unverändert.

Durch Vermischen von äquimolekularen Mengen von Guajacol und Schwefelsäure und Erwärmen auf 70—80° C erhält man o-Guajacolsulfosäure.

$$C_6H_3\begin{cases}OH & (1) \text{ oder } (1)\\ OCH_3 & (2) \qquad\ (2)\\ SO_3H & (3) \qquad\ (6)\end{cases}$$

Sulfuriert man hingegen bei 140—150° C, so erhält man p-Guajacol-sulfosäure[4]).

OH
(Benzolring) OCH_3
SO_3H

[1]) DRP. 120 558. [2]) Ther. Mon. **1899**, 96. [3]) AePP. **50**, 340 (1903).
[4]) DRP. 105 052.

p-Guajacolsulfosäure erhält man krystallisiert, wenn man auf p-Bromguajacol saure oder neutrale schwefligsaure Salze in einem geeigneten Verdünnungsmittel unter Druck einwirken läßt[1]).

Das Kaliumsalz der Guajacolsulfosäure des DRP. 109 789 läßt sich direkt mittels Chlorkalium aussalzen[2]).

Nach den Angaben von DRP. 188 506, Heyden in Radebeul, erhält man nach DRP. 109 789 nicht die freie Säure, sondern das Salz, ferner nicht nur die o-Säure, sondern auch die p-Verbindung. Man erhält die Monosulfosäuren bei allen Temperaturen unter 100°. Man kann die beiden Guajacolsulfosäuren trennen, indem man sie in die basischen Salze der Erdalkalien, Erden oder Schwermetalle überführt. o-Guajacolsulfosäure bildet leicht lösliche, die p-Guajacolsulfosäure schwer lösliche oder unlösliche Salze. Durch Umsetzung kann man die freien Säuren oder deren Alkalisalze erhalten. Am besten sulfuriert man zwischen 30—60°, führt die Mischung in das neutrale Kalksalz über und setzt noch in Form von Kalkmilch auf das Guajacol berechnet ½ Molekül Ätzkalk zu. Dann scheidet sich das basische Kalksalz der p-Säure ab. In der Lösung bleibt das o-Salz. Guajacolsulfosäure soll unangenehme Nebenwirkungen haben[3]).

Einhorn[4]) stellt die Salze der Guajacolcarbonatmono- und disulfosäure her, indem er auf 2 Mol. eines guajacolsulfosauren Salzes resp. auf molekulare Mengen von Guajacol und guajacolsulfosaurem Salz Phosgen bei Gegenwart von Alkalien oder analog wirkenden Basen einwirken läßt. Die Salze sind in Wasser leicht löslich und sollen einen besseren Geschmack als Thiocol haben.

Hoffmann-Laroche[5]) stellen Guajacol-5-sulfosäure her, indem sie Acidylguajacole mit oder ohne Zusatz von wasserbindenden Mitteln sulfurieren, das Produkt verseifen, nach Entfernung der Schwefelsäure die Sulfosäure isolieren. Die in DRP. 188 506 beschriebene Guajacol-o-sulfosäure ist die Guajacol-m-sulfosäure[6]).

Guajacol-5-monosulfosäurecarbonat[7]) erhält man aus Guajacolcarbonat ohne äußere Wärmezufuhr mit konz. Schwefelsäure und scheidet die gebildete Sulfosäure als solche oder als Salz ab.

Eine wasserlösliche Verbindung aus den Dinatriumsalzen der Guajacol-4- und 5-sulfosäure und Casein erhält man, indem man die konzentrierte wässerige Lösung dieser Salze auf Casein in wässeriger Suspension einwirken läßt und die Lösung im Vakuum verdampft[8]).

Die Sanatogenwerke stellen wasserlösliche Eiweißpräparate aus den Dinatriumsalzen der Guajacol-4- und 5-sulfosäure und Casein in der Weise her, daß sie die Dinatriumsalze der bei der Sulfurierung von Guajacol unter 100° nebeneinander entstehenden Guajacol-4- und 5-sulfosäure bzw. die konzentrierte wässerige Lösung dieser Salze entweder auf Casein in wässeriger Suspension einwirken lassen und die erhaltene Lösung bei niederer Temperatur, am besten im Vakuum, zur Trockene eindampfen oder auf Casein in äther-alkoholischer Suspension oder in Gegenwart anderer indifferenter organischer Lösungsmittel einwirken lassen und das Reaktionsprodukt durch Filtration und Trocknen von den organischen Lösungsmitteln befreien[9]). Die Lösungen der Mononatriumsalze von den bei der Sulfurierung bei 100° nebeneinander entstehenden Guajacolsulfosäuren läßt man auf die Natriumsalze von Casein oder Albuminat einwirken und bringt die Lösungen im Vakuum zur Trockne oder fällt sie mit Alkoholäther[10]).

Daß bei der Sulfurierung von Guajacol o-Sulfosäuren entstehen, ist unrichtig, vielmehr entstehen in annähernd gleicher Menge eine leicht lösliche m- und eine schwer lösliche p-Sulfosäure. Guajacol-m-sulfosäure erhält man neben wenig Guajacol-sulfosäure, indem man Brenzcatechin-p-sulfosäure oder deren Salze mit methylierenden Mitteln behandelt[11]).

Während die Salze der leicht löslichen o-Guajacolsulfosäure therapeutische Anwendung finden, sind die Salze sowie die freie p-Guajacolsulfosäure therapeutisch nicht anwendbar, da sie üble Einwirkungen auf den Magen haben.

Das Kaliumsalz der o-Guajacolsulfosäure ist bittersüß, leicht löslich und kommt unter dem Namen Thiocol in den Handel.

---

1) DRP. 109 789 (nichtig erklärt). 2) Hoffmann-Laroche, DRP. 232 645.
3) Siehe Hagers Handbuch der pharmazeutischen Praxis 4) DRP. 203 754.
5) DRP. 212 389. 6) Paul, BB. **39**, 2773 (1906). 7) DRP. 215 050.
8) Erich Bohlen, DRP.-Anm. B. 53 315.
9) Bauer & Co., Sanatogenwerke, DRP. 229 183.
10) DRP. 231 589, Zusatz zu DRP. 229 183. 11) DRP. 248 155.

Guajacyl ist guajacolsulfosaures Calcium, welches wie Guajacol wirken soll[1]).

Wie aus dem Guajacol selbst, so wurden auch aus aliphatischen Kreosot- und Guajacolestern Sulfosäuren dargestellt[2]), indem man diese mit etwas überschüssiger Schwefelsäure schüttelt, ohne die Temperatur höher als 150° steigen zu lassen.

So wurden die Sulfosäuren des Isovalerylguajacols, Isovalerylkreosot, Kreosotal (Kreosotcarbonat), Acetylguajacol, Formylkreosot gewonnen.

Fahlberg, List & Co. stellen Isohomobrenzcatechin dar (1-Methyl-2.3-dioxybenzol), indem sie Salze der 3-Chlor-2-oxy-1-methylbenzol-5-sulfosäure mit Ätzalkalien verschmelzen und aus der erhaltenen 1-Methyl-2.3-dioxybenzolsulfosäure die Sulfogruppe abspalten[3]).

Formylkreosot bildet sich, wenn man konz. Ameisensäure mit Kreosot in molekularer Menge 8 Stunden am Rückflußkühler erhitzt und dann mit Lauge behandelt.

Die therapeutische Anwendung der verschiedenen Holzteere, die ja ungemein phenolreich sind, sich aber durch üblen Geruch und Wasserunlöslichkeit mancherlei Anwendung entziehen, suchte die Firma Knoll ebenfalls durch Sulfurierung zu ermöglichen.

Man läßt Holzteer und konz. Schwefelsäure zusammenfließen, erhält das Gemisch bei 100° und trägt das Reaktionsprodukt in Wasser ein, wobei es sich pulverförmig ausscheidet.

Die so entstandenen Sulfosäuren geben wasserlösliche Salze. Der anhaftende Geruch kann noch durch Destillation mit Wasserdampf entfernt werden.

Novocol ist monoguajacolphosphorsaures Natron. Es wird dargestellt[4]) durch Erhitzen äquimolekularer Mengen von Guajacol und Phosphoroxychlorid auf 130° durch 8 Stunden, Eintragen in die zur Verseifung des Dichlorids notwendige Menge Wasser, Neutralisation mit Soda bis zum Verschwinden der Kongoreaktion, wo dann das Mononatriumsalz der Monoguajacolphosphorsäure auskrystallisiert, da es in der gleichzeitig gebildeten Natriumchloridlösung nahezu unlöslich ist. Man kann es durch Umkrystallisieren aus Methylalkohol reinigen und alsdann gegebenenfalls durch Neutralisieren mit der berechneten Menge Natriumcarbonat in das Dinatriumsalz überführen.

Ebenfalls ein Präparat, aus dem Guajacol im Organismus nicht regeneriert wird, ist ein Brenzcatechinderivat, das brenzcatechinmonoacetsaure Natron, $C_6H_4{<}^{OCH_2 \cdot COOH}_{OH}$ gewonnen durch Einwirkung von Monochloressigsäure auf Brenzcatechin bei Gegenwart von einem Alkali, Guajacetin genannt[5]). Das Kalksalz dieser Säure wird Calizibram genannt. Es soll antiseptisch und sedativ wirken.

Brenzcatechinmonoacetsäure entsteht ferner[6]), wenn man ein Alkalisalz eines Säureesters des Brenzcatechins, z. B. Monobenzolsulfonbrenzcatechinnatrium mit chloressigsaurem Natrium behandelt und dann aus dem erhaltenen Produkt die Benzolsulfosäure durch Erhitzen mit Alkalilösung abspaltet. Die Reaktion erfolgt folgendermaßen:

$$C_6H_4{<}^{O \cdot Na}_{O \cdot SO_2 \cdot C_6H_5} + ClCH_2 \cdot COONa = C_6H_4{<}^{O \cdot CH_2 \cdot COONa}_{O \cdot SO_2 \cdot C_6H_5} + ClNa$$

$$C_6H_4{<}^{OCH_2 \cdot COONa}_{OSO_2 \cdot C_6H_5} + 2\,NaOH = C_6H_4{<}^{O \cdot CH_2 \cdot COONa}_{OH} + C_6H_5 \cdot SO_3Na .$$

Ferner[7]) entsteht sie durch Abspaltung einer Glykolgruppe aus der Brenzcatechindiacetsäure, indem man deren Natriumsalz mit Wasser oder einem Molekül Alkali unter Druck auf 160—170° erhitzt. Brenzcatechindiacetsäure erhält man durch Einwirkung von zwei Molekülen Chloressigsäure auf ein Molekül Brenzcatechin.

Man erhält sie auch, indem man über Guajacoloxacetsäure Bromwasserstoffsäure leitet oder sie mit konz. Salzsäure im geschlossenen Rohr auf 100° C erwärmt. Ebenso kann man von der Eugenoloxacetsäure ausgehend zu der Propyloxyphenoxacetsäure gelangen.

Guajacetin ist fast geschmacklos und in Wasser löslich. Die unangenehmen Nebenerscheinungen vom Magendarmkanal, sowie Kopfschmerz und Schwindel,

[1]) Journ. de Pharm. et Chim. 1898, I, 324. [2]) DRP. 94 078.
[3]) DRP. 256 345. [4]) G. Richter, Budapest, DRP. 237 781.
[5]) DRP. 87 386. [6]) DRP. 87 668. [7]) DRP. 87 669.

die dem Gebrauche des Guajacetins folgen, treten häufig auch bei Verwendung des Kreosots und Guajacols auf[1]).

Naturgemäß ist Guajacetin kein Guajacol-, sondern ein Brenzcatechinderivat; da es analoge therapeutische Anwendung wie Kreosot und Guajacol und mit ähnlichem Erfolg findet, so muß man annehmen, daß nicht nur Guajacol, sondern auch Brenzcatechin als Ausgangssubstanz zur Darstellung gleichwertiger Kreosotersatzmittel dienen kann.

In gleicher Absicht wurden von Cutolo und Auwers und Haymann die Guajacoloxacetsäure dargestellt.

Auch von Guajacol

$$C_6H_4<^{OCH_3\ (1)}_{OH\ \ (2)}$$

ausgehend hat man nach der Schmittschen Methode die Carbonsäure dargestellt, wobei man eine Substanz folgender Konstitution und Stellung erhält.

$$C_6H_3\begin{cases}COOH & (1)\\ OH & (2)\\ OCH_3 & (3)\end{cases}$$

Doch hat diese Substanz keine therapeutische Anwendung gefunden, was wohl auf die Abschwächung der Guajacolwirkung durch den Eintritt der Carboxylgruppe zurückzuführen ist.

Die schwer lösliche Guajacolcarbonsäure[2]) wirkt antiseptisch, zeigt aber vor dem Guajacol keine verwertbaren Vorzüge.

Man kann die entfiebernde Wirkung der Brenzcatechin-o-carbonsäure und ihrer Kernhomologen dadurch erheblich verstärken, wenn man diese Säuren nach den üblichen Methoden mit organischen Säuren verestert. Man behandelt die hydroxylierten Verbindungen mit Anhydriden und Säurechloriden. Beschrieben sind Diacetylbrenzcatechin-o-carbonsäure, Dipropionylbrenzcatechin-o-carbonsäure, Diacetylglykolylbrenzcatechin-o-carbonsäure und Diacetylhomobrenzcatechin-o-carbonsäure[3]).

Brenzcatechin-o-carbonsäure und ihre Kernhomologen erhält man, wenn man die am Sauerstoff durch Alkyl oder Aralkyl substituierten Derivate dieser Säure mit verseifenden Mitteln, wie starken Mineralsäuren oder Aluminiumchlorid behandelt. Guajacol-o-carbonsäure liefert beim Erhitzen mit konz. Salzsäure unter Druck auf 140° in 4 Stunden Brenzcatechin-o-carbonsäure, Homobrenzcatechin-o-carbonsäure erhält man aus Kresol-o-carbonsäure. Monobenzylbrenzcatechin-o-carbonsäure, aus Monobenzylbrenzcatechinnatrium und Kohlensäure, gibt beim Erhitzen mit Bromwasserstoffsäure Brenzcatechin-o-carbonsäure[4]).

Interessant ist noch folgende Kombination, welche auch keine praktische Verwendung gefunden. Es ist dies die Darstellung von Alphoxylessigsäurealphylestern[5]) und deren Homologen. Diese Körper spalten sich angeblich im Darme in zwei Moleküle Phenol, was wohl höchst unwahrscheinlich und wohl auch unrichtig ist.

Man stellt sie dar durch Kondensation von Phenoxylessigsäuren mit den Phenolen bei Gegenwart eines Kondensationsmittels. Es können als Ausgangssäuren dienen: Phenoxylessigsäure, Naphthoxylessigsäure usw.

Dargestellt wurden in dieser Gruppe: Phenoxylessigsäurephenylester, Phenoxylessigsäureguajacylester, o-Kresoxylessigsäure-o-kresylester, o-Kresoxylessigsäureguajacylester, m-Kresoxylessigsäure-m-kresylester, m-Kresoxylessigsäureguajacylester, p-Kresoxylessigsäureguajacylester, β-Naphthoxylessigsäure-m-kresylester.

Von Bayer-Elberfeld wurde wegen seiner Resorptionsfähigkeit und Reizlosigkeit auf der Haut zur äußerlichen Verwendung Äthylglykolylguajacol sehr empfohlen.

---

[1]) Zentr. f. inn. Med. 20. VI. 1896. [2]) Bayer, DRP. 287 960.
[3]) Bayer, DRP. 281 214. [4]) DRP. 51 381. [5]) DRP. 85 490.

Zu diesem Zwecke werden Guajacol, Kreosot oder deren Derivate mit Hilfe von Alkyloxyessigsäure oder deren Derivate esterifiziert, z. B. Guajacol in verdünnter Lauge gelöst und mit Äthoxyessigsäurechlorid geschüttelt. Man erhält Äthylglykolylguajacol $C_2H_5 \cdot O \cdot CH_2 \cdot COO \cdot C_6H_4 \cdot OCH_3$. Die Substanz ist ein Öl.

Die Carbamate des 1.3-Dialkylpyrogalloläthers[1]) sollen antituberkulöse Wirkungen haben, und zwar besser als die Pyrogalloläther selbst, was dadurch erklärt werden soll, daß die Pyrogalloläther im Organismus zu rasch in Form von Coerulignon eliminiert werden, während die Carbamate nur nach und nach Pyrogalloläther abspalten. Man stellt 1.3-Dimethylpyrogallolcarbamat dar, indem man in die trockene ätherische Lösung des Pyrogalloldimethyläthers unter starker Kühlung eine ätherische Lösung von Carbaminsäurechlorid zusetzt. Nach mehreren Stunden werden die ausgeschiedenen Krystalle abgesaugt und aus Alkohol umkrystallisiert. Mit Alkalien ist die Verbindung verseifbar. Den Dialkyläther[2]), der sonst nur in kleinen Mengen im Buchenholzteer vorkommt, erhält man beim Erhitzen von Trialkylpyrogalloläthern und Trialkyläthern der Gallussäure, in wässeriger oder alkoholischer Lösung mit Ätzalkalien oder Erdalkalien unter Druck, und zwar im Autoklaven bei 195—200°.

Einhorn in München[3]) stellt gemischte basische Carbonate der Phenole und Alkoholbasen durch Einwirkung basischer Alkohole auf die Chlorkohlensäureester der Phenole her. Diese Verbindungen sind wasserlöslich und sollen als interne Antiseptica wertvoll sein, da sie im Organismus Phenol abspalten. Die Chlorkohlensäureester der Phenole kann man aus diesen durch Umsetzung mit Phosgen in Benzollösung in Gegenwart von Chinolin herstellen. Beschrieben sind Eugenolkohlensäurediäthylaminoäthylester, $C_6H_3(C_3H_4)(OCH_3)OCOOC_2H_4N(C_2H_5)_2$, ferner Eugenolkohlensäurepiperidoäthylester, dann Thymolkohlensäurediäthylaminoäthylester, Guajacolkohlensäurediäthylaminoäthylester, β-Naphtholkohlensäurediäthylaminoäthylester, Carbodiäthylaminoäthoxysalicylsäuremethylester $C_6H_4(COOCH_3)O \cdot COOC_2H_4 \cdot N(C_2H_5)_2$, dann Carbodiäthylaminoäthoxysalicylsäureäthylester, Carbodiäthylaminoäthoxy-p-oxybenzoesäuremethylester.

Einhorn-München[4]) stellt Alkyläther und durch basische Reste im Alkylrest substituierte Alkyläther der Phenole und Derivate derselben her, indem er die Carboxylalkylester von Phenolen oder deren Substitutionsprodukte mit Ausnahme des Guajacoläthylcarbonates bzw. die im Alkyl durch basische Reste substituierten Carboxylalkylester der Phenole, eventuell in Gegenwart eines Katalysators erhitzt, z. B. in Gegenwart von Chlorzink. Dabei wird Kohlensäure abgespalten und es entstehen die Phenolalkyläther. Man erhält z. B. aus β-Naphtholkohlensäuremethylester β-Naphtholmethyläther, während bei der gleichen Reaktion aus Guajacolkohlensäuremethylester Dimethylbrenzcatechin entsteht. Aus Resorcindikohlensäurediäthylester entsteht Resorcindiäthyläther, aus Guajacolkohlensäureäthylester entsteht neben Guajacolcarbonat Äthylguajacol.

Aus Resorcinmonokohlensäureäthylester erhält man Resorcinmonoäthyläther, aus Guajacolkohlensäurediäthylaminoäthylester erhält man Diäthylaminoäthylguajacol. Aus Carbodiäthylaminoäthoxy-p-benzoesäuremethylester entsteht Diäthylamino-p-oxybenzoesäuremethylester

$$C_6H_4 \Big<{}^{O \cdot COOC_2H_4 \cdot N(C_2H_5)_2}_{COOCH_3} \qquad C_6H_4 \Big<{}^{O \cdot C_2H_4 \cdot N(C_2H_5)_2}_{COOCH_3}$$

Aus Thymolkohlensäurediäthylaminoäthylester erhält man Diäthylaminoäthylthymol

$$C_6H_3 \begin{cases} CH_3 \\ C_3H_7 \\ O \cdot CH_2 \cdot CH_2 \cdot N(C_2H_5)_2 \end{cases}$$

Aus Eugenolkohlensäurediäthylaminoäthylester erhält man Diäthylaminoäthyleugenol

$$C_6H_3 \begin{cases} C_3H_5 \\ OCH_3 \\ O \cdot CH_2 \cdot CH_2 \cdot N(C_2H_5)_2 \end{cases}$$

Es muß trotz der massenhaften Anwendung der Kreosotpräparate entschieden in Abrede gestellt werden, daß noch irgendein Bedürfnis nach einem neuen Präparat mit Kreosotwirkung besteht.

Als billiges Ersatzmittel des Kreosots und Guajacols wurde, ohne wesentlichen Eingang zu finden, Solveol empfohlen. Es ist dies ein Gemenge der in Wasser unlöslichen isomeren Kresole in p-kresotinsaurem Natrium klar gelöst

[1]) Baseler Chemische Fabrik, DRP. 181 593.
[2]) Baseler Chemische Fabrik, DRP. 162 658.
[3]) DRP. 224 108. [4]) DRP. 224 160.

(siehe S. 546). Von den drei isomeren Kresotinsäuren ist nur die p-Kresotinsäure allein, welche mit Nutzen therapeutisch zu verwenden ist. Die wasserunlöslichen Kresole lösen sich wie in Seifenlösungen, ebenso in kresotinsaurem und salicylsaurem Natron. Die interne Anwendung der Kresole gibt analoge Resultate wie die Kreosotbehandlung, ohne aber Vorzüge zu besitzen.

Zimtsäure.

Landerer hat in einer Reihe von Versuchen auf die Erfolge der Zimtsäurebehandlung bei Tuberkulose hingewiesen. Leider hat die Zimtsäure $C_6H_5 \cdot CH : CH \cdot COOH$, deren starke Wirkung wohl auf die doppelte Bindung zurückzuführen ist, den Nachteil, daß man sie intravenös injizieren muß. Sie macht starke Leukocytose, indem sie positiv chemotaktisch und auch entzündungserregend wirkt[1]).

Zimtsaures Natrium wirkt ähnlich wie phenylpropriolsaures Natrium, wahrscheinlich durch die ungesättigte Gruppe. Cumarinsaures Natrium $C_6H_4(OH) \cdot CH : CH \cdot COONa$ hat dieselbe Wirkung in ganz außerordentlich erhöhtem Maße, die m-Verbindung stärker, die p-Verbindung weniger stark als die o-Verbindung[2]).

Zimtsäureester von Oxyarylurethanen, -harnstoffen und -thioharnstoffen, welche insbesondere bei der Tuberkulose angewendet werden sollen, erhält man, wenn man z. B. p-Oxyphenylharnstoff in natronalkalischer Lösung mit einer ätherischen Zimtsäurechloridlösung behandelt; so entsteht Cinnamoyl-p-oxyphenylharnstoff. Durch Erhitzen mit Zimtsäurechlorid erhält man aus p-Oxyphenylurethan Cinnamoyl-p-oxyphenylurethan. Dieselbe Substanz erhält man auch aus Zimtsäure-p-oxyphenylurethan und Phosphoroxychlorid. Man kann auch Zimtsäureanhydrid verwenden und direkt zusammenschmelzen. Ferner ist beschrieben Cinnamoyl-p-oxyphenylthioharnstoff[3]).

Ihre Verwendung als Guajacolester wurde S. 583 erwähnt. Auch in Verbindung mit Kresol als Cinnamcyl-m-kresolester, Hetokresol genannt, wird sie als in Wasser unlösliches Streupulver für abgeschabte tuberkulöse Wunden verwendet.

Die Zimtsäureester des Phenols, p-Kresols, o-Kresols und Guajacols haben sich als wertlos erwiesen, insbesondere für antiseptische Zwecke (Streupulver), da sie starke lokale Reizungen und Entzündungen hervorrufen. m-Kresolzimtsäureester ist hingegen ungiftig. Er wird durch Kondensation von m-Kresol mit Zimtsäure in Toluollösung durch Phosphoroxychlorid bei 110 bis 120° erhalten[4]).

Ferner wurden Derivate des m-Kresols, in welchen ein Kernwasserstoff durch Alkyl oder Oxyalkyl ersetzt ist, mit Zimtsäure kondensiert. Diese Ester haben eine höhere bactericide Wirkung und leiden nicht beim Sterilisieren. So wurden dargestellt Zimtsäure-p-methoxy-m-kresolester und Zimtsäurethymolester[5]).

Elbon ist Cinnamoyl-p-oxyphenylharnstoff, es wurde mit wenig Erfolg bei Tuberkulose versucht, ebenso bei Pneumonie[6]).

* * *

Zwei Absichten liegen der Darstellung der zahlreichen Abkömmlinge des Kreosots und Guajacols zugrunde. Die empirisch festgestellte günstige Beeinflussung tuberkulöser Prozesse durch die Anwendung des Kreosots und des einen

---

1) Landerer, Behandlung der Tuberkulose mit Zimtsäure, Leipzig 1898.
2) Gilbert Morgan, Pharmazeut. Journ. 4, 20, 816.
3) Gesellschaft für chemische Industrie in Basel, DRP. 224 107.
4) DRP. 99 567. 5) DRP. 107 230.
6) Johannessohn, Progrès méd. **1913**, Nr. 45.

wirksamen Bestandteiles, des Guajacols, zeitigte eine ausgebreitete Anwendung dieser Präparate, denen nur die Giftigkeit, welche zum Teile durch Ätzwirkung bedingt war, der schlechte Geschmack und die Wasserunlöslichkeit hindernd im Wege standen.

Die Giftigkeit und Ätzwirkung zu vermeiden, indem man zugleich geschmacklose Derivate meist nach dem Salolprinzipe darstellte, war der Endzweck der Darstellung der einen Reihe von Derivaten, denen aber der Mehrzahl nach der Nachteil des Kreosots und Guajacols, die Wasserunlöslichkeit, anhaftete.

Die Wasserlöslichkeit zu erzielen, war die andere Absicht, welcher aber die Geschmackskorrektur oft zum Opfer fiel, da die so dargestellten Substanzen einen bitteren Geschmack zeigten und eine wesentliche Abschwächung der Wirkung im Falle des Sulfurierens unvermeidlich war.

Es gebührt daher in dieser Gruppe den durch Veresterung des Hydroxyls gewonnenen Körpern unbestreitbar der Vorrang in der therapeutischen Anwendung.

Wir wollen noch bemerken, daß von den im Kreosot enthaltenen wirksamen Bestandteilen nur das Guajacol in reinem Zustande Verbreitung gefunden, während das weniger giftige Kreosol, welches analoge Wirkung zeigt, bis nun keine Beachtung erlangte. Es scheinen ihm trotz geringer Giftigkeit keine wesentlichen Vorzüge gegenüber dem Guajacol zuzukommen.

Dem Guajacol kommen neben seinen antituberkulösen und anästhesierenden auch erhebliche antiseptische Wirkungen zu, die besonders bei geringer Giftigkeit seine Verwendung als Darmantisepticum zur Herabminderung der Fäulnisprozesse im Darm ermöglichen. Zu gleichem Zwecke werden die analog wirkenden Substanzen: Menthol, Eugenol, Isoeugenol, Eucalyptol empfohlen, ebenso gegen Phthise, wie zur Darmdesinfektion. Aus diesem Grunde wurden auch die angeführten Substanzen in geschmacklose und nicht ätzende umgewandelt, nach Verfahren, die beim Guajacol ausführlich behandelt werden.

Eucalyptol kann man mit α- oder β-Naphthol verbinden, wenn man äquimolekulare Mengen der beiden Substanzen zusammenschmilzt[1]).

Aus Eucalyptol und Formaldehyd wird eine Verbindung dargestellt, indem man die beiden Substanzen unter Zusatz eines Kondensationsmittels aufeinander einwirken läßt, so z. B. Eucalyptol mit Trioxymethylen und Lauge auf 100° erhitzt und das Reaktionsprodukt mit Äther ausholt und mit Wasser wäscht[2]).

Antiseptica der Chinolinreihe.

Nach den Untersuchungen von Donath[3]) wirkt Chinolin stark antiseptisch, ist aber gegen Hefezellen auffälligerweise ganz unwirksam. Der Eintritt von Methylgruppen, wie von Alkylen überhaupt, in das Molekül des Chinolins erhöht die antiseptische Kraft dieser Substanz.

Vom Chinolin beziehungsweise vom Oxychinolin aus kann man zu einem für äußerliche Anwendung gut verwendbaren Desinfektionsmittel, Chinosol[4]) genannt, auf folgende Weise gelangen:

Man löst o-Oxychinolin in siedendem Alkohol und trägt auf 2 Mol. der Base 1 Mol. Kaliumpyrosulfat ein und kocht das Ganze 12 Stunden lang. Hierauf erstarrt beim Abkühlen die Flüssigkeit zu einem Krystallbrei[5]).

---

[1]) DRP. 100 551. [2]) Henschke in Müncheberg, DRP. 164 884.
[3]) BB. 14, 178, 1769 (1881); s. S. 175. [4]) DRP. 88 520.
[5]) Carl Brahm, HS. 28, 439 (1899).

Die Angabe, daß die Verbindung chinophenolschwefelsaures Kali ist, ist unrichtig. Chinosol ist o-Oxychinolinsulfat.

o-Oxychinolindoppelsalze erhält man aus mehrbasischen Säuren, Alkalihydroxyd und o-Oxychinolin. Beschrieben sind die Doppelsalze der Phosphorsäure, Weinsäure, Citronensäure, Schwefelsäure[1]).

Nach Eingabe von Chinosol, von dem behauptet wurde, daß es oxychinolinsulfosaures Kalium sei, fand sich im Harne der Versuchstiere o-Oxychinolinglykuronsäure. Da aus ätherschwefelsauren Salzen im Organismus aber der organische Spaltling nicht regeneriert werden kann, untersuchte Brahm Chinosol und fand, daß es weder eine Ätherschwefelsäure, noch eine Sulfosäure des Chinolins ist, sondern ein Gemenge von o-Oxychinolinsulfat mit Kaliumsulfat.

Unter dem Namen Oxychinaseptol oder Diaphterin wurde eine Substanz in den Handel gebracht, die eine Verbindung der o-Phenolsulfosäure mit 2 Molekülen Oxychinolin sein soll, von denen das eine an die Hydroxylgruppe, das andere an die Sulfogruppe der Phenolsulfosäure gebunden ist. Es ist also oxychinolin-o-phenolsulfosaures Oxychinolin. Dieser Körper hat angeblich starke antiseptische Wirkungen, ist dabei relativ ungiftig, in Wasser klar löslich, ätzt die Wunden nicht, macht auch keine Ekzeme, ist aber zur Desinfektion von Instrumenten nicht verwendbar, weil er dieselben schwarz färbt.

Die Darstellung geschieht in der Weise, daß man 2 Mol. o-Oxychinolin, 1 Mol. Phenol und 1 Mol. Schwefelsäure aufeinander einwirken läßt unter Zusatz von mindestens 3 Mol. Wasser und Erwärmen der Mischung[2]).

Neutrale o-Oxychinolinsalze mit mehrbasischen Säuren lassen sich aus der Lösung darstellen, wenn man jedes Verdampfen des Lösungsmittels vermeidet und die Mengenverhältnisse von Base, Säure und Lösungsmittel so wählt, daß das neutrale Salz aus der Lösung unmittelbar ausfällt[3]).

Man erhält o-Oxychinolinsulfosäure von F. 310—313° (vielleicht 8-Oxychinolin-7-sulfosäure), wenn man konzentrierte Schwefelsäure auf die Base bei einer wenig über deren Schmelzpunkt liegenden Temperatur einwirken läßt[4]).

Jodoform und seine Ersatzmittel.

Die therapeutischen Untersuchungen von Mosetig haben gezeigt, daß Jodoform CHJ_3, auf welches schon Moleschott hingewiesen hat, in der Chirurgie als trockenes Antisepticum die vorzüglichsten Dienste leistet. Insbesondere seine heilungbefördernden, granulationerregenden Wirkungen haben diesem so ungemein kräftig antiseptisch wirkenden Stoff jene weittragende Bedeutung für die Medizin verliehen. Die Wirkungen des Jodoforms lassen sich wohl zwanglos durch den hohen Jodgehalt dieser Verbindung erklären, aber es ist zu beachten, daß die antiseptische Kraft des Jodoforms nicht dieser Substanz selbst zukommt, sondern daß sie sich erst entfaltet, wenn Jodoform mit Geweben oder Gewebssäften in Berührung kommt, daß es also erst zu einer Abspaltung von jodhaltigen Substanzen oder von freiem Jod kommen muß. Aber diesem so vorzüglichen Mittel, welches ja das erste Trockenantisepticum war und das erste Wundstreupulver, das wir überhaupt besessen, und dessen Bedeutung trotz der Ersatzmittel, deren eine Legion vorhanden, nur infolge des Überganges von der Antisepsis zur Asepsis zurückgegangen ist, haften eine Reihe von Nachteilen an, die man nicht bei jeder Art der Therapie mit in den Kauf nehmen will. So vor allem der eigentümliche äußerst charakteristische und die

[1]) Fritzsche, DRP. 283 334.

[2]) DRP. 73 117. — Emmerich, Münchener med. Wochenschr. 1892, Nr. 19. — Ther. Mon. 7, 26.

[3]) Fritzsche, Hamburg, DRP. 187 943.

[4]) Fritzsche, Hamburg, DRP. 187 869.

Jodoformanwendung verratende Geruch, welcher bei der großen Flüchtigkeit der Verbindung, selbst bei Anwendung kleinster Mengen, nicht zu verkennen ist. Ferner neigen eine Reihe von Individuen ungemein leicht bei Anwendung des Jodoforms, welches man durchaus nicht zu den reizlosen Präparaten zählen kann, zu Ekzemen, die zu den unangenehmsten Nebenerscheinungen führen können. Ein weiterer Nachteil ist die häufig eintretende Jodoformvergiftung, die man wohl jetzt durch die Kenntnis dieser Erscheinung schon durch die Art der Anwendung zu vermeiden gelernt hat.

Die Darstellung des Jodoforms hat im Laufe der Zeit manche Veränderung und Verbilligung erfahren.

Bekanntlich erhält man Jodoform, wenn man Alkohol oder Aceton mit kaustischem oder kohlensaurem Alkali erwärmt und metallisches Jod einträgt. Man kann es auch darstellen, indem man Natriumhypochlorit, Aceton, Natron, Jodnatrium und Wasser reagieren läßt. Da nach Adolf Lieben aus allen Körpern, welche die Gruppen $CH_3 \cdot CH_2 \cdot O\ldots$, $CH_3 \cdot CH(OH) \cdot C\ldots$, enthalten, Jodoform entstehen kann, kann man von verschiedenen Substanzen zu diesem Körper gelangen. Jedoch kann in der Praxis nur die Darstellung aus Alkohol oder Aceton eine technische Bedeutung erlangen. Die Nachteile dieser Darstellung bestehen nur darin, daß ein Teil des Jods Jodkalium bildet, aus dem es immer wieder regeneriert werden muß. Es wurde auch vorgeschlagen, statt nach den bekannten üblichen Methoden vorzugehen, Jodoform sowie auch Bromoform und Chloroform auf elektrolytischem Wege[1]) aus den entsprechenden Halogenverbindungen der Alkalien bei Gegenwart von Alkohol oder einer gleichwertigen Substanz in der Wärme zu gewinnen. Eine wässerige Lösung von Jodkalium wird mit Alkohol versetzt und in der Wärme unter fortwährendem Einleiten von Kohlensäure elektrolysiert, wobei sich Jodoform abscheidet. Bei der Gewinnung von Bromoform und Chloroform unterbleibt das Einleiten von Kohlensäure.

Otto hat ein Verfahren vorgeschlagen, eine Lösung von Jodkalium in 30proz. Alkohol auf 50° zu erwärmen und Ozon hindurchzuleiten, wobei sich Jodoform abscheidet. Man setzt mit Vorteil etwas Natriumcarbonat zu und leitet so lange Ozon ein, bis das ganze Jodkalium verbraucht ist[2]).

Die Versuche, Jodoform geruchlos zu machen, erstreckten sich in der ersten Zeit nur darauf, den Geruch deckende Substanzen dem Jodoform beizugeben, Versuche, die nicht so sehr in das Gebiet der synthetischen Chemie, als vielmehr in das der pharmazeutischen Zubereitung gehören. Durch Zusatz von Teer z. B. wurde das sogenannte Jodoformium bituminatum hergestellt, in welchem der Geruch wohl abnimmt; hingegen erhält man die reizenden Eigenschaften des Teers als unerwünschte Beigabe zum Jodoform. Die Mehrzahl der französischen Jodoformpräparate, welche wegen ihres schwachen Geruches sehr beliebt waren, enthält Cumarin oder ähnliche Riechstoffe, die zur Verdeckung des Geruches beitragen.

Auf synthetischem Wege versuchte man durch Paarung des Jodoforms mit einem zweiten geruchlosen Körper die Flüchtigkeit der Verbindung herabzusetzen und auf diese Weise zu geruchlosen Substanzen zu gelangen. Diese Versuche bewegten sich in jeder Beziehung mit sehr mangelhaftem Erfolge in zwei Richtungen, erstens in der Darstellung von Verbindungen des Jodoforms mit einem anderen Antisepticum und in Verbindung des Jodoforms mit einem indifferenten Körper, wie Eiweiß. So gelingt es, Jodoform mit dem antiseptisch wirkenden Hexanmethylentetramin $(CH_2)_6N_4$ in der Weise zu kuppeln, daß man ein Präparat, welches 75% Jodoform enthält und keinen so hervorstechenden Jodoformgeruch besitzt, erhält, das man Jodoformin benannt hat[3]).

Zu diesem Zwecke wird Hexamethylentetramin und Jodoform in Alkohol gelöst, aus dem bei passender Konzentration Jodoformhexamethylentetramin als weiße Verbindung herausfällt.

---

[1]) DRP. 29 771. [2]) DRP. 109 013. [3]) DRP. 87 812.

Diese Verbindung hat den Nachteil, daß sie bei bloßer Berührung mit Wasser sich in ihre beiden Komponenten zerlegt, wobei naturgemäß der Jodoformgeruch wieder zum Vorschein kommt.

Ebenso wie vom Hexamethylentetramin kann man von den Halogenalkyl- und Alkylderivaten des Hexamethylentetramins zu geruchlosen Jodoformverbindungen gelangen, wenn man diese Verbindungen mit Jodoform in alkoholischer Lösung zusammenbringt, wobei dann das Additionsprodukt herauskrystallisiert.

Eine so dargestellte Verbindung, Äthyljodidhexamethylentetraminjodoform $C_6H_{12}N_4 \cdot C_2H_5J \cdot CHJ_3$ wurde unter dem Namen Jodoformal[1]) für kurze Zeit in die Therapie eingeführt, doch konnten sich beide Präparate dieser Art, Jodoformin und Jodoformal, aus dem Grunde im Gebrauche nicht behaupten, weil durch ihre Darstellung die Absicht, ein tatsächlich geruchloses Jodoform zu erhalten, keineswegs erreicht war, was an der leichten Zersetzlichkeit der Verbindung liegt. Beim Jodoformal ist auch die Äthyljodidkomponente an der Jodwirkung beteiligt.

Ein Verfahren, welches beim Tannin mit Erfolg verwendet wurde, um ein unlösliches Gerbsäurepräparat zu erhalten, wurde in analoger Weise auch zur Darstellung von fast geruchlosen Verbindungen des Jodoforms mit Eiweißkörpern verwendet [Jodoformogen[2])].

Wenn man Eiweißlösungen bei Gegenwart eines Eiweißfällungsmittels, wie Alkohol, mit einer Jodoformlösung, etwa einer alkoholisch-ätherischen, zusammenbringt, so erhält man einen Niederschlag, der aus Eiweiß und Jodoform besteht. Während ein solcher Niederschlag, wenn man ihn trocknet, an Jodoformlösungsmittel das Jodoform wieder abgibt, gelingt dies nicht mehr, wenn die so gewonnene Verbindung bei 120° getrocknet wird[3]). Statt des Eiweißes kann man Pepton, Casein usw. anwenden, es ist aber zu bemerken, daß es sich hier keineswegs, wie etwa beim Tannin, um eine chemische Verbindung zwischen dem Eiweiß und Jodoform handelt, sondern es kommt hier einfach eine Umschließung des Jodoforms durch koaguliertes Eiweiß zustande.

Das Problem, geruchloses Jodoform darzustellen, welches ja an sich aus dem Grunde nicht lösbar ist, weil der Körper als solcher und nicht eine Verunreinigung den Geruch bedingt und es sich ja nur bei den sogenannten Jodoformpräparaten um Verbindungen mit anderen Substanzen handeln könnte, ist aus dem Grunde für den Chemiker von geringerem Interesse, weil wir eine große Reihe vortrefflicher Jodoformersatzmittel sowohl jodhaltiger als auch jodfreier besitzen, die geruchlos sind und denen auch andere Nebenwirkungen des Jodoforms fehlen und wir ja nur durch ganz bestimmte Umstände in manchen Fällen verhindert sind, das sonst so vorzügliche Jodoform in Anwendung zu ziehen, durch Umstände, die keineswegs im Wesen des Präparates selbst liegen, sondern vielmehr durch gesellschaftliche Rücksichten oder durch Neigung zu Jodoformekzemen oder Jodoformvergiftungen bedingt sind. Ein anderer Umstand ist, daß Jodoform als solches noch kein Antisepticum ist, ja daß man dasselbe auch nicht sterilisieren kann, weil es sich zu leicht zersetzt und verflüchtigt. Man wollte dieses durch Zusatz von einem Antisepticum zum Jodoform korrigieren und schlug vor, Paraformaldehyd $(HCOH)_3$ dem Jodoform beizumengen, welches nunmehr sterile und antiseptische Jodoform unter dem Namen Ekajodoform[4]) eine unwesentliche Verbreitung fand, da ja Jodoform bei Berührung mit Geweben seine antiseptische Wirkung äußert und aus diesem Grunde jeder Zusatz eines anderen Trockenantisepticums für überflüssig zu erachten ist.

Die seinerzeit weitverbreitete Anwendung des Jodoforms war ein großer Anreiz für die Synthetiker, Präparate zu schaffen, die sich ebenso als Wundstreupulver verwenden lassen, die gleichfalls die vorzüglichen granulations-

---

[1]) DRP. 89 243. [2]) Pharm. Zentralbl. **1898**, 189. [3]) DRP. 95 580.
[4]) Thomalla, Ther. Mon. **1897**, 381.

befördernden Wirkungen besitzen, sich aber durch eine größere Reizlosigkeit sowie vorzüglich durch die Geruchlosigkeit vor diesem auszeichnen sollen. Um so mehr war ein Bedürfnis in der medizinischen Praxis nach solchen Ersatzmitteln vorhanden, als der hohe Preis des Jodoforms bei seiner ausgebreiteten Anwendung jedenfalls hinderlich war und man auch bei Verwendung von größeren Mengen dieser Substanz mit der toxischen Wirkung dieses so jodreichen Körpers rechnen mußte. Das Problem war daher, eine antiseptische geruchlose, in Wasser unlösliche Substanz zu finden, die bei großer Reizlosigkeit und möglichst geringer Giftigkeit auf Wunden granulationserregend, Heilung befördernd und reinigend wirkt. Diesem Problem trat man nun auf die mannigfaltigste Weise näher. Es ergab sich eine so große Anzahl von Möglichkeiten, nicht nur einzelne Körper, sondern ganze chemische Reihen für solche Zwecke dienstbar zu machen, daß die praktischen Ärzte, die schließlich die vielen Präparate anwenden sollten, gänzlich die notwendige Orientierung unter denselben verloren und aus diesem Grunde je mehr solche Substanzen eingeführt wurden, sich desto mehr veranlaßt sahen, auf Jodoform selbst, das Standardpräparat dieser Reihe, zurückzugreifen.

Für die Zwecke der übersichtlichen Darstellung teilen wir die Körper, die hier besprochen werden sollen, in halogenhaltige Verbindungen und in Substanzen, die ihre Wirkung und ihre Eigenschaften wesentlich ihrem Gehalt an Wismut verdanken. Diese Wismutverbindungen sind in dem betreffenden Kapitel nachzulesen.

Die Einführung von Halogen, insbesondere aber von Jod in aliphatische und aromatische Verbindungen verleiht diesen reichlich antiseptische Eigenschaften. Für die Zwecke, die hier ins Auge zu fassen sind, mußte in erster Linie nach Substanzen gefahndet werden, die wasserunlösliche Verbindungen mit Jod eingehen, aus denen der Organismus langsam Jod regenerieren kann. Daß es für diese Zwecke nicht etwa genügt, daß die Substanzen Jod enthalten, sieht man leicht beim Jodamylum, in dem das Jod nur mechanisch gebunden oder in starrer Lösung ist und deshalb zu stark reizend wirkt. Jod muß eben in einer Form vorhanden sein, in der es chemisch gebunden, aber doch wieder regenerierbar ist. Ist die Regeneration im Organismus nicht möglich, so sind die Präparate dieser Art als Jodoformersatzmittel aus bloßer Rücksicht auf ihren Jodgehalt nicht zu empfehlen, es mögen denn ihnen andere heilungsbefördernde Eigenschaften innewohnen, die zu dem Jodgehalt in keiner Beziehung stehen. Substanzen der aliphatischen Reihe haben wohl aus dem Grunde keine Verwendung in dieser Richtung gefunden, wenn man vom Jodoform absieht, weil sie zu leicht zersetzbar sind. Eine solche Verbindung wie das Dijodoform C_2J_4, welches geruchlos und unlöslich ist, konnte aus diesem Grunde keine Verbreitung neben dem Jodoform erlangen. Dazu kommt noch der Umstand, daß es bei der Anwendung von Jodoformersatzmitteln sehr darauf ankommt, möglichst voluminöse Substanzen zu haben, um im Gebrauch der teuren Verbindungen sparsam sein zu können, was ebenfalls dem Djiodoform im Wege stand, welches spezifisch sehr schwer ist[1]).

Über die Wirkung der Jodderivate des Acetons liegen keine Berichte vor.

Man erhält sie, wenn man Jod mit Acetondicarbonsäure bei Gegenwart einer Jodwasserstoff bindenden Substanz in Reaktion bringt. Es entstehen so Perjodaceton und durch Kochen mit Wasser aus diesem unter Jodabspaltung Penta- und Tetrajodaceton[2]). In gleicher Weise lassen sich die Bromderivate des Acetons darstellen[3]).

---

[1]) Macoprenne und Taine, Nouv. remèd. **1893**, 545.
[2]) DRP. 95 440. [3]) DRP. 98 009.

J. Hertkorn in Langschede[1]) stellt jodhaltige Produkte aus Kondensationsprodukten von Aldehyden mit Ketonen her durch Jodierung mit Jod oder jodabgebenden Mitteln, z. B. aus Aceton und Formaldehyd und Jod.

Durch Jodieren des Succinimids bekommt man leicht zersetzbare Derivate dieses Halogens, welche als Jodoformersatzmittel versucht wurden, da sie geruchlos sind.

Das Jodderivat des p-Äthoxyphenylsuccinimids[2])

$$\left(\begin{matrix} CH_2-CO \\ | \\ CH_2-CO \end{matrix}\!\!>N\cdot C_6H_4\cdot O\cdot C_2H_5\right)_2\cdot J_2\cdot KJ$$

gewinnt man durch Vermischen einer Lösung von p-Äthoxyphenylsuccinimid in Eisessig mit einer konzentrierten wässerigen Lösung von Jod in Jodkalium. Es krystallisiert dann der obige Körper heraus. In gleicher Weise erhält man das Jodderivat des p-Methoxyphenylsuccinimids. Das Jodderivat des Succinimids

$$\left(\begin{matrix} CH_2-CO \\ | \\ CH_2-CO \end{matrix}\!\!>NH\right)_4\cdot J_2\cdot KJ$$

entsteht unter gleichen Bedingungen aus Succinimid.

Tetramethylammoniumtrijodid $(CH_3)_4NJ_3$ hat nach Rosenbach als Jodoformersatzmittel günstige Wirkungen. Es wirkt nach Jacobi wie Curare und Muscarin und ist in mäßigen Dosen schon giftig. Ähnliche Erscheinungen zeigt auch Tetramethylammoniumjodid, doch hat es nur schwache Muscarinwirkung. Ebenso das Valeryl- (Valearin) und Isoamyltrimethylammoniumchlorid (Amylarin). Versuche mit Tetraäthylammoniumtrijodid ergaben, daß diesem im Gegensatze zur Methylverbindung die Muscarin- und Curarewirkung fehlt, dagegen die auf Abspaltung von Jod beruhende lokale Wirkung ebenso stark wie bei der Methylverbindung vorhanden ist[3]).

Eine große Zahl von Versuchen ging dahin, Jodsubstitutionsprodukte von an sich antiseptischen Stoffen, wie es die Phenole, deren Äther, deren Carbonsäuren und die Ester derselben sind, darzustellen. Hierbei konnte Jod entweder im Kern substituiert werden oder in die Seitenkette treten. Doch haben die Präparate dieser Reihe trotz der vielen an sie geknüpften Hoffnungen, keineswegs die Erwartung erfüllt, wenigstens nicht als Wundantiseptica, während sie wegen ihres Jodgehaltes andere, den Jodverbindungen überhaupt eigene Wirkungen in guter, therapeutisch verwertbarer Weise auszulösen in der Lage waren. So wurde die ganze Gruppe der Phenole nach einer von Messinger und Vortmann[4]) angegebenen Methode in Jodverbindungen verwandelt, von denen aber nur eines, das Thymolderivat, ein größeres Interesse gefunden hat. Diese beiden Untersucher haben gefunden, daß man bei der Einwirkung von Jod in Jodalkali gelöst auf Phenole Produkte erhält, die sowohl im Kern Jod enthalten, als auch den Wasserstoff der Hydroxylgruppe durch Jod ersetzt haben, daß man aber das am Sauerstoff sitzende Jodatom durch Behandlung mit schwefligsauren Salzen oder durch kaustische Alkalien aus der Verbindung wieder verdrängen kann.

So erhält man Monojodthymol z. B., indem man auf die alkalische Lösung von Thymol Jod in Jodkalium gelöst zufließen läßt, worauf Jodthymoljodid ausfällt, welches mit unterschwefligsaurem Natron behandelt, das geruch- und geschmacklose kernsubstituierte Monojodthymol ergibt. Ebenso gelingt es bei Monojodderivaten des Thymols, in denen Jod in der Sauerstoffbindung enthalten ist, Jodthymol zu erhalten, d. h. Jod in den Kern wandern zu lassen, wenn man Thymoljodid mit kaustischen Alkalien und unterschweflig-

[1]) DRP. 206 330. [2]) DRP. 74 017.
[3]) Nachr. k. Ges. Wiss. Göttingen **1902**, 108. — Jacobj und Rosenbach, AePP. **48**, 48 (1902). [4]) DRP. 49 739, 52 828, 52 833.

sauren Salzen behandelt. In gleicher Weise erhält man aus β-Naphtholjodid Jod-β-naphthol. Ebenso erhält man, wie aus Thymol, auch aus Phenol, Resorcin und Salicylsäure, Dijodphenoljodid, Dijodresorcinmonojodid und Jodsalicylsäurejodid. Auch die nächst höheren Homologen der Salicylsäure, die o-Oxy-o-m- und p-toluylsäuren, lassen sich in gleicher Weise in die entsprechenden Jod-o-oxytoluylsäurejodide überführen. Auch das Isomere des Thymols, das Carvacrol, gibt in alkalischer Lösung mit Jod und Jodalkalien behandelt, Carvacroljodid[1]) (Jodocrol). Es ist fünfmal so schwer wie Jodoform.

Ebenso wie die erwähnten Phenole und deren Carbonsäuren geben auch die Isobutyl-, Phenol- und Kresolverbindungen solche Jodide[2]). So wird p-Isobutylphenoljodid, ferner p-Isobutyl-m-kresoljodid und p-Isobutyl-o-kresoljodid in gleicher Weise dargestellt. Diese Methode wurde auch ausgedehnt auf die Darstellung der Jodide der folgenden substituierten Kresole: Methyl-, Äthyl-, n-Propyl- und Isoamyl-o-kresol sowie n-Propyl- und Isoamyl-m-kresol[3]). Die als Ausgangsmaterial notwendigen alkylsubstituierten Kresole erhält man am besten durch Erhitzen von o-Kresol mit dem betreffenden Alkohol und Chlorzink unter Rühren auf 180°.

Die Jodoxylderivate der Phenole lassen sich statt in der beschriebenen Weise durch Behandlung der alkalischen Lösung der Phenole mit Jodjodkaliumlösung auch nach der Methode darstellen, daß man ein Gemisch der Lösung von Phenolalkalien und Jodalkalien der Elektrolyse unterwirft. Die jodoxylierten Verbindungen scheiden sich hierbei an der positiven Elektrode ab[4]).

Verändert man die anfangs beschriebene Methode zur Darstellung der Jodverbindungen von Phenolen dahin, daß man nicht mit überschüssigem Alkali, sondern mit einer ganz genau berechneten Menge Ätzkali arbeitet, so gelangt man zu Substanzen anderer Art[5]). So spalten insbesondere die Phenolcarbonsäuren Kohlensäure ab unter Bildung von Jodphenolen. Von Kreosotinsäure ausgehend kann man auf diese Weise zu Jodkresolen gelangen, von denen insbesondere Trijodkresol von Interesse ist. Zur Darstellung dieser Substanz geht man von der m-Kresotinsäure (o-Oxy-p-toluylsäure) aus, die man unter Zusatz von wenig Natriumcarbonat in sehr viel Wasser löst. Wenn man zu dieser Lösung Jodjodkalium zufließen läßt, so scheidet sich nach einigem Stehen Trijodkresol $C_6HJ_3 \cdot CH_3 \cdot (OH)$ ab, so daß sich also die Carboxylgruppe abgespalten hat und drei Wasserstoffatome des Kernes durch Jod ersetzt wurden, während die Hydroxylgruppe unverändert bleibt. Das Produkt, welches durch diese veränderte Darstellung gewonnen ist, unterscheidet sich wesentlich in seinen chemischen Eigenschaften dadurch von den vorher besprochenen Substanzen, daß hier Jod nur im Kerne substituiert ist und das Hydroxyl frei bleibt, während in den Jodoxylverbindungen gerade der Wasserstoff des Hydroxyls durch Jod vertreten ist.

Die Jodoxylverbindungen, welche Jod in der Seitenkette haben, geben dieses auch viel leichter ab und sind dadurch befähigt, antiseptische und, wie wir gleich hören werden, antisyphilitische Wirkungen auszulösen, während das jodsubstituierte Kresol seine Wirkung nur bei bestimmten parasitären Hautkrankheiten äußert, wo ihm wohl die Kresolwirkung als solche zukommt, die hier durch den Eintritt von Jod nur insofern begünstigt wird, als man eine krystallisierte wasserunlösliche Substanz erhält.

Zur Darstellung der Jodoxylverbindungen kann man statt der Jod-Jodkaliumlösung Chlorjod oder Chlorjodsalzsäure verwenden[6]).

Auch das Jodderivat des Eugenols wurde nach dem oben beschriebenen Verfahren dargestellt[7]).

Von Cattani (Mailand) wurde Jodokol bei beginnender Tuberkulose und als Expektorans bei Bronchitis empfohlen, es entsteht beim Behandeln von Guajacol mit Jod-Jodnatrium.

p-Jodguajacol erhält man durch Jodieren von Acetylguajacol mit Jod- und Quecksilberoxyd[8]).

Während man nach Messinger und Vortmann durch Einwirkung von Jod und Alkali auf die Kresole Jodkresoljodide erhält, die sowohl im Kern als auch in der Hydroxylgruppe substituiert sind, gelingt es, unter Veränderung der

---

[1]) DRP. 53 752. [2]) DRP. 56 830. [3]) DRP. 61 575. [4]) DRP. 64 405.
[5]) DRP. 72 996. [6]) Franz. Patent 229 962, DRP.-Anm. 6068 (versagt).
[7]) DRP. 70 058. [8]) E. Tassilly und I. Seroide, Franz. Patent 371 982.

Bedingungen vom m-Kresol zum Trijod-m-kresol zu gelangen, welches nur kernsubstituiert ist, aber in der Hydroxylgruppe unverändert bleibt[1]); es läßt hierbei zu einer sehr verdünnten Lösung von m-Kresol in Lauge Jod-Jodkaliumlösung zufließen und der erhaltene Niederschlag wird aus Alkohol umkrystallisiert. Es besteht hier jedenfalls ein Widerspruch zu den früheren Angaben von Messinger und Vortmann über die Bildung von Jodkresoljodiden sowie zu der Tatsache, daß man zur ersten Darstellung des Trijod-m-kresols nicht von m-Kresol selbst, sondern von der entsprechenden Kresotinsäure ausgegangen ist. Dasselbe Verfahren, nämlich in stark verdünnter Lösung zu arbeiten, aber in bestimmten Verhältnissen von Phenolen, Lauge und Jod läßt sich auch zur Darstellung des Monojodthymols[2]) verwerten, wobei man in der Weise vorgeht, daß man äquivalente Mengen von Thymol und Lauge mit zwei Äquivalenten Jod in Reaktion treten läßt, während man zur Darstellung des Trijod-m-kresols 3 Moleküle Ätznatron, 1 Molekül Kresol mit 6 Äquivalenten Jod in Wechselwirkung bringt.

Wenn man im Salol Wasserstoffatome des Phenylrestes durch Jod ersetzt, so erhält man Jodpräparate, die eine spezifische Jodwirkung kaum mehr auslösen. Dasselbe dürfte auch der Fall sein, wenn man Wasserstoffe des Kernes im Salicylsäurerest des Salols durch Jod ersetzt.

Um solche Körper zu erhalten, jodiert man Salol bei Gegenwart von Quecksilberoxyd und trennt dann durch Umkrystallisieren aus Alkohol und aus Eisessig das so dargestellte Dijodsalol vom Jodquecksilber. In anderer Weise wie vom Salol kann man zu Dijodsalicylsäureestern, welche fette Alkylreste enthalten, gelangen, indem man Salicylsäuremethylester z. B. in Lauge löst und Jodjodkaliumlösung zufließen läßt. Bei Ansäuern dieser Lösung scheidet sich der Ester, in diesem Falle der Dijodsalicylsäuremethylester (Sanoform), ab. Zu demselben Körper kann man gelangen, wenn man die alkalische Lösung des Esters mit einer alkoholischen Lösung von Jod und mit Quecksilberoxyd versetzt. Ferner erhält man ihn, wenn man Dijodsalicylsäure in bekannter Weise verestert[3]).

Aus den nach diesen Methoden dargestellten zahlreichen Derivaten sind einige wenige und diese mit geringem Erfolge als Jodoformersatzmittel zur Geltung gekommen. Hingegen haben sie sich zum Teil wenigstens als vorzügliche Mittel, und zwar als Jodüberträger bei der Behandlung von syphilitischen Prozessen, insbesondere von Spätformen dieser Erkrankung Geltung verschafft, Wirkungen, die ausschließlich auf der leichten Abspaltbarkeit der Jodkomponente beruhen. Aus dem folgenden wird ersichtlich sein, daß sich der Satz aufstellen läßt, daß nur diejenigen Jodsubstitutionsprodukte der Phenole, der Phenolcarbonsäuren und ihrer Ester, sowie analoger Körper eine therapeutische Bedeutung, sei es als Jodoformersatzmittel, sei es als Antisyphilitica verdienen, in denen Jod in der Seitenkette leicht abspaltbar enthalten ist, wie etwa in den Jodoxylverbindungen, während die kernsubstituierten Jodverbindungen trotz ihres oft weit größeren Reichtums an Jod entweder in dieser Richtung ganz unwirksam sind oder hinter den Jodoxylverbindungen weit zurückbleiben und ihre Wirksamkeit nur dadurch zu erklären ist, daß die Wirkung auf der Verbindung selbst beziehungsweise auf der Grundsubstanz und nicht etwa auf der Jodkomponente und deren Abspaltbarkeit beruht. Hierbei wollen wir den Satz in Erinnerung bringen, daß die kernsubstituierten Halogenderivate der Phenole fast unabhängig von der Art des eintretenden Halogens durch den Eintritt des Halogens in die Verbindung in ihrer antiseptischen Fähigkeit gesteigert werden.

Aus den Verbindungen dieser Gruppen, die zugleich die entwickelten Sätze beweisen, mögen die folgenden Erwähnung finden:

---

[1]) DRP. 106 504. [2]) DRP. 107 509. [3]) DRP. 94 097.

Aristol, Dithymoldijodid

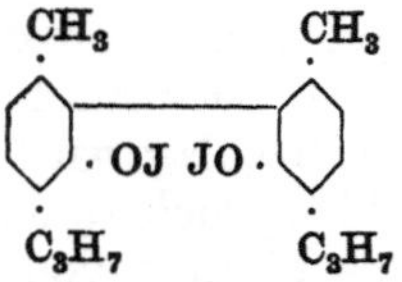

$$\begin{array}{ccc} CH_3 & & CH_3 \\ \cdot & & \cdot \\ \bigcirc & \overline{\cdot\ OJ\ \ JO\ \cdot} & \bigcirc \\ \cdot & & \cdot \\ C_3H_7 & & C_3H_7 \end{array}$$

enthält also Jod statt des Wasserstoffes des Hydroxyls, äußert als leicht Jod abspaltende Jodoxylverbindung sowohl als Antisepticum, Jodoformersatzmittel, als auch als Antisyphiliticum günstige Wirkungen und seine Verwendung dürfte wohl an der leichten Zersetzlichkeit, sowie an dem teueren Preise ein Hindernis gefunden haben, während es sich sonst als unschädliches und ungiftiges Mittel viele Freunde erwarb[1]). Daß dieses Mittel Jod abspaltet, ist ja schon aus seiner Konstitution leicht ersichtlich.

Ebenso haben Phenoljodid und Salicyljodid gute Resultate in der therapeutischen Anwendung gegeben, aber sie konnten sich in der Praxis nicht halten, weil sie, wie Chrysarobin etwa, Haut, Wäsche und Verbandmaterial dunkelviolett färben und aus diesem Grunde nicht gut brauchbar sind. Auch das von Frankreich aus empfohlene Traumatol, welches man durch Jodieren von Kresol erhält, wobei aber nur ein Wasserstoff durch Jod ersetzt wird, hat als Jodoformersatzmittel aus dem gleichen Grunde gute Erfolge zu verzeichnen, obgleich es infolge Überflusses an solchen Substanzen in Deutschland nicht einzudringen vermochte.

Neosiode ist Jodcatechin $(C_{15}H_{14}O_6 \cdot 3\,H_2O)_3J$.

Jodterpin $C_{10}H_{16}J$, ist eine Flüssigkeit, die man mit Kaolin mischt und so als Streupulver verwenden kann.

Nathan Weiß und Artur Horowitz, Berlin[2]), kondensieren Jod, Resorcin und Formaldehyd, indem sie Jod auf Resorcin in wässeriger Lösung bei 50° bis zur beständigen gelben Färbung einwirken lassen, dann auf 70° steigern und Formaldehyd zusetzen.

Auch Europhen[3]), Isobutyl-o-kresoljodid

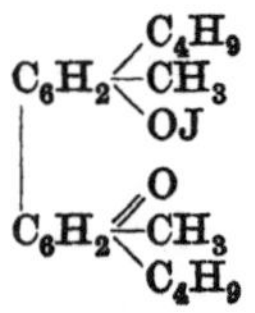

$$\begin{array}{l} C_6H_2\!\begin{cases} C_4H_9 \\ CH_3 \\ OJ \end{cases} \\ \;| \\ C_6H_2\!\begin{cases} O \\ CH_3 \\ C_4H_9 \end{cases} \end{array}$$

kann aus gleichen Gründen als reizloses und geruchloses Jodoformersatzmittel gelten[4]); wenn aber Kernwasserstoffe, wie im Trijodkresol, dem sogenannten Losophan[5]) durch Jod substituiert sind, erhält man wohl antiseptische Präparate, die aber ihre antiseptischen Fähigkeiten nicht etwa wie Jodoform durch Abspaltung von Jod auslösen und die daher auch keineswegs als Antisyphilitica zu verwerten sind, sondern in denen nur durch den Ersatz von Kernwasserstoffen durch Halogen die dem zugrunde liegenden Phenol eigentümliche antiseptische Kraft gesteigert ist, die aus diesem Grunde durch den Eintritt von Halogen für die Haut auch stark reizend werden. Man kann daher Trijodkresol nicht etwa als Jodoformersatzmittel verwenden, sondern nur als ein Antisepticum, wie etwa die Carbolsäure, und zwar als ein Antimycoticum, muß aber seine Verwen-

[1]) Eichhoff, Monatshefte f. prakt. Dermatologie **1890**, Nr. 2. — Neißer, Berliner klin. Wochenschr. **1890**, Nr. 19.

[2]) DRP. 209 911. [3]) DRP. 56 830.

[4]) Therap. Monatshafte **1891**, 373, 379, 536; **1893**, 53.

[5]) Therap. Monatshefte **6**, 544.

dungen wegen seiner stark reizenden Wirkung auf allen Anwendungsgebieten des Jodoforms strenge vermeiden. Aus den gleichen Gründen konnten sich weder Dijodsalicylsäure, in der beide Jodatome Kernwasserstoffe vertreten, noch Jodsalol, in dem Wasserstoffe des Phenylrestes durch Jod vertreten werden, ebensowenig wie Jodsalol, in dem Wasserstoffe des Kernes des Salicylsäurerestes durch Jod vertreten sind, noch schließlich die aliphatischen Ester der Dijodsalicylsäure als Jodoformersatzmittel behaupten. So verschwand nach kurzer Zeit der unter dem Namen Sanoform in die Therapie eingeführte Dijodsalicylsäuremethylester, welcher ein geruchloser und ungiftiger Körper ist, aber im Organismus kein Jod abspaltet, wieder vom Schauplatze (s. S. 599).

Die Behandlung von Tuberkulose mit Zimtsäure und die Darstellung des Zimtsäure-m-kresolesters als Wundstreupulver auf tuberkulöse Wunden veranlaßte, da seine antiseptische Kraft gering ist, die Jodierung des Esters im Zimtsäurerest (s. S. 591).

Der jodierte Zimtsäureester (dargestellt wurden p-, o-und m-Jodzimtsäure-m-kresolester) wird durch Kondensation der jodierten Säure und m-Kresol in benzolischer Lösung mit Phosphoroxychlorid erhalten[1]).

Man kann auch die Jodierung, um die antiseptische Wirkung des Esters zu verstärken, im Kresolreste vornehmen.

Cinnamyltrijod-m-kresol und Cinnamyl-p-chlor-m-kresol wurden zu diesem Behufe durch Kondensation von Zimtsäure mit den betreffenden halogensubstituierten Kresolen gewonnen[2]).

Ein aus Halogenphenol, Formaldehyd und Ammoniak erhaltenes Reaktionsprodukt wird zur Trockene verdampft und durch Umlösen und Wiederausfällen gereinigt[3]). Solche Verbindungen wurden dargestellt aus Resorcin, Pyrogallol und β-Naphthol in der Weise, daß man Halogenphenole, Formaldehyd und Ammoniak ohne zu kühlen aufeinander einwirken läßt.

Trotz der größten Anstrengungen konnte aus dem gleichen Grunde wie die vorhergehenden auch Tetrajodphenolphthalein (Nosophen) nicht durchdringen, da hier Jod in Kernwasserstoffen enthalten ist. Wir wiederholen, daß diese Substanzen trotz dieser Jodstellung sehr gute Antiseptica sein können, aber dort, wo es auf die Jodwirkung ankommt, keineswegs dieselbe zu äußern in der Lage sind, da sie Jod in so fester Bindung enthalten, daß durch die Einwirkung von Gewebesäften dieses aus der Bindung nicht entwickelt werden kann.

Phenolphthalein $(C_6H_4 \cdot OH)_2 \cdot C{<}^{C_6H_4 \cdot CO}_{O}$

Tetrajodphenolphthalein $(C_6H_2J_2 \cdot OH)_2 \cdot C{<}^{C_6H_4 \cdot CO}_{O}$

Tetrajodphenolphthalein wird nach Classen nach mehreren Verfahren dargestellt[4]).

Es entsteht, wenn man in der Kälte zu einer alkalischen Phenolphthaleinlösung Jodjodkalium zufließen läßt, wobei die rote Farbe in eine tiefblaue umschlägt. Wenn man stark gekühlte Salzsäure in die kalte Lösung einträgt, so fällt ein amorpher, gelbbrauner Körper aus, welcher bei 100° in einen weißen übergeht, wobei 1 Mol. Wasser abgespalten wird. In der Wärme erhält man Tetrajodphenolphthalein, wenn man nach dem Jodzusatz die blaue Lösung auf dem Wasserbade erwärmt, bis sie einen gelbbraunen Ton erhält und nun mit Salzsäure fällt.

Auf elektrolytischem Wege gelangt man zu dieser Verbindung durch Elektrolyse einer alkalischen Phenolphthaleinlösung unter Zusatz der entsprechenden Menge von Jodkalium. Der Farbenumschlag ins Blaue zeigt das Ende des Reaktion an. Man erwärmt nun, bis der blaue Ton einem gelbbraunen gewichen und fällt Tetrajodphenolphthalein mit Salzsäure. Statt der Ätzkalilösung kann man andere Lösungsmittel, wie Ammoniak,

---

[1]) DRP. 105 242. [2]) DRP. 106 506.

[3]) Hoffmann-La Roche, Basel, DRP. 200 064.

[4]) BB. 28, 1606 (1895). — DRP. 85 930, 86 069, 88 390.

Barytwasser, Alkohol und Äther benützen, ebenso wie man zur Entfernung der bei der Jodierung sich entwickelnden störenden Jodwasserstoffsäure statt Kali, Ammoniak, Barythydrat oder Quecksilberoxyd verwenden kann. Bei gar keiner dieser Reaktionen bilden sich Jodoxylverbindungen, ähnlich wie bei den Phenolen, sondern es entstehen unter allen Umständen kernsubstituierte Jodderivate des Phenolphthaleins, in denen die Hydroxylwasserstoffe unverändert vorhanden sind.

Man kann auch im Kern jodiertes Phenolphthalein erhalten, wenn man statt der Alkalilösungen in wässerigen Lösungen von borsauren Salzen, Phosphaten oder Pyrophosphaten Jodjodkaliumlösungen auf Phenolphthalein einwirken läßt. Da solche Lösungen durch die frei werdenden Säuren sauer werden, scheidet sich der Jodkörper sofort aus der Verbindung ab.

Tetrajodphenolphthalein erzeugen Kalle, Biebrich [1]), indem sie auf eine wässerige Lösung von Phenolphthaleinnatrium eine Lösung von Chlorjodsalzsäure oder Chlorjod in berechneter Menge einwirken lassen.

Auch Jodderivate des Diphenylamins, in denen ebenfalls Jod in Kernwasserstoffe eingetreten ist, wurden in derselben Absicht, zu Jodoformersatzmitteln zu gelangen, hergestellt, da ihnen ebenfalls der Vorzug der Geruchlosigkeit zukommt [2]).

Man jodiert Diphenylamin z. B. mit Quecksilberoxyd und alkoholischer Jodlösung in der Siedehitze und fällt mit einer wässerigen Jodkaliumlösung.

Man erhält so Dijoddiphenylamin

$$\begin{matrix} C_6H_4J \\ C_6H_4J \end{matrix}\!\!>\!NH$$

In ähnlicher Weise kann man zum Dijodnitrosodiphenylamin

$$\begin{matrix} C_6H_4J \\ C_6H_4J \end{matrix}\!\!>\!N\cdot NO$$

und zum Acetyldijoddiphenylamin

$$\begin{matrix} C_6H_4J \\ C_6H_4J \end{matrix}\!\!>\!N\cdot CO\cdot CH_3$$

und zum Benzoyldijoddiphenylamin

$$\begin{matrix} C_6H_4J \\ C_6H_4J \end{matrix}\!\!>\!N\cdot CO\cdot C_6H_5$$

gelangen. Keine von diesen Substanzen hat aber eine praktische Bedeutung erlangt.

Ebenso wurde Dijodcarbazol $\begin{matrix} C_6H_3J \\ | \\ C_6H_3J \end{matrix}\!\!>\!NH$ durch Einwirkung von Jod und Quecksilberoxyd in alkoholischer Lösung auf Carbazol [3]) erhalten, ferner wurden die Jodderivate des Oxytriphenylmethans [4]) dargestellt.

R. Griese in Berlin stellt ein im Magen leicht lösliches Doppelsalz aus 7-Jod-8-oxychinolin-5-sulfosäure her, indem er molekulare Mengen Ammoniumjodid und des Ammoniumsalzes der 7-Jod-8-oxychinolin-5-sulfosäure unter Erwärmen in Wasser auflöst und erkalten läßt.

Wir haben gesehen, daß der Eintritt von Jod in die Kernwasserstoffe des Benzolkerns wohl die antiseptische Kraft der Verbindungen selbst steigert, aber das gewonnene Produkt als Jod abspaltendes Mittel aus dem Grunde nicht verwendbar ist, weil die so konstituierten Substanzen unter der Einwirkung der Gewebe keineswegs Jod abzuspalten vermögen. Anders verhält es sich hingegen beim Pyrrolring. Wenn hier die Wasserstoffe mit Ausnahme des Imidwasserstoffes durch Halogen ersetzt werden, so bilden sich Halogensubstitutionsprodukte, welche durchaus nicht so resistent sind wie die der Benzolderivate, sondern unter der Einwirkung der Gewebe, wenn auch schwieriger, wie etwa Jodoform, Jod abzuspalten in der Lage sind. Tetrajodpyrrol

```
JC——CJ
JC\  /CJ
   N
   H
```

[1]) DRP. 143 596. [2]) DRP. 81 928. [3]) DRP. 81 929. [4]) DRP. 85 929.

z. B. spaltet im Organismus Jod ab und seine toxische Wirkung ist eine äußerst geringe. Nach Verfütterung von Jodol (Tetrajodpyrrol) findet man die Hälfte des eingeführten Jods im Harne (Rösel). Aus diesem Grunde kann es auch als Ersatzmittel des Jodkaliums benützt werden[1]). Wegen seiner Unlöslichkeit und Reizlosigkeit sowie wegen seiner Geruchlosigkeit konnte es als erstes Jodoformersatzmittel, welches eingeführt wurde, sich viele Freunde erwerben. Die Erklärung, daß Tetrajodpyrrol im Gegensatze zu den Benzolverbindungen, in denen Kernwasserstoffe durch Jod ersetzt sind, Jodwirkungen zu äußern in der Lage ist, mag darin liegen, daß hier eben alle durch Jod ersetzbaren Wasserstoffe auch durch Jod vertreten sind, was der Verbindung einen solchen Grad von Labilität gibt, daß sie leicht ein oder mehrere Jodatome unter der Einwirkung der Gewebe abzuspalten vermag. Die Darstellung des Tetrajodpyrrols welches Jodol genannt wird, erfolgt nach der von Ciamician und Silber angegebenen Methode[2]).

Pyrrol stellt man aus Knochenölen, dem Dippelschen Öle, dar und jodiert es, indem man auf eine alkalische, wässerige Lösung des Pyrrols eine Jodlösung einwirken läßt. Das ausfallende Tetrajodpyrrol C_4J_4NH wird aus einer alkoholischen Lösung mit Wasser gefällt und so gereinigt; oder man jodiert Pyrrol in alkoholischer Lösung bei Gegenwart von Quecksilberoxyd und fällt das Reaktionsprodukt mit Wasser, oder es wird Pyrrol, jodsaures Kali und Jodkalium in Wasser gelöst und Alkohol bis zur Trübung zugesetzt. Hierauf erfolgt die Bildung des Tetrajodpyrrols durch die Einwirkung verdünnter Schwefelsäure, die man zusetzt, auf die Jodsalze.

Man kann auch zum Tetrajodpyrrol vom Tetrachlorpyrrol oder Tetrabrompyrrol gelangen. Tetrachlorpyrrol erhält man durch Behandlung von Pyrrol oder von Pyrrolcarbonsäuren mit Chlor in alkoholischer Lösung. Derselbe Weg führt bei Anwendung von Brom zum Tetrabrompyrrol.

Behandelt man die Chlor-, Brom- und Jodsubstitutionsprodukte des Pyrrols mit Halogenalkylen in alkoholischer Lösung, so gelangt man zu den alkylierten Halogenpyrrolen. Vom Tetrachlor- oder Tetrabrompyrrol ausgehend, erhält man Jodol, wenn man eine alkoholische Lösung mit Jodkalium erhitzt. Die Reaktion erfolgt quantitativ.

Die leichte Zersetzlichkeit des Jodols, welches in seiner antiseptischen Wirkung sowie auch in den übrigen Wirkungen dem Jodoform weit nachsteht und deshalb, trotzdem es das erste Jodoformersatzmittel war und trotz seiner gelben Farbe keine allgemeine Verbreitung finden konnte, hat dazu geführt, es mit anderen Substanzen zu verbinden, Verfahren, die aber ohne jede praktische Bedeutung sind. So hat man durch die Darstellung des Coffeinjodols ein unlösliches, angeblich weit beständigeres Präparat erhalten, als es Jodol ist. Es ist kein rechter Grund einzusehen, warum gerade dazu Coffein verwendet wurde. Ferner wurde aus Jodol und Hexamethylentetramin, wie aus Jodoform und Hexamethylentetramin (siehe S. 594), ein molekulares Additionsprodukt dargestellt, welches angeblich sehr beständig ist.

Es entsteht beim Zusammenbringen einer alkoholischen Jodollösung mit einer wässerigen oder alkoholischen Hexamethylentetraminlösung als silbergraue Krystallmasse.

Auch die Darstellung des Jodolalbumins, Jodolen genannt, ähnlich wie des Jodoformalbumins, welche nur als Umschließung des Jodols mit geronnenem Eiweiß anzusehen ist, erscheint uns zwecklos, da ja Jodol keine intensiv riechende Substanz ist und schon für Jodoform der Wert der Eiweißverbindungen als sehr zweifelhaft angesehen werden muß (s. S. 595).

Zur Darstellung der Jodoleiweißverbindung vermischt man Lösungen von Eiweiß mit einer Jodollösung und koaguliert das Eiweiß in der Siedehitze[3]).

---

[1]) E. Pick, Vierteljahrsschrift f. Derm. u. Syphilis **1886**, 583.

[2]) DRP. 35 130, 38 423. [3]) DRP. 108 904.

Pyrroldiazoljodid wirkt lähmend auf periphere Nervenendigungen, entfiebernd, antiseptisch, und zwar stärker als Chinin. Das Bromid zeigt schon in kleinen Dosen die nämliche Wirkung[1]).

Kernjodierte Imidazole erhält man, wenn man Imidazole oder deren Derivate mit kernsubstitutionsfähigen Wasserstoffatomen mit Jodlösungen behandelt, gegebenenfalls unter Zusatz von Jodwasserstoffsäure bindenden oder oxydierenden Mitteln. Diese Produkte sind sehr jodreich und völlig geruch- und geschmacklos[2]).

Isoform nennt Liebrecht p-Jodoanisol $C_6H_4<^{OCH_3}_{JO_2}$ ein farbloses, schwach nach Anis riechendes, in Wasser schwer lösliches, auch bei höheren Temperaturen nicht zersetzbares Pulver, welches als Trockenantisepticum dienen soll.

Isoform, d. i. p-Jodoanisol, hat explosive Eigenschaften und kommt daher in einer Mischung mit gleichen Teilen Calciumphosphat oder Glycerin in den Handel. Man stellt die Substanz so wie das analoge p-Jodophenetol dar, indem man p-Jodanisol und p-Jodphenetol direkt oder nach Überführung in die Chlorjod- resp. Jodosoverbindungen mit oxydierenden Agenzien, wie Chlor, unterchlorige Säure behandelt oder indem man die Jodosoverbindungen mit Wasserdampf destilliert[3]).

Aus Holzteer und Holzteerölen wird in Gegenwart schwachbasischer Kondensationsmittel mit einem Aldehyd, z. B. Formaldehyd, eine Kondensation durchgeführt und dann das Kondensationsprodukt in üblicher Weise jodiert[4]).

o-Jodanisol macht bei Hunden in Dosen von 5—6 g keine toxischen Effekte, sondern nur lokale Reizerscheinungen. 40% des Jods erscheinen im Harn, nur sehr wenig anorganisch gebunden, das meiste wahrscheinlich als o-Jodhydrochinonmethyläther mit Schwefelsäure und Glykuronsäure gepaart. Ein Teil des Jodanisols wird unverändert in den Faeces, ohne resorbiert zu werden, ausgeschieden[5]).

m-Jodanisol wird als gepaarte Schwefelsäure, aber zum Teil auch als Glykuronsäure ausgeschieden[6]).

Wir kommen nun auf einen Körper zu sprechen, das Sozojodol[7]), welcher scheinbar der ausgeführten Anschauung widersprechen würde, daß der Ersatz von Kernwasserstoffen durch Jod im Benzolkern für die Jodwirkung der Substanz ganz belanglos ist und ferner, daß durch Sulfurierung der Substanzen ihre Wirkung wesentlich abgeschwächt oder ganz aufgehoben wird. Mit einem Aufwande von großer Reklame wurde Sozojodol, die Dijod-p-phenolsulfosäure $OH \cdot C_6H_2J_2 \cdot SO_3H$ und ihre Salze als Arzneimittel empfohlen. Daß die freie Säure antiseptische Wirkungen äußern kann, daran ist wohl nicht zu zweifeln, da dies ja eine allen stärkeren Säuren zukommende Eigenschaft ist. Der Gehalt an Jod in der Verbindung ist aber für diese Eigenschaft aus dem Grunde gleichgültig, weil die antiseptische Wirkung hier nur durch die Sulfosäuregruppe ausgelöst wird. Daß aber die neutralen Salze der Alkalimetalle Jodoformersatzmittel sein können, muß auf das entschiedenste in Abrede gestellt werden. Nur wenn die Alkalisalze dissoziieren, kann es hier zu einer antiseptischen Wirkung kommen, sonst aber nicht. Ein anderes ist es, wenn die Sozojodolsäure Salze mit Quecksilber oder Zink bildet. Diesen Verbindungen kommt naturgemäß die dem Metallion eigentümliche Wirkung zu und wie schon öfter erwähnt, ist es ziemlich gleichgültig, welche Säure in die Salzbildung eingeht. Die Wirkung beruht nur auf den spezifischen Eigenschaften des salzbildenden Metalles. Dieses ist auch der Grund, weshalb trotz der von den Fabrikanten aufgewendeten Mühe

---

1) Lo Monaco und Tarulli, Bull. della Soc. Lincei **1896**, XV, 26.
2) DRP. 223 303. 3) Höchster Farbwerke, DRP. 161 725.
4) J. Härtkorn, Berlin, DRP. 223 838.
5) R. Luzatto und G. Satta, Arch. d. Farmacol. sperim. **11**, 393 (1911).
6) R. Luzatto und G. Satta, Arch. d. Farmacol. sperim. **16**, 393 (1913).
7) DRP. 45 226.

sich in der Praxis nur die Quecksilber- und Zinkverbindung zu halten vermochte, weil die Wirkung dieser Salze eben auf der Wirkung des Quecksilbers und des Zinks und nicht auf der Sozojodolsäure beruht. Sollte die Sozojodolsäure im Sinne einer Jodverbindung wirksam sein, so müßte ihr eine andere Konstitution zukommen als die ihr zugeschriebene.

Sozojodolnatrium erwies sich bei Spirochäten unter verschiedenen Jodpräparaten als das wirksamste, wenn es präventiv und hierauf kurativ angewendet wird, bloß kurativ wirkt es nicht.

Man erhält die jodierten Sulfosäuren der Phenole, wenn man p-phenolsulfosaures Kali mit Chlorjodsalzsäure, die vor dem Jodieren mit Neutralisationsmitteln bis zum Auftreten von freiem Jod versetzt ist, zusammenbringt. Man erhält so das saure Kaliumsalz einer Dijod-p-phenolsulfosäure, welches schwerer löslich, und das leichter lösliche Kaliumsalz einer Monojod-p-phenolsulfosäure. Die Entstehung dürfte nach folgender Gleichung geschehen.

$$2\,C_6H_4\!\left\langle\begin{matrix}OH\\SO_3K\end{matrix}\right. + 3\,JCl = C_6H_2\!\left\langle\begin{matrix}J_2\\OH\\SO_3K\end{matrix}\right. + C_6H_3\!\left\langle\begin{matrix}J\\OH\\SO_3K\end{matrix}\right. + 3\,HCl$$

Das schwer lösliche saure Kaliumsalz mag vielleicht eben wegen dieser sauren Eigenschaften antiseptische Wirkungen in geringerem Grade besitzen.

Die freie Dijod-p-phenolsulfosäure, das eigentliche Sozojodol, erhält man durch Zersetzen des schwer löslichen Barytsalzes mit Schwefelsäure. Auf gleiche Weise erhält man die Jodverbindungen: α-dijodphenolsulfosaures Kalium, β-dijodphenolsulfosaures Kalium, die Monojod-p-kresolsulfosäure und deren Salze, Jod-o-kresolsulfosäure und deren Salze, Jodthymolsulfosäure und deren Salze.

Von diesen kamen das leicht lösliche Natriumsalz der Dijod-p-phenolsulfosäure $C_6H_4J_2(OH)SO_3Na + 2\,H_2O$ und das schwer lösliche Kaliumsalz $C_6H_2J_2(OH)SO_3K$ zur therapeutischen Anwendung. Diese Präparate blieben ohne wesentlichen Erfolg, während die entsprechenden Zink- und Quecksilberverbindungen, wie erwähnt, eine größere Verbreitung erlangten. Im Organismus wird aus diesen Präparaten kein Jod abgespalten, sie verlassen ihn ganz unverändert.

In diese Gruppe gehört noch Pikrol, das dijodresorcinmonosulfosaure Kali, welches farblos geruchlos und ungiftig ist und dem man naiverweise nachsagte, daß es so antiseptisch wirke, wie Sublimat. Man muß wohl staunen, wie wenig Verständnis des wahren Sachverhaltes Erfinder und Fabrikanten häufig zeigen.

Formidin ist ein Kondensationsprodukt aus Jod, Formaldehyd und Salicylsäure $C_{15}H_{10}O_2J_6$ (Methylendisalicylsäurejodid ?).

Von Claus stammt das ebenfalls ganz vergebliche Bemühen, durch Jodieren und Sulfurieren von Oxychinolin zu Jodoformersatzmitteln zu gelangen. Claus, wie eine Reihe von Chemikern, glaubte im Gegensatze zu den tatsächlichen Verhältnissen, daß es bei der Darstellung von Jodoformersatzmitteln, welche jodhaltig sein sollten, gerade darauf ankomme, daß das Jod möglichst fest gebunden sei. Sie übersehen auch, daß es eine Kardinalregel bei der Arzneimittelsynthese ist, daß die Einführung von Säuregruppen in eine Verbindung deren Wirkung vernichtet oder wesentlich abschwächt.

m-Jod-o-oxychinolinanasulfosäure, Loretin, stellte Claus nach folgendem Verfahren dar[1]):

o-Oxychinolin wird mit rauchender Schwefelsäure in der Kälte behandelt und man gelangt so zur Monosulfosäure des Oxychinolins, wobei die Sulfogruppe in der Anastellung des Chinolins steht. Läßt man nun auf das Kaliumsalz Jod einwirken, am besten, indem

[1]) DRP. 72 942.

man Jodkalium und Salzsäure verwendet, so tritt das Halogenatom in die m-Stellung des Chinolinkernes

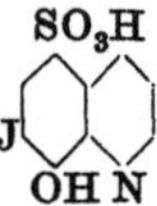

Ebenso gelangt man durch Chlorieren und Bromieren zur m-Chlor- und m-Brom-o-oxychinolinanasulfosäure[1]).

Loretin, die freie Säure, ist ein gelbes, geruchloses und unlösliches Pulver, welches nur als Säure antiseptische Eigenschaften zeigt. Als Jodoformersatzmittel angewendet, sollen ihm keine unangenehmen Wirkungen zukommen. Auch das Kalium- und Natriumsalz wurde empfohlen, aber nur das Wismutsalz hat für kurze Zeit als Jodoformersatzmittel Anwendung finden können. Vorteile gegenüber den anderen Wismutmitteln kann diese Verbindung keineswegs bieten. (Siehe Wismutverbindungen.)

Den gleichen Zweck verfolgte Claus mit der Darstellung im Benzolkern jodierter und hydroxylierter Chinoline. Man behandelt o- oder p-Oxychinolin mit Jod in statu nascendi und erhält so Ana-jod-p-oxychinolin[2]).

p-Methyl-m-jod-o-oxychinolinanasulfosäure[3]) erhält man in gleicher Weise, wie Loretin, durch Einwirkung von Jod auf die p-Methyl-o-oxychinolinanasulfosäure.

Die Wirkungen dieser Substanz sollen mit den Loretinwirkungen identisch sein.

Auch die dem Loretin isomere p-Jod-ana-oxychinolin-o-sulfosäure[4]) erhält man, wenn man nach dem Clausschen Verfahren die Ana-oxychinolin-o-sulfosäure jodiert.

Ein ungiftiges Jodoformersatzmittel, von Tavel und Tomarkin eingeführt[5]), soll Jodchloroxychinolin (Vioform) sein, welches aus Anachlor-o-oxychinolin durch Jodieren dargestellt wird, in wässeriger Lösung mit Jodjodkalium, resp. mit Jodkalium und Hypochloriten. Es ist nur spurenweise wasserlöslich[6]).

Jodofan ist Monojoddioxybenzolformaldehyd $C_6H_3(OH)_2J \cdot HCOH + 2\,H_2O$.

Phenol mit Formaldehyd bei 100° und unter Druck mit Alkalien behandelt gibt ein polymeres Anlagerungsprodukt beider Ausgangssubstanzen, welches Formaldehyd sowohl in fester Bindung als auch labil enthält. Es wird daraus durch Enzyme Formaldehyd abgespalten[7]). Läßt man auf die Verbindung Jod in alkalischer Lösung einwirken und fällt dann mit Säure, so erhält man eine Jodphenolformaldehydverbindung[8]).

Von Jodderivaten, die als Jodoformersatzmittel hätten dienen sollen, aber in kürzester Zeit verschwanden, sind noch zu nennen: das von Frankreich her empfohlene Antiseptol, welches Cinchoninum jodosulfuricum ist, ein in Wasser unlösliches Salz, über das aber keine therapeutischen Erfahrungen vorliegen. Die Wirkung dürfte sich hauptsächlich auf die bekannte Cinchoninwirkung beziehen, ebenso wie beim Chininum lygosinatum. Dieses ist ein Desinfektionsmittel, und zwar ein Doppelsalz von Chinin und dem Natronsalz des Di-o-cumarketons. Es ist erst geschmacklos, dann bitter. Lygosin selbst ist Di-o-cumarketon, es wirkt hindernd auf Bakterienentwicklung.

Jodverbindungen.

Eine Reihe von Jodverbindungen wurde zu dem Zwecke dargestellt, um Jodoformersatzmittel zu erhalten, Ersatzmittel, welche, da es sich um Streupulver handelte, denen mehr oder minder starke antiseptische und granulations-

[1]) DRP. 73 415. [2]) DRP. 78 880. [3]) DRP. 84 063. [4]) DRP. 89 600.
[5]) Deutsche Zeitschrift f. Chirurgie **1900**, Heft 6. [6]) DRP. 117 767.
[7]) Hernchke, Müncheberg, DRP. 157 553. [8]) DRP. 157 554.

befördernde Eigenschaften zukommen sollten, auch aus anderen chemischen Gruppen, ohne daß die Anwesenheit von Jod dazu unumgänglich notwendig wäre, darstellbar waren, wir nennen hier nur die Tannin- und Wismutgruppen. Eine Reihe von Jodverbindungen, insbesondere für den inneren Gebrauch, wurde nur aus dem Grunde dargestellt, um Ersatzmittel für Jodkalium oder Jodnatrium zu finden, denen bei interner Verabreichung die eigentliche Jodwirkung, die insbesondere bei syphilitischen Spätaffektionen geradezu als spezifische zu bezeichnen ist, zukommt. Es handelt sich wohl hier vor allem um die resorptionsbefördernde Wirkung der Jodsalze. Diese einfachsten anorganischen Verbindungen des Jods aus der Therapie je zu verdrängen, wird wohl keinem synthetischen Mittel gelingen. Weshalb man überhaupt Ersatzmittel des Jodkaliums suchte, ist nur erklärlich aus der Zersetzbarkeit der wässerigen Lösungen der Jodkalisalze, aus dem schlechten Geschmacke derselben, der sich ja bekanntlich durch pharmazeutische Verabreichungsformen sehr gut korrigieren läßt und endlich, was das wichtigste ist, aus dem Auftreten des Jodismus benannten Symptomenkomplexes. Es handelt sich nur darum, organische Verbindungen, welche Jod oder Jodwasserstoffsäure unter dem Einflusse der Gewebe, wenn auch nicht so leicht wie die Jodsalze, abgeben, darzustellen. Für diese Zwecke konnten sich ja wohl nur aliphatische Jodverbindungen eignen oder solche aromatische, in denen Jod in Seitenketten enthalten und leicht abspaltbar ist. Ob Verbindungen dieser Art Vorzüge gegenüber den Jodalkalisalzen zukommen, wollen wir dahingestellt sein lassen, wenn es auch sehr wahrscheinlich ist, daß in einzelnen organischen Verbindungen das nicht ionisierte Jod von einzelnen Geweben relativ besser aufgenommen wird. Die Erfahrung zeigt nur, daß bei der ungeheuer großen Anwendung von Jodsalzen in der Therapie der verschiedensten Erkrankungen keines der Jodpräparate, welche für die innere Verabreichung dargestellt wurden, die anorganischen Jodsalze, welche auch die billigsten sind, verdrängen konnte. Man hat sich bemüht, in fast alle intern verabreichbaren Substanzen Jod zu substituieren, man hat auch jodwasserstoffsaure Salze der verschiedensten Substanzen mit den verschiedensten Wirkungen ganz zwecklos in dieser Absicht dargestellt. Wir wollen nur einige dieser Substanzen erwähnen:

Wülfing[1]) erzeugt eine krystallisierte wasserfreie Doppelverbindung von Glucose und Jodnatrium durch Krystallisation aus 80proz. Alkohol. An Stelle des Äthylalkohols kann man auch andere Alkohole oder Ketone verwenden, in welchen Glucose und Natriumjodid löslich, z. B. Methylalkohol und Aceton[2]).

Jodnatriumglucose erhält man, wenn man wasserfreie Glucose und wasserfreies Jodnatrium 2 : 1 möglichst homogen mischt und die Mischung entweder zusammenschmilzt oder mit starkem Alkohol anfeuchtet und bei 100—115° trocknet. Die Ausbeute ist quantitativ, während sie nach DRP. 196 605 erheblich geringer ist[3]).

Wässerige oder alkoholische Lösungen von Jodcalcium und neutral reagierenden Ammoniakderivaten, wie Aminosäuren und Harnstoff, geben beim Eindampfen krystallisierte Verbindungen Beschrieben sind: Glykokolljodcalcium, Harnstoffcalciumjodid, Glycylglycinjodcalcium, Alaninjodcalcium. Die Verbindungen werden durch Kohlensäure nicht zersetzt[4]).

Jodoform wurde auch intern gegeben, wobei es sich schon im Darmkanal zersetzt, so daß es zur Resorption von jodwasserstoffsauren Verbindungen aus dem Darme kommt. Ähnlich verhalten sich wohl zahlreiche aliphatische Körper.

Jodäthyl wurde in Frankreich als Ersatzmittel für die ebenfalls Jodäthyl enthaltende Jodtinktur zu Pinselungen verwendet, auch intern eingenommen soll es gut wirken.

---

[1]) DRP. 196 605. [2]) Wülfing, DRP. 204 764, Zusatz zu DRP. 196 605.
[3]) Johann A. Wülfing, Berlin, DRP. 312 643.
[4]) Walter Spitz, Eichwalde, DRP. 318 343.

Man wird begreifen, daß bei der Kostspieligkeit des Jodäthyls gegenüber der Jodtinktur oder gegenüber dem Jodkalium jeder Arzt wohl bei den alten Mitteln bleiben wird, wenn das Neue gar keinen nennenswerten Vorteil bietet.

Einen größeren Vorteil scheinen uns die von Winternitz[1]) empfohlenen Jodfette zu bieten, die gut resorbiert langsam bei der Verbrennung im Organismus Jod frei machen. Diese Jodfette (ebenso verhalten sich die Bromfette) zersetzen sich beim Aufbewahren nicht. Sie werden dargestellt durch Behandeln von Fetten und Ölen mit Chlorjod oder Chlorbrom, doch bleiben die Fette hierbei zum Teile ungesättigt, weshalb sich das Halogenprodukt auch nicht zersetzt, während die jodgesättigten Fette sehr leicht unter Jodabspaltung zersetzlich sind[2]). Man erhält diese Verbindungen auch, wenn man gasförmige Jod- oder Bromwasserstoffsäure auf Fette in unzureichender Menge einwirken läßt, und zwar bei niederer Temperatur[3]). Diese Idee, ungesättigte Fette zu jodieren, hat noch größeren Erfolg in der Form gehabt, ungesättigte Fettsäuren zu jodieren und deren geschmacklose pulverförmigen Kalksalze zu verabreichen.

Jod- und Bromfette erzeugt Arnold Voswinkel, Berlin[4]), in der Weise, daß er Jod oder Brom in Gegenwart der Sulfhydrate von chlorierten Aldehyden auf fette Öle, Fette usw. zur Einwirkung bringt. Es entsteht Halogenwasserstoff, der sich mit dem Öl verbindet. Man kann z. B. Jod- und Brom-Sesamöl unter Anwendung von Chloralsulfhydrat- oder Butylchloralsulfhydrat darstellen.

Trijodierte Derivate der Stearinsäure[5]) erhält man durch Einwirkung von 3 Mol. Jodmonobromid, Jodmonochlorid oder Jodwasserstoff auf Linolensäure. An Stelle von reiner Linolensäure kann man auch das durch Verseifung von Leinöl erhältliche Gemisch von Leinölfettsäuren verwenden. Die erhaltenen Halogenderivate der Stearinsäure sind im Wasser unlösliche, geschmacklose Verbindungen, die sich durch Behandlung mit organischen Basen in die entsprechenden Salze überführen lassen. Die Halogenderivate können als freie Säuren oder als Salze Verwendung finden. Beschrieben sind Trijodtribromstearinsäure, Trijodtrichlorstearinsäure und Trijodstearinsäure.

Taririnsäuredijodid erhält man, wenn man wässerige alkalische Lösungen von Taririnsäure mit geeigneten Mengen Jodjodkaliumlösung versetzt, das Reaktionsprodukt durch Zusatz von Mineralsäure ausfällt und dasselbe über die Alkalisalze reinigt und wieder fällt[6]).

Monojodfettsäuren erhält man aus Ölsäure, Elaidinsäure, Erucasäure und Brassidinsäure durch Einwirkung von Jodwasserstoff in Eisessig, bei gelinder Wärme. Den Jodwasserstoff erzeugt man, um ihn phosphorfrei zu haben, da sonst der Phosphor an der Reaktion teilnimmt, aus Jod und Copaivaöl. Beschrieben ist die Darstellung der Monojodbehensäure aus Erucasäure und der Monojodstearinsäure aus Ölsäure[7]). Man erhält die Monojodbehensäure aus der Monobrombehensäure, die aus Erucasäure durch Anlagerung von Bromwasserstoff entsteht, indem man sie auf Jodmetalle einwirken läßt[8]). Die Darstellung des Calcium-, Strontium-, Magnesiumsalzes der Jodbehensäure, des Calcium- und Strontiumsalzes der Jodstearinsäure und des Calciumsalzes der α-Jodpalmitinsäure geschieht durch Einwirkung von Jodkalium auf Brompalmitinsäure. In Form dieser Salze sind diese Jodfettsäuren sehr gut haltbar; man erhält sie entweder in wässeriger Lösung durch Neutralisation der Fettsäuren mit den Basen oder durch Umsetzung der Alkalisalze mit den Erdalkalisalzen, am besten aber in organischen Lösungsmitteln, indem man zu der freien Säure eine überschüssiges Ammoniak enthaltende Lösung des Erdalkalisalzes hinzufügt[9]).

Die Darstellung von Monojodfettsäuren aus ungesättigten Säuren durch Anlagerung von Jodwasserstoff wird durchgeführt, indem man auf ungesättigte Fettsäuren unter möglichstem Ausschluß von Wasser, Jodmetalle in Gegenwart von Säuren oder Säuregemischen einwirken läßt, welche eine höhere Acidität haben als die Fettsäuren. Man erhält z. B. aus Erucasäure, Jodnatrium, Eisessig, der mit Chlorwasserstoff gesättigt ist, Monojodbehensäure; durch Eingießen von Wasser fällt diese Säure aus dem Reaktionsgemische heraus[10]).

Ricinstearolsäuredijodid erhält man aus Ricinstearolsäure und Jod, wenn man die Jodierung in Gegenwart von wässeriger Essigsäure ausführt. Man erhält nach Entfernung

---

[1]) Deutsche med. Wochenschr. 23, 1897. [2]) DRP. 96 495. [3]) DRP. 135 835.
[4]) DRP. 233 857. [5]) E. Erdmann, Halle a. d. S., DRP. 233 893.
[6]) Hoffmann-La Roche, DRP. 261 211. [7]) DRP. 180 087.
[8]) DRP. 196 214. [9]) DRP. 180 622. [10]) DRP. 187 822.

von etwas überschüssigem Jod durch Krystallisation der Reaktionsmasse und Ausfällen der Mutterlauge mit Wasser festes, nahezu farbloses Dijodid, das leicht umkrystallisiert werden kann[1]).

Die Ester der Monojodfettsäuren können zu subcutanen Einspritzungen benützt werden. Man erhält sie durch direkte Veresterungen, z. B. den Äthylester durch Äthylalkohol mit konzentrierter Schwefelsäure. Beschrieben sind Jodbehensäureäthylester und Jodstearinsäureäthylester. In der englischen Patentschrift 11 494 ex 1902 wird Jodwasserstoff einfach an die Ester der ungesättigten Säuren angelagert[2]).

Heyden, Radebeul[3]), jodieren Fette, welche eine mittlere Jodzahl von 45 haben, mit chlorfreien Jodierungsmitteln in erschöpfender Weise. Kakaobutter z. B. wird mit Jodtinktur und Jodsäure bei 60° geschüttelt.

Heyden, Radebeul[4]), jodieren Fette mit chlorfreien Jodierungsmitteln und erzeugen Bromfette und Jodfette durch Brom in Gegenwart von Bromsäure und Jod in Gegenwart von Jodsäure[5]).

Riedel, Berlin[6]), stellt chlorfreie Ester und Salze hochmolekularer Jodfettsäuren in der Weise her, daß Fette ungesättigter Säuren oder die entsprechenden Salze derselben in Gegenwart von Jod und Wasser mit Quecksilberoxyd so behandelt werden, daß unterjodige Säure entsteht, welche dann jodierend einwirkt.

Die Bromverbindungen der ungesättigten Fettsäuren, und zwar die Erdalkaliverbindungen, werden genau so dargestellt wie die Jodverbindungen[7]).

Einen krystallisierten Ester des Ricinstearolsäuredijodids erhält man durch Überführung des Ricinstearolsäuredijodid in den Äthylester oder indem man an den Äthylester der Ricinstearolsäure Jod addiert[8]).

Die Ester der einfachen ungesättigten Dijodfettsäuren[9]) sollen den Monojodfettsäureestern des DRP. 188 834 gegenüber den Vorteil haben, daß sie bei gewöhnlichen Temperaturen fest bleiben und gut krystallisieren. Sie haben einen viel höheren Jodgehalt als die Jodderivate der fetten Öle. Dargestellt wurden Dijodbrassidinsäuremethylester mit Methylalkohol und Salzsäure, ferner der Äthylester und der Isoamylester, ferner Dijodelaidinsäuremethylester. Durch Erhitzen von Jod und Eisenpulver mit Behenolsäuremethylester entsteht der Dijodbrassidinsäuremethylester.

Man erhält die Säurechloride der ungesättigten Dihalogenfettsäuren[10]) der Formel $C_nH_{2n-4}(Hal.)_2O_2$ quantitativ durch Behandlung der Halogenfettsäuren mit Thionylchlorid. Beschrieben werden das Chlorid von Stearolsäuredijodid, -dibromid, von Brassidinsäuredijodid und Behenolsäuredijodid.

Phenylester jodierter Fettsäuren[11]) erhält man, wenn man jodierte Fettsäuren mit Phenolen in üblicher Weise verestert oder in Phenylester von ungesättigten Fettsäuren Jod einführt oder die Phenylester von chlor- oder bromsubstituierten Fettsäuren mit Jodsalzen behandelt. Dargestellt wurden: Jodessigsäurephenylester, Jodacetylthymol, α-Bromisovalerianylguajacolester, α-Jodisovalerianylguajacolester, α-Jodisovalerianylkreosotester, Methylpropyljodpropionsäureguajacolester, α-Jod-n-buttersäureguajacolester und die entsprechende Bromverbindung, Jodbehensäureguajacolester, Hydrochinondi-α-bromisovaleriansäureester, aus welchem man mit Jodnatrium das entsprechende Jodderivat erhält, Jodstearinsäureguajacolester, α-Jodisobuttersäureguajacolester.

Sajodin ist das von E. Fischer und Mering dargestellte Calciumsalz der Monojodbehensäure $(C_{22}H_{42}O_2J)_2Ca$, ein in Wasser unlösliches geschmackloses Pulver mit 26% Jod. Es wird zum kleinen Teil mit dem Kot wieder ausgeschieden, der Hauptteil wird resorbiert, besonders im Knochenmark, im Fett und in der Schilddrüse aufgespeichert und nach der Resorption von dort nach erfolgter Spaltung im Harn als Jodalkali ausgeschieden[12]).

α-Jodstearinsäure und α-Jodpalmitinsäure werden von Hunden schlecht vertragen. Bis zu 91% des Jodgehaltes derselben sind im Harn nach Verfütterung dieser Säuren als anorganisches Jod nachweisbar[13]).

---

[1]) Riedel, DRP. 296 495. [2]) DRP. 188 434. [3]) DRP. 199 549.
[4]) DRP. 199 549. [5]) DRP.-Anm, C. 13 420 (zurückgezogen). [6]) DRP. 202 790.
[7]) DRP. 187 449, Zusatz zu DRP. 180 622. [8]) Riedel, DRP. 303 052.
[9]) Ciba, DRP.-Anm. G. 30 940; Franz. Patent 430 404; Engl. Patent 19 350 ex 1910.
[10]) Hoffmann-La Roche, DRP. 232 459.
[11]) Bayer, Elberfeld, DRP. 233 327.
[12]) E. Abderhalden, Zeitschr. f. exp. Path. u. Ther. **4**, 716. — Georg Basch, HS. **55**, 399 (1908). [13]) G. Gastaldi, Arch. d. Farmacol. sperim. **16**, 470 (1913).

Die Calciumsalze der 2-Jodpalmitinsäure und der 2-Jodstearinsäure werden gut vertragen und unter Jodabspaltung im Harn ausgeschieden, die entsprechenden Amide (2-Jodpalmitinamid und 2-Jodstearinamid) dagegen werden unzersetzt mit den Faeces entleert[1]).

Dijodyl ist Ricinolstearolsäurejodid.

Dijodbrassidinsäureäthylester $C_{19}H_{39}CJ : CJ \cdot COO \cdot C_2H_5$ [Lipojodin [2])] soll in bezug auf Verträglichkeit und Lipotropie viel besser sein als Jodival, Jodipin, Sajodin, während die freien Dijodfettsäuren, wie die Dijodelaidinsäure diesen Anforderungen nicht entsprechen. Lipojodin wird langsam resorbiert, und im Darm wird kein Jod abgespalten. Ebenso verhält sich Sajodin. Sajodin und Jodipin werden nach Winternitz als fettsaure Alkalien resorbiert.

Jodival wird sehr rasch resorbiert und verhält sich sonst wie Jodkalium.

Die folgenden Verbindungen enthalten zwei verschiedene Halogene oder Halogen und Schwefel:

Geschwefelte Jodfette[3]) erhält man, wenn man auf Fette oder fette Öle in Gegenwart von Schwefelwasserstoff Jod einwirken läßt. Nimmt man ungesättigte Fettsäuren[4]), so gelangt man zu analogen Produkten, welche aber wasserlösliche Salze bilden.

Jodfettpräparate[5]) in fester und nahezu geschmackloser Form erhält man durch Darstellung der Salze der Chlorjodfettsäuren.

Fette bzw. Fettsäuren und deren Ester, die Brom und Jod gleichzeitig enthalten und haltbar sind, stellt Majert, Berlin[6]), dar durch Einwirkung von Brom und Jod in zur vollständigen Halogenisierung unzureichender Menge.

E. Merck beschreibt die Darstellung von haltbaren Jod- und Bromfetten, indem man Jod- und Bromwasserstoffsäure in wässeriger Lösung und in statu nascendi auf die Fette einwirken läßt[7]).

Ulzer und Batig in Wien stellen Phosphorsäureester aus den Diglyceriden von Fettsäuren oder Halogenfettsäuren und Phosphorpentoxyd her, indem sie die Reaktion in Gegenwart von Wasser durchführen. Sie vermischen 2 Mol. Diglycerid und 1 Mol. Phosphorpentoxyd und lassen 1 Mol. Wasser unter Rühren und Kühlung nach und nach zutropfen. Beschrieben ist die Darstellung der Dijodstearylglycerinphosphorsäure.

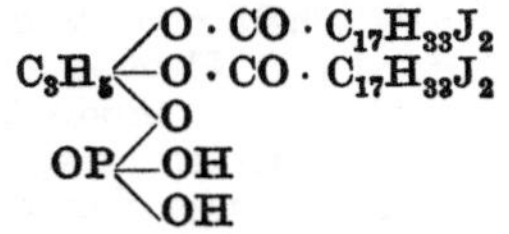

$$C_3H_5\begin{cases} O \cdot CO \cdot C_{17}H_{33}J_2 \\ O \cdot CO \cdot C_{17}H_{33}J_2 \\ O \end{cases}$$
$$OP\begin{cases} O \\ OH \\ OH \end{cases}$$

Man erhält Quecksilberjodidjodfettverbindungen, wenn man Elajomargarinsäure oder verseifte Holzöle mit unterjodiger Säure in Gegenwart von Quecksilberoxyd behandelt[8]).

Riedel, Berlin, beschreibt ein Jodlecithin, dargestellt durch Einwirkung von Jodmonochlorid oder Mischungen, welche Chlorjod abgeben. Die Verbindung enthält Jod in den ungesättigten Fettsäureradikalen substituiert[9]).

G. Richter, Budapest[10]), jodiert Lecithin in Tetrachlorkohlenstofflösung mit gasförmiger Jodwasserstoffsäure und filtriert durch wasserfreies Natriumcarbonat. Jodlecithin enthält 32% Jod.

Jodstärke resp. im allgemeinen Halogenstärke erhält man in trockener Form durch Versetzen eines Stärkekleisters mit Halogen und Tannin, Dekantieren, Zentrifugieren und Trocknen des Niederschlages. Tannin tritt nur in kleinen Mengen in die Verbindung ein[11]).

Erst im Darm wird aus α-Jodisovalerianylharnstoff Jod abgespalten. Man erhält ihn durch Einwirkung von Jodsalzen auf α-Brom- oder α-Chlorisovalerianylharnstoff [s. d.[12])].

---

[1]) P. Ponzio, Gazz. chim. ital. **41**, I, 781 (1911).

[2]) Oswald Loeb und Reinhard von den Velden, Therap. Monatshefte **25**, April (1911).

[3]) Bayer, Elberfeld, DRP. 132 791. [4]) DRP. 135 043.

[5]) Akt.-Ges. f. Anilin-Fabr., Berlin, DRP. 150 434. [6]) DRP. 139 566.

[7]) DRP. 159 748. [8]) Riedel, Berlin, DRP. 215 664. [9]) DRP. 155 629.

[10]) DRP. 223 594. [11]) Eichelbaum, Berlin, DRP. 142 897.

[12]) Knoll, Ludwigshafen, DRP. 197 648.

Monojodisovalerianoglykolylharnstoff wird Archiodin genannt.

Amide, Ureide oder Ester der in der Seitenkette jodierten Zimtsäuren erhält man durch Verwandlung dieser jodierten Säuren in die Derivate oder durch Anlagerung von Jod oder Jodwasserstoff an die Derivate der Phenylpropiolsäure. Beschrieben sind Dijodzimtsäure-amid, -ureid, -glycinester, -glykokoll, β-Jodzimtsäureguajacylester, Monojodzimtsäureamid, p-Nitrodijodzimtsäureäthylester. Diese Verbindungen sind geschmacklos und sollen Jod im Organismus rasch abspalten[1]).

Die Amide und Ureide der höheren brom- oder jodsubstituierten Fettsäuren sind gut krystallisierende Verbindungen, sie werden im Organismus gut aufgespalten und sollen weder giftig sein, noch unangenehme Nebenwirkungen haben. Sie sind nach den bekannten Verfahren darstellbar. Beschrieben sind: Dijodbrassidinsäureamid, Dibrombehensäureureid, Jodbehensäureamid[2]).

α-Jodpropionylcholesterin, β-Jodpropionylcholesterin und Dijodelaidylcholesterin werden sehr schlecht (etwa nur zu $^1/_3$) resorbiert. Die Jodausscheidung vollzieht sich innerhalb 4—5 Tagen, ein erheblicher Teil des resorbierten Jods bleibt in dem Gewebe zurück. Subcutan eingespritzt, erfolgt die Jodausscheidung allmählich[3]).

Alival ist Aceton-glycerin-α-jodhydrin.

$$\begin{array}{l} J \cdot CH_2 \cdot CH \cdot O \\ \qquad\quad\;\; \dot{C}H_2 \cdot O \end{array} \!\!> C(CH_3)_2$$ [4])

Jodthion ist Dijodhydroxypropan $C_3H_5J_2 \cdot OH$, es wurde als Ersatzmittel der Jodtinktur empfohlen.

Joddioxypropan erhält man durch Digerieren von α-Chlorhydrin mit Jodalkalien bei einer 90° nicht übersteigenden Temperatur im Dunkeln[5]). Bei der Darstellung von Joddioxypropan kann man Jodalkalien bei der Einwirkung auf α-Chlorhydrin unterhalb 90° durch Joderdalkalien oder Jodmagnesium ersetzen[6]).

Dem Benzojodhydrin $(C_3H_5)ClJ(C_6H_5 \cdot CO_2)$, also dem Chlorjodbenzoesäureglycerinäther sollen bei der internen Verabreichung als Ersatzmittel der Jodalkalien keine unangenehmen Nebenwirkungen zukommen. Doch ist diese Substanz eine braungelbe, fettige Masse, die man erst mit Zucker mischen muß, um sie verabreichen zu können[7]).

Die Substitutionsprodukte des Coffeins und Theobromins, z. B. das jodwasserstoffsaure Dijodcoffein, sind so labil, daß sie schon bei der Berührung mit Wasser Jod abspalten und in halbwegs erheblichen Dosen innerlich gegeben durch die Elimination des Jods in den Respirationswegen krampfhaften Husten erzeugen.

Zu den erfolglosesten Bemühungen in der Arzneimittelsynthese gehört das bei jungen Synthetikern und bei jungen Fabrikanten so beliebte Einführen von Halogenen in bekannte Arzneikörper. Um so erfolgloser muß so ein Bemühen erscheinen, wenn zur Einführung eine Grundsubstanz gewählt wird, die an und für sich sehr teuer ist. Da die mit Brom oder Jod substituierten und addierten Körper meist keine besonders hervorragenden Wirkungen, insbesondere keine neuen verwertbaren Eigenschaften zeigen, so fristen sie meist nur ein Eintagsdasein. In der Thallinperiode wurde ein Jodadditions produkt des Thallinsulfates als Thallinperiodat eingeführt, und Grenville behandelte damit Carcinome angeblich mit bestem Resultat. Jodopyrin ist Jodantipyrin, in dem ein Wasserstoff der Phenylgruppe durch Jod ersetzt ist. Der Körper wirkt wie Antipyrin und Jod, hat aber vor einer Mischung beider

1) Bayer, DRP. 246 165. 2) Bayer, DRP. 248 993.
3) E. Abderhalden und E. Gressel, HS. **74**, 472 (1911).
4) E. Fischer und Ernst Pfähler, BB. **53**, 1606 (1920).
5) Lüders, DRP. 291 541. 6) DRP. 291 922, Zusatz zu DRP. 291 541.
7) Chenal, Thèse de Paris (1896).

keinen Vorteil, soll aber angeblich wegen Ersatz des Wasserstoffes weniger giftig sein als Antipyrin[1]). Ebenso wurde Bromopyrin, d. i. Monobromantipyrin, dargestellt, über dessen Wirkung nichts bekannt ist.

Chlorantipyrin wurde durch Einwirkung von Chlorkalk und Salzsäure auf Antipyrin gewonnen, fand jedoch nie eine Verwendung.

Wenn man in das Molekül des 1-Phenyl-2.3-dimethyl-5-pyrazolons gleichzeitig Brom und Jod einführt, so erhält man 1-p-Bromphenyl-2.3-dimethyl-4-jod-5-pyrazolon und 1-p-Jod-phenyl-2.3-dimethyl-4-brom-5-pyrazolon, indem man zuerst das Bromderivat darstellt und jodiert oder umgekehrt verfährt[2]).

Ein jodhaltiges, wasserlösliches Präparat aus 1-Phenyl-2.3-dimethyl-4-dimethylamino-5-pyrazolon entsteht, wenn man Jodwasserstoffsäure vom spez. Gew. 1.7 zu einer wässerigen gesättigten Lösung der freien Base zusetzt, die Flüssigkeit zur Trockne eindampft und mit Alkoholäther auswäscht[3]).

Jodantifebrin scheint beide Wirkungen (Antifebrin- und Jodwirkung) einzubüßen, da es nicht resorbiert wird, wohl wegen seiner äußerst geringen Löslichkeit. Dem Jodophenin, dem Trijodderivat des Phenacetins, wußte man nur nachzusagen, daß es antibakteriell wirke[4]). Dieses Jodsubstitutionsprodukt hat in der medizinischen Welt ebenfalls gar keine Beachtung gefunden. Er zersetzt sich in allen Lösungsmitteln unter Abgabe von Jod, wirkt durch Abspaltung von Jod antiseptisch, da aber die Jodmenge sehr groß ist, so wirkt das neue Präparat ebenso reizend wie eine reine Jodlösung und besitzt demnach vor dieser keine Vorzüge[5]). Ebensowenig Chinjodin, ein Jodsubstitutionsprodukt des Chinins, welches leicht spaltbar ist und bei Gesunden und Kranken den Stickstoffwechsel regelmäßig steigert.

Jodchinin und Jodcinchonin erhält man durch Behandeln dieser Basen in sehr verdünnter salzsaurer Lösung mit Chlorjod in Salzsäure in molekularen Verhältnissen; macht man alkalisch, so fällt ein rein weißer Niederschlag heraus[6]).

Jodacetylierte Salicylsäuren werden aus jodierten fetten Säuren, und zwar aus deren Chloriden, Bromiden oder Anhydriden und Salicylsäure dargestellt. Beschrieben ist die Darstellung von Jodacetylsalicylsäure[7]).

Max Haase, Berlin, jodiert Salicylsäure, indem er Jod in alkalischer Lösung einwirken läßt, und zwar eine weniger als die molekulare Menge Jod in Gegenwart von Jodkalium, und die jodierte Säure durch Mineralsäure ausfällt[8]).

Verwendet man dieses Verhalten zur Jodierung von Acetylsalicylsäure, so wird die Acetylgruppe abgespalten. Man kann aber die jodierte Acetylsalicylsäure erhalten, wenn man bei der Acetylierung jodierte Salicylsäure verwendet. Jodacetylsalicylsäure $C_6H_3J{<}{\scriptstyle O \cdot CO \cdot CH_3 \atop \scriptstyle COOH}$ ist ein geschmackloser Körper[9]).

Max Haase, Berlin[10]), stellt Monojodsalicylsäureamid in der Weise her, daß er Salicylsäureamid in alkalischer Lösung mit Jod-Jodkalium behandelt, welches weniger freies Jod enthält, als zur Monojodierung notwendig ist.

Als Mittel gegen Urticaria werden Jodsaponine empfohlen, die völlig reizlos sein sollen. Man erhält sie durch Erhitzen von Saponinen mit Jod bei Gegenwart von Wasser[11]).

Es läßt sich also die Regel aufstellen, daß Substitutionen mit Brom oder Jod bei den antipyretisch wirkenden Mitteln nie neue verwertbare Eigenschaften des neuen Körpers zutage fördern und man höchstens zu Körpern gelangt, welche ebenso wirken, wie die Mischung von einem Halogenalkali mit dem reinen Antipyreticum. Es ist auch von vornherein nicht abzusehen, auf welcher theoretischen Überlegung Synthesen dieser Art beruhen sollen, und welche neue

---

[1]) Laveran und Arnold, Revue méd. **1897**, Nr. 2. — Santesson, Deutsche med. Wochenschr. **1897**, Nr. 36. — Von Dittmar 1885 dargestellt, von E. Münzer geprüft.

[2]) Höchst, DRP. 254 487. [3]) Delli und Paolini in Rom, DRP. 180 120.

[4]) DRP. 58 409. [5]) Siebel, Deutsche Med. Ztg. **1891**, 527.

[6]) Ostermayer, Erfurt, DRP. 126 796.

[7]) DRP. 221 384, Zusatz zu DRP. 212 422, siehe Hauptpatent bei Chlor- und Bromderivate. [8]) DRP. 224 536. [9]) DRP. 224 537. [10]) DRP. 224 346.

[11]) Sander, DRP. 275 441.

Eigenschaften der Erfinder zu erlangen gedachte. Aber wir glauben nicht irrezugehen, wenn wir annehmen, daß bei der großen Reihe der noch zu findenden Körper noch immer eine große Reihe von Halogensubstitutionsprodukten, sowie von Sulfosäuren dieser Körper zwecklos dargestellt werden wird.

Die E. Baumannsche Entdeckung, daß in der normalen Schilddrüse der Tiere Jod in fester organischer Bindung enthalten ist und diese Jodothyrin genannte Substanz starke stoffwechselsteigernde Wirkungen schon in sehr kleinen Dosen auszulösen vermag, hat dazu geführt, Jod in Eiweißkörpern zu substituieren in der Hoffnung, so auf synthetischem Wege zu dem Jodothyrin analog wirkenden Substanzen zu gelangen. Diese Hoffnung ist nicht erfüllt worden, hingegen hat man Substanzen erhalten, die man ganz gut als Ersatzmittel der Jodalkalien benützen kann. So wurden unter den verschiedensten Namen Jodderivate von verschiedenen Eiweißkörpern dargestellt.

Das Jodieren von Eiweißkörpern gelingt leicht, wenn man deren wässerige Lösung entweder mit Jodjodkaliumlösung behandelt oder in die warme wässerige Lösung so lange feingepulvertes Jod einträgt, als noch eine Aufnahme von Jod erfolgt und hierauf die Lösung mit Hilfe von Essigsäure koaguliert[1]).

Auch aus Peptonen und Albumosen kann man auf diese Weise leicht zu wasserlöslichen Jodderivaten gelangen. F. Blum stellte durch alkalische Spaltung von jodiertem Eiweiß ein schwefelfreies jodiertes Produkt her, welches 10% Jod enthält, aber keineswegs in seinen therapeutischen Eigenschaften mit dem Jodothyrin aus der Schilddrüse übereinstimmt, aber als Jodkaliumersatz bei der Syphilisbehandlung unter dem Namen Jodalbacid[2]) von mancher Seite empfohlen wurde.

Feste wasserlösliche Verbindungen des Caseins mit Jodwasserstoff oder Bromwasserstoff erhält man durch Verrühren von Casein mit diesen Säuren in mittlerer Konzentration oder durch Lösen in verdünnter oder konzentrierter Säure und Ausfällen der Verbindung[3]).

Wegen der starken Dissoziation solcher Verbindungen[4]) in wässeriger Lösung werden wohl solche Substanzen sogar hinter Jodkalium oder Bromkalium zurückstehen. Ebenso wurden Jodleimverbindungen dargestellt, welche, um sie unlöslich und dadurch auch geschmacklos zu machen, ferner um die Gerbsäurewirkung dem Präparate zu verleihen, mit Tannin kombiniert wurden.

Tannin wurde mit Jodtinktur zunächst gemischt und dann Leimlösung zugesetzt. Die Fällung wird getrocknet und gepulvert. Sie enthält 22.5% Jod[5]).

Es wurden zahlreiche Versuche unternommen, aromatische Eiweißspaltlinge zu jodieren, aber die dargestellten Substanzen, von Phenylalanin, Tyrosin, Tryptophan und Histidin sich ableitend, hatten nicht die erwarteten Wirkungen.

Dijodtyrosin ist als Dinatriumsalz bei Kaninchen und Affen intravenös ungiftig. 2 g machen beim Menschen keinen Jodismus[6]). 3.5-Dijod-l-tyrosin gibt im Organismus 46% seines Jods aus der organischen Bindung ab. Aus dem 3.5-Dijod-r-tyrosin wird viel weniger Jod abgespalten[7]). Glycyl-3.5-dijod-l-tyrosin gibt im Organismus ionisiertes Jod ab[8]).

Knoll, Ludwigshafen, stellen organische Jodverbindungen aus den Chlor- oder Bromverbindungen durch Einwirkung von Alkalijodiden her, indem sie die Reaktion in Gegenwart von Aceton, Methyläthylketon, Diäthylketon oder Acetessigester ausführen[9]).

[1]) G. Hopkins und Brook, Journ. of physiol. **22**, 184.
[2]) F. Blum, Münchener med. Wochenschr. **1898**, 233. [3]) DRP.-Anm. C. 9082.
[4]) Erb, Zeitschr. f. Biol. **51**. — Ley, Zeitschr. f. physikal. Chemie **4**, 319 (1889).
[5]) DRP.-Anm. A. 6515. [6]) Albert Berthelot, C. r. **152**, 1323 (1911).
[7]) Adolf Oswald, HS. **62**, 399 (1909). [8]) J. Slawu, C. r. s. b. **76**, 734.
[9]) DRP. 230 172.

Jodonium-, Jodo- und Jodosoverbindungen verhalten sich im Organismus folgendermaßen: Jodoniumbasen wirken curareartig [1]). Jodosobenzol ist relativ giftig und wirkt als solches und nicht sein Umwandlungsprodukt, das Jodbenzol, auf das zentrale Nervensystem. Im Organismus wird es zu Jodbenzol reduziert. Zum Teil wird aber Jodion abgespalten [2]). Jodobenzol ist viel weniger giftig als Jodosobenzol. Es wird leicht im Organismus zu Jodbenzol reduziert, welches als Acetyljodphenylmercaptursäure $JC_6H_4 \cdot S \cdot CH_2 \cdot (NH \cdot CO \cdot CH_3)COOH$ ausgeschieden wird. Es macht bei Fröschen keine curareähnlichen Symptome [3]). Jodosobenzoat $C_6H_5<^{J=O}_{COONa}$ kann Sauerstoff für die Peroxydasereaktion liefern wie Wasserstoffsuperoxyd, es wirkt depressiv auf das Respirationszentrum und macht Apnoe. Jodosobenzoesäure schmeckt wie Wasserstoffsuperoxyd [4]). Von der Jodosobenzoesäure wissen wir, daß sie örtlich stark reizend wirkt und in Berührung mit im Blut kreisenden Jodalkalien freies Jod abspaltet [Heinz [5])].

Die Darstellung der Jodosobenzoesäure wird in der Weise vorgenommen, daß man o-Jodbenzoesäure mit rauchender Salpetersäure behandelt [6]). Man bekommt dann die Verbindung

$$C_6H_4<^{J=O}_{CO \cdot OH}$$

Ferner erhält man sie, wenn man o-Jodbenzoesäure mit Permanganat in schwefelsaurer Lösung in der Siedehitze oxydiert [7]). Weiter wurde gefunden, daß o-Jodbenzoesäure in Chloroform beim Einleiten von Chlor in diese Lösung einen gelben Körper abscheidet, der das Jodidchlorid der Jodbenzoesäure ist [8]). Beim Erwärmen mit Alkali und Ausfällen der alkalischen Lösung mit Mineralsäuren erhält man ebenfalls Jodosobenzoesäure.

Jodoxybenzoesäure

$$C_6H_4<^{J\ll^O_O}_{COOH}$$

ist noch kräftiger in der Erzeugung von Apnoe. Jodbenzoesäure $J \cdot C_6H_4 \cdot COOH$ ist unwirksam.

Chlor- und Bromderivate.

Die allgemeine Bedeutung des Eintrittes von Chlor und Brom in organische Verbindungen wurde bereits im allgemeinen Teile auseinandergesetzt. Der Eintritt von Chlor in Substanzen der aliphatischen Reihe vermag denselben hypnotische Eigenschaften, sowie narkotische, in starkem Maße zu verleihen, ebenso wie diesen Derivaten herzschädigende Wirkungen zukommen. Aber den Chlorsubstitutionsprodukten der aromatischen Reihe, in denen Chlor Kernwasserstoff ersetzt, kommen, im Gegensatze zu den aliphatischen gechlorten Alkoholen, Aldehyden und Kohlenwasserstoffen, keine hypnotischen Eigenschaften mehr zu, aber der Eintritt von Halogen in diese Verbindungen steigert die diesen eigentümliche antiseptische Kraft in erheblicher Weise. Doch ist auch diese Fähigkeit nicht allein vom Eintritte des Chlors, sondern auch von der Stellung desselben abhängig. So ist von den drei isomeren Mono-

---

[1]) V. Meyer und R. Gottlieb, BB. **27**, 1592 (1894).
[2]) R. Luzzatto und G. Satta, Arch. d. Farmacol. sperim. **8**, 554.
[3]) R. Luzzatto und G. Satta, Arch. d. Farmacol. sperim. **9**, 241 (1910).
[4]) A. S. Loevenhart und W. E. Grove, Journ. of biolog. chem. **7**, XVI (1909—1910).
[5]) Virch. Arch. **155**, Heft 1.
[6]) DRP. 68 574. — BB. **25**, 2632 (1892); **26**, 1339, 1357, 1727, 1735, 2953 (1893).
[7]) DRP. 69 384. [8]) DRP. 71 346.

chlorphenolen die p-Verbindung die am stärksten antiseptisch wirkende, dann folgt m- und schließlich o-Chlorphenol. Dasselbe Verhalten zeigen die Bromsubstitutionsprodukte, ebenso wie die Chlorsalole. Der unangenehme Geruch des p-Chlorphenols ist bei der Verwendung als Antisepticum sehr hinderlich. Hingegen kommt diese Eigenschaft des üblen Geruches dem p-Chlorsalol nicht zu. Da p-Chlorsalol im Darme p-Chlorphenol abspaltet, welches ja ein stärkeres Antisepticum ist als Phenol selbst, so ist p-Chlorsalol als Darmantisepticum ein energischer desinfizierendes Mittel als Salol. Doch wird diese Substanz nicht verwendet. o-Chlorsalol ist wegen seines Geruches als Arzneimittel für den internen Gebrauch nicht verwendbar.

p-Dichlorbenzol wird als Antisepticum bei Hautkrankheiten empfohlen, ebenso als Mottenpulver.

o-Chlorphenol und o-Bromphenol erhält man, wenn man auf hoch erhitztes (150 bis 180°) Phenol, Chlor oder Brom einwirken läßt.

o-Monobromphenol wurde zur Erysipelbehandlung mit gutem Erfolge benützt.

Für die aromatischen Bromderivate gilt dasselbe wie für die Chlor- und Jodderivate.

Die Carbonate des Chlorphenols werden in der üblichen Weise dargestellt, indem man auf die alkalische Chlorphenollösung Phosgengas einwirken läßt oder indem man eine benzolische Chlorphenollösung im Druckgefäße mit Phosgengas erhitzt[1]).

Chlor-m-kresol (Lysochlor) ist nach mehreren Berichten ein ausgezeichnetes Mittel für Händedesinfektion, dabei relativ wenig giftig[2]). Parol ist p-Chlor-m-kresol in alkalischer Lösung.

Chlor-m-kresol $CH_3 : OH : Cl = 1 : 3 : 6$ erhält man durch Chlorierung von reinem m-Kresol oder einem technischen Gemisch aus m- und p-Kresol, indem man das chlorierte m-Kresol sulfuriert, dabei geht nur die p-Verbindung in die Sulfosäure über, während die m-Verbindung unverändert bleibt und leicht abgeschieden werden kann. Diese Sulfosäure gibt besonders schwer lösliche Salze und kann so in Form des Natriumsalzes von den anderen getrennt werden. Die Sulfogruppe wird dann durch Erhitzen mit starken Säuren abgesprengt[3]).

Flemming und Schülke & Mayr[4]) erzeugen ein Desinfektionsmittel aus einem Gemisch von chloriertem symmetrischen Xylenol mit p-Chlor-m-kresol. An Stelle von chloriertem symmetrischen Xylenol kann man andere Xylenole, z. B. Chlorxylenol in Mischung mit p-Chlor-m-kresol oder anderen chlorierten Kresolen verwenden[5]).

An Stelle der chlorierten Kresole werden komplexe Alkalisalze halogensubstituierter Phenole gemäß DRP. 247 410 verwendet[6]).

Trotz der vielen Vorteile, die die Anwendung solcher Halogenphenolderivate bieten würde, haben sie in der Therapie keine Verbreitung gefunden, ebensowenig wie die zahlreichen substituierten Salole, die nach der Nenckischen Synthese dargestellt wurden[7]). Der Grund liegt darin, daß der Vorteil der höheren antiseptischen Wirkung der chlor- und bromsubstituierten Phenole den großen Nachteil ihrer schleimhautreizenden Eigenschaften nicht aufwiegt. Von solchen Derivaten sind bekannt: die Salicylsäureester des o-, m- und p-Chlorphenol, des o- und p-Bromphenol, des Dichlorphenol-2.6- und 1.4-, des Dibromphenol-1.2.6- und 1.2.4-, des Trichlorphenols-1.2.4.6-, wobei OH 1 und des Tribromphenol-1.2.4.6- des Trijodphenol-1.2.4.6-, des o- und p-Monojodphenols und des Dijodphenols.

---

[1]) Heyden, DRP. 81 375, Zusatz zu DRP. 58 129.

[2]) Laubenheimer, Deutsche med. Wochenschr. **1910**, Nr. 4, S. 199. — Conrad, Arch. f. Gynäkol. **91**, Nr. 2, I, Kada Diss. (1910).

[3]) Liebrecht, Frankfurt, DRP. 233 118. [4]) DRP. 300 321.

[5]) DRP. 302 013, Zusatz zu DRP. 300 321.

[6]) DRP. 303 083, Zusatz zu DRP. 300 321. [7]) DRP. 70 519.

2 Moleküle Pentabromphenol wirken ebenso stark entwicklungshemmend wie 40 Moleküle Trichlorphenol oder 1000 Moleküle Phenol[1]).

Die Untersuchungen von **Bechhold** und **P. Ehrlich** über die Rolle der Anhäufung von Halogen im Kern aromatischer Verbindungen zeigten, daß, je mehr Halogen eintritt, desto intensiver die Desinfektionswirkung ist.

In der Phenolgruppe lassen sich als allgemeine Regel aufstellen, daß die Einführung von Halogen in den Benzolkern von Phenolen den Desinfektionsgrad erhöht. Ebenso wirkt die Einführung von Alkylen. Dabei ist zu bemerken, daß man häufig sieht, wie derselbe Desinfizient gegen verschiedene Bakterien sehr verschieden stark wirkt. **H. Bechhold** und **P. Ehrlich** fanden z. B., daß Tetrabrom-o-kresol ein ganz hervorragendes Desinfektionsmittel ist, 250 mal so kräftig als Phenol und nur halb so giftig. **Bouchard** fand, daß die beiden Naphthole stärker desinfizieren als Phenol, was durch die verstärkte Wirkung der zwei Benzolkerne zu erklären ist. Man erhält auch eine solche verstärkte Wirkung, wenn man zwei Phenole zusammenschweißt entweder direkt oder durch Vermittlung einer fetten Gruppe, z. B. Tetrachlor-o-biphenol und Tetrabrom-o-biphenol. Hexabromdioxyphenylcarbinol ist ungiftig und hat eine sehr hohe Desinfektionskraft. Verkuppelt man aber zwei Phenolgruppen durch die Gruppen CO oder SO_2, so sinkt die Desinfektionskraft.

H. Bechhold nennt halbspezifische Desinfizienzien solche Substanzen, deren Desinfektionskraft gegen verschiedene Bakteriengruppen außerordentlich verschieden sind; besonders die Chlor- und Bromderivate des β-Naphthols gehören zu dieser Gruppe; am auffallendsten tritt die Halbspezifität bei Tri- und Tetra-brom-β-naphthol zutage. Diphtheriebacillen werden durch den 250sten Teil der Substanzmenge geschädigt, die für Paratyphus B erforderlich ist; außer gegen Diphtheriebacillen äußert sich die Halbspezifität dieser Stoffe noch gegen Staphylokokken und Streptokokken. Dibrom-β-naphthol besitzt eine solche gegen Bacterium Coli. Eine vollkommen gleichmäßige Wirkung gegen alle Bakterien besitzt nach **Bechhold** kein chemisches Desinfektionsmittel, so daß bei allen von einer zehntel oder hundertstel Spezifität gesprochen werden kann. Besonders charakteristisch ist das Verhalten von Monochlornaphthol und Tribrom-β-naphthol. Ersteres wirkt auf Pyocyaneus noch 1 : 2000 verdünnt entwicklungshemmend, letzteres hat schon bei 1 : 1000 keine Wirkung mehr. Monochlornaphthol wirkt fast gleichmäßig auf alle untersuchten Organismen, Tribromnaphthol auf Tuberkelbacillen fast gar nicht, auf Staphylokokken noch in einviertelmillionenfacher Verdünnung. Tribromnaphthol ist praktisch ungiftig und wirkt im Gegensatz zu Mono- und Dibromnaphthol nicht hämolytisch, so daß durch die hämolytische Methode noch 0,5% Dibromnaphthol nachgewiesen werden kann. Da Tribromnaphthol Leukocyten nicht verändert und die Phagocytose nicht beeinträchtigt, ist es als Wundantisepticum sehr geeignet[2]).

Es steigt auch die Giftigkeit nicht an, um so mehr, als solche Substanzen unverändert, d. h. ohne Abspaltung von Halogen, den Organismus passieren. Tribromphenol z. B., welches das Ausgangsmaterial für eine Reihe von antiseptischen Verbindungen darstellt, wirkt sehr kräftig desinfizierend, aber es reizt die Schleimhäute stark, eine unangenehme Eigenschaft, die dem Tribromsalol schon fehlt. So vertragen Kaninchen von zwei Kilo 15 g Tribromsalol, ohne irgendwelche Vergiftungserscheinungen zu zeigen.

---

[1]) **Bechhold** und **P. Ehrlich**, HS. **47**, 182 (1906). — Siehe auch **Kolle-Wassermann**, Handbuch der pathogenen Mikroorganismen **4**, 1, 226.

[2]) Münchener med. Wochenschr. **61**, 1929—1930 (1914).

Die Einführung von einem Bromatom in das Phenol vermindert zunächst die Krampfwirkung und auch die Giftigkeit, weitere Einführung von Halogen sistiert die Krampfwirkung vollständig, aber es wird die Giftigkeit des Phenols entsprechend der Zahl der eingeführten Halogene gesteigert. Trichlorphenol und Tribromphenol sind wieder gerade so giftig wie Phenol, Tetrachlorphenol, noch mehr aber Pentachlorphenol sind recht giftige Substanzen[1]).

Chloramine wird ein Antisepticum[2]) genannt, welches p-Toluol-Natriumsulfochloramid ist.

Alle die Chloramingruppe $\genfrac{}{}{0pt}{}{R}{R_1}{>}N{-}Cl$ enthaltenden Substanzen sind stark keimtötend. Die Gegenwart von mehr als einer Chloramingruppe verstärkt die keimtötende Kraft der Substanzen nicht merklich. Die keimtötende Wirkung mancher Chloraminkörper ist im Verhältnis zum Molekül größer als die des Natriumhypochlorits. Substitution von Cl-, Br-, J-, CH_3-, C_2H_5- oder NO_2-Gruppen in den Kern aromatischer Chloramine führt nicht zu einer starken Vermehrung der keimtötenden Wirkung; meistens tritt sogar eine geringe Verminderung ein. Die Chloraminderivate des Naphthalins oder anderer zweikerniger Verbindungen des Sulfochloramintypus ähneln völlig den entsprechenden einfacheren aromatischen Körpern in ihrer keimtötenden Eigenschaft. Die weniger untersuchten Bromamine sind schwächer in ihrer Wirkung als die entsprechenden Chloramine. Aber die Natriumsulfobromamine sind wirksamer als unterbromigsaures Natron[3]).

Die von Dakin als Chloramine bezeichneten Chlorsulfamine, besonders die typischen Vertreter beider Klassen Chloramin T (p-Toluoldichlorsulfamid) und Chlorazen bzw. Tochlorin (Natriumsalz des p-Toluolmonochlorsulfamids) sind vermöge der Abspaltung unterchloriger Säure stark bactericid, ohne auch bei stärkerer Konzentration die hautreizenden Wirkungen der Hypochlorite zu haben[4]).

Chlorylsulfamide sollen als keimtötende Mittel Verwendung finden[5]). Man führt zu diesem Zwecke die Sulfamide aromatischer Carbonsäuren in üblicher Weise in die entsprechenden Dichlorylverbindungen über. Die Einführung der Carbonylgruppe in den Kern erhöht die Beständigkeit der Chlorylsulfamide. Dichlorylsulfamidbenzoesäure erhält man aus p-Benzoesäuresulfamid und Alkalihypochloritlösung durch Ansäuern mit Essigsäure. Aus dem Filtrat fällt Schwefelsäure geringe Mengen Monochlorylsulfamidbenzoesäure.

Die Substitution von Chlor oder Brom in den Kern der aromatischen Carbonsäuren zeigt dieselben Effekte wie beim Phenol. Ihre Darstellung kann als völlig zwecklos bezeichnet werden.

6-Chlor-1-methyl-3-oxybenzol-4-carbonsäure, welche antiseptisch wirkt, erhält man, wenn man p-Chlor-m-kresolnatrium (OH : CH_3 : Cl = 3 : 1 : 6) mit Kohlendioxyd unter Druck auf 160—180° erhitzt[6]).

Brom-p-oxybenzoesäure[7]) erhält man, wenn man p-Oxybenzoesäure oder ihre Alkylester in Eisessig oder in Lauge gelöst mit Brom versetzt. Mono- und Dichlor-p-oxy-benzoesäure lassen sich leicht erhalten, wenn man Chlor auf eine Eisessiglösung von p-Oxybenzoesäure einwirken läßt[8]). p-Chlor-m-oxybenzoesäure erhält man, wenn man Chlor oder besser Schwefeldichlorid SCl_2 in einem Verdünnungsmittel auf m-Oxybenzoesäure einwirken läßt[9]). In gleicher Weise erhält man p-Brom-m-oxybenzoesäure, wenn man auf eine Schwefelkohlenstofflösung von m-Oxybenzoesäure bei Gegenwart von Eisenbromür Brom einwirken läßt[10]).

---

[1]) HS. **47**, 173 (1906). [2]) Brit. med. Journ. **1916**, I, 87 und 335.

[3]) H. D. Dakin, J. B. Cohen, M. Daufresne und J. Keryon, Proc. Royal Soc. London, Serie B **89**, 232 (1916).

[4]) J. Bougault, Journ. Pharm. et Chim. [7] **16**, 274 (1918).

[5]) Max Claaß, München, DRP. 318899. [6]) Riedel, DRP. 275093.

[7]) Hähle, DRP. 60637. [8]) Heyden, DRP. 69116.

[9]) Merck, DRP. 74493. [10]) Merck, DRP. 71260.

Ein Bromderivat des Salols, in welchem Brom sowohl im Kerne der Salicylsäure als auch im Kerne des Phenols substituiert ist, ist das von Rosenberg[1]) dargestellte Tribromsalol vom Schmelzpunkte 195°. Dieses Tribromsalol

CO—O
OH
Br Br
Br

spaltet sich in Dibromsalicylsäure und p-Bromphenol, während gewöhnliches Tribromsalol sich in die unbeständige Tribromsalicylsäure und Phenol verseifen läßt.

Man bromiert, um die erstgenannte Verbindung zu erhalten, Salol in der Eiskälte in der Weise, daß man Salol in die achtfache Menge Brom einträgt.

Dieses Tribromsalol soll hypnotisch und hämostatisch wirken[2]). Die hypnotische Wirkung dieses Präparates, wie alle Bromwirkungen desselben muß man entschieden in Abrede stellen, ebenso wie, daß zwischen diesem Präparat und dem gewöhnlichen Tribromsalol Unterschiede in der physiologischen Wirkung bestehen. Es ist auch dieses Präparat trotz solcher Angaben nicht zu einer praktischen Bedeutung gelangt.

p-Monobromphenylacetamid $C_6H_4Br \cdot CH_2 \cdot CO \cdot NH_2$, Antisepsin genannt, ist aus dem Grunde ein wirksamer Körper gegen geformte Fermente, weil hier die antiseptische Kraft des Phenylacetamids durch den Eintritt von Brom in die p-Stellung gesteigert wird. Therapeutische Erfahrungen über diesen Körper liegen nicht vor.

Der Versuch, Dibromgallussäure, in welcher beide Bromatome Kernwasserstoff ersetzen, als Ersatzmittel der Bromalkalien bei Epilepsie zu verwenden, muß aus dem schon öfter angeführten Grunde als gescheitert angesehen werden, weil der Organismus dieser ihn unzersetzt passierenden Substanz nicht Brom zu entziehen in der Lage ist.

Pyrobromon $C_{13}H_{18}N_3OBr$ ist eine Bromverbindung des Pyrazolons. Die Ausscheidung erfolgt rasch. Dosen von über 1 g werden vom Menschen nicht gut vertragen. Es wurde bei Epilepsie und Hysterie empfohlen[3]).

Nur den aliphatischen Bromverbindungen können Bromeigenschaften wie den Bromalkalien zugeschrieben werden. Versuche, solche organische Derivate herzustellen, welche die beruhigenden Bromwirkungen besitzen, denen aber die depressiven Eigenschaften der Bromalkalien fehlen, sind zahlreich unternommen worden. Bromoform $CHBr_3$ z. B. findet nunmehr nur noch als Keuchhustenmittel Anwendung. Die Darstellung des Bromalin genannten Hexamethylentetraminbrommethylates $(CH_2)_6N_4 \cdot CH_3Br$ hat den gewünschten Erfolg nicht gehabt, da die sedative Wirkung wesentlich schwächer ist als bei den Bromalkalien, doch kommt es bei Anwendung dieser Substanz angeblich nicht zu den unangenehmen Nebenwirkungen der anorganischen Brompräparate[4]). Auch Tribromhydrin $C_3H_5Br_3$, welches infolge seines Bromgehaltes schmerzstillend und beruhigend wirkt, hat keine solchen Vorzüge vor den Bromalkalien, daß seine Anwendung einen nennenswerten Umfang angenommen hätte, hingegen wirkt es wie Trichlorhydrin stark reizend auf die Darmschleimhaut.

---

1) DRP. 94 284, 96 105.
2) Sem. méd. **1897**, Nr. 40.
3) G. Nardelli, Arch. d. Farmacol. sperim. **16**, 169 (1913).
4) Bardet, Nouv. remèd. **1894**, 117. — Deutsche Ärzte-Ztg. **1902**, 358.

Auch das sehr billige Phthalimid[1])

$$C_6H_4\begin{matrix}\cdot CO\\\cdot CO\end{matrix}>NH$$

dient zur Darstellung von am Stickstoff substituierten Halogenverbindungen, über deren Wirksamkeit noch nichts bekannt ist.

So erhält man z. B. Chlorphthalimid, wenn man auf die wässerige Lösung von Phthalimid in Ätznatron Chlor einleitet. In ähnlicher Weise wird man wohl zum Brom- und Jodderivat gelangen.

Auch p-Dioxyphthalimid sollte als Antisepticum Ve wendung finden. Durch 2 Mol. naszierende CNH auf 2 Mol. Benzochinon wird neben Hydrochinon Dicyanhydrochinon gebildet. $2\,C_6H_4O_2 + 2\,HCN = C_6H_2 \cdot (OH)_2^{1.4}(CN)_2^{2.3} + C_6H_4(OH)_2$.

Beim Erwärmen mit konz. Schwefelsäure entsteht p-Dioxyphthalimid

$$C_6H_2(OH)_2 \cdot \begin{matrix}CO\\CO\end{matrix}>NH$$

Bromderivate des Acetons erhält man durch Einwirkung von Brom auf Acetondicarbonsäure in wässeriger Lösung, wobei eine feste Substanz, das Pentabromaceton, sich abscheidet, die sich durch verdünnte Alkalien rasch unter Abscheidung von Bromoform zerlegt. Bei Verwendung einer konzentrierten Acetondicarbonsäurelösung entsteht festes Penta- und flüssiges Tetrabromaceton. Als Neutralisationsmittel für den bei dieser Darstellung entstehenden Bromwasserstoff eignet sich Marmor am besten[2]).

Doppelverbindungen von Harnstoff mit Erdalkalibromiden werden in der Weise hergestellt, daß Harnstoff und das betreffende Bromid im molekularen Verhältnis 4 : 1 in einem Lösungsmittel einige Stunden lang erhitzt werden[3]).

Nach DRP. 284 734 geben auch die Urethane mit Calcium- und Strontiumbromid solche Doppelverbindungen. Beschrieben sind die Doppelverbindungen von Bromcalcium mit Äthylurethan, des Äthylurethan mit Strontiumbromid, Diurethan $CH_2(NH \cdot COO \cdot C_2H_5)_2$ und Bromcalcium.

Die in der Norm am chlorreichsten Organe sind nach Bromsalzverabreichung am bromreichsten (Nencki und Schumoff-Schimanofski, sowie A. Ellinger und Y. Kotake).

Brom wird an das Gehirn abgegeben und dort gespeichert, aber nicht angelagert, sondern das Gehirn enthält nur seinem Wasserreichtum entsprechend Brom. Bei Bromfütterung sinkt der Chlorgehalt im Hirn und Blut[4]).

Zimtesterdibromid wirkt wie Bromnatrium und die Bromverteilung in Organen ist ganz ähnlich. Sabromin bewirkt einen weit geringeren Bromgehalt des Gehirns als Bromnatrium und die Bromverteilung nach demselben unterscheidet sich prinzipiell von der von Bromnatrium und Zimtesterdibromid, da beim Sabromin Unterhautzellgewebe und Leber Bromdepot sind. Aus der Lipoidlöslichkeit eines organischen Brompräparates kann man keine Schlüsse auf die Verteilung im Organismus ziehen[5]).

Leicht resorbierbares bromsubstituiertes Fett, Bromipin[6]) genannt, bewährt sich gut, es spaltet bei der Verbrennung im Organismus Bromwasserstoff ab und wirkt so als anorganische Bromverbindung[7]).

Die Darstellung von Monobromfettsäuren führt man mit Bromsalzen, konzentrierter Schwefelsäure und Eisessig oder Chlorwasserstoff und Eisessig durch[8]).

Der Vorteil der Verbindungen solcher Art beruht wohl darauf, daß der Organismus nicht wie bei der Anwendung der Bromalkalien unter dem Ein-

---

[1]) DRP. 117 005.

[2]) DRP. 98 009, Zusatz zu DRP. 95 440 (siehe bei Jodverbindungen).

[3]) Gehe & Co., DRP. 226 224.

[4]) H. v. Wyß, AePP. **59**, 186 (1908).

[5]) A. Ellinger und Kotake, AePP. **65**, 87 (1911).

[6]) Deutsche med. Wochenschr. **1897**, Nr. 23.

[7]) DRP. 96 495. [8]) DRP. 196 740.

flusse der ganzen Dosis auf einmal steht, sondern hier langsam die wirkende Substanz zur Geltung kommt. Ein anderer Vorteil mag in einer besseren Selektion der bromierten Fette für das Erfolgsorgan liegen. Aber dieser Vorteil, der sich darin äußert, daß die Nebenwirkungen der Bromalkalien eben durch die kleine zirkulierende Dosis vermieden werden, wägt durchaus den Nachteil nicht auf, welcher aus folgenden Gründen die ganze Wirkung in Frage stellt:

Wir verabreichen in der Praxis Brompräparate als Sedativa und als Hypnotica und greifen insbesondere bei Epilepsiebehandlung zu großen Dosen dieser Präparate um durch eine rasche Überflutung des Organismus mit der wirkenden Substanz den beabsichtigten Effekt, Erzeugung von Schlaf oder Coupierung eines epileptischen Anfalles, zu bewirken. Organische Substitutionsprodukte des Broms aber, welche nur langsam unter dem Einflusse der Oxydation im Organismus Brom oder Bromwasserstoff abzuspalten in der Lage sind, vermögen in diesem Sinne nicht zu wirken, und dieses ist der Grund, warum die zahlreich dargestellten Brompräparate der aliphatischen Reihe, denen ja Bromwirkungen tatsächlich zukommen, in der Therapie als Bromersatzmittel wohl häufig versucht werden, aber neben den Bromalkalien nur relativ geringere Bedeutung gewinnen können.

Sabromin ist dibrombehensaures Calcium[1]).

Die Darstellung geschieht analog dem Sajodin (s. d.).

Das Calciumsalz der Dibrombehensäure wird dargestellt durch Neutralisation der Dibrombehensäure und Umsetzung mit einem Calciumsalz[2]). Die Umsetzung der Dibrombehensäure in das Magnesiumsalz[3]) geschieht auf analoge Weise. Ebenso die Umsetzung in das Strontiumsalz[4]).

Um Bromlecithin darzustellen[5]), sättigt man eine chloroformige Lösung von Lecithin mit Brom und trocknet im Vakuum. Das Produkt enthält 30—50% Br. Bromlecithin wird im Gegensatz zu Lecithin im Dünndarm nicht gespalten, es gelangt angeblich ungespalten zur Resorption.

Substanzen der Formel $NH_2 \cdot CO \cdot CH_2 \cdot N(R_1)(R_3)(R_3)X(R_1R_2R_3$ = Alkyl; X = Halogen) werden durch Einwirkung von Ammoniak auf Halogentrialkylglycinester oder durch Einwirkung von Halogenalkyl auf Dialkylglycinamide erhalten. Aus Bromtrimethylglycinmethylester erhält man Bromtrimethylglycinamid. Beschrieben sind ferner Jodtrimethylglycinamid, Bromtriäthylglycinamid, Jodtriäthylglycinamid[6]).

Heyden, Radebeul, stellen bromacetylierte Salicylsäuren her, indem sie Salicylsäure mit den Chloriden, Bromiden oder Anhydriden bromierter fetter Säuren bei Gegenwart eines säurebindenden Mittels behandeln. Salicylsäure wird in benzolischer Lösung mit Dimethylanilin und Bromacetylbromid behandelt. Man erhält Bromacetylsalicylsäure. Ferner wurden dargestellt α-Brompropionylsalicylsäure und Tribromacetylsalicylsäure. Letzterer Körper soll vom Magen gut vertragen werden und viel stärker physiologisch wirken als Acetylsalicylsäure[7]).

Trichloracetylsalicylsäure erhält man aus Salicylsäure und Trichloracetylhalogenid oder Anhydrid oder durch intermediäre Bildung dieser Halogenide mit oder ohne Zusatz von Kondensationsmitteln. Trichloracetylsalicylsäure ist geschmacklos[8]).

Halogenalkyloxymonocarbonsäuren der aromatischen Reihe erhält man aus Halogenalkyläthern der Kresole der allgemeinen Formel[9]).

$$C_6H_4{<}^{CH_3}_{O \cdot R \cdot \text{Halogen}}$$

wenn man sie der Einwirkung solcher Oxydationsmittel unterwirft, welche Toluol zu Benzoesäure oxydieren. Aus p-Kresolbromäthyläther erhält man durch Permanganat Bromäthyl-p-oxybenzoesäure. Aus dem o-Kresolbromäthyläther erhält man Bromäthylsalicylsäure. Die Oxydation kann man auch mit Schwefelsäure und Braunstein durchführen.

---

[1]) DRP. 186 740, 187 449. [2]) Bayer, Elberfeld, DRP. 215 007.
[3]) DRP. 215 008. [4]) Emil Fischer, DRP. 215 009.
[5]) Agfa, Berlin, DRP. 156 110. [6]) Agfa, DRP. 292 545. [7]) DRP. 212 422.
[8]) Heyden, Radebeul, DRP. 213 591. [9]) Heyden, Radebeul, DRP. 213 593.

Ein bromhaltiges Derivat des Salicylsäure-p-aminophenylesters erhält man, wenn man auf den Salicylsäure-p-aminophenylester α-Bromisovalerianylhaloide oder auf den Isovalerylsalicylsäure-p-aminophenylester Brom einwirken läßt. Durch den Eintritt des α-Bromisovaleriansäureesters wird eine weitgehende Entgiftung des p-Aminosalols erzielt[1]).

Man behandelt echte Nucleine mit Brom in indifferenten Lösungsmitteln und trocknet das Reaktionsprodukt bei tiefer Temperatur. Man erhält Präparate mit 10—14% Brom[2]).

Aus dem oben angeführten Grunde vermögen auch die halogensubstituierten Eiweißkörper sowie Bromalbumine und Brompeptone nicht zur Geltung zu gelangen. Die Darstellung geschieht ähnlich wie die der Jodeiweißverbindungen (siehe S. 613).

Auch Bromtanninleimverbindungen, Bromokoll genannt, wurden dargestellt.

Sie werden durch Fällen von Gelatinelösungen mit Bromtannin als geschmacklose, beinahe unlösliche Pulver dargestellt[3]). Ferner wurden analog Bromtannineiweißverbindungen dargestellt durch Einwirken von Brom auf alkoholische Tanninlösungen und Fällen von Eiweißlösungen mit vorgenannter Lösung. Das Präparat enthält 18% Brom[4]).

Nahezu geschmacklose Bromtanninverbindungen erhält man auch, indem man Dibromtannin mit Formaldehyd behandelt und mit Salzsäure fällt. Sie enthalten 25% Brom.

Dieterich (Helfenberg) stellt einen bromhaltigen Eiweißkörper, Bromeigon genannt, in der Weise dar, daß er zu einer Eiweißlösung eine durch Auflösen von Brom in verdünntem Alkohol entstandene alkoholische Lösung von Bromal und Bromäthyl zusetzt. Nach mehreren Stunden wird die Mischung zu einer starren, farblosen Gallerte, die nun mit Alkohol gereinigt wird. Das Einwirkungsprodukt von Chlor auf Eiweiß und das saure Spaltungsprodukt des Chloreiweißes, Chloralbacid genannt, soll bei Magenerkrankung gute Erfolge zeitigen[5]). Es scheint jetzt ganz verlassen zu sein. In ähnlicher Weise wurden von Dieterich (Helfenberg) auch Jodeigone aus Eiweiß gewonnen.

Chlorhaltige Eiweißkörper[6]) werden gewonnen durch Einwirkung von Chlor auf feuchtes oder gelöstes Eiweiß, am besten durch abwechselndes Einleiten von Chlor und darauffolgendes Neutralisieren der entstehenden Salzsäure[7]) oder nach einem elektrolytischen Verfahren, indem man eine Lösung von Eiweiß und Kochsalz einem Strome von ca. $^1/_2$ Ampere 24 Stunden lang aussetzt. Um den chlorhaltigen Eiweißanteil vom chlorfreien zu trennen, zerkocht man Chloreiweiß mit 5—10proz. Mineralsäure. Der ungelöste Rückstand enthält das chlorhaltige Säurespaltungsprodukt des Chloreiweißes, welches durch Lösen in Lauge und Fällen mit Säure gereinigt wird.

In gleicher Weise lassen sich auch Bromeiweiße darstellen und Bromgelatine mit 14% Brom.

DRP. 271 434 beschreibt ein Verfahren zur Herstellung des sonst leicht zersetzlichen Phenyl-α-β-dibrompropionsäureäthylesters in haltbarer Form. Man bromiert Zimtsäureäthylester in Petroläther mit Brom, wobei der Dibromester herausfällt, und behandelt ihn dann mit heißem Wasser.

Die bromhaltigen Ester des Borneols und Isoborneols riechen stark und sind ölig. Man kann zu krystallisierenden, geruch- und geschmacklosen Verbindungen gelangen, welche leicht Brom und Borneol abspalten, wenn man Bromhydro- bzw. Bromzimtsäuren oder ihre Derivate oder Homologe mit Borneol oder Isoborneol verestert oder in die halogenfreien Ester Brom oder Bromwasserstoff einführt, oder wenn man Bromhydro- oder Bromzimtsäuren auf Campher einwirken läßt.

Beschrieben sind Dibromdihydrozimtsäureborneolester, Bromzimtsäureborneolester, Dibromdihydrozimtsäureisoborneolester, o-Chlorphenyldibrompropionsäureborneolester, Dibromdihydro-p-methylzimtsäureborneolester[8]).

Monobromisovalerianoglykolylharnstoff wird Archibromin genannt.

---

[1]) Abelin, Liechtenstein, DRP. 291878. [2]) Bergell, Berlin, DRP. 328103.

[3]) DRP. 116 654. [4]) DRP. 120 623.

[5]) Münchener med. Wochenschr. **1899**, 1.

[6]) Journ. f. prakt. Chemie **56**, 393; **57**, 365. — Chem.-Ztg. **1899**, 81.

[7]) DRP. 118 606, 118 746. [8]) Bayer, DRP. 252 158.

Schwefelverbindungen.

Die Eigenschaft des Schwefels, beim Eintritt in die Verbindungen, namentlich in der nicht oxydierten Form, diesen schwach antiseptische, häufig aber granulationsbefördernde und resorptionsbeschleunigende Wirkungen zu verleihen, hat bei der Billigkeit des Schwefels gegenüber dem Jod die Chemiker veranlaßt, Versuche zu machen, ob nicht einerseits Schwefel für sich den Verbindungen ähnliche Eigenschaften wie Jod verleiht und man zu schwefelhaltigen, aber jodfreien Jodoformersatzmitteln gelangen kann, anderseits versuchte man Verbindungen herzustellen, welche sowohl Jod als auch Schwefel enthielten, um auf diese Weise die wichtigen Wirkungen dieser beiden Elemente in einem Körper zu vereinigen. So wurde Thioresorcin[1]), welches die Zusammensetzung $C_6H_4O_2S_2$ besitzt, als Jodoformersatzmittel empfohlen, ohne daß es als solches brauchbar wäre, da es störende Nebenerscheinungen, Lidödem und stark juckenden Hautausschlag macht.

Es wird dargestellt, indem man eine konzentrierte Lösung von Resorcin mit Natriumhydroxyd versetzt und in der Wärme Schwefel einträgt, bis sich dieser völlig löst. Wenn man verdünnte Säure in die Reaktionsmasse bringt, so scheidet sich das gebildete Thioresorcin ab.

Sulfaminol, ein geschwefeltes Oxydiphenylamin, hat ebenfalls als Jodo formersatzmittel keine Anwendung finden können[2]).

Man schwefelt m-Oxydiphenylamin in der Weise, daß man in die heißen Lösungen der Alkalisalze dieser Substanz Schwefel einträgt und kocht oder wenn man Schwefel vorerst in Lauge löst und in die heiße alkalische Lösung Oxydiphenylamin einträgt. Durch Zusatz von Säure scheidet sich Thiooxydiphenylamin ab, ein gelbes, geruch- und geschmackloses Pulver, dem die Konstitution

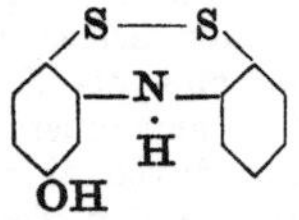

```
      S —— S
    /        \
 ⬡ —— N —— ⬡
       H
 OH
```

zukommt.

Da die Verbindung ein freies Hydroxyl enthält, läßt sie sich leicht acetylieren und man erhält eine ebenfalls schwachgelb gefärbte Substanz.

Unter dem Namen Thiurete[3]) wurden von E. Fromm[4]) Sulfidverbindungen basischer Natur dagestellt, die ebenso wie die bis nun erwähnten Verbindungen trotz ihres Schwefelgehaltes zu keiner Geltung zu gelangen vermochten.

Die Thiuretbase selbst, $C_8H_7N_3S_2$, erhält man, wenn man Phenyldithiuret in alkalischer Lösung mit Jod behandelt, wobei es zu einer Oxydation kommt und man zu dem jodwasserstoffsauren Salz der Disulfidbase gelangt, welcher folgende Konstitution zukommt:

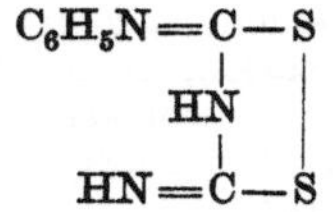

```
C6H5N = C — S
        |   |
        HN  |
        |   |
   HN = C — S
```

Von dieser Base lassen sich nun verschiedene Salze mit Halogenwasserstoffsäuren, mit Borsäure, Salicylsäure, Kresotinsäure und Phenolsulfosäure darstellen. Der Grund, warum Verbindungen dieser Art trotz ihres Schwefelgehaltes nicht zur Geltung kommen können, mag darin liegen, daß der Schwefelgehalt dem Jodgehalt, auch wenn der Schwefel leicht abspaltbar, keineswegs

[1]) DRP. 41 514.

[2]) Ther. Mon. **1890**, 295. — DRP. 52 827. — Wojtaszek, Przeglad lekarski **1891**, Nr. 32.

[3]) Blum, Deutsche med. Wochenschr. **1893**, Nr. 8. [4]) DRP. 68 697.

in der physiologischen Wirkung analog ist, hingegen genügt, wenn es sich um eine Schwefelwirkung im Sinne der Ichthyolgruppe handelt, eine so lockere Bindung nicht, dann handelt es sich gerade in der Therapie um die Eigenschaften von Verbindungen mit fest gebundenem Schwefel und um Verhältnisse in der Konstitution, die wir zu übersehen noch keineswegs in der Lage sind, da keine von den synthetisch dargestellten Substanzen bekannter Konstitution wirkliche Ichthyolwirkungen zeigte.

Ferrivin und Intramin sind zwei von Mc Donagh[1]) empfohlene Verbindungen. Für das erste Stadium der Syphilis eignet sich nach ihm zunächst ein Sauerstoffüberträger, als welcher das Ferrisalz der p-Aminobenzolsulfosäure, das Ferrivin, in Betracht kommt. Für das zweite Stadium kommt ein reduzierendes Mittel in Frage, d. h. ein Mittel, das wie Intramin zur Bildung einer Reduktase Veranlassung gibt. Salvarsan sei hierfür nicht geeignet, da es die Bildung einer Oxydase im Organismus verursache.

Intramin ist Diaminosulfobenzol

S —— S
|　　　|
C　　　C
⬡·NH_2 ⬡·NH_2

Die Substanz ist von A. W. Hofmann und K. A. Hofmann[2]) dargestellt. Sie ist sehr wenig giftig. Man kann sogar 12 g injizieren. Beide Mittel Ferrivin und Intramin zeigen nach der Injektion sehr unangenehme lokale Reizerscheinungen und sind wirkungslos.

Die Versuche, Verbindungen, die Jod und Schwefel enthalten, als Jodoformersatzmittel zu verwenden, haben bislang auch keinen rechten Erfolg zeitigen können. So hat man, vom oben beschriebenen Thioresorcin ausgehend, Dijodthioresorcin dargestellt, indem man auf die alkalische Lösung des Thioresorcins Jodjodkalium einwirken ließ[3]). Es tritt hierbei Jod für die Hydroxylwasserstoffe ein und man erhält so eine gewiß wirksame Verbindung, welche wohl aus dem Grunde nicht zur Geltung gekommen ist, weil ihr neue Wirkungen, die man durch die schon vorhandenen Substanzen nicht erhalten könnte, trotz ihres Gehaltes an Jod und Schwefel nicht zukommen. Die Konstitution dieser Verbindung ist

OJ
⬡——S
OJ　|
　——S

Jodoform kann mit quaternären Schwefelbasen oder deren Salzen unter Bildung von Additionsprodukten reagieren[4]).

Hierbei lagert sich stets ein Molekül Jodoform an ein quaternäres Schwefelatom an. Wenn man Triäthylsulfoniumjodid in alkoholischer Lösung mit einer Jodoformlösung zusammenbringt, so erhält man Jodoformtriäthylsulfoniumjodid. Wenn man Triäthylsulfoniumhydroxyd in alkoholischer Lösung mit Jodoform versetzt und hierauf alkoholische Salzsäure zufügt, so erhält man Jodoformtriäthylsulfoniumchlorid. Ebenso kann man Jodoformtriäthylsulfoniumbromid und Jodoformtriäthylsulfoniumjodid erhalten. Wenn man Jodoform in Methylsulfid löst und Jodäthyl zusetzt, so erhält man Jodoformdimethyläthylsulfoniumjodid. Ferner kann man Jodäthyläthyldisulfidjodoform

$$(C_2H_5)_2 = S - J$$
$$|$$
$$CHJ_3 \cdot (C_2H_5)_2 = S - J$$

erhalten, wenn man in alkoholischer Lösung Äthyldisulfid, Jodäthyl und Jodoform erhitzt.

---

1) Lancet **1916**, I, 236, 637. — Brit. med. Journ. **1916**, I, 202.
2) BB. **12**, 2363 (1879). — BB. **27**, 2810 (1894).
3) DRP. 58 878. 4) DRP. 97 207.

Die Jodverbindung des Jodoformäthylsulfidmethans der Formel

$$H_2C\begin{cases} S\begin{matrix}(C_2H_5)_2 \cdot CHJ_3 \\ J\end{matrix} \\ S\begin{matrix}(C_2H_5)_2 \cdot CHJ_3 \\ J\end{matrix}\end{cases}$$

erhält man aus Jodoform und dem Einwirkungsprodukt von Jodäthyl auf das durch Kondensation von Mercaptan und Formaldehyd vermittelst Salzsäure erhaltene Diäthylsulfidmethan

$$H_2C<\begin{matrix}S \cdot C_2H_5 \\ S \cdot C_2H_5\end{matrix}$$

Man bekommt ebenfalls Jodoformadditionsprodukte aus Jodäthylallylsulfid, Äthylsulfodiisopropyljodid, Jodmethylmercaptol und Jodmethylperbrommethyltrisulfid. Über die therapeutische Anwendung dieser Verbindungen ist nichts bekannt geworden, doch scheinen sie vor dem Jodoform selbst keine Vorzüge besessen zu haben.

Tiodin ist ein Anlagerungsprodukt von Jodäthyl an Thiosinamin

$$C\begin{cases}NH \cdot C_2H_5 \\ = S \\ NH \cdot (C_3H_5)J\end{cases}$$

Thiophen, welches nach den Untersuchungen von A. Heffter[1]) ungiftig ist und bei Verfütterung den Eiweißzerfall vermindert, vermehrt die gepaarten Schwefelsäuren im Harne nicht. Trotz seiner antiseptischen Eigenschaften kann es als solches wegen seiner Flüchtigkeit nicht verwendet werden. E. Spiegler[2]) empfahl Thiophendijodid als Jodoformersatzmittel, welches sich als entwicklungshemmend für Bakterien, desodorisierend und sekretionsbeschränkend erwies. Die Substanz hat einen angenehmen aromatischen Geruch. Auch hier handelt es sich beim Ersatz von zwei Wasserstoffen durch Jod keineswegs um Jodwirkung der Substanz, sondern die ursprüngliche antiseptische Kraft des Thiophens wird durch den Eintritt von Halogen nur verstärkt und durch das eintretende Jod eine feste und nicht mehr flüchtige Substanz gewonnen.

Thioantipyrin stellt Michaelis in der Weise dar, daß er Metallsulfide oder Metallsulfhydrate auf die Halogenmethylate des 1-Phenyl-3-methyl-5-chlorpyrazol in alkoholischer Lösung einwirken läßt[3]).

Dithiosalicylsäure[4]) erhält man durch Erhitzen molekularer Mengen Salicylsäure und Chlor-, Brom- oder Jodschwefel. Der Prozeß verläuft wie folgt:

$$2\,C_6H_4<\begin{matrix}OH \\ COOH\end{matrix} + S_2Cl_2 = 2\,HCl + \begin{matrix}S - C_6H_3<\begin{matrix}OH \\ COOH\end{matrix} \\ | \\ S - C_6H_3<\begin{matrix}COOH \\ OH\end{matrix}\end{matrix}$$

Die beiden isomeren Dithiosalicylsäuren, welche sich bei der Reaktion bilden, lassen sich durch Fällen der Natriumsalze mit Kochsalz oder Behandeln mit Alkohol trennen.

Dithiosalicylsaures Natron soll stärker wirken als salicylsaures Natron und angeblich keine Nebenwirkungen auf die Zirkulation ausüben, kein Ohrensausen, keinen Kollaps und keine Magenbeschwerden verursachen.

Durch Reduktion von p-Nitrothiophenolmethyläther wird p-Aminothiophenolmethyläther hergestellt und acetyliert. Acetaminothiophenolmethyläther ist eine feste Substanz[5]).

Ichthyol und ähnliche geschwefelte Verbindungen.

Aus einem in Tirol vorkommenden, dem Asphalte mancher Provenienz sehr nahestehenden bituminösen Schiefer wird teils durch Seigern, teils durch Schwelen und trockene Destillation ein Öl gewonnen, welches als Volksheil-

---

[1]) Pflügers Arch. **39**, 420. [2]) Therap. Monatshefte **1892**, 67.
[3]) DRP. 122 287. [4]) DRP. 46 413, 51 710. [5]) Agfa, Berlin, DRP. 239 310.

mittel in Tirol lange Zeit benützt wurde, dessen Wert als therapeutisches Agens man dann in der Wissenschaft erkannte und durch große Bemühungen aller Ars in der Form eines wasserlöslichen sulfosauren Salzes in die verschiedensten Gebiete der Therapie einführte[1]).

N. Zwingauer[2]), Berlin, stellt schwefelhaltige Kohlenwasserstoffe aus schwefelhaltigen Fossilien, wie Ichthyolschiefer, mittels Destillation im luftverdünnten Raum her, eventuell unter Einleitung von erhitztem Wasserdampf von ca. 400°.

Dieses aus bituminösem Schiefer gewonnene Öl zeichnet sich insbesondere dadurch aus, daß es ca. 10% fest gebundenen Schwefel enthält, dem wohl die therapeutishcen Wirkungen zuzuschreiben sind. Zum großen Teile hängen diese letzteren aber mit dem ungesättigten Charakter der Verbindungen zusammen. Dem ichthyolsulfosauren Ammon, das den Namen Ichthyol trägt, kommen vorwiegend resorptionsbefördernde, reduzierende und keratoplastische Wirkungen zu, welche die große Anwendung dieser Substanz in der Therapie der Frauenkrankheiten und Hautkrankheiten erklären.

Ichthyolsulfosäure[3]) wird in der Weise dargestellt, daß man das durch Destillation gewonnene Öl mit dem doppelten Quantum konzentrierter Schwefelsäure mischt, wobei unter Entwicklung von schwefliger Säure sich die Ichthyolsulfosäure bildet, die man durch Eingießen in Wasser abscheidet, hierauf durch Lösen in Wasser und Aussalzen mit Kochsalz reinigt.

Es wirft sich nun die Frage auf, wieso dem ichthyolsulfosauren Ammon, obwohl es ja durch die Einführung der negativen Schwefelsäuregruppe an Wirksamkeit gegenüber der wasserunlöslichen Muttersubstanz eingebüßt haben muß, trotzdem so beträchtliche Wirkungen zukommen. Es ist wohl am naheliegendsten, die therapeutischen Wirkungen des Ichthyols nur zum geringsten Teile auf den Gehalt des Präparates an Sulfosäuren zu beziehen und die eigentliche Wirkung auf die Wirkung der bei der Sulfurierung gebildeten Sulfone zu basieren. Es würde dann das eigentliche ichthyolsulfosaure Ammon gleichsam nur das Lösungsmittel für die in Wasser schwerlöslichen oder unlöslichen Sulfone abgeben, ähnlich wie es kresotinsaures Natron und Seifen für Kresole sind.

Dem Ichthyol, welches eine braunschwarze, unangenehm riechende Flüssigkeit darstellt, war der unangenehme Geruch und der unangenehme Geschmack in mancherlei Anwendung sehr hinderlich. Es wurde daher versucht, diese Eigenschaften zu beseitigen, ohne den therapeutischen Effekt der Substanz zu beeinträchtigen. Anderseits hat der große therapeutische Erfolg dieser Präparate, den man ja unter allen Umständen auf den fest gebundenen, nicht oxydierten Schwefel beziehen muß, Veranlassung gegeben, eine Reihe von Ersatzmitteln und Konkurrenzpräparaten darzustellen, teils aus Substanzen, die schon von Natur aus festgebundenen Schwefel enthielten, teils durch Schwefeln organischer Körper.

So wurde für Ichthyol und für ihm nahestehende künstlich sulfurierte Körper vorgeschlagen, das neutrale Salz mit Äther wiederholt zu extrahieren, in welches Lösungsmittel das Ichthyolsulfon, ein schwefelreicher Körper, übergeht. Dieses ist in Wasser unlöslich, löst sich aber in Ichthyolsulfosäure und läßt sich auch durch Behandlung mit Schwefelsäure in die Ichthyolsulfosäure weiter überführen. Der Rückstand nach der Extraktion mit Äther enthält das eigentliche Salz der Ichthyolsulfosäure.

Die elementare Zusammensetzung der so dargestellten Sulfone zeigt klar ihren ungesättigten Charakter, welcher wohl auch in Beziehung zur therapeutischen Wirkung steht[4]).

Aus dem Sulfurierungsgemisch der Einwirkung von Schwefelsäure auf Ichthyolöle wird mit Äther oder aromatischen Kohlenwasserstoffen die wirksame Substanz heraus-

[1]) E. Baumann und Kast, Unnas Monatsschr. f. Derm. 2.
[2]) DRP. 216 906. [3]) DRP. 35 216. [4]) DRP. 72 049.

geholt, die ätherische Lösung mit Ammoniak neutralisiert und das Lösungsmittel abgedampft[1]).

Ein anderes Verfahren besteht darin, daß man die ichthyolsulfosauren Salze mit der doppelten Gewichtsmenge Alkohol aus dem Ichthyol extrahiert, während der Rückstand der Alkoholextraktion eine geruchlose Masse ausmacht, die in Wasser für sich allein nicht löslich ist, sondern erst der Gegenwart der ichthyolsulfosauren Alkalisalze bedarf, um in Lösung zu gehen. Diese neutralen, sulfonartigen Verbindungen sind in Chloroform, Benzol und Äther löslich.

Aus den von uns mehrfach entwickelten theoretischen Gründen nehmen wir an, daß nur der wasserunlösliche Sulfonanteil der wirksame ist[2]).

Ein fernerer Beweis dafür ist, daß wenn man bei der Sulfurierung des ursprünglichen Öles eine zu hohe Temperatur entstehen läßt und so mehr Sulfosäure und weniger Sulfone entstehen, man zu einem weit weniger wirksamen und auch manchmal wertlosen Präparate gelangt[3]).

Man bemühte sich ferner, geruch- und geschmacklose Ichthyolpräparate darzustellen, da der eigentümlich durchdringende Geruch dieser Substanz die Verwendbarkeit in der Praxis, insbesondere für den inneren Gebrauch, ungemein beeinträchtigte.

Es wurde versucht, Ichthyol durch Oxydation mit Wasserstoffsuperoxyd geruchlos zu machen[4]), aber Ichthyol wird durch diesen Oxydationsprozeß in einen unwirksamen Körper verwandelt, was wohl auch für die oben angeführte Ansicht spricht. Hingegen kann man gewöhnliches Ichthyol geruchlos machen, wenn man es bei vermindertem Drucke zum Sieden bringt und durch die Lösung des Ichthyols überhitzten Dampf leitet und gleichzeitig über die Oberfläche der siedenden Flüssigkeit ebenfalls einen kräftigen Strom von überhitztem Dampf streichen läßt. Ohne daß eine Zersetzung eintritt, gelingt es bei diesem Vorgang, das riechende Öl völlig aus dem Präparate zu entfernen[5]).

Dieses Präparat wird Desichthol (Knoll) genannt.

Hell, Troppau, reinigen sulfurierte Schwefelverbindungen der Mineralöle nach Entfernung anorganischer Salze durch Dialyse, durch Anwendung von Reduktionsmitteln, wie Schwefelwasserstoff, Schwefelammon, Alkalisulfit oder Thiosulfat, Magnesium oder Aluminiumpulver oder mittels elektrischen Stromes[6]).

Hell, Troppau[7]), reinigen sulfonierte Schwefelverbindungen der Mineralöle nach Entfernung der anorganischen Salze durch Dialyse, durch Eindampfen, Extraktion mit Äther-Alkohol. Die äther-alkoholische Lösung wird dann wieder eingedampft.

Weiter wurde für den innerlichen Gebrauch eine unlösliche Verbindung des Eiweißes mit Ichthyol in der Weise dargestellt, daß man die Lösungen beider Substanzen durch Zusatz von Säuren fällte. Das so dargestellte geruch- und geschmacklose Ichthyoleiweißpräparat wird Ichtalbin genannt. Die angeblich günstigen Wirkungen der Ichthyolpräparate bei der Behandlung der Lungentuberkulosen und auch bei Darmerkrankungen waren der Beweggrund, Ichthyol mit Eiweiß zu kombinieren[8]).

Man unterließ auch nicht die so modern gewordenen Formaldehydreaktionen mit dem Ichthyol vorzunehmen. Durch Behandeln von Ichthyolsulfosäure mit Formaldehydlösung auf dem Wasserbade entsteht eine wasserunlösliche Masse, die getrocknet und gepulvert werden kann und dann geruch- und geschmacklos ist[9]). Infolge der schweren Löslichkeit in alkalischen Flüssigkeiten kommt dieses Ichthoform genannte Präparat bei innerlicher Darreichung nur langsam zur Wirkung. Es wurde als Wundantisepticum empfohlen.

Von anderer Seite wurde versucht, diese beiden Verfahren, Ichthyol geruch- und geschmacklos zu machen, nämlich die Kombination mit Eiweiß und die

---

[1]) Société de la Thioléine, DRP. 169 356. [2]) DRP. 76 128, 82 075.
[3]) Helmers in DRP. 76 128. [4]) DRP. 99 765.
[5]) DRP.-Anm. K. 17 762. Amerik. P. 625 480. [6]) DRP. 141 185.
[7]) DRP. 161 663. [8]) Sack, Deutsche med. Wochenschr. 1897, Nr. 23.
[9]) DRP. 107 233.

Reaktion mit Formaldehyd, zu vereinigen. Man löst zu diesem Zwecke Eiweiß in Wasser und trägt in diese Lösung Ichthyolsulfosäure ein. Der koagulierte Niederschlag wird nun in der Wärme mit Formaldehyd behandelt, wodurch man zu einem in Säuren unlöslichen, durch Alkalien sich langsam aufspaltenden Präparat gelangt[1]).

Weiter wurden aus dem Ichthyol durch Absättigen der freien Sulfosäure mit wirksamen Metallen Verbindungen geschaffen, die aber wohl kaum von besonderem Werte sind, so z. B. Ferrichthyol[2]), ein Ichthyol-Eisenpräparat, ferner Ichthargan, welches 30% Silber an stark schwefelhaltige, aus der Ichthyolsulfosäure gewonnene Körper gebunden enthält. Ferner kann man das von den Sulfonen befreite Ichthyol beziehungsweise den in Alkohol löslichen Anteil, das ichthyolsulfosaure Salz, zum Löslichmachen von an und für sich unlöslichen wirksamen Substanzen benützen, worüber im Kapitel über Kresole das Nötige nachzulesen ist (Anytole).

Die Ersatzmittel des Ichthyols, welche alle schwefelhaltige Substanzen sind, lassen sich in zwei Hauptgruppen teilen: Entweder wurde das Hauptgewicht darauf gelegt, bestimmte, von Natur aus schwefelhaltige Substanzen in wasserlösliche Sulfosäuren nach Analogie des bei der Ichthyoldarstellung eingeschlagenen Verfahrens zu verwandeln, oder man legte mit viel mehr Recht das Hauptgewicht auf den Schwefelgehalt der Verbindungen, und zwar auf den Gehalt an nicht oxydiertem Schwefel und schwefelte so eine Reihe von chemischen Individuen. Leider hat man bei der Darstellung dieser Substanzen noch zu wenig Gewicht auf den ungesättigten Charakter solcher Körper gelegt.

In die erste Gruppe gehört das künstlich geschwefelte Thiol[3]). Die gesättigten Paraffine nehmen beim Erhitzen mit Schwefel keinen Schwefel in ihr Molekül auf, hingegen zeichnen sich die ungesättigten Kohlenwasserstoffe oder ein Gemenge von gesättigten und ungesättigten Kohlenwasserstoffen dadurch aus, daß sie beim Erhitzen unter Abspaltung von Schwefelwasserstoff Schwefel gegen Wasserstoffatome austauschen.

Man kann so z. B. das Braunkohlenöl (sogenanntes Gasöl des Handels) in der Weise schwefeln, daß man bei 250° portionenweise Schwefelpulver einträgt und das Reaktionsprodukt durch Alkohol von den unveränderten Paraffinen trennt. Durch Einwirkung von konzentrierter Schwefelsäure oder Chlorsulfonsäure erhält man die Sulfosäure, die in ihrem chemischen Verhalten dem Ichthyol nahesteht.

Diese Thiole lassen sich durch Dialyse von den ihnen anhaftenden anorganischen Salzen und anderen Körpern reinigen.

Man kann auch in der Weise vorgehen, daß man das Braunkohlenteeröl vorerst mit Schwefelsäure sulfuriert, wobei die ungesättigten Verbindungen in Reaktion treten, die gesättigten aber nicht, und die so erhaltene Sulfosäure dann durch Erhitzen mit Schwefel auf 155° schwefelt.

Thiol konnte trotz mancher günstigen, ihm nachgerühmten Eigenschaften nicht als erstes Konkurrenzpräparat dem Ichthyol gegenüber zur Geltung gelangen. Dasselbe Schicksal teilte mit ihm Tumenol[4]).

Zur Darstellung dieser Substanz wurde der mehr oder weniger schwefelhaltige Rückstand, den man beim Reinigen der Mineralöle mit Schwefelsäure als sogenannten Säureteer erhält, benützt. Dieser Säureteer zeichnet sich durch seinen Gehalt an ungesättigten Verbindungen vorteilhaft aus. Die Darstellung der Tumenolsulfosäure und die Abtrennung des Sulfons aus den Gemengen geschieht nach den beim Ichthyol angeführten Methoden.

---

[1]) DRP.-Anm. F. 11 063. [2]) Deutsche Ärzte-Ztg. **1902**, 107.

[3]) DRP. 38 416, 54 501.

[4]) DRP. 56 401. — A. Neißer, Deutsche med. Wochenschr. **1891**, 1238.

Bengough[1]) schlug vor, Säureabfallteer mit Kalk zu destillieren, und die so gewonnenen ungesättigten Kohlenwasserstoffe mit Chlorschwefel zu schwefeln, hierauf mit Natronlauge zu kochen, um Chlor zu entfernen.

Auch die schwefelhaltigen Rückstände mancher Rohpetroleumsorten wurden zu dem Ichthyol analogen Sulfosäuren verarbeitet, so das Petrosulfol genannte Präparat, welches dem Ichthyol sehr ähnliche Eigenschaften zeigt.

Die Lysol genannte Auflösung von stark kresolhaltigen Teerölen wurde mit Schwefel so lange erhitzt, bis eine tiefbraune, beinahe feste Masse resultierte, welche wasserlöslich war[2]).

Ferner wurde versucht, Tran, welcher ja reich an ungesättigten Verbindungen ist, zu schwefeln und das geschwefelte Produkt in üblicher Weise wasserlöslich zu machen[3]).

Zu diesem Zwecke wird Tran mit ca. 12% Schwefelblumen verrieben und auf 120° erhitzt, wobei sich ca. 10% des Schwefels mit dem Tran verbinden, während der Überschuß sich geschmolzen zu Boden senkt. Man gießt vom ungelösten Schwefel ab und erhitzt weiter auf 240°. Durch Verseifen mit Lauge erhält man ein wasserlösliches Produkt.

Ferner wurde Schwefellebertran nach J. W. M. Nobl durch siebenstündiges Erhitzen von 20 Teilen Oleum jecoris aselli mit 1 Teil Schwefel auf 125° C erhalten.

Paul Koch, Berlin, stellt Schwefelverbindungen, die er Thiozonide nennt, her, indem er Schwefel auf Terpene einwirken läßt, wobei je drei Schwefelatome sich an eine doppelte Bindung des Terpenmoleküls anlagern. Man kann dieses Erhitzen mit Schwefel auch unter Zugabe von Weingeist durchführen und statt der reinen Terpenalkohole oder deren Ester die natürlichen ätherischen Öle, wie Fichtennadelöl usw., verwenden[4]).

Diese Verbindungen sind aber an der Luft leicht veränderlich. Ein Zusatz von Thiozonat, wie Natriumthiozonat, Na_2S_4, begünstigt aber die Bildung haltbarer Thiozonide[5]).

Auch geschwefeltes Leinöl und Lanolin wurden in ähnlicher Absicht, jedoch nicht mit dem gleichen therapeutischen Erfolg dargestellt. Ebenso wurden geschwefelte Methyl- und Äthylester von Fettsäuren vorgeschlagen[6]), dargestellt durch Einwirkung von Chlorschwefel oder von Schwefel bei höherer Temperatur auf Methylester von ungesättigten Fettsäuren.

Die Compagnie Morana[7]), Zürich, stellen geschwefelte Kohlenwasserstoffe her durch Einwirkung von Metallsulfiden, Polysulfiden oder Sulfhydraten auf Aldehyde oder Ketone, z. B. Acetophenon, Benzophenon, Citral.

Zum Teil war der Erfolg des schwefelhaltigen Ichthyols, zum Teil auch die bekannte günstige Wirkung geschwefelter Substanzen bei einzelnen Hautkrankheiten die Veranlassung zur Darstellung einer Reihe von Substanzen, die Schwefel in fester oder lockerer Bindung enthielten, um so mehr, als der Eintritt von Schwefel in viele Verbindungen ihnen antiparasitäre Eigenschaften verleiht; jedoch blieb die Darstellung der nun zu besprechenden Präparate, denen sicher bestimmte Wirkungen zukommen, ohne den gewünschten Erfolg.

Ebenfalls in der Absicht, einen schwefelhaltigen Ichthyolersatz synthetisch darzustellen, hat man Schwefel auf Zimtsäureester einwirken lassen[8]).

Wenn man Stilben (Diphenyläthylen) $H_5C_6 \cdot CH = CH \cdot C_6H_5$ oder analoge Verbindungen mit Schwefel erhitzt, so erhält man Thiophenderivate. Analog verläuft die Reaktion, wenn man Zimtsäure $C_6H_5 \cdot CH = CH \cdot COOH$ mit Schwefel zusammenschmilzt. Man erhält dann zwei isomere Diphenylthiophene $C_4H_2 \cdot (C_6H_5)_2S$. In anderer Weise reagieren aber die Ester der Zimtsäure, insbesondere der Zimtsäureäthylester $C_6H_5 \cdot CH = CH \cdot COO \cdot C_2H_5$. Man erhält hierbei schwefelhaltige Körper, die nicht mehr der Thiophenreihe angehören. Wenn man vom Zimtsäureäthylester ausgeht, so bekommt

---

[1]) DRP. 138 345. [2]) DRP.-Anm. R. 12 928. [3]) DRP. 56 065.
[4]) H. Erdmann, Liebigs Ann. **362**, 133. — DRP. 214 950.
[5]) DRP. 219 121, Zusatz zu DRP. 214 950.
[6]) Majert, Berlin, DRP. 140 827. [7]) DRP. 162 059.
[8]) E. Baumann und E. Fromm, BB. **30**, 111 (1907). — DRP. 87 931.

man einen Körper, der Schwefel in lockerer Bindung enthält und als Thiobenzoylthioessigsäuredisulfid aufzufassen ist.

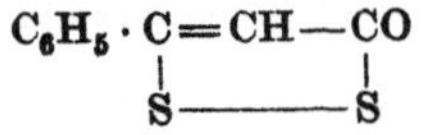

$$\begin{array}{l} C_6H_5 \cdot C{=}CH{-}CO \\ \qquad\quad | \qquad\quad\;\; | \\ \qquad\quad S{-}{-}{-}{-}S \end{array}$$

Die vom Erfinder an die Darstellung dieses Körpers geknüpften Hoffnungen sind wohl aus dem Grunde nicht in Erfüllung gegangen, weil es sich bei Präparaten dieser Art, denen Ichthyolwirkungen zukommen sollen, nicht so sehr um leicht abspaltbaren Schwefel handelt, auch keineswegs um Körper, die Sulfhydrylgruppen enthalten, sondern vielmehr um Substanzen, in denen der Schwefel in fester Bindung vorkommt. Wenn man sich dieser Auffassung über die pharmakologische Wirkung des Ichthyols und anderer Präparate anschließt, so wird man es sehr seltsam finden, daß bis nun niemand den einfachsten Körper unter den cyclischen Verbindungen, der Schwefel in fester Bindung enthält, das Thiophen

$$\begin{array}{c} H{-}{-}H \\ H\;\;\;\;\;\;H \\ S \end{array}$$

nämlich, zum Ausgangsprodukte für die Darstellung solcher Präparate genommen hat. Um so mehr muß man darüber staunen, als man dem Thiophen sehr nahe stehende Körper synthetisch recht billig erhalten kann.

Aus klinischen Versuchen ist uns bekannt, daß einzelne Derivate des Thiophens, sowie bestimmte natürliche und auch künstliche geschwefelte Kohlenwasserstoffe in ihren Wirkungen mit dem Ichthyol völlig übereinstimmen oder dieses sogar in bezug auf die schmerzstillende Wirkung, die ja nur auf den Schwefelgehalt zu beziehen ist, weit übertreffen, insbesondere aber dann, wenn man nicht den Fehler begeht, durch Einführung der Sulfosäuregruppe die Wirkung abzuschwächen.

Man erhält Thiophenderivate, welche Desinficientien und Mittel gegen Hautkrankheiten sein sollen, wenn man auf Halogenacylalkylaminokrotonsäureester Alkalisulfdyhrate einwirken läßt, z. B. 5-Thiotolen-3-oxy-4-carbonsäureäthylester.

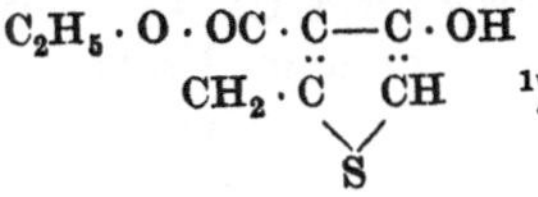

$$\begin{array}{c} C_2H_5 \cdot O \cdot OC \cdot \ddot{C}{-}\ddot{C} \cdot OH \\ CH_2 \cdot \ddot{C} \quad CH \\ \diagdown\!\diagup \\ S \end{array}$$ [1]

Das Zustandekommen der Wirkung ist bei den Substanzen der Ichthyolgruppe von drei Momenten abhängig, was bei der Darstellung von künstlichen Ersatzmitteln stets zu berücksichtigen ist: 1. Vom Schwefelgehalte der Verbindung. Der Schwefel muß in nicht oxydierter Form, aber in fester Bindung in der Substanz vorhanden sein, keineswegs aber in Form von leicht abspaltbaren Sulfhydrylgruppen. 2. Von der ungesättigten Natur der Verbindung. Es haben sich die künstlich geschwefelten, von Haus aus ungesättigten Verbindungen in der Therapie nicht halten können und als wenig oder gar nicht wirksam erwiesen, weil bei Behandlung mit Schwefel dieser in die doppelte Bindung tritt und so der ungesättigte Charakter der Substanz aufgehoben wird. 3. Von der cyclischen Natur der Verbindung. Die Sulfurierung ist eine überflüssige Maßnahme und bewirkt nur deshalb keine völlige Vernichtung der Wirkung, weil nur ein kleiner Teil der Substanzen sulfuriert wird, welcher dann als Lösungsmittel für den nicht sulfurierten dient.

Kolloidalen Schwefel oder Selen stellt man bei Gegenwart kolloidaler Substanzen, z. B. Albumin, Gelatine, Pepton, auf nassem Wege her. Aus der rohen Reaktionsmischung fällt durch Ansäuern kolloidaler Schwefel oder Selen. Der filtrierte Niederschlag wird in

[1] Benary, DRP. 282 914.

Wasser unter Zusatz von sehr wenig Alkali gelöst evtl. dialysiert. Durch Eindampfen oder durch Ausfällen mit Alkohol, Alkohol-Äther oder Aceton erhält man kolloidalen Schwefel in fester Form. Unter dem Namen Sulfoid wurde ein solches Präparat in den Handel gebracht [1]).

Außer auf chemischem Wege kann man auch auf physikalischem Wege kolloidalen Schwefel machen. Auch dieses Präparat kommt mit 80% Schwefel als Sulfoid in den Handel. Man löst Schwefel in indifferenten Lösungsmitteln, wie Alkohol, Aceton oder in Lösungsmitteln, welche durch Zersetzung mit Säuren oder Wasser Schwefel liefern und bringt dann bei Gegenwart von Eiweißkörpern oder ihren Abbauprodukten den Schwefel zur Abscheidung. Man löst z. B. Schwefel in heißem Alkohol, gibt zu der Lösung Eiweiß in Wasser, der Schwefel ist dann kolloidal gelöst. Säuert man an, so fällt er heraus; durch Neutralisation der Säure geht er wieder in Lösung, und durch Eindunsten oder Fällen in Alkohol erhält man ihn in haltbarer, kolloidaler wasserlöslicher Form [2]).

Allylsulfid $\frac{C_3H_5}{C_3H_5}>S$ (Knoblauchöl) wurde mehrmals gegen Cholera empfohlen [3]). Französische Forscher sahen bei subcutaner Injektion von Allylsulfid in öliger Lösung bei Tuberkulösen sehr gute Erfolge [4]).

Dithiokohlensaures Kalium K_2COS_2 zersetzt sich leicht unter Abspaltung von Schwefelwasserstoff. Nach Unnas Ansicht sind die Schwefelpräparate nicht an sich wirksam, sondern erst durch Freiwerden von Schwefelwasserstoff, weshalb diese Substanz wirksam sein müßte. Doch hat dieses Präparat unangenehme Nebenwirkungen (Brennen, Pustelbildung).

Triphenylstibinsulfid ist sehr leicht oxydabel und spaltet Schwefel ab. Subcutan injiziert wirkt es toxisch; es soll als Schwefelmittel für Hautkrankheiten verwendet werden [5]).

Ludwig Kaufmann in Berlin [6]) stellt Triphenylstibinsulfid, dessen Homologen und deren Derivate dar, indem er Schwefelwasserstoff oder eine andere zur Umsetzung geeignete Schwefelverbindung auf halogenierte Triphenylstibine resp. auf Triphenylstibinhydroxyd unter Vermeidung eines Überschusses der Schwefelverbindung einwirken läßt. Man arbeitet in der Weise, daß man Triphenylstibinbromid mit einer kaltgesättigten alkoholischen Ammoniaklösung behandelt und Schwefelwasserstoff einleitet, bis eine schwach gelbe Färbung eintritt, dann krystallisiert die Substanz aus.

Thiosinamin (Allylthioharnstoff) $NH_2 \cdot CS \cdot NH(C_3H_5)$ macht nach Hebra [7]) lokale Reaktion bei Lupus und anderen Leiden, steigert die Diurese, bewirkt Nachlassen der Nachtschweiße und beschleunigt die Resorption von Exsudaten in den Geweben.

Hinsberg stellte durch Einleiten von schwefliger Säure in geschmolzenes o-Phenylendiamin bei 140° einen schwefelhaltigen Körper dar, dem die Formel

$C_5H_4\langle N \rangle S$ oder $C_6H_4 \langle N | N \rangle S$

zukommt. Verwendet man statt o-Phenylendiamin dessen homologes, das o-Toluylendiamin, so erhält man eine Substanz der Formel

[Strukturformeln: Benzolring—N=N>S oder Benzolring—N>N>S]

Diese sogenannten Piazothiole sind jedoch nie zur praktischen Verwendung gelangt [8]).

[1]) Heyden, Radebeul, DRP. 164 664. [2]) Heyden, DRP. 201 371.
[3]) Pertik 1892, Angyan 1893 im Orvosi Hetilap, Budapest.
[4]) Séjournet, Sem. méd. 1895, Nr. 52, S. 206.
[5]) Ludwig Kaufmann, BZ. 28, 67, 86 (1910). [6]) DRP. 223 694.
[7]) II. intern. Dermatol. Kongreß.
[8]) DRP. 49 191. — BB. 22, 862, 2895 (1888); 23, 1393 (1889).

Ebenfalls als Mittel gegen Hautkrankheiten wurde Thiodinaphthyloxyd dargestellt.

Es wird Thio-β-naphthol in alkoholischer Lösung durch Einwirken oxydierender Mittel in Thiodinaphthyloxyd übergeführt. Man oxydiert mit Ferricyankalium oder mit Jod-Jodkaliumlösung.

Das Produkt ist unlöslich und geruchlos, weshalb es wohl als Streupulver hätte Verwendung finden sollen.

Zu gleichem Zwecke wurden von Busch Thiobiazolderivate dargestellt[1]).

Man gewinnt diese, indem man Schwefelkohlenstoff mit Hydrazin oder primären Hydrazinen in alkoholischer Kalilösung erhitzt. Die Reaktion erfolgt hierbei nach folgenden Gleichungen, wobei sich zuerst das Kaliumsalz der Phenylsulfocarbazinsäure bildet. Dieses reagiert nun mit Schwefelkohlenstoff weiter.

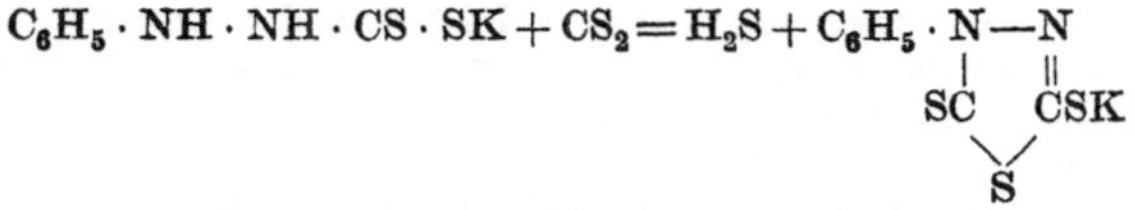

```
C6H5 · NH · NH · CS · SK + CS2 = H2S + C6H5 · N—N
                                          |   ||
                                         SC   CSK
                                           \ /
                                            S
```

Der so entstandene Körper ist Phenyldithiobiazolonsulfhydrat.

Läßt man nur Hydrazin unter gleichen Umständen reagieren, so gelangt man zu Thiobiazoldisulfhydrat

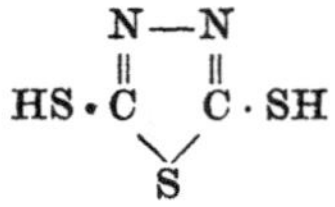

```
       N—N
       ||  ||
  HS · C   C · SH
        \ /
         S
```

Zu den Thiobiazolinderivaten[2]) kann man gelangen, wenn man Aldehyde auf die Alkalisalze der Sulfocarbazinsäuren der allgemeinen Formel R · NH · NH · CS · SH einwirken läßt. Man erhält stark saure Körper der allgemeinen Formel

```
      R · N—N
          |   ||
   RH · C   CSH
          \ /
           S
```

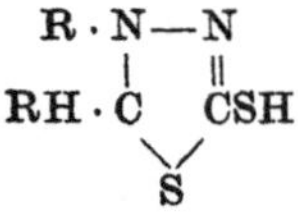

die mit Alkalien charakteristische, wasserlösliche Salze geben.

Nach dieser Methode wurden dargestellt: Phenylthiobiazolinsulfhydrat und Diphenylthiobiazolinsulfhydrat

```
C6H5 · N—N                  C6H5 · N—N
       |   ||                      |   ||
     H2C   CSH          C6H5 · HC   CSH
        \ /                        \ /
         S                          S
```

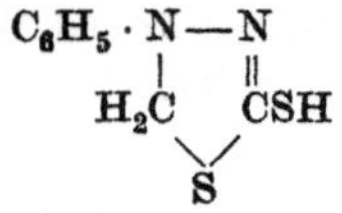

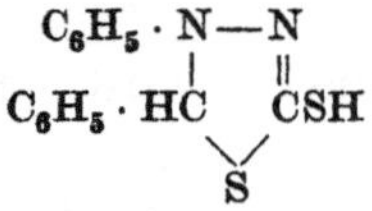

Arylsulfinsäure mit Phenolen oder Phenolcarbonsäuren auf 100—150° C erhitzt gibt Oxydiarylsulfide[3]), z. B. $2\,C_6H_5 \cdot SO_2H + C_6H_5 \cdot OH = C_6H_5 \cdot S \cdot C_6H_4 \cdot OH + C_6H_5 \cdot SO_3H + H_2O$.

Selen- und Tellurderivate.

Die Beobachtungen von A. v. Wassermann[4]), daß selenhaltige Farbstoffe eine Einwirkung auf Krebszellen bei Tieren zeigen, war die Veranlassung zur Darstellung zahlreicher Selen- und Tellurverbindungen, über deren Wirkung nach der gleichen Richtung hin nur spärliche, anscheinend nicht positive Beobachtungen vorliegen.

Entsprechend dem Verhalten der arsenigen Säure und Arsensäure sind die Ionen der tellurigen und selenigen Säure viel wirksamer als die Ionen der Tellur-

---

[1]) DRP. 81 431. — BB. **27**, 2507 (1894). [2]) DRP. 85 568.
[3]) Höchster Farbwerke, DRP. 147 634. [4]) Deutsche med. Wochenschr. **1911**, 2389.

und Selensäure. Schimmelpilze werden durch Tellurite und Tellurate kaum in ihrem Wachstum beeinflußt, Bakterien aber sind sehr empfindlich[1]).

Tellurige Säure und Tellursäure wirken schwach giftig.

Walter verwendete kolloidales Selen, welches vollständig ungiftig war, konnte aber gar keine Erfolge sehen.

Für die Chemotherapie des Krebses benützte A. v. Wassermann ein Eosinselen, dessen Zusammensetzung anscheinend schwankt und welches nicht weiter beschrieben ist. Beim Aufheben verändert es sich, die Krebsmäuse sind dagegen empfindlicher als die gesunden. Eosinselen wirkt in der Weise auf Tumoren ein, daß sich diese verflüssigen, Rezidiven können von dem Mittel nicht beeinflußt werden.

Wassermann stellt einen selenhaltigen Farbstoff dar, indem er Selenwasserstoff auf Nitrosodimethylanilin oder dessen Reduktionsprodukte einwirken läßt und die entstandenen Verbindungen einer gelinden Oxydation unterwirft. Man erhält so Selenazinblau, welches chemotherapeutisch wirksam sein soll[2]).

Wassermann stellt selen- und tellurhaltige Farbstoffe dar, indem er Farbstoffe der Phthaleinreihe oder deren Derivate, insbesondere die halogenierten oder alkylierten Derivate und wasserlösliche selen- oder tellurcyanwasserstoffsaure Salze aufeinander einwirken läßt; so z. B. läßt er auf Eosinnatrium Selencyankalium einwirken, wobei ein dunkelroter Farbstoff sich abscheidet[3]).

3.6-Diaminothiopyronin

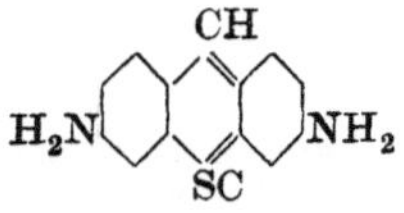

CH

H_2N NH_2

SC

und 3.6-Diaminoselenopyronin

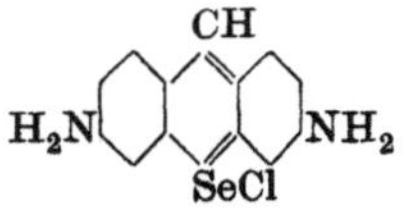

CH

H_2N NH_2

SeCl

machen bei Trypanosomenerkrankungen eine nur vorübergehende Heilung. Die Toxizität für Mäuse ist bei Thiopyronin $^1/_{2500}$ g, bei Selenopyronin etwa $^1/_{3000}$ g pro 20 g Gewicht. Beide Farbstoffe erzeugen bei Mäusen starke Ödeme[4]).

Die Toxizität der Thio- und auch der Selenoisotrehalose ist sehr gering. Diese Doppelzucker werden im Organismus nicht angegriffen[5]).

Selenderivate aromatischer Verbindungen, wie beispielsweise Anilin, Acetanilid, Phenol, Salicylsäure, Nitrophenol erhält man, indem man Selen oder Selendioxyd in konzentrierter Schwefelsäure auf die zu selenierenden Verbindungen bei niederer Temperatur einwirken läßt. Beschrieben sind die Verbindungen aus Acetanilid, Anilin, Phenol, Salicylsäure, o- und p-Nitrophenol; die Verbindung aus p-Acetaminophenetidin hat die Zusammensetzung $[C_6H_3(OC_2H_5)(NHC_2H_3O)]_3 \cdot SeSO_4H \cdot H_2O$. Antipyrin gibt Diantipyrylselenid $(C_{11}H_{11}N_2O)_2Se$. Weiter ist beschrieben die Selenverbindung aus Resorcinarsensäure und Selen[6]).

Für die Behandlung von Protozoen und Bakterienerkrankungen wurden auch nach DRP. 261 969 die Phenazselenoniumfarbstoffe aus Nitroselenazinen hergestellt. Auch Selencyanverbindungen der aromatischen Reihe wurden versucht.

Phenazselenoniumfarbstoffe erhält man durch reduzierende, dann oxydierende Behandlung von Nitroselenazinen. Setzt man o-Nitrodiazobenzol mit Selencyankalium um, so entsteht o-Nitrobenzolselencyanid, aus welchem durch einwirkende Alkalien o-Nitroselenophenol gebildet wird und durch Reduktion dieses letzteren kann man zum o-Aminoselenophenol gelangen. Läßt man diese Verbindung oder deren Derivate auf Di- oder

---

1) G. Joachimoglu, BZ. **107**, 300 (1920). 2) DRP. 261 793.
3) DRP. 261 556. 4) P. Ehrlich und Hugo Bauer, BB. **48**, 502 (1915).
5) Fritz Wrede, BZ. **83**, 96 (1917). 6) Höchst, DRP. 299 510.

Trinitrohalogenbenzol einwirken, zweckmäßig in Gegenwart säurebindender Mittel, so entstehen Nitroderivate des Selenazins, z. B. Dinitrophenoselenazin

$$\text{Dinitrophenoselenazin: C}_6\text{H}_4\begin{matrix}\text{NH}\\\text{Se}\end{matrix}\text{C}_6\text{H}(\text{NO}_2)_2$$

Diese Verbindung kann durch Reduktion und Oxydation in einen Farbstoff übergehen, der auf Protozoen und Bakterien einwirken soll[1]).

Aus den mit Reduktionsmitteln behandelten Phthaleinen, den Phthalinen, entstehen bei Einwirkung von Selenhalogeniden in Lösungsmitteln, welche das Selenhalogenid nicht zersetzen, Farbstoffe, denen therapeutische Wirkungen zukommen. Beschrieben wird Selenfluorescein. Durch Einführung von Brom und Jod entstehen durch weitere Substitution im Resorcinkern Selenbromfluorescein und Selenjodfluorescein. Ferner ist Selenphenolphthalein beschrieben[2]).

An Stelle der Phthaline werden deren o-Acetylverbindungen oder die o-Acetylverbindung von Phthaleinen mit Selenhalogeniden bzw. Selenoxychlorid behandelt. Beschrieben ist die Einwirkung von Selenoxychlorid auf Fluoresceindiacetat und auf Tetrachlorfluoresceindiacetat[3]).

Selenfluorescin von ziemlicher Beständigkeit, z. B. Dichlorselenfluorescein, erhält man, wenn man Fluorescein selbst oder Halogen enthaltende Fluoresceine mit Selen behandelt[4]).

Braunstein versuchte am Menschen mit angeblich günstigem Erfolge Selenmethylenblau.

P. Karrer konnte zeigen, daß die verschiedenen Angaben über die Darstellung des sogenannten Selenmethylenblaus, d. h. des 3.6-Tetramethyldiaminoselenazins

$$(\text{CH}_3)_2\text{N}\cdot\text{C}_6\text{H}_3\begin{matrix}\text{N}\\\text{Se}\cdot\text{X}\end{matrix}\text{C}_6\text{H}_3\cdot\text{N}(\text{CH}_3)_2$$

alle durchweg unrichtig sind, daß es nach Verfahren, die den alten Methylenblau-Synthesen entsprechend angelegt sind, niemals entsteht. Man erhält es, wenn man Selenodiphenylamin durch Bromlösung in Phenazselenium-perbromid überführt und mit Dimethylamin behandelt. Es ist wie Methylenblau ein Vitalfarbstoff. Alle biologisch untersuchten Selenazinfarbstoffe haben genau die gleiche Toxizität wie die entsprechenden Thiazinfarbstoffe, welche sich auch chemisch gleich verhalten[5]).

Felix Heinemann hat alkalilösliche Derivate des Piaselenols aus seleniger Säure und o-Phenylendiamin dargestellt.

o-Phenylendiamin und selenige Säure verbinden sich zu Piaselenol $\text{C}_6\text{H}_4\begin{matrix}\text{N}\\\text{N}\end{matrix}\text{Se}$, das schwer löslich ist. In Alkali leicht lösliche saure Derivate der Piaselenole erhält man durch Einwirkung von seleniger Säure auf Oxyderivate, Carboxylderivate, Sulfosäuren und sonstige alkalilösliche Derivate der aromatischen Diamine. Beschrieben sind p-Oxypiaselenol, 2.3-Piaselenol-1-carbonsäure, 3.4-Piaselenol-1-carbonsäure, 2.3-Piaselenol-4-methyl-5-amino-1-sulfosäure, 1.2-Naphthopiaselenol-5.7-disulfosäure[6]).

Selencyanverbindungen der aromatischen Reihe erhält man, wenn man Diazoverbindungen in schwach saurer Lösung mit selencyanwasserstoffsauren Salzen behandelt. Dargestellt wurden o-Nitrobenzolselencyanid, p-Selencyanbenzolarsinsäure, p-Selencyanbenzoesäure, p-Selencyanbenzolsulfosäure[7]).

---

1) Höchst, DRP. 261 969. 2) Höchst, DRP. 290 540.
3) DRP. 295 253, Zusatz zu DRP. 290 540.
4) Carl Jäger und Carl, Düsseldorf, DRP. 279 549.
5) P. Karrer, BB. **49**, 597 (1916). 6) Heinemann, DRP. 261 412.
7) Höchst, DRP. 255 982.

Beim Erhitzen von Diazoselencyaniden der Anthrachinonreihe ohne Kontaktsubstanz tritt unter Abspaltung von Stickstoff die Selencyangruppe in den Kern: $C_{14}H_7O_2 \cdot N_2 \cdot SeCN = N_2 + C_{14}H_7O_2 \cdot SeCN$. Die Selencyanide lassen sich durch die für Rhodanide bekannten Reagenzien sowie auch durch alkoholisches Kali oder Natron zu Selenophenolen aufspalten. Beschrieben ist Selencyananthrachinon und 1-Selencyan-5-anthrachinonsulfosäure [1]).

Die Produkte des DRP. 256 667 kann man in Selenophenole überführen, wenn man die Anthrachinonselencyanide durch alkalisch wirkende Mittel aufspaltet: $C_{14}H_7O_2 \cdot SeCN + H_2O = C_{14}H_7O_2 \cdot SeH + CN \cdot OH$. Beschrieben ist Selenophenol und Anthrachinon-1-selenophenol-5-sulfosäure [2]).

Isoselenazole der Anthrachinonreihe erhält man durch Behandlung der Anthrachinonselencyanide mit Ammoniak nach der Gleichung $C_{14}H_7O_2SeCN + NH_3 = C_{14}H_7ONSe + HCN + H_2O$. Diese enthalten Selen in ringförmiger Bindung. Beschrieben sind Selenazol und Selenazolsulfosäure [3]).

Selenophenole und Diselenide der Anthrachinonreihe erhält man, wenn man negativ substituierte Anthrachinonderivate mit Alkaliseleniden oder Polyseleniden zur Umsetzung bringt. Beschrieben sind Selenophenol und Anthrachinon-1-diselenid. Diese Verbindungen sind Farbstoffe [4]).

Schwefelhaltige Cyanhydrine von Aldehyden und Ketonen erhält man, wenn man auf die Cyanhydrine nach erfolgter Acylierung Schwefelwasserstoff einwirken läßt. Die von Ketonen sich ableitenden Schwefelderivate sind Antiseptica.

So erhält man aus Methylendioxy-acetylmandelsäurenitril, Ammoniak und Schwefelwasserstoff das Thioamid des acetylierten Cyanhydrins:

$$CH_2\langle{}^{O}_{O}\rangle C_6H_3 - \underset{CS \cdot NH_2}{\underset{|}{CH}} \cdot O \cdot CO \cdot CH_3$$ [5])

Statt Schwefelwasserstoff läßt man Selenwasserstoff einwirken. Beschrieben sind das Derivat des Methylendioxyacetylmandelsäurenitrils, des o-Nitrobenzoylmandelsäurenitrils und das Einwirkungsprodukt des Selenwasserstoffs auf das acetylierte Acetoncyanhydrin [6]).

Wenn man Halogenverbindungen des Selens auf ungesättigte Fettsäuren einwirken läßt, so erhält man organische Selenderivate, so z. B. aus Selentetrachlorid und Leinölsäure eine halogenierte Selenolleinölsäure. Analog kann man aus Ölsäure eine solche Verbindung erhalten. Arbeitet man mit Leinölsäure und Selenoxychlorid, so ist die Reaktion sehr heftig. Arbeitet man mit Selentetrajodid, so erhält man eine jod- und selenhaltige Verbindung [7]). Die nach dem Verfahren des Hauptpatentes dargestellten Selenderivate behandelt man mit überschüssigem Alkali. Hierbei wird wahrscheinlich das Halogen durch Hydroxyl oder Sauerstoff ersetzt. Die wässerigen Lösungen sind haltbar. Beschrieben ist Chlorselenleinölsäure [8]).

Durch Einwirkung von Selenwasserstoff auf ein Alphylcyanamid, wie z. B. Allylcyanamid, erhält man Alphylselenharnstoffe. Im Gegensatze zum Phenylselenharnstoff sollen die so erhältlichen Produkte ausgeprägte therapeutische Wirkungen besonders gegen krebsartige Erkrankungen besitzen. Sie sind auch Zwischenprodukte zu den stabileren und in ähnlicher Richtung wirksamen Halogenalkyladditionsprodukten der Alphylselenharnstoffe [9]).

Behandelt man Alphylselenharnstoffe mit Alphylhalogeniden, so erhält man Verbindungen, welchen wahrscheinlich die Formel

$$\begin{matrix} & NH_2 & \\ & / & \\ C & = Se\langle{}^{J}_{Alphyl} & \\ & \backslash & \\ & NH\ Alphyl & \end{matrix}$$

zukommt. Sie enthalten Selen fester gebunden als der entsprechende Selenharnstoff und sind in Wasser leichter löslich [10]).

---

[1]) Bayer, DRP. 256 667. [2]) Bayer, DRP. 264 940.
[3]) Bayer, DRP. 264 139. [4]) Bayer, DRP. 264 941. [5]) DRP. 259 502.
[6]) DRP. 273 073, Zusatz zu DRP. 259 502. [7]) Riedel, DRP. 276 976.
[8]) DRP. 287 800, Zusatz zu DRP. 276 976.
[9]) DRP. 305 263, Zusatz zu DRP. 305 262. [10]) DRP. 305 262.

Fluorverbindungen.

Während Chloroform, Bromoform und Jodoform in der Therapie eine große Rolle spielen, scheiterte bis nun die Anwendung des Fluoroforms wohl hauptsächlich an der Schwierigkeit der Darstellung dieser Verbindung, obwohl ja bekanntlich den Fluorverbindungen starke antiseptische Eigenschaften zukommen. Auch hat Fluoroform den besonderen Nachteil ein Gas zu sein.

Das alte Verfahren, Fluoroform zu gewinnen, beruhte auf der Umsetzung von Fluorsilber und Jodoform in Gegenwart von Chloroform. Das ältere Darstellungsverfahren für Fluoroform wurde dahin geändert, daß man gleiche Gewichtsmengen Jodoform und Fluorsilber mit Sand mischt und gelinde erwärmt[1]). Das sich entwickelnde Gas wird mit Alkohol jodfrei gewaschen und hierauf mit Kupferchlorür von etwa anhaftendem Kohlenoxyd befreit und in einem Gasometer über Wasser aufgefangen. Um Fluoroform luftfrei zu bekommen, wird das mit Jodoform, Fluorsilber und Sand beschickte Entwicklungsgefäß mit Wasser völlig gefüllt, um die Luft zu verdrängen[2]). Auf diese Weise gelingt es, luftfreies, chemisch reines Fluoroform zu gewinnen.

Genügende Erfahrungen über Fluoroform[3]) und auch andere Fluorpräparate in der Therapie besitzen wir bis nun nicht, und es läßt sich aus diesem Grunde, trotz mancher theoretischer Voraussetzung, die man an diese Halogenverbindungen knüpfen konnte, nichts Bestimmtes über dieselben aussagen. Nach Binz soll es wie Chloroform wirken[4]).

Im Kern fluorierte aromatische Verbindungen erhält man, wenn man wässerige Diazochloridlösung mit Flußsäure in Reaktion bringt[5]). Wenn man salzsaures Anilin mit salpetrigsaurem Natron diazotiert und nun Flußsäure zu der Diazochloridlösung zufließen läßt, so entsteht Fluorbenzol, ein wasserhelles, mit Wasserdampf destillierbares Öl. Auf gleichem Wege gelangt man vom Toluidin resp. vom Toluoldiazochlorid zum Fluortoluol, vom Pseudocumidin zum Fluorpseudocumol, vom Phenetidin zum Fluorphenetol, vom β-Naphthylamin zum Fluornaphthalin, vom Benzidin zum Difluordiphenyl.

Valentiner und Schwarz stellen aromatische Fluorverbindungen aus Diazo- und Tetraazoverbindungen durch Zersetzung mit konz. Flußsäure her, indem sie die Zersetzung in Gegenwart von Eisenchlorid ausführen. Es entsteht z. B. aus Benzidin auf diese Weise Difluordiphenyl, welches mit Fluorphenetol gemischt als Fluorrheumin in den Handel kommt[6]).

Von so dargestellten Verbindungen kam in erster Linie Difluordiphenyl $C_6H_4Fl—C_6H_4Fl$ in die Therapie, und zwar als Wundheilmittel[7]), dem aber keine bactericiden Eigenschaften zukommen; daran aber ist nicht der Fluorgehalt schuld, sondern nur der Umstand, daß hier Fluor Kernwasserstoff ersetzt und weil ja, wie öfters erwähnt, Diphenyl ein an und für sich unwirksamer Körper ist (s. d.). Auch bei Keuchhusten soll sich dieser Körper bewährt haben. Unter dem Namen Fluorrheumin kommt eine Mischung von Fluorphenetol mit Difluordiphenyl in den Handel, welche bei Rheumatismus empfohlen wird, ebenso ist Epidermin nur eine Mischung von Fluorxylol und Difluordiphenyl. Es wäre wohl viel aussichtsvoller gewesen, Fluorverbindungen darzustellen, in denen Fluor entweder in leicht spaltbaren aliphatischen Verbindungen oder in Seitenketten von aromatischen Verbindungen enthalten ist.

Aryldiazoborfluorkomplexverbindungen erhält man, wenn man auf aromatische Diazoverbindungen Borfluorkomplexsäuren oder deren Salze einwirken läßt. Aus Diazobenzol und borfluorwasserstoffsaurem Natrium erhält man die Diazobenzolfluorborverbindung. Beschrieben sind ferner die p-Nitrodiazobenzolfluorverbindung, p-Chlordiazobenzolfluorverbindung usf.[8]).

Man erhitzt Leim mit Fluorwasserstoffsäure und fällt evtl. mit Alkohol[9]).

---

[1]) DRP. 105 916. [2]) DRP. 106 513.
[3]) Münchener med. Wochenschr. **1899**, 976, 1697.
[4]) Verhandl. des internat. med. Kongresses Berlin Bd. II, S. 63.
[5]) DRP. 96 153. [6]) DRP. 186 005. [7]) Bart, DRP. 281 055.
[8]) Thimm, Dermatol. Zeitschr. **4**, Heft 15. [9]) Weißbein, DRP. 260 757.

Siliciumverbindungen.

Von der durchaus nicht sichergestellten Beobachtung ausgehend, daß maligne Neoplasmen sehr arm an Kieselsäure sind, wurde der Versuch gemacht, Siliciumpräparate in die Therapie des Krebses einzuführen. Von therapeutischen Erfolgen ist nichts bekannt. Natriumsilicat wirkt bei Arteriosklerose und anderen Gefäßerkrankungen, sowie chronischem Gelenkrheumatismus, bei Tuberkulose ist es unwirksam[1]).

Der Silicatgehalt des Organismus kann wohl durch geeignete SiO_2-Zufuhr mit dem Futter erhöht werden, aber nur ein kleiner Teil der dargebotenen Kieselsäure wird im normalen Körper zurückbehalten. Kieselsäurehydrat selbst wird nicht resorbiert[2]).

Organische Siliciumverbindungen hat A. Zeller gegen Carcinom versucht, und zwar am Menschen.

Nach Koberts Ansicht findet sich die Kieselsäure sowohl im pflanzlichen als auch im tierischen Körper in Form organischer Verbindungen vor, die aber so labil sind, daß man sie bis jetzt nicht fassen konnte. Alle tierischen Gewebe, sowohl diejenigen mesodermatischen als auch die epithelialen Ursprungs, enthalten ausnahmslos Kieselsäure als notwendigen Bestandteil, und zwar sehr wahrscheinlich in einer dem Eisen entsprechenden organischen Bindungsform. Nach Genuß von Natriumsilicat tritt eine Vermehrung der polynucleären Leukocyten, also eine Verbesserung des Blutbildes auf (Zickgraf). Die Tuberkulose soll durch Kieselsäure günstig beeinflußt werden. Bei der Tuberkulose ist die Fähigkeit des menschlichen Körpers, die Kieselsäure in der Lunge in normaler Menge aufzuspeichern, vermindert, und dadurch verliert das Lungengewebe seine Widerstandsfähigkeit gegenüber den einschmelzenden Prozessen, die der Kavernenbildung zugrunde liegen [Kobert][3]).

Durch Erhitzen der einfachen Kieselsäureester, wie z. B. des Tetraäthylesters mit mehrwertigen Alkoholen kann man in glatter Reaktion unter Alkoholabspaltung neue Ester der Orthokieselsäure gewinnen, welche zur therapeutischen Verwendung geeignet sind. Je nach den Mengenverhältnissen, nach denen man die mehrwertigen Alkohole mit dem Orthokieselsäureester in Reaktion treten läßt, gelingt es, verschiedene Reaktionsprodukte zu gewinnen, in denen zwei oder mehr Alkoholhydroxyle verestert sind. Es können z. B. aus Glykol zwei Ester, nämlich primäres Glykolorthosilicat und sekundäres Glykolorthosilicat, aus Glycerin primäres Glycerinorthosilicat und auch sekundäres und tertiäres gewonnen werden. Beschrieben sind ferner Mannitorthosilicat und Glykoseorthosilicat[4]).

Man erhält eine siliciumhaltige Verbindung, wenn man Harnstoff und Siliciumtetrachlorid aufeinander einwirken läßt[5]).

Calcium.

In jüngster Zeit treten Calciumsalze, z. B. Calciumchlorid, als fernwirkende Adstringentia auf. Injiziert man Tieren subcutan Chlorcalciumlösungen, so treten keine oder nur sehr schwache Entzündungserscheinungen auf Reize auf. Es ist möglich, daß der höhere Calciumgehalt die Capillaren und Lymphgefäße für Plasma und Blutkörperchen weniger durchlässig macht. Langsamer setzt die Calciumwirkung vom Darme aus ein. Bei Katarrhen sieht man in der Regel eine wesentliche Besserung.

Statt des zerfließlichen Chlorcalciums wird milchsaures Calcium und die folgenden trockenen Präparate empfohlen.

---

[1]) L. Scheffler, A. Sarthly u. P. Pellissier C. r. **171**, 416 (1920).
[2]) Fr. Breest, BZ. **108**, 309 (1920). [3]) Tuberculosis **1918**, Nr. 11 und 12, 149.
[4]) Knorr und Weyland, DRP. 285 285. [5]) Weyland, DRP. 272 338.

Kalzan ist Calcium-Natriumlactat. Es soll den Vorzug besitzen, daß es neben dem Calcium ein die Kalkretention förderndes Alkalisalz enthält.

Durch Einwirkung äquivalenter Mengen Chlorcalciumhydrat und Milchzucker erhält man ein nicht zerfließliches Chlorcalciumpräparat[1]).

An Stelle von Chlorcalcium kann man mit Milchzucker Brom- oder Jodcalcium verwenden oder die Calciumhalogenide auf Rohrzucker oder Fructose in Gegenwart von wenig Wasser einwirken lassen. Beschrieben sind Bromcalciumlactose, Chlorcalciumfructose, Jodcalciumsaccharose[2]).

Knoll & Co.[3]) stellen eine Verbindung von Chlorcalcium (1 Mol.) und Harnstoff (4 Mol.) her, welche bei Heufieber und bronchialem Asthma subcutan ohne Schmerzen injiziert werden kann.

Afenil ist Calciumchloridharnstoff. Es ist nicht hygroskopisch, löst sich leicht in Wasser, schmeckt weniger salzig und ist bei subcutaner Anwendung reizlos.

Calciglycin ist Diglykokollchlorcalcium, es soll als Chlorcalciumersatz dienen[4]).

Calmonal ist ein Urethan-Calciumbromid.

Dubatol ist isovalerylmandelsaures Calcium, welches bei Nervenleiden und Schlaflosigkeit wirken soll.

Hesperonal-Calcium ist das Calciumsalz einer Saccharophosphorsäure.

Halogencalciumstärkepräparate stellt man dar, indem man annähernd gleiche Gewichtsteile Halogencalcium und Stärke bei gewöhnlicher Temperatur mit nur so viel Wasser zu einem Brei verrührt, daß die Reaktionsmasse ohne Wärmezufuhr erstarrt. Es gelingt so, ohne Wärmezufuhr unmittelbar lufttrockene Produkte herzustellen. Bei einem Überschuß von Chlorcalcium bleiben die Produkte klebrig, und bei größerem Wasserüberschuß bindet die Masse nicht ab. Dargestellt wurde Chlorcalciumstärke und Bromcalciumstärke[5]).

Siehe auch bei Jod- und Bromcalciumpräparate.

Die organischen Farbstoffe.

Die Eigentümlichkeit zahlreicher organischer Farbstoffe, nur bestimmte Gewebe oder nur bestimmte Teile des Gewebes anzufärben, sowie ihre Fähigkeit, Bakterien und andere Mikroorganismen durch Färbung zu differenzieren, hat bei einzelnen Forschern den Gedanken erweckt, diese spezifische Selektion bestimmter Gewebe und bestimmter Mikroorganismen für gewisse Farbstoffe dazu zu verwenden, daß man durch Ankettung wirksamer Gruppen an solche Farbstoffe, wenn nicht besonders wirksame Gruppen in diesen von Haus aus vorhanden sind, pharmakologisch wirksame Körper schafft, die durch die besondere Selektion gerade in den spezifisch zu färbenden Geweben zur Ablagerung gelangen und dann dort ihre Wirkung ausüben. Zu dem trat eine Beobachtung von Stilling, daß die organischen Farbstoffe zum großen Teile enorme desinfizierende Eigenschaften besitzen und als Antiseptica um so mehr gute Dienste leisten müßten, weil sie infolge der Fähigkeit der Bakterien den Farbstoff aus seiner Lösung anzuziehen um so leichter und sicherer ihre antiseptische Wirkung entfalten können. Aber der anfängliche Enthusiasmus, welcher dieser hübschen Idee entgegengebracht wurde, hat sich nunmehr stark verloren. Die spezifische Selektion der Gewebe und Mikroorganismen für bestimmte Farbstoffe ist ja nicht eine besondere Funktion der Farbstoffe; bei den Farbstoffen kommt nur diese Selektion zur sichtbaren, leicht erkenntlichen Erscheinung, während bei den ungefärbten Substanzen die Selektion nur durch die spezifische Wirkung des reagiernden Gewebes erschlossen werden kann. Es ist klar, daß

---

[1]) E. Ritzert, DRP. 288966. [2]) E. Ritzert, DRP. 305 367, Zusatz zu 288966.

[3]) DRP. 306 804. [4]) Loewy, Therap. d. Gegenw. **1916**, Nr. 3, S. 96.

[5]) Ritzert, Frankfurt, DRP. 308 616.

die färbende Eigenschaft dieser chemischen Substanzen zu ihren sonstigen physiologischen Wirkungen in keiner Beziehung stehen muß, vielmehr sind die physiologischen Wirkungen nur abhängig von dem allgemeinen Baue dieser Substanzen und daher auch von der Zugehörigkeit zu bestimmten chemischen Gruppen. Daß die chemischen Gruppierungen innerhalb des Moleküls der Farbstoffe, welchen die Farbstoffe ihre Farbe verdanken, neue oder spezifische Wirkungen physiologischer Art auslösen, die den nicht gefärbten Substanzen nicht eigen sein sollten, ist ja wohl nicht anzunehmen und tatsächlich hat die praktische Erfahrung auch gezeigt, daß die organischen Farbstoffe keinerlei Vorzüge vor den anderen wirksamen Substanzen nicht gefärbter Art haben. Dabei haben ja die organischen Farbstoffe bei ihrer Zirkulation im Organismus den Nachteil, daß sie durch die reduzierende Wirkung der Gewebe ziemlich rasch in ihre meist ganz unwirksamen Leukoverbindungen verwandelt werden und wir so innerhalb des Organismus unwirksame Substanzen diesem einverleiben. Nur der Reiz, daß man sichtbare spezifische Selektion als Resultat der Verwendung von Farbstoffen als Antiseptica z. B. erhält, war der Hauptbeweggrund für die Anwendung der Farbstoffe in der Therapie. So war Th. Billroth von der Hoffnung erfüllt, daß man einen Farbstoff finden werde, welcher die Gewebe ungefärbt läßt, und so auf diese nicht einwirkt, aber die spezifischen Bakterien innerhalb des Organismus färbt und gleichzeitig tötet. Daß man sich solchen Selektionsvorstellungen hingab und gerade die Farbstoffe als diejenigen Körper ansah, unter denen man den chemischen Stoff finden müßte, dem eine solche eigentümliche spezifische Selektion zukommt, ist nur, wie erwähnt, daraus zu erklären, daß man bei den Farbstoffen, um es derb zu sagen, die Selektion zu Gesicht bekommt. Daß gerade bei den Medizinern falsche Vorstellungen dieser Art so große Verbreitung gefunden und einen so großen Enthusiasmus erweckt haben, ist nur dem Umstande zuzuschreiben, daß die Mediziner die ihnen aus der Histologie wohlbekannten Erscheinungen der Farbenselektion der Gewebe rasch auch auf die Wirkung der Farbstoffe auf lebende Gewebe ohne längeren Vorbedacht ausgedehnt haben.

Es muß aber bemerkt werden, daß gesundes Protoplasma z. B. von Methylenblau überhaupt nicht gefärbt werden soll, wie es Michailow[1]) berichtet, sondern erst absterbendes Gewebe, womit der ganzen Therapie der physiologische Boden entzogen werden würde.

Schon im Altertume hat man den blauen Indigo zur Heilung von Geschwüren empfohlen und verwendet. Die schwach antiseptischen Wirkungen dieser Substanz wären vielleicht wieder einmal für die Darmantiseptik zu versuchen, da Indigo, wie Nigeler gezeigt hat, den Darm unverändert passiert und nichts von dieser Substanz in irgendeiner Form in den Kreislauf gelangt. Doch ist der reine Indigo nach R. Koberts Angabe in fein verteiltem Zustande eine heftig lokal reizende Verbindung.

Wir teilen die in der Therapie versuchten Farbstoffe hier nach ihren chemischen Beziehungen und nicht nach ihren therapeutischen Verwendungen ein, weil so die Beziehungen zwischen Aufbau und Wirkung klarer zum Ausdruck kommen werden[2]).

Die gelben Nitrofarbstoffe zeigen eigentlich zweierlei Wirkung: die Wirkung der Nitrogruppen am aromatischen Kern und die Wirkung der zugrunde liegenden Verbindungen, wie z. B. des Phenols. Wie durch den Eintritt von Halogenradikalen für Kernwasserstoffe oder von Alkylgruppen für Kernwasserstoffe die antiseptische Kraft des Phenols ansteigt, so geschieht es auch

[1]) Petersburger med. Wochenschr. **1899**, 23. [2]) Th. Weyl, Teerfarben.

beim Eintritt von Nitrogruppen in die Kerne. Aber im Gegensatze zum Eintritt von Alkylen steigt hier die Giftigkeit der Verbindung beim Eintritt von Nitrogruppen, und zwar ist die Giftigkeit durch die Wirkungen der Nitrogruppen selbst bedingt. Nitrobenzol und Dinitrobenzol sind giftig.

Trinitrophenol (Pikrinsäure)

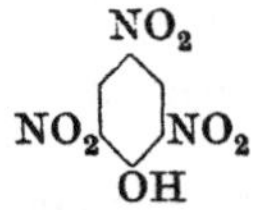

NO_2

NO_2 ⌬ NO_2

OH

ist daher ein starkes Antisepticum und ist in verdünnten Lösungen äußerlich gut anwendbar. Es wird in Frankreich gegen Brandwunden viel verwendet. Hingegen ist diese Verbindung für den innerlichen Gebrauch wegen der Zerstörung der roten Blutkörperchen und ihrer energisch krampferregenden Wirkung sowie wegen der Störungen in der Niere und der schließlichen Lähmung des Atemzentrums unverwendbar; doch ist die Pikrinsäure keineswegs zu den heftigen Giften zu rechnen und ist ganz gut verwendbar, wo man neben der antiseptischen Kraft dieses Mittels auch ihre schmerzstillenden Eigenschaften zu verwerten beabsichtigt.

Pikrinsaures Ammon hat, entgegen der Angabe von Clark[1]), welcher es als Chininersatzmittel empfohlen, nur eine sehr beschränkte aber doch nachweisbare chemotherapeutische Wirksamkeit[2]).

Hingegen ist Dinitrokresol

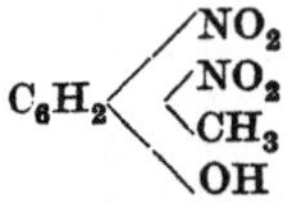

$$C_6H_2\begin{cases}NO_2\\NO_2\\CH_3\\OH\end{cases}$$

weit intensiver giftig, was vielleicht durch seine leichtere Löslichkeit in Wasser der Pikrinsäure gegenüber zu erklären ist. Daher kann dieser Farbstoff keine medizinische Anwendung finden.

Martiusgelb ist Dinitro-α-naphthol

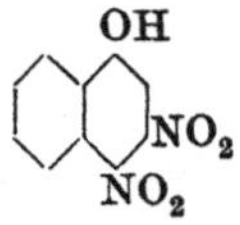

OH

⌬⌬ NO_2

NO_2

Auch dieser Körper zeigt giftige Eigenschaften, obwohl er weniger giftig ist als Dinitrokresol. Auch hier mag die geringere Giftigkeit mit der schweren Löslichkeit der Substanz in innigem Zusammenhange stehen.

Die Regel, daß giftige Körper durch Überführung in Säuren entgiftet werden, findet auch in dieser Gruppe ihre Bestätigung, da Naphtholgelb-S (Dinitro-α-naphtholsulfosäure)

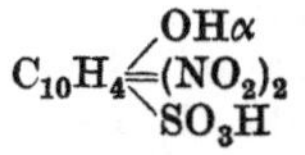

$$C_{10}H_4\begin{cases}OH\alpha\\(NO_2)_2\\SO_3H\end{cases}$$

also eine Sulfosäure des eben besprochenen giftigen Martiusgelb, ein ganz ungiftiger Körper ist. Eine Analogie, daß der Eintritt einer an Kohlenstoff haftenden Sulfogruppe eine solche entgiftende Wirkung zeitigt, findet man auch in dem im allgemeinen Teil erwähnten Versuche von E. Salkowski, welcher die Phenolschwefelsäure $OH \cdot C_6H_4 \cdot SO_3H$ ganz ungiftig fand[3]). Aus demselben

[1]) Lancet, March **1887**.

[2]) F. Rosenthal und Johannes Imm, Berliner klin. Wochenschr. **57**, 151 (1920).

[3]) Pflügers Arch. **4**, 92.

Grunde ist auch das Schöllkopfsche Brillantgelb, welches eine dem Naphtholgelb-S isomere Dinitro-α-naphtholmonosulfosäure ist, unwirksam.

Der Aurantia genannte Farbstoff, welcher ein Salz des Hexanitrodiphenylamins ist

$$\begin{matrix} C_6H_2(NO_2)_3 \\ C_6H_2(NO_2)_3 \end{matrix} > NH$$

scheint wegen der Nitrogruppen giftig zu sein, was wohl von einzelnen Beobachtern wieder geleugnet wird.

Die Azofarbstoffe, welche durch die Gruppe —N = N — charakterisiert sind, sind durchaus ungiftige Körper. Diaminoazobenzol, dessen Chlorhydrat Chrysoidin genannt wird

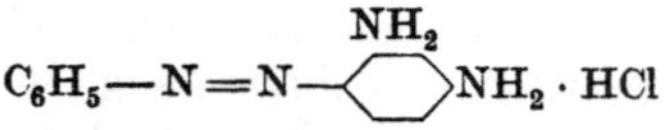

$$C_6H_5—N=N—C_6H_3(NH_2)—NH_2 \cdot HCl$$

hat die eigentümliche Fähigkeit, schon in sehr verdünnten Lösungen Choleravibrionen zu agglutinieren. Aber ebenso wie die Kommabacillen verhalten sich sämtliche Vibrionen diesem Farbstoff gegenüber. Chrysoidin ist als Antisepticum aufzufassen, welchem aber keine spezifischen Wirkungen zukommen. Über einige Azofarbstoffe, die Paul Ehrlich und Einhorn in Kombination mit Cocain dargestellt haben, ist in dem Kapitel Alkaloide nachzulesen (siehe S. 338).

Acetylverbindungen des Aminoazobenzols und seiner Derivate erhält man insbesondere mit Essigsäureanhydrid, wenn man so lange behandelt, bis mindestens zwei Acetylgruppen in das Molekül eingetreten sind. Die Verbindungen sollen ungiftig und reizlos sein bei intensiver Wirkung und großer Löslichkeit[1]).

Wird diazotiertes Aminoazotoluol mit p-Aminobenzoesäurealkylestern oder p-Oxybenzoesäurealkylestern umgesetzt, so erhält man für Hautbehandlung brauchbare Farbstoffe, welche anästhesierende und epithelisierende Wirkungen haben.

Beschrieben sind

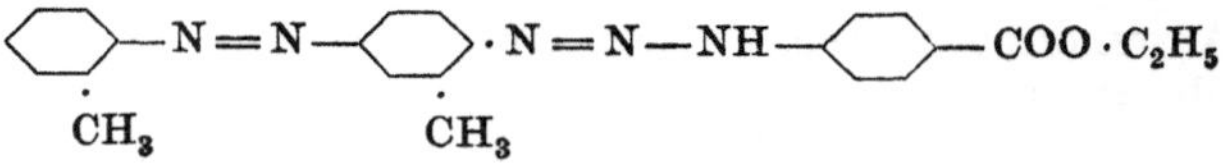

$$C_6H_4(CH_3)—N=N—C_6H_3(CH_3)\cdot N=N—NH—C_6H_4—COO\cdot C_2H_5$$

und

$$C_6H_4(CH_3)—N=N—C_6H_3(CH_3)—N=N—C_6H_3(COO\cdot C_2H_5)\cdot OH$$ [2])

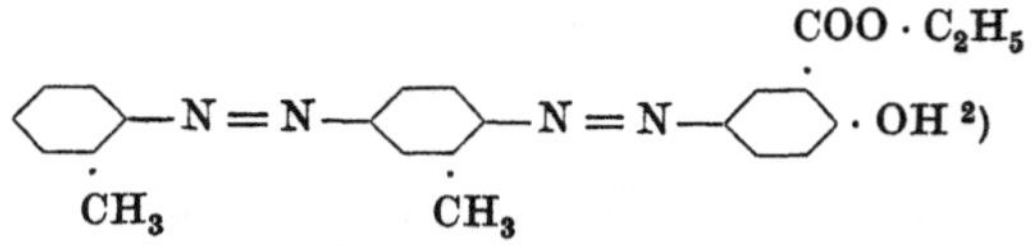

Von den Diazofarbstoffen erweisen sich alle von Weil untersuchten Körper, wie Echtbraun G, Wollschwarz, Naphtholschwarz P, Kongo-Azoblau und Chrysamin R als unschädlich, insbesondere, wenn man sie vom Magen aus einverleibt.

Folgende fettlösliche aber wasserunlösliche Farbstoffe: Benzolazo-β-naphthylamin, Toluolazo-β-naphthylamin, Benzolazobenzolazo-β-naphthol (Sudan III), Benzolazo-β-naphthol (Sudan I), Benzolazodimethylanilin (Buttergelb), Benzolazophenol (Ölgelb), Aminoazobenzol (Spritgelb), Benzolazoresorcin (Sudan G) werden zum Teil unverändert im Harn ausgeschieden, zwei von ihnen Benzolazophenol und Benzolazoresorcin in Form gepaarter Glykuronsäuren. Eine besondere Giftwirkung macht sich selbst bei Injektion größerer Mengen nicht geltend, obgleich die Farbstoffe im Fettgewebe, in den Nerven usw. gespeichert werden[3]).

---

[1]) Kalle, DRP. 253 884. [2]) Zink, DRP. 262 476.

[3]) William Salant und Robert Bengis, Journ. of biol. chem. **27**, 403 (1917).

Aus der Reihe der Diphenyl- und Triphenylmethanfarbstoffe hat Stilling[1]) mehrere Körper untersucht und als Antiseptica empfohlen. Das gelbe Pyoktanin ist salzsaures Auramin

$$(CH_3)_2—N—\langle\rangle—\underset{\underset{NH}{\|}}{C}—\langle\rangle—N(CH_3)_2 \cdot HCl$$

das violette Pyoktanin, Methylviolett genannt, ist ein Gemenge der Chlorhydrate von methylierten p-Rosanilinen, besonders vom Penta- und Hexamethyl-p-rosanilin

$$C\begin{cases} C_6H_4—N(CH_3)_2 \\ C_6H_4—N(CH_3)_2 \\ C_6H_4—N(CH_3)_2 \cdot Cl \end{cases}$$

Methylviolett ist ein weit stärkeres Antisepticum als gelbes Pyoktanin und ist relativ ungiftig. Reines Methylviolett (Krystallviolett, Hexamethylpararosanilinchlorhydrat) ist ein Farbstoffherzgift[2]). Einzelne Autoren, insbesondere v. Mosetig (1896), haben Beobachtungen mitgeteilt, daß die spezifisch färbende und antiseptische Kraft des Methylvioletts sich bei der Behandlung inoperabler maligner Neoplasmen besonders bewähre, ja, daß sogar solche inoperable bösartige Geschwülste auf die Behandlung mit Methylviolett völlig zurückgehen und vernarben.

Mosetig hat 1896 schon sowohl innerlich als auch äußerlich Methylenblau und Pyoktanin bei Sarkomen angeblich mit gutem Resultat verwendet, ebenso hat Jacobi[3]) gute Resultate bei Behandlung von 120 Fällen mit Methylenblau veröffentlicht.

Gentinanaviolett und andere Pararosaniline wie Parafuchsin, Dahlia, Methylviolett, aber auch Rosaniline üben in sehr weitgehenden Verdünnungen auf die grampositiven Bakterien einen wachstumhemmenden Einfluß aus, während sie die gramnegativen ganz intakt lassen[4]).

Die Gramfestigkeit beruht für die genannten Farbstoffe auf ihrer Permeabilität für die Farbstoffe, während die gramnegativen für sie impermeabel sind. Die Farbstoffe wirken auf die gramnegativen Bakterien nicht oder viel weniger toxisch, weil sie in den Bakterienleib nicht eindringen können. Fast ausnahmslos ist die Hemmungswirkung eine streng elektive, indem grampositive Bakterien im allgemeinen 3—10 000fach stärker beeinflußt werden wie gramnegative[5]).

Penzoldt untersuchte die Anwendbarkeit von Farbstoffen als Antiseptica und zog sie in den Bereich seiner Untersuchungen:

Malachitgrün (Tetramethyldiaminotriphenolcarbinol), Fuchsin (Triaminodiphenyltolylcarbinol), Trimethylrosanilin = Hofmanns Violett, Methylviolett (Gemenge von Tetra-, Penta-, Hexamethylrosanilin), Phenylblau (triphenylrosanilinsulfosaures Natrium), Korallin, Eosin (Tetrabromfluorescin), Rose Bengale (Tetrajodfluorescin), Methylorange (dimethylaminazobenzol-p-sulfosaures Natrium), Vesuvin, Tropäolin (diphenylaminoazobenzolsulfosaures Kalium), Scharlachrot, Kongorot (diphenyltetraazo-α-naphthylaminsulfosaures Natrium), Indulin, Methylenblau. Methylviolett, Malachitgrün, Phenylblau und Trimethylrosanilin wirken völlig entwicklungshemmend.

---

[1]) AePP. **28**, 351. — Wiener klin. Wochenschr. **1891**, 201, 263. — Lancet **1891**, April, 272. [2]) H. Fühner, AePP. **69**, 43 (1912).

[3]) Journ. of the Amer. med. assoc. **47**, Nr. 19.

[4]) Churchman, Journ. of experim. med. **16**, **17**, **18**.

[5]) Eisenberg, Centralbl. f. Bakteriologie **71** und **82**.

Malachitgrün ist stark giftig und intensiv entzündungserregend. Basische Anilinfarbstoffe machen sehr schwere Augenveränderungen, die mitunter zur Panophthalmie führen[1]).

Als Desinfektionsmittel wurden während des Krieges in England Malachitgrün und Brillantgrün benützt. Brillantgrün soll sehr bactericid sein [1 : 5 Millionen[2])].

Brillantgrün wirkt in vitro sehr stark auf Diphtheriebacillen, die Gegenwart von Blut oder Serum setzt die desinfektorische Wirksamkeit herab. Andere Bakterien werden weniger beeinflußt[3]).

Nach Penzoldt macht Methylviolett intern lokale Veränderungen, während Malachitgrün motorische Lähmungen mit zeitweisen Krampferscheinungen, Trimethylrosanilin Muskellähmung erzeugt.

Eosin wird vom Darmkanal zum größten Teil nicht resorbiert, daher ist es vom Magen aus nicht giftig. Sehr ähnlich verhalten sich die Muttersubstanzen des Eosins, Fluorescein und dessen Jodsubstitutionsprodukt, Erythrosin. Fluorescein wirkt noch weniger als seine Brom- und Jodderivate. Fluorescin wird beim Hunde in Fluorescein übergeführt und im Harn ausgeschieden[4]).

Bei den Rosanilinen nehmen mit Einführung von Alkylen die ätzenden Eigenschaften zu[5]).

Rose Bengale, Phenylblau und Methylenblau haben keine bemerkenswerten Störungen zur Folge. Doch haben alle diese Farbstoffe bei der Diphtheriebehandlung im Stich gelassen. Stilling hatte Methylviolett, insbesondere bei Augenerkrankungen auf das wärmste empfohlen. Später konnten Stilling und Wortmann zeigen, daß die dem Pyoktanin, welches ja eine Methylverbindung ist, analoge Äthylverbindung bakteriologisch und therapeutisch viel stärker wirkt. Aber schon das salzsaure p-Rosanilin, Fuchsin genannt, die nicht alkylierte Grundsubstanz dieser Verbindungen

$$C\begin{cases} C_6H_4 \cdot NH_2 \\ C_6H_4 \cdot NH_2 \\ C_6H_3\begin{cases} CH_3 \\ NH_2Cl \end{cases} \end{cases} + 4\ H_2O$$

ist nach Loujorrais sehr fäulniswidrig und dabei ein ganz ungiftiger Körper, wobei naturgemäß vorausgesetzt wird, daß die Versuche mit reinen Präparaten gemacht sind.

Toluidinblau ist das Chlorzinkdoppelsalz des Dimethyltoluthionin; es ist für Mikroorganismen ein erhebliches Gift und kann wie Methylenblau in der Augenheilkunde verwendet werden[6]).

Wir sehen schon bei Betrachtung dieser Gruppe von Körpern, daß ihnen nicht etwa eine spezifische Wirkung zukommt, sondern daß sie nur vorzugsweise in der äußeren Anwendung als antiseptische Mittel verwendbar sind, als Mittel, die in ihrer Wirkung etwa zwischen Carbolsäure und Sublimat stehen und denen gerade ihre färbende Kraft, derenthalben sie ja eigentlich in Verwendung gezogen wurden, in dieser Verwendung sehr hinderlich ist, da die Färbung der

---

[1]) Vogt, Zeitschr. f. Augenheilk. **13** (1905); **15** (1906). — Gräflin, Zeitschr. f. Augenheilk. **10** (1903). — Kuwahara, Arch. f. Augenheilk. **49** (1904).

[2]) Leitchs, Brit. med. Journ. **1916**, I, 236.

[3]) J. A. Volmer, S. S. Woody und E. M. Yagle, Journ. of infections diseases **26**, 179 (1920).

[4]) E. Rost, Arbeiten des Kaiserlichen Gesundheitsamtes **40**, 171 (1912).

[5]) Graehlin, Vogt, Zeitschr. f. Augenheilk. **10**, **13**, **15**.

[6]) Sem. méd. **1898**, Nr. 45. — Philadelphia med. Journ. **1898**, 13.

Verbandstoffe, der Hände des Operateurs und der Haut des Patienten gewiß nicht zu den Annehmlichkeiten gerechnet werden kann. Daß die antiseptische Kraft in Beziehung steht zu den Eigenschaften desselben Körpers als Farbstoff, muß man entschieden in Abrede stellen. Sie ist nur abhängig von dem allgemeinen Aufbau der Substanz, steht aber in keiner direkten Beziehung zu den chromophoren und auxochromen Gruppen der Verbindung, vielmehr zu dem aromatischen Kern. Ja es kann sogar der Fall eintreten, daß eine auxochrome Gruppe die Wirksamkeit einer solchen Substanz als Antisepticum herabsetzt.

Daß die von Cazeneuve und Lepine[1]) untersuchten Monoazofarbstoffe, wie schon oben erwähnt, sämtlich ungiftig waren, läßt sich aus der Konstitution dieser Körper leicht erklären. Diese beiden Forscher untersuchten

Rouge soluble $C_{10}H_{6}{}^{\alpha SO_3Na}_{\alpha N=N-C_{10}H_4}{}^{\alpha OH}_{\alpha SO_3Na}$

Rouge pourpre $C_{10}H_{6}{}^{\alpha SO_3Na}_{N=N-C_{10}H_4}{}^{(SO_3Na)_2}_{\beta OH}$

Bordeaux B $C_{10}H_6\alpha N=N-C_{10}H_4{}^{\beta OH}_{(SO_3Na)_2}$

Ponceau R $C_6H_3{}^{(CH_3)_2}_{N=N-C_{10}H_4}{}^{\beta OH}_{(SO_3Na)_2}$

Orange I $C_6H_4{}^{4 \cdot SO_3Na}_{1 \cdot N=N-C_{10}H_6(\alpha)OH}$

Jaune solide $C_6H_3{}^{2 \cdot CH_3}_{SO_3Na}$
$1 \cdot N=N(_1)C_6H_2{}^{(2)CH_3}_{(4)NH_2}$ SO_3Na

Diese Körper sind sämtlich Sulfosäuren, und die Sulfosäuregruppen bedingen hier die Entgiftung der ursprünglichen Substanz.

Wenn aber die Azofarbstoffe keine Sulfogruppe enthalten, so sind sie giftig. So z. B. Bismarckbraun $C_{12}H_{13}N_5$, 2 HCl. Dieses macht in kleinen Dosen keine Erscheinungen, hingegen machen Dosen von 0.35 pro kg Tier Albuminurie und Erbrechen.

Sudan I $C_{16}H_{12}N_2O$ ist Anilinazo-β-naphthol

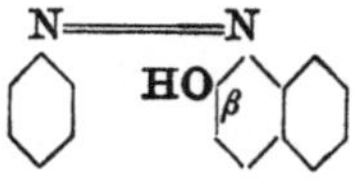

[Strukturformel: N=N, HO, β]

Es ist nicht völlig unschädlich, da dieser Farbstoff eine geringe Albuminurie hervorzubringen scheint. m-Nitrazotin, ein von Weil dargestellter Azofarbstoff aus diazotiertem m-Nitranilin gepaart mit β-Naphthol, von der Konstitution

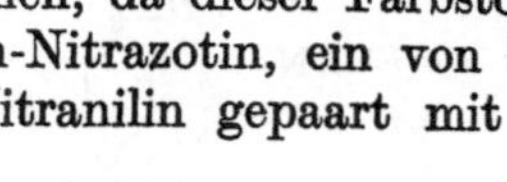

[Strukturformel: NO_2, 1, 3, N = N, HO, β]

ist trotz des Vorhandenseins der Nitrogruppe ein ungiftiger Körper. Ebenso

[1]) Coloration des vins. Paris 1866.

ist p-Nitrazotin ein Azofarbstoff aus diazotiertem p-Nitranilin gepaart mit β-Naphtholmonosulfosäure der Konstitution

NO_2 · SO_3H · N=N · β α β OH

ein ungiftiger Körper, was um so leichter zu erklären ist, weil hier nach Analogie mit dem m-Nitrazotin die Nitrogruppe keine giftige Wirkung äußert, anderseits die Sulfosäuregruppe eine etwa vorhandene Giftigkeit unterdrücken würde.

Nach den Untersuchungen von Weil ist Orange II (Mandarin) der wahrscheinlichen Konstitution

N=N · HO α β · SO_3H

erhalten aus p-Diazobenzolsulfosäure und β-Naphthol vom Magen aus schon in kleinen, für den Menschen schon in 0.2-g-Dosen giftig[1]). Bei Hunden erzeugen 2 g Erbrechen, Diarrhöe; im Gegensatze hierzu ist aber nach den Untersuchungen von Cazeneuve und Lepine das entsprechende α-Naphtholorange

OH · N=N · α β · SO_3H

welches sich also vom β-Naphtholorange nur durch die Stellung der Hydroxylgruppe unterscheidet, ungiftig.

Ebenso ist Metanilgelb = Orange MN so gut wie unschädlich.

Ponceau 4 GB $C_{16}H_{11}N_2O_4SNa$, mit der wahrscheinlichen Konstitution

N=N · OH · α β β · SO_3Na

kann als ungiftig gelten, was wohl auch hier mit der Sulfogruppe zusammenhängen wird. Auch der eine Nitrogruppe enthaltende Orseilleersatz $C_{16}H_{11}N_4O_5SNa$ der Konstitution

NH_2 · N=N · β · SO_3Na · NO_2

ist ungiftig.

Wie beim Naphtholgelb S ist hier die Wirkung der NO_2-Gruppe durch die gleichzeitig vorhandene HSO_3-Gruppe ganz abgeschwächt.

---

1) Zeitschr. f. Unters. d. Nahr.- u. Genußm. 5, 241.

Das schon oben erwähnte Chrysoidin $C_{12}H_{12}N_4 \cdot HCl$ ist salzsaures Diaminoazobenzol

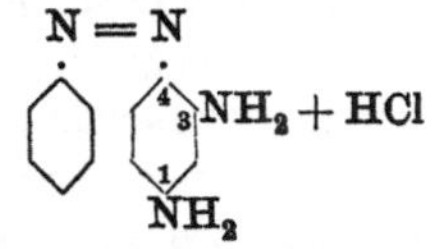

N = N

$NH_2 + HCl$

NH_2

und bewirkt eine geringe Albuminurie und verursacht eine bemerkenswerte Abnahme des Körpergewichtes, es erzeugt Gewerbeekzeme.

Diphenylaminorange $C_{11}H_{14}N_2SO_3Na$ der wahrscheinlichen Konstitution

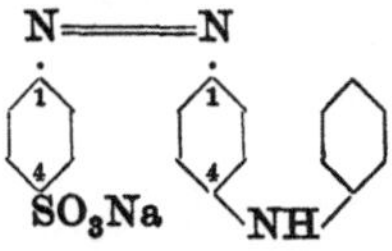

N = N

SO_3Na NH

ruft nur Albuminurie hervor. Weitere Störungen treten selbst nach mehrwöchigen Versuchen nicht auf.

Metanilgelb $C_{11}H_{14}N_3SO_3Na$ ist das Natronsalz des m-Aminobenzolmonosulfosäure-azodiphenylamin

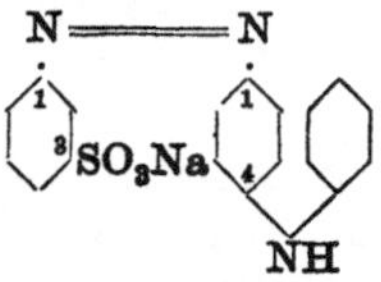

N = N

SO_3Na

NH

Ein Hund von 11 kg wurde von 20 g dieses Farbstoffes innerhalb vier Tagen getötet, während das isomere Diphenylaminorange ungiftig ist. Es muß wohl erst erwogen werden, ob sich nicht die Giftigkeit dieses Körpers etwa durch eine leichte Abspaltbarkeit von Diphenylamin erklären läßt, um so mehr, als dieser Farbstoff schon von Haus aus stark nach Diphenylamin riecht.

Von großem Interesse unter allen Farbstoffen ist jedoch die durch die Paul Ehrlichschen Versuche Methylenblau gewesen[1])

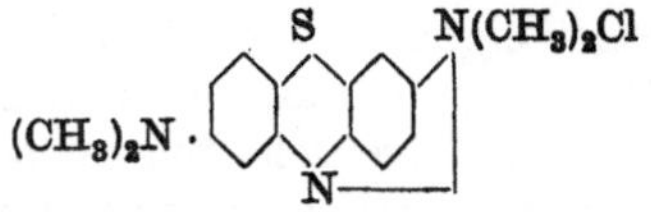

S $N(CH_3)_2Cl$

$(CH_3)_2N \cdot$

N

dessen große Verwandtschaft zur lebenden Nervensubstanz Paul Ehrlich[2]) erkannte und zugleich diese Verwandtschaft zu therapeutischen Zwecken ausnützen wollte. Eine in den Kreislauf injizierte Methylenblaulösung färbt die Endigungen der zentrifugal laufenden Nerven, während die Umgebung farblos bleibt. Aus diesem Grunde versuchte P. Ehrlich Methylenblau bei Neuralgien und rheumatischen Affektionen therapeutisch zu verwerten. Die antipyretische Wirkung des Methylenblau ist eine geringe. Es folgen Temperaturabfälle von einem halben Grad und eine Verminderung der Schweiße tritt ein. Wie die Acridinfarbstoffe, insbesondere Phosphin, zeigt auch Methylenblau eine lähmende Wirkung auf die Erreger der Malaria, eine Wirkung, welche die des Chinins um das Vierfache übertrifft. Die Parasiten nehmen hierbei den Farbstoff aus der Lösung auf. Doch kann Methylenblau trotz der anfänglichen Empfehlung durch Gutmann und Paul Ehrlich[3]) keineswegs mit dem Chinin konkurrieren, wenn auch die Wirkung des Farbstoffes im allgemeinen viel energischer sein soll als die des Chinins. Trotz mancher Empfehlung des Methylenblaus als Chinin-

[1]) DRP. 38 573. [2]) Biol. Zentralbl. **6**, 214.
[3]) Berliner klin. Wochenschr. **1891**, Nr. 39.

ersatzmittel hat dieser Farbstoff keinen endgültigen Erfolg zu erreichen vermocht. Innerhalb der Blutbahn findet aber tatsächlich keine sichtliche Färbung der Malariaparasiten statt, die Wirkung des Methylenblaus bei Malaria liegt also hier nicht in der Färbungsfähigkeit des Parasiten. Methylenblau als spezisches Mittel wie Chinin anzusehen, ist trotz einzelner solcher Versuche unstatthaft. Es kommen ihm Nebenwirkungen zu, die zum Teil auf lokaler Reizung des Magendarmkanales, zum Teil aber auf spastischer Blasenreizung mit vermehrtem Harndrang beruhen. Methylenblau wird als spezifisches Heilmittel gegen den noch unbekannten Erreger des periodischen Fiebers (wolhynisches Fieber) empfohlen [1]).

Triphenylrosanilin (Anilinblau)

$$\begin{matrix} C_6H_5 \cdot HN \\ CH_3 \end{matrix} > C_6H_3 - \underset{\underset{OH}{|}}{C} < \begin{matrix} C_6H_4 \cdot NH(C_6H_5) \\ C_6H_4 \cdot NH(C_6H_5) \end{matrix}$$

ist in etwa 5% der Malariafälle wirksam, ohne überhaupt die Malariaparasiten zu färben [2]).

Zu erwähnen ist noch Safranin, $C_{21}H_{22}N_4Cl$, welches keine therapeutische Anwendung gefunden hat. Obwohl die Substanz per os wenig giftig ist, treten doch bei subcutaner Verwendung schwere Vergiftungserscheinungen auf.

Der Versuch von Cazeneuve, Morphin mit Nitrosoanilin zu kondensieren und so zum Morphinviolett $C_{17}H_{12}NO_4 = NC_6H_4N(CH_3)_2$ zu gelangen, lieferte eine amorphe, sehr bitter schmeckende, narkotische und in größeren Dosen giftige Substanz. Die Absicht, die Cazeneuve verfolgte, Morphin durch die Verbindung mit einem Farbstoff leichter an die Nervenelemente heranzubringen, ist schon aus dem Grunde im vorhinein als zwecklos zu bezeichnen, weil gerade Morphin eine spezifische Selektion für das Nervengewebe, insbesondere für die Großhirnrinde hat. Dieser Versuch ist ferner von dem eingangs geäußerten Standpunkte zu beurteilen, daß man auf diese Weise nur eine für das Auge sichtbare Selektion erhalten kann, eine Selektion, die einer großen Reihe von ungefärbten Substanzen ebenso eigen ist, trotzdem der Effekt sich nicht gerade in Färbung äußert. Die Hoffnungen, die von mancher Seite gehegt werden, durch Verleihen von tinktoriellen Eigenschaften an bestimmte wirksame Körper, mit diesen neue Effekte zu erzielen, anderseits über die Wirkungsstätte dieser Substanzen im Organismus für das Auge sichtbare Aufschlüsse zu erhalten, haben sich in Wahrheit keineswegs erfüllt. So geistreich ein solcher Versuch auch sein mag, so müssen die bisherigen Endergebnisse sowie die voraussichtlichen weiteren Erfolge nach dem bis nun Geleisteten entschieden von einem weiteren Einschlagen dieser Bahn, welche anscheinend zu verlockend ist, zurückhalten.

Pellidol ist diacetyliertes Aminoazotoluol, welches stark epithelialisierend wirkt. Scharlachrot (Aminoazotoluolazo-β-naphthol) wirkt nach einigen Angaben von E. Hayward gut bei der Behandlung schwer epithelisierender Wundflächen, ebenso wirkt Aminoazotoluol [3]), indem sie die epithelisierende Kraft der Gewebe erhöhen.

Brillantrot, Krapplack, Gelblicht, Grüner Lack zeigen ebenfalls eine starke granulationsbefördernde und epithelisierende Wirkung [4]).

---

[1]) Schneyer, Münchener med. Wochenschr. **65**, 676 (1918).
[2]) A. Iwanoff, Deutsche med. Wochenschr., Ther. Beil. **1900**, 83.
[3]) Münchener med. Wochenschr. **1909**, Nr. 36, 1836.
[4]) Otto Sachs, Wiener klin. Wochenschr. **24**, 1551 (1911).

Trypaflavin, Neutraltrypaflavin und Diaminoacridin zeigen deutlich prophylaktische Wirkung, am stärksten Trypaflavin selbst[1]).

Trypaflavin wirkt in inaktiviertem Serum viel stärker als in wässeriger Lösung. Der experimentelle Nachweis, daß Trypaflavin auch im lebenden Körper von der Blutbahn aus zu töten vermag, steht in Übereinstimmung mit den klinischen Erfolgen bei Influenza- und anderen Pneumonien, Sepsis und Koliinfektion der Harnwege. Gegen Protozoen hat sich das Trypaflavin beim Menschen nicht bewährt[2]).

Trypaflavin, die 3.6-Diaminoacridinbase, 3.6-Diaminoacridinnitrat und saures 3.6-Diaminoacridinsulfat können von der Blutbahn aus im lebenden Körper Bakterien töten. Am besten wirkt eine Mischung von Trypaflavin mit Optochin[3]).

Septacrol ist eine Doppelverbindung von Dimethyldiaminomethylacridiniumnitrat mit Silbernitrat.

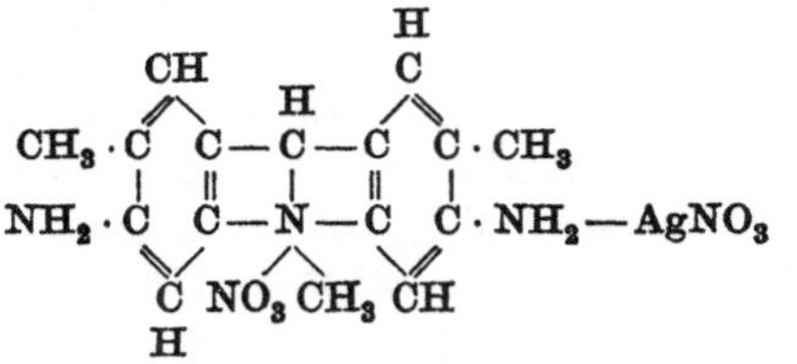

```
                             H
            CH               C
           //\      H       /\\
   CH3 · C    C — C — C    C · CH3
         |    ||     |     ||    |
   NH2 · C    C — N — C    C · NH2 — AgNO3
          \\ /     / \     \ //
            C    NO3 CH3    CH
            H
```

Der zugrunde liegende Farbstoff Brillantphosphin 5 G ist mit dem Trypaflavin nahe verwandt.

Tryparosan wird durch Einführung von Chlor in Parafuchsin erhalten, es wirkt stärker als Parafuchsin bei Trypanosomeninfektion und ist ungiftig[4]). Tryparosan wurde bei Tuberkulose mit anscheinendem Erfolge versucht.

Trypanrot ist ein Benzidinfarbstoff

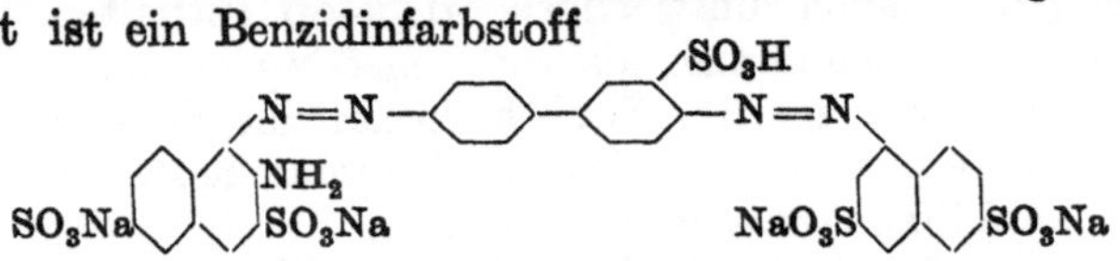

```
                                             /SO3H
               /N=N—<C6H4>—<C6H3>—N=N\
        [Naphthalin]  NH2                    [Naphthalin]
  SO3Na             SO3Na           NaO3S             SO3Na
```

welcher den Körper von Mäusen gegen Trypanosomen sterilisiert. Die verschiedenen Derivate des Trypanrots wirken ähnlich[5]).

Trypanrot wirkt im Glase nicht auf Trypanosomen aber im Körper, insbesondere bei einer südamerikanischen Pferdekrankheit, dem Mal de caderas. Nicolle und Mesnil fanden Trypanblau sehr wirksam bei Mal de caderas und bei Naganaerkrankung und der Surrah. Von anderen Farbstoffen aus der Reihe der Rosaniline erwies sich Parafuchsin als sehr wirksam (Ehrlich). Nicht sehr stark wirksam im Glase sind Malachitgrün und Brillantgrün, zwei Diphenylmethanfarbstoffe (Wendelstadt und Fellmer), aber Malachitgrün und Brillantgrün (Tetramethyl- resp. Tetraäthyldiaminodiphenylcarbinol) sind schon in außerordentlich geringen Dosen imstande, Trypanosomen zum Verschwinden zu bringen [Wendelstadt[6])].

Benzidinfarbstoffe, insbesondere das Nagarot (aus tetrazotiertem Benzidin mit 2.3.6-Naphthylamindisulfosäure) wirken schwach, stärker wirken Oxazin-

---

1) M. Feiler, Zeitschr. f. Immunitätsforsch. u. experim. Therap. **30**, I, 95 (1920).
2) K. Bohland, Med. Klin. **1919**, Nr. 47.
3) F. Neufeld und O. Schiemann, Deutsche med. Wochenschr. **45**, 884 (1919).
4) W. Roehl, Zeitschr. f. Immunitätsforsch. u. exper. Therap. **1**, 70 (1909).
5) P. Ehrlich, Berliner klin. Wochenschr. **1907**, Nr. 9—12.
6) Zeitschr. f. Hyg. **52** (1906). — Deutsche med. Wochenschr. **1904**, 1711.

und Thiazinfarbstoffe, insbesondere Methylenblau, aber sie wirken nicht heilend.

Aus der Gruppe der Acridinfarbstoffe versuchte Tappeiner Phosphin, d. i. das Nitrat des Diaminophenylacridins

NH_2

NH_2—⟨ ⟩—⟨ ⟩N · HNO_3

als Ersatzmittel des Chinins zu verwenden, um so mehr, weil Phosphin wie Chinin ein starkes Protoplasmagift besonders für Protozoen ist. Ja, Phosphin überragt Chinin in seiner Wirkung auf Protozoen ungemein stark und trotz dieser stärkeren Wirkung auf Protozoen entbehrt Phosphin der spezischen Wirkung des Chinins auf Malaria, woraus zu schließen ist, daß nicht allein die Giftigkeit einer Substanz für Protozoen für die Chininwirkung entscheidend ist und daß im Aufbaue des Chinins die große Anzahl ringförmig geschlossener Gruppen die besondere Wirkung des Chinins bei Malaria nicht zu erklären vermag. Die Phosphine sind lokal stark reizende und entzündungserregende Körper von mittlerer Giftigkeit, so daß Menschen 0.4 g gut vertragen können. Nach Auclert wird die Chrysanilindinitrat genannte Substanz [Dinitrat des Diaminophenylacridin (Phosphin)], von der Haut aus gar nicht resorbiert, auch vom Magen aus wird sie nur wenig aufgenommen. Sie konnte nur im Blutserum, sonst in keinem Sekrete nachgewiesen werden. Der Tod erfolgt durch Respirationsstillstand.

Phosphin, das Dinitrat des Diamidophenylacridins, ist gegen Trypanosomen schwach wirksam. Safranin und Eurodin sind gegen Trypanosomen sehr stark wirksam. Diese Verbindungen zeichnen sich dadurch aus, daß sie sowohl dreiwertigen als auch fünfwertigen Stickstoff enthalten.

In allen gegen Trypanosomen als wirkungsfähig gefundenen Substanzen nehmen die Schwefelsäurereste im Naphthalinkern die Position 3.6 ein, während die Oxy-, Amino-, Aminoxy-, Dioxy-, Diamino-Reste am besten in die Stellung 7 des Naphthalinkerns verlegt werden.

Die trypanosomenfeindliche Wirkung des Rosanilins wird am allerstärksten bis zum vollkommenen Verschwinden durch Säurereste verändert, sehr erheblich durch Oxygruppen, noch sehr deutlich durch Methoxygruppen. Tritolylrosanilin und das einfache Fuchsin sind wirksam. Ebenso Parafuchsin und Tryparosan. Diantipyrinrot ist unwirksam, ebenso farbige Alkaloide. Viele Benzidin- und Tri- und Diphenylmethanfarbstoffe erweisen sich bei der Trypanosomenkrankheit als wirksam. Safranin- und Acridinfarbstoffe wirken bei Trypanosomiasis. Sie schmecken unangenehm und verursachen Durchfall.

Neben dem N in der Seitenkette kommt bei den letzteren zwei Farbstoffreihen vielleicht auch dem Methankohlenstoff ein Anteil zu. Methyl- und andere Gruppen in der Seitenkette des N können die Wirksamkeit vorteilhaft, aber auch nachteilig beeinflussen. Ein trypanosomenschädigender Einfluß läßt sich mehr oder minder vom einfachsten Triphenylmethanfarbstoff bis zu denen der Rosanilingruppe feststellen, soweit er nicht durch andere Substituenten oder Seitenketten zerstört wird. Die trypanosomenschädigende Wirkung ist noch stärker, wenn auch die dritte Phenolgruppe eine Aminogruppe enthält. Am wirksamsten zeigt sich das Chlorhydrat des Triaminodiphenylmethan-m-tolylcarbinol, Fuchsin J. D. T., also Substitution einer der Phenolgruppen außer durch eine Amino- noch durch eine Methylgruppe, im Gegensatz zu Fuchsin S, einer Sulfosäure des Fuchsins, die ganz wirkungslos ist.

Die Fuchsingruppierung ist vorteilhafter, als wenn die Aminowasserstoffe ganz oder teilweise durch Methylgruppen ersetzt sind. Doch ist auch dann noch eine gewisse Wirkung vorhanden (Methylviolett und Krystallviolett), ferner auch, wenn fünf Aminowasserstoffe durch Methylgruppen und einer durch die Phenylgruppe ersetzt wird und wenn an die Stelle einer Phenylgruppe eine Naphthylgruppe getreten ist (Viktoriablau 4. R. Badisch). Sind dagegen nur vier Wasserstoffe durch Methyl und einer durch Phenyl ersetzt, so fehlt die Wirksamkeit (Viktoriablau B. Badisch), ebenso wenn vier Wasserstoffe durch Äthyl und je einer durch Phenyl und Methyl ersetzt sind (Nachtblau). Im Gegensatz dazu besteht eine schwache Wirkung, wenn vier Wasserstoffe der Aminogruppe durch Äthyl, ein Wasserstoff durch Methyl und das andere durch phenolsulfosaures Natrium ersetzt sind und wenn kein Naphtholkern im Molekül ist (Alkaliviolett L. R.). Die durch Kombination von Tetramethyldiaminobenzophenon mit Salicylsäure oder α-Oxynaphthoesäure gewonnenen Farbstoffe Chromviolett und Chromblau sind wirkungslos, ebenso Azogrün und Lichtgrün S. Badisch und Neu-Viktoriablau B.

Azarin S ist vom Magen aus ganz unschädlich. Bei subcutanen Injektionen kann es aber vorkommen, daß sich der Hydrazofarbstoff, welcher dem Azarin S zugrunde liegt, abspaltet, wobei es zu einer letalen Vergiftung des Versuchstieres kommen kann.

K. Nicolle und F. Mesnil[1]) führten ebenfalls Versuche mit Farbstoffen an Trypanosomen aus und fanden besonders solche mit freien Aminogruppen wirksam. Auramin O, ein Diphenylmethanfarbstoff, ist in geringem Grade wirksam. Ringförmige oder sehr atomreiche Seitenketten schwächen anscheinend die Wirkung des Methankohlenstoffes.

Gustave Meyer fand Curcumin S, Tartrazin, Naphtholrot S, Carmoisin B, Naphtholgelb S, Helianthin, Ponceau 2 R kräftig giftig. Alle diese Farbstoffe werden unverändert in den Faeces und zum kleinen Teil mit dem Urin ausgeschieden[2]).

Almathein ist ein Kondensationsprodukt des Hämatoxylins und Formaldehyd $CH_2O_2 = (C_{16}H_{12}O_5)_2 = CH_2$. Es soll die adstringierende Wirkung des Hämatoxylins mit der antiseptischen des Formaldehyds vereinigen[3]).

Formaldehyd.

Die wertvollen für die Medizin wichtigen Wirkungen des Formaldehyds H · CHO wurden, obgleich dieser Körper schon längst bekannt ist, lange Zeit nicht in Anwendung gebracht. Erst als es gelungen war, starke Lösungen dieses Gases in Wasser zu erzeugen, die sich beim Stehen nicht polymerisieren, war die Möglichkeit gegeben, für diesen energisch wirkenden Körper eine ausgebreitete Anwendung zu suchen.

Die ungemein große Aktivität dieses einfachsten Aldehyds steht zu seinen starken antiseptischen Wirkungen[4]) sowie zu seiner härtenden Eigenschaft in naher Beziehung. Er verhindert die Fäulnis. Auf höhere Tiere wirkt er jedoch erst nach stundenlanger Inhalation giftig, wenn man von den Reizwirkungen, die er auf die Schleimhäute der Atmungsorgane und auf die Conjunctiva ausübt, absieht. Subcutan tötet Formaldehyd Meerschweinchen schnell, wenn man 0.8 g pro kg Tier anwendet. Bei intravenöser Injektion werden Hunde durch

[1]) Annales de l'Inst. Pasteur **20**, 417 (1906).

[2]) Journ. Americ. Chem. Soc. **29**, 892. [3]) Bertini, Bull. gén. de thér. **1905**, 47.

[4]) C. r. **1892**, 1, Aug. — Berliner klin. Wochenschr. **1892**, Nr. 30. — O. Liebreich, Therap. Monatshefte **1893**, 183.

0.07 g, Kaninchen durch 0.09 g pro kg Tier getötet. Formaldehyd wird nach Filippi und Motolese im Organismus nicht oxydiert. Vollkommen neutrales Formaldehyd wird nach den Angaben von Bruni gut von Tieren vertragen, im Gegensatz zu dem käuflichen sauren. Neutrales Formaldehyd wirkt auf Bakterien nur schwach, saures viel stärker[1]).

Gibt man Formaldehyd in großer Verdünnung Kaninchen, so kann man im Harn Formaldehyd höchstens in Spuren nachweisen, hingegen aber Ameisensäure. Auch beim Hund werden nur 0.61% Formaldehyd ausgeschieden[2]).

Die Darstellung des Formaldehyds geschieht in bekannter Weise, indem man fein verteilten Methylakohol auf einer heißen, porösen Masse [Kupfer, Platin, Koks oder Ziegelstücken[3])] mit Luft oxydiert.

Die Lösungen des Formaldehyds werden gemeiniglich durch die Gegenwart von Kalksalzen an der Polymerisation gehindert.

Sonst polymerisiert sich, insbesondere beim Erwärmen Formaldehyd zu Trioxymethylen $(H \cdot CHO)_3$, aus dem man hinwiederum durch Chlorcalcium oder durch trockenes Erhitzen Formaldehyd regenerieren kann. Trioxymethylen ist ein starkes Antisepticum, wie etwa β-Naphthol. In der physiologischen Wirkung steht es dem Kalomel nahe. Dosen von 3—4 g wirken purgierend, während geringere Dosen Verstopfung erzeugen. Bei der Einnahme wird die Mundschleimhaut stark gereizt. Französische Autoren sahen bei der internen Verabreichung des Trioxymethylens sehr schlechte Wirkungen[4]).

Die Hauptverwendung des Formaldehyds in der Medizin ist die Benützung desselben mit Wasserdampf für die Desinfektion von Wohnräumen. Man verdampft zu diesem Zwecke die 40proz. wässerige Lösung oder verwendet das teuere Autanverfahren.

Das Autanverfahren beruht auf einer Entpolymerisierung und Verflüchtigung von Paraformaldehyd zusammen mit Wasserdampf mittels Bariumsuperoxyd. Man kann statt Paraformaldehyd auch wässerige Formaldehydlösungen verwenden[5]) und diese in solchen Mengen auf alkalisch reagierende Metallsuperoxyde oder sich von ihnen ableitende Salze von Persäuren zur Einwirkung bringen, daß eine gleichzeitige Formaldehydgas- und Wasserdampfentwicklung stattfindet, z. B. Bariumsuperoxyd und Formaldehydlösung.

Bayer, Elberfeld[6]) entwickeln gasförmigen Formaldehyd aus polymerisiertem, indem sie Mischungen von Paraformaldehyd und übermangansauren Salzen mit oder ohne Zusatz von alkalisch reagierenden Substanzen mit Wasser behandeln.

Formaldehyd zusammen mit Wasserdämpfen wird entwickelt, indem man Oxydationsmittel, die mit Formaldehyd ohne äußere Wärmezufuhr überhaupt nicht reagieren, bei Gegenwart von Wasser und Formaldehyd oder formaldehyderzeugenden Substanzen auf leicht oxydierbare Körper, besonders fein gepulverte Metalle oder Metallgemische einwirken läßt. Es werden z. B. Gemische von Aluminium- und Eisenpulver mit Kaliumpersulfat und Paraformaldehyd verwendet[7]).

Die chemische Fabrik Griesheim-Elektron[8]) schlug zu gleichem Zwecke vor, gasförmigen Formaldehyd aus wässerigem Formaldehyd oder Paraformaldehyd zu erzeugen, indem man feste unterchlorigsaure Salze, wie Handelschlorkalk oder deren Lösungen auf Formaldehyd einwirken läßt.

Franzen empfiehlt Metallverbindungen, insbesondere die Calciumverbindung des Formaldehyds als Desinfektionsmittel. Diese geben an der Luft ohne jede Apparatur Formaldehyd ab. Man erhält sie, indem man auf Oxyde oder Hydroxyde von Metallen in der Kälte oder bei mäßiger Temperatur wässerige Formaldehydlösungen einwirken läßt

---

[1]) Annali de Farmacoter. **1899**, T. 8, S. 325.
[2]) E. Salkowski, BZ. **87**, 143 (1918). [3]) DRP. 55 716.
[4]) Berlioz und Amequin, Dauphiné med. **1893**, Nov.
[5]) DRP. 177 053, 181 509, 212 236. [6]) Bayer, Elberfeld, DRP. 230 236.
[7]) K. A. Lingner, Dresden, DRP. 233 651. [8]) DRP. 217 994.

oder indem man Lösungen von Formaldehydalkalisalzen mit Lösungen von Metallsalzen zur doppelten Umsetzung bringt. Beschrieben ist Formaldehydblei, Formaldehydcalcium und Formaldehydstrontium[1]).

Um die antiseptischen Eigenschaften des Formaldehyds für die interne und externe Behandlung zu verwerten, mußte man es in eine Form bringen, aus der sich langsam Formaldehyd durch verschiedenerlei Einwirkungen regenerieren kann. Eines der ersten Präparate dieser Art war Glutol, das man durch Einwirkung von Formaldehyd auf Gelatine erhält, wobei die Gelatine wasserunlöslich wird und fein geraspelt als Streupulver auf Wunden gebracht, durch die Einwirkung der Wundsekrete und der Gewebe Formaldehyd abspaltet und so desinfizierend wirkt[2]). Glutol ist sehr bald aus der Therapie verschwunden.

In gleicher Weise kann man auch aus Casein Formaldehydcasein erhalten, welches auf Wunden gebracht schwach antiseptisch wirkt, ähnlich wie Glutol. Es reizt die Wunden nicht, macht einan aseptischen Schorf, während die Wirkung auf eiternde Wunden eine sehr beschränkte ist.

Doyen, Paris[3]), stellt eine Formaldehyd-Caseinverbindung dar durch Behandlung von pulverförmigem Casein mit Formaldehyd und darauffolgende Behandlung des getrockneten Produktes mit verdünntem Alkali und längere Zeit währende Behandlung mit konz. Formaldehydlösung.

Auch Nucleinsäuren und deren Abbauprodukte (z. B. Nucleothyminsäure oder Thyminsäure) verbinden sich direkt mit Formaldehyd und geben Verbindungen, deren Alkalisalze wasserlöslich sind. Formaldehyd ist in ihnen nur locker gebunden[4]).

Die Verwendung dieser unlöslichen Präparate ist nur von dem Standpunkte aus zu erklären, daß man ihre Wirkung für eine protektive ansieht, da ja ihre antiseptischen Eigenschaften weit hinter denen der zahlreichen Jodoformersatzmittel zurückstehen. In gleicher Weise wie mit Eiweißkörpern und Leim, lassen sich auch Formaldehydverbindungen mit zahlreichen Kohlenhydraten darstellen, aus denen sich ebenfalls langsam durch die Gewebewirkung Formaldehyd regeneriert.

Classen[5]) hat gefunden, daß Formaldehyd mit Stärke, Dextrinen und Pflanzenschleim in der Weise reagiert, daß man wasserunlösliche, geruch- und reizlose Verbindungen erhält, die wie Glutol Formaldehyd abspalten und ohne giftig zu sein, antiseptisch wirken.

Die Darstellung geschieht in der Weise, daß man diese Polysaccharide entweder mit 40proz. Formaldehydlösung in hermetisch geschlossenen Gefäßen erhitzt, oder daß man statt der wässerigen Formaldehydlösung festes Trioxymethylen zu gleichen Zwecken benützt. Wenn man in der Temperatur auf 130—140° C geht und dann das Produkt bei 120—130° C trocknet, erhält man an Formaldehyd reichere Präparate. Statt der Kohlenhydrate kann man auch deren Acetyl- oder Benzoylester zur Verarbeitung in Formaldehydderivate verwenden.

Diese Präparate wurden von Classen unter dem Namen Amyloform (Kondensationsprodukt von Stärke und Formaldehyd) und Dextroform (lösliches Kondensationsprodukt von Dextrin und Formaldehyd) als antiseptische Streupulver und als Darmantiseptica empfohlen.

Um ein lösliches Derivat zu erhalten, wurde das oben erwähnte Verfahren in der Weise modifiziert, daß man Formaldehyd auf Kohlenhydrate bei einer Temperatur von 100—115° C einwirken läßt, das Reaktionsprodukt mit Alkohol reinigt und dann bei nur 50—60° C trocknet.

Schlemmt man die besprochenen Formaldehydverbindungen mit Wasser auf, leitet dann Wasserdampf durch und fügt eine Jod-Jodkaliumlösung hinzu, so erhält man tiefblaue Jodformaldehydstärkeverbindungen mit 12% Jod[6]).

---

[1]) DRP. 277 437. [2]) Schleich, Therap. Monatshefte **1896**, Nr. 1, 2 und 5.
[3]) Doyen, Paris, DRP. 136 565. [4]) DRP. 139 907.
[5]) DRP. 92 259, 93 111, 94 628, 99 378. [6]) DRP. 94 282.

Busch, Erlangen, beschreibt eine trockene, wasserlösliche Formaldehyd-Dextrinverbindung, die langsam in wässeriger Lösung den ganzen Formaldehyd abspaltet.

Man stellt sie dar durch Eindampfen von Dextrin mit Formaldehyd im Wasserbade und Einbringen der noch warmen, zähflüssigen Masse ins Vakuum bei Gegenwart eines Trockenmittels[1]).

Man läßt 1 Mol. Milchzucker mit 5 Mol. Formaldehyd in Gegenwart von Wasser reagieren und verdampft die konzentrierte wässerige Lösung zwischen 60—70° im Vakuum, und trocknet den Rückstand bei gleicher Temperatur. Die Substanz riecht nicht nach Formaldehyd, spaltet aber diesen im Organismus reichlich ab[2]).

Wenn man 1 Mol. Halogenalkali mit 2 Mol. Milchzucker heiß löst und 2 Mol. Formaldehyd hiermit reagieren läßt und die Lösung im Vakuum konzentriert, so erhält man eine zähflüssige Masse, welche im warmem Zustande mit Milchzucker gemischt wird, um sie pulverig zu erhalten[3]).

Man erhält Formaldehydverbindungen von Zucker, wenn man Zucker und Paraformaldehyd unter Druck bei Temperaturen bis 100° erhitzt. Zwecks Herstellung leichtflüssiger Sirupe wird ein Teil des Paraformaldehyds durch konzentrierte Formaldehydlösung ersetzt. Dem Reaktionsgemisch kann man zweckmäßig indifferente Verdünnungsmittel, wie Talkum oder dgl. noch vor Einleitung der Reaktion beigeben[4]).

Man erhält Präparate aus Zuckerarten und Formaldehyd, wenn man Milchzucker unter Zusatz von Glucose schmilzt und mit gasförmigem Formaldhyd behandelt. Werden 12% Formaldehyd einverleibt, so erhält man eine durchsichtige, glasartige Masse[5]). Die Schmelze kann man an Stelle von gasförmigem Formaldehyd mit Formaldehyd abgebenden Körpern behandeln[6]).

Einhorn gewinnt[7]) Verbindungen der Amide einbasischer Säuren mit Formaldehyd durch Reaktion beider Substanzen bei Gegenwart alkalischer Kondensationsmittel. Die Verbindungen haben die allgemeine Formel $R \cdot CO \cdot NH \cdot CH_2OH$. So wurde dargestellt n-Methylolbenzamid. Sie spalten beim Erhitzen und durch Hydrolyse Formaldehyd ab.

Formicin (Formaldehydacetamid $CH_3 \cdot CO \cdot NH \cdot CH_2 \cdot OH$ oder $CH_3 \cdot C(:NH) \cdot O \cdot CH_2OH$[8]) wird durch Einwirkung von Formaldehyd oder dessen Polymeren auf Acetamid gewonnen. Die Verbindung ist flüssig, greift Instrumente nicht an und spaltet leicht Formaldehyd ab[9]).

Oxytrimethylenglycin $CH(OH)(CH_2 \cdot NH \cdot CH_2 \cdot COOH)_2$ erhält man, wenn man Mischungen von Glykokoll mit wässeriger Formaldehydlösung oder besser einem Gemenge von wässeriger Formaldehydlösung mit Methylalkohol (z. B. technischem Formalin) anhaltend auf eine 40° nicht wesentlich übersteigende Temperatur erwärmt und im Vakuum bei niederer Temperatur eindampft oder besser durch Alkohol, Aceton oder andere wasserlösliche organische Lösungsmittel fällt. Salze des Oxytrimethylenglycins erhält man, indem man Mischungen von Metallsalzen des Glykokolls mit wässeriger Formaldehydlösung und Methylakohol (technischem Formalin) enthaltend auf mäßige Temperaturen erhitzt und im Vakuum eindampft oder besser durch wasserlösliche organische Lösungsmittel fällt[10]).

Oxytrimethylenglycin und seine Salze haben kräftige keimtötende Eigenschaften und scheinen bei ungiftiger Basis für höhere Organismen ganz ungiftig zu sein.

Durch Einwirkung von Formaldehyd auf Pentamethylendiamin entsteht eine Verbindung $C_7H_{14}N_2$, deren Salze im Gegensatz zu den ungiftigen Kadaverinsalzen auf das Zentralnervensystem und das Herz lähmend wirken[11]).

Ebenso wie Formaldehyd wirkt auch Acetaldehyd $CH_3 \cdot CHO$ und sein Polymeres, der Paraldehyd $(CH_3 \cdot CHO)_3$, antiseptisch. Um aber diese Wirkung ausnützen zu können, muß man ihn ebenfalls an eine Substanz binden, aus der er wieder abgespalten werden kann. Classen hat solche Verbindungen von Acetaldehyd und Dextrin, Paraldehyd und Dextrin, Acet-

---

[1]) DRP. 155 567. [2]) Paul Rosenberg, Berlin, DRP. 189 036.
[3]) DRP.-Anm. 11 253 (versagt). [4]) Bauer & Co., Berlin, DRP. 280 091.
[5]) Bauer & Co., Berlin, DRP. 289 342. [6]) DRP. 289 910, Zusatz zu DRP. 289 342.
[7]) DRP. 157 355. [8]) Kalle & Co., Biebrich, DRP. 164 610.
[9]) Fuchs, Pharmaz. Ztg. **1905**, 803.
[10]) Hugo Krause, Dresden, DRP. 311 071. [11]) BB. **36**, 35 (1903).

aldehyd und Stärke, Paraldehyd und Stärke durch Erhitzen der Substanzen unter Druck im Autoklaven erhalten. Die Anwendung dieser Verbindungen ist völlig verlassen[1]).

Wenn man Formaldehyd in alkalischer Lösung auf Harnstoff einwirken läßt, so erhält man einen amorphen, weißen Niederschlag, der aus einem Anlagerungsprodukte von 2 Mol. Formaldehyd mit 1 Mol. Harnstoff besteht.

$$OC{<}{}^{NH_2}_{NH_2} + 2\,HCHO = OC{<}{}^{NH_2 \cdot CH_2O}_{NH_2 \cdot CH_2O}$$

Diese Substanz ist ebenfalls befähigt, obwohl sie an sich geruchlos ist, langsam Formaldehyd abzuspalten[2]).

Durch Einwirkung von Formaldehyd auf Eugenol in alkalischer Lösung kann man Eugenolcarbinolnatrium erhalten.

Dieser Eugenoform genannte Körper spaltet im Organismus leicht wieder Formaldehyd ab[3]). Er ist der erste Repräsentant einer Gruppe von Substanzen, welche aus Formaldehyd und aus einem zweiten wirksamen Körper bestehen.

Wie Eugenol kann man auch andere Phenole mit Formaldehyd verbinden, indem man z. B. Thymol mit Formaldehydlösung behandelt und mit konz. Salzsäure fällt. Man bekommt eine geruch- und geschmacklose Verbindung, welche im Organismus Formaldehyd und Thymol wieder abspaltet. Statt des Thymols kann man auch Jodthymol mit Formaldehyd verbinden, wobei man dann die kombinierte Wirkung dreier antiseptischer Substanzen erhält[4]).

Während Methylensalicylsäure im Organismus keinen Formaldehyd abspaltet, sondern unverändert im Harn erscheint, spaltet Methylenoxyuvitinsäure

$$\begin{array}{c} CH_3 \\ HOOC\bigcirc{-O \atop COO}{>}CH_2 \end{array}$$

im Organismus Formaldehyd ab und erscheint als Oxyuvitinsäure im Harn.

Man erhält sie[5]) durch Lösen von Oxyuvitinsäure in konz. Schwefelsäure und Versetzen mit Trioxymethylen in der Kälte. Die Lösung wird mit Wasser gefällt.

Aus Menthol wurde eine antiseptisch wirkende Verbindung mit Formaldehyd dargestellt.

Man schmilzt Menthol mit Trioxymethylen oder man leitet Formaldehyd in geschmolzenes Menthol; auf letztere Weise kann man Substanzen, die bis 12% Formaldehyd enthalten, gewinnen[6]).

Paul Höring und Fritz Baum[7]) stellen Alkyloxymethyläther ein- und mehrwertiger Phenole dar, die durch allmähliche Spaltung unter gleichzeitigem Freiwerden von Formaldehydderivaten und ihren Homologen zu Desinfektionszwecken, und zwar innerlich geeignet sein sollen. Auf die Alkalisalze der Phenole läßt man Halogenmethylalkyläther der allgemeinen Formel Halogen · CH_2 · O · Alkyl einwirken. Dargestellt wurden Methoxymethyläther der Phenole und Kresole, des p-Nitrophenols, Guajacols, Eugenols, Brenzcatechins, Hydrochinons, Protocatechualdehyds und der Salicylsäure und ihrer Ester.

Höring und Baum[8]) setzen aromatische Oxyaldehyde und Oxycarbonsäureester mit Organomagnesiumverbindungen um und spalten evtl. aus den zu erhaltenden Kondensationsprodukten die Oxyalkylätherester durch Verseifung ab. Die Verbindungen sollen als Antiseptica benützt werden. Durch Wasserabspaltung erhält man die ungesättigten Verbindungen.

Als Formaldehyd abspaltendes Präparat hat Martin Lange[9]) Methylolocarbazol dargestellt, indem er Formaldehyd auf Carbazol bei Gegenwart von Alkali oder Alkalicarbonaten einwirken ließ.

---

[1]) DRP. 95 518. [2]) DRP. 97 164.
[3]) G. Cohn, Zeitschr. f. Hyg. u. Infektionskrankh. **26**, 381 (1897).
[4]) DRP. 99 610. [5]) Schering, DRP. 158 716. [6]) DRP. 99 610.
[7]) DRP. 209 608. [8]) DRP. 208 886. [9]) DRP. 256 757.

Die Bedeutung dieser Gruppe liegt vorzüglich in der starken antiseptischen und härtenden Wirkung der Grundsubstanz, des Formaldehyds, selbst. Alle Kombinationen mit demselben, welche diese antiseptische Wirkung für den menschlichen Organismus verwertbar machen sollten, haben sich in der Praxis aus dem Grunde nicht bewährt, weil sie in ihrer Wirkung hinter den Konkurrenzpräparaten aus anderen Gruppen wesentlich zurückstehen, jedenfalls keine Vorzüge besitzen. Neben dem Formaldehyd selbst dürfte nur Hexamethylentetramin von Bedeutung für die Zukunft bleiben.

Die innere Anwendung des Formaldehyds sowie der ihn abspaltenden Präparate wird immer an der reizenden Wirkung auf die Schleimhäute scheitern, so daß neue Kombinationen in dieser Gruppe, außer unter Anwendung von Hexamethylentetramin, als aussichtslos zu bezeichnen sind.

Hingegen gewinnt die Anwendung des Formaldehyds und des Paraformaldehyds zum Zwecke der Desinfektion der Wohnräume usw. immer größere Bedeutung.

Es wurde versucht, und zwar ohne jeden Erfolg, Acrolein[1]) $CH_2 : CH \cdot CHO$, einen wegen der doppelten Bindung sehr energisch wirkenden Aldehyd, als Formaldehydersatz einzuführen. Nach Lewin[2]) ist Acrolein wenig antiseptisch, es greift beim Menschen die Schleimhäute stark an und schädigt die Atmungsorgane. Es macht geatmet oder subcutan injiziert Reizung der Luftwege, Dyspnöe; injiziertes Acrolein wird zum Teil durch die Lunge ausgeschieden. Hinderlich ist der Anwendung wohl auch der außerordentlich unangenehme Geruch.

Es gelingt, wässerige Lösungen des Acroleins, welches ja so ungemein leicht sich polymerisiert, an der Polymerisation zu verhindern, wenn man diesen schweflige Säure zusetzt.

Aus Acrolein und schwefliger Säure durch Erhitzen im Autoklaven erhält man ein wasserlösliches Pulver von saurer Reaktion, welches als Antisepticum Verwendung finden soll[3]).

Es wurde vorgeschlagen, Formaldehydlösungen mit Acrolein zu sättigen, so daß man 60—70proz. Aldehydlösungen erhält; durch Einleiten von schwefliger Säure werden die Lösungen haltbar[4]).

Eine Reihe von Formaldehydverbindungen wirksamer Substanzen sind in den betreffenden Spezialkapiteln nachzusehen.

Aminomethylschwefelige Säure $NH_2 \cdot CH_2 \cdot O \cdot SO_2H$[5]) wirkt in 0.25proz. Lösung weder desinfizierend noch konservierend. Im Harn von Kaninchen sind kleine Mengen unzersetzter Substanz nachweisbar, Formaldehyd und Ameisensäure waren nicht nachweisbar. Aus dem Hundeharn verschwindet das Indican[6]).

Hexamethylentetramin.

Durch Einwirkung von Ammoniak auf Formaldehyd erhält man Hexamethylentetramin $(CH_2)_6(NH_2)_4$, eine Substanz, der noch bedeutende antiseptische Eigenschaften zukommen, welche aber bei interner Verabreichung trotzdem ungiftig und reizlos ist. Unter dem Namen Urotropin wurde diese Base von Nikolaier[7]), insbesondere gegen Cystitis, empfohlen. Hexamethylentetramin ist nun für sich wieder sehr reaktionsfähig und läßt sich mit aromatischen Phenolen zu Substanzen, die unlöslich sind und hervorragende anti-

---

1) Zentralbl. f. Bakteriol. **26**, 560. 2) AePP. **43**, 351. 3) DRP. 119 802.
4) Kalle, DRP. 116 974.
5) Reinking, Dehnel und Labhardt, BB. **38**, 1077 (1905).
6) E. Salkowski, BZ. **89**, 178 (1918).
7) Deutsche med. Wochenschr. **1895**, Nr. 34.

septische Eigenschaften zeigen, verbinden. Urotropin wurde als Malariamittel mehrfach empfohlen.

Die Wirkung des Hexamethylentetramins ist abhängig von der Formaldehydabspaltung. Die Reaktion des Magensaftes bewirkt schon eine sehr rasche Zerlegung des Hexamethylentetramins. Im Organismus wird es nicht zerlegt. Die Aussichten, den Harn zu sterilisieren, sind nur bei saurer Reaktion des Harnes gute [1]).

Das borsaure Salz des Hexamethylentetramins erhält man durch Einwirkung von Borsäure auf diese Base, mit oder ohne Anwendung von Lösungsmitteln. Die Substanz ist eine feste Verbindung [2]).

Athenstaedt und Redecker in Hämelingen erhalten aus Hexamethylentetramin, Citronensäure und Borsäure Hexamethylentetraminborocitrate verschiedener Zusammensetzung [3]).

Sulfosalicylsaures Hexamethylentetramin wird durch Mischen von einem Gewichtsteil Hexamethylentetramin in Wasser gelöst und zwei Gewichtsteilen Sulfosalicylsäure in Alkohol gelöst dargestellt [4]). Es wird Hexal genannt.

Sekundäres sulfosalicylsaures Hexamethylentetramin erhält man durch Einwirkung eines weiteren Moleküls Hexamethylentetramin auf das primäre sulfosalicylsaure Hexamethylentetramin [5]). Man kann das sekundäre Salz auch unter Ausschluß von Wasser in alkoholischer Lösung durch Zusammenbringen von 2 Mol. Hexamethylentetramin und 1 Mol. Sulfosalicylsäure erhalten [6]).

Neohexal ist das sekundäre Salz der Sulfosalicylsäure mit Hexamethylentetramin, während Hexal das primäre Salz ist.

Hexapyrin ist acetylsalicylsaures Hexamethylentetramin.

Acetylsalicylsaures Hexamethylentetramin erhält man, wenn man festes Hexamethylentetramin mit der molekularen Menge Acetylsalicylsäure in einer zur Lösung des Hexamethylentetramins allein ungenügenden Menge Alkohol bis zur vollständigen Lösung verreibt und das entstehende acetylsalicylsaure Hexamethylentetramin aus der Lösung auskrystallisieren läßt [7]).

Rhodanwasserstoffsaures Hexamethylentetramin [8]) erhält man durch Zusammenbringen von salzsaurem Hexamethylentetramin mit Rhodanalkali in molekularen Mengen. Es ist geruchlos und nicht giftig. Schon bei 35—40° wird das Salz in wässeriger Lösung langsam in Formaldehyd und Rhodanammon gespalten.

Cystopurin ist ein Doppelsalz des Hexamethylentetramins mit Natriumacetat [9]). Es beeinflußt den Lymphstrom und soll als Prophylakticum gegen Gonorrhöe Verwendung finden.

J. A. Wülfling [10]) mischt zur Herstellung dieses Doppelsalzes trocken 2 Mol. Natriumacetat mit 1 Mol. Hexamethylentetramin und schmilzt es bei 95° zusammen oder er bringt unter Rühren in das in seinem Krystallwasser geschmolzene Natriumacetat fein gepulvertes Hexamethylentetramin, erhitzt auf 105° und bringt durch rasches Abkühlen zur Krystallisation.

Läßt man ohne zu kühlen auf mehrwertige Phenole oder Naphthol Formaldehyd und Ammoniak einwirken [11]), so erhält man Verbindungen, die durch Alkali- oder Säureeinwirkung Formaldehyd abspalten.

Allotropin ist Hexamethylentetraminphosphat $(CH_2)_6N_4SO_4H_3$ mit überschüssigem freien Hexamethylentetramin.

---

[1]) Paul Trendelenburg, Münchener med. Wochenschr. **66**, 653 (1919).
[2]) Agfa, Berlin, DRP. 188 815. [3]) DRP. 238 962. [4]) Riedel, DRP. 240 612.
[5]) DRP. 266 122, Zusatz zu DRP. 240 612.
[6]) DRP. 266 123, Zusatz zu DRP. 240612. [7]) L. Egger, Budapest, DRP. 303450.
[8]) Schütz und Cloedt, St. Vith, DRP.-Anm. Sch. 18 619.
[9]) Bergell, Deutsche med. Wochenschr. **33**, 55.
[10]) DRP.-Anm. Kl. 12, p. W. 31 583 (versagt). [11]) DRP. 99 570.

Das Glykosid Arbutin (aus den als Harndesinficiens verwendeten Folia uvae ursi) wird mit Hexamethylentetramin zusammengebracht bei Gegenwart eines Lösungsmittels [1]).

Arbutin-Urotropin [2]) ist nicht verwendet worden.

Nucleohexyl ist neutrales, nucleinsäures Hexamethylentetramin; es macht bei der Injektion vorerst einen kleinen Anstieg um einen halben Grad in der Temperatur, hierauf folgt ein steiler Abfall und eine 12—24 Stunden anhaltende Temperaturerniedrigung.

A. Wassermann erhoffte von diesem Mittel namentlich bei Fleckfieber Erfolge, indem er annahm, daß die Nucleinsäure den immunisatorischen Vorgang im Organismus infolge der Beziehungen der Fleckfiebererreger zu den Leukocyten günstig beeinflusse, die Hexamethylentetraminkomponente im Sinne der Schlittentheorie von Bedeutung sei.

Antimonylweinsaures Hexamethylentetramin $(C_4H_5O_6SbO)_2 \cdot C_6H_{12}N_4$ erhält man, wenn man Metallsalze der Antimonylweinsäure mit Hexamethylentetramin in wässeriger Lösung derart in Wechselwirkung bringt, daß hierbei durch doppelte Umsetzung die angestrebte Verbindung in Lösung geht, während das Kation der Antimonylweinsäure mit dem entsprechend gewählten Anion des Hexamethylentetraminsalzes in Form eines unlöslichen Niederschlages aus der Lösung abgeschieden wird. Die Verbindung ist weniger giftig als Brechweinstein und wirkt gegen Trypanosomen [3]).

Man läßt auf die α-Methylsulfosäure des Salicylsäure-p-aminophenylesters Hexamethylentetramin nach den üblichen Salzbildungsmethoden einwirken. Das Salz wirkt schmerzstillend und desinfizierend [4]).

Amphotropin ist neutrales camphersaures Urotropin [5]). Saures camphersaures Urotropin wird nach dem gleichen Patent hergestellt.

Arsensaures Urotropin soll eine stark verminderte Giftigkeit haben.

Atophan-Urotropin [6]).

Glykocholsaures Hexamethylentetramin erhält man, wenn man Hexamethylentetramin auf Glykocholsäure oder die Alkalisalze der Glykocholsäure auf Hexamethylentetraminsalze einwirken läßt. Diese Verbindung soll von der Leber in die Gallenblase entleert und so bei Dauerausscheidern von Typhusbacillen diese in der Gallenblase unschädlich machen [7]).

Chromoform ist Methylhexamethylentetramindichromat, welches für die Behandlung von Hyperhydrosis empfohlen wird.

Antistaphin ist Methylhexamethylentetraminpentaborat, es wird als Blasenantisepticum empfohlen [8]).

Schmitz [9]) beschreibt Hexamethylentetraminmethylrhodanid, welches man erhält, wenn man auf Hexamethylentetramin die Methylester organischer oder anorganischer Säuren einwirken läßt und die so entstandenen Additionsprodukte des Hexamethylentetramins mit leicht löslichen rhodanwasserstoffsauren Salzen umsetzt oder wenn man auf Hexamylentetramin Methylrhodanid zur Einwirkung bringt. Diese Rhodaform genannte Verbindung soll bei innerlicher und äußerlicher Anwendung konservierend auf die Zähne wirken.

Cholalsaures Hexamethylentetraminmethyl- und -äthylhydroxyd wurde als Mittel bei Gallensteinleiden dargestellt [10]).

An Stelle von Hexamethylentetramin kann man ein Gemisch aus konzentrierten Lösungen von Ammoniak und Formaldehyd oder von Ammoniaklösungen und Polymerisationsprodukten des Formaldehyds verwenden [11]).

Man kann entweder Methylaminsalze oder Ammoniaksalze, oder anorganische oder organische Säuren auf ein Gemisch aus Lösungen von Formaldehyd und Ammoniak oder auf Hexamethylentetramin, mit oder ohne Zusatz von Formaldehyd erhitzt, einwirken

[1]) Mannich, DRP. 250 884. [2]) DRP. 250 889. [3]) Gans, DRP. 278 886.
[4]) Abelin, Bürgi und Perelstein, DRP. 282 412.
[5]) Meister, Lucius - Höchst, DRP. 270 180.
[6]) G. Cohn, Pharmaz. Centralhalle **57**, 725 (1916). [7]) Merck, DRP. 247 990.
[8]) Max Joseph und W. Konheim, Dermatol. Zentralbl. **20**, 66 (1917).
[9]) DRP. 266 788. [10]) Riedel, Berlin, DRP. 324 203.
[11]) DRP. 269 746, Zusatz zu DRP. 266 788.

lassen. Aus den entstandenen Reaktionsgemischen scheidet sich Hexamethylentetramin-Methylrhodanid durch Zusatz von leicht löslichen Rhodansalzen ab, oder man behandelt Methylaminrhodanid oder Ammoniumrhodanid oder Rhodanwasserstoffsäure mit Lösungen von Formaldehyd und Ammoniak oder mit Hexamethylentetramin oder erhitzt die Lösung von Hexamethylentetramin mit oder ohne Zusatz von Formaldehyd, wobei man in allen Fällen statt Formaldehyd dessen Polymerisationsprodukte verwenden kann[1]).

Hexamethylentetramintrimetaborat heißt Borovertin. Das Handelsprodukt entspricht nicht der Formel. Es ist ein ungiftiges Blasenantisepticum.

Urotropinmethylhydroxyd-borat, das man durch Einwirkung von Borsäuremethylester auf Hexamethylentetramin erhält[2]) soll als Harndesinficienz verwendet werden.

Quaternäre Salze des Hexamethylentetramins, welche durch Verbindung dieser Base mit Benzylhalogen und dessen im Kern substituierten Derivaten entstehen, wirken bactericid. o-Verbindungen sind wirksamer als p- und m-Verbindungen. Verbindungen des Benzolkerns mit zwei Hexamethylentetramingruppen zeigen besonders starke Wirksamkeit gegenüber Typhusbacillen. Auch unter den Chloracetylderivaten aliphatischer und aromatischer Amine, Alkohole und Kohlenwasserstoffe, welche an Hexamethylentetramin gekuppelt sind, sind viele sehr wirksame Verbindungen, die zum Teil eine besondere spezifische Wirkung auf bestimmte Bakterienarten zeigen. In eiweißhaltigen Medien ist ihre Wirksamkeit vielfach gar nicht oder nur unwesentlich herabgesetzt[3]).

Formurol ist citronensaures Hexamethylentetraminnatrium $C_6H_7O_7 \cdot Na \cdot C_6H_{12}N_4$.

Helmitol ist die Hexamethylentetraminverbindung der Anhydromethylencitronensäure (s. d.), sie wird durch Einwirkung von Alkalien unter Entwicklung von Formaldehyd gespalten[4]). Methylencitronensäure wird nur zu 4.5% im Urin als Citrat ausgeschieden. Der Rest wird wahrscheinlich im Körper zerstört. Formaldehyd ist im Harn weder bei saurer noch bei alkalischer Reaktion nachweisbar. Die Verabreichung von Anhydromethylencitronensäure verleiht dem Harn keine antiseptischen Eigenschaften. Helmitol wirkt nur durch die Hexamethylentetraminkomponente[5]).

Salze des Hexamethylentetramins mit Camphersäure erhält man, wenn man 2 bzw. 1 Mol. Hexamethylentetramin und 1 Mol. Camphersäure in indifferenten Lösungsmitteln löst und auskrystallisieren läßt. Diese Salze sollen nicht die unangenehmen Nebenerscheinungen des reinen Hexamethylentetramins haben[6]).

Bromalin s. bei Brompräparaten.

Chinotropin ist chinasaures Urotropin (Chinoformin).

Ferrostyptin ist Urotropinchlorhydrat-Eisenchlorid.

Gallussaures Urotropin heißt Galloformin.

Hetralin ist Resorcin-Urotropin.

Hexamekol ist ein Additionsprodukt von Guajacol und Urotropin.

Kupferverbindungen des Hexamethylentetramins s. bei Kupfer.

Saliformin s. bei Gichtmitteln.

p-Aminosalol-α-methylsulfosaures Urotropin[7]) wirkt schmerzstillend und stärker desinfizierend als die Base selbst.

---

[1]) DRP. 270 486, Zusatz zu DRP. 266 788.

[2]) K. H. Schmitz, DRP. 275 092, Zusatz zu DRP. 266 788.

[3]) W. J. Jacobs, M. Heidelberger, H. Amors und C. G. Bull, Journ. of experim. med. 23, 563. [4]) Pharmaz. Ztg. 47, 856.

[5]) Paul J. Hanzlik, Journ. of urol. 4, 145 (1920).

[6]) Höchst, DRP. 270 180. [7]) DRP. 282 442.

Hexamethylentetramin vereinigt sich mit Überchlorsäure zu einem in Wasser löslichen luftbeständigen Salze. Diese Verbindung läßt sich mittels Brom und Jod in das wasserunlösliche Dibrom- bzw. Dijodhexamethylentetraminperchlorat überführen. Die Verbindungen wirken antiseptisch und sind nicht explosiv[1]).

Hexamethylentetramintriguajacol erhält man, wenn man entweder eine konz. wässerige Lösung von Hexamethylentetramin mit Guajacol oder eine Formaldehydlösung mit einer ammoniakalischen Guajacollösung zusammenbringt[2]).

Man läßt Hexamethylentetramin und Guajacol ohne Lösungsmittel aufeinander einwirken. Man kann so Hexamethylentetramindi- und -triguajacol erhalten[3]).

Feste Molekularverbindungen aus Hexamethylentetramin und Guajacol kann man herstellen, indem man entweder eine konz. wässerige Hexamethylentetraminlösung mit Guajacol oder eine Formaldehydlösung mit einer ammoniakalischen Guajacollösung in anderem Verhältnis zusammenbringt, als der Bildung des Hexamethylentetramintriguajacols entspricht. Diese guajacolärmeren Produkte sollen gegenüber dem Triguajacol nicht reizend wirken[4]).

Ferner wurden Verbindungen des Hexamethylentetramins in gleicher Weise dargestellt, indem man es auf Halogenpyrrole, z. B. Jodol oder auf aromatische Sulfosäuren, z. B. auf Phenolmono- und polysulfosäuren resp. deren Halogenderivate[5]) einwirken läßt. Über die Bedeutung dieser Substanzen ist nichts bekannt geworden, sie dürften aber die bekannten Eigenschaften des Hexamethylentetramins und des Jodols zeigen, ohne neue Effekte auslösen zu können.

Hexamethylentetramintetrajodid heißt Siornin.

Novojodin ist Hexamethylentetramindijodid. Es ist ungiftig, reizlos und geruchlos.

Hexamethylentetramindijodid stellt man dar, indem man eine wässerige Hexamethylentetraminlösung auf eine Lösung von Jod in einem flüchtigen, mit Wasser nicht mischbaren organischen Lösungsmittel einwirken läßt[6]).

Man kann auch die berechneten Mengen der beiden Komponenten in pulverförmigem Zustande, zweckmäßig unter Zusatz geringer Mengen eines indifferenten Lösungsmittels aufeinander einwirken lassen[7]).

Wird in ein aus Formaldehyd, Ammoniak und einer Säure oder einem Säureanion oder aus Hexamethylentetramin und einer Säure oder einem Säureanion durch mehrstündiges Erhitzen erhaltenes Reaktionsgemisch ein lösliches Bichromat eingetragen, so scheidet sich aus diesem sofort ein Chromat ab, aus dem man mittels Baryt die freie Base $C_6H_{12}N_4 \cdot CH_3 \cdot OH$ abscheiden kann. Beschrieben sind das Oxalat und Sulfosalicylat der Base[8]).

Tannin, Gallussäure und deren Derivate.

Tannin zeichnet sich durch seine adstringierende Wirkung, sowie durch seine styptische, bei äußerst geringer Giftigkeit besonders aus. Diese beiden Wirkungen scheinen im Darmkanale miteinander im Zusammenhange zu stehen, da die Unterdrückung der Schleimabsonderung von seiten der Schleimhäute wohl auf der adstringierenden Wirkung der Gerbsäure beruht. Ob sich durch Verfüttern von Gerbsäure auch Wirkungen innerhalb des Organismus außerhalb des Darmkanales, die auf Gerbsäure zu beziehen wären, auslösen lassen, darüber läßt sich gegenwärtig noch nichts Bestimmtes aussagen, da es sehr fraglich ist, ob überhaupt unveränderte Gerbsäure nach Verfüttern derselben, oder eines der Gerbsäurepräparate, im Harne erscheint. E. Rost z. B. leugnet die adstringierende Fernwirkung des Tannins und seiner Derivate völlig[9]). Bei ihrer An-

---

[1]) Riedel, DRP. 292 284. [2]) Hoffmann-La Roche, DRP. 220 267.

[3]) DRP. 231 726, Zusatz zu DRP. 220 267.

[4]) DRP. 225 924, Zusatz zu DRP. 220 267.

[5]) Weiler ter Mer, DRP. 124 231. [6]) Rix, DRP. 275 974.

[7]) DRP. 278 885, Zusatz zu DRP. 275 974. [8]) Schmitz, DRP. 295 736.

[9]) Siehe dagegen Beckurts 1878, S. 563, auch Landois, Physiologie, nach dem es die Vasomotorenzentren erregt, und zwar ohne nachträgliche Lähmung.

wendung auf Schleimhäute, insbesondere auf die des Darmkanals, erwies es sich aber von Wichtigkeit, daß die Gerbsäure erst am Orte, wo deren Wirkung ausgelöst werden soll, frei werde, denn die in Wasser leicht lösliche Gerbsäure hat einen unangenehmen zusammenziehenden Geschmack und kann auf Schleimhäuten auch Reizerscheinungen und Ätzwirkungen hervorrufen. Es erschien daher von Vorteil, aus Tannin Präparate herzustellen, welche in Wasser unlöslich, erst durch langsame Zersetzung unter bestimmten Umständen, hauptsächlich durch den alkalischen Darmsaft, die wirksame Komponente abspalten und so Mund- und Magenschleimhaut unbelästigt lassen. Die Gerbsäure entfaltet im Gegensatze zu den meisten antiseptisch wirkenden Säuren auch als Alkalisalz ihre eigentümliche Wirkung. Bei Synthesen dieser Art war die Möglichkeit geboten, die Gerbsäure mit anderen, ähnlich wirkenden Stoffen in Verbindung zu bringen, insbesondere um von beiden wasserunlösliche, als Streupulver verwendbare Produkte zu erhalten. Während es nicht angeht, freie Gerbsäure, welche allzu stark reizend wirken würde, auf Wunden zu streuen, eignen sich solche Produkte der Gerbsäure und der ihr nahestehenden Gallussäure sehr gut für diese Zwecke. Es tritt noch der Umstand hinzu, daß die Anwendung des Tannins als Antihydroticum wegen seiner stark färbenden Eigenschaften sehr unangenehm ist, eine Eigenschaft, die den Derivaten meist nicht mehr zukommt.

Enterosan oder Optannin ist basisches Calciumtannat.

Das Darstellungsverfahren besteht darin, daß man ohne Isolierung des löslichen Produktes Gerbsäurelösungen mit der für die Bildung des basischen gelbbraunen Calciums erforderlichen Menge Calciumhydroxyd so lange in der Hitze behandelt, bis die gewünschte Schwerlöslichkeit des basischen Calciumtannats in verdünnten Säuren erreicht ist[1]).

Eine Verbindung von Tannin, Hexamethylentetramin und Calcium erhält man durch Fällen konzentrierter wässeriger Lösungen von Chlorcalcium, Hexamethylentetramin und Tannin[2]).

Tannin ist ein Glykosid, und zwar Pentadigalloylglykose $C_6H_7O_6[C_6H_2(OH)_3 \cdot CO \cdot O \cdot C_6H_2(OH)_2CO]_5$[3]).

Man behandelt acidylierte Gerbsäuren, wie die Acetyltannine oder Formylacetyltannine oder andere Gerbsäureabkömmlinge, wie Formaldehydgerbsäure, Hexamethylentetramintannin oder Tanninthymolmethan mit Kalkverbindungen. Beschrieben sind die Kalkverbindungen aus Tanninformaldehyd und aus Diacetyltannin[4]).

Eines der ersten Präparate dieser Art war das Tannigen, von Hans H. Meyer[5]) dargestellt.

Es war dies die erste Verbindung mit der Absicht dargestellt, daß sie den Magen ungelöst passiere und erst im Darme unter Rückbildung von Tannin zersetzt werde. Dem Tannigen kann man nur nachsagen, daß es den Nachteil hat, schon bei Körperwärme in feuchtem Zustande eine klebrige Beschaffenheit zu haben.

Man kann vom Tannin sowie von der α- oder β-Digallussäure zu alkalilöslichen Acetylderivaten gelangen. Es wird z. B. trockenes Tannin mit der halben Gewichtsmenge Eisessig und der gleichen Gewichtsmenge Essigsäureanhydrid erwärmt und nach der Lösung das Reaktionsprodukt in Wasser eingegossen, wobei man dann ein Gemenge von Monoacetyl- und Diacetylverbindungen bekommt. Je mehr Essigsäureanhydrid zugesetzt wird, desto reicher wird das entstehende Pulver an Acetylgruppen. Statt des Anhydrids kann

---

[1]) DRP. 307 857, Zusatz zu DRP. 306 979.

[2]) Röder-Raabe A. G. Wien, Ö. P. 81 230.

[3]) E. Fischer und K. Freudenberg, BB. **45**, 915, 2709 (1912).

[4]) Knoll & Co., DRP. 308 047.

[5]) Deutsche med. Wochenschr. **1894**, Nr. 31.

man Acetylchlorid oder Essigsäure unter Zusatz von Kondensationsmitteln in Anwendung bringen. Das erhaltene Produkt ist geruch- und geschmacklos, in Wasser unlöslich, in Alkali hingegen löslich und durch Säuren fällbar[1]).

Würde man höhere Acetylderivate, als mit zwei Acetylgruppen, darstellen, etwa die Pentaacetylverbindung, so würde man zu ganz unwirksamen Körpern gelangen, da diese Säurederivate in verdünnten Alkalien, also auch im Darmsaft unlöslich sind und daher im Organismus nicht unter Regenerierung des wirksamen Bestandteiles gespalten werden. Statt der Acetylgruppen kann man auch Benzoylgruppen einführen, und man erhält angeblich noch wirksamere Derivate[2]). Doch darf man nur ein bis zwei Benzoylgruppen einführen, da man sonst wie bei den Acetylderivaten zu alkaliunlöslichen Produkten gelangt.

Die Farbwerke Höchst[3]) stellen eine Tanninzimtsäureverbindung dar, die durch Alkali spaltbar ist. Man erhält sie aus Tannin und Zimtsäure in Gegenwart von Essigsäureanhydrid mit Wasser entziehenden Mitteln, wie Phosphorpentachlorid, Phosphoroxychlorid.

Statt der Mono- und Dibenzoylderivate des Tannins wurde auch die nach der Schotten-Baumann-Methode dargestellte krystallisierte Tribenzoylgallussäure, welche sich ebenfalls in Alkalien löst und unter Einwirkung von Pankreasfermenten in die Komponenten gespalten wird, empfohlen[4]). Eine praktische Verwendung hat sie jedoch nicht gefunden.

Gallussäure (3.4.5-Phentriolmethylsäure) wirkt irritierend, die antiseptische Wirkung ist fünfmal so groß als die der Gerbsäure[5]).

Gallocarbonsäure (3.4.5-Phentrioldimethylsäure-1.2) wirkt adstringierend.

Das Kondensationsprodukt der Salicylsäure und Gallussäure, welches durch Einwirkung von Phosphoroxychlorid auf ein molekulares Gemenge von Salicylsäure und Gallussäure entsteht und dem nach Döbner die folgende Strukturformel zukommen soll: $HO \cdot C_6H_4 \cdot CO \cdot O \cdot CO \cdot C_6H_2(OH)_3$, hat keine praktische Verwendung gefunden. Im Gegensatze zu den bis nun erwähnten Tanninderivaten zeigt dieses keine Löslichkeit in kohlensauren Alkalien.

Die eigentümlich härtenden Eigenschaften des Formaldehyds, welcher aber auf Schleimhäute in größeren Mengen reizend wirkt, haben Veranlassung gegeben, Tannin mit Formaldehyd zu kondensieren. Viel mehr als diese therapeutische Erwägung muß der naheliegende Gedanke maßgebend gewesen sein, daß man ja aus einer so hydroxylreichen Verbindung, wie die Gerbsäure, durch Einwirkung von Formaldehyd ein wasserunlösliches Methylenderivat erhalten muß. Dieses Kondensationsprodukt von Formaldehyd und Tannin, Tannoform genannt, ist nach Mering ein geruch- und geschmackloses, in Wasser und sauren Flüssigkeiten unlösliches, in Alkali lösliches Pulver, welches neben den Wirkungen des Tannins, wenn auch im minderen Grade die dem Formaldehyd eigenen antiseptischen, härtenden und trocknenden Eigenschaften entfaltet.

Behufs Darstellung[6]) dieser Substanz, welche als Methylenditannin aufzufassen ist, werden Tannin und die doppelte Menge 30proz. Formaldehyd zusammengebracht und so lange konz. Salzsäure hinzugefügt, als noch ein Niederschlag entsteht.

Statt des Tannins kann man auch andere Gerbstoffe zu gleichem Zwecke verwenden, so die Gerbstoffe von Myrobalanen, Quebrachoholz, Ratanhia, Eichenrinde, Fichtenrinde, Walnuß, Catechu. Die Darstellung und das Endprodukt sind mit dem Tannoform aus Tannin ziemlich identisch[7]).

Statt der Kondensation mit konz. Salzsäure kann man auch zu dem gleichen Methylenderivat gelangen, wenn man Gerbstoffe mit Paraformaldehyd oder einer 40proz. Formaldehydlösung unter Druck mehrere Stunden auf 100° erhitzt[8]).

---

[1]) DRP. 78 879. [2]) DRP. 92 420.
[3]) DRP. 173 729. [4]) DRP. 93 942.
[5]) Heinz und Liebrecht, Berliner klin. Wochenschr. **1891**, 584, 744.
[6]) DRP. 88 082. [7]) DRP. 88 481. [8]) DRP. 93 593.

Voswinkel[1]) kondensiert Tannin mit Formaldehyd und Harnstoff oder mit Formaldehyd und Urethan unter Zusatz von Kondensationsmitteln. Man erhält so das unlösliche Methylentannincarbamid. Dieses passiert den Magen unzersetzt und kommt erst im alkalischen Darm zur Wirkung. Sowohl diese Substanz wie auch Methylentanninurethan sollen sich zur internen Anwendung eignen, da sie auf die Schleimhäute nicht korrodierend wirken.

Man kann bei dieser Reaktion Harnstoff durch Thioharnstoff ersetzen, muß aber mit Kondensationsmitteln arbeiten. Beschrieben sind Methylentanninthioharnstoff, Methylentanninthiosinamin, Methylentanninmethylthioharnstoff, Methylentanninäthylthiocarbamid[2]).

Tannin läßt sich mit aliphatischen Säureamiden und Formaldehyd zu Methylentanninsäureamiden kondensieren. Dargestellt wurden Methylentanninformamid, Methylentanninacetamid, Methylentanninpropionamid[3]).

Harnstoff tritt mit je 2 Mol. Gallussäure und Formaldehyd in Reaktion und man erhält nach dem Verfahren des Hauptpatentes Methylenharnstoffgallussäure[4]).

Richard Lauch und Arnold Voswinkel[5]) stellen in ähnlicher Weise Kondensationsprodukte bromierter Gerbstoffe mit Harnstoff und Formaldehyd her.

Tannobromin ist Dibromtanninformaldehyd[6]) (s. S. 621, Bromverbindungen). Bromotan ist Bromtanninmethylenharnstoff.

Während die bis nun besprochenen Derivate auf der Festlegung der Hydroxylgruppen im Tannin und in der Gallussäure beruhen, wurde bei den nunmehr zu besprechenden der Versuch gemacht, die Carboxylgruppe festzulegen. Ein Präparat dieser Art ist Gallicin, der Methylester der Gallussäure

$$C_6H_2(COO \cdot CH_3)(OH)_3$$

Dieser Ester wurde eine kurze Zeit als Augenstreupulver verwendet, er verursacht aber Brennen beim Einstreuen, weshalb von einer Anwendung abgesehen werden mußte.

Man erhält Triacetylgallussäurealkylester, wenn man Gallussäurealkylester mit acetylierenden Mitteln behandelt oder Triacetylgallussäure in üblicher Weise in ihre Alkylester verwandelt. Die Ester besitzen im Gegensatze zum Methylester adstringierende Eigenschaften. Beschrieben sind: Triacetylgallussäureäthylester, Triacetylgallussäurepropylester, Triacetylgallussäureacetolester[7]).

Etelen ist der Triacetylgallussäureäthylester. Etelen hat sich als Darmadstringens bei Dysenterie bewährt[8]).

Den entschieden einfachsten Weg, um zu einem unlöslichen und erst im Darm spaltbaren Tanninderivat zu gelangen, schlug R. Gottlieb[9]) ein, indem er eine in Wasser unlösliche Eiweißverbindung des Tannins darstellte, Tannalbin genannt. Selbstverständlich ist das Produkt dieser Art nur für die interne Verwendung als Darmadstringens verwertbar. Schon vor Gottlieb hatte Lewin 1882[10]) ein Tanninum albuminatum dargestellt und empfohlen, welches nach seiner Angabe besser als Tannin schmeckt und den Magen nicht belästigt.

Während frisch gefällte Gerbsäure-Eiweißverbindungen vom Magensaft rasch verdaut werden, kann man durch 6—10stündiges Erhitzen auf 110° ein Tannineiweißpräparat so verändern, daß es vom Magensafte nicht mehr angegriffen wird. Hingegen wird aus diesem Präparat im Darme leicht Tanninalkali gebildet. Zur Darstellung[11]) dieser Verbindung wird Eiweiß in Wasser gelöst und mit der doppelten Gewichtsmenge Gerbsäure gefällt. Der abgepreßte Niederschlag wird in der angegebenen Weise getrocknet. Von

---

[1]) DRP. 160 273. [2]) DRP. 164 612, Zusatz zu DRP. 160 273.

[3]) DRP. 165 980, Zusatz zu DRP. 160 273.

[4]) DRP. 171 788, Zusatz zu DRP. 160 273.

[5]) DRP. 180 864. [6]) DRP. 125 305. [7]) Bayer, DRP. 279 958.

[8]) F. Loewenthal, Münchener med. Wochenschr. **62**, 1748 (1915). — Otto Seifert, ebenda **62**, 1750 (1915). [9]) Deutsche med. Wochenschr. **1896**, Nr. 11, 25.

[10]) Allg. med. Zentralztg. **1882**, Nr. 11. [11]) DRP. 88 029.

anderer Seite wurde versucht, ganz analog wirkende Präparate darzustellen und auch mit analogen Eigenschaften, indem statt des Eiweißes entweder Casein oder Gelatine verwendet wurde. Das Tanninleimpräparat wurde Tannokol[1]) genannt. Es ist klar, daß alle diese Präparate etwas durchaus Identisches sind.

Knoll[2]), erzeugt ein Tannineiweiß aus Blut durch Fällen des Gesamtblutes mit Tannin und Trocknen bei 100° oder Behandlung mit Alkohol und Salzsäure, oder es wird Schlachthausblut[3]) verwendet, welches vor der Tanninbehandlung in bekannter Weise entweder zum Gerinnen gebracht oder mit Hilfe eines Bleichmittels entfärbt wurde. Man kann den beim Gerinnen des Blutes entstehenden Eiweißniederschlag entweder abfiltrieren, waschen und trocknen oder unmittelbar in der Fälllauge mit Tannin behandeln. In beiden Fällen nimmt der Niederschlag beim Rühren aus der Lösung allmählich so viel Tannin auf, daß er den gleichen Gerbsäuregehalt aufweist wie bei unmittelbarer Ausfällung des Schlachtblutes mit Tannin.

Eine Tannineiweißverbindung aus Molkeneiweiß erhält man, wenn man dieses Eiweiß mit oder ohne Vorbehandlung mit verdünnter Natronlauge mit Tanninlösung behandelt. Die Verbindung enthält 40% Tannin[4]).

Von zwei Seiten wurde versucht, statt des Tannins allein, gleichzeitig Tannin und Formaldehyd in die Verbindung zu bringen. Es wird das obenerwähnte Tannoform in alkoholischer oder alkalischer Lösung mit Lösungen von Eiweißkörpern behandelt, mit oder ohne Neutralisation. Das ausfallende Produkt wird, wie bei der Darstellung des Tannalbins, getrocknet[5]).

Von anderer Seite wurde ebenfalls ein Tanninformaldehydeiweißpräparat dargestellt, welches wohl nicht ganz identisch mit dem eben erwähnten ist. Hierbei wird Eiweiß mit einer Gerbsäurelösung gefällt und das Präcipitat mit Formaldehydlösung erwärmt und das Reaktionsprodukt abfiltriert, gepreßt und getrocknet. Ferner wurde vorgeschlagen, Tanninformaldehydeiweißverbindungen in der Weise herzustellen, daß man unlösliche Formaldehydeiweißverbindungen mit Gerbsäure behandelt oder Eiweiß bei Gegenwart von Formaldehyd mit Gerbsäure fällt, oder lösliches Formaldehydeiweiß mit Gerbsäure fällt[6]).

Die Tanninverbindungen der Eiweißkörper geben mit den Erdalkalien bzw. mit Aluminiumhydroxyd wohlcharakterisierte unlösliche Salze, die der Verdauung mit Pepsinsalzsäure gegenüber viel widerstandsfähiger sind als die bekannten Eiweißtannate. Dagegen lösen sich die Erdalkalisalze der Eiweißtannate in verdünnter Sodalösung leicht auf[7]).

Bei den Kondensationsprodukten aus Phenolen, Formaldehyd und Tannin haben die Phenolderivate mit einem oder mehreren verdeckten Hydroxylen keine adstringierende, sondern eher eine reizende Wirkung auf den Darmkanal. Bromtannothymal ist nicht adstringierend; das Freibleiben der o-Stellung zum Hydroxyl ist für das Zustandekommen der adstringierenden Wirkung unerläßlich. Die adstringierende Wirkung ist nur bei denjenigen Derivaten erhalten, die außer der OH-Gruppe keine weiteren Gruppen am Kerne tragen oder aber an gewissen Stellen reine Alkylgruppen. Die Derivate von α- und β-Naphthol zeigen die adstringierenden Wirkungen in abgeschwächtem Maße. Die adstringierende Wirkung wird abgeschwächt durch den Eintritt einer Carboxylgruppe an den Benzolkern. Verbindungen, die ein durch Säurereste verestertes Hydroxyl enthalten, wie z. B. Acetyltannin, zeigen unveränderte adstringierende Wirkung durch Verseifung im Darmsaft[8]).

Diese kombinierten Präparate wurden therapeutisch nicht verwendet.

Tannothymal ist ein Kondensationsprodukt von Tannin, Thymol und Formaldehyd, und zwar Tannin-thymol-methan

OH
HO / \ C_3H_7
H_3C \ /
$CH_2 \cdot C_{14}H_{10}O_9$

von Hildebrandt für innere Anwendung empfohlen[9]).

[1]) Fr. P. 278 076. [2]) DRP. 305 693. [3]) DRP. 317 605, Zusatz zu DRP. 305 693.
[4]) Knoll & Co., DRP. 312 602. [5]) DRP. 104 237. [6]) DRP. 122 098.
[7]) Laves, DRP. 296 917. [8]) H. Hildebrandt, AePP. **56**, 410 (1907).
[9]) Münchener med. Wochenschr. **1907**, Nr. 25, S. 1219.

H. Hildebrandt[1]) kondensiert Formaldehyd, Tannin und Phenole. Beschrieben sind Tanninphenolmethan, Tanninthymolmethan, Bromtanninphenolmethan, Bromtannin-o-kresolmethan, Bromtanninthymolmethan, Bromtannin-β-naphtholmethan. Es werden nur solche Monohydroxylverbindungen der Benzol- und Naphthalinreihe verwendet, welche keine weiter durch Alkyl- oder andere Reste substituierte Hydroxylgruppe enthalten.

Statt mit Formaldehyd wurde Tannin auch, um zu einer geschmacklosen und unlöslichen Verbindung zu gelangen, mit Hexamethylentetramin in Verbindung gebracht (Tannopin, Tannon).

Die Darstellung geschieht in der Weise, daß man entweder ein Molekül Hexamethylentetramin mit drei Molekülen Gerbsäure fällt oder mit sechs Molekülen[2]).

Diese Niederschläge sind noch in Wasser löslich und haben einen adstringierenden Geschmack. Erhitzt man sie jedoch mit einer Flüssigkeit oder mit wenig Wasser auf dem Wasserbade, so verlieren sie ihren adstringierenden Geschmack und werden wasserunlöslich.

Wie erwähnt, geben aromatische Aldehyde mit Proteinstoffen Kondensationsprodukte, denen antiseptische Eigenschaften zukommen. Man läßt hierbei auf ein Protein, wie Eiweiß, Albumose, Pepton u. dgl. einen aromatischen Aldehyd, z. B. Benzaldehyd, Salicylaldehyd, Resorcylaldehyd usf. einwirken. Diese Produkte werden dann mit Gerbsäure behandelt, um zu Tanninaldehydproteinverbindungen zu gelangen.

Es wird z. B. eine Lösung von Eiereiweiß mit Salicylaldehyd angerührt, die gebildete Paste koaguliert und das Koagulum gewaschen und getrocknet. Diese Verbindung enthält 35—40% durch Verdauung abspaltbaren Aldehyd. Sie wird in Pastenform mit Tanninlösung angerührt. Die resultierende Verbindung löst sich schwer in verdünnten Alkalien und ist als aus zwei wirksamen (einer adstringierenden und einer antiseptischen) Komponenten bestehend zu betrachten.

Durch Kondensation von Tannin und Chloral erhält man eine Captol genannte Substanz, ein dunkelbraunes, hygroskopisches Pulver, welches in der Dermatologie, namentlich bei Erkrankungen der behaarten Kopfhaut[3]), gute Dienste leisten soll.

Zum Zwecke der Darstellung wird Tannin aus einer konzentrierten wässerigen Lösung durch Zusatz von 50proz. Schwefelsäure gefällt. Nun setzt man $^1/_{84}$ des Tanningewichts an Chloralhydrat zu, wobei sich das gefällte Tannin beim Umrühren wieder löst. Diese Lösung wird mehrere Stunden lang auf 70—80° erwärmt, wobei sich das Reaktionsprodukt abscheidet[4]).

Die Verbindungen der Gerb- und Gallussäure mit Wismut sind unter Wismut nachzulesen.

Wismut.

Die Verwendung, die Wismut-Verbindungen in den letzten Jahren in so ungeahnt großer Weise gefunden haben, verdanken sie nicht so ihren antiseptischen Eigenschaften, als vielmehr den besonders günstigen Einwirkungen auf die Wundflächen selbst, die durch Wismutsalze eine charakteristische, eigentümlich trockene Beschaffenheit annehmen, ohne hierbei, wie Steinfeld und H. H. Meyer[5]) gefunden, die Fähigkeit zum Zusammenheilen verloren zu haben.

Aber noch ein zweiter Umstand hat gerade dieses Metall so vorzüglich geeignet gemacht, Verbindungen zu liefern, die man als Darmadstringenzien

---

[1]) DRP. 188 318. [2]) DRP. 95 186.

[3]) Eichhoff, Deutsche med. Wochenschr. 1897, Nr. 41. — DRP. 188 318.

[4]) DRP. 98 273. [5]) AePP. 20, 40.

und als Wundstreupulver, und zwar als Jodoformersatzmittel, mit großem Vorteile gebrauchen kann, das ist die Leichtigkeit, mit der unlösliche, basische Salze, wie überhaupt wasserunlösliche Verbindungen dieses Metalles, erhalten werden können. Früher wurden wesentlich anorganische Verbindungen des Wismuts zu den gleichen Zwecken verwendet. Der Chirurg Kocher in Bern hat zuerst auf die günstigen Wirkungen des altbekannten Magisterium Bismuthi in der Wundbehandlung hingewiesen. Es ist wohl nicht anzunehmen, daß die kleine Menge Salpetersäure, die sich aus dem basischen Wismutsalz abspalten kann, diese Effekte hervorbringt. Vielmehr muß man sich der Ansicht anschließen, daß es eben die Wismutwirkung ist, auf die es hier ankommt, da man mit Wismutoxyd und mit basisch-kohlensaurem Wismut dieselben Effekte erzielen kann.

Hans H. Meyer [1]) schreibt nicht dem Wismut als solchem die sog. Wismutwirkungen zu, wenigstens nicht für Wunden, sondern glaubt, daß die austrocknende Wirkung des Magisterium Bismuthi auf der physikalischen Beschaffenheit desselben beruht. Dieses ist ja ein außerordentlich feines, chemisch relativ indifferentes und nahezu unlösliches Pulver, das sich mit Wasser zu einer dünnen Milch, wie auch zu einem homogenen Brei mischen läßt und nach dem Trocknen eine zusammenhängende, dicke Kruste bildet. Bei Versuchen mit frisch gefälltem Bariumsulfat und frischgeschlemmtem Kaolin zeigen die Wundflächen ebenfalls jene durchaus eigentümliche trockene Beschaffenheit, wie nach Behandlung mit Magisterium Bismuthi, so daß die Vermutung eine große Wahrscheinlichkeit hat, daß es sich hier um eine wesentlich mechanische Wirkung handelt, und zwar besteht diese in der mechanischen Verstopfung der feinsten Blut- und Lymphgefäße durch das feine Pulver, die bei der Verwundung geöffnet wurden und unter gewöhnlichen Verhältnissen das Wundsekret liefern. Die Wirkung der Wismutpräparate, insbesondere der anorganischen, wäre also in erster Linie als eine protektive anzusehen, während die antiseptische gegen dieselbe weit zurücktritt. Wenn man sich der Meyerschen Ansicht anschließen würde, so könnte man sich die heilungsbefördernde Wirkung bei Anwendung der Wismut-Präparate analog vorstellen wie die Heilung unter dem Schorfe der älteren Chirurgen. Es muß aber darauf hingewiesen werden, daß es sich auch um eine sehr leichte Ätzwirkung dieses Schwermetalles handeln kann.

Wie alle Schwermetalle, so zeigt auch Wismut heftige Vergiftungserscheinungen bei seiner hypodermatischen Einverleibung. Injiziert man subcutan neutrales Wismutnitrat, so tritt bei den Versuchstieren Stomatitis, Enteritis und Nephritis auf. Daß die basischen Wismutverbindungen nicht giftig wirken, ist eben ihrer Unlöslichkeit zuzuschreiben. Lösliche Doppelverbindungen des Wismuts, wie etwa Wismut-Ammonium-Citrat, die kein basisches Salz abscheiden, wirken auch innerlich genommen giftig. Aus diesem Grunde kann auch von einer therapeutischen Anwendung des kolloidalen Wismuts nicht gesprochen werden, da dieses als lösliches Wismut die giftigen Eigenschaften auslöst.

Diese interessante Substanz erhält man, wenn man Wismuttartrat, das man mit Hilfe von Weinsäure und Kali in Lösung gebracht hat, mit Zinnchlorür und Lauge versetzt; es entsteht eine klare, braune Flüssigkeit, welche nur ganz geringe Spuren von Wismut absetzt und aus der Wismut leicht ausgesalzen werden kann. Das durch Aussalzen gewonnene Wismut löst sich nur mehr teilweise im Wasser, da es bald wieder in die gewöhnliche Form übergeht.

---

[1]) AePP. 20, 40.

Kalle, Biebrich[1]), stellenWismutoxyd in kolloidaler Form enthaltende Substanzen her, indem sie Protalbinsäure und Lysalbinsäure in Form ihrer Natriumsalze mit bestimmten Mengen löslicher Wismutsalze und mit überschüssigen Mengen kohlensaurer oder ätzender Alkalien versetzen und die so gebildete kolloidale Lösung durch Diffusion gegen Wasser reinigen.

Man erhält das gleiche Präparat, wenn man die in DRP. 117 269 beschriebene Bismutose in der Wärme mit verdünnter Natronlauge behandelt, die filtrierte Lösung dialysiert und alsdann im Vakuum zur Trockene eindampft[2]).

Von den anorganischen Wismutverbindungen sind nur zwei für unsere Zwecke erwähnenswert. Das sog. lösliche phosphorsaure Wismut ist eine Doppelverbindung, welche 20% Wismutoxyd enthält und die als Darmadstringens empfohlen wird. Vor der Anwendung von löslichen Wismutverbindungen muß entschieden wegen der Giftigkeit gewarnt werden; wir wenden ja eben die Wismutpräparate gern an, weil sie unlöslich und deshalb ungiftig sind. Wismutoxyjodid, welches Jod- und Wismutwirkung vereinigt, wurde von Sidney Reynolds[3]) bei Ulcerationen empfohlen. Wir erwähnen diese Verbindung, da mehrere organische Wismutpräparate auf ihr basieren.

Man kann die synthetisch dargestellten Wismutpräparate zweckmäßig in drei Gruppen teilen:

1. Basische Wismutverbindungen mit organischen Säuren,
2. Verbindungen mit aromatischen Phenolen und
3. organische Verbindungen mit Wismutoxyjodid.

Über die Wirkung aller dieser Präparate läßt sich folgendes aussagen:

Wismutverbindungen, ob nun eine organische oder anorganische Komponente in diese eintritt, sind unter allen Umständen wegen ihrer großen Reizlosigkeit als vorzügliche Streupulver anzusehen, wenn es sich um unlösliche Verbindungen handelt. Man könnte da selbstverständlich eine Unzahl von Kombinationen mit allerlei Phenolen und Säuren schaffen, ohne daß an der Wirkung auf die Wunden irgend etwas geändert werden möchte, denn die Abspaltung der organischen Komponente auf Wundflächen kann ja doch nur in äußerst geringem Maße erfolgen. Für diese Verbindungen ist vom Standpunkte eines Ersatzmittels des Jodoforms zu verlangen, daß sie voluminös seien, um im Gebrauche sparsam sein zu können, ferner, daß die organische Komponente reizlos sei. Eine der wichtigsten Forderungen aber ist, daß die so dargestellten Wismutverbindungen, auf deren antiseptische Kraft sich die Chirurgen gemeiniglich nicht verlassen, sterilisierbar sind, d. h. daß sie sich ohne Zersetzung auf etwa 110° erhitzen lassen, da sie als unlösliche Substanzen meist für sich noch keine antiseptischen Effekte auszulösen in der Lage sind. Eine scheinbar lächerliche Empfehlung für den Chemiker ist es, Wismutverbindungen für die Zwecke der Wundbehandlungen, womöglich von gelber Farbe, darzustellen und doch verdanken einzelne dieser Mittel nur diesem Umstande ihre so ausgebreitete Verwendung in der medizinischen Praxis. Für das starkriechende, gelbe Jodoform mit seinen häufig Ekzem hervorrufenden Eigenschaften wurden Ersatzmittel gesucht, die man ebenfalls als Streupulver verwenden konnte. Diese sollten geruchlos sein, da die Behandlung mit Jodoform in der Privatpraxis trotz der großen Erfolge auf den größten Widerstand stieß, weil die Patienten durch den Geruch geradezu stigmatisiert wurden. Bei der großen Angewöhnung der Ärzte an das gelbe Jodoform ist es klar, daß sie unter sonst gleichen Umständen einen gelben Körper, an den sie schon gewöhnt waren, vorziehen werden. Während für die äußere Verwendung die organische

[1]) DRP. 164 663. [2]) DRP. 172 683, Zusatz zu DRP. 164 663.
[3]) Americ. Journ. of Pharm. Vol. 58, Nr. 12.

Komponente fast gleichgültig ist, liegen bei internem Gebrauche die Verhältnisse ganz anders. Vor allem wird durch den alkalischen Darmsaft Wismut aus der Verbindung abgespalten, anderseits zerlegt auch der, namentlich bei Darmkatarrhen, entwickelte Schwefelwasserstoff die Wismutverbindung, so daß in beiden Fällen die organische Komponente frei wird und zur Wirkung gelangen kann. Während für die Anwendung als Streupulver die organische Komponente nur insofern von Belang ist, als sie für die physikalische Beschaffenheit des Endproduktes Bedeutung hat, muß man bei der Darstellung von Wismutverbindungen für den internen Gebrauch darauf achten, möglichst ungiftige Säuren oder Phenole mit kräftigen, antiseptischen Eigenschaften auch in Form ihrer Alkaliverbindungen in Verwendung zu ziehen. Mag es für die Anwendung auf Wundflächen von Bedeutung sein, ob ein Wasserstoff des Wismutoxydhydrates durch Jod ersetzt ist, so muß man die Bedeutung dieser Jodeinführung für Präparate, die für den internen Gebrauch als Darmadstringenzien bestimmt sind, in Abrede stellen. Anderseits ist es für den internen Gebrauch ungemein wichtig, solche Wismutverbindungen zu haben, die an den sauren Magensaft kein Wismut in Lösung abgeben.

Das erste Präparat, welches als Jodoformersatzmittel dargestellt wurde, das basisch-gallussaure Wismut (Dermatol), hat seine ausgebreitete Anwendung und Beliebtheit nicht etwa seinen großen Vorzügen vor allen später dargestellten Wismutpräparaten zu verdanken, sondern vielmehr dem Umstande, daß es schwer ist, Ärzte für eine ganz neue Anwendung eines Jahrhunderte lang bekannten und für andere Zwecke bewährten Heilmittels zu begeistern. Es liegt in der Natur der Sache, daß ein neues Präparat, welches von Fabrikanten mit großer Reklame getrieben wird, auch bei ganz gleichen Eigenschaften über das altbekannte Magisterium Bismuthi obsiegen mußte, welches zu poussieren niemand ein großes wissenschaftliches oder pekuniäres Interesse hatte, und nur diese zwei Triebfedern kommen für die literarische Empfehlung der Heilmittel in Betracht. Zudem hat Dermatol[1]) die sehr bestechende Eigenschaft, als geruchloses, aber gelbes Jodoform-Ersatzmittel aufzutreten.

Die Darstellung[2]) dieses Körpers geschieht in der Weise, daß man entweder eine alkoholische Lösung von Gallussäure mit einer sauren Lösung von salpetersaurem Wismut zusammenbringt und allmählich neutralisiert, oder daß man ein wasserlösliches Salz der Gallussäure mit einer sauren Lösung von salpetersaurem Wismut mischt und hierauf neutralisiert.

Die dem Tannin sehr nahestehende Gallussäure äußert im Darme ebenfalls eine Wirkung ähnlich wie Tannin (s. d.). Dermatol ist gelb, ungiftig, reizlos, geruchlos, beständig und sterilisierbar, kurz das Ideal eines unschädlichen Wundstreupulvers mit mehr mechanischen als chemischen Wirkungen[3]).

Als ohnmächtiger Konkurrent zu diesem trat das basisch-gallussulfosaure Wismut[4]) auf mit der Prätention, daß Gallussulfosäure stärker antiseptisch wirke als Gallussäure, was wohl für diese Zwecke von keiner Bedeutung ist, da es sich hier nur um die Wirkung des gallussulfosauren Natrons im Darme handeln kann, welche sicherlich hinter den Wirkungen des gallussauren Natrons zurückstehen muß, da es ferner hier nicht so auf die antiseptische Wirkung, als vielmehr auf die adstringierende ankommt.

Die Darstellung dieses Präparates, welches keine praktische Anwendung gefunden hat, geschieht in der Weise, daß man getrocknete Gallussäure in die fünffache Menge rauchender Schwefelsäure mit 25% Anhydrid einrührt und die Temperatur nicht über 50°

[1]) Heinz und Liebrecht, Berliner klin. Wochenschr. **1891**, 584 und 744.
[2]) Versagte DRP.-Anm. 5335. [3]) Berliner klin. Wochenschr. **1891**, Nr. 27.
[4]) DRP. 74 602.

steigen läßt, hierauf in Eiswasser eingießt. Durch Einwirkung der gebildeten Gallussulfosäure auf Wismuthydrat erhält man ebenfalls ein unlösliches, gelbes Pulver.

Statt nun Gallussäure zu verwenden, wurde auch Methylendigallussäure mit Wismut in Kombination gebracht, um so einen Körper, der die Wirkung des Formaldehyds der Gallussäure mit denen der basischen Wismutsalze verbindet, zu erhalten. Diese Substanz wurde unter dem Namen Bismal für den inneren Gebrauch empfohlen.

Zur Darstellung läßt man Methylendigallussäure in Gegenwart von Wasser bei mäßiger Temperatur auf Wismuthydroxyd einwirken[1]).

Das erhaltene voluminöse Pulver hat eine graublaue Farbe, was wohl die größere Anwendung dieser Substanz geschädigt haben mag. Die Zusammensetzung des Bismals ergibt, daß bei dieser Reaktion vier Moleküle Säure mit drei Molekülen Wismut in Verbindung getreten sind. Auch Mono- und Dibromgallussäureverbindungen des Wismuts wurden überflüssigerweise versucht[2]).

Wismuttannat, welches in seiner Zusammensetzung dem Ditannat nahekommt, erhält man, indem man normales Wismutsalz mit Tannin und Soda umsetzt und das ausgeschiedene Produkt mit Wasser auswäscht und bei niederer Temperatur trocknet[3]).

Heyden, Radebeul, stellen eine Wismuttanninverbindung, welche in ihrer Zusammensetzung dem Wismutditannat nahekommt, in der Weise her, daß sie eine wässerige Tanninlösung mit der Lösung eines Wismutsalzes, im Verhältnis von 2 Mol. Tannin zu 1 Mol. Wismutsalz, bei gewöhnlicher Temperatur behandeln[4]).

Zu erwähnen sind noch folgende Verbindungen, die aber nur kurze Zeit in Verwendung standen:

Phenylschwefelsaures Wismut. Da phenylschwefelsaures Alkali im Darme keine antiseptische Wirkung auslösen kann, so kann phenylschwefelsaures Wismut keinerlei Vorzüge vor dem Magisterium besitzen.

Wismuttrisalicylat ist überhaupt nicht existenzfähig. Bei Umsetzung einzelner Wismutsalze mit salicylsaurem Natrium erhält man nicht Tri-, sondern Wismutdisalicylat (auf 1 Atom Wismut 2 Mol. Salicylsäure) und freie Salicylsäure, die sich durch indifferente Lösungsmittel in der Kälte oder durch vorsichtiges Neutralisieren weglösen läßt, beim Auskochen hingegen erhält man Wismutmonosalicylat. Das eine Molekül Salicylsäure ist sehr leicht abspaltbar. Wismutdisalicylat stellt man her durch Umsetzen von normalem Wismutsalz mit salicylsaurem Salz, und zwar durch vorsichtiges Neutralisieren oder durch Behandlung mit Alkoholäther. Es wird z. B. Wismutnitrat mit salicylsaurem Natron umgesetzt, mit Ammoniak gerade neutralisiert, mit kaltem Wasser ausgewaschen und bei gewöhnlicher Temperatur getrocknet[5]).

Gastrosan ist Bismutum bisalicylicum. Die Hälfte der Salicylsäure spaltet sich schon im Magen ab.

Ebenso zwecklos wie die Kombination des Wismuts mit Salicylsäure (salicylsaures Wismut), da ja Salicylsäure als Alkalisalz im Darme doch gar keine lokale Wirkung ausüben kann, ist die Kombination des Wismuts mit der Dithiosalicylsäure (Wismutdithiosalicylat) als Darmantisepticum. Als Wundstreupulver und Jodoformersatzmittel mag es ja analoge Wirkung wie jedes andere Wismutpräparat haben. Es ist ein graugelbes, geruch- und geschmackloses voluminöses Pulver, Thioform genannt[6]).

Die Darstellung geschieht durch Einwirkung der Dithiosalicylsäure bzw. des Gemenges der beiden isomeren Dithiosalicylsäuren auf Wismutoxydhydrat.

Jodsalicylsaures Wismut wird Jodybin genannt[7]).

Zu den basischen Säurewismutverbindungen gehört auch Loretinwismut (s. Loretin).

---

[1]) DRP. 87 099. [2]) DRP.-Anm. F. 10 712 (zurückgezogen).
[3]) Heyden, Radebeul, DRP. 172 933. [4]) Heyden, Radebeul, DRP. 202 244.
[5]) Heyden, Radebeul, DRP. 168 408. [6]) Therap. Monatshefte 8, 164.
[7]) Eugen Israel, Mediz. Woche 1902, 139.

Um den Übelstand zu vermeiden, daß die als Darmantiseptica verwendeten Wismutsalze im Magen giftiges Chlorwismut bilden, wurde folgendes Verfahren eingeschlagen. Die Doppelsalze des Wismuts, z. B. mit Milchsäure und Tannin oder Gallussäure, erwiesen sich als erheblich widerstandsfähiger gegen verdünnte Säuren als die einfachen basischen Salze. Solche Verbindungen sind z. B. die Monolactoditannate und die Dilactomonotannate des Wismuts, sowie deren basische Salze.

Wismutdilactomonotannat wird Lactanin genannt.

Man erhält sie durch Fällen von trimilchsaurem Wismut mit der theoretischen Menge Gerbsäure. Man kann entweder Wismuthydroxyd in Milchsäure zu einem Lactat auflösen und dieses mit Gerbsäure behandeln oder aber umgekehrt, z. B. basisch gerbsaures Wismut mit Milchsäure[1]).

Zu erwähnen wäre noch Hetoform (zimtsaures Wismut von der Zusammensetzung $Bi(C_9H_7O_2)_3 \cdot Bi_2O_3$), ein weißes, zimtartig riechendes Pulver, welches durch Wechselumsetzung von Wismutnitrat und zimtsaurem Natron gewonnen wird.

Eine weitere Gruppe von Wismutpräparaten, die ebenfalls als basische Salze von organischen Säuren und Wismut anzusehen sind, sind Körper, in denen Jod statt eines Wasserstoffes des Metallhydroxydes enthalten ist, um auch die Jodwirkung, welche ja beim Jodoform so vorteilhaft zur Geltung kommt, diesen Präparaten zu verleihen. Das wichtigste Präparat und auch das zuerst dargestellte dieser Gruppe ist das basisch gallussaure Wismutoxyjodid, unter dem Namen Airol mit mächtiger Reklame getrieben, obwohl es nicht besser und nicht schlechter als die anderen Wismutpräparate als Jodoformersatzmittel war. Chemisch ist es als Dermatol anzusehen, in welches ein Halogenatom, und zwar Jod, eingetreten ist. Es ist graugrünes, geruch- und geschmackloses Pulver, welches den Vorzug besitzt, lichtbeständig zu sein. Es muß als viel weniger giftig als Jodoform angesehen werden. Seine Giftigkeit ist jedoch noch größer als die des Dermatols, was wohl auf die Jodwirkung zu beziehen ist. Dasselbe Präparat wurde von anderer Seite auch unter dem Namen Airoform eingeführt[2]).

Die Darstellung kann auf zweierlei Wiese erfolgen[3]). Man läßt verdünnte Jodwasserstoffsäure auf Dermatol in der Weise einwirken, bis die gelbe Farbe in eine graugrüne übergegangen ist, hierbei tritt Jod in das Wismuthydroxyd und nicht in den Gallussäurerest ein[4]); oder man läßt Gallussäure auf Wismutoxyjodid einwirken und erwärmt das Ganze, bis die rote Farbe vollständig in dunkel-graugrün übergegangen ist. Man kann auch die Einwirkung der Gallussäure auf das Wismutoxyjodid in statu nascendi des letzteren vornehmen. Zu einer Lösung von Jodkalium und Gallussäure läßt man eine Lösung von Wismuthydrat und essigsaurem Natron einfließen und erwärmt, bis der entstandene Niederschlag graugrün wird.

Auch vom Gallussäuremethylester ausgehend, wurde Jodgallicinwismut, welches dem Airol gleichwertig ist, dargestellt.

Durch Behandlung von Gallocarbonsäure mit Wismutoxyjodid oder von basisch gallocarbonsaurem Wismut mit Jodwasserstoffsäure gelangt man zu antiseptisch-adstringierenden Verbindungen.

Vom Tannin ausgehend, wurden, wie von der Gallussäure, ebenfalls Verbindungen mit Wismutoxyjodid erhalten[5]). Ihre Darstellung wurde durch den Umstand entschuldigt, daß man bei der Herstellung von Verbandgaze, die mit Airol imprägniert werden soll, auf große Schwierigkeiten stößt, während die Wismutoxyjodidlacke des Tannins durch ihre physikalische Beschaffenheit sich für diesen Zweck gut eignen sollen. Doch hat diese Modifikation bei der großen Überfüllung des Marktes mit ähnlichen Präparaten keinen Anklang gefunden. Bei der Einwirkung von Tannin auf Wismutoxyjodid oder bei der Darstellung dieser Verbindung aus frisch entstehendem Wismutoxyjodid können sich

---

[1]) DRP. 113 128. [2]) Korrespondenzbl. f. Schweiz. Ärzte **1900**, Nr. 1.
[3]) DRP. 80 399. [4]) DRP. 82 593. [5]) Bayer, DRP. 295 988.

drei Körper bilden, die einen verschiedenen Gehalt an Wismut und Jod zeigen. Die für therapeutische Zwecke empfohlene Substanz erweist sich als ein Gemenge der drei folgenden Wismutoxyjodidlacke[1]):

I: $C_6H_2(-O-,-O->BiJ)(OH)-CO-O-C_6H_2(OH)(OH)(COOH)$

II: $C_6H_2(-O-,-O->BiJ)(OH)-CO-O-C_6H_3(-O-,-O->BiJ)(COOH)$

III: $C_6H_2(-O-,-O->BiJ)(OH)-CO-O-C_6H_2(-O-,-O->BiOH)(COOH)$

Wismutoxyjodidagaricinat[2]), wegen der antihydrotischen Eigenschaften der Agaricinsäure dargestellt, entsteht durch Einwirkung von Jodwasserstoff auf einfach basisch agarinsaures Wismut oder Wismutoxyjodid auf Agaricinsäure resp. Alkaliagaricinate.

Da Tetrajodphenolphthalein zwei freie Hydroxyle hat, so gelingt es leicht, durch Umsetzen des Natronsalzes des Tetrajodphenolphthaleins mit löslichen Salzen der Schwermetalle zu den Tetrajodphenolphthalein-Metallverbindungen zu gelangen, in denen die Wasserstoffe der Hydroxylgruppen durch Metall ersetzt sind[3]). Es wurden von solchen Verbindungen das Zinksalz, das Eisensalz, das Quecksilber- und Wismutsalz dargestellt. Letzteres kann man in zwei Modifikationen erhalten: als neutrales Wismutsalz

$$\left(C_6H_4\left\langle\begin{matrix} C\left\langle\begin{matrix} C_6H_2J_2O \\ C_6H_2J_2O \end{matrix}\right. \\ CO - O \end{matrix}\right.\right)_3 Bi_2$$

und als basisches Salz

$$C_6H_4\left\langle\begin{matrix} C\left\langle\begin{matrix} C_6H_2J_2O \\ C_6H_2J_2O \end{matrix}\right\rangle Bi(OH) \\ CO - O \end{matrix}\right.$$

Letzteres wurde unter dem Namen Eudoxin in die Therapie eingeführt, konnte sich aber nicht behaupten, trotzdem ihm ja, wie allen basischen Wismutverbindungen, die diesen eigentümlichen therapeutischen Eigenschaften zukommen müssen (s. S. 650). Der hohe Preis dieser Verbindungen dürfte neben der Übersättigung des Marktes mit ähnlichen Präparaten der Verbreitung im Wege gestanden sein.

Die therapeutischen Eigenschaften aller dieser Verbindungen beruhen, wie wir wiederholt erwähnt haben, auf der Gegenwart von Wismut, bei den Oxyjodidverbindungen auch noch auf der Abspaltung der Jodkomponente.

Man erzielt aber keinen Vorteil, wenn man auch Halogen in die organischen Säuren einführt. Ein solches Präparat wurde durch Einwirkung von Mono- und Dibromgallussäure auf Wismutoxyjodid in der Wärme erhalten.

Während die Einführung von organischen Säuren in die Wismutverbindung für deren antiseptische Wirkung, namentlich im Darme, aus dem Grunde gleichgültig ist, weil diese Säuren in alkalischer Lösung keineswegs gärungshemmend wirken, erweist es sich als von Vorteil, Wismut mit Phenolen zu kombinieren, die auch in alkalischer Lösung antizymotische Fähigkeiten besitzen.

Von Bedeutung ist bei der Auswahl der mit dem Wismut zu kombinierenden Phenole neben der antiseptischen Kraft derselben noch die Größe ihrer Giftigkeit. Die Wismutphenolate üben in vitro keine abtötende Wirkung auf Fäulnisbakterien aus, sie hemmen sie in ihrer Wirkung nur wenig. (Ähnlich verhält sich auch Jodoform.) Durch den Magensaft bzw. durch die Salzsäure desselben wird nur wenig Wismut als Chlorwismut abgespalten, so daß diese Ver-

[1]) DRP. 101 776. [2]) Riedel, Berlin, DRP. 138 713. [3]) DRP. 87 785.

bindungen nahezu unzersetzt in den Dünndarm gelangen, wo sie langsam in ihre beiden Komponenten gespalten werden. Alle diese Verbindungen erweisen sich als sehr wirksam bei akuten und chronischen Magen- und Darmbeschwerden. Dargestellt wurden in dieser Reihe Phenolwismut, m-Kresolwismut und β-Naphtholwismut[1]). Das letztere wurde unter dem Namen Orphol eine kurze Zeit als Antisepticum und als Adstringens benützt. Wie alle Körper dieser Reihe ist es geschmacklos. Auch vom Pyrogallol, welches sich durch seine stark reduzierenden Eigenschaften, namentlich in alkalischer Lösung auszeichnet, wurde eine nicht giftige Wismutverbindung dargestellt. Ebenso wurde eine Wismutoxyjodidverbindung des Pyrogallols ganz analog nach dem zur Gewinnung des Airols empfohlenen Verfahren erhalten[2]). Auch das Oxypyrogallol genannte, aus Pyrogallol durch Einwirkung von atmosphärischer Luft und Ammoniak erhaltene Oxydationsprodukt wurde zur Darstellung einer Wismutoxyjodidverbindung benützt, ohne daß diese je Verwendung gefunden hätte.

Das Wismutsalz der Gallussulfosäure besitzt keine nennenswerten adstringierenden Wirkungen, hingegen aber das basische Wismutsalz der Gallocarbonsäure. Man läßt Gallocarbonsäure auf saure Lösungen von Wismutsalzen oder auf Wismuthydroxyd einwirken[3]).

Läßt man auf Wismuthydroxyd oder basische Wismutsalze Gallocarbonsäure bei Gegenwart von Alkali einwirken, so erhält man basisch gallocarbonsaures Wismut[4]).

Man erhält Jod und Wismut enthaltende Verbindungen der Oxychinoline und ihrer Kernhomologen und Substitutionsprodukte, wenn man auf letztere Wismutoxyjodid einwirken läßt. Beschrieben sind die Verbindungen von 8-Oxychinolin, 5-Brom-8-oxychinolin, 5-Methyl-8-oxychinolin, 5-Methyl-7-jod-8-oxychinolin, 6-Oxychinolin, 5-Brom-6-oxychinolin, 7-Oxychinolin, 5.7-Dibrom-8-oxychinolin[5]).

Einfacher erhält man diese Verbindungen, wenn man auf die Wismutverbindungen der Oxychinoline Jodwasserstoff oder auf die jodwasserstoffsauren Salze der Oxychinoline Wismutverbindungen einwirken läßt[6]).

Die Einführung von Halogen in die organischen Säuren, die man mit Wismut kombiniert, ist aus dem Grunde zwecklos, weil die halogensubstituierten organischen Säuren in ihren Alkalisalzen ebensowenig antiseptisch wirken können als die halogenfreien Salze. Anders verhält es sich hingegen bei Verwendung von Phenolen; da diese auch in alkalischer Lösung ihre antiputride Wirkung ausüben, so werden diese Verbindungen stärker wirken, wenn Halogen in die Phenole substituiert wird, da ja die antiseptische Kraft der Phenole durch Ersatz von Kernwasserstoffen durch Halogen erhöht wird. Aus diesem Grunde wurde Tribromphenol $C_6H_2Br_3 \cdot OH$, welches viel stärker wirkt als Phenol, mit dem Wismut kombiniert. Tribromphenolwismut wurde zuerst nur als Darmantisepticum verwendet. Es war ja das kurze Zeit geheimgehaltene Mittel, welches bei der großen Hamburger Choleraepidemie versucht wurde[7]). Erst später wurde es unter dem Namen Xeroform als Wundantisepticum empfohlen. Wie Dermatol hat es den Vorzug, gelb gefärbt zu sein. Es ist lichtbeständig, nicht giftig und reizlos.

Die Herstellung des Tibromphenolwismuts erfolgt durch Wechselwirkung von Tribromphenolalkali und Wismutsalzen[8]).

Tribrombrenzcatechin erhält man durch Behandlung von Brenzcatechin mit Brom im Verhältnis von 1 : 3 Mol. unter Ausschluß des Arbeitens in essigsaurer Lösung[9]). Die Darstellung von Wismutsalzen des Tribrombrenzcatechins geschieht durch Umsetzung in alkalischer Lösung[10]).

---

[1]) Arch. biol. St. Petersburg **1893**, 247. [2]) DRP. 94 287, 100 419.
[3]) Bayer, DRP. 268 932. [4]) Bayer, DRP. 276 072, Zusatz zu DRP. 268 932.
[5]) Bayer, DRP. 282 455. [6]) Bayer, DRP. 283 825, Zusatz zu DRP. 282 455.
[7]) Hueppe, Berliner klin. Wochenschr. **1893**, 162. [8]) DRP. 78 889.
[9]) Heyden, DRP. 215 337. [10]) DRP. 207 444.

Zu erwähnen ist noch, daß auch vom Chinolinrhodanat[1]), welches Edinger[2]) empfohlen, eine Wismutverbindung, Krurin benannt, ein grobkörniges, rotgelbes Pulver, als Arzneimittel eingeführt wurde; während die Wismutverbindungen sonst ganz reizlos sind, erzeugte dieses Präparat merkwürdigerweise nach der Applikation Schmerzgefühl[3]).

Für innere Anwendung wurde Wismut auch mit Eiweißkörpern kombiniert. Von solchen Präparaten wurden zwei dargestellt: Wismutalbuminat, Bismutose genannt[4]), und Wismutpeptonat[5]).

Wismutalbuminat wird durch Behandeln mit Formaldehyd in Formaldehyd-Eiweißwismut verwandelt.

A. Busch, Braunschweig, stellt ein im Magensaft schwer lösliches Jodwismut-Eiweißpräparat her durch Fällung von Eiweißkörpern mit Kaliumwismutjodid und Erhitzen des Niederschlages für sich oder in Gegenwart von Toluol oder Xylol auf Temperaturen von 100—130°[6]).

Das im DRP. 177 109 beschriebene Präparat wird in wässeriger Suspension zur Verminderung der Fällbarkeit mit Formaldehyd behandelt oder die Vorbehandlung mit Formaldehyd an dem frisch gefällten Niederschlag vorgenommen[7]).

Saure Metallsalze des Guajacols und dessen Homologen erhält man, wenn man die Lösung oder Suspension des betreffenden Phenoläthers in überschüssiger Salzsäure oder Essigsäure mit anorganischen Metallsalzlösungen in der Wärme vermischt, alsdann die überschüssige Säure im Vakuum abdestilliert, den noch heißen Rückstand in Alkohol aufnimmt und das betreffende saure Salz gegebenen Falles nach dem Abstumpfen noch vorhandener Säure mit Alkalien durch Zusatz von Wasser ausfällt[8]).

In der angegebenen Weise lassen sich fast alle basischen Metalloxyde an einen Überschuß von Guajacol und dessen Homologen (Kreosole, Kreosot) binden. Wegen ihrer therapeutischen Wirkung kommen hauptsächlich das Wismutsalz $(OH \cdot C_6H_4 \cdot OCH_3)_2$ $(OCH_3 \cdot C_6H_4 \cdot O)_3Bi$, das Bleisalz $OH \cdot C_6H_4 \cdot OCH_3(OCH_3)(OCH_3)(OCH_3)(C_6H_4O)_2Pb$, das Magnesiumsalz $(OH \cdot C_6H_4 \cdot OCH_3)(OCH_3 \cdot C_6H_4 \cdot O)_2Mg$, und das Calciumsalz $(OH \cdot C_6H_4 \cdot OCH_3)(OCH_3 \cdot C_6H_4 \cdot O)_2Ca$ in Betracht.

Schering, Berlin[9]) stellen wasserlösliche Cerproteinverbindungen her, indem sie unlösliche Cerproteinverbindungen mit Albumosen behandeln. Man fällt Eiweiß mit Cernitrat und trägt dann den Niederschlag in eine 30 proz. Albumoselösung ein und digeriert.

Quecksilberverbindungen.

Die ungemein verbreitete Anwendung der Quecksilberpräparate bei der Behandlung der Syphilis und als Antiseptica hat die synthetische Chemie besonders vor zwei Aufgaben gestellt. Einerseits handelte es sich darum, ein Präparat zu schaffen, welches leicht löslich, subcutan oder intramuskulär sich injizieren läßt, ohne eiweißfällend (ätzend) zu wirken (bei Injektion der meisten Quecksilberverbindungen treten wohl durch die ätzende Wirkung der Präparate manchmal starke Schmerzen auf) und welches womöglich langsamer ausgeschieden wird als Sublimat, das den Organismus rasch verläßt und dabei wie alle leicht ionisierbaren Quecksilberpräparate an der Austrittsstelle im Dickdarm infolge der höheren Ionenkonzentration zu schweren Geschwürsbildungen Veranlassung gibt. Andererseits hat sich bei der Verwendung des Sublimats, welches ja eines der kräftigsten antiseptischen Mittel überhaupt ist und dabei auch als das billigste sich erweist, in der Chirurgie der Übelstand gezeigt, daß Sublimat ohne Kochsalz in Wasser sich nur langsam und schwer

---

[1]) DRP. 80 768, 86 148, 86 251. [2]) Deutsche med. Wochenschr. **1895**, Nr. 24.
[3]) Therap. Monatshefte **1898**, 445. [4]) Presse méd. **1900**, 289. — DRP. 117 269.
[5]) Kalle, Biebrich, DRP. 150 201. [6]) DRP. 177 109.
[7]) DRP. 189 478, Zusatz zu DRP. 177 109.
[8]) Johannes Potratz, Lübbenau, DRP. 237 019. [9]) DRP. 227 322.

löst, daher man nicht rasch genug Lösungen dieser Substanz herstellen kann. Diesen Lösungen haftet aber der Fehler an, daß man im Gegensatze zur Carbolsäure und ähnlichen organischen Desinfektionsmitteln keine Metallinstrumente in ihnen sterilisieren kann, weil Sublimat sofort unter Abscheidung von metallischem Quecksilber reduziert wird. Es bestand nun die Aufgabe darin, ein Präparat zu schaffen, welches durch Metalle aus seinen Lösungen nicht reduziert werden kann und mit dieser Eigenschaft womöglich die andere verbindet, in Wasser prompt und leicht löslich zu sein.

Trotz der zahlreichsten Versuche dieser Art kann man nicht behaupten, daß diese beiden Probleme in allgemein zufriedenstellender Weise gelöst worden wären. Keines der vielen für diese Zwecke vorgeschlagenen Präparate konnte trotz der größten Bemühung seitens der Darsteller eine allgemeine Anwendung erhalten. Die meisten führten nur ein ephemeres Dasein. Alle Versuche dieser Art hier anzuführen, ist wohl nicht die Aufgabe dieses Buches. Wir werden uns nur bemühen, an einer Reihe von ausgewählten Beispielen die Richtung zu zeigen, in denen die mehr oder weniger erfolglosen Versuche, dem Problem nahezukommen, sich entwickelt haben, um so jeden künftigen Synthetiker auf diesem Gebiete abzuhalten, die bereits erfolglos gewandelten Bahnen mit gleichem Mißerfolge wiederholt zu betreten, wie es ja in Unkenntnis des wahren Sachverhaltes auf den verschiedensten Gebieten der Arzneimittelsynthese sehr häufig geschieht.

Anscheinend war man dem Probleme, wasserlösliche Quecksilberverbindungen, die, ohne ätzend zu wirken, injizierbar sind, in dem Momente sehr nahe getreten, als die Darstellung des kolloidalen, wasserlöslichen Quecksilbers gelungen war[1]). Beruht ja doch der schmerzhafte Effekt der Injektionen von Quecksilberpräparaten insbesondere darauf, daß die Quecksilbersalze fällende Eigenschaften auf Eiweißkörper zeigen, und so zu entzündlichen Reizungen an der Injektionsstelle Veranlassung geben.

Das wasserlösliche Quecksilber, Hyrgol genannt, erhält man, wenn man Quecksilbersalze, z. B. Quecksilberoxydulnitrat, mit salpetersaurem Zinnoxyd reduziert und die entstandene dunkle Lösung mit einer Lösung von citronensaurem Ammoniak versetzt, worauf das gelöste kolloidale Quecksilber als schwarze Masse ausfällt.

Diese Masse gibt mit Wasser eine dunkle, stark fluorescierende Lösung. Aber die Lösungen des kolloidalen Quecksilbers haben den großen Nachteil, daß sie Spuren von Citronensäure und von Zinn enthalten, ferner setzen sie beim Stehen fortwährend einen Schlamm von feinst verteiltem metallischen Quecksilber ab, so daß der Gehalt der Lösung Schwankungen ausgesetzt ist[2]). Über den therapeutischen Wert des wasserlöslichen Quecksilbers kann man gegenwärtig wohl noch kein abschließendes Urteil fällen[3]). Man hat nach verschiedenen Methoden kolloidales Quecksilber dargestellt, ohne daß dieses Präparat trotz größerer Reinheit sich in die Therapie gut eingeführt hätte.

Werden gewisse Kolloide, wie Gelatine, Gummi usw. in Lösungen mit Pyrogallol, Brenzcatechin, Hydrochinon, Aminophenolen gemischt, und gibt man dieser Mischung Quecksilbersalze, wie Sublimat, zu, so entstehen weiße bis gelbe Niederschläge, die durch Zusatz von Alkohol noch vermehrt werden können. Setzt man diesen Suspensionen Alkali zu, so erfolgt momentan Reduktion und das Quecksilber gelangt in kolloidaler Form zur Abscheidung. Es lassen sich so feste Hydrosole des Quecksilbers mit 80% Hg-Gehalt erhalten. Wird kein Reduktionsmittel zugegeben, so erhält man Quecksilberoxyd als Hydrosol[4]).

---

[1]) Lottermoser, Journ. f. prakt. Chemie **57**, 484 (1898).
[2]) Höhnel, Pharmaz. Ztg. **1898**, 868.
[3]) Werler, Berliner klin. Wochenschr. **1898**, 937. [4]) Kalle, DRP. 286 414.

Lutosargin ist kolloidales Quecksilberjodid.

Die Quecksilberverbindungen für Injektionen lassen sich in mehrere Gruppen trennen: Verbindungen, in denen Quecksilber den Hydroxylwasserstoff in Phenolen oder Kernwasserstoff ersetzt oder Wasserstoff von basischen Resten und in Quecksilbersalze verschiedener organischer Säuren, die als solche keine so ätzenden Eigenschaften wie Sublimat besitzen sollen. An diese Gruppe schließt sich die Darstellung von den verschiedensten Eiweißverbindungen des Quecksilbers an, von der sehr richtigen Voraussetzung ausgehend, daß solche Präparate die geringste Ätzwirkung haben müssen.

Die Verbindungen des Quecksilbers mit Phenolen erhält man, wenn man in eine saure Lösung von salpetersaurem Quecksilberoxyd eine alkalische Lösung eines Phenols einträgt. Es kristallisiert dann eine Doppelverbindung von Phenolquecksilber mit Quecksilbernitrat heraus. Man kann auch das Verfahren in der Weise modifizieren, daß man die warme, saure Lösung von salpetersaurem Quecksilberoxyd in eine alkoholische Lösung von Phenol gibt, wobei man dasselbe Produkt erhält[1]).

Nach diesem Verfahren wurden die Quecksilberverbindungen des Phenols, Resorcins, Naphthols, Tribromphenols, des Phloroglucins und des Thymols dargestellt, die alle in Säuren, mit Ausnahme der Thymolverbindung, leicht löslich sind, aber deren Salze auch alle sich leicht zersetzen[2]).

Die therapeutische Prüfung der Resorcin- und der Naphtholverbindungen zeigte, daß die Einspritzung der Acetate dieser Substanzen heftige Schmerzen verursacht.

Die drei mercurierten Kresole unterscheiden sich in der Desinfektionskraft. Das m-Derivat wirkt am stärksten. o-Oxyquecksilberphenolnatrium ist dem p-Oxyquecksilberphenolnatrium an Desinfektionswert nicht unerheblich überlegen. Providol (Dioxyquecksilberphenolnatrium) zeigt, daß durch den Eintritt einer zweiten Oxyquecksilbergruppe in den Benzolkern die Desinfektionskraft nicht unerheblich gesteigert wird. Oxyquecksilber-o-chlorphenolnatrium (Upsalan) und Dioxyquecksilberphenolnatrium sind besonders wirksam[3]).

Man erhält im Kern durch Quecksilber substituierte Verbindungen der Halogen-, Nitro- oder Halogennitrophenole, indem man entweder die freien Phenole mit Quecksilberoxyd oder Quecksilbersalzen oder die salzartigen Quecksilberverbindungen der Halogen-, Nitro- oder Halogennitrophenole mit oder ohne Zusatz von Lösungs- oder Verdünnungsmitteln erhitzt. Dargestellt wurden p-Chlorphenylquecksilberoxyd, o-Nitrophenylquecksilberoxyd[4]). Man kann auch Phenole, die andere Substituenten im Kern haben, für dieses Verfahren benützen, z. B. Xylenole oder deren Halogensubstitutionsprodukte, zwei- und mehrwertige Phenole, deren Homologen und Alkyläther. Beschrieben sind Quecksilber-p-xylenol der Formel $C_6H_2(CH_3)_2 \cdot OH \cdot HgO \cdot CO \cdot CH_3$, Quecksilber-kreosol, Quecksilber-pyrogallol-1.3-diäthyläther und Quecksilber-monobrom-p-xylenol[5]).

Thymolquecksilberacetat ist identisch mit dem Thymoldiquecksilberacetat von Dimroth $C_6H(OH)(CH_3)(C_3H_7)(Hg \cdot COCH_3)_2$.

O. Liebreich ersetzte im Formamid den Amidwasserstoff durch Quecksilber und erhielt so Quecksilberformamid

$$\begin{matrix} HCONH \\ HCONH \end{matrix} > Hg$$

Durch die alkalische Reaktion des Blutes soll sich angeblich metallisches Quecksilber im Kreislauf aus der Verbindung abscheiden.

Auch Quecksilberchloridharnstoff wurde in gleicher Richtung versucht.

Diphenylquecksilber $(C_6H_5)_2Hg$ unterscheidet sich von den Phenolaten in seinen Wirkungen sehr wesentlich. Dieser Körper ist äußerst giftig und

[1]) DRP. 48 539. [2]) Therap. Monatshefte 1890, 51, 128.
[3]) Walter Schrauth und Walter Schöller, Zeitschr. f. Hyg. u. Infektionskrankh. 82, 279 (1916). [4]) Bayer, Elberfeld, DRP. 234 851.
[5]) DRP. 250 746, Zusatz zu DRP. 234 851.

eignet sich aus diesem Grunde zu intramuskulären Injektionen nicht, da bei seiner Anwendung, nicht wie bei den Quecksilberphenolaten, Quecksilber langsam vom Organismus aufgenommen wird, indem es sich aus der Verbindung herausspaltet, sondern es kommt beim Diphenylquecksilber erst nach längerer Einverleibung durch Kumulativwirkungen zu sehr schweren Vergiftungserscheinungen. Bei den eigentlichen Quecksilberphenolaten ist das Quecksilber vermittelst Sauerstoff an die organischen Radikale gebunden, daher ist auch ihre Haltbarkeit und ihre Resistenz eine geringere. Diphenylquecksilber ist aber im Organismus viel beständiger, da es nicht dissoziiert, und äußert daher spät, aber dann um so intensiver seine giftige Wirkung. Dieses Verhalten des Diphenylquecksilbers ist identisch mit dem der von Hepp untersuchten Verbindungen: Dimethylquecksilber $(CH_3)_2Hg$ und Diäthylquecksilber $(C_2H_5)_2Hg$. Bei den Versuchen mit diesen Substanzen zeigt es sich, daß infolge der Beständigkeit dieser Verbindungen dem Organismus gegenüber zuerst eine reine Quecksilberäthylwirkung auftritt, später mischen sich die Vergiftungsbilder des Quecksilbers und des Quecksilberäthyls und schließlich kommt erst die reine Quecksilberwirkung zur Geltung. Diäthylquecksilber und Äthylquecksilberchlorid sowie Dimethylquecksilber machen Erscheinungen zentraler Natur und erst nach mehreren Tagen tritt Quecksilber im Harn auf[1]). Nach Hepp bewirkt die scheinbar geringe Giftigkeit und die außerordentliche Länge des Latenzstadiums bei der Vergiftung die größte Gefahr bei der therapeutischen Anwendung dieser Substanzen. Während bei den üblichen Quecksilberbehandlungen das Auftreten bestimmter Symptome, so z. B. der Salivation, Stomatitis, Tenesmus und blutiger Stühle uns anzeigt, daß die Kur zu unterbrechen sei, weil bereits eine Quecksilbervergiftung eintritt, haben wir bei den nicht dissoziierenden organischen Derivaten des Quecksilbers keine Zeichen, welche uns die nahende Gefahr verraten, da erst spät, aber dann um so heftiger, das Vergiftungsbild erscheint. Von diesem Gesichtspunkte aus hält Hepp die Anwendung von nicht dissoziablen Derivaten des Quecksilbers in der Therapie als durchaus verwerflich.

Aromatische Quecksilberverbindungen kann man darstellen, wenn man aromatische Arsenverbindungen, welche dreiwertiges Arsen enthalten, mit Quecksilberoxyd oder Quecksilbersalzen behandelt. Aus Phenylarsenoxyd, welches man in Lauge löst und in das man Sublimat einträgt, erhält man Quecksilberdiphenyl. Aus p-Aminophenylarsenoxyd erhält man Quecksilberanilin. Aus 3-Nitro-4-oxy-phenylarsenoxyd erhält man Quecksilber-bis-nitrophenol usf.[2]).

Bei den Derivaten des Quecksilbers, die sich als Salze von organischen Säuren charakterisieren lassen und die wasserlöslich sind, muß man es den verschiedentlichen Angaben der Erfinder und der Fabrikanten gegenüber strikte betonen, daß die antiseptische Kraft, sowie die Wirkung auf Lues nur auf den Gehalt der Verbindungen an Quecksilber und auf die Dissoziationsfähigkeit zu beziehen ist. Es wurde Quecksilberoxycyanat empfohlen, welches angeblich sechsmal so starkt wirkt wie Sublimat, dabei die Gewebe weniger reizt und die Instrumente nicht angreift. Trotz dieser Angaben hat diese Verbindung in der Therapie kaum ein Eintagsdasein geführt. Viel mehr Erfolg hat man bei der Anwendung von Salzen verschiedener Aminosäuren gesehen. Es wird diesen nachgesagt, daß sie gut löslich sind und reizlos wirken. J. v. Mering hat Glykokollquecksilber $(NH_2 \cdot CH_2 \cdot COO)_2Hg$, Vollert Succinimidquecksilber

$$C_2H_4{<}^{CO}_{CO}{>}N-Hg-N{<}^{CO}_{CO}{>}C_2H_4$$

[1]) B. Hepp, AePP. 23, 91 (1887). [2]) Höchst, DRP. 272 289.

E. Ludwig Asparaginquecksilber $[OOC \cdot C_2H_3(NH_2) \cdot CO(NH_2)]_2Hg$ nach dieser Richtung hin empfohlen. Auch Alaninquecksilber $[CH_3 \cdot CH(NH_2) \cdot COO]_2Hg$ wurde untersucht.

Durch Erhitzen von Tyrosin mit Quecksilberoxyd in wässeriger Lösung erhält man Tyrosinquecksilber, welches sich in Alkalien löst und von Schwefelwasserstoff nicht geschwärzt wird. Es soll völlig reizlos sein[1]).

Die gleiche Verbindung erhält man, wenn man Tyrosin in wässeriger Lösung mit Mercuriacetat erhitzt[2]).

Quecksilberverbindungen des Tyrosins und seiner Derivate erhält man, wenn man Tyrosin oder dessen Derivate bei gewöhnlicher Temperatur in alkalischer Lösung mit Mercuriverbindungen umsetzt. Dargestellt sind die Quecksilberverbindung des p-Oxyphenyläthylamins $C_8H_{10}ONHg$, Quecksilberdijodtyrosin, die Quecksilberverbindung des Tyrosinäthylesters, die Quecksilberverbindung des Tyrosins[3]). Tyrosinquecksilber wird Merlusan genannt.

R. Lüders, Berlin, stellt eine leicht lösliche Quecksilberverbindung durch Behandlung von α-Aminobuttersäure mit Quecksilberoxyd her[4]).

Man erhält aus den unlöslichen oder wenig löslichen Verbindungen des Cystins und seiner Derivate mit Quecksilber, Quecksilberchlorid und Silber komplexe Salze mit amphoterer Reaktion, wenn man diese Verbindungen in Lösungen von Natriumchlorid, Natriumbromid, Natriumrhodanat, Lithiumchlorid löst und die Lösung mit Aceton, Äthyl- oder Methylalkohol oder Äther im Überschusse fällt. Beschrieben sind: Cystinquecksilber-Natriumchlorid, Cystinquecksilber-Natriumbromid, Cystinquecksilber-Lithiumchlorid, Cystinquecksilber-Natriumrhodanat, Cystinquecksilberchlorid-Natriumchlorid, Cystinquecksilberchlorid-Natriumchlorid, Cystinquecksilberchlorid-Natriumbromid[5]).

Von den phenolessigsauren Verbindungen des Quecksilbers ist zu sagen, daß sie meist in Wasser unlöslich und daher nur in Vehikeln injizierbar sind. Alle unlöslichen Quecksilberverbindungen haben bei der Injektion den Nachteil, daß sie unter der Haut oder in einem Muskel abgelagert werden und es von diesem Depot aus zu einer plötzlichen Quecksilberresorption und so zu einer Quecksilbervergiftung kommen kann. Solche Nachteile muß man den Salzen der Benzoesäure, Tribromphenolessigsäure, Resorcinessigsäure usw. nachsagen. Die alkylschwefelsauren Salze, so z. B. äthylschwefelsaures Quecksilber, sind sehr leicht zersetzlich, und durch Wasser wird aus ihnen unlösliches basisches Salz abgespalten.

Cystinal ist Cystinquecksilberchlorid-Chlornatrium. Der Wert dieses Präparates wird angezweifelt.

Die Darstellung einer Quecksilberverbindung der β-Naphtholdisulfosäure R geschieht aus Sublimat und der Säure bei Gegenwart von Alkalicarbonat[8]).

Eine analoge, in Wasser lösliche Verbindung $ClHg \cdot OC_{10}H_6 \cdot SO_3Na$ erhält man aus Schäfferscher Säure resp. deren Natriumsalz ($\beta_1\beta_3$-naphthosulfosaurem Natrium) Sublimat und Soda[9]).

Quecksilberdipropionsäure[6]) und Quecksilberdibenzoesäure[7]) sind völlig ungiftig, denn der Quecksilbergehalt der bikomplexen Säuren resp. ihrer Alkalisalze kommt im Gegensatze zu den Quecksilberdialkylen und -diacylen nicht zur Entfaltung der Giftwirkung, da die Verbindungen schon innerhalb 24 Stunden unzersetzt und vollständig ausgeschieden werden. Die entsprechenden Alkyl- oder Acylverbindungen aber werden in Ermangelung dieser Ausscheidungsmöglichkeit vom Organismus zersetzt und ergeben dann die schweren Giftwirkungen des Metalls.

---

[1]) Bayer, Budapest, DRP. 267 411.
[2]) DRP. 267 412, Zusatz zu DRP. 267 411.
[3]) Hoffmann-Laroche, DRP. 279 957. [4]) DRP. 306 198.
[5]) Bernhard Stuber, DRP. 307 858.
[8]) Akt.-G. f. Anilinfabrik., Berlin, DRP. 143 448.
[9]) Akt.-G. f. Anilinfabrik., Berlin, DRP. 143 726.
[6]) E. Fischer und J. Mering, BB. **40**, 386 (1907).
[7]) Pesci, Chem. Centralblatt **1901**, II, 108.

Große Verbreitung hat die Verwendung des Quecksilbersalicylates gefunden.

Dieser Körper enthält Quecksilber gleichsam larviert, weil es durch Schwefelwasserstoff oder Schwefelammonium nicht gefällt wird. Quecksilber ersetzt in der Salicylsäure sowohl den Carboxyl- als auch Kernwasserstoff. Wenn auch das Präparat an und für sich wasserunlöslich ist, so gibt es doch mit Chloralkalien wasserlösliche Doppelsalze[1]).

Salicylquecksilber ist ein mildes, nicht sehr stark wirkendes, unlösliches Quecksilberpräparat.

Das Hydrargyrum salicylicum ist das in Wasser unlösliche Anhydrid der Oxyquecksilbercarbonsäure[2]).

Man läßt, um zu gut krystallisierenden und leicht zu reinigenden Verbindungen zu kommen, Quecksilberacetat nicht auf die Säuren, sondern auf die Ester aromatischer Carbonsäuren einwirken und unterwirft die so erhaltenen komplexen Quecksilbercarbonsäureester der Verseifung.

So erhält man aus Salicylsäureglykolester und Quecksilberacetat durch dreistündiges Kochen das Acetat des quecksilbersubstituierten Esters, das man mit Lauge verseift, mit Schwefelsäure fällt, wobei sich das Anhydrid der o-Oxyquecksilbersalicylsäure (Hydrargyrum salicylicum) abscheidet. Aus Methylanthranilsäuremethylester erhält man das innere Anhydrid einer Oxyquecksilbermethylanthranilsäure. Aus p-Aminobenzoesäureisobutylester erhält man ebenfalls das entsprechende mercurierte Anhydrid. Aus Phenylglycinäthylester gelangt man zum Anhydrid der Oxyquecksilberphenylaminoessigsäure[3]).

Alkaliphenolate des o-Oxyquecksilbersalicylsäureanhydrids und der sekundären Alkalisalze der o-Quecksilbersalicylsäure in fester Form werden dargestellt, indem man das Quecksilbersalicylat der Pharmakopöe in 1 resp. 2 Mol. wässerigem bzw. alkoholischem Alkali löst und die erhaltene Lösung im Vakuum eindampft oder mit Fällungsmitteln versetzt.

Leicht lösliche Verbindungen des salicylsauren Quecksilberoxyds[4]) werden folgendermaßen dargestellt: Es wurde gefunden, daß nicht nur die gegen Lackmus neutral reagierenden stickstoffhaltigen Körper, wie Säureamide, Harnstoffe, Urethane, Eiweiß usw., sondern auch solche Derivate, die stärker sauren Charakter zeigen, d. h. auf Lackmus mehr oder weniger stark reagieren, befähigt sind, mit den Quecksilbersalicylalkalisalzen beständige Körper zu geben, die neutrale Verbindungen darstellen und beim Einleiten von Kohlensäure verhältnismäßig beständig sind. Hierdurch wird eine größere Haltbarkeit und auch eine günstigere therapeutische Wirkung erzielt. Derartige Verbindungen können in ihrer Konstitution die größte Abweichung zeigen; nur müssen sie eine Imidgruppe neben Resten, die eine Säurenatur bedingen, enthalten. Zu dieser Körperklasse sind Säureamide, Barbitursäuren, Parabansäure, andere Säureureide und deren Derivate zu zählen. Sie zeigen gegen Lackmus mehr oder weniger stark saure Reaktion und bilden alkalisch reagierende Salze. Die Quecksilberverbindungen können in der Weise erhalten werden, daß man das Quecksilbersalicylat als Alkalisalz mit den stickstoffhaltigen Derivaten zusammenbringt oder das freie Salicylat mit den entsprechenden Alkalisalzen reagieren läßt, oder aber das Gemisch des Hydrargyrum salicylicum und der Stickstoffverbindungen mit Alkalien behandelt.

Leicht lösliche Verbindungen des salicylsauren Quecksilberoxyds mit Aminofettsäuren und Alkali werden hergestellt, entweder durch Auflösen des Präparates in den Alkalisalzen der Aminofettsäuren, oder zuerst in Alkalien und nachherigen Zusatz der Aminofettsäure. Beschrieben ist die Verbindung mit Alanin, mit Glykokoll und β-Aminooxybuttersäure. In gleicher Weise kann man leichtlösliche Verbindungen bekommen, wenn man statt Aminosäuren soche stickstoffhaltige Körper verwendet, die bei neutraler Reaktion sauren und basischen Charakter besitzen. Solche Körper sind: Dicyndiamid, Harnstoffe und andere Säureamide, Polypeptide und Albumosen sowie Eiweißkörper, ferner Nucleinsalze und Xanthinbasen[5]).

In dem Verfahren des DRP. 227 391 wird salicylsaures Quecksilberoxyd durch andere Oxyquecksilbercarbonsäuren bzw. ihre Anhydride oder Derivate ersetzt[6]). Von

[1]) Über Wirkungen vgl. Aranjo, Wiener Med. Presse **1888**, 16. — Schadeck, Monatshefte f. prakt. Dermat. **1888**, Nr. 10.

[2]) Schöller und Schrauth, DRP.-Anm. Sch. 30 511 (versagt).

[3]) DRP. 248 291.

[4]) Bayer & Co., Elberfeld, DRP. 227 391.

[5]) DRP. 224 435, 224 864, Zusatz zu DRP. 224 435.

[6]) Bayer & Co., Elberfeld, DRP. 229 574, Zusatz zu DRP. 224 435.

Vertretern dieser Körperklasse sind in der Literatur nur wenige bekannt, wie außer dem salicylsauren Quecksilberoxyd (Oxymercurisalicylsäureanhydrid) die Oxymercuribenzoesäureanhydride[1]). Sie werden entweder durch Erhitzen der entsprechenden Säure mit Quecksilberoxyd in einem beliebigen Lösungsmittel oder durch Erhitzen des Quecksilbersalzes der entsprechenden Säure auf höhere Temperatur erhalten. Diese Oxyquecksilbercarbonsäuren zeigen alle die therapeutisch wichtige Eigenschaft, das Quecksilber im sog. halbgebundenen Zustande zu enthalten, wodurch das Quecksilber nur langsam im Organismus zur Abscheidung gelangt und unerwünschte Nebenwirkungen vermieden werden. Die Doppelverbindung aus Oxymercuribenzoesäureanhydrid und diäthylbarbitursaurem Natrium ist krystallinisch, in Wasser mit neutraler Reaktion sehr leicht löslich, unlöslich in organischen Solventien; sie scheidet die freie Mercurisäure wieder ab.

Das in Wasser, Alkohol und Äther unlösliche Oxymercuri-o-chlorbenzoesäureanhydrid (durch Erhitzen des o-chlorbenzoesauren Quecksilbers auf 140—145° erhalten) gibt mit Glutarsäureimid eine in Wasser leicht lösliche krystallinische Doppelverbindung.

Auch in dem Verfahren des DRP. 224 864 ist das salicylsaure Quecksilberoxyd durch andere Oxyquecksilbercarbonsäuren bzw. ihre Anhydride oder Derivate zu ersetzen. Die Doppelverbindungen aus Quecksilber-m-oxybenzoesäureanhydrid und Acetamid, sowie aus Oxymercuribenzoesäureanhydrid und Coffein sind krystallinisch und in Wasser löslich. Es können auch andere stickstoffhaltige Körper von gleichzeitig basischem und saurem Charakter, wie Harnstoffe, Eiweißkörper, Alkalisalze der Acylaminofettsäuren, wie z. B. acetylaminoessigsaures Natrium, Benzoylalaninkalium usw. Anwendung finden[2]).

Salicylsaures Quecksilberoxyd wird in dem Verfahren des DRP. 224 435 durch andere Oxyquecksilbercarbonsäuren bzw. ihre Anhydride oder Derivate ersetzt. Es gehen z. B. Oxymercuri-m-oxybenzoesäureanhydrid (erhalten durch Kochen von Quecksilberoxyd und m-Oxybenzoesäure) mit Alanin und Oxymercuribenzoesäureanhydrid mit Asparagin unter Zusatz von Alkali leichtlösliche Verbindungen ein[3]).

Azoderivate der Quecksilbersalicylsäure erhält man, wenn man Mercurisalicylsäure in alkalischer Lösung mit aromatischen Diazoverbindungen bei gewöhnlicher Temperatur kuppelt. Durch den Eintritt des Azorestes läßt sich der chemische Charakter beeinflussen, so daß man je nach der angewendeten Azokomponente zu Verbindungen gelangt, leicht löslich in kohlensauren Alkalien oder auch in Wasser[4]).

Dazu kamen noch Versuche, solche mercurierte Verbindungen mit organischen Arsenverbindungen zu kombinieren.

Ein solches Präparat ist das Enesol, der saure Salicylester der Arsensäure, in dem die drei Hydroxylgruppen durch Quecksilber ersetzt sind. Es ist weniger giftig als Salicylquecksilber, auch wenn man den geringeren Quecksilbergehalt in Betracht zieht, und wasserlöslich.

Weitere solche löslich gemachte Salicylquecksilberverbindungen sind Asurol[5]), das Doppelsalz des oxyquecksilbersalicylsauren Natriums mit aminooxyisobuttersaurem Natrium und Embarin, die Sulfoverbindung der Quecksilbersalicylsäure, die ebenfalls leichter löslich ist als Salicylquecksilber.

Salicylquecksilber (CO, OH, Hg, O) selbst ist in Diäthylendiamin (Piperazin) gut löslich.

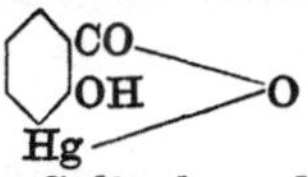

Die Giftigkeit des Salicylquecksilbers ist je nach dem Lösungsmittel different.

Asurol ist am giftigsten, dann folgt die Lösung in Piperazin, während im Embarin und im Enesol die Giftigkeit auch im Verhältnis zum geringeren Quecksilbergehalt erheblich verringert ist.

Reizlose, leicht lösliche Doppelverbindungen aus Oxyquecksilbercarbonsäuren, ihren Anhydriden oder Substitutionsprodukten werden dargestellt, indem die mercurierten Verbindungen mit Ammoniak, Aminen und Aminofettsäuren oder ihren Salzen und ähnlichen

---

1) BB. **35**, 2870 (1902).

2) Bayer & Co., Elberfeld, DRP. 229 575, Zusatz zu DRP. 224 435.

3) Bayer & Co., Elberfeld, DRP. 229 781, Zusatz zu DRP. 224 435.

4) Fahlberg, List & Co., DRP. 300 561.

5) A. Neisser, Therap. Monatshefte **23**, 627 (1909). — W. Schöller und W. Schrauth, ebenda, S. 631.

Substanzen behandelt werden; so wird z. B. eine Verbindung aus Quecksilbersalicylat mit Alanin und Äthylendiamin resp. mit Piperidin und Succinimid sowie die Verbindung aus Oxymercuri-m-oxybenzoesäureanhydrid (aus m-Oxybenzoesäure und Quecksilberoxyd) mit Diäthylbarbitursäure und Piperidin beschrieben[1]).

Novasurol ist eine Verbindung von Asurol (oxymercurichlorphenoxylessigsaures Natrium) mit Diäthylbarbitursäure. Es soll das ungiftigste von den löslichen Quecksilberpräparaten sein. Novasurol und in geringerem Grade Hydrargyrum salicylicum-Injektionen wirken stark diuretisch (auch Kalomel ist ein Diureticum); andere Quecksilberinjektionen zeigen diese Wirkung nicht[2]). Meracetin ist Anhydromercuribrenzcatechinmonoacetsäure.

Nitrooxymercuribenzoesaures Natrium

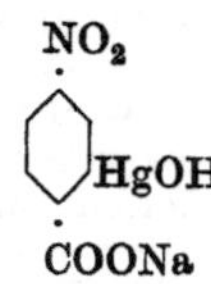

wird zum Teil im Organismus in die Aminoverbindung übergeführt.

Acetylaminomercuribenzoesaures Natrium (Toxynon)

$NH \cdot CO \cdot CH_3$

COO · Na

HgOH

Sowohl die Nitro-, als auch die Acetylaminoverbindung (Toxynon) sind wenig giftig.

Die Toxizität der aromatischen Quecksilberverbindungen differiert erheblich, je nachdem das Quecksilber maskiert ist oder nicht. Die halbmaskierten Verbindungen sind wesentlich giftiger als die ganz maskierten, aber die halbmaskierten Verbindungen scheinen wieder wesentlich ungiftiger zu sein wie die ionisierbaren[3]).

Nach den Untersuchungen von Doehring[4]) besitzt von den gebräuchlichsten unlöslichen Quecksilbersalzen Kalomel die stärkste spirillocide Wirkung; in zweiter Linie kommt Quecksilbersalicyl, an dritter Stelle Mercinol (Oleum cinereum).

Unter dem Namen Hydrargol wurde p-phenolsulfosaures Quecksilber $C_6H_4 \cdot OH \cdot SO_3 \cdot Hg$ empfohlen, welchem die Eigenschaft zukommen soll, keine Eiweißfällung zu erzeugen und die Instrumente nicht anzugreifen, aber dieses Salz ist leicht durch Wasser zersetzbar.

Kolloidallösliche Quecksilberverbindungen der Oxybenzolsulfocarbonsäuren und deren Homologen erhält man durch Mercurierung dieser Sulfocarbonsäuren in saurer Lösung, oder indem man entweder die wässerige Lösung von Oxybenzolsulfocarbonsäuren oder deren Homologen mit Lösungen von Quecksilbersalzen stehen läßt oder erwärmt oder die Sulfocarbonsäuren mit Wasser und einer zur Absättigung der drei sauren Gruppen dieser Säuren unzureichenden Menge Quecksilberoxyd (d. h. weniger als $1^1/_2$ Mol. auf 1 Mol. Oxybenzolsulfocarbonsäure) stehen läßt oder erwärmt oder die in Wasser wenig löslichen oder unlöslichen Quecksilberverbindungen der Oxybenzolsulfocarbonsäuren mit Säuren erwärmt oder Verbindungen bzw. Gemische, die zugleich Quecksilber oder Salicylsäure oder deren Homologen enthalten, mit konz. Schwefelsäure und anschließend mit einer verdünnten Säure stehen läßt oder erwärmt[5]).

---

[1]) Bayer, DRP. 231 092.
[2]) Paul Saxl und Robert Heilig, Wiener klin. Wochenschr. **23**, 942 (1920).
[3]) F. Blumenthal und Kurt Oppenheim, B Z. **57**, 260 (1913).
[4]) Deutsche med. Wochenschr. **41**, 74 (1915).
[5]) Fahlberg, List & Co., DRP. 321 700.

Zu Injektionszwecken geeignete Quecksilberlösungen erhält man unter Anwendung von Succinimid, indem man die in Wasser schwer löslichen Quecksilberverbindungen von Phenolsulfocarbonsäuren, Phenolmono- und Disulfosäuren oder von halogensubstituierten Phenolsulfosäuren in Gegenwart von Succinimid in Wasser gelöst werden. Beschrieben ist die Mercurisulfosalicylsäure (aus 5-Sulfo-2-oxybenzol-1-carbonsäure) und Mercurisulfo-m-kresotinsäure [1]).

Anogon ist das Mercurosalz der Dijod-p-phenolsulfosäure. Es ist ein Antisepticum und Antisyphiliticum. Es wird auch Merjodin genannt.

Das Quecksilberoxydulsalz der Dijodphenol-p-sulfosäure

O—Hg
J J
I
SO_3Hg

erhält man durch Umsetzen von Quecksilberoxydulsalzen mit dijodphenol-p-sulfosauren Salzen [2]).

Quecksilberderivate von Phthaleinen und analogen Verbindungen, wie Succineinen und Sacchareinen erhält man durch Kochen der neutralen Lösungen der Alkalisalze dieser Phthaleine usw. mit einem großen Überschuß eines Mercurisalzes, insbesondere Quecksilberchlorid.

Dargestellt wurde Quecksilberfluorescein, Quecksilbermethylfluorescein, Quecksilberdibromfluorescein, Quecksilbertetrabromfluorescein, Quecksilbertetrajodfluorescein, Quecksilberphenolphthalein, Quecksilbertetrajodphenolphthalein, Quecksilberhydrochinonphthalein, Quecksilberoxyhydrochinonphthalein, Quecksilberresorcinsuccinein, Quecksilberkresorcinsuccinein und Quecksilberresorcinsaccharein [3]).

Mercurochrom ist Dibromfluoresceinquecksilber.

Ferner wurden von Lumière und Chevrottier organische Quecksilberverbindungen durch Behandlung alkalischer Lösungen von Phenoldisulfosäure mit Quecksilberoxyd in äquimolekularen Mengen dargestellt, welche leicht löslich sind, Quecksilber larviert enthalten, Eiweiß nicht fällen und die Haut nicht ätzen [4]). Sie werden Hermophenyl genannt, enthalten 40% Hg und sind in fünf Teilen Wasser löslich.

Die sog. Egole sind Quecksilberkaliumsalze der o-Nitrophenol- resp. Kresol- oder Thymol-p-sulfosäure (Phenegol, Kresegol, Thymegol). Angeblich sind sie ungiftig (?! [5])).

Mercurophen ist Natriumoxymercuri-o- nitrophenolat, es soll auf Staphylokokkus aureaus 50 mal stärker wirken als Sublimat.

Für desinfizierende Quecksilberseifen sind nach Walter Schrauth die oxyquecksilbercarbonsauren Alkalisalze am wirksamsten, da hier scheinbar die Affinität der Oxygruppe zum Quecksilber eine nur geringe ist und infolgedessen die größte Affinität des quecksilberhaltigen Radikals zu den Bakterien besteht. Für die praktische Verarbeitung eignen sich lediglich die Alkalisalze der aromatischen Quecksilbercarbonsäuren, die das Metall im Benzolkern so fest gebunden enthalten, daß auch die stärksten Quecksilberreagenzien keine Ionenreaktion ergeben. Die durch Halogen substituierten Oxyquecksilberbenzoesäuren übertreffen in ihren wirksamsten Gliedern alle bisher gebräuchlichen Desinfektionsmittel. Hermophenyl $(SO_3Na)_2C_6H_2O(Hg)$ besitzt trotz 40% Quecksilber infolge der Gegenwart von drei sauren Gruppen im Benzolkern nahezu keine Desinfektionskraft (siehe oben), hingegen das Afidol, Natriumsalz der Oxyquecksilber-o-toluylsäure [6]).

---

[1]) Chinoin, Pest, DRP. 310 213. [2]) DRP. 245 534.
[3]) Fahlberg, List & Co., DRP. 308 335. [4]) C. r. **132**, 145.
[5]) Gautrelet, C. r. **1899**, II, 113. [6]) Seifensiederzeitung **37**, 1276, 1323 (1910).

Die Alkalisalze von substituierten Oxyquecksilberbenzoesäuren[1]) werden dargestellt, indem man solche substistuierten Säuren, die keinen sauren salzbildenden Substituenten enthalten, mit einem Äquivalent Alkali, und zwar Oxyd, Hydroxyd oder Carbonat, in wässerige Lösung bringt und diese Lösung im Vakuum zur Trockne dampft oder mit organischen Lösungsmitteln abscheidet. Durch Einführung von Halogen-, Alkyl- bzw. Arylgruppen, sowie Oxalkyl- und Stickstoffsubstituenten erfährt die Desinfektionskraft des oxyquecksilberbenzoesauren Natriums eine starke Erhöhung, dagegen wird durch die Einführung salzbildender saurer Gruppen in den Benzolkern, wie Carboxylphenol- oder Sulfogruppen, die Desinfektionskraft stark herabgesetzt. Es wurden dargestellt die Natriumsalze aus Oxyquecksilber-o-toluylsäureanhydrid, Oxyquecksilber-o-chlorbenzoesäureanhydrid, Oxyquecksilber-acetyl-anthranilsäureanhydrid und Oxyquecksilber-p-methoxybenzoesäureanhydrid.

Die Salze der kernsubstituierten Quecksilberverbindungen aus Alkyl-, Halogen- oder Alkylhalogenbenzoesäuren zeigen eine Desinfektionswirkung, die derjenigen von Quecksilberverbindungen, aromatischen Carbonsäuren sowie des Sublimats überlegen ist. Man erhält die Körper durch Umsetzung der entsprechenden Säuren mit Quecksilberoxyd oder Quecksilbersalzen bei höhere Temperatur oder durch Erhitzen der Quecksilbersalze der Toluylsäure oder Halogenbenzoesäure in An- oder Abwesenheit von Verschmelzungs- oder Lösungsmitteln. Beschrieben sind Quecksilber-o-toluylsäure, Quecksilber-o-chlorbenzoesäure und o-jodbenzoesaures Quecksilber[2]).

Man kann auch Derivate der Benzoesäure benützen, welche zwei oder mehrere Alkylgruppen oder Halogenatome oder andere Substituenten im Kern enthalten. Solche Quecksilberverbindungen haben dann höhere Desinfektionskraft als die analogen Produkte des Hauptpatents. Beschrieben sind Quecksilber-1.4-dimethyl-2-benzoesäure, Quecksilbertrimethylbenzoesäure, Quecksilberveratrumsäure (Quecksilber-3.4-dimethoxybenzoesäure), Quecksilber-3.5-dibrombenzoesäure[3]).

Wasserlösliche Alkalisalze von Quecksilberverbindungen der Oxybenzoesulfosäuren und deren Homologen erhält man durch Behandlung der Quecksilberverbindungen der Oxybenzoesulfosäure mit Alkali. Beschrieben sind die Verbindungen der Salicylsulfosäure[4]).

Eine wesentlich größere Beständigkeit als Embarin (mercurisalicylsulfosaures Natrium) haben die Alkalisalze der Mercuri-benzoe-mono- und -polysulfosäuren. Man verwendet zur Darstellung Benzoesulfosäuren an Stelle von Oxybenzoesulfosäuren, und zwar in Form der freien Säure, der sauren oder neutralen Alkalisalze. Beschrieben ist mercuribenzoesulfosaures Dinatriumsalz[5]).

Die Alkalisalze der Quecksilberphenolsulfosäuren des DRP. 132 660, ebenso die der Quecksilberdipropionsäure[6]) enthalten das Quecksilber larviert, aber sie sollen wirkungslos sein.

Schöller und Schrauth[7]) stellen wasserlösliche Präparate aus den Anhydriden der Oxyquecksilbercarbonsäuren dar, indem sie diese in Wasser in einer äquimolekularen Menge solcher Alkalisalze lösen, die wenigstens ein Natriumatom an Schwefel gebunden enthalten, und aus diesen Lösungen das Reaktionsprodukt zur Trockne bringen. Es wird z. B. Oxyquecksilberessigsäureanhydrid in Natriumthiosulfat gelöst; man erhält die Verbindung:

$$S\begin{cases}-S-Hg-CH_2\cdot CHONa\\=O\\=O\\-O\cdot Na\end{cases}$$

oder man löst Oxyquecksilberbenzoesäureanhydrid in Natriumsulfid und erhält

$$S\begin{cases}-Hg\cdot C_6H_4\cdot COONa\\=O\\=O\\-ONa\end{cases}$$

Eine Reihe ungesättigter Carbonsäuren von dem Typus $ACH : CHA_1COOH$, in dem A und A_1 an Kohlenstoff haftende Reste bedeuten, reagieren leicht mit Mercurisalzen in der Weise, daß Körper entstehen, welche an Kohlenstoff komplex gebundenes Quecksilber enthalten. Leicht gelingt es, Quecksilber

[1]) Walter Schrauth und Walter Schöller, DRP. 234 054.
[2]) Bayer - Elberfeld, DRP. 234 914. [3]) DRP. 249 332, Zusatz zu 234 914.
[4]) Heyden, Radebeul, DRP. 216 267. [5]) DRP. 290 210, Zusatz zu 216 267.
[6]) BB. 40, 386 (1907). [7]) DRP. 221 483.

in die Doppelbindung ungesättigter Carbonsäuren einzuführen, wenn man nicht auf die in Wasser gelösten Säuren selbst, sondern auf die entsprechenden Carbonsäureester in alkoholischen Lösungsmitteln Quecksilbersalze einwirken läßt und die komplexen Ester verseift. Man kann auf diese Weise zu mercurierten Fettsäuren und zu mercurierten Lecithinen gelangen. Aus Zimtsäuremethylester erhält man vorerst den mercurierten Ester $C_6H_5 \cdot CHOCH_3 \cdot CH \cdot HgO(OC)CH_3 \cdot COO \cdot CH_3$ in methylalkoholischer Lösung mit Quecksilberacetat. Aus dem Ester kann man mit Zusatz von Halogensalzen die Halogenverbindung, und zwar das Chlorid $C_6H_5 \cdot CHOCH_3 \cdot CH \cdot HgCl \cdot COOCH_3$ und aus dem Acetatester durch Alkali und nachheriges Ansäuern das Anhydrid einer Oxyquecksilbercarbonsäure $C_6H_5 \cdot CHOCH_3 \cdot CH\overline{HgCOO}$ erhalten. Aus oleinsaurem Äthyl erhält man in ähnlicher Weise eine Ölsäure mit 38% Quecksilber, ebenso aus verschiedenen ungesättigten Ketten. Aus Lecithin erhält man ein mercuriertes Lecithin.

Man kann leicht Quecksilber in die Doppelverbindung ungesättigter Carbonsäuren einführen, wenn man nicht auf die in Wasser gelösten Säuren selbst, sondern auf die entsprechenden Carbonsäureester in alkoholischen Lösungsmitteln Quecksilbersalze einwirken läßt und die komplexen Quecksilbercarbonsäureester in der üblichen Weise der Verseifung unterwirft. Beschrieben sind Mercurizimtsäuremethylester, Mercurioleinsäureäthylat, Mercuritriolein, Mercurilecithin [1]).

Statt Carbonsäureester mit offener Kette kann man cyclische ungesättigte Carbonsäuren verwenden. Solche haben an und für sich schon Wirkungen (wie Chaulmugraöl gegen Lepra, Syphilis usw.), das Quecksilber läßt sich aus ihnen leichter abspalten und sie üben eine viel intensivere Quecksilberwirkung aus.

Man löst Quecksilberacetat in Alkohol und rührt Chaulmugrasäureester ein. Man filtriert nach 24 Stunden, destilliert den Alkohol im Vakuum ab, nimmt den Rückstand in Äther auf und mischt mit Wasser. Durch Verseifen des Esters erhält man die mercurierte Chaulmugrasäure [2]).

Aus Cyclohexencarbonsäureester und Quecksilbernitrat wird durch Schütteln der quecksilbersubstituierte Ester erhalten. Beim Verseifen mit Lauge und Fällen mit Säure erhält man das Anhydrid der Quecksilbercarbonsäure.

Die freien Terpenketocarbonsäuren sowie deren Ester geben mit Quecksilbersalzen beständige Verbindungen; so erhält man die Acetatquecksilbercamphercarbonsäure und die Oxyquecksilbercamphocarbonsäureester [3]).

Quecksilbersalze reagieren auch mit Mono- und Polycarbonsäuren der Acetylenreihe unter Bildung komplexer Verbindungen. Das Quecksilber ist lockerer gebunden als in den Produkten nach DRP. 228 877 und 245 571. Die Verbindungen sind von salbenartiger Konsistenz. Dargestellt wurden Quecksilberbehenolsäureäthylester, Quecksilberstearolester usw. [4]).

Zu quecksilberhaltigen Fettsäuren, welche Quecksilber an Kohlenstoff gebunden enthalten, gelangt man, wenn man auf Fettsäuren der Ölsäurereihe Mercuriacetat in alkoholischer Lösung zur Einwirkung bringt und das Reaktionsprodukt nach Ersatz des Essigsäureesters durch Halogen mittels Halogenalkalis in Alkalisalze überführt. So kann man z. B. Ölsäure in methylalkoholischer Lösung mit Mercuriacetat erwärmen und in kochsalzhaltiges Wasser eingießen. Die abgeschiedene Quecksilberfettsäure neutralisiert man mit Lauge. Ebenso kann man von der Erukasäure ausgehen [5]).

Komplexe Quecksilberverbindungen, welche kein ionisierbares Quecksilber enthalten, zeigen zum Teil außerordentlich hohe und untereinander stark differenzierte Desinfektionswerte und manche Individuen dieser Klasse wirken stärker als die stärksten ionisierbaren Quecksilbersalze. Walter Schrauth und W. Schoeller [6]) prüften nun solche Quecksilberverbindungen der Benzoesäure (quecksilberbenzoesaures Natrium) und beobachteten, daß

[1]) DRP. 228 877. [2]) DRP. 245 571.
[3]) Schossberger und Friedrich, DRP. 275 932. [4]) DRP. 246 207.
[5]) Höchst, DRP. 271 820.
[6]) Zeitschr. f. Hyg. u. Infektionskrankh. **66**, 417 (1910).

sich mit dem Wechsel des am Quecksilber haftenden anorganischen Radikals eine analoge Abstufung der Desinfektionswerte ergibt wie in den Versuchen von Krönig und Paul. Die Desinfektionskraft der Präparate hängt ab von der chemischen Verwandtschaft, mit der die einzelnen Reste an der zweiten Valenz des Quecksilbers haften.

Sehr groß ist diese „Restaffinität" beim oxyquecksilberbenzoesauren Natrium und wirkt durch die Substitution der Oxygruppe durch Jod, Brom, Cyan, Schwefel. Bei dem mit beiden Valenzen am Kern gebundenen Quecksilber schwindet die Desinfektionskraft vollständig, da die Kohlenstoffverbindung des Quecksilbers die stabilste und keine Restaffinität mehr vorhanden. Die chemische Nebengruppierung ist für die Desinfektionskraft organischer komplexer Quecksilberverbindungen von entscheidendem Einfluß, vorausgesetzt, daß dem mit dem organischen Rest verbundenen Quecksilber ein Restbetrag an chemischer Energie verblieben ist[1]).

Die Einführung von Chlor und Jod, Methyl- und Methoxylgruppen in den Benzolkern des quecksilberbenzoesauren Natriums steigert die Desinfektionskraft erheblich; der Eintritt der sauren salzbildenden Phenol(OH)- und Sulfo(SO_3H)-Gruppe in den Benzolkern schwächt sie dagegen. In ähnlicher Weise vermindert auch der Eintritt des Aminorestes in den Kern die bactericide Wirkung. Durch eine Alkylsubstitution in der Aminogruppe wird jedoch entsprechend der Anzahl der eingeführten Alkylgruppen die Desinfektionskraft wieder gesteigert. Eine saure Substitution in der Aminogruppe setzt dagegen die Desinfektionskraft der Oxyquecksilberaminobenzoesäure (Anthranilsäure) weiter erheblich herab. Durch Eliminierung der Kerncarboxylgruppe aus dem Molekül des oxyquecksilberphenylglycin-o-carbonsauren Natriums erfährt die Desinfektionskraft der Verbindung wiederum eine Erhöhung. Der Eintritt einer zweiten Oxyquecksilbergruppe in den Benzolkern steigert die Desinfektionskraft[2]).

Die physiologisch günstigste Bindung ist nach Schrauth und Schoeller, wenn das Quecksilber in der Phenylgruppe aromatischer Substanzen gebunden ist.

Man stellt die Quecksilberverbindungen der Sulfamidbenzoesäure dar, indem man sulfamidbenzoesaure Salze auf Quecksilberoxyd oder Quecksilbercarbonat einwirken läßt[3]).

Man läßt 2.4-disulfamidbenzoesaure Salze auf Quecksilberoxyd oder Quecksilbercarbonat einwirken[4]).

Leicht lösliche Verbindungen des Oxymercurisalicylsäureanhydrids (salicylsaures Quecksilberoxyd) erhält man durch Einwirkung wässeriger Lösungen der Alkalisalze von Monooxyquecksilbersulfamidbenzoesäuren oder von Dioxydiquecksilberdisulfamidbenzoesäuren auf die wässerigen Lösungen von Alkalisalzen der Oxymercurisalicylsäure. Beschrieben sind

$C_6H_4 \cdot COO \cdot Na$
$\cdot SOO \cdot NH \cdot HgOH$ o-oxyquecksilbersulfamidbenzoesaures Natrium.

COONa
$\cdot SO_2 \cdot NH \cdot Hg \cdot OH$
$\cdot SO_2NH \cdot HgOH$ dioxydiquecksilber-2.4-disulfamidbenzoesaures Natrium[5]).

L. Launoy und C. Levaditi[6]) beobachteten bei experimenteller Kaninchensyphilis sehr günstige Erfolge mit Quecksilberphenylmethyldithiocarbonat.

---

[1]) H. Bechhold und P. Ehrlich, HS. **47**, 173 (1906).
[2]) W. Schoeller und W. Schrauth, Zeitschr. f. Hyg. u. Infektionskrankh. **70**, 24.
[3]) DRP. 242 571. [4]) DRP. 242 572, Zusatz zu DRP. 242 571.
[5]) DRP. 247 625 [6]) C. r. **153**, 1520 (1911).

Den Spirillen von Recurrensfieber gegenüber ist es wirkungslos. Es ist ein komplexes Sulfid, durch Lauge nicht fällbar.

Kernmercurierte Aminobenzoesäurederivate erhält man, wenn man die Quecksilbersalze der m-Acylaminobenzoesäuren oder die freien Säuren mit Quecksilberoxyd oder die Salze der Säuren mit einem Quecksilbersalz erhitzt. Beschrieben ist m-Acetylaminomercuribenzoesäure, m-Benzoylaminomercuribenzoesäure [1]).

Diaminodiphenylmercuridicarbonsaures Natrium [2])

$$(NH_2)(COONa)C_6H_3-Hg-C_6H_3(NH_2)(COONa)$$

erhält man (Lüdecke) durch Reduktion einer Verbindung, die beim Erhitzen des Quecksilbersalzes der Nitrobenzoesäure auf sehr hohe Temperaturen entsteht. Man kann mit dieser Verbindung 20 mal so viel Quecksilber beim Kaninchen einverleiben als mit Sublimat. Auch für Ratten ist diese Verbindung sehr ungiftig. Sie wirkt auf den Darm nicht reizend. In vitro ist diese Substanz kein Antisepticum. Die Verbindung wirkt im Organismus ausgesprochen spirillocid.

Diaminomercuridiphenyldicarbonsaures Natrium ist ungiftig, fast ebenso ungiftig ist dinitromercuridiphenylcarbonsaures Natrium, etwas giftiger ist dioxymercuridiphenyldicarbonsaures Natrium. Es variiert bei diesen drei Präparaten die Giftigkeit trotz annähernd gleichem Quecksilbergehalt und sonst gleicher Bindungsart des Quecksilbers.

Das Quecksilbersalz der Diaminomercuridiphenyldicarbonsäure ist aber sehr giftig [3]).

Sie haben sowohl eine toxische als auch eine spirilocide Wirkung [4]). Bei den Quecksilberverbindungen haben die Seitenketten, ähnlich wie bei den Arsenverbindungen, eine große Bedeutung für die Wirkung. Während die Mercuridibenzoesäure nicht wirkt, wird diese Verbindung nach Einführung von Nitro-, Oxy- und Aminogruppen deutlich spirillocid. Die Oxygruppen entgiften sehr wenig, während die Amino- und Nitrogruppen sehr stark die Giftigkeit herabsetzen. Die Nitrogruppe ihrerseits erhöht dann wieder beträchtlich die spirillocide Wirkung des Präparates.

Acetaminomercuribenzoesaures Natrium, welches das Quecksilber halb maskiert enthält, und paranucleinsaures Quecksilber sind Verbindungen, mit welchen man weit mehr Quecksilber in den Organismus bringen kann als mit anderen maskierten und ionisierten Quecksilberverbindungen.

Quecksilbersalvarsan erhält man aus Neosalvarsan oder noch besser Salvarsannatrium und Sublimatlösung. Es scheidet sich als eine an der Oberfläche der Lösung schwebende braungrüne Wolke aus [5]).

Man löst paranucleinsaures Quecksilber, welches sich mit Essigsäure aus seiner Lösung fällen läßt, in Alkalien und fällt die wasserlösliche Verbindung mit Alkohol oder man neutralisiert Paranucleinsäure mit Alkalien und behandelt mit Sublimat und Alkohol [6]).

Die Lösungen von paranucleinsaurem Quecksilber in Alkalien geben beim Behandeln mit Tanninlösungen Verbindungen, die durch ihre Säureunlöslichkeit zum inneren Gebrauche bei Syphilis sich empfehlen sollen [7]).

---

[1]) Chemische Werke, Charlottenburg, DRP. 264 388.
[2]) F. Blumenthal, BZ. **32**, 59 (1911).
[3]) F. Blumenthal und K. Oppenheim, B Z. **39**, 58 (1912).
[4]) F. Blumenthal, Zeitschr. f. Immunitätsforsch. u. exper. Therap. **41**, 47 (1915).
[5]) Camillo Zirn, Münchener med. Wochenschr. **67**, 1017 (1920).
[6]) Knoll, DRP. 272 687. [7]) Knoll, DRP. 272 688.

Außerordentlich wirksam in Tierversuchen erwies sich das fast ungiftige Dimethylphenylpyrazolonsulfaminoquecksilber. Selbst bei Recurrens ist es noch brauchbar. Carbothiomethylaminophenylessigsaures Kaliumquecksilber, bei dem beide Quecksilbervalenzen an Schwefel gebunden sind, ist bei Kaninchensyphilis und Hühnerspirillose wirksam.

Läßt man Quecksilberoxyd auf 1-Phenyl-2.3-dimethyl-4-sulfamino-5-pyrazolon in der Wärme einwirken, so erhält man ein Quecksilberderivat, welches bei sehr geringer Giftigkeit eine ausgezeichnete spirillocide Wirkung haben soll[1]).

Man kann statt mit Quecksilberoxyd mit essigsaurem Quecksilberoxyd arbeiten[2]).

Die Einwirkung des Quecksilberoxyds auf das Pyrazolonderivat wird in Gegenwart von Alkalibisulfit als Reduktionsmittel vorgenommen[3]).

Mercuroaminoverbindungen und komplexe Salze derselben erhält man, wenn man auf 1-Phenyl-2.3-dimethyl-4-sulfamino-5-pyrazolon ein oder mehrere Moleküle Mercurosalz einwirken läßt. Dargestellt wurde Mercurophenyldimethylsulfaminopyrazolon[4]).

Kernmercurierte Derivate der Aminobenzoesäuren und deren Salze erhält man, wenn man die Quecksilber nur mit einer Affinität an den aromatischen Kern gebunden enthaltenden mercurierten Nitrobenzoesäuren mit alkalischen oder neutralen Reduktionsmitteln behandelt. Beschrieben ist die Darstellung der p-p'-Diaminodiphenylmercuridicarbonsäure

NH_2 NH_2

—Hg—

COOH COOH

der m-m'-Diaminodiphenylmercuridicarbonsäure, der o-o'-Diaminodiphenylmercuridicarbonsäure[5]).

Zwecks Darstellung von Dinitrodiphenylmercuridicarbonsäuren kann man die durch Erhitzen der Quecksilbersalze der Nitrobenzoesäuren auf 200° erhaltenen Quecksilberverbindungen der Nitrobenzoesäuren in alkalischem oder neutralem Mittel so reduzieren, daß nur 2 Atome Wasserstoff auf 2 Moleküle Nitroverbindung zur Einwirkung kommen. Beschrieben ist die Darstellung der p-Dinitrodiphenylmercuridicarbonsäure

NO_2 NO_2

—Hg—

COONa COO · Na

der m-Dinitrodiphenylmercuridicarbonsäure und der o-Dinitrodiphenylmercuridicarbonsäure[6]).

Leicht lösliche, im Kern mercurierte Aryloxyfettsäureverbindungen erhält man, wenn man entweder die Alkali- oder Ammoniumsalze der Oxyquecksilberaryloxyfettsäuren mit Aminosäuren bzw. solchen stickstoffhaltigen Körpern, die bei neutraler Reaktion gegen Lackmus gleichzeitig basischen und sauren Charakter besitzen, oder mit Iminoverbindungen von Säurecharakter oder die freien Oxyquecksilberaryloxyfettsäuren mit den Alkalisalzen der erwähnten stickstoffhaltigen Verbindungen mit Ammoniak, organischen Basen, Ätzalkalien und Alkalicarbonaten behandelt. Beschrieben ist die Darstellung von oxymercuriphenoxyessigsaurem Natrium mit Alanin und die Verbindung von Veronalnatrium mit Oxy-mercuri-o-chlorphenoxyessigsäure[7]).

Man erhält mercurierte Aminoverbindungen, wenn man die Alkalisalze der Aminomethandisulfosäure bei Gegenwart von Wasser mit Quecksilberoxyd behandelt, z. B. die Quecksilberverbindung des aminodimethylsulfonsauren Kaliums $CHNO_6S_2HgK_2$, welche sich beim Erhitzen unter Abscheidung von Quecksilber zersetzt[8]).

---

1) Givaudan und Scheidlin, DRP. 261 081.
2) DRP. 261 082, Zusatz zu 261 081.
3) DRP. 266 578, Zusatz zu DRP. 261 081.
4) Schweizerisches Serum-Institut, Bern, DRP. 307 893.
5) Chemische Werke, Charlottenburg, DRP. 249 725.
6) DRP. 251 332, Zusatz zu DRP. 249 725.
7) Bayer, DRP. 264 267.
8) Riedel, DRP. 279 199.

Mercurierte Aminoarylsulfosäuren erhält man, wenn man aminoarylsulfosaures Quecksilber oder Gemenge von Aminoarylsulfosäuren mit deren Quecksilbersalz bildenden Stoffen so lange erwärmt, bis die entstehende Quecksilberverbindung alkalilöslich geworden. Beschrieben sind: Mercurimetanilsaures Natrium, Mercuriaminophenolsulfosaures Natrium, das saure Natriumsalz der Mercuri-m-aminosulfobenzoesäure. Die neuen Verbindungen spalten Quecksilber langsam ab[1]).

Ein Tuberkuloseheilmittel aus Cantharidin erhält man, wenn man vorerst durch Kondensation mit Äthylendiamin entgiftet und das Produkt mit Goldsalzen behandelt[2]).

Es werden auch andere Schwermetallsalze des Cantharidyläthylendiamins dargestellt, und zwar Cantharidyläthylendiamin-quecksilbercyanid, Cantharidyläthylendiamin-silbercyanid, Cantharidyläthylendiamin-stannochlorid, Cantharidyläthylendiamin-cuprocyanid[3]).

Durch Einwirkung von Malonester oder deren Monoalkylsubstitutionsprodukten[4]) in Gegenwart von Wasser auf Quecksilberoxyd in äquivalenten Mengen mit Verseifung der entstandenen Monomercurimalonester in üblicher Weise und Abspaltung von Kohlensäure erhält man Quecksilberfettsäuren resp. deren Salze von der Formel

$$Hg\genfrac{<}{}{0pt}{}{CHR\cdot COOMe}{OH}$$

und der entsprechenden Anhydride von der Formel

$$Hg\genfrac{<}{}{0pt}{}{CHR}{O}\!>CO \quad (R = \text{Wasserstoff oder Alkyl}).$$

An Stelle der Malonester und ihrer Monoalkylderivate kann man die entsprechenden Salze als Ausgangsmaterialien verwenden, indem man diese Salze unter dem Einfluß von Alkali oder Alkalicarbonat mit Quecksilberoxyd oder Quecksilbersalzen kondensiert und die entstehenden monomercurimalonsauren Salze durch Ansäuern der Abspaltung von Kohlensäure unterwirft[5]).

Quecksilberverbindungen der Aryloxyfettsäuren, also der Reaktionsprodukte von Phenolen, Naphtholen und ihren Derivaten mit Halogenfettsäuren, werden dargestellt, indem man entweder die Quecksilbersalze der entsprechenden Säuren oder die Säuren als solche mit Quecksilberoxyd oder Quecksilbersalzen erhitzt, wobei sich Anhydride der mercurierten Säuren bilden. Die allgemeine Formel der mercurierten Säuren ist $R\genfrac{<}{}{0pt}{}{HgOH}{OR_1\cdot COOH}$, wobei R = Phenyl, Naphthyl oder ihre Derivate, R_1 = Alkyle oder substituierte Alkyle ist.

Die Alkalisalze dieser Verbindungen sind gut lösliche, reizlos und schmerzlos injizierbare Substanzen. Beschrieben sind Quecksilberthymoxylessigsäureanhydrid, Quecksilber-α-guajacolpropionsäure[6]).

Man kann wasserbeständige Lösungen von Quecksilbersalzen in Ölen, Fetten usw. darstellen, wenn man komplexe aromatische Quecksilberverbindungen unter Vermittlung eines organischen Lösungsmittels in Fett löst. Man kann Naphthylquecksilberacetat, Naphthylquecksilberchlorid, o- und p-Oxyphenylquecksilberchlorid, Oxyphenylendiquecksilberdiacetat in Naphthalin, Anthracen, Anilin, Pyridin, Chinolin, Triacetin usw. lösen[7]).

Untersucht man die von Schoeller und Schrauth dargestellten Quecksilberverbindungen, so sieht man, daß sie sehr verschieden wirken, je nachdem, ob beide Valenzen des Quecksilbers durch Kohlenstoffreste besetzt sind, oder ob nur eine Valenz des Metalls organisch gebunden ist. Fast vollkommen ungiftig sind z. B. Quecksilberdipropionsäure und Quecksilberdibenzoesäure in Form ihrer Natriumsalze, während die Natriumsalze der Oxyquecksilberpropionsäure und der Oxy-, Cyan- und Natriumthiosulfatquecksilberbenzoesäure höchst giftig sind. Bei doppelter Kohlenstoffbindung des Quecksilbers hat das Quecksilber keine Affinität im Organismus und ist so lange ungiftig, solange diese Bindung nicht zerstört wird, wenn nicht die organische Komponente oder Gesamtsubstanz eine Eigenwirkung hat. Wenn aber eine Valenz

---

[1]) Heyden, DRP. 281 009. [2]) DRP. 269 661.

[3]) DRP. 272 291, Zusatz zu DRP. 269 661.

[4]) W. Schoeller und W. Schrauth, Charlottenburg, DRP. 208 634, siehe auch BB. **41**, 2087 (1908). [5]) DRP. 213 371, Zusatz zu DRP. 208 634.

[6]) Bayer, DRP. 261 299. [7]) Avenarius und Wolff, DRP. 272 605.

des Quecksilbers mit reaktionsfähigen Resten wie Hydroxyl, Cyan, Halogen, Thiosulfat besetzt ist, so tritt deutliche Giftwirkung auf.

Das Natriumsalz der Oxyquecksilber-o-jodbenzoesäure ist viel ungiftiger als eines der Salze dieser Gruppe. Der Ersatz von Wasserstoffatomen des Benzolkernes durch andere Reste übt auf die giftige Wirkung der Verbindungen keinen allzu großen Einfluß aus. Aber die komplexen Moleküle, welche Quecksilber enthalten, sind viel wirksamer als die ohne Quecksilber, doch bleibt der Typus der Wirksamkeit erhalten. Die Propionsäureverbindungen z. B. erzeugen Narkose, die Benzoesäureverbindungen nicht.

Das Natriumsalz der Oxyquecksilberanthranilsäure macht tiefe Blutdrucksenkung, Atemstillstand, allgemeine Erregbarkeitssteigerung und starke Reizung des Atemzentrums, welche auf die Aminogruppe im Benzolkern zurückzuführen ist, während die Anthranilsäure wenig giftig ist. Da die Anilinwirkung durch die Carboxylgruppe behindert wird, kommt diese Wirkung des Anilins durch den Eindruck des Quecksilberrestes in den Benzolkern wieder zur Geltung. Der Tod der Tiere aber tritt durch die Quecksilberkomponente ein, da es zu einer typischen Gefäß- oder Herzlähmung kommt, wie sie allen Quecksilberverbindungen zukommen. Die komplexen Anionen, welche Quecksilber enthalten, können denselben Wirkungstypus besitzen wie Quecksilbersalze bei akuter Giftwirkung. Schrauth und Schoeller sprechen die akute Giftwirkung ionisierter Quecksilbersalze demgemäß als eine Molekularwirkung der im Serum gebildeten Quecksilbereiweißverbindung an.

W. Kolle, K. Rothermundt und S. Peschié[1]) untersuchten eine Reihe von Quecksilberpräparaten vergleichend bei Hühnerspirillose. Es wirkten alle Verbindungen, aber zwischen den löslichen und unlöslichen, zwischen den eiweißfällenden und den nicht eiweißfällenden Quecksilberpräparaten besteht kein wesentlicher Unterschied. Die therapeutische Wirkung geht bei einigen Präparaten nicht mit dem Quecksilbergehalt im Sinne der Ionisierung parallel, z. B. bei Hermophenyl, beim Salicylquecksilber und beim dinitro-mercuribenzoesauren Natrium. Hermophenyl ist viel weniger wirksam, als seinem Quecksilbergehalt entspricht. Die Verbindung ist sulfuriert. Salicylquecksilber enthält das Quecksilber direkt an den Benzolring gebunden. Beim dinitromercuridiphenylcarbonsauren Natrium ist zwar durch Einführung der Nitrogruppe eine relativ starke Entgiftung des Präparates herbeigeführt, ohne daß seine Organotropie herabgemindert ist, gleichzeitig ist es aber durch die feste Kuppelung des Quecksilbers an zwei Benzolringe therapeutisch unwirksam geworden. Alle Quecksilberpräparate, bei denen sich auffällige chemotherapeutische Wirkungen, die nicht dem Quecksilbergehalte entsprechen, feststellen ließen, waren organische, und zwar der aromatischen Reihe angehörige Quecksilberverbindungen. Am besten bewährte sich die Entgiftung der Verbindungen nicht durch die Sulfogruppe, wie es bei dem therapeutisch so unwirksamen Hermophenyl geschieht, sondern durch die Sulfaminogruppe. Sulfamino-dimethyl-phenylpyrazolonquecksilber wirkt beim Tier stark spirillocid und ist wenig giftig.

Bei der Zersetzung organischer Quecksilberpräparate im Organismus geht der Abspaltung des Quecksilbers aus dem organischen Rest anscheinend die Bildung organischer Chlorquecksilberverbindungen voraus[2]).

S. Lustgarten hat ein unlösliches Quecksilberoxydulpräparat dargestellt, gerbsaures Quecksilberoxydul, welches im Darme unter dem Einflusse des

[1]) Deutsche med. Wochenschr. **38**, Nr. 34, S. 1582 (1912). — J. Abelin, Deutsche med. Wochenschr. **38**, Nr. 39, S. 1822 (1912). [2]) B Z. **33**, 381 (1911).

im Darmsaft enthaltenen Natriumcarbonates metallisches Quecksilber in feinster Verteilung entstehen läßt, und die adstringierende Wirkung der Gerbsäure schützt hierbei vor den leicht auftretenden Durchfällen bei Quecksilberkuren. Diese therapeutische Idee kann man wohl als interne Schmierkur bezeichnen, da hier metallisches Quecksilber in feinster Verteilung statt durch die Haut von der Darmoberfläche aufgenommen wird. Aber das Präparat scheint sich nicht bewährt zu haben, da es alsbald in der Therapie verlassen wurde.

H. Dreser[1]) machte den Vorschlag, quecksilberunterschwefligsaures Kali anzuwenden, welches Lokalerscheinungen und Eiweißfällung vermeiden läßt. Man kann auf diese Weise Quecksilber in Form einer komplexen Quecksilbersäure in den Organismus hineinbringen, ohne lokale Reiz- oder Ätzwirkungen hervorzurufen, aber auch dieses Präparat fand keine Verbreitung.

Eine Substanz, die wahrscheinlich 2-Mercuri-4-acetanilid-azo-4-toluol

$$CH_3\langle\bigcirc\rangle N=N\langle\bigcirc\rangle NH\cdot CO\cdot CH_3$$
$$Hg\cdot OH$$

ist, wurde von Fahlberg, List & Co. dargestellt und von H. Hüsgen[2]) untersucht. Sie ist lipoidlöslich und nach Zuführung der Verbindung sieht man eine beträchtlich stärkere Aufnahme von Quecksilber im Zentralnervensystem, in der Muskulatur und anderen Organen als nach Zufuhr der gewöhnlichen Quecksilberpräparate.

Wasserlösliche und alkalibeständige Quecksilberverbindungen der Amidosulfonsäure erhält man, wenn man die Alkalisalze der Amidosulfonsäure in alkalischer Lösung mit Quecksilberoxyd oder einem Quecksilbersalz behandelt[3]).

Bei der Einwirkung von Quecksilberacetat auf Indolderivate entstehen Verbindungen, aus denen sich das Quecksilber leicht wieder abspalten läßt[4]). Sie enthalten Quecksilber jedenfalls an Stelle des leicht beweglichen Wasserstoffatoms in der CH-Gruppe im Indolkern, und zwar tritt je nach Wahl des Indolderivates entweder der einwertige Rest $-Hg\cdot OCOCH_3$ oder der Rest $-Hg\cdot OH$ ein. Auf Zusatz von alkoholischem Quecksilberacetat zu einer heißen alkoholischen Lösung von Phthalylmethylindol scheidet sich die Verbindung

$$C\cdot Hg\cdot O\cdot CO\cdot CH_3$$
$$C\cdot CH_3$$
$$N\cdot CO\cdot C_6H_4\cdot COOH$$

ab, die unlöslich ist. Die Quecksilberverbindung aus N-Methylindol und Quecksilberacetat

$$C\cdot Hg\cdot O\cdot CO\cdot CH_3$$
$$CH$$
$$N\cdot CH_3$$

ist krystallisiert.

Die Verbindung

$$C\cdot Hg(OH)$$
$$C\cdot COOH$$
$$N\cdot CH_3$$

aus N-Methylindolcarbonsäure ist in Alkalien löslich.

Aus Acetylanisolphenylhydrazon und Chlorzink dargestelltes Anisylindol liefert in alkoholischer Lösung mit Quecksilberacetat die Verbindung

$$C\cdot Hg\cdot OH$$
$$C\cdot C_6H_4(OCH_3)$$
$$N$$
$$H$$

[1]) AePP. **32**, 456. [2]) B Z. **112**, 1 (1920).
[3]) Karl Hofmann, DRP. 261 460. [4]) Boehringer, Waldhof, DRP. 236 893.

Aus Methylketol erhält man die gelbe unlösliche Verbindung

$$\left(C_6H_4 \begin{matrix} C \cdot Hg \cdot OH \\ C \cdot CH_3 \end{matrix} \atop NH \right)_2 (CH_3 \cdot CO_2)_2Hg$$

die allmählich mit Schwefelwasserstoff Schwefelquecksilber abscheidet.

Mercurierte Chinolinderivate erhält man, wenn man eine oder mehrere saure salzbildende Gruppen enthaltende Derivate des Chinolins in Form ihrer Quecksilbersalze oder im Gemisch mit Quecksilbersalz bildenden Quecksilberverbindungen so lange erwärmt, bis die entstandenen Chinolinquecksilberverbindungen alkalilöslich geworden sind. Die Patentschrift enthält Beispiele für die Anwendung von β-8-Oxychinolincarbonsäure, von 8-Oxychinolin-5-sulfosäure, von 2-Phenylchinolin-4-carbonsäure, von Chinolin-8-sulfosäure und von 8-Oxychinolin. Das Quecksilber ist verhältnismäßig fest gebunden, ohne aber so reaktionsunfähig zu sein wie in der unwirksamen Mercuridibenzoesäure[1]).

Quecksilberverbindungen von alkyldithiocarbaminessigsauren Alkalien der allgemeinen Formel $(MeO \cdot CO \cdot CH_2 \cdot NR \cdot CS \cdot S)_2Hg$ (R = Alkyl, Me = Alkalimetall) werden dargestellt entweder durch Behandlung von Alkyldithiocarbaminessigsäureestern des Quecksilbers mit Alkalien oder durch Auflösen von gelbem Quecksilberoxyd in den Alkalisalzen der Alkyldithiocarbaminessigsäuren der allgemeinen Formel $MeO \cdot CO \cdot CH_2 \cdot NR \cdot CS_2 \cdot Me$ (Me = Alkalimetall) und dann versetzt man die erhaltene Lösung mit Alkohol. Methylaminoessigsäureäthylester gibt in ätherischer Lösung mit Schwefelkohlenstoff den Dithiocarbaminessigsäureäthylester in Form des Methylaminoessigsäureäthylestersalzes $C_2H_5 \cdot COO \cdot CH_2 \cdot N(CH_3) \cdot CS \cdot S \cdot NH_2(CH_3) \cdot CH_2 \cdot COO \cdot C_2H_5$. In der wässerigen Lösung erzeugt Quecksilberchlorid einen Niederschlag. Beim Auflösen dieses in 30proz. Natronlauge entsteht das Quecksilbernatriumdoppelsalz, das beim Erhitzen sich färbt, und mit Alkohol wird aus der Lösung ein Pulver gefällt, das 39% Quecksilber enthält und die Zusammensetzung $NaCOO \cdot CH_2 \cdot N(CH_3) \cdot CS \cdot S \cdot Hg \cdot S \cdot CH_2 \cdot COONa$ besitzt. Durch längeres Erhitzen erhält man in schwarzen Blättchen Quecksilbernatriumthioglykolat[2]).

Die Doppelverbindungen des Quecksilbers haben, trotzdem J. Lister, dem wir ja die ganze Antiseptik zu verdanken haben, die erste Verbindung dieser Reihe empfohlen hat, wenig Glück in ihrer Verbreitung besessen, weil sie trotz ihrer bedeutenden entwicklungshemmenden beinahe keine bakterientötende Kraft besitzen sollen, wie dies für das von J. Lister empfohlende Quecksilberzinkcyanat nachgewiesen wurde[3]).

Zweckmäßig scheint ein Verfahren zu sein, das in Deutschland zuerst von Emmel eingeschlagen wurde, um aus Quecksilberverbindungen leicht auflösbare, aber metallische Instrumente nicht angreifende Präparate zu erhalten. So war in England schon seit Jahren ein Präparat im Handel, welches wohl nur wegen seines hohen Preises nicht eine allgemeine Anwendung erlangte. Es war dies das Quecksilberjodidjodkalium mit einem Zusatze von einem kohlensauren Alkali, ein sehr leicht lösliches Präparat, aus dem Metalle kein Quecksilber zu reduzieren in der Lage waren.

In gleicher Weise mischte Emmel, um ein in Wasser leicht lösliches, Metalle nicht angreifendes Quecksilbersalzpräparat zu erhalten, Quecksilbercyanid, Quecksilberoxycyanid oder Quecksilber-p-phenolsulfonat mit einfach- oder doppeltkohlensauren Salzen[4]).

Während p-phenolsulfosaures Quecksilber durch Wasser leicht zersetzt wird, fehlt diese unangenehme Eigenschaft dem Doppelsalze mit weinsaurem Ammon, dem Asterol, dem p-phenolsulfosauren Quecksilber-Ammoniumtartarat.

Man erhält dieses, indem man zu einer frisch bereiteten Lösung von p-phenolsulfosaurem Quecksilber die entsprechende Menge von weinsaurem Ammon zusetzt und die Lösung zur Trockene eindampft.

---

[1]) Heyden, DRP. 289 246.

[2]) Poulenc Frères und Ernest Fourneau, Paris, DRP. 235 356.

[3]) Brit. med. Journ. 1889, 1025.

[4]) DRP. 104 904, 121 656.

Das erhaltene Produkt entspricht der Formel $(C_{12}H_{10}O_8S_2Hg) \cdot [4\ C_4H_4O_6(NH_4)_2] = 8\ H_2O$ [1]).

Der Erfinder behauptete von diesem Präparat, daß es Eiweiß nicht fälle und Metallinstrumente nicht angreife, dabei aber stärker als Sublimat wirke [2]), doch kommen ihm diese nachgerühmten Eigenschaften nicht zu, da es, entsprechend seinem geringeren Quecksilbergehalt, schwächer als Sublimat wirkt, Metallinstrumente angreift und Eiweiß fällt.

Für die Zwecke der Injektion scheinen sich von allen bis nun dargestellten Quecksilberderivaten außer dem Quecksilbersalicylat doch die Eiweißverbindungen am besten zu eignen. War doch das von Bamberger zu Injektionen zuerst empfohlene Präparat eine Peptonkalomelverbindung. C. Paal hat dann gezeigt, daß die aus Leim durch Kochen mit Säuren erhaltenen alkohollöslichen Glutinpeptonchlorhydrate Doppelverbindungen mit Quecksilberchlorid geben, die in Wasser in jedem Verhältnis löslich sind, durch Eiweiß nicht gefällt werden und aus denen auch Alkali kein Quecksilber abzuscheiden vermag. Wie beim Eisen und beim Silber wurde auch beim Quecksilber versucht, Verbindungen desselben mit Eiweiß oder Casein darzustellen. Wenn man ein Caseinalkalisalz in wässeriger Lösung mit einer wässerigen Sublimatlösung versetzt, so erfolgt keine Fällung. Es läßt sich aber das gebildete Caseinquecksilber durch Alkohol aus dieser Lösung abscheiden. Ein von den Höchster Farbwerken auf diese Weise dargestelltes Präparat löst sich namentlich bei Zusatz von einer Spur Alkali oder Ammoniak im Wasser vollständig klar und enthält 7% Quecksilber, welches durch Schwefelwasserstoff oder Schwefelammonium nicht nachgewiesen werden kann.

Schwermetallverbindungen von Eiweißstoffen erhält man, wenn man Schwermetallverbindungen oder kolloidale Schwermetalle auf solche Eiweißstoffe aus normalen tierischen oder menschlichen Organen oder Geweben einwirken läßt, die so weit von allen wasserlöslichen Bestandteilen befreit sind, daß sie die Ninhydrinreaktion nicht mehr geben [3]).

Von anderer Seite wurde vorgeschlagen, Verbindungen des Caseins mit Quecksilber, Silber und Eisen, die wohl zu subcutanen Injektionen ihrer Unlöslichkeit wegen nicht brauchbar sind, die aber für die interne Verwendung von Vorteil sein können, in der Weise darzustellen, daß man Casein in starkem Alkohol suspendiert und mit einer konzentrierten wässerigen oder alkoholischen Lösung eines Quecksilber-, Silber- oder Eisensalzes mehrere Stunden kocht. Die so erhaltenen drei Präparate, von denen das Quecksilberpräparat 7%, die Silberverbindung $15^1/_2$% (s. Silberverbindungen), die Eisenverbindung $3^1/_2$% Metall (s. Eisenverbindungen) enthalten, sind wasserunlöslich, aber alkalilöslich und das Metall kann in ihnen weder durch Schwefelwasserstoff noch durch Schwefelammonium nachgewiesen werden. Statt des Caseins kann man in gleicher Weise Albumine aus Blut, Eiern und Pflanzen anwenden. Man kann auch den Alkohol durch ein anderes indifferentes Suspensionsmittel, wie z. B. Aceton oder konzentrierte Neutralsalzlösungen (Chlornatrium, Chlormagnesium) in diesem Darstellungsverfahren ersetzen. Alle diese Verbindungen enthalten, wenn man von Chloriden der Metalle ausgegangen ist, Chlor, und alle haben sie die Eigenschaft, durch Zusatz von ein wenig Alkali in Lösung gebracht zu werden.

Man erhält durch Einwirkung von wässeriger Caseinnatriumlösung auf Lösungen von Alkaliquecksilberjodiden und Fällung mit organischen Säuren und darauf folgende Behandlung mit Alkali kolloidale Quecksilberjodidverbindungen [4]).

[1]) Statt der einfachen oder doppeltkohlensauren Alkalien werden auch Alkalioxyde oder Alkalihydroxyde verwendet. DRP. 157 663. [2]) Berliner klin. Wochenschr. **1899**, 229.
[3]) K. Kottmann, DRP. 300 513, DRP. 302 911, Zusatz zu DRP. 300 513.
[4]) Kalle, DRP. 288 965.

Komplexe Quecksilberverbindungen der Safraninreihe erhält man, wenn man Phenosafranin und seine Homologen mit Quecksilbersalzen behandelt[1]).

Riedel, Berlin[2]), stellen Quecksilbersalze der Cholsäure her, indem sie cholsaure Salze mit neutralen Lösungen organisch saurer Quecksilbersalze versetzen. Man kann Oxyd- und Oxydulsalze herstellen. In Verbindung mit Tanninalbuminat wird dieses Präparat als Mergal in den Handel gebracht und soll für interne Luesbehandlung dienen. Das Verfahren von DRP. 171 485 wird derart benützt, daß man statt der Quecksilbersalze organischer Säuren schwachsaure Lösungen von Quecksilberoxydnitrat verwendet[3]).

Eine weitere Ausbildung des Verfahrens des DRP. 171 485 besteht darin, daß man zwecks Darstellung von cholsaurem Quecksilberoxyd die nach dem Vermischen wässeriger Lösungen von cholsauren Salzen und Quecksilberchlorid entstehenden milchigen Flüssigkeiten so lange in der Wärme behandelt oder bei gewöhnlicher Temperatur stehen läßt, bis das cholsaure Quecksilberoxyd zur Abscheidung gebracht ist[4]).

Die Nichtfällbarkeit des Quecksilberchlorids mit cholsaurem Kalium beruht nicht auf der Löslichkeit des cholsauren Quecksilberoxyds in Chloralkalien, wie im Hauptpatent angegeben, sondern in seinem kolloidalen Zustande, der folgendermaßen beseitigt wird: Die Umsetzung von cholsauren Salzen mit Quecksilberoxydsalzen wird anstatt in wässeriger Lösung in wässerig-alkoholischer Lösung ausgeführt. Cholsaures Quecksilberoxyd scheidet sich hierbei in nadelförmigen Krystallen aus, die sich leicht filtrieren lassen, während aus der reinwässerigen Lösung ausfallendes cholsaures Quecksilberoxyd eine sehr voluminöse, Wasser zurückhaltende amorphe Masse bildet[5]).

Mergal ist eine Mischung von einem Teile cholsaurem Quecksilberoxyd mit zwei Teilen Tannalbin.

Cholsaures Kobalt (Knoll & Co.) soll ein stark desinfizierendes, die Magenschleimhaut nicht störendes Mittel sein.

Desoxycholsäure wirkt auf isolierte Organe und Zellen äußerst energisch ein, bedeutend stärker als Cholalsäure, die Desoxycholsäure ist 8—9 mal so giftig wie Cholsäure[6]).

Cholsäure wirkt nach Kehrer kontrahierend auf den Uterus.

Auf Cholsäure läßt man Acetylsalicylsäurechlorid in Gegenwart von halogenwasserstoffsäurebindenden Mitteln einwirken, z. B. Pyridin. Man erhält eine geschmacklose Verbindung[7]).

Das Cuprisalz der Cholsäure erhält man durch Umsetzung beider Salze und Trocknen mit Methyl- oder Äthalakohol[8]).

Man gelangt zu einer geschmacklosen Cholsäureverbindung, wenn man die Cholsäure mit einem gemischten Anhydrid der Essigsäure mit Ameisensäure bzw. einer Mischung von Essigsäureanhydrid mit Ameisensäure behandelt. Das Produkt hat auch Galle desinfizierende Eigenschaften[9]).

Geschmacklose Cholsäureverbindungen erhält man, wenn man hier die Cholsäure anstatt mit Essigsäureameisensäureanhydrid mit Ameisensäure in Gegenwart oder Abwesenheit von Kondensationsmitteln behandelt. Bei dieser Reaktion treten je nach den Versuchsbedingungen wechselnde Mengen Ameisensäure in die Cholsäure ein[10]).

Das Strontiumsalz der Cholsäure soll dem cholsauren Natrium gegenüber Vorteile haben bei der Behandlung der Cholelithiasis. Man erhält es auf übliche Weise, insbesondere durch Absättigung von Cholsäure mit Strontiumhydroxyd[11]).

Wörner stellt Wismutsalze der Cholsäure dar, indem er neutrales Wismutnitrat in basisches verwandelt und mit cholsaurem Natron auf dem Dampfbade digeriert. Der Rückstand wird mit Wasser gewaschen und getrocknet[12]).

Quecksilberoxydulverbindungen basischer Purinderivate erhält man, wenn man wässerige Quecksilberoxydulsalze auf basische Purinderivate, wie Coffein, Theobromin oder Theophyllin, in saurer Lösung einwirken läßt. Dargestellt wurden die Mercuroverbindungen dieser drei Basen durch Einwirkung von Mercuronitrat in salpetersaurer Lösung.

---

[1]) Fahlberg, List, DRP. 286 097. [2]) DRP. 171 485.
[3]) DRP. 224 980, Zusatz zu DRP. 171 485.
[4]) DRP. 225 711, Zusatz zu DRP. 171 485.
[5]) DRP. 231 396, Zusatz zu DRP. 171 485.
[6]) Hermann Wieland, AePP. **86**, 79 (1920). [7]) J. D. Riedel, DRP. 313 413.
[8]) DRP. 273 317. [9]) Bayer, DRP. 285 828.
[10]) DRP. 288 087, Zusatz zu DRP. 285 828. [11]) Knoll, DRP. 254 530.
[12]) DRP. 191 385.

Das Quecksilber läßt sich direkt nachweisen. Sie sollen wenig giftig sein[1]).

Mercaffin ist die Quecksilberoxydulverbindung des Coffeins, es ist mildes Quecksilberpräparat[2]).

Behandelt man Theobromin oder Theophyllin in saurer Lösung mit Mercuriacetat oder mit Quecksilberoxyd in der Wärme, so erhält man Mercuriverbindungen, welche mit Schwefelammon nicht reagieren[3]).

Durch Behandlung der Alkalisalze der 2.6-Dioxy-2-iminodihydropyrimidin-3-essigsäure mit Quecksilberverbindungen erhält man quecksilberhaltige Pyrimidinderivate. Die Präparate sollen vollkommen reizlos und viel weniger giftig als Sublimat sein. Die freie Säure kann man erhalten durch Kondensation von Cyanessigsäure mit Hydantoinsäureester. Der so erhaltene Cyanacetylhydantoinäthylsäureester wird in Alkalilauge verseift und geht in das entsprechende Alkalisalz der gewünschten Säure über. Das Quecksilbersalz ist leicht löslich[4]).

Silber.

Das bis vor kurzem in der Medizin allein angewendete salpetersaure Silber vereinigt mit seinen Ätzwirkungen starke antiseptische Eigenschaften, wie sie ja allen Salzen der Schwermetalle eigen sind. Da nun salpetersaures Silber Eiweißkörper fällt und ebenso von den Chloriden niedergeschlagen wird, so konnte man seine therapeutischen Eigenschaften nur für Oberflächenwirkungen ausnützen. Anderseits war man häufig in der Lage, auf die ätzenden Wirkungen des salpetersauren Silbers zu verzichten, wenn man nur die antibakteriellen des Silbers in Anwendung bringen wollte[5]). Die Bemühungen der Chemiker gingen nun dahin, Silberpräparate zu schaffen, welche einerseits auf Eiweißkörper nicht fällend wirken, anderseits durch Chloride selbst nicht gefällt werden. Lazzaro experimentierte mit dem Fluorsilber, welches, trotz seiner ungemein starken antiseptischen Eigenschaften aus dem Grunde nicht verwendbar ist, weil es in wässeriger Lösung leicht dissoziiert und hierbei Fluorwasserstoffsäure abspaltet.

Nach den Untersuchungen von W. Lublinski[6]) ist die allgemein verbreitete Ansicht, daß Silbernitrat, da es Eiweiß koaguliert, keine Tiefenwirkung besitzt, nicht zutreffend. Außer der Silberkomponente spielt auch die Nitratkomponente physiologisch eine Rolle. Der Silber-Eiweißniederschlag ist in Kochsalzlösung löslich; es ist auch möglich, durch Entziehung von Chlor, eine Beeinflussung der erkrankten Schleimhaut durch Silbernitrat zu erklären; daher sieht Lublinski die organischen Ersatzpräparate des Silbernitrats als minderwertige Surrogate an. Zu ähnlichen Anschauungen kommt I. Schumacher[7]).

Von anderer Seite wurde vorgeschlagen, um Silberpräparate, die durch Halogenalkalien nicht gefällt werden, zu erhalten, wasserlösliche Silberhalogensalze darzustellen. Man erhält solche durch Einwirkung von Halogenen auf das sog. kolloidale Silber, welches zuerst von Carey Lea dargestellt wurde. Man versetzt die dunkle Lösung von kolloidalem Silber so lange mit freiem Halogen, bis Entfärbung eintritt. Durch Zusatz von Salzlösung, insbesondere

[1]) Rosenthaler und Abelmann, DRP. 282 376.

[2]) Roth, Berliner tierärztl. Wochenschr. **1920**, 5/9.

[3]) Rosenthaler und Abelmann, DRP. 282 377. [4]) DRP. 224 491.

[5]) Es wäre sicherlich von Interesse, statt der Silberoxydsalze einmal Chromoxydsalze zu versuchen. Chromoxydsalze sind nach den Untersuchungen Panders 100mal weniger giftig, als die Salze der Chromsäure. Während die Chromate, ähnlich wie die Quecksilbersalze, zu den heftigsten Metallgiften gehören, sind die Chromoxydsalze ebenso giftig wie die Silberoxydverbindungen. So wurde früher Chromoxydhydrat statt Magisterium Bismuthi empfohlen. [6]) Berliner klin. Wochenschr. **51**, 1643 (1914).

[7]) Dermatol. Wochenschr. **60**, 14 (1915).

aber durch Zusatz von Gelatine und citronensaurem Ammonium zu diesen Lösungen gelingt es diese Silberhalogene in fester, aber noch wasserlöslicher Form abzuscheiden. Man bekommt so eine Mischung des kolloidalen Halogensilbers mit Gelatine, welche in warmem Wasser löslich ist. Die Gelatine wirkt hierbei als Schutzkolloid.

Das wasserlösliche, kolloidale Silber selbst, Collargolum genannt, wurde wegen seiner antiseptischen Eigenschaften in die Therapie eingeführt. Die Wundermären, welche über seine angeblichen außerordentlichen Wirkungen bei Sepsis usw. verbreitet wurden, haben keine Bestätigung gefunden. Doch kommen der Substanz sicherlich verwendbare therapeutische Eigenschaften zu.

Die Silberpräparate mit geringer Teilchengröße besitzen eine stärkere bactericide Wirkung. Durch die Silberfarbstoffverbindung wie Argochrom und Argoflavin, werden sie übertroffen, bei denen sich vielleicht die Wirkung der Komponenten summiert[1]).

Die kolloidalen Silberpräparate enthalten nach Th. Paul immer Stoffe beigemengt, die in wässeriger Lösung Silberionen abspalten. Diese Metallionen sind es wahrscheinlich, welche den therapeutischen Effekt hervorrufen. Obwohl ihre Konzentration nur gering ist, so reicht sie doch aus, um z. B. das Blut mit der maximalen Menge von Silberionen zu sättigen, die bei Gegenwart der in verhältnismäßig großen Konzentrationen im Blut vorhandenen Chlorionen möglich ist.

Die immer mehr steigende Verwendung von kolloidalen Silberlösungen bei septischen Erkrankungen zeitigt weitere Versuche zur Darstellung solcher Silberlösungen. Ebenso ist eine weitere Entwicklung in bezug auf die Darstellung von Silber-Eiweißverbindungen zu sehen, denen im Gegensatze zum salpetersauren Silber Tiefenwirkungen, aber keine Ätzwirkungen zukommen.

Von geringem Interesse ist die Einführung von phenylschwefelsaurem Silber, welches angeblich nicht ätzt, gut löslich und beständig ist.

Die Silbersalze schwefelhaltiger Fettsäuren und ihrer Derivate vereinigen mit den adstringierenden, resorbierenden und entzündungswidrigen Eigenschaften der schwefelhaltigen Fettsäuren die bactericide Wirkung des Silbers. Es gelingt haltbare, wässerige Lösungen herzustellen, indem man zunächst die freien schwefelhaltigen Fettsäuren in wässeriger, schwach ammoniakhaltiger Lösung mit der entsprechenden Menge Silberoxyd umsetzt. Statt zunächst die freien Säuren herzustellen, kann man die wasserlöslichen Alkalisalze mit der entsprechenden Menge Silbernitrat fällen, die in Wasser unlöslichen Silbersalze auswaschen und hierauf in ganz verdünntem wässerigem Ammoniak auflösen[2]).

Ichthargan ist ichthyolsulfosaures Silber[3]) (siehe Ichthyol).

Unter dem Namen Argentol wurde ein im Wasser unlösliches Silberpräparat empfohlen, welches china-α-aseptolsaures Silber ist und leicht in Oxychinolin und metallisches Silber zerfällt.

Die Tiefenwirkung, die man von den Silberpräparaten besonders in der Urologie verlangt, kann man auch erhalten, wenn man Silberphosphat in einer wässerigen Lösung von Äthylendiamin auflöst. Bei diesem Präparate ist die Tiefenwirkung wohl größer[4]), aber auch die Reizerscheinungen sind stärker, so daß sich dieses Silberpräparat von dem Moment an nicht halten konnte, als man auf den naheliegenden Gedanken verfiel, der bei allen Metallen schließlich und endlich in Anwendung gebracht wurde, Silber, um ihm Tiefenwirkung

[1]) Erich Leschke und Max Berliner, Berliner klin. Wochenschr. **57**, 706 (1920).
[2]) Henning, DRP. 287 797.
[3]) Cordes, Hermani & Co., Hamburg, DRP. 114 394.
[4]) Schaeffer, Zeitschr. f. Hyg. u. Infektionskrankh. **14**. — Therap. Monatsh. **1894**, 354.

zu verleihen, mit Eiweißkörpern zu kombinieren. So wurde Argonin[1]) dargestellt, indem man Caseinnatrium mit salpetersaurem Silber versetzte und die Lösung mit Alkohol ausfällte. Die so erhaltene Substanz ist im kalten Wasser schwer löslich und lichtempfindlich und enthält 4.2% Silber.

Ferner kann man Silberverbindungen, die in Wasser leicht löslich sind, auf die Weise darstellen, daß man die unlöslichen Verbindungen des Silbers mit Proteinstoffen mit Albumoselösung behandelt; dann gelangt man zu Substanzen, die in Wasser sehr leicht löslich sind. Man geht zu diesem Zwecke in der Weise vor, daß man eine Peptonlösung mit Silbernitrat fällt und den entstandenen Niederschlag mit Protalbumose digeriert und die Lösung, die nun entsteht, im Vakuum zur Trockene eindampft. Aus der so erhaltenen Verbindung kann Silber durch Salzsäure nicht abgespalten werden. Statt nun mit salpetersaurem Silber eine Peptonlösung zu fällen, kann man zu derselben Substanz gelangen, wenn man eine Peptonlösung mit feuchtem Silberoxyd schüttelt und die Silberpeptonverbindung dann mit Protalbumose digeriert.

Das so gewonnene Produkt, Protargol genannt, enthält 8.3% Silber, hat keine Ätzwirkung, besitzt aber starke, den Silberverbindungen eigentümliche bactericide Effekte[2]). Von demselben Gedanken ausgehend, zu wasserlöslichen Proteinverbindungen des Silbers zu gelangen, hat L. Lilienfeld einen identischen Weg eingeschlagen, indem er den alkohollöslichen Anteil der Spaltungsprodukte der Paranucleoproteide, den schon Danilewski Protalbin genannt hat, mit Silber behandelte und so eine Silberprotalbin-Verbindung, das Largin[3]), erhielt, welche 11.1% Silber enthielt und sich bis zu 10% im Wasser löste. Die wässerigen Lösungen des Largins werden weder durch Chloride, noch durch Eiweiß gefällt.

Lösliche Eiweißverbindungen des Silbers, Eisens, Kupfers, Quecksilbers, Bleis, Zinks und Wismuts erhält man weiter bei Verwendung der Pflanzenglobuline, wenn man Pflanzenlegumin in Alkali löst und einen Überschuß von Alkali zusetzt, hierauf das betreffende Metallsalz, z. B. Silbernitrat, in berechneter Menge eingießt. Ein etwa entstandener Niederschlag verschwindet beim Erwärmen auf dem Wasserbad. Die Reaktionsflüssigkeit fällt man mit Alkohol oder dialysiert sie und trocknet dann im Vakuum.

Man läßt auch Silbersalze oder Silberoxyd auf Methylenproteine (durch Einwirkung von Formaldehyd auf Proteine in der Kälte erhalten) einwirken bzw. auf Methylenalbumosen[4]).

Bei allen diesen Silberpräparaten, welche als Silbersalze von Eiweißkörpern anzusehen sind, ist zu bemerken, daß ihnen je nach ihrem Silbergehalt und nur von diesem abhängig, bactericide Wirkungen zukommen. Es empfiehlt sich daher, bei der Darstellung dieser Präparate darauf zu sehen, und desto wertvoller ist auch das Endprodukt, daß die Körper möglichst reich an Silber sind und daß sie sich in Wasser möglichst leicht lösen. Es ist nämlich ein Nachteil dieser Präparate, daß sie, wegen ihrer schweren Benetzbarkeit und auch wegen ihrer meist sehr schweren Löslichkeit sehr schlecht wieder in Lösung gehen. Die ätzende Wirkung des salpetersauren Silbers geht diesen Substanzen ab. Da wir nun in der Therapie in hohem Grade auf die ätzende Wirkung des salpetersauren Silbers angewiesen sind, wird dieses Präparat von all den besprochenen nach dieser Richtung hin nicht verdrängt werden. Hingegen sind für Tiefenwirkungen solche komplexe oder halbkomplexe Silbereiweißverbindungen zu empfehlen. Gegenwärtig kann man wohl kaum mehr von einem Bedürfnis nach einem neuen Silberpräparat in der oben angedeuteten Richtung gesprochen werden. Kombinationen dieser Art mit verschiedenen Eiweißderivaten, welche mehr oder weniger zweckentsprechend sein werden, sind natürlich leicht möglich.

---

[1]) Therap. Monatshefte **1895**, 307.

[2]) Neisser, Dermatol. Zentralbl. **1897**, Heft 1. — Barlow, Münchener med. Wochenschrift **1897**, Nr. 45. [3]) Pezzoli, Wiener klin. Wochenschr. **1898**, Nr. 11.

[4]) DRP. 118 353, 118 496.

Die Spaltungsprodukte des Leims (Gelatosen) z. B. werden neutralisiert, mit Silbernitrat versetzt und eingedampft oder mit Alkohol oder Aceton gefällt. Die Gelatosesilberverbindungen enthalten ca. 20% Ag[1]). Statt Silbernitrat kann man organische Silberverbindungen oder Silberoxyd benützen[2]). Die Silbergelatosen erhält man auch, wenn man das Neutralisationsmittel für die Gelatosen erst nach dem Vermischen der Gelatoselösung mit der Silberlösung zugibt[3]).

Hegonon ist eine Silbernitratammoniakalbumose, welche etwa 7% Silber enthält, in Wasser leicht löslich ist und alkalisch reagiert.

Die nach DRP. 105 866 erhältlichen oder diesen ähnlich sich verhaltenden Silberverbindungen von Proteinstoffen geben mit Harnstoff, Methylharnstoff oder Dimethylharnstoff haltbare, in Wasser rasch lösliche Präparate[4]).

Mit Hilfe von Alkalisalzen der Harzsäuren kann man Schwermetallpräparate erhalten, welche auch nach dem Trocknen sich leicht kolloidal in Alkalien lösen. Auch von Schwefelammon wird das Metall nicht ausgefällt. Im Magensaft werden die Verbindungen nicht angegriffen. Man kann z. B. aus copaivasaurem Natrium, Silbernitrat, Ätzkali und Hydroxylamin ein solches Präparat erhalten. Silber kann durch andere Metalle, wie Quecksilber, Hydroxylamin durch Hydrazin, Formaldehyd usw. ersetzt werden[5]).

Riedel stellt ein leichtlösliches Doppelsalz aus Succinimidsilber und Hexamethylentetramin her durch Lösen dieser beiden Verbindungen und Einengen zur Krystallisation[6]).

Septacrol-Ciba ist eine Silberdoppelverbindung des Dimethyldiaminomethylacridiniumnitrat (Brillantphosphin 5 G).

Silbersalze in Wasser unlöslicher substituierter Quecksilberkohlenstoffverbindungen mit den Alkalisalzen von stickstoffhaltigen Verbindungen mit amphoterem oder schwach saurem Charakter bilden beständige, in Wasser leicht lösliche Additionsderivate. Mit verdünnten Kochsalzlösungen geben sie keinen Niederschlag, sondern bilden kolloidales Chlorsilber. Beschrieben ist die lösliche Verbindung von oxymercurithymolessigsaurem Silber mit diäthylbarbitursaurem Natrium, sowie die Verbindung von oxymercuribenzoesaurem Silber mit Succinimid[7]).

Glykocholsaure Silber kann wegen seiner geringen Löslichkeit und leichten Zersetzlichkeit als solches nicht verwertet werden. Durch Behandeln mit Ammoniak erhält man eine Ammoniaksilberglykocholatverbindung, die leicht löslich ist[8]).

Man kann das therapeutisch wirksame Silberglykocholat auch dadurch in löslicher Form erhalten, daß man an Stelle von Ammoniak Hexamethylentetraminlösung auf glykocholsaures Silber einwirken läßt[9]).

Man erhält die gleiche Ammoniaksilberglykocholatverbindung, wenn man glykocholsaures Ammon in wässeriger oder alkoholischer Lösung mit Silberoxyd behandelt bzw. die Glykocholsäure in wässeriger oder alkalischer Suspension bzw. Lösung der Behandlung mit Ammoniak und Silberoxyd unterwirft, sowie wenn man ammoniakalische Silberoxydlösung auf Glykocholsäure einwirken läßt[10]).

Man läßt Silbersalze auf Glykocholate bei Gegenwart von Ammoniak einwirken[11]).

Durch Einwirkung von glykocholsaurem Silber oder von Silberglykocholatverbindungen auf Proteine oder deren Derivate gelangt man zu beständigen Produkten, welche serumlöslich und Silber in maskierter Form enthalten. Sie sind stark bactericid[12]).

Man gelangt zu den gleichen Produkten, wenn man die Reihenfolge des Arbeitsganges in der Weise abändert, daß man zuerst Silberproteine, Silbereiweißderivate bzw. Silbereiweißabbauprodukte darstellt und diese auf Glykocholate oder Glykocholsäure einwirken läßt oder daß man in Gemischen oder Verbindungen von Glykocholat oder Glykocholsäure mit Proteinen, Eiweißderivaten oder Eiweißabbauprodukten Silberoxyd oder Silbersalze zur Umsetzung bringt. Die Patentschrift enthält Beispiele für die Anwendung von Caseintrypsinpepton und von Caseinsilber[13]).

Choleval ist ein kolloidales Silberpräparat mit gallensaurem Natrium als Schutzkolloid (E. Merck).

---

[1]) Höchster Farbwerke, DRP. 141 967. [2]) DRP. 146 792, Zusatz zu DRP. 141 967.
[3]) DRP. 146 793, Zusatz zu DRP. 141 967. [4]) Bayer, DRP. 322 756.
[5]) K. Roth, Darmstadt, DRP.-Anm. R. 30 497. [6]) DRP. 217 987.
[7]) Bayer, DRP. 261 875. [8]) Höchst, DRP. 284 998.
[9]) DRP. 290 262, Zusatz zu DRP. 284 998.
[10]) DRP. 284 999, Zusatz zu DRP. 284 998.
[11]) DRP. 289 182, Zusatz zu DRP. 284 998.
[12]) Höchst, DRP. 292 517. [13]) DRP. 301 871, Zusatz zu DRP. 292 517.

Eisen.

Eisenpräparate werden aus zwei Gründen in der Therapie benützt. Die größte Verwendung findet Eisen in der Therapie als Heilmittel bei Chlorose und Anämie, wo es als Material zum Aufbaue und zur Regeneration der roten Blutkörperchen dienen soll, oder, wie andere glauben, als Reizmittel für die Regeneration; ferner werden in der Therapie die blutstillenden Eigenschaften des Eisens, wenn auch in weit geringerem Maße, benützt. Diese letztere Eigenschaft, Blut zur Koagulation zu bringen, kommt aber nur der Oxydreihe der Eisensalze zu, fehlt jedoch der Oxydulreihe vollständig.

Über den therapeutischen Wert der Eisenpräparate bei Chlorose zu sprechen ist hier nicht am Platze. Jedenfalls stehen die Praktiker ausnahmslos auf dem Standpunkte, daß man mit der Eisentherapie gute Erfolge zu verzeichnen hat. Eine andere Frage ist es, ob es sich besser empfiehlt, anorganische Eisenpräparate oder organische, insbesondere solche, in denen Eisen in einer larvierten, nicht ionisierbaren Form enthalten ist, zu verwenden. Die große Erfahrung der Kliniker hat gezeigt, daß für die Therapie die anorganischen Salze unter sonst gleichen Umständen mindestens dasselbe leisten wie die organischen Präparate mit larviertem Eisen. Die Zahl der seit langer Zeit empfohlenen Eisenverbindungen ist Legion. Diese hier eingehend zu besprechen, erscheint überflüssig, da es sich meist um anorganische oder organische Salze des Eisens handelt, deren Säure ohne jede Beziehung zur Wirkung ist.

Für die Verwendung bei Chlorose und Anämie eignen sich von den Salzen die Oxydulsalze aus dem Grunde besser, weil die Oxydsalze eine ätzende Wirkung haben und deshalb den Magen stärker belästigen als die Oxydulsalze.

Die ätzenden und den Magen belästigenden Wirkungen des Eisens, ferner die unangenehme Nebenwirkung auf die Zähne haben von jeher das Bestreben gezeigt, unschädliche Präparate dieser Art zu gewinnen. Zum Teil wurde dieser Zweck durch die pharmazeutische Darreichungsform erreicht.

Eine Richtung ging dahin, Präparate darzustellen, in denen das Eisen in einer Form gebunden ist wie im Hämoglobin selbst, daß es sich nämlich durch Schwefelammonium nicht mehr nachweisen läßt.

Vom Hämoglobin ausgehend, hat R. Kobert durch Reduktion mittels Zink das sog. Hämol dargestellt, welcher eisenhaltige Eiweißkörper das Eisen noch in derselben Form gebunden enthält wie Hämoglobin, der rote Blutfarbstoff. Die Kliniker halten jedoch daran fest, daß die verschiedenartigen Blutpräparate, sowie die rein dargestellten Hämoglobinpräparate bei ihrer therapeutischen Verwendung vor den gewöhnlichen Eisenmitteln keine Vorzüge haben, wenn auch in den letzten Jahren die Verwendung von Blutpräparaten in der Eisentherapie eher zugenommen hat.

R. Bunge[1]) hat in der Leber einen eigentümlichen eisenhaltigen Eiweißkörper (Hämatogen) gefunden, welcher dadurch charakterisiert ist, daß in einer ammoniakalischen Lösung desselben Schwefelammonium unmittelbar keinen Niederschlag erzeugt.

Einen analogen Körper wollten O. Schmiedeberg[2]) und Pio Marfori[3]) nach folgendem Verfahren darstellen.

Zuerst wird aus Eiweiß Alkalialbuminat erzeugt und das Albuminat ausgefällt. Man löst dieses in Ammoniak wieder auf und versetzt es mit einer mit Ammoniak neutralisierten Lösung von weinsaurem Eisen. Man erwärmt, filtriert die Lösung und fällt mit

[1]) HS. **10**, 453 (1886). [2]) AePP. **33**, 101.
[3]) Therap. Monatshefte **1895**, Nr. 10. — AePP. **29**, 212.

Essigsäure aus. Man bekommt immer ein Präparat von konstantem Eisengehalt. Im Mittel erhält die Ferratin genannte Verbindung 0.702 g Fe.

Diese Verbindung ist resorbierbar, was nach Pio Marfori nur bei Präparaten mit organisch gebundenem Eisen möglich ist. Der große Enthusiasmus, mit dem diese anscheinend große Errungenschaft begrüßt wurde, hat sich inzwischen schon gelegt.

De Groot[1]) wies darauf hin, daß dieser künstliche Körper mit der Eisenverbindung der Leber (Bunges Hämatogen) keineswegs identisch ist, er sei vielmehr eine schwach saure, zu den Eisenalbuminaten gehörige Verbindung und stimmt in seinen Eigenschaften fast vollkommen mit dialysiertem Eisenalbuminat überein. Von Bunges Hämatogen unterscheidet es sich dadurch, daß ihm durch salzsäurehaltigen Alkohol Eisen sofort entzogen wird. Battistini[2]) erhielt gleiche Resultate bei Untersuchung dieses Ferratins. Auch in der Praxis zeigte es sich, wie zuerst an der Ziemßenschen Klinik konstatiert wurde, daß diese Substanz keinen Vorteil vor den übrigen Eisenpräparaten besitze.

Durch Verdauung wird Hämatogen nicht angegriffen, das Eisen des Ferratins aber in Eisenchlorid übergeführt[3]).

Wenn man sich bei einem vorliegenden Eisenpräparat überzeugen will, ob das Eisen in demselben organisch gebunden (larviert) ist oder ob es sich um ein organisches Eisensalz handelt, bedient man sich am besten der Probe von Macallum[4]). Diese Probe beruht auf der Verfärbung von Hämatoxylinlösungen durch Eisensalze. Man bereitet eine frische $^1/_2$ proz. Lösung von Hämatoxylin in Wasser und setzt eine kleine Menge der zu prüfenden Substanz zu. Präparate, welche ionisierbares Eisen enthalten, erzeugen eine blauschwarze Färbung, während die Präparate mit organisch gebundenem Eisen mit dem Hämatoxylin nicht reagieren.

Eine Prüfung mit diesem Reagens zeigt, daß das Spaltungsprodukt des Hämoglobins, Hämatin, sowie Hämatogen, organische (larvierte) Eisenverbindungen sind, hingegen ist das künstliche Ferratin eine anorganische Eisenverbindung, ebenso wie alle sonstigen Eisenpeptonate und Albuminate.

Warum trotzdem im künstlichen Ferratin das Eisen scheinbar larviert erscheint, ist aber von keiner Seite genügend aufgeklärt worden. Von Interesse für dieses auffällige Verhalten des Ferratin ist, daß Cuperatin [eine dem Ferratin nachgebildete Kupferverbindung (Kupferalbuminsäure)] auch für den Menschen im wesentlichen unbedenklich wirkt, während stearinsaures Kupfer sehr giftig ist[5]). Nach Schwarz ist diese Angabe unrichtig. Bei solchen Kupferverbindungen ist die Wirkung sehr verlangsamt, aber sonst identisch.

Bei einer Nachuntersuchung der O. Schmiedebergschen Angaben fanden Beccari und Scaffidi[6]) sowie E. Salkowski[7]), daß das natürliche Ferratin kein Körper sui generis, keine Ferrialbuminsäure sei, sondern ein Nucleoproteid mit schwankendem Eisengehalt und daß die künstliche Ferrialbuminsäure mit dem natürlich vorkommenden Körper nicht identisch oder verwandt sei.

Um die unangenehmen Nebenwirkungen der Eisenpräparate zu vermeiden, bedient man sich mit Vorliebe der Verbindungen des Eisens mit Eiweiß (Eisen-

---

[1]) Nederl. Tijdschr. Pharm. **1895**, 161. [2]) Wiener med. Presse **1895**, 1842.
[3]) R. Kobert, Deutsche med. Wochenschr. **1894**, 600.
[4]) Journ. of physiol. **22**, 92, 187. [5]) AePP. **35**, 437.
[6]) Malys Jahresber. d. Tierchemie **32**, 494 (1902). — HS. **54**, 448 (1907/8).
[7]) HS. **58**, 282 (1908/9).

albuminate) (hierher gehört auch das Ferratin), Pepton (Eisenpeptonate), Albumosen (z. B. Eisensomatose), Eisensaccharate usw.

Ein Eiseneiweißpräparat, welches im Magensaft ganz unlöslich und erst durch Einwirkung von Darmsaft Eisen abspaltet, soll die Eisenverbindung des Naphtholgrün (Eisenverbindung des α-nitro-β-naphthol-β-sulfosauren Natrons) sein. Therapeutische Versuche liegen nicht vor.

Der Bedarf nach Eisenpräparaten liegt bei der großen Verwendung von Eisen darin, daß man den Magen wenig belästigende Kombinationen sucht und bei dem langen Gebrauche dieser Mittel gern abwechselt. Dieses ist der Grund der wahren Hochflut verschiedenster Eisenpräparate, die täglich „erfunden" werden.

So haben Knoll & Co.[1]) ein P- und N-haltiges Eisenpräparat aus Caseinverdauungsprodukten (durch Pepsinsalzsäure gewonnen) dargestellt, indem sie neutralisieren und das Filtrat mit 5% Ferriammoniumlösung versetzen. Beim Erhitzen zum Sieden scheidet sich das Eisensalz einer N- und P-haltigen organischen Säure ab, die in Magensaft unlöslich, in schwacher Soda (Darmsoda) löslich ist, Triferrin genannt.

Jodparanucleinsaures Eisen erhält man durch Behandlung bei neutraler Reaktion wässeriger Lösungen von Eisensalzen und Lösungen von Jod oder wässeriger Lösungen von Jodparanucleinsäure mit Lösungen von Eisensalzen oder paranucleinsaurem Eisen mit Jodlösungen[2]).

Es wurde auch vorgeschlagen, Eisen, sowie auch Silber und Quecksilber, mit Nuclein zu verbinden, was wohl keinen Vorteil vor anderen Säuren haben kann. Man gewinnt das notwendige Nuclein aus Hefe, indem man diese mit Alkali extrahiert und die Eiweißkörper in der mit Essigsäure angesäuerten Lösung bei 75° C koaguliert. Aus dem Filtrate wird das Rohnuclein mit saurem Alkohol gefällt. Das Nuclein wird mit Permanganat durch leichte Oxydation gereinigt. Die schwach alkalische Nucleinlösung versetzt man nun mit Salzen des Silbers, Quecksilbers oder Eisens und fällt die Lösung mit Alkohol, dem man etwas Neutralsalz zusetzt.

Nach O. Cohnheim[3]) besitzt die Phosphorsäure die Fähigkeit, ähnlich wie Nucleinsäure, Eisen zu maskieren.

Die Darstellung der sauren Eisensalze der Phosphorweinsäure geschieht durch Umsetzung der Alkalisalze der genannten Säure mit Eisensalzen oder Einwirkung von Weinsäure auf die Eisenphosphate oder Fällen der Eisentartrate mit Phosphorsäure. Man kann auch aus der durch Einwirkung von überschüssiger Weinsäure auf Eisenphosphate gewonnenen Lösung die komplexen Salze durch Wasser, Alkohol oder Alkali abscheiden. Dargestellt wurden saures Ferro- und Ferriphosphortartrat[4]).

Man kann an Stelle von Weinsäure Citronensäure verwenden und so die sauren Ferro- und Ferriphosphorcitrate erhalten[5]).

Das Ferrosalz der Glutaminsäure wird dargestellt, indem man Glutaminsäure mit metallischem Eisen unter Ausschluß von Luft in der Wärme behandelt[6]).

Auch das innere Anhydrid der Glutaminsäure, die 2-Pyrrolidon-5-carbonsäure, gibt unter gleichen Bedingungen ein Ferrosalz[7]).

In gleicher Weise kann man von anderen Aminosäuren und Peptonen zu Eisenoxydulverbindungen gelangen[8]).

Eisenreiche Produkte aus höheren ungesättigten Halogenfettsäuren erhält man, wenn man die höheren ungesättigten Halogenfettsäuren mit mehr frisch gefälltem Eisenhydroxyd zusammenschmilzt, als zur Bildung der normalen Eisensalze dieser Säuren notwendig ist. Beschrieben sind solche Eisenverbindungen von Taririnsäuredijodid und Stearolsäuredibromid[9]). Eisensalze der höheren ungesättigten Halogenfettsäuren erhält man durch Fällung der Alkalisalze dieser Säure mit einer wässerigen Lösung von Ferrosulfat. Beschrieben sind Eisentaririnsäuredijodid und dibromelaidinsaures Eisen[10]).

---

1) DRP. 114 273. 2) Knoll, DRP. 258 297.
3) O. Cohnheim, Chemie d. Eiweißkörper. 4) DRP. 211 529.
5) DRP. 211 530, Zusatz zu DRP. 211 529.
6) Hoffmann-La Roche, DRP. 264 390.
7) DRP. 264 391, Zusatz zu DRP. 264 390.
8) DRP. 266 522, Zusatz zu DRP. 264 390.
9) Hoffmann-La Roche, DRP. 281 551.
10) Hoffmann-La Roche, DRP. 249 720.

Die freien hochmolekularen Monojodfettsäuren[1]) werden in die unlöslichen Salze des Eisens und Mangans verwandelt. Die alkoholische Lösung der Säure wird mit Kalilauge neutralisiert und mit Manganchlorür versetzt. Das Eisensalz wird mit Eisenchlorür in gleicher Weise erhalten.

G. Richter-Budapest[2]) verbindet Lecithin und dessen Halogenderivate mit Ferrohalogeniden, indem er alkoholische Lösungen von Ferrobromid oder Ferrojodid mit alkoholischen Lösungen von Lecithin, Bromlecithin oder Jodlecithin vermischt und die ausgefallenen Niederschläge, nach dem Abkühlen mit Eis, mit Alkohol auswäscht.

Lösliche Schwermetallverbindungen geschwefelter Eiweißkörper[3]) erhält man, wenn man die durch Einwirkung von Schwefelkohlenstoff oder Kohlenoxysulfid auf Eiweißkörper oder eiweißähnliche Spaltungs- und Abbauprodukte in alkalischer Lösung erhältlichen Produkte in rohem Zustand oder gereinigt mit Schwermetallen oder deren Verbindungen mit Ausnahme von Blei oder dessen Verbindungen in alkalischer Lösung umsetzt.

Claaß stellte Ferrooxybenzoate dar, denen starke antibakterielle Eigenschaften zukommen sollen. Man läßt auf Alkalisalze von Oxybenzoesäuren, deren Derivate und Kernhomologe oder Substitutionsprodukte unter gleichzeitigem Zusatz geringer Mengen eines Reduktionsmittels, wie Natriumhydrosulfit, auf Ferrosalze in wässeriger Lösung bei Temperaturen bis zu 100° einwirken. Beschrieben sind saures Ferro-p-oxybenzoat, saures Ferro-o-kresotinat, saures Ferro-3-amino-2-oxy-1-benzocarbonat, saures Ferro-o-methoxybenzoat[4]).

Von sehr vorübergehendem Erfolg begleitet war die anfangs ebenfalls mit großem Jubel erfolgte Einführung von blutstillenden Eisenverbindungen, und zwar kam gleichzeitig dasselbe Präparat unter zwei verschiedenen Bezeichnungen Ferropyrin[5]) und Ferripyrin[6]) auf den Markt. Es ist dies die Doppelverbindung des Eisenchlorids mit dem Antipyrin, welches kräftig adstringierend und schwach anästhesierend wirkt. Aus dem gleichen Grunde wurde Eisenchloridchinin dargestellt. Beide verbinden mit ihrer blutstillenden Wirkung auch alle jene schädlichen Nebenwirkungen, welche dem Eisenchlorid eigen sind und die dessen Anwendung zur Blutstillung so außerordentlich beschränken.

M. Claass stellte folgende Verbindungen dar: Ferrodisalicylat und das Kaliumsalz des Ferridisalicylats, Ferriferrisalicylat, die basische Verbindung und das Ferroferrosalicylat, entsprechend dem Ferroferrocyanid. Das von Hager als Ferrum salicylicum bezeichnete Ferrisalicylat gibt es nicht. Die herstellbaren Ferrisalicylate sind unlösliche Verbindungen ohne arzneilichen Wert. Als Ferrum salicylicum könnte nur das Ferrosalicylat bezeichnet werden, welches ausgesprochen keimtötende und zusammenziehende Eigenschaften besitzt. Die violette Verbindung, welche bei der Salicylsäure-Eisenreaktion entsteht, ist eine Ferrisalicylochlorwasserstoffsäure der Formel

$$H_3(Fe[C_6H_4<^{O}_{CO\,O}]\,Cl)_3Cl_3$$

in welcher das Verhältnis von Eisen : Salicylsäure : Salzsäure wie 1 : 1 : 2 ist.

Elektroferrol ist 0.5 proz. elektrisch zerstäubtes kolloidales Eisen.

Aus Liguinsäure und Eisensalzen erhält man einen unlöslichen Niederschlag, liguinsaures Eisen[7]).

Arsenverbindungen.

Die bekannten Wirkungen der arsenigen Säure haben mehrere Versuche gezeitigt, um Derivate der arsenigen Säure für die innere Anwendung als Ersatz-

---

[1]) DRP. 202 353, Zusatz zu DRP. 180 622. Das Hauptpatent: DRP. 180 622 siehe bei Jod. [2]) DRP. 237 394. [3]) DRP. 264 926. [4]) DRP. 279 865.

[5]) Auf Veranlassung von Cubasch [Wien. med. Presse 1895, Nr. 7) von Knoll & Co., Ludwigshafen, dargestellt.

[6]) Auf Veranlassung von Witkowski von den Farbwerken Höchst a. M. dargestellt.

[7]) C. S. Fuchs-Heppenheim, DRP. 327 087.

mittel der Grundsubstanz einzuführen. Der Versuch, Dimethylarsinsäure $(CH_3)_2AsO \cdot OH$ als Ersatzmittel des Arsens einzuführen, ist hinter den gehegten Erwartungen zurückgeblieben. Die ersten Untersucher der Kakodylsäure hielten sie für ungiftig, aber sie ist ebenfalls als giftig anzusehen, da sie im tierischen Organismus später dieselben Erscheinungen erzeugt, wie die anorganischen Arsenpräparate. Die organischen Arsenverbindungen scheinen den Organismus z. T. zu passieren, ohne in eine der giftigen anorganischen Verbindungen des Arsens überzugehen, z. T. werden sie aber in Form von arseniger Säure und Arsensäure ausgeschieden. Die pharmakologische Wirkung der Kakodylsäure ist daher nicht allein auf die Bildung von anorganischen Arsenoxyden zurückzuführen. Der größte Teil der Kakodylsäure wird von einer großen Zahl von Organen zu flüchtigem Kakodyloxyd reduziert, und zwar in erster Linie vom Magen, Darm und der Leber; als solches wird sie dann vom Organismus ausgeschieden, zum großen Teil durch die Exspirationsluft und dies besonders, wenn die Einnahme per os stattgefunden[1]). Von der eingeführten Kakodylsäure wird ein Teil im Harn unverändert ausgeschieden, ein anderer, sehr kleiner Teil, wird im Organismus oxydiert, und dessen Arsen erscheint in Form von arseniger Säure oder Arsensäure im Harn. Die therapeutischen Wirkungen der Kakodylsäure beruhen nach Heffters Ansicht auf dem im Organismus abgespaltenen Arsen, und die Säure ist nur in dem Maße wirksam, als sie der Oxydation anheimfällt. Die Kakodylverbindungen wirken zunächst anders als Arsenik, aber sobald sie längere Zeit im Körper verweilen und sich zersetzen, treten Arsensymptome auf[2]). Es scheint hier ein analoges Verhalten wie beim Quecksilberdimethyl vorzuliegen. Nach Schulz ist die Kakodylsäure bei Berücksichtigung gleichen Arsengehaltes weniger giftig als Arsenigsäureanhydrid. Es handelt sich also nur um Verlangsamung und nicht Verringerung der Wirkung durch Eintritt der organischen Radikale in die Arsensäure. Doch zeigt die Kakodylsäure unangenehme Nebenwirkungen, da sie dem Harne, Schweiße und der Respirationsluft der Kranken einen sehr widerlichen Geruch verleiht.

Methylarsin CH_3AsH_2 hat kaum basische Eigenschaften und ist sehr giftig[3]). Diäthylarsin $(C_2H_5)_2AsH$ ist äußerst giftig. Kakodylchlorid $(CH_3)_2AsCl$ hat einen furchtbar widerlichen reizenden Geruch, ebenso Kakodylfluorid. Kakodylcyanid $(CH_3)_2As \cdot CN$ ist sehr giftig[4]). Kakodyloxyd $[(CH_3)_3As]_2O$ hat einen unerträglichen, heftig reizenden und Übelkeiten hervorrufenden Geruch. Phenylarsin $C_6H_5 \cdot AsH_2$ ist nach Kahn außerordentlich giftig[5]).

Der Dampf von Diacetylenarsentrichlorid $AsCl_3 \cdot 2\,(C_2H_2)$ wirkt auf den Menschen zwar sehr lästig, aber nicht eigentlich giftig. Die Flüssigkeit selbst erzeugt in konzentriertem Zustande bei empfindlichen Personen schwer heilende Ausschläge. Es wirkt bakterientötend[6]).

Arrhenal ist das Dinatriumsalz der Methylarsinsäure $CH_3AsO_3Na_2 + 6\,H_2O$, welches bei Hautkrankheiten und Malaria benützt wird[7]).

Astruc und Murco empfahlen für Tuberkulosebehandlung Guajacolkakodylat und Kakodylzimtsäure. Ersteres heißt Kakodyljacol $As(CH_3)_2O_2 \cdot C_6H_4 \cdot OCH_3$ und wird schon durch kaltes Wasser in beide Komponenten

---

1) H. Schulz, AePP. **11**, 131 (1879). — A. Heffter, AePP. **46**, 231 (1901).
2) Carlson, HS. **49**, 432 (1906). 3) Palma und Dehn, BB. **39**, 3594.
4) Robert Bunsen, Liebigs Annalen **37**, 23. 5) Chem.-Ztg. **1912**, 1099.
6) O. A. Dafert, M. f. C. **40**, 313 (1919).
7) Gautier, Presse méd. **1902**, 791 und 824.

zerlegt. Letzteres $C_6H_5 \cdot CH : CH \cdot COOH \cdot AsO(CH_3)_2 \cdot OH$ zersetzt sich ebenfalls mit Wasser[1]).

Diphenylarsinsäure $(C_6H_5)_2 \cdot AsO \cdot OH$ ist ein ziemlich schnell wirkendes Gift und läßt sich ihrer Wirkungsweise nach, hinsichtlich der analogen Konstitution, der Dimethylarsinsäure an die Seite setzen. Monophenylarsinsäure scheint im Organismus langsamer, aber sonst wie Diphenylarsinsäure zu wirken. Phenylarsinsaures Natron[2]) macht bei der Katze nervöse Erscheinungen wie Atoxyl. Der Ersatz von Hydroxylen durch organische Radikale in der Arsensäure $AsO(OH)_3$ verzögert aber nur die Wirkung, denn das Substitutionsprodukt wirkt qualitativ der Grundsubstanz gleich. Von diesen Derivaten hat nur die Kakodylsäure eine beschränkte Anwendung in der Medizin gefunden.

Arsen in kolloidaler Form enthaltende Präparate erhält man durch Reduktion von Arsenverbindungen auf nassem Wege bei alkalischer Reaktion und bei Gegenwart von Schutzkolloiden[3]).

Wasserlösliches arsensaures Eisen in kolloidaler Form enthaltende Präparate kann man gewinnen, wenn man eine wässerige ammoniakalische Lösung von arsensaurem Eisen mit einer wässerigen Lösung von Alkali- oder Ammoniumsalzen der Protalbin- und Lysalbinsäuren oder mit einer Lösung der Alkalisalze von Albumosen versetzt, den entstehenden Niederschlag abfiltriert und das Filtrat im Vakuum zur Trockne eindampft[4]).

Die Verbindungen mit dreiwertigem Arsen sind stärker wirksam als die mit fünfwertigem.

Für isolierte Organe ist arsenige Säure 300 mal giftiger als Arsensäure[5]). Trypanosomen (Nagana ferox) werden von arseniger Säure (1 : 20 000) durch Arsensäure erst (1 : 100) getötet (200fach so stark).

An Süßwasserinfusorien erweist sich eine wässerige Lösung von Arsenwasserstoff als viel weniger giftig als eine Lösung der arsenigen Säure mit demselben Arsengehalt[6]).

Ebenso kommt dem dreiwertigen anorganischen und organischen Arsen (Natriumarsenit, Salvarsan) eine höhere keimtötende und entwicklungshemmende Wirkung bei Bakterien und Protozoen zu als dem fünfwertigen organischen und anorganischen Arsen (Natriumarsenat, Atoxyl, Arsacetin). Prüft man dreiwertiges Antimon (Brechweinstein) und fünfwertiges Antimon (Kaliumpyroantimoniat), so findet man in gleicher Weise dreiwertiges Antimon wirksamer als das fünfwertige. Auch auf die Hefegärung wirken Arsenite viel stärker hemmend als Arsenate[7]).

Tetramethylarsoniumjodid wird im Organismus nur zum geringsten Teile zerlegt, der größere Teil geht unverändert in den Harn über[8]).

Tetraethylarsoniumjodid wird beim Kaninchen nach subcutaner Injektion im Harn unverändert wiedergefunden[9]).

Triphenylarsinoxychlorid[10]) geht völlig unzersetzt in den Harn über und wird auch nicht spurenweise zu anorganischem Arsen abgebaut.

Nach Kakodylsäuredarreichung erscheint nur ein sehr kleiner Teil des im Harn überhaupt ausgeschiedenen Arsens, nämlich nur 2.3%, als arsenige Säure oder Arsensäure.

Arrhenal wird beim Menschen in den ersten 24 Stunden zu 60% mit dem Harn, wie es scheint unverändert, ausgeschieden. Dann nimmt die Aus-

---

1) Journ. de Pharm. et de Chim. **12**, 553.
2) J. Igersheimer und A. Rothmann, HS. **59**, 256 (1909).
3) Heyden, DRP.-Anm. C. 15 869.
4) Kalle, DRP.-Anm. K. 23 394.
5) Joachimoglu, BZ. **70**, 144 (1915).
6) H. Führer, AePP. **82**, 44 (1917).
7) E. Friedberger und G. Joachimoglu, BZ. **79**, 136 (1917).
8) E. Bürgi, AePP. **56**, 101 (1907).
9) S. Gornaja, AePP. **61**, 76 (1909).
10) R. Kobert, AePP. **44**, 56 (1903).

scheidung von Tag zu Tag in progressiver Reihe ab; doch ist am 30. Tage noch Arsen im Harn nachweisbar[1]).

Auch Carlson konnte nach Einnehmen von täglich 30 Tropfen 1 proz. Arrhenallösung 10 Tage hindurch mittels Elektrolyse die Abspaltung ionisierten Arsens im Organismus nicht nachweisen.[2])

Aus 4-4'-Arsenobenzoesäure entsteht im Organismus p-Benzarsinsäure und Hippurarsinsäure

$$\mathrm{As{=}As}\ (\text{je an einem Benzolring}),\ \mathrm{COOH}\quad \mathrm{COOH}$$

$$\downarrow$$

$$\text{p-Benzarsinsäure}\quad \mathrm{AsO_3H_2}\text{-}C_6H_4\text{-}\mathrm{COOH} \longrightarrow \mathrm{AsO_3H_2}\text{-}C_6H_4\text{-}\mathrm{CO\cdot NH\cdot CH_2\cdot COOH}\quad \text{Hippurarsinsäure}$$

3-3'-Diamino-4.4'-arsenobenzoesäure

$$\mathrm{As{=}As}\ (\text{je an einem Benzolring mit } \mathrm{NH_2}),\ \mathrm{COOH}\quad \mathrm{COOH}$$

erscheint im Harne als 3-Acetamino-p-benzarsinsäure.

$$C_6H_3\begin{cases}\mathrm{AsO_3H_2}\\ \mathrm{NH\cdot COCH_3}\\ \mathrm{COOH}\end{cases}$$

Wird der Harn viele Tage nach der Einspritzung dialysiert, so findet man jetzt ionisiertes drei- und fünfwertiges Arsen[3]).

Karl Sorger in Frankfurt stellt Eisensalze der Arsenweinsäure und Arsencitronensäure her, indem er entweder die Alkalisalze der Arsenweinsäure resp. Arsencitronensäure mit Eisensalzen umsetzt oder die Eisentartrate bzw. Eisencitrate mit Arsensäure behandelt oder schließlich Weinsäure resp. Citronensäure auf Eisenarseniate einwirken läßt[4]).

Analog der Glycerinphosphorsäure (s. d.) wurde auch die Glycerinarsinsäure dargestellt sowie deren Salze.

Man kann Spateisenstein mit Glycerinarsensäurelösung erwärmen, filtrieren und einengen[5]).

Wasserlösliches glycerinarsensaures Eisenoxydul wird folgendermaßen dargestellt[6]): Ferroammonsulfat wird mit Alkali bei Ausschluß von Luftsauerstoff gefällt und mit luftfreiem Wasser ausgewaschen, hierauf eine Lösung von Glycerinarsensäure (durch Erwärmen von Arsensäure mit Glycerin erhalten) zugebracht und erwärmt, die Lösung wird im Vakuum bei Gegenwart von Kohlensäure eingeengt.

Arsensäureverbindungen der höheren mehrwertigen Alkohole, welche zum Teil Arsen in sehr fester Bindung erhalten, kann man gewinnen, wenn man höhere mehrwertige Alkohole oder ihre Ester mit Arsensäure oder Arsensäureanhydrid im Vakuum auf höhere Temperatur erhitzt. Beschrieben sind die Magnesiumsalze der Mannitarsensäure und Inositarsensäure[7]).

Das sehr moderne Verfahren, anorganische Substanzen an Eiweißkörper zu binden, hat auch den Versuch gezeitigt, eine Arsencaseinverbindung herzustellen. Wenn man Arsenjodür, -bromür oder -chlorür in Alkohol löst und auf pulveriges Casein einwirken läßt, so erhält man Arsencaseinate, welche auch das verwendete Halogen enthalten. Diese Arsenverbindungen enthalten

[1]) A. Mouneyrat, C. r. **136**, 696 (1903).
[2]) C. E. Carlson, HS. **49**, 410 (1906). [3]) E. Sieburg, HS. **97**, 95 (1916).
[4]) DRP. 208 711. [5]) Spiegel, Charlottenburg, DRP. 146 456.
[6]) Spiegel, Charlottenburg, DRP. 138 754.
[7]) Hoffmann-La Roche, DRP. 279 254.

Arsen angeblich in der larvierten Form und sind alle wasser- und alkalilöslich. Über die praktische Verwertbarkeit dieser Verbindungen liegen keine Urteile vor, aber man muß bedenken, daß diese Verbindungen durch verdünnte Säure aus ihrer wässerigen Lösung fallen und daß sie daher länger sich im Magendarmkanal aufhalten werden als etwa arsenige Säure, die man in Form der Fowlerschen Lösung den Patienten eingibt. Nun suchen wir bei der internen Verabreichung des Arsens möglichst rasch resorbierbare Präparate einzugeben, damit wir nur Wirkungen innerhalb des Organismus und nicht Wirkungen auf die Schleimhaut des Magendarmkanales erzielen, die wir keineswegs benötigen und die immer schädlich sind, da es unter Umständen zur Entstehung einer Gastroenteritis kommen kann.

Aus diesem Grunde werden wir wohl annehmen können, daß es zweckmäßiger ist, die arsenige Säure in einer der bekannten pharmazeutischen Zubereitungen in gelöster und leicht resorbierbarer Form zu verabreichen als in Form von Präparaten, aus denen erst die arsenige Säure abgespalten werden muß, und die wegen ihrer schweren Resorbierbarkeit und ihres längeren Aufenthaltes im Magendarmkanal die so unerwünschten Nebenwirkungen gastroenteritischer Natur hervorzurufen.

Arseneiweißverbindungen, welche noch Phosphor und Schwefelsäure enthalten, erhält man aus Eiweißkörpern durch Einwirkung von Arsentrichlorid und Phosphorpentoxyd in Essigsäureanhydridlösung. Die Präparate enthalten 0.6% Arsen[1]).

Volkmar Klopfer, Dresden, stellt eine Arseneiweißverbindung durch Einwirkung von Arsentrichlorid auf Weizeneiweiß bei Gegenwart von Alkohol bei gewöhnlicher Temperatur her. Das Produkt enthält 4,33% Arsen[2]).

Wasserlösliche Salze der Arsensäure[3]) mit Albumosen erhält man durch Vereinigen der wässerigen Lösungen und Fällung mit Alkohol. Arsensaure Salze der Gelatosen erhält man durch Erhitzen einer Glutinlösung mit Arsensäure, wobei Peptonisation eintritt[4]).

Die wässerige Arsensäurelösung[5]) kann auch auf die in Alkohol suspendierte Albumose zur Einwirkung gebracht werden.

Es wurden mehrere Präpararate dargestellt, welche Arsen und mit ihm manchmal auch Chlor oder Phosphor an mehrwertige Alkohole, an Fettsäuren oder Fette gebunden enthalten.

Elarson ist das Strontiumsalz einer Chlor und Arsen gebunden enthaltenden Behenolsäure, Chlorasenobehenolsäure. Es enthält 13% As und ca. 6% Cl. Elarson wird, per os gegeben, nur zum geringen Teil resorbiert. Bei intravenöser Applikation ist Elarsonsäure erheblich giftiger als arsenige Säure.

Man kann in organische Verbindungen mit sauren Atomgruppen, in freien Säuren, Säureester (Öle) Arsensäurekomplexe einführen, indem man die betreffenden Verbindungen zunächst halogenisiert und dann mit arsensaurem Silber behandelt. Auf diese Weise wurde Dibrombehensäure, Bromlecithin und Dijodphenolsulfosäure mit arsensaurem Silber behandelt[6]).

Die Säuren der Acetylenreihe verbinden sich beim Erhitzen mit den Halogenverbindungen des Arsens und Phosphors. Verwendet man Stearolsäure oder Behenolsäure, so erhält man fettähnliche Massen, welche resorbierbar sind[7]).

Man kann zu den gleichen Verbindungen gelangen, wenn man auf eine Mischung der Säuren der Acetylenreihe mit Arsenigsäureanhydrid Halogenwasserstoff in Gegenwart von wasserbindenden Mitteln einwirken läßt[8]).

Solarson ist das Monoammoniumsalz der Heptinchlorarsinsäure $CH_3(CH_2)_4 \cdot Cl{-}C = CH \cdot As = O(OH)_2$[9]).

---

[1]) J. Gnezda, DRP. 201 370. [2]) DRP. 214 717.
[3]) Knoll, Ludwigshafen, DRP. 135 306. [4]) Knoll, Ludwigshafen, DRP. 135 307.
[5]) Knoll, Ludwigshafen, DRP. 135 308. [6]) R. Wolffenstein, DRP. 239 073.
[7]) E. Fischer, Felix Heinemann, DRP. 257 641.
[8]) DRP. 268 829, Zusatz zu DRP. 257 641.
[9]) Therap. d. Gegenw. **1916**, 18, 80, 119.

Halogenisierte Arsinsäuren erhält man durch Einwirkung von Arsentrihalogen aus den Kohlenwasserstoffen der Acetylenreihe und Oxydation des Reaktionsproduktes. Beschrieben sind Heptinchlorarsinsäure, Octinbromarsinsäure[1]).

Nach den früheren Patenten gelangt man zu amorphen Produkten. Zu schön krystallisierenden Körpern gelangt man, wenn man Phenylpropiolsäure mit Trihalogenderivaten des Arsens oder mit solche liefernden bzw. wie solche reagierenden Gemischen behandelt. Der so erhaltene arsenhaltige Abkömmling der Phenylpropiolsäure ist außer durch seine krystallinische Beschaffenheit durch die leichte Abspaltbarkeit des Halogens bei der Behandlung mit schwachen Alkalien charakterisiert, wobei krystallinische Salze erhalten werden. Beschrieben sind die Säure aus Phenylpropiolsäure und Arsentrichlorid und aus Arsentribromid[2]).

Arsenophenylpropiolsaures Kalium ist ebenso giftig wie die arsenige Säure (auf As-Gehalt gerechnet) und erheblich weniger giftig als Elarsonsäure[3]).

Solche arsen- und phosphorhaltige Fettsäuren kann man statt an Alkalien oder Erdalkalien zu binden in gleicher Weise in die Eisensalze verwandeln[4]).

Statt der fertigen Trihalogenderivate des Arsens und Phosphors kann man auch solche Reagenzien verwenden, welche diese Halogenderivate ohne Abspaltung von Wasser liefern, wie Phosphor oder Arsen und Sulfurylchlorid oder Arsenigsäureanhydrid und Thionylchlorid, so daß man keine wasserbindenden Mittel braucht[5]).

Auch die Derivate dieser Verbindungen, welche lipoidlöslich sind, im Gegensatze zu den beschriebenen Salzen, können dargestellt werden, entweder indem man von den Derivaten der Säure ausgeht oder indem man die arsen- und phosphorhaltigen Säuren in ihre Säurederivate verwandelt.

Beschrieben sind Chlorarsenobehenolsäuremethylester, Chlorarsenostearolsäureäthylester, Chlorarsenobehenolsäureanhydrid, Bromarsenobehenolsäureanhydrid, Chlorphosphorbehenolsäuremethylester[6]).

Eine organische Arsensäureverbindung wird erhalten, wenn man Distearin mit Arsensäure in der Wärme behandelt. Sie ist fettartig und lipoidlöslich[7]).

Arsenhaltige Verbindungen aus Phosphatiden oder phosphatidhaltigen Stoffen erhält man, wenn man Phosphatide usf. in organischen Lösungsmitteln mit Arsensäure in der Wärme behandelt und die entstehenden Arsenverbindungen nach den für die Gewinnung von Lecithin üblichen Methoden abscheidet[8]).

Durch Hydrolyse von Halogenmethyltrialkylarsoniumhalogeniden mit Wasser bei höherer Temperatur kann man die dem Cholin entsprechenden Arsoniumverbindungen gewinnen.

Trimethylarsin gibt mit Äthylenbromid bei 100—105° ω-Bromäthyltrimethylarsoniumbromid. Beim Erhitzen mit Wasser auf 180° entsteht ω-Oxyäthyltrimethylarsoniumbromid.

Das aus Triäthylarsin und Äthylenbromid dargestellte Bromäthyltriäthylarsoniumbromid liefert mit Wasser bei 180° Äthanoltriäthylarsoniumbromid[9]).

Die von A. Michaelis $\begin{matrix} As \cdot C_6H_4 \cdot COOH \\ \ddot{} \\ As \cdot C_6H_4 \cdot COOH \end{matrix}$ dargestellten Arsenobenzoesäuren wurden von Kobert pharmakologisch untersucht. Die Natriumsalze beider Säuren sind stark giftig, die o-Verbindung noch stärker als die p-Verbindung. Beide wirken hauptsächlich auf die Nieren, die sie analog dem Uran für Eiweiß und Zucker durchlässig machen. Ferner heben beide Säuren schon in kleinen Dosen die Freßlust von Fleisch- und Pflanzenfressern auf. Die Nieren werden schwer geschädigt, die Schleimhaut des Magens weist kleine Blutaustritte auf, es kommt zu Leberdegeneration. Die Orthosäure bewirkt Eiweißausscheidung, wenn man pro Kilogramm Kaninchen 1 mg Arsen in dieser Form benützt[10]).

Atoxyl wurde zuerst von Béchamp 1863 dargestellt und als Arsanilid aufgefaßt, 1901 von Ferdinand Blumenthal toxikologisch untersucht,

---

[1]) Bayer, DRP. 296 915. [2]) DRP. 291 614, Zusatz zu 257 641.
[3]) G. Joachimoglu, AePP. 78, 1 (1915). [4]) DRP. 271 158, Zusatz zu 257 641.
[5]) DRP. 271 159, Zusatz zu DRP. 257 641.
[6]) DRP. 273 219, Zusatz zu DRP. 257 641.
[7]) Hoffmann-La Roche, DRP. 287 798. [8]) Grenzach, DRP. 282 611.
[9]) BB. 48, 870 (1915). [10]) Grenzach, DRP. 203 032.

welcher fand, daß es keine Anilinwirkung, sondern eine spezifische Arsenwirkung zeigt. Schließlich wurde nach verschiedenen Untersuchungen, welche die Unrichtigkeit der Béchampschen Formel dartaten, von P. Ehrlich und Bertheim die richtige Formel ermittelt.

P. Ehrlich und A. Bertheim[1]) zeigten, daß Atoxyl das Mononatriumsalz der p-Aminophenylarsinsäure

$$NH_2 \cdot \bigcirc \cdot AsO\langle{}^{OH}_{ONa} \text{ ist.}$$

Diese Konstitutionsermittlung sowie die physiologische Prüfung des Atoxyls und zahlreicher Derivate desselben war von größter Tragweite für die Synthese des Salvarsans.

Der Arsensäurerest haftet beim Atoxyl sehr fest am Benzolkern, und es zeigt sich eine weitgehende Analogie zwischen Arsanilsäure und Sulfanilsäure. Diese Analogie geht so weit, daß man auch die leichte Spaltbarkeit beider durch Halogen durchführen kann. So entsteht aus Arsanilsäure mit Bromwasser fast quantitativ Tribromanilin und Arsensäure.

Atoxyl gibt erst bei der Kalischmelze das festgebundene Arsen ab. Man kann in dieser Form 40—50mal soviel Arsen geben als bei Verwendung von Sol. Fowleri[2]).

Atoxyl wird beim Pferde[3]) z. T. als anorganische Arsenverbindungen, z. T. als p-Aminophenylarsinsäure, d. h. unverändert, wie auch als p-Oxyphenylarsinsäure und Oxycarbaminophenylarsinsäure ausgeschieden. Beim Menschen findet man: p-Aminophenol, wahrscheinlich o-Acetaminophenolschwefelsäure, Carbonyl-o-aminophenol (Oxycarbanil), Oxyaminophenylarsinsäure, Oxyphenylarsinsäure. Zu $^1/_4$ wird das Arsen in ionisierter Form ausgeschieden[4]).

Die Arsanilsäure selbst erhält man durch Einwirkung von Arsensäure auf Anilin zunächst in wässeriger Lösung und nachheriges Erhitzen unter Druck.

Die anorganischen Salze der Arsanilsäure zersetzen sich bei längerem Erhitzen; dieses soll bei den Chinin- und Cinchoninsalzen nicht der Fall sein. Man erhält diese durch Einwirkung der Säure auf die Base oder Umsetzung der Salze[5]).

p-Diazophenylarsinsäure erhält man durch Einwirkung von salpetriger Säure auf Arsanilsäure[6]).

m-Arsanilsäure ist ebenso toxisch wie die p-Arsanilsäure. Chemisch zeichnet sie sich durch das stärkere Haften der Arsensäure vor der Paraverbindung aus.

m-Aminophenylarsanilsäure (Metarsanilsäure) erhält man, indem man die durch Nitrierung von Phenylarsinsäure erhältliche Nitrophenylarsinsäure in alkoholischer Lösung mit Natriumamalgam oder mit Schwefelammon und nachher mit Alkalien behandelt[7]).

Bei der Einwirkung von Arsensäure auf o- und m-Toluidin, sowie auf p-Xylidin wird 1-Aminobenzol-4-arsinsäure resp. ihre Homologen gebildet, insbesondere wenn man 2 Teile Arsensäure mit 3 Teilen Amin erhitzt. Sie zeigen analoge Wirkungen wie die Arsanilsäure. o-Tolylarsinsäure wird dargestellt aus o-Tolylarseniat durch Erhitzen auf 180°[8]).

Durch den Eintritt der Aminogruppe in das Molekül der Phenylarsinsäure erfolgt eine gewaltige Verschiebung der biologischen Eigenschaften: Arsanilsäure. Die Toxizität sinkt und der parasiticide Charakter entwickelt sich.

---

[1]) BB. **40**, 3292 (1907).

[2]) F. Blumenthal, Med. Woche **1902**, Nr. 15. — Schild, Berliner klin. Wochenschrift **1892**, 279.

[3]) Nierenstein, Zeitschr. f. Immunitätsforsch. u. exp. Ther. **2**, 453 (1909).

[4]) Ernst Sieburg, HS. **97**, 53 (1916).

[5]) Chemische Werke, Charlottenburg, DRP. 203 081.

[6]) Speyer-Stiftung, DRP. 205 449. [7]) DRP. 206 334.

[8]) Englisch. Patent 855 v. 14. I. 1908.

Tritt eine zweite Aminogruppe in die Phenylarsinsäure ein, so wird die Toxizität noch weiter herabgesetzt. 3.4-Diaminophenyl-1-arsinsäure ist ca. 25 mal ungiftiger als das Natriumsalz der Arsanilsäure. Die Diaminosäure besitzt auch Heilwert gegenüber Trypanosomiasis, da sie aber in den wirksamen Dosen Nervenaffektionen als Nebenwirkung auslöst, kann sie als Heilstoff nicht in Frage kommen[1]).

Wird noch eine dritte Aminogruppe in die Phenylarsinsäure eingeführt, so entsteht Triaminophenylarsinsäure.

AsO_3H_2

H_2N NH_2

N

H_2

Sie hat bei manchen Tieren kaum überhaupt eine Giftwirkung.

Alle Halogenderivate der Arsanilsäure haben eine bedeutend stärkere Giftigkeit als ihre Muttersubstanz.

Die Einführung von Jod und Brom erhöht die Giftigkeit des Atoxyls, weil dieses sich in der Leber ablagert, während das halogenfreie es nicht tut.

p-Aminophenylarsinsäurebijodür p-Aminophenylarsinsäuretetrajodür

Das Bijodür der p-Aminophenylarsinsäure sowie das Tetrajodür sind giftiger als Atoxyl. Die Einführung von Jod bei erhaltener Aminogruppe steigert die Giftigkeit des Atoxyls[2]).

Die Einführung von Jod in das Atoxylmolekül zeitigt nur Nachteile.

p-Aminophenylarsinsäuretetrajodid, und zwar das jodwasserstoffsaure Salz HJ, $NH_2 \cdot C_6H_4 \cdot AsJ_4$, erhält man durch Übergießen trockener p-Aminophenylarsinsäure mit Jodwasserstoffsäure von 1.7 sp. G. bis zur Lösung beim Erwärmen. Die Substanz wirkt wie die anderen jodierten Atoxylderivate, dabei aber stark ätzend und nekrotisierend[3]).

p-Aminophenylarsinsäure-tetrajodid ist giftiger als p-Aminophenylarsinsäure[4]).

3.5.3'.5'-Tetrajodarsenophenol wirkt schwächer auf Trypanosomen, aber stärker auf Spirillen als Arsenophenol.

Weniger giftig als jodierte Atoxylderivate sind Jodacidylderivate des Atoxyls, bei denen Jod in der Seitenkette steht. Aus Jodacetylchlorid, Atoxyl und Lauge erhält man Jodacetylaminophenylarsinsäure $CH_2J \cdot CO \cdot NH \cdot C_6H_4 \cdot AsO_3H_2$[5]).

p-Jodphenylarsinsaures Natrium und Jodatoxyl

J

As = O

ONa ONa

NH_2

J

As = O

ONa ONa

[1]) Farbwerke Höchst, DRP. 219 210. A. Bertheim, BB. **44**, 3092 (1911).
[2]) A. Patta und P. Caccia, Arch. di farmacol. sperim. **12**, 546 (1912).
[3]) Boll. Soc. Med. Chir. di Pavia (1911).
[4]) Aldo Patta und Pierro Caccia, Arch. di Farmacol. sperim. **12**, 456 (1912).
[5]) Schering - Berlin, DRP. 268 983.

Beide Präparate sind erheblicher giftig als Atoxyl.

Die Einführung von Halogen in den Ring erhöht die Giftigkeit.

3.5-Dibrom-4-aminophenylarsinsäure $NH_2 \cdot C_6H_2Br_2 \cdot As(O)(OH)_2$ und o-Toluidinarsinsäure [Kharsin[1])] $NH_2 \cdot C_6H_3(CH_3) \cdot As(O)(OH)_2$ und 3.5-Dijod-4-aminophenylarsinsäure $NH_2 \cdot C_6H_2J_2 \cdot As(O)(OH)_2$

sind vielfach mehr giftig als Arsanilsäure, während die Einführung eines Acetyl- oder Glycinrestes die Giftigkeit stark herabsetzt.

p-Jod-, p-Jodoso- und p-Jodophenylarsinsäuren haben für Mäuse annähernd dieselbe Toxizität von $^1/_{2000}$ g pro 20 g Gewicht. p-Jod- und p-Jodosophenylarsinsäure machen bei Mäusen Ikterus, während p-Jodophenylarsinsäure diese Erscheinung nicht zeigt[2]).

Dichlorphenylarsinsäure und 3.5-Dichlor-4-jodphenylarsinsäure machen bei Mäusen sehr intensiven Ikterus, viel stärker als 4-Jodphenylarsinsäure. Bei den Halogenphenylarsinsäuren wächst die Fähigkeit der Ikterusbildung mit der Anzahl der Halogenatome. Das sog. „Icterogen"

$$H_2O_3As \cdot C_6H_4 \cdot N\begin{cases} CH:CH_2 \cdot CH_3 \\ CH:CH_2 \cdot CH_3 \end{cases}$$

wird nach der ikteruserregenden Richtung von diesen beiden Substanzen übertroffen.

3.5-Dichlorphenylarsinsäure ist ungiftiger als p-Jodphenylarsinsäure und Dichlorjodphenylarsinsäure, so daß die Besetzung der p-Stellung zum Arsenrest jedenfalls die Giftwirkung wesentlich beeinflußt[3]).

4-Jodphenylarsinsäure sowie ihre Salze wurden sehr vielfach pharmakologisch geprüft.

p-Jodphenylarsinsäure und p-Jodphenylarsenigsäurejodid $JC_6H_4AsJ_2$ sind bedeutend toxischer als Atoxyl. Arsen wird zum Teil in anorganischer Form ausgeschieden, Jod hingegen wird bei der Jodphenylarsinsäure nur in organischer Bindung eliminiert, beim Jodphenylarsenigsäurejodid zum Teil auch in ionisiertem Zustande. Beim Kaninchen machen diese Verbindungen eine Verminderung des Stickstoffumsatzes. Gegenüber dem Trypanosoma Brucei sind beide Verbindungen unwirksam[4]).

Die Halogenderivate des Atoxyls werden am langsamsten ausgeschieden.

Bei der Einwirkung von Aldehyden mit und ohne Kondensationsmittel auf die Arsanilsäuren erhält man durch Kondensation Derivate. Beschrieben sind die Einwirkungsprodukte von p-Oxybenzaldehyd, Dimethylaminobenzaldehyd und Resorcylaldehyd[5]).

Durch die Acetylierung der Arsanilsäure erhält man eine Verbindung, die im Heilwert nicht zurückgegangen ist, aber für verschiedene Tierarten um 3—10 mal weniger giftig ist. Nur das Pferd und das Meerschweinchen bilden

---

[1]) Wellcome und Pyman, engl. Pat. Nr. 855 (1908); Nr. 14 937 (1908).

[2]) Leupold bei P. Karrer, BB. **47**, 97 (1914).

[3]) P. Karrer, BB. **47**, 1779 (1914).

[4]) Efisio Mameli und Aldo Patta, Arch. di Farmacol. sperim. **11**, 475; **12**, 1 (1911).

[5]) Speyer-Stiftung, DRP. 193 542.

eine Ausnahme, für die das Präparat gleich giftig bleibt. Arsacetin ist Acetylatoxyl, es ist ungleich ungiftiger als Atoxyl[1]). Die Einführung eines Acetylrestes setzt aber nicht bei allen Tierarten die Toxizität der Arsanilsäure herab, weil Acetarsanilsäure bei verschiedenen Tieren mehr oder weniger vollständig in die beiden Komponenten gespalten wird.

4-Acetaminoarsinsesquisulfid ist giftiger als die Acetarsanilsäure.

Phenoxylessigsäure erhöht die Toxizität, Phthalsäure mindert sie beträchtlich in Verbindung mit Atoxyl. Diese Verbindungen sollen gegen Trypanosomen heilkräftiger sein als Atoxyl[2]). Eine Entgiftung erhält man auch durch Einwirkung von Benzolsulfochlorid auf Arsanilsäure. Hektin ist das Natriumsalz der Benzolsulfon-p-aminophenylarsinsäure[3]). Beim Hektin ist die Arsenausscheidung am schnellsten beendigt. Das Quecksilbersalz wird Hektargyr genannt.

ω-Methylsulfonsäure der p-Aminophenylarsinsäure

```
      OH
     /
  As<O
   .  \
       OH
  [Benzolring]
   .
  N—H
   \
    CH2 · O · SO3H
```

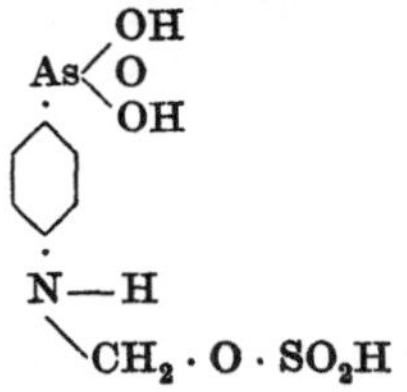

ist weit weniger giftig als Arsanilsäure und die therapeutische Wirksamkeit ist bedeutend geschwächt[4]).

Säureabkömmlinge der p-Aminophenylarsinsäure erhält man durch Acylierung von p-Aminophenylarsinsäure. Dargestellt wurden Formylarsanilsäure, Acetylarsanilsäure, Butyrylarsanilsäure, Chloracetylarsanilsäure, Malonylarsanilsäure, Benzoylarsanilsäure, Phthalylarsanilsäure, ebenso ist der Harnstoff der Aminophenylarsinsäure beschrieben[5]).

p-Aminophenylarsinsäure und ihre Homologen kann man in Harnstoff- und Thioharnstoffabkömmlinge verwandeln durch Einwirkung von Cyansäure resp. Sulfocyansäure oder deren Estern auf Arsanilsäure[6]).

Die in DRP. 191 548 beschriebenen Diarsanilharnstoffe setzen schon die Toxizität bedeutend herab, die Giftigkeit ist wie die des Methylharnstoffes der Arsanilsäure, aber die Heilfunktionen sind nicht gesteigert, so daß bei der praktischen Verwendung Diarsanilharnstoff dem unsymmetrischen Harnstoff bei weitem nachsteht. Dargestellt wurden Carbaminoarsanilsäure, Thiocarbaminoarsanilsäure, Methylcarbaminoarsanilsäure, Phenylcarbaminoarsanilsäure, Carbamino-o-methylarsanilsäure, Carbaminoanthranilarsinsäure.

p-Nitrosophenylarsinsäure hat nach P. Ehrlich keinen Heilwert[7]).

p-Oxyphenylarsinsäure sowie ihr Reduktionsprodukt, p-Arsenophenol $OH \cdot C_6H_4 \cdot As = As \cdot C_6H_4 \cdot OH$ beeinflussen Mäusespirillen günstig.

Die substituierten Arsinsäuren stehen in bezug auf Toxizität zwischen Arsinsäuren und Arsinoxyden; sie sind einerseits viel toxischer als die entsprechenden Arsinsäuren, andererseits weniger toxisch als die Arsinoxydverbindungen. Im Heilversuche haben sich die Arsinoxyde stets weniger günstig erwiesen als die Arsenoverbindungen. Die Arsinoxydverbindungen haben eine direkte und sehr energische Wirkung auf die Protozoen. Als Heilmittel sind die Arsenoverbindungen den Arsinsäuren überlegen.

Die oxydationshemmende Wirkung des Arseniks steht bei Erythrocytenversuchen[8]) der der Blausäure kaum nach. Während Atoxyl und Arsenophenyl-

---

[1]) Alb. Neisser, Dtsche med. Wochenschr. **34**, 1500. [2]) DRP. 191 548.
[3]) Balzer und Mouneyrat, Progrès Médical **1909**, Nr. 27. — Revue Internationale de Médecine et de Chirurgie **1909**, 375. [4]) J. Abelin, B Z. **78**, 191 (1916).
[5]) Speyerstiftung, DRP. 191 548.
[6]) Farbwerke Höchst, DRP. 213 155, Zusatz zu DRP. 191 548.
[7]) P. Karrer, BB. **45**, 2066 (1912). [8]) M. Onaka, HS. **70**, 433 (1910/11).

glycin in bestimmter Konzentration keinen hemmenden Einfluß auf die Atmung der Erythrocyten ausüben, hemmt Aminophenolarsenoxyd in größerer Verdünnung stark.

Die Chemoceptoren der Parasiten sind nur imstande, den dreiwertigen Arsenrest, nicht aber den fünfwertigen zu verankern, daher übt die Reduktion eine große Verstärkung auf die Wirkung aus. Bei Mäusen beträgt durchschnittlich die ertragene Dosis Atoxyl 0.25 g, beim p-Aminophenylarsenoxyd aber 0.004 g pro kg, beim Diaminoarsenobenzol 0.0066 g pro kg. Beim Kaninchen besteht aber ein erheblicher Unterschied in der Toxizität der beiden Verbindungen insofern, als intravenös die letale Dosis des Diaminoarsenobenzols 0.01 g pro kg beträgt, während sie für p-Aminophenylarsenoxyd nur 0.0012 g beträgt. Ebenso ist die trypanocide Wirkung dieser Präparate maximal gesteigert.

A. S. Levaditti und v. Knaffl-Lenz stellen sich aber vor, daß das Arsen des Atoxyls sowie Brechweinstein von tierischen Eiweißkörpern fixiert wird und in dieser Bindung eine starke trypanocide Wirkung ausübt. Die Arsenbindung an das Eiweiß ist eine feste, Antimon geht aber nur eine lockere Bindung ein [1]).

Die Arsenoverbindungen sind viel toxischer als die entsprechenden Arsinsäuren, aber weniger toxisch als die Arsinoxydverbindungen. Die Arsinoxyde haben sich im Heilversuche stets als weniger günstig erwiesen als die Arsenoverbindungen. Die Arsinoxyde sind alle bedeutend giftiger als die entsprechenden Arsinsäuren und auch als die Arsenoverbindungen. Während die Arsinsäuren direkt die Parasiten nicht angreifen, sondern erst im Organismus reduziert werden müssen, wirken die Arsenoverbindungen direkt auf die Parasiten ein, so daß sie als Heilmittel den Arsinsäuren überlegen sind.

So konnte Paul Ehrlich z. B. sehen, daß ein gegen Acetarsanilsäure fester Trypanosomenstamm von Arsinsäuren nicht mehr angegriffen wurde, Arsenoverbindungen aber ihn töteten.

4-Oxyphenylarsenoxyd tötet in einer Lösung von 1 : 10 000 000 Trypanosomen in einer Stunde. — In dieser Substanz erreicht die trypanocide Wirkung ihren Höhepunkt.

3-Amino-4-oxyphenylarsinoxyd ist ca. 20 mal giftiger als die entsprechende Arsenoverbindung, das Salvarsan, aus dem sie durch Oxydation an der Luft entsteht.

4-Arsinophenylarsinoxyd ist viel giftiger als die entsprechende Arsinsäure.

Die Arsanilsäure erfährt durch Reduktion zum Diaminoarsenobenzol eine Steigerung der Toxizität auf das 30—40fache.

Arsenophenylglycin ist sehr veränderlich und enthält nach kurzer Zeit durch Oxydation das weit giftigere Phenylglycinarsenoxyd. Es ist sehr stark wirksam und relativ wenig toxisch. Ehrlich stellt sich vor, daß diese Substanz sowohl an der Arsengruppe als auch an der Essigsäure vom Organismus festgehalten wird. Arsenophenylglycin tötet im Tiere noch Trypanosomen, welche gegen Atoxyl und Arsacetin fest sind. Beim Menschen hat sich aber diese Substanz, welche beim Tier außerordentlich wirksam ist, nicht bewährt.

Arsenophenylglycin wirkt nach Wendelstadt gegen die Naganaerkrankung ganz vorzüglich. Von den drei Präparaten Arsacetin, Atoxyl und Arsenophenylglycin verbleibt letzteres am längsten im Organismus, und zwar 68 Tage. Arsacetin wird in 2 Tagen, Atoxyl in 3 Tagen ausgeschieden [2]).

---

[1]) Zeitschr. f. Immunitätsforsch. 2, 545. [2]) Berl. klin. Wochenschr. **1908**, 2263.

Sowohl Atoxyl als auch Arsenophenylglycin und Arsacetin führen zu Vergiftungen, und bei der Schlafkrankheit haben sich die Hoffnungen, welche an die Verwendung dieser Präparate geknüpft wurden, durchaus nicht ganz erfüllt.

Arsenophenoxyessigsäure und Arsenophenylthioglykolsäure enthalten, wie Arsenophenylglycin, eine Essigsäuregruppe und wirken der Ehrlichschen Theorie gemäß noch sehr stark auf Trypanosomen und vermögen noch gegen Arsinsäuren gefestigte Stämme zu vernichten[1]).

Robert Reginald Baxter und Robert George Fargher haben versucht, wasserlösliche Hydrochloride herzustellen, die so viel schwächer sauer reagieren als Salvarsan, daß sie direkt klinisch verwertbar sind. Sie haben zu diesem Zweck die Hydrochloride der Arsenobenzole dargestellt, die sich vom 1.3-Benzodiazol (Benzoglyoxalin) ableiten. Solche Derivate wurden durch Einwirkung von Ameisensäure oder Essigsäure auf die bekannten 3.4-Diaminophenylarsinsäuren gewonnen. Die verhältnismäßig große Beständigkeit der 3.4-Diacetylaminophenylarsinsäure deutet darauf hin, daß in Abwesenheit von Anhydriden die Glyoxalinbildung unter intermediärer Bildung eines Monacylderivates stattfindet. Die erhaltenen Arsinsäuren werden am besten mit Natriumhyposulfit zu Arsenobenzolen reduziert. Die Hydrochloride der letzteren sind in Wasser löslich und reagieren in wässeriger Lösung stark sauer gegen Lackmus, aber neutral gegen Methylorange. Es ergab sich, daß diese Acidität für Zwecke der intravenösen Injektion zu groß ist[2]).

Heterocyclische organische Arsenverbindungen erhält man, wenn man Dihalogenpentan oder einen ähnlichen Halogenkohlenwasserstoff mit zwei reaktionsfähigen Halogenatomen und ein Arsenhalogenid oder ein Organoarsenhalogenid in einem indifferenten Lösungsmittel mittels Natrium oder Magnesium zur Reaktion bringt. Ebenso kann man auch andere Metallhalogenide verwenden[3]).

Aus den Magnesiumverbindungen des 1.5-Dibrompentans und Phenyldichlorarsins erhält man Cyclopentylenphenylarsin.

Die durch Einwirkung von Allylsenföl auf Arsanilsäure, deren Homologe und Derivate entstehenden Verbindungen haben angeblich eine spezifische Wirkung auf Bindegewebe von Tumoren. Dargestellt wurde die Thioharnstoffverbindung aus Allylsenföl und Methylarsanilsäure[4]).

Der Chininester der p-Dichlorarsinobenzoesäure ist ein wirksames Gift gegen Trypanosomen, aber auch sehr giftig für das an Trypanosomen erkrankte Tier[5]). Oechslin stellte auch Di-p-benzarsinsäure-dichininester dar, der aber nicht weiter untersucht wurde.

Aus Arsanilsäure kann man p-Arylglycinarsinsäuren erhalten durch Umsetzung von p-Aminoarylarsinsäuren mit Halogenessigsäuren oder mit Formaldehyd und Blausäure. Diese Verbindung ist als Arsanilglycin beschrieben[6]).

Die carboxylierten Acylaminophenyl- und Acylaminotolylarsinsäuren erhält man durch die Oxydation der Homologen der p-Acylaminophenylarsinsäuren. Acet-o-toluidinarsinsäure, durch Acetylierung der Grundsubstanz erhalten, geht durch Permanganat in Acetanthranilarsinsäure über[7]).

Sie haben eine herabgeminderte Toxizität, sie sind auch weniger giftig als die Acylderivate, da sie im Organismus schwerer spaltbar sind. Die Methyl-

---

[1]) Zeitschr. f. angew. Chemie **23**, 2.

[2]) Journ. Chem. Soc. London **115**, 1372 (1919).

[3]) Giemsa, Deutsche med. Wochenschr. **45**, 94 (1919).

[4]) Thoms, DRP. 294 632.

[5]) K. J. Oechslin, The Philippine Journ. of Science, 6. Sektion, A. 23.—24. Januar (1911), Manila.

[6]) R. Kobert, Therap. d. Gegenw. **1902/3**, 159. — Michaelis, Liebigs Ann. **321**, 162, 165. [7]) Farbwerke Höchst, DRP. 203 717.

carbaminoarsanilsäure ist viel weniger giftig beim Kaninchen, halb so giftig als die Acetylarsanilsäure. Die Heilerfolge sollen auch viel bessere sein.

NH_2

2-Aminotolyl-5-arsinsäure CH_3 ist nicht weniger giftig als Arsanilsäure[1]).

HO—As—OH
O

Durch Reduktion der Phenylarsinsäure gelangt man zum primären Phenylarsin, das außerordentlich giftig ist. Seine große Giftigkeit schließt seine therapeutische Verwendung aus. Dagegen sind seine Derivate, die salzbildende Gruppen besitzen, viel weniger giftig und zeigen auch therapeutische Wirkungen.

Phenylglycinarsin $COOH \cdot CH_2 \cdot NH \cdot C_6H_4 \cdot AsH_2$ und 1-Oxy-2-aminophenyl-4-arsin

OH
NH_2
AsH_2

Arsenophenylglycin

As══As

$COOH \cdot CH_2 \cdot NH$ $NH \cdot CH_3 \cdot COOH$

zeigen geringere Giftigkeit und gute therapeutische Eigenschaften[2]).

Dioxyarsenobenzol (Arsenophenol) übt als solches eine starke spirillocide Wirkung aus; eine Beobachtung Ehrlichs, welche der Ausgangspunkt für die Synthese des Salvarsans war. Allerdings hat dasselbe viele Nachteile, einmal ist es außerordentlich schwer, fast unmöglich, es in genügender Reinheit in großem Maßstabe darzustellen. Dann ist es auch außerordentlich giftig und unterliegt in gelöster Form leicht einer Oxydation. Das Produkt dieser Oxydation, Oxyphenylarsinoxyd besitzt eine außerordentlich entzündungserregende Wirkung[3]).

Farbstoffe der Benzidin- und Triphenylmethanreihe sind trypanocid, aber entsprechende Arsenderivate haben sehr geringen Effekt.

Geprüft wurden:

Dinatrium-4-hydroxy-2^1-benzolazotoluol-5^1-arseniat

OH
N
N
CH_3
NaO · As · ONa
O

Dinatrium-4-dimethylamino-2^1-benzolazotoluol-5^1-arseniat

$N(CH_3)_2$
N
N
CH_3
NaO · As · ONa
O

Tetranatriumphenazin-2 : 7-bisarseniat

N
N
NaO
O:>As
NaO
As<ONa
:O
ONa

---

1) Farbwerke Höchst, DRP. 204 664.

2) R. Kahn, Zeitschr. f. angew. Chemie **25**, 1995.

3) Ehrlich-Hata, Experimentelle Therapie der Spirillosen, Berlin 1910, S. 123.

Plimmer und Thomson[1]) zeigten, daß p-Toluylarsinsäure Trypanosomen vernichtet, selbst in rezidivierenden Fällen nach Gebrauch von Arsanilsäure.

Die Verbindungen

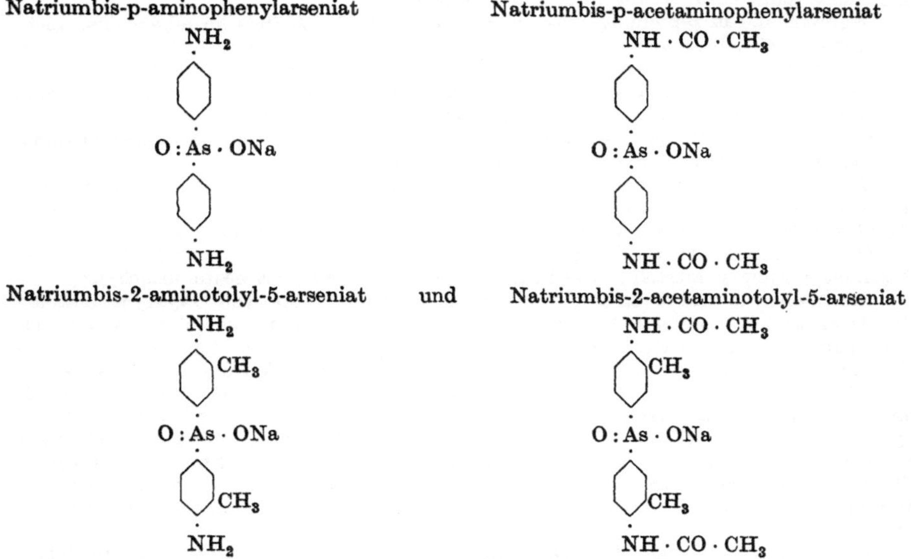

wirken nur sehr wenig, manchmal gar nicht bei Dourine.

Morgan[2]) stellte Dicamphorylarsinsäure her:

$$C_8H_{14}\left<\begin{matrix}CH \cdot \overset{O}{\ddot{A}s} \cdot CH \\ CO \qquad\quad CO\end{matrix}\right>C_8H_{14}$$

Sie ist giftiger als Arsanilsäure.

Durch Umsetzung von Oxymethylencampher oder der entsprechenden Chlormethylenverbindung mit dem Natriumsalz der p-Aminophenylarsinsäure erhält man eine Substanz, die angeblich kräftige Wirkung auf Trypanosomen und Spirillen zeigt[3]).

Durch Kondensation von Mentholguätholschwefelsäure mit Monomethyldinatriumarsenat erhält man o-Guätholmonomethyltrioxyarsenomenthol. Man kann auch benzoldisulfosaures Natrium mit Natriumalkoholat behandeln, das entstandene Reaktionsprodukt mit arsenigsaurem Natrium versetzen und das gewonnene Zwischenprodukt mit Mentholschwefelsäuremethyläther behandeln[4]).

Die Einwirkung von Phenylisocyanat auf Arsanilsäure führt nach A. Mouneyrat zu der Verbindung $C_6H_5 \cdot NH \cdot CO \cdot NH \cdot C_6H_4 \cdot As \cdot O(OH)_2$. Im gleichen Patent ist die Darstellung der Sulfoarylderivate der Aminophenylarsinsäure beschrieben[5]).

p-Aminophenylarsinsäure, welche Béchamp durch Einwirkung von Arsensäure auf Anilin gewonnen und fälschlich als Metaarsensäureanilid bezeichnet hat, gibt bei der Verdrängung des Arsensäurerestes durch Jod p-Jodanilin. Mit salpetriger Säure läßt sie sich diazotieren. Aus dem Diazokörper läßt sich durch Erhitzen mit Schwefelsäure die p-Oxyphenylarsinsäure gewinnen, durch Behandlung mit Salzsäure und Kupferpulver gelangt man zur p-Chlorphenylarsinsäure, welche man am besten als Kobaltsalz isoliert. Der Diazokörper läßt sich leicht zu Azofarbstoffen kuppeln[6]).

---

[1]) Proc. R. Soc. 79, 505 (1907). [2]) J. C. S. Trans. 93, 2144 (1908).
[3]) Hans Rupe, Basel, DRP. 325 640.
[4]) Alfred Mauersberger, Nienburg, DRP. 320 797.
[5]) Franz. Patent 401 586, 30. Juli 1908. [6]) DRP. 243 648.

Man erhält [1]) diazotierte Derivate aus Nitroaminoarylarsinsäure, welche die Nitrogruppe in o-Stellung zur Aminogruppe enthalten, indem man sie diazotiert und die so erhaltenen Nitrodiazoarylarsinsäuren mit Mineralsäure bindenden Mitteln behandelt. Man diazotiert z. B. Nitroaminophenylarsinsäure und setzt ihr Natriumacetat hinzu; die Diazoverbindung kann dann weiter verarbeitet werden.

Während die in p-Stellung substituierten Derivate des Anilins im allgemeinen nicht oder nur mit schlechter Ausbeute in Arsinsäuren übergeführt werden können, gibt p-Nitroanilin beim Erhitzen mit Arsensäure auf 210° 5-Nitro-2-aminobenzol-1-arsinsäure [2]).

p-Amino-m-oxyarylarsinsäuren erhält man durch Behandlung der Azofarbstoffe, welche sich von den p-Diazo-m-oxyarylarsinsäuren ableiten, mit Reduktionsmitteln bis zur Entfärbung. Läßt man die Reduktionsmittel weiter einwirken, so entstehen durch Veränderung der Arsinsäuregruppe andere Derivate [3]).

Oxyarylarsinsäuren erhält man durch Erhitzen von Phenolen mit Arsensäure. Die Acetonlöslichkeit ermöglicht es, aus dem Reaktionsprodukte die Säure zu gewinnen. Dargestellt wurden p-Oxyphenylarsinsäure und die m- und o-Kresolarsinsäure [4]).

Oxyarylarsinsäuren werden durch Zersetzung diazotierter Aminoarylarsinsäuren in wässeriger Lösung hergestellt. Die freie Oxyphenylarsinsäure ist acetonlöslich [5]).

Arsenophenole und deren Derivate werden durch Reduktion von Oxyarylarsinsäuren oder Arsenoxyden erhalten. Als Reduktionsmittel können Zinn und Salzsäure oder Natriumhydrosulfit verwendet werden, während bei Einwirkung schwächerer Reduktionsmittel leicht Arsenoxyde entstehen, welche bei weiterer Reduktion mit Natriumamalgam in die Arsenophenole übergehen. Die Arsenophenole unterscheiden sich pharmakologisch von den Oxyarylarsinsäuren durch eine erhebliche Steigerung ihres Effektes gegenüber Trypanosomen und Spirillen. Die Äther der Phenole, wie Arsenoanisol und Arsenophenetol sind indifferente, wasserunlösliche, für therapeutische Zwecke unbrauchbare Verbindungen, während die Arsenophenole in Alkalien löslich sind. Arsenophenolnatrium wirkt auf Trypanosomen sehr giftig. Beschrieben ist die Darstellung von Arsenophenol und Arseno-o-kresol [6]).

Arsenoarylglykol- und Thioglykolsäuren werden durch Reduktion von Arylglykolresp. Arylthioglykolarsinsäuren oder der entsprechenden Arsenoxyde gewonnen. Die Arylglykolarsinsäuren und Thioverbindungen kann man aus den Oxyarylarsinsäuren resp. Thiophenolarsinsäuren durch Umsetzung mit Chloressigsäure herstellen. Beschrieben sind die Darstellungen von Arsenophenylglykolsäure und Arsenophenylthioglykolsäure. Der trypanocide Charakter dieser Verbindungen soll ungemein hoch sein [7]).

Die Übertragung des durch das Hauptpatent geschützten Reduktionsverfahrens auf die Halogenderivate von Oxyarylarsinsäuren führt zu den Halogenderivaten der Arsenophenole, welche sich den nicht halogenierten Arsenophenolen gegenüber dadurch auszeichnen, daß sie neutral lösliche Alkalisalze bilden; außerdem tritt bei diesen Verbindungen eine bactericide Wirkung gegenüber Spirillen mehr hervor. Dargestellt wurde p-Oxydijodphenylarsinsäure, Tetrachlor-, Tetrabrom- und Tetrajodarsenophenol [8]).

Ebenso kann man statt Zinnchlorür phosphorige Säure verwenden [9]).

Man reduziert mit unterphosphoriger Säure oder phosphoriger Säure und Jodkalium bzw. Jodwasserstoffsäure, gegebenenfalls unter Zusatz von Essigsäure [10]).

Bei der Darstellung von aminosubstituierten Arsenverbindungen kann man an Stelle von 3-Nitro-4-oxybenzol-1-arsinsäure andere Nitro- oder Polynitroarylarsinsäuren oder deren Derivate bzw. die entsprechenden Arsenoxyde oder Arsenoverbindungen mit unterphosphoriger Säure und Jodkalium bzw. Jodwasserstoffsäure, gegebenenfalls unter Zusatz von Essigsäure, reduzieren.

So wird z. B. 3-Nitro-4-aminobenzol-1-arsinsäure zum 3.4.3'.4'-Tetraminoarsenobenzol reduziert. Auch Polynitroverbindungen erleiden die gleiche Reduktion [11]).

An Stelle der Arsanilsäure können die Homologen und Carbonsäuren mit Ausnahme der m-Dialkylderivate mit Reduktionsmitteln behandelt werden [12]). Dimethylamino-p-tolylarsenoxyd und Tetramethyldiaminoarsenotoluol sind ohne jedes therapeutisches Interesse. Dargestellt wurden Aminotolylarsenoxyd ($CH_3 : NH_2 : AsO = 1 : 2 : 5$), Acet-

[1]) Speyerstiftung, DRP. 205 449. [2]) DRP. 243 693. [3]) DRP. 244 166.
[4]) Farbwerke Höchst, DRP. 205 616.
[5]) Höchst, DRP. 223 796, Zusatz zu DRP. 205 616. [6]) DRP. 206 456.
[7]) DRP. 216 270, Zusatz zu DRP. 206 456.
[8]) Höchst, DRP. 235 430, Zusatz zu DRP. 206 456.
[9]) DRP. 269 886, Zusatz zu DRP. 206 456.
[10]) DRP. 269 887, Zusatz zu DRP. 206 456.
[11]) DRP. 271 894, Zusatz zu DRP. 206 456.
[12]) DRP. 286 432, Zusatz zu DRP. 206 456.

anthranilsäurearsenoxyd (Acetaminoarsenoxydbenzoesäure NH : $COCH_3$: AsO : COOH = 1 : 4 : 2), Arsenoacetanthranilsäure.

Aus Oxyarylarsinsäuren kann man durch Nitrieren und Reduzieren Aminooxyarylarsenoverbindungen erhalten. Diese Verbindungen zeichnen sich besonders durch ihre Wirkung auf Recurrensspirillen aus. Dargestellt wurden Aminooxyphenylarsinsäure durch Nitrierung mit Salpeterschwefelsäure und Reduktion der Nitrophenolarsinsäure mit Natriumamalgam oder Natriumhydrosulfit. Es scheidet sich Diaminodioxyarsenobenzol aus, welches durch Oxydation mit Wasserstoffsuperoxyd in Aminophenolarsinsäure übergeht. Ferner wurden dargestellt Aminokresolarsinsäure und Diaminophenolarsinsäure. Bei starker Reduktion erhält man Diaminoarsenokresol resp. Tetraaminoarsenophenol[1]).

An Stelle des im DRP. 224 953 beschriebenen Verfahrens kann man an Stelle der Nitroderivate von p-Oxyarylarsinsäuren Azofarbstoffe, die sich von den m-Oxy-p-diazoarylarsinsäuren ableiten, mit starken Reduktionsmitteln behandeln. Behandelt man nämlich die in üblicher Weise erhältlichen Diazoverbindungen der 3-Nitro-4-aminoaryl-1-arsinsäuren mit mineralsäurebindenden Mitteln, so entstehen durch Austausch der 3-Nitrogruppe gegen Hydroxyl Diazoverbindungen, die sich mit leicht reagierenden Azofarbstoffkomponenten, wie Resorcin, Naphthol usw. zu Azofarbstoffen kombinieren lassen. Unterwirft man nun diese von der m-Oxyphenylarsinsäure sich ableitenden Azofarbstoffe der Einwirkung von starken Reduktionsmitteln, so erhält man Verbindungen von hoher spirillocider Wirkung, welche mit den entsprechenden Produkten des Hauptpatents stellungsisomer sind[2]).

Die nach DRP. 244 789, Zusatz zu DRP. 224 953, beschriebenen neuen Aminooxydderivate des Arsenobenzols und dessen Homologen können auch gewonnen werden, indem man die nach DRP. 244 166 darstellbaren p-Amino-m-oxyarylarsinsäuren mit starken Reduktionsmitteln behandelt[3]).

Man erhält Derivate des Phenylarsenoxyds und Arsenobenzols durch Behandlung von p-Aminophenylarsinsäure und deren Derivaten mit Ausnahme der Dialkylderivate mit Reduktionsmitteln. Bei dieser Reduktion geht das fünfwertige Arsen in dreiwertiges über. Während Atoxyl in 1 proz. Lösung im Reagensglase Trypanosomen nicht abtötet, kann Anilinarsenoxyd $NH_2 \cdot C_6H_4 \cdot AsO$ in der Verdünnung von 1 zu einer Million Trypanosomen abtöten. Die besonders virulenten Trypanosomen Nagana ferox werden noch bei einer Verdünnung von 1 : 600 von Arsenophenylglycin $(COOH \cdot CH_2 \cdot NH \cdot C_6H_4 \cdot As)_2$ geheilt, während Atoxyl in der doppelten Konzentration nur in 5—8% der Fälle Heilung herbeiführt. Arsenophenylglycin kann z. B. atoxylfeste Parasiten im Organismus abtöten. Beschrieben sind Reduktionen mit Jodwasserstoffsäure und schwefeliger Säure, mit Phenylhydrazin, Zinnchlorür, Natriumamalgam und die Darstellungen von Aminophenylarsenoxyd $NH_2 \cdot C_6H_4 \cdot AsO + 2\,H_2O$. Diaminoarsenobenzol $NH_2 \cdot C_6H_4As : AsC_6H_4 \cdot NH_2$, Dihydrooxydiaminoarsenobenzol $NH_2 \cdot C_6H_4 \cdot As(OH) \cdot As(OH) \cdot C_6H_4 \cdot NH_2$, Arsenophenylglycin, Arsenooxyanilinsäure[4]).

3.3′-Dinitro-4.4′-dioxyarsenobenzol erhält man durch Reduktion von 3-Nitro-4-oxybenzol-1-arsinsäure oder des entsprechenden Arsenoxyds mit Zinnchlorür, gegebenenfalls unter Zusatz von Jodwasserstoffsäure. Das Nitroderivat ist der Ausgangskörper für das 3.3′-Diamino-4.4′-dioxyarsenobenzol[5]).

Bei der Nitrierung der 3-Oxalylaminobenzol-1-arsinsäure entsteht 6-Nitro-3-aminobenzol-1-arsinsäure und wenig 2-Nitro-3-aminobenzol-1-arsinsäure, wenn man das Nitrierungsprodukt mit Salzsäure verseift[6]).

Aus Nitroacidylaminobenzolarsinsäure (As : NO_2 : NH · Acidyl = 1 : 2 : 4) erhält man durch Erhitzen mit sauren oder alkalischen verseifenden Mitteln 2-Nitro-4-aminobenzol-1-arsinsäure. Man kann auch die Diazoverbindung des Monoacetyl-nitro-p-phenylendiamins in saurer Lösung mit arseniger Säure behandeln und alsdann die so erhaltene saure Lösung der 2-Nitro-4-acetylaminbenzol-1-arsinsäure längere Zeit erhitzen[7]).

Durch Oxydation von 4-Oxybenzol-1-arsinsäure mit Kaliumpersulfat in wässerig-alkalischer Lösung gelangt man zu einer Dioxybenzolarsinsäure (wahrscheinlich 3.4-Dioxy-1-arsinsäure)[8]).

Nitrosoderivate aromatischer Arsenverbindungen erhält man durch Oxydation von Aminoarylarsinsäuren mit Sulfomonopersäure. So erhält man aus Atoxyl die p-Nitrosophenylarsinsäure[9]).

---

1) DRP. 224 953. 2) DRP. 244 789, Zusatz zu DRP. 224 953.
3) DRP. 244 790, Zusatz zu DRP. 224 953. 4) Höchst, DRP. 206 057.
5) Höchst, DRP. 212 205, Zusatz zu DRP. 206 057. 6) Höchst, DRP. 261 643.
7) Höchst, DRP. 267 307. 8) Höchst, DRP. 271 892.
9) P. Karrer, DRP. 256 963.

Phenylarsin ist sehr unbeständig, sehr giftig und entzündungserregend. Die weiter gehenden Reduktionsprodukte, welche salzbildende Gruppen im Molekül haben, sind verhältnismäßig ungiftig und beständiger. Sie wirken auch auf Trypanosomen, während Monophenylarsin diese Wirkung nicht zeigt.

Man erhält über die Arsenostufe reduzierte Substitutionsprodukte aromatischer Arsinsäuren durch Behandlung mit starken Reduktionsmitteln, wie Zinn, Zink, Eisen in stark saurer Lösung, evtl. unter Erwärmung.

Aus Oxyphenylarsinsäure erhält man Dioxyarsenobenzol.

Aus 4-Aminobenzol-1-arsinsäure erhält man Diaminoarsenobenzol usf.[1]).

Man erhält aromatische Arsenoverbindungen, wenn man solche aromatische Arsenoxyde oder an deren Stelle Arsenchlorüre und solche aromatische Arsine, von denen mindestens die eine oder die andere Komponente eine salzbildende Atomgruppe, wie z. B. die Amino-, Oxy- oder Glycingruppe enthält, aufeinander einwirken läßt.

Die Umsetzungen erfolgen nach den Gleichungen:

$$\mathrm{Acyl \cdot AsH_2 + Ar \cdot AsO = Acyl \cdot As : As \cdot Ar + H_2O}$$
$$\mathrm{Acyl \cdot AsH_2 + Ar \cdot AsCl_2 = Acyl \cdot As : As \cdot Ar + 2\,HCl.}$$

Beschrieben ist die Darstellung von 4.4'-Diaminoarsenobenzol aus 4'-Aminophenylarsin und 4-Aminophenylarsenoxyd, ferner 4.4'-Dioxy-3.3'-diaminoarsenobenzol aus 4-Oxy-3-aminophenylarsinsäure und 4-Oxy-3-aminophenylarsin, weiter 4-Aminophenylarseno-4'-oxybenzol NH_2—⟨ ⟩—As:As—⟨ ⟩OH aus 4-Oxyphenylarsenoxyd und 4-Aminophenylarsin, weiter 4-Glycin-3'-amino-4'-oxyarsenobenzol

NH · CH_2 · COOH OH

NH_2

As ═══ As

aus p-Phenylglycinarsinsäure und 4-Oxy-3-aminophenylarsin, weiter dieselbe Verbindung aus Phenylglycinarsenchlorür und 4-Oxy-3-aminophenylarsin; schließlich 3-Amino-4-oxyarsenobenzol aus 3.4-Aminooxyphenylarsin und Phenylarsenoxyd

⟨ ⟩—As = As—⟨ ⟩OH[2])

NH_2

Unsymmetrische aromatische Arsenverbindungen erhält man, wenn man Gemische von äquimolekularen Mengen von zwei verschiedenen Arsinsäuren oder zwei verschiedenen Arsenoxyden oder einer beliebigen Arsinsäure und eines beliebigen Arsenoxyds der aromatischen Reihe, wobei jedoch mindestens die eine oder die andere Komponente eine salzbildende Gruppe enthalten muß, mit starken Reduktionsmitteln behandelt.

Beschrieben ist die Darstellung des Dichlorhydrates des 3.4'-Diamino-4-oxyarsenobenzols, des 4-Oxy-3-amino-4'-glycinarsenobenzols, des 3. 5-Dichlor-4.4'-dioxy-3-aminoarsenobenzol, des 4-Oxy-3-aminoarsenobenzol[3]).

In gleicher Weise kann man unsymmetrische Arsenverbindungen darstellen, welche einseitig ein aliphatisches Radikal enthalten. Man reduziert ein molekulares Gemenge einer aromatischen und einer aliphatischen Arsinsäure oder an deren Stelle die entsprechenden Arsenoxyde. Beschrieben sind Methanarsenoaminophenol[4]).

Neutral reagierende wasserlösliche Derivate des 3.3'-Diamino-4.4'-dioxyarsenobenzols erhält man, indem man auf wässerige Lösungen von Salzen des Salvarsan Formaldehydsulfoxylat und Alkali oder auf die freie Base in wässeriger Suspension Formaldehydsulfoxylat ohne Alkalizusatz einwirken läßt[5]). Man arbeitet statt in Wasser in alkoholischer Lösung[6]).

Man erwärmt 3-Nitro- bzw. 3-Amino-p-oxybenzol-1-arsinsäure mit der zur Reduktion und Bildung der Sulfoxylatderivate notwendigen Menge Formaldehydsulfoxylat, gegebenenfalls unter Zusatz von Hydrosulfit, in wässeriger Lösung[7]).

An Stelle des 3.3'-Diamino-4.4'-dioxyarsenobenzols kann man das 3-Nitro- bzw. 3-Amino-4-oxybenzol-1-arsenoxyd mit der zur Reduktion und Bildung der Sulfoxylatderivate notwendigen Menge Formaldehydsulfoxylat behandeln[8]).

---

[1]) Höchst, DRP. 251 571. [2]) Höchst, DRP. 254 187. [3]) Höchst, DRP. 251 104.
[4]) Höchst, DRP. 253 226, Zusatz zu DRP. 251 104. [5]) Höchst, DRP. 245 756.
[6]) Höchst, DRP. 260 235, Zusatz zu DRP. 245 756.
[7]) DRP. 263 460, Zusatz zu DRP. 245 756.
[8]) DRP. 264 014, Zusatz zu DRP. 245 756.

Man kann auch vom 3.3'-Dinitro-4.4'-dioxyarsenobenzol ausgehen[1]).

Dioxydiaminoarsenobenzoldichlorhydrat ist Salvarsan (Ehrlich-Hata 606).

Das salzsaure 3.3'-Diamino-4.4'-dioxyarsenobenzol (Salvarsan) wirkt gegen Spirillosen des Menschen (z. B. Lues), gegen Frambösie und Recurrens.

Ihren vorläufigen Kulminationspunkt hat die Arsentherapie und mit ihr die Chemotherapie in der bahnbrechenden Synthese des Salvarsans, welches sich als ausgezeichnetes Mittel gegen verschiedene Spirillosen und Syphilis erwies, gefunden. Diese Ehrlichsche Großtat ist das Endglied seiner Untersuchungen, welche mit der Konstitutionsermittlung des Atoxyls begonnen haben.

Die Synthese des Salvarsans kann also etwa nach folgendem Schema vor sich gehen. Man geht von 3-Nitro-4-oxyphenyl-1 arsinsäure aus, die unter der Einwirkung starker Reduktionsmittel gleichzeitig an der Nitrogruppe und am Arsensäurerest reduziert wird und in das Salvarsan übergeht. Man kann auch die Reduktion in mehreren getrennten Phasen durchführen[2]). p-Aminophenylarsinsäure wird durch Einwirkung von salpetriger Säure in p-Diazophenylarsinsäure übergeführt, welche durch Umkochen p-Oxyphenylarsinsäure liefert. Man kann aber auch diese Säure durch direkte Einführung von Arsensäure in Phenol erhalten. Nitriert man nun diese Säure, so erhält man eine Nitrogruppe in m-Stellung zum Arsenrest und in o-Stellung zum Hydroxyl, so daß m-Nitro-p-oxyphenylarsinsäure resultiert. Durch vorsichtige Reduktion erhält man p-Oxyaminophenylarsinsäure und p-Aminophenylarsenoxyd und aus diesen dann Dioxydiaminoarsenobenzol durch weitere Reduktion. Dem dreiwertigen Arsen schreibt P. Ehrlich eine besondere Bedeutung zu, welche er als spirillocide Fähigkeit bezeichnet, während die in der p-Stellung befindliche Hydroxylgruppe eine Herabsetzung der Toxizität nach sich zieht. Die o-Stellung der Amino- oder der Hydroxylgruppe zum Arsenrest ist von Bedeutung für die Heilwirkung, eine Erfahrung, die Ehrlich zuerst an den ähnliche Atomgruppierungen aufweisenden Farbstoffen Trypanrot und Trypanblau gemacht hat.

Auf dem Wege zum Salvarsan wurde Ehrlich auch durch die Beobachtung geleitet, daß die Einführung einer Aminogruppe in Orthostellung zur Hydroxylgruppe die größte Wirksamkeit verbürgt.

Salvarsannatrium ist das Dinatriumsalz des Altsalvarsans.

Die Wirkung des Salvarsans bei der Milzbrand- und Rotlaufinfektion und des Äthylhydrocupreins bei Pneumokokkeninfektion ist eine direkte, die Mittel sind parasitotrop. Die Wirkung der Präparate in vitro und in vivo geht parallel. Urotropin macht eine innere Desinfektion, doch findet sich hier das Desinficiens in wirksamer Form nur im Urin, in gewissem Grade auch in der Cerebrospinalflüssigkeit. Salvarsan und Äthylhydrocuprein sind in vitro sehr starke Antiseptica (in Bouillon), ähnlich wie Sublimat. Die Abtötung verläuft aber relativ langsam, das ist langsamer als bei Sublimat. Die Wirkung ist äußerst elektiv. Salvarsan wirkt nur auf Milzbrand-, Rotlauf- und Rotzbacillen in großen Verdünnungen (1: 500 000 bis 1: 1 000 000), Äthylhydrocuprein nur auf Pneumokokken; auf andere Arten ist die Wirkung erheblich (zuweilen 100—1000 mal) schwächer und langsamer. Die elektive Wirkung auf die genannten Bakterien ist in vitro in Serum annähernd so stark wie in Bouillon, in aktivem Serum besser als in inaktivem, während sich bei Sublimat das umgekehrte Verhältnis

[1]) DRP. 271 893, Zusatz zu DRP. 245 756.

[2]) P. Ehrlich und A. Bertheim, BB. **45**, 756 (1912).

zeigt. In weit geringerem Grade als Sublimat wird Phenol durch Serum abgeschwächt[1]).

Salvarsan selbst wird insbesondere gegen Syphilis und Recurrens und Frambösie verwendet. Man hat es auch gegen Malaria tertiana versucht, bei der Brustseuche der Pferde und bei der afrikanischen Rotzkrankheit.

Salvarsan verwandelt sich an der Luft in das weit toxischere Aminooxyphenylarsinoxyd. Durch stärkere Oxydation erhält man Aminooxyphenylarsinsäure.

2.2′-Dioxy-4.4′-diaminoarsenobenzol ist dem Salvarsan isomer, steht aber an therapeutischer Wirkung bedeutend hinter diesem Heilmittel zurück[2]).

Von den verschiedenen Derivaten des Salvarsans, welche dargestellt wurden, um die Unhandlichkeit dieses Präparates zu umgehen, wurde bis jetzt am besten befunden das Neosalvarsan, welches das Natriumsalz des Einwirkungsproduktes der Formaldehydsulfoxylsäure auf das Salvarsan ist. Es ist in Wasser ohne weiteres löslich.

Salvarsan wirkt hämolytisch, Neosalvarsan nicht[3]).

3.3′-Diamino-4.4′-dioxyarsenobenzol wird durch Einwirkung von Formaldehyd und Natriumbisulfit bei schwacher Wärme und nachfolgender Behandlung mit Salzsäure in eine schwache Säure übergeführt, die sich abscheidet und in das Alkalisalz durch Neutralisation übergeführt wird[4]).

Man gewinnt feste, haltbare Präparate von Alkalisalzen des 4.4′-Dioxy-3.3′-diaminoarsenobenzols, indem man Lösungen dieser Salze mit mehrwertigen Alkoholen, wie Mannit, Dulcit, Erythrit, Arabit usw. versetzt und sodann aus solcher Lösung durch Zugabe von indifferenten Mitteln, wie Alkohol und Äther, die Präparate fällt und abtrennt[5]).

Unsymmetrische aromatische Arsenoverbindungen erhält man, wenn man zwei Arsenoverbindungen, von denen mindestens die eine salzbildende Atomgruppe, eine wie die Oxy-, Amino- oder Glycingruppe enthält, in Lösung zweckmäßig unter gelindem Erwärmen zusammenbringt. Beschrieben sind das Chlorhydrat von 3.3′-Diamino-4.4′-dioxyarsenobenzol und Hexaaminoarsenobenzol. Ebenso gewinnt man das Chlorhydrat der Verbindung aus Hexaaminoarsenobenzol und N_1N-Bismethylhexaaminoarsenobenzol[6]).

Nitro-1-aminophenyl-4-arsinsäure erhält man, indem man Oxanil-4-arsinsäure $C_6H_4(NH \cdot CO \cdot COOH) \cdot AsO_3H_2$ nitriert und dann den Oxalsäurerest abspaltet[7]).

An Stelle der Oxanil-4-arsinsäure werden Urethane der 1-Aminophenyl-4-arsinsäure mit nitrierenden Mitteln behandelt und alsdann der Kohlensäurerest abgespalten[8]).

Wenn man zwei verschiedene Arsinsäuren oder zwei verschiedene Arsenoxyde oder eine beliebige Arsinsäure und ein beliebiges Arsenoxyd der aromatischen Reihe im Verhältnis gleicher Moleküle mischt und dieses Gemisch der Behandlung mit starken Reduktionsmitteln unterwirft, so erhält man Arsenoverbindungen. Hierbei muß jedoch mindestens die eine oder die andere Komponente eine salzbildende Atomgruppe, wie z. B. die Oxy-, Amino- oder Glycingruppe, enthalten.

Beschrieben sind: 3.4′-Diamino-4-oxyarsenobenzolchlorhydrat,

$$HCl \cdot NH_2 - \langle 4' \rangle - As = As - \langle 3,4 \rangle \begin{matrix} NH_2 \cdot HCl \\ OH \end{matrix}$$

4-Oxy-3-amino-4′-glycinarsenobenzol, 3.3′-Dichlor-4.4′-dioxy-3-aminoarsenobenzol[9]).

Zur Darstellung von unsymmetrischen Arsenoverbindungen kann man organische Arsinsäuren oder Arsenoxyde im Gemenge mit anorganischen Arsenverbindungen mit Reduktionsmitteln behandeln, z. B. Phenylarsinsäure und arsenige Säure oder p-Aminophenylarsinsäure, arsenige Säure und Natriumhydrosulfit oder p-Aminophenylarsenoxyd, Arsentrichlorid und Zinnchlorür[10]).

---

[1]) O. Schiermann und T. Ishiwara, Zeitschr. f. Hyg. 77, 49 (1914).
[2]) Hugo Bauer, BB. 48, 1579 (1915).
[3]) John A. Kolmer und Elisabeth M. Yagle, Journ. of the Amer. med. assoc 74, 643 (1920). [4]) DRP. 249 726. [5]) Höchst, DRP. 292 149.
[6]) Höchst, DRP. 293 040. [7]) Höchst, DRP. 231 969.
[8]) DRP. 232 879, Zusatz zu DRP. 231 969. [9]) Höchst, DRP. 251 104.
[10]) DRP. 270 254, Zusatz zu DRP. 251 104.

Beim Erwärmen von Resorcin mit Arsensäure auf dem Wasserbade erhält man eine Dioxybenzolarsinsäure, die Resorcinarsinsäure[1]).

α-Naphtholarsinsäure erhält man, indem man die durch Verschmelzen von Sulfonaphthylamin mit Arsensäure erhältliche α-Naphthylaminarsinsäure diazotiert und die Diazoverbindungen umkocht. Diese Verbindung soll gegenüber den anderen Arsenpräparaten eine intensive Wirkung auf die Haut ausüben[2]).

Arsalyt ist Bismethylaminotetraminoarsenobenzol.

As ═══ As

H_2N NH_2 H_2N NH_2

$NH \cdot CH_3$ $NH \cdot CH_3$

Dieses wirkt außer auf Trypanosomen auch auf Recurrensspirillen, Malaria tertiana, Ulcus tropicum usf. Durch Einwirkung von Alkalicarbonaten läßt es sich unter Bildung carbaminsaurer Salze in gebrauchsfertige Neutrallösungen überführen, die unter indifferenten Gasen aufbewahrt haltbar sind. An der Luft oxydiert es sich wie die übrigen Arsenobenzole.

Das Tetrachlorprodukt des Arsalyts zeigt dem Arsalyt gegenüber keine Vorteile, Dichlorarsalyt zeigt beim Versuch am Syphiliskaninchen den chemotherapeutischen Quotienten von $^1/_{20}$—$^1/_{25}$.

As ═══ As

Cl Cl

H_2N NH_2 H_2N NH_2

$NH \cdot CH_3$ $NH \cdot CH_3$

der den des Arsalyts wie Salvarsans ganz erheblich übertrifft und sich dem von Kolle für Silbersalvarsan gefundenen $^1/_{30}$ sehr nähert.

Während nach Paul Ehrlich bei den Arsenderivaten die Einführung von Halogen im allgemeinen dystherapeutisch wirkt, sehen wir beim Arsalyt durch Eintritt von Chlor eine eutherapeutische Wirkung.

Äthylarsalyt wirkt Spirochäten gegenüber so wie Arsalyt, ist im Mäuseversuch viel weniger organotrop als dieses.

As ═══ As

H_2N NH_2 H_2N NH_2

$NH \cdot C_2H_5$ $NH \cdot C_2H_5$

Hexaminoarsenobenzol wirkt spirillocid und trypanocid, neigt aber zu Zersetzungen. Es wirkt erheblich stärker als die methylierte Verbindung, ohne daß die Organgiftigkeit in gleichem Verhältnis zugenommen hätte[3]).

As ═══ As

H_2N NH_2 H_2N NH_2

NH_2 NH_5

---

[1]) Höchst, DRP. 272 690.

[2]) W. Adler, Karlsbad, DRP. 205 775.

[3]) G. Giemsa, Münch. med. Wochenschr. **1913**, Nr. 20.

Hexaminoarsenobenzolsulfaminsäure, deren Alkalisalze leicht mit neutraler Reaktion in Wasser löslich, und wirkt wie Hexaaminarsenobenzol.

As ═══ As

H_2N ⬡ NH_2 H_2N ⬡ NH_2

NH_2 $NH\,SO_2OH$

Bismethylaminotetraminoarsenobenzol ist wenig giftig und erwies sich als sehr wirksam, während sonst der Eintritt von Methylresten in bezug auf die trypanocide Wirkung dystherapeutisch wirkt, z. B. Dimethylamino-, Tetramethyldiamino- und ein Hexamethyldiammoniumdioxyarsenobenzol, ebenso Karrers Tetramethyltetraminoarsenobenzol.

Die Anthrachinonarsinsäuren zeigen eine ganz außerordentlich hohe Giftigkeit, die aber darauf zurückzuführen ist, daß im tierischen Organismus Zersetzung unter Bildung von arseniger Säure auftritt. β-Anthrachinonarsinsäure, deren Arsinsäurerest schwerer abgespalten wird als derjenige der α-Säure ist auch viel weniger giftig als die α-Säure[1]).

Die biologische Wirkung des o-carboxylierten Diaminodioxyarsenobenzols ergab eine dystherapeutische Wirkung der Carboxylgruppe. Die Dosis toxica betrug $^1/_{1500}$ g pro 20 g Maus.

Aus Salicylarsinsäure dargestellte isomere Diaminodioxyarsenobenzoldicarbonsäure

As ═══ As

HOOC · ⬡ · NH_2 H_2N · ⬡ · COOH

OH   OH

zeigt ebenfalls den dystherapeutischen Effekt des Carboxyls[2]).

Die methylierten, und zwar im Aminorest verschiedenartig methylierten Di-, Tetra- und Hexamethyldiaminodioxyarsenobenzole zeigen gegenüber dem nicht methylierten Salvarsan eine stark erhöhte Toxizität und eine außerordentliche Verschlechterung der Heilwirkung, so daß der Eintritt der Methylgruppe ebenso wie es uns beim Anilin und Phenacetin bekannt ist, die therapeutischen Eigenschaften wesentlich verschlechtert (dystherapeutischer Effekt).

Im 3.3′-Diamino-4.4′-dioxydiphenyldimethyldiarsin

As — As

HO ⬡ CH_3 CH_3 ⬡ OH

N   N

H_2 H_2

ist die Arsendoppelbindung dem Salvarsan gegenüber verschwunden, die Giftigkeit ist erhöht, die therapeutische Wirkung herabgesetzt[3]).

A. Bertheim stellte[4]) symm. 3.3′-Dimethyldiamino-4.4′-dioxyarsenobenzol

As ═══ As

⬡ $NH \cdot CH_3$ ⬡ $NH \cdot CH_3$

OH   OH

symm. 3.3′-Tetramethyldiamino-4.4′-dioxyarsenobenzol und 3.3 Hexamethyl-

[1]) L. Benda, Journ. f. prakt. Chemie [2] **95**, 74 (1917).

[2]) P. Karrer, BB. **48**, 1060 (1915).

[3]) A. Bertheim, BB. **48**, 350 (1915).

[4]) BB. **45**, 2130 (1912).

diammonium-4.4'-dioxyarsenobenzol dar, welche Verbindungen von Frida Leupold geprüft wurden. Sie sind sehr wesentlich toxischer als die nicht methylierte Verbindung, das Salvarsan. Dimethylamino- und Tetramethyldiaminodioxyarsenobenzol haben etwa die gleiche Toxizität. Die methylierten Körper sind 10 mal so giftig als Salvarsan, während die Hexamethyldiammoniumverbindung 3—5 mal höher toxisch ist als Salvarsan. Außerdem ist die Heilwirkung auf Trypanosomen sehr verschlechtert. Die Ammoniumverbindung ist ganz unwirksam.

4-Dimethylamino-phenylarsinsäure und 4-Amino-3-methylphenylarsinsäure sind therapeutisch schlechter als p-Aminophenylarsinsäure.

Arsenomethylphenylglycin $[As \cdot C_6H_4 \cdot N(CH_3) \cdot CH_2 \cdot COOH]_2$ ist nach Laveran in Mengen von 1 mg bei Mäusen ein wirksames Mittel gegen Trypanosomen[1]).

Die Rosanilinfarbstoffe verhalten sich ungünstiger als die Pararosaniline und analoge Feststellungen wurden in der Acridiniumreihe gemacht. Der Eintritt der Methylgruppe wirkt dystherapeutisch (s. S. 64, 65).

Während P. Ehrlich annimmt, daß die Methylgruppe dystherapeutisch wirkt, sieht man beim Vergleiche von Hexaaminoarsenobenzol und Bisdimethylamintetraaminoarsenobenzol von Karrer

As ══════ As

H_2N ⬡ NH_2 H_2N ⬡ NH_2

$N(CH_3)_2$ $N(CH_3)_2$

daß Hexaaminoarsenobenzol stark trypanocid, Arsalyt erheblich abgeschwächt, die zweifach methylierte Verbindung die ursprüngliche Wirkung der nichtmethylierten Grundsubstanz zeigt.

Bei Arsenverbindungen sind manchmal die Äthylverbindungen ungiftiger als die Methylverbindungen, doch kommt auch das Umgekehrte vor.

Arsinosalicylsäure (Stellung 1.2.4) erhält man aus der Acetylarsinoanthranilsäure durch Diazotieren und Umkochen der Diazoverbindung. Die Verbindung soll weniger giftig sein als Atoxyl[2]).

Arsinsäuren der Indolreihe stellt man durch Einwirkung von Arsensäure auf Indole her, zweckmäßig in konzentrierter wässeriger Lösung oder in Gegenwart eines organischen Lösungsmittels in der Wärme. Beschrieben sind die Darstellungen von Pr_2-Methylindolarsinsäure (Methylketolarsinsäure)

⬡ $C \cdot As \cdot O(OH)_2$
  $C \cdot CH_3$
 N
 H

α-Naphthindolarsinsäure und B_3-Chlor-Pr_2-Methylindolarsinsäure[3]).

Wenn man Diarylamine mit Halogenverbindungen des Arsens bei höherer Temperatur behandelt, so erhält man Arsenderivate. Beim Erhitzen von Diphenylamin mit Arsentrichlorid und Eingießen in Alkohol erhält man die Verbindung

Cl
|
As
⬡   ⬡
N

in der man mittels Lauge das Chloratom gegen Hydroxyl austauschen kann.

Beschrieben sind ferner die Verbindungen aus β,β-Dinaphthylamin, p-Ditolylamin, α,α-Dinaphthylamin und p-Oxydiphenylamin[4]).

---

[1]) Karl Oechslin, Ann. chim. [9] 1, 239 (1914).
[2]) W. Adler - Karlsbad, DRP. 215 251. [3]) DRP. 240 793. [4]) DRP. 281 049.

Die Derivate der Sulfophenylarsinsäure sollen nach Ehrlich ungiftiger als Kochsalz sein. Benzarsinsäure ist nach Ernst Sieburg, wenn sie rein ist, sehr wenig giftig, viel weniger als früher angenommen wurde. Die Toxizität für die Maus ist in Millimolekülen für Benzarsinsäure $^{270}/_{100}$, für Benzarsinoxyd $^{2}/_{100}$ und für Arsenobenzoesäure $^{25}/_{100}$.

Benzarsin scheint die Giftigkeit der Arsenobenzoesäure zu haben. Es macht in vitro fast augenblicklich Methämoglobinbildung unter langsamer Hämolyse.

Benzolarsinsäure besitzt nach ihrer Reduktion sehr große Wirkung. Man erhält vorerst Phenylarsenoxyd $C_6H_5 \cdot AsO$ und dann Arsenobenzol $C_6H_5 \cdot As:As \cdot C_6H_5$. Diesen zwei Grundtypen entsprechen nun die aminierten Derivate, welche aber weitaus reaktionsfähiger sind als die Grundkörper, Aminophenylarsenoxyd ist gegenüber der Arsanilsäure reaktionsfähiger, da das Arsen in der Oxydbindung bedeutend gelockert ist und gewissermaßen einen ungesättigten Charakter hat und so die Tendenz hat, in Verbindungen mit fünfwertigem Arsen überzugehen[1]).

3-Aminoarsenobenzoesäure hat für die Maus die Toxizität $^{60}/_{100}$, auf Trypanosomen wirkt sie nur insofern, daß diese für einige Tage aus dem Blute verschwinden, wenn man fast letale Dosen verwendet, aber trotzdem gehen die Tiere zugrunde. Bei der 3-Amino-p-benzarsinsäure liegt die Giftigkeit bei der Maus bei $^{64}/_{100}$ Molekülen.

Aminooxyphenylarsenoxyd („Arsenoxyd") macht intravenös einen sehr schnellen Fall des Blutdrucks, 12—20 mal stärker als Salvarsan[2]).

Oxyarylarsenoxyde erhält man durch Behandlung von Oxyarylarsinsäuren mit schwachen Reduktionsmitteln. Man kann aus ihnen leicht die entsprechenden Arsenophenole durch weitere Reduktion erhalten. Die biologischen Wirkungen der Oxyarylarsenoxyde verglichen mit denjenigen der Oxyarylarsinsäuren sind vielfach gesteigert, was Paul Ehrlich damit erklärt, daß nur der dreiwertige Arsenrest von den Parasiten gebunden wird und sie beeinflußt, während bei dem fünfwertigen Arsenrest eine vorübergehende Reduktion die Bedingung für die biologische Wirkung ist[3]).

Die therapeutischen Eigenschaften dieser Oxyarylarsenoxyde lassen sich durch Einführung von Aminogruppen in den Benzolkern bedeutend steigern. Zu solchen Aminooxyarylarsenoxyden gelangt man durch Behandlung von Aminoderivaten der Oxyarylarsinsäuren mit schwachen Reduktionsmitteln. So wird Aminoxyphenylarsinsäure mit Jodkalium, verdünnter Schwefelsäure und schwefeliger Säure zu Aminooxyphenylarsenoxyd reduziert[4]).

Organische Arsinsäuren entstehen durch Erhitzen der arsensauren Salze organischer Basen mit Hilfe eines Verdünnungsmittels, dessen Siedepunkt ungefähr bei der Umlagerungstemperatur in die Arsinsäure liegt[5]).

Aus Arsentrichlorid und Dimethylanilin dargestelltes p-Dimethylanilinarsenoxyd wird in Natronlauge mit Wasserstoffsuperoxyd oxydiert und mit Essigsäure ausgefällt[6]).

Azofarbstoffe aus Arsanilsäure erhält man, indem man die Diazoverbindung dieser Säure mit Naphtholen, Naphthylaminen, Aminonaphtholen resp. deren Sulfosäuren vereinigt[7]).

Polyazofarbstoffe kann man erhalten aus p-Diaminen und 1.8-Aminonaphthol-3.6-disulfosäure H, bei deren Aufbau außerdem die p-Aminophenylarsinsäure beteiligt ist. Sie haben die Konstitution:

$$\text{Paradiamin} < \begin{matrix}\text{H-Säure-p-Aminophenylarsinsäure}\\ \text{H-Säure}\end{matrix}$$

$$\text{Paradiamin} < \begin{matrix}\text{H-Säure-p-Aminophenylarsinsäure}\\ \text{H-Säure-p-Aminophenylarsinsäure.}\end{matrix}$$

[1]) Paul Ehrlich und A. Bertheim, BB. **43**, 917 (1910).
[2]) Maurice J. Smith, Journ. of pharmacol. a. exp. therapeut. **15**, 279 (1920).
[3]) Höchst, DRP. 213 594. [4]) Höchst, DRP. 235 391, Zusatz zu DRP. 213 594.
[5]) Paul Wolff, Berlin, DRP.-Anm. W. 29 524 (versagt).
[6]) Michaelis, Rostock, DRP. 200 065. [7]) Agfa, DRP. 212 018.

Man erhält die Farbstoffe, indem man die p-Diamine mit H-Säure in mineralsaurer Lösung vereinigt und auf den so erhaltenen Farbstoff in alkalischer Lösung 1 oder 2 Mol. p-Aminophenylarsinsäure einwirken läßt; man kann jedoch den Aufbau der Farbstoffe auch in der Weise vornehmen, daß man die p-Diamine in alkalischer Lösung mit 2 Mol. des aus diazotierter p-Aminophenylarsinsäure und H-Säure in saurer Lösung entstandenen Kombinationsproduktes kombiniert, oder eine der Diazogruppen der p-Diamine in alkalischer Lösung mit diesem Monoazofarbstoff, die andere mit H-Säure kombiniert[1]).

Aus der Arsanilsäure werden Polyazofarbstoffe dargestellt, welche eine andere doppeltkuppelnde Aminonaphthol- oder Dioxynaphthalinsulfosäure enthalten, während im Hauptpatent 1.8-Aminonaphthol-3.6-disulfosäure verwendet wird[2]).

Es wird ein primärer Diazofarbstoff aus Arsanilsäure hergestellt, indem man 1 Mol. der Diazoverbindung derselben in saurer Lösung auf 1 Mol. 1.8.3.6-Aminonaphtholdisulfosäure einwirken läßt und das so erhaltene Zwischenprodukt mit einem zweiten Mol. der Diazoverbindung in alkalischer Lösung kombiniert. Der neue Diazofarbstoff ist $2^1/_2$ mal weniger giftig als Atoxyl, obgleich er 78% Atoxyl enthält. In der Wirksamkeit gegen Trypanosomen stimmt er fast ganz genau mit dem arsenfreien Trypanrot (s. d.) zusammen, besitzt aber eine entschieden geringere Giftigkeit als dieses[3]).

Nitrooxyarylarsinsäuren können aus Nitroaminoarylarsinsäuren durch Einwirkung von Ätzalkalilaugen in der Wärme hergestellt werden. Nitro-1-aminobenzol-4-arsinsäure liefert mit Kalilauge Nitrophenolarsinsäure. Ebenso erhält man Nitro-o-kresolarsinsäure aus 1-Amino-2-methylbenzol-4-arsinsäure [o-Toluidinarsinsäure[4])].

An Stelle der Nitroaminoarylarsinsäuren erhitzt man die entsprechenden Nitrohalogenarylarsinsäuren mit Kalilauge[5]).

Bismethylaminotetraminoarsenobenzol löst sich in wässeriger Bicarbonatlösung wahrscheinlich unter Bildung von carbaminsauren Salzen. Man kann diese löslichen Verbindungen mit einem organischen Lösungsmittel abscheiden[6]).

In Wasser leicht mit fast neutraler Reaktion lösliche Derivate kernsubstituierter Bismethylaminotetraminoarsenobenzole erhält man beim Auflösen der Kernsubstitutionsprodukte des Bismethylaminotetraminoarsenobenzols in Wasser in Gegenwart von Bicarbonaten der Alkalien bzw. des Ammons. Sie sind gegen Luftsauerstoff sehr empfindlich, aber unter Luftabschluß unbegrenzt haltbar[7]).

Azofarbstoffe, welche die Arsinsäure- oder Arsenoxydgruppe enthalten, kann man mit unterphosphoriger Säure zu den betreffenden Arsenoverbindungen reduzieren, ohne daß die Azogruppe dabei verändert wird[8]).

H. Bart reduziert organische Derivate der Arsensäure oder arsenigen Säure elektrisch bei saurer alkalischer oder neutraler Reaktion[9]).

Die durch elektrolytische Reduktion dargestellten organischen Arsine gehen bei Behandlung mit schwefliger Säure in neue therapeutisch wirksame Körper über[10]).

Durch Einwirkung von Monohalogenessigsäure auf 4.4'-Dioxy-3.3'-diaminoarsenobenzol erhält man Glycine von therapeutischem Werte. So wird Dioxyaminoarsenobenzolaminoessigsäure dargestellt.

OH
· NH · CH_2 · COOH
As
‖
As
NH_2
OH

Ebenso kann man Dioxyaminoarsenobenzolaminopropionsäure und Dioxyarsenobenzoldiaminoessigsäure darstellen[11]).

Man erhält Alkalisalze des 4.4'-Dioxy-3.3'-diaminoarsenobenzols in haltbarer fester Form, wenn man alkalische Lösungen der Arsenverbindung mit Lösungen von Aldehyd-

---

1) Agfa, DRP. 212 304. 2) Agfa, DRP. 222 063, Zusatz zu DRP. 212 304.
3) Agfa, DRP. 216 223. 4) Farbwerke Höchst, DRP. 235 141.
5) DRP. 245 536, Zusatz zu DRP. 235 141.
6) Boehringer, Waldhof, DRP. 269 660.
7) DRP. 291 317, Zusatz zu DRP. 269 660.
8) Höchst, DRP. 271 271. 9) DRP. 270 568. 10) DRP. 267 082.
11) Höchst, DRP. 250 745.

oder Ketonsulfoxylaten vermischt und sodann das betreffende Dialkalisalz im Gemenge mit dem Sulfoxylat durch organische Lösungsmittel, wie Alkohol, Äther-Alkohol oder Aceton aus der Lösung ausfällt[1]).

Man läßt auf Derivate des Arsenobenzols oder des Phenylarsins, welche eine Aminogruppe allein oder auch in Gemeinschaft mit anderen Substituenten enthalten, Aldehydsulfosäuren einwirken, z. B. Benzaldehydsulfosäure auf 4.4'-Dioxy-3.3' · diaminoarsenobenzol. Diese Derivate sollen sehr stabil sein[2]).

Man setzt Säuresalze des Dioxydiaminoarsenobenzols mit Alkalisalzen der Eiweißspaltungsprodukte, wie der Lysalbin- oder Protalbinsäure, der Nucleinsäure oder des Caseins um. Die so erhaltenen wasserlöslichen Additionsprodukte löst man in Alkalilauge und scheidet aus der Lösung die Alkalisalze entweder durch Fällung mit Alkohol-Äther oder durch Eindampfen im Vakuum in fester Form ab[3]).

Durch Kondensation von Arsinen mit Arsenoxyden oder Arsendihalogeniden kann man zu Arsenoverbindungen kommen[4]):

$$R \cdot AsH_2 + OAs \cdot R' = R \cdot As : As \cdot R' + H_2O$$
$$R \cdot AsH_2 + Cl_2As \cdot R' = R \cdot As : As \cdot R' + 2\,HCl$$

Phenylarsinsäure erhält man, wenn man in wässeriger Lösung Alkaliarsenit auf n-Alkalibenzoldiazotat in Abwesenheit von freiem Alkali einwirken läßt[5]).

Organische Arsenverbindungen der allgemeinen Formeln

$$R \cdot AsO{<}^{OK}_{OK} \quad \text{und} \quad {}^{R}_{R}{>}AsO \cdot OK$$

erhält man, wenn man aromatische Diazoverbindungen mit Ausnahme des n-Benzoldiazotats mit arseniger Säure und ihren Salzen oder mit Verbindungen behandelt, die eine Gruppe —As(OK)$_2$ resp. —AsO enthalten[6]).

So erhält man z. B. durch Diazotierung von p-Bromanilin und Zusatz von Natriumarsenit und Erhitzen der Lösung mit Alkali, durch Zusatz von Salzsäure im Filtrat p-Bromphenylarsinsäure.

Auch die diarylarsinigen Säuren oder die entsprechenden Oxyde reagieren mit Diazolösungen, indem Triarylarsinsäuren oder ihre Anhydride entstehen. Beschrieben ist die Darstellung von Trinitrotriphenylarsinsäure[7]).

Wenn man die Katalysatoren wie in DRP. 254 092 in alkalischer Lösung benützt, läuft die Reaktion wie im Hauptpatent, aber die Entwicklung von Stickstoff durch das Kupferpulver geht schon bei niedriger Temperatur vor sich, so daß sich weniger Nebenprodukte bilden[8]).

Das in DRP. 250 264 beschriebene Verfahren wird durch Katalysatoren, wie Kupfer, Kupfersalze und Silber, geändert, und es entstehen Verbindungen, welche sich mit Hydrosulfit schon in der Kälte zu Arsenobenzolen reduzieren lassen[9]).

Diazotiertes Dinitranilin gibt in alkalischer oder neutraler Lösung mit Arsenik gesäuert keine Arsinsäure. Man erhält sie aber, wenn man die Diazoverbindung in Gegenwart eines Überschusses von Säure mit arseniger Säure behandelt[10]).

Bismethylhydrazinotetraminoarsenobenzol erhält man, wenn man 3.5-Dinitro-4-methylnitraminobenzol-1-arsinsäure mit Zinnchlorür und Salzsäure gelinde (bei 50° nicht wesentlich übersteigenden Temperaturen) reduziert.

N<CH_3, NH_2 N<CH_3, NH_2

NH_2—[ ]—NH_2 NH_2—[ ]—NH_2

As ══════ As

Diese Base soll starke Wirkung gegen Trypanosomen haben[11]).

Man erhält Bismethylaminotetraminoarsenobenzol, wenn man auf p-Dimethylanilin-

[1]) Höchst, DRP. 264 266. [2]) H. Bart, DRP. 272 035.
[3]) A. Dering, DRP. 261 542. [4]) DRP. 254 187. [5]) DRP. 264 924.
[6]) DRP. 250 264. [7]) DRP. 254 375, Zusatz zu DRP. 250 264.
[8]) DRP. 268 172, Zusatz zu DRP. 250 264.
[9]) DRP. 254 092, Zusatz zu DRP. 250 264.
[10]) Höchst, DRP. 266 944. [11]) Boehringer, Waldhof, DRP. 285 573.

arsenoxyd Nitriersäure zur Einwirkung bringt und die so erhaltene Dinitromethylnitroaminophenyl-p-arsinsäure mit Zinn und Salzsäure reduziert.

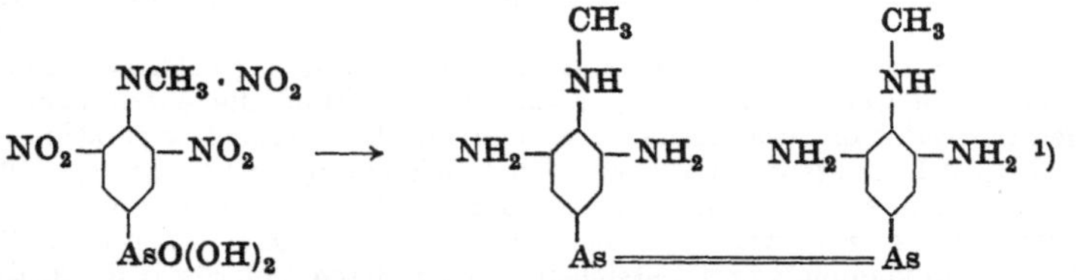

$NCH_3 \cdot NO_2$ / NO_2—⟨Benzolring⟩—NO_2 / $AsO(OH)_2$ ⟶ CH_3—NH / NH_2—⟨Benzolring⟩—NH_2 / As = As / NH_2—⟨Benzolring⟩—NH_2 / NH—CH_3 [1])

An Stelle von p-Dimethylanilinarsenoxyd kann man andere Arsenderivate des Dimethylanilins, die bei der Oxydation p-Dimethylarsinsäure liefern, oder p-Dimethylanilinarsinsäure selbst mit Salpetersäure behandeln und die erhaltene Dinitromethylnitraminophenyl-p-arsinsäure mit Schwermetall bzw. mit Schwermetallsalzen in saurer Lösung reduzieren.

Beschrieben ist die Nitrierung von p-Dimethylanilinarsenchlorür und von p-Dimethylanilinarsinsäure [2]).

Bismethylaminotetraaminoarsenobenzol erhält man, wenn man an Stelle von aromatischen Arsenverbindungen des Dimethylanilins von solchen Arsenverbindungen des Benzols ausgeht, welche in p-Stellung zum Arsenrest die Gruppe $-N{<}^{R}_{CH_3}$ enthalten, worin R ein Wasserstoffatom oder einen Acidylrest bedeutet. Bei der Einwirkung der Nitriersäure entstehen dieselben Verbindungen wie im Hauptpatent, die dann reduziert werden. Beschrieben ist die Nitrierung von Methylarsanilsäure, Acetylmethylarsanilsäure [3]).

Bismethylaminotetraminoarsenobenzol erhält man, wenn man die Reduktion der Dinitromethylnitraminophenyl-p-arsinsäure anstatt mit Zinn und Salzsäure mit anderen Schwermetallen bzw. Schwermetallsalzen durchführt, z. B. Zinnchlorür und Salzsäure, Zink und Salzsäure oder Essigsäure, Eisen und Salzsäure. Um zu verhüten, daß unter der Einwirkung mancher dieser starken Reduktionsmittel die Reduktion etwa bis zur Bildung des Arsins fortschreitet, darf man die Reduktionsflüssigkeit nur so lange erhitzen, bis eine klare Lösung eingetreten ist [4]).

Man kann die gleiche Reaktion unter Anwendung verschiedenartiger Reduktionsmittel in mehreren Phasen ausführen, z. B. mit Quecksilber und konzentrierter Schwefelsäure, hierauf mit Natriumhydrosulfit [5]).

2-Chlor-4-dimethylaminobenzol-1-arsinsäure erhält man, wenn man m-Chlordimethylanilin mit Arsentrichlorid behandelt und das entstandene 2-Chlor-4-dimethylaminobenzol-1-arsenoxyd zur 2-Chlor-4-dimethylaminobenzol-1-arsinsäure oxydiert [6]).

Zu Mononitro- und Dinitroaminobenzolarsinsäure sowie deren in der Aminogruppe substituierten Derivaten gelangt man, wenn man die 3-Mononitro- und 3.5-Dinitro-4-chlorbenzol-1-arsinsäure mit Ammoniak oder Ammoniakderivaten in Reaktion bringt. Unter Ammoniakderivaten sollen nicht nur primäre und sekundäre Amine, sondern auch Verbindungen vom Typus der Aminoessigsäure, des Benzolsulfoamids oder des Piperidins verstanden sein. Es gelingt auf diese Weise, an Stelle des Chloratoms in den Kern den Rest $-N{<}^{R_1}_{R_2}$ (R_1 = Wasserstoff oder Alkyl; R_2 = Wasserstoff, Alkyl, $-CH_2 \cdot CO_2 \cdot H$, $SO_2 \cdot$ Aryl usw.) einzuführen. Es ergeben sich für die Darstellung der Dinitroaminobenzolarsinsäure verschiedene Wege: entweder kann man in die 4-Chlorbenzol-1-arsinsäure unmittelbar zwei Nitrogruppen einführen, welche in Stellung 3 und 5 treten, und in der so entstandenen Verbindung den Austausch des Chloratoms gegen die Gruppe $-N{<}^{R_1}_{R_2}$ vornehmen oder man kann die Mononitrochlorverbindungen weiter nitrieren (wobei ebenfalls eine 4-Chlor-3.5-dinitrobenzol-1-arsinsäure entsteht) und dann das Chloratom wie oben austauschen, oder man geht von der 4-Chlor-3-nitro-benzol-1-arsinsäure aus, nimmt an dieser Verbindung den Austausch des Chlors vor und führt in die entstandene Aminoverbindung eine zweite Nitrogruppe ein. Die Patentschrift enthält Beispiele für die Darstellung von 4-Amino-3-nitrobenzol-1-arsinsäure, 4-Amino-3.5-dinitrobenzol-1-arsinsäure, 4-Methyl-

1) Boehringer, Waldhof, DRP. 285 572.
2) DRP. 293 842, Zusatz zu DRP. 285 572.
3) DRP. 294 731, Zusatz zu DRP. 285 572.
4) DRP. 286 667, Zusatz zu DRP. 285 572.
5) DRP. 286 668, Zusatz zu DRP. 285 572.
6) Boehringer, Waldhof, DRP. 286 546.

amino-3-nitrobenzol-1-arsinsäure, 3.5-Dinitro-4-methylamino-3-nitrobenzol-1-arsinsäure, 4-Glycin-3-nitrobenzol-1-arsinsäure, 4-Glycin-3.5-dinitrobenzol-1-arsinsäure, 4-Benzolsulfamido-3-nitrobenzol-1-arsinsäure und von 4-Benzolsulfamido-3.5-dinitrobenzol-1-arsinsäure[1]).

Durch das Hauptpatent ist unter anderem ein Verfahren geschützt, nach welchem 3-Nitro-4-chlorbenzol-1-arsinsäure mit Aminen umgesetzt und die entstandenen Aminoverbindungen mit Salpetersäure behandelt werden. In die intermediär gebildeten 3-Nitro-4-alkylaminobenzol-1-arsinsäuren tritt bei solcher Behandlung nicht nur eine Nitrogruppe in den Benzolkern ein, sondern auch eine zweite in die 4-Alkylaminogruppe unter Bildung eines Dinitronitramins. Es wurde gefunden, daß man abweichend von diesem Reaktionsverlauf 3-Nitro-4-alkylaminobenzol-1-arsinsäuren oder deren Chlorderivate in die 3.5-Dinitro-4-alkylaminobenzol-1-arsinsäuren bzw. in die 3.5-Dinitro-4-alkylamino-2-chlorbenzolarsinsäuren überführen kann, indem man die Nitrierung jener Verbindungen in Gegenwart von konz. Schwefelsäure mit der einem Molekül entsprechenden Menge Salpetersäure vornimmt. Beschrieben sind 3.5-Dinitro-4-methylaminobenzol-1-arsinsäure aus 3-Nitro-4-methylaminobenzol-1-arsinsäure, 3.5-Dinitro-2-chlor-4-methylaminobenzol-1-arsinsäure[2]).

Dichlor- und Dibrombismethylaminotetraminoarsenobenzol erhält man, wenn man auf 2-Chlor- bzw. 2-Brom-4-methylaminobenzol-1-arsenoxyd, bzw. auf die entsprechende Arsinsäure oder auf Derivate dieser Verbindungen, welche am N noch eine zweite Methylgruppe oder einen Säurerest enthalten, Nitriersäure zur Einwirkung bringt und die so erhaltene 2-Chlor- bzw. 2-Brom-4-methylnitramino-3.5-dinitrobenzol-1-arsinsäure mit Schwermetallen bzw. Schwermetallsalzen in saurer Lösung reduziert.

Aus 2-Chlor-4-dimethylaminobenzol-1-arsenoxyd und Nitriersäure erhält man 2-Chlor-4-methylnitramino-3.5-dinitrobenzol-1-arsinsäure. Durch Reduktion mit Zinn oder Zink und Salzsäure erhält man Dichlorbismethylaminotetraminoarsenobenzol

$$\begin{array}{cc} NH \cdot CH_3 & NH \cdot CH_3 \\ NH_2-\langle C_6H \rangle-NH_2,\ -Cl & NH_2-\langle C_6H \rangle-NH_2,\ -Cl \\ As & = As \end{array}$$

in gleicher Weise erhält man Dibrombismethylaminotetraminoarsenobenzol[3]).

Man erhält Tetraalkylhexaminoarsenobenzole von erhöhter therapeutischer Wirkung, ndem man 3.5-Dinitro-4-dialkylaminobenzol-1-arsinsäuren, zu denen auch die entsprechenden Cyclaminoderivate, z. B. mit der Piperidogruppe, zählen, mit den gebräuchlichen Reduktionsmitteln behandelt.

Beschrieben sind Tetramethylhexaminoarsenobenzol $(CH_3)_2N \cdot C_6H_2(NH_2)_2 \cdot As : As \cdot C_6H_2(NH_2)_2 \cdot N(CH_3)_2$ aus 3.5-Dinitro-4-dimethylaminobenzol-1-arsinsäure und Reduktion mit Zinnchlorür und Salzsäure, ferner Tetraäthylhexaminoarsenobenzol und Dipiperidotetraminoarsenobenzol[4]).

Aminosubstituierte Arylarsinsäuren erhält man, wenn man Nitroarylarsinsäuren in Lösung oder Suspension in Gegenwart von katalytisch wirkenden Metallen oder Metallverbindungen der Einwirkung von molekularem Wasserstoff, gegebenenfalls unter Anwendung von Druck, aussetzt. Beschrieben sind m- und p-Aminophenylarsinsäure aus m- bzw. p-Nitrophenylarsinsäure, von 2-Chlor-5-aminobenzol-1-arsinsäure aus 2-Chlor-5-nitrobenzol-1-arsinsäure und von 3.4-Diaminobenzol-1-arsinsäure aus 3-Nitro-4-aminobenzol-1-arsinsäure[5]).

Man behandelt 3-Amino-4-oxybenzolarsin mit Formaldehydsulfoxylaten. Die neuen Verbindungen sind in Wasser mit neutraler Reaktion leicht löslich und gegen Luft beständig[6]).

Erhitzt man p-Nitranilin mit Arsensäure auf 210°, so erhält man 5-Nitro-2-aminobenzol-1-arsinsäure. Diese läßt sich bei Abwesenheit von freier Mineralsäure, z. B. mit Lauge und Eisenoxydul, so reduzieren, daß man 2.5-Diaminobenzol-1-arsinsäure erhält[7]).

Man erhält 2-Nitro-3-aminobenzol-1-arsinsäure, wenn man ein aus der Metarsanilsäure mit Hilfe von Chlorkohlensäureester erhältliches Urethan nitriert und dann verseift[8]).

Durch stufenweise Reduktion von 4-Amino-3.5-dinitrobenzol-1-arsinsäure gelingt es 3.4.5.3'.4'.5'-Hexaminoarsenobenzol darzustellen, welches bei geringer Toxizität eine sehr kräftige spirillocide Wirkung hat. Man reduziert Dinitroarsanilsäure mit der berechneten Menge Natriumhydrosulfit zu der 3.4.5-Triaminobenzol-1-arsinsäure und diese dann

---

[1]) Boehringer, Waldhof, DRP. 285 604.
[2]) Boehringer, Waldhof, DRP. 292 546. [3]) Boehringer, DRP. 286 669.
[4]) Höchst, DRP. 294 276. [5]) Böhringer, Waldhof, DRP. 286 547.
[6]) Höchst, DRP. 278 648. [7]) Höchst, DRP. 248 047. [8]) Höchst, DRP. 256 343.

mit unterphosphoriger Säure zum Hexaminoarsenobenzol. Triaminobenzolarsinsäure zeichnet sich überraschenderweise durch große Ungiftigkeit aus. Man kann auch Dinitroarsanilsäure durch Behandeln mit phosphoriger Säure oder unterphosphoriger Säure in die entsprechende nitrierte Arsenoverbindung überführen, welche ihrerseits leicht zum 3.4.5.3'.4'.5'-Hexaminoarsenobenzol zu reduzieren ist[1]).

4-Amino-3.5-dinitrobenzol-1-arsinsäure wird mit einer zur Reduktion der Nitrogruppe und des Arsinsäurerestes ausreichenden Menge Natriumhydrosulfit reduziert und die so erhaltene schwefelhaltige Verbindung mit Säuren zerlegt[2]).

Man erhält Substanzen, welche sich von 3.5-Diaminoarylarsinsäuren und deren Reduktionsprodukten, die außerdem noch in 4-Stellung substituiert sind, ableiten und Farbstoffe sind, welche durch Kupplung mit Diazoverbindungen entstehen. Sie gehören wahrscheinlich zur Klasse der Azofarbstoffe. So werden 3.4.5-Triaminobenzolarsinsäure, 3.4.5.3'.4'.5'-Hexaminoarsenobenzol und 3.5.3'.5'-Tetramino-4.4'-dioxyarsenobenzol, welche Derivate des o-Phenylendiamins bzw. o-Aminophenole sind, gekuppelt. Diese Farbstoffe sollen sich vor anderen Arsenverbindungen bei großem Heilwert gegenüber Infektionskrankheiten zum Teil durch geringe Toxizität vorteilhaft auszeichnen.

Auch können auf diesem Wege alkaliunlösliche Arsenverbindungen (z. B. Hexaminoarsenobenzol) durch Einführung von Diazokörpern mit Säureresten (Diazosulfanilsäure usw.) alkalilöslich gemacht werden[3]).

Die großen Erfolge des Salvarsans und Neosalvarsans in der Therapie haben einen weiteren Ausbau der Arsenverbindungen gezeitigt. Dieser Ausbau ging dahin, besser lösliche und stabilere Präparate von womöglich größerer Haltbarkeit zu erzielen, andererseits wurde versucht, eine weitere wirksame Komponente in die Verbindung einzuführen, so Gold, Platin, Quecksilber, Silber und Kupfer. Uhlenhut und Mulzer haben besonders auf die Wirkungen des atoxylsauren Quecksilbers bei Lues hingewiesen[4]). Paul Ehrlich lenkte besonders die Aufmerksamkeit auf die Kupferverbindungen dieser Reihe. Ebenso wurde versucht, neben dem Arsen in die Verbindung Phosphor oder Antimon einzuführen. Bis nun ist keine von diesen Verbindungen in den Arzneischatz eingedrungen. Dasselbe gilt von den übrigen Arsenverbindungen, welche der Arsanilsäure verwandt sind, und ebenso von den Verbindungen, welche aus Farbstoffen mit Arsenogruppen bestehen.

Arsen-Schwefelverbindungen.

Behandelt man Nitrooxyarylarsinsäuren oder Aminooxyarylarsinsäuren mit Schwefelalkalien oder Schwefelwasserstoff, so erhält man schwefelhaltige Verbindungen von bedeutend gesteigerter parasiticider Wirkung, welche durch den Eintritt von Schwefel bedingt erscheint. Beschrieben ist die Darstellung von Nitrooxyphenylarsensesquisulfid und das wahrscheinlich analoge Aminoprodukt mit sehr labilen Eigenschaften[5]).

Am Arsen geschwefelte Derivate der p-Aminophenylarsinsäure, sowie deren Derivaten erhält man bei Behandlung ihrer Lösung mit Schwefelwasserstoff. Aus den Arsinsäuren und Arsenoxyden erhält man

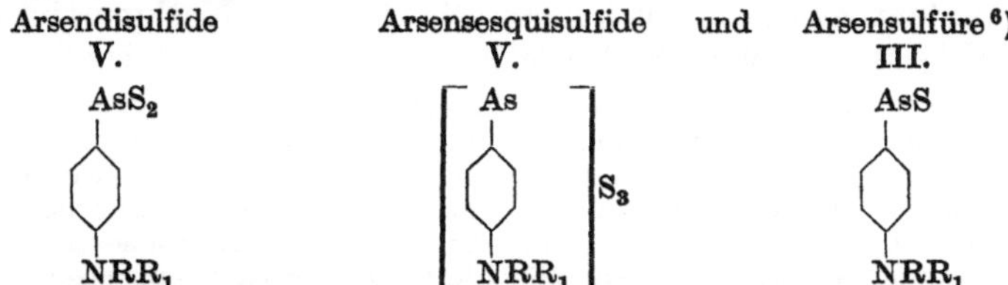

Den entsprechenden Sauerstoffverbindungen gegenüber zeigen sie eine erhöhte Toxizität, aber auch eine entsprechend stärkere trypanocide Wirkung. Diese Schwefelverbindungen sind in Schwefelalkalien und kaustischen Alkalien leicht löslich und können aus der alkalischen Lösung durch Säuren gefällt werden, während sie in Soda schwer löslich sind.

---

[1]) Böhringer, Waldhof, DRP. 286 854.
[2]) DRP. 286 855, Zusatz zu DRP. 286 854.
[3]) Höchst, DRP. 278 421.
[4]) Deutsche med. Wochenschr. **1910**, Nr. 27, S. 1262.
[5]) Höchst, DRP. 253 757.
[6]) Farbwerke Höchst, DRP. 205 617.

m-Aminophenylarsensulfid besitzt selbst in großen Dosen gar keine Heilwirkung gegenüber Trypanosomen. Die von der p-Aminophenylarsinsäure sich ableitenden Sulfide zeigen eine schwache Heilwirkung nur in Dosen, welche der tödlichen Dosis naheliegen.

Hingegen zeigen die aus 3-Nitro- und 3-Amino-4-oxybenzol-1-arsinsäure entstehenden Schwefelverbindungen parasiticide Wirkungen und Heilungen mit ein Drittel der letalen Dose.

Arsen-Schwermetallverbindungen.

p-aminophenylarsinsaures Quecksilber[1]) wirkt bei experimenteler Syphilis sehr gut. Die Jodverbindungen wie p-jodphenylarsinsaures Natrium, Quecksilber und Silber, sowie p-aminojodphenylarsinsaures Natrium, Quecksilber und Silber scheinen vielleicht auf maligne menschliche Tumoren von zerstörendem Einfluß zu sein. F. Blumenthal untersuchte auch p-aminodibromphenylarsinsaures Natrium sowie atoxylsaures Quecksilber und Silber. Atoxylsaures Quecksilber wird Atyrosyl und Asiphyl genannt. Saures atoxylsaures Quecksilber ist giftiger als Atoxyl. Acetylatoxylsaures Quecksilber ist nicht wesentlich ungiftiger als atoxylsaures Quecksilber. Jodatoxylquecksilber ist weniger giftig als das Natriumsalz[1]). Nach Versuchen von I. Danysz[2]) erhöht ein Zusatz von Silbersalzen zu Salvarsan besonders in Form von Bromsilber und Jodsilber die antiseptischen und heilenden Effekte beider Komponenten bedeutend. Bei Septicämie wirken nach seiner Ansicht die chemischen Heilmittel nicht ausschließlich als Antiseptica im infizierten Organismus, sondern auch ähnlich den antimikrobischen Seren durch Intervention des Organismus, besonders der Phagocyten.

Das neutrale Quecksilbersalz der p-Aminophenylarsinsäure[3]) erhält man, wenn man 2 Mol. p-Aminophenylarsinsäure auf 1 Mol. Quecksilberoxyd einwirken läßt. Das basische Quecksilbersalz entsteht bei der Einwirkung von 1 Mol. Quecksilberoxydsalz auf 1 Mol. p-Aminophenylarsinsäure in Gegenwart von 2 Mol. Alkali.

Das Quecksilbersalz der p-Aminophenylarsinsäure wird durch doppelte Umsetzung dargestellt. Gleiche Versuche wurden von verschiedenen Seiten in verschiedenen Staaten zum Patent angemeldet[4]).

Wasserlösliche Quecksilberarsenpräparate erhält man, wenn man Gemische von Kochsalz und Quecksilbersalzen der p-Aminophenylarsinsäure in Wasser oder Quecksilbersalze der p-Aminophenylarsinsäure in Kochsalzlösung auflöst. Es genügt etwa die gleiche Menge Kochsalz den Salzen beizufügen, um Mischungen zu erzeugen, die konzentrierte wässerige Lösungen liefern und sich daher zu Injektionen eignen[5]).

Durch Einwirkung von wässerigen Lösungen von Alkalisalzen der Monomethylarsinsäure auf Succinimidquecksilber in molekularer Menge erhält man leicht lösliche Doppelsalze[6]).

Enesol besteht aus äquimolekularen Mengen von Methylarsinsäure und Quecksilbersalicylat und ist in Wasser leicht löslich (siehe auch bei Quecksilber).

Kernmercurierte Derivate aromatischer Oxysäuren werden dargestellt, indem man aromatische Oxycarbon-, Oxysulfo- oder Oxyarsinsäuren, welche Quecksilber nur mit einer Affinität an den aromatischen Kern gebunden enthalten, mit alkalischen oder neutralen Reduktionsmitteln behandelt. So erhält man aus Oxymercurisalicylsäureanhydrid Quecksilberdisalicylsäure. Aus Mercurisalicylsulfosäure, Mercuri-bis-salicylsulfosäure, aus Arsinosalicylsäure Mercuri- bis -arsinosalicylsäure. Ferner ist beschrieben Mercuri- bis 2-oxynaphthalin-3.6-disulfosäure und Mercuri- bis -3-methyl-4-oxybenzol-1-arsinsäure[7]).

---

[1]) Uhlenhuth und Manteufel, Zeitschr. f. Immunitätsforsch. u. exp. Therap. 1, 108 (1909). — Münch. med. Wochensch. 62, 147.

[2]) B Z. 28, 91 (1910).

[3]) Ann. de l'Inst. Pasteur 28238 (1914). [4]) Agfa, Berlin, DRP. 237 787.

[5]) Bayer - Elberfeld, DRP.-Anm. F. 24 523 (zurückgezogen).

[6]) Agfa, DRP. 239 557. [6]) Einhornapotheke, DRP. 302 156.

[7]) Heyden, DRP. 255 030.

Wässerige Lösungen von Salvarsansalzen bringt man mit Salzen von Gold oder Metallen der Platingruppe zusammen und scheidet die Additionsverbindungen durch Eindampfen oder Zusatz von organischen Lösungsmitteln in fester Form ab[1]).

Schwermetalladditionsverbindungen aromatischer Arsenverbindungen erhält man, wenn man hier andere aromatische Verbindungen, die dreiwertiges Arsen enthalten, mit Metallsalzen behandelt.

3-Amino-4-oxybenzol-1-arsensulfid liefert in Methylalkohol mit Palladiumchlorür eine Palladiumverbindung.

3-Amino-4-oxybenzol-1-arsendichloridchlorhydrat gibt mit Kupferchlorid eine Kupferverbindung.

4-Amino-3-carboxybenzol-1-arsenoxyd liefert mit Goldchloridlösung eine Goldverbindung[2]).

An Stelle des Salvarsans kann man die Formaldehydsulfoxylatverbindung in gleicher Weise mit Schwermetallen verbinden [Kupfer, Silber, Gold, Platin[3])]

Man kann in gleicher Weise die Verbindungen von Salvarsan mit Quecksilber, Silber, Kupfer erhalten[4]).

An Stelle von Salvarsan kann man durch Reduktion des Gemisches aus einer Arsinsäure und einer anorganischen Arsenverbindung erhältliche, zwei oder mehrere Arsenatome enthaltenden Polyarsenoverbindungen in Lösung mit Metallsalzen zusammenbringen[5]).

Auch Arsenophenylglycin, 4.4'-Dioxyarsenobenzol, Arsenobenzol, 3.4.3'.4'-Tetraminoarsenobenzolformaldehydsulfoxynatrium geben solche Schwermetallverbindungen[6]).

Anstatt fertige Arsenverbindungen zu verwenden, läßt man diese in Gegenwart von Metallsalzen aus den entsprechenden Arsinsäuren oder Arsenoxyden durch Reduktion entstehen[7]).

An Stelle von Arsenoverbindungen kann man die analogen gemischten Arsen-, Phosphor- und Arsen-Antimonverbindungen mit Metallsalzen vereinigen[8]).

An Stelle der aromatischen Arsenverbindungen verwendet man die über die Arsenostufe hinaus reduzierten Reduktionsprodukte von durch salzbildende Atomgruppen substituierten aromatischen Arsinsäuren[9]).

Prüft man die Wirkung des Silbers in anorganischen, organischen und komplexen Verbindungen (Silbernitrat, Silbercitrat, Argentamin, Albargin, Protargol, Argonin, Choleval, Kollargol) so geht mit Ausnahme der beiden letzteren Präparate die toxische Dose mit dem Silbergehalt parallel. Die Giftigkeit des Cholevals ist erheblich größer, diejenige des Kollargols geringer als sie dem Silbergehalt der übrigen Verbindungen entspricht. Kollargol tötet Spirochäten beim Lueskaninchen ab. Silber ist ein zur inneren Desinfektion geeignetes Gift für die Syphilisspirochäte. Eine antisyphilitische Wirkung wird bei den meisten Silberverbindungen festgestellt, bei allen tritt die Wirkung auf die Spirochäten und die Heilung der Syphilome langsamer ein als bei den Arsenobenzolen, aber allen Verbindungen gemeinsam ist die Beeinflussung der Spirochäte und die Heilwirkung in einer Dosis, die von der tödlichen mehr oder weniger entfernt ist. Beim kolloidalen Silber erfolgt das Verschwinden der Spirochäten langsamer als bei den verschiedenen geprüften nicht kolloidalen Verbindungen. Der Hauptunterschied liegt in der Wirkung des Silbers und des Quecksilbers bei der Kaninchensyphilis, in der Art der Beeinflussung der Spirochäten und in der Dosis, mit der sich eine Wirkung auf die syphilitischen Produkte der Spirochäten erzielen läßt. Bei Quecksilberverbindungen wirken fast nur Dosen, die ganz in der Nähe der tödlichen liegen oder die mit der tödlichen zusammenfallen. Bei der Prüfung von kolloidalem Gold,

---

[1]) Höchst, DRP. 268 220. [2]) DRP. 281 101, Zusatz zu DRP. 268 220.
[3]) DRP. 268 221, Zusatz zu DRP. 268 220.
[4]) DRP. 270 253, Zusatz zu DRP. 268 220.
[5]) DRP. 270 256, Zusatz zu DRP. 268 220.
[6]) DRP. 270 257, Zusatz zu DRP. 268 220.
[7]) DRP. 270 258, Zusatz zu DRP. 268 220.
[8]) DRP. 270 259, Zusatz zu DRP. 268 220.
[9]) DRP. 275 216, Zusatz zu DRP. 268 220.

Silber, Palladium, Wismutoxyd, Kobalt und Eisen, sowie von verschiedenen Metallsalzen zeigt es sich, daß außer dem Golde keines der untersuchten Metalle oder Metallsalze überhaupt Wirkung auf die Spirochäten oder auf die manifeste Erscheinung der Kaninchenschanker hatte, so daß Kolle die Wirkung des Silbers auf Kaninchensyphilome auch als spezifisch ansieht [1]). Hingegen finden andere Untersucher, daß eine so auffallende Überlegenheit des Silbersalvarsan über Natriumsalvarsan wie man sie im Tierversuche festgestellt hat, beim Menschen nicht gefunden werden konnte, aber Silbersalvarsan macht weniger Schädigungen als alle bisher erprobten Präparate [2]).

Silbersalvarsan weist einen wesentlich besseren chemotherapeutischen Quotienten auf als Salvarsan (Verhältnis zwischen der therapeutischen und letalen Dosis), und zwar $^1/_{30}$ gegen $^1/_{10}$. Aber Silber in kolloidaler Form tötet Spirochäten im Tierversuch ab, wenn auch langsamer als Silbersalvarsan [3]) Die malariciden Eigenschaften des Salvarsans gehen durch Eintritt des Metalls in sein Molekül fast ganz verloren [4]).

Silbersalvarsan mit einem Arsengehalt von 22,4%, der weit hinter dem des Altsalvarsans zurückbleibt, hat eine gesteigerte Wirkung auf die Spirochäten, die mit einem stark erhöhten chemotherapeutischen Index einhergeht. Das Silber verleiht dem Salvarsan keine erhöhte Giftigkeit, wohl aber eine verstärkte Wirksamkeit, die auf der spezifischen gegenüber Spirochäten entwicklungshemmenden Silberwirkung beruht.

Doch berichtet G. L. Dreyfus [5]), daß Silbersalvarsan nicht so einfach und glatt zu handhaben ist, wie Neosalvarsan und Salvarsannatrium. Nebenwirkungen sind einstweilen noch wesentlich häufiger.

P. Karrer faßte das Silbersalvarsan als ein Metallkomplexsalz mit Arsennebenvalenzen auf:

OHAg AgOH
As=As
H_2N (Benzolring) (Benzolring) NH_2
OH OH

A. Binz, H. Bauer und A. Hallstein meinen, daß das Silber an den Aminostickstoff des Arsenobenzols komplex gebunden sei:

As=As
H_2N (Benzolring) (Benzolring) NH_2 [6])
: ONa NaO :
Ag—O—Ag

Silbersalvarsan ist nach ihnen 3.3′-Diamino-4.4′-dioxyarsenobenzoldinatrium-monosilberoxyd, bzw. Bis-[diaminodioxyarsenobenzoldinatrium]-monosilberoxyd.

Antimonverbindungen.

Einigermaßen ähnlich, wenn auch viel schwächer als die Arsenderivate, wirken nach der gleichen Richtung auf Trypanosomen Antimonderivate, ebenso Wismutverbindungen.

---

[1]) W. Kolle und H. Ritz, Deutsche med. Wochenschr. **45**, 481 (1919).
[2]) Walter Knopf und Otto Sinn, Deutsche med. Wochenschr. **45**, 517 (1919).
[3]) Kolle, Deutsche med. Wochenschr. **1918**, Nr. 43 und 44.
[4]) Kalberloh und Schloßberger, Deutsche med. Wochenschr. **1918**, S. 1100.
[5]) Deutsche med. Wochenschr. **1919**, Nr. 47 und 48.
[6]) W. Kolle, med. Wochenschr. **46**, 33 (1920). [7]) BB. **53**, 416 (1920).

Ist ein Stamm arsenfest, so ist er auch antimonfest.

Die Antimonverbindungen verhalten sich nicht analog den Arsenverbindungen. Veränderungen des Moleküls, die beim Arsen zu einer wesentlichen Entgiftung oder zu einer verstärkten Heilwirkung führen, haben diese Wirkung bei den entsprechenden Antimonpräparaten nicht.

Die verschiedenen Trypanosomenstämme sind in ihrem Verhalten gegen Arsen- und Antimonpräparate äußerst verschieden. Einzelne Stämme sind gegen Arsen fast unempfindlich. Die Virulenz steht in keiner Beziehung zu ihrer Empfindlichkeit[1]).

p-aminophenylstibinsaures Natrium, welches dem Atoxyl entspricht, ist recht giftig und bei Hühnerspirillose sehr wenig wirksam. Überraschend ist auch die völlige Unwirksamkeit des Dioxydiaminostibiobenzols. Es ist bei Hühnerspirillose ganz unwirksam, während andere Antimonpräparate spirillocide Eigenschaften haben.

Die Entgiftung des Antimons in den organischen Antimonpräparaten ist keine so weitgehende wie beim Arsen.

P. Uhlenhut und G. Hügel[2]) fanden m-amino-p-urethanophenylstibinsaures Natrium, m_1-m^1-Diamino-p-oxy-arseno-p_1-stibiobenzol, m_1-m^1-Diamino-p-oxy-p_1-chlorarsenostibiobenzoldichlorhydrat wirksam.

Antimonylpyrogallol und Triaminotriphenylstibintetrachlorhydrat waren unwirksam, ebenso unwirksam bei Hühnerspirillose waren: Benzolsulfonaminostibiobenzol, Dioxydiaminostibiobenzol, Antimonylbrenzcatechin, methylharnstoffphenylstibinsaures Natrium, urethanophenylstibinsaures Quecksilber, p-aminophenylstibinsaures Qucksilber, o-amino-p-arsinphenylstibinsaures Natrium, p-aminophenylstibinmethansulfonsaures Natrium, Benzolsulfon-p-aminomercuriphenylstibinsäure, phenylglycinester-p-stibinsaures Natrium, antimonylprotocatechusaures Natrium, gallussaures Antimon, äthylstibinsaures Natrium. Schwach wirksam waren: diurethanophenylstibinsaures Natrium, p-anisylstibinsaures Natrium, benzolsulfon-p-aminophenylstibinsaures Quecksilber, p-oxyphenylstibinsaures Natrium. Bei Mäusedourine waren sie wirkungslos.

Bei Hühnerspirillose sind Stibium arsenicosum, $Sb(OH)_3$ und kolloidales Antimon wirkungslos, während dieselben Präparate, namentlich die zwei letzteren, bei Durine wirksam waren (Plimmer, Fryand Ranken, Batemann, Kolle).

Das bei Hühnerspirillose wirksame m-amino-p-urethanophenylstibinsaure Natrium bleibt bei experimenteller Mäusedourine vollständig wirkungslos.

Wirksam bei Hühnerspirillose sind ferner: acetyl-p-aminophenylstibinsaures Natrium, benzolsulfon-p-amino-phenylstibinsaures Natrium, p-urethano-phenylstibinsaures Natrium, m_1-m^1-Diamino-p-oxy-arsenostibiobenzol und m_1 m^1-Diamino-p-oxy-p_1-chlorarsenostibiobenzoldichlorhydrat. Die drei ersten Präparate waren bei Kaninchensyphilis wirksam. Das erste und dritte Präparat waren bei menschlicher Syphilis wirksam, abeı standen den gewöhnlichen Quecksilberpräparaten nach.

Gegen Trypanosomeninfektionen hat Uhlenhut eine 30 proz. Emulsion von Antimontrioxyd unter dem Namen Trixidin empfohlen. Ein anderes Antimonpräparat empfiehlt Tsuzuki als Mittel gegen Syphilis unter dem Namen Antiluetin. Es ist das Bitartratokaliumammoniumantimonoxyd.

Stibacetin, welches die dem Arsacetin analoge Verbindung ist, wirkt bei

[1]) E. Teichmann, BZ. **81**, 284 (1917).

[2]) Deutsche med. Wochenschr. **1913**, 2455.

Dourine und Nagana. Das Benzolsulfon- und das Urethanderivat des p-aminophenylstibinsauren Natriums erwiesen sich als besonders wirksam bei Trypanosomen und Spirochäten (Uhlenhut, Mulzer und Hügel). Aber schon Antimontrioxyd in Emulsion macht bei Nagana, Dourine und Schlafkrankheit der Mäuse in 100% der Fälle die Dauersterilisation. Metallisches Antimon und seine unlöslichen Verbindungen machen in 60% Fällen Heilung[1]).

Man setzt aromatische Amine in Form ihrer Diazoverbindungen mit Salzen der antimonigen Säure um und spaltet aus den entstehenden Diazoantimoniten die Diazogruppe ab. Beschrieben sind Phenylstibinsäure, p-Oxyphenylstibinsäure, Äthyl-p-aminophenylstibinsäure und p-Aminophenylstibinsäure[2]).

Man kann ein aromatisches Amin bei Gegenwart von Säuresalzen des Antimons diazotieren und das Reaktionsprodukt mit Alkalien umsetzen oder Doppelverbindungen aus Antimonhalogeniden und Diazoverbindungen aromatischer Amine in isoliertem Zustande oder bei Gegenwart ihrer Mutterlauge mit Alkalien zerlegen[3]).

In gleicher Weise kann man sekundäre und tertiäre aromatische Stibinsäuren herstellen, wenn man aromatische Diazoverbindungen statt mit antimoniger Säure mit aromatisch substituierten Antimonoxyden umsetzt. Unter Anwendung von einfach aromatisch substituierten Antimonoxyden erhält man Diarylstibinsäuren:

$$X \cdot N : N \cdot OH + Y \cdot Sb \cdot O = {}^{X}_{Y}\!\!>SbO \cdot OH + N_2$$

Unter Anwendung zweifach substituierter aromatischer Antimonoxyde erhält man Triarylstibinsäuren:

$$2\,X \cdot N : N \cdot OH + \left[{}^{Y}_{Z}\!\!>Sb\right]_2 O = 2\;{}^{X}_{Y}{}_{Z}\!\!>SbO + 2\,N_2 + 2\,H_2O$$

Dabei bedeuten X, Y, Z gleiche oder verschiedene Reste von substituierten oder nichtsubstituierten aromatischen Kohlenwasserstoffen.

Beschrieben ist die Darstellung von Mono-m-aminodiphenylstibinsäure aus Benzoldiazoniumchlorid und m-Aminophenylstibinoxyd, von Chlor-m-phenylenstibinsäure und Phenyl-m-phenylenstibinsäure

[Strukturformel: zwei Benzolringe an Sb gebunden, Sb mit OH und OH][4])

Zwecks Herstellung nitrosubstituierter aromatischer Stibinsäuren aus den Diazoverbindungen nitrosubstituierter aromatischer Amine bei Gegenwart von antimoniger Säure spaltet man die Diazogruppe in saurer oder neutraler Lösung unter Vermeidung hoher Temperaturen ab und scheidet die Stibinsäure ab. Beschrieben sind o-Nitrophenylstibinsäure, 2.4-Dinitrophenylstibinsäure und o-Nitrophenylarsinstibinsäure

[Strukturformel: Benzolring mit AsO_3H_2 oben, $-NO_2$ seitlich, SbO_3H_2 unten][5])

Neutral reagierende lösliche Alkalisalze der aromatischen Stibinsäuren werden dargestellt durch Neutralisieren von 1 Mol. Stibinsäure mit weniger als 1 Mol. Alkali. Die Lösungen dampft man zur Trockene ab oder fällt sie mit Kochsalz oder mit Alkohol, oder fällt sie mit Lauge oder alkalischen Salzen und wäscht sie aus bis sie neutral sind. Man reinigt sie am besten mit Methylalkohol[6]).

Nitroverbindungen von aromatischen Oxystibinsäuren erhält man, indem man in den Nitroverbindungen der entsprechenden aromatischen Aminostibinsäuren die Amino-

---

[1]) Kolle, W. Hartoch, O. Rothermundt, H. und W. Schumann, Deutsche med. Wochenschr. 40 (1913). [2]) Heyden, DRP. 254 421.

[3]) DRP. 261 825, Zusatz zu DRP. 254 421.

[4]) DRP. 269 205, Zusatz zu DRP. 254 421.

[5]) DRP. 296 940, Zusatz zu DRP. 254 421. [6]) Heyden, DRP. 267 083.

gruppe durch Behandeln mit Alkalien abspaltet und durch die Hydroxylgruppe ersetzt. Man kann sowohl von den Nitroaminophenylstibinsäuren selbst, als auch von deren N-Acidylderivaten ausgehen. Will man diese in die entsprechenden Nitrooxyphenylstibinsäuren überführen, so hat man nicht nötig, die Acidylverbindungen vorher zu verseifen, sondern kann Verseifung und Ersatz der Amino- durch die Hydroxylgruppe in einem Arbeitsgang ausführen.

Beschrieben ist die Darstellung von 3-Nitro-4-oxy-benzol-1-stibinsäure

$$SbO(OH)_2 — C_6H_3(1) \cdot NO_2(3) \cdot OH(4)$$ [1]

In gleicher Weise kann man auch Nitrohalogenstibinsäuren in die entsprechenden Nitrooxystibinsäuren überführen. 3-Nitro-4-oxybenzol-1-stibinsäure erhält man z. B., indem man aus diazotiertem p-Chloranilin und Antimonoxyd p-Chlorphenylstibinsäure darstellt und durch Nitrierung 4-Chlor-3-nitro-benzol-1-stibinsäure gewinnt. Diese erwärmt man mit Kalilauge und erhält das Oxyderivat [2].

Aminoderivate primärer aromatischer Antimonverbindungen stellt man sowohl durch Reduktion der entsprechenden Nitroverbindungen als auch durch Verseifen acidylierter Aminoderivate her. Die Antimonderivate spalten viel leichter Antimon ab als die entsprechenden Arsenderivate, daher ist die Darstellung schwieriger. Beschrieben ist die Darstellung der 4-Aminobenzol-1-stibinsäure, 3-Amino-4-oxybenzol-1-stibinsäure [3].

Heyden [4]) beschreibt die Darstellung von aromatischen Stibinoverbindungen, aromatischen Stibinoxyden usf., z. B. Stibinobenzol $C_6H_5—Sb{=}Sb—C_6H_5$, m-Aminophenylstibinoxyd $H_2N \cdot C_6H_4 \cdot SbO$, Di-m-aminostibinobenzol $H_2N \cdot C_6H_4—Sb{=}Sb—C_6H_4 \cdot NH_2$, p-p'-Dioxy-m-m'-diaminostibinobenzol $HO(H_2N)C_6H_3—Sb{=}Sb—C_6H_3(NH_2)OH$. Man behandelt Monoarylstibinsäuren und deren Derivate mit Reduktionsmitteln.

An Stelle von primären aromatischen Stibinsäuren kann man auch sekundäre aromatische Stibinsäuren reduzieren oder deren Derivate.

Beschrieben ist die Darstellung von m-Aminodiphenylstibinoxyd

$$\begin{matrix}C_6H_5\\NH_2 \cdot C_6H_4\end{matrix}\!\!>Sb—O—Sb<\!\!\begin{matrix}C_6H_5\\C_6H_4 \cdot NH_2\end{matrix}$$ [5]

Nitroprodukte der Phenylstibinsäure und ihrer Derivate erhält man durch Behandlung dieser Säure mit Salpetersäure. Beschrieben sind m-Nitrophenylstibinsäure und m-Nitroacet-p-aminophenylstibinsäure [6].

Beim Einleiten von Schwefelwasserstoff in die alkoholisch-ammoniakalische Lösung der Triphenylstibinhaloide entsteht Triphenylstibinsulfid. Es soll therapeutische Effekte bei Ekzemen, Seborrhöe und anderen Bluterkrankungen haben [7].

Man erhält dann aromatische Stibine, indem man die Schwefelverbindungen der Arylstibine mit Metallen in Reaktion bringt. Man erhält Triphenylstibin beim Behandeln von Triphenylstibinsulfid mit Kupfer oder Eisen [8].

Die primären und sekundären Aminophenylstibinsäuren und deren Derivate, die an sich keine oder höchstens eine geringe Heilwirkung gegenüber Trypanosomen und Spirochätenkrankheiten zeigen, werden durch Substitution der in Aminogruppe zu wertvollen Heilmitteln. So z. B. wirkt p-Aminophenylstibinsäure nicht, aber die entsprechende Benzolsulfoverbindung.

Stickstoffsubstitutionsprodukte der Aminoderivate primärer und sekundärer aromatischer Stibinsäuren und ihrer Derivate erhält man, wenn man in die Aminogruppe Acyl-, Alkyl-, Aryl- oder Aldehydreste einführt. Beschrieben sind Benzolsulfo-p-amino-

---

1) Heyden, DRP. 259 875. 2) DRP. 262 236, Zusatz zu DRP. 259 875.
3) Heyden, DRP. 270 488. 4) DRP. 268 451.
5) DRP. 269 206, Zusatz zu DRP. 268 451. 6) Heyden, DRP. 287 709.
7) DRP. 223 694. 8) DRP. 240 316.

phenylstibinsäure, Acetyl-m-aminophenylstibinsäure, m-m'-Diacetylaminostibinobenzol und o-Oxybenzyliden-p-aminophenylstibinsäure[1]).

Bei Tierversuchen versagte z. B. p-Aminophenylstibinsäure sowohl im Schutz- wie im Heilversuch, während die entsprechende Benzolsulfoverbindung eine ganz ausgezeichnete Wirkung zeigte. Einen ähnlich günstigen Einfluß bewirkte die Einführung anderer Radikale und Gruppen in die Aminogruppe der p-Aminophenylstibinsäure.

Stibenyl (Natriumacetyl-p-aminophenylstibiat) wirkt gut bei Trypanosoma gambiense und Kala-Azar[2]).

A. Laveran hat gegen Trypanosomen Brechweinstein verwendet und dann statt dessen Antimonylanilintartrat.

Der von Yvon dargestellte Arsen-Anilin-Brechweinstein ist gegen Trypanosomen sehr wirksam und die Injektionen scheinen weniger schmerzhaft zu sein als die mit Natrium-, Kalium- oder Anilinbrechweinstein[3]).

Auf trypanosomenerkrankte Ratten wirken Tetraäthylstiboniumjodid und Diphenylstibinchlorid nicht, ebensowenig Kaliummetaantimoniat $KSbO_3$ und kolloidales Sb_2O_3. Natriumsulfantimoniat Na_3SbS_4 zerstören zwar Trypanosomen, machen aber lokale Erscheinungen.

Die Antimonsalze von Oxyfettsäuren sind am wirksamsten, Äthylantimontartrat ist außerordentlich brauchbar[4]).

Vanadium.

Von der Idee ausgehend, daß Vanadium im periodischen System neben dem Arsen liegt und daher ähnliche physiologische Wirkungen haben wird, hat man anorganische Verbindungen des Vanadiums geprüft. Ludwig Heß hat auch Orthovanadinsäureester dargestellt und untersucht.

Kocht man Vanadinpentoxyd mit Alkoholen, so erhält man Ester, z. B. Vanadinsäuretriäthylester $(C_2H_5)_3VO_4$, Vanadinsäurepropylester $(C_5H_{11})_3VO_4$, Amylenhydratvanadinsäureester, schließlich die Vanadinsäureester des Glycerins, Glykols, Benzylalkohols[5]).

Arsen-Antimon- und Arsen-Wismutverbindungen.

Stibinoxyde, Stibindichloride oder auch anorganische Antimonsalze des dreiwertigen Metalls setzen sich äußerst leicht mit den Arsinen nach folgenden Gleichungen um, z. B.:

$$HO \cdot C_6H_3(NH_2 \cdot HCl) \cdot AsH_2 + Cl_2Sb \cdot C_6H_3 = HO \cdot C_6H_3(NH_2 \cdot HCl) \cdot As : Sb \cdot C_6H_5 + 2\,HCl$$

$$HO \cdot C_6H_3(NH_2 \cdot HCl) \cdot AsH_2 + Cl_2SbCl = HO \cdot C_6H_3(NH_2 \cdot HCl) \cdot As ; SbCl + 2\,HCl$$

Ebenso kann man Wismuttrichlorid usw. mit Arsinen zu Arseno-bismuto-Verbindungen umsetzen:

$$Aryl \cdot AsH_2 + Cl_2Bi \cdot Cl = Aryl \cdot As : Bi \cdot Cl + 2\,HCl$$

Diese Kondensationen gehen schon bei gewöhnlichen Temperaturen in alkoholischer Lösung vor sich. Es können auch dabei Polyarsenostibino-Verbindungen auftreten.

P. Ehrlich[6]) und P. Karrer haben kombinierte Arseno-stibino- und

[1]) Heyden, DRP. 284 231.
[2]) Philip Manson-Bahr, Brit. med. journ. **1920**, II, 235.
[3]) A. Laveran, C. r. **151**, 580.
[4]) J. D. Thomson und Arthur R. Cushny, Proc. R. Soc., London, Serie B. **82**, 249.
[5]) DRP. 273 220. [6]) BB. **46**, 3564 (1913).

Areno-bismutoverbindungen dargestellt. Erstere haben Heilwirkungen auf mit Trypanosomen infizierte Tiere. Den günstigsten Effekt hat 3-Amino-4-oxy-arseno-4'-acetamino-stibinobenzol-chlorhydrat. Die Arsenostibinoverbindungen sind recht stabile Substanzen. Die Arenobismutoverbindungen sind schon recht instabil.

So wirksam wie kolloidales Antimon sind bei Hühnerspirillose m_1-m^1-Diamino-p-oxyarsenostibiobenzol und m^1-m_1-Diamino-p-oxy-p_1-chlorarsenostibiobenzoldichlorhydrat.

Margol ist Antimonylsilberbromidarsenobenzol, es soll nach Danysz und Raspail[1]) wie Salvarsan wirken.

Man gelangt zu gemischten Arsenostibinoverbindungen der Formel $X^I \cdot As = Sb \cdot X^{II}$, wenn man aromatische Arsine mit Antimonverbindungen der allgemeinen Formel: $(Halogen)_2SbX$ (wobei X = anorganischer oder organischer Rest) umsetzt.

Beschrieben ist z. B. das Kondensationsprodukt aus 3-Amino-4-oxyphenylarsin und Antimontrichlorid, ferner aus 3-Amino-4-oxyphenylarsin und Phenylstibindichlorid

$$OH-C_6H_3(NH_2 \cdot HCl)-As=Sb-C_6H_5$$

ferner aus p-Acetaminophenylarsin und Antimontribromid

$$CH_3 \cdot CO \cdot NH-C_6H_4-As=SbBr$$ [2])

An Stelle von Halogenantimonverbindungen kann man Antimonsauerstoffverbindungen verwenden, wie Brechweinstein, Antimonylchlorid, Phenylstibinoxyd[3]).

In gleicher Weise kann man Arsen-Wismutverbindungen herstellen, wenn man statt Antimontrichlorid, Wismuttrichlorid, Wismuttribromid, Wismuttrijodid usw. verwendet[4]).

Zur Darstellung asymmetrischer Arsenoverbindungen kann man, wenn man zu Arsen-Antimonverbindungen gelangen will, an Stelle einer Arsinsäure oder eines Arsenoxyds eine Antimonverbindung im Gemenge mit einer organischen Arsinsäure oder einem Arsenoxyd mit Reduktionsmitteln behandeln[5]).

Durch Einwirkung von Phosphor-, Arsen-, Antimon-, Selen-, Tellurwasserstoff auf aromatische Arsendichloride kann man zu Verbindungen gelangen, welche neben Arsen noch das der betreffenden Wasserstoffverbindung zugrunde liegende Element enthalten und die als gemischte Arsen-Phosphor-, Arsen-Arsen-, Arsen-Antimonverbindungen usw. zu betrachten sind. Als Arsendichloride können z. B. Phenylarsendichlorid $C_6H_5 \cdot AsCl_2$ sowie alle seine Derivate, wie Amino-, Oxy-, Nitrosubstitutionsprodukte usw. verwendet werden. Beschrieben sind Verbindungen, welche Arsen-Phosphor, Arsen-Arsen, Arsen-Antimon, Arsen-Selen, Arsen-Tellur enthalten[6]).

Statt auf die Arsendichloride kann man auf Arsenoxyde die Wasserstoffverbindungen einwirken lassen[7]).

In Verbindungen mit dreiwertigen Arsen läßt sich Quecksilber mittels Quecksilberacetat nicht einführen. Es tritt alsbald Oxydation unter Abscheidung von metallischem Quecksilber ein. Hingegen kann man Quecksilber leicht in Verbindungen mit fünfwertigen Arsen einführen. Diese Verbindungen sind in alkalischer Lösung verhältnismäßig beständig, nur bei Vorhandensein von Aminogruppen wird metallisches Quecksilber abgespalten. Die Einführung des Arsens scheint ohne Einfluß auf die Giftwirkung zu sein, die wesentlich auf dem Quecksilbergehalt beruht. Auch die Heilwirkung bei experimentellen Trypanosomeninfektionen und die keimtötende Wirkung in vitro ist nicht größer als bei den arsenfreien Verbindungen. Nach dieser Richtung wurden 3-Nitroarsanilsäurequecksilberacetat, 3.5-Dinitro-4-oxyphenylarsinsäurequecksilber-

---

[1]) Münchener med. Wochenschr. 62, 132, 863 (1916). [2]) Höchst, DRP. 269 743.
[3]) DRP. 269 744, Zusatz zu DRP. 269 743.
[4]) DRP. 269 745, Zusatz zu DRP. 269 743.
[5]) DRP. 270 255, Zusatz zu DRP. 251 104.
[6]) Höchst, DRP. 269 699. [7]) DRP. 269 700, Zusatz zu DRP. 269 699.

acetat, 3-Amino-4-oxyphenylarsinsäurequecksilberacetat, 3.5-Diamino-4-oxyphenylarsinsäurequecksilberacetat, 4-Carboxyphenylarsinsäure-(p-Benzarsinsäure-) quecksilberacetat, Diacetyl-3.5-diamino-4-oxyphenylarsinsäurequecksilberacetat, 3-Bromarsanilsäurequecksilberacetat, 3-Bromoxalylarsanilsäurequecksilberacetat[1]).

Gold, Titan, Kupfer.

Robert Koch hat auf die sehr starke Wirkung der Goldcyanverbindungen auf Tuberkelbacillen hingewiesen, welche noch in einer Verdünnung von 1 : 2 000 000 entwicklungshemmend wirken. — Aber im Tierversuch haben sich diese Verbindungen nicht bewährt, ebensowenig wie das von Behring untersuchte Kaliumgoldcyanid, das in einer Verdünnung von 1 : 1 000 000 Milzbrandbacillen tötet. Bei Anwesenheit von Blutserum aber wird durch Globuline desselben die Desinfektionskraft stark gehemmt.

Bruck und Glück haben diese Goldverbindung bei Tuberkulose am Menschen versucht und konnten den Krankheitsprozeß beeinflussen.

Von Karl H. Schmitz wurden gegen Infektionskrankheiten, besonders Tuberkulose, Hexamethylentetramingoldcyanhalogene empfohlen, z. B. $C_6H_{12}N_4CH_3 \cdot Au(CN)_2Cl_2$ und $C_6H_{12}N_4CH_3 \cdot Au(CN)_2Br_2$.

Ebenso empfahl er Cu- und Hg-Verbindungen des Typus CuB_2X_4, Cu_2BX_3, $HgBa_2X_4$, $AuBX_2$, $AuBX_4$, worin X einen einwertigen Säurerest (Cl, Br, J, CN, CNS) und B den einwertigen N-Alkylhexamethylentetraminrest bedeutet. Die Quecksilbersalze sollen als Antiluetica Verwendung finden, die Gold- und Kupfersalze gegen Tuberkulose[2]).

Außerdem wurden noch für den gleichen Zweck Goldsalze der Typen, z. B. $C_6H_{12}N_4 \cdot C_2H_5 \cdot AuCl_4$, $C_6H_{12}N_4CH_3AuBr_4$, $C_6H_{12}N_4CH_3J \cdot 2\,J_2 \cdot C_6H_{12}N_4CH_3AuJ_2$, $C_6H_{12}N_4CH_3 \cdot AuJ_2$ empfohlen[3]).

C. Lewin verwendete kolloidales Gold und Goldsalze und sah bei Mäusecarcinom Heilwirkung.

Es handelt sich bei der Goldwirkung um eine Giftwirkung auf die Capillaren.

Nach I. Schuhmacher ist die bei Verwendung von Goldcyan beobachtete[4]) therapeutische Wirkung nicht dem Goldcyan als solchem, sondern wahrscheinlich dem kolloidalen Golde zuzuschreiben, das im Körper durch Zersetzung des Goldcyans entsteht. Für diese Annahme spricht, daß Goldcyan überhaupt keine desinfizierenden Eigenschaften besitzt und daß es im Körper sehr rasch zu Gold-Eiweißverbindungen aufgespalten wird, die ihrerseits spontan kolloidales Gold abspalten[5]).

Aurocantan ist ein Cantharidin, das durch Verkettung mit Äthylendiamin 600 mal entgiftet ist, in Verbindung mit Auricyanid. Es ist Monocantharidyläthylendiaminaurocyanid. Bei Tuberkulose wirkt es nicht. Es ist nur ein Capillargift[6]).

Goldcyanverbindungen sind angeblich starke Antiseptica. Man kann ihre Wirkung steigern, wenn die labilen Goldcyanverbindungen vor der sofortigen Reduktion durch Bildung von salzartigen Doppelverbindungen mit organischen Basen geschützt werden.

Solche Doppelverbindungen von Goldcyanid mit Cantharidäthylendiamin erhält man durch Einwirkung von Goldsalzen, wie Goldchlorid, Goldcyanid, Goldrhodanid auf das Kondensationsprodukt aus Cantharidin und Äthylendiamin. Empfohlen wird die Verwendung von l-Phenyl-2.3-dimethyl-4-amino-5-pyrazolon und dessen 4-N-Alkylderivaten. Zur Darstellung setzt man die betreffenden Basen oder deren Salze mit Goldcyanwasserstoffsäure um. Außer dieser Verbindung ist noch das Piperazinaurocyanid

---

[1]) G. W. Raiziss, J. A. Kolmer, J. L. Gavron, Journ. of Biolog. Chem. **40**, 533.
[2]) DRP. 284 234. [3]) DRP. 284 260.
[4]) Höchst, DRP. 269 661. [5]) Dermatol. Zeitschr. **22**, 10 (1915).
[6]) R. Geinitz und H. Unger-Laissle, Deutsche med. Wochenschr. **43**, 526 (1917).

$C_4H_{10}N_2 \cdot 2\,HCN \cdot AuCN$ und Cholinaurocyanid beschrieben. Statt Goldcyanwasserstoffsäure kann man Goldalkalithiosulfat für diese Doppelverbindungen verwenden[1]).

Doppelverbindungen aus den Salzen der Hexamethylentetraminalkylhydroxyde und Salzen von Schwermetallen erhält man, wenn man halogen-, rhodan- oder cyanwasserstoffsaure Salze von Kupfer, Quecksilber und Gold oder die Alkalidoppelverbindungen dieser Metalle mit den genannten Säuren auf Salze der Hexamethylentetraminalkylhydroxyde einwirken läßt. Beschrieben sind $Cu(CNS)_2 \cdot 2\,C_6H_{12}N_4 \cdot CH_3CNS$; $Cu_2Cl_2 \cdot C_6H_{12}N_4 \cdot CH_3Cl \cdot H_2O$; $Cu_2Br_2 \cdot C_6H_{12}N_4CH_3Br \cdot H_2O$; $CuCl_2 \cdot 2\,C_6H_{12}N_4CH_3Cl$; $Hg(CNS)_2 \cdot 2\,C_6H_{12}N_4CH_3\text{-}CNS$; $HgJ_2 \cdot 2\,C_6H_{12}N_4CH_3J$; $AuCNS \cdot C_6H_{12}N_4 \cdot CH_3CNS$ usf. Die Quecksilberdoppelsalze der Hexamethylentetraminalkylhydroxyde sollen als Antiluetica Verwendung finden, während die komplexen Gold- und Kupferverbindungen für die Bekämpfung der Tuberkulose geeignet erscheinen[2]).

Auf die wässerigen Lösungen von Hexamethylentetraminalkylhalogeniden läßt man Goldchloridlösungen oder auf die wässerige Lösung von Alkalisalzen der Goldhalogenwasserstoffsäuren Hexamethylentetraminalkylhalogenide einwirken. Zwecks Darstellung von Goldjodürdoppelverbindungen der Hexamethylentetraminalkyljodide der allgemeinen Formel $C_6H_{12}N_4 \cdot \text{Alkyl} \cdot AuJ_2$ werden die durch Einwirkung von Goldchloridlösung oder von Alkalisalzen der Goldjodwasserstoffsäure auf Hexamethylentetraminalkyljodide in wässeriger Lösung erhaltenen Perjodide mit wässerigen Lösungen von Jodsalzen erwärmt[3]).

Krysolgan ist das Natriumsalz einer komplexen 4-Amino-2-aurophenol-1-carbonsäure, welche 50% Gold enthält. Es hemmt in einer Verdünnung von 1 : 1 Million im Kulturversuch komplett die Entwicklung des Tuberkelbacillus.

Salvarsankupfer ist eine komplexe Metallverbindung, an der das Kupfer der Arsengruppe angelagert ist. — Das Präparat soll bei Frambösie, Malaria, Amöbendysenterie und Lepra Verwendung finden.

Kupfersalvarsan hat sich nach den Angaben von Johann Fabry und Johanna Selig[4]) bei allen Stadien der Syphilis gut bewährt.

3.3'-Diamino-4.4'-dioxyarsenobenzol gibt mit Metallsalzen komplexe Verbindungen, deren therapeutische Wirkung dem Salvarsan gegenüber in manchen Fällen verstärkt ist. Besonders das Kupfersalz mit einem Mol. Kupferchlorid hat sich als sehr stark bactericid und trypanocid erwiesen.

Pick versucht Titan bei Tuberkulose.

Neuberg, Kaspari und Löhe versuchten die Autolyse der Krebszellen durch Metalle anzuregen und verwendeten kolloidale und komplexe organische Metallverbindungen. Diese erzeugen eine komplette Autolyse, die kleinste Dosis Metall ist notwendig, wenn man Platin, Palladium oder Rhodium verwendet. Werner versuchte Cholin selbst sowie seine Salze. — Werner nimmt an, daß die kolloidalen Metalle spezifisch wirken, daß sie aber die Aktivität des Cholins, wenn man beide zusammen verwendet, erhöhen.

Die Elberfelder Farbwerke bringen eine Verbindung von Lecithin und Kupferchlorid in den Handel, welche bei Hautkrebsen angewendet werden soll. — Ebenso wird eine Verbindung von zinnsaurem Kupfer mit Lecithin unter dem Namen Lecutyl für äußere und innere Anwendung hergestellt, und zwar für Tuberkulose- und Carcinombehandlung.

Fette komplexe Kupferverbindungen des Lecithins und anderer Aminophosphatide, wie Jecorin, Cuorin, Kephalin, erhält man, wenn man die Kupfersalze unmittelbar auf verdünntes Lecithin usw. oder konzentrierte Lösungen der beiden Komponenten aufeinander einwirken läßt, bis die angewendeten Kupferverbindungen verschwunden sind[5]).

Für Carcinombehandlung wurde auch kolloidales Kupferoxydhydrat (Cuprase) empfohlen.

---

[1]) Höchst, DRP. 276 134. [2]) DRP. 276 135, Zusatz zu DRP. 276 314.
[3]) Schmitz, DRP. 284 259. [4]) Heyden, DRP. 255 030.
[5]) Linden - Meissen - Strauß, DRP. 287 305.

Viele Forscher untersuchten die Wirkung des kolloidalen Kupfers ferner des kolloidalen Bleioxydhydrates, und Izar verwendete kolloidalen Schwefel und sah eine starke Einwirkung auf Rattensarkome. — Auch das Adrenalin wurde verwendet und nekrotisierte ebenso wie seine Isomeren maligne Geschwülste.

Sykow und Nenjukow haben oxydierende Stoffe, und zwar Kupfersulfat- und arsenigsaures Kali lokal bei Hautcarcinomen verwendet[1]).

Kaspari hat auf Grund der Tierexperimente mit Carl Neuberg und Löhe aus den geprüften Substanzen die folgenden drei für die Behandlung des Menschen herausgegriffen: d-Alaninsilber, d-Alaninkupfer, Chloropentaminkobaltichlorid $(CO(NH_3)_5Cl)Cl_2$. Sie fanden bei Menschen eine Einwirkung auf Tumoren, aber alsbald werden die Tumoren gegen das Metall fest, aber ein zweites und drittes Metall wirkt auf den Tumor noch eine Zeitlang ein, bis der Tumor auch für dieses Metall fest wird. Zu ähnlichem Ergebnis ist Leo Löb gekommen, welcher kolloidales Kupfer verwendet hat. Es ist sehr wahrscheinlich, daß Radium, Röntgenstrahlen und die kolloidalen Metalle das Gemeinsame bei der Krebsbehandlung haben, daß die autolytischen Fermente in ihrer Wirksamkeit gesteigert werden und es ist nach der Untersuchung verschiedener Forscher, wir nennen C. Neuberg und F. Blumenthal, als erwiesen anzusehen, daß der Reichtum an autolytischen Fermenten ein wesentliches Merkmal der Tumoren ist[2]).

A. Koger[3]) hat bei Tuberkulose Kupfer-Kaliumcyanid, Cyanocuprol genannt, angewendet. A. Ch. Hollande und J. Gaté[4]) haben bei Meerschweinchen keinen Einfluß auf den Ablauf der Erkrankung gesehen, höchstens eine Neigung zur bindegewebigen Abkapselung. Cuprocyan ist ein leichtlösliches Kaliumcuprocyanid, welches bei Tuberkulosebehandlung empfohlen wurde[5]).

Entgegen den Angaben von von Linden über die spezifische Beeinflussung der Tuberkelbacillen durch Kupfersalze, welche entwicklungshemmend auf das Wachstum des Tuberkelbacillus wirken sollen, gibt Adolf Feldt an, daß das einfache Kupferkation auf den Tuberkelbacillus nur in eiweißfreien Nährböden wirkt. Kupfer ist für das Tier giftiger als für den Tuberkelbacillus und zwar 50 mal so giftig. Intensiver als durch Kupfer wird er durch arsenige Säure, Salvarsan, Thymol, Pyrogallol, Platin, Silber, Quecksilbersalze und besonders durch das einwertige Goldcyan geschädigt[6]).

Robert Uhl untersuchte, welche Rolle den physikalischen Eigenschaften bei der trypanociden Wirkung zukommen und ob nicht Metalle, welche bisher nicht als trypanocid erkannt wurden in lipoidlöslichen Verbindungen eine trypanocide Wirkung entfalten. Es wurden untersucht Kupferschwefelpepton, Kupferacetessigester, komplexes Kupfersalz von o-Oxy-N-nitrosophenylhydroxylamin, Bleitriäthyl, Zinndiäthyldichlorid, zinnsaures Natron, wolframsaures Natron. Keine der geprüften Verbindungen hat bei Mäusen die Entwicklung der Nagana-Trypanosomen zu beeinflussen vermocht[7]).

Polymethylenbisiminosäuren kann man erhalten, wenn man Polymethylendiamine oder ihre Homologen auf Cyanide und Aldehyde bzw. Ketone einwirken läßt. Es bilden sich dabei die Dinitrile der betreffenden Säuren, aus denen die letzteren durch Verseifen

---

[1]) Arbeiten aus dem Morosowschen Institut für Krebsforschung in Moskau.

[2]) B. Kaspari, Zeitschrift für Krebsforschung **14**, 236 (1914).

[3]) Journ. of experim. med. **1916**, August. [4]) C. r. b. **83**, 178 (1720).

[5]) Cesare Serono, Rassegna Clin. Terap. e Scienze aff. **19**, 120 (1920).

[6]) Münchener med. Wochenschr. **61**, 1455—1456, 30. VI. 1914.

[7]) Archives Internationales de Pharmacodynamie et de Thérapie Vol. XXIII, Fasc. 1—2, S. 73 (1913).

in üblicher Weise gewonnen werden. Diese neuen Säuren geben Salze, z. B. das Kupfersalz, welche bei Infektionskrankheiten, insbesondere bei Tuberkulose, verwendet werden sollen. So erhält man aus Tetramethylendiamin, Cyankalium und Formaldehyd das Nitril der Tetramethylenbisiminosäure. Verseift man es mit Barythydrat, so erhält man Tetramethylenbisiminoessigsäure. Analog stellt man β-Methyltetramethylenbisiminoessigsäure sowie das Kupfer- und Zinksalz her. Ferner Tetramethylenbis-α-iminoisobuttersäure [1]).

Neutrales Kupfersaccharat erhält man, wenn man Kupferhydroxyd in alkalischen Lösungen von Biosen auflöst, die Lösung mit einer organischen Säure neutralisiert, zur Trockne verdampft und das Kupferoxydsaccharat mit einem organischen Solvens von den beigemischten organischen Alkalisalzen trennt. Es lassen sich nur Biosen verwenden [2]).

Aluminium.

Die lange bekannten adstringierenden Eigenschaften der Aluminiumsalze haben, trotzdem keine nachteiligen Folgen und auch keine Unzukömmlichkeiten bei Verwendung der üblichen Salze zu bemerken waren, doch Veranlassung zur Darstellung neuer adstringierender Aluminiumsalze gegeben. Von allen diesen Verbindungen kann man folgendes aussagen: Ein therapeutisches Bedürfnis nach deren Darstellung bestand und besteht nicht. Neue Eigenschaften besitzen sie nicht, da in allen Salzen Aluminium gleichmäßig als Base auftritt und die verschiedenen Säuren an der Grundwirkung nichts ändern. Das gewöhnlich in der Praxis verwendete Aluminiumacetat reicht für die gewöhnlichen Zwecke völlig aus.

Alformin ist eine 16proz. Lösung von ameisensaurem Aluminium $Al_2(OH)_2(HCOO)_4$. Der Versuch Martensons als Konkurrenten Aluminium boroformicicum einzuführen, welches durch Auflösen von Tonerdehydrat in Borsäure und Ameisensäure entsteht, ist gescheitert. Auch die Versuche, geruchlose Doppelverbindungen des Aluminiums in die Praxis einzuführen (essigsaures Aluminium riecht schwach nach Essigsäure), sind fehlgeschlagen, da gar kein Bedürfnis nach solchen Präparaten vorhanden und sie nichts Neues leisten. So wurde Boral, eine Doppelverbindung von Aluminium mit Borsäure und Weinsäure dargestellt, die leicht löslich und von leicht säuerlichem Geschmack ist. Unter dem Namen Cutol war kurze Zeit eine Doppelverbindung des Aluminiums mit Borsäure und Gerbsäure in die Therapie eingeführt. Sie war unlöslich, von adstringierendem Geschmack und sollte die schwach antiseptischen Wirkungen der Borsäure mit den adstringierenden der Gerbsäure und der Tonerde vereinigen. Cutol geht mit Weinsäure eine wasserlösliche Verbindung ein (Cutolum solubile). Tannal heißt ein wasserlösliches Doppelsalz von Aluminium, Gerbsäure und Weinsäure. Allen diesen Präparaten kommt naturgemäß keine bakterientötende, aber die allen Aluminiumsalzen eigentümliche adstringierende Wirkung zu [3]).

Multanin ist basisch gerbsaures Aluminium.

Basisch gerbsaures Aluminium erhält man, wenn man eine Ätzalkalitannatlösung mit einem Aluminiumsalz versetzt und Ätzalkali in solchen Mengen zufügt, daß keine Neutralisation eintritt. Die Verbindung ist ein graues geruch- und geschmackloses Pulver [4]).

Auch aromatische Säuren wurden zweckloserweise mit Aluminium kombiniert. So sind die Salumine lösliche und unlösliche Verbindungen der Salicylsäure mit Tonerde [5]). Sozal wurde p-phenolsulfosaures Aluminium benannt. Es sollte antiseptische Wirkungen auslösen und vor der essigsauren Tonerde den Vorzug der Unzersetzlichkeit besitzen [6]). Ähnlich sollte Alumnol [7]), naph-

[1]) Bayer, DRP. 272 290. [2]) Landau und Östreicher, DRP. 283 414.
[3]) Koppel, Ther. Mon. **1895**, 614. [4]) Schering, Berlin DRP 328 341.
[5]) DRP. 78 903, 81 819. — Heymann, Berliner laryngol. Ges., Sitzung 9. VI. **1893**.
[6]) Lüscher, Diss. Bern (1892).
[7]) DRP. 74 209. — Berliner klin. Wochenschr. **1892**, Nr. 46.

tholsulfosaures Aluminium, wirken, aber keines dieser Präparate konnte neben der essigsauren Tonerde irgendeine, wenn auch nur temporäre Bedeutung erlangen.

Alutan ist kolloidales Aluminiumhydroxyd (Cloetta).

Ormizet ist eine Mischung von Aluminiumformiat mit Alkalisulfat, da das Formiat für sich nicht haltbar ist [1]).

Moronal ist basisch formaldehydschwefligsaures Aluminium [2]). Es ist sterilisierbar und haltbar und soll die Haut nicht macerieren, es ist in fester Ersatz für essigsaure Tonerde.

Glykolsaures Aluminium erhält man durch Einwirkung von 1 Mol. Aluminiumhydroxyd auf 2 Mol. Glykolsäure als einen krystallinischen, nicht zerfließlichen, wasserlöslichen Körper [3]).

Kalle [4]) beschreibt ein Verfahren zur Darstellung fester Aluminiumacetatverbindungen, die in Wasser löslich sind. Man läßt auf Aluminiumacetatlösung Hexamethylentetramin mit oder ohne Zusatz von die Löslichkeit des Aluminiumacetats in Wasser erhöhenden Verbindungen, wie Glycerin, Mannit, Citronensäure, Milchsäure oder Weinsäure ohne besondere Wärmezufuhr einwirken und dampft zur Trockne ein.

Acetoform ist essigcitronensaures Aluminiumhexamethylentetramin.

Mouneyron und Guje [5]) mischen eine Aluminiumsulfatlösung mit Gelatine und neutralisieren, hierauf wird Gerbsäure zugesetzt und die Fällung soll als Mittel gegen Durchfall Verwendung finden.

Mallebrein ist chlorsaures Aluminium.

Neotannyl ist Aluminiumacetotannat, auch Altannol genannt.

Noventerol ist eine Aluminiumtannineiweißverbindnng mit 50% Gerbsäure und 40% Tonerde.

---

[1]) A. Loewy, Deutsche med. Wochenschr. **42**, 1512 (1916).
[2]) O. Harzbecker, Allg. med. Zentralztg. **85**, 197 (1916).
[3]) DRP. 245 490.
[4]) DRP. 272 516.
[5]) Engl. Pat. 104 609.

Sechstes Kapitel.

Abführmittel.

Die Untersuchungen von Tschirch[1]) haben erwiesen, daß in den Abführmitteln im engeren Sinne, in Frangula, Rheum, Senna und Aloe Derivate der Oxymethylanthrachinone

Anthrachinon

H O H
H H
H H
H O H

vorkommen, welche, wie auch die Oxymethylanthrachinone selbst, abführende Wirkungen in eigenartiger Weise auslösen, indem sie die Peristaltik erregen oder erhöhen. In Rheum, Senna und Frangula kommen auch Glykoside vor, die erst bei der Hydrolyse Oxymethylanthrachinone abspalten; so ist Chrysophan (aus Rhabarber) ein glykosidisches Oxymethylanthrachinon. Im Rhabarber enthält die Fraktion, welche die Hauptwirkung entfaltet, nach der alkalischen Hydrolyse Zimtsäure, Gallussäure, Emodin und Aloeemodin, die in der Droge als Ester vorzuliegen scheinen[2]). Sowohl die reinen Oxymethylanthrachinone als auch deren Glykoside (Anthraglykoside) bedingen die abführende Wirkung dieser Drogen. Barbaloin $C_{20}H_{18}O_9$ ist[3]) ein Glykosid, das aus Aloeemodin $C_{15}H_{10}O_5$ und d-Arabinose besteht. Aus Aloin entsteht Aloeemodin und ein Zucker[4]). Isobarbaloin ist ein Kuppelungsprodukt einer Aldopentose mit Methylisooxychrysazin.

Auch das Colocynthin (Citrillin, der Bitterstoff der Koloquinthe) ist ein drastisch wirkendes Abführmittel, das bei der Hydrolyse in Glykose, Colocynthein, Essigsäure und andere flüchtige Körper zerfällt. Bei der Betrachtung des Barbaloins im Vergleiche mit seinen Spaltungsprodukten Emodin und dem Oxydationsprodukte Alochrysin sieht man Differenzen in der Beeinflussung der Darmperistaltik. Am energischsten wirkt Emodin, dann folgt das Oxydationsprodukt Alochrysin und in letzterer Linie steht die Chrysophansäure (Methyldioxyanthrachinon)

$$C_{14}H_5(CH_3)(OH)_2O_2 .$$

Dem Aloeemodin liegt β-Methylanthracen zugrunde. Nach den Untersuchungen von O. A. Oesterle[5])[6]) kommen dem Aloeemodin (I), der Chrysophansäure (II), dem Rhein (III) folgende Formeln zu:

(I) OH CO OH, $CH_2 \cdot OH$, CO

(II) HO CO OH, CH_3, CO

(III) OH CO OH, COOH, CO

[1]) Schweizer Wochenschr. f. Chemie u. Pharmazie **1898**, Nr. 23. — Ber. d. Deutschen pharm. Ges. **1898**, 174.

[2]) Frank Tutin und H. W. B. Clever, Journ. Chem. Soc. London **99**, 967 (1911).

[3]) E. Léger, C. r. **1910**, 150.

[4]) Oesterle und Triat, Schweizer Wochenschr. f. Chem. u. Pharmazie **47**, 717 (1910).

[5]) Arch. d. Pharm. **249**, 445 (1911). [6]) Hesse, Liebigs Ann. **309**, 32.

Der Methylanthrachinonkern ist Bedingung für das Zustandekommen der ekkoprotischen Wirkung; die Wirkung auf den Darm wird von der Anzahl der Hydroxyle in der Weise beeinflußt, daß mit Zunahme dieser Gruppen die Wirkung sich verstärkt. Nach Tschirchs Angaben ist es auch wahrscheinlich, daß die Stellung der Hydroxyle am Kern von Einfluß auf die Wirkung ist. Diese komplizierten Substanzen, welche nach Tschirch Träger der ekkoprotikophoren Gruppen sind, eröffnen neue Ausblicke auf synthetisch zu gewinnende Abführmittel, die frei von den unangenehmen Nebenwirkungen der Mutterdrogen, welche Anthrachinonderivate enthalten, sein sollen[1]).

Alle den Anthracenkern enthaltenden Stoffe: Barbaloin, Aloeemodin, Aloechrysin, Aloenigrin und Chrysophansäure wirken deutlich purgierend, wogegen das den Anthracenkern nicht enthaltende Nataloin keine purgierenden Effekte zeigt. Aloeemodin und Aloechrysin wirken am stärksten, Aloenigrin schwächer, Barbaloin in doppelt so großer Dosis als Aloeemodin, wahrscheinlich erst nach Bildung von Aloeemodin[2]).

Emodin wirkt sicher abführend. Oxyemodin wirkt in etwas höherer Dosis wie Emodin[3]).

Wenn man 3—5 Teile Persulfat auf 1 Teil Aloin einwirken läßt, so gelangt man anscheinend zu einem hydrierten Methyltrioxyanthrachinonoxyd, welches schwächer abführend wirkt als Aloin, aber keine schädlichen Nebenwirkungen haben soll.

Man erhält so Puraloin I $C_{12}H_{10}O_6$ und außerdem das hiervon durch die Löslichkeit in Alkohol unterschiedene Puraloin II $C_{13}H_{12}O_6$. Sie haben beide eine gelinde, aber unzuverlässige Abführwirkung[4]).

Jedenfalls hat die Methylgruppe keine große Bedeutung, da sowohl die methylierten, als auch die nichtmethylierten Anthrachinonderivate abführend wirken[5]).

Brissemoret, welcher Resorufin, Indophenol, Oxydiphenoxazon, Aurin, Rosolsäure untersuchte, sowie Embeliasäure, behauptet, daß jede Ketonchinonverbindung, stamme sie nun von einer Benzol-, Naphthalin- oder Anthracenkern, abführend wirke. Eine Gesetzmäßigkeit läßt sich aber noch nicht ableiten. Es scheint die Chinongruppe bei gleichzeitiger Anwesenheit von Hydroxyl und fetten Seitenketten in Betracht zu kommen[6]).

Brissemoret[7]) meint, daß die abführende Wirkung der vegetabilischen Abführmittel durch den Diketoncharakter der betreffenden Chinonkörper bedingt ist. Aus Versuchen mit Resorufin, einem Chinonoxazin, schließt er, daß auch die Monoketone abführend wirken.

Nach Mohr[8]) ist das Wirksame in den Oxymethylanthrachinonen der Sauerstoff in Chinonbindung; es wirkt auch das einfache Chinon, aber auch Resorufin $O = C_6H_3\langle{}^{N}_{O}\rangle C_6H_3 \cdot OH$[9]).

Vieth untersuchte synthetische Oxyanthrachinone und fand die Wirksamkeit am stärksten beim Anthrapurpurin (1.2.7-Trioxyanthrachinon). Fla-

[1]) Tschirch und Heuberger, Arch. d. Pharmaz. **290**, 630 (1902). — Siehe auch AePP. **43**, 275 (1899). [2]) John E. Eßlemont, AePP. **43**, 274 (1899).

[3]) Eugen Seel, Arch. d. Pharm. **257**, 229 (1920).

[4]) Eugen Seel, Arch. d. Pharm. **257**, 212 (1920).

[5]) Vieth, Münchener med. Wochenschr. **1901**, Nr. 35.

[6]) Brissemoret, Contribut. à l'étude des purgatifs organiques. Paris, Joamin & Co., 1903. — Bull. sc. pharmacol. **1903**, 17.

[7]) C. r. s. b. **55**, 48. [8]) Arch. d. Pharm. **1900**, 15.

[9]) Pharm. Journ. **1887**, 601 und **1888**, 305. — Siehe auch Conradi, Ann. di chim. e farm. **1894**, 6.

vopurpurin (1.2.6-Trioxyanthrachinon) ist nur halb so wirksam, Anthragallol (1.2.3-Dioxyanthrachinon) ist nur $^1/_3$ so wirksam. Purpuroxanthin (1.3-Dioxyanthrachinon) ist sechsmal schwächer wirksam. Purpurin (1.2.4-Trioxyanthrachinon) hat nur ein Zwanzigstel der Wirksamkeit und Alizarinbordeaux (1.2.3.4-Tetraoxyanthrachinon) hat nur ein Zehntel der Wirksamkeit des Anthrapurpurins. Die Wirkung scheint also sehr mit der Stellung des Sauerstoffes zu schwanken, doch hängt sie ebenfalls von dem langen Aufenthalte dieser Substanzen im Darme ab. Denn die Acetylverbindungen und die Glykoside, welche nur langsam Oxymethylanthrachinon abspalten, wirken intensiver als die zugrunde liegende Substanz.

Während Rufigallussäure (Hexaoxyanthrachinon), Acetylrufigallussäuretetramethyläther nach Epstein sich als unwirksam erwiesen, konnte Vieth zeigen, daß auch Alizarin, Alizarinblau, Chinizarin und Methylchinizarin, Nitropurpurin und Cyanin unwirksam sind, hingegen ist Diacetylrufigallussäuretetramethyläther wirksam.

Istizin wird durch Verschmelzen von 1.8-Anthrachinondisulfonsäure mit Kalk dargestellt. Istizin ist 1.8-Dioxyanthrachinon, es wirkt als Abführmittel.

Embeliasäure ist nach Heffter und Feuerstein[1])

```
          CO
HO · C ⟋ ⟍ C · C11H28
CH3 · C ⟍ ⟋ C · OH
          CO
```

ein Dioxychinon. Das Ammonsalz ist geschmacklos und nach Warden[2]) ein Bandwurmmittel. Es wirkt stark antiseptisch.

Die Harzsäuren erzeugen in größeren Dosen Durchfall [Vieth[3])].

Purgatin ist Anthrapurpurindiacetat, ein mildes Laxans, welches aber die Nieren reizt[4]).

Als Abführmittel wurden ferner empfohlen die Acidylderivate der Rufigallussäurealkyläther[5]), so Diacetylrufigallussäuretetramethyläther, Diacetylrufigallussäuretetraäthyläther, Monobenzoylrufigallussäuretetramethyläther, erhalten durch Acylierung von Rufigallussäurealkyläther. Das so dargestellte Exodin, angeblich Diacetylrufigallussäuretetramethyläther ist nach Zernik[6]) ein Gemenge verschiedener Äther, von denen Rufigallussäurehexamethyläther ekkoprotisch wirkt, nicht aber Acetylrufigallussäurepentamethyläther und Diacetylrufigallussäuretetramethyläther. Exodin[7]) wirkt mild abführend.

Von synthetischen Trioxyanthrachinonen wurde Anthrapurpurin (1.2.7-Trioxyanthrachinon) als Abführmittel versucht, und zwar in Form des Diacetates, welches durch gelindes Acetylieren entsteht. Im Magensaft unlöslich, wird es vom Darmsaft allmählich unter Spaltung aufgenommen[8]). Es wurde Purgatol genannt. Die synthetischen Di- und Trioxyanthrachinone erzeugen als solche heftige Koliken.

Entgegen den Anschauungen Tschirchs findet Pio Marfori in den verschiedenen Dregen verschiedene Isomere des Dioxymethylanthrachinon (Chrysophansäure). Die aus Chrysarobin dargestellte Chrysophansäure ist eine ganz unschädliche Substanz, sie zeigt nach Marfori gar keine purgative

---

1) Vgl. Brissemoret, C. r. s. b. **55**, 49 (9. I. 1903). 2) Privatmitteilung.
3) Verhandl. d. Deutschen Naturforscherv. **1905**.
4) C. R. Marshall, Scot. Med. and Surg. Journ. **1902**.
5) Akt.-Ges. Schering, Berlin, DRP. 151 724. 6) Apoth. Ztg. **19**, 598.
7) Ebstein, Deutsche med. Wochenschr. **1904**, 12. — Stauder, Therapie der Gegenwart, Juni **1904**. 8) DRP. 117 730.

Wirkung und ist in dieser Beziehung ihre Gegenwart in den Drogen ohne jede Bedeutung. Ein Oxydationsprodukt aus Chrysarobin hingegen, welches ein Gemenge verschiedener Isomeren zu sein scheint, zeigte eine energisch purgative Wirkung, während eine solche dem Chrysarobin $C_{30}H_{26}O_7$ selbst völlig abgeht.

Paderi[1]) erklärt die Wirkung der Chrysophansäure durch Tonisierung der glatten Muskelfasern, da sie wie Strychnin, aber schwächer wirkt; der Effekt beruht auf der Gegenwart der Anthracengruppe, nicht aber auf Methyl oder Sauerstoff, da er auch dem Anthracen, Anthrachinon und Alizarin zukommt.

Der Gehalt des Aloins an Hydroxylen befähigt diese abführende Substanz zur Bildung von Verbindungen, die geschmacklos und nicht so leicht (wegen seiner Hydroxylgruppen) zersetzlich sind wie Aloin selbst. Wenn man Formaldehyd mit einem Molekül Aloin reagieren läßt, so tritt eine Methylengruppe in zwei Hydroxyle ein, und man erhält ein Methylenderivat des Aloins, welches die gleiche Wirkung wie die Muttersubstanz zeigt.

Versetzt man eine Lösung von Aloin in Wasser mit der entsprechenden Menge 40proz. Formaldehyds, so daß 10 kg Aloin in 20 kg Wasser mit 10 kg 40proz. Formaldehyd zusammengebracht werden bei Gegenwart von 10 kg konzentrierter Schwefelsäure, so scheidet sich das Kondensationsprodukt als flockiger und harziger Niederschlag aus, der nach dem Auswaschen der Schwefelsäure pulverförmig wird[2]).

Hans H. Meyer stellte Tribromaloin $C_{16}H_{13}Br_3O_7$ dar, welches viel schwächer abführend wirkt als Aloin und ferner Triacetylaloin $C_{16}H_{13}(C_2H_3O)_3O_7 + {}^1/_2H_2O$ welches ebenso stark ekkoprotisch wirkt, wie reines Aloin und dabei ganz geschmacklos ist und gute Haltbarkeit zeigt.

Durch Einwirkung eines Gemisches von Essigsäureanhydrid und Ameisensäure auf Aloin erhält man einen gemischten Essigsäureameisensäureester des Aloins, Diformyltriacetylaloin der dieselbe abführende Wirkung wie Aloin selbst besitzt, vor diesem aber den Vorzug hat, daß es den schlechten Geschmack nicht mehr zeigt[3]).

Statt der Ameisensäure oder deren Estern kann man gemischte Säurenanhydride aus Ameisensäure und anderen aliphatischen Säuren verwenden oder durch Gemische aus wasserfreier Ameisensäure und aliphatischen Säureanhydriden ersetzen[4]).

Zimmer & Co.[5]) führen Aloin in Kohlensäureester oder in substituierte Kohlensäure über, indem sie Phosgen oder Chlorameisensäureester auf die Lösung von Aloin in Pyridin einwirken lassen. Man bekommt so geschmacklose Pulver von Aloinkohlensäureester resp. Aloinäthylcarbonat. Aus Aloin und Harnstoffchlorid erhält man Aloinallophanat[6]).

Diefenbach und Robert Meyer in Bensheim stellen eine alkalilösliche Verbindung aus Aloin und Ferriverbindungen her, indem sie Aloin bei Gegenwart von wässeriger Ammoniak- oder Ätzkalilösung mit Ferriverbindungen behandeln und die so erhaltene Lösung im Vakuum eindampfen[7]).

Resaldol (Resorcinbenzoylcarbonsäureäthylester) wirkt auf den Dünndarm. Es entsteht eine starke Erschlaffung des Normaltonus[8]).

Der wirksame Bestandteil des eingetrockneten Saftes der Früchte von Echbalium elaterium ist α-Elaterin. Wenn man die Elaterinsäure oxydiert, erhält man ein Diketon $C_{24}H_{30}O_5$ und bei der Zinkstaubdestillation 1.4-Dimethylnaphthalin[9]).

Ricinolsäure wirkt wie Ricinusöl abführend. Die durch Säuren aus ihr entstehende Pseudoricinolsäure ist unwirksam, ebenso ihr Ester, während die

[1]) Arch. d. Farmacol. **1896**, I, 35. [2]) E. Merck, DRP. 86 449.
[3]) Bayer, Elberfeld, DRP. 233 326.
[4]) Bayer, Elberfeld, DRP. 233 325, Zusatz zu DRP. 222 920.
[5]) DRP. 229 191. [6]) DRP. 134 987. [7]) DRP. 208 961.
[8]) Richard Henrichs, Pflügers Arch. **164**, 303 (1916).
[9]) Ch. W. Moore, Journ. Chem. Soc. London **97**, 1797 (1910).

ohne Säure dargestellten Ricinolsäureester wirksam sind. Ricinolamid ist unwirksam, während die aus ihm dargestellte Ricinolsäure wirksam ist. Die abführende Wirkung des Ricinusöles kommt der Ricinolsäure bzw. solchen Verbindungen derselben zu, welche im Darme unter Bildung von Ricinolsäure zersetzt werden. So ist auch ricinolsaure Magnesia, welche den Darm unverändert durchwandert, unwirksam.

Die stark abführende Wirkung des Crotonöles hängt mit dem ungesättigten Charakter dieser Verbindung zusammen, denn nach der Reduktion zur gesättigten Verbindung entbehrt sie jedweder Wirkung (s. S. 111).

Der Allophansäureester des Ricinusöls ist ein geschmack- und geruchloses Pulver; man stellt ihn dar nach den üblichen Methoden, Alkohole in die Allophansäureester überzuführen[1]).

Dieses Verfahren wird in der Weise abgeändert, daß man zwecks Herstellung von Acidylderivaten des Ricinusöls die Hydroxylgruppen des Ricinusöls durch Einwirkung von zur Esterifizierung geeigneten Derivaten der aromatischen einbasischen Säuren, z. B. deren Chloriden oder Phenoläthern, verestert, statt das Öl durch Einwirkung von Harnstoffchlorid oder auf andere Weise in den Allophansäureester zu überführen. — Alle diese Acidylderivate des Ricinusöls haben die Eigenschaft, frei von dem unangenehmen Geschmack und Geruch dieses Öls zu sein und dessen häufig Ekel und Brechen erregende Wirkung nicht zu besitzen.

Es werden die Säureester einbasischer aromatischen Säuren von Ricinusöl dargestellt, z. B. Benzoylricinusöl, Anisylricinusöl und Ricinusölsalicylat. Letzteres wird durch Erhitzen von Ricinusöl mit Salol, die beiden ersteren Verbindungen mittels Säurechloriden dargestellt[2]).

Unter dem Namen Purgen (Laxin) wurde Phenolphthalein als Abführmittel mit großem Erfolg in die Therapie eingeführt.

Phenolphthalein ist ein physiologisch recht indifferenter Körper. Selbst Dosen von 5 g machen bei interner Verabreichung bei Tieren keine Symptome. Bei Menschen wirkt 1.5 g abführend, aber ohne Kolik. Es tritt starke Transsudation auf und reichliche wässerige Entleerungen folgen. Schon Dosen von 0.15 bis 0.20 g Phenolphthalein bewirken Abführen. Sonst sind keine Symptome zu beobachten [Vamossy[3])].

Phenolphthalein geht zu 85% in den Kot über, nur bei großen Dosen findet man es im Harn. Verfüttert man Phenolphthaleindiisodichinon, so erscheint nur selten Phthalein im Harn. Beim Hunde wird ein geringer Teil als gepaarte Glykuronsäure augeschieden[4]).

Schwachgefärbte Alkalisalze des Phenolphthaleins werden hergestellt, indem man Phenolphthalein mit Alkalialkoholaten oder alkoholischen Laugen bei Gegenwart von Alkohol oder Benzol verbindet, die Verbindung auskrystallisieren läßt oder mit Äther fällt[5]).

Das Calciumsalz des Phenolphthaleins wird durch Behandlung von Phenolphthalein mit Calciumalkoholat gewonnen[6]).

Das Ausbleichen alkalischer Phenolphthaleinlösungen beruht außer auf Hydrolyse des zweibasischen Phenolphthaleinsalzes auf einer Hydratation unter Bildung von Alkaliphenolphthalaten. Das rote Salz ist das zweibasiche, das farblose ist das Trikaliumsalz der dreibasischen Phenolphthalsäure. Trikaliumphenolphthalat

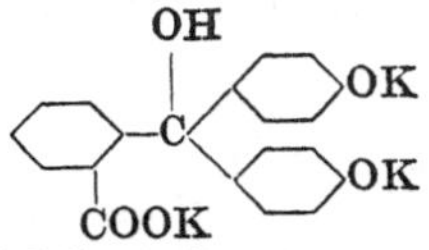

OH
C
OK
OK
COOK

wirkt subcutan bei Hunden abführend.

---

[1]) Zimmer, DRP. 211 197. [2]) DRP. 226 111, Zusatz zu DRP. 211 197.
[3]) Münchener med. Wochenschr. **1903**, Nr. 26.
[4]) C. Fleig, Journ. pharm. chim. [6], **29**, 55.
[5]) Bayer, Elberfeld, DRP. 223 968. [6]) DRP. 223 969, Zusatz zu DRP. 223 968.

Die schwachgefärbten Alkalisalze des Phenolphthaleins sind nach ihrer Darstellung aus Alkoholaten und da sie beim Erhitzen Alkohol verlieren, kaum als einfache Salze, sondern als Äthylderivate der Formel

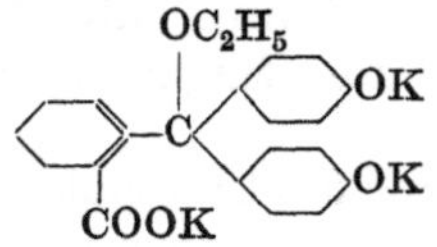

$$OC_2H_5$$
$$C\langle (C_6H_4 \cdot OK)_2 \quad (C_6H_4 \cdot COOK)$$

anzusehen[1]).

Abel und Rowntree[2]) haben gezeigt, daß die Einführung von vier Chloratomen in das Phenolphthaleinmolekül die Absorption, Exkretion und laxative Wirkung des Phthaleins alteriert und eine milde anhaltende Wirkung erfolgt, wenn man es hypodermatisch gibt.

Phenolphthaleinoxim

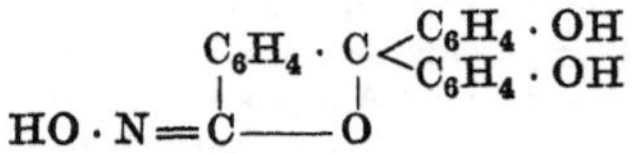

$$\begin{array}{l} \quad\quad\quad\;\; C_6H_4 \cdot C{<}^{C_6H_4 \cdot OH}_{C_6H_4 \cdot OH} \\ \quad\quad\quad\;\;\; | \quad\quad\;\; | \\ HO \cdot N{=}C{-\!\!-\!\!-}O \end{array}$$

hydrolysiert im Organismus in p-Aminophenol und p-Oxy-o-benzoylbenzoesäure, zeigt weder reizende noch laxative Wirkung, was durch den Mangel an chinoider Struktur zu erklären ist[3]).

Knoll & Co.[4]) stellen aus Phenolphthalein mildwirkende Abführmittel her, indem sie dieses nach bekannten Methoden mit verschiedenartigen Säuren in die Diester überführen. Dargestellt wurden: Phenolphthaleindiisovalerianat, -dibutyrat, -disalicylat und -carbonat. Im Handel ist dieses Präparat unter dem Namen Aperitol und besteht aus einer Mischung gleicher Teile von Isovaleryl- und Acetylphenolphthalein[5]).

Statt der Halogenide oder Ester der Fettsäuren kann man auch die freien Säuren in Gegenwart eines Kondensationsmittels auf Phenolphthalein einwirken lassen. Beschrieben ist die Darstellung des Phenolphthaleindizimtsäureesters[6]).

Kurt Ehrlich[7]) in Berlin stellt Carvacrolphthalein in der Weise her, daß er Phthalsäureanhydrid mit Carvacrol für sich oder unter Zusatz von Kondensationsmitteln auf 120° erhitzt. Dieses soll dem Phenolphthalein und dem Thymolphthalein gegenüber sich durch Reizlosigkeit auszeichnen.

Jalapin ist nach J. Samelson ein Anhydrid der zweibasischen Jalapinsäure $C_{17}H_{30}O_9$. Es zerfällt beim Erwärmen mit verdünnten Säuren in Jalapinol und Zucker. Jalapinol ist ein Aldehyd, wahrscheinlich ein Tetrabutyraldehyd.

In der Jalapin-Elateringruppe sind die freien Säuren und deren Salze unwirksam, ihre Anhydride dagegen wirksam.

Convolvulin und Jalapin wirken hämolytisch wie Saponine und Agaricin. Subcutan und intravenös gegeben wirken sie nicht abführend und nicht hämolysierend. Die Abführwirkung fehlt, da sie den direkten Kontakt der Saponine mit der Darmschleimhaut erfordert[8]).

Das Saponin Movrin gibt bei der Hydrolyse ein Sapogenin Movrasäure, welches sich in krystallisierbare Movragensäure und amorphe Movrageninsäure zerlegen läßt. Movragensäure und rohe Movrasäure wirken hämolytisch gleich stark[9]).

---

1) Journ. Amer. Chem. Soc. **33**, 59 (1911).
2) Journ. Pharm. and exper. Ther. **1**, 231 (1909).
3) M. Dresbach, Journ. of pharmacol. and exper. Ther. **3**, 161 (1912).
4) DRP. 212 892. 5) Pharm. Ztg. **53**, 582.
6) DRP. 216 799, Zusatz zu DRP. 212 892. 7) DRP. 225 893.
7) G. Heinrich, BZ. **88**, 13 (1918.)
8) L. Spiegel und Arthur Meyer (Kobert), Ber. d. Deutsch. Pharm. Ges. **28**, 100 (1918).

J. W. Le Houx hat bewiesen, daß das Cholin das Hormon für die normale Darmbewegung ist[1]).

Podophyllotoxin $C_{15}H_{14}O_6$ ist der identische wirksame Bestandteil von Podophyllum emod. und Podophyllum pelt. Es ist eine neutrale, stark abführende, darmreizende Substanz. Beim Erhitzen mit Alkali geht es in Podophyllinsäure $C_{15}H_{16}O_7$ über. Die Säure verliert leicht Wasser und gibt Pikropodophyllin, welches mit Podophyllotoxin isomer ist. Beim Schmelzen mit Alkalien entsteht Orcin und Essigsäure. Die Säure und Pikropodophyllin enthalten zwei Methoxylgruppen und kein Hydroxyl. Wahrscheinlich ist Pikropodophyllin das Lacton der Podophyllsäure, welche die Oxycarbonsäure der Dimethoxymethylphenylhydro-γ-pyronsäure ist.

```
     Podophyllsäure                      Pikropodophyllin
     OH    COOH                            O ——— CO
     |     |                               |      |
     CH — CH                               CH — CH
 CO<        >O                         CO<        >O  2)
     CH2 — CH                              CH2 — CH
           |                                     |
   CH3O/ \OCH3                           CH3O/ \OCH3
       \ /                                   \ /
       CH3                                   CH3
```

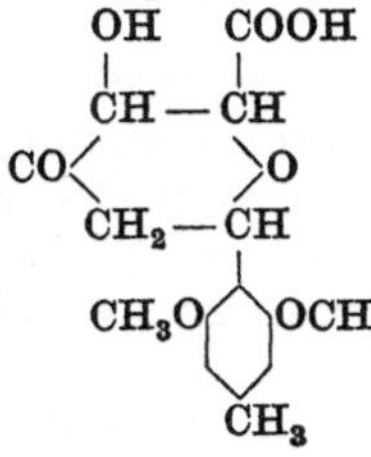

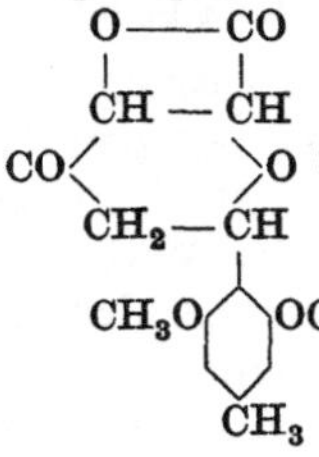

Das aus dem wirksamen Podophyllotoxin bei Behandlung mit Alkalien entstehende isomere Pikropodophyllin wirkt wohl subcutan injiziert irritierend, ist aber als Purgans ganz unsicher. Podophyllinsäure wirkt als Natriumsalz nicht purgierend[3]).

Die abführende Wirkung des Schwefels ist wahrscheinlich in der Weise zu erklären, daß in der Darmschleimhaut Schwefel teilweise zu schwefeliger Säure oxydiert wird, die in diesen Mengen reizend auf die Darmschleimhaut einzuwirken imstande ist, indem sie Hyperämie sowie erhöhte Peristaltik hervorruft. Eine Umwandlung des Schwefels in Schwefelwasserstoff findet nicht statt[4]).

Cotoin, der wirksame Bestandteil der Cotorinde ist der Monomethyläther des 2.4.6-Trioxybenzophenons, $CH_3O \cdot C_6H_2(OH)_2 \cdot CO \cdot C_6H_5$ (OH, OH am Ring), ein Derivat des Phloroglucins. Cotoin wirkt in der Weise gegen Diarrhöen, daß es eine eigentümliche Wirkung auf die Darmgefäße äußert. Diese werden erweitert und zur Resorption angeregt[5]). Doch kommen dem Cotoin keinerlei adstringierende und keine besonderen antiseptischen Wirkungen zu. Subcutan wirkt selbst 1 g bei Kaninchen nicht toxisch. Es wirkt im Darme antifermentativ und geht in den Harn, nicht aber in die Milch über. Cotoin wird zur Hälfte an Schwefelsäure, zur Hälfte an Glykuronsäure gebunden im Harn ausgeschieden.

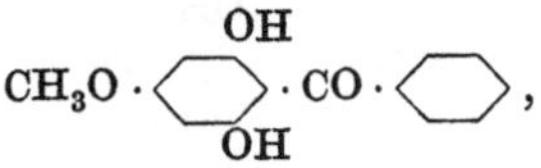

Vom Cotoin ausgehend, welches einen scharfen Geschmack hat, wird, um diesen dem Präparate zu benehmen, ein Fortoin genanntes, Cotoinderivat durch Einwirkung von Formaldehyd auf Cotoin dargestellt[6]). Der Körper ist als Methylendicotoin $CH_2(C_{14}H_{11}O_4)_2$ anzusehen. Es fehlt ihm der scharfe

[1]) Pflügers Arch. **173**, 8 (1918).
[2]) Dunstan und Henry, Proc. Chem. Soc. **1897/1898**. Nr. 189.
[3]) Makenzie und Dixon, Edinb. med. Journ. **1898**, Nov., S. 134.
[4]) Theodor Frankl, AePP. **65**, 303 (1911).
[5]) Diese Beobachtung Albertonis bestreitet Mohr (Privatmitteilung).
[6]) DRP. 104 362.

Geschmack der Muttersubstanz und er soll auch angeblich eine kräftigere Wirkung besitzen, besonders soll die bactericide Kraft eine erhöhte sein[1]), durch die Kuppelung kommt es zu einer weiteren Wirkungssteigerung.

Man kann behufs Herstellung geschmackloser Cotoinderivate auch so verfahren, daß man in Methylendicotoin einen Cotoinrest durch den Rest eines ein- oder mehrwertigen Phenols ersetzt, wodurch zusammengesetzte Körper erhalten werden, welche als Methylencotoinphenole bezeichnet werden können.

Von solchen Derivaten des Cotoins wurden beispielsweise dargestellt: Methylencotoinresorcin, Methylencotoinhydrochinon, Methylencotoinguajacol, Methylencotointannin, Methylencotoin-β-naphthol.

Die Darstellung geschieht durch Lösen von Cotoin und Phenol in Eisessig, Zusatz von Formaldehydlösung und eines Gemisches von konz. Schwefelsäure und Eisessig. Man kühlt während der Reaktion und filtriert den Niederschlag ab. Die gebildeten Körper sind in Wasser unlöslich, in Alkalien löslich.

Der Zusammensetzung nach müssen diese Körper die antiseptischen Wirkungen der Phenole mit den darmtonisierenden des Cotoins vereinigen[2]).

Alizaringelb A ist Trioxybenzophenon und unterscheidet sich vom Cotoin durch das Fehlen der Methylgruppe. Alizaringelb wird wie Cotoin vollständig resorbiert und teils an Schwefelsäure, teils an Glykuronsäure gebunden im Harne ausgeschieden.

Paracotoin wird an Schwefelsäure und Glykuronsäure gebunden im Harne ausgeschieden[3]).

Paracotoin ist wahrscheinlich ein Phloroglucinderivat, das mit dem Phenylcumalin der echten Cotorinde verwandt ist.

Wahrscheinlich

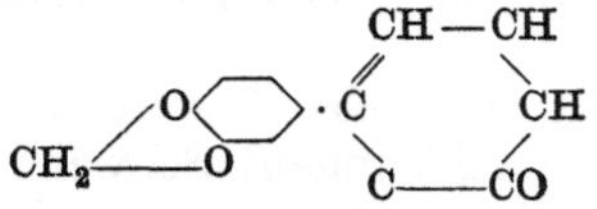

```
                    CH—CH
                   //    \
       /O<     >·C        CH
  CH2<             \     /
       \—O          C——CO
```

Die Methylierung macht eine Abschwächung der Wirksamkeit gegenüber Diarrhöe. Die Verbindung, welche die Ketogruppe zwischen den beiden freien Hydroxylen in Orthostellung hat, hat die stärkste Wirkung, es ist Cotoin.

Hydrocotoin ist 2.4-Dimethyltrioxybenzophenon

```
          OH
  CH3O·<     >·CO·<     >
          OCH3
```

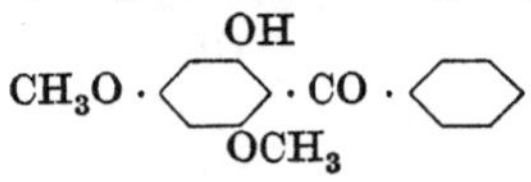

Methylhydrocotoin ist 2.4.6-Trimethyltrioxybenzophenon.

Protocotoin ist ein Hydrocotoin, das an Stelle der Benzoylgruppe eine

```
                                OH
Piperonylgruppe besitzt: CH3·O·<     >·CO·<     >O\
                                OCH3         O——CH2
```

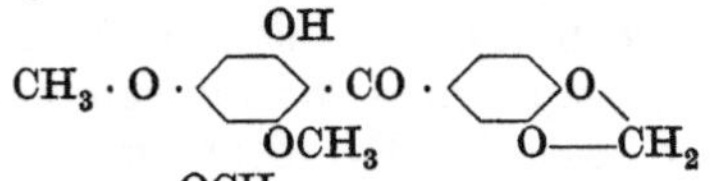

```
                          OCH3
Methylprotocotoin CH3·O<     >·CO·<     >O\
                          OCH3         O——CH2
```

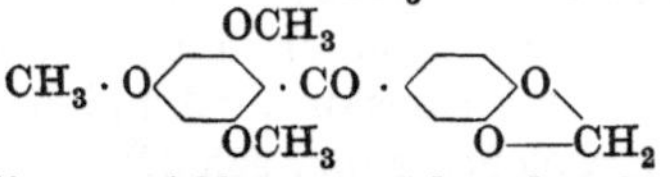

Nach Impens ist die von Albertoni beschriebene aktive Erweiterung der Darmgefäße nicht der tatsächliche Mechanismus der antidiarrhoischen Wirkung des Cotoins. Die spezifische Wirksamkeit dieses Körpers liegt vielmehr in der Herabsetzung des Tonus und der Verminderung der Pendelbewegungen der Darmmuskulatur, die er verursacht.

---

[1]) Overlach, Zentralbl. f. inn. Med. 1900; Nr. 10. — Neter, Deutsche med. Wochenschrift 1900. Nr. 48.

[2]) DRP. 104 903.

[3]) A. Jodlbauer und S. Kurz, B Z. 74, 340 (1916).

P. Karrer[1]) versuchte durch Umsatz von Phloroglucinmethyläther mit Benzonitril und Salzsäure Cotoin zu erhalten. Er erhielt jedoch das isomere Isocotoin

CH_3
O
HO⟨ ⟩—CO—⟨ ⟩
OH

Resoldol

OH
⟨ ⟩OH
CO
⟨ ⟩ · COO · C_2H_5

Resorcinbenzoylcarbonsäureäthylester, welches ähnlich wie Cotoin gebaut ist, hat eine dem Cotoin analoge Wirkung. Es ist geschmacklos und reizlos[2]).

Durch Veresterung der o-Oxybenzoylbenzoesäure, wie der o-2.4-Dioxybenzoylbenzoesäure erhält man stopfende Verbindungen.

Beschrieben sind: 2.4-Dioxybenzoyl-o-benzoesäureäthylester, 3.5-Dibrom-2.4-dioxybenzoyl-o-benzoesäureäthylester, 2-Oxybenzoyl-o-benzoesäureäthylester, 2-Oxy-5-methylbenzoyl-o-benzoesäureäthylester, 3-Oxy-4-methylbenzoyl-o-benzoesäureäthylester, 2.4.6-Trioxybenzoyl-o-benzoesäureäthylester, 2.4-Dioxybenzoyl-o-benzoesäurepropylester[3]).

Man kann zu den gleichen Verbindungen kommen, wenn man in den entsprechenden Aminobenzoyl-o-benzoesäureestern die Aminogruppe durch die Hydroxylgruppe ersetzt[4]).

m-Phenylendiamin ist ein Antidiarrhoicum[5]). Das Chlorhydrat desselben wurde Lentin benannt.

Gewöhnlich werden in der Therapie als Appetit erregende Mittel insbesonders die Bitterstoffe verwendet, sowohl die bitteren Alkaloide, wie Chinin und Strychnin, als auch die verschiedenartigen bitteren Glykoside aus Pflanzen.

Die intensiven Riechstoffe der Früchte und Gewürze (zumeist Ester und Terpene), sowie die Bitterstoffe und gewisse Alkaloide bewirken nach J. Pohl oft in kurzer Zeit ein deutliches Ansteigen der Zahl weißer Blutkörperchen im zirkulierenden Blut. Die Alkohole, Alkalisalze sind in dieser Richtung gar nicht, von den Metallverbindungen salpetersaures Wismut und Eisenoxyd nicht regelmäßig wirksam. Sie wirken verdauungsbefördernd und appetitmachend, sie sind imstande, disponibles Nährmaterial aus den Reservestoffbehältern in den Kreislauf zu bringen und in dieser Förderung des cellulären Nährstofftransports darf wohl nach Pohls Ansicht die so lange gesuchte Ursache der allenthalben geübten diätetischen und therapeutischen Verwendung dieser Stoffe gesucht werden[6]).

Durch Zufall ist man auf synthetischem Wege zu einem Appetit reizenden Mittel gelangt.

C. Paal stellte Phenyldihydrochinazolin dar,

N
C_6H_4 CH
N · C_6H_5
CH_2

---

[1]) Helv. chim. Arch. 2, 786 (1919).
[2]) Impens, Deutsche med. Wochenschr. **39**, Nr. 38, S. 1829 (1913).
[3]) Bayer, DRP. 269 336. [4]) DRP. 279 201, Zusatz zu DRP. 269 336.
[5]) Unverricht, Münchener med. Wochenschr. **1904**, 1225. [6]) AePP. **25**, 51.

in der Hoffnung, einen stark antimykotischen Körper zu erhalten. Aber bei den Tierversuchen und bei Versuchen an Menschen zeigte die Substanz nur äußerst geringe Giftigkeit und bei innerer Einnahme bitteren Geschmack und ein auffallend frühzeitiges Hungergefühl. Es ist von Interesse, daß anders von Penzoldt[1]) nach dieser Richtung hin untersuchte, dem Phenylhydrochinazolin, Orexin genannten, nahe verwandte Körper keine solchen appetiterregenden Eigenschaften auszulösen in der Lage sind. Nach dieser Richtung wurden untersucht:

Diphenyldihydrochinazolin ist ohne jede Wirkung.

N · HCl
C_6H_4 — C · C_6H_5
N · C_6H_5
CH_2

Methylphenyldihydrochinazolin ist sehr giftig. Am Menschen wurden wegen der hohen Giftigkeit keine Versuche gemacht.

N · HCl
C_6H_4 — C · CH_3
N · C_6H_5
CH_2

Anisyldihydrochinazolin ist erheblich giftiger als Orexin, macht aber keinen Appetit.

N
C_6H_4 — CH
N · C_6H_4 · O · CH_3
CH_2

Weniger giftiger als dieses, aber giftiger als Orexin, ist Phenäthyldihydrochinazolin. Es zeigt sich eine Andeutung von Appetitvermehrung.

N
C_6H_4 — CH
N · C_6H_4 · O · C_2H_5
CH_2

Salzsaures Tolyldihydrochinazolin ist ebenso giftig wie Orexin, aber ohne Appetitwirkung.

Bei der Einwirkung von Benzoylchlorid auf Phenyldihydrochinazolin (Orexin) in Gegenwart von Pyridin entsteht das Dibenzoylderivat des Phenyltetrahydrochinazolins, welches beim Verseifen mit Säure wieder Phenyldihydrochinazolin gibt[2]).

Weddige bezeichnet als Chinazolin einen Körper von der Formel

$$C_6H_4\langle{}^{N = CH}_{CH = N}\rangle$$

Chinazolinderivate, welche sich von einem Dihydrochinazolin ableiten

$$C_6H_4\langle{}^{N = CH}_{CH_2 - NH}\rangle$$

entstehen durch Reduktion des o-Nitrobenzylformanilids, o-Nitrobenzylformotoluids usw. Es bildet sich intermediär die Aminoverbindung, die unter

[1]) Therap. Monatshefte.. **1890**, 59 und 374.

[2]) Kalle & Co., Biebrich, DRP. 164 426.

spontaner Wasserabspaltung das entsprechende Chinazolinderivat nach folgender Gleichung liefert:

$$C_6H_4\lt\begin{matrix}NO_2\\CH_2\end{matrix}-N\lt\begin{matrix}COH\\C_6H_5\end{matrix} + 3\,H_2O = C_6H_4\lt\begin{matrix}NH_2\\CH_2\end{matrix}-N\lt\begin{matrix}COH\\C_6H_5\end{matrix} + 2\,H_2O$$

$$= C_6H_4\lt\begin{matrix}N=CH\\CH_2-N-C_6H_5\end{matrix} + 3\,H_2O\,.$$

Vom Phenyldihydrochinazolin ist bekannt, daß es ein Stomachicum ist. Die folgenden Derivate setzen den Blutdruck stark herab und veranlassen eine Erweiterung der Blutgefäße. Man stellt sie dar durch Addition von Alkylverbindungen an Chinazolin, z. B. Jodäthyl oder Jodmethyl, aus denen man dann mit starker Kalilauge die freie Oxybase gewinnen kann[1]).

Bei der Darstellung des Phenyldihydrochinazolins[2]) verfährt man in der Weise, daß man o-Nitrobenzylchlorid behufs Gewinnung des o-Nitrobenzylanilins mit Anilin eine Stunde lang auf 100° erhitzt. Mit verdünnter Essigsäure entfernt man das salzsaure Anilin und das überschüssige Anilin und erhitzt den Rückstand mit Ameisensäure, es bildet sich o-Nitrobenzylformanilid und nun reduziert man in üblicher Weise die Nitrogruppe zur Aminogruppe. Beim Eindampfen der wässerigen Lösung der salzsauren Base krystallisiert dann unter Wasserabspaltung salzsaures Phenyldihydrochinazolin heraus. Ebenso verfährt man bei der Darstellung der entsprechenden p-Tolyl-, p-Anisyl- und p-Phenetylderivate. Man kann auch zu denselben Körpern gelangen, wenn man die durch Reduktion von o-Nitrobenzylanilin usw. erhaltenen Aminoderivate mit Ameisensäure erhitzt.

Die Darstellung des Orexins gelingt auch vom o-Aminobenzylalkohol ausgehend, wenn man auf denselben Formanilid einwirken läßt:

$$C_6H_4\lt\begin{matrix}NH_2\\CH_2\cdot OH\end{matrix} + \begin{matrix}H\cdot CO\\H\end{matrix}\gt N\cdot C_6H_5 = C_6H_4\lt\begin{matrix}N:CH\\CH_2\end{matrix}\gt C\cdot C_6H_5$$

Es ist nicht notwendig, fertiges Formanilid zu verwenden, es genügt vielmehr, o-Aminobenzylalkohol mit Ameisensäure und Anilin oder mit ameisensauren Salzen und salzsaurem Anilin unter geeigneten Bedingungen zu kondensieren. Die Reaktion wird bei 100—130° unter Verwendung von Kaliumbisulfat, salzsaurem Anilin usw. als wasserentziehenden Mitteln ausgeführt[3])[4]).

Wie salzsaures Orexin hat sich auch die freie Base, das Phenyldihydrochinazolin, als echtes Stomachicum in der Praxis gut bewährt, doch haftet dieser Substanz der Nachteil an, daß sie einen schlechten Geschmack besitzt. Gerbsaures Orexin hingegen ist ein in Wasser unlösliches Pulver, dem aus diesem Grunde, ähnlich wie dem gerbsauren Chinin der Nachteil der Muttersubstanz nicht mehr anhaftet[5]).

Die Darstellung des gerbsauren Orexins geschieht in der Weise, daß man eine wässerige Lösung von salzsaurem Orexin bei 40—50° mit einer wässerigen Gerbsäurelösung mischt und durch Zusatz von essigsaurem Natron in wässeriger Lösung das gerbsaure Orexin aus der Lösung fällt[6]).

Das so erhaltene gerbsaure Orexin ist in verdünnter Salzsäure leicht löslich, was die Wirkung dieses Präparates im Magen erklärt.

---

1) S. Gabriel und James Colman, Berlin, DRP. 161 401.
2) DRP. 57 712.
3) DRP. 113 163.
4) Penzoldt, Therap. Monatshefte **1893**, 204.
5) F. Steiner, Wiener med. Blätter **1897**, Nr. 47, S. 768.
6) Amerik. Pat. 615 307.

Siebentes Kapitel.

Antihelminthica.

Phloroglucin und seine Derivate sind für den Synthetiker aus dem Grunde interessant, weil es R. Böhm gelungen ist, den Nachweis zu führen, daß Filixsäure, einer der wirksamen Bestandteile des verbreitetsten Bandwurmmittels, des Extractum filicis maris, ein Phloroglucinderivat ist, da sich bei den Spaltungen der Filixsäure Phloroglucin, sowie homologe Phloroglucine neben Isobuttersäure

$$\begin{matrix} CH_3 \\ CH_3 \end{matrix} > CH \cdot COOH$$

nachweisen ließen. Insbesondere gelang es Böhm, durch Behandeln der Filixsäure mit Zinkstaub und Natronlauge die Filicinsäure $C_8H_{10}O_3$ zu erhalten, welche sich als im Kern alkyliertes bisekundäres Phloroglucinderivat erwies. Bei der durch die H. Weidelsche Synthese verbilligten Art der Phloroglucindarstellung aus symmetrischem Trinitrobenzol kann diese Substanz vielleicht als Ausgangsmaterial zur Darstellung eines der Filixsäure analog wirkenden Körpers benützt werden.

Interessant ist noch, daß die Filixsäure selbst wirksam ist, während ihr Anhydrid sich als unwirksam erweist.

Monomethylphloroglucin ist toxisch, 6 mg töten Frösche. Dimethylphloroglucin ist viel schwächer wirksam, Trimethylphloroglucin ganz unwirksam.

Die Wirkung steht also im Zusammenhang mit dem Eintritte einer Methylgruppe in das Phloroglucin, jedoch mit der Besonderheit, daß sie mit dem Eintritt mehrerer Methylgruppen wieder vernichtet wird.

Filicinsäure ist wirkungslos. Filixsäure tötet Frösche zu 2 mg, Aspidin in Dosen von 1 mg, Albaspidin kommt dem Aspidin sehr nahe.

Filicinsäurebutanon ist etwa fünfmal schwächer wirksam als Filixsäure.

Die Wirksamkeit der Phloroglucinderivate beginnt erst mit dem Eintritte des Buttersäurerestes in das Filicinsäuremolekül, wodurch Filicinsäurebutanon

$$\begin{array}{c} CH_3 \quad CH_3 \\ \diagdown \diagup \\ C \\ HO \cdot C \quad\quad C \cdot OH \\ HC \quad\quad C \cdot CO \cdot C_3H_7 \\ C \\ O \end{array}$$

entsteht.

Der Eintritt von 1 oder 2 Molekülen Phloroglucin verstärkt die Wirkung der Verbindung, denn Albaspidin ist wirksamer als Filicinsäure, während Filixsäure als Kondensationsprodukt von drei methylierten Phloroglucinen noch wirksamer ist als Albaspidin.

Albaspidin

```
              CH3  CH3               CH3  CH3
                \  /                    \  /
                 C                       C
               /   \                   /   \
          HO · C    CO · H       HO · C     C · OH
               ‖    ‖                 ‖     ‖
   C3H7 · OC · C    C                 C     C · CO · C3H7
               \   /  \_____________/  \   /
                 C           C            C
                 O           H2           O
```

Filixsäure

```
         CH3 CH3
           \ /                                         O
            C                                          C
          /   \                                      /   \
    HO · C     C · OH                               C    /C · CO · C3H7
         ‖     ‖                                    ‖  CH2|
C3H7 · OC · C  ‖                               HO · C   |  CO
           \  / \H                                   \  |  /
            C   C                                       C
            O   |
                C
              /   \
        HO · C     C · OH
             ‖     ‖
 C3H7 · CO · C     C · CH2
              \   /
                C
                ·
                OH
```

Flavaspidsäure

```
                CH3                    CH3
                 ·                      ·
                 C                      C
               / | \                  /   \\
             OC  |  C · OH      HO · C     C · OH
             | CH2 ‖                 ‖     |
 C3H7 · CO · C/     C                C     C · CO · C3H7
              \   /  \_____________//  \  /
                C           CH3           C
                O                         ·
                                          OH
```

enthält die Filicinsäurebutanongruppe in der durch das Brückenmethylen modifizierten Form bloß einmal, womit vielleicht, nach Walther Straub, ihre schwächere Wirkung dem Albaspidin gegenüber in Zusammenhang zu bringen ist.

Aspidinol

```
            CH3
             ·
             C
           /   \
     HO · C     CO · CH3
          |     ‖
         HC     C · CO · C3H7
           \\  /
             C
             ·
            CH3
```

unterscheidet sich von Filicinsäurebutanon bloß dadurch, daß die zwei Methylgruppen an getrennten C-Atomen — das eine als Methoxyl — stehen, dabei überragt es an Wirksamkeit Filicinsäurebutanon beträchtlich.

Die Filixsäure dürfte durch Muskellähmung auf Bandwürmer wirken. Die reine Filixsäure ist ein höchst unsicheres Bandwurmmittel. Im Organismus entsteht aus ihr Trimethylphloroglucin [1]).

Rotlerin aus der Kamala ist ebenfalls ein der Filixsäure verwandter Körper, welcher Trimethylphloroglucin abspaltet und ketonartig gebundene Buttersäurereste enthält (R. Böhm). Rotlerin gibt bei der Spaltung mit Natronlauge und Zinkstaub Trimethylpholoroglucin und ferner Buttersäure. Es schließt sich chemisch eng an die Körper der Filixreihe an [2]).

Ascaridol aus dem amerikanischen Wurmsamen (Chenopodium ambrosioides L. var. antihelminthicum) gibt bei der Oxydation mit Permanganat Isobuttersäure [3]).

Die zur Filixsäure gehörigen Stoffe sind im wesentlichen nach dem Typus des Diphenyl- und Triphenylmethan konstituierte Derivate des Phloroglucins und seiner Homologen und zeichnen sich außerdem durch ketonartige gebundene Buttersäurereste aus.

Das im Tanacetum vulgare enthaltene Tanacetin ist ebenfalls ein wurmtreibendes Mittel. Beim Schmelzen mit Ätzkali erhält man aus diesem Brenzcatechin und Buttersäure. Tanacetin ist amorph, mit dem Charakter einer Säure. In den physiologischen Eigenschaften besteht Übereinstimmung zwischen der Filixsäure und dem Tanacetin. Filixsäure und Tanacetin sind beide Phenolderivate, die erstere von Phloroglucin, das letztere von Brenzcatechin sich ableitend. Als weiteres Spaltungsprodukt erhält man aus dem Filicin Isobuttersäure, aus dem Tanacetin Buttersäure.

Es ist eigentümlich, daß die meisten Bandwurmmittel Isobuttersäure oder Buttersäure abspalten, denn Kosotoxin $C_{25}H_{33}O_2$ wird durch Ätzbaryt in krystallinisches Kosin, Acrolein und Isobuttersäure zerlegt.

Polystichin aus Polystichum spinulosum gibt nach Analogie mit Filicin Polystichinsäure und Polystichinol $C_{21}H_{30}O_9$, ein Phenol und normale Buttersäure [4]).

Cineol (Eucalyptol) wurde als Antiascaridiacum versucht. Es wirkt auf Kaltlüter bei Injektion lähmend. Es tötet aber die Parasiten nicht. Für Warmblüter ist es wenig giftig [5]).

P. Karrer [6]) versuchte synthetische Verbindungen herzustellen von ähnlicher Konstitution und ähnlicher pharmakologischer Wirkung wie die Filixpräparate. Nach der Ketonsynthese von Hoesch werden durch Einwirkung von Nitrilen auf Phenol bei Gegenwart von Salzsäuregas und Verkochen der Chlorhydrate der Ketimide mit Wasser die Ketone erhalten.

Durch Einwirkung von Buttersäure- und Isobuttersäurenitril auf Phloroglucin, Methylphloroglucin und Dimethylphloroglucin wurde Phlorbutyrophenon, Methylphlorbutyrophenon, 1.3-Dimethylphlorbutyrophenon, Phlorisobutyrophenon, Phlorbutyrophenonmethyläther, Isoaspidinol hergestellt. Behandelt man Phlorbutyrophenon, Methylphlorbutyrophenon und Phlorisobutyrophenon in alkalischer Lösung mit Formaldehyd, so findet Kondensation zu Diphenylmethan- und Triphenylmethanderivaten statt. Aus Methylphlorbutyrophenon entsteht Methylendi[methylphlorbutyrophenon], das ganz analog aufgebaut ist wie Albaspidin und Flavaspidinsäure.

Während die Wirksamkeit der Filixkörper auf Würmer mit verstärkter Kondensation zunimmt, verhalten sich die synthetischen Phlorbutyrophene

[1]) W. Straub, AePP. **48**, 1 (1902). — S. d. Chemie dieser Verbindungen R. Böhm, Liebigs Ann. **301**, 17/1; **307**, 249, **318**, 230. [2]) H. Telle, Arch. d. Pharm. **244**, 441.
[3]) Schimmel & Co., Geschäftsber. April 1908. [4]) E. Poulsson, AePP. **41**, 24
[5]) H. Brüning, Zeitschr. f. exper. Path. u. Ther. **3**, 564.
[6]) P. Karrer, Helv. chim. Acta **2**, 466 (1919).

umgekehrt. Die einfachen Phlorbutyrophenone und Phlorisobutyrophenone wirken stärker als die Methylendiphlorbutyrophenone. Die Isobuttersäurederivate wirken stärker als die Buttersäurederivate[1]).

Die Antihelminthica, die beim Menschen sehr wirksam sind, wirken auf die Darmparasiten des Hundes nicht. p-Dichlorbenzol ist für Regenwürmer sehr giftig, ebenso wirksam ist p-Dibrombenzol. Sie werden sehr schlecht resorbiert[2]).

Carvacrol wirkt gegen Ascariden[3]).

Benzylalkohol tötet bei einer Konzentration von 0.5% Regenwürmer sehr schnell ab. Benzaldehyd ist weniger wirksam und noch weniger Benzylacetat. Widerstandsfähiger als Regenwürmer sind die Ascariden von Schweinen. Bei Bandwürmern bei Menschen zeigte die Substanz eine schwache Wirkung[4]).

Wurmabtreibende Mittel erhält man durch Darstellung von Carbaminsäureestern, deren am Stickstoff alkylierten Derivaten und von Kohlensäureestern, wenn man kernmonoalkylierte Phenole, mit Ausnahme der Kresole, oder ihre Derivate in üblicher Weise in die Carbonate oder Carbamate überführt.

Beschrieben sind: Di-p-butylphenylcarbamat, p-Isoamylphenylcarbamat, p-Benzylphenylcarbamat, p-Isopropylphenylcarbamat, p-Butyl-phenyl-N-dimethyl-α-carbamat, o-Allylphenylcarbamat[5]).

Butolan ist p-Benzylphenylcarbaminsäureester. Es ist ein sicher und unschädlich wirkendes Mittel gegen Oxyuriasis, bildet ein Pulver[6]).

Santonin $C_{15}H_{18}O_3$ ist ein Bitterstoff und ein Mittel gegen Spulwürmer. Nach Verfütterung an Hunde tritt im Harn α-Oxysantonin $C_{15}H_{18}O_4$ auf, das durch Kochen mit Baryt in die einbasische Säure $C_{15}H_{20}O_5$ umgewandelt wird. Nach Verfütterung an Kaninchen tritt β-Oxysantonin $C_{15}H_{18}O_4$[7]) im Harne auf. Es ist für Menschen ziemlich giftig. Es macht Xanthopsie, Halluzinationen, zentral verursachte Krämpfe[8]).

Die Konstitution des Santonin ist

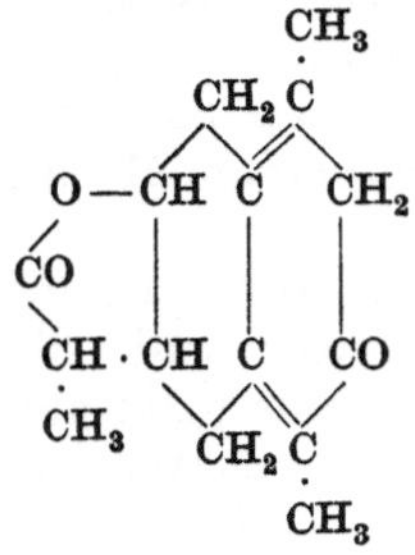

```
              CH3
              .
         CH2  C
        /   \//  \
   O—CH      C     CH2
  /   |      |      |
CO    |      |      |
  \   |      |      |
   CH·CH     C      CO
   .    \   / \\   /
   CH3   CH2    C
                .
                CH3
```

Desmotroposantonin

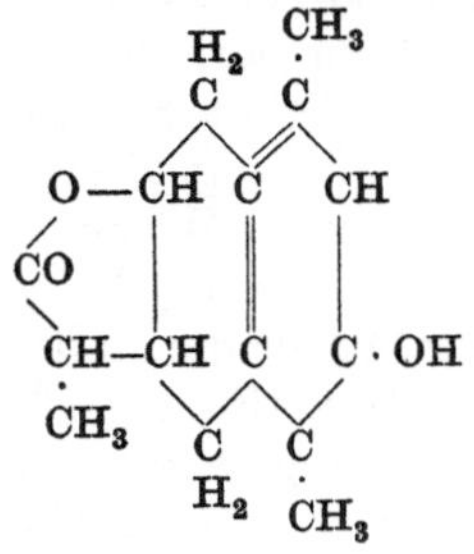

```
              H2  CH3
                   .
              C    C
            /   \//  \
   O—CH      C     CH
  /   |      ||     |
CO    |      ||     |
  \   |      ||     |
   CH—CH     C      C·OH
   .    \   / \    /
   CH3    C     C
          H2    .
                CH3
```

Santonsäure

```
              H2  CH3
                   .
              C    C
            /  \H / | \
          HO    C   |  CH2
          |     ||  |   |
HOOC·CH·C       C   |  CO
   .       \   /  H | /
   CH3       C      C
             H2     .
                    CH3
```

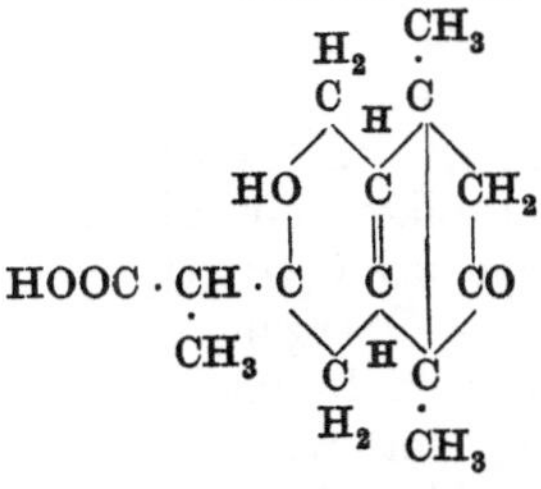

1) P. Karrer, Helv. chim. Acta 2, 466 (1919).

2) Torald Sollmann, Journ. of pharmacol. a. exp. therapeut. 14, 243 (1919).

3) Torald Sollmann, Journ. of pharmacol. a. exp. therapeut. 14, 251 (1919).

4) David J. Macht, Journ. of pharmacol. a. exp. therapeut. 14, 323 (1919).

5) Bayer, DRP. 296 889.

6) S. Koslowsky, Deutsche med. Wochenschr. 46, 401 (1920).

7) M. Jaffé, HS. 22, 538 (1896/97).

8) S. auch Lo Monaco, Atti d. R. Acad. dei Linc. Rendic. [5] 5, I, 366, 410.

Die santonige Säure[1]) ist ein ziemlich starkes, vorwiegend narkotisches Gift. Durch vorsichtige Reduktion des Santoninoxim entsteht Santoninamin.

```
                CH3                                   CH3
                 .                                     .
            CH2 C                                 CH2 C
           /   \\   \                             /   \   \\
O — HC · C     CH2                      O — HC    C    CH2
 /       |     |     |                      /       |    |     |
CH       |     |     |          —→       CO        |    |     |
 \       |     |     |                      \       |    |     |
 CH–HC   C     C = NOH                      CH–HC   C    CH · NH2
  .      \   //   /                          .      \   /  //
 CH3      CH2 C                             CH3      C    C
              .                                      H3   .
             CH3                                          CH3
```

Santoninamin ist sehr stark toxisch.

Das Chlorhydrat der d-aminodesmotroposantonigen Säure[2])

```
                          H2  CH3
                               .
                          C    C
                        /   \ /   \
                    CH2 C       C · NH2
                     |  ||      |
HOOC · CH — CH    C       C · OH
          .          \  /   \ //
         CH3          C      C
                      H2     .
                            CH3
```

ist bei Fröschen und Säugetieren vollkommen ungiftig und wirkt auf das Blut methämoglobinbildend ein.

W. Straub[3]) prüfte Santonin, Desmotroposantonin, Santonsäure und salzsaure d-aminodesmotroposantonige Säure. Alle vier Substanzen waren ohne irgendeine Wirkung auf marine Würmer. Kaninchen vertragen 0.2 g ohne irgendwelche Erscheinung. Ascariden wurden nur von Santonin, aber von keinem seiner Derivate getötet. Die geringste Änderung am Moleküle des Santonin vernichtet seine Wirkung.

Photosantonsäure $C_{15}H_{22}O_5$ wirkt hypnotisch, doch tritt Stillstand der Respiration ein, bevor die Reflexerregbarkeit aufgehoben wird. Photosantonin $C_{17}H_{24}O_4$, der Äthyläther des Photosantonsäureanhydrids wirkt ähnlich, wegen der Schwerlöslichkeit aber erst in größeren Dosen. Santonsäure $C_{15}H_{20}O_4$ wirkt nachh Coppola[4]) auf Säugetiere in der Weise, daß vor dem konvulsivischen ein narkotisches Stadium bemerkbar ist. Isophotosantonin besitzt nur die krampferregende Wirkung, ebenso wie Isophotosantonsäure.

Santonin enthält als Kern p-Dimethylnaphthalin. Der die beiden Methyle in p-Stellung enthaltende Benzolkern des Naphthalins besitzt eine Carbonylgruppe. Der nicht methylierte Benzolkern enthält einen Lactonring. Santonin ist das Lacton einer instabilen Oxysäure $C_{15}H_{20}O_4$.

Die Sprengung des Lactonringes, Übergang in santoninsaures Natrium hat auf die zentral-nervöse Wirkung des Santonins keinen Einfluß. Hingegen geht die wurmmuskelerregende Wirkung verloren. Auch die Herzwirkung ist vom Vorhandensein der Lactongruppe abhängig.

Auch alle Santoninderivate, soweit sie keine Sprengung des Lactonringes

---

[1]) Lo sperimentale **1887**, Nr. 35 und Arch. per le sc. med. **11**, 255 (1887).

[2]) Wedekind, HS. **43**, 240 (1904/05), untersucht von R. Kobert.

[3]) S. bei Wedekind, HS. **43**, 245 (1904/05).

[4]) Ann. di chim. e farm. 4 Ser. **6**, 330. — Die Konstitution dieser Santoninderivate behandeln Cannizzaro und Fabris, BB. **19**, 2260 (1886).

durchgemacht haben, wie Chromosantonin, Desmotroposantonin, Tetrahydrosantonin äußern eine kräftige Wurmmuskelwirkung. Chromosantonin wirkt wie Santonin.

Desmotroposantonin ist die Enolform des Santonins (Ketoform). Es wird durch die Überführung der Ketongruppe in die Enolform die erregende Wirkung auf das Zentralnervensystem der Vertebraten stark abgeschwächt.

Santoninoxim wirkt wurmerregend wie Santonin. Aber auf die Erregung folgt eine reversible Lähmung, welche vermutlich eine Nebenwirkung der Oximgruppe ist.

α-Santonan ist völlig hydriertes Santonin, nur die Äthylenbindung ist gesprengt, der Lacton- und Ketoncharakter ist erhalten.

Die Lösung der Doppelbindungen des Santonins schwächt die Wurmwirkung nicht ab. Die Giftwirkung auf das Zentralnervensystem der Wirbeltiere wird dagegen, wie in vielen analogen Fällen, auch bei der Sprengung der Santonindoppelbindungen stark vermindert [1][4].

Durch Chlorieren des Santonins wird nur die Krampfwirkung, nicht dagegen die Wurmwirkung abgeschwächt [2].

α-Tetrahydrosantonilid von Wedekind [3]) dargestellt, ist ein Produkt in dem der ketonhaltige Benzolring des Naphthalinkernes durch Einfügen eines Sauerstoffatoms gesprengt wurde, so daß dieser Ring zu einer Lactongruppe wird. Die Verbindung erhält zwei Lactongruppen.

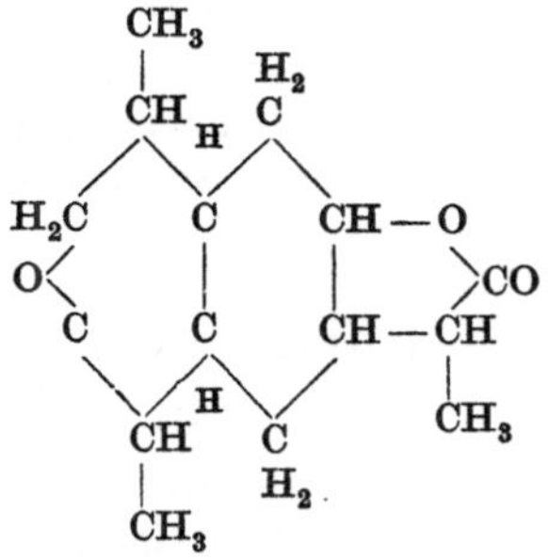

```
        CH3
        |       H2
        CH  H   C
       /  \ / \
  H2C       C     CH — O
  O<        |     |      >CO
    C       C     CH — CH
     \    / H \  /     |
       CH       C      CH3
       |        H2
       CH3
```

Die Lactone ohne Naphthalinkern haben eine typische, wenn auch abgeschwächte Santoninwirkung [4].

α- und ebenso β-santonansaures Natrium [5]) zeigen weder Krampf- noch wurmwidrige Wirkungen. Nur Santonin wirkt in diesem Sinne, jede Änderung im Bau des Moleküls hebt die Wirkung auf [1].

---

[1]) E. Sieburg, Chem. Ztg. **37**, 945 (1913).

[2]) S. Canizzaro und G. Carnelutti, Gaz. chim. **12**, 393 (1882). — BB. **18**, 2746 (1885). — O. Hesse, BB. **6**, 1280 (1873).

[3]) BB. **47**, 2483 (1914).

[4]) Paul Trendelenburg, AePP. **79**, 190 (1915).

[5]) Liebigs Ann. **397**, 219.

Achtes Kapitel.

Campher und Terpene.

Carvon erweist sich im Tierversuche als nicht sehr aktiv, es zeigt hauptsächlich paralysierende Wirkungen im Gegensatze zu seinen Isomeren: zum Campher und Fenchon. Von diesen unterscheidet sich Carvon auch chemisch: so erleidet es bekanntlich leicht eine Hydrolyse unter Bildung von Oxytetrahydrocarvon und es ist leicht anzunehmen, daß Carvon eine ähnliche Umwandlung auch im Organismus erfährt [1]).

Vom Carvon

$$\begin{matrix} H_2C \\ H_3C \end{matrix}\!\!>C\cdot HC\!\!<\!\begin{matrix} CH_2 - CH \\ CH_2 - CO \end{matrix}\!\!>C\cdot CH_3$$

(Ketodihydro-p-cymol) wirken 0.5 g pro kg Kaninchen tödlich. Es macht ununterbrochene Krämpfe und Betäubungszustand [2]).

Menthon (Ketohexahydro-p-cymol) ist weit weniger giftig als Carvon. An Stelle der doppelten Bindungen ist eine Anlagerung von zwei Wasserstoffen getreten [3]).

Linalool

$$\begin{matrix} CH_3 \\ CH_3 \end{matrix}\!\!>C:CH\cdot CH_2\cdot CH_2\cdot \underset{\displaystyle CH_3}{CH}(OH)\cdot CH:CH_2$$

paart sich im Organismus mit Glykuronsäure.

Rhodinol, Coriandol, Nerolol, die dem Geraniol isomeren optisch aktiven Alkohole haben in Dosen von 3—5 ccm keine akuten Wirkungen, wohl aber verursachen sie bei fortgesetzter Darreichung schwere Störungen des Allgemeinbefindens, Magenblutungen und Abmagerung.

Die aliphatischen Kohlenwasserstoffe der ätherischen Öle sind indifferent, die aromatischen nicht indifferent, aber nur wenig giftig.

Die aromatischen Aldehyde sind schwach oder gar nicht giftig. Verschiedene ätherische Öle machen gleichzeitig Vermehrung der weißen Blutkörperchen. Nur das Pfefferminzöl macht eine sehr bemerkenswerte Ausnahme.

Pulegon [3]) macht zentrale Paralyse, bei Fröschen erzeugt es wie Campher Curarewirkung, starke Verlangsamung der Herzaktion durch zentrale Vagusreizung, Atmungsstörungen und Fettdegeneration der Gewebe. Pulegon enthält statt der Gruppe CH · OH des Menthols eine doppelte Bindung und eine CO-Gruppe. Der entsprechende Alkohol Pulegol und Pulegolamin sind nicht wirksamer als Pulegon selbst.

Sabinol $C_{10}H_{15} \cdot OH$ macht in 5 ccm Dosen Betäubungszustände, Gefäßblutungen, Stauungsniere, wirkt aber nicht abortiv [4]). Es erscheint als ge-

---

1) Enrico Rimini, Atti R. Accad. dei Lincei Roma. [5] **10**, I, 435.

2) H. Hildebrandt, HS. **36**, 441 (1902).

3) AePP. **42**, 356. 4) E. Fromm, BB. **21**, 2035 (1888); **32**, 1191 (1899).

paarte Glykuronsäure im Harn, außerdem entsteht Cuminsäure. α-Tanacetogendicarbonsäure ist wenig different und passiert den Organismus unverändert.

Thujon (Tanaceton) ist dem Sabinol isomer, zeigt aber Ketonstruktur, macht heftige Krämpfe, frequente Atmung, Herzlähmung. Das Spaltungsprodukt der im Harne auftretenden Glykuronsäureverbindung geht von neuem Paarung im Organismus ein, zeigt aber nicht mehr die toxische Wirkung des ursprünglichen Thujons. Thujonoxydglykuronsäure tritt im Harne auf. Es erfolgt also eine Hydroxylierung des Thujonmoleküls, wie sie in gleicher Weise bei Campher und Terpenen zu beobachten ist. Am Frosche ruft die gepaarte Verbindung in gleicher Weise, wie Thujon selbst, zentrale Lähmung hervor, neben gleichzeitiger Schädigung der peripheren Nerven [1]). Jonon $C_{13}H_{20}O$ ist ungiftig [2]).

Δ_1-Menthenon-3 wirkt weit stärker antiseptisch als amerikanisches Pfefferminzöl und ist für Amphibien ein Inhalationsanasteheticum.

Citral

$$\begin{matrix} CH_3 \\ CH_3 \end{matrix}\!\!>C:CH\cdot CH_2\cdot CH_2\cdot \underset{\displaystyle CH_3}{\underset{\cdot}{C}}:CH\cdot CHO$$

gibt beim Passieren des Organismus eine Säure $C_{10}H_{14}O_4$ vielleicht

$$\begin{matrix} CH_3 \\ CH_3 \end{matrix}\!\!>C:CH\cdot CH_3\cdot CH_2\cdot \underset{\displaystyle COOH}{\underset{\cdot}{C}}:CH\cdot COOH$$

durch Oxydation der Aldehydgruppe und einer Methylgruppe zu Carboxylgruppen.

Citral ist ein Gemisch zweier Stereoisomerer, von denen eines nur die Glykuronsäureverbindung, das andere nur die zweibasische Säure liefert. Die zweibasische Säure ist physiologisch indifferent. Die Glykuronsäureverbindung wirkt bei Kaltblütern fast wie Citral selbst [1]).

Die Wirkung des d-Camphens auf Herz und Atmung des Frosches gleicht nahezu derjenigen des d-Pinens, während diejenige des d-Pinenchlorhydrates große Ähnlichkeit mit der Wirkung des d-Camphers zeigt. Der einzige Unterschied in der physiologischen Wirkung der beiden letzteren Verbindungen besteht darin, daß d-Pinenchlorhydrat ein intensiveres Herzklopfen erzeugt als d-Campher, daß aber diese Wirkung beim ersteren von kürzerer Dauer ist. Ferner ist die Wirkung des d-Pinenchlorhydrates auf die Atmung nahezu gleich Null, während d-Campher eine ausgesprochene Wirkung auf die Atmung äußert [3]).

Geraniol

$$\begin{matrix} CH_3 \\ CH_3 \end{matrix}\!\!>C:CH\cdot CH_2\cdot CH_2\cdot \underset{\displaystyle CH_3}{\underset{\cdot}{C}}:CH\cdot CH_2\cdot OH$$

ist der Alkohol des Geranials (Citrals), es gibt beim Passieren des Organismus dasselbe Produkt wie Citral. Die Oxydation des Geraniols im Tierkörper dürfte in gleicher Weise vor sich gehen, wie die der Alkohole. Zuerst wird die $-CH_2\cdot OH$-Gruppe zu Aldehyd, dieser schließlich zur Carboxylgruppe oxydiert.

---

[1]) H. Hildebrandt, AePP. **45**, 110 (1901).
[2]) J. v. Mering bei F. Tiemann, BB. **26**, 2708 (1893).
[3]) S. Dontas und D. E. Tsakalotos, Journ. Pharm. et Chim. [7], **15**, 19—24 (1917).

Den Verbindungen der Camphergruppe kommen trotz ihrer verschiedenen chemischen Zusammensetzungen in physiologischer Hinsicht ganz ähnliche Wirkungen zu.

Laureolcampher

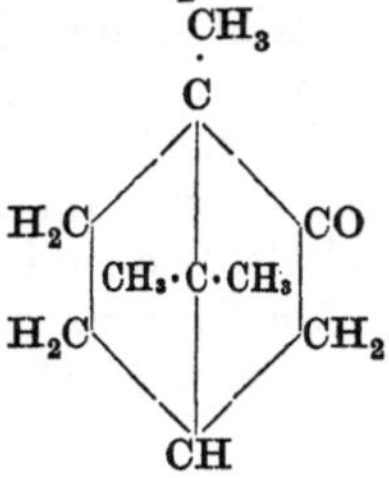

```
           CH3
           ·
           C
         / | \
    H2C/   |   \CO
       |CH3·C·CH3|
    H2C\   |   /CH2
         \ | /
           CH
```

Borneol

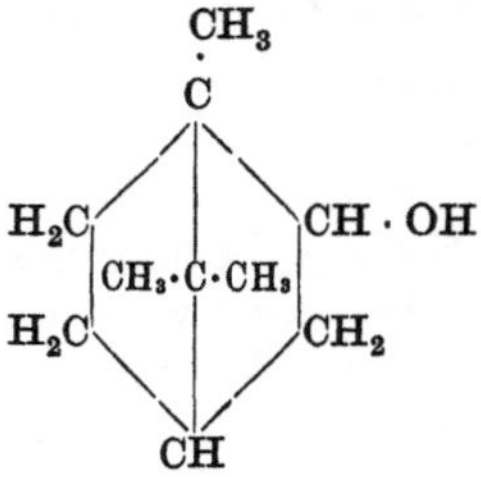

```
           CH3
           ·
           C
         / | \
    H2C/   |   \CH · OH
       |CH3·C·CH3|
    H2C\   |   /CH2
         \ | /
           CH
```

und Menthol

```
       CH3
       ·
       CH
  H2C/  \CH2
  H2C\  /CH · OH
       CH
       ·
       C3H7
```

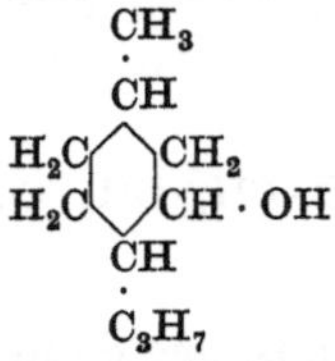

wirken alle drei stark exzitierend und antiseptisch. In der ersten Hälfte des vorigen Jahrhunderts war Campher in der Medizin geradezu als Allheilmittel angesehen, während die Bedeutung dieses Körpers gegenwärtig, trotz mancher vorzüglicher Eigenschaften sehr zurückgegangen ist. Alle drei Körper stehen in ihrer Wirkung den Verbindungen der Alkoholgruppe sehr nahe. Am nächsten steht ihnen Menthol, aber mit der Verringerung der Zahl der Wasserstoffatome erhält man eine erhöhte Tendenz zur Produktion von Krämpfen cerebraler Natur. Borneol wirkt lokal weniger reizend als Campher und wird auch in größeren Dosen vertragen. Japancampher ist als Keton aufzufassen, Borneol und Menthol haben je ein alkoholisches Hydroxyl.

l-Epicampher (l-β-Campher) wirkt viel schwächer und weniger andauernd als Campher[1]), aber es zeigt eine richtige Campherwirkung.

Bei intraperitonealer Injektion von Lösungen der drei Campherisomeren an Katzen konnte G. Joachimoglu einen wesentlichen Unterschied in ihrer Giftigkeit nicht feststellen[2]). Synthetischer Campher wirkt natürlicher.

Auch P. Leyeen und R. van den Velden konnten am Froschherzen Verschiedenheiten in der Wirkungsstärke zwischen d- und l-Campher nicht finden. Mit wirklich optisch-inaktivem Campher konnte eine Froschherzwirkung nicht erzielt werden.

Aus Borneol oder Isoborneol erhält man glatt Campher, wenn man die Lösung von Isoborneol in Petroläther mit Wasser versetzt und bei gewöhnlicher Temperatur Ozon einleitet[3]).

Der Eintritt einer Aminogruppe in den Campher bewirkt keine Änderung in der Qualität der Campherwirkung, hingegen ist die Wirkung des Aminocamphers wesentlich schwächer als die des Camphers selbst. Beim Bornylamin aber

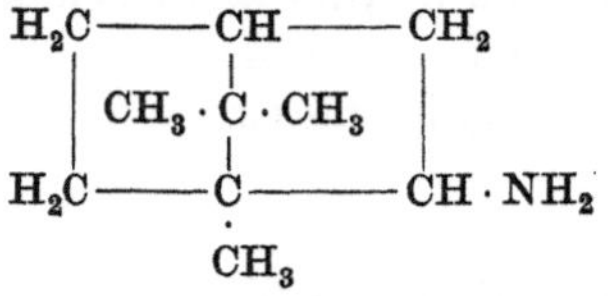

```
H2C ——— CH ——— CH2
 |       |       |
 |  CH3 · C · CH3 |
 |       |       |
H2C ——— C ——— CH · NH2
         ·
        CH3
```

[1]) Julius Bredt und W. H. Perkin jun., Journ. Chem. Soc., London, **103**, 2182 (1913). [2]) AePP. **80**, 1 (1916). [3]) Akt.-Ges., vorm. Schering, Berlin, DRP. 161 306.

in dem der Sauerstoff des Borneols ausgetreten, finden wir eine wesentlich stärkere Wirkung als beim Campher, und die herzlähmenden Wirkungen dieser Substanz treten verhältnismäßig früh in den Vordergrund[1]). Läßt man Campher mit Hydroxylamin reagieren, so gelangt man zum Campheroxim $C_{10}H_{16} : N \cdot OH$, welches auf das Herz lähmend wirkt, aber auch in eigenartiger Weise auf die Skelettmuskeln, indem es Muskelstarre macht[2]), während beim Frosch die motorischen Nervenendigungen intakt bleiben. Acetophenonoxim und Önantholoxim wirken im gleichen Sinne [Fry[3])].

Camphenamin

```
H2C ——— CH ——— C·NH2
 |       |       ||
 |  CH3·C·CH3    ||
 |       |       ||
H2C ——— C ——— CH
         ·
        CH3
```

dargestellt durch Wasserabspaltung aus Aminoborneol[4]), besitzt ähnliche, aber schwächere toxische Eigenschaften als Vinylamin. Papillarnekrose in der Niere konnte nicht nachgewiesen werden. Es steht dem Vinylamin näher, als das fast vollkommen ungiftige Trimethylenimin. Camphenamin ist ungesättigt wegen seiner doppelten Bindung.

Dicamphanazin macht bei Fröschen Paralyse, Verluste der Reflexe und Atemstillstand, bei Meerschweinchen Schlafanfälle, später konvulsivische Zuckungen, endlich Tod, bei Hunden starken Speichelfluß und epileptische Anfälle. Dicamphenhexanazin wirkt wie Dicamphanazin, nur müssen doppelte Dosen verwendet werden. Camphenamin wirkt weniger lähmend als die vorerwähnten beiden Verbindungen (Lo Monaco und Oddo).

Die große Verbreitung, welche die Körper der Camphergruppe früher und noch jetzt finden, hat zur Darstellung zahlreicher Derivate in dieser Gruppe geführt. Über die Kohlensäurederivate des Menthols findet man das Nähere im Kapitel Guajacol. Vom Borneol oder Menthol ausgehend, erhält man durch Behandlung mit Formaldehyd und Schwefelsäure farblose feste Körper, Diborneolformal und Dimentholformal, welche beide nach der Formel $CH_2(OR)_2$ zusammengesetzt sind. Die Absicht, welche Verley dazu geführt hat, diese Präparate darzustellen, war wohl, Derivate zu erhalten, denen die lokal irritierenden Wirkungen beider Körper, insbesondere für den internen Gebrauch fehlen.

Thujon, Monobromcampher, Campher, Campherol (Menthol), Bornylamin, Aminocampher erregen direkt den Herzmuskel, während Oxycampher, Borneol bei Muscarinstillstand des Herzens unwirksam sind.

Menthylamin erzeugt Erregungs- und Krampfzustände.

Bornylendiamin[5]) (Camphandiamin) wird erhalten durch Reduktion des Oxims des Amino-, Isonitroso- oder Isonitrocamphers mit Natriumalkoholat oder Elektrolyse. Bornylendiamin soll völlig ungiftig und stark antipyretisch wirksam sein.

Diäthylglykokollmenthylester $C_{16}H_{31}O_2N$ ist ein Nierengift, Camphorylglykokollmenthylesterchlorhydrat $C_{22}H_{37}O_3N \cdot HCl$ ein starkes Blutgift, Diäthylglykokollbornylester $C_{16}H_{29}O_2N$ ungiftig. Diese Substanzen verlangsamen Atmung und Herzschlag und steigern den Blutdruck nur schwach und vorübergehend.

---

1) L. Lewin, AePP. **27**, 235. 2) Zehner, Diss. Marburg (1892).
3) Fry, Brit. med. journ. **1897**, 1713. 4) Liebigs Ann. **313**, 72.
5) Duden, Jena (Höchst), DRP. 161 306.

Camphorylglykokollbornylesterchlorhydrat $C_{22}H_{35}O_3N \cdot HCl$ ist unwirksam[1]).

Cadechol ist eine Verbindung des Camphers mit Desoxycholsäure, die sich bei Insuffizienzerscheinungen des Herzens und der peripheren Gefäße gut bewährt. Es soll als Campherersatz Anwendung finden[2]).

Sehr zahlreich sind die Versuche, aus dem sehr beliebten Menthol wirksame Derivate für äußere und innere Anwendung zu gewinnen. Der Hauptsache nach handelt es sich um die Darstellung von Estern und Äthern des Menthols.

Formaldehyd und Menthol geben mit Salzsäure Chlormethylmenthyläther[3])

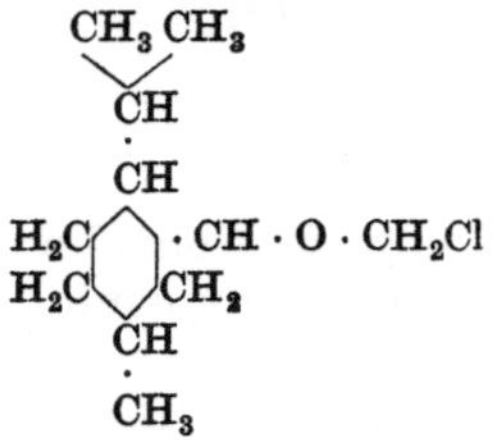

```
  CH3 CH3
    \/
    CH
    ·
    CH
H2C/\·CH·O·CH2Cl
H2C\/CH2
    CH
    ·
    CH3
```

Außerdem bildet sich Dimenthylmethylal $C_{10}H_{19} \cdot O \cdot CH_2 \cdot O \cdot C_{10}H_{19}$, welches den Organismus anscheinend unverändert passiert (R. Kobert).

Coryfin ist der Äthylglykolsäureester des Menthols $C_{10}H_{19}O \cdot CO \cdot CH_2 \cdot O \cdot C_2H_5$, es soll ein gutes Schnupfenmittel sein. Der Geschmack ist nicht angenehm.

Alkylmilchsäureester, insbesondere Menthylester, entstehen wenn man dem Reaktionsgemisch aus Milchsäureester, Alkylhaloid und Silberoxyd wasserbindende Mittel zusetzt[4]).

Glykokollmenthylester soll ein Anaestheticum sein und viel weniger giftig als Diäthylaminoessigsäurementhylester wirken. Die Darstellung geschieht, indem man Glykokoll oder dessen Derivate mit Menthol verestert oder indem man Ammoniak auf Halogenessigsäurementhylester einwirken läßt[5]).

Die Darstellung der Alkyloxyacetylverbindungen des Menthols geschieht durch Einwirkung der Mentholkohlensäurehalogenide auf die Alkyloxyessigsäure oder deren Salze. Die Reaktion liefert namentlich in Gegenwart tertiärer Basen unter Entwicklung von Kohlensäure die als Arzneimittel bekannten Alkyloxyacetylverbindungen des Menthols[6]).

Man kann aus Santalol[7]), Menthol und Borneol Alkyloxyacetylverbindungen darstellen, die geruch- und geschmacklos sind und leicht spaltbar und auch äußerlich verwendet werden können, während die in DRP. 85 490 beschriebenen festen Alkyloxyacetylverbindungen sich viel schwerer, bei äußerlicher Verwendung überhaupt nicht spalten. Die hydroaromatischen Alkohole werden in Benzol-Pyridin gelöst und mit Äthoxyessigsäurechlorid geschüttelt, dann schüttelt man die Benzollösung mit verdünnter Salzsäure, um das Pyridin zu entfernen. Beschrieben sind die Darstellungen von Äthylglykolylborneol, Methoxyäthylmenthol.

Salimenthol ist der Salicylsäureester des Menthols.

Salicylsäurementhylester erhält man, wenn man ein Gemisch von Menthol mit Salicylsäure unter Hindurchleiten eines Gasstromes (Kohlensäure, Wasserstoff) auf eine dem Schmelzpunkt des Gemisches übersteigende, jedoch unter 220° liegende Temperatur erhitzt[8]) (siehe auch Acetylsalicylsäurementhylester bei Acetylsalicylsäure.)

---

[1]) Einhorn und Zahn, Arch. d. Pharmaz. **240**, 644.
[2]) G. Boehm, Münchener med. Wochenschr. **67**, 833 (1920). — Nonnenbruch, Münchener med. Wochenschr. **67**, 833 (1920).
[3]) Wedekind, BB. **34**, 813 (1901). — DRP. 119 008.
[4]) Neuburger, DRP. 266 120. [5]) R. Meyer, DRP. 261 288.
[6]) Al. Einhorn, München, DRP. 225 821. [7]) DRP. 191 547.
[8]) Bibus & Scheuble in Wien, DRP. 171 453.

Während Mentholsalicylat und Borneolsalicylat flüssig sind, ist der Salicylsäureester des Fenchylalkohols ein fester Körper; man erhält ihn durch Einwirkung von Salicylsäure oder Salicylsäureestern auf Fenchylalkohol[1]).

Ester des Borneols und Isoborneols mit Bromhydro- resp. Bromzimtsäuren stellt man in üblicher Weise dar oder durch Einführung von Halogen in die halogenfreien Ester oder durch Einwirkung von Camphen auf Bromhydro- oder Bromzimtsäure[2]).

Beschrieben wird die Darstellung von Dibromdihydrozimtsäureborneolester, von Bromzimtsäureisoborneolester, Bromzimtsäureborneolester, von Dibromdihydrozimtsäureisoborneolester, von o-Chlorphenyldibrompropionsäureborneolester, m-Methoxydibromdihydrozimtsäureborneolester, von Dibromzimtsäureborneolester und Dibromdihydro-p-methylzimtsäureborneolester.

An Stelle von Borneol wird Fenchylalkohol verwendet; das neue Produkt Dibromdihydrozimtsäurefenchylester spaltet leicht Brom und Fenchylalkohol ab[3]).

Borsäureborneolester ist im trockenen Zustand sehr beständig, verseift sich leicht mit Flüssigkeiten. Man erhält ihn durch Erhitzen von Borneol mit Borsäure, Borsäureanhydrid oder einem gemischten Anhydrid von Borsäure und einer organischen Säure. Man erhitzt z. B. Borsäure, Borneol und Xylol, bis kein Wasser mehr entweicht, dann destilliert man das Xylol ab und kocht mit Methylalkohol aus, in dem der Ester unlöslich ist. Er hat die Zusammensetzung $Bo(C_{10}H_{17})_3$. Alkohole zersetzen den Ester[4]).

Estoral ist der Mentholester der Borsäure.

Wenn man Brom enthaltende Dialkyl- oder Alkylarylessigsäuren der Formel

$$\begin{matrix} R \\ R_1 \end{matrix}\!\!>\!\underset{\displaystyle Br}{\underset{|}{C}}\cdot COOH$$

auf Terpenalkohole einwirken läßt, so erhält man schlafmachende Verbindungen. So kann man Bornyl-, Isobornyl-, Fenchyl- und Menthylester erhalten.

Beschrieben sind Bromdiäthylacetylbornylester, Bromdiäthylacetylmenthylester, Bromdipropylacetylmenthylester, Bromdiäthylacetyleucalyptolester[5]).

Der Ester des Menthols mit Isovaleriansäure wurde Validol genannt. Er ist von ganz schwach bitterem Geschmack, und die stimulierende Kraft des Menthols soll in dieser Esterbindung gesteigert sein. Der Körper riecht sehr schwach. Es ist ziemlich gleichgültig, welche Säure überhaupt zur Veresterung des Menthols, um seinen scharfen Geschmack zu verdecken, verwendet wird.

Gynoval ist der Isovaleriansäureester des Isoborneols.

Den Mentholester der α-Bromisovaleriansäure erhält man durch Einwirkung von α-Monobromisovaleriansäurechlorid auf Menthol. Die Esterbindung erfolgt schon in der Kälte[6]).

Geruchlose oder wenig riechende Ester der Baldriansäure und des Menthols, Borneols oder Isoborneols erhält man durch Vereinigung dieser Körper zu Isovalerylglykolsäureestern. Man erhitzt z. B. Chloressigsäurebornylester und baldriansaures Natrium[7]).

Eubornyl ist der Bromisovaleriansäureester des Borneols.

Bayer, Elberfeld[8]), stellen gemischte Carbonate von Alkoholen der hydroaromatischen Reihe her, die geruch- und geschmacklos sind. Man läßt die Chlorcarbonate der Alkohole der hydroaromatischen Reihe bzw. des Thymols auf Salicylsäureester oder die Chlorcarbonate von Salicylsäureestern auf die Alkohole der hydroaromatischen Reihe einwirken. Man kann auch auf die einfachen Carbonate Alkohole der hydroaromatischen Reihe resp. Salicylsäureester einwirken lassen oder man behandelt ein Gemisch beider mit Phosgen. So werden dargestellt: Mentholsalolcarbonat, Mentholsalicylsäureacetolestercarbonat, Mentholsalicylsäuremethylestercarbonat, Mentholsalicylsäuremethoxymethylestercarbonat, Thymolsalolcarbonat, Santalolacetolcarbonat, Borneolsalicylsäureguajacolestercarbonat.

---

[1]) Kereszty, Wolf, Budapest, DRP. 253 756. [2]) DRP. 252 158.
[3]) DRP. 254 666, Zusatz zu DRP. 252 158.
[4]) Zimmer & Co., Frankfurt, DRP. 188 703.
[5]) Kalle, DRP. 273 850.
[6]) Lüdy & Co. in Burgdorf, DRP. 208 789.
[7]) Riedel, DRP. 252 157.
[8]) DRP. 206 055.

Schering, Berlin[1]), stellen Mentholester der Salicylglykolsäure und deren Acidylderivate dar, indem sie auf Salze der Salicylsäure oder deren Acidylderivate Halogenessigsäurementholester einwirken lassen oder durch Acidylierung von Salicylglykolsäureestern.

```
      Fenchon                          Campher
         H                                H
         C                                C
        /|\                              /|\
       / | \  H                         / | \
  H2C/   |  \C·CH3                 H2C/   |  \CH2
     |CH3·C·CH3|                      |CH3·C·CH3|
  H2C\   |  /CO                    H2C\   |  /CO
       \ | /                            \ | /
        \|/                              \|/
         C                                C
         H                                ·
                                         CH3
```

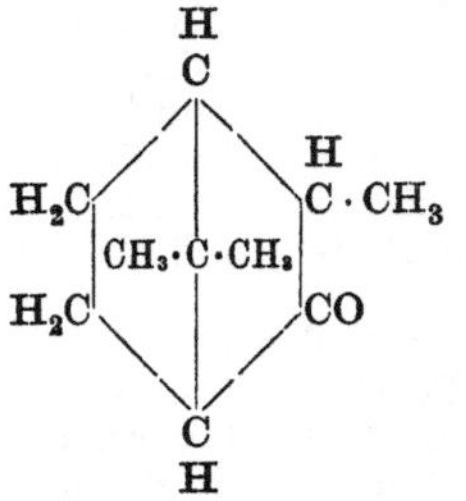

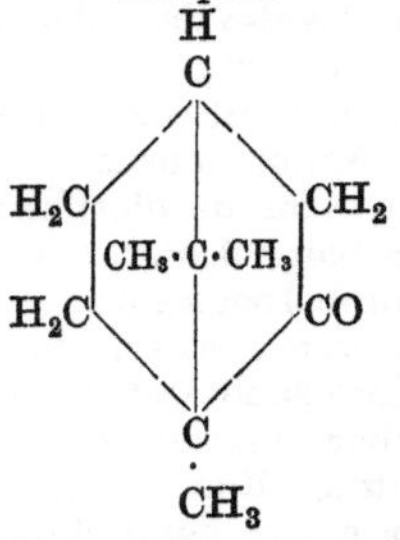

Fenchon wirkt wie Campher, die gegenteiligen Angaben von H. Hildebrandt[2]) sind unrichtig. Die krampferregende Wirkung des Fenchons ist bedeutend schwächer als die des Camphers, mehr von der Narkose verdeckt. Nach Jakobj ist das Auftreten der eigenartigen Krampfwirkung bei Säugetieren bei Fenchon und Campher nur auf die eigentümliche molekulare Konfiguration beider Substanzen, d. h. auf die in den Ring eingefügte Propylidengruppe, welche zur Bildung eines Doppelringes führt, zu beziehen[3]).

Wenn man im Campher ein Wasserstoffatom durch Brom ersetzt, so gelangt man zum Monobromcampher $C_{10}H_{15}OBr$, welches Derivat in seiner Wirkung im allgemeinen mit der des nichtsubstituierten Camphers identisch ist, aber doch mehr an Borneol, als an Campher oder Menthol erinnert. Die beiden isomeren Monochlorcampher wirken ebenso wie Monobromcampher und wie Campher selbst. Alle erregen sie das Gehirn, rufen Konvulsionen hervor und steigern die Körpertemperatur unbhängig von den Konvulsionen. Man sieht, daß in dieser Gruppe, ebenso wie bei den Benzolderivaten, Halogensubstitutionsprodukte, in welchen Halogen Kernwasserstoff ersetzt, keineswegs von der Wirkung der Grundsubstanz qualitativ differieren, da die dem Halogen eigentümliche Wirkung aus dem Grunde nicht in Erscheinung tritt, weil die Bindung des Halogens eine zu feste ist und es zur Abspaltung von Halogen oder Halogenwasserstoff im Organismus nicht kommt.

Äthylcampher zeigte keine Wirkung. Thujon ebenfalls nicht.

Camphenilon zeigt keinen Einfluß auf Rhythmus und Frequenz des vergifteten Froschherzens[4]).

Im Campher läßt sich ein Wasserstoff der Seitenkette CH_2 durch eine Aldehydgruppe ersetzen, wenn man zu einer Lösung von Campher in Toluol metallisches Natrium in äquivalenter Menge zusetzt und unter Kühlung Ameisenäther einwirken läßt. Der so entstandene Campheraldehyd

```
       /CH—CHO
C8H14<  |
       \CO
```

hat als solcher keine Verwendung gefunden, soll aber zur Darstellung von Campherderivaten dienen. Auch die Camphercarbonsäure[5]) hat keine medizinische Anwendung gefunden, da sie keine pharmakologische Wirkung besitzt.

```
                         /CH·COOH
Camphercarbonsäure C8H14<  |
                         \CO
```

---

[1]) DRP.-Anm. C. 17 121 (zurückgezogen). [2]) AePP. **48**, 449 (1902).
[3]) C. Jakobj, Hayashi, Szubinski, AePP. **50**, 199 (1903).
[4]) AePP. **80**, 49 (1916). [5]) Lapin, Diss. Dorpat (1894).

verläßt den Organismus unverändert. Die Ester sind nicht ganz ungiftig, doch tritt die Campherwirkung sehr verspätet ein[1]).

Hingegen kann man vom Campher durch Oxydation mit Salpetersäure die Camphersäure

$$\begin{array}{lcl} H_2C & \text{——} & C\Big<{}^{H}_{COOH} \\ | & & | \\ | & {}^{CH_3}_{CH_3}\!\!> & C \\ | & & | \\ H_2C & \text{——} & C\Big<{}^{CH_3}_{COOH} \end{array}$$

erhalten, welche dieselben antiseptischen Wirkungen wie Campher äußert, aber weit weniger exzitierend wirkt, da die exzitierende Wirkung des Camphers wohl auf der Methylketongruppe dieser Substanz beruht, beziehungsweise durch diese ausgelöst wird, die hier durch Oxydation verändert worden ist. Der Camphersäure kommen ausgezeichnete antihydrotische Eigenschaften zu, weshalb sie sehr häufig zu Synthesen mit den verschiedensten Arzneimitteln anderer Art, insbesondere mit antipyretischen, benützt wird.

Saure Phenolester zweibasischer Säuren erhält man, und zwar die Natriumverbindungen saurer Alkylester der Phenole, wenn man auf das in Xylol gelöste Phenolnatrium das Anhydrid einer zweibasischen Carbonsäure einwirken läßt[2]).

$$R\Big<{}^{CO}_{CO}\Big>O + XONa = R\Big<{}^{COOX}_{COONa}$$

Durch Ansäuern fällt der freie Ester heraus. So wurden dargestellt: Phenolcamphersäure, Thymolbernsteinsäure, Thymolphthalsäure, Thymolcamphersäure, Guajacolcamphersäure, Guajacolbernsteinsäure, Carvacrolcamphersäure, β-Naphtholcamphersäure.

Die Unlöslichkeit des Camphers hat den Versuch gezeitigt, ein lösliches Derivat in der Weise zu erhalten, daß eine Hydroxylgruppe in das Camphermolekül eingefügt wurde[3]). Wenn man Campherchinon $C_8H_{14}\Big<{}^{CO}_{CO}$ in saurer, neutraler oder alkalischer Lösung reduziert, entsteht ein Oxycampher

$$C_8H_{14}\Big<{}^{CH \cdot OH}_{CO}$$

welcher bis zu 2% in Wasser löslich ist, aber merkwürdigerweise ist dieser Oxycampher in der Wirkung dem Campher fast entgegengesetzt. Während Campher ein Erregungsmittel des Zentralnervensystems ist, setzt Oxycampher die Erregbarkeit des Atemzentrums herab und ist auf diese Weise ein schnellwirkendes Mittel gegen Dyspnöe.

Auch Sulfosäuren des Camphers wurden dargestellt, um Campher wasserlöslich zu machen.

Zu diesem Zwecke wird 1 Mol. Campher in 2 Mol. Essigsäureanhydrid gelöst und unter starker Kühlung 1 Mol. 66° Schwefelsäure hinzugefügt.

Es ist anzunehmen, daß dieses Präparat ohne Wirkung oder jedenfalls nur schwach wirksam sein wird.

In der Camphergruppe hat bis nun keines der dargestellten Derivate den Campher selbst in seinen Wirkungen übertroffen und keines von den Derivaten hat die Anforderung, die man in der Praxis an ein Campherderivat stellen würde, daß es wasserlöslich sei, erfüllt. Während Oxycampher, welcher wasserlöslich ist, statt erregend zu wirken, die Tätigkeit des Respirationszentrums herabsetzt, zeigen die Aminoderivate sowohl des Camphers als auch des Borneols

---

1) J. W. Brühl, BB. **35**, 3510 (1902). 2) DRP. 111 297.
3) Heinz und Manasse, Deutsche med. Wochenschr. **1897**, Nr. 27.

für die Therapie unverwertbare Wirkungen, denn Campher macht eine nicht unbedeutende Erhöhung des Blutdruckes, indem er direkt auf den Herzmuskel einwirkt und so eine gewisse Analogie mit der Digitalis zeigt. Außerdem akzeleriert er die Atembewegung. Hingegen wirken sowohl Bornylamin als auch Aminocampher curareartig und auf das Herz verlangsamend. Aminocampher läßt den Blutdruck unverändert, während Bornylamin denselben bedeutend erhöht, auch die Atemfrequenz wird durch Bornylamin bedeutend gesteigert. Es wäre von Wert, ein Campherderivat, welches wasserlöslich ist, darzustellen, das sowohl für Injektionen Verwertung finden könnte, als auch wegen der Analogie mit der Digitaliswirkung für den internen Gebrauch geeignet als Herzstimulans zu versuchen wäre.

Doch haben alle Derivate des Camphers und des Terpentins im Gegensatze zu ihren Muttersubstanzen nur sehr geringe Verbreitung in der Medizin gefunden, in der Terpentingruppe wohl aus dem Grunde, weil wir dort, wo es uns auf die balsamischen Wirkungen des Terpentins auf die Schleimhäute, insbesondere auf die der Respirations- und Harnwege ankommt, eine große Auswahl von Harzen und balsamischen Mitteln haben, welche die unangenehmen Nebenwirkungen des Terpentinöls meist nicht besitzen.

Derivate des Terpentinöles darzustellen, ist wohl ein müßiges Bemühen. Hingegen wäre es angezeigt, die wirksamen Substanzen der anderen balsamischen Mittel rein darzustellen, wie es bei Santalöl geschehen, und nach den bekannten Methoden die Reizwirkungen der rein dargestellten, wirksamen Prinzipien zu coupieren, wozu Synthesen nach dem Salolprinzip sowie mit Formaldehyd und die Darstellung künstlicher Glykoside zu empfehlen wären.

Vom Terpentinöl ausgehend, welches ein Gemenge verschiedener Terpene $C_{10}H_{16}$, z. B. Pinen

$C \cdot CH_3$

HC CH

CH_3

H_2C CH_3 C CH_2

CH

ist und als Antisepticum und Sauerstoffüberträger eine beschränkte Verwendung in der Medizin findet, hat man mehrere Derivate dargestellt in der Absicht, die reizenden Wirkungen des Terpentinöls durch Polymerisation oder Oxydation zu beseitigen und auf diese Weise Substanzen zu erhalten, welche die günstigen Eigenschaften des Terpentinöls als Desodorans und Antisepticum besitzen, denen aber die reizenden Wirkungen der Grundsubstanz fehlen und die sich so zur internen Anwendung, insbesondere als sekretionsbefördernde Mittel bei Bronchitis eignen. Pinen selbst macht Schlafsucht und in größeren Dosen Darmreizung. Wenn man Terpentinöl mit konzentrierter Schwefelsäure behandelt, so erhält man ein Tereben genannte Flüssigkeit, die aber nichts anderes ist, als ein Gemenge von polymeren Terpenen. In seinen Wirkungen unterscheidet sich Tereben vom Terpentinöl nicht. Wenn man Terpentinöl mit Alkohol und Salpetersäure mischt, so erhält man Krystalle der Zusammensetzung $C_{10}H_{16} \cdot 3\,H_2O$, welche dieselben Wirkungen wie Terpentinöl besitzen, aber wenig reizend wirken. Diese Substanz wurde Terpinhydrat genannt [1]). Durch Wasserentziehung (Kochen mit verdünnter Mineralsäure)

[1]) Bernhard Fischer, Neuere Arzneimittel, Berlin.

gelangt man vom Terpinhydrat zum Terpinol, welchem ebenfalls nur Terpentinölwirkungen zukommen, das aber weniger reizend wirkt als Terpentinöl selbst. Es soll bei tuberkulöser Hämoptöe nach Janowski eine bedeutende blutstillende Wirkung haben.

Durch einfache Hydratation geht Pinen in Terpineol über.

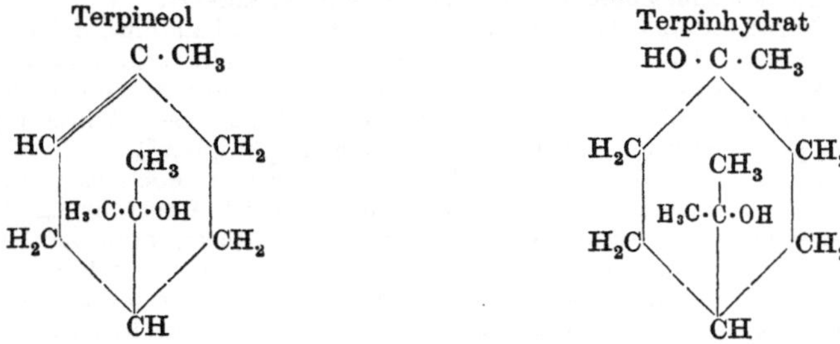

Terpineol: $C \cdot CH_3$, HC, CH_2, CH_3, $H_3C \cdot C \cdot OH$, H_2C, CH_2, CH

Terpinhydrat: $HO \cdot C \cdot CH_3$, H_2C, CH_2, CH_3, $H_3C \cdot C \cdot OH$, H_2C, CH_2, CH

Terpineol, ein tertiärer Alkohol, wirkt wie Terpentinöl, und zwar bei Warmblütern vom Magen aus allgemein lähmend.

Santal, Copaiva und Perubalsam.

Zahlreiche Präparate verdanken ihre Entstehung den unangenehmen Eigenschaften des sehr viel verwendeten Gonorrhöemittels Santal (Sandelholzöl). Dieses verlegt bei vielen Personen alsbald den Appetit und zeigt einen sehr unangenehmen Geschmack. Santalol ist der wirksame Anteil des Santalöles. Zahlreiche Ester desselben wurden dargestellt.

Santalolformaldehyd wird aus Santalol und Formaldehyd durch wässerige Mineralsäure bei ca. 100° kondensiert. Es spaltet schon mit warmem Wasser Santalol und Formaldehyd ab[1]).

Santyl ist der Salicylester des Santalols, Blenal der Kohlensäureester des Santalols, beide sind ölig; Camphoral ist der Camphersäureester des Santalols[2]).

Thyresol (Santalylmethyläther) spaltet kein Santalol im Organismus ab und erscheint als gepaarte Glykuronsäureverbindung im Harn[3]).

Sowohl Santalol als auch sein Acetylderivat und der saure Phthalsäureester[4]) haben einen unangenehmen Geschmack und reizen den Magen. Die Ester der Benzoesäure, Salicylsäure, Zimtsäure und Kohlensäure haben einen schwach öligen, nicht kratzenden Geschmack. Zur Darstellung dieser Ester wird Sandelöl mit Kohlensäureestern, Phosgen oder Anhydriden, Chloriden oder Estern der einbasischen aromatischen Säuren umgesetzt. Den Benzoesäureester erhält man durch Erhitzen mit der gleichen Menge Benzoesäureanhydrid auf 110°, Ausschütteln der übrigen Benzoesäure mit Natronlauge und Reinigung des Präparates durch Destillation im Vakuum oder Abtreiben der nicht benzoylierten Bestandteile mit Wasserdampf. Ein anderes Verfahren ist das Sandelöl in Chloroform und Pyridin mit Benzoylchlorid zu behandeln. Den Salicylsäureester erhält man aus gleichen Gewichtsmengen Santal und Salol unter Zugabe von wenig Ätznatron und Erhitzen auf 100—100° unter vermindertem Druck, bis die Abspaltung des Phenols beendigt ist. Das Äthylcarbonat erhält man durch Behandlung von Santal, Pyridin und Chloroform bei 15° mit Chlorkohlensäureestern. Das gewaschene Präparat wird im Vakuum destilliert. Bei der Einwirkung von Phosgen unter gleichen Bedingungen erhält man den neutralen Kohlensäureester. Auch aus Zimtsäurechlorid und Santal kann man unter gleichen Bedingungen den Ester erhalten.

Man kann die Reaktionen bei niedriger Temperatur durchführen, wenn man einen Katalysator zusetzt; solche Katalysatoren sind alle esterspaltende Mittel, wie Alkali- und Erdalkalimetalle, Hydroxylverbindungen, Alkoholate, Phenolate usw. Z. B. Santal wird

[1]) Knoll, Ludwigshafen, DRP. 173 240.
[2]) DRP. 187 254, Zusatz zu DRP. 173 240.
[3]) DRP. 201 369, Zusatz zu DRP. 173 240.
[4]) Heyden, Radebeul, DRP. 182 627.

mit Phenolcarbonat und 2% des letzteren an Ätznatron oder Ätzkalk unter vermindert Druck auf 140° erhitzt. Es beginnt das Phenol überzudestillieren und die Austreibung ist bei 175° beendigt, der Rückstand besteht nach Entfernung der geringen Menge des gebildeten Natron- oder Kalksalzes aus fast reinem Santalolcarbonat, das eventuell durch Destillation mit Wasserdampf noch weiter gereinigt werden kann[1]).

Es können auch alle Ester einbasischer aromatischer Säuren verwendet werden, wenn man geringe Mengen eines esterspaltenden Mittels zusetzt.

Neutrale Säureester aus Santelöl erhält man durch Behandlung desselben mit den Chloriden oder Estern der mehrbasischen anorganischen oder organischen Säuren mit Ausnahme der Kohlensäure und der Camphersäure. Dargestellt wurden neutraler Santalolbernsteinsäureester mit Hilfe von Bernsteinsäurechlorid und Bernsteinsäurephenylester, der Santalolphosphorsäureester mit Hilfe von Triphenylphosphat[2]).

Nur die Santalolester der niederen Fettsäuren besitzen noch den unangenehmen Geschmack und die Reizwirkung des Sandelholzöles. Durch Überführung des Santalols in die Ester der hoheren Fettsäuren von Valeriansäure aufwärts, kann man es von diesen unangenehmen Nebenwirkungen befreien. Beschrieben sind die Darstellung von Santalolstearinat durch Erhitzen von Santalol mit Stearinsäure und Umlösen aus 85proz. Alkohol, Santalolisovalerianat aus Isovaleriansäurechlorid und Santalol, das Oleat aus Ölsäurechlorid und Santalol. Man kann diese Ester auch mittels Säureanhydriden oder durch Umsetzen mit Säureestern anderer Hydroxylprodukte, die durch Santalol verdrängt werden, erhalten[3]).

Stearosan ist Santalylstearat.

Ein geschmackloses Santalpräparat wird durch Behandlung von Santal mit konzentrierter oder schwach rauchender Schwefelsäure erhalten, wobei man zu einem festen, geschmacklosen, schwach aromatisch riechenden Produkt gelangt. Man löst Sandelöl unter Kühlen in konzentrierter Schwefelsäure und gießt die tiefrote Lösung auf Eis, nimmt die Masse mit einem Lösungsmittel auf und trocknet im Vakuum[4]).

Santalylhalogenide erhält man durch Behandlung von Santalol mit Phosgen, Phosphorpentachlorid oder Thionylchlorid[5]).

Santaloläther erhält man durch Behandlung der Santalylhalogenide mit Metallalkoholaten oder alkoholischen Laugen oder Santalol mit alkylierenden Mitteln. Beschrieben ist Santalylmethyläther, Santalylmentholäther und analoge Äther[6]).

Läßt man Chlormethyläther auf Santalol oder Menthol oder auf die Alkalisalze dieser Alkohole einwirken (im ersteren Falle ist die Gegenwart von Kondensationsmitteln erforderlich), so gelangt man zu Methoxymethylsantalol und zu Methoxymethylmenthol[7]).

Die meisten Santalolester sind flüssige Substanzen, der Allophansäureester ist fest; er ist geruch- und geschmacklos. Man erhält ihn durch Einleiten von Cyansäure in eine Benzinlösung von Santalol oder aus Harnstoffchlorid und Santalol. Man kann auch zuerst das Santalolcarbonat darstellen und aus diesem durch Einwirkung von Harnstoffchlorid Santalolallophanat erhalten[8]).

Die gleiche Reaktion kann man auch bei Gegenwart von Dimethylanilin oder Pyridin ausführen. Man kann auch Santalol mit 2 Mol. Phenolcarbamat und einer kleinen Menge Ätzkali im Vakuum auf 140° erhitzen. Ferner kann man Santalol in gleicher Weise mit Allophansäurephenolester in molekularer Mischung behandeln.

Allosan ist Allophansäuresantalolester.

Die sauren Monosantalolester zweibasischer Säuren sind therapeutisch nicht verwendbar, wenn man sie aber in alkalischer Lösung mit Dialkylsulfaten oder Sulfosäureestern behandelt, so erhält man neutrale gemischte Ester, welche neben dem Santalolrest eine Alkylgruppe enthalten. Dargestellt wurden Santalylbernsteinsäuremethylester, Santalylphthalsäuremethylester, Santalylcamphersäuremethylester[9]).

Alkylaminoessigsäuresantalolester erhält man durch Behandlung der Halogenacetylverbindungen des Santalols mit sekundären Aminen. Diese Ester besitzen die Wirkungen des Santalols ohne dessen unangenehme Nebenwirkungen und ihre Salze stellen feste Santalolpräparate dar, die leicht resorbiert werden und geruchlos sind. Dimethylaminoacetylsantalol z. B. hat den F. 154°[10]).

Gallussäuresantalolester wird aus Gallussäuremethylester und Santalol, Tribenzoylgallussäuresantalolester aus Tribenzoylgallussäurechlorid und Santalol dargestellt; ebenso

---

1) Arch. f. Pharmaz. **238**, 356. 2) Bayer, Elberfeld, DRP. 203 849.
3) DRP. 202 352. 4) Stephan, Berlin, DRP. 148 944. 5) DRP. 182 627.
6) Ed. Baumer, Med. Klin. **5**, 780. 7) DRP. 241 421.
8) Zimmer, Frankfurt, DRP. 204 922. 9) Riedel, Berlin, DRP. 208 637.
10) Bayer, Elberfeld, DRP. 226 229.

entsteht Triacetylgallussäuresantalolester. Die Gallussäure, welche resorbierbar ist und durch die Nieren ausgeschieden wird, soll neben der balsamischen Wirkung des Santalols adstringierend wirken[1]).

Sedativ wirkende Santalolpräparate erhält man, wenn man Santalol in Ester α-bromierter Fettsäuren überführt, z. B. Bromisovalerylsantalol[2]).

Lingner in Dresden[3]) erzeugt feste Kondensationsprodukte aus Copaivabalsam durch Einwirkung von Formaldehyd bei Gegenwart von Kondensationsmitteln.

Knoll & Co., Ludwigshafen[4]), machen neutrale Präparate aus Copaivabalsam oder den daraus isolierten, verseifbaren Harzbestandteilen, mit Acylierungs- oder Alkylierungsmitteln. Man erwärmt z. B. Copaivabalsam mit Essigsäureanhydrid oder in ätherisch-pyridinischer Lösung mit Chlorkohlensäureester oder mit Benzoesäureanhydrid oder man verseift mit Natronlauge und alkyliert mit Dimethylsulfat.

Durch Verestern von Zimtsäure nach bekannten Methoden erhält man Zimtsäureglykolester, Glycerinmonozimtsäureester, welche als geruch- und reizlose Ersatzmittel des Perubalsams dienen sollen. Die Ester besitzen dem im Perubalsam enthaltenen Zimtsäurebenzylester gegenüber den Vorteil der größeren Löslichkeit, wodurch sie leichter von der Haut aufgenommen werden und besser wirken[5]).

Aus Perubalsam und Formaldehyd, durch Sättigung einer alkalisch - alkoholischen Lösung des Perubalsams mit gasförmigem Formaldehyd, stellt Börner in Friedenau[6]) ein wasserlösliches Präparat her. Er verwendet zur Herstellung dauernd haltbarer Lösungen statt eines Teiles des Alkohols Glycerin[7]).

Als Ersatzstoffe für Perubalsam, welche geruch- und reizlos sein sollen, wurden Ester des Glykols dargestellt, und zwar Benzoesäureglykolester, o-Chlorbenzoesäureglykolester und p-Nitrobenzoesäureglykolester. Die Veresterung der Säuren mit dem Glykol kann direkt geschehen, oder man erhitzt die Salze dieser Säuren mit Glykoldihalogeniden oder man verwendet die Ester dieser Säuren aus halogensubstituierten Glykolen und erhitzt diese mit wässerigen Lösungen von Salzen schwacher Säuren[8]).

Ristin ist der Monobenzoesäureester des Äthylenglykols. Es ist ein farb- und geruchloses Antiscabiosum.

Perubalsamersatzprodukte sollen durch Veresterung von Phenylessigsäure, Hydratropasäure, Phenyläthylessigsäure, Phenyldiäthylessigsäure, Hydrozimtsäure, Phenyldiäthylcarbinessigsäure mit Glykol dargestellt werden[9]). Phenyldiäthylcarbinessigsäure

$$\begin{array}{c} C_6H_5 \cdot CH \cdot COOH \\ \cdot \\ CH \cdot (C_2H_5)_2 \end{array}$$

wird durch Kondensation von Natriumbenzylcyanid mit Diäthylcarbinolbromid und Verseifung erhalten.

Lösungen von Estern des Glykols erhält man, wenn man Monobenzoylglykol und seine im Benzoylrest substituierten Derivate in Alkalisalzlösungen der Benzoesäure oder substituierter Benzoesäuren auflöst. Sie sollen geringere Reizwirkungen haben[10]).

Zimtsäureallylester $C_6H_5 \cdot CH : CH \cdot COO \cdot CH_2 \cdot CH : CH_2$ polymerisiert sich beim Erwärmen zu einem Harz, welches mit dem Perubalsam identisch sein soll.

Arhoin $C_6H_3 \begin{cases} C_{10}H_{13} \\ COO \cdot C_2H_5 \\ (C_6H_5)_2NH \end{cases}$ ist eine als Antigonorrhoicum empfohlene Verbindung des Diphenylamins mit Thymylbenzoesäureäthylester, von brennendem Geschmacke[11]).

Isovaleriansäurepräparate.

Die käufliche Isovaleriansäure, welche durch Oxydation von Gärungsamylalkohol entsteht, besteht aus der inaktiven Isovaleriansäure $\frac{CH_3}{CH_3}\!\!>\!CH \cdot CH_2 \cdot COOH$ und der aktiven Isovaleriansäure $\frac{C_2H_5}{CH_3}\!\!>\!CH \cdot COOH$.

[1]) Riedel, DRP. 275 794.
[2]) Verein. Chem. Werke-Charlottenburg, DRP.-Anm. V. 9503 (zurückgezogen)
[3]) DRP. 183 185. [4]) DRP. 167 170. [5]) Bayer, Elberfeld, DRP. 235 357.
[6]) DRP. 208 833. [7]) DRP. 217 189, Zusatz zu DRP. 208 833. [8]) DRP. 245 532.
[9]) Bayer, DRP. 248 255 (Patent erloschen). [10]) Bayer, DRP. 298 185.
[11]) Medizin. Woche **1903**, 48. — Therap. Monatshefte **1904**, Nr. 7.

Weder Isovaleriansäure (und ebensowenig Baldrianöl) besitzen die typische Heilwirkung der Valerianatinktur.

Byk, Berlin[1]), stellt den α-Bromisovaleriansäureester des Cholesterins durch Veresterung der beiden Komponenten her, und zwar durch Einwirkung des Säurechlorids auf entwässertes Cholesterin bei Gegenwart von Diäthylanilin in benzolischer Lösung.

Isovaleriansäurebenzylester erhält man durch Behandlung von Benzylalkohol oder dessen Derivaten mit Isovaleriansäure und deren Derivaten, z. B. Benzylchlorid und isovaleriansaures Natron oder Benzylalkohol, Pyridin und Isovalerylchlorid, oder Isovaleriansäure, Benzylalkohol und konz. Schwefelsäure[2]).

Unter dem Namen Valyl haben Kionka und Liebrecht[3]) Isovaleriansäurediäthylamid empfohlen als Valerianpräparat von angeblich konstanter Wirkung bei Hysterie usw.

Dialkylierte Amide[4]) der Isovaleriansäure und der α-Bromisovaleriansäure werden dargestellt, indem man offizinelle Baldriansäure oder deren Derivate oder α-Bromisovalerylbromid mit sekundären aliphatischen Aminen behandelt. Im Gegensatze zu dem wenig wirkenden Valeramid und Isovaleramid sollen die dialkylierten Derivate eine starke pharmakologische Wirkung zeigen.

Ersatz des Imidwasserstoffes des Diäthylamin durch das Thymylmethylenradikal führt zu einer stärker wirkenden Base, die wie Salicyldiäthylamid wirkt. Bei Einführung der Homologen der Fettsäurereihe — Essigsäure, Propionsäure, Buttersäure, Isovaleriansäure — ergibt es sich, daß die Intensität der Wirkung mit dem Molekül wächst. Auch in der Reihe der Dialkylamine selbst — Diäthyl-, Dipropyl-, Dibutyl-, Diamylamin — ergibt sich eine Steigerung der Wirkung mit der Zunahme der Größe des Moleküls. Am stärksten wirkt Diamylamin, ohne daß ein Unterschied gegenüber dem Isovaleriansäurediäthylamid (Valyl) in qualitativer Hinsicht vorhanden war. Bei der Wirkung des Valyls handelt es sich anscheinend nicht um Valeriansäurewirkung, sondern um Amidwirkung.

Ernest Fourneau[5]) empfiehlt das Bromhydrat des Isovaleriansäureesters des Dimethylaminooxyisobuttersäurepropylesters $(CH_3)_2N \cdot C(CH_3)(COOC_6H_6) \cdot O \cdot CO \cdot CH_2 \cdot CH(CH_3)_2$ als Mittel gegen Schlaflosigkeit und andere Störungen des Nervensystems. Es schmeckt bitter und unangenehm.

Adamon ist Dibromdihydrozimtsäureborneolester $C_6H_5 \cdot CHBr \cdot CHBr \cdot COO \cdot C_{10}H_{17}$, erhalten durch Bromieren des Zimtsäureborneolesters, es soll die Baldrianpräparate ersetzen[6]).

Die Isovalerylverbindung des 4-Methylamino-1-phenyl-2.3-dimethyl-5-pyrazolon erhält man, indem man Isovaleriansäure, deren Anhydrid oder Chlorid auf die Base einwirken läßt, oder indem man 4-Isovalerylamino, 1-phenyl-2.3-dimethyl-5-pyrazolon methyliert[7]). Der methylierte Körper wirkt stärker narkotisch als der nichtmethylierte.

Ein geruchlos lösliches Isovaleriansäurepräparat ist nach H. Voswinkel[8]) das Calciumsalz der Isovalerylmandelsäure.

Dubatol ist isovalerylmandelsaures Calcium, rein bitter schmeckend, es soll ein Einschläferungsmittel sein.

Ein festes wasserlösliches Isovaleriansäurepräparat erhält man, wenn man Isovaleriansäure in Isovalerylchlorid überführt, dieses in Benzol auf Mandelsäure einwirken läßt und das Calciumsalz der Isovalerylmandelsäure darstellt[9]).

Valamin ist der Isovalerylester des Amylenhydrats; es soll in der Herztherapie günstige Wirkungen haben.

---

[1]) DRP. 214 157. [2]) Bayer, Eilberfeld, DRP. 165 897.
[3]) Deutsche med. Wochenschr. **1901**, Nr. 49. [4]) DRP. 129 967.
[5]) Journ. de Pharm. et de Chim. [6] **27**, 513. [6]) DRP. 275 200.
[7]) Höchster Farbwerke, DRP. 243 197. [8]) Apoth.-Ztg. **26**, 1057 (1911).
[9]) Kruft, DRP. 292 961.

Geruchlose oder wenig riechende Ester aus Isovaleriansäure und therapeutisch wirksamen Alkoholen, wie Menthol, Borneol und Isoborneol, erhält man, wenn man die Baldriansäure mit Chloressigestern der genannten Alkohole zu Isovalerylglykolsäureestern vereinigt. Durch Einwirkung von Chloressigsäurebornylester und isovaleriansaurem Natrium, z. B. erhält man den Isovalerylglykolsäurebornylester[1]).

Man kann auch ähnliche Verbindungen, welche schwach oder gar nicht riechen, aus Phenolen herstellen, z. B. den Isovalerylglykolsäurethymolester[2]).

Krystallisierte, geruch- und geschmacklose Verbindungen aus Isovaleriansäure oder Bromisovaleriansäure und Menthol, Borneol, Isoborneol und Thymol erhält man, indem man Isovaleriansäure oder ihr Bromderivat mit ihnen zu acetylierten Carbaminestern vereinigt. Die entstehenden Verbindungen zerfallen im Organismus in die wirksamen Komponenten, Bromvalerylisobornylurethan erhält man aus Carbaminsäurebornylester, Bromisovalerylbromid und Dimethylanilin beim Erhitzen auf 70—80°. In gleicher Weise erhält man analoge Verbindungen[3]).

α-Bromisovalerylharnstoff erhält man durch Einwirkung von α-Bromisovalerylhalogenid auf Mercurocyanat und Behandlung des gebildeten α-Bromisovalerylcyanats mit Ammoniak, wobei sich α-Bromisovalerylharnstoff ausscheidet[4]).

Baldrianol ist Isovalerylcarbamid.

Durch Einwirkung von Acetylsalicylsäure auf α-Bromisovalerylharnstoff in molekularen Mengen erhält man eine Verbindung der beiden Komponenten[5]).

α-Bromisovaleriansäurederivate aliphatischer primärer Amine, welche sedativ wirken, erhält man aus α-Bromisovalerylbromid und Methylamin, und zwar α-Bromisovalerylmethylamid. Mit Äthylamin erhält man das Äthylamid[6]).

α-Bromisovaleryl-p-phenetidid erhält man aus dem Halogenderivate der α-Bromisovaleriansäure und aus Phenetidin. Der Körper hat antineuralgische, aber keine antipyretischen Wirkungen [P. Bergell)[7]].

Phenoval ist α-Bromisovaleryl-p-phenetidid $(CH_3)_2 \cdot CH \cdot CHBr \cdot CO \cdot NH \cdot C_6H_4 \cdot OC_2H_5)$. Es wird als Sedativum und Hypnoticum empfohlen.

Brophenin ist Bromisovalerylaminoacetyl-p-phenetidid.

Derivate des Glykolsäureureids erhält man durch Einwirkung von Bromacetylharnstoff auf Salze einer organischen Säure[8]).

Gleiche Verbindungen erhält man bei Anwendung von Brom- und Chloracetylurethanen. Beschrieben wird die Darstellung von Acetylglykolurethan, Bromisovalerylglykolurethan, Salicylsäureglykolylurethan, Bromisovalerylglykolylcarbaminsäuremethylester und Salicylsäureglykolylcarbaminsäuremethylester[9]).

Acylierte Harnstoffe gehen beim Erwärmen mit Formaldehyd und sekundären Basen in basische acylierte Harnstoffderivate über; sie entstehen auch, wenn man die Reaktionsprodukte von Formaldehyd und sekundären Basen, die Dialkylaminomethylalkohole oder die Tetraalkyldiaminomethane auf die acylierten Harnstoffe einwirken läßt. Das Verfahren liefert basische wasserlösliche Acylharnstoffderivate, welchen die physiologische Wirksamkeit der Acylharnstoffe noch zukommt; so besitzt z. B. Diäthylacetylpiperidylmethylharnstoff hypnotische, der Isovaleryldiäthylaminomethylharnstoff, Isovalerian- und das Camphersäuredipiperidyldimethyldiureid Campherwirkung.

Durch Einführung des Isovalerylrestes in die Aminogruppe von aromatischen Säureamiden gelangt man zu Verbindungen, die die schlafmachende Kraft der Säureamide vollständig behalten, aber im Vergleich mit den Säureamiden selbst geringe Giftigkeit besitzen. Man stellt sie dar, indem man die aromatischen Säureamide mit Isovalerylhalogeniden bzw. deren Derivaten entweder direkt, z. B. durch Zusammenschmelzen, oder aber in trockenen, organischen Lösungsmitteln bei Gegenwart von organischen oder anorganischen säurebindenden Mitteln, z. B. durch Kochen, in Reaktion bringt. Bei dieser Arbeitsweise kommt man insbesondere mit α-Bromisovalerylhalogeniden zu therapeutisch wirksamen Stoffen. Man kann die bromhaltigen Derivate auch erhalten, indem man auf die aromatischen Säureamide Isovalerylchlorid einwirken läßt und die erhaltenen Produkte in der Seitenkette bromiert, Dargestellt wurden α-Bromisovalerylzimtsäureamid, α-Dibromhydrozimtsäureamid-α-bromisovalerianat, α-Bromisovalerylbenzamid, Bis-α-bromisovalerylsalicylamid, Benzamidisovalerianat, Zimtsäureamidisovalerianat und Dibromhydrozimtsäureamidisovalerianat[10]).

[1]) DRP. 294 877. [2]) DRP. 252 157. [3]) DRP. 260 471, Zusatz zu DRP. 252 157. [4]) DRP. 263 018. [5]) DRP. 274 349. [6]) DRP. 261 877. [7]) DRP. 277 022. [8]) DRP. 247 270. [9]) DRP. 266 121, Zusatz zu DRP. 247 270. [10]) Einhorn, DRP. 284 440.

Durch Einwirkung von α-Bromisovalerylhaloiden auf Isoharnstoffäther der allgemeinen Formel $NH_2 - C\langle^{OR}_{NH}$ (R = Alkyl oder Aralkyl) gelangt man zu den α-Bromisovalerianylharnstoffäthern, welche Sedativa sind. Beschrieben sind α-Bromisovalerylharnstoffmethyläther und Bromisovalerylisoharnstoffäthyläther [1]).

Wenn man auf Salicylsäure-p-aminophenylester α-Bromisovalerylhaloide oder auf Isovalerylsalicylsäure-p-aminophenylester Brom einwirken läßt, erhält man α-Bromisovaleryl-salicylsäure-p-aminophenylester. Die Verbindung wirkt hypnotisch [2]).

α-Bromisovalerylamid geht bei der Einwirkung von Oxalylchlorid in Bis-α-bromisovalerylharnstoff über: $2\,(CH_3)_2 = CH \cdot CHBr - CO - NH_2 + C_2O_2Cl_2 =$

$$\begin{matrix}(CH_3)_2 = CH - CHBr - CO - NH \\ (CH_3)_2 = CH - CHBr - CO - NH\end{matrix}\!\!>CO + 2\,HCl + CO$$

Die Verbindung soll sedativ und hypnotisch wirken [3]).

---

1) Perelstein und Bürgi, DRP. 297 875.
2) Bayer, DRP. 277 466.
3) Abelin - Lichtenstein - Rosenblatt, DRP. 291 878.

Neuntes Kapitel.

Glykoside.

Im allgemeinen kann man als Regel ansehen, daß die Glykoside intensiver wirken als der wirksame Spaltling derselben, das entsprechende Phenol oder der Alkohol. Waren aber der wirksame Spaltling eine Base oder ein Alkaloid, so ist das Glykosid entweder gleich wirksam oder schwächer wirksam.

Consolidin, ein Glykosid aus Boragineen (Cynoglossum off., Anchusa off., Echium vulgare) wirkt lähmend auf das Zentralnervensystem. Beim Kochen mit Säure zerfällt es in Glykose und Consolicin. Letzteres wirkt dann dreimal so stark wie Consilidin[1]).

Consolicin lädiert z. B. das Zentralnervensystem dreimal stärker als das zugehörige Glykosid, das Consolidin. (Im Gegensatze zu den N-freien Glykosiden).

Durch die Glykosidbildung entsteht häufig eine Substanz, deren Wirkung von der des Paarlings wesentlich verschieden ist; so ist z. B. Digitalin ein Herzgift, das daraus abgespaltene Digitaliresin ein Krampfgift.

Globularin verringert die Harnmenge, während Globularetin starke Diurese erzeugt.

Adonidin aus Adonis vernalis besteht aus zwei Glykosiden, der Adonidinsäure und dem neutralen Adonidin, deren Wirksamkeit auf das Herz ähnlich ist[2]) Die Säure wirkt überdies hämolytisch. Adonidin wirkt, wenn auch schwächer als Cocain, lokalanästhesierend[3]). Ebenso wirkt Helleborein lokalanästhesierend, ebenso Rosaginin[4]).

Auch p-Strophanthin wirkt lokalanästhesierend, macht aber gleichzeitig Entzündungserscheinungen.

Eine Reihe von Glykosiden der Oxymethylanthrachinone wirkt abführend (s. d.).

Helleborein $C_{26}H_{44}O_{15}$ wird durch Säure in Zucker und Helleboretin gespalten. Helleborein ist ein intensives Herzgift, 3 cg töten ein Kaninchen in $^1/_4$ Stunde. 1—2 g Helleboretin sind bei Hunden ohne jede Wirkung.

Antiarin[5]) spaltet bei der sauren Hydrolyse Antiarigenin ab, welches wohl die für die Digitalisgruppe charakteristische Wirkung auf das Froschherz zeigt, aber in weit geringerem Maße als Antiarin.

Barbaloin wirkt zweimal schwächer abführend als Aloeemodin.

Die Verbindungen der auf das Herz wirkenden Digitalisgruppe scheinen alle das Gemeinsame zu haben, daß sie Glykoside von cholesterinähnlichen Verbindungen sind. Leider ist die Chemie dieser Verbindungen trotz zahlreicher Arbeiten (O. Schmiedeberg, Kiliani usw.) noch dunkel.

---

[1]) Arch. d. Pharm. **238**, 505. — Karl Greiner, AePP. **40**, 287.

[2]) J. M. Fuchelmann, Diss. Rostock (1911).

[3]) A. Schildlowski, Diss. Petersburg (1907).

[4]) Pierzcyek, Arch. d. Pharm. **1890**, 352. — Ehrenthal, Arch. d. Pharm. **1890**, 357.

[5]) Kiliani, Arch. d. Pharm. **34**, 438. — Karl Hedbom, AePP. **45**, 342 (1901).

Das Krötengift Bufotalin sowie das nordamerikanische Klapperschlangengift Crotalotoxin und das Ophiotoxin stammen wahrscheinlich von Cholesterin resp. von der Cholalsäure ab. Diese Giftwirkungen sind ähnlich den Sapotoxinen und einzelne von Windaus dargestellte Oxydationsprodukte des Cholesterins zeigen ähnliche Wirkungen[1]), wie Gallensäure und Saponine. Sie sind schwer resorbierbar, machen Nekrose, Pulsverlangsamung und Hämolyse. Diese sauren Oxydationsprodukte erinnern in ihrer lokalen Wirkung an das Viperngift[2]).

Bufotalin $C_{26}H_{36}O_6$ hat zwei Doppelbindungen und besitzt vier Ringsysteme wie die Gallensäuren und die dem Lacton Bufotalan entsprechende Oxysäure $C_{24}H_{40}O_4$ ist isomer mit der Desoxycholsäure. Wahrscheinlich findet sich im Bufotalin dieselbe carboxylführende Seitenkette wie in den Gallensäuren. Das Carboxyl bildet jedoch mit einem in der γ-Stellung eingetretenen Hydroxyl ein Lacton $OC \cdot CH_2 \cdot CH_2 \cdot C—$ (über O geschlossen, am C: CH_3). Die Giftwirkung des Bufotalins ist an die Lactongruppe gebunden und bei der Bufotalsäure nicht mehr vorhanden[3]).

Cholesterin wirkt auf das Froschherz beträchtlich stimulierend, und zwar auf die systolisch Eenergie, während es die Häufigkeit der Herzschläge nicht beeinflußt. Es wirkt direkt als Stimulans auf die Muskelsubstanz[4]).

Glykoside werden von Hefezellen und vom Herzen nicht aufgenommen[5]).

Es scheint als ob die Glykoside, da sie von den Zellen zu schwer oder gar nicht resorbiert werden, lediglich Membrangifte, beziehungsweise die Membran reizende Gifte sind. Es mag damit auch zusammenhängen, daß die Darmschleimhaut die glykosidisch gebauten Biosen, Rohrzucker und Milchzucker nur sehr schwer oder gar nicht resorbiert, während die Monosen glatt aufgenommen werden. Die abführende Wirkung des Milchzuckers hängt vielleicht mit der Membranreizung seitens dieses Glykosids zusammen.

Bei der Strophanthinwirkung konnte W. Straub einen nachweisbaren Giftverbrauch nicht konstatieren, so daß keine Speicherung stattfindet. Die physiologische Intensität der Strophanthinwirkung ist von der Konzentration des Glykosids in der den Ventrikel umspülenden Flüssigkeit abhängig. Straub nimmt nur an der Grenzschicht eine fast irreversible Reaktion an, ohne daß das Glykosid in die Zellen eindringt. Er sucht die Spezifität der Digitaliswirkung nur darin, daß nur die Oberfläche der Herzmuskelzellen, nicht aber im gleichen Maße auch andere Organismuszellen mit dem Digitaliskörper reagieren[6]).

Strophanthin, nach Fraser-Feist aus dem Kombesamen hat die empirische Formel $C_{40}H_{66}O_{19}$. Das Arnaudsche Glykosid, Pseudostrophanthin genannt, unterscheidet sich durch einen Mindergehalt von drei Molekülen Wasser. Beide Verbindungen enthalten eine Methoxylgruppe, doch findet sich diese nach der Hydrolyse beim Strophanthin im Kohlenhydratspaltling, während sie beim Pseudostrophanthin im Pseudostrophanthidin bleibt. Pseudostrophanthin ist viel schwerer spaltbar. Es wirkt subcutan injiziert fast doppelt so stark als Strophanthin. Pseudostrophanthin ist mit Strophanthin-Merck identisch. Bei der Hydrolyse zerfällt Strophanthin in Strophanthidin und ein Kohlenhydrat:

$$C_{40}H_{66}O_{19} = (C_{27}H_{38}H_7 + 2\,H_2O) + C_{13}H_{24}O_{10}$$

---

[1]) E. S. Faust, AePP. **64**, 244 (1911). [2]) F. Flury, AePP. **66**, 221 (1911).
[3]) H. Wieland, Sitzungsb. der Bayr. Akad. d. Wiss., **1920**. 329.
[4]) B. Danilewsky, Pflügers Archiv **120**, 181.
[5]) Bokorny, Chem. Ztg. **34**, 1. — W. Straub, BZ. **28**, 392 (1910).
[6]) W. Straub, BZ. **28**, 392 (1910).

Die Strophanthidinformel läßt sich auflösen in

$$OH(C_{25}H_{37}O_2)\begin{matrix}\diagup CO \diagdown O \\ \diagdown CO \diagup O\end{matrix}$$

Die beiden Sauerstoffe des Kernes gehören höchstwahrscheinlich auch Hydroxylgruppen an, außerdem ist mindestens ein Benzolkern und die Gruppe CH: CH enthalten. Der Spaltzucker ist Strophanthibiosemethyläther[1]).

Nach den Angaben von D. H. Brauns und O. E. Closson[2]) ist das krystallinische Kombestrophanthin von Arnaud mit dem ihrigen identisch, das Arnaudsche Strophanthinhydrat dürfte amorphes saures Strophanthin gewesen sein, beide geben bei der Spaltung dasselbe Strophanthidin, welches mit dem Feistschen identisch ist. Sowohl das krystallinische als auch das saure amorphe Kombestrophanthin zeigen die typische Wirkung eines Herztonicums, jedoch ist das amorphe saure nur $^1/_3$ so wirksam als das krystallinische.

Trimethylostrophantin wirkt qualitativ und quantitativ sehr ähnlich wie Strophanthin selbst. Es teilt mit dem Strophanthin den raschen Eintritt der Digitaliswirkung, wirkt eher nachhaltiger, zeigt aber auch stärkere kumulative Eigenschaften als die Muttersubstanz. Besondere Vorteile vor dem Strophanthin scheinen dem Methylstrophanthin somit nicht zuzukommen[3]).

Fast alle Saponinsubstanzen haben eine Wirkung auf das isolierte Kaltblüterherz mit Ausnahme von Eupatorin und dem neutralen Sapogenin des Spinatsamens. Zum Teil wirken sie giftig noch bei sehr hoher Verdünnung; fast immer tritt bei noch stärkerer Verdünnung eine Steigerung der Herztätigkeit ein, die bei weiterem Zufügen der Substanz nachläßt und schwächend auf das Herz wirkt. Die Sapogenine zeigen fast immer eine sehr viel geringere Wirkung. Nur beim neutralen Saponin der Polygala amara und seinem Sapogenin ist ein Unterschied in der Wirkung kaum zu erkennen. Das Rebaudinsapogenin und das Sapogenin des neutralen Senegasaponins wirken stärker als ihre Muttersubstanz[4]).

Das giftige Glucosid Atractylin $C_{30}H_{52}K_2S_2O_{18}$ gibt ganz ungiftige Spaltprodukte, und zwar Schwefelsäure, Valeriansäure und eine unbekannte Substanz. Der Organismus spaltet es in gleicher Weise wie Kalilauge[5]).

Der Spaltling aus Digitoxigenin wirkt subcutan noch in 20fach größerer Menge (als Digitoxigenin) gar nicht und am ausgeschnittenen Herzen in zehnfacher Konzentration viel schwächer als Digitoxigenin [Straub)[6]].

Unzersetzte Digitalisglykoside werden nur in geringer Menge ausgeschieden. Der größte Teil der Glykoside wird im Körper gespalten und läßt die Genine in den Harn übertreten; nur etwa 1% oder weniger der eingespritzten Substanzmengen läßt sich in physiologisch wirksamer Form nachweisen[7]).

Digitoxin läßt sich durch Erwärmen mit Natronlauge in Digitoxinsäure verwandeln. Die Salze dieser Säure sind physiologisch unwirksam (Kiliani).

Das reine Digitoxin $C_{44}H_{70}O_{14}$ spaltet im Hochvakuum eine pharmakologisch indifferente Substanz $C_8H_{14}O_4$ ab, die sublimiert. Der verbleibende Rest, Digitan genannt, $C_{36}H_{56}O_{10}$ verhält sich pharmakologisch wie Digitoxin. Durch Säuren

---

1) Feist, BB. **33**, 2063, 2069 (1900). — Fraser, Strophanthus, Edinbourgh 1887. — Arnaud, C. r. **107**, 181, 1162. 2) Arch. d. Pharm. **252**, 294.

3) J. Herzig und R. Schönbach, M. f. C. **33**, 673 (1912) (untersucht von Schapkaiz).

4) Fritz Weinberg, Zeitschr. f. experim. Pathol. u. Ther. **20**, 153 (1919).

5) A. Pitini, Arch. Farmacol. sperim. **29**, 88 (1920).

6) H. Kiliani, BB.. **53**, 246 (1920).

7) C. G. Santesson, Deutsche Physiolog. Gesells. 26. bis 28. Mai 1920; Berichte über die ges. Physiol. **2**, 188 (1920).

läßt sich das Digitan in 1 Mol. Digitoxigenin und 2 Mol. Digitoxose quantitativ spalten. Bei der Säurespaltung des Digitoxins entstehen quantitativ 1 Mol. Digitoxigenin, 2 Mol. Digitoxose und 1 Mol. einer öligen Substanz. Die sublimierbare Substanz gibt bei einer Säurebehandlung eine mit der öligen Substanz identische Substanz. Das Öl gibt stark die Digitoxosereaktion, ist kein Zucker und pharmakologisch indifferent. Das Digitoxigenin $C_{24}H_{36}O_4$ besitzt noch eine deutliche Herzwirkung, die aber qualitativ und quantitativ etwas verschieden ist von der des Digitoxins, daneben ist sie aber ein starkes zentrales Krampfgift. Aus dem Digitoxigenin erhält man durch Säurebehandlung in der Wärme Anhydrodigitoxigenin $C_{24}H_{34}O_3$. Das gleiche Produkt erhält man aus dem Digitoxin bei intensiverer Säurespaltung. Es besitzt keine Herzwirkung mehr, wohl aber die Krampfwirkung. Aus dem Digitoxigenin erhält man die Digitoxigeninsäure $C_{24}H_{38}O_5$, die keine pharmakologische Wirkung mehr zeigt. Die Herzwirkung des Digitoxins ist bedingt durch die Anwesenheit mehrerer Hydroxyle[1].

Durch Behandeln mit Benzoylchlorid und Stearinsäurechlorid erhält man krystallisierte Substitutionsprodukte des Digitoxins, wobei immer fünf Säurereste eintreten. Die erhaltenen Produkte besitzen keine pharmakologische Wirkung mehr. Werden nur zwei Hydroxyle verschlossen, so ist die Herzwirkung eine abgeschwächte. Die Benzoylierung des Digitans vernichtet ebenfalls dessen Wirkung auf das Herz.

Acetyliert man Digitoxigenin, so tritt nur ein Acetylrest ein. Das erhaltene Produkt zeigt keine Herzwirkung mehr, wohl aber die Krampfwirkung. Es verhält sich somit ähnlich wie Anhydrodigitoxigenin. Die für die Herzwirkung maßgebende Hydroxylgruppe des Digitoxigenins ist somit in beiden Produkten unbrauchbar geworden, während für die Krampfwirkung offenbar eine andere Gruppe in Betracht kommt.

Sowohl Antiaringenin (der zuckerfreie Spaltling von Antiarin) als auch Strophanthingenin (Strophanthidin) (der zuckerfreie Spaltling von Strophanthin) sind wirksam[2].

S t r a u b faßt bei den Digitalisglykosiden die Beziehung zwischen Wirkung und Bau dahin auf, daß die prinzipielle H e r z w i r k s a m k e i t des ganzen Moleküls im Genin liegt, daß aber die H e r z s p e z i f i t ä t erst durch den Eintritt des Zuckermoleküls entsteht.

Herzstillstand, der als Folge calciumfreier Speisung des Herzens auftritt, wird durch Strophanthin behoben. Die Möglichkeit dieser Wiederbelebung ist an die Gegenwart von Calcium im Herzen geknüpft. Es erscheint sehr wahrscheinlich, daß das Wesen der wichtigsten Strophanthinwirkung in Sensibilisierung des Herzens für Calcium besteht. Nur Schädigungen der Herztätigkeit infolge Calciummangel werden durch Strophanthin behoben. Gitalin wirkt ebenso wie Strophanthin (O. L o e w i).

Fraxin $C_6H\begin{cases} O \cdot C_6H_{11}O_5 \\ OH \\ O \cdot CH_3 \\ CH{=}CH \cdot CO \\ O \text{———}\rfloor \end{cases}$ hat eine geringe physiologische Wirkung. Beim Hunde übt es in Dosen von 2 g pro kg auf Blutdruck und Temperatur keinen Einfluß aus und erzeugt keine Vergiftungserscheinungen. Die Hauptmenge wird innerhalb 24 Stunden im Harne unverändert ausgeschieden. Auch bei

[1] M. C l o e t t a, AePP. **88**, 113 (1920).

[2] AePP. **45**, 242 (1901); **72**, 395 (1913).

Mäusen ist es relativ ungiftig; beim Frosche zeigt es eine leichte Beeinflussung der Herztätigkeit[1]).

Die Additionsverbindung von Glucose und Resorcin ist ungiftig, während Resorcin und ein Gemenge von Resorcin und Glucose beim Frosch giftig wirken. Die Verbindung wird unverändert ausgeschieden[2]).

Cymarin gehört in die Gruppe der Digitalisstoffe und wirkt stärker als Apocynamarin, welches in der Wirkung mit dem Cynotoxin vollkommen übereinstimmt. Cymarin läßt sich in Cymarigenin und einen Zucker spalten; dieser Zucker, die Cymarose, ist der Methyläther eines Zuckers $C_6H_{12}O_4$, welcher wahrscheinlich Digitoxose ist. Cymarigenin ist mit dem Strophanthidin identisch. Tatsächlich ist auch Cymarin dem Strophanthin pharmakologisch sehr nahestehend[3]).

Die noch glykosidreiche Cymarinsäure ist 500mal weniger wirksam als ihr Lacton, das Cymarin. Noch einschneidender ist die Verwandlung des Cymarigenins in das Isocymarigenin mit einer fast totalen Wirksamkeitsaufhebung.

Die Veresterung des Cymarigenins bzw. Strophanthidins mit Benzoesäure macht eine Substanz, die dem zugehörigen glykosidischen Äther 30fach nachsteht, dem Genin dreifach.

Die Lactongruppe ist von wesentlicher Bedeutung für die Wirksamkeit des Cymarins, obwohl keines der anderen Produkte ganz unwirksam ist[4]).

---

[1]) G. B. Zanda, Arch. d. Farmacol. sperim. **15**, 117 (1913).

[2]) L. Pigorini, Arch. d. Farmacol. sperim. **14**, 353 (1912).

[3]) A. Windaus und L. Hermanns, BB. **48**, 979 (1915). — Impens, Pflügers Archiv **153**, 239 (1913). — M. Kuroda, Zeitschr. f. d. ges. exp. Med. **4**, 55 (1914).

[4]) W. Straub, BZ. **75**, 132 (1916).

Zehntes Kapitel.

Reduzierende Hautmittel.

In der Dermatologie stellt sich insbesondere bei der Behandlung der Psoriasis das Bedürfnis ein, Verbindungen auf die Haut zu bringen, welche reduzie rend wirken.

Die alte Erfahrung, daß das Ararobapulver günstige Erfolge bei der Behandlung der Psoriasis zeitigt, hat Veranlassung gegeben, sich mit den chemischen Vorgängen bei Anwendung dieses Präparates zu beschäftigen. Das Ararobapulver besteht zum größten Teile aus einer Chrysarobin genannten Substanz, welche bei Gegenwart von Alkalien, aber auch ohne diese, aus der Luft Sauerstoff aufnimmt und sich hierbei in Chrysophan verwandelt.

Chrysarobin [1])

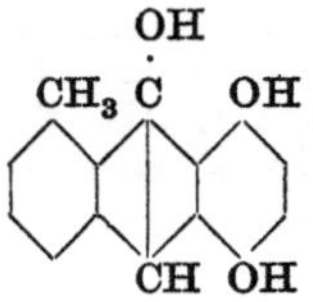

```
        OH
        ·
  CH3   C    OH
  
   CH   OH
```

Chrysophansäure

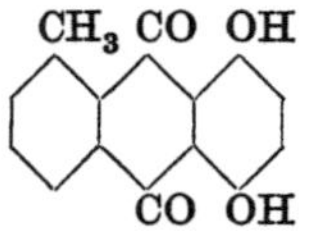

```
  CH3  CO  OH

       CO  OH
```

Chrysophan ist als ein Dioxymethylanthrachinon anzusehen. Chrysarobin ruft an allen tierischen Geweben heftige Reizzustände hervor.

Chrysophanhydroanthron $C_{15}H_{12}O_3$, mit dem Chrysarobin isomer, macht am Auge heftige entzündliche Erscheinung, auf der Haut Reizwirkungen und eine charakteristische rotbraune Pigmentierung. Innerlich wirkt es reizend auf den Verdauungstrakt und die Niere, zum Teil wenigstens wird es als Chrysophansäure ausgeschieden [2]).

Die Erkenntnis, daß beim Chrysarobin wesentlich die Sauerstoffgierigkeit der Substanz die eigentümliche therapeutische Wirkung ausübt, hat natürlich die Möglichkeit geboten, eine Reihe anderer Substanzen, welche sich ebenfalls sehr gierig mit Sauerstoff verbinden, zu dem gleichen Zwecke zu verwenden. So hat insbesondere Pyrogallol

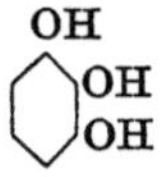

```
 OH
   OH
   OH
```

aus dem gleichen Grunde eine ausgebreitete Verwendung gefunden. Nun kommen aber sowohl dem Chrysarobin, als auch dem Pyrogallol auch hautreizende Wirkungen zu. Es haben sich naturgemäß nun zweierlei Bestrebungen geltend gemacht. Die eine Richtung war bestrebt, die schädlichen

---

[1]) **Hesse**, Liebigs Ann. **309**, 73.

[2]) K. **Iwakawa**, AePP. **65**, 315 (1911).

Nebenwirkungen des Chrysarobins und des Pyrogallols durch chemische Veränderungen dieser Substanzen zu beseitigen, während die andere es sich zur Aufgabe machte, unter der großen Reihe von reduzierend wirkenden Substanzen aus den verschiedensten chemischen Gruppen solche auszusuchen, welche reduzierende Wirkungen mit möglichster Reizlosigkeit vereinigen.

Unna[1]) schlug vor, statt des Pyrogallols das oxydierte Parapyrogallol, welches man durch Einwirkung von atmosphärischer Luft und Ammoniak auf Pyrogallol erhält, bei der Psoriasis zu benützen, indem er annahm, daß Pyrogallol nicht als solches wirke und seine therapeutischen Effekte nicht so sehr die Folge eines Reduktionsprozesses der Hautelemente seien, als vielmehr im wesentlichen auf der Wirkung des Oxydationsproduktes selbst beruhen; dem oxydierten Pyrogallol gehen aber die reizenden Wirkungen des Pyrogallols ab. Anders verhält es sich aber beim Chrysarobin. Das Oxydationsprodukt des Chrysarobins, Chrysophan, wirkt nicht so wie Chrysarobin und nicht wie oxydiertes Pyrogallol. Hier scheint also ein grundsätzlicher Gegensatz zu bestehen, wenn sich die Angaben von Unna als richtig erweisen[2]).

Ein anderer Weg war gegeben durch den gewöhnlichen Vorgang, einige von den reaktionsfähigen Hydroxylgruppen des Chrysarobins, des Pyrogallols und ähnlicher Körper zu verschließen. So wurde vorgeschlagen, aus dem Chrysarobin das Di- und Tetraacetat darzustellen.

Da bei der Acetylierung des Chrysarobins nach C. Liebermann sich ein Hexaacetylprodukt, das unlöslich ist, bildet, bedient man sich mit Vorteil, um lediglich niedere Acetylprodukte zu erhalten, eines Verdünnungsmittels. Man kann mit Acetylchlorid oder Essigsäureanhydrid oder mit Essigsäureanhydrid und Natriumacetat in Xylol oder Eisessiglösung kochen[3]).

Das Tetraacetat des Chrysarobins, Lenirobin genannt, reizt die Haut viel weniger als Chrysarobin und hat den Vorteil, die Wäsche nicht so zu beschmutzen Das Triacetat, Eurobin genannt, unterscheidet sich hingegen in seinen therapeutischen Effekten nicht wesentlich von der Grundsubstanz selbst[4]).

Ebenso wurden aus Pyrogallol und dem ihm nahestehenden Resorcin

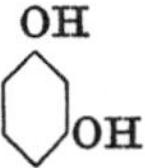

Acetylderivate in gleicher Absicht dargestellt.

Die Darstellung des Triacetylpyrogallols[5]) geschieht am besten durch Erhitzen von Pyrogallol mit Essigsäureanhydrid und Natriumacetat. Bei der Einwirkung von Acetylchlorid auf Pyrogallol entsteht nämlich neben den Acetaten des Pyrogallols Gallacetophenon $C_6H_2(CH_3 \cdot CO)(OH)_3$ und seine Derivate. Glatt erhält man Pyrogalloltriacetat durch Acetylieren von Pyrogallol mit Essigsäureanhydrid bei Gegenwart einer Mineralsäure[6]).

Pyrogallolmonoacetat[7]) erhält man durch Erwärmen von Pyrogallol in Eisessig mit der entsprechenden Menge Essigsäureanhydrid. Nach Abdestillieren der Essigsäure hinterbleibt das gewünschte Produkt. Ebenso erhält man den Körper durch Einwirkung von Acetylchlorid auf eine Eisessiglösung von Pyrogallol. Schließlich kann man ihn am einfachsten durch Zusammenbringen von Pyrogallol mit dem doppelten Gewichte Essigsäureanhydrid und Erwärmen erhalten. Durch Wasser wird Pyrogalloltriacetat gefällt. Durch Zusatz einer 15proz. Kochsalzlösung krystallisiert aus der Mutterlauge das Diacetat heraus. Durch Äther läßt sich dann aus der Mutterlauge das Monoacetat ausschütteln.

Monoacetylresorcin erhält man durch Acetylieren von Resorcin in Eisessig mittels der berechneten Menge Essigsäureanhydrid oder Acetylchlorid. Nach Abdestillieren der Essigsäure hinterbleibt das gewünschte Reaktionsprodukt[8]).

---

[1]) Dtsch. med. Ztg. **1896**, Nr. 84. [2]) Therap. Wochenschr. **1897**, 1043.
[3]) DRP. 105 871.
[4]) Krohmayer und Vieth, Monatshefte f. prakt. Dermatol. **27**, I (1898).
[5]) DRP. 105 240. [6]) DRP. 124 408. [7]) DRP. 104 663. [8]) DRP. 103 857.

Reines, fast geruchloses Resorcinmonoacetat erhält man, wenn man das durch Acetylierung des Resorcins erhältliche Rohprodukt einer Behandlung mit schwach überhitztem Wasserdampf im Vakuum unterwirft. Hierdurch wird der unangenehme Geruch beseitigt[1]).

Unvollständig acetylierte Polyhydroxylverbindungen erhält man durch Erhitzen von hoch acetylierten Verbindungen mit den unveränderten Ausgangskörpern, wobei sich die Acetylgruppen gleichmäßig über die Gesamtmenge der vorhandenen acetylierbaren Hydroxyle verteilen[2]).

Das Triacetat des Pyrogallols, Lenigallol genannt, ist ungiftig, unlöslich und zersetzt sich erst langsam auf der erkrankten Hautfläche. Das Eugallol genannte Monoacetat ist flüssig und wasserlöslich und steht in seiner Wirkung dem Pyrogallol sehr nahe. Statt der Acetylgruppe kann man auch Salicylgruppen in die Hydroxyle einführen und man erhält so ein Disalicylat, Saligallol genannt, welches harzig ist und angeblich eine äußerst milde Wirkung äußert. (Es hat sich nicht bewährt [Mohr].) Es ist sehr fraglich, ob das Eurisol genannte Monoacetat des Resorcins, welches ölig ist, günstige Wirkungen äußert, um so mehr, als es nicht ganz sicher ist, ob dem Resorcin selbst bei den erwähnten Hautkrankheiten solche Wirkungen zukommen. Resorcin zeigt vielmehr schwach ätzende Eigenschaften.

Carbaminsäureester der Pyrogallol-1.3-dialkyläther kann man herstellen, indem man auf die Salze der Alkyläther Phosgen einwirken läßt und die entstehenden Zwischenprodukte mit Ammoniak behandelt[3]).

Man erhält geschmacklose, in Wasser und Säure unlösliche Derivate[4]) des Diresorcylmethylensalicylaldehyds[5]), wenn man letzteren mit acidylierenden Agenzien behandelt. Die nicht acetylierte Grundverbindung schmeckt schlecht. Man bekommt sowohl die Diacetyl- als auch die Monoacetylverbindung, die beide erst im Darm gespalten werden.

Ferner wurde versucht, noch andere Verbindungen des Pyrogallols, denen die reizende Wirkung der Grundsubstanz abgeht, darzustellen. So wurde Gallanol, Gallussäureanilid $C_6H_2 \cdot (OH)_3 \cdot CO \cdot NH \cdot C_6H_5 + 2\,H_2O$ empfohlen. Diese Substanz wirkt reduzierend, macht keine Flecken, ist farblos und hat neben der reduzierenden noch eine antifermentative Wirkung[6]). Auch Gallacetophenon $CH_3 \cdot CO \cdot C_6H_2(OH)_3$, welches aber weniger gut als Pyrogallol wirkt, wurde bei Psoriasis empfohlen. Es hat vor dem Pyrogallol den Vorzug, daß es die Wäsche nicht beschmutzt[7]). Da es sich beim Chrysarobin und Pyrogallol wesentlich um die Sauerstoffgierigkeit bei ihrer therapeutischen Anwendung handelt, so konnte natürlich eine Reihe anderer Substanzen hier zur Anwendung gelangen. So schlug C. Liebermann vor, aus verschiedenen Farbstoffen ähnlich sauerstoffgierige Körper zu machen, indem er durch Reduktion Leukoverbindungen herstellte. So ein Körper war das kurze Zeit in Gebrauch stehende Anthrarobin

$$C_6H_4\!\left\langle\begin{matrix} C(OH) \\ | \\ C \\ H \end{matrix}\right\rangle\! C_6H_2(OH)_2$$

welches durch Reduktion von Alizarin

$$C_6H_4\!<\!\begin{matrix}CO\\CO\end{matrix}\!>\!C_6H_2(OH)_2$$

entsteht, eine ungiftige Substanz, die meist unverändert, zum Teil wieder zum Alizarin oxydiert, den Organismus verläßt. Auch das salzsaure Hydroxylamin $NH_2(OH) \cdot HCl$, welches ja für den internen Gebrauch viel zu giftig, wurde von

---

1) Knoll, DRP. 281 099. 2) DRP. 122 145.

3) Baseler Chemische Fabrik, DRP. 194 034, Zusatz zu DRP. 181 593. (Dieses Hauptpatent siehe Kapitel Kreosot.) 4) Bayer, Elberfeld, DRP. 123 099.

5) DRP. 117 980. 6) Therap. Monatshefte **1891**, 487.

7) Cazeneuve und Rollet, Lyon méd. **1893**, 507.

Binz als Ersatzmittel des Chrysarobins um so mehr empfohlen, als es keine färbenden Eigenschaften besitzt, was ja in der dermatologischen Praxis von nicht zu unterschätzendem Wert ist. Wie Hydroxylamin wurde auch Acetylphenylhydrazin $C_6H_5 \cdot NH \cdot NH \cdot CO \cdot CH_3$, welches ja ebenfalls stark reduzierend wirkt, für diese Behandlung kurze Zeit verwertet. Aber es ist kaum anzunehmen, daß durch die Einführung einer Acetylgruppe Phenylhydrazin seine ekzemerregenden und sonst schädlichen Eigenschaften für die Haut verloren haben soll.

Durch Reduktion von 1.8-Dioxyanthrachinon mit Zink in saurer Lösung gelangt man glatt zum 1.8-Dioxyanthranol[1]). An Stelle des 1.8-Dioxyanthrachinons kann man 1-Oxyanthrachinon verwenden. 1-Oxyanthranol kommt als Heilmittel gegen Psoriasis dem 1.8-Dioxyanthranol an Wirksamkeit mindestens gleich, während z. B. das isomere 2-Oxyanthranol fast völlig wirkungslos ist[2]).

Cignolin ist 1.8-Dioxyanthranol. Es wurde als Chrysarobinersatz empfohlen[3]).

Die Bedeutung der 1- und 8-Hydroxylstellung zeigt der Vergleich zwischen der Wirkung von Anthranol, (2)-Oxyanthranol, Chrysarobin und Cignolin. Die beiden letzteren mit der 1.8-Stellung sind den beiden ersteren in der Wirkung auf Psoriasis überlegen, ebenso weiter das Cignolin dem Chrysarobin gegenüber.

Die stärkere Reduktion der Anthranole bewirkt eine Abschwächung und nicht etwa Verstärkung der Wirkung.

Dihydroanthracen	Dihydroanthranol	Oxanthron
H_2	HOH	HOH
H_2	H_2	O

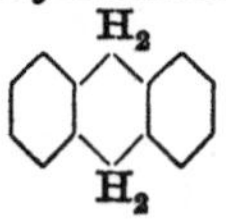

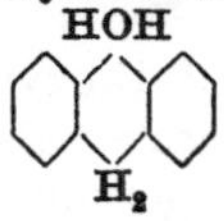

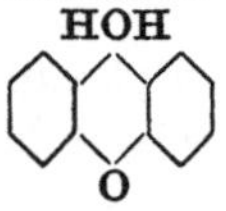

Dihydroanthranol und Oxanthron haben eine dem Anthranol nahekommende Wirkung, während Dihydroanthracen noch dahinter zurückbleibt.

Methylanthranol wirkt noch schwächer als Anthranol.

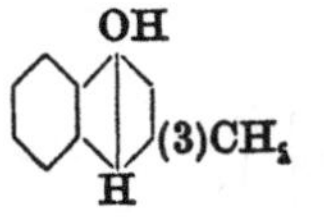

OH

(3)CH_3

H

Alle stark wirksamen Mittel haben einen Faktor gemeinschaftlich, die Oxydation an der Brücke

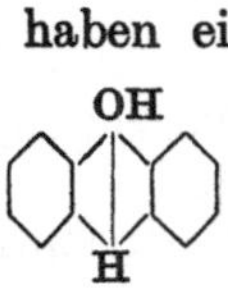

OH

H

und die innere Bindung derselben.

Dieser Faktor an und für sich bedingt aber nur eine sehr schwache Wirkung, die ungemein verstärkt wird durch bestimmte Oxydationen an den Benzolringen. Oxydation in Stellung 2 bringt keine solche Verstärkung hervor, während die Wirkungen ungemein stark sind bei gleichzeitiger Oxydation in Stellung 1 und 8.

Die Anheftung einer Methylgruppe in Stellung 3 ruft eine merkliche Abschwächung hervor.

1-Oxyanthranol

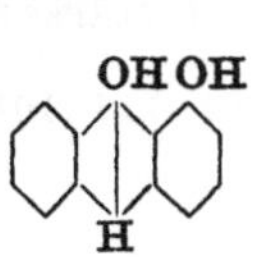

OH OH

H

[1]) Bayer, DRP. 296 091. [2]) DRP. 301 452, Zusatz zu DRP. 296 091.
[3]) Unna und Galewsky, Dermatol. Wochenschr. **1916**, Nr. 6—8.

ist genau so stark wirksam wie 1.8-Dioxyanthranol, 1.5-Dioxyanthranol

OH OH (1) — (5) HO H

und 1.5.8-Trioxyanthranol

(8) HO OH OH (1) — (5) HO H

Die Einführung von Sauerstoff in die Stellung 5 übt einen stark abschwächenden Einfluß auf die Verbindung aus[1]).

Chrysarobin ist das Anthranol der Chrysophansäure, welches ein 1.8-Dioxymethylanthrachinon ist.

OH OH OH
C C C
HC C C CH
HC C C $C \cdot CH_3$
C C C
H H H

Cignolin

O
C
$OH \cdot C_6H_3$ $C_6H_3 \cdot OH$
C
H

ist um eine Methylgruppe ärmer (1.8-Dioxyanthranol).

Es wirkt viel rascher und energischer als Chrysarobin, so daß der Fortfall der Methylgruppe eine Wirkungssteigerung zur Folge hat.

Istizin unterscheidet sich von der Chrysophansäure ebenfalls durch den Mangel einer (3)-Methylgruppe.

Chrysophansäure

O
C
$HO \cdot H_3C_6$ $C_6H_2 < {OH \atop CH_3}$
C
O

Istizin

O
C
$HO \cdot C_6H_3$ $C_6H_3 \cdot OH$
C
O

Auch Istizin zeigt das analoge Verhalten, indem es rascher und stärker bei Ekzemen wirkt als Chrysophansäure.

Das gleiche Verhalten zeigen Methylanthranol und Anthranol.

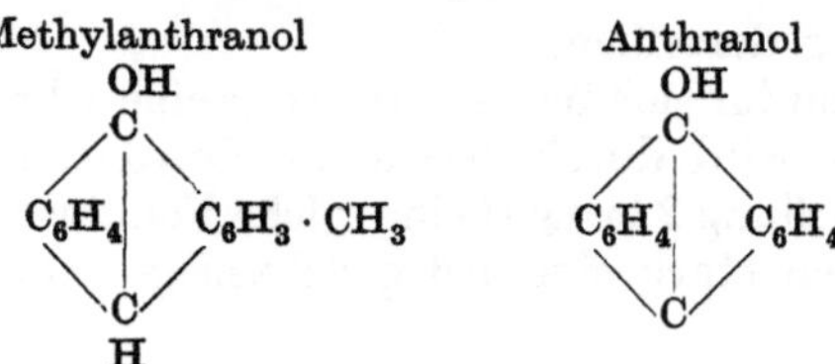

Das methylfreie Anthranol wirkt stärker als das methylierte.

[1]) Unna, Dermatol. Wochenschr. 62, 116 (1916).

Elftes Kapitel.

Glycerophosphate.

Lecithin, welches im Eidotter vorkommt und sehr ähnlich gebaut ist wie die ungesättigten Phosphatide, die in einer Reihe von Organen, insbesondere aber in den Geweben des Nervensystems vorhanden sind und anscheinend physiologisch eine große Rolle bei der Tätigkeit dieser Organe spielen, ist als ein Ester des Cholins, also des Oxyäthyltrimethylammoniumhydroxyds mit der Stearyloleylglycerinphosphorsäure, beziehungsweise einer mit Palmitin- oder Oleinsäure substituierten Glycerinphosphorsäure aufzufassen

$$\begin{array}{l} CH_2 \cdot O - C_{18}H_{35}O \\ CH \cdot O - C_{18}H_{33}O \\ CH_2 \cdot O - PO(OH) - O \cdot C_2H_4 \cdot N(CH_3)_3(HO) \, . \end{array}$$

Lecithin spaltet Glycerinphosphorsäure,

$$\begin{array}{l} CH_2 \cdot OH \\ CH \cdot OH \\ CH_2 \cdot O \cdot PO{<}^{OH}_{OH} \end{array}$$

auf welche wir zu sprechen kommen, bei Behandlung mit Säuren oder Basen ab.

Nach den Untersuchungen von Danilewski[1]) erzeugt Lecithin bei der Verfütterung eine starke Vermehrung der roten Blutkörperchen und ebenso wird das Wachstum von Warmblütern durch Lecithin befördert. Wenn man Tiere aus demselben Wurf gleichmäßig nährt und einem Teile der Versuchstiere Lecithin zur Nahrung zusetzt, so überholen sämtliche Lecithintiere in wenigen Monaten ihre Altersgenossen an Körpergewicht und sind dabei auch kräftiger gebaut. Auffällig ist bei solchen Lecithinhunden die Munterkeit und frühzeitige psychische Entwicklung der Versuchstiere. Nach Danilewski übt Lecithin einen stimulierenden Einfluß auf bioplastische Vorgänge aus, womit die Vermehrung der Erythrocyten und des Hämoglobins zusammenhängt, ebenso wie die direkte Wirkung auf das sich entwickelnde Gehirn.

Die große therapeutische Verwendung des Lecithins, wie die Gruppe der ungesättigten Phosphatide aus dem Eidotter genannt wird, bei Erkrankungen des Nervensystems und zur Beförderung des Wachstums, hat einige Versuche gezeitigt, die Darstellungsverfahren zu verbessern und Derivate darzustellen.

Empfohlen wird die kalte Extraktion des Lecithins mittels Methylalkohol statt mit Äthylalkohol, wie es üblich war, da Methylalkohol Lecithin sehr gut, Fette aber schlecht löst[2]).

Man extrahiert mit kaltem Äthylalkohol und fällt Lecithin mit verdünnter Kochsalzlösung[3]).

---

[1]) C. r. **1895**, 30. XII. und **1896**, 20. VII. [2]) DRP. 260 886. [3]) DRP 261 212.

Um das rasch an der Luft dunkelnde Lecithin haltbarer zu machen, wird die Behandlung des Lecithins mit Wasserstoffsuperoxyd empfohlen[1]).

Ferner wird die Herstellung von Salzen des Lecithins mit Citronensäure und Glycerinphosphorsäure beschrieben[2]).

Die Darstellung von Hydrolecithin geschieht durch Reduktion des Lecithins mit Platin und Wasserstoff. Dieses Hydrolecithin ist ein krystallinischer Körper. Es ist sehr fraglich, ob Lecithin nach der Hydrierung noch seine therapeutischen Eigenschaften behält. Versuche darüber liegen nicht vor[3]).

Komplexe Schwermetallsalzverbindungen des oben erwähnten Hydrolecithins entstehen bei Behandlung desselben mit Eisenjodür, mit Kupferacetat, mit Quecksilberchlorid[4]).

Jodeisenlecithin erhält man, wenn man gesättigte alkoholische Lösungen von Lecithin mit alkoholischen Lösungen berechneter Mengen von Eisenchlorid und Jod in der Wärme (bei 60°) behandelt[5]).

Kupferlecithin siehe bei Kupferverbindungen.

Diese eigentümliche Wirkung des Lecithins hat nun Veranlassung gegeben, Glycerinphosphorsäure, welche ein Spaltungsprodukt des Lecithins darstellt und vom Organismus zum Aufbaue des Lecithins wieder verwendet werden kann, in der Therapie zu verwerten. Lecithin wird bei der Verdauung zum Teil unter Abspaltung von Glycerinphosphorsäure zerlegt, daher wäre die Möglichkeit gegeben, statt des teuren und leicht verderbenden Lecithins die leicht zu gewinnende Glycerinphosphorsäure im gleichen Sinne zu verwenden[6]). Nach Bunge[7]) wird Lecithin vollständig und unversehrt resorbiert, was aber von mehreren Forschern geleugnet wird.

Doch behaupten einzelne Autoren, daß Glycerinphosphorsäure keineswegs im Organismus dazu verwertet wird, Lecithin aufzubauen, weil sie nahezu vollständig in die beiden Komponenten Glycerin und Phosphorsäure bei ihrem labilen Charakter wieder zerfällt, während andere Forscher behaupten, daß ein Teil der eingegebenen Glycerinphosphorsäure im Organismus zurückgehalten wird und zur Bildung von Lecithinen und Nucleinen in den Geweben Verwendung findet. Die Glycerophosphate sollen den Stoffwechsel heben und die Assimilation fördern. Er erscheint dies nun nicht klar, ob die Glycerophosphate als solche die dem Lecithin eigentümlichen Wirkungen auslösen oder ob sie zerfallen und die anorganische Phosphorsäure von den Geweben zur Bildung von Lecithin verwertet wird. In letzterem Falle würde die therapeutische Anwendung der Glycerinphosphorsäure und die Darstellung der verschiedenen Verbindungen (Kalksalze, Casein und Eiweißderivate) keinen Vorteil vor der Anwendung der anorganischen Phosphate besitzen.

Die im Lecithin enthaltene Glycerophosphorsäure ist übrigens mit der synthetischen der Stellung nach nicht identisch (R. Willstätter).

J. A. Wülfing stellt glycerinphosphorsaures Natron in der Weise her, daß er metaphosphorsaures Natron mit einem Überschuß von Glycerin durch Erhitzen auf 120—210° verestert. Das gebildete Mononatriumglycerophosphat wird in Dinatriumglycerophosphat übergeführt und abgeschieden. Statt des metaphosphorsauren Natriums kann man Metaphosphorsäure und Dinatriumphosphat verwenden[8]).

Bei dieser Reaktion bildet sich Pyroester. Man kann dies umgehen, indem man statt des unlöslichen ein lösliches, im Zustand feiner Verteilung befindliches Natriummetaphosphat, wie es durch Abdampfen konzentrierter, mit Glycerin versetzter wässeriger Lösungen des glasigen Natriummetaphosphats oder der mit der zur Bildung von Natriummetaphosphat nötigen Menge Alkali versetzten glasigen technischen Metaphosphorsäure erhalten.

---

[1]) DRP.-Anm. Klasse 12q, D. 26 130 (versagt). [2]) DRP. 268 103.
[3]) DRP. 256 998. [4]) Riedel, DRP.-Anm. Klasse 12q, R. 37 901.
[5]) Knoll, DRP. 287 017. [6]) Pasqualis, Ann. di chim. e farm. **1893**, 137.
[7]) Lehrb. d. Physiol., 5. Aufl., II, 80ff. [8]) DRP. 205 579.

wird, mit einem Überschuß von Glycerin im Vakuum durch Erhitzen nicht über 145° verestert[1]).

Poulenc-Paris stellen Glycerinphosphate in der Weise her, daß sie einbasische Phosphate bei höherer Temperatur im Vakuum auf Glycerin einwirken lassen, das Produkt mit Wasser behandeln und neutralisieren, wobei eine Verseifung der Diesterverbindung erfolgt. Man verwendet zur Reaktion PO_4NaH_2 oder das saure Monoammoniumphosphat. Man nimmt 1 Mol. Phosphat, 2 Mol. Glycerin; setzt man dann Wasser und Ätznatron hinzu, so erhält man krystallisiertes Dinatriumglycerinphosphat[2]).

Glycerinphosphorsäure kann man in der Weise darstellen, daß man Glycerin mit Calciumphosphat und konz. Schwefelsäure anreibt und unter Umrühren bei schwachem Druck anwärmt. Aus der Gipsmasse löst man mit Wasser die Glycerinphosphorsäure heraus[3]).

Sanatogen ist angeblich glycerinphosphorsaures Casein.

Gegen Tetanus wird statt Magnesiumsulfat Magnesiumglycerophosphat empfohlen[4]).

Man erhält organische Phosphorsäureverbindungen, wenn man Metaphosphorsäureester mit alkoholische Hydroxylgruppen enthaltenden Körpern oder mit organischen Derivaten des Ammoniaks erhitzt.

Aus Metaphosphorsäureäthylester, gewonnen durch Kochen von Diäthyläther mit Phosphorpentoxyd und abs. Alkohol erhält man Triäthylphosphorsäureester und Diäthylphosphorsäureester. Aus Zucker und Metaphosphorsäureäthylester den Glucosephosphorsäureester. Aus Metaphosphorsäureäthylester und Harnstoff Harnstoffphosphorsäureesteramid. Ebenso sind die Derivate des Leucins $\frac{CH_3}{CH_3}{>}CH \cdot CH_2 \cdot CH{<}{}^{N<{}^{PO(OH)\cdot(OC_2H_5)}_{PO(OH)(OC_2H_5)}}_{COOH}$ und des Benzylalkohols $O = P{<}{}^{O \cdot C_2H_5}_{\substack{OH \\ O \cdot CH_2 \cdot C_6H_5}}$ beschrieben[5]).

Man erhält phosphinige Säuren der Oxyfettsäuren, indem man Ketofettsäuren und ihre Derivate, z. B. Diketosäuren, Oxyketosäuren, ihre Ester und Amide mit unterphosphoriger Säure oder Salzen in Reaktion bringt. Beschrieben sind oxystearinphosphorige Säure aus Ketostearinsäure und unterphosphoriger Säure, von monoketooxystearinphosphoriger Säure aus Stearoxylsäure (Diketostearinsäure aus Stearolsäure) und unterphosphoriger Säure, von oxybehenphosphoriger Säure aus Ketobehensäure und oxystearinäthylesterphosphiniger Säure aus Stearoketosäureäthylester[6]).

Lipoide phosphorhaltige Verbindungen aus höher molekularen Fettsäurederivaten erhält man, wenn man auf höher molekulare Ketofettsäuren und ihre Derivate phosphorige Säure bei höherer Temperatur für sich oder in Lösung zur Einwirkung bringt oder die nach DRP. 280 411 erhaltenen oxyphosphorigen Säuren oder deren Derivate mit gelinden Oxydationsmitteln behandelt und gegebenenfalls die freien Säuren in Salze überführt. Von diesen Oxyphosphinsäuren ist die Oxystearophosphinsäure aus 1-O-Ketonstearinsäure und phosphoriger Säure beschrieben[7]).

Das in der Natur vorkommende Phytin ist eine Inosithexaphosphorsäure, die bei der Hydrolyse 1 Mol. Inosit und 6 Mol. Phosphorsäure gibt[8]).

Synthetisch erhielt sie Posternak[9]), indem er Inosit mit wasserfreier Phosphorsäure erwärmt und Phosphorpentoxyd in kleinen Mengen einträgt, wobei die Temperatur auf 130° ansteigt. Nach dem Eintragen des Reaktionsgemisches in Natronlauge und Eindampfen der Lösung krystallisieren meist die Natriumsalze der Ortho- und Pyrophosphorsäure aus. Die sirupartige Mutterlauge enthält ein Gemisch von polyphosphorsaurem Inositestern; aus ihrer essigsauren Lösung scheiden sich nach Zusatz von Calciumacetat Kalksalze der Inosithexaphosphorsäureester ab, aus welchen man das charakteristische Calcium-Natriumsalz der Inosithexaphosphorsäure (Phytin) abtrennt.

Eiweißhaltige, leicht resorbierbare Eisensalze der Inositphosphorsäure stellt man dar,

---

[1]) DRP. 217 553, Zusatz zu DRP. 205 579. [2]) DRP. 208 700. [3]) DRP. 242 422.
[4]) Zuelzer, Berl. klin. Wochenschr. **52**, 689 (1915).
[5]) Langheld, DRP. 248 956. [6]) Hoffmann-La Roche, DRP. 280 411.
[7]) Hoffmann-La Roche, DRP. 281 801.
[8]) S. Posternak, C. r. **137**, 439 (1903); **167**, 37 (1919). [9]) C. r. **169**, 79 (1919).

indem man auf diese oder ihre Alkali- oder Erdalkalisalze in Gegenwart von Eiweißstoffen Eisensalze derart einwirken läßt, daß gleichzeitig das Eiweiß mitgefällt wird[1]).

Die hochmolekularen ungesättigten Oxyfettsäuren geben bei Behandlung mit Phosphortrihalogeniden oder Phosphoroxyhalogeniden bereits in der Kälte halogenfreie phosphorhaltige Reaktionsprodukte. Die Reaktion verläuft so, daß Säurehalogenide gebildet werden, die Oxygruppe aber intakt bleibt. Bei der Verseifung der entstandenen Säurehalogenide mit Wasser entstehen phosphorhaltige Verbindungen der betreffenden Oxyfettsäure in guter Ausbeute, die sich nach der bekannten Methode in ihre Erdalkalisalze überführen lassen; beschrieben ist die Phosphorverbindung der Ricinolsäure[2]).

Durch Einwirkung von Phosphortrichlorid auf höher molekulare Ketofettsäuren erhält man in kurzer Zeit und bei Wasserbadtemperatur Verbindungen, die schon beim Behandeln mit Wasser in die Oxyphosphinsäuren übergehen[3]).

Aus Ketostearinsäure und Phosphortrichlorid erhält man Oxystearinphosphorsäure; aus Ketostearinsäureguajacolester entsteht der Guajacolester der Oxystearinphosphinsäure.

Die Estersäuren des DRP. 281 801 lassen sich auch nach den gewöhnlichen Esterifizierungsmethoden aus den freien Oxyphosphinsäuren darstellen[4]).

Beschrieben ist die Darstellung des Oxystearophosphinsäureäthylesters.

Diese Estersäuren, deren Salzen die wertvolle Eigenschaft der Lipoidlöslichkeit in bisher nicht bekanntem Maße zukommt, lassen sich auch nach den gewöhnlichen Esterifizierungsmethoden aus den freien oxyphosphinigen Säuren darstellen.

Beschrieben ist die Überführung der oxystearinphosphinigen Säure in die sirupöse Methylestersäure[5]).

A. Harden und W. J. Young haben beobachtet, daß durch Zusatz von Phosphaten zu einer gärenden Mischung von Glucose und Hefepreßsaft eine Beschleunigung der Gärung und eine gesteigerte Gesamtgärung erzielt wird. Es bildet sich intermediär ein Hexosephosphat, welches immer wieder durch ein Ferment gespalten wird[6]). Young stellte aus der Lösung das Salz einer Säure $C_6H_{10}O_4(PO_4H_2)_2$ dar.

Kohlenhydratphosphorsäureester aus gärungsfähigem Zucker und anorganischen Phosphaten erhält man, wenn man lebende Hefe in ihrer Gärwirkung schwächt und auf gärungsfähigen Zucker in Gegenwart anorganischer Phosphate zur Einwirkung bringt. Man verwendet Hefe und z. B. Toluol. Dann setzt man nach Verschwinden der Phosphorsäure ein Calciumsalz dem Filtrate zu und fällt mit Alkohol[7]).

Mineralsäureester der Kohlenhydrate, der entsprechenden Oxysäuren und der mehrwertigen Alkohole erhält man, wenn man diese Verbindungen mit den Halogeniden der Phosphorsäure oder Schwefelsäure in Gegenwart von säurebindenden Substanzen behandelt. Bei der Darstellung von Schwefelsäureestern der Kohlenhydrate und der entsprechenden Oxysäuren kann man an Stelle von Halogeniden der Schwefelsäure Pyrosulfate verwenden. Beschrieben sind Saccharosephosphorsäure, Erythritschwefelsäure, Glucosephosphorsäure[8]).

Man erhält Kohlenhydratphosphorsäureester aus gärungsfähigem Material und anorganischen Phosphaten unter dem Einflusse der Hefefermente. Nach vollendeter Phosphatbindung unterbricht man die Fermentfähigkeit durch Zusatz von Gerbsäure. Es wird hierdurch das Esterphosphorsäuren spaltende Ferment unschädlich gemacht. Beschrieben ist die Darstellung von esterphosphorsaurem Salz aus Rohrzucker und Dinatriumphosphat. Die erhaltene Lösung liefert mit Chlorcalciumlösung und Alkohol das entsprechende Calciumsalz[9]).

Nach vollendeter Phosphatbindung wird die Fermenttätigkeit statt durch Gerbsäure hier durch andere der üblichen chemischen Eiweißfällungsmittel, vorzugsweise durch Mineralsäuren, unterbrochen[10]).

Ein Salz der Fructosediphosphorsäure erhält man, wenn man die Säure in der für die Darstellung von Salzen üblichen Weise in ihr neutrales Calciumsalz überführt. Das Salz ist in Wasser schwer löslich, aber gut resorbierbar[11]).

---

[1]) Ciba, DRP. 254 489. [2]) Riedel, DRP. 299 992.
[3]) DRP. 284 736, Zusatz zu DRP. 281 801.
[4]) DRP. 286 515, Zusatz zu DRP. 281 801.
[5]) Proc. Roy. Soc. London Serie B. **77**, 405; **80**, 299; **81**, 1910; **82**, 310.
[6]) DRP. 285 991, Zusatz zu DRP. 280 411. [7]) Carlson, DRP. 293 864.
[8]) DRP. 247 809. [9]) Bayer, DRP. 292 817.
[10]) DRP. 301 590, Zusatz zu DRP. 292 817. [11]) Bayer, DRP. 302 094

Candiolin ist das Calciumsalz eines Kohlenhydratphosphorsäureesters[1]).

Glucophor ist Calciumglucosephosphat.

Hesperonal werden Verbindungen der Saccharosephosphorsäure genannt.

Man behandelt Stärkearten mit einer konzentrierten Lösung von Glycerinphosphorsäure. Das Produkt ist haltbar und wasserlöslich[2]).

Maltose mit Glycerinphosphorsäure kondensiert gibt eine leicht lösliche krystallinische Verbindung. Die Kondensation erfolgt bei 110° unter heftiger Reaktion[3]).

Derivate von Monoarylphosphorsäuren erhält man, wenn man die Einwirkungsprodukte von Phosphorhalogeniden auf m- und p-Oxybenzoesäure oder deren Derivate mit hydroxylhaltigen organischen Verbindungen verestert, z. B. p-Guajacylcarbonylphenylphosphorsäure aus Guajacol und p-Chlorcarbonylphenylphosphorsäure, p-Cholesterylcarbonylphenylphosphorsäure aus Cholesterin und p-Chlorcarbonylphenylphosphorsäurechlorid. Isokresol(-methylguajacol)ester der p-Chlor-m-carbonylphenylphosphorsäure und die analogen Santalolester, p-Nitrophenyl-m-carbonylphenylphosphorsäure, p-Methylcarbonylphenylphosphorsäure, Salicylsäuremethylesterverbindung der p-Carbonylphenylphosphorsäure[4]).

Die Säuren der Acetylenreihe und ihre Derivate gehen durch Einwirkung von phosphoriger Säure in phosphorhaltige Verbindungen über. Bei Verwendung von Stearolsäure, Behenolsäure und analogen hochmolekularen Säuren und ihren Derivaten erhält man fettähnliche Produkte, die lipoidlöslich sind. Mit Alkalien bilden sie wasserlösliche Salze[5]).

Ungesättigte Substanzen gehen bei der gleichzeitigen Einwirkung von Phosphor und Sauerstoff Verbindungen mit den Phosphoroxyden ein, indem an die doppelte Bindung bei Anwendung ungenügender Sauerstoffmengen P_2O_3, bei Anwendung überschüssigen Sauerstoffs P_2O_4 addiert wird. Dabei entstehen phosphorreiche Oxyde, welche den Nitrositen und Nitrosaten analog zusammengesetzt sind und die daher Phosphorite und Phosphorate genannt werden. Man erhält diese Verbindungen, wenn man diese ungesättigten Verbindungen in Solvenzien bei Gegenwart von Phosphor mit Luft oder mit reinem Sauerstoff behandelt. Die Phosphorite und Phosphorate entstehen aus Äthylenderivaten der verschiedenen Reihen, nämlich aus Homologen des Äthylens (z. B. Amylen), aus ungesättigten aliphatischen Alkoholen und Aldehyden (z. B. Allylalkohol, Geraniol, Citral), ungesättigten Säuren und ihren Abkömmlingen (z. B. Ölsäure, Olivenöl), aus Vertretern der Arylolefine (z. B. Zimtsäure, Zimtsäureester) und aus Cycloolefinen (z. B. Tetrahydrobenzol, Pinen usw.). In fast allen Fällen reagiert eine Doppelbindung zunächst mit 2 Atomen Phosphor und 3 Atomen Sauerstoff, und langsam tritt additiv eine viertes Sauerstoffatom ein. Bei mehrfach ungesättigten Glyceriden nimmt jede einzelne Doppelbindung schließlich P_2O_4 auf[6]).

---

[1]) Impens, Deutsche med. Wochenschr. **42**, 697 (1916).
[2]) Reese, DRP. 251 803. [3]) E. Jacoby, DRP. 266 576.
[4]) Bayer, DRP. 280 000. [5]) Bayer, DRP. 296 760.
[6]) Willstätter und Sonnenfeld, DRP. 288 393.

Zwölftes Kapitel.

Diuretica.

Die Körper der verschiedensten Gruppen, welche diuretische Wirkungen auslösen, haben sich bis nun nicht so gruppieren lassen, daß man durch die Erkenntnis ihrer Konstitution zu neuen wirksamen Verbindungen gelangen könnte.

Wenn man bedenkt, daß Äthylalkohol, Harnstoff, Theobromin, Coffein, die meisten der sogenannten Gichtmittel, sowie alle Kardiotonica diuretisch wirken, so wird man einsehen, daß hier nur dann möglich ist, auf synthetischem Wege neue Substanzen zu schaffen, wenn man eine bestimmte chemische Gruppe dieser Substanzen herausgreift.

Ameisensäureäthylester $H \cdot COO \cdot C_2H_5$ ist ein unschädliches Diureticum[1]), ebenso ameisensaure Salze[2]).

Kreatinin hat auf Menschen und Hunde eine ziemlich starke diuretische Wirkung, ebenso Kreatin[3]).

Dem Kreatinin werden diuretische Wirkungen zugeschrieben. Ein Verfahren zur Darstellung ist in DRP. 251 937 enthalten.

Durch Erhitzen von Methylguanidoessigsäure mit organischen Säuren, wie Essigsäure erhält man in glatter Weise Methylglykocyamidin [Kreatinin[4])].

Alle Urethane wirken diuretisch.

Phenoxypropandiol[5]) (Phenylglycerinäther) $C_6H_5O \cdot CH_2 \cdot CHOH \cdot CH_2 \cdot OH$, Antodin genannt, ist kein Protoplasmagift, es wirkt nicht lokal anästhesierend und auch nicht auf Erythrocyten. Größere Gaben wirken erst vasokonstringierend. Bei fiebernden Tieren sinkt die Temperatur deutlich für kurze Zeit ab. Die toxische Wirkung hat nicht den Charakter einer Phenolvergiftung, sondern man beobachtet Wirkungen auf das Zentralnervensystem. Es macht vorübergehende Diurese, ohne die Harnphenole zu vermehren. Man erhält Phenoxypropandiol durch Behandlung von Phenoxypropanoxyd mit Wasser unter Druck. Es soll als Analgeticum und Sedativum, welches die Temperatur nicht herabsetzt, und Diureticum benutzt werden.

Phenylglycerinäther macht eine starke anästhesierende Wirkung unter Aufhebung der Pupillenreflexe. Die Chlorverbindungen sind fast geruch- und geschmacklos, sie setzen die Temperatur erst nach längerer Zeit herab, aber ihre Wirkung ist andauernder als die der chlorfreien.

Einzelne Saponine werden nach innerlicher Verabreichung allerdings bei weitem nicht quantitativ, aber doch in merkbarer Menge, vom Hund unverändert resorbiert und als solche im Harn ausgeschieden. Einzelne Saponine wirken zeitweise diuretisch[6]).

---

[1]) Amblard, Journ. des praticiens **1906**, Nr. 34. — Huchard, Annal. de pharmacie **1906**, Nr. 9, 402. [2]) Pila und Battisti, Marseille Médical **1905**, 15. XI.

[3]) Aldis, HS. **50**, 13 (1907). [4]) Bayer, DRP. 281 051.

[5]) A. Gilbert und P. Descomps, C. r. s. b. **1910**, 145. — E. Filippi und L. Rodolico, Arch. d. Farmacol. sperim. **11**, 1. [6]) J. Fieger, BZ. **86**, 243 (1918).

Bromsaponin wirkt nicht mehr hämolytisch und verhindert oder verzögert die Hämolyse durch andere Saponine[1]).

Harnstoff und Glykokoll wirken ebenfalls diuretisch.

Die Untersuchungen von W. v. Schroeder haben gezeigt, daß dem Coffein zweierlei Wirkungen zukommen: eine das Zentralnervensystem erregende, dem Strychnin vergleichbare, welche die Harnsekretion beeinträchtigt, und eine direkte, die Nieren treffende, welche durch den Eintritt einer mächtigen Harnflut charakterisiert ist[2]). Die zentralerregende kann die auf die Niere ausgeübte in verschiedenem Grade, ja selbst vollig kompensieren.

1.7-9-Trimethyl-2.8-dioxypurin ist weit weniger wirksam, als Coffein. Die Giftigkeit verhält sich wie 1 : 10. Die diuretische Wirkung ist beim Kaninchen zuweilen in mäßigem Grade vorhanden[3]).

Die zentralerregende Wirkung des Coffeins auszuschalten, war nun für die Darstellung eines sehr wirksamen Diureticums aus dem Coffein von größter Wichtigkeit. Da zeigte es sich, daß auch das um eine Methylgruppe ärmere Xanthinderivat, das Theobromin

```
(1) HN————(6) CO
     |         |
(2)  CO    (5) C — (7) N(CH3)
     |         ||       >(8) CH
(3)  N(CH3) —  C ———  N
              (4)    (9)
```

diuretische Wirkungen ebenso wie Coffein

```
(1) (CH3)N — (6) CH
          |       |
(2)       CO  (5) C — (7) N(CH3)
          |       ||       >(8) CH
(3) (CH3)N ————   C ———  N
                 (4)    (9)
```

besitzt. Doch war der Anwendung des Theobromins, welches ja weit schwächere Wirkungen auf das Zentralnervensystem ausübt, wie Coffein, seine schwere Resorbierbarkeit und seine Schwerlöslichkeit, in bezug auf Coffein, welche es übertrifft, hinderlich.

Diese Schwierigkeit wurde bei beiden Basen durch die Darstellung leicht löslicher Doppelsalze behoben. Besonders eignen sich zu diesem Zwecke Doppelsalze mit Natriumsalicylat, aber es soll zur Darstellung auch die Alkaliverbindung der Xanthinbase und nicht diese selbst verwendet werden. So wurde das Diuretin-Knoll dargestellt, ein leicht lösliches Doppelsalz des Theobrominnatrium und Natriumsalicylat mit einem Gehalte von 50% Theobromin. Es ist ausdrücklich zu bemerken, daß das Natriumsalicylat in keiner Beziehung zur Wirkung steht, sondern hier nur zur Darstellung eines leicht löslichen Doppelsalzes Verwendung findet[4]).

Wie mit dem Natriumsalicylat kann man auch Doppelsalze des Theobromins und Coffeins mit Natriumbenzoat darstellen.

Anisotheobromin ist Diuretin, in welchem statt Natriumsalicylat, anissaures Natrium verwendet wird.

---

[1]) E. Winterstein und M. Maxim, Helv. chim. Acta **2**, 195 (1919).

[2]) AePP. **22**, 39; **24**, 85.

[3]) William Salant und Helene Connet, Journ. of pharmacol. a. exp. therapeut. **11**, 81 (1918).

[4]) Ch. Gram, Therap. Monatshefte **1890**, 10. Dargestellt wurde diese Verbindung auf Veranlassung von Riegel (Gießen).

Bergell, Berlin[1]), stellt ein Doppelsalz aus Coffein und Lithiumbenzoat durch Auflösen im Verhältnis von 1—2 Mol. in Wasser bei 50° und Eindampfen der Lösung im Vakuum her. Dieses Salz soll stärker diuretisch wirken als Coffein.

Theosalin ist Theobrominnatrium-Natriumsulfosalicylat.

Ebenso wurde als Ersatz des Diuretins Natriumacetat - Theobrominnatrium unter dem Namen Agurin eingeführt.

Statt des alkalischen Diuretins wurde auch versucht, salicylsaures Theobromin, welches sauer reagiert, zu gleichem Zwecke zu verwenden.

Theolactin ist ein Doppelsalz von Theobrominnatrium und milchsaurem Natron[2]).

Barutin ist Theobrominbarium-Natriumsalicylat; es ist neunmal weniger giftig als Chlorbarium[3]).

Das wenig lösliche Theobrominbarium geht bei Behandlung mit 2 Mol. Natriumsalicylat auf 1 Mol. Theobromin in ein leicht lösliches Doppelsalz über. Man versetzt eine Lösung von Theobrominnatrium mit 2 Mol. Natriumsalicylat und setzt die berechnete Menge Chlorbarium zu und dampft im Vakuum ein oder man löst Theobrominbarium in Natriumsalicylat. Das Präparat besitzt die diuretische Wirkung des Theobromins und gleichzeitig die blutdruckerhöhende des Chlorbariums[4]). Zur Herstellung leicht löslicher Doppelsalze aus 1.3-Dimethylxanthin resp. 1.3.7-Trimethylxanthin und Bariumsalicylat läßt man 2 Mol. Base auf 1 Mol. Bariumsalicylat einwirken[5]). Man erhält dasselbe Salz, wenn man 2 Mol. Theobrominnatrium mit 1 Mol. Bariumsalicylat in Gegenwart von 2 Mol. Natriumsalicylat umsetzt[6]).

2.8-Dioxy-1.9-dimethylpurin macht bei Kaninchen keine bemerkenswerte Diurese[7]).

Man kann Salze von Xanthinbasen und Phenylchinolincarbonsäure darstellen, welche leicht löslich sind, und neutral oder schwach sauer reagieren dabei weniger bitter sind als die Xanthinkörper selbst[8]).

Durch Einwirkung von Formaldehyd auf Xanthine erhält man Derivate, welche Formaldehyd leicht abspalten, und dabei kommt die Wirkung der abgespaltenen Purinbase zur Geltung[9]).

Von den Acidylsalicoylderivaten des Theobromins soll sich Acetylsalicoyltheobromin (Theacylon) am besten bewährt haben[10]). Theacylon hat keinen unangenehmen Geschmack und erzeugt auch keine Ätzwirkung; es ist unlöslich und wird erst im Darme gespalten.

Urogenin ist ein Doppelsalz aus Theobromin und dem Lithiumsalz der Hippursäure[11]).

Ein Ersatzmittel des Diuretins ist Uropherin (Theobrominlithium-Lithiumsalicylat). Die Einführung des Lithiums steht zur diuretischen Wirkung in keiner Beziehung; vielleicht wird durch die Gegenwart des Lithiums die Resorptionsschnelligkeit erhöht, sonst wäre der Ersatz des Natrium durch Lithium nicht zu entschuldigen, da Lithium ja schädliche Nebenwirkungen auf das Nervensystem zeigt.

Da die ameisensauren Salze Diuretica sind, wurde Theobrominnatrium - Natriumformiat $C_7H_7N_4O_2Na \cdot HCOONa \cdot H_2O$ aus molekularen Mengen Theobrominnatrium und wasserfreiem Natriumformiat dargestellt, Theophorin genannt[12]).

Zimmer, Frankfurt[13]) stellen ein Doppelsalz aus Theobrominnatrium und Alkalihalogeniden in molekularen Mengen her.

---

1) DRP. 199 108.

2) Forschbach und S. Weber, AePP. **56**, 186 (1907).

3) H. Brat, Berliner klin. Wochenschr. **42**, 1219. 4) Agfa-Berlin, DRP. 164 424.

5) Agfa, DRP. 168 293. 6) Agfa, DRP. 167 410, Zusatz zu DRP. 164 424.

7) Laf. Mendel b. C. O. Johns, Journ. of biol. chem. **14**, 1 (1913).

8) DRP. 264 389. 9) DRP. 254 488.

10) August Hoffmann, Münchener med. Wochenschr. **62**, 1108, DRP. 252 641.

11) E. A. Tubini, Arch d. Farmacol. sperim. **11**, 276, 283.

12) Hoffmann - La Roche, DRP. 172 932. 13) DRP. 208 188.

Hoffmann-La Roche[1]) stellen aus Coffein und metaphosphorsauren Alkalien Doppelsalze her, indem sie in den Alkalimetaphosphatlösungen in der Wärme Coffein auflösen und die Lösung im Vakuum eindampfen.

Riedel-Berlin[2]) hat statt Coffein 1-Äthyl-3.7-dimethylxanthin vorgeschlagen, welches anhaltender diuretisch wirksam sein soll als Coffein. Leicht lösliche Doppelsalze dieser Base erhält man mit den Alkalisalzen der Benzoesäure und Salicylsäure, indem man die wässerige Lösung molekularer Mengen durch Eindampfen zur Trockne bringt oder die Doppelsalze durch Alkohol oder Aceton fällt.

Da es sich bei der Darstellung von Derivaten des Coffeins wesentlich auch um leicht lösliche und leicht resorbierbare Derivate handelt, wurde fast selbstverständlich auch beim Coffein durch Darstellung der Sulfosäure.

```
CH3 · N —— CO
      |     |
      CO    C — N · CH3
      |     ‖     >C · SO3H
CH3 · N —— C — N
```

beziehentlich der Salze derselben der Versuch gemacht, zu leicht wasserlöslichen Derivaten zu gelangen. Freilich vergaß man, daran zu denken, wie wesentlich abgeschwächt oder gar ganz unterdrückt[3]) die physiologischen Wirkungen durch die Einführung der Schwefelsäure in das Molekül werden.

Man erhält die Coffeinsulfosäure $C_8H_9(SO_2 \cdot OH)N_4O_2$ und deren Salze, wenn man eine wässerige Lösung von neutralen Sulfiten, wie Natriumsulfit mit Bromcoffein oder Chlorcoffein unter Druck auf ca. 150° erhitzt[4]).

Aber wie die Nervenwirkungen, so gehen auch die diuretischen Wirkungen des Coffeins bei diesen Salzen verloren, sie zeigen eine höchst unsichere und wenig anhaltende Wirkung, zudem haben sie einen bitteren Geschmack, so daß diese Salze, Symphorole genannt, aus der Therapie wieder verschwinden mußten. Ihre gelegentliche Wirkung verdankten sie überhaupt dem Umstande, daß ihre Lösungen nicht beständig sind[5]).

Auch der Versuch, eine Verbindung von Chloral und Coffein $C_6H_{10}N_4O_2 + CCl_3 \cdot CH(OH)_2 + H_2O$ als Diureticum einzuführen, bei dem die zentral erregenden Eigenschaften des Coffeins durch die narkotischen des Chlorals paralysiert werden sollte, mißglückte aus dem Grunde, weil die Kombination mit Chloral nur die Chloralwirkungen zeigt und eine differente Wirkung neben sich nicht aufkommen läßt[6]).

Coffeinmethylhydroxyd und Coffeidin zeigen keine deutliche Wirkung.

Äthoxycoffein

```
CH3 · N —— CO
      |     |
      CO    C · N · CH3
      |     ‖     >C · OC2H5
CH3 · N —— C · N
```

erzeugt Diurese, wirkt aber narkotisch.

Die Acylaminocoffeine sollen eine starke Diurese hervorrufen, ohne die Nebenwirkungen des Coffeins zu zeigen.

Man erhält sie[7]) durch Behandeln von Aminocoffein mit aliphatischen Säureanhydriden oder Säurechloriden. Beschrieben sind Monoacetylaminocoffein, Diacetylaminocoffein, Propionylaminocoffein, Dipropionylaminocoffein, Chloracetylaminocoffein.

Die folgende Gruppe besitzt saure und basische Eigenschaften: 8-Aminotheophyllin ist sehr stark diuretisch wirksam.

Man erhält es[8]), sowie seine Alkyl- oder Arylderivate (z. B. Phenylaminotheophyllin und Dimethylaminotheophyllin) durch Einwirkung von Ammoniak oder Aminen auf 8-Chlortheophyllin.

---

1) DRP. 194 533. 2) DRP. 170 302. 3) Waters, Brit. med. Journ. **1894**, 1241.
4) DRP. 74 045. 5) E. Schmidt, Arch. d. Pharm. **231**, 1. 6) DRP. 75 847.
7) Höchst, DRP. 139 960. 8) Böhringer, Waldhof, DRP. 156 900.

8-Aminoparaxanthin[1]) entsteht bei Einwirkung von Ammoniak oder Aminen auf 8-Chlorparaxanthin. So wurden dargestellt: 8-Aminoparaxanthin, Methylaminoparaxanthin Dimethylaminoparaxanthin, Phenylaminoparaxanthin.

8-Aminotheobromin und dessen Alkylderivate erhält man, indem man Ammoniak oder Amine auf 8-Brom- oder 8-Chlortheobromin einwirken läßt. Beschrieben sind 8-Aminotheobromin, 8-Dimethylaminotheobromin und 8-Phenylaminotheobromin[2]).

Man erhitzt 8-Bromtheobromin mit alkoholischem Ammoniak durch 9 Stunden auf 180°. 8-Aminotheobromin hat dieselben therapeutischen Eigenschaften wie die anderen Aminodimethylxanthine.

Paraxin ist eine Dimethylaminoverbindung des 1.7-Dimethylxanthin.

```
CH3·N——CO CH3
    |    |   .
    CO   C—N
    |    ||   \C·N/CH3
    HN——C—N//    \CH3
```

und wirkt wie Theobrominsalze, macht aber gastrische Beschwerden. Im menschlichen Organismus verwandelt es sich in 7-Methyl-8-dimethylamino-2.6-dioxypurin, so daß die Methylgruppe in Stellung 1 verloren geht.

Coffeinäthylendiamin[3]), welches gut wasserlöslich, erhält man durch Einwirkung von Chlor- oder Bromcoffein auf überschüssiges Äthylendiamin in der Wärme.

Euphyllin ist Theophyllin-Äthylendiamin.

1. Methylxanthin zeigt nur eine schwache diuretische Wirkung[4]).

Nach den Untersuchungen von N. Ach[5]) wirken die Dimethylxanthine am stärksten diuretisch, stärker als Trimethylxanthin (Coffein). Unter den drei Dimethylxanthinen: Theobromin (3.7-Dimethyl-2.6-dioxypurin), Theophyllin (1.3-Dimethyl-2.6-dioxypurin), Paraxanthin (1.7-Dimethyl-2.6-dioxypurin) scheint dem Theobromin die geringste diuretische Wirkung zuzukommen. Theophyllin

```
CH3·N——CO                        CH3·N——CO
    |    |                            |    |
    CO   C·NH                         CO   C·N·CH3
    |    ||  >CH    und Paraxanthin   |    ||  >CH
CH3·N——C—N//                          NH · C·N//
```

wirken beträchtlich stärker.

Die Methylierung in der 1.3- und 1.7-Stellung ist demnach für die diuretische Wirkung wichtiger als die Methylierung in 3.7-Stellung.

Die Giftwirkung des Paraxanthins ist bis ins einzelne der des Xanthins und Theobromins ähnlich, es versetzt die Muskulatur in einen der Totenstarre ähnlichen Zustand und vermindert die Reflexerregbarkeit bis zum allmählichen Erlöschen (Salomon).

Theophyllin macht den höchsten diuretischen Effekt, doch scheint nach Anwendung von Paraxanthin die diuretische Wirkung nachhaltiger zu sein. Theophyllin (1.3-Dimethylxanthin) ist unter dem Phantasienamen Theocin in die Therapie eingeführt[6]). Es fehlt ihm dem Coffein gegenüber die exzitierende Wirkung auf das Herz.

Äthyltheobromin, Äthylparaxanthin und Äthyltheophyllin wirken diuretisch, und zwar Äthyltheophyllin schwächer als Äthyltheobromin. Auch die Doppelsalze der Äthyltheobromine, ferner Propyl-, Butyl- und Amyltheobromin

[1]) Böhringer, Waldhof, DRP. 156 901.
[2]) Böhringer, Waldhof, DRP. 164 425, Zusatz zu DRP. 156 900.
[3]) DRP. 142 896. [4]) Max Engelmann, BB. **42**, 177 (1909).
[5]) AePP. **44**, 319 (1900).
[6]) Pharmaz. Ztg. **47**, 866. S. auch O. Minkowski, Therap. d. Gegenw. **1902**, Nov. S. 490.

wirken diuretisch. Die Intensität der diuretischen Wirkung ist bei den Monoäthyldimethylxanthinen von der Isomerie, bei den homologen alkylierten Theobrominen von der Art des Alkylrestes abhängig[1]).

Allyltheobromin wirkt wie Theobromin und Coffein diuretisch.

Man erhält Theophyllin[2]), wenn man die Formylverbindung von 1.3-Dimethyl-4.5-diamino-2.6-dioxypyrimidin in der Wärme mit Alkalien behandelt. Es findet hier der Ringschluß

$$\begin{array}{lcl} CH_3\cdot N\cdot CO & \text{———} & C\cdot NH\cdot CHO \\ | & & \| \\ CO\cdot N(CH_3)\cdot & & C\cdot NH_2 \end{array} \longrightarrow \begin{array}{lcl} CH_3\cdot N\cdot CO & \text{———} & C\cdot NH\diagdown \\ | & & \| \qquad >CH \\ CO\cdot N(CH_3)\cdot & & C\cdot N\diagup \end{array}$$

bereits bei Wasserbadtemperatur statt.

Byk, Berlin[3]), stellt eine wasserlösliche Doppelverbindung aus molekularen Mengen von Theophyllin und Piperazin her.

An Stelle der freien Komponenten kann man auch deren Salze oder diesen entsprechende Gemische aufeinander einwirken lassen[4]).

Man kann statt Piperazin andere aliphatische primäre oder sekundäre Diamine auf Theophyllin einwirken lassen, z. B. Äthylendiamin. Es ist zweckmäßig, das Diamin in geringerem als molekularem Verhältnis auf das Theophyllin einwirken zu lassen[5]).

Auch beim Piperazin empfiehlt es sich, etwas weniger als im molekularen Verhältnis auf das Theophyllin einwirken zu lassen[6]).

Byk, Berlin[7]), stellen halogenoxalkylsubstituierte Xanthinbasen in der Weise her, daß sie halogensubstituierte Alkylenoxyde auf solche Xanthinbasen einwirken lassen, welche in den Imidgruppen vertretbare Wasserstoffatome enthalten. Beschrieben ist die Darstellung von Chloroxypropyltheophyllin aus Theophyllin und Epichlorhydrin, das man dann in Dioxypropyltheophyllin oder in entsprechende Amine überführen kann.

Bayer, Elberfeld[8]), stellen oxalkylsubstituierte Derivate von Xanthinbasen her, indem sie Halogenhydrine auf Xanthinbasen einwirken lassen, die in den Imidgruppen vertretbare Wasserstoffatome enthalten, so z. B. kann man aus Theophyllin und Glykolchlorhydrin bei Gegenwart von Ätznatron 1.3-Dimethyl-7-oxyäthylxanthin erhalten.

$$\begin{array}{lcl} CH_3\cdot N & \text{——} & CO \\ \quad | & & | \\ \quad CO & & C\cdot N\cdot CH_2\cdot CH_2\cdot OH \\ \quad | & & \| \quad >CH \\ CH_3\cdot N & \text{——} & C\cdot N \end{array}$$

Aus Theobromin und Monochlorhydrin erhält man Dioxypropyltheobromin

$$\begin{array}{lcl} OH\cdot H_2C(OH)HC\cdot CH_2\cdot N & \text{——} & CO \\ \quad | & & | \\ \quad CO & & C\cdot N\cdot CH_3 \\ \quad | & & \| \quad >CH \\ CH_3\cdot N & \text{——} & C\cdot N \end{array}$$

Aus 3-Methylxanthin und Glykolchlorhydrin erhält man Oxyäthyltheobromin

$$\begin{array}{lcl} OH\cdot H_2C\cdot CH_2\cdot N & \text{——} & CO \\ \quad | & & | \\ \quad CO & & C\cdot N\cdot CH_2\cdot CH_2\cdot OH \\ \quad | & & \| \quad >CH \\ CH_3\cdot N & \text{——} & C\cdot N \end{array}$$

An Stelle von Halogenhydrinen kann man Alkylenoxyde oder Glykole eventuell unter Zusatz wasserbindender Mittel verwenden. Man kann z. B. Theophyllin mit Äthylenoxyd, Propylenoxyd, Trimethylenoxyd, Äthylenglykol, bei Gegenwart von Chlorzink oder Salzsäure im geschlossenen Gefäß erhitzen[9]).

4.5-Diamino-2.6-dioxypyrimidine kann man aus den entsprechenden 4-Amino-5-isonitroso-2.6-dioxypyrimidinen durch Reduktion mit Metallen in saurer Lösung erhalten, z. B. mit Schwefelsäure und Zinkstaub oder mit Schwefelsäure und Eisen[10]).

---

[1]) Bergell und Richter, Zeitschr. f. experim. Pathol. u. Ther. 1, 655.
[2]) DRP. 138 444. [3]) DRP. 214 376. [4]) DRP. 217 620, Zusatz zu DRP. 214 376.
[5]) DRP. 223 695, Zusatz zu DRP. 214 376.
[6]) DRP. 224 981, Zusatz zu DRP. 214 376. [7]) DRP. 224 159. [8]) DRP. 191 106.
[9]) DRP. 193 799, Zusatz zu DRP. 191 106. [10]) Merck, DRP. 161 493.

Die Reduktion kann man ebenfalls auf elektrolytischem Wege in saurer Lösung mit einer Bleikathode durchführen[1]).

3-Methyl-und 1.3-Dimethyl-4-amino-2.6-dioxypyrimidin erhält man aus Cyanacetylmethylharnstoff resp. Cyanacetyldimethylharnstoff mittels alkalischer Mittel, indem man derart schwach alkalisch reagierende Alkalisalze in Gegenwart von Wasser verwendet, daß das sich bildende Pyrimidinderivat als solches ohne Zusatz von Säure sich abscheidet[2]). Man verwendet am besten Natriumborat und Dinatriumphosphat[3]). Bei der gleichen Reaktion kann man Ammoniak oder Magnesiumoxyd resp. Magnesiumhydroxyd in wässeriger Lösung verwenden[4]).

Salzartige Doppelverbindungen der ω-Methylsulfosäure des p-Aminophenylesters der Salicylsäure mit Purinderivaten erhält man, wenn man ein Alkalisalz der ω-Verbindung mit basischen Abkömmlingen des Purins oder die Alkaliverbindungen der basischen Purinabkömmlinge mit der freien ω-Säure in Reaktion bringt. Beschrieben sind die Doppelverbindungen des Coffein und Theophyllins[5]).

Außer den Alkali- bzw. Erdalkalisalzen der ω-Methylsulfosäure des Salicyl-p-aminophenylesters sind auch die Alkalisalze der ω-Methylsulfosäure vieler anderer carbo- oder heterocyclischer Amine befähigt, mit den basischen Abkömmlingen des Purins leicht lösliche salzartige Doppelverbindungen zu bilden. Dieselben Doppelverbindungen entstehen auch, wenn man die freien ω-Methylsulfosäuren der betreffenden Amine auf die Alkaliverbindungen der Purinabkömmlinge einwirken läßt. Beschrieben sind: Coffeinverbindungen des Natriumsalzes der ω-Methylsulfosäuren des Anilins und p-Toluidins, ferner vom Theophyllin, die Coffein- und Theophyllinverbindungen des Natriumsalzes der ω-Methylsulfosäure des p-Phenetidins, des α- und β-Naphthylamin, des 1-Phenyl-2.3-dimethyl-4-aminopyrazolons[6]).

Die nach dem Hauptpatent erhältlichen salzartigen Doppelverbindungen der ω-Methylsulfosäure des p - Aminophenylesters der Salicylsäure mit Purinderivaten entstehen auch, wenn man entweder auf die Alkali- oder Erdalkalisalze der ω-Methylsulfosäure des p-Aminophenylesters der Salicylsäure die basischen Abkömmlinge des Purins, oder auf die Alkaliverbindungen der basischen Purinabkömmlinge die freie ω - Methylsulfosäure des p-Aminosalols in Gegenwart von organischen Lösungsmitteln, wie z. B. Chloroform oder Alkohol einwirken läßt. Die Produkte sind gut wasserlöslich[7]).

Das starke Diureticum 1.7 - Dimethylguanin hat keine krampferregende Wirkung und erzeugt auch keine Muskelstarre, wie das entsprechende Xanthinderivat. Man erhält es durch Methylieren von Guanin oder 1-Methylguanin[8]).

Acetyl- oder Benzoyltheobromin bleibt im Magen fast unzersetzt, wird im Darm gespalten und langsam resorbiert und übt so eine kontinuierliche Wirkung aus[9]).

Acidylsalicylderivate des Theobromins erhält man, wenn man Acidylsalicyloylsäurechloride auf Metallsalze des Theobromins unter Vermeidung einer zu hohen Reaktionstemperatur einwirken läßt. Beschrieben sind Acetylsalicyloyltheobromin, Carbomethoxysalicyloyltheobromin, Benzoylsalicyloyltheobromin[10]).

Die therapeutische Bedeutung, welche den Salicyloylderivaten des Theobromins zukommt, ließ es wünschenswert erscheinen, auch das freie Salicyloyltheobromin darzustellen, da zu erwarten war, daß diesem infolge der freien Phenolhydroxylgruppe eine noch schnellere therapeutische Wirkung zukommt. Es gelingt, zu dem Salicyloyltheobromin zu gelangen, wenn man die in dem Hauptpatent beschriebenen O-Acidylderivate unter sehr vorsichtigen Bedingungen verseift. Die Verseifung des Carbomethoxysalicyloyltheobromins geschieht mit kalter verdünnter Salzsäure und des Acetylsalicyloyltheobromins mit kalter $^1/_{10}$-N-Natronlauge[11]).

Die Glucoside der Purine erhält man, wenn man Metallsalze der Purine oder ihrer Derivate auf Acidylhalogenglucose oder entsprechende Derivate anderer Zucker, zweckmäßig in Gegenwart indifferenter organischer Lösungsmittel in der Wärme einwirken läßt und die so entstandenen Acidylpuringlucoside gegebenenfalls durch nachfolgende vorsichtige Verseifung in die freien Glucoside überführt. Tetraacetyltheophyllinglucosid erhält man aus trockenem Theophyllinsilber, Acetobromglucose und trockenem Xylol beim Kochen Aus der Ammonverbindung erhält man Theophyllinglucosid. Beschrieben sind ferner:

---

1) DRP. 166 267, Zusatz zu DRP. 161 493. 2) Höring, Berlin, DRP. 182 559.
3) Höring, Berlin, DRP.-Anm. H. 36 444, Zusatz zu DRP. 182 559.
4) Merck, Darmstadt, DRP. 177 768.
5) Abelin, Buergi, Perelstein, DRP. 285 579.
6) DRP. 290 600, Zusatz zu DRP. 285 579.
7) DRP. 287 801, Zusatz zu DRP. 285 579. 8) DRP. 262 470 und 264 011.
9) DRP. 252 641. 10) Merck, DRP. 290 205.
11) DRP. 291 077, Zusatz zu DRP. 290 205.

Tetraacetylchlortheophyllinglucosid, Chlortheophyllinglucosid, Tetraacetyltheobromin-glucosid, Theobrominglucosid, Tetraacetylhydroxycoffeinglucosid, Tetraacetyltheophyllin-galaktosid und Theophyllingalaktosid, Tetraacetyltrichlorpuringlucosid, Tetraacetyl-2.8-dichlor-6-aminopuringlucosid und 2.8-Dichlor-6-aminopuringlucosid, Tetraacetyltheobro-mingalaktosid, Triacetyltheophyllinrhamnosid, Theophyllinrhamnosid. Die Verbindungen wirken diuretisch, sind gut wasserlöslich und wenig giftig[1]).

Diaminopyrimidine und ihre Derivate lassen sich glatt mit Zucker und aldehyd-haltigen Körpern und mit Carbonsäuren aus Aldehydzuckern kondensieren. Die Reaktion erfolgt unter Austritt von Wasser schon beim einfachen Erhitzen der Komponenten in wässeriger Lösung. Die erhaltenen glykosidähnlichen Verbindungen sollen als Zwischen-produkte für Arzneimittel dienen. Beschrieben sind das Kondensationsprodukt aus 1.3-Dimethyl-2.6-dioxy-4.5-diaminopyrimidin und Schleimsäure, sowie das Kondensations-produkt aus 2.6-Dioxy-4.5-diaminopyrimidin und Traubenzucker[2]).

1-Alkyl-3-methyl-4-amino-2.6-dioxypyrimidin erhält man durch Behandlung der Alkalisalze des 3-Methyl-4-amino-2.6-dioxypyrimidins und Halogenalkylen oder Dialkyl-sulfaten[3]).

Acetylderivate von Cyanamid und Harnstoff erhält man, indem man Cyanamid oder dessen Monoalkylderivate auf Cyanessigsäure oder Halogenessigsäure einwirken läßt. So erhält man Cyanacetylcyanamid, Cyanacetylmethylharnstoff, Chloracetyläthylharnstoff. Die Cyanacetylharnstoffe sind von großer Bedeutung für die Darstellung der Purinbasen; man erhält sie durch Kondensation von Cyanessigsäure mit Harnstoff oder dessen Alkyl- und Arylderivaten mit Hilfe von Säureanhydriden, z. B. aus Harnstoffcyanessigsäure-anhydrid erhält man Cyanacetylharnstoff, aus Monomethylharnstoff, Cyanessigsäure und Propionsäureanhydrid erhält man Cyanacetylmethylharnstoff. Aus symmetrischem Di-methylharnstoff erhält man mit Cyanessigsäure und Essigsäureanhydrid Cyanacetyldi-methylharnstoff[4]).

Pyrimidine kann man erhalten, indem man Cyanessigester mit Harnstoffen durch Einwirkung von Alkaliamid kondensiert[5]).

Diese Kondensation kann man durch die freien Alkalimetalle oder deren Alkoholate bewirken[6]).

Man kann bei diesem Verfahren den Harnstoff oder seine Homologen durch Acyl-harnstoffe ersetzen, wobei der Ringschluß unter gleichzeitiger Abspaltung der Acylreste eintritt[7]) [8]).

Von den Monomethylxanthinen wirkt 3-Methylxanthin noch diuretisch, während Heteroxanthin (7-Methylxanthin) keine oder eine unbedeutende Steigerung der Harnmenge hervorruft.

3-Methylxanthin soll für Nager sehr giftig sein, während es bei größeren Tieren und Menschen nicht wirkt[9]).

Xanthin selbst

```
(1) HN — (6) CO
     |        |
(2)  C   (5)  C — (7) NH
     |        ‖        \
     |        ‖         CH
(3) HN ——————  C · N ═/   (8)
             (4) (9)
```

erzeugt einen kaum nennenswerten diuretischen Effekt, hingegen kann man das Auftreten von Hämaturie beobachten.

Isocoffein (1.7-9-Trimethyl-6.8-dioxypurin) wirkt nur schwach diuretisch.

Noch mehr tritt der diuretische Effekt bei den Monooxypurinen zurück. Desoxycoffein (1.3-7-Trimethyl-2-oxy-1.6-dihydropurin)

```
CH3 · N ——— CH2
      |      |
      CO     C — N · CH3
      |      ‖     \
      |      ‖      CH
CH3 · N ——— C — N /
```

[1]) Bayer, DRP. 281 008. [2]) Thannhauser, DRP. 285 286.
[3]) Bayer-Elberfeld, DRP. 167 138. [4]) DRP. 175 415.
[5]) Merck, DRP. 165 561. [6]) DRP. 165 562, Zusatz zu DRP. 165 561.
[7]) DRP. 170 657, Zusatz zu DRP. 165 561.
[8]) DRP. 170 555, Zusatz zu DRP. 165 561. [9]) Bayer-Leverkusen, DRP. 305 926.

und Desoxytheobromin (3.7-Dimethyl-2-oxy-1.6-dihydropurin)

```
      HN——CH2
      |    |
      CO   C—N·CH3
      |    ||   >CH
  CH3·C————C—N
```

bewirken in größeren Dosen eine Herabsetzung der Diurese. Desoxytheobromin zeigt noch Wirkungen, während Desoxycoffein nach kleinen Dosen ganz ohne Wirkung ist. Ähnlich verhalten sich ja auch Theobromin und Coffein zueinander. Desoxycoffein macht in größeren Dosen tetanische Krampfanfälle und Tod, während dieselbe Dosis Desoxytheobromin ohne auffallende Wirkung ist. Heteroxanthin macht neben einer starken Schädigung der Nierenfunktion eine Steigerung der Reflexerregbarkeit.

Nach N. Ach ist die Grundbase Xanthin für die diuretische Wirkung der Xanthinderivate von untergeordneter Bedeutung. Erst die methylierten Derivate wirken diuretisch; die Methylierung an bestimmten Stellen des Purinkernes steht in inniger Beziehung zur eintretenden Diurese.

Trotzdem wurde versucht, Xanthindoppelsalze als Diuretica einzuführen.

E. Merck stellt 4-Imino-5-isonitroso-2.6-dioxypyrimidin und dessen 3-Alkylderivate her, indem er Cyanacetylharnstoff oder dessen Alkylderivate mittels salpetriger Säure in die Isonitrosoderivate umwandelt und diese durch Behandeln mit alkalischen Reagenzien in Pyrimidine umlagert[1]).

Acylderivate der Xanthinreihe erhält man, wenn man entweder Derivate der Chlorkohlensäure auf Metallsalze von Xanthinen einwirken läßt oder Xanthinchlorocarbonate nach den üblichen Methoden mit aktiven wasserstoffenthaltenden Verbindungen, wie Alkoholen, Phenolen, Aminen oder Xanthinbasen zur Umsetzung bringt. Beschrieben sind: Theobrominkohlensäurechlorid, o-Carboäthoxyphenyltheobrominkohlensäureester, Thymolkohlensäureester des Theobromins, Bistheobrominkohlensäureester des Piperazins, 3-Methylxanthintheobromincarbonat, Kohlensäureäthylester des Theobromins und Ditheobromincarbonat. Die Verbindungen sind durch Alkalien meist leicht verseifbar, gegen Säuren jedoch genügend beständig. Sie gestatten die diuretische Wirkung der Xanthine mit der Wirkung des harnsäurelösenden Piperazins, der antiseptischen der Phenole und der antineuralgischen der Salicylsäure zu verbinden[2]).

4-Imino-5-isonitrosopyrimidinderivate erhält man durch Einwirkung von Harnstoff und dessen Derivaten bei Gegenwart von alkalischen Kondensationsmitteln auf Isonitrosocyanessigester[3]).

1-Alkyl-2-alkyloxypyrimidinderivate erhält man durch Alkylierung von 2-Alkyloxypyrimidinderivaten[4]).

Halogenacidylierte o-Diaminopyrimidinderivate erhält man durch Behandlung von o-Diaminopyrimidin mit halogensubstituierten Carbonsäuren oder deren Derivaten[5]).

Pyrimidinderivate erhält man aus den in DRP. 206 454 beschriebenen Chlorderivaten durch Behandlung mit Ammoniak oder organischen Basen[6]).

Die in DRP. 209 729 beschriebenen Basen kann man durch Behandlung mit alkalischen Kondensationsmitteln in Purinderivate verwandeln, welche leicht lösliche Basen sind und stärker diuretisch wirken als Theophyllin. Dargestellt wurden 8-Aminomethyl-1.3-dimethylxanthin, ferner 1.3-Dimethyl-8-dimethylaminomethylxanthin, ferner 1.3-Dimethyl-8-piperidylmethylxanthin[7]).

In Stellung 8 substituierte Xanthin- bzw. Guaninderivate[8]) werden hergestellt, indem man durch Einwirkung von substituierten Fettsäuren auf 4.5-Diaminopyrimidinderivate erhältliche 5-Monoacidylamino-4-aminopyrimidine entweder in Form ihrer trockenen Alkalisalze erhitzt oder durch gelöste alkalische Kondensationsmittel den Ringschluß herbeiführt. Dargestellt wurden Verbindungen des 3-Methyl-2.6-dioxy-4-amino-5-oxyalkylaminopyrimidins und der 3-Methylxanthin-8-carbonsäure, 1.3-Dimethyl-2.6-dioxy-4-amino-5-cyanacetaminopyrimidins und Theophyllin-8-essigsäure, 2.4-Diamino-6-oxy-5-succinamino-

---

[1]) DRP. 227 390. [2]) Merck, DRP. 290 910. [3]) Bayer, DRP. 206 453.
[4]) Bayer, DRP. 208 639. [5]) Bayer, DRP. 206 454. [6]) Bayer, DRP. 209 729.
[7]) Bayer, DRP. 209 728. [8]) DRP. 213 711.

pyrimidin, der Guanin-8-propionsäure und des Chlorhydrats des Guaninpropionsäureesters und die Substanzen

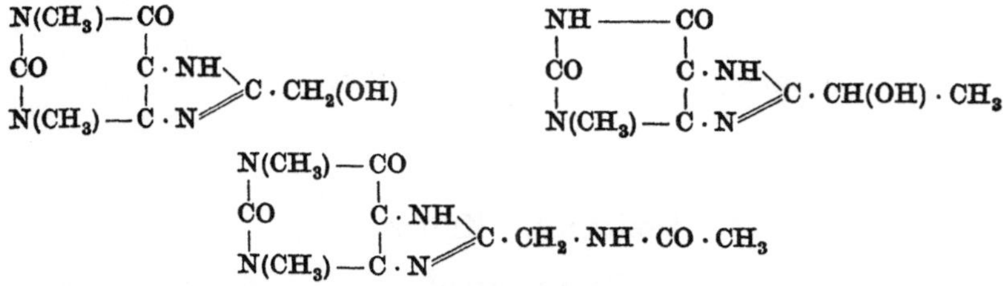

```
N(CH3)—CO                                  NH ——— CO
|       |                                  |       |
CO      C·NH\                              CO      C·NH\
|       |    >C·CH2(OH)                    |       |    >C·CH(OH)·CH3
N(CH3)—C·N//                               N(CH3)—C·N//

                 N(CH3)—CO
                 |       |
                 CO      C·NH\
                 |       |    >C·CH2·NH·CO·CH3
                 N(CH3)—C·N//
```

Eine Reihe von Substanzen, welchen neben ihren harnsäurelösenden Eigenschaften in vitro diuretische Wirkungen zukommen und die wohl hauptsächlich diesem Umstande ihre Anwendung in der Therapie verdanken, werden im folgenden behandelt.

Dreizehntes Kapitel.

Gichtmittel.

Die Ablagerungen von Harnsäure, welche als Symptome gichtischer Erkrankung in den Gelenken vorkommen, haben zu zwei Arten von Bestrebungen geführt. Die eine Richtung suchte die Bildung von Harnsäure im Organismus überhaupt zu unterdrücken oder herabzusetzen, während es die andere als ihre Hauptaufgabe ansah, in den Organismus Substanzen einzuführen, welche bei möglichster Ungiftigkeit als Lösungsmittel für die in den Geweben abgelagerte Harnsäure dienen sollten. Schulzen[1]) hat die Behauptung aufgestellt, daß, wenn man einem Hunde neben einer gewöhnlichen Nahrung Sarkosin (Methylglykokoll)

$$\begin{array}{l} CH_2 \cdot NH \cdot CH_3 \\ | \\ COOH \end{array}$$

reiche, Harnstoff und Harnsäure völlig aus dem Harne verschwänden und sich folgende zwei Körper bilden:

$$(1)\ NH_2 \cdot CO \cdot N{<}^{CH_3}_{CH_2} \cdot COOH$$

$$(2)\ NH_2 \cdot SO_2N{<}^{CH_3}_{CH_2} \cdot COOH$$

Den ersten Körper kann man als einen Harnstoff auffassen, in welchem Methyl und Essigsäure substituiert sind oder als ein Sarkosin mit einem Carbaminsäurerest am Stickstoff. Die zweite Substanz ist als Sulfaminsäure aus dem Sarkosin aufzufassen. Bei Hühnern, deren Stoffwechsel in der Weise eingerichtet ist, daß als Zersetzungsprodukt stickstoffhaltiger Substanzen Harnsäure im Harne auftritt, verschwand nach Schulzens Angabe die Harnsäure völlig aus dem Harne. Auf diese Weise wäre man durch die Zufuhr von einem unschädlichen Mittel in der Lage, den Stoffwechsel in der Richtung zu beeinflussen, daß es gar nicht zur Bildung einer Substanz kommen kann, deren vermehrtes Entstehen und deren Ablagerung zu so schweren Krankheitserscheinungen, wie die Gicht, führt. Aber die Untersuchungen von E. Baumann und J. v. Mering, welche späterhin von E. Salkowski bestätigt wurden, zeigten, daß es nach Sarkosinzufuhr gar nicht zu der von Schulzen behaupteten Bildung von Methylhydantoinsäure komme, sondern daß vielmehr Sarkosin den menschlichen Organismus wesentlich unverändert passiert. Weder beim Hunde noch beim Huhne konnten diese Forscher den von Schulzen behaupteten Effekt erzielen.

Seit jener Zeit wurde nur eine Beobachtung nach dieser Richtung hin gemacht, welche vielleicht eine Möglichkeit bietet, durch Zufuhr chemischer Substanzen die Bildung der Harnsäure herabzumindern. Weiß, Basel[2]), hat gefunden, daß Chinasäure $C_6H_7(OH)_4 \cdot COOH$, welche in vielen Pflanzen, insbesondere in der Chinarinde und in der Kaffeebohne vorkommt und die wahr-

---

[1]) HS. **1**, 27 (1877). [2]) Berliner klin. Wochenschr. **1899**, Nr. 14.

scheinlich vom Hexahydrobenzol deriviert und als Tetraoxyhexahydrobenzolcarbonsäure $C_6H(H_6)(OH)_4 \cdot COOH$ aufzufassen ist, bei ihrer Verfütterung die Menge der ausgeschiedenen Harnsäure vermindert. Das Lithiumsalz der Chinasäure wurde unter dem Namen Urosin in die Therapie eingeführt. Die Piperazinverbindung der Chinasäure führt den Namen Sidonal. Diese beiden Substanzen stellen Kombinationen von harnsäurelösenden Mitteln mit einer Substanz dar, welche angeblich die Entstehung der Harnsäure im Organismus hindert. Neu-Sidonal ist Chinasäureanhydrid, welches leicht in Chinasäure übergehen kann[1]). Frz. Hupfer[2]) leugnet aber die Einwirkung von Chinasäure auf den Organismus im Sinne einer Herabminderung der Harnsäureproduktion.

Von anderer Seite wurde vorgeschlagen, ein Kondensationsprodukt von Weinsäure und Phenol anzuwenden, welches angeblich beim Verfüttern an Fleischfresser die Harnsäureproduktion herabsetzt. Es hat sich nämlich herausgestellt, daß die Zufuhr organischer Säuren in den Organismus im allgemeinen die Menge der gebildeten Harnsäure herabsetzt und solche Säuren um so besser wirken, je größer ihr Kohlenstoffgehalt ist. Es mag wohl darauf vielleicht beruhen, daß von Ärzten und Laien die sogenannte Citronenkur empfohlen wird, bei welcher eine Anzahl von diesen Früchten, bzw. der ausgepreßte Saft einzunehmen ist. Statt der Harnsäure erscheint bei der Verfütterung von kohlenstoffreichen, aliphatischen Säuren im Harne Oxalsäure. Ulrich Kreis empfahl nun, da nach Phenolverfütterung der Oxalsäuregehalt im Harn bedeutend ansteigt, Weinsäurediphenylester zu dem Zwecke zu verfüttern, um die Harnsäureproduktion im Organismus herabzudrücken.

Weinsäurediphenylester

$$\begin{array}{l} CO \cdot O \cdot C_6H_5 \\ | \\ CH \cdot OH \\ | \\ CH \cdot OH \\ | \\ CO \cdot O \cdot C_6H_5 \end{array}$$

wird dargestellt durch Erhitzen von trockenem, neutralem Kaliumtartarat in molekularer Menge mit der doppelten molekularen Menge von Phenol und $^4/_3$ der molekularen Menge Phosphoroxychlorid. Nach 20 Stunden gießt man das Reaktionsprodukt in Wasser, wobei sich ein Öl ausscheidet, welches beim Anreiben mit absolutem Alkohol krystallinisch wird. Durch Umkrystallisieren aus Alkohol erhält man den Körper schön krystallisiert[3]).

Einem ähnlichen Umstand verdankt anscheinend auch Salicylsäure ihre Verwendung als Gichtmittel. Auch der Versuch, Saligenin für diesen Zweck zu verwerten, wird denselben Grund haben. Es wurde besonders empfohlen, statt Saligenin selbst, ein Kondensationsprodukt aus Saligenin und Gerbsäure anzuwenden.

Man erhält dieses durch Einwirkung von Saligenin auf Gerbstoff in warmer salzsaurer Lösung oder durch langes Erwärmen von Salicin und Gerbstoff in salzsaurer Lösung, wobei das sich bildende Saligenin die Verbindung eingeht. Als Gerbstoff sind nur diejenigen Stoffe verwertbar, welche bei Behandeln mit Säuren, Gerbsäure Glykose usw. abspalten, z. B. Eichengerbstoff, Chinagerbstoff, nicht aber Gerbstoffe, welche Gallussäure abspalten, wie Tannin. Das Produkt ist wahrscheinlich Gerbsäureoxybenzylester und wurde Antiarthrin benannt[4]).

Ursal ist eine Verbindung von Harnstoff mit Salicylsäure, es wurde gegen Gicht empfohlen.

Eine Beurteilung des Wertes dieser Substanzen wird sich aus dem Folgenden leicht ergeben.

---

[1]) Huber und Lichtenstein, Berliner klin. Wochenschr. **1902**, 653.

[2]) HS. **37**, 302 (1903). [3]) DRP. 101 860.

[4]) Wiener med. Blätter **1899**, Nr. 26, 27.

Es muß hervorgehoben werden, daß nach Untersuchungen von Labraze und Fresal nach Verfütterung von Tannin die Menge der ausgeschiedenen Xanthinkörper sinkt. Von Levisohn wurde beobachtet, daß die Harnsäureausscheidung nach Tannineinnahme sich vermindert. Wenn man Thymus an Tiere füttert, so tritt stets Vermehrung der Harnsäureausscheidung ein. Bohland zeigte aber, daß, wenn man gleichzeitig Tannin und Thymus füttert, die Steigerung der Harnsäureausscheidung ausbleibt.

Benzoesäure vermag ähnlich wie Salicylsäure beim Menschen die Ausscheidung von Harnsäure im Harn zu vermehren und im Blute zu vermindern. Zimtsäure hatte keine oder nur geringe Wirkung. Ebensowenig Chinasäure, Colchicin und p-Oxybenzoesäure[1]).

In Frankreich wurde Hippursäure $C_6H_5 \cdot CO \cdot NH \cdot CH_2 \cdot COOH$ als Gichtmittel schon lange benützt.

Methylenhippursäure $CH_2 \cdot CO_2 \cdot N\left\langle\begin{matrix} CH_2 \cdot CO \\ | \\ CH_2 \cdot O \end{matrix}\right.$ wird von Nicolaier[2]) gegen bakterielle Erkrankungen der Harnwege empfohlen, doch scheint das Mittel nicht mehr zu leisten als andere Harnantiseptica.

Sie wird[3]) durch Einwirkung von Formaldehyd oder Paraformaldehyd auf Hippursäure gewonnen, ebenso Methylen-m-nitrohippusräure aus m-Nitrohippursäure[4]); beide spalten leicht Formaldehyd ab.

Methylenhippursäure erhält man auch durch Einwirkung von Chlormethylalkohol bzw. dessen höheren, aus Oxymethylenchloriden bestehenden Fraktionen auf hippursaure Salze. Bei diesem Verfahren tritt keine Verharzung der Ausgangsprodukte auf[5]).

Methylenhippursäure erhält man aus Methylensulfat, Methylendiacetat, Methylenchloracetat oder aus Formaldehyd in Gegenwart von Anhydriden oder Chloriden des Schwefels und Phosphors und Hippursäure[6]).

Die zweite Richtung bei der Gichtbehandlung verdankt ihren Ursprung einerseits der Beobachtung, daß die Lithiumsalze der Harnsäure an Löslichkeit alle anderen anorganischen Salze der Harnsäure übertreffen und daß die Lithium enthaltenden Säuerlinge bei der Behandlung gichtischer Affektionen gute Resultate zeitigen; andererseits verdankt sie ihre Entwicklung den Bestrebungen auf synthetischem Wege die Sperminbase C_2H_5N (?) darzustellen, welcher von manchen Forschern eigentümlich erregende Wirkungen auf das Nervensystem zugeschrieben werden. Die giftigen Nebenwirkungen der Lithiumsalze auf das Nervensystem zeitigten Versuche, organische, ungiftige Basen, denen harnsäurelösende Eigenschaften zukommen, zu finden, welche als Ersatzmittel der Lithiumsalze dienen konnten.

Die therapeutischen Erfahrungen haben aber gezeigt, daß die in vitro konstatierbare harnsäurelösende Wirkung von Substanzen innerhalb des Organismus nicht verwertet werden kann. Einige Umstände partizipieren daran, dieses Verhalten der Harnsäure zu verursachen.

Natriumbicarbonat kann weder das Ausfallen gichtischer Konkretionen verhindern, noch deren Lösung erleichtern, selbst wenn es gelingen würde, das Blut damit merklich anzureichern. Der Grund hierfür ist nach der Erklärung von W. His und Th. Paul[7]) darin zu suchen, daß durch Zusatz von einer Salzlösung zu einer zweiten die Menge des nicht dissoziierten Salzes wächst (sog. Rückdrängung der Dissoziation). Da nun dessen Menge durch das Löslichkeitsverhältnis begrenzt ist, so muß, wenn dieses überschritten wird, das Salz

---

[1]) W. Denis, Journ. Pharm. Therap. Boston **7**, 601 (1915).
[2]) Therap. Monatshefte **1905**, 75. [3]) Schering, Berlin, DRP. 148 669.
[4]) DRP. 153 860. [5]) Schering, Berlin, DRP. 163238.
[6]) Grüter, Berlin, DRP.-Anm. G. 24 619.
[7]) HS. **31**, 1 und 64 (1900).

ausfallen, d. h. auf unsern Fall angewendet, die Löslichkeit des primären harnsauren Natrons wird durch die Anwesenheit eines anderen Natronsalzes vermindert. Aber eine solche Anreicherung des Blutes mit Natriumbicarbonat ist überhaupt gar nicht ausführbar.

Die Darreichung von Kalium- und Lithiumsalzen vermehrt unter keinen Umständen die Löslichkeit des im Körper abgelagerten sauren Natronurates, weil in einer Lösung zweier Salze zunächst diejenigen Basen- und Säure-Ionen zusammentreten, deren Verbindung am schwersten löslich ist. In der Regel ist dies aber das Natronsalz. Dasselbe gilt nun von den organischen Basen (Lysidin, Piperazin).

Das Lösungsvermögen aller dieser Substanzen für Harnsäure äußert sich nur, wenn freie Harnsäure mit der Base zusammentrifft. Geschieht dies aber bei Gegenwart eines Natronsalzes, so bildet sich wieder das schwer lösliche primäre harnsaure Natron.

Die Praxis zeigt, daß die von der Theorie gelehrte Aussichtslosigkeit, durch Zufuhr von harnsäurelösenden Basen die Harnsäure am Ausfallen zu verhindern oder Konkremente von Harnsäure oder harnsauren Salzen wieder in Lösung zu bringen, tatsächlich eintrifft. Man hat sich durch objektive Erfahrungen überzeugen lassen müssen, daß die harnsäurelösenden Mittel als solche wertlos und, wenn man Wirkungen sieht, diese vielmehr durch andere Umstände verursacht sind.

Diese Mittel besitzen meist eine diuretische Wirkung und diese, sowie die bei dem Genusse von lithiumhaltigen Mineralwässern eintretende Diluierung des Harnes vermehren die Ausscheidung der Harnsäure, obgleich es sich hier nicht etwa um eine Lösung der Harnsäure durch die eingeführte Base, sondern vielmehr um Verdünnung des Harnes und Vergrößerung der Harnmenge handelt.

Außer den besprochenen Wegen zu harnsäurelösenden Mittel zu gelangen, schlug W. His vor, Stoffe zu suchen, die in den Kreislauf gelangen und mit der Harnsäure leicht lösliche oder leicht oxydable gepaarte Verbindungen bilden. Doch ist ein Stoff dieser Art bis nun nicht gefunden worden.

Zu den oben entwickelten physikalischen Gründen der Unwirksamkeit der basischen Mittel, welche gegen die harnsaure Diathese empfohlen wurden, treten noch hinzu: Die äußerst geringe Konzentration ihrer Lösungen im Organismus (1 : 54 000), ferner die rasche Ausscheidung durch die Nieren und unter Umständen noch die Verbrennung der Mittel in den Geweben, durch welche letzterwähnten Faktoren eine weitere Abnahme der Konzentration des Lösungsmittels im Organismus erfolgt. Als ein solches harnsäurelösendes Mittel wurde das wirkungslose Piperazin empfohlen und Dispermin benannt.

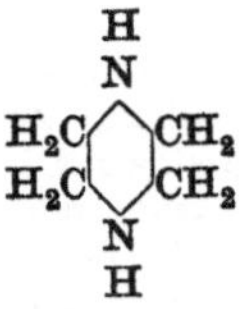

H
N
H_2C CH_2
H_2C CH_2
N
H

Piperazin wurde von A. W. Hofmann durch Einwirkung von Ammoniak auf Äthylenbromid[1]) erhalten. Aus dem Basengemische wurde Piperazin durch fraktionierte Destillation gewonnen, wobei sich nach dem Abkühlen aus der Piperazinfraktion Diäthylendiamin abscheiden ließ. Bequemer läßt sich Piperazin abtrennen, wenn man das piperazinhaltige Gemisch mit salpetriger Säure behandelt und Piperazin

$$HN<\genfrac{}{}{0pt}{}{CH_2\cdot CH_2}{CH_2\cdot CH_2}>NH \text{ in Dinitrosopiperazin } NO\cdot N<\genfrac{}{}{0pt}{}{CH_2\cdot CH_2}{CH_2\cdot CH_2}>N\cdot NO$$

[1]) BB. **23**, 3297 (1890). — Proc. R. Soc. London **10**, 231.

überführt. Um aus dem Dinitrosopiperazin wieder Piperazin zu gewinnen, behandelt man es mit konzentrierter Salzsäure, wobei salzsaures Piperazin entsteht, oder mit Reduktionsmitteln und nachher mit Salzsäure, wobei ebenfalls das salzsaure Salz sich bildet[1]).

Man gelangt zu reinem Piperazin auch, wenn man Dinitroso-, Dinitro-, Trinitro-, Tetranitro-, Pentanitro-, Hexanitro-diphenylpiperazin mit der 2—4fachen Menge Natron- oder Kalilauge destilliert. Durch Neutralisation des Destillates, welches nur Piperazin enthält, gelangt man zum salzsauren Salze des Piperazins. Es werden also die tertiären, nitrierten oder nitrosierten aromatischen Amine durch Einwirkung von Alkali in Nitro- bzw. Nitrosophenole und in sekundäre Amine gespalten z. B.

$$\overset{1:3}{C_6H_3(NO_2)_2}\overset{4}{N(CH_3)_2} + R(OH) = C_6H_3(NO_2)_2OR + HN(CH_3)_2$$ [2])

Wegen der schweren Löslichkeit der Nitroprodukte ist es jedoch besser, statt dieser, welche vom Alkali nur unvollkommen zersetzt werden, die sulfurierten Basen anzuwenden, welche durch Alkali leicht aufspaltbar sind. Die chemischen Vorgänge bei dieser Reaktion lassen sich in folgende Gleichungen kleiden:

1. $(C_6H_5)_2C_4H_8N_2 + 2\,SO_3 = (C_6H_4SO_3H)_2C_4H_8N_2$
2. $(C_6H_4SO_3H)_2C_4H_8N_2 + 2\,HNO_3 = (C_6H_3 \cdot SO_3H \cdot NO_2)_2C_4H_8N_2 + 2\,H_2O$
3. $(C_6H_3 \cdot SO_3H \cdot NO_2)_2C_4H_8N_2 + 4\,NaOH = C_4H_{10}N_2 + 2\,C_6H_3ONa \cdot NO_2 \cdot SO_3Na$ [3])

Man kann auch statt der Nitro- oder Nitrosulfosäure des Piperazins auch von den bloßen Sulfosäuren der phenylierten Sulfosäuren ausgehen und durch Spalten zu Piperazin gelangen[4]). Statt der hydrolytischen Spaltung der aromatischen Piperazinderivate läßt sich auch behufs Darstellung des reinen Piperazins die Oxydation anwenden, insbesondere bei Piperazinderivaten vom Typus des p-Dioxy- und p-Diaminodiphenylpiperazins läßt sich mit chromsaurem Natron diese Spaltung gut ausführen[5]). Es wurden die erwähnten Piperazinderivate in Schwefelsäure gelöst und in das kalte Gemisch Natriumdichromat eingetragen. Von dem gebildeten Chinon trennt man mittels Äther, neutralisiert mit Kalk und destilliert Piperazin ab. Ist man vom Diaminodiphenylpiperazin ausgegangen, so enthält das Destillat Ammoniak. Man dampft das zu neutralisierende Destillat zur Trockne ab und trägt es in erwärmte 70proz. Natronlauge ein. Freies Ammoniak entweicht, während Piperazin sich als ölige Schicht ausscheidet.

Auf anderen Wegen kann man zum Piperazin gelangen, wenn man das von A. W. Hofmann[6]) dargestellte Äthylenoxamid durch Reduktionsmittel, wie Zinkstaub oder Natronlauge oder metallisches Natrium, in Piperazin überführt[7]).

$$\text{Äthylenoxamid}\quad \begin{matrix} CH_2\text{—}NH\text{—}OC \\ | \qquad\qquad\quad | \\ CH_2\text{—}NH\text{—}OC \end{matrix} + H_8 = \begin{matrix} CH_2\text{—}NH\text{—}CH_2 \\ | \qquad\qquad\quad | \\ CH_2\text{—}NH\text{—}CH_2 \end{matrix} + 2\,H_2O$$

Das zur Gewinnung von Piperazin verwendbare aromatische Disulfonpiperazid

$$RSO_2 \cdot N{<}\begin{matrix} CH_2 \cdot CH_2 \\ CH_2 \cdot CH_2 \end{matrix}{>}N \cdot SO_2R$$

wobei R einen Kohlenwasserstoffrest (C_6H_5, $C_6H_4 \cdot CH_3$ resp. $C_{10}H_7$) bedeutet, kann man erhalten, indem man zuerst ein aromatisches Disulfonäthylendiamin $RSO_2 \cdot NH \cdot CH_2 \cdot CH_2 \cdot NH \cdot SO_2R$ darstellt[8]). Ein solches bildet sich durch Einwirkung von 2 Molekülen eines aromatischen Sulfochlorids auf 1 Molekül Äthylendiamin oder durch Einwirkung von 2 Molekülen eines aromatischen Sulfoamids auf 1 Molekül Äthylenchlorid oder Äthylenbromid. Die aromatischen Disulfonpiperazide bilden sich nun durch Einwirkung von 1 Molekül Äthylenchlorid oder Bromid auf Disulfonäthylendiamine. Naturgemäß kann man zu den Piperazindisulfonderivaten der aromatischen Reihe auch direkt durch Reaktion von je 1 Molekül eines aromatischen Sulfonamids mit Äthylenchlorid gelangen[9]).

Aus dem so gebildeten aromatischen Disulfonpiperazid erhält man Piperazin, indem man Wasser oder eine Mineralsäure bei erhöhter Temperatur darauf einwirken läßt. Bei der Spaltung scheidet sich der Kohlenwasserstoff ab, und aus dem eingedampften Rückstande wird durch Einwirkung von Lauge freies Piperazin gewonnen. So kann man aus Dibenzoldisulfonpiperazid, Di-o-toluoldisulfonpiperazid, Di-p-toluoldisulfonpiperazid, Dixy-

---

[1]) DRP. 59 222. [2]) DRP. 60 547, 83 524. [3]) DRP. 63 618. [4]) DRP. 65 347.
[5]) DRP. 71 576. [6]) BB. 5, 247 (1872). [7]) DRP. 66 461. [8]) DRP. 70 055.
[9]) DRP. 70 056.

loldisulfonpiperazid, Di-α-naphthalindisulfonpiperazid, Di-β-naphthalindisulfonpiperazid durch Wasser oder Mineralsäuren bei erhöhter Temperatur Piperazin abspalten. Ebenso gelingt es durch Verschmelzen mit Natron unter Überleitung von überhitztem Wasserdampf Piperazin frei zu machen, auch wenn man in eine siedende amylalkoholische Suspension eines solchen Piperazids Natriummetall einträgt und die amylalkoholische Lösung mit salzsaurem Wasser ausschüttelt [1]).

Ein weiteres Verfahren zur Darstellung des Piperazins beruht auf der Beobachtung, daß sich Glykolnatrium mit Säurederivaten des Äthylendiamins bei Erhitzung zu Piperazin umsetzt [2]). Auf diese Weise wurde Diacetyl-, Oxalyl-, Dibenzoyläthylendiamin, Äthylenurethan und Äthylenharnstoff durch Behandlung mit Glykolnatrium in Piperazin übergeführt. Auch auf umgekehrtem Wege durch Erhitzen der Natriumverbindungen der Säurederivate des Äthylendiamins mit wasserfreiem Glykol auf 170—200° erhält man ebenfalls Piperazin. Ersetzt man Glykol durch Äthylenbromid, so vollzieht sich die Reaktion schon bei niederer Temperatur. Die Natrium-Säurederivate des Äthylendiamins erhält man, indem man Natrium entweder auf das geschmolzene Säurederivat oder auf das z. B. in Anilin, Dimethylanilin oder einem anderen Lösungsmittel gelöste Säurederivat bei Siedetemperatur des Lösungsmittels einwirken läßt [3]).

Dinitrosodiphenylpiperazin und nach folgender Formel analog gebaute Körper

$$NO \cdot R \cdot N{<}^{CH_2-CH_2}_{CH_2-CH_2}{>}N \cdot R \cdot NO$$

gehen auch durch Kochen mit schwefliger Säure in Piperazin über [4]).

$$NO \cdot C_6H_4 \cdot N{<}^{CH_2-CH_2}_{CH_2-CH_2}{>}N \cdot C_6H_4 \cdot NO + 2\,NaHSO_3$$

$$= HN{<}^{CH_2-CH_2}_{CH_2-CH_2}{>}NH + 2\,C_6H_2(NH_2){<}^{OH}_{(SO_3Na)_2}$$

Statt der Spaltung der aromatischen Disulfonpiperazide mit Salzsäure unter Druck ist es von größerem Vorteile, die genannten Piperazide mit Schwefelsäurechlorhydrin zu erhitzen [5]). Die Reaktion verläuft nach folgender Gleichung:

$$C_6H_5 \cdot SO_2 \cdot N{<}^{CH_2 \cdot CH_2}_{CH_2 \cdot CH_2}{>}N \cdot SO_2 \cdot C_6H_5 + 2\,SO_3HCl$$

$$= SO_3HN{<}^{CH_2 \cdot CH_2}_{CH_2 \cdot CH_2}{>}NHSO_3 + 2\,C_6H_5SO_2Cl$$

Es wurde früher erwähnt, daß man Piperazin durch Spaltung von Dinitrosodiphenylpiperazin mit Alkalien oder Säuren erhalten kann. In gleicher Weise gelingt es, Körper vom Typus des Diphenylpiperazins bei der hydrolytischen Spaltung in Piperazin überzuführen. Dibenzylpiperazin erhält man durch Einwirkung von 2 Molekülen Benzaldehyd auf 1 Molekül Äthylendiamin, wobei sich vorerst Benzylidenäthylendiamin bildet. Reduziert man dieses mit Natriumamalgam, so erhält man Dibenzyläthylendiamin, welches mit Äthylenbromid und Natriumcarbonat erhitzt Dibenzylpiperazin nach der Gleichung liefert:

$$\begin{array}{l} CH_2-NH \cdot CH_2 \cdot C_6H_5 \\ | \\ CH_2-NH \cdot CH_2 \cdot C_6H_5 \end{array} + \begin{array}{l} CH_2 \cdot Br \\ | \\ CH_2 \cdot Br \end{array} = \begin{array}{l} \quad\quad\;\; CH_2 \cdot C_6H_5 \\ \quad\quad\;\; | \\ CH_2-N-CH_2 \\ | \\ CH_2-N-CH \\ \quad\quad\;\; | \\ \quad\quad\;\; CH_2 \cdot C_6H_5 \end{array} + 2\,HBr$$

Unterwirft man diesen Körper der hydrolytischen Spaltung, so gelangt man zum salzsauren Piperazin [6]).

Für die Darstellung des Piperazins ist ferner von Interesse, daß die Hydrolyse aromatischer Piperazinderivate um so leichter geht, je mehr negative Gruppen in das Molekül eingeführt werden. Die Hydrolyse in saurer Lösung geht besonders leicht bei Einführung mehrerer Nitrosogruppen. Diphenylpiperazin nimmt nur zwei Nitrosogruppen auf.

---

[1]) DRP. 73 125. [2]) DRP. 67 811. [3]) DRP. 73 354. [4]) DRP. 74 628.
[5]) DRP. 100 232. [6]) DRP. 98 031.

Hingegen können Di-m-oxy-diphenylpiperazin und seine Homologen mit Leichtigkeit vier Nitrosogruppen aufnehmen, und sie spalten sich in saurer Lösung in Piperazin und in Dinitrosoresorcin.

Lycetol ist weinsaures Dimethylpiperazin,

Piperazin

$$HN<\begin{matrix}CH_2-CH_2\\CH_2-CH_2\end{matrix}>NH$$

Dimethylpiperazin

$$NH<\begin{matrix}CH_2-CH(CH_3)\\CH_2-CH(CH_3)\end{matrix}>HN$$

es ist ebenso harnsäurelösend und völlig ungiftig, nicht hygroskopisch und besitzt, wie Piperazin, einen angenehmen Geschmack.

Stöhr[1]) hat gefunden, daß, wenn man Glycerin mit Chlorammon und Ammoncarbonat destilliert, das Destillat ansäuert und mit Wasserdampf die nicht basischen Substanzen abbläst, man Pyrazinbasen mittels Alkali abscheiden kann. Das Basengemisch läßt sich durch fraktionierte Destillation in homologe Pyrazine: Dimethylpyrazin und Dimethyläthylpyrazin trennen. Das Dimethylpyrazin hat folgende Konstitution

$$\begin{matrix} & H & & CH_3 & \\ & \cdot & & \cdot & \\ N\!\!\!\! & C & — & C & \!\!\!\!N \\ & C & = & C & \\ & \cdot & & \cdot & \\ & CH_3 & & H & \end{matrix}$$

Dieses Dimethylpyrazin läßt sich nun durch Reduktion in das Dimethylpiperazin, die dem Lycetol entsprechende Base, überführen. Mit Vorteil verwendet man bei der Destillation des Glycerins statt des kohlensauren Ammons phosphorsaures Ammon[2]).

Homologe des Pyrazins lassen sich auch durch Oxydation von Aminoaceton erhalten. Dimethylpyrazin erhält man z. B., wenn man Isonitrosoaceton mit Zinnchlorür und rauchender Salzsäure reduziert und alkalisch macht und Sublimat zusetzt. Durch Sublimat erfolgt nun Oxydation und durch eingeleiteten Wasserdampf läßt sich das gebildete Dimethylpyrazin übertreiben.

Die Darstellung geschieht durch trockene Destillation von salzsaurem Äthylendiamin mit Natriumacetat. Das so gebildete Methylglyoxalidin läßt sich leicht von dem beigemengten Äthylendiamin trennen[3]).

Statt des Piperazins wurde noch versucht, Dioxypiperazin in die Therapie einzuführen. Dieses hat annähernd das gleiche Lösungsvermögen für Harnsäure in vitro, wie Piperazin.

Man gewinnt diesen Körper aus Aminoacetal, indem man dieses in gekühlte Bromwasserstoffsäure einträgt und nach mehreren Stunden im Vakuum bei niedriger Temperatur stark eindampft[4]). Beim Stehen erstarrt der restierende Sirup krystallinisch. Das Endprodukt ist das bromwasserstoffsaure Salz des Dioxypiperazins.

Unter dem Namen Lysidin[5]) wurde ein Äthylenäthenyldiamin beschrieben welchem in vitro eine fünfmal stärkere harnsäurelösende Wirkung als dem Piperazin zukommt.

$$\begin{matrix} & & H & \\ CH_2 & — & N & \\ | & & & \!\!\!\!>C\cdot CH_3 \\ CH_2 & — & N & \end{matrix}$$

Nach Geppert ist diese Substanz ohne irgendwelche schädliche Nebenwirkung und erhöht auch die Atemfrequenz nicht.

Zu erwähnen sind noch folgende Substanzen: Urotropin (Hexamethylentetramin $(CH_2)_6(NH_2)_4$, wurde als harnsäurelösendes Mittel von Nicolaier empfohlen (siehe S. 654ff.). Ebenso Saliformin, die Salicylsäureverbindung des Hexamethylentetramins. Ferner das chinasaure Urotropin, Chinotropin genannt, welches die harnsäurelösende Wirkung des Urotropins mit der harn-

---

[1]) DRP. 73 704. [2]) DRP. 75 298. [3]) DRP. 78 020.

[4]) DRP. 77 557. — BB. 27, 169 (1894).

[5]) BB. 27, 2952 (1894). — Deutsche med. Wochenschr. 1894, Nr. 1. — BB. 28, 1173. 3068 (1895).

säurevermindernden der Chinasäure verbinden soll. Helmitol ist anhydromethylencitronensaures Hexamethylentetramin (siehe auch bei Hexamethylentetramin).

Methylencitronensäure[1]) erhält man durch Erhitzen von Citronensäure mit Paraformaldehyd bei höheren Temperaturen, was nur eine 50 proz. Ausbeute gibt, noch besser durch Behandeln von Citronensäure mit Chlormethylalkohol $ClCH_2 \cdot OH$ in der Wärme[2]) bei 130—140° im Autoklaven.

Tunnicliffe und Rosenheim behaupten, daß Piperidin die Lösungsfähigkeit des Blutserums für Harnsäure erhöht[3]). Sie empfehlen 1.2 g weinsaures Piperidin, welches ohne Nachteil vertragen werden soll (?). Für alle diese basischen Körper, wie auch die in der Folge zu besprechenden, gilt das in diesem Kapitel einleitend Bemerkte.

Eine neue Gruppe von Substanzen, welche als harnsäurelösendes Mittel verwendet werden sollen, hat Hermann Pauly dargestellt. Aus dem gleichen Grunde wie Piperazin müssen diese nur in vitro harnsäurelösend wirkenden Substanzen als wertlos erscheinen.

Durch Einwirkung von Ammoniak auf Dibromtriacetonamin erhält man[4])

α-Tetramethylpyrrolin-β-carbonsäureamid

$$\begin{array}{ccc} & CH{=}C \cdot CO \cdot NH_2 & \\ (CH_3)_2 \cdot C & & C \cdot (CH_3)_2 \\ & NH & \end{array}$$

Durch Einwirkung reduzierender Agenzien erhält man Dihydroderivate, wobei es zur Bildung des α-Tetramethylpyrrolidin-β-carbonsäureamid nach folgender Gleichung kommt[5]):

$$\begin{array}{ccc} & CH{=}C \cdot CO \cdot NH_2 & \\ (CH_3)_2C & & C(CH_3)_2 \\ & NH & \end{array} + H_2 = \begin{array}{ccc} & CH_2{-}CH \cdot CO \cdot NH_2 & \\ (CH_3)_2C & & C(CH_3)_2 \\ & NH & \end{array}$$

In gleicher Weise können die Alkylderivate des α-Tetramethylpyrrolin-β-carbonsäureamids in Pyrrolidinderivate übergeführt werden.

Durch Einwirkung von Jodalkyl auf die Base erhält man Alkylderivate derselben, indem Alkyl an den Stickstoff im Pyrrolring tritt.

Durch Behandeln von Triacetonamin mit Brom in stark bromwasserstoffsaurer Lösung erhält man das Bromhydrat eines Dibromtriacetonamins. Dieses reagiert mit aliphatischen primären Aminen, z. B. Methylamin, indem sich alkylierte Amide einer Pyrrolincarbonsäure nach folgenden Gleichungen bilden[6]):

α-Tetramethylpyrrolin-β-carbonsäuremethylamid

$$\begin{array}{cc} \multicolumn{2}{c}{CO} \\ CHBr & CHBr \\ (CH_3)_2C & C(CH_3)_2 \\ \multicolumn{2}{c}{NH \cdot HBr} \end{array} + 3CH_3 \cdot NH_2 = \begin{array}{cc} \multicolumn{2}{c}{CO} \\ C & {=}C \\ (CH_3)_2C & C(CH_3)_2 \\ \multicolumn{2}{c}{NH} \end{array} + 3\,CH_3 \cdot NH_2 \cdot HBr$$

$$\begin{array}{cc} \multicolumn{2}{c}{CO} \\ C & {=}C \\ (CH_3)_2C & C(CH_3)_2 \\ \multicolumn{2}{c}{NH} \end{array} + CH_3 \cdot NH_2 = \begin{array}{ccc} & HC{=}C \cdot CO \cdot NH \cdot CH_3 & \\ (CH_3)_2C & & C(CH_3)_2 \\ & NH & \end{array}$$

1) DRP. 129 255. 2) DRP. 150 949. 3) Lancet **1898**, 189.
4) DRP. 109 345. — BB. **32**, 200 (1899); **33**, 919 (1900). 5) DRP. 109 346.
6) DRP. 109 347.

Die N-Alkylderivate des α-Tetramethylpyrrolin-β-carbonsäureamids[1])

$$\begin{array}{ccc} & CH{=}C\cdot CO\cdot NH_2 & \\ & | \quad\quad | & \\ (CH_3)_2C & & C(CH_3)_2 \\ & \diagdown\ \diagup & \\ & NH & \end{array}$$

erhält man durch Einwirkung von Alkyljodid auf die Base und gelangt so zum

N-Methyl-α-tetramethylpyrrolin-β-carbonsäureamid

$$\begin{array}{ccc} & CH{=}C\cdot CO\cdot NH_2 & \\ & | \quad\quad | & \\ (CH_3)_2C & & C(CH_3)_2 \\ & \diagdown\ \diagup & \\ & NH & \end{array}$$

Ebenso erhält man die N-Alkylderivate der α-Tetramethylpyrrolin-β-carbonsäurealkylamide z. B. N-Methyl-α-tetramethylpyrrolin-β-carbonsäuremethylamid

$$\begin{array}{ccc} & CH{=}C\cdot CO\cdot NH\cdot CH_3 & \\ & | \quad\quad | & \\ (CH_3)_2C & & C(CH_3)_2 \\ & \diagdown\ \diagup & \\ & N\cdot CH_3\cdot HJ & \end{array}$$

Auch die Pyrrolidinderivate lassen sich in gleicher Weise am Stickstoff alkylieren und man erhält[2]) z. B. N-Methyl-α-tetramethylpyrrolidin-β-carbonsäureamid

$$\begin{array}{ccc} & H_2C - CH\cdot CO\cdot NH_2 & \\ & | \quad\quad | & \\ (CH_3)_2C & & C(CH_3)_2 \\ & \diagdown\ \diagup & \\ & N\cdot CH_3\cdot HJ & \end{array}$$

Wenn man bei der Synthese der Alkylamide statt primärer aliphatischer Amine sekundäre Amine der Fettreihe verwendet, so erhält man analog Dialkylamide der α-Tetramethylpyrrolin-β-carbonsäure[3]).

α-Tetramethylpyrrolin-β-carbonsäuredimethylamid

$$\begin{array}{ccc} & CO & \\ & \diagup\ \diagdown & \\ & CHBr\ \ CHBr & \\ & | \quad\quad | & \\ (CH_3)_2C & & C(CH_3)_2 \\ & \diagdown\ \diagup & \\ & NH\cdot HBr & \end{array} + 3\,\begin{matrix}CH_3\\CH_3\end{matrix}\!\!>NH = \begin{array}{ccc} & CO & \\ & \diagup\ \diagdown & \\ & C{=}C & \\ & | \quad\quad | & \\ (CH_3)_2C & & C(CH_3)_2 \\ & \diagdown\ \diagup & \\ & NH & \end{array} + 3\left(\begin{matrix}CH_3\\CH_3\end{matrix}\!\!>NH\cdot HBr\right)$$

$$\begin{array}{ccc} & CO & \\ & \diagup\ \diagdown & \\ & C{=}C & \\ & | \quad\quad | & \\ (CH_3)_2C & & C(CH_3)_2 \\ & \diagdown\ \diagup & \\ & NH & \end{array} + 3\,\begin{matrix}CH_3\\CH_3\end{matrix}\!\!>NH = \begin{array}{ccc} & CH{=}C\cdot CO\cdot N\!<\!\begin{matrix}CH_3\\CH_3\end{matrix} & \\ & | \quad\quad | & \\ (CH_3)_2C & & C(CH_3)_2 \\ & \diagdown\ \diagup & \\ & NH & \end{array}$$

Die so erhaltenen Dialkylamide können durch Einwirkung von Halogenalkylen in analoger Weise, wie die Monoalkylamide am Stickstoff des Pyrrolinringes alkyliert sowie durch Reduktionsmittel in Pyrrolidinderivate übergeführt werden.

Allen diesen Substanzen kommen in vitro harnsäurelösende Eigenschaften zu, doch ist zu bedenken, daß, abgesehen von der Nutzlosigkeit basischer Lösungsmittel für Harnsäure im Organismus, Pyrrolidinderivate keineswegs bei interner Verwendung harmlos sein dürften.

Nach H. Hildebrandt zeigen die Tetra- und Pentamethylpyrrolidin-β-carbonsäuren nur geringe Giftwirkung; erst Dosen von 0.05 g rufen bei weißen Mäusen allmählich einen Lähmungszustand hervor; das Pentamethylderivat

[1]) DRP. 109 348. [2]) DRP. 109 349. [3]) DRP. 109 350.

ist stärker wirksam als die N-methylfreie Säure, analog wie N-Methylpiperidin stärker wirkt als Piperidin.

Schering schützt ein Verfahren zur Darstellung von Pyrrolidinderivaten, dadurch gekennzeichnet, daß man acidylierte Brenztraubensäureester mit Benzaldehyd und o-substituierten Anilinen oder mit substituierten Anilinen oder mit Benzaldehyd und heterocyclischen Verbindungen oder mit heterocyclischen Aldehyden und Aminen in nicht alkoholischer Lösung kondensiert.

Beschrieben sind: 1-o-Tolyl-2-phenyl-3-acetyl-4.5-diketopyrrolidin

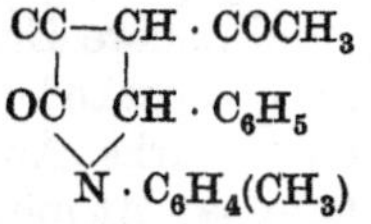

$$\begin{array}{l} OC-CH \cdot COCH_3 \\ OC \quad CH \cdot C_6H_5 \\ \quad N \cdot C_6H_4(CH_3) \quad \text{ortho}^{1)} \end{array}$$

1.2'-Methoxyphenyl-2-phenyl-3-acetyl-4.5-diketopyrrolidin

$$\begin{array}{l} OC-CH \cdot CO \cdot CH_3 \\ OC \quad CH \cdot C_6H_5 \\ \quad N \cdot C_6H_4(OCH_3) \end{array}$$

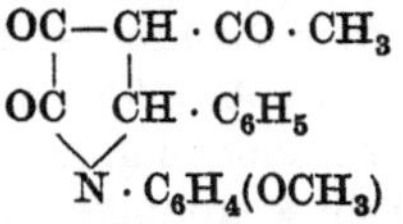

1-Phenyl-2-piperonyl-3-acetyl-4.5-diketopyrrolidin

$$\begin{array}{l} OC-CH \cdot COCH_3 \\ OC \quad CH \cdot C_6H_3\langle{}^{O}_{O}\rangle CH_2 \\ \quad N \cdot C_6H_5 \end{array}$$

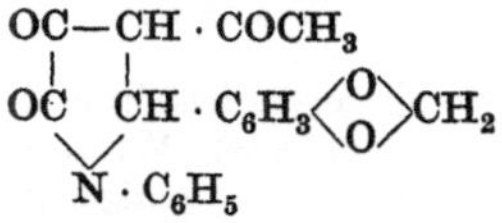

1-p-Tolyl-2-p-dimethylaminophenyl-3-acetyl-4.5-diketopyrrolidin

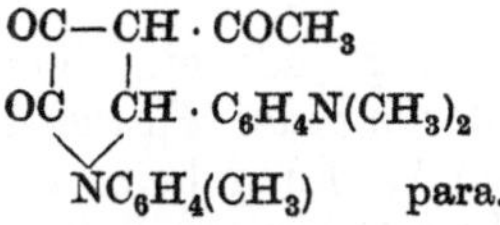

$$\begin{array}{l} OC-CH \cdot COCH_3 \\ OC \quad CH \cdot C_6H_4N(CH_3)_2 \\ \quad NC_6H_4(CH_3) \quad \text{para.} \end{array}$$

1.8'-Chinolyl-2-phenyl-3-acetyl-4.5-diketopyrrolidin,
1.4'-(1'-Phenyl-2.'3'-dimethyl-5'-pyrrazolyl)-2-phenyl-3-acetyl-4.5-diketopyrrolidin,
1-Phenyl-2-furfuryl-3-acetyl-4.5-diketopyrrolidin,
1.2'-Methoxyphenyl-2-phenyl-3-benzoyl-4.5-diketopyrrolidin[2]).

Reduziert man Diketopyrrolidine der allgemeinen Formel

$$\begin{array}{l} OC-CH-R_2 \\ OC \quad CH-R^1 \\ \quad N \cdot R \end{array}$$

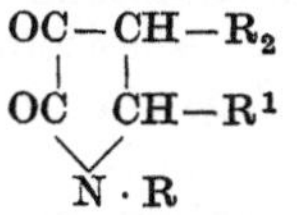

mit Zink und Essigsäure, so gelangt man zu Gichtmitteln. Es treten 2 oder 4 Wasserstoffatome ein[3]).

Unterwirft man Diketopyrrolidine der allgemeinen Formel

$$\begin{array}{l} OC-CH-R_2 \\ OC \quad CH-R_1 \\ \quad N \cdot R \end{array}$$

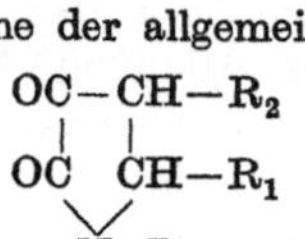

bzw. Halogenverbindungen solcher Diketopyrrolidine bei erhöhter Temperatur der Einwirkung von Ammoniak, so erhält man Diketopyrrolidinderivate, welche Gichtmittel sind. Unter Austritt von Wasser tritt eine Aminogruppe in die Pyrrolidinverbindung, wahrscheinlich in die 4-Stellung, ein[4]).

Pyrrolidinderivate erhält man, wenn man acidylierte Brenztraubensäureester, Benzaldehyd und m- oder p-substituierte Derivate des Anilins aufeinander einwirken läßt.

Aus m-Toluidin, Benzaldehyd und Acetylbrenztraubensäureäthylester erhält man m-Methyldiphenylacetyldiketopyrrolidin. Beschrieben sind ferner p-Methyldiphenylacetyldiketopyrrolidin, p-Äthoxyldiphenylacetyldiketopyrrolidin, p-Methyldiphenylbenzoyldi-

[1]) DRP. 287 959. [2]) Chemische Fabrik vorm. **Schering**, DRP. 280 971.
[3]) **Schering**, DRP. 289 247. [4]) **Schering**, DRP. 290 531.

ketopyrrolidin. Diese Substanzen besitzen diuretische Wirkungen und führen eine starke Harnsäurevermehrung im Harn herbei[1]).

Nucleinsäure und Thyminsäure wirken in vitro harnsäurelösend[2]).

1.6-Diaminohexan $(CH_2)_6\begin{matrix}/NH_2\\ \backslash NH_2\end{matrix}$ wirkt in vitro harnsäurelösend wie Urotropin, es passiert den Organismus unverändert, bei Injektion macht es lokale Entzündung, bei interner Gabe von 0.5 g pro kg Tier ist es ungiftig[3]).

Die folgenden Verbindungen sind neuere Errungenschaften, Verbindungen, welche nicht mehr der Idee folgen, harnsäurelösende Mittel in die Therapie einzuführen, sondern zum Teil eine starke Ausschwemmung von Harnsäure aus dem Organismus bewirken (Typus: Atophan), zum Teil einen stärkeren Abbau der Harnsäure zum Allantoin (Typus: Oxychinolin). Ein Teil der Verbindungen hat überdies starke desinfizierende Eigenschaften.

In dieser Gruppe hat vor allem Atophan sich bewährt; sein bitterer Geschmack hat zu sehr zahlreichen Versuchen geführt in bekannter Weise (Bildung von Estern, Amid, Tannat usw.) diese unangenehme Eigenschaft zu vermeiden. Doch nur der erste Repräsentant dieser Reihe hat in der Therapie Eingang gefunden.

Während 8-Oxychinolin auf den Purinstoffwechsel wirkungslos ist, üben der Salicylsäure- und Acetylsalicylsäure-8-oxychinolinester Wirkungen aus, indem die Allantoinausscheidung erhöht wird. Die Ester sind 20 mal weniger giftig als freies Oxychinolin. Man erhält sie durch Einwirkung des Chlorids der Salicylsäure resp. Acetylsalicylsäure auf Oxychinolin[4]).

o-Oxychinolin bewirkt beim Hunde eine Vermehrung der Allantoinausscheidung bzw. eine Verminderung der Harnsäureausscheidung. Manchmal tritt auch die entgegengesetzte Wirkung beim Hunde ein. o-Oxychinolin ist für den Menschen zu giftig. Von Derivaten hat sich besonders o-Oxychinolinsalicylsäureester als wirksames Gichtmittel bewährt[5]). Es wird Aguttan genannt. Es wird nach DRP. 281 007 dargestellt.

Kleine Dosen von Acetylsalicylsäure-8-oxychinolin haben (beim Hunde) keinen Einfluß auf Harnsäure- und Allantoinausscheidung, mittlere vermindern die Harnsäure etwas, vermehren die Allantoinmenge, ebenso große Dosen von 5 g, während nach 10 g am ersten Tage ein erheblicher Rückgang des Allantoins erfolgt. Toxische Wirkungen wurden nicht beobachtet. 8-Oxychinolinglycerinäther bewirkt Vermehrung der Harnsäure und Verminderung der Allantoinausscheidung. Phenylcinchoninsäureäthylester verursacht eine geringe Verminderung der Harnsäure und Steigerung des Allantoins, Oxychinolin macht Abnahme der Harnsäure und des Allantoins[6]).

Atophan ist 2-Phenylchinolin-4-carbonsäure und wird gegen Gicht und Gelenksrheumatismus empfohlen, es soll eine überraschend große Harnsäureausscheidung herbeiführen. Atophan erhöht bei Verabreichung von 0.5—3 g innerlich bei purinfreier Nahrung die Harnsäureausscheidung um das 3—4fache (Nicolaier und Dohrn), sie geht aber beim Aussetzen des Mittels sofort wieder zurück. Es handelt sich, nach Weintrauds Ansicht, nicht um vermehrten Nucleinzerfall im Körper, sondern um eine Wirkung auf die Niere, deren Funktion der Harnsäureausscheidung elektiv durch das Mittel gesteigert wird.

[1]) Chemische Fabrik vorm. Schering, DRP. 283 305.
[2]) M. Goto, HS. **30**, 473 (1900).
[3]) Curtius und Clemm, Journ. f. prakt. Chem. N. F. **62**.
[4]) R. Wolffenstein, DRP. 281 007.
[5]) Th. Brugsch und R. Wolffenstein, Berliner klin. Wochenschr. **52**, 157 (1915).
[6]) Felix Boenheim, Zeitschr. f. experim. Pathol. u. Ther. **15**, 379 (1914).

Atophan steigert auch beim gesunden, purinfrei ernährten Menschen die Harnsäureausscheidung. Am Tage nach der Atophanverabreichung sinkt die Harnsäureausscheidung unter die Norm. Wird jedoch Atophan weiter gegeben, dann bleibt die Ausscheidung der Harnsäure durch 2—3 Tage gesteigert, kehrt dann zur Norm zurück und kann trotz weiterer Verabreichung von Atophan unter die Norm sinken.

Beim Hunde und Kaninchen bewirkt Atophan eine Herabsetzung der Allantoinausscheidung und Einschränkung des gesamten Purinumsatzes. Die Bildung der Purine wird durch Atophan in überlebenden Lebern gehemmt, ganz besonders aber die Tätigkeit der Xanthinoxydase, so daß eine deutliche Verschiebung des Verhältnisses Basen : Harnsäure zugunsten der ersteren stattfindet. Die Urikooxydase wird durch Atophan nicht beeinflußt[1]).

Atophan wirkt im Gegensatze zum Warmblüter am Kaltblüter schon in geringen Mengen deutlich toxisch. Das Zentralnervensystem und besonders der nervöse Herzapparat werden gelähmt. Die Giftigkeit des Atophans ist durch die Phenylgruppe bedingt, da die Cinchoninsäure nahezu völlig ungiftig ist. Der Grund der Wirksamkeit in der Atophangruppe ist abhängig einerseits von der Substitution am Chinolinkern, andererseits vom Benzolring. So wird durch Substitution einer zweiten Phenyl-, einer Äthyl-, Amino- oder Hydroxylgruppe (nicht Methyl!) am Chinolinkern die Atophanwirkung deutlich abgeschwächt, durch Substitution am Benzolring dagegen nicht nur nicht gemindert, sondern erhöht, wie die Versuche mit 2-p-Tolyl-, 2-p-Äthylphenyl-, 2-o-Oxyphenyl-, 2-m-Oxyphenyl- und 2-p-Chlorphenylchinolin-4-carbonsäure gezeigt haben. Die Ungiftigkeit des Hexophans (Dinatriumsalz der 2-Oxyphenylcarbonsäurechinolin-4-carbonsäure) beruht mit Sicherheit auf der Anwesenheit der zweiten Carboxylgruppe.

Atophan wird im Organismus zur Oxyphenylchinolincarbonsäure oxydiert und erst durch letztere kommt es sekundär zur vermehrten Harnsäureausscheidung[2]).

Nach den Versuchen von R. Ciusa und R. Luzzatto beruht der Hauptteil der physiologischen Wirkung des Atophans auf dem in α-Stellung befindlichen Phenylrest; die Anwesenheit einer Methoxyl- oder Aminogruppe in Stellung 6 wird als schädlich, in Stellung 8 als unschädlich gefunden[3]).

Wenn man molekulare Mengen von Isatin und Ketonen bei Gegenwart von überschüssigem, wässerigem Ammoniak erhitzt, so gelangt man zu den Amiden der Chinolin-4-carbonsäuren die sich durch Verseifung z. B. mit konzentrierter Schwefelsäure, in Ammoniak und die entsprechenden Chinolincarbonsäuren spalten lassen. Beschrieben sind 2-Methylchinolin-4-carbonsäure, Tetrahydromesoacridincarbonsäure

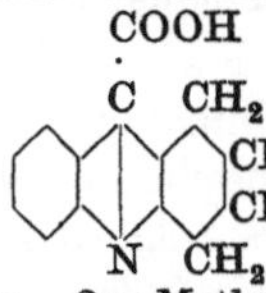

COOH
C CH_2
CH_2
CH_2
N CH_2

, 2-Phenylchinolin-4-carbonsäure, 2-p-Tolyl-3-phenylchinolin-4-carbonsäure, 2-p-Methoxyphenyl-3-phenylchinolin-4-carbonsäure[4]).

Der Methyl-und Äthylester der 2-Phenylchinolin-4-carbonsäure schmecken bitter, während die Arylester geschmacklos sind. Man stellt sie nach den üblichen Methoden mit Phosphoroxychlorid dar. Beschrieben sind der Phenol- und β-Naphtholester[5]).

Es wurde auch, um den bitteren Geschmack zu vermeiden, 2-Piperonylchinolin-4-carbonsäure (Piperonylcinchoninsäure) dargestellt, die besser schmeckt und in gleicher

[1]) E. Starkenstein, BZ. **106**, 139 (1920).

[2]) Luise Rotter, Zeitschr. f. experim. Pathol. u. Ther. **19**, 176 (1917). — W. Skorozewski und J. Sohn, Anzeiger Akad. d. Wiss. Krakau **1912**, Reihe A, 885 (1912).

[3]) Atti R. Accad. dei Lincei Roma [5] **22**, I, 305 (1913).

[4]) Bayer, DRP. 290 703. [5]) DRP. 244 788.

Weise verwendet werden kann. Man erhält sie durch Kondensation von Piperonal, Anilin und Brenztraubensäure, indem man diese mehrere Stunden in alkoholischer Lösung am Rückflußkühler kocht. Beim Erkalten scheidet sich Piperonylcinchoninsäure

COOH, O—CH_2, O aus[1]).

Ester der in 2-Stellung durch Alkyl oder Aryl substituierten Chinolincarbonsäuren bzw. deren im Pyridin oder Benzolkern substituierten Derivate erhält man, wenn man wasserlösliche Salze dieser Säuren mit Halogenalkyl bei Gegenwart von Wasser erhitzt. Beschrieben sind: 2-Phenylchinolin-4-carbonsäuremethylester, 6-Methyl-2-phenylchinolin-4-carbonsäureäthylester, 6-Methyl-2-piperonylchinolin-4-carbonsäuremethyl- und äthylester, 2-Methylchinolin-3.4-dicarbonsäurediäthylester[2]).

Atophan ist für manche Organismen ein selbst in kleinen Mengen tödliches Gift. Schon Zentigramme schädigen das Froschherz irreparabel. Tetrahydroatophan zeigt diese Erscheinung nicht, erzeugt aber eine mehrere Wochen währende Dauervergiftung, welche in Reflexerregbarkeitssteigerung und in Tetanus besteht[3]).

Acitrin ist der Äthylester der Phenylcinchoninsäure (Atophan).

Iriphan ist das Strontiumsalz des Atophans.

Durch Hydrierung des Atophanmoleküls schwinden seine Einwirkungen auf das Kaltblüterherz völlig. Dafür tritt eine spinale und periphere Erregungswirkung ein. Das Vergiftungsbild am Warmblüter ist durch eine spinale Reflexerregbarkeitssteigerung charakterisiert[4]).

2-Phenylchinolin-4-diäthylcarbinol wirkt wie Atophan und Acitrin auf die Harnsäureausscheidung. Ebenso Atophansalicylsäureester. Der Spirosalester des Atophans hat keine große Wirkung auf den Harnsäurestoffwechsel[5]).

Novatophan ist Methylphenylchinolincarbonsäureäthylester

$COO \cdot C_2H_5$, CH_3, $\cdot C_6H_5$, N

Novatophan K ist der Atophanmethylester (Phenylchinolincarbonsäuremethylester), ein Ersatzmittel für Novatophan selbst, den Methylphenylchinolincarbonsäureäthylester.

Atochinol ist Phenylcinchoninsäureallylester. Die Verbindung ist geruchlos und hat einen aromatischen Geschmack[6]).

2-Phenylchinolin-4-carbonsäureallylester wird durch Behandeln der freien Säure, ihrer Salze oder Halogenide mit Allylierungsmitteln nach den üblichen Methoden gewonnen. Das Produkt ist geschmacklos und löst Harnsäure wesentlich leichter als die freie Säure[7]).

Keine Vermehrung der Harnsäureausscheidung rufen die folgenden Verbindungen hervor: α-(p)-Methoxyphenyl-γ-chinolincarbonsäure, α-(p)-Dimethylaminophenyl-γ-chinolincarbonsäure und 6-Amino-α-phenylchinolin-γ-carbonsäure. Geringe Vermehrung (15—18%) bewirkt α-(o)-Oxyphenyl-β-naphthocinchoninsäure, größere (18—27%) ergeben α-(p)-Dimethylaminophenyl-β-naphthocinchoninsäure, Dihydro-α-phenyl-β-naphthochinolincarbonsäure und α-Phenyl-β-naphthochinolin selbst. Die günstigsten Resultate werden erreicht mit α-Phenylchinolincarbonsäure (Atophan) und mit α-Phenyl-β-naphthochinolincarbonsäure (Diapurin).

---

1) DRP. 244 497. 2) A.-G. vorm. Schering, Berlin, DRP. 275 963.
3) J. Pohl, Berliner klin. Wochenschr. **54**, 129 (1917).
4) Julius Pohl, Zeitschr. f. experim. Pathol. u. Ther. **19**, 198 (1917).
5) Th. Arndt, Diss. Breslau (1914).
6) P. Roethlisberger, Rev. Méd. de la Suisse romande **40**, 172 (1920).
7) Ciba. E. P. 150401 (1920).

α-Phenyl-β-naphthochinolin-γ-carbonsäure (Diapurin) hat wie Atophan eine harnsäureausschwemmende Wirkung, wenn auch etwas geringer. Für die Entfaltung der harnsäureausschwemmenden Wirkung ist es nötig, daß sich der Phenylrest in 2-Stellung befindet. Chinolincarbonsäure ist unwirksam. Die Gegenwart einer OCH_3- oder NH_2-Gruppe in 6-Stellung neutralisiert die Wirkung ebenfalls, hingegen ist 6-Methyl-2-phenylchinolin-4-carbonsäure (Paratophan) ziemlich wirksam, ebenso 8-Methoxy-2-phenylchinolin-4-carbonsäure (Isatophan). o-Methoxyatophan [1])

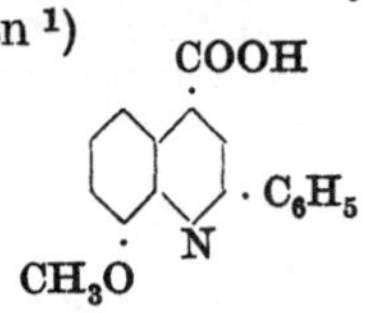

COOH · C_6H_5 N CH_3O

Die Einführung von anderen Gruppen — OH, — $N(CH_3)_2$, OCH_3 — in den 2-Phenylkern verhindert oder schwächt die harnsäureausschwemmende Wirkung. Da Atophan sich im Organismus in Oxyphenylchinolin-4-carbonsäure umwandelt, scheint die Atophanwirkung offenbar vor dem Eintritt dieser Oxydation zu erfolgen. Die Reduktion des Pyridinringes schwächt die Wirkung, hebt sie jedoch nicht völlig auf[2]).

Paratophan ist 6-Methylatophan

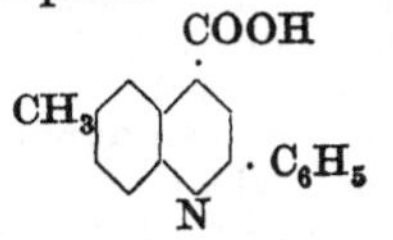

COOH CH_3 · C_6H_5 N

ist weniger bitter und in der Wirkung identisch mit Atophan.

Oxyphenylchinolincarbonsäure unterscheidet sich von Atophan dadurch, daß sie statt der Phenylgruppe Salicylsäure enthält.

Hexophan soll vollkommen ungiftig und reizlos sein

Hexophan ist Oxycarboxyphenylchinolinsäure; es soll die Wirkungen des Atophans durch den diuretischen Effekt des Salicylsäurekomponente unterstützen; man erhält es durch Kondensation von Acetosalicylsäure mit Isatin.

Die in 2-Stellung arylierten Chinolin-4-carbonsäuren lassen sich in wasserlösliche Verbindungen überführen, wenn man ihre Aminosubstitutionsprodukte, seien es solche, bei denen die Aminogruppe im 2-Arylrest oder im Chinolinkern steht, mit Formaldehydsulfoxylaten in wässeriger Lösung behandelt[3]).

Man erhält jodhaltige Chinolinderivate, bei denen das Jod entweder im Chinolinkern oder im Phenylrest sitzt, in der Weise, daß man im ersteren Falle jodierte aromatische Amine mit Benzaldehyd und Brenztraubensäure oder im zweiten Falle aromatische Amine mit Jodbenzaldehyden und Brenztraubensäure kondensiert. Durch die Kombination mit Jod soll die Wirkung der 2-Phenyl-chinolin-4-carbonsäure sehr verstärkt werden. Beschrieben sind 6-Jod-2-phenylchinolin-4-carbonsäure

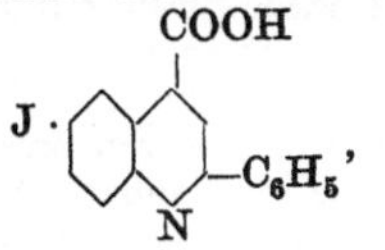

COOH J · —C_6H_5 N

, 2.4′-Jodphenylchinolin-4-carbonsäure

COOH J N

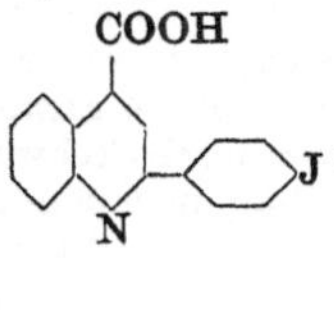

, 6-Methoxy-2.4′-jodphenylchinolin-4-carbonsäure

COOH CH_3O · J N

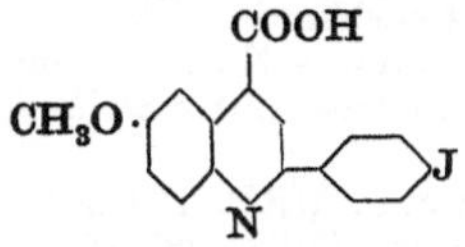

[1]) C. H. Thoms, Ber. Dtsch. Pharm. Ges. 22, 65 (1912).
[2]) R. Luzzatto und R. Ciusa, Arch. d. Farmacol. sperim. 16, 6.
[3]) Schering, DRP. 287 216.

Die im Phenylrest jodierten Verbindungen können auch durch Kondensation von Isatin mit Jodacetophenonen gewonnen werden[1]).

Chem. Fabr. vorm. Schering[2]) stellen von der Haut resorbierbare Derivate der 2-Phenylchinolin-4-carbonsäure her, und zwar die Glykolsäureester, indem sie Halogenessigsäureester auf die Salze der 2-Phenylchinolin-4-carbonsäureester einwirken lassen.

Acetolester der 2-Phenylchinolin-4-carbonsäure, welche geschmacklos sind, erhält man durch Behandlung der Säure resp. ihrer Salze mit Chloraceton[3]).

Führt man 2-Phenylchinolin-4-carbonsäure oder ihre Derivate in die entsprechenden Isoamylester über, so erhält man Verbindungen, die sich infolge ihrer öligen Beschaffenheit und Resorptionsfähigkeit besonders zu Einreibungen in die Haut eignen. Die Veresterung geschieht in der üblichen Weise. Beschrieben sind: 2-Phenylchinolin-4-carbonsäureisoamylester, 6-Methyl-2-phenylchinolin-4-carbonsäureisoamylester, 8-Methoxy-2-phenylchinolin-4-carbonsäureisoamylester[4]).

Wenn man statt Anilin Benzidin, Tolidin oder Dianisidin mit Benzaldehyd und Brenztraubensäure kocht, so erhält man im Phenylrest substituierte Dichinolylcarbonsäuren.

Aus Benzidin erhält man 6.6'-Dichinolyl-2.2'-diphenyl-4.4'-dicarbonsäure

COOH COOH

C_6H_5 · · C_6H_5

N N

Aus Benzidin und Salicylaldehyd (statt Benzaldehyd) erhält man 6.6'-Dichinolyl-2.2'-dioxyphenyl-4.4'-dicarbonsäure.

Aus o-Tolidin und Benzaldehyd erhält man 8.8' Dimethyl-6.6'-dichinolyl-2.2'-diphenyl-4.4'-dicarbonsäure. Aus o-Dianisidin und Benzaldehyd entsteht 8.8'-Dimethoxy-6.6'-dichinolyl-2.2'-diphenyl-4.4'-dicarbonsäure[5]).

2-Phenylchinolin-4-carbonsäare erhält man durch Einwirkung von Isatin auf Acetophenon in Gegenwart von wässerigem Ätzkali[6]).

Aminoderivate der 2-Phenylchinolin-4-carbonsäure erhält man durch Kondensation von Isatin mit Aminoacetophenonen. Als Beispiel werden angeführt die Kondensationen von Isatin mit m-Aminoacetophenon und mit ω-Aminoacetophenon[7]).

Man behandelt gleiche Moleküle Isatin und Acetophenon oder dessen Derivate mit beliebigen Mengen Ammoniak ohne äußere Wärmezufuhr.

Man gelangt so zu wesentlich anderen Produkten, die der Chinolinreihe nicht angehören, als nach dem DRP. 290 703, nach dem gleiche Mole Isatin und Ketone bei Gegenwart von überschüssigem wässerigen Ammoniak unter Erwärmen gegebenenfalls unter Druck kondensiert werden[8]).

Durch das Hauptpatent sind die Amide der 2-Phenylchinolin-4-carbonsäure geschützt, die geschmacklos sind. Geht man von der 2-Piperonylchinolin-4-carbonsäure und ihren Homologen aus, so kann man bei der Darstellung der Amide ebenfalls zu geschmacklosen Substanzen gelangen. Diese Verbindungen rufen keine vermehrte Harnsäureausscheidung herbei[9]).

Wenn man 2-Piperonylchinolin-4-carbonsäure oder ihre Homologen in Arylide überführt, so erhält man z. B. 2-Piperonylchinolin-4-carbonsäureanilid aus dem mit Thionylchlorid bereitetem Säurechlorid und Anilin. Beschrieben sind ferner 6-Methyl-2-piperonylchinolin-4-carbonsäure-p-toluidid, 2-Piperonylchinolin-4-carbonsäure-p-phenetidid, 2-Piperonylchinolin-4-carboxyl-p-aminobenzoesäureäthylester[10]).

Durch Kondensation von Aminosubstitutionsprodukten der 2-Phenylchinolin-4-carbonsäure mit Formaldehyd und Bisulfit gelangt man zu amino-2-phenylchinolin-4-carbonsäure-ω-methylschwefligsauren Salzen. Diese Verbindungen sind wasserlöslich. Im Organismus sollen sie Formaldehyd abspalten können.

Beschrieben sind das Natriumsalz der ω-methylschwefligen Säure aus 2-Phenyl-6-aminochinolin-4-carbonsäure, 2-phenyl-7-aminochinolin-4-carboxy-ω-methylschwefligsaures Natrium, 2.3'-aminophenylchinolin-4-carboxy-ω-methylschwefligsaures Natrium, das ω-methylschwefligsaure Natriumsalz der 2-Phenyl-3-aminochinolin-4-carbonsäure[11]).

Wenn man entweder Kohlensäure auf 2-phenylchinolin-4-carbonsaures Natrium einwirken läßt, oder 2-Phenylchinolin-4-carbonsäure mit Natriumcarbonat bzw. mit Natrium-

---

1) Schering, DRP. 288 303. 2) DRP. 267 208. 3) Bayer, DRP. 267 209.
4) Schering, DRP. 287 959. 5) DRP. 246 078. 6) Kalle, DRP. 287 304.
7) DRP. 288 865, Zusatz zu DRP. 287 804. 8) Schering, DRP. 301 591.
9) Schering, DRP. 277 438, Zusatz zu DRP. 252 643.
10) DRP. 281 097, Zusatz zu DRP. 252 643. 11) Höchst, DRP. 292 393.

bicarbonat behandelt, oder Natriumbicarbonat mit phenylchinolincarbonsauren Salzen umsetzt, so entsteht eine Verbindung $C_{33}H_{28}N_2O_7Na$, d. i. kohlensaures 2-phenylchinolin-4-carbonsaures Natrium, welches den Magen weniger angreift als die Säure selbst und auch zur Reinigung der Säure dienen kann[1]).

Homologe und Substitutionsprodukte der 2-Piperonylchinolin-4-carbonsäure erhält man, wenn man Homologe oder Substitutionsprodukte des Anilins mit Piperonal und Brenztraubensäure kondensiert. 6-Methyl-2-piperonyl-chinolin-4-carbonsäure erhält man aus p-Toluidin, Piperonal und Brenztraubensäure beim Kochen in Alkohol. 6-Oxy-2-piperonylchinolin-4-carbonsäure aus p-Aminophenol, Piperonal und Brenztraubensäure. 8-Methoxy-2-piperonylchinolin-4-carbonsäure aus o-Anisidin, Piperonal und Brenztraubensäure[2]).

Man erhält 2-Phenylchinolin-4-carbonsäuren, welche eine Aminogruppe im Benzolkern des Chinolins enthalten, wenn man Monoacidylverbindungen von Phenylendiaminen mit Benzaldehyd oder dessen Homologen und Brenztraubensäure kondensiert und die so erhaltenen N-Acidylverbindungen verseift. Aus p-Aminoacetanilid, Benzaldehyd und Brenztraubensäure erhält man 2-Phenyl-6-acetylaminochinolin-4-carbonsäure, aus der durch Verseifung mit Natronlauge 2-Phenyl-6-aminochinolin-4-carbonsäure entsteht. Ferner sind beschrieben: 2-Phenyl-7-aminochinolin-4-carbonsäure, 2-p-Tolyl-6-aminochinolin-4-carbonsäure, 2.4-Methoxyphenyl-6-aminochinolin-4-carbonsäure und 2-Phenyl-5-methoxy-6-aminochinolin-4-carbonsäure[3]).

2-Naphthylchinolin-4-carbonsäuren werden dargestellt, wenn man entweder Isatin oder Methylisatin mit Acetonaphthonen oder deren Kernsubstitutionsprodukte in alkalischer Lösung oder Anilin oder dessen Derivate mit Brenztraubensäure und Naphthaldehyden kondensiert.

2.1′-Naphthylchinolin-4-carbonsäure erhält man aus Isatin und α-Acetonaphthon oder aus Anilin, α-Naphthaldehyd und Brenztraubensäure.

Ferner sind beschrieben 2.2′-Naphthylchinolin-4-carbonsäure, 6-Methyl-2.2′-naphthylchinolin-4-carbonsäure, 2.1′-Oxynaphthylchinolin-4-carbonsäure

COOH · C · CH · C · N · OH

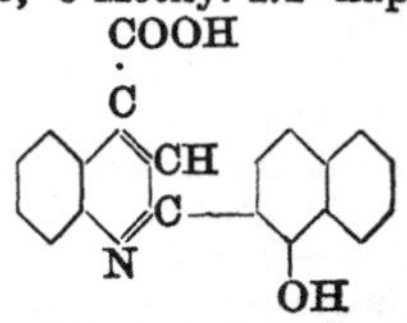

Im Gegensatz zur 2-Phenylchinolin-4-carbonsäure wird angeblich bei der therapeutischen Wirkung der betreffenden 2-Naphthylchinolin-4-carbonsäure bei stark vermehrter Harnsäureausscheidung ein klarer Urin entleert[4]).

Man erhält Derivate der 2-Phenylchinolin-4-carbonsäure, wenn man o-, m- oder p-Oxyacetophenon mit Isatin bzw. m- oder p-Oxybenzaldehyd mit Anilin und Brenztraubensäure kondensiert. So erhält man 2.4′-Oxyphenylchinolin-4-carbonsäure, 2.3′-Oxyphenylchinolin-4-carbonsäure und 2.2′-Oxyphenylchinolin-4-carbonsäure[5]).

Kalle & Co. geben in DRP. 284 233 an, daß die 2.2′-, 2.3′- und 2.4′-Oxyphenylchinolincarbonsäuren, insbesondere die 3′- und 4′-Oxysäure eine ähnliche Wirksamkeit wie die 2′-Phenylchinolin-4′-Carbonsäure entfalten.

Diese Verbindungen sind nicht nur sogenannte Gichtmittel, sondern sie haben auch stark ausgeprägte antiseptische und entzündungswidrige Eigenschaften, die denen der Salicylpräparate mindestens gleichkommen; sie zeigen beachtenswerte Wirkungen als Plasmagifte im Sinne des Chinins und wirken z. B. bei Pertussis.

2- resp. 3-Antipyrylchinolin-4-carbonsäuren erhält man, wenn man Isatin mit 1-Phenyl-2.3-dimethyl-4-aceto-5-pyrazolon oder dessen Homologen in alkalischer Lösung kondensiert[6]).

Man kann die unangenehmen Nebenwirkungen der Phenylchinolincarbonsäure und ihrer Derivate, nämlich den bitteren Geschmack und die Reizwirkung auf den Magen beseitigen, wenn man sie in Tanninverbindungen überführt. Die Tannate besitzen die Eigenschaften der Ausgangsstoffe sowohl bezüglich der Beeinflussung der Harnsäureausscheidung als auch der entzündungswidrigen, schmerzstillenden Wirkung. Die Herstellung der Tanninverbindungen geschieht je nachdem noch eine freie Carboxyl- oder Hydroxylgruppe vorhanden ist oder nicht, indem man im ersten Falle eine verdünnte Lösung des Körpers in Alkali, im letzteren eine solche in Säuren nacheinander mit einer Lösung von Tannin und

---

[1]) Chemische Fabrik vorm. Schering, DRP. 285 499.
[2]) Chemische Fabrik vorm. Schering, DRP. 281 603.
[3]) DRP. 294 159, Zusatz zu DRP. 287 804.
[4]) Chemische Fabrik vorm. Schering, DRP. 284 232.
[5]) Kalle, DRP. 284 233. [6]) Höchst, DRP. 270 487.

verdünnter Essigsäure bzw. Lösung von essigsaurem Natrium vermischt. Dabei ist darauf zu achten, daß die Tanninmenge genügend groß ist. Dargestellt werden die Tannate von 2-Phenylchinolin-4-carbonsäure, 2-Oxyphenylchinolin-4-carbonsäure, 2-Phenylchinolin-4-carbonsäureäthylester und 2-Phenylchinolin-4-carbonsäureamid [1]).

Den Aminoderivaten der 2-Phenylchinolin-4-carbonsäure haftet der Nachteil, Harnsäureausscheidung zu bewirken im Gegensatze zur Phenylchinolincarbonsäure nicht an. Man erhält sie durch Kondensation von Nitroisatinen mit Acetophenon oder seinen Homologen und Substitutionsprodukten und Reduktion der Nitroverbindung oder indem man Isatine mit Acidylaminoacetophenon oder dessen Homologen und Substitutionsprodukten kondensiert und die Acidylreste mit verseifenden Mitteln abspaltet.

Aus Nitroisatin und Acetophenon in Gegenwart von wässerigem Ätzkali entsteht das Kaliumsalz der 2-Phenyl-6-nitrochinolin-4-carbonsäure, das mit Zinnchlorür und Salzsäure 2-Phenyl-6-aminochinolin-4-carbonsäure liefert. Ferner sind beschrieben: 2-m-Acetylaminophenylchinolin-4-carbonsäure, 2-m-Aminophenylchinolin-4-carbonsäure, 2-Phenyl-3-aminochinolin-4-carbonsäure [2]).

Durch Reduktion der 2.2′-, 2.3′- oder 2.4′-Nitrophenylchinolin-4-carbonsäure gelangt man zu entsprechenden Aminoverbindungen, welche wie die 2-Phenylchinolin-4-carbonsäure verwendet werden sollen. Sie führen eine weit geringere Harnsäureabscheidung herbei oder lassen sie ganz unbeeinflußt. Beschrieben sind: 2.2′-Aminophenylchinolin-4-carbonsäure, 2.3′-Aminophenylchinolin-4-carbonsäure, 2.4′-Aminophenylchinolin-4-carbonsäure. Die Aminoverbindung kann auch durch Einwirkung von Brenztraubensäure auf die Aminobenzaldehyde und Anilin erhalten werden [3]).

Chem. Fabrik vorm. Schering, Berlin, stellen die Sulfoverbindungen der 2-Phenylchinolin-4-carbonsäure her, indem sie diese Säure mit sulfurierenden Mitteln behandeln. Beschrieben ist die Sulfo-2-phenylchinolin-4-carbonsäure, welche auf die Harnsäureausscheidung nicht mehr einwirkt, aber bei gichtischen Gelenkentzündungen noch wirksam sein soll [4]).

Durch Veresterung arylierter Chinolincarbonsäuren mit Salicylsäure, deren Homologen und Derivaten erhält man Verbindungen, die außer der Einwirkung auf die Harnsäureausscheidung auch die antirheumatischen Eigenschaften der Salicylsäure besitzen und absolut geschmacklos sind. Beschrieben sind: der Salicylsäureester der 2-Phenylchinolin-4-carbonsäure, der o-Kresotinsäureester der 2.3-Diphenylchinolincarbonsäure, der Salicylsäureester der 2-p-Anisylchinolin-4-carbonsäure, der Salicylsäureglykolester der 2-Phenylchinolincarbonsäure [5]).

Man erhält Verbindungen aus 2-Phenylchinolin-4-carbonsäure oder deren Homologen mit Glykokoll, wenn man die genannten Chinolincarbonsäuren auf Glykokollalkylester einwirken läßt [6]).

Kondensiert man Anilin mit Brenztraubensäure und p-Aldehydosalicylsäure bzw. Isatin mit Acetosalicylsäure, so erhält man 2.4′-Oxyphenylchinolin-4.3-dicarbonsäure

$$C_6H_4\left\langle\begin{array}{l}C(COOH):CH \\ \qquad\qquad\quad | \\ N=\!=\!=\!=\!=H-C_6H_3(OH)(COOH)\end{array}\right.$$

Die Verbindung wirkt antineuralgisch und antipyretisch sowie harnsäuretreibend. Die Lösungen der Alkalisalze schmecken süß [7]).

Kondensiert man Aceto-o-m- oder -p-kresotinsäure mit Isatinsäure, so erhält man Oxytolylchinolindicarbonsäuren. Die Acetokresotinsäuren kann man durch Kondensation von Acetylchlorid mit o-, m- oder p-Kresotinsäure mittels Aluminiumchlorid in Gegenwart von Schwefelkohlenstoff herstellen [8]).

An Stelle der Isatinsäure werden deren kernsubstituierte Derivate, wie die Methyl-, Halogen- oder Alkyloxyderivate mit Acetosalicylsäure oder Acetokresotinsäure kondensiert. Man erhält die entsprechenden, im Benzolkern des Chinolinrestes substituierten Oxyarylchinolindicarbonsäurederivate, welche in ihren pharmakologischen Eigenschaften den unsubstituierten Derivaten ähnlich sind [9]).

Oxyarylchinolindicarbonsäuren erhält man, wenn man an Stelle von Ätzalkali Alkalicarbonate oder Erdalkalien zwecks Kondensation von Isatinsäure mit Acetosalicylsäure, bzw. mit Acetokresotinsäuren verwendet. Dargestellt wurden: Oxyphenylchinolin-

---

[1]) Kalle, DRP. 287 993. [2]) Höchst, DRP. 287 804.
[3]) Chemische Fabrik vorm. Schering, DRP. 279 195. [4]) DRP. 270 994.
[5]) DRP. 261 028. [6]) A.-G. vorm. Schering, Berlin, DRP. 249 766.
[7]) Höchst, DRP. 293 467. [8]) DRP. 293 905, Zusatz zu DRP. 293 467.
[9]) DRP. 305 885, Zusatz zu DRP. 293 467.

dicarbonsäure aus Isatin und p-Acetosalicylsäure, sowie von p-Oxytolylchinolindicarbonsäure aus Isatin und Aceto-p-kresotinsäure [1]).

Ester der 2-Piperonylchinolin-4-carbonsäure erhält man, wenn man die Säure mit Alkoholen oder Phenolen verestert. Die Ester sind geschmacklos und bewirken keine Vermehrung der Harnsäureausscheidung. Beschrieben sind der Methyl-, Äthyl-, Phenyl-, 8-Oxychinolinester der 2-Piperonylchinolin-4-carbonsäure; der o-Oxybenzoesäureester der 2-Piperonylchinolin-2-carbonsäure, 6-Methyl-2-piperonylchinolin-4-carbonsäure und der Methylester und Glycerinester dieser Säure [2]).

Durch Einwirkung von Salicylsäurechlorid auf Anthranilsäure und deren Derivate und Homologen erhält man Acylverbindungen dieser Verbindungen. Beschrieben sind Salicylanthranilsäure, Salicylanthranil, Salicylanthranilsäureäthylester. Diese Verbindungen verursachen eine außerordentlich gesteigerte Harnsäureausscheidung [3]).

Max Hartmann und Ernst Wybert [4]) versuchten an Stelle des Phenylrestes den Thiophenrest in das Molekül der Cinchoninsäure einzuführen in der Erwartung, eine Verstärkung der antiphlogistischen und analgetischen Wirkung durch den Eintritt einer schwefelhaltigen Gruppe zu erzielen. Sie stellten durch alkalische Kondensation von Acetothienon mit Isatin bzw. Isatosäure Thienylchinolincarbonsäure

COOH
C
CH
C
N S

dar.

Die Substanz hat nach Untersuchungen von F. Uhlmann tatsächlich die gewünschte Eigenschaft, aber bei Eingabe derselben werden die Versuchstiere violettrot und der Harn permanganatfarben. Der Farbstoff hat ausgesprochen sauren Charakter und löst sich in Alkalien mit gelber Farbe. Auch die Ester der Säure haben die gleichen farbstoffbildenden Eigenschaften wie die Muttersubstanz.

---

[1]) DRP. 303 681, Zusatz zu DRP. 293 467.

[2]) Chemische Fabrik vorm. Schering, DRP. 281 136.

[3]) Grenzach, DRP. 284 735.

[4]) Helvetica Chimica Acta, Vol. II, fasc. 1, p. 60.

Vierzehntes Kapitel.

Wasserstoffsuperoxyd.

Als sauerstoffabgebende Verbindungen wurden für internen Gebrauch Chlorate, Bromate und Jodate sowie Benzoylsuperoxyd benutzt, wegen ihrer Blutgiftwirkung aber zumeist ver assen.

Wasserstoffsuperoxyd kann durch Hinzufügen von 0.2% Strontiumhydroxyd vor Zersetzung geschützt werden[1]).

Ebenso kann man mit 0.2% Traubenzucker Wasserstoffsuperoxyd haltbar machen[2]).

Die große Verbreitung des Wasserstoff uperoxyd für externe und Höhlenbehandlung hat zur Darstellung von festen Verbindungen geführt, bei denen Wasserstoffsuperoxyd mit Harnstoff oder Hexamethylentetramin verbunden ist, deren Stabilität durch verschiedene Zusätze erhöht wird. Diese Verbindungen haben sich als Wundantiseptica bewährt, ebenso als Mittel, rasch Wasserstoffsuperoxydlösungen frisch zu bereiten.

Die Nerven- und Herzwirkung der Bromate ist erheblich höher als die der Chlorate. Eine direkte Blutwirkung der Bromate ist kaum zu bemerken[3]).

Natriumpersulfat wirkt giftig und hypothermisch[4]).

Stearns & Co., Detroit, stellen Superoxydsäuren aus Anhydriden zweibasischer Säuren her, indem sie die Anhydride mit wässerigen Lösungen von Wasserstoffsuperoxyd bis zur Bildung von Niederschlägen schütteln. Beschrieben ist Peroxydphthalsäure, Bernsteinsuperoxydsäure, Glutarsuperoxydsäure[5]).

Bis jetzt hat sich kein organisches Superoxyd in der Therapie bewährt.

Diamaltgesellschaft, München, stellt eine haltbare Verbindung von Hexamethylentetramin mit Wasserstoffsuperoxyd her, indem sie Hexamethylentetramin unter Kühlung in Wasserstoffsuperoxydlösung auflöst und die entstandene Doppelverbindung aus der wässerigen Lösung durch organische Lösungsmittel ausfällt[6]).

Zur Haltbarmachung wird der Doppelverbindung eine kleine Menge eines Säureanhydrids oder der Acetylverbindung einer aromatischen Oxysäure und einer Eiweißverbindung oder eines Polysaccharids zugesetzt, z. B. Milchsäureanhydrid, Stärke und Acetylsalicylsäure oder Pflanzeneiweiß und Phthalsäureanhydrid[7]).

Hexamethylentriperoxyddiamin $N\begin{cases} CH_2-O\cdot O-CH_2 \\ CH_2-O\cdot O-CH_2 \\ CH_2-O\cdot O-CH_2 \end{cases}N$, erhält man, wenn man in konzentrierter Lösung Wasserstoffsuperoxyd auf Salze des Hexamethylentetramins mit organischen oder anorganischen Säuren zusammenbringt[8]).

An Stelle von Hexamethylentetramin läßt man Harnstoff und Formaldehyd auf Wasserstoffsuperoxyd in Gegenwart einer Säure einwirken. Das Produkt hat die Formel

$$OC\begin{matrix} NH\cdot CH_2\cdot O\cdot O\cdot CH_2\cdot NH \\ NH\cdot CH_2\cdot O\cdot O\cdot CH_2\cdot NH \end{matrix}CO$$ [9])

---

1) Meta Sarason, Berlin, DRP. 318 134. 2) DRP. 303 680.
3) Meta Sarason, Berlin, DRP. 318 220.
4) G. Richter, Budapest, DRP. 259 826.
5) DRP. 281 083, Zusatz zu DRP. 259 826.
6) DRP. 264 111. 7) DRP. 267 816, Zusatz zu DRP. 264 111.
8) Girsewald, DRP. 263 459. 9) DRP. 281 045, Zusatz zu DRP. 263 459.

Eine haltbare Verbindung aus Wasserstoffsuperoxyd und Carbamid erhält man, wenn man Carbamid mit Wasserstoffsuperoxyd bei niedriger Temperatur behandelt[1]).

Die Eigenschaften der nach dem Hauptpatent erhältlichen Produkte aus Carbamid und Wasserstoffsuperoxyd werden durch Zusatz geringer Mengen Stärke oder stärkeähnlicher Substanzen insofern günstig beeinflußt, als dadurch seine Widerstandsfähigkeit gegenüber den Einflüssen hoher Temperaturen, wie sie etwa bei der Verwendung in den Tropen in Frage kommen, erhöht wird[2]).

Eine Doppelverbindung von Wasserstoffsuperoxyd und Harnstoff unter Benützung geringer Mengen eines anorganischen alkalibindenden Stoffs von schwach saurem Charakter zum Haltbarmachen erhält man, wenn der Zusatz des alkalibindenden Stoffes vor der Abscheidung der Doppelverbindung aus der wässerigen Lösung ihrer Bestandteile erfolgt. Als Zusätze sind die sauren Salze der Phosphorsäure, Mononatriumphosphat und Natriummetaphosphat sowie die Borsäure angeführt[3]).

Haltbare Präparate aus Wasserstoffsuperoxyd und Harnstoff erhält man, wenn man dieser Verbindung geringe Mengen organischer Säuren oder ihrer sauren Salze zusetzt; z. B. Citronensäure, Salicylsäure, Gerbsäure[4]).

Zu dem in fester Form isolierten Harnstoffwasserstoffsuperoxyd setzt man zwecks Haltbarmachung geringe Mengen anorganischer Säuren oder saurer Salze dieser Säuren hinzu; z. B. Borsäure oder Natriumbisulfat[5]).

E. Merck stellt haltbare Verbindungen des Wasserstoffsuperoxyds mit neutralen, anorganischen oder organischen Stoffen her, indem er mit diesen Stoffen versetzte schwache technische Wasserstoffsuperoxydlösungen vorsichtig eindampft. Beschrieben sind Harnstoff-Wasserstoffsuperoxyd[6]).

---

[1]) Bayer, DRP. 293 125. [2]) DRP. 294 725, Zusatz zu DRP. 293 125.
[3]) Byk, DRP. 291490. [4]) C. G. Santesson, Arch. di Fisiolog. 7 (1910).
[5]) Joseph Nicolas, C. r. s. b. 52, 409. [6]) DRP. 170 727.

Nachträge.

Nachtrag zu Seite 18.

Salze von Thorium, Cer, Praseodym und Lanthan agglutinieren in sehr niedriger Konzentration, auch wenn die Salze nicht kolloid, sondern krystalloid sind. Vierwertiges Kation (Thorium) wirkt stärker als dreiwertiges (Lanthan, Cer, Praseodym). Alle vier sind Protoplasmagifte, Thor giftiger als Cer[1]).

Nachtrag zu Seite 51.

Benzin und seine vier rein dargestellten Bestandteile: Pentan, Hexan, Heptan und Octan in narkotischen Konzentrationen der Einatmungsluft zugesetzt machen häufig erst starke Reizerscheinungen neben frühzeitiger Beeinträchtigung der Atmung. Noch stärker als bei den aliphatischen Kohlenwasserstoffen ist die erregende Wirkung beim Benzol ausgeprägt[2]).

Nachtrag zu Seite 68.

Dichloräthylsulfid ist ein starkes Hautreizmittel. Das Dichloräthylsulfoxyd $(ClCH_2CH_2)_2SO$ macht selten leichtes Erythem, ebenso die entsprechende Jodverbindung $(JCH_2 \cdot CH_2)_2SO$. Dichloräthylsulfon $(ClCH_2CH_2)_2SO_2$ hat dieselbe Hautwirkung wie das Sulfid, aber es steht scheinbar diesem in der Wirksamkeit nach. Diacetyläthylsulfid $(CH_3 \cdot COO \cdot CH_2CH_2)_2S$ macht eine leichte Hautreaktion, ist aber bedeutend weniger wirksam als Senfgas. Die Stoffe haben weder antiseptische, noch bactericide Eigenschaften. Am giftigsten für Tiere ist Dijodäthylsulfon, danach Dichloräthylsulfon[3]).

Dichloräthylsulfid ist bei jeder Art der Einverleibung giftig. Es ist kein Blutgift, macht epileptiforme Krämpfe, in kleinen Dosen Stupor. Der Blutdruck sinkt, ebenso die Temperatur. Es ist ein mächtiges Lymphagogum[4]).

Die Giftwirkung des Thiodiglykolchlorids steht im engsten Zusammenhang mit der Anwesenheit der Chloratome. ω-Chlor-diäthyl-äthylsulfid $C_2H_5 \cdot S \cdot CH_2 \cdot CH_2Cl$ ist sehr viel weniger giftig, und das kein Halogen enthaltende Thiodiglykol $S(CH_2 \cdot CH_2 \cdot OH)_2$ ist durchaus harmlos[5]).

Penta- und Hexachloräthan und die Chlorderivate des Äthylens zeigen keine hämolysierende Wirkung, was Plötz[6]) durch die geringe Wasserlöslichkeit dieser Verbindungen erklärt. Die Chlorderivate des Methans, Äthans und Äthylens machen am isolierten Froschherzen mit Ausnahme des Hexachloräthans und Tetrachloräthylens Ventrikelstillstand[7]).

---

[1]) R. Doerr, Kolloid.-Ztschr. **27**, 277 (1920).
[2]) H. Fühner, BZ. **115**, 235 (1921).
[3]) Oregon B. Helfrich und E. Emmer Reid, Journ. of the Americ. chem. Soc. **42**, 1208 (1920).
[4]) A. Mayer, H. Magne und L. Plantefol, C. r. **170**, 1625 (1920).
[5]) W. Steinkopf, J. Herold und J. Stöhr, BB. **53**, 1007 (1920).
[6]) BZ. **103**, 243 (1920).
[7]) Werner Kießling, BZ. **114**, 292 (1921).

Nachtrag zu Seite 69.

Chlormethylchlorkohlensäureester sind giftiger als die Methylchlorkohlensäureester, letztere übertreffen aber die Kohlensäuremethylester an Giftigkeit, so daß die Zahl der Chloratome für den Grad der Giftigkeit ausschlaggebend ist[1]).

Nachtrag zu Seite 85.

Der symmetrische Dichlordimethyläther besitzt außer seiner irritativ erstickenden eine spezifische Wirkung auf das nervöse Regulationszentrum des Gleichgewichtssinnes, aber nur bei Hunden. Außerdem besteht vertikaler Nystagmus[2]).

ω-Bromacetophenon erzeugt schon in sehr geringen Mengen schmerzhafte Blasen auf der Haut und greift die Augen sehr an[3]).

Nachtrag zu Seite 238.

Chitenin wirkt wenig bactericid, aber auf Paramäcien tödlich; auch die Lähmung des Zentralnervensystems und der Zirkulation ist gering. Es wirkt aber schwer giftig auf die Niere und wird zum Teil unverändert ausgeschieden. Cinchotenin, die entsprechende Carbonsäure des Cinchonins, ist fast ungiftig und hat keine atophanähnliche Wirkung. Es wirkt auf Infusorien fünfmal schwächer als Chitenin. Ein reduziertes Cinchotenin erweist sich beim Frosch als Krampfgift. Cinchen wirkt stark giftig infolge Herz- und Vasomotorenlähmung. Es wirkt gefäßverengernd[4]).

Nachtrag zu Seite 248.

In Abänderung des Verfahrens des DRP. 268 830 werden an Stelle der Ester der allgemeinen Formel $R_1 \cdot CH_2 \cdot COOR_{11}$ mit einem Alkyl R_1 solche mit einem N-acidylierten basischen Rest R_1 verwendet. Die Patentschrift enthält ein Beispiel für die Darstellung des Chinolylketons, ausgehend vom N-Benzoylhomocincholoiponäthylester und Chinolin-4-carbonsäureäthylester über den β-Ketonsäureester.

N-Benzoylhomocincholoiponäthyläther

$$\begin{array}{l} C_6H_5 \cdot CO \cdot N - CH_2 - CH_2 - CH \cdot (CH_2)_2 \cdot COOC_2H_5 \\ \quad\quad\quad\quad | \quad\quad\quad\quad\quad\quad | \\ \quad\quad\quad CH_2 \text{———————} CH \cdot C_2H_5 \end{array} \longrightarrow$$

β-Ketonsäureester

$$\begin{array}{l} C_6H_5 \cdot CO \cdot N - CH_2 - CH_2 - CH \cdot CH_2 \cdot CH(COO \cdot C_2H_5) \cdot CO \cdot C_9H_6N \\ \quad\quad\quad\quad | \quad\quad\quad\quad\quad\quad | \\ \quad\quad\quad CH_2 \text{———————} CH \cdot C_2H_5 \end{array} \longrightarrow$$

Chinolylketon

$$\begin{array}{l} NH - CH_2 - CH_2 - CH(CH_2)_2 \cdot CO \cdot C_9H_6N \\ | \quad\quad\quad\quad\quad\quad\quad | \\ CH_2 \text{———————} CH \cdot C_2H_5 \end{array}$$

N-Benzoylhomocincholoiponäthylester wird in Gegenwart von Natriumäthylat mit Chinolin-4-carbonsäureäthylester bei etwa 80° zum β-Ketonsäureester kondensiert. Beim Kochen mit Salzsäure erhält man Chinolylketon, das mit Dihydrocinchotoxin identisch[5]).

Alkohole und Aminoalkohole der Chinolinreihe erhält man durch Reduktion von Chinolylketonen oder Chinolylaminoketonen mit Zink oder Aluminium in alkoholischer Lösung bei Gegenwart von Alkalialkoholat. Dabei wird der Chinolinkern und die ungesättigte Seitenkette nicht reduziert. Es gelingt auf diese Weise vom Chininon zum

---

[1]) André Mayer, H. Magne und L. Plantefol, C. r. **172**, 136 (1921).
[2]) André Mayer, L. Plantefol und A. Tournay, C. r. **171**, 60 (1920).
[3]) H. E. Cox, Analyst **45**, 412 (1920).
[4]) Maria Dauber, Z. f. exp. Path. u. Ther. **21**, 307 (1920).
[5]) DRP. 330 945, Zus. zu DRP. 268 830.

Chinin zu gelangen. Aus Dihydrocinchoninon erhält man Dihydrocinchonin und Dihydrocinchonidin. Aus 6-Methoxychinolyl-4-methylketon $CH_3O \cdot C_9H_5N \cdot CO \cdot CH_3$ erhält man 6-Methoxychinolyl-4-methylcarbinol. Aus 6-Methoxychinolyl-4-piperidylmethylketon erhält man 6-Methoxychinolyl-4-piperidinomethylcarbinol[1]).

Nachtrag zu Seite 266.

Man behandelt hier die Acylderivate des p-Aminophenols mit Allylhalogenid und Alkali. Dargestellt wurden p-Acetaminophenolallyläther, Lactyl-p-aminophenolallyläther, Formyl-p-aminophenolallyläther[2]).

Nachtrag zu Seite 341.

Wenn man Acetessigester mit Methylamin und Succindialdehyd in gut gekühlter, wässerig-alkalischer Lösung kondensiert, so erhält man Tropinonmonocarbonsäureester, die in Ekgonin übergeführt werden können[3]).

Wenn man Succindialdehyd mit Methylamin und Acetondicarbonestersäure oder deren Salze in eiskalter wässeriger Lösung kondensiert, so wird unter Bildung von Tropinmonocarbonsäureestern Kohlensäure abgespalten[4]).

Für die Herstellung von Tropinonmonocarbonsäureestern verwendet man Acetondicarbonestersäure, die durch teilweise Veresterung von roher Acetondicarbonsäure nach Pechmann gewonnen wird[5]).

Nachtrag zu Seite 358.

Substituiert man im Anästhesin (p-Aminobenzoesäureäthylester) die Aminogruppe insbesonders mit negativen Resten, so wird die Wirksamkeit mit Ausnahme von p-Carbäthoxyphenylhydrazin meist fast oder ganz aufgehoben.

N-Allyl-N'-p-carbäthoxyphenylthioharnstoff $C_6H_4(COO \cdot C_2H_5)NH \cdot CS \cdot NH \cdot C_3H_5$ wirkt ganz schwach anästhesierend. N-Allyl-N'-p-carbäthoxyphenylharnstoff ebenso.

N-β-γ-Dibrompropyl-N'-carbäthoxyphenylthioharnstoff ist unwirksam.

N-β, γ-Dibrompropyl-N'-carbäthoxyphenylharnstoff ist unwirksam.

p-Carbäthoxyphenylhydrazin anästhesiert auf der Zunge gut.

Acetonyl-p-carbäthoxyphenylhydrazon ist unwirksam. Benzal-p-carbäthoxyphenylhydrazon ist unwirksam. Zimtaldehyd-p-carbäthoxyphenylhydrazon ist unwirksam.

p-Carbäthoxyphenylglucosazon ist wirkungslos, ebenso das Galaktosazon.

Acetessigester-p-carbäthoxyphenylhydrazon ist völlig unwirksam. p-Carbäthoxyphenylmethylpyrazolon ist völlig unwirksam. p-Carbäthoxyphenylurethan wirkt schwach anästhesierend. p-Benzoylaminobenzoesäureäthylester[6]) zeigt Anästhesin gegenüber eine abgeschwächte Wirkung. p-Carbäthoxyphenylaminoessigsäure ist wirkungslos. p-Nitrobenzoyl-p-aminobenzoesäureäthylester ist unwirksam[7]). Zu gleichen Resultaten kam J. Morgenroth[8]).

Nachtrag zu Seite 389.

Durch Einwirkung von β-Chloräthyldialkylaminen auf p-Aminobenzoesäurealkylester erhält man: Methyl-, Äthyl-, Propyl-, Butyl-, Isobutyl- und Isoamylester der p-N-Diäthylaminoäthylaminobenzoesäure und das p-N-Dimethylaminoäthylaminobenzoesäurebutylester[9]).

---

[1]) Zimmer - Frankfurt, DRP. 330 813.

[2]) Ciba, DRP. 332 204, Zus. zu DRP. 310 967.

[3]) E. Merck und O. Wolfes, Engl. P. 153 917/1920.

[4]) E. Merck, Engl. P. 153 919/1920.

[5]) Engl. P. 153 918, Zus.-P. zu Engl. P. 153 919/1920.

[6]) Limpricht und Saar, Liebigs Ann. **303**, 278 (1921).

[7]) H. Thoms und Kurt Ritsert, Ber. Deutsch. Pharm. Ges. **31**, 65 (1921).

[8]) Ber. Deutsch. Pharm. Ges. **31**, 76 (1921).

[9]) Soc. chim. des usines du Rhône. E. P. 153 827/1920.

Nachtrag zu Seite 438.

Doppelsalze von Berberin, Cotarnin und Hydrastinin, in welchen zwei oder drei Basen enthalten sind, sollen anders wirken als die Einzelbasen[1]).

Durch Einwirkung von Essigsäureanhydrid-Schwefelsäure auf Hydrocotarnin erhält man bei niedriger Temperatur Hydrocotarninsulfosäure (6. 7-Methylendioxy-8-methoxy-2-methyltetrahydroisochinolin-5-sulfosäure. Bei höherer Temperatur erhält man Acetohydrocotarnin (6. 7-Methylendioxy-8-methoxy-5-aceto-2-methyltetrahydroisochinolin)[2]).

Nachtrag zu Seite 444.

3.4-Dioxybenzylamin ist wirksam, 2.3-Dioxyphenylamin aber nicht. Die optisch aktiven Oxyhydrindamine von Pope und Read[3]) sind unwirksam, weshalb Tiffeneau ihnen die Konstitution $C_6H_4\langle{}^{CH \cdot NH_2}_{CH_2}\rangle CH \cdot OH$ zuschreibt. Daß Substitution in der Seitenkette nicht nur am Stickstoff die Wirksamkeit schwächt, wie Schultze[4]) durch die stärkere Wirksamkeit des Noradrenalins $C_6H_3(OH_2) \cdot CH(OH) \cdot CH_2 \cdot NH_2$ nachgewiesen hat, sondern auch am Kohlenstoff, beweist die Untersuchung des β-Methylnoradrenalins $C_6H_3(OH)_2 \cdot CH(OH) \cdot CH(CH_3) \cdot NH_2$ [5]), dessen l-Form nur 60—75% der Wirksamkeit von l-Adrenalin besitzt.

Nachtrag zu Seite 446.

Naphthylmethylaminomethoxyäthan $C_{10}H_7 \cdot CH(OCH_3) \cdot CH_2 \cdot NH \cdot CH_3$ ist in bezug auf Vasokonstriktion 40 mal wirksamer als Phenylmethylaminoäthan und Phenylmethylaminomethoxyäthan $C_6H_5 \cdot (CH \cdot OCH_3) \cdot CH_2 \cdot NH \cdot CH_3$, welche beide gleich aktiv sind.

1-Aminoaceto-4-oxynaphthalin ist aktiver als Naphthylmethylaminomethoxyäthan. Ein Vergleich des 1-Aminoaceto-4-oxynaphthalins mit seinem Methyläther zeigt deutlich den Einfluß des freien Hydroxyls[6]).

Nachtrag zu Seite 471.

Die narkotische Wirksamkeit der Chlorderivate des Methans und Äthans beträgt, wenn man den Wert 1 für Chloroform zugrunde legt, für Dichloräthan 0,3, Tetrachlormethan 1,5, Äthylendichlorid 1, Äthylidenchlorid 2,7, Tetrachloräthan 13,1, Pentachloräthan 20, Hexachloräthan 59,1, Dichloräthylen 0,37, Trichloräthylen 13,1, Tetrachloräthylen 6,2. Der Stoffwechsel wird durch Dichloräthylen und Pentachloräthan stark geschädigt, nicht aber von Trichloräthylen und Tetrachloräthylen[7]).

Trichloräthylen (Chlorylen) wurde anscheinend mit gutem Erfolge bei Trigeminusneuralgie verwendet[8]).

Nachtrag zu Seite 478.

Chloralacetaminophenol $CH_3 \cdot CO \cdot NH \cdot C_6H_4 \cdot O \cdot CH(OH) \cdot CCl_3$ wirkt in geringeren Dosen als Chloral schlaferregend und anders als Chloral. Man erhält es durch Zusammenbringen beider Bestandteile[9]).

---

[1]) Martin Freund, DRP. 328 101.
[2]) Martin Freund, DRP. 328 102.
[3]) Journ. Chem. Soc., London **99**, 2071.
[4]) U. S. A. Dep. Hygienic. Lab. Bull. Nr. 35, Washington 1909.
[5]) DRP. 254 438, 269 327.
[6]) Antonio Madinaveitia, Bull. Soc. Chim. de France [4], **25**, 601 (1919).
[7]) G. Joachimoglu, Berl. klin. Wochenschr. **58**, 147 (1921).
[8]) Franz Kramer, Berl. klin. Wochenschr. **58**, 149 (1921).
[9]) O. Hinsberg, DRP. 332 678.

Nachtrag zu Seite 486.

Durch Acylierung von bromacylierten Harnstoffen erhält man Acetyl-bromdiäthylacetylcarbamid, Acetyl-α-bromisovalerianylharnstoff, Propionylbromdiäthylacetylharnstoff, Benzoylbromdiäthylacetylharnstoff[1]).

Nachtrag zu Seite 514.

Ciba[2]) beschreibt die Darstellung von Morphinphenyläthylbarbitursäure, Äthylmorphinphenyläthylbarbitursäure, Codeinphenyläthylbarbitursäure.

Nachtrag zu Seite 519.

Cumarin: C_6H_4(—CH=CH—)(—O—CO—)

4-Oxycumarin (Umbelliferon): HO·C_6H_3(—CH=CH—)(—O—CO—)

4-Methoxycumarin (Herniarin): CH_3O·C_6H_3(—CH=CH—)(—O—CO—)

3.4-Dioxycumarin (Daphnetin): HO, OH·C_6H_2(—CH=CH—)(—O—CO—)

4.5-Dioxycumarin (Äsculetin): HO, HO·C_6H_2(—CH=CH—)(—O—CO—)

4-Oxy-5-methoxycumarin (Chrysatropasäure): CH_3O, HO·C_6H_2(—CH=CH—)(—O—CO—)

Cumarin und Methoxycumarin wirken auf Fische narkotisch, während bei der Chrysatropasäure (Eintritt eines Phenolhydroxyls in Methoxycumarin) der narkotische Effekt verschwindet, es treten Gleichgewichtsstörungen, Atmungsbeschleunigung und Tod ein. Qualitativ ähnlich wirken Monoxycumarin (Umbelliferon) und die Dioxycumarine Daphnetin und Äsculetin. Umbelliferon ist wirksamer als die Dioxycumarine.

Bei Fröschen ist bei Oxycumarinen weder reine Cumarinwirkung, noch reine Phenolwirkung festzustellen. Sie führen erst in mindestens 15fach größerer Dosis wie beim Phenol durch zentrale Lähmung zum Tod.

Am Froschherzen verhalten sich die drei Oxycumarine mit freien phenolischen Hydroxylen, Umbelliferon, Daphnetin und Äsculetin prinzipiell völlig gleich, d. h. der Systolengipfel sinkt ganz gleichmäßig bis Null ab. Es tritt diastolischer Herzstillstand ein. Chrysatropasäure hingegen bringt das Herz nicht zum Stillstand. Herniarin wirkt ähnlich wie Chrysatropasäure. Auf den Blutdruck wirken die Substanzen nicht. Die Cumarinderivate sind beim Warmblüter nur sehr wenig pharmakodynamisch aktiv[3]).

Nachtrag zu Seite 520.

Diäthylhomophthalimid C_6H_4<(CH_2—CO)(CO—NH)>, Äthylpropylhomophthalimid, Dipropylhomophthalimid, Diallylhomophthalimid sind wenig giftig und haben keine schädlichen Nebenwirkungen. Sie wirken alle hypnotisch, am stärksten die Diäthylverbindungen, mit zunehmender Größe der Kohlenstoffkette nimmt die hypnotische Wirkung ab[4]).

Nachtrag zu Seite 634.

Selenhaltige hydrierte Chinaalkaloide erhält man durch Einwirkung von SeO_2 in Gegenwart konz. Schwefelsäure auf solche Alkaloide und Kochen des mit Wasser verdünnten Reaktionsproduktes. Beschrieben sind Selenohydrochinin, Selenoäthylhydrocuprein, Selenohydrocuprein[5]).

---

1) Bayer-Leverkusen, DRP. 327 129. 2) DRP. 330 814, Zus. zu DRP. 322 335.
3) Ernst Sieburg, BZ. **113**, 176 (1921).
4) Auguste Lumière und Félix Perrin, C. r. **171**, 637 (1920).
5) Zimmer & Co. - Frankfurt, DRP. 331 145.

Nachtrag zu Seite 640.

Öllösliche und wasserlösliche Farbstoffe werden im Harn und in der Galle ausgeschieden. Benzolazonaphthol- und Benzolazorescorinfarbstoffe paaren sich mit Glycuronsäure[1]).

Nachtrag zu Seite 647.

Trypaflavin macht stärkere Hyperämie der Wunden und Ödembildung und dadurch eine Förderung des Heilungsprozesses, während die antiseptische Wirkung von untergeordneter Bedeutung ist[2]).

Nachtrag zu Seite 693.

Man erhält komplexe Silberverbindungen des Glykokolls, indem man Silbernitrat bzw. Silbersulfat mit einem Überschuß von Glykokoll behandelt. Ersetzt man in diesen Verfahren diese Silbersalze durch Silberacetat bzw. Harnstoffsilber, so entstehen ebenfalls komplexe Silberverbindungen des Glykokolls. Die Lösungen reagieren schwach alkalisch und geben mit Lauge keine Fällung[3]).

Nachtrag zu Seite 694.

Salze der Thioglykolsäure, welche als Gonorrhöemittel verwendet werden sollen, erhält man durch Behandlung der Thioglykolsäure mit Silbersalzen und Natronlauge. Alkohol fällt die Verbindung $AgS \cdot CH_2 \cdot COONa$[4]).

Nachtrag zu Seite 699.

Kakodylsäure wirkt selbst in letalen Mengen nicht trypanocid, Methyl- und Äthylarsensäure erst in Mengen, die den letalen sich nähern.

Äthylarsenoxyd reizt in reinem Zustande die Haut stark. Es macht akutes Lungenödem, wie Methylarsenoxyd, das aber weniger giftig wirkt[5]).

Nachtrag zu Seite 715.

Arsphenamin (Salvarsan, 3. 3'-Diamino-4.4'-dioxyarsenobenzoldihydrochlorid) läßt sich durch Oxydation und Reduktion der erhaltenen Säure in ein Produkt von geringer Giftigkeit umwandeln[6]).

Nachtrag zu Seite 728.

Beim Vermischen von Lösungen des Natriumsalzes der 3. 3'-Diamino-4.4'-dioxyarsenobenzolformaldehydsulfoxylsäure und des Natriumsalzes der komplexen Silberverbindung des 3. 3'-Diamino-4.4'-dioxyarsenobenzols erhält man eine Lösung, welche die beiden Komponenten in chemischer Bindung enthält, denn sie gibt weder mit Kohlensäure noch mit Natriumchlorid einen Niederschlag[7]).

3-Nitroarsanilsäurequecksilberacetat, 3-Nitro-4-oxyphenylarsinsäurequecksilberacetat, 3.5-Dinitro-4-oxyphenylarsinsäurequecksilberacetat, 3.5-Diamino-4-oxyphenylarsinsäurequecksilberacetat, p-Benzarsinsäurequecksilberacetat, Diacetyl-3.5-diamino-4-oxyphenylarsinsäurequecksilberacetat, 3-Bromoxalylarsanilsäurequecksilberacetat wirken weniger antiseptisch als Sublimat. Ihre Giftigkeit hängt von ihrem Quecksilbergehalte ab Sie haben alle trypanocide Wirksamkeit, aber sie sind zu giftig[8]).

---

1) W. Salant und R. Bengis, Journ. of biol. chim. **27**, 403 (1916).

2) Adolf Ritter, Deutsche Zeitschr. f. Chirurg. **159**, 1, 13 (1920).

3) Hoffmann-La Roche, Schweizer P. 86514, 86515, 86996, 86997.

4) Flora-Zürich, E. P. 156 103/1920.

5) Carl Voegtlin und Homer W. Smith, Journ. Pharm. and Exp. Therap. **16**, 449 (1921).

6) Reid Hunt bei Walter G. Christiansen, Journ. Americ. Chem. Soc. **42**, 2402 (1920).

7) Speyerhaus-Höchst, E. P. 155 577/1920.

8) G. W. Raiziss, J. A. Kolmer und L. Gavron, Journ. of biol. chem. **40**, 533 (1919).

Nachtrag zu Seite 734.

Nach Adolf Feldt ist Gold kein Capillargift, sondern lähmt das Vasomotoren- und Atemzentrum; es wirkt stark katalytisch und beschleunigt die Autolyse[1]).

Nachtrag zu Seite 755.

Butolan ist der Carbaminsäureester des p-Oxydiphenylmethans, welcher gegen Oxyuris sehr wirksam ist[2]).

Nachtrag zu Seite 783.

Für Injektionstherapie soll das Calcium sehr der dipropanoloiphosphorigen Säure $Ca(C_6H_8O_7P)_2 \cdot 8\,H_2O$ sehr geeignet sein. Durch Einwirkung von Phosphortrijodid auf konz. Propanolsäure erhält man anhydropropanoloylpropanoiphosphorige Säure $C_6H_9O_6P$, die durch Wasser in die dreibasische dipropanoloiphosphorige Säure $C_6H_{11}O_7P$ übergeht[3]).

Nachtrag zu Seite 791.

Durch Behandeln von Metallsalzen des Theobromins mit Chloräthyldialkylaminen erhält man N-Diäthylaminoäthylderivate des Theobromins[4]).

[1]) Münch. med. Wochenschr. **67**, 1500 (1920).
[2]) Kretschmer, Therap. Halbmonatsh. **34**, 700 (1920).
[3]) Louis Gaucher und Georges Rollin, C. r. s. b. **84**, 303 (1921).
[4]) Usines du Rhône, E. P. 155 748/1920.

Patentregister.

Deutsche Reichspatente.

Man findet

Patent Nr.	426—42 781	inkl. in Friedländer, Fortschr. d. Teerfarbenfabrikation	Bd. I
„ „	43 173—56 065	„ „ „ „ „ „	„ II
„ „	56 830—75 378	„ „ „ „ „ „	„ III
	Nr. 75 847, 75 915, 75 975, 96 443, 78 889)	. . . .	„ III
„ „	75 456—94 628	inkl. in Friedländer, Fortschr. d. Teerfarbenfabrikation	„ IV
	(Nr. 95 853, 96 342, 97 333, 97 334, 98 465)	. . . .	„ IV
„ „	94 949—110 307	inkl. in Friedländer, Fortschr. d. Teerfarbenfabrikation	„ V
„ „	111 297—135 835	„ „ „ „ „ „	„ VI
„ „	136 565—161 725	„ „ „ „ „ „	„ VII
„ „	162 059—195 814	„ „ „ „ „ „	„ VIII
„ „	196 214—224 844	„ „ „ „ „ „	„ IX
„ „	224 864—257 138	„ „ „ „ „ „	„ X
„ „	257 641—282 819	„ „ „ „ „ „	„ XI
„ „	282 914—294 731	„ „ „ „ „ „	„ XII

Nr.	Seite	Nr.	Seite	Nr.	Seite	Nr.	Seite
426	554	40 337	217	52 828	597	59 121	282
14 976	211	40 747	518	52 833	597	59 222	800
21 150	212	41 514	622	53 307	575	59 874	282
24 151	554	42 726	217	53 752	598		
24 317	215	42 871	212	53 753	284	60 308	214
26 429	217	43 173	563	53 834	217	60 547	800
27 609	554	43 713	563	54 501	627	60 637	617
28 324	211	43 847	518	54 990	284	60 716	578
28 985	554	45 226	604	55 007	505	61 125	561
29 771	594	46 333	505	55 009	214	61 575	598
29 939	554	46 413	624	55 026	574	61 848	579
		46 756	563	55 027	574	62 006	218
30 172	554	47 602	339	55 119	214	62 276	564
30 426	212	47 713	339	55 280	583	62 533	573
31 240	554, 560	48 539	673	55 338	336	62 716	583
33 536	217	49 073	504	55 716	650	63 485	286
35 130	603	49 075	270	56 003	575	63 618	800
35 216	625	49 191	630	56 065	628	64 405	598
35 933	253	49 366	504	56 401	627	64 444	217
37 727	221	49 542	518	56 830	598, 600	64 832	235
38 052	560	49 739	597	57 337	284	65 102	214
38 416	627			57 338	284	65 110	214
38 423	603	50 341	560	57 712	749	65 111	214
38 573	645	50 586	475	57 941	564	65 259	230
38 729	400	51 381	589	58 129	577, 581	65 347	800
38 973	563	51 597	220	58 394	432	65 393	382
39 184	563	51 710	624	58 396	569	66 461	800
39 662	561	52 129	545	58 409	612	66 550	379
39 887	398	52 827	622	58 878	623	66 612	230

Nr.	Seite
66 887	476
67 568	287
67 811	801
68 111	564
68 176	221
68 419	420
68 574	614
68 697	622
68 706	379
68 713	230
68 719	221
68 960	470
69 035	214
69 116	617
69 289	573
69 328	276
69 384	614
69 708	470
69 883	218
70 054	570
70 055	800
70 056	800
70 058	598
70 158	470
70 250	271
70 459	221
70 483	582
70 487	564
70 519	615
70 614	470
70 714	573
71 159	287
71 258	574
71 260	617
71 312	282
71 346	614
71 446	583
71 576	800
71 797	420
72 049	625
72 806	579
72 942	605
72 996	598
73 083	287
73 117	593
73 125	801
73 155	263
73 279	554
73 354	801
73 415	606
73 542	564
73 704	802
73 804	272
73 825	276
74 017	597
74 045	789
74 209	737
74 413	617
74 602	666
74 628	801
74 691	221
74 821	249
74 912	230
75 298	802
75 378	230
75 456	582
75 611	273
75 847	481, 789
75 915	519
75 975	230
76 128	626
76 248	221
76 433	339
77 174	218
77 272	286
77 317	546
77 437	339
77 557	802
78 020	802
78 879	660
78 880	606
78 889	670
78 903	737
79 098	270, 278
79 099	287
79 714	262
79 814	278
79 857	278
79 868	377
79 870	342
80 399	668
80 568	377
80 768	671
80 843	222
81 341	631
81 375	615
81 431	631
81 539	271
81 743	285
81 765	222
81 819	737
81 928	602
81 929	602
82 075	626
82 105	275
82 593	668
82 635	573
83 148	584
83 524	800
83 530	252
83 538	275
84 063	606
84 654	262
85 212	271
85 490	589, 760
85 566	432
85 568	631
85 929	602
85 930	601
85 988	266
86 069	601
86 148	671
86 251	671
86 449	742
87 099	667
87 334	211
87 386	588
87 428	273
87 668	588
87 669	588
87 785	669
87 812	594
87 897	279
87 931	628
87 932	479
87 933	476
88 029	661
88 082	660
88 270	351
88 390	601
88 436	341
88 481	660
88 520	592
88 548	273
88 919	272
88 950	574
89 243	595
89 595	278
89 597	352
89 600	606
89 963	399
90 069	360, 364
90 207	399
90 245	364
90 308	460
90 595	271
90 848	250
90 959	228, 229
91 081	364
91 121	364
91 122	364
91 171	280
91 370	251
91 504	229
91 813	399
92 259	651
92 420	660
92 535	579
92 756	280
92 757	280
92 789	398
92 796	262
93 110	560
93 111	651
93 593	660
93 698	250
93 942	660
94 078	588
94 097	599
94 175	339
94 282	651
94 284	618
94 287	670
94 628	651
94 949	431
95 186	663
95 261	366
95 440	596
95 518	653
95 580	595
95 620	364
95 622	366
95 623	366
95 644	398
95 853	342
95 854	415
96 105	618
96 145	398
96 153	635
96 342	279
96 352	366
96 492	284
96 493	481
96 495	608, 619
96 539	366
96 658	281
97 009	364
97 011	228
97 103	378
97 164	653
97 207	623
97 242	416
97 332	229
97 333	385
97 334	384, 385
97 335	384
97 560	496
97 672	364
97 736	281
98 009	596, 619
98 031	801
98 273	663
98 465	585
98 707	275
98 839	283
98 840	279
99 057	580
99 378	651
99 469	478
99 567	591
99 570	655
99 610	653
99 765	626
100 232	801
100 419	670
100 551	592
101 191	549
101 332	364
101 684	280
101 685	384
101 776	669
101 860	797
101 951	279
102 235	364
102 315	284
102 634	399
102 892	284
103 857	777

Nr.	Seite
103 982	378
104 237	662
104 361	379
104 362	745
104 663	777
104 664	460
104 903	746
104 904	688
105 052	586
105 240	777
105 242	601
105 346	584
105 498	416
105 499	549
105 666	250
105 866	694
105 871	777
105 916	635
106 492	366
106 496	249
106 502	389
106 504	599
106 506	601
106 513	635
106 718	400
107 233	626
107 225	399
107 230	591
107 509	599
107 720	585
108 027	389
108 075	399
108 223	366
108 241	275
108 342	574
108 871	389
108 904	603
109 013	594
109 259	251
109 345	803
109 346	803
109 347	803
109 348	804
109 349	804
109 350	804
109 789	587
109 913	580
109 933	581
110 370	560
111 297	763
111 656	564
111 724	229
111 932	385
111 963	562
111 963	562
112 216	481
113 128	668
113 384	225
113 512	568
113 613	749
113 722	585
114 025	581
114 273	697
114 394	692
114 396	497
115 251	478
115 252	478
115 517	351
115 920	253
116 386	578, 581
116 654	621
116 974	654
117 005	619
117 095	251
117 269	665, 671
117 346	580, 581
117 624	581
117 625	581
117 628	352
117 629	352
117 630	352
117 730	741
117 767	606
117 890	574
117 980	778
118 122	250
118 352	251
118 353	693
118 496	693
118 536	581
118 537	581
118 566	578
118 606	621
118 607	352
118 746	621
119 008	760
119 060	420
119 463	565
119 785	416
119 802	654
120 047	415
120 558	586
120 623	621
120 722	275
120 863	497
120 864	497
120 865	497
120 925	249
121 262	566
121 656	688
122 096	497
122 098	662
122 145	778
122 287	624
123 099	574, 778
123 748	251
124 231	658
124 408	777
125 305	661
126 311	569
126 796	612
127 139	569
128 116	251
128 462	478
129 255	803
129 452	251
129 967	768
130 073	276
131 723	251
131 741	225
132 660	680
132 791	610
133 723	568
134 234	470
134 307	250
134 308	250
134 370	252
134 981	276
134 987	742
135 043	610
135 306	702
135 307	703
135 308	704
135 729	230
135 835	608
136 565	651
137 585	568
137 622	347
138 345	628
138 443	347
138 444	791
138 713	669
138 754	701
139 392	474
139 566	610
139 907	651
139 960	789
140 827	628
141 185	626
141 422	395
141 967	694
142 896	790
142 897	610
143 448	675
143 596	602
143 726	675
144 393	229
144 431	498
144 432	509
145 603	230
145 996	347
146 456	701
146 496	506
146 792	694
146 849	568
146 793	694
146 948	507
146 949	507
147 278	506
147 279	506
147 580	386
147 634	631
147 790	385
148 669	798
148 944	766
149 345	385
150 070	386
150 201	671
150 434	610
150 799	483
150 949	803
151 174	245
151 188	478
151 189	343, 346
151 545	484
151 724	741
151 725	389
152 814	456
153 860	798
153 861	230
155 629	610
155 632	456
155 567	652
156 383	510
156 384	509, 510
156 385	510
156 900	789
156 901	790
157 300	456
157 355	652
157 553	606
157 554	606
157 572	222
157 663	689
157 693	346
158 220	485, 486
158 620	414
158 716	653
158 890	510
158 591	510
158 592	510
159 748	610
160 273	661
160 471	223
161 306	758, 759
161 400	430
161 401	749
161 493	791
161 663	626
162 059	628
162 219	511
162 220	511
162 280	511
162 630	223
162 656	584
162 657	511
162 658	590
162 823	223
163 034	271
163 035	223
163 036	223
163 037	223
163 038	223
163 136	506
163 200	507, 512
163 238	798
163 518	570
164 128	565

Nr.	Seite
164 424	788
164 425	790
164 426	748
164 610	652
164 612	661
164 663	665
164 664	630
164 884	592
165 222	510
165 223	512
165 224	513
165 225	511
165 281	485
165 311	272
165 561	793
165 562	793
165 649	512
165 692	511
165 693	510
165 897	768
165 898	406
165 980	661
165 984	474
166 266	512
166 267	792
166 310	392
166 359	485
166 362	406
166 468	511
167 138	793
167 170	767
167 317	457
167 332	506, 513
167 410	788
167 879	414
168 293	788
168 406	506
168 408	667
168 407	507
168 451	496
168 553	506, 512
168 739	485
168 941	371
169 246	567
169 247	557
169 356	626
169 405	511
169 746	369
169 787	368, 370
169 819	368
170 302	789
170 534	474
170 555	793
170 586	510
170 587	373
170 629	485
170 657	793
170 727	815
170 907	512
171 147	512
171 292	512
171 294	513
171 453	760
171 485	690
171 788	661
171 992	512
172 301	374
172 404	512
172 447	374
172 568	373
172 683	665
172 885	512
172 886	512
172 932	788
172 933	667
172 979	512
172 980	510
173 240	765
173 610	371
173 631	371
173 729	660
173 776	565
174 178	511
174 380	420
174 940	513
175 068	400
175 079	430
175 080	371, 375
175 415	793
175 585	485
175 588	512
175 589	512
175 592	512
175 796	406
175 975	510
176 063	471
177 053	650
177 054	557
177 109	671
177 694	511
177 768	792
178 172	251
178 173	251
178 935	512
179 212	426, 434
179 627	372, 373, 386
179 946	512
180 087	608
180 119	510
180 120	612
180 291	373
180 292	373
180 395	430
180 424	512
180 622	608
180 669	513
180 864	661
181 175	369, 370
181 287	371
181 288	546
181 324	385
181 509	650
181 593	590
182 045	513
182 559	792
182 627	765, 766
182 764	507
183 185	767
183 589	421
183 628	512
183 857	511
184 382	566
184 850	231
184 868	381
185 598	456, 457
185 601	400
185 800	559
185 962	486, 487
185 963	506
186 005	635
186 111	566
186 456	506
186 659	559
186 884	421
187 138	421
187 209	371
187 254	765
187 449	609
187 593	374
187 822	608
187 869	593
187 943	593
188 054	430
188 055	430
188 318	663
188 434	609
188 506	587
188 571	374
188 703	761
188 815	655
188 834	609
189 036	652
189 076	510, 513
189 333	386
189 335	374
189 478	671
189 481	369, 370
189 482	371
189 483	456, 457
189 838	385
189 842	232
189 843	399, 575
189 939	518
190 688	371
191 088	406
191 106	791
191 385	690
191 386	487
191 547	760
191 548	707
193 034	778
193 114	559
193 446	513
193 447	513
193 542	706
193 632	231
193 634	456, 457
193 799	791
194 051	369, 370
194 365	374, 375
194 533	788
194 798	373
195 655	458
195 656	458
195 657	458
195 813	370
195 814	456, 459
196 214	608
196 605	607
196 634	558
196 740	619
197 245	559
197 648	610
197 804	495
198 306	370
198 715	483
199 108	787
199 148	369, 370
199 549	609
199 844	231
200 063	252
200 064	601
200 065	720
201 244	511, 513
201 324	395
201 325	558
201 326	558
201 345	459
201 369	765
201 370	704
201 371	630
202 167	370
202 169	457
202 244	667
202 352	766
202 353	698
202 790	609
203 032	703
203 081	704
203 082	369
203 643	483
203 717	709
203 753	232
203 842	723
203 849	766
204 664	710
204 764	607
204 795	511
204 922	766
205 263	488
205 264	488
205 449	704, 712
205 579	782
205 616	712
205 617	725
205 775	717
206 055	761
206 056	566

Nr.	Seite
206 057	713
206 330	597
206 334	704
206 453	794
206 454	794
206 456	712
206 637	231
206 696	430
207 444	670
208 188	788
208 255	386
208 593	231
208 634	685
208 637	766
208 639	794
208 700	783
208 711	701
208 789	761
208 833	767
208 886	653
208 923	430
208 961	742
208 962	546
209 608	653
209 609	457
209 610	457
209 695	284
209 728	794
209 729	794
209 911	600
209 962	456, 457
211 197	743
211 403	557
211 529	697
211 530	697
211 800	386
211 801	386
212 018	720
212 205	713
212 206	457
212 236	650
212 304	721
212 454	559
213 459	386
212 892	744
213 155	707
213 371	685
213 594	720
213 711	794
214 044	557
214 157	768
214 376	791
214 559	253
214 716	231
214 717	702
214 782	545
214 783	399
214 950	628
215 050	587
215 251	719
215 337	670
215 664	610
216 223	721
216 267	680
216 270	712
216 640	456, 457
216 799	744
217 189	767
217 553	783
217 557	231
217 558	231
217 620	791
217 946	512
217 987	694
217 994	650
218 389	386
218 466	565
218 478	225
218 727	224
219 121	628
219 210	705
219 570	549
219 906	625
220 267	658
220 326	471
220 356	456
220 941	557
221 384	612
221 385	557
221 483	680
222 063	721
222 451	456
222 809	496
222 920	399
223 303	604
223 305	565
223 594	610
223 694	630, 739
223 695	791
223 796	712
223 838	604
223 839	457
223 968	743
223 969	743
224 072	584
224 107	591
224 108	590
224 159	791
224 160	590
224 197	400
224 346	612
224 347	319
224 388	399
224 435	676, 677
224 491	691
224 536	612
224 537	612
224 844	557, 568
224 864	676, 677
224 953	713
224 980	690
224 981	791
225 457	513
225 710	486
225 711	690
225 712	479
225 821	760
225 893	744
225 924	658
225 984	565
226 111	743
226 224	619
226 228	499
226 229	766
226 231	549
226 454	498
227 013	228
227 321	513
227 322	671
227 390	794
227 391	676
227 999	565
228 204	347
228 205	370
228 247	406
228 666	389
228 835	283
228 877	681
229 143	548
229 183	587
229 191	742
229 246	399
229 574	676
229 575	677
229 781	677
229 814	225
230 043	454
230 172	613
230 236	650
230 725	562
231 092	678
231 093	568
231 396	690
231 589	587
231 726	658
231 887	513, 514
231 961	252
231 969	716
232 003	430
232 459	609
232 645	587
232 879	716
233 069	454
233 118	615
233 325	399, 742
233 326	742
233 327	609
233 551	454
233 651	650
233 857	608
233 893	608
233 968	514
234 012	506
234 054	680
234 137	245
234 217	571
234 631	230
234 741	488
234 795	454
234 850	436, 438
234 851	673
234 852	571
234 914	680
235 141	721
235 357	767
235 358	437, 438
235 391	720
235 538	433
235 801	506
235 802	506
236 045	565
236 196	559
236 893	687
237 019	671
237 211	559
237 394	698
237 450	253
237 781	588
237 787	726
238 105	558
238 256	232
238 373	228
238 962	655
239 073	702
239 310	285, 624
239 313	400
239 557	726
240 316	731
240 353	486
240 612	655
240 793	719
241 136	434, 436, 438
241 421	766
242 217	434
242 422	783
242 571	682
242 572	682
242 573	434
243 069	231
243 197	768
243 233	486
243 546	454
243 648	711
243 693	712
244 166	712
244 208	567
244 321	454
244 740	231
244 741	252
244 787	565
244 788	807
244 789	713
244 790	713
245 095	437
245 490	738
245 491	498
245 523	437
245 532	767

Nr.	Seite
245 533	481
245 534	679
245 536	721
245 571	681
245 756	714
246 078	810
246 165	611
246 207	681
246 298	498
246 383	481
247 180	399
247 188	250
247 270	487, 769
247 410	549, 615
247 455	458
247 456	458
247 457	458
247 625	682
247 809	784
247 817	458
247 906	458
247 952	508
247 990	656
248 046	437
248 047	724
248 155	587
248 255	767
248 291	676
248 385	458
248 777	509
248 855	452
248 887	228, 232
248 956	783
248 993	611
249 332	680
249 421	509
249 720	697
249 722	509
249 723	436
249 725	684
249 726	716
249 766	812
249 906	486
249 907	509
249 908	250
250 110	452
250 264	722
250 379	252, 253
250 745	721
250 746	673
250 884	656
250 889	656
251 104	714, 716
251 332	684
251 333	557
251 571	714
251 803	785
251 805	498
251 933	253
251 937	786
252 136	245
252 157	761, 769
252 158	621, 761
252 641	788, 792
252 872	452
252 873	452
252 874	452
253 159	486
253 226	714
253 357	253
253 756	761
253 757	725
253 884	640
253 924	557
254 092	722
254 094	406
254 187	714, 722
254 375	722
254 421	730
254 438	456, 819
254 471	498
254 472	498
254 487	612
254 488	788
254 489	784
254 502	406
254 530	690
254 666	761
254 711	232
254 712	245
254 860	437
254 861	437
255 030	726, 735
255 305	285, 458
255 672	557
255 673	557
255 982	633
256 116	452
256 156	406
256 343	724
256 345	588
256 667	634
256 750	456, 458
256 756	498
256 757	653
256 963	713
256 998	782
257 138	436, 437
257 641	702
258 296	452
258 297	697
258 473	458
258 887	554
258 888	482
259 193	458
259 502	634
259 503	232
259 577	232
259 826	814
259 873	436, 438
259 874	458
259 875	731
260 233	407
260 235	714
260 471	769
260 757	635
260 886	781
261 028	812
261 081	684
261 082	684
261 211	608
261 212	781
261 288	760
261 299	685
261 412	633
261 460	687
261 542	722
261 556	632
261 588	406
261 643	713
261 793	632
261 825	730
261 875	694
261 877	769
261 969	632, 633
262 048	486
262 236	731
262 470	792
262 476	640
263 018	769
263 458	232
263 459	814
263 460	714
264 011	792
264 014	714
264 111	814
264 139	634
264 266	722
264 267	684
264 368	683
264 389	788
264 390	697
264 391	697
264 438	458
264 654	567
264 924	722
264 926	698
264 940	634
264 941	634
265 726	508, 509
266 120	760
266 121	487, 769
266 122	655
266 123	655
266 522	697
266 576	785
266 578	684
266 788	656
266 944	722
267 082	721
267 083	730
267 208	810
267 209	810
267 272	436
267 306	245
267 307	713
267 381	482
267 411	675
267 412	675
267 699	436
267 700	436
267 816	814
267 980	482
268 103	782
268 158	509
268 172	722
268 174	285
268 220	727
268 221	727
268 451	731
268 829	702
268 830	248, 817
268 931	248
268 932	670
268 983	705
269 205	730
269 206	731
269 327	459, 819
269 335	569
269 336	747
269 660	721
269 661	685, 734
269 699	733
269 700	733
269 743	733
269 744	733
269 745	733
269 746	656
269 886	712
269 887	712
269 938	498
270 180	656, 657
270 253	727
270 254	716
270 255	733
270 256	727
270 257	727
270 258	727
270 259	727
270 326	556
270 486	657
270 487	811
270 488	731
270 568	721
270 575	407
270 859	436, 437
270 994	812
271 158	703
271 159	703
271 271	721
271 434	621
271 682	486
271 737	479
271 820	681
271 892	713
271 893	715
271 894	712
272 035	722
272 289	674

Nr.	Seite
272 290	737
272 291	685
272 323	458
272 388	636
272 516	738
272 529	374
272 605	685
272 611	488
272 687	683
272 688	683
272 690	717
273 073	634
273 219	703
273 221	285
273 317	690
273 320	487
273 850	487, 761
274 046	557
274 047	559
274 349	769
274 350	458
275 038	556
275 092	657
275 093	617
275 200	768
275 216	727
275 441	612
275 794	767
275 932	681
275 974	658
276 072	670
276 134	735
276 135	735
276 541	452
276 656	247
276 668	556
276 809	482
276 810	482
276 976	634
277 022	769
277 437	651
277 438	811
277 466	770
277 540	458
277 659	558
278 107	407
278 111	407
278 122	551
278 421	725
278 648	724
278 884	452
278 885	658
278 886	656
279 012	244
279 193	248
279 194	436
279 195	812
279 197	461
279 199	684
279 201	558, 747
279 254	701
279 549	633
279 865	698
279 957	675
279 958	661
279 999	325, 440
280 000	785
280 255	285
280 411	783
280 502	436
280 970	248
280 971	805
280 972	399
280 973	247
281 007	806
281 008	793
281 009	685
281 045	814
281 047	437
281 049	719
281 051	786
281 055	635
281 083	814
281 097	810
281 099	778
281 101	727
281 136	813
281 213	437
281 214	589
281 546	437
281 547	438
281 551	697
281 603	811
281 801	783, 784
281 912	459
282 097	486
282 267	481
282 376	691
282 377	691
282 412	231, 656
282 442	657
282 455	670
282 456	461
282 457	247
282 491	452
282 611	703
282 819	562
282 914	629
282 991	382, 565
283 105	486
283 305	806
283 333	461
283 334	593
283 414	737
283 512	248
283 537	245
283 538	558
283 825	670
284 161	558
284 232	811
284 233	811
284 234	734
284 259	735
284 260	734
284 440	499, 769
284 734	499, 619
284 735	559. 813
284 736	784
284 938	551, 552
284 975	382, 499
284 998	694
284 999	694
285 285	636
285 286	793
285 499	811
285 572	723
285 573	722
285 579	792
285 604	724
285 636	508
285 637	248
285 828	690
285 991	784
286 097	690
286 432	712
286 460	286
286 515	784
286 546	723
286 547	724
286 614	672
286 667	723
286 668	723
286 669	724
286 691	556
286 743	410
286 760	486
286 854	725
286 855	725
287 001	486
287 017	782
287 216	809
287 304	810
287 305	735
287 661	557
287 709	731
287 797	692
287 798	703
287 800	634
287 801	792
287 802	457
287 804	812
287 805	374, 375
287 959	805, 810
287 960	589
287 993	812
288 087	690
288 272	551, 552
288 273	553
288 303	810
288 338	562
288 393	785
288 865	810
288 965	689
288 966	637
289 001	483
289 107	551
289 163	551
289 182	694
289 246	688
289 247	805
289 248	508
289 270	552
289 271	551
289 273	410
289 274	410
289 342	652
289 426	483
289 910	652
290 205	792
290 210	680
290 262	694
290 522	374
290 531	805
290 540	633
290 600	792
290 703	807, 810
290 910	794
291 077	792
291 222	457
291 317	721
291 351	551
291 421	250
291 490	815
291 541	611
291 614	703
291 878	487, 488, 621, 770
291 922	611
291 935	548
292 149	716
292 284	658
292 393	810
292 456	461
292 517	694
292 546	724
292 817	784
292 867	558
292 961	768
293 040	716
293 125	815
293 163	508
293 287	381
293 467	812
293 864	784
293 905	812
294 085	459
294 159	811
294 276	724
294 632	709
294 725	815
294 731	723
294 877	769
295 253	633
295 492	507
295 736	658
295 988	668
296 091	779
296 196	407

Nr.	Seite
296 495	609
296 742	357
296 760	785
296 889	753
296 915	703
296 916	410
296 917	662
296 940	730
297 243	488
297 875	487, 770
298 185	767
298 678	467
299 510	632
299 806	357
299 992	784
300 321	615
300 452	779
300 513	689
300 561	677
300 672	341
301 139	358
301 590	784
301 591	810
301 870	340, 357
301 871	694
301 905	484
302 003	550
302 013	615
302 094	784
302 156	726
302 401	340
302 737	346
302 911	689
303 052	609
303 083	615
303 450	655
303 680	814
303 861	813
304 983	232
305 262	634
305 263	634
305 281	576
305 367	637
305 693	662
305 885	812
305 926	793
306 198	675
306 804	637
306 938	272
306 939	239
307 857	659
307 858	675
307 893	684
307 894	245
308 047	659
308 335	679
308 616	637
309 455	488
309 508	514
310 213	679
310 426	514
310 967	266
311 071	652
312 602	662
313 321	245
313 413	690
313 965	287
316 902	488
317 605	662
318 134	814
318 220	814
318 343	607
318 803	488
318 899	617
320 480	438
320 797	711
321 700	678
322 335	510
322 756	694
322 996	440
324 203	656
325 156	250
325 640	711
327 087	698
327 129	820
328 101	819
328 102	819
328 103	621
328 341	737
329 772	514
330 813	818
330 814	820
330 945	817
331 145	820
332 204	818
332 678	819

Deutsche Reichspatent-Anmeldung

(zu denen Patente nicht erteilt oder noch nicht erteilt wurden).

Nr.	Seite
1622	563
5086	505
5328	585
5335	666
6068	598
7547	225
7937	505
9138/1894	272
9668	505
10 039	561
10 563	556
10 581	556
10 932	279
11 253	652
13 209	292
130 377	511
A. 6515	613
A. 11 462	513
B. 53 315	587
C. 9082	613
C. 12 991	457
C. 13 420	609
C. 14 459	513
C. 14 690 Kl. 12g	459
C. 14 713	513
C. 15 767	511
C. 15 869	700
C. 16 136	511
C. 17 121	762
D. 26130 Kl. 12g.	782
F. 10 712	667
F. 10 908	580
F. 11 063	627
F. 12 892 Kl. 12p.	230
F. 13 433 Kl. 12p.	225
F. 20 430	426
F. 21 847	395
F. 24 523	726
F. 25 588	386
G. 24 619	798
G. 30 940	609
H. 11 259	583
H. 13 216	575
H. 36 444	792
J. 11 277	366
K. 17 762	626
K. 18 945	384
K. 19 197	384
K. 19 416	384
K. 23 394	700
L. 10 631	476
M. 30 816	384
N. 29 772	351
R. 5303 Kl. 12	478
R. 6000 Kl. 12.	217
R. 37901 Kl. 12g.	782
R. 12 928	628
R. 30 497	694
S. 3380	561
Sch. 18 619	655
Sch. 30 511	676
Sch. 35 776	582
T. 6732	569
T. 7184	569
T. 17 226 Kl. 12p.	340
T. 18 008 Kl. 12p.	340
V. 3380	561
V. 6090	478
V. 6187	478
V. 9503	767
W. 24 808	558
W. 29 524	720
W. 31583 Kl. 12p.	655

Amerikanische Patente.

Nr.	Seite	Nr.	Seite
241 738	211	674 686	225
615 307	749	674 687	225
625 480	626	925 658	471
670 278	230	1 356 887	447

Englische Patente.

Nr.	Seite	Nr.	Seite
855/1908	706	153 917/1920	818
11 596	556	153 918/1920	818
14 937/1908	706	153 919/1920	818
153 827/1920	818	155 577/1920	821
16 349	585	155 748/1920	822
19 350/1910	609	156 103/1920	821
104 609	738		

Französische Patente.

Nr.	Seite	Nr.	Seite
205 833	561	371 982	598
229 962	598	401 586	711
278 076	662	430 404	609
301 458	230		

Österreichisches Patent.

Nr.	Seite
81 230	659

Schweizer Patente.

Nr.	Seite	Nr.	Seite
86 514	821	86 996	821
86 515	821	86 997	821

Autorenregister.

Abderhalden, E. 609, 611.
Abel, J. 440, 744.
Abelin, J. 285, 447, 448, 686, 707.
Abelous, J. E. 66, 71, 72.
Ach Narciss 95, 790, 794.
Ackermann, D. 193, 450.
Adler, Leo 445.
—, O. 178.
Aggazzotti, A. 23.
Ahrens, F. 460.
Albanese, Manfredi 44, 63, 91, 92, 95, 98, 168, 494.
Albertoni, Pietro 98, 121, 159, 234, 343, 516, 745, 746.
Aldis 786.
Aldrich, J. B. 107, 380, 440, 484, 487.
Allen, E. G. 196.
Amblard 786.
Amequin 650.
Amors, H. 657.
Amsler, C. 327.
Anderson, R. J. 162.
Ando Hidozo 163.
Andreae 170.
Angelus 322, 323.
Angyan 630.
Appiani 125.
Appleyard, J. R. 120.
Aranjo 676.
Argo, W. L. 85.
Arnaud 234, 235, 772.
Arnold 612.
Arloing 101.
Aronheim 347.
Aronsohn, H. 282.
Arrhenius, Svante 20.
Asagama Chûai 176.
Astolfini, Joseph 283, 488.
Astruc 699.
Athanasiu 18, 425.
Auclert 648.
Aufrecht 239.
Autenrieth, W. 160, 201, 275, 572.
Auvermann, Hellmut 89.
Auwers 588.
Babel 257, 425, 466.
Bachem, C. 55, 158, 228, 244.
Bachstez, M. 483.
Bacovescu 465.
Baeyer, A. v. 67, 72, 259, 260, 310, 323.
Baglioni 544.
Bahr, G. 455.
Baker, W. F. 467.
Balcar, O. 162.
Balzer 707.
Baldi 88, 515.
Ballard 582.
Bamberger, E. 64, 211, 259, 260, 306, 309, 310, 416.
—, L. 689.
Barabini 63, 255.
Bardet 480, 619, 693.
Bardier 66, 71, 72.
Barjanky 222.
Barger 71, 72, 442, 445, 450, 453, 454, 459.
Barnes, A. C. 403.
Barth, Hans 160.
Barthe 87.
Basch, G. 609.
Batemann 729.
Battelli 161.
Battisti 786.
Battistini 696.
Baudrich 32.
Bauer, Hugo 632, 716, 728.
Baum 48.
Baumann, E. 45, 48, 63, 75, 78, 177, 181, 183, 186, 192, 193, 489, 500, 504, 522, 613, 625, 628, 796.
Baume, G. 82.
Baumer, Ed. 766.
Baumgarten, O. 162.
Baxter, R. R. 709.
Beccari 696.
Béchamp 703, 704.
Bechhold, H. 536, 537, 543, 616, 682.
Becker 394, 403, 416, 420, 431, 485.
Beckurts 658.
Béhal 475, 480.
Behring 537, 538, 734.
Benario 274.
Benda, L. 64, 534.
Benfey 222.
Bengis, Robert 640, 821.
Bergell, P. 58, 178, 394, 413, 567, 655, 769, 791.
Berczeller, L. 121, 184, 326, 477, 535.
Berg 426.
Beckurts 41.
Berliner, Max 692.
Berlinerblau, J. 330.
Berlioz 650.
Bernard, Claude 411, 425.
Bernheim, R. 275.
Bernthsen-Buchner, D. 455.
Bertagnini 193.
Bertheim, A. 64, 540, 704, 705, 715, 718, 720.
Berthelot 32, 533, 613.
Berthold 453.
Bertini 649.
Bertoni 73.
Betzel, R. 538, 539.
Biberfeld, Johannes 160, 227, 237, 374.
Bielnig, R. 241.
Billon 288.
Billroth, Th. 638.
Binet 13, 14, 57, 108, 261, 356, 497.
Binz, A. 728.
—, C. 20, 63, 74, 78, 385, 473, 474, 489, 635, 779.
Birstein 535.
Bischoff, C. A. 127, 128, 129, 476.
Bisenti 98.
Bistrzycki, A. 273.
Blake, James 10, 11, 12, 13, 15, 18.
Blanda 295.
Blum 156, 177, 613, 622.
Blumenthal, F. 540, 678, 683, 703, 706, 726, 736.
Boch, J. 129, 561.

Bochefontaine 214, 242, 395, 398.
Bodländer 67, 473.
Boedecker, F. 143.
Boehm, G. 760.
Boenheim, Felix 806.
Bogert, M. T. 286.
Bohland, K., 647, 798.
Böhm, L. 169.
—, R. 29, 124, 127, 298, 330, 750, 752.
Böhme 51.
Bokorny 36, 114, 772.
Bommer, Max 341.
Bondi, S. 556.
Bondzynski, St. 44, 168.
Bonfred 74.
Borcis 193.
Borissow 73, 219.
Boruttau, H. 449.
Bosworth, A. W. 162.
Botkin 15, 16.
Böttinger 554.
Bouchardat 13.
Bouchard 616.
Bougault, J. 617.
Bourget 570.
Bourin 238.
Boutmy 103.
Bovet 584.
Boye 256.
Braatz 265.
Brach 209.
Brackmann, H. 491.
Bradbury 81.
Brahm, Carl 193, 592, 593.
Braloborechi 560.
Branchi, G. 498.
Brauns, D. H. 772.
Brat, H. 788.
Braun, J. v. 113, 114, 146, 328, 348, 355, 383, 409, 411, 447.
—, H. 240, 372, 374.
—, R. 366.
Braunstein 633.
Bredt, J. 758.
Breest, Fr. 636.
Breslauer 526.
Brieger 177, 209, 546.
Brion, A. 119, 161.
Brissemoret 51, 58, 80, 740, 741.
Brissonet 586.
Brook 613.
Brown, Crum 28, 126, 128, 214, 296, 297, 298, 299, 405.
Browning, C. H. 534.
Bruck 734.
Brugsch, Th. 806.
Brühl 230.
—, J. W. 763.
Brumner, O. 20, 301.
Bruni 125, 650.
Brüning, H. 752.
Brunton, L. 13, 16, 19, 52, 64, 294, 469.
Brunz 534.
Bruylants 107.
Bry, Gertrud 447.
Buchheim 297, 342, 429.
Buchner, H. 532.
Buck 504, 577.
Bull, C. G. 657.
Bülow 179, 196.
Bültzingslöwen 567.
Bumke 242.
Bunge, Benevenuto 85.
—, G. 14, 460, 782.
—, R. 695, 696.
Bunsen, R. 699.
Bunzel 282.
Bürgi, E. 128, 700.
Burns, David 75.
Busacca, Attilio 68.
Busquet, H. 548.
Butlerow 211.
Buttler 585.
Byasson 235.

Caccia, P. 705.
Cahn, Josef 253.
Cahours 66, 214, 301.
Caldeac 537.
Calderato 483.
Calilebe 63, 108.
Calmels 86.
Camus 448.
Canné 232.
Cannizzaro 754.
Carr, Francis 318, 450.
Carlson 699, 701.
Carnelutti, G. 755.
Carrara, G. 218.
Cash 16, 52, 80, 107, 321, 322.
Cattani 598.
Cazeneuve, P. 101, 144, 643, 644, 646, 778.
Cervello, C. 323.
Chadbourne 351.
Chaplin 585.
Chassevant, A. 52, 53, 64, 544.
Chabrie 119.
Chenal 611.
Chevalier 51, 58, 420, 495.
Chevrottier 222, 679.
Chistoni, A. 555.
Choay 475, 480.
Christiansen, Walter G. 821.
Christensen 242.
Churchman 641.
Ciamician, G. 63, 75, 173, 294.
Cianci 519.
Claisen 232, 518.
Clark 639.
Clarke, C. H. 363.
Claass, M. 698.
Classen 651, 652.
Claus 605.
Clemm 806.
Clever, H. W. B. 739.
Cloetta, M. 4, 393, 446, 738, 774.
Closson, O. E. 772.
Coester 75.
Cohen, J. B. 617.
Cohn, G. 126, 147, 148, 653. 656.
—, Julie 242.
—, P. 383.
—, R. 105, 179, 180, 186, 187, 194, 195, 294.
Cohnheim, O. 697.
Colin 549.
Combemale 413, 478.
Combes 474.
Concetti 238.
Connet, Helene 787.
Conrad, M. 125, 510, 512, 615.
Conradi 542.
Coronedi 465, 740.
Cooper, Stuart 13.
Coppela, F. 88, 89, 130, 165, 332, 754.
Cossmann 98.
Cow, Douglas 279.
Cox, H. E. 816, 817.
Crépieux 572.
Cromme 89.
Cubasch 698.
Cuisa 465.
—, R. 807, 809.
Curci 26, 27, 52, 55, 75, 108, 129, 300, 301, 426, 462.
Curtius 73, 218, 806.
Cushny, Arthur R. 122, 123, 312, 317, 326, 348, 444.
Cutolo 589.

Dafert, O. A. 699.
Dakin, H. L. 155, 156, 160, 161, 172, 187, 444.
—, H. D. 617.
Dale, Dorothly 123.
—, H. H. 71, 72, 125, 328, 390, 442, 445, 450, 451, 454, 466, 510.
Dalmer, O. 455.
Danilewski 693, 781.
— B. 772.
Danysz, J. 726, 733.
Danziger, E. 447.
Darier 347.
Dassonville 488.
Daube, A. 431.
Dauber, Maria 816, 817.
Daufresne, M. 617.
Davidson 419.
Decker 431.
Dehn 699.
Dehnel 654.

Delezenne 327.
Delk 474.
Demme 212, 555.
Denis, W. 798.
Derin, A. 313.
Descomps, P. 786.
Desgrez, C. A. 85, 95.
Deutsch 271.
Dewar 29, 133, 208, 294, 295, 303, 311, 313.
Dezani, Serafino 107.
Diels, Otto 476.
Dieterich 621.
Dimroth 673.
Dittmar 612.
Dixon 71, 240, 413, 745.
Doebner 660.
Doehring 678.
Doerr, R. 816.
Dohrn, Max 180, 806.
Döllken, A. 108.
Dommer, Walter 517.
Donath, J. 173, 208, 209, 592.
Donnelly, J. L. 85.
Dontas, S. 757.
Dorléans 15.
Dott 59, 394, 395, 396, 397, 404, 405, 410, 411, 412, 429.
Dragendorff 4.
Dresbach, M. 744.
Dreser, H. 22, 96, 183, 250, 402, 403, 465, 497, 568, 687.
Dryfuss 15, 728.
Dubois, R. 77, 115, 256, 472.
Duclaux 119.
Duggan, J. R. 54, 552.
Duin, C. F. van 82.
Dujardin-Beaumetz 62, 261.
Dunstan 80, 107, 321, 322, 745.
Dzierzgowski 455.

Eagan, Joseph T. 381.
Ebstein 162, 741.
Eckhout, A. v. d. 255, 484, 487, 489.
Eckler, C. R. 467.
Edinger 109, 671.
Edlefsen 190.
Ehrenthal 771.
Ehrlich, Felix 57, 125, 138.
—, J. 286.
—, P. 5, 30, 31, 32, 37, 48, 49, 61, 64, 72, 83, 100, 121, 183, 212, 281, 298, 301, 312, 314, 315, 334, 335, 336, 337, 338, 355, 361, 536, 540, 541, 542, 543, 616, 632, 640, 645, 647, 682, 704, 707, 708, 709, 710, 715, 717, 719, 720, 725, 732.
Eichengrün 550.
Eichhoff 600, 663.
Einbeck 161.
Einhorn 214, 335, 336, 337, 338, 374, 375, 383, 386, 640, 760.
Eisenberg 641.
Ekenstein, Alberda vom 125.
Ellinger, Alex. 175, 176, 187, 255, 466, 467, 519, 548, 619.
Ellison 242.
Embden 157, 163, 181.
Emliernet 389.
Emmerich 593.
Engel 177.
Engeland, R. 329.
Engelen 24.
Engelmann, Max 790.
Eppinger, H. 161, 168.
Epstein 741.
Erb 613.
Erdmann, E. 76, 77, 97.
—, H. 628.
Eschle 576.
Esslemont, John E. 740.
Etard 86.
Ewins, A. J. 124, 174, 181, 328, 329, 330, 450, 453.

Fabris 754.
Fabry, Johann 735.
Falck 75, 85, 123, 306, 311, 313, 428, 431, 432, 460.
Falkson 335.
Falta 156, 181.
Faltis, Franz 424.
Fargher, R. G. 709.
Faust, E. S. 5, 72, 111, 160, 406, 722.
Fay 254.
Feiler, M. 647.
Feist 772, 773.
Feldt, Adolf 736, 822.
Fellenberg, Th. 158.
Fellner 428.
Fenyvessy, B. 210, 283.
Ferré 87.
Feuerstein 741.
Fieger, J. 786.
Filehne, W. 35, 44, 55, 59, 62, 66, 81, 91, 92, 107, 212, 219, 224, 228, 306, 309, 311, 318, 336, 338, 341, 361.
Filippi, E. 52, 173, 485, 650, 786.
Findlay, Leonard 75.
Fiquet, Edmund 85, 105.
Fischer, Bernhard 764.
—, E. 50, 124, 130, 136, 139, 140, 170, 185, 221, 330, 358, 360, 494, 505, 506, 609, 611, 659, 675.
—, Hans 175, 196.
—, H. G. 467.
—, O. 212, 213.
Flächer, Franz 456.
Fleig, C. 743.
Fleischer, K. 244, 424, 429, 434, 436, 509, 515.
Flig 476.
Flury, Ferd. 319, 772.
Foà, G. 23.
Fodera 102, 120.
Formanek 66.
Forschbach 162, 188, 788.
Forster 375, 404.
Fourneau, E. 288, 323, 327, 366, 367, 368, 768.
Franchimont 84.
Francis, Francis 363.
Fränkel, Sigmund 28, 180, 237, 238, 301, 440, 442, 451, 514, 515.
Frankl, Theodor 745.
Frankland 120.
Fraser 28, 126, 214, 296, 297, 299, 405, 772.
Frei, Wilhelm 535.
Frenkel, Bronislaw 393.
Frerichs, G. 466.
Fresal 798.
Frese 68.
Freudenberg, K. 659.
Freund, M. 323, 393, 407, 412, 421, 424, 429, 431, 434, 435, 436, 509, 515.
Freuther 361.
Freyss 214.
Friedberger, E. 700.
Friedenthal, Hans 24, 531.
Friedländer 196, 570.
Friedmann, E. 156, 157, 164, 165, 180, 195, 440, 443, 456.
Fritsch 432.
Fröhlich, A. 81.
Fromm, E. 622, 628, 756.
Frommherz, K. 164, 169, 176, 376, 520.
Fry 759.
Fuchelmann, J. M. 771.
Fuchs, Fr. 475, 477, 485, 532, 652.
—, G. 284, 495.
Fühner, H. 130, 131, 174, 179, 208, 301, 302, 325, 526, 641, 700, 816.
Fujimori, Y. 367.
Fürbringer 216.
Fürth, O. 440.

Gabriel, S. 110, 302, 303.
Gadamer 122, 423, 427.
Gaglio, S. 250.
Galewsky 779.
Gamgee 19.
Gams, Alfons 424, 433.
Garnier, M. 52, 53, 64, 544.
Garino, Mario 201.
Gärtner 474.
Gastaldi, G. 609.

Gaté, J. 736.
Gaucher, Louis 822.
Gaude, G. 271.
Gaule, Justus 313, 317.
Gautier, Armand 86, 699.
Gautrelet 679.
Gavron, J. L. 734, 821.
Geinitz, R. 734.
Gensler, P. 526.
Geppert 802.
Gergens 75.
Gerhardt, Dietrich 465.
Gerngross, P. 451.
Giacosa, P. 62, 67, 88, 97, 162, 176, 263.
Gibbs, Willard 33, 61, 66, 76, 89, 114, 115, 131.
Giemsa 238, 242, 542, 709, 717.
Gilbert 226, 582, 786.
Gilen 426.
Ginzberg 105, 196, 303.
Giusti 572.
Gley 480.
Glück 734.
Goldfarb 86.
Goldmann 504.
Goldschmidt, C. 276, 378.
Goldschmiedt, G. 424, 425.
—, Karl 279, 495.
Goldschmied, R. 49.
—, Samuel 168.
Goldschmitt 105.
Golowinski, J. W. 92.
Gornaja, Sossja 300, 700.
Gössl, Josef 539.
Goto, M. 806.
Göttler, Max 231.
Gottlieb, Billroth H. 522.
—, R. 24, 44, 71, 129, 168, 342, 344, 402, 544, 614, 661.
Gowrewitsch, D. 92.
Graeflin 642.
Graehlin 642.
Gram, Ch. 787.
Granville, Mortimer 212.
Greiner, Karl 771.
Gregor, M. 120.
Grenville 611.
Gressel, E. 611.
Grethe 210, 215.
Grimaux 234, 235, 249, 395, 398, 410.
Grimm, V. 68, 471.
Gris 21.
Grisson 200.
Groot, De 696.
Gross, O. 23, 49, 391.
Grosser 188.
Grove, W. E. 614.
Guareschi 313.
Gudden 485.
Guggenheim, M. 120, 181, 459.
Guillery 346.
Guinard, L. 413.
Gulbranson, R. 534.
Gundermann, K. 453.
Gunkel 226.
Günzburg 309.
Gürber 312, 313, 316, 317.
Guttmann, Paul 220, 224, 573, 645.

Haake 485.
Haas, G. 73, 336.
Hager 587, 698.
Hahn 64, 73, 344.
Hailer, E. 70, 542.
Halberstädter, L. 238, 245.
Haldane 80, 81.
Halle, Walther 441.
Halliburton 327.
Hallstein, A. 728.
Hämäläinen, Juho 191.
Hansen, Johann 321.
Hantzsch, A. 84, 476.
Hanzlik, Paul 86, 553, 657.
Harden, A. 784.
Hardy 22.
Hare 66, 114, 115.
Harloff, Erich 172.
Harnack, E. 19, 27, 200, 265, 294, 301, 307, 330, 332, 402, 403, 404, 414, 489.
Harold, C. H. H. 444.
Harrass 520.
Harries, C. 122, 360.
Harris, D. F. 122, 183.
Hartmann, Max 813.
Hartoch, W. 730.
Harzbecker, P. 738.
Hata 542, 710, 715.
Hayashi, H. 312, 517, 762.
Haycraft 135.
Haymann 589.
Hayward, E. 646.
Heath 69.
Hebra 630.
Hedbom, Karl 771.
Hedon 476.
Heffter, A. 4, 64, 68, 97, 111, 194, 319, 342, 471, 476, 547, 624, 699, 741.
Heidelberger, M. 657.
Heilig, Robert 678.
Heinrich, G. 744.
Heintz 111, 211, 323.
Heinz 220, 294, 296, 383, 395, 410, 429, 431, 614, 660, 666, 763.
Heimann, Hertha 408.
Helfand, Max 194.
Helferich, Burckhardt 517.
Helfrich, Oregon B. 816.
Helmers 626.
Henck 265.
Henius, Kurt 166.
Hénocque 218.
Henrichs, Richard 742.
Henriot 476, 477.
Henry, L. 32, 484, 540, 745.
Hensel, Marie 171, 187.
Hepp, Paul 253, 261, 674.
Hermann, L. 89, 169, 174, 176, 469, 473, 775.
Herold, J. 816.
Herter 78, 79, 183, 192, 193.
Hertwig, Günther 83.
Herz 480.
Herzig, J. 773.
Herzog, J. 519.
—, R. O. 538, 539.
Hess, Ludwig 732.
Hesse 234, 379, 410, 739, 755, 776.
Heuberger 740.
Heubner, W. 113, 222, 260, 451.
Heymanns 87, 111, 133, 199, 737.
Hildebrandt, H. 65, 72, 112, 115, 116, 124, 169, 174, 186, 187, 189, 190, 191, 192, 194, 237, 260, 261, 274, 298, 307, 317, 318, 363, 364, 394, 403, 414, 465, 504, 519, 662, 663, 756, 757, 762, 804.
Hildesheimer 161.
Hinsberg 264, 267, 272, 273, 283.
Hirsch, C. v. 110.
Hirsch, Rachel 181.
Hirschfelder, A. D. 380, 382.
His, W. 187, 294, 798, 799.
Hjert, Axel M. 381.
Hlasiwetz 426.
Hoffa 75.
Hoffmann, August 788, 799.
—, A. W. 212, 261, 372, 623.
Hofmann, K. A. 623.
Hoff, van't 127, 128, 129.
Hofmeister, F. 25, 76, 187.
Hoeppner 244.
Hoesch 752.
Hoberg 234.
Höhnel 672.
Hollande, A. Ch. 736.
Hopkins, G. 613.
Hoppe-Seyler, G. 77, 183, 213, 219.
Horroch 472.
Hösslin 166.
Houghton 567.
Hoyer 431.
Howard 412.
Huber 797.
Huchard 786.
Hügel, G. 729, 730.
Hültenschmidt 303.
Hueppe 670.
Hüsgen, H. 687.
Hug, E. 123.

Hunt, Reid 87, 88, 237, 329. 821.
Hupfer, Frz. 797.

Igersheimer, J. 700.
Ihmsen 298.
Ikeda, Yasuo 124, 453.
Ilzhöfer, Hermann 82.
Imm, Johannes 639.
Impens 372, 455, 483, 485, 496, 514, 746, 747, 775, 785.
Ishizuka 120.
Ishiwara, T. 716.
Issekutz, B. 348.
Israel, Eugen 667.
Iwakawa, K. 426, 776.
Iwanoff, A. 646.
Izar 736.

Jacobi 597, 641.
Jacobj, Carl 42, 302, 304, 517, 597, 762.
Jacoby, Martin 38, 543.
Jacobs, W. J. 657.
Jacobsen, O. 478.
Jacobson, C. A. 99.
Jaeglé 215.
Jaffé, J. 447.
—, Max 78, 83, 116, 159, 170, 171, 179, 188, 194, 195, 226, 229, 254, 303, 479, 753.
Jahns 41.
Jaksch, R. 209, 210, 211, 271.
James, E. M. 85.
Janowski 765.
Japp 419.
Jaworski 273.
Jensen 479.
Jess, A. 209.
Jez 273, 274.
Joachimoglu, G. 68, 471, 517, 632, 700, 703, 758, 819.
Joanin, A. 80, 220.
Joannovics, G. 77, 156.
Jodlbauer 216, 275, 746.
Johannessohn 591.
Johns, C. O. 788.
Jolyet 66, 214, 301.
Jonescu, D. 218, 307, 446.
Jordan 75, 97, 330.
—, Seth N. 300.
Joseph, Max 14, 656.
Jowett, H. A. D. 122, 343, 344, 345, 440, 441, 442.
Jungfleisch 32, 533.
Jürgensen 38.
Juvalta 169.

Kahlenberg 134.
Kahn, R. 699, 710.
Kalberloh 728.
Kamm, Oliver 373.
Kaposi 550.
Karczag, Lászlò 54, 119, 120.
Karrer, P. 32, 241, 247, 467, 633, 706, 707, 718, 719, 728, 732, 747, 752, 753.
Kaspari 735, 736.
Kast 45, 48, 63, 264, 474, 489, 500, 522, 625.
Kastein 87.
Kastle 200.
Kather, B. 232.
Katz, J. 244, 430, 556.
Katzenstein 175.
Kaufmann, Charl. B. 247, 381, 382.
—, Ludwig 630.
Kehrer, M. 430, 450, 690.
Keller, J. 296.
Kendrick 29, 133, 208, 294, 295, 303, 311, 313.
Kennard, Sellers 166.
Kergon, J. 617.
Kerner 238.
Kertesz, E. 181, 187.
Kiessling, W. 816.
Kikkoji, T. 73, 173.
Kiliani, H. 771, 773.
Kindler, K. 409.
Kionka 75, 411, 768.
Kleine 197, 255, 336.
Kleist, H. 98, 263, 494.
Klingenberg 76, 177, 178, 180.
Klobbie 82.
Knapp, Th. 576, 586.
Knoop, F. 155, 156, 165, 181, 187.
Knorr, L. 216, 217, 228, 229, 230, 392, 393, 410, 411, 414, 416, 418.
Knueppel 211.
Kobert, R. 18, 43, 77, 221, 226, 227, 330, 385, 444, 460, 500, 636, 638, 695, 700, 703, 709, 744, 754, 760.
Koch, Robert 132, 540, 734.
—, W. 22, 75, 467, 477.
Kocher 664.
Koehler 276.
Koehne 90, 164, 165, 177.
Kögel, H. 411.
Koger, A. 736.
Köhler, Z. 114, 328.
Kohlhammer 461, 462.
Kohlrausch, Arnt 102, 299.
Kolbe 553.
Kolle, W. 686, 717, 728, 729, 730.
Koller 333.
Kolmer, J. A. 467, 716, 734, 821.
Konheim, W. 656.
Königs, W. 212, 215, 236.
Koppe 4, 330.
Koppel 156, 737.
Koslowsky, S. 753.
Kossel, A. 191.
Köster 51.
Kotake, Yashiro 169, 175, 185, 619.
Kowalevsky, K. 90, 178.
Knaffl-Lenz 708.
Knopf, Walter 728.
Kraft 79, 450.
Kramer, Franz 819.
Kramm 432.
Kratter 45.
Kreis, Ulrich 797.
Kretschmer 822.
Krey, Walther 480.
Krimberg, R. 329.
Kröhl 132.
Krohmayer 777.
Krolikowski 213.
Krönig 22, 29, 244, 294, 477, 682.
Kropp 431.
Krüger, M. 95, 168, 504.
Kubota, Seiko 368.
Kuckein 176.
Kühling 173.
Kunkel, A. J. 108, 129, 300.
Kurdinowski 428.
Kuroda, M. 775.
Kurz, S. 746.
Kutscher, F. R. 330, 450.
Kuwahara 642.

Labhardt 654.
Laborde 249.
Labraze 798.
Ladenburg 123, 310, 315, 316, 319, 343, 344.
Laidlaw, P. P. 426, 451, 453.
Landerer 583, 590.
Landgraff 88.
Landois 658.
Lang, S. 107, 181.
Lange 108.
Längfeld 211.
Langgard 73.
Langley, J. N. 449.
Langlois 18, 234, 244.
Langstein 181.
Lapin 762.
Lapresa, F. 555.
Larmuth 19.
Laubenheimer 538, 615.
Laufenauer 16.
Launoy, L. 51, 288, 367, 682.
Lautenschläger, R. 170.
Laveran 540, 612, 719, 732.
Lawrow 179.
Laws, Parry 54, 552.
Lazzaro 104, 691.
Lea Carey 691.
Leathes, J. B. 156.
Ledebt 327.
Leech 75.
Lees 403, 404.

Léger, E. 739.
Le Heux, J. W. 327, 745.
Lehmann, V. 190.
Leitchs 642.
Lenhke, Erich 692.
Lepétit 281.
Lepine 97, 643, 644.
Lesnik 176, 190.
Lesser, R. 136.
Leubuscher 416, 424.
Leupold, Frida 706, 719.
Levaditti, A. S. 110, 682, 708.
Levinthal, W. 166.
Levisohn 798.
Lévy-Bruhl, M. 51.
Levy, R. 238.
Lewin 654, 661.
—, C. 734.
—, L. 78, 98, 99, 107, 179, 199, 200, 346, 759.
Lewis, Howard B. 109, 168.
Ley 613.
Leyeen, P. 758.
Lichtenstein 797.
Lieben, Adolf 594.
Liebermann, C. 778.
Liebing, Ernst 172.
Liebrecht 604, 660, 666, 768.
Liebreich, O. 68, 69, 224, 265, 335, 472, 473, 483, 649, 673.
Lindemann, W. 300.
Limpricht 818.
Lilienfeld, L. 693.
Linden 736.
Lippmann 244.
Lipps, Hans 325.
Lipschitz, Werner 83.
Likhatscheff 189.
Lister, J. 544, 688.
Litten 222.
Lodter 416.
Loeb 543.
—, J. 20, 21, 22, 100, 132.
—, Leo 736.
—, O. 97, 296, 610.
Loevenhart, A. S. 614.
Loew, O. 19, 33, 34, 35, 36, 37, 67, 73, 74, 75, 81, 99, 110, 132, 327, 444.
Loewe, S. 320.
Loewenthal, F. 661.
Loewi, O. 442, 443, 449, 774.
Loewy, A. 320, 440, 483, 637, 738.
Löffler, W. 181.
Löhe 735, 736.
Lohmann, A. 330.
Loimann 209.
Lo Monaco, D. 519, 604, 753, 759.
Loos 297, 429, 465.
Lottermoser 672.
Louise 72.
Loujorrais 642.
Low, G. C. 466.
Lublinski, W. 295, 691.
Luchsinger 330.
Ludwig, E. 49, 675.
Lüdecke. 683.
Lüscher 737.
Lüssem 490.
Luft 228, 323.
Lumière, Auguste 222, 679, 820.
Lundholm, A. 380, 382.
Lusini 63, 90, 110, 199, 516.
Lussana 516.
Lustgarten, S. 686.
Lutz, L. 82.
Luzzatto, Riccardo 69, 72, 158, 165, 604, 614, 807, 809.
Lyonnet 567.

Maass, Th. A. 479.
Macallum 696.
Macchiavelli 121, 235.
Macht, David J. 131, 381, 424, 467, 753.
Macoprenne 596.
Mac Kenzie, Alex. 175.
Mackgill 80.
Madinaveitia 819.
Magne, H. 68, 816, 817.
Magnus-Levy, A. 163, 185.
Mahnert 265.
Majert, W. 282.
Maimowitsch 117.
Mainz, G. R. 123.
Mairet 478.
Makenzie 745.
Mallèvre 73.
Mameli, Efisio 706.
Manasse 763.
Mannaberg, Julius 216.
Mannich, C. 200, 232, 266, 444, 458, 516.
Mantenson 737.
Manteufel 726.
Marcacci 343.
Marfori, Pio 57, 103, 160, 250, 426, 427, 428, 429, 430, 572, 695, 696, 741.
Marmé 41, 82.
Marquardt 337.
Marquis 393.
Marshall, C. R. 69, 81, 346, 462, 741.
Martinet 448.
Masoin 87.
Massen 73.
Mathews, A. P. 22.
Matsuo, Iwao 169.
Mattai, Ch. 466.
Mattisson 466.
Matsumoto 256.
Matsuoka, Zenji 169, 176.
Matz, Moknoy 333.
Mavrogordato 80.
Maxim, M. 787.
Maximowitsch 85.
Mayer, A. 68, 816, 817.
—, P. 55, 96, 111, 119, 125, 138, 159, 160, 161, 190.
Mayor, A. 123.
Mayser 504.
Mazzara 480.
Megele, L. 532.
Meili 116.
Meimberg 215.
Meimer, R. 77, 256.
Melikoff, P. 144.
Meltzer 14.
Mendel, Lafayette B. 90, 167, 788.
Mendelejeff 16.
Menieur 537.
Menozzi 125.
Merck, E. 335.
Mering, J. 73, 131, 132, 190, 265, 271, 276, 277, 359, 397, 401, 402, 473, 474, 475, 490, 494, 505, 516, 583, 609, 660, 674, 675, 757, 796.
Merkel, Adolf 188, 244.
Mesnil 540, 647, 649.
Messinger 597, 598, 599.
Meyer 76, 85, 474.
—, Arthur 744.
—, E. 182, 483.
—, Gustave 649.
—, H. H. 24, 32, 48, 49, 113, 130, 288, 294, 302, 331, 442, 443, 449, 521, 522, 525, 659, 663, 664, 742.
—, Kurt H. 522.
—, Victor 68, 129, 167, 614.
Meyer-Wedell, L. 156.
Meyerheim, G. 96.
Michaelis, A. 61, 703, 709.
Michailow 638.
Michallis, M. 414.
Michaud 543.
Mießner 110.
Miller 236, 237.
Minkowski, O. 168, 790.
Minumpi 465.
Mitchell, C. W. 100.
Mitscherlich 10, 114.
Modica, O. 45, 75, 78, 197.
Moerner, K. A. H. 200, 254, 267.
Mohr 420, 427, 430, 432, 554, 572, 583, 740, 745, 778.
Moleschott 593.
Molle 494.
Moodi, W. 183.
Moore, C. W. 83, 450, 459, 742.
Morgan, Gilbert 591, 711.
Morgenroth, J. 238, 239, 240, 241, 242, 245, 383, 818.
—, P. 352.

Mori, Yoshitane 171.
Moro 504.
Mosetig 593, 641.
Mosse 198.
Mosso, Ugolino 283, 334. 476, 477.
Motolese 650.
Mouneyrat, A. 701, 707, 711.
Müller, C. 355.
Müller, E. 113, 328.
—, Franz 24.
Mulzer 725, 730.
Münzer, E. 612.
Murco 699.
Murell 413.
Muto, K. 312.
Myers, Victor C. 90.
Mylius 31.

Nagai 368.
Nägeli 23.
Nardelli, G. 618.
Nebelthau, Eberhard 67, 78, 517, 520, 573.
Nef 85.
Neimann 23.
Neisser, Alb. 600, 627, 677, 693, 707.
Nencki, M. 30, 73, 77, 79, 102, 103, 137, 167, 176, 177, 179, 190, 191, 197, 202, 213, 273, 282, 520, 560, 561, 562, 563, 577, 619.
Nenjukow 736.
Nernst 33.
Nesbitt 475, 573.
Neter 746.
Nettesheim, K. 143.
Neubauer, E. 525.
—, O. 156, 161, 164, 185, 190.
Neuberg, C. 23, 68, 73, 119, 120, 125, 138, 161, 164, 181, 188, 190, 192, 198, 735, 736.
Neufeld, F. 647.
Nicolaier 798.
Nicolas, Joseph 815.
Nicolayer 162, 168, 802, 806.
Nicolle 647, 649.
Nicot 221.
Niemilowicz 331.
Nierenstein, M. 244, 444, 704.
Nigeler 638.
Noel-Paton, D. 75.
Noguega 420.
Nölting 178.
Nonnenbruch 760.
Noorden v. 252, 385.
Norrgard, H. 380, 382.
Nothnagel, G. 331.
Novy 335.
Nunnely 471.

Oat, S. 471.
Obermayer 74.
Obermiller, Jul. 546.
O'Conner, J. M. 23.
Oddo 78, 259, 759.
Oechslin, K. 709, 719.
Oesterle, O. A. 739.
Ohta, Kohshi 160.
Oldenberg, L. 296, 395.
Onaka, M. 707.
Oppenheim, Kurt 678, 683.
Oswald, Adolf 613.
Overlach 280, 746.
Overton 32, 48, 49, 58, 394, 418, 522, 523, 525.

Paal, C. 111, 689, 747.
Paderi, Cesare 159, 160, 162, 303, 316, 464, 742.
Page, Harold J. 327.
Pal, J. 424.
Palma 699.
Panders 691.
Pannas 472.
Papillon 19.
Parabini 98.
Pari, G. A. 125, 185.
Paschkis, H. 74, 89.
Pasqualis 782.
Pasteur, L. 119, 121, 130.
Paternò, M. 392, 519.
Patta, Aldo 329, 705, 706.
Paul, Th. 22, 535, 682, 692, 798.
Pauli, W. 23, 25, 63.
Pauly, Hermann 803.
—, H. 303, 440.
Pavia 214.
Pawlow 73.
Pearson, Leonore Kletz 140.
Pechmann, H. v. 74, 82, 398.
Peebles 122.
Pellaconi 428.
Pellissier, P. 636.
Pembrey 428.
Penzoldt 641, 642, 748, 749.
Perelstein, M. 285.
Perkin, W. H. 194, 463, 758.
Perrin, Felix 820.
Personali 517.
Pertik 630.
Peschié, S. 686.
Pesci 675.
Petrini 117.
Petrowa, M. 553.
Pewsner 401.
Pezzoli 693.
Pfähler, Ernst 611.
Pfannenstiel, A. 342.
Pfeiffer 32.
Philipp 428.
Piantoni, Giovanni 81.
Piazza, J. Georg, 110, 111.
Picaud 131.
Pick, E. P. 77, 156, 327, 455, 466, 603, 735.
Pickering 66, 69, 89.
Pictet, Amé 123, 424, 425, 433, 465, 466.
Pierzcyek 771.
Pigorini, L. 178, 774.
Pila 786.
Pinner, A. 306, 460, 461, 462, 475.
Pitini, A. 79, 295, 392, 397, 443, 773.
Piutti 125, 138, 272.
Plantefol, L. 68, 816, 817.
Plenk 311.
Plimmer 711, 729.
Ploetz 68, 816.
Plotho, Olga 24.
Plugge, P. C. 210.
Pohl, J. 30, 49, 97, 113, 160, 165, 169, 185, 188, 219, 299, 328, 409, 447, 550, 747.
Pollak, L. 198.
Polstorff 401.
Pommering 76.
Ponzio, P. 610.
Pope 124, 819.
Popi 478.
Popielski 451.
Porcher, M. C. 169.
Porges, Otto 158.
Portig 23.
Posner, Th. 501.
Posternak, S. 783.
Pototzky, Carl 387.
Pouchet 420.
Poulsson, E. 121, 318, 336, 337, 375, 752.
Preusse 185, 186, 194, 196.
Prevost 582.
Pribram, E. 49, 169.
Priestley 19.
Priesz, Hans 519.
Pringsheim, J. 160.
Pschorr, R. 58, 178, 230, 392, 394, 413.
Pyman, F. L. 122, 343, 344, 345, 372, 375, 390, 425, 427, 432, 452, 466.

Rabe, F. 82, 236, 247.
Rabow 413.
Rabuteau 13, 14, 15, 18, 19, 299, 300.
Raimundi 73.
Raiziss, G. W. 734, 821.
Ramart-Lucas, Pauline 368.
Ranken, Fryand 729.
Raschig, F. 73.
Raspail 733.
Räth, Kurt 349.
Rautenberg, C. E. 556.
Ravenna, C. 63, 75, 294.
Rawicz, Marg. 146, 550.
Read 124, 819.
Reichert 61, 76, 89, 131, 334.
Reid, E. E. 816.

Rekowski 108.
Remfry, F. G. C. 432, 510.
Reinking 654.
Reuss 535.
Reverdin 572.
Reynolds, Sidney 665.
—, W. C. 318.
Rhein 739.
Rhode 236, 237.
Richards 134.
Richardson 61, 130, 131.
Richet, Charles 13, 14, 15, 61, 476, 477.
Richter 791.
Riegel 787.
Riegler, E. 249, 250, 550.
Rieser, O. 171.
Rimini, Enrico 756.
Rimpau, W. 70, 542.
Ringhardtz 306, 460.
Ritsert, Kurt 385, 818.
Ritter, Adolf 236, 821.
Ritz 239, 728.
Rixen 485.
Roaf, H. E. 444.
Robinson, R. 340, 463.
Rodolico, L. 786.
Roehl, W. 647.
Röhmann, F. 183.
Röhl 541.
Rollet 778.
Rollin, Georges 822.
Ronsse 422.
Roos, E. 275.
—, J. 221, 274.
Rösel 603.
Rosenbach 597.
Rosenberg 488, 618.
Rosenbusch, R. 143.
Rosenfeld, Fr. 160.
—, G. 160.
Rosenhain, F. 210, 243, 304, 803.
Rosenmund, Karl W. 440, 453, 454, 458, 516.
Rosenstein 299.
Rosenthal 77, 209, 639.
Roser 412.
Roßbach 586.
Rost, Eugen 44, 193, 200, 500, 642, 658.
Roth, Karl 111, 691.
Rothermundt, K. 686.
—, O. 730.
Rothmann, A. 700.
Rotschy 123.
Rotter, Luise 807.
Row 459.
Rowntree 744.
Runck 487.
Rymsza 183.

Saar 818.
Sabbatani, L. 22.
Sabbath, S. 143, 270.
Sachs, F. 96.
—, Otto 646.
Sack 192, 545, 626.
Sahli 406, 572, 575, 583.
Saiki, T. 168.
Sakellarios, Euklid 82.
Salant, W. 99, 100, 640, 787, 821.
Salaskin 178.
Salent, Will. 162.
Salkowski, E. 101, 103, 158, 171, 192, 193, 195, 197, 199, 385, 532, 533, 639, 650, 654, 696, 796.
—, H. 193.
Salomon, G. 95, 790.
Salway, A. H. 422.
Samelson, J. 744.
Saneyoshi, Sumio 161.
Sansom 471.
Santesson, C. G. 242, 299, 612, 773, 815.
Sarthly, A. 636.
Sasaki, T. 156, 195.
—, Yomoshi 58.
Satta, G. 604, 614.
Saul 532.
—, Paul 678.
Saxl, T. 533.
Scaffidi 696.
Schadeck 676.
Schadow, Gottfried 81.
Schaeffer, H. 240, 241, 692.
Schapirov 131.
Schapkaiz 773.
Scheffler, L. 636.
Scheidemann 75.
Schempp, Erich 166.
Scheurlen 22, 528.
Schiemann, O. 647.
Schiermann, O. 716.
Schiff 315, 475.
Schild 704.
Schildlowski, A. 771.
Schinkhoff 85.
Schittenhelm 175.
Schleich 651.
Schloss, E. 21.
Schlossberger 239, 315, 728.
Schmidt, A. 210, 359.
—, Carl L. A. 196.
—, E. 370, 789.
—, J. 113, 125, 144, 180, 282, 330, 331, 394, 426.
—, P. 168.
Schmiedeberg, O. 12, 27, 30, 49, 62, 95, 118, 130, 176, 179, 248, 254, 263, 264, 271, 319, 330, 332, 497, 695, 696, 771.
Schmitt 560.
Schmitz 181, 734.
Schneegans 132, 490.
Schneger 646.
Schneider 248, 535.
Schöller, Walter 24, 529, 673, 677, 680, 681, 685, 686.
Scholtz, M. 124.
Schönbach, R. 773.
Schorn 200.
Schott, E. 160.
Schotte, Herbert 163, 174.
Schotten, C. 302, 303, 304.
Schrauth, Walter 24, 529, 673, 677, 679, 680, 681, 685, 686.
Schroeder, Knud 243.
—, W. v. 93, 393, 420, 424, 787.
Schroeter, G. 550, 559.
Schroff 297, 301.
Schrötter 392.
Schryver 403, 404.
Schubenko, G. 279, 443.
Schultze, Ernst 485, 495.
Schultze 819.
Schultzen 73.
Schulz 504, 699.
—, Hugo 19, 20, 43.
—, Otto 181.
—, W. 462.
Schulzen 796.
Schumacher, J. 691, 734.
Schumann, H. 730.
—, W. 730.
Schumoff-Schimanofski 619.
Schwartze, E. W. 99, 100.
Schwarz, Leo 74, 98, 159, 461, 462, 696.
Schwarz 323.
Scott, R. W. 553.
Sée, Germain 218, 242.
Seel, Eugen 740.
Seib, Carl 476.
Seifer 372.
Seifert, Otto 661.
Séjournet 630.
Selig, Johanna 735.
Serono, Cesare 736.
Sherwin, Carl P. 166, 186, 193.
Shimada 549.
Shimazono, J. 111.
Siebel 573, 612.
Sieber, N. 182.
Siebert 485.
Sieburg, E. 74, 180, 704, 720, 755, 820.
Siegfried, M. 172.
Sien, Otto 728.
Sievers 362.
Skorozewski, W. 807.
Skraup, Z. 211, 212, 213, 237, 238.
Slawu, J. 613.
Smirnow 182.
Smith 109, 199, 471.

Smith, A. J. 467.
—, Homer W. 821.
—, Maurice J. 720.
Sobel, Ph. 448.
Sohn, J. 807.
Sokolowski 414.
Söll, J. 75.
Sollmann, T. 753.
Sommerbrodt 515.
Späth, E. 448.
Speyer, E. 393, 395, 407.
Spiegel 136, 143, 270, 440, 744.
Spiegler, E. 624.
Spiro, K. 22, 528, 534.
Spruyt 84.
Städel 281.
Städeler 475.
Stadelmann 77.
Stadler, Hermann 540.
Starkenstein 92, 807.
Stauder 741.
Steenhauer, A. J. 544.
Steinauer 484.
Steiner, F. 749.
Steinfeld 663.
Steinkopf, W. 816.
Stepp 472.
Stern 78, 161, 306.
Sternberg, W. 117, 132, 135, 136, 137, 138, 139, 141, 143, 446.
Steudel, H. 79, 95, 166, 167.
Stilling 637, 641, 642.
Stocker 404.
Stockmann, R. 59, 200, 209, 210, 303, 334, 336, 394, 395, 396, 397, 404, 405, 410, 411, 412, 429, 553.
Stockvis 84.
Stöhr, J. 816.
Stolnikow 36, 56, 58, 101, 393.
Stransky, Emil 160.
Straub, W. 32, 48, 200, 301, 406, 515, 751, 752, 754, 772, 773, 774, 775.
Stricker 553.
Stroux 485.
Stuchlik 425.
Stutzer, A. 75.
Sundwik 185, 190.
Surmont 576.
Suter 586.
Suwa, Akiharu 175.
Suruki, N. 170.
Sykow 736.
Symons, C. J. 390.
Szili, Alexander 99.
Szmurlo 414.
Szubinski 517, 762.

Tafel, J. 463, 464, 465.
Taine 596.
Takamine 440.
Tallquist 111.
Tanret 450.
Tappeiner, H. 100, 104, 195, 215, 216, 232, 479, 648.
Tarr, Jesse 86.
Tarulli 604.
Taveau, R. M. 329.
Tavel 606.
Teichmann, E. 729.
Telle, H. 752.
Thielemann 295.
Thierfelder, H. 166, 186, 190, 193.
Thimm, L. 548, 635.
Thoburn, T. W. 553.
Thomalla 595.
Thomas, Karl 163, 174, 550.
Thoms, H. 143, 499, 809, 818.
Thomson 711.
Thümen, F. 499.
Thunberg, Thorsten 105.
Tiemann 125, 144, 757.
Tiffeneau, M. 185, 413, 450, 819.
Tillie, J. 207.
Tir 161.
Tiryakian 298.
Tollens, Karl 116.
Tomarkin 606.
Tomascewicz 473.
Tomaszczewsky, E. 76.
Tonella 317.
Totani 193.
Tournay, A. 68, 817.
Toy 413.
Traube, J. 49, 131, 366, 525.
Trendelenburg, Paul 105, 655, 755.
Treupel 109, 267, 270, 272, 273, 283.
Triat 739.
Trolldiener 379.
Tsakalotos, D. E. 757.
Tschirch 739, 740, 741.
Tsuzuki 729.
Tubini, E. A. 788.
Tugendreich, J. 240, 241.
Tunnicliffe 243, 294, 304, 585, 803.
Türk, W. 195.
Tutin, Frank 450, 739.

Ubaldi, Amadeo 53.
Uhl, Robert 542, 543, 736.
Uhlenhuth 725, 726, 729, 730.
Uhlmann, Fr. 266, 813.
Ulffers, F. 273.
Unger-Laissle, H. 734.
Unna 32, 65, 630, 777, 779, 780.
Unverricht 747.
Uyada, Keyi 101.
Vahlen, E. 77, 418, 419.
Vaillant 465.
Valenti, Adriano 284.
Valeri, G. B. 577.
Vamossy, Z. 201, 283, 380, 512, 743.
Vanderlinden 504.
van t'Hoff 31, 32.
Varisco, Azzo 329.
Vasiliu, Haralamb 174.
Vaubel 347, 391.
Velden, R. v. d. 610, 758.
Veley 242, 471, 759.
Verbrugge 87.
Vernon, H. M. 61, 96.
Vespetro 537.
Viau 341.
Vierordt 465.
Vieth 740, 741, 777.
Vignon, L. 77, 115, 256.
Ville 195.
Vinci, Gaetano 361.
Vincent Swale 327.
Vischniae, Ch. 548.
Vittinghof 52, 261.
Voegtlin, Carl 821.
Vogel, G. 62.
Vogt 642.
Vollert 674.
Volmer, J. A. 642.
Vongerichten 392.
Vortmann 597, 598, 599.
Vossius 361.
Voswinkel, H. 455.
Vosz 427.
Vulpian 128, 294, 300.

Wahl 230.
Wakemann, A. J. 155.
Walko, Karl 84, 183.
Wallach 463.
Waller 242.
Walpole 453.
Walter 632.
Walters, A. L. 467.
Warden 791.
Waser, Ernst 308, 446.
Wassermann, A. 631, 632, 656.
Wasicky, R. 466.
Waters 789.
Weber, S. 63, 188, 788.
Weddige 263, 748.
Wedekind 85, 128, 129, 179, 754, 755, 760.
Weidel, H. 750.
Weil, Friedr. Josef 86, 640, 643, 644.
Weinberg, Fritz 773.
Weinhagen, A. B. 296.
Weintraud, W. 98, 806.
Weiske 157.
Weiss, R. 136, 796.
Welmans 383.
Wendel 421.

Wendelstadt 647, 708.
Werler 672.
Werner 24, 32, 125, 342, 394, 735.
—, Louis F. 352.
Wertheimer 76, 315.
Weyl, Th. 83, 101, 638.
Whetham 22.
Wiechowski, Wilh. 46.
Wichura, Wilhelm 347.
Wieland, Heinrich 82, 86.
—, Hermann 690.
Wiener, Hugo 166.
Wigner 81.
Wiky 465.
Will, W. 81, 421.
Willgerodt, C. 127, 128, 380.
Williams 24.
Willstätter, R. 117, 323, 333, 340, 341, 351, 352, 353, 366, 782.
Windaus, A. 120, 320, 451, 455, 755.
Winternitz 403, 608, 610.
Winterstein, E. 296, 447, 787.
Wirgin, Germund 131, 532, 540.
Wise, L. E. 158, 162.
Witkowski 489, 698.
Witt, O. 30, 31.
Wittgenstein, H. 472.
Witthomer 474.
Woehler 19.
Wohl 453.
Wohlgemuth, J. 119, 120.
Wohlwill, Friedrich 18.
Wojtaszek 622.
Wolf 15.
—, G. 542.
—, Max 186.
—, William 186.
Wolffenstein, E. 311.
—, R. 311, 320, 346, 483, 806.
Wolkow 181.
Woody, S. S. 642.
Woroschilsky 18.
Wortmann 642.
Wrede, Fritz 632.
Wright, A. E. 241, 323.
Wybert, Ernst 813.
Wysz 619.

Yagle, E. M. 642, 716.
Yvon 226, 732.
Young, W. J. 784.

Zahn, Kurt 424, 760.
Zanda, G. B. 79, 776.
Zart, A. 512.
Zehner 759.
Zeimer, Karoline 451.
Zeller, A. 636.
Zernik 741.
Zickgraf 636.
Ziegler 179.
Ziemssen 696.
Zillner 49.
Zimmermann, R. 172.
Zincke 419.
Zirn, Camillo 683.
Zorn, E. 435.
Zsigmondy 24.
Zuelzer 783.

Sachregister.

Abietinsäure 200.
Acetäthylaminophenolacetat 267.
Acetal 73, 516, 524.
Acetaldehyd 55, 96, 130, 471, 516, 652.
Acetaldehyddextrin 652.
Acetaldehydstärke 653.
Acetamid 29, 72, 144, 162, 294, 521.
Acetamidäthersalycilamid 574.
Acetamidin 76.
Acetaminoarsenoxydbenzolsäure 713.
Acetaminoarsinsesquisulfid 707.
Acetaminobenzarsinsäure 701.
Acetaminobenzosäurenaphthylester 572.
Acetaminobenzoyleugenol 583.
Acetaminobenzoylguajacol 583.
Acet-p-aminodiphenyl 260.
Acetaminomercuribenzoesäure 683.
5-Acetamino-8-methoxychinolin 214.
Acetaminooxyphenanthren 395.
Acetaminophenol 268, 269.
p-Acetaminophenol 254, 255.
Acetaminophenolallyläther 266, 818.
Acetaminophenolbenzoat 267.
Acetaminophenolpropyläther 269.
Acetaminophenolschwefelsäure 704.
Acetaminophenylarsinstibin 733.
Acetaminothiophenolmethyläther 624.
Acet-p-aminothiophenolmethyläther 285.
Acetaminophenoxyacetamidchloral 480, 481.
p-Acetaminophenoxylacetamid 284.
p-Acetaminophenoxylessigsäureester 284.
Acetanilid 34, 197, 270, 494.
Acetanilid s. Antifebrin.
p-Acetanilidcarbonat 277.
Acetanilidoessigsäure 261, 262.
Acetanilidsulfosäure s. Cosaprin.
ω-Acetanilidsulfosäure 262.
Acet-p-anisidin 144.
o-Acetanisidinarsinsäure 64.
Acetanthranilarsinsäure 709.
Acetarsanilsäure 708.
Acetanthranilsäurearsenoxyd 713.
Acetate 11.
Acetatquecksilbercamphercarbonsäure 681.
Acetenyltrimethylammoniumhydroxyd 113.
Acetessigestercarbäthoxyphenylhydrazon 818.
Acetessigsäure 98, 158, 165, 175, 187, 190.
Acetessigsäureanilid 255.
Acetobrenzcatechin 442.
Acetoform 738.
Acetohydrocotarnin 819.
Acetolsalicylsäureester 570.
Aceton 75, 82, 98, 158, 159, 175,. 190, 477, 495.
Acetonäthylmercaptol 504.
α-Acetonaphthalid 259.
Acetonchloroform s. Aneson.
Acetonchloroformacetylsalicylsäureester 481.
Acetondicarbonsäure 159.
Acetonglycerinjodhydrin s. Alival.
Acetonitril 85, 86, 87, 105, 198, 523.
Acetonylcarbäthoxyphenylhydrazon 818.
Acetophenin 519.
Acetophenon 98, 156, 172, 173, 176, 179, 190, 191, 479, 517, 518, 519.
Acetophenonammoniak 518.
Acetophenondisulfon 501.
Acetophenonkodein 409.
Acetophenonoxaläther 518.
Acetophenonoxim 759.
Acetophenon-oxychinolin 519.
Acetophenonphenetidid 279.
Acetopyrin 225.
Acetosalicylsäure 560.
m-Acettoluid 117.
o-Acettoluid 117, 197.
p-Acettoluid 117, 197.
Acetonim 74, 75.
p-Acetoxybenzoylmorphin 400.
Acetoxydimethoxyphenanthrencarbonsäure 394.
Acetylacetophenon 518.
Acetyl-p-äthoxyphenylmethan s. Thermodin.
p-Acetyläthylaminophenyläthylcarbonat 278.
Acetyläthylphenylhydrazin 220.
Acetyläthylurethan 497.
Acetylalkyltetramethyloxypiperidincarbonsäureester 365.
Acetyl-p-aminoacetophenon 282.
Acetylaminoäthylsalicylsäure 574.
m-Acetylaminoantipyrin 227.
1-o-Acetylaminoantipyrin 227.
Acetylaminobenzoesäure 182.
m-Acetylaminobenzoesäure 186, 197.
p-Acetylaminobenzoesäure 187.
Acetyl-p-aminobenzoesäurepropylester 386.
3-Acetylamino-4-carboxyäthylaminophenol 286.
4-Acetylamino-3-carboxyäthylaminophenol 286.
Acetylaminococain 338.
Acetylaminodiäthylbrenzatechin 286.
β-Acetylaminoessigsäure 265.
3-Acetylamino-4-lactylaminophenetol 286.
Acetylaminomercuribenzoesäure s. Toxynon.

Acetylaminomethylsalicylsäure 574.
p-Acetylaminooxyäthoxylbenzol 279.
Acetylaminophenol 573.
Acetyl-p-aminophenol 264, 267.
Acetyl-p-aminophenolätherschwefelsäure 267.
Acetylaminophenolbenzyläther 276.
p-Acetylaminophenolbromdiäthylacetylurethan 488.
Acetyl-p-aminophenolglycerinäther 285.
Acetyl-p-aminophenolglykoläther 285.
Acetylaminophenylchinolincarbonsäure 812.
p-Acetylaminophenylhydrazin 222.
Acetyl-p-ammophenylpiperidin 261.
Acetyl-α-aminopyridin 79.
Acetylaminosafrol 238.
Acetyl-p-aminophenylpiperidin 261.
Acetylaminophenylstibinsäure 729, 732.
Acetylaminovaleraldehyd 517.
Acetylanthranilsäuremethylester 263.
Acetylarsanilsäure 707.
Acetylatoxyl s. Arsacetin.
Acetylbrenztraubensäureäthyläther 518.
Acetylbenzimidazol 452.
Acetylbromdiäthylacetylcarbamid 820.
Acetylbromisovalerylharnstoff 820.
Acetylcevadin 323.
Acetylchinin 251, 252.
Acetylchloreton 484.
Acetylcholin 327, 329.
N-Acetyl-colchinol 325.
N-Acetylcolchinolmethyläther 325.
Acetyldijodsalicylsäureäthylester 388.
Acetylen 523.
Acetylenchlorid 533.
Acetylendichlorid s. Dioform.
Acetylendijodid 110.
Acetyldijoddiphenylamin 602.
Acetylglykolchlorsalicylsäure 558.
Acetylglykolkresotinsäure 558.
Acetylglykolsalicylsäure 558.
Acetylglykolylurethan 487, 769.
Acetylguajacolsulfosäure 588.
Acetylharnstoff 520.
Acetyljodphenylmercaptursäure 614.
Acetylkodein 403.
Acetyl-p-kresotinsäure s. Ervasin.
Acetyllactylkreostinsäure 558.
Acetylmeconsäure 170.
Acetylmerochinennitril 245.
Acetylmethylanthranilsäuremethylester 264.
d-Acetyl-p-methylphenylalanin 187.
Acetylmethylphenylhydrazin 220.
Acetylmethylurethan 497.
Acetylmorphin 39.
Acetylmorphinkohlensäureäthylester 401.
Acetylnarkotin 430.
Acetyl-m-oxybenzoesäureäthylester 388.
Acetyl-p-oxybenzoesäureäthylester 388.
Acetyloxyphenyläthylacetylamin 449.
Acetyloxyphenyläthylamin 445.
Acetyl-p-oxyphenylurethan s. Neurodin.
Acetyl-o-phenetidid 269.
l-Acetylphenylaminoessigsäure 164.
Acetylphenylcarbizin 220.
Acetylphenylhydrazin s. Hydrazetin.
sym. Acetylphenylhydrazin s. Pyrodin.
Acetylphenylhydroxylamin 255.
Acetylphenylthiocarbizin 220.
Acetylpikrotoxinin 322.
N-Acetylpiperidin 312.
β-Acetylpropionsäure s. Lävulinsäure.
Acetylsalicoyltheobromin s. Theacylon.
Acetylsalicylamid 520, 557.
Acetylsalicylbromisovalerylharnstoff 769.
Acetylsalicylcholsäure 690.
Acetylsalicylosalicylsäure 559, 571.
Acetylsalicyloylglukose 567.
Acetylsalicyloyltheobromin 792.
Acetylsalicylsäure s. Aspirin.
Acetylsalicylsäureacetonbromoformester 482.
Acetylsalicylsäureanhydrid 558.
Acetylsalicylsäurebenzoesäureanhydrid 568.
Acetylsalicylsäuredichlorisobutylester 482.
Acetylsalicylsäurementholester 565.
Acetylsalicylsäuremethylester 388, 760.
Acetylsalicylsäureoxychinolinester 806.
Acetylsalicylsäuretribromtertiärbutylester 482.
Acetylsalicylsäuretrichlorbutylester 482.
Acetylsalicylsäuretrichlorisopropylester 482.
Acetylsalol s. Vesipyrin.
Acetyltannin 659, 660, 662.
Acetyltetrahydronaphthylamin 446.
Acetylthallin 212.
Acetyltheobromin 792.
Acetylthioharnstoff 108.
Acetyltrpoein 342, 344, 346, 402.
Acetyltropyllupinein 346.
Acetyltropyltropein 344, 346.
Acetylzucker 135.
Acetylzufigallussäuretetramethyläther 741.
Acitrin 808.
Acoin 379, 380.
Aconin 322.
Aconitin 107, 307, 321, 322, 335, 403.
Aconitsäure 114.
Acridin 174, 209, 648.
Acridiniumgelb 64, 534.
Acrolein 82, 114, 238, 654.
Acrylsäure 111, 158, 165.
Adalin 485, 486.
Adamon 768.
Adenin 79, 167.
Adipinsäure 102, 171, 173.
Adonidin 771.
Adonitinsäure 771.
Adrenalin 123, 196, 246, 294, 326, 440, 441, 442, 443, 444, 445, 446, 447, 449, 450, 455, 456, 457, 458, 459. 736. 819.
Adrenalon 442, 443, 449, 456.
Afenil 637.
Afidol 679, 680.
Agaricin 744.
Agaricinsäure 276, 669.
Agaricinsäure-di-p-phenetidid 276.
Agaricinsäure-mono-p-phenetidid 276.
Agathin 221.
Agurin 788.
Aguttan 806.
Airoform 668.
Airol 668.
Akrolein 36.

Alanin 73, 157, 158, 175, 181, 424.
dl-Alanin 157, 163.
Alaninjodcalium 607.
Alaninkupfer 736.
Alanyloxyphenyläthylamin 459.
Alaninquecksilber 675.
Alaninsilber 736.
Albargin 727.
Albaspidin 750, 751, 752.
Albumosen, arsensaure 702.
Aldehyd 88.
Aldehydammoniak 76, 97.
Aldehyde 97, 540.
Aldol 55.
Aldole 96.
Aldosen 96.
Alformin 737.
Aleudrin 479.
Alival 611.
Alizarin 741, 742, 778.
Alizarinblau 741.
Alizarinbordeaux 741.
Alizaringelb 746.
Alkaliviolett, L. R. 649.
Alkohol 37, 74, 107, 297, 468, 528.
Alkohole 29, 30, 61, 100, 130, 131, 190, 240, 490, 525, 540.
Allantoin 168, 806.
Allocain 368.
Allophansäureäther 153.
Allophansäureäthylester 164.
Allophansäureamid s. Biuret.
Allophansäureamylenhydratester 499.
Allotropin 655.
Alloxan 90, 95, 165, 166, 766.
Alloxanbrenzcatechin 585.
Alloxanguajacol 585.
Alloxanhydrochinon 585.
Alloxankreosol 585.
Alloxannaphthol 585.
Alloxanphenol 585.
Alloxanpyrogallol 585.
Alloxanresorcin 585.
Allozimtsäure 105.
Allylacetat 111.
Allylacetophenonsulfon 502.
Allylacetylkresotinsäure 559.
Allylacetylsalicylsäure 559.
Allylalkohol 110, 111, 238, 532.
Allylamid 409.
Allylamin 110, 111.
Allylanilin 111.
4-Allylantipyrin 227.
Allylbarbitursäure 514.
N-Allylbenzoyltetramethyl-j-oxypiperidincarbonsäuremethylester 365.
Allylbetain 328.
Allylbrenzcatechinmethyläther s. Safrol.
Allylcarbäthoxyphenylharnstoff 818.
Allylcarbäthoxyphenylthioharnstoff 818.
Allylchlorid 539.
Allyldihydronorkodein 409.
N-Allyldihydronorkodein 410.
Allylformiat 111, 409.
Allylglykosid 409.
Allylharnstoff 111.
Allylhomocholin 328.
Allyljodid 111.
Allylmorphimethin 409.
N-Allylnorkodein 328, 409, 410.
O-Allylnormorphin 409.
p-Allylphenol s. Chavosot.
Allylphenolmethyläther s. Anethol.
Allylphenylthioharnstoff 109.
Allylphenylcarbamat 753.
N-Allylpyrrolidin 328.
Allylsenföl 36, 111, 114, 539.
Allylsulfid 630.
Allyltheobromin 791.
Allylstrichnin 328.
Allylthioharnstoff siehe Kidsinamin.
Allylthioharnstoff 409.
N-Allylthallin 328.
s-Allyltheobromin 328.
Allyltrimethylammoniumhydroxyd 113, 327.
Almathein 649.
Alochrysin 739, 740.
Aloeemodin 739, 740, 771.
Aloenigrin 740.
Aloin 739, 742.
Aloinaethylcarbonat 742.
Aloinalophanat 742.
Aloineisen 742.
Aloinkohlensäureester 742.
Alphol 539.
Altannol 738.
Aluminium 15, 18, 134, 149, 529, 737ff.
Aluminium aceticum 18.
Aluminiumacetotannat s. Neotannyl.
Aluminium, ameisensaures, s. Alformin.
Aluminium, basischgerbsaures 737.
Aluminium, borgerbsaures, s. Cutol.
Aluminium boroformicicum 737.
Aluminium, borweinsaures 737.
Aluminiumchlorat siehe Mallebrein.
Aluminium formaldehydschwefligsaures bas. 738.
Aluminium, gerbweinsaures 737.
Aluminium, glykolsaures 738.
Aluminiumhexamethylentetramin, essigcitronensaures 738.
Aluminiumhydroxyd 738.
Aluminium, naphtholsulfosaures 738.
Aluminium, phenolsulfosaures 737.
Aluminium, salicylsaures 737.
Aluminiumsulfat 531.
Aluminiumtannineiweiß s. Noventerol 738.
Alumnol 737.
Alutan 738.
Alydrin 346.
Alypin 150, 358, 371, 372.
Amarin 35, 78, 144, 196.
Ameisensäure 132, 155, 158, 159, 166, 531, 552, 650.
Ameisensäureäthylester 786.
Amenyl 427, 432.
Amidin 378.
Aminbuttersäurequecksilber 675.
Aminoacetal 73.
Aminoacetaldehyd 73.
Aminoacetobrenzcatechin 442, 443, 449, 456, 457.
Aminoacetomethoxynaphthalin 819.
Aminoacetooxynaphthalin 819.
Aminoacetophenon 392, 443, 450, 518.
Aminoacetopyrogallol 450.
Aminoacetoresorcin 449.
Aminoacet-p-phenetididcoffein 231.
Aminoäthanolresorcin 449.
m-Aminoäthoxybenzoesäureesterurethan 385.
p-Aminoäthoxyphenol siehe Phenetidin.
β-Aminoäthylaminobenzoat 375.
Aminoäthylbenzimidazol 459.
2-α-Aminoäthylchinolin 248.
Aminoäthylidentetrahydropapaverin 437.
Aminoäthylindol s. Indolyläthylamin 453.
4-α-Aminoäthyl-6-methoxychinolin 248.
Aminoäthylpyrogallol 450.
Aminoanissäuremethylester 384.
m-Aminoantipyrin 227, 229.
o-Aminoantipyrin 227, 229.

4-Aminoantipyrin 226, 227, 229.
Aminoarsenobenzoesäure 720.
Aminoarsinphenylstibinsäure 729.
Aminoaurophenolcarbonsäure 735.
Aminoazobenzol 640.
Aminoazobenzol s. Anilingelb.
p-Aminoazobenzolsulfosäure 153.
4-Aminoazobenzol-4′-sulfosäure 151.
Aminoazotoluol 646.
Aminoazotoluolazonaphthol s. Scharlachrot.
m-Aminobenzaldehyd 186.
p-Aminobenzaldehyd 187.
Aminobenzarsinsäure 720.
m-Aminobenzoesäure 103, 115, 144, 151, 195, 257, 258.
o-Aminobenzoesäure siehe Anthranilsäure.
p-Aminobenzoesäure 115, 141, 144, 157, 186, 187, 257, 258.
p-Aminobenzoesäureäthylester s. Anaesthesin.
Aminobenzoesäurediäthylaminoäthanolester 374.
Aminobenzoesäurediäthylaminoäthylester 373, 374.
Aminobenzoesäurediäthylaminopropylalkoholester 373.
p-Aminobenzoesäureester, naphtholmenosulfosaures 385.
p-Aminobenzoesäureisobutylester s. Cycloform.
p-Aminobenzoesäuremethylester 379.
p-Aminobenzoesäurepropylester s. Propäsin.
Aminobenzol s. Anilin.
Aminobenzolarsinsäure 714.
Aminobenzolstibinsäure 731.
p-Aminobenzolsulfosäure s. Sulfanilsäure.
m-Aminobenzolsulfosäure 257, 623.
o-Aminobenzolsulfosäure 257, 623.
Aminobenzolsulfosäureazodiphenylamin s. Metanilgelb.
m-Aminobenzonitril 140.
m-Aminobenzoyl-m-aminobenzoylaminocarbazoldisulfosäureharnstoff 551.
m-Aminobenzoyl-m-aminobenzoylanilin-2.5-disulfosäureharnstoff 551.
p-Äthonyphenylsuccinimid s. Pyrantin.
p-Äthoxyphenylurethan 276.
Äthoxytartranilsäure 282.
Äthycupreinchlorid 239.
Äthylacetaminophenol 270.
m-Aminobenzoylaminosulfosalicylsäureharnstoff 551.
o-Aminobenzoylchinin 252.
p-Aminobenzoylchinin 252, 371.
Aminobenzoyldiäthylaminoäthanol s. Novocain.
Aminobenzoyldiäthylaminohexanol 371.
Aminobenzoyldiäthylaminopropandiol 371.
Aminobenzoyldiisoamylaminoäthanol 371.
Aminobenzoyldimethylaminoäthanol 371.
p-Aminobenzoyleugenolester s. Plecavol.
p-Aminobenzoylhydrochinin 252.
Aminobenzoyloxybenzoesäuremethylester 384.
Aminobenzoylphenetidid 375.
Aminobenzoylpiperidoäthanol 371.
Aminobenzoylpiperidopropandiol 371.
p-Aminobenzoylsalicylsäuremethylester 384.
p-Aminobenzoylsulfinid 142.
Aminobenzoyltetraäthyldiaminopropanol 371.
Aminobenzoyltetramethyldiaminopropanol 371.
Aminoborneol 759.
α-Aminobuttersäure 117.
β-Aminobuttersäure 117.
γ-Aminobuttersäure 117, 140, 146, 151, 302.
dl-Amino-n-buttersäure 157, 163.
Aminobutylglyoxalin 451.
Aminocampher 78, 144, 758, 759, 764.
Aminocarboxybenzolarsenoxydgold 727.
α-Amino-n-capronsäure 140.
dl-Amino-n-capronsäure 157, 163.
Aminochinidin 245.
Aminochinin 245.
m-Aminococain 338.
Aminocyannormorphin 408.
Aminodesmotroposantonige Säure 754.
4-Amino-2′4′-diaminodiphenylenamin 256.
4-Amino-2′-4′-diaminodiphenylenaminsulfosäure 256.
Aminodibromphenylarsinsäure 726.
Aminodimethyldioxybenzoesäuremethylester 384.
Aminodioxybenzoesäuremethylester 384.
6-Amino-2.8-dioxypurin 168.
p-Aminodiphenyl 76.
p-Aminodiphenylamin 76.
Aminodiphenylstibinoxyd 731.
Aminoekkain 356.
Aminoessigsäure s. Glykokoll.
2-Amino-d-glykoheptonsäure 125, 165.
Aminoguajacolcarbonsäuremethylester 384.
Aminoguanazol 79.
Aminoguanidin 74, 75, 219.
Aminohexylalkohol 304.
Aminohydrochinin 245.
β-Aminoisovaleriansäure 140.
Aminojodphenylarsinsäure 726.
Aminokohlensäure siehe Carbaminsäure.
Aminokresolarsinsäure 713.
Aminokresotinsäuremethylester 384.
Aminomalonsäure 73.
5-Aminomalonylguanidin 95.
ω-Aminomethylchinolin 248.
Aminomethyldimethylxanthin 794.
Aminomethylglyoxalin 451.
Amino(mono)methyldioxybenzoesäuremethylester 384.
Aminomethylhydrinden 447.
Aminomethylphenylarsinsäure 719.
Aminomethylschwefelige Säure 654.
α-Aminomilchsäure s. Serin.
Aminonaphthol 177.
Aminonorkodein 409.
Aminooxyarsenoacetaminostibinobenzol 733.
Aminooxyarsenobenzol 714.
m-Aminooxybenzoesäure 115.
o-Aminooxybenzoesäure 115.
p-Aminooxybenzoesäure 115.
Aminoxybenzoesäureester 384.
m-Amino-p-oxybenzoesäuremethyläthylenester 384.
p-Amino-m-oxybenzoesäureäthylester und -methylester 384.
Aminooxybenzoesäuremethylester 384.
m-Amino-p-oxybenzoesäuremethylester s. Orthoform neu.

o-Amino-m-oxybenzoesäuremethylester 384.
p-Amino-m-oxybenzoesäuremethylester s. Orthoform.
Aminoxybenzolarsendichloridkupfer 727.
Aminooxybenzolarsensulfidpalladium 727.
Aminooxybenzolarsinformaldehydsulfoxylat 724.
Aminooxybenzolstibinsäure 731.
Aminooxybuttersäure 144.
β-Amino-α-oxy-(chinolyl-4)-äthan 246.
Aminooxyisobuttersäure 144.
Aminooxyisobuttersäureäthylester 370.
Aminooxyphenanthren 395. 418.
Aminophenolarsenoxyd 708.
Aminooxyphenylarsenoxyd 720.
Aminooxyphenylarsensesquisulfid 725.
Aminooxyphenylenarsinoxyd 708, 716.
Aminooxyphenylarsinphenylstibin 733.
Aminooxyphenylarsinsäure 713, 716, 719.
Aminooxyphenylarsinsäurequecksilberacetat 734.
Aminooxyphenylarsinstibin 733.
α-Amino-β-oxypropionsäure s. Serin.
β-Amino-α-oxypropionsäure s. Isoserin.
2-Amino-6-oxypurin siehe Guanin.
Aminoxytoluylsäuremethylester 384.
α-Amino-γ-oxyvaleriansäure 140.
Aminoparaxanthin 790.
Aminophenacetin s. Phenokoll.
Aminophenanthren 394.
m-Aminophenol 257.
o-Aminophenol 103, 257, 515.
p-Aminophenol 57, 62, 76, 103, 176, 178, 182, 254, 257, 263, 264, 265, 267, 269, 276, 291, 292, 402, 744.
p-Aminophenolsulfosäure 76.
Aminophenoxylessigsäureamidcarbonsäuremethylester 388.
Aminophenyläthylaminobenzimidazol 459.
1-p-Aminophenyl-2-äthyl-3-methyl-5-pyrazolonmethylschwefligeSäure 232.
p-Aminophenylalanin 144.
p-Aminophenyl-α-aminopropionsäure 145.
p-Aminophenylarsinoxyd 542, 720.
Aminophenylarsenooxybenzol 714.
Aminophenylarsensulfid 726.
Aminophenylarsinsäure 724.
p-Aminophenylarsinsäure s. Arsanilsäure.
Aminophenylarsinsäurebijodür 705.
Aminophenylarsinsäuremethylsulfosäure 707.
Aminophenylarsinsäuretetrajodür 705.
Aminophenylcarbaminsäurediäthylaminoäthanolester 377.
p-Aminophenylessigsäureäthylester 390.
Aminophenylchinolincarbonsäure 808, 812.
Aminophenylchinolincarbonsäuremethylschweflige Säure 810.
p-Aminophenylessigsäurediäthylaminoäthylester 390.
Aminophenylkohlensäurediäthylaminoäthylester 375.
m-Aminophenylkohlensäurediäthylaminoäthylester 375.
Aminophenylstibinmethansulfosäure 729.
Aminophenylstibinoxyd 731.
Aminophenylstibinsäure 729, 730, 731, 732.
p-Aminophenyltolylamin 76.
Aminophthalsäurediäthylester 389.
Aminoprotocatechusäureäthylester 384.
6-Aminopurin s. Adenin.
α-Aminopyridine 79, 383.
p-Aminosaccharin 142.
o-Aminosalicylsäure 103, 142, 144, 195, 561.
m-Aminosalicylsäure 142, 144, 561.
p-Aminosalicylsäure 103, 142, 144, 195, 561.
o-Aminosalicylsäureäthylester 384.
p-Aminosalicylsäureäthylester 384.
o-Aminosalicylsäuremethylester 384.
p-Aminosalicylsäuremethylester 384.
p-Aminosalol-ω-sulfosäure 285.
Aminoselenophenol 632.
Aminosulfonal 505.
α-Aminotetrahydro-α-naphthol 308.
Aminotheobromin 790.
Aminotheophyllin 789.
Aminotolylarsenoxyd 712.
Aminotolylarsinsäure 710.
Aminotriazinsulfosäure 143.
Aminotridekanäthylester 144.
Aminourethanophenylstibinsäure 729.
Aminovaleriansäure 146, 157, 163, 302.
Aminovanillinsäureäthylester 384.
Aminozimtsäureester 169, 384.
m-Aminozimtsäuremethylester 389.
Ammoniak 10, 12, 23, 25, 29, 34, 47, 66, 67, 71, 73, 76, 77, 91, 134, 260, 299, 327, 521, 530, 532.
Ammoniaksilberglykocholat 694.
Ammoniumbasen 50, 143.
Ammonpikrat 639.
Amphotropin 656.
Amygdalin 200.
Amygdalonitril 87.
Amygdalylhomotropein 355.
Amygdalyl-β-hydroxytetramethylpyrrolidin 363.
Amygdalylmethylvinyldiacetonalkamin s. Euphthalmin.
Amygdalyl-β-N-methylvinyldiacetonalkamin 360.
Amygdalyloxytetramethylpyrrolidin 363.
Amygdalylpseudotropin 360.
Amygdalyltriacetonmethylalkamin 360.
Amygdophenin 272, 275.
Amylacetat 62.
Amylalkohol 131, 524, 532.
n-Amylalkohol 539.
sek.-Amylalkohol 490.
tert.-Amylalkohol 131, 159, 190, 490, 522.
Amylamin 71, 444.
n-Amylamin 294.
N-Amylaminoxybenzoesäureäthylester 386.
Amylammoniumchlorid 300.
Amylammoniumsulfat 300.
Amylanilin 35, 66, 214, 301.
Amylarin 330, 332, 597.
Amylchinin 235.

Amylchinolin 214, 301.
Amylcinchonin 301.
Amylen 523, 539.
Amylencarbamat siehe Aponal.
Amylenhydrat, 207, 477, 490, 491, 495, 499.
Amylenhydratisovalerylester 768.
Amylenhydratvanadinsäureester 732.
Amylenhydraturethan siehe Aponal.
Amyloform 651.
Amylharnstoff 491.
Amylmercaptan 107.
Amylmorphin 396, 397.
Amylnitrit 28, 63, 80.
Amylokresol 536.
o-Amylolphenol 546.
N-Amylphenacetin 285.
Amylphenol 536.
N—Amylpiperidin 312.
Amyltheobromin 790.
Amylvalerianat 62.
Amylveratrin 301.
Anästhesin 818.
Anästhesin 371, 375, 379, 385, 390.
Analgen 214.
Anamyrtin 322.
Anathallin 212.
Andromedotoxin 302.
Anegon 679.
Aneson 380.
Anethol 111, 112, 542, 547.
Angelikaäthylester 126.
α-Angelikalacton 151.
β-Angelikalacton 151.
Anhalin s. Hordenin.
Anhydrochloralurethan 478.
Anhydrodigitoxigenin 773, 774.
Anhydrodihydroekgoninäthylesternorpropanolbenzoat 358.
Anhydrodihydronorekgonin 357.
Anhydroekgonin 337, 340.
Anhydroekgoninäthylesternorpentanolbenzoat 358.
Anhydroekgoninäthylesternorpropanol-p-aminobenzoat 358.
Anhydroekgoninäthylesternorpropanolbenzoat 358.
Anhydroekgoninester 337.
Anhydroglykochloral siehe Chloralose.
Anhydroglykoso-o-diaminobenzol 143.
Anhydromercuribrenzcatechinmonoacetsäure siehe Meracetin.
Anhydromethylencitronensäure 159, 657.
Anhydromuscarin 124, 330.
Anhydronorekgonin 357.
Anhydroxyäthylaminobenzylalkohol 378.
Anhydroxybenzyldialkohol 549.
Anhydrovalerylaminobenzylalkohol 378.
Anhydrovaleryloxyäthylaminobenzylalkohol 378.
Anilidmethylsalicylsäure 192.
Anilidoacetobrenzcatechin 443.
Anilidokohlensäuremorphinester 401.
Anilin 29, 31, 34, 36, 64, 66, 76, 77, 83 103, 104, 106, 116, 176, 190, 211, 219, 222, 253, 254, 255, 256, 257, 258, 260, 261, 264, 288, 402, 445, 515, 539, 686, 704.
Anilinarsenoxyd 713.
Anilinazo-β-naphthol siehe Sudan I.
Anilinblau 646.
Anilingelb 30.
Anilinpyrin 226, 380.
Aniloantipyrin 226.
Anisaldoxim 126, 142, 149.
Anisanilid 255.
Anisidin 114, 115, 265.
o-Anisidinarsinsäure 64.
p-Anisidincitrat 274.
p-Anisidincitronensäure 273.
Anisol 57, 190, 258.
p-Anisolcarbamid 142, 143, 153.
p-Anisolharnstoff 270.
Anisoylglykolsalicylsäure 558.
Anisotheobromin 787.
Anissäure 62, 105, 169, 192, 520, 542, 555.
Anissäureguajacolester 564.
Anissäurekreosolester 564.
Anissäurephenolester 564.
Anisoylglukose 567.
Anisylchinolincarbonsäuresalicylsäureester 812.
Anisyldihydrochinazolin 748.
Anisylglykokoll 169.
Anisylindolquecksilberoxyd 687.
Anisylphenetidid 275.
Anisylricinusöl 743.
Anisylstibinsäure 729.
Anthrachinon 739, 742.
Anthrachinonarsinsäure 718.
Anthrachinondiselenid 634.
Anthrachinonselenophenolsulfosäure 634.
Anthracen 477, 742.
Anthragallol 741.
Anthraglykoside 739.
Anthranilsäure 115, 141, 142, 144, 151, 257, 258, 263, 686.
Anthranilsäuremethylester 263.
Anthranol 779, 780.
Anthrapurpurin 740, 741.
Anthrapurpurindiacetat s. Purgatin.
Anthrarobin 778.
Anthrasol 545.
Antiarigenin 771, 774.
Antiarin 771, 774.
Antiarthrin 797.
Antifebrin 29, 103, 144, 253, 255, 261, 264, 288, 290, 291.
Antiluetin 729.
Antimon 10, 20, 50, 297, 728, 729, 730.
Antimon, arsenigsaures 729.
Antimon, gallussaures 729.
Antimon kolloid. 729, 733.
Antimontrioxyd 729, 730, 732.
Antimonylanilintartrat 732.
Antimonylbrenzcatechin 729.
Antimonylsilberbromidarsenobenzol s. Margol.
Antimonylprotocatechusäure 729.
Antimonylpyrogallol 729.
Antipyrin 105, 179, 207, 216ff., 219, 221, 225, 254, 288, 289, 290, 291, 292, 409, 525, 611, 612.
3-Antipyrin 226, 227.
Antipyrin, acetylsalicylsaures s. Acetopyrin.
Antipyrin, camphersaures 225.
Antipyrin, diäthylglykolsaures 225.
Antipyrin, dimethylglykolsaures 225.
Antipyrineisenchlorid 698.
Antipyrin, gerbsaures 225.
Antipyrin, mandelsaures s. Tussol.
Antipyrin, methylglykolsaures s. Astrolin.
Antipyrin, methylisopropylglykolsaures 225.
Antipyrin α-oxysovaleriansaures 225.
Antipyrinomethylamin 232.
Antipyrin-Saccharin 225.
Antipyrin, salicylessigsaures s. Pyronal.
Antipyrin salicylsaures s. Salipyrin.
Antipyrylchinolincarbonsäure 811.
4-Antipyryldimethylamin 231.

Antipyrylharnstoff 229.
Antipyryliminodiäthylbarbitursäure 227.
Antipyryliminopyrin 227.
Antipyrylpiperidin 228.
Antisepsin 618.
Antiseptol 606.
Antispasmin 420.
Antistaphin 656.
Antithermin 221.
Antodin 382, 786.
Anytole 627.
Aperitol 744.
Apfelsäure 99, 161, 162.
Apiol 547, 548.
Apochinin 215, 234.
Apocynamarin 774.
Apokodein 413, 414.
Apolysin 273, 274.
Apomorphin 404, 413, 414.
Apomorphinbrommethylat 406.
Apomorphinjodmethylat 413.
Apomorphinmethylbromid s. Euporphin.
Aponal 498.
Aponarcein 420, 421.
Aposepin 331.
Apothesin 367.
Aquopentamminkobaltiake 129.
Arabinamin 126.
Arabinochloralose 477.
d-Arabinose 119.
i-Arabinose 119.
l-Arabinose 119.
Arabinosetetraacetat 126.
Arabinsäure 386.
Arabonsäure 119.
Araroba 776.
Arbutin 200, 656.
Arbutin-Hexamethylentetramin 200.
Archibromin 621.
Arecaidin 41, 105, 319.
Arecaidinäthylester 41.
Arecolin 41, 63, 311.
Argentamin 727.
Argentol 692.
Argochrom 692.
Argoflavin 692.
Argon 530.
Argonin 693, 727.
Arhoin 767.
Aristochinin 250.
Aristol 600.
Arrhenal 699, 700, 701.
Arsacetin 540, 542, 700, 706, 707, 708, 709, 729.
Arsalyt 717, 719.
Arsanilglycin 709.
Arsanilid s. Atoxyl.
Arsanilsäure s. Atoxyl.
m-Arsanilsäure s. Metarsanilsäure.
Arsanilsäureazofarbstoffe 720.
Arsanilsäurepolyazofarbstoffe 721.
Arsen 18, 20, 43, 50, 203, 532, 698ff., 728, 729, 732.
Arsenanilinbrechweinstein 732.
Arsenantimonverbindungen 733.
Arsen-arsenverbindungen 733.
Arsencasein 701.
Arsendimethylchlorid 67.
Arsendisulfide 725.
Arseneiweiß 702.
Arsenfarbstoffe 725.
Arseniate 11.
Arsenige Säure 12, 15, 20, 27, 43, 530, 540, 631, 698, 699, 700, 702, 707, 736.
Arsen kolloid 700.
Arsenlecithin 703.
Arsenoacetanthranilsäure 713.
Arsenoanisol 712.
Arsenobenzoesäure 701, 703, 720.
Arsenobenzol 714, 720.
Arsenokresol 712.
Arsenomethylphenylglycin 719.
Arsenooxyanilinsäure 713.
Arsenoxyd 720.
Arsenophenetol 712.
Arsenophenol 542, 705, 707, 710, 712.
Arsenophenoxyessigsäure 709.
Arsenophenylglycin 540, 541, 542, 708, 709, 710, 713.
Arsenophenylglykolsäure 712.
Arsenophenylpropiolsäure 705.
Arsenophenylthioglykolsäure 709, 712.
Arsenphosphorverbindungen 733.
Arsensäure 15, 20, 43, 540, 631, 699, 700.
Arsenselenverbindungen 733.
Arsensesquisulfide 725.
Arsensulfüre 725.
Arsentellurverbindungen 733.
Arsentrichlorid 85.
Arsenwasserstoff 700.
Arsen-Wismutverbindungen 732, 733.
Arsinophenylarsinoxyd 708.
Arsinosalicylsäure 719.
Arsoniumbasen 19, 50, 128, 151, 301.
Arsphenamin s. Salvarsan.
Arterenol 456.
Ascaridol 752.
Äsculetin 820.
Aseptol 546, 549.
Asiphyl 726.
Asparagin 125, 138, 141, 157, 524.
Asparaginsäure 141, 157.
dl-Asparaginsäure 120.
Asparaginquecksilber 675.
Aspidin 750.
Aspidinol 751.
Aspirin 105, 531, 542, 553, 555, 556, 557, 558, 561, 565, 620.
Aspirophen 283.
Asterol 688.
Astrolin 225.
Asurol 677.
Äthal 525.
Äthan 51.
Äthanoldimethylamin 412.
Äthanoltriäthylarsoniumbromid 703.
Äthenylamin 378.
Äthenyläthoxyäthoxydiphenylamidin 378.
Äthenylmethoxydiphenylamidin 378.
Äthenylmethoxymethoxydiphenylamidin 378.
Äther 30, 51, 61, 470, 528, 533.
Ätherschwefelsäuren 4, 101, 192.
Ätheryläthoxydiphenylamidin 378.
Ätheryläthoxyoxydiphenylamidin 378.
Ätherylamin 378.
Äthoxyacetylsalicylsäure 557.
Äthoxyäthylbarbitursäure 509.
Äthoxyäthylidenkresotinester 569.
Äthoxyäthylidensalicylat 568.
Äthoxyaminoacetylthymidin 287.
Äthoxybenzoesäureguajacolester 564.
Äthoxybenzoesäurekreosolester 564.
Äthoxybenzoesäurephenolester 564.
Äthoxybenzylbarbitursäure 508, 509.
Äthoxycoffein 789.
o-Äthoxyanamonoacetylaminochinolin 214.
o-Äthoxyanamonobenzoylaminochinolin s. Analgen.
6-Äthoxychinolyl-4-diäthylaminomethylester 248.

6-Äthoxychinolyl-4-monomethylaminomethylketon 248.
6-Äthoxychinolyl-4-piperidyläthylketon 248.
6-Äthoxychinolyl-4-piperidylmethylketon 248.
Äthoxycoffein 59, 62, 92, 93, 377, 495.
Äthoxydiphenylacetyldiketopyrrolidin 805.
Äthoxyhydrozimtsäure 571.
Äthoxylstrychnin 151.
1-p-Äthoxyphenyl-2-äthyl-3-methyl-4-amino-5-pyrazolonmethylschweflige Säure 232.
p-Äthoxyphenylaminomethansulfosäure s. Neuraltein.
p-Äthoxyphenylaminomethylschweflige Säure 285.
p-Äthoxyphenylaminsulfosäure 151.
Äthoxy-p-phenylendiamin 77, 256.
Äthoxyphenylglycin 282.
p-Äthoxyphenylharnstoff 153.
Äthoxyphenylsemicarbazid 222.
Äthoxysuccinanilsäure 282.
Äthoxyäthylidensalicylat 568.
Äthylacetat 62.
Äthylacetyltetrahydronaphthylamin 446.
Äthyläther 62, 472, 494.
Äthyläthoxyäthylbarbitursäure 508.
Äthylaldoxim 75.
Äthylalkohol 61, 98, 131, 158, 159, 190, 489, 490, 523, 524, 532, 786.
Äthylallylconinumjodid 124.
Äthylamin 71, 294.
Äthylaminoacetobrenzcatechin 442, 443, 449.
β-Äthylamino-6-äthoxychinolyl-4-propanol 248.
Äthyl-m-aminobenzoesäure 144.
Äthylaminodioxyacetophenon s. Homorenon.
Äthylaminomethylbenzimidazol 459.
Äthylaminophenylacetat 375.
Äthylaminophenylstibinsäure 730.
Äthylammoniumchlorid 300.
Äthylanilin 35, 66, 214, 301, 501.
Äthylantimontartrat 732.
Äthylarsalyt 717.
Äthylarsenoxyd 821.
Äthylarsinsäure 821.
Äthylatropin 298.
Äthylbenzamid 520.
Äthylbenzol 52, 53, 172, 176.
N-Äthylbenzoyltetramethyl-γ-oxypiperidincarbonsäureäthylester 365.
N-Äthylbenzoyltetramethyl-γ-oxypiperidincarbonsäuremethylester 365.
Äthylbenzylconiniumjodid 124.
Äthylbrucin 301.
Äthylbutyrat 62.
Äthylcampher 762.
Äthylcarbimid 88.
Äthylcarbonimid 130.
Äthylcarbonylsalicylosalicylsäure 559.
Äthylcarbylamin 85.
Äthylchinin 235.
Äthylchinolin 214, 301.
2-Äthylchinolylketon 247.
Äthylchloralcyanhydrin 88.
Äthylchlorid 523, 533.
N-Äthylconiin 125, 298.
N-Äthylcyandimethyloxypyridin 313.
Äthyldiaminoglycerinisovalerianat 371.
Äthyldichlorarsin 85.
Äthyldihydroberberin 426, 427.
Äthyldimethyltertiärpentanolammoniumbromid 370.
1-Äthylo-3-7-dimethylxanthin 789.
Äthylen 471, 490.
Äthylenäthenyldiamin 802.
Äthylenbromid 472.
Äthylenchlorid 472, 539.
Äthylendiäthylsulfon 500.
Äthylendiamin 95, 524.
Äthylendibromid 70.
Äthylendichlorid 819.
Äthylendimorphin 401.
Äthylendinitrat s. Glykoldinitrat.
Äthylendisalicylsäuremethylester 388.
Äthylenglykol s. Glykol.
Äthylenglykol 523, 524.
Äthylenglykolmonobenzoesäureester 767.
Äthylenmorphin 409.
Äthylenphenylhydrazin 220.
Äthylenphenylhydrazinbernsteinsäure 220.
Äthylensalicylat 569.
Äthylenthioharnstoff 108.
Äthylformiat 62.
Äthylglykokoll-m-aminobernsteinsäuremethylester 390.
Äthylglykokoll-p-aminobenzoesäuremethylester 390.
Äthylglykokoll-p-aminosalicylsäuremethylester 390.
Äthylglykokollantranilsäuremethylester 390.
Äthylglykolylborneol 760.
Äthylglykolylguajacol 589, 590.
Äthylglykose 138.
Äthylguajacol 590.
Äthylharnstoff 49.
Äthylhydrocuprein s. Optochin.
Äthylhydrocupreinäthylcarbonat 253.
Äthylhydrocupreindiallylbarbitursäure 514.
Äthylhydrokotarnin 429.
Äthylhydronorhydrastinin 437.
Äthylidenacetontrisulfon 502.
Äthylidenchlorid 472, 819.
Äthylidendiäthylsulfon 500.
Äthylidendimethyläther s. Dimethylacetat.
Äthylidendimethylsulfon 500.
Äthylidentetrahydropapaverin 437.
Äthylisobutylcarbinolurethan 497.
Äthylisocyanid s. Äthylcarbylamin.
Äthylisonitrosoacetontrisulfon 503.
Äthylisopropylcarbinolurethan 497.
Äthyljodid 539, 595.
Äthyljodidhexamethylentetraminjodoform s. Jodoformal.
Äthylkohlensäurehydrochininester 252.
Äthylkresol 598.
Äthylkresoljodid 598.
Äthylmeconylharnstoff 170.
Äthylmercaptan 199, 539.
Äthylmercaptol 199.
Äthylmethylcarbinol 490.
Äthylmethylchlorimidazol s. Chloroxaläthylin.
Äthylmethylimidazol s. Oxaläthylin.
Äthoxymethylhomopiperonylamin 458.
Äthylmethylpropylcarbinbarbitursäure 508.
Äthylmorphin s. Dionin.

Äthylmorphinphenyläthylbarbitursäure 820.
Äthylmorphin-Veronal 510.
Äthylnicotin 301.
Äthylnitrat 63.
Äthylnitrit 80, 145.
Äthylnitrolsäure 145, 149.
Äthylnorhydrohydrastinin 437.
Äthylparaxanthin 92, 790.
Äthylphenacetin 267, 270, 284.
Äthylphenoxäthylbarbitursäure 507.
Äthylphenylcarbaminsäurediäthylaminoäthanolester 376.
Äthylphenylchinolincarbonsäure 807.
Äthylphenylhydantoin 494.
Äthylphenylketon 99.
Äthylphosphin 144.
α-Äthylpiperidin 312.
β-Äthylpiperidin s. β-Lupetidin.
N-Äthylpiperidin 298, 312.
Äthylpropionat 62.
Äthylpropylbarbitursäure 506.
Äthylpropylcarbinolurethan 497.
Äthylpropylhomophthalimid 820.
Äthylpropylketon 495.
Äthylpropylketoxim 495.
Äthylpropylmalonylharnstoff 493.
Äthylpyridin s. Lutidin.
Äthylquecksilberchlorid 674.
Äthylrhamnose 138.
Äthylsaccharin 142.
Äthylsaligenin 380, 382.
Äthylsalicylatäthylkohlensäureester 578.
Äthylsalicylatmethylkohlensäureester 578.
Äthylschwefelsäure 505.
Äthylschwefelsäurekreosolester 582.
Äthylsenföl 539.
Äthylstibinsäure 729.
Äthylstrychnin 301, 465, 501.
Äthylsulfid 188, 199, 539.
Äthylsulfondiphenylpropan 502.
Äthylsulfone 45.
Äthylsulfonsulfonal 503.
Äthylsulfosäure 101, 199.
Äthylsulfon-p-phenehidid 274.
Äthyltetrahydronaphthylamin 446.
Äthyltetramethyldiaminobenzoylglycerin s. Alypin.
Äthyltetramethyldiaminoglycerinäthylcarbonat 371.
Äthyltetramethyldiaminoglycerinzimtsäureester 371.
Äthyltheobromin 92, 790.
Äthyltheophyllin 92, 790.
Äthylthioharnstoff 108.
Äthyltriacetonalkamincarbonsäuremethylester 361.
Äthylurethan s. Urethan.
Äthylvalerianat 62.
Atochinol 808.
Atophan 32, 180, 806, 807, 808, 809.
Atophanäthylester s. Acitrin.
Atophanamid 810.
Atophanmethylester 808.
Atophansalicylsäureester 808.
Atophanspirosalester 808.
Atophanstrontium s. Iriphan.
Atoxyl 64, 540, 541, 542, 700, 703, 704, 705, 706, 707, 708, 709, 711, 713, 719, 720, 729.
Atractylin 773.
Atroglyceryltropein 344.
Atrolactyltropein 343, 345.
Atropamin 321, 342, 343.
Atropin 4, 28, 43, 45, 46, 63, 121, 122, 124, 298, 325, 326, 340, 341, 342, 344, 345, 346, 347, 348, 349, 351, 354, 357, 358, 361, 391, 402, 410, 462, 463.
Atropinäthylhydroxyd 298.
Atropinäthylnitrat 347.
Atropinbrombenzylat 347.
Atropinmethylbromid 151, 347.
Atropinmethylhydroxyd 298.
Atropinmethylnitrat 347.
Atyrosyl 726.
Auramin O. 649.
Auramin s. Pyoktanin.
Aurantia 83, 640.
Aurin 740.
Aurocantan 734.
Aurochin 252.
Autan 650.
Azarin S. 649.
Azinpurine 96.
Azoantipyrin 227.
Azobenzol 30, 78, 190.
Azofarbstoffe 640.
Azogrün 649.
Azoimid s. Stickstoffwasserstoffsäure.
Azimidoverbindungen 148.
Azooxybenzol 78, 179.

Baldrianöl 768, 769.
Barbaloin 739, 740, 771.
Barbitursäure 95.
Barium 10, 11, 12, 13, 14, 15, 21, 23.
Bariumchlorid 788.
Bariumsulfat 664.
Barutin 788.
Bebeerin 124, 423, 426, 427, 433, 434, 460.
Benzaconin 322.
Benzaconinsäurequecksilberacetat 821.
Benzalaminoguanidin 75.
Benzalcarbäthoxyphenylhydrazon 818.
Benzalchlorid 539.
Benzaldehyd 82, 97, 179, 182, 195, 197, 549, 753.
Benzaldesoxybenzoin 503.
Benzaldoxim 75.
Benzalmalonsäure 105.
Benzalpropriophenon 502.
Benzamid 67, 197, 259, 520.
Benzamidin 76, 378.
Benzamidisovalerianat 769.
m-Benzaminosemicarbazid s. Kryogenin.
Benzanalgen 214.
Benzanilid 255.
Benzarsin 720.
Benzarsinoxyd 720.
Benzarsinsäure 720.
Benzarsinsäurequecksilberacetat 734.
Benzarsinsäure 701.
Benzbetain 144, 189.
Benzenylaminoxim 34.
Benzenyldioxytetrazotsäure 153.
Benzidin 77, 178.
Benzidinsulfosäure 151.
Benzil 172.
Benzilsäure 172.
Benzimidazol 90, 91, 151.
Benzin 50, 816.
Benzoeglycuronsäure 184.
Benzoesäure 57, 58, 97, 102, 105, 106, 116, 156, 165, 171, 172, 175, 176, 177, 179, 180, 182, 184, 186, 190, 193, 297, 542, 552, 553, 567, 798.
Benzoesäurebenzylester 575.
Benzoesäuredimethylaminoäthylester 374.
Benzoesäureglykolester 767.
Benzoesäureguajacolester 564.
Benzoesäurekreosolester 564.
Benzoesäurekreosotester 564.
Benzoesäurepiperidinäthylester 371.
p-Benzoesäuresulfinid 117.
o-Benzoesäuresulfinid s. Saccharin.
Benzoin 172.
Benzojodhydrin 611.

Benzol 51, 52, 53, 55, 56, 63, 70, 90, 102, 103, 133, 170, 171, 190, 200, 260, 306, 310, 523, 534, 539, 543, 816.
Benzolarsinsäure 720.
Benzolazobenzolazonaphthol 640.
Benzolazodimethylanilin s. Buttergelb.
Benzolazonaphthol 640.
Benzolazonaphtholfarbstoffe 821.
Benzolazonaphthylamin 640.
Benzolazophenol s. Ölgelb.
Benzolazoresorcin 640.
Benzolazoresorcinfarbstoffe 821.
m-Benzoldisulfosäure 106.
m-Benzolsulfaminococain 338.
Benzolsulfaminophenylstibinsäure 731, 732.
γ-Benzolsulfomethylaminobuttersäure 174.
Benzolsulfomethylaminocapronsäure 174.
Benzolsulfonaminomercuriphenylstibinsäure 729.
Benzolsulfonaminophenylstibinsäure 729, 730.
Benzolsulfonaminostibiobenzol 729.
Benzolsulfonbenzamid 142.
Benzolsulfosarkosin 163.
Benzolsulfosäure 106, 257.
Benzolsulfurylatoxyl 707.
Benzonaphthol 572.
Benzonitril 87, 88.
Benzophenon 98.
Benzophenondisulfon 501.
Benzosalin 567.
Benzosol 583.
Benzoyläthylaminomethylpentanol 371.
Benzoyläthyldimethylaminopropanol s. Stovain.
Benzoylalanin 163.
Benzoylaldehyd 518.
Benzoylaminoäthylimidazol 451.
Benzoylaminobenzoesäureäthylester 818.
Benzoylaminobenzoesäurenaphthylester 572.
Benzoylaminobuttersäure 163.
Benzoylaminococain 338.
Benzoylaminomercuribenzoesäure 683.
Benzoylaminoxybenzoesäureäthylester 384.
Benzoylaminophenylessigsäure 574.
Benzoylaminophenylessigsäurephenylester 574.
Benzoylaminosalicylsäuremethylester 388.
Benzoyl-α-aminozimtsäure 163.
p-Benzoylanilidcarbonat 277.
Benzoylarsanilsäure 707.
Benzoylasparaginsäure 163.
o-Benzoylbenzoesäure 148.
Benzoylbrenztraubensäureäther 518.
Benzoylbromdiäthylacetylharnstoff 820.
Benzoylcevadin 323.
Benzoylchinin 251, 341.
Benzoylchinolyl-β-milchsäureester 377.
Benzoylcincholaponitril 245.
Benzoylcinchonin 341.
N-Benzoylcolchicinsäureanhydrid 325.
Benzoyldiäthylaminoäthanol 371.
Benzoyldiäthylaminomethylpentanol 371.
Benzoyldiäthylaminopropanol 371.
Benzoyldiamylaminoäthanol 371.
Benzoyldiisoamylaminoäthanol 371.
Benzoyldijoddiphenylamin 602.
Benzoyldimethylaminoäthanol 371.
Benzoyldimethylaminomethylpentanol 371.
Benzoylekgonin 41, 319, 334, 336.
l-Benzoylekgoninnitril 337.
Benzoylessigsäure 172, 173.
Benzoylglyoxalin 709.
Benzoylglutaminsäure 163.
Benzoylharnstoff 177, 389, 520.
Benzoylhomekgonin 336.
Benzoylhomotropin 349, 354.
Benzoylhydrochinin 252.
Benzoylhydrocuprein 253.
Benzoylhydrokotarnin 341.
Benzoyl-β-hydroxytetramethylpyrrolidin 363.
Benzoyliminopyrin 227.
Benzoyllupinin 323.
Benzoylmeconsäure 170.
Benzoylmenthol 389.
Benzoylmethylaminomethylpentanol 371.
Benzoyl-N-methyltriacetonalkamin 361.
Benzoylmonomethylaminoäthanol 371.
Benzoylmorphin 341, 396.
Benzoyl-p-oxybenzoesäureäthylester 388.
Benzoyloxydiäthylpiperazin 375.
Benzoyloxynitrobenzoesäuremethylester 384.
Benzoyloxypropylnorhydroekgonidinäthylester 355.
Benzoyloxytetramethylpyrrolidin 363.
Benzoyloxypropylnorkodein 409.
Benzoylphenetidid 275.
N-Benzoylpiperidin 312.
Benzoylpropionsäure 165, 173.
Benzoylpseudotropein s. Tropacocain.
Benzoylricinusöl 743.
Benzoylsalicin s. Populin.
Benzoylsalicylosalicylsäure 559.
Benzoylsalicyloyltheobromin 792.
Benzoylsalicylsäure 557.
Benzoylsalicylsäureanhydrid 568.
Benzoylsalicylsäuremethylester s. Benzosalin.
Benzoylsuperoxyd 814.
Benzoyltheobromin 792.
Benzoyltransvinyldiacetonalkamin s. Eucain B.
Benzoyltetrahydronaphthylamin 446.
Benzoyltetramethyldiaminoäthylisopropylalkohol s. Alypin.
Benzoyl-p-toluolsulfamid 389.
Benzoyltriacetonalkamin 362.
Benzoyltriacetonalkamincarbonsäure 361.
o-Benzoyltriacetonalkaminlactat 363.
N-Benzoyltrimethylcoletricinsäuremethyläther 325.
Benzoyltropein 341, 342, 343, 344, 349, 351, 352, 355.
Benzoyltropin 107.
Benzoyltyrim 163.
Benzoylvinyldiacetonalkamin 359.
Benzoylzucker 135.
Benzylacetat 753.
Benzyläthylphosphorsäureester 783.
Benzylalkohol 52, 57, 131, 164, 182, 205, 258, 381, 382, 539, 753.
Benzylamin 72, 179, 257, 258 445.
Benzyl-β-aminocrotonsäureester 126, 142.

Benzylanilin 52, 261.
o-Benzylbenzoesäure 172.
Benzylbromidspartein 301.
Benzylcarbinol 381.
Benzylchlorid 539.
Benzylcyanid 87, 88.
Benzylglykose 138.
Benzylglykuronsäure 182.
Benzyldihydroberberin 426.
Benzylhydrastinin 438.
Benzylhydrokotarnin 429.
Benzylhydronorhydrastinin 437.
Benzylidenbiuret 177.
Benzylidendiacetamid 196.
Benzylidendiformamid 196.
Benzylidendiureid 196.
Benzylidenpropionsäure 105.
Benzylidentetrahydropapaverin 437.
Benzyljodid 82.
Benzylkodein 408.
Benzylmethylketon 179.
Benzylmorphin s. Peronin.
Benzylnorkodein 408, 409.
Benzylphenetidid 285.
Benzylphenoxäthylbarbitursäure 507.
Benzylphenylcarbamat 753.
Benzylsulfocyanat 86.
Berberin 295, 819.
Berberinal 423.
Berberinarsanilsäure 436.
Berlinerblau 124.
Berlinerblau, lösliches 183.
Berilsäure 427.
Bernsteinsäure 99, 102, 133, 161, 294, 501.
Bernsteinsäuredinitril 87.
Bernsteinsuperoxydsäure 814.
Beryllium 15, 16, 134, 149.
Betain 101, 102, 144, 157, 294, 329.
Betol 539.
Betonirin 151.
Bibrompropionsäuremethyläther 70.
Bichloralantipyrin 480.
Biglykoso-o-diaminobenzol 143.
Binitronaphtholnatrium 36.
Binitronaphtholsulfosäure 36.
Bisaminobenzoyldiäthylaminopropandiol 371.
Bisaminobenzoylpiperidopropandiol 371.
Bisantipyrylpiperazin 227, 228.
Bisbromdiäthylacetylharnstoff 486.
Bisbromisovalerylharnstoff 770.
Bisbromisovalerylsalicylamid 769.
Bisdiaminodioxyarsenobenzoldinatriummonosilberoxyd s. Silbersalvarsan.
Bisdimethylamintetraaminoarsenobenzol 719.
Bismal 667.
Bismarckbraun 643.
Bismethylaminotetraminoarsenobenzol 542, 717, 718, 721, 722, 723.
Bismethylhydrazinotetraminoarsenobenzol 722.
Bismutose 665, 671.
Bisoxymethylmethan 494.
Bitartratokaliumammoniumantimonoxyd 729.
Biuret 165, 168, 177.
Blausäure 5, 27, 35, 47, 84, 85, 86, 87, 89, 186, 297, 707.
Blei 15, 19, 21, 67, 134, 149, 528, 529.
Bleiglobulin 693.
Bleioxydhydrat kolloid. 736.
Bleitriäthyl 19, 27, 543, 736.
Blenal 765.
Bor 16, 529.
Boral 737.
Borameisensäure 562.
Bordisalicylsäure 562.
Bordeaux B 643.
Borneol 190, 191, 543, 758, 759, 762.
Borneolbromisovaleriansäureester 761.
Borneolcarbaminsäureester 578.
Borneolcarbonat 578.
Borneolisovalerylglykolsäureester 761, 769.
Borneolsalicylat 761.
Borneolsalicylsäureguajacolestercarbonat 761.
Bornylamin 78, 79, 758, 759, 763, 764.
Bornylendiamin 759.
Borovertin 657.
Borsäure 737.
Borsäureborneolester 761.
Borsäurementholester s. Estoral.
Brechweinstein 15, 700, 708, 732.
Brenzcatechin 56, 57, 59, 62, 102, 103, 115, 139, 149, 180, 184, 189, 196, 212, 289, 444, 445, 531, 534, 544, 576.
Brenzcatechinäthanolmethylamin s. Adrenalin.
Brenzcatechinäthylcarbonat 579.
Brenzcatechinamylcarbonat 579.
Brenzcatechinbenzylaminoketon 443.
Brenzcatechincarbonat 579.
Brenzcatechincarbonsäure 589.
Brenzcatechindiacetsäure 588.
Brenzcatechinkohlensäureäthylendiamin 579.
Brenzcatechinkohlensäurediäthylamin 579.
Brenzcatechinkohlensäurehydrazid 579.
Brenzcatechinkohlensäurephenylhydrazid 579.
Brenzcatechinkohlensäurepiperidid 579.
Brenzcatechinmethoxymethyläther 653.
Brenzcatechinmethylacetyläther 585.
Brenzcatechinmonoäthyläther s. Guäthol.
Brenzcatechinmonoäthyläthercarbonat 579.
Brenzcatechinmonoamyläthercarbonat 579.
Brenzcatechinmonobutyläthercarbonat 579.
Brenzcatechinmonoisobutyläthercarbonat 579.
Brenzcatechinmonoisopropyläthercarbonat 579.
Brenzcatechinmonokohlensäurehydrazid 74.
Brenzcatechinmonomethyläther s. Guajacol.
Brenzcatechinmonosulfosäure s. Guajacetin.
Brenzcatechinphenylaminoketon 443.
Brenzcatechinsäurelacton 151.
Brenzkain 585.
Brenzschleimsäure 97, 106, 165, 194.
Brenzschleimsäureglykokoll s. Pyromycursäure.
Brenztraubensäure 102, 158, 161, 164, 187, 327.
Brenzweinsäure 133.
Brenzweinsäuredinitril 87.
Brillantgelb (Schöllkopf) 640.
Brillantgrün 642, 647.
Brillantphosphin 59, 647.
Brillantrot 646.
Brom 10, 13, 15, 25, 134, 206, 473, 530, 614, 619, 620.
Bromacetamid 86.
Bromaceton 82, 85, 596.
Bromacetophonon 817.
Bromacetylsalicylsäure 620.
Bromäthyl 472.
2-Bromäthylacetat 150.
Bromäthyl-p-oxybenzoesäure 620.

Bromäthylpropylacetamid 485.
Bromäthylsalicylsäure 620.
Bromalbumin 621.
Bromalhydrat 484, 521, 522, 542.
Bromalin 618, 657.
Bromamine 617.
Bromamylenhydrat 484.
Bromamylenhydratbromisovaleriansäureester 488.
Bromanilin 104.
Bromarsanilsäurequecksilberacetat 734.
Bromarsenobehenolsäureanhydrid 703.
Bromate 183.
Bromate 814.
Brombenzoesäure 70, 116, 194.
Brombenzol 52, 70, 186, 190, 533.
p-Brombenzoylsulfinid 142.
Brombuttersäureamid 489.
Brombuttersäureguajacolester 609.
Brombutyrylharnstoff 489.
Bromcalciummethylendiurethan 499.
Bromcalciummilchzucker 637.
Bromcalciumstärke 637.
Bromcalciumurethan 499.
Bromdiäthylacetylcarboxyäthylharnstoff 486.
Bromcasein 613.
p-Bromchloracetophenon 86.
Bromcyan 85.
Bromdiäthylacetamid 485.
Bromdiäthylacetylbornylester 487, 761.
Bromdiäthylacetyleucalyptolester 761.
Bromdiäthylacetylharnstoff s. Adalin.
Bromdiäthylacetylisoharnstoffmethyläther 486.
Bromdiäthylacetylmenthylester 487, 761.
Bromdiäthyleucalyptolester 487.
Bromdimethylessigsäureamid 485.
Bromdipropylacetamid 485.
Bromdipropylacetylmenthylester 487, 761.
Bromeigon 621.
Bromeiweiß 621.
Brometon 484.
Brometonbuttersäureester 487.
Brometonpropionsäureester 487.
Bromfett 609, 610.
Bromfette 608.
Bromhippursäure 194.
Bromhydratropyltropein 346.
Bromipin 619.
Bromisobuttersäureamid 489.
Bromisobutyrylharnstoff 489.
Bromisovaleriansäureamid 489.
Bromisovalerianylguajacolester 609.
Bromisovalerianylharnstoff 484, 489.
Bromisovaleryläthylamid 769.
Bromisovalerylamidchloral 488.
α-Bromisovalerylaminoacet-p-phenetidid 283.
Bromisovalerylaminoacetylphenetidid 769.
α-Bromisovaleryl-p-aminophenolallyläther 266.
Bromisovalerylaminosalolester 621.
Bromisovalerylbenzamid 769.
α-Bromisovalerylchinin 252.
Bromisovalerylglykolylcarbaminsäuremethylester 487, 769.
Bromisovalerylglykolylurethan 487, 769.
Bromisovalerylharnstoff 769.
Bromisovalerylharnstoffmethyläther 770.
Bromisovalerylisoharnstoffäthyläther 770.
Bromisovalerylmethylamid 769.
Bromisovalerylphenetidid 769.
α-Bromisovaleryl-p-phenetidid s. Phenoral.
Bromisovalerylsalicylsäureaminophenylester 770.
α-Bromisovalerylsalicylsäure-p-aminophenolester 488.
Bromisovalerylzimtsäureamid 769.
Bromjodfette 610.
Bromkalium 613.
Bromkomensäure 170.
Bromkresol 536.
Bromlecithin 620.
Bromleim 621.
Brommethylamin 69.
Brommethylpropylacetamid 485.
Brommorphin 404.
Brom-β-naphthol 536.
Bromnatrium 619.
Bromnitroaethan 82.
Bromnitropropanol 145.
Bromnuclein 621.
Bromoform 472, 530, 539, 594, 618, 619, 635.
Bromokoll 621.
Bromomorphid 403.
Bromopyrin 612.
Bromotan 661.
Bromotetrakodein 404.
Bromotetramorphin 404.
Bromoxalylarsanilsäurequecksilberacetat 734, 821.
Brom-p-oxybenzoesäure 617.
p-Brom-m-oxybenzoesäure 617.
Bromoxychinolinsulfosäure 606.
Bromoxychinolinwismutjodid 670.
Brompepton 621.
Bromphenanthrenchinonmonosulfosäure 394.
Bromphenol 67, 70.
m-Bromphenol 615.
o-Bromphenol 615.
p-Bromphenol 615, 618.
Bromphenolsalicylsäureester 615.
Bromphenylacetylcystein 186, 533.
Bromphenylarsinsäure 722.
Bromphenyldimethyljodpyrazolan 612.
Bromphenylmercaptursäure s. Bromphenylacetylcystein.
Bromphenylsemicarbazid 222.
Bromphthalimid 619.
Brompropionylsalicylsäure 620.
Brompyrazolan 618.
p-Bromsaccharin 142.
Bromsaponin 787.
Bromsäure 134.
Bromsesamöl 608.
Bromsilber 726.
Bromstrontiumurethan 499.
Bromtannineiweiß 621.
Bromtanninkresolmethan 663.
Bromtanninleim s. Bromokol.
Bromtanninmethylenharnstoff s. Bromotan.
Bromtanninnaphtholmethan 663.
Bromtanninphenolmethan 663.
Bromtanninthymolmethan 663.
Bromtanninthymolmethan 663.
Bromtannothymal 662.
m-Bromtoluol 116, 194.
o-Bromtoluol 116, 194.
p-Bromtoluol 70, 116, 194.
Bromtriäthylglycinamid 620.
Bromtrifluorid 85.

Bromtrimethylglycinamid 620.
Bormural 487, 489.
Bromvalerianylharnstoff 489.
Bromvalerylaminoantipyrin 228.
Bromvalerylisobornylurethan 769.
p-Bromxylol 85.
Bromzimtsäureborneolester 621, 761.
Bromzimtsäureisoborneolester 761.
Brophenin 769.
Brucin 28, 40, 59, 136, 297, 298.
Bruciniummethylhydroxyd 35.
Brucinoxyd 395.
Bufotalin 86, 772.
Butan 51.
Butenylglycerin 138.
Butolan 753, 822.
Buttergelb 640.
Buttersäure 54, 68, 102, 132, 155, 294.
Butylalkohol 61, 131, 159, 490, 522, 524, 539.
Butylamin 71.
Butylbenzole 177.
Butylbenzylconiniumjodid 124.
Butylchloral 159, 181, 190, 483.
Butylchloralantipyrin 483.
Butylchloralhydrat 521, 522, 542.
Butylchloralhydratpyramidon 483.
n-Butylchlorid 539.
Butylchlorisovaleramid 481.
Butyldichlorarsin 85.
Butylenglykol 523.
Butylharnstoff 491.
Butylhypnol 483.
Butylmercaptan 107.
prim. Butylnitrit 80.
sek. Butylnitrit 80.
Butyloxyhydrocuprein 239.
N-Butylphenaceton 285.
Butylphenyldimethylcarbamat 753.
Butyltheobromin 790.
Butyramid 144, 521.
Butyronitril 86, 87, 198.
Butyrylarsanilsäure 707.
n-Butyrylcholin 329.
Butyrylsalicylsäure 556.
Bytylalkohol tert. 190.

Cadaverin s. Pentamethylendiamin.
Cadechol 760.
Cadmium 10, 15, 18, 21, 149, 529.
Caesium 10, 16.
Caesiumbromid 16, 18.
Cajeputöl 538.
Calciglycin 637.
Calcium 10, 13, 14, 15, 21, 134, 636, 637, 774.
Calcium, dipropanoloiphosphorigsaures 822.
Calciumchlorid 636.
Calciumglucosephosphat 785.
Calcium, isovalerylmandelsaures 637, 768.
Calciumkohlenhydratphosphorsäureester 785.
Calciumlactat 636.
Calciumnatriumlactat s. Kalzan.
Calciumtannat s. Enterosan.
Calmonal 499, 637.
Calzibram 588.
Camphan 191.
Camphandiamin s. Bornylendiamin.
Camphen 191, 757.
Camphenamin 759, 763.
Camphenglykol 191.
Camphenhydrat 191.
Camphenilon 191, 762.
Camphenmorpholin 417, 418.
Campher 74, 78, 125, 144, 177, 180, 185, 190, 302, 342, 531, 535, 538, 543, 756, 757, 758, 759, 762, 763, 764.
β-Campher 758.
Campheraldehyd 762.
Camphercarbonsäure 762.
Campherchinon 763.
Camphercymol 179.
Campherdesoxycholat 760.
Campherol s. Menthol.
Campheroxim 74, 759.
Camphersäure 106, 198, 225, 543, 584, 763.
Camphersäuredipiperidyldimethyldiureid 769.
Camphersäuredipiperidylmethyldiureid 499.
Camphersäurephenetidid 276.
Camphersulfosäure 763.
Camphidinothymylamyläther 381.
Campho-3-pyrazolon 230.
Campho-5-pyrazolon 230.
Camphoral 765.
Camphorylglykokollbornylester 760.
Camphorylglykokollmenthylester 759.
Camphylamin 111.
Canadin 426, 427.
Candiolin 785.
Cantharidyläthylendiamincuprocyanid 685.
Cantharidyläthylendiaminquecksilbercyanid 685.
Cantharidyläthylendiaminsilbercyanid 685.
Cantharidyläthylendiaminstannochlorid 685.
Cantharidyläthylendiamingold 685.
Caprilen 161, 185.
Caprinsäure 111.
Capronitril 86, 198.
Capronsäure 111, 155.
Captol 663.
Carbaminoanthranilarsinsäure 707.
Carbaminoarsanilsäure 707.
Carbaminomethylarsanilsäure 707.
Carbaminsäure 73.
Carbaminsäureäthylester s. Urethan.
Carbaminsäureester 202.
Carbaminsäure-m-tolylhydrazid s. Maretin.
Carbaminthioglykolsäure 199.
Carbaminthiosäureäthylester 199.
Carbaminthiosäureäthylester s. Thiurethan.
o-Carbanil 197.
Carbanilid s. Diphenylharnstoff.
Carbäthoxyphenylaminoessigsäure 818.
Carbäthoxyphenylgalaktosazon 818.
Carbäthoxyphenylglucosazon 818.
Carbäthoxyphenylhydrazin 818.
Carbäthoxyphenylmethylpyrazolon 818.
Carbäthoxyphenylurethan 818.
Carbazol 178.
Carboäthoxyphenyltheobrominkohlensäureester 794.
Carbodiäthylaminoäthoxyoxybenzoesäuremethylester 590.
Carbodiäthylaminoäthoxysalicylsäureäthylester 590.
Carbodiäthylaminoäthoxysalicylsäuremethylester 590.
Carbolsäure s. Phenol.
p-Carbomethoxybenzoylmorphin 400.
Carbonyldiharnstoff 166.
Carbomethoxysalicyloyltheobromin 792.
α-Carbopyrrolsäure 105.
Carbostyril 190, 193, 210.

Carbothialdin 199.
Carboxäthylaminophenylcarbaminsäurediäthylaminoäthanolester 377.
Carboxäthylphenylcarbaminsäurediäthylaminoäthanolester 376.
Carboxäthylsalicylsäure 558.
3-Carboxyäthylamino-4-lactylaminophenetol 286.
Carboxylaminophenol s. o-Oxycarbanil.
Carboxylharnstoff 177.
Carboxyloxymethylaminobenzoesäuremethylester 388.
Carboxyphenylarsinsäurequecksilberacetat 734.
o-Carboxyphenylglyceryltropeinlacton 343, 345.
γ-Carboxyphenylglyceryltropeinlacton 345.
Carbylamine s. Isocyanide.
Carbyloxim 85.
Carmoisin B. 649.
Carnitin s. Novain.
Carvacrol 542.
Carvacroläthylkohlensäureester 578.
Carvacrolcamphersäure 763.
Carvacrolcarbaminsäureester 578.
Carvacrolcarbonat 578.
Carvacroljodid s. Jodocrol.
Carvacrolmethylkohlensäureester 578.
Carvacrolphthalein 744.
Carvacrylmethylpiperidid 318.
Carvacrylpiperidid 317.
Carven 539, 543.
Carvon 112, 190, 543, 756.
Caseineisen 689.
Caseinglycerophosphat s. Sanatogen.
Caseinquecksilber 689.
Caseinquecksilberjodid 689.
Caseinsilber 689, 693, 694.
Caseintrypsinpepton 694.
Cephaelin 466, 467.
Cephaelinäthyläther 467.
Cephaelinallyläther 467.
Cephaelinbutyläther 467.
Cephaelinisomyläther 467.
Cephaelinisobutyläther 467.
Cephaelinisopropyläther 467.
Cephaelinpropyläther 467.
Cer 18, 816.
Cerguajacol 545.
Cernaphthol 545.
Ceroleat 18.
Ceroxalat 18.
Ceroxyd 15.
Ceroxydul 15.
Cerphenol 545.
Cerprotein 671.
Cesol 320.
Cetiacol 585.
Cetylalkohol 525.
Cetrarsäure 144.
Cetylhydrocuprein 240, 241.
Cevadin s. Veratrin.
Cevin 323.
Chaulmugraöl 681.
Chavosot 548.
Chelidonin 466.
Chelidonsäure 160.
Cheirolin 248.
Chinäthonsäure 190, 191.
Chinäthylin 234.
Chinaldin 180, 209.
Chinamylin 234.
p-Chinanisol 210, 211, 235, 243.
Chinaphthol 249.
Chinasäure 106, 180, 182, 796, 797, 798, 803.
Chinasäureanhydrid 797.
Chinasäurephenetidid 275.
Chinazolin 748.
Chinid 151.
Chinidin 121.
Chinin 38, 42, 43, 54, 59, 63, 121, 136, 137, 146, 188, 203, 208, 209, 210, 211, 215, 216, 218, **234**ff., 239, 254, 288, 289, 290, 293, 294, 307, 314, 326, 440, 466, 527, 531, 532, 562, 645, 646, 648, 664, 747, 811, 818.
Chinin, arsanilsaures 704.
Chinin, β-naphthol-β-monosulfosäure s. Chinaphthol.
Chininätherschwefelsäure 101.
Chininäthylcarbonat 251.
Chinin-Casein 420.
Chinicin 236, 246.
Chininon 817.
Chinolylketon 817.
Chinincarbonsäureanilid 251.
Chininchlorhydrosulfat 249.
Chininchlorid 244.
Chinin-Coffein 249.
Chinindiallylbarbitursäure 514.
Chinindiglykolsäureester s. Insipin.
Chinindibromid 242.
Chinidin 235, 238, 239, 242.
Chinindikohlensäurephenoläther 251.
Chinin-Harnstoff 250.
Chinin-Hexamethylentetramin, weinsaures 250.
Chininkohlensäure-p-äthylaminophenoläther 251.
Chininkohlensäureäthylester s. Euchinin.
Chininkohlensäurebenzylester 251.
Chininkohlensäurebrenzcatechinäther 251.
Chininkohlensäure-p-nitrophenoläther 251.
Chininkohlensäurephenetidid 251.
Chininkohlensäurephenoläther 251.
Chininkohlensäurethymoläther 251.
Chinin-Luminal 250.
Chininoleat 249.
Chininon 239, 242, 246, 260.
Chininphosphorsäureester 253.
Chinin-Proponal 250.
Chinin-Pyramidon, camphersaures, s. Pyrochinin.
Chinin-Saccharin 253.
Chininsalicylsäureester s. Salochinin.
Chinintannat 136, 249.
Chininum albuminatum 253.
Chininum lygosinatum 606.
Chinin-Urethan 250.
Chinin-Veronal 514.
Chinizarin 741.
Chinjodin 612.
Chinoformin s. Chinotropin.
Chinolin 34, 35, 90, 106, 109, 133, 151, 179, 208, 209, 210, 211, 212, 213, 214, 216, 256, 290, 292, 294, 295, 296, 301, 303, 306, 311, 313, 317, 592.
Chinolincarbonsäure 176, 809.
Chinolincarbonsäureäthylester 384.
Chinolingelb 144.
Chinolinmethylhydroxyd 299.
Chinolinmethyljodid 209.
Chinolinquecksilbersulfosäure 688.
Chinolinrhodanate 109, 671.
Chinolinrhodanatwismut s. Krurin.
Chinolinsäure 106.
Chinolyl-4-ketone 245.
4-Chinolylmethylketon 248.
Chinolylphenylacetyldiketopyrrolidin 805.
Chinon 181, 746.
Chinondiimin 77, 256.
Chinontetrahydrür 126.
Chinophenolcarbonsäure 561.
Chinophenolschwefelsäure 593.
Chinopyrin 226.
Chinosol 592, 593.
Chinotoxin 213, 214, 236, 237, 242, 301.
Chinotropin 657, 802.
Chinpropylin 234.

Chitenin 238, 816, 817.
Chlor 10, 13, 15, 22, 25, 67, 69, 134, 206, 473, 528, 530, 614.
Chloracetal 539.
o-Chloracetanilid 85.
Chloracetobrenzcatechin 442.
Chloraceton 539.
Chloracetophenon 85.
Chloracetylarsanilsäure 707.
Chloracetylaminocoffein 789.
Chloräthylamin 69.
Chloräthylen 471.
Chloräthyliden 471.
Chloräthylmethylsulfid 85.
Chloral 27, 69, 96, 159, 181, 190, 471, 474, 475, 477, 497, 516, 539, 789.
Chloralacetaldoxim 476.
Chloralacetaminophenol 819.
Chloralaceton 477.
Chloralacetonchloroform 478.
Chloralacetophenon 195, 479, 480.
Chloralacetophenonoxim 479, 480.
Chloralacetoxim 476.
Chloralalkoholat 475.
Chloralamid 144, 475, 521.
Chloraminobenzolarsinsäure 724.
Chloralammonium 475.
Chloralbacid 621.
Chloralbenzaldoxim 476.
Chlorbenzoesäureglykolester 767.
Chloralbromalharnstoff 478.
Chloralbrompalmitinsäureanilid 483.
Chloralbumin 621.
Chloralcampheroxim 476.
Chloralchinin 480.
Chloralcyanhydrat 475.
Chloralcyanhydrin 88, 539.
Chloraldimethylaminooxyisobuttersäureäthylester 483.
Chloraldimethylaminooxyisobuttersäurepropylester 483.
Chloralformamid s. Chloralamid.
Chloralhydrat 207, 380, 463, 469, 472, 473, 474, 480, 483, 484, 489, 499, 521, 522, 542.
Chloralhydroxylamin s. Chlorosoxim.
Chloralimid 90.
Chloralisovaleramid 481.
Chloralnitrosonaphthol 476.
Chloral-Orthoform 481.
Chloralose 126, 185, 476, 477, 521.
Chloraloseglykuronsäure 185.
Chloralpalmitinsäureamid 483.
Chloralurethan 478.
Chloramine 617.
Chloranil 181.
Chloranilsäure 182.
Chlorantipyrin 612.
Chloraquotetramminkobaltsalze 129.
Chlorarsenobehenolsäure 702.
Chlorarsenobehenolsäureanhydrid 703.
Chlorarsenobehenolsäuremethylester 703.
Chlorarsenostearolsäureäthylester 703.
Chlorate 183, 814.
Chlorazen 617.
Chlorbenzamid 520.
Chlorbenzoesäure 193.
m-Chlorbenzoesäure 116.
o-Chlorbenzoesäure 116.
p-Chlorbenzoesäure 116.
Chlorbenzol 52, 82, 145.
Chlorcalciumharnstoff 637.
Chlorcalciumfructose 637.
Chlorcalciummilchzucker 637.
Chlorcalciumstärke 637.
Chlorchinin 242.
o-Chlorcocain 338.
Chlorcoffein 69, 93.
Chlorcyan 85.
Chlordiäthyläthylsulfid 816.
Chlordiazobenzolfluor 635.
Chlordimethylaminobenzolarsinsäure 723.
Chlordinitrobenzol 539.
4-Chlor-2.6-dinitrophenol 145
6-Chlor-2.4-dinitrophenol 145
Chloreton 484.
Chloretonbenzoesäureester 380.
p-Chlorhippursäure 186, 194.
Chlorhydrotropyltropein 346.
Chloride 11, 14.
Chlorisonitroaceton 85.
Chlorisovalerianylharnstoff 484, 489.
α-Chlorisovalerianylharnstoff 487.
Chlorjodbenzoesäureglycerinäther 611.
Chlor-o-kresol 536.
Chlor-p-kresol 536.
Chlor-m-kresol s. Lysochlor.
p-Chlor-m-kresol s. Parol.
Chlormethyl 472.
Chlormethyläther 539.
Chlormethylchlorkohlenester 817.
Chlormethyloxybenzolcarbonsäure 617.
Chlormethylindolarsinsäure 719.
Chlormethylmenthyläther 760.
2-Chlor-4-methylthiazol-5-carbonsäureäthylester 150.
Chlor-β-naphthol 536.
Chlornatrium 13, 14, 21.
6-Chlor-4-nitro-2-aminophenol 147.
Chlornitrobenzol 539.
Chloroform 27, 30, 37, 49, 67, 68, 69, 190, 307, 404, 470, 471, 472, 473, 517, 523, 528, 530, 532, 533, 538, 539, 542, 594, 635, 819.
Chlorokodid 404.
Chloromorphid 403, 404.
Chloropentaminkobaltichlorid 736.
Chloropentaminkobaltsalze 129.
Chlorosoxim 475, 476.
Chlorotetrakodein 404.
Chloroxaläthylin 463.
p-Chlor-m-oxybenzoesäure 617.
Chloroxychinolinsulfosäure 606.
Chlorphenol 67, 70, 190, 615.
Chlorphenolcarbonat 615.
Chlorphenolsalicylsäureester 615.
m-Chlorphenylalanin 169.
p-Chlorphenylalanin 169.
Chlorphenylarsinsäure 711.
Chlorphenylchinolincarbonsäure 807.
Chlorphenyldibrompropionsäureborneolester 621, 761.
Chlorphenylenstibinsäure 730.
Chlorphenylglycerinäther 786.
Chlorphenyloxalylacetamid 498.
p-Chlorphenylquecksilberoxyd 673.
Chlorphosphorbehenolsäuremethylester 703.
Chlorphthalimid 619.
Chlorpikrin 85.
p-Chlorsaccharin 142.
Chlorsalol 615.
Chlorsantonin 755.
Chlorsäure 134, 528, 530.
Chlorselenleinölsäure 634.
Chlorsulfonal 503.
Chlorylen s. Trichloräthylen 819.
Chlortheophyllinglucosid 793.
m-Chlortoluol 116, 194.
o-Chlortoluol 116, 194.
p-Chlortoluol 116, 194.
Chlorxylenol 615.
Chlorylsulfamide 617.

Cholalsäure 86, 199, 430, 690, 772.
β-Cholestanol 120.
ε-Cholestanol 120.
Cholesterin 772.
Cholesterinbromisovaleriansäureester 768.
Cholesterylcarbonylphenylphosphorsäure 785.
Choleval 694, 727.
Cholin 36, 101, 113, 124, 166, 173, 198, 302, 306, 327, 329, 332, 370, 735, 745, 781.
Cholinäther 331.
Cholinäthyläther 328.
Cholinaurocyanid 735.
Cholinbernsteinsäureester 327.
Cholinbrenztraubensäureester 327.
Cholinglycerophosphat 329.
Cholinsalpetrigsäureester 124, 328, 330.
Cholsäure s. Cholalsäure.
Chitose 170.
Chrom 24, 530.
Chroman 520.
Chromammoniak 129.
Chromblau 649.
Chromoform 656.
Chromosantonin 755.
Chromoxyd 691.
Chromoxydhydrat 691.
Chromsäure 691.
Chromviolett 649.
Chrysamin, R. 640.
Chrysanilin 648.
Chrysarobin 65, 179, 600, 741, 742, 776, 777, 778, 779, 780.
Chrysarobindiacetat 777.
Chrysarobinhexaacetat 777.
Chrysarobintetracetat 777.
Chrysatropasäure 820.
Chrysoidin 30, 640, 645.
Chrysophan 739, 776, 777.
Chrysophanhydroanthron 776.
Chrysophansäure 144, 177, 739, 740, 741, 742, 776, 780.
Cicutoxin 99.
Cignolin s. Dioxyanthranol.
Cinchen 816, 817.
Cincholoiponester 245.
Cinchonamin 242.
Cinchonicin 244.
Cinchonidin 121, 234, 244, 326.
Cinchonidinkohlensäureäthylester 251.
Cinchonigin 244.
Cinchonilin 244.
Cinchonin 42, 59, 63, 121, 136, 208, 211, 234, 235, 236, 237, 243, 244, 299, 326, 817.
Cinchonin, arsanilsaures 704.
Cinchonindiallylbarbitursäure 514.
Cinchoninjodessigsäuremethylester 301.
Cinchoninon 236, 239, 242.
Cinchoninsäure 807.
Cinchoninum jodosulfuricum 606.
Cinchotenin 816, 817.
Cinchotoxin 236, 237.
Cineol s. Eucalyptol.
Cinnamoyl- s. Zimtsäure.
Cinnamoylglykolsalicylsäure 558.
Cinnamoylguajacolester 591.
Cinnamoylkresolester s. Hetokresol.
Cinnamoyloxyphenylharnstoff 591.
Cinnamoyloxyphenylmethan 591.
Cinnamoyloxyphenylthioharnstoff 591.
Cinnamoylphenolester 591.
Cinnamoylsalicylsäureanhydrid 568.
Cinnamyl- s. auch Zimtsäure.
Cinnamylacrylsäuremethylester 389.
Cinnamylalkyltetramethyloxypiperidincarbonsäureester 365.
Cinnamylchlorkresol 601.
Cinnamylekgoninmethylester 336.
Cinnamyldiäthylaminopropinol 367.
Cinnamyl-N-methyltriacetonalkamin 363.
Cinnamyl-N-methyltriacetonalkamincarbonsäuremethylester 363.
Cinnamylphenetidid 279.
Cinnamyltrijodkresol 601.
Cinnamyltropein 343.
Cinnamyltyrosin 163.
Cis-Chinit 58.
Citraconsäure 126, 165.
Citral 757.
Citrillin 739.
Citrokoll 283.
Citronellal 543.
Citronensäure 99, 162, 272, 797.
Citrophen 274.
Cocaethylin 335.
Cocain 31, 41, 49, 63, 105, 107, 117, 118, 121, 150, 254, 294, 298, 307, 319, 321, 326, **333**ff., 337, 351, 355, 358, 359, 361, 363, 366, 368, 371, 373, 383, 390, 391, 402, 409, 469, 640.
α-Cocain 117, 353.
Cocainazo-α-naphthylamin 338.
Cocaindiazodimethylanilin 338.
Cocainharnstoff 338.
Cocain, isovaleriansaures 340.
Cocainjodmethylat 337.
Cocain phenolicum 341.
Cocainurethan 338.
Cocaisobutylin 335.
Cocaisopropylin 335.
Cocapropylin 335.
Codein 39, 59, 63, 113, 235, 297, 298, 301, 466.
Codeinphenyläthylbarbitursäure 820.
Coerulignon 590.
Coffeidin 93, 94, 789.
Coffein 35, 44, 55, 59, 62, 63, 66, 69, 89, 91, 93, 94, 143, 168, 188, 189, 307, 786, 787, 789, 790, 791, 794.
Coffeinäthyläther s. Äthoxycoffein.
Coffeinäthylendiamin 790.
Coffein, aminophenylsalicylsäureestermethylsulfosaures 792.
Coffein, anilinmethylsulfosaures Natrium 792.
Coffeinchloral 481, 789.
Coffeinjodol 603.
Coffeinlithiumbenzoat 787, 788.
Coffeinmethylhydroxyd 93, 789.
Coffeinnatriummetaphosphat 788, 789.
Coffeinnatrium-natriumbenzoat 787.
Coffeinsulfosäure 789.
Coffein, toluidinmethylsulfosaures Natrium 792.
Coffolin 94.
Coffursäure 94.
Colchicein 41, 42, 320, 324, 325.
Colchiceinamid 325.
Colchicin 320, 324, 325, 532, 798.
Collargol 691, 692.
Collidin 34, 79, 295, 296, 301, 311.
Colocynthein 739.
Colocynthin s. Citrillin.
Colombosäure 144.
Conchinin s. Chinidin.
Conhydrin 315, 321.
Conicein 320, 321.
Conicin 80, 210, 294, 295, 296.
Coniin 34, 79, 123, 125, 296, 298, 301, 302, 311, 312, 313, 314, 315, 316, 317, 318, 320, 321, 459, 460.

Coniinäthylhydroxyd 298.
Consolicin 771.
Consolidin 771.
Convolvulin 744.
Copaiva **765** ff.
Copaivabalsam 767.
Copaivaformaldehyd 767.
Coppellidin 315, 316.
Cordol 488.
Coriamyrtin 200.
Coriandol 756.
Coryfin 760.
Cosaprin 257, 262.
Cotarmin 819.
Cotoin 745, 747.
Cresatin 575.
Crotalotoxin 772.
Crotonaldehyd 114.
Crotonchloralhydrat 473.
Crotonöl 111, 743.
Crotonsäure 165.
Cubebin 547, 548.
Cumarin 105, 519, 520, 594, 820.
Cumarinsäure 591.
o-Cumarsäure 105.
Cuminsäure 179, 193, 757.
Cuminursäure 193.
Cumol 52, 53, 64, 177, 190, 539.
Cuperatin 696.
Cuprase 735.
Cuprein 59, 234, 235, 242, 466.
Cuprocyan 736.
Curare 20, 126, 127, 301, 362, 449, 597.
Curarin 23, 29, 127, 151, 298, 301.
Curcumin S 649.
Curin 29, 298.
Curvacrol 753.
Cutol 737.
Cutolum solubile 737.
Cyan 85, 109.
Cyanacetylen s. Propiolsäurenitril.
Cyanacetylguanidin 89.
Cyanäthyl s. Äthylcarbylamin.
Cyanamid 75.
Cyanammonium 300.
Cyancoffein 89, 93.
Cyandimethyloxypyridin 313.
Cyanessigsäure 86, 87, 105.
Cyanessigsäureäthylnitril 87.
Cyanessigsäurenitril 87.
Cyanide 85, 107.
Cyanin 537, 741.
Cyankalium 89.
Cyanmelid 89.
α-Cyan-α-milchsäure 87.
Cyanocuprol 736.
Cyanquecksilber 22.
Cyanquecksilberbenzoesäure 685.
Cyantrimethyloxypyridin 313.
Cyanursäure 89, 165, 499.
Cyanursäureäthyläther 499.
Cyanwasserstoff s. Blausäure.
Cyanzimtsäure 105.
Cycloform 386.
Cycloheptanon s. Suberon 517.
Cyclohexamethylenimin 304.
Cyclohexan 51, 52, 58, 173, 539.
Cyclohexanon 52, 173.
Cyclohexanessigsäure 180.
Cyclohexanol 51, 52, 58.
Cyclohexanolessigsäure 180.
Cyclohexyläthylbarbitursäure 508.
Cyclohexylamin 71.
Cyclohexylbenzylbarbitursäure 508.
Cyclopentadien 51.
Cyclopentylenphenylarsin 709.
Cymarin 774, 775.
Cymarigenin 774, 775.
Cymarinsäure 775.
Cymol 112, 179, 180, 191, 539.
Cynotoxin 774.
Cystin 107, 198.
Cystinal 675.
Cystinquecksilberchloridnatriumbromid 675.
Cystinquecksilberchloridnatriumchlorid 675.
Cystinquecksilberlithiumchlorid 675.
Cystinquecksilbernatriumbromid 675.
Cystinquecksilbernatriumchlorid 675.
Cystinquecksilbernatriumrhodanat 675.
Cystopurin 655.
Cytosin 90, 167.

Dahlia 641.
Dahliablau 537.
Daphnetin 820.
Decylhydrocuprein 240.
Dehydromonochloralantipyrin 480.
Dekahydrochinolin 211, 212, 296.
Dekan 539.
Dermatol 666, 668.
Desichthol 626.
Desmotroposantonin 753, 754, 755.
Desoxybenzoin 172.
Desoxychinin 244.
Desoxycholsäure 690.
Desoxycoffein 94, 793, 794.
Desoxykodein 404.
Desoxymorphin 403, 404.
Desoxytheobromin 794.
Desoxystrychnin 463.
Desoxystrychninsäure 463.
Dextroform 651.
Dextrose 162.
Dextrosenitrat 81.
Diacetamid 144.
Diacetin 60, 521, 522.
Diacetonmethylamin 76.
Diacet-p-phenetidid 273.
Diacetylathylsulfid 816.
Diacetylaminoazobenzol 640.
Diacetylaminoazotoluol s. Pellidol.
Diacetylaminocoffein 789.
Diacetyldiaminooxyphenylarsinsäurequecksilberacetat 821.
Diacetyl-p-aminophenol 264.
Diacetylaminophenylarsinsäure 709.
Diacetylaminosalicylsäuremethylester 388.
Diacetylaminostibinobenzol 732.
Diacetylapomorphin 413.
Diacetylapomorphinjodmethylat 413.
Diacetylbrenzcatechincarbonsäure 589.
Diacetyldiaminooxyphenylarsinsäurequecksilberacetat 734.
Diacetyl-o-p-diaminophenetol 286.
Diacetyldihydromorphin s. Paralandin.
Diacetyldiveronylmethylensalicylaldehyd 574.
Diacetylenarsentrichlorid 699.
Diacetylglykolylbrenzcatechincarbonsäure 589.
Diacetylhomobrenzcatechincarbonsäure 589.
Diacetylhydromorphin 407.
Diacetylkodein 400.
Diacetylmesoweinsäurenitril 125.
Diacetylmorphin s. Heroin.
Diacetyl-p-phenylendiamin 77, 256.
Diacetylphenylhydrazin 219, 221.
Diacetylrufigallussäuretetraäthyläther 741.
Diacetylrufigallussäuretetramethyläther 741.
Diacetyltannincalcium 659.
Diacetyltraubensäurenitril 125.
Diafor 556, 557.

Dial 111, 266, 514.
Dialacetin 266, 514.
Diallylbarbitursäure-Acetaminophenylallyläther s. Dialacetin.
Diallylbarbitursäure-Äthylmorphin 514.
Diallylessigsäure 111.
Diallylbarbitursäure s. Dial.
Diallylaminoantipyrin 232.
Diallylhomophthalimid 820.
Diallylmalonamid 514.
Diallylmorphimethin 409.
Diallylsulfat 328.
Diallylthioharnstoff 111.
Dialursäure 90.
Diamid s. Hydrazin.
Diaminoaceton 90.
Diaminoacridin 534, 647.
Diaminoäthyläther 72.
Diaminoäthylsulfid 72.
Diaminoarsenobenzoesäure 701.
Diaminoarsenobenzol 708, 713, 714.
Diaminoarsenokresol 713.
Diaminoazobenzol s. Chrysoidin.
m-Diaminoazobenzol s. Chrysoidin.
Diaminobenzolarsinsäure 724.
Diaminobenzoyloxyäthylmethylanilin 383.
3.6-Diamino-2.7-dimethyl-10-methylacridiniumchlorid s. Acridiniumgelb.
Diaminodioxyarsenobenzol 713.
Diaminodioxyarsenobenzolcarbonsäure 718.
Diaminodioxyarsenobenzoldicarbonsäure 718.
Diaminodioxyarsenobenzoldinatriummonosilberoxyd s. Silbersalvarsan.
Diaminodioxyarsenobenzol-Hexaaminoarsenobenzol 716.
4.4-Diaminodioxydiphenyl 178.
Diaminodioxydiphenyldimethyldiarsin 718.
Diaminodiphenylmercuridicarbonsäure 683, 684.
Diaminodioxypyrimidin 791.
Diaminohexan 806.
Diaminohydrophenanthrenchinon 394.
3.6-Diamino-10-methylacridiniumchlorid s. Trypaflavin.
Diaminooxyarsenobenzol 714, 716.
Diaminooxyarsenostibiobenzol 729, 733.
Diaminooxychlorarsenostibiobenzol 729, 733.
Diaminooxyphenylarsinsäurequecksilberacetat 734.
2.4-Diamino-6-oxypyrimidin 79, 95, 167.
Diaminophenol 257.
Diaminophenylacridin 216, 648.
Diaminophenylarsinsäure 705, 713.
Diaminophenylnorkodein 409.
Diaminopropionsäure 158.
α-β-Diaminopropionsäure 181.
Diaminoselenopyronin 632.
Diaminostibinobenzol 731.
Diaminosulfobenzol 623.
Diaminothiopyronin 632.
Diaminooxyphenylarsinsäurequecksilberacetat 821.
Diamylharnstoff 491.
Diamylsulfonpropylthioharnstoff 504.
Dianisidin 76.
Dianisylguanidin 379.
Dianisylguanidinbenzoat 379.
Dianisylmonophenetylguanidin s. Acoin.
Diantipyrinrot 648.
Diantipyrylharnstoff 231.
Diantipyrylselenid 632.
Diaphtherin 593.
Diapurin 808, 809.
Diaquotetramminkobaltsalze 129.
Diarsanilharnstoff 707.
Diaspirin 556, 558.
Diäthoxyacetylmorphin 406.
Diäthylaminoäthylaminobenzoesäureester 818.
Diäthylaminoäthyltheobromin 822.
Diäthylhomophthalimid 820.
Diäthoxyäthenyldiphenylamin s. Holocain.
Diäthoxyäthylbarbitursäure 508.
Diäthoxyhydroxycoffein 93.
Diäthylacetamid 492, 495, 496.
Diäthylacetyldiäthylamid 496.
Diäthylacetylharnstoff 492, 494, 498.
Diäthylacetylmenthylester 487.
Diäthylacetylpiperidylmethylharnstoff 499, 769.
Diäthylamin 72, 303.
Diäthylaminoacetobrenzcatechin 443.
Diäthylaminoacetonitril 88.
Diäthylaminoacetonitrilmethyljodid 88.
Diäthylaminoäthanoläthoxyphenylcarbaminsäureester 374.
Diäthylaminoäthanoldiphenylcarbaminsäureester 374.
Diäthylaminoäthanolphenylcarbaminsäureester 374.
Diäthylaminoäthanolphenylmethylcarbaminsäureester 374.
Diäthylaminoäthylaminophenylacetat 375.
Diäthylaminoäthyleugenol 590.
Diäthylaminoäthylguajacol 590.
Diäthylaminoäthylthymol 590.
Diäthylaminoantipyrin 229.
Diäthylaminobenzoat 375.
Diäthylaminobenzoesäurediäthylaminoäthylester 373.
Diäthylaminodioxypropanphenylcarbaminsäureester 374.
Diäthylaminoessigsäuremethylester 760.
Diäthylaminoessigsäuretrichlorbutylester 483.
Diäthylaminokodein 409.
Diäthylaminomethyl-6-äthyloxychinolyl-4-propanon 248.
Diäthylaminomilchsäurenitril 88.
Diäthylaminoisopropanolcarbaminsäureester 374.
Diäthylaminooxybenzoesäuremethylester 590.
Diäthylaminooxyisobuttersäureäthylester 370.
Diäthylaminophenoxyisopropylalkohol 375, 390.
Diäthylammoniumchlorid 300.
Diäthylammoniumjodid 300.
Diäthylammoniumsulfat 300.
Diäthylarsin 699.
Diäthyläthylendibarbitursäure 514.
Diäthylbarbitursäure s. Veronal.
Diäthylcarbaminsäuredimethylaminodimethyläthylcarbinolester 368.
Diäthylcarbinol 490.
Diäthylcarbonat 581.
Diäthyldichlorpropylbarbitursäure 508, 509.
Diäthyldiketopiperazin 516.

Diäthyldioxyaceton 150.
Diäthylendiamin s. Piperazin.
Diäthylessigsäure 156, 492.
Diäthylglykokoll-m-aminobenzoesäuremethylester 390.
Diäthylglykokoll-m-amino-o-oxybenzoesäurementhylester s. Nirvanin.
Diäthylglykokoll-m-amino-p-oxybenzoesäuremethylester 390.
Diäthylglykokoll-p-amino-m-oxybenzoesäuremethylester 389, 390.
Diäthylglykokoll-o-aminosalicylsäuremethylester 390.
Diäthylglykokoll-p-aminosalicylsäuremethylester 390.
Diäthylglykokoll-p-aminosalicylsäure-m-oxybenzoesäuremethylester 390.
Diäthylglykokoll-m-aminozimtsäuremethylester 390.
Diäthylglykokoll-p-aminozimtsäureester 390.
Diäthylglykokollanthranilsäuremethylester 390.
Diäthylglykokollbornylester 759.
Diäthylglykokollguajacol s. Gujasanol.
Diäthylglykokollkresol 584.
Diäthylglykokollphenol 584.
Diäthylglykokollmenthylester 759.
Diäthylglykokolltoluolsulfamid 389.
Diäthylglykokolltrikresol 584.
Diäthylharnstoff 153, 524.
Diäthylhydantoin 492, 494, 514.
Diäthylketon s. Propion.
Diäthyllophinhydrojodid 197.
Diäthylmalonamid 492.
Diäthylmalonsäure 492.
Diäthylmalonsäuretrichlorbutylester 483.
Diäthylmalonsäureureid 493, 494.
Diäthylmalonylcarbonyldiharnstoff 513.
Diäthylmalonylharnstoff s. Veronal.
Diäthylmalonylphenetidid 272.
Diäthylmalonylthioharnstoff 493, 494.
Diäthylmethylbarbitursäure 506.
Diäthylmethylmalonylharnstoff 493, 494.
Diäthylmethylpyrimidin 79.
Diäthylmethylsulfiniumhydroxyd 188.
Diäthylmonobrompropylbarbitursäure 508, 509.
Diäthyloxalsäure 492.
Diäthylphenylacetamid 496.
Diäthylphenylbarbitursäure 506.
Diäthyl-p-phenylendiamin 77, 256.
Diäthylphloroglucin 515.
Diäthylphosphorsäureester 783.
Diäthylpinakon 492.
Diäthylpropionsäureamid 496.
Diäthylpropionsäurementholester 496.
Diäthylpropionylharnstoff 496.
Diäthylpropylalkoholaminbenzoesäureester 373.
Diäthylquecksilber 674.
Diäthylsulfat 63.
Diäthylsulfid 68.
Diäthylsulfomethan 522.
Diäthylsulfon 500.
Diäthylsulfonacetessigester 501.
Diäthylsulfondiäthylmethan s. Tetronal.
Diäthylsulfondimethylmethan s. Sulfonal.
Diäthylsulfondiphenylpentaldien 503.
Diäthylsulfonmethyläthylmethan s. Trional.
Diäthylsulfonmethylpentanon 503.
Diäthylsulfonpentanon 503.
Diazoaminomethan 153.
Diazobenzol 197.
Diazobenzolfluorbor 635.
Diazomethan 74, 82.
Diazoverbindungen 78.
Dibenzamid 177, 520.
Dibenzarsinsäuredichininester 709.
Dibenzosalicylin 569.
Dibenzoylacetylmorphin 400.
Dibenzoylaminodimethylphenylcarbinol 369.
Dibenzoylaminosalicylsäuremethylester 388.
Dibenzoylapomorphin 413.
Dibenzoylcevin 323.
Dibenzoyldiamid 73.
Dibenzoylhydrocuprein 253.
Dibenzoylhistamin 451.
Dibenzoylmethylaminodimethylphenylcarbinol 369.
Dibenzoylmorphin 396.
Dibenzoyloxymethyldiäthylamin 375.
Dibenzoyloxytriäthylamin 375.
Dibenzoylphenyltetrahydrochinazolin 748.
Dibenzoyltannin 660.
Dibenzoylweinsäureanhydrid 389.
Dibenzyl 172.
Dibenzylbarbitursäure 506.
Dibenzylbutantetracarbonsäureester 514.
Dibenzylmalonylharnstoff 493.
Dibenzylmethylal 150.
Dibenzylmonodibrompropylbarbitursäure 509.
Dibenzylmonodipropylbarbitursäure 508.
Diborneolformal 759.
Dibromaminophenylarsinsäure 706.
Dibrombehensäure 620.
Dibrombehensäureureid 611.
Dibrombenzol 753.
Dibrombismethylaminotetraminoarsenobenzol 724.
Dibromdiäthylacetylharnstoff 486.
Dibromdihydrozimtsäureborneolester 621, 761, 768.
Dibromdihydrozimtsäurefenchylester 761.
Dibromdihydrozimtsäureisoborneolester 621, 761.
Dibromdioxybenzoylbenzoesäureäthylester 747.
p-Dibromdiphenyl 178.
Dibromdipropylbarbitursäure 488.
Dibromessigsäure 70, 198.
Dibromfluoresceinquecksilber s. Mercurochrom.
Dibromgallussäure 618.
Dibromhexamethylentetraminperchlorat 658.
Dibromhydrozimtsäureamidbromisovalerianat 769.
Dibromhydrozimtsäureamidisovalerianat 769.
Di-α-bromisovalerianylmorphin 406.
Dibromkresylpiperidid 317.
Dibrommethylentannin 621.
Dibromnaphthol 536, 537, 616.
Dibrom-β-naphthol 536, 537, 616.
4.6-Dibrom-2-nitrophenol 147.
Dibromoxychinolinwismutoxyjodid 670.

Dibromphenolsalicylsäureester 615.
Dibrompropylcarbäthoxyphenylharnstoff 818.
Dibrompropylcarbäthoxyphenylthioharnstoff 818.
Dibrompropylveronal s. Diogenal.
Dibromsalicylsäure 618.
Dibromtanninformaldehyd s. Tannobromin.
Dibromvalerylaminodimethyläthylcarbinol 369.
Dibromzimtsäureborneolester 761.
Dibromzimtsäuretrichlorbutylester 483.
Dibutylphenylcarbamat 753.
Dicamphanazin 759.
Dicamphenhexanazin 759.
Dicamphorylarsinsäure 711.
Dicentrin 426.
Dichinolyldioxyphenyldicarbonsäure 810.
Dichinolyldiphenyldicarbonsäure 810.
Dichloraceton 190.
Dichloracetylmorphin 406.
Dichloräthan 68, 819.
Dichloräthylen s. Dioform.
Dichloräthylsulfid 85, 86, 816.
Dichloräthylsulfon 816.
Dichloräthylsulfoxyd 816.
Dichlordimethyläther 817.
Dichloralharnstoff 478.
Dichlorallylen 473.
Dichloranilin 260.
Dichloraminopuringlucosid 793.
Dichlorarsalyt 717.
Dichlorarsinobenzoesäurechininester 709.
Dichlorbenzol 190, 793.
p-Dichlorbenzol 615.
Dichlorbismethylaminotetraminoarsenobenzol 724.
Dichlordiäthylensulfid 68.
Dichlordimethyläther 816.
Dichlordimethyldithioloxalat 85.
Dichlordinitrosoaceton 86.
Dichlordioxyaminoarsenobenzol 714, 716.
Dichlordioxychinon 182.
Dichloressigsäureäthylester 474.
Dichlorhydrin 69, 521.
Dichlorisopropylalkohol 190.
Dichlorisopropylalkoholcarbaminsäureester 479.
Dichlorisopropylglykuronsäure 190.
Dichlorjodphenylarsinsäure 706.
Dichlormethan s. Methylenbichlorid 67.
Dichlornitrophenole 145.
Dichlor-p-oxybenzoesäure 617.
Dichlorphenolsalicylsäureester 615.
Dichlorphenylarsinsäure 706.
Di-p-chlorphenylphosphorsäure 201.
Dichlorselenfluorescein 633.
Dichlorylsulfamidbenzoesäure 617.
Dichininkohlensäureester s. Aristochinin.
Dichinolindimethylsulfat s. Chinotoxin.
Dicumarketon s. Lysosin.
Dicyanacetylen s. Kohlenstoffsubnitrid.
Dicyandiamidin 75.
Didial 514.
Didym 15, 134.
Didymoxalat 18.
Didymsalicylat s. Dymol.
Difluordiphenyl 635.
Diformyltriacetylaloin 742.
Digitalin 771.
Digitaliresin 771.
Digitalis 771.
Digitalisglykoside 773, 774.
Digitan 773.
Digitanbenzoat 774.
Digitonin 120, 237.
Digitoxindibenzoat 774.
Digitoxigenin 773, 774.
Digitoxigeninacetat 774.
Digitoxin 773, 774.
Digitoxinpentabenzoat 774.
Digitoxinpentaskarat 774.
Digitoxinsäure 773, 774.
Diglykokollchlorcalcium 637.
Diglykolyldisalicylsäure 565.
Diglykolsalicylsäureäther 565.
Diglykolsäure 565.
Diglykolsäurechlorphenylester 565.
Diglykolsäureguajacolester 565.
Diglykolsäurekresolester 565.
Diglykolsäurenaphthylester 565.
Diglykolsäurenitrophenylester 565.
Diglykolsäurephenylester 565.
Diglykolsäuresalicylester 565.
Dihydroanhydroekgonin 339.
Dihydroanthracen 779.
Dihydroanthranol 779.
Dihydroantipyrin 230.
Dihydrobenzaldoxim 144.
Dihydrocarveol 191.
Dihydrochinin 243, 245.
Dihydrochinoline 212, 460.
Dihydrocinchonidin 818.
Dihydrocinchonin 818.
Dihydrocinchotoxin 817.
Dihydrocupreinglykosid 241.
Dihydrodimethyl-β-naphthylamin 307.
Dihydrokodein 407.
Dihydrokodein-Veronal 510.
Dihydrokotarnin 429.
Dihydromorphin 239, 407, 408, 410.
Dihydromorphin-Veronal 510.
Dihydronaphthalin 550.
Dihydronorkedein 408, 409, 410.
Dihydrooxydiaminoarsenobenzol 713.
Dihydrooxykodeinon s. Eukodal.
1.2-Dihydrooxypropan 138.
Dihydrostrychnolin 463, 464.
Dihydrophenylnaphthiochinolincarbonsäure 808.
Diisoamylamin 72.
Diisoamylbarbitursäure 506.
Diisoamylmalonylharnstoff 493.
Diisobutylbarbitursäure 506.
Diisobutylglykokollguajacol 584.
Diisobutylmalonylharnstoff 493.
Diisobutyrylmorphin 397.
Dijodäthyliden 110.
Dijodäthylsulfon 816.
Dijodäthylsulfoxyd 816.
Dijodaminophenylarsinsäure 706.
Dijodbrassidinsäureäthylester s. Lipojodin.
Dijodbrassidinsäureisoamylester 609.
Dijodbrassidinsäuremethylester 609.
Dijodcarbazol 602.
Dijodcoffein 611.
Dijoddiphenylamin 602.
Dijodyl 610.
Dijodelaidinsäuremethylester 609.
Dijodelaidylcholesterin 611.
Dijodoform 596.
Dijodhexamethylentetraminperchlorat 658.
Dijodhydroxypropan s. Jodthion.
Dijodnitrosodiphenylamin 602.
Dijodphenoljodid 598.
Dijodphenolsalicylsäureester 615.

Dijodphenolsulfosäure s. Sozojodol.
Dijodresorcinmonojodid 598.
Dijodresorcinmonosulfosäure s. Pikrol.
Dijodsalicylsäure 140, 601.
Dijodsalicylsäureester 601.
Dijodsalicylsäuremethylester s. Sanoform.
Dijodsalicylsäuremethylesterjodid 388.
Dijodsalol 599.
Dijodstearylglycerinphosphorsäure 610.
Dijodthioresorcin 623.
Dijodtyramin 453.
Dijodtyrosin 613.
Dijodzimtsäureamid 611.
Dijodzimtsäureglycinester 611.
Dijodzimtsäureglykokoll 611.
Dijodzimtsäureureid 611.
Dikaliumferroferrocyanid 183.
Diketopiperazine 153.
Dikodein 404.
Dikodeylmethan 399.
Dikresotinsäurehydrochinonester 565.
Dikresotinsäureresorcinester 565.
Dimentholformal 759.
3.5-Dimethoxyacetophenetidid 286.
Dimethoxydichinolyldiphenyldicarbonsäure 810.
Dimethoxyphenylisopropylamin 458.
Dimethoxyphenylpropanolamin 456.
Dimethylacetal 517.
Dimethylacetylcarbinoläthylurethan 498.
Dimethylacetylcarbinolurethan 498.
Dimethylacrylsäure 165.
Dimethylaminoäthylaminobenzoesäurebutylester 818.
Dimethyläthylcarbinol 495.
Dimethyläthylcarbinol s. Amylenhydrat.
Dimethyläthylcarbinol-p-äthoxyphenylurethan 498.
Dimethyläthylcarbinolchloral s. Dormiol.
Dimethyläthylcarbinolmethylphenylurethan 498.
Dimethyläthylcarbinolphenylurethan 498.
Dimethyläthylessigsäure 492.
Dimethyläthylenglykolmonophenyläther 565.
Dimethyläthylpyrazin 802.
Dimethylallylamin 111.
Dimethylamin 28, 66.
Dimethylaminoacetobrenzcatechin 443, 449.
Dimethylaminoacetylsantalol 766.
Dimethylaminoäthanolphenylcarbaminsäureester 376.
1.7-Dimethylamino-8-aminoxanthin 188.
Dimethylaminoanissäuremethylester 388.
p-Dimethylaminoantipyrin 227.
4-Dimethylaminoantipyrin s. Pyramidon.
Dimethylaminoazobenzolsulfosäure s. Methylforanyl.
Dimethylaminobenzaldehyd 189.
p-Dimethylaminobenzaldehyd 179, 184.
p-Dimethylaminobenzoesäure 65, 174, 184.
Dimethylaminobenzoeglykuronsäure 185.
Dimethylaminobenzoyloxäthylpiperidin 373.
Dimethylaminobenzoyloxyisobuttersäuremethylester 370.
Dimethylaminobenzoylpentanol s. Stovain.
Dimethylaminobromcaproyloxyisobuttersäureäthylester 370.
Dimethylaminobromisovaleryloxyisobuttersäureäthylester 370.
Dimethylaminodimethyläthylacetylcarbinol 368.
Dimethylaminodimethyläthylcarbinol 368, 369.
Dimethylaminodimethyläthylcinnamylcarbinol 368.
Dimethylaminodimethyläthylisovalerylcarbinol 368.
Dimethylaminodimethylbenzylbenzoylcarbinol 368.
Dimethylaminodimethylbenzylbenzoylcarbinol 368.
Dimethylaminodimethylbenzylcarbinol 368.
Dimethylaminodimethylbenzylcinnamylcarbinol 368.
Dimethylaminodimethylisoamylcarbinol 368, 369.
Dimethylaminodimethylisoamylcinnamylcarbinol 368.
Dimethylaminodimethylisobutylcarbinol 368.
Dimethylaminodimethylisobutylcinnamylcarbinol 368.
Dimethylaminodimethylphenylbenzoylcarbinol 368.
Dimethylaminodimethylphenylcarbinol 368.
Dimethylaminodimethylphenylisovalerylcarbinol 368.
Dimethylaminodimethylphenylcarbinol 368.
Dimethylaminodimethylpropylbenzoylcarbinol 368.
Dimethylaminodimethylpropylcarbinol 368.
Dimethylamino-1.7-dimethylxanthin s. Paraxin.
Dimethylaminodioxyarsenobenzol·718, 719.
Dimethylaminodioxypyrimidin 792.
Dimethylaminoguajacylamyläther 381.
Dimethylaminohexahydrobenzoesäureester 388.
Dimethylaminoisopropylalkoholbenzoylester 371.
Dimethylaminoisovaleryloxyisobuttersäureäthylester 370.
Dimethylaminoisovaleryloxyisobuttersäurepropylester 370.
Dimethylaminokodein 409.
Dimethylaminomethylcyclohexanolbenzoat 366.
Dimethylaminomethyldiäthylbenzoylcarbinol 368.
Dimethylaminomethyldiäthylcarbinol 368.
Dimethylamino-p-nitrobenzoyloxyisobuttersäureäthylester 370.
Dimethylaminooxyisobuttersäuremethylester 370.
Dimethylaminooxyisobuttersäurepropylester 370.
Dimethylaminooxyisobuttersäurepropylesterbromhydratisovaleriansäureester s. Quietol.
Dimethylaminooxyisobuttersäurepropylesterisovalerylesterbromhydrat 768.
Dimethylaminoparaxanthin 790.
Dimethylaminophenylarsinsäure 719.
Dimethylaminophenylchinolincarbonsäure 808.
Dimethylamino-1-phenyl-2.3-dimethyl-5-pyrazolon 232.
1-p-Dimethylaminophenyl-2-methyl-3-oxymethyl-5-pyrazolon 231.

1-p-Dimethylaminophenyl-2-methyl-3-oxymethyl-4-äthyl-5-pyrazolon 231.
Dimethylaminophenylnaphthocinchoninsäure 808.
1-p-Dimethylaminophenyl-2.3.4-trimethyl-5-pyrazolon 232.
1-p-Dimethylaminophenyl-3.4.4-trimethyl-5-pyrazolon 228, 232.
Dimethylaminopropanoltropasäureester 347.
Dimethylaminotheobromin 790.
Dimethylaminotheophyllin 789.
Dimethylaminotoluidin 189.
Dimethylaminotolylarsenoxyd 712.
Dimethylaminotrimethylbenzoylcarbinol 368.
Dimethylaminotrimethylcarbinol 368, 369.
Dimethylaminotrimethylcinnamylcarbinol 368.
Dimethylaminotrimethylisovalerylcarbinol 368.
Dimethylammoniumchlorid 300.
Dimethylammoniumjodid 300.
Dimethylanilin 261.
Dimethylanilinarsenoxyd 720.
Dimethylarsin 68.
Dimethylarsincyanid 85.
Dimethylarsinsäure 699, 700.
Dimethylbenzamid 520.
1.3-Dimethylbenzoesäure s. Mesitylensäure.
Dimethylbenzol s. Xylole.
Dimethylcarbonat 578, 581.
Dimethylcarbinol 490.
m-Dimethylchinol 99.
α-β-Dimethylchinolin 209.
Dimethylconiin 298, 301.
Dimethylconylammoniumchlorid 312.
Dimethylcyclohexan 52.
Dimethylcyclohexanon 52.
7.9-Dimethyl-2.6-diäthoxy-8-oxypurin 93.
Dimethyldiaminodioxyarsenobenzol 718.
Dimethyldiaminomethylacridiniumsilbernitrat s. Septacrol.
Dimethyldibrom-o-toluidin 189.
Dimethyldichinolyldiphenyldicarbonsäure 810.
Dimethyldimethylaminomethylxanthin 794.
7.9-Dimethyl-2.6-dimethoxy-8-oxypurin 93.
Dimethyldioxydiaminopyrimidin 793.
7.9-Dimethyl-6.8-dioxypurin 94.
1.7-Dimethyl-2.6-dioxypurin 189.
Dimethylengluconsäure 159.
Dimethylglykokollaminoacetophenon 519.
Dimethylglykokoll-p-aminobenzoesäureäthylester 390.
Dimethylglykokoll-p-aminosalicylsäuremethylester 390.
Dimethylglykokollanthranilsäuremesthylester 390.
Dimethylguanin 792.
1.3-Dimethylharnsäure 95.
Dimethylharnstoff 142, 146, 153.
1.7-Dimethylhypoxanthim 91.
Dimethylisopropylidenpyrroliden 303.
Dimethylisopropylpiperidon 306.
Dimethylketon s. Aceton.
Dimethylketoxim 495.
Dimethylmalonylharnstoff 493.
Dimethylmethylal 760.
Dimethylmorphin-Veronal 510.
Dimethylneurin 327.
Dimethyloxyäthylxanthin 791.
Dimethyloxychinizin s. Antipyrin.
3.7-Dimethyl-2-oxy-1.6-dihydropurin s. Desoxytheobromin.
7.9-Dimethyl-8-oxypurin 91.
o-o-Dimethylphenacetin 260.
Dimethylphenyläthylamin 447, 457.
Dimethylphenylendiamin 77, 256.
1.2-Dimethyl-3-phenyl-5-pyrazolon 227.
Dimethylphenylpyrazolonsulfaminoquecksilber 684.
Dimethylphloroglucin 515, 750.
Dimethylphosphin 216.
Dimethylpiperazin, weinsaures s. Lycetol.
Dimethylpiperidin 312.
α-α'-Dimethylpiperidin s. Lupetidin.
Dimethylpiperidylmethylxanthim 794.
Dimethylpyrazin 802.
Dimethylpyrogallolcarbamat 590.
Dimethylquecksilber 86, 674.
Dimethylresorcin 36, 62.
Dimethylsalicylamid 520.
Dimethylsalicylsäure 553.
o-Dimethylsulfamid 153.
Dimethylsulfat 63.
Dimethylsulfomethan 522.
Dimethylsulfonäthylmethylmethan 500.
Dimethylsulfondiäthylmethan 500.
Dimethylsulfondimethylmethan 500, 504.
Dimethylthallinchlorid 299.
Dimethylthioharnstoff 108, 188.
Dimethyltoluidin 65, 117, 174, 261.
Dimethyltoluthionin 642.
Dimethyltrioxybenzophenon s. Hydrocotoin.
Dinatriumdimethylaminobenzolazotoluolarseniat 710.
Dinatriumhydroxybenzolazotoluolarseniat 710.
Dinitroäther 144.
Dinitroaminophenol s. Pikraminsäure.
2.6-Dinitroazooxytoluol 83.
Dinitrobenzoesäuren 106, 145.
Dinitrobenzol 82, 145, 639.
m-Dinitrobenzol 83.
o-Dinitrobenzol 83.
p-Dinitrobenzol 83.
Dinitrochlorbenzol 85.
4-4'-Dinitro-2.2'-diaminodiphenylhexan 145.
Dinitrodiphenylmercuridicarbonsäure 684.
Dinitroglycerin 81.
2.6-Dinitro-4-hydroxylaminotoluylenglykuronsäure 83.
Dinitrokresol 639.
Dinitromercuribenzoesäure 686.
Dinitromercuridiphenylcarbonsäure 683.
Dinitronaphthol s. Martiusgelb.
Dinitro-α-naphtholsulfosäure s. Naphtholgelb.
Dinitro-m-oxybenzoesäure 140.
Dinitrooxyphenylarsinsäurequecksilberacetat 733, 821.
Dinitrophenol 82, 83.
Dinitrophenoxbenazin 633.
Dinitrophenylstibinsäure 730.
Dioform 69, 471, 472, 533, 539, 819.
Diogenal 514.

Dionin 39, 59, 235, 326, 394, 395, 397, 398, 399, 401, 403, 419.
Dioxyaceton 143.
Dioxyacetonoxim 143.
Dioxyaminoacetophenon 449.
Dioxyaminoarsenobenzolaminoessigsäure 721.
Dioxyaminoarsenobenzolaminopropionsäure 721.
Dioxyaminonaphthalin 177.
Dioxyanthrachinon 741.
Dioxyanthranol 65, 779, 780.
Dioxyarsenobenzol s. Arsenophenol.
Dioxyarsenobenzoldiaminoessigsäure 721.
Dioxybenzoesäure 140.
Dioxybenzole 55, 258.
Dioxybenzolarsinsäure 713.
Dioxybenzylamin 449, 450, 819.
Dioxybenzoylbenzoesäureäthylester 747.
Dioxybenzoylbenzoesäurepropylester 747.
β-γ-Dioxybuttersäure 54.
5.6-Dioxychinolin 208.
Dioxychinolinmethylcarbonsäure 213.
Dioxycumarin 820.
Dioxydiaminoarsenobenzol 714, 721.
Dioxydiaminoarsenobenzol s. Salvarsan.
Dioxydiaminopyrimidin 793.
Dioxydiaminostibiobenzol 729, 731.
2.8-Dioxy-1.9-dimethylpurin 788.
2.8-Dioxy-6.9-dimethylpurin 168.
Dioxydiquecksilberdisulfamidbenzoesäure 682.
Dioxyisobuttersäureäthylestersalicylester 566.
Dioxymercuridiphenyldicarbonsäure 683.
Dioxymethenyldiphenylaminodicarbonsäuremethyl ester 387.
Dioxymethylanthrachinon s. Chrysarobin.
2.8-Dioxy-6-methylpurin 168.
2.8-Dioxy-9-methylpurin 168.
Dioxynaphthalin 176.
Dioxynaphthalincarbonsäure 561.
Dioxynaphthol 103.
Dioxyphenylamin 819.
Dioxyphenyläthanolamin 444.
Dioxyphenyläthanolamin s. Arterenol.
Dioxyphenyläthylamin 444.
Dioxyphenyläthylaminoketon 444.
Dioxyphenyläthylmethylamin s. Epinin.
l-3.4-Dioxyphenylalanin 120.
Dioxyphenylaminoketon 444.
Dioxyphenylpropanolamin 456.
Dioxypiperazin 802.
Dioxypropyltheobromin 791.
Dioxypropyltheophyllin 791.
Dioxyphthalimid 619.
2.6-Dioxypyrimidin 167.
Dioxypicolinsäure s. Komenaminsäure.
2.8-Dioxypurin 168.
6.8-Dioxypurin 91.
2.6-Dioxypurin s. Xanthin.
Dioxyquecksilberphenolnatrium 673.
Diphenetidincitumensäure 273.
Diphenetylguanidin 379.
Diphenetylguanidinbenzoat 379.
Diphenetylmonoanisylguanidin 379.
Diphenetylmonophenolguanidin 379.
Di-p-phenetidyloxamid 287.
Di-p-phenetolharnstoff 142.
Diphenoxäthylbarbitursäure 507.
Diphenoxypropanolamin 288.
Diphensäure 147.
Diphenyl 52, 54, 133, 178, 260, 292, 306, 635.
Diphenylacetamid 496.
Diphenyläthanol 172.
Diphenylamin 52, 178, 180, 645.
Diphenylaminoazobenzolsulfosäure s. Tropaeolin.
Diphenylaminoguanazol 79.
Diphenylaminorange 645.
Diphenylaminthymylbenzoesäureäthylester s. Arkoin.
Diphenylarsinsäure 700.
Diphenylbiuret 177.
Diphenylcarbaminsäurediäthylaminoäthanolester 376.
Diphenylcarbonat 554, 578.
Diphenylchinolincarbonsäurekresotinsäureester 812.
Diphenylchlorarsin 85.
Diphenylcyanarsin 85.
Diphenyldiäthylsulfomethan 501.
Diphenyldihydrochinazolin 748.
Diphenylharnstoff 53, 178.
Diphenylmethan 177.
Diphenylmonoanisylguanidin 380.
Diphenylmonophenetylguanidin 380.
Diphenylphosphorsäure 201, 572.
Diphenylpyrazolcarbonsäure 233.
Diphenylquecksilber 673, 674.
Diphenylstibinchlorid 732.
Diphenyltetraazonaphthylaminsulfosäure s. Kongorot
Diphenylthiobiazolinsulfhydrat 631.
Diphenylthioharnstoff 108.
Diphenylthiophen 628.
Dipiperidotetraminoarsenobenzol 724.
Diplosal 556.
Dipropaesin 386.
Dipropanolbenzoylmethylamin 357.
Dipropionylaminocoffein 789.
Dipropionylbrenzcatechincarbonsäure 589.
Diproprionylmorphin 397.
Dipropylacetäthylamid 495.
Dipropylacetamid 495, 496.
Dipropylacetdiäthylamid 495.
Dipropylacetbromamid 485.
Dipropylacet-p-phenetidid 271.
Dipropylacetylharnstoff 492, 498.
Dipropylbarbitursäure s. Proponal.
Dipropylbutantetracarbonsäureester 514.
Dipropylcarbinolurethan 497.
Dipropylenäthylendibarbitursäure 514.
Dipropylhomophthalimid 820.
Dipropylketon 98, 495.
Dipropylketoxim 495.
Dipropylmalonamid 492.
Dipropylmalonylguanidin 493, 494.
Dipropylmalonylharnstoff s. Proponal.
Dipropylmalonyl-p-phenetidid 272.
Dipropylpropionsäureamid 496.
Dipyridin 133, 295, 303.
Disaccharide 138.
Disalicylamid 565.
Disalicylbenzoin 569.
Disalicylhydrochinonester 564.
Disalicylsäureglycerinäther 566.

Disalol 563.
Dispermin s. Piperazin.
Disulfätholsäure 101.
Disulfide 147.
Disterarylsalicylglycerid 201.
Ditain 301.
Ditheobromincarbonat 794.
Dithiobiurete 147.
Dithiocyansäure 89.
Dithiocyansäureäther 88.
Dithiocyansäureäthyläther 89.
Dithiokohlensäure 630.
Dithiosalicylsäure 624.
Dithiosinamin 111.
Dithymoldijodid s. Aristol.
Di-2-tolylbutan 153.
Ditolyldiäthylammoniumjodid 300.
Ditolylmonoanixylguanidin 380.
Ditolylsulfoharnstoff 146.
Diurethan 499.
Diurethancalciumbromid 619.
Diurethanophenylstibinsäure 729.
Diuretin 787.
Divalerylaminodimethyläthylcarbinol 369.
Divalerylmethylaminodimethyläthylcarbinol 369.
Divalerylmorphin 397.
Dodecylhydrocuprein 240, 241.
Dodekahydrophenanthren 394.
Dormiol 477, 478.
Dubatol 637, 768.
Dulcin 67, 136, 142, 143, 153, 267, 270, 286, 287.
Duotal s. Guajacolcarbonat.
Dymol 18.
Dysprosium 18.

Echitamin s. Ditain.
Echtbraun G. 640.
Egol 679.
Eisen 18, 19, 21, 149, 203, 528, 530, **695** ff., 728.
Eisenalbuminat 696, 697.
Eisen, arsencitronensaures 701.
Eisen, arsensaures 700.
Eisen, arsenweinsaures 701.
Eisen, dibromelaidinsaures 697.
Eisen, glutaminsaures 697.
Eisen, glycerinarsinsaures 701.
Eisen, jodparanucleinsaures 697.
Eisen, ligninsaures 698.
Eisen, pyrrolidoncarbonsaures 697.
Eisen, phosphorweinsaures 697.
Eisenchlorid 530, 698.
Eisenchloridchinin 698.
Eisenglobulin 693.
Eisennaphtholgrün 697.
Eisennuclein 697.
Eisenoxyd 15, 747.
Eisenoxydul 15.
Eisensomatose 697.
Eisenpeptonat 697.
Eisensaccharat 697.
Eisentaririnsäuredijodid 697.
Eisenstearolsäuredibromid 697.
Eiweißsilber 693.
Ekajodoform 595.
Ekgonin 31, 41, 107, 118, 333, 334, 335, 336, 339, 341, 342, 353, 402, 818.
l-Ekgoninamid 337.
r-Ekgoninester 340.
Ekgoninmethylester 107, 336, 340.
Ekgoninmethylesterphenylurethan 376.
Ekkain 350, 355, 356, 357.
Elarson 702.
Elarsonsäure 705.
Elaterin 742, 744.
Elbon 591.
Elektrargol 24.
Elektroferrol 698.
Embarin 677, 680.
Embeliasäure 740, 741.
Emetäthylin 466, 467.
Emetin 125, 466, 527.
Emetinwismutjodid 467.
Emetpropylin 466, 467.
Emodin 739, 740.
Enesol 677, 726.
Enterosan 659.
Eosin 641, 642.
Eosinselen 632.
Eosinselencyan 632.
Ephedrin 309, 368, 459.
Epicampher s. β-Campher.
Epicarin 537, 550.
Epichlorhydrin 145.
Epidermin 635.
Epinin 450.
Epiosin 419.
Erbium 18, 134.
Ergotin 421, 440, 441, 442.
Ergotinin 450.
Ergotoxin 442, 450.
Ervasin 556.
Erythrit 162, 524.
Erythritschwefelsäure 784.
Erythroltetranitrat 81.
Erythrosin 642.
Eserin 319, 391, 392.
Essigsäure 60, 68, 102, 134, 155, 158, 187, 204, 327, 551, 552.
Essigsäurediäthylaminoäthylester 374.
Essigsäureester 28.
Estoral 761.
Eubornyl 761.
Eucain 49, 319, 358, 359, 361, 362, 364, 365, 366, 367, 375, 409.
Eucain B 359, 360, 363, 364.
α-Eucain 375.
β-Eucain 326, 366, 375.
Eucalyptol 538, 539, 543, 592, 752.
Euchinin 250, 251, 252.
Euchinindiallylbarbitursäure 514.
Eucol 577, 583.
Eucupin 239, 240, 241, 242, 531.
Eucupinotoxin 241, 242.
Eudermol 461.
Eudoxin 669.
Eugallol s. Pyrogallolmonoacetat.
Eugenoform 653.
Eugenol 58, 381, 382, 538, 539, 547, 582, 592.
Eugenolacetamid 377, 382.
Eugenolacetpiperidylmethylamid 386.
Eugenoläthylkohlensäureester 578.
Eugenolbenzolsulfosäureester 583.
Eugenolcarbaminsäureester 578.
Eugenolcarbinol 382.
Eugenolcarbinolnatrium 653.
Eugenolcarbonat 578.
Eugenolkohlensäurediäthylaminoäthylester 590.
Eugenolkohlensäurepiperidoäthylester 590.
Eugenolmethylkohlensäureester 578.
Eugenolmethoxymethyläther 653.
Eukodal 407, 408.
Eupatorin 773.
Euphorin s. Phenylurethan.
Euphthalmin 346, 361, 363.
Euphyllin 790, 791.
Euporphin 414.
Eurisol s. Resorcinmonoacetat.
Eupyrin 280.
Eurobin 777.
Eurodin 648.
Europhen 598, 600.
Etelen 661.
Exalgin 261, 263, 269, 494.
Euxanthon 190.
Exodin 741.

Fagaramid 491.
Farbsäuren 100.
Farbstoffe 100, **637** ff.
Fenchon 190, 756, 762.
Fenchonisoxim 305.
Fenchylalkohol 191.
Fenchylsalicylat 761.
Ferratin 696, 697.
Ferrialbuminsäure 696.
Ferrichthyol 627.
Ferridisalicylatkalium 698.
Ferriferrisalicylat 698.
Ferriphosphorcitrat 697.
Ferriphosphortartrat 697.
Ferripyrin 698.
Ferrisalicylat 698.
Ferrisalicylochlorwasserstoff-säure 698.
Ferrisalze 12.
Ferrivin 623.
Ferroaminooxybenzocarbonat 698.
Ferrocyannatrium 19, 89.
Ferrodisalicylat 698.
Ferroferrocyanid 698.
Ferroferrosalicylat 698.
Ferrokakodylat 530.
Ferrokresotinat 698.
Ferromethoxybenzoat 698.
Ferroxybenzoat 698.
Ferrophosphorcitrat 697.
Ferrophosphortartrat 697.
Ferropyrin 698.
Ferrosalze 12.
Ferrostyptin 657.
Fettsäuren 54, 100, 111, 132, 144, 155.
Filicinsäure 750.
Filicinsäurebutanon 750, 751.
Filixsäure 750, 751, 752.
Filixsäureanhydrid 750.
Flavaspidsäure 751.
Flavaspidinsäure 752.
Flavopurpurin 740, 741.
Fluor 13, 134, 530, **635**.
Fluorbenzol 635.
Fluoren 178, 539.
Fluorescein 200, 642.
Fluorleim 635.
Fluornaphthalin 635.
Fluornatrium 13.
Fluoroform 635.
Fluorphenetol 635.
Fluorpseudocumol 635.
Fluorrheumin 635.
p-Fluorsaccharin 142.
Fluorsilber 691.
Fluorsulfosäureäthylester 86.
Fluortoluol 635.
Fluorxylol 635.
Fluorwasserstoff 530, 531.
Flußsäure 23.
Forgenin 300.
Formaldehyd 47, 96, 158, 203, 530, 531, 532, 538, 549, **649—655**, 660, 788.
Formaldehydacetamid s. Formicin.
Formaldehydblei 651.
Formaldehydcalcium 651.
Formaldehydcasein 651.
Formaldehydcyanhydrin 87.
Formaldehyddextrin 651, 652.
Formaldehydeiweißwismut 671.
Formaldehydgerbsäure 659.
Formaldehydharnstoff 653.
Formaldehydmilchzucker 652.
Formaldehydnucleinsäure 651.
Formaldehydstärke 651.
Formaldehydstrontium 651.
Formaldehydsulfoxylsäure 530.
Formalin s. Formaldehyd.
Formamid 144, 294, 521.
Formanilid 197, 255, 261, 377, 380.
Formanilidoessigsäure 261, 262.
Formicin 652.
Formidin 605.
Formocholin 328, 329.
Formocholinäthyläther 331.
Formocholinmethyläther 329.
Formocholinpropylester 328.
Formurol 657.
Formylacetophenon 518.
Formylacetylcholsäure 690.
Formylaminophenolallyläther 818.
Formylarsanilsäure 707.
Formylacetyltannin 659.
Formylanilin 573.
Formylcadaverin 72.
Formylcholsäure 690.
Formylkodein 399.
Formylkreosotsulfosäure 588.
Formylphenetidid 279.
N-Formylpiperidin 311, 312.
Formylsaccharin 142.
Formyltetrahydronaphthylamin 446.
Fortoin 745.
Fraxin 774.
d-Fruktose 119.
Fruktosediphosphorsäure 784.
Fuchsin 31, 37, 64, 641, 642, 648.
Fuchsin S. 648.
Fuchsin J. D. T. 648.
Fuchsinsulfosäure s. Fuchsin S.
Fulmargin 24, 529.
Fumarsäure 120, 126, 144, 161.
Fumaroyltropein 344.
Furan 54.
Furanpropionsäure 165.
Furäthylamin 455.
Furfuracrylsäure 156, 165, 194, 195.
Furfurakrylursäure 195.
Furfuräthanpiperidin 313.
Furfurakrylsäure 479.
Furfuralkohol 97, 106.
Furfuramid 78.
Furfurin 78, 97.
Furfurol 106, 194, 479.
α-Furfurol 97.
Furfurornithursäure 194.
Furfurphenetidid 281.
Furfurpropionsäure 156, 195.
Furmethylamin 455.
Furoylakrylsäure 194.
Furoylessigsäure 165.

Gadolinium 18.
Galaktochloral 477.
d-Galaktose 119.
Galaktosephenetidid 281.
Gallacetophenon 191, 777, 778.
Gallamid 389.
Gallanol 778.
Gallicin 661.
Gallium 18.
Gallocarbonsäure 660.
Galloformin 657.
Gallussäure 57, 103, 192, 200, **658—663**.
Gallussäureanilid s. Gallanol.
Gallussäuremethylester s. Gallicin.
Gallussulfosäure 666.
Gambogiasäure 200.
Gastrosan 667.
Gaultheriaöl 567.
Gaultheriaöläthylkohlensäureester 578.
Gaultheriaölchlormethylat 568.
Gaultheriaölmethylkohlensäureester 578.
Gaultheriasalol 563.
Gelatosen, arsensaure 702.
Gelatosesilber 694.
Gelblicht 646.
Gentianaviolett 641.
Gentiogenin 562.
Gentiomarin 562.
Gentiopikrin 562.
Gentisinsäure 178, 189.
Geranial s. Citral.
Geraniol 757.
Geraniolcarbaminsäureester 578.
Géranium d'Algérie 537.
Géranium de France 537.

Gerbsäure 583.
Gerbsäure s. Tannin.
Gerbsäurekreosotester s. Tanosal.
Gerbsäureoxybenzylester s. Antiarthrin.
Gitalin 774.
Globulacetin 771.
Globularin 200, 771.
Glucal 162.
Glucin 143.
d-α-Glucoheptonsäure 160.
Gluconsäure 162.
d-Gluconsäure 159.
Gluconose 137.
Glucophor s. Calciumglucosephosphat.
l-Glucosaminsäure 144.
d-Glucose 119, 125.
Glucoseaceton 136.
Glucosepentaacetat 126.
Glucosephenetidid 281.
Glucosephenylhydrazon 143.
Glucosephosphorsäure 784.
Glucosephosphorsäureester 783.
Glutamin 186, 524.
Glutaminsäure 125, 141.
dl-Glutaminsäure 120.
Glutarsäure 161.
Glutarsuperoxydsäure 814.
Glutinpeptonquecksilberchlorid 689.
Glutol 651.
Glycerin 55, 60, 132, 135, 138, 149, 158, 468, 490, 523.
Glycerinäther 60, 521.
Glycerinäthylpropylmethyläther 498.
Glycerinarsinsäure 701.
Glycerindiäthylin 524.
Glycerindiäthylmethyläther 498.
Glycerindiäthylpropyläther 498.
Glycerindimethylbenzyläther 498.
Glycerindimethyläthyläther 498.
Glycerindimethylpropyläther 498.
Glycerinformal 570.
Glycerinmononitrat 145.
Glycerinmonozimtsäureester 767.
Glycerinphenoläther 570.
Glycerinphosphorsäure 781, 782, 783, 785.
Glycerophosphate 781.
Glycerinsalicylsäuremethylester 570.
Glycerinsäure 158, 161, 181.
Glycerintriäthyläther 498, 524.
Glycerintriäthylin 488, 524.
Glycerylphenetidid 271.
Glycinaminooxyarsenobenzol 714.
Glycinium s. Beryllium.
p-Glycinophenylarsinsäure 541.
Glycylglycinjodcalcium 607.
Glycyldijodtyrosin 613.
Glycylimidazolyläthylamin 459.
Glycyloxyphenyläthylamin 459.
Glycyrrhizin 143.
Glykochloralose 477.
Glykocholsäure 139, 144.
Glykocyamin 188.
Glykokoll 29, 53, 73, 100, 139, 157, 163, 184, 193, 524, 787.
Glykokolläthylester 514.
Glykokoll-p-aminoacetophenon 519.
Glykokoll-p-aminobenzoesäuremethylester 390.
Glykokolljodcalcium 607.
Glykokollmenthylester 760.
Glykokoll-p-phenetidid s. Phenokoll.
Glykokollquecksilber 674.
Glykokollsilber 821.
Glykol 55, 158, 523. 524.
Glykolaldehyd 96, 158, 162.
Glykole 27.
Glykoldinitrat 81.
Glykolglykosid 138.
Glykolhydratropasäureester 767.
Glykolhydrozimtsäureester 767.
Glykolmonosalicylester s. Spirosal.
Glykolorthosilicat 636.
Glykolphenyläthylessigsäureester 767.
Glykolphenyldiäthylcarbinessigsäureester 767.
Glykolphenyldiäthylessigsäureester 767.
Glykolphenylessigsäureester 767.
Glykoseorthosilicat 636.
Glykolsäure 158, 160, 161.
Glykoside 771.
Glykolyl-p-anisidid 272.
Glykolylharnstoff s. Hydantoin.
Glykolyl-p-phenetidid 272.
Glykolyltropein 344.
Glykosal 570.
Glykosamin 162.
Glykosaminkohlensäureäthylester 162.
Glykoside 135, 136, 149, 175, 390.
β-Glykoside 184.
Glykosidoguajacol 143.
Glykoso-m-diaminotoluol 143.
Glykoso-p-diaminotoluol 143.
Glykosotoluid 143.
Glykuronsäure 5, 100, 141, 159, 160, 162, 183, 190.
Glykurovanillinsäure 185.
Glyoxal 97.
Glyoxaline 151.
Glyoxylsäure 158, 160, 161.
Gnoscopin 422.
Gold 15, 18, 23, 528, 725, 734. 822.
Goldchlorid 530.
Goldcyanid 734.
Gold kolloid. 727, 728, 734.
Grotan 531.
Grüner Lack 646.
Guacamphol 584.
Guäthol 56, 62, 577, 584.
Guätholbenzoat 584.
Guätholbutyrat 584.
Guätholcarbonat 581.
Guätholeiweiß 584.
Guätholisovalerianat 584.
Guätholmonomethyltrioxyarsenomenthol 711.
Guätholphosphat 584.
Guätholsalicylat 584.
Guajacetin 588, 589.
Guajacol 40, 56, 57, 59, 62, 137, 189, 381, 531, 541, 544, 546, 553, 572, 575 ff., 689, 590, 592.
Guajacolacetat s. Eucol.
Guajacoläthylenäther 584.
Guajacoläthylglykolsäureester s. Monotal.
Guajacoläthylkohlensäureester 578.
Guajacol, arachinsaures 583.
Guajacolbenzoat s. Benzosol.
Guajacolbenzolsulfosäureester 583.
Guajacolbenzyläther 585.
Guajacolblei 671.
Guajacolcalcium 671.
Guajacolcamphersäure 763.
Guajacolcamphersäureester s. Guacamphol.
Guajacol, caprinsaures 583.
Guajacol, capronsaures 583.
Guajacol, caprylsaures 583.
Guajacol, cerotinsaures 583.
Guajacol, erucasaures 583.
Guajacol, laurinsaures 583.
Guajacol, leinölsaures 583.
Guajacol, myristinsaures 583.
Guajacol, palmitinsaures 583.
Guajacol, ricinolsaures 583.
Guajacol, sebacinsaures 583.
Guajacolcarbonat 576, 577, 581, 582.

Guajacolcarbonatdisulfosäure 587.
Guajacolcarbonatmonosulfosäure 587.
Guajacolcarbonsäure 589.
Guajacolcarbonylphenylphosphorsäure 785.
Guajacolcarbaminsäureester 578.
Guajacoleiweiß 584.
Guajacolglycerinäther 576, 585.
Guajacol-Hexamethylentetramin s. Hexamekol.
Guajacolisovaleriansäureester 583.
Guajacolkakodylat 699.
Guajacolkohlensäurediäthylaminoäthylester 590.
Guajacolmethylkohlensäureester 578.
Guajacolmagnesium 671.
Guajacolmethoxymethyläther 653.
Guajacolmethylenäther 585.
Guajacolölsäureester 582.
Guajacoloxacetsäure 589.
Guajacolphosphit 582.
Guajacolphosphorigsäureester 582.
Guajacolsalicylat 584.
Guajacolstearat 583.
Guajacolsulfosäure 576, 586, 587, 588.
Guajacolsulfosäure-Casein 587.
Guajacolwismut 671.
Guajacolzimtsäureester 576.
Guajacoxacet-p-phenetidid 275.
Guajacoxylacetamid 574.
Guajacyl 588.
Guajaform 586.
Guajamar 585.
Guajaperol 585.
Guajasanol 584.
Guanazol 79.
Guanidin 36, 75, 76, 151, 166, 378.
Guanidinessigsäure s. Glykocyamin.
Guanin 94, 95.
Guanylharnstoff s. Dicyandiamidin.
Gulose 160.
Gymnemasäure 144.
Gynoval 761.

Hämatin 696.
Hämatogen 695, 696.
Hämatoporphyrin 196, 526, 649.
Hämatoxylin 696.
Hämochininsäure 244.
Hämoglobin 695.
Hämol 695.
Hamamelitannin 200.
Harmalin 319.
Harmin 319.
Harnporphyrin 196.
Harnsäure 47, 63, 91, 95, 166, 168, 501, 796, 797, 798, 799, 803, 806.
Harnstoff 36, 43, 47, 53, 63, 75, 108, 109, 144, 155, 524, 786, 787, 796.
Harnstoff, p-nitrohippursaurer 182.
Harnstoffacetylsalicylat s. Diafor.
Harnstoffcalciumbromid 619.
Harnstoffcalciumjodid 607.
Harnstoffphosphorsäureesteramid 783.
Harnstoffsalicylat s. Ursal.
Harnstoffsilicium 636.
Harnstoffwasserstoffsuperoxyd 814.
Harzsäuren 741.
Hedonal 146, 497.
Hegonon 694.
Hektargyr 707.
Hektin 707.
Helianthin 649.
Helicin 139, 200.
Heliotropin s. Piperonal.
Helleborein 771.
Helleboretin 771.
Helmitol 657, 803.
Heptan 51, 539, 816.
Heptinchlorarsinsäure 702, 703.
Heptylalkohol 539.
tert. Heptylalkohol 490.
n-Heptylamin 71.
Heptylaminoacetobrenzcatechin 443.
Heptylharnstoff 491.
Heptylhydrocuprein 240.
Hermophenyl 679, 686.
Herniarin 820.
Heroin 321, 326, 396, 397, 402, 403, 404, 407.
Hesperetin 201.
Hesperidin 201.
Hesperonal 785.
Hesperonalcalcium 637.
Heteroxanthin 91, 95, 793, 794.
Hetoform 668.
Hetokresol 591.
Hetralin 657.
Hexaäthylphloroglucin 515.
Hexaaminoarsenobenzol 542.
Hexabromdioxyphenylcarbinol 616.
Hexachloraceton 153.
Hexachloräthan 473, 816, 819.
Hexachlorbrucin 465.
Hexachlorkohlenstoff s. Perchloräthan.
Hexahydroanilin s. Cyclohexylamin.
Hexahydroanthranilsäure 180.
Hexahydrobenzoesäure 180.
Hexahydrobenzylamincarbonsäuren Cis und Trans 118.
Hexahydrochinolin 212.
Hexahydro-β-collidin s. Isocicutin.
Hexahydrophenanthren 54.
Hexal s. Hexamethylentetraminsulfosalicylat.
Hexamekol 657.
Hexamethyldiammoniumdioxyarsenobenzol 718, 719.
Hexamethylentetramin 143, 203, 542, 654—658, 715, 802, 806.
Hexamethylentetraminacetylsalicylat 655.
Hexamethylentetraminäthylhydroxyd, cholalsaures 656.
Hexamethylentetramin, aminosalolmethylsulfosaures 657.
Hexamethylentetramin, anhydromethylencitronensaures s. Helmitol.
Hexamethylentetramin, antimonylweinsaures 656.
Hexamethylentetramin, arsensaures 656.
Hexamethylentetramin-Arbutin 656.
Hexamethylentetramin-Atophan 656.
Hexamethylentetraminborat 655.
Hexamethylentetraminborocitrat 655.
Hexamethylentetraminbrommethylat 618.
Hexamethylentetramin, camphersaures 657.
Hexamethylentetramin, camphersaures s. Amphotropin.
Hexamethylentetramin, chinasaures s. Chinotropin.
Hexamethylentetraminchlorhydrat-Eisenchlorid s. Ferrostyptin.
Hexamethylentetramindiguajacol 658.
Hexamethylentetramindijodid s. Novojodin.
Hexamethylentetramin, gallussaures s. Galloformin.

Hexamethylentetramin, glykocholsaures 656.
Hexamethylentetramingoldcyanchlorid 734.
Hexamethylentetramin-Jodol 658.
Hexamethylentetraminkupfer 657.
Hexamethylentetraminmethylhydroxydborat 657.
Hexamethylentetraminmethylhydroxyd, cholalsaures 656.
Hexamethylentetraminmethylhydroxydgoldverbindungen 735.
Hexamethylentetraminmethylhydroxydkupferverbindungen 735.
Hexamethylentetraminmethylhydroxydquecksilberrhodanid.
Hexamethylentetraminmethylrhodanid 657.
Hexamethylentetraminmethylrhodanid s. Rhodaform.
Hexamethylentetraminnatriumacetat s. Cystopurin.
Hexamethylentetraminnatriumcitrat s. Formurol.
Hexamethylentetramin, nucleinsaures 656.
Hexamethylentetraminperchlorat 658.
Hexamethylentetramin, phenolsulfosaures 658.
Hexamethylentetraminphosphat s. Allotropin.
Hexamethylentetraminrhodanat 655.
Hexamethylentetraminsalicylsäureaminophenylestermethylsulfosäure 656.
Hexamethylentetraminsulfosalicylat 655.
Hexamethylentetramintannin 663, 659.
Hexamethylentetramintetrajodid s. Siornin.
Hexamethylentetramintrichloral 476.
Hexamethylentetramintriguajacol 658.
Hexamethylentetramintrimetaborat s. Borovertin.
Hexamethylentetraminwasserstoffsuperoxyd 814.
Hexamethylentriperoxyddiamin 814.
Hexamethylphloroglucin 515.
Hexamethylrosanilin 641.
Hexaminoarsenobenzol 32, 717, 718, 719, 724, 725.
Hexaaminoarsenobenzol-Bismethylhexaaminoarsenobenzol 716.
Hexaminoarsenobenzolsulfaminsäure 718.
Hexan 51, 539. 816.
Hexanitrodiphenylamin s. Aurantia.
Hexanon 517.
Hexamminkobaltiake 129.
Hexanonisoxim 304.
Hexaoxyanthrachinon 741.
Hexapyrin 655.
Hexindioxyd 150.
Hexophan 807, 809.
Hexosephosphat 784.
Hexylalkohol 55, 539.
Hexylamin 71, 445.
Hexylen 539.
Hexylhydrocuprein 241.
n-Hexyljodid 539.
Hexyllupeditin 315.
Hippurarsinsäure 701.
Hippursäure 102, 105, 156, 165, 172, 173, 174, 180, 184, 186, 193, 197, 798.
Hippursäureamid 520.
Hippuryltropein 345.
Histamin 181, 441, 442, 445, 450, 451, 452.
Histidin 125, 441, 442, 452.
Holocain 326, 377, 378, 380.
Holocainsulfosäure 377.
Homatropin 121, 122, 341, 342, 343, 344, 348, 349, 355, 358, 360, 361, 402.
Homatropinbromid 347.
Homatropinmethylbromid 347.
Homatropinmethylnitrat s. Novatropin.
Homekgonin 335.
Homoäthincocain 336.
Homobenzylcarbaminsäurediäthylaminoäthanolester 377.
α-Homobetain 151.
Homobrenzcatechincarbonsäure 589.
Homobrenzcatechinmonomethyläther s. Kreosol.
Homobrenzcatechinmonomethyläthercarbonat 579.
γ-Homocholin 328.
Homoconiin 312.
Homogentisinsäure 178, 181, 189.
Homoisomuscarin 331.
Homomethincocain 336.
Homonarcein 421.
Homopropincocain 336.
Homorenon 246, 456.
Homosaligenin 380, 382.
Homotropin 357.
Homotropinbenzoesäureester 357.
Homotropinmandelsäureester 357.
Homotropintropasäureester s. Mydriasin.
Hordenin 174, 356, 444, 447, 448, 449, 454, 455.
Hordeninmethyljodid 449.
Hydantoin 36, 109, 168.
Hydantoinsäure 168.
Hydracetin 219, 220, 779.
Hydracrylsäure 158.
Hydrargol 678.
Hydrargyrum salicylicum s. Quecksilbersalicylat.
Hydrastin 421, 422, 423, 428, 429, 431, 440.
Hydrastinin 144, 421, 427, 428, 429, 430, 431, 432, 433, 434, 435, 436, 438, 439, 440, 455, 819.
Hydrastininsäure 427.
Hydrastinmethylamid 431.
Hydrastinmethylmethanchlorid 428.
Hydrastis 421, 428, 461.
Hydrazin 33, 34, 46, 47, 73, 74, 77, 95, 219, 260.
Hydrazinnorkodein 409.
o-Hydrazin-p-oxybenzoesäure s. Orthin.
Hydrazobenzol 190.
Hydrobenzamid 35, 78, 144, 179, 196.
Hydrobenzoin 172.
Hydroberberin 422, 426, 427, 460.
Hydrobromchininäthylcarbonat 252.
Hydrobromchininbenzoat 252.
Hydrobromchininsalicylat 252.
Hydrochinidin 242.
Hydrochinin 237, 239, 240, 241, 242, 244, 245, 326.
Hydrochinincarbonat 252.
Hydrochininchlorid 239.
Hydrochinindiallylbarbitursäure 514.
Hydrochinon 56, 57, 103, 115, 139, 180, 181, 184, 189, 190, 531, 534, 544.
Hydrochinonäthanolamin 449.
Hydrochinonbromisovaleriansäureester 609.
Hydrochinonglykuronsäure 181.
Hydrochinonjodisovaleriansäureester 609.

Hydrochinonmethoxymethyläther 653.
Hydrochinonmonomethyläther 56.
Hydrochinotoxin 242.
Hydrochloranilsäure 182.
Hydrochlorchinin 237, 244.
Hydrochlorchininäthylcarbonat 252.
Hydrochlorisochinin 238, 244.
Hydrochlorisochininäthylcarbonat 252.
Hydrocinnamylcocain 239.
Hydrocinchoninon 239, 242.
Hydrocinchoninäthylcarbonat 253.
Hydrocinchotenin 817.
Hydrocolchicin 440.
Hydrocotarninsulfosäure 819.
Hydrocotoin 746.
o-Hydrocumarsäure 519, 520.
Hydrocuprein 238, 356.
Hydroekkain 356.
Hydrohydrastinin 432, 433, 437.
Hydrojodchininäthylcarbonat 252.
Hydrokodein 407.
Hydrokotarnin 429, 432.
Hydrolecithin 782.
Hydrolecithineisen 782.
Hydrolecithinkupfer 782.
Hydrolecithinquecksilber782.
Hydromorphin 395, 407.
α-Hydronaphthylamin 308.
Hydropyrin 556.
Hydroxyaminoacetophenon 448.
Hydroxybenzoyltropein 344, 349.
Hydroxycoffein 55, 59, 93, 95.
Hydroxyhydrindamin 124, 447.
Hydroxyl 26, 27.
Hydroxylamin 33, 34, 35, 73, 74, 219, 260, 778, 779.
Hydroxylamine 82, 83.
Hydroxymethylbrenzschleimsäure 170.
p-Hydroxyphenyläthylamin 72.
Hydroresorcin 546.
Hydrozimtsäure 105, 552, 553.
Hyoglykocholsäure 144.
Hyoscin 122, 352.
Hyoscyamin 122, 325, 326, 342, 348, 349.
Hyoscyaminmethylbromid 347.
Hypocoffein 94.
Hypnal 480, 483.
Hypnon s. Acetophenon.
Hypoxanthin 91.
Hyrgol 672.

Ichtalbin 626.
Ichthargan 627, 692.
Ichthyol 109, 137, 206, 545, 623, **624** ff.
Ichthyoleiweiß s. Ichtalbin.
Ichthyolformaldehydeiweiß 626, 627.
Ichthyolsulfon 625.
Ichthyolsulfosäure 625.
Ichtoform 626.
Icterogen 706.
Imidazol 89, 90, 91, 311, 452.
Imidazolisopiperidin 451.
β-Imidazolyläthylamin s. Histamin.
β-Imidazolylessigsäure 181.
Imidazolylmethylamin 451.
Iminoallantoin 168.
Iminobernsteinsäureester 141.
Iminosuccinaminsäureäthylester 141.
Inden 539.
Indican 175, 176.
Indigblau 30.
Indigo 638.
Indigweiß 30.
Indoform 570.
Indol 79, 177, 190.
Indolacetursäure 181.
Indolbrenztraubensäure 176.
β-Indol-pr-3-essigsäure 181.
Indolinone 224.
Indolyläthylamin 181, 441, 450, 453.
Indolylessigsäure 181.
Indophenol 740.
Indoxyl 177, 183, 190.
Indoxylsäure 183.
Indoxylschwefelsäure 182.
Indulin 641.
Inosit 51, 58, 106, 138, 162.
Inositarsensäure 701.
Inosithexaphosphorsäure s. Phytin.
Insipin 253.
Intramin 623.
Ionon 757.
Isoamylphenylcarbamat 753.
Iridium 530.
Iriphan 808.
Isatophan 808, 809.
Isatropylcocain s. Truxillin.
Isoäthionsäure 101, 199.
Isoallylamin 110, 238.
Isoamyläther 539.
Isoamylalkohol 61, 181, 490, 539.
Isoamylamin 71, 181, 294, 444, 447, 450.
Isoamylapohydrochinidin 241.
Isoamylbenzylconiniumjodid 124.
Isoamylchlorid 539.
Isoamylen 153, 539.
Isoamylhydrocuprein siehe Eucupin.
Isoamylhydrocuprein 239, 241.
Isoamylkresol 598.
Isoamylkresoljodid 598.
m-Isoamylolkresol 546.
Isoamyltrimethylammoniunchlorid s. Amylarin.
Isoantipyrin 226, 227.
Isobarbaloin 739.
Isobarbitursäure 167.
Isoborneol 758.
Isoborneolisovaleriansäureester s. Gynoval.
Isoborneolisovalerylglykolsäureester 761, 769.
Isobuttersäure 54, 294, 750.
Isobutylacetat 62.
Isobutylalkohol 61, 131.
Isobutylamin 71.
Isobutylbenzole 177.
Isobutylbutyrat 62.
tert. Isobutylglyceryl-β-hydroxylamin 143.
tert. Isobutylglykol-β-hydroxylamin 143.
Isobutylhydrocuprein 241.
Isobutyl-m-Kresol 536.
Isobutyl-o-Kresol 536.
Isobutyl-p-Kresol 536.
Isobutyl-o-kresoljodid s. Europhen.
Isobutyllupetidin 315.
Isobutylmorphin 397.
Isobutylnitrit 80.
Isobutylphenol 536.
Isobutylphenoljodid 598.
Isobutyraldehyd 96.
Isobutyrformaldehyd 153.
Isobutyronitril 87.
Isobutyrylcholin 329.
Isobutyrylformamid 450.
Isocapronitril 87.
Isochinin 244.
Isochinolin 209, 294, 303, 311.
Isochinolinmethyljodid 209.
Isochinoliumhydroxyd 299.
1-Isochinolylmethylketon 247.
Isochinontetrahydrür 126, 151.
Isocicutin 296.
Isococain 336, 355.
Isocoffein 94, 793.
Isocotoin 747.

Isooctylhydrocuprein s. Vucin.
Isocumarincarbonyltropein 345, 366.
Isocyanessigsäure 86.
Isocyanide 27, 85.
Isocyansäureäthylester s. Äthylcarbimid.
Isocyanursäureäthylester s. Triäthylcarbimid.
Isocyanursäureallyläther 88.
Isocymarigenin 775.
Isodialursäure 167.
Isodionin 408.
Isodiphenylpiperidid 319.
Isoemetin 125, 466, 467.
Isoeugenol 592.
Isoeugenolacetdiäthylaminomethylamid 386.
Isoeugenoläthylcarbonat 579.
Isoeugenolcarbonat 579, 580.
Isoeugenolmethylcarbonat 579.
Isofenchylalkohol 191.
Isoform 604.
Isohomobrenzcatechin 588.
Isohydroxyphenyläthylamin 448.
Isokresolcarbonylphenylphosphorsäureester 785.
Isoleucin 125, 138, 140.
Isomethylgranatolin 352.
Isomorphin 403, 404.
Isomuscarin 331.
Isonitrile s. Isocyanide.
Isonitrosoaceton 74.
Isonitrosoacetylchinotoxin 245.
Isonitrosopropan 74.
β-Isoorcin 147.
Isophotosantonin 754.
Isophotosantonsäure 754.
Isophthalsäure 105.
Isopilocarpin 462.
Isopral 483. 484.
Isopropyläthylbarbitursäure 508.
Isopropylalkohol 61, 98, 131, 132, 159.
Isopropylbenzoesäure s. Cuminsäure.
Isopropylbenzol s. Cumol.
Isopropylbenzylbarbitursäure 508.
Isopropylcuprein 238.
Isopropylglykuronsäure 190.
Isopropylhydrocuprein 240, 241.
Isopropyl-m-kresol 546.
Isopropyl-o-kresol 536.
Isopropylphenacetin 270.
N-Isopropylphenacetin 285.
Isopropylphenol 536.
Isopropylphenylcarbamat 753.
Isopropylpiperidin 312.
Isopyramidon 227.
Isopyrazolon 217.
Isopyridin 294.
Isosafrol 112, 547.
Isoserin 140.
Isostrychnin 465.
Isostrychninsäure 465.
Isotetrahydro-α-naphthylamin 308.
Isothiocyandimethylester 85.
Isothiocyanmethylester 85.
Isothiocyansäureäthyläther 88.
Isovaleramid 496, 768.
Isovaleriansäure 144, 163, 181, 767, 768.
Isovalerianylharnstoff 484, 489, 769.
Isovaleronitril 87.
Isovaleryl-p-aminophenolallyläther 266.
Isovalerylbenzylester 768.
Isovalerylcarbamid s. Isovalerianylharnstoff.
Isovalerylchinin, salicylsaures 252.
Isovaleryldiäthylamid 768.
Isovaleryldiäthylaminomethylharnstoff 499, 769.
Isovaleryldiäthylaminthymylmethylen 768.
Isovaleryldipiperidyldimethylureid 769.
Isovalerylguajocolsulfosäure 588.
Isovalerylkresotsulfosäure 588.
Isovalerylmethylaminophenyldimethylpyrazolon 768.
Isovalerylpiperidylmethylharnstoff 499.
Isovalerylsalicylsäure 558.
Isovanillin 97, 192.
Isovanillinsäure 191.
Istizin 741, 780.

Jaborin 462.
Jalapin 744.
Jalapinol 744.
Japancampher s. Campher.
Jaune solide 643.
Jod 10, 13, 15, 25, 31, 32, 38, 70, 109, 129, 134, 206, 473, 527, 530, 531, 543, 593, 596, 597, **606** ff., 622.
Jodacetophenon 85.
Jodacetylaminophenylarsinsäure 705.
Jodacetylsalicylsäure 612.
Jodacetylthymol 609.
Jod-p-äthoxyphenylsuccinimid 597.
Jodäthyl 607, 608.
Jodäthyldisulfidjodoform 623.
Jodal 489.
Jodalbacid 613.
Jodalbumin 198.
Jodalbumose 613.
Jodammonium 300.
Jodamylum s. Jodstärke.
Jodanisol 183, 604.
Jodantifebrin 612.
Jodantipyrin s. Jodopyrin.
Jodate 183, 814.
Jodatoxyl 705, 726.
Jodbehensäureäthylester 609.
Jodbehensäureamid 611.
Jodbehensäureguajacolester 609.
Jodbenzoesäure 614.
Jodbenzol 52, 614.
Jodbuttersäureguajacolester 609.
Jodcacaobutter 609.
Jodcalciumsaccharose 637.
Jodcasein 613.
Jodcatechin s. Neosiode.
Jodchinin 612.
Jodchloroxychinolin siehe Vioform.
Jodcinchonin 612.
Jodcyan 85.
Joddioxybenzolformaldehyd 606.
Joddioxypropan 611.
Jodeigon 198, 621.
Jodeisenlecithin 782.
Jodeiweiß 613, 621.
Jodessigsäurephenylester 609.
Jodeugenol 598.
Jodfett 608, 609, 610.
Jodformaldehydstärke 651.
Jodgallicinwismut 668.
Jodguajacol s. Jodokol.
o-Jodhippursäure 198.
Jodhydrochinonmethyläther 604.
Jodimidazol 604.
Jodipin 610.
Jodisobuttersäureguajacolester 609.
Jodisovalerianylguajacolester 609.
Jodisovalerianylharnstoff 484, 489, 610.
Jodisovalerianylkreosotester 609.
Jodival 489.
Jodkalium 603, 607, 608, 613.
Jodkresol 600.
Jodlecithin 610.
Jodleim 613.

Jod-p-methoxyphenylsuccinimid 597.
Jodmethyl 70. 298.
Jodmethylimidazol 453.
Jodnatrium 13, 607.
Jodnatriumglukose 607.
Jodnaphthol 598.
Jodoanisol 183.
p-Jodoanisol s. Isoform.
Jodobenzol 614.
Jodocrol 598.
Jodofan 606.
Jodoform 110, 489, 530, 532, **593**ff., 602, 603, 607, 624, 635, 669.
Jodoformäthylsulfidmethanjodid 624.
Jodoformäthylsulfodiisopropyljodid 624.
Jodoformal 595.
Jodoformalbumin 603.
Jodoformdimethyläthylsulfoniumjodid 623.
Jodoformeiweiß s. Jodoformogen.
Jodoform-Hexamethylentetramin s. Jodoformin.
Jodoformin 594, 595, 603.
Jodoformium bituminatum 594.
Jodoformjodäthylallylsulfid 624.
Jodoformjodmethylmercaptol 624.
Jodoformjodmethylperbrommethyltrisulfid 624.
Jodoformogen 595.
Jodoform-Paraformaldehyd 595.
Jodoformtriäthylsulfoniumbromid 623.
Jodoformtriäthylsulfoniumchlorid 623.
Jodoformtriäthylsulfoniumjodid 623.
Jodokol 598.
Jodol **453**, 602, 603, 658.
Jodolalbumin s. Jodolen.
Jodolen 603.
Jodol-Hexamethylentetramin 603.
Jodonium 129.
Jodoniumbasen 71, 614.
Jodophenetol 604.
Jodophenin 612.
Jodophenylarsinsäure 706.
Jodopyrin 611.
Jodosobenzoat 614.
Jodosobenzoesäure 614.
Jodosobenzol 614.
Jodosophenylarsinsäure 706.
Jodothyrin 613.
Jodoxybenzoesäure 614.
Jodoxychinolin 606.
Jodoxychinolinsulfosäure s. Loretin.
Jodoxychinolinsulfosäureammoniumjodid 602.
Jodoxylderivate 598, 599.
Jodoxyphenyläthylamin 458.
Jodoxytoluylsäurejodid 598.
Jodoxytriphenylmethan 602.
Jodpalmitinamid 610.
Jodpalmitinsäure 608, 609, 610.
Jodpepton 613.
Jodphenol 87.
Jodphenolformaldehyd 606.
Jodphenylarsenigsäurejodid 706.
Jodphenylarsinsäure 705, 706, 726.
Jodphenylchinolincarbonsäure 809.
Jodphenyldimethylbrompyrazolon 612.
Jodphenyldimethyldimethylaminopyrazolon 612.
Jodphthalimid 619.
3-Jodpropanol 144.
β-Jodpropionsäure 158.
Jodpropionylcholesterin 611.
Jodresorcinformaldehyd 600,
p-Jodsaccharin 142.
Jodsalicylsäure 612.
Jodsalicylsäurejodid 598.
Jodsalol 601.
Jodsaponin 612.
Jodsäure 473.
Jodsesamöl 608.
Jodsilber 726.
Jodstärke 31, 596, 610.
Jodstearinamid 610.
Jodstearinsäure 609, 610.
Jodstearinsäureäthylester 609.
Jodstearinsäureguajacolester 609.
Jodsuccinimid 597.
Jodtanninleim 613.
Jodterpin 600.
Jodthion 611.
Jodthymol 597.
Jodthymolsulfosäure 605.
Jodtinktur 607, 608.
Jodtriäthylglycinamid 620.
Jodtribromid 530.
Jodtrichlorid 530.
Jodtrifluorid 85.
Jodtrimethylglycinamid 620.
Jodwasserstoffsäure 607.
Jodwismuteiweiß 671.
Jodybin 667.
Jodzimtsäureguajacylester 611.
Jodzimtsäurekresolester 601.
Juglon 86.
Kairin 31, 190, 212, 213.
Kairolin 212, 213.
Kakodyl 541.
Kakodylchlorid 699.
Kakodylcyanid 699.
Kakodylfluorid 699.
Kakodyljacol 699.
Kakodyloxyd 27, 699.
Kakodylsäure 699, 700, 821.
Kakodylzimtsäure 699.
Kalium 10, 12, 13, 14, 16, 20, 21, 23, 25, 132, 134, 135, 799.
Kaliumbromid 18.
Kaliumchlorid 21.
Kaliumcuprocyanid 736.
Kaliumcyanat 75.
Kaliumcyanid 75.
Kaliumgoldcyanid 734.
Kaliummetaantimoniat 732.
Kaliumpermanganat 528.
Kaliumpyroantimoniat 700.
Kaliumquecksilberthiosulfat 22.
Kalmopyrin 556.
Kalomel 678.
Kalzan 637.
Kaolin 664.
Ketohexahydrocymol s. Menthon.
Kelene 472.
Ketodihydrocymol s. Carvon.
Ketone 30, 63, 98ff.
Ketohexahydro-p-cymol s. Menthon.
5-Keto-3-oxy-5.10-dihydroacridin 174.
Kharsin 706.
Kieselsäure 636.
Kieselsäurehydrat 636.
Knallsäure 85.
Knoblauchöl s. Allylsulfid.
Kobalt 10, 15, 18, 24, 530, 728.
Kobalt cholsaures 690.
Kobaltammoniake 129.
Kodaethylin s. Dionin.
Kodein 297, 318, 321, 326, 392, 393, 394, 395, 396, 397, 398, 399, 400, 401, 403, 404, 405, 408, 409, 411, 412, 414, 424, 425, 429, 432, 575.
Kodeinbrommethylat 406.
Kodein-Diäthylbarbitursäure 400.
Kodeinguajacoläther 399.
Kodeinkresyläther 399.
Kodeinon 407.
Kodeinphenyläther 399.
Kodein-Veronal 510.
Kohlehydratphosphorsäureester 784.
Kohlehydratschwefelsäureester 784.

Kohlenoxyd 46, 84, 132, 297.
Kohlenoxysulfid 107.
Kohlensäure 100, 297, 577.
p-Kohlensäureacetanilidäthylester 278.
p-Kohlensäureacetanilidpropylester 278.
p-Kohlensäureacetanilidbutylester 287.
p-Kohlensäurebenzanilidäthylester 278.
Kohlensäuremethylester 817.
Kohlensäuremorphinester 400.
p-Kohlensäurephenyläthylurethanäthylester 278.
p-Kohlensäurephenyläthylurethanpropylester 278.
p-Kohlensäurephenylpropylurethanäthylester 278.
p-Kohlensäurepropinanilidäthylester 278.
Kohlenstoff 26.
Kohlenstoffsubnitrid 85.
Kohlenwasserstoffe 27, 30, 51, 52, 52, 137, 468.
Kollargol 23, 727.
Kollidine 133.
Kombestrophanthin siehe Strophanthin.
Komenaminsäure 170.
Komensäure 170.
Kongo-Azoblau 640.
Kongorot 641.
Korallin 641.
Kosotoxin 752.
Kotporphyrin 196.
Kotarnin 422, 427, 429, 430, 432, 438.
Kotarnin, phthalsaures s. Stryptol.
Kotarninsuperoxyd 430.
Krapplack 646.
Kreatin 36, 143, 144, 188, 786.
Kreatinin 501, 786.
Kreolin 531, 545.
Kreosoform 586.
Kreosol 575, 592.
Kreosoläthylkohlensäureester 578.
Kreosol, arachinsaures 583.
Kreosolblei 671.
Kreosolcalcium 671.
Kreosol, caprinsaures 583.
Kreosol, capronsaures 583.
Kreosol, caprylsaures 583.
Kreosolcarbaminsäureester 578.
Kreosolcarbonat 578.
Kreosol, cerotinsaures 583.
Kreosol, erucasaures 583.
Kreosol laurinsaures 583.
Kreosol, leinölsaures 583.
Kreosolmagnesium 671.
Kreosolmethylkohlensäureester 578.
Kreosol, myristinsaures 583.
Kreosol, palmitinsaures 583.
Kreosol, recinolsaures 583.
Kreosol, sebacinsaures 583.
Kreosolwismut 671.
Kreosot 137, 381, 546, **575**ff., 589, 590, 591, 592.
Kreosotäthylkohlensäureester 578.
Kreosotalsulfosäure 588.
Kreosot, arachinsaures 583.
Kreosotblei 671.
Kreosotcalcium 671.
Kreosot, caprinsaures 583.
Kreosot capronsaures 583.
Kreosot, caprylsaures 583.
Kreosotcarbonat 577, 578, 581, 582, 584.
Kreosotcarbonatsulfosäure 588.
Kreosot, cerotinsaures 583.
Kreosot, erucasaures 583.
Kreosotisovaleriansäureester 583.
Kreosot, laurinsaures 583.
Kreosot, leinölsaures 583.
Kreosotmagnesium 671.
Kreosotmethylkohlensäureester 578.
Kreosot myristinsaures 583.
Kreosotölsäureester 582.
Kreosotpalmitat 583.
Kreosot palmitinsaures 583.
Kreosotphosphit 512.
Kreosot ricinolsaures 583.
Kreosot, sebacinsaures 583.
Kreosotstearat 583.
Kreosotwismut 671.
Kresatin 548.
Kresegol 679.
Kresol 190, 258, 535, 536, 546, 590, 591, 598, 625.
m-Kresol 116, 533, 534, 535.
o-Kresol 116, 533, 534, 535.
p-Kresol 116, 172, 533, 534, 535.
Kresolarsinsäure 712.
Kresolcarbonat 581.
Kresole 53, 56, 57, 67, 544, 545, 555.
m-Kresole 544.
o-Kresole 544.
p-Kresole 544.
m-Kresolessigsäureester s. Kresatin.
Kresolkalium 533.
Kresolkresotinsäureester 563.
Kresolmethoxymethyläther 653.
m-Kresol-o-oxalsäureester 548.
Kresolquecksilber 673.
Kresolsalycilsäureester 563, 564.
Kresolschwefelsäureester 535.
o-Kresolsulfophthalein 200.
p-Kresol-o-sulfosäure 535.
Kresolwismut 670.
Kresolzimtsäureester 591.
Kresontinsäure 554, 555.
o-Kresooxacet-p-phenetidid 275.
m-Kresooxacet-p-phenetidid 275.
p-Kresooxacet-p-phenetidid 275.
Kresosteril 548.
Kresotinsäure 546, 553, 573, 590, 591, 625.
o-Kresotinsäure 542.
Kresotinsäureacetonchloroformester 482.
Kresotinsäureacetylaminophenylester 573.
Kresotinsäureäthylesterchlormethylat 568.
Kresotinsäureguajacolester 564.
Kresotinsäurekreosolester 564.
Kresotinsäuremethoxymethylester 569.
Kresotinsäurenaphtholester 565.
Kresoxylessigsäureguajacylester 589.
Kresoxylessigsäurekresylester 589.
Kresyläthylamin 448.
p-Kresylpiperidid 317.
Krötengift s. Bufotalin.
Krurin 671.
Kryofin 272.
Kryogenin 222.
Krypton 530.
Krysolgan 735.
Krystallviolett s. Methylviolett.
Kupfer 10, 15, 24, 528, 538, 725, 734, 736.
Kupferacetat 21.
Kupferacetessigester 543, 736.
Kupferalbuminsäure 696.
Kupferchlorid 532.
Kupfer, cholsaures 690.
Kupferglobulin 693.
Kupferkaliumcyanid s. Cyanocuprol.
Kupfer, kolloid, 736.
Kupferlecithin 782.
Kupferoxydhydrat 735.
Kupferoxynitrosophenylhydroxylamin 543, 736.
Kupfersaccharat 737.
Kupfersalvarsan 735.

Kupferschwefelpepton 543, 736.
Kupfer, stearinsaures 696.
Kupfersulfat 736.
Kupfer, tetramethylenbisiminosaures 737.
Kynurensäure 176, 181.
Kynurin 193, 210.

Lactanin 668.
Lactonitril 87.
Lactophenin 144, 154, 268, 271, 274.
Lactylaminobenzoesäureäthylester 385.
Lactylaminophenoläthylcarbonat 267.
Lactylaminophenolallyläther 266, 818.
Lactyltropein 342, 344, 345.
Lävulochloral 477.
Lävulose 135, 162.
Lävulosenitrat 81.
Lävulinsäure 98.
Lanthan 15, 18, 134, 816.
Lanthanoxalat 18.
Largin 693.
Laudanon 406.
Laudanosin 412, 425.
Laureolcampher s. Campher.
Laxin 743.
Leactyl 735.
Lecithin 781, 782.
Lecithinferrobromid 698.
Lecithinferrojodid 698.
Lecithinkupfer 735.
Lecithinkupferzinnsäure 735.
Lenigallol s. Pyrogalloltriacetat.
Lenirobin 777.
Lentin 747.
Lentin s. m-Phenylendiamin.
Lepidin 209.
Leucin 73, 125, 140, 141, 157, 163, 524.
dl-Leucin 120.
n-Leucin 163.
Leucinphosphorsäurediäthylester 783.
Leukonsäure 151.
Lichtgrün s. Badisch 649.
Limonen 180.
Linalool 543 756.
Lipojodin 609, 610, 611.
Lithium 10, 13, 14, 15, 16, 23, 25, 134, 135, 788, 798, 799.
Lithium, chinasaures siehe Urosin.
Lophin 197.
Loretin 605, 606.
Loretinwismut 606, 667.
Losophan 598, 599, 600.
Luminal 494, 508, 509, 514.
β-Lupetidin 61, 214, 301, 302, 313, 314, 316.
Lupinin 323.
Lupulinsäure 144.
Lusini 108.
Lustgas 137.
Luteokobaltchlorid 24.
Lutidine 133, 311.
Lutosargin 673.
Lycetol 802.
Lygosin 606.
Lysidin 799, 802,
Lysochlor 536, 615.
Lysocythin 327.
Lysoform 530.
Lysol 531, 536, 537, 545, 628.

Magisterium Bismuthi 662, 666, 691.
Magnesium 10, 11. 13, 14, 15, 22, 134, 149, 528.
Magnesiumglycerophosphat 783.
Magnesium ricinolsaures 743.
Malachitgrün 537, 641, 642, 647.
Malanilsäure 104.
Malatein 278.
Malarin 279.
Maleinsäure 120, 126, 144.
Mallebrein 738.
Malonal s. Veronal.
Malonsäure 102, 132, 133, 158, 161.
Malonsäuredinitril 87.
Malonsäuretrichlorbutylester 483.
Malonylarsanilsäure 707.
Malonylguanidin 95.
Maltose 135.
Mandarin s. Orange II.
Mandelsäure 106, 107, 174, 225, 272.
l-Mandelsäure 164, 175.
r-Mandelsäure 172.
Mandelsäurephenetidid s. Amygdophenin.
Mandelsäuretropein siehe Homatropin.
Mandelsäure-ψ-tropein 121, 352.
Mandelsäurenitril 88.
Mangan 10, 18.
Manganchlorid 530.
Mannit 55, 135, 136, 159, 162.
Mannitarsensäure 701.
Mannithexanitrat 81.
Mannitorthosilicat 636.
Mannitpentanitrat 81.
Mannonose 137.
Mannose 125, 162.
d-Mannose 119.
Maretin 146, 222.
Margol 733.
Martiusgelb 83, 101, 639.
Meconsäure 170.
Meconsäureäthyläther 170.
Meconsäurepropyläther 170.
Medinal 494.
Melilotol 519.
Mellitsäure 105.
Melubrin 231.
Menolysin 440.
Menthan 112.
p-Menthandiol 191.
Menthen 191, 539.
Menthenol 191.
Menthenon 757.
Menthol 112, 126, 184, 190, 381, 531, 535, 538, 553, 592, 756, 758, 759, 760, 777.
Mentholacetylsalicylglykolsäureester 762.
Mentholäthylglykolsäureester 760.
Mentholbromisovaleriansäureester 761.
Mentholcarbaminsäureester 578.
Mentholcarbonat 578, 759.
Mentholformaldehyd 653.
Mentholglykuronsäure 184.
Mentholisovalerylglykolsäureester 761, 769.
Mentholisovaleriansäureester s. Valuol.
β-Menthollactosid 175.
Mentholsalicylester s. Salimenthol.
Mentholsalicylglykolsäureester 762.
Mentholsalicylsäureacetolestercarbonat 761.
Mentholsalicylsäuremethoxymethylestercarbonat 761.
Mentholsalicylsäuremethylestercarbonat 761.
Mentholsalolcarbonat 761.
Menthon 112, 756.
l-Menthonisoxim 305.
Menthylamin 759.
Menthylmilchsäureester 760.
Meracetin 678.
Mercaffin 690, 691.
Mercaptale 147.
Mercaptane 107, 108, 147, 199.
Mercaptursäureglykuronsäure 185.
Mercinol 678.
Mercuri s. Quecksilber.
Mercuriacetanilidazotoluol 687.
Mercuriaminodimethylsulfo säure 684.
Mercuriaminophenolsulfosäure 685.

Mercuriaminosulfobenzoesäure 685.
Mercurichaulmugrasäure 681.
Mercuricyclohexencarbonsäureanhydrid 681.
Mercuridibenzoesäure 683, 688.
Mercuribenzoesulfosäure 680.
Mercuridisulfamidbenzoesäure 682.
Mercurierukasäure 681.
Mercuribisarsinosalicylsäure 726.
Mercuribismethyloxybenzolarsinsäure 726.
Mercuribisoxynaphthalindisulfosäure 726.
Mercurilecithin 681.
Mercurimetanilsäure 685.
Mercuriölsäure 681.
Mercurioleinsäureäthylat 681.
Mercurisalicylarsensäureester s. Tresol.
Mercurisalicylsulfosäure 680.
Mercurisulfamidbenzoesäure 682.
Mercurisulfokresotinsäuresuccinimid 679.
Mercurisulfosalicylsäuresuccinimid 679.
Mercuritheobromin 691.
Mercuritheophyllin 691.
Mercuritriolein 681.
Mercurizimtsäuremethylester 681.
Mercuro s. Quecksilber.
Mercurochrom 679.
Mercurocoffein s. Mercaffin.
Mercurodijodphenolsulfosäure s. Anogon.
Mercurophen 679.
Mercurophenyldimethylsulfaminopyrazolon 684.
Mercurotheobromin 690.
Mercurotheophyllin 690.
Mergal 690.
Merjodin s. Anogon.
Merlusan s. Tyrosinquecksilber.
Merochinen 215.
Merochinenäthylester 245.
Mesaconsäure 126, 165.
Mesitylen 52, 53, 64, 173, 193.
Mesitylensäure 173, 193.
Mesityloxyd 98.
Mesoporphyrin 196.
Mesotan 568.
Mesoweinsäure 100, 119, 161.
Mesoxalsäure 158.
Mesoxalylharnstoff s. Alloxan.
Mesoyohimbin 440.
Metachloral 474.
Metaldehyd 96, 130.
Metanicotin 306, 311 460.
Metanilgelb 645.
Metanilgelb s. Orange MN.
Metaphosphorsäure s. Phosphorsäure.
Metarsanilsäure 704.
Metavanadinsäure 19.
Methacetin 144, 265, 267, 269, 287.
Methan 51, 471, 489, 523.
Methanarsenoaminophenol 714.
Methanyldianisidin 378.
Methenyldiphenetidin 378.
Methenyloxyaminobenzoesäuremethylester 387.
Methenyltriäthyläther 495.
Methokodein 404, 410.
Methoxyäthylidensalicylat 568.
Methoxyatophan 809.
o-Methoxybenzoesäure 555.
p-Methoxychinolin s. Chinanisol.
6-Methoxychinolyl-4-äthylketon 248.
6-Methoxychinolyl-4-methylketon 248.
4(-p-Methoxychinolyl)-2-pyrylcarbinol 247.
Methoxycoffein 62, 92, 93.
Methoxycumarin 820.
Methoxydiäthylbarbitursäure 509.
Methoxydibromdihydrozimtsäureborneolester 761.
Methoxydimethylaminoäthoxyphenanthren 411.
p-Methoxydioxydihydrochinolin 214.
Methoxyhydrastin s. Narkotin.
Methoxyjodphenylchinolincarbonsäure 809.
p-Methoxylepidin 215.
Methoxymethyläthylhomopiperonylamin 458.
Methoxymethylallylamin 458.
p-Methoxy-γ-methylchinolin 215.
Methoxymethyldiäthylamin 458.
Methoxyoxymethyldichinolin 214.
Methoxymethylhomopiperonylamin 458.
Methoxymethylmenthol 760, 766.
Methoxymethylmethylhomopiperonylamin 458.
Methoxymethylsantalol 766.
Methoxynaphthoesäureamid 520.
Methoxyphenanthrencarbonsäure 394.
Methoxyphenoxydimethyl aminopropanol 371.
Methoxyphenyläthanolamin 454.
Methoxyphenyläthanolaminmethyläther 454.
Methoxyphenyläthylbarbitursäure 508.
p-Methoxyphenylalanin 169.
Methoxyphenylaminochinolincarbonsäure 811.
Methoxyphenylcarbaminsäurediäthylaminoäthanolester 376.
Methoxyphenylchinolincarbonsäure s. Isatophan.
Methoxyphenylchinolincarbonsäureisoamylester 810.
Methoxyphenylphenylacetyldiketopyrrolidin 805.
Methoxyphenylphenylbenzoyldiketopyrrolidin 805.
Methoxyphenylphenylchinolincarbonsäure 807.
Methoxyphenylpropylamin 458.
p-Methoxyphenylpropionsäure 169.
Methoxyphenylsemicarbazid 222.
p-Methoxytetrahydrochinolin s. Thallin.
Methoxypiperonylchinolincarbonsäure 811.
Met-Thebenin 412.
Methychinolin 214.
Methylacetyltetrahydronaphthylamin 446.
Methyläthylacetylharnstoff 498.
Methyläthyläther 472.
Methyläthylbarbitursäure 506.
Methyläthylbromacetylharnstoff 489.
Methyläthylcarbinolurethan 497.
Methyläthylconiin 298.
Methyläthylketon 158, 495.
Methyläthylketoxin 495.
Methyläthylmalonylharnstoff 493.
Methyläthylnorhydrastinin 438.
Methyläthylpinakon 492.
Methyläthylpropylcarbinol 185.
Methyläthylthioharnstoff 108.
Methylal 517.
dl-α-Methylalanin 163.
Methylalkohol 61, 131, 158, 190, 490, 523, 524, 532.
Methylamarin 197, 294.

Methylamin 28, 62, 66, 71, 95, 158, 294, 302.
Methylaminoacetobrenzcatechin s. Adrenalon.
Methylaminäthanol 444.
7-Methylamino-8-aminoxanthin 188.
p-Methylaminobenzoesäure 179.
Methylaminobuttersäure 144.
γ-Methylaminobuttersäure 151.
dl-α-Methylaminobuttersäure 163.
α-Methylamino-n-capronsäure 151.
dl-α-Methylaminocapronsäure 163.
Methylaminodioxypyrimidin 792.
Methylaminketon 444.
Methylaminooxyisobuttersäureäthylester 370.
Methylaminoparaxanthin 790.
Methylaminopropionsäure 144.
dl-α-Methylaminovaleriansäure 163.
Methylamigdalyltropein 345.
Methylanilin 35, 66, 214, 257, 258, 301, 302, 501, 718.
Methylanthranilsäuremethylester 263.
Methylantipyrin 227.
4-Methylantipyrin 227.
Methylantipyryliminopyrin 227.
Methylanthrachinon 740.
Methylanthranol 779, 780.
Methylapomorphiniummethylatsulfit 406.
Methylarsenoxyd 821.
Methylarsensäure 821.
Methylarsin 699.
Methylarsindichlorid 67.
Methylarsinsäure 699.
Methylatropin 298, 301, 349, 391.
Methylatropiniummethylatsulfit 347.
Methylbenzamid 520.
Methylbenzol s. Toluol.
Methylbenzimidazol 90.
N-Methylbenzoyldimethylphenyl-γ-oxypiperidincabonsäuremethylester 365.
N-Methylbenzoyltetramethyl-γ-oxypiperidincarbonsäureäthylester 365.
N-Methylbenzoyltetramethyl-γ-oxypiperidincarbonsäuremethylester siehe Eucain.
N-Methylbenzoyltrimethyl-γ-oxypiperidincarbonsäuremethylester 365.
Methylbrucin 297, 301.
Methylbutylcarbinolurethan 497.
Methylcarbaminoarsanilsäure 707, 709.
Methylcarbonylphenylphosphorsäure 785.
Methylcarbylamin 86.
Methylchinidin 301.
Methylchinin 301.
C-Methylchinin 244.
Methylchinizarin 741.
Methylchinolin 294, 301.
α-Methylchinolin s. Chinaldin.
γ-Methylchinolin s. Lepidin.
o-Methylchinolin 180.
p-Methylchinolin 180.
Methylchinolincarbonsäure 807.
Methylchinolinchlorid 299.
Methylchinolindicarbonsäurediäthylester 808.
2-Methylchinolylketon 247.
Methylchlorid 471, 533.
Methylchlorkohlensäureester 817.
Methylchloroform 69, 472.
Methylcinchonin 301.
C-Methylcinchonin 244.
Methylcocain 301.
Methylcodein 301.
8-Methylcoffein 94.
Methylconim 298, 318.
Methylcumarsäure 105.
Methylcumarinsäure 105.
Methylcyanoacetat 87.
Methylcyanamid 75.
N-Methylcyandimethyloxypyridin 313.
Methylcyanosuccinat 87.
Methylcyanotricarballylat 87.
Methylcyclohexaminocarbonsäureäthylester 388.
Methylcyclohexan 52, 539.
Methylcyclohexanon 52.
Methyldelphinin 301.
Methyldiäthylbarbitursäure 493.
Methyldiäthylcarbinolurethan 498.
Methyldiäthylhydantoin 508.
3-Methyl-1.7-diäthylxanthin 94.
Methyldibromarsin 85.
Methyldichlorarsin 85.
Methyldihydroberberin 426.
Methyldihydrohydrastinin 438, 439.
Methyldihydronorhydrastinin 439.
Methyldimethylaminoxanthin 790.
Methyldimethylindoliumoxydhydrat 301.
Methyldioxybenzol s. Isohomobrenzcatechin.
Methyldioxyanthrachinon s. Chrysophansäure.
Methyldioxychinolincarbonsäure 172.
1-Methyl-2.6-dioxypurin 189.
3-Methyl-2.6-dioxypurin 189.
7-Methyl-2.6-dioxypurin 189.
4-Methyl-2.6-dioxypyrimidin s. Methyluracil.
5-Methyl-2.6-dioxypyrimidin s. Thymin.
Methyldiphenylacetyldiketopyrrolidin 805.
Methyldiphenylbenzoyldiketopyrolidin 805. 806.
Methyldiphenylenimidazol 419.
Methylen-acetochlorhydrin 68.
Methylenaloin 742.
Methylenbichlorid 67, 68, 471, 472.
Methylenblau 338, 633, 638, 641, 642, 645, 646, 648.
Methylenbromid 539.
Methylenchlorid 472, 533.
Methylencitronensäure 657, 803.
Methylencitronensäureamylester 559.
Methylencitronensäurediäthylester 559.
Methylencitronensäuredisalicylsäureester s. Novaspirin.
Methylencitrylkresotinsäure 559.
Methylencitrylsalicylsäure 559.
Methylencitryloxytoluylsäure 559.
Methylencotoinguajacol 746.
Methylencotoinhydrochinon 746.
Methylencotoinnaphthol 746.
Methylencotoinphenole 746.
Methylencotoinresorcin 746.
Methylencotointannin 746.
Methylendiäthylsulfon 500.
Methylendicotoin s. Fortoin.
Methylendihydrokotarnin 431.
Methylendikotarnin 429.
Methylendi[methylphlorbutyrophenon] 752.
Methylendiphlorbutyrophenone 753.
Methylendimethylsulfon 500

Methylendinarkotin 429.
Methylendioxyphenyldihydroisochinolin 438.
Methylendioxyphenylpropylamin 458.
Methylendisalicylsäurejodid 605.
Methylenditannin s. Tannoform.
Methylenharnstoffgallussäure 661.
Methylenhippursäure 798.
Methylenitrohippursäure 798.
Methylenkreosot 585.
Methylenoxyuvitinsäure 653.
Methylensalicylsäure 653.
Methylentanninacetamid 661.
Methylentannincarbamid 661.
Methylentanninmethylthioharnstoff 661.
Methylentanninpropionamid 661.
Methylentanninurethan 661.
Methylentetrahydropapaverin 437.
Methyleuphorin 263.
Methylformyltetrahydronaphthylamin 446.
Methylglykokoll s. Sarkosin.
Methylglykokollanthranilsäuremethylester 390.
Methylglykolylphenetidid s. Kryofin.
Methylglykosid 138.
Methylgranatolin 352.
Methylgrün 301.
Methylguanidin 75.
Methylguanidinessigsäure s. Kreatin.
Methylharnsäure 63.
Methylharnstoff 63, 524.
Methylharnstoffphenylstibinsäure 729.
Methylhexamethylentetramindichromat s. Chromoform.
Methylhexamethylentetraminpentaborat s. Antistaphin.
Methylhexanonisoxim 305.
Methylhydantoinsäure 796.
Methylhydrastamid 432.
Methylhydrastimid s. Amenyl.
Methylhydrastin 427.
Methylhydrastinin 440.
Methylhydrocotoin 746.
Methylhydroxyphenyläthylamin 448.
Methylimidazol 90.
Methylindolarsinsäure 719.
Methylindolcarbonsäurequecksilberoxyd 687.
Methylindolquecksilberacetat 687.
Methylinosit 138.
Methylisoadrenalin 444.
Methylisoamylamin 72.
Methylisochinolinchlorid 299.
Methylisocyanid s. Methylcarbylamin.
Methylisooxychrysasin 739.
m-Methylisopropylbenzol 180.
Methylisopropylhexanonisoxim 305.
Methyljodid 523.
Methyljodidspartein 301.
Methyljodoxychinolinsulfosäure 606.
Methyljodoxychinolinwismutoxyjodid 670.
Methylketolarsinsäure 719.
Methylketolquecksilberacetat 688.
Methylkodein 297, 405.
Methylkodeiniummethylatsulfit 406.
Methylkodeinjodmethylat 406.
Methylkresol 598.
Methylkresoljodid 598.
Methylmercaptan 199.
Methylmethoxymethylhomopiperonylamin 458.
Methylmorphimethin 123, 124, 409, 410, 411.
Methylmorphimethyldihydroisoindol 411.
Methylmorphimethylmorpholin 411.
Methylmorphimethylpiperidin 411.
Methylmorphin s. Codein.
Methylmorphiniumchlorid 405.
Methylmorphiniummethylatsulfit 406.
Methylmorpholdimethylaminäther 411.
Methylnaphthalin 54.
Methylnaphthylchinolincarbonsäure 811.
Methylnarkotamid 432.
Methylnarkotimid 431.
Methylnarkotiniummethylatsulfit 406.
Methylnicotin 297.
Methylnitramin 84.
Methylnitrat 81.
Methylnitrit 80.
Methylnonylketon 98.
Methylnoradrenalin 819.
Methylolbenzamid 652.
Methylolocarbazol 653.
Methylorange 641.
Methyloxycarbanil 197.
Methyloxychinolinwismutjodid 670.
N-Methyl-8-oxymethylthallin 409.
N-Methyl-γ-oxyprolin 125.
Methylparaconyltropein 344.
Methylpentanonisoxim 305.
Methylphenacetin 270, 284, 499, 718.
p-Methyl-o-phenetylharnstoff 153.
N-Methylphenylurethan 67.
Methylphenmorpholin 416.
Methylphenoxydimethylaminopropanol 371.
Methylphenyläthanolamin 72.
Methyl-β-phenyläthylamin 72.
p-Methylphenylalanin 169, 187.
Methylphenylcarbaminsäurediäthylaminoäthanolesterchlorhydrat 376.
Methylphenylcarbinol 382.
Methylphenylchinolincarbonsäure s. Paratophan.
Methylphenylchinolincarbonsäureäthylester 808.
Methylphenylchinolincarbonsäureäthylester s. Novatophan.
Methylphenylchinolincarbonsäureisoamylester 810.
Methylphenyldihydrochinazolin 748.
p-Methylphenylguanidinnitrat 143.
Methylphenylketon s. Acetophenon.
Methylphosphin 216.
Methylpinakon 492.
Methylpipecolylalkin 317.
Methylpiperidin 301.
α-Methylpiperidin 312.
N-Methylpiperidin 312, 805.
n-Methylpiperidin 294.
Methylpiperidinoxyd 395.
Methylpiperonylchinolincarbonsäure 811, 813.
Methylpiperonylchinolincarbonsäureäthylester 807.
Methylpiperonylchinolincarbonsäureglycerinester 813.
Methylpiperonyldimolincarbonsäuremethylester 808, 813.
Methylpiperonylchimolincarbonsäuretoluidid 810.
Methylpropionsäureamid 496.
Methylpropylbarbitursäure 506.
Methyl-n-propylcarbinolidcarbonat 581.

Methylpropylcarbinolurethan s. Hedonal.
Methylpropyljodpropionsäureguajacolester 609.
Methylpropylketon 156, 158, 159, 495.
Methylpropylketoxim 495.
Methylpropylmalonylharnstoff 493.
Methylpropylphenoxydimethylaminopropanol 371.
p-Methylprotocatechualdehyd s. Isovanillin.
Methylprotocotoin 746.
7-Methylpurin 91.
Methylpyridin 294, 311.
α-Methylpyridin s. Picolin.
Methylpyridiniumchlorid 299.
Methylpyridylammoniumhydroxyd 187, 299.
Methylpyrrolidin 461.
Methyl-N-pyrrolidin 243, 304.
Methylresacetophenon s. Päonol.
Methylrhamnose 138.
Methylsaccharin 142.
Methylsalicylat 565.
Methylsalicylsäure 62, 192.
Methylsaligenin 380, 382.
Methylstrophantin 773.
Methylstrychnin 297, 299, 301, 465, 501, 553.
Methylsulfid 108, 188.
Methylsulfone 45.
Methyltetrahydroberberin 427.
N-Methyl-tetrahydrochinolin 36, 67.
Methyltetrahydronaphthylamin 446.
N-Methyltetrahydronicotinsäure s. Arecaidin.
N-Methyltetrahydronicotinsäuremethylester siehe Arecolin.
N-Methyltetrahydropapaverin 424.
Methyltetramethylenbisiminoessigsäure 737.
N-Methyl-α-tetramethylpyrrolidin-β-carbonsäureamid 408.
N-Methyl-α-tetramethylpyrrolin-β-carbonsäureamid 804.
Methylthallin 409.
Methylthebain 297, 301.
Methylthebajummethylatsulfit 406.
Methyltheobromin 92.
4-Methylthiazol-5-carbonsäureäthylester 150.
Methylthiophen s. Thiotolen.
Methyltriacetonalkamincarbonsäuremethylester 361.
Methyltriacetonalkaminmandelsäureester 391.
Methyltriäthylstiboniumhydrat 128, 300.
Methyltriäthylstiboniumjodid 20, 300.
Methyltrichloräthylalkoholallophansäureester 479.
Methyltrihydroxychinolincarbonsäure 213.
Methyltrihydroxy-o-chinolincarbonsäure 171, 172.
Methyltrioxyanthrachinonoxyd 740.
α-Methyltryptophan 176.
Methyltyrosin s. Surinamin.
Methyluracil 167.
Methylurethan 61, 497, 521, 522.
Methylvanillin 97, 192.
Methylveratrin 301.
N-Methylvinyldiacetonalkamine 122, 360.
Methylvinyldiacetonalkaminmandelsäureester 391.
N-Methylvinyldiacetonalkamine (stabil und labil) 118.
Methylviolett 64, 65, 301, 537, 641, 642, 649.
1-Methylxanthin 168, 790.
3-Methylxanthin 44, 91, 92, 95, 793.
7-Methylxanthin s. Heteroxanthin.
Methylxanthintheobromincarbonat 794.
Mikrocidin 550.
Milchsäure 155, 158, 181, 204.
dl-Milchsäure 161.
Milchsäureamid 521.
Milchsäureanhydrid 151.
Milchsäurechloralid 476.
Milchsäurenitril s. Lactonitril.
Milchsäuretropein 343.
Milchzucker 135, 772.
Molybdän 530.
Monacetyltrichlortertiärbutylalkohol 484.
Monäthanolaminoketon 443.
Monäthoxyacetylmorphin 406.
Monoacetin 60, 521, 522.
Monoacetylaminocoffein 789.
Monoacetylmorphin 396, 397, 403.
Monoacetyl-p-phenylendiamin 77, 256.
Monoacetylresorcin 777, 778.
Monoäthylaminobenzoesäurediäthylaminoäthylester 373.
Monoäthylanilin 261.
Monoäthylharnstoff 524.
Monoäthylmalonylharnstoff 492.
Monoäthylmonomethylantipyrin 229.
Monoäthyl-β-naphthylaminhydrür 307, 308.
Monoaminodiphenylstibinsäure 730.
Monobenzoylmorphin 396, 397.
α-Monobenzoylphenylhydrazin 219, 220.
Monobenzoylrufigallussäuretetramethyläther 741.
Monobenzoyltannin 660.
Monobenzylbrenzcatechincarbonsäure 589.
Monobromäthylacetat 85.
Monobromantipyrin s. Bromopyrin.
Monobrombenzoesäure 198.
Monobrombenzol 198.
Monobromchinin 242.
Monobromcampher 759, 762.
Monobromdiäthylbarbitursäure 488.
Monobromessigsäure 70, 198.
Monobromisovalerianoglykolylharnstoff s. Archibromin.
α-Monobromnaphthalin 176.
Monobromnaphthol 537, 616.
Monobromphenol 617.
p-Monobromphenylacetamid 618.
Monobromsalicin 138.
Monobromthymotinpiperidid 317.
Monobromtrimethylcarbinol 484.
Monocantharidyläthylendiaminaurocyanid 734.
Monochloracetiminoäthyläther 69.
Monochloracetylmorphin 406.
Monochloräthylacetat 85.
Monochloräthylidenchlorid 69.
Monochloralantipyrin 480.
Monochloralharnstoff 478.
Monochloral-hexamethylentetramin 476.
Monochlorbenzol 70, 539.
Monochlorcampher 762.
Monochlordiäthylbarbitursäure 488.
Monochlordiäthylsulfid 68.
Monochlordimethylamin 68.
Monochlordinitrophenole 145.

Monochloressigsäure 68.
Monochlorhydrin 69, 145, 521, 539.
α-Monochlornaphthalin 176.
Monochlornaphthol 537, 616.
Monochlor-p-oxybenzoesäure 617.
Monochlorsalicin 138.
p-Monochlortoluol 539.
Monochlorylsulfamidbenzoesäure 617.
Monodibrompropyldiäthylbarbitursäure 508, 509.
Monoformyl-1.3-dimethyl-4.5-diamino-2.6-dioxypyrimidin 96.
Monoguajacolphosphorsäure s. Novocol.
Monojodaldehyd s. Jodal.
Monojodbehensäure 608, 609.
Monojodkresolsulfosäure 605.
Monojodisovalerianoglykolylharnstoff 611.
Monojodphenolsalicylsäureester 615.
Monojodsalicylsäureamid 612.
Monojodstearinsäure 608.
Monojodthymol 597, 599.
Monojodzimtsäureamid 611.
Monoketooxystearinphosphorige Säure 783.
Monomethylaminobenzoesäure 189.
Monomethylaminobenzoesäurediäthylaminoäthylester 373.
Monomethylaminobenzoesäurepiperidoäthylester 373.
Monomethyldibrom-o-toluodin 189.
Monomethylenzuckersäure 159.
3-Monomethylharnsäure 95.
7-Monomethylharnsäure 95.
Monomethylphloroglucin 515, 750.
3-Monomethylxanthin s. Methylxanthin.
Monophenetidincitronensäure s. Apolysin.
Monophenylarsinsäure 700.
Monopropionylmorphin 397.
Monopropylmalonylharnstoff 492.
Monosalicylhydrochinonester 564.
Monosalicylsäureglycerinester 570.
Monotal 577, 583.
Moronal 738.
Morphigenin 418, 419.
Morphimethin 411.
Morphin 5, 28, 29, 36, 39, 48, 58, 59, 63, 101, 107, 113, 190, 203, 228, 293, 294, 298, 307, 318, 319, 321, 356, 391, 392 ff., 413, 419, 424, 425, 429, 432, 463, 466, 469, 473, 575, 646.
Morphinäther 420.
Morphinätherschwefelsäure 29, 36, 39, 58, 101, 397.
Morphinbromäthylat 405, 406.
Morphinbrommethylat 405, 406.
Morphincarbonsäureäther 400.
Morphin-Casein 420.
Morphinchinolinäther 403.
Morphindiäthylbarbitursäure 510.
Morphinglykosid 420.
Morphiniummethylhydroxyd 35.
Morphinkohlensäureäthylester 400.
Morphinkohlensäureamylester 400.
Morphinkohlensäuremethylester 400.
Morphinkohlensäurepropylester 400.
Morphinmethyljodid 297.
Morphinmethylsulfat 297.
Morphinmethoxymethyläther 399.
Morphin-Narkotin 406.
Morphinoxyd 395.
Morphinphenyläthylbarbitursäure 820.
Morphin-Saccharin 253.
Morphinschwefelsäure 393, 395.
Morphinviolett 646.
Morphol 410.
Morpholin 415, 416.
Morphothebain 412.
Morphoxylessigsäure 403.
Morphoxylessigsäureäthylester 403.
Morphoxylessigsäuremethylester 403.
Movrageninsäure 744.
Movragensäure 744.
Movrasäure 744.
Movrin 744.
Muconsäure 171.
Multanin 737.
Murexid 90.
Muscarin 124, 328, 330, 332, 391, 597,
Muscarinäthyläther 330.
Mydriasin 346, 349, 354, 357.
Mydriatin 368.
Myristicin 439.
Nachtblau 649.
Nagarot 647.
Naphthalanmorpholin 416.
β-Naphthalanin 173.
Naphthalin 54, 102, 103, 133, 176, 190, 260, 292, 306, 310, 523, 530, 534.
Naphthalincarbonsäure 102.
Naphthanmorpholin 414.
Naphthindolarsinsäure 719.
Naphthionsäure 151, 550.
α-Naphtoesäure 195.
β-Naphtoesäure 103, 195.
Naphthohydrochinonsalicylat 563.
Naphthol 133, 176, 190, 531, 536.
α-Naphthol 117, 534, 535, 536, 550, 592, 616.
β-Naphthol 103, 117, 534, 535, 536, 537, 550, 592, 616, 650.
Naphtholäthyläther 539, 575.
Naphtholarsinsäure 717.
Naphtholcamphersäure 763.
α-Naphtholcarbonsäure 561.
β-Naphtholcarbonsäure 561.
Naphthole 544.
Naphtholgelb S 101, 639, 644, 649.
Naphtholkohlensäurediäthylaminoäthylester 590.
Naphtholmethyläther 590.
β-Naphtholnatrium s. Mikrocitin.
α-Naphtholorange 644.
β-Naphtholorange 644.
Naphtholoxynaphthoat 563.
Naphtholquecksilber 673.
Naphtholrot S 649.
α-Naphtholsäure 195.
β-Naphtholsäure 103, 195.
Naphtholsalicylsäureester 572.
Naphtholschwarz P 640.
Naphtholsulfosäure 536, 550.
β-Naphtholsulfosäure 249.
Naphtholwismut 670.
Naphthonitril 87.
Naphthopiaselenoldisulfosäure 633.
Naphthoxylacetamid 574.
Naphthoxydimethylaminopropanol 371.
Naphthoxylessigsäurekresylester 589.
β-Naphthursäure 195.
Naphthylamin 306.
α-Naphthylamin 117, 295.
β-Naphthylamin 117, 177, 295, 296, 307.
α-Naphthylaminoazo-β-naphtholdisulfosäure 101.

Naphthylaminsulfosäure s. Naphthionsäure.
α-Naphthylazoacetessigsäureäthylester 259.
Naphthylazoessigsäure 78.
β-Naphthylbrenztraubensäure 173.
Naphthylchinolincarbonsäure 811.
1-2-Naphthylendiamin 76.
Naphthylmethylaminomethoxyäthan 819.
Naphthylquecksilberacetat 685.
Naphthylquecksilberchlorid 685.
α-Naphthylsalicylat 563.
β-Naphthylsalicylat 563.
Narcein 420.
Narceinester 420, 421.
Narceinnatrium-Natriumsalicylat s. Antispasmin.
Narceinphenylhydrazon 421.
Narcyl 420.
Naringin 201.
Narkophin 407.
Narkotin 407, 422, 423, 424, 425, 429, 430, 431, 466.
Narkotinsulfosäure 430.
Nataloin 740.
Natrium 10, 12, 14, 15, 16, 20, 21, 22, 23, 25, 134, 135.
Natriumbicarbonat 798.
Natrium bis-p-acetaminophenylarseniat 711.
Natriumbis-2-acetaminotolyl-5-arseniat 711.
Natriumbis-p-aminophenylarseniat 711.
Natriumbis-2-aminotolyl-5-arseniat 711.
Natriumbromid 18, 22.
Natriumchlorid 22.
Natriumjodid 22.
Natriummethylnitramin 84.
Natriumnitrit 84.
Natriumoxymercurinitrophenolat s. Mercurophen.
Natriumpersulfat 814.
Natriumsulfantimoniat 732.
Natriumsulfat 22.
Natriumsulfobromamine 617.
Natriumthiosulfatquecksilberbenzoesäure 685.
Nelkenöl 538.
Neodymium 15, 18.
Neoerbium 18.
Neohexal s. Hexamethylentetraminsulfosalicylat.
Neon 530.
Neopyrin 228.
Neosalvarsan 542, 716, 725, 728.
Neosalvarsangold 727.
Neosalvarsankupfer 727.
Neosalvarsanplatin 727.
Neosalvarsansilber 727.
Neosin 330.
Neosiode 600.
Neotannyl 738.
Nerolol 756.
Neucesol 320.
Neufuchsin 65.
Neuraltein 283, 284.
Neurin 36, 113, 238, 327, 332.
Neurodin 276, 277.
Neuronal 485.
Neu-Sidonal 797.
Neutraltrypaflavin 647.
Neu-Viktoriablau B 649.
Nickel 10, 15, 18, 530.
Nicotein 320.
Nicotin 28, 123, 243, 295, 306, 307, 319, 320, 445, 449, 459, 460, 461, 469, 525.
Nicotiniumhydroxyd 35.
Nicotin, salicylsaures s. Eudermol.
Nicotinsäure 106, 187, 193.
Nicotinsäuremethylestermethylchlorid s. Cesol.
Nicotinursäure 193.
Ninhydrin 99.
Nipecotinsäuredimethylbetain 151.
Nirvanin 390.
m-Nitranilin 83, 115, 145, 147.
o-Nitranilin 83, 115, 145.
p-Nitranilin 83, 115, 145.
Nitrate 11, 14.
Nitrazotin 643, 644.
Nitrile 27, 85, 148, 198.
Nitroacetaminophenylstibinsäure 731.
Nitroäthan 81, 523.
2-Nitroäthanol 144.
4-Nitro-2-aminobenzoesäure 147.
6-Nitro-2-aminobenzoesäure 147.
Nitroaminobenzolarsinsäure 712.
4-Nitro-2-aminophenol 147.
Nitroarsanilsäurequecksilberacetat 733.
Nitroarsanilsäurequecksilberacetat 821.
Nitrobenzaldehyd 84, 179.
o-Nitrobenzaldehyd 114, 535.
m-Nitrobenzaldehyd 182, 186.
p-Nitrobenzaldehyd 114, 182, 186, 535.
o-Nitrobenzaldoxim 149.
p-Nitrobenzaldoxim 126, 149.
m-Nitrobenzaldoxim 149.
Nitrobenzoesäure 83, 84, 106, 115, 145, 149, 182.
Nitrobenzoesäureglykolester 767.
Nitrobenzoesulfosäure 148.
p-Nitrobenzoesulfinid 145.
p-Nitrobenzoesäuresulfinid 142.
Nitrobenzol 82, 83, 145, 182, 190, 639.
Nitrobenzolselencyanid 633.
m-Nitrobenzoylaminsäure 145.
Nitrobenzoylaminobenzoesäureäthylester 818.
o-Nitrobenzylalkohol 177, 190.
5-Nitro-2-bromanilin 147.
tert. Nitrobutan 145.
Nitrochinoline 148.
5-Nitro-2-chloranilin 147.
m-Nitrococain 338.
2-Nitro-3-cumarsäure 147.
Nitrodiazobenzolfluor 635.
4-Nitro-2-diazophenol 153.
Nitrodijodzimtsäureäthylester 611.
Nitrodimethylin 81.
5-Nitro-2.6-dioxypyrimidin s. Nitrouranil.
Nitroform 145.
Nitroglycerin 60, 81, 135, 145.
m-Nitrohippursäure 182.
p-Nitrohippursäure 83.
Nitrohydrochinon 147.
Nitroisopentanol 145.
3-Nitro-4-kresol 147.
Nitrolsäuren 145, 148.
Nitromethan 81, 82, 84.
Nitronaphthalincarbonsäuren 149.
Nitronaphthaline 82.
Nitronaphthalinsulfosäuren 148.
2-Nitro-m-oxybenzoesäure 140, 145.
2-Nitro-3-oxybenzoesäure 147.
Nitrooxybenzolstibinsäure 731.
Nitro-m-oxybenzonitril 147.
Nitrooxymercuribenzoesäure 678.
Nitrooxyphenylarsinsäurequecksilberacetat 821.
Nitroparaffine 144, 145.
Nitropentan 81, 84.
2-Nitropentanol 145.
p-Nitrophenacetomithursäure 194.
p-Nitrophenacetursäure 194.
p-Nitrophenol 83, 114, 182, 190, 535.
m-Nitrophenol 114.
o-Nitrophenol 114, 145, 147, 182, 190 535.

Nitrophenoläther 148, 149.
Nitrophenolmethoxymethyläther 653.
Nitrophenoxydimethylaminopropanol 371.
o-Nitrophenylacetyl-β-oxypropionsäureester 377.
p-Nitrophenyl-α-aminopropionsäure 145.
Nitrophenylarsinstibinsäure 730.
Nitrophenylcarbonylphenylphosphorsäureester 785.
p-Nitrophenylessigsäure 194.
Nitrophenylhydroxylamin 83.
m-Nitrophenylhydroxylamin 83.
Nitrophenylpropiolsäure 83, 171.
o-Nitrophenylpropiolsäure 175, 176, 183.
o-Nitrophenylquecksilberoxyd 673.
Nitrophenylsalicylat 563.
Nitrophenylstibinsäure 730, 731.
3-Nitropropanol 145.
o-Nitropropiolsäure 190.
Nitroprussidnatrium 89.
Nitropurpurin 741.
Nitropyruvinureid 146.
2-Nitroresorcin 147.
Nitroroccellinsulfosäure 101.
p-Nitrosaccharin 142.
Nitrosoäthylen 82.
Nitrosalicylsäure 84.
Nitrosomethylmethan 82.
Nitrosomorphin 397.
Nitrophenylarsinsäure 707, 713.
Nitrosophenylhydroxylamin 74.
4-Nitro-2-sulfamidbenzoesäure 145.
Nitrothiophen 82.
4-Nitro-2-toluidin 147.
Nitro-m-toluidin 145.
Nitrotoluol 82.
m-Nitrotoluol 535.
o-Nitrotoluol 114, 177, 190, 535.
p-Nitrotoluol 83, 114, 194, 535.
Nitrourethan 84.
Nitrouracil 167.
Nitrouracilcarbonsäure 167.
Nitroxylol 539.
Nirvanol 514.
Nonite 137.
Nonylsäure 111.
Nopinen 191.
Nopinenol 191.
Noradrenalin 819.
Noramylmorphin 409.
Norapomorphin 409.
Noratropin 318.
Norcocaine 318, 335, 336.
Norekgonin 294, 335.
Norekgoninmethyläther 294.
Nordionin 409.
Norhyoxyamin 318.
Norhyoscyamin s. Pseudohyoscyamin.
Norkodein 408, 410.
Norkodeinessigester 408.
Normorphin 408, 410.
Normorphincyanid 408.
Nosophen 601, 602.
Novain 330.
Novaspirin 559.
Novasurol 678.
Novatophan 808.
Novatophan K 808.
Novatropin 347, 348.
Noventerol 738.
Novocain 49, 358, 368, 371, 373, 374, 375, 377, 383, 390, 391.
Novocol 588.
Novojodin 658.
Nucleinsäure 806.
Nucleohexyl s. Hexamethylentetramin, nucleinsaures.

Oblitin 329.
Octan 80, 539, 816.
Octinbromarsinsäure 703.
Octite 137.
α-Octohydronaphthochinolin 309.
β-Octohydronaphthochinolin 309.
Octylalkohol 539.
Octylamin 71.
n-Octylbenzol 153.
Octylen s. Caprilen.
Octylhydrocuprein 239, 240, 241.
n-Octyljodid 539.
Ölgelb 640.
Ölsäure 111.
Ölsäureisobutylester s. Tebelon.
Önanthäther 62.
Önanthol 153.
Önantholoxim 759.
Oleoguajacol 582.
Oleokreosot 582.
Oleylsalicylsäureäthylester 566.
Ophiotoxin 772.
Opiansäure 421, 422, 429, 495.
Opiansäurephenetidid 280.
Optannin s. Enterosan.
Optochin 238, 239, 241, 245, 531, 647, 715.
Orange I 643.
Orange II 644.
Orange MN 644, 645.
Orcin 36, 57, 139, 147.
β-Orcin 139, 147.
Orexin 748, 749.
Orexin, gerbsaures 749.
Origan 537.
Ormizet 738.
Orphol 670.
Orseilleersatz 644.
Orthin 221.
Orthoameisensäureäthylester 495.
Orthoform 144, 384, 481.
Orthoform neu 385, 481.
Orthoformsulfosäure 390.
Orthoketonäthyläther 495.
Orthophosphorsäure s. Phosphorsäure.
Orthovandinsäure 19.
Oscin 352.
Osmium 10, 530.
Osmiumsäure 530.
Osthol 519.
Ostinthin 519.
Oxacetsäure 150.
Oxäthylchinoleinammoniumchlorid 214.
β-Oxäthyl-nortropan 350.
Oxäthylphenylcarbaminsäurebrenzcatechinester 579.
Oxaäthylstrychnin 465.
Oxaläthylen 462.
Oxalessigäther 518.
Oxalessigsäure 161, 164.
Oxalsäure 19, 62, 102, 132, 133, 157, 158, 159, 160, 161, 165, 171, 294, 297, 525, 797.
Oxalsäureäthylester 62, 144.
Oxalsäuredinitril 87.
Oxalursäure 165.
Oxalylharnstoff s. Parabansäure.
Oxamäthan 163.
Oxamid 132, 162.
Oxaminsäure 89, 163.
Oxaminsäureäthylester s. Oxamäthan.
Oxanilsäure 178.
Oxanthron 779.
p-Oxazin s. Morpholin.
Oximacetsäure 148, 150.
Oxime 148.
Oximidoverbindungen 74.
Oxoniumbasen 151.
Oxyacetylaminobenzoesäuremethylester 388.
Oxyäthylamin 444.
Oxyäthylmethylamin 444.
Oxyäthylnorkodein 408.
Oxyäthylsulfosäure s. Isäthionsäure.
Oxyäthyltheobromin 791.

Oxyäthyltrimethylarsoniumbromid 703.
Oxyaminoäthylnaphthalin 455.
Oxyaminomethylhydrinden 447.
Oxyaminoarsenobenzol 714.
Oxyaminoglycinarsenobenzol 714, 716.
Oxy-m-aminophenylarsenoxyd 542.
Oxyaminophenylarsin 710.
ε-Oxyamylnortropan 350.
Oxyamyltrimethylammoniumchlorid 328.
Oxyanthrachinone 179.
Oxyanthranol 32, 779.
4-Oxyantipyrin 230.
Oxyazobenzol 30.
Oxybehenphosphorige Säure 783.
o-Oxybenzaldehyd 115.
p-Oxybenzaldehyd 115.
m-Oxybenzoesäure 102, 140, 144, 258, 553, 554.
o-Oxybenzoesäure siehe Antranilsäure.
p-Oxybenzoesäure 102, 105, 144, 172, 180, 193, 258, 542, 553, 554, 798.
m-Oxybenzoesäureamid 140, 144.
o-Oxybenzoesäureamid 144.
Oxybenzoesäureguajacolester 564.
Oxybenzoesäurekreosolester 564.
Oxybenzoesäuremethylesterchlormethylat 568.
p-Oxybenzoesäurephenolester 564.
Oxybenzolsulfaminobenzoesäuremethylester 388.
m-Oxybenzonitril 140.
p-Oxybenzoyl-α-aminozimtsäure 163.
Oxybenzoylbenzoesäure 744.
Oxybenzoylbenzoesäureäthylester 558, 747.
p-Oxybenzursäure 193.
Oxybenzylalkohol s. Saligenin.
Oxybenzylidenaminophenylstibinsäure 732.
α-Oxybuttersäure 54.
β-Oxybuttersäure 54, 132, 163, 175.
γ-Oxybuttersäure 54.
β-Oxybuttersäureamid 521.
α-Oxy-n-buttersäureanhydrid 151.
Oxycampher 759, 763.
Oxycarbaminokresol 197.
Oxycarbaminophenylarsinsäure 704.
o-Oxycarbanil 103, 254, 255, 704.
Oxycarbazol 178.
Oxycarbonsäuremethylesteranilidoessigsäureanilidoxycarbonsäuremethylester 388.
Oxycarboxyphenylchinolinsäure s. Hexophan.
Oxycarvon 190.
Oxychinaseptol s. Diaphtherin.
Oxychinolin 190, 214, 537, 542, 592, 806.
α-Oxychinolin s. Carbostyril.
γ-Oxychinolin s. Kynurin.
o-Oxychinolin 193.
p-Oxychinolin 210.
Oxychinolincarbonsäure 554.
o-Oxychinolincarbonsäure 103, 171.
o-Oxychinolincarbonsäure s. Chinophenolcarbonsäure.
Oxychinolincarbonsäureäthylester 384.
Oxychinolinglycerinäther 806.
o-Oxychinolinglykuronsäure 593.
Oxychinolinquecksilber 688.
Oxychinolinquecksilbercarbonsäure 688.
Oxychinolinquecksilbersulfosäure 688.
o-Oxychinolinsulfat s. Chinosol.
o-Oxychinolinsulfosäure 593.
Oxychinolinwismutjodid 670.
α-Oxycinchonin 234, 244.
β-Oxycinchonin 234, 244.
p-Oxycinchonin s. Cuprein.
m-Oxycocain 338.
Oxycolchicin 325.
Oxycumarin 519, 820.
m-Oxycyanzimtsäurenitril 86.
p-Oxycyanzimtsäurenitril 86.
Oxydiäthylaminobenzoesäuremethylester 387.
Oxydicolchicin 42, 325, 532.
Oxydihydrokodeinon 410.
Oxydijodphenylarsinsäure 712.
Oxydimethylaminobenzoesäuremethylester 387.
Oxydimethylphenyläthylamin 447.
Oxydiphenoxazon 740.
p-Oxydiphenyl 178.
p-Oxydiphenylbiuret 177.
o-Oxydiphenylcarbonsäure s. Phenylsalicylsäure.
Oxydiphenylmethan 177.
Oxydiphenylmethancarbaminsäureester 822.
Oxydiphenylsulfide 631.
Oxydulcin 143.
Oxyemodin 740.
Oxyfenchon 190.
Oxyfettsäuren 144.
Oxyformylaminobenzoesäuremethylester 387.
Oxyhydrastinin 432.
Oxyhydrindamin 819.
Oxyhydrochinaldin 215.
Oxyhydrochinin 237, 245.
α-Oxyisobuttersäure 54.
β-Oxyisovaleriansäure 165.
Oxykodeinon 407, 408.
Oxymandelsäure 175.
Oxymercuribenzoesäureanhydrid 677.
Oxymercuribenzoesäureanhydrid-Asparagin 677.
Oxymercuribenzoesäureanhydrid-Coffein 677.
Oxymercuribenzoesäureanhydriddiäthylbarbitursures Natrium 677.
Oxymercurichlorbenzoesäureanhydridglutarsäureimid 677.
Oxymercurichlorphenoxyessigsaures Natrium-Diäthylbarbitursäure s. Novasurol.
Oxymercurichlorphenoxyessigsäureveronalnatrium 684.
Oxymercurioxybenzoesäureanhydridalanin 677.
Oxymercurioxybenzoesäureanhydrid-diäthylbarbitursäure 678.
Oxymercurioxybenzoesäureanhydridpiperidin 678.
Oxymercuriphenoxyessigsäure 684.
Oxymercurisalicylsäureanhydrid 682.
Oxymethoxycumarin 820.
Oxymethoxyphenyläthylamin 450.
Oxymethylbenzoylbenzoesäureäthylester 558.
Oxymethylanthrachinon 739.
Oxymethylbenzoylbenzoesäureäthylester 747.
p-Oxy-m-methylphenylalanin 176.
Oxynaphthalincarbonsäure 554.
Oxynaphthoesäure 560, 561.
β-Oxynaphthoesäure 542.
Oxynaphthoesäureäthylesterchlormethylat 568.

Oxynaphthoesäuretrichlorbutylester 482.
Oxynaphtholoxytoluylsäure s. Epicarin.
Oxynaphthylchinolincarbonsäure 811.
Oxynicotin 460, 461.
Oxypeucedanin 519.
ω-Oxyphenacetin 279.
Oxyphenacetinsalicylat 267.
Oxyphenacetylsalicylat 574.
Oxyphenanthrencarbonsäure 394.
Oxyphenanthrene 58.
p-Oxyphenethol 173, 190, 191.
Oxyphenylacetylamin 449.
Oxyphenylacetylurethan 146.
Oxyphenyläthanolamin 448, 449.
p-Oxyphenyläthylalkohol 181.
p-Oxyphenyläthylamin 174, 181, 441, 442, 444, 447.
Oxyphenyläthylaminquecksilber 675.
p-Oxyphenyläthyldimethylamin s. Hordenin.
m-Oxyphenyläthyldimethylamin 454.
Oxyphenyläthylmethylamin 447.
p-Oxyphenyläthylmethylamin 174.
p-Oxyphenyläthylurethancarbonat 277.
p-Oxyphenylarsenoxyd 541, 708, 710.
Oxyphenylarsinsäure 541, 704, 707, 711, 712, 714.
p-Oxyphenylbenzylurethan 276.
Oxyphenylbrenztraubensäure 169, 175.
Oxyphenylcarbonsäurechinolincarbonsäure 807.
Oxyphenylchinolincarbonsäure 807, 809, 811.
8-Oxy-2-phenylchinolin-4-carbonsäure 180.
Oxyphenylchinolincarbonsäuretannat 812.
Oxyphenyldichinolindicarbonsäure 812, 813.
Oxyphenylendiquecksilberdiacetat 685.
p-Oxyphenylessigsäure 174, 181.
Oxyphenylglyoxylsäure 175.
p-Oxyphenylharnstoff-bromdiäthylacetylcarbaminsäureester 488.
Oxyphenylharnstoffcarbonsäureester 387.
dl-Oxyphenylmilchsäure 169.
d-p-Oxyphenylmilchsäure 175.
l-Oxyphenylmilchsäure 169.
Oxyphenylnaphthocinchoninsäure 808.
m-Oxyphenyl-p-phenetylharnstoff 153.
o-Oxyphenylpropylalkohol 520.
Oxyphenylquecksilberchlorid 685.
Oxyphenylstibinsäure 729, 730.
p-Oxyphenylurethan 179, 263, 276, 277.
Oxypiaselenol 633.
Oxypiperidin 461.
Oxypiperidon 146.
β-Oxy-α-piperidon 144.
Oxypiperonylchinolincarbonsäure 811.
γ-Oxyprolin 125.
p-Oxypropiophenon 191.
Oxypropylendiisoamylamin 72, 319.
γ-Oxypropylnortropan 349.
6-Oxypurin s. Hypoxanthin.
8-Oxypurin 91.
Oxypyridinursäure 180.
Oxypyrogallol 670.
Oxypyrogallolwismut 670.
Oxypyrondicarbonsäure s. Meconsäure.
Oxypyronmonocarbonsäure s. Komensäure.
Oxyquecksilberacetanthranilsäure 680.
Oxyquecksilberaminobenzoesäure 682.
Oxyquecksilberaminobenzoesäureisobutylester 676.
Oxyquecksilberanthranilsäure 686.
Oxyquecksilberbenzoesäure 679, 680, 682, 685.
Oxyquecksilberbenzoesäureanhydrid-Natriumsulfid 680.
Oxyquecksilbercamphocarbonsäureester 681.
Oxyquecksilberchlorbenzoesäure 680.
Oxyquecksilber-o-chlorphenolnatrium s. Upsalan.
Oxyquecksilberessigsäureanhydridnatriumthiosulfat 680.
Oxyquecksilberjodbenzoesäure 686.
Oxyquecksilbermethoxybenzoesäure 680.
Oxyquecksilbermethylanthranilsäureanhydrid 676.
o-Oxyquecksilberphenolnatrium 673.
p-Oxyquecksilberphenolnatrium 673.
Oxyquecksilberphenylaminoessigsäureanhydrid 676.
Oxyquecksilberphenylglycincarbonsäure 682.
Oxyquecksilberpropionsäure 685.
Oxyquecksilbersalicylsäure s. Quecksilbersalicylat.
Oxyquecksilbersalicylsaures Natriumaminobuttersaures Natrium s. Asurol.
Oxyquecksilbersulfamidbenzoesäure 682.
Oxyquecksilbertoluylsäure s. Afidol.
Oxysalicylsäure 192.
Oxysantonin 179, 753.
Oxystearinäthylesterphosphinige Säure 783.
Oxystearinphosphinigmethylestersäure 784.
Oxystearinphosphorige Säure 783.
Oxystearinphosphorsäure 784.
Oxystearinphosphorsäureguajacolester 784.
Oxystearophosphinsäure 783.
Oxystearophosphinsäureäthylester 784.
Oxytetrahydrocarvon 756.
Oxytolylchinolindicarbonsäure 812, 813.
Oxytrimethylenglycin 652.
α-Oxyuritinsäure 192.
Oxyvaleraldehyd 517.
Ozon 473, 530.

Paeonol 191.
Palladium 10, 15, 528, 530, 728, 735.
Palmiacol 585.
Palmitylcholin 327.
Pantopon 406.
Papaveraldin 425.
Papaverin 296, 299, 412, 423, 424, 425, 426, 466, 467.
Papaverinol 425.
Papaverinsulfosäure 424.
Parabansäure 90, 165, 166.
Parachloralose 476, 477.
Paracotoin 746.
Paraffine 130.
Paraformaldehyd s. Trioxymethylen.
Parafuchsin 64, 541, 641, 647, 648.
Paralaudin 407.
Paraldehyd 27, 88, 96, 110, 130, 516, 652.

Paraldehyddextrin 652.
Paraldehydstärke 653.
Paramorphan 407.
Parapicolin 133, 303.
Parapyrogallol 777.
Pararabinochloralose 477.
Pararosanilin 64, 65, 641, 719.
Paratophan 809.
Paraxanthin 44, 92, 95, 118, 790.
Paraxin 790.
Parol 615.
Parpevolin 315.
Parvolin 133, 295, 311.
Patschuli 538.
Pellidol 646.
Pellotin 319.
Pentaacetyltannin 660.
Pentaäthylphloroglucin 515.
Pentabromaceton 619.
Pentabromphenol 616.
Pentacarbomethoxyoxybenzoylglucose 567.
Pentachloräthan 816, 819.
Pentachlorphenol 617.
Pentadekylamin 71.
Pentadigalloylglykose s. Tannin.
Pentahomocholinchlorid 328.
Pentajodaceton 596.
Pental 51, 161, 185, 383, 469.
Pentamethylenallyldimethylamin 409.
Pentamethylendiamin 54, 72, 166, 303, 445, 524, 652.
Pentamethylendimorphin 356, 408, 409.
Pentamethylendinormorphin 408, 409.
Pentamethylpyrrolidin-β-carbonsäure 804.
Pentamethylrosanilin 641.
Pentan 51, 523, 816.
Pentanon 517.
Pentanonisoxim 304.
Pepsin 154.
Peptide 151.
Peptonkalomel 689.
Perchlorameisensäureester 85.
Perchloräthan 472, 539.
Perchloräther 539.
Perchloräthylen 539.
Perchlorsäure 530.
Perjodaceton 596.
Peronin 235, 326, 341, 383, 396, 398, 401.
Peroxydphthalsäure 814.
Perrheumal 482.
Pertonal 279.
Perubalsam 200, 575, 765ff.
Peruol 575.
Peruscabin 575.
Petroleumäther 472.
Petrosulfol 628.
Pfefferminzöl 543, 756, 757.
Phellandren 190.
Phenacetin 31, 104, 144, 146, 154, 264, 266, 267, 268, 269, 270, 271, 272, 273, 277, 281, 283, 287, 289, 291, 292, 380, 494, 495.
Phenacetincarbonsäure 104, 281, 574.
Phenacetinsulfosäure 281, 283.
Phenacetornithursäure 193.
Phenacetursäure 165, 172, 173, 186, 193.
Phenacetylekgonin 335.
Phenacetylekgoninmethylester 375.
Phenacetyltropein 348.
Phenacylidin 281.
Phenacylvanillin-phenacyl-p-aminophenol 280.
Phenacylvanillin-p-phenetidid 280.
Phenäthyldihydrochinazolin 748.
Phenanthren 54, 58, 178, 259, 260, 292, 306, 394, 418, 477, 523.
Phenanthrencarbonsäure 394.
Phenanthrenchinon 178, 419.
Phenanthrenchinonsulfosäure 394.
Phenanthrensulfosäure 394.
Phenanthrol 178, 394, 419.
Phenanthrolcarbonsäure 394.
Phenanthrolglykuronsäure 178.
Phenazselenoniumfarbstoff 632.
Phenegol 679.
Phenetidin 29, 211, 265, 291, 377.
p-Phenetidincitrat 274.
Pheneditine 43.
Phenethol 57, 173, 190, 191, 542, 544.
p-Phenetolcarbamid s. Dulcin.
p-Phenetolharnstoff s. Dulcin.
β-Phenethylol 382.
Phenokoll 104, 282.
Phenokoll, acetylsalicylsaures s. Salokoll.
Phenokoll, citronensaures s. Citrokoll.
Phenokollsalicylat s. Salokoll.
Phenol 29, 35, 36, 53, 55, 56, 57, 58, 67, 100, 102, 103, 106, 116, 133, 170, 171, 172, 177, 183, 184, 189, 190, 192, 197, 206, 212, 256, 258, 289, 381, 515, 531, 532, 533, 534, 535, 538, 543, 544, 549, 552, 553, 554, 555, 561, 562, 571, 573, 576, 600, 617, 646, 670, 672, 716.
Phenolätherschwefelsäure 29, 56, 100, 101, 183.
Phenolcamphersäure 763.
Phenolcarbaminsäure 254.
Phenole 5, 29, 30, 35, 137, 149, 198, 202.
Phenoljodid 600.
Phenolkresotinsäureester 563, 564.
Phenolmethoxymethyläther 653.
Phenolnatrium 533.
Phenol-o-oxalsäureester 549.
Phenolphthalendiisochinon 743.
Phenolphthalein 200, 601, 743, 744.
Phenolphthaleincalcium 743.
Phenolphthaleincarbonat 744.
Phenolphthaleindibutyrat 744.
Phenolphthaleindiisovalerianat 744.
Phenolphthaleindisalicylat 744.
Phenolphthaleindizimtsäureester 744.
Phenolphthaleinoxim 744.
Phenolphthalsäure 743.
Phenolschwefelsäure 101, 106, 184, 535, 593, 639.
Phenolwismut 670.
Phenomydrol s. Aminoacetophenon.
Phenosafraninquecksilber 690.
Phenosal 144, 275.
Phenoval 272, 769.
Phenoxacet-p-aminophenol 275.
Phenoxacet-p-anisidid 275.
Phenoxacet-p-phenetidid 275.
Phenoxyacetylsalicylsäure 557.
Phenoxyäthylurethan 498.
Phenoxydimethylaminopropanol 288, 371.
Phenoxyessigsäure 166, 275, 542.
Phenoxyessigsäureanhydrid 275.
Phenoxacet-p-anisinid 275.
Phenoxylacetamid 574.
Phenoxylacetylatoxyl 707.
p-Phenoxylessigsäurecarbamid 143.
Phenoxylessigsäureguajacylester 589.
Phenoxylessigsäurephenylester 589.

Phenoxypropandiol s. Antodin.
Phenoxypropanolphenetidin 371.
Phentrioldimethylsäure s. Gallocarbonsäure.
Phentriolmethylsäure s. Gallussäure.
Phenylacetalkyltetramethyloxypiperidincarbonsäureester 365.
Phenylacetamid 618.
Phenylacetessigester 174.
Phenylacetonitril s. Benzylcyanid.
Phenylacetylaminoessigsäure 88.
Phenylacetylaminochinolincarbonsäure 811.
Phenylacetylekgoninmethylester 336.
Phenylacetylglutamin 165, 166, 186, 193.
Phenylacetylglutaminharnstoff 186, 193.
Phenylacetyltropein 345, 349.
Phenylacrylsäure 194.
Phenyläthanolamin 72, 454.
Phenyläthoxyacetamid 498.
Phenyläthylacetylharnstoff 514.
Phenyläthylalkohol 166, 181, 380, 381, 382, 539.
Phenyläthylamin 72, 181,311, 441, 444, 445, 446, 447, 448, 453.
α-Phenyläthylamin 72, 445.
Phenyläthylbarbitursäure s. Luminal.
Phenyläthylenglykol 138.
Phenyläthylhydantoin 514.
Phenyläthylmethylketon 174.
1-Phenyl-2-äthyl-3-methyl-4-diäthylamino-5-pyrazolon 227.
Phenyläthylpyrazolammonium 301.
Phenyläthylmonodibrompropylbarbitursäure 508, 509.
Phenylalanin 125, 140, 174, 181, 195, 441, 442.
Phenylalkohol 520.
Phenylallylhydantoin 514.
Phenylaminoacetonitril 88.
Phenylaminoacetyltropein 345.
γ-Phenyl-α-aminobuttersäure 187.
Phenylaminochinolincarbonsäure 811, 812.
Phenylaminoessigsäure 140, 164, 171, 175, 181.
Phenylaminoessigsäuremethylester 384.
Phenylaminoparaxanthin 790.
Phenyl-α-aminopropionsäure 169.
Phenylaminotheobromin 790.
Phenylaminotheophyllin 789.
Phenylarsenoxyd 720.
Phenylarsin 699, 710, 714.
Phenylarsinsäure 704, 705, 710, 722.
Phenylazoimid s. Triazobenzol.
Phenylbenzimidazol 90.
o-Phenylbenzylamin 383.
Phenylbenzylbarbitursäure 508.
Phenylblau 641, 642.
Phenylbuttersäure 53, 165, 166, 172, 552.
Phenylbuttersäurelacton 165.
Phenylbutylketon 174.
Phenylbrenztraubensäure 175.
Phenylbromacetalkyltetramethyloxypiperidincarbonsäureester 365.
Phenylcarbaminoarsanilsäure 707.
Phenylcarbaminsäurebrenzcatechinester 579.
Phenylcarbaminsäurediäthylaminoäthanolesterchlorhydrat 377.
Phenylcarbaminsäurediäthylaminoester 376.
Phenylcarbaminsäurediäthylaminotrimethylcarbinolester 374.
Phenylcarbamotropein 345.
Phenylcarbinol 380.
Phenylcarbonsäureestercarbaminsäurebrenzcatechinester 579.
γ-Phenylchinaldin 216.
γ-Phenylchinolin 215.
Phenylchinolincarbonsäure 788, 807, 810.
2-Phenylchinolin-4-carbonsäure s. Atophan.
Phenylchinolincarbonsäureacetolester 810.
Phenylchinolincarbonsäureäthylester 807.
Phenylchinolincarbonsäureglykolsäureester 810.
Phenylchinolincarbonsäureisoamylester 810.
Phenylchinolincarbonsäuremethylester 807, 808.
Phenylchinolincarbonsäurenaphtholester 807.
Phenylchinolincarbonsäurephenylester 807.
Phenylchinolincarbonsäuresalicylester 812.
Phenylchinolincarbonsäuresalicylsäureglykolester 812.
Phenylchinolincarbonsäuretannat 812.
Phenylchinolindiäthylcar binol 808.
Phenylchinolinquecksilbercarbonsäure 688.
4-Phenylchinolylketon 247.
Phenylchloracetalkyltetramethyl-γ-oxypiperidincarbonsäureester 365.
Phenylchloracetyltropein 345.
Phenylcinchoninsäureäthyl ester 806.
Phenylcinchoninsäureallylester s. Atochinol.
Phenylcumalin 746.
Phenyldiäthylacetamid 509.
Phenyldiäthylacetylharnstoff 509.
Phenyldiäthylcarbinessigsäure 767.
Phenyldiäthylsulfonbutan 503.
Phenyldibrompropionsäureäthylester 621.
Phenyldichlorarsin 85.
Phenyldihydroberberin 426.
Phenyldihydrochinazolin 747.
C-Phenyldihydrochinin 244.
Phenyldihydrothebain 393.
1-Phenyl-2.4-dimethyl-3-p-aminobenzoylmethylol-5-pyrazolon 227.
Phenyldimethyläthylammoniumjodid 300.
Phenyldimethylaminopyrazolongoldcyanid 734.
Phenyldimethylamylammoniumhydrat 300.
Phenyldimethylamylammoniumjodid 300.
1-Phenyl-2.3-dimethyl-4-diäthylamino-5-pyrazolon 227.
1-Phenyl-2.3-dimethyl-4-diallylamino-5-pyrazolon 232.
1-Phenyl-2.3-dimethyl-4-diaminomethyl-5-pyrazolon 227.
1-Phenyl-2.4-dimethyl-3-dimethylaminomethyl-5-pyrazolon 227.
1-Phenyl-2.3-dimethyl-4-dimethylamino-5-pyrazolon 231, 232.
1-Phenyl-2.5-dimethyl-4-dimethylamino-6-pyrazolon 227.

1-Phenyl-2.4-dimethyl-3-methylol-5-pyrazolon 227.
Phenyldimethylpyrazol 89, 100, 233.
Phenyldimethylpyrazolcarbonsäure 104.
Phenyldimethylpyrazoljodmethylat 104, 233.
Phenyldimethylpyrazolon 104.
1-Phenyl-2.3-dimethyl-5-pyrazolon s. Antipyrin.
1-Phenyl-2.4-dimethyl-5-pyrazolon 227.
1-Phenyl-2.5-dimethylpyrazolon s. Isoantipyrin.
Phenyldimethylpyrazolonaminomethansulfosäure s. Melubrin.
Phenyldimethylpyrazolsulfosäure 100.
Phenyldimethylpyrazolylphenylacetyldiketopyrrolidin 805.
1-Phenyl-2.3-dimethyl-4-sulfamino-5-pyrazolon 231.
Phenyl-β-γ-dioxybuttersäure 165.
Phenyldipropylacetamid 509.
Phenyldithiobiazolonsulfhydrat 631.
m-Phenylendiamin 34, 77, 115, 256, 257, 258, 747.
o-Phenylendiamin 34, 77, 115, 256, 257, 258.
p-Phenylendiamin 34, 76, 77, 115, 256, 257, 258.
p-Phenylendiaminsulfosäure 76.
Phenylessigsäure 53, 105, 156, 165, 166, 171, 172, 181, 186, 193, 194, 552, 553.
Phenylessigsäureamid 520.
Phenylfurfurylacetyldiketopyrrolidin 805.
Phenylglucosazon 178.
Phenylglycerin 138.
Phenylglycerinäther s. Antodin.
Phenylglycerinsäure 156.
Phenylglycerinurethan 382.
Phenylglycin s. Phenylglykokoll.
Phenylglycinarsenoxyd 708.
Phenylglycinarsin 710.
Phenylglycin-o-carbonsäure 171, 175, 176.
Phenylglycindiäthylaminoäthanolester 377.
Phenylglycinesterstibinsäure 729.
Phenylglykokoll 53, 174, 176, 380, 382.
Phenylglykolsäure 171, 181.
Phenylglykolylalkyltetramethyloxypiperidincarbonsäureester 365.
Phenylglykolylalkyltrimethyloxypiperidincarbonsäureester 365.
Phenylglykosid 138.
Phenylglyoxylsäure 164, 174, 175.
Phenylguanazol 79.
Phenylharnstoff 53, 146, 178, 520, 524.
Phenylharnstoffphenylarsinsäure 711.
Phenylhydrazin 34, 35, 36, 46, 47, 77, 219, 220, 221, 222, 256, 257, 260, 261, 288, 291, 779.
Phenylhydrazinlävulinsäure s. Antithermin.
Phenylhydrochinazolin s. Orexin.
Phenylhydrohydrastinin 437.
Phenylhydrokotarnin 429.
Phenylhydroxylamin 74, 78, 83, 179, 257, 260.
β-Phenyl-α-hydroxy-propionyltropein 345.
Phenylisocrotonsäure 165, 173.
Phenyl-α-ketopropionsäure 173.
Phenylmercaptan 539.
Phenylmethoxyacetamid 498.
Phenylmethoxyaminochinolincarbonsäure 811.
Phenyl-p-methoxychinaldin 215.
γ-Phenyl-p-methoxychinaldin 215.
1-Phenyl-3-methoxy-4.4-dimethyl-5-pyrazolon 231.
Phenylmethylaceton 518.
Phenylmethylaminoäthan 819.
Phenylmethylaminomethoxyäthan 819.
Phenylmethylamin s. Benzylamin.
Phenylmethylbarbitursäure 508.
Phenylmethylcarbinol 381.
Phenylmethyldiäthylsulfonmethan 501.
Phenylmethylpyrazolcarbonsäure 105, 233.
Phenylmethylpyrazolonsulfosäure 234.
Phenylmilchsäure 195.
Phenyl-α-milchsäure 173.
Phenyl-β-milchsäure 172.
Phenyl-l-milchsäure 175.
Phenylmonomethylaminopropanol 447.
Phenylmonomethylpyrazolon 218.
Phenylnaphthochinolin 808.
Phenylnaphthochinolincarbonsäure s. Diapurin.
Phenylnitrosalicylat 563.
Phenyloxalylacetamid 498.
Phenyl-γ-oxybuttersäure 165.
Phenyl-β-oxybutyrolacton 165.
Phenyloxynaphthoat 563.
Phenyloxyphenylacetureid 498.
Phenylpiperonylacetyldiketopyrrolidin 805.
Phenylpropiolsäure 591.
Phenyl-β-oxypropionsäure 156.
1-Phenyl-β-oxypropionsäure 172, 173.
1-Phenyl-3-oxy-5-pyrazolon 231.
Phenylparaconsäure 106, 172.
Phenylphenylenstibinsäure 730.
Phenylpropiolsäure 105.
Phenylpropionsäure 53, 155, 171, 172, 179.
Phenylpropylalkohol 539.
Phenylpropylamin 72, 446.
Phenylpropylbarbitursäure 508.
p-Phenylpropylurethancarbonat 277.
Phenylpyrazoldicarbonsäure 104, 233.
Phenylpyrazoljodmethylat 391.
Phenylresorcincarbonsäureester 563.
Phenylsaccharin 142.
Phenylsalicylsäure 561.
Phenylselenharnstoff 634.
Phenylsemicarbazid 222.
Phenylserin 156.
Phenylstibinsäure 730.
Phenylsulfid 539.
Phenyltetramethyldiaminoglycerinbenzoat 371.
Phenylthiobiazolinsulfhydrat 631.
Phenylthioharnstoff 108.
Phenyltriäthylammoniumjodid 300.
1-Phenyl-3.4.4-trimethyl-5-pyrazolon 228.
Phenylurethan 67, 146, 179, 263, 277.
Phenylurethan s. Euphorin.
p-Phenylurethancarbonat 277.
Phenylvaleriansäure 156, 172.
Phenylzimtsäure 172.
Phesin 283.

Phlorbutyrophene 572, 573.
Phlorisobutyrophene 753.
Phloroglucin 36, 56, 57, 115, 116, 139, 147, 515, 534, 544, 547, 750.
Phloroglucinmethyläther 147.
Phloroglucinquecksilber 673.
Phloroglucit 58, 139.
Phoron 98.
Phosgen 470.
Phosphate 11.
Phosphatide 781.
Phosphatol 582.
Phosphin 645, 648.
Phosphine 216.
Phosphoniumbasen 19, 50, 128, 151, 301.
Phosphor 10, 12, 20, 43, 50, 112, 300, 547.
Phosphorate 785.
Phosphorige Säure 20, 43, 582.
Phosphorite 785.
Phosphorsäure 12, 15, 19, 20.
Phosphorsäureguajacyläther 582.
Phosphorsäuretriphenetidid 276.
Photoacetophenin 519.
Photosantonin 754.
Photosantonsäure 754.
Photosantonsäureanhydridäthyläther 754.
Phthalein 743.
Phthaleine 200.
Phthalidcarboxyltropein 344, 345.
Phthalimid 109, 146, 177, 619.
Phthaliminoacetondiamylsulfon 503.
Phthaliminoacetondiphenylsulfon 503.
Phthalol 572.
Phthaloyltropein 344.
Phthalsäure 105, 169, 430, 553, 572.
Phthalsäureanhydrid 572.
Phthalsäurediphenyläther 572.
Phthalylarsanilsäure 707.
Phthalylatoxyl 707.
Phthalylbisekgonin 375.
Phthalyldiekgonin 335.
o-Phthalyldiekgonindimethylester 336.
Phthalylmethylindolquecksilberacetat 687.
Physostigmin s. Eserin.
Phytin 783.
Phytineisen 783.
Piaselenol 633.
Piaselenolcarbonsäure 633.
Piaselenolmethylaminosulfosäure 633.
Piazothiole 630.
Picolin 179.
α-Picolin 195.
Picoline 133.
Picolindicarbonsäure s. Uvitoninsäure.
Picolinsäure 106.
Picolinsäureäthylbetain 151.
Pikraminsäure 83, 183.
Pikrinsäure 31, 82, 83, 106, 145, 183, 531, 639.
Pikroaconitin s. Benzaconin.
Pikrol 605.
Pikropodophyllin 745.
Pikrotin 322.
Pikrotoxin 307, 322.
Pikrotoxinin 322.
Pilocarpidin 462.
Pilocarpin 105, 311, 461, 462.
Pilocarpinsäure 105.
Pinakon 190, 524.
Pinakone 132.
Pinen 190, 191, 539, 543, 757, 764, 765.
Pinenol 191.
Pipecolin 312.
Pipecolylalkin 317.
Piperazin 106, 143, 197, 525, 794, 799, 800, 801, 802.
Piperazinbistheobrominkohlensäureester 794.
Piperazin, chinasaures s. Sidonal.
Piperazinaurocyanid 734.
Piperidin 34, 35, 63, 79, 106, 144, 179, 210, 211, 243, 294, 295, 302, 303, 304, 311, 312, 314, 324, 364, 416, 444, 459, 460, 464, 525, 803, 805.
Piperidinbrenzcatechin 414, 586.
Piperidinguajacol 585, 586.
Piperidinhydrochinon 586.
Piperidinmethyl-6-äthoxychinolyl-4-carbinol 248.
Piperidinnitrophenol 586.
Piperidinpyrogallol 586.
Piperidinsäure 105.
Piperidin, weinsaures 803.
Piperidoacetobrenzcatechin 444.
Piperidoäthanolphenylcarbaminsäureester 374.
Piperidoessigsäurenitril 88.
Piperidoguajacylamyläther 381.
Piperidoguajacylpropyläther 381.
Piperidoisopropanolphenylcarbaminsäureester 374.
Piperidomenthylamyläther 381.
Piperidon 302, 303, 304, 306.
Piperidophenylamyläther 381.
Piperidophenylpropyläther 381.
Piperidothymylamyläther 381.
Piperidothymylpropyläther 381.
4-Piperidylantipyrin 227.
Piperidylbenzoat 375.
Piperidylessigsäuretrichlorbutylester 482.
Piperin 324, 460.
Piperinsäure 113, 324.
Piperonal 58, 97, 113, 324, 383.
Piperonalbisurethan 497, 498.
Piperonylacrylsäureisobutylamid s. Fagaramid.
Piperonyläthylalkohol 380.
Piperonylalkohol 382.
Piperonylaminoacetophenon 518.
Piperonylchinolincarbonsäure 807.
Piperonylchinolincarbonsäureäthylester 813.
Piperonylchinolincarbonsäureanilid 810.
Piperonylchinolincarbonsäuremethylester 813.
Piperonylchinolincarbonsäureoxybenzoesäureester 813.
Piperonylchinolincarbonsäureoxychinolinester 813.
Piperonylchinolincarbonsäurephenetidid 810.
Piperonylchinolincarbonsäurephenylester 813.
Piperonylchinolincarboxyl-p-aminobenzoesäureäthylester 810.
Piperonylcinchoninsäure 807, 808.
Piperonylsäure 97, 105, 113, 324.
Piperylalkin 316.
Platin 10, 15, 19, 89, 510, 725, 735, 736.
Platinammoniake 302.
Platinammoniumbasen 76.
Platincyannatrium 19, 89.
Plecavol 386.
Pneumin 585.
Podophyllinsäure 745.
Podophyllotoxin 745.
Polychloral 474.
Polygalasaponin 771.
Polysalicylid 564.
Polystichin 752.
Pomeranzenöl 538.
Ponceau 4 GB 644.
Ponceau R 643.
Ponceau 2 R 649.
Populin 139, 150, 553.

Polysaccharide 138.
Praseodym 15, 18, 816.
Prapandiolpyrrolidin 461.
Procain 372, 373.
Prolylphenylalanin 125.
Propaesin 386.
Propanolbenzoyldimethylamin 357.
Propenylbrenzcatechinmethylenäther s. Isosafrol.
Propiolsäurenitril 85.
Propion 98, 158, 495, 517.
Propionamid 144, 521.
p-Propionanilidcarbonat 277.
Propionitril 86, 87, 198, 523.
Propionsäure 68, 102, 155, 158, 552.
Propionylacetophenon 518.
Propionylaminocoffein 789.
Propionylbromdiäthylacetylharnstoff 820.
Propionylcholin 329.
N-Propionylpiperidin 312.
Propionylsalicylsäure 556.
Propionylsalicylsäureacetonchloroformester 482.
Propiopinakon 492.
Proponal 493, 494, 506.
Propyläthyläther 494.
Propylaldehyd 96.
Propylalkohol 61, 110, 131, 132, 490, 523, 532.
sek. Propylalkohol 490.
Propylalkyltetramethyloxypiperidincarbonsäureester 365.
n-Propylbenzol 177.
Propylbenzylconiniumjodid 124.
N-Propylbenzoyltetramethyl-γ-oxypiperidincarbonsäuremethylester 365.
Propylchinin 235.
Propyldihydroberberin 426.
Propylen 153.
Propylenbromid 539.
Propylenglykol 521, 523.
Propylenglykolchlorphenyläther 382, 565.
Propylenglykolphenyläther 382, 565.
Propylenharnstoff 108.
Propylenpseudothioharnstoff 108.
Propylhydrokotarnin 429.
Propylidendiäthylsulfon 500.
Propylidendimethylsulfon 500.
m-Propylkresol 536, 598.
o-Propylkresol 536, 598.
p-Propylkresol 536, 598.
Propylkresoljodid 598.
Propylkresoxäthylbarbitursäure 507.
Propylkresoxäthylmalonsäurediäthylester 507.
Propyllupetidin 315.
Propylmeconylharnstoff 170.
Propylmeconylthioharnstoff 170.
Propylmercaptan 539.
Propylmorphin 397.
prim. Propylnitrit 80.
sek. Propylnitrit 80.
Propylnitrolsäure 145, 149.
Propylnorkodein 408.
Propyloxyhydrocuprein 239.
Propyloxyhydrozimtsäure 571.
Propyloxyphenonacetsäure 588.
Propylphenacetin 270, 285.
Propylphenol 535.
Propylphenylcarbaminsäurediäthylaminoäthanolester 376.
Propylphenylketon 99.
α-Propylpiperidin s. Coniin.
β-Propylpiperidin 61, 314, 315.
N-Propylpiperidin 314.
Propylpyridin s. Collidin.
α-Propyltetrahydrochinolin 210.
Propyltheobromin 790.
Protargol 693, 727.
Protocatechualdehyd 97, 192.
Protocatechualdehyddimethyläther-p-phenetidid 280.
Protocatechualdehydmethoxymethyläther 653.
Protocatechuphenetidid 280.
Protocatechusäure 102, 105, 113, 191, 196.
Protocotoin 746.
Protosal 570.
Protoveratridin 323.
Protoveratrin 323.
Providoform 537.
Providol 673.
Pseudaconin 322.
Pseudekgonin 118.
Pseudoaconitin 322.
Pseudoatropin 343.
Pseudocumol 53.
Pseudoephedrin 309, 310, 391, 459.
Pseudohyoscyamin 343.
Pseudojervin 323.
Pseudomorphin 401.
Pseudomuscarin 330.
Pseudopelletierin 352.
Pseudoricinolsäure 742.
Pseudostrophantidin 772.
Pseudostrophantin 772.
Pseudotropin 343, 351, 353, 366.
Psychotrin 466, 467.
Pulegol 756.
Pulegolamin 756.
Pulegon 112, 756.
Puraloin 740.
Purgatin 741.
Purgen 743.
Purin 89, 90, 91.
Purpurin 74.
Purpuroxanthin 741.
Purpursäure s. Murexid.
Putrescin 524.
Pyoktanin 537, 642.
Pyoktanin, gelbes 641.
Pyoktanin, violett s. Methylviolett.
Pyramidon 189, 226, 227, 228, 230, 289, 292, 531.
3-Pyramidon 226, 227.
Pyramidon, benzoesaures 231
Pyramidon, camphersaures 230.
Pyramidon, citronensaures 230.
Pyramidon-Coffein 231.
3-Pyramidonjodmethyl 227.
Pyramidon, phthalsaures 231.
Pyramidon, salicylsaures 230, 231.
Pyrantin 272.
Pyrazin 73.
Pyrazol 89, 290.
Pyrazole 151.
Pyrazolon 303, 464.
Pyridin 34, 35, 36, 79, 90, 133, 151, 179, 187, 210, 211, 215, 216, 243, 292, 294, 295, 296, 298, 306, 311, 313, 317, 332, 416, 460, 525.
Pyridincarbonsäure 173, 179, 208, 554.
Pyridincholin 332.
Pyridinmuscarin 332.
Pyridinneurin 332.
α-Pyridinursäure 195.
Pyridon 303, 464.
Pyrimidin 89, 90, 794.
β-2-Pyridyl-α-hydroxypropionyltropein 345.
Pyrobromon 618.
Pyrochinin 250.
Pyrodin 34, 269.
Pyrogallol 36, 56, 57, 102, 115, 116, 139, 149, 220, 531, 534, 542, 544, 547, 670, 736, 776, 777, 778.
Pyrogalloläther 590.
Pyrogallolcarbonat 149, 150.
Pyrogalloldimethyläthercarbaminsäureester 778.
Pyrogalloldisalicylat 778.
Pyrogallolmonoacetat 777, 778.
Pyrogallolmonoätherschwefelsäure 56.

Pyrogallolsalicylat 563.
Pyrogalloltriäthyläther 575.
Pyrogalloltriacetat 777, 778.
Pyrogallolwismut 670.
Pyron 99.
Pyromycursäure 194.
Pyronal 225.
Pyrovanadinsäure 19.
Pyrrol 34, 35, 36, 54, 105, 194, 196, 303, 603.
Pyrrol-α-carbonsäure 196.
Pyrroldiazolbromid 604.
Pyrroldiazoljodid 604.
Pyrrolidin 243, 303, 304, 364, 464, 804.
Pyrrolidinalkohol 461.
α-Pyrrolidincarbonsäure 140.
Pyrrolidon 146, 302, 303, 304, 464.
Pyrrolidylisopropylalkohol 461.
Pyrrolin 303.

Quecksilber 22, 23, 24, 134, 203, 527, 528, 530, 532, 536, 604, 605, 671 ff., 725, 727, 734, 736.
Quecksilber- s. Mercuri- oder Mercuro-.
Quecksilber, acetylatoxylsaures 726.
Quecksilber, aminojodphenylarsinsaures 726.
Quecksilber, äthylschwefelsaures 675.
Quecksilberalanin 24.
Quecksilber, aminophenylstibinsaures 729.
Quecksilberanilin 674.
Quecksilberasparagin 24.
Quecksilberatoxyl 725, 726.
Quecksilberatoxylsäure 726.
Quecksilberbenzolsulfonaminophenylstibinsäure 729.
Quecksilberbehenolsäureäthylester 681.
Quecksilberbenzoat 675.
Quecksilberbenzoesäure 681.
Quecksilber, benzoesaures 675.
Quecksilberbinitrophenol 674.
Quecksilberbromid 22.
Quecksilberchlorbenzoesäure 680.
Quecksilberchlorid 21, 528, 605, 642, 671, 672, 673, 674, 689, 715, 716.
Quecksilberchloridharnstoff 673.
Quecksilber, cholsaures 690.
Quecksilbercyanid 688.
Quecksilberdibenzoesäure 675, 685.
Quecksilberdibrombenzoesäure 680.
Quecksilberdibromfluorescein 679.
Quecksilberdijodtyrosin 675.
Quecksilberdimethyl 699.
Quecksilberdimethylbenzoesäure 680.
Quecksilber, dioxyiminodihydropyrimidinessigsaures 691.
Quecksilberdipropionsäure 675, 685.
Quecksilberdisalicylsäure 726.
Quecksilberfluorescein 679.
Quecksilberformamid 673.
Quecksilberglobulin 693.
Quecksilberglykokoll 24.
Quecksilberguajacolpropionsäure 685.
Quecksilberhydrochinonphthalein 679.
Quecksilberjodatoxylsaures 726.
Quecksilberjodbenzoesäure 680.
Quecksilberjodid 22.
Quecksilberjodidjodfett 610.
Quecksilberjodidjodkalium 688.
Quecksilber, jodphenylarsinsaures 726.
Quecksilber, kaliumcarbothiomethylaminophenylessigsaures 684.
Quecksilberkaliumhyposulfit 528.
Quecksilberkaliumkresolsulfosäure 679.
Quecksilberkaliumnitrophenolsulfosäure 679.
Quecksilberkaliumthiosulfat 687.
Quecksilberkaliumthymolsulfosäure 679.
Quecksilber, koll. 529, 672.
Quecksilberkreosol 673.
Quecksilberkresorcinsuccinein 679.
Quecksilbermethylfluorescein 679.
Quecksilbermonobromxyllenol 673.
Quecksilber, naphtholdisulfosaures 675.
Quecksilbernatriumthioglykolat 688.
Quecksilbernuclein 697.
Quecksilberoxybenzoesäureanhydridacetamid 677.
Quecksilber, oxybenzolsulfocarbonsaures 678.
Quecksilberoxycyanat 674.
Quecksilberoxycyanid 688.
Quecksilberoxydul, gerbsaures 686.
Quecksilberoxydulnatrium weinsaures 24.
Quecksilberoxyhydrochinonphthalein 679.
Quecksilberoxydkolloid 672.
Quecksilber, paranucleinsaures 683.
Quecksilberphenolat 674.
Quecksilber, phenoldisulfosaures s. Hermophenyl.
Quecksilber, phenolessigsaures 675.
Quecksilberphenolphthalein 679.
Quecksilberphenolsulfonat 688.
Quecksilberphenolsulfosäure 680.
Quecksilber, p-phenolsulfosaures s. Hydrargol.
Quecksilberphenylmethyldithiocarbonat 682.
Quecksilberpyrogalloldiäthyläther 673.
Quecksilberresorcinsaccharein 679.
Quecksilber, resorcinessigsaures 675.
Quecksilberresorcinsuccinein 679.
Quecksilbersalicylat 676, 677, 689.
Quecksilbersalicylatäthylendiamin 678.
Quecksilbersalicylatalanin 678.
Quecksilbersalicylat, methylarsinsaures s. Enesol.
Quecksilbersalicylatpiperidin 678.
Quecksilbersalicylatsuccinimid 678.
Quecksilbersalicylsulfosäure 677.
Quecksilbersalvarsan 683.
Quecksilberstearolester 681.
Quecksilbersuccinimid 24.
Quecksilbersuccinimid-monomethylarsinsaures 726.
Quecksilbertetrabromfluorescein 679.
Quecksilbertetrajodfluorescein 679.
Quecksilbertetrajodphenolphthalein 679.
Quecksilberthiosulfatnatriumchlorid 22.
Quecksilberthymoxylessigsäureanhydrid 685.
Quecksilbertoluylsäure 680.
Quecksilber, tribromphenolessigsaures 675.

Quecksilbertrimethylbenzoesäure 680.
Quecksilber, methanophenylstibinsaures 729.
Quecksilberveratrumsäure 680.
Quecksilberxylenol 673.
Quecksilberzinkcyanat 688.
Quercit 51, 58, 162.
Quercitrin 201.
Quietol 488.

Radium 528, 529, 736.
Rebaudinsapogenin 773.
Rebaudinsaponin 773.
Resacetophenon 191.
Resaldol 574, 742.
Resoldol 747.
Resorcin 56, 115, 139, 147, 180, 190, 531, 534, 544, 774, 778.
Resorcinarsinsäure 717.
Resorcinbenzoylcarbonsäureäthylester s. Resaldol.
Resorcindiäthyläther 590.
Resorcindisalicylat 563.
Resorcinglykosid 774.
Resorcin-Hexamethylentetramin s. Hetralin.
Resorcinmonoacetat 777, 778.
Resorcinmonoäthyläther 590.
Resorcinmonosalicylat 563.
Resorcinquecksilber 673.
Resorufin 740.
Resorcylsäure 105, 147.
Rhamnoside 200.
Rhamnoseäther 200.
Rhodaform 656.
Rhodan 25, 109.
Rhodanammon 36.
Rhodanide 5, 107, 198.
Rhodanquecksilber 22.
Rhodanwasserstoff 63, 89.
α-Rhodeohexonsäurelacton 126.
Rhodinol 756.
Rhodium 530, 735.
Rhodiumammoniake 129.
Ricinin 296.
Ricinolamid 743.
Ricinolsäure 742, 743.
Ricinolsäureester 743.
Ricinolsäurephosphorsäure 784.
Ricinolstearolsäurejodid s. Dijodyl.
Ricinstearolsäureäthylesterdijodid 609.
Ricinstearolsäuredijodid 608.
Ricinusöl 742, 743.
Ricinusölallophansäureester 743.
Ristin 767.
Roccellin B 101.
Roccellinrot 101.
Rohrzucker 135, 772.
Rosaginin 771.
Rosanilin 64, 65, 648.
Rosaniline 64, 641, 642, 719.
Rose Bengale 641, 642.
Rosolsäure 740.
Rotlerin 752.
Rouge pourpre 643.
Rouge soluble 643.
Rubazonsäure 226, 229.
Rubidium 10, 13, 15, 16.
Rubidiumbromid 18.
Rubijervin 323.
Rufigallussäure 741.
Rufigallussäurehexamethyläther 741.
Ruthenium 530.
Rutin 201.

Sabinen 180, 190, 191, 756, 757.
Sabinenol 191.
Sabinol 191.
Sabronin 619, 620.
Saccharin 35, 117, 141, 142.
o-Saccharin 136.
p-Saccharin 136.
Saccharinäthylester 142.
Saccharinsäurelacton 142.
Sacchariosenitrat 81.
Saccharosephosphorsäure 637, 784, 785.
Safranin 83, 146, 648.
Safrol 56, 111, 112, 439, 547, 548.
Sagrotan 531.
Sajodin 609, 610, 620.
Salacetol 570.
Salicin 138, 139, 200, 297, 553, 561, 562.
Salicinnatrium 139.
Salicyläthyläthersäureamid 520.
Salicylaldehyd 57, 75, 549, 562.
Salicylaldoxim 75.
Salicylamid 67, 192, 520, 573.
Salicyl-p-aminophenylester-ω-methylsulfosäure 285.
Salicylanilid 255.
Salicylanthranil 559, 813.
Salicylanthranilsäure 559, 813.
Salicylanthranilsäuremethylester 559.
Salicylarsinsäure 718.
Salicylcarvacrolester 564.
Salicyldiäthylamid 768.
Salicylessigsäure 225, 560.
Salicylessigsäurediphenetidid 275.
Salicylessigsäurephenetidid 275.
Salicyleugenolester 564.
Salicylgallussäure 660.
Salicylglykolsäureäthylester 566.
Salicylglykolsäuremethylester 566.
Salicylglykuronsäure 185, 192.
Salicylhomoanthranilsäure 559.
Salicylhydrochinin 252.
Salicylid 470.
Salicylid-Chloroform 470.
Salicyljodid 600.
Salicylmethyläthersäureamid 520.
Salicylosalicylsäure 151, 557.
Salicylosalicylsäurecarbonat 559.
Salicyloylglucose 567.
Salicyloyltheobromin 792.
Salicylphenetidid 106, 275, 291.
Salicylquecksilber 686.
Salicylquecksilber s. Quecksilbersalicylat.
Salicylricinusöl 743.
Salicylsalicylamid 564.
Salicylsäure 32, 35, 38, 57, 58, 62, 102, 105, 140, 155, 177, 192, 193, 201, 204, 206, 207, 224, 255, 288, 289, 527, 531, 532, 536, 542, 543, 544, 552, 553ff., 560, 561, 562, 571, 572, 573, 794, 797, 798, 811.
Salicylsäureacetamidester 574.
Salicylsäureacetonbromoformester 482.
Salicylsäureacetonchloroformester 482.
Salicylsäureacetylaminophenoläther 573.
Salicylsäureäthylester 567.
Salicylsäureäthylestercarbamat 578.
Salicylsäureäthylesterchlormethylat 568.
Salicylsäureallylester 567.
Salicylsäureamid 140.
Salicylsäureamylester 567.
Salicylsäureanthranilsäureacethylester 813.
Salicylsäurebenzylester 565.
Salicylsäurebenzylphenolester 564.
Salicylsäuredichlorhydrinester 570.
Salicylsäuredioxyisobuttersäurepropylester 566.
Salicylsäuredioxynaphthalinester 563.
Salicylsäureformylaminophenoläther 573.

Salicylsäureglycerid 566.
Salicylsäureglycerinformalester 570.
Salicylsäureglykolylurethan 487.
Salicylsäureglykolylcarbaminsäuremethylester 769.
Salicylsäureglykolylurethan 769.
Salicylsäureguajacolester 564.
Salicylsäureisoamylphenolester 564.
Salicylsäureisobutylphenolester 564.
Salicylsäurekreosotester 564.
Salicylsäurelactylaminophenoläther 573.
Salicylsäurementhylestercarbonat 578.
Salicylsäuremethoxymethyläther 653.
Salicylsäuremethoxymethylester s. Mesotan.
Salicylsäuremethylenacetat s. Indoform.
Salicylsäuremethylester s. Salimenthol.
Salicylsäuremethylestercarbonylphenylphosphorsäure 785.
Salicylsäuremethylresorcinester 564.
Salicylsäurenaphtholester 563.
Salicylsäureoxychinolinester 806.
Salicylsäurephenylester s. Salol.
Salicylsäureresorcinester 563.
Salicylsäurethiokresolester 564.
Salicylsäurethiophenolester 564.
Salicylsäurethymolester s. Salithymol.
Salicylsäurexyllenolester 564.
Salicylschwefelsäure 559.
Salicyltropein 343, 346, 349.
Salicylursäure 192, 193.
Saliformin 657, 802.
Saligallol s. Pyrogalloldisalicylat.
Saligenin 57, 177, 380, 382, 553, 561, 562, 797.
Saligenincarbonsäure 568.
Saligenintannat 562, 797.
Salimenthol 144, 192, 553, 567, 760, 761.
Salipepsin 140, 224, 225.
Salithymol 140.
Salochinin 252.
Salokoll 140, 283.
Salol 201, 202, 539, 553, **562**ff., 563, 564, 572, 573.
Salole 567, 571, 572.
Salophen 573.
Salosalicylid 559.
Salpetersäure 23, 25, 60, 99, 134, 531.
Salpetersäureester 80, 81.
Salpetrige Säure 20, 63, 81, 473.
Salpetrigsäureester 80.
Salumin 737.
Salvarsan 32, 64, 527, 530, 542, 623, 700, 704, 708, 709, 710, 714, **715**, **716**, 719, 720, 725, 726, 736, 821.
Salvarsanformaldehydsulfoxylat 714.
Salvarsangold 727.
Salvarsankupfer 727, 735.
Salvarsannatrium 715, 728.
Salvarsanplatin 727.
Salvarsanquecksilber 727.
Salvarsansilber 727.
Salzsäure 99.
Samarium 18.
Sanatogen 783.
Sanoform 599, 601.
Santal 538, 543, 764, **765**ff.
Santalol 191, 765.
Santalolacetat 765.
Santalolacetolcarbonat 761.
Santalolallophansäureester 766.
Santalolbenzoat 765.
Santalolbernsteinsäureester 766.
Santalylbernsteinsäuremethylester 766.
Santalolbromisovalerylester 767.
Santalolcamphersäureester 765.
Santalolcarbonat 766.
Santalolcarbonylphenylphosphorsäureester 785.
Santalolzinnamylat 765.
Santalolformaldehyd 765.
Santalolgallussäureester 766.
Santalolisovalerianat 766.
Santalolkohlensäureester 765.
Santalololeat 766.
Santalolphosphorsäureester 766.
Santalolphthalat 765.
Santalolsalicylsäureester s. Santyl.
Santalolstearinat 766.
Santaloltriacetylgallussäureester 767.
Santaloltribenzoylgallussäureester 766.
Santalylcamphersäuremethylester 766.
Santalylmentholäther 766.
Santalylmethyläther s. Thyresol.
Santalylphthalsäuremethylester 766.
Santenol 191.
Santenon 52, 191.
Santogenin 198.
Santonan 755.
Santonansäure 755.
Santonige Säure 754.
Santonin 105, 179, 198, 753, 754, 755.
Santoninamin 754.
Santoninoxim 755.
Santonsäure 753, 754.
Santyl 765.
Sapogenin 773.
Saponin 382, 744, 772, 773, 786, 787.
Saponine 120.
Sapotonin 772.
Sarkin s. Hypoxanthin.
Sarkosin 141, 163, 195, 796.
Sarkosinanhydrid 141.
Sauerstoff 27, 530.
Scandium 18, 134, 530.
Scharlachrot 641, 646.
Schiffsche Basen 151.
Schleimsäure 162.
Schwefel 10, 13, 109, 134, 206, 504, 530, 622, 745.
Schwefeläthyl 107.
Schwefelchinin 253.
Schweflige Säure 198, 530.
Schwefeljodfette 610.
Schwefelkohlenstoff 107.
Schwefelkolloid 629, 630, 736.
Schweflige Säure 745.
Schwefellanolin 628.
Schwefellebertran 628.
Schwefelleinöl 628.
Schwefelsäure 15, 25, 99, 100, 198.
Schwefelsäureacetylaminophenoläther 582.
Schwefelsäureguajacyläthylester 582.
Schwefelsäureguajacylisobutylester 582.
Schwefelsäureguajacylmethylester 582.
Schwefelsäurehydrochinonmonomethyläther 582.
Schwefelsäurenitrophenoläther 582.
Schwefelsäureresorcinmonomethyläther 582.
Schwefelsäuresalicylamidester 582.
Schwefeltran 628.
Schwefelwasserstoff 108, 504, 745.
Schwefelzimtsäureester 628.
Scopolamin 122, 123, 402.

Scopolaminmethylbromid 347.
Sebacinsäurediäthylester 62.
Seifenspiritus 531.
Selen 10, 13, **631—634**.
Selenazinblau 632.
Selenazol 634.
Selenazolsulfosäure 634.
Selenbromfluorescein 633.
Selenbromide 85.
Selencyanantrachinon 634.
Selencyananthrachinonsulfosäure 634.
Selencyanbenzoesäure 633.
Selencyanbenzolarsinsäure 633.
Selencyanbenzolsulfosäure 633.
Selenfluorescein 633.
Selenfluoresceindiacetat 633.
Selenige Säure 187, 198, 631.
Selenjodfluorescein 633.
Selen, kolloid. 629, 632.
Selenmethyl 187.
Selenmethylenblau 633.
Selenoäthylhydrocuprein 820.
Selenohydrochinin 820.
Selenohydrocuprein 820.
Selenoisotrehalose 632.
Selenolleinoelsäure 634.
Selenophenol 634.
Selenphenolphthalein 633.
Selenresorcinarsensäure 632.
Selensaccharin 136.
Selensäure 15, 198.
Selentetrachlorfluoresceindiacetat 633.
Selenverbindungen 85.
Semicarbazid 74, 219.
Semicarbazide 256.
Senegasapogenin 773.
Senegasaponin 773.
Senfgasquecksilberchlorid 86.
Senföl 537.
Sepin 331.
Sepsin 72.
Septacrol 647, 694.
Serin 125, 140, 181.
Sidonal 797.
Silber 10, 15, 24, 134, 173, 203, 528, 529, 530, 532, **691**, 725, 727, 736.
Silber, aminjodphenylarsinsaures 726.
Silberatoxyl 726.
Silber-Brillantphosphin 5 G 694.
Silber, chinaaseptolsaures 692.
Silberdimethyldiaminomethylacridiniumnitrat 694.
Silbereiweiß 693.
Silberglykocholat 694.
Silber, jodphenylarsinsaures 726.
Silber, kolloid. 529, 691, 727, 728.
Silber, kolloid. s. Collargol.
Silbermethylenprotein 693.
Silbernitrat 538, 691, 693, 727.
Silbernitratammoniakalbumose 694.
Silbernuclein 697.
Silber, oxymercuribenzoesaures 694.
Silber, oxymercurithymolessigsaures 694.
Silber, phenylschwefelsaures 692.
Silberphosphat-Äthylendiamin 692.
Silberprotalbin 693.
Silbersalvarsan 717, 728, 821.
Silberthioglykolsäure 821.
Silicium **636**.
Silikate 529.
Siornin 658.
β-Skatol 79, 177.
Skatoxyl 177, 190.
Solanin 321.
Solarson 704.
Solveol 546, 590.
Somnal 478.
Sorbit 162.
Sozal 737.
Sozojodol 604, 605.
Sozojodolsäure 530.
Spartein s. Lupinidin.
Spermin 798.
Sphygmogenin s. Adrenalin 440.
Spirosal 565.
Spritgelb s. Aminoazobenzol.
Stachhydrin 151.
Stearosan 766.
Stearylcholin 327.
Stibacetin 729.
Stibenyl 732.
Stibinobenzol 731.
Stiboniumbasen 19, 50, 128, 151, 301.
Stilbazolin 311, 313.
Stilben 172.
Stilbenhydrat s. Diphenyläthanol.
Stickstoff 10, 13, 20, 26, 530.
Stickstoffwasserstoffsäure 74.
Storax 200.
Stovain 150, 358, 367, 368, 371.
Stovainbromäthylat 370.
Stovainbrommethylat 370.
Stovainjodäthylat 370.
Stovainjodmethylat 370.
Strontium 10, 14, 15.
Strontium, cholsaures 690.
Strophanthidin 773, 774.
Strophanthingenin s. Strophantidin.
Strophanthin 771, 772, 773, 774.
Strophantinhydrat 773.
Strychnidin 464, 565.
Strychnin 23, 28, 37, 40, 43, 45, 46, 47, 59, 67, 98, 136, 146, 271, 296, 297, 298, 299, 302, 307, 425, 463, 464, 465, 466, 742, 747.
Strychninbetain 465.
Strychninbrombenzylat 465.
Strychninhydrür 465.
Strychniniummethylhydroxyd 35.
Strychninjodessigsäuremethylester 465.
Strychninoxyd 395, 465.
Strychnol 303, 464, 465.
Strychnolin 464.
Stypticin s. Kotarnin.
Styptol 430.
Styracol 577, 583.
Suberon 517.
Suberonisoxim 305.
Sublimat 54, 297, 529, 531, 538, 545.
Sublimat s. Quecksilberchlorid.
Succinanilsäure 282.
Succinimid 90, 164.
Succinimidquecksilber 674.
Succinimidsilber-hexamethylentetramin 694.
Succinylekgoninmethylester 336.
Succinylsalicylsäure 558.
Succinyltropein 342, 344.
Sucramin 142.
Sucrosulfosäure 136, 146.
Sudan I 640, 643.
Sudan III 640.
Sudan G 640.
Sulfaldehyd 199.
o-Sulfamidbenzoesäure 142.
Sulfamide 148.
Sulfaminbenzoesäuresulfinid 142.
Sulfaminobenzoesäuren 144, 146.
Sulfaminodimethylpyrazolonquecksilber 686.
Sulfaminol 622.
Sulfanilsäure 76, 104, 106, 195, 199, 257, 704.
Sulfanilcarbaminsäure 195, 199.
Sulfate 11.
Sulfhydrylgruppe 5.
Sulfide 147.
Sulfimide 148.
Sulfiniumbase 147, 151.

o-Sulfobenzimid 146.
Sulfocyansäure 107.
Sulfocyanwasserstoff s. Rhodanwasserstoff.
Sulfoessigsäure 193, 199.
Sulfofluorescein 200.
Sulfoid 630.
Sulfokodein 397.
Sulfonal 147, 199, 469, 500, 501, 504, 505, 521, 522, 526, 539.
Sulfonale 63.
Sulfone 30.
az-p-Sulfophenyl-ald-phenyldihydro-β-naphthotziazin 152.
Sulfophenylarsinsäure 720.
Sulfophenylchinolincarbonsäure 812.
Sulfosalicylsäure 106, 144, 531.
Sulfoxykodein 397.
Sulfoxymorphin 397.
Suprarenin s. Adrenalin.
Surinamin 447.
Symphorole 789.
Synanisaldoxim 142.
System, periodisches 17.

Tallium 10.
Tanacetin 752.
Tanacetogendicarbonsäure 757.
Tanaceton s. Thujon.
Tannal 737.
Tannalbin 154, 661.
Tannigen 659.
Tannin 137, 154, 192, 200, 203, 595, 607, **658—663**, 687, 737, 798.
Tannin albuminatum 661.
Tanninaldehydprotein 663.
Tannin-Chloral s. Captol.
Tannineiweiß 661, 662.
Tanninformaldehydeiweiß 662.
Tanninhexamethylentetramincalcium 659.
Tanninphenolmethan 663.
Tanninthymolmethan s. Tannothymal.
Tanninzimtsäureester 660.
Tannobromin 661.
Tannoform 660, 662.
Tannoguajaform 586.
Tannokol 662.
Tannokreosoform 586.
Tannon 663.
Tannopin 663.
Tannothymal 659, 662.
Tanosal 583.
Taririnsäuredijodid 608.
Tartonsäure 158, 161
Tartrazin 649.
Tartryltropein 344, 349.
Taurin 101, 144, 195, 198, 199, 524.
Taurobetain 151.
Taurocarbaminsäure 101, 195, 196.
Tebelon 543.
Teer 594.
Teeröl 545.
Tegoglykol s. Glykol.
Tellur 10, 530, **631—634**.
Tellurige Säure 187, 631, 632.
Tellurmethyl 187.
Tellursäure 631, 632.
Tephrosin 519.
Terbium 134.
Tereben 764.
Terebyltropein 344.
Terephthalsäure 105, 179.
Terpene 125, 180, 747, 756, 757.
Terpenolphosphorsäure 180.
Terpenolunterphosphorige Säure 180.
Terpentinöl 173, 190, 538, 539, 543, 764, 765.
Terpin 191.
Terpinen 112.
Terpineol 765.
Terpinhydrat 543, 764, 765.
Terpinol 173, 543, 765.
Tetraacetylchlorsalicin 139.
Tetraacetylchlortheophyllinglucosid 793.
Tetraacetyldichloraminopuringlucosid 793.
Tetraacetylglucosephenetidid 281.
Tetraacetylhydroxycoffeinglucosid 793.
Tetraacetyltheobromingalaktosid 793.
Tetraacetyltheobromin-glucosid 793.
Tetraacetyltheophyllingalaktosid 793.
Tetraacetyltheophyllinglucosid 792.
Tetraacetyltrichlorpuringlucosid 793.
Tetraäthylammoniumjodid 72, 300, 445.
Tetraäthylammoniumtrijodid 597.
Tetraäthylarsoniumcadmiumjodid 128, 300.
Tetraäthylarsoniumjodid 20, 300, 700.
Tetraäthylarsoniumzink jodid 300.
Tetraäthyldiaminodiphenylcarbinol s. Brillantgrün.
Tetraäthylhexaminoarsenobenzol 724.
Tetraäthylphloroglucin 515.
Tetraäthylphosphoniumhydroxyd 144.
Tetraäthylphosphoniumjodid 20, 128, 300.
Tetraäthylstiboniumjodid 732.
Tetraäthylsulfonhexan 503.
Tetraminoarsenobenzol 712.
Tetraminoarsenophenol 713.
4.4'.2.2'-Tetraaminodiphenylhexan 145.
Tetraamylammoniumjodid 300.
Tetrabromaceton 619.
Tetrabromarsenophenol 712.
Tetrabrom-o-biphenol 616.
Tetrabrom-p-diphenol 536.
Tetrabromdipropyldiäthylbarbitursäure 508, 509.
Tetrabromfluorescin s. Eosin.
Tetrabrom-o-kresol 544, 616.
Tetrabromnaphthol 536, 537.
Tetrabrom-β-naphthol 616.
Tetrabrompyrrol 603.
Tetrachloräthan 68, 471, 539.
Tetrachloräthan 819.
Tetrachloräthylalkoholallophansäureester 479.
Tetrachloräthylen 816, 819.
Tetrachlorarsalyt 717.
Tetrachlorarsenophenol 712.
Tetrachlor-o-biphenol 536, 616.
Tetrachlorchinon 181.
Tetrachlordinitroäthan 85,86.
Tetrachlorkohlenstoff 68, 471, 474, 539.
Tetrachlorhydrochinonätherschwefelsäure 181, 182.
Tetrachlorhydrochinonglykuronsäure 181.
Tetrachlormethan 819.
Tetrachlorphenol 544, 617.
Tetrachlorphenolphthalein 744.
Tetrachlorstrychnin 465.
Tetrahydroäthyl-α-oxychinolin s. Kairolin.
Tetrahydroatophan 808.
Tetrahydroberberin 295, 433.
Tetrahydrocarvonisoxim 305.
Tetrahydrochinaldin 123.
Tetrahydrochinolin 34, 35, 36, 67, 210, 212, 296.
Tetrahydrochinolincarbonsäurediäthylaminoäthanolester 376.
Tetrahydrocolchicin 325.
β-Tetrahydrodimethylnaphthylamin 308.
Tetrahydrofuräthylamin 455.
Tetrahydromesoacridincarbonsäure 807.

Tetrahydronaphthalin s. Tetralin.
Tetrahydronaphthalinharnstoff 550.
Tetrahydronaphthol 550.
α-Tetrahydronaphthylamin 307.
β-Tetrahydronaphthylamin 72, 78, 295, 296, 307, 308, 309, 310, 334, 391, 446.
o-Tetrahydronaphthylenamin 308.
p-Tetrahydronaphthylenamin 308.
Tetrahydronarkotin 431.
Py-Tetrahydro-p-oxychinolin 210.
Tetrahydropapaverin 296, 299.
Tetrahydropapaverolin 425, 426.
Py-Tetrahydro-γ-phenylchinolin 210.
α-Tetrahydropropylchinolin 317.
Tetrahydroricinin 296.
Tetrahydrosantonilid 755.
Tetrahydrosantonin 755.
Tetrahydrostrychnin 464, 465.
Tetrahydrothebain 407.
Tetrajodaceton 596.
Tetrajodarsenophenol 705, 712.
Tetrajodfluorescein s. Rose Bengale.
Tetrajodhistidinanhydrid 453.
Tetrajodimidazol 453.
Tetrajodphenolphthalein s. Nosophen.
Tetrajodphenolphthaleineisen 669.
Tetrajodphenolphthaleinquecksilber 669.
Tetrajodpyrrol s. Jodol.
Tetrajodphenolphthaleinwismut 669.
Tetrajodphenolphthaleinzink 669.
Tetrakodein 404.
Tetralin 550.
Tetramethylammonium 299.
Tetramethylammoniumformiat s. Forgenin.
Tetramethylammoniumhydroxyd 294, 302.
Tetramethylammoniumjodid 597.
Tetramethylammoniumtrijodid 597.
Tetramethylarsoniumjodid 128, 300, 700.
Tetramethylarsoniumzinkjodid 128.
Tetramethylbenzoesäureamid 520.
Tetramethylblei 86.
Tetramethyldiaminoarsenotoluol 712.
Tetramethyldiaminodiphenylcarbinol s. Malachitgrün.
Tetramethyldiaminopropanolphenylcarbaminsäureester 374.
Tetramethyldiaminotriphenolcarbinol s. Malachitgrün.
Tetramethylenbisiminoessigsäure 737.
Tetramethylenbisiminoisobuttersäure 737.
Tetramethylendiamin 54, 72, 166, 198.
Tetramethyldiaminodioxyarsenobenzol 718, 719.
1.3.7.9-Tetramethylharnsäure 96.
Tetramethylhexaminoarsenobenzol 724.
Tetramethyl-p-phenylendiamin 77, 256.
Tetramethylpyridin s. Parvolin.
Tetramethylpyrrolidincarbonamid 363.
Tetramethylpyrrolidin-β-carbonsäure 804.
α-Tetramethylpyrrolin-β-carbonsäureamid 803.
α-Tetramethylpyrrolin-β-carbonsäuredimethylamid 804.
α-Tetramethylpyrrolin-β-carbonsäuremethylamid 803.
Tetramethylstiboniumjodid 144.
Tetramethyltetraminoarsenobenzol 718.
1.3.7.8-Tetramethylxanthin s. 8-Methylcoffein.
Tetranatriumphenazinbisarseniat 710.
Tetraoxyanthrachinon 741.
Tetraoxydiphenylacylamine 450.
Tetraoxyhydrobenzolcarbonsäure s. Chinasäure.
Tetrolylglykuronsäure 550.
Tetronal 501, 505, 521, 522.
Thallin 31, 210, 212, 213.
o-Thallin 212.
Thallinharnstoff 212.
Thallinperjodat 212, 611.
Theacylon 788.
Thebain 28, 296, 297, 298, 318, 391, 392, 393, 394, 395, 401, 408, 409, 411, 412, 425, 429, 444.
Thebainbrommethylat 406.
Thebainmethyljodid 412.
Thebaol 412.
Thebenin 412.
Theobromin 35, 44, 62, 66, 91, 92, 93, 95, 96, 118, 143, 168, 749, 786, 787, 790, 791,
Theobrominbarium-natriumsalicylat s. Barutin.
Theobrominglucosid 793.
Theobrominkohlensäureäthylester 794.
Theobrominkohlensäurechlorid 794.
Theobrominlithium-lithiumhippurat s. Urogenin.
Theobrominlithium-lithiumsalicylat s. Urophenin.
Theobrominnatrium-natriumacetat s. Agurin.
Theobrominnatrium-natriumanisat s. Anisotheobromin.
Theobrominnatrium-natriumbenzoat 787.
Theobrominnatrium-natriumchlorid 788.
Theobrominnatrium-natriumformiat s. Theophorin.
Theobrominnatrium-natriumlactat 788.
Theobrominnatrium-natriumsalicylat 787.
Theobrominnatrium-natriumsulfosalicylat s. Theosalin.
Theobrominsalicylat 788.
Theobrominthymolkohlensäureester 794.
Theocin s. Theophyllin.
Theolactin 788.
Theophorin 788.
Theophyllin 44, 92, 93, 94, 95, 96, 118, 143, 189, 790, 791, 792.
Theophyllinäthylendiamin s. Euphyllin.
Theophyllinaminophenylsalicylsäureester, methylsulfosaures 792.
Theophyllingalaktosid 793.
Theophyllinglucosid 792.
Theophyllinpiperazin 791.
Theophyllinrhamnosid 793.
Theosalin 788.
Thermodin 146, 276, 277.
Thetine 147, 151.
Thialdin 199.
Thiazole 151.
Thienylchinolincarbonsäure 813.
Thioaldehyde 110, 516.
Thioamide 147.
Thioantipyrin 624.

Thiobenzoylthioessigsäure-disulfid 629.
Thiobiazol 631.
Thiobisantipyrin 227.
Thiobiuret 146, 147.
Thiocarbamid 36.
Thiocarbaminoarsanilsäure 707.
Thiocarbaminsäureäthylester s. Xanthogenamid.
Thiocarbazid 188.
Thiochinanthren 109.
Thiocol 553, 586, 587.
Thiocyansäure 89.
Thiodiglykol 816.
Thiodiglykolchlorid 68, 816.
Thiodinaphthyloxyd 631.
Thioform 667.
Thioglykol 68.
Thioglykolsäure 199.
Thioharnstoff 107, 108, 109, 147, 188, 524.
2-Thiohydantoin 109.
2-Thiohydantoin-4-essigsäure 109.
Thioisotrehalose 632.
Thiol 545, 627.
Thiolysol 628.
2-Thio-4-methylhydantoin 109.
Thioniumchinone 147, 151.
Thiooxydiphenylamin 622.
Thiophen 54, 64, 109, 194, 199, 539, 624, 629.
Thiophenaldehyd 194.
Thiophendijodid 624.
Thiophenole 147.
α-Thiophensäure 194, 199.
α-Thiophenursäure 194.
Thioresorcin 622, 623.
Thiosinamin 108, 146, 188, 630.
Thiosinaminjodäthyl 624.
Thiosulfat 107, 198.
Thiotetrapyridin 294.
Thiotolen 64, 199.
Thiotolenoxycarbonsäure-äthylester 629.
Thiozonide 628.
Thiuret 622.
Thiurethan 109.
Thorium 10, 15, 816.
Thujon 190, 757, 759, 762.
Thujomenthonisoxim 306.
Thujonoxydglykuronsäure 757.
Thujylalkohol 191.
Thulium 18.
Thymacetin 287.
Thymatol 548, 581.
Thymegol 679.
Thymin 90, 166, 167.
Thyminsäure 806.
Thymohydrochinon 178.
Thymol 57, 178, 190, 531, 535, 548, 553, 736.
Thymoläthyläther 548.
Thymolbernsteinsäure 763.
Thymolcamphersäure 763.
Thymolcarbaminsäureester 578.
Thymolcarbonat s. Thymatol.
Thymoldiquecksilberacetat 673.
Thymolformaldehyd 653.
Thymolisovalerylglykol-säureester 769.
Thymolkohlensäurediäthyl-aminoäthylester 590.
Thymolmethyläther 548.
Thymolpalmitat 548.
Thymolphthalein 744.
Thymolphthalsäure 763.
Thymolquecksilber 673.
Thymolquecksilberacetat 673.
Thymolsalicylat 563.
Thymolsalolcarbonat 761.
Thymotincopellidid 318.
Thymotinmethylpiperidid 318.
Thymotinpiperidid 317.
Thyresol 765, 766.
Tiglinsäure 323.
Tiglinsäureäthylester 126.
Tiodin 624.
Titan 734, 735.
Tochlorin 617.
Tolubalsam 200.
Toluchinol 99, 209.
Toluchinon 181.
m-Toluidin 116, 117, 255, 257, 258, 535.
o-Toluidin 116, 117, 255, 257, 258, 535, 539.
p-Toluidin 65, 116, 117, 255, 257, 258, 535.
Toluidinarsinsäure 706.
Toluidinblau 642.
Toluidine 34, 66, 76, 116, 261.
Toluidinoacetobrenzcatechin 443.
o-Tolunitril 87.
Toluol 52, 53, 64, 176, 189, 193, 528, 534, 539, 543.
Toluolazonaphthylamin 640.
Toluolmonochlorsulfamid 617.
p-Toluolnatriumsulfochlor-amid 617.
p-Toluolsulfonsäure-p-phene-tidid 276.
p-Toluolsulfurylgaulteriaöl 388.
Toluolsulfosarkosin 163.
Tolursäure 193.
Toluylalkyltetramethyloxy-piperidincarbonsäureester 365.
Toluylarsinsäure 711.
m-Toluylcarbonsäure 173.
o-Toluylcarbonsäure 173.
Toluyldiäthylammonium-jodid 300.
Toluylendiamin 54, 77, 145.
Toluylendiaminoxamsäure 144.
Toluylendioxamsäure 143, 146.
Toluylsäure 53, 105, 177, 179, 193, 553.
p-Toluylsäureamid 520.
Toluyltrialthylammonium-hydrat 300.
Toluyltriäthylammonium-jodid 300.
Toluylalkyltrimethyloxy-piperidincarbonsäureester 365.
Toluyltetramethyloxypiperi-dincarbonsäureester 365.
m-Tolylacetursäure 169.
l-p-Tolyl-2-äthyl-3-methyl-4-amino-5-pyrazolon-me-thylschweflige Säure 232.
Tolylalanin 169, 176.
m-Tolylaminoacetonitril 88.
p-Tolylaminoacetonitril 88.
Tolylaminochinolincarbon-säure 811.
Tolylarsinsäure 704.
Tolylchinolincarbonsäure 807.
Tolyldihydrochinazolin 748.
Tolyldimethylaminophenyl-acetyldiketopyrrolidin 805.
p-Tolyl-2.3-dimethyl-5-pyr-azolin s. Tolypyrin.
p-Tolylharnstoff 146.
Tolylhypnal 480.
Tolylmorphin 401.
Tolyloxyäthylacetamid 498.
Tolylphenylacetyldiketopyr-rolidin 805.
Tolylphenylchinolincarbon-säure 807.
1-m-Tolyl-4-phenylsemi-carbazid 222.
Tolylsaccharin 142.
m-Tolylsemicarbazid 223.
o-Tolylsemicarbazid 153, 222.
p-Tolylsemicarbazid 222.
Tolypyrin 223, 228.
Tonerde 737.
Toramin 483.
Toxynon 678, 683.
Transhexahydrophthalsäure-methylester 125.
Traubenzucker 55, 119, 135, 141, 159, 161, 183.
Traumatol 600.
Triacetin 60, 69, 135, 521, 522, 567.
Triacetonalkamin 361, 362.

Triacetonalkamincarbonsäure 361, 362.
Triacetonamin 361, 362.
Triacetonmethylalkamin 359.
Triacetylaloin 742.
Triacetylgallussäureacetolester 661.
Triacetylgallussäureäthylester 661.
Triacetylgallussäuremethylester 389.
Triacetylgallussäurepropylester 661.
Triacetylglycerin s. Triacetin.
Triacetylmorphin 400.
Triacetylpyrogallol 777.
Triacetyltheophyllinrhamnosid 793.
Triäthylacetamid 496.
Triäthylammoniumchlorid 300.
Triäthylammoniumjodid 300.
Triäthylammoniumsulfat 300.
Triäthylcarbimid 88, 130.
Triäthylcarbinol 490.
Triäthylphosphorsäureester 783.
Triäthylharnstoff 491, 524.
Triäthylhydantoin 508.
Triäthylsulfondiphenylbutan 502.
Triäthylsulfonphenylbutan 502.
Triaminoazobenzol 30.
Triaminobenzol 77, 256.
Triaminobenzolarsinsäure 724, 725.
Triaminodiphenylmethantolylcarbinol 648.
Triaminodiphenyltolylcarbinol s. Fuchsin.
2.4.5-Triamino-6-oxypyrimidin 79, 95, 167.
Triaminophenol 77.
Triaminophenylarsinsäure 705.
Triaminotoluol 77, 256.
Triaminotriphenylstibin 729.
Trianisin 569.
Trianisylguanidin 379.
Triazobenzol 78, 259.
Tribenzoin 569.
Tribenzoylgallussäure 660.
Tribromacetylsalicylsäure 620.
Tribromaloin 742.
Tribrombikresol 536.
Tribrombrenzcatechinwismut 670.
Tribromessigsäure 70, 198.
Tribromhydrin 618.
Tribromimidazol 453.
Tribromnaphthol 531, 536, 537.
Tribrom-β-naphthol 542, 616.
Tribromphenol 544, 617, 670.
Tribromphenolquecksilber 673.
Tribromphenolsalicylsäureester 615.
Tribromphenolwismut s. Xeroform.
Tribromphenoxylacetamid 574.
Tribromsalicylsäure 618.
Tribromsalol 488, 616.
Tribrom-m-xylenol 544.
Trichloracetylsalicylsäure 620.
Trichloräther 539.
Trichloräthylalkohol 69, 159, 181, 190, 473, 474.
Trichloräthylen 471, 472, 533, 539, 819.
Trichloräthylenquecksilber 86.
Trichloräthylidenaceton 477.
Trichloräthylidenacetophenon 195, 479.
Trichloraldehyd s. Chloral.
Trichloraldoxim 476.
Trichloraminoäthylalkohol s. Chloralammonium.
Trichloraminobuttersäure 68.
Trichloranilin 260.
Trichlorbenzol 70.
Trichlorbuttersäure 68, 158.
Trichlorbutylalkohol 159, 181.
Trichlorbutylallophansäureester 482.
Trichlorbutylbrenztraubensäureester 482.
Trichlorbutylbromisovaleriansäureester 482.
Trichlorbutyldiäthylaminoessigsäureester 482.
Trichlorbutyldiäthylaminoisovaleriansäureester 482.
Trichlorbutyldimethylaminoessigester 482.
Trichlorbutylessigester 482.
Trichlorbutylisovaleriansäureester 482.
Trichlorbutylmalonsäureester 482.
Trichlorbutylmonochloressigsäureester 482.
Trichlorbutylpropionsäureester 482.
Trichlorbutyltrichloressigsäureester 482.
Trichlorbutyltrichloressig-
Trichlorchinon 181.
Trichlorcrotonsäure 473, 474.
Trichlorcyan 85.
Trichloressigsäure 23, 68, 158, 473, 474, 531.
Trichlorhydrin 69, 618.
Trichlorisopropyläthoxyphenylcarbaminsäureester 479.
Trichlorisopropylalkohol 483, 484.
Trichlorisopropylglykuronsäure 483.
Trichlorisopropylsalicylsäureester 482.
Trichlormethylalkohol 190.
Trichloromorphid 404.
Trichlorphenol 616, 617.
Trichlorphenolsalicylsäureester 615.
Tri-p-chlorphenylphosphat 201.
Trichlorpseudobutylalkohol s. Aneson.
Trichlorpseudobutylalkoholcarbaminsäureester 479.
Tridekylamin 71.
Triferrin 697.
Trigemin 483.
Trigonellin 151, 187, 193.
Trihomophenetylguanidin 379.
Trihydroäthyl-p-oxychinolin 212.
Trihydrostrychnin s. Isostrychnin.
Trijodimidazol 452.
Trijodkresol s. Losophan.
Trijodphenacetin s. Jodophenin.
Trijodphenolsalicylsäureester 615.
Trijodstearinsäure 608.
Trijodtribromstearinsäure 608.
Trijodtrichlorstearinsäure 608.
Triketohydrindenhydrat 99.
Trikodein 404.
Trikohlensäureäthylestergallussäuremethylester 389.
Trikresotin 569.
Trimethylacetamid 492.
Trimethyläthylen s. Pental.
Trimethyläthylenglykolbromhydrin 484.
Trimethylamin 28, 66, 71, 72, 102, 166, 198, 299, 302, 332.
Trimethylaminoacetobrenzcatechin 443.
Trimethyl-β-aminoäthylammoniumhydroxyd 328.
Trimethylaminoanissäurebetain 388.
Trimethylaminobuttersäure 141, 144.
Trimethylaminobuttersäureanhydrid 144.
Trimethylaminoäthylbrenzcatechin 449.

Trimethylaminohexahydrobenzoesäureester 388.
Trimethylammoniumjodid 300.
Trimethylbenzol s. Mesitylen.
1.3.5-Trimethylbenzol s. Mesitylen.
Trimethylbrommethylammoniumbromid 329.
Trimethylcarbinol 490, 491.
Trimethylcolchicinsäure 324, 325.
Trimethylcolchicinsäuremethyläther 325.
Trimethylcyclohexan 52.
Trimethylcyclohexanon 52.
Trimethyldiaethyoxypiperidinbenzoat 366.
1.3.7-Trimethyl-6-dihydro-2-oxypurin s. Desoxycoffein.
1.7.9-Trimethyl-2.8-dioxypurin 787.
1.7.9-Trimethyl-6.8-dioxypurin s. Isocoffein.
Trimethylenimin 73, 759.
1.3.7-Trimethylharnsäure s. Hydroxycoffein.
Trimethylhexanonisoisoxim 305.
Trimethylmenthylammonium 300.
Trimethylneurin 327.
Trimethylostrophanthin 773.
1.3.7-Trimethyl-2-oxy-1.6-dihydropurin s. Desoxycoffein.
Trimethylphloroglucin 750, 752.
Trimethylrosanilin 641, 642.
Trimethylsulfinhydrür 129, 300.
Trimethylsulfiniumjodid 108.
Trimethylsulfiniumoxydhydrat 108.
Trimethyltertiärpentanolammoniumbromid 370.
Trimethyltertiärpentanolammoniumjodid 370.
Trimethyltrioxybenzophenon s. Methylhydrocotoin.
Trimethylxanthin s. Coffein.
1.3.9-Trimethylxanthin 94.
Trimesinsäure 173.
Trinitroamarin 144.
Trinitroanisol 82.
Trinitrobenzol 145.
Trinitrobenzoesäure 145.
Trinitro-m-oxybenzoesäure 140, 145.
1.3.5.6-Trinitrophenol s. Pikrinsäure.
Trinitrophenylmethylnitramin 82.
Trinitrotoluol 82, 83.
Trinitroxylol 82.
Trional 469, 485, 500, 504, 521, 522.
Trioxyäthylmethan 494.
Trioxyanthrachinon 740, 741.
Trioxyanthranol 780.
Trioxybenzole 55.
Trioxybenzophenon 746.
Trioxybenzophenonmonomethyläther s. Cotoin.
Trioxybenzoylbenzoesäureäthylester 747.
sym. Trioxyhexamethylen s. Phloroglucit.
Trioxymethylen 595, 650, 654.
Triphenetylguanidin 379.
Triphenin 271.
Triphenolguanidin 379.
Triphenylarsinoxychlorid 700.
Triphenylglyoxalin s. Lophin.
Triphenylglyoxalindihydrid s. Amarin.
Triphenylphosphat 201, 572.
Triphenylstibin 731.
Triphenylstibinsulfid 731.
Triphenylrosanilin s. Anilinblau.
Triphenylrosanilinsulfosäure s. Phenylblau.
Triphenylstibinsulfid 630.
Tripropylhydantoin 508.
Trisaccharide 138.
Trisalicylsäuretriglycerid 201, 569, 570.
Trithioaldehyd 110, 516.
Tritolylrosanilin 648.
Trixidin 729.
Tropacocain 319, 326, 349, 351, 352, 353, 355, 366, 367, 409.
Tropaeolin 641.
Tropasäure 107, 342, 343.
Tropasäure-ψ-tropein 121, 352.
Tropin 107, 118, 121, 321, 324, 333, 341, 342, 343, 348, 351, 353, 358, 366, 402.
ψ-Tropin 121.
Tropinjodbenzylat 347.
Tropinjodessigsäuremethylester 347.
Tropinon 340, 352.
Tropyloxyäthylnortropan 355.
Tropyloxyäthylnortropidin 350.
Truxillin 335.
Trypaflavin 64, 534, 647, 821.
Trypanblau 101, 647, 715.
Trypanrot 101, 647, 715, 721.
Tryparosan 647, 648.
Tryptophan 125, 141, 441, 442.
dl-Tryptophan 140.
Tumenol 627.
Turizin 151.
Tussol 225, 272.
Tyramin 447, 448, 449, 450, 453, 454, 455, 458.
Tyrosin 43, 105, 140, 169, 196, 441, 442, 675.
dl-Tyrosin 120.
m-Tyrosin 169.
o-Tyrosin 169.
Tyrosinäthylester 63, 105, 445, 449.
Tyrosinquecksilber 675.
Tyrosinsulfosäure 151.
Tyrosol 57.
Tyrotoxikon 197.

Übermangansäure 530.
Umbelliferon 820.
Unterbromige Säure 617.
Unterchlorige Säure 528, 617.
Upsalan 673.
Uracil 90, 166, 167.
Uralium 478.
Uraminoantipyrin 229.
Uraminobenzoesäure 195.
o-Uramino-p-oxybenzoesäure 384.
i-Uraminophenylessigsäure 175.
Uran 18, 30, 703.
Urannitrat 530.
Urethan 36, 61, 73, 146, 263, 356, 376, 478, 496, 497, 499, 514, 521, 522, 786.
Urethanoaminophenylstibinsäure 730.
Urethancalciumbromid 619, 637.
Urethan-Novocain 377.
Urethanphenylstibinsäure 729.
Urethanstrontiumbromid 619.
Urochloralsäure 473.
Urogenin 788.
Urohypertensin 71.
Uronitrotoluylsäure 177.
Uropherin 788.
Urosin 797.
Urotropin s. Hexamethylentetramin.
Urotropin, anhydromethylencitronensaures s. Helmitol.
Urotropin, chinasaures s. Chinotropin.

Urotropin, salicylsaures s. Saliformin.
Uroxansäure 168.
Ursal 797.
Uritinsäure 173.
Uvitoninsäure 554.

Valamin 768.
Valearin 330, 597.
Valeramid 768.
Valeriansäure 68, 102.
n-Valeriansäure 163.
Valerianylharnstoff 489.
Valerydin 271.
Valerylaminoantipyrin s. Neopyrin.
Valerylcocain 335.
N-Valerylpiperidin 312.
Valerylsalicylsäure 556.
Valerylsalicylsäureacetonchloroformester 482.
Valeryltrimethylammoniumchlorid s. Valearin.
Validol 761.
Valimbin 440.
Valin 120, 125.
dl-Valin 120.
Valyl 768.
m-Vanadinsäure 19.
o-Vanadinsäure 19.
p-Vanadinsäure 19.
Vanadinsäurebenzylester 732.
Vanadinsäureglycerinester 732.
Vanadinsäureglykolester 732.
Vanadinsäurepropylester 732.
Vanadinsäuretriäthylester 732.
Vanadium 19, 20, 732.
Vanillin 58, 97, 179, 185, 192, 383, 534.
Vanillinäthylcarbonatphenacyl-p-aminophenol 280.
Vanillinäthylcarbonat-p-phenetidid 280.
Vanillinbenzoesulfosäureester 583.
Vanillinnatrium 383.
Vanillinphenacyl-p-aminophenol 280.
Vanillin-p-phenetidid 279.
Vanillinsäure 179, 185, 191.
Vanillinsäureacetonchloroformester 482.
Vasodilatin 451.
Vasotonin 440.
Veratrin 323.
Veratrinsäure 192.
Veratrol 40, 57, 62, 544, 548, 575, 576, 584, 590.
Veronal 146, 250, 485, 493, 494, 505, 506, 509, 510, 511, 512, 513, 514, 526.
Veronalnatrium s. Medinal.
Vesipyrin 565.
Vesuvin 641.
Viferral 474.
Viktoriablau 4. R. Badisch 649.
Vinylamin 69, 72, 110, 111, 759.
Vinyldiacetonalkamin 361.
Vinyldiacetonamin 360.
Vioform 606.
Violett Hofmanns s. Trimethylrosanilin.
Vucin 239, 241, 242.
Vuzinotoxin 242.

Wachholderöl 543.
Wasserstoff 26, 27, 529.
Wasserstoffsuperoxyd 473, 528, 530, 814, 815.
dl-Weinsäure 100.
d-Weinsäure 25, 119, 141, 161.
l-Weinsäure 99, 119, 161.
Weinsäureäthylester 294.
Weinsäurediphenylester 797.
Weinsäuremethylester 294.
Weinsäuremonomethylester 151.
Wismut 20, 155, 606, **663f.**, 728.
Wismutalbuminat s. Bismutose.
Wismut-Ammoniumcitrat 664.
Wismut, bas. salpetersaures 747.
Wismutchlorid 668, 669.
Wismut, cholsaures 690.
Wismut, dibromgallussaures 667, 669.
Wismutdilactomonotannat s. Lactanin.
Wismutdisalicylat 667.
Wismutdithiosalicylat 667.
Wismutditannat 667.
Wismut, gallocarbonsaures 670.
Wismut, gallussaures bas. s. Dermatol.
Wismut, gallussulfosaures 670.
Wismut, gallussulfosaures bas. 666.
Wismutglobulin 693.
Wismut, kolloid. 664.
Wismut jodsalicylat s. Jodybin.
Wismut, methylendigallussaures s. Bismal.
Wismut, monobromgallussaures 667.
Wismutmonosalicylat 667.
Wismutnitrat, neutr. 664.
Wismutoxyjodid 665.
Wismutoxyd 728.
Wismutoxyjodidagaricinat 669.
Wismutmonolactoditannat 668.
Wismutoxyjodid, gallocarbonsaures 668.
Wismutoxyjodid, gallussaures bas. s. Airol.
Wismutoxyjodidlacke 669.
Wismutoxyjodid, monobromgallussaures 669.
Wismutoxyjodidtannat 668.
Wismutoxyd, kolloid. 665.
Wismutpeptonat 671.
Wismutphenolat 669.
Wismut, phenylschwefelsaures 667.
Wismutphosphat 665.
Wismutsalicylat 155, 667.
Wismuttannat 667.
Wismuttrisalicylat 667.
Wismut, zimtsaures s. Hetoform.
Wolfram 18, 530.
Wolframsäure 543, 736.
Wollschwarz 640.

Xanthin 35, 44, 66, 89, 91, 92, 166, 168, 188, 790, 793, 794.
Xanthine 151.
Xanthogenamid 109.
Xanthogensäure 107, 199.
Xanthogensäureester 147.
Xanthotoxin 519.
Xenon 530.
Xeroform 670.
m-Xylenol 536, 542.
o-Xylenol 536.
m-Xylidin 260.
Xylol 52, 53, 64, 173, 176, 179, 190, 193, 523, 539.

Yohimbin 422, 440.
Yohimbin, baldriansaures s. Valimbin.
Yohimbin, nucleinsaures 440.
Yohimbinurethan s. Vasotonin.
Ytterbium 134.
Yttrium 18, 134.

Zimtaldehyd 153.
Zimtaldehydcarbäthoxyphenylhydrazon 818.
Zimtalkohol 382, 539.
Zimtamid 496.
Zimtesterdibromid 619.
Zimtöl 538, 542, 543.
Zimtsäure 105, 156, 165, 177, 179, 194, 542, 583, 591, 798.
Zimtsäureallylester 767.
Zimtsäureamid 520.
Zimtsäureamidisovalerianat 769.
Zimtsäurebenzylester 575, 767.
Zimtsäure- s. Cinnamoyl-.
Zimtsäureeugenolester 564.
Zimtsäureglykokoll 173.
Zimtsäureglykolester 767.
Zimtsäureguajacolester s. Styracol.
Zimtsäurekreosot 564.
Zimtsäurekresolester 601.
Zimtsäuremethoxykresolester 591.
Zimtsäurenitril 105.
Zimtsäurethymolester 591.
Zimtsäuretrichlorbutylester 483.
Zimtsäuretropein 345.
Zink 10, 15, 18, 21, 67, 528, 604, 605.
Zinkglobulin 693.
Zink, tetramethylenbisiminosaures 737.
Zinn 528, 529.
Zinndiäthylchlorid 543, 736.
Zinnsäure 543, 736.
Zinntriäthyl 27.
Zucker 117, 135.
Zuckerkalk 139.
d-Zuckersäure 159, 160, 161, 162.

Veränderungen der Substanzen im Organismus.

Acetamid 72, 73, 162.
Acetamidin 76.
Acetaminobenzarsinsäure 701.
Acetaminophenolallyläther 266.
Acetaminophenolschwefelsäure 704.
Acetaminopropyläther 269.
Acetanilid 197.
Acetessigäther 190.
Acetessigsäure 158, 165, 175, 187.
Aceton 75, 98, 158, 159, 175, 190.
Acetondicarbonsäure 159.
Acetonäthylmercaptol 504.
Acetonitril 198.
Acetophenon 156, 172, 173, 176, 179, 190, 191.
Acetoxim 75.
o-Acettoluid 197.
p-Acettoluid 197.
Acetyl-p-aminoacetophenon 282.
Acetylaminobenzoesäure 182, 186, 187, 197.
Acetylanthranilsäuremethylester 263.
Acetyljodphenylmercaptursäure 614.
Acetylmeconsäure 170.
Acetylmethylanthranilsäuremethylester 264.
d-Acetyl-p-methylphenylalanin 187.
Acetyl-p-aminophenolätherschwefelsäure 267.
l-Acetylphenylaminoessigsäure 164.
Acetylphenylhydroxylamin 255.
Acetylsalicylsäure s. Aspirin.
Acridin 174.
Acrylsäure 158, 165.
Abietinsäure 200.
Adalin 485.
Adenin 167.
Adipinsäure 171, 173.
Alanin 73, 157, 175, 181,
α-Alanin 158.
β-Alanin 158.
dl-Alanin 157, 163.
Aleudrin 479.
Alizarin 778.
Alizaringelb A. 746.
Alkohol 107.
Allantoin 91, 168.
Allophansäureamid s. Biuret.
Alloxan 90, 165, 166.
Alloxantin 90.
Amarin 78, 196.
Ameisensäure 155, 158, 159, 166, 650.
Aminoacetal 73.
Aminoacetaldehyd 73.
4-Aminoantipyrin 226.
m-Aminobenzaldehyd 186.
p-Aminobenzaldehyd 187.
m-Aminobenzoesäure 195.
p-Aminobenzoesäure 186, 187.
dl-Aminobuttersäure 157.
dl-Amino-n-buttersäure 163.
dl-Aminocapronsäure 157.
dl-Amino-n-capronsäure 163.
Aminodiaminophenylenaminsulfosäure 256.
6-Amino-2.8-dioxypurin 168.
Aminomalonsäure 73.
Aminomethylschweflige Säure 654.
α-Aminomilchsäure s. Serin.
Aminonaphthol 177.
Aminophenol 176, 744.
o-Aminophenol 515.
p-Aminophenol 178, 182, 254, 264, 265.
p-Aminophenylarsinoxyd 541.
6-Aminopurin s. Adenin.
Aminosalicylsäure 195.
dl-Aminovaleriansäure 157, 163.
α-Aminozimtsäure 169.
Ammoniak 47.
Amygdalin 200.
Amylalkohol 159, 190.
Amylharnstoff 491.
Anhydromethylencitronensäure 159.
Anilidmethylsalicylsäure 192.
Anilin 76, 83, 176, 190, 254, 264.
Anissäure 169, 192, 193.
Anisol 190.
Anisylglykokoll 169.
Anthrachinonarsinsäure 718.
Anthranilsäuremethylester 263.
Antifebrin 255.
Antipyrin 178, 218, 226.
Antipyrylharnstoff 229.
Anthrarobin 778.
Äpfelsäure 161, 162.
Apolysin 274.
Arabonsäuren 119.
Arabinose 119.
Arbutin 200.
Arrhenal 700.
Arsacetin 707.
Arsanilsäure 541.
Arsenobenzoesäure 701.
Asparagin 157.
Asparaginsäure 120, 157.
Aspirin 553, 555.
Ätherschwefelsäuren 5, 101, 192.
Äthylacetaminophenol 270.
Äthylalkohol 158, 159, 190.
Äthylbenzol 172, 176.
Äthylidendimethylsulfon 500.
Äthylmercaptan 199.
Äthylmercaptol 199.
Äthylphenacetin 270.
Äthylsulfid 188, 199.
Äthylsulfone 45.
Äthylsulfosäure 101, 199.
Atophan 180, 807.
Atoxyl 704.
Atropin 4, 45, 46, 342.
Azobenzol 190.
Azooxybenzol 78, 179.

Benzaldehyd 97, 179, 182, 195, 197.
Benzamid 197.
Benzamidin 76.
Benzanilid 255.
Benzarsinsäure 701.
Benzbetain 189.
Benzidin 178.
Benzil 172.
Benzilsäure 172.
Benzimidazol 91.

Benzoe 200.
Benzoesäure 97, 102, 156, 165, 171, 172, 175, 176, 177, 179, 180, 182, 186, 190, 193.
Benzoeglycuronsäure 184.
Benzoin 172.
Benzol 103, 170, 171, 190.
Benzolazophenol 640.
Benzolazoresorcin 640.
γ-Benzolsulfomethylaminobuttersäure 174.
Benzolsulfomethylaminocapronsäure 174.
Benzolsulfosarkosin 163.
Benzoylalanin 163.
Benzoylaminobuttersäure 163.
Benzoyl-α-aminozimtsäure 163.
Benzoylasparaginsäure 163.
o-Benzylbenzoesäure 172.
Benzoylessigsäure 172, 173.
Benzoylglutaminsäure 163.
Benzoylharnstoff 177.
Benzoylmeconsäure 170.
Benzoylpropionsäure 165,173.
Benzoyltyroin 163.
Benzylalkohol 164, 182, 381.
Benzylamin 179.
Benzylcyanid 88.
Benzylglykuronsäure 182.
Benzylidendiacetamid 196.
Bezylidenbiuret 177.
Benzylidendiformamid 196.
Benzylidendiureid 196.
Benzylmethylketon 174.
Berberin 426.
Berlinerblau, lösliches 183.
Bernsteinsäure 161, 501.
Betain 102.
Blausäure 5, 88, 89, 186.
Biuret 165, 168, 177.
Borneol 190, 191.
Brenzcatechin 103, 180, 189, 196.
Brenzschleimsäure 97, 165, 194.
Brenzschleimsäureglykokoll- s. Pyromycursäure.
Brenztraubensäure 158, 161, 187.
Bromate 183.
Brombenzoesäure 70, 194.
Brombenzol 70, 186, 190, 533.
Bromdiäthylacetylharnstoff s. Adalin.
Bromhippursäure 194.
Bromipin 619.
Bromkomensäure 170.
Bromphenylacetylcystin 186, 533.
Bromphenylmercaptursäure s. Bromphenylacetylcystein.
Bromtoluol 194.
Buttersäure 155.
Butylalkohol tert. 159, 190.
Butylbenzole 177.
Butylchloral 159, 181, 190.
Butyronitril 198.

Camphan 191.
Camphen 180, 191.
Camphenglykol 191.
Camphenhydrat 191.
Camphenilol 191.
Camphenilon 191.
Campher 177, 180, 185, 190.
Camphercymol 179.
Campherol 177.
Camphersäuren 198.
Caprilen 185.
Capronitril 198.
Capronsäure 155.
Carbaminthioglykolsäure 199.
Carbaminthiosäureäthylester 199.
o-Carbanil 197.
Carbazol 178.
Carbonyldiharnstoff 166, 177.
Carbostyril 190, 193.
Carbothialdin 199.
Carmoisin 649.
Carvon 190, 756.
Chelidonsäure 160.
Chinäthonsäure 190, 191.
Chinasäure 180, 182.
Chinaldin 180.
Chinidin 235.
Chinin 188, 244.
Chinolin 173, 179, 208.
α-Chinolincarbonsäure 176.
β-Chinolincarbonsäure 176.
Chinon 181.
Chinondiinin 77, 256.
Chinosol 593.
Chitose 170.
Chloral 69, 159, 181, 190.
Chloralaceton 477.
Chloralacetophenon 195, 479.
Chloralamid 475.
Chloralhydrat 472, 473.
Chloralose 185.
Chloraloseglykuronsäure 185.
Chloranil 181.
Chloranilsäure 182.
Chlorate 183.
Chlorbenzoesäure 186, 193.
p-Chlorhippursäure 186, 194.
Chloroform 190, 472, 473.
Chlorphenol 190.
m-Chlorphenylalanin 169.
p-Chlorphenylalanin 169.
p-Chlortoluol 194.
Cholin 166, 198.
Chrysarobin 179.
Chrysophanhydroanthron 776.
Chrysophansäure 179, 776.
Cinchoninon 237.
Cinnamylphenetidid 279.
Cinnamyltyrosin 163.
Citraconsäure 165.
Citronensäure 162.
Cis-Chinit 58.
Citral 757.
Coerulignon 590.
Coffein 44, 168, 188.
Colchicin 532.
Cotoin 745.
Crotonsäure 165.
Cuminsäure 179, 193, 757.
Cuminursäure 193.
Cumol 177, 190.
Cuprein 235.
Curcumin 649.
Cyanamid 75.
Cyanursäure 165, 499.
Cyclohexan 173.
Cyclohexanol 58.
Cyclohexanon 173.
Cyclohexanessigsäure 180.
Cyclohexanolessigsäure 180.
Cymol 179, 180, 191.
Cystin 198.
Cytosin 90, 167.

Desoxybenzoin 172.
Dextrose 162.
Diäthylaminoacetonitril 88.
Diäthylaminomilchsäurenitril 88.
Diäthylendiamin s. Piperazin.
Diäthylessigsäure 156.
Diäthylketon 158.
Diäthylmethylsulfiniumhydroxyd 188.
Diäthylsulfon 500.
Diäthylsulfonacetessigester 501.
Dialursäure 90.
Diaminoarsenobenzoesäure 701.
Diaminoacridin 534.
Diaminodioxydiphenyl 178.
Diaminohexan 806.
Diaminopropionsäure 158.
α-β-Diaminopropionsäure 181.
Diamylharnstoff 491.
Diazobenzol 197.
Diazomethan 82.
Dibenzamid 177.
Dibenzyl 172.
p-Dibromdiphenyl 178.
Dibromessigsäure 70, 198.
Dibromgallussäure 618.
Dichloraceton 190.
Dichloräthylen 472.
Dichlorbenzol 190.
Dichlordioxychinon 182.
Dichlorisopropylalkohol 190.
Dichlorisopropylglykuronsäure 190.

Di-p-chlorphenylphosphorsäure 201.
Digitalisglykoside 773.
Diglykolsalicylsäureäther 565.
Dihydrocarveol 191.
Dihydronaphthalin 550.
Dijodtyrosin 613.
Dikaliumferroferrocyanid 183.
Dimethylacrylsäure 165.
1.7-Dimethylamino-8-aminoxanthin 188.
Dimethylaminobenzaldehyd 179, 184, 189.
Dimethylaminobenzoesäure 174, 184.
Dimethylaminobenzoeglutaminsäure 185.
Dimethylamino-1.7-dimethylxanthin s. Paraxin.
Dimethylaminotoluidin 189.
1.3-Dimethylbenzoesäure s. Mesitylensäure.
m-Dimethylchinol 99.
Dimethyldibrom-o-toluidin 189.
Dimethylmethylal 760.
1.7-Dimethyl.2.6-dioxypirin 189.
Dimethylengluconsäure 159.
Dimethylsalicylsäure 553.
Dimethylsulfoäthylmethylmethan 500.
Dimethylsulfondiäthylmethan 500.
Dimethylsulfondimethylmethan 500, 504.
Dimethylthioharnstoff 188.
Dimethyltoluidin 174.
Dinitroaminophenol s. Pikraminsäure.
2.6-Dinitroazooxytoluol 83.
m-Dinitrobenzol 83.
2.6-Dinitro-4-hydroxylaminotoluylenglykuronsäure 83.
Dioxyaminonaphthalin 177.
5.6-Dioxychinolin 208.
Dioxychinolinmethylcarbonsäure 213.
2.8-Dioxy-6.9-dimethylpurin 168.
2.8-Dioxy-9-methylpurin 168.
Dioxynaphthalin 176.
Dioxynaphthol 103.
Dioxypicolinsäure s. Komenaminsäure.
Dioxypurin 168.
2.6-Dioxypyrimidin 167.
Diphenyl 178.
Diphenyläthanol 172.
Diphenylamin 178, 180.
Diphenylbiuret 177.
Diphenylharnstoff 178.
Diphenylmethan 177.
Diphenylphosphorsäure 201, 572.
Disulfätholsäure 101.
Distearylsalicylglycerid 201.
Dodekahydrophenanthren 394.

Ekkain 355.
Epicarin 550.
Erythrit 162.
Essigsäure 155, 158, 187.
Eugenoform 653.
Euphorin 263.
Euxanthan 190.

Fenchylalkohol 191.
Fenchon 190.
Fettsäuren 155.
Filixsäure 752.
Fluoren 178.
Flourescein 200, 642.
Fluorescin 642.
Formaldehyd 158, 650.
Formanilid 197, 255.
Fraxin 774.
Fumarsäure 161.
Furanpropionsäure 165.
Furoylacrylsäure 194.
Furfuracrylsäure 156, 165, 194, 195.
Furfurin 78.
Furfurol 194.
α-Furfurol
Furfurornithursäure 194.
Furfurpropionsäure 156, 195.
Furoylessigsäure 165.

Gallacetophenon 191.
Gallussäure 192, 200.
Gambogiasäure 200.
Gentisinsäure 178, 189.
Geraniol 757.
Glucal 162.
d-α-Glucoheptonsäure 160.
Gluconsäure 162.
d-Gluconsäure 159.
Glucosephenetidid 281.
Glutamin 186.
dl-Glutaminsäure 120.
Glutarsäure 161.
Glycerin 158.
Glycerinsäure 158, 161, 181.
Glycyldijodtyrosin 613.
Glykolaldehyd 158, 162.
Glykocyamin 188.
Glykokoll 73, 157, 163, 193.
Glykol 158.
Glykolsäure 158, 160, 161.
Glykolylharnstoff s. Hydantoin.
Glykosamin 162.
Glykosaminkohlensäureäthylester 162.
Glykuronsäure 159, 160, 162, 183, 190.
Glykuronsäuren, gepaarte 5.
Glyoxylsäure 158, 160, 161.
Glykurovanillinsäure 185.
Guajacol 189, 576.
Guajacolcarbonat 576.
Guajacolglycerinäther 576.
Guajacolsulfosäure 576.
Guajacolzimtsäureester 576.
Guanidin 166.
Guanidinessigsäure s. Glykocyamin.
Gulose 160.

Hamamelitannin 200.
Hämatoporphyrin 196.
Hämochininsäure 244.
Harnporphyrin 196.
Harnsäure 47, 91, 166, 168, 501, 797.
Harnstoff 47, 155.
Harnstoff, p-nitrohippursaurer 182.
Helianthin 649.
Helicin 200.
Heliotropin s. Piperonal.
Hesperitin 201.
Hexahydroanthranilsäure 180.
Hexahydrobenzoesäure 180.
Hexamethylentetramin 655.
Hippurarsinsäure 701.
Hippursäure 102, 156, 165, 172, 173, 174, 180, 186, 193, 197.
Homogentisinsäure 178, 181, 189.
Hordenin 174.
Hydantoin 168.
Hydantoinsäure 168.
Hydroacrylsäure 158.
Hydrazobenzol 190.
Hydrobenzamid 179, 196.
Hydrobenzoin 172.
Hydrochinon 103, 180, 181, 189, 190.
Hydrochinonglykuronsäure 181.
Hydrochloranilsäure 182.
Hydroxycoffein 55, 93.
Hydroxymethylbrenzschleimsäure 170.
Hyoscyamin 342.
Hypoxanthin 91.

Imidazol 91.
β-Imidazolyläthylamin 181.
β-Imidazolylessigsäure 181.
Iminoallantoin 168.
Indican 175, 176.

Indol 177, 190.
Indolacetursäure 181.
Indol-pr-3-äthylamin 181.
Indolbrenztraubensäure 176.
Indol-pr-3-essigsäure 181.
Indolyläthylamin 181.
Indolylessigsäure 181.
Indoxyl 177, 183, 190.
Indoxylsäure 183.
Inosit 162.
i-Inosit 58.
Ionon 757.
Isoamylalkohol 181.
Isoäthionsäure 101, 199.
Isoamylamin 181.
Isobarbitursäure 167.
Isobutylbenzole 177.
Isoctylhydrocuprein s. Vucin.
Isodialursäure 167.
Isofenchylalkohol 191.
Isopral 483.
Isopropylalkohol 98, 159.
Isopropylbenzoesäure s. Cuminsäure.
Isopropylbenzol s. Cumol.
Isopropylglykuronsäure 190.
Isopropylphenacetin 270.
Isostrychnin 465.
Isovaleriansäure 181.
d-Isovaleriansäure 163.
Isovanillin 192.
Isovanillinsäure 191.

Jodalbumin 198.
Jodanisol 183, 604.
Jodate 183.
Jodbenzol 614.
5-Jodeigon 198.
Jodfett 608.
o-Jodhippursäure 198.
Jodhydrochinonmethyläther 604.
Jodoanisol 183.
Jodoform 607.
Jodol 602, 603.
Jodosobenzol 614.
Jodpalmitinsäure 609.
Jodphenylarsenigsäurejodid 706.
Jodphenylarsinsäure 706.
β-Jodpropionsäure 158.
Jodstearinsäure 609.

Kairin 190.
Kakodyloxyd 699.
Kakodylsäure 699, 700.
5-Keto-3-oxy-5.10-dihydroacridin 174.
Kohlenoxyd 46.
Komenaminsäure 170.
Komensäure 170.
Kotporphyrin 196.
Kreatin 188.
Kreatinin 501.
Kresol 172, 190.
o-Kresolsulfophthalein 200.
Kynurensäure 176, 181.
Kynurin 193.

Lävulose 162.
Leucin 73, 157, 163.
dl-Leucin 120.
n-Leucin 163.
Limonen 180.
Linalool 756.

Malakin 278.
Malonsäure 158, 161.
Mannit 159, 162.
Mandelsäure 174.
l-Mandelsäure 164, 175.
r-Mandelsäure 172.
Meconsäure 170.
Meconsäureäthyläther 170.
Meconsäurepropyläther 170.
Mesaconsäure 165.
Menthol 190.
p-Menthandiol 191.
Menthen 191.
Menthenol 191.
β-Menthollactosid 175.
Mercaptane 199.
Mercaptursäureglykuronsäure 185.
Mesitylen 173, 193.
Mesitylensäure 5, 173, 193.
Mesityloxyd 98.
Mesoporphyrin 196.
Mesoweinsäure 119, 161.
Mesoxalsäure 158.
Methacetin 269.
p-Methoxyphenylpropionsäure 169.
Methoxyphenylalanin 169.
Methyläthylketon 158.
Methyläthylpropylcarbinol 185.
Methylamin 158.
dl-α-Methylalanin 163.
Methylalkohol 158, 190.
7-Methylamino-8-aminoxanthin 188.
p-Methylaminobenzoesäure 179.
dl-α-Methylaminobuttersäure 163.
dl-α-Methylaminocapronsäure 163.
dl-α-Methylaminovaleriansäure 163.
Methylanthranilsäuremethylester 263.
Methylbenzimidazol 91.
o-Methylchinolin 180.
p-Methylchinolin 180.
Methyldimethylaminoxanthin 790.
Methyldioxychinolincarbonsäure 172.
1-Methyl-2.6-dioxypurin 189.
3-Methyl-2.6-doxypurin 189.
7-Methyl 2.6-dioxypurin 189.
4-Methyl-2.6-dioxypyrimidin s. Methyluracil.
5-Methyl-2.6-dioxypyrimidin s. Thymin.
Methylencitronensäure 657.
Methylendiäthylsulfon 500.
Methylendimethylsulfon 500.
Methylenoxyuvitinsäure 653.
Methylensalicylsäure 653.
Methylhydantoinsäure 796.
m-Methylisopropylbenzol 180.
Methylmercaptan 199.
Methyloxycarbanil 197.
Methylphenacetin 270.
p-Methylphenylalanin 169, 187.
Methylpropylketon 156, 158, 159.
α-Methylpyridin s. Picolin.
Methylpyridylammoniumhydroxyd 187.
Methylresacetophonon s. Päonol.
Methylsalicylsäure 192, 553.
Methylsulfid 188.
Methylsulfone 45.
Methylthiophen s. Thiotolen.
Methyltrihydroxy-o-chinolincarbonsäure 171, 172.
α-Methyltryptophan 176.
Methyluracil 166.
Methylvanillin 192.
Methylxanthin 92.
Milchsäure 155, 158, 181.
dl-Milchsäure 161.
Monjodbehensäure 609.
Monobrombenzoesäure 198.
Monobrombenzol 198.
Monobromcampher 762.
Monobromessigsäure 70, 198.
Monochlorcampher 762.
α-Monochlornaphthalin 176.
Monomethylaminobenzoesäure 189.
Monomethyldibrom-o-toluidin 189.
Monomethylenzuckersäure 159.
Monomethylxanthin 168.
3-Monomethylxanthin 44.
Monotal 577.
Morphin 5, 190, 393.
Muconsäure 171.
Murexid 90.

β-Naphthalanin 173.
Naphthalin 103, 176, 190, 550.

Naphthalincarbonsäure 102.
Naphthol 176, 190.
Naphtholgelb 649.
Naphtholrot 649.
α-Naphtholsäure 195.
β-Naphtholsäure 103, 195.
Naphthursäure 195.
β-Naphthylamin 177.
β-Naphthylbrenztraubensäure 173.
Nicotinsäure 187, 193.
Nicotinursäure 193.
Nitranilin 83.
Nitrile 198.
Nitrobenzaldehyd 179.
Nitrobenzaldehyd 182, 186.
Nitrobenzoesäure 83, 179, 182, 193.
Nitrobenzol 182, 190.
o-Nitrobenzylalkohol 177, 190.
Nitrocylschwefelsäure 183.
5-Nitro-2.6-dioxypyrimidin s. Nitrrouracil.
m-Nitrohippursäure 182.
p-Nitrohippursäure 83.
Nitrooxymercuribenzoesäure 678.
p-Nitrophenacetonithursäure 194.
Nitrophenacetursäure 194.
Nitrophenol 182, 190.
p-Nitrophenylessigsäure 194.
Nitrophenylhydroxylamin 83.
m-Nitrophenylhydroxylamin 83.
Nitrophenylpropiolsäure 171.
o-Nitrophenylpropiolsäure 175, 176, 183.
o-Nitropropiolsäure 190.
Nitroprussidnatrium 89.
Nitrosomethylmethan 82.
o-Nitrotoluol 177, 190.
p-Nitrotoluol 83, 194.
Nitrouracil 167.
Nitrouracilcarbonsäure 167.
Nopinen 191.
Nopinenol 191.
Novain 330.

Oblitin 329, 330.
Octylen 161.
Octylen s. Caprilen.
Oxalsäure 157, 158, 159, 160, 161, 165, 171.
Oxalessigsäure 161.
Oxalsäure 797.
Oxalursäure 165.
Oxamäthan 163.
Oxamid 162.
Oxaminsäure 163.
Oxanilsäure 178.
Oxyäthylsulfonsäure s. Isäthionsäure.
Oxyaminophenylarsinsäure 704.
Oxyanthrachinone 179.
p-Oxybenzoesäure 172, 186, 193.
p-Oxybenzoyl-α-aminozimtsäure 163.
Oxybenzoylbenzosäure 744.
p-Oxybenzursäure 193.
Oxybenzylalkohol s. Saligenin.
β-Oxybuttersäure 163, 175.
Oxybutylbenzol 177.
Oxycarbaminokresol 197.
Oxycarbaminophenylarsinsäure 704.
Oxycarbanil 704.
o-Oxycarbanil 103, 254, 255.
Oxycarbazol 178.
Oxycarvon 190.
Oxychinolin 190.
α-Oxychinolin s. Carbostyril.
o-Oxychinolin 193, 593.
γ-Oxychinolin s. Kynurin.
o-Oxychinolincarbonsäure 103, 171.
o-Oxychinolinglykuronsäure 593.
Oxydicolchicin 532.
p-Oxydiphenyl 178.
p-Oxydiphenylbiuret 177.
Oxydiphenylmethan 177.
Oxyfenchon 190.
β-Oxisovaleriansäure 165.
Oxymandelsäure 175.
Oxy-m-methylphenylalanin 176.
Oxynaphthoyloxytoluylsäure 550.
Oxyphenacetinsalicylat 267.
Oxyphenethol 173.
p-Oxyphenethol 190, 191.
p-Oxyphenyläthylalkohol 181.
p-Oxyphenyläthylamin 174, 181.
p-Oxyphenyläthyldimethylamin s. Hordenin.
p-Oxyphenyläthylmethylamin 174.
Oxyphenylarsinsäure 704.
Oxyphenylbrenztraubensäure 169, 175.
Oxyphenylchinolincarbonsäure 180, 807.
Oxyphenylessigsäure 174, 181.
Oxyphenylglyoxylsäure 175.
d-p-Oxyphenylmilchsäure 175.
dl-Oxyphenylmilchsäure 169.
l-Oxyphenylmilchsäure 169.
p-Oxyphenylurethan 179, 263.
p-Oxypropiophenon 191.
Oxypyrondicarbonsäure s. Meconsäure.
Oxypyronmonocarbonsäure s. Komensäure.
Oxypyridinursäure 180.
Oxysalicylsäure 192.
Oxysantonin 753.
Oxysantonine 179.
Oxytetrahydrocarvon 756.
α-Oxyuvitinsäure 192.

Päonol 191.
Papaverin 424.
Papaverinsulfosäure 424.
Parabansäure 90, 165, 166.
Paracotoin 746.
Paraxin 790.
Pental 161, 185.
Pentamethylendiamin 166, 198.
Perubalsam 200.
Phellandren 190.
Phenacetin 267, 269.
Phenacetornithursäure 193.
Phenacetursäure 165, 172, 173, 186, 193.
Phenanthren 178.
Phenanthrenchinon 178.
Phenanthrol 178.
Phenanthrolglykuronsäure 178.
Phenethol 173, 190, 191.
Phenol 103, 170, 171, 172, 177, 183, 189, 190, 192, 197.
Phenolätherschwefelsäure 183.
Phenole 5, 198.
Phenolphthalein 200, 743.
Phenolphthaleindiisochinon 743.
Phenolphthaleinoxim 744.
Phenoxyessigsäure 166.
Phenylacetessigester 174.
Phenylacetylaminoessigsäure 88.
Phenylacetylglutamin 165, 166, 186, 193.
Phenylacetylglutaminharnstoff 186, 193.
Phenylacrylsäure 194.
Phenyläthylalkohol 166, 181.
Phenyläthylamin 181.
Phenyläthylmethylketon 174.
Phenylalanin 174, 181, 195.
Phenylaminoacetonitril 88.
γ-Phenyl-α-aminobuttersäure 187.
Phenylaminoessigsäure 164, 169, 171, 175, 181.
Phenylbrenztraubensäure 175.

Phenylbuttersäure 165, 172.
Phenylbuttersäurelacton 165.
Phenylbutylketon 174.
Phenyl-β-γ-dioxybuttersäure 165.
m-Phenylendiamin 256.
o-Phenylendiamin 256.
p-Phenylendiamin 77, 256.
Phenylessigsäure 156, 165, 166, 171, 172, 181, 186, 193, 194.
Phenylglucosazon 178.
Phenylglycerinsäure 156.
Phenylglycin-o-carbonsäure 171, 175, 176.
Phenylglykokoll 174, 178.
Phenylglykolsäure 171, 181.
Phenylglyoxylsäure 164, 174, 175.
Phenylharnstoff 178.
Phenylhydroxylamin 78, 179.
Phenylisocrotonsäure 165, 173.
Phenyl-α-ketopropionsäure 173.
Phenylmilchsäure 195.
Phenyl-α-milchsäure 173.
Phenyl-β-milchsäure 172.
l-Phenylmilchsäure 175.
Phenyl-γ-oxybuttersäure 165.
Phenyl-β-oxypropionsäure 156.
Phenyl-β-oxybutyrolacton 165.
Phenyl-β-oxypropionsäure 156, 172, 173.
Phenylparaconsäure 172.
Phenylpropionsäure 156, 171, 172, 179.
Phenylserin 156.
Phenylurethan 178.
Phenylvaleriansäure 156, 172.
Phenylzimtsäure 172.
Phloroglucit 58.
Phthalein 743.
Phthaleine 200.
Phthlimid 169, 177.
Phthalsäure 169.
Phoron 98.
Picolin 179, 195.
Pikraminsäure 183.
Pikrinsäure 183.
Pilocarpin 462.
Pinakon 190.
Pinen 190, 196.
Pinenol 191.
Piperazin 197.
Piperidin 179.
Piperonal 97.
Piperonalbisurethan 497, 498.
Piperonylsäure 97.
Ponceau 649.
Populin 553.
Propionitril 198.
Propionsäure 155, 158.
n-Propylbenzol 177.
Propylidendimethylsulfon 500.
Propylphenacetin 270.
Protocatechualdehyd 192.
Protocatechusäure 191, 196.
Pyramidon 189.
3-Pyramidon 226, 229.
Pyrazin 73.
Pyridin 179, 187.
Pyridincarbonsäuren 173, 179, 208.
α-Pyridinursäure 195.
Pyrogallolätber 590.
Pyromycursäure 194.
Pyroll 194.

Quercit 162.
Quercitrin 201.
Quecksilberformamid 673.

Resorcinglykorid 774.
Rhamnoseäther 200.
Rhamnoside 200.
Resacetophenon 191.
Resorcin 180, 190.
Rhodanide 5, 198.
Rubazonsäure 226, 229.
Rutin 201.

Sabinen 180, 190, 191.
Sabinenol 191.
Sabinol 191, 756, 757.
Sajodin 609.
Salicin 200, 553, 562.
Salicylaldehyd 562.
Salicylamid 192.
Salicylglykuronsäure 185, 192.
Salicylphenetidid 275.
Salicylsäure 177, 192, 193, 201, 553, 562.
Salicylsäuremethylester 192, 553.
Salicylsäure 192, 193.
Saligenin 177, 553, 561, 562.
Salol 201.
Santalol 191.
Santalylmethyläther 765.
α-Santenol 191.
β-Santenol 191.
Santenon 191.
Santogenin 198.
Santonin 179, 198, 753.
Sarkosin 163, 195.
Schleimsäure 162.
Schweflige Säure 198.
Schwefelkohlenstoff 107.
Schwefelsäure 198.
Selenige Säure 187, 198.
Selenmethyl 187.
Selensäure 198.
Serin 181.
β-Skatol 177.
Skatoxyl 177, 190.
Sorbit 162.
Sozojodol 605.
Stilben 172.
Stilbenhydrat s. Diphenyläthanol.
Storax 200.
Strychnin 45.
Succinimid 164.
Sulfaldehyd 199.
Sulfanilcarbaminsäure 195, 199.
Sulfanilsäure 195, 199.
Sulfocyansäure 107.
Sulfoessigsäure 193, 199.
Sulfofluorescein 200.
Sulfonal 199, 500, 501.

Tanacetogendicarbonsäure 757.
Tannin 192, 200, 658.
Tartrazin 649.
Tartronsäure 158, 161.
Taurin 195, 198, 199.
Taurocarbaminsäure 101, 195, 196.
Tellurige Säure 187.
Tellurmethyl 187.
Terpen 180.
Terpenolphosphorsäure 180.
Terpenolunterphosphorige Säure 180.
Terpentinöl 173, 190.
Terpin 191.
Terpinol 173.
Tetraacetylglucosephenetidid 281.
Tetraäthylarsaniumjodid 300, 700.
Tetrachlorchinon 181.
Tetrachlorhydrochinonätherschwefelsäure 181, 182.
Tetrachlorhydrochinonglykuronsäure 181.
Tetrahydronaphthalin 550.
Tetrahydronaphthalinharnstoff 550.
Tetrahydropapaverolin 426.
Tetrajodpyrrol s. Jodol.
Tetramethylarsoniumjodid 700.
Tetralin 550.
Tetramethylendiamin 166, 198.
Tetrolylglykuronsäure 550.
Theobromin 44, 168.
Theophyllin 44, 189.
Thialdin 199.
Thiocol 586.
Thioglykolsäure 199.
Thioharnstoff 107, 188.
2-Thiohydantoin 109.

Thiophen 194, 199.
Thiophenaldehyd 194.
Thiophensäure 199.
α-Thiophensäure 194.
α-Thiophenursäure 194.
Thiosinamin 188.
Thiosulfat 198.
Thiotolen 199.
Thujon 190, 757.
Thujonoxydglykuronsäure 757.
Thujylalkohol 191.
Thymin 90, 166, 167.
Thymohydrochinon 178.
Thymol 178, 190.
Tolubalsam 200.
Thyresol 765.
Toluchinol 99, 181.
Toluidin 76.
Toluol 176, 193.
Toluolsulfosarkosin 163.
Tolursäure 193.
m-Toluylcarbonsäure 173.
o-Toluylcarbonsäure 173.
Toluylsäure 177, 179, 193.
m-Tolylacetursäure 169.
Tolylalanine 169, 176.
m-Tolylaminoacetonitril 88.
p-Tolylaminoacetonitril 88.
Traubensäure 119, 161.
Traubenzucker 159, 183.
Triäthylharnstoff 491.
2.4.5-Triamino-6-oxypyrimidin 167.
Tribromessigsäure 70.
Tribromessigsäure 70, 198.
Tribromsalol 619.
Trichloräthylalkohol 69, 159, 181, 190, 473.
Trichloräthylidenaceton 477.
Trichloräthylidenacetophenon 195, 479.
Trichlorbuttersäure 158.
Trichlorbutylalkohol 159, 181.
Trichlorchinon 181.
Trichloressigsäure 158, 474.
Trichlormethylalkohol 190.
Trichlorisopropylglykuronsäure 483.
Tri-p-chlorphenylphosphat 201.
Trigonellin 187, 193.
Trimesinsäure 173.
Trimethyläthylen s. Pental.
Trimethylamin 102, 166, 198.
1.3.5-Trimethylbenzol s. Mesitylen.
Trimethylphloroglucin 752.
Trinitrotoluol 83.
Triphenylarsinoxychlorid 700.
Triphenylglyoxalindihydrid s. Amarin.
Triphenylphosphat 201, 572.
Trisalicylglyconid 201.
Tropasäure 342.
Tropin 342.
Tyrosin 43, 120, 169, 181.
i-Uraminophenylessigsäure 175.
Uraminobenzoesäure 195.
Uraminoantipyrin 229.
Uracil 90, 166, 167.
Urethan 499.
Urochloralsäure 473.
Uronitrotoluylsäure 177.
Uroxansäure 168.
Uvitinsäure 173.

n-Valeriansäure 163.
Vanillin 179, 185, 192.
Vanillinsäure 179, 185, 191.
Veratrinsäure 192.
Veronal 494.
Vircin 239.

Weinsäure 161.
l-Weinsäure 119, 161.
d-Weinsäure 119, 161.

Xanthin 44, 166, 168, 188.
Xanthogensäure 107, 199.
Xylol 173, 176, 179, 190, 193.

Zimtamid 496.
Zimtsäure 156, 165, 177, 179, 194.
Zimtsäureglykokoll 173.
Zuckersäure 160, 161, 162.
α-Zuckersäure 159.

Druckfehler-Berichtigung.

S. 366 Anm. 7) soll es statt T. heißen J.